注册结构工程师考试用书

一级注册结构工程师基础考试
复习教程

（上册）

兰定筠　叶天义　主编

中国建筑工业出版社

图书在版编目（CIP）数据

一级注册结构工程师基础考试复习教程：上、下册／兰定筠，叶天义主编．— 北京：中国建筑工业出版社，2023.3

注册结构工程师考试用书
ISBN 978-7-112-28422-1

Ⅰ．①一… Ⅱ．①兰… ②叶… Ⅲ．①建筑结构—资格考试—自学参考资料 Ⅳ．①TU3

中国国家版本馆 CIP 数据核字(2023)第 036982 号

本书根据最新公布的考试大纲、近几年考试真题、新的通用规范和新标准，以及新的国家法律法规等进行编写。本书对考试大纲的要求内容进行了全面、系统的阐述，力求简明扼要，并突出重点和难点；结合考试真题的难度与广度，以及命题规律，本书侧重于阐述考试大纲要求的基本概念、基本知识、基本原理及其公式的正确理解与应用，总结其规律，以考试真题作为书的例题，具有很强的考试针对性，以提高考生的应试能力。本书的每一章节后均附有习题，习题基本均为历年考试真题，并且所有习题均有参考答案和解答过程，方便考生自学，是考生备考复习必备的教程。同时，提供增值服务。

责任编辑：刘瑞霞　辛海丽
责任校对：张辰双

注册结构工程师考试用书
一级注册结构工程师基础考试复习教程
兰定筠　叶天义　主编

*

中国建筑工业出版社出版、发行（北京海淀三里河路9号）
各地新华书店、建筑书店经销
北京红光制版公司制版
北京云浩印刷有限责任公司印刷

*

开本：787毫米×1092毫米　1/16　印张：90½　字数：2259千字
2023年3月第一版　　2023年3月第一次印刷
定价：248.00元（上、下册）
ISBN 978-7-112-28422-1
（40786）

版权所有　翻印必究
如有印装质量问题，可寄本社图书出版中心退换
（邮政编码　100037）

前　言

　　本书根据最新公布的考试大纲、近几年考试真题、新的通用规范（如《工程结构通用规范》GB 55001—2021、《建筑与市政工程抗震通用规范》GB 55002—2021、《混凝土结构通用规范》GB 55008—2021 等）和新标准（如《工程测量标准》GB 50026—2020、《建设用砂》GB/T 14684—2022、《建设用卵石、碎石》GB/T 14685—2022 等）以及新的国家法律法规等进行编写。本书对考试大纲的要求内容进行了全面、系统的阐述，力求简明扼要，并突出重点和难点，结合考试真题的难度与广度进行编写。本书上册包括数学、物理学、化学、理论力学、材料力学、流体力学、电气与信息、计算机应用基础、工程经济和法律法规十章；本书下册包括土木工程材料、工程测量、职业法规、土木工程施工与管理、结构力学、结构设计、结构试验和土力学与地基基础八章。

　　本书编写特色如下：

　　1. 结合历年考试真题的广度、难度进行编写，主要侧重于阐述各科考试科目的基本概念、基本原理和基本规定，以及它们的具体应用。

　　2. 针对历年考试真题的考点，将其相关知识从简单到复杂进行阐述，使考生掌握考点必备的知识内容，正确解答题目。

　　3. 结合新的通用规范、新标准和新科学知识进行编写，如钢筋的最大力总延伸率、荷载基本组合和地震作用组合的各分项系数的新取值等。

　　4. 对经常出现的考点和经典案例，进行了归纳总结；结合对考试真题的解答，提供了答题技巧、应试方法。

　　5. 全书的例题均是历年真题，习题中95％是历年真题，使本书内容贴合考试实际。习题均有参考答案和详细解答过程，方便考生自学。

　　6. 利用中国建筑工业出版社的数字资源平台，将法律法规内容纳入数字资源，减少书的页码，便于考试携带复习。

　　7. 提供书的增值服务，作者及其团队及时做好本书的答疑服务。

　　兰定筠、叶天义、黄音、黄小莉、郑应亨、罗刚、刘福聪、谢应坤、杨利容、杨莉琼、赵诣深、饶伟立、王源盛、杨松、蓝润生、蓝亮、蓝宁、梁怀庆、王龙、王远等参加了本书的编写工作。

　　本书编写中参阅了大量的参考文献、教材、标准规范和历年考试真题等，在此一并致谢。

　　由于本书编者水平有限，难免存在不妥或错误之处，恳请广大读者及专家批评指正。书中的问题请发邮箱：Landj2020@163.com，作者不胜感谢。

　　兰老师及其团队开通知识星球，提供知识点答疑、备考经验、现场应试能力、历年真题及解答等服务，联系方式：微信小程序搜索"知识星球"，再搜索"兰老师结构基础"进入。微博：搜索"兰定筠"进入。

目 录

（上 册）

第一章　数学 ··· 1
   第一节　空间解析几何 ··· 1
   第二节　一元函数微分学 ·· 13
   第三节　一元函数积分学 ·· 31
   第四节　多元函数微分学与积分学 ·· 48
   第五节　无穷级数 ··· 67
   第六节　微分方程 ··· 79
   第七节　线性代数 ··· 86
   第八节　概率论与数理统计 ··· 118
   习题解答与参考答案 ·· 152

第二章　物理学 ·· 166
   第一节　热学 ··· 166
   第二节　波动学 ·· 184
   第三节　光学 ··· 197
   习题解答与参考答案 ·· 217

第三章　化学 ··· 221
   第一节　物质的结构和物质状态 ··· 221
   第二节　溶液 ··· 238
   第三节　氧化还原反应与电化学 ··· 249
   第四节　化学反应的基本规律 ·· 260
   第五节　有机化学 ··· 275
   习题解答与参考答案 ·· 296

第四章　理论力学 ··· 299
   第一节　静力学的基本原理和平面力系的简化 ································· 299
   第二节　静力学的平面力系的平衡与应用 ······································· 311
   第三节　运动学 ·· 322
   第四节　动力学 ·· 329
   习题解答与参考答案 ·· 351

第五章　材料力学 ··· 355
   第一节　材料在拉伸与压缩时的力学性能 ······································· 355
   第二节　拉伸和压缩 ·· 358

第三节	剪切和挤压	363
第四节	扭转	367
第五节	截面几何性质	371
第六节	弯曲	376
第七节	应力状态	389
第八节	组合变形	396
第九节	压杆稳定	402
习题解答与参考答案		406

第六章 流体力学 · 412

第一节	流体的主要物性与流体静力学	412
第二节	流体动力学基础	424
第三节	流动阻力和能量损失	440
第四节	孔口、管嘴出流和有压管流	452
第五节	明渠恒定流	458
第六节	渗流、井和集水廊道	464
第七节	相似原理和量纲分析	471
习题解答与参考答案		478

第七章 电气与信息 · 481

第一节	电磁场基本理论	481
第二节	直流电路	489
第三节	正弦交流电路	502
第四节	一阶线性电路的暂态响应	519
第五节	变压器与电动机	524
第六节	模拟电子技术	536
第七节	数字电子技术	561
第八节	信号、信息与模拟信号	579
第九节	信号、信息与数字信号	596
习题解答与参考答案		606

第八章 计算机应用基础 · 612

第一节	计算机系统	612
第二节	常用操作系统	619
第三节	计算机中数据的表示	623
第四节	计算机网络	628
习题解答与参考答案		639

第九章 工程经济 · 642

第一节	资金的时间价值	642
第二节	财务效益与费用估算	649
第三节	资金来源与融资方案	658
第四节	财务分析	664

第五节	经济费用效益分析	677
第六节	不确定性分析	681
第七节	方案经济比选	686
第八节	改扩建项目的经济评价特点	690
第九节	价值工程	692
习题解答与参考答案		700

第十章 法律法规 704

附录一 一级注册结构工程师执业资格考试基础考试大纲（上午段） 705

附录二 一级注册结构工程师执业资格考试基础试题配置说明（上午段） 712

（下 册）

第十一章 土木工程材料 713
第一节	材料科学与物质结构基础知识	713
第二节	气硬性无机胶凝材料	729
第三节	水泥	734
第四节	混凝土	748
第五节	建筑钢材	776
第六节	沥青及改性沥青	789
第七节	木材	795
第八节	石材	800
第九节	黏土	803
习题解答与参考答案		806

第十二章 工程测量 810
第一节	测量基本概念	810
第二节	水准测量	815
第三节	角度测量	823
第四节	距离测量与直线定向	830
第五节	测量误差基本知识	838
第六节	控制测量	843
第七节	地形图测绘	851
第八节	地形图应用	857
第九节	建筑工程测量	860
习题解答与参考答案		871

第十三章 职业法规 874

第十四章 土木工程施工与管理 875
第一节	土石方工程与桩基工程	875
第二节	钢筋混凝土工程与预应力混凝土工程	893
第三节	砌体工程与结构吊装工程	919
第四节	施工组织设计与流水施工原理	938

第五节　网络计划技术 ··· 948
　　第六节　施工管理 ··· 961
　　习题解答与参考答案 ··· 971

第十五章　结构力学 974
　　第一节　平面体系的几何组成分析 ··· 974
　　第二节　静定结构的受力分析与特性 ··· 984
　　第三节　静定结构的位移计算 ·· 1002
　　第四节　超静定结构受力分析及特性 ·· 1012
　　第五节　影响线及应用 ·· 1034
　　第六节　结构动力学 ·· 1042
　　习题解答与参考答案 ·· 1058

第十六章　结构设计 1065
　　第一节　混凝土结构材料性能与基本设计原则 ······································ 1065
　　第二节　混凝土结构承载能力极限状态计算 ·· 1077
　　第三节　混凝土结构正常使用极限状态验算 ·· 1109
　　第四节　预应力混凝土和构造要求 ··· 1115
　　第五节　梁板结构与单层厂房 ·· 1129
　　第六节　多高层混凝土结构房屋 ··· 1142
　　第七节　抗震设计要点 ·· 1152
　　第八节　钢结构基本设计规定和材料 ·· 1169
　　第九节　轴心受力、受弯、拉弯和压弯构件 ·· 1177
　　第十节　钢结构的连接和钢屋盖 ··· 1193
　　第十一节　砌体结构材料性能与设计表达式 ·· 1208
　　第十二节　砌体结构房屋静力计算和构造要求 ····································· 1217
　　第十三节　砌体构件受压承载力计算 ·· 1226
　　第十四节　砌体结构房屋部件设计 ··· 1235
　　第十五节　砌体结构抗震设计要点 ··· 1246
　　习题解答与参考答案 ·· 1256

第十七章　结构试验 1262
　　第一节　结构试验设计 ·· 1262
　　第二节　结构试验的加载设备和量测仪器 ··· 1270
　　第三节　结构静力（单调）加载试验 ·· 1284
　　第四节　结构低周反复加载试验 ··· 1294
　　第五节　结构动力特性及响应试验 ··· 1300
　　第六节　模型试验 ··· 1306
　　第七节　结构试验的非破损检测技术 ·· 1312
　　习题解答与参考答案 ·· 1320

第十八章　土力学与地基基础 1323
　　第一节　土的物理性质和工程分类 ··· 1323

第二节　土中应力 ··· 1335
　　第三节　地基变形 ··· 1341
　　第四节　土的抗剪强度和土压力 ··· 1352
　　第五节　地基承载力理论和边坡稳定 ·· 1366
　　第六节　地基勘察 ··· 1373
　　第七节　浅基础 ·· 1381
　　第八节　深基础 ·· 1399
　　第九节　地基处理 ··· 1410
　　习题解答与参考答案 ·· 1421
附录三　一级注册结构工程师执业资格考试基础考试大纲（下午段） ············ 1425
附录四　一级注册结构工程师执业资格考试基础试题配置说明（下午段） ······ 1429
参考文献 ·· 1430
增值服务 ·· 1432

第一章 数　　学

第一节 空间解析几何

一、向量代数

（一）基本概念

1. 向量的概念

既有大小，又有方向的量，例如位移、速度、力等，这一类量称为向量①。在数学上，常用一条有方向的线段，即有向线段来表示向量。有向线段的长度表示向量的大小，有向线段的方向表示向量的方向。以 A 为起点，B 为终点的有向线段所表示的向量记作 $\overrightarrow{AB}$；有时也用一个黑体字母或在字母上面加箭头来表示向量，例如 $\boldsymbol{r}$、$\boldsymbol{v}$、$\boldsymbol{F}$ 或 $\vec{r}$、$\vec{v}$、$\vec{F}$ 等。

如果两个向量 $\boldsymbol{a}$ 和 $\boldsymbol{b}$ 的大小相等，且方向相同，则向量 $\boldsymbol{a}$ 和 $\boldsymbol{b}$ 是相等的，记作 $\boldsymbol{a}=\boldsymbol{b}$。向量的大小称为向量的模。向量 $\overrightarrow{AB}$、$\boldsymbol{a}$ 和 $\vec{a}$ 的模依次记作 $|\overrightarrow{AB}|$、$|\boldsymbol{a}|$ 和 $|\vec{a}|$。模等于 1 的向量称为单位向量。模等于零的向量称为零向量，记作 $\boldsymbol{0}$ 或 $\vec{0}$，零向量的方向可以看作是任意的。两个非零向量 $\boldsymbol{a}$ 与 $\boldsymbol{b}$ 的夹角 φ 规定为：$0 \leqslant \varphi \leqslant \pi$。

2. 空间直角坐标系

在空间取定一点 O 和三个两两垂直的单位向量 $\boldsymbol{i}$、$\boldsymbol{j}$、$\boldsymbol{k}$，就确定了三条都以 O 为原点的两两垂直的数轴，依次记为 x 轴（横轴）、y 轴（纵轴）、z 轴（竖轴），统称坐标轴。它们构成一个空间直角坐标系，称为 $Oxyz$ 坐标系或 $[O; \boldsymbol{i}, \boldsymbol{j}, \boldsymbol{k}]$ 坐标系（图 1-1-1）。它们的正向通常符合右手规则，即以右手握住 z 轴，当右手的四个手指从正向 x 轴以 $\dfrac{\pi}{2}$ 角度转向正向 y 轴时，大拇指的指向就是 z 轴的正向。

任给向量 $\boldsymbol{r}$，有对应点 M，使 $\overrightarrow{OM}=\boldsymbol{r}$，则 $\boldsymbol{r}$ 的坐标分解式为：

$$\boldsymbol{r}=\overrightarrow{OM}=x\boldsymbol{i}+y\boldsymbol{j}+z\boldsymbol{k}$$

有序数 x、y、z 称为向量 $\boldsymbol{r}$ 的坐标，也称为点 M 的坐标。因此，点 M、向量 $\boldsymbol{r}$ 与 (x, y, z) 之间有一一对应的关系。

图 1-1-1

（二）向量的线性运算

1. 向量的加减法

如图 1-1-2（a）所示，设有两个向量 $\boldsymbol{a}$ 与 $\boldsymbol{b}$，任取一点 A，作 $\overrightarrow{AB}=\boldsymbol{a}$，再以 B 为起点，作 $\overrightarrow{BC}=\boldsymbol{b}$，连接 AC，则向量 $\overrightarrow{AC}=\boldsymbol{c}$ 称为向量 $\boldsymbol{a}$ 与 $\boldsymbol{b}$ 的和，记作 $\boldsymbol{a}+\boldsymbol{b}$，即：$\boldsymbol{c}=\boldsymbol{a}+\boldsymbol{b}$。

---

① 在数学上只研究与起点无关的向量称为自由向量，本节针对自由向量，并简称为向量。

该方法称为向量相加的三角形法则。

 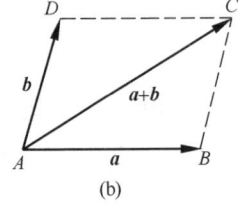

图 1-1-2

如图 1-1-2（b）所示，当向量 a 与 b 不平行时，作 $\overrightarrow{AB}=a$，$\overrightarrow{AD}=b$，以 AB、AD 为边作一平行四边形 $ABCD$，连接对角线 AC，向量 $\overrightarrow{AC}$ 即等于向量 a 与 b 的和 $a+b$。该方法称为向量相加的平行四边形法则。

向量的加法符合下列运算规律：
(1) 交换律　$a+b=b+a$；
(2) 结合律　$(a+b)+c=a+(b+c)$。

设 a 为一向量，与 a 的模相同而方向相反的向量称为 a 的负向量，记作 $-a$。由此，规定两个向量 b 与 a 的差，即：$b-a=b+(-a)$。

特别地，当 $b=a$ 时，有：$a-a=a+(-a)=\mathbf{0}$。

向量的坐标表达式，设 $a=(a_x,a_y,a_z)$，$b=(b_x,b_y,b_z)$，即 $a=a_x i+a_y j+a_z k$，$b=b_x i+b_y j+b_z k$，则有：

$$a+b=(a_x+b_x)i+(a_y+b_y)j+(a_z+b_z)k$$
$$a-b=(a_x-b_x)i+(a_y-b_y)j+(a_z-b_z)k$$

即：
$$a+b=(a_x+b_x,a_y+b_y,a_z+b_z)$$
$$a-b=(a_x-b_x,a_y-b_y,a_z-b_z)$$

2. 向量与数的乘积

向量 a 与实数 λ 的乘积记作 λa，规定 λa 是一个向量，它的模 $|\lambda a|=|\lambda||a|$，它的方向当 $\lambda>0$ 时与 a 相同，当 $\lambda<0$ 时与 a 相反。

特别地，当 $\lambda=\pm 1$ 时，有：$1a=a$，$(-1)a=-a$。

向量与数的乘积符合下列运算规律：
(1) 结合律　$\lambda(\mu a)=\mu(\lambda a)=(\lambda\mu)a$　（λ、u 为实数）；
(2) 分配律　$(\lambda+\mu)a=\lambda a+\mu a$，
　　　　　　$\lambda(a+b)=\lambda a+\lambda b$。

同样，向量的坐标表达式：
$$\lambda a=(\lambda a_x)i+(\lambda a_y)j+(\lambda a_z)k$$

即：
$$\lambda a=(\lambda a_x,\lambda a_y,\lambda a_z)$$

设向量 $a\ne\mathbf{0}$，则向量 b 平行于 a（即向量 $b//a$）的充分必要条件是：存在唯一的实数 λ，使 $b=\lambda a$。

上述结论用坐标表示式为：$(b_x,b_y,b_z)=\lambda(a_x,a_y,a_z)$

这相当于向量 b 与 a 对应的坐标成比例：$\dfrac{b_x}{a_x}=\dfrac{b_y}{a_y}=\dfrac{b_z}{a_z}$

(三) 向量的模、方向角及投影

设向量 $r=(x,y,z)$，作 $\overrightarrow{OM}=r$，如图 1-1-1 所示，则：$|r|=\sqrt{x^2+y^2+z^2}$。

设有点 $A(x_1,y_1,z_1)$ 和点 $B(x_2,y_2,z_2)$，则点 A 与点 B 间的距离 $|AB|$ 就是向量 $\overrightarrow{AB}$ 的模。由

$$\overrightarrow{AB} = \overrightarrow{OB} - \overrightarrow{OA} = (x_2,y_2,z_2) - (x_1,y_1,z_1) = (x_2-x_1, y_2-y_1, z_2-z_1)$$

可得 A、B 两点间的距离：

$$|AB| = |\overrightarrow{AB}| = \sqrt{(x_2-x_1)^2 + (y_2-y_1)^2 + (z_2-z_1)^2}$$

非零向量 $\boldsymbol{r}$ 与三条坐标轴的夹角 α、β、γ 称为向量 $\boldsymbol{\gamma}$ 的方向角，则：

$$\cos\alpha = \frac{x}{|\boldsymbol{r}|} = \frac{x}{\sqrt{x^2+y^2+z^2}}$$

$$\cos\beta = \frac{y}{|\boldsymbol{r}|}, \cos\gamma = \frac{z}{|\boldsymbol{r}|}$$

从而

$$(\cos\alpha, \cos\beta, \cos\gamma) = \left(\frac{x}{|\boldsymbol{r}|}, \frac{y}{|\boldsymbol{r}|}, \frac{z}{|\boldsymbol{r}|}\right) = \frac{1}{|\boldsymbol{r}|}(x,y,z) = \frac{\boldsymbol{r}}{|\boldsymbol{r}|} = \boldsymbol{e}_r$$

$\cos\alpha$、$\cos\beta$、$\cos\gamma$ 称为向量 $\boldsymbol{r}$ 的方向余弦。上式表明，以向量 $\boldsymbol{r}$ 的方向余弦为坐标的向量就是与 $\boldsymbol{r}$ 同方向的单位向量 $\boldsymbol{e}_r$，并由此可得：

$$\cos^2\alpha + \cos^2\beta + \cos^2\gamma = 1$$

向量 $\boldsymbol{a}$ 在直角坐标系 $Oxyz$ 中的坐标 a_x、a_y、a_z 就是 $\boldsymbol{a}$ 在三条坐标轴上的投影，即：

$$a_x = \text{Prj}_x\boldsymbol{a}, \quad a_y = \text{Prj}_y\boldsymbol{a}, \quad a_z = \text{Prj}_z\boldsymbol{a}$$

或记作：$a_x = (\boldsymbol{a})_x$，$a_y = (\boldsymbol{a})_y$，$a_z = (\boldsymbol{a})_z$。

由此可知，向量的投影具有与坐标相同的性质：

(1) $\text{Prj}_u\boldsymbol{a} = |\boldsymbol{a}|\cos\varphi$，即 $(\boldsymbol{a})_u = |\boldsymbol{a}|\cos\varphi$，其中 φ 为向量 $\boldsymbol{a}$ 与 u 轴的夹角；

(2) $\text{Prj}_u(\boldsymbol{a}+\boldsymbol{b}) = \text{Prj}_u\boldsymbol{a} + \text{Prj}_u\boldsymbol{b}$，即 $(\boldsymbol{a}+\boldsymbol{b})_u = (\boldsymbol{a})_u + (\boldsymbol{b})_u$；

(3) $\text{Prj}_u(\lambda\boldsymbol{a}) = \lambda\text{Prj}_u\boldsymbol{a}$，即 $(\lambda\boldsymbol{a})_u = \lambda(\boldsymbol{a})_u$。

(四) 数量积、向量积与混合积

1. 数量积

向量 $\boldsymbol{a}$ 与 $\boldsymbol{b}$ 的数量积，记作 $\boldsymbol{a}\cdot\boldsymbol{b}$，即：$\boldsymbol{a}\cdot\boldsymbol{b} = |\boldsymbol{a}||\boldsymbol{b}|\cos\theta$

其计算结果是一个数。按其定义可以推得：

(1) $\boldsymbol{a}\cdot\boldsymbol{a} = |\boldsymbol{a}|^2$

(2) 对于两个非零向量 $\boldsymbol{a}$、$\boldsymbol{b}$，如果 $\boldsymbol{a}\cdot\boldsymbol{b}=0$，则 $\boldsymbol{a}\perp\boldsymbol{b}$；反之，如果 $\boldsymbol{a}\perp\boldsymbol{b}$，则 $\boldsymbol{a}\cdot\boldsymbol{b}=0$。也即：$\boldsymbol{a}\perp\boldsymbol{b}$ 的充分必要条件是 $\boldsymbol{a}\cdot\boldsymbol{b}=0$。

数量积用坐标表示式，设 $\boldsymbol{a} = a_x\boldsymbol{i} + a_y\boldsymbol{j} + a_z\boldsymbol{k}$，$\boldsymbol{b} = b_x\boldsymbol{i} + b_y\boldsymbol{j} + b_z\boldsymbol{k}$，则：

$$\boldsymbol{a}\cdot\boldsymbol{b} = a_xb_x + a_yb_y + a_zb_z$$

当 $\boldsymbol{a}$、$\boldsymbol{b}$ 都不是零向量时，其夹角余弦的坐标表示式：

$$\cos\theta = \frac{\boldsymbol{a}\cdot\boldsymbol{b}}{|\boldsymbol{a}||\boldsymbol{b}|} = \frac{a_xb_x + a_yb_y + a_zb_z}{\sqrt{a_x^2+a_y^2+a_z^2}\sqrt{b_x^2+b_y^2+b_z^2}}$$

由此可知，当 $\boldsymbol{a}\neq 0$，$\boldsymbol{b}\neq 0$，$\boldsymbol{a}\perp\boldsymbol{b} \Leftrightarrow \boldsymbol{a}\cdot\boldsymbol{b}=0 \Leftrightarrow a_xb_x + a_yb_y + a_zb_z = 0$

上式符号 $\Leftrightarrow$ 表示充分必要条件。

数量积符合下列运算规律：

(1) 交换律　$a \cdot b = b \cdot a$；

(2) 分配律　$(a+b) \cdot c = a \cdot c + b \cdot c$；

(3) 结合律　$(\lambda a) \cdot b = \lambda (a \cdot b)$。

2. 向量积

向量 a 与向量 b 的向量积，记作 $a \times b$，其计算结果为一向量 c，即：$c = a \times b$，c 的模 $|c| = |a||b|\sin\theta$，其中 θ 为 a、b 间的夹角；c 的方向垂直于 a 与 b 所决定的平面（即 c 既垂直于 a，又垂直于 b），c 的指向按右手规则从 a 转向 b 来确定。

由向量积的定义可以推得：

(1) $a \times a = 0$；

(2) 对于两个非零向量 a、b，如果 $a \times b = 0$，则 $a // b$；反之，如果 $a // b$，则 $a \times b = 0$。也即：向量 $a // b$ 的充分必要条件是 $a \times b = 0$。

向量积用坐标表示式，设 $a = a_x i + a_y j + a_z k$，$b = b_x i + b_y j + b_z k$，则：

$$a \times b = (a_y b_z - a_z b_y)i + (a_z b_x - a_x b_z)j + (a_x b_y - a_y b_x)k$$

利用三阶行列式，上式可写成：

$$a \times b = \begin{vmatrix} i & j & k \\ a_x & a_y & a_z \\ b_x & b_y & b_z \end{vmatrix} = \begin{vmatrix} a_y & a_z \\ b_y & b_z \end{vmatrix} i + (-1) \begin{vmatrix} a_x & a_z \\ b_x & b_z \end{vmatrix} j + \begin{vmatrix} a_x & a_y \\ b_x & b_y \end{vmatrix} k$$

可知，当 $a \neq 0$，$b \neq 0$，$a // b \Leftrightarrow a \times b = 0 \Leftrightarrow \dfrac{b_x}{a_x} = \dfrac{b_y}{a_y} = \dfrac{b_z}{a_z} \Leftrightarrow a = \lambda b$

向量积符合下列运算规律：

(1) $b \times a = -a \times b$；

(2) 分配律　$(a+b) \times c = a \times c + b \times c$；

(3) 结合律　$(\lambda a) \times b = a \times (\lambda b) = \lambda (a \times b)$。

3. 混合积

$(a \times b) \cdot c$ 称为向量的混合积，记作 $[abc]$。它的几何意义是：向量的混合积的计算结果为一个数，该数的绝对值表示以向量 a、b、c 为模的平行六面体的体积。当向量 a、b、c 组成右手系时，则混合积的符号为正；当其构成左手系时，则混合积的符号为负。

设 $a = (a_x, a_y, a_z)$，$b = (b_x, b_y, b_z)$，$c = (c_x, c_y, c_z)$，则：

$$[a\ b\ c] = \begin{vmatrix} a_x & a_y & a_z \\ b_x & b_y & b_z \\ c_x & c_y & c_z \end{vmatrix}$$

可知，三向量 a、b、c 共面 $\Leftrightarrow [a\ b\ c] = 0$

【例 1-1-1】（历年真题）已知向量 $\alpha = (-3, -2, 1)$，$\beta = (1, -4, -5)$，则 $|\alpha \times \beta|$ 等于：

A. 0　　　　　　B. 6　　　　　　C. $14\sqrt{3}$　　　　　　D. $14i + 16j - 10k$

【解答】 $\alpha \times \beta = \begin{vmatrix} i & j & k \\ -3 & -2 & 1 \\ 1 & -4 & -5 \end{vmatrix} = 14i - 14j + 14k$

$|\alpha \times \beta| = \sqrt{14^2 + 14^2 + 14^2} = 14\sqrt{3}$，应选 C 项。

【例 1-1-2】(历年真题)若向量 $\boldsymbol{\alpha}$、$\boldsymbol{\beta}$ 满足 $|\boldsymbol{\alpha}|=2$,$|\boldsymbol{\beta}|=\sqrt{2}$,且 $\boldsymbol{\alpha}\cdot\boldsymbol{\beta}=2$,则 $|\boldsymbol{\alpha}\times\boldsymbol{\beta}|$ 等于:

A. 2　　　　　　B. $2\sqrt{2}$　　　　　　C. $2+\sqrt{2}$　　　　　　D. 不能确定

【解答】$\cos\theta=\dfrac{\boldsymbol{\alpha}\cdot\boldsymbol{\beta}}{|\boldsymbol{\alpha}||\boldsymbol{\beta}|}=\dfrac{2}{2\times\sqrt{2}}=\dfrac{\sqrt{2}}{2}$,故 $\theta=\dfrac{\pi}{4}$

$|\boldsymbol{\alpha}\times\boldsymbol{\beta}|=|\boldsymbol{\alpha}||\boldsymbol{\beta}|\sin\theta=2\times\sqrt{2}\times\sin\dfrac{\pi}{4}=2$,应选 A 项。

【例 1-1-3】(历年真题)已知向量 $\boldsymbol{\alpha}=(2,1,-1)$,$\boldsymbol{\beta}/\!/\boldsymbol{\alpha}$,$\boldsymbol{\alpha}\cdot\boldsymbol{\beta}=3$,则 $\boldsymbol{\beta}=$

A. $(2,1,-1)$　　　　　　　　　　B. $\left(\dfrac{3}{2},\dfrac{3}{4},-\dfrac{3}{4}\right)$

C. $\left(1,\dfrac{1}{2},-\dfrac{1}{2}\right)$　　　　　　　　　　D. $\left(1,-\dfrac{1}{2},\dfrac{1}{2}\right)$

【解答】由条件,设 $\boldsymbol{\beta}=\lambda\boldsymbol{\alpha}$

$\boldsymbol{\alpha}\cdot\boldsymbol{\beta}=\boldsymbol{\alpha}\cdot\lambda\boldsymbol{\alpha}=\lambda\boldsymbol{\alpha}\cdot\boldsymbol{\alpha}=\lambda[2\times2+1\times1+(-1)\times(-1)]=6\lambda$

又 $\boldsymbol{\alpha}\cdot\boldsymbol{\beta}=3$,则:$\lambda=\dfrac{1}{2}$,$\boldsymbol{\beta}=\dfrac{1}{2}\boldsymbol{\alpha}=\left(1,\dfrac{1}{2},-\dfrac{1}{2}\right)$

应选 C 项。

【例 1-1-4】(历年真题)设向量 $\boldsymbol{\alpha}=(5,1,8)$,$\boldsymbol{\beta}=(3,2,7)$,若 $\lambda\boldsymbol{\alpha}+\boldsymbol{\beta}$ 与 Oz 轴垂直,则常数 λ 等于:

A. $\dfrac{7}{8}$　　　　　B. $-\dfrac{7}{8}$　　　　　C. $\dfrac{8}{7}$　　　　　D. $-\dfrac{8}{7}$

【解答】采用验证法,Oz 轴向量 $\boldsymbol{\tau}=(0,0,1)$

A 项:$\lambda\boldsymbol{\alpha}+\boldsymbol{\beta}=\left(\dfrac{7}{8}\times5+3,\dfrac{7}{8}\times1+2,\dfrac{7}{8}\times8+7\right)=\left(\dfrac{59}{8},\dfrac{23}{8},\dfrac{112}{8}\right)$

$\boldsymbol{\tau}\cdot(\lambda\boldsymbol{\alpha}+\boldsymbol{\beta})=0+0+1\times\dfrac{112}{8}\neq0$,不满足。

B 项:$\lambda\boldsymbol{\alpha}+\boldsymbol{\beta}=\left(-\dfrac{7}{8}\times5+3,-\dfrac{7}{8}\times1+2,-\dfrac{7}{8}\times8+7\right)=\left(-\dfrac{11}{8},\dfrac{9}{8},0\right)$

$\boldsymbol{\tau}\cdot(\lambda\boldsymbol{\alpha}+\boldsymbol{\beta})=0+0+1\times0=0$,满足。

应选 B 项。

二、平面

(一)平面方程

1. 点法式方程:如果一非零向量垂直于一平面,这个向量就称为该平面的法线向量,设平面过点 (x_0,y_0,z_0) 且以 $\boldsymbol{n}=(A,B,C)$ 为法线向量,则其点法式方程为:

$$A(x-x_0)+B(y-y_0)+C(z-z_0)=0$$

2. 一般方程:$Ax+By+Cz+D=0$

其中 $\boldsymbol{n}=(A,B,C)$ 为平面的法线向量且 $A^2+B^2+C^2\neq0$。

3. 截距式方程 $\dfrac{x}{a}+\dfrac{y}{b}+\dfrac{z}{c}=1$

其中,a、b、c 依次为平面在 x、y、z 轴上的截距。

(二)两平面的夹角、点到平面的距离

1. 两平面的夹角

两平面的法线向量的夹角称为两平面的夹角，通常两平面的夹角为锐角或直角。

设平面 Π_1 和 Π_2 方程分别为 $A_1x+B_1y+C_1z+D_1=0$ 及 $A_2x+B_2y+C_2z+D_2=0$，其中 $\boldsymbol{n_1}=(A_1,B_1,C_1)$，$\boldsymbol{n_2}=(A_2,B_2,C_2)$，平面 Π_1 和 Π_2 的夹角 θ 的余弦为：

$$\cos\theta=\frac{|\boldsymbol{n_1}\cdot\boldsymbol{n_2}|}{|\boldsymbol{n_1}||\boldsymbol{n_2}|}=\frac{|A_1A_2+B_1B_2+C_1C_2|}{\sqrt{A_1^2+B_1^2+C_1^2}\sqrt{A_2^2+B_2^2+C_2^2}}$$

由此推得下列结论：

$$\Pi_1\perp\Pi_2 \Leftrightarrow \boldsymbol{n_1}\cdot\boldsymbol{n_2}=0 \Leftrightarrow A_1A_2+B_1B_2+C_1C_2=0$$

$$\Pi_1 /\!/ \Pi_2 \Leftrightarrow \boldsymbol{n_1}\times\boldsymbol{n_2}=0 \Leftrightarrow \frac{A_2}{A_1}=\frac{B_2}{B_1}=\frac{C_2}{C_1}$$

2. 点到平面的距离公式

平面 Π：$Ax+By+Cz+D=0$ 外一点 $P_0(x_0,y_0,z_0)$ 到该平面的距离 d 为：

$$d=\frac{|Ax_0+By_0+Cz_0+D|}{\sqrt{A^2+B^2+C^2}}$$

三、空间直线

(一) 空间直线方程

1. 空间直线的一般方程

空间直线 L 可看作是两相交平面的交线，设两平面方程分别为 Π_1：$A_1x+B_1y+C_1z+D_1=0$，Π_2：$A_2x+B_2y+C_2z+D_2=0$，Π_1 与 Π_2 的交线 L 为：

$$\begin{cases}A_1x+B_1y+C_1z+D_1=0\\A_2x+B_2y+C_2z+D_2=0\end{cases}$$

上述方程组称为空间直线的一般方程。

2. 空间直线的对称式方程与参数方程

如果一个非零向量 $\boldsymbol{s}=(m,n,p)$ 平行于一条已知直线 L，这个向量 $\boldsymbol{s}$ 就称为该直线的方向向量。

设直线过点 $M_0(x_0,y_0,z_0)$ 且与方向向量 $\boldsymbol{s}=(m,n,p)$ 平行，则：

$$\frac{x-x_0}{m}=\frac{y-y_0}{n}=\frac{z-z_0}{p}$$

就称为直线 L 的对称式方程或点向式方程。

令 $\dfrac{x-x_0}{m}=\dfrac{y-y_0}{n}=\dfrac{z-z_0}{p}=t$，就得到空间直线的参数方程 $\begin{cases}x=x_0+mt\\y=y_0+nt\\z=z_0+pt\end{cases}$

(二) 两直线的交角

两直线的方向向量的夹角称为两直线的夹角，用 φ 表示，通常该夹角为锐角或直角。设直线 L_1 和 L_2 的方向向量为 $\boldsymbol{s_1}=(m_1,n_1,p_1)$，$\boldsymbol{s_2}=(m_2,n_2,p_2)$，则 L_1 和 L_2 的夹角 φ 的余弦为：

$$\cos\varphi=\frac{|\boldsymbol{s_1}\cdot\boldsymbol{s_2}|}{|\boldsymbol{s_1}||\boldsymbol{s_2}|}=\frac{|m_1m_2+n_1n_2+p_1p_2|}{\sqrt{m_1^2+n_1^2+p_1^2}\sqrt{m_2^2+n_2^2+p_2^2}}$$

由此推出下列结论：

$$L_1 \perp L_2 \Leftrightarrow \mathbf{s}_1 \cdot \mathbf{s}_2 = 0 \Leftrightarrow m_1 m_2 + n_1 n_2 + p_1 p_2 = 0$$

$$L_1 // L_2 \Leftrightarrow \mathbf{s}_1 \times \mathbf{s}_2 = 0 \Leftrightarrow \frac{m_1}{m_2} = \frac{n_1}{n_2} = \frac{p_1}{p_2}$$

（三）直线与平面的夹角

当直线与平面不垂直时，直线和它在平面上的投影直线的夹角 φ 称为直线与平面的夹角，通常该夹角取锐角，当直线与平面垂直时，规定其夹角 $\varphi = \frac{\pi}{2}$。

设直线 L 的方向向量为 $\mathbf{s} = (m, n, p)$，平面 π 的法向量为 $\mathbf{n} = (A, B, C)$，则直线 L 与平面 π 的夹角的正弦等于两向量夹角的余弦，即：

$$\sin\varphi = \frac{|\mathbf{s} \cdot \mathbf{n}|}{|\mathbf{s}||\mathbf{n}|} = \frac{|Am + Bn + Cp|}{\sqrt{m^2 + n^2 + p^2}\sqrt{A^2 + B^2 + C^2}}$$

由此推出下列结论：

$$L \perp \pi \Leftrightarrow \mathbf{s} \times \mathbf{n} = 0 \Leftrightarrow \frac{A}{m} = \frac{B}{n} = \frac{C}{p}$$

$$L // \pi \Leftrightarrow \mathbf{s} \cdot \mathbf{n} = 0 \Leftrightarrow Am + Bn + Cp = 0$$

【例 1-1-5】（历年真题）设直线方程为 $x = y - 1 = z$，平面方程为 $x - 2y + z = 0$，则直线与平面：

A. 重合　　　　B. 平行不重合　　　　C. 垂直相交　　　　D. 相交不垂直

【解答】直线的方向向量 $\mathbf{s} = (1, 1, 1)$，平面的法线向量 $\mathbf{n} = (1, -2, 1)$

$\mathbf{s} \cdot \mathbf{n} = 1 \times 1 + 1 \times (-2) + 1 \times 1 = 0$，故 $\mathbf{s} \perp \mathbf{n}$，故直线 // 平面。

直线上取一点 $M(0, 1, 0)$，代入平面方程左边：$0 - 2 \times 1 + 0 \neq 0$，故不重合。

应选 B 项。

【例 1-1-6】（历年真题）设直线 L 为 $\begin{cases} x + 3y + 2z + 1 = 0 \\ 2x - y - 10z + 3 = 0 \end{cases}$，平面 π 为 $4x - 2y + z - 2 = 0$，则直线和平面的关系是：

A. L 平行于 π　　　　　　　　　B. L 在 π 上

C. L 垂直于 π　　　　　　　　　D. L 与 π 斜交

【解答】直线的方向向量 $\mathbf{s}$ 为：

$$\mathbf{s} = \begin{vmatrix} \mathbf{i} & \mathbf{j} & \mathbf{k} \\ 1 & 3 & 2 \\ 2 & -1 & -10 \end{vmatrix} = -28\mathbf{i} + 14\mathbf{j} - 7\mathbf{k}$$

$\mathbf{s} = (-28, 14, -7)$，平面的法向量 $\mathbf{n} = (4, -2, 1)$

由于 $\frac{-28}{4} = \frac{14}{-2} = \frac{-7}{1}$，故 $\mathbf{s} // \mathbf{n}$，故直线 $\perp$ 平面 π。

应选 C 项。

【例 1-1-7】（历年真题）设有直线 $L_1: \frac{x-1}{1} = \frac{y-3}{-2} = \frac{z+5}{1}$ 与 $L_2: \begin{cases} x = 3 - t \\ y = 1 - t \\ z = 1 + 2t \end{cases}$，则 L_1

与 L_2 的夹角 θ 等于：

A. $\dfrac{\pi}{2}$ B. $\dfrac{\pi}{3}$ C. $\dfrac{\pi}{4}$ D. $\dfrac{\pi}{6}$

【解答】直线 L_1 的方向向量 $\boldsymbol{s}_1 = (1, -2, 1)$

直线 L_2 可化为：$\dfrac{x-3}{-1} = \dfrac{y-1}{-1} = \dfrac{z-1}{2}$，其方向向量 $\boldsymbol{s}_2 = (-1, -1, 2)$

$$\cos\theta = \dfrac{\boldsymbol{s}_1 \cdot \boldsymbol{s}_2}{|\boldsymbol{s}_1||\boldsymbol{s}_2|} = \dfrac{1\times(-1)+(-2)\times(-1)+1\times 2}{\sqrt{1+(-2)^2+1^2}\times\sqrt{(-1)^2+(-1)^2+2^2}} = \dfrac{3}{\sqrt{6}\times\sqrt{6}} = \dfrac{1}{2}$$

故 $\theta = \dfrac{2}{3}$，应选 B 项。

【例 1-1-8】（历年真题）过点 $(-1, -2, 3)$ 且平行于 z 轴的直线的对称方程是：

A. $\begin{cases} x=1 \\ y=-2 \\ z=-3t \end{cases}$ B. $\dfrac{x-1}{0} = \dfrac{y+2}{0} = \dfrac{z-3}{1}$

C. $z=3$ D. $\dfrac{x+1}{0} = \dfrac{y+2}{0} = \dfrac{z-3}{1}$

【解答】由题目条件及要求，排除 A、C 项。直线的方向向量 $\boldsymbol{s} = (0, 0, 1)$，则：

直线的对称方程：$\dfrac{x+1}{0} = \dfrac{y+2}{0} = \dfrac{z-3}{1}$

应选 D 项。

【例 1-1-9】（历年真题）过点 $(2, 0, -1)$ 且垂直于 xOy 面的直线方程为：

A. $\dfrac{x-2}{1} = \dfrac{y}{0} = \dfrac{z-1}{0}$ B. $\dfrac{x-2}{0} = \dfrac{y}{1} = \dfrac{z-1}{0}$

C. $\dfrac{x-2}{0} = \dfrac{y}{0} = \dfrac{z+1}{1}$ D. $\begin{cases} x=0 \\ z=-1 \end{cases}$

【解答】由条件可知，直线的方向向量 $\boldsymbol{s} = (0, 0, 1)$，过点 $(2, 0, -1)$ 的直线方程为：

$$\dfrac{x-2}{0} = \dfrac{y-0}{0} = \dfrac{z+1}{1}$$

应选 C 项。

【例 1-1-10】（历年真题）过点 $M_1(0, -1, 2)$ 和 $M_2(1, 0, 1)$ 且平行于 z 轴的平面方程是：

A. $x-y=0$ B. $\dfrac{x}{1} = \dfrac{y+1}{-1} = \dfrac{z-2}{0}$

C. $x+y-1=0$ D. $x-y-1=0$

【解答】采用验证法：

A 项：$M_1(0, -1, -2)$，$x-y=0-(-1)\neq 0$，不满足。

B 项：$M_2(1, 0, 1)$，$\dfrac{1}{1}\neq\dfrac{0+1}{-1}$，不满足。

C 项：$M_1(0, -1, -2)$，$x+y-1=0-1-1\neq 0$，不满足。

应选 D 项。

四、曲面

（一）旋转曲面

以一条平面曲线绕其平面上的一条直线旋转一周所成的曲面称为旋转曲面，旋转曲线和这条定直线分别称为旋转曲面的母线和轴。

设 yOz 坐标面上有一已知曲线 C，其方程为 $f(y,z)=0$，把这曲线绕 z 轴旋转一周就得到一个以 z 轴为旋转轴的旋转曲面（图 1-1-3），其方程为 $f(\pm\sqrt{x^2+y^2}, z)=0$。同样，曲线 C 绕 y 轴旋转成的旋转曲面的方程为 $f(y, \pm\sqrt{x^2+z^2})=0$。

直线 L 绕另一条与 L 相交的直线旋转一周，所得旋转曲面称为圆锥面。两直线的交点称为圆锥面的顶点，两直线的夹角 $\alpha\left(0<\alpha<\dfrac{\pi}{2}\right)$ 称为圆锥面的半顶角，如图 1-1-4 所示，在 yOz 坐标面上，直线 L 的方程为 $z=y\cot\alpha$，旋转轴为 z 轴，则该圆锥面的方程为 $z=\pm\sqrt{x^2+y^2}\cot\alpha$ 或 $a^2(x^2+y^2)=z^2$，其中 $a=\cot\alpha$。

图 1-1-3　　　　　　图 1-1-4

（二）柱面

一般地，直线 L 沿定曲线 C 平行移动形成的轨迹称为柱面，定曲线 C 称为柱面的准线，动直线 L 称为柱面的母线。

方程 $y^2=2x$ 表示它的母线平行于 z 轴的柱面，它的准线是 xOy 面上的抛物线 $y^2=2x$，该柱面称为抛物柱面（图 1-1-5）。

方程 $x^2+y^2=R^2$ 表示圆柱面。方程 $x-y=0$ 表示母线平行于 z 轴的柱面，它是过 z 轴的平面。

（三）二次曲面

用三元二次方程 $F(x,y,z)=0$ 所表示的曲面称为二次曲面。二次曲面的标准方程如下：

1. 球面：$(x-x_0)^2+(y-y_0)^2+(z-z_0)^2=R^2$

当球心在原点时，$x^2+y^2+z^2=R^2$

2. 椭圆锥面 [图 1-1-6（a）]：$\dfrac{x^2}{a^2}+\dfrac{y^2}{b^2}=z^2$

3. 椭球面 [图 1-1-6（b）]：$\dfrac{x^2}{a^2}+\dfrac{y^2}{b^2}+\dfrac{z^2}{c^2}=1$

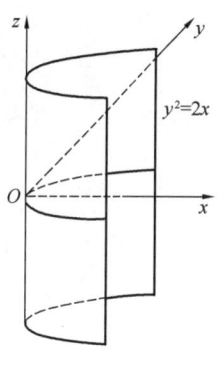

图 1-1-5

4. 单叶双曲面：$\dfrac{x^2}{a^2}+\dfrac{y^2}{b^2}-\dfrac{z^2}{c^2}=1$

把 xOz 面上的双曲线 $\dfrac{x^2}{a^2}-\dfrac{z^2}{c^2}=1$ 绕 z 轴旋转，得旋转单叶双曲面 $\dfrac{x^2+y^2}{a^2}-\dfrac{z^2}{c^2}=1$ [图 1-1-6（c）]；把此旋转曲面沿 y 轴方向伸缩 $\dfrac{b}{a}$ 倍，即得单叶双曲面 $\dfrac{x^2}{a^2}+\dfrac{y^2}{b^2}-\dfrac{z^2}{c^2}=1$。

5. 双叶双曲面 $\dfrac{x^2}{a^2}-\dfrac{y^2}{b^2}-\dfrac{z^2}{c^2}=1$

把 xOz 面上的双曲线 $\dfrac{x^2}{a^2}-\dfrac{z^2}{c^2}=1$ 绕 x 轴旋转，得旋转双叶双曲面 $\dfrac{x^2}{a^2}-\dfrac{y^2+z^2}{c^2}=1$ [图 1-1-6（d）]，把此旋转曲面沿 y 轴方向伸缩 $\dfrac{b}{c}$ 倍，即得双叶双曲面 $\dfrac{x^2}{a^2}-\dfrac{y^2}{b^2}-\dfrac{z^2}{c^2}=1$。

6. 椭圆抛物面 [图 1-1-6（e）] $\quad \dfrac{x^2}{a^2}+\dfrac{y^2}{b^2}=z$

7. 双曲抛物面（亦称马鞍面）[图 1-1-6（f）] $\quad \dfrac{x^2}{a^2}-\dfrac{y^2}{b^2}=z$

8. 柱面

（1）椭圆柱面 $\quad \dfrac{x^2}{a^2}+\dfrac{y^2}{b^2}=1$

（2）双曲柱面 $\quad \dfrac{x^2}{a^2}-\dfrac{y^2}{b^2}=1$

（3）抛物柱面 $\quad x^2=ay$

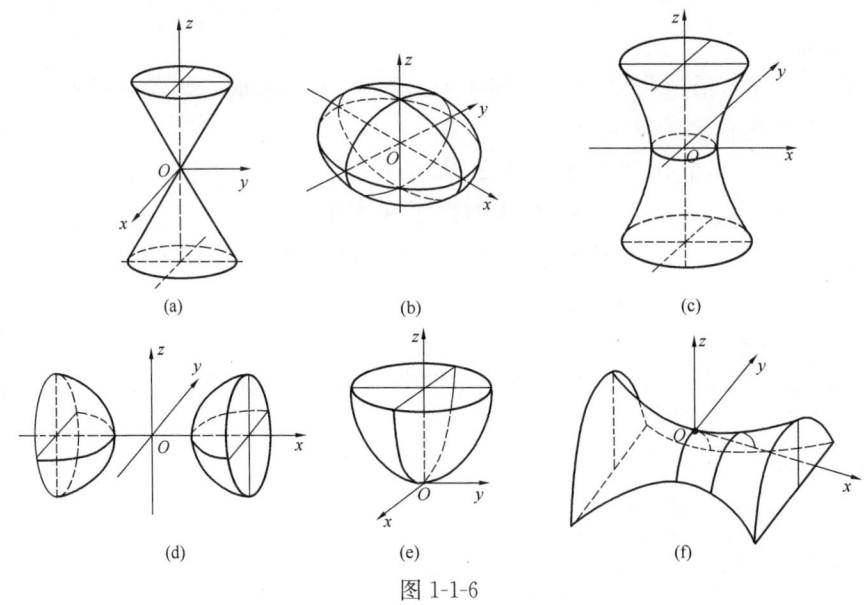

图 1-1-6

（a）椭圆锥面；（b）椭球面；（c）单叶双曲面；（d）双叶双曲面；（e）椭圆抛物面；（f）双曲抛物面

【例 1-1-11】（历年真题）在三维空间中方程 $y^2-z^2=1$ 所代表的图形是：

A. 母线平行 x 轴的双曲柱面　　　　B. 母线平行 y 轴的双曲柱面

C. 母线平行 z 轴的双曲柱面　　　　D. 双曲线

【解答】方程缺 x，故 $y^2-z^2=1$ 为双曲柱面，母线平行 z 轴。

应选 A 项。

【例 1-1-12】（历年真题）方程 $x^2-\dfrac{y^2}{4}+z^2=1$，表示为：

A. 旋转双曲面　　　B. 双叶双曲面　　　C. 双曲柱面　　　D. 锥面

【解答】首先，排除 C、D 项。由双叶双曲面方程的特点，故排除 B 项。应选 A 项。

此外，方程可化为：$x^2+z^2-\dfrac{y^2}{4}=1$，即由双曲线 $\begin{cases} x^2-\dfrac{y^2}{4}=1 \\ z=0 \end{cases}$ 绕 y 轴旋转得到或由

$\begin{cases} z^2-\dfrac{y^2}{4}=1 \\ x=0 \end{cases}$ 绕 y 轴旋转得到。

【例 1-1-13】（历年真题）在空间直角坐标系中，方程 $x^2+y^2-z=0$ 表示的图形是：

A. 圆锥面　　　B. 圆柱面　　　C. 球面　　　D. 旋转抛物面

【解答】首先，排除 B、C 项。由圆锥面方程的特点，排除 A 项。应选 D 项。

此外，方程由抛物线 $\begin{cases} x^2-z=0 \\ y=0 \end{cases}$ 绕 z 轴旋转得到或由 $\begin{cases} y^2-z=0 \\ x=0 \end{cases}$ 绕 z 轴旋转得到。

【例 1-1-14】（历年真题）yOz 坐标面上的曲线 $\begin{cases} y^2+z=1 \\ x=0 \end{cases}$ 绕 Oz 轴旋转一周所生成的旋转曲面方程是：

A. $x^2+y^2+z=1$　　　　　　　　B. $x+y^2+z^2=1$

C. $y^2+\sqrt{x^2+z^2}=1$　　　　　　D. $y^2-\sqrt{x^2+z^2}=1$

【解答】$\begin{cases} y^2+z=1 \\ x=0 \end{cases}$ 表示在 yOz 平面上曲线，其绕 Oz 轴旋转后，其方程为：$x^2+y^2+z=1$，应选 A 项。

【例 1-1-15】（历年真题）下列平面中，平行于且非重合于 yOz 坐标面的平面方程是：

A. $y+z+1=0$　　　　　　　　B. $z+1=0$

C. $y+1=0$　　　　　　　　　D. $x+1=0$

【解答】由条件可知，D 项满足，应选 D 项。

五、空间曲线

空间曲线可以看做两个曲面的交线，设 $F(x,y,z)=0$ 和 $G(x,y,z)=0$ 是两个曲面的方程，则方程组

$$\begin{cases} F(x,y,z)=0 \\ G(x,y,z)=0 \end{cases}$$

就是这两个曲面的交线 C 的方程，上述方程组也称为空间曲线 C 的一般方程。

空间曲线的 C 的方程也可以用参数形式表示，若将 C 上的动点的坐标 x，y，z 表示成参数 t 的函数：

$$\begin{cases} x=x(t) \\ x=y(t) \\ z=z(t) \end{cases}$$

上述方程组称为空间曲线的参数方程。

例如，参数方程 $\begin{cases} x=a\cos t \\ y=a\sin t \\ z=bt \end{cases}$ (a，b，c 均为常数）表示的空间曲线为螺旋线。

设空间曲线 C 的一般方程为 $\begin{cases} F(x,y,z)=0 \\ G(x,y,z)=0 \end{cases}$，联立两方程消去变量 z 后所得的方程 $H(x,y)=0$，则 $\begin{cases} H(x,y)=0 \\ z=0 \end{cases}$ 为曲线 C 在坐标面 xOy 上的投影曲线方程。

同理，消去方程组中的变量 x 或变量 y，再分别和 $x=0$ 或 $y=0$ 联立，就可得到包含曲线 C 在 yOz 面或 xOz 面上的投影的曲线方程：

$$\begin{cases} R(y,z)=0 \\ x=0 \end{cases} \quad \text{或} \quad \begin{cases} T(x,z)=0 \\ y=0 \end{cases}$$

【例 1-1-16】（历年真题）曲线 $x^2+4y^2+z^2=4$ 与平面 $x+z=a$ 的交线在 yOz 平面上的投影方程是：

A. $\begin{cases} (a-z)^2+4y^2+z^2=4 \\ z=0 \end{cases}$ B. $\begin{cases} x^2+4y^2+(z-x)^2=4 \\ z=0 \end{cases}$

C. $\begin{cases} x^2+4y^2+(a-x)^2=4 \\ x=0 \end{cases}$ D. $(a-z)^2+4y^2+z^2=4$

【解答】 将 $x=a-z$ 代入曲线方程，消去 x，且令 $x=0$。

应选 C 项。

习 题

1-1-1 （历年真题）已知直线 L：$\dfrac{x}{3}=\dfrac{y+1}{-1}=\dfrac{z-3}{2}$，平面 π：$-2x+2y+z-1=0$，则：

A. L 与 π 垂直相关   B. L 平行于 π，但 L 不在 π 上

C. L 与 π 非垂直相关   D. L 在 π 上

1-1-2 （历年真题）设 $\boldsymbol{\alpha}$、$\boldsymbol{\beta}$ 均为非零向量，则下面结论正确的是：

A. $\boldsymbol{\alpha}\times\boldsymbol{\beta}=\boldsymbol{0}$ 是 $\boldsymbol{\alpha}$ 与 $\boldsymbol{\beta}$ 垂直的充要条件

B. $\boldsymbol{\alpha}\cdot\boldsymbol{\beta}=\boldsymbol{0}$ 是 $\boldsymbol{\alpha}$ 与 $\boldsymbol{\beta}$ 平行的充要条件

C. $\boldsymbol{\alpha}\times\boldsymbol{\beta}=\boldsymbol{0}$ 是 $\boldsymbol{\alpha}$ 与 $\boldsymbol{\beta}$ 平行的充要条件

D. 若 $\boldsymbol{\alpha}=\lambda\boldsymbol{\beta}$（$\lambda$ 是常数），则 $\boldsymbol{\alpha}\cdot\boldsymbol{\beta}=\boldsymbol{0}$

1-1-3 已知点 $A(1,0,\sqrt{2})$ 和 $B(4,2\sqrt{2},-\sqrt{2})$，则方向和 $\overrightarrow{AB}$ 一致的单位向量是：

A. $(3,2\sqrt{2},2\sqrt{2})$ B. $(3,2\sqrt{2},-2\sqrt{2})$

C. $\left(\dfrac{3}{5}, \dfrac{2\sqrt{2}}{5}, \dfrac{2\sqrt{2}}{5}\right)$ D. $\left(\dfrac{3}{5}, \dfrac{2\sqrt{2}}{5}, -\dfrac{2\sqrt{2}}{5}\right)$

1-1-4 过点 $A(1,1,-1)$、$B(-2,-2,2)$ 和 $C(1,-1,2)$ 三点的平面方程为：

A. $x-3y+2z=0$ B. $x+3y-2z-6=0$

C. $x-3y-2z=0$ D. $x+3y+2z-2=0$

1-1-5 过 z 轴和点 $(1,2,-1)$ 的平面方程是：

A. $x+2y-z-6=0$ B. $2x-y=0$

C. $y+2z=0$ D. $2x+y=0$

1-1-6 过点 $M(3,-2,1)$ 且与直线 $l:\begin{cases}x-y-z+1=0\\2x+y-3z+4=0\end{cases}$ 平行的直线方程为：

A. $\dfrac{x-3}{4}=\dfrac{y+2}{-1}=\dfrac{z-1}{-3}$ B. $\dfrac{x-3}{4}=\dfrac{y+2}{1}=\dfrac{z-1}{-3}$

C. $\dfrac{x-3}{4}=\dfrac{y+2}{-1}=\dfrac{z-1}{3}$ D. $\dfrac{x-3}{4}=\dfrac{y+2}{1}=\dfrac{z-1}{3}$

1-1-7 点 $M_1(3,-1,2)$ 到直线 $l:\dfrac{x-1}{0}=\dfrac{y+2}{1}=\dfrac{z-0}{1}$ 的距离为：

A. $\dfrac{3\sqrt{2}}{2}$ B. $\dfrac{\sqrt{2}}{2}$ C. $\dfrac{2\sqrt{2}}{3}$ D. $\dfrac{\sqrt{2}}{3}$

1-1-8 下列曲面的结论中，错误的是：

A. $2x^2-5y^2-z^2=1$ 表示双叶双曲面   B. $2x^2+5y^2-z^2=1$ 表示单叶双曲面

C. $2x^2+5y^2-z=1$ 表示椭圆抛物面   D. $2(x^2+y^2)-z^2=1$ 表示圆锥面

第二节　一元函数微分学

一、函数

（一）基本定义与初等函数

设数集 $D\subset\mathbf{R}$，则称映射 $f:D\to\mathbf{R}$ 为定义在 D 上的函数，通常简记为 $y=f(x),x\in D$，其中 x 称为自变量，y 称为因变量，D 称为定义域，记作 D_f，即 $D_f=D$。

基本初等函数包括幂函数、指数函数、对称函数、三角函数和反三角函数五类。由常数和基本初等函数经过有限次的四则运算和有限次的函数复合步骤所构成并可用一个式子表示的函数，称为初等函数。

（二）函数的几个特性

1. 函数的有界性

设函数 $f(x)$ 的定义域为 D，数集 $X\subset D$。如果存在数 K_1，使得 $f(x)\leqslant K_1$，对任一 $x\in X$ 都成立，则称函数 $f(x)$ 在 X 上有上界，而 K_1 称为函数 $f(x)$ 在 X 上的一个上界；如果存在数 K_2，使得 $f(x)\geqslant K_2$，对任一 $x\in X$ 都成立，则称函数 $f(x)$ 在 X 上有下界，而 K_2 称为函数 $f(x)$ 在 X 上的一个下界。

如果存在正数 M，使得 $|f(x)|\leqslant M$，对任一 $x\in X$ 都成立，则称函数 $f(x)$ 在 X 上有界。如果对于任何正数 M，总存在 $x_1\in X$，使 $|f(x_1)|>M$，则函数 $f(x)$ 在 X 上无界。

2. 函数的单调性

设函数 $f(x)$ 的定义域为 D，区间 $I \subset D$，如果对于区间 I 上任意两点 x_1 和 x_2，当 $x_1 < x_2$ 时，恒有 $f(x_1) < f(x_2)$，则称函数 $f(x)$ 在区间 I 上是单调增加的；如果对于区间 I 上任意两点 x_1 和 x_2，当 $x_1 < x_2$ 时，恒有 $f(x_1) > f(x_2)$，则称函数 $f(x)$ 在区间 I 上是单调减少的。

3. 函数的奇偶性

设函数 $f(x)$ 的定义域 D 关于原点对称，如果对于任一 $x \in D$，恒有 $f(-x) = f(x)$，则称 $f(x)$ 为偶函数。如果对于任一 $x \in D$，恒有 $f(-x) = -f(x)$，则称 $f(x)$ 为奇函数。

4. 函数的周期性

设函数 $f(x)$ 的定义域为 D，如果存在一个正数 l，使得对于任一 $x \in D$ 有 $(x \pm l) \in D$，且 $f(x+l) = f(x)$ 恒成立，则称 $f(x)$ 为周期函数，l 称为 $f(x)$ 的周期。通常周期函数的周期是指最小正周期。

二、极限

(一) 数列极限

设 $\{x_n\}$ 为一数列，如果存在常数 a，对于任意给定的正数 ε（不论它多么小），总存在正整数 N，使得当 $n > N$ 时，不等式 $|x_n - a| < \varepsilon$ 都成立，则称常数 a 是数列 $\{x_n\}$ 的极限，或者称数列 $\{x_n\}$ 收敛于 a，记为 $\lim_{n \to \infty} x_n = a$，或 $x_n \to a (n \to \infty)$。如果不存在这样的常数 a，就说数列 $\{x_n\}$ 没有极限，或者说数列 $\{x_n\}$ 是发散的，习惯上也说 $\lim_{n \to \infty} x_n$ 不存在。

(二) 函数的极限

1. 函数极限的概念

(1) 自变量趋于有限值时的极限

$\lim_{x \to x_0} f(x) = A \Leftrightarrow \forall \varepsilon > 0, \exists \delta > 0$，当 $0 < |x - x_0| < \delta$ 时，有 $|f(x) - A| < \varepsilon$。①

上述 $x \to x_0$ 时函数 $f(x)$ 的极限概念中，x 是既从 x_0 的左侧也从 x_0 的右侧趋于 x_0 的。如果 x 仅从 x_0 的右侧趋于 x_0（记作 $x \to x_0^+$），则称 A 为函数 $f(x)$ 当 $x \to x_0$ 时的右极限，记作 $f(x_0^+) = \lim_{x \to x_0^+} f(x) = A$；如果 x 仅从 x_0 的左侧趋于 x_0（记作 $x \to x_0^-$），则称 A 为函数 $f(x)$ 当 $x \to x_0$ 时的左极限，记作 $f(x_0^-) = \lim_{x \to x_0^-} f(x) = A$。

函数 $f(x)$ 当 $x \to x_0$ 时极限存在的充分必要条件是其左极限与右极限各自存在并且相等，即 $f(x_0^+) = f(x_0^-)$。

(2) 自变量趋于无穷大时函数的极限

$\lim_{x \to \infty} f(x) = A \Leftrightarrow \forall \varepsilon > 0, \exists X > 0$，当 $|x| > X$ 时，有 $|f(x) - A| < \varepsilon$。

如果 $x > 0$ 且 $|x|$ 无限增大（记作 $x \to +\infty$），则称 A 为函数 $f(x)$ 当 $x \to +\infty$ 时的极限，记作 $\lim_{x \to +\infty} f(x) = A$；如果 $x < 0$ 且 $|x|$ 无限增大（记作 $x \to -\infty$），则称 A 为函数 $f(x)$ 当 $x \to -\infty$ 时的极限，记作 $\lim_{x \to -\infty} f(x) = A$。

$\lim_{x \to -\infty} f(x) = \lim_{x \to +\infty} f(x) = A \Leftrightarrow \lim_{x \to \infty} f(x) = A$。

---

① $\forall \varepsilon > 0, \exists \delta > 0$ 表示：任意给定的正数 ε（不论它多么小），总存在正数 δ。

2. 无穷小与无穷大

(1) 如果函数 $f(x)$ 当 $x \to x_0$（或 $x \to \infty$）时的极限为零，即 $\lim\limits_{\substack{x \to x_0 \\ (x \to \infty)}} f(x) = 0$，则函数 $f(x)$ 称为 $x \to x_0$（或 $x \to \infty$）时的无穷小。

在自变量的同一变化过程 $x \to x_0$（或 $x \to \infty$）中，函数 $f(x)$ 具有极限 A 的充分必要条件是 $f(x) = A + \alpha$，其中 α 是无穷小。

(2) 如果当 $x \to x_0$（或 $x \to \infty$）时，对应的函数值的绝对值 $|f(x)|$ 无限增大，则称函数 $f(x)$ 当 $x \to x_0$（或 $x \to \infty$）时为无穷大，记作 $\lim\limits_{\substack{x \to x_0 \\ (x \to \infty)}} f(x) = \infty$。按函数极限的定义，$f(x)$ 为无穷大是极限不存在的一种情形，但习惯上也称"函数的极限为无穷大"。

$\lim\limits_{\substack{x \to x_0 \\ (x \to \infty)}} f(x) = \infty$ 也可分开记作 $\lim\limits_{\substack{x \to x_0 \\ (x \to \infty)}} f(x) = +\infty$，$\lim\limits_{\substack{x \to x_0 \\ (x \to \infty)}} f(x) = -\infty$。

(3) 在自变量的同一变化过程中，如果 $f(x)$ 为无穷大，则 $\dfrac{1}{f(x)}$ 为无穷小；反之，如果 $f(x)$ 为无穷小，且 $f(x) \neq 0$，则 $\dfrac{1}{f(x)}$ 为无穷大。

3. 极限运算法则

(1) 两个无穷小的和是无穷小。有限个无穷小之和也是无穷小。

(2) 有界函数与无穷小的乘积是无穷小。

1) 常数与无穷小的乘积是无穷小。

2) 有限个无穷小的乘积是无穷小。

(3) 如果 $\lim f(x) = A$，$\lim g(x) = B$，则：[①]

1) $\lim[f(x) \pm g(x)] = \lim f(x) \pm \lim g(x) = A \pm B$；

2) $\lim[f(x) \cdot g(x)] = \lim f(x) \cdot \lim g(x) = A \cdot B$；

3) 若 $B \neq 0$，则有 $\lim \dfrac{f(x)}{g(x)} = \dfrac{\lim f(x)}{\lim g(x)} = \dfrac{A}{B}$；

4) $\lim[Cf(x)] = C \lim f(x) = CA$，$C$ 为常数；

5) $\lim[f(x)]^n = [\lim f(x)]^n = A^n$，$n$ 为正整数。

(4) 如果 $\varphi(x) \geqslant \psi(x)$，而 $\lim \varphi(x) = A$，$\lim \psi(x) = B$，则 $A \geqslant B$。

此外，求函数极限还可采用洛必达法则，见后面内容。

(三) 极限存在准则及两个重要极限

准则 I （夹逼准则） 如果当 $x \in \overset{\circ}{U}(x_0, r)$（或 $|x| > M$）时，$g(x) \leqslant f(x) \leqslant h(x)$；$\lim\limits_{\substack{x \to x_0 \\ (x \to \infty)}} g(x) = A$，$\lim\limits_{\substack{x \to x_0 \\ (x \to \infty)}} h(x) = A$，则 $\lim\limits_{\substack{x \to x_0 \\ (x \to \infty)}} f(x)$ 存在，且等于 A。

准则 II 单调有界数列必有极限。

两个重要极限：(1) $\lim\limits_{x \to 0} \dfrac{\sin x}{x} = 1$；(2) $\lim\limits_{x \to \infty} \left(1 + \dfrac{1}{x}\right)^x = e$。

[①] 记号"lim"下面没有标明自变量的变化过程，即认为上述等号关于"$x \to x_0$""$x \to \infty$"均成立。

由两个重要极限中可以得到：

$\lim\limits_{x\to 0}\dfrac{\tan x}{x}=1$，$\lim\limits_{x\to 0}\dfrac{\arcsin x}{x}=1$，$\lim\limits_{x\to 0}\dfrac{\arctan x}{x}=1$，$\lim\limits_{x\to 0}\dfrac{1-\cos x}{x^2}=\dfrac{1}{2}$，$\lim\limits_{x\to\infty}\left(1+\dfrac{1}{n}\right)^n=$ e，$\lim\limits_{x\to 0}(1+x)^{\frac{1}{x}}=$ e 等。

（四）无穷小的比较

下面的 α 及 β 都是在同一个自变量的变化过程中的无穷小，且 $\alpha\neq 0$，$\lim\dfrac{\beta}{\alpha}$ 也是在这个变化过程中的极限。

如果 $\lim\dfrac{\beta}{\alpha}=0$，则称 β 是比 α 高阶的无穷小，记作 $\beta=o(\alpha)$；

如果 $\lim\dfrac{\beta}{\alpha}=\infty$，则称 β 是比 α 低阶的无穷小；

如果 $\lim\dfrac{\beta}{\alpha}=c\neq 0$，则称 β 与 α 是同阶无穷小；

如果 $\lim\dfrac{\beta}{\alpha}=1$，则称 β 与 α 是等价无穷小，记作 $\alpha\sim\beta$。

设 $\alpha\sim\tilde{\alpha}$，$\beta\sim\tilde{\beta}$，且 $\lim\dfrac{\tilde{\beta}}{\tilde{\alpha}}$ 存在，则：$\lim\dfrac{\beta}{\alpha}=\lim\dfrac{\tilde{\beta}}{\tilde{\alpha}}$。

由上述结论可知，在求两个无穷小之比的极限时，分子及分母都可用等价无穷小来代替，使计算简化。当 $x\to 0$ 时，常用的等价无穷小：$x\sim\sin x\sim\tan x\sim\arcsin x\sim\arctan x\sim$ $e^x-1\sim\ln(1+x)$，$1-\cos x\sim\dfrac{x^2}{2}$，$(1+x)^a-1\sim ax$，$a^x-1\sim x\ln a$。

【例 1-2-1】（历年真题）函数 $y=\sin\dfrac{1}{x}$ 是定义域内的：

A. 有界函数　　　　B. 无界函数　　　　C. 单调函数　　　　D. 周期函数

【解答】 $y=\sin\dfrac{1}{x}\in[-1,1]$，为有界函数。应选 A 项。

【例 1-2-2】（历年真题）设 $f(x)$ 为偶函数，$g(x)$ 为奇函数，则下列函数中为奇函数的是：

A. $f[g(x)]$　　　B. $f[f(x)]$　　　C. $g[f(x)]$　　　D. $g[g(x)]$

【解答】 D 项：$g[g(-x)]=g[-g(x)]=-g[g(x)]$ 为奇函数。

应选 D 项。

此外，A、B、C 项，验证均不是奇函数。

【例 1-2-3】（历年真题）若 $\lim\limits_{x\to 0}(1-x)^{\frac{k}{x}}=2$，则常数 k 等于：

A. $-\ln 2$　　　B. $\ln 2$　　　C. 1　　　D. 2

【解答】 $\lim\limits_{x\to 0}(1-x)^{\frac{k}{x}}=\lim\limits_{x\to 0}\{[1+(-x)]^{\frac{1}{-x}}\}^{-k}=e^{-k}=2$

则：$k=-\ln 2$，应选 A 项。

【例 1-2-4】（历年真题）当 $x\to 0$ 时，$\sqrt{1-x^2}-\sqrt{1+x^2}$ 与 x^k 是同阶无穷小，则常数 k 等于：

A. 3　　　　B. 2　　　　C. 1　　　　D. $\dfrac{1}{2}$

【解答】$\lim\limits_{x\to 0}\dfrac{x^k}{\sqrt{1-x^2}-\sqrt{1+x^2}} = \lim\limits_{x\to 0}\dfrac{x^k(\sqrt{1-x^2}+\sqrt{1+x^2})}{(1-x^2)-(1+x^2)}$

$$= \lim\limits_{x\to 0}\dfrac{x^k(\sqrt{1-x^2}+\sqrt{1+x^2})}{-2x^2}$$

当 $k=2$ 时，极限$=-1$，为同阶无穷小。

应选 B 项。

【例 1-2-5】（历年真题）设 $\alpha(x) = 1-\cos x$，$\beta(x) = 2x^2$，则当 $x\to 0$ 时，下列结论中正确的是：

A. $\alpha(x)$ 与 $\beta(x)$ 是等阶无穷小

B. $\alpha(x)$ 是比 $\beta(x)$ 高阶的无穷小

C. $\alpha(x)$ 是比 $\beta(x)$ 低阶的无穷小

D. $\alpha(x)$ 与 $\beta(x)$ 是同阶无穷小但不是等价无穷小

【解答】由于 $1-\cos x \sim \dfrac{x^2}{2}$，$\lim\limits_{x\to 0}\dfrac{\alpha(x)}{\beta(x)} = \dfrac{\dfrac{x^2}{2}}{2x^2} = \dfrac{1}{4}$

应选 D 项。

三、连续函数

(一) 函数的连续性与间断点

1. 函数的连续性

设函数 $y = f(x)$ 在点 x_0 的某一邻域内有定义，如果 $\lim\limits_{\Delta x\to 0}\Delta y = \lim\limits_{\Delta x\to 0}[f(x_0 + \Delta x) - f(x_0)] = 0$，或 $\lim\limits_{x\to x_0}f(x) = f(x_0)$，则称函数 $y = f(x)$ 在点 x_0 连续。

如果 $\lim\limits_{x\to x_0^-}f(x) = f(x_0^-)$ 存在且等于 $f(x_0)$，即 $f(x_0^-) = f(x_0)$，则称函数 $f(x)$ 在点 x_0 左连续。如果 $\lim\limits_{x\to x_0^+}f(x) = f(x_0^+)$ 存在且等于 $f(x_0)$，即 $f(x_0^+) = f(x_0)$，则称函数 $f(x)$ 在点 x_0 右连续。

函数 $y = f(x)$ 在 x_0 处左连续且右连续的充分必要条件是函数 $y = f(x)$ 在 x_0 处连续。

在区间上每一点都连续的函数，称为在该区间上的连续函数，或者说函数在该区间上连续。如果区间包括端点，那么函数在右端点连续是指左连续，在左端点连续是指右连续，则称函数在闭区间（例如 $[a, b]$）上连续。

2. 函数的间断点

设函数 $f(x)$ 在点 x_0 的某去心邻域内有定义，如果函数 $f(x)$ 有下列三种情形之一：

(1) 在 $x = x_0$ 处无定义；

(2) 虽在 $x = x_0$ 处有定义，但 $\lim\limits_{x\to x_0}f(x)$ 不存在；

(3) 虽在 $x = x_0$ 处有定义，$\lim\limits_{x\to x_0}f(x)$ 也存在，但 $\lim\limits_{x\to x_0}f(x) \neq f(x_0)$，则函数 $f(x)$ 在点 x_0 处不连续，x_0 称为 $f(x)$ 的不连续点(间断点)。

间断点可分为如下两类：

(1) 如果 x_0 为函数 $f(x)$ 的间断点，但左极限 $f(x_0^-)$ 及右极限 $f(x_0^+)$ 都存在，则 x_0 称为函数 $f(x)$ 的第一类间断点。在第一类间断点中，当 $f(x_0^+) = f(x_0^-)$ 时，则称为可去间断点；当 $f(x_0^+) \neq f(x_0^-)$ 时，则称为跳跃间断点。

（2）不是第一类间断点的任何间断点称为第二类间断点。

（二）连续函数的运算与初等函数的连续性

1. 设函数 $f(x)$ 和 $g(x)$ 在点 x_0 连续，则它们的和（差）$f \pm g$、积 $f \cdot g$ 及商 $\frac{f}{g}$ [当 $g(x_0) \neq 0$ 时] 都在点 x_0 连续。

2. 如果函数 $y = f(x)$ 在区间 I_x 上单调增加（或单调减少）且连续，则它的反函数 $x = f^{-1}(y)$ 也在对应的区间 $I_y = \{y \mid y = f(x), x \in I_x\}$ 上单调增加（或单调减少）且连续。

3. 设函数 $y = f[g(x)]$ 是由函数 $u = g(x)$ 与函数 $y = f(u)$ 复合而成，$U(x_0) \subset D_{f \cdot g}$。若函数 $u = g(x)$ 在 $x = x_0$ 连续，且 $g(x_0) = u_0$，而函数 $y = f(u)$ 在 $u = u_0$ 连续，则复合函数 $y = f[g(x)]$ 在 $x = x_0$ 也连续。

4. 一切初等函数在其定义区间内都是连续的，这里的"定义区间"是指包含在定义域内的区间。

（三）闭区间上连续函数的性质

定理 1（有界性与最大值最小值定理） 在闭区间上连续的函数在该区间上有界且一定能取得它的最大值和最小值。

定理 2（零点定理） 设函数 $f(x)$ 在闭区间 $[a,b]$ 上连续，且 $f(a)$ 与 $f(b)$ 异号[即 $f(a) \cdot f(b) < 0$]，则在开区间 (a, b) 内至少有一点 ξ，使 $f(\xi) = 0$。

定理 3（介值定理） 设函数 $f(x)$ 在闭区间 $[a,b]$ 上连续，且在这区间的端点取不同的函数值 $f(a) = A$ 及 $f(b) = B$，则对于 A 与 B 之间的任意一个数 C，在开区间 (a,b) 内至少有一点 ξ，使得 $f(\xi) = C (a < \xi < b)$。

【例 1-2-6】（历年真题）点 $x = 0$ 是函数 $y = \arctan \frac{1}{x}$ 的：

A. 可去间断点　　B. 跳跃间断点　　C. 连续点　　D. 第二类间断点

【解答】函数 y 在 $x = 0$ 处为间断点。

$\lim\limits_{x \to 0^+} y = \lim \frac{\pi}{2}$，$\lim\limits_{x \to 0^-} y = -\frac{\pi}{2}$，故 $x = 0$ 为跳跃间断点。

应选 B 项。

【例 1-2-7】（历年真题）设 $f(x) = \begin{cases} \cos x + x \sin \frac{1}{x}, & x < 0 \\ x^2 + 1, & x \geq 0 \end{cases}$，则 $x = 0$ 是 $f(x)$ 的：

A. 跳跃间断点　　B. 可去间断点　　C. 第二类间断点　　D. 连续点

【解答】$\lim\limits_{x \to 0^+} f(x) = 1$，$\lim\limits_{x \to 0^-} = 1 + 0 = 1$

$f(0) = 0 + 1 = 1$，则 $\lim\limits_{x \to 0^+} f(x) = \lim\limits_{x \to 0^-} f(x) = f(0)$

应选 D 项。

四、导数与微分

（一）导数的基本概念

1. 导数的定义

设函数 $y = f(x)$ 在点 x_0 的某个邻域内有定义，当自变量 x 在 x_0 处取得增量 Δx 时，相应地，因变量取得增量 $\Delta y = f(x_0+\Delta x)-f(x_0)$；如果 Δy 与 Δx 之比当 $\Delta x \to 0$ 时的极限存在，则称函数 $y=f(x)$ 在点 x_0 处可导，并称这个极限为函数 $y=f(x)$ 在点 x_0 处的导数，记为 $f'(x_0)$，即：

$$f'(x_0)=\lim_{\Delta x\to 0}\frac{\Delta y}{\Delta x}=\lim_{\Delta x\to 0}\frac{f(x_0+\Delta x)-f(x_0)}{\Delta x}$$

也可记作 $y'|_{x=x_0}$，$\dfrac{\mathrm{d}y}{\mathrm{d}x}\bigg|_{x=x_0}$ 或 $\dfrac{\mathrm{d}f(x)}{\mathrm{d}x}\bigg|_{x=x_0}$。

函数 $f(x)$ 在点 x_0 处可导有时也说成 $f(x)$ 在点 x_0 具有导数或导数存在。

函数 $f(x)$ 在点 x_0 处可导的充分必要条件是左导数 $f'_-(x_0)$ 和右导数 $f'_+(x_0)$ 都存在且相等。

如果函数 $y=f(x)$ 在开区间 I 内的每点处都可导，则称函数 $f(x)$ 在开区间 I 内可导。这时，对于任一 $x\in I$，都对应着 $f(x)$ 的一个确定的导数值。这样就构成了一个新的函数，这个函数称为原来函数 $y=f(x)$ 的导函数，记作 y'，$f'(x)$，$\dfrac{\mathrm{d}y}{\mathrm{d}x}$ 或 $\dfrac{\mathrm{d}f(x)}{\mathrm{d}x}$。

2. 函数可导性与连续性的关系

如果函数 $y=f(x)$ 在点 x 处可导，则函数在该点必连续，但一个函数在某点连续却不一定在该点可导。

3. 导数的几何意义和物理意义

$f(x)$ 在 x_0 处的导数 $f'(x_0)$，在几何上表示曲线 $y=f(x)$ 在点 (x_0, y_0) 处的切线的斜率。由此可知曲线 $y=f(x)$ 在点 (x_0, y_0) 处的切线方程为：

$$y-y_0=f'(x_0)(x-x_0)$$

若 $f'(x_0)\neq 0$，则曲线 $y=f(x)$ 在点 (x_0, y_0) 处的法线方程为：

$$y-y_0=-\frac{1}{f'(x_0)}(x-x_0)$$

如果沿直线运动的物体在时刻 t 的位置函数是 $s=s(t)$，则导数 $s'(t_0)$ 表示该物体在时刻 t_0 的瞬时速度 $v(t_0)$。

（二）基本求导公式

(1) $(C)'=0$（C 为常数） 　　　　(2) $(x^\mu)'=\mu x^{\mu-1}$

(3) $(\sin x)'=\cos x$ 　　　　　　　(4) $(\cos x)'=-\sin x$

(5) $(\tan x)'=\sec^2 x$ 　　　　　　(6) $(\cot x)'=-\csc^2 x$

(7) $(\sec x)'=\sec x\tan x$ 　　　　 (8) $(\csc x)'=-\csc x\cot x$

(9) $(a^x)'=a^x\ln a$（$a>0$，$a\neq 1$） (10) $(e^x)'=e^x$

(11) $(\log_a x)'=\dfrac{1}{x\ln a}$（$a>0$，$a\neq 1$） (12) $(\ln x)'=\dfrac{1}{x}$

(13) $(\arcsin x)'=\dfrac{1}{\sqrt{1-x^2}}$ 　　(14) $(\arccos x)'=-\dfrac{1}{\sqrt{1-x^2}}$

(15) $(\arctan x)'=\dfrac{1}{1+x^2}$ 　　　(16) $(\text{arccot}\, x)'=-\dfrac{1}{1+x^2}$

（三）求导法则

1. 函数的和、差、积、商的求导法则

若 $u = u(x)$、$v = v(x)$ 可导，则：

(1) $[u(x) \pm v(x)]' = u'(x) \pm v'(x)$；

(2) $[u(x)v(x)]' = u'(x)v(x) + u(x)v'(x)$；

(3) $\left[\dfrac{u(x)}{v(x)}\right]' = \dfrac{u'(x)v(x) - u(x)v'(x)}{v^2(x)}$ $[v(x) \neq 0]$。

2. 反函数的求导法则

如果函数 $x = f(y)$ 在区间 I_y 内单调、可导且 $f'(y) \neq 0$，则它的反函数 $y = f^{-1}(x)$ 在区间 $I_x = \{x \mid x = f(y), y \in I_y\}$ 内也可导，且

$$[f^{-1}(x)]' = \frac{1}{f'(y)} \quad \text{或} \quad \frac{\mathrm{d}y}{\mathrm{d}x} = \frac{1}{\dfrac{\mathrm{d}x}{\mathrm{d}y}}$$

3. 复合函数的求导法则

如果 $u = g(x)$ 在点 x 可导，而 $y = f(u)$ 在点 $u = g(x)$ 可导，则复合函数 $y = f[g(x)]$ 在点 x 可导，且其导数为

$$\frac{\mathrm{d}y}{\mathrm{d}x} = f'(u) \cdot g'(x) \quad \text{或} \quad \frac{\mathrm{d}y}{\mathrm{d}x} = \frac{\mathrm{d}y}{\mathrm{d}u} \cdot \frac{\mathrm{d}u}{\mathrm{d}x}$$

复合函数的求导法则可以推广到多个中间变量的情形。以两个中间变量为例，设 $y = f(u)$，$u = \varphi(v)$，$v = \psi(x)$，则：

$$\frac{\mathrm{d}y}{\mathrm{d}x} = \frac{\mathrm{d}y}{\mathrm{d}u} \cdot \frac{\mathrm{d}u}{\mathrm{d}v} \cdot \frac{\mathrm{d}v}{\mathrm{d}x}$$

4. 隐函数的求导法则

设方程 $F(x, y) = 0$ 确定了隐函数 $y = y(x)$。因此，方程 $F(x, y) = 0$ 两边对 x 求导，应注意，$y = y(x)$。此外，也可采用 $\dfrac{\mathrm{d}y}{\mathrm{d}x} = -\dfrac{F_x}{F_y}$，$F_y \neq 0$。

5. 幂指函数的求导法则

对于一般形式的幂指函数 $y = u^v (u > 0)$，如果 $u = u(x)$、$v = v(x)$ 都可导，可利用对数求导法求出幂指函数的导数，也可把幂指函数表示为 $y = \mathrm{e}^{v \ln u}$，则：

$$y' = \mathrm{e}^{v \ln u}\left(v' \cdot \ln u + v \cdot \frac{u'}{u}\right) = u^v\left(v' \ln u + \frac{vu'}{u}\right)$$

6. 由参数方程所确定的函数的求导法则

若函数 $y = y(x)$ 由参数方程 $\begin{cases} x = \varphi(t) \\ y = \psi(t) \end{cases}$ 所确定，且 $x = \varphi(t)$、$y = \psi(t)$ 都可导，$\varphi'(t) \neq 0$，则：

$$\frac{\mathrm{d}y}{\mathrm{d}x} = \frac{\dfrac{\mathrm{d}y}{\mathrm{d}t}}{\dfrac{\mathrm{d}x}{\mathrm{d}t}} = \frac{\psi'(t)}{\varphi'(t)}$$

7. 高阶导数

二阶以及二阶以上的导数称为高阶导数。函数 $f(x)$ 如果存在 n 阶导数，则可记为 $f^{(n)}(x)$ 或 $y^{(n)}$，$\dfrac{\mathrm{d}^n y}{\mathrm{d}x^n}$。显然，$\dfrac{\mathrm{d}^n y}{\mathrm{d}x^n} = \dfrac{\mathrm{d}}{\mathrm{d}x}\left(\dfrac{\mathrm{d}^{n-1} y}{\mathrm{d}x^{n-1}}\right)$。

可见，求高阶导数就是按前述的求导法则多次接连地求导数。求函数的高阶导数公式，需要在逐次求导过程中，善于寻求它的某种规律。

如果函数 $u = u(x)$ 及 $v = v(x)$ 都在点 x 处具有 n 阶导数，则：

$$(u \pm v)^{(n)} = u^{(n)} \pm v^{(n)}, \quad (uv)^{(n)} = \sum_{k=0}^{n} C_n^k u^{(n-k)} v^{(k)}$$

（四）微分

1. 微分的定义

设函数 $y = f(x)$ 在某区间内有定义，x_0 及 $x_0 + \Delta x$ 在这区间内，如果函数的增量 $\Delta y = f(x_0 + \Delta x) - f(x_0)$ 可表示成 $\Delta y = A\Delta x + o(\Delta x)$，其中 A 是不依赖于 Δx 的常数，而 $o(\Delta x)$ 是比 Δx 高阶的无穷小，则称函数 $y = f(x)$ 在点 x_0 是可微的，而 $A\Delta x$ 称为 $y = f(x)$ 在点 x_0 相应于 Δx 的微分，记作 $dy = A\Delta x$。

2. 函数可微与可导的关系

若函数 $y = f(x)$ 在 x 处可导，则 $y = f(x)$ 在 x 处必可微；反之，若函数 $y = f(x)$ 在 x 处可微，则 $y = f(x)$ 在 x 处必可导且 $dy = f'(x)\Delta x$。可见，一元函数 $f(x)$ 在点 x_0 可微的充分必要条件是函数在点 x_0 可导。

一元函数连续、可导与可微的关系，见图 1-2-1。

通常把自变量 x 的增量 Δx 称为自变量的微分，记为 dx，即 $\Delta x = dx$，这样 dy 又可记作 $dy = f'(x)dx$。从而 $\dfrac{dy}{dx} = f'(x)$，这表明函数的微分 dy 与自变量的微分 dx 之商等于该函数的导数，因此，导数也称为"微商"。

图 1-2-1

3. 基本初等函数的微分公式

(1) $d(C) = 0$（C 为常数） (2) $d(x^\mu) = \mu x^{\mu-1} dx$

(3) $d(\sin x) = \cos x dx$ (4) $d(\cos x) = -\sin x dx$

(5) $d(\tan x) = \sec^2 x dx$ (6) $d(\cot x) = -\csc^2 x dx$

(7) $d(\sec x) = \sec x \tan x dx$ (8) $d(\csc x) = -\csc x \cot x dx$

(9) $d(a^x) = a^x \ln a dx$ ($a > 0, a \neq 1$) (10) $d(e^x) = e^x dx$

(11) $d(\log_a^x) = \dfrac{1}{x \ln a} dx$ ($a > 0, a \neq 1$) (12) $d(\ln x) = \dfrac{1}{x} dx$

(13) $d(\arcsin x) = \dfrac{1}{\sqrt{1-x^2}} dx$ (14) $d(\arccos x) = -\dfrac{1}{\sqrt{1-x^2}} dx$

(15) $d(\arctan x) = \dfrac{1}{1+x^2} dx$ (16) $d(\text{arccot } x) = -\dfrac{1}{1+x^2} dx$

4. 微分法则

函数 $u = u(x)$，$v = v(x)$ 都可微，则：

$d(u \pm v) = du \pm dv$，$d(Cu) = Cdu$（C 为常数）

$d(uv) = vdu + udv$，$d\left(\dfrac{u}{v}\right) = \dfrac{vdu - udv}{v^2}$ ($v \neq 0$)

设 $y = f(u)$ 及 $u = g(x)$ 都可导，则复合函数 $y = f[g(x)]$ 的微分为：

$$\mathrm{d}y = y'_x \mathrm{d}x = f'(u)g'(x)\mathrm{d}x$$

由于 $g'(x)\mathrm{d}x = \mathrm{d}u$，上述复合函数的微分也可以写成：

$$\mathrm{d}y = f'(u)\mathrm{d}u \quad \text{或} \quad \mathrm{d}y = y'_u \mathrm{d}u$$

可见，无论 u 是自变量还是中间变量，微分形式 $\mathrm{d}y = f'(u)\mathrm{d}u$ 保持不变。这一性质称为微分形式不变性。

【例 1-2-8】（历年真题）设 $y = \ln(\sin x)$，则二阶导数 y'' 等于：

A. $\dfrac{\cos x}{\sin^2 x}$ B. $\dfrac{1}{\cos^2 x}$ C. $\dfrac{1}{\sin^2 x}$ D. $-\dfrac{1}{\sin^2 x}$

【解答】 $y' = \dfrac{\cos x}{\sin x} = \cot x$，$y'' = (\cot x)' = -\dfrac{1}{\sin^2 x}$

应选 D 项。

【例 1-2-9】（历年真题）设 $f(x)$ 的二阶导数存在，$y = f(\mathrm{e}^x)$，则 $\dfrac{\mathrm{d}^2 y}{\mathrm{d}x^2}$ 等于：

A. $f''(\mathrm{e}^x)\mathrm{e}^x$ B. $[f''(\mathrm{e}^x) + f'(\mathrm{e}^x)]\mathrm{e}^x$
C. $f''(\mathrm{e}^x)\mathrm{e}^{2x} + f'(\mathrm{e}^x)\mathrm{e}^x$ D. $f''(\mathrm{e}^x)\mathrm{e}^x + f'(\mathrm{e}^x)\mathrm{e}^{2x}$

【解答】
$$y' = f'(\mathrm{e}^x)\mathrm{e}^x$$
$$y'' = f''(\mathrm{e}^x) \cdot \mathrm{e}^x \mathrm{e}^x + f'(\mathrm{e}^x)\mathrm{e}^x = f''(\mathrm{e}^x)\mathrm{e}^{2x} + f'(\mathrm{e}^x)\mathrm{e}^x$$

应选 C 项。

【例 1-2-10】（历年真题）设 $f(x) = \begin{cases} 3x^2, & x \leqslant 1 \\ 4x - 1, & x > 1 \end{cases}$，则 $f(x)$ 在点 $x = 1$ 处：

A. 不连续 B. 连续但左、右导数不存在
C. 连续但不可导 D. 可导

【解答】 $\lim\limits_{x \to 1^-} f(x) = 3$，$\lim\limits_{x \to 1^+} f(x) = 4 \times 1 - 1 = 3$，$f(1) = 3$，故 $f(x)$ 在点 $x = 1$ 处连续。

$$f'_+(1) = \lim_{x \to 1^+} \frac{4x - 1 - (4 \times 1 - 1)}{x - 1} = \lim_{x \to 1^+} \frac{4(x-1)}{x-1} = 4$$

$$f'_-(1) = \lim_{x \to 1^-} \frac{3x^2 - 3}{x - 1} = \lim_{x \to 1^-} \frac{3(x+1)(x-1)}{x-1} = 6$$

$f'_+(1) \neq f'_-(1)$，可知，在点 $x = 1$ 处不可导。应选 C 项。

【例 1-2-11】（历年真题）设 $y = \ln(\cos x)$，则微分 $\mathrm{d}y$ 等于：

A. $\dfrac{1}{\cos x}\mathrm{d}x$ B. $\cot x \mathrm{d}x$

C. $-\tan x \mathrm{d}x$ D. $-\dfrac{1}{\cos x \sin x}\mathrm{d}x$

【解答】 $y' = \dfrac{-\sin x}{\cos x} = -\tan x$，即：$\mathrm{d}y = -\tan x \mathrm{d}x$

应选 C 项。

【例 1-2-12】（历年真题）设可微函数 $y = y(x)$ 由方程 $\sin y + \mathrm{e}^x - xy^2 = 0$ 所确定，则微分 $\mathrm{d}y$ 等于：

A. $\dfrac{-y^2 + \mathrm{e}^x}{\cos y - 2xy}\mathrm{d}x$ B. $\dfrac{y^2 + \mathrm{e}^x}{\cos y - 2xy}\mathrm{d}x$

C. $\dfrac{y^2+e^x}{\cos y+2xy}dx$ D. $\dfrac{y^2-e^x}{\cos y-2xy}dx$

【解答】对隐函数直接对方程两边进行 x 的求导：

$$\cos y \dfrac{dy}{dx} + e^x - \left(y^2 + x \cdot 2y \dfrac{dy}{dx}\right) = 0$$

即：
$$dy = \dfrac{y^2 - e^x}{\cos y - 2xy}dx$$

应选 D 项。

五、微分中值定理与洛必达法则

（一）微分中值定理

1. 罗尔中值定理

若函数 $f(x)$ 在闭区间 $[a,b]$ 上连续，在开区间 (a,b) 内可导，且 $f(a)=f(b)$，则在 (a,b) 内至少存在一点 $\xi(a<\xi<b)$，使 $f'(\xi)=0$。

2. 拉格朗日中值定理

若函数 $f(x)$ 在闭区间 $[a,b]$ 上连续，在开区间 (a,b) 内可导，则在 (a,b) 内至少存在一点 ξ $(a<\xi<b)$，使 $f'(\xi)=\dfrac{f(b)-f(a)}{b-a}$。

推论：如果函数 $f(x)$ 在区间 I 上连续，I 内可导且导数恒为零，则 $f(x)$ 在区间 I 上是一个常数。

（二）洛必达法则

对于未定式 $\dfrac{0}{0}$，$\dfrac{\infty}{\infty}$ 可用洛必达法则来求极限，具体如下：

设（1）当 $x \to a$（或 $x \to \infty$）时，$f(x) \to 0$ 及 $F(x) \to 0$ [或 $f(x) \to \infty$ 及 $F(x) \to \infty$]；

（2）在点 a 的某去心邻域内（或当 $|x|>N$，$N>0$ 时）$f'(x)$、$F'(x)$ 均存在且 $F'(x) \neq 0$；

（3）$\lim\limits_{\substack{x \to a \\ (x \to \infty)}} \dfrac{f'(x)}{F'(x)}$ 存在（或为无穷大），

则：$\lim\limits_{\substack{x \to a \\ (x \to \infty)}} \dfrac{f(x)}{F(x)} = \lim\limits_{\substack{x \to a \\ (x \to \infty)}} \dfrac{f'(x)}{F'(x)}$

如果 $\dfrac{f'(x)}{F'(x)}$ 当 $x \to a$（或 $x \to \infty$）时仍为未定式 $\dfrac{0}{0}$ 或 $\dfrac{\infty}{\infty}$，且 $f'(x)$、$F'(x)$ 满足上述三个条件，则可继续使用洛必达法则，即：$\lim\limits_{\substack{x \to a \\ (x \to \infty)}} \dfrac{f(x)}{F(x)} = \lim\limits_{\substack{x \to a \\ (x \to \infty)}} \dfrac{f'(x)}{F'(x)} = \lim\limits_{\substack{x \to a \\ (x \to \infty)}} \dfrac{f''(x)}{F''(x)}$，并且可以以此类推。

应注意的是，洛必达法则仅是充分条件，当 $\lim\limits_{\substack{x \to a \\ (x \to \infty)}} \dfrac{f'(x)}{F'(x)}$ 不存在时（等于无穷大的情况除外），$\lim\limits_{\substack{x \to a \\ (x \to \infty)}} \dfrac{f(x)}{F(x)}$ 仍可能存在。

对于其他形式的未定式，例如 $0 \cdot \infty$，$\infty - \infty$，0^0，1^∞，∞^0 型未定式，必须先通过变形化成 $\dfrac{0}{0}$ 或 $\dfrac{\infty}{\infty}$ 的情形，然后再使用洛必达法则。

【例1-2-13】（历年真题）下列函数在区间 $[-1,1]$ 上满足罗尔定理条件的是：

A. $f(x) = \sqrt[3]{x^2}$ B. $f(x) = \sin x^2$

C. $f(x) = |x|$ D. $f(x) = \dfrac{1}{x}$

【解答】A项：$f'(x) = \dfrac{2}{3}\dfrac{1}{\sqrt[3]{x}}$，在 $x=0$ 处不可导，不满足。

B项：$f'(x) = 2x\cos x^2$ 在 $(-1,1)$ 可导，且 $f(-1) = f(1) = \sin 1$，$f(x)$ 连续，满足。

应选 B 项。

【例1-2-14】（历年真题）当 $x \to 0$ 时，$3^x - 1$ 是 x 的：

A. 高阶无穷小 B. 低阶无穷小

C. 等价无穷小 D. 同阶但非等价无穷小

【解答】$\lim\limits_{x \to 0} \dfrac{3^x - 1}{x} = \lim\limits_{x \to 0} \dfrac{3^x \ln 3}{1} = \ln 3 \neq 0$

应选 D 项。

【例1-2-15】（历年真题）若 $f'(x_0)$ 存在，则 $\lim\limits_{x \to x_0} \dfrac{xf(x_0) - x_0 f(x)}{x - x_0}$ 等于：

A. $f'(x_0)$ B. $-x_0 f'(x_0)$

C. $f(x_0) - x_0 f'(x_0)$ D. $x_0 f'(x_0)$

【解答】应用洛必达法则，求导：

$$\lim_{x \to x_0} \dfrac{xf(x_0) - x_0 f(x)}{x - x_0} = \lim_{x \to x_0} \dfrac{f(x_0) - x_0 f'(x)}{1} = f(x_0) - x_0 f'(x_0)$$

应选 C 项。

【例1-2-16】（历年真题）要使得函数 $f(x) = \begin{cases} \dfrac{x\ln x}{1-x}, & x > 0 \\ a, & x = 1 \end{cases}$ 在 $(0, +\infty)$ 上连续，则常数 a 等于：

A. 0 B. 1 C. -1 D. 2

【解答】$\lim\limits_{x \to 1} \dfrac{x\ln x}{1-x} = \lim\limits_{x \to 1} \dfrac{\ln x + x \cdot \dfrac{1}{x}}{-1} = -1$

$f(1) = a = \lim\limits_{x \to 1} f(x) = -1$，即：$a = -1$，应选 C 项。

【例1-2-17】（历年真题）函数 $f(x) = \dfrac{x - x^2}{\sin \pi x}$ 的可去间断点的个数为：

A. 1个 B. 2个 C. 3个 D. 无穷多个

【解答】由分母为 0，可知，$x = 0, \pm 1, \pm 2, \cdots$，为间断点。

$x = 0$ 时，$\lim\limits_{x \to 0} f(x) = \lim\limits_{x \to 0} \dfrac{1 - 2x}{\pi \cos \pi x} = \dfrac{1}{\pi}$，故为一个可去间断点。

同样，$x = 1$ 时，$\lim\limits_{x \to 1} f(x) = \dfrac{1 - 2x}{\pi \cos \pi x} = \dfrac{1}{\pi}$，故为一个可去间断点。

$x = -1$ 时，$\lim\limits_{x \to -1} f(x) = \infty$，即极限不存在。

同样，$x=\pm 2,\cdots$；极限不存在。

应选 B 项。

【例 1-2-18】（历年真题）若 $\lim\limits_{x\to 1}\dfrac{2x^2+ax+b}{x^2+x-2}=1$，则必有：

A. $a=-1, b=2$ B. $a=-1, b=-2$

C. $a=-1, b=-1$ D. $a=1, b=1$

【解答】 $\lim\limits_{x\to 1}f(x)=\lim\limits_{x\to 1}\dfrac{4x+a}{2x+1}=1$，则：$a=2\times 1+1-4\times 1=-1$

$x=1, 2x^2+(-1)x+b=0$，则：$b=-1$

应选 C 项。

【例 1-2-19】（历年真题）极限 $\lim\limits_{x\to 0}\dfrac{3+e^{\frac{1}{x}}}{1-e^{\frac{2}{x}}}$ 为：

A. 3   B. -1 C. 0   D. 不存在

【解答】 令 $t=\dfrac{1}{x}$，则：

$$\lim_{t\to +\infty}\dfrac{3+e^t}{1-e^{2t}}=\lim_{t\to +\infty}\dfrac{e^t}{-2e^{2t}}=\lim_{t\to +\infty}\dfrac{1}{-2e^t}=0$$

$\lim\limits_{t\to -\infty}\dfrac{3+e^t}{1-e^{2t}}=\dfrac{3}{1}=3$，则左、右极限不等，即 $\lim\limits_{x\to 0}f(x)$ 极限不存在。

应选 D 项。

六、导数的应用

1. 函数单调性的判定法

设函数 $y=f(x)$ 在 $[a,b]$ 上连续，在 (a,b) 内可导：

（1）如果在 (a,b) 内 $f'(x)\geqslant 0$，且等号仅在有限多个点处成立，则函数 $y=f(x)$ 在 $[a,b]$ 上单调增加；

（2）如果在 (a,b) 内 $f'(x)\leqslant 0$，且等号仅在有限多个点处成立，则函数 $y=f(x)$ 在 $[a,b]$ 上单调减少。

2. 函数的极值

设函数 $f(x)$ 在点 x_0 的某邻域 $U(x_0)$ 内有定义，如果对于去心邻域 $\mathring{U}(x_0)$ 内的任一 x，有 $f(x)<f(x_0)$ [或 $f(x)>f(x_0)$]，则称 $f(x_0)$ 是函数 $f(x)$ 的一个极大值（或极小值）。

函数的极大值与极小值统称为函数的极值，使函数取得极值的点称为极值点。

定理 1（必要条件） 设函数 $f(x)$ 在 x_0 处可导，且在 x_0 处取得极值，则 $f'(x_0)=0$。

使 $f'(x_0)=0$ 的点 x_0 称为 $f(x)$ 的驻点。定理 1 表明：可导函数 $f(x)$ 的极值点必定是它的驻点。但反过来，函数的驻点却不一定是极值点。注意，函数在它的导数不存在的点处也可能取得极值。

判定函数的极值的充分条件按下述定理 2 或定理 3。

定理 2（第一充分条件） 设函数 $f(x)$ 在 x_0 处连续，且在 x_0 的某去心邻域 $\mathring{U}(x_0,\delta)$ 内可导：

(1) 若 $x \in (x_0-\delta, x_0)$ 时，$f'(x) > 0$，而 $x \in (x_0, x_0+\delta)$ 时，$f'(x) < 0$，则 $f(x)$ 在 x_0 处取得极大值；

(2) 若 $x \in (x_0-\delta, x_0)$ 时，$f'(x) < 0$，而 $x \in (x_0, x_0+\delta)$ 时，$f'(x) > 0$，则 $f(x)$ 在 x_0 处取得极小值；

(3) 若 $x \in \mathring{U}(x_0, \delta)$ 时，$f'(x)$ 的符号保持不变，则 $f(x)$ 在 x_0 处没有极值。

定理 3（第二充分条件） 设函数 $f(x)$ 在 x_0 处具有二阶导数且 $f'(x_0) = 0$，$f''(x_0) \neq 0$，则：

(1) 当 $f''(x_0) < 0$ 时，函数 $f(x)$ 在 x_0 处取得极大值；

(2) 当 $f''(x_0) > 0$ 时，函数 $f(x)$ 在 x_0 处取得极小值。

3. 函数的最大值、最小值

函数 $f(x)$ 在闭区间 $[a,b]$ 上连续，在开区间 (a,b) 内除有限个点外可导，且至多有有限个驻点，则求 $f(x)$ 在 $[a,b]$ 上的最大值和最小值的方法如下：

(1) 求出 $f(x)$ 在 (a,b) 内的驻点（当没有驻点时，就不考虑驻点）及不可导点；

(2) 计算 $f(x)$ 在上述驻点（若有，才考虑）、不可导点处的函数值及 $f(a)$、$f(b)$；

(3) 比较（2）中诸值的大小，其中最大的就是 $f(x)$ 在 $[a,b]$ 上的最大值，最小的就是 $f(x)$ 在 $[a,b]$ 上的最小值。

4. 曲线的凹凸性与拐点

设函数 $f(x)$ 在区间 I 上连续，如果对于 I 上任意两点 x_1、x_2，恒有 $f\left(\dfrac{x_1+x_2}{2}\right) < \dfrac{f(x_1)+f(x_2)}{2}$，则称 $f(x)$ 在 I 上图形是凹的（或凹弧）；如果恒有 $f\left(\dfrac{x_1+x_2}{2}\right) > \dfrac{f(x_1)+f(x_2)}{2}$，则称 $f(x)$ 在 I 上的图形是凸的（或凸弧）。

曲线在经过点 (x_0, y_0) 时，曲线的凹凸性改变，则称点 (x_0, y_0) 为曲线的拐点。

设 $f(x)$ 在 $[a,b]$ 上连续，在 (a,b) 内具有一阶和二阶导数，则：

(1) 若在 (a,b) 内 $f''(x) > 0$，则 $f(x)$ 在 $[a,b]$ 上的图形是凹的；

(2) 若在 (a,b) 内 $f''(x) < 0$，则 $f(x)$ 在 $[a,b]$ 上的图形是凸的。

判定区间 I 上的连续曲线 $y = f(x)$ 的拐点的步骤如下：

(1) 求 $f''(x)$；

(2) 令 $f''(x) = 0$，解出这方程在区间 I 内的实根，并求出在区间 I 内 $f''(x)$ 不存在的点；

(3) 对于（2）中求出的每一个实根或二阶导数不存在的点 x_0，检查 $f''(x)$ 在 x_0 左、右两侧邻近的符号，当两侧的符号相反时，点 $(x_0, f(x_0))$ 是拐点；当两侧的符号相同时，点 $(x_0, f(x_0))$ 不是拐点。

【例 1-2-20】（历年真题）若 $x=1$ 是函数 $y = 2x^2 + ax + 1$ 的驻点，则常数 a 等于：
A. 2　　　　　　B. -2　　　　　　C. 4　　　　　　D. -4

【解答】 $y' = 4x + a = 0$，又 $x=1$ 为驻点，则：$4 \times 1 + a = 0$，$a = -4$，应选 D 项。

【例 1-2-21】（历年真题）设函数 $f(x)$、$g(x)$ 在 $[a,b]$ 上均可导（$a < b$），且恒正，若 $f'(x)g(x) + f(x)g'(x) > 0$，则当 $x \in (a,b)$ 时，下列不等式中成立的是：

A. $\dfrac{f(x)}{g(x)} > \dfrac{f(a)}{g(b)}$ B. $\dfrac{f(x)}{g(x)} > \dfrac{f(b)}{g(b)}$

C. $f(x)g(x) > f(a)g(a)$ D. $f(x)g(x) > f(b)g(b)$

【解答】设 $W(x) = f(x)g(x)$，则：$W'(x) = f'(x)g(x) + f(x)g'(x) > 0$。
故 $W(x)$ 在 $x \in (a, b)$ 内单调增加，即有：
$f(x)g(x) > f(a)g(a)$，应选 C 项。

【例 1-2-22】（历年真题）当 $x > 0$ 时，下列不等式中正确的是：

A. $e^x < 1 + x$ B. $\ln(1+x) > x$

C. $e^x < ex$ D. $x > \sin x$

【解答】D 项，令 $f(x) = x - \sin x$，$f'(x) = 1 - \cos x \geqslant 0$，单调增加。$x = 0$ 时，$f(x) = 0$；$x > 0$ 时，则 $x - \sin x > 0$。

应选 D 项。

【例 1-2-23】（历年真题）若 $f(-x) = -f(x)(-\infty < x < +\infty)$，且在 $(-\infty, 0)$ 内 $f'(x) > 0$，$f''(x) < 0$，则 $f(x)$ 在 $(0, +\infty)$ 内是：

A. $f'(x) > 0$，$f''(x) < 0$ B. $f'(x) < 0$，$f''(x) > 0$

C. $f'(x) > 0$，$f''(x) > 0$ D. $f'(x) < 0$，$f''(x) < 0$

【解答】$f(-t) = -f(t)$，当 $t < 0$ 时，求导：$f'(-t) \cdot (-1) = -f'(t)$，即：$f'(-t) = f'(t) > 0$

再求导：$f''(-t) \cdot (-1) = f''(t)$，即：$f''(-t) = -f''(t) > 0$

令 $x = -t > 0$，在 $f(x)$ 在 $(0, +\infty)$，$f'(x) > 0$，$f''(x) > 0$，应选 C 项。

此外，本题可作图如例 1-2-23 解图所示，显然，也选 C 项。

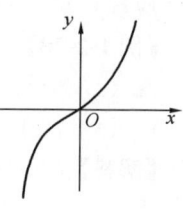

例 1-2-23 解图

【例 1-2-24】（历年真题）函数 $y = (5-x)x^{\frac{2}{3}}$ 的极值可疑点的个数是：

A. 0   B. 1   C. 2   D. 3

【解答】$y' = -x^{\frac{2}{3}} + (5-x)\dfrac{2}{3}x^{-\frac{1}{3}} = \dfrac{5}{3}x^{-\frac{1}{3}}(2-x) = 0$，则 $x = 2$

可知，$x = 0$，$x = 2$ 为极值可疑点，应选 C 项。

【例 1-2-25】（历年真题）$f(x)$ 在 $(-\infty, +\infty)$ 连续，导数函数 $f'(x)$ 图形如例 1-2-25 图所示，则 $f(x)$ 存在：

A. 一个极小值和两个极大值

B. 两个极小值和两个极大值

C. 两个极小值和一个极大值

D. 一个极小值和三个极大值

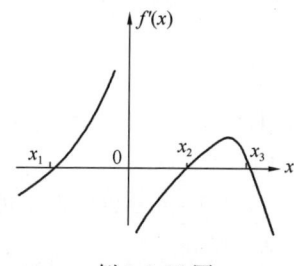

例 1-2-25 图

【解答】根据函数的极值的充分条件：

x_1、x_2，$f'(x)$ 由负变正，取得极小值；

0、x_3，$f'(x)$ 由正变负，取得极大值。

应选 B 项。

【例 1-2-26】（历年真题）函数 $f(x) = \sin\left(x + \dfrac{\pi}{2} + \pi\right)$ 在区间 $[-\pi, \pi]$ 上的最小值点 x_0 等于：

A. $-\pi$　　　　B. 0　　　　C. $\dfrac{\pi}{2}$　　　　D. π

【解答】验证法，A 项：$f(x) = \sin\dfrac{\pi}{2} = 1$

B 项：$f(x) = \sin\left(\dfrac{3}{2}\pi\right) = -1$；C 项：$f(x) = \sin 2\pi = 0$

D 项：$f(x) = \sin\left(2\pi + \dfrac{\pi}{2}\right) = 1$

应选 B 项。

【例 1-2-27】（历年真题）$a < x < b$ 时，有 $f'(x) > 0$，$f''(x) < 0$，则在区间 (a, b) 内，函数 $y = f(x)$ 图形沿 x 轴正向是：

A. 单调减且凸的　　　　B. 单调减且凹的
C. 单调增且凸的　　　　D. 单调增且凹的

【解答】$a < x < b$，$f'(x) > 0$，单调增加；$f''(x) < 0$，曲线是凸的。

应选 C 项。

【例 1-2-28】（历年真题）曲线 $f(x) = xe^{-x}$ 的拐点是：

A. $(2, 2e^{-2})$　　　　B. $(-2, -2e^2)$
C. $(-1, e)$　　　　D. $(1, e^{-1})$

【解答】$f'(x) = e^{-x} - xe^{-x}$，$f''(x) = -e^{-x} - e^{-x} + xe^{-x} = e^{-x}(x-2) = 0$

得：$x = 2$；当 $x \in (-\infty, 2)$ 时，$f''(x) < 0$；当 $x \in (2, +\infty)$ 时，$f''(x) > 0$

故拐点为 $(2, 2e^{-2})$，应选 A 项。

【例 1-2-29】（历年真题）曲线 $f(x) = x^4 + 4x^3 + x + 1$ 在区间 $(-\infty, +\infty)$ 上的拐点个数是：

A. 0　　　　B. 1　　　　C. 2　　　　D. 3

【解答】$f'(x) = 4x^3 + 12x^2 + 1$，$f''(x) = 12x^2 + 24x = 12x(x+2) = 0$

得：$x = 0$，$x = -2$

$x \in (-\infty, -2)$ 时，$f''(x) > 0$；$x \in (-2, 0)$ 时，$f''(x) < 0$，故 $x = -2$ 为拐点。

$x \in (-2, 0)$ 时，$f''(x) < 0$；$x \in (0, +\infty)$ 时，$f''(x) > 0$，故 $x = 0$ 为拐点。

共 2 个拐点，应选 C 项。

习　题

1-2-1　（历年真题）如果 $f(x)$ 在 x_0 处可导，$g(x)$ 在 x_0 处不可导，则 $f(x)g(x)$ 在 x_0 处：

A. 可能可导也可能不可导　　　　B. 不可导
C. 可导　　　　D. 连续

1-2-2　（历年真题）函数在给定区间上不满足拉格朗日定理条件的是：

A. $f(x) = \dfrac{x}{1+x^2}$，$[-1, 2]$　　　　B. $f(x) = x^{2/3}$，$[-1, 1]$

C. $f(x) = e^{1/2}, [1,2]$ D. $f(x) = \dfrac{x+1}{x}, [1,2]$

1-2-3 $\dfrac{\mathrm{d}(\ln x)}{\mathrm{d}\sqrt{x}}$ 等于：

A. $\dfrac{1}{2x^{\frac{3}{2}}}$ B. $\dfrac{2}{\sqrt{x}}$ C. $\dfrac{1}{\sqrt{x}}$ D. $\dfrac{2}{x}$

1-2-4 下列说法中正确的是：
A. 若 $f'(x_0) = 0$ 则 $f(x_0)$ 必是 $f(x)$ 的极值
B. 若 $f(x_0)$ 是 $f(x)$ 的极值，则 $f(x)$ 在点 x_0 处可导，且 $f'(x_0) = 0$
C. 若 $f(x)$ 在点 x_0 处可导，则 $f'(x_0) = 0$ 是 $f(x)$ 在 x_0 取得极值的必要条件
D. 若 $f(x)$ 在点 x_0 处可导，则 $f'(x_0) = 0$ 是 $f(x)$ 在 x_0 取得极值的充分条件

1-2-5 （历年真题）下列极限式中，能够使用洛必达法则求极限的是：

A. $\lim\limits_{x \to 0} \dfrac{1+\cos x}{e^x - 1}$ B. $\lim\limits_{x \to 0} \dfrac{x - \sin x}{\sin x}$

C. $\lim\limits_{x \to 0} \dfrac{x^2 \sin \dfrac{1}{x}}{\sin x}$ D. $\lim\limits_{x \to \infty} \dfrac{x + \sin x}{x - \sin x}$

1-2-6 （历年真题）设 $\begin{cases} x = t - \arctan t \\ y = \ln(1+t^2) \end{cases}$，则 $\dfrac{\mathrm{d}y}{\mathrm{d}x}\bigg|_{t=1}$ 等于：

A. 1 B. -1 C. 2 D. $\dfrac{1}{2}$

1-2-7 （历年真题）$f(x)$ 在点 x_0 处的左、右极限存在且相等是 $f(x)$ 在 x_0 处连续的：
A. 必要非充分的条件 B. 充分非必要的条件
C. 充分且必要的条件 D. 既非充分又非必要的条件

1-2-8 设函数 $f(x)$ 在 (a,b) 内可微，且 $f'(x) \neq 0$，则 $f(x)$ 在 (a,b) 内：
A. 必有极大值 B. 必有极小值
C. 必无极值 D. 不能确定有还是没有极值

1-2-9 下列等式中不成立的是：

A. $\lim\limits_{x \to 0} \dfrac{\sin x^2}{x^2} = 1$ B. $\lim\limits_{x \to \infty} \dfrac{\sin x}{x} = 1$

C. $\lim\limits_{x \to 0} \dfrac{\sin x}{x} = 1$ D. $\lim\limits_{x \to \infty} x \sin \dfrac{1}{x} = 1$

1-2-10 函数 $f(x)$ 在点 $x = x_0$ 处连续是 $f(x)$ 在点 $x = x_0$ 处可微的：
A. 充分条件 B. 充要条件
C. 必要条件 D. 无关条件

1-2-11 （历年真题）若函数 $f(x)$ 在 $[a,b]$ 上连续，在 (a,b) 内可导，且 $f(a) = f(b)$，则在 (a,b) 内满足 $f'(x_0) = 0$ 的点 x_0：
A. 必存在且只有一个 B. 至少存在一个
C. 不一定存在 D. 不存在

1-2-12 （历年真题）设 $f(x) = x(x-1)(x-2)$，则方程 $f'(x) = 0$ 的实根个数是：
A. 3 B. 2 C. 1 D. 0

1-2-13 （历年真题）当 $x \to +\infty$ 时，下列函数为无穷大量的是：

A. $\dfrac{1}{2+x}$ B. $x\cos x$ C. $e^{3x}-1$ D. $1-\arctan x$

1-2-14 （历年真题）设函数 $y=f(x)$ 满足 $\lim\limits_{x \to x_0}f'(x)=\infty$，且曲线 $y=f(x)$ 在 $x=x_0$ 处有切线，则此切线：

A. 与 Ox 轴平行 B. 与 Oy 轴平行
C. 与直线 $y=-x$ 平行 D. 与直线 $y=x$ 平行

1-2-15 （历年真题）若 $y=g(x)$ 由方程 $e^y+xy=e$ 确定，则 $y'(0)$ 等于：

A. $-\dfrac{y}{e^y}$ B. $-\dfrac{y}{x+e^y}$

C. 0 D. $-\dfrac{1}{e}$

1-2-16 （历年真题）下列极限计算中，错误的是：

A. $\lim\limits_{n \to \infty}\dfrac{2^n}{x}\sin\dfrac{x}{2^n}=1$ B. $\lim\limits_{n \to \infty}\dfrac{\sin x}{x}=1$

C. $\lim\limits_{x \to \infty}(1-x)^{\frac{1}{x}}=e^{-1}$ D. $\lim\limits_{x \to \infty}\left(1+\dfrac{1}{x}\right)^{2x}=e^2$

1-2-17 （历年真题）若 $\lim\limits_{x \to \infty}\left(\dfrac{ax^2-3}{x^2+1}+bx+2\right)=\infty$，则 a 与 b 的值是：

A. $b \neq 0$，a 为任意实数 B. $a \neq 0$，$b=0$
C. $a=1$，$b=0$ D. $a=0$，$b=0$

1-2-18 曲线 $y=x^3-6x$ 上切线平行于 x 轴的点是：

A. $(0, 0)$ B. $(\sqrt{2}, 1)$
C. $(-\sqrt{2}, 4\sqrt{2})$ 和 $(\sqrt{2}, -4\sqrt{2})$ D. $(1, 2)$ 和 $(-1, 2)$

1-2-19 （历年真题）设函数 $f(x)$ 在 $(-\infty, +\infty)$ 上是偶函数，且在 $(0, +\infty)$ 内有 $f'(x)>0$，$f''(x)>0$，则在 $(-\infty, 0)$ 内必有：

A. $f'(x)>0$，$f''(x)>0$ B. $f'(x)<0$，$f''(x)>0$
C. $f'(x)>0$，$f''(x)<0$ D. $f'(x)<0$，$f''(x)<0$

1-2-20 若在区间 (a,b) 内，$f'(x)=g'(x)$，则下列等式中错误的是：

A. $f(x)=Cg(x)$ B. $f(x)=g(x)+C$
C. $\int df(x)=\int dy(x)$ D. $df(x)=dg(x)$

1-2-21 （历年真题）设函数 $f(x)=\begin{cases}e^{-x}+1 & x \leqslant 0 \\ ax+2 & x>0\end{cases}$，若 $f(x)$ 在 $x=0$ 处可导，则 a 等于：

A. 1 B. 2 C. 0 D. -1

1-2-22 已知函数 $f(x)$ 对一切 x 满足 $xf''(x)+3x[f'(x)]^2=1-e^{-x}$，若 $f(x)$ 在点 $x_0(x_0 \neq 0)$ 处有极值，则：

A. $f'(x_0) \neq 0$ B. $f''(x_0)=0$
C. $f(x_0)$ 为极大值 D. $f(x_0)$ 为极小值

第三节　一元函数积分学

一、不定积分

（一）不定积分的概念与性质

1. 基本概念

如果在区间 I 上，可导函数 $F(x)$ 的导函数为 $f(x)$，即对任一 $x \in I$，都有 $F'(x) = f(x)$ 或 $dF(x) = f(x)dx$，则函数 $F(x)$ 就称为 $f(x)$[或 $f(x)dx$]在区间 I 上的一个原函数。

连续函数一定有原函数。如果 $F(x)$ 是 $f(x)$ 在区间 I 上的原函数，则 $F(x) + C$ 均是 $f(x)$ 在区间 I 上的原函数（其中 C 为任意常数）。$f(x)$ 的任意两个原函数只相差一个常数。

在区间 I 上，函数 $f(x)$ 的带有任意常数项的原函数称为 $f(x)$[或 $f(x)dx$]在区间 I 上的不定积分，记作 $\int f(x)dx$。

由此可知，如果 $F(x)$ 是 $f(x)$ 在区间 I 上的一个原函数，则 $F(x) + C$ 就是 $f(x)$ 的不定积分，即：

$$\int f(x)dx = F(x) + C$$

因而不定积分 $\int f(x)dx$ 可以表示 $f(x)$ 的任意一个原函数。

函数 $f(x)$ 的原函数的图形称为 $f(x)$ 的积分曲线。

根据不定积分的定义，可得：

(1) $\dfrac{d}{dx}\left[\int f(x)dx\right] = f(x)$，或 $d\left[\int f(x)dx\right] = f(x)dx$

(2) $\int F'(x)dx = F(x) + C$，或 $\int dF(x) = F(x) + C$

2. 不定积分的性质

(1) $\int [f(x) + g(x)]dx = \int f(x)dx + \int g(x)dx$

(2) $\int kf(x)dx = k\int f(x)dx$（常数 $k \neq 0$）

3. 不定积分的基本积分表

(1) $\int 0dx = C$；　　　　　　　　(2) $\int k\,dx = kx + C$（k 是常数）

(3) $\int \dfrac{dx}{x} = \ln|x| + C$　　　　　(4) $\int x^u dx = \dfrac{x^{u+1}}{u+1} + C\,(u \neq -1)$

(5) $\int \dfrac{dx}{1+x^2} = \arctan x + C$　　(6) $\int \dfrac{dx}{\sqrt{1-x^2}} = \arcsin x + C$

(7) $\int \cos x\,dx = \sin x + C$　　　　(8) $\int \sin x\,dx = -\cos x + C$

(9) $\int \dfrac{dx}{\cos^2 x} = \int \sec^2 x\,dx = \tan x + C$　　(10) $\int \dfrac{dx}{\sin^2 x} = \int \csc^2 x\,dx = -\cot x + C$

(11) $\int \sec x \tan x dx = \sec x + C$ (12) $\int \csc x \cot x dx = -\csc x + C$

(13) $\int e^x dx = e^x + C$ (14) $\int a^x dx = \dfrac{a^x}{\ln a} + C$

(15) $\int \tan x dx = -\ln|\cos x| + C$ (16) $\int \cot x dx = \ln|\sin x| + C$

(17) $\int \sec x dx = \ln|\sec x + \tan x| + C$ (18) $\int \csc x dx = \ln|\csc x - \cot x| + C$

(19) $\int \dfrac{dx}{a^2 + x^2} = \dfrac{1}{a}\arctan\dfrac{x}{a} + C$ (20) $\int \dfrac{dx}{x^2 - a^2} = \dfrac{1}{2a}\ln\left|\dfrac{x-a}{x+a}\right| + C$

(21) $\int \dfrac{dx}{\sqrt{a^2 - x^2}} = \arcsin\dfrac{x}{a} + C \, (a>0)$ (22) $\int \dfrac{dx}{\sqrt{x^2 - a^2}} = \ln\left|x + \sqrt{x^2 - a^2}\right| + C$

(23) $\int \dfrac{dx}{\sqrt{x^2 + a^2}} = \ln(x + \sqrt{x^2 + a^2}) + C$

(二) 不定积分的换元积分法和分部积分法

1. 第一类换元法

设 $f(u)$ 具有原函数，$u = \varphi(x)$ 可导，则有换元公式

$$\int f[\varphi(x)]\varphi'(x)dx = \left[\int f(u)du\right]_{u=\varphi(x)}$$

2. 第二类换元法

设 $x = \psi(t)$ 是单调的可导函数，并且 $\psi'(t) \neq 0$，又设 $f[\psi(t)]\psi'(t)$ 具有原函数，则有换元公式

$$\int f(x)dx = \left\{\int f[\psi(t)]\psi'(t)dt\right\}_{t=\psi^{-1}(x)}$$

其中，$\psi^{-1}(x)$ 是 $x = \psi(t)$ 的反函数。

如果被积函数含有 $\sqrt{a^2 - x^2}$，可以作代换 $x = a\sin t$ 化去根式；如果被积函数含有 $x^2 + a^2$，可以作代换 $x = a\tan t$ 化去根式；如果被积函数含有 $\sqrt{x^2 - a^2}$，可以作代换 $x = \pm a\sec t$ 化去根式。

倒代换，利用它常可消去被积函数的分母中的变量因子 x。例如，设 $x = \dfrac{1}{t}$，则 $dx = -\dfrac{dt}{t^2}$。

3. 分部积分法

$$\int u dv = uv - \int v du$$

通常分部积分法适用于下述情况：

(1) 如果被积函数是幂函数和正(余)弦函数的乘积，例如 $\int x\cos x dx$，或幂函数和指数函数的乘积，例如 $\int x^2 e^x dx$，设幂函数为 u。这样用一次分部积分法就可以使幂函数的幂次降

低一次。这里假定幂指数是正整数。

(2) 如果被积函数是幂函数和对数函数的乘积或幂函数和反三角函数的乘积,设对数函数或反三角函数为 u。

(三) 有理函数的积分

1. 有理函数的积分

两个多项式的商 $\dfrac{P(x)}{Q(x)}$ 称为有理函数,又称有理分式。假定分子多项式 $P(x)$ 与分母多项式 $Q(x)$ 之间没有公因式。当分子多项式 $P(x)$ 的次数小于分母多项式 $Q(x)$ 的次数时,称这个有理函数为真分式,否则称为假分式。利用多项式的除法,总可以将一个假分式化分成一个多项式与一个真分式之和的形式。

对于真分式 $\dfrac{P(x)}{Q(x)}$,如果分母可分解为两个多项式的乘积 $Q(x)=Q_1(x)Q_2(x)$,且 $Q_1(x)$ 与 $Q_2(x)$ 没有公因式,则可拆成两个真分式之和,即:

$$\frac{P(x)}{Q(x)} = \frac{P_1(x)}{Q_1(x)} + \frac{P_2(x)}{Q_2(x)}$$

最终,有理函数的分解式中只出现多项式、$\dfrac{P_1(x)}{(x-a)^k}$、$\dfrac{P_2(x)}{(x^2+px+q)^l}$ 三类函数 [这里 $p^2-4q<0$,$P_1(x)$ 为小于 k 次的多项式,$P_2(x)$ 为小于 $2l$ 次的多项式]。这三类函数的积分容易求出。

2. 可化为有理函数的积分

(1) 三角函数有理式的积分,可以令 $u=\tan\dfrac{x}{2}$,将原积分化为有理函数的积分。

(2) 去掉根号法,被积函数中含有简单根式 $\sqrt[n]{ax+b}$ 或 $\sqrt{\dfrac{ax+b}{cx+d}}$,可以令 $\sqrt[n]{ax+b}=u$ 或 $\sqrt[n]{\dfrac{ax+b}{cx+d}}=u$,将原积分化为有理函数的积分。

【例 1-3-1】(历年真题) 不定积分 $\displaystyle\int\dfrac{x}{\sin^2(x^2+1)}\mathrm{d}x$ 等于:

A. $-\dfrac{1}{2}\cot(x^2+1)+C$ B. $-\dfrac{1}{\sin(x^2+1)}+C$

C. $-\dfrac{1}{2}\tan(x^2+1)+C$ D. $-\dfrac{1}{2}\cot x+C$

【解答】原式 $=\dfrac{1}{2}\displaystyle\int\dfrac{1}{\sin^2(x^2+1)}\mathrm{d}(x^2+1)=-\dfrac{1}{2}\cot(x^2+1)+C$

应选 A 项。

【例 1-3-2】(历年真题) $\displaystyle\int\dfrac{\mathrm{d}x}{\sqrt{x}(1+x)}$ 等于:

A. $\arctan\sqrt{x}+C$ B. $2\arctan\sqrt{x}+C$

C. $\tan(1+x)+C$ D. $\dfrac{1}{2}\arctan x+C$

【解答】原式 $=\dfrac{1}{2}\displaystyle\int\dfrac{1}{1+x}\mathrm{d}(\sqrt{x})=\dfrac{1}{2}\displaystyle\int\dfrac{1}{1+(\sqrt{x})^2}\mathrm{d}(\sqrt{x})=2\arctan\sqrt{x}+C$

应选 B 项。

【例 1-3-3】（历年真题）不定积分 $\int \dfrac{x^2}{\sqrt[3]{1+x^3}}dx$ 等于：

A. $\dfrac{1}{4}(1+x^3)^{\frac{4}{3}}$ 　　　　　　　　B. $(1+x^3)^{\frac{1}{3}}+C$

C. $\dfrac{3}{2}(1+x^3)^{\frac{2}{3}}+C$ 　　　　　　D. $\dfrac{1}{2}(1+x^3)^{\frac{2}{3}}+C$

【解答】 原式 $=\dfrac{1}{3}\int\dfrac{1}{\sqrt[3]{1+x^3}}d(1+x^3)=\dfrac{1}{3}\times\dfrac{3}{2}(1+x^3)^{\frac{2}{3}}+C=\dfrac{1}{2}(1+x^3)^{\frac{2}{3}}+C$

应选 D 项。

【例 1-3-4】（历年真题）$f'(x)$ 连续，则 $\int f'(2x+1)dx$ 等于：

A. $f(2x+1)+C$ 　　　　　　　B. $\dfrac{1}{2}f(2x+1)+C$

C. $2f(2x+1)+C$ 　　　　　　　D. $f(x)+C$

【解答】 原式 $=\dfrac{1}{2}\int f'(2x+1)d(2x+1)=\dfrac{1}{2}f(2x+1)+C$

应选 B 项。

【例 1-3-5】（历年真题）若 $\sec^2 x$ 是 $f(x)$ 的一个原函数，则 $\int xf(x)dx$ 等于：

A. $\tan x+C$ 　　　　　　　　B. $x\tan x-\ln|\cos x|+C$

C. $x\sec^2 x+\tan x+C$ 　　　　D. $x\sec^2 x-\tan x+C$

【解答】 $\int xf(x)dx=\int xd\sec^2 x=x\sec^2 x-\int\sec^2 xdx$

$$=x\sec^2 x-\tan x+C$$

应选 D 项。

【例 1-3-6】（历年真题）$\int f(x)dx=\ln x+C$，则 $\int\cos x f(\cos x)dx$ 等于：

A. $\cos x+C$ 　　　　　　　　B. $x+C$

C. $\sin x+C$ 　　　　　　　　D. $\ln\cos x+C$

【解答】 对 $\int f(x)dx=\ln x+C$ 两边求导：$f(x)=\dfrac{1}{x}$，得：$f(\cos x)=\dfrac{1}{\cos x}$

$\int\cos x f(\cos x)dx=\int\cos x\dfrac{1}{\cos x}dx=x+C$

应选 B 项。

【例 1-3-7】（历年真题）若 $\int f(x)dx=F(x)+C$，则 $\int xf(1-x^2)dx$ 等于：

A. $F(1-x^2)+C$ 　　　　　　　B. $-\dfrac{1}{2}F(1-x^2)+C$

C. $\frac{1}{2}F(1-x^2)+C$ D. $-\frac{1}{2}F(x)+C$

【解答】$\int xf(1-x^2)\mathrm{d}x = -\frac{1}{2}\int f(1-x^2)\mathrm{d}(1-x^2) = -\frac{1}{2}F(1-x^2)+C$

应选 B 项。

【例 1-3-8】 （历年真题）已知函数 $f(x)$ 的一个原函数是 $1+\sin x$，则不定积分 $\int xf'(x)\mathrm{d}x$ 等于：

A. $(1+\sin x)(x-1)+C$ B. $x\cos x-(1+\sin x)+C$
C. $-x\cos x+(1+\sin x)+C$ D. $1+\sin x+C$

【解答】$f(x) = (1+\sin x)' = \cos x$

$$\int xf'(x)\mathrm{d}x = \int x\mathrm{d}f(x) = xf(x) - \int f(x)\mathrm{d}x = x\cos x - \int \cos x\mathrm{d}x$$

$$= x\cos x - \sin x + C_1 = x\cos x - (1+\sin x) + C \ (C = 1+C_1)$$

应选 B 项。

二、定积分

（一）定积分的概念与性质

1. 定积分的概念

设函数 $f(x)$ 在 $[a,b]$ 上有界，在 $[a,b]$ 中任意插入若干个分点 $a=x_0<x_1<\cdots<x_{n-1}<x_n=b$，把区间 $[a,b]$ 分成 n 个小区间 $[x_{i-1},x_i]$，$i=1,\cdots,n$，各个小区间的长度依次为 $\Delta x_i = x_i - x_{i-1}$，在每个小区间 $[x_{i-1},x_i]$ 上任取一点 $\xi_i(x_{i-1} \leqslant \xi_i \leqslant x_i)$，作函数值 $f(\xi_i)$ 与小区间长度 Δx_i 的乘积 $f(\xi_i)\Delta x_i (i=1,2,\cdots,n)$，并做出和 $S = \sum_{i=1}^{n} f(\xi_i)\Delta x_i$，记 $\lambda = \max\{\Delta x_1, \Delta x_2, \cdots, \Delta x_n\}$，如果当 $\lambda \to 0$ 时，这和的极限总存在，且与闭区间 $[a,b]$ 的分法及点 ξ_i 的取法无关，则称这个极限 I 为函数 $f(x)$ 在区间 $[a,b]$ 上的定积分记作 $\int_a^b f(x)\mathrm{d}x$，即：$\int_a^b f(x)\mathrm{d}x = I = \lim_{\lambda \to 0} \sum_{i=1}^{n} f(\xi_i)\Delta x_i$，其中 a 称为积分下限，b 称为积分上限，$[a,b]$ 称为积分区间。

定积分的值只与被积函数及积分区间有关，而与积分变量的记法无关，即 $\int_a^b f(x)\mathrm{d}x = \int_a^b f(t)\mathrm{d}t = \int_a^b f(u)\mathrm{d}u$。

设 $f(x)$ 在区间 $[a,b]$ 上连续，则 $f(x)$ 在 $[a,b]$ 上可积。

设 $f(x)$ 在区间 $[a,b]$ 上有界，且只有有限个间断点，则 $f(x)$ 在 $[a,b]$ 上可积。

2. 定积分的几何意义

在 (a,b) 上 $f(x) \geqslant 0$ 时，定积分 $\int_a^b f(x)\mathrm{d}x$ 表示由曲线 $y = f(x)$、两条直线 $x = a$、$x = b$ 与 x 轴所围成的曲边梯形的面积；在 $[a,b]$ 上 $f(x) \leqslant 0$ 时，定积分 $\int_a^b f(x)\mathrm{d}x$ 表示由

曲线 $y=f(x)$、两条直线 $x=a$、$x=b$ 与 x 轴所围成的曲边梯形位于 x 轴的下方，即为曲边梯形面积的负值；在 $[a,b]$ 上 $f(x)$ 既取得正值又取得负值时，函数 $f(x)$ 的图形某些部分在 x 轴上方，而其他部分在 x 轴下方，定积分 $\int_a^b f(x)\mathrm{d}x$ 表示 x 轴上方图形面积减去 x 轴下方图形面积所得之差，即面积的代数和。

3. 定积分的性质

基本规定：

(1) 当 $b=a$ 时，$\int_a^a f(x)\mathrm{d}x = 0$；

(2) 当 $a>b$ 时，$\int_a^b f(x)\mathrm{d}x = -\int_b^a f(x)\mathrm{d}x$。

由上式可知，交换定积分的上下限时，定积分的绝对值不变而符号相反。

定积分的性质如下：

(1) 设 α 与 β 均为常数，则：$\int_a^b [\alpha f(x)+\beta g(x)]\mathrm{d}x = \alpha\int_a^b f(x)\mathrm{d}x + \beta\int_a^b g(x)\mathrm{d}x$

(2) 设 $a<c<b$，则：$\int_a^b f(x)\mathrm{d}x = \int_a^c f(x)\mathrm{d}x + \int_c^b f(x)\mathrm{d}x$

(3) 如果在区间 $[a,b]$ 上 $f(x)$ 恒为 1，则：$\int_a^b 1\mathrm{d}x = \int_a^b \mathrm{d}x = b-a$

(4) 如果在区间 $[a,b]$ 上 $f(x) \geqslant 0$，则：$\int_a^b f(x)\mathrm{d}x \geqslant 0 \quad (a<b)$

由此可知：1) 如果在区间 $[a,b]$ 上 $f(x) \leqslant g(x)$，则 $\int_a^b f(x)\mathrm{d}x \leqslant \int_a^b g(x)\mathrm{d}x \quad (a<b)$

2) $\left|\int_a^b f(x)\mathrm{d}x\right| \leqslant \int_a^b |f(x)|\mathrm{d}x \quad (a<b)$

(5) 设 M 及 m 分别是函数 $f(x)$ 在区间 $[a,b]$ 上的最大值及最小值，则：

$$m(b-a) \leqslant \int_a^b f(x)\mathrm{d}x \leqslant M(b-a) \quad (a<b)$$

(6) (定积分中值定理) 如果函数 $f(x)$ 在积分区间 $[a,b]$ 上连续，则在 $[a,b]$ 上至少存在一个点 ξ，使下式成立：

$$\int_a^b f(x)\mathrm{d}x = f(\xi)(b-a) \quad (a\leqslant \xi \leqslant b)$$

4. 微积分基本公式

(1) 如果函数 $f(x)$ 在区间 $[a,b]$ 上连续，则积分上限的函数 $\Phi(x)=\int_a^x f(t)\mathrm{d}t$ 在 $[a,b]$ 上可导，且它的导数 $\Phi'(x) = \dfrac{\mathrm{d}}{\mathrm{d}x}\int_a^x f(t)\mathrm{d}t = f(x), a\leqslant x\leqslant b$。

如果函数 $f(x)$ 在 $[a,b]$ 上连续，则函数 $\Phi(x)=\int_a^x f(t)\mathrm{d}t$ 就是 $f(x)$ 在 $[a,b]$ 上的一个原函数。

(2) (牛顿-莱布尼茨公式) 如果函数 $F(x)$ 是连续函数 $f(x)$ 在区间 $[a,b]$ 上的一个原函数，则：

$$\int_a^b f(x)\mathrm{d}x = F(b) - F(a) = [F(x)]_a^b$$

（二）定积分的换元法和分部积分法

1. 定积分的换元法

设 $f(x)$ 在 $[a, b]$ 上连续，$x=\varphi(t)$ 在 $[\alpha, \beta]$（或 $[\beta, \alpha]$）上具有连续导数，并且 $\varphi(\alpha)=a$，$\varphi(\beta)=b$，则：

$$\int_a^b f(x)\mathrm{d}x = \int_\alpha^\beta f[\varphi(t)]\varphi'(t)\mathrm{d}t$$

应用换元公式时，应注意：(1) 用 $x=\varphi(t)$ 把原来变量 x 代换成新变量 t 时，积分限也要换成相应于新变量 t 的积分限；(2) 求出 $f[\varphi(t)]\varphi'(t)$ 的一个原函数 $\Phi(t)$ 后，只要把新变量 t 的上、下限分别代入 $\Phi(t)$ 中然后相减就可以了。

当被积函数 $f(x)$ 中含有 $\sqrt{a^2-x^2}$、$\sqrt{x^2+a^2}$、$\sqrt{x^2-a^2}$ 因子时，可令 $x=a\sin t$、$x=a\tan t$、$x=a\sec t$，以达到消去被积函数中根号的目的。

2. 定积分的分部积分法

$$\int_a^b uv'\mathrm{d}x = [uv]_a^b - \int_a^b vu'\mathrm{d}x$$

或

$$\int_a^b u\mathrm{d}v = [uv]_a^b - \int_a^b v\mathrm{d}u$$

3. 几个常用的定积分公式

(1) 若 $f(x)$ 在 $[-a, a](a>0)$ 上连续且为偶函数，则 $\int_{-a}^a f(x)\mathrm{d}x = 2\int_0^a f(x)\mathrm{d}x$；

(2) 若 $f(x)$ 在 $[-a, a](a>0)$ 上连续且为奇函数，则 $\int_{-a}^a f(x)\mathrm{d}x = 0$；

(3) 若 $f(x)$ 是以 T 为周期的连续函数，则 $\int_a^{a+T} f(x)\mathrm{d}x = \int_0^T f(x)\mathrm{d}x$；

(4) 若 $f(x)$ 在 $[0, 1]$ 上连续，则 $\int_0^{\frac{\pi}{2}} f(\sin x)\mathrm{d}x = \int_0^{\frac{\pi}{2}} f(\cos x)\mathrm{d}x$；

(5) 若 $f(x)$ 在 $[0, 1]$ 上连续，则 $\int_0^\pi xf(\sin x)\mathrm{d}x = \frac{\pi}{2}\int_0^\pi f(\sin x)\mathrm{d}x$。

【例 1-3-9】（历年真题）定积分 $\int_1^2 \dfrac{1-\dfrac{1}{x}}{x^2}\mathrm{d}x$ 等于：

A. 0　　　　　　B. $-\dfrac{1}{8}$　　　　　　C. $\dfrac{1}{8}$　　　　　　D. 2

【解答】原式 $= \int_1^2 \dfrac{1}{x^2}\mathrm{d}x - \int_1^2 \dfrac{1}{x^3}\mathrm{d}x = \left[-x^{-1}\right]_1^2 - \left[\left(\dfrac{-1}{2}\right)x^{-2}\right]_1^2$

$= \left(-\dfrac{1}{2}+1\right) - \left(-\dfrac{1}{2}\right)\left(\dfrac{1}{4}-1\right) = \dfrac{1}{8}$

应选 C 项。

【例 1-3-10】（历年真题）$\int_{-2}^{2}\sqrt{4-x^2}\mathrm{d}x$ 等于：

A. π　　　　B. 2π　　　　C. 3π　　　　D. $\dfrac{\pi}{2}$

【解答】令 $x=2\sin t$，$\mathrm{d}x=2\cos t\mathrm{d}t$，原式为偶函数，则：

$$\int_{-2}^{2}\sqrt{4-x^2}\mathrm{d}x=2\int_{0}^{2}\sqrt{4-x^2}\mathrm{d}x=2\int_{0}^{\frac{\pi}{2}}4\cos^2 t\mathrm{d}t$$

$$=2\times 4\times\frac{1}{2}\int_{0}^{\frac{\pi}{2}}(1+\cos 2t)\mathrm{d}t=4\left[t+\sin 2t\right]_{0}^{\frac{\pi}{2}}=4\times\frac{\pi}{2}=2\pi$$

应选 B 项。

【例 1-3-11】（历年真题）定积分 $\int_{0}^{\frac{1}{2}}\dfrac{1+x}{\sqrt{1-x^2}}\mathrm{d}x$ 等于：

A. $\dfrac{\pi}{3}+\dfrac{\sqrt{3}}{2}$　　　　　　　　B. $\dfrac{\pi}{6}+\dfrac{\sqrt{3}}{2}$

C. $\dfrac{\pi}{6}-\dfrac{\sqrt{3}}{2}+1$　　　　　　D. $\dfrac{\pi}{6}+\dfrac{\sqrt{3}}{2}+1$

【解答】原式 $=\int_{0}^{\frac{1}{2}}\dfrac{1}{\sqrt{1-x^2}}\mathrm{d}x+\int_{0}^{\frac{1}{2}}\dfrac{x}{\sqrt{1-x^2}}\mathrm{d}x$

$$=\left[\arcsin x\right]_{0}^{\frac{1}{2}}+\left(-\frac{1}{2}\right)\int_{0}^{\frac{1}{2}}\frac{1}{\sqrt{1-x^2}}\mathrm{d}(1-x^2)$$

$$=\frac{\pi}{6}+\left(-\frac{1}{2}\right)\times 2\times\left[(1-x^2)^{\frac{1}{2}}\right]_{0}^{\frac{1}{2}}$$

$$=\frac{\pi}{6}-\left(\frac{\sqrt{3}}{2}-1\right)=\frac{\pi}{6}-\frac{\sqrt{3}}{2}+1$$

应选 C 项。

【例 1-3-12】（历年真题）设 $f(x)$ 是连续函数，且 $f(x)=x^2+2\int_{0}^{2}f(t)\mathrm{d}t$，则 $f(x)$ 等于：

A. x^2　　　　B. x^2-2　　　　C. $2x$　　　　D. $x^2-\dfrac{16}{9}$

【解答】由条件，$f'(x)=2x$，则排除 C 项。

A 项：$x^2+2\int_{0}^{2}x^2\mathrm{d}x=x^2+2\times\left[\dfrac{x^3}{3}\right]_{0}^{2}=x^2+2\times\dfrac{8}{3}\neq x^2$，不满足。

B 项：$x^2+2\int_{0}^{2}(x^2-2)\mathrm{d}x=x^2+2x\left[\dfrac{x^3}{3}-2x\right]_{0}^{2}=x^2+2x\left(-\dfrac{4}{3}\right)\neq x^2-2$，不满足。

故选 D 项。

【例 1-3-13】（历年真题）设 $\int_{0}^{x}f(t)\mathrm{d}t=\dfrac{\cos x}{x}$，则 $f\left(\dfrac{\pi}{2}\right)$ 等于：

A. $\dfrac{\pi}{2}$ B. $-\dfrac{2}{\pi}$ C. $\dfrac{2}{\pi}$ D. 0

【解答】对方程两边求导：$f(x) = \dfrac{-x\sin x - \cos x}{x^2}$

$$f\left(\dfrac{\pi}{2}\right) = \dfrac{-\dfrac{\pi}{2} \times 1 - 0}{\dfrac{\pi^2}{4}} = -\dfrac{2}{\pi}$$

应选 B 项。

【例 1-3-14】（历年真题）设函数 $f(x) = \int_x^2 \sqrt{5+t^2}\,\mathrm{d}t$，$f'(1)$ 等于：

A. $2-\sqrt{6}$ B. $2+\sqrt{6}$
C. $\sqrt{6}$ D. $-\sqrt{6}$

【解答】$f(x) = -\int_2^x \sqrt{5+t^2}\,\mathrm{d}t$，求导，则：

$f'(x) = -\sqrt{5+x^2}$，故 $f'(1) = -\sqrt{6}$，应选 D 项。

【例 1-3-15】（历年真题）$\dfrac{\mathrm{d}}{\mathrm{d}x}\int_{2x}^0 \mathrm{e}^{-t^2}\,\mathrm{d}t$ 等于：

A. e^{-4x^2} B. $2\mathrm{e}^{-4x^2}$ C. $-2\mathrm{e}^{-4x^2}$ D. e^{-x^2}

【解答】$\dfrac{\mathrm{d}}{\mathrm{d}x}\int_{2x}^0 \mathrm{e}^{-t^2}\,\mathrm{d}t = -\dfrac{\mathrm{d}}{\mathrm{d}x}\int_0^{2x} \mathrm{e}^{-t^2}\,\mathrm{d}t = -\mathrm{e}^{-4x^2} \times 2 = -2\mathrm{e}^{-4x^2}$

应选 C 项。

【例 1-3-16】（历年真题）已知 $\varphi(x)$ 可导，则 $\dfrac{\mathrm{d}}{\mathrm{d}x}\int_{\varphi(x^2)}^{\varphi(x)} \mathrm{e}^{t^2}\,\mathrm{d}t$ 等于：

A. $\varphi'(x)\mathrm{e}^{[\varphi(x)]^2} - 2x\varphi'(x^2)\mathrm{e}^{[\varphi(x^2)]^2}$ B. $\mathrm{e}^{[\varphi(x)]^2} - \mathrm{e}^{[\varphi(x^2)]^2}$
C. $\varphi'(x)\mathrm{e}^{[\varphi(x)]^2} - \varphi'(x^2)\mathrm{e}^{[\varphi(x^2)]^2}$ D. $\varphi'(x)\mathrm{e}^{\varphi(x)} - 2x\varphi'(x^2)\mathrm{e}^{\varphi(x^2)}$

【解答】取 C 为任意常数，原式 $= \dfrac{\mathrm{d}}{\mathrm{d}x}\left[\int_{\varphi(x^2)}^C \mathrm{e}^{t^2}\,\mathrm{d}t + \int_C^{\varphi(x)} \mathrm{e}^{t^2}\,\mathrm{d}t\right]$

$$= \dfrac{\mathrm{d}}{\mathrm{d}x}\left[-\int_C^{\varphi(x^2)} \mathrm{e}^{t^2}\,\mathrm{d}t + \int_C^{\varphi(x)} \mathrm{e}^{t^2}\,\mathrm{d}t\right]$$

$$= -\mathrm{e}^{[\varphi(x^2)]^2}\varphi'(x^2)\cdot 2x + \mathrm{e}^{[\varphi(x)]^2}\varphi'(x)$$

应选 A 项。

【例 1-3-17】（历年真题）设 $f(x)$ 函数在 $[0,+\infty)$ 上连续，且满足 $f(x) = x\mathrm{e}^{-x} + \mathrm{e}^x \int_0^1 f(x)\,\mathrm{d}x$，则 $f(x)$ 是：

A. $x\mathrm{e}^{-1}$ B. $x\mathrm{e}^{-x} - \mathrm{e}^{x-1}$
B. e^{x-2} D. $(x-1)\mathrm{e}^{-x}$

【解答】$f(x) = x\mathrm{e}^{-x} + \mathrm{e}^x \int_0^1 f(x)\,\mathrm{d}x$，$\int_0^1 f(x)\,\mathrm{d}x$ 为常数，两边积分，得：

$$\int_0^1 f(x) = \int_0^1 x\mathrm{e}^{-x}\,\mathrm{d}x + \int_0^1 f(x)\,\mathrm{d}x \int_0^1 \mathrm{e}^x\,\mathrm{d}x$$

$$\int_0^1 f(x) = -\int_0^1 x \mathrm{d}(\mathrm{e}^{-x}) + \int_0^1 f(x)\mathrm{d}x [\mathrm{e}^x]_0^1$$

$$= -\left\{[x\mathrm{e}^{-x}]_0^1 - \int_0^1 \mathrm{e}^{-x}\mathrm{d}x\right\} + \int_0^1 f(x)\mathrm{d}x(\mathrm{e}-1)$$

$$= -\{(\mathrm{e}^{-1}-0) + [\mathrm{e}^{-x}]_0^1\} + \int_0^1 f(x)\mathrm{d}x \cdot (\mathrm{e}-1)$$

$$= -\{\mathrm{e}^{-1} + \mathrm{e}^{-1} - 1\} + (\mathrm{e}-1)\int_0^1 f(x)\mathrm{d}x$$

则：$\int_0^1 f(x) = -\dfrac{2\mathrm{e}^{-1}-1}{2-\mathrm{e}} = -\mathrm{e}^{-1}$

即：$f(x) = x\mathrm{e}^{-x} + \mathrm{e}^x \times (-\mathrm{e}^{-1}) = x\mathrm{e}^{-x} - \mathrm{e}^{x-1}$

应选 B 项。

【例 1-3-18】 设 $f(x)$ 连续，$f(0)=2$，$\lim\limits_{x \to 0}\dfrac{\int_0^x tf(t)\mathrm{d}t}{x^2}$ 等于：

A. $\dfrac{1}{4}$ B. $\dfrac{1}{2}$ C. 1 D. 2

【解答】 原式 $= \lim\limits_{x \to 0}\dfrac{xf(x)}{2x} = \lim\limits_{x \to 0}\dfrac{f(x)}{2} = 1$

应选 C 项。

三、反常积分（也称广义积分）

（一）无穷限的反常积分

设函数 $f(x)$ 在区间 $[a, +\infty)$ 上连续，任取 $t > a$，作定积分 $\int_a^t f(x)\mathrm{d}x$，再求极限 $\lim\limits_{t \to +\infty}\int_a^t f(x)\mathrm{d}x$，该极限称为函数 $f(x)$ 在无穷区间 $[a, +\infty)$ 上的反常积分，记为 $\int_a^{+\infty} f(x)\mathrm{d}x$，即：$\int_a^{+\infty} f(x)\mathrm{d}x = \lim\limits_{t \to +\infty}\int_a^t f(x)\mathrm{d}x$。如果该极限存在，则称反常积分 $\int_a^{+\infty} f(x)\mathrm{d}x$ 收敛，并称此极限为该反常积分的值；如果该极限不存在，则称反常积分 $\int_a^{+\infty} f(x)\mathrm{d}x$ 发散。

同理，可定义：

$$\int_{-\infty}^b f(x)\mathrm{d}x = \lim_{t \to -\infty}\int_t^b f(x)\mathrm{d}x$$

$$\int_{-\infty}^{+\infty} f(x)\mathrm{d}x = \int_{-\infty}^0 f(x)\mathrm{d}x + \int_0^{+\infty} f(x)\mathrm{d}x$$

为了方便，有时记 $F(+\infty) = \lim\limits_{t \to +\infty} F(x)$，$F(-\infty) = \lim\limits_{x \to -\infty} F(x)$。

若在 $(-\infty, +\infty)$ 内 $F'(x) = f(x)$，则当 $F(-\infty)$ 与 $F(+\infty)$ 都存在时，则：

$$\int_{-\infty}^{+\infty} f(x)\mathrm{d}x = [F(x)]_{-\infty}^{+\infty}$$

注意，当 $F(-\infty)$、$F(+\infty)$ 有一个不存在时，反常积分 $\int_{-\infty}^{+\infty} f(x)dx$ 发散。

(二) 无界函数的反常积分

如果函数 $f(x)$ 在点 a 的任一邻域内都无界，则点 a 称为函数 $f(x)$ 的瑕点(也称为无界间断点)。

设函数 $f(x)$ 在区间 $(a,b]$ 上连续，点 a 为 $f(x)$ 的瑕点。任取 $t>a$，作定积分 $\int_t^b f(x)dx$，再求极限 $\lim\limits_{t\to a^+}\int_t^b f(x)dx$，该极限称为函数 $f(x)$ 在区间 $(a,b]$ 上的反常积分，仍然记为 $\int_a^b f(x)dx$，即：$\int_a^b f(x)dx = \lim\limits_{t\to a^+}\int_t^b f(x)dx$，如果该极限存在，则称反常积分 $\int_a^b f(x)dx$ 收敛，并称此极限为该反常积分的值；如果该极限不存在，则称反常积分 $\int_a^b f(x)dx$ 发散。

同理，设函数 $f(x)$ 在区间 $[a,b)$ 上连续，点 b 为 $f(x)$ 的瑕点，反常积分 $\int_a^b f(x)dx$ 定义为：

$$\int_a^b f(x)dx = \lim\limits_{t\to b^-}\int_a^t f(x)dx$$

设函数 $f(x)$ 在区间 $[a,c)$ 及区间 $(c,b]$ 上连续，点 c 为 $f(x)$ 的瑕点，反常积分 $\int_a^b f(x)dx$ 定义为：

$$\int_a^b f(x)dx = \int_a^c f(x)dx + \int_c^b f(x)dx$$

注意，当 $\int_a^c f(x)dx$、$\int_c^b f(x)dx$ 有一个不存在时，反常积分 $\int_a^b f(x)dx$ 发散。

【例 1-3-19】（历年真题）下列广义积分中发散的是：

A. $\int_0^{+\infty} e^{-x}dx$ B. $\int_0^{+\infty} \frac{1}{1+x^2}dx$ C. $\int_0^{+\infty} \frac{\ln x}{x}dx$ D. $\int_0^1 \frac{1}{\sqrt{1-x^2}}dx$

【解答】 A 项：原式 $= -\int_0^{+\infty} e^{-x}d(-x) = -[e^{-x}]_0^{+\infty} = -(0-1) = 1$

B 项：原式 $= [\arctan x]_0^{+\infty} = \frac{\pi}{2}$

C 项：原式 $= \int_0^{+\infty} \ln x d(\ln x) = \frac{1}{2}[(\ln x)^2]_0^{+\infty}$

由于 $[(\ln x)^2]_0^1 = -\infty$，发散，应选 C 项。

【例 1-3-20】（历年真题）若 $\int_{-\infty}^{+\infty} \frac{A}{1+x^2}dx = 1$，则常数 A 等于：

A. $\frac{1}{\pi}$ B. $\frac{2}{\pi}$ C. $\frac{\pi}{2}$ D. π

【解答】 原式 $= A\int_{-\infty}^{+\infty} \frac{1}{1+x^2}dx = A\left(\int_{-\infty}^0 \frac{1}{1+x^2}dx + \int_0^{+\infty} \frac{1}{1+x^2}dx\right)$

$= A\{[\arctan x]_{-\infty}^0 + [\arctan x]_0^{+\infty}\}$

$$= A\left(\frac{\pi}{2} + \frac{\pi}{2}\right) = A\pi = 1$$

故 $A = \frac{1}{\pi}$，应选 A 项。

【例 1-3-21】（历年真题）广义积分 $\int_{-2}^{2} \frac{1}{(1+x)^2} dx$ 的值为：

A. $\frac{4}{3}$ B. $-\frac{4}{3}$ C. $\frac{2}{3}$ D. 发散

【解答】 原式 $= \int_{-2}^{-1} \frac{1}{(1+x)^2} dx + \int_{-1}^{2} \frac{1}{(1+x)^2} dx$

$$\int_{-2}^{-1} \frac{1}{(1+x)^2} dx = \int_{-2}^{-1} \frac{1}{(1+x)^2} d(1+x) = -\left[\frac{1}{1+x}\right]_{-2}^{-1} = -\infty$$

故原式为发散，应选 D 项。

【例 1-3-22】 $\int_{0}^{+\infty} xe^{-2x} dx$ 等于：

A. $-\frac{1}{4}$ B. $\frac{1}{2}$ C. $\frac{1}{4}$ D. 4

【解答】 原式 $= \left(-\frac{1}{2}\right) \int_{0}^{+\infty} x d(e^{-2x}) = \left(-\frac{1}{2}\right) \left\{ \left[xe^{-2x}\right]_{0}^{+\infty} - \int_{0}^{+\infty} e^{-2x} dx \right\}$

$$= \left(-\frac{1}{2}\right) \left\{ [0 - 0] + \frac{1}{2} \left[e^{-2x}\right]_{0}^{+\infty} \right\}$$

$$= -\frac{1}{4}(0 - 1) = \frac{1}{4}$$

应选 C 项。

【例 1-3-23】 下列结论中，正确的是：

A. $\int_{-1}^{1} \frac{1}{x^2} dx$ 收敛   B. $\frac{d}{dx} \int_{0}^{x^2} f(t) dt = f(x^2)$

C. $\int_{1}^{+\infty} \frac{1}{\sqrt{x}} dx$ 发散   D. $\int_{-\infty}^{0} e^{-\frac{x}{2}} dx$ 发散

【解答】 A 项：$\int_{-1}^{1} \frac{1}{x^2} dx = \int_{-1}^{0} \frac{1}{x^2} dx + \int_{0}^{-1} \frac{1}{x^2} dx$

$\int_{-1}^{0} \frac{1}{x^2} dx = \left(-\frac{1}{2}\right) \left[\frac{1}{x}\right]_{-1}^{0}$，发散，A 项错误。

B 项：$\frac{d}{dx} \int_{0}^{x^2} f(t) dt = f(x^2) \cdot 2x$，B 项错误。

C 项：$\int_{1}^{+\infty} \frac{1}{\sqrt{x}} dx = 2\left[\sqrt{x}\right]_{1}^{+\infty}$，发散，C 项正确。

应选 C 项。

四、定积分的应用

（一）平面图形的面积

1. 直角坐标

如图 1-3-1(a)所示，若平面图形由曲线 $y=f_1(x)$，$y=f_2(x)$ 和直线 $x=a$，$x=b$ 所围成，则其面积 $A=\int_a^b [f_2(x)-f_1(x)]\mathrm{d}x$。

如图 1-3-1(b)所示，平面图形由曲线 $x=f_1^{-1}(y)$，$x=f_2^{-1}(y)$ 和直线 $y=c$，$y=d$ 所围成，则其面积 $A=\int_c^d [f_2^{-1}(y)-f_1^{-1}(y)]\mathrm{d}y$。

(a)
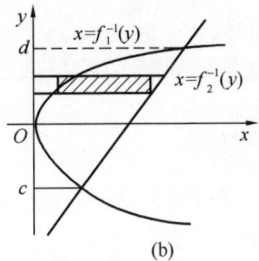
(b)

图 1-3-1

当曲线 $y=f(x)$ 由参数方程表达时，即 $\begin{cases} x=\varphi(t) \\ y=\psi(t) \end{cases}$，与直线 $x=a$、$x=b$ 及 x 轴围成的图形面积为（图 1-3-2）：

$$A=\int_a^b f(x)\mathrm{d}x=\int_{t_1}^{t_2} \psi(t)\varphi'(t)\mathrm{d}t$$

其中，当 $x=a$ 时，$t=t_1$；$x=b$ 时，$t=t_2$。

图 1-3-2

2. 极坐标

如图 1-3-3(a)所示，若平面图形由曲线 $\rho=\varphi_1(\theta)$，$\rho=\varphi_2(\theta)$，及射线 $\theta=\alpha$，$\theta=\beta$ 所围成，则其面积 $A=\frac{1}{2}\int_\alpha^\beta [\varphi_2^2(\theta)-\varphi_1^2(\theta)]\mathrm{d}\theta$；特别地，当 $\rho=\varphi_1(\theta)=0$ 时，则 $A=\frac{1}{2}\int_\alpha^\beta \varphi_2^2(\theta)\mathrm{d}\theta$，见图 1-3-3(b)。

(a)
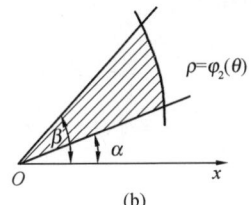
(b)

图 1-3-3

（二）体积

1. 旋转体的体积

由连续曲线 $y=f(x)$，$f(x)>0$，与直线 $x=a$，$x=b$ 及 x 轴所围成的曲边梯形绕 x 轴旋转一周而成的立体体积为 $V_x=\pi\int_a^b [f(x)]^2\mathrm{d}x$。

由连续曲线 $x=\varphi(y)$，$\varphi(y)>0$，与直线 $y=c$，$y=d$ 及 y 轴所围成的曲边梯形绕 y 轴旋转一周而成的立体体积为 $V_y=\pi\int_c^d[\varphi(y)]^2dy$。

2. 平面截面面积为已知的立体的体积

设立体由某曲面及平面 $x=a$，$x=b$ 所围成，过点 x 且垂直于 x 轴的截面面积为 $A(x)$，则其体积为 $V=\int_a^b A(x)dx$。

（三）平面曲线的弧长

设曲线弧的方程为 $y=y(x)(a\leq x\leq b)$，$y(x)$ 在 $[a,b]$ 上具有一阶连续导数，则其弧长为 $s=\int_a^b\sqrt{1+y'^2}dx$。

设曲线弧的参数方程为 $x=\varphi(t)$，$y=\psi(t)(\alpha\leq t\leq\beta)$，$\varphi(t)$、$\psi(t)$ 在 $[\alpha,\beta]$ 上具有连续导数，则其弧长 $s=\int_\alpha^\beta\sqrt{\varphi'^2(t)+\psi'^2(t)}dt$。

设曲线弧的极坐标方程为 $\rho=\rho(\theta)(\alpha\leq\theta\leq\beta)$，$\rho(\theta)$ 在 $[\alpha,\beta]$ 上具有连续导数，则其弧长 $s=\int_\alpha^\beta\sqrt{\rho^2(\theta)+\rho'^2(\theta)}d\theta$。

【例 1-3-24】（历年真题）在区间 $[0,2\pi]$ 上，曲线 $y=\sin x$ 与 $y=\cos x$ 之间所围图形的面积是：

A. $\int_{\frac{\pi}{4}}^{\pi}(\sin x-\cos x)dx$
B. $\int_{\frac{\pi}{4}}^{\frac{5}{4}\pi}(\sin x-\cos x)dx$
C. $\int_0^{2\pi}(\sin x-\cos x)dx$
D. $\int_{\frac{\pi}{4}}^{\frac{5\pi}{4}}(\sin x-\cos x)dx$

【解答】$y=\sin x$，$y=\cos x$ 在 $[0,2\pi]$ 上的交点为 $\left(\dfrac{\pi}{4},\dfrac{\sqrt{2}}{2}\right)$、$\left(\dfrac{5\pi}{4},-\dfrac{\sqrt{2}}{2}\right)$。

$$A=\int_{\frac{\pi}{4}}^{\frac{5\pi}{4}}(\sin x-\cos x)dx$$

应选 B 项。

【例 1-3-25】（历年真题）由曲线 $y=\ln x$，y 轴与直线 $y=\ln a$，$y=\ln b(b>a>0)$ 所围成的平面图形的面积等于：

A. $\ln b-\ln a$
B. $b-a$
C. e^b-e^a
D. e^b+e^a

【解答】$A=\int_{\ln a}^{\ln b}e^y dy=[e^y]_{\ln a}^{\ln b}=b-a$

应选 B 项。

本题目的图示见例 1-3-25 解图。

【例 1-3-26】曲线 $y=\dfrac{2}{3}x^{\frac{3}{2}}$ 上相应于 x 从 0 到 1 的一段弧的长度是：

A.
B. $\dfrac{4}{3}\sqrt{2}$

C. $\dfrac{2}{3}(2\sqrt{2}-1)$
D. $\dfrac{4}{15}$

例 1-3-25 解图

【解答】曲线的方程视为 $\begin{cases} x = x \\ y = \dfrac{2}{3} x^{\frac{3}{2}} \end{cases}$,则:

$$x' = 1, y' = x, s = \int_0^1 \sqrt{x'^2 + y'^2}\,dx = \int_0^1 \sqrt{1+x}\,dx$$
$$= \frac{2}{3}\left[(1+x)^{\frac{3}{2}}\right]_0^1 = \frac{2}{3}(2\sqrt{2} - 1)$$

应选 C 项。

【例 1-3-27】圆周 $\rho = \cos\theta$,$\rho = 2\cos\theta$ 及射线 $\theta = 0$,$\theta = \dfrac{\pi}{4}$ 所围的图形的面积 A 等于:

A. $\dfrac{3}{8}(\pi + 2)$ B. $\dfrac{1}{16}(\pi + 2)$

C. $\dfrac{3}{16}(\pi + 2)$ D. $\dfrac{7}{8}\pi$

【解答】$A = \dfrac{1}{2}\int_0^{\frac{\pi}{4}}[(2\cos\theta)^2 - \cos^2\theta]d\theta = \dfrac{3}{2}\int_0^{\frac{\pi}{4}}\cos^2\theta\,d\theta = \dfrac{3}{2}\int_0^{\frac{\pi}{4}}\dfrac{1+\cos 2\theta}{2}d\theta$

$= \dfrac{3}{4}\left[\theta + \dfrac{1}{2}\sin 2\theta\right]_0^{\frac{\pi}{4}} = \dfrac{3}{4}\left(\dfrac{\pi}{4} + \dfrac{1}{2}\right) = \dfrac{3}{16}(\pi + 2)$

应选 C 项。

本题目的图示见例 1-3-27 解图。

例 1-3-27 解图

【例 1-3-28】(历年真题)由曲线 $y = x^3$,直线 $x = 1$ 和 Ox 轴所围成的平面图形绕 Ox 轴旋转一周所形成的旋转体的体积是:

A. $\dfrac{\pi}{7}$ B. 7π

C. $\dfrac{\pi}{6}$ D. 6π

【解答】$V = \int_0^1 \pi(x^3)^2\,dx = \pi\int_0^1 x^6\,dx = \pi\left[\dfrac{x^7}{7}\right]_0^1 = \dfrac{\pi}{7}$

应选 A 项。

【例 1-3-29】(历年真题)曲线 $y = (\sin x)^{3/2}$($0 \leqslant x \leqslant \pi$)与 x 轴围成的平面图形绕 x 轴旋转一周而成的旋转体体积等于:

A. $\dfrac{4}{3}$ B. $\dfrac{4}{3}\pi$ C. $\dfrac{2}{3}\pi$ D. $\dfrac{2}{3}\pi^2$

【解答】$V = \int_0^\pi \pi[(\sin x)^{\frac{3}{2}}]^2 dx = \pi\int_0^\pi \sin^3 x\,dx = -\pi\int_0^\pi(1 - \cos^2 x)d(\cos x)$

$= -\pi\left[\cos x - \dfrac{1}{3}\cos^3 x\right]_0^\pi = \dfrac{4}{3}\pi$

应选 B 项。

习　题

1-3-1　(历年真题)设 $f(x)$ 有连续导数,则下列关系式中正确的是:

A. $\int f(x)dx = f(x)$ B. $\left[\int f(x)dx\right]' = f(x)$

C. $\int f'(x)\mathrm{d}x = f(x)\mathrm{d}x$ D. $\left[\int f(x)\mathrm{d}x\right]' = f(x)+C$

1-3-2 （历年真题）已知 $f(x)$ 为连续的偶函数，则 $f(x)$ 的原函数中：
A. 有奇函数 B. 都是奇函数
C. 都是偶函数 D. 没有奇函数也没有偶函数

1-3-3 $\int x\sqrt{3-x^2}\mathrm{d}x$ 等于：

A. $\dfrac{1}{\sqrt{3-x^2}}+C$ B. $-\dfrac{1}{3}(3-x^2)^{\frac{3}{2}}+C$

C. $3-x^2+C$ D. $-\dfrac{1}{3}(3-x^2)+C$

1-3-4 $\int_{-3}^{3} x\sqrt{9-x^2}\mathrm{d}x$ 等于：

A. 0 B. 9π C. 3π D. $\dfrac{9}{2}\pi$

1-3-5 （历年真题）$\int f(x)\mathrm{d}x = F(x)+C$，则 $\int \dfrac{1}{\sqrt{x}} f(\sqrt{x})\mathrm{d}x$ 等于：

A. $\dfrac{1}{2}F(\sqrt{x})+C$ B. $2F(\sqrt{x})+C$

C. $F(x)+C$ D. $\dfrac{F(\sqrt{x})}{\sqrt{x}}$

1-3-6 （历年真题）$\int \dfrac{\cos^2 x}{\sin^2 x \cos^2 x}\mathrm{d}x$ 等于：

A. $\cot x - \tan x + C$ B. $\cot x + \tan x + C$
C. $-\cot x - \tan x + C$ D. $-\cot x + \tan x + C$

1-3-7 （历年真题）若函数 $f(x)$ 的一个原函数是 e^{-2x}，则 $\int f''(x)\mathrm{d}x$ 等于：

A. $\mathrm{e}^{-2x}+C$ B. $-2\mathrm{e}^{-2x} \cdot C$
C. $-2\mathrm{e}^{-2x}+C$ D. $4\mathrm{e}^{-2x}+C$

1-3-8 $\int x\mathrm{e}^{-2x}\mathrm{d}x$ 等于：

A. $-\dfrac{1}{4}\mathrm{e}^{-2x}(2x+1)+C$ B. $\dfrac{1}{4}\mathrm{e}^{-2x}(2x-1)+C$

C. $-\dfrac{1}{4}\mathrm{e}^{-2x}(2x-1)+C$ D. $-\dfrac{1}{2}\mathrm{e}^{-2x}(x+1)+C$

1-3-9 $\int \dfrac{1}{1+\sqrt{x}}\mathrm{d}x$ 等于：

A. $2\sqrt{x}+2\ln(1+\sqrt{x})+C$ B. $2\sqrt{x}-2\ln(1+\sqrt{x})+C$

C. $2\sqrt{x}+\ln(1+\sqrt{x})+C$ D. $2\sqrt{x}-\ln(1+\sqrt{x})+C$

1-3-10 $\int_0^\pi \sqrt{1+\cos^2 x}\,dx$ 等于：

A. 0 B. $\sqrt{2}$ C. $2\sqrt{2}$ D. $4\sqrt{2}$

1-3-11 若 $\int_0^k (3x^2+2x)\,dx = 0, k\neq 0$，则 k 等于：

A. 1 B. -1 C. $\dfrac{3}{2}$ D. $\dfrac{1}{2}$

1-3-12 （历年真题）设 $\int_0^x f(t)\,dt = 2f(x)-\psi$，且 $f(0)=2$，则 $f(x)$ 是：

A. $e^{\frac{x}{2}}$ B. $e^{\frac{x}{2}+1}$ C. $2e^{\frac{x}{2}}$ D. $\dfrac{1}{2}e^{2x}$

1-3-13 若 $\int f(x)\,dx = x^3+C$，则 $\int f(\cos x)\sin x\,dx$ 等于：

A. $-\cos^3 x+C$ B. $\sin^3 x+C$

C. $\cos^3 x+C$ D. $\dfrac{1}{3}\cos^3 x+C$

1-3-14 （历年真题）广义积分 $\int_0^{+\infty} \dfrac{C}{2+x^2}\,dx = 1$，则 C 等于：

A. π B. $\dfrac{\pi}{\sqrt{2}}$ C. $\dfrac{2\sqrt{2}}{\pi}$ D. $-\dfrac{2}{\pi}$

1-3-15 $\dfrac{d}{dx}\int_0^{\cos x} \sqrt{1-t^2}\,dt$ 等于：

A. $\sin x$ B. $|\sin x|$

C. $-\sin^2 x$ D. $-\sin x|\sin x|$

1-3-16 下列广义积分中收敛的是：

A. $\int_0^1 \dfrac{1}{x^2}\,dx$ B. $\int_0^2 \dfrac{1}{\sqrt{2-x}}\,dx$

C. $\int_{-\infty}^0 e^{-x}\,dx$ D. $\int_1^{+\infty} \ln x\,dx$

1-3-17 反常积分 $\int_0^2 \dfrac{1}{x^2-5x+4}\,dx$

A. 收敛于 0 B. 收敛于 $\dfrac{1}{3}\ln 3$

C. 收敛于 $\dfrac{2}{3}\ln 2$ D. 发散

1-3-18 直线 $y=\dfrac{H}{R}x(x\geqslant 0)$ 与 $y=H$ 及 y 轴所围图形绕 y 轴旋转一周所得旋转体的体积为（H、R 为任意常数）：

A. $\dfrac{1}{3}\pi R^2 H$ B. $\pi R^2 H$ C. $\dfrac{1}{6}\pi R^2 H$ D. $\dfrac{1}{4}\pi R^2 H$

1-3-19 心形线 $\rho=a(1+\cos\theta)(a>0)$ 所围成的平面图形的面积为：

A. $\dfrac{3}{2}\pi a^2$ B. $3\pi a^2$ C. $2\pi a^2$ D. $\dfrac{2}{3}\pi a^2$

第四节 多元函数微分学与积分学

一、多元函数微分学

(一)偏导数与全微分

1. 多元函数的极限

设二元函数 $f(P)=f(x, y)$ 的定义域为 D，$P_0(x_0, y_0)$ 是 D 的聚点①。如果存在常数 A，对于任意给定的正数 ε，总存在正数 δ，使得当点 $P(x, y)\in D\cap \mathring{U}(P_0, \delta)$ 时，都使 $|f(P)-A|=|f(x, y)-A|<\varepsilon$ 成立，则称常数 A 为函数 $f(x, y)$ 当 $(x, y)\to (x_0, y_0)$ 时的极限，记作

$$\lim_{(x,y)\to(x_0,y_0)} f(x,y) = A \quad \text{或} \quad f(x,y)\to A[(x,y)\to(x_0,y_0)]$$

或记作

$$\lim_{P\to P_0} f(P) = A \quad \text{或} \quad f(P)\to A(P\to P_0)$$

一般把二元函数的极限称为二重极限。

注意，二重极限存在是指 $P(x, y)$ 以任何方式趋于 $P_0(x_0, y_0)$ 时，$f(x, y)$ 都无限接近于 A。因此，如果 $P(x, y)$ 以某一特殊方式趋于 $P_0(x_0, y_0)$ 时，即使 $f(x, y)$ 无限接近于某一确定值，还不能由此断定函数的极限存在。但是，如果当 $P(x, y)$ 以不同的方式趋于 $P_0(x_0, y_0)$ 时，$f(x, y)$ 趋于不同的值，则可以断定这函数的极限不存在。

2. 多元函数的连续性

设二元函数 $f(P)=f(x, y)$ 的定义域为 D，$P_0(x_0, y_0)$ 为 D 的聚点，且 $P_0\in D$。如果 $\lim\limits_{(x,y)\to(x_0,y_0)} f(x, y)=f(x_0, y_0)$，则称函数 $f(x, y)$ 在点 $P_0(x_0, y_0)$ 连续。

一切多元初等函数在其定义区域内是连续的。

由多元初等函数的连续性，如果要求它在点 P_0 处的极限，而该点又在此函数的定义区域内，则此极限值就是函数在该点的函数值，即：$\lim\limits_{P\to P_0} f(P)=f(P_0)$。

3. 偏导数

设函数 $z=f(x, y)$ 在点 (x_0, y_0) 的某一邻域内有定义，当 y 固定在 y_0 而 x 在 x_0 处有增量 Δx 时，相应的函数有增量 $f(x_0+\Delta x, y_0)-f(x_0, y_0)$，如果 $\lim\limits_{\Delta x\to 0}\dfrac{f(x_0+\Delta x, y_0)-f(x_0, y_0)}{\Delta x}$ 存在，则称此极限为函数 $z=f(x, y)$ 在点 (x_0, y_0) 处对 x 的偏导数，记作

$$\left.\dfrac{\partial z}{\partial x}\right|_{\substack{x=x_0\\y=y_0}}, \left.\dfrac{\partial f}{\partial x}\right|_{\substack{x=x_0\\y=y_0}}, \left.z_x\right|_{\substack{x=x_0\\y=y_0}} \text{ 或 } f_x(x_0, y_0)$$

注意，偏导数记号 z_x、f_x 也可记成 z'_x、f'_x。

类似地，函数 $z=f(x, y)$ 在点 (x_0, y_0) 处对 y 的偏导数定义为：$\lim\limits_{\Delta y\to 0}$

---

① 如果对于任意给定的 $\delta>0$，点 P 的去心邻域 $\mathring{U}(P, \delta)$ 内总有 E（E 指平面点集）中的点，称 P 是 E 的聚点。

$$\frac{f(x_0, y_0+\Delta y) - f(x_0, y_0)}{\Delta y}, \text{该极根存在，记作}$$

$$\left.\frac{\partial z}{\partial y}\right|_{\substack{x=x_0\\y=y_0}}, \left.\frac{\partial f}{\partial y}\right|_{\substack{x=x_0\\y=y_0}}, \left.z_y\right|_{\substack{x=x_0\\y=y_0}} \text{ 或 } f_y(x_0, y_0)$$

如果函数 $z=f(x, y)$ 在区域 D 内每一点 (x, y) 处对 x 的偏导数都存在，则这个偏导数就是 x、y 的函数，其称为函数 $z=f(x, y)$ 对自变量 x 的偏导函数（简称偏导数），记作

$$\frac{\partial z}{\partial x}, \frac{\partial f}{\partial x}, z_x \text{ 或 } f_x(x, y)$$

类似地，可以定义函数 $z=f(x, y)$ 对自变量 y 的偏导函数（偏导数），记作

$$\frac{\partial z}{\partial y}, \frac{\partial f}{\partial y}, z_y \text{ 或 } f_y(x, y)$$

求 $z=f(x, y)$ 的偏导数，属于一元函数的微分法问题。求 $\frac{\partial f}{\partial x}$ 时，只要把 y 暂时看作常量而对 x 求导数；求 $\frac{\partial f}{\partial y}$ 时，只要把 x 暂时看作常量而对 y 求导数。

4. 二阶偏导数及其他高阶偏导数

设函数 $z=f(x, y)$ 在区域 D 内具有偏导数 $\frac{\partial z}{\partial x}=f_x(x,y), \frac{\partial z}{\partial y}=f_y(x, y)$，于是在 D 内 $f_x(x, y)$、$f_y(x, y)$ 都是 x、y 的函数。如果这两个函数的偏导数也存在，则称它们是函数 $z=f(x, y)$ 的二阶偏导数。按照对变量求导次序的不同有下列四个二阶偏导数：

$$\frac{\partial}{\partial x}\left(\frac{\partial z}{\partial x}\right)=\frac{\partial^2 z}{\partial x^2}=f_{xx}(x,y), \quad \frac{\partial}{\partial y}\left(\frac{\partial z}{\partial x}\right)=\frac{\partial^2 z}{\partial x \partial y}=f_{xy}(x,y)$$

$$\frac{\partial}{\partial x}\left(\frac{\partial z}{\partial y}\right)=\frac{\partial^2 z}{\partial y \partial x}=f_{yx}(x,y), \quad \frac{\partial}{\partial y}\left(\frac{\partial z}{\partial y}\right)=\frac{\partial^2 z}{\partial y^2}=f_{yy}(x,y)$$

其中，第二、三两个偏导数称为混合偏导数。对于二阶混合偏导数，有如下结论：

如果函数 $z=f(x, y)$ 的两个二阶混合偏导数 $f_{xy}(x, y)$、$f_{yx}(x, y)$ 在区域 D 内连续，则在 D 内恒有 $f_{xy}(x, y)=f_{yx}(x, y)$。

由上可知，二阶混合偏导数在连续的条件下与求导的次序无关。

类似地，可得三阶、四阶……以及 n 阶偏导数。二阶及二阶以上的偏导数统称为高阶偏导数。同样，其他高阶混合偏导数在偏导数连续的条件下也与求导的次序无关。

5. 全微分

如果函数 $z=f(x, y)$ 在点 (x, y) 的全增量 $\Delta z=f(x+\Delta x, y+\Delta y)-f(x, y)$ 可表示为 $\Delta z=A\Delta x+B\Delta y+o(\rho)$，其中 A、B 不依赖于 Δx、Δy 而仅与 x、y 有关，$\rho=\sqrt{(\Delta x)^2+(\Delta y)^2}$，则称函数 $z=f(x, y)$ 在点 (x, y) 可微分，而 $A\Delta x+B\Delta y$ 称为函数 $z=f(x, y)$ 在点 (x, y) 的全微分，记作 dz，即 $dz=A\Delta x+B\Delta y$。

如果函数在区域 D 内各点处都可微分，则称这函数在 D 内可微分。

定理 1（必要条件） 如果函数 $z=f(x, y)$ 在点 (x, y) 可微分，则该函数在点 (x, y) 的偏导数 $\frac{\partial z}{\partial x}$ 与 $\frac{\partial z}{\partial y}$ 必定存在，且函数 $z=f(x, y)$ 在点 (x, y) 的全微分为：

$$dz=\frac{\partial z}{\partial x}\Delta x+\frac{\partial z}{\partial y}\Delta y$$

若记 Δx、Δy 分别为 dx、dy，则上式写为：$dz = \dfrac{\partial z}{\partial x}dx + \dfrac{\partial z}{\partial y}dy$。

定理 2（充分条件） 如果函数 $z = f(x, y)$ 的偏导数 $\dfrac{\partial z}{\partial x}$、$\dfrac{\partial z}{\partial y}$ 在点 (x, y) 连续，则函数在该点可微分。

由上述定理 1、定理 2 可知，多元函数连续、可偏导、可微分的关系，如图 1-4-1 所示。多元函数可（偏）导（即存在偏导数）与多元函数连续没有必然的联系。多元函数可微分必定可偏导，但可偏导不一定可微分，故多元函数的可偏导与可微分并不等价。当偏导数存在且连续时，多元函数必定可微分。

图 1-4-1

（二）多元复合函数的求导法则

1. 如果函数 $u = \varphi(t)$ 及 $v = \psi(t)$ 都在点 t 可导，函数 $z = f(u, v)$ 在对应点 (u, v) 具有连续偏导数，则复合函数 $z = f[\varphi(t), \psi(t)]$ 在点 t 可导，且有：

$$\frac{dz}{dt} = \frac{\partial z}{\partial u}\frac{du}{dt} + \frac{\partial z}{\partial v}\frac{dv}{dt}$$

推广：设 $z = f(u, v, w)$，$u = \varphi(t)$，$v = \psi(t)$，$w = \omega(t)$，则：

$$\frac{dz}{dt} = \frac{\partial z}{\partial u}\frac{du}{dt} + \frac{\partial z}{\partial v}\frac{dv}{dt} + \frac{\partial z}{\partial w}\frac{dw}{dt}$$

注意：上述两公式中的导数 $\dfrac{dz}{dt}$ 称为全导数。

2. 设 $z = f(u, v)$，$u = \varphi(x, y)$，$v = \psi(x, y)$，则：

$$\frac{\partial z}{\partial x} = \frac{\partial z}{\partial u}\frac{\partial u}{\partial x} + \frac{\partial z}{\partial v}\frac{\partial v}{\partial x}, \quad \frac{\partial z}{\partial y} = \frac{\partial z}{\partial u}\frac{\partial u}{\partial y} + \frac{\partial z}{\partial v}\frac{\partial v}{\partial y}$$

3. 设 $z = f(u, v)$，$u = \varphi(x, y)$，$v = \psi(y)$，则：

$$\frac{\partial z}{\partial x} = \frac{\partial z}{\partial u}\frac{\partial u}{\partial x}, \quad \frac{\partial z}{\partial y} = \frac{\partial z}{\partial u}\frac{\partial u}{\partial y} + \frac{\partial z}{\partial v}\frac{dv}{dy}$$

4. 设 $z = f(u, x, y)$，$u = \varphi(x, y)$，则：

$$\frac{\partial z}{\partial x} = \frac{\partial f}{\partial u}\frac{\partial u}{\partial x} + \frac{\partial f}{\partial x}, \quad \frac{\partial z}{\partial y} = \frac{\partial f}{\partial u}\frac{\partial u}{\partial y} + \frac{\partial f}{\partial y}$$

（三）隐函数的求导公式

1. 设函数 $F(x, y)$ 在点 $P(x_0, y_0)$ 的某一邻域内具有连续偏导数，且 $F(x_0, y_0) = 0$，$F_y(x_0, y_0) \neq 0$，则方程 $F(x, y) = 0$ 在点 (x_0, y_0) 的某一邻域内恒能唯一确定一个连续且具有连续导数的函数 $y = f(x)$，它满足条件 $y_0 = f(x_0)$，并有：

$$\frac{dy}{dx} = -\frac{F_x}{F_y}$$

2. 设函数 $F(x, y, z)$ 在点 $P(x_0, y_0, z_0)$ 的某一邻域内具有连续偏导数，且 $F(x_0, y_0, z_0)=0$，$F_z(x_0, y_0, z_0) \neq 0$，则方程 $F(x, y, z)=0$ 在点 (x_0, y_0, z_0) 的某一邻域内恒能唯一确定一个连续且具有连续偏导数的函数 $z=f(x, y)$，它满足条件 $z_0=f(x_0, y_0)$，并有：

$$\frac{\partial z}{\partial x} = -\frac{F_x}{F_z}, \quad \frac{\partial z}{\partial y} = -\frac{F_y}{F_z}$$

（四）偏导数的应用

1. 空间曲线的切线与法平面

设空间曲线 Γ 的参数方程为 $\begin{cases} x=\varphi(t) \\ y=\psi(t), \\ z=\omega(t) \end{cases} t \in [\alpha, \beta]$，其中 $\varphi(t)$、$\psi(t)$、$\omega(t)$ 在 $[\alpha、\beta]$ 上可导且 $\varphi'(t)$、$\psi'(t)$、$\omega'(t)$ 不同时为零。

向量 $\boldsymbol{T}[\varphi'(t_0), \psi'(t_0), \omega'(t_0)]$ 称为空间曲线 Γ 上对应 $t=t_0$ 的 M 点 (x_0, y_0, z_0) 的切向量，则 M 点处的切线方程为：

$$\frac{x-x_0}{\varphi'(t_0)} = \frac{y-y_0}{\psi'(t_0)} = \frac{z-z_0}{\omega'(t_0)}$$

通过点 $M(x_0, y_0, z_0)$ 的法平面方程为：

$$\varphi'(t_0)(x-x_0) + \psi'(t_0)(y-y_0) + \omega'(t_0)(z-z_0) = 0$$

2. 曲面的切平面与法线

设曲面 Σ 的方程为 $F(x, y, z)=0$，其中 $F(x, y, z)$ 具有一阶连续偏导数，且 F_x、F_y、F_z 不同时为零。

向量 $\boldsymbol{n} = [F_x(x_0, y_0, z_0), F_y(x_0, y_0, z_0), F_z(x_0, y_0, z_0)]$ 称为曲面在点 $M_0(x_0, y_0, z_0)$ 处的法向量，则在点 $M_0(x_0, y_0, z_0)$ 处曲面的切平面方程为：

$$F_x(x_0, y_0, z_0)(x-x_0) + F_y(x_0, y_0, z_0)(y-y_0) + F_z(x_0, y_0, z_0)(z-z_0) = 0$$

通过点 $M_0(x_0, y_0, z_0)$ 且垂直于上述切平面的法线，其法线方程为：

$$\frac{x-x_0}{F_x(x_0, y_0, z_0)} = \frac{y-y_0}{F_y(x_0, y_0, z_0)} = \frac{z-z_0}{F_z(x_0, y_0, z_0)}$$

如果曲面 Σ 的方程由 $z=f(x, y)$ 给出，则可令 $F(x, y, z)=f(x, y)-1=0$，再用上述方法求出它的切平面与法线方程。

3. 多元函数的极值

（1）无条件极值

定理 1（必要条件） 设函数 $z=f(x, y)$ 在点 (x_0, y_0) 具有偏导数，且在点 (x_0, y_0) 处有极值，则：$f_x(x_0, y_0)=0$，$f_y(x_0, y_0)=0$。

凡是能使 $f_x(x, y)=0$，$f_y(x, y)=0$ 同时成立的点 (x_0, y_0) 称为函数 $z=f(x, y)$ 的驻点。从定理 1 可知，具有偏导数的函数的极值点必定是驻点，但函数的驻点不一定是极值点。除了考虑函数的驻点外，当有偏导数不存在的点时，对这些点也应当考虑。

定理 2（充分条件） 设函数 $z=f(x, y)$ 在点 (x_0, y_0) 的某邻域内连续且有一阶及二阶连续偏导数，又 $f_x(x_0, y_0)=0$，$f_y(x_0, y_0)=0$，令

$$f_{xx}(x_0, y_0) = A, \quad f_{xy}(x_0, y_0) = B, \quad f_{yy}(x_0, y_0) = C$$

则 $f(x, y)$ 在 (x_0, y_0) 处是否取得极值的条件如下：

1) $AC-B^2>0$ 时具有极值，且当 $A<0$ 时有极大值，当 $A>0$ 时有极小值；
2) $AC-B^2<0$ 时没有极值；
3) $AC-B^2=0$ 时可能有极值，也可能没有极值，还需另作分析。

如果函数 $f(x, y)$ 在有界闭区域 D 上连续，则 $f(x, y)$ 在 D 上必定能取得最大值和最小值。

假定函数在 D 上连续、在 D 内可微分且只有有限个驻点，此时，求该函数的最大值和最小值的一般方法是：将函数 $f(x, y)$ 在 D 内的所有驻点处的函数值及在 D 的边界上的最大值和最小值相互比较，其中最大的就是最大值，最小的就是最小值。

(2) 条件极值与拉格朗日乘数法

要找函数 $z=f(x, y)$ 在附加条件 $\varphi(x, y)=0$ 下的可能极值点，可以先作拉格朗日函数 $L(x, y)=f(x, y)+\lambda\varphi(x, y)$，其中 λ 为参数，求其对 x 与 y 的一阶偏导数，并使之为零，然后与 $\varphi(x, y)=0$ 联立起来：

$$\begin{cases} f_x(x,y)+\lambda\varphi_x(x,y) = 0 \\ f_y(x,y)+\lambda\varphi_y(x,y) = 0 \\ \varphi(x,y) = 0 \end{cases}$$

由这方程组解出 x、y 及 λ，这样得到的 (x, y) 就是函数 $f(x, y)$ 在附加条件 $\varphi(x, y)=0$ 下的可能极值点，然后再根据问题本身的性质来确定其是否为极值点。

上述方法可以推广到自变量多于两个而且条件多于一个的情况。

【例 1-4-1】（历年真题）若 $z=f(x, y)$ 和 $y=\varphi(x)$ 均可微，则 $\dfrac{dz}{dx}$ 等于：

A. $\dfrac{\partial f}{\partial x}+\dfrac{\partial f}{\partial y}$ B. $\dfrac{\partial f}{\partial x}+\dfrac{\partial f}{\partial y}\dfrac{d\varphi}{dx}$ C. $\dfrac{\partial f}{\partial y}\dfrac{d\varphi}{dx}$ D. $\dfrac{\partial f}{\partial x}-\dfrac{\partial f}{\partial y}\dfrac{d\varphi}{dx}$

【解答】$\dfrac{dz}{dx}=\dfrac{\partial f}{\partial x}+\dfrac{\partial f}{\partial y}\cdot\dfrac{d\varphi}{dx}$，应选 B 项。

【例 1-4-2】（历年真题）设方程 $x^2+y^2+z^2=4z$ 确定可微，函数 $z=z(x, y)$，则全微分 dz 等于：

A. $\dfrac{1}{2-z}(ydx+xdy)$ B. $\dfrac{1}{2-z}(xdx+ydy)$

C. $\dfrac{1}{2+z}(dx+dy)$ D. $\dfrac{1}{2-z}(dx+dy)$

【解答】设 $F(x, y, z)=x^2+y^2+z^2-4z$，则：$F_x=2x$，$F_y=2y$，$F_z=2z-4$

$$\dfrac{\partial z}{\partial x}=-\dfrac{F_x}{F_z}=-\dfrac{2x}{2z-4}=-\dfrac{x}{z-2}, \quad \dfrac{\partial z}{\partial y}=-\dfrac{F_y}{F_z}=-\dfrac{2y}{2z-4}=-\dfrac{y}{z-2}$$

$$dz=\dfrac{\partial z}{\partial x}dx+\dfrac{\partial z}{\partial y}dy=\dfrac{x}{2-z}dx+\dfrac{y}{2-z}dy=\dfrac{1}{2-z}(xdx+ydy)$$

应选 B 项。

【例 1-4-3】（历年真题）设函数 $z=\left(\dfrac{y}{x}\right)^x$，则全微分 $dz\Big|_{\substack{x=1 \\ y=2}}$ 等于：

A. $\ln2 dx-\dfrac{1}{2}dy$ B. $(\ln2+1)dx-\dfrac{1}{2}dy$

C. $2\left[(\ln 2-1)\mathrm{d}x+\dfrac{1}{2}\mathrm{d}y\right]$ D. $\dfrac{1}{2}\ln 2\mathrm{d}x+2\mathrm{d}y$

【解答】 对函数 z 两边取对数，$\ln z=x\ln\dfrac{y}{x}$，再对 x 求导：

$$\dfrac{1}{z}z_x=\ln\dfrac{y}{x}+x\cdot\dfrac{1}{\dfrac{y}{x}}\cdot\left(-\dfrac{y}{x^2}\right)=\ln\dfrac{y}{x}-1$$

$$z_x=z\left(\ln\dfrac{y}{x}-1\right)=\left(\dfrac{y}{x}\right)^x\left(\ln\dfrac{y}{x}-1\right)$$

又 $$\mathrm{d}z=\dfrac{\partial z}{\partial x}\mathrm{d}x+\dfrac{\partial z}{\partial y}\mathrm{d}y$$

其中 $\dfrac{\partial z}{\partial x}\mathrm{d}x=\left(\dfrac{y}{x}\right)^x\left(\ln\dfrac{y}{x}-1\right)\mathrm{d}x=\left(\dfrac{2}{1}\right)^1\left(\ln\dfrac{2}{1}-1\right)\mathrm{d}x=2(\ln 2-1)\mathrm{d}x$

故应选 C 项。

注意，从 A、B、C、D 项可知，只需计算 $\dfrac{\partial z}{\partial x}\mathrm{d}x$ 就能选出正确答案。

【例 1-4-4】（历年真题）设 $z=\dfrac{1}{x}\mathrm{e}^{xy}$，则全微分 $\mathrm{d}z\,|_{(1,-1)}$ 等于：

A. $\mathrm{e}^{-1}(\mathrm{d}x+\mathrm{d}y)$ B. $\mathrm{e}^{-1}(-2\mathrm{d}x+\mathrm{d}y)$
C. $\mathrm{e}^{-1}(\mathrm{d}x-\mathrm{d}y)$ D. $\mathrm{e}^{-1}(\mathrm{d}x+2\mathrm{d}y)$

【解答】 $\dfrac{\partial z}{\partial x}=\left(-\dfrac{1}{x^2}\right)\mathrm{e}^{xy}+\dfrac{1}{x}\mathrm{e}^{xy}\cdot y=\mathrm{e}^{xy}\left(-\dfrac{1}{x^2}+\dfrac{y}{x}\right)$

$$\dfrac{\partial z}{\partial y}=\dfrac{1}{x}\mathrm{e}^{xy}\cdot x=\mathrm{e}^{xy}$$

$$\mathrm{d}z=\left(-\dfrac{1}{x^2}+\dfrac{y}{x}\right)\mathrm{e}^{xy}\mathrm{d}x+\mathrm{e}^{xy}\mathrm{d}y$$

$$=\left(-\dfrac{1}{1^2}+\dfrac{-1}{1}\right)\mathrm{e}^{1\times(-1)}\mathrm{d}x+\mathrm{e}^{1\times(-1)}\mathrm{d}y$$

$$=\mathrm{e}^{-1}(-2\mathrm{d}x+\mathrm{d}y)$$

应选 B 项。

【例 1-4-5】（历年真题）若函数 $z=f(x,y)$ 在点 $P_0(x_0,y_0)$ 处可微，则下面结论中错误的是：

A. $z=f(x,y)$ 在 P_0 处连续 B. $\lim\limits_{\substack{x\to x_0\\y\to y_0}}f(x,y)$ 存在

C. $f'_x(x_0,y_0)$、$f'_y(x_0,y_0)$ 均存在 D. $f'_x(x,y)$、$f'_y(x,y)$ 在 P_0 处连续

【解答】 $z=f(x,y)$ 在点 P_0 处可微，不能得出 $f'_x(x,y)$、$f'_y(x,y)$ 在 P_0 处连续，D 项错误，应选 D 项。

【例 1-4-6】（历年真题）设 $z=z(x,y)$ 是由方程 $xz-xy+\ln(xyz)=0$ 所确定的可微函数，则 $\dfrac{\partial z}{\partial y}$ 等于：

A. $\dfrac{-xz}{xz+1}$ B. $-x+\dfrac{1}{2}$ C. $\dfrac{z(-xz+y)}{x(xz+1)}$ D. $\dfrac{z(xy-1)}{y(xz+1)}$

【解答】 设 $F(x,y,z)=xz-xy+\ln(xyz)$

$$F_y = -x + \frac{xz}{xyz} = -x + \frac{1}{y}, \quad F_z = x + \frac{xy}{xyz} = x + \frac{1}{z}$$

$$\frac{\partial z}{\partial y} = -\frac{F_y}{F_z} = -\frac{-x + \frac{1}{y}}{x + \frac{1}{z}} = \frac{z(xy-1)}{y(xz+1)}$$

应选 D 项。

【例 1-4-7】（历年真题）设 $z = e^{xe^y}$，则 $\frac{\partial^2 z}{\partial x^2}$ 等于：

A. $e^{xe^y + 2y}$
B. $e^{xe^y + 2y}(xe^y + 1)$
C. e^{xe^y}
D. $e^{xe^y + y}$

【解答】$\frac{\partial z}{\partial x} = e^{xe^y} \cdot e^y = e^y e^{xe^y}$

$$\frac{\partial^2 z}{\partial x^2} = e^y \cdot e^{xe^y} \cdot e^y = e^{xe^y + 2y}$$

应选 A 项。

【例 1-4-8】（历年真题）设 $z = \frac{3^{xy}}{x} + xF(u)$，其中 $F(u)$ 可微，且 $u = \frac{y}{x}$，则 $\frac{\partial z}{\partial y}$ 等于：

A. $3^{xy} - \frac{y}{x}F'(u)$
B. $\frac{1}{3}3^{xy}\ln 3 + F'(u)$
C. $3^{xy} + F'(u)$
D. $3^{xy}\ln 3 + F'(u)$

【解答】$\frac{\partial z}{\partial y} = \frac{1}{x} \cdot 3^{xy}\ln 3 \cdot x + xF'(u) \cdot \frac{1}{x} = 3^{xy}\ln 3 + F'(u)$

应选 D 项。

【例 1-4-9】（历年真题）设 $z = y\varphi\left(\frac{x}{y}\right)$，其中 $\varphi(u)$ 具有二阶连续导数，则 $\frac{\partial^2 z}{\partial x \partial y}$ 等于：

A. $\frac{1}{y}\varphi''\left(\frac{x}{y}\right)$
B. $-\frac{x}{y^2}\varphi''\left(\frac{x}{y}\right)$
C. 1
D. $\varphi''\left(\frac{x}{y}\right) - \frac{x}{y}\varphi'\left(\frac{x}{y}\right)$

【解答】$\frac{\partial z}{\partial x} = y \cdot \varphi'\left(\frac{x}{y}\right) \cdot \frac{1}{y} = \varphi'\left(\frac{x}{y}\right)$

$\frac{\partial^2 z}{\partial x \partial y} = \varphi''\left(\frac{x}{y}\right) \cdot \left(-\frac{x}{y^2}\right)$，应选 B 项。

【例 1-4-10】（历年真题）设函数 $z = f^2(xy)$，其中 $f(u)$ 具有二阶导数，则 $\frac{\partial^2 z}{\partial x^2}$ 等于：

A. $2y^3 f'(xy)f''(xy)$
B. $2y^2[f'(xy) + f''(xy)]$
C. $2y\{[f'(xy)]^2 + f''(xy)\}$
D. $2y^2\{[f'(xy)]^2 + f(xy)f''(xy)\}$

【解答】$\frac{\partial z}{\partial x} = 2f(xy)f'(xy) \cdot y = 2yf(xy)f'(xy)$

$$\frac{\partial^2 z}{\partial x^2} = 2y[f'(xy)y \cdot f'(xy) + f(xy)f''(xy) \cdot y]$$
$$= 2y^2\{[f'(xy)]^2 + f(xy)f''(xy)\}$$

应选 D 项。

【例 1-4-11】（历年真题）对于函数 $f(x, y)=xy$，原点 $(0, 0)$：
A. 不是驻点　　　　　　　　B. 是驻点但非极值点
C. 是驻点且为极小值点　　　　D. 是驻点且为极大值点

【解答】 $f_x=y$，$f_y=x$，故 $(0, 0)$ 为驻点。
$f''_{xx}=0$，$f''_{xy}=1$，$f''_{yy}=0$，即：$A=0$，$B=1$，$C=0$
$AC-B^2=0\times 0-1^2=-1<0$，故 $(0, 0)$ 为非极值点。应选 B 项。

二、多元函数的积分学

（一）二重积分的概念和性质及计算

1. 概念

设 $f(x, y)$ 是有界闭区域 D 上的有界函数，将闭区域 D 任意分成 n 个小闭区域或 $\Delta\sigma_1$，$\Delta\sigma_2,\cdots,\Delta\sigma_n$，其中 $\Delta\sigma_i$ 表示第 i 个小闭区域，也表示它的面积。在每个 $\Delta\sigma_i$ 上任取一点 (ξ_i, η_i)，作乘积 $f(\xi_i, \eta_i)\Delta\sigma_i(i=1, 2, \cdots, n)$，并作和 $\sum_{i=1}^{n}f(\xi_i, \eta_i)\Delta\sigma_i$。如果当各小闭区域的直径中的最大值 $\lambda\to 0$ 时，这和的极限总存在，且与闭区域 D 的分法及点 (ξ_i, η_i) 的取法无关，则称此极限为函数 $f(x, y)$ 在闭区域 D 上的二重积分，记作 $\iint\limits_{D}f(x,y)\mathrm{d}\sigma$，即：

$$\iint\limits_{D}f(x,y)\mathrm{d}\sigma = \lim_{\lambda\to 0}\sum_{i=1}^{n}f(\xi_i,\eta_i)\Delta\sigma_i$$

其中 $\mathrm{d}\sigma$ 称为面积元素，x 与 y 称为积分变量，D 称为积分区域。

在直角坐标系中，有时也把 $\mathrm{d}\sigma$ 记作 $\mathrm{d}x\mathrm{d}y$，而把二乘积分记作 $\iint\limits_{D}f(x,y)\mathrm{d}x\mathrm{d}y$。

当 $f(x, y)$ 在 D 上连续时，$\iint\limits_{D}f(x, y)\mathrm{d}\sigma$ 必存在。如果 $f(x, y)\geq 0$，$(x, y)\in D$，则 $\iint\limits_{D}f(x,y)\mathrm{d}\sigma$ 在几何上表示以曲面 $z = f(x, y)$ 为顶，闭区域 D 为底的曲顶柱体的体积。

2. 性质

(1) 设 α 与 β 为常数，则：$\iint\limits_{D}[\alpha f(x,y)+\beta g(x,y)]\mathrm{d}\sigma = \alpha\iint\limits_{D}f(x,y)\mathrm{d}\sigma+\beta\iint\limits_{D}g(x,y)\mathrm{d}\sigma$

(2) D 分为两个闭区域 D_1 与 D_2，则：$\iint\limits_{D}f(x,y)\mathrm{d}\sigma = \iint\limits_{D_1}f(x,y)\mathrm{d}\sigma+\iint\limits_{D_2}f(x,y)\mathrm{d}\sigma$

(3) 如果在 D 上，$f(x, y)=1$，σ 为 D 的面积，则：$\sigma = \iint\limits_{D}1\cdot\mathrm{d}\sigma = \iint\limits_{D}\mathrm{d}\sigma$

(4) 如果在 D 上，$f(x, y)\leq g(x, y)$，则：$\iint\limits_{D}f(x,y)\mathrm{d}\sigma\leq\iint\limits_{D}g(x,y)\mathrm{d}\sigma$

推论：$\left|\iint\limits_{D}f(x,y)\mathrm{d}\sigma\right|\leq\iint\limits_{D}|f(x,y)|\mathrm{d}\sigma$

(5) 设 M 和 m 分别是 $f(x, y)$ 在闭区域 D 上的最大值和最小值，σ 是 D 的面积，则：$m\sigma\leq\iint\limits_{D}f(x,y)\mathrm{d}\sigma\leq M\sigma$

(6) （二重积分的中值定理）设函数 $f(x, y)$ 在闭区域 D 上连续，σ 是 D 的面积，则在

D 上至少存在一点 (ξ, η)，使得 $\iint\limits_{D} f(x,y)\mathrm{d}\sigma = f(\xi,\eta)\sigma$

3. 计算

（1）利用直角坐标计算二重积分

如图 1-4-2(a) 所示，设 $D=\{(x, y)\} \mid \varphi_1(x) \leqslant y \leqslant \varphi_2(x), a \leqslant x \leqslant b\}$，则：
$$\iint\limits_{D} f(x,y)\mathrm{d}\sigma = \int_a^b \mathrm{d}x \int_{\varphi_1(x)}^{\varphi_2(x)} f(x,y)\mathrm{d}y$$

应用上式时，积分区域必须是 X 型区域，X 型区域 D 的特点是：穿过 D 内部且平行于 y 轴的直线与 D 的边界相交不多于两点。

如图 1-4-2(b) 所示，设 $D=\{(x, y) \mid \psi_1(y) \leqslant x \leqslant \psi_2(y), c \leqslant y \leqslant d\}$，则：
$$\iint\limits_{D} f(x,y)\mathrm{d}\sigma = \int_c^d \mathrm{d}y \int_{\psi_1(y)}^{\psi_2(y)} f(x,y)\mathrm{d}x$$

应用上式时，积分区域必须是 Y 型区域，Y 型区域 D 的特点是：穿过 D 内部且平行于 x 轴的直线与 D 的边界相交不多于两点。

当积分区域 D 既不是 X 型区域，又不是 Y 型区域时，可以把 D 分成几部分，使每个部分是 X 型区域或是 Y 型区域。

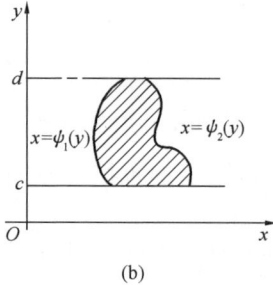

图 1-4-2

(a) X 型区域；(b) Y 型区域

（2）利用极坐标计算二重积分

二重积分的变量从直角坐标变换的极坐标时，被积函数中的 x、y 分别换成 $\rho\cos\theta$、$\rho\sin\theta$，将面积元素 $\mathrm{d}x\mathrm{d}y$ 换成 $\rho\mathrm{d}\rho\mathrm{d}\theta$。

如图 1-4-3(a)、(b) 所示，设 $D=\{(\rho, \theta) \mid \varphi_1(\theta) \leqslant \rho \leqslant \varphi_2(\theta), \alpha \leqslant \theta \leqslant \beta\}$，则：
$$\iint\limits_{D} f(\rho\cos\theta,\rho\sin\theta)\rho\mathrm{d}\rho\mathrm{d}\theta = \int_\alpha^\beta \mathrm{d}\theta \int_{\varphi_1(\theta)}^{\varphi_2(\theta)} f(\rho\cos\theta,\rho\sin\theta)\rho\mathrm{d}\rho$$

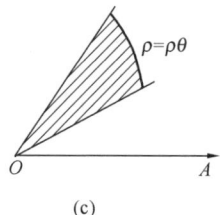

图 1-4-3

如图 1-4-3(c)所示，设 $D=\{(\rho,\theta)\mid 0\leqslant\rho\leqslant\varphi(\theta),\alpha\leqslant\theta\leqslant\beta\}$，则：

$$\iint\limits_{D}f(\rho\cos\theta,\rho\sin\theta)\rho\mathrm{d}\rho\mathrm{d}\theta=\int_{\alpha}^{\beta}\mathrm{d}\theta\int_{0}^{\varphi(\theta)}f(\rho\cos\theta,\rho\sin\theta)\rho\mathrm{d}\rho$$

特别地，D 为闭区域，即：$0\leqslant\rho\leqslant\varphi(\theta)$，$0\leqslant\theta\leqslant2\pi$，则上式变为：

$$\iint\limits_{D}f(\rho\cos\theta,\rho\sin\theta)\rho\mathrm{d}\rho\mathrm{d}\theta=\int_{0}^{2\pi}\mathrm{d}\theta\int_{0}^{\varphi(\theta)}f(\rho\cos\theta,\rho\sin\theta)\rho\mathrm{d}\rho$$

（3）闭区域 D 的面积 A

$$A=\iint\limits_{D}\mathrm{d}\sigma=\iint\limits_{D}\rho\mathrm{d}\rho\mathrm{d}\theta$$

【例 1-4-12】（历年真题）二次积分 $\int_{0}^{1}\mathrm{d}x\int_{x^2}^{x}f(x,y)\mathrm{d}y$ 交换积分次序后的二次积分是：

A. $\int_{x^2}^{x}\mathrm{d}y\int_{0}^{1}f(x,y)\mathrm{d}x$　　　　B. $\int_{0}^{1}\mathrm{d}y\int_{y^2}^{y}f(x,y)\mathrm{d}x$

C. $\int_{y}^{\sqrt{y}}\mathrm{d}y\int_{0}^{1}f(x,y)\mathrm{d}x$　　　　D. $\int_{0}^{1}\mathrm{d}y\int_{y^2}^{\sqrt{y}}f(x,y)\mathrm{d}x$

【解答】如图所示，$0\leqslant y\leqslant 1$，$y\leqslant x\leqslant\sqrt{y}$

$y=x$，$y=x^2$，即：$x=y$，$x=\sqrt{y}$

原积分 $=\int_{0}^{1}\mathrm{d}y\int_{y}^{\sqrt{y}}f(x,y)\mathrm{d}x$

应选 D 项。

例 1-4-12 解图

【例 1-4-13】（历年真题）若 D 是由 $y=x$，$x=1$，$y=0$ 所围成的三角形区域，则二重积分 $\iint\limits_{D}f(x,y)\mathrm{d}x\mathrm{d}y$ 在极坐标系下的二次积分是：

A. $\int_{0}^{\frac{\pi}{4}}\mathrm{d}\theta\int_{0}^{\cos\theta}f(r\cos\theta,r\sin\theta)r\mathrm{d}r$

B. $\int_{0}^{\frac{\pi}{4}}\mathrm{d}\theta\int_{0}^{\frac{1}{\cos\theta}}f(r\cos\theta,r\sin\theta)r\mathrm{d}r$

C. $\int_{0}^{\frac{\pi}{4}}\mathrm{d}\theta\int_{0}^{\frac{1}{\cos\theta}}r\mathrm{d}r$

D. $\int_{0}^{\frac{\pi}{4}}\mathrm{d}\theta\int_{0}^{\frac{1}{\cos\theta}}f(x,y)\mathrm{d}r$

例 1-4-13 解图

【解答】如图所示，$0\leqslant\theta\leqslant\frac{\pi}{4}$，$r\cos\theta=1$，即：

$$r=\frac{1}{\cos\theta}$$

$\iint\limits_{D}f(x,y)\mathrm{d}x\mathrm{d}y=\int_{0}^{\frac{\pi}{4}}\mathrm{d}\theta\int_{0}^{\frac{1}{\cos\theta}}f(r\cos\theta,r\sin\theta)r\mathrm{d}r$，应选 B 项。

【例 1-4-14】（历年真题）设 D 是由 $y=x$，$y=0$ 及 $y=\sqrt{a^2-x^2}$（$x\geqslant 0$）所围成的第一象限区域，则二重积分 $\iint\mathrm{d}x\mathrm{d}y$ 等于：

A. $\frac{1}{8}\pi a^2$ B. $\frac{1}{4}\pi a^2$

C. $\frac{3}{8}\pi a^2$ D. $\frac{1}{2}\pi a^2$

【解答】如图所示，则：

$$\iint_D \mathrm{d}x\mathrm{d}y = A_{阴影} = \frac{1}{8}A_{圆} = \frac{1}{8}\pi a^2$$

应选 A 项。

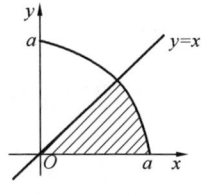

例 1-4-14 解图

【例 1-4-15】（历年真题）若 D 是由 $x=0$，$y=0$，$x^2+y^2=1$ 所围成在第一象限的区域，则二重积分 $\iint_D x^2 y \mathrm{d}x\mathrm{d}y$ 等于：

A. $-\frac{1}{15}$ B. $\frac{1}{15}$ C. $-\frac{1}{12}$ D. $\frac{1}{12}$

【解答】如图所示，$x=r\cos\theta$，$y=r\sin\theta$，

$$\iint_D x^2 y \mathrm{d}x\mathrm{d}y = \int_0^{\frac{\pi}{2}}\int_0^1 r^2\cos^2\theta\, r\sin\theta\, r\mathrm{d}r\mathrm{d}\theta$$

$$= \int_0^{\frac{\pi}{2}}\cos^2\theta\sin\theta\mathrm{d}\theta\int_0^1 r^4\mathrm{d}r$$

$$= -\frac{1}{5}\int_0^{\frac{\pi}{2}}\cos^2\theta\mathrm{d}(\cos\theta)$$

$$= \left(-\frac{1}{5}\right)\cdot\left[\frac{1}{3}\cos^3\theta\right]_0^{\frac{\pi}{2}} = \frac{1}{15}$$

例 1-4-15 解图

应选 B 项。

【例 1-4-16】（历年真题）若正方形区域 D：$|x|\leqslant 1$，$|y|\leqslant 1$，则二重积分 $\iint_D (x^2+y^2)\mathrm{d}x\mathrm{d}y$ 等于：

A. 4 B. $\frac{8}{3}$ C. 2 D. $\frac{2}{3}$

【解答】如图所示，利用对称性，且 x^2+y^2 为偶函数，取图中阴影面积分析，再乘以 4。

原积分 $= 4\iint_{D_1}(x^2+y^2)\mathrm{d}x\mathrm{d}y$

$$= 4\int_0^1\mathrm{d}x\int_0^1(x^2+y^2)\mathrm{d}y = 4\int_0^1\left[x^2 y + \frac{y^3}{3}\right]_0^1\mathrm{d}x$$

$$= 4\int_0^1\left(x^2+\frac{1}{3}\right)\mathrm{d}x = 4\times\left[\frac{x^3}{3}+\frac{x}{3}\right]_0^1 = \frac{8}{3}$$

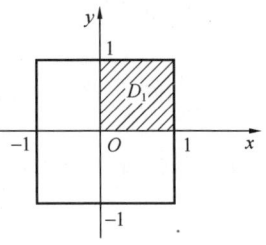

例 1-4-16 解图

应选 B 项。

【例 1-4-17】（历年真题）若 D 是由 x 轴、y 轴及直线 $2x+y-2=0$ 所围成的闭区域，

则二重积分 $\iint\limits_{D} \mathrm{d}x\mathrm{d}y$ 的值等于：

A. 1　　　　　　　　　　B. 2

C. $\dfrac{1}{2}$　　　　　　　　　D. -1

【解答】如图所示，$\iint\limits_{D}\mathrm{d}x\mathrm{d}y$ 为图示阴影面积：

$$A = \iint\limits_{D}\mathrm{d}x\mathrm{d}y = \dfrac{1}{2}\times 1\times 2 = 1$$

例 1-4-17 解图

应选 A 项。

【例 1-4-18】（历年真题）设 D 是由直线 $y=x$ 和圆 $x^2+(y-1)^2=1$ 所围成且在直线 $y=x$ 下方的平面区域，则二重积分 $\iint\limits_{D}x\mathrm{d}x\mathrm{d}y$ 等于：

A. $\int_{0}^{\frac{\pi}{2}}\cos\theta\mathrm{d}\theta\int_{0}^{2\cos\theta}\rho^2\mathrm{d}\rho$

B. $\int_{0}^{\frac{\pi}{2}}\sin\theta\mathrm{d}\theta\int_{0}^{2\sin\theta}\rho^2\mathrm{d}\rho$

C. $\int_{0}^{\frac{\pi}{4}}\sin\theta\mathrm{d}\theta\int_{0}^{2\sin\theta}\rho^2\mathrm{d}\rho$

D. $\int_{0}^{\frac{\pi}{4}}\cos\theta\mathrm{d}\theta\int_{0}^{2\sin\theta}\rho^2\mathrm{d}\rho$

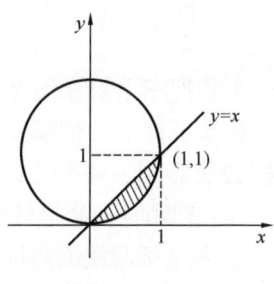

例 1-4-18 解图

【解答】如图所示，由 $y=x$，$x^2+(y-1)^2=1$
求出交点 $A(1,1)$。令 $x=\rho\cos\theta$，$y=\rho\sin\theta$，则：
$\rho\cos^2\theta+(\rho\sin\theta-1)^2=1$，即：$\rho=2\sin\theta$

$$\iint\limits_{D}x\mathrm{d}x\mathrm{d}y = \int_{0}^{\frac{\pi}{4}}\int_{0}^{2\sin\theta}\rho\cos\theta\cdot\rho\mathrm{d}\rho\mathrm{d}\theta$$

$$= \int_{0}^{\frac{\pi}{4}}\cos\theta\mathrm{d}\theta\int_{0}^{2\sin\theta}\rho^2\mathrm{d}\rho$$

应选 D 项。

（二）三重积分的概念和性质及计算

1. 概念

设 $f(x,y,z)$ 是空间有界闭区域 Ω 上的有界函数，将 Ω 任意分成 n 个小闭区域 Δv_1，Δv_2，…，Δv_n，其中 Δv_i 表示第 i 个小闭区域，也表示它的体积。在每个 Δv_i 上任取一点 (ξ_i,η_i,ζ_i)，作乘积 $f(\xi_i,\eta_i,\zeta_i)\Delta v_i(i=1,2,\cdots,n)$，并作和 $\sum\limits_{i=1}^{n}f(\xi_i,\eta_i,\zeta_i)\Delta v_i$。如果当各小闭区域直径中的最大值 $\lambda\to 0$ 时，这和的极限总存在，且与闭区域 Ω 的分法及点 (ξ_i,η_i,ζ_i) 的取法无法，则称此极限为函数 $f(x,y,z)$ 在闭区域 Ω 上的三重积分，记作 $\iiint\limits_{D}f(x,y,z)\mathrm{d}v$，即：

$$\iiint\limits_{\Omega}f(x,y,z)\mathrm{d}v = \lim_{\lambda\to 0}\sum_{i=1}^{n}f(\xi_i,\eta_i,\zeta_i)\Delta v_i$$

其中，dv 称为体积元素，Ω 称为积分区域。

在直角坐标系中，有时也把 dv 记作 $dxdydz$，而把三重积分记作 $\iiint\limits_{\Omega} f(x,y,z)dxdydz$。

当函数 $f(x,y,z)$ 在闭区域 Ω 上连续时，函数 $f(x,y,z)$ 在闭区域 Ω 上的三重积分必定存在。

三重积分的性质与前述二重积分的性质类似，故不再重复。

2. 计算

(1) 利用直角坐标计算三重积分

假设平行于 z 轴且穿过 Ω 内部的直线与 Ω 的边界曲面 S 相交不多于两点。

设 $\Omega=\{(x,y,z)\mid z_1(x,y)\leqslant z\leqslant z_2(x,y),(x,y)\in D_{xy}\}$，且 $D_{xy}=\{(x,y)\mid y_1(x)\leqslant y\leqslant y_2(x),a\leqslant x\leqslant b\}$，则：

$$\iiint\limits_{\Omega} f(x,y,z)dv=\iiint\limits_{\Omega} f(x,y,z)dxdydz=\int_a^b dx\int_{y_1(x)}^{y_2(x)}dy\int_{z_1(x,y)}^{z_2(x,y)}f(x,y,z)dz$$

上式把三重积分化为先对 z，次对 y，最后对 x 的三积分。

如果平行于 x 轴或 y 轴且穿过 Ω 内部的直线与 Ω 的边界曲面 S 相交不多于两点，也可把 Ω 投影到 yOz 面上或 xOz 面上，这样便可把三重积分化为按其他顺序的三次积分。

(2) 利用柱面坐标计算三重积分

直角坐标与柱面坐标的关系是（图 1-4-4）：$x=\rho\cos\theta$，$y=\rho\sin\theta$，$z=z$（$0\leqslant\rho<+\infty$，$0\leqslant\theta<2\pi$，$-\infty<z<+\infty$）。体积元素 $dv=\rho d\rho d\theta dz$。

$$\iiint\limits_{\Omega} f(x,y,z)dv=\iiint\limits_{\Omega} f(\rho\cos\theta,\rho\sin\theta,z)\rho d\rho d\theta dz$$

设 $\Omega=\{(\rho,\theta,z)\mid z_1(\rho,\theta)\leqslant z\leqslant z_2(\rho,\theta),(\rho,\theta)\in D_{xy}\}$，其中 $D_{xy}=\{(\rho,\theta)\mid\varphi_1(\theta)\leqslant\rho\leqslant\varphi_2(\theta),\alpha\leqslant\theta\leqslant\beta\}$，则：

$$\iiint\limits_{\Omega} f(x,y,z)dv=\int_\alpha^\beta d\theta\int_{\varphi_1(\theta)}^{\varphi_2(\theta)}\rho d\rho\int_{z_1(\rho,\theta)}^{z_2(\rho,\theta)}f(\rho\cos\theta,\rho\sin\theta,z)dz$$

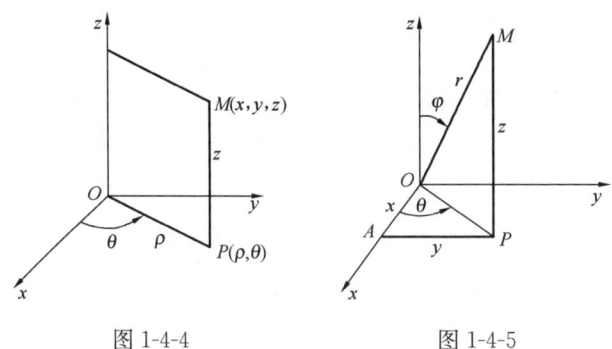

图 1-4-4　　　　　　　图 1-4-5

(3) 利用球面坐标计算三重积分

直角坐标与球面坐标的关系是（图 1-4-5）：$x=r\sin\varphi\cos\theta$，$y=r\sin\varphi\sin\theta$，$z=r\cos\varphi$

$(0 \leqslant r < +\infty, 0 \leqslant \varphi \leqslant \pi, 0 \leqslant \theta \leqslant 2\pi)$。体积元素 $dv = r^2 \sin\varphi dr d\varphi d\theta$。

$$\iiint_\Omega f(x,y,z)dv = \iiint_\Omega f(r\sin\varphi\cos\theta, r\sin\varphi\sin\theta, r\cos\varphi)r^2\sin\varphi dr d\varphi d\theta$$

若 $\Omega = \{(r, \theta, \varphi) \mid r_1(\theta,\varphi) \leqslant r \leqslant r_2(\theta,\varphi), \varphi_1(\theta) \leqslant \varphi \leqslant \varphi_2(\theta), \alpha \leqslant \theta \leqslant \beta\}$，则：

$$\iiint_D (x,y,z)dv = \int_\alpha^\beta d\theta \int_{\varphi_1(\theta)}^{\varphi_2(\theta)} \sin\varphi d\varphi \int_{r_1(\theta,\varphi)}^{r_2(\theta,\varphi)} f(r\sin\varphi\cos\theta, r\sin\varphi\sin\theta, r\cos\varphi)r^2 dr$$

（4）利用三重积分计算几何体的体积

$$V = \iiint_\Omega dv = \iiint_\Omega dx dy dz = \iiint_\Omega \rho d\rho d\theta dz$$

【例1-4-19】（历年真题）计算由曲面 $z = \sqrt{x^2+y^2}$ 及 $z = x^2+y^2$ 所围成的立体体积的三次积分为：

A. $\int_0^{2\pi} d\theta \int_0^1 r dr \int_{r^2}^r dz$
B. $\int_0^{2\pi} d\theta \int_0^1 r dr \int_r^1 dz$
C. $\int_0^{2\pi} d\theta \int_0^{\frac{\pi}{4}} \sin\varphi d\varphi \int_0^1 r^2 dr$
D. $\int_0^{2\pi} d\theta \int_{\frac{\pi}{4}}^{\frac{\pi}{2}} \sin\varphi d\varphi \int_0^1 r^2 dr$

【解答】如图所示，曲面 $z = \sqrt{x^2+y^2}$ 为上半圆锥面，$z = x^2+y^2$ 为旋转抛物面。Ω 化为柱面坐标为：

$$\begin{cases} r^2 \leqslant z \leqslant r \\ 0 \leqslant r \leqslant 1 \\ 0 \leqslant \theta \leqslant 2\pi \end{cases}$$

$$V = \iiint_\Omega dv = \int_0^{2\pi} d\theta \int_0^1 r dr \int_{r^2}^r dz$$

应选A项。

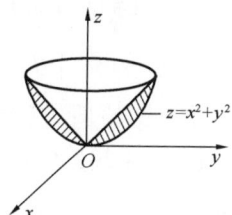

例1-4-19 解图

（三）对弧长的曲线积分

1. 概念

设 L 为 xOy 面内的一条光滑曲线弧，函数 $f(x,y)$ 在 L 上有界。在 L 上任意插入一点列 $M_1, M_2, \cdots, M_{n-1}$ 把 L 分成 n 个小段。设第 i 个小段的长度为 Δs_i，又 (ξ_i, η_i) 为第 i 个小段上任意取定的一点，作乘积 $f(\xi_i, \eta_i)\Delta s_i (i = 1, 2, \cdots, n)$，并作和 $\sum_{i=1}^n f(\xi_i, \eta_i)\Delta s_i$。如果当各小弧段的长度的最大值 $\lambda \to 0$ 时，这和的极限总存在，且与曲线弧 L 的分法及点 (ξ_i, η_i) 的取法无关，则称此极限为函数 $f(x,y)$ 在曲线弧 L 上对弧长的曲线积分，记作 $\int_L f(x,y)ds$，即：

$$\int_L f(x,y)ds = \lim_{\lambda \to 0} \sum_{i=1}^n f(\xi_i, \eta_i)\Delta s_i$$

当 $f(x,y)$ 在光滑曲线弧 L 上连续时，对弧长的曲线积分即 $\int_L (x,y)ds$ 是存在的。

如果 L 是闭曲线，函数 $f(x,y)$ 在闭曲线 L 上对弧长的曲线积分记为 $\oint_L f(x,y)ds$。

2. 性质

（1）设 α、β 为常数，则：$\int_L [\alpha f(x,y) + \beta g(x,y)]ds = \alpha \int_L f(x,y)ds + \beta \int_L g(x,y)ds$

(2) 若积分弧段 L 可分成两段光滑曲线弧 L_1 和 L_2，则：
$$\int_L f(x,y)\mathrm{d}s = \int_{L_1} f(x,y)\mathrm{d}s + \int_{L_2} f(x,y)\mathrm{d}s$$

(3) 设在 L 上 $f(x, y) \leqslant g(x, y)$，则：$\int_L f(x,y)\mathrm{d}s \leqslant \int_L g(x,y)\mathrm{d}s$

推论：$\left|\int_L f(x,y)\mathrm{d}s\right| \leqslant \int_L |f(x,y)|\mathrm{d}s$

(4) 与路径无关，即：$\int_{\overset{\frown}{AB}} f(x,y)\mathrm{d}s = \int_{\overset{\frown}{BA}} f(x,y)\mathrm{d}s$

3. 计算

(1) 设 $f(x, y)$ 在曲线弧 L 上有定义且连续，L 的参数方程为 $\begin{cases} x=\varphi(t) \\ t=\psi(t) \end{cases}$ ($\alpha \leqslant t \leqslant \beta$)，其中 $\varphi(t)$、$\psi(t)$ 在 $[\alpha, \beta]$ 上具有一阶连续导数，且 $\varphi'^2(t)+\psi'^2(t) \neq 0$，则：
$$\int_L f(x,y)\mathrm{d}s = \int_\alpha^\beta f[\varphi(t),\psi(t)]\sqrt{\varphi'^2(t)+\psi'^2(t)}\mathrm{d}t \quad (\alpha < \beta)$$

(2) 如果曲线弧 L 由方程 $y=\psi(x)(x_0 \leqslant x \leqslant X)$ 给出，可视为 $x=t$，$y=\psi(t)(x_0 \leqslant t \leqslant X)$，由上式可得：
$$\int_L f(x,y)\mathrm{d}s = \int_{x_0}^X f[x,\psi(x)]\sqrt{1+\psi'^2(x)}\mathrm{d}x \quad (x_0 < X)$$

(3) 如果曲线弧 L 由方程 $x=\varphi(y)(y_0 \leqslant y \leqslant Y)$ 给出，则：
$$\int_L f(x,y)\mathrm{d}s = \int_{y_0}^Y f[\varphi(y),y]\sqrt{1+\varphi'^2(y)}\mathrm{d}y \quad (y_0 < Y)$$

应注意的是：上述定积分的下限必须小于上限。

【例 1-4-20】（历年真题）设 L 是从点 $A(0,1)$ 到点 $B(1,0)$ 的直线段，则对弧长的曲线积分 $\int_L \cos(x+y)\mathrm{d}s$ 等于：

A. $\cos1$ B. $2\cos1$
C. $\sqrt{2}\cos1$ D. $\sqrt{2}\sin1$

【解答】如图所示，L 的参数方程 $\begin{cases} x=x \\ y=-x+1 \end{cases}$ ($0 \leqslant x \leqslant 1$)

$$\mathrm{d}s = \sqrt{1^2+(-1)^2}\mathrm{d}x = \sqrt{2}\mathrm{d}x$$

$$\int_L \cos(x+y)\mathrm{d}s = \int_0^1 \cos(x-x+1)\sqrt{2}\mathrm{d}x$$
$$= \sqrt{2}\cos1[x]_0^1 = \sqrt{2}\cos1$$

例 1-4-20 解图

应选 C 项。

【例 1-4-21】（历年真题）设 L 为连续点 $(0,2)$ 和点 $(1,0)$ 的直线段，则对弧长的曲线积分 $\int_L (x^2+y^2)\mathrm{d}s$ 等于：

A. $\dfrac{\sqrt{5}}{2}$ B. 2 C. $\dfrac{3\sqrt{5}}{2}$ D. $\dfrac{5\sqrt{5}}{3}$

【解答】如图所示，L 的参数方法 $\begin{cases} x=x \\ y=-2x+2 \end{cases}$ ($0 \leqslant x \leqslant 1$)

$$x' = 1, \quad y' = -2, \quad \mathrm{d}s = \sqrt{1^2 + (-2)^2}\mathrm{d}x = \sqrt{5}\mathrm{d}x$$

$$\int_L (x^2 + y^2)\mathrm{d}s = \int_0^1 [x^2 + (-2x+2)^2]\sqrt{5}\mathrm{d}x$$

$$= \sqrt{5}\left[\frac{5x^3}{3} - 4x^2 + 4x\right]_0^1 = \frac{5\sqrt{5}}{3}$$

应选 D 项。

例 1-4-21 解图

【例 1-4-22】（历年真题）设 L 是连续点 $A(1, 0)$ 及点 $B(0, -1)$ 的直线段，则对弧长的曲线积分 $\int_L (y-x)\mathrm{d}s$ 等于：

A. -1
B. 1
C. $\sqrt{2}$
D. $-\sqrt{2}$

【解答】如图所示，L 的参数方程 $\begin{cases} x=x \\ y=x-1 \end{cases}$ （$0 \leqslant x \leqslant 1$）

$$\mathrm{d}s = \sqrt{1^2 + 1^2}\mathrm{d}s = \sqrt{2}\mathrm{d}s$$

$$\int_L (y-x)\mathrm{d}s = \int_0^1 (x-1-x)\sqrt{2}\mathrm{d}x = -\sqrt{2}\int_0^1 \mathrm{d}x = -\sqrt{2}$$

应选 D 项。

例 1-4-22 解图

（四）对坐标的曲线积分

1. 概念

设 L 为 xOy 面内从点 A 到点 B 的一条有向光滑曲线弧，函数 $P(x, y)$ 与 $Q(x, y)$ 在 L 上有界。在 L 上沿 L 的方向任意插入一点列 $M_1(x_1, y_1)$，$M_2(x_2, y_2)$，…，$M_{n-1}(x_{n-1}, y_{n-1})$，把 L 分成 n 个有向小弧段 $M_{i-1}M_i$（$i=1, 2, …, n; M_0 = A, M_n = B$）。设 $\Delta x_i = x_i - x_{i-1}$，$\Delta y_i = y_i - y_{i-1}$，点 (ξ_i, η_i) 为 $M_{i-1}M_i$ 上任意取定的点，作乘积 $P(\xi_i, \eta_i)\Delta x_i$（$i=1, 2, …, n$），并作和 $\sum_{i=1}^{n} P(\xi_i, \eta_i)\Delta x_i$，如果当各小弧段长度的最大值 $\lambda \to 0$ 时，这和的极限总存在，且与曲线弧 L 的分法及点 (ξ_i, η_i) 的取法无关，则称此极限为函数 $P(x, y)$ 在有向曲线弧 L 上对坐标 x 的曲线积分，记作 $\int_L P(x, y)\mathrm{d}x$，即：

$$\int_L P(x, y)\mathrm{d}x = \lim_{\lambda \to 0}\sum_{i=1}^{n} P(\xi_i, \eta_i)\Delta x_i$$

同理 $\int_L Q(x, y)\mathrm{d}y = \lim_{\lambda \to 0}\sum_{i=1}^{n} Q(\xi_i, \eta_i)\Delta y_i$

当 $P(x, y)$、$Q(x, y)$ 在有向光滑曲线弧 L 上连续时，$\int_L P(x, y)\mathrm{d}x$ 及 $\int_L Q(x, y)\mathrm{d}y$ 都存在。$\int_L P(x, y)\mathrm{d}x + \int_L Q(x, y)\mathrm{d}y$ 通常记作 $\int_L P(x, y)\mathrm{d}x + Q(x, y)\mathrm{d}y$。

2. 性质

(1) 设 α 与 β 为常数，则：$\int_L \alpha P\mathrm{d}x + \beta Q\mathrm{d}y = \alpha\int_L P\mathrm{d}x + \beta\int_L Q\mathrm{d}y$；

(2) 当 $L = L_1 + L_2$ 时，$\int_L P\mathrm{d}x + Q\mathrm{d}y = \int_{L_1} P\mathrm{d}x + Q\mathrm{d}y + \int_{L_2} P\mathrm{d}x + Q\mathrm{d}y$；

(3) $\int_L P\mathrm{d}x+Q\mathrm{d}y=-\int_{-L} P\mathrm{d}x+Q\mathrm{d}y$，其中 $-L$ 表示与 L 反向的有向曲线弧。

由上式可知，对坐标的曲线积分必须注意积分弧段的方向。例如，两个曲线积分的被积函数相同，起点和终点也相同，但沿不同路径得出的积分值并不一定相等，即与积分弧段的方向有关。

3. 计算

(1) 设函数 $P(x,y)$、$Q(x,y)$ 在有向曲线弧 L 上有定义且连续，L 的参数方程为 $\begin{cases} x=\varphi(t) \\ y=\psi(t) \end{cases}$。当 t 单调地由 α 变到 β 时，点 $M(x,y)$ 从起点 A 沿 L 运动到终点 B，$\varphi(t)$、$\psi(t)$ 在以 α 及 β 为端点的闭区间上具有一阶连续导数，且 $\varphi'^2(t)+\psi'^2(t)\neq 0$，则：

$$\int_L P(x,y)\mathrm{d}x+Q(x,y)\mathrm{d}y=\int_\alpha^\beta \{P[\varphi(t),\psi(t)]\varphi'(t)+Q[\varphi(t),\psi(t)]\psi'(t)\}\mathrm{d}t$$

应用上式时，下限 α 对应于 L 的起点，上限 β 对应于 L 的终点，α 不一定小于 β。

(2) 如果 L 由方程 $y=\psi(x)$ 给出，则上式变为：

$$\int_L P(x,y)\mathrm{d}x+Q(x,y)\mathrm{d}y=\int_a^b\{P[x,\psi(x)]+Q[x,\psi(x)]\psi'(x)\}\mathrm{d}x$$

式中下限 a 对应 L 的起点，上限 b 对应 L 的终点。

(五) 格林公式

对平面区域 D 的边界曲线 L，规定 L 的正向为：当观察者沿 L 的这个方向行走时，D 始终在边界曲线 L 的左边。

设闭区域 D 由分段光滑的曲线 L 围成，若函数 $P(x,y)$ 及 $Q(x,y)$ 在 D 上具有一阶连续偏导数，则：

$$\iint_D\left(\frac{\partial Q}{\partial x}-\frac{\partial P}{\partial y}\right)\mathrm{d}x\mathrm{d}y=\oint_L P\mathrm{d}x+Q\mathrm{d}y$$

其中 L 是 D 的取正向的边界曲线。上式称为格林公式。

具体应用时，当格林公式的右端不容易求解时，可按左端的二重积分进行解答；反之，当格林公式的左端不容易求解时，可按右端的曲线积分进行解答。

【例 1-4-23】（历年真题）设 L 是抛物线 $y=x^2$ 上从点 $A(1,1)$ 到点 $O(0,0)$ 的有向弧线，则对坐标的曲线积分 $\int_L x\mathrm{d}x+y\mathrm{d}y$ 等于：

A. 0　　　　　　B. 1　　　　　　C. -1　　　　　　D. 2

【解答】$\int_L x\mathrm{d}x+y\mathrm{d}y=\int_1^0 x\mathrm{d}x+x^2\mathrm{d}(x^2)=\int_1^0(x+2x^3)\mathrm{d}x$

$=-\int_0^1(x+2x^3)\mathrm{d}x=-\left[\frac{1}{2}x^2+\frac{2}{4}x^4\right]_0^1=-1$

应选 C 项。

【例 1-4-24】（历年真题）设 L 是椭圆 $\begin{cases} x=a\cos\theta \\ y=b\sin\theta \end{cases}$ ($a>0$，$b>0$) 的上半椭圆周，沿顺时针方向，则曲线积分 $\int_L y^2\mathrm{d}x$ 等于：

A. $\frac{5}{3}ab^2$　　　　B. $\frac{4}{3}ab^2$　　　　C. $\frac{2}{3}ab^2$　　　　D. $\frac{1}{3}ab^2$

【解答】L 为上半椭圆周，沿顺时针方向，则 $\theta: \pi \to 0$；$dx = -a\sin\theta d\theta$。

$$\int_L y^2 dx = \int_\pi^0 b^2 \sin^2\theta(-a\sin\theta)d\theta = \int_0^\pi ab^2 \sin^3\theta d\theta$$

$$= -ab^2 \int_0^\pi (1-\cos^2\theta)d(\cos\theta) = -ab^2\left[\cos\theta - \frac{\cos^3\theta}{3}\right]_0^\pi$$

$$= \frac{4}{3}ab^2$$

应选 B 项。

注意，若 L 由上半椭圆周，沿逆时针方向，则 $\theta: 0 \to \pi$，$\int_L y^2 dx = -\frac{4}{3}ab^2$。

【例 1-4-25】（历年真题）设圆周曲线 $L: x^2 + y^2 = 1$ 取逆时针方向，则对坐标的曲线积分 $\int_L \frac{ydx - xdy}{x^2 + y^2}$ 等于：

A. 2π B. -2π C. π D. 0

【解答】令 $x = \cos\theta$，$y = \sin\theta$；逆时方向，$\theta: 0 \to 2\pi$。

$$\int_L \frac{ydx - xdy}{x^2 + y^2} = \int_0^{2\pi} \frac{\sin\theta(-\sin\theta) - \cos\theta\cos\theta}{\cos^2\theta + \sin^2\theta}d\theta$$

$$= \int_0^{2\pi} (-1)d\theta = -2\pi$$

应选 B 项。

【例 1-4-26】（历年真题）设 L 为从原点 $O(0, 0)$ 到点 $A(1, 2)$ 的有向直线段，则对坐标的曲线积分 $\int_L -ydx + xdy$ 等于：

A. 0   B. 1
C. 2   D. 3

例 1-4-26 解图

【解答】如图所示，L 的参数方向 $\begin{cases} x = x \\ y = 2x \end{cases}$，$x$ 为：$0 \to 1$。

$$\int_L -ydx + xdy = \int_0^1 (-2x + x \cdot 2)dx = \int_0^1 0 dx = 0$$

应选 A 项。

注意，若 L 为从点 $A(1, 2)$ 到原点 $O(0, 0)$，可得：$\int_L -ydx + xdy = 0$。

习　题

1-4-1（历年真题）若函数 $f(x, y)$ 在闭区域 D 上连续，下列关于极值点的叙述，正确的是：

A. $f(x, y)$ 的极值点一定是 $f(x, y)$ 的驻点

B. 如果 P_0 是 $f(x, y)$ 的极值点，则 P_0 点处 $B^2 - AC < 0$

$\left(\text{其中：} A = \frac{\partial^2 f}{\partial x^2}, B = \frac{\partial^2 f}{\partial x \partial y}, C = \frac{\partial^2 f}{\partial y^2}\right)$

C. 如果 P_0 是可微函数 $f(x, y)$ 的极值点，则在 P_0 点处 $df = 0$

D. $f(x, y)$ 的最大值点一定是 $f(x, y)$ 的极大值点

1-4-2（历年真题）函数 $f(x, y)$ 在点 $P_0(x_0, y_0)$ 处有一阶偏导数是函数在该点连

续的：

A. 必要条件　　　　　　　　　　B. 充分条件
C. 充分必要条件　　　　　　　　D. 既非充分又非必要

1-4-3　函数 $f(x,y)$ 在点 $P_0(x_0,y_0)$ 处的一阶偏导数存在是该函数在此点可微分的：

A. 必要条件　　　　　　　　　　B. 充分条件
C. 充分必要条件　　　　　　　　D. 既非充分条件也非必要条件

1-4-4　(历年真题)曲面 $z=x^2-y^2$ 在点 $(\sqrt{2},-1,1)$ 处的法线方程是：

A. $\dfrac{x-\sqrt{2}}{2\sqrt{2}}=\dfrac{y+1}{-2}=\dfrac{z-1}{-1}$　　　　B. $\dfrac{x-\sqrt{2}}{2\sqrt{2}}=\dfrac{y+1}{-2}=\dfrac{z-1}{1}$

C. $\dfrac{x-\sqrt{2}}{2\sqrt{2}}=\dfrac{y+1}{2}=\dfrac{z-1}{-1}$　　　　D. $\dfrac{x-\sqrt{2}}{2\sqrt{2}}=\dfrac{y+1}{2}=\dfrac{z-1}{1}$

1-4-5　曲面 $z=1-x^2-y^2$ 在点 $\left(\dfrac{1}{2},\dfrac{1}{2},\dfrac{1}{2}\right)$ 处的切平面方程是：

A. $x+y+z-\dfrac{3}{2}=0$　　　　　　B. $x-y-z+\dfrac{3}{2}=0$

C. $x-y+z-\dfrac{3}{2}=0$　　　　　　D. $x-y+z+\dfrac{3}{2}=0$

1-4-6　已知 $xy=kz$（k 为正常数），则 $\dfrac{\partial x}{\partial y}\cdot\dfrac{\partial y}{\partial z}\cdot\dfrac{\partial z}{\partial x}$ 等于：

A. 1　　　　　　　　　　　　　　B. -1
C. k　　　　　　　　　　　　　　D. $\dfrac{1}{k}$

1-4-7　设 $f(x,y)$ 是连续函数，则 $\displaystyle\int_0^1\mathrm{d}x\int_0^x f(x,y)\mathrm{d}y$ 等于：

A. $\displaystyle\int_0^x\mathrm{d}y\int_0^1 f(x,y)\mathrm{d}x$　　　　　　B. $\displaystyle\int_0^1\mathrm{d}y\int_0^x f(x,y)\mathrm{d}x$

C. $\displaystyle\int_0^1\mathrm{d}y\int_0^1 f(x,y)\mathrm{d}x$　　　　　　D. $\displaystyle\int_0^1\mathrm{d}y\int_y^1 f(x,y)\mathrm{d}x$

1-4-8　设 D 是曲线 $y=x^2$ 与 $y=1$ 所围闭区域，$\displaystyle\iint_D 2x\mathrm{d}\sigma$ 等于：

A. 1　　　　　　　　　　　　　　B. $\dfrac{1}{2}$
C. 0　　　　　　　　　　　　　　D. 2

1-4-9　(历年真题)D 域由 x 轴、$x^2+y^2-2x=0(y\geqslant 0)$ 及 $x+y=2$ 所围成，$f(x,y)$ 是连续函数，化 $\displaystyle\iint_D f(x,y)\mathrm{d}x\mathrm{d}y$ 为二次积分是：

A. $\displaystyle\int_0^{\frac{\pi}{4}}\mathrm{d}\varphi\int_0^{2\cos\varphi}f(\rho\cos\varphi,\rho\sin\varphi)\rho\mathrm{d}\rho$　　B. $\displaystyle\int_0^1\mathrm{d}y\int_{1-\sqrt{1-y^2}}^{2-y}f(x,y)\mathrm{d}x$

C. $\displaystyle\int_0^{\frac{\pi}{3}}\mathrm{d}\varphi\int_0^1 f(\rho\cos\theta,\rho\sin\theta)\rho\mathrm{d}\rho$　　D. $\displaystyle\int_0^1\mathrm{d}x\int_0^{\sqrt{2x-x^2}}f(x,y)\mathrm{d}y$

1-4-10　(历年真题)计算 $I=\displaystyle\iiint_\Omega z\mathrm{d}v$，其中 Ω 为 $z^2=x^2+y^2$，$z=1$ 围成的立体，则正确的解法是：

A. $I = \int_2^{2\pi} d\theta \int_0^1 r dr \int_0^1 z dz$ B. $I = \int_0^{2\pi} d\theta \int_0^1 r dr \int_r^1 z dz$

C. $I = \int_0^{2\pi} d\theta \int_0^1 dz \int_r^1 r dr$ D. $I = \int_0^1 dz \int_0^{2\pi} d\theta \int_0^z zr dr$

1-4-11 （历年真题）曲面 $x^2+y^2+z^2=2z$ 之内及曲面 $z=x^2+y^2$ 之外所围成的立体的体积 V 等于：

A. $\int_0^{2\pi} d\theta \int_0^1 r dr \int^{\sqrt{1-r^2}} dz$ B. $\int_0^{2\pi} d\theta \int_0^r r dr \int_{r^2}^{1-\sqrt{1-r^2}} dz$

C. $\int_0^{2\pi} d\theta \int_0^r r dr \int_r^{1-r} dz$ D. $\int_0^{2\pi} d\theta \int_0^1 r dr \int_{1-\sqrt{1-r^2}}^{r^2} dz$

1-4-12 立体 $\Omega = \{(x,y,z) \mid 4 \leqslant x^2+y^2+z^2 \leqslant 9, z^2 \leqslant x^2+y^2\}$ 的体积 V 为：

A. $\int_0^{2\pi} d\theta \int_0^{\frac{\pi}{4}} \sin\varphi d\varphi \int_2^3 r^2 dr$ B. $\int_0^{2\pi} d\theta \int_{\frac{\pi}{4}}^{\frac{3\pi}{4}} \sin\varphi d\varphi \int_2^3 r^2 dr$

C. $\int_0^{2\pi} d\theta \int_0^{\frac{\pi}{4}} \cos\varphi d\varphi \int_2^3 r dr$ D. $\int_0^{2\pi} d\theta \int_2^3 r dr \int_0^r dz$

1-4-13 设 $\Omega_1 = \{(x,y,z) \mid x^2+y^2+z^2 \leqslant R^2, z \geqslant 0\}$，$\Omega_2 = \{(x,y,z) \mid x^2+y^2+z^2 \leqslant R^2, x \geqslant 0, y \geqslant 0, z \geqslant 0\}$，则：

A. $\iiint_{\Omega_1} x dv = 4 \iiint_{\Omega_2} x dv$ B. $\iiint_{\Omega_1} y dv = 4 \iiint_{\Omega_2} y dv$

C. $\iiint_{\Omega_1} z dv = 4 \iiint_{\Omega_2} z dv$ D. $\iiint_{\Omega_1} xyz dv = 4 \iiint_{\Omega_2} xyz dv$

1-4-14 （历年真题）设 L 为从点 $A(0,2)$ 到点 $B(2,0)$ 的有向直线段，则对坐标的曲线积分 $\int_L \dfrac{1}{x-y} dx + y dy$ 等于：

A. 1 B. -1 C. 3 D. -3

1-4-15 设 L 为连续点 $(0,0)$ 与点 $(1,1)$ 的抛物线 $y=x^2$，则对弧长的曲线积分 $\int_L x ds$ 等于：

A. $\dfrac{1}{12}(5\sqrt{5}-1)$ B. $\dfrac{5\sqrt{5}}{12}$ C. $\dfrac{2}{3}(5\sqrt{5}-1)$ D. $\dfrac{10\sqrt{5}}{3}$

第五节 无穷级数

一、常数项级数

（一）常数项级数的概念和性质

1. 概念

如果级数 $\sum\limits_{i=1}^{\infty} u_i$ 的部分和数列 $\{s_n\}$ 有极限 s，即 $\lim\limits_{n\to\infty} s_n = s$，则称无穷级数 $\sum\limits_{i=1}^{\infty} u_i$ 收敛，这时极限 s 称为这级数的和，并写成 $s = u_1 + u_2 + \cdots + u_i + \cdots$；如果 $\{s_n\}$ 没有极限，则称无穷级数 $\sum\limits_{i=1}^{\infty} u_i$ 发散。

当 $\sum_{i=1}^{\infty} u_n$ 收敛且和为 s 时，记 $r_n = s - s_n = \sum_{k=n+1}^{\infty} u_k$ 为级数 $\sum_{n=1}^{\infty} u_n$ 的余项，且 $\lim_{n \to \infty} r_n = 0$。

2. 性质

(1) 如果级数 $\sum_{n=1}^{\infty} u_n$ 收敛于和 s，则级数 $\sum_{n=1}^{\infty} k u_n$ 也收敛，且其和为 ks。

由此可知，级数的每一项同乘一个不为零的常数后，它的收敛性不会改变。

(2) 如果级数 $\sum_{n=1}^{\infty} u_n$ 与 $\sum_{n=1}^{\infty} v_n$ 分别收敛于和 s 与 σ，则级数 $\sum_{n=1}^{\infty} (u_n \pm v_n)$ 也收敛，且其和为 $s \pm \sigma$。

(3) 在级数中去掉、加上或改变有限项，不会改变级数的收敛性。

(4) 如果级数收敛，则对该级数的项任意加括号后所成的级数仍收敛，且其和不变。由此可知，如果加括号后所成的级数发散，则原来的级数也发散。

(5)（级数收敛的必要条件）如果级数 $\sum_{n=1}^{\infty} u_n$ 收敛，则它的一般项 u_n 趋于零，即 $\lim_{n \to \infty} u_n = 0$。

3. 常见的几个典型级数

(1) 等比级数（几何级数）：$\sum_{n=0}^{\infty} a q^n$，当 $|q| < 1$ 时，级数收敛，且和为 $\dfrac{a}{1-q}$；当 $|q| \geq 1$ 时，级数发散。

(2) p 级数：$\sum_{n=1}^{\infty} \dfrac{1}{n^p}$，当 $p > 1$ 时，级数收敛；当 $p \leq 1$ 时，级数发散。

(3) 调和级数：$\sum_{n=1}^{\infty} \dfrac{1}{n}$，级数发散。

(二) 常数项级数的审敛法

1. 正项级数及其审敛法

若级数 $\sum_{n=1}^{\infty} u_n$ 的一般项 $u_n \geq 0 (n=1,2,\cdots)$，则称级数 $\sum_{n=1}^{\infty} u_n$ 为正项级数。正项级数的部分和数列 $s_n (n=1,2,\cdots)$ 是一个单调增加的数列。

正项级数 $\sum_{n=1}^{\infty} u_n$ 收敛的充分必要条件是：它的部分和数列 $\{s_n\}$ 有界。

(1) 比较审敛法

设 $\sum_{n=1}^{\infty} u_n$ 和 $\sum_{n=1}^{\infty} v_n$ 都是正项级数，且 $u_n \leq v_n (n=1,2,\cdots)$。若级数 $\sum_{n=1}^{\infty} v_n$ 收敛，则级数 $\sum_{n=1}^{\infty} u_n$ 收敛；反之，若级数 $\sum_{n=1}^{\infty} u_n$ 发散，则级数 $\sum_{n=1}^{\infty} v_n$ 发散。

由此可知，设 $\sum_{n=1}^{\infty} u_n$ 和 $\sum_{n=1}^{\infty} v_n$ 都是正项级数，如果级数 $\sum_{n=1}^{\infty} v_n$ 收敛，且存在正整数 N，使当 $n \geq N$ 时有 $u_n \leq k v_n (k>0)$ 成立，则级数 $\sum_{n=1}^{\infty} u_n$ 收敛；如果级数 $\sum_{n=1}^{\infty} v_n$ 发散，且当 $n \geq N$ 时有 $u_n \geq k v_n (k>0)$ 成立，则级数 $\sum_{n=1}^{\infty} u_n$ 发散。

比较审敛法的极限形式如下：

设 $\sum\limits_{n=1}^{\infty}u_n$ 和 $\sum\limits_{n=1}^{\infty}v_n$ 都是正项级数：

1) 如果 $\lim\limits_{n\to\infty}\dfrac{u_n}{v_n}=l(0\leqslant l<+\infty)$，且级数 $\sum\limits_{n=1}^{\infty}v_n$ 收敛，则级数 $\sum\limits_{n=1}^{\infty}u_n$ 收敛；

2) 如果 $\lim\limits_{n\to\infty}\dfrac{u_n}{v_n}=l>0$ 或 $\lim\limits_{n\to\infty}\dfrac{u_n}{v_n}=+\infty$，且级数 $\sum\limits_{n=1}^{\infty}v_n$ 发散，则级数 $\sum\limits_{n=1}^{\infty}u_n$ 发散。

（2）比值审敛法

设 $\sum\limits_{n=1}^{\infty}u_n$ 为正项级数，如果 $\lim\limits_{n\to\infty}\dfrac{u_n+1}{u_n}=\rho$，当 $\rho<1$ 时，级数收敛；当 $\rho>1$ $\left(或\lim\limits_{n\to\infty}\dfrac{u_{n+1}}{u_n}=\infty\right)$ 时，级数发散；当 $\rho=1$ 时，级数可能收敛也可能发散。

（3）根值审敛法

设 $\sum\limits_{n=1}^{\infty}u_n$ 为正项级数，如果 $\lim\limits_{n\to\infty}\sqrt[n]{u_n}=\rho$，当 $\rho<1$ 时，级数收敛；当 $\rho>1$（或 $\lim\limits_{n\to\infty}\sqrt[n]{u_n}=+\infty$）时，级数发散；当 $\rho=1$ 时，级数可能收敛也可能发散。

（4）极限审敛法

设 $\sum\limits_{n=1}^{\infty}u_n$ 为正项级数：

1) 如果 $\lim\limits_{n\to\infty}nu_n=l>0$（或 $\lim\limits_{n\to\infty}nu_n=+\infty$），则级数 $\sum\limits_{n=1}^{\infty}u_n$ 发散；

2) 如果 $p>1$，而 $\lim\limits_{n\to\infty}n^pu_n=l(0\leqslant l<+\infty)$，则级数 $\sum\limits_{n=1}^{\infty}u_n$ 收敛。

【例 1-5-1】（历年真题）若级数 $\sum\limits_{n=1}^{\infty}u_n$ 收敛，则下列级数中不收敛的是：

A. $\sum\limits_{n=1}^{\infty}ku_n(k\neq 0)$　　　　　　B. $\sum\limits_{n=1}^{\infty}u_{n+100}$

C. $\sum\limits_{n=1}^{\infty}\left(u_{2n}+\dfrac{1}{2^n}\right)$　　　　　D. $\sum\limits_{n=1}^{\infty}\dfrac{50}{u_n}$

【解答】根据级数的性质，A、B、C 项均收敛，应选 D 项。

此外，D 项：$\sum\limits_{n=1}^{\infty}u_n$ 收敛，可知 $\lim\limits_{n\to\infty}u_n=0$，则 $\lim\limits_{n\to\infty}\dfrac{50}{u_n}=+\infty$，故 D 项发散。

【例 1-5-2】（历年真题）正项级数 $\sum\limits_{n=1}^{\infty}a_n$ 的部分和数列 $\{s_n\}\left(s_n=\sum\limits_{i=1}^{n}a_i\right)$ 有上界是该级数收敛的：

A. 充分必要条件　　　　　　　B. 充分条件而非必要条件
C. 必要条件而非充分条件　　　D. 既非充分又非必要条件

【解答】由正项级数收敛的充分必要条件可知，应选 A 项。

【例 1-5-3】（历年真题）下列级数中，发散的是：

A. $\sum\limits_{n=1}^{\infty}\dfrac{1}{n(n+1)}$　　　　　　B. $\sum\limits_{n=1}^{\infty}\dfrac{1}{n^{3/2}}$

C. $\sum_{n=1}^{\infty}\left(\frac{n}{2n+1}\right)^2$　　　　　　　D. $\sum_{n=1}^{\infty}(-1)^n\frac{1}{\sqrt{n}}$

【解答】由 p 级数可知，B 项收敛。

A 项：$\frac{1}{n(n+1)} < \frac{1}{n^2}$，$\sum_{n=1}^{\infty}\frac{1}{n^2}$ 收敛，故 $\sum_{n=1}^{\infty}\frac{1}{n(n+1)}$ 收敛。

C 项：$\lim_{n\to\infty}u_n = \lim_{n\to\infty}\left(\frac{n}{2n+1}\right)^2 = \lim\left(\frac{1}{2}\right)^2 = \frac{1}{4} \neq 0$，故 C 项发散。

应选 C 项。

【例 1-5-4】（历年真题）下列级数发散的是：

A. $\sum_{n=1}^{\infty}\frac{n^2}{3n^4+1}$　　　　　　　B. $\sum_{n=2}^{\infty}\frac{1}{\sqrt[3]{n(n-1)}}$

C. $\sum_{n=1}^{\infty}\frac{(-1)^n}{\sqrt{n}}$　　　　　　　D. $\sum_{n=1}^{\infty}\frac{5}{3^n}$

【解答】A 项：$\frac{n^2}{2n^4+1} < \frac{n^2}{3n^4} = \frac{1}{3n^2}$

由 p 级数可知，$\sum_{n=1}^{\infty}\frac{1}{n^2}$ 收敛，则 $\sum_{n=1}^{\infty}\frac{1}{3n^2}$ 也收敛，故 $\sum_{n=1}^{\infty}\frac{n^2}{3n^4+1}$ 收敛，A 项收敛。

B 项：$\frac{1}{\sqrt[3]{n(n-1)}} > \frac{1}{\sqrt[3]{n^2}} = \frac{1}{n^{\frac{2}{3}}}$

由 p 级数可知，$\sum_{n=2}^{\infty}n^{\frac{2}{3}}$ 发散，故 $\sum_{n=2}^{\infty}\frac{1}{\sqrt[3]{n(n-1)}}$ 也发散。

应选 B 项。

2. 交错级数及其审敛法

级数的各项是正负交错的称为交错级数。

如果交错级数 $\sum_{n=1}^{\infty}(-1)^{n-1}u_n$ 满足下列条件：

(1) $u_n \geqslant u_{n+1}(n=1,2,3,\cdots)$；

(2) $\lim_{n\to\infty}u_n = 0$。

则级数收敛，且其和 $s \leqslant u_1$，其余项 r_n 的绝对值 $|r_n| \leqslant u_{n+1}$。

例如：交错级数 $\sum_{n=1}^{\infty}(-1)^{n-1}\frac{1}{n}$ 是收敛的。

3. 绝对收敛与条件收敛

如果级数 $\sum_{n=1}^{\infty}u_n$（u_n 为任意实数）各项的绝对值所构成的正项级数 $\sum_{n=1}^{\infty}|u_n|$ 收敛，则称级数 $\sum_{n=1}^{\infty}u_n$ 绝对收敛；如果级数 $\sum_{n=1}^{\infty}u_n$ 收敛，而级数 $\sum_{n=1}^{\infty}|u_n|$ 发散，则称级数 $\sum_{n=1}^{\infty}u_n$ 条件收敛。

如果级数 $\sum_{n=1}^{\infty}u_n$ 绝对收敛，则级数 $\sum_{n=1}^{\infty}u_n$ 必定收敛。

例如：级数 $\sum_{n=1}^{\infty}(-1)^{n-1}\frac{1}{n^2}$ 是绝对收敛级数；级数 $\sum_{n=1}^{\infty}(-1)^{n-1}\frac{1}{n}$ 是条件收敛级数。

【例 1-5-5】（历年真题）关于级数 $\sum_{n=1}^{\infty}(-1)^{n-1}\frac{1}{n^p}$ 收敛性的正确结论是：

A. $0<p\leqslant 1$ 时发散　　　　　　　　B. $p>1$ 时条件收敛

C. $0<p\leqslant 1$ 时绝对收敛　　　　　　D. $0<p\leqslant 1$ 时条件收敛

【解答】 $\sum_{n=1}^{\infty}\frac{1}{n^p}$，即 p 级数，$p>1$ 时，$\sum_{n=1}^{\infty}(-1)^{n-1}\frac{1}{n^p}$ 绝对收敛；当 $0<p\leqslant 1$ 时，$\sum_{n=1}^{\infty}\frac{1}{n^p}$ 发散；排除 B、C 项。

对于 $0<p\leqslant 1$ 时，$\sum_{n=1}^{\infty}(-1)^{n-1}\frac{1}{n^p}$，则：$\frac{1}{n^p}>\frac{1}{(n+1)^p}$，即 $u_n>u_{n+1}$，$\lim_{n\to\infty}u_n=\lim_{n\to\infty}\frac{1}{n^p}=0$，则交错级数收敛，故 $\sum_{n=1}^{\infty}(-1)^{n-1}\frac{1}{n^p}$ 为条件收敛。

应选 D 项。

【例 1-5-6】（历年真题）下列级数中，条件收敛的是：

A. $\sum_{n=1}^{\infty}\frac{(-1)^n}{n}$　　　　　　　　B. $\sum_{n=1}^{\infty}\frac{(-1)^n}{n^3}$

C. $\sum_{n=1}^{\infty}\frac{(-1)^n}{n(n+1)}$　　　　　　D. $\sum_{n=1}^{\infty}(-1)^n\frac{n+1}{n+2}$

【解答】 A 项：$\sum_{n=1}^{\infty}\frac{1}{n}$，发散；$u_n=\frac{1}{n}>u_{n+1}=\frac{1}{n+1}$，且 $\lim_{n\to\infty}u_n=0$，故 $\sum_{n=1}^{\infty}\frac{(-1)^n}{n}$ 收敛，故为条件收敛。

应选 A 项。

【例 1-5-7】（历年真题）下列级数中，绝对收敛的级数是：

A. $\sum_{n=1}^{\infty}(-1)^{n-1}\frac{1}{n}$　　　　　　B. $\sum_{n=1}^{\infty}(-1)^{n-1}\frac{1}{\sqrt{n}}$

C. $\sum_{n=1}^{\infty}\frac{n^2}{1+n^2}$　　　　　　　　D. $\sum_{n=1}^{\infty}\frac{\sin\frac{3}{2}n}{n^2}$

【解答】 D 项：$\sum_{n=1}^{\infty}\left|\frac{\sin\frac{3}{2^n}}{n^2}\right|\leqslant\sum_{n=1}^{\infty}\frac{1}{n^2}$，而 $\sum_{n=1}^{\infty}\frac{1}{n^2}$ 收敛，故 $\sum_{n=1}^{\infty}\left|\frac{\sin\frac{3}{2^n}}{n^2}\right|$ 也收敛，故 $\sum_{n=1}^{\infty}\frac{\sin\frac{3}{2^n}}{n^2}$ 为绝对收敛，应选 D 项。

此外，C 项明显不对。A、B 项是条件收敛。

二、幂级数

（一）函数项级数的收敛域与和函数

如果给定一个定义在区间 I 上的函数列 $\{u_n(x)\}$ $(n=1,2,\cdots)$，由这个函数列构成的表达式 $u_1(x)+u_2(x)+\cdots+u_n(x)+\cdots$ 称为定义在区间 I 上的函数项级数。对于一个确定的值 $x_0\in I$，则有 $\sum_{n=0}^{\infty}u_n(x_0)$。若 $\sum_{n=0}^{\infty}u_n(x_0)$ 收敛，则称点 x_0 为级数 $\sum_{n=0}^{\infty}u_n(x)$ 的收敛点，

收敛点的全体构成收敛域；若 $\sum_{n=0}^{\infty}u_n(x_0)$ 发散，则称点 x_0 为级数 $\sum_{n=0}^{\infty}u_n(x)$ 的发散点，发散点的全体构成发散域。

对应于收敛域内的任意一个数 x，函数项级数有一确定的和 s。可知，在收敛域上，函数项级数的和是 x 的函数 $s(x)$，通常称 $s(x)$ 为函数项级数的和函数。和函数的定义域就是级数的收敛域。

把函数项级数的前 n 项的部分和记作 $s_n(x)$，则在收敛域上有 $\lim_{n\to\infty}s_n(x)=s(x)$。记 $r_n(x)=s(x)-s_n(x)$，$r_n(x)$ 称为函数项级数的余项，并有 $\lim_{n\to\infty}r_n(x)=0$。

（二）幂级数及其收敛性

1. 概念与收敛性

$\sum_{n=0}^{\infty}a_n(x-x_0)^n$ 称为 $x-x_0$ 的幂级数，其中 $a_n(n=0,1,2,\cdots)$ 称为幂级数的系数。

若令 $t=x-x_0$，则有幂级数 $\sum_{n=0}^{\infty}a_n t^n$，也可记为 $\sum_{n=0}^{\infty}a_n x^n$。

阿贝尔定理：若级数 $\sum_{n=0}^{\infty}a_n x^n$ 当 $x=x_0(x_0\neq 0)$ 时收敛，则适合不等式 $|x|<|x_0|$ 的一切 x 使该幂级数绝对收敛；反之，若级数 $\sum_{n=0}^{\infty}a_n x^n$ 当 $x=x_0$ 时发散，则对适合不等式 $|x|>|x_0|$ 的一切 x 使该幂级数发散。

推论：如果幂级数 $\sum_{n=0}^{\infty}a_n x^n$ 不是仅在 $x=0$ 一点收敛，也不是在整个数轴上都收敛，则必有一个确定的正数 R 存在，使得：

（1）当 $|x|<R$ 时，幂级数绝对收敛；

（2）当 $|x|>R$ 时，幂级数发散；

（3）当 $x=R$ 与 $x=-R$ 时，幂级数可能收敛也可能发散。

正数 R 通常称为幂级数 $\sum_{n=0}^{\infty}a_n x^n$ 的收敛半径，开区间 $(-R,R)$ 称为幂级数的收敛区间。

再由幂级数在 $x=\pm R$ 处的收敛性就可以决定它的收敛域是 $(-R,R)$、$[-R,R)$、$(-R,R]$ 或 $[-R,R]$ 这四个区间之一。

如果 $\lim_{n\to\infty}\left|\dfrac{a_{n+1}}{a_n}\right|=\rho$，其中 a_n、a_{n+1} 是幂级数 $\sum_{n=0}^{\infty}a_n x^n$ 的相邻两项的系数，则这幂级数的收敛半径为：①当 $\rho\neq 0$ 时，$R=1/\rho$；②当 $\rho=0$ 时，$R=+\infty$；③当 $\rho=+\infty$ 时，$R=0$。

应注意的是：① 对于 $\sum_{n=0}^{\infty}a_n(x-C)^n$，$C$ 为常数，可令 $t=x-C$，将它变为 $\sum_{n=0}^{\infty}a_n t^n$ 的形式，求出其 R 值；再根据 $t=x-C$，求出 x 的收敛半径。

② 对于缺少偶次项（或奇次项）的幂级数，求其 R 时，可按比值审敛法。

2. 幂级数的运算

若 $\sum_{n=0}^{\infty}a_n x^n$ 在 $(-R,R)$ 内收敛，$\sum_{n=0}^{\infty}b_n x^n$ 在 $(-R',R')$ 内收敛，则：

(1) $\sum_{n=0}^{\infty} a_n x^n \pm \sum_{n=0}^{\infty} b_n x^n = \sum_{n=0}^{\infty} (a_n \pm b_n) x^n$，其收敛半径 $= \min(R, R')$

(2) $\sum_{n=0}^{\infty} a_n x^n$ 与 $\sum_{n=0}^{\infty} b_n x^n$ 的乘积的级数，其收敛半径 $= \min(R, R')$

(3) $\sum_{n=0}^{\infty} a_n x^n$ 与 $\sum_{n=0}^{\infty} b_n x^n$ 的商的级数，其收敛半径 $\ll R$，且 $\ll R'$。

3. 幂级数的和函数的性质

(1) 幂级数 $\sum_{n=0}^{\infty} a_n x^n$ 的和函数 $s(x)$ 在其收敛域 I 上连续。

(2) 幂级数 $\sum_{n=0}^{\infty} a_n x^n$ 的和函数 $s(x)$ 在其收敛域 I 上可积，并有逐项积分公式，即：

$$\int_0^x s(t) \mathrm{d}t = \int_0^x \left(\sum_{n=0}^{\infty} a_n t^n \right) \mathrm{d}t = \sum_{n=0}^{\infty} \int_0^x a_n t^n \mathrm{d}t = \sum_{n=0}^{\infty} \frac{a_n}{n+1} x^{n+1}$$

(3) 幂级数 $\sum_{n=0}^{\infty} a_n x^n$ 的和函数 $s(x)$ 在其收敛区间 $(-R, R)$ 内可导，且有逐项求导公式，即：

$$s'(x) = \left(\sum_{n=0}^{\infty} a_n x^n \right)' = \sum_{n=0}^{\infty} (a_n x^n)' = \sum_{n=0}^{\infty} n a_n x^{n-1}$$

逐项积分后或逐项求导后所得到的幂级数和原级数有相同的收敛半径。

【例 1-5-8】（历年真题）设幂级数 $\sum_{n=1}^{\infty} a_n x^n$ 的收敛半径为 2，则幂级数 $\sum_{n=1}^{\infty} n a_n (x-2)^{n+1}$ 的收敛区间是：

A. $(-2, 2)$ B. $(-2, 4)$ C. $(0, 4)$ D. $(-4, 0)$

【解答】令 $t = x - 2$，则有 $\sum_{n=1}^{\infty} n a_n t^{n+1}$；又 $\lim_{n \to \infty} \left| \frac{a_{n+1}}{a_n} \right| = \frac{1}{2}$

$\rho = \lim_{n \to \infty} \left| \frac{(n+1) a_{n+1}}{n a_n} \right| = \lim_{n \to \infty} \left| \frac{a_{n+1}}{a_n} \right| = \frac{1}{2}$，即：$|t| < 2$

$|x - 2| < 2$，可知：$0 < x < 4$，应选 C 项。

【例 1-5-9】（历年真题）级数 $\sum_{n=1}^{\infty} \frac{(2x+1)^n}{n}$ 的收敛域是：

A. $(-1, 1)$ B. $[-1, 1]$ C. $[-1, 0)$ D. $(-1, 0)$

【解答】令 $t = 2x + 1$，则有 $\sum_{n=1}^{\infty} \frac{t^n}{n}$

$$\rho = \lim_{n \to \infty} \left| \frac{\frac{1}{n+1}}{\frac{1}{n}} \right| = 1, \quad R = 1/\rho = 1$$

当 $t = 1$ 时，$\sum_{n=1}^{\infty} \frac{t^n}{n}$ 发散；当 $t = -1$ 时，$\sum_{n=1}^{\infty} \frac{t^n}{n}$ 收敛

则 $-1 \leqslant 2x + 1 < 1$，即：$-1 \leqslant x < 0$，应选 C 项。

【例 1-5-10】（历年真题）幂级数 $\sum_{n=1}^{\infty} (-1)^{n-1} \frac{x^{2n-1}}{2n-1}$ 的收敛域是：

A. $[-1, 1]$　　　　B. $(-1, 1]$　　　　C. $[-1, 1)$　　　　D. $(-1, 1)$

【解答】根据 A、B、C、D 项的特点，故验算左、右端点。

$x=1$ 时，$\sum_{n=1}^{\infty}(-1)^{n-1}\frac{1}{2n-1}$，由于 $u_n=\frac{1}{2n-1}>u_{n+1}=\frac{1}{2(n+1)+1}$，且 $\lim_{n\to\infty}u_n=0$，故该交错级数收敛。

同理，$x=-1$ 时，$\sum_{n=1}^{\infty}(-1)^{n-1}\frac{-1}{2n-1}$ 也收敛。

故收敛域为 $[-1, 1]$，应选 A 项。

此外，$\lim_{n\to\infty}\left|\frac{u_{n+1}(x)}{u_n(x)}\right|=\lim_{n\to\infty}\left|\frac{\frac{x^{2n+1}}{2n+1}}{\frac{x^{2n-1}}{2n-1}}\right|=x^2$

当 $x^2<1$ 时收敛，则 $-1<x<1$ 时收敛。

【例 1-5-11】（历年真题）若幂级数 $\sum_{n=1}^{\infty}a_n(x+2)^n$ 在 $x=0$ 处收敛，在 $x=-4$ 处发散，则幂级数 $\sum_{n=1}^{\infty}a_n(x-1)^n$ 的收敛域是：

A. $(-1, 3)$　　　　B. $[-1, 3)$　　　　C. $(-1, 3]$　　　　D. $[-1, 3]$

【解答】验证法，由条件可知，$x=-4$ 时，$\sum_{n=1}^{\infty}a_n(x+2)^n=\sum_{n=1}^{\infty}a_n(-2)^n$ 发散；

$x=0$ 时，$\sum_{n=1}^{\infty}a_n(x+2)^n=\sum_{n=1}^{\infty}a_n 2^n$ 收敛。

由选项可知，当 $x=-1$ 时，$\sum_{n=1}^{\infty}a_n(x-1)^n=\sum_{n=1}^{\infty}a_n(-2)^n$，故为发散；

$x=3$ 时，$\sum_{n=1}^{\infty}a_n(x-1)^n=\sum_{n=1}^{\infty}a_n 2^n$，故为收敛。

故应选 C 项。

（三）函数展开成幂级数

1. 函数的泰勒级数与麦克劳林级数

设 $f(x)$ 在点 x_0 的某一邻域 $U(x_0)$ 内的各阶导级都存在，取 $a_n=\frac{1}{n!}f^{(n)}(x_0)$，$(n=1, 2, \cdots)$，以 a_n 作为幂级数的系数称为 $f(x)$ 的泰勒级数，即 $\sum_{n=0}^{\infty}\frac{1}{n!}f^{(n)}(x_0)(x-x_0)^n$，但该泰勒级数不一定收敛于 $f(x)$。$f(x)$ 在 $U(x_0)$ 内能展开成泰勒级数的充分必要条件是在该邻域内 $f(x)$ 的泰勒式中的余项 $R_n(x)$，$x\in U(x_0)$，当 $x\to\infty$ 时的极限为零，即：$\lim_{n\to\infty}R_n(x)=0$。

当满足上述条件时，泰勒级数收敛到 $f(x)$，即：

$$f(x)=f(x_0)+f'(x_0)(x-x_0)+\cdots+\frac{1}{n!}f^{(n)}(x_0)(x-x_0)^n+\cdots$$

$$=\sum_{n=0}^{\infty}\frac{1}{n!}f^{(n)}(x_0)(x-x_0)^n$$

上式称为函数 $f(x)$ 在点 x_0 处的泰勒展开式。

当取 $x_0 = 0$ 时，上式变为：

$$f(x) = f(0) + f'(0)x + \cdots + \frac{1}{n!}f^{(n)}(0)x^n + \cdots = \sum_{n=0}^{\infty} \frac{1}{n!}f^{(n)}(0)x^n$$

上式称为函数 $f(x)$ 的麦克劳林展开式。

2. 函数展开成幂级数的方法

(1) 直接展开法

直接按公式 $a_n = \frac{1}{n!}f^{(n)}(x_0)$ 计算幂级数的系数，最后分析余项 $R_n(x)$ 是否趋于零。

(2) 间接展开法

利用一些已知的函数展开式，通过幂级数的运算（如四则运算、逐项求导、逐项积分）以及变量代换等，将所求函数展开成幂级数。

常用函数的幂级数展开式如下：

1) $e^x = \sum_{n=0}^{\infty} \frac{1}{n!} x^n \quad (-\infty < x < +\infty)$

2) $\sin x = \sum_{n=0}^{\infty} \frac{(-1)^n}{(2n+1)!} x^{2n+1} \quad (-\infty < x < +\infty)$

3) $\cos x = \sum_{n=0}^{\infty} \frac{(-1)^n}{(2n)!} x^{2n} \quad (-\infty < x < +\infty)$

4) $\frac{1}{1+x} = \sum_{n=0}^{\infty} (-1)^n x^n \quad (-1 < x < 1)$

5) $\frac{1}{1-x} = \sum_{n=0}^{\infty} x^n \quad (-1 < x < 1)$

6) $\ln(1+x) = \sum_{n=0}^{\infty} \frac{(-1)^n}{n+1} x^{n+1} = \sum_{n=1}^{\infty} \frac{(-1)^{n-1}}{n} x^n \quad (-1 < x \leqslant 1)$

7) $a^x = e^{x \ln a} = \sum_{n=0}^{\infty} \frac{(\ln a)^n}{n!} x^n \quad (-\infty < x < +\infty)$

【例 1-5-12】（历年真题）当 $|x| < \frac{1}{2}$ 时，函数 $f(x) = \frac{1}{1+2x}$ 的麦克劳林展开式正确的是：

A. $\sum_{n=0}^{\infty} (-1)^{n+1} (2x)^n$　　　　　　　B. $\sum_{n=0}^{\infty} (-2)^n x^n$

C. $\sum_{n=1}^{\infty} (-1)^n 2^n x^n$　　　　　　　　D. $\sum_{n=1}^{\infty} 2^n x^n$

【解答】由于 $\frac{1}{1+x} = \sum_{n=0}^{\infty} (-1)^n x^n$，则：

$$f(x) = \frac{1}{1+2x} = \sum_{n=0}^{\infty} (-1)^n (2x)^n = \sum_{n=0}^{\infty} (-2)^n x^n$$

应选 B 项。

【例 1-5-13】（历年真题）函数 $f(x) = a^x (a > 0, a \neq 1)$ 的麦克劳林展开式中的前三项是：

A. $1+x\ln a+\dfrac{x^2}{2}$ B. $1+x\ln a+\dfrac{\ln a}{2}x^2$

C. $1+x\ln a+\dfrac{(\ln a)^2}{2}x^2$ D. $1+\dfrac{x}{\ln a}+\dfrac{x^2}{2\ln a}$

【解答】由于 $a^x=\sum\limits_{n=0}^{\infty}\dfrac{(\ln a)^n}{n!}x^n$，则前三项为：

$$f(x)=1+\dfrac{\ln a}{1}x+\dfrac{(\ln a)^2}{2}x^2$$

应选 C 项。

【例 1-5-14】（历年真题）幂级数 $\sum\limits_{n=0}^{\infty}\dfrac{(-1)^n}{2^n}x^n$ 在 $|x|<2$ 的和函数是：

A. $\dfrac{2}{2+x}$ B. $\dfrac{2}{2-x}$

C. $\dfrac{1}{1-2x}$ D. $\dfrac{1}{1+2x}$

【解答】由于 $\dfrac{1}{1+x}=\sum\limits_{n=0}^{\infty}(-1)^n x^n$，令 $x=\dfrac{t}{2}$，则：

$$\dfrac{1}{1+\dfrac{t}{2}}=\dfrac{2}{2+t}=\sum\limits_{n=0}^{\infty}(-1)^n\left(\dfrac{t}{2}\right)^n=\sum\limits_{n=0}^{\infty}\dfrac{(-1)^n}{2^n}t^n$$

由此可知，应选 A 项。

【例 1-5-15】（历年真题）幂级数 $\sum\limits_{n=0}^{\infty}\dfrac{x^n}{n!}$ 的和函数 $s(x)$ 等于：

A. e^x B. e^x+1
C. e^x-1 D. $\cos x$

【解答】由于 $e^x=\sum\limits_{n=0}^{\infty}\dfrac{1}{n!}x^n=1+\sum\limits_{n=1}^{\infty}\dfrac{1}{n!}x^n$

即：$s(x)=\sum\limits_{n=1}^{\infty}\dfrac{x^n}{n!}=e^x-1$，应选 C 项。

三、傅里叶级数

1. 傅里叶系数、傅里叶级数及收敛定理

设 $f(x)$ 是周期为 2π 的周期函数，有：

$$a_n=\dfrac{1}{\pi}\int_{-\pi}^{\pi}f(x)\cos nx\,\mathrm{d}x\quad(n=0,1,2,3,\cdots)$$

$$b_n=\dfrac{1}{\pi}\int_{-\pi}^{\pi}f(x)\sin nx\,\mathrm{d}x\quad(n=1,2,3,\cdots)$$

若上述式中的积分都存在，此时它们定出的系数 a_0，a_1，b_1，…，称为函数 $f(x)$ 的傅里叶系数。以傅里叶系数写出的级数，即：

$$\dfrac{a_0}{2}+\sum\limits_{n=1}^{\infty}(a_n\cos nx+b_n\sin nx)$$

称为函数 $f(x)$ 的傅里叶级数。

定理（收敛定理，狄利克雷充分条件） 设 $f(x)$ 是周期为 2π 的周期函数，如果它满足：

(1) 在一个周期内连续或只有有限个第一类间断点；

(2) 在一个周期内至多只有有限个极值点；

则 $f(x)$ 的傅里叶级数收敛，并且当 x 是 $f(x)$ 的连续点时，级数收敛于 $f(x)$；当 x 是 $f(x)$ 的间断点时，级数收敛于 $\frac{1}{2}[f(x^-)+f(x^+)]$。

由上可知，当函数 $f(x)$ 是周期为 2π 的周期函数，且满足收敛定理，则系数 $a_n = \frac{1}{\pi}\int_{-\pi}^{\pi}f(x)\cos nx\,\mathrm{d}x$，$n=0,1,2,\cdots$，$b_n = \frac{1}{\pi}\int_{-\pi}^{\pi}f(x)\sin nx\,\mathrm{d}x$，$n=1,2,\cdots$，该函数的傅里叶级数为：$\frac{a_0}{2}+\sum_{n=1}^{\infty}(a_n\cos nx+b_n\sin nx)$。

2. 正弦级数和余弦级数

(1) 当 $f(x)$ 是周期为 2π 的可积的奇函数时，则：

$$a_n = 0 \quad (n=0,1,2,\cdots)$$

$$b_n = \frac{2}{\pi}\int_0^{\pi}f(x)\sin nx\,\mathrm{d}x \quad (n=1,2,3,\cdots)$$

可知，奇函数的傅里叶级数是只含有正弦项的正弦级数，即：$\sum_{n=1}^{\infty}b_n\sin nx$。

(2) 当 $f(x)$ 是周期为 2π 的可积的偶函数时，则：

$$a_n = \frac{2}{\pi}\int_0^{\pi}f(x)\cos nx\,\mathrm{d}x \quad (n=0,1,2,\cdots)$$

$$b_n = 0 \quad (n=1,2,3,\cdots)$$

可知，偶函数的傅里叶级数是只含常数项和余弦项的余弦级数，即：$\frac{a_0}{2}+\sum_{n=1}^{\infty}a_n\cos nx$。

3. 周期为 $2l$ 的周期函数的傅里叶级数

设周期为 $2l$ 的周期函数 $f(x)$ 满足收敛定理的条件，则它的傅里叶级数展开式为：

$$f(x) = \frac{a_0}{2}+\sum_{n=1}^{\infty}\left(a_n\cos\frac{n\pi x}{l}+b_n\sin\frac{n\pi x}{l}\right)$$

其中

$$a_n = \frac{1}{l}\int_{-l}^{l}f(x)\cos\frac{n\pi x}{l}\mathrm{d}x \quad (n=0,1,2,\cdots)$$

$$b_n = \frac{1}{l}\int_{-l}^{l}f(x)\sin\frac{n\pi x}{l}\mathrm{d}x \quad (n=1,2,3,\cdots)$$

在间断点收敛于 $\frac{1}{2}[f(x^-)+f(x^+)]$。

同理，当 $f(x)$ 为奇函数时，有：$b_n = \frac{2}{l}\int_0^{l}f(x)\sin\frac{n\pi x}{l}\mathrm{d}x \quad (n=1,2,\cdots)$，$a_n = 0$。

当 $f(x)$ 为偶函数时，有：$a_n = \frac{2}{l}\int_0^{l}f(x)\cos\frac{n\pi x}{l}\mathrm{d}x \quad (n=0,1,2,\cdots)$，$b_n = 0$。

4. 周期延拓、奇(偶)延拓

如果函数 $f(x)$ 仅在 $(-l, l)$ 上有定义，并且满足收敛定理条件，可以在 $[-l, l)$ 或 $(-l, l]$ 外将 $f(x)$ 作周期延拓，使它拓广为周期为 $2l$ 的周期函数 $F(x)$，再将 $F(x)$ 展开成傅里叶级数,最后限制 x 在 $(-l, l)$ 内,此时 $F(x)=f(x)$,便得到 $f(x)$ 在 $(-l, l)$ 上的傅里叶级数。特别地,如 $f(x)$ 仅在 $(-\pi, \pi)$ 上有定义,可作周期延拓。

若 $f(x)$ 仅在 $(0, l)$ 上有定义,并且满足收敛定理的条件,可先在 $(-l, 0)$ 内将 $f(x)$ 作奇(偶)延拓,然后在 $(-l, l)$ 外再作周期延拓,使它拓广为以 $2l$ 为周期的奇(偶)函数 $F(x)$,将 $F(x)$ 展开成傅里叶级数,这个级数必定是正(余)弦级数,再限制 x 在 $(0, l)$,此时 $F(x)=f(x)$,这样便得到 $f(x)$ 在 $(0, l)$ 上的正(余)弦级数展开式。特别地,如 $f(x)$ 仅在 $(0, \pi]$ 上有定义,可作奇(偶)延拓。

【例 1-5-16】将函数 $f(x)=\begin{cases} x & (0 \leqslant x < \pi) \\ 0 & (-\pi \leqslant x < 0) \end{cases}$,在 $[-\pi, \pi]$ 上展开成傅里叶级数,其形式为 $\frac{a_0}{2}+\sum_{n=1}^{\infty} a_n \cos nx + b_n \sin nx$,其中,$a_n (n=1, 2, \cdots)$ 等于:

A. $\frac{\pi}{2}$ B. $\frac{(-1)^n-1}{n^2 \pi}$ C. $\frac{1-(-1)^n}{n^2 \pi}$ D. $\frac{(-1)^{n-1}}{\pi}$

【解答】$a_n=\frac{1}{\pi}\int_{-\pi}^{\pi} f(x) \cos nx \, dx = \frac{1}{\pi}\int_{0}^{\pi} x \cos nx \, dx = \frac{(-1)^n-1}{n^2 \pi} (n=1, 2, \cdots)$,
应选 B 项。

习　题

1-5-1 (历年真题)下列幂级数中,收敛半径 $R=3$ 的幂级数是:

A. $\sum_{n=0}^{\infty} 3x^n$ B. $\sum_{n=0}^{\infty} 3^n x^n$ C. $\sum_{n=0}^{\infty} \frac{1}{3^{\frac{n}{2}}} x^n$ D. $\sum_{n=0}^{\infty} \frac{1}{3^{n+1}} x^n$

1-5-2 (历年真题)下列级数中收敛的是:

A. $\sum_{n=1}^{\infty} \sin \frac{1}{n}$ B. $\sum_{n=1}^{\infty} \frac{n!}{2^n}$ C. $\sum_{n=1}^{\infty} \frac{1}{n^n}$ D. $\sum_{n=1}^{\infty} \frac{1}{\sqrt[n]{n}}$

1-5-3 (历年真题)下列级数收敛的是:

A. $\sum_{n=1}^{\infty} \frac{(-1)^{n+1}}{\sqrt{n}}$ B. $\sum_{n=1}^{\infty} \frac{(-1)^n}{\sqrt[n]{n}}$ C. $\sum_{n=1}^{\infty} (-1)^n \frac{n}{n+2}$ D. $\sum_{n=1}^{\infty} (-1)^n \frac{5^n-2^n}{5^n}$

1-5-4 函数 $f(x)=\cos 2x (-\infty < x < +\infty)$ 展开成 x 的幂级数为:

A. $\sum_{n=0}^{\infty} \frac{(-1)^n 2^n}{n+1} x^{n+1}$ B. $\sum_{n=0}^{\infty} \frac{(-1)^n 2^{2n+1}}{(2n+1)!} x^{2n+1}$

C. $\sum_{n=0}^{\infty} \frac{(-1)^n 2^{2n}}{(2n)!} x^{2n}$ D. $\sum_{n=0}^{\infty} \frac{(-1)^n 2^n}{2n+1} x^{4n+2}$

1-5-5 函数 $f(x)=\frac{1}{x^2+3x+2}$ 展开成 $x+4$ 的幂级数为:

A. $\sum_{n=0}^{\infty} \left(\frac{1}{2^n}-\frac{1}{3^n}\right)(x+4)^n \quad (-6 < x < -2)$

B. $\sum_{n=0}^{\infty} \left(\frac{1}{2^{n+1}}-\frac{1}{3^{n+1}}\right)(x+4)^n \quad (-6 < x < -2)$

C. $\sum_{n=0}^{\infty} \left(\frac{1}{2^{n+1}}+\frac{1}{3^{n+1}}\right)(x+4)^n \quad (-6 < x < -2)$

D. $\sum_{n=0}^{\infty}\frac{1}{3^n}(x+4)^n$ $(-6<x<-2)$

1-5-6 幂级数 $\sum_{n=1}^{\infty}(-1)^{n-1}x^n$ 的和函数是：

A. $\frac{x}{1+x}$ $(-1<x<1)$ B. $\frac{1}{1+x}$ $(-1<x<1)$

C. $\frac{x}{1-x}$ $(-1<x<1)$ D. $\frac{1}{1-x}$ $(-1<x<1)$

1-5-7 幂级数 $\sum_{n=0}^{\infty}\frac{(2n)!}{(n!)^2}x^{2n}$ 的收敛区间是：

A. $\left(-\frac{1}{2},\ \frac{1}{2}\right)$ B. $(-1,\ 1)$

C. $(-2,\ 2)$ D. $(-\sqrt{2},\ \sqrt{2})$

1-5-8 将函数 $f(x)=x^2$ 在 $\left[0,\ \frac{\pi}{2}\right]$ 上展开成余弦级数，其形式为 $\frac{a_0}{2}+\sum_{n=1}^{\infty}a_n\cos nx$，其中 $a_n(n=1,\ 2,\ \cdots)$ 等于：

A. $\frac{\pi^2}{6}$ B. $\frac{(-1)^n}{n^2}$ C. $\frac{(-1)^{n+1}}{n^2}$ D. $\frac{(-1)^{n+1}}{n}$

1-5-9 设 $f(x)=\begin{cases}x & \left(0\leqslant x\leqslant\frac{\pi}{2}\right)\\ \pi & \left(\frac{\pi}{2}<x<\pi\right)\end{cases}$，若将 $f(x)$ 展开成正弦级数，则该级数在 $x=-\frac{\pi}{2}$ 处收敛于：

A. $\frac{\pi}{2}$ B. $\frac{3\pi}{4}$ C. $-\frac{3\pi}{4}$ D. 0

第六节 微 分 方 程

一、微分方程的基本概念

一般地，表示未知函数、未知函数的导数与自变量之间的关系的方程称为微分方程。微分方程中所出现的未知函数的最高阶导数的阶数称为微分方程的阶。

代入微分方程能使方程成为恒等式的函数就称为微分方程的解。如果微分方程的解中含有任意常数（任意常数是相互独立的），且任意常数的个数与微分方程的阶数相同，这样的解就称为微分方程的通解。确定了通解中的任意常数以后，就得到微分方程的特解。

通常将用来确定任意常数的条件称为初值条件。求微分方程满足定解条件的特解的问题称为初值问题。

二、一阶微分方程

（一）可分离变量的微分方程

如果一个一阶微分方程能写成 $g(y)\mathrm{d}y=f(x)\mathrm{d}x$ 的形式，原方程就称为可分离变量的微分方程。将该式两端分别积分：

$\int g(y)\mathrm{d}y=\int f(x)\mathrm{d}x$，即可得该方程的通解。

(二)齐次方程

如果一个一阶微分方程可化成 $\dfrac{\mathrm{d}y}{\mathrm{d}x}=\varphi\left(\dfrac{y}{x}\right)$ 的形式,则该方程称为齐次方程。

令 $u=\dfrac{y}{x}$,即 $y=xu$,$\dfrac{\mathrm{d}y}{\mathrm{d}x}=u+x\dfrac{\mathrm{d}u}{\mathrm{d}x}$,代入原方程得 $u+x\dfrac{\mathrm{d}u}{\mathrm{d}x}=\varphi(u)$,即 $x\dfrac{\mathrm{d}u}{\mathrm{d}x}=\varphi(u)-u$,分离变量,可得 $\dfrac{\mathrm{d}u}{\varphi(u)-u}=\dfrac{\mathrm{d}x}{x}$,两端积分可得 $\displaystyle\int\dfrac{\mathrm{d}u}{\varphi(u)-u}=\int\dfrac{\mathrm{d}x}{x}$,求出积分后,再以 $\dfrac{y}{x}$ 代替 u,便得到该齐次方程的通解。

(三)一次线性微分方程

方程 $\dfrac{\mathrm{d}y}{\mathrm{d}x}+P(x)y=Q(x)$ 称为一阶线性微分方程。当 $Q(x)$ 恒为 0 时,方程称为齐次方程;当 $Q(x)\neq 0$ 时,方程称为非齐次方程。设一阶非齐次线性方程为:

$$\dfrac{\mathrm{d}y}{\mathrm{d}x}+P(x)y=Q(x) \tag{1-6-1}$$

对应于非齐次线性方程(1-6-1)的齐次线性方程为:

$$\dfrac{\mathrm{d}y}{\mathrm{d}x}+P(x)y=0 \tag{1-6-2}$$

方程(1-6-2)的通解为: $y=C\mathrm{e}^{-\int P(x)\mathrm{d}x}$

方程(1-6-1)的通解为: $y=\mathrm{e}^{-\int P(x)\mathrm{d}x}\left(\displaystyle\int Q(x)\mathrm{e}^{\int P(x)\mathrm{d}x}\mathrm{d}x+C\right)$

或写成:
$$y=C\mathrm{e}^{-\int P(x)\mathrm{d}x}+\mathrm{e}^{-\int P(x)\mathrm{d}x}\int Q(x)\mathrm{e}^{\int P(x)\mathrm{d}x}\mathrm{d}x$$

上式右端第一项是方程(1-6-2)的通解,第二项是方程(1-6-1)的特解。

可知,一阶非齐次线性方程的通解=对应的齐次方程的通解+非齐次方程的一个特解。

(四)全微分方程

设微分方程:
$$P(x,y)\mathrm{d}x+Q(x,y)\mathrm{d}y=0 \tag{1-6-3}$$

若存在函数 $u(x,y)$,使得 $\mathrm{d}u=P(x,y)\mathrm{d}x+Q(x,y)\mathrm{d}y$,则称方程(1-6-3)为全微分方程,其通解为 $u(x,y)=C$,为隐式通解。

当函数 $P(x,y)$、$Q(x,y)$ 在单连通域 G 内具有一阶连续偏导数时,方程(1-6-3)成为全微分方程的充分必要条件是 $\dfrac{\partial P}{\partial y}=\dfrac{\partial Q}{\partial x}$ 在 G 内恒成立,且当此条件满足时,方程(1-6-3)的通解也可表示为:

$$u(x,y)=\int_{x_0}^{x}P(x,y)\mathrm{d}x+\int_{y_0}^{y}Q(x_0,y)\mathrm{d}y=C$$

或
$$u(x,y) = \int_{x_0}^{x} P(x,y_0)\mathrm{d}x + \int_{y_0}^{y} Q(x,y)\mathrm{d}y = C$$

其中，$M_0(x_0, y_0)$ 为 G 内适当选定的点。案例见本节习题。

【例 1-6-1】（历年真题）微分方程 $xy\mathrm{d}x = \sqrt{2-x^2}\mathrm{d}y$ 的通解是：

A. $y = \mathrm{e}^{-C\sqrt{2-x^2}}$ B. $y = \mathrm{e}^{-\sqrt{2-x^2}+C}$

C. $y = C\mathrm{e}^{-\sqrt{2-x^2}}$ D. $y = C - \sqrt{2-x^2}$

【解答】 $\dfrac{x}{\sqrt{2-x^2}}\mathrm{d}x = \dfrac{1}{y}\mathrm{d}y$，$\dfrac{\left(-\dfrac{1}{2}\right)\mathrm{d}(2-x^2)}{\sqrt{2-x^2}} = \dfrac{1}{y}\mathrm{d}y$，积分得：

$$\ln y = -\sqrt{2-x^2} + C_1，即：y = \mathrm{e}^{-\sqrt{2-x^2}+C_1} = C\mathrm{e}^{-\sqrt{2-x^2}}$$

其中，$C = \mathrm{e}^{C_1}$，应选 C 项。

【例 1-6-2】（历年真题）微分方程 $\dfrac{\mathrm{d}y}{\mathrm{d}x} - \dfrac{y}{x} = \tan\dfrac{y}{x}$ 的通解是：

A. $\sin\dfrac{y}{x} = Cx$ B. $\cos\dfrac{y}{x} = Cx$

C. $\sin\dfrac{y}{x} = x + C$ D. $Cx\sin\dfrac{y}{x} = 1$

【解答】 令 $u = \dfrac{y}{x}$，$y = xu$，$\dfrac{\mathrm{d}y}{\mathrm{d}x} = u + x\dfrac{\mathrm{d}u}{\mathrm{d}x}$，代入原方程，则：

$\dfrac{\mathrm{d}u}{\tan u} = \dfrac{\mathrm{d}x}{x}$，积分得：$\ln\sin x = \ln x + C_1$

$\sin u = \mathrm{e}^{\ln x + C_1} = Cx$，即：$\sin\dfrac{y}{x} = Cx$

其中，$C = \mathrm{e}^{C_1}$，应选 A 项。

【例 1-6-3】（历年真题）已知微分方程 $y' + p(x)y = q(x)[q(x) \neq 0]$ 有两个不同的特解 $y_1(x)$、$y_2(x)$，C 为任意常数，则该微分方程的通解是：

A. $y = C(y_1 - y_2)$ B. $y = C(y_1 + y_2)$

C. $y = y_1 + C(y_1 + y_2)$ D. $y = y_1 + C(y_1 - y_2)$

【解答】 由条件可知，$y' + p(x)y = 0$ 的通解为：$C(y_1 - y_2)$

故 $y' + p(x)y = q(x)$ 的通解为：$y_1 + C(y_1 - y_2)$

应选 C 项。

【例 1-6-4】（历年真题）微分方程 $x'y - y = x^2\mathrm{e}^{2x}$ 的通解 y 等于：

A. $x\left(\dfrac{1}{2}x^{2x} + C\right)$ B. $x(\mathrm{e}^{2x} + C)$ C. $x\left(\dfrac{1}{2}x^2\mathrm{e}^{2x} + C\right)$ D. $x^2\mathrm{e}^{2x} + C$

【解答】 原方程化成：$y' - \dfrac{1}{x}y = x\mathrm{e}^{2x}$

$$y = \mathrm{e}^{-\int\left(-\frac{1}{x}\right)\mathrm{d}x}\left[\int x\mathrm{e}^{2x}\mathrm{e}^{\int\left(-\frac{1}{x}\right)\mathrm{d}x}\mathrm{d}x + C\right]$$

$$= \mathrm{e}^{\ln x}\left(\int x\mathrm{e}^{2x}\mathrm{e}^{-\ln x}\mathrm{d}x + C\right) = x\left(\int \mathrm{e}^{2x}\mathrm{d}x + C\right)$$

$$= x\left(\dfrac{1}{2}\mathrm{e}^{2x} + C\right)$$

应选 A 项。

【例 1-6-5】（历年真题）微分方程 $y\ln x\,dx - x\ln y\,dy = 0$ 满足条件 $y(1)=1$ 的特解是：
A. $\ln^2 x + \ln^2 y = 1$
B. $\ln^2 x - \ln^2 y = 1$
C. $\ln^2 x + \ln^2 y = 0$
D. $\ln^2 x - \ln^2 y = 0$

【解答】 原方程化成：$\dfrac{\ln y}{y}dy = \dfrac{\ln x}{x}dx$，$\ln y\,d(\ln y) = \ln x\,(d\ln x)$

两边积分得：$\dfrac{1}{2}\ln^2 y = \dfrac{1}{2}\ln^2 x + C$

由初值条件，$\dfrac{1}{2}\ln^2 1 = \dfrac{1}{2}\ln^2 1 + C$，得 $C=0$

故一个特解为：$\dfrac{1}{2}\ln^2 y = \dfrac{1}{2}\ln^2 x$，即 $\ln^2 x - \ln^2 y = 0$

应选 D 项。

三、几种可降阶的微分方程

（一）$y^{(n)} = f(x)$ 型的微分方程

这类方程可直接通过积分 n 次得到其通解。每次积分，方程的阶数降低一次，同时出现一个任意常数。

（二）$y'' = f(x, y')$ 型的微分方程

这类方程的右端不显含未知函数 y，令 $y' = p$，则 $y'' = p'$，这样方程就成为
$$p' = f(x, p)$$
这是关于变量 x、p 的一阶微分方程，设其通解为：$p = \varphi(x, C_1)$。

又由 $p = y' = \dfrac{dy}{dx} = \varphi(x, C_1)$，分离变量对其积分，可得 $y'' = f(x, y')$ 的通解为：
$$y = \int \varphi(x, C_1)\,dx + C_2$$

（三）$y'' = f(y, y')$ 型的微分方程

这类方程的右端不显含自变量 x，令 $y' = p$，则：
$$y'' = p' = \dfrac{dp}{dx} = \dfrac{dp}{dy}\dfrac{dy}{dx} = p\dfrac{dp}{dy}$$

这样方程就转变为：$p\dfrac{dp}{dy} = f(y, p)$，这是关于变量 y、p 的一阶微分方程，设其通解为：$p = \varphi(y, C_1)$。又由 $p = y' = \dfrac{dy}{dx} = \varphi(y, C_1)$，分离变量对其积分，则原方程 $y'' = f(y, y')$ 的通解为：
$$\int \dfrac{dy}{\varphi(y, C_1)} = x + C_2$$

【例 1-6-6】（历年真题）微分方程 $y'' = \sin x$ 的通解 y 等于：
A. $-\sin x + C_1 + C_2$
B. $-\sin x + C_1 x + C_2$
C. $-\cos x + C_1 x + C_2$
D. $\sin x + C_1 x + C_2$

【解答】 对方程两边积分得：$y' = \int \sin x\,dx = -\cos x + C_1$

再一次积分得：$y = \int (-\cos x + C_1)\,dx = -\sin x + C_1 x + C_2$

应选 B 项。

【例 1-6-7】 微分方程 $(1+x^2)y''=2xy'$ 的通解 y 等于：

A. $C_1\left(x+\dfrac{1}{3}x^3\right)+C_2$ 　　　　　　B. $C_1\left(x^2+\dfrac{1}{3}x^3\right)+C_2$

C. $C_1(x+x^3)+C_2$ 　　　　　　　　D. $C_1(x^2+x^3)+C_2$

【解答】 设 $y'=p$，$y''=\dfrac{\mathrm{d}p}{\mathrm{d}x}$，代入原方程，则：$\dfrac{\mathrm{d}p}{p}=\dfrac{2x}{1+x^2}\mathrm{d}x=\dfrac{\mathrm{d}(1+x^2)}{1+x^2}$

两边积分得：$\ln|p|=\ln(1+x^2)+C_1'$，$p=C_1(1+x^2)$，其中 $C_1=\pm\mathrm{e}^{C_1'}$

$$y'=C_1(1+x^2), \text{即：}\mathrm{d}y=C_1(1+x^2)\mathrm{d}x$$

两边积分得： $$y=C_1\left(x+\dfrac{1}{3}x^3\right)+C_2$$

应选 A 项。

【例 1-6-8】 微分方程 $yy''-y'^2=0$ 的通解 y 等于：

A. $C_2\mathrm{e}^{C_1x+1}$ 　　　　　　　　B. $\mathrm{e}^{C_1x+1}+C_2$

C. $C_2\mathrm{e}^{C_1x}$ 　　　　　　　　　D. $\mathrm{e}^{C_1x}+C_2$

【解答】 设 $y'=p$，则 $y''=p\dfrac{\mathrm{d}p}{\mathrm{d}y}$，代入原方程，可得：

$$yp\dfrac{\mathrm{d}p}{\mathrm{d}y}-p^2=0, \text{即：}\dfrac{\mathrm{d}p}{p}=\dfrac{\mathrm{d}y}{y}$$

两边积分得：$\ln|p|=\ln|y|+C_1'$，$p=C_1y$，其中，$C_1=\mathrm{e}^{C_1'}$

$$y'=p=C_1y, \text{即：}\dfrac{\mathrm{d}y}{y}=C_1\mathrm{d}x$$

两边积分得：$\ln|y|=C_1x+C_2'$，$y=C_2\mathrm{e}^{C_1x}$，其中，$C_2=\pm\mathrm{e}^{C_2'}$

应选 C 项。

四、二阶线性微分方程

方程 $\dfrac{\mathrm{d}^2y}{\mathrm{d}x^2}+p(x)\dfrac{\mathrm{d}y}{\mathrm{d}x}+Q(x)y=f(x)$ 称为二阶线性微分方程，当 $f(x)$ 恒为 0 时，方程为齐次的，当 $f(x)\not\equiv 0$ 时，方程为非齐次的。

（一）二阶线性微分方程的性质及解的结构定理

设二阶线性非齐次微分方程为：

$$y''+p(x)y'+Q(x)y=f(x) \quad (1\text{-}6\text{-}4)$$

对应上述方程的齐次微分方程为：

$$y''+p(x)y'+Q(x)y=0 \quad (1\text{-}6\text{-}5)$$

1. 如果函数 $y_1(x)$ 与 $y_2(x)$ 是方程(1-6-5)的两个解，则：

$$y=C_1y_1(x)+C_2y_2(x)\ (C_1、C_2\text{任意常数})$$

也是方程(1-6-5)的解。

2. 如果 $y_1(x)$ 与 $y_2(x)$ 是方程(1-6-5)的两个线性无关的特解，则：

$$y=C_1y_1(x)+C_2y_2(x)\ (C_1、C_2\text{是任意常数})$$

就是方程(1-6-5)的通解。

3. 设 $y^*(x)$ 是方程(1-6-4)的一个特解；$Y(x)$ 是方程(1-6-5)的通解，则：

$$y = Y(x) + y^*(x)$$

就是方程(1-6-4)的通解。

4.（叠加原理）设方程(1-6-4)的右端是两个函数之和，即：
$$y'' + P(x)y' + Q(x)y = f_1(x) + f_2(x) \tag{1-6-6}$$

而 $y_1^*(x)$ 与 $y_2^*(x)$ 分别是方程
$$y'' + P(x)y' + Q(x)y = f_1(x), \quad y'' + P(x)y' + Q(x)y = f_2(x)$$

的特解，则 $y_1^*(x) + y_2^*(x)$ 就是方程(1-6-6)的特解。

（二）二阶常系数齐次线性微分方程
$$y'' + py' + qy = 0 \tag{1-6-7}$$

其中 p、q 均为常数，上述方程称为二阶常系数齐次线性微分方程。

对应的代数方程 $r^2 + pr + q = 0$ 称为微分方程(1-6-7)的特征方程，特征方程的根称为特征根，它们可按下式计算得到：
$$r_{1,2} = \frac{-p \pm \sqrt{p^2 - 4q}}{2}$$

1. 当 $p^2 - 4q > 0$ 时，r_1、r_2 是两个不相等的实根，方程(1-6-7)的通解：$Y = C_1 e^{r_1 x} + C_2 e^{r_2 x}$。

2. 当 $p^2 - 4q = 0$ 时，$r_1 = r_2$ 是两个相等的实根，方程(1-6-7)的通解：$Y = (C_1 + C_2 x) e^{r_1 x}$。

3. 当 $p^2 - 4q > 0$ 时，r_1、r_2 是一对共轭复根，记 $r_{1,2} = \alpha \pm i\beta$，方程(1-6-7)的通解：$Y = e^{\alpha x}(C_1 \cos \beta x + C_2 \sin \beta x)$。

（三）二阶常系数非齐次线性微分方程

在历年真题中，该知识点考过，现仅作简单介绍。

$f(x) = e^{\lambda x} P_m(x)$，其中 λ 是常数，$P_m(x)$ 是 x 的一个 m 次多项式：
$$P_m(x) = a_0 x^m + a_1 x^{m-1} + \cdots + a_{m-1} x + a_m$$

设二阶常系数非齐次线性微分方程：
$$y'' + py' + qy = e^{\lambda x} P_m(x) \tag{1-6-8}$$

其对应的齐次线性微分方程为：
$$y'' + py' + qy = 0 \tag{1-6-9}$$

其对应的特征方程为：$\quad r^2 + pr + q = 0$

方程(1-6-8)的通解＝方程(1-6-9)的通解＋方程(1-6-8)的一个特解

其中，方程(1-6-9)的通解可按前面的内容计算得到，而方程(1-6-8)的特解可按下述方法得到：

设 $R_m(x)$ 是与 $P_m(x)$ 同次（即 m 次）的多项式：$R_m(x) = b_0 x^m + b_1 x^{m-1} + \cdots + b_{m-1} x + b_m$，其中 $b_0, b_1, \cdots, b_m$ 为待定系数。方程(1-6-8)的特解为：
$$y^* = x^k R_m(x) e^{\lambda x}$$

k 按 λ 不是特征方程的根、是特征方程的单根、是特征方程的重根依次取为 0、1、2。

将 y^* 代入方程(1-6-8)，比较方程两端 x 同次幂的系数，联解方程组，可确定出 $R_m(x)$ 中的待定系数的值，最终得到 y^*。

例如：$y'' - 5y' + 6y = x e^{2x}$，可知 $\lambda = 2$，$P_m(x) = x$；特征方程 $r^2 - 5r + 6 = 0$ 的根为

$r_1=2$，$r_2=3$，则 y^* 为：$y^*=x(b_0x+b_1)e^{2x}$。

又如：$y''-2y'-3y=3x+1$，可知 $\lambda=0$，$P_m(x)=3x+1$；特征方程 $r^2-2r-3=0$ 的根 $r_1=-1$，$r_2=3$，则 y^* 为：$y^*=x^0(b_0x+b_1)e^0=b_0x+b_1$。

【例 1-6-9】（历年真题）微分方程 $y''-2y'+y=0$ 的两个线性无关的特解是：

A. $y_1=x$，$y_2=e^x$ B. $y_1=e^{-x}$，$y_2=e^x$

C. $y_1=e^{-x}$，$y_2=xe^{-x}$ D. $y_1=e^x$，$y_2=xe^x$

【解答】 特征方程 $r^2-2r+1=0$，$r_1=r_2=1$

其通解为：$y=(C_1+C_2x)e^{1\times x}=(C_1+C_2x)e^x$

故线性无关的特解为：$y_1=e^x$，$y_2=xe^x$，应选 D 项。

【例 1-6-10】（历年真题）以 $y_1=e^x$，$y_2=e^{-3x}$ 为特解的二阶线性常系数齐次微分方程是：

A. $y''-2y'-3y=0$ B. $y''+2y'-3y=0$

C. $y''-3y'+2y=0$ D. $y''+3y'-2y=0$

【解答】 由条件可知，$r_1=1$，$r_2=-3$，则特征方程为：

$$(r-1)(r+3)=0，即：r^2+2r-3=0$$

其对应的微分方程为：$y''+2y'-3y=0$，应选 B 项。

【例 1-6-11】（历年真题）函数 $y=C_1e^{-x+C_2}$（C_1、C_2 为任意常数）是微分方程 $y''-y'-2y=0$ 的：

A. 通解   B. 特解

C. 不是解   D. 解，既不是通解也不是特解

【解答】 $y'=-C_1e^{-x+C_2}$，$y''=C_1e^{-x+C_2}$，代入原方程左边：

$$C_1e^{-x+C_2}+C_1e^{-x+C_2}-2C_1e^{-x+C_2}=0$$

故 y 是原方程的解。

又 $y=C_1e^{-x+C_2}=C_1e^{C_2}e^{-x}=C_3e^{-x}$，其中 $C_3=C_1e^{C_2}$

故 y 仅含 1 个独立的任意常数，不是方程的通解，也不是特解（特解不含任意常数）。
应选 D 项。

【例 1-6-12】（历年真题）已知 y_0 是微分方程 $y''+py'+qy=0$ 的解，y_1 是微分方程 $y''+py'+qy=f(x)[f(x)\neq 0]$ 的解，则下列函数中的微分方程 $y''+py'+qy=f(x)$ 的解是：

A. $y=y_0+C_1y_1$（C_1 是任意常数）

B. $y=C_1y_1+C_2y_0$（C_1、C_2 是任意常数）

C. $y=y_0+y_1$

D. $y=2y_1+3y_0$

【解答】 采用验证法，令 $y=C_1y_1$，则：$y'=C_1y_1'$，$y''=C_1y_1''$，代入原方程左端：

$$y''+py'+qy=C_1y_1''+pC_1y_1'+qC_1y_1=C_1(y_1''+py_1'+qy_1)$$
$$=C_1f(x)\neq f(x)$$

故 C_1y 不是方程的解，即 A、B、D 项错误，应选 C 项。

【例 1-6-13】（历年真题）微分方程 $y''-3y'+2y=xe^x$ 的待定特解的形式是：

A. $y=(Ax^2+Bx)e^x$ B. $y=(Ax+B)e^x$

C. $y=Ax^2e^x$ D. $y=Axe^x$

【解答】 特征方程 $r^2-3r+2=0$，$r_1=1$，$r_2=2$，又 $\lambda=1$，则：

特解的形式 $y^* = x(Ax+B)e^x$，应选 A 项。

习　题

1-6-1　（历年真题）微分方程 $\dfrac{dy}{dx} + \dfrac{x}{y} = 0$ 的通解是：

A. $x^2 + y^2 = C(C \in R)$
B. $x^2 - y^2 = C(C \in R)$
C. $x^2 + y^2 = C^2(C \in R)$
D. $x^2 - y^2 = C^2(C \in R)$

1-6-2　（历年真题）函数 $y = C_1 C_2 e^{-x}$（C_1、C_2 是任意常数）是微分方程 $y'' - 2y' - 3y = 0$ 的：

A. 通解
B. 特解
C. 不是解
D. 既不是通解又不是特解，而是解

1-6-3　（历年真题）微分方程 $y'' + y' + y = e^x$ 的特解是：

A. $y = e^x$
B. $y = \dfrac{1}{2} e^x$
C. $y = \dfrac{1}{3} e^x$
D. $y = \dfrac{1}{4} e^x$

1-6-4　一曲线经过点 (1，1) 且切线在纵轴上的截距等于切点的横坐标，则该曲线的方程为：

A. $y = x(1 + \ln x)$
B. $y = x(1 - \ln x)$
C. $x = y(1 + \ln y)$
D. $x = y(1 - \ln y)$

1-6-5　下列方程中不是全微分方程的是：

A. $2xy dx + x^2 dy = 0$
B. $(x^2 + y^2) dx + xy dy = 0$
C. $(x + 2y) dx + (2x + y) dy = 0$
D. $e^y dx + (xe^y - 2y) dy = 0$

1-6-6　（历年真题）设 y_1、y_2、y_3 是二阶线性微分方程 $y'' + p(x) y' + q(x) y = f(x)$ 的三个线性无关的特解，则该方程的通解 y 是：

A. $C_1(y_2 - y_1) + C_2(y_3 - y_1) + y_1$
B. $C_1 y_1 + C_2 y_2 + y_3$
C. $C_1(y_2 - y_1) + C_2(y_3 - y_1)$
D. $C_1(y_2 + y_1) + C_2(y_3 + y_1) + y_1$

1-6-7　微分方程 $y'' - 4y' + 5y = 0$ 的通解 y 等于：

A. $(C_1 + C_2 x) e^{2x}$
B. $e^{2x}(C_1 \cos x + C_2 \sin x)$
C. $C_1 e^{2x} + C_2 e^x$
D. $C_1 \cos x + C_2 \sin x$

1-6-8　微分方程 $(5x^4 + 3xy^2 - y^3) dx + (3x^2 y - 3xy^2 + y^2) dy = 0$ 的通解是：

A. $x^5 + \dfrac{3}{2} x^2 y^2 - xy^3 + \dfrac{1}{3} y^3 = C$
B. $x^5 - \dfrac{3}{2} x^2 y^2 - xy^3 + \dfrac{1}{3} y^3 = C$
C. $x^5 + \dfrac{3}{2} x^2 y^2 - xy^3 - \dfrac{1}{3} y^3 = C$
D. $x^5 - \dfrac{3}{2} x^2 y^2 + xy^3 + \dfrac{1}{3} y^3 = C$

第七节　线　性　代　数

一、行列式

（一）基本定义及计算

一阶行列式 $\qquad D=|a_{11}|=a_{11}$

二阶行列式

$$D=\begin{vmatrix} a_{11} & a_{12} \\ a_{21} & a_{22} \end{vmatrix}=a_{11}a_{22}-a_{12}a_{21}$$

即把 $a_{11}-a_{22}$ 的连线称主对角线，$a_{12}-a_{21}$ 的连线称副对角线。主对角线上各元素（或元）的乘积冠"＋"号，副对角线上各元素的乘积冠"－"号，然后作代数和，所得结果即为二阶行列式的值。

三阶行列式

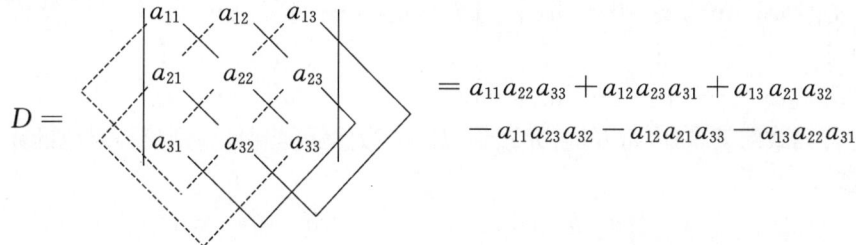

即把主对角线及平行主对角线的连线上各元素的乘积冠"＋"号，副对角线及平行副对角线的连线上各元素的乘积冠"－"号，然后作代数和，所得结果即为三阶行列式的值。

n 阶行列式

$$D=\det(a_{ij})=\begin{vmatrix} a_{11} & a_{12} & a_{13} & \cdots & a_{1n} \\ a_{21} & a_{22} & a_{23} & \cdots & a_{2n} \\ \vdots & \vdots & \vdots & & \vdots \\ a_{n1} & a_{n2} & a_{n3} & \cdots & a_{nn} \end{vmatrix}$$

上式中，det 为行列式英文的前三个字母。数 a_{ij} 为行列式 D 的 (i, j) 元素（或元）。n 阶行列式（$n \geqslant 4$）的计算一般按行（列）展开法则，具体见后面内容。

（二）行列式性质

1. 记 $D=\begin{vmatrix} a_{11} & a_{12} & \cdots & a_{1n} \\ a_{21} & a_{22} & \cdots & a_{2n} \\ \vdots & \vdots & & \vdots \\ a_{n1} & a_{n2} & \cdots & a_{nn} \end{vmatrix}$，$D^{\mathrm{T}}=\begin{vmatrix} a_{11} & a_{21} & \cdots & a_{n1} \\ a_{12} & a_{22} & \cdots & a_{n2} \\ \vdots & \vdots & & \vdots \\ a_{1n} & a_{2n} & \cdots & a_{nn} \end{vmatrix}$ 为行列式 D 的转置行列式，

则 $D=D^{\mathrm{T}}$。

由此性质可知，行列式中的行与列具有同等的地位，行列式的性质凡是对行成立的对列也同样成立，反之亦然。

2. 互换行列式的两行（列），则行列式的值变号。

3. 如果行列式有两行（列）完全相同，则此行列式 $D=0$。

4. 行列式的某一行（列）中所有的元素都乘以同一数 k，等于用数 k 乘此行列式。

由此性质可知，行列式中某一行（列）的所有元素的公因子可以提到行列式记号的外面。

5. 行列式中如果某一行(或某一列)的所有元素全为零，则此行列式 $D=0$。
6. 行列式中如果有两行(列)元素相等或成比例，则此行列式等于零。
7. 若行列式的某一列(行)的元素都是两数之和，例如第 i 列的元素都是两数之和

$$D=\begin{vmatrix} a_{11} & a_{12} & \cdots & a_{1i}+a'_{1i} & \cdots & a_{1n} \\ a_{21} & a_{22} & \cdots & a_{2i}+a'_{2i} & \cdots & a_{2n} \\ \vdots & \vdots & & \vdots & & \vdots \\ a_{n1} & a_{n2} & \cdots & a_{ni}+a'_{ni} & \cdots & a_{nn} \end{vmatrix}$$

则 D 等于下列两个行列式之和

$$D=\begin{vmatrix} a_{11} & a_{12} & \cdots & a_{1i} & \cdots & a_{1n} \\ a_{21} & a_{22} & \cdots & a_{2i} & \cdots & a_{2n} \\ \vdots & \vdots & & \vdots & & \vdots \\ a_{n1} & a_{n2} & \cdots & a_{ni} & \cdots & a_{nn} \end{vmatrix}+\begin{vmatrix} a_{11} & a_{12} & \cdots & a'_{1i} & \cdots & a_{1n} \\ a_{21} & a_{22} & \cdots & a'_{2i} & \cdots & a_{2n} \\ \vdots & \vdots & & \vdots & & \vdots \\ a_{n1} & a_{n2} & \cdots & a'_{ni} & \cdots & a_{nn} \end{vmatrix}$$

8. 把行列式的某一列(行)的各元素乘以同一数然后加到另一列(行)对应的元素上去，行列式不变。

【例 1-7-1】如果行列式 $\begin{vmatrix} a & b & c \\ d & e & f \\ g & h & i \end{vmatrix}=M\neq 0$，则 $\begin{vmatrix} a & b & c \\ 2d & 2e & 2f \\ 2g & 2h & 2i \end{vmatrix}=$

A. M B. $2M$ C. $4M$ D. $6M$

【解答】将第 2 行提出公因数 2，第 3 行也提出公因数 2，则变为 M，故 $2\times 2M=4M$，应选 C 项。

(三) 行列式按行(列)展开

在 n 阶行列式中，把元素 a_{ij} 所在的第 i 行和第 j 列划去后，留下来的 $n-1$ 阶行列式称为元素 a_{ij} 的余子式，记作 M_{ij}，而 $A_{ij}=(-1)^{i+j}M_{ij}$ 称为元素 a_{ij} 的代数余子式。显然，M_{ij}、A_{ij} 与 a_{ij} 的值无关。

1. 行列式等于它的任一行(列)的各元素与其对应的代数余子式乘积之和，即：

$$D=a_{i1}A_{i1}+a_{i2}A_{i2}+\cdots+a_{in}A_{in} \quad (i=1,2,\cdots,n)$$

或

$$D=a_{1j}A_{1j}+a_{2j}A_{2j}+\cdots+a_{nj}A_{nj} \quad (j=1,2,\cdots,n)$$

这个结论也称为行列式按行(列)展开法则，利用这一法则并结合行列式的性质，可以简化行列式的计算，也可由此计算四阶及四阶以上的行列式。

2. 行列式某一行(列)的元素与另一行(列)的对应元素的代数余子式乘积之和等于零，即：

$$a_{i1}A_{j1}+a_{i2}A_{j2}+\cdots+a_{in}A_{jn}=0, \quad (i\neq j;\ i,j=1,2,\cdots,n);$$

或

$$a_{1i}A_{1j}+a_{2i}A_{2j}+\cdots+a_{ni}A_{nj}=0, \quad (i\neq j,\ i,j=1,2,\cdots,n)$$

【例 1-7-2】(历年真题) 设行列式 $\begin{vmatrix} 2 & 1 & 3 & 4 \\ 1 & 0 & 2 & 0 \\ 1 & 5 & 2 & 1 \\ -1 & 1 & 5 & 2 \end{vmatrix}$，$A_{ij}$ 表示行列式元素 a_{ij} 的代数余子式，则 $A_{13}+4A_{33}+A_{43}=$

A. -2 B. 2 C. -1 D. 0.1

【解答】 将第 3 列元素换为：1，0，4，1，再计算新的行列式的值，即为 $A_{13}+4A_{33}+A_{43}$。

$$D=\begin{vmatrix} 2 & 1 & 1 & 4 \\ 1 & 0 & 0 & 0 \\ 1 & 5 & 4 & 1 \\ -1 & 1 & 1 & 2 \end{vmatrix}=1\times(-1)^{2+1}\begin{vmatrix} 1 & 1 & 4 \\ 5 & 4 & 1 \\ 1 & 1 & 2 \end{vmatrix}\xrightarrow{r_1-r_3}-\begin{vmatrix} 0 & 0 & 2 \\ 5 & 4 & 1 \\ 1 & 1 & 2 \end{vmatrix}$$

$$=(-1)\times 2\times(-1)^{3+3}\begin{vmatrix} 5 & 4 \\ 1 & 1 \end{vmatrix}=(-2)\times(5\times 1-1\times 4)=-2$$

应选 A 项。

(四) 常用的几个行列式

1. 对角行列式 [其中对角线上的元素是 $\lambda_i(i=1,2,\cdots,n)$，其余元素都是零]

$$D=\begin{vmatrix} \lambda_1 & & & \\ & \lambda_2 & & \\ & & \ddots & \\ & & & \lambda_n \end{vmatrix}=\lambda_1\lambda_2\cdots\lambda_n$$

$$D=\begin{vmatrix} & & & \lambda_n \\ & & \iddots & \\ & \lambda_2 & & \\ \lambda_1 & & & \end{vmatrix}=(-1)^{\frac{n(n-1)}{2}}\lambda_1\lambda_2\cdots\lambda_n$$

2. 上（下）三角形行列式 [对角线以下（上）的元素都为零]

$$D=\begin{vmatrix} a_{11} & a_{12} & \cdots & a_{1n} \\ & a_{22} & \cdots & a_{2n} \\ 0 & & \ddots & \vdots \\ & & & a_{nn} \end{vmatrix}=a_{11}a_{22}\cdots a_{nn}$$

$$D=\begin{vmatrix} a_{11} & & & \\ a_{21} & a_{22} & & 0 \\ \vdots & \vdots & \ddots & \\ a_{n1} & a_{n2} & \cdots & a_{nn} \end{vmatrix}=a_{11}a_{22}\cdots a_{nn}$$

3. 范德蒙德行列式

$$D=\begin{vmatrix} 1 & 1 & \cdots & 1 \\ x_1 & x_2 & & x_n \\ x_1^2 & x_2^2 & & x_n^2 \\ \cdots & & & \\ x_1^{n-1} & x_2^{n-1} & \cdots & x_n^{n-1} \end{vmatrix}=\prod_{n\geqslant i\geqslant j\geqslant 1}(x_i-x_j)$$

记号"$\prod$"表示全体同类因子的乘积。

二、矩阵及其运算

(一) 矩阵的定义

由 $m \times n$ 个数 $a_{ij}(i=1, 2, \cdots, m; j=1, 2, \cdots, n)$ 排成的 m 行 n 列的数表

$$A = \begin{pmatrix} a_{11} & a_{12} & \cdots & a_{1n} \\ a_{21} & a_{22} & \cdots & a_{2n} \\ \cdots \\ a_{m1} & a_{m2} & \cdots & a_{mn} \end{pmatrix}$$

称为 m 行 n 列矩阵,简称 $m \times n$ 矩阵,记为 $\boldsymbol{A}_{m \times n} = (a_{ij})_{m \times n}$,位于第 i 行第 j 列的数 a_{ij} 称为矩阵 $\boldsymbol{A}$ 的第 i 行第 j 列元素(或元)。以数 a_{ij} 为 (i,j) 元的矩阵可简记作 (a_{ij}) 或 $(a_{ij})_{m \times n}$。

行数与列数相等且等于 n 的矩阵 $\boldsymbol{A}$ 称为 n 阶方阵,记作 $\boldsymbol{A}_n$。

只有一行的矩阵 $\boldsymbol{A} = (a_1, a_2, \cdots, a_n)$ 称为行矩阵,又称行向量;只有一列的矩阵 $\boldsymbol{B} = \begin{pmatrix} b_1 \\ b_2 \\ \vdots \\ b_n \end{pmatrix}$ 称为列矩阵,又称列向量。

两个矩阵的行数、列数均相等,则称它们是同型矩阵。

设 $\boldsymbol{A} = (a_{ij})$ 与 $\boldsymbol{B} = (b_{ij})$ 是同型矩阵,若 $a_{ij} = b_{ij}(i,j=1,2,\cdots,n)$,则称矩阵 $\boldsymbol{A}$ 与 $\boldsymbol{B}$ 相等,记作 $\boldsymbol{A} = \boldsymbol{B}$。

元素都是零的矩阵称为零矩阵,记作 $\boldsymbol{O}$。注意,不同型的零矩阵是不同的。

主对角线上元素分别为 $\lambda_1, \lambda_2, \cdots, \lambda_n$,其他元素都是零的 n 阶方阵

$$\boldsymbol{\Lambda} = \begin{pmatrix} \lambda_1 & & & \\ & \lambda_2 & & \\ & & \ddots & \\ & & & \lambda_n \end{pmatrix}$$

称为 n 阶对角矩阵,对角矩阵也记作 $\boldsymbol{\Lambda} = \mathrm{diag}(\lambda_1, \lambda_2, \cdots, \lambda_n)$。

主对角线上的元素都是 1,其他元素都是 0 的 n 阶方阵

$$\boldsymbol{E} = \begin{pmatrix} 1 & 0 & \cdots & 0 \\ 0 & 1 & \cdots & 0 \\ \vdots & \vdots & & \vdots \\ 0 & 0 & \cdots & 1 \end{pmatrix}$$

称为 n 阶单位矩阵,简称单位阵。

(二)矩阵的运算

1. 矩阵的加法

设有两个 $m \times n$ 矩阵 $\boldsymbol{A} = (a_{ij})$ 和 $\boldsymbol{B} = (b_{ij})$,则矩阵 $\boldsymbol{A}$ 与 $\boldsymbol{B}$ 的和记作 $\boldsymbol{A} + \boldsymbol{B}$,规定为:

$$\boldsymbol{A} + \boldsymbol{B} = \begin{pmatrix} a_{11}+b_{11} & a_{12}+b_{12} & \cdots & a_{1n}+b_{1n} \\ a_{21}+b_{21} & a_{22}+b_{22} & \cdots & a_{2n}+b_{2n} \\ \vdots & \vdots & & \vdots \\ a_{m1}+b_{m1} & a_{m2}+b_{m2} & \cdots & a_{mn}+b_{mn} \end{pmatrix}$$

注意,只有当两个矩阵是同型矩阵时,这两个矩阵才能进行加法运算。

矩阵加法满足下列运算规律（设 A、B、C 都是 $m\times n$ 矩阵）：
(1) $A+B=B+A$
(2) $(A+B)+C=A+(B+C)$
(3) $A-B=A+(-B)$
(4) $A-A=0$

2. 数与矩阵相乘

数 λ 与矩阵 A 的乘积记作 λA 或 $A\lambda$，规定为：

$$\lambda A = A\lambda = \begin{pmatrix} \lambda a_{11} & \lambda a_{12} & \cdots & \lambda a_{1n} \\ \lambda a_{21} & \lambda a_{22} & \cdots & \lambda a_{2n} \\ \vdots & \vdots & & \vdots \\ \lambda a_{m1} & \lambda a_{m2} & \cdots & \lambda a_{mn} \end{pmatrix}$$

数乘矩阵满足下列运算规律（设 A、B 为 $m\times n$ 矩阵，λ、μ 为数）：
(1) $(\lambda\mu)A = \lambda(\mu A)$；
(2) $(\lambda+\mu)A = \lambda A + \mu A$；
(3) $\lambda(A+B) = \lambda A + \lambda B$。

矩阵加法、数乘矩阵统称为矩阵的线性运算。

3. 矩阵与矩阵相乘

$$A_{m\times s}B_{s\times n} = \begin{pmatrix} a_{11} & \cdots & a_{1s} \\ a_{21} & \cdots & a_{2s} \\ \vdots & & \vdots \\ a_{m1} & \cdots & a_{ms} \end{pmatrix} \begin{pmatrix} b_{11} & \cdots & b_{1n} \\ b_{21} & \cdots & b_{2n} \\ \vdots & & \vdots \\ b_{s1} & \cdots & b_{sn} \end{pmatrix} = \begin{pmatrix} c_{11} & \cdots & c_{1n} \\ c_{21} & \cdots & c_{2n} \\ \vdots & & \vdots \\ c_{m1} & \cdots & c_{mn} \end{pmatrix} = C_{m\times n}$$

其中，$c_{ij} = a_{i1}b_{1j} + a_{i2}b_{2j} + \cdots + a_{is}b_{sj} = \sum_{k=1}^{s} a_{ik}b_{kj}$ ($i=1,2,\cdots,m$；$j=1,2,\cdots,n$)。可知，(i, j) 元 c_{ij} 就是 A 的第 i 行与 B 的第 j 列的乘积。

注意，只有当第一个矩阵（左矩阵）的列数等于第二个矩阵（右矩阵）的行数时，两个矩阵才能相乘。

(1) 假设运算都是可行的，矩阵与矩阵相乘满足下述运算规律：
1) $(AB)C = A(BC)$
2) $\lambda(AB) = (\lambda A)B = A(\lambda B)$（其中 λ 为数）
3) $A(A+C) = AB + AC$，$(B+C)A = BA + CA$
4) $EA = AE = A$（即 E 在矩阵乘法中的作用类似数 1）

此外，应注意的是：
1) 矩阵的乘法不满足交换律，即在一般情况下，$AB \neq BA$。
2) 若有两个矩阵 A、B 满足 $AB=0$，不能得出 $A=0$ 或 $B=0$；若 $A\neq 0$，而 $A(X-Y)=0$，也不能得出 $X=Y$。
3) 两个 n 阶方阵 A、B，若 $AB=BA$，则称方阵 A 与 B 是可交换的。

(2) 矩阵的幂

设 A 是 n 阶方阵，定义：

$$A^1 = A, \quad A^2 = A^1 A^1, \quad \cdots, \quad A^{k+1} = A^k A^1 (k \text{ 为正整数})$$

矩阵的幂的运算规律为：

$$A^k A^l = A^{k+l}, \quad (A^k)^l = A^{kl}$$

注意，一般情况，$(AB)^k \neq A^k B^k$，但当 A 与 B 可交换时，才有 $(AB)^k = A^k B^k$。类似可知，一般情况，$(A+B)^2 \neq A^2 + 2AB + B^2$，$(A-B)(A+B) \neq A^2 - B^2$，但当 A 与 B 可交换时，才有 $(A+B)^2 = A^2 + 2AB + B^2$，$(A-B)(A+B) = A^2 - B^2$。

4. 矩阵的转置

把矩阵 A 的行换成同序数的列得到一个新矩阵，称为 A 的转置矩阵，记作 A^T。例如矩阵

$$A = \begin{pmatrix} 4 & 2 & 0 \\ 3 & -1 & 1 \end{pmatrix} \quad B = \begin{pmatrix} 2 & 5 & 1 \\ 5 & 3 & 6 \\ 1 & 6 & 4 \end{pmatrix}$$

其转置矩阵分别为：

$$A^T = \begin{pmatrix} 4 & 3 \\ 2 & -1 \\ 0 & 1 \end{pmatrix} \quad B^T = \begin{pmatrix} 2 & 5 & 1 \\ 5 & 3 & 6 \\ 1 & 6 & 4 \end{pmatrix}$$

矩阵的转置也是一种运算，满足下述运算规律（假设运算都是可行的）：

(1) $(A^T)^T = A$

(2) $(A+B)^T = A^T + B^T$

(3) $(\lambda A)^T = \lambda A^T$

(4) $(AB)^T = B^T A^T$

设 A 为 n 阶方阵，如果满足 $A^T = A$，即：

$$a_{ij} = a_{ji} (i, j = 1, 2, \cdots, n)$$

则 A 称为对称矩阵，简称对称阵。对称矩阵的特点是：它的元素以对角线为对称轴对应相等。例如上面的矩阵 B，$B = B^T$，故 B 为对称矩阵。

若 n 阶方阵 A 满足 $A = -A^T$，则称 A 为反对称矩阵。

5. 方阵的行列式

由 n 阶方阵 A 的元素所构成的行列式（各元素的位置不变），称为方阵 A 的行列式，记作 $\det A$ 或 $|A|$。

注意，方阵与行列式是两个不同的概念，n 阶方阵是 n^2 个数按一定方式排成的数表，而 n 阶行列式则是这些数（也就是数表 A）按一定的运算法则所确定的一个数。

由 A 确定 $|A|$ 的这个运算满足下述运算规律（设 A、B 为 n 阶方阵，λ 为数）：

(1) $|A^T| = |A|$

(2) $|\lambda A| = \lambda^n |A|$

(3) $|AB| = |A||B| = |BA|$

6. 逆矩阵

对于 n 阶方阵 A，如果有一个 n 阶方阵 B，使

$$AB = BA = E$$

则称矩阵 A 是可逆的，并把矩阵 B 称为 A 的逆矩阵，简称逆阵。

如果矩阵 A 是可逆的,那么 A 的逆矩阵是唯一的。A 的逆矩阵记作 A^{-1},即若 $AB=BA=E$,则 $B=A^{-1}$。

引入逆矩阵的目的是利用倒数,将对矩阵的除法转化为乘法,即乘积的形式。

(1) 若矩阵 A 可逆,则 $|A| \neq 0$

当 $|A|=0$ 时,称 A 为奇异矩阵,否则称 A 为非奇异矩阵。A 是可逆矩阵的充分必要条件是 $|A| \neq 0$,即可逆矩阵就是非奇异矩阵。

(2) 若 A 可逆,则:$|A^{-1}| = \dfrac{1}{|A|}$。

这是因为 $AA^{-1}=E$,则 $|AA^{-1}|=|A||A^{-1}|=|E|=1$,即 $|A^{-1}|=\dfrac{1}{|A|}$。

(3) 逆矩阵满足下述运算规律

1) 若 A 可逆,则 A^{-1} 可逆,且 $(A^{-1})^{-1}=A$;

2) 若 A 可逆,数 $\lambda \neq 0$,则 λA 可逆,且 $(\lambda A)^{-1}=\dfrac{1}{\lambda}A^{-1}$;

3) 若 A、B 为同阶矩阵且均可逆,则 AB 可逆,且 $(AB)^{-1}=B^{-1}A^{-1}$;

4) 若 A 可逆,则 A^T 也可逆,且 $(A^T)^{-1}=(A^{-1})^T$。

当 A 可逆时,可定义 $A^0=E$,$A^{-k}=(A^{-1})^k$。

【例 1-7-3】(历年真题)设 A 和 B 都是 n 阶方阵,已知:$|A|=2$,$|B|=3$,则 $|BA^{-1}|$ 等于:

A. $\dfrac{2}{3}$ B. $\dfrac{3}{2}$ C. 6 D. 5

【解答】$|BA^{-1}|=|B||A^{-1}|=|B|\dfrac{1}{|A|}=3 \times \dfrac{1}{2}=\dfrac{3}{2}$

应选 B 项。

【例 1-7-4】设 A 为 3 阶矩阵,且 $|A|=2$,则 $\left|\dfrac{1}{2}A\right|$ 为:

A. $\dfrac{1}{8}$ B. $\dfrac{1}{4}$ C. $\dfrac{1}{2}$ D. 1

【解答】$\left|\dfrac{1}{2}A\right|=\left(\dfrac{1}{2}\right)^3|A|=\left(\dfrac{1}{2}\right)^3 \times 2=\dfrac{1}{4}$,应选 B 项。

【例 1-7-5】(历年真题)设 A、B 均为三阶矩阵,且行列式 $|A|=1$,$|B|=-2$,A^T 为 A 的转置矩阵,则行列式 $|-2A^TB^{-1}|$ 等于:

A. -1 B. 1 C. -4 D. 4

【解答】$|-2A^TB^{-1}|=(-2)^3|A^TB^{-1}|=(-2)^3|A^T||B^{-1}|=(-8)|A|\dfrac{1}{|B|}=(-8) \times 1 \times \dfrac{1}{(-2)}=4$

应选 D 项。

(4) 伴随矩阵

行列式 $|A|$ 的各个元素的代数余子式 A_{ij} 所构成的如下的矩阵:

$$A^* = \begin{pmatrix} A_{11} & A_{21} & \cdots & A_{n1} \\ A_{12} & A_{22} & \cdots & A_{n2} \\ \vdots & \vdots & & \vdots \\ A_{1n} & A_{2n} & \cdots & A_{nn} \end{pmatrix}$$

称为矩阵 A 的伴随矩阵（简称伴随阵），且 $AA^* = A^*A = |A|E$。

若 $|A| \neq 0$，则矩阵 A 可逆，且

$$A^{-1} = \frac{1}{|A|} A^*$$

（5）正交矩阵

n 阶矩阵 A 满足 $A^T A = E$（或 $AA^T = E$），则称 A 为正交矩阵。

显然，单位矩阵 E 是正交矩阵。例如矩阵

$$P = \begin{pmatrix} -\frac{2}{\sqrt{6}} & \frac{1}{\sqrt{3}} & 0 \\ \frac{1}{\sqrt{6}} & \frac{1}{\sqrt{3}} & \frac{1}{\sqrt{2}} \\ \frac{1}{\sqrt{6}} & \frac{1}{\sqrt{3}} & -\frac{1}{\sqrt{2}} \end{pmatrix}$$

也是正交矩阵。

若 A 是正交矩阵，则 A 可逆，且 $A^{-1} = A^T$。

显然，当 A 为正交矩阵时，A^T 也是正交矩阵，由 $|A|^2 = |A^T| |A| = |A^T A| = |E| = 1$，可知，$|A| = \pm 1$。

7. 克拉默法则

含有 n 个未知数 $x_1, x_2, \cdots, x_n$ 的 n 个线性方程的方程组

$$\begin{cases} a_{11}x_1 + a_{12}x_2 + \cdots + a_{1n}x_n = b_1 \\ a_{21}x_1 + a_{22}x_2 + \cdots + a_{2n}x_n = b_2 \\ \cdots\cdots \\ a_{n1}x_1 + a_{n2}x_2 + \cdots + a_{nn}x_n = b_n \end{cases}$$，用矩阵记为 $Ax = b$

如果线性方程组 $Ax = b$ 的系数矩形 A 的行列式不等于零，即：

$$|A| = \begin{vmatrix} a_{11} & \cdots & a_{1n} \\ \vdots & & \vdots \\ a_{n1} & \cdots & a_{nn} \end{vmatrix} \neq 0$$

则方程组 $Ax = b$ 有唯一解，即：

$$x_1 = \frac{|A_1|}{|A|}, \; x_2 = \frac{|A_2|}{|A|}, \; \cdots, \; x_n = \frac{|A_n|}{|A|}$$

其中，$A_j (j = 1, 2, \cdots, n)$ 是把系数矩阵 A 中第 j 列的元素用方程组右端的常数项代替后所得到的 n 阶矩阵。

【例 1-7-6】（历年真题）若 n 阶方阵 A 满足 $|A| = b (b \neq 0, n \geq 2)$，而 A^* 是 A 的伴随矩阵，则行列式 $|A^*|$ 等于：

A. b^n　　　　　　B. b^{n-1}　　　　　　C. b^{n-2}　　　　　　D. b^{n-3}

【解答】$A^{-1} = \frac{1}{|A|}A^*$，$A^* = |A|A^{-1}$，$n$ 阶方阵，将 $|A|$ 视为一个数，则：

$|A^*| = |A|^n|A^{-1}| = |A|^n\frac{1}{|A|} = |A|^{n-1} = b^{n-1}$，应选 B 项。

【例 1-7-7】（历年真题）设 A、B 为三阶方阵，且行列式 $|A| = -\frac{1}{2}$，$|B| = 2$，A^* 是 A 的伴随矩阵，则行列式 $|2A^*B^{-1}|$ 等于：

A. 1　　　　　　　B. -1　　　　　　　C. 2　　　　　　　D. -2

【解答】三阶方阵，$A^* = |A|A^{-1}$，将 $|A|$ 视为一个数，则：$|A^*| = |A|^3|A^{-1}| = |A|^3\frac{1}{|A|} = |A|^2$；$|2A^*B^{-1}| = 2^3|A^*||B^{-1}| = 8|A|^2\frac{1}{|B|} = 8\times\left(-\frac{1}{2}\right)^2\times\frac{1}{2} = 1$

应选 A 项。

【例 1-7-8】设 A 为 3 阶矩阵，且 $|A| = \frac{1}{2}$，则 $\left|\frac{1}{2}A^{-1} + 7A^*\right|$ 等于：

A. 256　　　　　　B. 128　　　　　　C. 32　　　　　　D. 16

【解答】$A^{-1} = \frac{1}{|A|}A^*$，$A^* = |A|A^{-1} = \frac{1}{2}A^{-1}$

$\left|\frac{1}{2}A^{-1} + 7A^*\right| = \left|\frac{1}{2}A^{-1} + 7\times\frac{1}{2}A^{-1}\right| = 4^3|A^{-1}| = 4^3\times\frac{1}{|A|} = 4^3\times 2 = 128$

应选 B 项。

【例 1-7-9】（历年真题）设 $A = \begin{pmatrix} 1 & 0 & 1 \\ 0 & 1 & 2 \\ -2 & 0 & -3 \end{pmatrix}$，则 $A^{-1} = $

A. $\begin{pmatrix} 3 & 0 & 1 \\ 4 & 1 & 2 \\ 2 & 0 & 1 \end{pmatrix}$　　　　　　　　　　B. $\begin{pmatrix} 3 & 0 & 1 \\ 4 & 1 & 2 \\ -2 & 0 & -1 \end{pmatrix}$

C. $\begin{pmatrix} -3 & 0 & -1 \\ 4 & 1 & 2 \\ -2 & 0 & -1 \end{pmatrix}$　　　　　　　D. $\begin{pmatrix} 3 & 0 & 1 \\ -4 & -1 & -2 \\ 2 & 0 & 1 \end{pmatrix}$

【解答】根据 $AA^{-1} = E$，采用验证法，A 项不满足。

B 项：$\begin{pmatrix} 1 & 0 & 1 \\ 0 & 1 & 2 \\ -2 & 0 & -3 \end{pmatrix}\begin{pmatrix} 3 & 0 & 1 \\ 4 & 1 & 2 \\ -2 & 0 & -1 \end{pmatrix} = \begin{pmatrix} 1 & 0 & 0 \\ 0 & 1 & 0 \\ 0 & 0 & 1 \end{pmatrix}$

应选 B 项。

（三）矩阵的初等变换

1. 下列三种变换称为矩阵的初等行（列）变换。

（1）对调两行（列）[记作 $r_i \leftrightarrow r_j (c_i \leftrightarrow c_j)$]；

（2）以数 $k \neq 0$ 乘某一行（列）中的所有元素[第 i 行（列）乘以 k，记作 $r_i \times k$ ($c_i \times k$)]；

(3) 把某行（列）所有元素的 k 倍加到另一行（列）对应的元素上去[第 j 行（列）的 k 倍加到第 i 行（列）上，记作 $r_i+kr_j (c_i+kc_j)$]。

矩阵的初等行变换与列变换统称初等变换，初等变换都是可逆的。

如果矩阵 A 经有限次初等行变换变成矩阵 B，就称矩阵 A 与 B 行等价，记作 $A \overset{r}{\sim} B$；如果矩阵 A 经有限次初等列变换变成矩阵 B，就称矩阵 A 与 B 列等价，记作 $A \overset{c}{\sim} B$；如果矩阵 A 经有限次初等变换变成矩阵 B，就称矩阵 A 与 B 等价，记作 $A \sim B$。

矩阵之间的等价关系具有下列性质：

(1) 反身性 $A \sim B$；

(2) 对称性 若 $A \sim B$，则 $B \sim A$；

(3) 传递性 若 $A \sim B$，$B \sim C$，则 $B \sim C$。

2. 行阶梯形矩阵、行最简形矩阵和标准形

例如矩阵 B 经过初等变换变为 B_1、B_2、F，即：

$$B=\begin{pmatrix} 2 & -1 & -1 & 1 & 2 \\ 1 & 1 & -2 & 1 & 4 \\ 4 & -6 & 2 & -2 & 4 \\ 3 & 6 & -9 & 7 & 9 \end{pmatrix} \sim \begin{pmatrix} 1 & 1 & -2 & 1 & 4 \\ 0 & 1 & -1 & 1 & 0 \\ 0 & 0 & 0 & 1 & -3 \\ 0 & 0 & 0 & 0 & 0 \end{pmatrix} = B_1$$

$$B_1 \xrightarrow[r_2-r_3]{r_1-r_2} \begin{pmatrix} 1 & 0 & -1 & 0 & 4 \\ 0 & 1 & -1 & 0 & 3 \\ 0 & 0 & 0 & 1 & -3 \\ 0 & 0 & 0 & 0 & 0 \end{pmatrix} = B_2, \quad B_2 \xrightarrow[c_5-4c_1-3c_2+3c_3]{\substack{c_3 \leftrightarrow c_4 \\ c_4+c_1+c_2}} \begin{pmatrix} 1 & 0 & 0 & 0 & 0 \\ 0 & 1 & 0 & 0 & 0 \\ 0 & 0 & 1 & 0 & 0 \\ 0 & 0 & 0 & 0 & 0 \end{pmatrix} = F$$

非零矩阵若满足：(1) 非零行在零行的上面；(2) 非零行的首非零元所在列在上一行（如果存在的话）的首非零元所在列的右面，则称此矩阵为行阶梯形矩阵。因此，B_1、B_2 都是行阶梯形矩阵。

进一步，若 A 是行阶梯形矩阵，并且还满足：(1) 非零行的首非零元为 1；(2) 首非零元所在的列的其他元均为 0，则称 A 为行最简形矩阵。因此，B_2 是行最简形矩阵。

矩阵 F 称为矩阵 B 的标准形，其特点是：F 的左上角是一个单位矩阵，其余元全为 0。

对于 $m \times n$ 矩阵 A，总可经过初等变换（行变换和列变换）把它化为标准形。

3. 初等矩阵

由单位矩阵 E 经过一次初等变换得到的矩阵称为初等矩阵。

三种初等变换对应有三种初等矩阵：

(1) 把单位矩阵中第 i、j 两行对换（或第 i、j 两列对换），得初等矩阵且记为 $E(i,j)$。

用 m 阶初等矩阵 $E_m(i,j)$ 左乘矩阵 $A=(a_{ij})_{m \times n}$，得初等矩阵且记为 $E_m(i,j)A$，其结果相当于对矩阵 A 施行第一种初等行变换：把 A 的第 i 行与第 j 行对换（$r_i \leftrightarrow r_j$）。类似地，以 n 阶初等矩阵 $E_n(i,j)$ 右乘矩阵 A，其结果相当于对矩阵 A 施行第一种初等列变换：把 A 的第 i 列与第 j 列对换（$c_i \leftrightarrow c_j$）。

(2) 以数 $k \neq 0$ 乘单位矩阵的第 i 行（或第 i 列），得初等矩阵，且记为 $E(i(k))$。

(3) 以 k 乘单位矩阵的第 j 行加到第 i 行上或以 k 乘单位矩阵的第 i 列加到第 j 列上，得初等矩阵且记为 $E(ij(k))$。

方阵 A 可逆的充分必要条件是 $A \sim E$。

$A_{m \times n} \sim B_{m \times n}$ 的充分必要条件是存在 m 阶可逆矩阵 P 和 n 阶可逆矩阵 Q，使 $PAQ = B$。

（四）矩阵的秩

在 $m \times n$ 矩阵 A 中，任取 k 行与 k 列 ($k \leqslant m$，$k \leqslant n$)，位于这些行列交叉处的 k^2 个元素，不改变它们在 A 中所处的位置次序而得的 k 阶行列式，称为矩阵 A 的 k 阶子式。

定义：设在矩阵 A 中有一个不等于 0 的 r 阶子式 D，且所有 $r+1$ 阶子式（如果存在的话）全等于 0，则 D 称为矩阵 A 的最高阶非零子式，数 r 称为矩阵 A 的秩，记作 $R(A)$。规定零矩阵的秩等于 0。

n 阶方阵 A，当 $|A| \neq 0$ 时，$R(A) = n$，即可逆矩阵的秩等于矩阵的阶数，故可逆矩阵又称满秩矩阵。

n 阶方阵 A，当 $|A| = 0$ 时，$R(A) < n$，即不可逆矩阵的秩小于矩阵的阶数，故不可逆矩阵又称降秩矩阵。

矩阵的初等变换作为一种运算，其意义在于它不改变矩阵的秩。

矩阵的秩的基本性质如下：

(1) $0 \leqslant R(A_{m \times n}) \leqslant \min\{m, n\}$

(2) $R(A^T) = R(A)$

(3) 若 $A \sim B$，则 $R(A) = R(B)$

(4) 若 P、Q 可逆，则 $R(PAQ) = R(A)$

(5) $R(A+B) \leqslant R(A) + R(B)$

(6) $R(AB) \leqslant \min\{R(A), R(B)\}$

(7) 若 $A_{m \times n} B_{n \times l} = 0$，则 $R(A) + R(B) \leqslant n$

(8) $\max\{R(A), R(B)\} \leqslant R(A, B) \leqslant R(A) + R(B)$

特别地，当 $B = b$ 为非零列向量时，有：$R(A) \leqslant R(A, b) \leqslant R(A) + 1$

对于一般的矩阵，当行数与列数较高时，按定义求矩阵的秩十分烦琐，因此，方便有效的方法是将矩阵化为行阶梯形矩阵，即秩等于非零行的行数。例如前面的举例矩阵 B，从 B_1 可知 $R(B) = 3$。

【例 1-7-10】（历年真题）已知矩阵 $A = \begin{bmatrix} 1 & 0 & 0 \\ 0 & 1 & 2 \\ 0 & 2 & 4 \end{bmatrix}$，则 A 的秩 $R(A)$ 等于：

A. 0　　　　　　B. 1　　　　　　C. 2　　　　　　D. 3

【解答】 $A = \begin{bmatrix} 1 & 0 & 0 \\ 0 & 1 & 2 \\ 0 & 2 & 4 \end{bmatrix} \xrightarrow{r_3 - 2r_2} \begin{bmatrix} 1 & 0 & 0 \\ 0 & 1 & 2 \\ 0 & 0 & 0 \end{bmatrix}$

故 $R(A) = 2$，应选 C 项。

【例 1-7-11】 设：$A = \begin{bmatrix} 1 & 2 & -1 & 1 \\ 3 & 2 & \lambda & -1 \\ 5 & 6 & 3 & \mu \end{bmatrix}$，已知 $R(A) = 2$，则 λ 与 μ 的值：

A. $\lambda=5$，$\mu=1$ B. $\lambda=-5$，$\mu=1$ C. $\lambda=5$，$\mu=-1$ D. $\lambda=-5$，$\mu=-1$

【解答】$A \xrightarrow[r_3-5r_1]{r_2-3r_1} \begin{pmatrix} 1 & 2 & -1 & 1 \\ 0 & -4 & \lambda+3 & -4 \\ 0 & -4 & 8 & \mu-5 \end{pmatrix} \xrightarrow{r_3-r_2} \begin{pmatrix} 1 & 2 & -1 & 1 \\ 0 & -4 & \lambda+3 & -4 \\ 0 & 0 & 5-\lambda & \mu-1 \end{pmatrix}$

因 $R(A)=2$，则：

$$\begin{cases} 5-\lambda=0 \\ \mu-1=0 \end{cases}，即 \begin{cases} \lambda=5 \\ \mu=1 \end{cases}$$

应选 A 项。

【例 1-7-12】（历年真题）设 A、B 是 n 阶矩阵，且 $B \neq 0$，满足 $AB=0$，则以下选项中，错误的是：

A. $R(A)+R(B) \leqslant n$ B. $|A|=0$ 或 $|B|=0$

C. $0 \leqslant R(A) < n$ D. $A=0$

【解答】由于 $B \neq 0$，$AB=0$，则 A 不一定为零，故 D 项错误，应选 D 项。

此外，A 项：$AB=0$，则：$R(A)+R(B) \leqslant n$，正确。

B 项：$AB=0$，则：$|AB|=|A||B|=0$，$|A|=0$ 或 $|B|=0$，正确。

C 项：$0 \leqslant R(A) \leqslant R(A)+R(B) \leqslant n$，正确。

【例 1-7-13】已知矩阵 $A = \begin{pmatrix} 1+\lambda & 1 & 1 \\ 0 & 1+\lambda & 1 \\ 0 & 0 & 1+\lambda \end{pmatrix}$，其秩 $R(A)=3$，λ 取值为：

A. $\lambda=-3$ 且 $\lambda=0$ B. $\lambda=-3$ 或 $\lambda=0$

C. $\lambda \neq -3$ 且 $\lambda \neq 0$ D. $\lambda \neq -3$ 或 $\lambda \neq 0$

【解答】已知矩阵 A 为方阵，则：$|A| \neq 0$ 时，$R(A)=3$

$|A| \xrightarrow{r_1+r_2} \begin{vmatrix} 2+\lambda & 2+\lambda & 2 \\ 1 & 1+\lambda & 1 \\ 1 & 1 & 1+\lambda \end{vmatrix} \xrightarrow{r_1+r_3} \begin{vmatrix} \lambda+3 & \lambda+3 & \lambda+3 \\ 1 & 1+\lambda & 1 \\ 1 & 1 & 1+\lambda \end{vmatrix}$

$= (\lambda+3) \begin{vmatrix} 1 & 1 & 1 \\ 1 & 1+\lambda & 1 \\ 1 & 1 & 1+\lambda \end{vmatrix} = (3+\lambda) \begin{vmatrix} 1 & 1 & 1 \\ 0 & \lambda & 0 \\ 0 & 0 & \lambda \end{vmatrix}$

$= (3+\lambda) \times 1 \times \lambda \times \lambda = (3+\lambda)\lambda^2 \neq 0$

则：$\lambda \neq -3$ 且 $\lambda \neq 0$，应选 C 项。

三、向量

(一) n 维向量与向量组

n 个有次序的数 a_1，a_2，$\cdots$，a_n 所组成的数组称为 n 维向量，这 n 个数称为该向量的 n 个分量，第 i 个数 a_i 称为第 i 个分量。

n 维向量可写成一行，也可写成一列，分别称为行向量和列向量，也就是行矩阵和列矩阵，并规定行向量与列向量都按矩阵的运算规则进行运算。因此，n 维列向量

$$a = \begin{pmatrix} a_1 \\ a_2 \\ \vdots \\ a_n \end{pmatrix}$$

与 n 维行向量

$$a^T = (a_1, a_2, \cdots, a_n)$$

总看作是两个不同的向量。在本节中，列向量用黑体小写字母 a、b、α、β 等表示，行向量则用 a^T、b^T、α^T、β^T 等表示。

分量都是0的向量，称为零向量，记为 0，即 $0 = (0, 0, \cdots, 0)^T$；维数不同的零向量是不相等的。

若干个同维数的列向量（或同维数的行向量）所组成的集合称为向量组。例如一个 $m \times n$ 矩阵的全体列向量是一个含 n 个 m 维列向量的向量组，它的全体行向量是一个含 m 个 n 维列向量的向量组。

m 个 n 维列向量所组成的向量组 $A: a_1, a_2, \cdots, a_m$ 构成一个 $n \times m$ 矩阵

$$A = (a_1, a_2, \cdots, a_m)$$

m 个 n 维行向量所组成的向量组 $B: \beta_1^T, \beta_2^T, \cdots, \beta_m^T$，构成一个 $m \times n$ 矩阵

$$B = \begin{pmatrix} \beta_1^T \\ \beta_2^T \\ \vdots \\ \beta_m^T \end{pmatrix}$$

（二）向量的线性表示

定义：给定向量组 $A: a_1, a_2, \cdots, a_m$，对于任何一组实数 $k_1, k_2, \cdots, k_m$，表达式：

$$k_1 a_1 + k_2 a_2 + \cdots + k_m a_m$$

称为向量组 A 的一个线性组合，$k_1, k_2, \cdots, k_m$ 称为这个线性组合的系数。

给定向量组 $A: a_1, a_2, \cdots, a_m$ 和向量 b，如果存在一组数 $\lambda_1, \lambda_2, \cdots, \lambda_m$，使

$$b = \lambda_1 a_1 + \lambda_2 a_2 + \cdots + \lambda_m a_m$$

则向量 b 是向量组 A 的线性组合，这时称向量 b 能由向量组 A 线性表示。

向量 b 能由向量组 A 线性表示，也就是方程组 $x_1 a_1 + x_2 a_2 + \cdots + x_m a_m = b$ 有解，两者的说法等价。

定义：设有两个向量组 $A: a_1, a_2, \cdots, a_m$ 及 $B: b_1, b_2, \cdots, b_l$，若 B 组中的每个向量都能由向量组 A 线性表示，则称向量组 B 能由向量组 A 线性表示。若向量组 A 与向量组 B 能相互线性表示，则称这两个向量组等价。

等价的线性无关的向量组所含向量个数相等。

（三）向量组的线性相关性

定义：给定向量组 $A: a_1, a_2, \cdots, a_m$，如果存在不全为零的数 $k_1, k_2, \cdots, k_m$，使

$$k_1 a_1 + k_2 a_2 + \cdots + k_m a_m = 0$$

则称向量组 A 是线性相关的，否则称它线性无关。

向量组 $A: a_1, a_2, \cdots, a_m (m \geq 2)$ 线性相关，也就是在向量组 A 中至少有一个向量能由

其余 $m-1$ 个向量线性表示。

向量组的线性相关与线性无关的概念也可移用于线性方程组。当方程组中有某个方程是其余方程的线性组合时，这个方程就是多余的，这时称方程组（各个方程）是线性相关的；当方程组中没有多余方程，就称该方程组（各个方程）线性无关。

向量组 $\boldsymbol{A}:\boldsymbol{a}_1,\boldsymbol{a}_2,\cdots,\boldsymbol{a}_m$ 构成矩阵 $\boldsymbol{A}=(\boldsymbol{a}_1,\boldsymbol{a}_2,\cdots,\boldsymbol{a}_m)$，当向量组 $\boldsymbol{A}$ 线性相关时，就是齐次线性方程组 $x_1\boldsymbol{a}_1+x_2\boldsymbol{a}_2+\cdots+x_m\boldsymbol{a}_m=\boldsymbol{0}$，即 $\boldsymbol{Ax}=\boldsymbol{0}$ 有非零解。当向量组 $\boldsymbol{A}$ 线性无关时，就是 $\boldsymbol{Ax}=\boldsymbol{0}$ 只有零解。

根据线性相关的定义，可得到下述结论：
(1) 含有零向量的向量组一定线性相关。
(2) n 维单位坐标向量 $\boldsymbol{e}_1=(1,0,0,\cdots,0)$，$\boldsymbol{e}_2=(0,1,0,\cdots,0)$，$\cdots$，$\boldsymbol{e}_n=(0,\cdots,0,1)$ 组成的向量组 $\boldsymbol{E}:\boldsymbol{e}_1,\boldsymbol{e}_2,\cdots,\boldsymbol{e}_n$ 是线性无关的。

定理 1 向量组 $\boldsymbol{A}:\boldsymbol{a}_1,\boldsymbol{a}_2,\cdots,\boldsymbol{a}_m$ 线性相关的充分必要条件是它所构成的矩阵 $\boldsymbol{A}=(\boldsymbol{a}_1,\boldsymbol{a}_2,\cdots,\boldsymbol{a}_m)$ 的秩小于向量个数 m，即 $R(\boldsymbol{A})<m$；向量组 $\boldsymbol{A}$ 线性无关的充分必要条件是 $R(\boldsymbol{A})=m$。

定理 2 (1) 若向量组 $\boldsymbol{A}:\boldsymbol{a}_1,\cdots,\boldsymbol{a}_m$ 线性相关，则向量组 $\boldsymbol{B}:\boldsymbol{a}_1,\cdots,\boldsymbol{a}_m,\boldsymbol{a}_{m+1}$ 也线性相关。反之，若向量组 $\boldsymbol{B}$ 线性无关，则向量组 $\boldsymbol{A}$ 也线性无关。

(2) m 个 n 维向量组成的向量组，当维数 n 小于向量个数 m 时一定线性相关。特别地 $n+1$ 个 n 维向量一定线性相关。

(3) 设向量组 $\boldsymbol{A}:\boldsymbol{a}_1,\boldsymbol{a}_2,\cdots,\boldsymbol{a}_m$ 线性无关，而向量组 $\boldsymbol{B}:\boldsymbol{a}_1,\cdots,\boldsymbol{a}_m,\boldsymbol{b}$ 线性相关，则向量 $\boldsymbol{b}$ 必能由向量组 $\boldsymbol{A}$ 线性表示，且表示式是唯一的。

根据定理 1，可推知：

n 个 n 维向量 $\boldsymbol{a}_i=(a_{i1},a_{i2},\cdots,a_{in})(i=1,2,\cdots,n)$ 组成的向量组 $\boldsymbol{A}$，其线性相关的充分必要条件是它构成的矩阵 $\boldsymbol{A}=(\boldsymbol{a}_1,\boldsymbol{a}_2,\cdots,\boldsymbol{a}_n)$ 的行列式 $|\boldsymbol{A}|=0$，即：

$$\begin{vmatrix} a_{11} & a_{12} & \cdots & a_{1n} \\ a_{21} & a_{22} & \cdots & a_{2n} \\ \vdots & \vdots & & \vdots \\ a_{n1} & a_{n2} & \cdots & a_{nn} \end{vmatrix}=0$$

向量组 $\boldsymbol{A}$ 线性无关的充分必要条件是 $|\boldsymbol{A}|\neq 0$。

【例 1-7-14】（历年真题）设 $\boldsymbol{\alpha}$、$\boldsymbol{\beta}$、$\boldsymbol{\gamma}$、$\boldsymbol{\delta}$ 是 n 维向量，已知 $\boldsymbol{\alpha}$、$\boldsymbol{\beta}$ 线性无关，$\boldsymbol{\gamma}$ 可以由 $\boldsymbol{\alpha}$、$\boldsymbol{\beta}$ 线性表示，$\boldsymbol{\delta}$ 不能由 $\boldsymbol{\alpha}$、$\boldsymbol{\beta}$ 线性表示，则以下选项中正确的是：

A. $\boldsymbol{\alpha}$、$\boldsymbol{\beta}$、$\boldsymbol{\gamma}$、$\boldsymbol{\delta}$ 线性无关　　　B. $\boldsymbol{\alpha}$、$\boldsymbol{\beta}$、$\boldsymbol{\gamma}$ 线性无关
C. $\boldsymbol{\alpha}$、$\boldsymbol{\beta}$、$\boldsymbol{\delta}$ 线性相关　　　D. $\boldsymbol{\alpha}$、$\boldsymbol{\beta}$、$\boldsymbol{\delta}$ 线性无关

【解答】 $\boldsymbol{\gamma}$ 可以由 $\boldsymbol{\alpha}$、$\boldsymbol{\beta}$ 线性表示，则 $\boldsymbol{\alpha}$、$\boldsymbol{\beta}$、$\boldsymbol{\gamma}$ 线性相关，B 项错误；$\boldsymbol{\delta}$ 不能由 $\boldsymbol{\alpha}$、$\boldsymbol{\beta}$ 线性表示，则 $\boldsymbol{\alpha}$、$\boldsymbol{\beta}$、$\boldsymbol{\delta}$ 线性无关，D 项正确，应选 D 项。

【例 1-7-15】（历年真题）设 $\boldsymbol{\alpha}_1$、$\boldsymbol{\alpha}_2$、$\boldsymbol{\alpha}_3$、$\boldsymbol{\beta}$ 为 n 维向量组，已知 $\boldsymbol{\alpha}_1$、$\boldsymbol{\alpha}_2$、$\boldsymbol{\beta}$ 线性相关，$\boldsymbol{\alpha}_2$、$\boldsymbol{\alpha}_3$、$\boldsymbol{\beta}$ 线性无关，则下列结论中正确的是：

A. $\boldsymbol{\beta}$ 必可用 $\boldsymbol{\alpha}_1$、$\boldsymbol{\alpha}_2$ 线性表示　　　B. $\boldsymbol{\alpha}_1$ 必可用 $\boldsymbol{\alpha}_2$、$\boldsymbol{\alpha}_3$、$\boldsymbol{\beta}$ 线性表示
C. $\boldsymbol{\alpha}_1$、$\boldsymbol{\alpha}_2$、$\boldsymbol{\alpha}_3$ 必线性无关　　　D. $\boldsymbol{\alpha}_1$、$\boldsymbol{\alpha}_2$、$\boldsymbol{\alpha}_3$ 必线性相关

【解答】 根据定理 2(1)，$\boldsymbol{\alpha}_1$、$\boldsymbol{\alpha}_2$、$\boldsymbol{\beta}$ 线性相关，则 $\boldsymbol{\alpha}_1$、$\boldsymbol{\alpha}_2$、$\boldsymbol{\beta}$、$\boldsymbol{\alpha}_3$ 也线性相关。

由定理 2(3)，由于 $\boldsymbol{\alpha}_2$、$\boldsymbol{\alpha}_3$、$\boldsymbol{\beta}$ 线性无关，则 $\boldsymbol{\alpha}_1$ 必可用 $\boldsymbol{\alpha}_2$、$\boldsymbol{\alpha}_3$、$\boldsymbol{\beta}$ 线性表示。
应选 B 项。

【例 1-7-16】已知向量组 $\boldsymbol{\alpha}_1$、$\boldsymbol{\alpha}_2$、$\boldsymbol{\alpha}_3$、$\boldsymbol{\alpha}_4$ 线性无关，则向量组：
A. $\boldsymbol{\alpha}_1+\boldsymbol{\alpha}_2$，$\boldsymbol{\alpha}_2+\boldsymbol{\alpha}_3$，$\boldsymbol{\alpha}_3+\boldsymbol{\alpha}_4$，$\boldsymbol{\alpha}_4+\boldsymbol{\alpha}_1$ 线性无关
B. $\boldsymbol{\alpha}_1-\boldsymbol{\alpha}_2$，$\boldsymbol{\alpha}_2-\boldsymbol{\alpha}_3$，$\boldsymbol{\alpha}_3-\boldsymbol{\alpha}_4$，$\boldsymbol{\alpha}_4-\boldsymbol{\alpha}_1$ 线性无关
C. $\boldsymbol{\alpha}_1+\boldsymbol{\alpha}_2$，$\boldsymbol{\alpha}_2+\boldsymbol{\alpha}_3$，$\boldsymbol{\alpha}_3+\boldsymbol{\alpha}_4$，$\boldsymbol{\alpha}_4-\boldsymbol{\alpha}_1$ 线性无关
D. $\boldsymbol{\alpha}_1+\boldsymbol{\alpha}_2$，$\boldsymbol{\alpha}_2+\boldsymbol{\alpha}_3$，$\boldsymbol{\alpha}_3-\boldsymbol{\alpha}_4$，$\boldsymbol{\alpha}_4-\boldsymbol{\alpha}_1$ 线性无关

【解】若存在 k_1、k_2、k_3、k_4 使 $k_1(\boldsymbol{\alpha}_1+\boldsymbol{\alpha}_2)+k_2(\boldsymbol{\alpha}_2+\boldsymbol{\alpha}_3)+k_3(\boldsymbol{\alpha}_3+\boldsymbol{\alpha}_4)+k_4(\boldsymbol{\alpha}_4-\boldsymbol{\alpha}_1)=0$
即 $(k_1-k_4)\boldsymbol{\alpha}_1+(k_1+k_2)\boldsymbol{\alpha}_2+(k_2+k_3)\boldsymbol{\alpha}_3+(k_3+k_4)\boldsymbol{\alpha}_4=0$
因 $\boldsymbol{\alpha}_1$、$\boldsymbol{\alpha}_2$、$\boldsymbol{\alpha}_3$、$\boldsymbol{\alpha}_4$ 线性无关，故有 $k_1-k_4=k_1+k_2=k_2+k_3=k_3+k_4=0$
此方程组只有零解，即 $k_1=k_2=k_3=k_4=0$，应选 C 项。

【例 1-7-17】（历年真题）若使向量组 $\boldsymbol{\alpha}_1=(6,t,7)^{\mathrm{T}}$，$\boldsymbol{\alpha}_2=(4,2,2)^{\mathrm{T}}$，$\boldsymbol{\alpha}_3=(4,1,0)^{\mathrm{T}}$ 线性相关，则 t 等于：
A. -5 B. 5   C. -2 D. 2

【解答】$\boldsymbol{\alpha}_1$、$\boldsymbol{\alpha}_2$、$\boldsymbol{\alpha}_3$ 构成的矩阵 $\boldsymbol{A}$，令 $|\boldsymbol{A}|=0$，则 $\boldsymbol{\alpha}_1$、$\boldsymbol{\alpha}_2$、$\boldsymbol{\alpha}_3$ 线性相关：

$$|\boldsymbol{A}|=\begin{vmatrix} 6 & 4 & 4 \\ t & 2 & 1 \\ 7 & 2 & 0 \end{vmatrix}=4\times(-1)^{1+3}\begin{vmatrix} t & 2 \\ 7 & 2 \end{vmatrix}+1\times(-1)^{2+3}\begin{vmatrix} 6 & 4 \\ 7 & 2 \end{vmatrix}+0$$
$$=4\times(2t-14)+(-1)\times(12-28)=0$$

可得：$t=5$，应选 B 项。

（四）最大线性无关组与向量组的秩

定义：设有向量组 $\boldsymbol{A}$，如果在 $\boldsymbol{A}$ 中能选出 r 个向量 $\boldsymbol{a}_1$，$\boldsymbol{a}_2$，$\cdots$，$\boldsymbol{a}_r$，满足：
(1) 向量组 $\boldsymbol{A}_0:\boldsymbol{a}_1$，$\boldsymbol{a}_2$，$\cdots$，$\boldsymbol{a}_r$ 线性无关；
(2) 向量组 $\boldsymbol{A}$ 中任意 $r+1$ 个向量（如果 $\boldsymbol{A}$ 中有 $r+1$ 个向量的话）都线性相关，则称向量组 $\boldsymbol{A}_0$ 是向量组 $\boldsymbol{A}$ 的一个最大线性无关向量组（简称最大无关组），也称极大线性无关向量组。最大无关组所含向量个数 r 称为向量组 $\boldsymbol{A}$ 的秩，记作 R_A 或 $R(\boldsymbol{a}_1,\boldsymbol{a}_2,\cdots,\boldsymbol{a}_n)$。

只含零向量的向量组没有最大无关组，规定它的秩为 0。

若向量组 $\boldsymbol{A}$ 线性无关，则 $\boldsymbol{A}$ 自身就是它的最大无关组，而其秩就等于它所含向量的个数。

向量组 $\boldsymbol{A}$ 和它自己的最大无关组 $\boldsymbol{A}_0$ 是等价的。

一个向量组的最大线性无关组尽管可能不唯一，但是这些最大线性无关组之间是等价的，根据前述等价的向量组的结论可知，这些最大线性无关组所含向量的个数是相同的，即向量组的秩是相同的。

矩阵的秩等于它的列向量组的秩，也等于它的行向量组的秩。

由此可知，求一个向量组的秩只需求该向量组构成的矩阵的秩即可，并且向量组的最大线性无关组也可以由此得到。

【例 1-7-18】（历年真题）已知向量组 $\boldsymbol{\alpha}_1=(3,2,-5)^{\mathrm{T}}$，$\boldsymbol{\alpha}_2=(3,-1,3)^{\mathrm{T}}$，$\boldsymbol{\alpha}_3=\left(1,-\dfrac{1}{3},1\right)^{\mathrm{T}}$，$\boldsymbol{\alpha}_4=(4,-2,6)^{\mathrm{T}}$，则该向量组的一个极大线性无关组是：

A. α_2, α_4 B. α_3, α_4 C. α_1, α_2 D. α_2, α_3

【解答】α_1、α_2、α_3、α_4 为列向量，作矩阵 A，进行初等变换：

$$A = \begin{pmatrix} 3 & 3 & 1 & 6 \\ 2 & -1 & -\frac{1}{3} & -2 \\ -5 & 3 & 1 & 6 \end{pmatrix} \xrightarrow{r_1 - r_3} \begin{pmatrix} 8 & 0 & 0 & 0 \\ 2 & -1 & -\frac{1}{3} & -2 \\ -5 & 3 & 1 & 6 \end{pmatrix} \xrightarrow{\frac{1}{8}r_1}$$

$$\begin{pmatrix} 1 & 0 & 0 & 0 \\ 2 & -1 & -\frac{1}{3} & -2 \\ -5 & 3 & 1 & 6 \end{pmatrix} \xrightarrow[r_3 + 5r_1]{r_2 - 2r_1} \begin{pmatrix} 1 & 0 & 0 & 0 \\ 2 & -1 & -\frac{1}{3} & -2 \\ 0 & 3 & 1 & 6 \end{pmatrix} \xrightarrow{r_3 + 3r_2}$$

$$\begin{pmatrix} 1 & 0 & 0 & 0 \\ 0 & -1 & -\frac{1}{3} & -2 \\ 0 & 0 & 0 & 0 \end{pmatrix}$$

可知，极大线性无关组可取，α_1、α_2，或 α_1、α_3，或 α_1、α_4，应选 C 项。

此外，也可以采用验证法，容易验证 α_2、α_4 是线性相关的（因为其分量对应成比例）；同理，α_3、α_4 也是线性相关的，α_2、α_3 也是线性相关的。

四、线性方程组

（一）齐次线性方程组

设有齐次线性方程组

$$\begin{cases} a_{11}x_1 + a_{12}x_2 + \cdots a_{1n}x_n = 0 \\ a_{21}x_1 + a_{22}x_2 + \cdots a_{2n}x_n = 0 \\ \cdots\cdots \\ a_{m1}x_1 + a_{m2}x_2 + \cdots a_{mn}x_n = 0 \end{cases} \tag{1-7-1}$$

记

$$A = \begin{pmatrix} a_{11} & a_{12} & \cdots & a_{1n} \\ a_{21} & a_{22} & \cdots & a_{2n} \\ \vdots & \vdots & & \vdots \\ a_{m1} & a_{m2} & \cdots & a_{mn} \end{pmatrix}, \quad x = \begin{pmatrix} x_1 \\ x_2 \\ \vdots \\ x_n \end{pmatrix}$$

则上式可写成向量方程

$$Ax = 0$$

其向量形式为

$$x_1 a_1 + x_2 a_2 + \cdots + x_n a_n = 0$$

1. 有非零解的条件

（1）方程组（1-7-1）有非零解的充分必要条件是其系数矩阵的秩 $R(A) < n$。

（2）方程组（1-7-1）有零解的充分必要条件是 $R(A) = n$。

（3）含有 n 个方程和 n 个未知数的齐次线性方程组有非零解的充分必要条件是其系数行列式等于零，即 $|A| = 0$；其有零解的充分必要条件是 $|A| \neq 0$。

显然，方程组（1-7-1）有非零解就是有无穷多解。

2. 齐次线性方程组解的结构

若 $x_1 = \xi_{11}, x_2 = \xi_{21}, \cdots, x_n = \xi_{n1}$ 为方程组（1-7-1）的解，则：

$$x = \xi_1 = \begin{bmatrix} \xi_{11} \\ \xi_{21} \\ \vdots \\ \xi_{n1} \end{bmatrix}$$

称为方程组（1-7-1）的解向量，它也就是向量方程 $Ax = 0$ 的解。

根据向量方程 $Ax = 0$，解向量的性质如下：

(1) 若 $x = \xi_1$，$x = \xi_2$ 为向量方程 $Ax = 0$ 的解，则 $x = \xi_1 + \xi_2$ 也是向量方程 $Ax = 0$ 的解。

(2) 若 $x = \xi_1$ 为向量方程 $Ax = 0$ 的解，k 为实数，则 $x = k\xi_1$ 也是向量方程 $Ax = 0$ 的解。

把向量方程 $Ax = 0$ 的全体解所组成的集合记作 S，如果能求得解集 S 的一个最大无关组 S_0：$\xi_1, \xi_2, \cdots, \xi_t$，方程 $Ax = 0$ 的任一解都可由最大无关组 S_0 线性表示；由上述性质 (1)、(2) 可知，最大无关组 S_0 的任何线性组合

$$x = k_1\xi_1 + k_2\xi_2 + \cdots + k_t\xi_t \quad (k_1, k_2, \cdots, k_t \text{ 为任意实数})$$

都是向量方程 $Ax = 0$ 的解，因此上式便是方程 $Ax = 0$ 的通解。

齐次线性方程组的解集的最大无关组称为该齐次线性方程组的基础解系。由此可知，要求齐次线性方程组的通解，只需求出它的基础解系。

定理：设 $m \times n$ 矩阵 A 的秩 $R(A) = r$，则 n 元齐次线性方程组 $Ax = 0$ 的解集 S 的秩 $R_S = n - r$。

综上可知：

(1) 方程组（1-7-1）的系数矩阵的秩 $R(A) = n$ 时，它只有零解，没有基础解系（此时解集 S 只含一个零向量）。

(2) 方程组（1-7-1）的 $R(A) = r < n$ 时，其基础解系含 $n - r$ 个向量；由最大无关组的性质可知，方程组（1-7-1）的任何 $n - r$ 个线性无关的解都可构成它的基础解系，即它的任意解为其基础解系的线性组合。

如果 $\xi_1, \xi_2, \cdots, \xi_{n-r}$ 为方程组（1-7-1）的基础解系，则其任意线性组合

$$x = k_1\xi_1 + k_2\xi_2 + \cdots + k_{n-r}\xi_{n-r} \quad (k_1, k_2, \cdots, k_{n-r} \text{ 为任意实数})$$

为方程组（1-7-1）的通解。

由上可知，齐次线性方程组的基础解系并不是唯一的，它的通解的形式也不是唯一的。

3. 用初等行变换解线性方程组

把齐次方程组的系数矩阵化为行最简形，即可写出它的通解。

【例 1-7-19】（历年真题）设 B 是 3 阶非零矩阵，已知 B 的每一列都是方程组
$\begin{cases} x_1 + 2x_2 - 2x_3 = 0 \\ 2x_1 - x_2 + tx_3 = 0 \\ 3x_1 + x_2 - x_3 = 0 \end{cases}$ 的解，则 t 等于：

A. 0　　　　　　　B. 2　　　　　　　C. -1　　　　　　　D. 1

【解答】B 是 3 阶非零矩阵，故在 B 中至少有一列为非零向量，可知方程组有非零解；又方程组系数矩阵为方阵，则行列式为零：

$$|A| = \begin{vmatrix} 1 & 2 & -2 \\ 2 & -1 & t \\ 3 & 1 & -1 \end{vmatrix} = (-2) \times (-1)^{1+3} \begin{vmatrix} 2 & -1 \\ 3 & 1 \end{vmatrix} + t \times (-1)^{2+3} \begin{vmatrix} 1 & 2 \\ 3 & 1 \end{vmatrix}$$

$$+ (-1) \times (-1)^{3+3} \begin{vmatrix} 1 & 2 \\ 2 & -1 \end{vmatrix}$$

$$= (-2) \times 5 - t \times (-5) + (-1) \times (-5) = 0$$

可得 $t=1$，应选 D 项。

【例 1-7-20】（历年真题）设 A 为矩阵，$\boldsymbol{\alpha}_1 = \begin{pmatrix} 1 \\ 0 \\ 2 \end{pmatrix}$，$\boldsymbol{\alpha}_2 = \begin{pmatrix} 0 \\ 1 \\ -1 \end{pmatrix}$ 都是线性方程组 $Ax = 0$ 的解，则矩阵 A 为：

A. $\begin{pmatrix} 0 & 1 & -1 \\ 4 & -2 & -2 \\ 0 & 1 & 1 \end{pmatrix}$ B. $\begin{pmatrix} 2 & 0 & -1 \\ 0 & 1 & 1 \end{pmatrix}$

C. $\begin{pmatrix} -1 & 0 & 2 \\ 0 & 1 & -1 \end{pmatrix}$ D. $(-2 \quad 1 \quad 1)$

【解答】采用验证法：

D 项：$(-2 \quad 1 \quad 1) \begin{pmatrix} 1 \\ 0 \\ 2 \end{pmatrix} = 0$，$(-2 \quad 1 \quad 1) \begin{pmatrix} 0 \\ 1 \\ -1 \end{pmatrix} = 0$，应选 D 项。

此外，A、B、C 项均不满足。如 C 项：

$\begin{pmatrix} -1 & 0 & 2 \\ 0 & 1 & -1 \end{pmatrix} \begin{pmatrix} 1 \\ 0 \\ 2 \end{pmatrix} = \begin{pmatrix} 3 \\ - \end{pmatrix}$，第一行即不满足，第二行不用再计算。

【例 1-7-21】（历年真题）齐次线性方程组 $\begin{cases} x_1 - x_2 + x_4 = 0 \\ x_1 - x_3 + x_4 = 0 \end{cases}$ 的基础解系为：

A. $\boldsymbol{\alpha}_1 = (1, 1, 1, 0)^T, \boldsymbol{\alpha}_2 = (-1, -1, 1, 0)^T$
B. $\boldsymbol{\alpha}_1 = (2, 1, 0, 1)^T, \boldsymbol{\alpha}_2 = (-1, -1, 1, 0)^T$
C. $\boldsymbol{\alpha}_1 = (1, 1, 1, 1)^T, \boldsymbol{\alpha}_2 = (-1, 0, 0, 1)^T$
D. $\boldsymbol{\alpha}_1 = (2, 1, 0, 1)^T, \boldsymbol{\alpha}_2 = (-2, -1, 0, 1)^T$

【解答】采用验证法：

A 项：$\boldsymbol{\alpha}_1$ 满足方程组；$\boldsymbol{\alpha}_2$ 时，$x_1 - x_3 + x_4 = -1 - 1 + 0 = -2 \neq 0$，不满足。同理，B 项不满足。

C 项：$\boldsymbol{\alpha}_1$ 满足方程组，$\boldsymbol{\alpha}_2$ 也满足方程组，应选 C 项。

此外，采用初等变换求解为：

$$A = \begin{pmatrix} 1 & -1 & 0 & 1 \\ 1 & 0 & -1 & 1 \end{pmatrix} \underline{r_2 - r_1} \begin{pmatrix} 1 & -1 & 0 & 1 \\ 0 & 1 & -1 & 0 \end{pmatrix}$$

$$\begin{cases} x_1 - x_2 + x_4 = 0 \\ x_2 - x_3 = 0 \end{cases}, 即 \begin{cases} x_1 = x_2 - x_4 \\ x_3 = x_2 \end{cases}$$

可取 $\boldsymbol{\xi}_1 = \begin{pmatrix} 1 \\ 1 \\ 1 \\ 0 \end{pmatrix}, \boldsymbol{\xi}_2 = \begin{pmatrix} -1 \\ 0 \\ 0 \\ 1 \end{pmatrix}$。

（二）非齐次线性方程组

设有非齐次线性方程组

$$\begin{cases} a_{11}x_1 + a_{12}x_2 + \cdots + a_{1n}x_n = b_1 \\ a_{21}x_1 + a_{22}x_2 + \cdots + a_{2n}x_n = b_2 \\ \cdots\cdots \\ a_{m1}x_1 + a_{m2}x_2 + \cdots + a_{mn}x_n = b_m \end{cases} \tag{1-7-2}$$

上式也可写作向量方程

$$\boldsymbol{Ax} = \boldsymbol{b} \tag{1-7-3}$$

其向量形式为

$$x_1\boldsymbol{a}_1 + x_2\boldsymbol{a}_2 + \cdots + x_n\boldsymbol{a}_n = \boldsymbol{b}$$

记

$$\boldsymbol{B} = \begin{pmatrix} a_{11} & a_{12} & \cdots & a_{1n} & b_1 \\ a_{21} & a_{22} & \cdots & a_{2n} & b_2 \\ \vdots & \vdots & & \vdots & \vdots \\ a_{m1} & a_{m2} & \cdots & a_{mn} & b_m \end{pmatrix}$$

$\boldsymbol{B}$ 称为方程组（1-7-2）的增广矩阵。

若方程组有解，则称非齐次方程组是相容的；若无解，则称非齐次方程组是不相容的。方程组（1-7-2）的系数矩阵 $\boldsymbol{A}$ 的秩 $R(\boldsymbol{A})$，其增广矩阵 $\boldsymbol{B}$ 的秩 $R(\boldsymbol{B})$，当 $R(\boldsymbol{A}) < R(\boldsymbol{B})$ 时，方程组（1-7-2）无解。

1. 有解的条件

（1）方程组（1-7-2）有解的充分必要条件是它的系数矩阵 $\boldsymbol{A}$ 与增广矩阵 $\boldsymbol{B}$ 有相同的秩，即 $R(\boldsymbol{A}) = R(\boldsymbol{B})$。

（2）如果方程组（1-7-2）有解，即 $R(\boldsymbol{A}) = R(\boldsymbol{B})$，则：

1）当 $R(\boldsymbol{A}) = R(\boldsymbol{B}) = n$ 时，方程组（1-7-2）有唯一解。

2）当 $R(\boldsymbol{A}) = R(\boldsymbol{B}) = r < n$ 时，方程组（1-7-2）有无穷多个解。

（3）如果方程组（1-7-2）的系数矩阵是 n 阶方阵，则：

1）其系数矩阵的行列式 $|\boldsymbol{A}| \neq 0$ 时，方程组有唯一解（见本节前面克拉默法则）。

2）其 $|\boldsymbol{A}| = 0$ 时，方程组可能无解或有无穷多个解。

2. 非齐次线性方程组解的结构

向量方程（1-7-3）的解的性质如下：

（1）设 $\boldsymbol{x} = \boldsymbol{\eta}_1$ 及 $\boldsymbol{x} = \boldsymbol{\eta}_2$ 都是向量方程（1-7-3）的解，则 $\boldsymbol{x} = \boldsymbol{\eta}_1 - \boldsymbol{\eta}_2$ 为对应的齐次线性方程组

$$Ax = 0 \qquad (1\text{-}7\text{-}4)$$

的解。

(2) 设 $x = \eta$ 是方程（1-7-3）的解，$x = \xi$ 是方程（1-7-4）的解，则 $x = \xi + \eta$ 仍是方程（1-7-3）的解。

由上可知，如果求得方程（1-7-3）的一个解 η^*（称为特解），则方程（1-7-3）的通解为：

$$x = k_1\xi_1 + \cdots + k_{n-r}\xi_{n-r} + \eta^* \quad (k_1, \cdots, k_{n-r} \text{为任意实数})$$

其中 $\xi_1, \cdots, \xi_{n-r}$ 是方程（1-7-4）的基础解系。

所以，非齐次方程的通解＝对应的齐次方程的通解＋非齐次方程的一个特解。

3. 用初等行变换解线性方程组

把非齐次方程的增广矩阵化为阶梯形，即可知它是否有解；在有解时，继续化为行最简形，即可写出它的通解。

【例 1-7-22】（历年真题）设 $\boldsymbol{\beta}_1$、$\boldsymbol{\beta}_2$ 是线性方程组 $Ax = b$ 的两个不同的解，$\boldsymbol{\alpha}_1$、$\boldsymbol{\alpha}_2$ 是导出组 $Ax = 0$ 的基础解系，k_1、k_2 是任意常数，则 $Ax = b$ 的通解是：

A. $\dfrac{\boldsymbol{\beta}_1 - \boldsymbol{\beta}_2}{2} + k_1\boldsymbol{\alpha}_1 + k_2(\boldsymbol{\alpha}_1 - \boldsymbol{\alpha}_2)$ 　　B. $\boldsymbol{\alpha}_1 + k_1(\boldsymbol{\beta}_1 - \boldsymbol{\beta}_2) + k_2(\boldsymbol{\alpha}_1 - \boldsymbol{\alpha}_2)$

C. $\dfrac{\boldsymbol{\beta}_1 + \boldsymbol{\beta}_2}{2} + k_1\boldsymbol{\alpha}_1 + k_2(\boldsymbol{\alpha}_1 - \boldsymbol{\alpha}_2)$ 　　D. $\dfrac{\boldsymbol{\beta}_1 + \boldsymbol{\beta}_2}{2} + k_1\boldsymbol{\alpha}_1 + k_2(\boldsymbol{\beta}_1 - \boldsymbol{\beta}_1)$

【解答】$A\boldsymbol{\beta}_1 = b$，$A\boldsymbol{\beta}_2 = b$，则：$A\boldsymbol{\beta}_1 + A\boldsymbol{\beta}_2 = 2b$，$A\dfrac{\boldsymbol{\beta}_1 + \boldsymbol{\beta}_2}{2} = b$，即 $\dfrac{\boldsymbol{\beta}_1 + \boldsymbol{\beta}_2}{2}$ 为 $Ax = b$ 的特解。

$\boldsymbol{\alpha}_1 x = 0$，$\boldsymbol{\alpha}_2 x = 0$，则：$(\boldsymbol{\alpha}_1 - \boldsymbol{\alpha}_2)x = 0$，即 $\boldsymbol{\alpha}_1 - \boldsymbol{\alpha}_2$ 是 $Ax = 0$ 的解。

所以 $Ax = b$ 的通解为：$\dfrac{\boldsymbol{\beta}_1 + \boldsymbol{\beta}_2}{2} + k\boldsymbol{\alpha}_1 + k_2(\boldsymbol{\alpha}_1 - \boldsymbol{\alpha}_2)$

应选 C 项。

【例 1-7-23】方程组 $\begin{cases} x_1 + 2x_2 + \lambda x_3 = 2 \\ 3x_1 + 2\lambda x_2 + 9x_3 = 6 \\ \lambda x_1 + 6x_2 + 9x_3 = 6 \end{cases}$，则 λ 取下项何值时，方程组有无穷多个解。

A. $\lambda = 3$ 　　　　　　　　　　　B. $\lambda = -6$

C. $\lambda = 3$，或 $\lambda = -6$ 　　　　D. $\lambda \neq 3$，且 $\lambda \neq -6$

【解答】系数矩阵是方阵，则：

$$|\boldsymbol{A}| = \begin{vmatrix} 1 & 2 & \lambda \\ 3 & 2\lambda & 9 \\ \lambda & 6 & 9 \end{vmatrix} \xrightarrow{r_3 - r_2} \begin{vmatrix} 1 & 2 & \lambda \\ 3 & 2\lambda & 9 \\ \lambda-3 & 6-2\lambda & 0 \end{vmatrix} = (\lambda-3)\begin{vmatrix} 1 & 2 & \lambda \\ 3 & 2\lambda & 9 \\ 1 & -2 & 0 \end{vmatrix}$$

$$= 2(\lambda-3)\begin{vmatrix} 1 & 1 & \lambda \\ 3 & \lambda & 9 \\ 1 & -1 & 0 \end{vmatrix} \xrightarrow{c_2 + c_1 2(\lambda-3)} \begin{vmatrix} 1 & 2 & \lambda \\ 3 & \lambda+3 & 9 \\ 1 & 0 & 0 \end{vmatrix} = -2(\lambda-3)^2(\lambda+6)$$

当 $|\boldsymbol{A}| = 0$ 时，即 $\lambda = 3$ 或 $\lambda = -6$

$\lambda = 3$ 时，增广矩阵 $\boldsymbol{B}$ 为：

$$B = \begin{pmatrix} 1 & 2 & 3 & 2 \\ 3 & 2 & 9 & 6 \\ 3 & 6 & 9 & 6 \end{pmatrix} \xrightarrow[r_2 - 3r_1]{r_2 - 3r_1} \begin{pmatrix} 1 & 2 & 3 & 2 \\ 0 & 0 & 0 & 0 \\ 0 & 0 & 0 & 0 \end{pmatrix}$$

$R(A) = R(B) = 1 < 3$,方程组有无穷多个解。

$\lambda = -6$ 时,B 为:

$$B = \begin{pmatrix} 1 & 2 & -6 & 2 \\ 3 & -12 & 9 & 6 \\ -6 & 6 & 9 & 6 \end{pmatrix} \xrightarrow[r_3 + 6r_1]{r_2 - 3r_1} \begin{pmatrix} 1 & 2 & -6 & 2 \\ 0 & -18 & 27 & 0 \\ 0 & 18 & -27 & 18 \end{pmatrix} \xrightarrow{r_3 + r_2} \begin{pmatrix} 1 & 2 & -6 & 2 \\ 0 & -18 & 27 & 0 \\ 0 & 0 & 0 & 18 \end{pmatrix}$$

$R(A) = 2$,$R(B) = 3$,方程组无解。

应选 A 项。

此外,本题也可采用对增广矩阵 B 施行初等变换进行求解。

【例 1-7-24】(历年真题) 已知 n 元非齐次线性方程组 $Ax = b$,秩 $R(A) = n - 2$,α_1、α_2、α_3 为其线性无关的解向量,k_1、k_2 为任意常数,则 $Ax = b$ 的通解为:

A. $x = k_1(\alpha_1 - \alpha_2) + k_2(\alpha_1 + \alpha_3) + \alpha_1$ B. $x = k_1(\alpha_1 - \alpha_3) + k_2(\alpha_2 + \alpha_3) + \alpha_1$
C. $x = k_1(\alpha_2 - \alpha_1) + k_2(\alpha_2 - \alpha_3) + \alpha_1$ D. $x = k_1(\alpha_2 - \alpha_3) + k_2(\alpha_1 + \alpha_2) + \alpha_1$

【解答】$Ax = b$,$R(A) = n - 2$,则 $Ax = 0$ 的基础解系中的线性无关解向量的个数为 $n - (n-2) = 2$ 个。

$A\alpha_1 = b$,$A\alpha_2 = b$,则:$A(\alpha_2 - \alpha_1) = 0$,即 $\alpha_2 - \alpha_1$ 是 $Ax = 0$ 的解。

同理,$A\alpha_2 = b$,$A\alpha_3 = b$,则 $A(\alpha_2 - \alpha_3) = 0$,$\alpha_2 - \alpha_3$ 是 $Ax = 0$ 的解。

α_1 是 $Ax = b$ 的特解,故 $Ax = b$ 的通解为:

$$x = k_1(\alpha_2 - \alpha_1) + k_2(\alpha_2 - \alpha_3) + \alpha_1$$

应选 C 项。

五、方阵的特征值与特征向量

定义:设 A 是 n 阶方阵,如果数 λ 和 n 维非零列向量 x 使关系式

$$Ax = \lambda x$$

成立,则数 λ 称为矩阵 A 的特征值,非零向量 x 称为 A 的对应于特征值 λ 的特征向量。

上式也可写成:

$$(A - \lambda E)x = 0$$

这是 n 个未知数 n 个方程的齐次线性方程组,它有非零解的充分必要条件是系数行列式

$$|A - \lambda E| = 0$$

即:

$$\begin{vmatrix} a_{11} - \lambda & a_{12} & \cdots & a_{1n} \\ a_{21} & a_{22} - \lambda & \cdots & a_{2n} \\ \vdots & \vdots & & \vdots \\ a_{n1} & a_{n2} & \cdots & a_{nn} - \lambda \end{vmatrix} = 0$$

上式是以 λ 为未知数的一元 n 次方程,称为矩阵 A 的特征方程,其左端 $|A - \lambda E|$ 是 λ 的 n 次多项式,记作 $f(\lambda)$,称为矩阵 A 的特征多项式。显然,A 的特征值就是特征方程的解。

1. 设 n 阶方阵 $A = (a_{ij})$ 的特征值为 $\lambda_1, \lambda_2, \cdots, \lambda_n$，则：

(1) $\lambda_1 + \lambda_2 + \cdots + \lambda_n = a_{11} + a_{22} + \cdots + a_{nn}$

(2) $\lambda_1 \lambda_2 \cdots \lambda_n = |A|$

由（2）可知，A 是可逆矩阵的充分必要条件是它的 n 个特征值全不为零。

设 $\lambda = \lambda_i$ 为矩阵 A 的一个特征值，则由方程 $(A - \lambda_i E)x = 0$，可求得非零解 $x = p_i$，则 p_i 便是 A 的对应于特征值 λ_i 的特征向量。显然，$kp_i (k \neq 0)$ 也是对应于 λ_i 的特征向量。

可知，一个特征值对应着无穷多个特征向量，而一个特征向量只对应着一个特征值。

2. 方阵的特征值性质

(1) 设 λ 是方阵 A 的特征值，k 是正整数，则 λ^k 是方阵 A^k 的特征值。

(2) 若 λ 是可逆方阵 A 的特征值，则 $\dfrac{1}{\lambda}$ 是 A^{-1} 的特征值。

(3) $\varphi(\lambda) = a_0 + a_1 \lambda + \cdots + a_m \lambda^m$ 是 λ 的多项式，$\varphi(A) = a_0 E + a_1 A + \cdots + a_m A^m$ 是方阵 A 的多项式，则 $\varphi(\lambda)$ 是 $\varphi(A)$ 的特征值。

【例 1-7-25】（历年真题）已知矩阵 $A = \begin{pmatrix} 5 & -3 & 2 \\ 6 & -4 & 4 \\ 4 & -4 & a \end{pmatrix}$ 的两个特征值为 $\lambda_1 = 1, \lambda_2 = 3$，则常数 a 和另一特征值 λ_3 为：

A. $a = 1, \lambda_3 = -2$
B. $a = 5, \lambda_3 = 2$
C. $a = -1, \lambda_3 = 0$
D. $a = -5, \lambda_3 = -8$

【解答】

$$|A - \lambda E| = \begin{vmatrix} 5-1 & -3 & 2 \\ 6 & -4-1 & 4 \\ 4 & -4 & a-1 \end{vmatrix} \xrightarrow{r_3 - r_1} \begin{vmatrix} 4 & -3 & 2 \\ 6 & -5 & 4 \\ 0 & -1 & a-3 \end{vmatrix}$$

$$= (-1) \times (-1)^{3+2} \begin{vmatrix} 4 & 2 \\ 6 & 4 \end{vmatrix} + (a-3) \times (-1)^{3+3} \begin{vmatrix} 4 & -3 \\ 6 & -5 \end{vmatrix}$$

$$= -2(a-3) + 4 = 0$$

可得：$a = 5$，应选 B 项。

此外，由 $\lambda_1 \lambda_2 \lambda_3 = |A|$，可得：$\lambda_3 = 2$。

【例 1-7-26】（历年真题）设 A 是 3 阶矩阵，$\alpha_1 = (1, 0, 1)^T, \alpha_2 = (1, 1, 0)^T$ 是 A 的属于特征值为 1 的特征向量。$\alpha_3 = (0, 1, 2)^T$ 是 A 的属于特征值为 -1 的特征向量，则：

A. $\alpha_1 - \alpha_2$ 是 A 的属于特征值为 1 的特征向量
B. $\alpha_1 - \alpha_3$ 是 A 的属于特征值为 1 的特征向量
C. $\alpha_1 - \alpha_3$ 是 A 的属于特征值为 2 的特征向量
D. $\alpha_1 + \alpha_2 + \alpha_3$ 是 A 的属于特征值为 1 的特征向量

【解答】根据特征值的定义，$Ax = \lambda x$，则：

$$A\alpha_1 = 1 \times \alpha_1, \quad A\alpha_2 = 1 \times \alpha_2, \quad A(\alpha_1 - \alpha_2) = 1 \times (x_1 - x_2)$$

故 A 项正确，应选 A 项。

【例 1-7-27】（历年真题）设 A 是 3 阶实对称矩阵，p 是 3 阶可逆矩阵，$B = p^{-1}Ap$，已

知 $\boldsymbol{\alpha}$ 是 $\boldsymbol{A}$ 的属于特征值 λ 的特征向量，则 $\boldsymbol{B}$ 的属于特征值 λ 的特征向量是：

A. $\boldsymbol{p\alpha}$　　　　B. $\boldsymbol{p}^{-1}\boldsymbol{\alpha}$　　　　C. $\boldsymbol{p}^{\mathrm{T}}\boldsymbol{\alpha}$　　　　D. $(\boldsymbol{p}^{-1})^{\mathrm{T}}\boldsymbol{\alpha}$

【解答】根据特值的定义，$\boldsymbol{Ax} = \lambda\boldsymbol{x}$，则：

由条件 $\boldsymbol{B} = \boldsymbol{p}^{-1}\boldsymbol{Ap}$，则：$\boldsymbol{pBp}^{-1} = \boldsymbol{pp}^{-1}\boldsymbol{App}^{-1} = \boldsymbol{A}$

即：$\boldsymbol{pBp}^{-1}\boldsymbol{\alpha} = \boldsymbol{A\alpha} = \lambda\boldsymbol{\alpha}$，两边同乘 $\boldsymbol{p}^{-1}$：

$$\boldsymbol{p}^{-1}\boldsymbol{pBp}^{-1}\boldsymbol{\alpha} = \boldsymbol{p}^{-1}\lambda\boldsymbol{\alpha} = \lambda(\boldsymbol{p}^{-1}\boldsymbol{\alpha})，即：\boldsymbol{B}(\boldsymbol{p}^{-1}\boldsymbol{\alpha}) = \lambda(\boldsymbol{p}^{-1}\boldsymbol{\alpha})$$

应选 B 项。

【例 1-7-28】设 3 阶矩阵 $\boldsymbol{A}$ 的特征值为 1、−1、2。当取 $\lambda=1$ 时，则 $\boldsymbol{A}^* + 3\boldsymbol{A} - 4\boldsymbol{E}$ 的特征值为：

A. −3　　　　B. −1　　　　C. 1　　　　D. 3

【解答】$\boldsymbol{A}$ 的特征值不全为 0，可知 $\boldsymbol{A}$ 可逆，$\boldsymbol{A}^* = |\boldsymbol{A}|\boldsymbol{A}^{-1} = \lambda_1\lambda_2\lambda_3\boldsymbol{A}^{-1} = 1\times(-1)\times 2\boldsymbol{A}^{-1} = -2\boldsymbol{A}^{-1}$

$$\varphi(\boldsymbol{A}) = \boldsymbol{A}^* + 3\boldsymbol{A} - 4\boldsymbol{E} = -2\boldsymbol{A}^{-1} + 3\boldsymbol{A} - 4\boldsymbol{E}$$

故：$\varphi(\lambda) = -\dfrac{2}{\lambda} + 3\lambda - 4 = -\dfrac{2}{1} + 3\times 1 - 4 = -3$

应选 A 项。

【例 1-7-29】（历年真题）已知 3 维列向量 $\boldsymbol{\alpha}$、$\boldsymbol{\beta}$ 满足 $\boldsymbol{\beta} \neq k\boldsymbol{\alpha}$（$k$ 为常数），$\boldsymbol{\alpha}^{\mathrm{T}}\boldsymbol{\beta} = 4$，设 3 阶矩阵 $\boldsymbol{A} = \boldsymbol{\beta\alpha}^{\mathrm{T}}$，则：

A. $\boldsymbol{\beta}$ 是 $\boldsymbol{A}$ 的属于特征值 0 的特征向量

B. $\boldsymbol{\alpha}$ 是 $\boldsymbol{A}$ 的属于特征值 0 的特征向量

C. $\boldsymbol{\beta}$ 是 $\boldsymbol{A}$ 的属于特征值 4 的特征向量

D. $\boldsymbol{\alpha}$ 是 $\boldsymbol{A}$ 的属于特征值 4 的特征向量

【解答】根据特征值的定义，$\boldsymbol{Ax} = \lambda\boldsymbol{x}$，则：

由条件 $\boldsymbol{A} = \boldsymbol{\beta\alpha}^{\mathrm{T}}$，$\boldsymbol{A\beta} = \boldsymbol{\beta\alpha}^{\mathrm{T}}\boldsymbol{\beta} = \boldsymbol{\beta}4 = 4\boldsymbol{\beta}$

故 C 项正确，应选 C 项。

六、相似矩阵

为了方便理解相似矩阵，首先简单介绍向量的内积、长度和正交性。

（一）向量的内积、长度和正交性

设有 n 维向量

$$\boldsymbol{x} = \begin{pmatrix} x_1 \\ x_2 \\ \vdots \\ x_n \end{pmatrix}, \quad \boldsymbol{y} = \begin{pmatrix} y_1 \\ y_2 \\ \vdots \\ y_n \end{pmatrix}$$

令

$$[\boldsymbol{x}, \boldsymbol{y}] = x_1 y_1 + x_2 y_2 + \cdots + x_n y_n$$

$[\boldsymbol{x}, \boldsymbol{y}]$ 称为向量 $\boldsymbol{x}$ 与 $\boldsymbol{y}$ 的内积。内积是两个向量之间的一种运算，其结果是一个实数，用矩阵记号表示。

内积具有下列性质（其中 $\boldsymbol{x}$、$\boldsymbol{y}$、$\boldsymbol{z}$ 为 n 维向量，λ 为实数）：

(1) $[x, y] = [y, x]$;

(2) $[\lambda x, y] = \lambda[x, y]$;

(3) $[x + y, z] = [x, z] + [y, z]$;

(4) 当 $x = 0$ 时，$[x, x] = 0$；当 $x \neq 0$ 时，$[x, x] > 0$。

令

$$\|x\| = \sqrt{[x, x]} = \sqrt{x_1^2 + x_2^2 + \cdots + x_n^2}$$

$\|x\|$ 称为 n 维向量 x 的长度（或范数）。

当 $\|x\| = 1$ 时，称 x 为单位向量。若 $a \neq 0$，取 $x = \dfrac{a}{\|a\|}$，则 x 是一个单位向量。由向量 a 得到 x 的过程称为把向量 a 单位化。

当 $[x, y] = 0$ 时，称向量 x 与 y 正交。显然，若 $x = 0$，则 x 与任何向量都正交。

按施密特标准正交化方法，可将线性无关的向量组 $a_1, a_2, \cdots, a_m$ 得到一个与向量组 $a_1, a_2, \cdots, a_m$ 等价的标准正交向量组 $e_1, e_2, \cdots, e_m$。具体的施密特标准正交化方法的内容，本书略。

方阵 A 为正交矩阵（正交矩阵的内容见本节二矩阵及其运算）的充分必要条件是 A 的列向量（或行向量）都是单位向量，且两两正交。

p 为正交矩阵，则线性变换 $y = px$ 称为正交变换。此时，$\|y\| = \|x\|$，即经正交变换线段长度保持不变，这是正交变换的优点。

（二）相似矩阵

定义：设 A、B 都是 n 阶方阵，若有可逆矩阵 P，使

$$P^{-1}AP = B$$

则称 B 是 A 的相似矩阵，或说矩阵 A 与 B 相似。对 A 进行运算 $P^{-1}AP$ 称为对 A 进行相似变换，可逆矩阵 P 称为把 A 变成 B 的相似变换矩阵。

(1) 若 n 阶方阵 A 与 B 相似，则 A 与 B 的特征多项式相同，从而 A 与 B 的特征值也相同。

(2) 若 n 阶方阵 A 与对角矩阵

$$\Lambda = \begin{bmatrix} \lambda_1 & & & \\ & \lambda_2 & & \\ & & \ddots & \\ & & & \lambda_n \end{bmatrix}$$

相似，则 $\lambda_1, \lambda_2, \cdots, \lambda_n$ 即是 A 的 n 个特征值。

(3) n 阶方阵 A 与对角矩阵相似（即 A 能对角化）的充分必要条件是 A 有 n 个线性无关的特征向量。

(4) 如果 n 阶方阵 A 的 n 个特征值互不相等，则 A 与对角矩阵相似。

（三）对称方阵的对角化

实对称方阵（以下称为对称方阵）A 的性质为：

(1) 对称方阵 A 的特征值为实数。

(2) 设 λ_1、λ_2 是对称方阵 A 的两个特征值，p_1、p_2 是对应的特征向量。若 $\lambda_1 \neq \lambda_2$，则 p_1 与 p_2 正交。

设 A 为 n 阶对称方阵,则必有正交矩阵 P,使 $P^{-1}AP = P^{T}AP = \Lambda$,其中 Λ 是以 A 的 n 个特征值为对角元的对角矩阵。

由上可知,把对称矩阵 A 对角化的步骤:

(1) 求出 A 的全部互不相等的特征值 $\lambda_1, \cdots, \lambda_s$,它们的重数依次为 $k_1, \cdots, k_s (k_1 + \cdots + k_s = n)$。

(2) 对每个 k_i 重特征值 λ_i,求方程 $(A - \lambda_i E)x = 0$ 的基础解系,得 k_i 个线性无关的特征向量;再把它们正交化、单位化,得 k_i 个两两正交的单位特征向量。因 $k_1 + \cdots + k_s = n$,故总共可得 n 个两两正交的单位特征向量。

(3) 把这 n 个两两正交的单位特征向量构成正交矩阵 P,便有 $P^{-1}AP = P^{T}AP = \Lambda$。注意,$\Lambda$ 中对角元的排列次序 $(\lambda_1, \lambda_2, \cdots, \lambda_s)$ 应与 P 中列向量 $p_1, p_2, \cdots, p_s$ 排列次序相对应,即 λ_i 与 $p_i (i=1, 2, \cdots, s)$ 相对应。

【例 1-7-30】(历年真题) 已知矩阵 $A = \begin{bmatrix} 1 & -1 & 1 \\ 2 & 4 & -2 \\ -3 & -3 & 5 \end{bmatrix}$ 与 $B = \begin{bmatrix} \lambda & 0 & 0 \\ 0 & 2 & 0 \\ 0 & 0 & 2 \end{bmatrix}$ 相似,则 λ 等于:

A. 6   B. 5   C. 4   D. 14

【解答】A 与 B 相似,则其特征值相同,故特征值之和相等。

A 的特征值之和 $= 1 + 4 + 5 = 10$,B 的特征值之和 $= \lambda + 2 + 2$
$$10 = \lambda + 4, \lambda = 6$$

应选 A 项。

【例 1-7-31】(历年真题) 设 $\lambda_1 = 6$,$\lambda_2 = \lambda_3 = 3$ 为三阶实对称矩阵 A 的特征值,属于 $\lambda_2 = \lambda_3 = 3$ 的特征向量为 $\xi_2 = (-1, 0, 1)^T$,$\xi_3 = (1, 2, 1)^T$,则属于 $\lambda_1 = 6$ 的特征向量是:

A. $(1, -1, 1)^T$ B. $(1, 1, 1)^T$
C. $(0, 2, 2)^T$ D. $(2, 2, 0)^T$

【解答】根据对称方阵的性质,可知,$\lambda_1 = 6$ 对应的特征向量 ξ_1 一定与 λ_2、λ_3 对应的特征向量 ξ_2、ξ_3 正交,即:$[\xi_1, \xi_2] = 0$,$[\xi_1, \xi_3] = 0$

A 项:$[\xi_1, \xi_2] = 1 \times (-1) + (-1) \times 0 + 1 \times 1 = 0$
$[\xi_1, \xi_3] = 1 \times 1 + (-1) \times 2 + 1 \times 1 = 0$

满足,应选 A 项。

【例 1-7-32】(历年真题) 已知二阶实对称矩阵 A 的一个特征值为 1,而 A 对应特征值 1 的特征向量为 $\begin{pmatrix} 1 \\ -1 \end{pmatrix}$,若 $|A| = -1$,则 A 的另一个特征值及其对应的特征向量是:

A. $\lambda = 1$,$x = (1, 1)^T$ B. $\lambda = -1$,$x = (1, 1)^T$
C. $\lambda = -1$,$x = (-1, 1)^T$ D. $\lambda = -1$,$x = (1, -1)^T$

【解答】$|A| = \lambda_1 \lambda_2$,$-1 = 1 \times \lambda_2$,则:$\lambda_2 = -1$,A 项错误。

对称方阵的不同特征值对应的特征向量一定正交,即:$[p_1, p_2] = 0$

B 项:$[p_1, p_2] = 1 \times 1 + (-1) \times 1 = 0$,满足,应选 B 项。

七、二次型与正定二次型

（一）二次型

二次齐次函数

$$f(x_1, \cdots, x_n) = a_{11}x_1^2 + a_{22}x_2^2 + \cdots + a_{nn}x_n^2 + 2a_{12}x_1x_2 + \cdots + 2a_{n-1,n}x_{n-1}x_n$$

称为二次型。

当 $j > i$ 时，取 $a_{ji} = a_{ij}$，则 $2a_{ij}x_ix_j = a_{ij}x_ix_j + a_{ji}x_jx_i$，于是二次型可写成

$$f(x_1, \cdots, x_n) = (x_1, x_2, \cdots, x_n) \begin{bmatrix} a_{11} & a_{12} & \cdots & a_{1n} \\ a_{21} & a_{22} & \cdots & a_{2n} \\ \vdots & \vdots & & \vdots \\ a_{n1} & a_{n2} & \cdots & a_{nn} \end{bmatrix} \begin{bmatrix} x_1 \\ x_2 \\ \vdots \\ x_n \end{bmatrix} = \boldsymbol{x}^\mathrm{T} \boldsymbol{A} \boldsymbol{x}$$

其中 $\boldsymbol{A}$ 为对称方阵。对称方阵 $\boldsymbol{A}$ 就称为二次型 f 的矩阵，而 f 就称为对称方阵 $\boldsymbol{A}$ 的二次型。规定二次型 f 的秩就是对称方阵 $\boldsymbol{A}$ 的秩。

只含平方项的二次型称为二次型的标准形（或法式）。对于二次型，主要的问题是：寻求可逆的线性变换

$$\begin{cases} x_1 = c_{11}y_1 + c_{12}y_2 + \cdots + c_{1n}y_n \\ x_2 = c_{21}y_1 + c_{22}y_2 + \cdots + c_{2n}y_n \\ \cdots\cdots\cdots\cdots\cdots \\ x_n = c_{n1}y_1 + c_{n2}y_2 + \cdots + c_{nn}y_n \end{cases} \quad (\text{即 } \boldsymbol{x} = \boldsymbol{C}\boldsymbol{y})$$

把二次型化为标准形，就是使

$$f = \boldsymbol{x}^\mathrm{T}\boldsymbol{A}\boldsymbol{x} = (\boldsymbol{C}\boldsymbol{y})^\mathrm{T}\boldsymbol{A}(\boldsymbol{C}\boldsymbol{y}) = \boldsymbol{y}^\mathrm{T}(\boldsymbol{C}^\mathrm{T}\boldsymbol{A}\boldsymbol{C})\boldsymbol{y} = k_1 y_1^2 + k_2 y_2^2 + \cdots + k_n y_n^2$$

也就是要寻求可逆阵 $\boldsymbol{C}$，使

$$\boldsymbol{C}^\mathrm{T}\boldsymbol{A}\boldsymbol{C} = \begin{bmatrix} k_1 & & & & \\ & k_2 & & & \\ & & \ddots & & \\ & & & k_{n-1} & \end{bmatrix}$$

如果标准形的系数 $k_1, k_2, \cdots, k_n$ 只在 1，-1，0 三个数中取值，也就是用 $\boldsymbol{x} = \boldsymbol{C}\boldsymbol{y}$ 代入能使

$$f = y_1^2 + \cdots + y_p^2 - y_{p+1}^2 - \cdots - y_n^2$$

则称上式为二次型的规范形。

（二）合同矩阵

定义：设 $\boldsymbol{A}$ 和 $\boldsymbol{B}$ 是 n 阶方阵，若有可逆矩阵 $\boldsymbol{C}$，使 $\boldsymbol{B} = \boldsymbol{C}^\mathrm{T}\boldsymbol{A}\boldsymbol{C}$，则称矩阵 $\boldsymbol{A}$ 与 $\boldsymbol{B}$ 合同，记为 $\boldsymbol{A} \simeq \boldsymbol{B}$。

矩阵的合同关系是等价关系。

若 $\boldsymbol{A}$ 为对称方阵，则 $\boldsymbol{B} = \boldsymbol{C}^\mathrm{T}\boldsymbol{A}\boldsymbol{C}$ 也为对称方阵，且 $R(\boldsymbol{A}) = R(\boldsymbol{B})$。由此可知，经可逆变换 $\boldsymbol{x} = \boldsymbol{C}\boldsymbol{y}$ 后，二次型 f 的矩阵由 $\boldsymbol{A}$ 变为与 $\boldsymbol{A}$ 合同的矩阵 $\boldsymbol{C}^\mathrm{T}\boldsymbol{A}\boldsymbol{C}$，且二次型的秩不变。

任给对称方阵 $\boldsymbol{A}$，必有正交阵 $\boldsymbol{P}$，使

$$P^{-1}AP = \Lambda, \text{正交阵 } P^{-1} = P^T, \text{则 } P^T AP = \Lambda$$

其中
$$\Lambda = \begin{pmatrix} \lambda_1 & & & \\ & \lambda_2 & & \\ & & \ddots & \\ & & & \lambda_{n-1} \end{pmatrix}$$

Λ 为对角阵，$\lambda_1, \lambda_2, \cdots, \lambda_n$ 为对称方阵 A 的 n 个特征值，正交阵 P 的 n 个列向量是 A 的两两正交的单位特征向量。

对称方阵与其合同的矩阵的特征值相同。

任给二次型 $f = \sum_{i,j=1}^{n} a_{ij} x_i x_j (a_{ij} = a_{ji})$，总有正交变换 $x = Py$，使 f 化为标准形

$$f = \lambda_1 y_1^2 + \lambda_2 y_2^2 + \cdots + \lambda_n y_n^2$$

其中，$\lambda_1, \lambda_2, \cdots, \lambda_n$ 是 f 的方阵 $A = (a_{ij})$ 的特征值。

此外，二次型在可逆线性变换下化为标准形，还可以采用拉格朗日配方法，此时，平方项的系数一般不是特征值。

注意，二次型的标准形显然不是唯一的，只是标准形中所含项数（即非零平方项的个数）是确定的（即是二次型的秩）。

【例 1-7-33】（历年真题）设 $A = \begin{pmatrix} 1 & 1 \\ 1 & 2 \end{pmatrix}$，与 A 合同的矩阵是：

A. $\begin{pmatrix} 1 & -1 \\ -1 & 2 \end{pmatrix}$ 　　　　　　B. $\begin{pmatrix} -1 & 1 \\ 1 & -2 \end{pmatrix}$

C. $\begin{pmatrix} 1 & 1 \\ -1 & 2 \end{pmatrix}$ 　　　　　　D. $\begin{pmatrix} 1 & -1 \\ 1 & 2 \end{pmatrix}$

【解答】A 为对称方阵，与其合同的矩阵的特征值相同：

$$|A - \lambda E| = \begin{vmatrix} 1-\lambda & 1 \\ 1 & 2-\lambda \end{vmatrix} = (1-\lambda)(2-\lambda) - 1 = \lambda^2 - 3\lambda + 1 = 0$$

A 项：$|A - \lambda E| = \begin{vmatrix} 1-\lambda & -1 \\ -1 & 2-\lambda \end{vmatrix} = (1-\lambda)(2-\lambda) - (-1) \times (-1) = \lambda^2 - 3\lambda + 1 = 0$

可见，两者特征值相同，应选 A 项。

此外，采用验证法可取 $C = \begin{pmatrix} -1 & 1 \\ 0 & 1 \end{pmatrix}$，$|C| = -1 \neq 0$，$C$ 可逆。

根据合同矩阵的定义：$C^T AC = \begin{pmatrix} -1 & 0 \\ 1 & 1 \end{pmatrix} \begin{pmatrix} 1 & 1 \\ 1 & 2 \end{pmatrix} \begin{pmatrix} -1 & 1 \\ 0 & 1 \end{pmatrix} = \begin{pmatrix} 1 & -1 \\ -1 & 2 \end{pmatrix}$

故 A 项正确。

【例 1-7-34】设 $f = x_1^2 + 2x_2^2 + 3x_3^2 + 4x_1 x_2 - 4x_2 x_3$，且已知可用正交变换 $\begin{pmatrix} x_1 \\ x_2 \\ x_3 \end{pmatrix} =$

$$\frac{1}{3}\begin{pmatrix} 1 & 2 & -2 \\ 2 & 1 & 2 \\ -2 & 2 & 1 \end{pmatrix}\begin{pmatrix} y_1 \\ y_2 \\ y_3 \end{pmatrix}$$ 将 f 化为标准形，则其标准形为 $f=$

A. $5y_1^2 + 2y_2^2 - y_3^2$
B. $5y_1^2 + 2y_2^2 + y_3^2$
C. $5y_1^2 - 2y_2^2 + y_3^2$
D. $5y_1^2 - 2y_2^2 - y_3^2$

【解答】

$$A = \begin{pmatrix} 1 & 2 & 0 \\ 2 & 2 & -2 \\ 0 & -2 & 3 \end{pmatrix}, \quad C = \frac{1}{3}\begin{pmatrix} 1 & 2 & -2 \\ 2 & 1 & 2 \\ -2 & 2 & 1 \end{pmatrix}, \quad C^T = \frac{1}{3}\begin{pmatrix} 1 & 2 & -2 \\ 2 & 1 & 2 \\ -2 & 2 & 1 \end{pmatrix}$$

$$C^T AC = \frac{1}{3} \times \frac{1}{3}\begin{pmatrix} 1 & 2 & -2 \\ 2 & 1 & 2 \\ -2 & 2 & 1 \end{pmatrix}\begin{pmatrix} 1 & 2 & 0 \\ 2 & 2 & -2 \\ 0 & -2 & 3 \end{pmatrix}\begin{pmatrix} 1 & 2 & -2 \\ 2 & 1 & 2 \\ -2 & 2 & 1 \end{pmatrix}$$

$$= \frac{1}{9}\begin{pmatrix} 5 & 10 & -10 \\ 4 & 2 & 4 \\ 2 & -2 & -1 \end{pmatrix}\begin{pmatrix} 1 & 2 & -2 \\ 2 & 1 & 2 \\ -2 & 2 & 1 \end{pmatrix} = \frac{1}{9}\begin{pmatrix} 45 & 0 & 0 \\ 0 & 18 & 0 \\ 0 & 0 & -9 \end{pmatrix}$$

$$= \begin{pmatrix} 5 & 0 & 0 \\ 0 & 2 & 0 \\ 0 & 0 & -1 \end{pmatrix}$$

故：$f = 5y_1^2 + 2y_2^2 - y_3^2$，应选 A 项。

【例 1-7-35】（历年真题）矩阵 $A = \begin{pmatrix} 1 & -1 & 0 \\ -1 & 3 & 0 \\ 0 & 0 & 0 \end{pmatrix}$ 所对应的二次型的标准形是：

A. $f = y_1^2 - 3y_2^2$
B. $f = y_1^2 - 2y_2^2$
C. $f = y_1^2 + 2y_2^2$
D. $f = y_1^2 - y_2^2$

【解答】采用配方法：
$$f = x_1^2 - 2x_1x_2 + 3x_2^2 = (x_1 - x_2)^2 + 2x_2^2 = y_1^2 + 2y_2^2$$

应选 C 项。

（三）正定二次型

定理 1（惯性定理）：设二次型 $f = x^T Ax$ 的秩为 r，且有两个可逆变换

$$x = Cy \quad 及 \quad x = Pz$$

使

$$f = k_1 y_1^2 + k_2 y_2^2 + \cdots + k_r y_r^2 \quad (k_i \neq 0)$$

及

$$f = \lambda_1 z_1^2 + \lambda_2 z_2^2 + \cdots + \lambda_r z_r^2 \quad (\lambda_i \neq 0)$$

则 $k_1, \cdots, k_r$ 中正数的个数与 $\lambda_1, \cdots, \lambda_r$ 中正数的个数相等。

二次型的标准形中正系数的个数称为二次型的正惯性指数，负系数的个数称为负惯性指数。若二次型 f 的正惯性指数为 p，秩为 r，则 f 的规范形便可确定为：$f = y_1^2 + \cdots + y_p^2 - y_{p+1}^2 - \cdots - y_r^2$。

定义：设二次型 $f(x) = x^T A x$，如果对任何 $x \neq 0$，都有 $f(x) > 0$（显然 $f(0) = 0$），则称 f 为正定二次型，并称对称矩阵 A 是正定的；如果对任何 $x \neq 0$ 都有 $f(x) < 0$，则称 f 为负定二次型，并称对称矩阵 A 是负定的。

n 元二次型 $f = x^T A x$ 为正定的充分必要条件是：它的标准形的 n 个系数全为正，即它的规范形的 n 个系数全为 1，即它的正惯性指数等于 n。

对称矩阵 A 为正定的充分必要条件是：A 的特征值全为正。

定理 2（赫尔维茨定理）：对称矩阵 A 为正定的充分必要条件是：A 的各阶顺序主子式都为正，即：

$$a_{11} > 0, \quad \begin{vmatrix} a_{11} & a_{12} \\ a_{21} & a_{22} \end{vmatrix} > 0, \cdots, \begin{vmatrix} a_{11} & \cdots & a_{1n} \\ \vdots & & \vdots \\ a_{n1} & \cdots & a_{nn} \end{vmatrix} > 0$$

对称矩阵 A 为负定的充分必要条件是：奇数阶顺序主子式为负，而偶数阶顺序主子式为正，即：

$$(-1)^r \begin{vmatrix} a_{1i} & \cdots & a_{1r} \\ \vdots & & \vdots \\ a_{r1} & \cdots & a_{rr} \end{vmatrix} > 0 \quad (r = 1, 2, \cdots, n)$$

【例 1-7-36】（历年真题）设二次型 $f(x_1, x_2, x_3) = x_1^2 + t x_2^2 + 3 x_3^2 + 2 x_1 x_2$，要使其秩为 2，则 t 的值等于：

A. 3   B. 2   C. 1   D. 0

【解答】 二次型 f 的秩就是对应矩阵 A 的秩：

$$A = \begin{pmatrix} 1 & 1 & 0 \\ 1 & t & 0 \\ 0 & 0 & 3 \end{pmatrix} \xrightarrow{r_2 - r_1} \begin{pmatrix} 1 & 1 & 0 \\ 0 & t-1 & 0 \\ 0 & 0 & 3 \end{pmatrix}$$

$R(A) = 2$，则 $t - 1 = 0$，$t = 1$，应选 C 项。

【例 1-7-37】（历年真题）要使得二次型 $f(x_1, x_2, x_3) = x_1^2 + 2t x_1 x_2 + x_2^2 - 2 x_1 x_3 + 2 x_2 x_3 + 2 x_3^2$ 为正定的，则 t 的取值条件是：

A. $-1 < t < 1$ B. $-1 < t < 0$

C. $t > 0$ D. $t < -1$

【解答】 根据定理 2，$A = \begin{pmatrix} 1 & t & -1 \\ t & 1 & 1 \\ -1 & 1 & 2 \end{pmatrix}$，其各阶顺序主子式都为正。

$a_{11} = 1 > 0$，$\begin{vmatrix} 1 & t \\ t & 1 \end{vmatrix} = 1 - t^2 > 0$，可得：$-1 < t < 1$

$$\begin{vmatrix} 1 & t & -1 \\ t & 1 & 1 \\ -1 & 1 & 2 \end{vmatrix} \xrightarrow[c_3 + 2c_1]{c_2 + c_1} \begin{vmatrix} 1 & t+1 & 1 \\ t & t+1 & 2t+1 \\ -1 & 0 & 0 \end{vmatrix} = (-1) \times (-1)^{3+1} \begin{vmatrix} t+1 & 1 \\ t+1 & 2t+1 \end{vmatrix}$$

$$= (-1)(t+1)(2t+1-1) = -2t(t+1) > 0$$

可解得：$-1 < t < 0$

综上可知，取 $-1 < t < 0$，应选 B 项。

【例 1-7-38】（历年真题）下列结论中正确的是：

A. 如果矩阵 A 中所有顺序主子式都小于零，则 A 一定为负定矩阵

B. 设 $A = (a_{ij})_{n \times n}$，若 $a_{ij} = a_{ji}$，且 $a_{ij} > 0 (i, j = 1, 2 \cdots, n)$，则 A 一定为正定矩阵

C. 如果二次型 $f(x_1, x_2, \cdots, x_n)$ 中缺少平方项，则它一定不是正定二次型

D. 二次型 $f(x_1, x_2, x_3) = x_1^2 + x_2^2 + x_3^2 + x_1 x_2 + x_1 x_3 + x_2 x_3$ 所对应的矩阵是
$\begin{bmatrix} 1 & 1 & 1 \\ 1 & 1 & 1 \\ 1 & 1 & 1 \end{bmatrix}$

【解答】 根据定理 2：

A 项：错误；

B 项：取 $A = \begin{bmatrix} 1 & 1 \\ 1 & 1 \end{bmatrix}$，则：$\begin{vmatrix} 1 & 1 \\ 1 & 1 \end{vmatrix} = 0$，故 B 项错误。

D 项：$A = \begin{bmatrix} 1 & \frac{1}{2} & \frac{1}{2} \\ \frac{1}{2} & 1 & \frac{1}{2} \\ \frac{1}{2} & \frac{1}{2} & 1 \end{bmatrix}$，故 D 项错误。

应选 C 项。

【例 1-7-39】 已知对称阵 $A = \begin{bmatrix} 1 & t \\ t & 1 \end{bmatrix}$ 是正定的，则 t 为：

A. $t < 0$ B. $t > 0$ C. $|t| < 1$ D. $|t| > 1$

【解答】 根据定理 2：

$a_{11} = 1 > 0$，$\begin{vmatrix} 1 & t \\ t & 1 \end{vmatrix} = 1 - t^2 > 0$，可得：$|t| < 1$

应选 C 项。

习 题

1-7-1 设 $D = \begin{vmatrix} 1 & -3 & 2 & 2 \\ 1 & 1 & 2 & 1 \\ -2 & 1 & 0 & 3 \\ 3 & 0 & 2 & -1 \end{vmatrix}$，$A_{ij}$ 表示行列式元素 a_{ij} 的代数余子式，则 $A_{41} + A_{42} + 2A_{43} + A_{44} = $

A. 3 B. 2 C. 1 D. 0

1-7-2 （历年真题）设 A 是 3 个阶矩阵，$P = (\pmb{\alpha}_1, \pmb{\alpha}_2, \pmb{\alpha}_3)$ 是 3 阶可逆矩阵，且 $P^{-1}AP = \begin{bmatrix} 1 & 0 & 0 \\ 0 & 2 & 0 \\ 0 & 0 & 0 \end{bmatrix}$，若矩阵 $Q = (\pmb{\alpha}_2, \pmb{\alpha}_1, \pmb{\alpha}_3)$，则 $Q^{-1}AQ = $

A. $\begin{pmatrix} 1 & 0 & 0 \\ 0 & 2 & 0 \\ 0 & 0 & 0 \end{pmatrix}$ 　　　　　B. $\begin{pmatrix} 2 & 0 & 0 \\ 0 & 1 & 0 \\ 0 & 0 & 0 \end{pmatrix}$

C. $\begin{pmatrix} 0 & 1 & 0 \\ 2 & 0 & 0 \\ 0 & 0 & 0 \end{pmatrix}$ 　　　　　D. $\begin{pmatrix} 0 & 2 & 0 \\ 1 & 0 & 0 \\ 0 & 0 & 0 \end{pmatrix}$

1-7-3 （历年真题）已知 n 阶可逆矩阵 A 的特征值为 λ_0，则矩阵 $(2A)^{-1}$ 的特征值是：

A. $\dfrac{2}{\lambda_0}$ 　　　　　B. $\dfrac{\lambda_0}{2}$

C. $\dfrac{1}{2\lambda_0}$ 　　　　　D. $2\lambda_0$

1-7-4 （历年真题）若非齐次线性方程组 $Ax = b$ 中，方程的个数少于未知量的个数，则下列结论中正确的是：

A. $Ax = 0$ 仅有零解 　　　　　B. $Ax = 0$ 必有非零解

C. $Ax = 0$ 一定无解 　　　　　D. $Ax = b$ 必有无穷多解

1-7-5 （历年真题）下列结论中正确的是：

A. 矩阵 A 的行秩与列秩可以不等

B. 秩为 r 的矩阵中，所有 r 阶子式均不为零

C. 若 n 阶方阵 A 的秩小于 n，则该矩阵 A 的行列式必等于零

D. 秩为 r 的矩阵中，不存在等于零的 $r-1$ 阶子式

1-7-6 （历年真题）设 A 为 $m \times n$ 矩阵，则齐次线性方程组 $Ax = 0$ 有非零解的充分必要条件是：

A. 矩阵 A 的任意两个列向量线性相关

B. 矩阵 A 的任意两个列向量线性无关

C. 矩阵 A 的任一列向量是其余列向量的线性组合

D. 矩阵 A 必有一个列向量是其余列向量的线性组合

1-7-7 （历年真题）要使齐次线性方程组 $\begin{cases} ax_1 + x_2 + x_3 = 0 \\ x_1 + ax_2 + x_3 = 0 \\ x_1 + x_2 + ax_3 = 0 \end{cases}$，有非零解，则 a 应满足：

A. $-2 < a < 1$ 　　　　　B. $a = 1$ 或 $a = -2$

C. $a \neq -1$ 且 $a \neq -2$ 　　　　　D. $a > 1$

1-7-8 （历年真题）设 A 为 n 阶方阵，B 是只对调 A 的一、二列所得的矩阵，若 $|A| \neq |B|$，则下面结论中一定成立的是：

A. $|A|$ 可能为 0 　　　　　B. $|A| \neq 0$

C. $|A + B| \neq 0$ 　　　　　D. $|A - B| \neq 0$

1-7-9 （历年真题）设 $A = \begin{bmatrix} 1 & x & 1 \\ x & 1 & y \\ 1 & y & 1 \end{bmatrix}$，$B = \begin{bmatrix} 0 & 0 & 0 \\ 0 & 1 & 0 \\ 0 & 0 & 2 \end{bmatrix}$，且 A 与 B 相似，则下列结论

中成立的是：

    A. $x = y = 0$ B. $x = 0, y = 1$

    C. $x = 1, y = 0$ D. $x = y = 1$

1-7-10 设 $A = \begin{pmatrix} a_1b_1 & a_1b_2 & \cdots & a_1b_n \\ a_2b_1 & a_2b_2 & \cdots & a_2b_n \\ \vdots & \vdots & & \vdots \\ a_nb_1 & a_nb_2 & \cdots & a_nb_n \end{pmatrix}$，其中 $a_i \neq 0, b_i \neq 0 (i = 1, 2, \cdots, n)$，则矩阵 A 的秩等于：

    A. n B. 0   C. 1   D. 2

1-7-11 对任意 n 阶方阵 A、B，则有：

    A. $|\boldsymbol{A} + \boldsymbol{B}| = |\boldsymbol{A}| + |\boldsymbol{B}|$ B. $(\boldsymbol{AB})^T = \boldsymbol{A}^T\boldsymbol{B}^T$

    C. $(\boldsymbol{A} + \boldsymbol{B})^2 = \boldsymbol{A}^2 + 2\boldsymbol{AB} + \boldsymbol{B}^2$ D. $|\boldsymbol{AB}| = |\boldsymbol{BA}|$

1-7-12 设方阵 A 满足 $A^2 - 2A + 3E = 0$，A 可逆，则 $A^{-1} =$

    A. $\frac{1}{3}(\boldsymbol{A} - 2\boldsymbol{E})$ B. $-\frac{1}{3}(\boldsymbol{A} - 2\boldsymbol{E})$

    C. $\frac{1}{3}(\boldsymbol{A} + 2\boldsymbol{E})$ D. $-\frac{1}{3}(\boldsymbol{A} + 2\boldsymbol{E})$

1-7-13 矩阵 $A = \begin{pmatrix} 1 & 2 & 4 \\ 0 & 2 & 0 \\ 2 & -1 & 3 \end{pmatrix}$ 的特征值为：

    A. $-1, 2, 5$ B. $-1, 2, -5$

    C. $-1, -2, 5$ D. $1, -2, -5$

1-7-14 已知二次型 $f = x^2 + 3y^2 + az^2 + 2xy - 4yz$ 的秩为 2，则系数 a 等于：

    A. 4   B. 2   C. 1   D. 0

1-7-15 对任意一个 n 阶方阵，$A + A^T$ 一定是：

    A. 对称阵   B. 反对称阵

    C. 零矩阵   D. 对角矩阵

第八节 概率论与数理统计

一、随机事件与概率

（一）基本概念

具有下列三个特点的试验称为随机试验（用符号 E 表示）：

（1）可以在相同的条件下重复地进行；

（2）每次试验的可能结果不止一个，并且能事先明确试验的所有可能结果；

（3）进行一次试验之前不能确定哪一个结果会出现。

将随机试验 E 的所有可能结果组成的集合称为 E 的样本空间，记为 S。样本空间的元素，即 E 的每个结果，称为样本点。例如：抛一枚硬币，观察正面 H、反面 T 出现的情况。该试验 E 的样本空间 $S: \{H, T\}$。

一般我们称试验E的样本空间S的子集为E的随机事件，简称事件。在每次试验中，当且仅当这一子集中的一个样本点出现时，称这一事件发生。特别地，由一个样本点组成的单点集，称为基本事件。例如，上面举例的试验E有两个基本事件$\{H\}$和$\{T\}$。

样本空间S包含所有的样本点，它是S自身的子集，在每次试验中它总是发生的，S称为必然事件。空集$\varnothing$不包含任何样本点，它也作为样本空间的子集，它在每次试验中都不发生，$\varnothing$称为不可能事件。

(二) 事件的关系与事件的运算

设试验E的样本空间为S，而A、B、A_k($k=1,2,\cdots$)是S的子集（图1-8-1）。

1. 若$A \subset B$，则称事件B包含事件A，这指的是事件A发生必导致事件B发生。若$A \subset B$且$B \subset A$，即$A=B$，则称事件A与事件B相等。

2. 事件$A \cup B = \{x \mid x \in A \text{ 或 } x \in B\}$称为事件$A$与事件$B$的和事件。当且仅当$A$、$B$中至少有一个发生时，事件$A \cup B$发生。

3. 事件$A \cap B = \{x \mid x \in A \text{ 且 } x \in B\}$称为事件$A$与事件$B$的积事件。当且仅当$A$、$B$同时发生时，事件$A \cap B$发生。注意，$A \cap B$也记作$AB$。

4. 事件$A - B = \{x \mid x \in A \text{ 且 } x \notin B\}$称为事件$A$与事件$B$的差事件。当且仅当$A$发生、$B$不发生时事件$A-B$发生。

5. 若$A \cap B = \varnothing$，则称事件A与B是互不相容的或互斥的。这指的是事件A与事件B不能同时发生。基本事件是两两互不相容的。

6. 若$A \cup B = S$且$A \cap B = \varnothing$，则称事件A与事件B互为逆事件，又称事件A与事件B互为对立事件。这指的是对每次试验而言，事件A、B中必有一个发生，且仅有一个发生。A的对立事件记为$\overline{A}$，即$\overline{A} = S - A$。当A与B互为对立事件时，记$B = \overline{A}$。

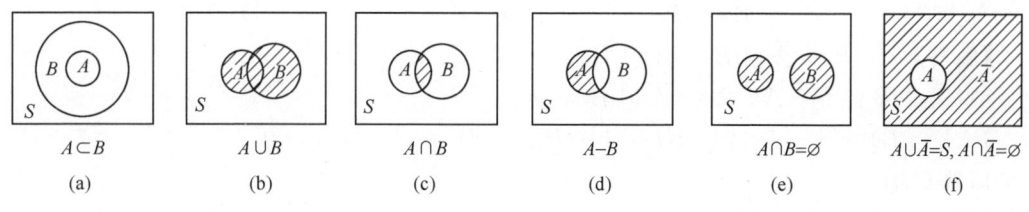

图1-8-1

事件的运算律：

交换律：$A \cap B = B \cap A$（或表达为$AB = BA$）；$A \cup B = B \cup A$

结合律：$A \cup (B \cup C) = (A \cup B) \cup C$

$A \cap (B \cap C) = (A \cap B) \cap C$

分配律：$A \cup (B \cap C) = (A \cup B) \cap (A \cup C)$

$A \cap (B \cup C) = (A \cap B) \cup (A \cap C)$

德摩根律：$\overline{A \cup B} = \overline{A} \cap \overline{B}$；$\overline{A \cap B} = \overline{A} \cup \overline{B}$

【例1-8-1】（历年真题）有A、B、C三个事件，下列选择中与事件A互斥的是：

A. $\overline{B \cup C}$ B. $\overline{A \cup B \cup C}$

C. $\overline{A}B + AC$ D. $A(B+C)$

【解答】A项：$A\overline{B \cup C} = A\overline{B}\overline{C}$，可能发生，A项错误。

B 项：$A\overline{A \cup B \cup C} = A\overline{A}\overline{B}\overline{C} = \varnothing$，B 项正确。

应选 B 项。

(三) 概率及其性质

概率 $P(A)$ 用来表征事件 A 在一次试验中发生的可能性的大小。

概率的性质如下：

(1) $P(\varnothing) = 0$；

(2) 若 $A_1, A_2, \cdots, A_n$ 是两两互不相容的事件，则：$P(A_1 \cup A_2 \cup \cdots \cup A_n) = P(A_1) + P(A_2) + \cdots + P(A_n)$；

(3) 设 $A、B$ 是两个事件，若 $A \subset B$，则：
$$P(B-A) = P(B) - P(A); P(B) \geqslant P(A)$$

(4) 对于任一事件 A，则有：$P(A) \leqslant 1$；

(5) 对于任一事件 A，则：$P(\overline{A}) = 1 - P(A)$；

(6) 对于任意两事件 $A、B$，则：$P(A \cup B) = P(A) + P(B) - P(AB)$。

【例 1-8-2】（历年真题）若 $P(A) = 0.8$，$P(A\overline{B}) = 0.2$，则 $P(\overline{A} \cup \overline{B})$ 等于：

A. 0.4　　　　B. 0.6　　　　C. 0　　　　D. 0.3

【解答】 $A = A(B \cup \overline{B})$，则：$A = AB \cup A\overline{B}$

即：$P(A) = P(AB) + P(A\overline{B})$，$P(AB) = 0.8 - 0.2 = 0.6$
$$P(\overline{A} \cup \overline{B}) = P(\overline{A \cap B}) = 1 - P(AB) = 1 - 0.6 = 0.4$$

应选 A 项。

【例 1-8-3】（历年真题）若 $P(A) = 0.5$，$P(B) = 0.4$，$P(\overline{A} - B) = 0.3$，则 $P(A \cup B)$ 等于：

A. 0.9　　　　B. 0.8　　　　C. 0.7　　　　D. 0.6

【解答】 $\overline{A} - B = \overline{A} \cap \overline{B} = \overline{A \cup B}$

或：$\overline{A} - B = S - A - B = \overline{A \cup B}$

$P(A \cup B) = 1 - P(\overline{A \cup B}) = 1 - P(\overline{A} - B) = 1 - 0.3 = 0.7$

应选 C 项。

【例 1-8-4】（历年真题）若事件 $A、B$ 互不相容，且 $P(A) = p$，$P(B) = q$，则 $P(\overline{A}\overline{B})$ 等于：

A. $1 - p$　　　　　　　　B. $1 - q$

C. $1 - (p+q)$　　　　　　D. $1 + p + q$

【解答】 $A、B$ 互不相容，$P(AB) = 0$；$\overline{A}\overline{B} = \overline{A \cup B}$

$P(\overline{A}\overline{B}) = P(\overline{A \cup B}) = 1 - P(A \cup B) = 1 - [P(A) + P(B) - P(AB)]$
$= 1 - [p + q - 0] = 1 - (p+q)$

应选 C 项。

【例 1-8-5】（历年真题）设 $A、B$ 是两个事件，$P(A) = 0.3$，$P(B) = 0.8$，则当 $P(A \cup B)$ 为最小值时，$P(AB)$ 等于：

A. 0.1　　　　B. 0.2　　　　C. 0.3　　　　D. 0.4

【解答】 $P(A \cup B) = P(A) + P(B) - P(AB) = 0.3 + 0.8 - P(AB) = 1.1 - P(AB)$

由于 $P(A) < P(B)$，故 $P(A \bigcup B)$ 的最小值为：$P(B) = 0.8$，相应地，$P(AB) = 1.1 - 0.8 = 0.3$，应选 C 项。

（四）古典概型（等可能概型）

如果试验只可能有有限个（记作 n）不同的试验结果，且这些不同结果的出现具有等可能性，则随机事件 A 的概率为：

$$P(A) = \frac{m}{n}$$

其中，m 为 A 所包含的不同试验结果的个数。这个概率称为古典（型）概率；用这个方法计算概率的数学模型称为古典概型。

例如，设有 N 件产品，其中有 D 件次品，现从中任取 n 件，其中恰有 $k(k \leqslant D)$ 件次品的概率是：

$$P(A) = \frac{C_D^k \cdot C_{N-D}^{n-k}}{C_N^n}$$

【例1-8-6】（历年真题）袋中有 5 个球，其中 3 个是白球，2 个是红球，一次随机地取出 3 个球，其中恰有 2 个是白球的概率是：

A. $\left(\frac{3}{5}\right)^2 \frac{2}{5}$ 　　　　　　　　B. $C_5^3 \left(\frac{3}{5}\right)^2 \frac{1}{5}$

C. $\left(\frac{3}{5}\right)^2$ 　　　　　　　　D. $\frac{C_3^2 C_2^1}{C_5^3}$

【解答】恰有 2 个白球的概率：$P(A) = \frac{C_3^2 \cdot C_2^1}{C_5^3}$

应选 D 项。

【例1-8-7】n 张奖券中含有 m 张有奖的，k 个人购买，每人一张，其中至少有一个人中奖的概率是：

A. $1 - \frac{C_{n-m}^k}{C_n^k}$ 　　B. $\frac{m}{C_n^k}$ 　　C. $\frac{C_m^1 C_{n-m}^{k-1}}{C_n^k}$ 　　D. $\sum_{r=1}^{k} \frac{C_m^r}{C_n^k}$

【解答】k 个人都未中奖的概率：$\frac{C_{n-m}^k}{C_n^k}$

至少有一个人中奖的概率：$1 - \frac{C_{n-m}^k}{C_n^k}$

应选 A 项。

（五）条件概率

1. 条件概率

设 A、B 是两个事件，且 $P(A) > 0$，称

$$P(B \mid A) = \frac{P(AB)}{P(A)}$$

为在事件 A 发生的条件下事件 B 发生的条件概率。

前面介绍的概率的性质都适用于条件概率。例如，对于任意事件 B_1、B_2，则有：

$P(B_1 \bigcup B_2 \mid A) = P(B_1 \mid A) + P(B_2 \mid A) - P(B_1 B_2 \mid A)$

例如，一盒子装有 4 只产品，其中有 3 只一等品，1 只二等品。从中取产品两次，每次任取一只，作不放回抽样。设事件 A 为"第一次取到的是一等品"，事件 B 为"第二次取到的是一等品"，求条件概率 $P(B \mid A)$。

该问题的分析：样本空间 S 的元素（样本点）有 12 个；A 的样本点有 9 个；AB 的样本点有 6 个，则：

$$P(B \mid A) = \frac{P(AB)}{P(A)} = \frac{\frac{6}{12}}{\frac{9}{12}} = \frac{6}{9} = \frac{2}{3}$$

也可以直接按条件概率的含义求 $P(B \mid A)$，即 A 的样本点 9 个只有 6 个属于 B，则：

$$P(B \mid A) = \frac{6}{9} = \frac{2}{3}$$

2. 乘法定理

设 $P(A) > 0$，则：$P(AB) = P(B \mid A) P(A)$

3. 全概率公式

设试验 E 的样本空间为 S，A 为 E 的事件，$B_1, B_2, \cdots, B_n$ 为 S 的一个划分，且 $P(B_i) > 0 (i = 1, 2, \cdots, n)$，则：

$$P(A) = P(A \mid B_1)P(B_1) + P(A \mid B_2)P(B_2) + \cdots + P(A \mid B_n)P(B_n)$$

4. 贝叶斯公式

设试验 E 的样本空间为 S，A 为 E 的事件，$B_1, B_2, \cdots, B_n$ 为 S 的一个划分，且 $P(A) > 0$，$P(B_i) > 0 (i = 1, 2, \cdots, n)$，则：

$$P(B_i \mid A) = \frac{P(A \mid B_i)P(B_i)}{\sum_{j=1}^{n} P(A \mid B_j)P(B_j)} \quad (i = 1, 2, \cdots, n)$$

注意，上式右端分母的实质是：$\sum_{j=1}^{n} P(A \mid B_j)P(B_j) = P(A)$

上式右端分子的实质是：$P(A \mid B_i)P(B_i) = P(B_i A)$

【例 1-8-8】某电子设备制造厂所用的元件是由三家元件制造厂提供的。根据以往的记录有以下的数据（例 1-8-8 表）。

例 1-8-8 表

元件制造厂	次品率	提供元件的份额
1	0.02	0.15
2	0.01	0.75
3	0.03	0.10

设这三家工厂的产品在仓库中是均匀混合的，且无区别的标志。

在仓库中随机取一只元件，若取到的是次品，则该产品由第 1 家工厂生产的概率是：

A. 0.16　　　B. 0.22　　　C. 0.43　　　D. 0.64

【解答】设 A 表示"取到的是一只次品"，$B_i (i = 1, 2, 3)$ 表示"所取到的产品是由第 i 家工厂提供的"。

$P(B_1) = 0.15$,$P(B_2) = 0.75$,$P(B_3) = 0.10$

$P(A \mid B_1) = 0.02$,$P(A \mid B_2) = 0.01$,$P(A \mid B_3) = 0.03$

$$P(B_1 \mid A) = \frac{P(A \mid B_1)P(B_1)}{P(A \mid B_1)P(B_1) + P(A \mid B_2)P(B_2) + P(A \mid B_3)P(B_3)}$$

$$= \frac{0.02 \times 0.15}{0.02 \times 0.15 + 0.01 \times 0.75 + 0.03 \times 0.10} = 0.22$$

应选 B 项。

【例 1-8-9】（历年真题）设 A、B 是两事件，$P(A) = \frac{1}{4}$，$P(B \mid A) = \frac{1}{3}$，$P(A \mid B) = \frac{1}{2}$，则 $P(A \cup B)$ 等于：

A. $\frac{3}{4}$　　　　B. $\frac{3}{5}$　　　　C. $\frac{1}{2}$　　　　D. $\frac{1}{3}$

【解答】$P(AB) = P(A)P(B \mid A) = \frac{1}{4} \times \frac{1}{3} = \frac{1}{12}$

$P(AB) = P(B)P(A \mid B)$，则：$P(B) = \frac{1/12}{1/2} = 1/6$

$P(A \cup B) = P(A) + P(B) - P(AB) = \frac{1}{4} + \frac{1}{6} - \frac{1}{12} = \frac{1}{3}$

应选 D 项。

(六) 独立性

1. 事件的相互独立性

设 A、B 是两事件，如果满足等式

$$P(AB) = P(A)P(B)$$

则称事件 A、B 相互独立，简称 A、B 独立。

(1) 设 A、B 是两事件，且 $P(A) > 0$，若 A、B 相互独立，则 $P(B \mid A) = P(B)$；反之亦然。

(2) 若事件 A 与 B 相互独立，则下列各对事件也相互独立：

A 与 $\overline{B}$，$\overline{A}$ 与 B，$\overline{A}$ 与 $\overline{B}$

(3) 设 A、B、C 是三个事件，如果满足下列等式

$$P(AB) = P(A)P(B)$$
$$P(BC) = P(B)P(C)$$
$$P(AC) = P(A)P(C)$$
$$P(ABC) = P(A)P(B)P(C)$$

则称事件 A、B、C 相互独立。

一般地，设 A_1，A_2，…，A_n 是 $n(n \geq 2)$ 个事件，如果对于其中任意 2 个，任意 3 个，…，任意 n 个事件的积事件的概率，都等于各事件概率之积，则称事件 A_1，A_2，…，A_n 相互独立。

2. 独立重复试验

设试验 E 只有两个可能结果：A 及 $\overline{A}$，则称 E 为伯努利试验。设 $P(A) = p(0 < p < 1)$，此时 $P(\overline{A}) = 1 - p$，将试验 E 独立重复地进行 n 次，则称这一串重复的独立试验为 n 重伯努利试验。这里"重复"是指在每次试验中 $P(A) = p$ 保持不变；"独立"是指各次试

验的结果互不影响。在 n 次试验中 A 发生 k 次的概率为：
$$P\{X=k\} = C_n^k p^k (1-p)^{n-k} \quad (k=0,1,2,\cdots,n)$$
上式也称为二次分布。

【例1-8-10】（历年真题）设事件 A、B 相互独立，且 $P(A)=\dfrac{1}{2}$，$P(B)=\dfrac{1}{3}$，则 $P(B\mid A\cup\overline{B})$ 等于：

A. $\dfrac{5}{6}$ B. $\dfrac{1}{6}$ C. $\dfrac{1}{3}$ D. $\dfrac{1}{5}$

【解答】$B(A\cup\overline{B}) = BA\cup B\overline{B} = BA = AB$，$P(\overline{B}) = 1-\dfrac{1}{3} = \dfrac{2}{3}$

$$P(B\mid A\cup\overline{B}) = \frac{P(AB)}{P(A\cup\overline{B})} = \frac{P(A)P(B)}{P(A)+P(\overline{B})-P(A)P(\overline{B})}$$

$$= \frac{\dfrac{1}{2}\times\dfrac{1}{3}}{\dfrac{1}{2}+\dfrac{2}{3}-\dfrac{1}{2}\times\dfrac{2}{3}} = \frac{1}{5}$$

应选 D 项。

【例1-8-11】（历年真题）设有事件 A 和 B，已知 $P(A)=0.8$，$P(B)=0.7$，且 $P(A\mid B)=0.8$，则下列结论中正确的是：

A. A 与 B 独立   B. A 与 B 互斥

C. $B\supset A$ D. $P(A\cup B) = P(A)+P(B)$

【解答】$P(AB) = P(B)P(A\mid B) = 0.7\times 0.8 = 0.56$

假定：$P(AB) = P(A)P(B) = 0.8\times 0.7 = 0.56$

可知，假定正确，即 A 与 B 独立，应选 A 项。

【例1-8-12】（历年真题）若 $P(A)>0$，$P(B)>0$，$P(A\mid B)=P(A)$，则下列各式不成立的是：

A. $P(B\mid A) = P(B)$ B. $P(A\mid \overline{B}) = P(A)$

C. $P(AB) = P(A)P(B)$ D. A、B 互斥

【解答】$P(A\mid B) = \dfrac{P(AB)}{P(B)}$，由条件 $P(A\mid B) = P(A)$

$\dfrac{P(AB)}{P(B)} = P(A)$，即：$P(AB) = P(A)P(B)$，$A$ 与 B 相互独立。又 $P(A)>0$，$P(B)>0$，则：$P(AB)\neq 0$，即 $AB\neq\varnothing$，故 A 与 B 相容，所以 D 项错误，应选 D 项。

【例1-8-13】设某人打靶，每次命中率为 0.8。现独立地重复射击 5 次，则至少命中 4 次的概率为：

A. $C_5^4 0.8^4\times 0.2$ B. $0.8^4\times 0.2+0.8^5$

C. $C_5^4 0.8^4\times 0.2+0.8^5$ D. 0.8^5

【解答】事件 A：至少命中 4 次；事件 B：恰命中 4 次；事件 C：恰命中 5 次。

$$P(A) = P(B)+P(C) = C_5^4 0.8^4\times 0.2+C_5^5 0.8^5\times 0.2^0$$

应选 C 项。

二、随机变量及其分布

设随机试验的样本空间为 $S = \{e\}$，$X = X(e)$ 是定义在样本空间 S 上的实值单值函数，称 $X = X(e)$ 为随机变量。

（一）随机变量的分布函数

设 X 是一个随机变量，x 是任意实数，函数

$$F(x) = P\{X \leqslant x\}(-\infty < x < \infty)$$

称为 X 的分布函数。

对于任意实数 x_1、x_2 ($x_1 < x_2$)，有：

$$P\{x_1 < X \leqslant x_2\} = P\{X \leqslant x_2\} - P\{X \leqslant x_1\} = F(x_2) - F(x_1)$$

上式表明，若已知随机变量 X 的分布函数，我们就知道 X 落在任一区间 $(x_1, x_2]$ 上的概率，从这个意义上说，分布函数完整地描述了随机变量的统计规律性。

分布函数 $F(x)$ 具有以下的基本性质：

(1) $F(x)$ 是一个不减函数；

(2) $0 \leqslant F(x) \leqslant 1$，且 $F(-\infty) = \lim\limits_{x \to -\infty} F(x) = 0$，$F(\infty) = \lim\limits_{x \to \infty} F(x) = 1$；

(3) $F(x+0) = F(x)$，即 $F(x)$ 是右连续的。

（二）离散型随机变量及其分布律与分布函数

有些随机变量，它全部可能取到的值是有限个或可列无限多个，这种随机变量称为离散型随机变量。

设离散型随机变量 X 所有可能取的值为 $x_k (k = 1, 2, \cdots)$，X 取各个可能值的概率，即事件 $\{X = x_k\}$ 的概率为：

$$P\{X = x_k\} = p_k, \ k = 1, 2, \cdots$$

上式为离散型随机变量 X 的分布律，分布律也可以用表格的形式来表示

X	x_1	x_2	$\cdots$	x_n	$\cdots$
p_k	p_1	p_2	$\cdots$	p_n	$\cdots$

由概率的定义，p_k 满足如下两个条件：

(1) $p_k \geqslant 0 (k = 1, 2, \cdots)$；

(2) $\sum\limits_{k=1}^{\infty} p_k = 1$。

离散型随机变量的分布函数：

$$F(x) = P\{X \leqslant x\} = \sum_{x_k \leqslant x} P\{X = x_k\}$$

即

$$F(x) = \sum_{x_k \leqslant x} p_k$$

【例1-8-14】（历年真题）离散型随机变量 X 的分布律为 $P(X = k) = C\lambda^k (k = 0, 1, 2, \cdots)$，则下列不成立的是：

A. $C > 0$ B. $0 < \lambda < 1$ C. $C = 1 - \lambda$ D. $C = \dfrac{1}{1 - \lambda}$

【解答】根据分布律的性质：

$C\lambda^k \geqslant 0(k=0, 1, \cdots)$；当 $|\lambda|<1$，$\sum_{k=0}^{\infty} C\lambda^k = \dfrac{C}{1-\lambda} = 1$，故 $C>0$，$0<\lambda<1$

故 D 项错误，选 D 项。

【例 1-8-15】若 $P(X \leqslant x_2) = 0.6$，$P(X \geqslant x_1) = 0.7$，其中 $x_1 < x_2$，则 $P(x_1 \leqslant X \leqslant x_2)$ 的值为：

A. 0.7　　　　　B. 0.6　　　　　C. 0.3　　　　　D. 0.1

【解答】$P(x_1 \leqslant X \leqslant x_2) = P(X \leqslant x_2) - P(X < x_1)$
$= P(X \leqslant x_2) - [1 - P(X \geqslant x_1)] = 0.6 - (1 - 0.7) = 0.3$

应选 C 项。

（三）连续型随机变量及其概率密度与分布函数

如果对于随机变量 X 的分布函数 $F(x)$，存在非负可积函数 $f(x)$，使对于任意实数 x 有：

$$F(x) = \int_{-\infty}^{x} f(t) \mathrm{d}t$$

则称 X 为连续型随机变量，$f(x)$ 称为 X 的概率密度函数，简称概率密度。

由上式可知，连续型随机变量的分布函数是连续函数。

由定义知道，概率密度 $f(x)$ 具有以下性质：

(1) $f(x) \geqslant 0$；

(2) $\int_{-\infty}^{\infty} f(x) \mathrm{d}x = 1$；

(3) 对于任意实数 x_1、$x_2 (x_1 \leqslant x_2)$，有：$P\{x_1 < X \leqslant x_2\} = F(x_2) - F(x_1) = \int_{x_1}^{x_2} f(x) \mathrm{d}x$；

(4) 若 $f(x)$ 在点 x 处连续，则有 $F'(x) = f(x)$。

应注意的是，对任一指定实数值 a，有 $P\{X=a\} = 0$。由此可知，在计算连续型随机变量落在某一区间的概率时，可以不必区分该区间是开区间或闭区间或半闭区间。例如有：$P\{a < X \leqslant b\} = P\{a \leqslant X \leqslant b\} = P\{a < X < b\}$。

【例 1-8-16】（历年真题）下列函数中，可以作为连续型随机变量的分布函数的是：

A. $\Phi(x) = \begin{cases} 0, & x<0 \\ 1-\mathrm{e}^x, & x \geqslant 0 \end{cases}$　　　　B. $F(x) = \begin{cases} \mathrm{e}^x, & x<0 \\ 1, & x \geqslant 0 \end{cases}$

C. $G(x) = \begin{cases} \mathrm{e}^{-x}, & x<0 \\ 1, & x \geqslant 0 \end{cases}$　　　　D. $H(x) = \begin{cases} 0, & x<0 \\ 1+\mathrm{e}^{-x}, & x \geqslant 0 \end{cases}$

【解答】根据连续型随机变量的分布函数的性质：

A 项：$\lim_{x \to \infty} \Phi(x) = -\infty$，A 项错误。

B 项：$\lim_{x \to -\infty} F(x) = 0$，$\lim_{x \to \infty} F(x) = 1$，$0 \leqslant F(x) \leqslant 1$，$F(x)$ 右连续，满足，应选 B 项。

【例 1-8-17】（历年真题）设随机变量 X 的概率密度为 $f(x) = \begin{cases} \dfrac{1}{x^2} & x \geqslant 1 \\ 0 & \text{其他} \end{cases}$，则 $P(0 \leqslant X \leqslant 3)$ 等于：

A. $\dfrac{1}{3}$ B. $\dfrac{2}{3}$ C. $\dfrac{1}{2}$ D. $\dfrac{1}{4}$

【解答】$P(0 \leqslant X \leqslant 3) = \int_0^3 f(x)\mathrm{d}x = \int_1^3 \dfrac{1}{x^2}\mathrm{d}x = -\dfrac{1}{x}\Big|_1^3$
$$= -\left(\dfrac{1}{3} - 1\right) = \dfrac{2}{3}$$

应选 B 项。

（四）常用随机变量

1. 离散型随机变量

（1）两点分布（也称为 0-1 分布）

设随机变量 X 只可能取 0 与 1 两个值，它的分布律是：
$$P\{X = k\} = p^k(1-p)^{1-k} \quad (k = 0,1;\ 0 < p < 1)$$

或

X	0	1
p_k	$1-p$	p

称 X 服从以 p 为参数的 (0-1) 分布。

（2）二次分布 $b(n, p)$

以 X 表示 n 重伯努利试验中事件 A 发生的次数，X 是一个随机变量，事件 A 的概率为：
$$P\{X = k\} = C_n^k p^k q^{n-k} (k = 0, 1, 2, \cdots, n;\ q = 1-p)$$

称随机变量 X 服从参数为 n、p 的二项分布，记为 $X \sim b(n, p)$。

当 $n=1$ 时，二项分布 $b(1, p)$ 为：$p\{x = k\} = p^k q^{1-k} (k = 0, 1)$，就是 (0-1) 分布。

（3）泊松分布 $\pi(\lambda)$

设随机变量 X 所有可能取的值为 0，1，2，$\cdots$，而取各个值的概率为：
$$P\{X = k\} = \dfrac{\lambda^k \mathrm{e}^{-\lambda}}{k!}(k = 0, 1, 2, \cdots)$$

其中 $\lambda > 0$ 是常数，则称 X 服从参数为 λ 的泊松分布，记为 $X \sim \pi(\lambda)$。

2. 连续型随机变量

（1）均匀分布 $U(a, b)$

若连续型随机变量 X 具有概率密度
$$f(x) = \begin{cases} \dfrac{1}{b-a} & (a < x < b) \\ 0 & (\text{其他}) \end{cases}$$

则称 X 在区间 (a, b) 上服从均匀分布，记为 $X \sim U(a, b)$。

（2）指数分布

若连续型随机变量 X 的概率密度为
$$f(x) = \begin{cases} \lambda \mathrm{e}^{-\lambda x} & (x > b) \\ 0 & (\text{其他}) \end{cases}$$

其中，$\lambda > 0$，为常数，则称 X 服从参数为 λ 的指数分布。

（3）正态分布

若连续型随机变量 X 的概率密度为

$$f(x) = \frac{1}{\sqrt{2\pi}\sigma} \mathrm{e}^{-\frac{(x-\mu)^2}{2\sigma^2}} \quad (-\infty < x < \infty)$$

其中，μ、$\sigma(\sigma>0)$ 为常数，则称 X 服从参数为 μ、σ 的正态分布或高斯分布，记为 $X \sim N(\mu, \sigma^2)$。$f(x)$ 的图形曲线关于 $x=\mu$ 对称；当 $x=\mu$ 时，$f(\mu)$ 为最大值。

由上式可得 X 的分布函数为（图 1-8-2）：

$$F(x) = \int_{-\infty}^{x} f(t)\mathrm{d}t = \frac{1}{\sqrt{2\pi}\sigma} \int_{-\infty}^{x} \mathrm{e}^{-\frac{(t-\mu)^2}{2\sigma^2}} \mathrm{d}t$$

特别，当 $\mu=0$、$\sigma=1$ 时称随机变量 X 服从标准正态分布，其概率密度和分布函数分别用 $\varphi(x)$、$\Phi(x)$ 表示，即：

$$\varphi(x) = \frac{1}{\sqrt{2\pi}} \mathrm{e}^{-x^2/2}$$

$$\Phi(x) = \frac{1}{\sqrt{2\pi}} \int_{-\infty}^{x} \mathrm{e}^{-t^2/2} \mathrm{d}t$$

$$\Phi(-x) = 1 - \Phi(x)$$

容易得到（图 1-8-3）：

可知，$\Phi(0) = \frac{1}{2}$。为了方便计算，人们已编制了 $\Phi(x)$ 的函数表。如图 1-8-4 所示，查 $\Phi(x)$ 的函数表可得其值，如 $\Phi(1) = 0.8413$，$\Phi(2) = 0.9772$。

图 1-8-2　　　　　　　图 1-8-3　　　　　　　图 1-8-4

若 $X \sim N(\mu, \sigma^2)$，则 $Z = \dfrac{X-\mu}{\sigma} \sim N(0, 1)$。

于是，若 $X \sim N(\mu, \sigma^2)$，则它的分布函数 $F(x)$ 可写成

$$F(x) = P\{X \leqslant x\} = P\left\{\frac{X-\mu}{\sigma} \leqslant \frac{x-\mu}{\sigma}\right\} = \Phi\left(\frac{x-\mu}{\sigma}\right)$$

对于任意区间 $(x_1, x_2]$，有：

$$P\{x_1 < X \leqslant x_2\} = P\left\{\frac{x_1-\mu}{\sigma} < \frac{X-\mu}{\sigma} \leqslant \frac{x_2-\mu}{\sigma}\right\} = \Phi\left(\frac{x_2-\mu}{\sigma}\right) - \Phi\left(\frac{x_1-\mu}{\sigma}\right)$$

为了便于在数理统计中的应用，对于标准正态随机变量，引入上 α 分位点的定义，即：设 $X \sim N(0, 1)$，若 z_α 满足条件

$$P\{X > z_\alpha\} = \alpha \quad (0 < \alpha < 1)$$

则称点 z_α 为标准正态分布的上 α 分位点（图 1-8-5）。
例如：$\alpha=0.05$，$z_\alpha=z_{0.05}=1.645$；$\alpha=0.025$，$z_{0.025}=1.960$。

由 $\varphi(x)$ 图形的对称性可知，$z_{1-\alpha}=-z_\alpha$。

此外，根据 $\Phi(x)$ 的定义可知，$\Phi(z_\alpha)=P(X\leqslant z_\alpha)=1-\alpha$。

图 1-8-5

【例 1-8-18】设 $\Phi(1)=a$，$X\sim N(2,9)$，则 $P(-1<X<5)$ 等于：

A. $2a+1$ B. $2a-1$ C. $a+1$ D. $a-1$

【解答】$\Phi(-1)=1-\Phi(1)=1-a$；$X\sim N(2,9)$，则 $\mu=2$，$\sigma=3$

$$P(-1<X<5)=\Phi\left(\frac{5-2}{3}\right)-\Phi\left(\frac{-1-2}{3}\right)=\Phi(1)-\Phi(-1)=a-(1-a)$$
$$=2a-1$$

应选 B 项。

(五) 随机变量的函数的分布

由已知的随机变量 X 的概率分布去求得它的函数 $Y=g(X)$ [$g(\cdot)$ 是已知的连续函数] 的概率分布。这里 Y 是这样的随机变量，当 X 取值 x 时，Y 取值 $g(x)$。

【例 1-8-19】设随机变量 X 具有以下的分布律，则 $Y=(X-1)^2$ 的分布律为：

X	-1	0	1	2
p_k	0.2	0.3	0.1	0.4

A. $P\{Y=1\}=0.7$，$P\{Y=4\}=0.1$ B. $P\{Y=0\}=0.1$，$P\{Y=1\}=0.7$
C. $P\{Y=1\}=0.7$，$P\{Y=4\}=0.2$ D. $P\{Y=0\}=0.2$，$P\{Y=1\}=0.7$

【解答】Y 所有可能取的值为 0，1，4，则：

$$P\{Y=0\}=P\{(X-1)^2=0\}=P\{X=1\}=0.1$$
$$P\{Y=1\}=P\{X=0\}+P\{X=2\}=0.3+0.4=0.7$$
$$P\{Y=4\}=P\{X=-1\}=0.2$$

即得 Y 的分布律为：

Y	0	1	4
p_k	0.1	0.7	0.2

应选 B 项。

【例 1-8-20】设随机变量 X 具有概率密度 $f_X(x)$，$-\infty<x<\infty$，$Y=X^2$ 的概率密度为：

A. $f_Y(y)=\begin{cases}\dfrac{1}{\sqrt{y}}[f_X(\sqrt{y})+f_X(-\sqrt{y})] & (y>0)\\ 0 & (y\leqslant 0)\end{cases}$

B. $f_Y(y)=\begin{cases}\dfrac{1}{\sqrt{y}}[f_X(\sqrt{y})-f_X(-\sqrt{y})] & (y>0)\\ 0 & (y\leqslant 0)\end{cases}$

C. $f_Y(y)=\begin{cases}\dfrac{1}{2\sqrt{y}}[f_X(\sqrt{y})+f_X(-\sqrt{y})] & (y>0)\\ 0 & (y\leqslant 0)\end{cases}$

D. $f_Y(y) = \begin{cases} \dfrac{1}{2\sqrt{y}}[f_X(\sqrt{y}) - f_X(-\sqrt{y})] & (y > 0) \\ 0 & (y \leqslant 0) \end{cases}$

【解答】 分别记 X、Y 的分布函数为 $F_X(x)$、$F_Y(y)$。先来求 Y 的分布函数 $F_Y(y)$，由于 $Y = X^2 \geqslant 0$，故当 $y \leqslant 0$ 时，$F_Y(y) = 0$。当 $y > 0$ 时，有：

$$F_Y(y) = P\{Y \leqslant y\} = P\{X^2 \leqslant y\}$$
$$= P\{-\sqrt{y} \leqslant X \leqslant \sqrt{y}\} = F_X(\sqrt{y}) - F_X(-\sqrt{y})$$

将 $F_Y(y)$ 关于 y 求导数，即得 Y 的概率密度为：

$$f_Y(y) = \begin{cases} \dfrac{1}{2\sqrt{y}}[f_X(\sqrt{y}) + f_X(-\sqrt{y})] & (y > 0) \\ 0 & (y \leqslant 0) \end{cases}$$

应选 C 项。

(六) 二维随机变量及其分布

1. 联合分布律

(1) 离散型的随机变量

设二维离散型随机变量 (X, Y) 所有可能取的值为 $(x_i, y_j), i, j = 1, 2, \cdots$，记 $P\{X = x_i, Y = y_i\} = p_{ij}, i, j = 1, 2, \cdots$，则由概率的定义有：

$$p_{ij} \geqslant 0, \sum_{i=1}^{\infty}\sum_{j=1}^{\infty} p_{ij} = 1$$

则称 $P\{X = x_i, Y = y_i\} = p_{ij}, i, j = 1, 2, \cdots$ 为二维离散型随机变量 (X, Y) 的分布律，或称为随机变量 X 和 Y 的联合分布律。

(2) 连续型的随机变量

对于二维随机变量 (X, Y) 的分布函数 $F(x, y)$，如果存在非负可积函数 $f(x, y)$ 使对于任意 x、y 有：

$$F(x, y) = \int_{-\infty}^{y}\int_{-\infty}^{x} f(u, v)\mathrm{d}u\mathrm{d}v$$

则称 (X, Y) 是连续型的二维随机变量，函数 $f(x, y)$ 称为二维随机变量 (X, Y) 的概率密度，或称为随机变量 X 和 Y 的联合概率密度。

按定义，概率密度 $f(x, y)$ 具有以下性质：

(1) $f(x, y) \geqslant 0$；

(2) $\int_{-\infty}^{\infty}\int_{-\infty}^{\infty} f(x, y)\mathrm{d}x\mathrm{d}y = F(-\infty, \infty) = 1$；

(3) 设 G 是 xOy 平面上的区域，点 (X, Y) 落在 G 内的概率为：$P\{(X, Y) \in G\} = \iint\limits_G f(x, y) = \mathrm{d}x\mathrm{d}y$；

(4) 若 $f(x, y)$ 在点 (x, y) 连续，则有：$\dfrac{\partial^2 F(x, y)}{\partial x \partial y} = f(x, y)$。

2. 边缘分布

二维随机变量 (X, Y)，X 和 Y 都是随机变量，各自也有分布函数，将它们分别记为 $F_X(x)$、$F_Y(y)$，依次称为二维随机变量 (X, Y) 关于 X 和关于 Y 的边缘分布函数。边缘分

布函数可以由 (X, Y) 的分布函数 $F(x, y)$ 确定。

(1) 离散型随机变量

$$F_X(x) = F(x, \infty) = \sum_{x_i \leqslant x} \sum_{j=1}^{\infty} p_{ij}$$

X 的分布律为：$p_{i\cdot} = \sum_{j=1}^{\infty} p_{ij} = P\{X = x_i\}$ （$i = 1, 2, \cdots$）

同理，Y 的分布律为：$p_{\cdot j} = \sum_{i=1}^{\infty} p_{ij} = P\{Y = y_j\}$ （$j = 1, 2, \cdots$）

分别称 $p_{i\cdot}(i = 1, 2, \cdots)$ 和 $p_{\cdot j}(j = 1, 2, \cdots)$ 为 (X, Y) 关于 X 和关于 Y 的边缘分布律。注意，记号 $p_{i\cdot}$ 中的"·"表示 p_i 是由 p_{ij} 关于 j 求和后得到的；同样，$p_{\cdot j}$ 是由 p_{ij} 关于 i 求和后得到的。

(2) 连续型随机变量

设连续型随机变量的概率密度为 $f(x, y)$，由于

$$F_X(x) = F(x, \infty) = \int_{-\infty}^{x} \left[\int_{-\infty}^{\infty} f(x, y) \mathrm{d}y \right] \mathrm{d}x$$

X 是一个连续型随机变量，则其概率密度为：

$$f_X(x) = \int_{-\infty}^{\infty} f(x, y) \mathrm{d}y$$

同理

$$f_Y(y) = \int_{-\infty}^{\infty} f(x, y) \mathrm{d}x$$

分别称 $f_X(x)$、$f_Y(y)$ 为 (X, Y) 关于 X 和关于 Y 的边缘概率密度。

3. 相互独立的随机变量

(1) 离散型随机变量

当 (X, Y) 是离散型随机变量时，X 和 Y 相互独立的条件是：对于 (X, Y) 的所有可能取的值 (x_i, y_j) 有：

$$P\{X = x_i, Y = y_j\} = P\{X = x_i\}P\{Y = y_j\}$$

(2) 连续型随机变量

设 (X, Y) 是连续型随机变量，$f(x, y)$、$f_X(x)$、$f_Y(y)$ 分别为 (X, Y) 的概率密度和边缘概率密度，则 X 和 Y 相互独立的条件是：

$$f(x, y) = f_X(x)f_Y(y)$$

上式在平面上几乎处处成立。

上述离散型随机变量、连续型随机变量，X 和 Y 相互独立的条件与定义随机变量 X 和 Y 是相互独立的条件 $F(x, y) = F_X(x)F_Y(y)$ 是等价的。

【例 1-8-21】（历年真题）若二维随机变量 (X, Y) 的分布规律为：

X\Y	1	2	3
1	$\frac{1}{6}$	$\frac{1}{9}$	$\frac{1}{18}$
2	$\frac{1}{3}$	β	α

且 X 与 Y 相互独立，则 α、β 取值为：

A. $\alpha = \dfrac{1}{6}, \beta = \dfrac{1}{6}$ B. $\alpha=0, \beta=\dfrac{1}{3}$

C. $\alpha=\dfrac{2}{9}, \beta=\dfrac{1}{9}$ D. $\alpha = \dfrac{1}{9}, \beta = \dfrac{2}{9}$

【解答】$P\{X=2, Y=1\} = P\{X=2\}P\{Y=1\}$

$\dfrac{1}{9} = \left(\dfrac{1}{9}+\beta\right) \times \left(\dfrac{1}{6}+\dfrac{1}{9}+\dfrac{1}{18}\right)$，可得：$\beta = \dfrac{2}{9}$

应选 D 项。

此外，$P(Y=1) + P(Y=2) = \dfrac{1}{6}+\dfrac{1}{9}+\dfrac{1}{18}+\dfrac{1}{3}+\beta+\alpha = 1$，可得：$\alpha = \dfrac{1}{9}$

【例 1-8-22】（历年真题）设二维随机变量（X，Y）的概率密度为 $f(x,y) = \begin{cases} e^{-2ax+by}, & x>0, y>0 \\ 0, & \text{其他} \end{cases}$，则常数 a、b 应满足的条件是：

A. $ab = -\dfrac{1}{2}$，且 $a>0, b<0$ B. $ab = \dfrac{1}{2}$，且 $a>0, b>0$

C. $ab = -\dfrac{1}{2}, a<0, b<0$ D. $ab = \dfrac{1}{2}$，且 $a<0, b<0$

【解答】$\int_{-\infty}^{+\infty}\int_{-\infty}^{+\infty} f(x,y)\mathrm{d}x\mathrm{d}y = 1$，则：

$$\int_0^{+\infty}\int_0^{+\infty} e^{-2ax+by}\mathrm{d}x\mathrm{d}y = \int_0^{+\infty} e^{-2ax}\mathrm{d}x \int_0^{+\infty} e^{by}\mathrm{d}y = 1$$

当 $a>0, b<0$ 时，上式 $= \dfrac{-1}{2a}e^{-2ax}\Big|_0^{+\infty} \cdot \dfrac{1}{b}e^{by}\Big|_0^{+\infty} = \dfrac{1}{2a} \cdot \left(\dfrac{-1}{b}\right) = 1$

应选 A 项。

三、随机变量的数字特征

（一）数学期望

1. 数学期望的定义

设离散型随机变量 X 的分布律为 $P\{X=x_k\} = p_k (k=1, 2, \cdots)$，若级数 $\sum_{k=1}^{\infty} x_k p_k$ 绝对收敛，则称级数 $\sum_{k=1}^{\infty} x_k p_k$ 的和为随机变量 X 的数学期望，记为 $E(X)$，即：

$$E(X) = \sum_{k=1}^{\infty} x_k p_k$$

设连续型随机变量 X 的概率密度为 $f(x)$，若积分 $\int_{-\infty}^{\infty} xf(x)\mathrm{d}x$ 绝对收敛，则称积分 $\int_{-\infty}^{\infty} xf(x)\mathrm{d}x$ 的值为随机变量 X 的数学期望，记为 $E(X)$，即：

$$E(X) = \int_{-\infty}^{\infty} xf(x)\mathrm{d}x$$

数学期望简称期望，又称为均值。

数学期望 $E(X)$ 完全由随机变量 X 的概率分布确定。

2. 数学期望的重要性质

（1）设 C 是常数，则有 $E(C) = C$；

(2) 设 X 是一个随机变量，C 是常数，则：$E(CX) = CE(X)$；

(3) 设 X 是一个随机变量，C、b 均是常数，则：$E(CX + b) = CE(X) + b$；

(4) 设 X、Y 是两个随机变量，则：$E(X + Y) = E(X) + E(Y)$；

(5) 设 X、Y 是相互独立的随机变量，则：$E(XY) = E(X)E(Y)$。

这一性质可以推广到任意有限个相互独立的随机变量之积的情况。

3. 随机变量的函数的数学期望

(1) 设 Y 是随机变量 X 的函数：$Y = g(X)$（g 是连续函数）：

1) 如果 X 是离散型随机变量，它的分布律为 $P\{X = x_k\} = p_k$，$k = 1, 2, \cdots$，若 $\sum\limits_{k=1}^{\infty} g(x_k) p_k$ 绝对收敛，则有：

$$E(Y) = E[g(X)] = \sum_{k=1}^{\infty} g(x_k) p_k$$

2) 如果 X 是连续型随机变量，它的概率密度为 $f(x)$，若 $\int_{-\infty}^{\infty} g(x) f(x) \mathrm{d}x$ 绝对收敛，则有：

$$E(Y) = E[g(X)] = \int_{-\infty}^{\infty} g(x) f(x) \mathrm{d}x$$

由上可知，当求 $E(Y)$ 时，不必算出 Y 的分布律或概率密度，而只需利用 X 的分布律或概率密度就可以了。

(2) 设 Z 是随机变量 X、Y 的函数 $Z = g(X, Y)$（g 是连续函数）：

1) 若 (X, Y) 为离散型随机变量，其分布律为 $P\{X = x_i, Y = y_j\} = p_{ij}$，$i, j = 1, 2, \cdots$，则有：

$$E(Z) = E[g(X, Y)] = \sum_{j=1}^{\infty} \sum_{i=1}^{\infty} g(x_i, y_j) p_{ij}$$

这里设上式右边的级数绝对收敛。

2) 若二维随机变量 (X, Y) 的概率密度为 $f(x, y)$，则有：

$$E(Z) = E[g(X, Y)] = \int_{-\infty}^{\infty} \int_{-\infty}^{\infty} g(x, y) f(x, y) \mathrm{d}x \mathrm{d}y$$

这里设上式右边的积分绝对收敛。

【例 1-8-23】（历年真题）设随机变量 X 的分布函数为 $F(x) = \begin{cases} 0, & x \leqslant 0 \\ x^3, & 0 < x \leqslant 1 \\ 1, & x > 1 \end{cases}$，则数学期望 $E(X)$ 等于：

A. $\int_0^1 3x^2 \mathrm{d}x$

B. $\int_0^1 3x^3 \mathrm{d}x$

C. $\int_0^1 \frac{x^4}{4} \mathrm{d}x + \int_1^{+\infty} x \mathrm{d}x$

D. $\int_0^{+\infty} 3x^3 \mathrm{d}x$

【解答】

$$f(x) = F'(x) = \begin{cases} 3x^2, & 0 < x \leqslant 1 \\ 0, & 其他 \end{cases}$$

$$E(X) = \int_{-\infty}^{\infty} xf(x)\mathrm{d}x = \int_0^1 x \cdot 3x^2 \mathrm{d}x = \int_0^1 3x^3 \mathrm{d}x$$

应选 B 项。

【例 1-8-24】（历年真题）设 (X, Y) 的联合概率密度为 $f(x, y) = \begin{cases} k, 0 < x < 1, 0 < y < x \\ 0, 其他 \end{cases}$，则数学期望 $E(XY)$ 等于：

A. $\dfrac{1}{4}$ B. $\dfrac{1}{3}$ C. $\dfrac{1}{6}$ D. $\dfrac{1}{2}$

【解答】 $\int_{-\infty}^{\infty}\int_{-\infty}^{\infty} f(x, y)\mathrm{d}x\mathrm{d}y = \int_0^1\int_0^x k\mathrm{d}x\mathrm{d}y = \dfrac{k}{2} = 1$，可得：$k = 2$

$$E(XY) = \int_{-\infty}^{\infty}\int_{-\infty}^{\infty} xyf(x, y)\mathrm{d}x\mathrm{d}y = \int_0^1\int_0^x 2xy\mathrm{d}x\mathrm{d}y =$$

$$= \int_0^1 x^3 \mathrm{d}x = \dfrac{x^4}{4}\Big|_0^1 = \dfrac{1}{4}$$

应选 A 项。

【例 1-8-25】（历年真题）若随机变量 X 与 Y 相互独立，且 X 在区间 $[0, 2]$ 上服从均匀分布，Y 服从参数为 3 的指数分布，则数学期望 $E(XY)$ 等于：

A. $\dfrac{4}{3}$ B. 1   C. $\dfrac{2}{3}$ D. $\dfrac{1}{3}$

【解答】 X 与 Y 相互独立，则 $E(XY) = E(X)E(Y)$

$$E(X) = \dfrac{a+b}{2} = \dfrac{0+2}{2} = 1, E(Y) = \dfrac{1}{\lambda} = \dfrac{1}{3}, E(XY) = 1 \times \dfrac{1}{3} = \dfrac{1}{3}$$

应选 D 项。

(二) 方差

1. 方差的定义与计算

设 X 是一个随机变量，若 $E\{[X-E(X)]^2\}$ 存在，则称 $E\{[X-E(X)]^2\}$ 为 X 的方差，记为 $D(X)$，即：

$$D(X) = E\{[X-E(X)]^2\}$$

在应用上还引入量 $\sqrt{D(X)}$，记为 $\sigma(X)$，称为标准差或均方差。

设离散型随机变量 X 的分布律为 $P\{X = x_k\} = p_k (k = 1, 2, \cdots)$，则：

$$D(X) = \sum_{k=1}^{\infty} [x_k - E(X)]^2 p_k$$

设连续型随机变量 X 的概率密度为 $f(x)$，则：

$$D(X) = \int_{-\infty}^{\infty} [x - E(X)]^2 f(x)\mathrm{d}x$$

随机变量 X 的方差可按下列公式计算：

$$D(X) = E(X^2) - [E(X)]^2$$

2. 方差的重要性质

(1) 设 C 是常数，则 $D(C) = 0$；

(2) 设 X 是随机变量，C、b 是常数，则：$D(CX) = C^2 D(X)$，$D(X+C) = D(X)$，$D(CX+b) = C^2 D(X)$；

(3) 设 X、Y 是两个随机变量，则：
$$D(X+Y) = D(X) + D(Y) + 2E\{[X-E(X)][Y-E(Y)]\}$$

特别地，若 X、Y 相互独立，则：$D(X+Y) = D(X) + D(Y)$

(三) 常用随机变量的数字特征

1. 二点分布（0-1 分布）
$$E(X) = p, D(X) = p(1-p)$$

2. 二项分布 $b(n,p)$
$$E(X) = np, D(X) = np(1-p)$$

3. 泊松分布 $\pi(\lambda)$
$$E(X) = \lambda, D(X) = \lambda$$

4. 均匀分布 $U(a,b)$
$$E(X) = \frac{a+b}{2}, D(X) = \frac{(b-a)^2}{12}$$

5. 指数分布 $E(\lambda)$
$$E(X) = \frac{1}{\lambda}, D(X) = \frac{1}{\lambda^2}$$

6. 正态分布 $N(\mu, \sigma^2)$
$$E(X) = \mu, D(X) = \sigma^2$$

(1) 若 $X_i \sim N(\mu_i, \sigma_i^2), i=1,2,\cdots,n$，且它们相互独立，则它们的线性组合：$C_1 X_1 + C_2 X_2 + \cdots + C_n X_n$（$C_1, C_2, \cdots, C_n$ 是不全为 0 的常数）仍然服从正态分布，由数学期望和方差的性质可得：
$$C_1 X_1 + C_2 X_2 + \cdots + C_n X_n \sim N(\sum_{i=1}^{n} C_i \mu_i, \sum_{i=1}^{n} C_i^2 \sigma_i^2)$$

(2) 若 $X \sim N(\mu, \sigma^2)$，线性函数 $Y = aX + b$（$a \neq 0$）仍然服从正态分布，可得：
$$Y = aX + b \sim N[a\mu + b, (a\sigma)^2]$$

特别，取 $a = \frac{1}{\sigma}$，$b = -\frac{\mu}{\sigma}$，可得：$Y = \frac{X-\mu}{\sigma} \sim N(0, 1)$

【例 1-8-26】（历年真题）设随机变量 X 与 Y 相互独立，方差 $D(X)=1$，$D(Y)=3$，则方差 $D(2X-Y)$ 等于：

A. 7　　　　　　B. -1　　　　　　C. 1　　　　　　D. 4

【解答】X 与 Y 相互独立，$D(2X-Y) = 2^2 D(X) + (-1)^2 D(Y) = 4 \times 1 + 1 \times 3 = 7$，应选 A 项。

【例 1-8-27】已知 $E(X)=3$，$D(X)=1$，$Y=X^2$，则 $E(Y)$ 等于：

A. 1　　　　　　B. 4　　　　　　C. 5　　　　　　D. 10

【解答】$E(Y) = E(X^2) = D(X) + [E(X)]^2 = 1 + 3^2 = 10$

应选 D 项。

【例 1-8-28】已知随机变量 X 服从二项分布，且 $E(X)=2.4, D(X)=1.44$，则二项分布的参数 n、p 的值为：

A. $n=4$,$p=0.6$ B. $n=6$,$p=0.4$
C. $n=8$,$p=0.3$ D. $n=24$,$p=0.1$

【解答】二项分布，$E(X)=np=2.4$，$D(X)=np(1-p)=1.44$

可得：$n=6$，$p=0.4$，应选 B 项。

(四) 协方差、相关系数与矩

1. 协方差与相关系数

量 $E\{[X-E(X)][Y-E(Y)]\}$ 称为随机变量 X 与 Y 的协方差，记为 Cov(X, Y)，即：

$$\text{Cov}(X,Y) = E\{[X-E(X)][Y-E(Y)]\}$$

而

$$\rho_{XY} = \frac{\text{Cov}(X,Y)}{\sqrt{D(X)}\sqrt{D(Y)}}$$

称为随机变量 X 与 Y 的相关系数。

由定义，可知：

$$\text{Cov}(X,Y) = \text{Cov}(Y,X), \text{Cov}(X,X) = D(X)$$

$$D(X+Y) = D(X) + D(Y) + 2\text{Cov}(X,Y)$$

将 Cov (X, Y) 的定义式展开，可得：

$$\text{Cov}(X,Y) = E(XY) - E(X)E(Y)$$

(1) 协方差的性质

1) $\text{Cov}(X, C)=0$(C 为常数)；

2) $\text{Cov}(aX, bY)=ab\text{Cov}(X, Y)$($a$, b 是常数)；

3) $\text{Cov}(X_1 \pm X_2, Y)=\text{Cov}(X_1, Y)\pm\text{Cov}(X_2, Y)$；

4) 若 X 与 Y 相互独立时，$\text{Cov}(X, Y)=0$，$E(XY)=E(X)E(Y)$。

(2) 相关系数的性质

1) $|\rho_{XY}| \leq 1$；

2) $|\rho_{XY}|=1$ 的充分必要条件是：存在常数 a、b 使 $P\{Y=a+bX\}=1$；

3) 当 $\rho_{XY}=0$ 时，称随机变量 X 与 Y 不相关。

【例 1-8-29】已知 $\rho(X, Y)=0.2$，则 $\rho(1-2X, Y)$ 等于：

A. -0.2 B. -0.1 C. 0.1 D. 0.2

【解答】$D(1-2X) = (-2)^2 D(X) = 4D(X)$

$\text{Cov}(1-2X,Y) = \text{Cov}(1,Y) - 2\text{Cov}(X,Y) = 0 - 2\text{Cov}(X,Y) = -2\text{Cov}(X,Y)$

$$\rho(1-2X,Y) = \frac{\text{Cov}(1-2X,Y)}{\sqrt{D(1-2X)}\sqrt{D(Y)}} = \frac{-2\text{Cov}(X,Y)}{\sqrt{4D(X)}\sqrt{D(Y)}} = -\rho(X,Y) = -0.2$$

应选 A 项。

【例 1-8-30】已知 $D(X)=4$，$D(Y)=1$，$\rho(X,Y)=-0.25$，则 $D(X-Y)$ 等于：

A. 3 B. 4 C. 6 D. 8

【解答】$\text{Cov}(X,Y) = \rho(X,Y)\sqrt{D(X)}\sqrt{D(Y)} = -0.25 \times \sqrt{4} \times \sqrt{1} = -0.5$

$D(X-Y) = D(X) + D(Y) - 2\text{Cov}(X,Y) = 4 + 1 - 2 \times (-0.5) = 6$

应选 C 项。

2. 矩

设 X 和 Y 是随机变量：

(1) 若 $E(X^k)(k=1,2,\cdots)$ 存在，称它为 X 的 k 阶原点矩，简称 k 阶矩。

(2) 若 $E\{[X-E(X)]^k\}$ $(k=2,3,\cdots)$ 存在，称它为 X 的 k 阶中心矩。

(3) 若 $E(X^kY^l)$ $(k,l=1,2,\cdots)$ 存在，称它为 X 和 Y 的 $k+l$ 阶混合矩。

(4) 若 $E\{[X-E(X)]^k[Y-E(Y)]^l\}$ $(k,l=1,2,\cdots)$ 存在，称它为 X 和 Y 的 $k+l$ 阶混合中心矩。

显然，X 的数学期望 $E(X)$ 是 X 的一阶原点矩，方差 $D(X)$ 是 X 的二阶中心矩，协方差 $\mathrm{Cov}(X,Y)$ 是 X 和 Y 的二阶混合中心矩。

四、数理统计的基本概念

（一）总体与样本

在数理统计中，将试验的全部可能的观察值称为总体。总体中所包含的个体（是指每一个可能观察值）的个数称为总体的容量。

设 X 是具有分布函数 F 的随机变量，若 $X_1,X_2,\cdots,X_n$ 是具有同一分布函数 F 的、相互独立的随机变量，则称 $X_1,X_2,\cdots,X_n$ 为服从分布函数 F（或总体 F，或总体 X）得到的容量为 n 的简单随机样本，简称样本，它们的观察值 $x_1,x_2,\cdots,x_n$ 称为样本值，又称为 X 的 n 个独立的观察值。

（二）统计量

设 $X_1,X_2,\cdots,X_n$ 是来自总体 X 的一个样本，$g(X_1,X_2,\cdots,X_n)$ 是 $X_1,X_2,\cdots,X_n$ 的函数，若 g 中不含未知参数，则称 $g(X_1,X_2,\cdots,X_n)$ 是一统计量。

因为 $X_1,X_2,\cdots,X_n$ 都是随机变量，而统计量 $g(X_1,X_2,\cdots,X_n)$ 是随机变量的函数，因此统计量是一个随机变量。设 $x_1,x_2,\cdots,x_n$ 是相应于样本 $X_1,X_2,\cdots,X_n$ 的样本值，则称 $g(x_1,x_2,\cdots,x_n)$ 是 $g(X_1,X_2,\cdots,X_n)$ 的观察值。

设 $X_1,X_2,\cdots,X_n$ 是来自总体 X 的一个样本，$x_1,x_2,\cdots,x_n$ 是这一样本的观察值：

样本平均值
$$\overline{X}=\frac{1}{n}\sum_{i=1}^n X_i$$

样本方差
$$S^2=\frac{1}{n-1}\sum_{i=1}^n(X_i-\overline{X})^2=\frac{1}{n-1}\left(\sum_{i=1}^n X_i^2-n\overline{X}^2\right)$$

样本标准差
$$S=\sqrt{S^2}=\sqrt{\frac{1}{n-1}\sum_{i=1}^n(X_i-\overline{X})^2}$$

样本 k 阶（原点）矩 $\quad A_k=\dfrac{1}{n}\sum_{i=1}^n X_i^k(k=1,2,\cdots)$

样本 k 阶中心矩 $\quad B_k=\dfrac{1}{n}\sum_{i=1}^n(X_i-\overline{X})^k(k=2,3,\cdots)$

统计量的性质如下：

记 $E(X)=\mu,D(X)=\sigma^2$，则：

$$E(\overline{X}) = \mu, D(\overline{X}) = \frac{\sigma^2}{n}, E(S^2) = \sigma^2$$

上述结论来源见本节后面估计量的评选标准。

【例 1-8-31】 $E\left[\frac{1}{n}\sum_{i=1}^{n}(X_i - \overline{X})^2\right]$ 等于：

A. $\frac{n-1}{n}\mu$ B. μ C. $\frac{n-1}{n}\sigma^2$ D. σ^2

【解答】 原式 $= E\left[\frac{n-1}{n} \cdot \frac{1}{n-1}\sum_{i=1}^{n}(X_i - \overline{X})^2\right]$

$$= E\left(\frac{n-1}{n}S^2\right) = \frac{n-1}{n}E(S^2) = \frac{n-1}{n}\sigma^2$$

应选 C 项。

(三) 三个常用分布

1. χ^2 分布

设 $X_1, X_2, \cdots, X_n$ 是来自总体标准正态分布 $N(0, 1)$ 的样本，则称统计量

$$\chi^2 = X_1^2 + X_2^2 + \cdots + X_n^2$$

服从自由度为 n 的 χ^2 分布，记为 $\chi^2 \sim \chi^2(n)$。其中，自由度是指上式右端包含的独立变量的个数。

χ^2 分布的性质：

(1) 设 $\chi_1^2 \sim \chi^2(n_1)$，$\chi_2^2 \sim \chi^2(n_2)$，并且 χ_1^2、χ_2^2 相互独立，则：$\chi_1^2 + \chi_2^2 \sim \chi^2(n_1 + n_2)$；

(2) 若 $\chi^2 \sim \chi^2(n)$，则：$E(\chi^2) = n$，$D(\chi^2) = 2n$。

对于给定的正数 α，$0 < \alpha < 1$，满足条件

$$P\{\chi^2 > \chi_\alpha^2(n)\} = \int_{\chi_\alpha^2(n)}^{\infty} f(y)\mathrm{d}y = \alpha$$

的点 $\chi_\alpha^2(n)$ 就是 $\chi^2(n)$ 分布的上 α 分位点，如图 1-8-6 所示。对于不同的 α、n，上 α 分位点的值已制成表格。例如对于 $\alpha = 0.1$，$n = 25$，查得 $\chi_{0.1}^2(25) = 34.382$。

2. t 分布（也称为学生氏分布）

设 $X \sim N(0, 1)$，$Y \sim \chi^2(n)$，且 X、Y 相互独立，则称随机变量

$$t = \frac{X}{\sqrt{Y/n}}$$

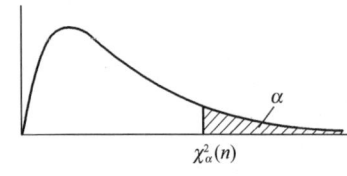

图 1-8-6 （非对称图）

服从自由度为 n 的 t 分布，记为 $t \sim t(n)$。

$t(n)$ 分布的概率密度函数 $h(t)$ 的图形关于 $t = 0$ 对称。

对于给定的 α，$0 < \alpha < 1$，满足条件

$$P\{t > t_\alpha(n)\} = \int_{t_\alpha(n)}^{\infty} h(t)\mathrm{d}t = \alpha$$

的点 $t_\alpha(n)$ 就是 $t(n)$ 分布的上 α 分位点（图 1-8-7）。

由 t 分布上 α 分位点的定义及 $h(t)$ 图形的对称性，可知：

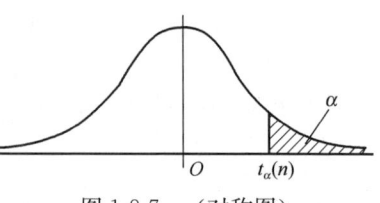

图 1-8-7 （对称图）

$$t_{1-\alpha}(n)=-t_\alpha(n)$$

3. F 分布

设 $U\sim\chi^2(n_1)$，$V\sim\chi^2(n_2)$，且 U、V 相互独立，则称随机变量

$$F=\frac{U/n_1}{V/n_2}$$

服从自由度为 (n_1, n_2) 的 F 分布，记为 $F\sim F(n_1, n_2)$。

由定义可知，若 $F\sim F(n_1, n_2)$，则：$\frac{1}{F}\sim F(n_2, n_1)$

对于给定的 α，$0<\alpha<1$，满足条件

$$P\{F>F_\alpha(n_1,n_2)\}=\int_{F_\alpha(n_1,n_2)}^{\infty}\psi(y)\mathrm{d}y=\alpha$$

的点 $F_\alpha(n_1, n_2)$ 就是 $F(n_1, n_2)$ 分布的上 α 分位点（图 1-8-8）。

F 分布的上 α 分位点有如下性质：

$$F_{1-\alpha}(n_1, n_2)=\frac{1}{F_\alpha(n_2, n_1)}$$

图 1-8-8 （非对称图）

（四）正态总体的某些常用统计量的分布

1. 设 X_1，X_2，$\cdots$，X_n 是来自正态总体 $N(\mu, \sigma^2)$ 的样本，$\overline{X}$ 是样本均值，则：

$$\overline{X}\sim N(\mu, \sigma^2/n),\ \frac{\overline{X}-\mu}{\frac{\sigma}{\sqrt{n}}}\sim N(0, 1)$$

2. 设 X_1，X_2，$\cdots$，X_n 是来自总体 $N(\mu, \sigma^2)$ 的样本，$\overline{X}$、S^2 分别是样本均值和样本方差，则：

(1) $\overline{X}$ 与 S^2 相互独立；

(2) $\frac{(n-1)S^2}{\sigma^2}\sim\chi^2(n-1)$；

(3) $\frac{\overline{X}-\mu}{S/\sqrt{n}}\sim t(n-1)$。

3. 设 X_1，X_2，$\cdots$，X_{n_1} 与 Y_1，Y_2，$\cdots$，Y_{n_2} 分别是来自正态总体 $N(\mu_1, \sigma_1^2)$ 和 $N(\mu_2, \sigma_2^2)$ 的样本，且这两个样本相互独立。设 $\overline{X}=\frac{1}{n_1}\sum_{i=1}^{n_1}X_i$，$\overline{Y}=\frac{1}{n_2}\sum_{i=1}^{n_2}Y_i$ 分别是这两个样本的样本均值；$S_1^2=\frac{1}{n_1-1}\sum_{i=1}^{n_1}(X_i-\overline{X})^2$，$S_2^2=\frac{1}{n_2-1}\sum_{i=1}^{n_2}(Y_i-\overline{Y})^2$ 分别是这两个样本的样本方差，则：

(1) $\frac{S_1^2/S_2^2}{\sigma_1^2/\sigma_2^2}\sim F(n_1-1, n_2-1)$；

(2) 当 $\sigma_1^2=\sigma_2^2=\sigma^2$ 时，

$$\frac{(\overline{X}-\overline{Y})-(\mu_1-\mu_2)}{S_w\sqrt{\frac{1}{n_1}+\frac{1}{n_2}}}\sim t(n_1+n_2-2)$$

其中 $S_w^2 = \dfrac{(n_1-1)S_1^2 + (n_2-1)S_2^2}{n_1+n_2-2}, S_w = \sqrt{S_w^2}$

为了便于理解，下面补充两个结论及其推导过程：

(3) $\sigma_1^2 = \sigma_2^2 = \sigma^2$ 时，$\overline{X} \sim N\left(\mu, \dfrac{\sigma_1^2}{n_1}\right)$，即：$\overline{X} \sim N\left(\mu, \dfrac{\sigma^2}{n_1}\right)$

同理，$\overline{Y} \sim N\left(\mu, \dfrac{\sigma^2}{n_2}\right)$，则有：

$\overline{X} - \overline{Y} \sim N\left(\mu_1 - \mu_2, \dfrac{\sigma^2}{n_1} + \dfrac{\sigma^2}{n_2}\right)$，可得：

$\dfrac{(\overline{X}-\overline{Y}) - (\mu_1-\mu_2)}{\sigma\sqrt{\dfrac{1}{n_1}+\dfrac{1}{n_2}}} \sim N(0,1)$

(4) $\dfrac{\dfrac{1}{n_1\sigma_1^2}\sum\limits_{i=1}^{n_1}(X_i-\mu_1)}{\dfrac{1}{n_2\sigma_2^2}\sum\limits_{i=1}^{n_2}(Y_i-\mu_2)} \sim F(n_1, n_2)$

上式推导如下：

$\dfrac{X_i - \mu_1}{\sigma_1} \sim N(0,1)$，则：$\sum\limits_{i=1}^{n_1}\left(\dfrac{X_i-\mu_1}{\sigma_1}\right)^2 = \dfrac{1}{\sigma_1^2}\sum\limits_{i=1}^{n_1}(X_i-\mu_1)^2 \sim \chi^2(n_1)$

同理，$\dfrac{1}{\sigma_2^2}\sum\limits_{i=1}^{n_2}(Y_i-\mu_2)^2 \sim \chi^2(n_2)$

由 F 分布的定义，即可得上述结论。

【例 1-8-32】（历年真题）设 $(X_1, X_2, \cdots, X_{10})$ 是抽自正态总体 $N(\mu, \sigma^2)$ 的一个容量为 10 的样本，其中 $-\infty < \mu < +\infty, \sigma^2 > 0$，记 $\overline{X}_9 = \dfrac{1}{9}\sum\limits_{i=1}^{9}X_i$，则 $\overline{X}_9 - X_{10}$ 所服从的分布是：

A. $N\left(0, \dfrac{10}{9}\sigma^2\right)$ B. $N\left(0, \dfrac{8}{9}\sigma^2\right)$

C. $N(0, \sigma^2)$ D. $N\left(0, \dfrac{11}{9}\sigma^2\right)$

【解答】由正态总体抽样结论可知，$\overline{X}_9 \sim N\left(\mu, \dfrac{\sigma^2}{9}\right)$，且 $\overline{X}_9$ 与 X_{10} 相互独立。

$\overline{X}_9 - X_{10}$ 服从正态分布，且 $E(\overline{X}_9 - X_{10}) = E(\overline{X}_9) - E(X_{10}) = \mu - \mu = 0$

$D(\overline{X}_9 - X_{10}) = D(\overline{X}_9) + (-1)^2 D(X_{10}) = \dfrac{\sigma^2}{9} + \sigma^2 = \dfrac{10}{9}\sigma^2$

即：$\overline{X}_9 - X_{10} \sim N\left(0, \dfrac{10}{9}\sigma^2\right)$，应选 A 项。

【例 1-8-33】（历年真题）设 $X_1, X_2, \cdots, X_n$ 与 $Y_1, Y_2, \cdots, Y_n$ 是来自正态总体 $X \sim N(\mu, \sigma^2)$ 的样本，并且相互独立，$\overline{X}$ 与 $\overline{Y}$ 分别是其样本均值，则 $\dfrac{\sum\limits_{i=1}^{n}(X_i-\overline{X})^2}{\sum\limits_{i=1}^{n}(Y_i-\overline{Y})^2}$ 服从的分布是：

A. $t(n-1)$ B. $F(n-1, n-1)$ C. $\chi^2(n-1)$ D. $N(\mu, \sigma^2)$

【解答】根据正态总体下统计量的分布的结论，即：

$\dfrac{(n-1)S_1^2}{\sigma^2} \sim \chi^2(n-1)$，又 $S_1^2 = \dfrac{1}{n-1}\sum\limits_{i=1}^{n}(X_i-\overline{X})^2$，则：

$\dfrac{\sum\limits_{i=1}^{n}(X_i-\overline{X})^2}{\sigma^2} \sim \chi^2(n-1)$，同理，$\dfrac{\sum\limits_{i=1}^{n}(Y_i-\overline{Y})^2}{\sigma^2} \sim \chi^2(n-1)$

可得：$\dfrac{\sum\limits_{i=1}^{n}\dfrac{(X_i-\overline{X})^2}{\sigma^2}\cdot\dfrac{1}{n-1}}{\sum\limits_{i=1}^{n}\dfrac{(Y_i-\overline{Y})^2}{\sigma^2}\cdot\dfrac{1}{n-1}} \sim F(n-1,n-1)$

即：$\dfrac{\sum\limits_{i=1}^{n}(X_i-\overline{X})^2}{\sum\limits_{i=1}^{n}(Y_i-\overline{Y})^2} \sim F(n-1,n-1)$，应选 B 项。

【例 1-8-34】（历年真题）设随机变量 X 和 Y 都服从 $N(0,1)$ 分布，则下列叙述中正确的是：

A. $X+Y\sim$ 正态分布 B. $X^2+Y^2\sim\chi^2$ 分布

C. X^2 和 Y^2 都 $\sim\chi^2$ 分布 D. $\dfrac{X^2}{Y^2}\sim F$ 分布

【解答】根据 χ^2 分布的定义，则 $X^2\sim\chi^2(1)$，$Y^2\sim\chi(1)$，C 项正确，应选 C 项。

此外，题目条件未提供 X 与 Y 是否相互独立，例如 $X\sim N(0, 1)$，$Y=-X$ 时，$Y\sim N(0, 1)$，但 $X+Y=0$ 不是随机变量。

【例 1-8-35】（历年真题）设随机变量 X 与 Y 相互独立，且 $X\sim N(\mu_1, \sigma_1^2)$，$Y\sim N(\mu_2, \sigma_2^2)$，则 $Z=X+Y$ 服从的分布是：

A. $N(\mu_1, \sigma_1^2+\sigma_2^2)$ B. $N(\mu_1+\mu_2, \sigma_1\sigma_2)$
C. $N(\mu_1+\mu_2, \sigma_1^2\sigma_2^2)$ D. $N(\mu_1+\mu_2, \sigma_1^2+\sigma_2^2)$

【解答】根据题目条件，则：$E(Z) = E(X)+E(Y) = \mu_1+\mu_2$

$$D(Z) = D(X)+D(Y) = \sigma_1^2+\sigma_2^2$$

应选 D 项。

五、参数估计

用样本对总体所含未知参数进行估计，这就是参数估计。参数估计的形式有两种：点估计与区间估计。

（一）点估计

设总体 X 的分布函数 $F(x;\theta)$ 的形式为已知，θ 是待估参数。X_1，X_2，$\cdots$，X_n 是 X 的一个样本，x_1，x_2，$\cdots$，x_n 是相应的一个样本值。点估计问题就是要构造一个适当的统计量 $\hat{\theta}(X_1, X_2, \cdots, X_n)$，用它的观察值 $\hat{\theta}(x_1, x_2, \cdots, x_n)$ 作为未知参数 θ 的近似值。我们称 $\hat{\theta}(X_1, X_2, \cdots, X_n)$ 为 θ 的估计量，称 $\hat{\theta}(x_1, x_2, \cdots, x_n)$ 为 θ 的估计值。在不致混淆的情况下，统称估计量和估计值为估计，并都简记为 $\hat{\theta}$。由于估计量是

样本的函数，因此，对于不同的样本值，θ 的估计值一般是不相同的。

1. 矩估计法

设 X 为连续型随机变量，其概率密度为 $f(x;\theta_1,\theta_2,\cdots,\theta_k)$，或 X 为离散型随机变量，其分布律为 $P\{X=x\}=p(x;\theta_1,\theta_2,\cdots,\theta_k)$，其中 $\theta_1,\theta_2,\cdots,\theta_k$ 为待估参数，$X_1,X_2,\cdots,X_n$ 是来自 X 的样本。假设总体 X 的前 k 阶矩

$$\mu_l=E(X^l)=\int_{-\infty}^{\infty}x^l f(x;\theta_1,\theta_2,\cdots,\theta_k)\mathrm{d}x \quad (X\text{ 连续型},l=1,2,\cdots,k)$$

或 $\mu_l=E(X^l)=\sum_{x\in R_X}x^l p(x;\theta_1,\theta_2,\cdots,\theta_k) \quad (X\text{ 离散型},l=1,2,\cdots,k)$

一般地，μ_l 是 $\theta_1,\theta_2,\cdots,\theta_k$ 的函数。

样本矩 $\quad\dfrac{1}{n}\sum_{i=1}^{n}X_i^l \quad (l=1,2,\cdots,k)$

我们就用样本矩作为相应的总体矩的估计量，而以样本矩的连续函数作为相应的总体矩的连续函数的估计量，这种估计方法称为矩估计法。

例如：设总体 X 的均值 μ 及方差 σ^2 都存在，且有 $\sigma^2>0$，但 μ、σ^2 均为未知。又设 $X_1,X_2,\cdots,X_n$ 是来自 X 的样本，求 μ、σ^2 的矩估计量。

分析如下：

$\mu_1=E(X)=\mu$
$\mu_2=E(X^2)=D(X)+[E(X)]^2=\sigma^2+\mu^2$

可得：$\mu=\mu_1$，$\sigma^2=\mu_2-\mu_1^2$

用样本矩 $\overline{X}$ 代替 μ_1，样本矩 $\dfrac{1}{n}\sum_{i=1}^{n}X_i^2$ 代替 μ_2，则：

$\hat{\mu}=\overline{X}$，$\hat{\sigma}^2=\dfrac{1}{n}\sum_{i=1}^{n}X_i^2-\overline{X}^2$

【例 1-8-36】（历年真题）设总体 X 的概率分布为：

X	0	1	2	3
p	θ^2	$2\theta(1-\theta)$	θ^2	$1-2\theta$

其中 $\theta(0<\theta<\dfrac{1}{2})$ 是未知参数，利用样本值 3，1，3，0，3，1，2，3，所得 θ 的矩估计值是：

A. $\dfrac{1}{4}$ B. $\dfrac{1}{2}$ C. 2   D. 0

【解答】$E(X)=0\times\theta^2+1\times 2\theta(1-\theta)+2\times\theta^2+3\times(1-2\theta)=3-4\theta$

$\theta=\dfrac{3-E(X)}{4}$，用样本矩 $\overline{X}$ 代替 $E(X)$，即：$\hat{\theta}=\dfrac{3-\overline{X}}{4}$

又 $\overline{X}=\dfrac{1}{8}\times(3+1+3+0+3+1+2+3)=2$

故 $\hat{\theta}=\dfrac{3-2}{4}=\dfrac{1}{4}$，应选 A 项。

【例 1-8-37】（历年真题）设总体 X 服从均匀分布 $U(1,\theta)$，$\overline{X}=\dfrac{1}{n}\sum_{i=1}^{n}X_i$，则 θ 的矩估计

为：

A. $\overline{X}$ B. $2\overline{X}$
C. $2\overline{X}-1$ D. $2\overline{X}+1$

【解答】$X \sim U(1,\theta)$，故 $E(X) = \dfrac{1+\theta}{2}, \theta = 2E(X)-1$

用 $\overline{X}$ 代替 $E(X)$，则：$\hat{\theta} = 2\overline{X}-1$，应选 C 项。

【例 1-8-38】（历年真题）设总体 X 的概率密度 $f(x) = \begin{cases}(\theta+1)x^\theta, & 0<x<1 \\ 0, & \text{其他}\end{cases}$，其中 $\theta>-1$ 是未知参数，$X_1, X_2, \cdots, X_n$ 是来自总体 X 的样本，则 θ 的矩估计量是：

A. $\overline{X}$ B. $\dfrac{2\overline{X}-1}{1-\overline{X}}$ C. $2\overline{X}$ D. $\overline{X}-1$

【解答】$E(X) = \displaystyle\int_{-\infty}^{\infty} xf(x)\mathrm{d}x = \int_0^1 x(\theta+1)x^\theta \mathrm{d}x = \dfrac{\theta+1}{\theta+2}$

$\theta = \dfrac{2E(x)-1}{1-E(x)}$，用 $\overline{X}$ 代替 $E(x)$，则：

$\hat{\theta} = \dfrac{2\overline{X}-1}{1-\overline{X}}$，应选 B 项。

2. 最大似然估计法

设总体 X 是离散型随机变量，其分布值 $p\{X=x\} = p(x_j;\theta)$，θ 为待估参数，设 $X_1, X_2, \cdots, X_n$ 是来自 X 的样本，则 $X_1, X_2, \cdots, X_n$ 的联合分布称为 $\displaystyle\prod_{i=1}^{n} p(x_i;\theta)$，则：

$L(\theta) = L(x_1, x_2, \cdots, x_n; \theta) = \displaystyle\prod_{i=1}^{n} p(x_i;\theta)$ 称为似然函数。

设总体 X 是连续型随机变量，其概率密度为 $f(x,\theta)$，θ 为待估参数。设 $X_1, X_2, \cdots, X_n$ 是来自 X 的样本，则 $X_1, X_2, \cdots, X_n$ 的联合密度为 $\displaystyle\prod_{i=1}^{n} f(x_i,\theta)$，则：

$L(\theta) = L(x_1, x_2, \cdots, x_n; \theta) = \displaystyle\prod_{i=1}^{n} f(x_i;\theta)$ 称为似然函数。

若 $L(x_1, x_2, \cdots, x_n; \hat{\theta}) = \max\limits_{\theta \in \Theta} L(x_1, x_2, \cdots, x_n; \theta)$，则称为 $\hat{\theta}(x_1, x_2, \cdots, x_n)$ 为 θ 的最大似然估计值，称 $\hat{\theta}(X_1, X_2, \cdots, X_n)$ 为 θ 的最大似然估计量。这样，确定最大似然估计量的问题就归结为微分学中的求最大值的问题。

解方程 $\dfrac{\partial L}{\partial \theta} = 0$ 或 $\dfrac{\partial \ln L}{\partial \theta} = 0$

得到的解 $\hat{\theta} = \hat{\theta}(X_1, \cdots, X_n)$ 就是 θ 的极大似然估计量。

最大似然估计法也适用于分布中含多个未知参数 $\theta_1, \theta_2, \cdots, \theta_k$ 的情况。这时，似然函数 L 是这些未知参数的函数，分别令：

$\dfrac{\partial L}{\partial \theta_i} = 0$ 或 $\dfrac{\partial \ln L}{\partial \theta_i} = 0 \quad (i=1, 2, \cdots, k)$

解上述由 k 个方程组成的方程组，即可得到各未知参数 θ_i（$i=1, 2, \cdots, k$）的最

大似然估计值 $\hat{\theta}_i$。

例如，设 $X \sim b(1, p)$，$X_1, X_2, \cdots, X_n$ 是来自 X 的一个样本，求参数 p 的最大似然估计量。

分析如下：

设 $x_1, x_2, \cdots, x_n$ 是相应于样本 $X_1, X_2, \cdots, X_n$ 的一个样本值。

$$L(p) = \prod_{i=1}^{n} p^{x_i}(1-p)^{1-x_i} = p^{\sum_{i=1}^{n}x_i}(1-p)^{n-\sum_{i=1}^{n}x_i}$$

$$\ln L(p) = \left(\sum_{i=1}^{n} x_i\right)\ln p + \left(n - \sum_{i=1}^{n} x_i\right)\ln(1-p)$$

令：
$$\frac{\mathrm{d}}{\mathrm{d}p}\ln L(p) = \frac{\sum_{i=1}^{n} x_i}{p} - \frac{n - \sum_{i=1}^{n} x_i}{1-p} = 0$$

可得 p 的最大似然估计值 $\hat{p} = \frac{1}{n}\sum_{i=1}^{n} x_i = \overline{x}$

p 的最大似然估计量 $\hat{p} = \frac{1}{n}\sum_{i=1}^{n} X_i = \overline{X}$

【例 1-8-39】 设总体 X 服从参数为 $\frac{1}{\theta}$ 的指数分布，θ 未知，$\theta > 0$。$X_1, \cdots, X_n$ 是取自总体 X 的一个样本。未知参数 θ 的最大似然估计量是：

A. $\overline{X}$ B. $\frac{1}{\overline{X}}$ C. $2\overline{X}$ D. $\frac{1}{2\overline{X}}$

【解答】 X 的概率密度函数为 $f(x,\theta) = \frac{1}{\theta}e^{-\frac{x}{\theta}}$，$x > 0$，似然函数 $L(\theta)$ 为：

$$L(\theta) = \prod_{i=1}^{n}\left(\frac{1}{\theta}e^{-\frac{x_i}{\theta}}\right) = \theta^{-n}e^{-\frac{1}{\theta}\sum_{i=1}^{n}x_i}$$

可得：
$$\ln L(\theta) = -n\ln\theta - \frac{1}{\theta}\sum_{i=1}^{n}x_i$$

令：
$$\frac{\partial}{\partial\theta}\ln L(\theta) = -\frac{n}{\theta} + \frac{1}{\theta^2}\sum_{i=1}^{n}x_i = 0$$

可得 θ 的最大似然估计值：$\hat{\theta} = \frac{1}{n}\sum_{i=1}^{n}x_i = \overline{x}$，其最大似然估计量：$\hat{\theta} = \overline{X}$，应选 A 项。

【例 1-8-40】 （历年真题）设总体 X 的概率密度为 $f(x,\theta) = \begin{cases} e^{-(x-\theta)}, & x \geq \theta \\ 0, & x < \theta \end{cases}$，而 $X_1, X_2, \cdots, X_n$ 是来自该总体的样本，则未知参数 θ 的最大似然估计值是：

A. $\overline{X} - 1$ B. $n\overline{X}$
C. $\min(X_1, X_2, \cdots, X_n)$ D. $\max(X_1, X_2, \cdots, X_n)$

【解答】 $L(\theta) = \prod_{i=1}^{n} e^{-(x_i-\theta)}$，且 $x_1, x_2, \cdots, x_n \geq \theta$

$\ln L(\theta) = \sum_{i=1}^{n}(\theta - x_i) = n\theta - \sum_{i=1}^{n}x_i$，$\frac{\partial \ln L(\theta)}{\partial \theta} = n > 0$，故 $\ln L(\theta)$ 单调增加，要使 $\ln L(\theta)$ 最大，应使 θ 最大，又 $x_1, x_2, \cdots, x_n \geq \theta$，故 θ 的最大似然估计值是 $\min(X_1, X_2, \cdots, X_n)$，应

选 C 项。

（二）估计量的评选标准

1. 无偏性

若估计量 $\hat{\theta}=\hat{\theta}(X_1,X_2,\cdots,X_n)$ 的数学期望 $E(\hat{\theta})$ 存在，且对于任意 $\theta\in\Theta$（Θ 是 θ 的取值范围）有：$E(\hat{\theta})=\theta$，则称 $\hat{\theta}$ 是 θ 的无偏估计量。

设总体 X（总体可为任意一种分布）的均值为 μ，方差 $\sigma^2>0$ 均未知，样本均值 $\overline{X}$，样本方差 $S^2=\dfrac{1}{n-1}\sum_{i=1}^{n}(X_i-\overline{X})^2$，$E(\overline{X})=\mu$，$E(S^2)=\sigma^2$，则 $\overline{X}$ 是总体均值 μ 的无偏估计，S^2 是总体方差的无偏估计。而估计量 $\dfrac{1}{n}\sum_{i=1}^{n}(X_i-\overline{X})^2$ 却不是 σ^2 的无偏估计。因此，一般取 S^2 作为 σ^2 的估计量。

此外，一个未知参数可以有不同的无偏估计量。

2. 有效性

设 $\hat{\theta}_1=\hat{\theta}_1(X_1,X_2,\cdots,X_n)$ 与 $\hat{\theta}_2=\hat{\theta}_2(X_1,X_2,\cdots,X_n)$ 都是 θ 的无偏估计量，若对于任意 $\theta\in\Theta$，有：$D(\hat{\theta}_1)\leqslant D(\hat{\theta}_2)$，且至少对于某一个 $\theta\in\Theta$ 前式中的不等号成立，则称 $\hat{\theta}_1$ 较 $\hat{\theta}_2$ 有效。

3. 相合性

设 $\hat{\theta}(X_1,X_2,\cdots,X_n)$ 为参数 θ 的估计量，若对于任意 $\theta\in\Theta$，当 $n\to\infty$ 时，$\hat{\theta}(X_1,X_2,\cdots,X_n)$ 依概率收敛于 θ，则称 $\hat{\theta}$ 为 θ 的相合估计量，也即若对于任意 $\theta\in\Theta$ 都满足：对于任意 $\varepsilon>0$，有 $\lim\limits_{n\to\infty}P\{|\hat{\theta}-\theta|<\varepsilon\}=1$，则称 $\hat{\theta}$ 是 θ 的相合估计量。

【例 1-8-41】（历年真题）设 $\hat{\theta}$ 是参数 θ 的一个无偏估计量，又方差 $D(\hat{\theta})>0$，下面结论中正确的是：

A. $\hat{\theta}^2$ 是 θ^2 的无偏估计量

B. $\hat{\theta}^2$ 不是 θ^2 的无偏估计量

C. 不能确定 $\hat{\theta}^2$ 是不是 θ^2 的无偏估计量

D. $\hat{\theta}^2$ 不是 θ^2 的估计量

【解答】因为 $\hat{\theta}$ 是 θ 的一个无偏估计量，所以 $E(\hat{\theta})=\theta$。

$$E(\hat{\theta}^2)=D(\hat{\theta})+[E(\hat{\theta})]^2=D(\hat{\theta})+\theta^2>0+\theta^2=\theta^2$$

故 $\hat{\theta}^2$ 不是 θ^2 的无偏估计量，应选 D 项。

【例 1-8-42】设 X_1,X_2,X_3 是取自正态总体 $N(\mu,1)$ 的一个样本，μ 未知。未知参数 μ 的下列无偏估计中，具有有效性的估计量是：

A. $\overline{X}$
B. $0.3X_1+0.7X_2$
C. X_3
D. $0.5X_1+0.2X_2+X_3$

【解答】$D(\bar{X}) = \dfrac{D(X)}{3} = \dfrac{1}{3}$，$D(0.3X_1 + 0.7X_2) = 0.3^2 \times 1 + 0.7^2 \times 1 = 0.58$

$D(X_3) = 1$，$D(0.5X_1 + 0.2X_2 + 0.3X_3) = 0.5^2 \times 1 + 0.2^2 \times 1 + 0.3^2 \times 1 = 0.38$

故 $D(\bar{X}) = \dfrac{1}{3}$ 最小，应选 A 项。

(三) 区间估计

1. 置信区间

对于未知参数 θ，根据样本 $(X_1, \cdots, X_n)$ 构造区间 $[\underline{\theta}, \bar{\theta}]$ 作为 θ 的估计，称为区间估计。区间估计中最常用的一种形式是置信区间。

设总体 X 的分布函数 $F(x; \theta)$ 含有一个未知参数 θ，$\theta \in \Theta$，对于给定值 $\alpha (0 < \alpha < 1)$，若由来自 X 的样本 $X_1, X_2, \cdots, X_n$ 确定的两个统计量 $\underline{\theta} = \underline{\theta}(X_1, X_2, \cdots, X_n)$ 和 $\bar{\theta} = \bar{\theta}(X_1, X_2, \cdots, X_n)(\underline{\theta} < \bar{\theta})$，对于任意 $\theta \in \Theta$ 满足

$$P\{\underline{\theta}(X_1, X_2, \cdots, X_n) < \theta < \bar{\theta}(X_1, X_2, \cdots, X_n)\} \geqslant 1 - \alpha$$

则称随机区间 $(\underline{\theta}, \bar{\theta})$ 是 θ 的置信水平为 $1-\alpha$ 的置信区间，$\underline{\theta}$ 和 $\bar{\theta}$ 分别称为置信水平为 $1-\alpha$ 的双侧置信区间的置信下限和置信上限，$1-\alpha$ 称为置信水平。

上式的含义是：若反复抽样多次（各次得到的样本的容量相等，都是 n），每个样本值确定一个区间 $(\underline{\theta}, \bar{\theta})$，每个这样的区间可能含 θ 的真值，也可能不含 θ 的真值。在这么多的区间中，含 θ 真值的约占 $100(1-\alpha)\%$，不含 θ 真值的约仅占 $100\alpha\%$。

求未知参数 θ 的置信区间的方法如下：

(1) 寻求一个样本 $X_1, X_2, \cdots, X_n$ 和 θ 的函数 $W = W(X_1, X_2, \cdots, X_n; \theta)$，使得 W 的分布不依赖于 θ 以及其他未知参数，称具有这种性质的函数 W 为枢轴量。枢轴量的构造通常可以从 θ 的点估计进行考虑。

(2) 对于给定的置信水平 $1-\alpha$，定出两个常数 a、b 使得

$$P\{a < W(X_1, X_2, \cdots, X_n; \theta) < b\} = 1 - \alpha$$

若能从 $a < W(X_1, X_2, \cdots, X_n; \theta) < b$ 得到与之等价的 θ 的不等式 $\underline{\theta} < \theta < \bar{\theta}$，其中 $\underline{\theta} = \underline{\theta}(X_1, X_2, \cdots, X_n)$，$\bar{\theta} = \bar{\theta}(X_1, X_2, \cdots, X_n)$ 都是统计量，则 $(\underline{\theta}, \bar{\theta})$ 就是 θ 的一个置信水平为 $1-\alpha$ 的置信区间。

2. 单个正态总体的均值和方差的置信区间

设已给定置信水平为 $1-\alpha$，并设 $X_1, X_2, \cdots, X_n$ 为总体 $N(\mu, \sigma^2)$ 的样本。$\bar{X}$、S^2 分别是样本均值和样本方差。

(1) 均值 μ 的置信区间

1) σ^2 已知，求 μ 的置信区间

取 $\hat{\mu} = \bar{X}$，枢轴量 $\dfrac{\bar{X} - \mu}{\sigma/\sqrt{n}} \sim N(0, 1)$，则：$P\left\{\left|\dfrac{\bar{X} - \mu}{\sigma/\sqrt{n}}\right| < z_{\alpha/2}\right\} = 1 - \alpha$

即 $$P\left\{\bar{X} - \dfrac{\sigma}{\sqrt{n}} z_{\alpha/2} < \mu < \bar{X} + \dfrac{\sigma}{\sqrt{n}} z_{\alpha/2}\right\} = 1 - \alpha$$

总体均值 μ 的一个置信水平为 $1-\alpha$ 的置信区间为：

$$\left(\bar{X} - \dfrac{\sigma}{\sqrt{n}} z_{\alpha/2}, \bar{X} + \dfrac{\sigma}{\sqrt{n}} z_{\alpha/2}\right)$$

上述置信区间常写成：$\left(\overline{X} \pm \dfrac{\sigma}{\sqrt{n}} z_{\alpha/2}\right)$

2) σ^2 未知，求 μ 的置信区间

取 $\hat{\mu}=\overline{X}$，枢轴量 $\dfrac{\overline{X}-\mu}{S/\sqrt{n}} \sim t(n-1)$，则：

$$P\left\{-t_{\alpha/2}(n-1) < \dfrac{\overline{X}-\mu}{S/\sqrt{n}} < t_{\alpha/2}(n-1)\right\} = 1-\alpha$$

总体均值 μ 的一个置信水平为 $1-\alpha$ 的置信区间为：

$$\left(\overline{X} \pm \dfrac{S}{\sqrt{n}} t_{\alpha/2}(n-1)\right)$$

(2) 方差 σ^2 的区间估计（μ 未知）

取 $\hat{\sigma}^2=S^2$，枢轴量 $\dfrac{(n-1)S^2}{\sigma^2} \sim \chi^2(n-1)$，则：

$$P\left\{\chi^2_{1-\alpha/2}(n-1) < \dfrac{(n-1)S^2}{\sigma^2} < \chi^2_{\alpha/2}(n-1)\right\} = 1-\alpha$$

总体方差 σ^2 的一个置信水平为 $1-\alpha$ 的置信区间为：

$$\left(\dfrac{(n-1)S^2}{\chi^2_{\alpha/2}(n-1)}, \dfrac{(n-1)S^2}{\chi^2_{1-\alpha/2}(n-1)}\right)$$

3. 两个正态总体的均值差和方差比的区间估计

设已给定置信水平为 $1-\alpha$，并设 X_1，X_2，$\cdots$，X_{n_1} 是来自第一个总体的样本；Y_1，Y_2，$\cdots$，Y_{n_2} 是来自第二个总体的样本，这两个样本相互独立，且设 $\overline{X}$、$\overline{Y}$ 分别为第一、第二个总体的样本均值，S_1^2、S_2^2 分别是第一、第二个总体的样本方差。

(1) 两个总体均值差 $\mu_1-\mu_2$ 的置信区间

1) σ_1^2、σ_2^2 均为已知，求 $\mu_1-\mu_2$ 的置信区间

由于 $\overline{X}-\overline{Y} \sim N\left(\mu_1-\mu_2, \dfrac{\sigma_1^2}{n_1}+\dfrac{\sigma_2^2}{n_2}\right)$，则有：$\dfrac{(\overline{X}-\overline{Y})-(\mu_1-\mu_2)}{\sqrt{\dfrac{\sigma_1^2}{n_1}+\dfrac{\sigma_2^2}{n_2}}} \sim N(0, 1)$

均值差 $\mu_1-\mu_2$ 的一个置信水平为 $1-\alpha$ 的置信区间为：

$$\left(\overline{X}-\overline{Y} \pm z_{\alpha/2}\sqrt{\dfrac{\sigma_1^2}{n_1}+\dfrac{\sigma_2^2}{n_2}}\right)$$

2) σ_1^2、σ_2^2 均为未知，但 $\sigma_1^2=\sigma_2^2$，求 $\mu_1-\mu_2$ 的置信区间

$$\dfrac{(\overline{X}-\overline{Y})-(\mu_1-\mu_2)}{S_w\sqrt{\dfrac{1}{n_1}+\dfrac{1}{n_2}}} \sim t(n_1+n_2-2)$$

此处 $S_w^2=\dfrac{(n_1-1)S_1^2+(n_2-1)S_2^2}{n_1+n_2-2}$，$S_w=\sqrt{S_w^2}$

均值差 $\mu_1-\mu_2$ 的一个置信水平为 $1-\alpha$ 的置信区间为：

$$\left(\overline{X}-\overline{Y} \pm t_{\alpha/2}(n_1+n_2-2) S_w\sqrt{\dfrac{1}{n_1}+\dfrac{1}{n_2}}\right)$$

(2) 方差比 σ_1^2/σ_2^2 的置信区间（μ_1、μ_2 均为未知时）

$$\dfrac{S_1^2/S_2^2}{\sigma_1^2/\sigma_2^2} \sim F(n_1-1, n_2-1)$$

方差比 σ_1^2/σ_2^2 的一个置信水平为 $1-\alpha$ 的置信区间为：

$$\left(\frac{S_1^2}{S_2^2}\frac{1}{F_{\alpha/2}(n_1-1,\ n_2-1)},\ \frac{S_1^2}{S_2^2}\frac{1}{F_{1-\alpha/2}(n_1-1,\ n_2-1)}\right)$$

【例 1-8-43】设一批零件的长度 $\sim N(\mu,\ \sigma^2)$，μ、σ^2 均未知，现抽 16 个零件，得 $\overline{X}=20$，$S=1$，则 μ 的置信水平为 0.9 的置信区间为：

A. $\left(20-\frac{1}{4}t_{0.1}(16),\ 20+\frac{1}{4}t_{0.1}(16)\right)$ B. $\left(20-\frac{1}{4}t_{0.1}(15),\ 20+\frac{1}{4}t_{0.1}(15)\right)$

C. $\left(20-\frac{1}{4}t_{0.05}(16),\ 20+\frac{1}{4}t_{0.05}(16)\right)$ D. $\left(20-\frac{1}{4}t_{0.05}(15),\ 20+\frac{1}{4}t_{0.05}(15)\right)$

【解答】$1-\alpha=0.9$，则 $\alpha=0.1$，$\frac{\alpha}{2}=0.05$；由于 μ、σ^2 未知，则置信区间为：

$$\left(\overline{X}\pm\frac{S}{\sqrt{n}}t_{\frac{\alpha}{2}}(n-1)\right)=\left(20\pm\frac{1}{\sqrt{16}}t_{0.05}(16-1)\right)=\left(20\pm\frac{1}{4}t_{0.05}(15)\right)$$

应选 D 项。

六、假设检验

（一）未知参数的假设检验的一般步骤

在总体的分布函数完全未知或只知其形式但不知其参数的情况，为了推断总体的某些未知特性，提出某些关于总体的假设。例如，对于正态总体提出数学期望等于 μ_0 的假设等。需要根据样本对所提出的假设作出是接受还是拒绝的决策。假设检验是作出这一决策的过程。

总体分布的未知参数的假设检验的一般步骤如下：

(1) 根据实际问题的要求，提出原假设 H_0 及备择假设 H_1；
(2) 给定显著性水平 α 以及样本容量 n；
(3) 确定检验统计量以及拒绝域的形式；
(4) 按 $P\{$当 H_0 为真拒绝 $H_0\}\leqslant\alpha$ 求出拒绝域；
(5) 取样，根据样本观察值作出决策，是接受 H_0 还是拒绝 H_0。

（二）正态总体的未知参数的假设检验

1. 正态总体 $N(\mu,\sigma^2)$ 的均值 μ 的假设检验

(1) σ^2 已知，关于 μ 的检验（Z 检验）

原假设 $H_0:\mu=\mu_0$，备择假设 $H_1:\mu\neq\mu_0$（μ_0 为已知常数）；

上述称为双边假设检验。当 H_0 成立时，检验统计量 $Z=\dfrac{\overline{X}-\mu_0}{\sigma/\sqrt{n}}\sim N(0,1)$；

当 Z 的观察值满足 $|Z|=\left|\dfrac{\overline{x}-\mu_0}{\sigma/\sqrt{n}}\right|\geqslant z_{\alpha/2}$ 时，则拒绝 H_0；当 $|z|<z_{\alpha/2}$ 时，则接受 H_0。

单边检验的假设检验，见表 1-8-1。

(2) σ^2 未知，关于 μ 的检验（t 检验）

原假设 $H_0:\mu=\mu_0$，备择假设 $H_1:\mu\neq\mu_0$（μ_0 为已知常数）；

当 H_0 成立时，检验统计量 $t=\dfrac{\overline{X}-\mu_0}{S/\sqrt{n}}\sim t(n-1)$；

当观察值 $|t|=\left|\dfrac{\overline{x}-\mu_0}{s/\sqrt{n}}\right|\geqslant t_{\alpha/2}(n-1)$ 时,则拒绝 H_0;当 $|t|<t_{\alpha/2}(n-1)$ 时,则接受 H_0。

单边检验的假设检验,见表 1-8-1。

正态总体的均值、方差的检验法(显著性水平为 α)　　　　表 1-8-1

编号	原假设 H_0		检验统计量	备择假设 H_1	拒绝域
1	σ^2 已知	$\mu\leqslant\mu_0$ $\mu\geqslant\mu_0$ $\mu=\mu_0$	$Z=\dfrac{\overline{X}-\mu_0}{\sigma/\sqrt{n}}$ $\sim N(0,1)$	$\mu\geqslant\mu_0$ $\mu<\mu_0$ $\mu\neq\mu_0$	$z\geqslant z_\alpha$ $z\leqslant -z_\alpha$ $|z|\geqslant z_{\alpha/2}$
2	σ^2 未知	$\mu\leqslant\mu_0$ $\mu\geqslant\mu_0$ $\mu=\mu_0$	$t=\dfrac{\overline{X}-\mu_0}{S/\sqrt{n}}$ $\sim t(n-1)$	$\mu\geqslant\mu_0$ $\mu<\mu_0$ $\mu\neq\mu_0$	$t\geqslant t_\alpha(n-1)$ $t\leqslant -t_\alpha(n-1)$ $|t|\geqslant t_{\alpha/2}(n-1)$
3	μ 未知	$\sigma^2\leqslant\sigma_0^2$ $\sigma^2\geqslant\sigma_0^2$ $\sigma^2=\sigma_0^2$	$\chi^2=\dfrac{(n-1)S^2}{\sigma_0^2}$ $\sim\chi^2(n-1)$	$\sigma^2>\sigma_0^2$ $\sigma^2<\sigma_0^2$ $\sigma^2\neq\sigma_0^2$	$\chi^2\geqslant\chi_\alpha^2(n-1)$ $\chi^2\leqslant\chi_{1-\alpha}^2(n-1)$ $\chi^2\geqslant\chi_{\alpha/2}^2(n-1)$ 或 $\chi^2\leqslant\chi_{1-\alpha/2}^2(n-1)$

2. 正态总体 $N(\mu,\sigma^2)$ 的方差的假设检验(μ 未知)

原假设 H_0:$\sigma^2=\sigma_0^2$,备择假设 H_1:$\sigma^2\neq\sigma_0^2$(σ_0^2 为已知常数);

当 H_0 成立时,检验统计量 $\chi^2=\dfrac{(n-1)S^2}{\sigma_0^2}\sim\chi^2(n-1)$;

当观察值 $\chi^2=\dfrac{(n-1)S^2}{\sigma_0^2}\leqslant\chi_{1-\alpha/2}^2(n-1)$ 或 $\chi^2=\dfrac{(n-1)S^2}{\sigma_0^2}\geqslant\chi_{\alpha/2}^2(n-1)$ 时,则拒绝 H_0;反之,则接受 H_0。

单边检验的假设检验,见表 1-8-1。

【例 1-8-44】(历年真题)设 X_1,X_2,$\cdots$,X_n 是来自总体 $N(\mu,\sigma^2)$ 的样本,μ、σ^2 未知,$\overline{X}=\dfrac{1}{n}\sum_{i=1}^{n}X_i$,$Q^2=\sum_{i=1}^{n}(X_i-\overline{X})^2$,$Q>0$。则检验假设 H_0:$\mu=0$ 时,应选取的统计量是:

A. $\sqrt{n(n-1)}\dfrac{\overline{X}}{Q}$ 　　　　　　B. $\sqrt{n}\dfrac{\overline{X}}{Q}$

C. $\sqrt{n-1}\dfrac{\overline{X}}{Q}$ 　　　　　　D. $\sqrt{n}\dfrac{\overline{X}}{Q^2}$

【解答】μ、σ^2 未知,检验假设 H_0:$\mu=0=\mu_0$,故选用的检验统计量 $t=\dfrac{\overline{X}-\mu_0}{S/\sqrt{n}}$

又 $S^2=\dfrac{1}{n-1}\sum_{i=1}^{n}(X_i-\overline{X})^2=\dfrac{1}{n-1}Q^2$,$S=\dfrac{Q}{\sqrt{n-1}}$,则:

$t=\dfrac{\overline{X}-0}{\dfrac{Q}{\sqrt{n-1}\sqrt{n}}}=\sqrt{n(n-1)}\dfrac{\overline{X}}{Q}$,应选 A 项。

【例 1-8-45】某种元件的寿命 X(以 h 计)服从正态分布 $N(\mu,\sigma^2)$,μ、σ^2 均未知。观测得 16 只元件的寿命,并得到其平均寿命 $\overline{x}=242$h,样本方差 $S^2=100^2$。在显著性水平

$\alpha=0.1$ 下，已知 $t_{0.05}(15)=1.753$，$t_{0.1}(15)=1.341$。试问，是否有理由认为元件的平均寿命大于 225h？

【解答】H_0：$\mu\leqslant\mu_0=225$，H_1：$\mu>225$

该检验问题的拒绝域为：$t=\dfrac{\overline{X}-\mu_0}{S/\sqrt{n}}\geqslant t_\alpha(n-1)$

由观测值计算：

$$t=\frac{242-225}{100/\sqrt{16}}=0.68<t_{0.1}(15)=1.341$$

t 没有落在拒绝域中，故接受 H_0，即认为元件的平均寿命$\leqslant$225h。

习　题

1-8-1　（历年真题）三个人独立地去破译一份密码，每人能独立译出这份密码的概率分别为 $\dfrac{1}{5}$、$\dfrac{1}{3}$、$\dfrac{1}{4}$，则这份密码被译出的概率为：

A. $\dfrac{1}{3}$　　　　B. $\dfrac{1}{2}$　　　　C. $\dfrac{2}{5}$　　　　D. $\dfrac{3}{5}$

1-8-2　（历年真题）设随机变量 X 的概率密度为 $f(x)=\begin{cases}2x,&0<x<1\\0,&\text{其他}\end{cases}$，用 Y 表示对 X 的 3 次独立重复观察中事件 $\{X\leqslant\dfrac{1}{2}\}$ 出现的次数，则 $P\{Y=2\}=$：

A. $\dfrac{3}{64}$　　　　B. $\dfrac{9}{64}$　　　　C. $\dfrac{3}{16}$　　　　D. $\dfrac{9}{16}$

1-8-3　（历年真题）设 A 和 B 为两个相互独立的事件，且 $P(A)=0.4$，$P(B)=0.5$，则 $P(A\cup B)$ 等于：

A. 0.9　　　　B. 0.8　　　　C. 0.7　　　　D. 0.6

1-8-4　（历年真题）设总体 $X\sim N(0,\sigma^2)$，$X_1,X_2,\cdots,X_n$ 是来自总体的样本，则 σ^2 的矩估计是：

A. $\dfrac{1}{n}\sum\limits_{i=1}^{n}X_i$　　　　　　　　B. $n\sum\limits_{i=1}^{n}X_i$

C. $\dfrac{1}{n^2}\sum\limits_{i=1}^{n}X_i^2$　　　　　　　D. $\dfrac{1}{n}\sum\limits_{i=1}^{n}X_i^2$

1-8-5　（历年真题）设 A 与 B 是互不相容的事件，$P(A)>0$，$P(B)>0$，则下列式子一定成立的是：

A. $P(A)=1-P(B)$　　　　　　B. $P(A|B)=0$

C. $P(A|\overline{B})=1$　　　　　　　D. $P(\overline{AB})=0$

1-8-6　（历年真题）某店有 7 台电视机，其中 2 台次品。现从中随机地取 3 台，设 X 为其中的次品数，则数学期望 $E(X)$ 等于：

A. $\dfrac{3}{7}$　　　　B. $\dfrac{4}{7}$　　　　C. $\dfrac{5}{7}$　　　　D. $\dfrac{6}{7}$

1-8-7　（历年真题）设总体 $X\sim N(0,\sigma^2)$，$X_1,X_2,\cdots,X_n$ 是来自总体的样本，$\hat{\sigma}^2=$

$\frac{1}{n}\sum_{i=1}^{n}X_i^2$,则下面结论中正确的是：

A. $\hat{\sigma}^2$ 不是 σ^2 的无偏估计量　　　　B. $\hat{\sigma}^2$ 是 σ^2 的无偏估计量

C. $\hat{\sigma}^2$ 不一定是 σ^2 的无偏估计量　　D. $\hat{\sigma}^2$ 不是 σ^2 的估计量

1-8-8 （历年真题）设 A、B 为两个事件，且 $P(A)=\frac{1}{3}$，$P(B)=\frac{1}{4}$，$P(B|A)=\frac{1}{6}$，则 $P(A|B)$ 等于：

A. $\frac{1}{9}$　　　　B. $\frac{2}{9}$　　　　C. $\frac{1}{3}$　　　　D. $\frac{4}{9}$

1-8-9 甲、乙两人独立地对同一目标射击一次，其命中率分别为 0.6 和 0.7。现已知目标被命中，则它是由甲射中的概率是：

A. 0.45　　　　B. 0.55　　　　C. 0.68　　　　D. 0.75

1-8-10 设总体 X 服从参数为 λ 的指数分布，$X_1,\cdots,X_n$ 是从中抽取的样本，$\overline{X}$ 是其样本均值，则 $E(\overline{X})$ 与 $D(\overline{X})$ 为：

A. $\frac{1}{\lambda}$，$\frac{1}{\lambda^2}$　　　　　　　　　　B. $\frac{1}{\lambda}$，$\frac{1}{n\lambda^2}$

C. λ，$\frac{\lambda^2}{n}$　　　　　　　　　　D. λ，λ^2

1-8-11 设总体 X 服从参数为 p 的两点分布，p 未知，$0<p<1$。$X_1,\cdots,X_n$ 是取自总体 X 的一个样本，$n\geq 2$。未知参数 p 的下列点估计中，具有无偏性的估计量是：

A. $\sum_{i=1}^{n}X_i$　　　B. $0.3X_1+0.7X_2$　　C. $\overline{X}-X_n$　　D. S^2

1-8-12 （历年真题）设随机变量 X 的概率密度为 $f(x)=\begin{cases}\frac{3}{8}x^2,&0<x<2\\0,&\text{其他}\end{cases}$，则 $Y=\frac{1}{X}$ 的数学期望是：

A. $\frac{3}{4}$　　　　B. $\frac{1}{2}$　　　　C. $\frac{2}{3}$　　　　D. $\frac{3}{4}$

习题解答与参考答案

第一节

1-1-1 **解答：** 直线方向向量 $S=(3,-1,2)$，平面的法向量 $n=(-2,2,1)$，$S \cdot n = 3\times(-2)+(-1)\times 2+2\times 1=-6\neq 0$，故 S 与 n 不垂直，可知直线与平面不平行、不垂直，排除 A、B、D 项。
答案： C

1-1-2 **解答：** $\alpha\neq 0$, $\beta\neq 0$, $\alpha\times\beta=0\Leftrightarrow\alpha/\!/\beta$
答案： C

1-1-3 **解答：** $\overrightarrow{AB}=(4-1,2\sqrt{2}-0,-\sqrt{2}-\sqrt{2})=(3,2\sqrt{2},-2\sqrt{2})$

$|\overrightarrow{AB}|=\sqrt{3^2+(2\sqrt{2})^2+(-2\sqrt{2})^2}=5$

$e_{AB}=\dfrac{\overrightarrow{AB}}{|\overrightarrow{AB}|}=\left(\dfrac{3}{5},\dfrac{2\sqrt{2}}{5},-\dfrac{2\sqrt{2}}{5}\right)$

答案： D

1-1-4 **解答：** $\overrightarrow{AB}=(-2-1,-2-1,2+1)=(-3,-3,3)$，$\overrightarrow{AC}=(0,-2,3)$

$n=\overrightarrow{AB}\times\overrightarrow{AC}=\begin{vmatrix} i & j & k \\ -3 & -3 & 3 \\ 0 & -2 & 3 \end{vmatrix}=3(-i+3j+2k)$

平面方程为：
$-1\times(x-1)+3\times(y-1)+2\times(z+1)=0$
即：$x-3y-2z=0$
答案： C

1-1-5 **解答：** 设方程为 $Ax+By=0$，由点 $(1,2,-1)$ 代入：$A+2B=0$, $A=-2B$；$-2Bx+By=0$，即：$2x-y=0$
答案： B

1-1-6 **解答：** 所求直线的方向向量 s：

$s=\begin{vmatrix} i & j & k \\ 1 & -1 & -1 \\ 2 & 1 & -3 \end{vmatrix}=4i+1j+3k$，即 $s=(4,1,3)$

故 D 项满足。
答案： D

1-1-7 解答：直线 l 过点 $M_0(1,-2,0)$，直线 l 的方向向量 $\boldsymbol{s}_1=(0,1,1)$

$\overrightarrow{M_0M_1}$ 的方向向量 $\boldsymbol{s}_2=(3-1,-1+2,2-0)=(2,1,2)$

由于 $|\boldsymbol{s}_1\times\boldsymbol{s}_2|=|\boldsymbol{s}_1||\boldsymbol{s}_2|\sin\theta=|\boldsymbol{s}_1|d$

$\boldsymbol{s}_1\times\boldsymbol{s}_2=\begin{vmatrix}\boldsymbol{i}&\boldsymbol{j}&\boldsymbol{k}\\2&1&2\\0&1&1\end{vmatrix}=1\boldsymbol{i}-2\boldsymbol{j}+2\boldsymbol{k}$，$|\boldsymbol{s}_1\times\boldsymbol{s}_2|=\sqrt{1+(-2)^2+2^2}=3$

$|\boldsymbol{s}_1|=\sqrt{0+1^2+1^2}=\sqrt{2}$，则：$d=\dfrac{3}{\sqrt{2}}=\dfrac{3\sqrt{2}}{2}$

答案：A

1-1-8 解答：A 项：正确；(B)项：正确；(C)项：正确。

应选 D 项。$2(x^2+y^2)-z^2=1$ 表示单叶双曲面。

答案：D

第二节

1-2-1 解答：$f(x)g(x)$ 在 x_0 处可能可导也可能不可导。

可以举例验证，此处略。

答案：A

1-2-2 解答：B 项，$f'(x)=\dfrac{2}{3}x^{-\frac{1}{3}}$，在 $x=0$ 处不可导，不满足拉格朗日定理。

答案：B

1-2-3 解答：$\dfrac{\mathrm{d}(\ln x)}{\mathrm{d}\sqrt{x}}=\dfrac{\dfrac{1}{x}\mathrm{d}x}{\dfrac{1}{2}\cdot\dfrac{1}{\sqrt{x}}\mathrm{d}x}=\dfrac{2}{\sqrt{x}}$

答案：B

1-2-4 解答：$f(x)$ 在点 x_0 处可导，$f'(x_0)=0$ 是 $f(x)$ 在 x_0 取得极值的必要条件。

答案：C

1-2-5 解答：B 项：$\lim\limits_{x\to0}\dfrac{x-\sin x}{\sin x}=\lim\limits_{x\to0}\dfrac{1-\cos x}{\cos x}=0$

答案：B

1-2-6 解答：$\dfrac{\mathrm{d}y}{\mathrm{d}x}=\dfrac{\mathrm{d}y/\mathrm{d}t}{\mathrm{d}x/\mathrm{d}t}=\dfrac{\dfrac{2t}{1+t^2}}{1-\dfrac{1}{1+t^2}}=\dfrac{2t}{t^2}$

$\dfrac{\mathrm{d}y}{\mathrm{d}x}\Big|_{t=1}=\dfrac{2\times1}{1^2}=2$

答案：C

1-2-7 解答：$f(x)$ 在点 x_0 处左、右极限存在且相等是 $f(x)$ 在 x_0 处连续的必要条件。

答案：A

1-2-8　**解答**：由一元函数的极值存在的定理可知，必无极值。
　　　　答案：C

1-2-9　**解答**：根据两个重要极限的公式，A、C 项成立。

D 项：令 $x = \dfrac{1}{t}$，则 $\lim\limits_{x \to \infty} x \sin \dfrac{1}{x} = \lim\limits_{t \to 0} \dfrac{\sin t}{t} = 1$，成立。

　　　　答案：B

1-2-10　**解答**：一元函数在 x_0 处可微则一定在 x_0 处连续，反之不成立。
　　　　答案：C

1-2-11　**解答**：满足罗尔中值定理，故选 B 项。
　　　　答案：B

1-2-12　**解答**：$f(x) = x(x-1)(x-2)$
$x \in (0,1), f(0) = f(1) = 0$，由罗尔中值定理，存在 $f'(\xi_1) = 0$；
$x \in (1,2), f(1) = f(2) = 0$，同理，存在 $f'(\xi_2) = 0$，且 $1 < \xi_2 < 2$。
故实根个数为 2。
　　　　答案：B

1-2-13　**解答**：$\lim\limits_{x \to +\infty} e^{3x} - 1 = +\infty$
　　　　答案：C

1-2-14　**解答**：例如切线的斜率 $f'(x) = \tan\alpha, \lim\limits_{\alpha \to \frac{\pi}{2}} f'(x) = \infty$，可知，切线与 Oy 轴平行。
　　　　答案：B

1-2-15　**解答**：方程 $e^y + xy = e$ 两边对 x 求导：

$e^y \cdot y' + y + xy' = 0$，则：$y' = \dfrac{-y}{x + e^y}$

$x = 0, e^y + 0 \cdot y = e$，则 $y = 1$；$y' = \dfrac{-1}{0 + e^1} = -\dfrac{1}{e}$

　　　　答案：D

1-2-16　**解答**：B 项：$\lim\limits_{x \to \infty} x \dfrac{\sin x}{x} = \lim\limits_{x \to \infty} \sin x = 0$
　　　　答案：B

1-2-17　**解答**：当 $b \neq 0$ 时，$\lim\limits_{x \to \infty}(bx + 2) = \infty$；$a$ 为任意实数。
　　　　答案：A

1-2-18　**解答**：由条件知：$y' = 0$，即：$y' = 3x^2 - 6 = 0, x = \pm\sqrt{2}$
　　　　答案：C

1-2-19　**解答**：由条件 $f(-t) = f(t)$，当 $t > 0$ 时，则：$f'(-t) \cdot (-1) = f'(t)$
$f'(-t) = -f'(t) < 0$；$f''(-t) \cdot (-1) = -f''(t), f''(-t) = f''(t) > 0$
令 $x = -t < 0$，即：$f'(x) < 0, f''(x) > 0$
　　　　答案：B

1-2-20　**解答**：A 项：$f(x) = Cg(x)$，两边求导，$f'(x) = Cg'(x)$，与题目条件矛盾。
　　　　答案：A

1-2-21 **解答**：$f(0)=2, f'_+(0)=f'_-(0); f'(x)=\begin{cases}-e^{-x} & (x\leqslant 0)\\ a & (x>0)\end{cases}$

$f'_-(0)=-1, f'_+(0)=a$，则：$a=-1$

答案：D

1-2-22 **解答**：由条件，当在点 x_0 处有极值时，则 $f'(x_0)=0$

$x_0 f''(x_0)+3x_0 \cdot 0 = 1-e^{-x_0}$，解：$f''(x_0)=\dfrac{1-e^{-x_0}}{x_0}$

当 $x_0>0$ 时，$f''(x_0)>0$；当 $x_0<0$ 时，$f''(x_0)>0$

故 $x_0\neq 0$ 时，$f''(x_0)>0$，故 $f(x_0)$ 为极小值。

答案：D

第三节

1-3-1 **解答**：$\left[\int f(x)dx\right]' = f(x)$

答案：B

1-3-2 **解答**：假设 $f(x)=x^2, \int f(x)dx = \dfrac{1}{3}x^3 + C$

当 $C=0$ 时，原函数为奇函数；当 $C=1$ 时，原函数为非奇非偶函数。

答案：A

1-3-3 **解答**：原式 $=-\dfrac{1}{2}\sqrt{3-x^2}d(3-x^2) = -\dfrac{1}{3}(3-x^2)^{\frac{3}{2}} + C$

答案：B

1-3-4 **解答**：$f(x)=x\sqrt{9-x^2}$ 为奇函数，故 $\int_{-3}^{3} f(x)dx = 0$

答案：A

1-3-5 **解答**：$\int \dfrac{1}{\sqrt{x}}f(\sqrt{x})dx = 2\int f(\sqrt{x})d(\sqrt{x})$，由已知条件，则：

$\int \dfrac{1}{\sqrt{x}}f(\sqrt{x})dx = 2F(\sqrt{x}) + C$

答案：B

1-3-6 **解答**：原式 $=\int \dfrac{\cos^2 x - \sin^2 x}{\sin^2 x \cos^2 x}dx = \int\left(\dfrac{1}{\sin^2 x} - \dfrac{1}{\cos^2 x}\right)dx$

$=-\cot x - \tan x + C$

答案：C

1-3-7 **解答**：$f(x)=(e^{-2x})' = -2e^{-2x}, f'(x)=4e^{-2x}, f''(x)=-8e^{-2x}$

$\int f''(x)dx = \int -8e^{-2x}dx = 4e^{-2x} + C$

答案：D

1-3-8 **解答**：原式 $=\left(-\dfrac{1}{2}\right)\int x d(e^{-2x}) = \left(-\dfrac{1}{2}\right)\left[xe^{-2x} - \int e^{-2x}dx\right]$

$$= \left(-\frac{1}{2}\right)\left[xe^{-2x} + \frac{1}{2}e^{-2x} + C_1\right] = -\frac{1}{4}e^{-2x}(2x+1) + C$$

答案： A

1-3-9 **解答：** 令 $x = \mu^2$, $dx = 2\mu d\mu$, 则：

$$\int \frac{1}{1+\sqrt{x}}dx = \int \frac{2\mu}{1+\mu}d\mu = 2\int\left(1 - \frac{1}{1+\mu}\right)d\mu = 2\mu - 2\ln(1+\mu) + C$$

$$= 2\sqrt{x} - 2\ln(1+\sqrt{x}) + C$$

答案： B

1-3-10 **解答：** 原式 $= \int_0^\pi \sqrt{2\cos^2 x}\, dx = \sqrt{2}\int_0^\pi |\cos x|\, dx$

$$= \sqrt{2}\left[\int_0^{\frac{\pi}{2}} \cos x\, dx - \int_{\frac{\pi}{2}}^\pi \cos x\, dx\right] = 2\sqrt{2}$$

答案： C

1-3-11 **解答：** 原式 $= [x^3 + x^2]_0^k = k^3 + k^2 = 0$, 则：$k = -1$

答案： B

1-3-12 **解答：** 对方程两边求得：$f(x) = 2f'(x)$, 即：$dx = \dfrac{2df(x)}{f(x)}$

$2\ln f(x) = x + C$, 又 $f(0) = 2$, 得：$C = 2\ln 2$

$2\ln f(x) = x + 2\ln 2$, 即：$f(x) = e^{\frac{x}{2}}e^{\ln 2} = 2e^{\frac{x}{2}}$

答案： C

1-3-13 **解答：** $\int f(\cos x)\sin x\, dx = -\int f(\cos x)d(\cos x) = -\cos^3 x + C$

答案： A

1-3-14 **解答：** 原式 $= \dfrac{C}{\sqrt{2}}\int_0^{+\infty} \dfrac{1}{1+\left(\frac{x}{\sqrt{2}}\right)^2} C\left(\dfrac{x}{\sqrt{2}}\right) = \dfrac{C}{\sqrt{2}}\left[\arctan \dfrac{x}{\sqrt{2}}\right]_0^{+\infty}$

$$= \dfrac{C}{\sqrt{2}} \times \dfrac{\pi}{2} = 1$$

得：$C = \dfrac{2\sqrt{2}}{\pi}$

答案： C

1-3-15 **解答：** 原式 $= \sqrt{1-\cos^2 x} \cdot (\cos x)' = -\sin x |\sin x|$

答案： D

1-3-16 **解答：** B 项：$\int_0^2 \dfrac{1}{\sqrt{2-x}}dx = -\int_0^2 \dfrac{1}{\sqrt{2-x}}d(2-x) = -2\left[(2-x)^{\frac{1}{2}}\right]_0^2 = 2\sqrt{2}$, 收敛

答案： B

1-3-17 **解答：** 原式 $= \int_0^2 \dfrac{1}{(x-4)(x-1)}dx = \dfrac{1}{3}\int_0^2 \left(\dfrac{1}{x-4} - \dfrac{1}{x-1}\right)dx$

由于 $\int_0^1 \left(\dfrac{1}{x-4} - \dfrac{1}{x-1}\right)dx$ 发散，故原式发散。

答案： D

1-3-18　**解答**：$V = \int_0^H \pi \cdot \left(\dfrac{R}{H}y\right)^2 \mathrm{d}y = \dfrac{\pi R^2}{H^2}\left[\dfrac{y^3}{3}\right]_0^H = \dfrac{1}{3}\pi R^2 H$

　　　答案：A

1-3-19　**解答**：$A = \dfrac{1}{2}\int_{-\pi}^{\pi} a^2(1+\cos\theta)^2 \mathrm{d}\theta = \dfrac{a^2}{2}\int_{-\pi}^{\pi}(1+2\cos\theta+\cos^2\theta)\mathrm{d}\theta$

$\qquad\qquad\quad = \dfrac{a^2}{2}\int_{-\pi}^{\pi}\left(\dfrac{3}{2}+2\cos\theta+\dfrac{1}{2}\cos2\theta\right)\mathrm{d}\theta$

$\qquad\qquad\quad = \dfrac{a^2}{2}\left[\dfrac{3}{2}\theta+2\sin\theta+\dfrac{1}{4}\sin2\theta\right]_{-\pi}^{\pi} = \dfrac{3}{2}\pi a^2$

　　　答案：A

第四节

1-4-1　**解答**：题目未提供 $f(x,y)$ 是否有一阶、二阶连续偏导数，故 A、B 项错误；在 D 的边界曲线上也可能是 $f(x,y)$ 的最大值点，故 D 项错误。

　　　答案：C

1-4-2　**解答**：$f(x,y)$ 在点 P_0 处有偏导数与函数 $f(x,y)$ 在该点连续无关系。

　　　答案：D

1-4-3　**解答**：一阶偏导数存在是该点可微分的必要条件。

　　　答案：A

1-4-4　**解答**：设 $F(x,y,z) = x^2 - y^2 - z$，$F_x = 2x$，$F_y = -2y$，$F_z = -1$，点 $(\sqrt{2},-1,1)$ 处的法线向量 $n = [2\times\sqrt{2},(-2)\times(-1),-1] = (2\sqrt{2},2,-1)$

　　　法线方程：$\dfrac{x-\sqrt{2}}{2\sqrt{2}} = \dfrac{y+1}{2} = \dfrac{z-1}{-1}$

　　　答案：C

1-4-5　**解答**：设 $F(x,y,z) = 1-x^2-y^2-z$，切平面的法向向量 $n = (F_x,F_y,F_z) = (-2x,-2y,-1) = \left(-2\times\dfrac{1}{2},-2\times\dfrac{1}{2},-1\right) = (-1,-1,-1)$，则：

$(-1)\left(x-\dfrac{1}{2}\right)+(-1)\left(y-\dfrac{1}{2}\right)+(-1)\left(z-\dfrac{1}{2}\right) = 0$，即：

$x+y+z-\dfrac{3}{2} = 0$

　　　答案：A

1-4-6　**解答**：设 $F(x,y,z) = xy - kz$，$F_x = y$，$F_y = x$，$F_z = -k$

$\dfrac{\partial x}{\partial y} = -\dfrac{F_y}{F_x} = -\dfrac{x}{y}$，$\dfrac{\partial y}{\partial z} = -\dfrac{F_z}{F_y} = \dfrac{k}{x}$，$\dfrac{\partial z}{\partial x} = -\dfrac{F_x}{F_z} = \dfrac{y}{k}$

则：$\dfrac{\partial x}{\partial y} \cdot \dfrac{\partial y}{\partial z} \cdot \dfrac{\partial z}{\partial x} = \left(-\dfrac{x}{y}\right) \cdot \dfrac{k}{x} \cdot \dfrac{y}{k} = -1$

　　　答案：B

1-4-7　**解答**：如图所示，$y = x$，$0 \leqslant y \leqslant 1$

原积分 $= \int_0^1 \mathrm{d}y \int_y^1 f(x,y)\mathrm{d}x$

答案: D

题 1-4-7 解图

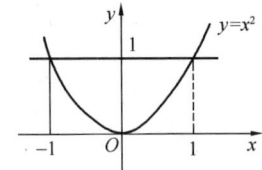

题 1-4-8 解图

1-4-8 **解答:** 如图所示,由于 $2x$ 为奇函数,积分区域对 y 轴对称,则:

$$\iint_D 2x\mathrm{d}\sigma = 0$$

答案: C

1-4-9 **解答:** 如图所示,可知,应先积 x,后积 y。

$0 \leqslant y \leqslant 1, 1-\sqrt{1-y^2} \leqslant x \leqslant 2-y$

原式 $= \int_0^1 \mathrm{d}y \int_{1-\sqrt{1-y^2}}^{2-y} f(x,y)\mathrm{d}x$

答案: B

1-4-10 **解答:** $z^2 = x^2 + y^2$ 为圆锥面,采用柱面坐标

$r \leqslant z \leqslant 1, 0 \leqslant r \leqslant 1, 0 \leqslant \theta \leqslant 2\pi$

$z = \iiint_\Omega z\mathrm{d}v = \int_0^{2\pi} \mathrm{d}\theta \int_0^1 r\mathrm{d}r \int_r^1 z\mathrm{d}z$

答案: B

题 1-4-9 解图

1-4-11 **解答:** 采用柱面坐标,两曲面交线在 xOy 上的投影区域 D_{xy}:

$z = x^2 + y^2$ 代入 $x^2 + y^2 + z^2 = 2z$,消去 z,得 $x^2 + y^2 = 1$

$1 - \sqrt{1-x^2-y^2} \leqslant z \leqslant x^2 + y^2$,即:$1 - \sqrt{1-r^2} \leqslant z \leqslant r^2$

$V = \int_0^{2\pi} \mathrm{d}\theta \int_0^1 r\mathrm{d}r \int_{1-\sqrt{1-r^2}}^{r^2} \mathrm{d}z$

答案: D

1-4-12 **解答:** 采用球面坐标,$\mathrm{d}v = r^2 \sin\varphi \mathrm{d}r\mathrm{d}\varphi\mathrm{d}\theta$

$2 \leqslant r \leqslant 3, \frac{\pi}{4} \leqslant \varphi \leqslant \frac{3}{4}\pi, 0 \leqslant \theta \leqslant 2\pi$

$V = \int_0^{2\pi} \mathrm{d}\theta \int_{\frac{\pi}{4}}^{\frac{3}{4}\pi} \sin\varphi \mathrm{d}\varphi \int_2^3 r^2 \mathrm{d}r$

答案: B

1-4-13 **解答:** Ω_1 是上半球,Ω_2 是 Ω_1 的 $\frac{1}{4}$,当被积函数 $f(x,y,z)$ 对 x 轴、y 轴都是偶函数,

则 $\iiint_{\Omega_1} f(x,y,z)\mathrm{d}v = 4\iiint_{\Omega_2} f(x,y,z)\mathrm{d}v$

只有 C 项满足。

答案：C

1-4-14　**解答**：如图所示，L 的参数方程为 $\begin{cases} x = x \\ y = x - 2 \end{cases}$

$x:0 \to 2$

$$\int_L \frac{1}{x-y}dx + ydy = \int_0^2 \left[\frac{1}{x-(x-2)} + (x-2)\right]dx$$

$$= \int_0^2 \left(x - \frac{3}{2}\right)dx = \left[\frac{1}{2}x^2 - \frac{3}{2}x\right]_0^2$$

$$= -1$$

答案：B

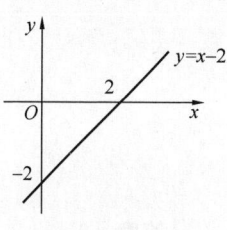

题 1-4-14 解图

1-4-15　**解答**：L 的参数方程 $\begin{cases} x = x \\ y = x^2 \end{cases}$ $(0 \leqslant x \leqslant 1)$

$ds = \sqrt{1+(2x)^2}dx = \sqrt{1+4x^2}dx$

原式 $= \int_0^1 x\sqrt{1+4x^2}dx = \frac{1}{8}\int_0^1 \sqrt{1+4x^2}d(1+4x^2) = \frac{1}{12}(5\sqrt{5}-1)$

答案：A

第五节

1-5-1　**解答**：A 项：$\lim\limits_{n \to \infty}\left|\frac{a_{n+1}}{a_n}\right| = 1, R = 1$，不满足

B 项：$\lim\limits_{n \to \infty}\left|\frac{a_{n+1}}{a_n}\right| = 3, R = \frac{1}{3}$，不满足

C 项：$\lim\limits_{n \to \infty}\left|\frac{a_{n+1}}{a_n}\right| = \frac{1}{3^{\frac{1}{2}}} = 3^{-\frac{1}{2}}$，不满足

答案：D

1-5-2　**解答**：C 项：根值审敛法，$\lim\limits_{n \to \infty}\sqrt[n]{u_n} = \lim\limits_{n \to \infty}\frac{1}{n} = 0 < 1$，故级数收敛。

答案：C

1-5-3　**解答**：A 项：$u_n = \frac{1}{\sqrt{n}} > u_{n+1} = \frac{1}{\sqrt{n+1}}$，$\lim\limits_{n \to \infty} u_n = 0$，由交错级数审敛法可知，A 项收敛。

答案：A

1-5-4　**解答**：由于 $\cos x = \sum\limits_{n=0}^{\infty} \frac{(-1)^n}{(2n)!}x^{2n}$，令 $x = 2t$，则：

$$\cos 2t = \sum_{n=0}^{\infty} \frac{(-1)^n}{(2n)!}(2t)^{2n} = \sum_{n=0}^{\infty} \frac{(-1)^n 2^{2n}}{(2n)!}t^{2n}$$

再将 t 变为 x，可知，C 项正确。

答案：C

1-5-5　**解答**：$f(x) = \frac{1}{(x+2)(x+1)} = \frac{1}{x+1} - \frac{1}{x+2} = \frac{1}{x+4-3} - \frac{1}{x+4-2}$

$$= \frac{1}{2} \cdot \frac{1}{1-\frac{x+4}{2}} - \frac{1}{3} \cdot \frac{1}{1-\frac{x+4}{3}}$$

$$= \frac{1}{2}\sum_{n=0}^{\infty}\left(\frac{x+4}{2}\right)^n - \frac{1}{3}\sum_{n=0}^{\infty}\left(\frac{x+4}{3}\right)^n$$

$$= \sum_{n=0}^{\infty}\left(\frac{1}{2^{n+1}} - \frac{1}{3^{n+1}}\right)(x+4)^n$$

答案： B

1-5-6 **解答：** 由于 $\frac{1}{1-x} = \sum_{n=0}^{\infty} x^n$，则：

$$s(x) = \sum_{n=1}^{\infty}(-1)^{n-1}x^n = x\sum_{n=1}^{\infty}(-x)^{n-1} = x\frac{1}{1-(-x)} = \frac{x}{1+x}$$

答案： A

1-5-7 **解答：** $\rho = \lim_{n \to \infty}\left|\frac{\frac{[2(n+1)]!}{[(n+1)!]^2}x^{2(n+1)}}{\frac{(2n)!}{(n!)^2}x^{2n}}\right| = 4|x|^2$

当 $4|x|^2 < 1$，即 $|x| < \frac{1}{2}$ 时，级数收敛。

答案： A

1-5-8 **解答：** $a_n = \frac{2}{\frac{\pi}{2}}\int_0^{\frac{\pi}{2}} x^2 \cos\frac{n\pi x}{\frac{\pi}{2}}\mathrm{d}x = \frac{4}{\pi}\int_0^{\frac{\pi}{2}} x^2 \cos 2nx\,\mathrm{d}x$

$$= \frac{(-1)^n}{n^2}\ (n=1,2,\cdots)$$

答案： B

1-5-9 **解答：** $s\left(-\frac{\pi}{2}\right) = -s\left(-\frac{\pi}{2}\right) = -\frac{1}{2}\left[f\left(-\frac{\pi^-}{2}\right) + f\left(-\frac{\pi^+}{2}\right)\right]$

$$= -\frac{1}{2}\left(\frac{\pi}{2} + \pi\right) = -\frac{3\pi}{4}$$

答案： C

第六节

1-6-1 **解答：** $y\mathrm{d}y = -x\mathrm{d}x$，两边积分得：$\frac{1}{2}y^2 = -\frac{1}{2}x^2 + C'$

$y^2 = -x^2 + 2C'$，即：$x^2 + y^2 = C^2$

答案： C

1-6-2 **解答：** $y' = C_1C_2\mathrm{e}^{-x}$，$y'' = C_1C_2\mathrm{e}^{-x}$，代入方程左端，得：

$y'' - 2y' - 3y = C_1C_2\mathrm{e}^{-x} + 2C_1C_2\mathrm{e}^{-x} - 3C_1C_2\mathrm{e}^{-x} = 0$

故 y 是方程的解，但 $y = C_1C_2\mathrm{e}^{-x} = C_3\mathrm{e}^{-x}$，其中 $C_3 = C_1C_2$

仅含 1 个独立的任意常数，故不是通解，也不是特解。

答案：D

1-6-3 **解答**：$r^2+r+1=0$，故 $\lambda=1$ 不是特征方程的根，则：

特解形式 $y^x=x^0 b_m e^x=b_m e^x$，$(y^x)'=b_m e^x$，$(y^x)''=b_m e^x$，代入原方程：$b_m e^x + b_m e^x + b_m e^x = e^x$

可得：$b_m=\dfrac{1}{3}$，故 $y^x=\dfrac{1}{3}e^x$

答案：C

注意，本题目也可采用验证法，分别对 A、B、C、D 项进行验证。

1-6-4 **解答**：设曲线为 $y=y(x)$，切线方程为：$Y-y=y'(X-x)$，令 $X=0$，则

$Y=y-xy'$；由条件，$y-xy'=x$，即 $y'-\dfrac{1}{x}y=-1$

$y=e^{-\int -\frac{1}{x}dx}\left[\int(-1)e^{-\int \frac{1}{x}dx}dx+C\right]=x\left[-\int \dfrac{1}{x}dx+C\right]$

$\quad =x[-\ln x + C']$

由 $y\vert_{x=1}$ 可知，$C=1$，故 $y=x(1-\ln x)$

答案：B

1-6-5 **解答**：A 项：$\dfrac{\partial P}{\partial y}-\dfrac{\partial Q}{\partial x}=2x-2x=0$，满足。

B 项：$\dfrac{\partial P}{\partial y}-\dfrac{\partial Q}{\partial x}=2y-y=y\neq 0$，不满足。

答案：B

1-6-6 **解答**：y_2-y_1，y_3-y_1 均是方程 $y''+p(x)y'+q(x)y=0$ 的解，且线性无关。

故其通解为：$C_1=(y_2-y_1)+C_2(y_3-y_1)$

故方程 $y''+p(x)y'+q(x)y=f(x)$ 的通解为：

$C_1(y_2-y_1)+C_2(y_3-y_1)+y_1$

答案：A

1-6-7 **解答**：$r^2-4r+5=0$，$r_{1,2}=2\pm i$，故方程的通解为：

$y=e^{2x}(C_1\cos x + C_2\sin x)$

答案：B

1-6-8 **解答**：$\dfrac{\partial P}{\partial y}-\dfrac{\partial Q}{\partial x}=(6xy-3y^2)-(6xy-3y^2)=0$

故为全微分方程。取 $x_0=0$，$y_0=0$，则：

$u(x,y)=\displaystyle\int_0^x (5x^4+3xy^2-y^3)dx+\int_0^y(0+0+y^2)dy$

$\quad =x^5+\dfrac{3}{2}x^2y^2-xy^3+\dfrac{1}{3}y^3=C$

答案：A

第七节

1-7-1 **解答**：将行列式第 4 行换成 (1 1 2 1)，则新行列式 D_1：

$$D_1 = \begin{vmatrix} 1 & -3 & 2 & 2 \\ 1 & 1 & 2 & 1 \\ -2 & 1 & 0 & 3 \\ 1 & 1 & 2 & 1 \end{vmatrix} = 0$$

把 D_1 按等 4 行展开，$D_1 = A_{41} + A_{42} + 2A_{43} + A_{44} = 0$

答案：D

1-7-2 解答：由题目条件可知，$\boldsymbol{P} = (\boldsymbol{\alpha}_1, \boldsymbol{\alpha}_2, \boldsymbol{\alpha}_3)$，$\boldsymbol{\alpha}_1$、$\boldsymbol{\alpha}_2$、$\boldsymbol{\alpha}_3$ 依次对应特征值 $\lambda_1 = 1, \lambda_2 = 2, \lambda_3 = 0$

当 $\boldsymbol{Q} = (\boldsymbol{\alpha}_2, \boldsymbol{\alpha}_1, \boldsymbol{\alpha}_3)$ 时，则 $\boldsymbol{Q}^{-1}\boldsymbol{A}\boldsymbol{Q} = \begin{pmatrix} 2 & 0 & 0 \\ 0 & 1 & 0 \\ 0 & 0 & 0 \end{pmatrix}$

答案：B

1-7-3 解答：$\varphi(\boldsymbol{A}) = (2\boldsymbol{A})^{-1}$，则：$\varphi(\lambda) = \dfrac{1}{2\lambda_0}$

答案：C

1-7-4 解答：设 $\boldsymbol{A}$ 为 $m \times n$ 矩阵，且 $m < n$，则：
$R(\boldsymbol{A}) = r \leqslant \min(m, n) = m < n$，$\boldsymbol{A}\boldsymbol{x} = \boldsymbol{0}$ 必有非零解。

答案：B

1-7-5 解答：n 阶方阵 $\boldsymbol{A}$ 的解 $R(\boldsymbol{A}) < n$，可知 $|\boldsymbol{A}| = 0$。

答案：C

1-7-6 解答：$\boldsymbol{A}\boldsymbol{x} = \boldsymbol{0}$ 有非零解，则：$R(\boldsymbol{A}) < n$，也就是 $\boldsymbol{A}$ 的列向量组线性相关，故至少有一个列向量能由其余列向量线性表示，即线性相关。

答案：D

1-7-7 解答：系数矩阵 $\boldsymbol{A}$ 为方阵，则：$|\boldsymbol{A}| = 0$，方程组有非零解。

B 项：$a = 1$，$|\boldsymbol{A}| = \begin{vmatrix} 1 & 1 & 1 \\ 1 & 1 & 1 \\ 1 & 1 & 1 \end{vmatrix} = 0$

$a = -2$，$|\boldsymbol{A}| = \begin{vmatrix} -2 & 1 & 1 \\ 1 & -2 & 1 \\ 1 & 1 & -2 \end{vmatrix} \xrightarrow[r_3 - r_2]{r_1 + 2r_2} \begin{vmatrix} 0 & -3 & 3 \\ 1 & -2 & 1 \\ 0 & 3 & -3 \end{vmatrix} \xrightarrow{r_1 + r_3} \begin{vmatrix} 0 & 0 & 0 \\ 1 & -2 & 1 \\ 0 & 3 & -3 \end{vmatrix}$
$= 0$

满足。

答案：B

1-7-8 解答：$|\boldsymbol{A}| = -|\boldsymbol{B}|$，由条件 $|\boldsymbol{A}| \neq |\boldsymbol{B}|$，则：$|\boldsymbol{A}| \neq -|\boldsymbol{A}|$，$2|\boldsymbol{A}| \neq 0$，$|\boldsymbol{A}| \neq 0$

答案：B

1-7-9 解答：$\boldsymbol{A}$ 与 $\boldsymbol{B}$ 相似，$\boldsymbol{B}$ 为对角阵，故 $\boldsymbol{A}$ 的特征值为 $0, 1, 2$。
当 $\lambda = 1$ 时：

$$|A-\lambda E| = \begin{vmatrix} 0 & x & 1 \\ x & 0 & y \\ 1 & y & 0 \end{vmatrix} = x\begin{vmatrix} x & y \\ 1 & 0 \end{vmatrix} + (-1)\begin{vmatrix} x & 0 \\ 1 & y \end{vmatrix}$$

$$= x(x-2y) = 0$$

可得：$x=0, y=0$

答案：A

1-7-10 解答：

$$A = BC = \begin{pmatrix} a_1 \\ a_2 \\ \vdots \\ a_n \end{pmatrix}(b_1 b_2 \cdots b_n)$$

由矩阵的秩的性质：

$0 < R(A) = R(BC) \leqslant \min[R(B), R(C)] = \min[1,1] = 1$

答案：C

1-7-11 解答：$|AB|=|A||B|$，$|BA|=|B||A|$，则：$|AB|=|BA|$

答案：D

1-7-12 解答：$A^2 - 2A + 3E = 0$，则：$A(A-2E) = -3E$

$A^{-1}A(A-2E) = -3A^{-1}E$，即：$A^{-1} = -\dfrac{1}{3}(A-2E)$

答案：B

1-7-13 解答：$|A-\lambda E| = \begin{vmatrix} 1-\lambda & 2 & 4 \\ 0 & 2-\lambda & 0 \\ 2 & -1 & 3-\lambda \end{vmatrix} = (2-\lambda)\times(-1)^{2+2}\begin{vmatrix} 1-\lambda & 4 \\ 2 & 3-\lambda \end{vmatrix}$

$= -(2-\lambda)(1+\lambda)(5-\lambda) = 0$

可得：$\lambda_1 = -1, \lambda_2 = 2, \lambda_3 = 5$

答案：A

1-7-14 解答：

$$A = \begin{pmatrix} 1 & 1 & 0 \\ 1 & 3 & -2 \\ 0 & -2 & a \end{pmatrix} \underbrace{r_2 - r_1}_{} \begin{pmatrix} 1 & 1 & 0 \\ 0 & 2 & -2 \\ 0 & -2 & a \end{pmatrix} \underbrace{r_3 - r_2}_{} \begin{pmatrix} 1 & 1 & 0 \\ 0 & 2 & -2 \\ 0 & 0 & a-2 \end{pmatrix}$$

由 $R(A) = 2$，则：$a-2 = 0, a = 2$

答案：B

1-7-15 解答：$(A+A^T)^T = A^T + (A^T)^T = A^T + A = A + A^T$

可知，$A+A^T$ 为对称阵。

答案：A

第八节

1-8-1 解答：设甲、乙、丙三人独立译出密码分别记为 A、B、C。

$$P(\overline{A}) = 1 - \frac{1}{5} = \frac{4}{5}, P(\overline{B}) = 1 - \frac{1}{3} = \frac{2}{3}, P(\overline{C}) = 1 - \frac{1}{4} = \frac{3}{4}$$

$$P(A \cup B \cup C) = 1 - P(\overline{A \cup B \cup C}) = 1 - P(\overline{A}\,\overline{B}\,\overline{C}) = 1 - P(\overline{A})P(\overline{B})P(\overline{C})$$

$$= 1 - \frac{4}{5} \times \frac{2}{3} \times \frac{3}{4} = \frac{3}{5}$$

答案：D

1-8-2 **解答**：$Y \sim b(3, p), p = P\{X \leqslant \frac{1}{2}\} \leqslant \int_0^{\frac{1}{2}} 2x \mathrm{d}x = \frac{1}{4}$

$$P(Y = 2) = C_3^2 \left(\frac{1}{4}\right)^2 \frac{3}{4} = \frac{3 \times 2 \times 1}{2 \times 1} \times \frac{1}{16} \times \frac{3}{4} = \frac{9}{64}$$

答案：B

1-8-3 **解答**：A 与 B 相互独立，$P(AB) = P(A)P(B) = 0.4 \times 0.5 = 0.2$

$$P(A \cup B) = P(A) + P(B) - P(AB) = 0.4 + 0.5 - 0.2 = 0.7$$

答案：C

1-8-4 **解答**：$X \sim N(0, \sigma^2)$，则：$E(X) = 0, D(X) = \sigma^2$

$$\sigma^2 = D(X) = E(X^2) - [E(X)]^2 = E(X^2) - 0 = E(X^2)$$

故 σ^2 的矩估计量是 $\frac{1}{n}\sum_{i=1}^{n} X_i^2$

答案：D

1-8-5 **解答**：A 与 B 互不相容，则 $P(AB) = P(\varnothing) = 0$

$$P(A \mid B) = \frac{P(AB)}{P(B)} = 0$$

答案：B

1-8-6 **解答**：X 分别取次品数为 0、1、2 的概率为：

$$P(X = 0) = \frac{C_5^3}{C_7^3} = \frac{\frac{5 \times 4 \times 3}{1 \times 2 \times 3}}{\frac{7 \times 6 \times 5}{1 \times 2 \times 3}} = \frac{2}{7}$$

$$P(X = 1) = \frac{C_5^2 C_2^1}{C_7^3} = \frac{4}{7}; P(X = 2) = \frac{C_5^1 C_2^2}{C_7^3} = \frac{1}{7}$$

$$E(X) = 0 \times \frac{2}{7} + 1 \times \frac{4}{7} + 2 \times \frac{1}{7} = \frac{6}{7}$$

答案：D

1-8-7 **解答**：$E(X) = \mu = 0, E(X^2) = D(X) + [E(X)]^2 = \sigma^2 + \mu^2 = \sigma^2$

$\sigma^2 = E(X^2)$，故 $\hat{\sigma}^2 = \frac{1}{n}\sum_{i=1}^{n} X_i^2$ 为无偏估计量

答案：B

1-8-8 **解答**：$P(A \mid B) = \frac{P(AB)}{P(B)} = \frac{P(A)P(B \mid A)}{P(B)} = \frac{\frac{1}{3} \times \frac{1}{6}}{\frac{1}{4}}$

$$= \frac{2}{9}$$

答案：B

1-8-9 **解答**：A 表示"甲命中目标"，B 表示"乙命中目标"，C 为"目标被命中"，则：

$$P(C) = P(A) + P(B) - P(AB) = P(A) + P(B) - P(A)P(B)$$
$$= 0.6 + 0.7 - 0.6 \times 0.7 = 0.88$$

$$P(A \mid C) = \frac{0.6}{0.88} = 0.68$$

答案：C

1-8-10 **解答**：$E(\overline{X}) = E(X) = \frac{1}{\lambda}, D(\overline{X}) = \frac{D(X)}{n} = \frac{1}{n} \times \frac{1}{\lambda^2} = \frac{1}{n\lambda^2}$

答案：B

1-8-11 **解答**：$E(\sum_{i=1}^{n} X_i) = np$，A 项不满足。

$E(0.3X_1 + 0.7X_2) = 0.3E(X_1) + 0.7E(X_2) = 0.3p + 0.7p = p$

故 B 项满足。

答案：B

1-8-12 **解答**：$E(Y) = E\left(\frac{1}{X}\right) = \int_0^2 \frac{1}{x} \cdot \frac{3}{8} x^2 \mathrm{d}x = \frac{3}{16} x^2 \Big|_0^2 = \frac{3}{4}$

答案：A

第二章 物 理 学

第一节 热 学

热运动是物质的一种基本运动形式,是构成宏观物体的大量微观粒子永不停息的无规则运动。热现象就是组成物体的大量粒子热运动的集体表现。热学就是研究物体热现象和热运动规律的学科。由于研究的观点和采用的方法不同,热学又分成热力学和统计物理学两种理论。

热力学是通过观察和实验归纳出有关热现象的规律,从能量观点出发,分析研究在物质状态变化过程中有关热功转化的关系和条件。

统计物理学是从物质的微观结构出发,依据粒子运动所遵循的力学规律,运用统计的方法,揭露物质宏观现象的本质,其结论的正确性,需要经热力学来检验和证实。气体动理论就是运用统计方法,求出大量分子的某些微观量的统计平均值,并用以解释在实验中直接观测到的物体的宏观性质。

一、气体动理论

(一)基本概念

1. 状态参量

用来描述热力学系统运动状态的物理量称为状态参量。组成热力学系统的每个分子具有的质量、速度、动量以及能量等统称为微观量。在热力学实验中,一般不能直接对微观量进行观察与测量,我们所能测量到的只是气体的体积、压强和温度,因此,对于一定的气体(质量为 m、摩尔质量为 M),通常把体积、压强和温度三个物理量称为气体的状态参量(简称状态量)。而状态量的函数称为状态函数,如内能 E。描写气体宏观性质的状态参量称为宏观量。

体积 V 是指气体分子活动所能达到的空间,而不是气体分子本身的体积。当不计分子大小时,气体体积等于容器的容积。其国际单位为"立方米"(m^3)。

压强 p 是气体作用于容器壁单位面积上指向器壁的垂直作用力,是大量气体分子碰撞器壁的宏观表现和平均效果。压强的国际单位为"帕斯卡"(Pa),即牛顿/米^2(N/m^2)。

温度 T 是大量气体分子热运动剧烈程度的量度。温度是一个重要的状态参量,它是决定一个物体是否与其他物体处于热平衡的宏观性质。温度的国际单位为"开尔文"(K)。热力学温度 T 与摄氏温度 t(℃)的关系是:

$$T = t + 273.15 \tag{2-1-1}$$

气体由大量分子或原子组成,每摩尔气体包含 6.022×10^{23} 个分子,该常量称为阿伏伽德罗常量,以 N_A 表示,即 $N_A = 6.022 \times 10^{23} mol^{-1}$。

2. 平衡态与准静态过程

热力学系统在不受外界影响(即系统与外界没有物质和能量的交换,也无外力场作用）的条件下，无论初始状态如何，系统的宏观性质在经充分长时间后不再发生变化的状态，称为平衡状态（简称平衡态），否则就是非平衡态。

应当指出，平衡态是指系统的宏观性质不随时间变化，从微观方面看，组成系统的分子的热运动是永不停息的，通过分子的热运动的相互碰撞，其总效果在宏观上表现为是不随时间变化的，所以平衡态实际上是热动平衡状态。

当气体的外界条件发生改变时，它的状态就会发生变化。气体从一个状态不断地变化到另一状态，所经历的是一个状态变化的过程。如果过程进展得十分缓慢，使所经历的一系列中间状态都无限接近平衡状态，这个过程就称为准静态过程或平衡过程。显然，准静态过程是个理想的过程。系统在经历一个准静态过程中，其间任一时刻的状态都可以当作平衡态来处理。

3. 理想气体的微观模型

理想气体（其定义见本节后面）的微观模型可作如下假设：

（1）气体分子的大小与气体分子之间的距离相比要小得多，因此，分子的大小可以忽略不计。

（2）由于分子力的作用距离很短，可以认为气体分子之间除了碰撞的瞬间外，分子间的相互作用力可忽略不计。

（3）分子间的碰撞以及分子与容器壁的碰撞可以看作完全弹性碰撞，这样气体分子的动能就不会因碰撞而损失。

总之，理想气体可看作是自由运动的质点系。

鉴于分子热运动的统计性，还须作出一些统计性假设：

（1）气体处于平衡态时，气体分子在空间的分布平均说来是均匀的。由此假设可知，气体分子数密度 n 在空间处处相等。

（2）气体处于平衡态时，气体分子沿空间各个方向运动的概率相等。由此假设可知，气体分子沿各个方向运动的分子数是相等的，分子速率沿各个方向分量的各种平均值相等。例如，沿 x 轴运动的 $v_{ix}>0$ 的分子数与 $v_{ix}<0$ 的分子数相同，气体分子在 x 轴方向速度分量的平均值 $\overline{v}_x=0$，即：

$$\overline{v}_x=\frac{\sum_{i=1}^{N}v_{ix}}{N}=0,\ \overline{v}_y=\frac{\sum_{i=1}^{N}v_{iy}}{N}=0,\ \overline{v}_z=\frac{\sum_{i=1}^{N}v_{iz}}{N}=0 \tag{2-1-2}$$

式中，N 为总分子数。又如，分子速度分量的平方平均值也相等：

$$\overline{v^2}=\overline{v_x^2}+\overline{v_y^2}+\overline{v_z^2} \tag{2-1-3}$$

所以

$$\overline{v_x^2}=\overline{v_y^2}=\overline{v_z^2}=\frac{1}{3}\overline{v^2} \tag{2-1-4}$$

（二）基本内容

1. 理想气体物态方程

一般气体在密度不太高、压强不太大（与大气压比较）和温度不太低（与室温比较）的实验范围内，遵守玻意耳定律、盖吕萨克定律和查理定律。实际上在任何情况下都服从上述三条实验定律的气体是不存在的。我们把实际气体抽象化，提出理想气体的概念，认为理想气体能无条件地服从这三条实验定律。理想气体是气体的一个理想模型。

（1）当一定质量的理想气体从状态Ⅰ（p_1，V_1，T_1）变化到状态Ⅱ（p_2，V_2，T_2）时，两状态的状态参量之间的关系为：

$$\frac{p_1 V_1}{T_1} = \frac{p_2 V_2}{T_2} = 恒量 \tag{2-1-5}$$

（2）当已知理想气体的质量为 m、摩尔质量为 M 时，理想气体物态方程为：

$$pV = \frac{m}{M} RT \tag{2-1-6}$$

式中，$R = 8.31 \text{J}/(\text{mol·K})$ 称为普适气体常数。

（3）理想气体物态方程的另一种形式

设每个气体分子的质量是 m_0，则气体的摩尔质量 M 与 m_0 之间应有关系 $M = N_A m_0$，设气体质量为 m 时的总分子数为 N，则 m 与 m_0 之间也有关系 $m = N m_0$，把这两个关系代入理想气体物态方程 $pV = \frac{m}{M} RT$ 中，消去 m_0 可得：

$$p = \frac{N}{V} \frac{R}{N_A} T = nkT \tag{2-1-7}$$

式中，$n = \frac{N}{V}$ 表示单位体积中的分子数，又称分子数密度；$k = \frac{R}{N_A} = 1.38 \times 10^{-23} \text{J/K}$ 称为玻耳兹曼常量。

2. 理想气体的压强公式

设在任意形状的容器 V 中贮有理想气体，其总分子数为 N，每个分子的质量为 m_0，在上述理想气体统计假设模型下，可以推知理想气体的压强公式为：

$$p = \frac{2}{3} n \left(\frac{1}{2} m_0 \overline{v^2} \right) = \frac{2}{3} n \bar{\varepsilon}_k \tag{2-1-8}$$

式中，$\bar{\varepsilon}_k = \frac{1}{2} m_0 \overline{v^2}$ 为一个气体分子的平均平动动能；$\overline{v^2}$ 为 N 个分子的速度平方的平均值。

上式为气体动理论的理想气体压强公式，它把宏观量 p 与微观量 $\frac{1}{2} m_0 \overline{v_0}$ 的统计平均值 $\bar{\varepsilon}_k$ 联系了起来。

从微观上看，气体对器壁的压强是大量气体分子对器壁不断碰撞的结果，犹如大量密集的雨点打在伞上而使我们感受到一个持续向下的压力那样。压强 p 是一个统计平均值，是对时间、对大量气体分子、对面积统计平均的结果。对个别分子或少数分子谈论压强是毫无意义的。

（三）理想气体的温度公式

根据理想气体物态方程（2-1-7）和压强公式（2-1-8）可得到理想气体的温度公式：

$$\bar{\varepsilon}_k = \frac{3}{2} kT \tag{2-1-9}$$

上式表明，气体分子的平均平动动能只与温度有关，并且与热力学温度 T 成正比，它表明了温度的微观实质——温度标志着物体内部分子无规则热运动的剧烈程度，温度越高表示物体内部分子无规则热运动越剧烈。

根据上述,可以认为是气体动理论对温度的定义:温度是大量分子热运动的平动动能的统计平均值 $\bar{\varepsilon}_k$ 的量度。式(2-1-9)揭示了宏观量 T 与微观量 $\bar{\varepsilon}_k$ 之间的联系,温度也与压强一样是大量分子热运动的集体表现,具有统计意义,说单个或少数分子的温度也是没有意义的。

(四)能量按自由度均分定理

1. 分子的自由度

分子的运动不仅有平动,还有转动以及分子内原子间的振动。按分子的结构,气体分子可以是单原子的、双原子的、三原子的或多原子的。单原子的分子可以看作一质点,确定它在空间的位置需要用3个独立的坐标,因此,单原子气体分子有3个自由度。在双原子分子中,如果原子间的相对位置保持不变,这分子就可看作由保持一定距离的两个质点组成。由于质心的位置需要用3个独立坐标决定,连续的方位需用2个独立坐标决定,而两质点以连续为轴的转动又可不计,所以,双原子气体分子共有5个自由度(3个平动自由度和2个转动自由度)。在3个及3个以上原子的多原子分子中,如果这些原子之间的相对位置不变,则整个分子就是一个自由刚体,共有6个自由度(3个平动自由度和3个转动自由度)。

原子间距离不变的分子一般称为"刚性"分子,事实上,双原子或多原子的气体分子一般不是完全刚性的,原子间的距离在原子间的相互作用下会发生变化,分子内部会出现振动。因此,除平动自由度和转动自由度外,还有振动自由度。但在常温下,大多数分子的振动自由度可以不予考虑。

2. 能量按自由度均分定理

已知理想气体分子的平均平动动能量 $\bar{\varepsilon}_k = \frac{3}{2}kT$。然而,由于气体分子做无规则运动时,向各方向运动的机会是均等的,可以认为分子的平均平动动能 $\frac{3}{2}kT$ 均匀地分配于每个平动自由度上,其值为 $\frac{1}{2}kT$。这个结论可以推广到分子的转动自由度上,即在温度为 T 的平衡态下,物质分子的每一个自由度都具有相同的平均动能,其大小都等于 $\frac{1}{2}kT$。这一结论称为能量按自由度均分定理(简称能量均分定理)。

根据能量均分定理,单原子分子、刚性双原子分子、刚性多原子分子的平均动能分别是 $\frac{3}{2}kT$、$\frac{5}{2}kT$、$\frac{6}{2}kT$。一般地,如果刚性分子的自由度数为 i,则刚性分子的平均动能为:

$$\bar{\varepsilon}_k = \frac{i}{2}kT \tag{2-1-10}$$

1摩尔刚性分子理想气体的内能为:

$$E_0 = N_A\bar{\varepsilon}_k = N_A \frac{i}{2}kT = \frac{i}{2}RT \tag{2-1-11}$$

质量为 m(摩尔质量为 M)的刚性分子组成的理想气体内能为:

$$E = \frac{m}{M} \frac{i}{2}RT \tag{2-1-12}$$

由上式可知,理想气体的内能只是温度的单值函数。一定质量的理想气体在不同的状态变化过程中，只要温度的变化量相等，则其内能的变化量就相同，而与过程无关。

【例2-1-1】（历年真题）一瓶氦气和一瓶氮气它们每个分子的平均平动动能相同，而且都处于平衡态，则它们：

A. 温度相同，氦分子和氮分子的平均动能相同
B. 温度相同，氦分子和氮分子的平均动能不同
C. 温度不同，氦分子和氮分子的平均动能相同
D. 温度不同，氦分子和氮分子的平均动能不同

【解答】分子的平均平动动能 $\bar{\varepsilon}_k = \frac{3}{2}kT$，相同，则温度相同；

分子的平均动能 $\bar{\varepsilon}_k = \frac{i}{2}kT$，则：

氦分子 $\bar{\varepsilon}_k = \frac{3}{2}kT$，氮分子 $\bar{\varepsilon}_k = \frac{5}{2}kT$，不同。

应选 B 项。

【例2-1-2】（历年真题）在标准状态下，当氢气和氦气的压强与体积都相等时，氢气和氦气的内能之比为：

A. $\frac{5}{3}$ B. $\frac{3}{5}$ C. $\frac{1}{2}$ D. $\frac{3}{2}$

【解答】内能 $E = \frac{m}{M} \frac{i}{2} RT = \frac{i}{2} pV$，$i_{氢} = 5$，$i_{氦} = 3$

$E_{氢}/E_{氦} = i_{氢}/i_{氦} = 5/3$，应选 A 项。

【例2-1-3】（历年真题）关于温度的意义，有下列几种说法：
（1）气体的温度是分子平均平动动能的量度；
（2）气体的温度是大量气体分子热运动的集体体现，具有统计意义；
（3）温度的高低反映物质内部分子运动剧烈程度的不同；
（4）从微观上看，气体的温度表示每个分子的冷热程度。
这些说法中正确的是：

A. （1），（2），（4）   B. （1），（2），（3）
C. （2），（3），（4）   D. （1），（3），（4）

【解答】根据气体的温度公式，（1）正确，排除 C、D 项。由气体的温度的实质，（2）、（3）正确，（4）错误。

应选 B 项。

【例2-1-4】（历年真题）1mol 理想气体（刚性双原子分子），当温度为 T 时，每个分子的平均平动动能为：

A. $\frac{3}{2}RT$ B. $\frac{5}{2}RT$ C. $\frac{3}{2}kT$ D. $\frac{5}{2}kT$

【解答】每个刚性双原子分子的 $\bar{\varepsilon}_k = \frac{3}{2}kT$，应选 C 项。

（五）麦克斯韦分子速率分布律

1. 麦克斯韦速率分布函数

在平衡状态下，气体分子的速率分布遵从一定的统计规律。研究气体分子速率的分

布，分子的速率在原则上可以连续取值，而分子数是不连续的，因此，需要将速率按其大小分成若干相等的区间。若设速率处在 $v \sim v+\Delta v$ 之间的分子数为 ΔN，在总分子数 N 中占的比率为 $\frac{\Delta N}{N}$。当 Δv 较小时，$\frac{\Delta N}{N}$ 将与 Δv 成正比，而且与 Δv 这个区间所在处的 v 有关。显然，$\frac{\Delta N}{N\Delta v}$ 仅与 v 有关，将 Δv 取得足够小，可以得到精确的分布情况，因此，定义下列函数：

$$f(v) = \lim_{\Delta v \to 0} \frac{\Delta N}{N\Delta v} = \frac{dN}{Ndv} \tag{2-1-13}$$

为分子速率分布函数，它描述的是在速率 v 附近的单位速率区间内分子数占总分子数的比率。因此，它描写了分子数按速率分布的情况。对单个分子来说，它表示分子速率在 v 附近单位速率区间内的概率，所以 $f(v)$ 也叫做分子速率分布的概率密度。

$Nf(v)dv$ 表示速率在 $v \sim v+dv$ 区间内的分子数，速率处在 $v_1 \sim v_2$ 区间内的分子数可用下列积分计算：

$$\Delta N = \int_{v_1}^{v_2} Nf(v)dv \tag{2-1-14}$$

速率处在 $[0,\infty)$ 区域内的分子数应当等于总分子数：

$$N = \int_0^\infty Nf(v)dv$$

即：

$$\int_0^\infty f(v)dv = 1 \tag{2-1-15}$$

这称为归一化条件，它是分布函数 $f(v)$ 必须满足的条件。

2. 麦克斯韦速率分布律

麦克斯韦从理论上导出理想气体在平衡态下气体分子速率分布函数的具体形式是：

$$f(v) = 4\pi \left(\frac{m_0}{2\pi kT}\right)^{3/2} e^{-\frac{m_0 v^2}{2kT}} v^2 \tag{2-1-16}$$

上式的 $f(v)$ 叫做麦克斯韦速率分布函数。表示速率分布函数的曲线叫做麦克斯韦速率分布曲线，如图 2-1-1 所示。由图可知：

(1) 某一区间 $v \sim v+\Delta v$ 的小长方形的面积为：

$$f(v)\Delta v = \frac{\Delta N}{N\Delta v}\Delta v = \frac{\Delta N}{N}$$

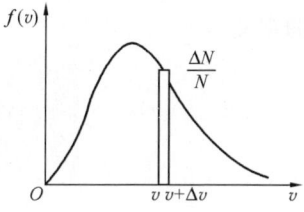

图 2-1-1 某一温度下速率分布曲线

表示某分子的速率在区间 $v \sim v+\Delta v$ 内的概率，也表示在该区间内的分子数占总分子数的百分率。在不同的区间内，有不同面积的小长方形，说明不同区间内的分布百分率不相同。

(2) 曲线下的总面积，表示分子在整个速率范围 $[0, +\infty)$ 的概率的总和，按归一化条件，应等于 1。

(3) 具有很大速率或很小速率的分子数较少，其百分率较低，而具有中等速率的分子数很多，百分率很高。曲线上有一个最大值，与这个最大值相应的速率值 v_p 称为最概然速率，它的物理意义是：在一定温度下，速度大小与 v_p 相近的气体分子的百分率最大，也即：以相同速率间隔来说，气体分子中速率大小在 v_p 附近的概率最大。

如图 2-1-2 所示，不同温度下的分子速率分布曲线，当温度升高时，气体分子的速率普遍增大，速率分布曲线上的最大值也向量值增大的方向迁移，也即最概然速率增大了；但因曲线下的总面积，即分子数的百分数的总和是不变的，因此分布曲线在宽度增大的同时，高度降低，整个曲线将变得"较平坦些"。同时，分子速率分布比较分散，无序性增加。最概然速率的大小反映了速率分布无序性的大小，因此，最概然速率常被用来反映分子速率分布的概况。

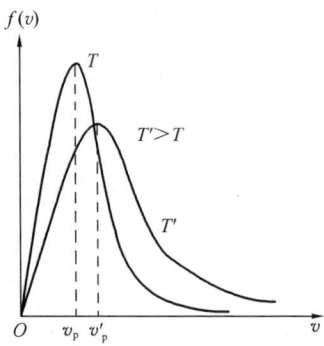

图 2-1-2 不同温度的分布曲线　　图 2-1-3 某一温度下，分子速率的 3 个统计值

3. 麦克斯韦分子速率分布中的三个统计平均值（图 2-1-3）应用速率分布函数，可以求出一些与分子无规则运动有关的物理量的统计平均值。

(1) 最概然速率 v_p

根据分布函数 $f(v)$ 的极大值条件即 $df(x)/dv=0$，可得 v_p 为：

$$v_p=\sqrt{\frac{2kT}{m_0}}=\sqrt{\frac{2RT}{M}}=1.41\sqrt{\frac{RT}{M}} \tag{2-1-17}$$

(2) 算术平均速率 $\bar{v}$

大量分子的速率的算术平均值叫做分子的平均速率，常用 $\bar{v}$ 表示。由式（2-1-13）及 $\bar{v}$ 的定义：

$$\bar{v}=\frac{\int_0^\infty v dN}{N}=\frac{\int_0^\infty vf(v)Ndv}{N}=\int_0^\infty vf(v)dv$$

$$=\sqrt{\frac{8kT}{\pi m_0}}=\sqrt{\frac{8RT}{\pi M}}=1.60\sqrt{\frac{RT}{M}} \tag{2-1-18}$$

(3) 方均根速率 $\sqrt{\bar{v^2}}$

按同样的道理，可求得方均根速率为：

$$\bar{v^2}=\frac{\int_0^\infty v^2 dN}{N}=\frac{\int_0^\infty v^2 f(v)Ndv}{N}=\int_0^\infty v^2 f(v)dv=\frac{3kT}{m_0}$$

即：

$$\sqrt{\bar{v^2}}=\sqrt{\frac{3kT}{m_0}}=\sqrt{\frac{3RT}{M}}=1.73\sqrt{\frac{RT}{M}} \tag{2-1-19}$$

显然，理想气体分子热运动的三种特征速率都与$\sqrt{T}$成正比，与$\sqrt{M}$成反比，它们的相对大小关系为$v_p<\bar{v}<\sqrt{\bar{v^2}}$（图 2-1-3）。三种速度为三个统计平均值，各有不同的应用，讨论分子速率分布时用v_p，讨论分子平均平动动能时用$\sqrt{\bar{v^2}}$，讨论分子碰撞频率和平均自由程时用$\bar{v}$。

（六）平均碰撞频率和平均自由程

设想如图 2-1-4 所示，"跟踪"一个分子，例如 A 分子，它以平均相对速率$\bar{v}_r$在运动，而认为其他分子都不动即视为静止分子，还假设每个分子都是有效直径为d的刚性小球。在 A 分子运动过程中，显然只有中心与 A 分子的中心之间的距离小于或等于有效直径d的那些分子才有可能与 A 分子相碰。设单位体积内的分子数为n，则在 1s 内静止分子的中心在横截面为πd^2的圆柱体内的数目为

图 2-1-4 $\bar{Z}$及$\bar{\lambda}$的计算

$\pi d^2 \bar{v}_r n$，此处$\pi d^2 \bar{v}_r$是圆柱体的体积，因中心在圆柱体内的所有静止分子都将与运动分子相撞。利用麦克斯韦速率分布可以从理论上导出平均相对速率与算术平均速率的关系为：$\bar{v}_r = \sqrt{2}\bar{v}$，因此，运动分子在 1s 内与其他分子的平均碰撞频率$\bar{Z}$为：

$$\bar{Z} = \pi d^2 \bar{v}_r n = \sqrt{2}\pi d^2 \bar{v} n \tag{2-1-20}$$

由于 1s 内每个分子平均走过的路程为$\bar{v}\times 1 = \bar{v}$，而 1s 内每一个分子和其他分子碰撞的平均频率为$\bar{Z}$，故分子平均自由程$\bar{\lambda}$为：

$$\bar{\lambda} = \frac{\bar{v}}{\bar{Z}} = \frac{1}{\sqrt{2}\pi d^2 n} \tag{2-1-21}$$

根据$p=nkT$，可以求出$\bar{\lambda}$和温度T及压强p的关系为：

$$\bar{\lambda} = \frac{kT}{\sqrt{2}\pi d^2 p} \tag{2-1-22}$$

可见，当温度一定时，$\bar{\lambda}$与p成反比，压强越小，则平均自由程越长。

【例 2-1-5】（历年真题）在恒定不变的压强下，气体分子的平均碰撞频率$\bar{Z}$与温度T的关系是：

A. $\bar{Z}$与T无关 B. $\bar{Z}$与$\sqrt{T}$无关
C. $\bar{Z}$与$\sqrt{T}$成反比 D. $\bar{Z}$与$\sqrt{T}$成正比

【解答】$\bar{Z} = \sqrt{2}\pi d^2 \bar{v} n$，$\bar{v} = \sqrt{\frac{8RT}{\pi M}}$，$p=nkT$，则：

$\bar{Z} = \sqrt{2}\pi d^2 \sqrt{\frac{8RT}{\pi M}} \cdot \frac{p}{kT}$，则：$\bar{Z} \propto \frac{1}{\sqrt{T}}$

应选 C 项。

【例 2-1-6】（历年真题）假定氧气的热力学温度提高一倍，氧分子全部离解为氧原子，则氧原子的平均速率是氧分子平均速率的：

A. 4 倍 B. 2 倍 C. $\sqrt{2}$倍 D. $\frac{1}{\sqrt{2}}$倍

【解答】$\bar{v} = \sqrt{\dfrac{8RT}{\pi M}}$，$\bar{v}_{O_2} = \sqrt{\dfrac{8RT}{\pi M}} = \sqrt{\dfrac{8RT}{\pi \times 32}}$

$$\bar{v}_O = \sqrt{\dfrac{8R \times 2T}{\pi \times 16}}，则：\dfrac{\bar{v}_O}{\bar{v}_{O_2}} = \sqrt{\dfrac{2}{16} \times \dfrac{32}{1}} = 2$$

应选 B 项。

【例 2-1-7】（历年真题）容积恒定的容器内盛有一定量的某种理想气体，分子的平均自由程为 $\bar{\lambda}_0$，平均碰撞频率为 $\bar{Z}_0$，若气体的温度降低为原来的 $\dfrac{1}{4}$ 倍，则此时分子的平均自由程 $\bar{\lambda}$ 和平均碰撞频率 $\bar{Z}$ 为：

A. $\bar{\lambda} = \bar{\lambda}_0，\bar{Z} = \bar{Z}_0$ 　　　　　　　B. $\bar{\lambda} = \bar{\lambda}_0，\bar{Z} = \dfrac{1}{2}\bar{Z}_0$

C. $\bar{\lambda} = 2\bar{\lambda}_0，\bar{Z} = 2\bar{Z}_0$ 　　　　　　D. $\bar{\lambda} = \sqrt{2}\bar{\lambda}，\bar{Z} = 4\bar{Z}_0$

【解答】$\bar{Z}_0 = \sqrt{2}\pi d^2 n \bar{v} = \sqrt{2}\pi d^2 n \sqrt{\dfrac{8RT}{\pi M}}$，则：$\bar{Z} = \dfrac{1}{2}\bar{Z}_0$

$\bar{\lambda}_0 = \dfrac{1}{\sqrt{2}\pi d^2 n}$，则：$\bar{\lambda} = \bar{\lambda}_0$，应选 B 项。

【例 2-1-8】（历年真题）具有相同温度的氧气和氢气的分子平均速率之比 $\dfrac{\bar{v}_{O_2}}{\bar{v}_{H_2}}$ 为：

A. 1　　　　　　B. $\dfrac{1}{2}$　　　　　　C. $\dfrac{1}{3}$　　　　　　D. $\dfrac{1}{4}$

【解答】$\bar{v}_{O_2} = \sqrt{\dfrac{2RT}{\pi M}} = \sqrt{\dfrac{8RT}{\pi \times 32}}$，$\bar{v}_{H_2} = \sqrt{\dfrac{8RT}{\pi \times 2}}$，则：

$\dfrac{\bar{v}_{O_2}}{\bar{v}_{H_2}} = \sqrt{\dfrac{2}{32}} = \dfrac{1}{4}$，应选 D 项。

二、热力学基础

热力学的研究方法是在归纳总结实验规律的基础上，用能量观点分析研究热力学系统在状态变化过程中有关功、热转换的条件和方向。热力学的核心内容是热力学第一定律和热力学第二定律。

（一）功、热量、内能

1. 内能

在热力学中，通常把系统与热现象有关的那部分能量（不包括宏观的机械能）称为热力学系统的内能，用 E 表示。从前面气体动理论观点来说，系统的内能就是系统中所有分子热运动的动能和分子间相互作用的势能之总和。而对于理想气体，由于不计分子间的相互作用力，故其内能 E 只是系统中所有分子热运动的动能之和，E 按式（2-1-12）计算。

内能是状态量，对于一定量的理想气体，内能只是系统状态量温度 T 的单值函数。实验证明，内能的改变只取决于系统的始、末状态，而与系统所经历的过程无关。质量一定的理想气体，当系统从 T_1 状态经历某过程到达 T_2 状态，其内能的增量为：

$$\Delta E = E_2 - E_1 = \dfrac{m}{M} \dfrac{i}{2} R(T_2 - T_1) \tag{2-1-23}$$

系统状态的变化总是通过外界对系统做功或向系统传递热量，或两者并施来实现的。

也就是说，对系统做功或向系统传递热量都将引起系统状态发生变化，两者的效果是等效的，而且热功可以转换，1卡（cal）＝4.186焦耳（J）。在国际单位制中，热量和功均用焦耳（J）作为单位。

2. 功

做功是改变热力学系统状态的基本方式之一。设有一气缸，其中气体的压强为 p，活塞的面积为 S（图2-1-5），活塞与气缸间无摩擦，为了维持气体时时处在平衡态，外界和气体对活塞的压力必须相等，当活塞缓慢移动一微小距离 $\mathrm{d}l$ 时，在这一微小的变化过程中，可认为压强 p 处处均匀而且不变，在此过程中，气体所做的功 $\mathrm{d}A$（或用符号 $\mathrm{d}W$）为：

图2-1-5 气体膨胀时所做的功

$$\mathrm{d}A = pS\mathrm{d}l = p\mathrm{d}V \tag{2-1-24}$$

式中，$\mathrm{d}V$ 是气体体积的微小增量。在气体膨胀时，$\mathrm{d}V$ 是正的，$\mathrm{d}A$ 也是正的，表示系统对外做正功；在气体被压缩时，$\mathrm{d}V$ 是负的，$\mathrm{d}A$ 也是负的，表示系统做负功，也即外界对系统做正功。

在一个有限的准静态过程中，系统的体积由 V_1 变为 V_2，系统对外界做的功 A（或用符号 W）为：

$$A = \int \mathrm{d}A = \int_{V_1}^{V_2} p\mathrm{d}V$$

式中，$\int_{V_1}^{V_2} p\mathrm{d}V$ 在 $p\text{-}V$ 图上是由代表这个准静态过程的实线对 V 轴所覆盖的画斜线面积表示的（图2-1-6），如果系统沿图中虚线所表示的过程进行状态变化，则它所做的功将等于虚线下面的面积，这比实线表示的过程中的功要大。因此，根据图示可以清楚地看到，系统由一个状态变化到另一状态时，所做的功不仅取决于系统的始末状态，而且与系统所经历的过程有关。

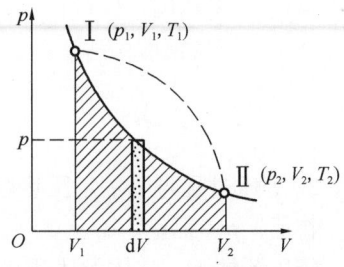

图2-1-6 气体膨胀做功的图示

3. 热量

热力学系统相互作用的另一种方式是热传递。这种系统间由于热相互作用（或者说由于温度差）而传递的能量叫做热量，一般用 Q 表示。

传递热量与做功不同，这种交换能量的方式是通过分子的无规则运动来完成的。当外界物体（热源）与系统相接触时，不需借助于机械的方式，直接在两者的分子无规则运动之间进行着能量的交换，这就是传递热量，热量只有在过程发生时才有意义，其大小也与过程有关，因此，热量是过程量。

（二）热力学第一定律

在一般情况下，当系统状态变化时，做功与热传递往往是同时存在的。如果有一系统，外界对它传递的热量为 Q，系统从内能为 E_1 的初始平衡状态改变到内能为 E_2 的终末平衡状态，同时系统对外做功为 A，不论过程如何，总有：

$$Q = \Delta E + A = E_2 - E_1 + A \tag{2-1-25}$$

上式就是热力学第一定律,并且规定:系统从外界吸收热量时,Q 为正值,反之为负;系统对外界做功时,A 为正值,反之为负;系统内能增加时,E_2-E_1 为正,反之为负。可知,外界对系统传递的热量,一部分是使系统的内能增加,另一部分是用于系统对外做功。热力学第一定律其实是包括热量在内的能量守恒定律。对微小的状态变化过程,上式可写成:

$$dQ = dE + dA \tag{2-1-26}$$

(三)热力学第一定律在理想气体等值过程和绝热过程中的应用

1. 等体过程与摩尔定容热容(图 2-1-7)

特征:$V=$ 恒量,$dV=0$,所以 $dA=0$

参量关系:$\dfrac{p}{T}=\dfrac{m}{M}\dfrac{R}{V}=$ 常量

热力学第一定律形式:

微小过程 $dQ_V = dE$

有限过程 $Q_V = E_2 - E_1 = \dfrac{m}{M}\dfrac{i}{2}R\Delta T$

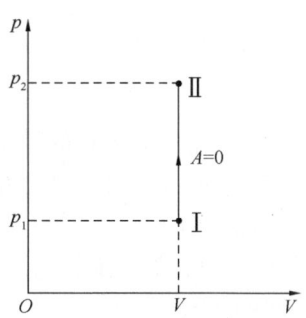

图 2-1-7 气体的等体过程

用 C_V(或 $C_{V,m}$)表示摩尔定容热容,它是指 1mol 气体在体积不变的条件下,温度改变 1K 所需要的热量。引入 C_V 后,系统在体积不变的过程中吸收的热量即为 $Q_V = \dfrac{m}{M}C_V \Delta T$,与上式比较可得:

$$C_V = \dfrac{dQ_V}{\dfrac{m}{M}dT} = \dfrac{i}{2}R \tag{2-1-27}$$

2. 等压过程与摩尔定压热容(图 2-1-8)

特征:$p=$ 恒量,$dp=0$

等压条件下,气体的体积由 V_1 变为 V_2 过程中,气体对外做的功为:

$$A = \int_{V_1}^{V_2} p dV = p(V_2 - V_1) = \dfrac{m}{M}R(T_2 - T_1)$$

参量关系:$\dfrac{V}{T}=\dfrac{m}{M}\dfrac{R}{p}=$ 常量

热力学第一定律形式:

微小过程 $dQ_p = dE + pdV$

有限过程 $Q_p = \Delta E + \int_{V_1}^{V_2} p dV$

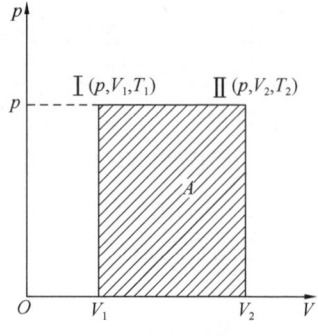

图 2-1-8 气体的等压过程

由于内能增量总是 $\Delta E = \dfrac{m}{M}C_V(T_2 - T_1)$,以 C_p(或 $C_{p,m}$)表示摩尔定压热容,它是指 1mol 气体在压强不变的条件下,温度改变 1K 所需要的热量。引入 C_p 后,则 $Q_p = \dfrac{m}{M}C_p \Delta T$,再根据热力学第一定律可求出:

$$C_p = \frac{dQ_p}{\frac{m}{M}dT} = C_V + R = \frac{i+2}{2}R \tag{2-1-28}$$

定义热容比 γ 为：

$$\gamma = \frac{C_p}{C_V} = \frac{i+2}{i} \tag{2-1-29}$$

式（2-1-28）称为迈耶公式。

气体在等压膨胀过程中，所吸收的热量一部分用来增加内能，另一部分用于气体对外做功；气体在等压压缩过程中，外界对气体做功，同时内能减小，其和等于放出的热量。

3. 等温过程（图 2-1-9）

特征：$T=$ 恒量，$dT=0$，所以 $dE=0$

参量关系：$pV = \frac{m}{M}RT = $ 常量

在保持温度不变时，气体的体积由 V_1 变为 V_2 过程中，气体外做的功 A，由理想气体物态方程，则：

$$A = \int_{V_1}^{V_2} p dV = \frac{m}{M}RT \int_{V_1}^{V_2} \frac{dV}{V} = \frac{m}{M}RT \ln \frac{V_2}{V_1}$$

图 2-1-9 等温过程中功的计算

热力学第一定律形式：

微小过程 $\qquad dQ_T = pdV$

有限过程 $\qquad Q_T = A = \frac{m}{M}RT \ln \frac{V_2}{V_1} = \frac{m}{M}RT \ln \frac{p_1}{p_2} \tag{2-1-30}$

由于等温过程中温度始终保持不变，因此，根据热容量的定义 $C = \frac{dQ}{dT}$，得到等温过程的热容量为无穷大。

等温过程在 p-V 图上是一条等温线（双曲线）上的一段，如图 2-1-9 中所示的过程 I→II 是一等温膨胀过程。在等温膨胀过程中，理想气体所吸取的热量全部转化为对外所做的功；反之，在等温压缩时，外界对理想气体所做的功，将全部转化为传给恒温热源的热量。

4. 绝热过程（图 2-1-10）

特征：$dQ=0$

参量关系：由理想气体状态方程和热力学第一定律可以导出：

$$\left. \begin{array}{l} pV^\gamma = C_1 \\ TV^{\gamma-1} = C_2 \\ p^{\gamma-1}T^{-\gamma} = C_3 \end{array} \right\} \tag{2-1-31}$$

上式称为绝热过程方程，其中，C_1、C_2、C_3 均为常量，其大小在三个式子中各不相同。

热力学第一定律形式：

图 2-1-10 绝热线与等温线比较

微小过程　　　　　　　　　　$0 = dE + pdV$

有限过程　　　　　　　　　　$0 = \Delta E + \int_{V_1}^{V_2} pdV$

绝热过程中的功：$A = -\Delta E = -\dfrac{m}{M} C_V (T_2 - T_1)$ （2-1-32）

也可以由功的定义，结合式（2-1-31）的绝热方程求得：

$$A = \int_{V_1}^{V_2} \dfrac{C_1}{V^\gamma} dV = \dfrac{1}{\gamma - 1}(p_1 V_1 - p_2 V_2) \tag{2-1-33}$$

式（2-1-32）表明，理想气体在绝热压缩过程中，外界所做的功全部转为气体内能的增加，使温度升高；在绝热膨胀过程中，它消耗本身的内能来对外做功，使温度降低。

如图2-1-10所示，A点是两线的相交点，等温线（$pV=$常量）和绝热线（$pV^\gamma=$常量）在交点A处的斜率$\left(\dfrac{dp}{dV}\right)$可以分别求出：等温线的斜率$= -\dfrac{p_A}{V_A}$；绝热线的斜率$= -\gamma \dfrac{p_A}{V_A}$，由于$\gamma>1$，所以在两线的交点处，绝热线的斜率的绝对值比等温线的斜率的绝对值要大。这表明同一气体从同一初状态作同样的体积压缩时，压强的变化在绝热过程中比在等温过程中要大。

【**例 2-1-9**】（历年真题）一定量的理想气体，经过等体过程，温度增量ΔT，内能变化ΔE_1，吸收热量Q_1；若经过等压过程，温度增量也为ΔT，内能变化ΔE_2，吸收热量Q_2，则一定是：

A. $\Delta E_2 = \Delta E_1$，$Q_2 > Q_1$　　　　　　　　B. $\Delta E_2 = \Delta E_1$，$Q_2 < Q_1$

C. $\Delta E_2 > \Delta E_1$，$Q_2 > Q_1$　　　　　　　　D. $\Delta E_2 < \Delta E_1$，$Q_2 < Q_1$

【**解答**】内能增量$\Delta E = \dfrac{m}{M} \dfrac{i}{2} R \Delta T$，现两个过程$\Delta T$相同，故$\Delta E_1 = \Delta E_2$，排除C、D项。

等体过程：$A_1 = 0$，$Q_1 = \Delta E_1 + A_1 = \Delta E_1$；

等压过程：温度增量ΔT，由$pV/T=$恒量，则V变大，$A > 0$；

$Q_2 = \Delta E_2 + A_2 > Q_1$。应选A项。

【**例 2-1-10**】（历年真题）有1mol刚性双原子分子理想气体，在等压过程中对外做功W，则其温度变化ΔT为：

A. $\dfrac{R}{W}$　　　　　B. $\dfrac{W}{R}$　　　　　C. $\dfrac{2R}{W}$　　　　　D. $\dfrac{2W}{R}$

【**解答**】$W = p(V_2 - V_1) = \dfrac{m}{M} R \Delta T = 1 \times R \Delta T$，则：

$\Delta T = \dfrac{W}{R}$，应选B项。

【**例 2-1-11**】（历年真题）一定量理想气体由初态（p_1，V_1，T_1）经等温膨胀到达终态（p_2，V_2，T_1），则气体吸收的热量Q为：

A. $Q = p_1 V_1 \ln \dfrac{V_2}{V_1}$　　　　　　　　B. $Q = p_1 V_2 \ln \dfrac{V_2}{V_1}$

C. $Q = p_1 V_1 \ln \dfrac{V_1}{V_2}$　　　　　　　　D. $Q = p_2 V_1 \ln \dfrac{p_2}{p_1}$

【解答】等温过程，$\Delta E=0$，则：$Q=A=\dfrac{m}{M}RT\ln\dfrac{V_2}{V_1}=p_1V_1\ln\dfrac{V_2}{V_1}$

应选 A 项。

【例 2-1-12】（历年真题）一定量的理想气体对外做了 500J 的功，如果过程是绝热的，气体内能的增量为：

A. 0　　　　　　　B. 500J　　　　　　　C. -500J　　　　　　　D. 250J

【解答】$Q=A+\Delta E$，则：$0=500+\Delta E$，$\Delta E=-500$J

应选 C 项。

【例 2-1-13】（历年真题）一定量的理想气体从初态经一热力学过程达到终态，如初、终态均处于同一温度线上，则此过程中的内能变化 ΔE 和气体做功 W 为：

A. $\Delta E=0$，W 可正可负　　　　　　B. $\Delta E=0$，W 一定为正

C. $\Delta E=0$，W 一定为负　　　　　　D. $\Delta E>0$，W 一定为正

【解答】初、终态为同一温度，则：$\Delta E=0$。

功 W 是过程量，由题目条件，则：W 可正可负。

应选 A 项。

（四）循环过程　卡诺循环

1. 循环过程

一个热力学系统从某一状态出发，经过一系列变化过程，最后又回到初始状态，这样的过程称为循环过程。如果一个循环过程所经历的每一个分过程都是准静态过程，那么循环过程就可在 p-V 图上用一闭合曲线来表示。系统沿闭合曲线顺时针方向的循环称为正循环，反之称为逆循环，如图 2-1-11 所示。循环过程的特征是系统经历一个循环后内能不变，根据热力学第一定律有：$\Delta E=0$，$Q=A$，也即：系统吸收（或放出）的净热量等于系统对外所做的净功（或外界对系统所做的净功）。

图 2-1-11　循环过程
(a) 正循环；(b) 逆循环

工程上常把作循环过程的热力学系统称为工作物质，简称工质。作正循环的设备称为热机，作逆循环的设备称为制冷机。

如图 2-1-11 (a) 所示正循环，在过程 abc 中，工质膨胀对外界做功 A_1，其数值等于 abc 曲线下的面积，同时从外界吸取热量 Q_1；在过程 cda 中，外界压缩工质而对工质做功 A_2，其数值等于 cda 曲线下的面积，同时放出热量 Q_2（取绝对值）。由于 $A_1>A_2$，因此整个循环过程中工质对外界做净功 A，其数值等于循环过程曲线所包围的面积，即 $A=A_1-A_2$。由于整个循环 $\Delta E=0$，故 $Q_1-Q_2=A$。

热机的工作过程就是工质从高温热源吸取热量 Q_1，其中一部热量 Q_2 传给低温热源，同时工质对外做功 A。热机循环的一个重要性能指标就是热机效率，以 η 表示，它表示一次循环中，在工质从高温热源吸收热量 Q_1 中有多大的比例转变为对外输出的有用功，即：

$$\eta=\dfrac{A}{Q_1}=\dfrac{Q_1-Q_2}{Q_1}=1-\dfrac{Q_2}{Q_1} \qquad (2\text{-}1\text{-}34)$$

同理可知，当循环过程沿逆时针方向进行时［图 2-1-11（b）］，过程 abc 为膨胀过程，工质对外界做功，过程 cba 为压缩过程，外界对工质做功，经过整个循环，外界对工质做了净功 A。显然，工质将从低温热源吸取热量 Q_2，又接受外界对工质所做的功 A，向高温热源传递热量 $Q_1 = A + Q_2$。

制冷机的工作过程就是外界对工质做功 A 与从低温热源吸取的热量 Q_2 全部以热能形式转移给高温热源，即放出热量为 Q_1（取绝对值）。制冷机的功效常用从低温热源中所吸取的热量 Q_2 和所消耗的外功 A 的比值来衡量，这一比值叫做制冷系数，即：

$$\omega = \frac{Q_2}{A} = \frac{Q_2}{Q_1 - Q_2} \tag{2-1-35}$$

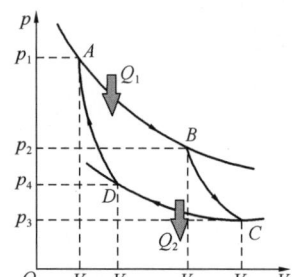

图 2-1-12 卡诺循环（热机）

2. 卡诺循环

卡诺循环是一个理想循环，它由两个等温过程和两个绝热过程组成，其工作物质为理想气体，如图 2-1-12 所示。

根据效率的定义，工作在高温热源（T_1）和低温热源（T_2）间的理想气体准静态过程卡诺循环热机的效率为：

$$\eta = 1 - \frac{T_2}{T_1} \tag{2-1-36}$$

可见，理想气体准静态过程的卡诺循环热机效率仅由两个热源的温度决定。

理想气体准静态过程卡诺逆循环从低温热源吸取热量 Q_2，接受外界对气体所做的功，向高温热源放出热量 Q_1，其制冷系数为：

$$\omega = \frac{Q_2}{A} = \frac{Q_2}{Q_1 - Q_2} = \frac{T_2}{T_1 - T_2} \tag{2-1-37}$$

由上式可知，T_2 越小，ω 也越小，即要从温度很低的低温热源中吸取热量，所消耗的外功也是很多的。

（五）热力学第二定律及其统计意义

实验表明，一切热力学过程都满足热力学第一定律，即服从能量转换和守恒定律。但是，满足热力学第一定律的过程不一定都能实现。自然界中有许多过程虽然不违背热力学第一定律，但绝不会自动地发生。也就是说，自然界中实际上自发发生的过程（自然过程）都具有方向性；热力学第二定律则解决了这个自发过程进行的方向和限度问题。

热力学第二定律的开尔文叙述是：不可能制成一种循环动作的热机，只从一个热源吸取热量，使之全部变为有用的功，而不产生其他影响。要特别注意"不产生其他影响"的内涵，例如气体作等温膨胀，则气体从一个热源吸取热量，全部转化为对外做功。但在做功的同时，气体的体积膨胀了，压强降低又不能自动地回到原来的状态，这就是对外界有了影响。可见，热力学第二定律的开尔文叙述反映了热功转化的一种特殊规律。

热力学第二定律的克劳修斯叙述是：热量不可能自动地从低温物体传向高温物体。从卡诺制冷机的分析中可知，要使热量从低温物体传到高温物体，靠自发地进行是不可能的，必须依靠外界做功。因此，克劳修斯的叙述正是反映了热量传递的这种特殊规律。

可以证明开尔文表述和克劳修斯表述是等价的。

热力学第二定律本质上是一条统计规律，它指出：一般来说，一个不受外界影响的封闭系统，其内部发生的过程，总是由包含微观状态数目少的宏观状态向包含微观状态数目多的宏观状态进行，即由概率小的状态向概率大的状态进行。

（六）可逆过程与不可逆过程

设有一个过程，使物体从状态 A 变为状态 B，对它来说，如果存在另一个过程，它不仅使物体进行反向变化，从状态 B 回复到状态 A，而且当物体回复到状态 A 时，周围一切也都各自回复原状，则从状态 A 进行到状态 B 的过程是个可逆过程。反之，如对于某一过程，不论经过怎样复杂曲折的方法都不能使物体和外界回复到原来状态而不引起其他变化，则此过程就是不可逆过程。

在热力学中，过程的可逆与否和系统所经历的中间状态是否为平衡态密切相关。只有过程进行得无限缓慢，没有由于摩擦等引起机械能的耗散，由一系列无限接近于平衡状态的中间状态所组成的准静态过程，才是可逆过程。实践中遇到的一切过程都是不可逆过程，或者说只是接近可逆过程。研究可逆过程，就是研究从实际情况中抽象出来的理想情况，从而可以基本上掌握实际过程的规律性。

（七）卡诺定理

卡诺循环中每个过程都是平衡过程，故卡诺循环是理想的可逆循环。完成可逆循环的热机叫做可逆机。卡诺定理表述为：

(1) 在同样高低温热源（高温热源的温度为 T_1，低温热源的温度为 T_2）之间工作的一切可逆机，不论用什么工作物，效率都等于 $\left(1-\dfrac{T_2}{T_1}\right)$。

(2) 在同样高低温热源之间工作的一切不可逆机的效率，不可能高于可逆机，即：

$$\eta \leqslant 1-\frac{T_2}{T_1} \tag{2-1-38}$$

上式为卡诺定理的数学表述，式中等号用于可逆热机，小于号用于不可逆热机。

卡诺定理指出了提高热机效率的途径，就过程而论，应当使实际的不可逆机尽量地接近可逆机。对高温热源和低温热源的温度来说，应该尽量地提高两热源的温度差，但是在实际热机中，想获得更低的低温热源温度，就必须用制冷机，而制冷机要消耗外功，因此，用降低低温热源的温度来提高热机的效率是不经济的，故要提高热机的效率应当从提高高温热源的温度着手。

【例 2-1-14】（历年真题）一卡诺热机，低温热源的温度为 27℃，热机效率为 40%，其高温热源温度为：

A. 500K B. 45℃ C. 400K D. 500℃

【解答】$\eta = 1-\dfrac{T_2}{T_1}$，$40\% = 1-\dfrac{273+27}{T_1}$，则：$T_1 = 500\text{K}$

应选 A 项。

【例 2-1-15】（历年真题）两个卡诺热机的循环曲线如图所示，一个工作在温度为 T_1 与 T_3 的两个热源之间，另一个工作在温度为 T_2 与 T_3 的两个热源之间，已知这两个循环曲线所包围的面积相等，由此可知：

A. 两个热机的效率一定相等

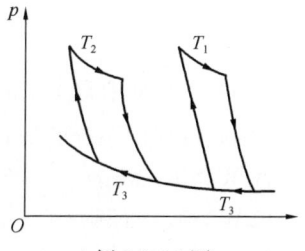

例 2-1-15 图

B. 两个热机从高温热源所吸收的热量一定相等

C. 两个热机向低温热源所放出的热量一定相等

D. 两个热机吸收的热量与放出的热量（绝对值）的差值一定相等

【解答】净功 A 相等，即两个热机的 Q_1-Q_2 的差值相等，应选 D 项。

习 题

2-1-1 （历年真题）最概然速率 v_p 的物理意义是：

A. v_p 是速率分布中最大速率

B. v_p 是大多数分子的速率

C. 在一定的温度下，速度与 v_p 相近的气体分子所占的百分率最大

D. v_p 是所有分子速率的平均值

2-1-2 （历年真题）速率分布函数 $f(v)$ 的物理意义为：

A. 具有速率 v 的分子数占总分子数的百分比

B. 速率分布在 v 附近单位速率间隔中的分子数占总分子数的百分比

C. 具有速率 v 的分子数

D. 速率分布在 v 附近的单位速率间隔中的分子数

2-1-3 （历年真题）一密闭容器中盛有 1mol 氦气（视为理想气体），容器中分子无规则运动的平均自由程仅取决于：

A. 压强 p　　　　　　　　　　　B. 体积 V

C. 温度 T　　　　　　　　　　　D. 平均碰撞频率 $\overline{Z}$

2-1-4 （历年真题）刚性双原子分子理想气体的定压摩尔热容量 C_p，与其定体摩尔热容量 C_V 之比，C_p/C_V 等于：

A. 5/3　　　　B. 3/5　　　　C. 7/5　　　　D. 5/7

2-1-5 （历年真题）有两种理想气体，第一种的压强为 p_1，体积为 V_1，温度为 T_1，总质量为 M_1，摩尔质量为 μ_1；第二种的压强为 p_2，体积为 V_2，温度为 T_2，总质量为 M_2，摩尔质量为 μ_2。当 $V_1=V_2$，$T_1=T_2$，$M_1=M_2$ 时，则 $\dfrac{\mu_1}{\mu_2}$ 为：

A. $\dfrac{\mu_1}{\mu_2}=\sqrt{\dfrac{p_1}{p_2}}$　　B. $\dfrac{\mu_1}{\mu_2}=\dfrac{p_1}{p_2}$　　C. $\dfrac{\mu_1}{\mu_2}=\sqrt{\dfrac{p_2}{p_1}}$　　D. $\dfrac{\mu_1}{\mu_2}=\dfrac{p_2}{p_1}$

2-1-6 （历年真题）某理想气体分子在温度 T_1 时的方均根速率等于温度 T_2 时的最概然速率，则两温度之比 $\dfrac{T_2}{T_1}$ 等于

A. $\dfrac{3}{2}$　　　　B. $\dfrac{2}{3}$　　　　C. $\sqrt{\dfrac{3}{2}}$　　　　D. $\sqrt{\dfrac{2}{3}}$

2-1-7 （历年真题）1mol 理想气体从平衡态 $2p_1$、V_1 沿直线变化到另一平衡态 p_1、$2V_1$，则此过程中系统的功和内能的变化是：

A. $W>0$，$\Delta E>0$　　　　　　　　B. $W<0$，$\Delta E<0$

C. $W>0$，$\Delta E=0$　　　　　　　　D. $W<0$，$\Delta E>0$

2-1-8 （历年真题）一定量的理想气体由 a 状态经过一过程到达 b 状态，吸热为

335J，系统对外做功 126J；若系统经过另一过程由 a 状态到达 b 状态，系统对外做功 42J，则过程中传入系统的热量为：

A. 530J B. 167J C. 251J D. 335J

2-1-9（历年真题）一定量的理想气体经等压膨胀后，气体的：

A. 温度下降，做正功 B. 温度下降，做负功
C. 温度升高，做正功 D. 温度升高，做负功

2-1-10（历年真题）理想气体在等温膨胀过程中：

A. 气体做负功，向外界放出热量 B. 气体做负功，从外界吸收热量
C. 气体做正功，向外界放出热量 D. 气体做正功，从外界吸收热量

2-1-11（历年真题）一定量的某种理想气体由初始态经等温膨胀变化到终末态时，压强为 p_1；若由相同的初始态经绝热膨胀到另一终末态时，压强为 p_2，若两过程终末态体积相同，则：

A. $p_1 = p_2$ B. $p_1 > p_2$ C. $p_1 < p_2$ D. $p_1 = 2p_2$

2-1-12（历年真题）一定量的理想气体，由一平衡态（p_1，V_1，T_1）变化到另一平衡态（p_2，V_2，T_2），若 $V_2 > V_1$，但 $T_2 = T_1$，无论气体经历怎样的过程：

A. 气体对外做的功一定为正值 B. 气体对外做的功一定为负值
C. 气体的内能一定增加 D. 气体的内能保持不变

2-1-13（历年真题）在保持高温热源温度 T_1 和低温热源温度 T_2 不变的情况下，使卡诺热机的循环曲线所包围的面积增大，则会：

A. 净功增大，效率提高 B. 净功增大，效率降低
C. 净功和效率都不变 D. 净功增大，效率不变

2-1-14（历年真题）在卡诺循环过程中，理想气体在一个绝热过程中所做的功为 W_1，内能变化为 ΔE_1，则在另一绝热过程中所做的功为 W_2，内能变化为 ΔE_2，则 W_1、W_2 及 ΔE_1、ΔE_2 之间的关系为：

A. $W_2 = W_1$，$\Delta E_2 = \Delta E_1$ B. $W_2 = -W_1$，$\Delta E_2 = \Delta E_1$
C. $W_2 = -W_1$，$\Delta E_2 = -\Delta E_1$ D. $W_2 = -W_1$，$\Delta E_2 = -\Delta E_1$

2-1-15（历年真题）热力学第二定律的开尔文表述和克劳修斯表述中，下述正确的是：

A. 开尔文表述指出了功热转换的过程是不可逆的
B. 开尔文表述指出了热量由高温物体传到低温物体的过程是不可逆的
C. 克劳修斯表述指出通过摩擦而做功变成热的过程是不可逆的
D. 克劳修斯表述指出气体的自由膨胀过程是不可逆的

2-1-16（历年真题）"理想气体和单一恒温热源接触作等温膨胀时，吸收的热量全部用来对外界做功。"对此说法，有以下几种讨论，其中正确的是：

A. 不违反热力学第一定律，但违反热力学第二定律
B. 不违反热力学第二定律，但违反热力学第一定律
C. 不违反热力学第一定律，也不违反热力学第二定律
D. 违反热力学第一定律，也违反热力学第二定律

2-1-17（历年真题）理想气体向真空作绝热膨胀：

A. 膨胀后，温度不变，压强减小　　B. 膨胀后，温度降低，压强减小
C. 膨胀后，温度升高，压强减小　　D. 膨胀后，温度不变，压强不变

第二节　波　动　学

一、机械波的产生和传播

1. 机械波产生的条件

机械波是机械振动在弹性介质中的传播，因此，机械波的产生首先要有作机械振动的物体即波源；其次还要有能够传播这种振动的弹性介质。

2. 机械波的传播及特点

弹性介质可以看成是大量质元的集合，各质元间由相互作用联系着。如果介质中有一个质元发生振动时，由于该质元与相邻质元之间的弹性力，使邻近质元跟着振动，邻近质元的振动又引起较远的质元振动，于是振动就以一定的速度由近及远地传播出去，形成波动。

当机械波在弹性介质中传播时，介质中各质元都在各自的平衡位置附近振动。这些质元的振动规律相同，但振动的相位不同。由于振动状态是由相位决定的，所以波动是振动状态的传播，也可以说是振动相位的传播。由于"下游"质元是由"上游"质元带动而开始振动，因此必有能量由"上游"质元传递给"下游"质元，所以波的传播也伴随着能量的传播。

3. 机械波的分类

按介质中质元的振动方向和波在介质中传播的方向之间的关系，可以把波分成横波和纵波两大类型。如果质元的振动方向和波的传播方向相互垂直，这种波称为横波，如图 2-2-1(a) 所示。

如果质元的振动方向和波的传播方向相互平行，这种波称为纵波，如图 2-2-1(b) 所示。

图 2-2-1　机械波的分类
(a) 横波；(b) 纵波

4. 波的几何描述

为了形象地描述波在空间的传播，常把某一时刻振动相位相同的点连成的面称为波阵面或波面，把最前面的那个波面称为波前。由于波阵面上各点的相位相同，所以波阵面是同相面。

我们把波阵面是平面的波动称为平面波 [图 2-2-2 (a)]，波阵面是球面的波动称为球面波 [图 2-2-2 (b)]。波的传播方向称为波线。在各向同性的介质中，波线总是与波阵面垂直，平面波的波线是垂直于波阵面的平行直线，球面波的波线是以波源为中心从中心向外的径向直线。

5. 描述波动的特征是

波动传播时，不但具有时间周期性，还具有空间周期性。时间周期性用周期、频率和角频率来描述，空间周期性则用波长来描述。

图 2-2-2 波面与波线
(a) 平面波的波面和波线；(b) 球面波的波面和波线（图中只画出球面波波面的一部分）

(1) 波长

波传播时，在同一波线上两个相邻的、相位差为 2π 的质元之间的距离，称为波长，用 λ 表示，它是波源作一次完全振动，波前进一个完整波的距离。

(2) 周期、频率

波前进一个波长的时间叫做波的周期，用 T 表示。周期的倒数叫做频率，用 ν 表示，$\nu=1/T$。频率为单位时间内波前进距离中波的数目。波的频率由波源的振动频率决定。

角频率（亦称圆频率）ω 为：$\omega=2\pi\nu=2\pi/T$。

(3) 波速

单位时间内振动状态传播的距离，称为波速，用 u 表示，由于振动状态是由相位确定，所以波速就是波的相位的传播速度。波速由介质的性质决定。

波速与波长、周期和频率之间的关系为：

$$u=\frac{\lambda}{T}=\nu\lambda \tag{2-2-1}$$

波在不同介质中传播时，频率保持不变，由于在不同介质中的波速不同，所以波长也是不同的。

(4) 机械波在不同介质中的波速公式

固体介质能够产生线变、体变和切变等各种弹性形变，所以固体介质中既可以传播与切变有关的横波，又能传播与线变及体变有关的纵波；但液体和气体介质中无切变，只有线变和体变，所以只能传播纵波。

固体中横波 $$u=\sqrt{\frac{G}{\rho}} \tag{2-2-2}$$

固体中纵波 $$u=\sqrt{\frac{E}{\rho}} \tag{2-2-3}$$

式中，G 为固体的切变横量；E 为固体的弹性模量（杨氏模量）；ρ 为固体的密度。

流体中纵波 $$u=\sqrt{\frac{K}{\rho}} \tag{2-2-4}$$

式中，K 为流体的体积模量；ρ 为流体的密度。

二、平面简谐波表达式

谐振动在介质中传播形成的波称为简谐波。如果简谐波的波面为平面，则这样的简谐波称为平面简谐波。平面简谐波传播时，任一时刻处在同一波面上的各点具有相同的振动状态。因此，只要知道了与波面垂直的任意一条波线上波的传播规律，就可以知道整个平面波的传播规律。

1. 平面简谐波表达式

定量地描述介质中各质点的位移 y 随各质点的平衡位置 x 和时间坐标 t 而变化的数学函数式 $y(x,t)$ 叫做波函数，又称波动表达式。

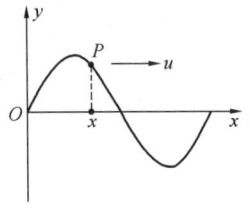

设平面简谐波以速度 u 沿 x 轴正方向传播。取 O 作为坐标原点（图 2-2-3），其振动表达式为：

$$y_0(t) = A\cos(\omega t + \varphi_0)$$

波线上另一任意点 P 的坐标为 x。振动从 O 点传播到 P 点需时 $\Delta t = \dfrac{x}{u}$，因而 O 点在 $t - \Delta t = \left(t - \dfrac{x}{u}\right)$ 时刻的振动状态在 t 时刻传播到 P 点。从相位来说，P 点落后于 O 点，其相位差为 $\omega\Delta t = \omega\dfrac{x}{u}$。考虑

图 2-2-3 建立波函数

到 P 点的任意性，其平面简谐行波的波动表达式即为：

$$y(x,t) = A\cos\left[\omega\left(t - \frac{x}{u}\right) + \varphi_0\right] = A\cos\left[\omega t - \frac{2\pi x}{\lambda} + \varphi_0\right]$$
$$= A\cos\left[2\pi\left(\nu t - \frac{x}{\lambda}\right) + \varphi_0\right] = A\cos\left[2\pi\left(\frac{t}{T} - \frac{x}{\lambda}\right) + \varphi_0\right] \quad (2\text{-}2\text{-}5)$$

如果简谐波是沿 x 轴负方向传播的，则 P 点处质点的振动在步调上要超前于 O 点处质点的振动，所以，只要将式（2-2-5）中的负号改为正号即可得到相应的波函数：

$$y(x,t) = A\cos\left[\omega\left(t + \frac{x}{u}\right) + \varphi_0\right] = A\cos\left[\omega t + \frac{2\pi x}{\lambda} + \varphi_0\right] \quad (2\text{-}2\text{-}6)$$

如果知道介质中两定点 x_1 和 x_2 的振动状态，则两者的相位差为：

$$\Delta\varphi = \varphi_{x_2} - \varphi_{x_1} = \left[\omega t - \frac{2\pi x_2}{\lambda} + \varphi_0\right] - \left[\omega t - \frac{2\pi x_1}{\lambda} + \varphi_0\right] = \frac{2\pi}{\lambda}(x_2 - x_1) \quad (2\text{-}2\text{-}7)$$

2. 平面简谐波表达式的物理意义

（1）如果 x 给定（即考察该处的质元），则位移 y 就只是 t 的周期函数，这时波函数表示距原点为 x 处的质元在各不同时刻的位移，也就是该质元在作周期为 T 的谐振动，并且还给出该点落后于波源 O 的相位差是 $\omega\dfrac{x}{u}$。如图 2-2-4 所示，y-t 振动曲线的（时间）周期是 T。

（2）如果 t 给定，位移 y 将只是 x 的周期函数，这时波函数给出在给定时刻波线上各个不同质元的位移，也就是表示出在给定时刻的波形。如图 2-2-5 所示，y-x 波形曲线的（空间）周期是波长 λ。

（3）如果 x 和 t 都在变化，那么这个波函数将表示波线上各个不同质元在不同时刻的位移。如图 2-2-6 所示。

图 2-2-4 振动质元的振动曲线

图 2-2-5 给定时刻波的波形曲线

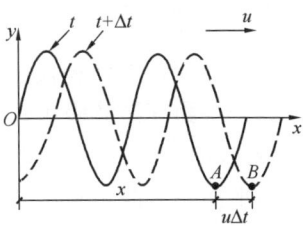
图 2-2-6 波的传播

3. 波的动力学方程

将波的表达式分别对 x、t 求二次导数，比较后可得一般平面波的动力学方程

$$\frac{\partial^2 y}{\partial x^2} = \frac{1}{u^2} \frac{\partial^2 y}{\partial t^2} \tag{2-2-8}$$

无论是横波还是纵波，都可用上述波函数表示。对于横波，质点离开平衡位置的位移 y 与波的传播方向 x 轴垂直；而对于纵波，位移 y 沿 x 轴方向。

【例 2-2-1】（历年真题）一平面简谐波沿 x 轴正方向传播，振幅 $A=0.02$m，周期 $T=0.5$s，波长 $\lambda=100$mm，原点处质元的初相位 $\varphi=0$，则波动方程的表达式为：

A. $y = 0.02\cos 2\pi \left(\frac{t}{2} - 0.01x\right)$ (SI) B. $y = 0.02\cos 2\pi (2t - 0.01x)$ (SI)

C. $y = 0.02\cos 2\pi \left(\frac{t}{2} - 100x\right)$ (SI) D. $y = 0.02\cos 2\pi (2t - 100x)$ (SI)

【解答】$y = A\cos\left[\omega\left(t - \frac{x}{u}\right) + \varphi_0\right]$

$\varphi_0 = 0$，$\omega = 2\pi/T = 2\pi/0.5 = 2\pi \times 2$，$u = \lambda\nu = 100 \times \frac{1}{0.5} = 100 \times 2$

$$y = 0.002\cos 2\pi \times 2\left(t - \frac{x}{100 \times 2}\right) = 0.02\cos 2\pi(2t - 0.01x)$$

应选 B 项。

【例 2-2-2】（历年真题）已知平面简谐波的方程为 $y = A\cos(Bt - Cx)$，式中 A、B、C 为正常数，此波的波长和波速分别为：

A. $\frac{B}{C}$，$\frac{2\pi}{C}$ B. $\frac{2\pi}{C}$，$\frac{B}{C}$ C. $\frac{\pi}{C}$，$\frac{2B}{C}$ D. $\frac{2\pi}{C}$，$\frac{C}{B}$

【解答】将 y 化为标准形：$y = A\cos B\left(t - \frac{x}{B/C}\right)$

$u = \frac{B}{C}$，应选 B 项。

【例 2-2-3】（历年真题）一横波沿一根弦线传播，其方程为 $y = -0.02\cos\pi(4x - 50t)$ (SI)，该波的振幅与波长分别为：

A. 0.02cm，0.5cm B. -0.02m，-0.5m

C. -0.02m，0.5m D. 0.02m，0.5m

【解答】根据振幅的规定，则 $A = 0.02$m，应选 D 项。

本题详解，将 y 化为标准形：

$$y = -0.02\cos\pi(50t - 4x) = 0.02\cos\left[50\pi\left(t - \frac{x}{50/4}\right) + \pi\right]$$

则：$A = 0.02$m，$u = \frac{50}{4}$，$\omega = 50\pi = \frac{2\pi}{T}$，$T = \frac{1}{25}$，$\lambda = uT = \frac{50}{4} \times \frac{1}{25} = 0.5$m

【例 2-2-4】（历年真题）在波的传播方向上，有相距为 3m 的两质元，两者的相位差为 $\frac{\pi}{6}$，若波的周期为 4s，则此波的波长和波速分别为：

A. 36m 和 6m/s B. 36m 和 9m/s

C. 12m 和 6m/s   D. 12m 和 9m/s

【解答】$\Delta\varphi = \frac{2\pi}{\lambda}(x_2 - x_1)$，则：$\frac{\pi}{6} = \frac{2\pi}{\lambda} \times 3$，$\lambda = 36\text{m}$

$$u = \frac{\lambda}{T} = \frac{36}{4} = 9\text{m/s}，应选 B 项。$$

【例 2-2-5】（历年真题）一平面简谐波的波动方程为 $y = 2 \times 10^{-2} \cos 2\pi \left(10t - \frac{x}{5}\right)$ (SI)。$t = 0.25\text{s}$ 时，处于平衡位置且与坐标原点 $x = 0$ 最近的质元的位置是：

A. ±5m   B. 5m   C. ±1.25m   D. 1.25m

【解答】$y = 2 \times 10^{-2} \cos 2\pi \left(10 \times 0.25 - \frac{x}{5}\right) = 0$，则：

$$2\pi\left(2.5 - \frac{x}{5}\right) = (2k+1)\frac{\pi}{2} \quad (k = 0, \pm 1, \pm 2, \cdots)$$

$x = 12.5 - \frac{5}{4}(2k+1)$，当 $k = 4$ 时，$x = 1.25\text{m}$；当 $k = 5$ 时，$x = -1.25\text{m}$

应选 C 项。

注意：本题目也可采用验证，将 A、B 项代入 y，y 不等于零，排除 A、B 项。

【例 2-2-6】（历年真题）一横波的波动方程为 $y = 2 \times 10^{-2} \cos 2\pi \left(10t - \frac{x}{5}\right)$ (SI)，$t = 0.25\text{s}$ 时，距离原点（$x = 0$）处最近的波峰位置为：

A. ±2.5m   B. ±7.5m   C. ±4.5m   D. ±5m

【解答】将 A 项代入 y，则：$y = 2 \times 10^{-2} \cos 2\pi \left(10 \times 0.25 - \frac{2.5}{5}\right) = 2 \times 10^{-2}\text{m}$

应选 A 项。

三、波的能量和能流密度

当机械波传播到介质中的某处时，该处原来不动的质元开始振动，因而具有动能，同时该处的介质也将产生形变，因而也具有势能。波动传播时，介质由近及远地振动着，可见，能量是向外传播出去的，这是波动的重要特征。

1. 波的能量

以棒中传播的横波为例导出波动能量的表达式，在棒中任取一个体积元 ΔV，棒的质量密度为 ρ，则质元的质量为 $\rho \Delta V$。当棒中有平面简谐波传播时，设波函数为：

$$y = A\cos\omega\left(t - \frac{x}{u}\right)$$

质元的动能 $\Delta E_k = \frac{1}{2}mv^2 = \frac{1}{2}\rho\Delta V\left(\frac{\partial y}{\partial t}\right)^2$，其弹性势能 $\Delta E_p = \Delta E_k$，可推导得到：

$$\Delta E_k = \Delta E_p = \frac{1}{2}\rho\Delta V A^2 \omega^2 \sin^2\omega\left(t - \frac{x}{u}\right) \tag{2-2-9}$$

质元的总机械能为：

$$\Delta E = \Delta E_k + \Delta E_p = \rho\Delta V A^2 \omega^2 \sin^2\omega\left(t - \frac{x}{u}\right) \tag{2-2-10}$$

由上述公式可知：

(1) 在波传播过程中，质元的动能和势能的时间关系式是相同的，两者不仅同相，而且大小总是相等的。动能达最大值时，势能也达最大值；动能为零时，势能也为零。这是因为在波动中与势能相关的是质元间的相对位移（体积元的形变 $\Delta y/\Delta x$），如图 2-2-7 所示，在 B 点外，速度为零，动能为零，同时 $\Delta y/\Delta x$ 也为零，所以弹性势能也为零。在 C 点处，速度最大，动能最大，同时波形曲线较陡，$\Delta y/\Delta x$ 有最大值，所以弹性势能也最大。

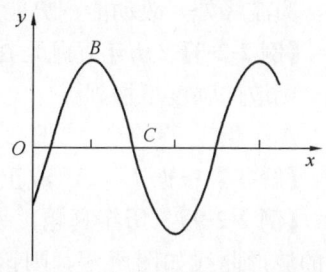

图 2-2-7 波传播时的体积元的变形

(2) 质元的总机械能是随时间而变化的，它在零和最大值之间周期地变化着。波动系统任一质元的总能量是时间的函数，这表明波动传播能量，振动系统并不传播能量。

2. 能量密度和能流及能流密度

介质中单位体积的波动能量称为波的能量密度 w（单位为 J/m³），即：

$$w = \frac{\Delta E}{\Delta V} = \rho A^2\omega^2\sin^2\omega\left(t-\frac{x}{u}\right) \qquad (2\text{-}2\text{-}11)$$

波的能量密度是随时间而变化的，通常取其在一个周期内的平均值，用 $\overline{w}$ 表示，称为平均能量密度。因为正弦函数的平方在一个周期内的平均值为 1/2（即 $\frac{1}{T}\int_0^T\sin^2\omega t\,\mathrm{d}t=\frac{1}{2}$），所以能量密度在一个周期内的平均值为：

$$\overline{w} = \frac{1}{2}\rho A^2\omega^2 \qquad (2\text{-}2\text{-}12)$$

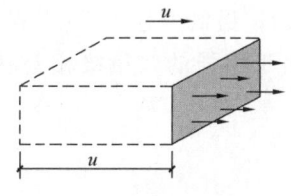

图 2-2-8 体积 uS 内的能量在单位时间内通过 S 面

由上式可知，平面简谐波的能量与振幅的平方、频率的平方成正比。该结论对于所有机械波都是适用的。

单位时间内通过介质中某面积的能量称为通过该面积的能流。设在介质中垂直于波速 u 取面积 S，则在单位时间内通过 S 面的能量等于体积 uS 中的能量（图 2-2-8），这能量是周期性变化的，通常取其一个周期的时间平均值，即得平均能流 $\overline{P}$（单位为 J/s）为：

$$\overline{P} = \overline{w}uS \qquad (2\text{-}2\text{-}13)$$

通过与波动传播方向垂直的单位面积的平均能流，称为平均能流密度（亦称波的强度），用 I 来表示，其单位为 J/(m²·s) 或 W/m²（瓦特/米²），即：

$$I = \overline{w}u = \frac{1}{2}\rho u\omega^2 A^2 \qquad (2\text{-}2\text{-}14)$$

【例 2-2-7】（历年真题）一平面简谐波的波动方程为 $y=2\times10^{-2}\cos2\pi\left(10t-\frac{x}{5}\right)$（SI），对 $x=2.5$m 处的质元，在 $t=0.25$s 时，它的：

A. 动能最大，势能最大 B. 动能最大，势能最小
C. 动能最小，势能最大 D. 动能最小，势能最小

【解答】由题目条件，$y=2\times10^{-2}\cos2\pi\left(10\times0.25-\frac{2.5}{5}\right)=0.02$m

为波峰处，故动能、势能均为最小，均为零，应选D项。

【例2-2-8】（历年真题）在波的传播过程中，若保持其他条件不变，仅使振幅增加一倍，则波的强度增加到：

A. 1倍　　　　B. 2倍　　　　C. 3倍　　　　D. 4倍

【解答】根据I与A^2成正比，应选D项。

【例2-2-9】（历年真题）一列机械横波在t时刻的波形曲线如图所示，则该时刻能量处于最大值的媒质质元的位置是：

A. a　　　　B. b
C. c　　　　D. d

【解答】质元位于平衡位置时，其能量处于最大值，应选A项。

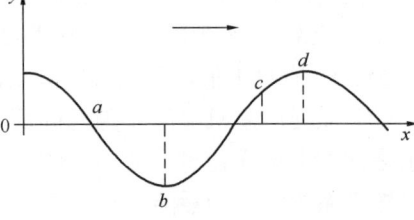

例2-2-9图

【例2-2-10】（历年真题）波的能量密度的单位是：

A. J/m　　　　B. J/m^2　　　　C. J/m^3　　　　D. J

【解答】根据波的能量密度的定义，故单位为J/m^3，应选C项。

四、声波的声强级

在弹性介质中，如果波源所激起的纵波的频率在20Hz到20000Hz之间，就能引起人的听觉，在这频率范围内的振动称为声振动，所激起的纵波称为声波。频率高于20000Hz的机械波叫做超声波，频率低于20Hz的机械波叫做次声波。声波是机械波。

声强就是声波的平均能流密度I，即单位时间内通过垂直于声波传播方向的单位面积的声波能量。在1000Hz时，一般正常人听觉的最高声强为$1W/m^2$，最低声强为$10^{-12}W/m^2$。通常把这一最低声强作为测定声强的标准，用I_0表示。由于声强的数量级相差悬殊，所以常用对数标度作为声强级的量度，声强级I_L为：

$$I_L = \lg \frac{I}{I_0} \tag{2-2-15}$$

声强级的单位为贝尔（Bel）。实际上，贝尔这一单位太大，常采用分贝（dB），此时声强级的公式为：

$$I_L = 10\lg \frac{I}{I_0} \tag{2-2-16}$$

【例2-2-11】（历年真题）两人轻声谈话的声强级为40dB，热闹市场上噪声的声强级为80dB。市场上噪声的声强与轻声谈话的声强之比为：

A. 2　　　　B. 20　　　　C. 10^2　　　　D. 10^4

【解答】$I_{L1} = 10\lg \frac{I_1}{I_0}$，即：$40 = 10\lg \frac{I_1}{I_0}$，$I_1/I_0 = 10^4$

同理，$I_2/I_0 = 10^8$，则：$I_2/I_1 = 10^8/10^4 = 10^4$

应选D项。

五、波的衍射和干涉及驻波

（一）惠更斯原理

惠更斯原理是指在波的传波过程中，波阵面（波前）上的每一点都可看作是发射子波的波源，在其后的任一时刻，这些子波的包迹就成为新的波阵面。惠更斯原理对任何波动过程都是适用的，不论是机械波或电磁波，只要知道某一时刻的波阵面，就可根据这一原理用几何方法来决定任一时刻的波阵面。如图 2-2-9 所示，用惠更斯原理描绘出球面波和平面波的传播。根据惠更斯原理，还可以简捷地用作图方法说明波在传播中发生的衍射、反射和折射等现象。但是，惠更斯原理并没有说明各个子波在传播中对某一点振动的相位和振幅究竟有多少贡献，不能给出沿不同方向传播的波的强度分布。

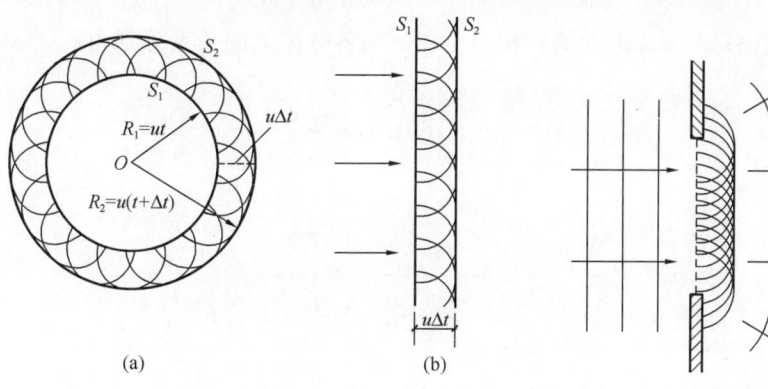

图 2-2-9　用惠更斯原理求作新的波阵面
（a）球面波；（b）平面波

图 2-2-10　波的衍射

（二）波的衍射

当波在传播过程中遇到障碍物时，其传播方向绕过障碍物发生偏折的现象，称为波的衍射。如图 2-2-10 所示，平面波通过一狭缝后能偏离原直线前进，根据惠更斯原理，当波阵面到达狭缝时，缝处各点成为子波源，它们发射的子波的包迹在边缘处不再是平面，从而使传播方向偏离原方向而向外延展，进入缝两侧的阴影区域。

（三）波的干涉

1. 波的叠加原理

若有几列波同时在一介质中传播，如果这几列波在空间某点处相遇，则它们将保持自己原有的特性（频率、波长、振动方向等）独立传播，这称为波传播的独立性。在几列波相遇的区域内，任一点处质元的振动为各列波单独在该点引起的振动的合振动，即在任一时刻，该点处质元的振动位移是各个波在该点所引起的位移的矢量和。这一规律称为波的叠加原理。注意，波的叠加原理仅在波的强度不太大时（即波动方程为线性的）才成立。

2. 波的干涉

两列频率相同、振动方向相同、相位差恒定的简谐波的叠加，其叠加会使空间某些点处的振动始终加强，而另一些点处的振动始终减弱，呈现规律性分布，这种现象称为干涉现象。能产生干涉现象的波称为相干波，相应的波源称为相干波源。同频率、同振动方向、恒定相差称为相干条件。

如图 2-2-11 所示，设有两个相干波源 S_1、S_2 的振动分别为：

$$y_{S_1} = A_1\cos(\omega t + \varphi_1)$$
$$y_{S_2} = A_2\cos(\omega t + \varphi_2)$$

两列波分别经过 r_1 和 r_2 的距离后，在相遇点 P 处的振动表达式分别为：

图 2-2-11 波的干涉

$$y_1 = A_1 \cos\left(\omega t + \varphi_1 - \frac{2\pi r_1}{\lambda}\right)$$

$$y_2 = A_2 \cos\left(\omega t + \varphi_2 - \frac{2\pi r_2}{\lambda}\right)$$

P 点的合成振动为：

$$y_P = y_1 + y_2 = A\cos(\omega t + \varphi)$$

式中，A 为合振幅；φ 为合振动的初相。A 和 φ 与各分振动的关系分别为：

$$A = \sqrt{A_1^2 + A_2^2 + 2A_1 A_2 \cos\left(\varphi_2 - \varphi_1 - 2\pi\frac{r_2 - r_1}{\lambda}\right)} \quad (2\text{-}3\text{-}17)$$

$$\tan\varphi = \frac{A_1 \sin\left(\varphi_1 - 2\pi\frac{r_1}{\lambda}\right) + A_2 \sin\left(\varphi_2 - 2\pi\frac{r_2}{\lambda}\right)}{A_1 \cos\left(\varphi_1 - 2\pi\frac{r_1}{\lambda}\right) + A_2 \cos\left(\varphi_2 - 2\pi\frac{r_2}{\lambda}\right)} \quad (2\text{-}3\text{-}18)$$

两个相干波在该点所引起的两个振动的相位差为：

$$\Delta\varphi = \varphi_2 - \varphi_1 - 2\pi\frac{r_2 - r_1}{\lambda}$$

对应空间不同的点，若 $\Delta\varphi$ 不同，则合成的结果就不同。合振幅最大和最小应满足如下条件：

$$\Delta\varphi = \begin{cases} \pm 2k\pi & A = A_1 + A_2, \text{干涉加强} \quad (k = 0,1,2,\cdots) \\ \pm(2k+1)\pi & A = |A_1 - A_2|, \text{干涉减弱} \quad (k = 0,1,2,\cdots) \end{cases} \quad (2\text{-}2\text{-}19)$$

如果 $\varphi_2 = \varphi_1$，即对于初相相同的相干波源，上述干涉加强、减弱条件可表示为：

$$\delta = r_2 - r_1 = \begin{cases} \pm k\lambda & A = A_1 + A_2, \text{干涉加强} \quad (k = 0,1,2,\cdots) \\ \pm(2k+1)\frac{\lambda}{2} & A = |A_1 - A_2|, \text{干涉减弱} \quad (k = 0,1,2,\cdots) \end{cases}$$

$$(2\text{-}2\text{-}20)$$

式中，$\delta = r_2 - r_1$ 表示从波源 S_1 和 S_2 发出的两列相干波到达 P 点所经过的几何路程差，称为波程差。式（2-2-20）说明，两列相干波源为同相位时，在两列波的叠加的区域内，在波程差等于零或等于波长的整数倍的各点合振幅最大；在波程差等于半波长的奇数倍的各点合振幅最小。

【**例 2-2-12**】（历年真题）两相干波源，频率为 100Hz，相位差为 π，两者相距 20m，若两波源发出的简谐波的振幅均为 A，则在两波源连续的中垂线上各点合振动的振幅为：

A. $-A$ B. 0 C. A D. $2A$

【**解答**】$r_2 - r_1 = 0$，则：$\cos\left[\varphi_2 - \varphi_1 - \dfrac{2\pi(r_2 - r_1)}{\lambda}\right] = \cos\pi = -1$

$A_1 = A_2 = A$,则:$A_{合} = \sqrt{A_1^2 + A_2^2 + 2A_1A_2 \times (-1)} = 0$,应选 B 项。

【例 2-2-13】(历年真题)两列相干波,其表达式分别为 $y_1 = 2A\cos 2\pi\left(\nu t - \dfrac{x}{2}\right)$ 和 $y_2 = A\cos 2\pi\left(\nu t + \dfrac{x}{2}\right)$,在叠加后形成的合成波中,波中质元的振幅范围是:

A. $A \sim 0$
B. $3A \sim 0$
C. $3A \sim -A$
D. $3A \sim A$

【解答】两相干波,在同一直线上沿相反方向传播,则:

$$A = \sqrt{A_1^2 + A_2^2 + 2A_1A_2 \cos \Delta\varphi}$$

当 $\cos\Delta\varphi = 1$ 时,$A = \sqrt{4A^2 + A^2 + 2 \times 2A \times A} = 3A$

当 $\cos\Delta\varphi = -1$ 时,$A = \sqrt{4A^2 + A^2 - 2 \times 2A \times A} = A$

应选 D 项。

(四)驻波

两列振幅相同的相干波,在同一直线上,沿相反方向传播时所产生的叠加结果,如图 2-2-12 所示。由这些波形可以知道,合成波中各质元都以相同的频率但不同的振幅作振动,其中有些质元总是不动的(图中以"·"表示),称为波节。具有振幅最大的那些质元(图中以"+"表示),称为波腹。这种合成波中各质元以各自确定的不同振幅在各自平衡位置附近振动,且没有振动状态或相位传播的波称为驻波。

图 2-2-12 驻波的形成

设两波的振幅都是 A,初相 $\varphi_{01} = \varphi_{02} = 0$,把沿 Ox 轴的正方向传播的波写为:

$$y_1 = A\cos 2\pi\left(\dfrac{t}{T} - \dfrac{x}{\lambda}\right)$$

把沿 Ox 轴负方向传播的波写为:

$$y_2 = A\cos 2\pi\left(\dfrac{t}{T} + \dfrac{x}{\lambda}\right)$$

其合成波为:

$$y = y_1 + y_2 = A\left[\cos 2\pi\left(\dfrac{t}{T} - \dfrac{x}{\lambda}\right) + \cos 2\pi\left(\dfrac{t}{T} + \dfrac{x}{\lambda}\right)\right]$$

由和差化积公式，上式可写为：

$$y = \left(2A\cos\frac{2\pi}{\lambda}x\right)\cos\frac{2\pi}{T}t \quad (2\text{-}2\text{-}21)$$

由上式可看出，合成以后各点都在作同周期的谐振动，但各质元的振幅为 $\left|2A\cos\frac{2\pi}{\lambda}x\right|$，即驻波的振幅与位置有关，与时间无关。

由上式可知，波腹的位置应满足：

$$\frac{2\pi}{\lambda}x = k\pi$$

即：
$$x = k\frac{\lambda}{2} \quad (k=0, \pm 1, \pm 2, \cdots) \quad (2\text{-}2\text{-}22)$$

相邻两个波腹间的距离为：$\frac{\lambda}{2}$

波节的位置应满足：

$$\frac{2\pi}{\lambda}x = (2k+1)\frac{\pi}{2}$$

即：
$$x = (2k+1)\frac{\lambda}{4} \quad (k=0, \pm 1, \pm 2, \cdots) \quad (2\text{-}2\text{-}23)$$

相邻两个波节间的距离为：$\lambda/2$。

驻波中各点的相位关系，例如图 2-2-12 中，当 $t = \frac{T}{2}$ 时刻，在 ab 段之间，各点的振幅不同，但其振动都到达负最大，故它们振动的相位相同；在 bc 段之间，各点振动都到达正最大，故它们振动的相位相同，但与相邻的段（如 ab 段）相反。所以同段同相，邻段反相。

介质在振动过程中，驻波的动能和势能不断地转换。在转换过程中，能量不断地由波腹附近转移到波节附近，再由波节附近转移到波腹附近，这就是说在驻波行进过程中没有能量的定向传播。

【例 2-2-14】（历年真题）两列相干波，其表达式 $y_1 = A\cos 2\pi\left(\nu t - \frac{x}{\lambda}\right)$ 和 $y_2 = A\cos 2\pi\left(\nu t + \frac{x}{\lambda}\right)$，在叠加后形成的驻波中，波腹处质元振幅为：

A. A　　　　　　　　　　　　　　B. $-A$
C. $2A$　　　　　　　　　　　　　 D. $-2A$

【解答】两相干波形成驻波，故波腹处质元的振幅为 $2A$，应选 C 项。

【例 2-2-15】（历年真题）在波长为 λ 的驻波中，两个相邻波腹之间的距离为：

A. $\lambda/2$　　　　　　　　　　　　B. $\lambda/4$
C. $3\lambda/4$　　　　　　　　　　　D. λ

【解答】驻波的两个相邻波腹之间的距离为 $\frac{\lambda}{2}$，应选 A 项。

六、自由端反射与固定端反射

入射波在行进中遇到介质的分界面会发生反射，如果反射波在反射点的相位较之入射波跃变了 π，相当于波在反射时突然损失（或增加）了半个波长的波程。这种现象称为半波损失。这种反射称为固定端反射，其反射点是波节，如图 2-2-13（a）所示。若反射波在反射点的相位与入射波相同，则称波在自由端反射，反射点会形成波腹，即无半波损失，如图 2-2-13（b）所示。

一般情况下，波在两种介质的分界处反射时，反射波是否存在半波损失，与波的种类、两种介质的性质以及入射角等因素有关。对弹性波而言，当入射波垂直界面入射时，它由介质的密度 ρ 和波速 u 所决定。ρu 较大的介质称为波密介质，ρu 较小的介质称为波疏介质。当波从波疏介质垂直入射到波密介质而在分界面处反射时，反射波有相位 π 的突变，即有半波损失；反之，当波从波密介质垂直入射到波疏介质时，无半波损失。

图 2-2-13　入射波（实线）与反射波（虚线）在反射点的相位情况

七、多普勒效应

当波源或观测者相对介质运动时，观测者接收到的频率不等于波源的频率。这种频率随波源或观测者运动而改变的现象叫做多普勒效应。

假定声源和观测者在同一直线上运动，以 v_S 表示波源相对于介质的速度，v_R 表示观测者相对于介质的速度，并规定波源与观测者相向运动时 v_S 和 v_R 均为正，二者相背运动时均为负。以 u 表示波在介质中的传播速度，并且它只决定于介质的性质，而与波源及观测者的运动无关。于是，多普勒效应所表示的观测者接收到的频率 ν_R 与波源频率 ν_S 之间的关系为：

$$\nu_R = \frac{u + v_R}{u - v_S} \nu_S \tag{2-2-24}$$

当波源和观察者是沿着它们连线的垂直方向运动时，则 $\nu_R = \nu_S$，即没有多普勒效应发生。当波源和观察者的运动是任意方向时，则只要将速度在它们连线上的分量代入上述公式即可。

【例 2-2-16】（历年真题）火车疾驰而来时人们听到的汽笛音调，与火车远离而去时人们听到的汽笛音调比较，音调：

A. 由高变低　　　　　　　　　B. 由低变高
C. 不变　　　　　　　　　　　D. 变高，还是变低不能确定

【解答】 根据多普勒效应，火车疾驰而来，速度 v_S 为正，则频率 ν_R 变大；火车远离时，速度 v_S 为负，则 ν_R 变小，故选 A 项。

习　题

2-2-1（历年真题）对于机械横波而言，下面说法正确的是：

A. 质元处于平衡位置时，其动能最大，势能为零

B. 质元处于平衡位置时，其动能为零，势能最大

C. 质元处于波谷处时，动能为零，势能最大

D. 质元处于波峰处时，动能与势能均为零

2-2-2 （历年真题）一平面简谐波在弹性媒质中传播时，在某一瞬时，某质元正处于其平衡位置时，此时它的：

A. 动能为零，势能最大 B. 动能为零，势能为零

C. 动能最大，势能最大 D. 动能最大，势能为零

2-2-3 （历年真题）对平面简谐波而言，波长 λ 反映：

A. 波在时间上的周期性

B. 波在空间上的周期性

C. 波中质元振动位移的周期性

D. 波中质元振动速度的周期性

2-2-4 （历年真题）当机械波在媒质中传播时，一媒质质元的最大形变量发生在：

A. 媒质质元离开其平衡位置的最大位移处

B. 媒质质元离开其平衡位置的 $\frac{\sqrt{2}}{2}A$ 处（A 为振幅）

C. 媒质质元离开其平衡位置的 $\frac{A}{2}$ 处

D. 媒质质元在其平衡位置处

2-2-5 （历年真题）一横波沿绳子传播时，波的表达式为 $y = 0.05\cos(4\pi x - 10\pi t)$(SI)，则：

A. 其波长为 0.5m B. 波速为 5m/s

C. 波速为 25m/s D. 频率为 2Hz

2-2-6 （历年真题）图示为一平面简谐机械波在 t 时刻的波形曲线，若此时 A 点处媒质质元的弹性势能在减小，则：

A. A 点处质元的振动动能在减小

B. A 点处质元的振动动能在增加

C. B 点处质元的振动动能在增加

D. B 点处质元在正向平衡位置处运动

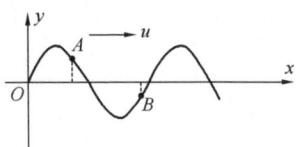

题 2-2-6 图

2-2-7 （历年真题）一平面简谐波，波动方程为 $y = 0.02\sin(\pi t + x)$(SI)，波动方程的余弦形式为：

A. $y = 0.02\cos\left(\pi t + x + \frac{\pi}{2}\right)$(SI)

B. $y = 0.02\cos\left(\pi t + x - \frac{\pi}{2}\right)$(SI)

C. $y = 0.02\cos(\pi t + x + \pi)$(SI)

D. $y = 0.02\cos\left(\pi t + x + \frac{\pi}{4}\right)$(SI)

第三节 光　学

麦克斯韦的电磁理论证实了光是一种电磁波，为光的波动说奠定了牢固的基础。爱因斯坦提出光子理论，认为光是由光子组成，完美地解释了光和物质相互作用时表现出粒子性的实验事实。最终，使人们认识到光具有波粒二象性。

一、几何光学的基础知识

为了理解和掌握光学的干涉、衍射等，下面简单介绍几何光学的基本内容。

1. 光的反射定律和折射定律

如图 2-3-1 所示，反射角等于入射角，即：$i' = i$。

入射角 i 与折射角 r 的正弦之比与入射角无关，而与介质的折射率（n_1、n_2）有关，即：

$$\frac{\sin i}{\sin r} = \frac{n_2}{n_1}$$

或

$$n_1 \sin i = n_2 \sin r \qquad (2\text{-}3\text{-}1)$$

上式为光的折射定理。

图 2-3-1　光的反射和折射

2. 凸透镜成像

（1）平行于光轴的光线，经透镜后通过像方焦点 F'。

（2）通过物方焦点 F 的光线，经透镜后平行于光轴。

（3）若物、像两方折射率相等，通过光心 O 的光线经透镜后方向不变。

图 2-3-2 画出了凸透镜成像的部分光路图。

(a)

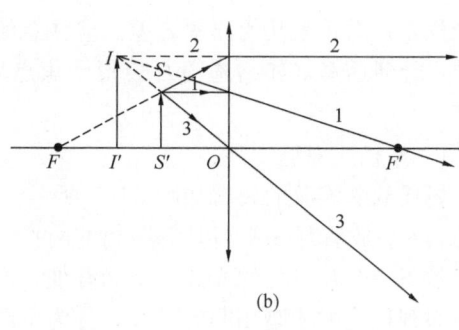

(b)

图 2-3-2　凸透镜成像光路图

二、光的干涉

（一）相干光

1. 光源发光机理与特点

一般普通光源（即非激光光源）发光的机理是处于激发态的原子（或分子）的自发辐射，在能级跃迁中原子向外发射电磁波即光波。每个原子的发光是间歇的，一个原子经一次发光后，只有在重新获得足够能量后才会再次发光，每次发光的持续时间极短，约为 10^{-8} s。可见，原子发射的光波是一段频率一定、振动方向一定、有限长的光波，通常称

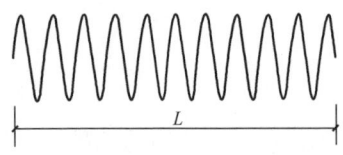

图 2-3-3 光波波列

为光波波列（图 2-3-3）。同一原子在不同时刻所发出的波列之间振动方向和相位也各不相同；不同原子发光是一种随机过程，故不同原子在同一时刻所发出的波列在频率、振动方向和相位上各自独立。

可见光是波长为 400～760nm，也即频率在 4.3×10^{14}～7.5×10^{14}Hz 之间的电磁波。具有单一频率的光波称为单色光。

2. 相干光的获得

由于普通光源发光的非相干性特点，获得相干光的基本思路是：将同一光源同一点上某时刻发出的一束光分成两束，让它们经过不同路径再相遇，以满足相干条件。获得相干光的两种常见方法是分波阵面法和分振幅法。

3. 光程和光程差

已知光在折射率为 n 的介质中传播速度 $v=\dfrac{c}{n}$，对应的波长为 $\lambda_n=\dfrac{\lambda}{n}$。这里，$c$ 为光在真空中的传播速度，$\lambda=\dfrac{c}{\nu}$ 为光在真空中的波长。

假定波长为 λ 的单色光在介质界面处分成两束相干光，它们分别在不同的介质中传播后再相遇。设两束光各自所经历的几何路程为 x_1 和 x_2，在两种介质中波长分别为 $\lambda_1=\lambda/n_1$、$\lambda_2=\lambda/n_2$，则在相遇处，其相位差为：

$$\Delta\varphi=2\pi\left(\dfrac{x_2}{\lambda_2}-\dfrac{x_1}{\lambda_1}\right)=2\pi\dfrac{n_2x_2-n_1x_1}{\lambda}=2\pi\dfrac{\delta}{\lambda} \quad (2\text{-}3\text{-}2)$$

通常将 nx 定义为光程，$\delta=n_2x_2-n_1x_1$ 称为光程差。光程是光在介质中通过的路程折合到同一时间内在真空中通过的相应路程。相干光在各处干涉加强或减弱取决于两束光的光程差，而不是几何路程之差。应注意的是：由于平行光的同一波阵面上各点有相同的相位，经薄透镜（如凸透镜）会聚于焦点后仍有相同的相位，即薄透镜不引起附加的光程差。

（二）杨氏双缝干涉

杨氏双缝实验的装置如图 2-3-4 所示，在普通单色光源后放一狭缝 S，相当于一个线光源，S 后放有与 S 平行且等距离的两平行狭缝 S_1 和 S_2，这时 S_1 和 S_2 构成一对相干光源，从 S_1 和 S_2 发出的光波在空间叠加，产生干涉现象。如果在双缝后放置一屏幕，将出现一系列稳定的明暗相间的条纹，称为干涉条纹。由于相干波源 S_1 和 S_2 是从 S 发出的波阵面上取出的两部分，所以把这种获得相干光的方法称为分波阵面法。

如图 2-3-5 所示，设相干光源 S_1 与 S_2 之间的距离为 d，从 S_1 或 S_2 到屏幕的垂直距离为 D，屏上的任意一点 P 距 S_1 与 S_2 的距离分别为 r_1 与 r_2，P 点到屏幕上对称中心 O 点的距离为 x，从 S_1 和 S_2 发出的两光波到达 P 点的光程差为：

$$\delta=n(r_2-r_1) \quad (2\text{-}3\text{-}3)$$

干涉加强、减弱条件为：

$$\delta=\begin{cases}\pm k\lambda & (k=0,1,2,\cdots),\text{明纹}\\ \pm(2k+1)\dfrac{\lambda}{2} & (k=0,1,2,\cdots),\text{暗纹}\end{cases} \quad (2\text{-}3\text{-}4)$$

图 2-3-4 杨氏双缝干涉

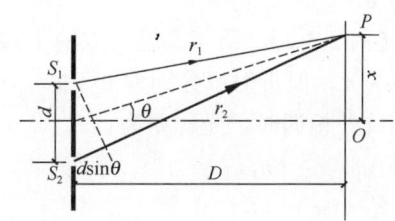
图 2-3-5 双缝干涉条纹计算用图

式中，λ 为光在真空中的波长。

由图 2-3-5 可知：$r_2 - r_1 \approx d\sin\theta \approx \dfrac{xd}{D}$

由式（2-3-3），则：$\delta = nd\sin\theta = n\dfrac{xd}{D}$

所以明纹、暗纹的位置为：

$$x = \begin{cases} \pm k\dfrac{D\lambda}{nd} & (k=0,1,2,\cdots),\text{明纹} \\ \pm (2k+1)\dfrac{D\lambda}{2nd} & (k=0,1,2,\cdots),\text{暗纹} \end{cases} \tag{2-3-5}$$

特别地，当在空气中时，$n=1$，上式写为：

$$x = \begin{cases} \pm k\dfrac{D\lambda}{d} & (k=0,1,2,\cdots),\text{明纹} \\ \pm (2k+1)\dfrac{D\lambda}{2d} & (k=0,1,2,\cdots),\text{暗纹} \end{cases} \tag{2-3-6}$$

明纹条件中 $k=0$ 称为零级明纹或中央明纹；相应于 $k=1,2$ 等的明纹称为第一级、第二级明纹等。

相邻明纹（或暗纹）的间距为：

$$\Delta x = \dfrac{D\lambda}{nd} \tag{2-3-7}$$

在空气中，$\Delta x = \dfrac{D\lambda}{d}$。

可知，条纹是明暗相间等距离分布且与狭缝平行的直条纹。当用白光（即复色光）作为光源时，在零级（$k=0$）部位形成白色的中央明条纹，其他各级明条纹的位置，由于波长的不同而逐级拉开距离，在中央明纹的两侧对称地排列着由紫到红的彩色光谱，其中有些级次的光谱会发生重叠，有些级次的光谱不发生重叠。

【例 2-3-1】（历年真题）在双缝干涉实验中，波长 λ 的单色平行光垂直入射到缝间距为 a 的双缝上，屏到双缝的距离是 D，则某一条明纹与其相邻的一条暗纹的间距为：

A. $\dfrac{D\lambda}{a}$ B. $\dfrac{D\lambda}{2a}$ C. $\dfrac{2D\lambda}{a}$ D. $\dfrac{D\lambda}{4a}$

【解答】空气中,明纹(或暗纹)的间距为:$\frac{D\lambda}{d}$,故明纹与相邻的一条暗纹的间距为:$\frac{D\lambda}{2}$,应选 B 项。

【例 2-3-2】(历年真题)双缝干涉实验中,若在两缝后(靠近屏一侧)各覆盖一块厚度均为 d,但折射率分别为 n_1 和 n_2($n_2 > n_1$)的透明薄片,则从两缝发出的光在原来中央明纹处相遇时,光程差为:

A. $d(n_2 - n_1)$ B. $2d(n_2 - n_1)$
C. $d(n_2 - 1)$ D. $d(n_1 - 1)$

【解答】光程差 $\delta = r + n_2 d - d - (r + n_1 d - d) = d(n_2 - n_1)$,应选 A 项。

【例 2-3-3】(历年真题)在双缝干涉实验中,入射光的波长为 λ,用透明玻璃纸遮住双缝中的一条缝(靠近屏一侧),若玻璃纸中光程比相同厚度的空气的光程大 2.5λ,则屏上原来的明纹处:

A. 仍为明条纹 B. 变为暗条纹
C. 既非明纹也非暗纹 D. 无法确定是明纹还是暗纹

【解答】无玻璃纸时,$\delta = r_2 - r_1 = k\lambda$,明纹,$k = 0, \pm 1, \pm 2, \cdots$;有玻璃纸时,$\delta = r_2 + 2.5\lambda - r_1 = k\lambda + 2.5\lambda = \left[2(k+2) + \frac{1}{2}\right]\lambda$,故变为暗纹,选 B 项。

【例 2-3-4】(历年真题)在空气中用波长为 λ 的单色光进行双缝干涉实验时,观测到相邻明条纹的间距为 1.33mm,当把实验装置放入水中(水的折射率为 $n = 1.33$)时,则相邻明条纹的间距变为:

A. 1.33mm B. 2.66mm C. 1mm D. 2mm

【解答】水中相邻明纹的间距为:$\Delta x = \frac{D\lambda}{nd} = \frac{\Delta X_{空}}{1.33} = \frac{1.33}{1.33} = 1\text{mm}$

应选 C 项。

(三)薄膜干涉

薄膜干涉的相干光的获取是采用分振幅法。

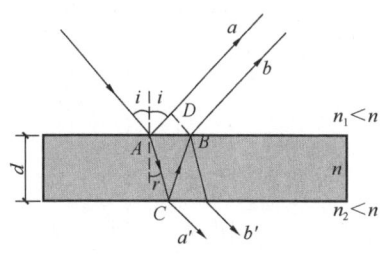

图 2-3-6 薄膜两界面反射光的附加光程差

1. 反射光的相位突变和附加光程差

当两束光都是从光疏到光密界面反射或都是从光密到光疏界面反射,则两束反射光之间无附加的相位差。如果一束光从光疏到光密界面反射,而另一束从光密到光疏界面反射,则两束反射光之间有附加的相位差 π,或者说有附加光程差 $\frac{\lambda}{2}$,如图 2-3-6 所示,a、b 的光程差存在附加光程差 $\lambda/2$。

a、b 的光程差 δ 计算如下:

$$AC = CB = \frac{d}{\cos r}, \quad AD = AB \sin i = 2d \tan r \sin i$$

$\delta = n(AC + CB) - n_1 AD + \frac{\lambda}{2}$,将 AC、CB、AD 代入,同时,折射定理 $n_1 \sin r_1 = n \sin r$,则:

$$\delta = \frac{2nd}{\cos r}(1-\sin^2 r) + \frac{\lambda}{2} = 2nd\cos r + \frac{\lambda}{2}$$

或

$$\delta = 2d\sqrt{n^2 - n_1^2\sin^2 i} + \frac{\lambda}{2} \tag{2-3-8}$$

注意，对于折射光，则任何情况下都不会有相位突变。

2. 等倾干涉与增透膜

(1) 等倾干涉

如图 2-3-7 所示，波长为 λ 的单色光入射到薄膜上表面，入射角为 i，经膜的上、下表面反射后产生一对相干的平行光束 a 和 b，这一对光束只能在无限远处相交而发生干涉。在实验室中用一个会聚透镜 L 使它们在其焦平面上 P 点叠加而产生干涉。根据式 (2-3-8) 可知，对于厚度均匀的薄膜，光程差是由入射角 i 决定的。凡以相同倾角入射的光，经膜的上、下表面反射后产生的相干光束都有相同的光程差，从而对应于干涉图样中的一条条纹，故将此类干涉条纹称为等倾条纹。

图 2-3-7 薄膜的干涉

图 2-3-8 等倾条纹

等倾干涉明纹、暗纹的条件为：

$$\delta = 2d\sqrt{n^2 - n_1^2\sin^2 i} + \frac{\lambda}{2} = \begin{cases} k\lambda & (k=1,2,3,\cdots), \text{明纹} \\ (2k+1)\frac{\lambda}{2} & (k=0,1,2,\cdots), \text{暗纹} \end{cases} \tag{2-3-9}$$

当垂直入射，即 $i=0$ 时，上式变为：

$$\delta = 2nd + \frac{\lambda}{2} = \begin{cases} k\lambda & (k=1,2,3,\cdots), \text{明纹} \\ (2k+1)\frac{\lambda}{2} & (k=0,1,2,\cdots), \text{暗纹} \end{cases} \tag{2-3-10}$$

由式 (2-3-9) 可知，入射角 i 越大，光程差 δ 越小，干涉级也越低。在等倾环纹中，半径越大的圆环对应的 i 也越大，其干涉级越低，越向内的圆环纹干涉级越高，中心处的干涉级最高。此外，从中央向外各相邻明环或相邻暗环间的距离也不相同。中央的环纹间的距离较大，环纹较稀疏，越向外，环纹间的距离越小，环纹越密集，见图 2-3-8。

(2) 增透膜

利用薄膜的干涉使反射光减到最小，而透射光加强，该薄膜称为增透膜。

图 2-3-9 增透膜

如图 2-3-9 所示,光垂直入射(图中将 i 画大是为了方便理解),在增透膜(由 MgF_2 制作)的上、下表面反射时都有相位突变大,故没有附加的相位差(或无附加光程差),其光程差 $\delta=2nd$,其干涉相消,透射光加强应满足的条件为:

$$2nd = (2k+1)\frac{\lambda}{2} \quad (k=0,1,2,\cdots)$$

当取 $k=0$ 时,增透膜的最小厚度 d 为:

$$d = \frac{\lambda}{4n} \tag{2-3-11}$$

【例 2-3-5】(历年真题)在空气中有一肥皂膜,厚度为 $0.32\ \mu m$($1\ \mu m=10^{-6}\ m$),折射率 $n=1.33$,若用白光垂直照射,通过反射,此膜呈现的颜色大体是:

A. 紫光(430nm) B. 蓝光(470nm)
C. 绿光(566nm) D. 红光(730nm)

【解答】膜呈现的颜色是反射光加强的单色光 λ,即满足:

$$\delta = 2nd + \frac{\lambda}{2} = k\lambda, \lambda = \frac{2nd}{k-\frac{1}{2}} = \frac{2\times1.33\times0.32\times10^3}{k-\frac{1}{2}}$$

$k=1$ 时,$\lambda=1702.4nm$;$k=2$ 时,$\lambda=567nm$

$k=3$ 时,$\lambda=340nm$,应选 C 项。

【例 2-3-6】(历年真题)在玻璃(折射率 $n_3=1.60$)表面镀一层 MgF_2(折射率 $n_2=1.38$)薄膜作为增透膜,为了使波长为 500nm($1nm=10^{-9}\ m$)的光从空气($n_1=1.00$)正入射时尽可能少反射,MgF_2 薄膜的最小厚度应是:

A. 78.1nm B. 90.6nm C. 125nm D. 181nm

【解答】增透膜最小厚度为:$d = \frac{\lambda}{4n} = \frac{500}{4\times1.38} = 90.6nm$

应选 B 项。

3. 等厚干涉

(1)劈尖干涉

如图 2-3-10(a)所示,两块平板玻璃片,一端相互叠合(称为棱边),另一端夹一薄片,构成夹角 θ 非常小、厚度不均匀的空气劈尖形状的介质膜,简称劈尖膜。当单色平行光垂直入射到这样的劈尖上时,在劈尖的上、下表面的反射光将形成干涉。因此,按图 2-3-10(a)观察介质膜上表面时就会看到干涉条纹。

假设劈尖膜是折射率为 n 的介质,$n<n_1$。如图 2-3-10(b)所示,用 e 来表示光的入射点处膜的厚度,则两束相干的反射光在相遇时的光程差为 $\delta=2ne+\frac{\lambda}{2}$。干涉明纹、暗纹的条件为:

$$\delta = 2ne + \frac{\lambda}{2} = \begin{cases} k\lambda & (k=1,2,3,\cdots),\text{明纹} \\ (2k+1)\frac{\lambda}{2} & (k=0,1,2,\cdots),\text{暗纹} \end{cases} \tag{2-3-12}$$

图 2-3-10 劈尖干涉

每一明纹暗纹都与一定的 k 级相联系,也就是与劈尖膜在该条纹处的厚度 e 相联系,这些干涉条纹称为等厚干涉条纹。由于劈尖的等厚条纹是一系列平行于棱边(上下表面的相交线)的直线,所以劈尖的等厚条纹是一些与棱边平行的明暗相间的直条纹。

对于空气中的劈尖,在棱边处膜厚 $e=0$,由于半波损失,光程差为 $\frac{\lambda}{2}$,所以看到的应该是零级暗条纹,然后,随着膜厚 e 增加依次是一级明纹,一级暗纹,二级明纹,二级暗纹等。其他介质的劈尖,应具体分析 $e=0$ 处是否存在半波损失。

由式(2-3-12)可知,两相邻明纹(或暗纹)间对应的介质膜的厚度差都相等,即:

$$\Delta e = e_{k+1} - e_k = \frac{\lambda}{2n} \quad (2\text{-}3\text{-}13)$$

由于劈尖的夹角为 θ 很小,则相邻明纹(或暗纹)的间距为:

$$l = \frac{\lambda}{2n\sin\theta} \approx \frac{\lambda}{2n\theta} \quad (2\text{-}3\text{-}14)$$

第 k 级条纹中心到棱边的距离 s_k 为:

$$s_k = \frac{e_k}{\theta} \quad (2\text{-}3\text{-}15)$$

明纹 $\quad e_k = \left(k\lambda - \frac{\lambda}{2}\right)\frac{1}{2n} = (2k-1)\frac{\lambda}{4n} \quad (k=1, 2, 3, \cdots)$

暗纹 $\quad e_k = \left[(2k+1)\frac{\lambda}{2} - \frac{\lambda}{2}\right]\frac{1}{2n} = k\frac{\lambda}{2n} \quad (k=0, 1, 2, \cdots)$

由式(2-3-14)可知,对于一定波长的入射光,条纹间距与 θ 角成反比,劈尖夹角 θ 越大,则条纹分布越密。如果劈尖的夹角 θ 相当大,干涉条纹就密得无法分开。

对于固定的夹角 θ,条纹间距与波长 λ 成正比。当用白光入射在劈尖上每一级明纹将呈现彩色的条纹。

利用劈尖干涉可以测量头发丝的粗细、箔片的厚度、单色光的波长,还可以检测光学工件的平整度等。

【例 2-3-7】(历年真题)波长为 λ 的单色光垂直照射在折射率为 n 的劈尖薄膜上,在由反射光形成的干涉条纹中，第五级明条纹与第三级明条纹所对应的薄膜厚度差为：

A. $\dfrac{\lambda}{2n}$ B. $\dfrac{\lambda}{n}$ C. $\dfrac{\lambda}{5n}$ D. $\dfrac{\lambda}{3n}$

【解答】$2ne_5+\dfrac{\lambda}{2}=5\lambda$，$2ne_3+\dfrac{\lambda}{2}=3\lambda$，则：

$$e_5-e_3=(5\lambda-3\lambda)/(2n)=\lambda/n，应选 B 项。$$

【例 2-3-8】有一玻璃劈尖，置于液体中，劈尖角 $\theta=8\times10^{-5}$ rad（弧度），用波长 $\lambda=589$nm 的单色光垂直照射此劈尖，测得相邻干涉条纹间距 $l=2.4$mm，则此液体的折射率为：

A. 2.86   B. 1.53   C. 15.3   D. 28.6

【解答】$l=\dfrac{\lambda}{2n\theta}$，$2.4=\dfrac{589\times10^{-6}}{2\times n\times 8\times10^{-5}}$，则：

$n=1.53$，应选 B 项。

(2) 牛顿环

图 2-3-11 表示由曲率半径为 R 的一个平凸透镜，放在一个很平整的平板玻璃上，二者之间形成厚度不均匀的空气（$n=1$）薄膜。当波长为 λ 的平行光垂直地射向平凸透镜时，可以观察到透镜表面出现一组等厚干涉条纹，这些条纹都是以接触点为圆心的一系列间距不等的同心圆环，称为牛顿环。

图 2-3-11 牛顿环

实验中常在透镜和玻璃之间注油，形成油膜（n），且 $n<n_1$。

当入射光在空气膜（或油膜）的上、下表面反射时，在膜上表面出现明、暗环，其光程差应满足的条件是：

$$\delta=2ne+\dfrac{\lambda}{2}=\begin{cases}2k\dfrac{\lambda}{2} & (k=1,2,3,\cdots)，明纹\\(2k+1)\dfrac{\lambda}{2} & (k=0,1,2,\cdots)，暗纹\end{cases} \quad (2\text{-}3\text{-}16)$$

由于在中心 O 处膜厚度为零，其光程差产生于下表面反射光存在半波损失，所以空气膜（或油膜）的牛顿环中心是一个暗斑。由中心往边缘，膜厚的增加越来越快，因而牛顿环也就越来越密。

由图 2-3-11（a）可知，e 很小，$r^2=R^2-(R-e)^2=2Re-e^2\approx 2Re$，则：$e=\dfrac{r^2}{2R}$

因此，以牛顿环的半径 r 表征的明、暗环条件为：

$$r = \begin{cases} \sqrt{\left(k-\dfrac{1}{2}\right)\dfrac{R\lambda}{n}} & (k=1,2,3,\cdots), \text{明纹} \\ \sqrt{k\dfrac{R\lambda}{n}} & (k=0,1,2,\cdots), \text{暗纹} \end{cases} \quad (2\text{-}3\text{-}17)$$

牛顿环与等倾干涉条纹都是内疏外密的圆环形条纹,但牛顿环的条纹级次是由环心向外递增,而等倾条纹则反之。

(3) 迈克耳孙干涉仪

迈克耳孙干涉仪是根据光的干涉原理制成的精密测量仪器,它可测量波长及长度的微小变化等,其主要结构和光路示意图如图 2-3-12 所示。若平面反射镜 M_1 和 M_2 相互垂直,光线 1 和光线 2 的光程近似相等,则薄银层 M_1 的虚像 M_1' 在 M_2 附件,M_1' 与 M_2 之间形成空气层。来自光源 S 的光被分光板 G_1 分成光线 1 和光线 2 两部分,分别垂直入射到平面镜 M_1 和 M_2 上,经反射后会聚成光线 $1'2'$,等效为 M_1'、M_2 间空气膜上、下表面的反射相干光相遇,形成空气薄膜干涉条纹。当 M_1 和 M_2 相互严格垂直时,形成等倾干涉条纹;当 M_1 和 M_2 不严

图 2-3-12 迈克耳孙构造示意图

格垂直时,M_1' 和 M_2 之间形成空气劈尖,这时可以观察到等厚干涉条纹。此外,G_2 是为避免两束光线在玻璃中经过的路程不等而引起较大的光程差专门设置的补偿板。

M_2 可用螺旋控制作微小移动,每当其平移 $\lambda/2$ 时,在 E 处的观察者可以看到一条明条纹移动。若在视场中有 N 条明条纹移过,则 M_2 平移的距离 d 为:

$$d = N\frac{\lambda}{2} \quad (2\text{-}3\text{-}18)$$

【例 2-3-9】(历年真题)若在迈克耳孙干涉仪的可动反射镜 M 移动了 0.620mm 的过程中,观察到干涉条纹移动了 2300 条,则所用光波的波长为:

A. 269nm B. 539nm C. 2690nm D. 5390nm

【解答】$d=N\dfrac{\lambda}{2}$,$0.620\times10^6=2300\times\dfrac{\lambda}{2}$,则:

$\lambda=539$nm,应选 B 项。

三、光的衍射

1. 惠更斯-菲涅耳原理

用惠更斯原理可以对波的衍射现象作定性说明,但不能解释光的衍射图样中光强的分布。菲涅耳发展了惠更斯原理,其假定:波在传播过程中,从同一波阵面上各点发出的子波,经传播而在空间某点相遇时,产生相干叠加。该原理称为惠更斯-菲涅耳原理。应用惠更斯-菲涅耳原理,可解决一般衍射问题的定量计算,但计算相当复杂。因此,一般使用半波带法来解释衍射现象。

2. 单缝衍射

图 2-3-13 (a) 所示平行光线照射宽度为 a 的单缝、透镜 L (焦距为 f) 聚焦衍射条纹

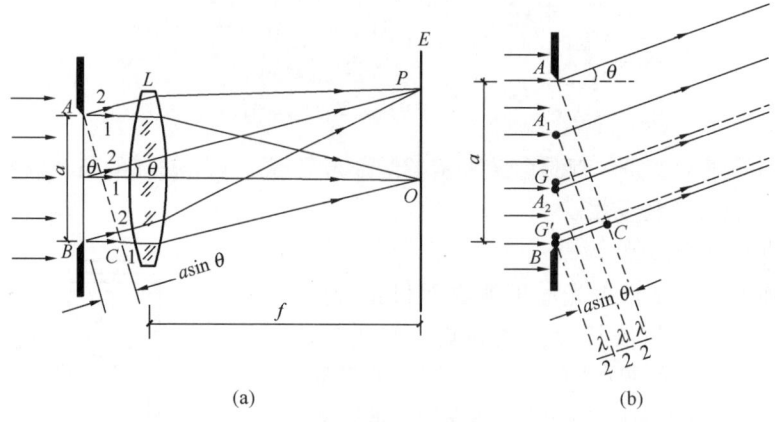

图 2-3-13 单缝衍射条纹的计算

的现象，称为夫琅禾费单缝衍射。夫琅禾费单缝条纹的显著特征是：中央明条纹较其他级次的明条纹宽而亮。

(1) 屏上出现明、暗条纹的条件

如图 2-3-13 所示，单色平行光垂直照射在狭缝上，通过狭缝的光发生衍射，衍射光与原入射光方向的夹角 θ 叫做衍射角；引入透镜 L 即可将衍射角相同的平行衍射光都会聚在透镜焦平面上的同一点 P，该点的光强就由这些平行光的干涉结果所决定。由于透镜 L 并不产生附加的光程差，所以这些平行光的光程差就由 AC 面上的光程差决定。由于入射光在 AB 面处是同相位的，则 AC 面上的最大光程差 δ 为：$\delta=BC=a\sin\theta$。

如图 2-3-13（b）所示，把狭缝分割成一系列宽度相等的窄条 ΔS，并使相邻 ΔS 各对应点发出的光线的光程差为半个波长，这样的窄条称为半波带（亦称波带）。对应衍射角为 θ 的半波带数 N 为：

$$N=\frac{a\sin\theta}{\lambda/2}$$

显然，当 N 为偶数时，相邻半波带各对应点的光程差均为 $\lambda/2$，即相位差为 π，叠加后将相互抵消。由于一对对相邻半波带发出的光都分别在 P 点相互抵消，所以合振幅为零，P 点为暗条纹的中心。当 N 恰好为奇数时，因一对对相邻半波带发出的光分别在 P 点相互抵消，还剩下一个半波带发出的光在 P 点合成，这时 P 点应近似为明条纹的中心。

根据上述分析，夫琅禾费单缝衍射条纹的明、暗条件为：

$$\delta=a\sin\theta=\begin{cases}\pm 2k\dfrac{\lambda}{2} & (k=1,2,3,\cdots),\text{暗纹}\\ \pm(2k+1)\dfrac{\lambda}{2} & (k=1,2,3,\cdots),\text{明纹}\end{cases} \quad (2\text{-}3\text{-}19)$$

式中，k 为衍射级，分别称为第一级暗（明）纹，第二级暗（明）纹，……。

当 $k=0$ 时，各衍射光光程差为零，通过透镜后会聚在透镜的焦平面上，这就是中央明纹（或零级明纹）中心的位置，该处的光强最大。中央明纹宽度是由紧邻中央明纹两侧的暗纹（$k=1$）决定的，即：

$$-\lambda < a\sin\theta < \lambda$$

对任意衍射角 θ 来说，AB 一般不能恰好分成整数个半波带，亦即 BC 不等于 $\frac{\lambda}{2}$ 的整数倍。此时，衍射光束经透镜聚焦后，形成屏幕上照度介于最明和最暗之间的中间区域。在单缝衍射条纹中，光强分布并不是均匀的，如图 2-3-14 所示，中央条纹（即零级明纹）最亮，同时也最宽。中央条纹的两侧，光强迅速减小，直至第一个暗纹；

图 2-3-14 单缝衍射条纹的光强分布

其后，光强又逐渐增大而成为第一级明纹，依此类推。注意：各级明纹的光强随着级数的增大而逐渐减小，这是由于 θ 角越大，分成的半波带数越多，每个半波带的面积变小，未被抵消的半波带面积仅占单缝面积的一微小部分。

(2) 衍射明纹、暗纹的衍射角及宽度

近轴条件下，由于 θ 角很小，故 $\sin\theta \approx \theta$，由式 (2-3-19) 可得：

$$\theta_k = \begin{cases} \pm 2k\dfrac{\lambda}{2a} & (k=1,2,3,\cdots),\text{暗纹} \\ \pm (2k+1)\dfrac{\lambda}{2a} & (k=1,2,3,\cdots),\text{明纹} \end{cases} \tag{2-3-20}$$

k 级明纹或暗纹中心的位置（即 P 相对于屏中心 O 的位置）为 x_k，可取 $\tan\theta_k = \theta_k$，$x_k \approx f\tan\theta_k$，$f$ 为透镜的焦距（屏幕放在焦平面处），则：

$$x_k = f\theta_k = \begin{cases} \pm 2k\dfrac{\lambda f}{2a} & (k=1,2,3,\cdots),\text{暗纹} \\ \pm (2k+1)\dfrac{\lambda f}{2a} & (k=1,2,3,\cdots),\text{明纹} \end{cases} \tag{2-3-21}$$

由上述公式可知：

中央明纹的角宽度 α_0 为第一级暗纹的衍射角，其屏上线宽度 Δx_0 分别为：

角宽度　　$\alpha_0 = 2\dfrac{\lambda}{a}$；半角宽度　　$\dfrac{\alpha_0}{2} = \dfrac{\lambda}{a}$

线宽度　　$\Delta x_0 = 2\dfrac{\lambda f}{a}$

相邻两条暗纹（或明纹）的角宽度为：

$$\Delta\alpha = \theta_{k+1} - \theta_k = \frac{\lambda}{a} \tag{2-3-22}$$

除中央明纹外，各级明纹的线宽度 Δx 为：

$$\Delta x = x_{k+1} - x_k = \frac{\lambda f}{a} \tag{2-3-23}$$

可见，中央明纹的线宽度是其他各级明纹线宽度的 2 倍。

(3) 单缝宽度 a 和波长 λ 对衍射条纹的影响

由式 (2-3-22) 和式 (2-3-23) 可知，对于一定的波长 λ 来说，a 越小，衍射越显著；a 越大，衍射越不明显。

如果用白光做光源，由于衍射图样中各级条纹的位置与波长 λ 有关，条纹的角宽度正

比于 $\frac{\lambda}{a}$，各种单色光条纹按波长逐级分开，除中央明纹中心因各种单色光重叠在一起仍为白光外，将会出现以中央明纹为中心，各级明条纹形成由紫到红的顺序向两侧对称分布的彩色条纹，称为衍射光谱。

【例 2-3-10】（历年真题）在夫琅禾费单缝衍射实验中，屏上第三级暗纹对应的单缝处波面可分成的半波带的数目为：

A. 3   B. 4   C. 5   D. 6

【解答】暗纹：$a\sin\theta = 2k\frac{\lambda}{2} = 2\times 3\times\frac{\lambda}{2} = 6\times\frac{\lambda}{2}$，应选 D 项。

【例 2-3-11】（历年真题）在夫琅禾费单缝衍射实验中，波长为 λ 的单色光垂直入射到单缝上，对应衍射角为 30°的方向上，若单缝处波阵面可分成 3 个半波带，则缝宽 a 为：

A. λ B. 1.5λ C. 2λ D. 3λ

【解答】$a\sin 30° = 3\times\frac{\lambda}{2}$，则：$a = 3\lambda$，应选 D 项。

【例 2-3-12】（历年真题）在夫琅禾费单缝衍射实验中，单缝宽度 $a=1\times 10^{-4}$m，透镜焦距 $f=0.5$m。若用 $\lambda=400$nm 的单色平行光垂直入射，中央明纹的宽度为：

A. 2×10^{-3}m   B. 2×10^{-4}m   C. 4×10^{-4}m   D. 4×10^{-3}m

【解答】中央明纹：$\Delta x_0 = 2\frac{\lambda}{a}f = 2\times\frac{400\times 10^{-9}}{1\times 10^{-4}}\times 0.5 = 4\times 10^{-3}$m，应选 D 项。

3. 光栅衍射

光栅是由大量平行、等宽、等间距的狭缝构成的光学器件。光栅总缝数 N 的数量级可达 10^5。透光狭缝的宽度 a 与缝间距（两相邻单缝间不透光部分）的宽度 b 之和，即 $d=a+b$，称为光栅常数。

如图 2-3-15 所示，单色平行光垂直照射在光栅上，经透镜 L 会聚，就会在透镜的焦平面上出现光栅衍射图样。对光栅中每一个宽度相等的狭缝来说，它们各自在屏上产生强度分布完全相同、位置完全重合的单缝衍射图样。各狭缝射出的各光束，在屏幕上满足干涉加强、减弱条件处，就会出现明、暗相间的条纹。可见，光栅衍射实质是每一单缝的单缝衍射和各缝间多缝干涉相叠加的综合效果，其对应的条纹强度分布图如图 2-3-16 所示。

图 2-3-15 光栅衍射

图 2-3-16 光栅衍射的光强分布

对应于衍射角 θ，任意相邻两缝发出的光到达 P 点的光程差都是 $\delta = (a+b)\sin\theta$，当光程差 δ 为波长的整数倍时：

$$(a+b)\sin\theta = \pm k\lambda \quad (k=0,1,2\cdots) \tag{2-3-24}$$

所有对应点发出的光将互相干涉加强，使 P 点出现明条纹，称为主极大。上式是决定主极大位置的方程，称为光栅方程。对光栅方程应注意的是：

(1) $(a+b)$ 越小，透光缝 N 越多，条纹越细、越亮，条纹分得越开。满足光栅方程的明条纹也称光谱线，k 称为主极大级次，$k=0$ 时，称为中央主极大条纹，$k=1,2,3,\cdots$ 分别称第一级、第二级、第三级、……主极大条纹。

(2) 给定光栅，也即光栅常数一定，对应同一级明纹（k 一定），入射光波长 λ 较大时，相应的衍射角 θ 也较大。因此，用白光照射光栅时，除中央明纹外，其两侧其他各级明纹都形成内紫外红的彩色光谱。

(3) 由于 $|\sin\theta|\leqslant 1$，因此，光栅常数和入射光波长一定时，k 值不可能是无限的，主极大（即明纹）的最高级次 $k\leqslant\dfrac{a+b}{\lambda}$，主极大的数目最多是：$2\dfrac{a+b}{\lambda}+1$。

在相邻两主极大之间还存在 $N-1$ 条暗纹和 $N-2$ 条次极大。例如，图 2-3-16 光栅总缝数 $N=4$，在任意相邻两主极大之间，如 O 至 $\dfrac{\lambda}{d}\sin\theta$ 之间，存在 $N-1=4-1=3$ 条暗纹，$N-2=4-2=2$ 条次极大。次极大的光强很弱，所以光栅的缝数 N 很大时，则在两相邻主极大之间的暗纹和次极大的数目也都很大，形成了一个较大的暗区，这就使光栅衍射的主极大条纹成为又细又宽的条纹。

如果光栅相邻两缝对应光线到达屏上 P 点的光程差满足明纹条件式（2-3-14），而每一单缝两条边缘光线到达该点的光程差恰好满足暗纹条件，即：

$$a\sin\theta = \pm 2k'\dfrac{\lambda}{2} \quad (k'=1,2,\cdots,k'\neq k) \tag{2-3-25}$$

这时，每一单缝对屏上 P 点的亮度没有贡献。光栅衍射的明条纹在该处不再出现，这种现象称为缺级，所缺的级次由光栅常数 d 和缝宽 a 的比值所决定，即缺级条件为：

$$\dfrac{a+b}{a}=\dfrac{k}{k'} \tag{2-3-26}$$

例如，当 $\dfrac{a+b}{b}=\dfrac{k}{k'}=\dfrac{2}{1}$ 时，$2,4,6,8,\cdots$ 级次的主极大不再出现，发生缺级；又如，当 $\dfrac{a+b}{b}=\dfrac{k}{k'}=\dfrac{4}{1}$ 时，$4,8,12,\cdots$ 级次的主极大发生缺级。

【例 2-3-13】（历年真题）波长 $\lambda=550$nm（1nm$=10^{-9}$m）的单色光垂直入射于光栅常数为 2×10^{-4}cm 的平面衍射光栅上，可能观察到光谱线的最大级次为：
A. 2 B. 3 C. 4 D. 5

【解答】$(a+b)\sin\theta=\pm k\lambda$，则：$2\times 10^{-4}\times 10^{-2}\sin 90°=\pm k\times 550\times 10^{-9}$
$k=\pm 3,6$，故最大级次为 3，应选 B 项。

【例 2-3-14】（历年真题）一单色平行光垂直入射到光栅上，衍射光谱中出现了五条明纹，若已知此光栅的缝宽 a 与不透光部分 b 相等，那么在中央明纹一侧的两条明纹级次分别是：
A. 1 和 3 B. 1 和 2 C. 2 和 3 D. 2 和 4

【解答】$\dfrac{a+b}{a}=\dfrac{2a}{a}=2$，又 $\dfrac{a+b}{a}=\dfrac{k}{k'}$，故 $k=2,4$ 级发生缺级，故中央明纹一侧的

两条明级为：1，3级，应选 A 项。

【例 2-3-15】（历年真题）若用衍射光栅准确测定一单色可见光的波长，在下列各种光栅常数的光栅中，选用哪一种最好：

A. $1.0×10^{-1}$ mm　　　　　　　　B. $5.0×10^{-1}$ mm
C. $1.0×10^{-2}$ mm　　　　　　　　D. $1.0×10^{-3}$ mm

【解答】$(a+b)\sin\theta=±k\lambda$，故$(a+b)$越小，$\theta$则越大，应选 D 项。

注意，单色可见光 λ 为 400～760nm，即：$(a+b)\sin\theta=±k(0.4～0.76)×10^{-3}$，可知，$a+b$ 的数量级为 10^{-3} mm。

4. 圆孔衍射和光学仪器分辨率

如果在观察夫琅禾费单缝衍射的实验装置中，用小圆孔代替狭缝，如图 2-3-17 所示。当单色平行光垂直照射到圆孔 S 时，在位于透镜 L 焦平面所在的屏幕 H 上将出现环形衍射斑，中央是一个较亮的圆斑，它集中了全部衍射光能的

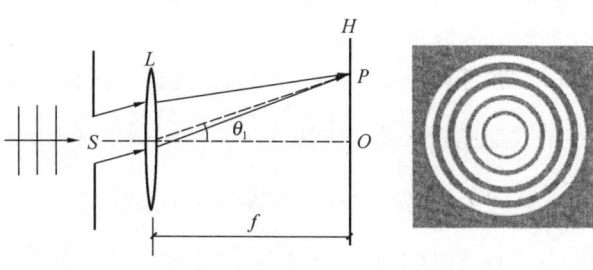

图 2-3-17　圆孔衍射和艾里斑

84%，称为中央亮斑或艾里斑。外围是一组同心的暗环和明环，且强度随级次增大而迅速下降。

艾里斑的角半径 θ_1 就是第一暗环所对应的衍射角，即：

$$\theta_1 = 1.22\frac{\lambda}{d} \tag{2-3-27}$$

艾里斑的半径为 r，取 $\tan\theta_1 \approx \theta_1$，$r=f\tan\theta_1 \approx f\theta_1$，则：

$$r = 1.22\frac{\lambda f}{d} \tag{2-3-28}$$

对一个光学仪器来说，如果一个点光源的衍射图样的中央最亮处刚好与另一个点光源的衍射图样的第一个最暗处相重合，这时两衍射图样（重叠区的）光强度约为单个衍射图样的中央最大光强的 80%，一般人的眼睛刚刚能够判断出这是两个光点的像。这时，我们说这两个点光源恰好为这一光学仪器所分辨。这一条件称为瑞利判据。此时，两点光源在透镜处所张的角称为最小分辨角 θ_R（图 2-3-18）：

$$\theta_R = 1.22\frac{\lambda}{d} \tag{2-3-29}$$

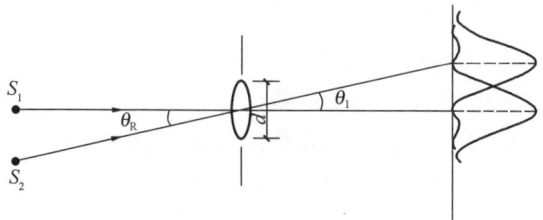

图 2-3-18　最小分辨角

最小分辨角的倒数称为分辨本领或分辨率 R：

$$R = \frac{1}{\theta_R} = \frac{d}{1.22\lambda} \quad (2-3-30)$$

【例 2-3-16】（历年真题）通常亮度下，人眼睛瞳孔的直径约为 3mm，视觉感受到最灵敏的光波波长为 550nm（1nm=1×10^{-9}m），则人眼睛的最小分辨角约为：

A. 2.24×10^{-3} rad B. $1.12\times\times10^{-4}$ rad
C. 2.24×10^{-4} rad D. 1.12×10^{-3} rad

【解答】 $\theta_k = 1.22\frac{\lambda}{d} = 1.22\times\frac{550\times10^{-9}}{3\times10^{-3}} = 2.24\times10^{-4}$ rad

应选 C 项。

5. X 射线衍射

X 射线即伦琴射线，本质上也是电磁波，但它的波长极短（0.1nm 数量级），只能借助于原子晶格间距来研究它的波动性。设一束平行单色 X 射线，以掠射角 θ 射向晶体的晶面，它们将分别被表面层原子和晶体内部各层原子散射。如果各层原子（或晶面）之间的距离为 d，则被相邻的上、下两原子层（晶面）散射的 X 射线的光程差 δ 满足下式时，相互干涉加强（图 2-3-19）：

$$\delta = 2d\sin\theta = k\lambda \quad (k=1,2,3,\cdots) \quad (2-3-31)$$

上式称为布拉格公式或布拉格条件。

四、光的偏振

光是电磁波，光的振动矢量 E 与光的传播方向垂直。但是，在垂直于光的传播主向平面内，光矢量 E 还可能有各种不同的振动状态。如果光矢量始终沿某一方向振动，这样的光就称为线偏振光。我们把光的振动方向和传播方向组成的平面称为振动面。光的振动方向在振动面内不具有对称性，这称为偏振。显然，只有横波才有偏振现象。偏振是光作为横波区别于纵波的一个最明显的标志。

图 2-3-19 X 射线衍射

（一）自然光和偏振光

1. 自然光

普通光源所发出的光是由大量原子的持续时间很短的波列组成，这些波列的振动方向和相位是随机变化的。在垂直光传播方向的平面上看，几乎各个方向都有大小不等、前后不同而变化很快的光矢量的振动。按统计平均来说，光矢量的振动在各方向上的分布是对称的，振幅也可看成完全相等 [图 2-3-20（a）]，这种光就是自然光，它是非偏振的。

我们把自然光分解为两个相互独立、等振幅、相互垂直方向的振动 [图 2-3-20（b）]，这样的分解也就是把自然光分解为两束相互独立的、等振幅的、振动方向相互垂直的线偏振光，这两个线偏振光的光强各等于自然光光强的一半。自然光可用图 2-3-20（c）所示的方法表示，图中用短线和点分别表示在纸面内的光振动和垂直于纸面的光振动。

2. 偏振光与部分偏振光

采用某种方法将自然光两个互相垂直的独立振动分量中的一个完全消除或移走，只剩下仅一个方向的光振动，就获得线偏振光。如果只是部分地移去一个分量，使得两个独立

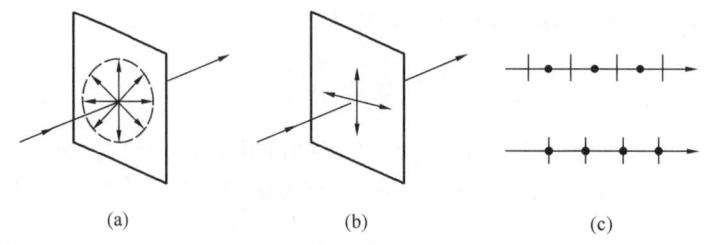

图 2-3-20 自然光

<u>分量不相等，就获得部分偏振光。</u>线偏振光和部分偏振光的表示方法如图 2-3-21 所示。在 2-3-21（b）中，上图表示在纸面内的光振动较强；下图表示垂直于纸面的光振动较强。

（二）起偏和检偏及马吕斯定律

从自然光获得偏振光的过程称为起偏，产生起偏作用的光学元件称为起偏器，如偏振片就是起偏器。偏振片只能透过沿某个方向的光矢量或光矢量振动沿该方向的分量。我们把这个透光方向称为偏振片的偏振化方向或透振方向。

图 2-3-21 线偏振光和部分偏振光的表示法
（a）线偏振光；（b）部分偏振光

两个平行放置的偏振片 P_1 和 P_2，它们的偏振化方向分别用一组平行线表示，如图 2-3-22 所示。当自然光垂直入射于偏振片 P_1，透过的光将成为线偏振光，其振动方向平行于 P_1 的偏振化方向，强度 I_1 等于入射自然光强度 I_0 的 1/2。透过 P_1 的线偏振光再入射到偏振片 P_2 上，将 P_2 绕光的传播方向慢慢转动，可以看到透过 P_2 的光强随 P_2 的转动而变化。可见，偏振片 P_2 的作用是检验入射光是否偏振光，故称为检偏器。

如图 2-3-23 所示，设 A_1 为入射线偏振光的光矢量的振幅，P_2 是检偏器的偏振化方向，入射光矢量的振动方向与 P_2 方向间的夹角为 α，将光振动分解为平行于 P_2 和垂直于 P_2 的两个分振动，它们的振幅分别为 $A_1\cos\alpha$ 和 $A_1\sin\alpha$。因为只有平行分量可以透过 P_2，所以透射光的振幅 $A_2 = A_1\cos\alpha$。又光强与振幅的平方成正比，则透射光的光强 I_2 为：

图 2-3-22 起偏和检偏

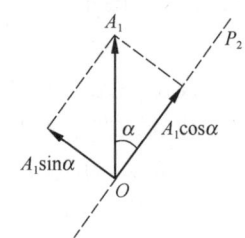

图 2-3-23 推导马吕斯定律用图

$$I_2 = I_1\cos^2\alpha \tag{2-3-32}$$

式中，α 为检偏器的偏振化方向与入射线偏振光的光矢量振动方向之间的夹角。上式称为马吕斯定律。

【例 2-3-17】（历年真题）一束自然光垂直穿过两个偏振片，两个偏振片的偏振化方向成 45°。已知通过此两偏振片后光强为 I，则入射至第二个偏振片的线偏振光强度：

A. I　　　　　B. $2I$　　　　　C. $3I$　　　　　D. $I/2$

【解答】$I = I_1 \cos^2\alpha = I_1 \cos^2 45°$，则：$I_1 = 2I$

应选 B 项。

【例 2-3-18】（历年真题）一束自然光通过两块叠放在一起的偏振片，若两偏振片的偏振化方向间夹角由 α_1 转到 α_2，则前后透射光强度之比为：

A. $\dfrac{\cos^2\alpha_2}{\cos^2\alpha_1}$　　B. $\dfrac{\cos\alpha_2}{\cos\alpha_1}$　　C. $\dfrac{\cos^2\alpha_1}{\cos^2\alpha_2}$　　D. $\dfrac{\cos\alpha_1}{\cos\alpha_2}$

【解答】α_1 时：$I_1 = I_0 \cos^2\alpha_1$

α_2 时：$I_2 = I_0 \cos^2\alpha_2$，则：$\dfrac{I_1}{I_2} = \dfrac{\cos^2\alpha_1}{\cos^2\alpha_2}$，应选 C 项。

【例 2-3-19】（历年真题）两偏振片叠放在一起，欲使一束垂直入射的线偏振光经过两个偏振片后振动方向转过 $90°$，且使出射光强尽可能大，则入射光的振动方向与前后两偏振片的偏振化方向夹角分别为：

A. $45°$ 和 $90°$　　B. $0°$ 和 $90°$　　C. $30°$ 和 $90°$　　D. $60°$ 和 $90°$

【解答】设前后偏振化方向分别为：α，$90° - \alpha$，则：

第一个偏振片后，$I_1 = I_0 \cos^2\alpha$

第二个偏振片后：

$$I_2 = I_1 \cos^2(90° - \alpha) = I_0 \cos^2\alpha \sin^2\alpha = \dfrac{I_0}{4} \sin^2(2\alpha)$$

取 $2\alpha = 90°$，即 $\alpha = 45°$，I_2 最大，应选 A 项。

（三）反射和折射时光的偏振

如图 2-3-24 所示，当一束自然光以任意入射角 i 入射到两种各向同性介质的分界面上而发生反射和折射时，不仅光的传播方向要改变，而且其反射光和折射光一般都变为部分偏振光。其中，反射光是以垂直于入射面的光振动为主的部分偏振光；折射光是以平行于入射面的光振动为主的部分偏振光。

布儒斯特在实验中发现，反射光的偏振化程度随入射角的变化而变化。当入射角为某一特定的角度 i_B 时，反射光成为光振动垂直于入射面的线偏振光，即完全偏振光，如图 2-3-25 所示。这个特定的角度 i_B 称为起偏角或布儒斯特角。实验还表明，当光线以起偏角 i_B 入射时，反射光和折射光的传播方向相互垂直，即有 $i_B + r = 90°$。由折射定律 $n_1 \sin i_B = n_2 \sin r = n_2 \cos i_B$ 可得：

$$\dfrac{n_2}{n_1} = \dfrac{\sin i_B}{\cos i_B} = \tan i_B \tag{2-3-33}$$

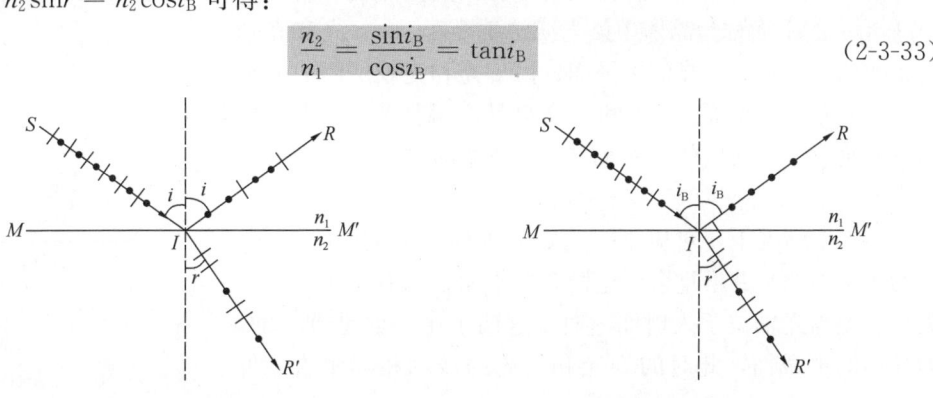

图 2-3-24　自然光反射和折射后产生的部分偏振光　　图 2-3-25　布儒斯特角

上式称为布儒斯特定律，其中 n_1 和 n_2 分别表示入射光和折射光所在介质的折射率。例如自然光从空气入射到玻璃而反射时，$n_1=1$，$n_2=1.5$，可以算出 $i_B=56.3°$。反之，光线由玻璃射向空气而反射时，$i'_B=33.7°$。可见，这两者互为余角。

当自然光以布儒斯特角入射时，反射光虽是线偏振光，但光强较弱，而折射光虽光强较大，但却是部分偏振光。为了提高折射光的偏振度，可以将许多玻璃片叠在一起构成玻璃片堆。将自然光以布儒斯特角入射到玻璃片堆时，光在各层玻璃片上经过多次反射和折射，逐渐除去垂直振动的成分，最后透射出的几乎全部为平行于入射面的光振动。

【例 2-3-20】（历年真题）一束自然光从空气投射到玻璃板表面上，当折射角为 30°时，反射光为完全偏振光，则此玻璃的折射率为：

A. 2　　　　　　　　B. 3

C. $\sqrt{2}$　　　　　　　D. $\sqrt{3}$

【解答】$i_B=90°-30°=60°$，$\tan 60°=\dfrac{n_2}{n_1}=\dfrac{n_2}{1.0}$，$n_2=\sqrt{3}$，应选 D 项。

图 2-3-26 双折射现象

（四）光的双折射

当一束光进入各向异性介质的晶体（如方解石晶体等）中，一束光线便能分解成两束折射光，这种现象称为双折射现象，如图 2-3-26 所示。其中一束折射光遵守折射定律，并始终在入射面内，这束光叫做寻常光线，简称 o 光；另一束折射光不遵守折射定律，即 $\dfrac{\sin i}{\sin r}$ 的比值不是恒量，一般情况下，该光束也不在入射面内，这束光称为非常光线，简称 e 光。寻常光在晶体内的所有方向上有相同的折射率，即在晶体中各方向的传播速度都是相同的，而非常光的传播速度则随传播方向的改变而改变。

当改变入射光的方向时，在方解石这类晶体内部有一确定的方向，光沿这个方向传播时，寻常光和非常光不再分开，不产生双折射现象，这一方向称为晶体的光轴。光轴仅表示晶体内的一个方向，因此，在晶体内任何一条与上述光轴方向平行的直线都是光轴。晶体中仅具有一个光轴方向的，称为单轴晶体（如方解石、石英等）。有些晶体具有两个光轴方向，称为双轴晶体（如云母、硫磺等）。

光轴与晶体表面法线所构成的平面称为晶体的主截面。我们把包含光轴和任一已知光线所组成的平面称为晶体中该光线的主平面。由 o 光和光轴所组成的平面就是 o 光的主平面；由 e 光和光轴所组成的平面就是 e 光的主平面。o 光和 e 光都是线偏振光，o 光的振动方向垂直于它对应的主平面；e 光的振动方向平行于与它对应的主平面。

在一般情况下，对应于一给定的入射光来说，o 光和 e 光的主平面通常并不重合，这两个主平面之间有一个很小的夹角。但当光轴位于入射面内时，这两个主平面是重合的，即晶体的主截面，此时的 o 光和 e 光的振动相互垂直，见图 2-3-27。

图 2-3-27 光轴在入射面

习 题

2-3-1 （历年真题）在真空中，可见光的波长范围是：

A. 400～760nm B. 400～760mm

C. 400～760cm D. 400～760m

2-3-2 有一玻璃劈尖，置于空气中，劈尖角为 θ，用波长为 λ 的单色光垂直照射时，测得相邻明纹间距为 l，若玻璃的折射率为 n，则 θ、λ、l 与 n 之间的关系为：

A. $\theta = \dfrac{\lambda n}{2l}$ B. $\theta = \dfrac{\lambda}{2l}$ C. $\theta = \dfrac{l\lambda}{2}$ D. $\theta = \dfrac{\lambda}{2nl}$

2-3-3 （历年真题）真空中波长为 λ 的单色光，在折射率为 n 的均匀透明媒质中，从 A 点沿某一路径传播到 B 点，路径的长度为 l，A、B 两点光振动的相位差为 $\Delta\varphi$，则：

A. $l = \dfrac{3\lambda}{2}, \Delta\varphi = 3\pi$ B. $l = \dfrac{3\lambda}{2n}, \Delta\varphi = 3n\pi$

C. $l = \dfrac{3\lambda}{2n}, \Delta\varphi = 3\pi$ D. $l = \dfrac{3n\lambda}{2}, \Delta\varphi = 3n\pi$

2-3-4 （历年真题）在双缝干涉实验中，用单色自然光在屏上形成干涉条纹。若在两缝后放一个偏振片，则：

A. 干涉条纹的间距不变，但明纹的亮度加强

B. 干涉条纹的间距不变，但明纹的亮度减弱

C. 干涉条纹的间距变窄，且明纹的亮度减弱

D. 无干涉条纹

2-3-5 （历年真题）在双缝干涉实验中，光的波长 600nm，双缝间距 2mm，双缝与屏的间距为 300cm，则屏上形成的干涉图样的相邻明条纹间距为：

A. 0.45mm B. 0.9mm C. 9mm D. 4.5mm

2-3-6 （历年真题）在夫琅禾费单缝衍射实验中，单缝宽度为 a，所用单色光波长为 λ，透镜焦距为 f，则中央明条纹的半宽度为：

A. $\dfrac{f\lambda}{a}$ B. $\dfrac{2f\lambda}{a}$ C. $\dfrac{a}{f\lambda}$ D. $\dfrac{2a}{f\lambda}$

2-3-7 （历年真题）在光栅光谱中，假如所有偶数级次的主极大都恰好在每透光缝衍射的暗纹方向上，因而出现缺级现象，那么此光栅每个透光缝宽度 a 和相邻两缝间不透光部分宽度 b 的关系为：

A. $a = 2b$ B. $b = 3a$ C. $a = b$ D. $b = 2a$

2-3-8 （历年真题）在单缝衍射实验中，若单缝处波面恰好被分成奇数个半波带，在相邻半波带上，任何两个对应点所发出的光在明条纹处的光程差为：

A. λ B. 2λ C. $\lambda/2$ D. $\lambda/4$

2-3-9 （历年真题）在双缝干涉实验中，设缝是水平的，若双缝所在的平板稍微向上平移，其他条件不变，则屏上的干涉条纹：

A. 向下平移，且间距不变 B. 向上平移，且间距不变

C. 不移动，但间距改变 D. 向上平移，且间距改变

2-3-10 （历年真题）三个偏振片 P_1、P_2 与 P_3 堆叠在一起，P_1 和 P_3 的偏振化方向相互垂直，P_2 和 P_1 的偏振化方向间的夹角为 30°，强度为 I_0 的自然光垂直入射于偏振片

P_1，并依次通过偏振片 P_1、P_2 与 P_3，则通过三个偏振片后的光强为：

A. $I = I_0/4$ B. $I = I_0/8$ C. $I = 3I_0/32$ D. $I = 3I_0/8$

2-3-11 （历年真题）P_1 和 P_2 为偏振化方向相互垂直的两个平行放置的偏振片，光强为 I_0 的自然光垂直入射在第一个偏振片 P_1 上，则透过 P_1 和 P_2 的光强分别为：

A. $\dfrac{I_0}{2}$ 和 0 B. 0 和 $\dfrac{I_0}{2}$ C. I_0 和 I_0 D. $\dfrac{I_0}{2}$ 和 $\dfrac{I_0}{2}$

2-3-12 （历年真题）一束自然光自空气射向一块平板玻璃，设入射角等于布儒斯特角，则反射光为：

A. 自然光 B. 部分偏振光 C. 完全偏振光 D. 圆偏振光

2-3-13 （历年真题）两块偏振片平行放置，光强为 I_0 的自然光垂直入射在第一块偏振片上，若两偏振片的偏振化方向夹角为 $45°$，则从第二块偏振片透出的光强为：

A. $\dfrac{I_0}{2}$ B. $\dfrac{I_0}{4}$ C. $\dfrac{I_0}{8}$ D. $\dfrac{\sqrt{2}}{4}I_0$

习题解答与参考答案

第一节

2-1-1 **解答**：v_p 的物理定义是温度一定，速率与 v_p 相近的气体分子所得的百分率最大。
答案：C

2-1-2 **解答**：$f(v)$ 是指速率分布在 v 附近单位速率间隔中分子数占总分子数的百分比。
答案：B

2-1-3 **解答**：$\bar{\lambda} = \dfrac{1}{\sqrt{2}\pi d^2 n}$，故 $\bar{\lambda}$ 取决于 n，又 n 为单位体积的分子数，1mol 氢气，故分子总数一定，则：n 取决于体积 V。
答案：B

2-1-4 **解答**：$C_p/C_V = \dfrac{i+2}{i} = \dfrac{5+2}{5} = \dfrac{7}{5}$
答案：C

2-1-5 **解答**：$p_1 V_1 = \dfrac{M_1}{\mu_1} RT_1$，$p_2 V_2 = \dfrac{M_2}{\mu_2} RT_2$

$\dfrac{p_1}{p_2} = \dfrac{\mu_2}{\mu_1}$
答案：D

2-1-6 **解答**：$\sqrt{\overline{v^2}} = \sqrt{\dfrac{3RT_1}{M}} = v_p = \sqrt{\dfrac{2RT_2}{M}}$，则：$\dfrac{T_2}{T_1} = \dfrac{3}{2}$
答案：A

2-1-7 **解答**：$\dfrac{pV}{T}$ = 恒量，$2p_1 V_1 = p_1 2V_2$，故变化前后的 T 未发生变化，$\Delta E = 0$
答案：C

2-1-8 **解答**：$Q_1 = \Delta E + A_1$，则：$\Delta E = Q_1 - A_1 = 335 - 126 = 209\text{J}$
$$Q_2 = \Delta E + A_2 = 209 + 42 = 251\text{J}$$
答案：C

2-1-9 **解答**：$\dfrac{pV}{T}$ = 恒量，V 变大，则 T 升高；功 $A = p\Delta V > 0$，做正功。
答案：C

2-1-10 **解答**：$Q = \Delta E + A$，$\Delta E = 0$，膨胀，气体做正功，从外界吸收热量。
答案：D

2-1-11 **解答**：初始态（p_0，V_0，T_0），等温膨胀，$T_1 = T_0$，$\dfrac{p_0 V_0}{T_0} = \dfrac{p_1 V_1}{T_1} = \dfrac{p_1 V_1}{T_0}$，绝热膨胀，$\dfrac{p_0 V_0}{T_0} = \dfrac{p_2 V_2}{T_2}$，$V_1 = V_2$，则：$\dfrac{p_1}{p_2} = \dfrac{T_0}{T_2}$，绝热膨胀，故 $\Delta E < 0$，即温度下降，$T_2 < T_0$，$\dfrac{p_1}{p_2} = \dfrac{T_0}{T_2} > 1$

答案：B

2-1-12 **解答**：$T_2 = T_1$，则 $\Delta E = 0$

答案：D

2-1-13 **解答**：净功增大；$\eta = 1 - \dfrac{T_2}{T_1}$，故 η 不变。

答案：D

2-1-14 **解答**：由卡诺循环可知，$\Delta E_2 = -\Delta E_1$；又 $Q = \Delta E + W$，则：$W_2 = -W_1$

答案：C

2-1-15 **解答**：开尔文第二定律表达了热功转换的过程是不可逆的。

答案：A

2-1-16 **解答**：不违反热力学第一定律、第二定律。

答案：C

2-1-17 **解答**：$0 = Q = \Delta E + A$，真空膨胀时，$A = 0$，则 $\Delta E = 0$，即温度不变；V 变大，p 减小。

答案：A

第二节

2-2-1 **解答**：质元处于波峰处，动能与势能均为零。

答案：D

2-2-2 **解答**：质元处于平衡位置处，功能、势能均为最大。

答案：C

2-2-3 **解答**：λ 反映波在空间上的周期性。

答案：B

2-2-4 **解答**：质元的最大形变量发生在其平衡位置处。

答案：D

2-2-5 **解答**：$y = 0.05\cos(10\pi t - 4\pi x) = 0.05\cos 10\pi \left(t - \dfrac{x}{2.5}\right)$，$u = 2.5 \text{m/s}$，$\omega = 2\pi/T = 10\pi$，$T = \dfrac{1}{5}\text{s}$，$\lambda = uT = 2.5 \times \dfrac{1}{5} = 0.5\text{m}$

答案：A

2-2-6 **解答**：A 点质元的势能减小，则其动能也减小。

答案：A

注意，B 点处质元的动能在减小，向负最大位移处运动。

2-2-7 **解答**：$y = 0.02\cos\left(\pi t + x - \dfrac{\pi}{2}\right)$

答案：B

第三节

2-3-1 **解答**：在真空中，可见光的 λ 为：400～760nm。

答案：A

2-3-2 **解答**：$l = \dfrac{\lambda}{2n\theta} = \dfrac{\lambda}{2 \times 1 \times \theta}$，则：$\theta = \dfrac{\lambda}{2l}$

答案：B

2-3-3 **解答**：$\delta = nl$，$\Delta\varphi = \dfrac{2\pi}{\lambda}\delta = \dfrac{2\pi}{\lambda}nl$

当取 $\Delta\varphi = 3\pi$，则 $l = \dfrac{3\lambda}{2n}$

答案：C

2-3-4 **解答**：干涉条纹的间距不变，光强变弱，故明纹的亮度减弱。

答案：B

2-3-5 **解答**：$\Delta x = \dfrac{D\lambda}{d} = \dfrac{(300 \times 10) \times 600 \times 10^{-6}}{2} = 0.9$mm

答案：B

2-3-6 **解答**：半宽度 $\dfrac{\Delta x_0}{2} = \dfrac{\lambda f}{a}$

答案：A

2-3-7 **解答**：$\dfrac{a+b}{a} = \dfrac{k}{k'} = 2$，则：$a = b$

答案：C

2-3-8 **解答**：相邻半波带，其 $\delta = \dfrac{\lambda}{2}$

答案：C

2-3-9 **解答**：干涉条纹向上平移，且间距不变。

答案：B

2-3-10 **解答**：第一个偏振片后，$I_1 = \dfrac{1}{2}I_0$

第二个偏振片后，$I_2 = I_1\cos^2 30°$；第三个偏振片后，$I = I_2\cos^2 60°$

$I = \dfrac{1}{2}I_0\cos^2 30°\cos^2 60° = \dfrac{1}{2} \times \dfrac{1}{4} \times \dfrac{3}{4}I_0 = \dfrac{3}{32}I_0$

答案：C

2-3-11　**解答：** 透过 P_1 后，$I_1 = \dfrac{1}{2}I_0$；透过 P_2 后，$I_2 = I_1\cos^2 90° = 0$

　　　　答案： A

2-3-12　**解答：** 反射光为完全偏振光。

　　　　答案： C

2-3-13　**解答：** 第一个偏振片后，$I_1 = \dfrac{1}{2}I_0$

　　　　第二个偏振片后，$I_2 = I_1\cos^2 45° = \dfrac{1}{2}I_0 \times \dfrac{1}{2} = \dfrac{I_0}{4}$

　　　　答案： B

第三章 化　　学

第一节　物质的结构和物质状态

一、原子结构的近代概念

（一）核外电子运动的特征

1. 氢原子光谱玻尔理论

丹麦物理学家玻尔从氢原子线状光谱的实验事实出发，引用了普朗克的量子论，提出了"玻尔理论"，他提出了量子数 n 的概念。对于氢原子，核外电子运动的轨道能量：

$$E = \frac{-1312}{n^2} \text{kJ/mol}, \quad n = 1, 2, 3, 4, \cdots \text{（正整数）} \tag{3-1-1}$$

上式表明原子核外电子运动状态不同，具有不同的能量，而且它们是不连续变化的。玻尔理论成功地解释了氢原子的线状光谱，首先提出了电子运动能量量子化，但这个理论并未完全冲破经典力学理论的束缚，因此，它不仅不能说明多电子原子的光谱，甚至在解释氢光谱的精细结构方面也遇到了困难，更不能解释原子如何结合成分子的化学键的本质。

2. 量子力学对原子结构的描述

1905 年爱因斯坦提出了"光子学说"，指出光不仅是电磁波而且是一种光子流。光子学说指出了光既具有波动性又具有粒子性，即光具有波粒二象性。每一种频率的光，都是具有一定能量的微粒——光（量）子。动量为 P 的光子，其波长为 λ，二者之间通过普朗克常量 h（6.626×10^{-34} J·s）联系起来，即：

$$P = \frac{h}{\lambda} \tag{3-1-2}$$

在光的波粒二象性的启发下，法国物理学家德布罗意提出了物质波的概念，认为电子、质子、原子等微观粒子的运动应该和光子一样同时具有波动性和粒子性的特征，即具有波粒二象性，并提出了著名的物质波公式：

$$\lambda = \frac{h}{mv} \tag{3-1-3}$$

式（3-1-3）亦称德布罗意关系式，式中 λ 为物质波的波长。式（3-1-3）把表征波动性特征的物理量 λ 与表征粒子性运动特征的动量（$P = mv$）有机地联系在一起了。后来通过电子衍射实验，成功地揭示了电子运动的波动性特征，证实了德布罗意的预言。

与宏观物体不同，微观粒子不可能同时测出其准确的位置与速率，它们的运动特点遵循海森堡测不准关系式：

$$\Delta x \cdot \Delta P = h \tag{3-1-4}$$

式中 Δx 为微观粒子的位置测量误差，ΔP 为微观粒子的动量测量误差。因此，对微观粒子运动而言，确定的轨迹已无意义。因此，对微观粒子运动的描述常用统计的方法，给出一种统计的规律，微观粒子运动的物质波可以看作是一种概率波。在空间任一点上，电子波的强度与电子出现的概率密度成正比。具有波动性的电子运动没有确定的经典运动轨道，只有一定的与波的强度成正比的概率密度分布规律。

综上所述，原子核外电子的运动具有能量量子化、波粒二象性和统计性三大特性。

(二) 波函数和原子轨道

1926 年奥地利物理学家薛定谔提出了描述微观粒子运动规律的波动方程——薛定谔方程，建立了近代量子力学理论。薛定谔方程是一个二阶偏微分方程：

$$\frac{\partial^2 \psi}{\partial x^2} + \frac{\partial^2 \psi}{\partial y^2} + \frac{\partial^2 \psi}{\partial z^2} + \frac{8\pi^2 m}{h^2}(E-V)\psi = 0 \tag{3-1-5}$$

式 (3-1-5) 包含了体现微观粒子波动性的物理量——波函数 ψ；体现微观粒子微粒性的物理量——微粒的质量 m；总能量 E；势能 V；h 为普朗克常量；x、y、z 为微粒的空间坐标。解薛定谔方程，就可求出描述微观粒子（如电子）运动状态的函数式——波函数以及与此状态相应的能量 E。

波函数不是一个具体的数值，而是用空间坐标（如 r、θ、φ 或 x、y、z）来描写波的数学函数式。在量子力学里，将描述原子中单个电子运动状态的波的数学函数式称为波函数，习惯上又称为原子轨道。波函数记为 $\psi_{n,l,m}(r,\theta,\varphi)$，简写为 $\psi_{n,l,m}$ 或 $\psi(r,\theta,\varphi)$ 或 ψ。其中，$\psi(r,\theta,\varphi)$ 表示波函数是空间球极坐标 r、θ、φ 的函数；n、l、m 是解薛定谔方程时自然产生的 3 个参数，称为 3 个量子数。n 为主量子数；l 为角量子数；m 为磁量子数。这 3 个确定的量子数组成一套参数就规定了波函数的具体形式 $\psi_{n,l,m}$。

1. 四个量子数

要完全描述核外电子的运动状态除了 n、l、m 外，还须确定第 4 个量子数——自旋量子数 m_s。只有四个量子数（n，l，m，m_s）都完全确定后，才能完全描述核外电子的运动状态。

(1) 主量子数 n

主量子数 n 是决定电子能量大小的主要量子数。n 取值为正整数 1，2，3，…。n 值越大，表示电子运动的能量越高，电子出现概率最大的区域离核越远。n 不同的原子轨道称为不同的电子层。用符号 K，L，M，N，O，P 等分别表示电子层 $n=1$，2，3，4，5，6 等。

(2) 角量子数 l

角量子数 l 是决定电子运动角动量的量子数。l 的取值受 n 所限，$l=0$，1，2，…，$(n-1)$，它和波函数的角度分布（空间形状）有关，是决定电子运动能量的次要量子数。

$l=0$　ψ 的空间形状是球形，用符号 s 表示。

$l=1$　ψ 的空间形状是无柄哑铃形，用符号 p 表示。

$l=2$　ψ 的空间形状是四瓣梅花形，用符号 d 表示。

$l=3$　ψ 的空间形状更复杂，用符号 f 表示。

与 n 表示电子层相应，角量子数 l 表示同一电子层中的不同"电子亚层"，即在同一电子层中将相同角量子数 l 的各原子轨道归并起来，称它们属于同一个"电子亚层"，简称"亚层"。

（3）磁量子数 m

m 是决定电子运动的角动量在外磁场方向上分量的大小的量子数。m 取值受 l 的限制，即对应每一个 l 值，m 可取 $m=0$，± 1，± 2，…，$\pm l$，它和波函数 ψ 在空间的取向有关。n、l 相同而 m 不同的波函数对应的电子运动状态，只是空间的取向不同。当原子单独存在时，这些 m 不同的轨道具有相同的能级称为简并轨道，如 $n=2$，$l=1$ 时，m 可能等于 0，$+1$，-1，即 $2p_x$，$2p_y$，$2p_z$ 三个等价轨道。但当该原子处于外电场中，或与其他原子相互作用时，这些轨道因空间取向不同而产生能级分裂。

（4）自旋量子数 m_s

考虑到电子自旋运动方向不同，造成电子能级的微小差别，引入了自旋量子数 m_s，它的取值为 $+1/2$ 或 $-1/2$。常用向上和向下的箭头（↑，↓）来表示两种自旋状态，两个电子处于相同的自旋状态时称为自旋平行，用符号"↑↑"或"↓↓"表示；当两个电子处于不同的自旋状态时称为自旋反平行（亦称自旋反向），用"↑↓"或"↑↓"表示。

四个量子数允许的取值和相应的波函数及核外电子运动可能的状态，见表3-1-1。其中，各电子层总电子数为 $2\times n^2$。

核外电子运动的可能状态数　　　　表 3-1-1

主量子数 n	电子层符号	角量子数 l	亚层符号	磁量子数 m	轨道空间取向数	电子层中轨道总数	自旋量子数 m_s	状态数 各类轨道电子数	状态数 各电子层总电子数
1	K	0	1s	0	1	1	$\pm\frac{1}{2}$	2	2
2	L	0	2s	0	1	4	$\pm\frac{1}{2}$	2	8
2	L	1	2p	-1，0，$+1$	3	4	$\pm\frac{1}{2}$	6	8
3	M	0	3s	0	1	9	$\pm\frac{1}{2}$	2	18
3	M	1	3p	-1，0，$+1$	3	9	$\pm\frac{1}{2}$	6	18
3	M	2	3d	-2，-1，0，$+1$，$+2$	5	9	$\pm\frac{1}{2}$	10	18
4	N	0	4s	0	1	16	$\pm\frac{1}{2}$	2	32
4	N	1	4p	-1，0，$+1$	3	16	$\pm\frac{1}{2}$	6	32
4	N	2	4d	-2，-1，0，$+1$，$+2$	5	16	$\pm\frac{1}{2}$	10	32
4	N	3	4f	-3，-2，-1，0，$+1$，$+2$，$+3$	7	16	$\pm\frac{1}{2}$	14	32

【例 3-1-1】（历年真题）确定原子轨道函数 ψ 形状的量子数是：

A. 主量子数　　　　　　　　　　B. 角量子数

C. 磁量子数   D. 自旋量子数

【解答】确定原子轨道函数 ψ 的形状是角量子数，应选 B 项。

【例 3-1-2】（历年真题）量子数 $n=4$，$l=2$，$m=0$ 的原子轨道数目是：

A. 1   B. 2   C. 3   D. 4

【解答】由 $n=4$，$l=2$，$m=0$ 可确定一个原子轨道，应选 A 项。

【例 3-1-3】（历年真题）主量子数 $n=3$ 的原子轨道最多可容纳的电子总数是：

A. 10   B. 6   C. 18   D. 32

【解答】各电子层总电子数为：$2n^2=2\times 3^2=18$，应选 C 项。

2. 原子轨道角度分布图和电子云

波函数 $\psi(r,\theta,\varphi)$ 可写为：$\psi(r,\theta,\varphi)=R(r)\cdot Y(\theta,\varphi)$，其中，$R(r)$ 称为波函数的径向部分；$Y(\theta,\varphi)$ 称为波函数的角度部分。波函数的角度部分 $Y(\theta,\varphi)$ 的球坐标图称为波函数的角度分布图（也称原子轨道的角度分布图），它表示在同一球面的不同方向上 ψ 的相对大小。原子轨道的角度部分 $Y(\theta,\varphi)$ 只与量子数 l 和 m 有关，与 n 无关，故 1s，2s，3s，…；$2p_z$，$3p_z$，$4p_z$，…的角度分布图都是分别相同的，如图 3-1-1 所示。

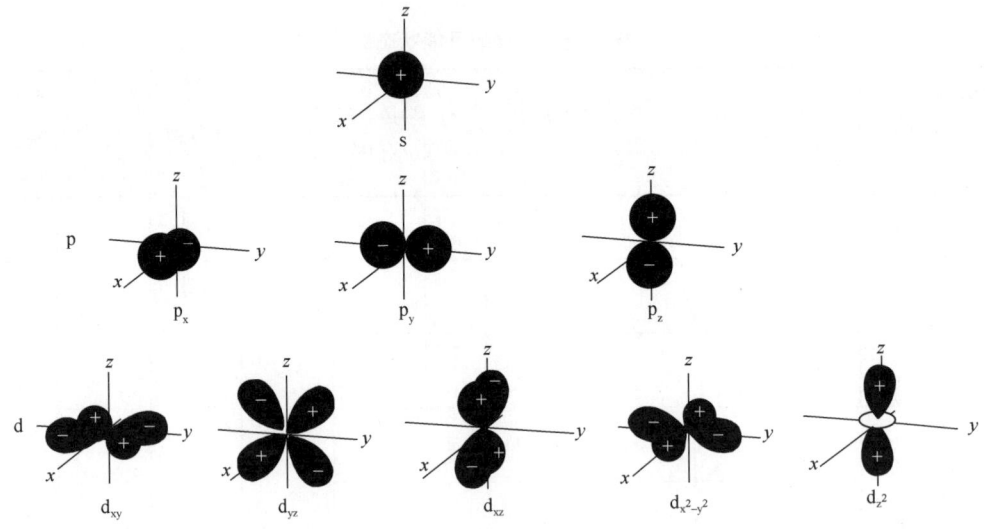

图 3-1-1 原子轨道的角度分布图

德国物理学家波恩指出，空间某点电子波波函数的平方（ψ^2）与该点附近电子出现的概率密度成正比。以 ρ 表示电子出现的概率密度，则：

$$\psi^2 \propto \rho \tag{3-1-6}$$

即空间某点上电子波函数的平方可表示电子在空间某点附近单位体积内出现的概率，即概率密度。ψ^2 在空间各点的分布表示电子在空间各点出现的概率密度分布。为了便于理解，常形象化地将 ψ^2 在空间的分布称为电子云。通常 ψ^2 大的地方，电子出现的概率密度大，电子云密度大；ψ^2 小的地方，电子出现的概率密度小，电子云密度小。可以说，电子云是 ψ^2 在空间的分布或电子在空间的概率密度分布的形象化说法。

波函数的 $Y^2(\theta,\varphi)$ 的球坐标图反映了电子云（ψ^2）的角度分布情况，将 $Y^2(\theta,\varphi)$ 随 θ、φ 的变化作图就得到电子云的角度分布图。电子云的角度分布图与波函数（原子轨道）的角度分布图（图 3-1-1）有些相似，但有区别：（1）波函数的角度分布图除 s 态外均有正、负号之分，而电子云的角度分布图因 Y 平方后均为正值；（2）p、d 态电子云的角度分布图比波函数的角度分布图要"瘦"一些。电子云的角度分布图也只与 l、m 两个量子数有关，而与主量子数 n 无关。

二、多电子原子的核外电子分布

（一）电子排布三条原则

电子在各种可能的原子轨道中的分布基本上遵循以下三条原则：

1. 泡利（Pauli）不相容原理

在同一个原子中不可能有四个量子数完全相同的两个电子。即任一给定量子数 n、l、m 确定的原子轨道中最多可容纳两个自旋反向的电子，其自旋量子数 m_s 不同，分别为 $+\frac{1}{2}$ 和 $-\frac{1}{2}$。

2. 能量最低原理

核外电子在各种可能的轨道上的分布总是采取使体系总能量尽可能最低的一种排布方式。在稳定的基态，原子中的电子总是优先占据能级较低的轨道。

在多电子原子中，电子的能量由所处轨道的主量子数 n 和角量子数 l 二者决定，n 和 l 都确定的轨道称为一个能级。

根据鲍林能级图，基态原子各能级组轨道能级高低顺序为：$ns<(n-2)f<(n-1)d<np$。因此，基态原子的各能级组电子填充顺序是：$\rightarrow ns \rightarrow (n-2)f \rightarrow (n-1)d \rightarrow np$。基态原子的电子填充顺序见图 3-1-2。

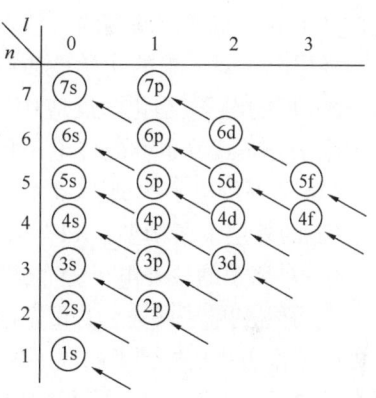

图 3-1-2 电子填充顺序

我国徐光宪教授根据光谱数据的分析，提出对于原子的外层电子可用 $(n+0.7l)$ 的大小判别其能级的高低，并可把 $(n+0.7l)$ 数值的整数部分相同的能级编为一个能级组。

3. 洪德（Hund）规则

在量子数 n 和 l 相同的轨道，即等价轨道中，电子将优先占据不同的等价轨道，并保持自旋相同。如 N 原子最外层有 5 个电子，其中 2 个电子，进入 2s 轨道中，它们的自旋相反，而另 3 个电子，分占 3 个不同的 2p 轨道，呈 $2p_x^1 p_y^1 p_z^1$，保持自旋相同，可表示为：

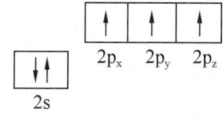

实验结果也表明，当等价轨道呈全充满、半充满或全空时的电子排布较稳定，其能量较低。

【例 3-1-4】（历年真题）多电子原子中同一电子层原子轨道能级（量）最高的亚层是：
A. s 亚层　　　　　B. p 亚层　　　　　C. d 亚层　　　　　D. f 亚层

【解答】多电子原子中同一电子层原子轨道能级最高的亚层是 f 层,应选 D 项。

【例 3-1-5】(历年真题)钴的价层电子构型是 $3d^7 4s^2$,钴原子外层轨道中未成对电子数是:

A. 1　　　　　　B. 2　　　　　　C. 3　　　　　　D. 4

【解答】d 有 5 个轨道空间取向数,$3d^7$ 中 2 个轨道空间取向为成对电子,未成对电子数为 3 个,应选 C 项。

(二) 原子的核外电子分布式和价层电子分布式

多电子原子中的电子,在核外各个轨道上分布的表达式叫核外电子分布式,简称电子分布式(排布式)。填写核外电子分布式主要是根据实验结果,再结合排布原则进行填写。

如:Mn(锰第 25 号元素)$1s^2 2s^2 2p^6 3s^2 3p^6 3d^5 4s^2$

Cu(铜第 29 号元素)$1s^2 2s^2 2p^6 3s^2 3p^6 3d^{10} 4s^1$

正确书写核外电子分布式,可先根据三个基本原则和近似能级的顺序将电子依次排入相应轨道,再按电子层顺序整理一下分布式,按 n 由小到大自左向右排列,相同 n 的轨道排在一起。例如 4s 轨道的能级比 3d 轨道低,在排电子时,先排入 4s,后排入 3d,但 4s 是比 3d 更外层的轨道,因而在正确书写原子的电子分布式时,3d 总是写在左面(紧跟 3p 后面),而 4s 写在 3d 的右边。如上述 Mn、Cu 的电子分布式。

对于核外电子比较多的元素(主要是长周期的副族元素),由光谱测定的电子排布情况,并不完全与理论预测的一致,此时应该以实验事实为准。

外层电子对元素的化学性质有显著影响,外层电子可以包括部分次外层电子甚至某些 $(n-2)$ f 层的电子,是化学反应中可能得失的电子。描述电子在外层轨道上分布的式子叫外层电子分布式(也称外层电子构型或价层电子分布式)。例如:

Mn 的外层电子构型:$3d^5 4s^2$

Cu 的外层电子构型:$3d^{10} 4s^1$

(三) 离子的核外电子分布式和外层电子分布式

原子得到电子或失去若干个电子后变成了负离子或正离子。原子失去电子的顺序是按核外电子排布式从外到里的次序失去,而不是按填充时能级高低顺序失去。同层电子则是能级高的电子先失去。而原子得到电子变成负离子时新加电子总是加到最外层轨道上。例如:

Cu^{2+} 的核外电子分布式:$1s^2 2s^2 2p^6 3s^2 3p^6 3d^9$

Cl^- 的核外电子分布式:$1s^2 2s^2 2p^6 3s^2 3p^6$

离子的外层电子分布式就是离子外层轨道上的电子分布式。

【例 3-1-6】(历年真题)29 号元素的核外电子分布式为:

A. $1s^2 2s^2 2p^6 3s^2 3p^6 3d^9 4s^2$　　　　B. $1s^2 2s^2 2p^6 3s^2 3p^6 3d^{10} 4s^1$

C. $1s^2 2s^2 2p^6 3s^2 3p^6 4s^1 3d^{10}$　　　　D. $1s^2 2s^2 2p^6 3s^2 3p^6 4s^2 3d^9$

【解答】根据电子排布的三条原则,应选 B 项。

三、原子结构和元素周期表

随元素原子序数(核电荷)的递增,原子的电子层结构发生周期性的变化,元素的性质呈现周期性的变化。这个规律称为元素周期律。根据元素周期律,按照元素原子序数递增的顺序从左到右排成横列,再把电子层结构相似的元素按电子层数的递增由上到下排成一个纵行而得到元素周期表(表 3-1-2)。元素周期表中电子层的排布情况,见表 3-1-3。

元素周期表

元素周期表中电子层的排布情况　　　　　表 3-1-3

周期 (能级组)	原子序数 (元素)	元素最后填写的电子所进入的电子层及在此层上的电子数						每周期增加的电子数	每周期所包含的元素数目
		ⅠA ⅡA $ns^{1\sim2}$		ⅢB~ⅦB　Ⅷ $(n-1)d^{1\sim8}$		ⅠB	ⅡB	ⅢA~ⅦA　ⅧA $np^{1\sim6}$	
1 (1s)	1→2 (H→He)	$1s^1$ (H)						$1s^2$ He	2	2
2 (2s2p)	3→10 (Li→Ne)	$2s^1$ Li	$2s^2$ Be					$2p^1\to2p^5$ B→F	$2p^6$ Ne	8	8
3 (3s3p)	11→18 (Na→Ar)	$3s^1$ Na	$3s^2$ Mg					$3p^1\to3p^5$ Al→Cl	$3p^6$ Ar	8	8
4 (4s3d4p)	19→36 (K→Kr)	$4s^1$ K	$4s^2$ Ca	$3d^1\to3d^5$ Sc→Mn	$3d^6 3d^7 3d^8$ FeCoNi	$3d^{10}$ Cu	$3d^{10}$ Zu	$4p^1\to4p^5$ Ga→Br	$4p^6$ Kr	18	18
5 (5s4d5p)	37→54 (Rb→Xe)	$5s^1$ Rb	$5s^2$ Sr	$4d^1\to4d^5$ Y→Tc	$4d^7 4d^8 4d^{10}$ RuRhPd	$4d^{10}$ Ag	$4d^{10}$ Cd	$5p^1\to5p^5$ In→I	$5p^6$ Xe	18	18
6 (6s4f5d6p)	55→86 (Cs→Rn)	$6s^1$ Cs	$6s^2$ Ba	$5d^1\to5d^5$ La→Re	$5d^6 5d^7 5d^9$ OsIrPt	$5d^{10}$ Au	$5d^{10}$ Hg	$6p^1\to6p^5$ Tl→At	$6p^6$ Ru	32	32
7 (7s5f6d7p)	87→ Fr→	$7s^1$ Fr	$7s^2$ Ra	$6d^1$ AC						—	
		s 区		d 区		ds 区		p 区			

f 区 { 镧系 $4f^{1\sim14}$
　　　锕系 $5f^{1\sim14}$

1. 周期

每一横行为一个周期。每周期开始出现一个新的主层、一个新的主量子数 n。元素所在周期的号数等于该元素原子具有的最高主层号数即最外电子层的主量子数,也等于原子所具有的电子层数。但46Pb 钯例外。

2. 族

(1) 主族元素:主族元素最后填充的是 ns 或 np 电子,外层电子构型是 $ns^{1\sim2}$ 及 $ns^2np^{1\sim5}$,族号数等于最外层电子数(即 ns 或 $ns+np$ 电子数)。同族元素由于外层电子结构相同,故其性质极为相似。ⅠA、ⅡA 主族是典型的金属元素,经中部的过渡,到ⅦA 主族则是典型的非金属元素。同主族从上到下金属性增强,非金属性减弱。

(2) ⅧA 族元素。ⅧA 族元素的外层电子构型除 He 是 $1s^2$ 外,其余为 ns^2np^6。现已制得不少化合物,如 XeF_2、XeO_3,故新的周期表中将"零族"更名为ⅧA 族,包括在主族之中,不再称它们为惰性气体而改称"稀有气体"。

(3) 副族元素。副族元素最后填充的是 $(n-1)d$ 电子,外层电子构型是 $(n-1)d^{1\sim10}ns^{1\sim2}$,在周期表中处于 d 区和 ds 区。d 区的ⅢB~ⅧB 副族元素的族号数等于 $ns+(n-1)d$ 电子数之和,为 8,9,10;ds 区的ⅠB、ⅡB 副族元素的族号数等于 ns 电子数。

镧系、锕系元素:最后填充的是 $(n-2)f$ 电子,在周期表中的 f 区,电子层结构特征一般为 $(n-2)f^{1\sim14}(n-1)d^{0\sim1}ns^2$。其中,较为特殊的是 La、Ac 分别为镧系元素和锕系元素的第一个元素，它们的 f 电子数为零；而元素 Th 的外层电子构型为 $5f^06s^27s^2$，也没有 f 电子。由于镧系和锕系元素的原子电子层结构只是外数第三层的 f 电子逐渐递增，而最外层和次外层的电子层结构基本相同，所以它们彼此间性质极为相似，都是金属元素。

3. 周期表的分区

根据元素的外层电子构型可把周期表分成 5 个区：

(1) s 区包括 ⅠA、ⅡA 主族元素，外层电子构型是 ns^1 和 ns^2。

(2) p 区包括 ⅢA～ⅦA 和 ⅧA 主族元素，外层电子构型是 ns^2np^1～ns^2np^6（ⅧA 族中 He 例外，为 $1s^2$）。

(3) d 区包括 ⅢB～ⅦB 副族和第Ⅷ族元素，外层电子构型一般是 $(n-1)d^1ns^2$～$(n-1)d^8ns^2$。但是有一些元素例外，不是 ns^2 和 ns^1。

(4) ds 区包括 ⅠB、ⅡB 副族。外层电子构型为 $(n-1)d^{10}ns^1$ 和 $(n-1)d^{10}ns^2$。

(5) f 区包括镧系元素和锕系元素。外层电子构型一般为 $(n-2)f^1ns$～$(n-2)f^{14}ns^2$。有的还有 $(n-1)d$ 电子，例外情况比 d 区更多。

d 区和 ds 区元素统称过渡元素，f 区元素又称内过渡元素。

【例 3-1-7】（历年真题）价层电子构型为 $4d^{10}5s^1$ 的元素在周期表中属于：

A. 第四周期ⅦB族　　　　　　　B. 第五周期ⅠB族
C. 第六周期ⅦB族　　　　　　　D. 镧系元素

【解答】 $4d^{10}5s^1$ 为第五周期，应选 B 项。

【例 3-1-8】（历年真题）某元素正二价离子（M^{2+}）的外层电子构型是 $3s^23p^6$，该元素在元素周期表中的位置是：

A. 第三周期，第Ⅷ族　　　　　　B. 第三周期，第ⅥA族
C. 第四周期，第ⅡA族　　　　　　D. 第四周期，第Ⅷ族

【解答】 M^{2+} 的外层电子构型是 $3s^23p^6$，故其基态的外层电子构型是 $3s^23p^64s^2$，为第四周期ⅡA族，应选 C 项。

四、元素及其化合物性质的周期性变化

（一）原子半径、电离能、电子亲和能和电负性

1. 原子半径

在短周期中，从左到右，原子半径显著递减。每周期的最后一个元素ⅧA 族元素的原子半径特别大，这是因为对稀有气体测定的是范德华半径。

在长周期的前半部ⅠA～ⅡA 主族及后半部ⅢA～ⅦA 主族，与短周期的递变情况一致，原子半径明显递减。但在中部ⅢB～ⅦB 副族的过渡元素原子半径减小得很缓慢；ⅠB、ⅡB 副族元素，原子半径反而增大。同一主族的元素，从上到下，原子半径显著增大。同一副族的元素，从上到下，原子半径也增大。

2. 电离能（I）

使气态的基态原子失去一个电子，变成带一个正电荷的气态离子所需的最低能量，称为该元素原子的第一电离能 I_1；使气态带一个正电荷的离子失去一个电子，变成气态带两个正电荷的离子所需的最低能量称为第二电离能 I_2；以此类推。若未特别指出，通常说的电离能是 I_1。电离能的单位常用 kJ/mol。电离能的大小可以衡量原子在气态时失去电子的难易程度，可以估计元素金属活泼性的强弱。电离能越小，越易失去电子，金属活

泼性越强，反之亦然。

以第二周期为例，第一电离能（I_1）自左至右逐渐增大。但是有两处例外即 B<Be，O<N，这是因为 Be 的价电子排布为 $2s^2$，是全充满，而 N 的价电子排布为 $2s^2 2p^3$，是半充满，比较稳定的缘故。

3. 电子亲和能（Y）

气态的基态原子获得一个电子变成带一个负电荷的气态离子时所吸收（取正值）或放出（取负值）的能量，称为该元素原子的第一电子亲和能 Y_1。与电离能类似，也有第二亲和能 Y_2 等。电子亲和能的单位常用 kJ/mol。

大多数情况下，中性原子吸收一个电子时要放出能量，$Y_1<0$（但稀有气体 $Y_1>0$，要吸收能量）；而 Y_2 总是大于零，必须吸收较多的能量才能克服负离子对电子的排斥力。

元素的电子亲和能的代数值越小（负得越多），体系放出能量越多，反映了这种元素的原子越易获得电子，非金属性越强。

4. 电负性（X）

元素的原子吸引成键电子的相对能力可以用该元素的相对电负性来表示，简称电负性（X）。原子吸引成键电子的能力越强，其电负性越大；反之，其电负性越小。

ⅠA族元素的电负性较小，最小的是周期表左下方的 Cs 和 Fr（0.79 和 0.7）；ⅦA族元素的电负性较大，最大的是周期表右上方的 F（3.98）。一般以 $X≈2$ 作为金属与非金属的大致分界线，金属元素的电负性小于 2，非金属元素大于 2。

同一周期元素从左到右由于原子半径递减，原子吸引成键电子的能力逐渐增强，电负性逐渐增大。同一主族中，从上到下由于外层电子构型相同，原子半径增加较多，故原子吸引成键电子的能力减弱，电负性递减。但是副族元素电负性的变化较复杂。ⅢB族电负性的变化与主族相似。镧系元素的电负性很小（1.1～1.2），是很活泼的金属。

【例 3-1-9】（历年真题）下列各组元素的原子半径从小到大排序错误的是：

A. Li<Na<K　　　　　　　　　　B. Al<Mg<Na
C. C<Si<Al　　　　　　　　　　D. P<As<Se

【解答】根据周期原子半径变化规律，As 的半径大于 Se 的半径，应选 D 项。

【例 3-1-10】（历年真题）下列元素中第一电离能最小的是：

A. H　　　　B. Li　　　　C. Na　　　　D. K

【解答】根据第一电离能的变化规律，应选 D 项。

【例 3-1-11】（历年真题）下列元素，电负性最大的是：

A. F　　　　B. Cl　　　　C. Br　　　　D. I

【解答】根据电负性的变化规律，应选 A 项。

（二）氧化物及其水合物的酸碱性

1. 氧化物的分类

根据氧化物与酸、碱反应的不同，可将氧化物分为下列四类：

（1）酸性氧化物：如非金属氧化物，高价的金属氧化物。

（2）碱性氧化物：如碱金属、碱土金属（铍 Be 除外）的氧化物。

（3）两性氧化物：如 Al、Sn、Pb 等元素的氧化物，大多数是周期表中靠近非金属的一些金属元素的氧化物，其化合价为+2 到+4。

(4) 不成盐氧化物：如 CO、NO 等，它们不与水、酸、碱作用。

氧化物的酸碱性与其对应水合物（氢氧化物）的酸碱性是一致的。

2. 一般规律

(1) 同一周期从左到右各主族元素的最高价氧化物及其水合物的酸性逐渐增强（碱性减弱）。例如第三周期，各元素最高价氧化物及其水合物的酸碱性递变情况如下：

氧化物：	Na_2O	MgO	Al_2O_3	SiO_2	P_2O_5	SO_3	Cl_2O_7
水合物：	$NaOH$	$Mg(OH)_2$	$Al(OH)_3$	H_2SiO_3	H_3PO_4	H_2SO_4	$HClO_4$
酸碱性：	强碱	中强碱	两性	弱酸	中强酸	强酸	极强酸

长周期副族元素的最高价氧化物及其水合物的酸碱性递变情况基本相似。例如第四周期副族元素的氧化物及水合物的酸碱性递变情况如下：

氧化物：	Sc_2O_3	TiO_2	V_2O_5	CrO_3	Mn_2O_7
水合物：	$Sc(OH)_3$	$Ti(OH)_4$	HVO_3	H_2CrO_4	$HMnO_4$
酸碱性：	碱性	两性	弱酸性	中强酸性	强酸性

(2) 同一族中从上而下各元素相同价态的氧化物及其水合物的酸性逐渐减弱（碱性增强）。例如 VA 族各元素生成的化合价为 +5 的氧化物中 N_2O_3、P_2O_3 呈酸性，As_2O_3、Sb_2O_3 呈两性，Bi_2O_3 呈碱性，它们对应的水合物的酸碱性变化规律也是一样的。

(3) 同一元素不同价态的氧化物及其水合物的酸碱性变化规律是：高价氧化物或水合物的酸性比低价的高。例如：Cl 的含氧酸的酸性：$HClO < HClO_2 < HClO_3 < HClO_4$；$CrO$（碱性）、$Cr_2O_3$（两性）、$CrO_3$（酸性）。

3. 用 R—O—H 规则解释氧化物的水合物的酸碱性递变的规律

氧化物的水合物不论是酸或碱，都具有 R—O—H 的结构，它有下列两种电离方式

$$R\colon\!-O\!-\!H \qquad\qquad R\!-\!O\colon\!-\!H$$

碱式电离　　或　　酸式电离

当 R 是电负性较小的活泼金属元素时，R^{n+} 离子的电荷数较少，半径较大，则 R 与 O 的联系弱，易发生碱式电离，在水溶液中易形成 OH^- 离子，呈碱性，如 $NaOH$、$Mg(OH)_2$ 等；当 R 是电负性较大的活泼非金属元素时，R^{n+} 的电荷数较多，半径较小，则 R 与 O 联系强，易发生酸式电离，在水溶液中易形成 H^+，呈酸性，如 H_2SO_4、$HClO_4$ 等。

五、化学键

物质通常是以单个分子或晶体的形式存在。除了稀有气体是单原子分子外，其余绝大多数的分子或晶体都是由原子或离子结合而成。化学上把分子中或晶体内紧密相邻的两个或多个原子或离子之间强烈的相互作用力称为化学键，键能约为几百 kJ/mol。化学键分为离子键、共价键和金属键等。

（一）离子键

1. 离子键的形成与特点

活泼金属原子和活泼非金属原子相互接近时，前者失去电子变成正离子，后者得到电子变为负离子，由正、负离子之间静电引力所形成的化学键叫离子键。由离子键形成的化合物称为离子化合物，在通常情况下，离子化合物是以离子晶体存在，只有在较高温度下，气态离子化合物才以小分子存在。

离子键的特点是没有饱和性也没有方向性。这是因为离子的电荷分布是球形对称的，它从任何方向都可以与相反电荷离子相互吸引成键，而且只要空间体积允许，每种离子都能与尽量多的相反电荷的离子吸引成键，在空间形成巨大的离子晶体。

2. 离子的电子层构型

能形成典型离子键的正、负离子的外层电子构型一般都是8电子结构，也称8电子构型。一般简单的负离子都是8电子构型。而正离子由于形成它的原子失去电子的数目不同，因而具有多种构型。各种简单离子的构型如下：

2电子构型：最外层有2个电子的离子，如Li^+，Be^{2+}，H^-。

8电子构型：最外层有8个电子的离子，如Na^+，Mg^{2+}，Al^{3+}，F^-，O^{2-}，Cl^-。

18电子构型：最外层有18个电子的离子，如Cu^+（$\cdots 3s^2 3p^6 3d^{10}$），Zn^{2+}（$\cdots 3s^2 3p^6 3d^{10}$），Ag^+（$\cdots 4s^2 4p^6 4d^{10}$），Hg^{2+}（$\cdots 5s^2 5p^6 5d^{10}$）。

(18+2)电子构型：次外层有18个电子，最外层有2个电子的离子，如Sn^{2+}（$\cdots 4s^2 4p^6 4d^{10} 5s^2$），$Pb^{2+}$（$\cdots 5s^2 5p^6 5d^{10} 6s^2$）。

(9～17)电子构型：最外层的电子数在9～17的离子，如Cr^{3+}（$\cdots 3s^2 3p^6 3d^3$），Mn^{2+}（$\cdots 3s^2 3p^6 3d^5$），Fe^{3+}（$\cdots 3s^2 3p^6 3d^5$），Fe^{2+}（$\cdots 3s^2 3p^6 3d^6$）。

3. 离子的极化作用

在电场（外电场或离子本身电荷产生的电场）作用下，离子的电子云发生变化，产生偶极或使原来偶极增大，这种现象叫做离子的极化。离子间除有静电引力作用外，还有其他的作用力。阳离子一般半径较小，又带正电荷，它对相邻阴离子会起诱导作用而使其变形，这种使带异号电荷的离子发生变形的能力称为离子的极化力。阴离子一般半径较大，外围有较多电子，因而在电场作用下容易发生电子云变形，这种被带相反电荷离子极化发生变形的性能，称为离子的变形性。实际上，每个离子都有使相反离子变形的极化作用和本身被其他离子作用而发生变形的双重性质。

离子的极化力的强弱与离子的结构有关：

(1) 电荷越高，阳离子极化力越强。例如：$Si^{4+} > Al^{3+} > Mg^{2+} > Na^+$。

(2) 电荷相同、半径相近的正离子，它们的极化力取决于电子层结构，其极化力大小顺序为：18或18+2电子构型的离子>9～17电子构型的离子>8电子构型的离子。例如：$Ag^+ > K^+$。

(3) 电荷相等和电子层结构相同的离子，半径越小，离子的极化力越强。例如：$Na^+ > K^+ > Rb^+ > Cs^+$。

离子间相互极化作用越强，电子云重叠程度就越大，键的共价性就越强，就有可能由离子键过渡为共价键。相应地，键长也同时缩短，离子晶体构型发生改变；熔点也会相应降低。

【例3-1-12】（历年真题）在$NaCl$、$MgCl_2$、$AlCl_2$、$SiCl_4$四种物质中，离子极化作用最强的是：

A. $NaCl$　　　　B. $MgCl_2$　　　　C. $AlCl_2$　　　　D. $SiCl_4$

【解答】同一周期，电荷越高，阳离子极化力越强，应选D项。

【例3-1-13】（历年真题）在Li^+、Na^+、K^+、Rb^+中，极化力最大的是：

A. Li^+　　　　B. Na^+　　　　C. K^+　　　　D. Rb^+

【解答】 同一主族，半径越小，离子的极化力越强，应选 A 项。

（二）共价键

分子中原子之间通过共用电子对使原子结合起来的化学键称为共价键。由共价键形成的化合物称为共价型化合物，共价型化合物的晶体有原子晶体和分子晶体。共价键理论有价键理论、杂化轨道理论和分子轨道理论等。

1. 价键理论

（1）共价键的形成与特点

同种或不同种元素的原子之间由于电子配对共享而形成的化学键称为共价键。由共价键形成的分子称为共价分子。例如：

H_2　　H:H　　　　N_2　　　　:N::N:　　　　H_2O　　H$\overset{\times\times}{\underset{\times\times}{\times}}O\times$H

共价分子中"："表示一个共价键，也有用"—"短线表示。共价分子中元素的化合价等于分子中该元素原子形成共价键的个数。如上述分子中 H 的化合价为 1；N 的化合价为 3；O 的化合价为 2。

共价键有饱和性，它是指成键原子有多少未成对电子，最多就可形成几个共价键。已经配对成键的电子，不会再成键。

共价键有方向性，这是因为在电子配对时，原子轨道必须发生重叠，而且要求是最大程度的重叠；原子轨道只有沿着伸展方向发生重叠，才能达到最大程度的重叠，形成稳定的共价键。

（2）共价键的分类

根据原子轨道重叠方式不同，共价键分为 σ 键和 π 键。

如图 3-1-3（a）所示，σ 键是未成对电子所在的原子轨道沿着两个原子核的连线（键轴），以"头"碰"头"的方式进行重叠形成的共价键。σ 键相对于键轴呈圆柱形对称，σ 键可以绕键轴旋转。σ 键重叠程度大，比较稳定。

如图 3-1-3（b）所示，π 键是未成对电子所在的原子轨道垂直于键轴方向以"肩"并"肩"的方式进行重叠形成的共价键。π 键相对于键轴平面呈双冬瓜形镜面反对称，π 键

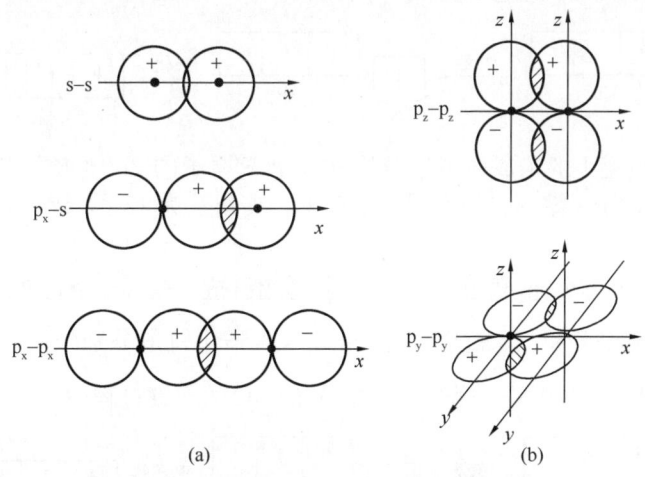

图 3-1-3　σ 键和 π 键（重叠方式）示意图
(a) σ 键；(b) π 键

不可绕键轴旋转，重叠程度比 σ 键的小，稳定性较差。例如，$CH_2=CH_2$（乙烯）分子中的双键是由一个 σ 键和一个 π 键组成。假定键轴方向为 x 轴方向，则 p_x-p_x 组成 σ 键，而 p_y-p_y 则为 π 键。

2. 杂化轨道理论

杂化轨道理论能较好地解释共价分子中形成共价键的数量及其在空间的分布，故能解释 或预测分子的空间构型。

（1）杂化轨道理论的要点

1）在原子化合成分子即形成化学键的过程中，部分能量相近的原子轨道会重新组合，形成新的平均化的原子轨道。这种原子轨道混合、重组的过程称为杂化，杂化后的原子轨道叫杂化轨道。

2）有多少个原子轨道参加杂化，就形成多少个杂化轨道。原子间结合是以杂化轨道彼此成键的。

3）杂化轨道的成键能力比原来轨道更强，形成的键更牢固，形成的分子更稳定。

（2）几种典型的杂化类型

1）sp 杂化：由 1 个 ns 轨道和 1 个 np 轨道，杂化成 2 个 sp 杂化轨道。每个 sp 杂化轨道都含有 $\frac{1}{2}$ s 轨道成分和 $\frac{1}{2}$ p 轨道成分，2 个 sp 杂化轨道间的夹角为 $180°$，呈直线形。例如，在气态的 $BeCl_2$ 分子中 Be 的成键过程中：

Be 原子的 2 个 sp 杂化轨道上的未成对电子分别与 2 个 Cl 原子的 3p 轨道上的单电子配对，形成 2 个 σ 键。$BeCl_2$ 的空间构型为直线形。

2）sp^2 杂化：由 1 个 ns 轨道和 2 个 np 轨道组合成 3 个 sp^2 杂化轨道。每个 sp^2 杂化轨道都含 $\frac{1}{3}$ s 轨道成分和 $\frac{2}{3}$ p 轨道成分，3 个 sp^2 杂化轨道位于同一平面，互成 $120°$ 夹角。例如，在 BF_3 分子中 B 的成键过程中：

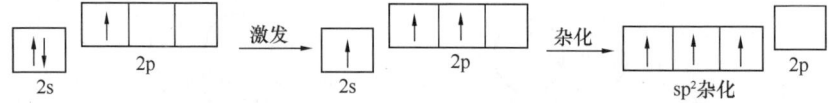

3 个 sp^2 杂化轨道上的未成对电子分别和 3 个 F 原子的 2p 轨道上未成对电子配对成键，形成 3 个 B—F 间 σ 键，它们在同一平面上，夹角互为 $120°$，因此，BF_3 分子的空间构型是平面三角形。

3）sp^3 杂化：由 1 个 ns 轨道和 3 个 np 轨道组合成 4 个 sp^3 杂化轨道。每个 sp^3 杂化轨道都含有 $\frac{1}{4}$ s 轨道成分和 $\frac{3}{4}$ p 轨道成分，4 个 sp^3 杂化轨道分别指向正四面体的 4 个顶角，轨道间的夹角互成 $109°8'$，例如，CH_4 分子中 C 的成键过程中：

4个 sp³ 轨道上的 4 个成单电子分别与 4 个 H 原子中的未成对电子配对成键。4 个 H 原子排布在正四面体的顶点,所以 CH₄ 的分子空间构型为正四面体形。

4) sp³ 不等性杂化:如果在杂化轨道上含有不成键的孤对电子,则形成的 4 个 sp³ 杂化轨道是不完全等同的,这种杂化称为不等性杂化。例如,在 NH₃ 分子中 N 的成键过程中:

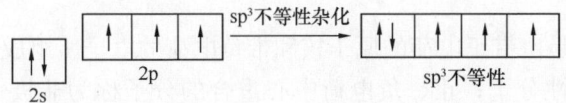

其中有一个 sp³ 杂化轨道上有孤对电子,不能形成共价键。其余 3 个 sp³ 杂化轨道上的未成对电子分别和 3 个 H 原子的单电子成键,形成 3 个 N—H 键。因为孤对电子所占据的杂化轨道的电子云比较密集,对其余 3 个成键电子对起排斥作用,因而 NH₃ 分子中 N—H 键之间夹角等于 107°。NH₃ 分子的空间构型为三角锥形。

综上所述,可将杂化轨道的类型和分子的空间构型小结如下:

sp 杂化　　　　　　　直线形,如 BeCl₂、HgCl₂、CO₂、CH≡CH 等。
sp² 杂化　　　　　　 平面三角形,如 BF₃、BCl₃、CH₂=CH₂、苯等。
sp³ 杂化　　　　　　 四面体形,如 CH₄、SiCl₄ 等。
sp³ 不等性杂化　　　 三角锥形,如 NH₃、PCl₃ 等。
　　　　　　　　　　 V 形,如 H₂O、H₂S、SO₂ 等。

【例 3-1-14】(历年真题)PCl₃ 分子空间几何构型及中心原子杂化类型分别为:
A. 正四面体,sp³ 杂化　　　　　B. 三角锥形,不等性 sp³ 杂化
C. 正方形,dsp² 杂化　　　　　 D. 正三角形,sp² 杂化

【解答】PCl₃ 为 sp³ 不等性杂化,为三角锥形,应选 B 项。

【例 3-1-15】(历年真题)H₂C=HC—CH=CH₂ 分子中所含化学键共有:
A. 4 个 σ 键,2 个 π 键　　　　B. 9 个 σ 键,2 个 π 键
C. 7 个 σ 键,4 个 π 键　　　　D. 5 个 σ 键,4 个 π 键

【解答】题目分子结构为:

$$\begin{array}{c}HH\\ \diagdown\diagdown\\ C=C-C=C\\ \diagup||\diagup\\ HHHH\end{array}$$

一个双键含一个 σ 键、1 个 π 键,共有 9 个 σ 键,2 个 π 键,应选 B 项。

(三) 金属键

在金属晶体的晶格节点上排列着金属的原子和正离子。由于金属元素的电负性较小,电离能也较小,外层价电子容易脱落下来并不断在原子和离子间进行交换。这些电子不受某一定的原子或离子的束缚,能在金属晶体中自由地运行,故称为自由电子。自由电子与原子或正离子之间的作用力称为金属键。由于这种键可以看作是由许多原子和离子共用许多自由电子而形成的化学键,故也称改性共价键。

金属键无方向性和饱和性,故金属晶体是由金属原子紧密堆积而成。

由于自由电子的存在,故金属具有导电、传热、延展性、可塑性等特性。金属原子的

价电子数越多、原子半径越小，则金属键越强。

六、分子间力和氢键

分子内部原子间形成化学键的较强的相互作用力，同时，分子和分子之间还存在着比化学键弱得多的相互作用力——分子间力。分子间力的本质属于一种静电力，为此先简单介绍分子的极性。

1. 分子的极性

任何一个分子都是由带正电荷的原子核和带负电荷的电子所组成的。正、负电荷中心不重合的分子称为极性分子；正、负电荷中心重合的分子称为非极性分子。在极性分子中，正、负电荷中心分别形成了正、负两极，又称偶极或固有偶极。偶极间的距离 l 称为偶极长度，偶极长度 l 与正极（或负极）上电荷 q 的乘积称为分子的电偶极矩。

分子之所以表现出极性，实质是电子云在空间的不对称分布。键的极性是分子极性产生的内因。由非极性共价键构成的分子，如 N_2、H_2 等，必然是非极性分子。由极性共价键构成的分子是否有极性，则与分子的空间立体结构有关：(1) 双原子分子，键有极性，分子就必然有极性。(2) 多原子分子，若在空间其正、负电荷中心重合，则是非极性分子，如直线形的 CO_2、CS_2，平面三角形的 BF_3，正四面体的 CCl_4 等；若在空间其正、负电荷中心不重合，则是极性分子，如 V 形的 H_2O、H_2S，三角锥形的 NH_3，四面体形的 $CHCl_3$ 等。

2. 分子间力（亦称范德华力）

(1) 色散力

在非极性分子中，由于每个分子中的电子和原子核都在不断运动着，不可能每一瞬间正、负电荷中心都完全重合。在某一瞬时，总会有一个偶极存在，这种偶极称为瞬时偶极。把瞬时偶极间产生的分子间作用力称为色散力。虽然瞬时偶极存在的时间极短，但偶极却不断地重复着异极相邻的状态，所以任何分子(极性分子或非极性分子)相互靠近时，都存在色散力。

(2) 诱导力

当极性分子和非极性分子靠近时，非极性分子受极性分子电场的作用，原来重合的正、负电荷中心分离开来，产生诱导偶极。诱导偶极与极性分子固有偶极间的作用力称为诱导力。

(3) 取向力

当极性分子相互靠近时，它们的固有偶极相互作用，两个分子在空间按照异极相邻的状态取向。由于固有偶极的取向而引起的分子间作用力称为取向力。

总之，在非极性分子间只存在色散力；极性分子与非极性分子间存在着诱导力和色散力；极性分子间既存在着取向力，还存在诱导力和色散力。分子间力又称范德华力，通常就是这三种力的总称。分子间力永远存在于一切分子之间，无方向性、无饱和性。化学键的键能为 $100 \sim 800 kJ/mol$，而分子间作用能只有几到几十 kJ/mol，即分子间力的强度比化学键小 $1 \sim 2$ 个数量级。分子间力的作用范围一般在 $5 \times 10^{-10} m$ 以内。

大多数分子其分子间力是以色散力为主；只有极性很强的分子（如水分子）才是以取向力为主。

分子间力对物质的熔点、沸点、溶解度等性质有很大的影响。同族元素的单质及同类型化合物中，随相对分子质量的增大，色散力增大，熔、沸点升高。

3. 氢键

在含氢分子中的氢原子与电负性大的原子 X 以共价键相结合时，还可以和另一个电负性大的原子 Y 形成一种特殊的吸引作用，这种相互作用力称为氢键。氢键可用化学式 X—H⋯Y 表示，其中 X、Y 均是电负性大、半径小的原子，最常见的有 F、O、N 原子。X 和 Y 可以是同一种元素的原子，如 O—H⋯O、F—H⋯F；也可以是两种不同元素的原子，如 N—H⋯O 等。

氢键有两个重要特征：

(1) 氢键比化学键弱得多，比分子间力稍强，其键能为 10～40kJ/mol。氢键的强弱取决于 X、Y 的电负性和半径大小：F—H⋯F 的氢键最强，O—H⋯O 次之，而 N—H⋯F>N—H⋯O>N—H⋯N。

(2) 氢键具有方向性和饱和性。在氢键中 X、H、Y 三原子一般是在一条直线上，同时，氢键中氢的配位数一般为 2。

从氢键的特征看，一般认为氢键的本质是一种较强的具有方向性的静电引力。从键能上看，它属于分子间力的范畴，但它具有方向性和饱和性。

HF、H_2O、NH_3 等分子间都存在氢键。无机含氧酸、有机羧酸、醇、蛋白质等物质的分子之间也存在氢键。

【例 3-1-16】（历年真题）在 CO 和 N_2 分子之间存在的分子间力有：

A. 取向力、诱导力、色散力　　B. 氢键
C. 色散力　　　　　　　　　　D. 色散力、诱导力

【解答】极性分子 CO 和非极性分子 N_2 之间存在色散力、诱导力，应选 D 项。

【例 3-1-17】（历年真题）在 HF、HCl、HBr、HI 中，按熔、沸点由高到低顺序排列正确的是：

A. HF、HCl、HBr、HI　　B. HI、HBr、HCl、HF
C. HCl、HBr、HI、HF　　D. HF、HI、HBr、HCl

【解答】由于 HF 有氢键，故熔、沸点最高；分子间力随相对分子质量的增大，其熔、沸点也升高，故选 D 项。

【例 3-1-18】（历年真题）下列物质中，同种分子间不存在氢键的是：

A. HI　　　　　　　　　　　B. HF
C. NH_3　　　　　　　　　D. C_2H_5OH

【解答】元素 F、O、N 才可能形成氢键，应选 A 项。

七、晶体类型与物质性质

1. 晶体与非晶体

固态物质可分为晶体和非晶体（无定形体）两大类。

晶体是由原子、离子、分子等微粒在空间按一定规律周期性地重复排列构成的固体物质。晶体中微粒的排列具有三维空间的周期性，这种周期性规律就是晶体结构的基本特征，也是与非晶体的区别所在。由于晶体所具有的这种基本特征，带来若干晶体的共同特征：①整齐规则的几何外形；②各向异性；③确定的熔点；④均匀性和对称性等。

晶体与非晶体性质差异的根本原因是组成晶体的微粒是规则有序地排列起来并贯穿于

整个晶体之中。而在非晶体中，其微粒只可能在几个原子间距的短程范围处于有序状态，在大范围内则是混乱、无规则的，常称之为"短程有序，长程无序"。

2. 晶体的基本类型及其性质

根据占据晶格结点上微粒的种类和微粒间相互作用力的不同，可将晶体分为四种基本类型：离子晶体、原子晶体、分子晶体和金属晶体，它们的物质性质见表3-1-4。

晶体的基本类型及其物质性质　　　表3-1-4

晶体的类型	离子晶体	原子晶体	分子晶体	金属晶体
晶格结点上的微粒	正、负离子	原子	分子	金属原子或金属离子
微粒间的作用力	离子键	共价键	分子间力（氢键）	金属键
熔点、沸点	较高	高	低	一般较高
硬度	较大	大	小	一般较大
延展性	差	差	差	良
导电性	良好	绝缘体或半导体	绝缘体	良
实例	$NaCl$、MgO、K_2SO_4	金刚石、Si、SiC、Ga、As	CO_2、H_2O、CH_4、CCl_4、I_2、He	金属、合金

【例3-1-19】（历年真题）下列晶体中熔点最高的是：

A. NaCl　　　　B. 冰　　　　C. SiC　　　　D. Cu

【解答】SiC为原子晶体，其熔点最高，应选C项。

习　题

3-1-1（历年真题）$BeCl_2$中Be的原子轨道杂化轨道类型为：

A. sp　　　　B. sp^2　　　　C. sp^3　　　　D. 不等性sp^3

3-1-2（历年真题）26号元素原子的价层电子构型为：

A. $3d^54s^2$　　　　B. $3d^64s^2$　　　　C. $3d^7$　　　　D. $4s^2$

3-1-3（历年真题）某第4周期的元素，当该元素原子失去一个电子成为+1价离子时，该离子的价层电子排布式为$3d^{10}$，则该元素的原子序数是：

A. 19　　　　B. 24　　　　C. 29　　　　D. 36

3-1-4（历年真题）某原子序数为15的元素，其基态原子的核外电子分布中，未成对电子数是：

A. 0　　　　B. 1　　　　C. 2　　　　D. 3

第二节　溶　液

溶液是一种或多种物质（溶质）均匀分散在另一种物质（溶剂）之中的一类分散体系，可以是气态溶液（如空气）、固态溶液（如合金）以及液态溶液。一般所谓溶液是指液态溶液，水是最常见的溶剂，故以水为溶剂的溶液通常简称为溶液。

一、溶液的浓度

溶液的浓度是指一定量溶液（或溶剂）中所含溶质的量。

1. 质量百分比浓度

溶液中溶质 B 的质量百分比浓度，可表示为：

$$B = \frac{m_B}{m} \times 100\% \tag{3-2-1}$$

式中，m_B 为溶质的质量（g）；m 为溶液（溶剂 A 和溶质 B）的质量（g）。

2. 物质的量浓度（亦称体积摩尔浓度）

物质的量浓度是指单位体积溶液中含有溶质 B 的物质的量 n_B，可表示为：

$$C_B = \frac{n_B}{V} = \frac{m/M}{V} \tag{3-2-2}$$

式中，C_B 为溶质 A 的物质的量浓度（mol/dm³ 或 mol/L）；n_B 为溶质 B 的物质的量（mol）；M_B 为物质 B 的摩尔质量（g/mol）；V 为溶液的体积（dm³ 或 L）。

3. 摩尔分数

摩尔分数是指溶质 B 的物质的量 n_B 与溶液总量（溶质的物质的量 n_B 和溶剂的物质的量 n_A）之比，可表示为：

$$x_B = \frac{n_B}{n_A + n_B} \tag{3-2-3}$$

式中，x_B 为溶质 B 的摩尔分数。

4. 质量摩尔浓度

质量摩尔浓度是指 1kg 溶剂中所含溶质 B 的物质的量 n_B，可表示为：

$$b_B = \frac{n_B}{m_A} \tag{3-2-4}$$

式中，b_B 为溶质 A 的质量摩尔浓度（mol/kg）；m_A 为溶剂的质量（kg）。

【例 3-2-1】（历年真题）现有 100mL 浓硫酸，测得其质量分数为 98%，密度为 1.84g/mL，其物质的量浓度为：

A. 18.4mol/L　　　　　　　　　　B. 18.8mol/L
C. 18.0mol/L　　　　　　　　　　D. 1.84mol/L

【解答】硫酸的摩尔质量为 98，$C_B = \frac{(100 \times 1.84 \times 98\%)/98}{0.1} = 18.4 \text{mol/L}$

应选 A 项。

【例 3-2-2】（历年真题）已知铁的相对原子质量是 56，测得 100mL 某溶液中含有 112mg 铁，则溶液中铁的浓度为：

A. 2mol/L　　　　　　　　　　　B. 0.2mol/L
C. 0.02mol/L　　　　　　　　　　D. 0.002mol/L

【解答】$C_B = \frac{0.112/56}{0.1} = 0.02 \text{mol/L}$

应选 C 项。

二、非电解质稀溶液通性

溶液的颜色、导电性、酸碱性等由溶质的本性决定，溶质的分散状态也影响着溶液的性质。所以，根据溶质的不同，溶液又可以分为非电解质溶液和电解质溶液。实验证明：难挥发非电解质的稀溶液的性质（溶液的蒸气压下降、沸点上升、凝固点下降和渗透压）

与一定量溶剂中所溶解溶质的物质的量成正比，而与溶质的本性无关，这称为稀溶液定律，此类性质又称为稀溶液的依数性。

1. 溶液的饱和蒸气压下降

在一定温度下，液体表面的分子会脱离液面形成蒸气，这种过程称为蒸发（也称为气化），其逆过程称为凝聚（或冷凝）。

在一定温度下，当液相的蒸发与气相的冷凝达到平衡（即蒸发速率与凝聚速率相等）时，蒸气所具有的压力即为一定值，称为该液体在此温度的饱和蒸气压，简称蒸气压。随温度的升高，液体的蒸气压也相应增大。对于难挥发非电解质的稀溶液，由于溶剂表面的一部分被溶质微粒占据，单位面积内从溶液中蒸发出的溶剂分子数比从纯溶剂中蒸发出的分子数少，从而导致溶液中溶剂的蒸气压低于纯溶剂的蒸气压（图 3-2-1）。在一定温度下，纯溶剂蒸气压与溶液蒸气压之差称为溶液的蒸气压下降。实验证明：在一定温度时，难挥发非电解质稀溶液的蒸气压 p_A 等于纯溶剂的饱和蒸气压 p_A^* 与溶液中溶剂的摩尔分数 x_A 的乘积，即：

图 3-2-1　溶液的沸点升高和凝固点降低示意图

$$p_A = p_A^* x_A \tag{3-2-5}$$

$$\Delta p = p_A^* - p_A \tag{3-2-6}$$

这是法国物理学家拉乌尔根据大量实验总结出的规律，故称为拉乌尔定律。

如果溶液仅由溶剂 A 和溶质 B 组成，则 $x_B = 1 - x_A$，故拉乌尔定律也可以写成：

$$\Delta p = p_A^* - p_A = p_A^* - p_A^* x_A = p_A^* x_B \tag{3-2-7}$$

<u>上式表明：在一定温度下，难挥发非电解质稀溶液的蒸气压下降值与溶质在溶液中的摩尔分数成正比，而与溶质的性质无关。</u>

2. 溶液的沸点升高和凝固点下降

当液体的蒸气压等于外界压力时，液体就会沸腾，此时的温度称为该液体的沸点，用 T_{bp} 表示。一般情况下，外界压力是指 101.325kPa，该压力下的沸点称为正常沸点。当某物质的液相蒸气压和固相蒸气压相等时的温度称为该物质的凝固点，也称熔点，用 T_{fp} 表示。在给定压力下，所有晶体物质都有固定的凝固点和沸点。但是，由于溶质的加入，溶液的蒸气压下降，导致溶液的沸点升高、凝固点降低，如图 3-2-1 所示。同样，实验也证明：难挥发非电解质稀溶液的沸点升高值和凝固点下降值与溶液的质量摩尔浓度成正比，即：

$$\Delta T_{bp} = K_b \cdot m \tag{3-2-8}$$

$$\Delta T_{fp} = K_f \cdot m \tag{3-2-9}$$

式中，K_b 为溶液的沸点升高常数；K_f 为溶液的凝固点下降常数。它们的数值取决于溶剂的本性。例如，水的 $K_b = 0.52$K·kg/mol，$K_f = 1.86$K·kg/mol。<u>难挥发非电解质稀溶液的蒸气压下降、沸点升高和凝固点下降的规律，也称为拉乌尔定律。</u>

3. 溶液的渗透压

只允许溶剂分子通过，而溶质分子不能通过的膜称为半透膜，半透膜两侧的溶液因浓度不同而出现液面差的现象称为渗透。如果用半透膜将溶液和纯溶剂隔开，纯溶剂内溶剂分子在单位时间内进入溶液的数目，要比溶液内的溶剂分子在同一时间内进入纯溶剂的数目多。结果使得溶液的体积逐渐增大，溶液液面上升。当单位时间内从膜两侧透过的溶剂分子数相等时，溶液一侧的液面不再升高，此时体系达到渗透平衡，这时溶液液面上增加的压力称为溶液的渗透压，常用 Π 表示，单位是 Pa。

对于难挥发的非电解质稀溶液的渗透压，有如下关系式：

$$\Pi = C_B RT = \frac{n_B}{V} RT \tag{3-2-10}$$

式中，R 为摩尔气体常量，$R=8.315 \text{Pa}\cdot\text{m}^3/(\text{K}\cdot\text{mol})$。这表明，在一定温度下，溶液的渗透压只与所含溶质的物质的量有关，而与溶质的本性无关。

综上所述，可将稀溶液的通性归纳为：溶液的蒸气压下降、沸点升高、凝固点下降和渗透压等特性仅与一定量溶剂或溶液中所含溶质的量成正比，而与溶质的本性无关。

【例3-2-3】把2.76g甘油溶于200g水中，甘油的摩尔质量为92g/mol，则该溶液的凝固点为：

（水的 K_f 为 $1.86\text{K}\cdot\text{kg/mol}$）

A. 0.279K　　　　B. 0.361K　　　　C. 0.386K　　　　D. 0.412K

【解答】
$$m = \frac{2.76/92}{0.2} = 0.15 \text{mol/kg}$$
$$\Delta T_{fp} = K_f m = 1.86 \times 0.15 = 0.279 \text{K}$$

应选 A 项。

三、溶液中的酸碱平衡

1. 一元弱酸、弱碱的电离平衡（也称解离平衡）

酸碱平衡服从化学平衡的基本规律，可用一个相应的平衡常数来表示酸碱电离平衡的特征，这个平衡常数叫电离常数（也称解离常数），用 $K_i^{\ominus}$ 表示（弱酸也可用 $K_a^{\ominus}$ 表示，弱碱用 $K_b^{\ominus}$ 表示）。例如，醋酸 HAc（或 HOAc）（即乙酸 CH_3COOH）：

$$HAc \rightleftharpoons H^+ + Ac^-$$

$$K_a^{\ominus} = \frac{[C_{H^+}/C^{\ominus}] \cdot [C_{Ac^-}/C^{\ominus}]}{[C_{HAc}/C^{\ominus}]}, \text{ 或 } K_a^{\ominus} = \frac{C_{H^+} \cdot C_{Ac^-}}{C_{HAc}}$$

$$NH_3 \cdot H_2O \rightleftharpoons NH_4^+ + OH^-$$

$$K_b^{\ominus} = \frac{[C_{NH_4^+}/C^{\ominus}] \cdot [C_{OH^-}/C^{\ominus}]}{[C_{NH_3 \cdot H_2O}/C^{\ominus}]}, \text{ 或 } K_b^{\ominus} = \frac{C_{NH_4^+} \cdot C_{OH^-}}{C_{NH_3 \cdot H_2O}}$$

式中，$C^{\ominus}$ 为标准浓度，$C^{\ominus}=1\text{mol/dm}^3$。

对任何指定的弱酸/弱碱而言，或是对于任一指定的酸碱平衡而言，在指定温度下，其 $K_a^{\ominus}$ 或 $K_b^{\ominus}$ 都是定值，并不随任何平衡组分的浓度（无论是起始浓度还是平衡浓度）变化而改变。$K_a^{\ominus}$ 或 $K_b^{\ominus}$ 是温度的函数，随温度的改变而改变。

电离程度大小也可用电离度 α 来表示：

$$\alpha = \frac{\text{已电离的电解质的量}}{\text{电解质总量}} \times 100\%, \text{ 或 } \alpha = \frac{\text{已电离的电解质浓度}}{\text{电解质总浓度}} \times 100\% \tag{3-2-11}$$

注意，任何指定的弱酸或弱碱的电离度是随其初始浓度不同而变化的，起始浓度越大，其电离度 α 越小，这是 α 与 $K_i^\ominus$ 不同之处。但对同一酸碱电离平衡而言，其 $K_i^\ominus$ 与 α 之间是相关的，可以互相换算：

例如 $\qquad\qquad\qquad HAc \rightleftharpoons H^+ + Ac^-$

起始浓度（mol/dm³） $\qquad C \qquad 0 \qquad 0$

平衡浓度（mol/dm³） $\qquad C-C\alpha \qquad C\alpha \qquad C\alpha$

$$K_i^\ominus = \frac{(C\alpha)^2}{(C-C\alpha)} = \frac{C\alpha^2}{1-\alpha}$$

当 $C/K_i^\ominus \geqslant 400$ 时，α 很小，可作近似计算：$1-\alpha \approx 1$，则上式变为：

$$K_i^\ominus = C\alpha^2$$

$$\alpha = \sqrt{\frac{K_i^\ominus}{C}} \tag{3-2-12}$$

上式亦称为稀释定律的表达式，应注意到：溶液浓度越大，电离度越小，但溶液中电离出来的离子浓度却越大，这是因为：

$$C_{H^+} = C_{Ac^-} = C\alpha = C \cdot \sqrt{\frac{K_i}{C}} = \sqrt{K_i C} \tag{3-2-13}$$

【例3-2-4】（历年真题）已知 $K_b^\ominus(NH_3 \cdot H_2O) = 1.8 \times 10^{-5}$，0.1mol/L 的 $NH_3 \cdot H_2O$ 溶液的 pH 值为：

A. 2.87   B. 11.13   C. 2.37   D. 11.63

【解答】 $NH_3 \cdot H_2O$ 为一元弱碱：

$$C_{OH^-} = \sqrt{K_b \cdot C} = \sqrt{1.8 \times 10^{-5} \times 0.1} = 1.34 \times 10^{-3} \text{mol/L}$$

$$C_{H^+} = 10^{-14}/C_{OH^-} = 7.46 \times 10^{-12}, \quad pH = -\lg C_{H^+} = 11.13$$

应选 B 项。

【例3-2-5】（历年真题）将 0.1mol/L 的 HOAc 溶液冲稀一倍，下列叙述正确的是：

A. HOAc 的电离度增大   B. 溶液中有关离子浓度增大

C. HOAc 的电离常数增大   D. 溶液的 pH 值降低

【解答】 根据醋酸 HOAc 的电离度 $\alpha = \sqrt{K_a/C}$

当冲稀一倍，C 变小，则 α 变大，应选 A 项。

2. 多元弱酸的电离平衡

多元弱酸（如 H_2S、H_2CO_3 等）在水中的电离是分步进行的，称为分级电离。每一级电离都形成独立的电离平衡，具有自己的电离常数。只有当各步分级电离都达到平衡时，多元弱酸的多级电离才能达到平衡。例如，H_2S 分二级电离：

一级电离：$H_2S \rightleftharpoons HS^- + H^+$

$$K_{a1}^\ominus = \frac{C_{HS^-} \cdot C_{H^+}}{C_{H_2S}}$$

二级电离：$HS^- \rightleftharpoons S^{2-} + H^+$

$$K_{a2}^\ominus = \frac{C_{S^{2-}} \cdot C_{H^+}}{C_{HS^-}}$$

通常一级电离比二级电离容易得多，$K_{a1}^\ominus \gg K_{a2}^\ominus$，因此，$H_2S$ 溶液中 H^+ 主要是由一级电离产生的，H^+ 浓度近似等于：

$$C_{H^+} = \sqrt{K_{a1}^\ominus C_{H_2S}}$$

由于 $K_{a2} \ll K_{a1}$，可取 $C_{H^+} \approx C_{HS^-}$，则：

$$C_{S^{2-}} \approx K_{a2}^\ominus$$

3. 水的离子积溶液的 pH 值

纯水是一种很弱的电解质，存在着以下电离平衡：

$$H_2O \rightleftharpoons H^+ + OH^-$$

$$K_w^\ominus = \frac{C_{H^+} \cdot C_{OH^-}}{C_{H_2O}}$$

水的电离很弱，达到电离平衡时，C_{H_2O} 近似为常数（55.6mol/dm³），将其并入常数项中，故上式可写成：

$$K_w^\ominus = C_{H^+} \cdot C_{OH^-}$$

实验测得在 22℃ 时，水中 $C_{H^+} = C_{OH^-} = 1 \times 10^{-7}$ mol/dm³，则：

$$K_w^\ominus = 10^{-7} \times 10^{-7} = 10^{-14}$$

$K_w^\ominus$ 称为水的离子积常数。只要是水溶液，无论呈中性、酸性或碱性，溶液中存在：

$$C_{H^+} \cdot C_{OH^-} = K_w^\ominus = 10^{-14} \tag{3-2-14}$$

弱酸或弱碱溶液的酸碱性可用其 H^+（或 OH^-）离子浓度来表示。在实际应用中，为了计算方便，常用 H^+ 离子浓度的负对数 pH，或 OH^- 离子浓度的负对数 pOH 来表示：

$$pH = -\lg C_{H^+} \tag{3-2-15}$$

$$pOH = -\lg C_{OH^-} = 14 - pH \tag{3-2-16}$$

pH<7，呈酸性；pH=7，呈中性；pH>7，呈碱性。

4. 同离子效应和缓冲溶液

在弱电解质溶液中，加入具有相同离子的强电解质，使弱电解质的电离度降低的现象，称为同离子效应。如醋酸 HAc 溶液中加入 NaAc 盐，结果使 HAc 的电离度降低，溶液中 H^+ 浓度减小。

由弱酸及其盐（如 HAc+NaAc），或弱碱及其盐（如 $NH_3 \cdot H_2O + NH_4Cl$）组成的混合溶液，能在一定程度上抵消、减轻外加少量强酸或强碱对溶液酸度的影响，从而保持溶液的 pH 值相对稳定，这种溶液称为缓冲溶液。组成缓冲液的弱酸（或弱碱）与其盐组成了一个缓冲对。缓冲溶液的 pH 值计算公式如下：

弱酸及其盐组成的缓冲溶液（酸性缓冲液）：

$$[H^+] = K_a^\ominus \frac{C_{酸}}{C_{弱酸盐}}$$

$$pH = pK_a^\ominus - \lg \frac{C_{酸}}{C_{弱酸盐}} \tag{3-2-17}$$

式中，$C_{酸}$、$C_{弱酸盐}$ 为组成缓冲液的弱酸及弱酸盐的起始浓度；$K_a^\ominus$ 为弱酸的电离常数。

由弱碱及其盐组成的缓冲溶液（碱性缓冲液），同样有：

$$[OH^-] = K_b^\ominus \frac{C_{碱}}{C_{弱碱盐}}$$

$$pOH = pK_b^\ominus - \lg \frac{C_{碱}}{C_{弱碱盐}} \qquad (3\text{-}2\text{-}18)$$

$$pH = 14 - pOH = 14 - pK_b^\ominus + \lg \frac{C_{碱}}{C_{弱碱盐}}$$

式中，$K_b^\ominus$ 为弱碱的电离常数；$C_{碱}$、$C_{弱酸盐}$ 为组成缓冲液的弱碱及弱碱盐的起始浓度。

缓冲溶液缓冲能力的大小取决于缓冲组分的浓度及其比值 $C_{酸}/C_{弱酸盐}$ 或 $C_{碱}/C_{弱碱盐}$。理论上已证明，若缓冲组分的浓度较大，且缓冲组分的比值为 1∶1，缓冲能力最大。当 $C_{酸}/C_{弱酸盐}$ 或 $C_{碱}/C_{弱碱盐}$ 等于 1 时，则缓冲溶液的 pH 值等于相应的弱酸或弱碱的 $pK_a^\ominus$ 或 $pK_b^\ominus$。

当把缓冲溶液稍加稀释，由于 $C_{酸}/C_{弱酸盐}$ 或 $C_{碱}/C_{弱碱盐}$ 比值不变，则缓冲溶液稀释后 pH 值可基本保持不变。但是，缓冲溶液的缓冲能力是有限的，若加入大量强酸或强碱后，缓冲体系中某一组分被消耗过多，则缓冲溶液将失去其缓冲能力，溶液的 pH 值将会发生较大的变化。

【例 3-2-6】已知 0.10mol/dm^3 HAc 与 0.10mol/dm^3 NaAc 缓冲溶液，HAc 的 $K_a^\ominus = 1.8 \times 10^{-5}$，则缓冲液的 pH 值为：

A. 4.65　　　　B. 4.75　　　　C. 4.85　　　　D. 4.95

【解答】$pH = pK_a^\ominus - \lg \dfrac{C_{酸}}{C_{弱酸盐}}$

$$= -\lg 1.8 \times 10^{-5} - \lg \frac{0.10}{0.10} = 4.745$$

应选 B 项。

【例 3-2-7】（历年真题）下列溶液混合，属于缓冲溶液的是：

A. 50mL0.2mol/LCH_3COOH 与 50mL0.1mol/LNaOH
B. 50mL0.1mol/LCH_3COOH 与 50mL0.1mol/LNaOH
C. 50mL0.1mol/LCH_3COOH 与 50mL0.2mol/LNaOH
D. 50mL0.2mol/LHCl 与 50mL0.1mol/L$NH_3 \cdot H_2O$

【解答】NaOH 为强碱，A 项的 CH_3COOH 过量，首先与 NaOH 产生 CH_3COONa 弱酸盐，再与过量 CH_3COOH 形成缓冲溶液，应选 A 项。

5. 盐类的水解平衡

弱酸盐或弱碱盐与水作用，生成弱酸或弱碱，这种反应称为盐类的水解。例如：

$$NH_4Cl + H_2O = Cl^- + H^+ + NH_3 \cdot H_2O$$

$$NH_4Ac + H_2O = HAc + NH_3 \cdot H_2O$$

可知，盐类的水解反应实质是盐的离子与 H_2O 作用生成了难电离的弱酸或弱碱，引起水的电离平衡的移动，导致溶液 pH 值的改变。弱酸强碱盐水解呈碱性；弱碱强酸盐水解呈酸性。

弱酸弱碱盐水解结果呈现酸性或碱性则要视弱酸和弱碱的相对强弱而定。而强酸强碱盐则基本不发生水解，溶液呈中性。

盐类水解反应是酸碱中和反应的逆过程，反应的终点即达到平衡，这就是水解平衡。可用一般平衡规则来处理水解平衡，进行计算。以一元弱酸强碱盐 NaAc 为例，其水解平衡：

$$NaAc + H_2O = Na^+ + OH^- + HAc$$
$$Ac^- + H_2O = HAc + OH^-$$

$$K_h^\ominus = \frac{C_{OH^-} \cdot C_{HAc}}{C_{Ac^-}} = \frac{C_{OH^-} \cdot C_{H^+}}{C_{Ac^-} \cdot C_{H^+}/C_{HAc}} = \frac{K_w^\ominus}{K_a^\ominus} \tag{3-2-19}$$

$$C_{OH^-} = \sqrt{K_h^\ominus C_{Ac^-}} \tag{3-2-20}$$

式中，$K_h^\ominus$ 为 NaAc（或 Ac$^-$）的水解平衡常数，简称水解常数，它可由相应的弱酸电离常数 $K_a^\ominus$ 与水的离子积常数 $K_w^\ominus$ 求出。同样，对于强酸弱碱盐，则有：

$$K_h^\ominus = \frac{K_w^\ominus}{K_b^\ominus} \tag{3-2-21}$$

从 $K_h^\ominus$ 的表达式可以看出，组成盐的弱酸（或弱碱）的酸性（或碱性）越弱，即 $K_a^\ominus$（或 $K_b^\ominus$）越小，则由它们组成的盐的 $K_h^\ominus$ 越大，即该盐越易水解。

多元弱酸弱碱盐的水解是分级进行的。例如，Na$_2$CO$_3$ 的水解：

一级水解 　　　　　$CO_3^{2-} + H_2O \rightleftharpoons OH^- + HCO_3^-$ 　　　$K_{h1} = \frac{K_w}{K_{a2}}$

二级水解 　　　　　$HCO_3^- + H_2O \rightleftharpoons OH^- + H_2CO_3$ 　　　$K_{h2} = \frac{K_w}{K_{a1}}$

由于多元弱酸 $K_{a1}^\ominus > K_{a2}^\ominus > K_{a3}^\ominus$，所以相应地 $K_{h1}^\ominus > K_{h2}^\ominus > K_{h3}^\ominus$。因此，在判断盐类水解的结果（如溶液的酸碱性）时，实际主要依据一级水解的结果。

盐类水解程度也可用水解度（h）来表示：

$$h = \frac{已水解盐的量}{盐的总量} \times 100\%, \text{ 或 } h = \frac{已水解盐的浓度}{盐的起始浓度} \times 100\% \tag{3-2-22}$$

水解度与水解常数的关系：

$$h = \sqrt{\frac{K_h}{C_{盐}}} \tag{3-2-23}$$

【例 3-2-8】（历年真题）浓度均为 0.1mol/L 的 NH$_4$Cl、NaCl、NaOAc、Na$_3$PO$_4$ 溶解，其 pH 值从小到大顺序正确的是：

A. NH$_4$Cl，NaCl，NaOAc，Na$_3$PO$_4$ 　　　B. Na$_3$PO$_4$，NaOAc，NaCl，NH$_4$Cl
C. NH$_4$Cl，NaCl，Na$_3$PO$_4$，NaOAc 　　　D. NaOAc，Na$_3$PO$_4$，NaCl，NH$_4$Cl

【解答】NH$_4$Cl 为强酸弱碱盐，水解显酸性；NaCl 不水解；NaOAc 和 Na$_3$PO$_4$ 均为强碱弱酸盐，水解显碱性，因为 $K_a(HAc) = 1.8 \times 10^{-5} > K_{a3}(H_3PO_4) = 4.4 \times 10^{-13}$，所以 Na$_3PO_4$ 的一级水解的 OH$^-$ 浓度更大，碱性更强。应选 A 项。

【例 3-2-9】（历年真题）已知 $K_b(NH_3 \cdot H_2O) = 1.8 \times 10^{-5}$，将 0.2mol/L 的 NH$_3 \cdot$ H$_2$O 溶液和 0.2mol/L 的 HCl 溶液等体积混合，其混合溶液 pH 值为：

A. 5.12 　　　　B. 8.87 　　　　C. 1.63 　　　　D. 9.73

【解答】将 0.2mol/L 的 NH$_3 \cdot$ H$_2$O 与 0.2mol/L 的 HCl 溶液等体积混合生成 0.1mol/L 的 NH$_4$Cl 溶液，NH$_4$Cl 为强酸弱碱盐，可以水解，则：

$$C_{H^+}=\sqrt{C_{NH_4^+}\cdot K_w/K_b}=\sqrt{0.1\times\frac{10^{-14}}{1.8\times10^{-5}}}=7.5\times10^{-6}, \quad pH=-\lg C_{H^+}=5.12$$

应选 A 项。

6. 酸碱质子理论

按酸碱质子理论定义，凡能给出质子（H^+）的物质（分子或离子）是酸（质子酸），能接受质子（H^+）的物质（分子或离子）是碱（质子碱）。酸失去质子变成了碱，碱得到质子就变成酸。这对酸和碱具有对应的共轭关系，称为共轭酸碱对。例如：

酸 $\rightleftharpoons$ 碱 + H^+

$HCl = Cl^- + H^+$，HCl/Cl^- 为共轭酸碱对

$HAc \rightleftharpoons Ac^- + H^+$，$HAc/Ac^-$ 为共轭酸碱对

$H_2CO_3 \rightleftharpoons HCO_3^- + H^+$，$H_2CO_3/HCO_3^-$ 为共轭酸碱对

$HCO_3^- \rightleftharpoons CO_3^{2-} + H^+$，$HCO_3^-/CO_3^{2-}$ 为共轭酸碱对

$H_2O \rightleftharpoons OH^- + H^+$，$H_2O/OH^-$ 为共轭酸碱对

$NH_4^+ \rightleftharpoons NH_3 + H^+$，$NH_4^+/NH_3$ 为共轭酸碱对

$NH_3 \rightleftharpoons NH_2^- + H^+$，$NH_3/NH_2^-$ 为共轭酸碱对

据此，水溶液中各类涉及质子的反应与平衡，实质都是质子传递的过程，是争夺质子的平衡：

$$酸_1 + 碱_2 \rightleftharpoons 碱_1 + 酸_2$$

酸碱中和　$H_3O^+ + OH^- \rightleftharpoons H_2O + H_2O$

酸碱电离　$HAc + H_2O \rightleftharpoons Ac^- + H_3O^+$

$\qquad\qquad H_2O + NH_3 \rightleftharpoons OH^- + NH_4^+$

盐类水解　$H_2O + Ac^- \rightleftharpoons OH^- + HAc$

$\qquad\qquad NH_4^+ + H_2O \rightleftharpoons NH_3 + H_3O^+$

酸碱质子理论扩大了酸碱的含义及酸碱反应的范围，摆脱了酸碱反应必须发生在水中的局限性，解决了非水溶液或气体间的酸碱反应，并把在水溶液中进行的解离、中和、水解等反应都概括成一类反应，即质子传递式酸碱反应。但是该理论也有一定的缺点，例如，对不含氢的一类化合物的酸碱性问题却无能为力。

四、多相离子平衡（亦称沉淀溶解平衡）

1. 溶度积常数（简称溶度积）$K_{sp}^{\ominus}$

在一定温度下难溶电解质晶体与溶解在溶液中的离子之间存在溶解和结晶平衡，是一种多相离子平衡，也称沉淀溶解平衡。它遵循化学平衡的一般规律，每个多相离子平衡都具有一个特征的平衡常数，称为化合物的溶度积常数，用 $K_{sp}^{\ominus}$ 表示。例如：

$$AgCl(s) \rightleftharpoons Ag^+ + Cl^-$$

$$K_{sp}^{\ominus} = C_{Ag^+} \cdot C_{Cl^-}$$

$$Mg(OH)_2(s) \rightleftharpoons Mg^{2+} + 2OH^-$$

$$K_{sp}^{\ominus} = C_{Mg^{2+}} \cdot [C_{OH^-}]^2$$

$$Ca_3(PO_4)_2(s) \rightleftharpoons 3Ca^{2+} + 2PO_4^{3-}$$

$$K_{sp}^{\ominus} = [C_{Ca^{2+}}]^3 \cdot [C_{PO_4^{3-}}]^2$$

通常还用溶解度来衡量或表征难溶盐在水中的溶解特性。某物质的溶解度就是指一定温度下，一定量的溶液或溶剂中，能溶解该物质的最大量，常采用该物质的饱和溶液的体积摩尔浓度 S（mol/dm³）表示。溶解度 S 和溶度积常数 $K_{sp}^{\ominus}$ 都能反映难溶电解质的溶解性的大小，并可相互换算。例如，AB（1∶1）型难溶电解质，其饱和溶液（体积摩尔浓度为 S）中存在下列平衡：

$$AgCl(s) \rightleftharpoons Ag^+ + Cl^-$$
$$S \quad\ \ S$$

$K_{sp}^{\ominus}(AgCl) = C_{Ag^+} \cdot C_{Cl^-} = S^2$，则：

$$S = \sqrt{K_{sp}^{\ominus}(AgCl)} \text{ 或 } S = \sqrt{K_{sp}^{\ominus}(AB)} \tag{3-2-24}$$

对 AB_2（1∶2）型难溶电解质，如 $Mg(OH)_2$、Ag_2CrO_4 等，则有：

$$S = \sqrt[3]{\frac{K_{sp}^{\ominus}(AB_2)}{4}} \tag{3-2-25}$$

在应用溶度积常数比较难溶电解质的溶解度大小时，应注意：

（1）同类型难溶电解质可以直接用溶度积常数比较溶解度。

（2）不同类型难溶电解质要用溶度积常数计算出溶解度后再进行比较。不能简单认为溶度积常数小的溶解度一定小。

2. 溶度积规则

在溶液中，有关离子能否生成难溶晶体析出，可采用相应离子的实际浓度系数方次之积（即离子积）Q 与其溶度积常数 $K_{sp}^{\ominus}$ 相比较从而作出判断，这称为溶度积规则。

Q 与 $K_{sp}^{\ominus}$ 相比较有如下三种情况：

（1）$Q < K_{sp}^{\ominus}$，溶液未达饱和，沉淀不能生成；

（2）$Q = K_{sp}^{\ominus}$，溶液达到饱和，多相体系处于平衡状态；

（3）$Q > K_{sp}^{\ominus}$，溶液过饱和，沉淀可以生成。

例如，在含 $AgNO_3$ 和 K_2CrO_4 的混合溶液中，可用溶度积规则来判断是否有 Ag_2CrO_4 沉淀生成：

$$2Ag^+ + CrO_4^{2-} \rightleftharpoons Ag_2CrO_4(s), \quad K_{sp}^{\ominus} = [C_{Ag^+}]^2 \cdot C_{CrO_4^{2-}}$$

根据溶液中实际的 C_{Ag^+} 和实际的 $C_{CrO_4^{2-}}$，可得 $Q = [C_{Ag^+}]^2 \cdot C_{CrO_4^{2-}}$；然后比较 Q 与 $K_{sp}^{\ominus}$，可确定沉淀的生成或沉淀的溶解。

3. 分步沉淀与沉淀转化

（1）分步沉淀

若溶液中存在两种及以上离子，选用某种沉淀剂可使这些离子先后沉淀析出，这就称为分步沉淀。分步沉淀本质上是多种离子对同一种沉淀剂离子的竞争过程。运用溶度积规则，可以计算出在指定条件下，哪种离子会最先沉淀，哪些离子会随后沉淀；还能计算出某种离子应在什么浓度开始沉淀，什么条件下可沉淀完全；以及当某种离子开始析出沉淀时，先前沉淀的一种离子在溶液中残存的浓度等。若第二种离子刚开始沉淀时，第一种离子浓度已经降至 10^{-5} mol/dm³ 以下，则可认为选用这种沉淀剂，用分步沉淀法将两种离子完全分离。

【例 3-2-10】在溶液中含有 Cl^- 和 CrO_4^{2-}，其离子浓度都为 $0.1 mol/dm^3$，若用 Ag^+ 作沉淀剂，$K_{sp,AgCl}^{\ominus}=1.8\times10^{-10}$，$K_{sp,Ag_2CrO_4}^{\ominus}=2.0\times10^{-12}$，则：

A. CrO_4^{2-} 先沉淀，沉淀远离完全分离
B. Cl^- 先沉淀，沉淀远离完全分离
C. CrO_4^{2-} 先沉淀，沉淀接近完全分离
D. Cl^- 先沉淀，沉淀接近完全分离

【解答】要使 Cl^- 沉淀所需 Ag^+ 浓度为：

$$C_{Ag^+}=\frac{K_{sp,AgCl}^{\ominus}}{C_{Cl^-}}=\frac{1.8\times10^{-10}}{0.1}=1.8\times10^{-9} mol/dm^3$$

要使 CrO_4^{2-} 沉淀所需 Ag^+ 浓度为：

$$C_{Ag^+}=\sqrt{\frac{K_{sp,Ag_2CrO_4}^{\ominus}}{C_{CrO_4^{2-}}}}=\sqrt{\frac{2.0\times10^{-12}}{0.1}}=4.47\times10^{-6} mol/dm^3$$

当 CrO_4^{2-} 开始要沉淀时，Cl^- 离子浓度为：

$$C_{Cl^-}=\frac{K_{sp,AgCl}^{\ominus}}{C_{Ag^+}}=\frac{1.8\times10^{-10}}{4.47\times10^{-6}}=4.0\times10^{-5} mol/dm^3$$

可见，当 CrO_4^{2-} 开始沉淀时，Cl^- 的残留浓度很小，沉淀接近完全分离。

应选 D 项。

(2) 沉淀的转化

把一种沉淀转化为另一种沉淀的过程称为沉淀的转化。利用溶度积可以计算沉淀转化反应的平衡常数。例如：

$$Ag_2CrO_4(s)+2Cl^- \rightleftharpoons 2AgCl(s)+CrO_4^{2-}$$

$$K=\frac{C_{CrO_4^{2-}}}{[C_{Cl^-}]^2}=\frac{C_{CrO_4^{2-}}\cdot[C_{Ag^+}]^2}{[C_{Cl^-}]^2\cdot[C_{Ag^+}]^2}=\frac{K_{sp,Ag_2CrO_4}^{\ominus}}{(K_{sp,AgCl}^{\ominus})^2}$$

$$=\frac{2.0\times10^{-12}}{(1.8\times10^{-10})^2}=6.17\times10^7$$

计算结果表明，【例 3-2-10】这个沉淀转化反应比较彻底。

【例 3-2-11】（历年真题）在 $BaSO_4$ 饱和溶液中，加入 $BaCl_2$，利用同离子效应使 $BaSO_4$ 的溶解度降低，体系中 $C(SO_4^{2-})$ 的变化是：

A. 增大
B. 减小
C. 不变
D. 不能确定

【解答】在 $BaSO_4$ 饱和溶液中，存在 $BaSO_4 \rightleftharpoons Ba^{2+}+SO_4^{2-}$ 平衡，加入 $BaCl_2$，溶液中 Ba^{2+} 增加，平衡向左移动，SO_4^{2-} 的浓度减小。应选 B 项。

习 题

3-2-1 （历年真题）$K_{sp}^{\ominus}[Mg(OH)_2]=5.6\times10^{-12}$，则 $Mg(OH)_2$ 在 $0.01 mol/L NaOH$ 溶

液中的溶解度为：

A. $5.6×10^{-9}$ mol/L　　　　　　B. $5.6×10^{-10}$ mol/L

C. $5.6×10^{-8}$ mol/L　　　　　　D. $5.6×10^{-5}$ mol/L

3-2-2（历年真题）常温下，在 CH_3COOH 与 CH_3COONa 的混合溶液中，若它们的浓度均为 0.10mol/L，测得 pH 是 4.75，现将此溶液与等体积的水混合后，溶液的 pH 是：

A. 2.38　　　　B. 5.06　　　　C. 4.75　　　　D. 5.25

3-2-3（历年真题）通常情况下，$K_a^\ominus$、$K_b^\ominus$、$K^\ominus$、$K_{sp}^\ominus$，它们的共同特性是：

A. 与有关气体分压有关　　　　B. 与温度有关

C. 与催化剂的种类有关　　　　D. 与反应物浓度有关

3-2-4（历年真题）pH＝2 的溶液中的 $C(OH^-)$ 是 pH＝4 的溶液中 $C(OH^-)$ 的倍数是：

A. 2　　　　　　　　　　　　　B. 0.5

C. 0.01　　　　　　　　　　　　D. 100

3-2-5（历年真题）下列物质水溶液 pH＞7 的是：

A. NaCl　　　　　　　　　　　B. Na_2CO_3

C. $Al_2(SO_4)_3$　　　　　　　　　D. $(NH_4)_2SO_4$

3-2-6（历年真题）已知 $K^\ominus(HOAc)=1.8×10^{-5}$，0.1mol/L NaOAc 溶液的 pH 值为：

A. 2.87　　　　　　　　　　　　B. 11.13

C. 5.13　　　　　　　　　　　　D. 8.88

第三节　氧化还原反应与电化学

根据反应前后，元素氧化数是否发生变化，可把化学反应分为氧化还原反应和非氧化还原反应两大类。利用自发氧化还原反应产生电流的装置叫原电池；利用电流促使非自发氧化还原反应发生的装置叫电解池。研究原电池和电解池中氧化还原反应过程以及电能和化学能相互转化的科学称为电化学。

一、氧化还原反应的基本概念

1. 氧化数

氧化还原反应的实质是反应物之间电子转移或电子得失的结果。氧化数是某元素一个原子的荷电数，即该元素在特定形式下所带的电荷数。氧化数的概念与化合价不同，化合价只能是整数，而氧化数可以是分数。这样，就能利用氧化数的变化来定义氧化和还原，即：氧化是氧化数升高的过程，还原是氧化数降低的过程。

确定氧化数的规则如下：

(1) 单质中元素的氧化数为零。

(2) 氧在化合物中的氧化数一般为－2。在过氧化物（如 H_2O_2、Na_2O_2）中为－1；在超氧化物（如 KO_2）中为－1/2；在臭氧化物（如 KO_3）中为－1/3；在二氟化物（如 OF_2）中为＋2。

(3) 氢在化合物中的氧化数一般为+1。在与活泼金属生成的离子型氢化物（如 NaH、CaH_2）中为-1。

(4) 碱金属和碱土金属在化合物中的氧化数分别为+1和+2；氟的氧化数是-1。

(5) 在离子型化合物中，元素原子的氧化数等于该元素原子的离子电荷数。例如：NaCl 中 Na 的氧化数为+1，Cl 的氧化数为-1。

(6) 在共价化合物中，共用电子对偏向于电负性大的元素的原子，两原子的表观电荷数即为它们的氧化数。例如，HCl 中，H 的氧化数为+1，Cl 的氧化数为-1。

(7) 在任何化合物分子中各元素氧化数的代数和都等于零；在多原子离子中各元素氧化数的代数和等于该离子所带电荷数。

2. 氧化还原反应

在氧化还原反应中，失电子过程叫氧化，得电子过程叫还原。氧化还原是一对矛盾，必须同时发生，相互依存。在反应中得电子的物质叫氧化剂，失电子的物质叫还原剂，例如，氧化还原反应：

$$\begin{array}{c} \overset{-2e}{\longrightarrow} \\ Zn + Cu^{2+} = Zn^{2+} + Cu \\ \underset{+2e}{\longleftarrow} \end{array}$$

氧化半反应：$Zn - 2e^- = Zn^{2+}$ Zn 为还原剂，被氧化。

上式也可写成：$Zn = Zn^{2+} + 2e^-$

还原半反应：$Cu^{2+} + 2e^- = Cu$ Cu^{2+} 为氧化剂，被还原。

在氧化反应中，还原剂由低价态 Zn 变为高价态 Zn^{2+}；在还原反应中，氧化剂由高价态 Cu^{2+} 变为低价态 Cu。

在半反应中，同一元素的两个不同氧化值的物质组成电对，其中，氧化值较大的物质称为氧化态物质，氧化值较小的物质称为还原态物质，通常电对表示成：氧化态/还原态。例如，Cu^{2+}/Cu，Zn^{2+}/Zn 等。

3. 氧化还原反应方程式配平

配平氧化还原方程式，首先要知道在反应条件下，氧化剂的还原产物和还原剂的氧化产物，然后再根据氧化剂和还原剂氧化数变化相等的原则，或氧化剂和还原剂得失电子数相等的原则进行配平，前者称为氧化数法，后者称为离子-电子法。

(1) 氧化数法

以高锰酸钾和盐酸反应为例，说明用氧化数法配平氧化还原反应方程式的步骤：

1) 根据实验结果写出反应物和生成物的化学式。

2) 求元素氧化数的变化值。将氧化数有变化的元素的氧化数标出。用生成物的氧化数减去反应物的氧化数，求出氧化剂元素氧化数降低的值和还原剂元素氧化数升高的值。

3) 调整系数，使氧化数变化相等。根据氧化剂中氧化数降低的数值和还原剂中氧化数升高的数值必须相等的原则，在氧化剂和还原剂的化学式前，分别乘以相应的系数。

4) 配平氧化数未发生变化的原子数，即原子数配平。

$$\begin{array}{c} \overset{-5\times 2}{\longrightarrow} \\ KMnO_4 + 2HCl \longrightarrow MnCl_2 + Cl_2 + KCl + H_2O \\ \underset{+2\times 5}{\longleftarrow} \end{array}$$

$$2KMnO_4 + 16HCl \longrightarrow 2MnCl_2 + 5Cl_2 + 2KCl + 8H_2O$$

(2) 离子-电子法

以重铬酸钾和硫酸亚铁在硫酸溶液中的反应为例，说明离子-电子法的具体步骤：

$$K_2Cr_2O_7 + FeSO_4 + H_2SO_4 \longrightarrow Cr_2(SO_4)_3 + Fe_2(SO_4)_3 + K_2SO_4$$

1）将发生电子转移的反应物和生成物以离子形式（气体、纯液体、固体和弱电解质则写分子式）列出：

$$Cr_2O_7^{2-} + Fe^{2+} \longrightarrow Cr^{3+} + Fe^{3+}$$

2）将氧化还原反应分成两个半反应式。

还原：$Cr_2O_7^{2-} \longrightarrow 2Cr^{3+}$

氧化：$Fe^{2+} \longrightarrow Fe^{3+}$

3）配平半反应式，使半反应两边的原子数和电荷数相等。

在配平半反应式时，首先应配平氧原子。反应在酸性介质中进行，配平时在多氧原子的一边加 H^+，少氧原子的一边加 H_2O。$Cr_2O_7^{2-}$ 中有 7 个 O，需加 14 个 H^+ 和 7 个 O 形成 $7H_2O$，因此在还原半反应式左边加 $14H^+$，右边加 $7H_2O$，这样半反应式两边的原子数相等，然后根据电荷数相等的原则在左边加上 6 个电子，半反应式即配平。

$$Cr_2O_7^{2-} + 14H^+ + 6e^- \longrightarrow 2Cr^{3+} + 7H_2O$$

氧化半反应式中没有氧原子，只需根据电荷相等的原则配平电荷，因此在右边加上一个电子，氧化半反应式即配平。

$$Fe^{2+} \longrightarrow Fe^{3+} + e^-$$

4）根据氧化剂获得的电子数和还原剂失去的电子数必须相等的原则，求出两个半反应式中得失电子的最小公倍数，将两个半反应式各自乘以相应的系数，然后相加消去电子就可得到配平的离子方程式：

$$\begin{aligned}
& Cr_2O_7^{2-} + 14H^+ + 6e^- =\!\!=\!\!= 2Cr^{3+} + 7H_2O \quad \times 1 \\
+)\ & \qquad\qquad Fe^{2+} =\!\!=\!\!= Fe^{3+} + e^- \qquad\qquad\quad \times 6 \\
\hline
& Cr_2O_7^{2-} + 14H^+ + 6Fe^{2+} =\!\!=\!\!= 2Cr^{3+} + 6Fe^{3+} + 7H_2O
\end{aligned}$$

5）在离子反应式中添上不参加反应的反应物和生成物的离子，并写出相应的分子式，就得到配平的分子方程式：

$$K_2Cr_2O_7 + 6FeSO_4 + 7H_2SO_4 =\!\!=\!\!= Cr_2(SO_4)_3 + 3Fe_2(SO_4)_3 + K_2SO_4 + 7H_2O$$

在配平半反应时，氧原子的配平方法是：酸性介质中，在氧原子多的一边加 H^+，每多一个氧原子加 2 个 H^+，在另 1 边加 1 个 H_2O；碱性介质中，在氧原子少的一边加 OH^-，每少一个氧原子加 2 个 OH^-，在另一边加 1 个 H_2O。注意，在同一方程式中 H^+ 和 OH^- 不能同时出现。

【例 3-3-1】（历年真题）在酸性介质中，反应 $MnO_4^- + SO_3^{2-} + H^+ \longrightarrow Mn^{2+} + SO_4^{2-}$，配平后，$H^+$ 的系数为：

A. 8   B. 6   C. 0   D. 5

【解答】配平后的方程式为：$2MnO_4^- + 5SO_3^{2-} + 6H^+ = 2Mn^{2+} + 5SO_4^{2-} + 3H_2O$，应选 B 项。

二、原电池

（一）原电池的组成、符号和电极类型

1. 原电池的组成和符号

原电池是将氧化还原反应的化学能转变为电能的装置。图 3-3-1 表示了一种典型的原电池——铜锌原电池的装置。原电池由两个半电池（电极）组成，原电池中电子流出的电极叫负极（Zn 极），电子流入的电极叫正极（Cu 极）。

图 3-3-1 原电池装置

负极发生氧化反应：$Zn = Zn^{2+} + 2e^-$

正极发生还原反应：$Cu^{2+} + 2e^- = Cu$

这两个半电池用盐桥联通。盐桥是用饱和 KCl 水溶液调和的琼脂，充灌在 U 形玻璃管中结成凝胶。盐桥中有大量 K^+、Cl^-，它们在外电场作用下发生电泳，可起着沟通内电路的作用。K^+ 流向正极（正极区因 SO_4^{2-} 多余而带负电），Cl^- 流向负极（负极区，因 Zn^{2+} 多余而带正电），起着中和电性的作用，使电池能继续工作下去。

每个电极反应的实质是同种元素不同价态间得失电子的变化，如电对 Cu^{2+}/Cu，电对 Zn^{2+}/Zn，氧化还原反应实际上就是发生在两个电对间的电子转移过程。

电对类型有：金属电对 Zn^{2+}/Zn，非金属电对 Cl_2/Cl^-，离子电对 Fe^{3+}/Fe^{2+}，金属/难溶盐电对 AgCl/Ag 等。

原电池可用符号表示，如图 3-3-1 所示电池的铜锌原电池，其符号表达式为：

$$(-)Zn | Zn^{2+}(C_{Zn^{2+}}) \| Cu^{2+}(C_{Cu^{2+}}) | Cu(+)$$

原电池符号的表示方法如下：

(1) "|" 表示电极导体与电解质溶液之间的相界面，同一相中不同物质之间用 "," 分开。

(2) "‖" 表示盐桥，盐桥两边是相应电极的电解质溶液。

(3) 要注明各种离子的浓度和气体分压，并写在括号内。

(4) 规定负极写在左边，正极写在右边。

(5) 当半电池中没有电子导体（金属）时，就必须外加惰性电极作为导体，纯气体、液体和固体，如 $Cl_2(g)$、$Br_2(l)$ 和 I_2 要紧靠惰性电极。

例如，将氧化还原反应：

$$2MnO_4^- + 10Cl^- + 16H^+ = 2Mn^{2+} + 5Cl_2 + 8H_2O$$

组成原电池，则其电池符号为：

$$(-)Pt | Cl_2(p^{\ominus}) | Cl^-(C_{Cl^-}) \| MnO_4^-(C_{MnO_4^-}), H^+(C_{H^+}), Mn^{2+}(C_{Mn^{2+}}) | Pt(+)$$

2. 电极类型

常见电极类型，见表 3-3-1。

常见电极类型 表 3-3-1

电极类型	电极图式示例	电极反应示例
金属-金属离子电极	$Zn \mid Zn^{2+}$	$Zn^{2+}+2e^- =\!=\!= Zn$
气体-离子电极	$Pt \mid Cl_2 \mid Cl^-$	$Cl_2+2e^- =\!=\!= 2Cl^-$
金属-难溶盐电极	$Ag \mid AgCl(s)Cl^-$	$AgCl(s)+e^- =\!=\!= Ag(s)+Cl^-$
金属-难溶氧化物电极	$Sb \mid Sb_2O_3(s) \mid H^+$	$Sb_2O_3(s)+6H^++6e^- =\!=\!= 2Sb+3H_2O$
氧化还原电极	$Pt \mid Fe^{3+}, Fe^{2+}$	$Fe^{3+}+e^- =\!=\!= Fe^{2+}$

（二）电极电势（也称电极电位）

原电池之所以能产生电流，是由于两极具有不同的电势。电极所具有的电势称为电极电势。电流由电势高的正极流向电势低的负极，电子则由负极流向正极。人们无法测量电极电势的绝对值，但可以用比较的方法测定各电极之间的电位差，也就可以测出电极的相对电极电势值。

当离子浓度为标准浓度（$1mol/dm^3$），气体分压为标准压力（$100kPa$）时，该电极称为标准电极，其电极电势就是该电极的标准电极电势，以 $E^{\ominus}$ 表示，单位是伏特（V）。

规定 298K 时，标准氢电极作为测量其他电极电势的基准，其电极电势等于 0V。记作：$E^{\ominus}_{H^+/H_2}=0V$。其他任何电极的电极电势值 E，都可由该电极与标准氢电极比较求得。

为了正确使用标准电极电势，应注意：

（1）利用标准电极电势 $E^{\ominus}$ 值的大小，可以判断电对中氧化态物质的氧化能力和还原态物质的还原能力的相对强弱。$E^{\ominus}$ 值越大，表示在标准状态时该电对中氧化态物质的氧化能力越强，或其还原态物质的还原能力越弱。$E^{\ominus}$ 值越小，表示该电对中还原态物质的还原能力越强，或其氧化态物质的氧化能力越弱。

（2）标准电极电势符号的正负不随电极反应的书写方式不同而改变，如：$Zn^{2+}+2e^- =\!=\!= Zn$，或 $Zn =\!=\!= Zn^{2+}+2e^-$，其标准电极电势值相同，$E^{\ominus}_{Zn^{2+}/Zn}=-0.7618V$。

（3）标准电极电势 $E^{\ominus}$ 值的大小是衡量氧化剂氧化能力或还原剂还原能力强弱的标度，是体系的强度性质，与物质的本性有关，而与物质的量的多少无关。例如：

$$Cl_2+2e^- =\!=\!= 2Cl^- \qquad E^{\ominus}=1.358V$$

$$\frac{1}{2}Cl_2+e^- =\!=\!= Cl^- \qquad E^{\ominus}=1.358V$$

（三）能斯特方程

电极电势的大小不仅取决于构成电极物质的自身性质，而且也与溶液中离子的浓度、气态物质的分压、温度和物质状态等因素有关。对于任意一个电极反应均可写成下面的通式：

$$氧化态 + ne^- \rightleftharpoons 还原态$$

或 $$aO + ne^- \rightleftharpoons bR$$

热力学研究指出，离子的浓度、气体的分压和温度 T 与上述电极反应的电极电势之间有如下关系：

$$E_{氧化态/还原态}=E^{\ominus}_{氧化态/还原态}+\frac{RT}{nF}\ln\frac{[C_O/C^{\ominus}]^a}{[C_R/C^{\ominus}]^b} \qquad (3\text{-}3\text{-}1)$$

这个关系式称为能斯特（Nernst）方程式，其中，n 为电极反应中电子的化学计量数（取正值）；F 为法拉第常量；R 为摩尔气体常量。$C^{\ominus}$ 为标准浓度，$C^{\ominus}=1\mathrm{mol/dm^3}$（或为标准气压，$p^{\ominus}=100\mathrm{kPa}$）。若温度为 298.15K，代入 R、F 的数值，将自然对数换为以 10 为底的对数，上式变为：

$$E_{氧化态/还原态} = E^{\ominus}_{氧化态/还原态} + \frac{0.0592\mathrm{V}}{n}\lg\frac{[氧化态]}{[还原态]}$$
$$= E^{\ominus}_{氧化态/还原态} - \frac{0.0592\mathrm{V}}{n}\lg\frac{[还原态]}{[氧化态]} \tag{3-3-2}$$

能斯特方程表示的是浓度或分压的变化对电极电势的影响。电对的电极电势随氧化态浓度的增加而增大，随还原态浓度的增加而减小。

应用能斯特方程时，应注意：

(1) 电极反应中，如果有气体，则用相对气压 $p/p^{\ominus}=p/100\mathrm{kPa}$ 表示，而纯固体和纯液体不计入方程式中。例如：

$$\mathrm{Br_2(l) + 2e^- \rightleftharpoons 2Br^-}$$

$$E_{\mathrm{Br_2/Br^-}} = E^{\ominus}_{\mathrm{Br_2/Br^-}} - \frac{0.0592\mathrm{V}}{2}\lg[C_{\mathrm{Br^-}}]^2$$

(2) 若除了直接参与电极反应的电对外，在电极反应中还涉及 H^+，OH^- 或是与某些固相沉淀如 $AgCl$、Hg_2Cl_2 等相关的离子，如 Cl^- 等。这些物质虽然不直接发生电子得失，但是它们可与电对中的某些组分发生酸碱反应或沉淀反应，改变这些组分的有效浓度，从而间接影响到电极电位，它们的浓度在能斯特方程中应表示出来。其原则是：在电极反应式中，该物质项若写在氧化态一边，就作为氧化态物质处理；若写在还原态一边，则作为还原态物质处理。例如：

$$\mathrm{MnO_4^- + 5e^- + 8H^+ \rightleftharpoons Mn^{2+} + 4H_2O}$$

$$E_{\mathrm{MnO_4^-/Mn^{2+}}} = E^{\ominus}_{\mathrm{MnO_4^-/Mn^{2+}}} - \frac{0.0592\mathrm{V}}{5}\lg\frac{C_{\mathrm{Mn^{2+}}}}{C_{\mathrm{MnO_4^-}} \cdot [C_{\mathrm{H^+}}]^8}$$

$$\mathrm{AgCl\,(s) + e^- \rightleftharpoons Ag\,(s) + Cl^-}$$

$$E_{\mathrm{AgCl/Ag}} = E^{\ominus}_{\mathrm{AgCl/Ag}} - \frac{0.0592\mathrm{V}}{1}\lg C_{\mathrm{Cl^-}}$$

【例 3-3-2】（历年真题）下列各电对的电极电势与 H^+ 浓度有关的是：

A. Zn^{2+}/Zn B. Br_2/Br^-
C. AgI/Ag D. MnO_4^-/Mn^{2+}

【解答】
$$\mathrm{Zn^{2+} + 2e^- = Zn}$$
$$\mathrm{Br_2 + 2e^- = 2Br^-}$$
$$\mathrm{AgI + e^- = Ag + I^-}$$
$$\mathrm{MnO_4^- + 8H^+ + 5e^- = Mn^{2+} + 4H_2O}$$

故只有 MnO_4^-/Mn^{2+} 电对的电极反应与 H^+ 的浓度有关。

根据电极电势的能斯特方程式，MnO_4^-/Mn^{2+}电对的电极电势与H^+的浓度有关。应选 D 项。

（四）电极电势的应用

1. 计算原电池的电动势 E

$$E = E_{(+)} - E_{(-)} \tag{3-3-3}$$

由于实际上电池的电动势总是大于零的，若根据计算 $E_{(+)} < E_{(-)}$，说明设定的正负极应该反过来。

【例 3-3-3】（历年真题）两个电极组成原电池，下列叙述正确的是：
A. 作正极的电极的 $E_{(+)}$ 值必须大于零
B. 作负极的电极的 $E_{(-)}$ 值必须小于零
C. 必须是 $E_{(+)}^{\ominus} > E_{(-)}^{\ominus}$
D. 电极电势 E 值大的是正极，E 值小的是负极

【解答】$E_{(+)}$ 可正或可负；$E_{(-)}$ 也可正或可负；电极电势 E 值大的是正极，E 值小的是负极，应选 D 项。

【例 3-3-4】（历年真题）向原电池$(-)Ag, AgCl | Cl^- \| Ag^+ | Ag(+)$的负极中加入 NaCl，则原电池电动势的变化是：
A. 变大   B. 变小
C. 不变   D. 不能确定

【解答】负极　氧化反应：$Ag + Cl^- = AgCl + e^-$

正极　还原反应：$Ag^+ + e^- = Ag$

负极的能斯特方程为：$E_{AgCl/Cl} = E_{AgCl/Cl}^{\ominus} - 0.0592\lg C_{Cl^-}$

负极加入 NaCl，Cl^- 浓度增加，负极电极电势减小，而正极电极电势未变，故 E 变大，应选 A 项。

【例 3-3-5】（历年真题）有原电池$(-)Zn | ZnSO_4(C_1) \| CuSO_4(C_2) | Cu(+)$，如向铜半电池中通入硫化氢，则原电池电动势变化趋势是：
A. 变大   B. 变小
C. 不变   D. 无法判断

【解答】正极　还原反应：$Cu^{2+} + 2e^- = Cu$

正极的能斯特方程为：$E_{Cu^{2+}/Cu} = E_{Cu^{2+}/Cu}^{\ominus} - \dfrac{0.0592}{2}\lg\dfrac{1}{C_{Cu^{2+}}}$

由于铜半电池加入 H_2S，生成 CuS，故 Cu^{2+} 减少，故正极电极电势减小，而 $E_{(-)}$ 不变，故 E 减小，应选 B 项。

2. 判断氧化剂或还原剂的相对强弱

电极电势代数值越大，表示电对中氧化态物质越易得到电子，其氧化性越强。反之，电极电势代数值越小，表示电对中还原态物质越易失去电子，其还原性越强。例如：

$E_{Fe^{2+}/Fe}^{\ominus} = -0.40V$，$E_{Sn^{4+}/Sn^{2+}}^{\ominus} = +0.15V$，$E_{Fe^{3+}/Fe^{2+}}^{\ominus} = +0.77V$，$E_{MnO_4^-/Mn^{2+}}^{\ominus} = +1.51V$

则氧化剂的氧化性依次为：$MnO_4^- > Fe^{3+} > Sn^{4+} > Fe^{2+}$；而还原剂的还原性依次为：

Fe＞Sn^{2+}＞Fe^{2+}＞Mn^{2+}。

3. 判断氧化还原反应进行的方向

(1) $E>0$，正反应可自发进行；
(2) $E=0$，反应处于平衡状态；
(3) $E<0$，正反应不能自发进行，逆反应可自发进行。

此外，$E^{\ominus}>0$，标准状态下正反应自发行进；$E^{\ominus}<0$，标准状态下逆反应自发进行。

【例 3-3-6】已知 $E^{\ominus}_{Pb^{2+}/Pb}=-0.126V$，$E^{\ominus}_{Sn^{2+}/Sn}=-0.136V$，分别判断反应：

$$Pb^{2+}+Sn(s) \rightleftharpoons Pb(s)+Sn^{2+}$$

在标准状态下，及在 $C_{Sn^{2+}}=1.0 mol/dm^3$，$C_{Pb^{2+}}=0.1 mol/dm^3$ 时，正反应能否自发进行？

【解答】将反应设计成电池：

$$(-)Sn(s) | Sn^{2+}(1.0mol/dm^3) \| Pb^{2+}(0.1mol/dm^3) | Pb(s)(+)$$

$$E^{\ominus}=E^{\ominus}_{Pb^{2+}/Pb}-E^{\ominus}_{Sn^{2+}/Sn}=0.01V>0$$

所以正反应可自发进行。

当 $C_{Sn^{2+}}=1mol/dm^3$ 时：

$$E_{Sn^{2+}/Sn}=E^{\ominus}_{Sn^{2+}/Sn}=-0.136V$$

$C_{Pb^{2+}}=0.1mol/dm^3$ 时：

$$E_{Pb^{2+}/Pb}=E^{\ominus}_{Pb^{2+}/Pb}-\frac{0.0592V}{2}lg\frac{1}{C_{Pb^{2+}}}=-0.126-\frac{0.0592}{2}lg\frac{1}{0.1}=-0.156V$$

$$E=E_{Pb^{2+}/Pb}-E_{Sn^{2+}/Sn}=-0.156-(-0.136)=-0.02V<0$$

所以正反应不能自发进行。

4. 判别氧化还原反应进行的程度

氧化还原反应的完全程度可用反应平衡常数来判断。在标准状态下，平衡常数和原电池标准电动势 $E^{\ominus}$ 的关系为：

$$lgK^{\ominus}=\frac{nE^{\ominus}}{0.0592V} \tag{3-3-4}$$

上式说明，平衡常数 $K^{\ominus}$ 与温度、n 和 $E^{\ominus}$ 有关。注意：(1) 同一氧化还原反应书写不同，$E^{\ominus}$ 虽然不变，但因 n 不同，$K^{\ominus}$ 值也不同；(2) 不同的氧化还原反应的 $E^{\ominus}$ 是不同的，$E^{\ominus}$ 越大，$K^{\ominus}$ 值也越大，正反应进行的程度也越大。

【例 3-3-7】298.15K 时反应：

$$MnO_4^-+5Fe^{2+}+8H^+ \rightleftharpoons Mn^{2+}+5Fe^{3+}+4H_2O$$

已知 $E^{\ominus}_{MnO_4^-/Mn^{2+}}=1.51V$，$E^{\ominus}_{Fe^{3+}/Fe^{2+}}=0.771V$，则其标准平衡常数为多少？

【解答】$E^{\ominus}=E^{\ominus}_{MnO_4^-/Mn^{2+}}-E^{\ominus}_{Fe^{3+}/Fe^{2+}}=1.51-0.771=0.739V$

$$lgK^{\ominus}=\frac{5\times 0.739}{0.0592}=62.416$$

可得：$K^{\ominus}=2.61\times 10^{62}$

【例 3-3-8】(历年真题) 已知：酸性介质中，$E^{\ominus}(ClO_4^-/Cl^-)=1.39V$，$E^{\ominus}(ClO_3^-/$

Cl^-)=1.45V，$E^\ominus$(HClO/Cl^-)=1.49V，$E^\ominus$(Cl_2/Cl^-)=1.36V，以上各电对中氧化型物质氧化能力最强的是：

A. ClO_4^-　　　　　B. ClO_3^-　　　　　C. HClO　　　　　D. Cl_2

【解答】$E^\ominus$ 越大，电对中氧化型物质氧化能力越强，故 HClO 最强，应选 C 项。

（五）元素电势图

把同一元素的不同氧化值物质所对应电对的标准电极电势，按各物质的氧化值从高到低的顺序排成以下图示，并在两种氧化值物质之间标出对应电对的标准电极电势。例如，在酸性溶液中：

$$ClO_4^- \xrightarrow{+1.20V} ClO_3^- \xrightarrow{+1.18V} HClO_2 \xrightarrow{+1.65V} HClO \xrightarrow{+1.67V} Cl_2 \xrightarrow{+1.358V} Cl^-$$

这种表示元素各种氧化态物质之间标准电极电势变化的关系图，称为元素标准电极电势图（简称元素电势图）。元素电势图的主要用途如下：

1. 求标准电极电势

根据几个相邻电对的已知标准电极电势，可求算任一未知电对的标准电极电势。设有一种元素的电势图为：

$$A \underset{n_1}{\overset{E_1^\ominus}{\longrightarrow}} B \underset{n_2}{\overset{E_2^\ominus}{\longrightarrow}} C \underset{n_3}{\overset{E_3^\ominus}{\longrightarrow}} D$$
$$\underset{n_1+n_2+n_3}{\overset{E_x^\ominus}{\longrightarrow}}$$

则：
$$E_x^\ominus = \frac{n_1 E_1^\ominus + n_2 E_2^\ominus + n_3 E_3^\ominus}{n_1+n_2+n_3}$$

2. 判断歧化反应

歧化反应是指同一种元素的一部分原子或离子氧化，而另一部分原子或离子还原的反应。元素电势图可用来判断一种元素的某一氧化态能否发生歧化反应。同一元素不同氧化态的三种物质从左到右按氧化态由高到低排列如下：

$$A \xrightarrow{E_{左}^\ominus} B \xrightarrow{E_{右}^\ominus} C$$

假设 $E_{右}^\ominus > E_{左}^\ominus$，即 $E_{B/C}^\ominus > E_{A/B}^\ominus$，因氧化还原方向总是电极电势大的氧化态物质氧化电极电势小的还原态物质，因此，反应 2B ⇌ A+C 能自发进行，则 B 发生歧化反应。

【例 3-3-9】（历年真题）已知 $Fe^{3+} \xrightarrow{0.771} Fe^{2+} \xrightarrow{-0.44} Fe$，则 $E^\ominus$(Fe^{3+}/Fe) 等于：

A. 0.331V　　　　　　　　　　　B. 1.211V
C. −0.036V　　　　　　　　　　D. 0.110V

【解答】$E^\ominus$(Fe^{3+}/Fe) = $\frac{1 \times 0.771 + 2 \times (-0.44)}{3}$ = −0.036V

应选 C 项。

【例 3-3-10】（历年真题）元素的标准电极电势图如下：

$$Cu^{2+} \xrightarrow{0.159} Cu^+ \xrightarrow{0.52} Cu \qquad Au^{3+} \xrightarrow{1.36} Au^+ \xrightarrow{1.83} Au$$

$$Fe^{3+} \xrightarrow{0.771} Fe^{2+} \xrightarrow{-0.44} Fe \qquad MnO_4 \xrightarrow{1.51} Mn^{2+} \xrightarrow{-1.18} Mn$$

在空气存在的条件下，下列离子在水溶液中最稳定的是：

A. Cu^{2+} B. Au^+ C. Fe^{2+} D. Mn^{2+}

【解答】Au^+ 可发生歧化反应，Fe^{2+}、Mn^{2+} 不是最高氧化数，而 Cu^{2+} 是最高氧化数，故 Cu^{2+} 在水溶液中最稳定，应选 A 项。

三、金属的腐蚀与防护

（一）金属的腐蚀

根据金属腐蚀过程的不同特点和机理，可分为化学腐蚀和电化学腐蚀两大类。

1. 化学腐蚀

由金属与介质直接起化学作用而引起的腐蚀称为化学腐蚀。金属在干燥气体和无导电性非水溶液中的腐蚀，都属于化学腐蚀。

2. 电化学腐蚀

当金属与电解质溶液接触时，形成局部原电池而引起的腐蚀称为电化学腐蚀。金属在大气、土壤及海水中的腐蚀和在电解质溶液中的腐蚀都是电化学腐蚀。电化学腐蚀中常将发生氧化反应的部分称为阳极（对应原电池的负极），将发生还原反应的部分称为阴极（对应原电池的正极）。电化学腐蚀可分为：析氢腐蚀、吸氧腐蚀和氧浓差腐蚀。

(1) 析氢腐蚀

钢铁制品在酸性较强的环境中，易发生析氢腐蚀，其反应如下：

阳极(Fe) $Fe(s) = Fe^{2+} + 2e^-$

阴极(杂质如渗碳体) $2H^+ + 2e^- = H_2(g)$

总反应 $2H^+ + Fe(s) = H_2(g) + Fe^{2+}$

$Fe^{2+} + 2OH^- = Fe(OH)_2$，$Fe(OH)_2$ 被空气氧化为 $Fe(OH)_3$，然后部分脱水变成 Fe_2O_3（铁锈）。在这类腐蚀过程中，有 H_2 析出，故称析氢腐蚀。

(2) 吸氧腐蚀

钢铁制品在酸性不强、近中性的环境中，一般发生吸氧腐蚀。其反应如下，

阳极 (Fe) $Fe(s) = Fe^{2+} + 2e^-$

阴极(杂质) $O_2(g) + 2H_2O + 4e^- = 4OH^-$

总反应：$2Fe(s) + O_2(g) + 2H_2O = 2Fe(OH)_2$

$Fe(OH)_2$ 进一步被空气中的 O_2 氧化成 $Fe(OH)_3$，部分脱水后变成 Fe_2O_3（铁锈）。这类腐蚀过程中有 O_2 参与，需从空气中吸入氧气作为氧化剂，故称吸氧腐蚀。

3. 氧浓差腐蚀（也称差异空气腐蚀）

氧浓差腐蚀是吸氧腐蚀的一种，它是因为在钢铁表面 O_2 分布不均匀引起的吸氧腐蚀。O_2 浓度小分压低处，电极电势比较低，作为腐蚀电池的阳极，金属发生氧化反应，而 O_2 浓度大处作为腐蚀电池阴极，发生还原反应。反应式如下：

阳极(Fe) $Fe = Fe^{2+} + 2e^-$

阴极(Fe) $O_2 + 2H_2O + 4e^- = 4OH^-$

总反应 $2Fe + O_2 + 2H_2O = 2Fe(OH)_2$

同样，$Fe(OH)_2$ 进一步被氧化成 $Fe(OH)_3$，并进一步脱水变成 Fe_2O_3（铁锈）。例如埋在土中的钢铁部件，常发生氧浓差腐蚀，其腐蚀部位在非暴露空气处，铁锈则在暴露空气处堆积（OH^- 多处）。

在常温下，钢铁腐蚀以电化学腐蚀为主，在电化学腐蚀中，通常以吸氧腐蚀为主。

(二) 金属腐蚀的防护

1. 改善金属的性质

可以组成合金，如含铬不锈钢等。

2. 在金属表面形成保护层

根据保护层性质不同可分为金属保护层和非金属保护层。覆盖金属保护层的方法有：电镀、化学镀、喷镀、浸镀、碾压、真空膜等。

3. 应用缓蚀剂法

在腐蚀介质中加入缓蚀剂，以防止或可以显著延缓腐蚀，缓蚀剂有：$NaNO_2$、Na_3PO_4、$(CH_2)_6N_4$（六次甲基四胺）等。

4. 电化学保护法

常用阴极保护法，它又可分为牺牲阳极法和外加电流阴极保护法。

（1）牺牲阳极法：借助外加阳极（较活泼金属如 Zn 等），人为组成腐蚀电池，让外加阳极在电化学腐蚀中被腐蚀掉用以保护作为阴极的金属。例如，在海洋中行驶的轮船，通常把 Zn 板嵌在外甲板上，发生电化学腐蚀时，被腐蚀的是作为阳极的锌板。

（2）外加电流阴极保护法：将需保护的金属构件与外电源负极相连，不断外加一定电压的直流电，使其保持为阴极，而另用一些废铁作为阳极，这样发生电化学腐蚀时，被腐蚀的总是废铁组成的阳极，而使作为阴极的金属制件得到保护。

四、电解

（一）基本概念

将直流电通过电解液使电极上发生氧化还原反应的过程称为电解。借助电流引起化学变化，将电能转变为化学能的装置，称为电解池。电解池中与外界电源的负极相接的极称为阴极，与外界电源正极相接的极称为阳极，电子从电源负极流出，进入电解池的阴极，经电解质，由电解池的阳极流回电源的正极。在电解中，正离子向阴极移动，阴极上发生还原反应；负离子向阳极移动，阳极上发生氧化反应。

以电解 NaOH 溶液为例，当发生电解时，H^+ 移向阴极，发生还原反应生成氢，OH^- 移向阳极，发生氧化反应生成氧。

阴极 $\qquad 4H^+ + 4e^- \!=\!= 2H_2(g)$

阳极 $\qquad 4OH^- \!=\!= 2H_2O + O_2(g) + 4e^-$

总反应 $\qquad 2H_2O \!=\!= 2H_2(g) + O_2(g)$

因此，电解 NaOH 溶液的结果实际是电解水，NaOH 的作用是增加溶液的导电性。

（二）电解产物的确定

1. 阳极产物的析出次序

（1）若用金属包括 Cu、Ag 等作阳极材料，在电解时，阳极上首先发生的是作为阳极板的金属失去电子，变成金属离子进入溶液，这一过程称为阳极溶解。Pt、Au 是惰性金属，一般不发生阳极溶解。

（2）若阳极用惰性电极（Pt、石墨）等作电极板，溶液中简单负离子（如 I^-、Br^-、Cl^- 等）将先于 OH^-，在阳极上失去电子形成单质析出。

（3）若溶液中只有含氧酸根离子（如 SO_4^{2-}、NO_3^- 等），则水溶液中 OH^- 将在阳极放电，析出 O_2，而含氧酸根不易氧化，一般不在阳极放电。

2. 阴极产物析出的次序

(1) 在阴极，导电电极材料不参与反应，因此，首先是电极电位代数值较大的金属离子如 Ag^+、Cu^{2+}、Ni^{2+}、Zn^{2+} 等得到电子，形成单质。

(2) 若溶液中只有电极电位代数值小的活泼金属离子如 Na^+、K^+、Mg^{2+}、Ca^{2+} 等，则水溶液中 H^+ 可能优先得到电子而析出氢气。但要考虑相应离子与 H^+ 的实际浓度及 H^+ 在电极上放电的过电位，通过能斯特方程具体计算才能确定。

【例 3-3-11】（历年真题）电解 NaCl 水溶液时，阴极上放电的离子是：

A. H^+　　　　B. OH^-　　　　C. Na^+　　　　D. Cl^-

【解答】 电解 NaCl 实质是电解 H_2O，故阴极上 H^+ 放电析出 H_2，应选 A 项。

【例 3-3-12】（历年真题）电解 Na_2SO_4 水溶液时，阳极上放电的离子是：

A. H^+　　　　B. OH^-　　　　C. Na^+　　　　D. SO_4^{2-}

【解答】 电解 Na_2SO_4 实质是电解 H_2O，故阳极上 OH^- 放电析出 O_2，应选 B 项。

习 题

3-3-1 （历年真题）在铜锌原电池中，将铜电极的 $C(H^+)$ 由 1mol/L 增加到 2mol/L，则铜电极的电极电势：

A. 变大　　　　B. 变小　　　　C. 无变化　　　　D. 无法确定

3-3-2 （历年真题）已知 $E^{\ominus}(Fe^{3+}/Fe^{2+})=0.77V$，$E^{\ominus}(MnO_4^-/Mn^{2+})=1.51V$，当同时提高两电对酸度时，两电对电极电势数值的变化下列正确的是：

A. $E^{\ominus}(Fe^{3+}/Fe^{2+})$ 变小，$E^{\ominus}(MnO_4^-/Mn^{2+})$ 变大

B. $E^{\ominus}(Fe^{3+}/Fe^{2+})$ 变大，$E^{\ominus}(MnO_4^-/Mn^{2+})$ 变大

C. $E^{\ominus}(Fe^{3+}/Fe^{2+})$ 不变，$E^{\ominus}(MnO_4^-/Mn^{2+})$ 变大

D. $E^{\ominus}(Fe^{3+}/Fe^{2+})$ 不变，$E^{\ominus}(MnO_4^-/Mn^{2+})$ 不变

3-3-3 （历年真题）有原电池（－）Zn｜$ZnSO_4(C_1)$‖$CuSO_4(C_2)$｜Cu（＋），如提高 $ZnSO_4$ 浓度 C_1 的数值，则原电池电动势：

A. 变大　　　　B. 变小　　　　C. 不变　　　　D. 无法判断

第四节　化学反应的基本规律

对于一个化学反应，首先要关注的有两个方面的问题：一个是反应的方向或自发性，另一个是反应速率，前者涉及化学热力学，后者与化学动力学有关。

在化学学科领域里，化学热力学、化学动力学和物质结构理论组成了近代化学的三大基本理论。

一、化学热力学与化学反应的方向

热力学是研究自然界各种形式的能量之间相互转化的规律，以及能量转化对物质的影响的学科。将热力学的基本原理用于研究化学现象及与化学有关的物理现象的学科称为化学热力学。化学热力学的内容涉及探索化学变化与能量传递、能量转换间的关系及其变化规律，并用以判断化学变化的方向和反应程度等。

化学热力学是以热力学第一定律、热力学第二定律及热力学第三定律为基础和核心内容发展起来的。

化学热力学的特点是：(1) 由于化学热力学研究的对象是宏观的由大量质点组成的体系，故其结论具有统计意义，不适用于个别原子、分子；(2) 它只需知道被研究对象的始态和终态及变化时的条件就可进行相应的计算，不需考虑物质的微观结构和反应机理；(3) 热力学的研究不涉及速率问题，所以化学热力学解决了一定条件下反应的可能性问题，至于如何把可能变成现实，还需要其他研究的配合。

(一) 基本概念

1. 体系与环境

为了明确讨论的对象，人为地将所研究的这部分物质或空间与其周围的物质或空间分开。被划分出来作为研究对象的这部分物质或空间，称为体系。体系以外与其密切相关的其他部分称为环境。根据体系与环境间的关系，可将体系分为三种类型：

(1) 敞开体系：体系与环境间既有物质交换，又有能量交换。

(2) 封闭体系：体系与环境间没有物质交换，只有能量交换。

(3) 孤立体系：体系与环境间既无物质交换，也无能量交换。

封闭体系是化学热力学研究中最常见的体系。

2. 体系的状态和状态函数

用热力学描述一个体系，就必须确定它的温度、体积、压力、组成等一系列物理、化学性质。这些性质的总和就确定了体系的状态。所以，体系的状态就是体系的物理性质和化学性质的综合表现。体系的状态一定，体系的各个物理、化学性质都具有相应于该状态的确定的量值。当体系的任何一个性质发生变化时，则体系由一种状态转变为另一种状态。体系的性质和状态之间存在一一对应的关系，即存在一定的函数关系。体系的每一个物理、化学性质都是状态的函数，简称状态函数。常见的温度、压力、体积、浓度以及后面介绍的热力学能、焓等都是状态函数。状态函数有如下两个重要特性：

(1) 各状态函数之间是互相联系的。

(2) 当一种状态转变到另一种状态时，状态函数的变化量（增量）只取决于体系发生变化前的状态（即始态）和变化后的状态（即终态），而与变化的途径无关。

3. 标准状态

标准状态是为了便于研究而人为设定的一种参比状态。这是一种假想的状态，作为一种统一的比较标准。实际体系存在的真实状态，大部分都不是标准状态。热力学对标准状态的定义是：

(1) 对气体物质而言，当其分压为 100kPa 时，该气体即处于标准状态，该压力也称标准压力 $p^{\ominus}$，$p^{\ominus}=100\text{kPa}$。

(2) 对纯液态、纯固态物质而言，当其处于 100kPa 压力下，该纯液态或纯固态物质即处于标准状态。

(3) 对溶液中溶质，其标准状态是指在标准压力下溶质组分的浓度为 1mol/dm^3 时的状态，即标准浓度 $C^{\ominus}$，$C^{\ominus}=0.1\text{mol/dm}^3$。

(4) 对于任一体系而言，当其中所有组分的物质都处于标准状态时，则整个体系即处于标准状态。

(5) 热力学对标准状态的规定中，并未规定统一的温度标准。因此，标准态的温度是可以任意选定的，实际上每个温度都存在一个标准态。国际纯粹与应用化学联合会（IUPAC）推荐用 298.15K 作参比标准，所以，若不特别指明标准状态的温度，则通常是指 298.15K（或 298K）。

4. 自发过程与化学反应的方向性

自然界中发生的变化都具有一定的方向性。例如，两个温度不同的物体互相接触时，热会自动地从高温物体传向低温物体，直至两个物体温度相同而达平衡；该过程的逆过程，即热量从低温物体传向高温物体，则显然是不会自动发生的。化学反应也存在类似情况。热力学中把那些无需外界干涉便可自动发生的反应或变化称为自发反应或自发变化。在指定条件下，如果某一反应能自发进行，则其逆反应必不能自发进行。反之，若某反应不能自发进行，则其逆反应必能自发进行。研究化学反应的方向性，就是要判别某一反应体系在指定状态下，能否自发反应，反应该向什么方向进行。

【例 3-4-1】（历年真题）体系与环境之间只能量交换而没有物质交换，这种体系在热力学上称为：

A. 绝热体系　　　　B. 循环体系　　　　C. 孤立体系　　　　D. 封闭体系

【解答】只有能量交换而没有物质交换为封闭体系，应选 D 项。

(二) 热化学和焓

1. 热力学能

体系内部所具有的一切能量的总和称为体系的热力学能 U。体系热力学能是体系的一种本质特征，属于状态函数。体系在任何指定状态下的热力学能的绝对值无法求得，但当体系发生变化时，变化前后热力学能之差 ΔU 却是可以测得的。如果体系由状态（1）（其热力学能为 U_1），变化到状态（2）（其热力学能为 U_2），在此过程中体系从环境中吸热 Q（热力学规定，体系从环境吸热，Q 取正值，体系向环境放热，Q 取负值），同时对环境做功 W（热力学规定，体系对环境做功，取 W 为负值；环境对体系做功，取 W 为正值），则按照能量守恒原理，有：

$$\Delta U = U_2 - U_1 = Q + W \tag{3-4-1}$$

这就是化学热力学第一定律（能量守恒定律）的表达式。

2. 化学反应的热效应 Q 和体系的焓 H

(1) 热效应

许多化学反应都伴随着放热或吸热，称为化学反应的热效应或反应热。许多化学反应都是在通常大气压力下进行的，在反应或变化过程中，大气压的变化很小，可认为是恒定不变的。因此，这些化学反应都可近似看作为恒压反应，相应的热效应就是恒压热效应，通常用 Q_P 表示。若化学反应是在一个固定的容器中进行的，则为恒容反应，其相应的热效应称为恒容热效应，通常用 Q_V 表示。

(2) 焓 H 与焓变 ΔH

设体系经过一个恒压变化（$P_1 = P_2 = P_外$），由状态 1（U_1、P_1、V_1）变化到状态 2（U_2、P_2、V_2），并假定在变化过程中，体系不做非膨胀功，即体系在变化过程中，除因体积变化而做功外，不做其他任何功。体系对环境做功为负，即：

$$W = -(P_2V_2 - P_1V_1) = -P_{外}(V_2 - V_1) = -P_{外}\Delta V$$
$$Q = Q_P$$

按能量守恒原理得：
$$\Delta U = U_2 - U_1 = Q + W = Q_P - P_{外}\Delta V, 则：$$
$$Q_P = \Delta U + P_{外}\Delta V$$
$$= (U_2 - U_1) + P_{外}(V_2 - V_1)$$
$$= (U_2 + P_2V_2) - (U_1 + P_1V_1)$$

令 $H = U + PV$，H 称为焓，是由人们设定的一个热力学函数，既然 U 和 P、V 都是状态函数，由它们组合而成的 H 也必然是状态函数。令 $H_1 = U_1 + P_1V_1$，$H_2 = U_2 + P_2V_2$，则上式变为：

$$Q_P = H_2 - H_1 = \Delta H \tag{3-4-2}$$

ΔH 代表了体系由状态1变化到状态2时，其焓值的变化，称为体系的焓变。只要状态1和状态2确定，则 H_1 和 H_2 的值也就确定了，ΔH 的值也随之确定，并可用在状态1到状态2之间的恒压变化过程的热效应来衡量。可知，如果指定某一反应的反应物为始态（状态1），而指定其生成物为终态（状态2），则 $\Delta H = H_2 - H_1$，就是该反应的焓变，其数值上等于该反应的恒压反应热 Q_P。

对焓 H 和焓变 ΔH 的理解如下：

1) 焓是状态函数，具有能量的量纲，其绝对值至今无法确定。

2) 在封闭体系中发生只做体积功的等压过程，这一特定条件下，$\Delta H = Q_P$。吸热过程：$Q_P > 0$，$\Delta H > 0$，焓增；放热过程：$Q_P < 0$，$\Delta H < 0$，焓减。

3) 对一定量的某物质而言，由于由液态变为气态必须吸热，所以气态的焓值要大于液态的焓值，同理，液态的焓值又高于固态的焓值，即：$H(g) > H(l) > H(s)$。

一定量的某物质，由低温上升到高温状态，要吸收热量，焓值增大，即：$H(高温) > H(低温)$。

4) 对于化学反应，等压过程的热 Q_P 等于体系的焓变 ΔH：

$\Delta H = H_{生成物} - H_{反应物} > 0$，即体系吸收热量使焓值增加，为吸热反应。

$\Delta H = H_{生成物} - H_{反应物} < 0$，即体系放出热量使焓值降低，为放热反应。

5) 当过程反向进行时，ΔH 改变符号。例如：$\Delta H(正) = H_2 - H_1$；$\Delta H(逆) = H_1 - H_2 = -\Delta H(正)$。所以，在化学反应中，正反应与逆反应的焓变也是数值相等、符号相反。

(3) 热和功

热和功都不是状态函数，均与变化的途径有关。

(4) 化学反应的标准摩尔焓变 $\Delta_r H_m^{\ominus}$

标准状态下化学反应的焓变称为化学反应的标准焓变，用 $\Delta_r H^{\ominus}$ 表示。下标"r"表示一般的化学反应，上标"$\ominus$"表示标准状态，$\Delta_r H$ 的单位是 kJ。

任何一个化学反应的焓变不仅与反应体系所处的状态有关，而且与反应过程中消耗的物质的量有关，也就是与反应进度 ξ（见本节后面）有关。因此定义，当化学反应进度为 $\xi = 1$mol 时，化学反应的标准焓变为化学反应的标准摩尔焓变，以 $\Delta_r H_m^{\ominus}$ 表示，右下标"r、m"代表相应的化学反应的进度为 1mol；$\Delta_r H_m^{\ominus} = \Delta_r H^{\ominus}/\xi$。$\Delta_r H_m^{\ominus}$ 的单位是kJ/mol。

由于化学反应的进度与计量方程密切相关,所以 $\Delta_r H_m^\ominus$ 的量值与热化学方程式的书写方式是联系在一起的。例如:

$$C(石墨) + \frac{1}{2}O_2(g) = CO(g) \quad \Delta_r H_m^\ominus(298.15K) = -110.5 kJ/mol$$

$$2C(石墨) + O_2(g) = 2CO(g) \quad \Delta_r H_m^\ominus(298.15K) = -221 kJ/mol$$

(5) 标准摩尔生成焓 $\Delta_f H_m^\ominus$ (298.15K)

在标准状态下,由参考态单质生成1mol某物质的化学反应标准摩尔焓变称为该物质的标准摩尔生成焓。温度常选取298.15K,用 $\Delta_f H_m^\ominus$ (298.15K) 表示,其下标"f"代表生成(formation)。例如:

$$\frac{1}{2}H_2(g) + \frac{1}{2}Cl_2(g) = HCl(g) \quad \Delta_f H_m^\ominus(298.15K) = -92.3 kJ/mol$$

所以,HCl(g) 的标准摩尔生成焓 $\Delta_f H_m^\ominus$ (298.15K) = -92.3 kJ/mol。

根据上述定义可知,参考态单质的标准摩尔生成焓都等于零。换个角度来讲,它们自己生成自己,没有发生变化,也就没有焓变。但非参考态单质的 $\Delta_f H_m^\ominus$ (298.15K) 不为零,如金刚石,$\Delta_f H_m^\ominus$ (298.15K) = 1.9 kJ/mol,它表示下列反应的焓变:

$$C(石墨) = C(金刚石) \quad \Delta_r H_m^\ominus(298.15K) = 1.9 kJ/mol$$

同一物质的不同聚集态,它们的标准摩尔生成焓也是不同的,应予以注意。例如,$H_2O(g)$ 的 $\Delta_f H_m^\ominus$ (298.15K) = -241.8 kJ/mol,而 $H_2O(l)$ 的 $\Delta_f H_m^\ominus$ (298.15K) = -285.8 kJ/mol。

(6) 由 $\Delta_f H_m^\ominus$ 计算 $\Delta_r H_m^\ominus$ 的一般式

如图 3-4-1 所示,设定标准状态、298.15K 下参考态单质为始态,标准状态、298.15K 下生成物为终态。由始态到终态可经两条不同的路径:其一,由参考态单质先结合成反应物,再由反应物转变为生成物;其二,由参考态单质直接结合为生成物。由于焓是状态函数,其增量(即焓变)只与始态及终态有关而与途径无关。相同的始态及终态,两条途径的焓变应当是相等的。

图 3-4-1 设计反应过程

给定反应:

$$aB + bB = gG + dD$$

式中,A、B、G、D为物质的化学式;a、b、g、d 为化学式前的系数。略去298.15K,该反应的标准摩尔焓变为:

$$\Delta_r H_m^\ominus = [g\Delta_f H_m^\ominus(G) + d\Delta_f H_m^\ominus(D)] - [a\Delta_f H_m^\ominus(A) + b\Delta_f H_m^\ominus(B)] \quad (3\text{-}4\text{-}3)$$

瑞士籍俄国化学家赫斯（Hess）在热力学第一定律建立之前，从分析大量热效应实验出发，提出了一条规律：总反应的热效应只与反应的始态及终态（包括温度、反应物和生成物的量及聚集态等）有关，而与变化的途径无关。也可表达为：一个反应无论是一步完成还是分几步完成，它们的热效应是相等的。总反应的热效应等于各分步反应的热效应之和，此经验规律称为赫斯定律。此定律适用于等压热效应或等容热效应。

【例3-4-2】（历年真题）下列反应的热效应等于 $CO_2(g)$ 的 $\Delta_f H_m^\ominus$ 是：

A. $C(金刚石)+O_2(g) \rightarrow CO_2(g)$
B. $CO(g)+\frac{1}{2}O_2(g) \rightarrow CO_2(g)$
C. $C(石墨)+O_2(g) \rightarrow CO_2(g)$
D. $2C(石墨)+2O_2(g) \rightarrow 2CO_2(g)$

【解答】根据 $\Delta_f H_m^\ominus$ 的定义，C 的参考态单质为石墨，应选 C 项。

【例3-4-3】（历年真题）在 298K、100kPa 下，反应 $2H_2(g)+O_2(g)=2H_2O(l)$ 的 $\Delta_r H_m^\ominus = -572kJ/mol$，则 $H_2O(l)$ 的 $\Delta_f H_m^\ominus$ 是：

A. $572kJ/mol$
B. $-572kJ/mol$
C. $286kJ/mol$
D. $-286kJ/mol$

【解答】根据 $\Delta_f H_m^\ominus$ 的定义，则 $H_2O(l)$ 的 $\Delta_f H_m^\ominus$ 为：$-572/2=-286kJ/mol$，应选 D 项。

（三）熵 S 和熵变 ΔS

1. 熵的概念与计算

熵是物质的一个重要的状态函数，用符号 S 表示。熵是体系混乱度的量度。体系较有序，混乱程度较小，熵较小；体系越无序，混乱程度越大，熵就越大。体系的状态确定后，其内部混乱程度就是一定的，即有一确定熵。

同一物质从固态到液态再到气态，随着分子运动混乱度的增加，熵逐渐增大，即：$S(s) < S(l) < S(g)$。

同一物质的同一聚集态，温度升高，热运动增强，体系混乱度增加，熵也增大，即：$S(低温) < S(高温)$。

在孤立体系中，过程的方向及限度的熵判据如下：

(1) $(\Delta S)_{孤立} > 0$，该过程正反应可自发进行；

(2) $(\Delta S)_{孤立} = 0$，体系处于平衡态；

(3) $(\Delta S)_{孤立} < 0$，该过程正反应不能自发进行，其逆反应可自发进行。

可知，在孤立体系中自发过程总是朝着体系混乱度增加，即熵增的方向进行，又称熵增原理，它是热力学第二定律的一种表述形式。

可以设想，在热力学温度为 0K 时，纯物质的完整晶体只有一种可能的微观状态，其中的粒子是完全整齐、规则、有序地排列的，是完全的、理想的、混乱度最小的状态，其熵规定为零，记为 $S_0=0$，这称为热力学第三定律。

2. 熵变 ΔS

如果将某纯物质完整晶体从 0K 加热至某一温度 T，过程的熵变为：

$$\Delta S = S(T) - S_0 = S(T) - 0 = S(T) \tag{3-4-4}$$

用热力学的方法加上适当的数学处理可以求出把 1mol 纯物质的完整晶体从 0K 加热至 T 过程中的熵变 ΔS，即求出了 1mol 此物质在 T 时的熵 $S(T)$，称它为该物质在 T 时的摩尔规定熵，记为 $S_m(T)$。这与前面讨论的状态函数 H 不同，H 的绝对值无法求得，而摩尔规定熵 $S_m(T)$ 是有具体量值的。

在热力学标准状态下，某物质的摩尔规定熵称为该物质的标准摩尔熵，记为 $S_m^{\ominus}(T)$。单质、化合物在 298.15K 的标准摩尔熵，记为 $S_m^{\ominus}$（298.15K），它的单位是 J/(mol·K)。注意，任何单质的标准摩尔熵不等于零。

对于给定反应 $aA+bB \rightleftharpoons gG+dD$，由于熵是状态函数，在标准状态、298.15K 时化学反应的标准摩尔熵变 $\Delta_r S_m^{\ominus}$(298.15K) 可由下式计算：

$$\Delta_r S_m^{\ominus}(298.15K) = [gS_m^{\ominus}(G) + dS_m^{\ominus}(D)] - [aS_m^{\ominus}(A) + bS_m^{\ominus}(B)] \quad (3\text{-}4\text{-}5)$$

根据熵的概念，可以估计许多化学反应 ΔS 的符号。一般来说，若反应后气体物质的量增加了，则由于混乱度增加较多，反应熵也要增加，$\Delta_r S > 0$；反之 $\Delta_r S < 0$。若反应前后气体物质的量不变，$\Delta_r S$ 通常是很小的。

【例 3-4-4】（历年真题）金属钠在氯气中燃烧生成氯化钠晶体，其反应的熵变是：

A. 增大　　　　　B. 减少　　　　　C. 不变　　　　　D. 无法判断

【解答】 反应方程式为 $2Na(s) + Cl_2(g) = 2NaCl(s)$，生成的气体分子数增加，故熵值增大，应选 A 项。

（四）吉布斯自由能

在自然界中各种物理、化学变化过程的发生与进行的方向，至少受到两大因素的制约：一是体系的自发变化将使体系的能量趋于降低；二是体系的自发变化将使体系的混乱度增加。用热力学函数来表述，即体系的自发变化将向 ΔH 减小和 ΔS 增大的方向进行。基于这些事实，美国物理化学家吉布斯定义了一个新的热力学函数 G，称为吉布斯函数或吉布斯自由能，即：

$$G = H - TS \quad (3\text{-}4\text{-}6)$$

由于 H、T、S 都是状态函数，故 G 也是状态函数，具有状态函数的一切特征。

在等温、等压、只做体积功的条件下，凡是体系吉布斯自由能减小的过程都能自发进行，这也是热力学第二定律的一种表达形式。

在等温、等压、只做体积功的条件下，体系由状态 1 转变到状态 2，吉布斯自由能变 $G_2 - G_1 = \Delta G$ 与自发过程的关系（即吉布斯判据）是：

(1) $\Delta G < 0$，该过程正反应可自发进行；

(2) $\Delta G = 0$，体系处于平衡状态；

(3) $\Delta G > 0$，该过程正反应不能自发进行，但其逆反应可自发进行。

在热力学标准状态下，发生 1mol 反应时，反应的吉布斯自由能变化称为化学反应的标准摩尔吉布斯自由能变，用 $\Delta_r G_m^{\ominus}$ 表示，单位是 J/mol。298.15K 下化学反应的标准摩尔吉布斯自由能变记为 $\Delta_r G_m^{\ominus}$(298.15K)。

化学反应的标准摩尔吉布斯自由能变 $\Delta_r G_m^{\ominus}$ 的量值也与化学反应方程式的书写方法有关。例如：

$$H_2O(l) \rightleftharpoons H_2(g) + \frac{1}{2}O_2(g) \quad \Delta_r G_m^{\ominus}(298.15K) = 237.1 \text{kJ/mol}$$

$$2H_2O(l) \rightleftharpoons 2H_2(g) + O_2(g) \quad \Delta_r G_m^{\ominus}(298.15K) = 474.2 \text{kJ/mol}$$

由于 G 具有状态函数的性质，故正反应的 $\Delta_r G_m^{\ominus}$ 与逆反应的 $\Delta_r G_m^{\ominus}$ 数值相等、符号相反。

吉布斯自由能变 ΔG 只与始态及终态有关而与变化的途径无关。若把一个反应设计成几个分步反应的总和，则总反应的 $\Delta_r G_m^{\ominus}$ 等于各个分步反应的 $\Delta_r G_m^{\ominus}$ 之和。

吉布斯自由能和热力学能、焓一样，无法获得其绝对值，可以利用各物质的标准摩尔生成吉布斯自由能（$\Delta_f G_m^{\ominus}$）计算反应的标准摩尔吉布斯自由能变（$\Delta_r G_m^{\ominus}$）。在标准状态下，由参考态单质生成 1mol 该物质的反应的标准吉布斯自由能变称为该物质的标准摩尔生成吉布斯自由能 $\Delta_f G_m^{\ominus}$。常用 298.15K 下的数据，故记为 $\Delta_f G_m^{\ominus}$(298.15K)，单位是 kJ/mol。参考态单质的 $\Delta_f G_m^{\ominus}$(298.15K)=0，化合物的 $\Delta_f G_m^{\ominus}$(298.15K)可查有关手册。

任一给定反应 $a\text{A}+b\text{B}\Longrightarrow g\text{G}+d\text{D}$，其 $\Delta_r G_m^{\ominus}$(298.15K)等于生成物的标准生成吉布斯自由能的总和减去反应物的标准生成吉布斯自由能的总和，即：

$$\Delta_r G_m^{\ominus}(298.15\text{K})=[g\Delta_f G_m^{\ominus}(\text{G})+d\Delta_f G_m^{\ominus}(\text{D})]-[a\Delta_f G_m^{\ominus}(\text{A})+b\Delta_f G_m^{\ominus}(\text{B})] \quad (3\text{-}4\text{-}7)$$

（五）吉布斯-亥姆霍兹公式及其应用

吉布斯和德国科学家亥姆霍兹各自独立地证明了在等温、等压、热力学温度为 T 时，吉布斯自由能变 $\Delta G(T)$ 与焓变 $\Delta H(T)$ 和熵变 $\Delta S(T)$ 之间的关系为：

$$\Delta G(T)=\Delta H(T)-T\Delta S(T) \quad (3\text{-}4\text{-}8)$$

上式称吉布斯-亥姆霍兹公式，T 为热力学温度。

在温度变化范围不太大时，可作近似处理，将 $\Delta H(T)$ 和 $\Delta S(T)$ 视为不随温度而变，直接使用 298.15K 的数据。对于标准状态下，T K 时化学反应的 $\Delta_r G_m^{\ominus}(T)$，可用吉布斯-亥姆霍兹公式的如下常用形式：

$$\Delta_r G_m^{\ominus}(T)=\Delta_r H_m^{\ominus}(298.15\text{K})-T\Delta_r S_m^{\ominus}(298.15\text{K}) \quad (3\text{-}4\text{-}9)$$

根据吉布斯-亥姆霍兹公式，判别反应方向如下：

（1）对于 $\Delta H<0$，$\Delta S>0$ 的反应，不管温度高低（因为热力学温度 T 恒大于零），ΔG 总是小于零。这类反应不论在任何温度下，正反应都能自发进行。

（2）对于 $\Delta H>0$，$\Delta S<0$ 的反应，不管温度高低，ΔG 总是大于零。正反应在任何温度下都不会自发进行。

（3）对于 $\Delta H<0$，$\Delta S<0$ 的反应，当温度较低，$T<\left|\dfrac{\Delta H}{\Delta S}\right|$ 时，$\Delta G<0$，正反应能自发进行；而当 $T>\left|\dfrac{\Delta H}{\Delta S}\right|$ 时，$\Delta G>0$，正反应不能自发进行。当 $T_{转}=\left|\dfrac{\Delta H}{\Delta S}\right|$ 时，$\Delta G=0$，体系达平衡，$T_{转}$ 称为该反应的转化温度，是这类正反应能自发进行的最高温度。

（4）对于 $\Delta H>0$，$\Delta S>0$ 的反应，当 $T>\left|\dfrac{\Delta H}{\Delta S}\right|$ 时，$\Delta G<0$，正反应能自发进行；而当 $T<\left|\dfrac{\Delta H}{\Delta S}\right|$ 时，$\Delta G>0$，正反应不能自发进行。$T_{转}=\left|\dfrac{\Delta H}{\Delta S}\right|$ 是这类正反应能自发进行的最低温度。

【例 3-4-5】（历年真题）已知反应 $\text{N}_2(\text{g})+3\text{H}_2(\text{g})\longrightarrow 2\text{NH}_3(\text{g})$ 的 $\Delta_r H_m<0$，$\Delta_r S_m<0$，则该反应为：

A. 低温易自发，高温不易自发　　　　B. 高温易自发，低温不易自发
C. 任何温度都易自发　　　　　　　　D. 任何温度都不易自发

【解答】由 $\Delta G=\Delta H-T\Delta S$ 可知，当 ΔH 和 ΔS 均小于零时，ΔG 在低温时小于零，

所以低温自发，高温非自发，应选 A 项。

【例 3-4-6】（历年真题）某化学反应在任何温度下都可以自发进行，此反应需满足的条件是：

A. $\Delta_r H_m < 0$，$\Delta_r S_m > 0$
B. $\Delta_r H_m > 0$，$\Delta_r S_m < 0$
C. $\Delta_r H_m < 0$，$\Delta_r S_m < 0$
D. $\Delta_r H_m > 0$，$\Delta_r S_m > 0$

【解答】 由 $\Delta G = \Delta H - T \Delta S$ 可知，当 $\Delta H < 0$ 和 $\Delta S > 0$ 时，ΔG 在任何温度下都小于零，都能自发进行，应选 A 项。

【例 3-4-7】（历年真题）某反应在 298K 及标准态下不能自发进行，当温度升高到一定值时，反应能自发进行，符合此条件的是：

A. $\Delta_r H_m^\ominus > 0$，$\Delta_r S_m^\ominus > 0$
B. $\Delta_r H_m^\ominus < 0$，$\Delta_r S_m^\ominus < 0$
C. $\Delta_r H_m^\ominus < 0$，$\Delta_r S_m^\ominus > 0$
D. $\Delta_r H_m^\ominus > 0$，$\Delta_r S_m^\ominus < 0$

【解答】 由 $\Delta G = \Delta H - T \Delta G$ 可知，当 $\Delta H > 0$ 和 $\Delta S > 0$ 时，在 T 升高到一定值，$\Delta G < 0$，反应能自发进行，应选 A 项。

二、化学反应速率

（一）化学反应的进度和反应速率的表示方法

在反映某一阶段内化学反应中任何一种反应物或生成物的物质的量变化 Δn_B 与其化学计量数 ν_B 之商为该化学反应的反应进度 ξ（单位是 mol）：

$$\xi = \frac{\Delta n_B}{\nu_B} \tag{3-4-10}$$

例如，反应：$2H_2(g) + O_2(g) = 2H_2O(g)$

$$\xi = \frac{\Delta n_{H_2}}{-2} = \frac{\Delta n_{O_2}}{-1} = \frac{\Delta n_{H_2O}}{2}$$

化学计量数就是化学反应方程中物质前面的系数（化学反应系数）。由于在反应中反应物是减少的，其 Δn_B 为负值，而生成物是增加的，其 Δn_B 为正值。因此，在计算反应进度时，规定反应物的 ν_B 取负值，生成物的 ν_B 取正值。

假定当上述反应进行到反应进度 ξ 时，消耗掉 1.0mol 的 H_2 气，即 $\Delta n_{H_2} = -1.0$mol，则按反应方程式可以推知同时消耗掉的 $O_2(g)$ 的量应为 0.5mol，即 $\Delta n_{O_2} = -0.5$mol，同时生成了 1.0mol 的 H_2O 气，即 $\Delta n_{H_2O} = 1.0$mol，按反应进度的定义可求算 ξ：$\xi = \Delta n_{H_2}/\nu_{H_2} = \frac{-1.0\text{mol}}{-2} = 0.5$mol，或 $\xi = \Delta n_{O_2}/\nu_{O_2} = \frac{-0.5\text{mol}}{-1} = 0.5$mol，或 $\xi = \Delta n_{H_2O}/\nu_{H_2O} = \frac{1.0\text{mol}}{2} = 0.5$mol。

由此可知，对任何反应，在任何指定的反应进度，不管以任何反应物或生成物作测量标准，得出的 ξ 值都是相同的。因此，用化学反应进度随时间的变化率来表示化学反应速率 $\dot{\xi}$（单位为 mol/s），将不随测量标准不同而不同，即：

$$\dot{\xi} = \Delta\xi/\Delta t \quad \text{或} \quad \dot{\xi} = d\xi/dt \tag{3-4-11}$$

（二）影响化学反应速率的因素

影响反应速率的因素除反应物的本质、浓度、温度外，还有催化剂、反应物的聚集状态、反应介质和光照等。

1. 反应物浓度对反应速率的影响

根据反应机理，化学反应可以分为基元反应和复合反应两大类。其中，反应物分子直接碰撞发生的化学反应称为基元反应，它是一步完成的反应，故也称简单反应。例如：

$$O_2 + H(g) \longrightarrow HO(g) + O(g)$$

但多数化学反应的历程较为复杂，反应物分子要经过几步才能转化为生成物。这类由两个或两个以上的基元反应构成的化学反应，称为复合反应。

当温度不变时，基元反应的反应速率与反应物浓度的乘积成正比，乘积中各浓度的指数等于反应方程式中该物质的化学计量数（只取正值）。假若反应 $aA+bB \longrightarrow cC$ 是基元反应，则有：

$$v = kC_A^a C_B^b \tag{3-4-12}$$

上式称为化学反应速率方程式，又称质量作用定律表达式。式中，比例常数 k 称为速率常数。k 取决于反应物的本性、反应温度和催化剂等，但与浓度无关。这就是说，不同的反应在同一温度下，k 不同；同一反应在不同温度或有无催化剂的不同条件下，k 也不同。同一反应仅改变反应物浓度，其 k 不变。k 的物理意义是：当反应物的浓度都是 $1.0\,\mathrm{mol/dm^3}$ 时该反应的速率。

非基元反应的速率方程式中，浓度的方次和反应物的系数不一定相符，不能由化学反应方程式直接写出，而要由实验确定。

对于任一化学反应：$aA+bB+\cdots \longrightarrow gG+dD+\cdots$

其反应速率方程式可写为：

$$v = kC_A^\alpha C_B^\beta \cdots \tag{3-4-13}$$

上式中，各浓度项上的指数 α，β，$\cdots$ 称为反应的分级数，它们分别表示反应物 A，B，$\cdots$ 的浓度对反应速率影响的程度，而各浓度项指数之和 $\alpha+\beta+\cdots=n$，则称为总反应级数。α，β，$\cdots$ 和 n 的数值完全是由实验测定的。它们的值可以是零、正整数、分数或负数。

大多数反应都是由多步基元反应组成的复杂反应。复杂反应的每步反应都可单独按基元反应处理，按反应化学计量数直接写出速率方程式中相关浓度项的指数。在复杂反应中，各分步反应中速率最慢的一步，决定了整个反应的速率，称为反应速率的决定步骤。当人们在实践中希望加快某反应的速率时，首先要提高反应速率决定步骤的速率。

2. 温度对反应速率的影响

化学反应速率通常随温度升高而增大，但不同的反应增大的程度不同。这是因为化学反应速率常数 k 随温度升高而变大。阿伦尼乌斯公式表明了反应速率常数 k 随温度 T 变化的定量关系：

$$\lg k = A - \frac{E_a}{2.303RT} \tag{3-4-14}$$

式中，R 为气体常数，其值取 $8.315\,\mathrm{J/(mol \cdot K)}$。利用上式，可由两个不同温度 T_1、T_2 时的速率常数 k_1 和 k_2，求得活化能 E_a（单位为 kJ/mol）；也可由某一温度时的反应速率常数及活化能 E_a 求算另一温度时的速率常数。

活化能 E_a 实质上代表了反应物分子发生反应时所必须首先克服的。现代化学反应速率理论认为，化学反应的历程可以描述为：具有足够能量的反应物分子，在运动中相互接

近,发生碰撞,有可能生成一种活泼的不稳定的过渡态,通常称为活化配合物,然后,活化配合物再分解形成生成物:

$$A + BC \xrightarrow{\text{碰撞}} [A \cdots B \cdots C] \rightleftharpoons AB + C$$

具有足够能量的反应物　活化络合物　生成物

按照气体分子运动理论可知,在任何温度下反应体系中所有分子的能量总是高低不等的。这中间只有一部分分子能量足够高,它们在相互碰撞时才可能引起化学变化,人们把这种碰撞称为有效碰撞。把那些具有足够高能量、能发生有效碰撞及化学变化的分子称为活化分子。活化分子所具有的平均能量与反应物分子的平均能量之差就是活化能 E_a。如果一个反应的活化能很小,则反应物只需从环境中吸收少量的能量(如热和光)即能克服活化能,使反应开始,并不断进行下去。这类反应就容易进行,反应速率就快。反之亦然。

由式(3-4-14)可知:(1) 在相同温度下,活化能 E_a 越小,其速率常数 k 就越大,反应速率也就越快;反之,活化能 E_a 越大,其速率常数 k 就越小,反应速率也就越慢;(2) 对同一反应来说,温度越高,k 就越大,反应速率也越快;反之,温度越低,k 就越小,反应速率也越慢。

3. 催化剂对化学反应速率的影响

通常将那些能改变反应速率而本身在反应前后质量和化学组成均没有变化的物质称为催化剂。凡能加快反应速率的催化剂,称为正催化剂,即一般所说的催化剂。凡能降低反应速率的称为负催化剂,如防止塑料、橡胶的老化,需要添加适当的负催化剂以减缓反应速率。

图 3-4-2　催化剂对活化能的影响

催化剂改变反应速率的作用称为催化作用。当反应体系中引入催化剂时,催化剂与反应物形成一种势能较低的活化配合物,改变了反应的历程,与未使用催化剂的反应相比较,所需的活化能显著降低,导致反应速率加快。如图 3-4-2 所示,无催化剂时正反应的活化能为 E_a,逆反应的活化能为 E_a';有催化剂时正反应的活化能为 E_{ac},逆反应的活化能为 E_{ac}'。因 $E_a > E_{ac}$,$E_a' > E_{ac}'$,且 $E_a - E_{ac} = E_a' - E_{ac}' = E_a''$,这表明有催化剂时,正、逆反应的活化能同等程度降低了。因此,催化剂对正、反应速率增加的倍数是相同的。

【例 3-4-8】(历年真题) 催化剂可加快反应速率的原因,下列叙述正确的是:

A. 降低了反应的 $\Delta_r H_m^{\ominus}$
B. 降低了反应的 $\Delta_r H_m^{\ominus}$
C. 降低了反应的活化能
D. 使反应的平衡常数 $K^{\ominus}$ 减小

【解答】催化剂加快反应的速率是因为它改变了反应的历程,降低了反应的活化能,增加了活化分子百分数,应选 C 项。

三、化学平衡

(一) 分压定律

混合气体的总压力等于各组分气体的分压力之和，组分气体的分压力是指在同一温度下，它单独占有与混合气体相同体积时所产生的压力，这就是道尔顿分压定律。

设体积为 V 的容器，有 n 种组分气体，各种气体的物质的量为 n_n（下标 $n=1$，2，$\cdots$，i，n），它们均为理想气体即满足 $p_iV=n_iRT$，则：

$$p_总 = p_1 + p_2 + \cdots + p_i + \cdots + p_n$$
$$= (n_1 + n_2 + \cdots + n_i + \cdots + n_n)\frac{RT}{V} = n_总\frac{RT}{V}$$

$$p_i = p_总\frac{n_i}{n_总} = p_总 x_i \tag{3-4-15}$$

上式表明，组分气体 i 的分压等于混合气体的总压与组分气体 i 的摩尔分数 x_i 之积。

相同温度下，若组分气体 i 具有与混合气体相同的压力 $p_总$，此时组分气体 i 单独占有的体积为 V_i，则：

$$p_i = p_总\frac{V_i}{V_总} = p_总 \varphi_i \tag{3-4-16}$$

上式表明，组分气体 i 的分压等于混合气体总压与组分气体 i 的体积分数 φ_i 之积。

（二）平衡常数与多重平衡规则

1. 平衡常数

化学平衡是可逆反应中，当正、逆反应速率相等时体系所处的状态。处于化学平衡的体系，只要外界条件不变，反应物和生成物的浓度或分压不再随时间而改变。平衡态是一定条件下化学反应所能进行的最大限度。

体系达到平衡状态后，所有平衡组分的浓度或分压都不再随时间而改变，即为该组分的平衡浓度或平衡分压。对于指定反应 $aA+bB \rightleftharpoons dD+eE$ 而言，达平衡时，各组分的平衡浓度 C_A、C_B、C_D、C_E 或平衡分压 p_A、p_B、p_D、p_E 都是确定的值，不再随时间而变化，则：

或

$$K_C = \frac{C_D^d \cdot C_E^e}{C_A^a \cdot C_B^b}, \quad K_C^\ominus = \frac{[C_D/C^\ominus]^d \cdot [C_E/C^\ominus]^e}{[C_A/C^\ominus]^a \cdot [C_B/C^\ominus]^b}$$

$$K_p = \frac{p_D^d \cdot p_E^e}{p_A^a \cdot p_B^b}, \quad K_p^\ominus = \frac{[p_D/p^\ominus]^d \cdot [p_E/p^\ominus]^e}{[p_A/p^\ominus]^a \cdot [p_B/p^\ominus]^b} \tag{3-4-17}$$

K_C 或 K_p 都是常数，称为化学反应的平衡常数。用平衡浓度表示的常数 K_C 称浓度平衡常数，用平衡分压表示的常数 K_p 称压力平衡常数。$K_C^\ominus$ 或 $K_p^\ominus$ 为标准平衡常数。

化学反应的平衡常数的大小，表示了反应进行的难易程度，也代表了一个反映达到平衡时产物与反应物的比例，因而也表示了反应进行的程度。K 值越大，就表示这个反应在指定条件下，正向进行的倾向越大，进行的程度也越彻底。

平衡常数 K 是随反应温度 T 而变化的条件常数。当反应温度保持一定时，指定反应的平衡常数 K 亦为定值，不因反应物浓度或生成物浓度的改变而变化。

在书写和应用平衡常数时，应注意：

（1）平衡常数表达式与反应方程式的书写方式有关，在进行有关化学平衡的计算时，应注意使用与反应方程式相应的平衡常数。例如：

$$3H_2(g)+N_2(g) \rightleftharpoons 2NH_3(g)，则：$$

$$K_p = \frac{[p_{NH_3}/p^{\ominus}]^2}{[p_{H_2}/p^{\ominus}]^3 \cdot [p_{N_2}/p^{\ominus}]}$$

$\frac{3}{2}H_2(g) + \frac{1}{2}N_2(g) \rightleftharpoons NH_3(g)$，则：

$$K_p = \frac{p_{NH_3}/p^{\ominus}}{[p_{H_2}/p^{\ominus}]^{3/2} \cdot [p_{N_2}/p^{\ominus}]^{1/2}}$$

（2）对于有纯固体或纯液体参加的反应，它们的浓度或分压不写入平衡常数表达式中。

2. 多重平衡规则

如果一个反应是若干个相关反应之和，在相同的温度下，这个反应的平衡常数就等于它们相应的平衡常数之积；相反，一个反应是另外两个反应之差，这个反应的平衡常数就等于另外两个平衡常数之商，这就是多重平衡规则。例如：

反应（1）　　$2H_2O(g) \rightleftharpoons 2H_2(g) + O_2(g)$　　　　　　$K_1^{\ominus}$

反应（2）　　$CO_2(g) + H_2(g) \rightleftharpoons H_2O(g) + CO(g)$　　$K_2^{\ominus}$

反应（3）　　$2CO_2(g) \rightleftharpoons 2CO(g) + O_2(g)$　　　　　　$K_3^{\ominus}$

因为（3）=（1）+2×（2），则：$K_3^{\ominus} = K_1^{\ominus} \times [K_2^{\ominus}]^2$

【例 3-4-9】（历年真题）已知反应（1）$H_2(g) + S(g) \rightleftharpoons H_2S(g)$，其平衡常数为 $K_1^{\ominus}$

（2）$S(s) + O_2(g) \rightleftharpoons SO_2(g)$，其平衡常数为 $K_2^{\ominus}$，则反应

（3）$H_2(g) + SO_2(s) \rightleftharpoons O_2(g) + H_2S(g)$ 的平衡常数为 $K_3^{\ominus}$ 是：

A. $K_1^{\ominus} + K_2^{\ominus}$　　　　　　　　　　　　B. $K_1^{\ominus} \cdot K_2^{\ominus}$

C. $K_1^{\ominus} - K_2^{\ominus}$　　　　　　　　　　　　D. $K_1^{\ominus} / K_2^{\ominus}$

【解答】反应(3)=(1)-(2)，则：$K_3^{\ominus} = \frac{K_1^{\ominus}}{K_2^{\ominus}}$，应选 D 项。

（三）化学反应的吉布斯自由能变与标准平衡常数

对于理想气体反应：$aA(g) + bB(g) \rightleftharpoons gG(g) + dD(g)$，在恒温恒压下，在任意给定状态时的气体分压分别为：p'_A、p'_B、p'_G、p'_D，根据热力学可以得到：

$$\Delta_r G_m(T) = \Delta_r G_m^{\ominus}(T) + RT\ln J \tag{3-4-18}$$

$$J = J_p = \frac{[p'_G/p^{\ominus}]^g [p'_D/p^{\ominus}]^d}{[p'_A/p^{\ominus}]^a [p'_B/p^{\ominus}]^b} \tag{3-4-19}$$

对于稀溶液反应：$aA + bB \rightleftharpoons gG + dD$，同样有式（3-4-18），及下式：

$$J = J_c = \frac{[C'_G/C^{\ominus}]^g [C'_D/C^{\ominus}]^d}{[C'_A/C^{\ominus}]^a [C'_B/C^{\ominus}]^b} \tag{3-4-20}$$

上述式中，J_p 为压力商，J_c 为浓度商，统一用 J 表示。

在恒温恒压下，反应达到平衡时，其 $\Delta_r G_m(T) = 0$，则可推导得到：

平衡状态　　$\Delta_r G_m^{\ominus}(T) = -RT\ln K^{\ominus}$ 　　　　　　　　　　　　（3-4-21）

非平衡状态　　$\Delta_r G_m(T) = RT\ln \dfrac{J}{K^{\ominus}}$ 　　　　　　　　　　　　（3-4-22）

式（3-4-21）也是判断化学反应方向和限度的重要公式。

将任意给定状态时物质的 J（J_p 或 J_c）与 $K^\ominus$ 进行比较，可以判断该状态下反应自发进行的方向：

(1) 若 $J<K^\ominus$，则 $\Delta_r G_m(T)<0$，正反应能自发进行；

(2) 若 $J=K^\ominus$，则 $\Delta_r G_m(T)=0$，反应处于平衡；

(3) 若 $J>K^\ominus$，则 $\Delta_r G_m(T)>0$，正反应不能自发进行，但其逆反应能自发进行。

根据上述结论，很容易理解压力、浓度对化学平衡的影响。

【例 3-4-10】（历年真题）已知 298K 时，反应 $N_2O_4(g) \rightleftharpoons 2NO_2(g)$ 的 $K^\ominus=0.1132$，在 298K 时，如 $p(N_2O_4)=p(NO_2)=100kPa$，则上述反应进行的方向是：

A. 反应向正向进行 B. 反应向逆向进行

C. 反应达平衡状态 D. 无法判断

【解答】 $J=J_c=\dfrac{(100/100)^2}{100/100}=1.0>K^\ominus$，反应向逆向进行，应选 B 项。

（四）化学平衡的移动

1. 浓度对化学平衡的影响

在一定温度下，体系处于平衡状态，如果这时增加反应物的浓度，或者减少某一生成物的浓度，则 $J_c<K^\ominus$，故 $\Delta_r G_m(T)<0$，化学反应将向正反应自发地进行，即平衡向正反应方向移动。

2. 压力对化学平衡的影响

对只有液体或固体参加的反应，压力变化对平衡的影响很小。对有气体参加的反应，改变体系的总压力将引起各组分气体的分压力同等程度的改变，此时平衡移动的方向将由反应体系本身的特点来决定：(1) 对那些反应前后计量系数不变的气相反应，如 $H_2(g)+I_2(g)\rightleftharpoons 2HI(g)$，压力对其平衡没有影响；(2) 对反应前后计量系数有变化的气相反应，在一定温度下，增加平衡时的总压力，化学平衡将向气体物质化学计量数减小的方向移动（其实质是 $J_p<K^\ominus$，故 $\Delta_r G_m(T)<0$）。

3. 温度对化学平衡的影响

温度对化学平衡移动的影响，主要是影响平衡常数 $K^\ominus$，因为平衡常数是温度的函数。设某一可逆反应在温度为 T_1、T_2 时的标准平衡常数分别为 $K_1^\ominus$ 和 $K_2^\ominus$，可推导得到：

$$\ln\frac{K_2^\ominus}{K_1^\ominus}=\frac{\Delta_r H_m^\ominus}{R}\left(\frac{T_2-T_1}{T_2 T_1}\right) \tag{3-4-23}$$

由上式可知：(1) 对于吸热反应（$\Delta_r H_m^\ominus>0$），若升高温度，则 $K^\ominus$ 变大，平衡向吸热反应方向移动；降低温度，则 $K^\ominus$ 变小，平衡向放热反应方向移动。(2) 对于放热反应（$\Delta_r H_m^\ominus<0$），若升高温度，则 $K^\ominus$ 变小，平衡向吸热反应方向移动；降低温度，则 $K^\ominus$ 变大，平衡向放热反应方向移动。

4. 吕·查德理原理

吕·查德理原理指出了平衡移动的规律：当体系达到平衡后，若因外部原因使平衡条件发生了变化，将打破平衡而使平衡移动，平衡移动的方向是使平衡向减弱外因所引起的变化的方向移动。比如，在平衡体系中增加反应物量或减少生成物的量，则引起平衡向正反应方向移动，消耗掉更多的反应物而生成更多的生成物。若对体系加热升温就使平衡向吸热的方向移动，以消耗更多的能量。

吕·查德理原理只适用于已处于平衡状态的体系，不适用于未达到平衡状态的体系。

【例3-4-11】（历年真题）在一容器中，反应 $2SO_2(g)+O_2(g) \rightleftharpoons 2SO_3(g)$ 达到平衡，在恒温下加入一定量 Ar 气体，并保持总压不变，平衡将会：

A. 正向移动　　　　B. 逆向移动　　　　C. 无明显变化　　　　D. 不能判断

【解答】 加入 Ar 气体，总压不变，则各气体分压减小，平衡向气体分子数增加方向移动，逆向移动，应选 B 项。

【例3-4-12】（历年真题）已知反应 $C_2H_2(g)+2H_2(g) \rightleftharpoons C_2H_6(g)$ 的 $\Delta_r H_m < 0$，当反应达平衡后，欲使反应向右进行，可采取的方法是：

A. 升温，升压　　　　　　　　　　B. 升温，减压

C. 降温，升压　　　　　　　　　　D. 降温，减压

【解答】 此反应为气体分子数减小，升压，反应向右进行；$\Delta_r H_m < 0$，为放热反应，降温，反应向右进行，应选 C 项。

【例3-4-13】（历年真题）反应 $A(S)+B(g) \rightleftharpoons C(g)$ 的 $\Delta H < 0$，欲增大其平衡常数，可采取的措施是：

A. 增大 B 的分压　　　　　　　　B. 降低反应温度

C. 使用催化剂　　　　　　　　　　D. 减小 C 的分压

【解答】 平衡常数只是温度的函数，浓度（或压力）改变或使用催化剂对平衡常数无影响，应选 B 项。

习　题

3-4-1　（历年真题）对一个化学反应来说，下列叙述正确的是：

A. $\Delta_r G_m^\ominus$ 越小，反应速率越快　　　　B. $\Delta_r H_m^\ominus$ 越小，反应速率越快

C. 活化能越小，反应速率越快　　　　D. 活化能越大，反应速率越快

3-4-2　（历年真题）下列反应中 $\Delta_r S_m^\ominus > 0$ 的是：

A. $2H_2(g)+O_2(g) \longrightarrow 2H_2O(g)$

B. $N_2(g)+3H_2(g) \longrightarrow 2NH_3(g)$

C. $NH_4Cl(s) \longrightarrow NH_3(g)+HCl(g)$

D. $CO_2(g)+2NaOH(eq) \longrightarrow Na_2CO_3(aq)+H_2O(l)$

3-4-3　（历年真题）对于一个化学反应，下列各组中关系正确的是：

A. $\Delta_r G_m^\ominus > 0$，$K^\ominus < 1$　　　　　　B. $\Delta_r G_m^\ominus > 0$，$K^\ominus > 1$

C. $\Delta_r G_m^\ominus < 0$，$K^\ominus = 1$　　　　　　D. $\Delta_r G_m^\ominus < 0$，$K^\ominus < 1$

3-4-4　（历年真题）反应 $PCl_3(g)+Cl_2(g) \rightleftharpoons PCl_5(g)$，298K 时 $K^\ominus = 0.767$，此温度下平衡时，如 $p(PCl_5)=p(PCl_3)$，则 $p(Cl_2)$ 等于：

A. 130.38kPa　　　　　　　　　　B. 0.767kPa

C. 7607kPa　　　　　　　　　　　D. 7.67×10^{-3} kPa

3-4-5　（历年真题）某温度下，在密闭容器中进行如下反应 $2A(g)+B(g) \rightleftharpoons 2C(g)$，开始时，$p(A)=p(B)=300$kPa，$p(C)=0$kPa，平衡时 $p(C)=100$kPa，在此温度下反应的标准平衡常数 $K^\ominus$ 是：

A. 0.1　　　　　　B. 0.4　　　　　　C. 0.001　　　　　　D. 0.002

第五节 有 机 化 学

通常把含有碳、氢两种元素的化合物称为烃。烃中的氢被其他原子或基团取代的产物称为烃的衍生物。因此，有机化合物就是烃及烃的衍生物，有机化学也就是研究烃及烃的衍生物的化学。

一、有机化学的特点、分类和命名

(一)有机化学的特点

与无机化合物相比，有机化合物一般具有如下特点：
(1)数量庞大，结构复杂，同分异构现象(见后内容)普遍存在。
(2)易燃烧。
(3)熔点、沸点低，热稳定性差。
(4)难溶于水，易溶于有机溶剂。
(5)反应速率慢，副反应多，产物复杂。

(二)有机化学的结构和分子结构的表示方法

有机化合物分子中的碳、氢等原子是通过共价键相结合的。有机化合物分子结构式的常见表示方法如下：

1. 价键式

在价键式中，每一元素符号代表该元素的一个原子，原子之间的每一价键都用一短线表示。例如：

乙烯　　　　乙炔　　　　苯　　　　乙醇

2. 结构简式

在价键式的基础上，将单键省去(环状化合物中环上的单键不能省去)，有相同原子时，要把它们合在一起，其数目用阿拉伯数字表示，并把数字写在该原子的元素符号的右下角。例如：

$H_2C = CH_2$　　　$HC \equiv CH$　　　　　　　CH_3CH_2OH
乙烯　　　　乙炔　　　　苯　　　　乙醇

(三)有机化合物的分类

有机化合物的分类，一种是按碳链分类，另一种是按官能团分类。

1. 按碳链分类

(1)开链化合物

在开链化合物中，碳原子互相结合形成链状。因为这类化合物最初是从脂肪中得到的，故又称脂肪族化合物。例如：

$$CH_3CH_2CH_3 \qquad CH_3CH=CH_2 \qquad CH_2=CH-CH=CH_2 \qquad CH_3CH_2OH$$
丙烷　　　　　丙烯　　　　　1,3-丁二烯　　　　　乙醇

(2) 碳环化合物

碳环化合物分子中的碳原子相互结合成环状结构。它们又可分为以下两类：

1) 脂环化合物：它们的化学性质与脂肪族化合物相似，因此称为脂环族化合物。例如：

环丙烷　　　　环戊烷　　　　甲基环丁烷

为书写方便，上述结构式可以分别简化为：

2) 芳香族化合物：这类化合物大多数都含有芳环，它们具有与开链化合物和脂环化合物不同的化学特性。例如：

苯　　　　甲苯　　　　1,2-二甲苯　　　　萘

(3) 杂环化合物

在这类化合物分子中含有碳原子和其他元素的原子(如氧、硫、氮)共同组成的环。例如：

呋喃　　　　噻吩　　　　吡啶

2. 按官能团分类

官能团是分子中比较活泼而又易发生化学反应的原子或基团，它常常决定化合物的主要化学性质。含有相同官能团的化合物在化学性质上基本是相同的。常见有机化合物的官能团及其代表化合物见表3-5-1。

常见有机化合物的官能团及其代表化合物　　　　表3-5-1

化合物类别	官能团结构	官能团名称	实　例
烯烃	$\mathrm{C=C}$	双键	$CH_2=CH_2$(乙烯)
炔烃	$-C\equiv C-$	三键	$HC\equiv CH$(乙炔)
卤代烃	$-X$	卤基	CH_3CH_2-X(卤乙烷)
醇	$-OH$	羟基	CH_3CH_2OH(乙醇)

续表

化合物类别	官能团结构	官能团名称	实 例
酚	—OH	羟基	⌬—OH(苯酚)
醚	—C—O—C—	醚键	C_2H_5—O—C_2H_5(乙醚)
醛	$\underset{-CH}{\overset{O}{\parallel}}$	醛基	CH_3—CHO(乙醛)
酮	$\underset{}{\overset{O}{\parallel}}$C=	酮基	CH_3COCH_3(丙酮)
羧酸	—COOH	羧基	CH_3COOH(乙酸)
羧酸酯	—COOR	酯基	CH_3COOCH_3(乙酸甲酯)
胺	—NH_2	氨基	CH_3CH_2—NH_2(乙胺)
硝基化合物	—NO_2	硝基	⌬—NO_2(硝基苯)
酰胺化合物	$\overset{O}{\underset{-C-NH_2}{\parallel}}$	酰氨基	CH_3—C(O)—NH_2(乙酰胺)
腈	—CN	氰基	CH_3CN(乙腈)
磺酸	—SO_3H	磺酸基	⌬—SO_3H(苯磺酸)

(四)有机化合物的命名

1. 烷烃

最简单的烷烃是甲烷，分子式为 CH_4，随着碳原子数的增长，依次是乙烷(C_2H_6)、丙烷(CH_3H_8)、丁烷(C_4H_{10})等，可以用一个通式 C_nH_{2n+2} 来表示烷烃，其中，n 为碳原子的数目。

像烷烃这样，凡是具有同一通式、结构和化学性质相似、物理性质则随着碳原子数的增加而有规律地变化的化合物系列称为同系列。同系列中的化合物互称为同系物，同系列组成上相差的"CH_2"称为系列差。

烷烃常用的命名法有普通命名法和系统命名法。

(1)普通命名法

普通命名法一般只适用于简单、含碳原子较少的烷烃，其基本原则是：根据分子中碳原子的数目称"某烷"。碳原子数由一到十分别用甲、乙、丙、丁、戊、己、庚、辛、壬、癸表示；碳原子数在十一个以上时，则用汉字的数字表示。例如：

$$CH_3CH_2CH_2CH_2CH_3 \quad\quad CH_3(CH_2)_{10}CH_3$$
$$\text{戊烷} \quad\quad\quad\quad\quad\quad \text{十二烷}$$

为了区别同分异构现象，直链烷烃称"正"某烷；在链端第二个碳原子上连有一个甲基且无其他支链的烷烃，称"异"某烷；在链端第二个碳原子上连有两个甲基且无其他支链的烷烃，称"新"某烷。例如：戊烷的三种同分异构体，分别称为正戊烷、异戊烷和新戊烷。

(2) 系统命名法

1) 选择一个最长的碳链作为主链，按这个链所含的碳原子数目称为"某烷"。将主链以外的其他烷基看作是主链上的取代基。

2) 从靠近支链的一端开始，将主链碳原子依次用阿拉伯数字编号，以确定支链的位置。将支链的位置和名称写在主链名称的前面，阿拉伯数字和汉字之间用"-"隔开。例如：

$$CH_3-\underset{\underset{1}{|}}{\underset{CH_3}{CH}}-CH_2-CH_2-CH_2-CH_3$$
$$1 \quad 2 \quad 3 \quad 4 \quad 5 \quad 6$$
2-甲基己烷

如果取代基的数目较多，应采用最低系列对主链碳原子进行编号。所谓"最低系列"是指碳链以不同方向编号，得到两种或两种以上的不同编号的系列，顺次比较各系列的不同位次，最先遇到位次最小者，定为"最低系列"。例如：

取代基的位置从左到右编号得 2、2、6、6、7，从右到左编号得 $2'$、$3'$、$3'$、$7'$、$7'$。第一个数字都是"2"，故比较第二个数字"2"与"3"。因 2＜3，故编号从左到右为最低系列。

3) 如果分子中含有几个相同的取代基，则把它们合并起来，取代基数目用二、三、四等汉字来表示，其位次必须逐个注明，位次数字之间用","隔开。如果含有不同的取代基，其列出先后顺序按《有机物命名原则》，按"顺序规则"将顺序较小的取代基列在前，顺序较大的列在后。例如：

2, 2, 4, -三甲基己烷　　　　　2-甲基-4-乙基己烷

有机化合物中常见的元素，其顺序排列为：H＜C＜N＜O＜F＜P＜S＜Cl＜Br＜I，故—H＜—CH_3＜—NH_2＜—OH。

4) 如果按照取代基所在位置得到的两种编号相同，则以顺序规则中顺序小的取代基位次小为原则对主链编号。例如：

3-甲基-5-乙基庚烷

5) 当具有相同长度的碳链可以作为主链时，应选定具有取代基数目最多的碳链。

2. 烯烃和炔烃

单烯烃是指分子中含有一个碳碳双键的不饱和烃，它比同碳数的烷烃少两个氢原子，通式为 C_nH_{2n}。烯烃的系统命名法，其步骤基本上与烷烃相似，但不同点是：标记双键位置，写出双键碳原子中位次较小的编号，放在烯烃名称前。例如：

CH₂=C-CH₃	CH₃-C=CH-CH₂-CH-CH₃	CH₃-CH-CH=CH₂
CH₃	CH₃ CH₃	CH₂
		CH₃
2-甲基丙烯	2,4-二甲基-2-己烯	3-甲基-2-乙基-1-丁烷

炔烃是含有碳碳三键的不饱和烃，炔烃比同碳数的单烯烃少两个氢原子，通式为 C_nH_{2n-2}。

炔烃的系统命名法，其步骤与烯烃相似，不同点是：将"烯"字改为"炔"字。

3. 芳香烃

根据分子中所含苯环数目的不同，芳香烃分为单环芳香烃和多环芳香烃。

单环芳香烃的命名规定如下：

（1）一烃基苯。简单的烃基苯的命名是以苯环作母体，烃基作取代基，称为某烃基苯（"基"字常省略）。如果烃基较复杂或有不饱和键时，也可把链烃当作母体，苯环作取代基（苯基）。例如：

甲苯　　　　乙苯　　　　乙烯苯（苯乙烯）　　　乙炔苯（苯乙炔）

（2）二烃基苯。二烃基苯有三种同分异构体，这是由于取代基在苯环上的相对位置不同而产生的。命名时，两个烃基的相对位置既可用数字表示，也可用"邻""间""对"表示。用数字表示时，若烃基不同，按顺序规则，顺序小的位置编号为"1"。例如：

1,2-二甲苯(邻二甲苯)　　　1,3-二甲苯(间二甲苯)　　　1,4-二甲苯(对二甲苯)

（3）芳香烃衍生物

1）某些取代基如硝基(—NO₂)、亚硝基(—NO)、卤基(—X)等通常只作取代基。因此，具有这些取代基的芳烃衍生物应把芳烃看作母体，称为某基（代）芳烃。例如：

硝基苯　　　　溴苯

2）当取代基为氨基(—NH₂)、羟基(—OH)、醛基(—CHO)、羧基(—COOH)、磺酸基(—SO₃H)等时，则把它们各看作一类化合物，分别称为苯胺、苯酚、苯甲醛、苯甲酸、苯磺酸等。

苯胺　　　苯酚　　　苯甲醛　　　苯甲酸

芳烃分子中去掉一个氢原子后剩余的基团称为芳基，用 Ar— 表示。

4. 卤代烷烃

卤代烃是指烃分子中的氢原子被卤原子取代后的化合物。卤代烃一般可用 R—X 表示，X 代表卤原子（F、Cl、Br、I），是卤代烃的官能团。卤代烷烃的命名规定如下：

（1）根据与卤原子相连的碳原子的类型不同，卤代烷可分为伯卤代烷（一级卤代烷）、仲卤代烷（二级卤代烷）和叔卤代烷（三级卤代烷）。例如：

$$R-CH_2-X \qquad \underset{R'}{\overset{R}{\underset{|}{CH}}}-X \qquad \underset{R''}{\overset{R}{\underset{|}{R'-C}}}-X$$

伯卤代烷（一级卤代烷）　　仲卤代烷（二级卤代烷）　　叔卤代烷（三级卤代烷）

（2）结构比较简单的卤代烷可用普通命名法命名。复杂的卤代烷可用系统命名法命名，其原则和烷烃的命名相似，即选择连有卤原子的最长碳链作为主链，根据主链碳原子数称为"某烷"，从距支链（烃基或卤原子）最近的一端给主链碳原子依次编号，把支链的位次和名称写在母体名称前，并按顺序规则将较优基团排列在后。例如：

$$\underset{\text{2-甲基-4-氯戊烷}}{CH_3\overset{CH_3}{\underset{|}{CH}}CH_2\overset{Cl}{\underset{|}{CH}}CH_3} \qquad \underset{\text{2-乙基-1-溴丁烷}}{CH_3CH_2\overset{CH_2Br}{\underset{|}{CH}}CH_2CH_3}$$

5. 醇

醇是脂肪烃分子中饱和碳原子上的氢原子被羟基（—OH）取代的衍生物。醇主要有两种命名方法：普通命名法和系统命名法。结构复杂的醇采用系统命名法命名。命名时，首先选择含有羟基的最长碳链为主链，从距羟基最近的一端给主链编号，称为"某醇"，取代基的位次、数目、名称以及羟基的位次分别注于母体名称前。例如：

3-甲基-2-戊醇　　　　　　　2-环己基乙醇

命名芳香醇时，将芳环看作取代基。例如：

1-苯荃乙醇　　　　　　　2-苯荃-1-丙醇

6. 酚

在芳香烃的芳环上一个或几个氢原子被羟基（—OH）取代后的衍生物叫酚。酚的命名是根据羟基所连芳环的名称称为"某酚"，芳环上的 —NH_2、—OR、—R、—X、—NO_2 等作为取代基；若芳环上连有 —COOH、—SO_3H、—COOR、—COX、—$CONH_2$、—CN、—CHO、—COR 等基团时，则酚羟基作为取代基。例如：

苯酚（石炭酸）　　　3-乙基苯酚　　　2,4,6-三硝基苯酚

3-羟基苯甲醛　　　2-甲基-5-羟基苯甲醛

7. 醛与酮

羰基（—C(=O)—）至少和一个氢原子相连的化合物称为醛。醛分子中的 —C(=O)—H 称为醛基，简写为—CHO，但不能写成—COH。

羰基和两个烃基相连的化合物称为酮，酮分子中的羰基称为酮基。例如：

结构复杂的醛、酮通常采用系统命名法命名。选择含有羰基的最长碳链为主链（母体），不饱和醛、酮要选择同时含有不饱和键和羰基的最长碳链为主链，从距羰基最近的一端编号，根据主链的碳原子数称为"某醛"或"某酮"。命名时除要注明取代基和不饱和键的位次和名称外，还需注明羰基的位次。由于醛基总是在分子的端头，所以醛基的编号始终为1，命名醛时可不用标明醛基的位次，但酮基的位次必须标明。醛、酮中取代基或不饱和键的位次和名称放在母体名称前，其位次除用 2、3、4、…表示外，也可用希腊字母 α、β、γ、…表示。例如：

2-甲基丙醛（或 α-甲基丙醛）　　　4-甲基-2-戊酮　　　4-甲基-3-戊烯醛

8. 羧酸与酯

羧酸是分子中含有羧基（—COOH）官能团的含氧有机化合物。羧酸分子中羧基上的羟基被其他原子或基团取代后生成的化合物称为羧酸衍生物（如酯和酰胺等）。

脂肪族一元羧酸的系统命名法与醛的命名法相似。

芳香羧酸和脂环羧酸的系统命名一般把环作为取代基。例如：

苯甲酸（安息香酸）　　　3-苯基丙烯酸（肉桂酸）　　　邻羟基苯甲酸（水杨酸）

酯根据形成它的羧酸和醇来命名，称为"某酸某酯"。例如：

$$\text{CH}_3\text{—}\overset{\overset{\displaystyle O}{\|}}{\text{C}}\text{—OCH}_3$$

乙酸甲酯

$$\text{C}_6\text{H}_5\text{—}\overset{\overset{\displaystyle O}{\|}}{\text{C}}\text{—OCH}_2\text{CH}_3$$

苯甲酸乙酯

9. 胺

根据氮原子上所连烃基数目的不同，可把胺分为伯胺（一级胺）、仲胺（二级胺）、叔胺（三级胺）等，例如：

$$\begin{array}{cccc} \text{NH}_3 & \text{RNH}_2 & \text{RR}'\text{NH} & \text{RR}'\text{NR}'' \\ \text{氨} & \text{伯胺} & \text{仲胺} & \text{叔胺} \end{array}$$

式中 R、R′和 R″可以是相同的烃基，也可以是不同的烃基。

注意，伯、仲、叔胺的分类方法与伯、仲、叔卤代烃以及伯、仲、叔醇的分类方法是不同的。

结构简单的胺可以根据烃基的名称命名，即在烃基的名称后加上"胺"字。芳香胺的命名与脂肪胺相似。复杂的胺则以烃为母体，氨基作为取代基来命名。例如：

CH₃NH₂　　　　⟨⟩—NH₂　　　CH₃—⟨⟩—NH₂　　　CH₃CHCH₂CHCH₃
甲胺　　　　　　苯胺　　　　　对甲基苯胺　　　　　　CH₃　　NH₂
　　　　　　　　　　　　　　　　　　　　　　　2-甲基-4-氨基戊烷

【例 3-5-1】（历年真题）下列物质中，不属于醇类的是：

A. $\text{C}_4\text{H}_9\text{OH}$　　　B. 甘油　　　C. $\text{C}_6\text{H}_5\text{CH}_2\text{OH}$　　　D. $\text{C}_6\text{H}_5\text{OH}$

【解答】羟基（—OH）与芳香基直接相连为酚，D 项为苯酚，应选 D 项。

【例 3-5-2】（历年真题）按系统命名法，下列有机化合物命名正确的是：

A. 2-乙基丁烷　　　　　　　　　　B. 2,2-二甲基丁烷
C. 3,3-二甲基丁烷　　　　　　　　D. 2,3,3-三甲基丁烷

【解答】结构式：$\text{CH}_3\text{—}\underset{\underset{\displaystyle \text{CH}_3}{|}}{\overset{\overset{\displaystyle \text{CH}_3}{|}}{\text{C}}}\text{—CH}_2\text{—CH}_3$，命名为：2,2-二甲基丁烷，应选 B 项。

【例 3-5-3】（历年真题）结构简式为 $(\text{CH}_3)_2\text{CHCH}(\text{CH}_3)\text{CH}_2\text{CH}_3$ 的有机物的正确命名是：

A. 2-甲基-3-乙基戊烷　　　　　　B. 2,3-二甲基戊烷
C. 3,4-二甲基戊烷　　　　　　　　D. 1,2-二甲基戊烷

【解答】结构式：$\text{CH}_3\text{—}\underset{\underset{\displaystyle \text{CH}_3}{|}}{\text{CH}}\text{—}\underset{\underset{\displaystyle \text{CH}_3}{|}}{\text{CH}}\text{—CH}_2\text{—CH}_3$

命名为：2,3-二甲基戊烷，应选 B 项。

【例 3-5-4】（历年真题）下列有机物中，对于可能处在同一平面上的最多原子数目的判断，正确的是：

A. 丙烷最多有 6 个原子处于同一平面上

B. 丙烯最多有 9 个原子处于同一平面上

C. 苯乙烯（$\underset{}{\bigcirc}-CH=CH_2$）最多有 16 个原子处于同一平面上

D. $CH_3CH=CH-C\equiv C-CH_3$ 最多有 12 个原子处于同一平面上

【解答】丙烷最多 5 个原子处于一个平面，丙烯最多 7 个原子处于一个平面，苯乙烯最多 16 个原子处于一个平面，应选 C 项。

此外，D 项：最多 10 个原子处于一个平面。

二、同分异构现象

同分异构现象是指分子式相同，但结构不同，从而性质各异的现象。

有机化学中的同分异构现象可分为两大类：构造异构（或结构异构）和立体异构。其中，构造异构是指分子中原子或官能团的连接顺序或方式不同而产生的异构现象，包括碳链异构、官能团位置异构、官能团异构和互变异构。立体异构是指分子中原子或官能团的连接顺序或方式相同，但空间的排列方式不同而产生的异构现象，包括构象异构、顺反异构和旋光异构。

1. 碳链异构

碳链异构是指由于碳链的构造不同产生的异构。例如，戊烷有三种同分异构体：

$CH_3CH_2CH_2CH_2CH_3$　　　$CH_3-\underset{\underset{}{|}}{\overset{\overset{CH_3}{|}}{CH}}-CH_2CH_3$　　　$CH_3-\underset{\underset{CH_3}{|}}{\overset{\overset{CH_3}{|}}{C}}CH_3$

正戊烷（沸点 36.1℃）　　　异戊烷（沸点 28℃）　　　新戊烷（沸点 9.5℃）

2. 官能团位置异构

官能团位置异构是指在碳架结构不变的情况下，官能团在碳链中的位置不同而产生的异构。例如，丁烯有两种同分异构体：

$CH_2=CHCH_2CH_3$　　　　　$CH_3CH=CHCH_3$
　　1-丁烯　　　　　　　　　　2-丁烯

3. 官能团异构

官能团异构是指分子式相同，但官能团不同而产生的异构。例如，乙醇 CH_3CH_2OH 和甲醚 CH_3OCH_3。

4. 顺反异构

如 2-丁烯的同分异构体，其产生是由于组成双键的两个碳原子不能相对自由旋转，使这两个碳原子上所连接的原子或基团在空间的排列不同，以致形成的几何构型不同，这称为顺反异构现象。

顺-2-丁烯（沸点 3.7℃）　　　反-2-丁烯（沸点 0.88℃）

互变异构、构象异构、旋光异构见有关化学书籍。

【例 3-5-5】（历年真题）下述化合物中，没有顺、反异构体的是：

A. $CHCl=CHCl$　　　　　　　　B. $CH_3CH=CHCH_2Cl$

C. $CH_2=CHCH_2CH_3$　　　　　　D. $CHF=CClBr$

【解答】$CH_2=CHCH_2CH_3$ 的双链左侧均为 H 原子，故没有顺、反异构体，应选 C 项。

【例 3-5-6】（历年真题）分子式为 C_5H_{12} 各种异构体中，所含甲基数和它的一氯代物的数目与下列情况相符的是：

A. 2 个甲基，能生成 4 种一氯代物
B. 3 个甲基，能生成 5 种一氯代物
C. 3 个甲基，能生成 4 种一氯代物
D. 4 个甲基，能生成 4 种一氯代物

【解答】C_5H_{12} 的异构体如下，不同类型的氢原子对应不同的一氯化物：

$H_3C-CH_2-CH_2-CH_2-CH_3$，有 2 个甲基，3 种一氯代物；

$H_3C-CH-CH_2-CH_3$，有 3 个甲基，4 种一氯代物；
    |
    CH_3

    CH_3
    |
$H_3C-C-CH_3$，有 4 个甲基，1 种一氯代物；
    |
    CH_3

应选 C 项。

三、有机化合物的重要反应

（一）取代反应

有机化合物中的氢原子被其他元素的原子或基团所代替的反应称为取代反应。 其中，被卤素取代的反应称为卤代反应。例如：

$$CH_4 + Cl_2 \xrightarrow{日光} CH_3Cl + HCl$$

此取代反应还可进一步取代，生成二取代、三取代、四取代的产物。当控制 CH_4 和 Cl_2 的比例，可以使主要产物为一取代或四取代。

又如：

$$\text{C}_6\text{H}_6 + HNO_3(液) \longrightarrow \text{C}_6\text{H}_5-NO_2 + H_2O$$

硝基（—NO_2）的取代反应也称为硝化反应。

（二）消除反应

消除反应是指从有机化合物分子中消除一个小分子（如 HCl、H_2O 等），生成双键的反应。 例如：

$$H_2C-CH_2 \xrightarrow[160\sim180℃]{H_2SO_4} H_2C=CH_2 + H_2O$$
  | |
 H   OH

$$CH_3-CH-CH_2 + NaOH \xrightarrow{醇作溶剂} CH_3-CH=CH_2 + NaCl + H_2O$$
   | |
   H Cl

（三）加成反应

含有重键（双键或三键，也称不饱和键）的有机化合物易发生加成反应，即重键中的 π 键断开，与其他原子或原子团结合，形成两个新的单键。例如加 H_2、X_2（卤素）、HX（卤化氢），以及同类分子间因加成而产生聚合等。例如：

$$CH_3-CH=CH_2 + Br_2 \xrightarrow{CCl_4} CH_3-\underset{Br}{CH}-\underset{Br}{CH_2}$$

反应后，溴的红棕色消失。

$$CH\equiv CH + HCN \longrightarrow CH_2=CH-CN \text{（丙烯腈）}$$

$$nCH_2=CH_2 \xrightarrow{Al(C_2H_5)_3 + TiCl_4} \text{\textemdash}[CH_2-CH_2]_n \text{（聚乙烯）}$$

结构不对称的烯烃与极性分子（如 H_2O、HCl）加成时，后者分子中带有正电的部分（即 H 原子）加到含 H 较多的双键碳原子上，这称为马氏规则。例如：

$$CH_3-CH=CH_2 + H_2O \longrightarrow CH_3-\underset{OH}{CH}-CH_3$$

不仅是烯烃和炔烃，其他含重键的化合物（如醛、酮等）也可以发生加成反应。

（四）缩合反应

反应物分子间相互作用，在脱去水、卤化氢等小分子的同时，其主要骨架的剩余部分（残基）彼此结合，生成新的有机化合物的反应称为缩合反应。这类反应很多，这里只介绍几种常见反应。

1. 置换反应

R-X 卤化物和 NaCN、NaOH 或 NaOR（醇钠）缩去 NaX，生成腈、醇和酯。例如：

$$CH_3CH_2Cl + NaCN \longrightarrow CH_3CH_2CN \text{（丙腈）} + NaCl$$

$$CH_3CH_2Cl + NaOH \longrightarrow CH_3CH_2OH \text{（乙醇）} + NaCl$$

$$CH_3CH_2Cl + NaOCH_2CH_3 \longrightarrow CH_3CH_2OCH_2CH_3 \text{（乙醚）} + NaCl$$

2. 醚化反应

二个醇分子在浓硫酸作用下，失去水，生成醚。例如：

$$CH_3CH_2\boxed{OH + H}OCH_2CH_3 \xrightarrow[413K]{H_2SO_4} CH_3CH_2OCH_2CH_3 + H_2O$$

3. 酯化反应

酸（有机酸、无机酸）和醇在催化剂作用下，失去水生成酯。例如：

$$CH_3-\underset{\boxed{OH}}{\overset{O}{C}} + CH_2-CH_3 \xrightarrow{H^+} CH_3-\underset{OCH_2CH_3}{\overset{O}{C}}$$
（其中 $\boxed{H_2O}$ 脱去）

4. 酰胺反应

酸、酰卤（RCOX）、酸酐与含有 H 原子的胺（如伯胺、仲胺）或氨作用，失去一些小分子（H_2O、H—X、RCOOH）生成酰胺。例如：

$$CH_3-\underset{OH}{\overset{O}{C}} + H_2NCH_3 \longrightarrow CH_3-\underset{NHCH_3}{\overset{O}{C}} \text{（N—甲基乙酰胺）} + H_2O$$

（五）氧化反应

有机化学中广义的氧化反应是指化合物与 O 结合或分子中失去 H 的反应。这些反应都使有机化合物中 C 原子的氧化数升高。

烷烃、烯烃、炔烃、醇、醛、酮等各类化合物在不同条件下，发生氧化反应，生成不同程度的氧化产物（如醇、醛、酮、酸和 CO_2 等）。例如：

$$CH_4 + O_2 \longrightarrow CO_2 + H_2O$$

$$CH_3-CH=CH_2 + 2KMnO_4 + 4H_2O \longrightarrow CH_3-\underset{OH}{CH}-\underset{OH}{CH_2} + 2MnO_2 + 2KOH$$

$$\text{C}_6\text{H}_5-CH_3 + 2KMnO_4 + 2HCl \longrightarrow \text{C}_6\text{H}_5-COOH + 2MnO_2 + 2KCl + 2H_2O$$

注意，苯环较稳定，一般不易发生因氧化反应而导致开环的情况。

1. 醇的氧化反应

（1）在酸性条件下，伯醇或仲醇可被高锰酸钾或重铬酸钾氧化，首先生成不稳定的胞二醇，然后脱去一分子水形成醛或酮。

（2）伯醇或仲醇的蒸气在高温下通过活性铜（或银、镍等）催化剂，氢原子脱除，伯醇生成醛，仲醇则生成酮。此反应多用于有机化工生产中合成醛或酮。

2. 醛的氧化反应

（1）托伦试剂：托伦试剂是硝酸银的氨溶液。将醛和托伦试剂共热，醛被氧化为羧酸，银离子被还原为单质银，以黑色沉淀析出：

$$RCHO + 2[Ag(NH_3)_2]^+ + 2OH^- \longrightarrow RCOO^- NH_4^+ + 2Ag\downarrow + H_2O + 3NH_3$$

单质银就附着在试管壁上形成明亮的银镜，故该反应也称为银镜反应。

托伦试剂既可氧化脂肪醛，又可氧化芳香醛。酮不与托伦试剂反应。

（2）斐林试剂：斐林试剂由斐林 A 和斐林 B 两种溶液组成，斐林 A 为硫酸铜溶液，斐林 B 为酒石酸钾钠和氢氧化钠的混合溶液，使用时等量混合即得到深蓝色的斐林试剂。

醛与斐林试剂反应，醛被氧化为羧酸，Cu^{2+} 被还原为砖红色的 Cu_2O 沉淀：

$$RCHO + 2Cu^{2+} + 5OH^- \longrightarrow RCOO^- + Cu_2O（红）\downarrow + 3H_2O$$

甲醛可使斐林试剂中的 Cu^{2+} 还原成单质铜而附着在试管壁上形成明亮的铜镜，故该反应也称为铜镜反应。

酮、芳香醛不与斐林试剂反应。

（六）催化加氢

常温、常压下，烯烃很难同氢气发生反应，但在催化剂存在下，烯烃与氢气发生加成反应，生成相应的烷烃：

$$R-CH=CH_2 + H_2 \xrightarrow{\text{催化剂}} R-CH_2-CH_3$$

在特定条件下，苯环可发生加氢反应，表现出一定的不饱和性。但苯环的加氢反应不会停留在部分加成阶段，不会生成环己二烯或环己烯，这与脂肪族不饱和烃能够分步加成不同。

$$\text{C}_6\text{H}_6 + 3H_2 \xrightarrow[180\sim 250℃]{Ni} \text{C}_6\text{H}_{12}$$

【例 3-5-7】（历年真题）下列各组物质在一定条件下反应，可以制得比较纯净的 1,2-二氯乙烷的是：

A. 乙烯通入浓盐酸中　　　　　　　B. 乙烷与氯气混合
C. 乙烯与氯气混合　　　　　　　　D. 乙烯与卤化氢气体混合

【解答】 乙烯与氯气混合，可以发生加成反应：$C_2H_4 + Cl_2 \longrightarrow CH_2ClCH_2Cl$，应选 C 项。

【例 3-5-8】（历年真题）某液体烃与溴水发生加成反应生成 2,3-二溴-2-甲基丁烷，该液体烃是：

A. 2-丁烯　　　　　　　　　　　　B. 2-甲基-1-丁烷
C. 3-甲基-1-丁烷　　　　　　　　D. 2-甲基-2-丁烯

【解答】 加成反应生成 2,3-二溴-2-甲基丁烷，所以在 2,3 位碳碳间有双键，所以该液体烃为 2-甲基-2-丁烯，应选 D 项。

【例 3-5-9】（历年真题）下列有机物中，既能发生加成反应和酯化反应，又能发生氧化反应的化合物是：

A. $CH_3CH=CHCOOH$　　　　　　B. $CH_3CH=CHCOOC_2H_5$
C. $CH_3CH_2CH_2CH_2OH$　　　　　D. $HOCH_2CH_2CH_2CH_2OH$

【解答】 A 项为丙烯酸，烯烃能发生加成反应和氧化反应，酸可以发生酯化反应，应选 A 项。

【例 3-5-10】（历年真题）在下列有机物中，经催化加氢反应后不能生成 2-甲基戊烷的是：

A. $CH_2=\underset{\underset{CH_3}{|}}{C}CH_2CH_2CH_2$　　　　　B. $(CH_3)_2CHCH_2CH=CH_2$

C. $CH_3\underset{\underset{CH_3}{|}}{C}=CHCH_2CH_3$　　　　　　D. $CH_3CH_2\underset{\underset{CH_3}{|}}{C}HCH=CH_2$

【解答】 A、B、C 项催化加氢均生成 2-甲基戊烷，D 项催化加氢生成 3-甲基戊烷，应选 D 项。

【例 3-5-11】（历年真题）下列物质使溴水褪色的是：

A. 乙醇　　　　　　　　　　　　　B. 硬脂酸甘油酯
C. 溴乙烷　　　　　　　　　　　　D. 乙烯

【解答】 乙烯与溴发生加成反应，溴水褪色，应选 D 项。

【例 3-5-12】（历年真题）昆虫能分泌信息素。下列是一种信息素的结构简式：

$$CH_3(CH_2)_5CH=CH(CH_2)_9CHO$$

下列说法正确的是：

A. 这种信息素不可以与溴发生加成反应
B. 它可以发生银镜反应
C. 它只能与 1mol H_2 发生加成反应
D. 它是乙烯的同系物

【解答】 信息素中含有醛基（—CHO），可以发生银镜反应，选 B 项。

【例 3-5-13】（历年真题）以下是分子式为 $C_5H_{12}O$ 的有机物，其中能被氧化为含相同碳原子数的醛的化合物是：

① $\underset{\underset{OH}{|}}{CH_2}CH_2CH_2CH_2CH_3$ ② $CH_3\underset{\underset{OH}{|}}{CH}CH_2CH_2CH_3$

③ $CH_3CH_2\underset{\underset{OH}{|}}{CH}CH_2CH_3$ ④ $CH_3\underset{\underset{CH_2OH}{|}}{CH}CH_2CH_3$

A. ①②
B. ③④
C. ①④
D. 只有①

【解答】 羟基（—OH）与主碳链端部 C 原子相连，则氧化为醛；羟基与其他 C 原子相连，则氧化为酮，应选 C 项。

四、基本有机物的结构、性质与用途

1. 烷烃

甲烷 CH_4 是最简单的饱和烷烃，能发生取代、氧化反应，主要用作能源及化工原料。

2. 烯烃

乙烯 $CH_2=CH_2$ 是最简单的烯烃，能发生催化加氢、加成、氧化、卤代、聚合等反应，可用作水果的催熟剂。

3. 炔烃

乙炔 $HC≡CH$ 是最简单的炔烃，具有炔烃的典型性质，可发生加成、水解、取代、氧化、聚合等反应。它主要用作基本化工原料及高聚物单体，并可用于氧乙炔焰切割及气焊。

4. 苯与甲苯

苯 ⬡（C_6H_6）是最基本的芳香烃，具有芳香烃的典型性质，能发生取代、氧化反应。它主要用途是用作基本化工原料及优质溶剂。

甲苯 ⬡—CH_3 是取代芳香烃，具有芳香烃及取代烷烃的典型性质，可在苯环及—CH_3 基上发生取代反应、氧化反应。它主要用途为基本化工原料及工业溶剂。

5. 乙醇

乙醇 CH_3CH_2OH 是典型的醇类，具有醇类的各种典型性质，易发生脱水生成烯烃，亦可氧化为醛（酮）或羧酸其至 CO_2，亦可发生取代、酯化、醚化，还可发生缩合反应。它是一种重要的基本化工原料，也是一种良好的溶剂，还可作燃料，或作医用消毒剂。

6. 苯酚（俗称碳酸）

苯酚 ⬡—OH 兼具芳香族化合物及酚类特征，苯环上能发生典型的芳香环反应（如取代、氧化等）及酚、醇类的反应（如具有酸碱性，能发生酸化及醚化反应）。它主要用作基本化工原料、聚合单体、溶剂及防腐消毒剂等。

7. 甲醛与乙醛

甲醛 HCHO 是无色有刺激性气味的气体，沸点为 -21℃，易溶于水。甲醛能凝固蛋白

质，因而有杀菌和防腐的作用。含有10％甲醇的37％甲醛水溶液俗称"福尔马林"。长期低剂量接触甲醛可引起各种慢性呼吸道疾病，高浓度甲醛对神经系统、免疫系统、肝脏等都有较大伤害。

乙醛 CH_3CHO 是典型的一种醛，具有醛类的特性，其典型反应是可被氧化成羧酸或 CO_2，也可被还原成醇，再脱水成烯烃。乙醛是重要的化工合成原料，是合成高聚物的单体。

8. 甲酸与乙酸

甲酸 HCOOH（俗称蚁酸）是有强烈腐蚀性和刺激性的液体，沸点为100.5℃，熔点为8.4℃，可与水、乙醇等混溶。甲酸的结构不同于其他羧酸，分子中的羧基与一个氢原子直接相连，因此，甲酸同时具有羧基和醛基的结构。

乙酸 CH_3COOH（俗称醋酸）是一种重要的有机低碳羧酸。乙酸具有有机羧酸的典型性质，可还原成醇，亦可脱水成酸酐，还可进一步氧化为 CO_2；可与醇、胺、卤素作用生成酯或酰胺、酰卤等；可在—CH_3基上发生取代，生成卤代酸、氨基酸等并继而发生缩合和缩聚反应。它可用作基本有机原料，醋酸-醋酸钠混合液是常用的缓冲溶液。醋酸还是食用调味品——醋的主要成分，也可用于环境杀菌消毒。

9. 乙酸乙酯

乙酸乙酯 $CH_3COOC_2H_5$ 是一种重要的低碳有机酯类，具有酯类的典型性质，最重要的反应有水解反应、皂化反应、取代反应及缩聚反应等。它主要用途是作为有机合成原料、高聚物单体，也是良好的有机溶剂。

五、有机高分子化合物

（一）基本概念

1. 链节、聚合度

有机高分子化合物（以下简称高分子化合物）的分子量很大，都是由成千上万的原子以共价键相互连接而成，但是它们的分子的化学组成比较简单，高分子化合物是由一些简单的结构单元多次重复而成。这种结构单元叫做链节，链节重复的次数叫聚合度。例如，天然橡胶的分子是由链节 $-CH_2-\underset{\underset{CH_3}{|}}{C}=CH-CH_2-$ 多次重复而成，天然橡胶化学式可写成 $\left[-CH_2-\underset{\underset{CH_3}{|}}{C}=CH-CH_2-\right]_n$，$n$ 为聚合度。

聚合物与高分子化合物的相对分子质量有如下关系：

$$M_r = n \times m$$

式中 M_r 为高分子化合物的相对分子质量；n 为聚合度；m 为链节的相对分子质量。例如，聚氯乙烯，当 $n=3000$ 时，链节的相对分子质量 $m=62$，则聚氯乙烯高分子的相对分子质量为：

$$M_r = n \times m = 600 \times 62 = 186000$$

高分子化合物在形成过程中，由于反应条件不同，所形成的高分子化合物分子的相对分子质量并不是完全相同的。由于高分子化合物是链节结构相同、聚合度不同的同系物的混合物，因此，高分子化合物的相对分子质量是平均的相对分子质量。

可知，高分子化合物是相对分子质量特别大的有机化合物的总积。按照来源，它可分为天然高分子化合物和合成高分子化合物。

2. 高分子链的结构（亦称几何形状）

高分子化合物具有链状结构，根据高分子中链节在空间连接位置的不同，高分子化合物分子链的几何形状有线型、支链型和体型三种，如图 3-5-1 所示。

图 3-5-1 高分子链的几何形状
(a) 线型；(b) 支链型；(c) 体型

线型高分子在拉伸或低温下可呈直线形状，在较高温度下或稀溶液中，则易呈卷曲形状 [图 3-5-1 (a)]。线型高分子的特点是具有弹性和可塑性，可以溶解在一定的溶剂中，加热时可以熔化，冷却后又定型，可反复加工成型，通常热塑性聚合物是线型高分子，如聚乙烯、聚氯乙烯、尼龙、未硫化的天然橡胶等。

支链型高分子就好像一根"节上生枝"的树干一样 [图 3-5-1 (b)]，支链的数量、长短可以不同，有时支链上还有支链，它的性质与线型高分子基本相同。

体型高分子是线型或支链型高分子的分子间以化学键交联而形成的，具有空间网状结构 [图 3-5-1 (c)]。这种高分子弹性、可塑性较小，而硬度和脆性则较大，一次加工成型后不再熔化，在一般溶剂作用下也不溶解，通常热固性聚合物是体型高分子，如硫化橡胶、离子交换树脂等。

(二) 高分子化合物的合成

高分子化合物是由低分子有机物（单体）相互连接在一起而形成的，这个形成的过程称为聚合反应。根据聚合反应的方式，可分为加成聚合（简称加聚）和缩合聚合（简称缩聚）两种基本类型。

1. 加聚反应

具有不饱和键（含有双、三键）的单体经加成反应形成高分子化合物，这类反应称为加聚反应，其产物称为加聚物。例如，聚氯乙烯是由一种单体氯乙烯聚合而成，属均聚物；丁苯橡胶是由丁二烯、苯乙烯两种单体聚合而成，属共聚物。

$$n\text{CH}_2=\text{CH} \atop \text{Cl} \xrightarrow{\text{均聚反应}} {\begin{array}{c}-\!\!\!\left[\text{CH}_2-\text{CH}\right]\!\!\!-_n \\ \text{Cl}\end{array}}$$

氯乙烯　　　　聚氯乙烯

$$n\text{CH}_2=\text{CH}-\text{CH}=\text{CH}_2 + n\,\underset{}{\text{CH}=\text{CH}_2 \atop \bigcirc} \xrightarrow{\text{共聚反应}} -\!\!\!\left[\text{CH}_2-\text{CH}=\text{CH}-\text{CH}_2-\text{CH}-\text{CH}_2\right]\!\!\!-_n$$

丁二烯　　　苯乙烯　　　　　　　　　　　丁苯橡胶

加聚反应在几秒内即可完成。加聚反应合成的高聚物中链节的化学组成和原料单体的组成相同，但化学结构不同。

2. 缩聚反应

缩聚反应是指单体在聚合过程中，同时缩减掉一部分低分子化合物的反应。由缩聚反应得到的聚合物称为缩聚物。在缩聚反应中，由于有一部分低分子缩减掉了，因而缩聚物的链节与单体有所不同。例如，当己二胺与己二酸进行缩聚反应时，己二酸分子上的羧基与己二胺分子上的氨基相互在各自分子两端发生缩合，生成聚酰胺-66（尼龙-66）。聚酰胺-66 的每个链节都是由己二酸与己二胺分子间脱水缩合而成的。

$$n\text{NH}_2-(\text{CH}_2)_6-\underset{\text{H}}{\text{N}}-\text{H} + n\text{HO}-\underset{\text{O}}{\overset{\|}{\text{C}}}-(\text{CH}_2)_4-\text{COOH} \longrightarrow$$

己二胺 己二酸

$$\left[\text{NH}-(\text{CH}_2)_6-\text{NCH}(\text{CH}_2)_4-\underset{\text{O}}{\overset{\|}{\text{C}}}\right]_n + (2n-1)\text{H}_2\text{O}$$

尼龙-66

（三）高分子化合物的性能

1. 高分子化合物的柔顺性和结晶形态

在有机化合物中，任何一种单键（共价键）都有一定的键角和键长。这种单键可以在保持键角、键长不变的情况下转动，称为内旋转。内旋转是指每一个单键可围绕它附近的单键按一定的角度进行转动。高分子链中含有很多的单键，这些单键均可内旋转，从而使高分子链很容易卷曲成各种不同的形状。高分子的这种能力称为高分子链的柔顺性。

高分子化合物按其结构形态可分为晶态和非晶态（无定形）两种。晶态的分子是按一定的方向排列的，而非晶态分子的排列是无规则的。同一种高分子化合物可以兼有晶态和非晶态两种结构。

2. 高分子化合物的物理形态

非晶态聚合物的温度-形变曲线，如图 3-5-2 所示。

在玻璃态，整个大分子链和链段都被冻结，在聚合物受力时，仅能发生主链上键长和键角微小的改变，宏观上表现为形变量很小，形变与受力大小成正比。当外力除去后，形变能立即恢复，这种形变称为普弹形变。

随着温度的升高，分子热运动能量增加，当温度升高到玻璃化温度以上时，虽然整个大分子链仍不能移动，但链段却可随外力作用的方向而运动，由此产生很大的形变，外力解除后，形变能恢复原状，因此称这种受力后产生很大形变、外力解除后又可恢复的形变为高弹形变，所处的状态称为高弹态。由玻璃态转变到高弹态的温度称为玻璃化温度，用 T_g 表示。

温度再升高，不仅链段，而且整个大分子链都能发生相对滑动，它同小分子液体类似，这种流动形变是不可逆的，外力除去后，流动形态不能恢复，这种形变称为黏流形变，所处的状态称为黏流态。由高弹态转变到黏流态的温度称为黏

图 3-5-2 非晶态聚合物的温度-形变曲线

流化温度，用 T_f 表示。

结晶聚合物，若其相对分子质量不太大，加热到熔点 T_m（即结晶熔化的温度）后就直接产生流动而进入黏流态。

塑料在室温下大都处于玻璃态，T_g 是其使用的上限温度；橡胶处于高弹态，T_g 是其使用的下限温度。

大多数合成纤维是结晶聚合物，熔点 T_m 是其使用的上限温度。

聚合物的玻璃化温度 T_g 越高，其使用温度也越高，即表明其耐热性越高。

（四）重要的高分子材料

高分子材料也称为聚合物材料，它以高分子化合物为基体，再配有其他添加剂（助剂）。按性能和用途可分为塑料、橡胶、纤维、胶黏剂、涂料、功能高分子材料及聚合物基复合材料等。随着3D打印技术的迅速发展，应用范围较广的3D打印材料是工程塑料。

1. 塑料

塑料根据受热后性能的不同分为热塑性塑料和热固性塑料，前者的基料是线型或支链型高分子化合物，具有热塑性，可以反复加热成型。后者的基料是体型高分子化合物，具有热固性，只能一次加热成型，不能反复加工。塑料根据用途不同可分为通用塑料、工程塑料等。

（1）通用塑料

通用塑料是指应用范围广、产量大的塑料，主要有以下几种：

1）聚氯乙烯（PVC）：$-[CH_2-CHCl]_n-$，主要用作建筑管道、化工输送管道、农用薄膜等。

2）聚苯乙烯（PS）：$-[CH_2-CH(C_6H_5)]_n-$，主要用作玩具、电器外壳、泡沫塑料及防震、隔声、隔热保暖材料。

3）聚乙烯（PE）：$-[CH_2-CH_2]_n-$，主要用作各种输送饮管、食品包装材料等。

上述塑料为热塑性塑料。

（2）工程塑料

工程塑料指有特种性能和特殊用途的塑料，主要有以下几种：

1）ABS塑料：由丙烯腈、丁二烯和苯乙烯共聚而成，广泛用于电信器材、汽车和飞机零部件等。

2）聚甲醛（POM）：$-[CH_2-O]_n-$，用作汽车轴承、喷雾器喷嘴、自来水管、煤气管、阀门及泵体等。

3）聚酰胺（PA 尼龙）：$-[\overset{O}{\underset{\|}{C}}-(CH_2)_4-\overset{O}{\underset{\|}{C}}-NH-(CH_2)_6-NH]_n-$，尼龙66，主要用作化纤，也作缆绳、轴承等。

4）聚碳酸酯（PC）：$\text{\textthreesuperior}\!\!\left[\!\!-\text{O}-\!\!\bigcirc\!\!-\overset{\overset{\displaystyle CH_3}{|}}{\underset{\underset{\displaystyle CH_3}{|}}{C}}-\!\!\bigcirc\!\!-\text{O}-\overset{\overset{\displaystyle O}{\|}}{C}-\right]_n$，可用作信号灯罩、汽车和飞机的挡风玻璃、驾驶员头盔等。

5）聚甲基丙烯酸甲酯：$\left[\!\!-CH_2-\overset{\overset{\displaystyle CH_3}{|}}{\underset{\underset{\displaystyle COOCH_3}{|}}{CH}}-\right]_n$，俗称有机玻璃，用于各种光学透镜、光学仪器及光纤等。

2. 合成橡胶

橡胶是在室温下处于高弹态的高分子材料，可分为通用橡胶和特种橡胶两大类。

（1）通用橡胶

1）丁苯橡胶是由丁二烯和苯乙烯共聚的产物。

2）异戊橡胶是由氯丁二烯均聚而成。

3）丁腈橡胶是丁二烯与丙烯腈的共聚物。

（2）特种橡胶

特种橡胶是生产量相对较少而有特殊用途的橡胶。

1）硅橡胶是二甲基二氯硅烷的均聚物。

2）氟橡胶是四氯乙烯与六氟丙烯等的共聚物。

3. 合成纤维

合成纤维是指可加工成纤维使用的合成高分子材料。

常用的合成纤维有：涤纶（聚酯-对苯二甲酸乙二酯）、锦纶（聚酰胺纤维）、腈纶（聚丙烯腈）、氯纶（聚氯乙烯）、丙纶（聚丙烯）等。

【例 4-5-14】（历年真题）人造象牙的主要成分是$[\!-CH_2-O\!-]_n$，它是经加聚反应制得的。合成此高聚物的单体是：

A.（CH_3）$_2$O　　　　　　　　B. CH_3CHO
C. HCHO　　　　　　　　　D. HCOOH

【解答】加聚反应，加聚物的化学组成与原料单体的组成相同，应选 C 项。

【例 4-5-15】（历年真题）人造羊毛的结构简式为：$\left[\!\!-CH_2-\underset{\underset{\displaystyle CN}{|}}{CH}-\right]_n$，它属于：

①共价化合物；②无机化合物；③有机化合物；④高分子化合物；⑤离子化合物。

A. ②④⑤　　　　　　　　　B. ①④⑤
C. ①③④　　　　　　　　　D. ③④⑤

【解答】人造羊毛为聚丙烯腈，由单体丙烯腈通过加聚反应合成，为高分子化合物；其分子中存在共价键，为共价化合物，同时为有机化合物。应选 C 项。

【例 4-5-16】（历年真题）某高聚物分子的一部分为：

$$CH_2\!-\!\underset{\underset{\displaystyle COOCH_3}{|}}{CH}\!-\!CH_2\!-\!\underset{\underset{\displaystyle COOCH_3}{|}}{CH}\!-\!CH_2\!-\!\underset{\underset{\displaystyle COOCH_3}{|}}{CH}\!-$$

在下列叙述中，正确的是：

A. 它是缩聚反应的产物

B. 它的链节为
$$-\underset{\underset{H}{|}}{\overset{\overset{CH_3}{|}}{C}}-\underset{\underset{COOCH_3}{|}}{\overset{\overset{H}{|}}{C}}-$$

C. 它的单体为 $CH_2=CHCOOCH_3$ 和 $CH_2=CH_2$

D. 它的单体为 $CH_2=CHCOOCH_3$

【解答】该高聚物分子的重复单元即链节为：$-CH_2-\underset{\underset{COOCH_3}{|}}{CH}-$，故其单体为：$CH_2=CHCOOCH_3$，故选 D 项。

习 题

3-5-1 （历年真题）下列各化合物的结构式，不正确的是：

A. 聚乙烯：$\{CH_2-CH_2\}_n$　　B. 聚氯乙烯：$\{CH_2-\underset{\underset{Cl}{|}}{CH}\}_n$

C. 聚丙烯：$\{CH_2CH_2CH_2\}_n$　　D. 聚 1-丁烯：$\{CH_2CH(C_2H_5)\}_n$

3-5-2 （历年真题）六氯苯的结构式正确的是：

A. (联苯六氯结构)　　B. (二苯基乙烷六氯结构)

C. (苯环六氯) 　　D. (环己烷六氯)

3-5-3 （历年真题）下列物质中，两个氢原子的化学性质不同的是：

A. 乙炔　　B. 甲酸

C. 甲醛　　D. 乙二酸

3-5-4 （历年真题）苯胺酸和山梨酸（$CH_3CH=CHCH=CHCOOH$）都是常见的食品防腐剂。下列物质中只能与其中一种酸发生化学反应的是：

A. 甲醇　　B. 溴水

C. 氢氧化钠　　D. 金属钾

3-5-5 （历年真题）受热到一定程度就能软化的高聚物是：

A. 分子结构复杂的高聚物　　B. 相对摩尔质量较大的高聚物

C. 线型结构的高聚物　　D. 体型结构的高聚物

3-5-6 （历年真题）下列物质中与乙醇互为同系物的是：

A. $CH_2=CHCH_2OH$ B. 甘油

C. ⌬—CH_2OH D. $CH_3CH_2CH_2CH_2OH$

3-5-7 （历年真题）下列有机物不属于烃的衍生物的是：

A. $CH_2=CHCl$ B. $CH_2=CH_2$

C. $CH_3CH_2NO_2$ D. CCl_4

3-5-8 （历年真题）下列物质在一定条件下不能发生银镜反应的是：

A. 甲醛 B. 丁醛

C. 甲酸甲酯 D. 乙酸乙酯

3-5-9 （历年真题）下列物质一定不是天然高分子的是：

A. 蔗糖 B. 塑料

C. 橡胶 D. 纤维素

3-5-10 （历年真题）化合物对羟基苯甲酸乙酯，其结构式为HO—⌬—$COOC_2H_5$，它是一种常用的化妆品防霉剂。下列叙述正确的是：

A. 它属于醇类化合物

B. 它既属于醇类化合物，又属于酯类化合物

C. 它属于醚类化合物

D. 它属于酚类化合物，同时还属于酯类化合物

习题解答与参考答案

第一节

3-1-1 **解答**：$BeCl_2$ 中 Be 为 sp 杂化。
答案：A

3-1-2 **解答**：26 号铁的价层电子构型为：$3d^6 4s^2$
答案：B

3-1-3 **解答**：该元素基态的外层电子构型为 $3d^{10} 4s^1$，为铜（29）。
答案：C

3-1-4 **解答**：15 号元素的外层电子构型为：$3s^2 3p^3$，未成对电子数为 3。
答案：D

第二节

3-2-1 **解答**：$K_{sp}^{\ominus} = S \times 0.01^2 = 5.6 \times 10^{-12}$，则：$S = 5.6 \times 10^{-8}$
答案：C

3-2-2 **解答**：$pH = pK_a - \lg \dfrac{C_{酸}}{C_{弱酸盐}}$，现 $C_{酸} = C_{弱酸盐}$，故 pH 不变。
答案：C

3-2-3 **解答**：它们均与温度有关，为温度的函数
答案：B

3-2-4 **解答**：$pH = 2$，则：$C_{H^+} = 10^{-2}$，$C_{OH^-} = 10^{-12}$
$pH = 4$，则：$C_{H^+} = 10^{-4}$，$C_{OH^-} = 10^{-10}$
答案：C

3-2-5 **解答**：Na_2CO_3 水解后 $pH > 7$。
答案：B

3-2-6 **解答**：$C_{OH^-} = \sqrt{K_h \cdot C} = \sqrt{\dfrac{K_w}{K_a} \cdot C} = \sqrt{\dfrac{1 \times 10^{-14}}{1.8 \times 10^{-5}} \times 0.1} = 7.5 \times 10^{-6}$

$C_{H^+} = \dfrac{1 \times 10^{-14}}{C_{OH^-}} = 1.3 \times 10^{-9}$，$pH = -\lg C_{H^+} = 8.88$

答案：D

第三节

3-3-1 **解答**：$Cu^{2+}+2e^-=Cu$，故 H^+ 未参与反应，铜电极电势不变。
答案：C

3-3-2 **解答**：电对 Fe^{3+}/Fe^{2+}：$Fe^{3+}+e^-=Fe^{2+}$，故 H^+ 未参与反应，该电对电极电势不变。

电对 MnO_4^-/Mn^{2+}：$MnO_4^-+8H^++7e^-=Mn^{2+}+4H_2O$，故 H^+ 参与反应，由能斯特方程：$E=E^\ominus-\dfrac{0.0592}{7}\lg\dfrac{C_{Mn^{2+}}}{C_{MnO_4^-}\cdot[C_{H^+}]^8}$，$C_{H^+}$ 变大，E 变大。

答案：C

3-3-3 **解答**：负极 $Zn^{2+}+2e^-=Zn$

$$E_{Zn^{2+}/Zn}=E^\ominus_{Zn^{2+}/Zn}-\dfrac{0.0592}{2}\lg\dfrac{1}{C_{Zn^{2+}}}$$

$ZnSO_4$ 的 C_1 变大，则 $E_{Zn^{2+}/Zn}$ 变大，即 $E_{(-)}$ 变大。

$E=E_{(+)}-E_{(-)}$ 变小。

答案：B

第四节

3-4-1 **解答**：活化能越小，反应速率越快。
答案：C

3-4-2 **解答**：气体分子数增大的反应，其 $\Delta_r S^\ominus_m>0$。
答案：C

3-4-3 **解答**：由 $\Delta_r G^\ominus_m=-RT\ln K^\ominus$ 可知：$K^\ominus<1$，则 $\Delta_r G^\ominus_m>0$。
答案：A

3-4-4 **解答**：$K^\ominus=\dfrac{\dfrac{p(PCl_5)}{100}}{\dfrac{p(PCl_3)}{100}\times\dfrac{p(Cl_2)}{100}}=0.767$

可得：$p(Cl_2)=100/0.767=130.38 kPa$

答案：A

3-4-5 **解答**：平衡时，$p(C)=100 kPa$，$p(A)=300-100=200 kPa$，$p(B)=300-50=250 kPa$，则：

$$K^\ominus=\dfrac{\left(\dfrac{100}{100}\right)^2}{\left(\dfrac{200}{100}\right)^2\times\dfrac{250}{100}}=0.1$$

答案：A

第五节

3-5-1 **解答**：聚丙烯为：$+CH_2-CH+_n$
                                       $|$
                                      CH_3

答案：C

3-5-2 **解答**：苯环上六个 H 原子被 Cl 取代。

答案：C

3-5-3 **解答**：甲酸 $H-\overset{\overset{O}{\|}}{C}-OH$

答案：B

3-5-4 **解答**：仅溴水与山梨酸发生加成反应。

答案：B

3-5-5 **解答**：线型结构的高聚物受热到一定程度就能软化。

答案：C

3-5-6 **解答**：D 项与乙醇互为同系物。

答案：D

3-5-7 **解答**：乙烯 $CH_2=CH_2$ 不属于烃的衍生物。

答案：B

3-5-8 **解答**：含有醛基（—CHO）的物质会发生银镜反应。

答案：D

3-5-9 **解答**：排除法，蔗糖不是天然高分子。

答案：A

3-5-10 **解答**：排除法，A 项、B 项不对；C 项也不对。

答案：D

第四章 理论力学

第一节 静力学的基本原理和平面力系的简化

静力学主要研究物体在力的作用下的平衡问题，主要包括力系的简化和力系的平衡。在静力学中，所研究的物体都是指刚体。所谓刚体，是指在任何外力作用下都不变形的物体。

一、静力学的基本概念

1. 力的概念

力是指物体间的相互机械作用。力的作用有两种效应：运动效应（使物体产生运动状态变化）和变形效应（使物体产生形状变化）。在运动效应中，平衡是运动的一种特殊形式，它一般是指物体相对于地面保持静止或作匀速直线运动。

力对物体的作用效应取决于力的三要素：力的大小、方向和作用点。力的方向是指力在空间的方位和指向，力的作用点是指力在物体上的作用位置。力是矢量，其可以用带箭矢的线段表示。力的作用线是指过力的作用点沿力的矢量方向画出的直线。

在国际单位制中，力的单位为牛顿（N）或千牛顿（kN）。使 1kg 质量的物体产生 $1m/s^2$ 加速度的力定义为 1N。

为了区分，本章中一般用黑体 $\boldsymbol{F}$ 表示矢量，用普通字母 F 表示力的大小。

2. 静力学公理

（1）力的平行四边形法则

作用于物体上同一点的两个力可以合成为作用于该点的一个合力 $\boldsymbol{F}_R$，该合力 $\boldsymbol{F}_R$ 的大小和方向由这两个力矢量为邻边所构成的平行四边形的对角线表示。这一矢量和法则称为力的平行四边形法则 [图 4-1-1（a）]，记为：

$$\boldsymbol{F}_R = \boldsymbol{F}_1 + \boldsymbol{F}_2 \tag{4-1-1}$$

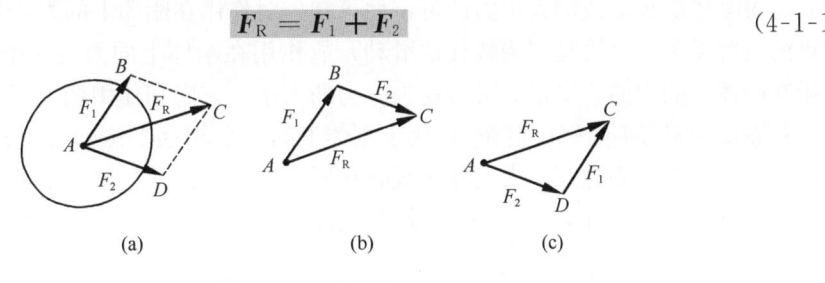

图 4-1-1 力的合成
(a) 平行四边形法则；(b)、(c) 三角形法则

也可采用三角形法则求合力的大小和方向 [图 4-1-1（b）]，作矢量 AB 代表力 $\boldsymbol{F}_1$，再从 $\boldsymbol{F}_1$ 的终点 B 作矢量 BC 代表力 $\boldsymbol{F}_2$，最后从 A 点指向终点 C 的矢量 AC 就代表合力 $\boldsymbol{F}_R$。此外，也可先作 $\boldsymbol{F}_2$，再从 $\boldsymbol{F}_2$ 的终点作 $\boldsymbol{F}_1$，所得合力相同 [图 4-1-1（c）]。因此，三角形

法则与分力的次序无关。

 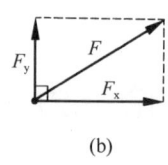

图 4-1-2 力的分解
(a) 力的任意方向分解；(b) 正交分解

注意：分力可以合成为一个合力，其逆过程是将一个合力用两个分力来代替，称为力的分解。由力的平行四边形法则可知，力的合成结果是唯一的，而力的分解结果有无数个[图 4-1-2 (a)]。通常将力 F 分解为两个正交方向的分力 F_x 和 F_y，见图 4-1-2 (b)。

(2) 二力平衡原理

作用于同一刚体上的两个力，使刚体平衡的必要和充分条件是：这两个力等值、反向、共线。在图 4-1-3 (a) 中，假若各物体在力 F_1 及 F_2 的作用下保持平衡，则此两力必等值、反向，并沿着其作用点 A、B 的连线，作用在同一物体上。否则，该物体就不能平衡。通常将受两个力作用处于平衡的构件称为二力杆，例如图 4-1-3 (b) 中杆件均属于二力杆。

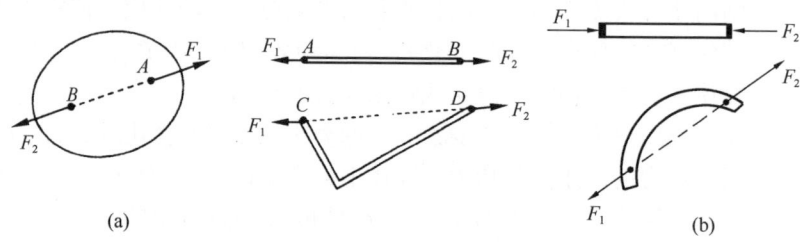

图 4-1-3 二力平衡
(a) 二力平衡条件；(b) 二力杆

(3) 加减平衡力系原理

在作用于刚体上的任一力系中，加上或者减去一个平衡力系，所得新力系与原力系对刚体的运动效应相同，称为加减平衡力系原理。根据加减平衡力系原理可推导出下面两个推论：

推论1：力的可传性。作用于刚体上的力可沿其作用线移至刚体内的任一点，而不改变此力对刚体的运动效应。由力的可传性可知，对作用在刚体上的力，其作用的效应与作用点的位置无关，可沿其作用线任意滑动，故作用在刚体上的力是一个滑动矢量。这样，作用在刚体上的力的三要素又可表述为：力的大小、方向和作用线。

推论2：三力汇交平衡定律。作用于刚体上的三个相互平衡的力，若其中两个力的作用线汇交于一点，则这三个力的作用线必在同一平面内，并且第三个力的作用线一定通过汇交点。如图 4-1-4 中，三个力一定汇交于 O 点。

(4) 作用与反作用定律

两物体间的相互作用力总是大小相等、方向相反、沿同一作用线，分别作用于这两个物体上。

(5) 刚化原理

 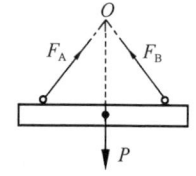

图 4-1-4 三力汇交平衡

当变形体在已知力系作用下处于平衡时，若将此变形体转换为刚体（刚化），其平衡状态不变。

3. 力矩

对于一般情况，作用在物体上质心以外点的力将使物体产生移动，同时也能使物体产生相对于质心的转动。力对物体的转动效应用力矩来度量：力对某点的矩是力使物体绕该点转动效应的度量，而力对某轴的矩，则是力使物体绕该轴转动效应的度量。

（1）力对点的矩（简称力矩）

在平面问题中，力 F 对矩心 O 的矩是个代数量，即：

$$M_O(F) = \pm Fa \tag{4-1-2}$$

式中，a 为矩心 O 点至力 F 作用线的距离，称为力臂。通常规定力使物体绕矩心转动的方向即力矩的转向为逆时针方向，上式取正号，反之则取负号。

在空间问题中，力对点之矩是个定位矢（图 4-1-5），其表达式为：

$$\boldsymbol{M}_O(\boldsymbol{F}) = \boldsymbol{M}_O = \boldsymbol{r} \times \boldsymbol{F} \tag{4-1-3}$$

力矩的单位为 N·m（牛·米）或 kN·m（千牛·米）。

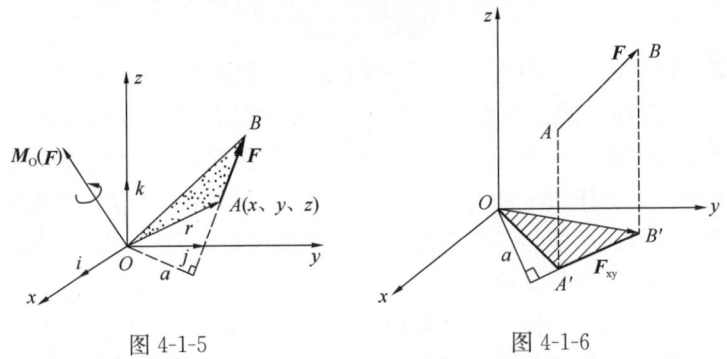

图 4-1-5　　　　　　图 4-1-6

（2）力对轴的矩

力 F 对任一 z 轴的矩定义为力 F 在垂直 z 轴的平面上的投影对该平面与 z 轴交点 O 的矩（图 4-1-6），即：

$$M_z(F) = M_O(F_{xy}) = \pm F_{xy} \cdot a = \pm 2\Delta OA'B' \tag{4-1-4}$$

其大小等于二倍三角形 $OA'B'$ 的面积，正负号用右手螺旋法则确定。显然，当力 F 与矩轴 z 共面（包括平行与相交）时，力对该轴之矩等于零。其单位与力矩的单位相同。

3. 合力矩定理

汇交力系的合力对某点（或某轴）之矩等于力系中各分力对同一点（或同一轴）之矩的矢量和（或代数和），即：

$$\boldsymbol{M}_O(\boldsymbol{R}_R) = \sum \boldsymbol{M}_O(\boldsymbol{F}_i) \tag{4-1-5}$$

或

$$M_z(F_R) = M_z(F_i) \tag{4-1-6}$$

【例 4-1-1】（历年真题）图示结构直杆 BC，受荷载 F、q 作用，$BC=L$，$F=qL$，其中 q 为荷载集度，单位为 N/m，集中力以 N 计，长度以 m 计。则该主动力系对 O 点的合力矩为：

A. $M_O = 0$

B. $M_O = \dfrac{qL^2}{2} \text{N} \cdot \text{m}$ (↺)

C. $M_O = \dfrac{3qL^2}{2} \text{N} \cdot \text{m}$ (↺)

D. $M_O = qL^2 \text{kN} \cdot \text{m}$ (↺)

【解答】根据合力矩定理：
$$M_O(F_R) = M_O(F) + M_O(ql) = 0 + 0 = 0$$
应选 A 项。

例 4-1-1 图

4. 力偶

（1）力偶与力偶矩

刚体在一对大小相等、方向相反、作用线相互平行的力作用下，将只产生转动。由这一对力组成的力系称为力偶，如图 4-1-7 所示，记为：$(\boldsymbol{F}, \boldsymbol{F}')$。力偶所在平面称为力偶作用面，力偶的两力间的垂直距离 d 称为力偶臂。力偶对刚体的转动效应用力偶矩来度量。对于平面力偶系，力偶矩的值等于力的大小与力偶臂的乘积，即：

$$M = \pm Fd \tag{4-1-7}$$

由上式可知，在平面力偶中 M 是一个代数量。力偶矩的单位是牛顿·米（N·m）或千牛·米（kN·m）。在平面力偶系中，正负号表示力偶的转动方向，通常规定逆时针方向为正，顺时针方向为负。在空间力偶系中 M 是一个矢量，称为力偶矩矢量，其三要素是：力偶矩的大小、力偶作用平面的方位、力偶矩矢量的指向（按右手螺旋法则确定）。

力偶的性质是：力偶不能与一个力等效（即力偶没有合力），力偶只能由力偶来平衡。

（2）力偶的等效条件及其推论

力偶没有合力，力偶对刚体的作用效应取决于力偶矩矢量，因此，两力偶等效的充分必要条件是两个力偶的力偶矩矢量相等。由此，可得力偶性质的推论如下：

1) 力偶可在其作用平面内任意移动，而不会改变对刚体的作用效应。

2) 保持力偶矩的大小和转向不变，可同时改变力偶中力的大小与力偶臂的长短，而不会改变对刚体的作用效应。

可知，力偶矩是力偶作用的唯一度量，故常采用图 4-1-8 所示的符号来表示力偶，其中 M 为力偶矩。

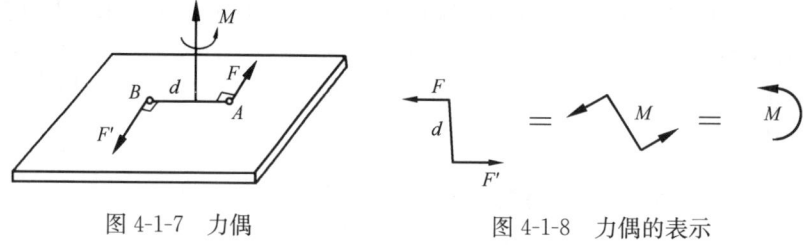

图 4-1-7 力偶   图 4-1-8 力偶的表示

在平面力偶系中，力偶对平面内任意点的力偶矩都相同，与该任意点位置无关。

（3）力偶的合成

平面力偶系可以合成为一个合力偶，此合力偶的力偶矩等于力偶中各分力偶矩的代数和，即：

$$M = M_1 + M_2 + \cdots + M_n = \sum M_i \tag{4-1-8}$$

二、平面力系的简化

1. 平面汇交力系的合成

平面汇交力系的合成可采用几何法和解析法。

(1) 平面汇交力系合成的几何法

如图 4-1-9（a）所示，平面汇交力系由 F_1、F_2、F_3、F_4 四个力组成，利用平行四边形法则或三角形法则，现将其中某两个力（例如 F_1、F_2）合成为一个合力，其仍作用于公共作用点 A。这样，对该汇交力系只需连续采用三角形法则将各力依次合成，即可得该汇交力系的合力 F_R，如图 4-1-9（b）所示。实际上，作图时中间合力的过程可以不画，直接将所有分力首尾依次相连，组成一个"开口"的力多边形 $Aabcd$，其从起始点 A 指向终点 d 的力 F_R 即为该汇交力系的合力，如图 4-1-9（c）所示。用力多边形求合力的方法称为力多边形法则。

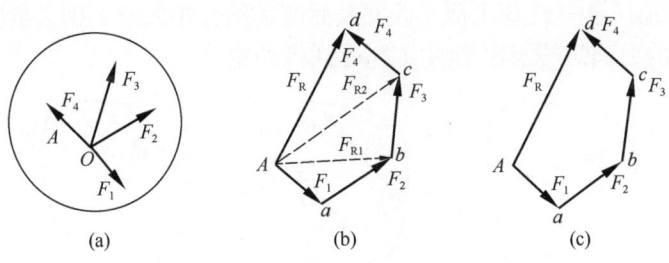

图 4-1-9 力多边形法则

(2) 平面汇交力系合成的解析法

如图 4-1-10 所示，为了得到力 F 在 x 轴上的投影，过力 F 的起点 A 和终点 B 分别作 x 轴的垂线，所得垂足 a 和 b 之间的线段长度即为力 F 在 x 轴上的投影的绝对值。当 a 到 b 的指向与 x 轴的正方向一致时，投影为正，反之为负。故力 F 在 x 轴上的投影是一个代数量，用符号 F_x 表示，其大小等于力 F 的大小乘以力 F 与 x 轴正方向夹角 α 的余弦，即：

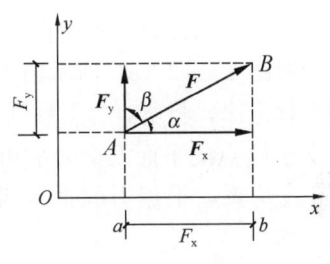

图 4-1-10 力的投影

$$F_x = F\cos\alpha$$

同理，力 F 在 y 轴上的投影，即：

$$F_y = F\cos\beta = F\sin\alpha$$

合力投影定律：平面汇交力系的合力在任一坐标轴上的投影等于力系中各分力在同一坐标轴上投影的代数和，即：

$$F_{Rx} = F_{1x} + F_{2x} + \cdots = \sum F_{ix} \tag{4-1-9}$$

$$F_{Ry} = F_{1y} + F_{2y} + \cdots = \sum F_{iy} \tag{4-1-10}$$

此外，合力投影定律也适用于平面任意力系。

【例 4-1-2】（历年真题）将大小为 100N 的力 F 沿 x、y 方向分解，若 F 在 x 轴上的投影为 50N，而沿 x 方向的分力的大小为 200N，则 F 在 y 轴上的投影为：

A. 0　　　　　　　B. 50N

C. 200N　　　　　D. 100N

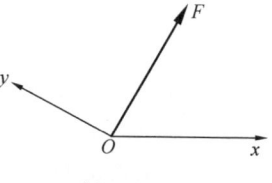

例 4-1-2 图

【解答】由 $F_x = F\cos\alpha$，故 $\alpha = 60°$；

又 F_x 的大小为 F 大小的 2 倍，可知，F 与 y 轴垂直，其上投影为 0，如图所示，应选 A 项。

2. 平面任意力系的简化

(1) 力的平移定律

如图 4-1-11 所示，力 F 作用在刚体上的 A 点，根据加减平衡力系原理，在刚体上的任意一点 B 点处加上一对与 F 大小相等、方向平行的平衡力 F' 和 F''（$F=F'=-F''$），将与原力系等效。然后，将其重新组合成一个力偶（F, F''）和一个力 F'，将（F, F''）称为附加力偶，其力偶矩 $M=Fd=M_B(F)$。由此得到力的平移定律：作用在刚体上 A 点的力 F 要平行移动到任意一点 B 点而不改变其对刚体的作用效应，则必须同时附加一个力偶，该附加力偶的力偶矩等于原来的力 F 对 B 点的矩。

图 4-1-11　力的平移

(2) 平面任意力系向作用面内一点的简化

对图 4-1-12（a）所示的平面任意力系，在平面内任一点 O 点作为简化中心，根据力的平移定律，将所有力平移到 O 点，如图 4-1-12（b）所示，可知作用在 O 点的力是一个汇交于 O 点的平面汇交力系和一个由附加力偶组成的平面力偶系。对于汇交于 O 点的平面汇交力系，根据力的平行四边形法则，其最后合成为一个力 F_R，如图 4-1-12（c）所示，即：

$$F_R = F'_1 + F'_2 + \cdots = \sum F'_i \tag{4-1-11}$$

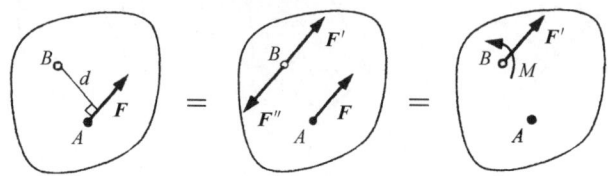

图 4-1-12　平面任意力系的简化

对于平面力偶系可合成为一个力偶 M_O，即：

$$M_O = M_1 + M_2 + \cdots = \sum M_i \tag{4-1-12}$$

由上可知，一般情况下，平面任意力系向平面内任一点简化，可得一个力 F_R 和一个力偶 M_O。力 F_R 等于原力系各力的矢量和，作用在简化中心，称为主矢量，简称主矢。力偶 M_O 等于原力系对简化中心的力偶矩的代数和，称为主矩。

（3）平面任意力系简化的最后结果

平面任意力系简化的最后结果，见表 4-1-1。

平面任意力系简化的最后结果　　表 4-1-1

F_R（主矢）	M_O（主矩）	最后结果	说明
$F_R \neq 0$	$M_O \neq 0$	合力	合力作用线到简化中心的距离为 $d = \dfrac{\|M_O\|}{F_R}$
	$M_O = 0$	合力	合力作用线通过简化中心
$F_R = 0$	$M_O \neq 0$	合力偶	此时主矩与简化中心的位置无关
	$M_O = 0$	平衡	此为平面任意力系平衡的充分必要条件

【例 4-1-3】（历年真题）力 F_1、F_2、F_3、F_4 分别作用在刚体上同一平面内的 A、B、C、D 四点，各力矢首尾相连形成一矩形如图所示。该力系的简化结果为：

A. 平衡　　　　　B. 一合力
C. 一合力偶　　　D. 一力和一力偶

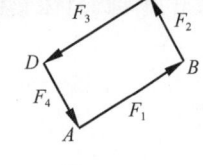

例 4-1-3 图

【解答】力系简化后，其主矢为零，F_1 与 F_3 形成逆时针方向的力偶，F_2 与 F_4 形成逆时针方向的力偶，其主矩为一合力偶，应选 C 项。

【例 4-1-4】（历年真题）图示平面力系中，已知 $q=10\text{kN/m}$，$M=20\text{kN}\cdot\text{m}$，$a=2\text{m}$。则该主动力系对 B 点的合力矩为：

A. $M_B = 0$
B. $M_B = 20\text{kN}\cdot\text{m}$（↶）
C. $M_B = 40\text{kN}\cdot\text{m}$（↶）
D. $M_B = 40\text{kN}\cdot\text{m}$（↷）

例 4-1-4 图

【解答】$M_B = M - \dfrac{qa^2}{2} = 20 - \dfrac{10 \times 2^2}{2} = 0$

应选 A 项。

【例 4-1-5】（历年真题）图示边长 a 的正方形物块 $OABC$。已知：力 $F_1 = F_2 = F_3 = F_4 = F$，力偶矩 $M_1 = M_2 = Fa$。该力系向 O 点简化后的主矢及主矩应为：

A. $F_R = 0\text{N}$，$M_O = 4Fa$（↶）
B. $F_R = 0\text{N}$，$M_O = 3Fa$（↶）
C. $F_R = 0\text{N}$，$M_O = 2Fa$（↶）
D. $F_R = 0\text{N}$，$M_O = 2Fa$（↷）

例 4-1-5 图

【解答】向 O 点简化后，主矢 $F_R = 0$。
$M_O = M_1 + F_2 a + F_3 a - M_2 = Fa + Fa + Fa - Fa = 2Fa$（↶）

应选 D 项。

三、约束与约束力

1. 约束与约束力

约束是指阻碍物体运动的限制物。约束力（亦称约束反力）是指约束施加于被约束物体的力。除约束力以外的其他力称为主动力，例如重力、土压力、水压力、风压力等。一般地，主动力是已知的，而约束力是未知的。约束力的方向总是与约束所能阻止物体的运动或运动趋势方向相反。工程中常见的约束类型及其确定约束力的方法如下：

（1）柔索约束

由绳索、皮带、链条等构成的约束称为柔索约束。该类约束的特点是柔索本身只能承受拉力，故其对物体的约束力也只能是拉力。因此，柔索约束的约束力必定沿着柔索的中心线且背离被约束物体，如图 4-1-13 所示。

（2）光滑接触面约束

光滑接触面约束只能阻碍物体沿接触面的公法线方向往约束内部的运动，而不能阻碍物体在切线方向的运动，因此，该类约束的约束力作用在接触点，方向沿接触面的公法线并指向被约束物体，如图 4-1-14 所示。

图 4-1-13 柔索约束　　　　　图 4-1-14 光滑接触面约束

（3）铰链连接和固定铰支座

1）铰链连接

两个构件用圆柱形光滑销钉连接起来，这种约束称为铰链连接，简称铰接，如图 4-1-15（a）所示。铰链的表示方式用小圆圈，见图 4-1-15（c）。铰链约束的特点是被连接的两个构件可以绕销钉轴线相对转动和沿销钉轴线相对滑动，但不能在垂直于销钉轴线平面内任意方向相对移动。因此，铰链的约束力作用在垂直于销钉轴线的平面内，通过销钉中心，但方向无法预先确定 [图 4-1-15（b）中 F_A]。工程中通常表示为两个相互垂直

图 4-1-15 铰链连接

的约束力 F_{xA} 和 F_{yA}，指向待定（F_{xA} 可表示为向右或向左；F_{yA} 可表示为向上或向下），见图4-1-15(d)。注意，用一个力 F_A 或用两个分力 F_{xA}、F_{yA} 表示，应结合具体受力分析问题而定。

2）固定铰支座

当铰链连接的两构件中有一个构件被固定在地基（或结构）上作为支座，则这种约束称为固定铰支座，其示意图见图 4-1-16（a）。固定铰支座的各种表示方式见图 4-1-16（c）。与铰链相同，固定铰支座的约束力的方向也无法预先确定［图 4-1-16（b）中 F_A］，工程中常用两个相互垂直的约束力 F_{xA} 和 F_{yA}，指向待定，见图 4-1-16（d）。

图 4-1-16　固定铰支座

（4）辊轴支座（亦称可动铰支座）

如图 4-1-17（a）所示，在铰链支座的底部装上一排滑轮，此时支座可沿支承面产生滚动，这种约束称为辊轴支座（亦称可动铰支座）。可动铰支座的各种表示方式见图 4-1-17（b）。可动铰支座仅限制垂直于支承面方向的运动，故其约束力通过铰链中心并垂直于支承面，指向待定（F_A 可表示为向上或向下），如图 4-1-17（c）所示。

（5）链杆约束

两端用铰链与不同的物体连接而中间不受力（忽略自重）的直杆称为链杆（或称二力杆），如图 4-1-18（a）所示中杆 AB。链杆约束只能限制物体与链杆连接的一点沿着链杆中心线方向的运动，而不能限制其他方向的运动。因此，链杆约束的约束力沿着链杆中心线，指向待定，如图 4-1-18（b）所示。

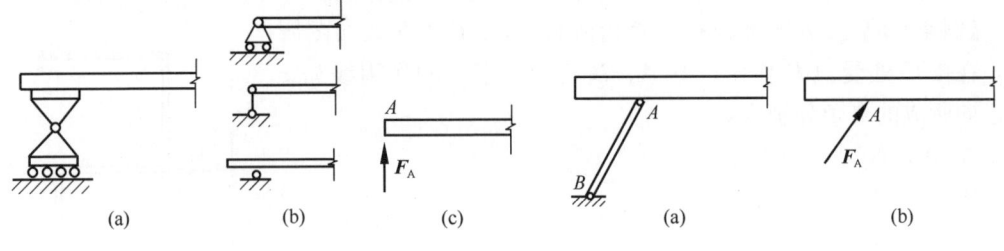

图 4-1-17　辊轴支座　　　　　图 4-1-18　链杆约束

（6）固定端约束

固定端约束的特点是：被约束物体既不能移动，也不能在约束处转动。固定端约束被用于支座时，称为固定支座。固定端约束可分为平面固定端约束和空间固定端约束。其中，平面固定端约束的约束力常用两个分约束力 F_{xA}、F_{yA} 和一个约束力偶 M_A 表示，指向均待定，如图 4-1-19（b）所示。

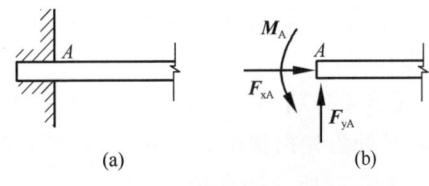

图 4-1-19　平面固定端约束

（7）定向支座（滑动支座）

如图 4-1-20（a）所示为定向支座（亦称滑动支座）的示意图。**定向支座能限制物体在支座处的转动和沿一个方向上的运动，仅允许物体在另一方向上自由滑动，其表示方式如图 4-1-20（b）、（c）所示。** 定向支座的约束力可以用一个沿链杆轴线方向的力 F_{yA} 和一个约束力偶 M_A 表示，指向均待定。

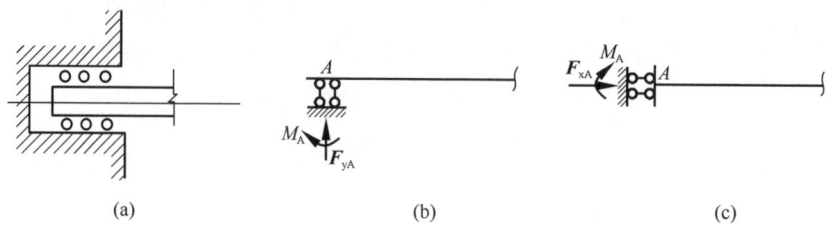

图 4-1-20 定向支座
(a)、(b) 可左右滑动；(c) 可上下滑动

注意：由多个物体组成的物体系统，整体物体系统与地基（或基础）之间常采用的约束是固定支座、固定铰支座、可动铰支座等，称为外部约束；而物体与物体之间常采用的约束是铰链、链杆、固定端约束等，称为内部约束。 其中，外部约束的约束力也称为支座反力。

2. 物体的受力分析与受力图

为了确定某个物体上所受的未知的约束力，首先必须分析物体的受力情况，明确物体受到哪些力的作用，明确每个力的作用位置和作用方向，哪些力是已知的，哪些力是未知的。这一过程称为物体的受力分析。其次，在此基础上运用平衡条件求解。

物体的受力分析的基本方法是将物体从约束中脱离出来，以相应的约束力代替约束，然后再画上所有的主动力。该过程称为画受力图。画受力图的具体步骤如下：

（1）取隔离体：根据求解需要，选择受力分析对象，并画出隔离体图。

（2）画主动力：画上该隔离体上所有的主动力。

（3）画约束力：根据约束性质，正确画出所有的约束力。

【**例 4-1-6**】（历年真题）两直角刚杆 AC、CB 支承如图所示，在铰 C 处受力 F 作用，则 A、B 两处约束力的作用线与 x 轴正向所成的夹角分别为：

A. 0°，90°
B. 90°，0°
C. 45°，60°
D. 45°，135°

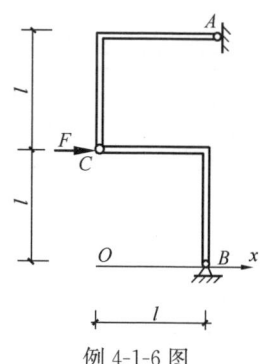

例 4-1-6 图

【**解答**】AC 杆、BC 杆均为二力杆，由三力汇交平衡定理，约束力 F_A、F_B 的作用线与 x 轴正向的夹角分别为 45°，135°，应选 D 项。

【**例 4-1-7**】（历年真题）图示构架由 AC、BD、CE 三杆组成，A、B、C、D 处为铰接，E 处为光滑接触。已知：$F_P=2kN$，$\theta=45°$，杆及轮重均不计，则 E 处约束力的方向与 x 轴正向所成的夹角为：

A. 0°   B. 45°   C. 90°   D. 225°

【解答】E 处为光滑接触面约束，故约束力 F_E 垂直于支撑斜面，与 x 轴正向的夹角为 45°，应选 B 项。

例 4-1-7 图   例 4-1-8 图

【例 4-1-8】（历年真题）图示结构，杆 DE 的点 H 由水平闸拉住，其上的销钉 C 置于杆 AB 的光滑直槽中，各杆自重均不计，已知 $F_P=10$kN。销钉 C 处约束力的作用线与 x 轴正向所成的夹角为：

A. 0°   B. 90°   C. 60°   D. 150°

【解答】销钉 C 处为光滑接触面约束，其约束力方向垂直于 AB 光滑直槽，故其作用线与 x 轴正向的夹角为 150°，应选 D 项。

【例 4-1-9】（历年真题）图示结构由直杆 AC、DE 和直角弯杆 BCD 所组成，自重不计，受荷载 F 与 $M=Fa$ 作用。则 A 处约束力的作用线与 x 轴正向所成的夹角为：

A. 135°   B. 90°
C. 0°   D. 45°

例 4-1-9 图

【解答】分别取 DE、铰 D、ABD 为研究对象，其受力分析图分别见解图（a）、(b) 和 (c)。

由图 (c)，对 B 点取力矩，约束力 F_A 与 $F'_{D左}$ 构成逆时针方向的力偶与 M（顺时针）平衡，故 F_A 方向向下，与 x 轴正向的夹角为 45°，应选 D 项。

例 4-1-9 解图

习 题

4-1-1 （历年真题）图示等边三角板 ABC，边长 a，沿其边缘作用大小均为 F 的力，方向如图所示。则此力系简化为：

A. $F_R = 0$；$M_A = \dfrac{\sqrt{3}}{2}Fa$ B. $F_R = 0$；$M_A = Fa$

C. $F_R = 2F$；$M_A = \dfrac{\sqrt{3}}{2}Fa$ D. $F_R = 2F$；$M_A = \sqrt{3}Fa$

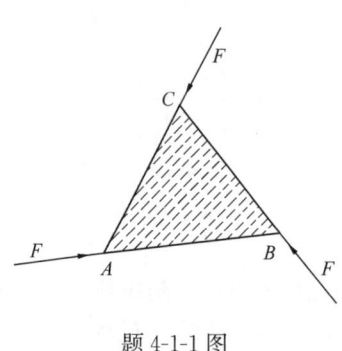

题 4-1-1 图   题 4-1-2 图

4-1-2 （历年真题）图示三铰拱上作用有大小相等、转向相反的二力偶，其力偶矩大小为 M。略去自重，则支座 A 的约束力大小为：

A. $F_{Ax} = 0$；$F_{Ay} = \dfrac{M}{2a}$ B. $F_{Ax} = \dfrac{M}{2a}$；$F_{Ay} = 0$

C. $F_{Ax} = \dfrac{M}{a}$；$F_{Ay} = 0$ D. $F_{Ax} = \dfrac{M}{a}$；$F_{Ay} = M$

4-1-3 （历年真题）在图示四个力三角形中，表示 $F_R = F_1 + F_2$ 图是：

           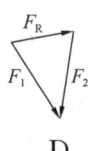

A.   B.   C.   D.

4-1-4 （历年真题）图示一绞盘有三个等长为 l 的柄，三个柄均在水平面内，其间夹角都是 $120°$。如在水平面内，每个柄端分别作用一垂直于柄的力 F_1、F_2、F_3，且有 $F_1 = F_2 = F_3 = F$，该力系向 O 点简化后的主矢及主矩应为：

A. $F_R = 0$，$M_O = 3Fl$（∩）

B. $F_R = 0$，$M_O = 3Fl$（∪）

C. $F_R = 2F$（水平向右），$M_O = 3Fl$（∩）

D. $F_R = 2F$（水平向左），$M_O = 3Fl$（∪）

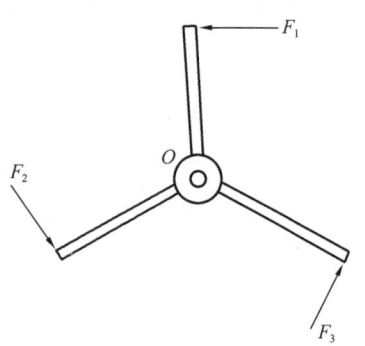

4-1-5 （历年真题）设力 $\boldsymbol{F}$ 在 x 轴上的投影为 F，则该力在与 x 轴共面的任一轴上的投影：

题 4-1-4 图

A. 一定不等于零　　　　　　　　B. 不一定不等于零
C. 一定等于零　　　　　　　　　D. 等于 F

题 4-1-6 图

题 4-1-7 图

4-1-6 （历年真题）图示平面力系，已知：$F_1=160\text{N}$，$M=4\text{N}\cdot\text{m}$，该力系向 A 点简化后的主矩大小应为：

A. $M_A=4\text{N}\cdot\text{m}$　　　　　　　B. $M_A=1.2\text{N}\cdot\text{m}$
C. $M_A=1.6\text{N}\cdot\text{m}$　　　　　　D. $M_A=0.8\text{N}\cdot\text{m}$

4-1-7 （历年真题）图示直角构件受力 $F=150\text{N}$，力偶 $M=\dfrac{1}{2}Fa$ 作用，$a=50\text{cm}$，$\theta=30°$，则该力系对 B 点的合力矩为：

A. $M_B=3750\text{N}\cdot\text{cm}$（顺时针）　　B. $M_B=3750\text{N}\cdot\text{cm}$（逆时针）
C. $M_B=12990\text{N}\cdot\text{cm}$（逆时针）　D. $M_B=12990\text{N}\cdot\text{cm}$（顺时针）

第二节　静力学的平面力系的平衡与应用

一、平面任意力系的平衡条件和平衡方程

平面任意力系平衡的必要和充分条件是主矢和主矩均等于零：$\boldsymbol{F}_R=0$，$M_O=0$。

平面任意力系的平衡方程，见表 4-2-1。

平面任意力系的平衡方程　　　　　　　　　　　　　表 4-2-1

	平衡方程	限制条件
基本形式	$\sum F_{ix}=0$，$\sum F_{iy}=0$，$\sum M_O(\boldsymbol{F}_i)=0$	均有三个独立方程，可解三个未知量
二力矩形式	$\sum F_{ix}=0$，$\sum M_A(\boldsymbol{F}_i)=0$，$\sum M_B(\boldsymbol{F}_i)=0$	AB 两点连线不能与 x 轴垂直
三力矩形式	$\sum M_A(\boldsymbol{F}_i)=0$，$\sum M_B(\boldsymbol{F}_i)=0$，$\sum M_C(\boldsymbol{F}_i)=0$	矩心 A、B、C 三点不共线

平面任意力系的平衡方程基本形式的实质是：水平方向的合力为零、铅垂方向的合力为零、对任一点 O 点的合力矩为零。

平面汇交力系、平面平行力系为平面任意力系的特殊情况，其平衡方程见表 4-2-2。

平面汇交力系和平面平行力系的平衡方程　　　　　表 4-2-2

分类		平衡方程	限制条件
平面汇交力系	基本形式	$\sum F_{ix}=0$, $\sum F_{iy}=0$	—
平面平行力系（选取 y 轴与各力作用线平行）	基本形式	$\sum F_{iy}=0$, $\sum M_A(\boldsymbol{F}_i)=0$	—
	二力矩形式	$\sum M_A(\boldsymbol{F}_i)=0$, $\sum M_B(\boldsymbol{F}_i)=0$	AB 两点连线不与各力平行

计算时选取何种形式的平衡方程，完全取决于计算是否简便。一般地，尽可能一个方程能解得一个未知量，避免解联立方程。

二、物体系统的平衡

每一种类型的力系都有确定的独立平衡方程数目，因此，能求解的未知约束力数目也是确定的。如果所考察问题的未知约束力数目恰好等于独立的平衡方程数，则未知约束力就可全部由平衡方程求得，这类问题称为静定问题，相应的结构称为静定结构；如果未知约束力的数目超过独立平衡方程的数目，仅仅运用静力学平衡方程不可能完全求得那些未知量，这类问题称为超静定问题或静不定问题，相应的结构称为超静定结构。

物体系统（也称刚体系统），是指由若干个刚体通过适当的约束相互连接而组成的系统。当系统平衡时，根据刚化原理，刚体平衡条件对系统也成立。系统内各刚体之间的联系构成内约束，内约束处的约束力是系统内部刚体之间的作用力，称为内约束力，简称内力。根据作用力与反作用力的关系，内力总是成对出现的，在研究整个系统的平衡时，成对的内力并不影响平衡，故内力可以不考虑。刚体系统以外的物体作用于该系统的力，称为外力。外力通常包括主动力和外约束力。

注意，内力与外力是相对的概念，它们将随着研究对象的不同而转化。例如，图 4-2-1 所示的三铰拱由 AC、BC 两部分组成，当选取三铰拱 ABC 整体为研究对象时，受力图应如图所示，C 处的约束力是内力，可以不画，而主动力 F_1、F_2 以及约束力 F_{Ax}、F_{Ay}、F_{Bx}、F_{By} 则是外力；而当选取 AC 为研究对象时，则 C 处的约束力 F_{Cx}、F_{Cy} 就应视作外力。

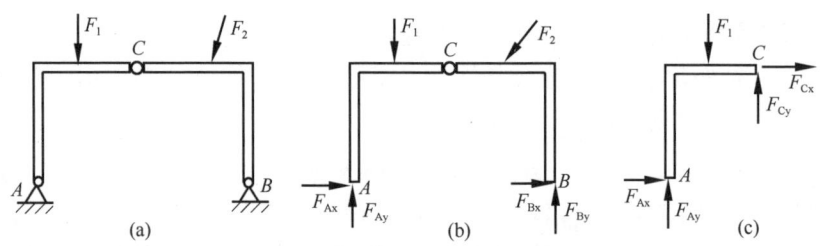

图 4-2-1　内力与外力

研究刚体系统的平衡问题时，首先要判断它是静定问题还是超静定问题。静定刚体系统的平衡问题的解法有：一般解法和分析解法。

1. **一般解法**

若由 n 个物体组成的静定刚体系统，且在平面任意力系作用下平衡，则该系统总共可列出 $3n$ 个独立平衡方程，通过对线性代数方程组的求解，以解出 $3n$ 个未知量。

2. **分析解法**

实际工程问题通常只需求出某一部分的约束力，故采用分析解法。该方法的关键是选择合适的研究对象。研究对象的选择原则如下：

(1) 能够由整体受力图求出的未知约束力或中间量，应尽量选取整体为研究对象求解。

(2) 通常先考虑受力情形最简单、未知约束力最少的某一刚体或分系统的受力情况。研究对象的选择应尽可能满足一个平衡方程求解一个未知力的要求。

(3) 选择不同平衡对象时要分清内力和外力、施力体与受力体、作用力与反作用力等关系。

(4) 可以用二力平衡条件和三力平衡汇交原理简化计算过程。

【例 4-2-1】（历年真题）图示简支梁受分布荷载作用，支座 A、B 的约束力为：

A. $F_A=0$，$F_B=0$

B. $F_A=\dfrac{1}{2}qa\uparrow$，$F_B=\dfrac{1}{2}qa\uparrow$

C. $F_A=\dfrac{1}{2}qa\uparrow$，$F_B=\dfrac{1}{2}qa\downarrow$

D. $F_A=\dfrac{1}{2}qa\downarrow$，$F_B=\dfrac{1}{2}qa\uparrow$

例 4-2-1 图

【解答】荷载形成一个逆时针方向力偶，支座约束力形成一个顺时针方向力偶，两者平衡，则：

$$F_A=\dfrac{qa\times a}{2a}=\dfrac{qa}{2}(\uparrow),F_B=\dfrac{qa}{2}(\downarrow)$$

应选 C 项。

【例 4-2-2】（历年真题）均质杆 AB 长为 l，重 W，受到图示的约束，绳索 ED 处于铅垂位置，A、B 两处为光滑接触，杆的倾角为 α，又 $CD=l/4$。则 A、B 两处对杆作用的约束关系为：

A. $F_{NA}=F_{NB}=0$

B. $F_{NA}=F_{NB}\neq 0$

C. $F_{NA}\leqslant F_{NB}$

D. $F_{NA}\geqslant F_{NB}$

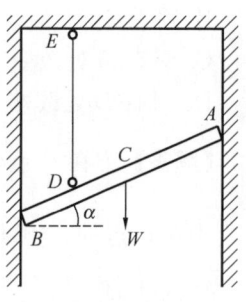

例 4-2-2 图

【解答】重力与拉力（ED 杆）形成一个顺时针方向力偶，约束力 F_{NA} 和 F_{NB} 形成一个逆时针方向力偶，故 $F_{NA}=F_{NB}\neq 0$，应选 B 项。

【例 4-2-3】（历年真题）图示平面构架，不计各杆自重。已知：物块 M 重 F_P，悬挂如图示，不计小滑轮 D 的尺寸与质量，A、E、C 均为光滑铰链，$L_1=1.5\text{m}$，$L_2=2\text{m}$。则支座 B 的约束力为：

A. $F_B=3F_P/4$（→）

B. $F_B=3F_P/4$（←）

C. $F_B=F_P$（←）

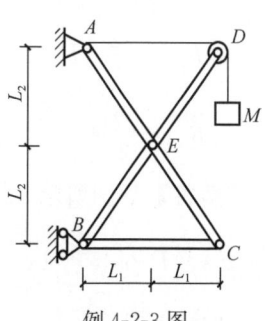

例 4-2-3 图

313

D. $F_B=0$

【解答】约束力 F_B 的方向水平向右，$\sum M_A(F)=0$：
$$F_B\times 2L_2=F_P\times 2L_1,即：$$
$$F_B=\frac{L_1F_P}{L_2}=\frac{1.5\times F_P}{2}=\frac{3}{4}F_P$$

应选 A 项。

【例 4-2-4】（历年真题）图示机构中，已知：F_P，$L=2m$，$r=0.5m$，$\theta=30°$，$BE=EG$，$CE=EH$，则支座 A 的约束力为：

A. $F_{Ax}=F_P$（←），$F_{Ay}=1.75F_P$（↓）
B. $F_{Ax}=0$，$F_{Ay}=0.75F_P$（↓）
C. $F_{Ax}=0$，$F_{Ay}=0.75F_P$（↑）
D. $F_{Ax}=F_P$（→），$F_{Ay}=1.75F_P$（↑）

例 4-2-4 图

【解答】水平方向力平衡，$F_{Ax}=0$
$\sum M_H(F)=0$，则：$F_{Ay}L=F_P\times(0.5L+r)$

可得：$F_{Ay}=\dfrac{0.5\times 2+0.5}{2}F_P=0.75F_P$（↓）

应选 B 项。

【例 4-2-5】（历年真题）图示刚架中，若将作用于 B 处的水平力 P 沿其作用线移至 C 处，则 A、D 处的约束力：

A. 都不变
B. 都改变
C. 只有 A 处改变
D. 只有 D 处改变

例 4-2-5 图

【解答】力在 B 点处，$\sum M_A(F)=0$，$F_D=\dfrac{4P}{8}=\dfrac{P}{2}$（↑）

力在 C 点处，$\sum M_A(F)=0$，$F_D=\dfrac{4P}{8}=\dfrac{P}{2}$（↑）

应选 A 项。

【例 4-2-6】（历年真题）均质圆柱体重力为 P，直径为 D，置于两光滑的斜面上。设有图示方向力 F 作用，当圆柱不移动时，接触面 2 处的约束力 F_{N2} 的大小为：

A. $F_{N2}=\dfrac{\sqrt{2}}{2}(P-F)$
B. $F_{N2}=\dfrac{\sqrt{2}}{2}F$
C. $F_{N2}=\dfrac{\sqrt{2}}{2}P$
D. $F_{N2}=\dfrac{\sqrt{2}}{2}(P+F)$

【解答】如图所示，F_{N2} 方向的力平衡：

$F_{N2}=P\cos45°-F\cos45°=\dfrac{\sqrt{2}}{2}(P-F)$

应选 A 项。

例 4-2-6 图　　　　　　例 4-2-6 解图

三、平面静定桁架

1. 一般规定

为了简化计算，通常对实际的平面桁架采用如下计算假定：

(1) 各杆都是直杆，其轴线位于同一平面内。

(2) 各杆连接的节点（亦称节点）都是光滑铰链连接，即节点为铰接点。

(3) 荷载（或外力）和支座的约束力（即支座反力）都集中作用在节点上，并且位于桁架平面内。各杆自重不计。

根据上述假定，这样的桁架称为理想桁架。各杆都视为只有两端受力的二力杆，因此，杆件的内力只有轴力（轴向拉力或轴向压力），单位为 N 或 kN。

桁架杆件的内力以拉力为正。计算时，一般先假定所有杆件均为拉力，在受力图中画成离开节点，计算结果若为正值，则杆件受拉力；若为负值，则杆件受压力。

静定平面桁架杆件的内力计算方法有节点法、截面法，以及这两种方法的联合应用。

2. 节点法

节点法就是取桁架的节点为隔离体，用平面汇交力系的两个静力平衡方程来计算杆件内力的方法。由于平面汇交力系只能列出两个静力平衡方程，故每次截取的节点上的未知力个数不应多于两个。

3. 截面法

截面法是用一个适当的截面（平面或曲面），截取桁架的某一部分为隔离体，然后利用平面任意力系的三个平衡方程计算杆件的未知内力。一般地，所取的隔离体上未知内力的杆件数不多于 3 根，且它们即不全部汇交于一点也不全部平行，可以直接求出所有未知内力。

4. 零杆及其运用

(1) 零杆

内力为零的杆称为零杆。零杆不能取消，因为理想桁架有计算假定，而实际桁架对应的杆件的内力并不等于零，只是内力很小而已。

判别零杆的方法是：

1) 不共线的两杆相交的节点上无荷载（或无外力）时，该两杆的内力均为零即零杆，见图 4-2-2 (a)。

$F_{N1}=F_{N2}=0$ 　　　$F_{N1}=F_{N2}$
(a) 　　　　　　　　$F_{N3}=0$
　　　　　　　　　　 (b)

图 4-2-2　零杆

2) 三杆汇交的节点上无荷载（或无外力），且其中两杆共线时，则第三杆为零杆[图 4-2-2 (b)]，而在同一直线上的两杆的内力必定相等，受力性质相同。

3) 利用对称性判别零杆，见后面内容。

其他判别零杆的方法，均可采用受力分析和力平衡方程得到。

（2）等力杆

判别等力杆的方法如下：

1) X 形节点（四杆节点）。直线交叉形的四杆节点上无荷载（或无外力）时，则在同一直线上两杆的内力值相等，且受力性质相同，见图 4-2-3 (a)。

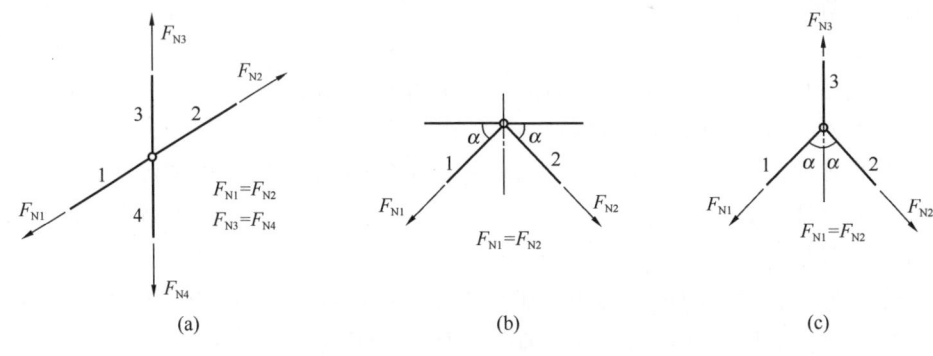

图 4-2-3 等力杆

2) K 形节点（四杆节点）。侧杆倾角相等的 K 形节点上无荷载（或无外力）时，则两侧杆的内力值相等，且受力性质相同，见图 4-2-3 (b)。

3) Y 形节点（三杆节点）。三杆汇交的节点上无荷载（或无外力）时，见图 4-2-3 (c)，对称两杆的内力值相等（$F_{N1} = F_{N2}$），且受力性质相同。

4) 利用对称性判别等力杆，见后面内容。

5. 对称性的利用

桁架的各杆件的轴力是对称的，因此，杆件的轴力为对称内力。对称桁架是指桁架的几何形状、支承条件和杆件材料都关于某一轴对称，该轴称为对称轴。对称桁架的特点如下：

（1）在正对称荷载作用下，对称杆件的内力是对称的。

（2）在反对称荷载作用下，对称杆件的内力是反对称的。

（3）在任意荷载作用下，可将该荷载分解为正对称荷载、反对称荷载两组，分别计算出内力后再叠加。

6. 静定平面桁架受力分析与计算的总结

（1）首先根据零杆判别法进行零杆的判别。

（2）利用对称性进行零杆的判别、杆件的内力分析。

（3）采用截面法、节点法进行杆件内力的计算，及截面法与节点法的联合应用。

【例 4-2-7】（历年真题）图示平面结构，自重不计。已知 $F = 100\text{kN}$。判断图示 BCH 桁架结构中，内力为零的杆数是：

A. 3 根　　B. 4 根　　C. 5 根　　D. 6 根

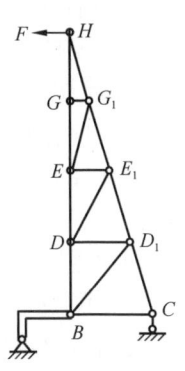

例 4-2-7 图

【解答】GG_1 为零杆；其次，EG_1、EE_1、E_1D、DD_1、D_1B 杆均为零件，其计 6 根杆为零件，应选 D 项。

【例 4-2-8】（历年真题）图示不计自重的水平梁与桁架在 B 点铰接。已知：荷载 F_1、F 均与 BH 垂直，$F_1=8$kN，$F=4$kN，$M=6$kN·m，$q=1$kN/m，$L=2$m，则杆件 1 的内力为：

A. $F_1=0$
B. $F_1=8$kN
C. $F_1=-8$kN
D. $F_1=-4$kN

【解答】杆 1 为零杆，应选 A 项。

例 4-2-8 图

例 4-2-9 图

【例 4-2-9】（历年真题）图示平面结构，各杆自重不计，已知 $q=10$kN/m，$F_P=20$kN，$F=30$kN，$L_1=2$m，$L_2=5$m，B、C 处为铰链连接，则 BC 杆的内力为：

A. $F_{BC}=-30$kN
B. $F_{BC}=30$kN
C. $F_{BC}=10$kN
D. $F_{BC}=0$

【解答】BC 杆为零杆，应选 D 项。

四、摩擦

两个表面粗糙的物体，当其接触表面之间有相对滑动趋势或相对滑动时，彼此作用有阻碍相对滑动的阻力，即滑动摩擦力。摩擦力作用在相互接触处，其方向与相对滑动趋势（或相对滑动）的方向相反，它的大小根据主动力作用的不同，可以分为三种情况，即静滑动摩擦力、最大静滑动摩擦力和动滑动摩擦力。

1. 静滑动摩擦力（F_s）和最大静滑动摩擦力（F_{max}）

如图 4-2-4 所示，当拉力 F_T 由零逐渐增加，物体仅有相对滑动趋势，但仍保持静止。可见支承面对物体除法向约束力 F_N 外，还有一个阻碍物体沿水平面向右滑动的切向约束力，此力即为静滑动摩擦力（简称静摩擦力），常以 F_s 表示，方向向左，它的大小由平衡条件确定，即：$F_s=F_T$。

<u>静摩擦力与一般约束力不同，它并不随主动力 F_T 的增大而无限度地增大。</u>当主动力 F_T 的大小达到一定数值时，物块处于平衡的临界状态。这时，静摩擦力达到最大值，即为最大静滑动摩擦力（简称最大静摩擦力），以 F_{max} 表示。此后，如果主动力 F_T 再

继续增大，物体将失去平衡而滑动。可知，静摩擦力的大小随主动力的情况而改变，并介于零与最大值之间，即：

$$0 \leqslant F_s \leqslant F_{max} \tag{4-2-1}$$

最大静摩擦力的大小与两物体间的正压力（即法向约束力）成正比，即：

$$F_{max} = f_s F_N \tag{4-2-2}$$

式中，f_s 是比例常数，称为静摩擦因数，式（4-2-2）称为静摩擦定律（亦称库仑摩擦定律）。

2. 动滑动摩擦力（F_d）

当滑动摩擦力已达到最大值时，若主动力 F_T 再继续加大，接触面之间将出现相对滑动。此时，接触物体之间仍作用有阻碍相对滑动的阻力，这种阻力称为动滑动摩擦力（简称动摩擦力），以 F_d 表示。动摩擦力的大小与接触物体间的正压力成正比，即：

$$F_d = f_d F_N \tag{4-2-3}$$

式中，f_d 为动摩擦因数。一般情况下，动摩擦因数小于静摩擦因数，即 $f_d < f_s$。

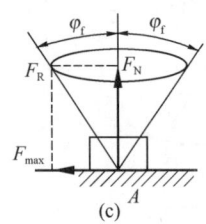

图 4-2-5

3. 摩擦角

当有摩擦时，支承面对平衡物体的约束力包含法向约束力 F_N 和切向约束力 F_s（即静摩擦力）。这两个分力的和 $F_R = F_N + F_s$ 称为支承面的全约束力，它的作用线与接触面的公法线成一偏角 φ，如图 4-2-5（a）所示。当物块处于平衡的临界状态时，静摩擦力达到最大静摩擦力，偏角 φ 也达到最大值 φ_f，如图 4-2-5（b）所示。全约束力与法线间的夹角的最大值 φ_f 称为摩擦角。由图可得：

$$\tan\varphi_f = \frac{F_{max}}{F_N} = \frac{f_s F_N}{F_N} = f_s \tag{4-2-4}$$

可知，摩擦角的正切等于静摩擦因数。当物块的滑动趋势方向改变时，全约束力作用线的方位也随之改变；在临界状态下，F_R 的作用线将画出一个以接触点 A 为顶点的锥面，如图 4-2-5（c）所示，称为摩擦锥。

4. 自锁现象

物块平衡时，静摩擦力不一定达到最大值，可在零与最大值 F_{max} 之间变化，所以全约束力与法线间的夹角 φ 也在零与摩擦角 φ_f 之间变化，即：

$$0 \leqslant \varphi \leqslant \varphi_f$$

由于静摩擦力不可能超过最大值，因此，全约束力必在摩擦角之内。由此可知：

（1）如果作用于物块的全部主动力的合力 Q 的作用线在摩擦角 φ_f 之内，即：$\theta < \varphi_f$，则无论这个力怎样大，物块必保持静止。这种现象称为自锁现象。因为在这种情况下，Q 和全约束力 F_R 必能满足二力平衡条件，且 $\theta = \varphi < \varphi_f$，如图 4-2-6（a）所示。

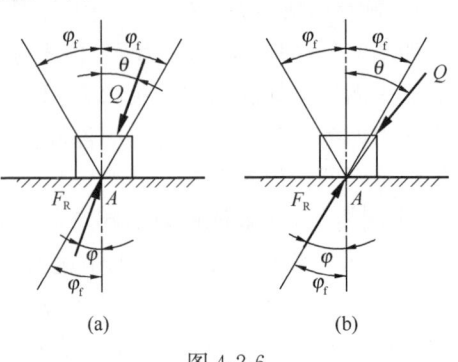

图 4-2-6

（2）如果全部主动力的合力 Q 的作用线在摩擦角 φ_f 之外，即：$\theta>\varphi_f$，则无论这个力怎样小，物块一定会滑动。此时，Q 与 F_R 不满足二力平衡条件。如图 4-2-6（b）所示。

5. 考虑摩擦时物体平衡问题

当静摩擦力达到最大时，必须补充物理方程 $F_s \leqslant f_s F_N$。由于物体平衡时摩擦力有一定范围（$0 \leqslant F_s \leqslant f_s F_N$），当同时有多种可能的滑动趋势存在时，平衡问题的解亦有一定的范围，而不是一个确定的值。

如图 4-2-7（a）所示，重 W 的物块放在倾角 α 大于摩擦角 φ_f 的斜面上，施加一水平力 P 使物块保持静止。设摩擦系数为 f_s。求 P 的最小值和最大值。

因 $\alpha>\varphi_f$，如 P 太小，则物块将下滑；如 P 过大，又将使物块上滑，所以，需要分两种情况，分别见图 4-2-7（b）、（c）。

图 4-2-7

【例 4-2-10】（历年真题）杆 AB 的 A 端置于光滑水平面上，AB 与水平面夹角为 $30°$，杆重力大小为 P，如图所示，B 处有摩擦，则杆 AB 平衡时，B 处的摩擦力与 x 方向的夹角为：

A. $90°$ B. $30°$
C. $60°$ D. $45°$

例 4-2-10 图

【解答】在杆的重力作用下，A 端有向左侧滑动趋势，故 B 处的摩擦力方向沿 AB 杆向右上方向，与 x 轴正向的夹角为 $30°$，应选 B 项。

【例 4-2-11】（历年真题）重力大小为 W 的物块自由地放在倾角为 α 的斜面上，如图所示，且 $\sin\alpha=\frac{3}{5}$，$\cos\alpha=\frac{4}{5}$。物块上作用一水平力 F，且 $F=W$。若物块与斜面间的静摩擦系数 $f=0.2$，则该物块的状态为：

A. 静止状态   B. 临界平衡状态
C. 滑动状态   D. 条件不足，不能确定

 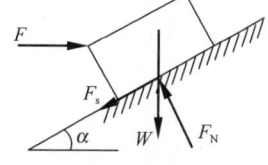

例 4-2-11 图   例 4-2-11 解图

【解答】若滑块有上滑趋势，其平衡条件，如图所示，则：

$$F_s = F\cos\alpha - W\sin\alpha = F \times \frac{4}{5} - F \times \frac{3}{5} = 0.2F$$

$$F_{\max} = fF_N = 0.2 \times (F\sin\alpha + W\cos\alpha) = 0.2 \times \left(F \times \frac{3}{5} + F \times \frac{4}{5}\right) = 0.28F$$

$F_{\max} > F_s$,物块静止。

若物块有下滑趋势，则：

$$F_s = W\sin\alpha - F\cos\alpha = F \times \frac{3}{5} - F \times \frac{4}{5} = -0.2F$$

可知，不会出现下滑趋势。

应选 A 项。

【例 4-2-12】（历年真题）图示物块重力 $F_p=100$N 处于静止状态，接触面处的摩擦角 $\varphi_f=45°$，在水平力 $F=100$N 的作用下，物块将：

A. 向右加速滑动

B. 向右减速滑动

C. 向左加速滑动

D. 处于临界平衡状态

例 4-2-12 图

【解答】主动力 F 和 F_p 的合力的作用线与接触面的法线间的夹角 $\theta=45°$，则 $\theta=\varphi_f$，故物块将处于临界平衡状态，应选 D 项。

习　题

4-2-1（历年真题）图示重 W 的物块自由地放在倾角为 α 的斜面上，若物块与斜面的静摩擦因数 $f=0.4$，$W=60$kN，$\alpha=30°$，则该物块的状态为：

A. 静止状态

B. 临界平衡状态

C. 滑动状态

D. 条件不足，不能确定

题 4-2-1 图

4-2-2（历年真题）图示起重机的平面构架，自重不计，且不计滑轮重量，已知：$F=100$kN，$L=70$cm，B、D、E 为铰链连接，则支座 A 的约束力为：

A. $F_{Ax}=100$kN(←)　　$F_{Ay}=150$kN(↓)

B. $F_{Ax}=100$kN(→)　　$F_{Ay}=50$kN(↑)

C. $F_{Ax}=100$kN(←)　　$F_{Ay}=50$kN(↓)

D. $F_{Ax}=100$kN(←)　　$F_{Ay}=100$kN(↓)

4-2-3（历年真题）在图示结构中，已知 $AB=AC=2r$，物重 F_p，其余质量不计，则支座 A 的约束力为：

A. $F_A=0$　　　　　　　　　　B. $F_A=\frac{1}{2}F_p$ (←)

C. $F_A=\frac{3}{2}F_p$ (→)　　　　　　D. $F_A=\frac{3}{2}F_p$ (←)

题 4-2-2 图　　　　　　　题 4-2-3 图

4-2-4　（历年真题）图示承重装置，B、C、D、E 处均为光滑铰链连接，各杆和滑轮的重量略去不计，已知：a、r 及 F_P。则固定端 A 的约束力偶为：

A. $M_A = F_p \times \left(\dfrac{a}{2} + r\right)$（顺时针）　　B. $M_A = F_p \times \left(\dfrac{a}{2} + r\right)$（逆时针）

C. $M_A = F_p r$（逆时针）　　D. $M_A = \dfrac{a}{2} F_p$（顺时针）

题 4-2-4 图　　　　　　　题 4-2-5 图

4-2-5　（历年真题）判断图示桁架结构中，内力为零的杆数是：
A. 3 根　　　　　　　　　　B. 4 根
C. 5 根　　　　　　　　　　D. 6 根

4-2-6　（历年真题）图示多跨梁由 AC 和 CD 铰接而成，自重不计。已知 $q=10\text{kN/m}$，$M=40\text{kN}\cdot\text{m}$，$F=2\text{kN}$ 作用在 AB 中点，且 $\theta=45°$，$L=2\text{m}$。则支座 D 的约束力为：

A. $F_D = 10\text{kN}$（铅垂向上）
B. $F_D = 15\text{kN}$（铅垂向上）
C. $F_D = 40.7\text{kN}$（铅垂向上）
D. $F_D = 14.3\text{kN}$（铅垂向下）

题 4-2-6 图

第三节 运 动 学

运动学单独研究物体运动的几何性质,即物体在空间的位置随时间变化的规律。它包括物体的运动轨迹、速度和加速度等。

一、点的运动

在研究点的运动时,首先要描述点在所选坐标系中的位置随时间变化的规律,进而研究点在每一瞬时的运动状态(轨迹、速度、加速度)。描述点的运动可采用矢量法、直角坐标法和自然坐标法等。点的运动的基本公式,见表 4-3-1。

点的运动的基本公式　　　　表 4-3-1

描述方法	运动方程与轨迹	速度公式	加速度公式
矢量法	$r = r(t)$ r 是时间的单值连续函数。 M 的轨迹是 r 的矢端曲线	$v = \dfrac{dr}{dt} = \dot{r}$ v 沿轨迹的切线方向	$a = \dfrac{dv}{dt} = \ddot{r}$ 指向轨迹曲线凹的一侧
直角坐标法 取参考系中的某一固定点为直角坐标系的原点,则动点 M 在空间的位置可以用直角坐标 x、y、z 来表示	$x = f_1(t)$, $y = f_2(t)$, $z = f_3(t)$, x、y、z 是时间 t 的单值连续函数。 M 的轨道从上述方程中消去 t: $F_1(x, y) = 0$ $F_2(y, z) = 0$	$v = v_x\boldsymbol{i} + v_y\boldsymbol{j} + v_z\boldsymbol{k}$ $v_x = \dfrac{dx}{dt}$, $v_y = \dfrac{dy}{dt}$, $v_z = \dfrac{dz}{dt}$, $v = \sqrt{v_x^2 + v_y^2 + v_z^2}$ $\cos(\boldsymbol{v},\boldsymbol{i}) = \dfrac{v_x}{v}$, $\cos(\boldsymbol{v},\boldsymbol{j}) = \dfrac{v_y}{v}$, $\cos(\boldsymbol{v},\boldsymbol{k}) = \dfrac{v_z}{v}$	$\boldsymbol{a} = a_x\boldsymbol{i} + a_y\boldsymbol{j} + a_z\boldsymbol{k}$ $a_x = \dfrac{d^2x}{dt^2}$, $a_y = \dfrac{d^2y}{dt^2}$, $a_z = \dfrac{d^2z}{dt^2}$, $a = \sqrt{a_x^2 + a_y^2 + a_z^2}$ $\cos(\boldsymbol{a},\boldsymbol{i}) = \dfrac{a_x}{a}$ $\cos(\boldsymbol{a},\boldsymbol{j}) = \dfrac{a_y}{a}$ $\cos(\boldsymbol{a},\boldsymbol{k}) = \dfrac{a_z}{a}$ 匀加速直线运动 $a_x = $ 常数 $x = x_0 + v_{0x}t + \dfrac{1}{2}a_xt^2$ $v_x^2 = v_{0x}^2 + 2a_x(x - x_0)$ $v_x = v_{0x} + a_xt$
自然坐标法 当运动点的运动轨迹已知时,可取轨迹上的任一点 O 为参考点,并取 O 的一侧为正,另一侧为负,则点在轨迹上的位置可以用弧坐标 s 来确定	$s = f(t)$ 可表示为时间 t 的单值连续函数,称为点的弧坐标形式的运动方程。 M 的轨迹是已知的 $s = s_0 + v_0t + \dfrac{1}{2}a_\tau t^2$	$v(t) = \dot{s}$, $\boldsymbol{v}(t) = \dot{s}\boldsymbol{\tau}$, 这里,$\boldsymbol{\tau}$ 是曲线上 M 处的切向单位矢量	$\boldsymbol{a} = \boldsymbol{a}_t + \boldsymbol{a}_n + \boldsymbol{a}_b$, $a_t = \dfrac{dv}{dt} = \ddot{s}$, 沿切线方向,$a_n = \dfrac{v^2}{\rho}$,沿主法线方向,$a_b = 0$,$\rho$ 是曲线上 M 点处的曲率半径 $a = \sqrt{a_t^2 + a_n^2}$ $\tan\varphi = \dfrac{|a_t|}{a_n}$

【例 4-3-1】（历年真题）点沿直线运动，其速度 $v=20t+5$，已知：当 $t=0$ 时，$x=5\text{m}$，则点的运动方程为：

A. $x=10t^2+5t+5$ B. $x=20t+5$

C. $x=10t^2+5t$ D. $x=20t^2+5t+5$

【解答】 方法一：验证法，A 项满足，选 A 项。

方法二：对速度积分，则：$\int_5^x \mathrm{d}x = \int_0^t (20t+5)\mathrm{d}t$，$x-5=10t^2+5t$。

应选 A 项。

【例 4-3-2】（历年真题）动点 A 和 B 在同一坐标系中的运动方程分别为 $\begin{cases} x_A=t \\ y_A=2t^2 \end{cases}$，$\begin{cases} x_B=t^2 \\ y_B=2t^4 \end{cases}$，其中 x、y 以 cm 计，t 以 s 计，则两点相遇的时刻为：

A. $t=1\text{s}$ B. $t=0.5\text{s}$ C. $t=2\text{s}$ D. $t=1.5\text{s}$

【解答】 两点相遇，则：$x_A=x_B$，$y_A=y_B$

$t=t^2$，可得：$t=1$ 或 0，应选 A 项。

【例 4-3-3】（历年真题）一动点沿直线轨道按照 $x=3t^3+t+2$ 的规律运动（x 以 m 计，t 以 s 计），则当 $t=4\text{s}$ 时，动点的位移、速度和加速度分别为：

A. $x=54\text{m}$，$v=145\text{m/s}$，$a=18\text{m/s}^2$ B. $x=198\text{m}$，$v=145\text{m/s}$，$a=72\text{m/s}^2$

C. $x=198\text{m}$，$v=49\text{m/s}$，$a=72\text{m/s}^2$ D. $x=192\text{m}$，$v=145\text{m/s}$，$a=12\text{m/s}^2$

【解答】 $t=4\text{s}$，$x=3\times4^3+4+2=198\text{m}$

$v=\dot{x}=9t^2+1=9\times4^2+1=145\text{m/s}$，应选 B 项。

此外，$a=\ddot{x}=18t=18\times4=72\text{m/s}$。

【例 4-3-4】（历年真题）已知动点的运动方程为 $x=t$，$y=2t^2$，则其轨迹方程为：

A. $x=t^2-t$ B. $y=2t$

C. $y-2x^2=0$ D. $y+2x^2=0$

【解答】 将运动方程中的参数 t 消去，则：$y=2x^2$，应选 C 项。

【例 4-3-5】（历年真题）汽车匀加速运动，在 10s 内，速度由 0 增加到 5m/s。则汽车在此时间内行驶距离为：

A. 25m   B. 50m   C. 75m   D. 100m

【解答】 $a=\dfrac{5-0}{10}=0.5\text{m/s}^2$

$v^2=v_0^2+2as$，则：$5^2=0^2+2\times0.5s$，可得：$s=25\text{m}$

应选 A 项。

【例 4-3-6】（历年真题）一炮弹以初速度和仰角 α 射出，对于图示直角坐标的运动方程为 $x=v_0\cos\alpha t$，$y=v_0\sin\alpha t-\dfrac{1}{2}gt^2$，则当 $t=0$ 时，炮弹的速度和加速度的大小分别为：

A. $v=v_0\cos\alpha$，$a=g$

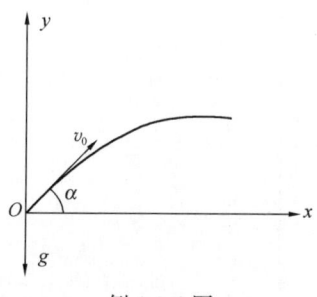

例 4-3-6 图

B. $v=v_0$，$a=g$

C. $v=v_0\sin\alpha$，$a=-g$

D. $v=v_0$，$a=-g$

【解答】$\dot{x}=v_0\cos\alpha$，$\ddot{x}=0$

$\dot{y}=v_0\sin\alpha-gt$，$\ddot{y}=-g$

$t=0$ 时，$v=\sqrt{\dot{x}^2+\dot{y}^2}=v_0$，$a=\sqrt{\ddot{x}^2+\ddot{y}^2}=g$

应选 B 项。

注意：本题目 $v_0\cos\alpha t$ 应理解为：$(v_0\cos\alpha)t$，$v_0\sin\alpha t$ 应理解为：$(v_0\sin\alpha)t$。

二、刚体的基本运动

刚体的基本运动包括刚体的平行移动（简称移动或平动或平移）和刚体的定轴转动。刚体基本运动的特征和基本公式，见表 4-3-2。

刚体基本运动的特征和基本公式　　表 4-3-2

基本运动	移　动	定轴转动	
		整　体	刚体上任一点
特征	刚体上任一直线始终平行于它的初始位置。各点轨迹相同，在同一瞬时的各点速度、加速度也相同。刚体的移动可简化为一个点的运动	刚体内（其扩展部分）有一直线始终保持不动	垂直于转轴的平面内作圆周运动
基本公式	用移动刚体上任一点的运动描述整个刚体的运动。 直线运动 $x=f_1(t),v_x=\dfrac{\mathrm{d}x}{\mathrm{d}t},a_x=\dfrac{\mathrm{d}^2x}{\mathrm{d}t^2}$ 曲线运动 $s=f(t),v(t)=\dfrac{\mathrm{d}s}{\mathrm{d}t}=\dot{s}$， $a_\mathrm{t}=\dfrac{\mathrm{d}v}{\mathrm{d}t}=\ddot{s},a_\mathrm{n}=\dfrac{v^2}{\rho}$	用转角 φ 确定整个刚体的位置转动方程 $\varphi=f(t)$ 角速度 $\omega=\dfrac{\mathrm{d}\varphi}{\mathrm{d}t}=\dot{\varphi}$ (rad/s) $\omega=\dfrac{2\pi n}{60}=\dfrac{\pi n}{30}$ n 为转速（转/分）。 角加速度 $\alpha=\dfrac{\mathrm{d}\omega}{\mathrm{d}t}=\dot{\omega}=\ddot{\varphi}$ (rad/s^2)	用弧坐标 s 描述各点的运动 $s=\rho\varphi$ 速度 $v=\dfrac{\mathrm{d}s}{\mathrm{d}t}=\rho\dfrac{\mathrm{d}\varphi}{\mathrm{d}t}=\rho\omega$ 加速度 $a_\mathrm{t}=\dfrac{\mathrm{d}v}{\mathrm{d}t}=\rho\dfrac{\mathrm{d}\omega}{\mathrm{d}t}=\rho\alpha$ $a_\mathrm{n}=\dfrac{v^2}{\rho}=\dfrac{(\rho\omega)^2}{\rho}=\rho\omega^2$ $a=\sqrt{a_\mathrm{t}^2+a_\mathrm{n}^2}=\rho\sqrt{\alpha^2+\omega^4}$ 加速度的大小与方向 $a=\sqrt{a_\mathrm{t}^2+a_\mathrm{n}^2}=\rho\sqrt{\alpha^2+\omega^4}$ $\tan\varphi=\dfrac{\|a_\mathrm{t}\|}{a_\mathrm{n}}=\dfrac{\rho\|\alpha\|}{\rho\omega^2}=\dfrac{\|\alpha\|}{\omega^2}$ 对于图 $\rho=R$

刚体绕定轴转动时,由于在每一瞬时,刚体的 ω 和 α 都只有一个确定的数值,因此,刚体内各点的速度和加速度有如下特点:

(1) ==在每一瞬时,转动刚体内所有各点的速度和加速度的大小,分别与这些点到轴线的垂直距离成正比;==

(2) ==在每一瞬时,刚体内所有各点的加速度 a 与半径间的夹角 θ 都有相同的值。==

用一垂直于轴线的平面横截刚体,得一截面。根据上述结论,可画出截面上各点的速度 [图 4-3-1 (a)] 和加速度 [图 4-3-1 (b)];在通过轴心的直线上各点的加速度按线性分布,将加速度矢的端点连成直线,此直线通过轴心,如图 4-3-1 (c) 所示。

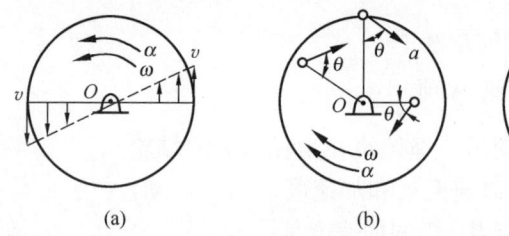

图 4-3-1 刚体转动截面

【例 4-3-7】(历年真题)刚体作平动时,某瞬时体内各点的速度与加速度为:
A. 体内各点速度不相同,加速度相同
B. 体内各点速度相同,加速度不相同
C. 体内各点速度相同,加速度也相同
D. 体内各点速度不相同,加速度也不相同

【解答】根据刚体的平动的特征,应选 C 项。

【例 4-3-8】(历年真题)一木板放在两个半径 $r=0.25\text{m}$ 的传输鼓轮上面,在图示瞬时,木板具有不变的加速度 $a=0.5\text{m/s}^2$,方向向右;同时,鼓轮边缘上的点具有一大小为 3m/s^2 的全加速度,如果木板在鼓轮上无滑动,则此木板的速度为:

例 4-3-8 图

A. 0.86m/s B. 3m/s
C. 0.5m/s D. 1.67m/s

【解答】切向加速度 $a_t=0.5\text{m/s}^2$,法向加速度 $a_n=r\omega^2$

由 $a=\sqrt{a_t^2+a_n^2}$,$3=\sqrt{0.5^2+(r\omega^2)^2}$,可得:$\omega=3.44\text{rad/s}$

木板速度 $v=r\omega=0.25\times 3.44=0.86\text{m/s}$,应选 A 项。

【例 4-3-9】(历年真题)图示二摩擦轮,则两轮的角速度与半径关系的表达式为:

A. $\dfrac{\omega_1}{\omega_2}=\dfrac{R_1}{R_2}$ B. $\dfrac{\omega_1}{\omega_2}=\dfrac{R_2}{R_1^2}$

C. $\dfrac{\omega_1}{\omega_2}=\dfrac{R_1}{R_2^2}$ D. $\dfrac{\omega_1}{\omega_2}=\dfrac{R_2}{R_1}$

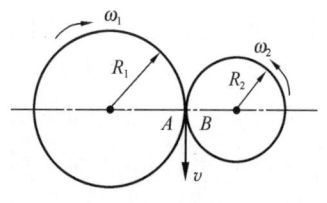

例 4-3-9 图

【解答】两轮啮合点 A、B 的速度相同,且 $v_A=R_1\omega_1=v_B=R_2\omega_2$,则:

$\dfrac{\omega_1}{\omega_2}=\dfrac{R_2}{R_1}$，应选 D 项。

【例 4-3-10】（历年真题）杆 $OA=l$，绕固定轴 O 转动，某瞬时杆端 A 点的加速度 a 如图所示，则该瞬时杆 OA 的角速度及角加速度为：

A. 0，$\dfrac{a}{l}$　　　　　　　　　　B. $\sqrt{\dfrac{a\cos\alpha}{l}}$，$\dfrac{a\sin\alpha}{l}$

C. $\sqrt{\dfrac{a}{l}}$，0　　　　　　　　　D. 0，$\sqrt{\dfrac{a}{l}}$

例 4-3-10 图

【解答】 刚体作定轴转动，$a_n=l\omega^2=0$，则：$\omega=0$

$a_t=a=l\alpha$，则：$\alpha=\dfrac{a}{l}$，应选 A 项。

【例 4-3-11】（历年真题）图示一绳缠绕在半径为 r 的鼓轮上，绳端系一重物 M，重物 M 以速度 v 和加速度 a 向下运动，则绳上两点 A、D 和轮缘上两点 B、C 的加速度是：

A. A、B 两点的加速度相同，C、A 两点的加速度相同
B. A、B 两点的加速度不相同，C、D 两点的加速度不相同
C. A、B 两点的加速度相同，C、D 两点的加速度不相同
D. A、B 两点的加速度相同，C、D 两点的加速度相同

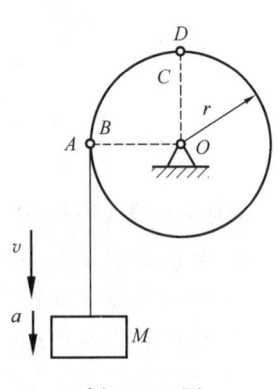

例 4-3-11 图

【解答】 绳上各点的加速度大小均为 a，且方向相同；轮缘上各点的加速度大小为 $\sqrt{a^2+(v^2/r)^2}$，但方向不相同。

应选 B 项。

【例 4-3-12】（历年真题）物体作定轴转动的运动方程为 $\varphi=4t-3t^2$（φ 以 rad 计，t 以 s 计），则此物体内转动半径 $r=0.5\text{m}$ 的一点，在 $t=1\text{s}$ 时的速度和切向加速度的大小分别为：

A. -2m/s，-20m/s^2　　　　　B. -1m/s，-3m/s^2
C. -2m/s，-8.54m/s^2　　　D. 0m/s，-20.2m/s^2

【解答】 $\omega=\dot{\varphi}=4-6t$，$\alpha=\ddot{\varphi}=-6$

$t=1\text{s}$ 时，$v=r\omega=0.5\times(4-6\times1)=-1\text{m/s}$

$a_t=r\alpha=0.5\times(-6)=-3\text{m/s}^2$

应选 B 项。

【例 4-3-13】（历年真题）图示四连杆机构，已知曲柄 O_1A 长为 r，且 $O_1A=O_2B$，$O_1O_2=AB=2b$，角速度为 ω，角加速度为 α，则杆 AB 的中点 M 的速度、法向和切向加速度的大小分别为：

A. $v_M=b\omega$，$a_M^n=b\omega^2$，$a_M^t=b\alpha$
B. $v_M=b\omega$，$a_M^n=r\omega^2$，$a_M^t=r\alpha$
C. $v_M=r\omega$，$a_M^n=r\omega^2$，$a_M^t=r\alpha$
D. $v_M=r\omega$，$a_M^n=b\omega^2$，$a_M^t=b\alpha$

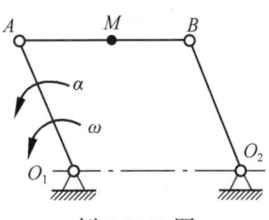

例 4-3-13 图

【解答】AB 杆作平动，则 M 点的速度、加速度与 A 点的速度、加速度相同：
$v_M = v_A = r\omega$
$a_M^n = a_A^n = r\omega^2$，$a_M^t = a_A^t = r\alpha$
应选 C 项。

【例 4-3-14】（历年真题）图示机构中，曲柄 $OA = r$，以常角速度 ω 转动，则滑动构件 BC 的速度、加速度的表达式为：

A. $r\omega\sin\omega t$，$r\omega\cos\omega t$
B. $r\omega\cos\omega t$，$r\omega^2\sin\omega t$
C. $r\sin\omega t$，$r\omega\cos\omega t$
D. $r\omega\sin\omega t$，$r\omega^2\cos\omega t$

例 4-3-14 图

【解答】BC 杆作平动，故取 B 点描述其运动：
$x_B = -r\cos\omega t$

速度：$v_{BC} = v_B = \dot{x}_B = r\omega\sin\omega t$

加速度：$a_{BC} = a_B = \ddot{x}_B = r\omega^2\cos\omega t$，应选 D 项。

习 题

4-3-1 （历年真题）已知质点沿半径为 40cm 的圆周运动，其运动规律为：$s = 20t$（s 以 cm 计，t 以 s 计）。若 $t = 1$s，则点的速度与加速度的大小为：

A. 20cm/s；$10\sqrt{2}$cm/s^2
B. 20cm/s；10cm/s^2
C. 40cm/s；20cm/s^2
D. 40cm/s；10cm/s^2

4-3-2 （历年真题）已知动点的运动方程为 $x = 2t$，$y = t^2 - t$，则其轨迹方程为：

A. $y = t^2 - t$
B. $x = 2t$
C. $x^2 - 2x - 4y = 0$
D. $x^2 + 2x + 4y = 0$

4-3-3 （历年真题）直角刚杆 OAB 在图示瞬时角速度 $\omega = 2$rad/s，角加速度 $\alpha = 5$rad/s^2，若 $OA = 40$cm，$AB = 30$cm，则 B 点的速度大小、法向加速度的大小和切向加速度的大小为：

A. 100cm/s；200cm/s^2；250cm/s^2
B. 80cm/s；160cm/s^2；200cm/s^2
C. 60cm/s；120cm/s^2；150cm/s^2
D. 100cm/s；200cm/s^2；200cm/s^2

题 4-3-3 图

4-3-4 （历年真题）当点运动时，若位置矢大小保持不变，方向可变，则其运动轨迹为：

A. 直线
B. 圆周
C. 任意曲线
D. 不能确定

4-3-5 （历年真题）在图示机构中，杆 $O_1A // O_2B$，杆 $O_2C // O_3D$，且 $O_1A = 20$cm，$O_2C = 40$cm，若杆 AO_1 以角速度 $\omega = 3$rad/s 匀速转动，则 CD 杆上任意点 M 的速度及加速度大小为：

题 4-3-5 图

A. 60cm/s，180cm/s^2 B. 120cm/s，360cm/s^2
C. 90cm/s，270cm/s^2 D. 120cm/s，150cm/s^2

4-3-6 （历年真题）动点以常加速度 2m/s^2 作直线运动。当速度由 5m/s 增加到 8m/s 时，则点运动的路程为：
A. 7.5m B. 12m
C. 2.25m D. 9.75m

4-3-7 （历年真题）物体作定轴转动的运动方程为 $\varphi = 4t - 3t^2$（φ 以 rad 计，t 以 s 计）。此物体内，转动半径 $r=0.5$m 的一点，在 $t_0=0$ 时的速度和法向加速度的大小为：
A. 2m/s，8m/s^2 B. 3m/s，3m/s^2
C. 2m/s，8.54m/s^2 D. 0，8m/s^2

4-3-8 （历年真题）杆 OA 绕固定轴 O 转动，长为 l，某瞬时杆端 A 点的加速度 a 如图所示，则该瞬时 OA 的角速度及角加速度为：

A. 0，$\dfrac{a}{l}$ B. $\sqrt{\dfrac{a\cos\alpha}{l}}$，$\dfrac{a\sin\alpha}{l}$

C. $\sqrt{\dfrac{a}{l}}$，0 D. 0，$\sqrt{\dfrac{a}{l}}$

题 4-3-8 图

4-3-9 （历年真题）点在直径为 6m 的圆形轨道上运动，走过的距离是 $s=3t^2$，则点在 2s 末的切向加速度为：
A. 48m/s^2 B. 4m/s^2
C. 96m/s^2 D. 6m/s^2

4-3-10 （历年真题）杆 $OA=l$，绕固定轴 O 转动，某瞬时杆端 A 点的加速度 a 如图所示，则该瞬时 OA 的角速度及角加速度为：

A. 0，$\dfrac{a}{l}$ B. $\sqrt{\dfrac{a\cos\theta}{l}}$，$\dfrac{a\sin\theta}{l}$

C. $\sqrt{\dfrac{a}{l}}$，0 D. 0，$\sqrt{\dfrac{a}{l}}$

题 4-3-10 图

4-3-11 （历年真题）点的运动由关系式 $s = t^4 - 3t^3 + 2t^2 - 8$ 决定（s 以 m 计，t 以 s 计），则 $t=2$s 时的速度和加速度为：
A. -4m/s，16m/s^2 B. 4m/s，12m/s^2
C. 4m/s，16m/s^2 D. 4m/s，-16m/s^2

4-3-12 （历年真题）质点以匀速度 15m/s 绕直径为 10m 的圆周运动，则其法向加速度为：
A. 22.5m/s^2 B. 45m/s^2
C. 0 D. 75m/s^2

4-3-13 （历年真题）滑轮半径 $r=50$mm，安装在发动机上旋转，其皮带的运动速度为 20m/s，加速度为 6m/s^2。扇叶半径 $R=75$mm，如图所示。则扇叶最高点 B 的速度和切向加速度分别为：
A. 30m/s，9m/s^2 B. 60m/s，9m/s^2

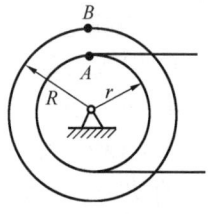
题 4-3-13 图

C. 30m/s，6m/s²   D. 60m/s，18m/s²

第四节 动 力 学

动力学研究物体的运动与物体受力之间的关系。
一、动力学基本定律与质点运动微分方程
1. 动力学基本定律
（1）第一定律（惯性定律）
任何物体，若不受外力作用，将永远保持静止或作匀速直线运动。这一定律指出了力是改变物体运动状态的唯一外界因素。物体的这一属性称为"惯性"。
（2）第二定律（力与加速度关系定律）
物体受到外力作用时，其加速度大小与所受力的大小成正比，而与质点的质量成反比，加速度方向与力的方向一致。以矢量 F 和 a 表示力和加速度，则这一定律的公式表示为：

$$F = ma \tag{4-4-1}$$

（3）第三定律（作用与反作用定律）
两物体间相互作用的力总是大小相等，方向相反，沿同一作用线，且同时分别作用于两个物体上。

2. 质点运动微分方程
（1）矢量形式的质点运动微分方程

$$m\frac{dv}{dt} = F \quad \text{或} \quad m\frac{d^2 r}{dt^2} = F \tag{4-4-2}$$

（2）直角坐标形式的质点运动微分方程

$$m\frac{d^2 x}{dt^2} = F_x, m\frac{d^2 y}{dt^2} = F_y, m\frac{d^2 z}{dt^2} = F_z \tag{4-4-3}$$

（3）自然坐标形式的质点运动微分方程

$$m\frac{d^2 s}{dt^2} = F_t, m\frac{v^2}{\rho} = F_n, 0 = F_b \tag{4-4-4}$$

应用质点运动微分方程可求解质点动力学的如下两类基本问题：
第一类问题：已知质点的运动规律，求作用于质点上的力。这类问题可用运动方程对时间求导数的方法求得解答，称为微分问题。
第二类问题：已知作用于质点上的力，求质点的运动规律。这类问题归结为求解运动微分方程，属于积分问题。因为是积分问题，为确定积分常数，还须给出运动初始条件，即运动初瞬时质点的位置和初速度，才能确定质点的运动。

【**例 4-4-1**】（历年真题）重为 W 的人乘电梯铅垂上升，当电梯加速上升、匀速上升及减速上升时，人对地板的压力分别为 p_1、p_2、p_3，它们之间的关系为：
A. $p_1 = p_2 = p_3$ B. $p_1 > p_2 > p_3$
C. $p_1 < p_2 < p_3$ D. $p_1 < p_2 > p_3$

【**解答**】根据牛顿第二定律：

加速上升：$p_1 - W = \dfrac{W}{g}a$，即：$p_1 = W + \dfrac{W}{g}a$

匀速上升：$p_2 = W$

减速上升：$W - p_3 = \dfrac{W}{g}a$，即：$p_3 = W - \dfrac{W}{g}a$

可得：$p_1 > p_2 > p_3$，应选 B 项。

【例 4-4-2】（历年真题）图示质量为 m 的物块 A，置于与水平面成 θ 角的斜面 B 上。A 与 B 间的摩擦系数为 f，为保持 A 与 B 一起以加速度 a 水平向右运动，则所需的加速度 a 至少是：

A. $a = \dfrac{g(f\cos\theta + \sin\theta)}{\cos\theta + f\sin\theta}$　　　　B. $a = \dfrac{gf\cos\theta}{\cos\theta + f\sin\theta}$

C. $a = \dfrac{g(f\cos\theta - \sin\theta)}{\cos\theta + f\sin\theta}$　　　　D. $a = \dfrac{gf\sin\theta}{\cos\theta + f\sin\theta}$

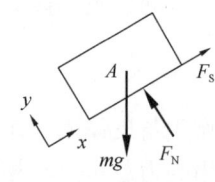

例 4-4-2 图　　　　　　　　例 4-4-2 解图

【解答】根据题目条件可知摩擦力 F_s 应斜向右，如图所示。

x 方向：$F_s - mg\sin\theta = ma\cos\theta$

y 方向：$mg\cos\theta - F_N = ma\sin\theta$

当 $F_s \leqslant F_N f$ 时满足向右运动，则：

$$F_s = mg\sin\theta + ma\cos\theta \leqslant (mg\cos\theta - ma\sin\theta) \cdot f$$

可得：$a \leqslant \dfrac{g(f\cos\theta - \sin\theta)}{\cos\theta + f\sin\theta}$

应选 C 项。

【例 4-4-3】（历年真题）在图示圆锥摆中，球 M 的质量为 m，绳长 l，若 α 角保持不变，则小球的法向加速度为：

A. $g\sin\alpha$　　　　B. $g\cos\alpha$　　　　C. $g\tan\alpha$　　　　D. $g\cot\alpha$

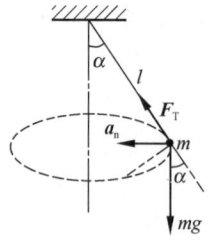

例 4-4-3 图　　　　　　　　例 4-4-3 解图

【解答】如图所示，垂直于绳的铅垂面上，由牛顿第二定律：

$$mg\sin\alpha = ma_n\cos\alpha, \text{即：} a_n = g\tan\alpha$$

应选 C 项。

【例 4-4-4】（历年真题）质量为 m 的小球，放在倾角为 α 的光滑面上，并用平行于斜面的软绳将小球固定在图示位置，如斜面与小球均以加速度 a 向左运动，则小球受到斜面的约束力 N 应为：

A. $N = mg\cos\alpha - ma\sin\alpha$　　　　B. $N = mg\cos\alpha + ma\sin\alpha$

C. $N = mg\cos\alpha$　　　　D. $N = ma\sin\alpha$

例 4-4-4 图　　　　例 4-4-4 解图

【解答】 如图所示，沿 N 方向，由牛顿第二定理：

$N - mg\cos\alpha = ma\sin\alpha$，可得：$N = mg\cos\alpha + ma\sin\alpha$

应选 B 项。

【例 4-4-5】（历年真题）质量为 m 的物体 M 在地面附近自由降落，它所受的空气阻力的大小为 $F_R = Kv^2$，其中 K 为阻力系数，v 为物体速度，该物体所能达到的最大速度为：

A. $v = \sqrt{\dfrac{mg}{K}}$　　　B. $v = \sqrt{mgK}$　　　C. $v = \sqrt{\dfrac{g}{K}}$　　　D. $v = \sqrt{gK}$

【解答】 根据牛顿第二定律：$F_R - mg = ma$，即：$Kv^2 - mg = ma$

当 $a = 0$ 时，v 为最大，则：$Kv^2 - mg = 0$，得：$v = \sqrt{\dfrac{mg}{K}}$

应选 A 项。

二、动力学普遍定理

忽略物体的大小、形状，而只将物体视为具有一定质量的几何点，称为质点。有限或无限多质点的组合，称为质点系。质点系包含刚体、刚体系。

将某些与运动有关的物理量（动量、动量矩、动能）以及与作用于质点系上的与力有关的物理量（冲量、冲量矩、功）对应联系起来，建立它们之间数学上的关系。这些关系统称为动力学普遍定理，它包括动量定理、动量矩定理和动能定理。

1. 动量定理

（1）基本概念

1）动量

质点在瞬时 t 的动量就是质点的质量 m 与其在该瞬时的速度 v 的乘积，动量用 $\boldsymbol{p}$ 表示为：

$$\boldsymbol{p} = m\boldsymbol{v} \tag{4-4-5}$$

动量是表征物体机械运动强弱的一个物理量。==动量是矢量，与速度的方向一致。动量的单位是 kg·m/s==。

质点系中所有质点的动量的矢量和称为质点系的动量，表示为：

$$p = \sum m_i v_i \tag{4-4-6}$$

设由 n 个质点 M_1，M_2，…，M_n 组成的质点系，各质点的质量分别为 m_1，m_2，…，m_n。若以 $m=\sum m_i$ 表示质点系总的质量，并以 r_1，r_2，…，r_n 表示各质点对任选的点 O 的矢径，则由下列公式：

$$r_C = \frac{\sum m_i r_i}{m} \tag{4-4-7}$$

或

$$m r_C = \sum m_i r_i \tag{4-4-8}$$

确定的一点 C 称为该质点系的质心。质心是反映质点系质量分布的一个特征量。

引入质心，则质点系的动量又可以表示为：

$$p = m v_C \tag{4-4-9}$$

即质点系的动量等于质点系的质量与其质心速度的乘积。

动量是矢量，具体计算时，可按下式计算：

$$p = \sum m_i v_{ix} \bm{i} + \sum m_i v_{iy} \bm{j} + \sum m_i v_{iz} \bm{k} = m v_{Cx} \bm{i} + m v_{Cy} \bm{j} + m v_{Cz} \bm{k}$$

2）冲量

把力在某一时间段里的累积效应称为力的冲量，以 I 表示：

$$I = \int_{t_1}^{t_2} \bm{F} \mathrm{d}t \tag{4-4-10}$$

其中 $\bm{F}\mathrm{d}t$ 是力 $\bm{F}$ 在 $\mathrm{d}t$ 时间内的元冲量，表示为：$\mathrm{d}\bm{I} = \bm{F}\mathrm{d}t$。

冲量是矢量，其方向与力 $\bm{F}$ 的方向一致。冲量的单位为 $\mathrm{N \cdot s}$，也可以化为 $\mathrm{kg \cdot m/s}$。

将式（4-4-10）投影至直角坐标轴上，则冲量 I 在三个直角坐标轴上的投影为：

$$I_x = \int_{t_1}^{t_2} F_x \mathrm{d}t, \ I_y = \int_{t_1}^{t_2} F_y \mathrm{d}t, \ I_z = \int_{t_1}^{t_2} F_z \mathrm{d}t$$

（2）动量定理与质心运动定理

质点系中任一质点所受到的力可以分为两类：一类是质点系以外的物体对它的作用力，称为外力，以 $\bm{F}_i^\mathrm{E}$ 表示；另一类是质点系中质点间相互作用的力，称为内力，以 $\bm{F}_i^\mathrm{I}$ 表示。要确定某个力是"内力"还是"外力"，取决于被观察的质点系的范围，外力与内力的区分是相对的。对整个质点系而言，内力系的矢量之和等于零，内力系对任一点或任一轴（x 轴）之矩的和也等于零。

动量定理与质心运动定理见表 4-4-1。

动量定理和质心运动定理　　　　　　　　　　　　表 4-4-1

定理		内容	表达式
动量定理	微分形式	质点系的动量对时间的导数等于作用于质点系的所有外力的矢量和	$\dfrac{\mathrm{d}\bm{p}}{\mathrm{d}t} = \sum \bm{F}_i^\mathrm{E}$ 或 $\dfrac{\mathrm{d}p_x}{\mathrm{d}t} = \sum F_{ix}^\mathrm{E}, \dfrac{\mathrm{d}p_y}{\mathrm{d}t} = \sum F_{iy}^\mathrm{E}, \dfrac{\mathrm{d}p_z}{\mathrm{d}t} = \sum F_{iz}^\mathrm{E}$
	积分形式	质点系的动量在一段时间间隔的改变量等于质点系上所有外力的冲量的矢量和	$\bm{p}_2 - \bm{p}_1 = \sum \bm{I}_i^\mathrm{E}$ 或 $p_{2x} - p_{1x} = \sum I_{ix}^\mathrm{E}, p_{2y} - p_{1y} = \sum I_{iy}^\mathrm{E}, p_{2z} - p_{1z} = \sum I_{iz}^\mathrm{E}$

定理	内容	表达式
动量守恒定理	若作用于质点系的所有外力的矢量和恒等于零,则质点系的动量保持为常量	若$\sum \boldsymbol{F}_i^E = 0$,则 $\boldsymbol{p} = \sum m_i v_i = m v_C =$ 常矢量 若$\sum F_{ix}^E = 0$,则 $p_x = \sum m_i v_{ix} = m v_{Cx} =$ 常量
质心运动定理	质点系的质量与质心加速度的乘积等于质点系所受外力的矢量和	$m \boldsymbol{a}_C = \sum \boldsymbol{F}_i^E$ 或 $m \dfrac{d^2 x_C}{dt^2} = \sum F_{ix}^E = F_{Rx}$, $m \dfrac{d^2 y_C}{dt^2} = \sum F_{iy}^E = F_{Ry}$, $m \dfrac{d^2 z_C}{dt^2} = \sum F_{iz}^E = F_{Rz}$
质心运动守恒定理	若作用于质点系的外力的主矢量恒等于零,则质心的速度为常矢量	若$\sum \boldsymbol{F}_i^E = 0$,则 $\boldsymbol{a}_C = 0$, $v_C =$ 常矢量 若$\sum F_{ix}^E = 0$,则:$m \dfrac{d^2 x_C}{dt^2} = 0$, $v_{Cx} = \dfrac{dx_C}{dt} =$ 常量

由质心运动守恒定理,可知:

1) 当质点系外力的主矢量恒等于零时,质点系的质心将作匀速直线运动;如果质心原来是静止的,则它将在原处不动。

2) 当质点系外力主矢量在某一轴上的投影等于零时,质心的速度在该轴上的投影保持为常量;如果质心的速度在该轴上的投影原来就等于零,则质心在该轴上的坐标不变。

【例 4-4-6】(历年真题)图示均质链条传动机构的大齿轮以角速度 ω 转动,已知大齿轮半径为 R,质量为 m_1,小齿轮半径为 r,质量为 m_2,链条质量不计,则此系统的动量为:

A. $(m_1 + 2m_2) v$

B. $(m_1 + m_2) v$ →

C. $(2m_2 - m_1) v$ →

D. 0

例 4-4-6 图

【解答】系统的动量 $p = \sum m_i v_i$,两轮质心的速度均为零,故两轮的动量为 0;链条质量不计,故链条的动量为 0,可知,整个系统的动量为 0,应选 D 项。

【例 4-4-7】(历年真题)图示均质细杆 AB 重力为 W, A 端置于光滑水平面上,B 端用绳悬挂。当绳断后杆在倒地的过程中,质心 C 的运动轨迹为:

A. 圆弧线 B. 曲线

C. 铅垂直线 D. 抛物线

例 4-4-7 图

【解答】水平方向,根据质心运动守恒定理,$m a_{Cx} = 0$,初始静止,故质心 C 的运动轨迹为铅垂直线,应选 C 项。

【例 4-3-8】(历年真题)图示两重物 M_1、M_2 的质量分别为 m_1 和 m_2,二重物系在不计重量的软绳上,绳绕过均质定滑轮,滑轮半径为 r,质量为 M,则此滑轮系统的动量为:

A. $\left(m_1 - m_2 + \dfrac{1}{2}M\right)v \downarrow$

B. $(m_1 - m_2)v \downarrow$

C. $\left(m_1 + m_2 + \dfrac{1}{2}M\right)v \uparrow$

D. $(m_1 - m_2)v \uparrow$

【解答】根据动量 $p = \sum m_i v_i$，则：
$p = (m_1 - m_2)v$（↓），应选 B 项。

2. 动量矩定理

(1) 转动惯量

在刚体动力学中，除了刚体的受力分析、运动学分析外，还需研究描述刚体惯性性质的物理量——转动惯量和平行轴定理（表 4-4-2）。

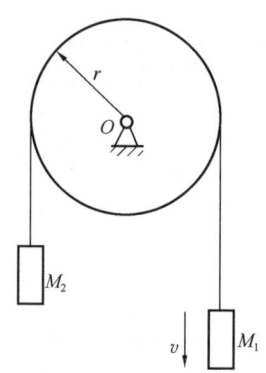

例 4-4-8 图

转动惯量和平行轴定理　　　　表 4-4-2

转动惯量	表达式	说　明
对任一 z 轴	$J_O = \sum m_i r_i^2 = m\rho^2$ $J_O = \int r_i^2 \mathrm{d}m$	r_i 是 i 质点到 z 轴的距离，ρ 为刚体对 z 轴的回转半径
转动惯量的平行移轴定理	$J_{Oz} = J_{Cz'} + md^2$	z' 轴通过质心 C 且 z 与 z' 轴平行，d 为 z 轴与 z' 轴之间的距离

几种常见均质刚体的转动惯量和回转半径列于表 4-4-3。

常见均质刚体的转动惯量和回转半径　　　　表 4-4-3

刚体形状	简图	转动惯量	回转半径
细杆	（图：细杆，长 l，中心原点，坐标 x、y、z）	$J_y = J_z = \dfrac{1}{12}ml^2$ $J_x = 0$	$\dfrac{1}{\sqrt{12}}l$ 0
细圆环	（图：细圆环，半径 r，坐标 x、y、z）	$J_x = J_y = \dfrac{1}{2}mr^2$ $J_z = mr^2$	$\dfrac{1}{\sqrt{2}}r$ r
薄圆板	（图：薄圆板，半径 r，坐标 x、y、z）	$J_x = J_y = \dfrac{1}{4}mr^2$ $J_z = \dfrac{1}{2}mr^2$	$\dfrac{1}{2}r$ $\dfrac{1}{\sqrt{2}}r$

(2) 动量矩

1) 质点、质点系的动量矩

由 n 个质点组成的质点系，其中，任一质点 M_i 的质量为 m_i，其绝对速度为 v_i，对于任选的点 O 的矢径为 r_i，则在该瞬时，质点 M_i 的动量为 $m_i v_i$，动量 $m_i v_i$ 对点 O 的矩 L_{Oi} 定义为：

$$L_{Oi} = r_i \times m_i v_i \tag{4-4-11}$$

动量矩是矢量，它垂直于 r_i 与 $m_i v_i$ 组成的平面。动量矩的单位为 $kg \cdot m^2/s$。

质点的动量对于某一点的矩在经过该点的任一轴上的投影等于动量对于该轴的矩，以 z 轴为例，则：

$$[L_O(m_i v_i)]_z = L_z(m_i v_i) \tag{4-4-12}$$

质点系对点 O 的动量矩 L_O 定义为：

$$L_O = \sum L_{Oi} = \sum r_i \times m_i v_i \tag{4-4-13}$$

质点系中所有各质点的动量对任一轴的矩的代数和称为质点系对该轴的动量矩，即：

$$L_z = \sum L_{zi} \tag{4-4-14}$$

2) 平移刚体的动量矩

平移刚体对任一点 O 的动量矩为：

$$L_O = r_C \times mv \tag{4-4-15}$$

平移刚体对质心的动量矩为零。

3) 定轴转动刚体的动量矩

对转动轴 Z 的动量矩为：

$$L_Z = J_Z \omega \tag{4-4-16}$$

(3) 动量矩定理

动量矩定理见表 4-4-4。

动量矩定理   表 4-4-4

定理		内容	表达式
动量矩定理	定点 O	质点系对任一静点 O 的动量矩对时间的导数等于作用于质点系的所有外力对同一点之矩的矢量和	$\dfrac{dL_O}{dt} = \sum M_O(F_i^E)$ 或 $\dfrac{dL_x}{dt} = \sum M_x(F_i^E)$, $\dfrac{dL_y}{dt} = \sum M_y(F_i^E)$, $\dfrac{dL_z}{dt} = \sum M_z(F_i^E)$
	质心 C	质点系质心的动量矩对时间的导数等于作用于质点系的所有外力对质心之矩的矢量和	$\dfrac{dL_C}{dt} = \sum M_C(F_i^E)$
动量矩守恒定理		质点系所受外力对任一静点 O(或轴)之矩始终为零，则质点系对该点(或轴)的动量矩为常量	若 $M_O(F_i^E) = 0$，则 $L_O = $ 常矢量，若 $M_x(F_i^E) = 0$，则 $L_x = $ 常量
刚体定轴转动微分方程			$J_z \alpha = \sum M_z(F_i^E)$ 或 $J_z \ddot{\varphi} = \sum M_z(F_i^E)$

【例 4-4-9】（历年真题）图示两重物 M_1 和 M_2 的质量分别为 m_1 和 m_2，二重物系在不计重量的软绳上，绳绕过均质定滑轮，滑轮半径为 r，质量为 M，则此滑轮系统对转轴 O 之动量矩为：

A. $L_O = \left(m_1 + m_2 - \dfrac{1}{2}M\right)rv$（↷）

B. $L_O = \left(m_1 - m_2 - \dfrac{1}{2}M\right)rv$（↷）

C. $L_O = \left(m_1 + m_2 + \dfrac{1}{2}M\right)rv$（↷）

D. $L_O = \left(m_1 + m_2 + \dfrac{1}{2}M\right)rv$（↷）

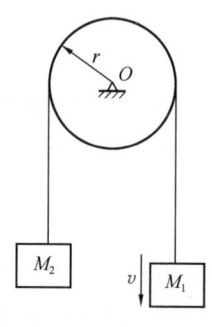

例 4-4-9 图

【解答】滑轮 M 的动量矩为：$J_O\omega = \dfrac{1}{2}Mr^2 \dfrac{v}{r} = \dfrac{1}{2}Mrv$（↷）

整个系统的动量矩为：$L_O = \left(m_1 + m_2 + \dfrac{1}{2}M\right)rv$（↷）

应选 C 项。

【例 4-4-10】（历年真题）均质圆盘质量为 m，半径为 R，在铅垂图面内绕 O 轴转动，图示瞬时角速度为 ω，则其对 O 轴的动量矩大小为：

A. $mR\omega$
B. $\dfrac{1}{2}mR\omega$
C. $\dfrac{1}{2}mR^2\omega$
D. $\dfrac{3}{2}mR^2\omega$

例 4-4-10 图

【解答】定轴转动刚体的动量矩：
$$L_O = J_O\omega = (J_C + mR^2)\omega$$
$$= \left(\dfrac{1}{2}mR^2 + mR^2\right)\omega = \dfrac{3}{2}mR^2\omega$$

应选 D 项。

【例 4-4-11】（历年真题）图示圆环以角速度 ω 绕铅直轴 AC 自由转动，圆环的半径为 R，对转轴 z 的转动惯量为 I。在圆环中的 A 点放一质量为 m 的小球，设由于微小的干扰，小球离开 A 点。忽略一切摩擦，则当小球达到 B 点时，圆环的角速度为：

A. $\dfrac{mR^2\omega}{I + mR^2}$
B. $\dfrac{I\omega}{I + mR^2}$
C. ω
D. $\dfrac{2I\omega}{I + mR^2}$

例 4-4-11 图

【解答】根据动量矩守恒定理，设小球达到 B 点时圆环角速度为 ω_1，则：

$I\omega = (I + mR^2)\omega_1$，解：$\omega_1 = \dfrac{I\omega}{I + mR^2}$

应选 B 项。

【例 4-4-12】（历年真题）图示质量 m_1 与半径 r 均相同的三个均质滑轮，在绳端作用有力或挂有重物。已知均质滑轮的质量为 $m_1=2\text{kN}\cdot\text{s}^2/\text{m}$，重物的质量分别为 $m_2=0.2\text{kN}\cdot\text{s}^2/\text{m}$，$m_3=0.1\text{kN}\cdot\text{s}^2/\text{m}$，重力加速度按 $g=10\text{m/s}^2$ 计算，则各轮转动的角加速度 α 间的关系是：

A. $\alpha_1=\alpha_3>\alpha_2$ B. $\alpha_1<\alpha_2<\alpha_3$

C. $\alpha_1>\alpha_3>\alpha_2$ D. $\alpha_1\neq\alpha_2=\alpha_3$

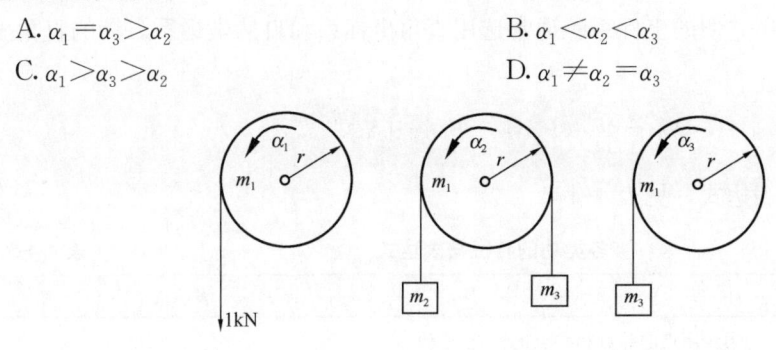

例 4-4-12 图

【解答】根据动量矩定理：

左侧滑轮：$J\alpha_1=1\times r$，得：$\alpha_1=\dfrac{r}{J}$

中间滑轮：$L_O=J\omega+m_2 vr-m_3 vr$

$$\dfrac{\text{d}L_O}{\text{d}t}=J\alpha_2+m_2 a_2 r+m_3 a_2 r=J\alpha_2+m_2 r^2\alpha_2+m_3 r^2\alpha_2$$

$$J\alpha_2+m_2 r^2\alpha_2+m_3 r^2\alpha_2=(m_2 g-m_3 g)\times r=(0.2\times10-0.1\times10)\times r=r$$

则：
$$\alpha_2=\dfrac{r}{J+m_2 r^2+m_3 r^2}$$

右侧滑轮：
$$\alpha_3=\dfrac{0.1\times10\times r}{J+m_3 r^2}=\dfrac{r}{J+m_3 r^2}$$

可知：$\alpha_1>\alpha_3>\alpha_2$，应选 C 项。

【例 4-4-13】（历年真题）图示均质细杆 AB 重 P、长 $2L$，A 端铰支，B 端用绳系住，处于水平位置，当 B 端绳突然剪断瞬时 AB 杆的角加速度的大小为：

A. 0   B. $\dfrac{3g}{4L}$

C. $\dfrac{3g}{2L}$ D. $\dfrac{6g}{L}$

例 4-4-13 图

【解答】根据刚体定轴转动微分方程：

$J_A\alpha=mg\times L$，即：$\dfrac{1}{3}m(2L)^2\alpha=mgL$

得：$\alpha=\dfrac{3g}{4L}$，应选 B 项。

3. 动能定理

(1) 功

能（机械能，动能是机械能的一部分）是物体运动的能量，功是能量变化的度量。

当质点 M 在力 $\bm{F}$ 作用下沿空间轨迹从点 M_1 运动到点 M_2 时，则力 $\bm{F}$ 所做的总功为：

$$W = \int_{M_1}^{M_2} \boldsymbol{F} \cdot d\boldsymbol{r} \qquad (4-4-17)$$

因为功是标量，功的单位为焦耳（J），它的值与坐标系的选择无关。因此，在具体计算时，可以任意选用方便的坐标系。通常选用直角坐标系和自然坐标系。功的直角坐标系形式为：

$$W = \int_{M_1}^{M_2} (F_x dx + F_y dy + F_z dz) \qquad (4-4-18)$$

各类功的特征与表达式，见表 4-4-5。

各类功的特征与表达式　　　　表 4-4-5

名称	特征	表达式
常力的功	只与力作用点的起点和终点的位置 r_1 和 r_2 有关，与路径无关	$W = \boldsymbol{F} \cdot (r_2 - r_1)$
重力的功	只与质点的起点和终点的位置有关，即仅与高差有关	$W = mg(Z_1 - Z_2) = mgh$
弹性力的功	只与弹簧的起始变形和终了变形有关	$W = \dfrac{k}{2}(\delta_1^2 - \delta_2^2)$
力偶（力矩）的功	定轴转动刚体上力偶（或力矩）的功	$W = \int_{\varphi_1}^{\varphi_2} M_z d\varphi$ 或 M_Z 为常量，则 $W = M_Z(\varphi_2 - \varphi_1)$
动滑动摩擦力的功	它的大小等于动滑动摩擦力与滑动距离的乘积	$W = -F_d s$

（2）动能

动能的计算与表达式，见表 4-4-6。

动能的计算与表达式　　　　表 4-4-6

动能	计算	表达式	备注
质点系	质点系中所有各质点动能之和	$T = \sum \dfrac{1}{2} m_i v_i^2$	
平移刚体	刚体的质量与速度（质心速度）的平方之半	$T = \dfrac{1}{2} m v^2 = \dfrac{1}{2} m v_C^2$	刚体各点速度相同
定轴转动刚体	刚体的转动惯量与角速度的平方之半	$T = \dfrac{1}{2} J_z \omega^2$	
平面运动刚体	随质心平移的动能与绕质心转动的动能之和	$T = \dfrac{1}{2} m v_C^2 + \dfrac{1}{2} J_C \omega^2$	

如果某个系统包含若干个刚体，而每个刚体又各按不同的形式运动，则计算该系统的动能时，可先按各个刚体的运动形式分别算出其动能，然后把它们相加起来，所得的总和就是该系统的动能。

（3）动能定理

动能定理见表 4-4-7。

动能定理 表 4-4-7

动能定理	表达式	内容
微分形式	$dT = \sum dW_i$	质点系动能的微分等于作用于质点系的力的元功之和
积分形式（具有理想约束的刚体系统）	$T_2 - T_1 = \sum W_i$	具有理想约束的刚体系统动能的变化等于作用于系统上所有主动力功之和

【**例 4-4-14**】（历年真题）图示 A 块与 B 块叠放，各接触面处均考虑摩擦。当 B 块受力 F 作用沿水平面运动时，A 块仍静止于 B 块上，则：

A. 各接触面处的摩擦力均做负功
B. 各接触面处的摩擦力均做正功
C. A 块上的摩擦力做正功
D. B 块上的摩擦力做正功

例 4-4-14 图

【**解答**】B 块向右运动，其上、下表面的摩擦力方向向左，做负功。
A 块向右运动，其下表面摩擦力方向向右，做正功。
应选 C 项。

【**例 4-4-15**】（历年真题）图示质量 $m=5$kg 的物体受力拉动，沿与水平面 30°夹角的光滑斜平面上移动 6m，其拉动物体的力为 70N，且与斜面平行，则所有力做功之和是：

A. 420N·m B. -147N·m
C. 273N·m D. 567N·m

例 4-4-15 图

【**解答**】拉力做功：$W=70 \times 6 = 420$N·m
重力做功：$W = -mg\Delta h = -mgL\sin 30° = -5 \times 9.8 \times 6 \times \sin 30° = -147$N·m
斜角的约束力做功：$W=0$
$\sum W = 420 - 147 + 0 = 273$N·m，应选 C 项。

【**例 4-4-16**】（历年真题）图示均质圆轮，质量 m，半径 R，由挂在绳上的重力大小为 W 的物块使其绕 O 运动。设物块速度为 v，不计绳重，则系统动量、动能的大小为：

A. $\dfrac{W}{g} \cdot v$；$\dfrac{1}{2} \cdot \dfrac{v^2}{g}\left(\dfrac{1}{2}mg+W\right)$

B. mv；$\dfrac{1}{2} \cdot \dfrac{v^2}{g}\left(\dfrac{1}{2}mg+W\right)$

C. $\dfrac{W}{g} \cdot v + mv$；$\dfrac{1}{2} \cdot \dfrac{v^2}{g}\left(\dfrac{1}{2}mg-W\right)$

D. $\dfrac{W}{g} \cdot v - mv$；$\dfrac{W}{g} \cdot v + mv$

例 4-4-16 图

【**解答**】系统的动量：$p = mv_c R + \dfrac{W}{g} v = 0 + \dfrac{W}{g} v = \dfrac{W}{g} v$，应选 A 项。

此外，系统的动能：

$$T = \frac{1}{2}J_O\omega^2 + \frac{1}{2} \cdot \frac{W}{g}v^2 = \frac{1}{2} \times \frac{1}{2}mR^2\left(\frac{v}{R}\right)^2 + \frac{1}{2} \cdot \frac{W}{g}v^2$$
$$= \frac{1}{4}mv^2 + \frac{1}{2}\frac{W}{g}v^2 = \frac{1}{2} \cdot \frac{v^2}{g}\left(\frac{1}{2}mg + W\right)$$

【例 4-4-17】（历年真题）均质圆柱体半径为 R，质量为 m，绕关于纸面垂直的固定水平轴自由转动，初瞬时静止（质心 G 在 O 轴的铅垂线上，$\theta=0$），如图所示，则圆柱体在位置 $\theta=90°$ 时的角速度是：

A. $\sqrt{\dfrac{g}{3R}}$ B. $\sqrt{\dfrac{2g}{3R}}$

C. $\sqrt{\dfrac{4g}{3R}}$ D. $\sqrt{\dfrac{g}{2R}}$

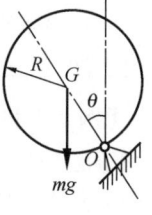

例 4-4-17 图

【解答】根据动能定理，初瞬时静止，故 $T_1=0$
$$T_2 = \frac{1}{2}J_O\omega^2 = \frac{1}{2}(J_G + mR^2)\omega^2 = \frac{1}{2}\left(\frac{1}{2}mR^2 + mR^2\right)\omega^2 = \frac{3}{4}mR^2\omega^2$$
$$T_2 - T_1 = \frac{3}{4}mR^2\omega^2 - 0 = W = mgR$$

可得：$\omega = \sqrt{\dfrac{4g}{3R}}$，应选 C 项。

【例 4-4-18】（历年真题）图示质量为 m，长为 $2l$ 的均质杆初始位于水平位置，A 端脱落后，杆绕轴 B 转动，当杆转到铅垂位置时，AB 杆 B 处的约束力大小为：

A. $F_{Bx}=0$，$F_{By}=0$ B. $F_{Bx}=0$，$F_{By}=\dfrac{mg}{4}$

C. $F_{Bx}=l$，$F_{By}=mg$ D. $F_{Bx}=0$，$F_{By}=\dfrac{5mg}{2}$

例 4-4-18 图   例 4-4-18 解图

【解答】根据动能定理：$T_1=0$，$T_2 = \dfrac{1}{2}J_B\omega^2 = \dfrac{1}{2} \times \dfrac{1}{3}m(2l)^2\omega^2 = \dfrac{2}{3}ml^2\omega^2$

$W = mgl$；由 $T_2 - T_1 = W$，则：

$\dfrac{2}{3}ml^2\omega^2 - 0 = mgl$，得：$\omega = \sqrt{\dfrac{3g}{2l}}$

由定轴转动微分方程：$J_B\alpha = M_B(F) = 0$，则：$\alpha = 0$

质心 C 的加速度，如图所示：$a_{ct} = l\alpha = 0$，$a_{cn} = l\omega^2 = \dfrac{3g}{2}$

由质心运动定理：

$F_{Bx} = ma_{ct} = 0$，$F_{By} - mg = ma_{cn} = m \times \dfrac{3g}{2}$，得：$F_{By} = \dfrac{5mg}{2}$

应选 D 项。

4. 机械能守恒定律

(1) 势能

当质点或质点系处在某一力场中,如果作用在质点上或质点系中各质点上的力大小及方向只决定于质点或质点系的位置,且这些力的功只决定于质点或质点系的起始和终止位置,与质点或质点系运动的路径无关,则这力场称为有势力场,而这样的力称为有势力。如重力、弹性力、万有引力都是有势力。

作用在位于势力场中某一给定位置 $M(x,y,z)$ 的质点的有势力,相对于任一选定的零位置 $M_0(x_0,y_0,z_0)$ 的做功能力,称为质点在给定位置 M 的势能,以 V 表示。

1) 重力场中的势能。以 z_0 表示零势能位的坐标,点 M 的势能为:

$$V = mg(z - z_0) \tag{4-4-19}$$

质点系
$$V = mg(z_c - z_{c0}) \tag{4-4-20}$$

2) 弹性力场中的势能。弹簧原长 l_0 为零势能位,则弹性力的势能为:

$$V = \frac{k}{2}\delta^2 = \frac{k}{2}(r - l_0)^2$$

式中,$\delta = r - l_0$ 表示质点在该位置时弹簧的净伸长。

(2) 机械能守恒定律

若质点系在势力场中运动,在任意两位置 1 和 2 的动能分别为 T_1 和 T_2,势能分别为 V_1 和 V_2,则:

$$T_1 + V_1 = T_2 + V_2 \tag{4-4-21}$$

$$T + V = 恒量 \tag{4-4-22}$$

这一结论称为机械能守恒定律,动能和势能之和称为机械能。可表述为:质点系在势力场中运动时,动能与势能之和为常量。

三、达朗贝尔原理

达朗贝尔原理特点是将动力学的问题在形式上化为静力学的问题,即用静力学方法求解动力学问题,所以达朗贝尔原理又称为动静法。

当质点受外力作用而改变其原来运动状态时,由于质点的惯性产生对外界反抗的反作用力,称为质点的惯性力。惯性力的大小等于质点的质量与其加速度的乘积,方向与加速度方向相反,作用在施力物体上。用符号 F_I 表示,即:

$$F_I = -ma \tag{4-4-23}$$

1. 达朗贝尔原理

达朗贝尔原理见表 4-4-8。

达朗贝尔原理 表 4-4-8

	达朗贝尔原理	表达式
质点	非自由质点 M 运动中的每一瞬时,作用于质点的主动力 F、约束反力 F_N 和假想加上的惯性力 F_I 构成一假想的平衡力系	$F + F_N + F_I = 0$
质点系	在非自由质点系运动中的每一瞬时,作用于质点系内每一质点的主动力 F_i、约束反力 F_{Ni} 和假想加上的惯性力 F_{Ii} 构成一假想的平衡力系。 由于内力成对性,可表达为右侧第二种形式	$\left.\begin{array}{l}\sum F_i + \sum F_{Ni} + \sum F_{Ii} = 0 \\ \sum M_0(F_i) + \sum M_0(F_{Ni}) + \sum M_0(F_{Ii}) = 0\end{array}\right\}$ $\left.\begin{array}{l}\sum F_i^E + \sum F_{Ni} + \sum F_{Ii} = 0 \\ \sum M_0(F_i^E) + \sum M_0(F_{Ni}) + \sum M_0(F_{Ii}) = 0\end{array}\right\}$

2. 刚体惯性力系的简化

空间惯性力系向任一点 O（即简化中心）简化，得到惯性力主矢（用 F_I 表示）和惯性力主矩（用 M_{IO} 表示）。刚体惯性力系的简化结果，见表 4-4-9。

刚体惯性力系的简化结果 表 4-4-9

刚体运动形式	简化中心	惯性力系简化结果
平动刚体	质心 C	$F_I = -ma_C, M_{IC} = 0$
定轴转动刚体	转轴 O	$F_I = -ma_C, M_{IO} = -J_O\alpha$
（具有垂直于转轴的质量对称平面）	质心 C	$F_I = -ma_C, M_{IC} = -J_C\alpha$
平面运动刚体（具有与平面图形平行的质量对称平面）	质心 C	$F_I = -ma_C, M_{IC} = -J_C\alpha$

【例 4-4-19】（历年真题）图示均质圆轮，质量为 m，半径为 r，在铅垂图面内绕通过圆盘中心 O 的水平轴转动，角速度为 ω，角加速度为 α，此时将圆轮的惯性力系向 O 点简化，其惯性力主矢和惯性力主矩的大小分别为：

A. 0；0 B. $mr\alpha$；$\frac{1}{2}mr^2\alpha$

C. 0；$\frac{1}{2}mr^2\alpha$ D. 0；$\frac{1}{4}mr^2\alpha^2$

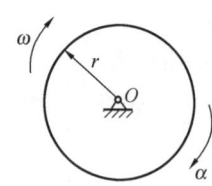

例 4-4-19 图

【解答】 根据定轴转动刚体惯性力系的简化结果：

$$F_I = -ma_O = 0, M_{IO} = -J_O\alpha = -\frac{1}{2}mr^2\alpha$$

应选 C 项。

【例 4-4-20】（历年真题）质量为 m，半径为 R 的均质圆盘，绕垂直于图面的水平轴 O 转动，其角速度为 ω。在图示瞬时，角加速度为零，盘心 C 在其最低位置，此时将圆盘的惯性力系向 O 点简化，其惯性力主矢和惯性力主矩的大小分别为：

A. $m\frac{R}{2}\omega^2$；0 B. $mR\omega^2$；0

C. 0；0 D. 0；$\frac{1}{2}mR^2\omega^2$

例 4-4-20 图

【解答】 根据定轴转动刚性惯性力系的简化结果：

$$F_I = -ma_C = -m \times \left(\frac{R}{2}\omega^2\right) = -m\frac{R}{2}\omega^2, M_{IO} = -J_O\alpha = -J_O \times 0 = 0$$

应选 A 项。

【例 4-4-21】（历年真题）图示均质直杆 OA 的质量为 m，长为 l，以匀角速度 ω 绕 O 轴转动。此时将 OA 杆的惯性力系向 O 点简化，其惯性力主矢和惯性力主矩的大小分别为：

例 4-4-21 图

A. 0，0 B. $\frac{1}{2}ml\omega^2$，$\frac{1}{3}ml^2\omega^2$

C. $ml\omega^2$，$\frac{1}{2}ml^2\omega^2$ D. $\frac{1}{2}ml\omega^2$，0

【解答】由条件，匀角速度转动，$\alpha=0$，惯性力系：

$$F_\mathrm{I}=-ma_C=-m\times\left(\frac{l}{2}\omega^2\right),\quad M_{IO}=-J_O\alpha=0$$

应选 D 项。

【例 4-4-22】（历年真题）物块 A 的质量为 8kg，静止放在无摩擦的水平面上。另一质量为 4kg 的物块 B 被绳系住，如图所示，滑轮无摩擦。若物块 A 的加速度 $a=3.3\mathrm{m/s^2}$，则物块 B 的惯性力是：

A. 13.2N（铅垂向上）
B. 13.2N（铅垂向下）
C. 26.4N（铅垂向上）
D. 26.4N（铅垂向下）

例 4-4-22 图

【解答】$a_B=a_A=3.3\mathrm{m/s^2}$

$$F_\mathrm{I}=-m_B a_B=-4\times3.3=13.2\mathrm{N}\;(\uparrow)，应选 A 项。$$

【例 4-4-23】（历年真题）质量不计的水平细杆 AB 长为 L，在铅垂图面内绕 A 轴转动，其另一端固连质量为 m 的质点 B，图示水平位置静止释放，则此瞬时质点 B 的惯性力为：

A. $F_g=mg$
B. $F_g=\sqrt{2}mg$
C. 0
D. $F_g=\dfrac{\sqrt{2}}{2}mg$

例 4-4-23 图

【解答】方法一：根据动量矩定理，角速度 $\omega=0$：

$$L_A=J_A\omega=0,\;\frac{dL_A}{dt}=0，则：M_A(F)=0,\;(F_g-mg)l=0$$

得：$F_g=mg$，应选 A 项。

方法二：角速度 $\omega=0$，则：$a_{Bn}=L\omega^2=0$

$J_A\cdot\alpha=mgL$，则：$mL^2\alpha=mgL$，得：$\alpha=\dfrac{g}{L}$

$a_{Bt}=L\alpha=g$；$F_g=-ma_{Bt}=-mg$，应选 A 项。

【例 4-4-24】（历年真题）图示质量为 m，长为 l 的均质杆 OA 绕 O 轴在铅垂平面内作定轴转动。已知某瞬时杆的角速度为 ω，角加速度为 α，则杆惯性力系合力的大小为：

A. $\dfrac{l}{2}m\sqrt{\alpha^2+\omega^2}$
B. $\dfrac{l}{2}m\sqrt{\alpha^2+\omega^4}$
C. $\dfrac{l}{2}m\alpha$
D. $\dfrac{l}{2}m\omega^2$

例 4-4-24 图

【解答】质心 C 点处的加速度：

$$a_t=\frac{l}{2}\alpha,\;a_n=\frac{l}{2}\omega^2，则：a_C=\sqrt{a_t^2+a_n^2}=\frac{l}{2}\sqrt{\alpha^2+\omega^4}$$

惯性力系合力 $F_\mathrm{I}=-ma_C=-\dfrac{l}{2}m\sqrt{\alpha^2+\omega^4}$，应选 B 项。

四、质点的直线振动

振动是指物体在平衡位置附近所作的往复运动。当振动物体作微振动时,它的位移和速度都很小,可认为弹性力、阻尼力及惯性力分别是位移、速度及加速度的一次方函数(线性)。这时振动可用常系数线性微分方程来描述,称为线性振动。

1. 单自由度系统的自由振动

(1) 自由振动特性

单自由度系统的自由振动分为:无阻尼振动;有阻尼振动(又可分为小阻尼 $n<\omega_n$、临界阻尼 $n=\omega_n$、大阻尼 $n>\omega_n$)。单自由度系统的无阻尼自由振动和小阻尼自由振动特性见表 4-4-10。其中,n 为阻尼系数,ω_n 为振动系统固有圆频率,c 为阻力系数。

单自由度系统的自由振动特性   表 4-4-10

	无阻尼振动	有阻尼衰减振动(小阻尼 $n<\omega_n$)
运动微分方程	$\ddot{x}+\omega_n^2 x=0$,$\omega_n^2=\dfrac{k}{m}$	$\ddot{x}+2n\dot{x}+\omega_n^2 x=0$,$2n=\dfrac{c}{m}$,$\omega_n^2=\dfrac{k}{m}$
振动方程(通解)	$x=x_0\cos\omega_n t+v_0\sin\omega_n t=A\sin(\omega_n t+\theta)$	$x=Ae^{-nt}\sin(\omega_d t+\theta)$,$\omega_d=\sqrt{\omega_n^2-n^2}$
积分常数	振幅 $A=\sqrt{x_0^2+\left(\dfrac{\dot{x}_0}{\omega_n}\right)^2}$	$A=\sqrt{x_0^2+\dfrac{(\dot{x}_0+nx_0)^2}{\omega_n^2-n^2}}$
	初位相 $\tan\theta=\dfrac{\omega_n x_0}{\dot{x}_0}$	$\tan\theta=\dfrac{x_0\sqrt{\omega_n^2-n^2}}{\dot{x}_0+nx_0}$
周期	$T_n=\dfrac{2\pi}{\omega_n}$	$T_d=\dfrac{2\pi}{\omega_d}=\dfrac{2\pi}{\sqrt{\omega_n^2-n^2}}$
频率	$f_n=\dfrac{1}{T_n}$	$f_d=\dfrac{1}{T_d}$
圆频率(固有频率)	$\omega_n=2\pi f$	$\omega_d=2\pi f_d=\sqrt{\omega_n^2-n^2}$
对数减幅系数	—	$\delta=\ln\dfrac{A_i}{A_{i+1}}=nT_d$

(2) 振动系统的固有圆频率 ω_n 及其计算

振动系统的圆有圆频率 ω_n 仅与系统的质量和结构的刚度有关,与外部无关(如与干扰力无关),一般通过无阻尼自由振动计算确定 ω_n,具体计算方法如下:

1) **直接法**:质量-弹簧系统,设已知质量 m 和弹簧刚性系数 k,直接代入公式 $\omega_n=\sqrt{\dfrac{k}{m}}$。

2) **平衡法**:质量-弹簧系统,在平衡时 $k\delta_{st}=mg$,即 $k=\dfrac{mg}{\delta_{st}}$,则:$\omega_n=\sqrt{\dfrac{k}{m}}=\sqrt{\dfrac{g}{\delta_{st}}}$。

3) 列出系统的运动微分方程,然后化为标准形式,如:$m_{eq}\ddot{x}+k_{eq}x=0$,可得:$\omega_n=\sqrt{\dfrac{k_{eq}}{m_{eq}}}$,其中,$m_{eq}$ 为等效质量;k_{eq} 为等效刚性系数,表示系统的弹性。具体举例见后面例题。

4) **能量法**：一单自由度振动系统，当不计阻尼时，该系统在振动过程中机械能保持不变。如取平衡位置为零势能点，则系统在平衡位置的最大动能值 $T_{\max}$ 将等于系统在极端位置时的最大势能值 $V_{\max}$，即：

$$T+V = 恒量 \quad 或 \quad T_{\max} = V_{\max}$$

应用上式，即可求得系统的固有圆频率 ω。

例如：无阻尼单自由度系统自由振动的振动方程 $x = A\sin(\omega_n t + \theta)$，则：

$$T_{\max} = \frac{1}{2}m\dot{x}_{\max}^2 = \frac{1}{2}mA^2\omega_n^2, \quad V_{\max} = \frac{1}{2}kx_{\max}^2 = \frac{1}{2}kA^2$$

由 $T_{\max} = V_{\max}$，可得：$\omega_n = \sqrt{\dfrac{k}{m}}$

(3) 并联或串联弹簧的等效刚度系数

并联 $$k = k_1 + k_2 + \cdots + k_n = \sum_{i=1}^{n} k_i \tag{4-4-24}$$

串联 $$\frac{1}{k} = \frac{1}{k_1} + \frac{1}{k_2} + \cdots + \frac{1}{k_n} = \sum_{i=1}^{n} \frac{1}{k_i} \tag{4-4-25}$$

(4) 衰减振动（小阻尼自由振动 $n < \omega_n$）

小阻尼自由振动特性见表 4-4-10，其振动的运动图线如图 4-4-1 所示。

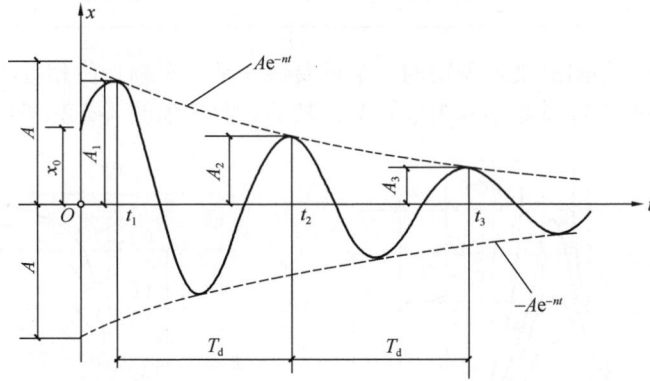

图 4-4-1 小阻尼自由振动的运动图线

(5) 大阻尼（$n > \omega_n$）和临界阻尼（$n = \omega_n$）

运动已无振动的特性了，且随着时间的增大，系统逐渐趋近于平衡位置。

2. 单自由度系统的受迫振动（亦称强迫振动）

由激励引起的振动称为受迫振动。单自由度系统的受迫振动可分为无阻尼和有阻尼两大类。若激励力随时间而简谐变化称为谐扰力，其可表达为 $S = H\sin\omega t$。

现以系统的平衡位置为坐标原点，以坐标 x 为独立参数，将受谐扰力作用下的受迫振动的主要内容列于表 4-4-11，其中，$h = \dfrac{H}{m}$，$b_0 = \dfrac{h}{\omega_n^2}$，$b_0$ 表示系统在谐扰力的最大幅值 H 静止作用下所产生的偏移，$\lambda = \dfrac{\omega}{\omega_n}$ 称为频率比，n 称为阻尼系数，$\xi = \dfrac{n}{\omega_n}$ 称为阻尼比，φ

称为谐扰力的初位相，ε 称为位相差。

单自由度系统的受迫振动特性　　　　表 4-4-11

	无阻尼（$n=0$）	小阻尼（$n<\omega_n$）
运动微分方程	$\ddot{x}+\omega_n^2 x=h\sin\omega t$	$\ddot{x}+2n\dot{x}+\omega_n^2 x=h\sin(\omega t+\varphi)$
振动方程（全解） $h=\dfrac{H}{m}$	(1) $\omega\neq\omega_n, x=x_1+x_2$, $x_1=A\sin(\omega_n t+\theta)$ $x_2=b\sin(\omega t+\varphi-\varepsilon)$ (2) $\omega=\omega_n$，共振方程： $x_2=-\dfrac{h}{2\omega_n}t\cos(\omega_n t+\varphi)$	$x=x_1+x_2$, $x_1=Ae^{-nt}\sin(\omega_d t+\theta)$, $x_2=b\sin(\omega t+\varphi-\varepsilon)$ 式中，x_1 为衰减振动（瞬态解，可以不考虑），x_2 为受迫振动（稳态解）
振幅	$b=\dfrac{h}{\omega_n^2-\omega^2}$	$b=\dfrac{h}{\sqrt{(\omega_n^2-\omega^2)^2+4n^2\omega^2}}$
干扰力的圆频率	ω	ω
位相差	$\lambda=\dfrac{\omega}{\omega_n}$ 为 $<1,=1,>1,\theta$ 为 $0,\dfrac{\pi}{2},\pi$	$\tan\varepsilon=\dfrac{2n\omega}{\omega_n^2-\omega^2}$
放大系数 （动力系数）	$\beta=\left\|\dfrac{b}{b_0}\right\|=\left\|\dfrac{1}{1-\lambda^2}\right\|$ 共振：$\omega=\omega_n$，b 为无穷大	$\beta=\dfrac{1}{\sqrt{(1-\lambda^2)^2+4\xi^2\lambda^2}}$ 共振频率　$\omega_{cr}=\omega_n\sqrt{1-2\xi^2}$ 共振时振幅　$b_{max}=\dfrac{b_0}{2\xi\sqrt{1-\xi^2}}$

在稳态过程中，小阻尼受迫振动的一个重要特征是：振幅、位相差的取值与激振力的频率、系统的自由振动固有频率和阻尼有关，其关系曲线如图 4-4-2、图 4-4-3 所示。

图 4-4-2　振幅-频率特征曲线

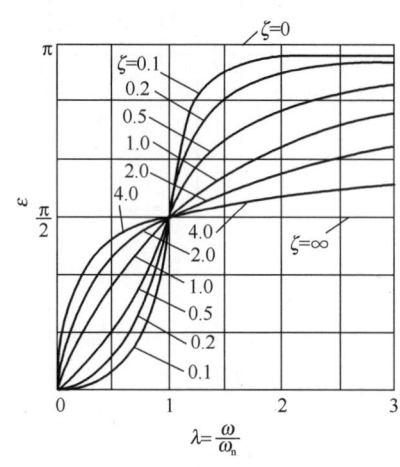

图 4-4-3　位相差-频率特征曲线

【例 4-4-25】（历年真题）图示装置中，已知质量 $m=200$kg，弹簧刚度 $k=100$N/cm，则图中各装置的振动周期为：

A. 图（a）装置振动周期最大　　　　B. 图（b）装置振动周期最大

C. 图（c）装置振动周期最大　　　　D. 三种装置振动周期相等

【解答】无阻尼自由振动的频率、周期为：

图(a)：$\omega_{na}=\sqrt{\dfrac{2k}{m}}$，$T_a=\dfrac{2\pi}{\omega_{na}}=2\pi\sqrt{\dfrac{m}{2k}}$

图(b)：$\omega_{nb}=\sqrt{\dfrac{k}{2m}}$，$T_b=2\pi\sqrt{\dfrac{2m}{k}}$

图(c)：$k_{eq}=2k+k=3k$

$\omega_{nc}=\sqrt{\dfrac{3k}{m}}$，$T_c=2\pi\sqrt{\dfrac{m}{3k}}$

故图(b)的周期最大，应选 B 项。

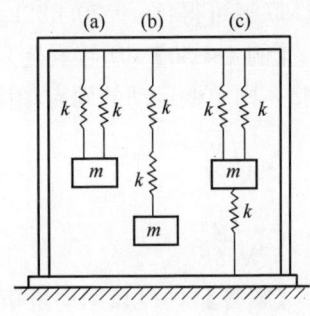

例 4-4-25 图

【例 4-4-26】（历年真题）已知单自由度系统的振动固有频率 $\omega_n=2\mathrm{rad/s}$，若在其上分别作用幅值相同而频率为 $\omega_1=1\mathrm{rad/s}$；$\omega_2=2\mathrm{rad/s}$；$\omega_3=3\mathrm{rad/s}$ 的简谐干扰力，则此系统强迫振动的振幅为：

A. $\omega_1=1\mathrm{rad/s}$ 时振幅最大　　　　B. $\omega_2=2\mathrm{rad/s}$ 时振幅最大

C. $\omega_3=3\mathrm{rad/s}$ 时振幅最大　　　　D. 不能确定

【解答】当 $\omega_1=\omega_n=2\mathrm{rad/s}$ 时，共振，幅值最大，应选 B 项。

【例 4-4-27】（历年真题）质量为 110kg 的机器固定在刚度为 $2\times10^6\mathrm{N/m}$ 的弹性基础上，当系统发生共振时，机器的工作频率为：

A. 66.7rad/s　　　B. 95.3rad/s　　　C. 42.6rad/s　　　D. 134.8rad/s

【解答】当 $\omega=\omega_n$ 时，共振：

$\omega=\omega_n=\sqrt{\dfrac{k}{m}}=\sqrt{\dfrac{2\times10^6}{110}}=134.8\mathrm{rad/s}$，应选 D 项。

【例 4-4-28】（历年真题）如图所示系统中，当物块振动的频率比为 1.27 时，k 的值是：

A. $1\times10^5\mathrm{N/m}$

B. $2\times10^5\mathrm{N/m}$

C. $6\times10^4\mathrm{N/m}$

D. $1.5\times10^5\mathrm{N/m}$

例 4-4-28 图

【解答】$\dfrac{\omega}{\omega_n}=1.27$，$\omega_n=\sqrt{\dfrac{k}{m}}$，$\omega=40\mathrm{rad/s}$，则：

$\dfrac{40}{\sqrt{k/m}}=1.27$，得：$k=99200\mathrm{N/m}\approx1\times10^5\mathrm{N/m}$，应选 A 项。

【例 4-4-29】（历年真题）一无阻尼弹簧-质量系统受简谐激振力作用，当激振频率为 $\omega_1=6\mathrm{rad/s}$ 时，系统发生共振。给质量块增加 1kg 的质量后重新试验，测得共振频率为 $\omega_2=5.86\mathrm{rad/s}$。则原系统的质量及弹簧刚度系数是：

A. 19.68kg，623.55N/m　　　　B. 20.68kg，623.55N/m

C. 21.68kg，774.53N/m　　　　D. 20.68kg，744.53N/m

【解答】当固有频率 $\omega_n=\omega_1$ 时，发生共振：

$\omega_n=\omega_1=\sqrt{\dfrac{k}{m}}=6$，$\omega_2=\sqrt{\dfrac{k}{1+m}}=5.86$

联解可得：$m=20.682\text{kg}$，$k=744.53\text{N/m}$，应选 D 项。

【例 4-4-30】（历年真题）图示重力大小为 W 的质点，由长为 l 的绳子连接，则单摆运动的固有频率为：

A. $\sqrt{\dfrac{g}{2l}}$ B. $\sqrt{\dfrac{W}{l}}$

C. $\sqrt{\dfrac{g}{l}}$ D. $\sqrt{\dfrac{2g}{l}}$

例 4-4-30 图

【解答】对 O 点用动量矩定理：

$$\dfrac{\text{d}(mvl)}{\text{d}t}=\dfrac{\text{d}(ml\dot{\theta}l)}{\text{d}t}=ml^2\ddot{\theta}=-mg\sin\theta\times l$$

微幅摆动，$\sin\theta=\theta$，则上式变为：$\ddot{\theta}+\dfrac{g}{l}\theta=0$

与无阻尼自由振动标准形式对比，可得：$\omega_\text{n}=\sqrt{\dfrac{g}{l}}$

应选 C 项。

【例 4-4-31】图示单摆由无重刚杆 OA 和质量为 m 的小球 A 构成，杆 OA 长为 l，小球上连有两个刚性系数为 k 的弹簧，则摆微小振动的固有圆频率为：

A. $\sqrt{\dfrac{2k}{m}}$ B. $\sqrt{\dfrac{k}{m}}$

C. $\sqrt{\dfrac{2k}{m}-\dfrac{g}{l}}$ D. $\sqrt{\dfrac{2k}{m}+\dfrac{g}{l}}$

例 4-4-31 图

【解答】根据定轴转动微分方程：

$J_\text{O}\ddot{\varphi}=-2k(l\varphi)l+mgl\varphi, J_\text{O}=ml^2$，即：

$$\ddot{\varphi}+\left(\dfrac{2k}{m}-\dfrac{g}{l}\right)\varphi=0$$

可得：$\omega_\text{n}=\sqrt{\dfrac{2k}{m}-\dfrac{g}{l}}$，应选 C 项。

习　题

4-4-1　（历年真题）图示均质圆轮，质量为 m，半径为 r，在铅垂图面内绕通过圆盘中心 O 的水平轴以匀角速度 ω 转动。则系统动量、对中心 O 的动量矩、动能的大小为：

A. 0；$\dfrac{1}{2}mr^2\omega$；$\dfrac{1}{4}mr^2\omega^2$

B. $mr\omega$；$\dfrac{1}{2}mr^2\omega$；$\dfrac{1}{4}mr^2\omega^2$

C. 0；$\dfrac{1}{2}mr^2\omega$；$\dfrac{1}{2}mr^2\omega^2$

D. 0；$\dfrac{1}{4}mr^2\omega^2$；$\dfrac{1}{4}mr^2\omega^2$

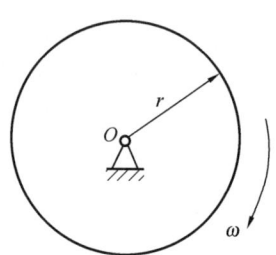

题 4-4-1 图

4-4-2　（历年真题）图示杆 OA 与均质圆轮的质心用光滑

铰链 A 连接，初始时它们静止于铅垂面内，现将其释放，则圆轮 A 所做的运动为：

A. 平面运动　　　　　　　　　B. 绕轴 O 的定轴转动
C. 平行移动　　　　　　　　　D. 无法判断

题 4-4-2 图

题 4-4-3 图

4-4-3 （历年真题）图示质点受弹簧力作用而运动，l_0 为弹簧自然长度，k 为弹簧刚度系数，质点由位置 1 到位置 2 和由位置 3 到位置 2 弹簧力所做的功为：

A. $W_{12}=-1.96\text{J}$，$W_{32}=1.176\text{J}$　　　B. $W_{12}=1.96\text{J}$，$W_{32}=1.176\text{J}$
C. $W_{12}=1.96\text{J}$，$W_{32}=-1.176\text{J}$　　　D. $W_{12}=-1.96\text{J}$，$W_{32}=-1.176\text{J}$

4-4-4 （历年真题）汽车重力大小为 $W=2800\text{N}$，并以匀速 $v=10\text{m/s}$ 的行驶速度驶入刚性洼地底部，洼地底部的曲率半径 $\rho=5\text{m}$，取重力加速度 $g=10\text{m/s}^2$，则在此处地面给汽车约束力的大小为：

A. 5600N　　　　　　　　　　B. 2800N
C. 3360N　　　　　　　　　　D. 8400N

4-4-5 （历年真题）边长为 L 的均质正方形平板，位于铅垂平面内并置于光滑水平面上，在微小扰动下，平板从图示位置开始倾倒，在倾倒过程中，其质心 C 的运动轨迹为：

A. 半径为 $L/\sqrt{2}$ 的圆弧
B. 抛物线
C. 铅垂直线
D. 椭圆曲线

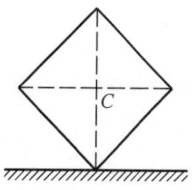

题 4-4-5 图

4-4-6 （历年真题）图示质量为 m 的小物块在匀速转动的圆桌上，与转轴的距离为 r。设物块与圆桌之间的摩擦系数为 μ，为使物块与桌面之间不产生相对滑动，则物块的最大速度为：

A. $\sqrt{\mu g}$　　　　　　　　　　B. $2\sqrt{\mu g r}$
C. $\sqrt{\mu g r}$　　　　　　　　　D. $\sqrt{\mu r}$

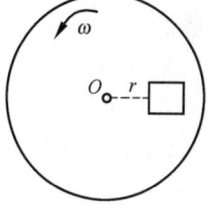

题 4-4-6 图

4-4-7 （历年真题）重 10N 的物块沿水平面滑行 4m，如果摩擦系数是 0.3，则重力及摩擦力各做的功是：

A. 40N·m，40N·m　　　　　　B. 0，40N·m
C. 0，12N·m　　　　　　　　　D. 40N·m，12N·m

4-4-8 （历年真题）均质细杆 OA，质量为 m，长 l。在图示水平位置静止释放，释放瞬时轴承 O 施加于杆 OA 的附加动反力为：

题 4-4-8 图

A. $3mg$（↑）　　　　　　　　B. $3mg$（↓）
C. $\dfrac{3}{4}mg$（↑）　　　　　　　D. $\dfrac{3}{4}mg$（↓）

4-4-9 （历年真题）重为 W 的货物由电梯载运下降，当电梯加速下降、匀速下降及减速下降时，货物对地板的应力分别为 F_1、F_2、F_3，它们之间的关系为：

A. $F_1=F_2=F_3$
B. $F_1>F_2>F_3$
C. $F_1<F_2<F_3$
D. $F_1<F_2>F_3$

4-4-10 （历年真题）图示均质圆柱体半径为 R，质量为 m，绕关于纸面垂直的固定水平轴自由转动，初瞬时静止（$\theta=0°$），则圆柱体在任意位置 θ 时的角速度是：

A. $\sqrt{\dfrac{4g(1-\sin\theta)}{3R}}$
B. $\sqrt{\dfrac{4g(1-\cos\theta)}{3R}}$
C. $\sqrt{\dfrac{2g(1-\cos\theta)}{3R}}$
D. $\sqrt{\dfrac{g(1-\cos\theta)}{2R}}$

题 4-4-10 图

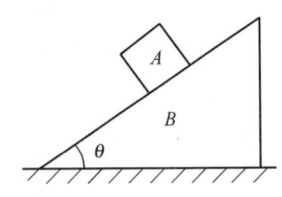

题 4-4-11 图

4-4-11 （历年真题）图示质量为 m 的物块 A，置于水平成 θ 角的倾面 B 上。A 与 B 间的摩擦系数为 f，当保持 A 与 B 一起以加速度 a 水平向右运动时，物块 A 的惯性力是：

A. ma（←）
B. ma（→）
C. ma（↗）
D. ma（↙）

4-4-12 （历年真题）图示系统中，$k_1=2\times10^5\text{N/m}$，$k_2=1\times10^5\text{N/m}$。激振力 $F=200\sin50t$，当系统发生共振时，质量 m 是：

题 4-4-12 图

A. 80kg
B. 40kg
C. 120kg
D. 100kg

4-4-13 （历年真题）在两个半径及质量均相同的均质滑轮 A 及 B 上，各绕以不计质量的绳，如图所示。轮 B 绳末端挂一重力为 P 的重物，轮 A 绳末端作用一铅垂向下的力为 P，则此两轮绕以不计质量的绳中拉力大小的关系为：

A. $F_A<F_B$
B. $F_A>F_B$
C. $F_A=F_B$
D. 无法判断

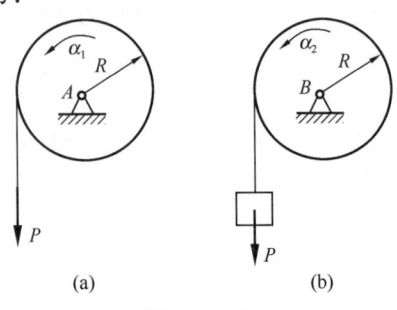

题 4-4-13 图

习题解答与参考答案

第一节

4-1-1 **解答**：向 A 点简化，$F_R = 0$，$M_A = \frac{\sqrt{3}}{2}a \times F = \frac{\sqrt{3}}{2}Fa$

答案：A

4-1-2 **解答**：$\sum M_B(F) = 0$，则：$F_{Ax} = 0$

取左半侧 AC，$\sum M_C(F) = 0$，则：$F_{Ax} = \frac{M}{2a}$

答案：B

4-1-3 **解答**：力的三角形法则。

答案：B

4-1-4 **解答**：向 O 点简化，$F_R = 0$，$M_O = F_1 l + F_2 l + F_3 l = 3Fl$（↻）

答案：B

4-1-5 **解答**：当为 y 轴时，其上投影为零；不为 y 轴时，其上投影不为零。

答案：B

4-1-6 **解答**：$M_A = M = 4 \text{N} \cdot \text{m}$

答案：A

4-1-7 **解答**：$M_B = M = \frac{1}{2}Fa = \frac{1}{2} \times 150 \times 50 = 3750 \text{N} \cdot \text{cm}$（↻）

答案：A

第二节

4-2-1 **解答**：下滑力 $= W\sin 30° = 30\text{kN} > F_{\max} = W\cos 30° \times f = 20.78\text{kN}$，滑动

答案：C

4-2-2 **解答**：$\sum F_x = 0$，则：$F_{Ax} = 100\text{kN}$(←)

$\sum M_C(F) = 0$，则：$4LF_{Ay} = F(4L+r) - F(2L+r)$，可得：$F_{Ay} = 50\text{kN}$(↓)

答案：C

4-2-3 **解答**：$\sum M_C(F) = 0$，则：$F_A = \frac{F_p(2r+r)}{2r} = \frac{3}{2}F_p$(←)

答案：D

4-2-4 **解答**：$\sum M_A(F) = 0$，则：$M_A = F_p\left(\frac{a}{2} + r\right)$（↻）

答案：B

4-2-5 解答：图中右上侧顶部两杆为零杆；左上侧顶部竖杆为零杆，共3根。
答案：A

4-2-6 解答：取 CD 部分，$\sum M_C(F) = 0$，则：$2LF_D = M + qL \cdot \dfrac{L}{2}$，得：$F_D = 15\text{kN}(\uparrow)$
答案：B

第三节

4-3-1 解答：$v = \dot{s} = 20\text{cm/s}, a = a_n = \left(\dfrac{v}{r}\right)^2 r = \dfrac{v^2}{r} = \dfrac{20^2}{40} = 10\text{cm/s}^2$
答案：B

4-3-2 解答：消去 t，$t = \dfrac{x}{2}$ 代入 $y = t^2 - t$，得：$x^2 - 2x - 4y = 0$
答案：C

4-3-3 解答：$v_B = OB \times \omega = 50 \times 2 = 100\text{cm/s}, a_n = OB \times \omega^2 = 50 \times 4 = 200\text{cm/s}^2$
$a_t = OB \times \alpha = 50 \times 5 = 250\text{cm/s}^2$
答案：A

4-3-4 解答：圆周运动。
答案：B

4-3-5 解答：$v_M = v_C = O_2C \times \omega = 40 \times 3 = 120\text{cm/s}$
$a_M = a_C = O_2C \times \omega^2 = 40 \times 3^2 = 360\text{cm/s}^2$
答案：B

4-3-6 解答：$2as = v^2 - v_0^2, 2 \times 2s = 8^2 - 5^2$，得：$s = 9.75\text{m}$
答案：D

4-3-7 解答：$\dot{\varphi} = 4 - 6t = 4 - 6 \times 0 = 4, v = r\dot{\varphi} = 0.5 \times 4 = 2\text{m/s}$
$a_n = r(\dot{\varphi})^2 = 0.5 \times 4^2 = 8\text{m/s}$
答案：A

4-3-8 解答：$a_t = l\alpha$，则：$\alpha = a/l$；$a_n = l\omega^2 = 0$，则：$\omega = 0$
答案：A

4-3-9 解答：$\dot{s} = 6t, a_t = \ddot{s} = 6\text{m/s}^2$
答案：D

4-3-10 解答：$a_t = a\sin\theta = l\alpha$，则：$\alpha = \dfrac{a\sin\theta}{l}$

$a_n = a\cos\theta = l\omega^2$，则：$\omega = \sqrt{\dfrac{a\cos\theta}{l}}$

答案：B

4-3-11 解答：$v = \dot{s} = 4t^3 - 9t^2 + 4t = 4 \times 2^3 - 9 \times 2^2 + 4 \times 2 = 4\text{m/s}$
$a = \ddot{s} = 12t^2 - 18t + 4 = 12 \times 2^2 - 18 \times 2 + 4 = 16\text{m/s}^2$

答案：C

4-3-12 **解答**：$a_n = \dfrac{v^2}{r} = \dfrac{15^2}{5} = 45\text{m/s}^2$

答案：B

4-3-13 **解答**：$\dfrac{v_B}{v_A} = \dfrac{R}{r} = \dfrac{75}{50}, v_A = 20\text{m/s}, 则: v_B = 30\text{m/s}$

$\dfrac{a_{Bt}}{a_{At}} = \dfrac{R}{r} = \dfrac{75}{50}, a_{At} = 6\text{m/s}^2, 则: a_{Bt} = 9\text{m/s}^2$

答案：A

第四节

4-4-1 **解答**：动量 $p = 0$；动量矩 $L_O = J_O\omega = \dfrac{1}{2}mr^2\omega$

动能 $T = \dfrac{1}{2}J_O\omega^2 = \dfrac{1}{2} \times \dfrac{1}{2}mr^2\omega^2 = \dfrac{1}{4}mr^2\omega^2$

答案：A

4-4-2 **解答**：初始静止，$\omega = 0$；$J_A\alpha = \Sigma M_A(F) = 0$，则 $\alpha = 0$，故圆轮 A 作平行移动。

答案：C

4-4-3 **解答**：$W_{12} = \dfrac{1}{2} \times 1960 \times (0.06^2 - 0.04^2) = 1.96\text{J}$

$W_{32} = \dfrac{1}{2} \times 1960 \times (0.02^2 - 0.04^2) = -1.176\text{J}$

答案：C

4-4-4 **解答**：$F_N - W = ma = m\dfrac{v^2}{\rho}, F_N = 2800 + \dfrac{2800}{10} \times \dfrac{10^2}{5} = 8400\text{N}$

答案：D

4-4-5 **解答**：根据质心运动守恒定理，$ma_{Cx} = 0$，故其轨迹为铅垂直线。

答案：C

4-4-6 **解答**：匀速转动，$\alpha = 0, a_t = r\alpha = 0; a_n = \dfrac{v^2}{r}$

$F_s = mg\mu \geqslant ma_n = m\dfrac{v^2}{r}$，得：$v \leqslant \sqrt{\mu gr}$

答案：C

4-4-7 **解答**：$W_{\text{重力}} = 0; W_{\text{摩}} = mg\mu s = 10 \times 0.3 \times 4 = 12\text{N} \cdot \text{m}$

答案：C

4-4-8 **解答**：释放瞬时，$\omega = 0, a_n = 0$

$J_O\alpha = mg \times \dfrac{l}{2}, \dfrac{1}{3}ml^2\alpha = \dfrac{mgl}{2}$，则：$\alpha = \dfrac{3g}{2l}$

质心处：$a_t = \dfrac{l}{2}\alpha = \dfrac{3g}{4}$，则：$F_{Oy} = -ma_t = -\dfrac{3}{4}mg(\uparrow)$

答案：C

4-4-9 **解答**：加速下降　$W - F_1 = \dfrac{W}{g}a$

匀速下降　$F_2 = W$

减速下降　$F_3 - W = \dfrac{W}{g}a$，可知：$F_1 < F_2 < F_3$

答案：C

4-4-10 **解答**：动能定理：$T_2 - T_1 = \dfrac{1}{2}J_O\omega^2 - 0 = W = mg(R - R\cos\theta)$

$J_O = \left(\dfrac{1}{2}mR^2 + mR^2\right)\omega^2 = \dfrac{3}{2}mR^2$，则：

$\dfrac{1}{2} \times \dfrac{3}{2}mR^2\omega^2 = mg(R - R\cos\theta)$，得：$\omega = \sqrt{\dfrac{4g(1 - \cos\theta)}{3R}}$

答案：B

4-4-11 **解答**：$F_A = -ma\,(\leftarrow)$

答案：A

4-4-12 **解答**：$k = k_1 + k_2 = 3 \times 10^5 \text{N/m}, \omega_n = \omega = 50\text{rad/s}$

$\omega_n = \sqrt{\dfrac{k}{m}} = \sqrt{\dfrac{3 \times 10^5}{m}} = 50$，得：$m = 120\text{kg}$

答案：C

4-4-13 **解答**：图(a)：$F_A = P$

图(b)：$P - F_B = ma$，$F_B = P - ma < F_A$

答案：B

第五章 材 料 力 学

第一节 材料在拉伸与压缩时的力学性能

一、概述

材料力学是研究工程结构构件强度、刚度和稳定性计算的学科。其中,强度是指构件在荷载作用下抵抗破坏的能力;刚度是指构件在荷载作用下抵抗变形的能力;稳定性是指构件保持其原有平衡形式的能力。材料力学是固体力学的一个分支,通过研究工程结构构件在外力作用下的变形、受力与破坏或失效规律,为设计工程构件的形状、尺寸和选用合适的材料提供计算依据,使设计出的构件既安全又经济。

材料力学中对变形固体所作的基本假设:连续性假设;均匀性假设;各向同性假设。

在材料力学中,外力作用产生构件的内力;由内力分析计算构件的强度、刚度、稳定性。根据强度(刚度、稳定)条件,分析解决三个问题:①强度(刚度、稳定)校核;②确定许用荷载;③设计截面。

杆件是指长度远大于宽和高的构件,杆件的基本变形如图 5-1-1 所示。

图 5-1-1 杆件基本变形

二、材料在拉伸与压缩时的力学性能

1. 低碳钢轴向拉伸与压缩时的力学性质

(1) 低碳钢轴向拉伸时的力学性质

低碳钢轴向拉伸时的 $\sigma\text{-}\varepsilon$ 曲线如图 5-1-2 所示,曲线分为四个阶段。

1) 弹性阶段(OB 段)

加载过程中若应力值不超过 B 点应力值(σ_e)就卸载,载荷降为零时,变形会完全消失,应变为零,OB 段的变形是纯弹性变形,故此段命名为弹性阶段,与 B 点对应的应力 σ_e 称为弹性极限。OA 段呈直线,应力与应

图 5-1-2 低碳钢轴向拉伸时的 $\sigma\text{-}\varepsilon$ 曲线

变成正比，胡克定律在此段成立，OA 线的斜率 $\tan\alpha$ 即弹性模量 E，故 A 点的应力值称为比例极限，记为 σ_p。

2) 屈服阶段（BC 段）

此段特征是载荷基本不变，变形不断地剧增，曲线呈锯齿状，最高点数值不稳定，最低点应力值稳定，称为屈服极限，记为 σ_s（或 σ_y）。

3) 强化阶段（CD）段

经调整后，晶粒排列整齐，承载能力提高，载荷得以上升，变形随之增大，但斜率越来越小，直到降至零，$\sigma\text{-}\varepsilon$ 曲线达到最高点 D，对应的应力记为 σ_b，称为强度极限。

4) 颈缩阶段（DE 段）

在试验中，可以看到此时试样中某一部位（薄弱截面）迅速变细、伸长，试样很快就在最细处断裂。

在加载至 CD 段时卸载，卸载过程如图 5-1-2 的 FF' 线，它与 OA 线平行，即卸载规律是线弹性的。在 F' 点重新加载，$\sigma\text{-}\varepsilon$ 曲线沿 $F'F$ 线上升，至原屈服应力 σ_s 处，不再发生屈服，仍是线性上升，直返 F 点，此现象称为冷作硬化。经冷作硬化的材料，比例极限 σ_p 提高，在较高的应力值下变形量较小。但钢材变脆，抗冲击能力减弱，应力集中现象加剧。

若卸载至 F' 点后，让材料时效后再加载，则钢材的比例极限 σ_p 在 $\sigma\text{-}\varepsilon$ 曲线上将高于 F 点。

试件拉断后，可测得以下两个反映材料塑性性能的指标：

① 延伸率

$$\delta = \frac{l_1 - l_0}{l_0} \times 100\% \tag{5-1-1}$$

式中，l_0 为试件原长；l_1 为试件拉断后的长度。

工程上对于 $l=10d$ 的试样，$\delta \geq 5\%$ 的材料称为塑性材料，$\delta < 5\%$ 的材料称为脆性材料。

② 截面收缩率

$$\psi = \frac{A_0 - A_1}{A_0} \times 100\% \tag{5-1-2}$$

式中，A_0 为变形前的试件横截面面积；A_1 为试件拉断后的最小截面面积。

对于低碳钢，δ 可在 30% 左右，ψ 可在 60% 左右，均表现出良好的塑性。

(2) 低碳钢轴向压缩时的力学性能

低碳钢在轴向压缩时的应力-应变曲线如图 5-1-3 中实线所示。

图 5-1-3 低碳钢轴向压缩 $\sigma\text{-}\varepsilon$ 曲线

低碳钢压缩时的比例极限 σ_p、屈服极限 σ_s、弹性模量 E 与拉伸时基本相同，但测不出抗压强度 σ_p。

工程上对于无屈服极限 σ_s 的塑性材料，用 $\sigma_{0.2}$ 代替，$\sigma_{0.2}$ 称为名义屈服应力，$\sigma_{0.2}$ 是塑性应变 ε_p 等于 0.2% 时的应力。

2. 铸铁拉伸与压缩时的力学性质

铸铁是脆性材料，其拉伸时的 $\sigma\text{-}\varepsilon$ 曲线见图 5-1-4 的 OD' 线。它只有一个阶段，一个强度极限 $(\sigma_b)_t$，无严格的弹性模量 E，通常用割线 OD' 斜率代替。可见，铸铁拉伸时塑性很差，抗拉能力也不强。

铸铁压缩时的 σ-ε 曲线为图 5-1-4 的 OA' 线，可见仍只有一个阶段，但破坏时的强度极限（σ_b）$_c$ 值高，变形明显，圆柱状变成鼓状，断面为约 50°的斜面，是斜截面上的切应力导致破坏。

3. 许用应力

对于塑性材料，取屈服极限 σ_s（或名义屈服极限 $\sigma_{0.2}$）为极限应力，对于脆性材料，取强度极限 σ_b 为极限应力。在强度计算中，把极限应力除以一个大于 1 的安全系数定为许用应力：

图 5-1-4　铸铁轴向拉伸、压缩时 σ-ε 曲线

塑性材料　　　　　　　　　$[\sigma] = \dfrac{\sigma_s}{n_s}$ 或 $\dfrac{\sigma_{0.2}}{n_s}$　　　　　　　　(5-1-3)

脆性材料　　　　　　　　　$[\sigma] = \dfrac{\sigma_b}{n_b}$　　　　　　　　　　　　(5-1-4)

式中，n_s、n_b 称为安全系数。不同材料，其安全系数也不同。

习　题

5-1-1（历年真题）截面面积为 A 的等截面直杆，受轴向拉力作用。杆件的原始材料为低碳钢，若将材料改为木材，其他条件不变，下列结论中正确的是：

A. 正应力增大，轴向变形增大　　B. 正应力减小，轴向变形减小

C. 正应力不变，轴向变形增大　　D. 正应力减小，轴向变形不变

5-1-2（历年真题）桁架由 2 根细长直杆组成，杆的截面尺寸相同，材料分别是结构钢和普通铸铁。在下列桁架中，布局比较合理的是：

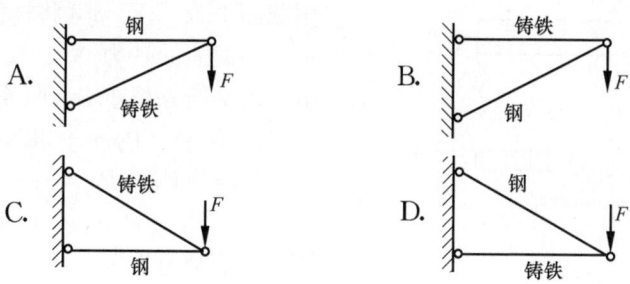

5-1-3（历年真题）图示四种材料的应力-应变曲线中，强度最大的材料是：

A. A　　　　　　　　　　　　B. B

C. C　　　　　　　　　　　　D. D

5-1-4（历年真题）在低碳钢拉伸试验中，冷作硬化现象发生在：

A. 弹性阶段　　　　　　　　　B. 屈服阶段

C. 强化阶段　　　　　　　　　D. 局部变形阶段

题 5-1-3 图

第二节 拉伸和压缩

一、轴向拉伸（压缩）杆横截面上的内力与轴力图

1. 概念

如图 5-2-1（a）所示：

（1）受力特征：作用于杆两端的外力的合力，大小相等、指向相反、沿杆件轴线作用。

（2）变形特征：杆主要产生轴线方向的均匀伸长（或缩短）。

图 5-2-1　轴向拉伸（压缩）杆

2. 内力与轴力图

内力是由外力作用而引起的构件内部各部分之间的相互作用力。

截面法是求内力的一般方法。用截面法求内力的步骤如下 [图 5-2-1(b)]：

（1）截开：在需求内力的截面处，假想地沿该截面将构件截分为二。

（2）代替：任取一部分为研究对象，称为脱离体。用内力代替弃去部分对脱离体的作用。

（3）平衡：对脱离体列写平衡条件，求解未知内力。

轴向拉压杆横截面上的内力，其作用线必定与杆轴线相重合，称为轴力，以 F_N 或 N 表示。轴力 F_N 规定以拉力为正，压力为负。

轴力图是表示沿杆件轴线各横截面上轴力变化规律的图线。

例如绘出图 5-2-2（a）中直杆的轴力图。

用截面 1-1、2-2、3-3 将杆截开，取脱离体如图所示。各截面的轴力 N_1、N_2、N_3 均假定为拉力。由静力平衡方程 $\Sigma X=0$，分别求得

$$N_1 = -P_3 = -3\text{kN}(压力)$$
$$N_2 = -P_2 - P_3 = -11\text{kN}(压力)$$
$$N_3 = P_1 - P_2 - P_3 = 7\text{kN}(拉力)$$

其中负号表示轴力为压力。

图 5-2-2　杆轴力图

取坐标系 NOx，x 轴平行于杆轴线，根据各段轴力的大小和正负可绘出轴力图如图 5-2-2（e）所示。

思考：

（1）本例中若取截面左部分为脱离体时，则应先计算杆件的未知外力（包括支座反力）。

（2）用截面法求轴力时，总是假设截面上的内力为正，这样由平衡条件解得的内力的正负号，就是该截面上内力的实际正负号。

（3）作多个集中外力作用杆的轴力图可采用简易法，其原则是：在集中外力作用的截面上轴力图有突变，突变大小等于集中力的大小。

二、轴向拉（压）杆横截面上的应力

轴向拉（压）杆横截面上的应力垂直于截面，为正应力。正应力在整个横截面上均匀分布，如图 5-2-3 所示。其表示为

$$\sigma = \frac{F_N}{A} \quad (5\text{-}2\text{-}1)$$

图 5-2-3 轴向拉(压)杆横截面上的应力

式中，σ 为横截面上的正应力（N/mm² 或 Pa 或 MPa）；F_N 为轴力（N）；A 为横截面面积（mm²）。

三、轴向拉（压）杆斜截面上的应力

斜截面上的应力均匀分布，如图 5-2-4 所示，其总应力及应力分量为

总应力 $\quad p_\alpha = \dfrac{F_N}{A_\alpha} = \sigma_0 \cos\alpha \quad (5\text{-}2\text{-}2)$

正应力 $\quad \sigma_\alpha = p_\alpha \cos\alpha = \sigma_0 \cos^2\alpha \quad (5\text{-}2\text{-}3)$

切应力 $\quad \tau_\alpha = p_\alpha \sin\alpha = \dfrac{\sigma_0}{2} \sin 2\alpha \quad (5\text{-}2\text{-}4)$

图 5-2-4 轴向拉(压)杆斜截面上的应力

式中，α 为由横截面外法线转至斜截面外法线的夹角，以逆时针转动为正；A_α 为斜截面 $m\text{-}m$ 的截面积；σ_0 为横截面上的正应力。

σ_α 以拉应力为正，压应力负。τ_α 以其对脱离体内一点产生顺时针力矩时为正，反之为负。

轴向拉压杆中最大正应力发生在 $\alpha=0°$ 的横截面上，最小正应力发生在 $\alpha=90°$ 的纵截面上，其值分别为：

$$\sigma_{\alpha\max} = \sigma_0, \quad \sigma_{\alpha\min} = 0$$

最大切应力发生在 $\alpha=\pm 45°$ 的斜截面上，最小切应力发生在 $\alpha=0°$ 的横截面和 $\alpha=90°$ 的纵截面上，其值分别为：

$$|\tau_\alpha|_{\max} = \frac{\sigma_0}{2}, \quad |\tau_\alpha|_{\min} = 0$$

四、强度条件

构件的最大工作应力不得超过材料的许用应力。轴向拉（压）杆的强度条件为：

$$\sigma_{\max} = \frac{F_{N,\max}}{A} \leqslant [\sigma] \quad (5\text{-}2\text{-}5)$$

强度计算的三类问题：

（1）强度校核：$\sigma_{\max} = \dfrac{F_{N,\max}}{A} \leqslant [\sigma]$

（2）截面设计：$A \geqslant \dfrac{F_{N,\max}}{[\sigma]}$

（3）确定许可荷载：$F_{N,\max} \leqslant [\sigma] A$，再根据平衡条件，由 $F_{N,\max}$ 计算 $[F]$。

【例 5-2-1】（历年真题）图示结构的两杆许用应力均为 $[\sigma]$，杆 1 的面积为 A，杆 2 的面积为 $2A$，则该结构的许可荷载是：

A. $[F] = A[\sigma]$ B. $[F] = 2A[\sigma]$

C. $[F] = 3A[\sigma]$ D. $[F] = 4A[\sigma]$

例 5-2-1 图

【解答】 杆1、杆2受力是对称的，故 $F_1 = F_2 = \dfrac{F}{2}$

杆1：$\sigma_1 = \dfrac{F_1}{A_1} = \dfrac{\dfrac{F}{2}}{A} = \dfrac{F}{2A} \leqslant [\sigma]$，则：$F \leqslant 2A[\sigma]$

杆2：$\sigma_2 = \dfrac{F_2}{A_2} = \dfrac{\dfrac{F}{2}}{2A} = \dfrac{F}{4A} \leqslant [\sigma]$，则：$F \leqslant 4A[\sigma]$

从两者中取小值，所以 $[F] = 2A[\sigma]$，应选 B 项。

五、轴向拉（压）杆的变形——胡克定律

1. 变形

杆件在轴向拉伸时，轴向伸长，横向缩短；而在轴向压缩时，轴向缩短，横向伸长。如图 5-2-5 所示。

轴向变形　$\Delta L = L' - L$

轴向线应变　$\varepsilon = \dfrac{\Delta L}{L}$

横向变形　$\Delta b = b' - b$

横向线应变　$\varepsilon' = \dfrac{\Delta b}{b}$

图 5-2-5　轴向拉（压）杆的变形

2. 胡克定律

当应力不超过材料比例极限时，应力与应变成正比，即：

$$\sigma = E\varepsilon \tag{5-2-6}$$

式中，E 为材料的弹性模量。

（1）轴向变形

杆的轴向线应变 $\varepsilon = \dfrac{F_N}{EA}$，变形量 $\Delta l = \int_l \varepsilon \mathrm{d}l$，则杆 AB 段的变形量 Δl_{AB} 为：

$$\Delta l_{AB} = \int_{x_A}^{x_B} \varepsilon \mathrm{d}x = \int_{x_A}^{x_B} \dfrac{F_N(x)}{EA(x)} \mathrm{d}x \tag{5-2-7}$$

当 AB 段的轴力 F_N、横截面面积 A 均不变时，则上式变为：

$$\Delta l_{AB} = \dfrac{F_N l_{AB}}{EA} \text{ 或 } \Delta l = \dfrac{F_N l}{EA} \tag{5-2-8}$$

式中，EA 为抗拉（压）刚度，表示杆件抵抗拉（压）变形的能力。

（2）横向变形

当应力不超过材料的比例极限时，横向线应变 ε' 与轴向线应变 ε 之比的绝对值为一常数，称为泊松比，即：

$$\nu = \left|\dfrac{\varepsilon'}{\varepsilon}\right| = -\dfrac{\varepsilon'}{\varepsilon} \tag{5-2-9}$$

泊松比 ν 是材料的弹性常数之一，无量纲。

由 $\varepsilon = F_N/(EA)$，轴向拉（压）杆的横向线应变为：

$$\varepsilon' = -\nu \dfrac{F_N}{EA} \tag{5-2-10}$$

图 5-2-5 所示杆的横向变形量：

$$\Delta l' = \varepsilon' b = -\nu \dfrac{F_N b}{EA} \tag{5-2-11}$$

【例5-2-2】（历年真题）变截面杆 AC 受力如图所示。已知材料弹性模量为 E，杆 BC 段的截面积为 A，杆 AB 段的截面积为 2A，则杆 C 截面的轴向位移是：

A. $\dfrac{FL}{2EA}$ B. $\dfrac{FL}{EA}$

C. $\dfrac{2FL}{EA}$ D. $\dfrac{3FL}{EA}$

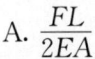

例 5-2-2 图

【解答】 $F_{NAB} = -F, F_{NBC} = F$

$$\Delta l_{CA} = \Delta l_{BC} + \Delta l_{AB} = \dfrac{FL}{EA} + \dfrac{-FL}{E \times 2A} = \dfrac{FL}{2EA}$$

应选 A 项。

【例5-2-3】（历年真题）如图所示，已知拉杆横截面积 $A=100\text{mm}^2$，弹性模量 $E=200\text{GPa}$，横向变形系数 $\mu=0.3$，轴向拉力 $F=20\text{kN}$，拉杆的横向应变是：

A. $\varepsilon' = 0.3 \times 10^{-3}$ B. $\varepsilon' = -0.3 \times 10^{-3}$

C. $\varepsilon' = 10^{-3}$ D. $\varepsilon' = -10^{-3}$

例 5-2-3 图

【解答】 $\varepsilon' = -\mu\varepsilon = -\mu \dfrac{F_N}{AE}$

$$= -0.3 \times \dfrac{20 \times 10^3}{100 \times 200 \times 10^3} = -0.3 \times 10^{-3}$$

应选 B 项。

3. 节点位移

如图 5-2-6（a）所示，确定节点 A 变形后的位置。在工程上，为了方便计算，采用切线代圆弧。如图 5-2-6（b）所示，变形后 A 点应在以 B 点为圆心，$l_1+\Delta l_1$ 为半径的圆弧上，也应在以 C 为圆心，$l_2+\Delta l_2$ 为半径的圆弧上，即在两圆弧的交点上，见图中虚线。采用切线代圆弧，以两切线的交点 A' 作为变形后 A 点的位置。

 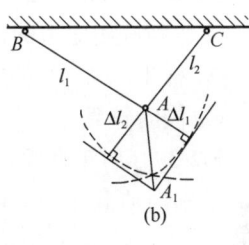

图 5-2-6 节点位移图

【例5-2-4】（历年真题）如图(a)所示结构的两杆面积和材料相同，在铅直向下的力 F 作用下，下面结论正确的是：

A. C 点位移向下偏左，1 杆轴力不为零

B. C 点位移向下偏左，1 杆轴力为零

C. C 点位移铅直向下，1 杆

 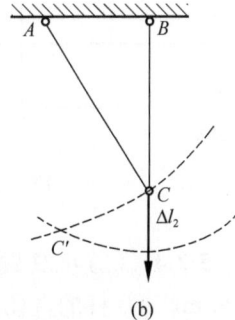

例 5-2-4 图

轴力为零

D. C 点位移向下偏右，1 杆轴力不为零

【解答】如图（b）所示，$F_{NBC}=F$，$F_{NAC}=0$。以 B 点为圆心，$l_{BC}+\Delta l_2$ 为半径作圆弧；再以 A 点为圆心，以 l_{AC} 为半径作圆弧，则两圆弧的交点位于：C 点位移向下偏左。应选 A 项。

习　题

5-2-1　（历年真题）图示等截面直杆，材料的拉压刚度为 EA，杆中距离 A 端 $1.5L$ 处横截面的轴向位移是：

A. $\dfrac{4FL}{EA}$　　　　　　　　　　　B. $\dfrac{3FL}{EA}$

C. $\dfrac{2FL}{EA}$　　　　　　　　　　　D. $\dfrac{FL}{EA}$

题 5-2-1 图　　　　　　　　　　　　　题 5-2-2 图

5-2-2　（历年真题）图示结构的两杆面积和材料相同，在铅直力 F 作用下，拉伸正应力最先达到许用应力的杆是：

A. 杆 1　　　　　　　　　　　　　B. 杆 2

C. 同时达到　　　　　　　　　　　D. 不能确定

5-2-3　（历年真题）图示等截面直杆，杆的横截面面积为 A，材料的弹性模量为 E，在图示轴向荷载作用下杆的总伸长量为：

A. $\Delta L=0$　　　　　　　　　　　B. $\Delta L=\dfrac{FL}{4EA}$

C. $\Delta L=\dfrac{FL}{2EA}$　　　　　　　　　D. $\Delta L=\dfrac{FL}{EA}$

题 5-2-3 图　　　　　　　　　　　　　题 5-2-4 图

5-2-4　（历年真题）圆截面杆 ABC 轴向受力如图所示，已知 BC 杆的直径 $d=100$mm，AB 杆的直径为 $2d$，杆的最大拉应力是：

A. 40MPa　　　B. 30MPa　　　C. 80MPa　　　D. 120MPa

第三节 剪切和挤压

一、剪切和挤压的实用计算

在实际工程中,螺栓、铆钉、销钉、榫头等连接件的受力形式是:构件两侧受到大小相等、方向相反而作用线相距极近的作用,正如剪刀剪物一般,故称为剪切变形。如图 5-3-1 所示,连接件的破坏形式有两种:剪切破坏,挤压破坏。

图 5-3-1 连接件的破坏形式

剪切面:连接件两相反力之间产生相对错动的截面,剪切面面积用 A_s 表示。

剪力:剪切面上"躺在"截面上的内力,用 F_s 表示。

挤压面:连接件与被连接件之间相互接触面上有压力传递的这一部分面积,挤压面的面积用 A_{bs} 表示。

挤压力:挤压面上传递的总压力,用 F_{bs} 表示。

1. 剪切实用计算

假定切应力沿剪切面是均匀分布的。若 A_s 为剪切面面积,F_s 为剪力,则名义切应力:

$$\tau = \frac{F_s}{A_s} \tag{5-3-1}$$

按实际构件的受力方式,用试验的方法求得名义剪切极限应力 τ_b,再除以安全系数 n,得到名义许用切应力 $[\tau]$。

剪切强度条件:剪切面上的工作切应力不得超过材料的许用切应力,即:

$$\tau = \frac{F_s}{A_s} \leqslant [\tau] \tag{5-3-2}$$

【例 5-3-1】(历年真题)图示冲床在钢板上冲一圆孔,圆孔直径 $d=100$mm,钢板的厚度 $t=10$mm,钢板的剪切强度极限 $\tau_b=300$MPa,需要的冲压力 F 是:

A. $F=300\pi$kN
B. $F=3000\pi$kN

例 5-3-1 图

C. $F=2500\pi\text{kN}$

D. $F=7500\pi\text{kN}$

【解答】被冲断的钢板的剪切面是一个圆柱面，其面积 $A_Q=\pi dt$，则：

$$\tau = \frac{F}{A} = \frac{F}{\pi dt} = \tau_b$$

$$F = \pi dt \tau_b = \pi \times 100 \times 10 \times 300 = 300\pi \times 10^3 \text{N} = 300\pi \text{kN}$$

应选 A 项。

【例 5-3-2】（历年真题）图示直径 $d=0.5\text{m}$ 的圆截面立柱，固定在直径 $D=1\text{m}$ 的圆形混凝土基座上，圆柱的轴向压力 $F=1000\text{kN}$，混凝土的许用切应力 $[\tau]=1.5\text{MPa}$。假设地基对混凝土板的支反力均匀分布，为使混凝土基座不被立柱压穿，混凝土基座所需的最小厚度 t 应是：

A. 159mm B. 212mm

C. 318mm D. 424mm

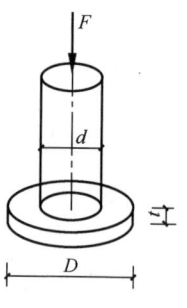

例 5-3-2 图

【解答】地基对板的反力 p：

$$p = \frac{F}{\frac{\pi}{4}D^2}$$

立柱击穿底板的剪切面为圆柱面，$A_s = \pi dt$，其击穿力 $F_s = p\left(\frac{\pi}{4}D^2 - \frac{\pi}{4}d^2\right)$

$$\tau = \frac{F_s}{A_s} = \frac{\frac{F}{\frac{\pi}{4}D^2} \times \left(\frac{\pi}{2}D^2 - \frac{\pi}{4}d^2\right)}{\pi dt} = \frac{F \times \left(1 - \frac{d^2}{D^2}\right)}{\pi dt} \leq [\tau]$$

$$t \geq \frac{1000 \times 10^3 \times \left(1 - \frac{500^2}{1000^2}\right)}{2 \times 500 \times 1.5} = 318\text{mm}$$

应选 C 项。

2. 挤压的实用计算

假设挤压力在名义挤压面上均匀分布，则名义挤压应力：

$$\sigma_{bs} = \frac{F_{bs}}{A_{bs}} \tag{5-3-3}$$

式中，A_{bs} 为名义挤压面面积。当挤压面为平面时，则名义挤压面面积等于实际的承压接触面面积；当挤压面为曲面时，则名义挤压面面积取为实际承压接触面在垂直挤压力方向的投影面积，如图 5-3-1 所示。

根据直接试验结果，按照名义挤压应力公式计算名义极限挤压应力，再除以安全系数，得到许用挤压应力 $[\sigma_{bs}]$。

挤压强度条件：挤压面上的工作挤压应力不得超过材料的许用挤压应力，即：

$$\sigma_{bs} = \frac{F_{bs}}{A_{bs}} \leq [\sigma_{bs}] \tag{5-3-4}$$

【例5-3-3】（历年真题）已知铆钉的许用切应力为 $[\tau]$，许用挤压应力为 $[\sigma_{bs}]$，钢板的厚度为 t，则图示铆钉直径 d 与钢板厚度 t 的合理关系是：

例 5-3-3 图

A. $d = \dfrac{8t[\sigma_{bs}]}{\pi[\tau]}$

B. $d = \dfrac{4t[\sigma_{bs}]}{\pi[\tau]}$

C. $d = \dfrac{\pi[\tau]}{8t[\sigma_{bs}]}$

D. $d = \dfrac{\pi[\tau]}{4t[\sigma_{bs}]}$

【解答】由剪切强度条件：$\tau = \dfrac{F_s}{A_s} = \dfrac{F}{\dfrac{\pi}{4}d^2} = [\tau]$

可得： $\dfrac{4F}{\pi d^2} = [\tau]$ (1)

由挤压强度条件： $\sigma_{bs} = \dfrac{F_{bs}}{A_{bs}} = \dfrac{F}{dt} = [\sigma_{bs}]$

可得： $\dfrac{F}{dt} = [\sigma_{ts}]$ (2)

式（1）除以式（2）： $\dfrac{4t}{\pi d} = \dfrac{[\tau]}{[\sigma_{bs}]}$

即： $d = \dfrac{4t[\sigma_{bs}]}{\pi[\tau]}$

应选 B 项。

【例5-3-4】（历年真题）图示两根木杆连接结构，已知木材的许用切应力为 $[\tau]$，许用挤压应力为 $[\sigma_{bs}]$，则 a 与 h 的合理比值是：

例 5-3-4 图

A. $\dfrac{h}{a} = \dfrac{[\tau]}{[\sigma_{bs}]}$ B. $\dfrac{h}{a} = \dfrac{[\sigma_{bs}]}{[\tau]}$

C. $\dfrac{h}{a} = \dfrac{[\tau]}{[\sigma_{bs}]} a$ D. $\dfrac{h}{a} = \dfrac{[\sigma_{bs}]}{[\tau]} a$

【解答】由剪切强度条件： $\tau = \dfrac{F}{ab} = [\tau]$ (1)

由挤压强度条件： $\sigma_{bs} = \dfrac{F}{hb} = [\sigma_{bs}]$ (2)

由(1)除以(2)，可得 $\dfrac{h}{a} = \dfrac{[\tau]}{[\sigma_{bs}]}$

应选 A 项。

二、剪切虎克定律

1. 纯剪切（图5-3-2）

若单元体各个侧面上只有切应力而无正应力，则称为纯剪切。纯剪切引起切应变 γ，即在切应力作用下，单元体两相互垂直边间直角的改变量，单位为 rad，无量纲。

图 5-3-2 纯剪切

在材料力学中规定以单元体左下直角增大时，γ 为正，反之为负。

2. 切应力互等定律

在互相垂直的两个平面上，垂直于两平面交线的切应力，总是大小相等，且共同指向或背离这一交线（图 5-3-2），即：

$$\tau = -\tau' \tag{5-3-5}$$

3. 剪切虎克定律

当切应力不超过材料的剪切比例极限时，切应力 τ 与切应变 γ 成正比，即：

$$\tau = G\gamma \tag{5-3-6}$$

式中，G 为材料的切变模量。

对各向同性材料，E、G、ν 间只有两个独立常数，它们之间的关系为：

$$G = \frac{E}{2(1+\nu)} \tag{5-3-7}$$

习　题

5-3-1（历年真题）钢板用两个铆钉固定在支座上，铆钉直径为 d，在图示荷载作用下，铆钉的最大切应力是：

A. $\tau_{\max} = \dfrac{4F}{\pi d^2}$

B. $\tau_{\max} = \dfrac{8F}{\pi d^2}$

C. $\tau_{\max} = \dfrac{12F}{\pi d^2}$

D. $\tau_{\max} = \dfrac{2F}{\pi d^2}$

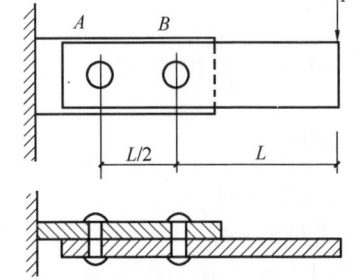

题 5-3-1 图

5-3-2（历年真题）螺钉受力如图示，已知螺钉和钢板的材料相同，拉伸许用应力 $[\sigma]$ 是剪切许用应力 $[\tau]$ 的 2 倍，即 $[\sigma] = 2[\tau]$，钢板厚度 t 是螺钉头高度 h 的 1.5 倍，则螺钉直径 d 的合理值为：

A. $d = 2h$　　　B. $d = 0.5h$　　　C. $d^2 = 2Dt$　　　D. $d^2 = 0.5Dt$

题 5-3-2 图

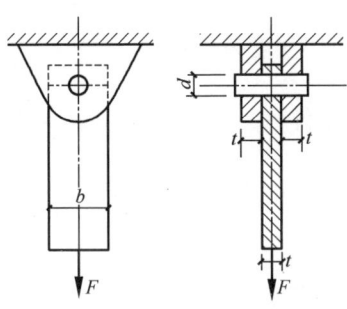

题 5-3-3 图

5-3-3（历年真题）图示钢板用钢轴连接在铰支座上，下端受轴向拉力 F，已知钢板和钢轴的许用挤压应力均为 $[\sigma_{\text{bs}}]$，则钢轴的合理直径 d 是：

A. $d \geqslant \dfrac{F}{t[\sigma_{bs}]}$ B. $d \geqslant \dfrac{F}{b[\sigma_{bs}]}$ C. $d \geqslant \dfrac{F}{2t[\sigma_{bs}]}$ D. $d \geqslant \dfrac{F}{2b[\sigma_{bs}]}$

第四节 扭 转

一、扭矩和扭矩图

1. 扭转和外力偶矩

扭转（图 5-4-1）的特征：

（1）受力特征：杆两端受到一对力偶矩相等、转向相反、作用平面与杆件轴线相垂直的外力偶作用。

（2）变形特征：杆件表面纵向线变成螺旋线，即杆件任意两横截面绕杆件轴线发生相对转动。

（3）扭转角 φ：杆件任意两横截面间相对转动的角度。

轴所传递的功率、转速与外力偶矩 M_e（kN·m）间有如下关系：

$$M_e = 9.55 \dfrac{P}{n} \tag{5-4-1}$$

式中，P 为传递功率（kW）；n 为转速（r/min）。

2. 扭矩和扭矩图

受扭杆件横截面上的内力是一个在截面平面内的力偶，其力偶矩称为扭矩，用 T 表示，见图 5-4-2，其值用截面法求得。扭矩 T 的正负号规定，以右手法则表示扭矩矢量，当矢量的指向与截面外法线的指向一致时，扭矩为正，反之为负。扭矩图是指表示沿杆件轴线各横截面上扭矩变化规律的图线。

图 5-4-1 扭转   图 5-4-2 扭矩

【例 5-4-1】（历年真题）圆轴受力如图所示，下面 4 个扭矩图中正确的是：

C.   D.

例 5-4-1 图

【解答】从右往左，依次取三个横截面，则：

最右段：$T_1 = +T$

中间段：$T_2 = -T$

最左段：$T_3 = +T$

故应选 D 项。

二、圆轴扭转切应力与扭转强度条件

1. 扭转切应力

横截面上任一点的切应力，其方向垂直于该点所在的半径，其值与该点到圆心的距离成正比，如图 5-4-3 所示。

横截面上距圆心为 ρ 的任一点的切应力：

$$\tau_\rho = \frac{T}{I_p} \cdot \rho \qquad (5\text{-}4\text{-}2)$$

横截面上的最大切应力发生在横截面周边各点处，其值为：

$$\tau_{max} = \frac{T}{I_p} \cdot R = \frac{T}{W_p} \qquad (5\text{-}4\text{-}3)$$

扭转切应力计算公式适用于线弹性范围、小变形条件下的等截面实心或空心圆直杆。I_p 称为极惯性矩，W_p 称为抗扭截面系数，其值与截面尺寸有关。

对于实心圆截面 [图 5-4-4（a）]：

$$I_p = \frac{\pi d^4}{32}, W_p = \frac{\pi d^3}{16}$$

图 5-4-3　扭转切应力　　　　图 5-4-4　圆截面

对于空心圆截面 [图 5-4-4（b）]：

$$I_p = \frac{\pi D^4}{32}(1-\alpha^4), W_p = \frac{\pi D^3}{16}(1-\alpha^4)$$

式中，$\alpha = \frac{d}{D}$。

2. 扭转的强度条件

圆轴扭转时横截面上的最大切应力不得超过材料的许用切应力 $[\tau]$，即：

$$\tau_{max} = \frac{T}{W_p} \leqslant [\tau] \qquad (5\text{-}4\text{-}4)$$

由强度条件可对受扭圆轴进行强度校核、截面设计和确定许可荷载。

【例5-4-2】（历年真题）已知实心圆轴按强度条件可承担的最大扭矩为 T，若改变该轴的直径，使其横截面积增加 1 倍，则可承担的最大扭矩为：

A. $\sqrt{2}T$ B. $2T$ C. $2\sqrt{2}T$ D. $4T$

【解答】改变前：$T = [\tau]W_p = [\tau]\dfrac{\pi d^3}{16}$

改变后：$T_1 = [\tau]\dfrac{\pi d_1^3}{16}$，且 $A_1 = \dfrac{\pi d_1^2}{4} = 2A = \dfrac{2\pi d^2}{4}$

则：$d_1 = \sqrt{2}d$，$\dfrac{T_1}{T} = \left(\dfrac{d_1}{d}\right)^3 = (\sqrt{2})^3 = 2\sqrt{2}$

应选 C 项。

【例5-4-3】（历年真题）图示圆轴的抗扭截面系数为 W_T，切变模量为 G。扭转变形后，圆轴表面 A 点处截取的单元体互相垂直的相邻边线改变了 γ 角，如图所示。圆轴承受的扭矩 T 是：

A. $T = G\gamma W_T$ B. $T = \dfrac{G\gamma}{W_T}$

C. $T = \dfrac{\gamma}{G}W_T$ D. $T = \dfrac{W_T}{G\gamma}$

例 5-4-3 图

【解答】根据扭转切应力计算公式：$\tau = \dfrac{T}{W_T}$

由剪切虎克定律：$\tau = G\gamma$

则：$T = G\gamma W_T$，应选 A 项。

【例5-4-4】（历年真题）图示两根圆轴，横截面积相同，但分别为实心圆和空心圆。在相同的扭矩 T 作用下，两轴最大切应力的关系是：

A. $\tau_a < \tau_b$ B. $\tau_a = \tau_b$ C. $\tau_a > \tau_b$ D. 不能确定

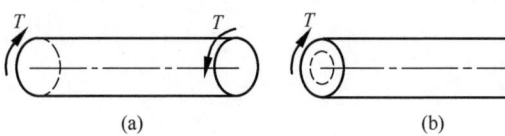

例 5-4-4 图

【解答】设实心圆轴直径为 d；空心圆外径为 D，内外径之比为 α，由于两圆轴横截面积相同，即：

$$\dfrac{\pi}{4}d^2 = \dfrac{\pi}{4}D^2(1-\alpha^2)，则：d = D(1-\alpha^2)^{\frac{1}{2}}$$

$$\dfrac{\tau_a}{\tau_b} = \dfrac{\dfrac{T}{\dfrac{\pi}{16}d^3}}{\dfrac{T}{\dfrac{\pi}{16}D^3(1-\alpha^4)}} = \dfrac{D^3(1-\alpha^4)}{d^3} = \dfrac{D^3(1-\alpha^4)}{D^3(1-\alpha^2)\sqrt{1-\alpha^2}} = \dfrac{1+\alpha^2}{\sqrt{1-\alpha^2}} > 1$$

故选 C 项。

三、圆轴扭转时的扭转角计算及刚度条件

1. 扭转角计算

单位长度扭转角 θ（rad/m）：

$$\theta = \frac{\mathrm{d}\varphi}{\mathrm{d}x} = \frac{T}{GI_\mathrm{p}} \tag{5-4-5}$$

扭转角 φ（rad）：

$$\varphi = \int_L \frac{T}{GI_\mathrm{p}} \mathrm{d}x \tag{5-4-6}$$

若长度 L 内 M_T、G、I_p 均为常量，则：

$$\varphi = \frac{TL}{GI_\mathrm{p}} \tag{5-4-7}$$

上述公式适用于线弹性范围，小变形下的等直圆杆。GI_p 表示圆杆抵抗扭转弹性变形的能力，称为抗扭刚度。

2. 圆轴扭转时的刚度条件

圆轴扭转时的最大单位长度扭转角不得超过规定的许可值，即：

$$\theta_{\max} = \frac{T_{\max}}{GI_\mathrm{p}} \times \frac{180°}{\pi} \leqslant [\theta] \quad (°/\mathrm{m}) \tag{5-4-8}$$

由刚度条件可对受扭圆杆进行刚度校核、截面设计和确定许可荷载。

【例 5-4-5】（历年真题）实心圆轴受扭，若将轴的直径减小一半，则扭转角是原来的：

A. 2 倍　　　　　　B. 4 倍　　　　　　C. 8 倍　　　　　　D. 16 倍

【解答】 改变前：$\varphi = \frac{TL}{GI_\mathrm{p}} = \frac{TL}{G\frac{\pi d^4}{32}}$

改变后：$d_1 = \frac{1}{2}d$，$\varphi_1 = \frac{TL}{G\frac{\pi d_1^4}{32}}$

则：$\frac{\varphi_1}{\varphi} = \left(\frac{d}{d_1}\right)^4 = 2^4 = 16$

应选 D 项。

习　题

5-4-1（历年真题）圆轴直径为 d，切变模量为 G，在外力作用下发生扭转变形，现测得单位长度扭转角为 θ，圆轴的最大切应力是：

A. $\tau_{\max} = \frac{16\theta G}{\pi d^3}$　　B. $\tau_{\max} = \theta G \frac{\pi d^3}{16}$　　C. $\tau_{\max} = \theta G d$　　D. $\tau_{\max} = \frac{\theta G d}{2}$

5-4-2（历年真题）图示受扭空心圆轴横截面上的切应力分布图中，正确的是：

A.　　　　　　　　B.　　　　　　　　C.　　　　　　　　D.

5-4-3（历年真题）直径为 d 的实心圆轴受扭，若使扭转角减小一半，圆轴的直径需变为：

A. $\sqrt[4]{2}d$ B. $\sqrt[3]{2}d$ C. $0.5d$ D. d

5-4-4（历年真题）在一套传动系统中，有多根圆轴。假设所有圆轴传递的功率相同，但转速不同。各轴所承受的扭矩与其转速的关系是：

A. 转速快的轴扭矩大   B. 转速慢的轴扭矩大
C. 各轴的扭矩相同   D. 无法确定

5-4-5（历年真题）直径为 d 的实心圆轴受扭，为使扭转最大切应力减小一半，圆轴的直径应改为：

A. $2d$ B. $0.5d$ C. $\sqrt{2}d$ D. $\sqrt[3]{2}d$

第五节 截面几何性质

一、静矩和形心

设任意形状截面图形的面积为 A（图 5-5-1）：

对 z 轴的静矩 $S_z = \int_A y \mathrm{d}A = y_C A$

对 y 轴的静矩 $S_y = \int_A z \mathrm{d}A = z_C A$ (5-5-1)

图 5-5-1 截面静矩

形心 C 的坐标

$$y_C = \frac{S_z}{A}$$

$$z_C = \frac{S_y}{A}$$

(5-5-2)

组合图形对某一轴的静矩，等于各组分图形对同一轴静矩的代数和，即：

$$S_z = A_1 y_1 + A_2 y_2 + \cdots + A_n y_n = A \cdot y_C$$
$$S_y = A_1 z_1 + A_2 z_2 + \cdots + A_n z_n = A \cdot z_C$$

(5-5-3)

形心 C 的坐标：

$$y_C = \frac{A_1 y_1 + A_2 y_2 + \cdots + A_n y_n}{A_1 + A_2 + \cdots + A_n} = \frac{S_z}{A}$$

$$z_C = \frac{A_1 z_1 + A_2 z_2 + \cdots + A_n z_n}{A_1 + A_2 + \cdots + A_n} = \frac{S_y}{A}$$

(5-5-4)

静矩的特征如下：

(1) 静矩是对一定的轴而言的，同一图形对不同坐标轴的静矩不同。静矩可能为正、为负或为零。

(2) 静矩的量纲为 $[L^3]$，单位为 m^3。

(3) 图形对任一形心轴的静矩为零；反之，若图形对某一轴的静矩为零，则该轴必通过图形的形心。

(4) 若截面图形有对称轴，则图形对于对称轴的静矩必为零，图形的形心一定在此对称轴上。

二、惯性矩和惯性积及惯性半径

设任意形状截面图形的面积为 A（图 5-5-2）：

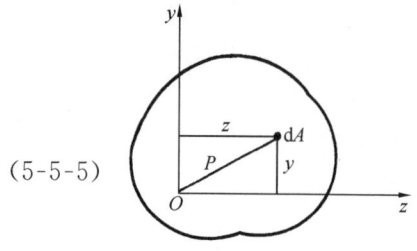

图 5-5-2 截面惯性矩

对 y 轴的惯性矩 $I_y = \int_A z^2 dA$

对 z 轴的惯性矩 $I_z = \int_A y^2 dA$ (5-5-5)

对 O 点的极惯性矩 $I_p = \int_A \rho^2 dA = I_y + I_z$ (5-5-6)

对 y、z 轴的惯性积 $I_{yz} = \int_A yz\, dA$ (5-5-7)

组合图形对某一点的极惯性矩或对某一轴的惯性矩分别等于各组分图形对同一点的极惯性矩或对同一轴的惯性矩之和，即：

$$I_p = \sum_{i=1}^{n} I_{pi} \tag{5-5-8}$$

$$I_y = \sum_{i=1}^{n} I_{yi},\; I_z = \sum_{i=1}^{n} I_{zi} \tag{5-5-9}$$

组合图形对某一对坐标轴的惯性积等于各组分图形对同一对坐标轴的惯性积之和，即：

$$I_{yz} = \sum_{i=1}^{n} I_{yzi} \tag{5-5-10}$$

惯性矩、极惯性矩和惯性积的特征如下：

(1) 惯性矩、极惯性矩、惯性积的量纲为 $[L^4]$，单位为 m^4。

(2) 惯性矩、极惯性矩的数值均为正；惯性积的数值可正可负，也可能为零。若一对坐标轴中有一轴为图形的对称轴，则图形对这一对坐标轴的惯性积必等于零；但图形对某一对坐标轴的惯性积为零，则这对坐标轴不一定为图形的对称轴。

任意形状截面图形的面积为 A，则图形对 y 轴和 z 轴的惯性半径 i_y、i_z 分别为：

$$\left. \begin{array}{l} i_y = \sqrt{\dfrac{I_y}{A}} \\[4pt] i_z = \sqrt{\dfrac{I_z}{A}} \end{array} \right\} \tag{5-5-11}$$

常用截面的几何性质，见表 5-5-1。

常用截面的几何性质　　　　表 5-5-1

项目	矩形	圆形	空心圆
截面图形			
截面的几何性质	$I_z = \dfrac{bh^3}{12}$ $I_y = \dfrac{hb^3}{12}$ $I_{yz} = 0$ $i_z = \dfrac{h}{\sqrt{12}}$ $i_y = \dfrac{b}{\sqrt{12}}$ $W_z = \dfrac{bh^2}{6},\ W_y = \dfrac{hb^2}{6}$	$I_z = I_y = \dfrac{\pi}{64}D^4$ $I_p = \dfrac{\pi}{32}D^4$ $I_{yz} = 0$ $i_z = i_y = \dfrac{D}{4}$ $W_z = W_y = \dfrac{\pi}{32}D^3$ $W_p = \dfrac{\pi}{16}D^3$	$I_z = i_y = \dfrac{\pi}{64}D^4(1-\alpha^4),\ \alpha = \dfrac{d}{D}$ $I_p = \dfrac{\pi}{32}D^4(1-\alpha^4)$ $I_{yz} = 0$ $i_z = i_y = \dfrac{\sqrt{D^2+d^2}}{4}$ $W_z = W_y = \dfrac{\pi}{32}D^3(1-\alpha^4)$ $W_p = \dfrac{\pi}{16}D^3(1-\alpha^4)$

注：W_z、W_y 为抗弯截面系数，W_p 为抗扭截面系数。

三、平行移轴公式

设任意形状截面图形的面积为 A（图 5-5-3），形心为 C，图形对形心轴 y_C、z_C 的轴惯性矩分别为 I_{yC}、I_{zC}，惯性积为 I_{yCzC}，则图形对平行于形心轴的坐标轴 y、z 的惯性矩和惯性积分别为：

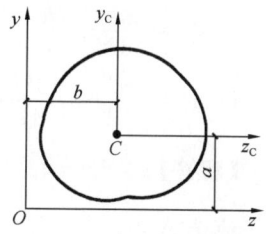

图 5-5-3　平行移轴概念

$$\left.\begin{aligned} I_y &= I_{yC} + b^2 A \\ I_z &= I_{zC} + a^2 A \\ I_{yz} &= I_{yCzC} + abA \end{aligned}\right\} \quad (5\text{-}5\text{-}12)$$

注意：①利用平行移轴公式计算是从形心轴起算；②在所有相互平行的坐标轴中，图形对形心轴的惯性矩为最小，但图形对形心轴的惯性积不一定是最小。

如图 5-5-4 所示，确定其 z'-z' 轴、y'-y' 轴的惯性矩。此时，根据平行移轴公式，则：

$$I_{z'} = I_z + A\left(\dfrac{h}{2}\right)^2 = \dfrac{1}{12}bh^3 + bh \times \dfrac{h^2}{4} = \dfrac{1}{3}bh^3$$

$$I_{y'} = I_y + A\left(\dfrac{h}{2}\right)^2 = \dfrac{1}{12}hb^3 + bh \times \dfrac{b^2}{4} = \dfrac{1}{3}hb^3$$

四、形心主轴和形心主惯性矩概念

截面图形对于某一对正交坐标轴的惯性积为零，则这对轴称为主惯性轴，简称主轴。主轴的方位：

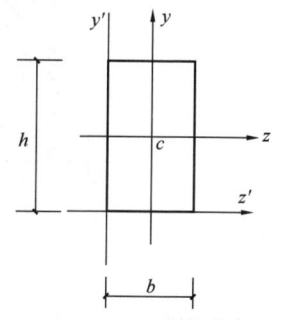

图 5-5-4　平行移轴应用

373

$$\tan 2\alpha_0 = \frac{-2I_{yz}}{I_z - I_y} \tag{5-5-13}$$

截面图形对主轴的惯性矩称为主惯性矩。它是图形对过同一点的所有坐标轴的惯性矩中的最大值和最小值，其值为：

$$\begin{matrix} I_{\max} \\ I_{\min} \end{matrix} = \frac{I_z + I_y}{2} \pm \sqrt{\left(\frac{I_z - I_y}{2}\right)^2 + I_{yz}^2} \tag{5-5-14}$$

且

$$I_{\max} + I_{\min} = I_z + I_y \tag{5-5-15}$$

形心主轴是指通过图形形心的一对主轴。形心主惯性矩是指截面图形对形心主轴的惯性矩。

可以证明如下结论：

（1）若图形有一根对称轴，则此轴即为形心主轴之一，另一形心主轴为通过图形形心并与对称轴垂直的轴；

（2）若图形有二根对称轴，则此二轴即为形心主轴；

（3）若图形有三根以上对称轴时，则通过形心的任一轴均为形心主轴，且主惯性矩相等。

【例 5-5-1】（历年真题）图示截面对 z 轴的惯性矩 I_z 为：

A. $I_z = \dfrac{\pi d^4}{64} - \dfrac{bh^3}{3}$

B. $I_z = \dfrac{\pi d^4}{64} - \dfrac{bh^3}{12}$

C. $I_z = \dfrac{\pi d^4}{32} - \dfrac{bh^3}{6}$

D. $I_z = \dfrac{\pi d^4}{64} - \dfrac{13bh^3}{12}$

【解答】 $I_z = I_{圆} - I_{矩} = \dfrac{\pi d^4}{64} - \dfrac{1}{3}bh^3$

例 5-5-1 图

应选 A 项。

【例 5-5-2】（历年真题）面积相同的三个图形如图所示，对各自水平形心轴 z 的惯性矩之间的关系为：

A. $I_{(a)} > I_{(b)} > I_{(c)}$ B. $I_{(a)} < I_{(b)} < I_{(c)}$

C. $I_{(a)} < I_{(c)} = I_{(b)}$ D. $I_{(a)} = I_{(b)} > I_{(c)}$

例 5-5-2 图

【解答】图（a）、（b）的 I_z 均是正方形的惯性矩减去一个圆形的惯性矩，故二者相等，应选 D 项。

此外，图（c）的面积分布的位置到 z 轴的距离小，故其惯性矩比图（a）、（b）的小。

习　题

5-5-1（历年真题）图示截面的抗弯截面模量 W_z 为：

A. $W_z = \dfrac{\pi d^3}{32} - \dfrac{a^3}{6}$ 　　　　　　　B. $W_z = \dfrac{\pi d^3}{32} - \dfrac{a^4}{6d}$

C. $W_z = \dfrac{\pi d^3}{32} - \dfrac{a^3}{6d}$ 　　　　　　　D. $W_z = \dfrac{\pi d^3}{64} - \dfrac{a^4}{12}$

5-5-2（历年真题）图示矩形截面对 z_1 轴的惯性矩 I_{z1} 为：

A. $I_{z1} = \dfrac{bh^3}{12}$ 　　B. $I_{z1} = \dfrac{bh^3}{3}$ 　　C. $I_{z1} = \dfrac{7bh^3}{6}$ 　　D. $I_{z1} = \dfrac{13bh^3}{12}$

题 5-5-1 图

题 5-5-2 图

5-5-3（历年真题）在下列关于平面图形几何性质的说法中，错误的是：

A. 对称轴必定通过图形形心

B. 两个对称轴的交点必为图形形心

C. 图形关于对称轴的静矩为零

D. 使静矩为零的轴必定为对称轴

5-5-4（历年真题）在平面图形的几何性质中，数值可正、可负，也可为零的是：

A. 静矩和惯性矩　　　　　　　B. 静矩和惯性积

C. 极惯性矩和惯性矩　　　　　D. 惯性矩和惯性积

5-5-5（历年真题）图示，空心圆轴的外径为 D，内径为 d，其极惯性矩 I_p 是：

A. $I_p = \dfrac{\pi}{16}(D^3 - d^3)$

B. $I_p = \dfrac{\pi}{32}(D^3 - d^3)$

C. $I_p = \dfrac{\pi}{16}(D^4 - d^4)$

D. $I_p = \dfrac{\pi}{32}(D^4 - d^4)$

题 5-5-5 图

第六节 弯 曲

一、弯曲内力

1. 平面弯曲的概念

以弯曲为主要变形的杆件通常称为梁。弯曲变形特征是：任意两横截面绕垂直杆轴线的轴作相对转动，同时杆的轴线也弯成曲线。

平面弯曲是指荷载作用面（外力偶作用面或横向力与梁轴线组成的平面）与弯曲平面（即梁轴线弯曲后所在平面）相平行或重合的弯曲，如图 5-6-1 所示。

图 5-6-1 平面弯曲

产生平面弯曲的条件是：

（1）梁具有纵对称面时，只要外力（横向力或外力偶）都作用在此纵对称面内。

（2）对非对称截面梁，纯弯曲时，只要外力偶作用在与梁的形心主惯性平面平行的平面内；横向力弯曲时，横向力必须通过横截面的弯曲中心（其概念见本节后面）并在与梁的形心主惯性平面平行的平面内。

2. 梁横截面上的内力——剪力与弯矩

梁横截面上切向分布内力的合力称为剪力，以 F_s（或 F_Q 或 V 或 Q）表示。

梁横截面上法向分布内力形成的合力偶矩称为弯矩，以 M 表示。

剪力与弯矩的符号：考虑梁微段 dx，使右侧截面对左侧截面产生向下相对错动的剪力为正，反之为负；使微段产生凹向上的弯曲变形的弯矩为正，反之为负，如图 5-6-2(b) 所示。

图 5-6-2 梁横截面上的内力

由截面法可知：

（1）横截面上的剪力，其数值等于该截面左侧（或右侧）梁上所有外力在横截面方向的投影代数和，且左侧梁上向上的外力或右侧梁上向下的外力引起正剪力，反之则引起负剪力，见图 5-6-2（a）。

（2）横截面上的弯矩，其数值等于该截面左侧（或右侧）梁上所有外力对该截面形心的力矩代数和，且向上外力均引起正弯矩，左侧梁上顺时针转向的外力偶及右侧梁上逆时针转向的外力偶引起正弯矩，反之则引起负弯矩，如图 5-6-2（a）所示。

表示沿杆轴各横截面上剪力随截面位置变化的函数称为剪力方程，表示为：

$$F_s = F_s(x)$$

表示沿杆轴各横截面上弯矩随截面位置变化的函数称为弯矩方程，表示为：

$$M = M(x)$$

剪力图是指表示沿杆轴各横截面上剪力随截面位置变化的图线。剪力图的纵轴以向上为正。

弯矩图是指表示沿杆轴各横截面上弯矩随截面位置变化的图线。弯矩图的纵轴以向下为正。

常见单跨静定梁的剪力图和弯矩图见图 5-6-3。

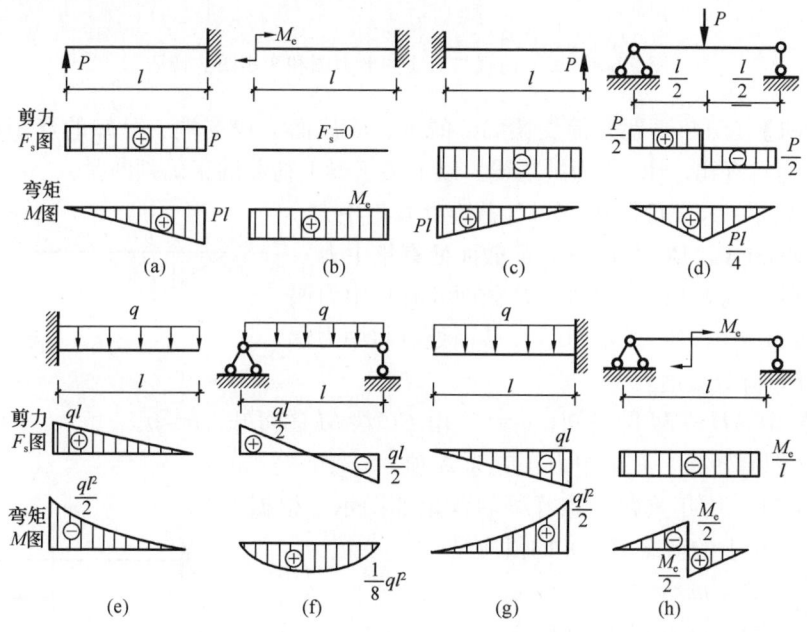

图 5-6-3 单跨静定梁的剪力图和弯矩图

3. 分布荷载、剪力与弯矩之间的微分关系

梁上受均布荷载（亦称荷载集度）q 作用，q 向上为正，则梁任一横截面上的剪力、弯矩与荷载集度 q 之间的微分关系为：

$$\left. \begin{array}{l} \dfrac{\mathrm{d}F_s}{\mathrm{d}x} = q \\[6pt] \dfrac{\mathrm{d}M}{\mathrm{d}x} = F_s \\[6pt] \dfrac{\mathrm{d}^2 M}{\mathrm{d}x^2} = q \end{array} \right\} \tag{5-6-1}$$

由式（5-6-1）可知，剪力图上某点的切线斜率等于梁上相应点处的荷载集度；弯矩图上某点的切线斜率等于梁上相应截面上的剪力。

梁上荷载与对应的剪力图和弯矩图的特征见图 5-6-4。

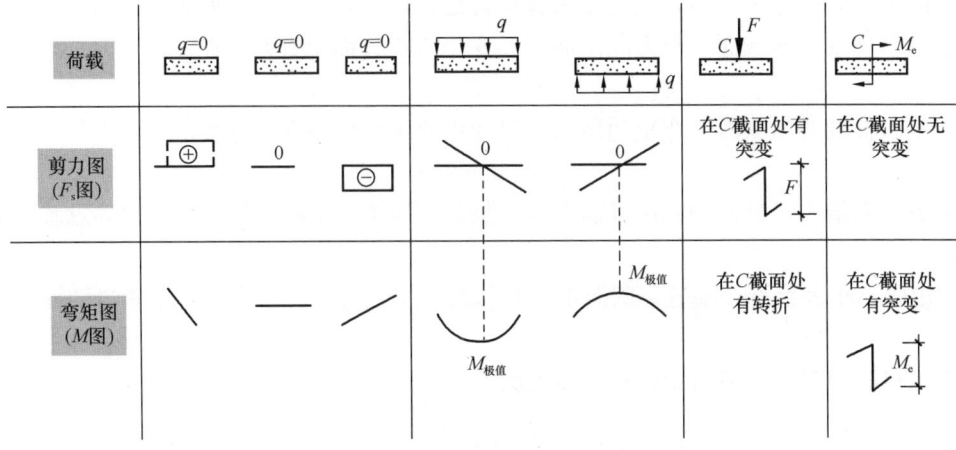

图 5-6-4　梁上荷载与对应的剪力图和弯矩图的特征

【例 5-6-1】（历年真题）简支梁 AC 的 A、C 截面为铰支端。已知的弯矩图如图示，其中 AB 段为斜直线，BC 段为抛物线。以下关于梁上荷载的正确判断是：

A. AB 段 $q=0$，BC 段 $q\neq 0$，B 截面处有集中力

B. AB 段 $q\neq 0$，BC 段 $q=0$，B 截面处有集中力

C. AB 段 $q=0$，BC 段 $q\neq 0$，B 截面处有集中力偶

D. AB 段 $q\neq 0$，BC 段 $q=0$，B 截面处有集中力偶

（q 为分布荷载集度）

例 5-6-1 图

【解答】由 AB 段 M 图可知，$q=0$；由 BC 段 M 图可知，$q\neq 0$。

B 点 M 图有转折，有集中力，应选 A 项。

【例 5-6-2】（历年真题）悬臂梁的弯矩如图示，根据梁的弯矩图，梁上的荷载 F、m 的值应是：

A. $F=6\text{kN}$，$m=10\text{kN}\cdot\text{m}$

B. $F=6\text{kN}$，$m=6\text{kN}\cdot\text{m}$

C. $F=6\text{kN}$，$m=4\text{kN}\cdot\text{m}$

D. $F=4\text{kN}$，$m=6\text{kN}\cdot\text{m}$

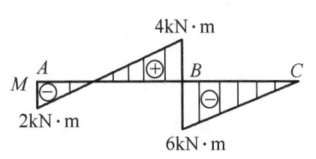

【解答】B 点有突变，可知，$m=10\text{kN}\cdot\text{m}$，应选 A 项。

【例 5-6-3】（历年真题）悬臂梁的荷载如图示，若有集中力偶 m 在梁上移动，梁的内力变化情况是：

A. 剪力图、弯矩图均不变

B. 剪力图、弯矩图均改变

C. 剪力图不变，弯矩图改变

D. 剪力图改变，弯矩图不变

例 5-6-3 图

【解答】集中力偶 m 在梁上移动，对剪力图无影响，即剪力图不变；对弯矩图有影响，产生突变，应选 C 项。

【例 5-6-4】（历年真题）简支梁 AB 的剪力图和弯矩图如图示，该梁正确的受力图是：

例 5-6-4 图

【解答】首先排除 A、B 项。由剪力图可知，其突变向下，故集中力方向向下，弯矩图有突变，有集中力偶，故选 C 项。

二、弯曲正应力和正应力强度条件

纯弯曲是指梁的横截面上只有弯矩而无剪力时的弯曲。

中性层是指杆件弯曲变形时既不伸长也不缩短的一层。中性轴是指中性层与横截面的交线，即横截面上正应力为零的各点的连线。当杆件发生平面弯曲，且处于线弹性范围时，中性轴通过横截面形心，且垂直于荷载作用平面，以此确定中性轴位置。

杆件发生平面弯曲时，中性层的曲率与弯矩间的关系为：

$$\frac{1}{\rho} = \frac{M}{EI_z} \tag{5-6-2}$$

式中，ρ 为变形后中性层的曲率半径，$\frac{1}{\rho}$ 称为曲率；EI_z 为杆的抗弯刚度，轴 z 为横截面的中性轴，见图 5-6-5。

1. 平面弯曲杆件横截面上的正应力（图 5-6-5）

正应力的大小与该点至中性轴的垂直距离成正比，呈线性分布，中性轴一侧为拉应力，另一侧为压应力。其正应力计算如下：

任一点正应力：

图 5-6-5 矩形梁截面弯曲正应力分布

$$\sigma = \frac{M}{I_z} y \quad (5\text{-}6\text{-}3)$$

最大正应力

$$\sigma_{max} = \frac{M}{I_z} y_{max} = \frac{M}{W_z} \quad (5\text{-}6\text{-}4)$$

式中，M 为所求截面的弯矩；I_z 为截面对中性轴的惯性矩；W_z 为抗弯截面系数，$W_z = \frac{I_z}{y_{max}}$，它是一个只与横截面的形状和尺寸有关的几何量，常见截面的 W_z 见表 5-5-1。

2. 梁的弯曲正应力强度条件

梁的最大工作弯曲正应力不得超过材料的许用正应力 $[\sigma]$ 或许用拉应力 $[\sigma_t]$ 或许用压应力 $[\sigma_c]$，即：

塑性材料
$$\sigma_{max} = \frac{M}{W_z} \leqslant [\sigma] \quad (5\text{-}6\text{-}5)$$

脆性材料
$$\sigma_{tmax} = \frac{M}{I_z} y_{tmax} \leqslant [\sigma_t] \quad (5\text{-}6\text{-}6)$$

$$\sigma_{cmax} = \frac{M}{I_z} y_{cmax} \leqslant [\sigma_c] \quad (5\text{-}6\text{-}7)$$

式中，y_{tmax}、y_{cmax} 分别为最大拉应力、最大压应力所在截面边缘到中性轴 z 的距离。

【例 5-6-5】（历年真题）图示悬臂梁 AB 由三根相同的矩形截面直杆胶合而成。材料的许用应力为 $[\sigma]$，若胶合面开裂，假设开裂后三根杆的挠曲线相同，接触面之间无摩擦力，则开裂后的梁承载能力是原来的：

A. 1/9   B. 1/3
C. 两者相同   D. 3 倍

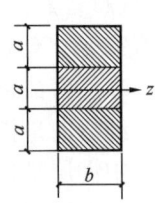

例 5-6-5 图

【解答】开裂前：$M = [\sigma] W_z = [\sigma] \times \frac{1}{6} b(3a)^2 = \frac{9}{6} ba^2 [\sigma]$

开裂后：$M_1 = [\sigma] W_{z1} = [\sigma] \times \frac{1}{6} ba^3 \times 3 = \frac{3}{6} ba^2 [\sigma]$

$\frac{M_1}{M} = \frac{3}{9} = \frac{1}{3}$，应选 B 项。

【例 5-6-6】（历年真题）如图材料相同的两根矩形截面梁叠合在一起，接触面之间可以相对滑动且无摩擦力。设两根梁的自由端共同承担集中力偶 m，弯曲后两根梁的挠曲线相同，则上面梁承担的力偶矩是：

A. $m/9$ B. $m/5$
C. $m/3$ D. $m/2$

例 5-6-6 图

【解答】两根梁的挠曲线相同，则：

$$\frac{1}{\rho} = \frac{M_{\text{上梁}}}{EI_1} = \frac{M_{\text{下梁}}}{EI_2}, \text{ 即:}$$

$$\frac{M_{\text{上梁}}}{M_{\text{下梁}}} = \frac{I_1}{I_2} = \frac{\frac{1}{12}ba^3}{\frac{1}{12}b(2a)^3} = \frac{1}{8}$$

$$M_{\text{上梁}} + M_{\text{下梁}} = M, \text{ 则: } M_{\text{上梁}} = \frac{1}{1+8}M = \frac{M}{9}$$

应选 A 项。

三、弯曲切应力和切应力强度条件

1. 矩形截面梁的切应力

当 $h > b$ 时,可忽略 τ_z,取 $\tau \approx \tau_y$,且假定 τ 沿宽度均匀分布,则梁切应力计算公式(图 5-6-6):

$$\tau = \frac{F_s S_z^*}{b I_z} \tag{5-6-8}$$

式中,F_s 为横截面上的剪力;b 为横截面的宽度;I_z 为整个横截面对中性轴的惯性矩;S_z^* 为横截面上距中性轴为 y 处横线一侧的部分截面对中性轴的静矩。

图 5-6-6 矩形梁截面切应力分布

最大切应力 $\tau_{\max}$ 发生在中性轴处,其计算公式:

$$\tau_{\max} = \frac{3F_s}{2bh} = \frac{3F_s}{2A} \tag{5-6-9}$$

对于截面由矩形组合而成的梁(不包括薄壁截面梁),用式(5-6-8)算出的切应力沿高度分布图见图 5-6-7。

图 5-6-7 矩形组合图形的切应力沿高度分布图

2. 其他常用截面图形的最大切应力

工字形截面

$$\tau_{\max} = \frac{F_s S_{z\max}^*}{I_z t_w} \tag{5-6-10}$$

式中,t_w 为腹板厚度;$S_{z\max}^*$ 为中性轴一侧的横截面积对中性轴的静矩。

圆形截面

$$\tau_{\max} = \frac{4}{3}\frac{F_s}{A} \tag{5-6-11}$$

环形截面

$$\tau_{\max} = 2\frac{F_s}{A} \tag{5-6-12}$$

最大切应力均发生在中性轴上。

3. 切应力强度条件

梁的最大工作切应力不得超过材料的许用切应力$[\tau]$，即：

$$\tau_{max} = \frac{F_{smax} \cdot S^*_{zmax}}{bI_z} \leqslant [\tau] \tag{5-6-13}$$

式中，F_{smax}为梁的最大剪力。

4. 梁的合理截面

梁的强度通常是由横截面上的正应力控制的。由弯曲正应力强度条件$\sigma_{max} = \frac{M_{max}}{W_z} \leqslant [\sigma]$，可知，在截面面积$A$一定的条件下，截面图形的抗剪截面系数越大，梁的承载能力就越大，故截面就越合理。为此，梁截面的中部应尽量薄或空，使材料集中于上、下面，如工字形、矩形、圆形三种截面，当截面面积A相同时，工字形最为合理，矩形次之，圆形最差。

对于$[\sigma_t]=[\sigma_c]$的塑性材料，一般采用对称于中性轴的截面，使截面上、下边缘的最大拉应力和最大压应力同时达到许用应力，如图5-6-8（a）所示。对于$[\sigma_t]\neq[\sigma_c]$的脆性材料，一般采用不对称于中性轴的截面如T形、槽形等，使最大拉应力$\sigma_{t,max}$和最大压应力$\sigma_{c,max}$同时达到$[\sigma_t]$和$[\sigma_c]$，如图5-6-8（b）所示。

图 5-6-8 梁截面

【例5-6-7】（历年真题）梁的横截面如图薄壁工字形，z轴为截面中性轴，设截面上的剪力竖直向下，则该截面上的最大弯曲切应力在：

A. 翼缘的中性轴处4点
B. 腹板上缘延长线与翼缘相交处的2点
C. 左侧翼缘的上端1点
D. 腹板上边缘的3点

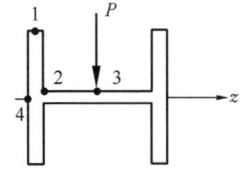

例5-6-7图

【解答】根据前面式（5-6-8），在2点处b发生突变，变大，其切应力也随之发生突变，由大变为很小，故应选B项。

【例5-6-8】图示悬臂梁，由三根矩形木板胶接而成，已知木胶缝的许用切应力$[\tau]$，木板的许用切应力$1.5[\tau]$。根据胶缝的切应力强度条件，设计荷载F的许用值是：

A. $\frac{9}{4}ab[\tau]$ B. $\frac{7}{4}ab[\tau]$

C. $\dfrac{27}{8}ab[\tau]$ D. $\dfrac{21}{8}ab[\tau]$

【解答】胶缝处的 τ 为：

$$\tau = \dfrac{FS_z^*}{I_z b} = \dfrac{F \times ab \times a}{\dfrac{1}{12}b(3a)^3 \cdot b} = \dfrac{4F}{9ab}$$

切应力互等定律，胶接面上的 τ' 为：$\tau' = \tau$，又 $\tau' \leqslant [\tau]$，则：

$$\dfrac{4F}{9ab} \leqslant [\tau]，即：F \leqslant \dfrac{9}{4}ab[\tau]$$

例 5-6-8 图

应选 A 项。

四、弯曲中心概念

沿形心主惯性轴方向施加荷载（或力）时，两个方向切应力合力（即 F_{sy}、F_{sz}）的交点，即为弯曲中心，也称剪切中心，用符号 S 表示。弯曲中心的位置是截面的几何性质之一，仅与截面的几何形状有关，与外部荷载（或力）和材料性质无关。

当梁上的横向力不通过截面的弯曲中心时，除了弯曲变形外，还伴随有扭转变形。梁仅发生平面弯曲的充分必要条件：横向力与形心主轴平行且通过弯曲中心。

常用的简单截面的弯曲中心位置有如下规律（图 5-6-9）：

图 5-6-9 弯曲中心位置

(1) 如果截面有两个对称轴（或反对称轴），如工字形截面，则弯曲中心与形心（用符号 O 表示）重合；

(2) 如果截面有一个对称轴，如槽形截面，弯曲中心必在此对称轴上；

(3) 如果截面是由中线交于一点的两个狭长矩形组成，如角钢（等边或不等边）、T形截面，则交点就是弯曲中心。

五、梁的变形

1. 挠曲线、挠度和转角

在外力作用下，梁的轴线由直线变为曲线。变弯后的梁轴线称为挠曲线。它是一条连续而光滑的曲线。平面弯曲情况下，梁的挠曲线为一条平面曲线，其所在平面与荷载作用的纵向平面平行。

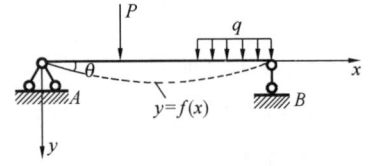

图 5-6-10 简支梁的变形

以图 5-6-10 所示的简支梁为例，轴线 AB 为 x 轴，y 轴是截面的形心主轴，变形后的挠曲线为一条 xy 平面内的曲线（图 5-6-10 所示虚线）。梁横截面产生两个位移分量（小变形时横截面的轴向线位移是高阶小量，可以忽略）：

(1) 挠度：横截面的形心沿垂直于轴线方向的线位移，记为 y（或 v）。在图示直角坐标下，挠度 y（或 v）以向下为正。梁的挠度 y 随截面位置 x 变化的解析表达式，称为挠曲线方程或挠度方程，表示为：

$$y = f(x)$$

(2) 转角：横截面绕中性轴的转动角度，记为 θ，一般用弧度表示。在图示直角坐标下，转角 θ 以顺时针转向为正。

由平面假设，变形前与轴线（x 轴）垂直的横截面在变形后仍与轴线（挠曲线）垂直，挠曲线的切线与 x 轴的夹角等于相应横截面的转角 θ。对于梁的弹性小变形而言，挠曲线是一条非常平坦的曲线，转角很小，因此，梁的转角可以用挠曲线的斜率近似代替：

$$\theta(x) \approx \tan\theta = \frac{dy}{dx} = y'(x)$$

2. 挠曲线近似微分方程

在线弹性范围、小变形条件下（忽略剪力对变形的影响），梁的挠曲线近似微分方程为：

$$\frac{d^2 y}{dx^2} = -\frac{M(x)}{EI} \tag{5-6-14}$$

3. 计算挠度、转角的积分法

对挠曲线近似微分方程式积分两次可得到：

转角方程 $$\theta(x) = y'(x) = \int -\frac{M(x)}{EI(x)} dx + C$$

挠曲线方程 $$y(x) = \int \left[\int -\frac{M(x)}{EI(x)} dx \right] dx + Cx + D$$

这就是求挠度、转角的积分法。式中的积分部分体现了梁的变形，积分常数 C、D 分别表示支承对梁的刚体转动量和平动量的限定值。当梁的弯矩方程需分段列出时，挠曲线近似微分方程也需分段建立，分段积分，此时除利用梁的支承条件外，还需利用分段处挠度和转角的连续条件才能确定全部的积分常数。梁的支承条件和连续条件统称为梁的边界条件。

注意：

（1）凡荷载有突变处、有中间支承处、截面有变化处或材料有变化处，均应作为分段点。

（2）中间铰视为两个梁段间的联系，此种联系体现为两部分之间的相互作用力，故应作为分段点。在中间铰处，虽然两侧转角不同，但挠度却是唯一的。

如图 5-6-11 所示两根梁，其积分法分别确定梁的挠曲线方程如下：

图 5-6-11（a）：挠曲线方程应分为两段，共有 4 个积分常数。

边界条件为：$x_1 = 0$，$y_A = 0$

$$x_2 = L, \quad y_B = \frac{R_B}{k} = \frac{qL}{8k}$$

连续条件为：

$$x_1 = x_2 = \frac{L}{2}, \quad \theta_{c1} = \theta_{c2}, \quad y_{c1} = y_{c2}$$

（或表达为：$\theta_{c左} = \theta_{c右}$，$y_{c左} = y_{c右}$）

图 5-6-11（b）：挠曲线方程应分为两段，共有 4 个积分常数。

边界条件为：$x_1 = 0$，$y_A = 0$，$\theta_A = 0$

$$x_2 = a + b, \quad y_B = 0$$

连续条件为：

$$x_1 = x_2 = a_1, \quad y_{c1} = y_{c2}（或表达为：y_{c左} = y_{c右}）$$

图 5-6-11

【例 5-6-9】（历年真题）图示梁 ACB 用积分法求变形时，确定积分常数的条件是（式中 v 为梁的挠度，θ 为梁横截面的转角，ΔL 为杆 DB 的伸长变形）：

A. $v_A = 0$，$v_B = 0$，$v_{C左} = v_{C右}$，$\theta_C = 0$

B. $v_A = 0$，$v_B = \Delta L$，$v_{C左} = v_{C右}$，$\theta_C = 0$

C. $v_A = 0$，$v_B = \Delta L$，$v_{C左} = v_{C右}$，$\theta_{C左} = \theta_{C右}$

D. $v_A = 0$，$v_B = \Delta L$，$v_C = 0$，$\theta_{C左} = \theta_{C右}$

【解答】边界条件：$v_A = 0$，$v_B = \Delta L$

连续条件：$v_{C左} = v_{C右}$，$\theta_{C左} = \theta_{C右}$

应选 C 项。

例 5-6-9 图

4. 计算挠度、转角的叠加法

叠加法计算挠度、转角的理论基础及特征：材料变形处于线弹性阶段时，在小变形前提下，梁的挠度和转角与作用在梁上的载荷成线性关系，因此，多个荷载作用时在梁上某一截面产生的挠度和转角等于各荷载单独作用时在同一截面产生的挠度和转角的代数和。叠加法在工程计算中具有重要的实用意义，适宜于求梁上某些特定截面的挠度和转角。

几种常用梁在简单荷载作用下的变形见表 5-6-1。在具体用叠加法计算梁的变形时，只要把梁上的实际荷载分解成几个简单荷载，查表 5-6-1，得到指定截面在各种简单荷载作用下的挠度和转角，按照代数和叠加，即可得到梁在实际荷载作用下指定截面的挠度和转角。

几种常用梁在各种简单荷载作用下的变形　　　　表 5-6-1

序号	支承和载荷作用情况	梁端截面转角	最大挠度
1	悬臂梁，自由端受集中力 F	$\theta_B = \dfrac{Fl^2}{2EI}$	$f = \dfrac{Fl^3}{3EI}$
2	悬臂梁，均布荷载 q	$\theta_B = \dfrac{ql^3}{6EI}$	$f = \dfrac{ql^4}{8EI}$
3	悬臂梁，自由端受力偶 M_e	$\theta_B = \dfrac{M_e l}{EI}$	$f = \dfrac{M_e l^2}{2EI}$
4	简支梁，跨中受集中力 F	$\theta_A = -\theta_B = \dfrac{Fl^2}{16EI}$	$f = \dfrac{Fl^3}{48EI}$
5	简支梁，均布荷载 q	$\theta_A = -\theta_B = \dfrac{ql^3}{24EI}$	$f = \dfrac{5ql^4}{384EI}$
6	简支梁，一端受力偶 M	$\theta_A = \dfrac{M_e l}{6EI}$ $\theta_B = \dfrac{M_e l}{3EI}$	在 $x = l/\sqrt{3}$ 处 $f = \dfrac{M_e l^2}{9\sqrt{3}EI}$ $f\big|_{x=\frac{l}{2}} = \dfrac{M_e l^2}{16EI}$

【例 5-6-10】（历年真题）图示悬臂梁自由端承受集中力偶 M_e。若梁的长度减小一半，梁的最大挠度是原来的：

A. 1/2　　　　B. 1/4
C. 1/8　　　　D. 1/16

例 5-6-10 图

【解答】 $f_{max} = \dfrac{M_e L^2}{2EI}$

当 L 变为 $\dfrac{L}{2}$ 时，其最大挠度 $f'_{max} = \dfrac{M_e \left(\dfrac{L}{2}\right)^2}{2EI} = \dfrac{M_e L^2}{4 \times 2EI} = \dfrac{1}{4} f_{max}$

应选 B 项。

习 题

5-6-1 （历年真题）梁的弯矩图如图所示，最大值在 B 截面，在梁的 A、B、C、D 四个截面中，剪力为零的截面是：

A. A 截面 B. B 截面 C. C 截面 D. D 截面

题 5-6-1 图   题 5-6-2 图

5-6-2 （历年真题）矩形截面简支梁梁中点承受集中力 F，若 $h=2b$，分别采用图 (a)、(b) 两种方式放置，图 (a) 梁的最大挠度是图 (b) 梁的：

A. 0.5 倍 B. 2 倍 C. 4 倍 D. 8 倍

5-6-3 （历年真题）简支梁梁 ABC 的弯矩如图所示，根据梁的弯矩图，可以断定该梁 B 点处：

A. 无外荷载 B. 只有集中力偶
C. 只有集中力 D. 有集中力和集中力偶

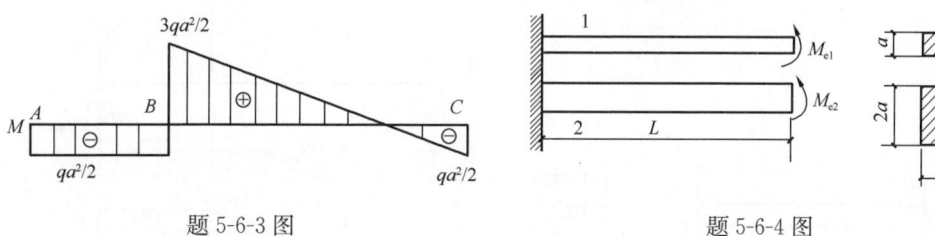

题 5-6-3 图   题 5-6-4 图

5-6-4 （历年真题）两根矩形截面悬臂梁，弹性模量均为 E，横截面尺寸如图所示，两梁的荷载均为作用在自由端的梁中力偶。已知两梁的最大挠度相同，则集中力偶 M_{e2} 是 M_{e1} 的：

（悬臂梁受自由端集中力偶 M 作用，自由端挠度为 $\dfrac{ML^2}{2EI}$。）

A. 8 倍 B. 4 倍 C. 2 倍 D. 1 倍

5-6-5 （历年真题）图示等边角钢制成的悬臂梁 AB，C 点为截面形心，x' 为该梁轴线，y'、z' 为形心主轴，集中力 F 竖直向下，作用线过角钢两个狭长矩形边中线的交点，梁将发生以下变形：

A. $x'z'$ 平面内的平面弯曲
B. 扭转和 $x'z'$ 平面内的平面弯曲
C. $x'y'$ 平面和 $x'z'$ 平面内的双向弯曲
D. 扭转和 $x'y'$ 平面、$x'z'$ 平面内的双向弯曲

题 5-6-5 图   题 5-6-6 图

5-6-6 (历年真题)承受均布荷载的简支梁如图(a)所示,现将两端的支座同时向梁中间移动 $l/8$,如图(b)所示,两根梁的中点($\frac{l}{2}$处)弯矩之比 $\frac{M_a}{M_b}$ 为:

A. 16　　　　B. 4　　　　C. 2　　　　D. 1

5-6-7 (历年真题)图示悬臂梁 AB 由两根相同的矩形截面梁胶合而成。若胶合面全部开裂,假设开裂后两杆的弯曲变形相同,接触面之间无摩擦力,则开裂后梁的最大挠度是原来的:

A. 两者相同　　B. 2 倍　　C. 4 倍　　D. 8 倍

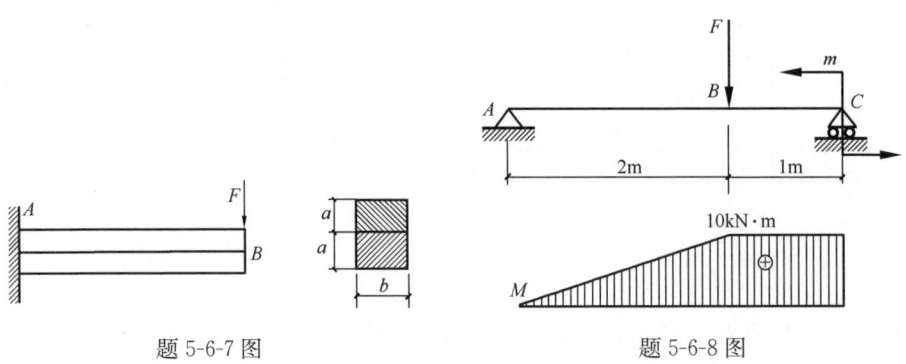

题 5-6-7 图   题 5-6-8 图

5-6-8 (历年真题)悬臂梁的弯矩如图所示,根据弯矩图推得梁上的荷载应为:

A. $F=10\text{kN}$, $m=10\text{kN} \cdot \text{m}$ B. $F=5\text{kN}$, $m=10\text{kN} \cdot \text{m}$
C. $F=10\text{kN}$, $m=5\text{kN} \cdot \text{m}$ D. $F=5\text{kN}$, $m=5\text{kN} \cdot \text{m}$

5-6-9 (历年真题)若梁 ABC 的弯矩图如图所示,则该梁上的荷载为:

A. AB 段有分布荷载,B 截面无集中力偶
B. AB 段有分布荷载,B 截面有集中力偶
C. AB 段无分布荷载,B 截面无集中力偶
D. AB 段无分布荷载,B 截面有集中力偶

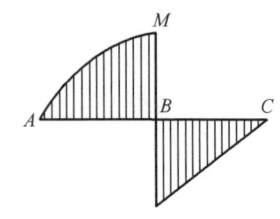

题 5-6-9 图

5-6-10 (历年真题)承受竖直向下荷载的等截面悬臂梁,结构分别采用整块材料、两块材料并列、三块材料并列和两块材料叠合(未粘结)四种方

案，对应横截面如图所示。在这四种横截面中，发生最大弯曲正应力的截面是：

题 5-6-10 图

A. 图（a）　　　　B. 图（b）　　　　C. 图（c）　　　　D. 图（d）

第七节　应　力　状　态

一、平面应力状态分析的解析法和应力圆法

1. 应力状态的基本概念

通过受力构件内一点的所有截面上的应力情况称为一点的应力状态。

围绕所研究的点，截取一个边长为无穷小的正六面体，用各面上的应力分量表示周围材料对其作用，此正六面体称为应力单元体时，其特点：①单元体的尺寸无限小，每个面上的应力均匀分布；②单元体表示一点处的应力，故相互平行截面上的应力相同。

主平面是指单元体中切应力为零的平面。主平面上的正应力称为主应力。

可以证明：受力构件内任一点，均存在三个互相垂直的主平面。三个主应力用 σ_1、σ_2 和 σ_3 表示，且按代数值排列即 $\sigma_1 > \sigma_2 > \sigma_3$。

用三对互相垂直的主平面取出的单元体称为主单元体。根据主单元体上三个主应力中有几个是非零的数值，可将应力状态分为三类：

(1) 单向应力状态：只有一个主应力不等于零。

(2) 二向应力状态：有两个主应力不等于零。

(3) 三向应力状态：三个主应力都不等于零。

单向应力状态又称为简单应力状态，二向和三向应力状态统称为复杂应力状态。单向及二向应力状态又称为平面应力状态。

2. 平面应力状态分析的解析法

如图 5-7-1（a）所示，单元体上应力分量的正负号规定如下：正应力以拉为正，压为负；切应力以所在截面的外法线顺时针转动 90°所得到的方向为正，反之为负。

(1) 平面应力状态下斜截面上的应力计算公式 [图 5-7-1（b）]：

$$\sigma_\alpha = \frac{\sigma_x + \sigma_y}{2} + \frac{\sigma_x - \sigma_y}{2}\cos 2\alpha - \tau_x \sin 2\alpha \tag{5-7-1}$$

$$\tau_\alpha = \frac{\sigma_x - \sigma_y}{2}\sin 2\alpha + \tau_x \cos 2\alpha \tag{5-7-2}$$

α 角以 x 轴的正向逆时针转过的角度为正。由上式可知：

$$\sigma_\alpha + \sigma_{\alpha+\frac{\pi}{2}} = \sigma_x + \sigma_y$$

上式表明互相垂直截面上的正应力之和是常数。

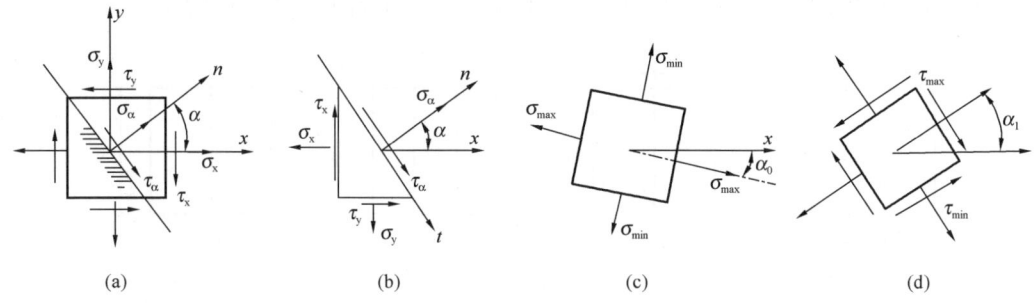

图 5-7-1 平面应力示意

(2) 主应力与主平面

主应力的大小为：

$$\left.\begin{array}{c}\sigma_{\max}\\ \sigma_{\min}\end{array}\right\} = \frac{\sigma_x + \sigma_y}{2} \pm \sqrt{\left(\frac{\sigma_x - \sigma_y}{2}\right)^2 + \tau_x^2} \qquad (5\text{-}7\text{-}3)$$

考虑到单元体零应力面上的主应力为零，则有：

1) 若 $\sigma_{\max} > \sigma_{\min} > 0$，则 $\sigma_1 = \sigma_{\max}$，$\sigma_2 = \sigma_{\min}$，$\sigma_3 = 0$
2) 若 $\sigma_{\max} > 0$，$\sigma_{\min} < 0$，则 $\sigma_1 = \sigma_{\max}$，$\sigma_2 = 0$，$\sigma_3 = \sigma_{\min}$
3) 若 $\sigma_{\max} < 0$，$\sigma_{\min} < 0$，则 $\sigma_1 = 0$，$\sigma_2 = \sigma_{\max}$，$\sigma_3 = \sigma_{\min}$

主应力的方向：

$$\tan 2\alpha_0 = -\frac{2\tau_x}{\sigma_x - \sigma_y} \qquad (5\text{-}7\text{-}4)$$

可解出两个相差 90° 的主方向 α_0 和 $\alpha_0 + \frac{\pi}{2}$，确定两个相互垂直的主平面。

若要进一步确定两个主应力所对应的方向，除了将 α_0 和 $\alpha_0 + \frac{\pi}{2}$ 代回斜截面应力计算公式（5-7-1）确定外，还可根据 σ_x 和 σ_y 的大小来判定：若 $\sigma_x > \sigma_y$，则主方向 α_0 对应最大主应力 $\sigma_{\max}$ 的方向；若 $\sigma_x < \sigma_y$，则主方向 α_0 对应最小主应力 $\sigma_{\min}$ 方向，如图 5-7-1(c) 所示。此外，快速简易判别主方向的方法，见本节后面的例题。

(3) 极值切应力的大小、方向

由式（5-7-2）可知，切应力 τ_α 随 α 角的变化而变化，切应力达到极值时称为极值切应力（也称最大切应力），其大小为：

$$\left.\begin{array}{c}\tau_{\max}\\ \tau_{\min}\end{array}\right\} = \pm \sqrt{\left(\frac{\sigma_x - \sigma_y}{2}\right)^2 + \tau_x^2} \qquad (5\text{-}7\text{-}5)$$

极值切应力的方向：

$$\tan 2\alpha_1 = -\frac{\sigma_x - \sigma_y}{2\tau_x} \qquad (5\text{-}7\text{-}6)$$

可解出两个相差 90° 的角度 α_1 和 $\alpha_1 + \frac{\pi}{2}$，确定两个极值切应力所在的平面。极值切应力作用面与主平面成 45° 角，极值切应力作用面上的正应力 $\sigma_{\alpha 1} = \frac{\sigma_x + \sigma_y}{2}$。由极值切应力平面围成的单元体称为极值切应力单元体，如图 5-7-1（d）所示。

3. 平面应力状态分析的应力圆法

将平面应力状态下斜截面应力的一般公式，消去参数 α，可得

$$\left(\sigma_\alpha - \frac{\sigma_x + \sigma_y}{2}\right)^2 + \tau_\alpha^2 = \left(\frac{\sigma_x - \sigma_y}{2}\right)^2 + \tau_x^2$$

表明单元体斜截面上的应力（σ_α，τ_α）在应力平面（$\sigma\tau$ 平面）上的轨迹是圆，圆心的坐标为 $\left(\frac{\sigma_x + \sigma_y}{2}, 0\right)$，半径 $R = \sqrt{\left(\frac{\sigma_x - \sigma_y}{2}\right)^2 + \tau_x^2}$，圆上任一点的横、纵坐标分别代表单元体相应截面上的正应力 σ_α 和切应力 τ_α，称此圆为应力圆或莫尔圆。

对于图 5-7-2（a）所示的平面应力状态，画应力圆的步骤如下：

图 5-7-2 应力圆

（1）建立 σ-τ 直角坐标系，标上刻度或比例；

（2）在坐标系中确定 $D_x(\sigma_x, \tau_x)$、$D_y(\sigma_y, \tau_y)$ 点的位置，D_x、D_y 点分别对应 x 面和 y 面；

（3）连接 D_x 和 D_y 交 σ 轴于 C 点，若 D_x 和 D_y 在 σ 轴上，则 C 为 $\overline{D_xD_y}$ 的中点；

（4）以点 C 为圆心，$\overline{CD_x}$ 或 $\overline{CD_y}$ 为半径作圆，即得与单元体对应的应力圆，如图 5-7-2(b) 所示。

应力圆与单元体之间的对应关系，见表 5-7-1。

表 5-7-1

应力圆	单元体
应力圆上某点的坐标	单元体某对应平面上的应力分量
应力圆上两点所夹的圆心角（2α）	单元体两对应平面间的夹角 α

续表

应力圆	单元体
应力圆与 σ 轴交点的坐标	单元体的主应力值
应力圆的半径 $\left(\dfrac{\sigma_1-\sigma_3}{2}\right)$	单元体的极值切应力值 $\tau_{\max}$

以上对应关系可概括为"点面对应,转向相同,夹角两倍"。

【例 5-7-1】(历年真题)图示(a) xy 坐标系下,单元体的最大主应力 σ_1 大致指向:

A. 第一象限,靠近 x 轴　　　　　　B. 第一象限,靠近 y 轴
C. 第二象限,靠近 x 轴　　　　　　D. 第二象限,靠近 y 轴

 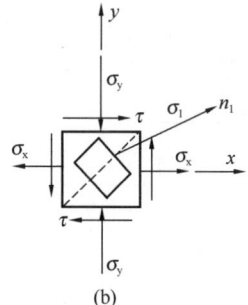

例 5-7-1 图

【解答】如图(b)所示,切应力的箭头相对的角点连续虚线,则主应力 σ_1 必在 σ_x 与该对角虚线之间,即本题目大致指向为:第一象限,靠近 x 轴。应选 A 项。

【例 5-7-2】(历年真题)两单元体分别如图(a)、(b)所示。关于其主应力和主方向,下面论述中正确的是:

例 5-7-2 图

A. 主应力大小和方向均相同　　　　B. 主应力大小相同,但方向不同
C. 主应力大小和方向均不同　　　　D. 主应力大小不同,方向相同

【解答】图(a)、(b)的主应力大小,$\sigma_y=0$,则:

$$\begin{matrix}\sigma_1\\\sigma_3\end{matrix}=\frac{\sigma}{2}\pm\sqrt{\left(\frac{\sigma}{2}\right)^2+\tau^2}=\frac{80}{2}\pm\sqrt{\left(\frac{80}{2}\right)^2+20^2}=\begin{matrix}84.72\text{MPa}\\-4.72\text{MPa}\end{matrix}$$

可见,两图的主应力大小相同。

图(a),σ_1 的指向:位于切应力两角点对角虚线与 σ_x 之间,即第一象限。
图(b),σ_1 的指向:位于切应力两角点对角虚线与 σ_x 之间,即第四象限。
应选 B 项。

【例 5-7-3】（历年真题）在图示 4 种应力状态中，最大切应力 τ_{max} 数值最大的应力状态是：

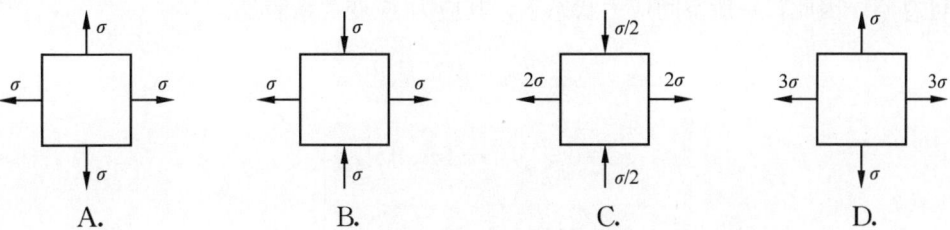

A.　　　　　　　B.　　　　　　　C.　　　　　　　D.

【解答】 A 项：$\sigma_1=\sigma$，$\sigma_2=\sigma$，$\sigma_3=0$，$\tau_{max}=\dfrac{\sigma_1-\sigma_3}{2}=\dfrac{\sigma-0}{2}=\dfrac{\sigma}{2}$

B 项：$\sigma_1=\sigma$，$\sigma_2=0$，$\sigma_3=-\sigma$，$\tau_{max}=\dfrac{\sigma_1-\sigma_3}{2}=\dfrac{\sigma-(-\sigma)}{2}=\sigma$

C 项：$\sigma_1=2\sigma$，$\sigma_2=0$，$\sigma_3=-\dfrac{\sigma}{2}$，$\tau_{max}=\dfrac{2\sigma-\left(-\dfrac{\sigma}{2}\right)}{2}=\dfrac{5}{4}\sigma$

D 项：$\sigma_1=3\sigma$，$\sigma_2=\sigma$，$\sigma_3=0$，$\tau_{max}=\dfrac{3\sigma-0}{2}=\dfrac{3}{2}\sigma$

应选 D 项。

二、复杂应力状态下的最大应力

考虑如图 5-7-3（a）所示主平面单元体，三个主应力分别为 σ_1、σ_2 和 σ_3。用图解法分别分析与三个主应力平行的斜截面的应力，可在 σ-τ 平面内画出三个应力圆——三向应力圆 [图 5-7-3（b）]。可以证明，与三个主应力均不平行的任意斜截面，其应力值落在三个应力圆圆周之间，即图 5-7-3（b）的阴影区域内。因此，可得出结论：在 σ-τ 平面内，与单元体任一截面的应力对应的点，或位于应力圆上，或位于三个应力圆所构成的阴影区域内。

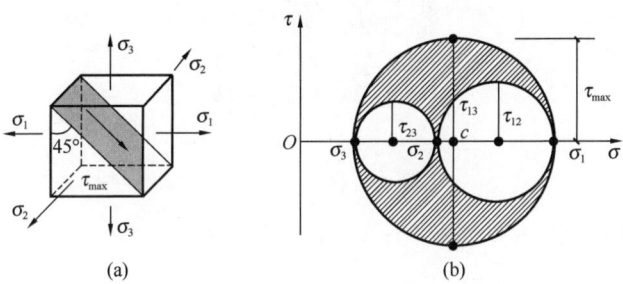

图 5-7-3　三向应力圆

从三向应力圆中可以看出，一点的最大与最小正应力分别为最大、最小主应力，即：

$$\sigma_{max}=\sigma_1,\quad \sigma_{min}=\sigma_3 \tag{5-7-7}$$

一点的最大切应力 τ_{max} 发生在与 σ_2 平行且与 σ_1、σ_3 作用面成 45°的斜面上 [图 5-7-3（a）]，大小为：

$$\tau_{max}=\dfrac{\sigma_1-\sigma_3}{2} \tag{5-7-8}$$

三、广义胡克定律

在线弹性范围内，小变形条件下，理论计算和实验均证明，切应力对正应变的影响很小，可忽略。因此，一般空间应力状态下，其应力-应变关系满足：

$$\left.\begin{aligned}\varepsilon_x &= \frac{1}{E}\left[\sigma_x - \nu(\sigma_y + \sigma_z)\right] \\ \varepsilon_y &= \frac{1}{E}\left[\sigma_y - \nu(\sigma_x + \sigma_z)\right] \\ \varepsilon_z &= \frac{1}{E}\left[\sigma_z - \nu(\sigma_y + \sigma_x)\right]\end{aligned}\right\} \quad (5\text{-}7\text{-}9)$$

上式即为一般形式的广义胡克定律。

在空间应力条件下切应力和切应变（弹性变形范围内）仍满足剪切胡克定律：

$$\gamma_{xy} = \frac{\tau_{xy}}{G}, \quad \gamma_{yz} = \frac{\tau_{yz}}{G}, \quad \gamma_{zx} = \frac{\tau_{zx}}{G} \quad (5\text{-}7\text{-}10)$$

对于主应力单元体，主方向的正应变称为主应变，主应力与主应变的关系为：

$$\left.\begin{aligned}\varepsilon_1 &= \frac{1}{E}\left[\sigma_1 - \nu(\sigma_2 + \sigma_3)\right] \\ \varepsilon_2 &= \frac{1}{E}\left[\sigma_2 - \nu(\sigma_1 + \sigma_3)\right] \\ \varepsilon_3 &= \frac{1}{E}\left[\sigma_3 - \nu(\sigma_1 + \sigma_2)\right]\end{aligned}\right\} \quad (5\text{-}7\text{-}11)$$

对于平面应力状态，应力-应变关系为：

$$\left.\begin{aligned}\varepsilon_x &= \frac{1}{E}\left[\sigma_x - \nu\sigma_y\right] \\ \varepsilon_y &= \frac{1}{E}\left[\sigma_y - \nu\sigma_x\right] \\ \varepsilon_z &= -\frac{\nu}{E}\left[\sigma_x + \sigma_y\right] \\ \gamma_{xy} &= \frac{\tau_{xy}}{G}\end{aligned}\right\} \quad (5\text{-}7\text{-}12)$$

上列式中，E 为弹性模量；ν 为泊松比；G 为切变模量。

四、强度理论

在复杂应力状态下关于材料破坏原因的假设称为强度理论。研究强度理论的目的是：利用简单应力状态下的实验结果，建立材料在复杂应力状态下的强度条件。

材料破坏形式不仅与材料本身的材质有关，而且与材料所处的应力状态、加载速度及温度等因素有关。材料在常温、静荷载作用下的破坏形式主要有以下两种：

（1）脆性断裂：材料在无明显的变形下突然断裂。

（2）塑性屈服（流动）：材料出现显著的塑性变形而丧失其正常的工作能力。

对于脆性断裂破坏的原因与强度理论有：第一强度理论（最大拉应力理论）；第二强度理论（最大拉应变理论）。

对于塑性屈服破坏的原因与强度理论有：第三强度理论（最大切应力理论）；第四强度理论（最大形状改变比能理论）。

第一强度理论： $\sigma_{r1} = \sigma_1 \leqslant [\sigma]$ (5-7-13)

第二强度理论： $\sigma_{r2} = \sigma_1 - \nu(\sigma_2 + \sigma_3) \leqslant [\sigma]$ (5-7-14)

第三强度理论： $\sigma_{r3} = \sigma_1 - \sigma_3 \leqslant [\sigma]$ (5-7-15)

第四强度理论： $\sigma_{r4} = \sqrt{\dfrac{1}{2}[(\sigma_1-\sigma_2)^2+(\sigma_2-\sigma_3)^2+(\sigma_3-\sigma_1)^2]} \leqslant [\sigma]$ (5-7-16)

式中，$\sigma_{ri}(i=1,2,3,4)$ 为相当应力。

对于工程上常见的一种二向应力状态如图 5-7-4 所示，其特点是平面内某一方向的正应力为零。设 $\sigma_y = 0$，则该点的主应力为：

$$\left.\begin{array}{c}\sigma_1\\\sigma_2\end{array}\right\} = \dfrac{\sigma_x}{2} \pm \sqrt{\left(\dfrac{\sigma_x}{2}\right)^2 + \tau_{xy}^2}$$

图 5-7-4 二向应力状态

代入式（5-7-15）、式（5-7-16），可得：

第三强度理论 $\sigma_{r3} = \sqrt{\sigma_x^2 + 4\tau_{xy}^2}$ (5-7-17)

第四强度理论 $\sigma_{r4} = \sqrt{\sigma_x^2 + 3\tau_{xy}^2}$ (5-7-18)

【例 5-7-4】（历年真题）按照第三强度理论，图示两种应力状态的危险程度是：

A. 无法判断　　　B. 两者相同　　　C.（a）更危险　　　D.（b）更危险

例 5-7-4 图

【解答】图（a）：$\sigma_1 = 200$，$\sigma_2 = 0$，$\sigma_3 = 0$

$\sigma_{r3} = \sigma_1 - \sigma_3 = 200 - 0 = 200\text{MPa}$

图（b）：$\left.\begin{array}{c}\sigma_{\max}\\\sigma_{\min}\end{array}\right\} = \dfrac{100+0}{2} \pm \sqrt{\left(\dfrac{100-0}{2}\right)^2 + 100^2} = \begin{array}{c}161.8\text{MPa}\\-61.8\text{MPa}\end{array}$

故 $\sigma_1 = 161.8\text{MPa}$，$\sigma_2 = 0$，$\sigma_3 = -61.8\text{MPa}$

$\sigma_{r3} = \sigma_1 - \sigma_3 = 161.8 - (-61.8) = 223.6\text{MPa}$

故图（b）更危险，应选 D 项。

【例 5-7-5】（历年真题）图示单元体上的 $\sigma > \tau$，则按第三强度理论，其强度条件为：

A. $\sigma - \tau \leqslant [\sigma]$　　　　　　　　　B. $\sigma + \tau \leqslant [\sigma]$

C. $\sqrt{\sigma^2 + 4\tau^2} \leqslant [\sigma]$　　　　　D. $\sqrt{\left(\dfrac{\sigma}{2}\right)^2 + \tau^2} \leqslant [\sigma]$

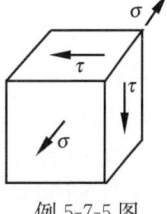

例 5-7-5 图

【解答】切应力平面：

$\left.\begin{array}{c}\sigma_{\max}\\\sigma_{\min}\end{array}\right\} = \dfrac{0+0}{2} \pm \sqrt{\left(\dfrac{0-0}{2}\right)^2 + \tau^2} = \pm\tau$

又 $\sigma > \tau$，故取 $\sigma_1 = \sigma$，$\sigma_2 = \tau$，$\sigma_3 = -\tau$
$$\sigma_{r3} = \sigma_1 - \sigma_3 = \sigma - (-\tau) = \sigma + \tau \leqslant [\sigma]$$
应选 B 项。

习　题

5-7-1　（历年真题）图示单元体，法线与 x 轴夹角 $\alpha=45°$ 的斜截面上切应力 τ_α 是：

A. $\tau_\alpha = 10\sqrt{2}\text{MPa}$　　　　　　　B. $\tau_\alpha = 50\text{MPa}$

C. $\tau_\alpha = 60\text{MPa}$　　　　　　　　D. $\tau_\alpha = 0$

5-7-2　（历年真题）按照第三强度理论，图示两种应力状态的危险程度是：

A. 图（a）更危险　　B. 图（b）更危险　　C. 两者相同　　　D. 无法判断

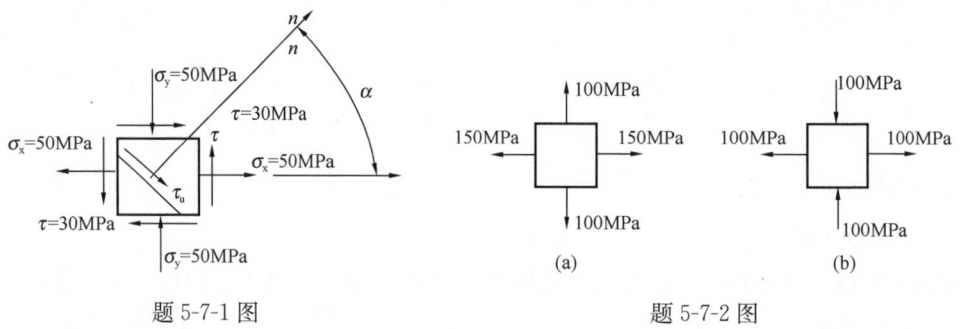

题 5-7-1 图　　　　　　　　　　　题 5-7-2 图

5-7-3　（历年真题）分析受力物体内一点处的应力状态，如可以找到一个平面，在该平面上有最大切应力，则该平面上的正应力：

A. 是主应力　　　　　　　　　B. 一定为零

C. 一定不为零　　　　　　　　D. 不属于前三种情况

第八节　组　合　变　形

一、组合变形概述

杆件在外力作用下，同时产生两种或两种以上的同一数量级的基本变形称为组合变形。在小变形和材料服从胡克定律的前提下，可以认为组合变形中的每一种基本变形都是各自独立、互不影响的。因此，对组合变形杆件进行强度计算可以应用叠加原理，采用先分解而后叠加的方法。其基本步骤如下：

（1）将作用在杆件上的荷载进行简化与分解（横向力向截面的弯曲中心简化，并沿截面的形心主惯性轴方向分解；纵向力则向截面形心简化），使简化后每一组荷载只产生一种基本变形。

（2）分别计算杆件在各个基本变形下的应力和位移。

（3）将各基本变形情况下的应力叠加，便得在组合变形下杆件的总应力，根据危险点的应力状态，建立强度条件；将在同一截面上产生的位移进行合成。

二、斜弯曲

斜弯曲是指横向力（或力偶）的作用线（作用面）通过横截面的弯曲中心，但不平行于梁的形心主惯性平面。其变形特征：弯曲平面与荷载（或力）作用平面不平行。

以图 5-8-1（a）所示受横向力 F 作用的矩形截面悬挑梁为例，说明斜弯曲变形的应力分析和强度计算。

距梁 B 端任意位置 a 处的弯矩：$M_z = Fa\cos\varphi$，$M_y = Fa\sin\varphi$

梁 A 端（危险截面）处的弯矩：$M_{zmax} = Fl\cos\varphi$，$M_{ymax} = Fl\sin\varphi$

图 5-8-1 斜弯曲变形

任意位置 a 处的任一点（x、z）的正应力：

$$\sigma = \frac{M_y z}{I_y} + \frac{M_z y}{I_z} = \frac{M_y}{W_y} + \frac{M_z}{W_z} \tag{5-8-1}$$

由 $\sigma = 0$ 确定中性轴位置：

$$\tan\alpha = \frac{y_0}{z_0} = -\frac{M_y}{M_z}\frac{I_z}{I_y} = -\frac{I_z}{I_y}\tan\varphi \tag{5-8-2}$$

中性轴通过形心，但非形心主轴；横截面上应力分布见图 5-8-1（b）。

距中性轴最远的点是危险点。若截面具有棱角，则棱角点是危险点；无棱角的截面，应先确定中性轴的位置，再找到最远点（截面周边上平行中性轴的切点处）。危险点处于单向应力状态。危险截面上的危险条的最大应力及强度条件：

$$\sigma_{max} = \frac{M_{ymax}}{W_y} + \frac{M_{zmax}}{W_z} \leqslant [\sigma] \tag{5-8-3}$$

三、拉伸（压缩）与弯曲的组合变形

1. 轴向力与横向力的组合变形

如图 5-8-2 所示悬挑梁同时受轴向拉力 F 及横向分布荷载 q 作用。

图 5-8-2 拉伸（压缩）与弯曲变形

任一横截面上的内力中，由轴向力引起轴力 F_N，由横向力引起弯矩 M_z、剪力 F_{sy}。

横截面上任一点的正应力：

$$\sigma = \frac{F_N}{A} + \frac{M_z \cdot y}{I_z} \tag{5-8-4}$$

图示 A 截面为危险截面，上边缘点为危险点，处于单向应力状态，故强度条件为：

$$\sigma_{max} = \frac{F_N}{A} + \frac{M_{zmax}}{W_z} \leqslant [\sigma] \tag{5-8-5}$$

对于脆性材料，应分别校核其抗拉和抗压强度，取 $\sigma_{t,max}$、$\sigma_{c,max}$ 中绝对值最大者校核强度。

2. 偏心压缩（拉伸）的变形

图 5-8-3（a）所示杆件受偏心拉力（或压力）作用时，它也是拉伸（压缩）与弯曲的组合。偏拉力下的位置 A 点的坐标（y_p, z_p），将偏拉力 F 向顶面形心 O 点简化，可得：

轴力　$F_N = F$

弯矩　$M_y = Fz_p$，$M_z = Fy_p$

任意截面 k 上任一点（y, z）的正应力：

$$\sigma = \frac{F_N}{A} + \frac{M_y z}{I_y} + \frac{M_z y}{I_z}$$

$$= \frac{F_N}{A}\left(1 + \frac{z_p z}{i_y^2} + \frac{y_p y}{i_z^2}\right)$$

(5-8-6)

式中，$i_z^2 = I_z/A$，$i_y^2 = I_y/A$。截面正应力分布见图 5-8-3（b）。

由 $\sigma = 0$ 确定中性轴方程：

$$1 + \frac{z_p z}{i_y^2} + \frac{y_p y}{i_z^2} = 0 \quad (5\text{-}8\text{-}7)$$

中性轴为不通过截面形心的斜直线，见图 5-8-3（b），截距为：

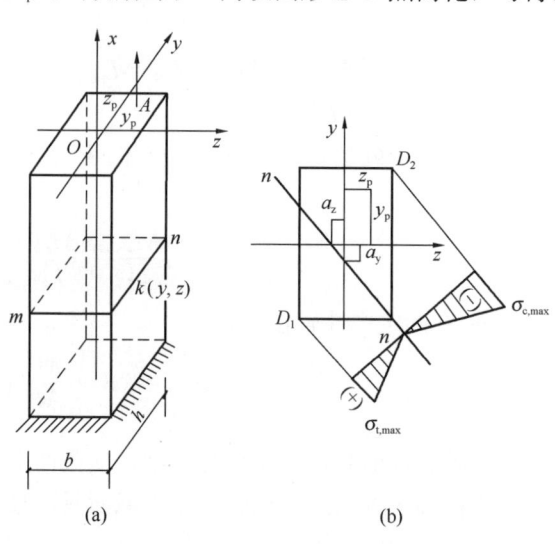

图 5-8-3　偏心压缩（或拉伸）变形

$$a_y = -\frac{i_z^2}{y_p},\ a_z = -\frac{i_y^2}{z_p} \quad (5\text{-}8\text{-}8)$$

危险点位于距中性轴最远的点处。若截面有棱角，则危险点必在棱角处；若截面无棱角，则在截面周边上平行于中性轴的切点处。危险点的应力状态为单位应力状态，其强度条件为：

$$\sigma_{max} = \frac{F_{Nmax}}{A} + \frac{M_{ymax}}{W_y} + \frac{M_{zmax}}{W_z} \leqslant [\sigma] \quad (5\text{-}8\text{-}9)$$

若材料的 $[\sigma_t] \neq [\sigma_c]$，则最大拉应力点与最大压应力点均需校核。

四、扭转和弯曲的组合

圆截面轴同时承受向横向荷载 F 和力偶 M_e 的共同作用时，发生弯扭组合变形。圆杆横截面上的内力 [图 5-8-4（a）]：

扭矩　　　　　　　　　$T = M_e$

弯矩　　　　　　　　　$M_z = Fa\cos\varphi$，$M_y = Fa\sin\varphi$

合成弯矩　　　　　　　$M = \sqrt{M_y^2 + M_z^2}$

M 产生的正应力：　　$\sigma = \frac{M}{W}$

由 T 产生的切应力：$\tau = \dfrac{T}{W_p}$

危险点 D_1、D_2 的应力状态如图 5-8-4（b）所示。

强度条件：

第三强度理论

$$\sigma_{r3} = \sqrt{\sigma^2 + 4\tau^2} = \dfrac{\sqrt{M^2 + T^2}}{W} \leq [\sigma] \qquad (5\text{-}8\text{-}10)$$

第四强度理论

$$\sigma_{r3} = \sqrt{\sigma^2 + 3\tau^2} = \dfrac{\sqrt{M^2 + 0.75T^2}}{W} \leq [\sigma] \qquad (5\text{-}8\text{-}11)$$

上述式中，$W = \dfrac{\pi d^3}{32}$，$W_p = \dfrac{\pi d^3}{16}$。

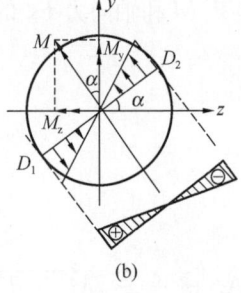

图 5-8-4 弯扭组合变形

【例 5-8-1】（历年真题）图示等边角钢制成的悬臂梁 AB，C 点为截面形心，x 为该梁轴线，y'、z' 为形心主轴。集中力 F 竖直向下，作用线过形心，则梁将发生以下哪种变化：

A. xy 平面内的平面弯曲

B. 扭转和 xy 平面内的平面弯曲

C. xy 和 xz' 平面内的双向弯曲

D. 扭转及 xy' 和 xz' 平面内的双向弯曲

【解答】F 未通过弯曲中心，发生扭转变形，同时，还在 xy' 和 xz' 平面内发生双向弯曲，应选 D 项。

例 5-8-1 图

【例 5-8-2】（历年真题）图示正方形截面杆 AB，力 F 作用在 xOy 平面内，与 x 轴夹角 α，杆距离 B 端为 a 的横截面上最大正应力在 $\alpha = 45°$ 时的值是 $\alpha = 0°$ 时的值的：

A. $\dfrac{7\sqrt{2}}{2}$ 倍

B. $3\sqrt{2}$ 倍

C. $\dfrac{5\sqrt{2}}{2}$ 倍

D. $\sqrt{2}$ 倍

【解答】$\alpha = 45°$ 时：

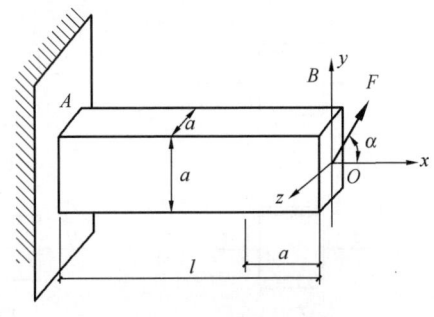

例 5-8-2 图

$$\sigma_{max,1} = \frac{\frac{\sqrt{2}}{2}F}{A} + \frac{\frac{\sqrt{2}}{2}Fa}{W_z} = \frac{\frac{\sqrt{2}}{2}F}{a^2} + \frac{\frac{\sqrt{2}}{2}Fa}{\frac{1}{6}a^3} = \frac{7\sqrt{2}}{2}\frac{F}{a^2}$$

$\alpha=0$ 时：

$$\sigma_{max,2} = \frac{F}{a^2}, \text{则：} \frac{\alpha_{max,1}}{\alpha_{max,2}} = \frac{7\sqrt{2}}{2}$$

应选 A 项。

【例 5-8-3】（历年真题）图示圆轴截面面积为 A，抗弯截面系数为 W，若同时受到扭矩 T、弯矩 M 和轴向力 F_N 的作用，按照第三强度理论，下面的强度条件表达式正确的是：

例 5-8-3 图

A. $\frac{F_N}{A} + \frac{1}{W}\sqrt{M^2 + T^2} \leqslant [\sigma]$
B. $\sqrt{\left(\frac{F_N}{A}\right)^2 + \left(\frac{M}{W}\right)^2 + \left(\frac{T}{2W}\right)^2} \leqslant [\sigma]$

C. $\sqrt{\left(\frac{F_N}{A} + \frac{M}{W}\right)^2 + \left(\frac{T}{W}\right)^2} \leqslant [\sigma]$
D. $\sqrt{\left(\frac{F_N}{A} + \frac{M}{W}\right)^2 + 4\left(\frac{T}{W}\right)^2} \leqslant [\sigma]$

【解答】 危险截面的一点应力为：

正应力 $\sigma = \frac{F_N}{A} + \frac{M}{W}$

切应力 $\tau = \frac{T}{W_p}$，$W_p = 2W$，即：$\tau = \frac{T}{2W}$

$$\sigma_{r3} = \sqrt{\sigma^2 + 4\tau^2} = \sqrt{\left(\frac{F_N}{A} + \frac{M}{W}\right)^2 + 4\left(\frac{T}{2W}\right)^2}$$

$$= \sqrt{\left(\frac{F_N}{A} + \frac{M}{W}\right)^2 + \left(\frac{T}{W}\right)^2} \leqslant [\sigma]$$

应选 C 项。

习　题

5-8-1 （历年真题）图示圆轴固定端最上缘 A 点的单元体的应力状态是：

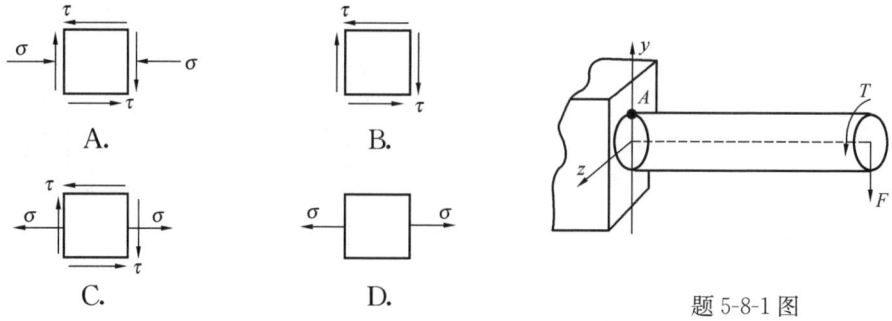

题 5-8-1 图

5-8-2 （历年真题）图示变截面短杆，AB 段的压应力 σ_{AB} 与 BC 段压应力 σ_{BC} 的关系是：

A. σ_{AB} 比 σ_{BC} 大 $1/4$

B. σ_{AB} 比 σ_{BC} 小 $1/4$

C. σ_{AB} 是 σ_{BC} 的 2 倍

D. σ_{AB} 是 σ_{BC} 的 $1/2$

题 5-8-2 图

5-8-3 （历年真题）矩形截面受压杆，杆的中间段右侧有一槽，如图（a）所示。若在杆的左侧，即槽的对称位置也挖出同样的槽如图（b），则图（b）杆的最大压应力是图（a）最大压应力的：

题 5-8-3 图

A. 3/4　　　B. 4/3　　　C. 3/2　　　D. 2/3

5-8-4 （历年真题）图示槽形截面杆，一端固定，另一端自由，作用在自由端角点的外力 F 与杆轴线平行。该杆将发生的变形是：

A. xy 平面 xz 平面内的双向弯曲

B. 轴向拉伸及 xy 平面和 xz 平面内的双向弯曲

C. 轴向拉伸和 xy 平面内的平面弯角

D. 轴向拉伸和 xz 平面内的平面弯曲

5-8-5 （历年真题）图示矩形截面拉杆中间开一深为 $\dfrac{h}{2}$ 的缺口，与不开缺口时的拉杆相比（不计应力集中影响），杆内最大正应力是不开口时正应力的多少倍？

A. 2　　　B. 4　　　C. 8　　　D. 16

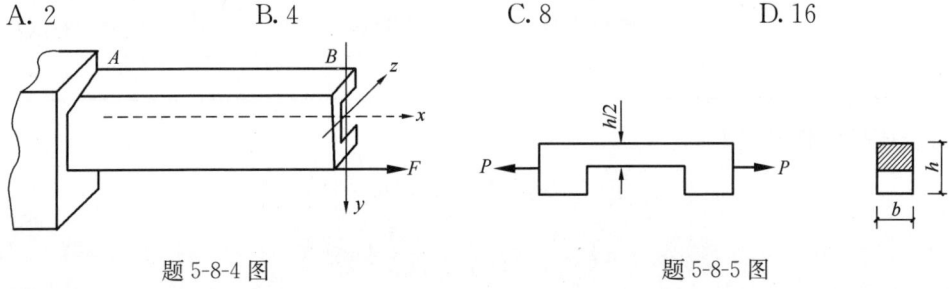

题 5-8-4 图　　　　　　　题 5-8-5 图

5-8-6 （历年真题）图示直径为 d 的圆轴，承受轴向拉力 F 和扭矩 T。按第三强度理论，截面危险的相当应力 σ_{eq3} 为：

A. $\sigma_{eq3} = \dfrac{32}{\pi d^3}\sqrt{F^2+T^2}$

B. $\sigma_{eq3} = \dfrac{16}{\pi d^3}\sqrt{F^2+T^2}$

C. $\sigma_{eq3} = \sqrt{\left(\dfrac{4F}{\pi d^2}\right)^2+4\left(\dfrac{16T}{\pi d^3}\right)^2}$

D. $\sigma_{eq3} = \sqrt{\left(\dfrac{4F}{\pi d^2}\right)^2+4\left(\dfrac{32T}{\pi d^3}\right)^2}$

图 5-8-6 图

第九节 压杆稳定

一、细长压杆的临界力与临界应力

压杆由直线平衡状态突变到弯曲的曲线平衡状态这一过程称为失稳。压杆的临界状态所受的轴向压力 F_{cr} 称为压杆的临界压力或临界力。

细长压杆临界力的欧拉公式为：

$$F_{cr} = \dfrac{\pi^2 EI}{(\mu L)^2} \tag{5-9-1}$$

式中，E 为材料的弹性模量；I 为压杆失稳而弯曲时，横截面对中性轴的惯性矩；L 为压杆长度；μ 为长度系数，与杆两端的约束条件有关，常见的各种支承方式的长度系数见表 5-9-1。

各种支承条件下等截面细长压杆的长度系数 μ 表 5-9-1

支端情况	两端铰支	一端固定另一端铰支	两端固定	一端固定另一端自由	两端固定但可沿横向相对移动
失稳时挠曲线形状	(图)	(图) C—挠曲绕拐点	(图) C、D—挠曲绕拐点	(图)	(图) C—挠曲线拐点
长度系数 μ	$\mu=1$	$\mu \approx 0.7$	$\mu=0.5$	$\mu=2$	$\mu=1$

细长压杆的临界应力：

$$\sigma_{cr} = \dfrac{F_{cr}}{A} = \dfrac{\pi^2 EI}{(\mu l)^2 A} = \dfrac{\pi^2 EI}{\left(\dfrac{\mu l}{i}\right)^2} = \dfrac{\pi^2 E}{\lambda^2} \tag{5-9-2}$$

式中，$i = \sqrt{\dfrac{I}{A}}$，称为截面的惯性半径；$\lambda = \dfrac{\mu l}{i}$，称为压杆的柔度或长细比。

柔度λ是一个无量纲的量，综合反映杆端约束、杆件的尺寸及截面形状等因素对临界应力的影响。柔度越大，杆越细长，临界应力越小，压杆越容易失稳。如果压杆在两个形心主惯性平面的柔度不同（即 $\lambda_z = \mu_z l_z / i_z$, $\lambda_y = \mu_y l_y / i_y$, $\lambda_z \neq \lambda_y$），则压杆总是在柔度较大的那个形心主惯性平面内失稳。

【例 5-9-1】（历年真题）图示两端铰支细长（大柔度）压杆，在下端铰链处增加一个扭簧弹性约束。该压杆的长度系数 μ 的取值范围是：

A. $0.7 < \mu < 1$　　　　　　　　B. $2 > \mu > 1$
C. $0.5 < \mu < 0.7$　　　　　　　D. $\mu < 0.5$

【解答】弹簧的约束比固定支座弱，比铰支座强，则：
$0.7 < \mu < 1$，应选 A 项。

【例 5-9-2】（历年真题）图示细长压杆 AB 的 A 端自由，B 端固定在简支梁上。该压杆的长度系数 μ 是：

A. $\mu > 2$　　　　　　　　　　　B. $2 > \mu > 1$
C. $1 > \mu > 0.7$　　　　　　　　D. $0.7 > \mu > 0.5$

例 5-9-1 图　　　　例 5-9-2 图

【解答】B 点的约束比固定支座弱，则：
$\mu > 2$，应选 A 项。

【例 5-9-3】（历年真题）一端固定另一端自由的细长（大柔度）压杆，长度为 L，见图（a）。当杆的长度减小一半时，见图（b），其临界荷载是原来的：

A. 4 倍　　　　　　B. 3 倍
C. 2 倍　　　　　　D. 1 倍

【解答】$F_{cr} = \dfrac{\pi^2 EI}{(2L)^2}$

当 L 变为 $\dfrac{L}{2}$ 时：$F_{cr1} = \dfrac{\pi^2 EI}{\left(2 \times \dfrac{L}{2}\right)^2}$

例 5-9-3 图

$F_{cr1}/F_{cr} = 4$，应选 A 项。

【例 5-9-4】（历年真题）图示矩形截面细长压杆，$h=2b$，见图（a），如果将宽度 b 改为 h 后，见图（b），仍为细长压杆，临界力 F_{cr} 是原来的：

A. 16 倍　　　　B. 8 倍
C. 4 倍　　　　 D. 2 倍

【解答】压杆首先在惯性矩最小的方向失稳：

图（a）：$I_a = \dfrac{bh^3}{12} = \dfrac{h \cdot \left(\dfrac{h}{2}\right)^3}{12} = \dfrac{\dfrac{1}{8}h^4}{12}$

图（b）：$I_b = \dfrac{hh^3}{12} = \dfrac{h^4}{12}$

$F_{cr} = \dfrac{\pi^2 EI}{(2L)^2}$，则：$\dfrac{F_{cr,b}}{F_{cr,a}} = \dfrac{1}{\dfrac{1}{8}} = 8$

例 5-9-4 图

应选 B 项。

二、欧拉公式的适用范围与临界应力总图

1. 欧拉公式的适用范围

欧拉公式只在小变形以及材料服从胡克定律的前提条件下才成立，因此，其适用条件为：

$$\sigma_{cr} = \frac{\pi^2 E}{\lambda^2} \leqslant \sigma_p，即为：$$

$$\lambda \geqslant \sqrt{\frac{\pi^2 E}{\sigma_p}} = \lambda_p \tag{5-9-3}$$

式中，$\lambda_p = \sqrt{\dfrac{\pi^2 E}{\sigma_p}}$ 为适用欧拉公式的最小柔度，其值仅与材料的弹性模量 E 及比例极限 σ_p 有关。只有当杆的柔度 $\lambda \geqslant \lambda_p$ 时，才能使用欧拉公式计算临界压力与临界应力。满足 $\lambda \geqslant \lambda_p$ 条件的压杆称为细长压杆（亦称大柔度压杆）。

对于柔度 $\lambda < \lambda_p$ 的非细长杆，其临界应力计算分为两类：

（1）中长压杆（亦称中柔度杆）（$\lambda_0 \leqslant \lambda < \lambda_p$）

$$\lambda_0 = \frac{a - \sigma^0}{b} \tag{5-9-4}$$

式中，λ_0 为中长杆与粗短杆的柔度分界值（图 5-9-1）；塑性材料取 $\sigma^0 = \sigma_s$，脆性材料取 $\sigma^0 = \sigma_b$；a、b 为与材料有关的常数。

临界应力可按直线经验公式计算：

$$\sigma_{cr} = a - b\lambda \tag{5-9-5}$$

（2）粗短杆（亦称小柔度杆）（$\lambda \leqslant \lambda_0$）

临界应力计算：　　$\sigma_{cr} = \sigma^0$ 　　(5-9-6)

2. 临界应力总图

临界应力 σ_{cr} 随柔度 λ 变化的关系曲线如图 5-9-1 所示，该图称为临界应力总图。

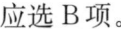

图 5-9-1　临界应力总图

三、压杆的稳定校核

工程中常用的压杆稳定校核方法有两种：稳定安全系数法和折减系数法（表 5-9-2）。

压杆的稳定校核 表 5-9-2

稳定安全系数法	折减系数法
稳定条件： $$F \leqslant \frac{F_{cr}}{n_{st}} = [F_{cr}]$$ 式中，F 为压杆的轴向压力；$[F_{cr}]$ 为稳定许用压力；n_{st} 为稳定安全系数。 用安全系数表示的稳定条件： $$n = \frac{F_{cr}}{F} = \frac{\sigma_{cr}}{\sigma} \geqslant n_{st}$$ n 为压杆的工作安全系数	稳定条件： $$\sigma = \frac{F}{A} \leqslant \varphi[\sigma]$$ 式中，σ 为压杆的轴向应力；φ 为小于 1 系数，反映柔度对临界应力、稳定安全系数 n_{st} 的影响，是 λ 的函数，称为折减系数或稳定系数

四、提高压杆稳定性的措施

（1）选择合理的截面形状。在不改变截面面积的情况下，尽可能将材料布置到离截面形心较远处，从而得到较大的惯性矩 I；使两个形心主惯性平面的柔度 λ_x、λ_y 尽量相等。

（2）改变压杆的支承条件。如铰支座改为固定支座。

（3）减小压杆的长度。

（4）合理选用材料。选用弹性模量 E 值较大的材料，能提高细长压杆的临界应力。中长杆的临界应力与材料的强度有关，强度越高的材料，其临界应力也越高。

习　题

5-9-1（历年真题）图示三根压杆均为细长（大柔度）压杆，且弯曲刚度均为 EI。三根压杆的临界荷载 F_{cr} 的关系为：

A. $F_{cr,a} > F_{cr,b} > F_{cr,c}$　　　　B. $F_{cr,b} > F_{cr,a} > F_{cr,c}$

C. $F_{cr,c} > F_{cr,a} > F_{cr,b}$　　　　D. $F_{cr,b} > F_{cr,c} > F_{cr,a}$

5-9-2（历年真题）图示四根细长（大柔度）压杆，弯曲刚度均为 EI，其中具有最大临界荷载 F_{cr} 的压杆是：

题 5-9-1 图　　　　　　　　　　题 5-9-2 图

A. 图（a）　　B. 图（b）　　C. 图（c）　　D. 图（d）

习题解答与参考答案

第一节

5-1-1 **解答**：$\sigma = \dfrac{F}{A}$，故正应力不变；$\Delta l = \dfrac{Fl}{EA}$，$E_{钢} > E_{木}$，故轴向变形增大。

答案：C

5-1-2 **解答**：铸铁抗压强度高，其抗拉强度低，故排除 B、C 项。A 项：铸铁压力等于 F 与拉力（钢受拉力）的合力；D 项：F 与铸铁压力的合力等于拉力（钢受拉力），可知：A 项合理。

答案：A

5-1-3 **解答**：由图示直观观察，A 的曲线最高，其强度最大。

答案：A

5-1-4 **解答**：低碳钢拉伸试验，冷作硬化发生在强化阶段。

答案：C

第二节

5-2-1 **解答**：AB 段轴力为 F；BC 段轴力为 0，则：

$$\Delta l = l_{AB} = \dfrac{FL}{EA}$$

答案：D

5-2-2 **解答**：水平方向，$N_1 \sin 45° = N_2 \sin 30°$，即：$N_2 = \sqrt{2} N_1$

$\sigma = \dfrac{F_N}{A}$，则：杆 2 最先到达许用应力。

答案：B

5-2-3 **解答**：AB 段轴力 $N = F$，BC 段轴力 $N = -F$

$$\Delta l = \dfrac{FL}{EA} + \dfrac{-FL}{EA} = 0$$

答案：A

5-2-4 **解答**：AB 段轴力 $N = 300\pi \text{kN}$，BC 段轴力 $N = 100\pi \text{kN}$

$$\sigma_{AB} = \dfrac{300\pi \times 10^3}{\dfrac{1}{4}\pi \times 200^2} = 30 \text{MPa}, \quad \sigma_{BC} = \dfrac{100\pi \times 10^3}{\dfrac{1}{4}\pi \times 100^2} = 40 \text{MPa}$$

取大者，$\sigma = 40 \text{MPa}$

答案：A

第三节

5-3-1　**解答：** 对左侧铆钉（设为 A 点）取矩，则：右侧铆钉处 $F_B=3F$（↑）；由 $\Sigma Y=0$，则：左侧铆钉处 $F_A=2F$（↓）

$$\tau_{\max}=\frac{F_{\max,y}}{A_s}=\frac{3F}{\pi d^2/4}=\frac{12F}{\pi d^2}$$

答案： C

5-3-2　**解答：** 螺钉帽：$\tau=\dfrac{F}{\pi dh}=[\tau]$；螺钉杆：$\sigma=\dfrac{F}{\dfrac{\pi}{4}d^2}=[\sigma]$

又 $[\sigma]=2[\tau]$，则：$d=2h$

答案： A

5-3-3　**解答：** 挤压面积为 dt，$\dfrac{F}{dt}\leqslant[\sigma_{bs}]$，则：

$$d\geqslant\frac{F}{t[\sigma_{bs}]}$$

答案： A

第四节

5-4-1　**解答：** $\tau_{\max}=\dfrac{T}{I_p}\cdot\dfrac{d}{2}$，$\theta=\dfrac{T}{GI_p}$，则：

$$\tau_{\max}=\frac{GI_p\theta}{I_p}\cdot\frac{d}{2}=\frac{\theta Gd}{2}$$

答案： D

5-4-2　**解答：** 空心圆轴横截面上的切应力分布与半径成正比，线性关系，但空心圆内径中无切应力。

答案： B

5-4-3　**解答：** $\theta=\dfrac{T}{GI_p}=\dfrac{T}{G\dfrac{\pi d^4}{32}}$

当 θ 变为 $\dfrac{\theta}{2}$ 时，则：$d_1=\sqrt[4]{2}d$

答案： A

5-4-4　**解答：** 根据 $M_e=\dfrac{9.55P}{n}$，当 n 越小（越慢）时，M_e 越大。

答案： B

5-4-5　**解答：** $\tau_{\max}=\dfrac{T}{W_p}=\dfrac{T}{\dfrac{\pi}{16}d^3}$

当 τ_{max} 减小为 $\frac{\tau_{max}}{2}$，则：$d_1 = \sqrt[3]{2}d$

答案：D

第五节

5-5-1 **解答**：$I_z = \frac{\pi}{64}d^4 - \frac{1}{12}a^4$

$W_z = \frac{I_z}{d/2} = \frac{\pi d^3}{32} - \frac{a^4}{6d}$

答案：B

5-5-2 **解答**：$I_{z1} = \frac{1}{12}bh^3 + bh \times h = \frac{13}{12}bh^3$

答案：D

5-5-3 **解答**：Z形截面，其静矩为零的轴不是对称轴。

答案：D

5-5-4 **解答**：静矩和惯性积的数值可正、可负，也可为零。

答案：B

5-5-5 **解答**：$I_p = \frac{\pi}{32}D^4 - \frac{\pi}{32}d^4$

答案：D

第六节

5-6-1 **解答**：剪力为零时，弯矩有极值。

答案：B

5-6-2 **解答**：$f_c = \frac{Fl^3}{48EI}$，$I_a = \frac{1}{12}b^3h = \frac{1}{12}b^3 \times 2b = \frac{2}{12}b^4$

$I_b = \frac{1}{12}bh^3 = \frac{1}{12}b \times (2b)^3 = \frac{8}{12}b^4$

则：$\frac{f_{c,a}}{f_{c,b}} = \frac{8}{2} = 4$

答案：C

5-6-3 **解答**：B 点有突变，故有集中力偶。

答案：B

（注意，若题目为悬臂梁，则有集中力偶、集中力）

5-6-4 **解答**：$f_1 = \frac{ML^2}{2EI} = \frac{M_{e1}L^2}{2E \times \frac{1}{12}ba^3}$

$f_2 = \frac{M_{e2}L^2}{2E \times \frac{1}{12}b(2a)^3}$

$$\frac{f_2}{f_1} = \frac{M_{e2}}{8} \cdot \frac{1}{M_{e1}} = 1, \text{ 则: } M_{e2} = 8M_{e1}$$

答案：A

5-6-5 **解答**：F 通过弯曲中心，故不发生扭转，发生双向弯曲。

答案：C

5-6-6 **解答**：题目中（a）图的跨中弯矩：$M_a = \frac{1}{8}ql^2$

题目中（b）图的跨中弯矩 M_b，按叠加法如图所示，$M_b = \frac{1}{16}ql^2$

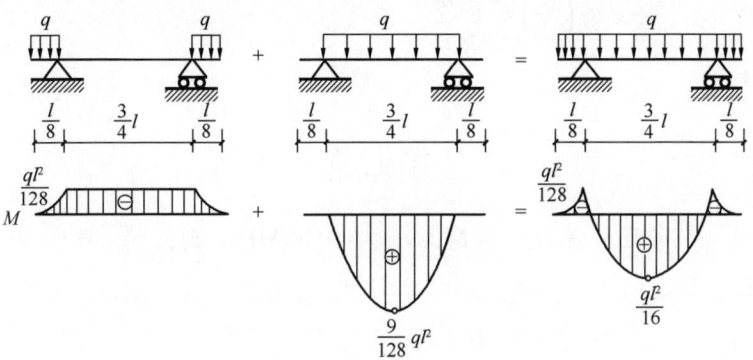

题 5-6-6 解图

故：$\dfrac{M_a}{M_b} = \dfrac{\frac{1}{8}ql^2}{\frac{1}{16}ql^2} = 2$。

5-6-7 **解答**：$f = \dfrac{Fl^3}{3EI} = \dfrac{Fl^3}{3E \times \frac{1}{12}b(2a)^3}$

开裂后：$f_1 = \dfrac{\frac{1}{2}Fl^3}{3E \times \frac{1}{12}ba^3}$

$\dfrac{f_1}{f} = \dfrac{1/2}{1/8} = 4$

答案：C

5-6-8 **解答**：由弯矩图可知，$m = 10\text{kN} \cdot \text{m}$；$BC$ 段水平，故 $R_c = 0$

$\sum M_A = 0$，则：$F = 10/2 = 5\text{kN} \cdot \text{m}$

答案：B

5-6-9 **解答**：AB 段有分布荷载，B 截面弯矩突变，有集中力偶。

答案：B

5-6-10 **解答**：各取图（a）、（b）、（c）、（d）中一根梁分析：

图（a）：$\sigma = \dfrac{M}{W} = \dfrac{M}{\frac{1}{6}a^3} = \dfrac{6M}{a^3}$

图 (b)：$\sigma = \dfrac{\dfrac{1}{2}M}{\dfrac{1}{6} \times \dfrac{a}{2} \times a^2} = \dfrac{6M}{a^3}$

图 (c)：$\sigma = \dfrac{\dfrac{1}{3}M}{\dfrac{1}{6} \times \dfrac{a}{3} \times a^2} = \dfrac{6M}{a^3}$

图 (d)：$\sigma = \dfrac{\dfrac{1}{2}M}{\dfrac{1}{6}a \times \left(\dfrac{a}{2}\right)^2} = \dfrac{12M}{a^3}$，最大

答案：D

第七节

5-7-1 **解答**：$\sigma_x = 50\text{MPa}$，$\sigma_y = -50\text{MPa}$，$\tau_x = -30\text{MPa}$，则：

$$\tau_\alpha = \dfrac{\sigma_x - \sigma_y}{2}\sin 2\alpha + \tau_x \cos 2\alpha = \dfrac{50-(-50)}{2}\sin 90° - 30 \times \cos 90° = 50\text{MPa}$$

答案：B

5-7-2 **解答**：图 (a)：$\sigma_{r3} = \sigma_1 - \sigma_3 = 150 - 0 = 150\text{MPa}$

图 (b)：$\sigma_1 = 100\text{MPa}$，$\sigma_2 = 0$，$\sigma_3 = -100\text{MPa}$

$\sigma_{r3} = \sigma_1 - \sigma_3 = 100 - (-100) = 200\text{MPa}$，更危险

答案：B

5-7-3 **解答**：最大切应力所在截面一定不是主平面，其正应力不是主应力，也不一定为零。

答案：D

第八节

5-8-1 **解答**：F 对 A 点产生弯曲拉应力；T 对 A 点产生切应力。

答案：C

5-8-2 **解答**：AB 段：$\sigma_{AB} = \dfrac{F}{ba}$

BC 段：$\sigma_{BC} = \dfrac{F}{2ab} + \dfrac{F\dfrac{a}{2}}{\dfrac{1}{6}b(2a)^2} = \dfrac{F}{2ab} + \dfrac{3F}{4ab} = \dfrac{5F}{4ab}$

答案：B

5-8-3 **解答**：图 (a)：$\sigma_a = \dfrac{F}{3ab} + \dfrac{F \times 0.5a}{\dfrac{1}{6}b \times (3a)^2} = \dfrac{F}{3ab} + \dfrac{F}{3ab} = \dfrac{2F}{3ab}$

图 (b)：$\sigma_b = \dfrac{F}{2ab}$

$$\frac{\sigma_b}{\sigma_a} = \frac{\frac{1}{2}}{\frac{2}{3}} = \frac{3}{4}$$

答案：A

5-8-4 **解答**：F 向形心简化，产生双向弯曲、轴向拉伸。
答案：B

5-8-5 **解答**：有缺口：$\sigma_{\max} = \dfrac{P}{\frac{1}{2}hb} + \dfrac{P \times \frac{h}{4}}{\frac{1}{6}b \times \left(\frac{h}{2}\right)^2} = \dfrac{2P}{bh} + \dfrac{6P}{bh} = \dfrac{8P}{bh}$

无缺口：$\sigma_{\max} = \dfrac{P}{bh}$

答案：C

5-8-6 **解答**：拉扭组合，F 产生的正应力 $\sigma = \dfrac{F}{A} = \dfrac{4F}{\pi d^2}$

T 产生切应力 $\tau = \dfrac{T}{W_p} = \dfrac{16T}{\pi d^3}$

$\sigma_{r3} = \sqrt{\sigma^2 + 4\tau^2} = \sqrt{\left(\dfrac{4F}{\pi d^2}\right)^2 + 4\left(\dfrac{16T}{\pi d^3}\right)^2}$

答案：C

第九节

5-9-1 **解答**：图 (a)：$\mu l = 1 \times 5 = 5\text{m}$；图 (b)：$\mu l = 2 \times 3 = 6\text{m}$
图 (c)：$\mu l = 0.7 \times 6 = 4.2\text{m}$

由 $F_{cr} = \dfrac{\pi^2 EI}{(\mu l)^2}$，可知：$F_{cr,c} > F_{cr,a} > F_{cr,b}$

答案：C

5-9-2 **解答**：图 (a)：$\mu = 0.7$；图 (b)：$\mu = 0.7$
图 (c)：$\mu = 2$；图 (d)：$\mu = 0.5$

由 $F_{cr} = \dfrac{\pi^2 EI}{(\mu l)^2}$，可知：$F_{cr,d}$ 最大。

答案：D

第六章 流体力学

第一节 流体的主要物性与流体静力学

一、流体和连续介质模型

流体力学研究的对象是流体,流体包括液体和气体。而流体力学常见的研究对象是水和空气。流体力学是研究流体的机械运动规律及其应用的科学。

从微观角度来看,流体是由大量的分子构成的,这些分子都在作无规则的热运动。由于分子间是离散的,流体的物理量(如密度、压强和速度等)在空间的分布是不连续的,又由于分子的随机运动,在空间任一点上,流体的物理量随时间的变化也是不连续的,因此,以分子作为流动的基本单元来研究流体的运动将极为困难。从宏观角度,几乎观察不到分子间的空隙。以空气为例,在标准状态下,1cm³所含气体分子就有 2.7×10^{19} 个,分子间的间距从宏观角度来讲已是忽略不计了。因此,对于流体的宏观运动来说,可以把流体视为由无数质点组成的致密的连续体,并认为流体的各物理量的变化随时间和空间也是连续的。这种假设的连续体称为连续介质。把流体视为连续介质,可应用高等数学中的连续函数来表达流体中各种物理量随空间、时间的变化关系。

二、作用在流体上的力

作用在流体上的力,按作用方式的不同,分为两类:表面力和质量力。

1. 表面力

表面力是通过直接接触,作用在所取流体表面上的力,简称面力。如图 6-1-1 所示,A 为隔离体表面上的一点,则 A 点的应力为:

压应力(也称压强) $\quad p_A = \lim\limits_{\Delta A \to 0} \dfrac{\Delta P}{\Delta A}$ \hfill (6-1-1)

切应力 $\quad \tau_A = \lim\limits_{\Delta A \to 0} \dfrac{\Delta T}{\Delta A}$ \hfill (6-1-2)

应力的单位是帕斯卡(简称帕),以符号 Pa 表示,$1\text{Pa} = 1\text{N/m}^2$。

图 6-1-1 表面力

流体的黏性力(亦称黏滞力)属于表面力。

2. 质量力

质量力是作用在所取流体体积内每个质点上的力,由于力的大小与流体的质量成比例,故称质量力。在均质流体中,质量与体积成正比,质量力简称体力。重力是最常见的质量力,惯性力也是质量力。

质量力的大小用单位质量力表示。设均质流体的质量为 m,所受质量力为 $\boldsymbol{F}_B$,则单位质量力为:

$$f_B = \frac{F_B}{m} \qquad (6\text{-}1\text{-}3)$$

在各坐标轴上的分量：

$$X = \frac{F_{Bx}}{m}, \ Y = \frac{F_{By}}{m}, \ Z = \frac{F_{Bz}}{m} \qquad (6\text{-}1\text{-}4)$$

若作用在流体上的质量力，只有重力（图 6-1-2），则：

$$F_{Bx} = 0 \quad F_{By} = 0 \quad F_{Bz} = -mg \qquad (6\text{-}1\text{-}5)$$

单位质量力

$$X = 0, \ Y = 0, \ Z = \frac{-mg}{m} = -g \qquad (6\text{-}1\text{-}6)$$

图 6-1-2 重力

负号表示重力方向与 z 轴的方向相反。单位质量力的单位为"m/s²"，与加速度单位相同。

【例 6-1-1】（历年真题）连续介质假设意味着是：
A. 流体分子相互紧连　　　　B. 流体的物理量是连续函数
C. 流体分子间有间隙　　　　D. 流体不可压缩

【解答】 连续介质假设，则流体的物理量是连续函数，应选 B 项。

【例 6-1-2】（历年真题）重力和黏滞力分别属于：
A. 表面力、质量力　　　　　B. 表面力、表面力
C. 质量力、表面力　　　　　D. 质量力、质量力

【解答】 重力属于质量力、黏滞力属于表面力，应选 C 项。

三、流体的主要物理性质

流体的物理性质是决定流动状态的内在因素，同流体运动有关的主要物理性质是惯性、黏性和压缩性。

1. 惯性

惯性是物体保持原有运动状态的性质，质量是用来度量物体惯性大小的物理量，单位体积的质量称为密度，以符号 ρ 表示，在连续介质假设的前提下，对于均质流体其密度的定义为：

$$\rho = \frac{m}{V} \qquad (6\text{-}1\text{-}7)$$

式中，V 为体积（m³）；m 为质量（kg）；ρ 为密度（kg/m³）。

流体力学中常用到与密度相关的一个组合物理量即重度，其定义是单位体积的重量，以符号 γ 表示，重度与密度的关系为：

$$\gamma = \rho g \qquad (6\text{-}1\text{-}8)$$

式中，g 为地球引力场的加速度（m/s²）；γ 为重度（kN/m³）。

液体的密度随压强和温度的变化很小，一般可视为常数，如水的密度为 1000kg/m³，水银的密度为 136000kg/m³。

气体的密度随压强和温度而变化，一个标准大气压下 0℃空气的密度为 1.29kg/m³。

2. 黏性

观察图 6-1-3 所示两块平行平板，其间充满静止流体，两平板间距离为 h，以 y 方向为法线方向。保持下平板固定不动，使上平板沿所在平面以速度 U 运动。于是"粘附"

于上平板表面的一层流体，随平板以速度 U 运动，并一层一层地向下影响，各层相继运动，直至粘附于下平板的流层速度为零。在 u 和 h 都较小的情况下，各流层的速度沿法线方向呈直线分布。上平板带动粘附在板上的流层运动，而且能影响到内部各流层运动，表明内部各流层之间存在着剪切力，即内摩擦力，这就是黏性的表象。由此得出，黏性是流体的内摩擦特性。

根据牛顿内摩擦定律，拉动上平板保持匀速运动的切向力 T（流体的内摩擦力）与流体的接触面面积 A 和流层的速度梯度 $\left(\dfrac{\mathrm{d}u}{\mathrm{d}y}\right)$ 成正比，则：

图 6-1-3　黏性表象

$$T = \mu A \dfrac{\mathrm{d}u}{\mathrm{d}y} \tag{6-1-9}$$

切向应力 τ 表示上述方程：

$$\tau = \mu \dfrac{\mathrm{d}u}{\mathrm{d}y} \tag{6-1-10}$$

式中，μ 称为流体的动力黏性系数（亦称动力黏滞系数）（Pa·s）。在分析黏性流体运动规律时，还常用运动黏性系数（亦称运动黏滞系数）ν 表示，常用单位 m^2/s，运动黏性系数 ν 为动力黏性系数 μ 与密度 ρ 的比：

$$\nu = \dfrac{\mu}{\rho} \tag{6-1-11}$$

流体的黏性系数随压强变化的影响很小，随温度的变化相对较大。表 6-1-1 是水的黏性系数，表 6-1-2 是空气的黏性系数。

不同温度下水的黏性系数　　　　表 6-1-1

t (℃)	μ 10^{-3} (Pa·s)	ν 10^{-6} (m²/s)	t (℃)	μ 10^{-3} (Pa·s)	ν 10^{-6} (m²/s)
0	1.781	1.785	40	0.653	0.658
5	1.518	1.519	50	0.547	0.553
10	1.307	1.306	60	0.466	0.474
15	1.139	1.139	70	0.404	0.413
20	1.002	1.003	80	0.354	0.364
25	0.890	0.893	90	0.315	0.326
30	0.798	0.800	100	0.282	0.294

不同温度下空气的黏性系数　　　　表 6-1-2

t (℃)	μ 10^{-5} (Pa·s)	ν 10^{-5} (m²/s)	t (℃)	μ 10^{-5} (Pa·s)	ν 10^{-5} (m²/s)
−20	1.61	1.15	40	1.90	1.68
0	1.71	1.32	60	2.00	1.87
10	1.76	1.41	80	2.09	2.09
20	1.81	1.50	100	2.18	2.31
30	1.86	1.60	200	2.58	3.45

由表 6-1-1、表 6-1-2 可知，液体（水）的黏性系数随温度升高而减小，空气的黏性系数随温度升高而增大，其原因是：液体分子间的距离很小，分子间的引力即黏聚力，是形成黏性的主要因素，温度升高，分子间距离增大，黏聚力减小，黏性系数随之减小；气体分子间的距离远大于液体，分子热运动引起的动量交换，是形成黏性的主要因素，温度升高，分子热运动加剧，动量交换加大，黏性系数随之增大。

如图 6-1-3 所示，在距离为 dy 的上、下两流层间取矩形流体微团，该微团上、下层的速度相差 du，经 dt 时间，微团除位移外，还有剪切变形 dγ，则：

$$d\gamma \approx \tan(d\gamma) = \frac{dudt}{dy} \quad 即：$$

$$\frac{du}{dy} = \frac{d\gamma}{dt} \tag{6-1-12}$$

将式（6-1-12）代入式（6-1-10），则：

$$\tau = \mu \frac{d\gamma}{dt} \tag{6-1-13}$$

即流体的切应力与剪切应变率成正比。

凡是符合牛顿内摩擦定律的流体称为牛顿流体，如水、酒精和一般气体。凡 τ 与 $\frac{du}{dy}$ 不成线性关系的流体称为非牛顿流体，如泥浆、血液、油漆、颜料等。本章主要讨论牛顿流体。

此外，为了简化理论分析，引入无黏性流体概念，所谓无黏性流体，是指 $\mu=0$ 的流体。无黏性流体也称理想流体，实际上是不存在的，它只是一种对物性简化的力学模型。

【例 6-1-3】（历年真题）空气的黏滞系数与水的黏滞系数 μ 分别随温度的降低而：
A. 降低、升高　　　　　　　　B. 降低、降低
C. 升高、降低　　　　　　　　D. 升高、升高

【解答】空气的黏滞系数、水的黏滞系数分别随温度的降低而降低、升高，应选 A 项。

【例 6-1-4】（历年真题）半径为 R 的圆管中，横截面上流速分布为 $u=2\left(1-\frac{r^2}{R^2}\right)$，其中 r 表示到圆管轴线的距离，则在 $r_1=0.2R$ 处的黏性切应力与 $r_2=R$ 处的黏性切应力大小之比为：

A. 5　　　　B. 25　　　　C. $\frac{1}{5}$　　　　D. $\frac{1}{25}$

【解答】 $\tau = \mu \dfrac{\mathrm{d}u}{\mathrm{d}y} = \mu \dfrac{\mathrm{d}u}{\mathrm{d}(R-r)} = -\mu \dfrac{\mathrm{d}u}{\mathrm{d}r} = \dfrac{-\mu \times 2 \times (-2r)}{R^2} = \dfrac{4\mu r}{R^2}$

则：$\dfrac{\tau_1}{\tau_2} = \dfrac{r_1}{r_2} = \dfrac{0.2R}{R} = \dfrac{1}{5}$

应选 C 项。

3. 可压缩性与热膨胀性

可压缩性是流体受压，体积缩小，密度增大，除去外力后能恢复原状的性质。可压缩性实际上是流体的弹性。热膨胀性是流体受热，体积膨胀，密度减小，温度下降后能恢复原状的性质。

(1) 流体的可压缩性和热膨胀性

液体的可压缩性用压缩系数来表示，它表示在一定的温度下，体积的相对缩小值与压强的增值之比。若液体的原体积为 V，压强增加 $\mathrm{d}p$ 后，体积减小 $\mathrm{d}V$，压缩系数 κ 为：

$$\kappa = \dfrac{\mathrm{d}V/V}{\mathrm{d}p} = -\dfrac{1}{V}\dfrac{\mathrm{d}V}{\mathrm{d}p} \tag{6-1-14}$$

由于液体受压体积减小，$\mathrm{d}p$ 和 $\mathrm{d}V$ 异号，式中右侧加负号，以使 κ 为正值，其值越大，越容易压缩。κ 的单位是"1/Pa"。

由于增压前后质量无变化，故压缩系数可表示为：

$$\kappa = \dfrac{1}{\rho}\dfrac{\mathrm{d}\rho}{\mathrm{d}p} \tag{6-1-15}$$

液体的热膨胀性用热膨胀系数 α_v 表示，它表示在一定的压强下，体积的相对增加值与温度的增值之比。若液体的原体积为 V，温度增加 $\mathrm{d}T$ 后，体积增加 $\mathrm{d}V$，热膨胀系数为：

$$\alpha_\mathrm{v} = \dfrac{1}{V}\dfrac{\mathrm{d}V}{\mathrm{d}T} = -\dfrac{1}{\rho}\dfrac{\mathrm{d}\rho}{\mathrm{d}T} \tag{6-1-16}$$

α_v 的单位是"1/K"或"1/℃"。

液体的压缩系数和热膨胀系数随压强和温度变化。一般情况下，水的可压缩性和热膨胀性均可忽略不计。

(2) 气体的可压缩性和热膨胀性

气体具有显著的可压缩性和热膨胀性。在一般工程条件下，常用气体（如空气、氮、氧、二氧化碳等）的密度、压缩和温度三者之间的关系，符合理想气体状态方程，即：

$$\dfrac{p}{\rho} = RT \tag{6-1-17}$$

式中，p 为气体的绝对压强（N/m²）；ρ 为气体的密度（kg/m³）；T 为气体的热力学温度（K）；R 为气体常数，在标准状态下，空气的气体常数 $R=287\mathrm{J}/(\mathrm{kg \cdot K})$。

四、流体静力学

1. 流体静压强的特性

静止流体中的静压强具有以下两个特性：

特性一：静压强的方向沿作用面的内法线方向。

这是因为静止流体不能承受剪切力，流体不能承受拉力，因此，静压强的方向只能与作用面的内法线方向一致。

特性二：静压强的大小与作用面方位无关。

2. 等压面

等压面是指压强相等的空间点构成的面（平面或曲面）。

等压面与质量力正交。当质量力只有重力时，等压面是水平面。当除重力之外，还有其他质量力时，等压面是曲面。

静止的同一种连续介质才可能是等压面。

3. 重力作用下流体静压强的分布规律

(1) 流体静力学的基本方程

在一静止流体中，取一截面积为 dA 的柱体（图 6-1-4），自由表面的压强为 p_0，建立直角坐标系 $Oxyz$，z 轴为垂直向上的，在重力作用下，建立竖直方向的力的平衡式：

$$pdA - (p + dp)dA - \rho g dz dA = 0$$

简化后得：

$$dp = -\rho g dz$$

如为均质流体，密度为常数，积分得：

$$p = -\rho g z + c \quad (6\text{-}1\text{-}18)$$

或

$$\frac{p}{\rho g} + z = c \quad (6\text{-}1\text{-}19)$$

由边界条件 $z = z_0$，$p = p_0$，代入式（6-1-18），得：$c = p_0 + \rho g z_0$，再代回式（6-1-18），则：

$$p = p_0 + \rho g (z_0 - z)$$

或

$$p = p_0 + \rho g h \quad (6\text{-}1\text{-}20)$$

图 6-1-4　静止流体中的压强

式（6-1-19）、式（6-1-20）以不同形式表示重力作用下液体静压强的分布规律，均称为液体静力学基本方程式，式中符号定义为：p 为静止液体内某点的压强；p_0 为液体表面压强，对于液面通大气的开口容器，p_0 即为大气压强，并以符号 p_a 表示；h 为该点到液面的距离，称淹没深度；z 为该点在坐标平面以上的高度。

从基本方程可以推出在重力作用下静止流体的如下性质：

1) 静止流体中的压强与水深成线性关系。

2) 静止流体中任意两点的压差仅与它们的垂直距离有关，其值等于两点间单位面积垂直液柱的重量。

3) 静止流体中任意点压强的变化，将等值地传递到其他各点。

(2) 压强的度量

压强的大小，可从不同的基准算起，根据起算基准的不同，压强分为两种：绝对压强和相对压强。

绝对压强是以无气体分子存在的完全真空为基准起算的压强，以符号 p_{abs} 表示。相对压强是以当地大气压为基准起算的压强，以符号 p 表示。绝对压强和相对压强之间，相差一个当地大

图 6-1-5　压强的度量

气压（图 6-1-5）：

$$p = p_{abs} - p_a \tag{6-1-21}$$

大气压随当地高程和气温变化而有所差异，国际上规定标准大气压符号 atm，1atm=101325Pa。此外，工程界为便于计算，采用工程大气压，符号为 at，1at=98000Pa，也有用 1at=0.1MPa。

当绝对压强小于当地大气压（图 6-1-5）时，相对压强便是负值，又称负压，这种状态用真空度来度量。真空度是指绝对压强不足当地大气压的差值，即相对压强的负值，以符号 p_v 表示：

$$p_v = p_a - p_{abs} \tag{6-1-22}$$

工业用的各种压力表，因测量元件处于大气压作用之下，测得的压强是该点的绝对压强超过当地大气压的值，乃是相对压强，故相对压强又称为表压强或计示压强。

【例 6-1-5】（历年真题）图示密闭水箱，已知水深 $h=2m$，自由面上的压强 $p_0=88kN/m^2$，当地大气压强 $p_a=10kN/m^2$，则水箱底部 A 点的绝对压强与相对压强分别为：

A. 107.6kN/m² 和 −6.6kN/m²
B. 107.6kN/m² 和 6.6kN/m²
C. 20.6kN/m² 和 −6.6kN/m²
D. 120.6kN/m² 和 6.6kN/m²

【解答】A 点绝对压强：$p_{abs} = p_0 + \rho g h = 88 + 1 \times 9.8 \times 2 = 107.6$ kPa

A 点相对压强：$p = p_{abs} - p_a = 107.6 - 101 = 6.6$ kPa

应选 B 项。

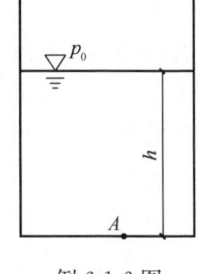

例 6-1-5 图

【例 6-1-6】（历年真题）图示密闭水箱，已知水深 $h=1m$，自由面上的压强 $p_0=90kN/m^2$，当地大气压 $p_a=101kN/m^2$，则水箱底部 A 点的真空度为：

A. −1.2kN/m² B. 9.8kN/m²
C. 1.2kN/m² D. −9.8kN/m²

【解答】真空度：$p_v = p_a - p_{abs}$
$= p_a - (p_0 + \rho g h)$
$= 101 - (90 + 1 \times 9.8 \times 1) = 1.2$ kN/m²

应选 C 项。

例 6-1-6 图

(3) 测压管水头

1) 测压管高度、测压管水头

液体静力学基本方程式 (6-1-19)：

$$z + \frac{p}{\rho g} = c$$

结合图 6-1-6，说明上式中各项的意义。

z 为某点（如 A 点）在基准面以上的高度，可直接量测，称为位置高度或位置水头。它的物理意义是单位重量液体具有的，相对于基准面的重力势能，简称位能。

图 6-1-6 测压管水头

$\dfrac{p}{\rho g}$ 也是可以直接量测的高度。量测的方法是,当测点的绝对压强大于当地大气压时,在该点接一根竖直向上的开口玻璃管,这样的玻璃管称为测压管,液体沿测压管上升的高度为 h_p。按式（6-1-20）：

$$p = \rho g h_p$$

可得：
$$h_p = \dfrac{p}{\rho g}$$

h_p 称为测压管高度或压强水头,其物理意义是单位重量液体具有的压强势能,简称压能。

$z + \dfrac{p}{\rho g}$ 称为测压管水头,是单位重量液体具有的总势能。液体静力学基本方程 $z + \dfrac{p}{\rho g} = c$ 表示静止液体中各点的测压管水头相等,测压管水头线是水平线,其物理意义是静止液体中各点单位重量液体具有的总势能相等。

2) 真空高度

当测点的绝对压强小于当地大气压,即处于真空状态时,$\dfrac{p_v}{\rho g}$ 也是可以直接量测的高度。量测的方法是,在该点接一根竖直向下插入液槽内的开口玻璃管（图 6-1-7）,槽内的液体沿玻璃管上升的高度为 h_v,因玻璃管内液面的压强等于测点的压强：

$$p_{abs} + \rho g h_v = p_a$$

可得：
$$h_v = \dfrac{p_a - p_{abs}}{\rho g} = \dfrac{p_v}{\rho g}$$

图 6-1-7 真空高度

h_v 称为真空高度。

【例 6-1-7】图示用 U 形管水银压差计测量水管 A、B 两点的压强差,已知两测点的高差 $\Delta z = 0.5\text{m}$,压差计的读值 $h_p = 0.2\text{m}$,水银的密度为 13600kg/m^3。则 A、B 两点的压强差（$p_A - p_B$）、测压管水头差是：

A. 19.80kPa、2.52m
B. 19.80kPa、2.72m
C. 20.78kPa、2.52m
D. 20.78kPa、2.72m

【解答】作等压面 1-1：

$$p_A + \rho g(\Delta z + h + h_p) = p_B + \rho g h + \rho_p g h_p$$

压强差：$p_A - p_B = (\rho_p - \rho) g h_p - \rho g \Delta z$
$\qquad\qquad = (13.6 - 1) \times 9.8 \times 0.2 - 1 \times 9.8 \times 0.5$
$\qquad\qquad = 19.80 \text{kPa}$

测压管水头差：$p_A - p_B = (\rho_p - \rho) g h_p - \rho g(z_A - z_B)$

可得：$\left(z_A + \dfrac{p_A}{\rho g}\right) - \left(z_B + \dfrac{p_B}{\rho g}\right) = \dfrac{\rho_p - \rho}{\rho} h_p$

$\qquad = \dfrac{13.6 - 1}{1} \times 0.2 = 2.52\text{m}$

例 6-1-7 图

应选 A 项。

4. 作用在平面上的静力总压力

液体作用在平面上的总压力，计算方法有解析法和图算法。

（1）解析法

设任意形状平面，面积为 A，与水平面夹角为 α（图 6-1-8）。选坐标系，以平面的延伸面与液面的交线为 Ox 轴，Oy 轴垂直于 Ox 轴向下。将平面所在坐标面绕 Oy 轴旋转 $90°$，展现受压平面。

在受压面上，围绕任一点 (h, y) 取微元面积 dA，液体作用在 dA 上的微小压力：

$$dP = \rho g h \, dA = \rho g y \sin\alpha \, dA$$

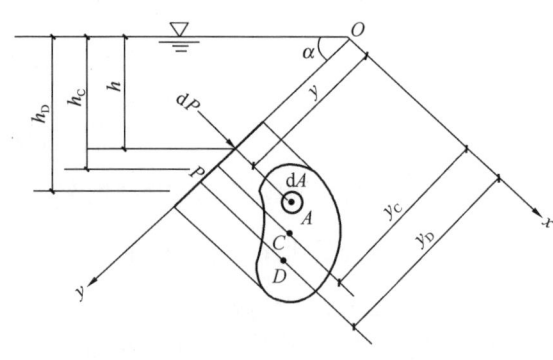

图 6-1-8 平面上总压力（解析）

作用在平面上的静总压力 P 是平行力系的合力：

$$P = \int dP = \rho g \sin\alpha \int_A y \, dA$$

积分 $\int_A y \, dA = y_C A$，为受压面 A 对 Ox 轴的静矩，代入上式，得：

$$P = \rho g \sin\alpha \, y_C A = \rho g h_C A = p_C A \tag{6-1-23}$$

式中，y_C 为受压面形心到 Ox 轴的距离；h_C 为受压面形心点的淹没深度；p_C 为受压面形心点的压强。

式(6-1-23)表明，任意形状平面上，静水总压力的大小等于受压面面积与其形心点的压强的乘积。总压力的方向沿受压面的内法线方向。

总压力作用点（压力中心）D 到 Ox 轴的距离为 y_D，根据合力矩定理：

$$P y_D = \int dP \cdot y = \rho g \sin\alpha \int_A y^2 \, dA$$

积分 $\int_A y^2 \, dA = I_x$，为受压面 A 对 Ox 轴的惯性矩，代入上式，得：

$$P y_D = \rho g \sin\alpha \, I_x$$

将 $P = \rho g \sin\alpha \, y_C A$ 代入上式化简，得：

$$y_D = \frac{I_x}{y_C A}$$

由惯性矩的平行移轴定理，$I_x = I_C + y_C^2 A$，代入上式，得：

$$y_D = y_C + \frac{I_C}{y_C A} \tag{6-1-24}$$

式中，y_D 为总压力作用点到 Ox 轴的距离；I_C 为受压面对平行 Ox 轴的形心轴的惯性矩。

式(6-1-24)中 $\frac{I_C}{y_C A} > 0$，故 $y_D > y_C$，即总压力作用点 D 一般在受压面形心 C 之下，这是由于压强沿淹没深度增加的结果。随着受压面淹没深度的增加，y_C 增大，$\frac{I_C}{y_C A}$ 减小，总压力作用点则靠近受压面形心。

（2）图算法

压强分布图是在受压面承压的一侧，以一定比例尺的矢量线段，表示压强大小和方向的图形，是液体静压强分布规律的几何图示。对于通大气的开敞容器，液体的相对压强 $p = \rho g h$，沿水深直线分布，只要把上、下两点的压强用线段绘出，中间以直线相连，就得到相对压强分布图，如图 6-1-9 所示。

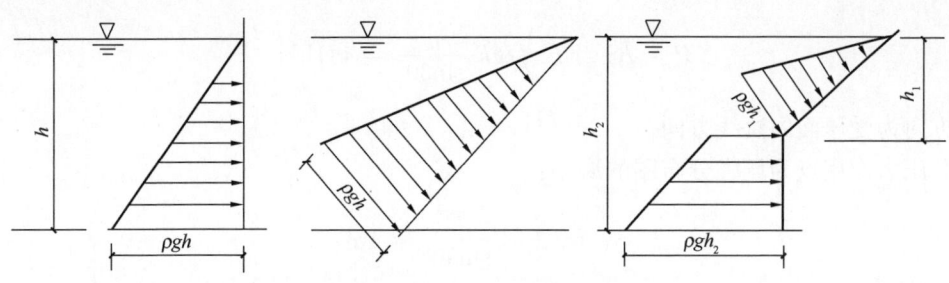

图 6-1-9　平板压强分布图

图算法的步骤是：先绘出压强分布图，总压力的大小等于压强分布图的面积 S，乘以受压面的宽度 b，即：

$$P = bS \tag{6-1-25}$$

总压力的作用线通过压强分布图的形心，作用线与受压面的交点，就是总压力的作用点。

【**例 6-1-8**】如图（a）所示，矩形平板一侧挡水，与水平面夹角 $\alpha=30°$，平板上边与水面齐平，水深 $h=3\text{m}$，平板宽 $b=5\text{m}$。则作用在平板上的静水总压力 P、作用点位置 y_D 为：

A. 220kN，4m　　　B. 362kN，6m　　　C. 441kN，4m　　　D. 532kN，6m

 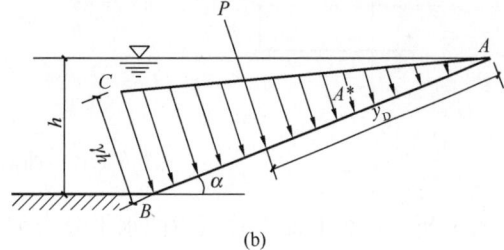

例 6-1-8 图

【**解答**】（1）解析法

总压力的大小按式（6-1-23）：

$$P = p_c A = \rho g h_c A = \rho g \frac{h}{2} b \frac{h}{\sin\alpha} = \rho g b h^2 = 1000 \times 9.8 \times 5 \times 3^2 = 441\text{kN}$$

方向为受压面内法线方向。

作用点按式（6-1-24）：

$$y_D = y_C + \frac{I_C}{y_C A} = \frac{l}{2} + \frac{\frac{bl^3}{12}}{\frac{l}{2} \times bl} = \frac{2}{3}l = \frac{2}{3} \times \frac{3}{\sin 30°} = 4\text{m}$$

应选 C 项。

（2）图算法

绘出压强分布图 ABC，如图（b）所示，作用力的大小：

$$P = bS = b\frac{1}{2}\rho g h \frac{h}{\sin 30°} = 441\text{kN}$$

方向为受压面内法线方向。

总压力作用点为压强分布图的形心：

$$y_D = \frac{2}{3} \times \frac{h}{\sin 30°} = 4\text{m}$$

5. 作用在曲面上的总压力

设二向曲面 $\overset{\frown}{AB}$（柱面），母线垂直于图面，曲面的面积为 A，一侧承压。选坐标系，令 xOy 平面与液面重合，Oz 轴向下，如图 6-1-10（a）所示。

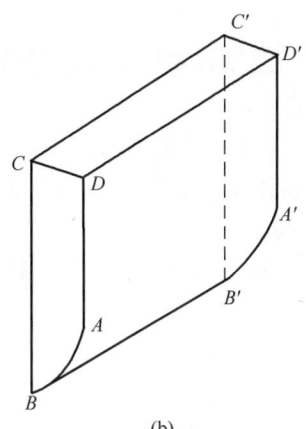

图 6-1-10　曲面上的总压力

经分析，可得曲面上总压力的水平分力 P_x 为：

$$P_x = \rho g h_C A_x = p_C A_x \tag{6-1-26}$$

式中，A_x 为曲面的铅垂投影面积；h_C 为投影面 A_x 形心点的淹没深度；p_C 为投影面 A_x 形心点的压强。

式（6-1-26）表明，液体作用在曲面上总压力的水平分力，等于作用在该曲面的铅垂投影面上的压力。

曲面上总压力的铅垂分力 P_z 为：

$$P_z = \int dP_z = \rho g \int_{A_z} h dA_z = \rho g V \tag{6-1-27}$$

$\int_{A_z} h dA_z = V$ 是曲面到自由液面（或自由液面延伸面）之间的铅垂柱体（图中 $ABCDA'B'$

$C'D'$ 的体积)——压力体的体积。式 (6-1-27) 表明，液体作用在曲面上总压力的铅垂分力等于压力体的重量。

液体作用在二向曲面的总压力是平面汇交力系的合力：

$$P = \sqrt{P_x^2 + P_z^2} \tag{6-1-28}$$

总压力作用线与水平面夹角：

$$\theta = \arctan \frac{P_z}{P_x} \tag{6-1-29}$$

【例 6-1-9】（历年真题）图示水下有一半径为 $R=0.1\mathrm{m}$ 的半球形侧盖，球心至水面距离 $H=5\mathrm{m}$，作用于半球盖上水平方向的静水压力是：

A. 0.98kN　　　　　　B. 1.96kN

C. 0.77kN　　　　　　D. 1.54kN

例 6-1-9 图

【解答】$P_x = p_c A_x = 1 \times 9.8 \times 5 \times \pi \times 0.1^2 = 1.54\mathrm{kN}$
应选 D 项。

习　题

6-1-1　（历年真题）按连续介质概念，流体质点是：

A. 几何的点

B. 流体的分子

C. 流体内的固体颗粒

D. 几何尺寸在宏观上同流动特征尺度相比是微小量，又含有大量分子的微元体

6-1-2　（历年真题）图示设 A、B 两处液体的密度分别为 ρ_A 与 ρ_B，由 U 形管连接，已知水银密度为 ρ_m，1、2 面的高度差为 Δh，它们与 A、B 中心点的高度差分别是 h_1 与 h_2，则 AB 两中心点的压强差 $p_A - p_B$ 为：

A. $(-h_1\rho_A + h_2\rho_B + \Delta h \rho_m)g$

B. $(h_1\rho_A - h_2\rho_B - \Delta h \rho_m)g$

C. $[-h_1\rho_A + h_2\rho_B + \Delta h(\rho_m - \rho_A)]g$

D. $[h_1\rho_A - h_2\rho_B - \Delta h(\rho_m - \rho_A)]g$

题 6-1-2 图

6-1-3　（历年真题）标准大气压时的自由液面下 1m 处的绝对压强为：

A. 0.11MPa　　B. 0.12MPa　　C. 0.15MPa　　D. 2.0MPa

6-1-4　（历年真题）压力表测出的压强是：

A. 绝对压强　　B. 真空压强　　C. 相对压强　　D. 实际压强

6-1-5　（历年真题）静止流体能否承受切应力？

A. 不能承受　　　　　　　　B. 可以承受

C. 能承受很小的　　　　　　D. 具有黏性可以承受

6-1-6　（历年真题）图示，在上部为气体下部为水的封闭容器上有 U 形水银测压计，其中 1、2、3 点位于同一平面上，其压强的关系为：

423

A. $p_1<p_2<p_3$ B. $p_1>p_2>p_3$
C. $p_2<p_1<p_3$ D. $p_2=p_1=p_3$

6-1-7 （历年真题）盛水容器形状如图所示，已知 $h_1=0.9\mathrm{m}$，$h_2=0.4\mathrm{m}$，$h_3=1.1\mathrm{m}$，$h_4=0.75\mathrm{m}$，$h_5=1.33\mathrm{m}$，则下列各点的相对压强是：

题 6-1-6 图　　　　　　　题 6-1-7 图

A. $p_1=0$，$p_2=4.90\mathrm{kPa}$，$p_3=-1.96\mathrm{kPa}$，$p_4=-1.96\mathrm{kPa}$，$p_5=-7.64\mathrm{kPa}$
B. $p_1=-4.90\mathrm{kPa}$，$p_2=0$，$p_3=-6.86\mathrm{kPa}$，$p_4=-6.86\mathrm{kPa}$，$p_5=-19.4\mathrm{kPa}$
C. $p_1=1.96\mathrm{kPa}$，$p_2=6.86\mathrm{kPa}$，$p_3=0$，$p_4=0$，$p_5=-5.68\mathrm{kPa}$
D. $p_1=7.64\mathrm{kPa}$，$p_2=12.54\mathrm{kPa}$，$p_3=5.68\mathrm{kPa}$，$p_4=5.68\mathrm{kPa}$，$p_5=0$

第二节　流体动力学基础

一、流体运动的描述方法

流体运动学研究流体的运动规律，包括描述流体运动的方法，质点速度、加速度的变化及其所遵循的规律。流体与固体不同，流体运动是由无数质点构成的连续介质的流动。描述流体运动有两种方法：拉格朗日法和欧拉法。

1. 拉格朗日法

拉格朗日法把流体的运动，看作是无数个质点运动的总和，以个别质点作为观察对象加以描述，将各个质点的运动汇总起来，就得到整个流动。

拉格朗日法为识别所指定的质点，用起始时刻的坐标（a、b、c）作为该质点的标志，其位移就是起始坐标和时间变量的连续函数：

$$\left.\begin{array}{l}x=x(a,b,c,t)\\y=y(a,b,c,t)\\z=z(a,b,c,t)\end{array}\right\} \tag{6-2-1}$$

式中，a、b、c、t 称为拉格朗日变数。

当研究某一指定的流体质点时，起始坐标 a、b、c 是常数，式（6-2-1）所表达的是该质点的运动轨迹。将式（6-2-1）对时间求一阶和二阶偏导数，在求导过程中 a、b、c 视为常数，便得该质点的速度和加速度：

速度
$$\left.\begin{aligned} u_x &= \frac{\partial x}{\partial t} = \frac{\partial x(a、b、c、t)}{\partial t} \\ u_y &= \frac{\partial y}{\partial t} = \frac{\partial y(a、b、c、t)}{\partial t} \\ u_z &= \frac{\partial z}{\partial t} = \frac{\partial z(a、b、c、t)}{\partial t} \end{aligned}\right\} \quad (6\text{-}2\text{-}2)$$

加速度
$$\left.\begin{aligned} a_x &= \frac{\partial u_x}{\partial t} = \frac{\partial^2 x}{\partial t^2} \\ a_y &= \frac{\partial u_y}{\partial t} = \frac{\partial^2 y}{\partial t^2} \\ a_z &= \frac{\partial u_z}{\partial t} = \frac{\partial^2 z}{\partial t^2} \end{aligned}\right\} \quad (6\text{-}2\text{-}3)$$

拉格朗日法物理概念清晰,但是,由于流体质点的运动轨迹极其复杂,应用这种方法描述流体运动,在数学上存在困难,在实用上也不需要了解质点运动的全过程。所以,除个别的流动,都应用欧拉法描述。

2. 欧拉法

欧拉法是以流动的空间作为观察对象,观察不同时刻各空间点上流体质点的运动参数,将各时刻的情况汇总起来,就描述了整个流动。

由于欧拉法以流动空间作为观察对象,每时刻各空间点都有确定的物理量,这样的空间区域称为流场,包括速度场、压强场、密度场等。速度场表示为:

$$\vec{u} = \vec{u}(x、y、z、t) \quad (6\text{-}2\text{-}4)$$

$$\left.\begin{aligned} u_x &= u_x(x、y、z、t) \\ u_y &= u_y(x、y、z、t) \\ u_z &= u_z(x、y、z、t) \end{aligned}\right\} \quad (6\text{-}2\text{-}5)$$

式中,空间坐标 x、y、z 和时间变量 t 称为欧拉变数。

求质点的加速度,就要跟踪观察这个质点沿程速度的变化,这样一来,速度表达式 $\vec{u} = \vec{u}(x,y,z,t)$ 中的坐标 $x、y、z$ 是质点运动轨迹上的空间点坐标,不能视为常数,而是时间 t 的函数,即 $x = x(t)$、$y = y(t)$、$z = z(t)$。因此,加速度需按复合函数求导法则导出:

$$\begin{aligned} \vec{a} &= \frac{\mathrm{d}\vec{u}}{\mathrm{d}t} = \frac{\partial \vec{u}}{\partial t} + \frac{\partial \vec{u}}{\partial x}\frac{\mathrm{d}x}{\mathrm{d}t} + \frac{\partial \vec{u}}{\partial y}\frac{\mathrm{d}y}{\mathrm{d}t} + \frac{\partial \vec{u}}{\partial z}\frac{\mathrm{d}z}{\mathrm{d}t} \\ &= \frac{\partial \vec{u}}{\partial t} + u_x\frac{\partial \vec{u}}{\partial x} + u_y\frac{\partial \vec{u}}{\partial y} + u_z\frac{\partial \vec{u}}{\partial z} \end{aligned} \quad (6\text{-}2\text{-}6)$$

分量形式:

$$\left.\begin{aligned} a_x &= \frac{\partial u_x}{\partial t} + u_x\frac{\partial u_x}{\partial x} + u_y\frac{\partial u_x}{\partial y} + u_z\frac{\partial u_x}{\partial z} \\ a_y &= \frac{\partial u_y}{\partial t} + u_x\frac{\partial u_y}{\partial x} + u_y\frac{\partial u_y}{\partial y} + u_z\frac{\partial u_y}{\partial z} \\ a_z &= \frac{\partial u_z}{\partial t} + u_x\frac{\partial u_z}{\partial x} + u_y\frac{\partial u_z}{\partial y} + u_z\frac{\partial u_z}{\partial z} \end{aligned}\right\} \quad (6\text{-}2\text{-}7)$$

式中加速度的第一项是指同一空间点由于时间的变化而形成的加速度，此项称为当地加速度或时变加速度。加速度的后三项，是固定时间由于空间点的变化而形成的加速度，称为迁移加速度或位变加速度。所以，欧拉法表示的加速度是当地加速度与迁移加速度之和。

二、流体运动的分类

1. 恒定流与非恒定流

在流场中，任意空间位置上运动参数都不随时间而改变，即对时间的偏导数等于零，如 $\frac{\partial u}{\partial t}=0$，$\frac{\partial p}{\partial t}=0$ 等，这种流动称为恒定流；反之，称为非恒定流。在恒定流中，流速等运动参数仅是位置坐标的函数，所以不存在当地加速度。

2. 均匀流与非均匀流

在任何时刻，流体质点的流速不随空间位置的变化而变，或质点的迁移加速度为零，这种流场称为均匀流；反之，称为非均匀流。

三、流体运动的基本概念

1. 流线与迹线

（1）流线

流线是速度场的矢量线，它是某一确定时刻，在速度场中绘出的空间曲线，线上所有质点在该时刻的速度矢量都与曲线相切（图 6-2-1）。流线的性质是：在一般情况下不相交，否则位于交点的流体质点，在同一时刻就有与两条流线相切的两个速度矢量，这是不可能的；流线不能是折线，而是光滑的曲线或直线。流线只在一些特殊点相交，如速度为零的点（图 6-2-2 中 A 点），通常称为驻点；速度无穷大的点，通常称为奇点；流线相切点（图 6-2-2 中 B 点）。

图 6-2-1 某时刻流线图

图 6-2-2 驻点和相切点

由于流场中每一点都可以绘一条光滑的流线，这样在整个流场中绘制出流线簇后，流体的运动状况就一目了然了。某点流速的方向便是流线在该点的切线方向。流速的大小可以由流线的疏密程度反映出来，流线越密处流速越大，流线越稀疏处流速越小。

恒定流因各空间点上速度矢量不随时间变化，所以流线的形状和位置不随时间变化，非恒定流一般来说流线随时间变化。均匀流质点的迁移加速度为零，速度矢量不随位移变化，在这样的流场中，流线是相互平行的直线。

设某时刻在流线上任一点 $M(x, y, z)$ 附近取微元线段矢量 $\vec{ds}$，其坐标轴方向的分量为 dx、dy、dz，根据流线的定义，过该点的速度矢量 $\vec{u}$ 与 $\vec{ds}$ 共线，满足：

$$\vec{ds} \times \vec{u} = 0$$

由上式可得流线微分方程：

$$\frac{dx}{u_x} = \frac{dy}{u_y} = \frac{dz}{u_z} \tag{6-2-8}$$

(2) 迹线

流体质点在某一时段的运动轨迹称为迹线，因此，迹线是与拉格朗日法相对应的。

流线和迹线是两个不同的概念。迹线是由一个流体质点构成的，而流线是由无穷多个流体质点组成的。在一般情况下，流线与迹线是不重合的。只有当恒定流的情况下，由于流体的流速与时间无关，流场中的流线恒定不变，流体质点将沿着流线运动，因此，流体质点的运动轨迹与流线相重合。

【例 6-2-1】（历年真题）对某一非恒定流，以下对于流线和迹线的正确说法是：

A. 流线和迹线重合

B. 流线越密集，流速越小

C. 流线曲线上任意一点的速度矢量都与曲线相切

D. 流线可能存在折弯

【解答】 对于非恒定流及恒定流，流线曲线上任意一点的速度矢量都与曲线相切，应选 C 项。

【例 6-2-2】（历年真题）关于流线，下列说法错误的是：

A. 流线不能相交

B. 流线可以是一条直线，也可以是光滑的曲线，但不可能是折线

C. 在恒定流中，流线与迹线重合

D. 流线表示不同时刻的流动趋势

【解答】 流线表示同一时刻的流动趋势，D 项错误，应选 D 项。

2. 流管、过流断面和总流

(1) 流管

在流场中任取不与流线重合的封闭曲线，过曲线上各点作流线，所构成的管状表面称为流管。充满流体的流管称为流束（图 6-2-3）。因为流线不能相交，故流体不能由流管壁出入。

(2) 过流断面

在流束上作出的与流线正交的横断面是过流断面，也称过水断面。过流断面不都是平面，只有在流线相互平行的均匀流段，过流断面才是平面（图 6-2-4）。

图 6-2-3 流束

图 6-2-4 过流断面

(3) 元流和总流

元流是过流断面无限小的流束，几何特征与流线相同。由于元流的过流断面无限小，断面上各点的流动参数如 z（位置高度）、$\vec{u}$（流速）、p（压强）均相同。

总流是由无数元流构成的，断面上各点的流动参数一般情况下不相同。

3. 流量、断面平均流速

（1）流量

单位时间通过某一过流断面的流体体积或质量称为该断面的流量，流量一般分为体积流量和质量流量。如以 dA 表示过流断面的微元面积，u 表示该微元上速度，则流量 Q 为：

体积流量
$$Q = \int_A u dA \ (\text{m}^3/\text{s})$$

质量流量
$$Q_m = \int_A \rho u dA \ (\text{kg/s})$$

对于不可压缩流体，密度 ρ 为常数，则：

$$Q_m = \rho Q$$

（2）断面平均流速

总流的过流断面上各点流速 u 一般是不相等的，以管流为例，管壁附近流速较小，轴线处的流速最大。为了便于分析、计算，常用平均流速表示，平均流速 v 定义为：

$$Q = \int_A u dA = vA$$

或

$$v = \frac{Q}{A} \tag{6-2-9}$$

四、恒定总流连续性方程

1. 连续性微分方程

因流体被视为连续介质，若在流场中任意划定一个封闭曲面，在某一给定时段中流入封闭曲面的流体质量与流出的流体质量之差应等于该封闭曲面内因密度变化而引起的质量总变化，即流动必须遵循质量守恒定律。上述结果的数学表达式即为流体运动的连续性方程。

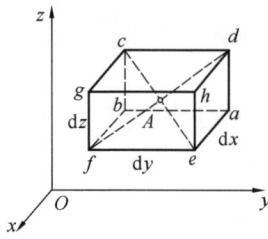

图 6-2-5 微分平行六面体

设想在流场中取一空间微分平行六面体（图 6-2-5），六面体的边长为 dx、dy、dz，其形心为 $A(x,y,z)$，A 点的流速在各坐标轴的投影为 u_x、u_y、u_z，A 点的密度为 ρ。

分析得到，经过 dt 时段后六面体因密度变化所引起的总的质量变化为 $\frac{\partial \rho}{\partial t}dxdydzdt$。在同一时段内，流进与流出六面体总的流体质量的差值应与六面体内因密度变化所引起的总的质量变化相等，即：

$$-\left[\frac{\partial(\rho u_x)}{\partial x} + \frac{\partial(\rho u_y)}{\partial y} + \frac{\partial(\rho u_z)}{\partial z}\right]dxdydzdt = \frac{\partial \rho}{\partial t}dxdydzdt$$

等式两边同除以 $dxdydzdt$，整理可得：

$$\frac{\partial \rho}{\partial t} + \left[\frac{\partial(\rho u_x)}{\partial x} + \frac{\partial(\rho u_y)}{\partial y} + \frac{\partial(\rho u_z)}{\partial z}\right] = 0 \tag{6-2-10}$$

式（6-2-10）就是可压缩流体非恒定流的连续性微分方程。它表达了任何可实现的流体运动所必须满足的连续性条件。其物理意义是，流体在单位时间流经单位体积空间时，流出与流入的质量差与其内部质量变化的代数和为零。

对不可压缩均质流体 $\rho=$常数，式（6-2-10）简化为：

$$\frac{\partial u_x}{\partial x}+\frac{\partial u_y}{\partial y}+\frac{\partial u_z}{\partial z}=0 \qquad (6\text{-}2\text{-}11)$$

式（6-2-11）即为不可压缩均质流体的连续性微分方程。它表明，对于不可压缩的流体，单位时间流经单位体积空间时，流出和流入的流体体积之差等于零，即流体体积守恒。

对不可压缩流体二元流，连续性微分方程可写为：

$$\frac{\partial u_x}{\partial x}+\frac{\partial u_y}{\partial y}=0 \qquad (6\text{-}2\text{-}12)$$

连续性微分方程中没有涉及任何力，描述的是流体运动学规律。它对理想流体与实际流体、恒定流与非恒定流、均匀流与非均匀流、渐变流与急变流、有压流与无压流等都适用。

【例 6-2-3】（历年真题）下列不可压缩二维流动中，满足连续方程的是：

A. $u_x=2x$，$u_y=2y$　　　　　　B. $u_x=0$，$u_y=2xy$
C. $u_x=5x$，$u_y=-5y$　　　　　D. $u_x=2xy$，$u_y=-2xy$

【解答】验证法，对于 C 项：
$\dfrac{\partial u_x}{\partial x}+\dfrac{\partial u_y}{\partial y}=5-5=0$，满足，应选 C 项。

2. 恒定总流连续性方程

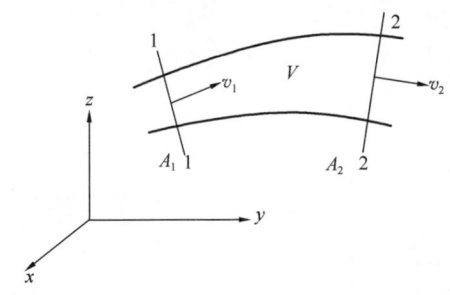

图 6-2-6　恒定总流的连续性方程

在恒定总流中，任取一段作为分析对象，其进口过流断面面积为 A_1，平均流速为 v_1；出口过流断面面积为 A_2，平均流速为 v_2，见图6-2-6。在恒定流的情况下，被分析的总流段中，根据质量守恒定律，其质量不随时间变化，因此，单位时间内流入进口断面的质量等于流出出口断面的质量，则：

$$Q_m=\rho_1 v_1 A_1=\rho_2 v_2 A_2 \qquad (6\text{-}2\text{-}13)$$

如将流体视为不可压缩的，密度为常数，则上式可简化为：

$$v_1 A_1=v_2 A_2=\text{常数} \qquad (6\text{-}2\text{-}14)$$

式（6-2-14）为流体恒定总流的连续性方程。它表明，在不可压缩的流体运动中，平均流速与过流面积成反比。

【例 6-2-4】（历年真题）图示汇流水管，已知三部分水管的横截面积分别为 $A_1=0.01\text{m}^2$，$A_2=0.005\text{m}^2$，$A_3=0.01\text{m}^2$，入流速度 $v_1=4\text{m/s}$，$v_2=6\text{m/s}$，求出流的流速 v_3 为：

A. 8m/s　　　　B. 6m/s
C. 7m/s　　　　D. 5m/s

例 6-2-4 图

【解答】 根据连续性方程：
$$v_1 A_1 + v_2 A_2 = v_3 A_3$$

则：
$$v_3 = \frac{0.01 \times 4 + 0.005 \times 6}{0.01} = 7\mathrm{m/s}$$

应选 C 项。

五、恒定总流能量方程

1. 理想流体恒定元流能量方程

在流场中，沿流向取一长度为 ds、过流断面积为 dA 的微小元流段，如图 6-2-7 所示。作用在流向 s 的外力有：进口断面的压力 $p\mathrm{d}A$，出口断面的压力 $(p+\mathrm{d}p)\mathrm{d}A$，作用在元流段的重力在流向的分力 $\mathrm{d}G\cos\alpha$，对于理想流体，作用在元流侧表面的切应力为零。在流向 s 应用牛顿第二定律，则：

$$p\mathrm{d}A - (p+\mathrm{d}p)\mathrm{d}A - \mathrm{d}G\cos\alpha = \mathrm{d}m \cdot \frac{\mathrm{d}u}{\mathrm{d}t}$$

图 6-2-7 元流段

式中，$\mathrm{d}m = \rho \mathrm{d}A\mathrm{d}s$ 为元流段质量，$\mathrm{d}G = \rho g \mathrm{d}A \mathrm{d}s$ 为元流段重量，根据图 6-2-7 中几何关系有 $\cos\alpha = \frac{\mathrm{d}z}{\mathrm{d}s}$。将 $\mathrm{d}m$、$\mathrm{d}G$、$\cos\alpha$ 关系式代入上式，化简整理，并考虑到 $\frac{\mathrm{d}s}{\mathrm{d}t} = u$，$u\mathrm{d}u = \mathrm{d}\left(\frac{u^2}{2}\right)$，得：

$$\mathrm{d}z + \frac{1}{\rho g}\mathrm{d}p + \frac{1}{g}\mathrm{d}\left(\frac{u^2}{2}\right) = 0$$

对于不可压缩流体，ρ=常数，故上式可写成：

$$\mathrm{d}\left(z + \frac{p}{\rho g} + \frac{u^2}{2g}\right) = 0$$

积分上式得：

$$z + \frac{p}{\rho g} + \frac{u^2}{2g} = C \tag{6-2-15}$$

对同一流线上的任意两点 1、2，则：

$$z_1 + \frac{p_1}{\rho g} + \frac{u_1^2}{2g} = z_2 + \frac{p_2}{\rho g} + \frac{u_2^2}{2g}$$

或

$$z_1 + \frac{p_1}{\gamma} + \frac{u_1^2}{2g} = z_2 + \frac{p_2}{\gamma} + \frac{u_2^2}{2g} \tag{6-2-16}$$

式中，$\gamma = \rho g$，为单位体积流体的重量。

式（6-2-16）为单位重量不可压缩理想流体恒定元流的能量方程。它反映恒定流中沿流各断面的能量关系，如将压力也作为能量的概念，则：元流各断面的位能 z、压能 $\frac{p}{\gamma}$ 和动能 $\frac{u^2}{2g}$ 之和保持常数。因此，在恒定流中能量是守恒的并可相互转换的。

对于实际流体，流体在流动中由于黏性的存在而产生能量损失。设 h'_w 为单位重量流体由断面 1-1 运动至断面 2-2 的能量损失，则单位重量不可压缩实际流体恒定元流的能量方程改写为：

$$z_1 + \frac{p_1}{\gamma} + \frac{u_1^2}{2g} = z_2 + \frac{p_2}{\gamma} + \frac{u_2^2}{2g} + h'_w \tag{6-2-17}$$

利用理想流体元流能量方程原理，可设计制造出测量流体某处流速 u 的仪器，即常用的毕托管。如图 6-2-8 所示，在该点放置一根两端开口、前端弯转 $90°$ 的细管，使前端管口正对来流方向，另一端垂直向上，此管称为测速管。来流在 A 点受测速管的阻滞速度为零，动能全部转化为压能，测速管中液面升高 $\frac{p'}{\rho g}$。另在 A 点上游的同一流线上取相距很近的 O 点，因这两点相距很近，O 点的速度 u、压强 p 实际上等于放置测速管以前 A 点的速度和压强，应用理想流体恒定元流能量方程：

图 6-2-8 点流速的测量

$$z + \frac{p}{\rho g} + \frac{u^2}{2g} = z + \frac{p'}{\rho g}$$

可得：

$$\frac{u^2}{2g} = \frac{p'}{\rho g} - \frac{p}{\rho g} = h_u$$

式中，O 点的压强水头由另一根测压管量测，于是测速管和测压管中液面的高度差 h_u 就是 A 点的流速水头，该点的流速：

$$u = \sqrt{2g \frac{p' - p}{\rho g}} = \sqrt{2g h_u}$$

2. 渐变流及其性质

在推导总流的能量方程之前，作为方程的导出条件，将前述非均匀流按非均匀程度的不同分为渐变流和急变流。流体质点的迁移加速度很小，或者说流线近于平行直线的流动定义为渐变流，否则，称为急变流（图 6-2-9）。

图 6-2-9 渐变流和急变流

显然，渐变流是均匀流的宽延，故均匀流的性质对于渐变流都近似成立。主要是：

（1）渐变流的过流断面近于平面，面上各点的速度方向近于平行。

（2）渐变流过流断面上的动压强与静压强的分布规律相同，即：

$$z + \frac{p}{\rho g} = c$$

由定义可知，渐变流没有准确的界定标准，流动是否按渐变流处理，以所得结果能否满足工程要求的精度而定。

3. 恒定总流的能量方程

设一恒定总流，过流断面 1-1、2-2 为渐变流断面，断面面积分别为 A_1、A_2。在总流中任取一元流，其过流断面的微元面积、位置高度、压强和流速分别为 dA_1、z_1、p_1、u_1；dA_2、z_2、p_2、u_2，见图 6-2-10。根据总流的定义，对式（6-2-17）分别在过流断面 1-

图 6-2-10 总流的能量方程

1、2-2 上进行积分就可得到恒定总流的能量方程：

$$\int_{A_1}\left(z_1+\frac{p_1}{\rho g}\right)\rho g u_1 \mathrm{d}A_1 + \int_{A_1}\frac{u_1^2}{2g}\rho g u_1 \mathrm{d}A_1$$
$$=\int_{A_2}\left(z_2+\frac{p_2}{\rho g}\right)\rho g u_2 \mathrm{d}A_2 + \int_{A_2}\frac{u_2^2}{2g}\rho g u_2 \mathrm{d}A_2 + \int_Q h'_w \rho g \mathrm{d}Q \qquad (6\text{-}2\text{-}18)$$

分别确定式中三种类型的积分：

(1) 势能积分 $\int_A \left(z+\dfrac{p}{\rho g}\right)\rho g u \mathrm{d}A$

因所取过流断面是渐变流断面，面上各点单位重量流体的总势能相等，$z+\dfrac{p}{\rho g}=c$，于是：

$$\int_A \left(z+\frac{p}{\rho g}\right)\rho g u \mathrm{d}A = \left(z+\frac{p}{\rho g}\right)\rho g Q$$

(2) 动能积分 $\int_A \dfrac{u^2}{2g}\rho g u \mathrm{d}A = \int_A \dfrac{u^3}{2g}\rho g \mathrm{d}A$

面上各点的速度 u 不同，引入修正系数，积分按断面平均流速 v 计算，则：

$$\int_A \frac{u^3}{2g}\rho g \mathrm{d}A = \frac{\alpha v^2}{2g}\rho g Q$$

式中，α 为修正以断面平均流速计算的动能，与实际动能的差值而引入的修正系数，称为动能修正系数：

$$\alpha = \frac{\int_A \dfrac{u^3}{2g}\rho g \mathrm{d}A}{\int_A \dfrac{v^3}{2g}\rho g \mathrm{d}A} = \frac{\int_A u^3 \mathrm{d}A}{v^3 A}$$

α 值取决于过流断面上速度的分布情况，分布较均匀的流动 $\alpha=1.05\sim1.10$，通常取 $\alpha=1.0$。

(3) 水头损失积分 $\int_Q h'_w \rho g \mathrm{d}Q$

积分 $\int_Q h'_w \rho g \mathrm{d}Q$ 是总流由 1-1 至 2-2 断面的机械能损失。现在定义 h_w 为总流单位重量流体由 1-1 至 2-2 断面的平均机械能损失，称为总流的水头损失，则：

$$\int_Q h'_w \rho g \mathrm{d}Q = h_w \rho g Q$$

将上面三部分结果代入式（6-2-18）：

$$\left(z_1+\frac{p_1}{\rho g}\right)\rho g Q_1 + \alpha_1 \frac{v_1^2}{2g}\rho g Q_1 = \left(z_2+\frac{p_2}{\rho g}\right)\rho g Q_2 + \alpha_2 \frac{v_2^2}{2g}\rho g Q_2 + h_w \rho g Q$$

由于两断面间无分流及汇流，$Q_1 = Q_2 = Q$，整理得：

$$z_1+\frac{p_1}{\rho g}+\alpha_1\frac{v_1^2}{2g} = z_2+\frac{p_2}{\rho g}+\alpha_2\frac{v_2^2}{2g}+h_w \tag{6-2-19}$$

式 (6-2-19) 为实际流体恒定总流的能量方程。将元流的能量方程推广为总流的能量，其中引入了一些限制条件，也是恒定总流能量方程的适用条件，包括：恒定流、质量力仅为重力、不可压缩流体以及所取的断面为渐变流断面和断面间无分流和汇流以及能量的输入和输出。

总流的能量方程是断面间平均能量的关系，在流动过程中会互相转变，下面分别分析各项的物理意义和几何意义：

式中，z 为总流过流断面上单位重量流体的位能、位置高度或位置水头；$\frac{p}{\rho g}$ 为总流过流断面上单位重量流体的压能或压强水头；$z+\frac{p}{\rho g}$ 为总流过流断面上单位重量流体的平均势能、测压管水头；$\frac{\alpha v^2}{2g}$ 为总流过流断面上单位重量流体的平均动能、平均流速高度或速度水头；h_w 为总流两断面间单位重量流体平均的机械能损失；$z+\frac{p}{\rho g}+\alpha\frac{v^2}{2g}$ 为总流过流断面上的单位重量流体的平均机械能。

4. 能量方程的应用

能量方程是流体力学中最主要的方程之一，它与连续性方程联立，可计算总流断面的压强和流速。在应用能量方程时，必须注意以下几点：

(1) 选好过流断面。所取断面须符合渐变流或均匀流条件。

(2) 基准面的选择。基准面可以任意选择，但在同一个能量方程中只能采用同一个基准面。基准面的选择要便于问题的求解，如以通过管道出口断面中心的平面作为基准面，则出口断面的 $z=0$，这样可以简化能量方程。

(3) 能量方程中压强可以用相对压强，也可以用绝对压强，但对同一问题必须采用相同的标准。计算中通常采用相对压强。

(4) 应尽量选择未知量较少的过流断面。例如水箱水面、管道出口等，因为这些地方相对压强等于零，可以简化能量方程。

(5) 因渐变流同一过流断面上任何点的测压管水头 $\left(z+\frac{p}{\rho g}\right)$ 都相等，所以测压管水头可以选取过流断面上任意点来计算。对管道，一般选管轴中心点计算较为方便；对于明渠，一般选在自由表面上，此处相对压强为零，自由表面到基准面的高度就是测压管水头。

(6) 动能修正系数 α。不同过流断面上的动能修正系数 α_1 与 α_2 严格来讲是不相等的，且不等于 1，实用上对渐变流的多数情况可令 $\alpha_1 = \alpha_2 = 1$。

(7) 两断面间有能量输入或输出的能量方程。在工程实践中，如碰到两断面间有能量的输入（如中间有水泵或风机等）或能量的输出（如中间有水轮机等），则相应的能量方程应为：

$$z_1 + \frac{p_1}{\gamma} + \alpha_1 \frac{v_1^2}{2g_1} \pm H = z_2 + \frac{p_2}{\gamma} + \alpha_2 \frac{v_2^2}{2g_2} + h_{w1\text{-}2}$$

式中，$+H$ 为有能量输入；$-H$ 为有能量输出。

(8) 两断面间有分流或汇流的能量方程

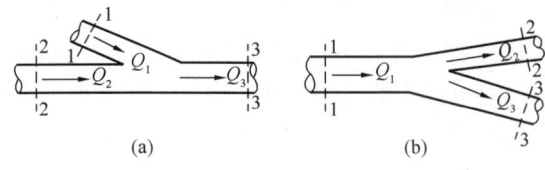

图 6-2-11 两断面间有流量汇入或分出的流动

由于总流能量方程中每一项都是单位重量流体所具有的能量，因此，对于两断面间有流量汇入或分出的情况，可以分别对每支流动建立能量方程。

对有流量汇入的情况 [图 6-2-11 (a)]：

1-1 断面和 3-3 断面间

$$z_1 + \frac{p_1}{\rho g} + \frac{\alpha_1 v_1^2}{2g} = z_3 + \frac{p_3}{\rho g} + \frac{\alpha_3 v_3^2}{2g} + h_{w1\text{-}3}$$

2-2 断面和 3-3 断面间

$$z_2 + \frac{p_2}{\rho g} + \frac{\alpha_2 v_2^2}{2g} = z_3 + \frac{p_3}{\rho g} + \frac{\alpha_3 v_3^2}{2g} + h_{w2\text{-}3}$$

对于有流量分出的情况 [图 6-2-11 (b)]：

1-1 断面和 2-2 断面间

$$z_1 + \frac{p_1}{\rho g} + \frac{\alpha_1 v_1^2}{2g} = z_2 + \frac{p_2}{\rho g} + \frac{\alpha_2 v_2^2}{2g} + h_{w1\text{-}2}$$

1-1 断面和 3-3 断面间

$$z_1 + \frac{p_1}{\rho g} + \frac{\alpha_1 v_1^2}{2g} = z_3 + \frac{p_3}{\rho g} + \frac{\alpha_3 v_3^2}{2g} + h_{w1\text{-}3}$$

5. 总水头线和测压管水头线

水头线是恒定总流各断面沿流能量变化的曲线，总水头是过流断面上单位重量流体三部分能量之和，一般用 H 表示。以能量方程建立两断面总水头 H_1、H_2 的形式是：

$$H_2 = H_1 - h_{w1\text{-}2}$$

即每个过流断面的总水头是上游断面总水头减去两断面之间的水头损失。根据这一关系，从最上游断面起，沿流向依次减去水头损失，求得各断面的总水头，直至流动的结束。将这些总水头，直接点绘并连成的线为总水头线，见图 6-2-12。由能量方程可得，在无能量输入和输出的情况下，总水头线是沿水流逐渐下降的。总水头线沿程下降的坡度称为水力坡度，用 J 表示，即：

$$J = \frac{dh_w}{dl} = -\frac{dH}{dl} \tag{6-2-20}$$

J 恒为正值。

测压管水头线是压能与位能之和点绘并连成的线，如以总水头线为基准，是同一断面总水头减去流速水头。根据这一关系，测压管水头线与总水头线之间相距流速水头，由于流速的大小取决于管径，所以测压管水头线坡度沿程的变化（可上升或可下降或可不变）要按管径的变化来判别。若测压管水头线的坡度用 J_p 表示，则：

$$J_p = -\frac{d\left(z+\dfrac{p}{\rho g}\right)}{dl} \qquad (6\text{-}2\text{-}21)$$

测压管水头线下降时，J_p 为正值；上升时，J_p 为负值。

图 6-2-12　总水头线和测压管水头线

6．能量方程的应用举例

（1）文丘里流量计

图 6-2-13 所示为文丘里流量计的示意图，它是直接安装在管道上测量流量的，由收缩段、喉部和扩散段组成。在收缩段前部与喉部分别安装一测压装置。在恒定流情况下，只要已知两断面的压差，即可根据理论推导得出管道中流量值。

在文丘里管的测压处（渐变流断面）取 1-1、2-2 断面，基准面为一水平面，图中以 0-0 表示；假设流动过程中可忽略水头损失，并取 $\alpha_1 = \alpha_2 = 1$，又 $\rho g = \gamma$，总流的能量方程为：

$$z_1 + \frac{p_1}{\gamma} + \frac{v_1^2}{2g} = z_2 + \frac{p_2}{\gamma} + \frac{v_2^2}{2g}$$

整理得：

$$\frac{v_2^2}{2g} - \frac{v_1^2}{2g} = \left(z_1 + \frac{p_1}{\gamma}\right) - \left(z_2 + \frac{p_2}{\gamma}\right)$$

由连续性方程：

$$v_1 A_1 = v_2 A_2 = 常数$$

如已知两断面的测压管水头差为 Δh，联立能量方程和连续性方程得：

图 6-2-13　文丘里流量计

$$\left(\frac{d_1}{d_2}\right)^4 \frac{v_1^2}{2g} - \frac{v_1^2}{2g} = \left(z_1 + \frac{p_1}{\gamma}\right) - \left(z_2 + \frac{p_2}{\gamma}\right) = \Delta h$$

则：

$$v_1 = \frac{1}{\sqrt{\left(\dfrac{d_1}{d_2}\right)^4 - 1}} \sqrt{2g\Delta h}$$

流量：$Q = v_1 A_1 = K\sqrt{\Delta h}$

式中，$K = \dfrac{\frac{1}{4}\pi d_1^2}{\sqrt{\left(\dfrac{d_1}{d_2}\right)^4 - 1}}\sqrt{2g}$，该数仅取决于文丘里管的几何尺寸及重力加速度，通常称为文丘里管系数。在实际应用文丘里流量计时，由于水头损失的忽略、渐变流的假设，实际值与理论结果有差异，需对理论计算式进行修正。在实际应用中，常用 U 形汞压差计来测量两断面的测压管水位差，其换算公式：$\Delta h = \dfrac{\rho_{Hg} - \rho}{\rho} \cdot h_p$，式中，$\rho_{Hg}$、$h_p$ 分别为汞的密度和 U 形汞压差计测压管的高差；ρ 为流体的密度。

（2）典型例题

【例 6-2-5】（历年真题）图示一水平放置的恒定变直径圆管流，不计水头损失，取两个截面标记为 1 和 2，当 $d_1 > d_2$ 时，则两截面形心压强关系是：

A. $p_1 < p_2$　　　　B. $p_1 > p_2$
C. $p_1 = p_2$　　　　D. 不能确定

【解答】列断面 1-1、2-2 的能量方程：

$$z_1 + \dfrac{p_1}{\rho g} + \dfrac{\alpha_1 v_1^2}{2g} = z_2 + \dfrac{p_2}{\rho g} + \dfrac{\alpha_2 v_2^2}{2g}$$

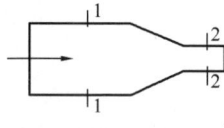

例 6-2-5 图

$z_1 = z_2$；又 $d_1 > d_2$，由连续性方程知，$v_1 < v_2$

则：$p_1 > p_2$，应选 B 项。

【例 6-2-6】（历年真题）水从铅直圆管向下流出，如图所示，已知 $d_1 = 10\text{cm}$，管口处水流速度 $v_1 = 1.8\text{m/s}$，则管口下方 $h = 2\text{m}$ 处的水流速度 v_2 和直径 d_2 为：

A. $v_2 = 6.5\text{m/s}$，$d_2 = 5.2\text{cm}$
B. $v_2 = 3.25\text{m/s}$，$d_2 = 5.2\text{cm}$
C. $v_2 = 6.5\text{m/s}$，$d_2 = 2.6\text{cm}$
D. $v_2 = 3.25\text{m/s}$，$d_2 = 2.6\text{cm}$

【解答】选基准面 0-0 与断面 2-2 重合，列断面 1-1、2-2 的能量方程：

例 6-2-6 图

$$z_1 + \dfrac{\alpha_1 v_1^2}{2g} = z_2 + \dfrac{\alpha_2 v_2^2}{2g}$$

$$2 + \dfrac{1 \times 1.8^2}{2 \times 9.8} = \dfrac{1 \times v_2^2}{2 \times 9.8}，则：v_2 = 6.51\text{m/s}$$

由连续性方程：$v_1 A_1 = v_2 A_2$

$1.8 \times \dfrac{\pi}{4} \times 0.1^2 = 6.51 \times \dfrac{\pi}{4} d_2^2$，则：$d_2 = 0.052\text{m} = 5.2\text{cm}$

应选 A 项。

【例 6-2-7】图示离心泵由吸水池抽水，已知抽水量 $Q = 6\text{L/s}$，泵的安装高度 $H_s = 5\text{m}$，吸水管直径 $d = 100\text{mm}$，吸水管的水头损失 $h_w = 0.25\text{m}$ 水柱。则水泵进口断面 2-2 的真空度为：

A. 51.7kPa　　　B. 45.3kPa　　　C. 38.1kPa　　　D. 28.6kPa

【解答】选基准面 0-0 与吸水池水面重合。选吸水池水面为 1-1 断面，水泵进口断面为 2-2 断面。

$$v_2 = \frac{Q}{A} = \frac{6 \times 10^{-3}}{\frac{\pi}{4} \times 0.1^2} = 0.764 \text{m/s}$$

$$\frac{p_a}{\rho g} = H_s + \frac{p_2}{\rho g} + \frac{\alpha_2 v_2^2}{2g} + h_w, \text{则:}$$

$$\frac{p_v}{\rho g} = \frac{p_a - p_2}{\rho g} = H_s + \frac{\alpha_2 v_2^2}{2g} + h_w$$

$$= 5 + \frac{1 \times 0.764^2}{2 \times 9.8} + 0.25 = 5.28 \text{m}$$

$p_v = 1000 \times 9.8 \times 5.28 = 51.744 \text{kPa}$，应选 A 项。

例 6-2-7 图

【例 6-2-8】 图示为测定水泵扬程的装置。已知水泵吸水管直径为 200mm，压水管直径为 150mm，测得流量为 60L/s，水泵进口真空表读数为 3m 水柱，水泵出口压力表读数为 196kPa，两表连接的测压孔位置高差 $h=0.5$m。则水泵的扬程 H 为：

A. 24.9m　　　　　　　　B. 23.9m
C. 22.6m　　　　　　　　D. 21.6m

【解答】 选基准面 0-0 为真空表所在的管道断面，取 1-1、2-2 断面如图所示。

$$v_1 = \frac{Q}{A_1} = \frac{60 \times 10^{-3}}{\frac{\pi}{4} \times 0.2^2} = 1.91 \text{m/s}$$

例 6-2-8 图

$$v_2 = \frac{Q}{A_2} = \frac{60 \times 10^{-3}}{\frac{\pi}{4} \times 0.15^2} = 3.40 \text{m/s}, \quad \frac{p_1}{\rho g} = -3 \text{m}$$

$$z_1 + \frac{p_1}{\rho g} + \frac{\alpha_1 v_1^2}{2g} + H = z_2 + \frac{p_2}{\rho g} + \frac{\alpha_2 v_2^2}{2g}$$

$$0 + (-3) + \frac{1 \times 1.91^2}{2 \times 9.8} + H = 0.5 + \frac{196 \times 10^3}{1000 \times 9.8} + \frac{1 \times 3.40^2}{2 \times 9.8}$$

得：$H = 23.90$m，应选 B 项。

六、恒定总流的动量方程

如图 6-2-14 所示，设在恒定总流中取过流断面 1-1、2-2 为渐变流断面，断面面积分别为 A_1、A_2，断面上的点速度分别为 u_1、u_2，以两断面及总流的侧表面所围成的空间为控制体。在外力的作用下，经过单位时间 dt，过流断面分别移到 $1'-1'$ 和 $2'-2'$。由于流体是不可压缩的恒定流，在断面 $1'-1'$、2-2 间的流体其动量保持不变，所以在单位时间内的动量的增量实际上为 2-2 和 $2'-2'$ 断面间与 1-1 和 $1'-1'$ 断面间的

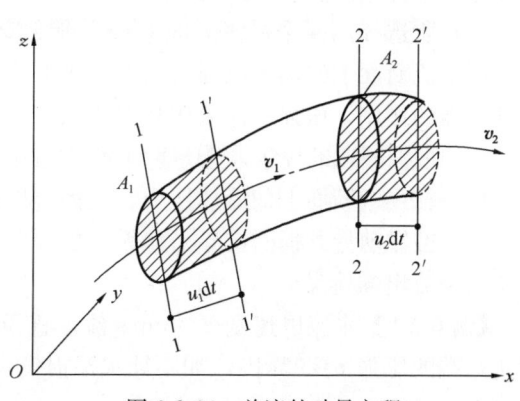

图 6-2-14　总流的动量方程

动量差。因此，单位时间内的动量的增量为：

$$\Delta m\boldsymbol{u} = \int_{A_2}\rho\boldsymbol{u}\boldsymbol{u}\mathrm{d}A\mathrm{d}t - \int_{A_1}\rho\boldsymbol{u}\boldsymbol{u}\mathrm{d}A\mathrm{d}t = \left(\int_{A_2}\rho\boldsymbol{u}\boldsymbol{u}\mathrm{d}A - \int_{A_1}\rho\boldsymbol{u}\boldsymbol{u}\mathrm{d}A\right)\mathrm{d}t$$

在动量方程中引入动量修正系数 β，定义如下：

$$\beta = \frac{\int_A u^2\mathrm{d}A}{v^2 A}$$

动量修正系数 β 取决于流速分布的均匀程度，如流速分布是均匀的，则 $\beta=1$。流速分布越不均匀，修正系数越大，实际工程中一般取 $1.01\sim1.05$ 之间。引入修正系数 β，以断面平均流速 v 代替 u，因此动量的增量为：

$$\Delta m\boldsymbol{v} = \rho(\beta_2 v_2 \boldsymbol{v}_2 A_2 - \beta_1 v_1 \boldsymbol{v}_1 A_1)\mathrm{d}t = \rho(\beta_2 \boldsymbol{v}_2 - \beta_1 \boldsymbol{v}_1)Q\mathrm{d}t$$

由动量定律可得，控制体的动量的增量等于外力的冲量，设控制体的外力为 $\Sigma\boldsymbol{F}$，冲量为 $\Sigma\boldsymbol{F}\mathrm{d}t$，所以动量方程变为：

$$\Sigma\boldsymbol{F}\mathrm{d}t = \rho Q(\beta_2\boldsymbol{v}_2 - \beta_1\boldsymbol{v}_1)\mathrm{d}t$$

即：
$$\Sigma\boldsymbol{F} = \rho Q(\beta_2\boldsymbol{v}_2 - \beta_1\boldsymbol{v}_1) \tag{6-2-22}$$

为计算方便，将矢量型的动量方程分解为分量方程：

$$\left.\begin{array}{l}\Sigma F_x = \rho Q(\beta_2 v_{2x} - \beta_1 v_{1x}) \\ \Sigma F_y = \rho Q(\beta_2 v_{2y} - \beta_1 v_{1y}) \\ \Sigma F_z = \rho Q(\beta_2 v_{2z} - \beta_1 v_{1z})\end{array}\right\} \tag{6-2-23}$$

式（6-2-22）就是恒定总流的动量方程。方程表明，作用于控制体内流体上的外力，等于控制体净流出的动量。结合推导式（6-2-22）规定的条件，总流动量方程的应用条件有：恒定流，过流断面为渐变流断面，不可压缩流体。

应用动量方程的注意事项：

（1）动量方程量矢量式，式中流速和作用力都是有方向的量。因此，首先要选定坐标轴并标明其正方向，然后把流速和作用力向该坐标轴投影。凡是和坐标轴指向一致的流速和作用力均为正值，反之为负值。坐标的选择以方便计算为宜。

（2）动量方程式的右端，是单位时间内所取流段的动量变化值，必须是流出的动量减去流进的动量，两者不可颠倒。

（3）所选择的两个过流断面应符合渐变流条件，这样便于计算两断面上的动水压力。因为渐变流断面上的动水压强可按静水压强公式计算。由于运动流体及固体边界均受当地大气压强的作用，压强一律采用相对压强。

（4）根据问题的要求，选定两个渐变流断面间的流体作为隔离体，作用在隔离体上的外力应包括：两断面上的流体压力、固体边界对流体的作用力以及流体本身的重力。

（5）虽然动量方程的推导是在无流量汇入与流出条件下进行的，但它可以应用于有流量汇入与流出的情况。

【例 6-2-9】水流以速度 $v=5\mathrm{m/s}$ 流入直径 $d=200\mathrm{mm}$ 的 60°水平弯管，如图所示，弯管进口端的压强 $p=98\mathrm{kPa}$，如不计水头损失，则水流对弯管的作用力 R 为：

A．1931N　　　　B．2218N　　　　C．2941N　　　　D．3620N

【解答】 在弯管的前后端取 1-1 和 2-2 断面。根据连续性方程，进出口流速相等，$v_1=v_2=5\text{m/s}$。根据能量方程，由于流速一致、位置高度不变，故 1-1 和 2-2 断面的压强相等，即 $p_1=p_2=98\text{kPa}$。

两断面的压力：

$$P_1=P_2=p_1A_1=98\times10^3\times\frac{\pi}{4}\times0.2=3077.2\text{N}$$

由于弯管是水平放置的，重力在水平方向上不起作用。根据动量方程：

$$\Sigma F_x=\rho Q(\beta_2 v_{2x}-\beta_1 v_{1x})$$
$$\Sigma F_y=\rho Q(\beta_2 v_{2y}-\beta_1 v_{1y})$$

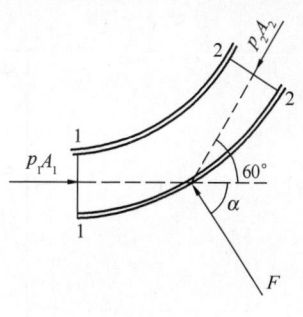

例 6-2-9 图

取 $\beta_1=\beta_2=1.0$，得：

$$P_1-P_2\cos60°-F_x=1000\times\frac{\pi}{4}\times0.2^2\times5\times(5\cos60°-5)$$

可得：$F_x=1931.1\text{N}$

$$F_y-P_2\sin60°=100\times\frac{\pi}{4}\times0.2^2\times5\times(5\sin60°-0)$$

可得：$F_y=2218.4\text{N}$

合力

$$F=\sqrt{F_x^2+F_y^2}=2941.2\text{N}$$

水流对弯管的作用力 R 与 F 大小相等，方向相反，$R=2941.2\text{N}$，应选 C 项。

【例 6-2-10】（历年真题）图示水由喷嘴水平喷出，冲击在光滑平板上，已知出口流速为 50m/s，喷射流量为 0.2m³/s，不计阻力，则平板受到的冲击力为：

A. 5kN
B. 10kN
C. 20kN
D. 40kN

【解答】 根据能量方程：

$$\Sigma F_x=F=\rho Q(0-v_{1x})=1000\times0.2\times[0-(-50)]$$
$$=10\times10^3\text{N}=10\text{kN}$$

例 6-2-10 图

应选 B 项。

习　题

6-2-1 （历年真题）如图所示，下列说法中，错误的是：
A. 对理想流体，该测压管水头线（H_p 线）应该沿程无变化
B. 该图是理想流体流动的水头线
C. 对理想流体，该总水头线（H_0 线）沿程无变化
D. 该图不适用于描述实际流体的水头线

6-2-2 （历年真题）一直径 $d_1=0.2\text{m}$ 的圆管，突然扩大到直径 $d_2=0.3\text{m}$，若 $v_1=9.55\text{m/s}$，则 v_2 与 Q 分别为：

A. 4.24m/s，0.3m³/s
B. 2.39m/s，0.3m³/s
C. 4.24m/s，0.5m³/s
D. 2.39m/s，0.5m³/s

6-2-3 （历年真题）有一变截面压力管道，测得流量为 15L/s，其中一截面的直径为

题 6-2-1 图

100mm，另一截面处的流速为 20m/s，则此截面的直径为：

A. 29mm B. 31mm C. 35mm D. 26mm

6-2-4 （历年真题）流体的连续性方程 $v_1 A_1 = v_2 A_2$ 适用于：

A. 可压缩流体 B. 不可压缩流体
C. 理想流体 D. 任何流体

6-2-5 （历年真题）利用动量定理计算流体对固体壁面的作用力时，进、出口截面上的压强应为：

A. 绝对压强 B. 相对压强 C. 大气压 D. 真空度

第三节 流动阻力和能量损失

一、流动阻力和水头损失的分类

在边壁沿程无变化（边壁形状、尺寸、过流方向均无变化）的均匀流流段上，产生的流动阻力称为沿程阻力或摩擦阻力。由于沿程阻力做功而引起的水头损失称为沿程水头损失。沿程水头损失均匀分布在整个流段上，与流段的长度成比例。流体在等直径的直管中流动的水头损失就是沿程水头损失，以 h_f 表示。

在边壁沿程急剧变化，流速分布发生变化的局部区段上，集中产生的流动阻力称为局部阻力。由局部阻力引起的水头损失，称为局部水头损失。发生在管道入口、异径管、弯管、三通、阀门等各种管件处的水头损失，都是局部水头损失，以 h_j 表示。

如图 6-3-1 所示的管道流动，ab、bc、cd 各段只有沿程阻力，h_{fab}、h_{fbc}、h_{fcd} 是各段的沿程水头损失；管道入口、管径突然缩小及阀门处产生局部阻力，h_{ja}、h_{jb}、h_{jc} 是各种的局部水头损失。整个管道的水头损失 h_w 等于各管段的沿程水头损失和所有局部水头损失的总和。

$$h_w = \Sigma h_f + \Sigma h_j = (h_{fab} + h_{fbc} + h_{fcd}) + (h_{ja} + h_{jb} + h_{jc})$$

圆管沿程水头损失计算公式：

$$h_f = \lambda \frac{l}{d} \frac{v^2}{2g} \qquad (6\text{-}3\text{-}1)$$

图 6-3-1 水头损失

式中，l 为管长；d 为管径；v 为断面平均流速；g 为重力加速度；λ 为沿程摩阻系数（沿程阻力系数）。

式（6-3-1）称为达西-魏斯巴赫公式。

局部水头损失按下式计算：

$$h_j = \zeta \frac{v^2}{2g} \tag{6-3-2}$$

式中，ζ 为局部水头损失系数（局部阻力系数），由实验确定；v 为 ζ 对应的断面平均流速。

二、实际流体的两种流态

1. 雷诺实验

雷诺实验的装置如图 6-3-2 所示，由水箱引出玻璃管 A，末端装有阀门 B，在水箱上部的容器 C 中装有密度和水接近的颜色水，打开阀门 D，颜色水就可经针管 E 注入 A 管中。

图 6-3-2 雷诺实验

实验时保持水箱内水位恒定，稍许开启阀门 B，使玻璃管内保持较低流速。再打开阀门 D，颜色水经针管 E 流出。这时可见玻璃管内的颜色水成一条界线分明的纤流，与周围清水不相混合［图 6-3-2（a）］。表明玻璃管中的水，一层套着一层呈层状流动，各层质点互不掺混，这种流动形态称为层流。

逐渐开大阀门 B，玻璃管内流速增大到某一临界值 v'_c（上临界流速）时，颜色水纤流出现抖动［图 6-3-2（b）］。再开大阀门 B，颜色水纤流破散并与周围清水混合，使玻璃管的整个断面都带颜色［图 6-3-2（c）］。表明此时质点的运动轨迹极不规则，各层质点相互掺混，这种流动形态称为紊流或湍流。

将以上实验按相反的顺序进行。先开大阀门 B，使玻璃管内为紊流，然后逐渐关小阀门 B，则按相反的顺序重演前面实验中发生的现象。只是由紊流转变为层流的流速 v_c（下临界流速）小于由层流转变为紊流的流速 v'_c。

实验发现，v'_c 是不稳定的，受启动扰动的影响很大，而实际流体流动中扰动难以避免，因此，实用上把下临界流速 v_c 作为流态转变的临界流速：$v < v_c$ 流动是层流；$v > v_c$ 流动是紊流。

经实验观测与整理得出不同流态，沿程水头损失 h_f 和流速 v 的关系如下：

(1) 层流沿程水头损失与流速的 1 次方成比例，$h_f \propto v^{1.0}$；

(2) 紊流沿程水头损失与流速的 $1.75 \sim 2.0$ 次方成比例，$h_f \propto v^{1.75 \sim 2.0}$。

2. 流态的判别——雷诺数

雷诺等人进一步实验表明，流态不仅和断面平均流速 v 有关，还与管径 d、流体的动力黏性系数 μ 和密度 ρ 有关。流态既反映管道中流动的特性，又反映管道的特性。将前述四个参数合成一无量纲数（或无因次数），称为雷诺数，用 Re 表示：

$$Re = \frac{vd\rho}{\mu} = \frac{vd}{\nu} \tag{6-3-3}$$

式中，ν 为流体的运动黏性系数。

对应于临界流速的雷诺数称为临界雷诺数，通常用 Re_{cr} 表示。大量实验表明：不同的管道（即圆管）、不同的流体以及不同的外界条件，其临界雷诺数均在 $2000 \sim 2300$，所以通常采用 $Re_{cr} = 2300$。当圆管中雷诺数小于临界雷诺数时，管中流动为层流，否则为紊流。

对于明渠、天然河道及非圆管中的流动，可采用特征长度 R 来替代管径 d，$R = \dfrac{A}{\chi}$，称为水力半径，A 为过流断面面积，χ 为湿周（过流断面上流体与固体壁面接触的周长）。以圆管流作比较，由于：

$$R = \frac{A}{\chi} = \frac{\frac{1}{4}\pi d^2}{\pi d} = \frac{1}{4}d$$

则以水力半径 R 为特征长度，相应的临界雷诺数：

$$Re_{cr,R} = \frac{vR}{\nu} = \frac{2300}{4} = 575$$

【例 6-3-1】（历年真题）水流经过变直径圆管，管中流量不变，已知前段直径 $d_1 = 30\text{mm}$，雷诺数为 5000，后段直径变为 $d_2 = 60\text{mm}$，则后段圆管中的雷诺数为：

A. 5000　　　　B. 4000　　　　C. 2500　　　　D. 1250

【解答】根据连续性方程：$v_1 A_1 = v_2 A_2$，$v_2 = v_1 \left(\dfrac{d_1}{d_2}\right)^2 = v_1 \times \left(\dfrac{30}{60}\right)^2 = \dfrac{v_1}{4}$

$$Re_1 = \frac{v_1 d_1}{\nu} = 5000，Re_2 = \frac{v_2 d_2}{\nu}$$

$$\frac{Re_2}{Re_1} = \frac{\frac{v_1}{4}}{v_1} \cdot \frac{d_2}{d_1} = \frac{1 \times 60}{4 \times 30} = \frac{1}{2}，则：Re_2 = 2500$$

应选 C 项。

【例 6-3-2】（历年真题）直径为 20mm 的管道，平均流速为 9m/s，已知水的运动黏性系数 $\nu=0.0114\text{cm}^2/\text{s}$，则管中水流的流态和水流流态转变的层流流速分别是：

A. 层流，19cm/s B. 层流，13cm/s
C. 紊流，19cm/s D. 紊流，13cm/s

【解答】 $Re=\dfrac{vd}{\nu}=\dfrac{9\times0.02}{0.0114\times10^{-4}}=157895>Re_{\text{cr}}=2300$，为紊流

$v=\dfrac{\nu Re_{\text{cr}}}{d}=\dfrac{0.0114\times10^{-4}\times2300}{0.02}=0.1311\text{m/s}=13\text{cm/s}$

应选 D 项。

三、沿程水头损失与切应力的关系

均匀流内部流层间的切应力（即沿程阻力）是造成沿程水头损失的直接原因。因此，建立沿程水头损失与切应力的关系式，找出切应力的变化规律，就能解决沿程水头损失的计算问题。

设圆管恒定均匀流段 1-2（图 6-3-3），作用于流段上的外力：压力、壁面切力、重力。经分析可得沿程水头损失与切应力的关系为：

$$h_{\text{f}}=\dfrac{\tau_{\text{w}}\chi l}{\rho g A}=\dfrac{\tau_{\text{w}} l}{\rho g R} \quad (6\text{-}3\text{-}4)$$

$$\tau_{\text{w}}=\rho g R\dfrac{h_{\text{f}}}{l}=\rho g R J \quad (6\text{-}3\text{-}5)$$

图 6-3-3 圆管均匀流段

式中，τ_{w} 为壁面切应力；J 为水力坡度，$J=\dfrac{h_{\text{f}}}{l}$。

式（6-3-4）或式（6-3-5）给出了圆管均匀流沿程水头损失与切应力的关系，称为均匀流动方程式。上述公式对层流和紊流均适用。

圆管均匀流过流断面上的切应力 τ 为：

$$\tau=\dfrac{r}{r_0}\tau_{\text{w}} \quad (6\text{-}3\text{-}6)$$

即圆管均匀流过流断面上切应力呈直线分布，管轴处 $\tau=0$，管壁处切应力达最大值 $\tau=\tau_{\text{w}}$（图 6-3-3）。

【例 6-3-3】（历年真题）沿程水头损失 h_{f}：

A. 与流程长度成正比，与壁面切应力和水力半径成反比
B. 与流程长度和壁面切应力成正比，与水力半径成反比
C. 与水力半径成正比，与流程长度和壁面切应力成反比
D. 与壁面切应力成正比，与流程长度和水力半径成反比

【解答】 根据 $h_{\text{f}}=\dfrac{\tau_{\text{w}}l}{\rho g R}$，应选 B 项。

四、圆管中的层流运动

圆管中的层流，各层质点沿平行管轴线方向运动。与管壁接触的一层速度为零，管轴

线上速度最大,整个管流如同无数薄壁圆筒一个套着一个滑动(图 6-3-4)。

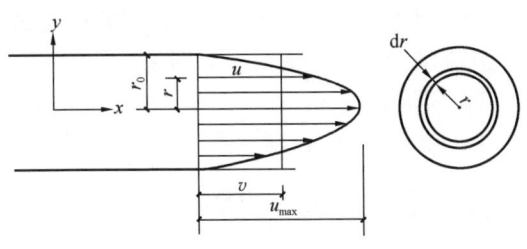

图 6-3-4 圆管中的层流

过流截面上任意一点(r处)的流速为:

$$u = \frac{\rho g J}{4\mu}(r_0^2 - r^2) \quad (6\text{-}3\text{-}7)$$

上式为抛物线方程,过流断面上流速呈抛物线分布,是圆管层流的重要特征之一。

流速最大值:

$$r = 0, \ u_{\max} = \frac{\rho g J}{4\mu}r_0^2 \quad (6\text{-}3\text{-}8)$$

流量:

$$Q = \int_A u\,dA = \frac{\rho g J}{8\mu}r_0^4$$

平均流速:

$$v = \frac{Q}{A} = \frac{\rho g J}{8\mu}r_0^2 = \frac{1}{2}u_{\max} \quad (6\text{-}3\text{-}9)$$

从上述关系式可得:最大流速发生在管轴线上,并且最大流速为平均流速的两倍,这是圆管层流的流速特性,也是抛物面的特性。

以 $r_0 = \dfrac{d}{2}$,$J = \dfrac{h_f}{l}$ 代入式(6-3-9),整理得:

$$h_f = \frac{32\mu l}{\rho g d^2}v = \frac{64}{Re}\frac{l}{d}\frac{v^2}{2g} = \lambda\frac{l}{d}\frac{v^2}{2g} \quad (6\text{-}3\text{-}10)$$

因此,圆管层流的沿程阻力系数 λ 为:

$$\lambda = \frac{64}{Re} \quad (6\text{-}3\text{-}11)$$

式(6-3-11)表明,圆管层流的沿程阻力系数 λ 只是雷诺数的函数,与管壁的粗糙度无关。

【例 6-3-4】(历年真题)一直径为 50mm 的圆管,运动黏滞系数 $\nu = 0.18\text{cm}^2/\text{s}$、密度 $\rho = 0.85\text{g/cm}^3$ 的油在管内以 $v = 10\text{cm/s}$ 的速度作层流运动,则沿程损失系数是:

A. 0.18　　　　B. 0.23　　　　C. 0.20　　　　D. 0.26

【解答】$\lambda = \dfrac{64}{Re} = \dfrac{64}{\dfrac{vd}{\nu}} = \dfrac{64}{\dfrac{10 \times 5}{0.18}} = 0.2304$

应选 B 项。

五、紊流运动

1. 紊流的特征

与层流运动不同,紊流中流体质点的速度、压强等运动要素在空间和时间上都具有随机性的脉动。

图 6-3-5 是实测平面流动一个空间点上沿流动方向(x方向)瞬时速度 u_x 随时间的变化曲线。

图 6-3-5 紊流瞬时流速

由图可见，u_x 随时间无规则地变化，并围绕某一平均值上下跳动。将 u_x 对某一时段 T 平均，即：

$$\overline{u}_x = \frac{1}{T}\int_0^T u_x \mathrm{d}t$$

只要所取时段 T 不是很短（比脉动周期长许多倍），$\overline{u}_x$ 值便与 T 的长短无关，$\overline{u}_x$ 就是该点 x 方向的时均速度。

瞬时速度就等于时均速度与脉动速度的叠加：

$$u_x = \overline{u}_x + u'_x$$

式中，u'_x 为该点在 x 方向的脉动速度。脉动速度随时间变化，时大时小，时正时负，在时段 T 内的时均值为零。

紊流中压强也可同样处理。

在引入时均化概念的基础上，雷诺把紊流分解为时均流动和脉动流动的叠加，而脉动量的时均值为零。这样一来，紊流便可根据时均流动参数是否随时间变化分为恒定流和非恒定流。同时在本章前面建立的流线、流管、元流和总流等欧拉法描述流动的基本概念，在"时均"的意义上继续成立。

（1）紊流的切应力

按时均化方法，将紊流分解为时均流动和脉动流动的叠加，相应的切应力由两部分构成：

1）时均化流层间的相对运动而产生的黏性切应力，满足牛顿切应力公式：

$$\overline{\tau}_1 = \mu \frac{\mathrm{d}\overline{u}_x}{\mathrm{d}y} \tag{6-3-12}$$

2）因紊流脉动产生的紊动应力，由于流层间流体质点的互相掺混，造成的流体质点间动量交换而引起的附加切应力，通常称为雷诺应力：

$$\overline{\tau}_2 = -\rho \overline{u'_x u'_y} \tag{6-3-13}$$

普朗特混合长度理论：$\overline{\tau}_2 = \rho l^2 \left(\dfrac{\mathrm{d}\overline{u}}{\mathrm{d}y}\right)^2$，式中 l 为混合长度。

（2）紊流的流速分布

根据普朗特混合长度理论，并且假定：①混合长度 l 不受黏性影响，只与质点到壁面的距离有关，即 $l=\kappa y$，κ 为卡门常数；②壁面附近的切应力只考虑雷诺应力且应力值不变，$\overline{\tau}=\tau_w$。由此得到壁面附近紊流速度公式的一般式：

$$\frac{u}{v_*} = \frac{1}{\kappa}\ln y + c \tag{6-3-14}$$

式中，v_* 为壁剪切速度，将该式推广用于除黏性底层以外的整个过流断面，同时测速度分布仍相符，式（6-3-14）称为普朗特-卡门对数分布律。

（3）黏性底层

固体通道内的紊流，以圆管中的紊流为例（图6-3-6），只要是黏性流体，都满足在壁面上无滑移（粘附）条件，使得在紧靠壁

图 6-3-6　黏性底层

面很薄的流层内，速度由零很快增至一定值，在这一薄层内速度虽小，但速度梯度很大，因而黏性切应力不容忽视。另外，由于壁面限制质点的横向掺混，逼近壁面，速度脉动和雷诺应力趋于消失。所以，管道内紧靠管壁存在黏性切应力起控制作用的薄层称为黏性底层。黏性底层的内侧是界限不明显的过渡层，向内是紊流核心。黏性底层的厚度 δ' 通常不到 1mm，且随雷诺数 Re 增大而减小。

在黏性底层中，速度按线性分布，在壁面上速度为零。黏性底层虽然很薄，但它对紊流的流速分布和流动阻力却有重大影响。

2. 紊流的沿程水头损失

（1）尼古拉兹实验

尼古拉兹采用人工粗糙管进行实验，用砂粒的直径 k_s 来表示管壁的粗糙度，k_s 称为绝对粗糙，用 k_s/d 称为相对粗糙。通过观测，计算出 Re 和 λ 值，从而得到 $\lambda=f(Re、k_s/d)$ 曲线，即尼古拉兹实验曲线（图 6-3-7）。根据 λ 的变化特性，尼古拉兹实验曲线分为五个阻力区：

图 6-3-7　尼古拉兹实验曲线图

1）（ab 线，$\lg Re<3.36$，$Re<2300$）该区是层流。不同的相对粗糙管的实验点在同一直线上。表明 λ 与相对粗糙 k_s/d 无关，只是 Re 的函数，并符合 $\lambda=64/Re$，其变化规律为：$\lambda=f_1(Re)$。

2）（bc 线，$\lg Re=3.36\sim3.6$，$Re=2300\sim4000$）不同的相对粗糙管的实验点在同一直线上。表明 λ 与相对粗糙 k_s/d 无关，只是 Re 的函数，此区是层流向紊流过渡，这个区的范围很窄，实用意义不大，其变化规律为：$\lambda=f_2(Re)$。

3）（cd 线，$\lg Re>3.6$，$Re>4000$）不同的相对粗糙管的实验点在同一直线上。表明 λ 与相对粗糙 k_s/d 无关，只是 Re 的函数。随着 Re 的增大，k_s/d 大的管道，实验点在 Re 较低时便离开此线，而 k_s/d 小的管道，在 Re 较大时才离开。该区称为紊流光滑区，其变化规律为：$\lambda=f_3(Re)$。

4）（cd、ef 之间的曲线族）不同的相对粗糙管的实验点分别落在不同的曲线上。表

明 λ 既与 Re 有关,又与 k_s/d 有关,该区称为紊流过流区,其变化规律为: $\lambda = f_4(Re, k_s/d)$。

5)(ef 右侧水平的直线族)不同的相对粗糙管的实验点分别落在不同的水平直线上。表明 λ 只与相对粗糙 k_s/d 有关,与 Re 无关,该区称为紊流粗糙区。在这个阻力区,对于一定的管道(k_s/d 一定),λ 是常数。沿程水头损失与流速的平方成正比,故紊流粗糙区又称为阻力平方区,其变化规律为: $\lambda = f_5(k_s/d)$。

【例 6-3-5】(历年真题)尼古拉兹实验曲线中,当某管路流动在紊流光滑区内时,随着雷诺数 Re 的增大,其沿程损失系数 λ 将:

A. 增大　　　　　B. 减小　　　　　C. 不变　　　　　D. 增大或减小

【解答】由尼古拉兹实验曲线图可知,在紊流光滑区,随着雷诺数 Re 的增大,沿程损失系数将减小,应选 B 项。

(2) 紊流的沿程阻力系数 λ 的半经验公式

根据混合长度理论结合尼古拉兹实验,得到半经验公式:

1) 紊流光滑区

$$\frac{1}{\sqrt{\lambda}} = 2\lg \frac{Re\sqrt{\lambda}}{2.51} \tag{6-3-15}$$

上式也称为尼古拉兹光滑管公式。该式也适用于工业管道。

2) 紊流粗糙区

$$\frac{1}{\sqrt{\lambda}} = 2\lg \frac{3.7d}{k_s} \tag{6-3-16}$$

上式也称为尼古拉兹粗糙管公式。该式也适用于工业管道,但 k_s 应采用工业管道的当量粗糙。把直径相同、紊流粗糙区 λ 值相等的人工粗糙管的粗糙突起高度 k_s 定义为该管材工业管道的当量粗糙。就是以工业管道紊流粗糙区实测的 λ 值,代入尼古拉兹粗糙管公式(6-3-16),反算得到的 k_s 值。可见,工业管道的当量粗糙是按沿程损失的效果相同得出的折算高度,它反映了粗糙各种因素对 λ 的综合影响。常用的工业管道的当量粗糙见表 6-3-1。

常用工业管道的当量粗糙　　　　　表 6-3-1

输水管道	k_s(mm)
聚乙烯管、聚氯乙烯管、玻璃钢管	0.01～0.03
铅管、铜管、玻璃管	0.01
钢管	0.046
涂沥青铸铁管	0.12
新铸铁管	0.15～0.5
旧铸铁管	1～1.5

3) 紊流过渡区

科尔布鲁克和怀特给出适用于工业管道紊流过渡区的 λ 计算公式:

$$\frac{1}{\sqrt{\lambda}} = -2\lg\left(\frac{k_s}{3.7d} + \frac{2.51}{Re\sqrt{\lambda}}\right) \tag{6-3-17}$$

式中,k_s 为工业管道的当量粗糙。

为了简化计算，1944年美国工程师穆迪以科尔布鲁克公式为基础，以相对粗糙为参数，把λ作为Re的函数，绘制出工业管道摩阻系数曲线图，即穆迪图（图6-3-8）。在图上按k_s/d和Re可直接查出λ值。

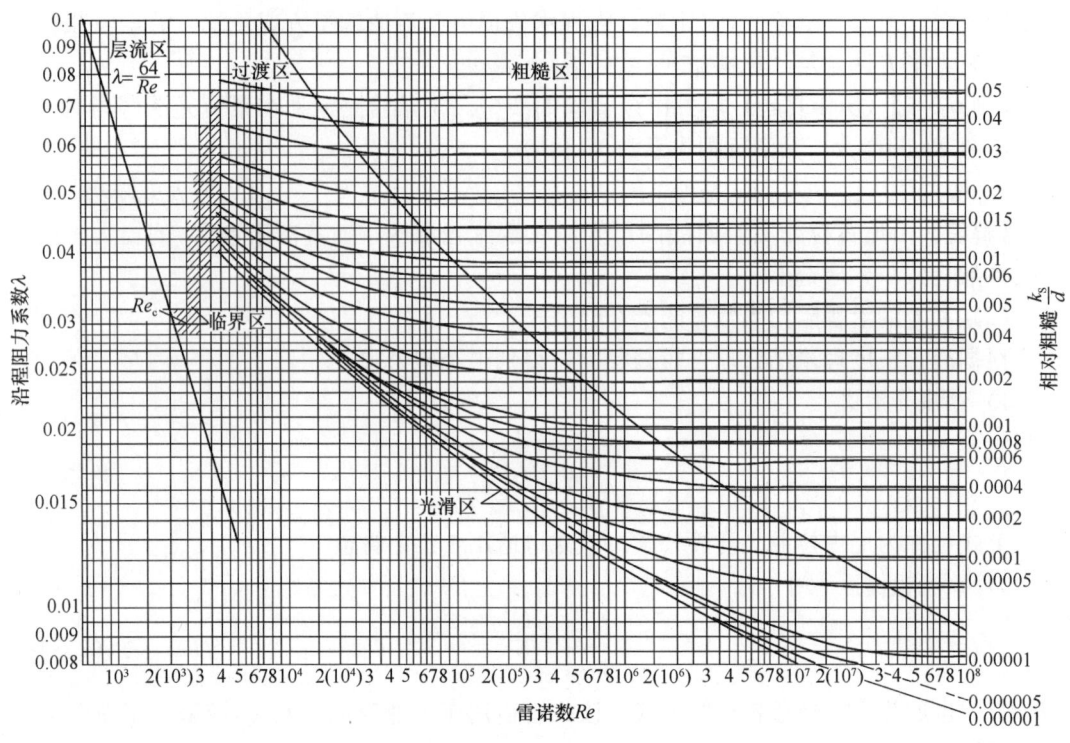

图6-3-8 穆迪图

(3) 紊流的沿程阻力系数λ的其他经验公式

除了以上的半经验公式外，还有许多根据实验资料整理而成的经验公式。其中，谢才公式应用广泛。谢才公式为：

$$v = \sqrt{\frac{8g}{\lambda}}\sqrt{RJ} = C\sqrt{RJ} \qquad (6-3-18)$$

$$C = \sqrt{\frac{8g}{\lambda}} \qquad (6-3-19)$$

式中，v为断面平均流速；R为水力半径；J为水力坡度；C为反映沿程摩阻的系数，称为谢才系数。

谢才系数C在实用上另由经验公式计算，其中曼宁公式为：

$$C = \frac{1}{n}R^{1/6} \qquad (6-3-20)$$

式中，R为水力半径（m）；n为表示壁面粗糙的系数，称为曼宁粗糙系数。

(4) 紊流的沿程损失计算

紊流的沿程损失计算公式仍按公式（6-3-1），其中，λ应按上述紊流的半经验公式或经验公式确定。

【例 6-3-6】（历年真题）图示由大体积水箱供水，且水位恒定，水箱顶部压力表读数 19600Pa，水深 $H=2$m，水平管道长 $l=100$m，直径 $d=200$mm，沿程损失系数 0.02，忽略局部损失，则管道通过流量是：

A. 83.8L/s　　　B. 196.5L/s
C. 59.3L/s　　　D. 47.4L/s

例 6-3-6 图

【解答】列水箱自由液面、管道出口的能量方程：

$$H+\frac{p}{\rho g}=\frac{\alpha_1 v^2}{2g}+h_f=\frac{1\times v^2}{2g}+\lambda\frac{L}{d}\frac{v^2}{2g}$$

$$2+\frac{19600}{1000\times 9.8}=\frac{v^2}{2\times 9.8}+0.02\times\frac{100}{0.2}\times\frac{v^2}{2\times 9.8}$$

可得：$v=2.67$m/s

$$Q=vA=2.67\times\frac{\pi}{4}\times 0.2^2=0.08384\text{m}^3/\text{s}=83.8\text{L/s}$$

应选 A 项。

六、局部水头损失

流体流经突然扩大、突然缩小、转向、分岔等局部阻碍时，因惯性作用，主流与壁面脱离，其间形成旋涡区（图 6-3-9）。局部水头损失同旋涡区的形成有关，这是因为在旋涡区内，质点旋涡运动集中耗能，同时旋涡运动的质点不断被主流带向下游，加剧下游一定范围内主流的紊动强度，从而加大能量损失。除此之外，局部阻碍附近，流速分布不断改组，也将造成能量损失。因此，旋涡区的形成是造成局部水头损失的主要原因。实验结果表明，局部阻碍处旋涡区越大，旋涡强度越大，局部水头损失越大。

(a)　　　　　　　　　　　　(b)

图 6-3-9　局部阻碍

局部水头损失计算公式按式（6-3-2），即：

$$h_j=\zeta\frac{v^2}{2g}$$

局部水头损失系数 ζ，理论上应与局部阻碍处的雷诺数 Re 和边界情况有关。但是，因受局部阻碍的强烈扰动，流动在较小的雷诺数时，就已充分紊动，雷诺数的变化对紊动程度的实际影响很小。故一般情况下，ζ 只决定于局部阻碍的形状，与 Re 无关。因局部阻碍的形式繁多，流动现象极其复杂，局部水头损失系数多由实验确定。

1. 突然扩大管

根据理论公式可导出局部水头损失系数：

$$h_j = \left(1 - \frac{A_1}{A_2}\right)^2 \frac{v_1^2}{2g} = \zeta_1 \frac{v_1^2}{2g}, \quad \zeta_1 = \left(1 - \frac{A_1}{A_2}\right)^2$$

$$h_j = \left(\frac{A_2}{A_1} - 1\right)^2 \frac{v_2^2}{2g} = \zeta_2 \frac{v_2^2}{2g}, \quad \zeta_2 = \left(\frac{A_2}{A_1} - 1\right)^2$$

以上两个局部水头损失系数，分别与突然扩大前、后两个断面的平均速度对应。

当流体在淹没情况下，流入断面很大的容器时（图 6-3-10），作为突然扩大的特例，$\frac{A_1}{A_2} \approx 0$，$\xi = \xi_\text{出} = 1$，称为管道的出口损失系数。

图 6-3-10　管道出口　　　　图 6-3-11　管道入口

2. 突然缩小管

突然缩小管的局部水头损失系数决定于收缩面积比。当流体由断面很大的容器流入管道时（图 6-3-11），作为突然缩小的特例，$A_2/A_1 \approx 0$，$\xi = \xi_\text{入} = 0.5$，称为管道入口损失系数。

七、边界层概念与绕流阻力

考试大纲对边界层与绕流阻力未作要求，但历年真题考过该知识点，因此，下面简单介绍其基本概念。

1904 年普朗特提出了边界层的概念，认为黏性较小的流体，当其绕物体流动时，黏性的影响仅限于贴近物面的薄层中，而在这一薄层之外，黏性的影响可以忽略。这一薄层称为边界层。对任意曲面的绕流流场可分为边界层和外部势流区（图 6-3-12）。外部势流区速度梯度小，黏滞力可忽略不计，可作为无旋流动的理想流体处理；边界层内，速度由物面的零值沿物面外法线方向迅速增加至外部势流区速度，一般速度梯度很大，黏滞力不可忽略，是产生摩擦阻力的原因。尾流区是边界层内的有旋流体被带到物体后部形成的涡旋流动，涡旋流动使部分流体与物面脱离，使得尾流区物体表面的压强低于来流的压强，而迎流面的压强大于来流的压强，这两部分的压强差造成作用于物体上的压差阻力。压差阻力的大小决定于尾流区的大小，也就是决定于边界层分离点的位置，分离点沿绕流物体表面后移，尾流区减小，则压差阻力减小，摩擦阻力增加。

图 6-3-12　边界层

边界层的厚度取决于惯性力与黏滞力之比，即取决于雷诺数，雷诺数越大，边界层越薄，但沿着流动方向边界层厚度是逐渐增加的。

流体作用在绕流物体上的力分解为绕流阻力和升力。绕流阻力包括摩擦阻力和压差阻力两部分，绕流阻力的计算涉及绕流阻力系数 C_D，一般情况下，绕流阻力系数 C_D 主要取决于雷诺数，并与物体的形状、表面的粗糙情况，以及来流的紊动强度有关，由实验确定。

【例 6-3-7】（历年真题）边界层分离现象的后果是：
A. 减小了液流与边壁的摩擦力　　　　B. 增大了液流与边壁的摩擦力
C. 增加了流体运动的压差阻力　　　　D. 减小了流体运动的压差阻力

【解答】 边界层分离现象的后果是：增加了流体运动的压差阻力，应选 C 项。

八、减小阻力的措施

1. 物理方法

（1）选择内壁光滑的管材，如用塑料管和复合管代替铸铁管或混凝土管；

（2）减少旋涡区的范围和旋涡的强度，如用渐扩或减缩管代替突然扩大或突然缩小管；

（3）逐渐改变流动方向，如采用两个 45°弯头代替一个 90°弯头，或用曲率半径大的弯管代替曲率半径小的弯管；

（4）减小二次流的影响距离，对于一些大型风管弯头，可在制造时增加导叶片，使二次流的影响范围减小，局部阻力变小。

2. 化学方法

目前采用的化学方法主要是使用一些添加剂来达到减小阻力的目的。这类的减阻技术已有一些应用在化工领域。

习　题

6-3-1 （历年真题）管径 $d=50$mm 的水管，在水温 $t=10$℃时，管内要保持层流的最大流速是（10℃的水的运动黏滞系数 $\nu=1.31\times10^{-6}$m²/s）：
A. 0.21m/s　　　B. 0.115m/s　　　C. 0.105m/s　　　D. 0.0603m/s

6-3-2 （历年真题）管道长度不变，管中流动为层流，允许的水头损失不变，当直径变为原来的 2 倍时，若不计局部损失，流量将变为原来的：
A. 2 倍　　　　B. 4 倍　　　　C. 8 倍　　　　D. 16 倍

6-3-3 （历年真题）如图所示，当阀门的开度变小时，流量将：
A. 增大　　　　B. 减小
C. 不变　　　　D. 条件不足，无法确定

题 6-3-3 图

6-3-4 （历年真题）尼古拉斯实验的曲线图中，在（　　）区域里，不同相对粗糙度的试验点，分别落在一些与横轴平行的直线上，阻力系数 λ 与雷诺数无关。
A. 层流区　　　　　　　　　　　B. 临界过渡区
C. 紊流光滑区　　　　　　　　　D. 紊流粗糙区

6-3-5 (历年真题)圆管层流中,下述错误的是:
A. 水头损失与雷诺数有关　　　　B. 水头损失与管长度有关
C. 水头损失与流速有关　　　　　D. 水头损失与粗糙度有关

第四节　孔口、管嘴出流和有压管流

一、孔口出流

孔口出流时,水流与孔壁仅在一条周线上接触,壁厚对出流无影响,这样的孔口称为薄壁孔口。孔口上、下缘在水面下的深度是不同的,其作用水头也不同(图6-4-1)。在实际计算中,当孔口的直径 d(或高度 e)与孔口形心在水面下的深度 H 相比很小,如 $d \leqslant H/10$ 时,便可认为孔口断面上各点的水头相等,这样的孔口是小孔口;当 $d > H/10$ 时,应考虑不同高度上的水头不等,这样的孔口是大孔口。

图6-4-1　孔口自由出流

1. 自由出流

水由孔口流入大气中称为自由出流,如图6-4-1所示。在孔口断面流线并不平行,距孔口约为 $d/2$ 处流束收缩完毕,流线趋于平行,该断面称为收缩断面,见图中的 c-c 断面。设孔口断面面积为 A,收缩断面面积为 A_c,收缩系数 ε 为:$\varepsilon = A_c/A$,当完全收缩时,取 $\varepsilon = 0.64$。

为推导孔口出流的基本公式,选通过孔口形心的水平面为基准面,取容器内符合渐变流条件的过流断面 1-1、收缩断面 c-c 列能量方程:

$$H + \frac{p_0}{\rho g} + \frac{\alpha_0 v_0^2}{2g} = \frac{p_c}{\rho g} + \frac{\alpha_c v_c^2}{2g} + \zeta \frac{v_c^2}{2g}$$

式中,$p_0 = p_c = p_a$,且令 $H_0 = H + \frac{\alpha_0 v_0^2}{2g}$,代入上式,整理得:

收缩断面流速

$$v_c = \frac{1}{\sqrt{\alpha_c + \zeta}} \sqrt{2gH_0} = \varphi \sqrt{2gH_0} \tag{6-4-1}$$

孔口的流量

$$Q = v_c A_c = \varphi \varepsilon A \sqrt{2gH_0} = \mu A \sqrt{2gH_0} \tag{6-4-2}$$

式中,H_0 为作用水头,如 $v_0 \approx 0$,则 $H_0 = H$;ζ 为孔口的局部水头损失系数,取为 0.06;φ 为孔口的流速系数,$\varphi = \frac{1}{\sqrt{\alpha_c + \zeta}} = \frac{1}{\sqrt{1 + \zeta}} = \frac{1}{\sqrt{1 + 0.06}} = 0.97$;$\mu$ 为孔口的流量系数,$\mu = \varepsilon \varphi = 0.64 \times 0.97 = 0.62$。

2. 淹没出流

水由孔口直接流入另一部分水体中(图6-4-2)称为淹没出流。孔口淹没出流也和自由出流一样,水流经孔口流束形成收缩断面 c-c,然后扩大。选通过孔口形心的水平面为基准面,取上下游过流断面 1-1、2-2 列能量方程,式中水头损失项包括孔口的局部损失和收缩断面 c-c 至过流断面 2-2 流束突然扩大局部损失:

$$H_1 + \frac{\alpha_1 v_1^2}{2g} = H_2 + \frac{\alpha_2 v_2^2}{2g} + \zeta \frac{v_c^2}{2g} + \zeta_{se} \frac{v_c^2}{2g}$$

令 $H_0 = H_1 - H_2 + \frac{\alpha_1 v_1^2}{2g}$，又 v_2 忽略不计，代入上式，整理得：

收缩断面流速

$$v_c = \frac{1}{\sqrt{\zeta + \zeta_{se}}} \sqrt{2gH_0} = \varphi \sqrt{2gH_0} \tag{6-4-3}$$

图 6-4-2 孔口淹没出流

孔口的流量

$$Q = v_c A_c = \varphi \varepsilon A \sqrt{2gH_0} = \mu A \sqrt{2gH_0} \tag{6-4-4}$$

式中，H_0 为作用水头，如 $v_1 \approx 0$，则 $H_0 = H_1 - H_2 = H$；ζ 为孔口的局部水头损失系数，取为 0.06；ζ_{se} 为水流自收缩断面突然扩大的局部水头损失系数，当 $A_2 \gg A_c$ 时，$\zeta_{se} \approx 1$；φ 为淹没孔口的流速系数，$\varphi = \frac{1}{\sqrt{\zeta + \zeta_{se}}} = \frac{1}{\sqrt{1+\zeta}} = \frac{1}{\sqrt{1+0.06}} = 0.97$；$\mu$ 为淹没孔口的流量系数，$\mu = \varepsilon \varphi = 0.64 \times 0.97 = 0.62$。

图 6-4-3 管嘴出流

注意，自由出流的水头 H 是水面至孔口形心的高度，而淹没出流的水头 H 乃是上下游水面高差。因为淹没出流孔口断面各点的水头相同，所以淹没出流无"大""小"孔口之分。

二、管嘴出流

在孔口上对接长度为 3~4 倍孔径的短管，水通过短管并在出口断面满管流出的水力现象称为管嘴出流。如图 6-4-3 所示，设开口容器，水由管嘴自由出流，取容器内过流断面 1-1 和管嘴出口断面 $b\text{-}b$ 列能量方程

$$H + \frac{\alpha_0 v_0^2}{2g} = \frac{\alpha v^2}{2g} + \zeta_n \frac{v^2}{2g}$$

令 $H_0 = H + \frac{\alpha_0 v_0^2}{2g}$，代入上式，整理得：

管嘴出口流速

$$v = \frac{1}{\sqrt{\alpha + \zeta_n}} \sqrt{2gH_0} = \varphi_n \sqrt{2gH_0} \tag{6-4-5}$$

管嘴流量

$$Q = vA = \varphi_n A \sqrt{2gH_0} = \mu_n A \sqrt{2gH_0} \tag{6-4-6}$$

式中，H_0 为作用水头，如 $v_0 \approx 0$，则 $H_0 = H$；ζ_n 为管嘴的局部水头损失系数，$\zeta_n = 0.5$；φ_n 为管嘴的流速系数，$\varphi_n = \frac{1}{\sqrt{\alpha + \zeta_n}} = \frac{1}{\sqrt{1+0.5}} = 0.82$；$\mu_n$ 为管嘴的流量系数，因出口断面无收缩，$\mu_n = \varphi_n = 0.82$。

比较式（6-4-6）和式（6-4-2），两式形式上完全相同，然而流量系数 $\mu_n = 1.32\mu$，可见在相同的作用水头下，同样面积管嘴的过流能力是孔口过流能力的 1.32 倍。

孔口外接短管成为管嘴，增加了阻力，但流量不减，反而增加，这是收缩断面处真空的作用。可推导出收缩断面的真空高度为：

$$\frac{p_v}{\rho g} = \frac{p_a - p_c}{\rho g} = 0.75 H_0 \tag{6-4-7}$$

比较孔口自由出流和管嘴出流，前者收缩断面在大气中，而后者的收缩断面为真空区，真空高度达作用水头的 75%，相当于把孔口出流的作用水头增大 75%，这正是圆柱形外管嘴的流量比孔口流量大的原因。

由式（6-4-7）可知，作用水头 H_0 越大，管嘴内收缩断面的真空高度也越大。但当收缩断面的真空高度超过 7m 水柱时，空气会从管嘴出口断面吸入，使得收缩断面的真空被破坏，管嘴不能保持满管出流。为了限制收缩断面的真空高度 $\frac{p_v}{\rho g} \leqslant 7\text{m}$，规定管嘴作用水头的限值 $[H_0] = \frac{7\text{m}}{0.75} = 9\text{m}$。

其次，对管嘴的长度也有一定限制。长度过短，流束在管嘴内收缩后来不及扩大到整个出口断面，收缩断面不能形成真空，管嘴仍不能发挥作用；长度过长，沿程水头损失不容忽略，管嘴出流变为短管出流。

综上可知，圆柱形外管嘴的正常工作条件是：（1）作用水头 $H_0 \leqslant 9\text{m}$；（2）管嘴长度 $l = (3 \sim 4)d$。

【例 6-4-1】（历年真题）圆柱形管嘴，直径为 0.04m，作用水头为 7.5m，则出水流量为：

A. $0.008\text{m}^3/\text{s}$ B. $0.023\text{m}^3/\text{s}$ C. $0.020\text{m}^3/\text{s}$ D. $0.013\text{m}^3/\text{s}$

【解答】 根据圆柱形管嘴流量计算公式

$$Q = \mu_n A \sqrt{2gH_0} = 0.82 \times \frac{\pi}{4} \times 0.04^2 \times \sqrt{2 \times 9.8 \times 7.5} = 0.0125\text{m}^3/\text{s}$$

应选 D 项。

【例 6-4-2】（历年真题）正常工作条件下，若薄壁小孔口直径为 d_1，圆柱形管嘴的直径为 d_2，作用水头 H 相等，要使得孔口与管嘴的流量相等，则直径 d_1 与 d_2 的关系是：

A. $d_1 > d_2$　　　　　　　　　　　　B. $d_1 < d_2$
C. $d_1 = d_2$　　　　　　　　　　　　D. 条件不足无法确定

【解答】 根据薄壁小孔口、圆柱形管嘴的流量计算公式

$$Q_1 = \mu A_1 \sqrt{2gH_0}, \quad Q_2 = \mu_n A_2 \sqrt{2gH_0}, \quad 又 \mu = 0.62, \mu_n = 0.82$$

由 $\mu A_1 = \mu_n A_2$，则：$d_1 > d_2$

应选 A 项。

三、有压管流

有压管流是输送液体和气体的主要方式。由于有压管流沿程具有一定的长度，其水头损失包括沿程损失和局部损失。工程上为了简化计算，按两类水头损失在全部损失中所占比例的不同，将管道分为短管和长管。短管是指水头损失中，沿程损失和局部损失都占相

当比例，两者都不可忽略的管道，如水泵吸水管、虹吸管，以及工业送风管等都是短管；长管是指水头损失以沿程损失为主，局部损失和流速水头的总和与沿程损失相比很小，可忽略不计的管道，如给水管道就属于长管。

1. 短管的水力计算

设短管自由出流（图 6-4-4），水箱水位恒定。取水箱内过流断面 1-1、管道出口断面 2-2 列能量方程，其中 $v_1 \approx 0$，则：

$$H = \frac{\alpha v^2}{2g} + h_w$$

水头损失

$$h_w = \left(\lambda \frac{l}{d} + \Sigma \zeta\right) \frac{v^2}{2g}$$

由上述公式可计算出流速 v，流量 $Q = vA$。

若短管淹没出流（图 6-4-5），取上、下游水箱内过流断面 1-1、2-2 列能量方程，其中 $v_1 \approx v_2 \approx 0$，则：

$$H = h_w = \left(\lambda \frac{l}{d} + \Sigma \zeta\right) \frac{v^2}{2g}$$

由上式可计算出流速 v，流量 $Q = vA$。

图 6-4-4 短管自由出流

图 6-4-5 短管淹没出流

【例 6-4-3】（历年真题）图示两个水箱用两段不同直径的管道连接，1~3 管段长 $l_1 = 10$m，直径 $d_1 = 200$mm，$\lambda_1 = 0.019$；3~6 管段长 $l_2 = 10$m，直径 $d_2 = 100$mm，$\lambda_2 = 0.018$，管道中的局部管件：1 为入口（$\zeta_1 = 0.5$）；2 和 5 为 90°弯头（$\zeta_2 = \zeta_5 = 0.5$）；3 为渐缩管（$\zeta_3 = 0.024$）；4 为闸阀（$\zeta_4 = 0.5$）；6 为管道出口（$\xi_6 = 1$）。若输送流量为 40L/s，则两水箱水面高度差为：

A. 3.501m　　　　　　　　B. 4.312m
C. 5.204m　　　　　　　　D. 6.123m

例 6-4-3 图

【解答】列两水箱水面的能量方程：$H = h_w = h_{w1} + h_{w2}$

1~3 段：
$$v_1 = \frac{Q}{A_1} = \frac{0.04}{\frac{\pi}{4} \times 0.2^2} = 1.27 \text{m/s}$$

3~6 段：
$$v_2 = \frac{Q}{A_2} = \frac{0.04}{\frac{\pi}{4} \times 0.1^2} = 5.10 \text{m/s}$$

$$h_{w1} = \left(\lambda_1 \frac{l_1}{d_1} + \Sigma\xi_1\right)\frac{v_1^2}{2g} = \left(0.019 \times \frac{10}{0.2} + 0.5 + 0.5 + 0.024\right) \times \frac{1.27^2}{2 \times 9.8} = 0.162\text{m}$$

同理，$h_{w2} = \left(0.018 \times \frac{10}{0.1} + 0.5 + 0.5 + 1\right) \times \frac{5.1^2}{2 \times 9.8} = 5.043\text{m}$

$H = h_{w1} + h_{w2} = 5.205\text{m}$，应选 C 项。

2. 长管的水力计算

由于长管不计流速水头和局部水头损失，故水管的水力计算大为简化。

(1) 简单管道

沿程直径不变、流量也不变的管道称为简单管道。如图 6-4-6 所示，由水箱引出简单管道，长度 l，直径 d，水箱水面距管道出口高度为 H。由于为长管，不考虑流速水头和局部水头损失。取水箱内过流断面 1-1 和管道出口断面 2-2 列能量方程：

$$H = h_f$$

式中

$$h_f = \lambda \frac{l}{d} \frac{v^2}{2g} = \frac{8\lambda}{g\pi^2 d^5} l Q^2 \tag{6-4-8}$$

令

$$S_0 = \frac{8\lambda}{g\pi^2 d^5}, S_0 \text{ 称为比阻} \tag{6-4-9}$$

令 $S = S_0 l$，S 称为阻抗，则：

$$H = h_f = S_0 l Q^2 = SQ^2 \tag{6-4-10}$$

式 (6-4-10) 是简单管道按比阻（或阻抗）计算的基本公式。式中比阻 S_0 取决于沿程摩阻系数 λ 和管径 d。

(2) 串联管道

由直径不同的管段顺序连接起来的管道，称为串联管道。如图 6-4-7 所示。节点流量关系：

$$Q_i = Q_{i+1} + q_i \tag{6-4-11}$$

图 6-4-6 简单管道

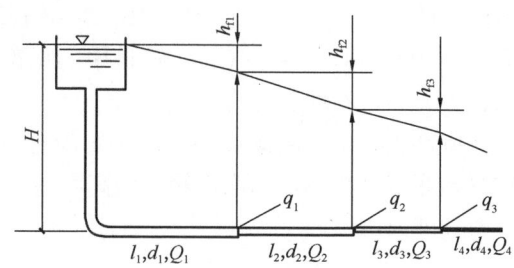

图 6-4-7 串联管道

总水头损失：

$$H = \sum_{i=1}^{n} h_{fi} = \sum_{i=1}^{n} S_i Q_i^2 \tag{6-4-12}$$

(3) 并联管道

在两节点之间，并联两根以上管段的管道称为并联管道。如图 6-4-8 所示，节点 A、

B 之间就是三根并接的并联管道。设并联节点 A、B 间各管段分配流量为 Q_1、Q_2、Q_3（待求），A 节点分出流量为 q_A，由节点流量平衡条件：

$$Q = q_A + Q_1 + Q_2 + Q_3$$

因各管段的首端 A 和末端 B 是共同的，则单位重量流体由断面 A 通过节点

图 6-4-8 并联管道

A、B 间的任一根管段至断面 B 的水头损失，均等于 A、B 两断面的总水头差，故并联各管段的水头损失相等：

$$h_{f1} = h_{f2} = h_{f3} \tag{6-4-13}$$

以阻抗和流量表示：

$$S_1 Q_1^2 = S_2 Q_2^2 = S_3 Q_3^2 \tag{6-4-14}$$

由式（6-4-14）得出并联管段的流量之间的关系，将其代入节点流量平衡关系式，就可求得并联管段分配的流量。

式（6-4-14）可改写为：

$$Q_1 : Q_2 : Q_3 = \frac{1}{\sqrt{S_1}} : \frac{1}{\sqrt{S_2}} : \frac{1}{\sqrt{S_3}} \tag{6-4-15}$$

上式说明，并联各管的流量分配取决于各管阻抗的大小，阻抗小的通过的流量大，阻抗大的通过的流量小。

【例 6-4-4】（历年真题）主干管在 A、B 间是由两条支管组成的一个并联管路，两支管的长度和管径分别为 $l_1 = 1800\text{m}$，$d_1 = 150\text{mm}$，$l_2 = 3000\text{m}$，$d_2 = 200\text{mm}$，两支管的沿程阻力系数 λ 均为 0.01，若主干管流量 $Q = 39\text{L/s}$，则两支管流量分别为：

A. $Q_1 = 12\text{L/s}$，$Q_2 = 27\text{L/s}$　　　B. $Q_1 = 15\text{L/s}$，$Q_2 = 24\text{L/s}$
C. $Q_1 = 24\text{L/s}$，$Q_2 = 15\text{L/s}$　　　D. $Q_1 = 27\text{L/s}$，$Q_2 = 12\text{L/s}$

【解答】根据比阻：$S_0 = \dfrac{8\lambda}{g\pi^2 d^5}$，两管 λ 相同，则：

$$\frac{S_1}{S_2} = \frac{S_{01} l_1}{S_{02} l_2} = \frac{l_1 \times d_2^5}{d_1^5 \times l_2} = \frac{1800 \times 0.2^5}{3000 \times 0.15^5} = 2.528$$

则：$\dfrac{Q_1}{Q_2} = \sqrt{\dfrac{S_2}{S_1}} = \sqrt{\dfrac{1}{2.528}} = 0.629$

$Q_1 + Q_2 = Q = 39\text{L/s}$，则：$Q_1 = 15\text{L/s}$，$Q_2 = 24\text{L/s}$

应选 B 项。

习　题

6-4-1　（历年真题）圆柱形管嘴的长度为 l，直径为 d，管嘴作用水头为 H_0，则其正常工作条件为：

A. $l = (3 \sim 4)d$，$H_0 > 9\text{m}$　　　B. $l = (3 \sim 4)d$，$H_0 < 9\text{m}$
C. $l = (7 \sim 8)d$，$H_0 > 9\text{m}$　　　D. $l = (7 \sim 8)d$，$H_0 < 9\text{m}$

6-4-2　（历年真题）两孔口形状、尺寸相同，一个是自由出流，出流流量为 Q_1；另一

个是淹没出流，出流流量为 Q_2。若自由出流和淹没出流的作用水头相等，则 Q_1 与 Q_2 的关系是：

A. $Q_1 > Q_2$ B. $Q_1 = Q_2$ C. $Q_1 < Q_2$ D. 不确定

6-4-3 （历年真题）并联管路的流动特征是：

A. 各分管流量相等

B. 总流量等于各分管的流量和，且各分管水头损失相等

C. 总流量等于各分管的流量和，且各分管水头损失不等

D. 各分管测压管水头差不等于各分管的总水头差

6-4-4 （历年真题）并联长管 1、2，两管的直径相同，沿程阻力系数相同，长度 $L_2 = 3L_1$，通过的流量为：

A. $Q_1 = Q_2$ B. $Q_1 = 1.5Q_2$

C. $Q_1 = 1.73Q_2$ D. $Q_1 = 3Q_2$

第五节　明渠恒定流

一、明渠流动概述

明渠流动是水流的部分周界与大气接触，具有自由表面的流动。由于自由表面受大气压作用，相对压强为零，所以又称为无压流。水在渠道、无压管道以及江河中的流动都是明渠流动。

当明渠中水流的运动要素不随时间变化时，称其为明渠恒定流，否则称为明渠非恒定流。在明渠恒定流中，如果水流运动要素不随流程变化，称为明渠恒定均匀流，否则称为明渠恒定非均匀流。在明渠非均匀流中，若流线接近于相互平行的直线，称为渐变流，否则称为急变流。本节主要介绍明渠恒定流。

重力作用、明渠底坡影响、水深可变是明渠流动有别于有压管流的特点。

根据渠道的几何特性，分为棱柱形渠道和非棱柱形渠道：（1）断面形状、尺寸及底坡沿程不变的长直渠道是棱柱形渠道。对于棱柱形渠道，过流断面面积只随水深改变；（2）断面的形状、尺寸或底坡沿程有变化的渠道是非棱柱形渠道。对于非棱柱形渠道，过流断面面积既随水深改变，又随位置改变。渠道的连接过渡段是典型的非棱柱形渠道，天然河道的断面不规则，都属于非棱柱形渠道。

如图 6-5-1 所示，明渠渠底与纵剖面的交线称为底线。底线沿流程单位长度的降低值称为渠道纵坡或底坡，以符号 i 表示：

$$i = \frac{\Delta z}{l} = \sin\theta \tag{6-5-1}$$

通常渠道底坡 i 很小，为便于量测和计算，以水平距离 l_x 代替流程长度 l，同时以铅垂断面作为过流断面，以铅垂深度 h 作为过流断面的水深，则：

$$i = \frac{\Delta z}{l} = \tan\theta \tag{6-5-2}$$

底坡分为三种类型（图 6-5-2）：底线高程沿程降低，$i > 0$，称为正底坡或顺坡；底线高程沿程不变，$i = 0$，称为平坡；底线高程沿程升高，$i < 0$，称为反底坡或逆坡。

图 6-5-1　明渠的底坡　　　　图 6-5-2　底坡类型
　　　　　　　　　　　　　　(a) 顺坡；(b) 平坡；(c) 逆坡

二、明渠均匀流

1. 明渠均匀流形成的条件及特征

明渠均匀流是流线为平行直线的明渠水流，也就是具有自由表面的等深、等速流。

明渠均匀流的条件是水流高程降低提供的重力势能与沿程水头损失相平衡，而水流的动能保持不变。按这个条件，明渠均匀流只能出现在底坡不变，断面形状、尺寸、粗糙系数都不变的顺坡（$i>0$）长直渠道中。在平坡、逆坡渠道，非棱柱形渠道以及天然河道中，都不能形成均匀流。

因为明渠均匀流是等深流，水面线即测压管水头线与渠底线平行，坡度相等，即：$J_p = i$；明渠均匀流又是等速流，总水头线与测压管水头线平行，坡度相等，即：$J = J_p$。因此，可得出明渠均匀流的特征是各项坡度皆相等：

$$J = J_p = i \tag{6-5-3}$$

2. 明渠恒定均匀流的水力计算

（1）水力计算公式

在本章第三节已得到均匀流动水头损失的计算公式——谢才公式，这一公式是均匀流的通用公式，既适用于有压管道均匀流，也适用于明渠均匀流。由于明渠均匀流中，水力坡度 J 与渠道底坡 i 相等，$J=i$，则：

$$v = C\sqrt{RJ} = C\sqrt{Ri} \tag{6-5-4}$$

流量

$$Q = Av = AC\sqrt{Ri} = K\sqrt{i} \tag{6-5-5}$$

式中，K 为流量模数，$K = AC\sqrt{R}$；C 为谢才系数，按曼宁公式，$C = \dfrac{1}{n}R^{1/6}$，R 的单位为 m；n 为粗糙系数。

谢才系数采用曼宁公式时，流量 Q 可写成：

$$Q = A\frac{1}{n}R^{\frac{2}{3}}i^{\frac{1}{2}} \tag{6-5-6}$$

图 6-5-3 梯形断面

(2) 过流断面的几何要素

明渠断面以梯形最具代表性,如图 6-5-3 所示,表示底宽为 b,水面宽为 B,水深为 h 的梯形断面,它的边坡系数 $m=\dfrac{a}{h}=\cot\alpha$,表示边坡倾斜程度的大小,其中 α 为边坡角。由几何关系可得液面宽 B、过流断面面积 A、湿周 χ 和水力半径 R 分别为:

$$B = b + 2mh \tag{6-5-7}$$

$$A = (b+mh)h \tag{6-5-8}$$

$$\chi = b + 2h\sqrt{1+m^2} \tag{6-5-9}$$

$$R = \frac{A}{\chi} \tag{6-5-10}$$

3. 水力最优断面

由式 (6-5-6) 及 $R=\dfrac{A}{\chi}$,得:

$$Q = \frac{1}{n}AR^{\frac{2}{3}}i^{\frac{1}{2}} = \frac{i^{\frac{1}{2}}}{n}\frac{A^{\frac{5}{3}}}{\chi^{\frac{2}{3}}}$$

上式指出明渠均匀流输水能力的影响因素,其中底坡 i 随地形条件而定,粗糙系数 n 决定于壁面材料,在这种情况下输水能力 Q 只决定于过流断面的大小和形状。当 i、n 和 A 一定时,使所通过的流量 Q 最大的断面形状,或者使水力半径 R 最大,即湿周 χ 最小的断面形状定义为水力最优断面。

在土中开挖的渠道一般为梯形断面,边坡系数 m 决定于土体稳定和施工条件,于是渠道断面的形状只由宽深比 b/h 决定。由式 (6-5-8) 可得 $b=A/h-mh$,代入式 (6-5-9) 令 $\mathrm{d}\chi/\mathrm{d}h=0$,可得水力最优梯形断面的宽深比 β_h 为:

$$\beta_h = \left(\frac{b}{h}\right)_h = 2(\sqrt{1+m^2} - m) \tag{6-5-11}$$

上式中取边坡系数 $m=0$,便得到水力最优矩形断面的宽深比 $\beta_h=2$,即水力最优矩形断面的底宽为水深的 2 倍:$b=2h$。

对于梯形断面,由式 (6-5-11) 得:$b=2(\sqrt{1+m^2}-m)h$,代入 $R=\dfrac{A}{\chi}$,可得:

$$R_h = \frac{h}{2}$$

上式表明,在任何边坡系数 m 的情况下,水力最优梯形断面的水力半径 R_h 为水深 h 的一半。

以上有关水力最优断面的概念,只是按渠道边壁对流动的影响最小提出的,所以"水力最优"不同于"技术经济最优"。对于工程造价基本上由土方及衬砌量决定的小型渠道,水力最优断面接近于技术经济最优断面。大型渠道需由工程量、施工技术、运行管理等各方面因素综合比较,方能定出经济合理的断面。

4. 允许流速

为确保渠道能长期稳定地通水,设计流速应控制在不冲刷渠槽,也不使水中悬浮的泥砂沉降淤积的不冲不淤的范围之内，即：
$$[v]_{\max} > v > [v]_{\min}$$
式中，$[v]_{\max}$ 为渠道不被冲刷的最大设计流速，即最大设计流速，可按设计规范采用；$[v]_{\min}$ 为渠道不被淤积的最小设计流速，即最小设计流速，可按设计规范采用。

【例 6-5-1】（历年真题）半圆形明渠，半径 $r_0=4$m，水力半径为：
A. 4m B. 3m C. 2m D. 1m

【解答】水力半径 R 为：
$$R = \frac{\pi r_0^2 / 2}{\pi r_0} = \frac{r_0}{2} = \frac{4}{2} = 2\text{m}，应选 C 项。$$

【例 6-5-2】（历年真题）一梯形断面明渠，水力半径 $R=1$m，底坡 $i=0.0008$，粗糙系数 $n=0.02$，则输水流速度为：
A. 1m/s B. 1.4m/s C. 2.2m/s D. 0.84m/s

【解答】根据谢才公式：
$$v = C\sqrt{Ri} = \frac{1}{n}R^{\frac{1}{6}}\sqrt{Ri} = \frac{1}{0.02} \times 1^{\frac{1}{6}} \times \sqrt{1 \times 0.0008} = 1.41\text{m/s}$$

应选 B 项。

【例 6-5-3】（历年真题）两条明渠过水断面面积相等，断面形状分别为：（1）方形，边长为 a；（2）矩形，底边宽为 $2a$，水深为 $0.5a$，它们的底坡与粗糙系数相同，则两者的均匀流流量关系式为：
A. $Q_1 > Q_2$ B. $Q_1 = Q_2$ C. $Q_1 < Q_2$ D. 不能确定

【解答】根据谢才公式：
$$v = C\sqrt{Ri} = \frac{1}{n}R^{\frac{1}{6}}\sqrt{Ri}，Q = vA，则：$$
$$Q = A \times \frac{1}{n}R^{\frac{1}{6}}\sqrt{Ri} = \frac{1}{n}AR^{\frac{2}{3}}i^{\frac{1}{2}}$$

方形：$R_1 = \frac{a^2}{3a} = \frac{a}{3}$；矩形：$R_2 = \frac{2a \times 0.5a}{2a + 2 \times 0.5a} = \frac{a}{3}$

$\frac{Q_1}{Q_2} = \left(\frac{R_1}{R_2}\right)^{\frac{2}{3}} = 1$，应选 B 项。

【例 6-5-4】（历年真题）矩形水力最优断面的底宽是水深的：
A. $\frac{1}{2}$ B. 1 倍 C. 1.5 倍 D. 2 倍

【解答】矩形断面水力最优断面的底宽是水深的 2 倍，应选 D 项。

三、明渠恒定非均匀流的流动状态

1. 明渠非均匀流的水力特征

人工渠道或天然河道中的水流，绝大多数为非均匀流，这是因为天然河道中不存在棱柱形渠道，即使人工渠道其断面形状、尺寸可能改变，底坡也可能改变，就是长直棱柱形渠道上也往往建有闸、涵等水工建筑物，故一般明渠很难满足均匀流的形成条件。

如图 6-5-4 所示，与明渠均匀流相比，明渠非均匀流有以下特征：

图 6-5-4　明渠非均匀流

(1) 断面平均流速、水深沿程改变，即 $h = f(s), A = f(h, s)$；

(2) 水力坡度 J、水面线 J_p、底坡 i 三者不再相等，即底坡线、水面线、总水头线不再平行。

2. 急流、缓流与临界流

假定将小石子投向湖水中，小石子会激起微小的干扰波，以小石子落点为中心向四周传播，干扰波传播如图 6-5-5(a) 所示。其传播速度用 c 表示（简称波速）。$c = \sqrt{gh_m}$，式中 h_m 为平均水深。若把小石子投向渠道水流中，干扰波传播如图 6-5-5(b)、(c)、(d) 所示。

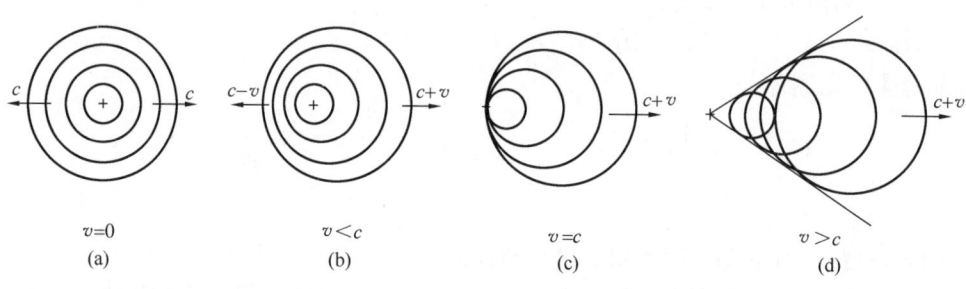

图 6-5-5　干扰波传播示意图

图 6-5-5(c) 表示的是水流流速等于波速 c，只能向下游传播，向上游传播速度 $c-v=0$，这种水流称为临界流；如图 6-5-5(b) 所示，渠道中水流流速小于波速 c，干扰波向下游传播的速度为 $v+c$，向上游传播速度为 $c-v>0$，这种水流称为缓流；如图 6-5-5(d) 所示，渠道中水流流速大于波速 c，干扰波不能向上游传播，向上传播的速度为 $c-v<0$，向下游传播速度为 $c+v$。这种水流称为急流。根据以上定义，缓流、急流、临界流就有了判别标准。

$v < c$，为缓流；

$v = c$，为临界流；

$v > c$，为急流。

对于临界流 $v = c = \sqrt{gh_m}$，可以改写为无量纲数，用 Fr 表示，称为弗劳德数，即 $Fr = \dfrac{v}{\sqrt{gh_m}} = 1$。$Fr$ 就成为急流、缓流的另一个判别标准，Fr 恒大于零，则：

$Fr < 1$，为缓流；

$Fr = 1$，为临界流；

$Fr > 1$，为急流。

3. 断面单位能量与临界水深

如图 6-5-6 所示，取明渠渐变流的任一过水断面，单位重量液体对基准面 0-0 的总机械能 E：

$$E = z_A + \frac{p_A}{\gamma} + \frac{\alpha v^2}{2g} = z + h + \frac{\alpha v^2}{2g}$$

图 6-5-6　明渠渐变流横断面

由于 z 的大小取决于基准面的位置,所以如果把基准面 0-0 移至该过流断面的最低点 $0'-0'$ 位置,则单位重量液体的机械能即断面单位能量(亦称断面比能)e 为:

$$e = h + \frac{\alpha v^2}{2g} = h + \frac{\alpha Q^2}{2gA^2} \tag{6-5-12}$$

黏性流体在流动时产生流动阻力,造成沿程水头损失,单位重量流体总的机械能沿程减少,即 $dE/ds<0$。断面单位能量则不同,断面单位能量沿程可大、可小或沿程不变,即 $de/ds>0$,$de/ds<0$,$de/ds=0$(均匀流),这是因为基准面选在明渠底部,基准面是变化的。研究断面单位能量 e 沿程变化,则可分析水面曲线的变化规律。

对于梯形断面棱柱形渠道,由式(6-5-12),以 e 为横坐标,h 为纵坐标,可绘出断面单位能量曲线(亦称比能函数曲线),如图 6-5-7(a) 所示。

曲线上端与以坐标轴呈 45°角的直线渐近,下端与横轴为渐近线,该曲线有极小值,对应 K 点,断面单位能量最小,K 点把曲线分为上、下两半支,上支断面单位能量随水深增加而增加,即 $de/dh>0$;下支断面单位能量随水深减小而增大,即 $de/dh<0$。

由 $\dfrac{de}{dh}$ 及引入 $Fr^2 = \dfrac{v^2}{gh_m}$,则:

$$\frac{de}{dh} = 1 - Fr^2 \tag{6-5-13}$$

由上式可知:(1)对于缓流,$Fr<1$,则 $de/dh>0$,相当于上半支,所以上支为缓流;(2)对于急流 $Fr>1$,则 $\dfrac{de}{dh}<0$,对应为下半支,所以下半支为急流;(3)对于临界流 $Fr^2=1$,则 $\dfrac{de}{dh}=0$,对应为 K 点,所以 K 点为急流、缓流的分界点。

图 6-5-7 临界水深 h_K 的求解示意图
(a) 断面比能曲线;(b) 断面图

K 点对应临界流,是断面单位能量最小值所对应的水深,称为临界水深,用 h_K 表示。满足临界水深的条件是 $\dfrac{de}{dh}=0$,故 h_K 可计算得到。

临界水深 h_K 成为一个判别急流、缓流的标准:

$h>h_K$,为缓流;
$h=h_K$,为临界流;
$h<h_K$,为急流。

4. 临界底坡

如果断面形状、尺寸一定的水槽,底坡 $i>0$,流量恒定,水流为均匀流,具有一定的正常水深 h_0。若改变底坡的大小,但底坡总大于 0,那么,在每种情况下得到一个正常水深。根据水深和断面单位能量的变化,可以绘制与图 6-5-7(a) 相类似的曲线,断面单位能量的最小值对应的水流是临界流,水深为 h_K,相应的底坡称为临界底坡,记做 i_K。相比之下,$i<i_K$ 对应的是缓流,此底坡称为缓坡,$i>i_K$ 对应的是急流,此底坡称为陡坡。

临界底坡 i_K 也是急流、缓流、临界流的判别标准:

$i < i_K$，为缓流；
$i = i_K$，为临界流；
$i > i_K$，为急流。

注意，临界底坡 i_K 的值是在流量、渠道断面形状尺寸一定的前提下确定的。当流量、断面尺寸有一个量改变了，临界底坡的大小即改变。

5. 小结

上述明渠水流的流动状态及其判别，其中微波速度 c、弗劳德数 Fr 及临界水深 h_K 作为判别标准是等价的，无论均匀流或非均匀流都适用，是普遍标准。临界底坡 i_K 作为判别标准，只适用于明渠均匀流，是专属标准。

习　题

6-5-1　（历年真题）水力最优断面是指当渠道的过流断面面积 A、粗糙系数 n 和渠道底坡 i 一定时，其：

A. 水力半径最小的断面形状　　　　B. 过流能力最大的断面形状
C. 湿周最大的断面形状　　　　　　D. 造价最低的断面形状

6-5-2　（历年真题）下面对明渠均匀流的描述中，正确的是：

A. 明渠均匀流必须是非恒定流
B. 明渠均匀流的粗糙系数可以沿程变化
C. 明渠均匀流可以有支流汇入或流出
D. 明渠均匀流必须是顺坡

6-5-3　（历年真题）矩形排水沟，底宽 5m，水深 3m，则水力半径为：

A. 5m　　　　　B. 3m　　　　　C. 1.36m　　　　　D. 0.94m

第六节　渗流、井和集水廊道

渗流是液体在孔隙介质中的流动。孔隙介质包括土、岩层等各种多孔介质和裂隙介质。在水利工程、土木工程中，渗流主要指水在地表面以下的土或岩层中流动，因此往往称作地下水运动。土是孔隙介质的典型代表，本节介绍的渗流主要指水在土中的流动，是水流与土相互作用的产物，二者互相依存、互相影响。

一、渗流的基本概念

1. 水在土中的状态

水在土中的状态可以分为气态水、附着水、薄膜水、毛细水和重力水。

气态水以水蒸气的状态存在于土孔隙中，其数量很少，对于一般水利工程的影响可以不计。附着水和薄膜水都是由于土颗粒与水分子相互作用而形成的，也称结合水。结合水数量很少，很难移动，在渗流运动中也可以忽略不计。毛细水指由于表面张力（毛细）作用而保持在土中的水，它可在土中移动，可传递静水压力。除特殊情况（极细颗粒土中渗流）外，毛细水一般在工程中也是可以忽略不计的。

当土的含水量很大时，除少量水分吸附于土粒四周和存在于毛细区外，绝大部分的水受重力作用而在孔隙中流动，称为重力水或自由水。重力水是渗流运动研究的主要对象。

毛细水区与重力水区分界面上的压强等于大气压强，此分界面称为地下水面或浸润面。重力水区内的孔隙一般为水所充满，故又称为饱和区。

2. 土的渗透特性

土的性质对渗流有很大的制约作用和影响。土的结构是由大小不等的各级固体颗粒混合组成的，由土粒组成的结构称为骨架。水在土体孔隙中的渗流特性与土体孔隙的形状、大小等有关，而土体孔隙的形状大小又与土颗粒的形状、大小等有关。

土孔隙的大小可以用土的孔隙率 n 来反映，它表示一定体积的土中，孔隙的体积 V_v 与土体体积 V（包含孔隙体积）的比值：$n=V_v/V$，n 反映了土的密实程度。

土颗粒大小的均匀程度通常用不均匀系数 C_u 来反映：$C_u=d_{60}/d_{10}$，其中，d_{60} 和 d_{10} 分别表示小于这种粒径的土粒重量占土样总重量的 60% 和 10%。一般 C_u 值总是大于 1，C_u 值越大，表示组成土的颗粒大小越不均匀。均匀颗粒组成的土体，$C_u=1$。

若土的透水性能各处相同，不随空间位置而变化，则称为均质土，否则就称为非均质土。若土中任意一点的透水性能在各个方向均相同，则称为各向同性土，否则就是各向异性土。自然界中土的构造是十分复杂的，一般都是非均质各向异性的。本节介绍较简单的均质各向同性土的渗流。

3. 渗流模型

由于土孔隙的形状、大小及分布情况极其复杂，要详细地确定渗流在土孔隙通道中的流动情况极其困难，也无此必要。工程中所关心的是渗流的宏观平均效果，而不是孔隙内的流动细节，为此引入简化的渗流模型来代替实际的渗流。

渗流模型是渗流区域（流体和孔隙介质所占据的空间）的边界条件保持不变，略去全部土颗粒，认为渗流区连续充满流体，而流量与实际渗流相同，压强和渗流阻力也与实际渗流相同的替代流场。

按渗流模型的定义，渗流模型中某一过水断面面积 ΔA（其中包括土颗粒面积和孔隙面积）通过的实际流量为 ΔQ，则 ΔA 上的平均速度（简称为渗流速度）：

$$u=\frac{\Delta Q}{\Delta A} \tag{6-6-1}$$

而水在孔隙中的实际平均速度：

$$u'=\frac{\Delta Q}{\Delta A'}=\frac{\Delta Q}{n\Delta A}=\frac{1}{n}u>u \tag{6-6-2}$$

式中，$\Delta A'$ 为 ΔA 中孔隙面积；$n=\dfrac{\Delta A'}{\Delta A}$ 为土的孔隙率。可见，渗流速度小于土孔隙中的实际速度。

渗流模型将渗流作为连续空间内连续介质的运动，使得前面基于连续介质建立起来的描述流体运动的方法和概念能直接应用于渗流中，使得在理论上研究渗流问题成为可能。

二、渗流的基本定律——达西定律

1. 达西定律

在 1852—1855 年间，法国工程师达西经过大量实验，总结出了渗流的基本规律，称为达西定律。

达西实验的装置如图 6-6-1 所示，装置中通过砂土的渗流是恒定流，测压管中水面保持恒定不变。

如果圆筒横断面面积为 A，则断面平均渗流流速为：

$$v = \frac{Q}{A}$$

由于渗流流速 v 极微小，可以不计流速水头，因此，渗流中的总水头 H 可用测压管水头 h_1 来表示，水头损失 h_w 可以用测压管水头差来表示，即：

$$h_w = h_1 - h_2$$

水力坡度 $\quad J = \dfrac{h_w}{l} = \dfrac{h_1 - h_2}{l}$

图 6-6-1 达西渗流实验装置

达西分析了大量实验资料发现，渗流流量 Q 与过水断面面积 A 以及水力坡度 J 成正比，即：

$$Q = kJA \tag{6-6-3}$$

式中，k 为反映土的透水性质的比例系数，称为渗透系数（m/d 或 cm/s）。

上式也可以写为：

$$v = kJ \tag{6-6-4}$$

式（6-6-4）即为达西公式，它表明均质孔隙介质中渗流流速与水力坡度的一次方成比例并与土的性质有关，即达西定律。

2. 适用范围

达西定律表明渗流的水头损失与流速的一次方成正比，即水头损失与流速成线性关系，这是流体作层流运动所遵循的规律。大量研究表明，达西定律只能适应于层流渗流，而不能适用于紊流运动。

根据实验，达西定律的适用范围为：

$$Re = \frac{vd}{\nu} \leqslant 1 \sim 10 \tag{6-6-5}$$

式中，d 为土颗粒的有效直径，一般采用 d_{10}。为安全起见，可把 $Re=1.0$ 作为线性定律适用的上限。

3. 渗透系数

渗透系数是反映土性质和流体性质综合影响渗流的系数，是分析计算渗流问题最重要的参数。由于该系数取决于土颗粒大小、形状、分布情况及地下水的物理化学性质等多种因素，要准确地确定其数值相当困难。确定渗透系数的方法大致分为三类：①实验室测定法；②现场测定法；③经验为主法。几类土的渗透系数见表 6-6-1。

几类土的渗透系数　　　　表 6-6-1

土 名	渗透系数 k		土 名	渗透系数 k	
	m/d	cm/s		m/d	cm/s
黏土	<0.005	>6×10⁻⁶	粉砂	0.5～1.0	6×10⁻⁴～1×10⁻³
粉质黏土	0.005～0.1	6×10⁻⁶～1×10⁻⁶	细砂	1.0～5.0	1×10⁻³～6×10⁻³
黏质粉土	0.1～0.5	1×10⁻⁴～6×10⁻⁴	中砂	5.0～20.0	6×10⁻³～2×10⁻²
黄土	0.25～0.5	3×10⁻⁴～6×10⁻⁴	均质中砂	35～50	4×10⁻²～6×10⁻²

【例 6-6-1】（历年真题）图示均匀砂质土壤装在容器中，设渗透系数为 0.012cm/s，渗流流量为 0.3m³/s，则渗流流速为：

A. 0.003cm/s　　　　B. 0.006cm/s
C. 0.009cm/s　　　　D. 0.012cm/s

【解答】根据达西定律：

$$v = kJ$$
$$= 0.012 \times \frac{1.5 - 0.3}{2.4}$$
$$= 0.006 \text{cm/s}$$

例 6-6-1 图

应选 B 项。

【例 6-6-2】（历年真题）渗流达西定律适用于：

A. 地下水渗流　　　　　　　B. 砂质土壤渗流
C. 均匀土壤层流渗流　　　　D. 地下水层流渗流

【解答】渗流达西定律适用于均匀土壤（或土）层流渗流，应选 C 项。

三、裘布依（J. Dupuit）公式

在透水地层中的地下水流动，很多情况是具有自由液面的无压渗流。对于无压渗流，重力水的自由表面称为浸润面，在渗流空间较大时可视为平面渗流，浸润面的剖面为浸润线。无压渗流可分为：流线是平行直线、等深、等速的均匀渗流；流线近于平行直线的非均匀渐变渗流。

图 6-6-2　渐变渗流

设非均匀渐变渗流，底坡为 i，如图 6-6-2 所示。取相距为 ds 的过流断面 1-1、2-2，根据渐变流的性质，过流断面近于平面，面上各点的测压管水头皆相等。又由于渗流的总水头等于测压管水头，所以，断面 1-1 与 2-2 之间任一流线上的水头损失相同：

$$H_1 - H_2 = -dH$$

因为渐变流的流线近于平行直线，断面 1-1 与 2-2 间各流线的长度近于 ds，则过流断面上各点的水力坡度相等：

$$J = -\frac{dH}{ds}$$

代入式（6-6-4），过流断面上各点的流速相等，并等于断面平均流速，流带分布图为矩形，但不同过流断面的流速大小不同：

$$v = u = kJ = -k\frac{dH}{ds} \quad (6-6-6)$$

上式称为裘布依公式。

如图 6-6-2 所示，$dH = (z + dz + h + dh) - (z + h) = dz + dh$

代入式（6-6-5），且 $i = -\frac{dz}{ds}$，则：

$$v = -k\left(\frac{\mathrm{d}z}{\mathrm{d}s} + \frac{\mathrm{d}h}{\mathrm{d}s}\right) = k\left(i - \frac{\mathrm{d}h}{\mathrm{d}s}\right) \tag{6-6-7}$$

$$Q = vA = kA\left(i - \frac{\mathrm{d}h}{\mathrm{d}s}\right)$$

$i=0$:
$$Q = -kA\frac{\mathrm{d}h}{\mathrm{d}s} \tag{6-6-8}$$

式（6-6-8）即为集水廊道渗流的基本方程。

四、井

在具有自由水面的潜水层中凿的井称为普通井或潜水井，其中贯穿整个含水层，井底直达不透水层的称为完整井（亦称完全井），井底未达到不透水层的称不完整井（亦称非完整井或非完全井）。

图 6-6-3 普通完整井

含水层位于两个不透水层之间，含水层顶面压强大于大气压强，这样的含水层称为承压含水层。汲取承压地下水的井，称为承压井或自流井。承压井也分为完全井和非完全井。

1. 普通完整井（潜水完整井）

水平不透水层上的普通完整井如图 6-6-3 所示，设含水层中地下水的天然水面 A-A，含水层厚度为 H，井的半径为 r_0。从井内抽水时，井内水位下降，四周地下水向井中补给，并形成对称于井轴的漏斗形浸润面。

由裴布依公式：
$$v = kJ = -k\frac{\mathrm{d}H}{\mathrm{d}s}$$

将 $H = z, \mathrm{d}s = -\mathrm{d}r$ 代入上式，则：
$$v = k\frac{\mathrm{d}z}{\mathrm{d}r}$$

渗流量
$$Q = Av = 2\pi rzk\frac{\mathrm{d}z}{\mathrm{d}r}$$

分离变量并积分：
$$\int_h^z z\mathrm{d}z = \int_{r_0}^r \frac{Q}{2\pi k}\frac{\mathrm{d}r}{r}$$

$$z^2 - h^2 = \frac{Q}{\pi k}\ln\frac{r}{r_0}$$

或
$$z^2 - h^2 = \frac{0.732Q}{k}\lg\frac{r}{r_0} \tag{6-6-9}$$

从理论上讲，浸润线是以地下水天然水面线为渐近线，当 $r\to\infty$ 时，$z=H$。但从工程实用观点来看,认为渗流区存在影响半径R,R以外的地下水位不受影响,即$r=R$,$z=H$,代入式(6-6-9),得:

$$Q=1.366\frac{k(H^2-h^2)}{\lg\frac{R}{r_0}} \qquad (6\text{-}6\text{-}10)$$

式中,Q为产水量;h为井水深;s为抽水降深;R为影响半径;r_0为井半径。

影响半径R可由现场抽水试验测定,估算时,可根据经验数据选取,对于细砂$R=100\sim200$m,中等粒径砂$R=250\sim500$m,粗砂$R=700\sim1000$m。R也可用下面的经验公式计算:

$$R=3000s\sqrt{k} \qquad (6\text{-}6\text{-}11)$$

或

$$R=575s\sqrt{Hk} \qquad (6\text{-}6\text{-}12)$$

式中,k以"m/s"计,R、s和H均以"m"计。

2. 承压完整井

承压完整井如图6-6-4所示,含水层位于两不透水层之间。设水平走向的承压含水层厚度为t,凿井穿透含水层,未抽水时地下水位上升到H,为承压含水层的总水头,井中水面高于含水层厚t,有时甚至高出地表面向外喷涌。

自井中抽水,井中水深由H降至h,井周围测压管水头线形成漏斗形曲面。取距井轴r处,测压管水头为z的过水断面,由裘布依公式:

图6-6-4 承压完整井

$$v=k\frac{\mathrm{d}z}{\mathrm{d}r}$$

流量

$$Q=Av=2\pi rtk\frac{\mathrm{d}z}{\mathrm{d}r}$$

分离变量积分:

$$\int_h^z\mathrm{d}z=\frac{Q}{2\pi kt}\int_{r_0}^r\frac{\mathrm{d}r}{r}$$

承压完整井水头线方程为:

$$z-h=0.366\frac{Q}{kt}\lg\frac{r}{r_0}$$

同样引入影响半径概念,当$r=R$时,$z=H$,代入上式,解得承压完整井涌水量公式:

$$Q=2.732\frac{kt(H-h)}{\lg\frac{R}{r_0}}=2.732\frac{kts}{\lg\frac{R}{r_0}} \qquad (6\text{-}6\text{-}13)$$

【例6-6-3】(历年真题)潜水完全井抽水量大小与相关物理量的关系是:
A. 与井半径成正比　　　　　　B. 与井的影响半径成正比
C. 与含水层厚度成正比　　　　D. 与土体渗透系数成正比

【解答】根根潜水完全井抽水量计算公式,应选D项。

【例 6-6-4】（历年真题）有一完全井，半径 $r_0=0.3$m，含水层厚度 $H=15$m，抽水稳定后，井水深度 $h=10$m，影响半径 $R=375$m，已知井的抽水量是 0.0276m³/s，求土壤的渗流系数 k 为：

A. 0.0005m/s B. 0.0015m/s
C. 0.0010m/s D. 0.00025m/s

【解答】 根据潜水完全井的抽水量计算公式

$$Q=1.366\frac{k(H^2-h^2)}{\ln\frac{R}{r_0}}，则：$$

$$0.0276=1.366\times\frac{k\times(15^2-10^2)}{\lg\frac{375}{0.3}}，得：k=0.0005\text{m/s}$$

应选 A 项。

五、集水廊道

如图 6-6-5 所示，由式（6-6-8）：

$$\frac{dh}{ds}=-\frac{Q}{kA}$$

集水廊道一侧的过流断面取为单位宽度 1m 的矩形，$A=1\times h$，单位宽度流量 $q=\frac{Q}{1}$，代入上式，整理得：

$$\frac{q}{k}ds=-hdh$$

将上式从断面 1-1 到 2-2 积分：

$$\frac{qL}{k}=\frac{1}{2}(H^2-h^2)$$

或

$$q=\frac{k(H^2-h^2)}{2L} \quad (6\text{-}6\text{-}14)$$

图 6-6-5 集水廊道示意图

式中，L 称为集水廊道的影响范围，在此范围以外，静水位基本上不受影响，即没有下降。因 $H^2-h^2=(H+h)(H-h)$，代入上式，并令 $(H-h)/L=\overline{J}$，整理得：

$$q=\frac{k}{2}(H+h)\overline{J} \quad (6\text{-}6\text{-}15)$$

式中，$\overline{J}$ 是浸润线的平均水力坡度。$\overline{J}$ 可根据以下数值选取：对于粗砂及卵石，$\overline{J}$ 为 0.003～0.005；砂土为 0.005～0.015；砂质粉土为 0.03；粉质黏土为 0.05～0.10；黏土为 0.15。

集水廊道两侧的总渗流量 Q：

$$Q=2qb \quad (6\text{-}6\text{-}16)$$

式中，b 为垂直于纸面的廊道纵向长度。

习 题

6-6-1（历年真题）在实验室中，根据达西定律测定某种土壤的渗透系数，将土样装

在直径 $d=30$cm 的圆筒中，在 90cm 水头差作用下，8h 的渗透水量为 100L，两测压管的距离为 40cm，该土壤的渗透系数为：

A. 0.9m/d B. 1.9m/d C. 2.9m/d D. 3.9m/d

6-6-2（历年真题）渗流流速 v 与水力坡度 J 的关系是：

A. v 正比于 J B. v 反比于 J
C. v 正比于 J 的平方 D. v 反比于 J 的平方

6-6-3（历年真题）地下水的浸润线是指：

A. 地下水的流线 B. 地下水运动的迹线
C. 无压地下水的自由水面线 D. 土壤中干土与湿土的界限

第七节 相似原理和量纲分析

一、量纲分析

1. 量纲

在流体力学中涉及各种不同的物理量，如长度、时间、质量、力、速度、加速度、黏度等，所有这些物理量都是由自身的物理属性和为度量物理属性而规定的量度标准（或称量度单位）两个因素构成的。

我们把物理量的属性称为量纲或因次。显然，量纲是物理量的实质，不含有人为的影响。通常以 L 代表长度量纲，M 代表质量量纲，T 代表时间量纲。采用 $\dim q$ 代表物理量 q 的量纲，则面积 A 的量纲可表示为：$\dim A = L^2$；密度的量纲表示为：$\dim \rho = ML^{-3}$。不具量纲的量称为无量纲量，就是纯数，如圆周率 π。

根据物理量量纲之间的关系，把无任何联系且相互独立的量纲作为基本量纲，可以由基本量纲导出的量纲就是导出量纲。为了应用方便，并同国际单位制相一致，对于不可压缩流体运动，选取质量 M、长度 L、时间 T 三个基本量纲，其他物理量量纲均为导出量纲。因此，某一物理量 q 的量纲 $\dim q$ 都可用 3 个基本量纲的指数乘积形式表示：

$$\dim q = M^{\alpha} L^{\beta} T^{\gamma} \tag{6-7-1}$$

式（6-7-1）称为量纲公式。当量纲公式（6-7-1）中各量纲指数均为零，即 $\alpha=\beta=\gamma=0$ 时，则 $\dim q = M^0 L^0 T^0 = 1$，该物理量是无量纲量。

2. 量纲和谐原理

量纲和谐原理是量纲分析的基础。量纲和谐原理的简单表述是：凡正确反映客观规律的物理方程，其各项的量纲一定是一致的。如，流体总流的能量方程式中，各项的量纲均为 L，这就是量纲和谐原理，也称为量纲齐次性。

由量纲和谐原理可引申出以下两点：

（1）凡正确反映客观规律的物理方程，一定能表示成由无量纲项组成的无量纲方程。因为方程中各项的量纲相同，只需用其中一项遍除各项，便得到一个由无量纲项组成的无量纲式，仍保持原方程的性质。

（2）量纲和谐原理规定了一个物理过程中有关物理量之间的关系。因为一个正确完整的物理方程中，各物理量量纲之间的关系是确定的，按物理量量纲之间的这一确定性，就可建立该物理过程中各物理量的关系式。

3. 量纲分析法

量纲分析法通常有两种方法：一种称为瑞利法，适用于较简单的问题；另一种称为 π 定理，它具有普遍性。

(1) 瑞利法

瑞利法的基本原理是某一物理过程同几个物理量有关：

$$f(q_1, q_2, q_3, \cdots, q_n) = 0$$

其中的某一个物理量 q_i 可表示为其他物理量的指数乘积：

$$q_i = K q_1^a q_2^b \cdots q_{n-1}^p \tag{6-7-2}$$

写出量纲式：

$$\dim q_i = \dim(q_1^a q_2^b \cdots q_{n-1}^p)$$

将量纲式中各物理量的量纲按式（6-7-1）表示为基本量纲的指数乘积形式，并根据量纲和谐原理，确定指数 a、b、$\cdots$、p，就可得出表达该物理过程的方程式。

(2) π 定理

π 定理是由美国物理学家布金汉（Buckingham）提出，又称为布金汉定理。π 定理指出，若某一物理过程包含 n 个物理量，即：

$$f(q_1, q_2, \cdots, q_n) = 0$$

其中有 m 个基本量（量纲独立，不能相互导出的物理量），则该物理过程可由 n 个物理量构成的 $(n-m)$ 个无量纲项所表达的关系式来描述，即：

$$F(\pi_1, \pi_2, \cdots, \pi_{n-m}) = 0 \tag{6-7-3}$$

由于无量纲项用 π 表示，π 定理由此得名。

【例 6-7-1】管流的压强损失 Δp 与流体的性质（密度 ρ、运动黏度 ν）、管道条件（管长 l、直径 d、壁面粗糙度 k_s）以及流动情况（速度 v）有关。确定管流的压强损失 Δp 的表达式。

【解答】(1) 选基本项。已知的有关量的个数 $n=7$，选 v、d、ρ 为基本量，即 $m=3$。

(2) 组成 π 项，π 数为 $n-m=4$，为：Δp、ν、l、k_s：

$$\pi_1 = \frac{\Delta p}{v^{a_1} d^{b_1} \rho^{c_1}}$$

$$\pi_2 = \frac{\nu}{v^{a_2} d^{b_2} \rho^{c_2}}$$

$$\pi_3 = \frac{l}{v^{a_3} d^{b_3} \rho^{c_3}}$$

$$\pi_4 = \frac{k_s}{v^{a_4} d^{b_4} \rho^{c_4}}$$

(3) 确定各 π 项基本量指数

π_1：$\dim \Delta p = \dim(v^{a_1} d^{b_1} \rho^{c_1})$

$ML^{-1}T^{-2} = (LT^{-1})^{a_1} (L)^{b_1} (MT^{-3})^{c_1}$

M：$1 = c_1$

L：$-1 = a_1 + b_1 - 3c_1$

T：$-2 = -a_1$

得：$a_1=2$，$b_1=0$，$c_1=1$，$\pi_1 = \dfrac{\Delta p}{v^2 \rho}$

同理，可得：$\pi_2 = \dfrac{\nu}{vd}$，$\pi_3 = \dfrac{l}{d}$，$\pi_4 = \dfrac{k_s}{d}$

(4) 整理方程式

$$f\left(\dfrac{\Delta p}{v^2 \rho}, \dfrac{\nu}{vd}, \dfrac{l}{d}, \dfrac{k_s}{d}\right) = 0$$

上式改写为：
$$f_1\left(\dfrac{\Delta p}{v^2 \rho}, \dfrac{vd}{\nu}, \dfrac{l}{d}, \dfrac{k_s}{d}\right) = 0$$

雷诺数 $Re = \dfrac{vd}{\nu}$，上式写为：$f_1\left(\dfrac{\Delta p}{v^2 \rho}, Re, \dfrac{l}{d}, \dfrac{k_s}{d}\right) = 0$

对 $\dfrac{\Delta p}{v^2 \rho}$ 求解：$\dfrac{\Delta p}{v^2 \rho} = f_2\left(Re, \dfrac{l}{d}, \dfrac{k_s}{d}\right)$

上式可改写成压强损失表达式：

$$\Delta p = \rho v^2 f_2\left(Re, \dfrac{l}{d}, \dfrac{k_s}{d}\right)$$

【例 6-7-2】（历年真题）合力 F、密度 ρ、长度 l、速度 v 组合的无量纲数是：

A. $\dfrac{F}{\rho v l}$
B. $\dfrac{F}{\rho v^2 l}$
C. $\dfrac{F}{\rho v^2 l^2}$
D. $\dfrac{F}{\rho v l^2}$

【解答】$\dim F = \mathrm{MLT^{-2}}$

$\dim(\rho v^2 l^2) = \mathrm{ML^{-3}(LT^{-1})^2 L^2} = \mathrm{MLT^{-2}}$

应选 C 项。

【例 6-7-3】（历年真题）流体的压强 p、速度 v、密度 ρ 正确的无量纲数组合是：

A. $\dfrac{p}{\rho v^2}$
B. $\dfrac{\rho p}{v^2}$
C. $\dfrac{\rho}{p v^2}$
D. $\dfrac{p}{\rho v}$

【解答】$\dim p = (\mathrm{MLT^{-2}}) \mathrm{L^{-2}} = \mathrm{ML^{-1}T^{-2}}$

$\dim(\rho v^2) = \mathrm{ML^{-3}(LT^{-1})^2} = \mathrm{ML^{-1}T^{-2}}$

应选 A 项。

【例 6-7-4】（历年真题）L 为长度量纲，T 为时间量纲，则沿程损失系数 λ 的量纲为：

A. L
B. L/T
C. $\mathrm{L^2/T}$
D. 无量纲

【解答】圆管层流：$\lambda = \dfrac{64}{Re}$，故 λ 无量纲，应选 D 项。

二、相似原理

1. 相似概念

流体力学的相似内容包括几何相似、运动相似、动力相似，以及边界条件和初始条件相似。

(1) 几何相似

几何相似指原型和模型流场的几何形状相似，即相应的线段长度成比例、夹角相等。以角标 p 表示原型（prototype），m 表示模型（model），则：

$$\lambda_l = \frac{l_p}{l_m} \tag{6-7-4}$$

称为长度比尺。由长度比尺可推得相应的面积比尺 λ_A 和体积比尺 λ_V：

$$\lambda_A = \frac{A_p}{A_m} = \frac{l_p^2}{l_m^2} = \lambda_l^2$$

$$\lambda_V = \frac{A_p}{A_m} = \frac{l_p^2}{l_m^3} = \lambda_l^3$$

可见几何相似是通过长度比尺 λ_l 来表征的。

(2) 运动相似

运动相似是在原型和模型流场中的相应点上（如果是非恒定流，则还必须是在相应时刻）存在的同名速度都成一定的比例，且方向相同。如果以 v_p 表示原型中某一点的速度，v_m 表示模型中相应点的速度，则速度比尺 λ_v 为：

$$\lambda_v = \frac{v_p}{v_m} = \frac{l_p/t_p}{l_m/t_m} = \frac{\lambda_l}{\lambda_t} \tag{6-7-5}$$

同理，加速度比尺 λ_a 应为：

$$\lambda_a = \frac{a_p}{a_m} = \frac{\lambda_v}{\lambda_t} = \frac{\lambda_l/\lambda_t}{\lambda_t} = \frac{\lambda_l}{\lambda_t^2} \tag{6-7-6}$$

上述式中，$\lambda_t = t_p/t_m$，称为时间比尺。

(3) 动力相似

动力相似指两个流动相应点处质点受同名力作用，力的方向相同、大小成比例。根据达朗贝尔原理，对于运动的质点，设想加上该质点的惯性力，则惯性力与质点所受作用力的合力平衡。

影响流体运动的作用力主要是黏滞力、重力、压力，有时还考虑其他的力。如分别以符号 **T**、**G**、**P** 和 **I** 代表黏滞力、重力、压力和惯性力，则：

$$\boldsymbol{T} + \boldsymbol{G} + \boldsymbol{P} + \cdots + \boldsymbol{I} = 0$$

$$\frac{T_p}{T_m} = \frac{G_p}{G_m} = \frac{P_p}{P_m} = \cdots = \frac{I_p}{I_m} \tag{6-7-7}$$

比尺
$$\lambda_T = \lambda_G = \lambda_P = \lambda_I \tag{6-7-8}$$

黏性力比尺：
$$\lambda_T = \frac{\left(\frac{A\mu du}{dy}\right)_p}{\left(\frac{A\mu du}{dy}\right)_m} = \lambda_\mu \lambda_l \lambda_v = \lambda_\rho \lambda_v \lambda_l \lambda_v \tag{6-7-9}$$

重力比尺：
$$\lambda_G = \frac{(\rho g V)_p}{(\rho g V)_m} = \lambda_\rho \lambda_g \lambda_l^3 \tag{6-7-10}$$

压力比尺：
$$\lambda_P = \frac{(pA)_p}{(pA)_m} = \lambda_p \lambda_l^2 \tag{6-7-11}$$

惯性力比尺：$\quad\lambda_I = \dfrac{(\rho Va)_p}{(\rho Va)_m} = \lambda_\rho \lambda_l^3 \lambda_a = \lambda_\rho \lambda_l^2 \lambda_v^2 \quad$ (6-7-12)

(4) 边界条件和初始条件相似

边界条件相似指两个流动相应边界性质相同，如原型中的固体壁面，模型中相应部分也是固体壁面。对于非恒定流动，还要满足初始条件相似。边界条件和初始条件相似是保证流动相似的充分条件。

几何相似是运动相似和动力相似的前提，运动相似是几何相似和动力相似的具体表现，动力相似是决定流动相似的主导因素。

2. 相似准则

实现原模和模型流动的力学相似：首先要满足几何相似，几何相似是力学相似的前提条件。其次是实现动力相似。要使两个流动动力相似，前面定义的各项比尺须符合一定的约束关系，这种约束关系称为相似准则。

(1) 雷诺准则——黏性力相似

由式 (6-7-8)：$\lambda_T = \lambda_I$

将式 (6-7-7)、式 (6-7-12) 代入上式，得 $\dfrac{\lambda_v \lambda_l}{\lambda_\nu} = 1$

上式可写为：
$$\dfrac{v_p l_p}{\nu_p} = \dfrac{v_m l_m}{\nu_m} \quad (6\text{-}7\text{-}13)$$
$$(Re)_p = (Re)_m$$

无量纲数 $Re = \dfrac{vl}{\nu}$，即为雷诺数，它表征惯性力与黏性力之比。两流动相应的雷诺数相等，则黏性力相似。

(2) 弗劳德准则——重力相似

由式 (6-7-8)：$\quad\lambda_G = \lambda_I$

将式 (6-7-10)、式 (6-7-12) 代入上式，得 $\dfrac{\lambda_v}{\sqrt{\lambda_g \lambda_l}} = 1$

上式可写为：
$$\dfrac{v_p}{\sqrt{g_p l_p}} = \dfrac{v_m}{\sqrt{g_m l_m}} \quad (6\text{-}7\text{-}14)$$
$$(Fr)_p = (Fr)_m$$

无量纲数 $Fr = \dfrac{v}{\sqrt{gl}}$，称为弗劳德数。弗劳德数 Fr 表征惯性力与重力之比。两流动相应的弗劳德数相等，重力相似。

(3) 欧拉准则——压力相似

由式 (6-7-8)：$\quad\lambda_P = \lambda_I$

将式 (6-7-11)、式 (6-7-12) 代入上式，得 $\dfrac{\lambda_p}{\lambda_\rho \lambda_v^2} = 1$

上式可写为：
$$\dfrac{p_p}{\rho_p v_p^2} = \dfrac{p_m}{\rho_m v_m^2} \quad (6\text{-}7\text{-}15)$$

$$(Eu)_p = (Eu)_m$$

无量纲数 $Eu = \dfrac{p}{\rho v^2}$，称为欧拉数。欧拉数 Eu 表征压力与惯性力之比。两流动相应的欧拉数相等，压力相似。

若决定流动的作用力是黏滞力、重力和压力，则只要其中两个同名作用力和惯性力成比例，另一个对应的同名力也将成比例。通常压力是待求量，这样只要黏滞力、重力相似，压力将自行相似。由此可知，当雷诺准则、弗劳德准则成立时，欧拉准则可自行成立，所以将雷诺准则、弗劳德准则称为定性准则，欧拉准则称为导出准则。

(4) 其他准则

柯西准则，柯西数 Ca 表征惯性力与弹性力之比。

韦伯准则，韦伯数 We 表征惯性力与表面张力之比。

马赫数 Ma 表征高速气流速度与声速之比，此时，高速气流弹性力起主要作用。

流体的运动是边界条件和作用力决定的，当两个流动一旦实现了几何相似和动力相似，就必然以相同的规律运动。由此得出结论，几何相似与定性准则成立是实现流体力学相似的充分和必要条件。

3. 模型实验

为了使模型和原型流动完全相似，除要几何相似外，各独立的相似准则应同时满足。但实际上要同时满足各准则很困难，甚至是不可能的。因此，一般只能达到近似相似。就是保证对流动起主要作用的力相似，这就是模型律的选择问题。如有压管流、潜体绕流，黏滞力起主要作用，应按雷诺准则设计模型；堰顶溢流、闸孔出流、明渠流动等，重力起主要作用，应按弗劳德准则设计模型。

【例 6-7-5】(历年真题) 进行水力模型实验，要实现有压管流的相似，应选用的相似准则是：

A. 雷诺准则　　　　　　　　B. 弗劳德准则
C. 欧拉准则　　　　　　　　D. 马赫数

【解答】有压管流，黏滞力起主要作用，故采用雷诺准则，应选 A 项。

【例 6-7-6】(历年真题) 烟气在加热炉回热装置中流动，拟用空气介质进行实验。已知空气黏度 $\nu_{空气} = 10 \times 10^{-6} \text{m}^2/\text{s}$，烟气运动黏度 $\nu_{烟气} = 60 \times 10^{-6} \text{m}^2/\text{s}$，烟气流速 $v_{烟气} = 3\text{m}^2/\text{s}$，若实际长度与模型长度的比尺 $\lambda_l = 5$，则模型空气的流速应为：

A. 3.75m/s　　　B. 0.15m/s　　　C. 2.4m/s　　　D. 60m/s

【解答】按雷诺准则，$Re = \dfrac{\lambda_v \lambda_l}{\lambda_\nu} = 1$，则：

$$\lambda_v = \dfrac{\lambda_\nu}{\lambda_l} = \dfrac{60 \times 10^{-6}/(15 \times 10^{-6})}{5} = 0.8$$

$$v_{空气} = \dfrac{v_{烟气}}{\lambda_v} = \dfrac{3}{0.8} = 3.75\text{m/s}$$

应选 A 项。

【例 6-7-7】(历年真题) 图示溢水堰模型试验，实际流量为 $Q_n = 537\text{m}^3/\text{s}$，若在模型上

测得流量 $Q_n=300$L/s，则该模型长度比尺为：
A. 4.5　　　　　　　　　　B. 6
C. 10　　　　　　　　　　 D. 20

例 6-7-7 图

【解答】按弗劳德准则，$\dfrac{\lambda_v}{\sqrt{\lambda_g \lambda_l}}=1$，得：$\lambda_v = \lambda_l^{\frac{1}{2}}$

由 $\lambda_Q = \lambda_v \lambda_l^2 = \lambda_l^{\frac{1}{2}} \lambda_l^2 = \lambda_l^{2.5} = 537/0.3 = 1790$

得：$\lambda_l = 1790^{0.4} = 20$，应选 D 项。

习　题

6-7-1（历年真题）量纲和谐原理是指：
A. 量纲相同的量才可以乘除　　　　B. 基本量纲不能与导出量纲相运算
C. 物理方程式中各项的量纲必须相同　　D. 量纲不同的量才可以加减

6-7-2（历年真题）用同种流体，同一温度进行管道模型实验。按黏性力相似准则，已知模型管径 0.1m，模型流速 4m/s，若原型管径为 2m，则原型流速为：
A. 0.2m/s　　　B. 2m/s　　　C. 80m/s　　　D. 8m/s

6-7-3（历年真题）雷诺数的物理意义是：
A. 压力与黏性力之比　　　　B. 惯性力与黏性力之比
C. 重力与惯性力之比　　　　D. 重力与黏性力之比

6-7-4（历年真题）几何相似、运动相似和动力相似的关系是：
A. 运动相似和动力相似是几何相似的前提
B. 运动相似是几何相似和动力相似的表象
C. 只有运动相似，才能几何相似
D. 只有动力相似，才能几何相似

习题解答与参考答案

第一节

6-1-1　**解答**：根据连续介质概念，排除 A、B、C 项。
　　　　答案：D

6-1-2　**解答**：取左侧水银液面为等压面：
$$p_A + \rho_A g h_1 = p_B + \rho_B g h_2 + \rho_m g \Delta h$$
　　　　答案：A

6-1-3　**解答**：$p_{abs} = 0.1 + 1 \times 9.8 \times 1 \times 10^{-3} = 0.1098 \text{MPa} = 0.11 \text{MPa}$
　　　　答案：A

6-1-4　**解答**：压力表测出的压强是相对压强。
　　　　答案：C

6-1-5　**解答**：静止流体不能承受切应力。
　　　　答案：A

6-1-6　**解答**：$p_2 = p_1 + \rho_p g h$，$p_3 = p_2 + \rho g h_3$（h_3 为容器自由液面至 3 点的深度）
　　　　答案：A

6-1-7　**解答**：$p_1 = 0$，选 A 项。
　　　　此外，$p_2 = p_1 + \rho g(h_1 - h_2) = 0 + 1 \times 9.8 \times (0.9 - 0.4) = 4.9 \text{kPa}$
　　　　其他同理可得。
　　　　答案：A

第二节

6-2-1　**解答**：对理想流体，沿程管径发生变化，则流速相应变化，故 H_p 线发生变化，A 项错误。
　　　　答案：A

6-2-2　**解答**：连续性方程：$v_1 A_1 = v_2 A_2$，$v_2 = v_1 \left(\dfrac{d_1}{d_2}\right)^2 = 9.55 \times \left(\dfrac{0.2}{0.3}\right)^2 = 4.24 \text{m/s}$
　　　　$Q = v_1 A_1 = 9.55 \times \dfrac{\pi}{4} \times 0.2^2 = 0.3 \text{m}^3/\text{s}$
　　　　答案：A

6-2-3　**解答**：$Q = vA$，则：$0.015 = 20 \times \dfrac{\pi}{4} \times d^2$，得：$d = 0.0309 \text{m} = 31 \text{mm}$
　　　　答案：B

6-2-4　**解答**：$v_1 A_1 = v_2 A_2$ 适用于不可压缩流体。
　　　答案：B

6-2-5　**解答**：动量定理运用，进、出口截面上的压强应为相对压强。
　　　答案：B

第三节

6-3-1　**解答**：$Re = \dfrac{v \times 0.05}{1.31 \times 10^{-6}} \leqslant 2300$，得：$v \leqslant 0.0603 \text{m/s}$
　　　答案：D

6-3-2　**解答**：层流，$h_\text{f} = \lambda \dfrac{L}{d} \dfrac{v^2}{2g} = \dfrac{64}{Re} \dfrac{L}{d} \dfrac{v^2}{2g} = \dfrac{64 v \nu}{2 d^2 g}$，$h_\text{f}$ 不变，则：$\dfrac{v_1}{v_2} = \dfrac{d_2^2}{d_1^2}$，$\dfrac{Q_2}{Q_1} = \dfrac{v_2 d_2^2}{v_1 d_1^2} = \left(\dfrac{d_2}{d_1}\right)^4 = 2^4 = 16$
　　　答案：D

6-3-3　**解答**：阀门的开度变小，即局部水头损失增大则流速减小，流量变小。
　　　答案：B

6-3-4　**解答**：在紊流粗糙区，$\lambda = f(k_\text{s}/d)$，与 Re 无关。
　　　答案：D

6-3-5　**解答**：圆管层流，$\lambda = \dfrac{64}{Re}$，与粗糙度无关，D 项错误。
　　　答案：D

第四节

6-4-1　**解答**：圆柱形管嘴正常工作条件为 B 项。
　　　答案：B

6-4-2　**解答**：H 相同，则：$Q_1 = Q_2$
　　　答案：B

6-4-3　**解答**：并联管路的流动特征是 B 项。
　　　答案：B

6-4-4　**解答**：两管直径相同，h_f 相同，则比阻：$S_{10} = S_{20}$
　　　$\dfrac{Q_1}{Q_2} = \sqrt{\dfrac{S_2}{S_1}} = \sqrt{\dfrac{S_{20} L_2}{S_{10} L_1}} = \sqrt{3} = 1.73$
　　　答案：C

第五节

6-5-1　**解答**：水力最优断面为过流能力最大的断面形状。
　　　答案：B

6-5-2　解答：明渠均匀流必须是顺坡。

　　　　答案：D

6-5-3　解答：$R = \dfrac{5 \times 3}{5 + 2 \times 3} = 1.36 \text{m}$

　　　　答案：C

第六节

6-6-1　解答：$Q = kJA$，$Q = 0.1 \times 24/8 = 0.3 \text{m}^3/\text{d}$，$k = \dfrac{Q}{JA} = \dfrac{0.3}{\dfrac{90}{40} \times \dfrac{\pi}{4} \times 0.3^2} = 1.9 \text{m/d}$

　　　　答案：B

6-6-2　解答：$v = kJ$

　　　　答案：A

6-6-3　解答：根据地下水的浸润线的定义，选 C 项。

　　　　答案：C

第七节

6-7-1　解答：根据量纲和谐原理，应选 C 项。

　　　　答案：C

6-7-2　解答：$\dfrac{\lambda_v \lambda_l}{\lambda_v} = 1$，相同液体，则：$\lambda_v = \dfrac{1}{\lambda_l}$

$$v_\text{原} = \dfrac{1}{\lambda_l} v_\text{模} = \dfrac{1}{\dfrac{2}{0.1}} \times 4 = 0.2 \text{m/s}$$

　　　　答案：A

6-7-3　解答：雷诺数的物理意义是：惯性力与黏性力之比。

　　　　答案：B

6-7-4　解答：运动相似是几何相似和动力相似的表象。

　　　　答案：B

第七章 电气与信息

第一节 电磁场基本理论

一、静止电荷的电场

1. 库仑定律

(1) 电荷

把表示物体所带电荷多少的物理量称为电荷量,在国际单位制中,电荷量的单位是 C(库仑),1C 等于导线中的恒定电流等于 1A 时,在 1s 内通过导线横截面的电荷量。物体所带的电荷只有两种,分别称为正电荷和负电荷。带同号电荷的物体互相排斥,带异号电荷的物体互相吸引。在一个与外界没有电荷交换的系统内,无论经过怎样的物理过程,系统内正、负电荷的代数和总是保持不变,这就是由实验总结出来的电荷守恒定律。

到目前为止,电子或质子是自然界带最小电荷量的自由粒子,任何带电体或其他微观粒子所带的电荷量都是电子或质子电荷量的整数倍。一个电子或一个质子所带的电荷量就是这个基本单元,称为元电荷,用 e 表示。2010 年 e 的国际推荐值为 $e = 1.602176565(35) \times 10^{-19}$ C。

(2) 库仑定律

1785 年,库仑从实验结果总结出了点电荷之间相互作用的静电力所服从的基本规律,称为库仑定律,即两个静止点电荷之间相互作用力(亦称静电力)的大小与这两个点电荷的电荷量 q_1 和 q_2 的乘积成正比,而与这两个点电荷之间的距离 r_{12}(或 r_{21})的平方成反比,作用力的方向沿着这两个点电荷的连线,同号电荷相斥,异号电荷相吸,可表示为:

$$\boldsymbol{F}_{12} = k \frac{q_1 q_2}{r_{12}^2} \boldsymbol{e}_{r12} \tag{7-1-1}$$

式中,k 为比例系数;$\boldsymbol{F}_{12}$ 为 q_2 对 q_1 的作用力;$\boldsymbol{e}_{r12}$ 为由点电荷 q_2 指向点电荷 q_1 的单位矢量(图 7-1-1)。

根据实验测得在真空中的比例系数 $k = 8.9875 \times 10^9 \mathrm{N} \cdot \mathrm{m}^2/\mathrm{C}^2$,通常引入新的常量 ε_0 (称为真空电容率)来代替 k,并把 k 写成 $k = 1/(4\pi\varepsilon_0)$,取 $\varepsilon_0 \approx 0.854 \times 10^{-12} \mathrm{C}^2/(\mathrm{N} \cdot \mathrm{m}^2)$。于是,真空中库仑定律就可写作:

$$\boldsymbol{F}_{12} = -\boldsymbol{F}_{21} = \frac{1}{4\pi\varepsilon_0} \frac{q_1 q_2}{r_{12}^2} \boldsymbol{e}_{r12} \tag{7-1-2}$$

(3) 静电力的叠加原理

当空间有两个以上的点电荷时,作用在某一

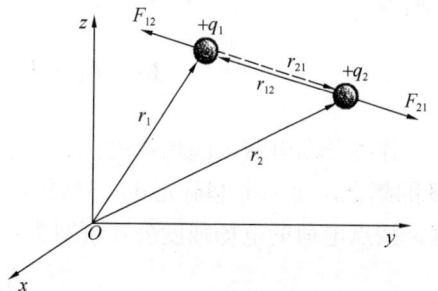

图 7-1-1 两个点电荷之间的作用力

点电荷上的总静电力等于其他各点电荷单独存在时对该点电荷所施静电力的矢量和，这一结论叫做静电力的叠加原理，即：

$$F = \sum_{i=1}^{n} F_i = \frac{1}{4\pi\varepsilon_0} \sum_{i=1}^{n} \frac{qq_i}{r_i^2} e_{r_i} \tag{7-1-3}$$

注意，库仑定律只适用于点电荷，欲求带电体之间的相互作用力，可将带电体看作是由许多电荷元组成的，电荷元之间的静电力则可应用库仑定律求得，最后根据静电力的叠加原理求出两带电体之间的总静电力。

2. 静电场与电场强度

静电场是指相对于观察者为静止的电荷在其周围所激发的电场。

电场强度是指将试探电荷 q_0 放在电场中，该试探电荷所受的力与其所带电荷量之比，用符号 E 表示，为一个矢量，即：

$$E = \frac{F}{q_0} \tag{7-1-4}$$

由上式可知，电场中某点的电场强度的大小等于单位电荷在该点所受的力的大小，其方向为正电荷在该点受力的方向。在国际单位制中，力的单位是 N，电荷量的单位是 C，根据上式，电场强度的单位是 N/C，电场强度的单位也可以写成 V/m。

电场强度叠加原理是指电荷系在空间任一点所激发的总电场强度等于各个点电荷单独存在时在该点各自所激发的电场强度的矢量和，即：

$$E = E_1 + E_2 + \cdots + E_n = \sum_{i=1}^{n} E_i \tag{7-1-5}$$

如果电荷分布已知，则从点电荷的电场强度公式出发，根据电场强度的叠加原理，就可求出任意电荷分布所激发电场的场强。

设在真空中有一个静止的点电荷 q（称为源电荷），则距 q 为 r 的 P 点（一般称场点）的电场强度 E 为：

$$E = \frac{1}{4\pi\varepsilon_0} \frac{q}{r^2} e_r \tag{7-1-6}$$

式中，e_r 为由点电荷 q 指向 P 点的单位矢量。当 q 为正电荷时，E 的方向与 e_r 的方向一致，即背离 q；当为负电荷时，E 的方向与 e_r 的方向相反，即指向 q。

如果电场是由 n 个点电荷 q_1、q_2、$\cdots$、q_n 共同激发的，而场点 P 与各点电荷的距离分别为 r_1、r_2、$\cdots$、r_n，在 P 点所激发的总电场强度 E 为：

$$E = E_1 + E_2 + \cdots + E_n = \sum_{i=1}^{n} \frac{q_i}{4\pi\varepsilon_0 r_i^2} e_{r_i} \tag{7-1-7}$$

连续分布电荷的电场强度的计算就是把带电体看成是许多极小的连续分布的电荷元 dq 的集合，每一个电荷元 dq 都当作点电荷来处理，而电荷元 dq 在 P 点所激发的电场强度，按点电荷的电场强度公式可写为：

$$dE = \frac{1}{4\pi\varepsilon_0} \frac{dq}{r^2} e_r \tag{7-1-8}$$

式中，e_r 为从 dq 所在点指向 P 点的单位矢量。带电体的全部电荷在 P 点激发的电场强度 E 为：

$$E = \int dE = \frac{1}{4\pi\varepsilon_0}\int \frac{dq}{r^2}e_r \tag{7-1-9}$$

【例 7-1-1】（历年真题）真空中，点电荷 q_1 和 q_2 的空间位置如图所示，q_1 为正电荷，且 $q_2 = -q_1$，则 A 点的电场强度的方向是：

A. 从 A 点指向 q_1
B. 从 A 点指向 q_2
C. 垂直于 q_1q_2 连线，方向向上
D. 垂直于 q_1q_2 连线，方向向下

例 7-1-1 图

【解答】根据点电荷电场强度的方向，A 点的 E 的方向从 A 点指向 q_2（负电荷），应选 B 项。

3. 静电场的高斯定理

(1) 电场强度通量（亦称 E 通量）

借助于电场线的概念，把电场中通过某一有向曲面的电场线的条数称为该曲面上的 E 通量，用符号 Φ_e 表示，则：

$$\Phi_e = ES\cos\theta = \boldsymbol{E}\cdot\boldsymbol{S}$$

任意曲面的 E 通量为：

$$\Phi_e = \int_S \boldsymbol{E}\cdot d\boldsymbol{S} \tag{7-1-10}$$

(2) 静电场的高斯定理

高斯定理是指在静电场中，通过任一闭合曲面的 E 通量等于该曲面内电荷量的代数和除以 ε_0，即：

$$\oiint_S \boldsymbol{E}\cdot d\boldsymbol{S} = \frac{1}{\varepsilon_0}\sum_{i=1}^n q_i \tag{7-1-11}$$

由高斯定理可知，如闭合曲面内含有正电荷，则 E 通量为正，有电场线穿出闭合面；如闭合曲面内含有负电荷，则 E 通量为负，有电场线穿进闭合面。因此，静电场是有源场。

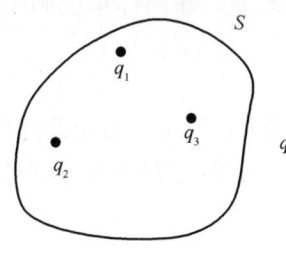

图 7-1-2 闭合曲面内外均有电荷

在高斯定理的表达式中，右端 $\sum_{i=1}^n q_i$ 是闭合曲面内电荷量的代数和，说明决定通过闭合曲面 E 通量的只是闭合曲面内的电荷量（图 7-1-2 中的 q_1、q_2 和 q_3）；而左端的电场强度 E 却是空间所有电荷（图 7-1-2 中的 q_1、q_2、q_3 和 q_4）在闭合曲面上任一点所激发的总电场强度，也就是说，闭合曲面外的电荷（图 7-1-2 中的 q_4）对闭合曲面上各点的电场强度也有贡献，但对整个闭合曲面上 E 通量的贡献却为零。

只有当电荷分布具有某些特殊的对称性，从而使相应的电场分布也具有一定的对称性时，就有可能应用高斯定理来计算电场强度。例如，常见的高对称性的电荷分布有：①球对称性，如点电荷、均匀带电球面或球体等；②轴对称性，如均匀带电直线、柱面或柱体等。

【例 7-1-2】 如图所示为无限长的均匀带电的直棒（半径为 R），其单位长度所带的电荷量为 λ，距离直棒 a 处 P 点的电场强度大小为：

A. $\dfrac{\lambda}{2\pi\varepsilon_0 a}$ B. $\dfrac{\lambda}{2\pi\varepsilon_0 a^2}$

C. $\dfrac{\lambda}{4\pi\varepsilon_0 a}$ D. $\dfrac{\lambda}{4\pi\varepsilon_0 a^2}$

例 7-1-2 图

【解答】 过 P 点作一个与带电直棒共轴的圆柱形闭合高斯面 S，柱高为 h，半径为 a。通过圆柱两底面的 $\boldsymbol{E}$ 通量为零，而圆柱曲面上各点 E 的大小相等，则由高斯定理：

$$\oiint_S \boldsymbol{E} \cdot \mathrm{d}\boldsymbol{S} = 2\pi a h E = \frac{\lambda h}{\varepsilon_0}$$

$$E = \frac{\lambda}{2\pi\varepsilon_0 a}$$

应选 A 项。

二、恒定电流的磁场

1. 磁感应强度 $\boldsymbol{B}$

运动的电荷除产生电场外，还要产生磁场。

实验发现：①当运动试探电荷以同一速率 v 沿不同方向通过磁场中某点 P 时，磁场力的方向却总是与电荷运动方向（$\boldsymbol{v}$）垂直；②在磁场中 P 点存在着一个特定的方向，当电荷沿这个特定方向（或其反方向）运动时，磁场力为零。因此，定义：P 点磁场的方向是沿着运动试探电荷通过该点时不受磁场力的方向；③如果电荷在 P 点沿着与磁场方向垂直的方向运动时，所受到的磁场力最大。研究得到，比值 $F_\mathrm{m}/(qv)$ 反映该点磁场强弱的性质，故定义为该点磁感应强度的大小：

$$\boldsymbol{B} = \frac{\boldsymbol{F}_\mathrm{m}}{qv} \tag{7-1-12}$$

根据最大磁场力 $\boldsymbol{F}_\mathrm{m}$ 和 $\boldsymbol{v}$ 的方向确定 $\boldsymbol{B}$ 的方向，如图 7-1-3 所示，按右手螺旋定则，伸直右手大拇指并使其他四个手指由 $\boldsymbol{F}_\mathrm{m}$ 的方向经过 90°转向 $\boldsymbol{v}$ 的方向，大拇指方向就是 $\boldsymbol{B}$ 的方向。

磁感应强度 $\boldsymbol{B}$ 是描述磁场性质的基本物理量，在国际单位制中，$\boldsymbol{B}$ 的单位为 T（特斯拉）。

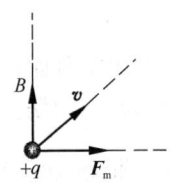

图 7-1-3 $\boldsymbol{B}$、$\boldsymbol{F}_\mathrm{m}$、$\boldsymbol{v}$ 的方向有关系（对正电荷）

2. 磁通量

利用磁感应线来描绘磁场的分布。在磁场中，通过一给定曲面的总磁感应线的条数称为通过该曲面的磁通量（也称为磁通），其单位为 Wb（韦伯），用 Φ 表示，则：

$$\Phi = BS\cos\theta = \boldsymbol{B} \cdot \boldsymbol{S}$$

任意曲面的磁通量 Φ 为：

$$\Phi = \int_S \boldsymbol{B} \cdot \mathrm{d}\boldsymbol{S} \tag{7-1-13}$$

3. 毕奥-萨伐尔定律

毕奥-萨伐尔定律是指电流元 $I\mathrm{d}l$ 在任一点 P 处激发的 $\mathrm{d}B$ 大小为：

$$dB = k\frac{Idl\sin\alpha}{r^2}$$

或

$$d\boldsymbol{B} = \frac{\mu_0}{4\pi}\frac{\boldsymbol{I}dl \times \boldsymbol{e}_r}{r^2} \qquad (7\text{-}1\text{-}14)$$

式中，$\mu_0 = 4\pi \times 10^{-7}\,\mathrm{T\cdot m/A}$ 称为真空磁导率；$\boldsymbol{e}_r$ 是电流元指向场点的单位矢量。d$\boldsymbol{B}$ 的方向按右手螺旋定则，即右手的弯曲四指由 $\boldsymbol{I}dl$ 经小于 $180°$ 的角转向 r 时，大拇指的指向就是 d$\boldsymbol{B}$ 的方向。

任意线电流所激发的总磁感应强度为：

$$\boldsymbol{B} = \int_L d\boldsymbol{B} = \frac{\mu_0}{4\pi}\int_L \frac{\boldsymbol{I}dl \times \boldsymbol{e}_r}{r^2} \qquad (7\text{-}1\text{-}15)$$

上式也是 $\boldsymbol{B}$ 叠加原理的体现。

4. 恒定磁场的高斯定理

恒定磁场的高斯定理是指通过任一闭合曲面的总磁通量恒等于零，即：

$$\oiint_S \boldsymbol{B} \cdot d\boldsymbol{S} = 0 \qquad (7\text{-}1\text{-}16)$$

恒定磁场的高斯定理揭示了磁场的磁感应线无头无尾，恒是闭合的，所以磁场可称作无源场。

5. 安培环路定理

恒定磁场的安培环路定理是指在磁场中，沿任何闭合曲线 $\boldsymbol{B}$ 矢量的线积分（$\boldsymbol{B}$ 矢量的环流）等于真空的磁导率 μ_0 乘以穿过以该闭合曲线为边界所张开的任意曲面的各恒定电流的代数和，即：

$$\oint_L \boldsymbol{B} \cdot d\boldsymbol{l} = \mu_0 \sum I \qquad (7\text{-}1\text{-}17)$$

上式中电流的正、负与积分时在闭合曲线上所取的绕行方向有关，如果所取积分的绕行方向与电流流向满足右手螺旋定则，则电流为正，相反的电流为负。例如，如图 7-1-4 所示的两种情况，$\boldsymbol{B}$ 沿各闭合曲线的线积分分别为：

$$\oint_{L_1} \boldsymbol{B} \cdot d\boldsymbol{l} = \mu_0(I_1 - I_2)$$

$$\oint_{L_2} \boldsymbol{B} \cdot d\boldsymbol{l} = 0$$

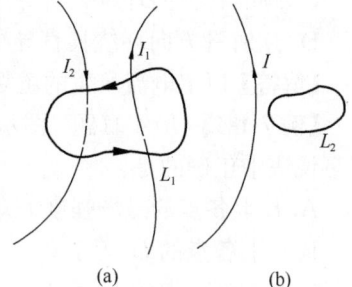

图 7-1-4 安培环路定理的符号规则

注意，安培环路定理中的 I 只是穿过环路的电流，它说明 $\boldsymbol{B}$ 的环流 $\oint_L \boldsymbol{B} \cdot d\boldsymbol{l}$ 只和穿过环路的电流有关，而与未穿过环路的电流无关，但是环路上任一点的磁感应强度 $\boldsymbol{B}$ 却是所有电流（无论是否穿过环路）所激发的场在该点叠加后的总磁感应强度。

当电流分布具有某种对称性时，利用安培环路定理可以很简单地算出磁感应强度 $\boldsymbol{B}$。

当电流的磁场中有磁介质存在时，引入磁场强度 $\boldsymbol{H}$，其单位为 A/m，并且有：

$$\boldsymbol{B} = \mu_0\mu_r \boldsymbol{H} = \mu \boldsymbol{H}$$

式中，$\mu = \mu_0\mu_r$ 称为磁介质的磁导率；μ_r 称为磁介质的相对磁导率。于是，有磁介质时的安培环路定理写成：

$$\oint \boldsymbol{H} \cdot \mathrm{d}\boldsymbol{l} = \Sigma \boldsymbol{I} \tag{7-1-18}$$

如图 7-1-5(a) 所示无限长的载流直导线，其电流为 I，其产生的磁场的方向按右手螺旋定则，即右手握住导线，大拇指的指向与电流方向一致，弯曲的四指指向为磁场的方向，也即在与直导线垂直的平面中，磁感应线是围绕直导线的圆；距离直导线为 r 的点的 B 为：

$$B = \frac{\mu_0 I}{2\pi r}$$

如图 7-1-5(b) 所示环形电流（如线圈），让右手弯曲的四指与环形电流方向一致，大拇指的指向就是磁场的方向。

图 7-1-5　电流与磁场的方向
(a) 直导线电流的磁场；(b) 线圈电流的磁场

【**例 7-1-3**】（历年真题）图示长直导线上的电流产生的磁场：
A. 方向与电流方向相同
B. 方向与电流方向相反
C. 顺时针方向环绕长直导线（自上向下俯视）
D. 逆时针方向环绕长直导线（自上向下俯视）

【**解答**】恒定电流产生的磁场的方向按右手螺旋定则，故选 D 项。

【**例 7-1-4**】（历年真题）图示两长直导线的电流 $I_1 = I_2$，L 是包围 I_1、I_2 的闭合曲线，以下说法中正确的是：
A. L 上各点的磁场强度 H 的量值相等，不等于 0
B. L 上各点的 H 等于 0
C. L 上任一点的 H 等于 I_1、I_2 在该点的磁场强度的叠加
D. L 上各点的 H 无法确定

例 7-1-3 图　　　　　例 7-1-4 图

【解答】 根据安培环路定理：

$$\oint_L \boldsymbol{B} \cdot \mathrm{d}\boldsymbol{l} = \mu_0 \Sigma I, \text{即：} \oint_L \boldsymbol{H} \cdot \mathrm{d}\boldsymbol{l} = \Sigma I = I_1 + I_2 = 0$$

故选 C 项。

6. 洛伦兹力

一个带电荷量为 q 的粒子，以速度 v 在磁场中运动时，磁场对运动电荷作用的磁场力称为洛伦兹力，如果速度 v 与磁场 $\boldsymbol{B}$ 方向的夹角为 θ，则洛伦兹力 $\boldsymbol{F}$ 的大小为：

$$F = qvB\sin\theta$$

或

$$\boldsymbol{F} = q\boldsymbol{v} \times \boldsymbol{B} \tag{7-1-19}$$

$\boldsymbol{F}$ 的方向垂直于 $\boldsymbol{v}$ 和 $\boldsymbol{B}$ 所决定的平面，指向由 $\boldsymbol{v}$ 经小于 180° 的角转向 $\boldsymbol{B}$ 按右手螺旋定则确定。对于正电荷，$\boldsymbol{F}$ 的方向如图 7-1-6 所示；对于负电荷，则所受的力的方向正好相反。

7. 安培力

电流元 $I\mathrm{d}\boldsymbol{l}$ 在磁场中某点所受到的磁场力 $\mathrm{d}\boldsymbol{F}$ 为：

$$\mathrm{d}F = I\mathrm{d}l B\sin\theta$$

或

$$\mathrm{d}\boldsymbol{F} = I\mathrm{d}\boldsymbol{l} \times \boldsymbol{B} \tag{7-1-20}$$

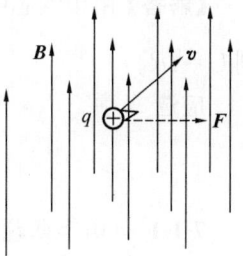

图 7-1-6 运动电荷在磁场中所受磁场力的方向

式中，θ 为电流元 $I\mathrm{d}\boldsymbol{l}$ 与 $\boldsymbol{B}$ 的夹角。$\mathrm{d}\boldsymbol{F}$ 的方向垂直于 $I\mathrm{d}\boldsymbol{l}$ 与 $\boldsymbol{B}$ 所决定的平面，指向由右手螺旋定则确定。

一段任意形状的载流导线所受的磁场力 $\boldsymbol{F}$（亦称安培力）为：

$$\boldsymbol{F} = \int_L \mathrm{d}\boldsymbol{F} = \int_L I\mathrm{d}\boldsymbol{l} \times \boldsymbol{B} \tag{7-1-21}$$

三、电磁感应定律

当穿过一个闭合导体回路所包围的面积内的磁通量发生变化时，不管这种变化是由什么原因引起的，在导体回路中就会产生感应电流。这种现象称为电磁感应现象。

闭合回路中感应电流的方向，总是使得它所激发的磁场来阻止引起感应电流的磁通量的变化（增加或减少），这称为楞次定律。

电磁感应定律可表述为：通过回路所包围面积的磁通量发生变化时回路中产生的感应电动势与磁通量对时间的变化率成正比，即：

$$\mathscr{E}_i = -\frac{\mathrm{d}\varPhi}{\mathrm{d}t} \tag{7-1-22}$$

式中的负号反映了感应电动势的方向，它是楞次定律的数学表现。

如果回路是由 N 匝导线串联而成，则：

$$\mathscr{E}_i = -N\frac{\mathrm{d}\varPhi}{\mathrm{d}t} \tag{7-1-23}$$

应用电磁感应定律确定感应电动势的方向：首先，要标定回路的绕行方向，并规定电动势方向与绕行方向一致时为正；然后，根据回路的绕行方向，按右手螺旋定则确定回路所包围面积的正法线方向；其次，根据已确定的正法线方向求出通过回路的磁通量；最后，按式（7-1-22）求出感应电动势 $\mathscr{E}_i$，根据计算结果的正、负确定感应电动势的方向。

对简单问题，用楞次定律确定感应电动势的方向较简便。

使磁通量 Φ 发生变化的方法，可归纳为两类：①磁场保持不变，导体回路或导体在磁场中运动，由此产生的电动势称为动生电动势；②导体回路不动，磁场发生变化，由此产生的电动势称为感生电动势。

【例 7-1-5】（历年真题）图示铁心线圈通以直流电流 I，并在铁心中产生磁通 Φ，线圈的电阻为 R，那么，线圈两端的电压为：

A. $U = IR$ B. $U = N\dfrac{\mathrm{d}\Phi}{\mathrm{d}t}$

C. $U = -N\dfrac{\mathrm{d}\Phi}{\mathrm{d}t}$ D. $U = 0$

例 7-1-5 图

【解答】由于铁芯中磁通量 Φ 不变，故感应电动势 $\varepsilon_\mathrm{i} = -\dfrac{\mathrm{d}\Phi}{\mathrm{d}t} = 0$；又线圈电阻为 R，则 $U = IR$。

应选 A 项。

习　题

7-1-1　（历年真题）点电荷 $+q$ 和点电荷 $-q$ 相距 30cm，那么，在由它们构成的静电场中：

A. 电场强度处处相等

B. 在两个点电荷连接的中点位置，电场力不为 0

C. 电场方向总是从 $+q$ 指向 $-q$

D. 位于两个点电荷连线的中点位置上，带负电的可移动体将向 $-q$ 处移动

7-1-2　（历年真题）关于电场和磁场，下述说法中正确的是：

A. 静止的电荷周围有电场；运动的电荷周围有磁场

B. 静止的电荷周围有磁场；运动的电荷周围有电场

C. 静止的电荷和运动的电荷周围都只有电场

D. 静止的电荷和运动的电荷周围都只有磁场

7-1-3　（历年真题）真空中有三个带电质点，其电荷分别为 q_1、q_2 和 q_3，其中，电荷为 q_1 和 q_3 的质点位置固定，电荷为 q_2 的质点可以自由移动，当三个质点的空间分布如图所示时，电荷为 q_2 的质点静止不动，此时如下关系成立的是

题 7-1-3 图

A. $q_1 = q_2 = 2q_3$ B. $q_1 = q_3 = |q_2|$

C. $q_1 = q_2 = -q_3$ D. $q_2 = q_3 = -q_1$

7-1-4　（历年真题）在一个孤立静止的点电荷周围：

A. 存在磁场，它围绕电荷呈球面状分布

B. 存在磁场，它分布在从电荷所在处到无穷远处的整个空间中

C. 存在电场，它围绕电荷呈球面状分布

D. 存在电场，它分布在从电荷所在处到无穷远处的整个空间中

7-1-5（历年真题）图中线圈 a 的电阻为 R_a，线圈 b 的电阻为 R_b，两者彼此靠近如图所示，若外加激励 $u=U_M\sin\omega t$，则：

A. $i_a = \dfrac{u}{R_a}$，$i_b = 0$ B. $i_a \neq \dfrac{u}{R_a}$，$i_b \neq 0$

C. $i_a = \dfrac{u}{R_a}$，$i_b \neq 0$ D. $i_a \neq \dfrac{u}{R_a}$，$i_b = 0$

题 7-1-5 图

7-1-6（历年真题）在图示变压器中，左侧线圈中通以直流电流 I，铁芯中产生磁通 Φ。此时，右侧线圈端口上的电压 U_2 是：

A. 0

B. $\dfrac{N_2}{N_1}\dfrac{\mathrm{d}\Phi}{\mathrm{d}t}$

C. $N_2\dfrac{\mathrm{d}\Phi}{\mathrm{d}t}$

D. $\dfrac{N_1}{N_2}\dfrac{\mathrm{d}\Phi}{\mathrm{d}t}$

题 7-1-6 图

第二节 直流电路

一、电路的基本概念

1. 电路的组成与功能

电路就是电流的通路，是一种由导线将各种电气设备或元件连接而成的、以实现某些特定功能的电流的通路。根据电路的连接目的和功能，电路可分为力能电路和信号电路两大类，但它们均包含电源、功能部件和连接导线三个组成部分。其中，电源为"电能的来源"，是驱动电路工作的激励能源，特指那些将非电能转换为电能的装置；功能部件是指实现电气装置功能所必需的元器件，包括电阻器、电容器、电感器、晶体管、集成电路芯片、控制开关以及其他电热的、电动的、光电的转换器件等；连接导线确保电路电能量或电信号的传输。

2. 电路的基本物理过程

用电目的不同，电路的结构形式也各不相同，但是它们工作时总是伴随着三种基本的物理现象，即：

（1）电荷定向运动形成电流，电荷流动过程中在导电材料内部发生碰撞，摩擦起热，产生热效应，当热量被其他介质吸收后，出现电能量的消耗；

（2）电荷流动产生磁场效应，出现电能量向磁场能的转换现象；

（3）正、负电荷之间产生电场效应，即电路中的电能量转换为电场能储存起来。

3. 电路的基本物理量及参考方向

（1）电流

在国际单位制中，电流的单位是安培（A）。在计量小电流时，常以毫安（mA）或微安（μA）为单位，各单位之间的关系为：$1\text{A}=10^3\text{mA}=10^6\mu\text{A}$。

规定正电荷的运动方向为电流的实际方向。为了便于分析与计算，事先选择一个方向作为电流的方向称为参考方向（也称为正方向）。在分析与计算中，所选参考方向并不一

图 7-2-1 电流的参考方向
(a) $I>0$；(b) $I<0$

定与实际方向相同，当电流的实际方向与参考方向相同时，电流为正值；反之，当电流的实际方向与参考方向相反时，则电流为负值。如图 7-2-1 所示。

（2）电位与电压

电位、电压的单位都是伏特（V）。a、b 两点间的电压在数值上等于电场力把单位正电荷从 a 点移到 b 点所做的功，也就是两点之间的电位差，即 $U_{ab}=V_a-V_b$，其中，V_a 为 a 点的电位，V_b 为 b 点的电位，U_{ab} 为 a、b 间的电压。

电压的实际方向（极性）规定为从高电位点指向低电位点，即电位降的方向。与电流类似，在复杂电路中，两点间电压的实际方向往往很难预测，故事先设定一个参考方向（参考极性）。为了方便分析，常将电压、电流取一致的参考方向称为关联参考方向，即在同一元件上，电流的参考方向从电压参考极性的"＋"极指向"－"极。这样，在一个元件上只要设定一个参考方向（电压或电流），另一个就自然确定了。

（3）电动势

电动势是表示电源性质的物理量。它表征了电源内部非电场力对正电荷做功的能力或者说电源将其他形式能量转换成为电能的能力。电动势在数值上等于非电场力将单位正电荷从负极经电源内部移动到正极时所做的功。电动势用 E 表示，其单位也是伏特（V）。电动势的实际方向规定在电源内部是从低电位端指向高电位端，即电位升的方向。

4. 理想电路元件及其约束关系

为了便于对实际电路进行分析，引入若干理想电路元件，每个理想元件仅与一种基本物理现象对应。为了表达方便，用大写字母表示直流量（如 U、I），用小写字母表示交流量（如 u、i）。

（1）电阻 R

1）元件约束

电阻元件表示消耗电能量，元件参数用 R 表示，其元件符号如图 7-2-2 所示。流过电阻 R 的电流 I 和两端的电压 U 的关系满足欧姆定律：

$$U=\pm RI$$

图 7-2-2 电阻元件符号及元件约束
(a) U 与 I 关联参考方向；
(b) U 与 I 非关联参考方向

当电流 I、电压 U 的参考方向按关联参考方向（亦称关联方向）设定时，上式取"＋"号，反之，取"－"号。

2）电阻 R 消耗的功率

在关联方向下（或非关联方向下），电阻是一种耗能元件，其消耗的功率为：

$$P=UI=RI^2=\frac{U^2}{R}$$

（2）电感 L

1）元件约束

电感是一种可以将电能转换为磁场能（储能）而不消耗能量的电路元件，描述参数用

L 表示。流过电感上的电流 i 和两端的电压 u 的方向按关联方向设定时（图 7-2-3），它们具有约束关系：

$$u = L\frac{\mathrm{d}i}{\mathrm{d}t}$$

2）电感 L 储存的能量

当电流 i 通过电感元件时，可存储磁场能 W_L，其计算式为：

$$W_\mathrm{L} = \frac{1}{2}Li^2$$

注意，电感在直流电路中，$u = L\dfrac{\mathrm{d}i}{\mathrm{d}t} = 0$，相当于短路。

图 7-2-3　电感元件符号　　图 7-2-4　电容元件符号

（3）电容

电容是一种可以将电能转换为电场能（储能）而不消耗能量的电路元件，其描述参数用 C 表示，其元件约束关系为：

$$i = \begin{cases} C\dfrac{\mathrm{d}u}{\mathrm{d}t} & u\text{ 与 }i\text{ 关联方向设定（图 7-2-4）} \\ -C\dfrac{\mathrm{d}u}{\mathrm{d}t} & u\text{ 与 }i\text{ 非关联方向设定} \end{cases}$$

当电容元件两端存在电压 u 时，可存储电场能 W_C，其计算式为：

$$W_\mathrm{C} = \frac{1}{2}Cu^2$$

注意，电容在直流电路中，$i = C\dfrac{\mathrm{d}u}{\mathrm{d}t} = 0$，相当于开路。

（4）独立电源

独立电源是指能够单独对电路产生激励作用的电源。产生电压激励的电源为电压源，理想独立电压源符号见图 7-2-5(a)，其两端电压 u 与通过的电流 i 无关，元件约束为 $u = U_\mathrm{s}$；实际独立电压源见图 7-2-5(b)、(c)。产生电流激励的电源为电流源，理想独立电流源符号见图 7-2-6(a)，其通过的电流 i 与两端电压 u 无关，元件约束为 $i = I_\mathrm{s}$；实际独立电

图 7-2-5　独立电压源
(a) 理想电压源；(b) 实际电压源模型；(c) 伏安特性

流源见图 7-2-6(b)、(c)。

图 7-2-6 独立电流源
(a) 理想电流源；(b) 实际电流源模型；(c) 伏安特性

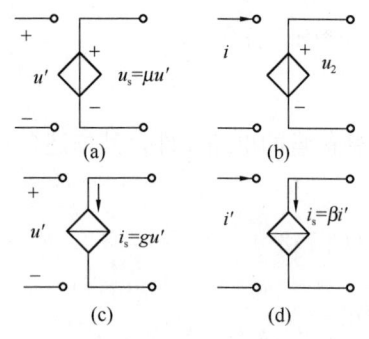

图 7-2-7 受控源元件符号
(a) 电压控制的电压源 VCVS；
(b) 电流控制的电压源 CCVS；
(c) 电压控制的电流源 VCCS；
(d) 电流控制的电流源 CCCS

（5）受控电源

受控电源是另一类电源模型，它的输出具有理想电源的特征，但其参数却受到电路中其他变量的控制。受控电源的特点是：当控制的电压或电流消失或等于零时，受控电源的电压或电流也将等于零；当控制的电压或电流方向改变时，受控电源的电压或电流方向也将随之改变。按照受控电源输出端表现的电压源特性或电流源特性，以及控制的变量为电压或电流，受控电源共分 4 种，如图 7-2-7 所示。

5. 电路模型

电路模型是指由电路元件模型组成的电路。

（1）实际电路元件的电路模型

实际电压源模型如图 7-2-5(b) 所示，实际电流源模型如图 7-2-6(b) 所示。单纯耗能的设备基本物理现象只有消耗电能量，可通过电阻 R 元件描述。

电感线圈工作于在低频交流电情况下，既有较强的磁场效应，又有热效应产生，可由电感元件 L 与电阻元件 R 串联表示，如图 7-2-8 所示。电容器工作时主要体现电场效应，可由电容元件 C 描述。

连接导线则可用 $R=0$ 的导线表示。

图 7-2-8 电感线圈的
电路模型

图 7-2-9 电阻的串并联
(a) 电阻串联；(b) 电阻并联

(2) 元件的串并联连接

几个元件按首尾相连原则一个接一个顺序连接称为元件的串联，这些元件流过同一个电流，各个元件电压之和等于总电压。几个元件均连接在两个节点之间称为元件的并联，这些元件承受同一个电压，流过各元件电流之和等于并联电路总电流。

1) 电阻元件的串并联

电阻串联电路的总电阻等于各个电阻之和；电阻并联电路的总电阻的倒数等于各个电阻倒数之和。

图 7-2-9(a) 所示电路为两个电阻元件的串联，等效电阻：$R = R_1 + R_2$，每个电阻上的电压根据分压作用可得：

$$u_1 = \frac{R_1}{R_1 + R_2} u, \quad u_2 = \frac{R_2}{R_1 + R_2} u$$

图 7-2-9(b) 所示电路为两个电阻元件的并联，等效电阻：$\frac{1}{R} = \frac{1}{R_1} + \frac{1}{R_2}$，$R = \frac{R_1 R_2}{R_1 + R_2}$，根据分流作用可得每个电阻通过的电流，即：$i_1 = \frac{R_2}{R_1 + R_2} i$，$i_2 = \frac{R_1}{R_1 + R_2} i$。

任一并联电阻上的分流与其电阻值的大小成反比。此外，R_1 与 R_2 并联，可写作：$R_1 /\!/ R_2$。

2) 电感元件的串并联

电感串联电路的等效电感等于各个电感之和，电感并联电路的等效电感的倒数等于各个电感倒数之和，即：

n 个电感串联的等效电感：$L = L_1 + L_2 + \cdots + L_n$

n 个电感并联的等效电感：$\frac{1}{L} = \frac{1}{L_1} + \frac{1}{L_2} + \cdots + \frac{1}{L_n}$

3) 电容元件的串并联

电容串联电路的等效电容的倒数等于各个电容倒数之和，电容并联电路的等效电容等于各个电容之和，即：

n 个电容串联的等效电容：$\frac{1}{C} = \frac{1}{C_1} + \frac{1}{C_2} + \cdots + \frac{1}{C_n}$

n 个电容并联的等效电容：$C = C_1 + C_2 + \cdots + C_n$

6. 欧姆定律

欧姆定律是指通过电阻的电流 I 与电阻两端的电压 U 成正比，其数学表达式为：

$$\frac{U}{I} = R$$

式中，R 为该段电路的电阻（Ω）。

二、基尔霍夫定律

1. 基本概念

(1) 支路。由一个或多个元件串联组成的一条没有分支的电路称为支路。一条支路流过同一个电流，称为支路电流。

(2) 节点。在电路中具有三条或三条以上支路的连接点称为节点。两个节点之间的电压称为节点电压。

(3) 回路。电路中由一条或多条支路所组成的任一闭合路径称为回路。

(4) 网孔。在平面电路中，内部不含其他支路的回路称为网孔。网孔也称为独立回路。

2. 基尔霍夫电流定律（KCL）

基尔霍夫电流定律（KCL）是指在任一瞬间，流向节点的电流之和等于从该节点流出的电流之和，即：

$$\Sigma I_\text{入} = \Sigma I_\text{出}$$

应用 KCL 需预先假定各支路电流正方向。如果规定正方向指向节点的电流取正号，背向节点的取负号，则 KCL 还可表示为：

$$\Sigma I = 0$$

即在任一瞬间，节点上电流代数和为零。

如图 7-2-10 所示，节点 a 处有 4 条支路，各支路电流正方向如图所示，则：

$$I_1 + I_2 = I_3 + I_4$$

或

$$I_1 + I_2 - I_3 - I_4 = 0$$

图 7-2-10 节点上的 KCL   图 7-2-11 广义节点上的 KCL

KCL 可以推广应用到广义节点上，如图 7-2-11 所示两个电路，可以看成广义节点，按 KCL 其关系式分别为：

$$I_1 + I_2 + I_3 = 0, \quad I_A + I_B + I_C = 0$$

3. 基尔霍夫电压定律（KVL）

基尔霍夫电压定律（KVL）是指任何电路中，任意时刻绕任意一个回路一周所有支路电压（降）的代数和恒等于零，即：

$$\Sigma u_k(t) = 0$$

应用 KVL 时，首先需要指定一个回路绕行方向（顺时针或逆时针）。当支路电压的参考方向与回路绕行方向一致时（电压降），在求和式中取"＋"号；当支路电压参考方向与回路绕行方向相反时（电压升），在求和式中取"－"号。例如，在图 7-2-12 所示电路中，则：

回路Ⅰ（$abda$）： $U_a + U_b - U_c = 0$

回路Ⅱ（$bcdb$）： $U_b + U_e - U_d = 0$

回路Ⅲ（$bcdab$）： $U_b + U_e - U_c + U_a = 0$

KVL除了适用于闭合的电路外,还可以应用于不闭合的电路或某一段电路。例如,如图7-2-13(a)所示,根据KVL,有$U_{AB}+U_B-U_A=0$,所以$U_{AB}=U_A-U_B$,即电路中任意两点间的电压等于这两点间各段支路电压的代数和。其中,支路电压的方向与这两点间电压方向相同的取正号,相反的取负号。如图7-2-13(b)所示,由KVL,有:$U_{ab}=U_1+U_2$。

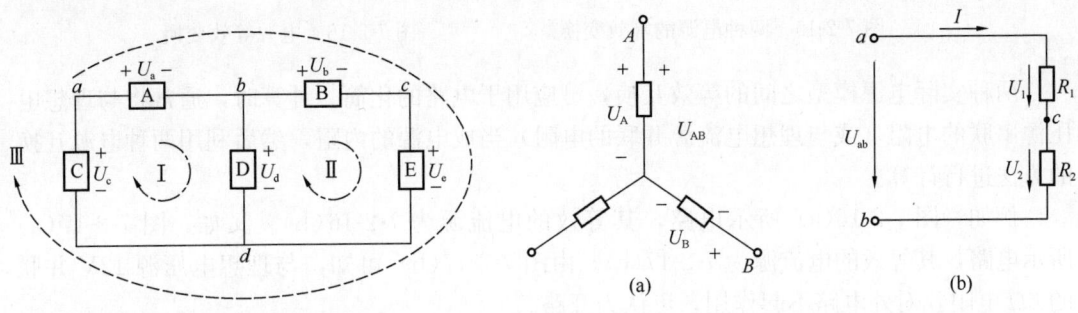

图7-2-12 回路中的KVL 　　图7-2-13 KVL的推广应用

【**例7-2-1**】(历年真题)图示电路中,电流I_s为:
A. $-0.8A$　　　　　　　B. $0.8A$
C. $0.6A$　　　　　　　 D. $-0.6A$

【**解答**】设流过电阻10Ω的电流为I_R,方向向下,10Ω上端节点处:

$$0.2+I_s=I_R=\frac{U_s}{R}=\frac{-6}{10}=-0.6$$

$I_s=-0.8A$,应选A项。

三、电压源和电流源模型的等效变换

一个实际的独立电源可以用两种模型来表述,即实际电压源模型和实际电流源模型。当用这两种模型表述同一个电源时,它们之间是可以等效互换的,这两个互换的电源模型具有完全相同的外部特性。图7-2-14中实际电压源模型和实际电流源模型分别为实际电源的等效模型。

图7-2-14 实际电源
(a) 实际电压源模型;(b) 实际电流源模型

由图7-2-14(a)可知:
$$U=U_s-R_{01}I$$

由图7-2-14(b)可知: $U=(I_s-I)R_{02}=I_sR_{02}-IR_{02}$

若两种电源对外等效,则:

$$\begin{cases}R_{01}=R_{02}=R_0\\U_s=I_sR_0\end{cases}$$

两种电源互换时,注意电压源(U_s)和电流源(I_s)的方向,必须保证转换前后,输出电流、电压的参考方向不变,如图7-2-15所示。

495

图 7-2-15 两种电源的等效变换　　　图 7-2-16 电源等效变换

两种实际电源模型之间的等效互换，可应用于电路的化简。计算时，通常将与理想电压源串联的电阻（或与理想电流源并联的电阻）当成电源的内阻，然后利用两种电源互换的方法进行计算。

例如，图 7-2-16(a) 所示电路，其等效的电流源为 7-2-16(b)。又如，图 7-2-17(a) 所示电路，其等效的电流源为 7-2-17(c)。由图 7-2-17(b) 可知，与理想电压源 12V 并联的 6Ω 电阻，对外电路不起作用，可认为开路。

图 7-2-17 电源等效变换

四、等效电源定理

在复杂电路中，当只需计算某一条支路的电压或电流，可以首先将待求支路从电路中分离出来，然后找出其余部分电路（二端网络）的等效电源，这样可计算出待求的电压或电流，这就是等效电源定理。这个二端网络如果用实际电压源等效，则称为戴维宁定理；如果用实际电流源等效，则称为诺顿定理。下面仅介绍戴维宁定理。

戴维宁定理的表述：任何一个线性有源二端网络，如图 7-2-18(a) 所示，对外电路而

图 7-2-18 戴维宁定理

(a) 线性有源二端网络；(b) 戴维宁等效电路；(c) 求开路电压 U_{OC} 示意电路；(d) 求等效电阻 R_0 示意图

言，可以等效成一个端电压为 U_{OC} 的理想电压源和内阻 R_0 相串联的电压源，如图 7-2-18 (b) 所示。等效电源的端电压就是有源二端网络的开路电压 U_{OC}，即将负载断开后 a、b 两端之间的电压，如图 7-2-18(c) 所示，内阻 R_0 等于有源二端网络中所有独立电源置零（理想电压源视为短路，理想电流源视为开路）后所得到的无源二端网络 N_0 在 a、b 两端看进去的等效电阻，如图 7-2-18(d) 所示。

线性有源二端网络变为无源二端网络，其除源原则是：对于理想电压源供出电压为零，将其视为短路；对于理想电流源供出电流为零，将其视为开路。

【例 7-2-2】电路如图（a）所示，已知 $R_1=20\Omega$，$R_2=30\Omega$，$R_3=30\Omega$，$R_4=20\Omega$，$R_5=16\Omega$，$U_s=20V$，则电流 I_5（A）为：

A. -0.05 B. -0.1 C. 0.05 D. 0.10

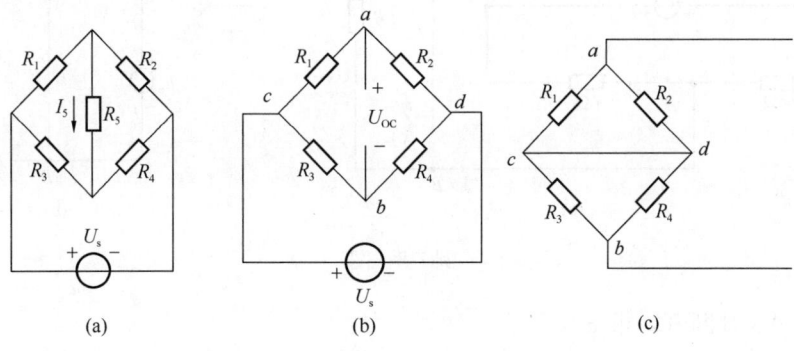

例 7-2-2 图
(a) 电路；(b) 求开路电压 U_{OC}；(c) 求等效电阻 R_0

【解答】该电路的等效电源的参数，见图（b）、(c)。

$$U_{OC}=U_{ab}=U_{ad}-U_{bd}$$
$$=\frac{R_2}{R_1+R_2}U_s-\frac{R_4}{R_3+R_4}U_s=\frac{30}{20+30}\times 20-\frac{20}{30+20}\times 20$$
$$=4V$$
$$R_0=R_1 // R_2+R_3 // R_4=\frac{20\times 30}{20+30}+\frac{30\times 20}{30+20}=24\Omega$$

则：
$$I_5=\frac{U_{ab}}{R_5+R_0}=\frac{4}{16+24}=0.1A$$

故应选 D 项。

【例 7-2-3】（历年真题）图示两电路相互等效，由图（b）可知，流经 10Ω 电阻的电流 $I_R=1A$，由此可求得流经图（a）电路中 10Ω 电阻的电流 I 等于：

A. 1A B. $-1A$
C. $-3A$ D. 0.3A

例 7-2-3 图

【解答】图（a）、图（b）对负载 20Ω 等效，则流过 20Ω 的电流均为 1A，方向向上，则：

图（a）：$2=I+1$，$I=1A$

应选 A 项。

【例 7-2-4】（历年真题）在图（a）电路中有电流 I 时,可将图（a）等效为图（b），其中等效电压源电动势 E_s 和等效电源内阻 R_0 分别为：

A. $-1V$，5.143Ω　　　　　　B. $1V$，5Ω

C. $-1V$，5Ω　　　　　　　　D. $1V$，5.143Ω

例 7-2-4 图

【解答】A、B 断开，求 E_s：

图中上排 3Ω 与 6Ω 串联，图中下排 6Ω 与 6Ω 串联，$E_s = \dfrac{6}{3+6} \times 6 - \dfrac{6}{6+6} \times 6 = 1V$

电压源为短路，求 R_0：

$$R_0 = 3 /\!/ 6 + 6 /\!/ 6 = \dfrac{3 \times 6}{3+6} + \dfrac{6 \times 6}{6+6} = 5\Omega$$

应选 B 项。

【例 7-2-5】（历年真题）图示电路中，a-b 端左侧网络的等效电阻为：

A. $R_1 + R_2$

B. $R_1 /\!/ R_2$

C. $R_1 + R_2 /\!/ R_L$

D. R_2

例 7-2-5 图

【解答】电流源为开路：

$R_0 = R_2$，应选 D 项。

五、叠加原理

叠加原理是指在任何含有多个独立电源的线性电路中，每一支路的响应（电压或电流）都可以看成每个电源单独作用（其他独立电源置零，即电压源"短路"，电流源"开路"，而电源内阻保留）在该支路产生的响应的代数和。

应用叠加原理，需要注意的是：

(1) 叠加定理是电路线性关系的应用，只适用于求解线性电路的电压和电流响应，电路中功率与激励电源的关系为二次函数，不具有线性关系，故不能直接用来计算功率。

(2) 叠加时只将独立电源分别考虑，而受控电源（如前面讲的 VCVS 等）的使用则不遵循叠加原理。

【例 7-2-6】（历年真题）已知电路如图所示，其中响应电流 I 在电流源单独作用时的分量为：

A. 因电阻 R 未知，故无法求出
B. 3A
C. 2A
D. -2A

例 7-2-6 图

【解答】 电流源单独使用时，电压源断路；电阻均为 R，则：

$$I = -\frac{1}{3} \times 6 = -2\text{A}，应选 D 项。$$

【例 7-2-7】（历年真题）已知电路如图所示，其中，响应电流 I 在电压源单独作用时的分量为：

A. 0.375A   B. 0.25A
C. 0.125A   D. 0.1875A

【解答】 电压源单独作用时，电流源开路，此时，通过 40Ω 的电流 I 为：

$$I = \frac{15}{40 + 40 // 40} \times \frac{40}{40 + 40} = 0.125\text{A}$$

应选 C 项。

例 7-2-7 图

【例 7-2-8】 图示电路，则 AB 两端的电压 U_{AB} 为：

A. -6V   B. -12V
C. -18V   D. -21V

【解答】 当电流源单独作用时：

$$U'_{AB} = -(R_2 // R_3) \times 4$$
$$= -\frac{6 \times 6}{6 + 6} \times 4 = -12\text{V}$$

例 7-2-8 图

当电压源单独作用时：

$$U''_{AB} = -\frac{R_3}{R_2 + R_3} U_s = -\frac{6}{6 + 6} \times 12 = -6\text{V}$$

由叠加原理，电流源、电压源共同作用下：$U_{AB} = -12 - 6 = -18$V，应选 C 项。

六、支路电流法

支路电流法是求解电路的常规方法之一。如果一个电路具有 n 个节点、m 个（条）支路，则该电路的独立节点数和独立回路数（即网孔数）分别为 $n-1$ 个和 $m-n+1$ 个。一般来说，如果每次取回路都包含一条新的、其他回路不包含的支路，则这些回路是相互独立的。运用支路电流法求解电路的步骤如下：

(1) 确定电路中 m 条支路电流的名称和正方向；
(2) 根据 KCL，列出 $n-1$ 个独立节点电流方程；
(3) 设定回路巡行方向，根据 KVL，列出 $m-n+1$ 个独立的回路电压方程；

(4) 联立 $(n-1)+(m-n+1)=m$ 个独立方程解得各支路电流,进一步可求出各支路电压和功率。

如图 7-2-19 所示,该电路具有 2 个节点,3 条支路,其独立节点数为 $n-1=2-1=1$ 个,在节点 a 处,由 KCL,则:
$$I_1+I_2-I_3=0$$

独立回路数(网孔数)为 $m-1+1=3-2+1=2$ 个,由 KVL,则:

网孔Ⅰ: $R_1I_1+R_3I_3-U_{s1}=0$

网孔Ⅱ: $-R_2I_2-R_3I_3+U_{s2}=0$

联解上述方程组,可得 I_1、I_2 和 I_3 值。

图 7-2-19 支路电流分析法

注意,当电路中有电流源时,电流源所在支路的电流也就已知了,支路个数也减少,但由于电流源的端电压未知,因此,应选择不含电流源的回路作为 KVL 列写对象。

【例 7-2-9】(历年真题)用于求解图示电路的 4 个方程中,有一个错误方程,这个错误方程是:

A. $I_1R_1+I_3R_3-U_{s1}=0$

B. $I_2R_2+I_3R_3=0$

C. $I_1+I_2-I_3=0$

D. $I_2=-I_{s2}$

例 7-2-9 图

【解答】A 项,根据 KVL,正确。

B 项,由于电流源存在,电流源的端电压 U_{s2} 由外电路决定,故 $I_2R_2+I_3R_3=U_{s2}\neq 0$,应选 B 项。

【例 7-2-10】(历年真题)已知电路如图所示,其中电流 I 等于:

A. 0.1A   B. 0.2A

C. -0.1A   D. -0.2A

【解答】设流过 10Ω 的电流为 I_R,方向向右,则:
$$I_R+0.1=I$$

由 2V、4V 构成的回路:$10I_R+4-2=0$,$I_R=-0.2A$

则:$I=-0.2+0.1=-0.1A$,应选 C 项。

例 7-2-10 图

【例 7-2-11】(历年真题)图示电路中,电压 U 等于:

A. 0V   B. 4V

C. 6V   D. -6V

【解答】由 KVL,逆时针方向,则:
$$U+2\times 2+2=0,\ U=-6V$$

应选 D 项。

例 7-2-11 图

习 题

7-2-1 （历年真题）图示电路消耗电功率 2W，则下列表达式中正确的是：

A. $(8+R)I^2 = 2$, $(8+R)I = 10$

B. $(8+R)I^2 = 2$, $-(8+R)I = 10$

C. $-(8+R)I^2 = 2$, $-(8+R)I = 10$

D. $-(8+R)I = 10$, $(8+R)I = 10$

题 7-2-1 图

7-2-2 （历年真题）电路如图所示，U_s 为独立电压源，若外电路不变，仅电阻 R 变化时，将会引起的变化是：

A. 端电压 U 的变化

B. 输出电流 I 的变化

C. 电阻 R 支路电流的变化

D. 上述三者同时变化

题 7-2-2 图

7-2-3 （历年真题）对于图示电路，可以列写 a、b、c、d 4 个节点的 KCL 方程和①、②、③、④、⑤ 5 个回路的 KVL 方程，为求出 6 个未知电流 $I_1 \sim I_6$，正确的求解模型应该是：

A. 任选 3 个 KCL 方程和 3 个 KVL 方程

B. 任选 3 个 KCL 方程和①、②、③ 3 个回路的 KVL 方程

C. 任选 3 个 KCL 方程和①、②、④ 3 个回路的 KVL 方程

D. 写出 4 个 KCL 方程和任意 2 个 KVL 方程

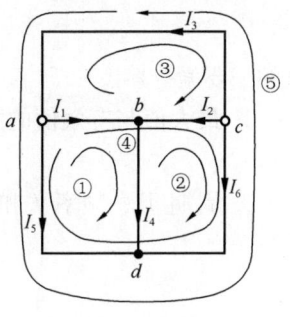

题 7-2-3 图

7-2-4 （历年真题）在直流稳态电路中，电阻、电感、电容元件上的电压与电流大小的比值分别为：

A. R, 0, 0

B. 0, 0, ∞

C. R, ∞, 0

D. R, 0, ∞

7-2-5 （历年真题）在图示电路中，$I_1 = -4\text{A}$，$I_2 = -3\text{A}$，则 I_3 为：

A. -1A

B. 7A

C. -7A

D. 1A

题 7-2-5 图

7-2-6 （历年真题）设电阻元件 R、电感元件 L、电容元件 C 上的电压电流取关联方向，则如下关系成立的是：

A. $i_R = R \cdot u_R$

B. $u_C = C \dfrac{di_C}{dt}$

C. $i_C = C \dfrac{du_C}{dt}$

D. $u_L = \dfrac{1}{L}\int i_C dt$

第三节 正弦交流电路

一、正弦交流电的时间函数描述

正弦交流电是指按照正弦规律变化的电压或电流，是周期函数。正弦交流电路是指含有正弦交流电源而且电路各部分所产生的电压和电流（响应）均按正弦规律变化的电路。

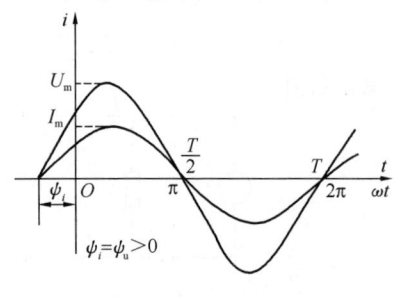

图 7-3-1 正弦交流电波形

以正弦交流电流为例，其波形图见图 7-3-1，其时间函数的描述形式（即三角函数式）为：

$$i(t) = I_m \sin(\omega t + \psi_i) \text{ 或 } i(t) = \sqrt{2}I\sin(\omega t + \psi_i)$$

式中，I_m 为正弦交流电流的最大值或幅值，I 为正弦交流电流的有效值，ω 为正弦交流电流的角频率，ψ_i 为正弦交流电流的初相位。

同理，正弦交流电压的时间函数可描述为：

$$u(t) = U_m \sin(\omega t + \psi_u) \text{ 或 } u(t) = \sqrt{2}U\sin(\omega t + \psi_u)$$

上述式中，幅值、角频率、初相位称为正弦交流电的三要素。

1. 最大值与有效值的关系

$$I_m = \sqrt{2}I,\ U_m = \sqrt{2}U$$

2. 周期 T、频率 f 和角频率 ω 的关系

$$\omega = 2\pi f = \frac{2\pi}{T}$$

我国电力系统的交流电频率 $f=50\text{Hz}$，称为工频，则 $T = \dfrac{1}{f} = 0.02\text{s}$，$\omega = 2\pi f = 314\text{rad/s}$。

3. 初相位和相位差

正弦交流电 $i(t) = I_m\sin(\omega t + \psi_i)$ 中的 $(\omega t + \psi_i)$ 为相位，$t=0$ 时的相位为初相位 ψ_i，约定初相位取值范围为 $(-\pi, +\pi)$。

两个同频率正弦量的相位之差即初相位之差称为相位差，用 φ 表示。

（1）**同相**：如图 7-3-1 所示，u 和 i 的初相位 $\psi_u = \psi_i$，则它们的相位差 $\varphi = \psi_u - \psi_i = 0$，这种情况称为同相。它说明 u 和 i 步调一致，同时过零，又同时达到正的最大值或负的最大值。在纯电阻的交流电路中，u 和 i 就是同相关系。

（2）**反相**：若 u 和 i 的相位差 $\varphi = \psi_u - \psi_i = \pm\pi$，说明 u 和 i 步调相反，总是一个达到正的最大值时，另一个为负的最大值，故把相位差 $\varphi = \pm\pi$ 的这种情况称为反相，如图 7-3-2 中 i_2 与 u 的相位差为反相关系。

（3）**超前与滞后**：若 $\varphi = \psi_u - \psi_i > 0$，

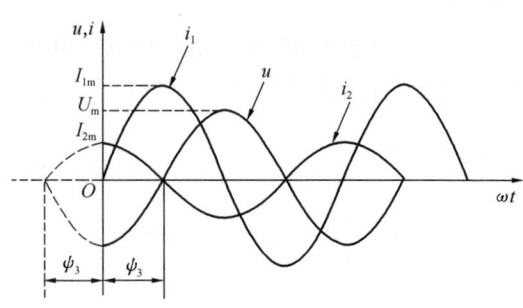

图 7-3-2 正弦波的初相位和相位差

即 u 与 i 随时间 t 变化时，u 比 i 先到达零值点（或正的最大值）。这时称电压超前电流 φ 角，或者称电流滞后电压 φ 角。如图 7-3-2 中 i_2 超前 i_1 90°，或者称 i_1 滞后 i_2 90°。

同样规定 $|\varphi|\leqslant\pi$。若 $|\varphi|>\pi$，则可用 $2\pi-|\varphi|$ 来表示相位差，但原来超前的要改为滞后，即 φ 记为负角；或原来滞后的要改为超前，即 φ 记为正角。

二、正弦交流电的相量描述

1. 相量

在电路分析中，将按逆时针方向以均匀角速度旋转的矢量称为相量。用大写英文字母上加"·"来表示，如 $\dot{I}$、$\dot{U}$ 等。以电流相量 $\dot{I}$ 为例，利用复数可描述为（图 7-3-3）：

极坐标式　　　　　$\dot{I} = I\angle\psi_i$

指数式　　　　　　$\dot{I} = Ie^{j\psi_i}$

代数式　　　　　　$\dot{I} = a + jb$

三角函数式　　　　$\dot{I} = I\cos\psi_i + jI\sin\psi_i$

图 7-3-3 有向线段的复数表示

其中　　　　　　　$a = I\cos\psi_i$，$b = I\sin\psi_i$

$$I = \sqrt{a^2 + b^2},\ \psi_i = \arctan\frac{b}{a}$$

极坐标式或指数式适用于复数的乘、除运算；代数式适用于复数的加、减运算；三角函数式适用于代数式与极坐标（或指数）式的相互转换。

当一个复数的模等于某正弦量的有效值或幅值，幅角等于该正弦量的初相位时，该复数就可以表示该正弦量。

　　　　　　　正弦量的时域形式　　　正弦量的相量形式
$$i = \sqrt{2}I\sin(\omega t + \varphi) \Leftrightarrow \dot{I} = I\angle(\omega t + \varphi)$$

在由线性电路元件组成的正弦交流电路中，由于其激励和响应（即电流、电压）是同频率的交流电，在交流电路稳态分析中只涉及同频率正弦交流电的分析与计算问题。因此，正弦量的相量只保留幅值（或有效值）、初相位两个要素，于是相量简记为：$\dot{I} = I\angle\psi_i$，$\dot{I} = I(\cos\psi_i + j\sin\psi_i)$ 和 $\dot{I} = Ie^{j\psi_i}$。此外，通常情况下，正弦量的相量是指有效值相量，即用正弦量的有效值与相量的模相对应。需要注意的是，正弦交流电与相量之间仅是映射关系，不是相等关系，即：

$$i = \sqrt{2}I\sin(\omega t + \psi_i) \neq \dot{I} = I\angle\psi_i$$

$$i = \sqrt{2}I\sin(\omega t + \psi_i) \Leftrightarrow \dot{I} = I\angle\psi_i$$

2. 相量图

复平面坐标系上画出同频率的电压、电流相量可直观地表示这些电压、电流的大小和相位关系，这种几何表达方式称为相量图。

在相量图中，有向线段的长度为复数的模，即正弦量的有效值；有向线段与横轴的夹角为复数的幅角，即正弦量的初相位，初相位为正，夹角在横轴上方，初相位为负，则夹角在横轴下方。

如图 7-3-4 所示相量图，反映了 i 与 u 的相位关系是：电流 i 超前电压 u。

【例 7-3-1】（历年真题）已知电流 $i(t) = 0.1\sin(\omega t + 10°)$A，电压 $u(t) = 10\sin(\omega t - 10°)$V，则如下表述中正确的是：

A. 电流 $i(t)$ 与电压 $u(t)$ 呈反相关系

B. $\dot{I} = 0.1\angle 10°$A，$\dot{U} = 10\angle -10°$V

C. $\dot{I} = 70.7\angle 10°$mA，$\dot{U} = -7.07\angle 10°$V

D. $\dot{I} = 70.7\angle 10°$mA，$\dot{U} = 7.07\angle -10°$V

图 7-3-4　u 与 i 相量图

【解答】 $\dot{I} = I\angle \psi_i = \dfrac{0.1}{\sqrt{2}}\angle 10° = 0.070\angle 10°$A $= 70.7\angle 10°$mA

$$\dot{U} = \dfrac{10}{\sqrt{2}}\angle -10° = 7.07\angle -10°\text{V}$$

应选 D 项。

【例 7-3-2】 图示电路中，设电流为：

$$i_1 = 100\sqrt{2}\sin(314t + 30°)\text{A}$$
$$i_2 = 60\sqrt{2}\sin(314t + 120°)\text{A}$$

两电流之和为 i，则 i 的相量为：

A. $116.7\angle 61°$A　　B. $86.6\angle 51°$A

C. $67.2\angle 30°$A　　D. $30.7\angle 36°$A

例 7-3-2 图

【解答】 $\dot{I}_1 = 100\angle 30°$，$\dot{I}_2 = 60\angle 120°$

$$\dot{I} = \dot{I}_1 + \dot{I}_2 = 100\angle 30° + 60\angle 120°$$
$$= 100(\cos 30° + j\sin 30°) + 60(\cos 120° + j\sin 120°)$$
$$= (86.6 + j50) + (-30 + j52) = (86.6 - 30) + j(50 + 52)$$
$$= 56.6 + j102 = 116.7\angle 61°\text{A}$$

应选 A 项。

三、复阻抗及阻抗

1. 复阻抗及阻抗的定义

对任何一个无源二端网络端口上的电压电流的相量之比称为该无源二端网络的复阻抗 Z。如图 7-3-5 所示，无源二端网络的复阻抗可定义为：

图 7-3-5　无源二端网络

$$Z = \dfrac{\dot{U}}{\dot{I}} = \dfrac{U\angle \psi_u}{I\angle \psi_i} = \dfrac{U}{I}\angle (\psi_u - \psi_i) = |Z|\angle \varphi$$

其中，$|Z| = \dfrac{U}{I}$，称为阻抗，$|Z|$ 等于端口电压与端口电流有效值之比，也是复阻抗的模；$\varphi = \psi_u - \psi_i$，称为阻抗角。当 $\varphi > 0$ 时，电压超前电流 φ 角；当 $\varphi < 0$ 时，电流超前电压 φ 角。

2. 电阻（R）、电感（L）和电容（C）元件的复阻抗

假设流过无源元件 R、L、C 的电流 i 和两端的电压 u 参考方向为关联参考方向，而

且电流 i、电压 u 可以用相量形式描述时,根据元件的时域约束关系,可得的相量形式的约束关系(即欧姆定律)分别为:

电阻元件: $\dot{U} = R\dot{I}$

电感元件: $\dot{U} = j\omega L \dot{I}$

电容元件: $\dot{U} = \dfrac{1}{j\omega C}\dot{I}$

根据复阻抗的定义,可得:

(1) 电阻元件的复阻抗:$Z_R = R$,其相量域模型及相量图见图 7-3-6。

(2) 电感元件的复阻抗:$Z_L = j\omega L = jX_L$,X_L 为感抗,单位 Ω,与频率成正比,其相量域模型及相量图见图 7-3-7。

(3) 电容元件的复阻抗:$Z_C = \dfrac{1}{j\omega C} = -jX_C$,$X_C$ 为容抗,单位 Ω,与频率成反比,其相量域模型及相量图见图 7-3-8。

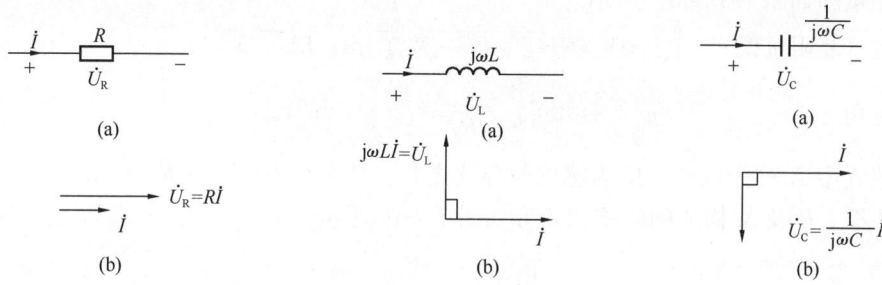

图 7-3-6　电阻元件相量域模型及相量图　　图 7-3-7　电感元件相量域模型及相量图　　图 7-3-8　电容元件相量域模型及相量图

于是,电感、电容元件的欧姆定律可写为:

$$\dot{U}_L = j\omega L \dot{I} = jX_L \dot{I} = Z_L \dot{I}$$

$$\dot{U}_C = \dfrac{1}{j\omega C}\dot{I} = -jX_C \dot{I} = Z_C \dot{I}$$

3. 无源二端网络的复阻抗

复阻抗的串联和并联的等效阻抗的计算方法和直流电路中电阻的串联和并联的计算方法相同,即:

串联　　　$Z = Z_1 + Z_2 + \cdots + Z_n$

并联　　　$\dfrac{1}{Z} = \dfrac{1}{Z_1} + \dfrac{1}{Z_2} + \cdots + \dfrac{1}{Z_n}$

【**例 7-3-3**】(历年真题)如图所示,设流经电感元件的电流 $i = 2\sin 1000t$ A,若 $L = 1$mH,则电感电压:

A. $u_L = 2\sin 1000t$ V

B. $u_L = -2\cos 1000t$ V

C. u_L 的有效值 $U_L = 2$V

例 7-3-3 图

D. u_L 的有效值 $U_L=1.414\text{V}$

【解答】$j\omega L = j1000 \times 1 \times 10^{-3} = j1$

$\dot{U}_L = j\omega L \dot{I} = j1 \times \dfrac{2}{\sqrt{2}} = \sqrt{2}\angle 90°$，应选 D 项。

4. RLC 串联稳态交流电路

如图 7-3-9(a) 所示 R、L 和 C 串联电路，各元件上流过相同的电流 i，设 $i = I_m \sin\omega t$ 为参考正弦量，则总电压为：

$$u = u_R + u_L + u_C$$

采用相量法，设 $\dot{I} = I\angle 0°$，则：

$$\dot{U} = \dot{U}_R + \dot{U}_L + \dot{U}_C = R\dot{I} + jX_L\dot{I} - jX_C\dot{I}$$
$$= [R + j(X_L - X_C)]\dot{I} = Z\dot{I}$$

式中

$$Z = R + j(X_L - X_C) = |Z|\angle\varphi$$

其相量图如图 7-3-9(b) 所示。

阻抗（复阻抗模） $|Z| = \sqrt{R^2 + (X_L - X_C)^2} = \sqrt{R^2 + X^2}$

阻抗角 $\varphi = \arctan\dfrac{X_L - X_C}{R} = \arcsin\dfrac{X}{|Z|}$

上述式中 X 称为电抗，即为感抗与容抗之差，其大小为：$X = X_L - X_C$

由 $|Z|$、R 及 X 构成的阻抗三角形如图 7-3-10 所示。

图 7-3-9　电阻、电感与电容元件串联的交流电路
(a) 电路图；(b) 相量图

图 7-3-10　阻抗三角形

在图 7-3-9(b) 中，由 $\dot{U}_R$、$\dot{U}_L + \dot{U}_C$、$\dot{U}$ 构成电压三角形，故可求出总电压值为：

$$U = \sqrt{U_R^2 + (U_L - U_C)^2}$$

由电压三角形或阻抗三角形可以得到电压与电流的相位差即阻抗角 φ，即：

$$\varphi = \arctan\dfrac{U_L - U_C}{U_R} = \arctan\dfrac{X_L - X_C}{R} = \arctan\dfrac{X}{R}$$

(1) 当 $X>0$，即 $X_L>X_C$ 时，则 $\varphi>0$，电压超前电流 φ 角，称为电感性电路。

(2) 当 $X<0$，即 $X_L<X_C$ 时，则 $\varphi<0$，电压滞后电流 φ 角，称为电容性电路。

(3) 当 $X=0$，即 $X_L=X_C$ 时，$\varphi=0$，电压与电流同相位，称为电阻性电路，此时电

路发生谐振。有关谐振的内容，见本节后面内容。

四、交流电路功率与功率因数

1. 交流电路功率

（1）正弦交流电路的三个功率

1）有功功率 P：指负载消耗的电能量，其计算式为：

$$P = UI\cos\varphi$$

这部分能量转变为电路对外部所用的有用功，单位为 W（瓦）。$\cos\varphi$ 称为交流电路的功率因数。

2）无功功率 Q：是指用于负载与电源之间的能量交换，其计算式为：

$$Q = UI\sin\varphi$$

该功率并不转换为有用功，单位为 var（乏）。

3）视在功率 S：指电源供出的总电压和总电流的有效值的乘积，其计算式为：

$$S = UI$$

它表示负载工作时所占用的电源容量，单位为 VA（伏安）。

上述三个功率构成直角三角形，称为功率三角形，如图 7-3-11 所示。

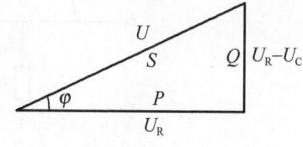

图 7-3-11　功率与电压三角形

三个功率满足关系式：

$$S = UI = \sqrt{P^2 + Q^2}$$

（2）电阻、电感与电容元件的功率

对于电阻元件，只消电能量，不存在与电源间的能量交互，所以：

$$P_R = U_R I_R = RI_R^2 = U_R^2/R$$
$$Q_R = 0$$

对于电感元件，不断地吸收电能量和放出磁场能，它和电源之间只形成等量的能量交换，并不消耗能量，所以：

$$P_L = 0$$
$$Q_L = U_L I_L = X_L I_L^2 = U_L^2/X_L$$

对于电容元件，不断地与电源之间只形成等量的能量交换，不消耗能量，所以：

$$P_C = 0$$
$$Q_C = -U_C I_C = -X_C I_C^2 = -U_C^2/X_C$$

电路的总有功功率等于 R、L、C 各元件有功功率之和，即：

$$P = \Sigma P_R + \Sigma P_L + \Sigma P_C = \Sigma P_R$$

电路的总无功功率等于：

$$Q = (U_L - U_C)I = Q_L + Q_C$$

2. 功率因数

功率因数 $\cos\varphi$ 表示交流电路中实际消耗的有用功在整个容量中所占的比例，代表了交流电路中电能有效利用的程度。功率因数 $\cos\varphi$ 的计算式为：

$$\cos\varphi = \frac{P}{UI}$$

式中的 φ 为阻抗角。功率因数 $\cos\varphi$ 还可根据阻抗三角形计算，即：

$$\cos\varphi = \cos\left(\arctan\frac{X}{R}\right) = \cos\left(\arcsin\frac{X}{|Z|}\right) = \cos\left(\arccos\frac{R}{|Z|}\right)$$

可见，$\cos\varphi$ 是由电路参数所决定的。

3. 功率因数的提高

在供电系统的负载中，大多数属于感性负载。例如在工矿企业中大量使用的异步电动机，控制电路中的交流接触器，以及照明用的日光灯等，都是感性负载。感性负载的电流滞后于电压（$\varphi\neq 0$），所以功率因数总小于 1($\cos\varphi<1$)。这导致电源容量不能得到充分利用，增加了线路的电压降落和功率损失等。

提高电路（而非负载）功率因数的方法是，在感性负载两端并联电容，产生一个超前电压 90°的电流 $\dot{I}_\text{C}$，以补偿感性负载的无功电流分量，使总电流减小，如图 7-3-12(a) 所示。

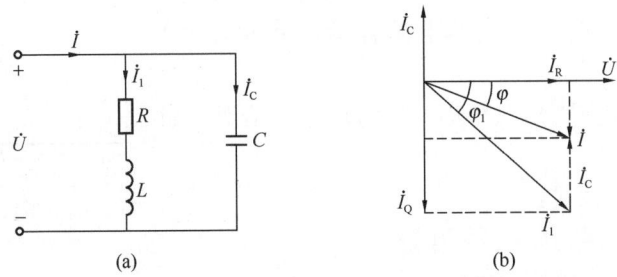

图 7-3-12 并联电容提高功率因数

在图 7-3-12(b) 所示相量图中，未并联电容 C 时，总电流 $\dot{I} = \dot{I}_1$，其有功分量为 $\dot{I}_\text{R}$，无功分量为 $\dot{I}_\text{Q}$；并联电容 C 后，总电流 $\dot{I} = \dot{I}_1 + \dot{I}_\text{C}$。由于 $\dot{I}_\text{C}$ 补偿了一部分无功电流分量 $\dot{I}_\text{Q}$，故 $I<I_1$；从相位上看，$\varphi<\varphi_1$，$\cos\varphi>\cos\varphi_1$。电路的功率因数 $\cos\varphi$ 得到提高（而负载的 $\cos\varphi_1$ 不变）。

应注意的是：

(1) 并联电容 C 前后，原负载的工作状态并无任何变化，即通过负载的电流和负载的功率因数均未改变，提高功率因数是仅就整个电路（包括并联 C）对原电路（未并联 C）而言。

(2) 线路总电流的减小是由于并联电容后总电流无功分量减小的结果，而电流的有功分量在并联后并无改变。从相量图上可以看出。

现分析补偿电容的计算，从相量图 7-3-12(b) 上可以看出：

$$I_\text{C} = I_1\sin\varphi_1 - I\sin\varphi$$

因为 $I_1 = \dfrac{P}{U\cos\varphi_1}$，$I = \dfrac{P}{U\cos\varphi}$，$I_\text{C} = \dfrac{U}{X_\text{C}} = \omega C U$，则：

$$\omega C U = \frac{P}{U}\tan\varphi_1 - \frac{P}{U}\tan\varphi，\text{即：}$$

$$C = \frac{P}{\omega U^2}(\tan\varphi_1 - \tan\varphi)$$

补偿的无功功率为：
$$Q_C = I_C U = \omega CUU = P(\tan\varphi_1 - \tan\varphi)$$

当外加电源电压一定时，电容值 C 越大，$I_C = U_C/X_C = U_C\omega C$ 也越大，由图 7-3-12 (b) 可知，当 $\dot{I}_C$ 很大时，$\dot{I} = \dot{I}_C + \dot{I}_1$，$\dot{I}$ 会滞后电压 $\dot{U}$，功率因数 $\cos\varphi$ 即由 1 变为小于 1 的值（亦称功率因数下降），这称为过补偿，应避免过补偿。

【例 7-3-4】（历年真题）一交流电路由 R、L、C 串联组成，其中 $R=10\Omega$，$X_L=8\Omega$，$X_C=6\Omega$，通过该电路的电流为 10A，则该电路的有功功率、无功功率和视在功率分别为：
A. 1kW，1.6kvar，2.6kV·A
B. 1kW，200var，1.2kV·A
C. 100kW，200var，223.6V·A
D. 1kW，200var，1.02kV·A

【解答】有功功率 P 为：$P = I^2 R = 10^2 \times 10 = 1000W = 1kW$

无功功率 Q 为：$Q = I^2(X_L - X_C) = 10^2 \times (8-6) = 200\text{var}$

视在功率 S 为：$S = \sqrt{1000^2 + 200^2} = 1020V \cdot A = 1.02kV \cdot A$

应选 D 项。

【例 7-3-5】（历年真题）在图示电路中，开关 S 闭合后：
A. 电路的功率因数一定变大
B. 总电流减小时，电路的功率因数变大
C. 总电流减小时，感性负载的功率因数变大
D. 总电流减小时，一定出现过补偿现象

例 7-3-5 图

【解答】开关 S 闭合前，为感性负载电路；S 闭合后，电容电流相位超越前电压，故整个电路的总电流减小；由于功率因数补偿不采用过补偿，故整个电路的功率因数变大，应选 B 项。

【例 7-3-6】（历年真题）额定容量为 20kVA、额定电压为 220V 的某交流电源，为功率为 8kW、功率因数为 0.6 的感性负载供电后，负载电流的有效值为：
A. $\dfrac{20 \times 10^3}{220} = 90.9A$
B. $\dfrac{8 \times 10^3}{0.6 \times 220} = 60.6A$
C. $\dfrac{8 \times 10^3}{220} = 36.36A$
D. $\dfrac{20 \times 10^3}{0.6 \times 220} = 151.5A$

【解答】$I = \dfrac{P}{U\cos\varphi} = \dfrac{8000}{220 \times 0.6} = 60.6A$

应选 B 项。

五、谐振电路

在包含电感和电容元件的电路上，如果电压和电流同相，则电路发生谐振现象。

1. 串联谐振

如图 7-3-9(a) 所示 R、L、C 串联电路中发生的谐振称为串联谐振，谐振频率为：
$$\omega_0 = \frac{1}{\sqrt{LC}}, \quad f_0 = \frac{1}{2\pi\sqrt{LC}}$$

这时电路阻抗值最小，为：
$$|Z| = \sqrt{R^2 + (X_L - X_C)^2} = R$$

电路中电流达到最大值，为：

$$I = I_0 = \frac{U}{R}$$

串联谐振的相量图见图 7-3-13。

电路品质因素为:

$$Q = \frac{U_C}{U} = \frac{U_L}{U} = \frac{\omega_0 L}{R} = \frac{1}{\omega_0 CR}$$

图 7-3-13 串联谐振相量图

它表示谐振时电容或电感元件上的电压是电源电压的 Q 倍。

2. 并联谐振

在图 7-3-12(a) 所示并联电路中发生的谐振称为并联谐振,谐振频率为:

$$\omega_0 \approx \frac{1}{\sqrt{LC}}, \; f_0 \approx \frac{1}{2\pi\sqrt{LC}}$$

谐振时电路阻抗值最大,为:

$$|Z_0| = \frac{L}{RC}$$

电路中电流达最小值,为:

$$I = I_0 = \frac{U}{|Z_0|}$$

并联谐振的相量图,$\dot{I}_0 = \dot{I}_C + \dot{I}_1$,见图 7-3-14。

电路的品质因素为:

$$Q = \frac{I_1}{I_0} = \frac{2\pi f_0 L}{R} = \frac{\omega_0 L}{R} = \frac{1}{\omega_0 RC}$$

它表示谐振时支路电流 I_C 或 I_1 是总电流 I_0 的 Q 倍。

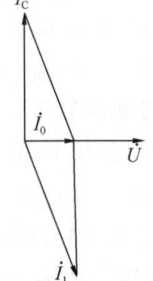

图 7-3-14 $2\pi f_0 L \gg R$ 时并联谐振相量图

六、单相正弦交流电路的计算

在引入了电压、电流的相量形式以及复阻抗概念后,直流电路中所叙述的各个定律、定理和分析方法,都可以推广到正弦交流电路。主要包括:欧姆定律、基尔霍夫定理、电压源与电流源等效变换、戴维宁定理、叠加原理、支路电流法等。只要将其中所涉及的电压、电流和电源用相量表示,电阻用复阻抗表示,求和则求相量和即可。例如,KVL:$\Sigma \dot{U} = 0$;KCL:$\Sigma \dot{I} = 0$。

【**例 7-3-7**】如图(a) 所示电路,则 ab 支路的电流$\dot{I}_{ab}$(A) 为:

A. $-1\angle-137°$ B. $-2\angle-53°$ C. $1\angle-137°$ D. $2\angle-53°$

【**解答**】根据戴维宁定理,如图 (b)、(c) 所示,求 U_{ab} 和 Z_0:

$$\dot{U}_{ab} = \dot{U}_{ad} - \dot{U}_{bd} = 10 \times \frac{1-j1}{(1+j1)+(1-j1)} - 10 \times \frac{1}{1+1} = -j5 \text{V}$$

$$Z_0 = \frac{(1+j1)(1-j1)}{(1+j1)+(1-j1)} + \frac{1 \times 1}{1+1} = 1.5 \Omega$$

$$\dot{I}_{ab} = \frac{\dot{U}_{ab}}{1.5+2.5+j3} = \frac{5\angle-90°}{5\angle-37°} = 1\angle-127°$$

例 7-3-7 图
(a) 电路；(b) 求开路电压 U_{ab}；(c) 求等效阻抗 Z_0

应选 C 项。

【例 7-3-8】（历年真题）图示电路中，当端电压 $\dot{U}=100\angle 0°\text{V}$ 时，$\dot{I}$ 等于：

A. $3.5\angle -45°\text{A}$
B. $3.5\angle 45°\text{A}$
C. $4.5\angle 26.6°\text{A}$
D. $4.5\angle -26.6°\text{A}$

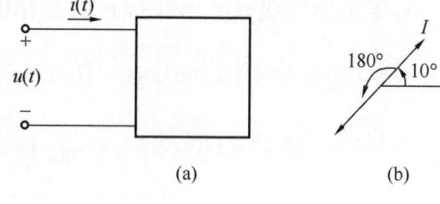

例 7-3-8 图

【解答】$Z = 20 + \dfrac{j20 \cdot (-j10)}{j20 - j10} = 20 - j20$

$\dot{I} = \dfrac{100\angle 0°}{20\sqrt{2}\angle -45°} = \dfrac{5}{\sqrt{2}}\angle 45° = 3.5\angle 45°\text{A}$

应选 B 项。

【例 7-3-9】（历年真题）用电压表测量图示(a)电路 $u(t)$ 和 $i(t)$ 的结果是 10V 和 0.2A，设电流 $i(t)$ 的初相位为 $10°$，电压与电流呈反相关系，则如下关系成立的是：

A. $\dot{U}=10\angle -10°\text{V}$
B. $\dot{U}=-10\angle -10°\text{V}$
C. $\dot{U}=10\sqrt{2}\angle -170°\text{V}$
D. $\dot{U}=10\angle -170°\text{V}$

例 7-3-9 图

【解答】电压表（或电流表）测量值为有效值，如图(b)所示，电流的初相位为 $10°$，则电压的初相位 $=-\pi+10°=-170°$，$\dot{U}=10\angle -170°\text{V}$，应选 D 项。

【例 7-3-10】（历年真题）图示电路中，$Z_1=(6+j8)\Omega$，$Z_2=-jX_C\Omega$，为使 I 取得最大值，X_C 的数值为：

A. 6
B. 8
C. -8
D. 0

例 7-3-10 图

【解答】总阻抗 Z 为：$Z=Z_1+Z_2=6+j8-jX_C$

可知，当 I 取最大值时，Z 应为最小，故取 $X_C=8$，应选 B 项。

【例 7-3-11】（历年真题）在阻抗 $Z=10\angle 45°\Omega$ 两端加入交流电压 $u(t)=220\sqrt{2}\sin(314t+30°)\mathrm{V}$ 后，电流 $i(t)$ 为：

A. $22\sin(314t+75°)\mathrm{A}$　　　　　B. $22\sqrt{2}\sin(314t+15°)\mathrm{A}$

C. $22\sin(314t+15°)\mathrm{A}$　　　　　D. $22\sqrt{2}\sin(314t-15°)\mathrm{A}$

【解答】$\dot{I}=\dfrac{220\angle 30°}{10\angle 45°}=22\angle -15°$

故应选 D 项。

七、三相电路及计算

1. 三相电源

三相正弦交流电是由三相发电机产生。三相发电机和三相变压器的二次侧都有三个绕组，如图 7-3-15 所示，图中 A、B、C 称为绕组的首端，X、Y、Z 称为绕组的末端，分别称为 A 相绕组、B 相绕组、C 相绕组。三相绕组产生的电动势分别为 e_A、e_B、e_C。

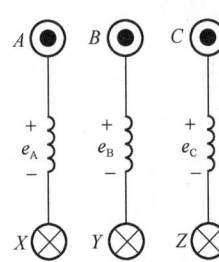

图 7-3-15　三相绕组

如图 7-3-16(a) 所示，在我国低压配电线路中将三相变压器二次侧的三个绕组的末端连在一起，称为中性点（或零点），用 N 表示。从始端 A、B、C 引出的导线称为相线或端线。端线与中性线间形成的电压称为相电压，如图中的 $\dot{U}_A$、$\dot{U}_B$、$\dot{U}_C$；端线与端线间形成的电压称为线电压，如图中的 $\dot{U}_{AB}$、$\dot{U}_{BC}$、$\dot{U}_{CA}$。由于 $\dot{U}_A=\dot{E}_A$，$\dot{U}_B=\dot{E}_B$，$\dot{U}_C=\dot{E}_C$，故电源提供的三相电压是对称三相电压。一般用 U_p 表示相电压的有效值。设三相电源的时域表达式分别为：

$$u_A=\sqrt{2}U_p\sin\omega t,\ u_B=\sqrt{2}U_p\sin(\omega t-120°),\ u_C=\sqrt{2}U_p\sin(\omega t+120°)$$

则它们的相量域形式为：$\dot{U}_A=U_p\angle 0°,\ \dot{U}_B=U_p\angle -120°,\ \dot{U}_C=U_p\angle 120°$

对于星形联接（Y形联接）的三相电源，其线电压的描述分别为：

时域：$u_{AB}=\sqrt{2}U_L\sin(\omega t+30°),\ u_{BC}=\sqrt{2}U_L\sin(\omega t-90°),\ u_{CA}=\sqrt{2}U_L\sin(\omega t+150°)$

相量域：$\dot{U}_{AB}=U_L\angle 30°,\ \dot{U}_{BC}=U_L\angle -90°,\ \dot{U}_{CA}=U_L\angle 150°$

 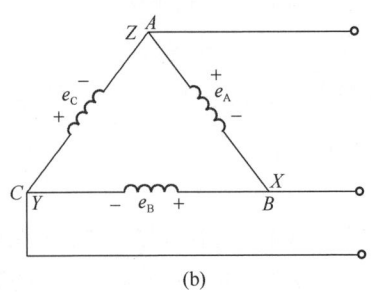

图 7-3-16　三相电源

(a) 星形联接（Y形联接）；(b) 三角形联接（△形联接）

且线电压有效值 U_L 和相电压有效值的关系为：

$$U_L = \sqrt{3} U_p$$

我国低压供电系统中，三相电源相电压有效值 $U_p = 220\text{V}$，$U_L = 380\text{V}$。

由于三相电源的所有输出电压具有严格的对应关系，当已知其一时，必可推出其他电压。

如图 7-3-16(b) 所示为三角形联接，它只能向负载提供线电压，其线电压的描述与 Y 形联接的线电压的描述相同。

2. 三相负载

由三相电源为三相负载供电的电路称为三相电路。三相负载有星形联接和三角形联接两种。

(1) 三相负载的星形联接

将三相负载的三个末端联接到中线，三个首端分别接到三根相线上，这样的接法称为星形联接法，如图 7-3-17 所示。设三相负

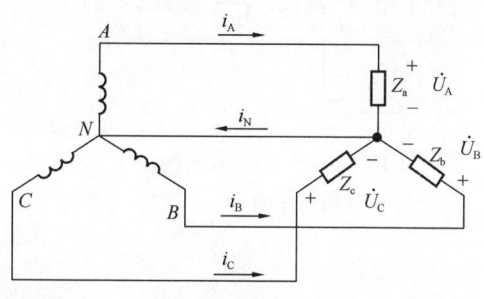

图 7-3-17　负载星形联接的三相四线制电路

载阻抗分别为 Z_a、Z_b 和 Z_c，以相电压 $\dot{U}_A = U_p \angle 0°$ 为参考相量，则流过各相负载的电流分别为：

$$\dot{I}_A = \frac{\dot{U}_A}{Z_a} = \frac{U_p}{|Z_a|} \angle -\varphi_a$$

$$\dot{I}_B = \frac{\dot{U}_B}{Z_b} = \frac{U_p}{|Z_b|} \angle -120° -\varphi_b$$

$$\dot{I}_C = \frac{\dot{U}_C}{Z_c} = \frac{U_p}{|Z_c|} \angle 120° -\varphi_c$$

中性线电流为：

$$\dot{I}_N = \dot{I}_A + \dot{I}_B + \dot{I}_C$$

如果 $Z_a = Z_b = Z_c$，则称该三相电路为三相对称电路。在此情况下，负载中的电流（称为相电流）为对称的电流，各相电流与相应的线电流相等，它们的有效值为：

$$I_p = I_L = U_p / |Z|$$

根据 KCL 可得：

$$\dot{I}_N = \dot{I}_A + \dot{I}_B + \dot{I}_C = 0$$

可见，对称负载星形联接电路的中线可以去掉。

三相不对称星形联接电路中，构成三相负载的各单相负载不再相同，即 $Z_a \neq Z_b \neq Z_c$。当电路接有中性线 N 时，各单相负载依然能够获得额定的相电压，可以保证负载正常工作。但是，如果去掉中性线，电源中点 N 与负载中点 N′ 间会出现电压，根据基尔霍夫电压定律，可推知，此时各单相负载上的电压有效值会大于或小于电源相电压有效值，从而造成负载因超压或欠压而不能正常工作，甚至造成负载的损坏。

（2）三相负载三角形联接

如图 7-3-18 所示为负载的三角形联接，这里三相负载 Z_{ab}、Z_{bc} 与 Z_{ca} 首尾顺次相接成三角形状，每相负载承受电源的线电压，故不论负载是否对称，其相电压总是对称的。

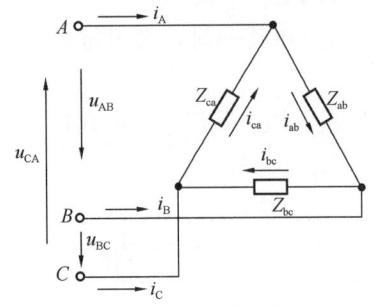

图 7-3-18　负载三角形联接的三相电路图

若已知每相负载 Z_{ab}、Z_{bc} 和 Z_{ca}，以线电压 $\dot{U}_{AB} = U_L\angle 0°$ 为参考相量，则流过各相负载的电流分别为：

$$\dot{I}_{ab} = \frac{\dot{U}_{AB}}{Z_{ab}} = \frac{U_L}{|Z_{ab}|}\angle -\varphi_{ab}$$

$$\dot{I}_{bc} = \frac{\dot{U}_{BC}}{Z_{bc}} = \frac{U_L}{|Z_{bc}|}\angle -\varphi_{bc} - 120°$$

$$\dot{I}_{ca} = \frac{\dot{U}_{CA}}{Z_{ca}} = \frac{U_L}{|Z_{ca}|}\angle -\varphi_{ca} + 120°$$

根据 KCL，三个线电流分别为：

$$\dot{I}_A = \dot{I}_{ab} - \dot{I}_{ca}$$

$$\dot{I}_B = \dot{I}_{bc} - \dot{I}_{ab}$$

$$\dot{I}_C = \dot{I}_{ca} - \dot{I}_{bc}$$

如果负载是对称的，即 $Z_{ab} = Z_{bc} = Z_{ca} = Z$，由 $\dot{I}_{ab}$、$\dot{I}_{bc}$ 和 $\dot{I}_{ca}$ 计算公式，可以看出三个相电流对称，即大小相等，相位互差 120°；只需要计算一相电流，其余两相电流可对称推出。

同理，负载对称时，三个线电流也对称，在大小上有 $I_L = \sqrt{3} I_p$，相位上线电流滞后对称三角形负载相应相电流 30°，如 $\dot{I}_A$ 滞后 $\dot{I}_{ab}$ 30°，$\dot{I}_B$ 滞后 $\dot{I}_{bc}$ 30°，$\dot{I}_C$ 滞后 $\dot{I}_{ca}$ 30°，用相量可表示为：$\dot{I}_L = \sqrt{3}\,\dot{I}_p\angle -30°$。

3. 三相电路的功率

三相电路无论负载采用何种联接方式，总的有功功率等于各相相应的有功功率之和，总的无功功率等于各相无功功率之和，即：

$$P = P_A + P_B + P_C = U_A I_A \cos\varphi_A + U_B I_B \cos\varphi_B + U_C I_C \cos\varphi_C$$

$$Q = Q_A + Q_B + Q_C = U_A I_A \sin\varphi_A + U_B I_B \sin\varphi_B + U_C I_C \sin\varphi_C$$

总的视在功率为：

$$S = \sqrt{P^2 + Q^2}$$

对称负载星形联接时，有 $U_p = \frac{1}{\sqrt{3}} U_L$；对称负载三角形联接时，有 $I_p = \frac{1}{\sqrt{3}} I_L$。因此，无论对称负载是星形联接还是三角形联接，其各类总功率分别为：

有功功率：
$$P = 3P_p = 3U_p I_p \cos\varphi = \sqrt{3} U_L I_L \cos\varphi$$

无功功率：
$$Q = 3U_p I_p \sin\varphi = \sqrt{3} U_L I_L \sin\varphi$$

视在功率：
$$S = 3U_p I_p = \sqrt{3} U_L I_L$$

式中，φ 是各相负载的阻抗角，或是各相负载的相电压与相电流的相位差。

【例 7-3-12】（历年真题）某三相电路中，三个线电流分别为 $i_A=18\sin(314t+23°)$(A)、$i_B=18\sin(314t-97°)$(A)、$i_C=18\sin(314t+143°)$(A)。当 $t=10$s 时，三个电流之和为：

A. 18A   B. 0A   C. $18\sqrt{2}$A   D. $18\sqrt{3}$A

【解答】 对称三相交流电，任意时刻，三相电流之和为 0，应选 B 项。

【例 7-3-13】 一台三相异步电动机接在线电压为 380V 的线路上，其输出功率 P_n 为 10kW，效率 92%，功率因数 0.85。其额定线电流 I_L(A) 为：

A. 11.2   B. 12.2   C. 19.4   D. 21.1

【解答】 $I_L = \dfrac{P_n/\eta}{\sqrt{3}U_L\cos\varphi} = \dfrac{10000/0.92}{\sqrt{3}\times 380\times 0.85} = 19.4\text{A}$

应选 C 项。

【例 7-3-14】 在图示电路中，三相负载对称，$Z=38\angle 30°\Omega$，线路上的电流 $\dot{I}_A$、$\dot{I}_B$ 和 $\dot{I}_C$。已知电源线电压为 380V，$\dot{U}_{AB}=380\angle 0°$V。则线电流 $\dot{I}_A$ 为：

A. $10\sqrt{3}\angle -60°$A   B. $10\sqrt{3}\angle -30°$A

C. $10\angle -60°$A   D. $10\angle -30°$A

例 7-3-14 图

【解答】 $\dot{I}_{ab} = \dfrac{\dot{U}_{ab}}{Z} = \dfrac{380\angle 0°}{30\angle 30°} = 10\angle -30°$

$\dot{I}_A = \sqrt{3}\dot{I}_{ab}\angle -30° = \sqrt{3}\times 10\angle -30°\angle -30° = 10\sqrt{3}\angle -60°$A

应选 A 项。

此外，由对称性，可得：$\dot{I}_B = 10\sqrt{3}\angle -60°-120° = 10\sqrt{3}\angle -180°$A

$\dot{I}_C = 10\sqrt{3}\angle -60°+120° = 10\sqrt{3}\angle 60°$A

进一步，可以验证：$\dot{I}_A + \dot{I}_B + \dot{I}_C = 0$。

【例 7-3-15】（历年真题）已知图示三相电路中三相电源对称，$Z_1 = z_1\angle\varphi_1$，$Z_2 = z_2\angle\varphi_2$，$Z_3 = z_3\angle\varphi_3$，若 $U_{NN'}=0$，则 $z_1 = z_2 = z_3$，且：

A. $\varphi_1 = \varphi_2 = \varphi_3$

B. $\varphi_1-\varphi_2 = \varphi_2-\varphi_3 = \varphi_3-\varphi_1 = 120°$

C. $\varphi_1-\varphi_2 = \varphi_2-\varphi_3 = \varphi_3-\varphi_1 = -120°$

D. N' 必须接地

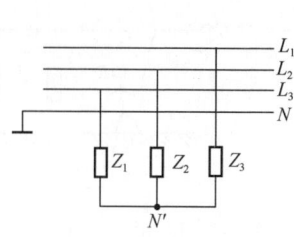

例 7-3-15 图

【解答】 由于 $U_{NN'}=0$，N 接地，故负载为对称的，则：

$Z_1 = Z_2 = Z_3$，即：$z_1 = z_2 = z_3$，$\varphi_1 = \varphi_2 = \varphi_3$

应选 A 项。

八、安全用电常识

1. 触电的危险和预防

人身触电是指人身接触到了电气设备的带电部分，或是接触到了由于绝缘损坏而使金属外壳带电的设备，这时有电流流过人体。触电会严重损伤心脏和神经系统，甚至危及生命，严重的程度与通过人体的电流的大小、通过时间的长短、经过的人体部位以及电流频率等因素有关。超过50mA的电流流经人体就有生命危险，而25~300Hz的电流较其他频率更危险。

根据欧姆定律，触电电流等于加在人体的电压除以人体电阻。人体电阻主要在皮肤的表层部分，与皮肤的干燥程度、清洁与否等因素有关。如果皮肤干燥，约为10^3~$10^4\Omega$，在潮湿情况下可下降到800~1000Ω，且阻值随所加电压的增加和持续时间的增加而减小。

电源中性点接地的单相触电如图7-3-19所示，这时人体处于相电压之下，危险性较大。如果人体与地面的绝缘较好，危险性可以大大减小。

两相触电如图7-3-20所示，当人体同时接触三相电源的两跟相线而处于线电压之下时，就会产生两相触电，这种情况下通过人体的电流最大，也最为危险，但一般较少出现。

图7-3-19 电源中性点接地的单相触电

图7-3-20 两相触电

图7-3-21为电源中性点不接地的单相触电，这是考虑到导线与地面间的绝缘可能不良（对地绝缘电阻为R'），甚至有一相接地，此时，人体中就有电流通过。

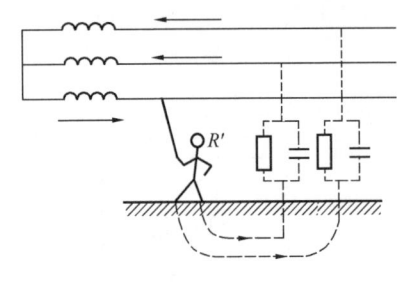

图7-3-21 电源中性点不接地的单相触电

一方面，对于绝缘损坏的导线，应及时更换或修理，对电力设备应采取接地或接零措施；另一方面，人们应注意遵守操作规程，不能直接接触或过分靠近电气设备的带电部分。

在工矿企业中，根据工作和环境条件规定了安全电压值，一般有36V、24V、12V三种。

2. 接地和接零

为了保护人身安全和保证电力设备的正常运行，电气设备一般都安装接地装置。接地装置包括接地体和接地线。接地体为埋入地中与大地直接接触的金属导体（一般为钢管），接地线是将设备外壳与接地体联接的导线。

（1）三相五线制中的工作接地和保护接零

将电力系统的中性点接地称为工作接地。当一相接地而人体触及另外两相之一时，工作接地可使人体触电电压从电源线电压降低到相电压；另外，因为一相接地的短路电流较大，能使保护电器迅速动作切断故障。

在三相五线制系统中，由于负载往往不对称，工作零线 N（中性线）通常有电流，因而工作零线 N 对地电压不为零。为了更安全起见，确保设备外壳对地电压为零，在采用保护接零的同时，还应专设一条保护零线，如图 7-3-22 所示，工作零线 N 在进建筑物入口处要接地，进户后再另设一保护零线 PE，这样就成为三相五线制。将电气设备的金属外壳接到 PE 线上，即保护接零。

图 7-3-22　三相五线供电制

（2）保护接地

保护接地是指将电气设备在正常运行时不带电的金属外壳接地。它一般用于中性点不接地的低压系统。当设备内部绝缘损坏致使外壳带电时，由于外壳通过接地装置与大地有良好接触，当人触及外壳时，人体相当于接地装置的并联支路，而接地装置的电阻比人体电阻小得多，故通过人体的电流很小，无危险。

【例 7-3-16】（历年真题）三相电路如图所示，设电灯 D 的额定电压为三相电源的相电压，用电设备 M 的外壳线 a 及电灯 D 另一端线 b 应分别接到：

A. PE 线和 PE 线

B. N 线和 N 线

C. PE 线和 N 线

D. N 线和 PE 线

【解答】根据三相五线制，应选 C 项。

例 7-3-16 图

习　题

7-3-1（历年真题）RCL 串联电路如图所示，在工频电压 $u(t)$ 的激励下，电路的阻抗等于：

A. $R + 314L + 314C$

B. $R + 314L + 1/314C$

C. $\sqrt{R^2 + (314L - 1/314C)^2}$

D. $\sqrt{R^2 + (314L + 1/314C)^2}$

517

题 7-3-1 图　　　　题 7-3-2 图

7-3-2 图示电路中，$u=10\sin(1000t+30°)\text{V}$，如果使用相量法求解图示电路中的电流 i，那么，如下步骤中存在错误的是：

步骤 1：$\dot{I}_1 = \dfrac{10}{R+\text{j}1000L}$；

步骤 2：$\dot{I}_2 = 10 \cdot \text{j}1000C$；

步骤 3：$\dot{I} = \dot{I}_1 + \dot{I}_2 = I\angle\psi_i$；

步骤 4：$\dot{I} = I\sqrt{2}\sin\psi_i$。

A. 仅步骤 1 和步骤 2 错　　　　B. 仅步骤 2 错
C. 步骤 1、步骤 2 和步骤 4 错　　D. 仅步骤 4 错

7-3-3 图示电路中，若 $u(t)=\sqrt{2}U\sin(\omega t+\varphi_\text{u})$ 时，电阻元件上的电压为 0，则：

A. 电感元件断开了
B. 一定有 $I_\text{L}=I_\text{C}$
C. 一定有 $i_\text{L}=i_\text{C}$
D. 电感元件被短路了

题 7-3-3 图

7-3-4 （历年真题）已知有效值为 10V 的正弦交流电压的相量图如图所示，则它的时间函数形式是：

A. $u(t)=10\sqrt{2}\sin(\omega t-30°)\text{V}$
B. $u(t)=10\sin(\omega t-30°)\text{V}$
C. $u(t)=10\sqrt{2}\sin(-30°)\text{V}$
D. $u(t)=10\cos(-30°)+10\sin(-30°)\text{V}$

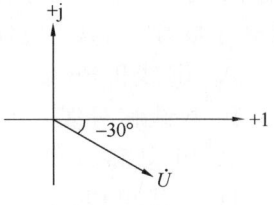

题 7-3-4 图

7-3-5 （历年真题）如图所示，测得某交流电路的端电压 u 和电流 i 分别为 110V 和 1A，两者的相位差为 30°，则该电路的有功功率、无功功率和视在功率分别为：

A. 95.3W，55var，110V·A
B. 55W，95.3var，110V·A
C. 110W，110var，110V·A
D. 95.3W，55var，150.3V·A

题 7-3-5 图

7-3-6 （历年真题）已知交流电流 $i(t)$ 的周期 $T=1\text{ms}$，有效值 $I=0.5\text{A}$，当 $t=0$ 时，$i=0.5\sqrt{2}\text{A}$，则它的时间函数描述形式是：

A. $i(t) = 0.5\sqrt{2}\sin 1000\pi t \text{A}$ B. $i(t) = 0.5\sin 2000\pi t \text{A}$

C. $i(t) = 0.5\sqrt{2}\sin(2000\pi t + 90°)\text{A}$ D. $i(t) = 0.5\sqrt{2}\sin(1000\pi t + 90°)\text{A}$

7-3-7 如图（a）所示功率因数补偿电路中，当 $C=C_1$ 时得到相量图如图（b）所示，当 $C=C_2$ 时得到相量图如图（c）所示，则：

题 7-3-7 图

A. C_1 一定大于 C_2

B. 当 $C=C_1$ 时，功率因数 $\lambda|_{C_1} = -0.866$；当 $C=C_2$ 时，功率因数 $\lambda|_{C_2} = 0.866$

C. 因为功率因数 $\lambda|_{C_1} = \lambda|_{C_2}$，所以采用两种方案均可

D. 当 $C=C_2$ 时，电路出现过补偿，不可取

7-3-8 图示电流 $i(t)$ 和电压 $u(t)$ 的相量分别为：

A. $\dot{I} = \text{j}2.12\text{A}, \dot{U} = -\text{j}7.07\text{V}$

B. $\dot{I} = 2.12\angle 90°\text{A}, \dot{U} = -7.07\angle -90°\text{V}$

C. $\dot{I} = \text{j}3\text{A}, \dot{U} = -\text{j}10\text{V}$

D. $\dot{I} = 3\text{A}, \dot{U}_m = -10\text{V}$

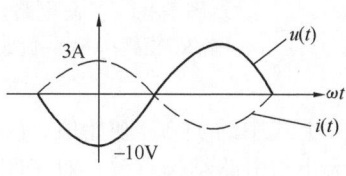

题 7-3-8 图

第四节　一阶线性电路的暂态响应

一、电路暂态特性

1. 电阻暂态

在一定的条件下电路达到一种稳定状态。当条件改变时，电路就向新的稳定状态变化。电路从一种稳态向另一种稳态变化的过程，称为暂态过程，简称暂态。

产生暂态过程的外因是电路发生换路，例如电路的接通或断开、短路、电压改变或电路参数改变等；内因则是电路中含有储能元件，它们所储存的能量不能跃变，其积累和消耗都需要一定的时间，故而发生暂态过程。

2. 换路定则

假定电路在 $t=0$ 时刻发生换路，以 $t=0_-$ 表示换路前的最后瞬间，$t=0_+$ 表示换路后的最初瞬间。换路定则是：在换路发生的前后瞬间，电容上的电压和电感上的电流不能发生突变，即：

$$u_C(0_-) = u_C(0_+)$$

$$i_L(0_-) = i_L(0_+)$$

因为电容中储有电能 $\frac{1}{2}Cu_C^2$，电感中储有磁能 $\frac{1}{2}Li_L^2$，换路时能量不能跃变，反映在电容上的电压和电感上的电流不能跃变；从另一个角度来看，如果 u_C 和 i_L 在换路瞬间可以发生跃变，则 $i_C = C\dfrac{du_C}{dt}$ 和 $u_L = L\dfrac{di_L}{dt}$ 都将趋于无穷大，这需要无穷大的功率源。

利用换路定则，可以确定响应的初始值。

注意，电阻不是储能元件，在换路瞬间，电阻上的电压和电流是可以跃变的。另外，电容上的电流和电感上的电压也是可以跃变的。

二、R-C、R-L 一阶线性电路暂态响应

只含有一个（或等效为一个）储能元件（即一个电容或一个电感元件）的线性电路称为一阶电路，如图 7-4-1 所示。

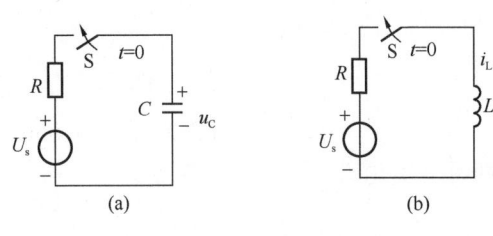

图 7-4-1　一阶电路
(a) 一阶 RC 电路；(b) 一阶 RL 电路

暂态分析是指含储能元件电路发生换路后，从一个稳态向另一个稳态过渡过程（即暂态过程）中各物理量所遵循的规律。设电路在 $t=0$ 时刻发生换路，某响应 $f(t)$ 换路后开始瞬间取值为 $f(0_+)$、换路后的新稳态值为 $f(\infty)$，$f(t)$ 在暂态过程中的变化规律为：

$$f(t) = f(\infty) + [f(0_+) - f(\infty)]e^{-\frac{t}{\tau}} \quad (t \geqslant 0)$$

上式中的 $f(0_+)$ 初始值、$f(\infty)$ 稳态值、τ 时间常数为 $f(t)$ 在暂态过程中的三要素。τ 的大小与电路结构有关，对于图 7-4-1(a)、(b) 所示电路，时间常数分别为：

$$\tau = RC$$

$$\tau = \frac{L}{R}$$

τ 决定了暂态进程的快慢，τ 越大，进程越慢，反之则越快。

上式中，$f(t)$ 指 R-C、R-L 一阶电路在暂态过程中任意元件上的任何电压、电流响应，如 i_L、u_L、i_C、u_C、i_R 和 u_R 等。

三要素法求解步骤如下：

1. 计算初始值

(1) 由 $t=0_-$ 电路求 $i_L(0_-)$ 或 $u_C(0_-)$；

(2) 根据换路定则求 $i_L(0_+)$ 或 $u_C(0_+)$。

2. 由换路后电流计算稳态值

设定电路激励为恒定直流电源，所以 $t \to \infty$ 电路中的电感视为短路，电容视为开路，求出 $i_L(\infty)$ 或 $u_C(\infty)$。

3. 计算时间常数

针对换路后的电路，拿走电容或电感元件（即将电容或电感两端断开），将电路的剩余部分视为二端网络，求出该二端网络的无源网络等效电阻 R，则：

一阶 RC 电路的时间常数：$\tau = RC$

一阶 RL 电路的时间常数：$\tau = \dfrac{L}{R}$

4. 求全响应

根据前面 $f(t)F$ 的计算式，用三要素法求出 $i_L(t)$、$u_C(t)$；如果还需求 $u_L(t)$、$i_C(t)$，则可根据 $u_L(t)=L\dfrac{di_L(t)}{dt}$，$i_C(t)=C\dfrac{du_C(t)}{dt}$ 得到；其他 i_R 和 u_R 的求解可根据原电路应用 KCL 和 KVL 进一步求出。

【例 7-4-1】如图所示，已知：$R_1=R_2=10\Omega$、$L=20\text{mH}$、$I_s=2\text{A}$，且开关闭合前电感中无电流，求 $t\geqslant 0$ 时的 $i_L(t)$ 和 $u_L(t)$。

例 7-4-1 图

【解答】电路换路前已处于稳定状态，$i_L(0_-)=0\text{A}$，可得 $i_L(0_+)=0\text{A}$

$t\to\infty$ 时电路达到稳态，电感相当于短路，故根据分流公式可得：

稳态值 $i_L(\infty)=\dfrac{R_2}{R_1+R_2}I_s=\dfrac{10}{10+10}\times 2=1\text{A}$

时间常数 $\tau=\dfrac{L}{R}=\dfrac{L}{R_1+R_2}=\dfrac{20}{10+10}=1\text{ms}$

根据三要素公式，可得：

$$i_L(t)=i_L(\infty)+[i_L(0_+)-i_L(\infty)]e^{-\frac{t}{\tau}}$$
$$=1+[0-1]e^{-\frac{t}{1}\times 1000}=1-e^{-1000t}\text{A}(t\geqslant 0)$$
$$u_L(t)=L\dfrac{di_L(t)}{dt}=20e^{-1000t}\text{A}(t\geqslant 0)$$

【例 7-4-2】（历年真题）电路如图所示，电容初始电压为零，开关在 $t=0$ 时闭合，则 $t\geqslant 0$ 时 $u(t)$ 为：

A. $(1-e^{-0.5t})$ V 　　B. $(1+e^{-0.5t})$ V
C. $(1-e^{-2t})$ V 　　　D. $(1+e^{-2t})$ V

例 7-4-2 图

【解答】$u_C(0_-)=u_C(0_+)=0\text{V}$

电容开路，$u_C(\infty)=1\text{V}$，$\tau=RC=2\times\dfrac{1}{4}=\dfrac{1}{2}\text{s}$

$$u_C(t)=1+(0-1)e^{-\frac{t}{1/2}}=1-e^{-2t}\text{V}$$

应选 C 项。

【例 7-4-3】（历年真题）图示电路中，电感及电容元件上没有初始储能，开关 S 在 $t=0$ 时刻闭合，那么，在开关闭合瞬间，电路中取值为 10V 的电压是：

A. u_L 　　　　　　B. u_C
C. $u_{R_1}+u_{R_2}$ 　　D. u_{R_2}

例 7-4-3 图

【解答】开关闭合瞬间：

$u_C(0_-)=u_C(0_+)=0$

$I_L(0_-)=I_L(0_+)=0$，则 $u_{R_1(0_+)}=u_{R_2(0_+)}=0$

由 KVL，列出方程：

$$u_L(0_+) + u_L(0_+) + u_{R_1}(0_+) + u_{R_2}(0_+) - 10 = 0$$

得：$u_L(0_+) = 10\text{V}$，应选 A 项。

三、电路频率特性

1. 双端口网络及其网络函数

电路在不同频率信号作用下所表现出的特性称为电路的频率特性。

对交流电路的频率特性进行分析，通常用网络函数加以描述。

双端口网络如图 7-4-2 所示，激励源（电压源或电流源）作用端为输入口，信号送出端（响应端）为输出口。

激励源借助双端口网络将信号传送到输出口设备上，所以，一般用网络函数 $H(j\omega)$ 来表示双端口网络传输处理

图 7-4-2　双端口网络

信号的性能。设双端口网络的响应相量为 $\dot{R}$，激励相量为 $\dot{E}$，则网络函数 $H(j\omega)$ 为：

$$H(j\omega) = \frac{\dot{R}}{\dot{E}}$$

由于网络函数 $H(j\omega)$ 是一个复数，故可成：

$$H(j\omega) = |H(j\omega)| \angle \theta(\omega)$$

式中，$|H(j\omega)|$ 称为幅频特性，$\theta(\omega)$ 称为相频特性。幅频特性和相频特性均是角频率 ω 的实函数。

2. 电路频率特性分析

电路的频率特性分为幅频特性和相频特性，可由 $H(j\omega)$ 得到。下面简单介绍由幅频特性界定的低通滤波器和高通滤波器。

（1）低通滤波器

如图 7-4-3(a) 所示，RC 电路是一个低通滤波器，传递函数如下：

$$\dot{U}_o = \frac{1/(j\omega C)}{R + 1/(j\omega C)} \dot{U}_i$$

$$H(j\omega) = \frac{\dot{U}_o}{\dot{U}_i} = \frac{1/(j\omega C)}{R + 1/(j\omega C)} = \frac{1}{1 + j\omega RC} = \frac{1}{1 + j\dfrac{\omega}{\omega_0}}$$

式中，$\omega_0 = \dfrac{1}{RC}$，它的幅频特性为：

$$H(j\omega) = \frac{1}{\sqrt{1 + (\omega/\omega_0)^2}}$$

当 $\omega = 0$ 时，$|H(j\omega)| = 1$，$U_o = U_i$；$\omega = \omega_0$ 时，$|H(j\omega)| = 0.707$，$U_o = 0.707 U_i$；$\omega \to \infty$ 时，$|H(j\omega)| = 0$。可见，该电路具有"通低阻高"的频率特性，通频带为 $0 \sim \omega_0$。该低通滤波器的幅频特性见图 7-4-3(b)。

（2）高通滤波器

图 7-4-3 低通滤波器
(a) 低通滤波电路；(b) 幅频特性

如图 7-4-4(a) 所示，RC 电路是一个高通滤波器，网络函数为：

$$\dot{U}_o = \frac{R}{R + 1/(j\omega C)}\dot{U}_i = \frac{j\omega RC}{1 + j\omega RC}\dot{U}_i$$

$$H(j\omega) = \frac{\dot{U}_o}{\dot{U}_i} = \frac{j\omega RC}{1 + j\omega RC} = \frac{j\dfrac{\omega}{\omega_0}}{1 + j\dfrac{\omega}{\omega_0}}$$

式中，$\omega_0 = \dfrac{1}{RC}$，它的幅频特性为：

$$|H(j\omega)| = \frac{\dfrac{\omega}{\omega_0}}{\sqrt{1 + \left(\dfrac{\omega}{\omega_0}\right)^2}}$$

图 7-4-4 高通滤波器
(a) 高通滤波电路；(b) 幅频特性

从图 7-4-4(b) 幅频特性曲线可知，高通滤波器的频率特性是"通高阻低"，通频带为 $\omega_0 \sim \infty$。

【例 7-4-4】（历年真题）图（a）滤波器的幅频特性如图（b）所示，当 $u_i = u_{i1} = 10\sqrt{2}\sin 10t$ V 时，输出 $u_o = u_{o1}$，当 $u_i = u_{i2} = 10\sqrt{2}\sin 10^4 t$ V 时，输出 $u_o = u_{o2}$，则可以算出：

A. $U_{o1} = U_{o2} = 10$V
B. $U_{o1} = 10$V，U_{o2} 不能确定，但小于 10V
C. $U_{o1} < 10$V，$U_{o2} = 0$
D. $U_{o1} = 10$V，$U_{o1} = 1$V

【解答】由图（b）可知，当 $u_{i1} = 10\sqrt{2}\sin 100t$ 时，$U_{o1} = 1 \times 10 = 10$V

例 7-4-4 图

当 $u_{i2}=10\sqrt{2}\sin 10^4 t$ 时，$U_{o2}=0.1\times 10=1V$
应选 D 项。

习　题

7-4-1　（历年真题）图示电路中，开关 K 在 $t=0$ 时刻打开，此后，电流 i 的初始值和稳态值分别为：

A. $\dfrac{U_s}{R_2}$ 和 0

B. $\dfrac{U_s}{R_1+R_2}$ 和 0

C. $\dfrac{U_s}{R_1}$ 和 $\dfrac{U_s}{R_1+R_2}$

D. $\dfrac{U_s}{R_1+R_2}$ 和 $\dfrac{U_s}{R_1+R_2}$

题 7-4-1 图

7-4-2　（历年真题）已知电路如图所示，设开关在 $t=0$ 时刻断开，那么，如下表述中正确的是：

A. 电路的左右两侧均进入暂态过程

B. 电流 i_1 立即等于 i_s，电流 i_2 立即等于 0

C. 电流 i_2 由 $\dfrac{1}{2}i_s$ 逐步衰减到 0

D. 在 $t=0$ 时刻，电流 i_2 发生了突变

题 7-4-2 图

7-4-3　（历年真题）已知电路如图所示，设开关在 $t=0$ 时刻断开，那么：

A. 电流 i_C 从 0 逐渐增长，再逐渐衰减为 0

B. 电压从 3V 逐渐衰减到 2V

C. 电压从 2V 逐渐增长到 3V

D. 时间常数 $\tau=4C$

题 7-4-3 图

第五节　变压器与电动机

一、变压器

变压器是一种实际的电器设备，是利用电磁感应作用传递交流电能和信号的，在某些场合，变压器也作为电流变换器、阻抗变换器使用。

变压器由一个铁心和绕在铁心上的两个或多个匝数不等的线圈（绕组）组成，其中，一个（或一组）线圈与交流电源相接，称为一次绕组，另一个（或一组）线圈与负载相接，称为二次绕组。两个绕组中没有电气的连接。将变压器接于电源和负载之间后，线圈中便有电流流通，在其作用下，铁心中有较强的磁场产生，因此会有线圈电阻和铁心对电功率的损耗现象出现，但是与变压器的输入功率和输出功率相比，这一损耗占有的比例很小。因此，在对变压器电路的分析中，通常将损耗忽略掉。忽略线圈电阻和铁心损耗以及很小的空载励磁电流的变压器称为理想变压器。

如图 7-5-1 所示为单相变压器负载运行示意图。一次绕组接额定频率、额定电压的交流电源。二次绕组接负载阻抗 Z_L。当变压器二次绕组输出端接上负载时，二次侧有电流 i_2 流过。负载 Z_L 上电压 u_2 的正方向与 i_2 正方向一致。当 i_2 与 u_2 同时为正或同时为负时，表示负载从变压器二次绕组吸收功率。

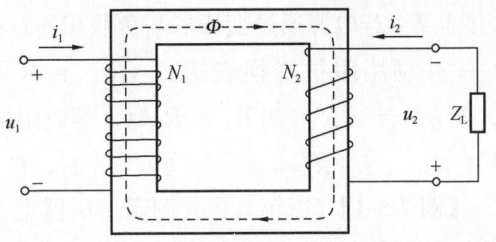

图 7-5-1　变压器的负载运行

1. 电压变换

若在变压器原绕组接上电源电压 u_1，则副绕组空载电压为 u_2，有：

$$\frac{u_1}{u_2} = \frac{N_1}{N_2} = K$$

式中，K 为变压器的变比，即原绕组线圈匝数 N_1 与副绕组线圈匝数 N_2 的比。

变压器空载时，原、副绕组的电压与匝数成正比。原绕组电压一定时，改变匝数比就可以得到不同的输出电压 u_2。

2. 电流变换

若变压器原绕组的电流为 i_1，副绕组的电流为 i_2，由于 $P_1 = P_2$，即 $u_1 i_1 = u_2 i_2$，则：

$$\frac{i_2}{i_1} = \frac{N_1}{N_2} = K$$

图 7-5-2　变压器的阻抗变换

变压器原绕组、副绕组电流的大小与匝数成反比。

3. 阻抗变换变系

如图 7-5-2(a) 所示变压器电路图，将变压器和变压器的负载整体看作一个二端网络，该二端网络的等效阻抗为 R'_L，即用图 7-5-2(b) 代替图 7-5-2(a) 虚线部分的总阻抗，则：

$$R'_L = \frac{\dot{U}_1}{\dot{I}_1} = \frac{-K\dot{U}_2}{-\frac{1}{K}\dot{I}_2} = K^2 \frac{\dot{U}_2}{\dot{I}_2} = K^2 R_L$$

利用阻抗匹配可以使电路的电源输出最大功率，或者说使电源的负载获得最大功率。

例如，一个正弦信号源的电压 $U_s = 50V$，$R_s = 1000W$，负载电阻 $R_L = 40\Omega$。若电源与负载直接相连，见图 7-5-3(a)，则：$I_1 = U_s/(R_L + R_s)$，负载消耗功率 $P = R_L I_1^2 =$

图 7-5-3　变压器的阻抗匹配作用

(a) 电源与负载直接相连；(b) 电源与负载通过变压器相连

0.0925W。若电源通过变压器与负载相连,见图7-5-3(b),根据理想变压器的特点($P_1 = P_2$),并利用阻抗变换表达式($R'_L = K^2 R_L$),可得负载的消耗功率为:$P = I_2^2 R_L = I_1^2(K^2 R_L) = I_1^2 R'_L$,当 $R'_L = R_s$ 时,等效阻抗 R'_L 可从电源处获得最大功率,也即当变压器变比 $K = \sqrt{R_s/R_L} = \sqrt{1000/40} = 5$ 时,负载 R_L 的最大功率 $P_{max} = 0.625W$。

【例7-5-1】(历年真题)图示变压器空载运行电路中,设变压器为理想器件,若 $u = \sqrt{2}U\sin\omega t$,则此时:

A. $U = \dfrac{\omega L \cdot U}{\sqrt{R^2 + (\omega L)^2}}, U_2 = 0$

B. $u_1 = u, U_2 = \dfrac{1}{2}U_1$

C. $u_1 \neq u, U_2 = \dfrac{1}{2}U_1$

D. $u_1 = u, U_2 = \dfrac{1}{2}U_1$

例7-5-1图

【解答】变压器空载运行时,$R_L \to \infty$,故 $K^2 R_L \to \infty$,则 $u_1 = u$

$$U_2/U_1 = 1/K, 则 U_2 = \dfrac{1}{2}U_1$$

应选B项。

此外,变压器空载运行时,可认为原边电流为零,则 $u_1 = u$。

【例7-5-2】(历年真题)图示变压器为理想变压器,且 $N_1 = 100$ 匝,若希望 $I_1 = 1A$ 时,$P_{R2} = 40W$,则 N_2 应为:

A. 50 匝

B. 200 匝

C. 25 匝

D. 400 匝

【解答】$I_2 = \sqrt{\dfrac{P}{R^2}} = \sqrt{\dfrac{40}{10}} = 2A$

例7-5-2图

$K = \dfrac{I_2}{I_1} = \dfrac{2}{1} = 2, N_2 = \dfrac{N_1}{K} = \dfrac{100}{2} = 50$ 匝

应选A项。

【例7-5-3】(历年真题)如图(a)所示变压器为理想器件,且 $u_s = 90\sqrt{2}\sin\omega t V$,开关S闭合时,信号源的内阻 R_1 与信号源右侧电路的等效电阻相等,那么,开关S断开后,电压 u_1:

(a)

(b)

例7-5-3图

A. u_1 因变压器的匝数比 K、电阻 R_L、R_1 未知而无法确定

B. $u_1 = 45\sqrt{2}\sin\omega t\text{V}$

C. $u_1 = 60\sqrt{2}\sin\omega t\text{V}$

D. $u_1 = 30\sqrt{2}\sin\omega t\text{V}$

【解答】如图（b）所示，将 R_L 等效为 R'_L，$R'_L = K^2 R_L$

当 S 闭合时，$R_1 = 2R_1 \mathbin{/\mkern-6mu/} R'_L$，则 $R'_L = 2R_1$

当 S 打开后，$u_1 = \dfrac{R'_L}{R'_L + R_1} u_s = \dfrac{2}{2+1} u_s = 60\sqrt{2}\sin\omega t\text{V}$

应选 C 项。

二、三相异步电动机特性

电动机是一种将电能转化为机械能的旋转电器。三相异步电动机转子的转速低于旋转磁场的转速，转子绕组因与磁场间存在着相对运动而感生电动势和电流，并与磁场相互作用产生电磁转矩，实现能量变换。

1. 转速和转向

三相异步电动机的转速 n，也就是它的转子转速，取决于定子绕组通三相交流电后产生的旋转磁场的转速 n_0（称为同步转速）。同步转速可用下式计算：

$$n_0 = \dfrac{60 f_1}{p}(\text{r/min})$$

式中，f_1 为电源频率；p 为电动机的磁极对数。

可知，同步转速不仅与电流频率有关还与旋转磁场的磁极对数有关，而磁极对数 p 又与三相定子绕组的安排有关。如果电动机的磁极对数和电源频率不变，则同步转速 n_0 为一个常数。接在工频电源上不同极数的异步电动机的同步转速 n_0 见表 7-5-1。

三相异步电动机 p 与 n_0 的关系　　表 7-5-1

p	1	2	3	4	5	6
n_0（r/min）	3000	1500	1000	750	600	500

异步电动机的转速 $n < n_0$。转差率 s 是用来表示 n 与 n_0 相差程度的物理量，即：

$$s = \dfrac{n_0 - n}{n_0} \times 100\%$$

或

$$n = (1-s)n_0$$

一般异步电动机在额定负载时的转差率为 1%～9%，而在启动开始瞬间由于 $n=0$，而 $s=1$ 为最大。

三相异步电动机的型号中，最后一位数字是表示磁极数。例如 Y160M-4 型号说明该电动机为 4 极（即 $p=2$）电机。根据这个数字就可以判断电动机的转速，反过来也可以根据转速确定磁极数。

异步电动机的转向与旋转磁场的转向相同。要改变电动机转向，只要任意对调两根连接电源的导线即可。

2. 电磁转矩

异步电动机的转矩是由旋转磁场的每极磁通与转子电流相互作用而产生的。转矩与定

子电压的平方成正比,并与转子回路的电阻和感抗、转差率以及电动机的结构有关。

(1) 额定转矩 T_N:指电动机在额定负载时的转矩。

$$T_N = \frac{9550P_N}{n_N}(\text{N} \cdot \text{m})$$

式中,P_N 为电动机的额定输出功率(kW);n_N 为电动机的额定转速(r/min)。

(2) 负载转矩 T_L:指电动机在实际负载下发出的实际转矩。

$$T_L = \frac{9550P_2}{n}(\text{N} \cdot \text{m})$$

式中,P_2 为电动机的实际输出功率(kW);n 为电动机的实际转速(r/min)。

(3) 最大转矩 T_{max}:指电动机能发出的最大转矩。

$$T_{max} = \lambda T_N$$

式中,λ 为电动机的过载系数,一般为 1.8~2.5。电动机发出最大转矩时对应的转速为临界转速 $n_{临界}$。

图 7-5-4 定子绕组的星形联接和三角形联接

(4) 启动转矩 T_{st}:指电动机启动时发出的转矩。一般有:

$$T_{st} = (1.0 \sim 2.0)T_N$$

3. 星形接法和三角形接法

鼠笼式异步电动机接线盒内有 6 根引出线,分别标以 U_1、U_2、V_1、V_2 和 W_1、W_2。其中,U_1 和 U_2 是定子第一相绕组的首末端,V_1 和 V_2、W_1 和 W_2 分别是第二相和第三相绕组的首末端。定子三相绕组的联接法有星形和三角形两种,见图 7-5-4。

4. 功率、效率和功率因数

电动机的输入功率为:

$$P_1 = \sqrt{3}U_L I_L \cos\varphi$$

式中,U_L 和 I_L 分别为线电压和线电流;$\cos\varphi$ 为电动机的功率因数。

电动机的输出功率 $P_2 < P_1$,其差值为电动机本身的功率损耗,包括铜损、铁损以及机械损耗。电动机的效率为:

$$\eta = \frac{P_2}{P_1}$$

电动机额定负载时,η 约为 0.7~0.9,轻载和空载时 η 很低,约为 0.1~0.2。

5. 三相异步电动机的启动

将三相异步电动机接到电源上,转速从零开始一直上升到匀速转速的过程,称为启动。三相异步电动机的启动电流约为额定电流的 4~7 倍。由于启动时间很短,不会造成过热,但会使线路上电压降大增,从而使负载端电压降低,影响邻近负载的工作,有必要采取措施来降低启动电流。此外，对于重载启动的电动机，如果其启动转矩不足以启动，还要设法提高其启动转矩。

三相异步电动机根据其转子的结构分成鼠笼式和绕线型两种。鼠笼式异步电动机的启动方法有直接启动和降压启动两种。

(1) 鼠笼式异步电动机的直接启动

给电动机加上额定电压直接启动，这种方法简单可靠，只要电网容量允许，启动不太频繁的电动机通常都采用此法。此法启动电流大，只适用于小型电动机（如电动机容量小于10kW），或容量不超过电源变压器容量的15%~20%时，启动电流不会影响同一供电线路上的其他用电设备正常工作。

(2) 鼠笼式异步电动机的降压启动

如果电动机容量较大，直接启动引起电网电压降落过大，则需要采取降压启动方式，即启动时降低加在电动机定子绕组上的电压，以减小启动电流，启动完毕后再恢复全压供电。降压启动常用的有星形-三角形换接启动和自耦降压启动等。

1) 星形-三角形（Y-△）换接启动

采用此法的电动机正常运行时必须是三角形接法的。在启动时接成星形，这时定子绕组仅承受电源相电压，等到转速上升接近额定值时再换接成三角形全压运行。由于星形启动时的电压仅为三角形直接启动时的 $1/\sqrt{3}$，绕组星形联接时，$I_{1Y} = I_p = U_p/|Z|$，绕组三角形联接时，$I_{1\triangle} = \sqrt{3}I_p = \sqrt{3}U_L/|Z| = \sqrt{3} \cdot \sqrt{3}U_p/|Z| = 3I_{1Y}$，所以启动电流和启动转矩都下降至直接启动时的1/3，可见此法仅适用于空载或轻载启动的情况。

2) 自耦降压启动

自耦降压启动是利用三相自耦变压器来达到启动时降低定子端绕组端电压的目的，启动电流和启动转矩都降为直接启动的 $1/K^2$，K为自耦变压器的变比。自耦降压启动适用于空载或轻载启动，通常自耦降压启动的电动机容量比星形-三角形换接降压启动的电动机容量大，且可适用于正常运行时接成星形的电动机。

(3) 绕线式异步电动机的启动

绕线式异步电动机采用转子绕组串入附加电阻的方法来启动电动机。增加转子电阻可以减小转子电流，从而减小定子电流，还可增大启动转矩，适用于要求启动转矩大的生产机械，如卷扬机、起重机、转炉和球磨机等。启动时使转子所串电阻最大，随着转速上升，逐级切除电阻，最后全部切除，进入正常运行。

6. 三相异步电动机的调速和制动

(1) 三相异步电动机的调速

调速就是在同一负载下能得到不同的转速，以满足生产过程的要求。改变电动机的转速有三种方法：改变电源频率的调速；改变电动机磁极对数的调速；改变电动机转差率的调速。前两者是鼠笼式异步电动机的调速方法，后者是绕线式异步电动机的调速方法。

(2) 三相异步电动机的制动

三相异步电动机制动就是给电动机一个与转动方向相反的转矩使它迅速停转（或限制其转速）。异步电动机的制动常用下列几种方法：

1) 能耗制动

这种制动方法就是在切断三相电源的同时，接通直流电源，使直流电流通入定子绕组从而产生制动转矩。因为这种方法是用消耗转子的动能来进行制动的，所以称为能耗制动。这种制动能量消耗小，制动平稳，但需要直流电源。

2) 反接制动

在电动机停车时，将接到电源的三根导线中任意两根的一端对调位置，从而产生制动转矩的制动方法。这种制动比较简单、效果较好，但能量消耗较大，且当转速接近零时，要利用某种控制电器将电源自动切断，否则电动机将反转。

3) 发电回馈制动

当转子的转速超过旋转磁场的转速时，这时的转矩也是制动的。当起重机快速下放重物时，就会发生这种情况。实际上这时电动机已转入发电机运行，将重物的位能转换为电能而反馈到电网里去，所以称为发电回馈制动。

【例 7-5-4】（历年真题）对于三相异步电动机而言，在满载启动情况下的最佳启动方案是：

A. Y-△启动方案，启动后，电动机以 Y 接方式运行

B. Y-△启动方案，启动后，电动机以△接方式运行

C. 自耦调压器降压启动

D. 绕线式电动机串转子电阻启动

【解答】Y-△启动方案、自耦调压器降压启动适用于轻载或空载启动，故应选 D 项。

【例 7-5-5】（历年真题）设某△接异步电动机全压启动时的启动电流 $I_{st}=30A$，启动转矩 $T_{st}=45N·m$，若对此台电动机采用 Y-△降压启动方案，则启动电流和启动转矩分别为：

A. 17.32A，35.98N·m   B. 10A，15N·m

C. 10A，25.98N·m   D. 17.32A，15N·m

【解答】Y-△降压启动，启动电流 $=\frac{1}{3} \times I_{st}=\frac{1}{3} \times 30=10A$

启动转矩 $=\frac{1}{3} \times T_{st}=\frac{1}{3} \times 45=15N·m$

应选 B 项。

【例 7-5-6】（历年真题）设三相交流异步电动机的空载功率因数为 λ_1，20%的额定负载时的功率因数为 λ_2，满载时功率因数为 λ_3，那么以下关系成立的是：

A. $\lambda_1 > \lambda_2 > \lambda_3$ B. $\lambda_3 > \lambda_2 > \lambda_1$

C. $\lambda_2 > \lambda_1 > \lambda_3$ D. $\lambda_3 > \lambda_1 > \lambda_2$

【解答】空载功率因数很小，满载功率因数最大，故选 B 项。

三、三相异步电动机继电接触器控制

1. 常用低压控制电器

(1) 刀开关和组合开关

刀开关（刀闸）和组合开关属于常用的手动开关电器，用于隔离电源和负载。

刀开关有单极、双极、三极等几种，以适合不同的需要。图 7-5-5 为刀开关的结构图和三极刀开关的电路符号。

组合开关的作用与刀开关相同，但在结构和外观上有所不同，其密闭的结构可防止电弧灼伤，组合开关的文字符号为 SA，见电路符号图 7-5-6。

图 7-5-5 刀开关的结构和电路符号　　　图 7-5-6 组合开关的电路符号
(a) 刀开关的结构; (b) 三级刀开关的符号

(2) 熔断器

熔断器俗称保险丝（片），用于电路的短路保护。一旦电路短路或严重过载，熔断器迅速熔断，断开电路，其电路符号见图 7-5-7。

(3) 按钮

按钮属于手动控制电器，其结构原理图和电路符号如图 7-5-8 所示。图 7-5-8（a）中，aa' 和 bb' 两个触点是固定不动的，称为静触点；中间和弹簧相连的触点称为动触点，动触点的两个触点间处于导通状态，且会随按钮的钮帽一起运动。当按下钮帽时，触点 aa' 由闭合变为断开，故称其为常闭触点或动断触点；触点 bb' 由断开变为闭合，故称其为常开触点或动合触点。

图 7-5-7 熔断器的电路符号　　　图 7-5-8 按钮的结构原理图和电路符号

按钮的结构形式有多种，有的只有一个动合触点，有的只有一个动断触点。图 7-5-8（b）所示的按钮同时有一个动合触点和一个动断触点，称为复合按钮。复合按钮的两个触点的动作特点是：先断后合。

(4) 交流接触器

交流接触器是一种自动控制电器，用于通断大容量的电力负载。图 7-5-9 为交流接触器的结构示意图，由触点系统和电磁铁系统两部分构成。其中，触点部分分为主触点和辅助触点，前者允

图 7-5-9 交流接触器的结构原理图

许通过较大的电流,用于主电路;后者允许通过的电流小,用于控制电路。交流接触器的工作原理是:线圈通电,衔铁被电磁铁吸合,弹簧被拉开,衔铁带动固定于其上的连杆左移,固定在连杆上的动触点将动合触点接通,将动断辅助触点断开;线圈断电,则衔铁和触点在弹簧的作用下,恢复到自然状态(即未通电状态)。

在应用时,三个主触点的一端接三相交流电源,另一端接三相负载(如电动机)。当线圈通电时,三个主触点闭合,将负载和电源接通;当线圈断电时,将负载和电源断开。

接触器的电路符号如图 7-5-10 所示,图 7-5-10(a)为线圈的符号、图 7-5-10(b)为主触点的符号、图 7-5-10(c)为辅助触点的符号。

图 7-5-10 接触器的电路符号

(5)热继电路

热继电器主要用于电机的过载保护。早期的热继电器都是采用机械式结构,其结构原理图如图 7-5-11(a)所示,其中,双金属片一端固定,另一端为自由端,正常时被扣板压住;扣板右侧为一个动断触点。热继电器的电路符号如图 7-5-11(b)所示,其发热元件串联在主电路(电动机所在电路)中,动断触点串联在控制电路中。

图 7-5-11 双金属片式热继电器的结构原理图和电路符号

2. 异步电动机的基本控制电路

(1)异步电动机的直接启动和停止控制

图 7-5-12 为三相异步电动机的直接启动和停止控制电路,该电路具有启动—自保持—停止的功能。

在画电路图时应注意:

1)控制电路和主电路要分开画。

2)同一个电器如接触器 KM 的线圈、触点不论在什么位置都用相同的字母符号 KM;热继电器 FR 的热元件、动断触点不论在什么位置都用相同的字母符号 FR。

3)控制电路中所有触点的状态均为相应电器的自然(没有通电的)状态。

（2）正反转控制

三相异步电动机的正反转控制电路如图 7-5-13（a）所示，在主电路中用两个交流接触器的主触点使电动机与电源连接，其中一个代表正转，另一个则交换两相电源线，完成相序的改变，实现反转，图中 KM_F、KM_R 分别为控制正转和反转的接触器。

若接触器 KM_F 的主触点闭合，电源的 A、B、C 三相与电动机定子绕组连接，电动机正转；若接触器 KM_R 的主触点闭合，电源的 A、C 两相换接（相序变为 C、B、A），电动机反转。

同中 SB1 为总停车按钮，SB_F、SB_R 分别为正、反转的启动控钮。

图 7-5-12　异步电动机的直接启动和停止控制电路

为了使两个接触器不会同时接通，将动断触点 KM_R 串联在线圈 KM_F 的控制支路中，

图 7-5-13　三相异步电动机正反转控制电路
（a）正反转控制电路；（b）直接正反转控制电路

使线圈 KM_R 断电成了线圈 KM_F 通电的必要条件;同理,动断触点 KM_F 串联在线圈 KM_R 的控制支路中。这种连接称为"互锁",互锁保证了 KM_R 和 KM_F 不会同时被接通,从而避免主电路短路。

图 7-5-13(a)控制电路当需要从正转变为反转时,必须先停止再反转,其操作不方便。因此,需要改进,利用每一个复合按钮有一个动合触点和一个动断触点的特点,将复合按钮 SB_F 的动断触点串联在 KM_R 线圈的控制支路中,同时将复合按钮 SR_R 的动断触点串联在 KM_F 线圈的控制支路中,实现"机械互锁",如图 7-5-13(b)所示,其工作过程如下:

无论电动机处于反转还是停止状态,在按下正转的启动按钮 SB_F 时,SB_F 的动断触点先断开,使得 KM_R 线圈控制支路断电(已经通电就先断电,没有通电则不能通电),KM_R 动断触点闭合,然后才使得 KM_F 线圈通电,电动机正转。同理,此时如果再按下反转的启动按钮 SB_R,对应 SB_R 的动断触点先断开,使得 KM_F 线圈控制支路断电,KM_F 动断触点闭合,然后才使得 KM_R 线圈通电,电动机反转。按下停止按钮SB1,无论正转还是反转,电动机都停止工作。

【例 7-5-7】(历年真题)接触器的控制线圈如图(a)所示,动合触点如图(b)所示,动断触点如图(c)所示,当有额定电压接入线圈后:

A. 触点 KM1 和 KM2 因未接入电路均处于断开状态
B. KM1 闭合,KM2 不变
C. KM1 闭合,KM2 断开
D. KM1 不变,KM2 断开

【解答】当接触器的 KM 通电后,KM1 闭合,KM2 断开,应选 C 项。

例 7-5-7 图

【例 7-5-8】(历年真题)为实现对电动机的过载保护,除了将热继电器的热元件串接在电动机的供电电路中外,还应将其:

A. 常开触点串接在控制电路中
B. 常闭触点串接在控制电路中
C. 常开触点串接在主电路中
D. 常闭触点串接在主电路中

【解答】热继电器的常闭触点串接在控制电路中,应选 B 项。

【例 7-5-9】(历年真题)为实现对电动机的过载保护,除了将热继电器的常闭触点串接在电动机的控制电路中外,还应将其热元件:

A. 也串接在控制电路中
B. 再并接在控制电路中
C. 串接在主电路中
D. 并接在主电路中

【解答】为实现过载保护,热继电器的热元件串接在主电路中,应选 C 项。

【例 7-5-10】(历年真题)能够实现用电设备连续工作的控制电路为:

【解答】 由于控制电路中所有控制元件均是电器元件没有通电下的自然状态，所以，B、D 项错误；C 项，SBstop 无法控制 KM，错误。

应选 A 项。

习 题

7-5-1 （历年真题）有一容量为 10kV·A 的单相变压器，电压为 3300/220V，变压器在额定状态下运行，在理想的情况下副边可接 40W、220V、功率因数 $\cos\varphi=0.44$ 的日光灯盏数为：

  A. 110   B. 200   C. 250   D. 125

7-5-2 （历年真题）图示电路中，设变压器为理想器件，若 $u=10\sqrt{2}\sin\omega t$ V，则：

  A. $U_1=\dfrac{1}{2}U$，$U_2=\dfrac{1}{4}U$

  B. $I_1=0.01U$，$I_1=0$

  C. $I_1=0.002U$，$I_2=0.004U$

  D. $U_1=0$，$U_2=0$

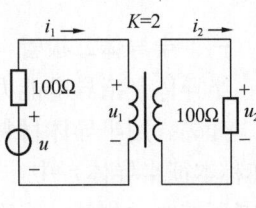

题 7-5-2 图

7-5-3 图示变压器空载运行电路中，设变压器为理想器件，若 $u=\sqrt{2}U\sin\omega t$，则此时：

  A. $\dfrac{U_2}{U_1}=2$

  B. $\dfrac{U}{U_2}=2$

  C. $u_2=0$，$u_1=0$

  D. $\dfrac{U}{U_1}=2$

题 7-5-3 图

7-5-4 设某△接三相异步电动机的全压启动转矩为 66N·m，当对其使用 Y-△降压启动方案时，当分别带 10N·m、20N·m、30N·m、40N·m 的负载启动时：

  A. 均能正常启动

  B. 均无法正常启动

  C. 前两者能正常启动，后两者无法正常启动

  D. 前三者能正常启动，后者无法正常启动

7-5-5 （历年真题）某单相理想变压器，其一次线圈为 550 匝，有两个二次线圈。若希望一次电压为 100V 时，获得的二次电压分别为 10V 和 20V，则 $N_2|_{10V}$ 和 $N_2|_{20V}$ 应分别为：

  A. 50 匝和 100 匝   B. 100 匝和 50 匝

  C. 55 匝和 100 匝   C. 110 匝和 55 匝

7-5-6 三相异步电动机在满载启动时，为了不引起电网电压的过大波动，应该采用的异步电动机类型和启动方案是：

  A. 鼠笼式电动机和 Y-△降压启动

  B. 鼠笼式电动机和自耦调压器降压启动

  C. 绕线式电动机和转子绕组串电阻启动

  D. 绕线式电动机和 Y-△降压启动

7-5-7 （历年真题）在信号源（u_s，R_s）和电阻 R_L 之间接入一个理想变压器，如图所示，若 $u_s = 80\sin\omega t$ V，$R_L = 10\Omega$，且此时信号源输出功率最大，则变压器的输出电压 u_2 等于：

A. $40\sin\omega t$ V
B. $20\sin\omega t$ V
C. $80\sin\omega t$ V
D. 20V

题 7-5-7 图

第六节 模拟电子技术

一、半导体二极管

半导体是指导电能力介于导体和绝缘体之间且在电气方面具有独特性质的物体，如锗、硅等。用半导体材料做成的二极管、三极管称半导体管或晶体管。在纯净的半导体（亦称本征半导体）中，自由电子和空穴总是成对出现，自由电子带负电，空穴带正电，两者所带电量相等，统称为载流子。在本征半导体中，载流子数量很少，导电能力很弱，其载流子是由热激发产生的自由电子和空穴。载流子的浓度与温度有直接的关系。

本征半导体中掺入微量五价元素（杂质），如磷或砷或锑等，可使自由电子浓度大大增加，自由电子成为多数载流子（简称多子），空穴是少数载流子（简称少子）。这种以电子导电为主的半导体称 N 型半导体。

本征半导体中掺入微量三价元素，如硼或铝等，则空穴的浓度大大增加，空穴是多数载流子，而电子是少数载流子。这种以空穴导电为主的半导体称 P 型半导体。

若在一块完整的半导体上，一边制成 N 型，另一边制成 P 型，则在它们的交界面处形成 PN 结，见图 7-6-1（a）。PN 结具有单向导电性，即在 PN 结两端施加正向电压（P 区电位高于 N 区电位，称 PN 结正向偏置），PN 结正向导通；当 PN 结加反向电压（P 区电位低于 N 区电位，称 PN 结反向偏置），PN 结呈截止状态；当反向电压超过一定数值后，反向电流急剧增加，PN 结发生反向击穿，单向导电性被破坏。

半导体二极管是在一个 PN 结的两侧各引出一根金属电极，并用外壳封装起来而构成的。由 P 区引出的电极称阳极（正极），由 N 区引出的电极称阴极（负极）。电路符号见图 7-6-1（b）。

1. 二极管的伏安特性

二极管两端电压 U 与流过二极管的电流 I 之间的关系，称为二极管的伏安特性。如图 7-6-2 所示，它包含了二极管的正向特性、反向特性和反向击穿特性。

（1）**正向特性**：二极管两端加正向电压时，产生正向电流。从伏安特性上可以看到，当正向电

图 7-6-1 二极管的符号
(a) PN 结的形成；(b) 二极管的符号

压较小时,正向电流很小,几乎为零(图 7-6-2 中的 0A 段),这个区域通常称为死区,对应的电压称死区电压(或阈值电压)U_{th},锗管约 0.1V,硅管约 0.5V。当正向电压超过死区电压后,二极管正向导通。正向导通时的管压降 U_D,硅管约 0.6～0.7V,锗管约 0.1～0.2V。

(2) 反向特性:二极管两端加反向电压较小时,反向电流几乎为零。此时,二极管呈现高阻截止状态。

(3) 反向击穿特性:当反向电压增大到某一数值 U_{BR} 时,反向电流突然急剧增加,这种现象称二极管反向击穿,U_{BR} 称反向击穿电压。

图 7-6-2 二极管的伏安特性

2. 二极管的主要参数

(1) 最大整流电流 I_F:当二极管长时间使用时,允许通过的最大正向平均电流。使用时,不能超过此值。

(2) 最大反向工作电压 U_{RM}:指允许加在二极管上的反向电压的最大值,为安全起见,U_{RM} 约为反向击穿电压 U_{BR} 的一半。

(3) 最大反向电流 I_R:指二极管未被击穿时的反向电流值,I_R 越小,说明二极管单向导电性越好,温度稳定性越好。

半导体二极管具有单向导电性,即在二极管两端施加正向电压时,二极管导通,管压降几乎为 0,二极管可视为一个理想二极管。当理想二极管正偏导通时,等效为导线接通;当二极管反偏截止时,等效为断路。

【例 7-6-1】(历年真题) 二极管应用电路如图所示,图中 $u_A=1V$,$u_B=5V$,$R=1k\Omega$,设二极管均为理想器件,则电流 i_R 为:

A. 5mA B. 1mA
C. 6mA D. 0mA

【解答】$u_B > u_A$,D_2 先导通,则 D_1 截止,$u_F = 5V$。

$$i_R = \frac{u_F}{R} = \frac{5}{1000} = 5\text{mA}$$

例 7-6-1 图

应选 A 项。

【例 7-6-2】(历年真题) 图示为三个二极管和电阻 R 组成的一个基本逻辑门电路,输入二极管的高电平和低电平分别是 3V 和 0V,电路的逻辑关系式是:

A. Y=ABC
B. Y=A+B+C
C. Y=AB+C
D. Y=(A+B) C

【解答】当 $V_A=3V$,$V_B=0V$,$V_C=0V$ 时,则 $V_Y=0V$,将 3V 视为高电平"1",0V 视为低电平"0",故 B 项错误。

例 7-6-2 图

当 $V_A=0V$，$V_B=3V$，$V_C=3V$ 时，则 $V_Y=0V$，故 C、D 项错误。

应选 A 项。

二、二极管的应用

1. 二极管整流电路

整流电路是指将交流电转换成直流电的电路。整流电路的类型很多，按输出波形可分为半波和全波整流，按输入电源的相数可分单相和多相整流电路等。

（1）单相半波整流电路

简单的单相整流电路如图 7-6-3(a) 所示。设变压器副边电压有效值为 U_2，则其瞬时值 $u_2=\sqrt{2}U_2\sin\omega t$。

图 7-6-3 简单的单相整流电路
(a) 单相半波整流电路；(b) 单相半波整流电路的波形

当 u_2 在正半周 $0\sim\pi$ 期间时，二极管 D 处于正向导通状态，当忽略二极管正向电压即作为理想二极管时，则 $u_o=u_2$；而当 u_2 在负半周 $\pi\sim2\pi$ 期间时，二极管 D 则处于反向截止状态，负载电阻上无电流流通，使 $u_o=0$。如此周而复始，得输出波形如图 7-6-3(b) 所示。输出电压 u_o 的平均值 U_o 与输入电压的有效值 U_2 具有以下关系：

$$U_o = \frac{1}{2\pi}\int_0^\pi \sqrt{2}U_2\sin\omega t\, d(\omega t) = \frac{\sqrt{2}}{\pi}U_2 = 0.45U_2$$

负载电流 I_o、二极管电流 I_D、变压器二次电流（次级绕组电流）有效值 I_2，存在下列关系：

$$I_D = I_o$$

$$I_2 = 1.57 I_o$$

如图 7-6-3（b）所示，当 u_2 在负半周时，二极管在截止时承受的电压 u_o，其最大电压 $U_{DRM}=\sqrt{2}U_2$。

该电路实现了交流变直流功能，但由于在每一个周期中，只有输入电压的正半个周期得到利用，故称图 7-6-3（a）电路为"半波整流"电路。

（2）二极管单相桥式整流电路

半波整流电路只利用了输入电压的半个周期，所得整流电压的脉动较大。为了克服这些问题，采用四个二极管组成图 7-6-4（a）的单相桥式整流电路。图 7-6-4（b）是它的简化画法。设该电路中变压器副边电压为 $u_2 = \sqrt{2}U_2\sin\omega t$，它的波形如图 7-6-5 所示。

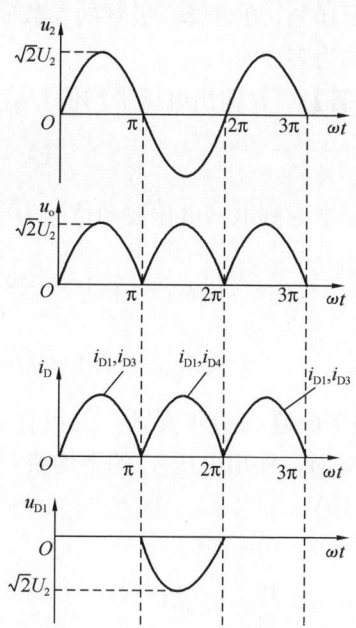

图 7-6-4　单相桥式整流电路
(a) 原理电路；(b) 简化画法

图 7-6-5　单相桥式整流的波形

当 u_2 在正半周 $0\sim\pi$ 时，图 7-6-4（a）电路中 A 端为正，B 端为负，D_1、D_3 正偏，D_2、D_4 反偏，导电回路为：$A\to D_1\to R_L\to D_3\to B$。电源电压在负半周 $\pi\sim 2\pi$ 时，B 端为正，A 端为负，D_2、D_4 正偏，D_1、D_3 反偏，导电回路为：$B\to D_2\to R_L\to D_4\to A$。因此，负载 R_L 上得到一个单方向的全波脉动电压 u_o，其波形如图 7-6-5 所示，输出电压 u_o 的平均值 U_o 为：

$$U_o = \frac{1}{\pi}\int_0^\pi \sqrt{2}U_2\sin\omega t\, d(\omega t) = \frac{2}{\pi}\sqrt{2}U_2 = 0.9U_2$$

在此整流电路中，两组二极管 D_1、D_3 和 D_2、D_4 轮流导通，因此，流经每个二极管的平均电流为输出平均电流的一半，即：

$$I_{D(AV)} = \frac{1}{2}I_{O(AV)} = \frac{1}{2}\times\frac{U_{O(AV)}}{R_L} = \frac{1}{2}\times\frac{0.9U_2}{R_L} = 0.45\times\frac{U_2}{R_L}$$

因此，在选择整流管时应保证其最大整流电流 $I_F > I_{D(AV)}$。

如图 7-6-5 所示，二极管在截止时承受的最大反向电压为：

$$U_{DRM} = \sqrt{2}U_2$$

考虑到整流二极管的长期安全工作，在选择整流二极管时通常选择其最高反向击穿电压 $U_{RM}\approx 2U_{DRM}$。

此外，变压器二次电流（次级绕组电流）有效值 I_2 与负载电流 I_o 存在如下关系：

$$I_2 = 1.11 I_o$$

【**例 7-6-3**】在图 7-6-4（a）所示电路中，已知输出电压平均值 $U_{O(AV)} = 15V$，负载电流平均值为 100mA。试问：(1) 变压器二次电压有效值 U_2 为多少？(2) 设电网电压波动范围为 $\pm 10\%$，在选择二极管的参数时，其最大整流平均电流 I_F 和最高反向电压 U_{RM} 的下限值约为多少？

【**解答**】(1) 输出电压平均值 $U_{O(AV)} = 0.9U_2$，则变压器二次电压有效值为：

$$U_2 = \frac{U_{O(AV)}}{0.9} \approx 16.7V$$

(2) 考虑到电网电压波动范围为 $\pm 10\%$，整流二极管的参数为：

$$I_{D(AV)} = 1.1 \times \frac{I_{O(AV)}}{2} = 55mA, \ I_F > I_{D(AV)} = 55mA$$

$$U_{DRM} = 1.1 \times \sqrt{2}U_2 = 26V, \ U_{RM} = 2U_{DRM} = 52V$$

【**例 7-6-4**】（历年真题）二极管应用电路如图所示，设二极管为理想器件，当 $u_i = 10\sin\omega t\,V$ 时，输出电压 u_o 的平均值 U_o 等于：

A. 10V

B. $0.9 \times 10 = 9V$

C. $0.9 \times \dfrac{10}{\sqrt{2}} = 6.36V$

D. $-0.9 \times \dfrac{10}{\sqrt{2}} = -6.36V$

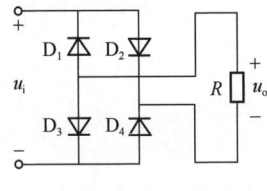

例 7-6-4 图

【**解答**】由图示可知：

$$U_o = -0.9U_i = -0.9 \times \frac{10}{\sqrt{2}} = -6.36V$$

应选 D 项。

【**例 7-6-5**】（历年真题）图示电路中，$u_i = 10\sin\omega t$，二极管 D_2 因损坏而断开，这时输出电压的波形和输出电压的平均值为：

例 7-6-5 图

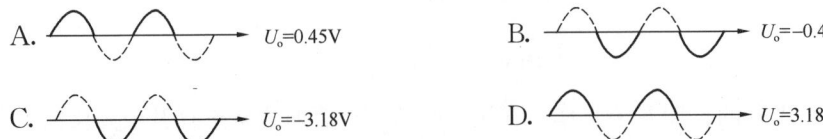

A. $U_o = 0.45V$

B. $U_o = -0.45V$

C. $U_o = -3.18V$

D. $U_o = 3.18V$

【**解答**】当 D_2 损坏而断开，电路变为半波整流电路，u_i 正半周 $0 \sim \pi/2$，电路截止，排除 A、D 项。

$$U_\text{o} = -0.45U_\text{i} = -0.45 \times \frac{10}{\sqrt{2}} = -3.18\text{V}$$

应选 C 项。

2. 滤波电路

整流电路的输出电压虽然是单一方向的，但是由于周期性的脉动波形可以分解成恒定分量和多种不同频率的正弦分量的波形，其含有较大的交流成分，不能适应大多数电子电路的需要。滤波电路用于滤去整流输出电压中的高频成分，将脉动的直流电压变为平滑的直流电压。

利用电容、电感能够储存能量、放出能量，容抗、感抗随频率改变的特点，将电容和负载并联，电感线圈和负载串联来实现滤波。常用的滤波电路有图 7-6-6 所示的几种形式。

图 7-6-6 常用的几种滤波电路

(a) 电容滤波；(b) 电感滤波；(c) LC 滤波；(d) LCπ 型滤波；(e) RCπ 型滤波

电容滤波电路如图 7-6-7 (a) 所示。当电路刚接通时，u_2 从正半周的零值开始增大，二极管 D_1、D_3 导通，导通电流一路向负载 R_L 供电，另一路向电容 C 充电，由于二极管导通电阻很小，充电时间常数很小，电容两端电压 u_C 几乎与 u_2 同步增大，很快到达最大值 $\sqrt{2}U_2$。当 $u_\text{C} = \sqrt{2}U_2$ 时，u_2 开始下降，此时 $u_2 < u_\text{C}$。二极管受反向电压作用而截止，电容 C 向 R_L 放电，由于放电时间常数 $\tau_\text{d} = R_\text{L}C$ 较大，u_C 按指数规律缓慢下降。当下降到 $u_\text{C} = |u_2|$ 时，u_2 的负半周使 D_2、D_4 正偏导通，电容 C 又充电，重复上述过程，得图 7-6-7 (b) 所示波形，显然比没有滤波时平滑得多。

对于图 7-6-7 (a) 的电容滤波电路，通常满足下式：

$$\tau = R_\text{L}C \geqslant (3 \sim 5)\frac{T}{2}$$

式中，R_L 为负载电阻；C 为滤波电容的电容量；T 为正弦电源的周期。

此时，全波整流电容滤波后的输出电压平均值 U_o 按 $U_\text{o} = 1.2U_2$ 估算；变压器二

图 7-6-7 单相桥式整流电容滤波电路

(a) 电路图；(b) u_2、u_C、u_o 波形；

(c) 二极管电流 i_D 波形

次电流(次级绕组电流)有效值I_2按$I_2=(1.5\sim2)I_o$估算,其中I_o为流过负载R_L的电流。

【例 7-6-6】 整流滤波电路如图 7-6-7(a)所示,已知u_1是220V、频率50Hz的交流电源,在负载工作时,要求直流电压$U_{O(AV)}=30$V,负载电流$I_{O(AV)}=50$mA。试问,确定电源变压器二次电压u_2的有效值U_2,并选择整流二极管及滤波电容(取$R_LC=4\times\dfrac{T}{2}$)。

【解答】(1)变压器二次电压的有效值

取$U_{O(AV)}=1.2U_2$,则:$U_2=\dfrac{U_{O(AV)}}{1.2}=\dfrac{30}{1.2}\text{V}=25\text{V}$

(2)选择整流二极管

流经整流二极管的平均电流为:$I_D=\dfrac{I_{O(AV)}}{2}=\dfrac{50}{2}\text{mA}=25\text{mA}$

二极管承受的最大反向电压为:$U_{DRM}=\sqrt{2}U_2=35$V

(3)选择滤波电容

$$R_L=\dfrac{U_{O(AV)}}{I_{O(AV)}}=\dfrac{30}{50\times10^{-3}}=0.6\text{k}\Omega$$

$$R_LC=4\times\dfrac{T}{2}=4\times0.01\text{s}=0.04\text{s},\text{则}:$$

$$C=\dfrac{0.04}{R_L}=\dfrac{0.04}{600}\text{F}=66.6\mu\text{F}$$

电容所承受的最高电压为:

$$U_{cm}=\sqrt{2}U_2=\sqrt{2}\times25=35.4\text{V}$$

三、稳压二极管

稳压管二极管是可以工作于反向击穿区的二极管,但它是用特殊工艺制造的。由于它在电路中能起稳定电压的作用,故称为稳压管。它的伏安特性曲线见图 7-6-8(a)。由图可知,稳压管的正向特性曲线与普通二极管相似,而反向特性比较陡,反向击穿电压比较低,容许通过的电流较大。当反向击穿电流在较大范围内变化时,其两端电压变化很小,

图 7-6-8 稳压二极管的图形符号、特征及应用电路
(a)稳压二极管的伏安特性;(b)稳压二极管的图形符号;(c)应用电路

从它两端可获得一个稳定的电压。只要反向电流不超过允许范围，稳压管就不会因热击穿而损坏。为此，在电路中，稳压管必须串联一个适当的限流电阻。

1. 稳压管的主要参数

（1）稳定电压 U_Z：即反向击穿电压。即使是同一型号的稳压管，其 U_Z 值也不完全相同，有一定的离散范围。

（2）稳定电流 I_Z：稳压管正常使用时的参考电流值，满足：$I_{Zmin} < I_Z < I_{Zmax}$，$I_{Zmin}$、$I_{Zmax}$ 分别为最小、最大工作电流。

（3）动态电阻 r_Z：它是指稳压管两端电压变化量与对应的电流变化量之比，$r_Z = \dfrac{\Delta U_Z}{\Delta I_Z}$，$r_Z$ 越小，则稳压效果越好。

（4）最大工作电流 I_{Zmax} 和最大耗散功率 P_{ZM}：I_{Zmax} 指稳压管允许通过的最大电流；P_{ZM} 等于稳定电压 U_Z 和 I_{Zmax} 的乘积，即 $P_{ZM} = U_Z \cdot I_{Zmax}$。

稳压二极管稳定电路如图 7-6-8（c）所示，稳压电路为负载提供稳定的输出电压。

2. 稳压管的工作原理

引起输出电压不稳定的原因有交流电源（或电网）电压波动和负载（电流）变化等。

（1）当电网电压 U_I 升高时，可能引起输出电压 U_o（即 U_Z）升高，则稳压二极管电流 I_Z 显著增加，引起电阻 R 上的电流 I_R 和电压降 $I_R R$ 增大。这部分增量抵消了电网电压的增量，因而使输出电压基本不变。

（2）若负载电阻 R_L 变小，则负载电流 I_o 可能变大，引起电阻 R 上的电流 I_R 和电压降 $I_R R$ 增大。由于 U_I 保持不变，可能导致输出电压 U_o 减小。但是，U_o（U_Z）减小引起 I_Z 显著减小，这部分减量抵消了电流 I_R 的增量，因而使输出电压 U_o 基本不变。

可见，当某种原因使输出电压变化时，稳定管自动调节其电流 I_Z，并通过电阻 R 转化为电压，用 U_R 的变化自动调节输出电压 U_o。因此 D_Z 和 R 两者是缺一不可的。

【例 7-6-7】稳压二极管稳压电路如图 7-6-8（c）所示，R 是限流电阻，且 $R = 1.0\text{k}\Omega$，稳压二极管的稳压值 $U_Z = 6\text{V}$，最大稳压电流 $I_{Zmax} = 25\text{mA}$，R_L 是负载电阻，且 $R_L = 0.5\text{k}\Omega$，试问：(1) $U_i = 15\text{V}$ 时，稳压电路是否能稳压？(2) 当 $U_i = 25\text{V}$ 时，稳压电路是否正常工作？

【解答】(1) 当 $U_i = 15\text{V}$ 时，假设稳压二极管断开，则稳压二极管两端的电压为：

$$U_{DZ} = \frac{R_L}{R + R_L} \cdot U_i = \frac{0.5}{1 + 0.5} \times 15\text{V} = 5\text{V} < 6\text{V}$$

即 $U_{DZ} < U_Z = 6\text{V}$，稳压二极管两端的电压没有达到击穿电压，不能起到稳压的作用。

(2) 当 $U_i = 25\text{V}$ 时，假设稳压二极管断开，则稳压二极管两端的电压为：

$$U_{DZ} = \frac{R_L}{R + R_L} \cdot U_i = \frac{0.5}{1 + 0.5} \times 25\text{V} = 8.33\text{V}$$

即 $U_{DZ} > U_Z = 6\text{V}$，稳压二极管反向击穿。稳压时，稳压二极管的电流为：

$$I_Z = \frac{U_i - U_Z}{R} - \frac{U_Z}{R_L} = \frac{25 - 6}{1} - \frac{6}{0.5} = 7\text{mA} < 25\text{mA}$$

即 $I_Z < I_{Zmax}$，所以稳压二极管能正常工作。

【例 7-6-8】（历年真题）整流滤波电路如图所示，已知 $U_1 = 30\text{V}$，$U_o = 12\text{V}$，$R = $

$2k\Omega$，$R_L=4k\Omega$，稳压管的稳定电流 $I_{Zmin}=5mA$ 与 $I_{Zmax}=18mA$。通过稳压管的电流和通过二极管的平均电流分别是：

A. 5mA，2.5mA
B. 8mA，8mA
C. 6mA，2.5mA
D. 6mA，4.5mA

例 7-6-8 图

【解答】通过 R 的电流：$I_R = \dfrac{U_1 - U_o}{2000} = \dfrac{30-12}{2000} = 9mA$

$$I_D = 9 - \dfrac{12}{4000} = 6mA$$

通二极管的平均电流 $= \dfrac{I_R}{2} = 4.5mA$

应选 D 项。

四、双极型晶体三极管

1. 晶体三极管的结构与符号

双极型晶体三极管简称三极管或晶体管，利用它的区域特性可以构成放大电路、开关电路等实用功能电路。

图 7-6-9 给出了三极管的结构示意图和图形符号。由图可知，三极管有 NPN 和 PNP 两种基本结构类型，每种三极管均有三个半导体区域及对应的三个电极，分别是发射区和发射极（the Emitter，E）、基区和基极（the Base，B）、集电区和集电极（the Collector，

图 7-6-9　三极管的结构示意图及图形符号
(a) NPN 三极管结构；(b) PNP 三极管结构；
(c) NPN 三极管图形符号；(d) PNP 三极管图形符号

C)。在不同半导体区域的交界面会形成 PN 结,其中,基区与发射区交界面形成发射结,而基区与集电区交界面形成集电结。下面针对 NPN 型晶体管进行阐述。

2. 三极管的伏安特性

三极管的三个电极之间可以组成不同的输入回路和输出回路。如果由基极和发射极组成输入回路,集电极和发射极组成输出回路,则发射极为输入、输出回路所共有,因此称为共发射极电路。同理,还可组成共集电极电路、共基极电路。如图 7-6-10 所示。

图 7-6-10　晶体管的三种连接方式
(a) 共基接法;(b) 共射接法;(c) 共集接法

图 7-6-11 是 NPN 三极管共射极的伏安特性测试电路与输出特性曲线。可见,其输出特性与三种状态(截止状态、放大状态和饱和状态)相对应,相应的区域为:截止区、放大区和饱和区。

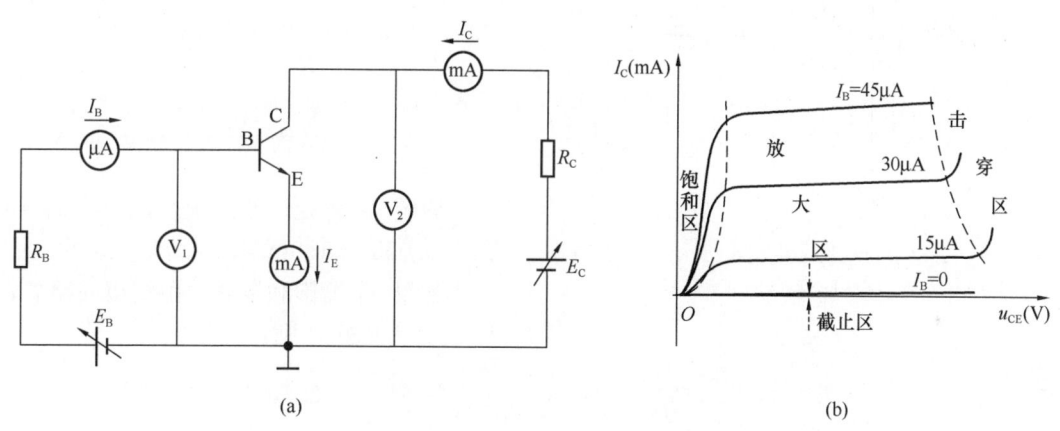

图 7-6-11　NPN 管的伏安特性测试电路与输出特性曲线
(a) 三极管共射极伏安特性测试电路;(b) NPN 管的共射极输出特性曲线

(1) 截止区

输出特性曲线中 $I_B=0$ 这条曲线与横坐标之间的区域称为截止区。对应 $I_B=0$ 时的集电极电流称为穿透电流,即 $I_C=I_{CEO}$,穿透电流一般很小,三极管此时工作在截止状态。由于 $I_B=0$,而 I_{CEO} 又很小,可以认为输出回路中 $I_C=I_E≈0$,则 $U_{CE}≈E_C$。为使三极管可靠截止,常使 U_{BE} 减小为 0V 或使 $U_{BE}<0$V(即发射结反偏,集电结正偏时)。此时,集-射极之间如同断开。

(2) 放大区

在输出特性曲线中,每条特性曲线近似水平的区域称为放大区。放大区内,当基极电流 I_B 一定时,集电极电流 I_C 基本不随 U_{CE} 变化,表现出恒流性。I_C 与 I_B 成比例关系,

即 $I_C = \bar{\beta} I_B$，$\bar{\beta}$ 称为三极管的静态（即直流）电流放大系数。当基极电流有微小的变化 ΔI_B 时，集电极电流将有较大的变化 ΔI_C，$\Delta I_C = \beta \Delta I_B$，$\beta$ 称为三极管的动态（即交流）电流放大系数。一般地，采用 $\beta \approx \bar{\beta}$。处于放大状态时，三极管的发射结处于正偏，集电结处于反偏，此时三个电极之间的关系为 $U_E < U_B < U_C$。

(3) 饱和区

当三极管发射极正偏，集电极也正偏时，三极管工作在饱和状态。三极管饱和时，集-射极之间的电压称为饱和压降 U_{CES}，硅管的饱和压降一般约为 0.3V，锗管的饱和压降约为 0.1V。由实验电路图可知，集电极饱和电流 $I_{Cmax} = \dfrac{E_C - U_{CES}}{R_C}$，即当 I_B 增大到一定值之后，三极管工作在饱和区时，I_B 再增大 I_C 已不发生变化，$I_C = \beta I_B$ 的电流控制关系不存在。此时，集-射极之间如同短路。

【例 7-6-9】测得三极管电路中节点静态电位如图所示，试判断两个三极管分别工作在什么状态（饱和、截止、放大）。假设所有 NPN 三极管均为硅管，其发射结正向压降 $U_{BE} = 0.7V$。

例 7-6-9 图
(a) T_1 管；(b) T_2 管

【解答】图（a）：$3.14 - 1.2 = 2.2V > 0.7V$，T_1 管发射结正偏导通，由输入回路 I 可得：

$$I_B = \dfrac{3.4 - 1.2 - U_{BE}}{R_1} = \dfrac{3.4 - 1.2 - 0.7}{20} = 0.075 \text{mA}$$

假定 T_1 管处于放大状态，$I_C = \beta I_B = 20 \times 0.075 = 1.5 \text{mA}$

如果 T_1 管饱和导通，由输出回路 II，且 $U_{CES} = 0.3V$，则：

$$I_{Cmax} = \dfrac{5 - 1.2 - U_{CES}}{R_2} = \dfrac{5 - 1.2 - 0.3}{1} = 3.5 \text{mA}$$

可见，$I_C < I_{Cmax}$，故假定成立，即 T_1 管处于放大状态。

图（b）：同理，由输入回路 I 可得：

$$I_B = \dfrac{6 - 0 - 0.7}{6} = 0.9 \text{mA}$$

假定，T_2 管处于放大状态，$I_C = 20 \times 0.9 = 18 \text{mA}$

如果 T_2 管饱和导通，由输出回路 II，且 $U_{CES} = 0.3V$，则：

$$I_{Cmax} = \dfrac{5 - 0 - 0.3}{3 + 1} = 1.2 \text{mA}$$

此时，$I_C > I_{Cmax}$，故 T_2 管已经进入饱和区，实际 $I_C < \beta I_B$，假定不成立，即电流控制关系不成立。

3. 放大电路的基本概念

放大电路是指能按比例放大输入信号的幅度，并且保证输出信号不失真的功能电路。

放大器可视为一个二端口网络，输入端口电压和电流分别为 u_s、i_i，输出端口电压和电流分别为 u_o、i_o，如图 7-6-12 所示。

图 7-6-12　放大器的参数模型

输入电阻 r_i 是指从放大器输入端口看入的等效电阻。在放大电路中，该电阻在输入端作了信号源的负载，用以说明放大器实际获取信号的能力，放大器实际获得的输入信号 $u_i = \dfrac{r_i}{r_i + R_s} u_s$。

输出电阻 r_o 是从放大器输出端口看进去的戴维宁等效电阻。从负载端向左看，放大器所起的作用是为负载提供电源，该电源为 $A_{uo} u_i$（其值为放大器空载时的输出）；输出电阻 r_o 作为负载的信号源内阻，用以说明放大器带负载时的损耗，即 $u_o = \dfrac{R_L}{R_L + r_o} A_{uo} u_i$。

五、共发射极放大电路

输入回路和输出回路共同包含发射极（E）的电路称为共发射极电路，简称共射极电路。

1. 固定偏置放大电路

前面图 7-6-11（a）给出了一个共发射极放大电路，直流电源 U_{BB} 和 U_{CC} 为三极管提供合适的偏置电压，使三极管满足发射极正偏、集电极反偏的外部条件而工作在放大状态。在该电路的基础上进行改进，可以得到单电源供电的共发射极放大电路，如图 7-6-13（a）所示，当偏置电阻 R_B（称为基极电阻）和 R_C（称为集电极电阻）取适当的值时，可以保证三极管发射结正偏、集电结反偏，三极管工作在放大状态。电容 C_1、C_2 为耦合电容，起到隔直通交的作用。R_L 为输出端的负载电阻，u_i 为输入电压，u_o 为输出电压。直流偏置电路的任务是使晶体管获得一个适当的静态工作点，直流偏置电路不同，放大电路的动态性能也不同。

图 7-6-13　共发射极固定偏置放大电路
(a) 放大电路；(b) 直流通路

（1）静态分析

在没有加入信号（即 $u_i = 0$）时的电路状态称为静态。静态时，电路中的电流、电压均是直流量。晶体管各电流、电压分别用 I_B、I_C、U_{BE}、U_{CE} 表示。静态值可通过放大器的直流通路用近似计算法求得。在图 7-6-13（a）中把 C_1、C_2 视作开路即可画出它的直流通路，见图 7-6-13（b），近似计算可得：

$$I_B = \frac{U_{CC} - U_{BE}}{R_B}$$

$$I_C = \beta I_B$$

$$U_{CE} = U_{CC} - I_C R_C$$

其中 U_{BE} 为发射极的正向压降，硅管约为 0.7V，锗管约为 0.3V。当 $U_{CC} \gg U_{BE}$ 时，U_{BE} 可以忽略。

当三极管 β 值已知时，根据上述公式可求解得到三极管的工作状态对应于输入特性和输出特性上的一个点 Q，如图 7-6-14 所示，其坐标分别是 (U_{BE}, I_B)、(U_{CE}, I_C)，该点称为放大器的静态工作点。静态工作点 Q 为三极管放大提供支撑平台。

图 7-6-14　共发射极放大电路的直流工作状态

（2）动态分析

在输入信号 $u_i \ne 0$ 时，对放大电路进行动态分析，包括电压放大倍数、输入电阻、输出电阻。

1）晶体管处于放大状态的小信号模型

由于晶体管是典型的非线性器件，故采用线性化的方法，建立三极管的线性模型，即三极管的微变等效电路。

图 7-6-15　晶体管简化小信号模型
(a) NPN 型晶体管；(b) 放大状态下的简化小信号模型

晶体管放大电路的主要目的是对小信号（微弱信号）进行无失真放大，当晶体管工作于放大区时，可将晶体管用一个等效模型——简化小信号模型表示，如图 7-6-15 所示，图中电阻 r_{be}（Ω）可按下式估算：

$$r_{be} = 300 + (1 + \beta) \frac{26(\text{mV})}{I_E(\text{mA})}$$

2）动态分析

动态分析相当于分析在输入信号 u_i 单独作用时放大电路的情况。在交流电源下，直流电源相当于接地，电容视为短路，得到交流通路如图 7-6-16（a）所示；利用晶体管的简化小信号模型替换晶体管，得到微变等效电路如图 7-6-16（b）所示。

① 计算电压放大倍数

由图 7-6-16 可知，$\dot{U}_i = \dot{I}_b r_{be}$，$\dot{U}_o = -\beta \dot{I}_b (R_C \parallel R_L)$，则该电路的电压放大倍数：

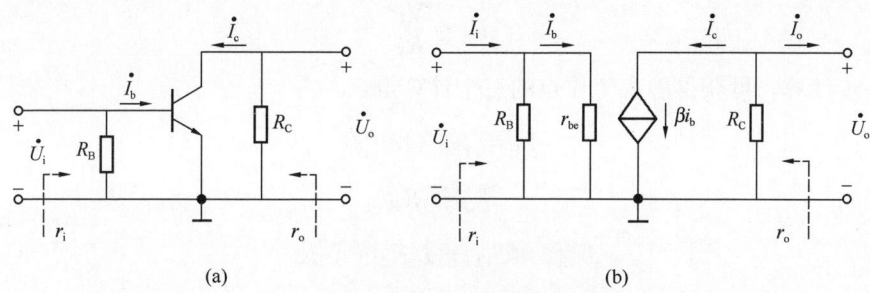

图 7-6-16 共发射极放大电路的动态分析
(a) 交流通路；(b) 微变等效电路

$$A_u = \frac{\dot{U}_o}{\dot{U}_i} = \frac{-\beta \dot{I}_b (R_C // R_L)}{\dot{I}_b r_{be}} = -\frac{\beta(R_C // R_L)}{r_{be}}$$

显然，电压放大倍数与负载 R_L 有关，R_L 越大，电压放大倍数越大。当输出端开路时，电压放大倍数最大，其计算式为：

$$A_u = \frac{\dot{U}_o}{\dot{U}_i} = \frac{-\beta \dot{I}_b R_C}{\dot{I}_b r_{be}} = -\frac{\beta R_C}{r_{be}}$$

② 输入电阻 r_i

从输入端看放大电路等效电阻，输入电阻 r_i 为：

$$r_i = R_B // r_{be}$$

输入电阻越大，信号源供给放大电路的电压越大，故输入电阻越大越好。

③ 输出电阻 r_o

去掉放大电路电源（输入端短路）后，断开负载电阻，从输出端看放大电路的等效电阻：

$$r_o = R_C$$

把放大电路作为下级放大电路的信号源，输出电阻相当于信号源的内阻。因此，输出电阻越小越好。

2. 分压式偏置放大电路

固定偏置放大电路，静态工作点不稳定，为了解决这个问题，引入反馈电阻 R_E，形成了静态工作点稳定的分压式偏置放大电路，见图 7-6-17 (a)。依然设定 u_i 为输入电压，u_o 为输出电压。假设 β 值、U_{BE} 均为已知。

(1) 静态分析

根据图 7-6-17 (b) 所示直流通路可得：

$$V_B = \frac{R_{B2}}{R_{B1} + R_{B2}} U_{CC}$$

$$V_E = V_B - U_{BE}$$

图 7-6-17 分压式偏置放大电路
(a) 放大电路；(b) 直流通路

$$I_E = \frac{V_E}{R_E}$$

进一步计算，可获得静态工作点的三个计算量：

$$I_B = I_E/(1+\beta)$$

$$I_C = \beta I_B$$

$$U_{CE} = U_{CC} - I_C R_C - I_E R_E$$

在发射极引入了发射极电阻R_E，该电阻具有自动稳定静态点工作的作用，其作用可通过图 7-6-17（a）中电量的制约关系解释如下：

$$I_C \uparrow \to I_E \uparrow \to U_E \uparrow (U_E = I_E R_E) \to U_{BE} \downarrow (U_{BE} = V_B - U_E)$$

$$I_C \downarrow (I_C = \beta I_B) \longleftarrow I_B \downarrow$$

（2）动态分析

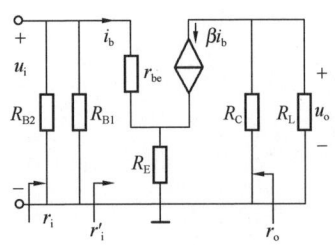

图 7-6-18 分压式偏置放大电路的微变等效电路

在交流电源下，放大电路中的直流电源相当于接地，电容视为短路，用晶体管的简化小信号模型替换晶体管，图 7-6-18 为共射极分压式偏置放大电路的微变等效电路。

1）计算电压放大倍数

由图可知，$\dot{U}_i = \dot{I}_b r_{be} + (1+\beta)\dot{I}_b R_E$，$\dot{U}_o = -\beta \dot{I}_b (R_C // R_L)$，则：

$$A_u = \frac{\dot{U}_o}{\dot{U}_i} = \frac{-\beta \dot{I}_b (R_C // R_L)}{\dot{I}_b r_{be} + (1+\beta)\dot{I}_b R_E} = -\frac{\beta(R_C // R_L)}{r_{be} + (1+\beta)R_E}$$

当输出端开路时，电压放大倍数最大，其计算式为：

$$A_u = \frac{\dot{U}_o}{\dot{U}_i} = \frac{-\beta \dot{I}_b R_C}{\dot{I}_b r_{be} + (1+\beta)\dot{I}_b R_E} = -\frac{\beta R_C}{r_{be} + (1+\beta)R_E}$$

2）输入电阻 r_i

设三极管基极对地的等效输入电阻为 r'_i

$V_B = \dot{I}_b r_{be} + \dot{I}_c R_E = \dot{I}_b r_{be} + (1+\beta)\dot{I}_b R_E$，则：

$$r'_i = \frac{V_B}{\dot{I}_b} = r_{be} + (1+\beta)R_E$$

输入电阻 r_i 为：

$$r_i = R_{B1} // R_{B2} // r'_i = R_{B1} // R_{B2} // [r_{be} + (1+\beta)R_E]$$

3）输出电阻 r_o

将输入端短路，断开负载电阻，从输出端看放大电路的等效电阻：

$$r_o = R_C$$

【例 7-6-10】（历年真题）图示为共发射极单管电压放大电路，为硅管，估算静态点 I_B、I_C、V_{CE} 分别为：

A. 57μA, 2.8mA, 5.16V
B. 57μA, 2.8mA, 8V
C. 57μA, 4mA, 0V
D. 30μA, 2.8mA, 3.5V

例 7-6-10 图

【解答】静态分析,将电容视为断路。

$$I_B = \frac{V_{CC} - U_{BE}}{R_B} = \frac{12 - 0.6}{200}$$

$$= 0.057 \text{mA}$$

$$I_C = \beta I_B = 40 \times 0.057 = 2.28 \text{mA}$$

$$V_{CE} = V_{CC} - I_C R_C = 12 - 2.28 \times 3 = 5.16 \text{V}$$

应选 A 项。

【例 7-6-11】(历年真题) 晶体三极管放大电路如图 (a) 所示,在并入电容 C_E 之后:

A. 放大倍数变小
B. 输入电阻变大
C. 输入电阻变小,放大倍数变大
D. 输入电阻变大,输出电阻变小,放大倍数变大

【解答】并入电容 C_E 之后,可视为短路,其动态分析如图 (b) 所示:

$$\dot{U}_i = \dot{I}_b r_{be}, \quad \dot{U}_o = -\beta \dot{I}_b R_C$$

$$A_u = \frac{\dot{U}_o}{\dot{U}_i} = -\frac{\beta R_C}{r_{be}}$$

$r_i = R_{B1} \mathbin{/\mkern-5mu/} R_{B2} \mathbin{/\mkern-5mu/} r_{be}$(并入电容之后)

$r_i = R_{B1} \mathbin{/\mkern-5mu/} R_{B2} \mathbin{/\mkern-5mu/} [r_{be} + (1+\beta)R_E]$(并入电容之前)

$r_o = R_C$(并入电容对 r_o 无影响)

例 7-6-11 图

可见,输入电阻变小,放大倍数变大,应选 C 项。

六、共集电极放大电路

共集电极放大电路也称射极输出器或射极跟随器,如图 7-6-19 (a) 所示。因为直流电源 U_{CC} 对交流信号相当于接地,因此,集电极成为输入与输出的共同端,故该电路是共集电极放大电路。对射极跟随器的分析包括静态分析和动态分析。注意输出回路的电容 C_2 的连接位置。

1. 静态分析

直流通路如图 7-6-19 (b) 所示,$V_B = \frac{R_{B2}}{R_{B1} + R_{B2}} U_{CC}$,则:

$$I_E = \frac{V_E - U_{BE}}{R_E}$$

$$I_B = \frac{I_E}{1 + \beta}$$

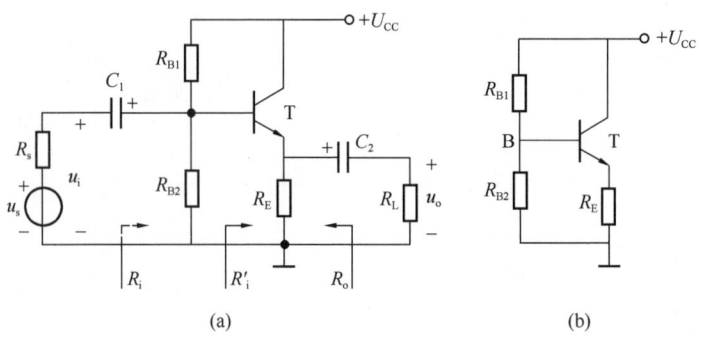

图 7-6-19 共集电极放大电路
(a) 完整电路；(b) 直流通路

$$U_{CE} = U_{CC} - I_E R_E$$

2. 动态分析

电容 C_1、C_2 在交流电路下短路，则交流通路和微变等效电路如图 7-6-20 (a)、(b) 所示。

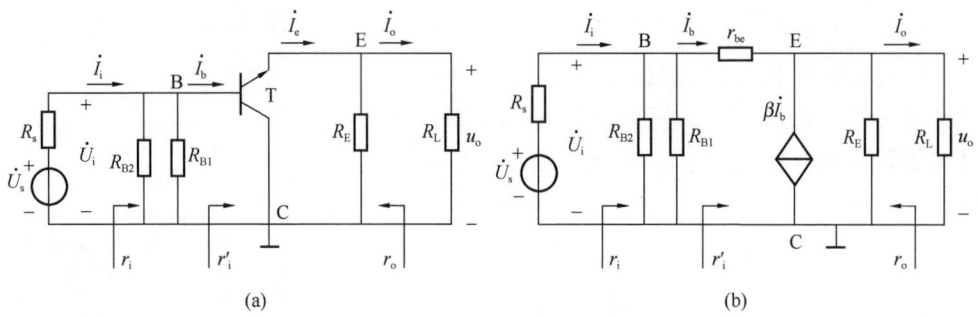

图 7-6-20 共集电极放大电路的交流分析
(a) 交流通路；(b) 微变等效电路

(1) 计算电压放大倍数

$$\dot{U}_i = \dot{I}_b r_{be} + (1+\beta)\dot{I}_b (R_E /\!/ R_L)$$

$$\dot{U}_o = (1+\beta)\dot{I}_b (R_E /\!/ R_L)$$

$$A_u = \frac{\dot{U}_o}{\dot{U}_i} = \frac{(1+\beta)(R_E /\!/ R_L)}{r_{be} + (1+\beta)(R_E /\!/ R_L)}$$

由上式可知，射极跟随器的电压放大倍数总是小于 1，但由于 $(1+\beta)(R_E /\!/ R_L) \gg r_{be}$，电压放大倍数又接近于 1，$\dot{U}_o \approx \dot{U}_i$，因而输出电压总是跟随输入电压变化，故该电路称为射极跟随器。显然，射极跟随器没有电压放大能力。

(2) 输入电阻 r_i

$$r'_i = \frac{\dot{U}_i}{\dot{I}_i} = \frac{\dot{I}_b r_{be} + (1+\beta)\dot{I}_b (R_E /\!/ R_L)}{\dot{I}_b} = r_{be} + (1+\beta)(R_E /\!/ R_L)$$

$$r_i = \frac{\dot{U}_i}{\dot{I}_i} = R_{B1} \mathbin{/\mkern-6mu/} R_{B2} \mathbin{/\mkern-6mu/} r'_i = R_{B1} \mathbin{/\mkern-6mu/} R_{B2} \mathbin{/\mkern-6mu/} [r_{be} + (1+\beta)(R_E \mathbin{/\mkern-6mu/} R_L)]$$

通常，电阻 R_{B1}、R_{B2} 的阻值很大，一般取到 $10^5\Omega$ 以上，r_{be}、R_E 数量级为 10^3，β 的数量级为 10^2，因此射极跟随器的输入电阻很高，可达几十千欧姆到几百千欧姆。

（3）输出电阻 r_o

将信号源短路，保留内阻 R_s，输出端去掉负载电阻 R_L，加上一交流电压 $\dot{U}$，由此产生电流 $\dot{I}$，见图 7-6-21，则：

$$\dot{I} = \frac{\dot{U}}{R_E} + \beta \dot{I}_b + \dot{I}_b$$

$$= \frac{\dot{U}}{R_E} + (1+\beta)\frac{\dot{U}}{r_{be} + R_s \mathbin{/\mkern-6mu/} R_{B1} \mathbin{/\mkern-6mu/} R_{B2}}$$

$$r_o = \frac{\dot{U}}{\dot{I}} = \frac{1}{\dfrac{1}{R_E} + \dfrac{1+\beta}{r_{be} + R_s \mathbin{/\mkern-6mu/} R_{B1} \mathbin{/\mkern-6mu/} R_{B2}}}$$

$$= \frac{R_E(r_{be} + R_s \mathbin{/\mkern-6mu/} R_{B1} \mathbin{/\mkern-6mu/} R_{B2})}{r_{be} + R_s \mathbin{/\mkern-6mu/} R_{B1} \mathbin{/\mkern-6mu/} R_{B2} + (1+\beta)R_E}$$

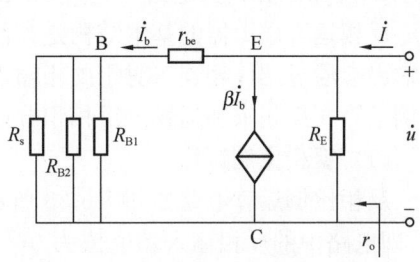

图 7-6-21　求输出电阻的等效电路

由于 $(1+\beta)R_E \gg r_{be} + R_s \mathbin{/\mkern-6mu/} R_{B1} \mathbin{/\mkern-6mu/} R_{B2}$，则上式变为：

$$r_o = \frac{r_{be} + R_s \mathbin{/\mkern-6mu/} R_{B1} \mathbin{/\mkern-6mu/} R_{B2}}{1+\beta} \approx \frac{r_{be} + R_s \mathbin{/\mkern-6mu/} R_{B1} \mathbin{/\mkern-6mu/} R_{B2}}{\beta}$$

由上式可知，射极跟随器的输出电阻通常很小，仅有十几欧姆到几十欧姆。

尽管射极跟随器无电压放大能力，但与具有较高电压放大倍数的共射极放大电路相比，其输入电阻较高，输出电阻较低。射极跟随器的主要目的是利用输入电阻较高、输出电阻较低特点实现放电电路阻抗的变换。

七、运算放大器

运算放大器（简称运放），是一种高增益的差分放大器，能够放大直流至一定频率范围的交流信号。运放的符号如图 7-6-22（a）所示，它是一个多端器件，有两个输入端（一个反相输入端和一个同相输入端，分别用"-"和"+"表示）和一个对地的输出端，还有一对施加直流电源的出线端。

图 7-6-22　运算放大器的图形符号

输出端和地端之间的电压 u_o 与输入两个端子对地电压 u_N 和 u_P 之间的关系为：

$$u_o = A_{uo}(u_P - u_N)$$

式中，A_{uo} 为运放本身的放大倍数。上式表明输出电压 u_o 与两个输入电压 u_P 和 u_N 的差值成比例。

运算放大器有很高的输入电阻 r_i（在 $10^5 \sim 10^{11}\Omega$ 之间），很低的输出电阻 r_o（在几十欧到几百欧之间）和很高的开环电压放大倍数 A_{uo}（通常在 $10^4 \sim 10^7$ 之间）。根据运放的特点，可以假设运放具有下列理想特性：① 开环电压放大倍数 $A_{uo} \to \infty$；② 输入电阻 r_i

→∞；③ 输出电阻 r_o→0。此外，还认为器件的频带为无限宽，没有噪声。输入信号为零时，输出端处于恒定的零电位，具有这些理想特性的运放称理想运放。理想运放的符号如图 7-6-22（b）所示。

对于工作在线性区的理想运放，利用它的理想特性可以得出下面两条重要法则：

（1）由于理想运放在线性区内 u_o 是有限值，且 A_{uo}→∞，故其两输入端之间的电压差趋于零，即 $u_P - u_N \approx 0$ 或 $u_P \approx u_N$，运放的两个输入端看作是"虚短路"，简称虚短。

（2）由于理想运放的 r_i→∞，故其两输入端不取用电流，即 $i_N = i_P \approx 0$，运放的两个输入端之间视为"虚断路"，简称虚断。

1. 反相运算放大电路

反相运算放大器的基本结构是：信号送入运算放大器的反相输入端，并将反相输入端与输出端通过元件相连，对于同相输入端则与"地"相连。典型的反相运算放大器有反相比例运算、反相求和运算、反相积分运算、反相微分运算等线性运算。

（1）反相比例运算

反相比例运算电路如图 7-6-23 所示。在图中，因 $u_+ = 0$，有 $u_- \approx u_+ = 0$，然而 $i_- \approx 0$，即电路中的反相输入端电位为 0，但又未与"地"相接，故称此点为"虚地"点，故容易作出以下分析：

因为 $i_- \approx 0$，故流经电阻 R_1 与电阻 R_F 的电流相同，又因 $u_+ = u_- = 0$，可得：$\dfrac{u_i}{R_1} = -\dfrac{u_o}{R_F}$，则：

$$u_o = -\frac{R_F}{R_1} u_i$$

式中，"−"表示电路的输出与输入成反相关系，比例值可通过电阻值进行调节。

（2）反相加法运算

反相加法运算电路至少为两信号的加法运算，因此实现电路至少比反相比例运算电路多一条或多条输入支路，如图 7-6-24 所示。利用叠加原理分析如下：

图 7-6-23 反相比例运算电路　　图 7-6-24 反相加法运算电路

令 u_{i1} 单独作用，即 $u_{i2} = 0$，得：$u'_o = -\dfrac{R_F}{R_{11}} u_{i1}$

令 u_{i2} 单独作用，即 $u_{i1} = 0$，得：$u''_o = -\dfrac{R_F}{R_{12}} u_{i2}$

当 u_{i1}、u_{i2} 共同作用时，则：

$$u_o = u'_o + u''_o = -\left(\frac{R_F}{R_{11}} u_{i1} + \frac{R_F}{R_{12}} u_{i2}\right)$$

（3）反相积分运算和反相微分运算

把反相比例运算电路中的电阻 R_F 换成电容，即可实现对输入信号的积分运算，见图 7-6-25。利用虚地点和反相输入端电流为 0，容易导出：

$$u_o = -\frac{1}{R_1 C}\int u_i \mathrm{d}t$$

将反相积分运算电路中的电阻、电容对调位置，即可得到对信号的反相微分运算电路，如图 7-6-26 所示。

图 7-6-25　反相积分运算电路　　　图 7-6-26　反相微分运算电路

利用虚地点的概念和反相输入端电流为 0，设电容电流与电容电压取关联参考方向，则电容电流为 $i_i = C\dfrac{\mathrm{d}u_i}{\mathrm{d}t}$，该电流同样流过电阻 R_1，因此 $i_i = -\dfrac{u_o}{R_1}$，可得：

$$u_o = -CR_1 \frac{\mathrm{d}u_i}{\mathrm{d}t}$$

【例 7-6-12】（历年真题）运算放大器应用电路如图所示，其中 $C=1\mu F$，$R=1M\Omega$，$U_{oM}=\pm 10V$，若 $u_i=1V$，则 u_o：

A. 等于 0V
B. 等于 1V
C. 等于 10V
C. $t<10s$ 时，为 $-t$；$t\geqslant 10s$ 后，为 $-10V$

例 7-6-12 图

【解答】
$$u_o = -\frac{1}{RC}\int u_i \mathrm{d}t$$
$$= -\frac{1}{RC}\int 1 \mathrm{d}t = -\frac{t}{RC} = -\frac{t}{1\times 10^6 \times 1\times 10^{-6}} = -t$$

当 $t<10s$ 时，$u_o=-t$；当 $t\geqslant 10s$ 时，电路出现反向饱和，为 $-10V$。
应选 D 项。

2. 同相运算放大电路

同相运算放大电路通常包括同相比例运算放大电路和同相加法运算放大电路，均为线性运算电路，这种电路的输出与输入之间呈现同相关系。同相运算放大电路中的输入信号从运算放大器的同相输入端输入。

注意，在由运算放大器组成的同相运算电路中，因同相输入端不再接地，其反相输入端也就不再是虚地点，但仍有 $u_+ \approx u_-$，$i_- \approx 0$，$i_+ \approx 0$。

（1）同相比例运算

同相比例运算放大器如图 7-6-27 所示，由于 $i_- \approx 0$，因此，反相输入端的电压 $u_- =$

$\dfrac{R_1}{R_1+R_F}u_o$,再利用 $u_+ \approx u_-$,得 $u_i = u_+ = u_- = \dfrac{R_1}{R_1+R_F}u_o$,则:

$$u_o = \left(1+\dfrac{R_F}{R_1}\right)u_i$$

当 $R_f = 0$ 时(或 $R_1 \to \infty$ 时,或 $R_F = 0$,$R_1 \to \infty$ 时),$\left(1+\dfrac{R_F}{R_1}\right)=1$,所以 $u_i = u_o$,称此时的同相比例运算电路为电压跟随器,或称缓冲器,电路如图 7-6-28 所示。

图 7-6-27 同相比例运算放大器

图 7-6-28 电压跟随器

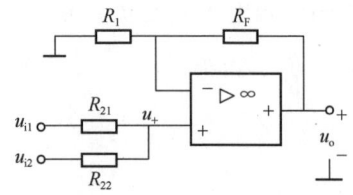

图 7-6-29 同相加法运算放大器

(2)同相加法运算

同相加法运算电路如图 7-6-29 所示,该电路有两个激励 u_{i1} 和 u_{i2}。

由同相比例比算,可知:

$$u_o = \left(1+\dfrac{R_F}{R_1}\right)u_+$$

该两个激励(u_{i1} 和 u_{i2})等效为电流源,分别为:u_{i1}/R_{21}、u_{i2}/R_{22},R_{21} 和 R_{22} 的等效电阻 $R_{等}$ 为:$1/R_{等} = 1/R_{21} + 1/R_{22}$,则:

$$\dfrac{u_+}{R_{等}} = \dfrac{u_{i1}}{R_{21}} + \dfrac{u_{i2}}{R_{22}},\quad 即:u_+ = \dfrac{\dfrac{u_{i1}}{R_{21}} + \dfrac{u_{i2}}{R_{22}}}{\dfrac{1}{R_{21}} + \dfrac{1}{R_{22}}}$$

可得:

$$u_o = \left(1+\dfrac{R_F}{R_1}\right)\dfrac{\dfrac{u_{i1}}{R_{21}} + \dfrac{u_{i2}}{R_{22}}}{\dfrac{1}{R_{21}} + \dfrac{1}{R_{22}}}$$

当电路有三个电压激励 u_{i1}、u_{i2} 和 u_{i3},相应电阻为 R_{21}、R_{22}、R_{23},同理,可得:

$$u_o = \left(1+\dfrac{R_F}{R_1}\right)\dfrac{\dfrac{u_{i1}}{R_{21}} + \dfrac{u_{i2}}{R_{22}} + \dfrac{u_{i3}}{R_{23}}}{\dfrac{1}{R_{21}} + \dfrac{1}{R_{22}} + \dfrac{1}{R_{23}}}$$

上述结论可推广到 n 个电压激励情况。

3. 减法运算

如图 7-6-30 所示,运算放大器电路的两个输入端分别输入两个激励 u_{i1} 和 u_{i2}。利用叠加原理分析如下:

令 u_{i1} 单独作用，此时 u_{i2} 不作用，则 u_{i2} 短接到地，电路相当于反相比例运算，则：

$$u'_o = -\frac{R_f}{R_1}u_{i1}$$

令 u_{i2} 单独作用，此时 u_{i1} 不作用，则 u_{i1} 短接到地，电路相当于同相比例运算，则：

$$u''_o = \left(1+\frac{R_f}{R_1}\right)\frac{R_3}{R_2+R_3}u_{i2}$$

图 7-6-30 减法运算电路

当 u_{i1}、u_{i2} 共同作用时，则：

$$u_o = u''_o + u'_o = \left(1+\frac{R_f}{R_1}\right)\frac{R_3}{R_2+R_3}u_{i2} - \frac{R_f}{R_1}u_{i1}$$

可见，实现了激励的减法运算。

例 7-6-13 图

【**例 7-6-13**】（历年真题）图示运算放大器应用电路，设运算放大器输出电压的极限值为 $\pm 11V$。如果将 $-2.5V$ 电压接入"A"端，而"B"端接地后，测得输出电压为 $10V$，如果将 $-2.5V$ 电压接入"B"端，而"A"端接地，则该电路的输出电压 u_o 等于：

A. $10V$ B. $-10V$

C. $-11V$ D. $-12.5V$

【**解答**】"A"端接 $-2.5V$，"B"端接地，构成反相比例运算：

$$u_o = -\frac{R_2}{R_1}u_i，即：$$

$$\frac{R_2}{R_1} = -\frac{u_o}{u_i} = -\frac{10}{-2.5} = 4$$

当"A"端接地，"B"端按 $-2.5V$，构成同相比例运算：

$$u_o = \left(1+\frac{R_2}{R_1}\right)u_i = (1+4)\times(-2.5) = -12.5V$$

由于放大器输出电压的极限值为 $\pm 11V$，故取 $u_o = -11V$，应选 C 项。

八、基于运算放大器的比较器电路

比较器是运放工作在非线性区的最基本电路。比较器是指对输入信号进行鉴别和比较的电路，根据输入信号是大于参考值还是小于参考值来决定输出状态。

电压比较器电路如图 7-6-31（a）所示，该比较器的作用是将输入信号电压 u_i 与参考电压 U_R 作比较，比较结果用输出电压的正、负极性（或有与无）来显示。

因为运算放大器的输出电压与输入电压满足以下关系：

$$u_o = A_{uo}(u_R - u_i)$$

所以，根据两输入信号的差值，u_o 应有三种输出，即：

$$u_o = -\begin{cases} U_{om} & u_i > u_R \\ 0 & u_i = u_R \\ +U_{om} & u_i < u_R \end{cases}$$

理想运放的传输特性如图 7-6-31（b）所示。

当输入信号 u_i 为正弦波时，设 $u_R>0$，比较器输出波形如图 7-6-31（c）所示。

图 7-6-31　电压比较器
（a）电路；（b）电压传输特性；（c）工作波形

图 7-6-32　过零比较器
（a）电路；（b）传输特性；（c）波形

在图 7-6-31（a）中，输入信号加在反相端，称为反相比较器。若输入信号加在同相端，参考电压加在反相端，则称同相比较器。

当参考电压 $U_R=0$ 时的电压比较器称为过零比较器，图 7-6-32（a）是反相过零比较器，u_i 信号接在运放反相端；图 7-6-32（b）是其电压传输特性；图 7-6-32（c）是输入信号为正弦波时输出电压 u_o 的波形，过零比较器把输入的正弦波变换为方波输出。

【例 7-6-14】（历年真题）图示电路中，运算放大器输出电压的极限值 $\pm U_{oM}$，输入电压 $u_i=U_m\sin\omega t$，现将信号电压 u_i 从电路的"A"端送入，电路的"B"端接地，得到输出电压 u_{o1}。而将信号电压 u_i 从电路的"B"端输入，电路的"A"接地，得到输出电压 u_{o2}。则以下正确是：

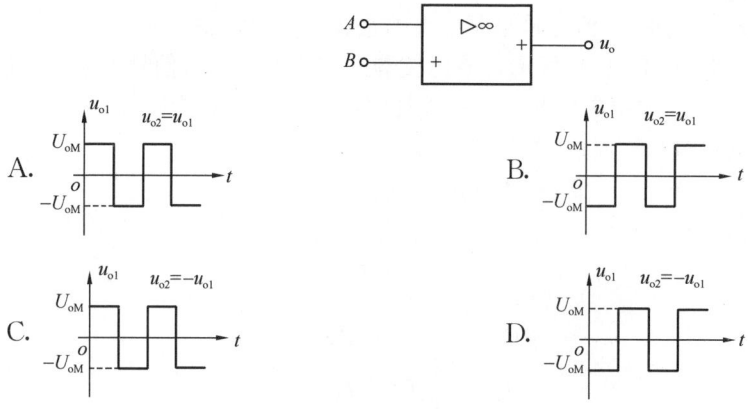

【解答】A 点是反相输入端，B 点是同相输入端，故排除 A、B 项。

u_{o2} 是 B 点同相输入时的输出电压，由 $u_i=U_m\sin\omega t$，即在 $0\sim\dfrac{\pi}{2}$ 时，u_i 为正，则 u_{o2} 的 U_{oM} 为正，故选 C 项。

【例 7-6-15】（历年真题）图（a）所示的电路中，运算放大器输出电压的极限值为 $\pm U_{oM}$，当输入电压 $u_{i1}=1\mathrm{V}$，$u_{i2}=2\sin\omega t$ 时，输出电压波形如图（b）所示。如果将 u_{i1} 从 1V 调至 1.5V，将会使输出电压的：

A. 频率发生改变
B. 幅度发生改变
C. 平均值升高
D. 平均值降低

(a)

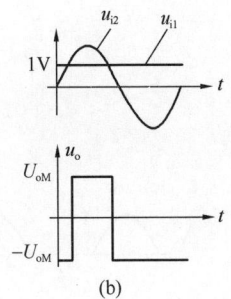
(b)

例 7-6-15 图

【解答】当 u_{i1} 从 1V 调为 1.5V，在图（b）中，$0\sim\dfrac{\pi}{2}$ 内，U_{oM} 变窄，而相应的 $-U_{oM}$ 变宽；在 $\dfrac{\pi}{2}\sim\pi$，$-U_{oM}$ 变宽，所以，输出电压的平均值降低，应选 D 项。

习 题

7-6-1 （历年真题）二极管应用电路如图所示，设二极管 D 为理想器件，$u_i=10\sin\omega t\mathrm{V}$，则输出电压 u_o 的波形为：

A.
B.

题 7-6-1 图

C.
D.

7-6-2 （历年真题）二极管应用电路如图（a）所示，电路的激励 u_i，输出电压如图（b）所示，设二极管为理想器件，则电路的输出电压 u_o 的平均值 U_o 为：

(a)

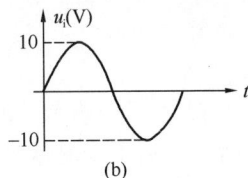
(b)

题 7-6-2 图

A. $\dfrac{10}{\sqrt{2}}\times 0.45=3.18\mathrm{V}$

B. $10\times 0.45=4.5\mathrm{V}$

C. $-\dfrac{10}{\sqrt{2}}\times 0.45=-3.18\mathrm{V}$

D. $-10\times 0.45=-4.5\mathrm{V}$

7-6-3 (历年真题)二极管应用电路如图(a)所示,电路的激励 u_i 如图(b)所示,设二极管为理想器件,则电路输出电压 u_o 的波形为:

题 7-6-3 图

7-6-4 (历年真题)晶体管非门电路如图所示,已知 $U_{CC}=15V$, $U_B=-9V$, $R_C=3k\Omega$, $R_B=20k\Omega$, $\beta=40$,当输入电压 $U_i=5V$ 时,要使晶体管饱和导通,R_x 的值不得大于:(设 $U_{BE}=0.7V$,集电极和发射极之间的饱和电压 $U_{CES}=0.3V$)

A. 7.1kΩ
B. 35kΩ
C. 3.55kΩ
D. 17.5kΩ

题 7-6-4 图

7-6-5 (历年真题)图示电路中,能够完成加法运算的电路:

A. 是图(a)和图(b) B. 仅是图(a)
C. 仅是图(b) D. 是图(c)

  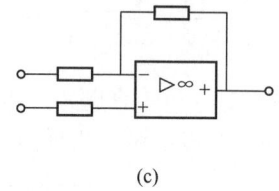

(a) (b) (c)

题 7-6-5 图

7-6-6 (历年真题)晶体三极管放大电路如图所示,在并入电容 C_E 后,下列不变的量是:

A. 输入电阻和输出电阻
B. 静态工作点和电压放大倍数
C. 静态工作点和输出电阻
D. 输入电阻和电压放大倍数

题 7-6-6 图

第七节 数字电子技术

数字电路主要是对在时间和大小上都是离散的数字信号进行存储、变换和运算等处理。数字电路的基本工作信号是二进制的数字信号。数字电路中的输入和输出限于高、低电平两种可能,电平是一种特定的电压范围。通常记高电平信号为"1"、低电平信号为"0"。数字电路研究的主要问题是输入信号的状态(高电平或低电平)和输出信号的状态(高电平或低电平)之间的关系,即所谓逻辑关系,采用的数字工具是逻辑代数。

数字电路按其完成的逻辑功能的不同分为组合逻辑电路和时序逻辑电路两大类。其中,组合逻辑电路的特点是:在任意时刻的稳定状态仅取决于这一时刻的输入信号,而与输入信号作用前电路的状态无关。门电路是组合逻辑电路的基本单元器件。

时序逻辑电路的输出不仅与当前的输入信号有关,还与之前的输出状态有关,电路因引入了反馈而具有记忆功能。完成这一功能的基本电路是触发器,触发器是构成时序逻辑电路的基本单元。

一、逻辑门及其逻辑功能

逻辑门电路是实现逻辑运算的电路总称,简称门电路。逻辑门电路除了有"与"、"或"、"非"基本逻辑电路外,还有"与非"门、"或非"门、"异或"门等。

1. 基本逻辑门

(1) 逻辑与

只有决定事物结果的全部条件同时具备时,结果才发生,这种因果关系称为逻辑与,或者称为逻辑乘。逻辑与运算表达式为:

$$Y = A \cdot B = AB$$

逻辑与运算的图形符号如图 7-7-1 (a) 所示,真值表见表 7-7-1。

图 7-7-1 逻辑与、或、非的图形符号
(a) 与;(b) 或;(c) 非

逻辑与关系的真值 表 7-7-1

A	B	Y	A	B	Y
0	0	0	1	0	0
0	1	0	1	1	1

(2) 逻辑或

在决定事物结果的诸条件中,只要有任何一个满足,结果就会发生,这种因果关系称为逻辑或,也称为逻辑加。逻辑或运算表达式为:

$$Y = A + B$$

逻辑或运算的图形符号如图 7-7-1 (b) 所示,真值表见表 7-7-2。

逻辑或关系的真值						表 7-7-2
A	B	Y	A	B	Y	
0	0	0	1	0	1	
0	1	1	1	1	1	

(3) 逻辑非

只要条件具备了，结果便不会发生，而条件不具备时，结果一定发生，这种因果关系称为逻辑非，也称为逻辑求反。逻辑非运算表达式为：

$$Y = \overline{A}$$

逻辑非运算的图形符号如图 7-7-1（c）所示，真值表见表 7-7-3。

逻辑非关系的真值		表 7-7-3
A	Y	
0	1	
1	0	

2. 复合逻辑

与非逻辑表达式：$Y = \overline{AB}$

或非逻辑表达式：$Y = \overline{A+B}$

异或逻辑表达式：$Y = \overline{A}B + A\overline{B} = A \oplus B$

同或逻辑表达式：$Y = AB + \overline{AB} = A \odot B$

可见，同或与异或互为反运算，即 $A \odot B = \overline{A \oplus B}$

与或非逻辑表达式：$Y = \overline{AB + CD}$

图 7-7-2 中分别给出了上述复合逻辑运算的图形符号，符号上的小圆圈表示非运算。

图 7-7-2 复合逻辑运算的图形符号

除与或非外，表 7-7-4 分别给出了上述复合逻辑运算的真值表。

复合逻辑运算的真值表						表 7-7-4
A	B	Y（与非）	Y（或非）	Y（异或）	Y（同或）	
0	0	1	1	0	1	
0	1	1	0	1	0	
1	0	1	0	1	0	
1	1	0	0	0	1	

除"非"门为单输入，"异或"门为两输入外，其他门的输入信号均可以多于两个。

3. 逻辑代数的基本定理

根据逻辑与、或、非三种基本运算法则可得到逻辑运算的一些基本定律与公式，见表 7-7-5。

基本定律与恒等式　　　　　　　　　　　　　　　　表 7-7-5

序号	名称	恒等式	
0		$\bar{0}=1$	$\bar{1}=0$
1	自等律	$A+0=A$	$A \cdot 1=A$
2	0-1 律	$A+1=1$	$A \cdot 0=0$
3	重叠律	$A+A=A$	$A \cdot A=A$
4	互补律	$A+\bar{A}=1$	$A \cdot \bar{A}=0$
5	吸收律	$A+AB=A$	$A(A+B)=A$
6	交换律	$A+B=B+A$	$AB=BA$
7	结合律	$(A+B)+C=A+(B+C)$	$(AB)C=A(BC)$
8	分配律	$A(B+C)=AB+AC$	$A+BC=(A+B)(A+C)$
9	反演律	$\overline{AB}=\bar{A}+\bar{B}$	$\overline{A+B}=\bar{A} \cdot \bar{B}$
10	非非律	$\bar{\bar{A}}=A$	

注：反演律也称为摩根定理。

二、简单组合逻辑电路

组合逻辑电路是指输出状态仅与当前的输入状态有关，与电路前一时刻的状态无关的电路。它是单纯由逻辑门器件组成的，逻辑电路中不含存储元件。常见的组合逻辑电路有全加器、数值比较器、译码器、编码器、数据选择器和数据分配器等。

组合逻辑功能的常见表述方式有：经简化处理的逻辑表达式；真值表。

组合逻辑电路是由逻辑门器件组成的，从输入到输出，逐级写出各门的输出，即可得到该组合逻辑电路的逻辑表达式。图 7-7-3 就是一个组合逻辑电路的例子。根据电路图可以列出函数表达式如下：

$$F=\overline{\overline{ABA} \cdot \overline{ABB}} = \overline{ABA}+\overline{ABB}$$
$$=(\bar{A}+\bar{B})A+(\bar{A}+\bar{B})B$$
$$=A\bar{B}+\bar{A}B$$

列出真值表，见表 7-7-6。

图 7-7-3　逻辑电路图

真值表　　　　　　　　　　　　　　　　表 7-7-6

A	B	F	A	B	F
0	0	0	1	0	1
0	1	1	1	1	0

【例 7-7-1】（历年真题）基本门如图（a）所示，其中，数字信号 A 由图（b）给出，

那么，输出 F 为：

例 7-7-1 图

A. 1 　　　　　　　　　　　　　B. 0

C. 　　　　　　　　　D.

【解答】$F=\overline{A \cdot 1}$，当 $A=0$ 时，$F=\overline{0 \cdot 1}=1$，排除 B、C 项。
当 $A=1$ 时，$F=\overline{1 \cdot 1}=0$，故选 D 项。

【例 7-7-2】（历年真题）图示逻辑门的输出 F_1 和 F_2 分别为：

A. 0 和 $\overline{B}$　　　B. 0 和 1　　　C. A 和 $\overline{B}$　　　D. A 和 1

例 7-7-2 图

【解答】$F_1=A \cdot 0=0$，$F_2=\overline{B+0}=\overline{B}$
应选 A 项。

【例 7-7-3】（历年真题）图示逻辑门电路的输出 F_1 和 F_2 分别为：

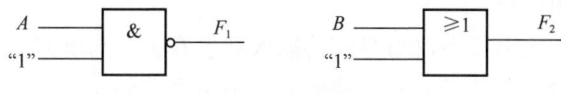

例 7-7-3 图

A. A 和 1　　　　　　　　　　B. 0 和 B

C. A 和 B　　　　　　　　　　D. $\overline{A}$ 和 1

【解答】$F_1=\overline{A \cdot 1}=\overline{A}$，$F_2=B+1=1$
应选 D 项。

三、触发器

1. 脉冲信号与触发器的基本概念

数字电路中的被处理信号以及时钟脉冲多为矩形波脉冲，用来表示二进制数的 0 和 1 反映在电路上就是脉冲信号的高、低电平。理想脉冲的波形如图 7-7-4 所示。

通常用 0 表示低电平，1 表示高电平。脉冲波形通常采用理想波形。

图 7-7-4　理想脉冲波形

触发器具有记忆功能。根据触发器逻辑功能的不同，分为 RS 触发器、JK 触发器和 D 触发器等，根据触发方式的不同，又分为电平触发、边沿触发、脉冲触发等类型。针对历年考试题目的特点，后面主要介绍电平触发、边沿触发。

除基本 RS 触发器以外的所有触发器都是在时钟脉冲 CP（clock pulse）作用期间输入触发信号才产生作用，时间点可以是脉冲的上升沿、下降沿或高电平、低电平期间。通常将 CP 作用前的输出状态定义为"现态"，用 Q^n 表示，将 CP 作用后的触发器输出状态定义为"次态"，用 Q^{n+1} 表示。

2. RS 触发器

（1）基本 RS 触发器

如图 7-7-5（a）所示，与非门组成的基本 RS 触发器（也称为 RS 锁存器）是由两个与非门交叉耦合而成，它有两个互为反变量的输出端 Q 和 $\overline{Q}$，同时，有两个输入端 $\overline{S}_D$ 和 $\overline{R}_D$。该电路是低电平作为输入信号，在图 7-7-5（b）用输入端的小圆圈表示用低电平作输入信号，即低电平有效。规定：$Q=1$、$\overline{Q}=0$ 为基本 RS 触发器的 1 状态；$Q=0$、$\overline{Q}=1$ 为基本 RS 触发器的 0 状态。$\overline{S}_D$ 称为置位端（也称为置 1 端），$\overline{R}_D$ 称为复位端（也称为置 0 端）。注意，基本 RS 触发器没有触发信号的输入。

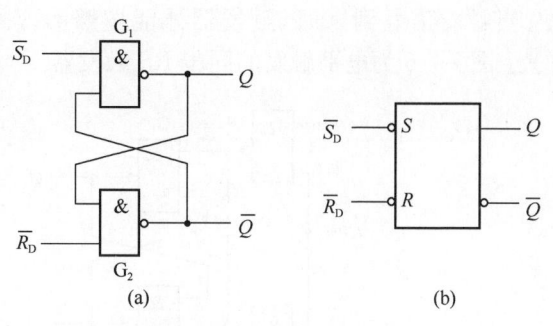

图 7-7-5　基本 RS 触发器
(a) 电路图；(b) 图形逻辑符号

基本 RS 触发器的工作原理如下：

（1）当 $\overline{S}_D = \overline{R}_D = 1$ 时，触发器处于保持状态，即触发器的次态等于现态，即 $Q^{n+1} = Q^n$，$\overline{Q}^{n+1} = \overline{Q}^n$。

（2）当 $\overline{S}_D = 0$（低电平有效）、$\overline{R}_D = 1$ 时，无论触发器的现态为何值，次态都置 1，即 $Q^{n+1} = 1$，$\overline{Q}^{n+1} = 0$。

（3）当 $\overline{S}_D = 1$、$\overline{R}_D = 0$（低电平有效）时，无论触发器的现态为何值，次态都置 0，即 $Q^{n+1} = 0$，$\overline{Q}^{n+1} = 1$。

（4）当 $\overline{S}_D = \overline{R}_D = 0$ 时，则 $Q^{n+1} = \overline{Q}^{n+1} = 1$。此既非 0 态也非 1 态，因此称为不定状态。在实际应用中，不允许出现 $\overline{S}_D = \overline{R}_D = 0$，即 $\overline{S}_D$、$\overline{R}_D$ 应满足约束条件：$S_D R_D = 0$。

可见，基本 RS 触发器有四种工作状态，其特性表见表 7-7-7。

基本 RS 触发器的特性表　　　　　　表 7-7-7

$\overline{S}_D$	$\overline{R}_D$	Q^n	Q^{n+1}	备注
1	1	0	0	状态保持
1	1	1	1	
0	1	0	1	置 1
0	1	1	1	
1	0	0	0	置 0
1	0	1	0	
0	0	0	1*	状态不定
0	0	1	1*	

注：表中 * 号表示 $S_D R_D = 1$，状态不定。

注意，掌握基本 RS 触发器的特性表，只需要了解其工作原理。

(2) 同步 RS 触发器

如图 7-7-6 (a) 所示，该电路由两部分组成：与非门 G_1、G_2 组成基本 RS 触发器；与非门 G_3、G_4 组成输入控制电路。该电路增加了一个触发信号（时钟信号 CP）的输入端，只有当触发信号到来时，触发器才能按照输入的置 1、置 0 信号置成相应的状态，并保持下去。图 7-7-6 为电平触发的同步 RS 触发器。

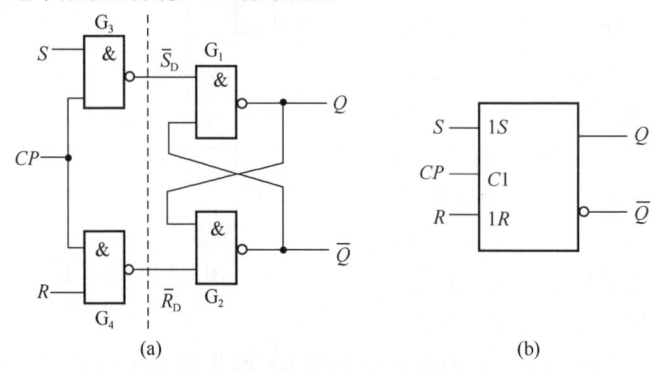

图 7-7-6 同步 RS 触发器
(a) 电路图；(b) 图形逻辑符号

在图 7-7-6 (b) 中，$C1$ 表示时钟信号 CP 是编号为 1 的一个控制信号，$1S$ 和 $1R$ 表示受 $C1$ 控制的两个输入信号。在 CP 的输入端没有小圆圈表示 CP 以高电平为有效信号；反之，若 CP 的输入端有小圆圈则表示 CP 以低电平为有效信号。因此，在图 7-7-6 (b) 中，CP 以高电平为有效信号。

同步 RS 触发器的工作原理如下：

当 $CP = 0$ 时，门 G_3 和 G_4 被封锁（输出均为 1），输入信号 R、S 不会影响触发器的输出状态，故触发器保持原来的状态。

在 $CP = 1$ 期间，R 和 S 端的信号通过 G_3、G_4 门反相后加到由 G_1 和 G_2 组成的基本 RS 触发器的输入端，S 和 R 信号变化将引起触发器输出端状态的变化。根据 S 与 R 的状态不同，同步 RS 触发器有以下四种工作状态：

1) 当 $R = S = 0$ 时，触发器处于保持状态，即触发器的次态等于现态，即 $Q^{n+1} = Q^n$。

2) 当 $R = 0$、$S = 1$（高电平有效）时，无论触发器的现态为何值，次态都置 1，即 $Q^{n+1} = 1$。

3) 当 $R = 1$（高电平有效）、$S = 0$ 时，无论触发器的现态为何值，次态都置 0，即 $Q^{n+1} = 0$。

4) 当 $R = S = 1$ 时，则有 $Q^{n+1} = \overline{Q}^{n+1} = 1$。输出既非 0 态也非 1 态，即状态不定，仍然要求触发器输入满足约束条件：$SR = 0$。

同步 RS 触发器的特性表见表 7-7-8。

同步 RS 触发器的特性表 表 7-7-8

CP	S	R	Q^n	Q^{n+1}	备注
0	×	×	0	0	保持原来状态
0	×	×	1	1	

续表

CP	S	R	Q^n	Q^{n+1}	备注
1	0	0	0	0	状态保持
1	0	0	1	1	
1	0	1	0	0	置0
1	0	1	1	0	
1	1	0	0	1	置1
1	1	0	1	1	
1	1	1	0	1*	状态不定
1	1	1	1	1*	

注：表中 * 号表示 SR=1，不满足约束条件，状态不定。

注意，掌握同步 RS 触发器的特性表，只需要了解其工作原理。

根据真值表，可得到其特性方程为：

$$\begin{cases} Q^{n+1} = S + \overline{R}Q^n \\ SR = 0(约束条件) \end{cases}$$

3. JK 触发器

（1）边沿触发的概念

为了增强触发器的抗干扰能力，可使触发器的次态仅取决于 CP 信号下降沿（或上升沿）到达时刻的输入信号状态，而在 CP 时钟信号的其余时间触发器均保持不变，即在此之前和之后输入状态的变化对触发器的次态没有影响，边沿触发器由此而生。边沿触发器的一种电路结构是利用门电路的传输延迟时间 t_{pd} 来实现边沿触发。

（2）JK 触发器

如图 7-7-7（a）所示为下降沿触发的 JK 触发器，它由两个与或非门组成的基本 RS 触发器和两个输入控制门 G_7、G_8 组成。时钟信号 CP 经 G_7、G_8 延时，所以到达 G_2、G_6 的时间比到达 G_3、G_5 的时间晚一个 t_{pd}，这就保证了触发器的动作对应 CP 的下降沿。

图 7-7-7（b）为下降沿触发的 JK 触发器的图形逻辑符号，CP 输入端处框内"＞"表示边沿触发方式，CP 输入端处小圆圈"○"表示下降沿触发。反之，当 CP 输入端处无

图 7-7-7 JK 触发器
(a) 电路结构；(b) 图形逻辑符号

小圆圈"○",则表示上升沿触发。

JK 触发器的工作原理,设触发器的初始状态 $Q=0$, $\overline{Q}=1$。例如,$J=1$, $K=0$,其电路分析如下:

1) 当 $CP=0$ 时,G_3 和 G_5 被封锁,同时 G_7、G_8 输出为 1,所以基本 RS 触发器的状态通过 G_2、G_6 得以保持,即 J、K 变化对触发器状态无影响。

2) 当 CP 由 0 变为 1 后,即上升沿到达时,G_3、G_5 首先解除封锁,基本 RS 触发器状态通过 G_3、G_5 继续保持原状态不变。经过 G_7、G_8 延迟后输出分别为 0 和 1,G_2、G_6 被封锁,所以对基本 RS 触发器状态没有影响。$Q=0$ 封锁了 G_7,阻塞了 K 变化对触发器状态影响,又因 $\overline{Q}=1$,故 G_3 输出为 1,使 Q 保持为 0,所以 $CP=1$ 期间触发状态不变化。

3) 当 CP 由 1 变为 0 后,即下降沿到达时,G_3、G_5 立即被封锁,但由于 G_7、G_8 存在传输延迟时间,输出不会马上改变。因此,在瞬间出现 G_2、G_3 两个与门输入端各有一个为低电平,使 $Q=1$,并经过 G_6 输出 1,使 $\overline{Q}=0$。由于 G_8 的传输延迟时间足够长,可以保证 $\overline{Q}=0$ 反馈到 G_2,所以在 G_8 输出低电平消失后触发器的 $Q=1$ 态仍然保持下去。

同理,对 J、K 为不同取值时触发器的工作过程进行分析,得到边沿 JK 触发器的特性表见表 7-7-9,表中"⌐"可用"↓"表示。

JK 触发器的特性表　　　　　　　　　　表 7-7-9

CP	J	K	Q^n	Q^{n+1}	状态
×	×	×	0	0	保持原来状态
×	×	×	1	1	
⌐	0	0	0	0	状态保持
⌐	0	0	1	1	
⌐	0	1	0	0	置 0
⌐	0	1	1	0	
⌐	1	0	0	1	置 1
⌐	1	0	1	1	
⌐	1	1	0	1	翻转
⌐	1	1	1	0	

注意,掌握 JK 触发器的特性表,只需要了解其工作原理。对比 JK 触发器与同步 RS 触发器,JK 触发器没有约束条件,当 $J=1$、$K=1$ 时,Q^n 进行翻转为 Q^{n+1},即 $Q^{n+1}=\overline{Q^n}$;其他两者均相同。

JK 触发器的特性方程为:

$$Q^{n+1} = J\overline{Q^n} + \overline{K}Q^n$$

如图 7-7-8 所示为上升沿触发的 JK 触发器图形符号,并增加了异步置位端 $\overline{S}_D$(也称为置 1 端)、异步复位端 $\overline{R}_D$(也称为置 0 端)的功能。异步置位端和复位端不受时钟信号 CP 的控制。

当 $\overline{S}_D=0$、$\overline{R}_D=1$ 时,无论输入端 J、K 和时钟信号 CP 为何种状态,都会使触发器输出置 1。同样,当 $\overline{S}_D=1$、$\overline{R}_D=0$ 时,无论输入端 J、K 和时钟信号 CP 为何种状态,都会使触发器输出置 0。

图 7-7-8　JK 触发器图形逻辑符号

触发器在时钟信号 CP 控制下正常工作时，应使 $\overline{S}_D = 1$、$\overline{R}_D = 1$，即 $\overline{S}_D$ 和 $\overline{R}_D$ 处于高电平。

注意，$\overline{S}_D$ 和 $\overline{R}_D$ 不能同时有效，即不能同时为低电平。

【**例 7-7-4**】（历年真题）JK 触发器及其输入信号波形如图所示，那么，在 $t=t_0$ 和 $t=t_1$ 时刻，输出 Q 分别为：

A. $Q(t_0) = 1$，$Q(t_1) = 0$
B. $Q(t_0) = 0$，$Q(t_1) = 1$
C. $Q(t_0) = 0$，$Q(t_1) = 0$
D. $Q(t_0) = 1$，$Q(t_1) = 1$

例 7-7-4 图

【**解答**】图示为下降沿触发的 JK 触发器。

t_0 时刻，$\overline{R}_D$ 为低电平，置 0，即：$Q(t_0) = 0$；

t_1 时刻，$\overline{S}_D$ 为低电平，置 1，即：$Q(t_1) = 1$，应选 B 项。

【**例 7-7-5**】（历年真题）如图（a）所示电路中，复位信号、数据输入及时钟脉冲信号如图（b）所示，经分析可知，在第一个和第二个时钟脉冲的下降沿过后，输出 Q 分别等于：

A. 0　0　　　　B. 0　1
C. 1　0　　　　D. 1　1

例 7-7-5 图

附：触发器的逻辑状态表为：

J	K	Q^{n+1}
0	0	Q^n
0	1	0
1	0	1
1	1	$\overline{Q}^n$

【**解答**】K 悬空时，$K=1$；图示为下降沿触发的 JK 触发器，其 $J = \overline{Q \cdot A}$，其输出 Q 见例 7-7-5 解图，应选 C 项。

例 7-7-5 解图

4. D 触发器

如图 7-7-9 所示同步 RS 触发器的输入 S 和 R 之间接一非门，输入信号只从 S 端输入，并改称 S 端为 D 端，这种触发器称为 D 触发器。图 7-7-9 为上升沿触发的 D 触发器。

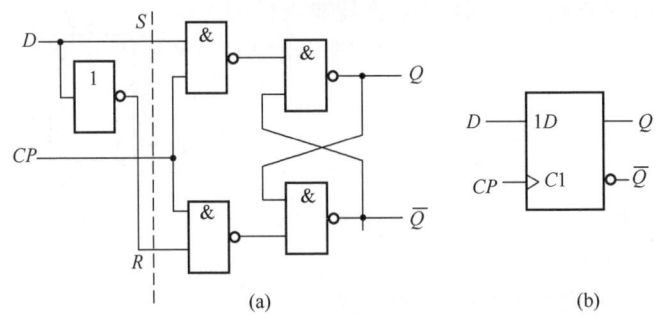

图 7-7-9　D 触发器
(a) 电路结构；(b) 图形逻辑符号

D 触发器的工作原理如下：

(1) 当 $CP=0$ 时，由于控制门被封锁，触发器的状态保持不变。

(2) 当 CP 上升沿到达时，控制门被打开：

1) 若 $D=1$，则 $S=1$，$R=0$，无论 Q^n 为 0 或 1，次态 $Q^{n+1}=1$。
2) 若 $D=0$，则 $S=0$，$R=1$，无论 Q^n 为 0 或 1，次态 $Q^{n+1}=0$。

D 触发器的特性表见表 7-7-10，表中"⌐"可用"↑"表示。

D 触发器的特性表　　　　　表 7-7-10

CP	D	Q^n	Q^{n+1}	状态
×	×	0	0	保持原来状态
×	×	1	1	
↑	0	0	0	置 0
↑	0	1	0	
↑	1	0	1	置 1
↑	1	1	1	

注意，掌握 D 触发器的特性表，只需要了解其工作原理。

D 触发器的特性方程为：

$$Q^{n+1} = D$$

【例 7-7-6】（历年真题）如图 (a) 所示电路中，复位信号 $\overline{R}_D$、信号 A 及时钟脉冲信号 CP 如图 (b) 所示，经分析可知，在第一个和第二个时钟脉冲的下降沿时刻，输出 Q 先后等于：

A. 0　0
B. 0　1
C. 1　0
D. 1　1

附：触发器的逻辑状态表为：

(a)

(b)

例 7-7-6 图

【解答】图示为上升沿触发的 D 触发器，输入 $D=A$，其输出 Q 见例 7-7-6 解图，应选 D。

例 7-7-6 解图

【例 7-7-7】（历年真题）如图（a）所示电路中，复位信号 $\overline{R}_D$、信号 A 及时钟脉冲信号 CP 如图（b）所示，经分析可知，在第一个和第二个时钟脉冲的下降沿时刻，输出 Q 分别等于：

例 7-7-7 图

A. 0 0   B. 0 1
C. 1 0   D. 1 1

附：触发器的逻辑状态表为：

D	Q^{n+1}
0	0
1	1

【解答】图示为上升沿触发的 D 触发器，输入 $D = AQ + \overline{Q}\overline{A} = A \oplus \overline{Q}$，其输出 Q 见例 7-7-7 解图，应选 A 项。

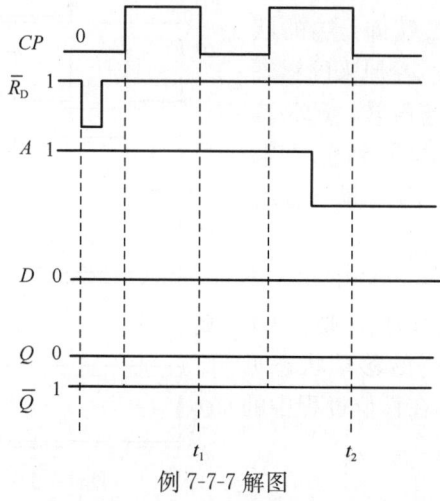

例 7-7-7 解图

四、时序逻辑电路

时序逻辑电路任何时刻的输出不仅取决于该时刻的输入,还与电路原来的状态有关。时序逻辑电路是由组合逻辑电路和存储电路两部分组成,描述其逻辑功能的方法有驱动方程、状态方程和输出方程,但从这一组方程式还不能获得电路逻辑功能的完整印象,因此,描述时序电路转换全过程的方法还有状态转换表、状态转换图和时序图。

1. 数字寄存器

寄存器是数字系统和计算机系统中用于存储二进制代码等运算数据的一种逻辑器件。

触发器是构成寄存器的主要逻辑部件,每个触发器可以存储1位二进制数码,因此,要存储 N 位二进制数码,必须用 N 个触发器来构成。对寄存器中的触发器只要求它们具有置1、置0的功能即可。

2. 数字移位寄存器

具有串行输入或者输出数据功能或者同时具有串行和并行输入、输出数据功能的寄存器称为移位寄存器。根据移位寄存器存入数据的移动方向,又分为左移寄存器和右移寄存器;同时具有右移和左移存入数据功能的寄存器称为双向移位寄存器。移位寄存器根据输出方式的不同,有串行输出移位寄存器和并行输出移位寄存器。

如图 7-7-10 所示电路是由上升沿触发的 D 触发器组成的 4 位右移移位寄存器。其中,触发器 FF_0 为最低位,触发器 FF_3 为最高位。

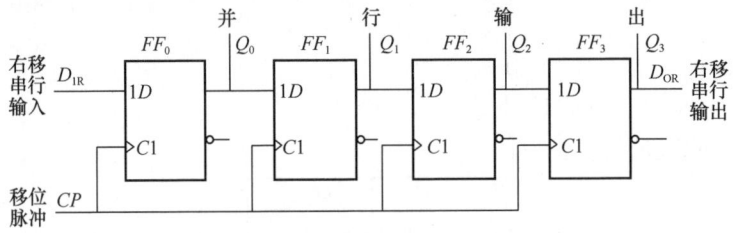

图 7-7-10　4 倍右移移位寄存器

其工作原理是:因为从 CP 上升沿到达开始到输出端新状态的建立需要经过一段传输延迟时间,所以当 CP 上升沿同时作用于全部触发器时,它们输入端即 D 端的状态还没有改变,即:FF_1 按 Q_0 原来的状态翻转,FF_2 按 Q_1 原来的状态翻转,FF_3 按 Q_2 原来的状态翻转。同时,加到输入端 D_{1R} 的代码存入 FF_0。这相当于移动寄存器原有的代码依次右移了 1 位。

设初始状态 $Q_0Q_1Q_2Q_3 = 0000$,在 4 个时钟周期内依次输入代码为 1011,则在 CP 作用下,移动寄存器中代码的移动状态见表 7-7-11。各触发器输出端在移位过程中的电压波形图,见图 7-7-11。

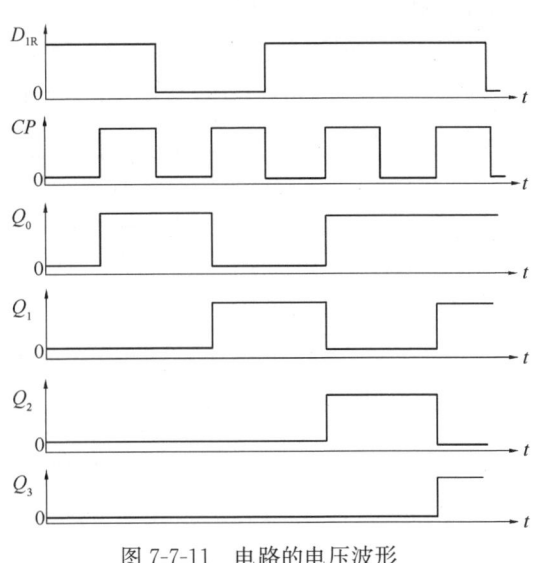

图 7-7-11　电路的电压波形

数字寄存器中代码的移动状态　　　　　　　　　　表 7-7-11

CP 顺序	输入 D_{1R}	Q_0	Q_1	Q_2	Q_3
0	0	0	0	0	0
1	1	1	0	0	0
2	0	0	1	0	0
3	1	1	0	1	0
4	1	1	1	0	1

从表可知，该寄存器实现了输入串行数码 D_{1R} 的数据由低位移动到了高位，这种移位寄存器称为右移移位寄存器，同时，在 4 个触发器的输出端得到了并行输出的代码。因此，利用移动寄存器可以实现代码的串行-并行转换。

【例 7-7-8】（历年真题）如图所示电路为：

A. 左移的三位移位寄存器，寄存数据是 010
B. 右移的三位移位寄存器，寄存数据是 010
C. 左移的三位移位寄存器，寄存数据是 000
D. 右移的三位移位寄存器，寄存数据是 010

例 7-7-8 图

【解答】该电路由 3 个 D 触发器组成，在 CP 作用下，存储数据依次向左移位。当 $\overline{R}_D = 0$ 时，触发器 FF_0 的 $Q_0 = 0$，触发器 FF_2 的 $Q_2 = 0$；同时，触发器 FF_1 的 $Q_1 = 1$，故寄存数据是 $Q_2 Q_1 Q_0 = 010$，应选 A 项。

3. 计数器

数字系统中经常用到计时和计数功能，完成这些功能的器件就是计数器。计数器记录输入的脉冲个数，而计时功能则是记录单位时间内的脉冲个数。根据多个触发器的时钟脉冲触发方式，分为同步计数器和异步计数器两种；按照计数过程中数值的增减，分为加法计数器、减法计数器和可逆计数器（也称为加/减计数器）；按数值的编码方式，分成二进制计数器、二-十进制计数器、循环码计数器等。

(1) 同步计数器

如图 7-7-12 所示时序逻辑电路，分析其逻辑功能。

图 7-7-12 逻辑电路

由图可知，各个触发器的时钟信号 CP 均为下降沿触发，是同步计数器。

第一步，驱动方程为：

触发器 FF_1：$J_1 = \overline{Q}_3^n, K_1 = \overline{Q}_3^n$

触发器 FF_2：$J_2 = Q_1^n, K_2 = Q_1^n$

触发器 FF_3：$J_3 = Q_1^n Q_2^n, K_3 = Q_3^n$

第二步，根据 JK 触发器的特性方程 $Q^{n+1} = J\overline{Q}^n + \overline{K}Q^n$，则状态方程分别为：

触发器 FF_1：$Q_1^{n+1} = J_1 \overline{Q}_1^n + \overline{K}_1 Q_1^n = \overline{Q}_3^n \overline{Q}_1^n + Q_3^n Q_1^n$

触发器 FF_2：$Q_2^{n+1} = J_2 \overline{Q}_2^n + \overline{K}_2 Q_2^n = Q_1^n \overline{Q}_2^n + \overline{Q}_1^n Q_2^n$

触发器 FF_3：$Q_3^{n+1} = J_3 \overline{Q}_3^n + \overline{K}_3 Q_3^n = Q_1^n Q_2^n \overline{Q}_3^n + \overline{Q}_3^n Q_3^n = Q_1^n Q_2^n \overline{Q}_3^n$

第三步，电路的输出方程：

$$Y = Q_3^n$$

设电路的初态为 $Q_3^n Q_2^n Q_1^n = 000$，代入上述状态方程，可得 $Q_3^{n+1} Q_2^{n+1} Q_1^{n+1} = 001$，代入输出方程，$Y = 0$；将这一结果作为新的初态，即 $Q_3^n Q_2^n Q_1^n = 001$，再代入上述状态方程，可得 $Q_3^{n+1} Q_2^{n+1} Q_1^{n+1} = 010$，代入输出方程，$Y = 0$，如此继续下去，直到当 $Q_3^n Q_2^n Q_1^n = 100$ 时，次态 $Q_3^{n+1} Q_2^{n+1} Q_1^{n+1} = 000$，$Y = 1$，即返回到初态，电路状态形成了一个循环。具体状态转换表见表 7-7-12。电路的工作波形即时序图见图 7-7-13。可知，该电路的功能为同步五进制加法计数器。

状态转换表　　表 7-7-12

CP 的顺序	Q_3	Q_2	Q_1	Y
0	0	0	0	0
1	0	0	1	0
2	0	1	0	0
3	0	1	1	0
4	1	0	0	1
5	0	0	0	0

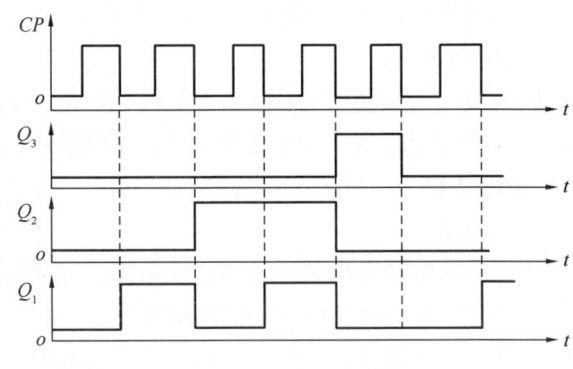

图 7-7-13　时序图

如图 7-7-14 所示时序逻辑电路，分析其逻辑功能。

由图可知，两个触发器的时钟信号 CP 均为上升沿触发，是同步计数器。

第一步，驱动方程：

$$D_1 = \overline{Q}_1^n \overline{Q}_2^n$$
$$D_2 = Q_1^n$$

第二步，根据 D 触发器的特性方程 $Q^{n+1} = D$，可得状态方程为：

$$Q_1^{n+1} = D_1 = \overline{Q}_1^n \overline{Q}_2^n$$
$$Q_2^{n+1} = D_2 = Q_1^n$$

设初态 $Q_2^n Q_1^n = 00$，代入状态方程，可得 $Q_2^{n+1} Q_1^{n+1} =$

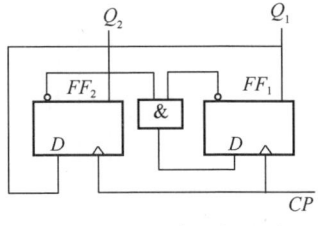

图 7-7-14　时序逻辑电路

01；将该结果作为新的初态 $Q_2^n Q_1^n = 01$，代入状态方程，可得 $Q_2^{n+1} Q_1^{n+1} = 10$；将该结果又作为新的初态 $Q_2^n Q_1^n = 10$，代入状态方程，可得 $Q_2^{n+1} Q_1^{n+1} = 00$，即返回到初态，电路状态形成了一个循环。可知，该电路为三进制同步计数器，其状态转换表见表 7-7-13，时序图见图 7-7-15。

状态转换表　表 7-7-13

CP 的顺序	Q_2	Q_1
0	0	0
1	0	1
2	1	0
3	0	0

图 7-7-15　时序图

（2）异步计数器

如图 7-7-16 所示时序逻辑电路，初始状态 $Q_3 Q_2 Q_1 = 000$，分析该电路的功能。触发器的 J、K 端悬空，处于高电位状态，即为 1。

图 7-7-16　时序逻辑电路

由图可知，3 个触发器的时钟信号是不同的，故为异步时序逻辑电路，并且当 CP 为下降沿时，触发器 FF_1 和 FF_3 按状态方程动作；触发器 FF_2 仅当 Q_1^n 为下降沿时，才按状态方程动作。设 FF_1 的时钟信号为 CP_1，FF_2 的时钟信号为 CP_2，FF_3 的时钟信号为 CP_3，则：$CP_1 = CP$，$CP_2 = Q_1^n$，$CP_3 = CP$。

第一步，驱动方程：

$$J_1 = \overline{Q_3^n}, K_1 = 1$$
$$J_2 = 1, K_2 = 1$$
$$J_3 = Q_2^n Q_1^n, K_3 = 1$$

第二步，根据 JK 触发器的特性方程 $Q^{n+1} = J\overline{Q^n} + \overline{K}Q^n$，可得状态方程分别为：

$$Q_1^{n+1} = J_1 \overline{Q_1^n} + \overline{K_1} Q_1^n = \overline{Q_3^n}\,\overline{Q_1^n} + 0 \cdot Q_1^n = \overline{Q_3^n}\,\overline{Q_1^n}, CP_1 = CP$$
$$Q_2^{n+1} = J_2 \overline{Q_2^n} + \overline{K_2} Q_2^n = 1 \cdot \overline{Q_2^n} + 0 \cdot Q_2^n = \overline{Q_2^n}, CP_2 = Q_1^n$$
$$Q_3^{n+1} = J_3 \overline{Q_3^n} + \overline{K_3} Q_3^n = Q_2^n Q_1^n \overline{Q_3^n} + 0 \cdot Q_3^n = \overline{Q_3^n} Q_2^n Q_1^n, CP_3 = CP$$

第三步，输出方程为：

$$Y = Q_3$$

1）由条件，初态 $Q_3^n Q_2^n Q_1^n = 000$，当 CP 下降沿到达时，代入触发器 FF_1 和 FF_3 的状

态方程：

$$Q_1^{n+1} = \overline{Q_3^n}\, \overline{Q_1^n} = 1 \cdot 1 = 1, \quad Q_3^{n+1} = \overline{Q_3^n} Q_2^n Q_1^n = 1 \cdot 0 \cdot 0 = 0$$

此时，Q_1^n 变 Q_1^{n+1} 是从 0 变 1，故触发器 FF_2 的 CP 信号为上升沿，因此，FF_2 保持原来状态不变，$Q_2^{n+1} = Q_2^n = 0$。输出 $Y=0$。

2) 由 1) 的结果作为新的初态 $Q_3^n Q_2^n Q_1^n = 001$，当 CP 下降到达时，代入触发器 FF_1 和 FF_3 的状态方程：

$$Q_1^{n+1} = \overline{Q_3^n}\, \overline{Q_1^n} = 1 \cdot 0 = 0, \quad Q_3^{n+1} = \overline{Q_3^n} Q_2^n Q_1^n = 1 \cdot 0 \cdot 1 = 0$$

此时，Q_1^n 变 Q_1^{n+1} 是从 1 变 0，故触发器 FF_2 的 CP_2 信号为下降沿，因此 FF_2 按状态方程动作，$Q_2^{n+1} = \overline{Q_2^n} = 1$。输出 $Y=0$。

3) 由 2) 的结果作为新的初态 $Q_3^n Q_2^n Q_1^n = 010$，按上述原则进行计算。具体状态转换表见表 7-7-14。

由表可知，经过 5 个时钟信号 CP，构成一个循环，故该电路的功能是异步五进制加法计数器。

状态转换表　　　表 7-7-14

CP 的顺序	Q_3^n	Q_2^n	Q_1^n	Y
0	0	0	0	0
1	0	0	1	0
2	0	1	0	0
3	0	1	1	0
4	1	0	0	1
5	0	0	0	0

状态转换表　　　表 7-7-15

CP 的顺序	Q_2^n	Q_1^n
0	0	0
1	1	1
2	1	0
3	0	1
4	0	0

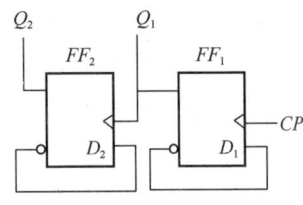

图 7-7-17　时序逻辑电路

如图 7-7-17 所示时序逻辑电路，初始状态为 $Q_2 Q_1 = 00$，分析该电路的功能。由图可知，两个触发器的时钟信号是不同的，为异步时序逻辑电路。当 CP 为上升沿时，触发器 FF_1 按状态方程动作；当 Q_1^n 为上升沿时，触发器 FF_2 按状态方程动作。

驱动方程为：$D_1 = \overline{Q_1^n}$，$D_1 = \overline{Q_2^n}$

根据 D 触发器的特性方程 $Q^{n+1} = D$，则状态方程为：

$$Q_1^{n+1} = D_1 = \overline{Q_1^n}, \quad Q_2^{n+1} = D_2 = \overline{Q_2^n}$$

1) 初态 $Q_2^n Q_1^n = 00$，当 CP 上升沿到达时，代入触发器 FF_1 状态方程，$Q_1^{n+1} = \overline{Q_1^n} = 1$；此时，$Q_1^n$ 变 Q_1^{n+1} 是从 0 变 1，故触发器 FF_2 的时钟信号为上升沿，FF_2 按状态方程动作，$Q_2^{n+1} = \overline{Q_2^n} = 1$。

2) 将 1) 的结果作为新的初态 $Q_2^n Q_1^n = 11$，当 CP 上升沿到达时，代入触发器 FF_1 状态方程，$Q_1^{n+1} = \overline{Q_1^n} = 0$；此时，$Q_1^n$ 变 Q_1^{n+1} 是从 0 变 1，故触发器 FF_2 的时钟信号为下降沿，因此，FF_2 保持原来的状态，即 $Q_2^{n+1} = 1$。

3) 将 2) 的结果作为新的初态 $Q_2^n Q_1^n = 10$，按上述原则进行计算。具体的状态转换表见表 7-7-15。

由表可知，该计数器为异步四进制计数器。

【例7-7-9】（历年真题）图示时序逻辑电路是一个：

例 7-7-9 图

A. 左移寄存器

B. 右移寄存器

C. 异步三位二进制加法计数器

D. 同步六进制计数器

【解答】该电路为异步时序逻辑电路，故排除 D 项。由上升沿触发的 D 触发器组成。设初态 $Q_2^n Q_1^n Q_0^n = 000$，第 1 个 CP 信号的上升沿到达，$Q_0^{n+1} = 1$，而 Q_1、Q_2 保持原来状态，$Q_1^{n+1} = 0$，$Q_2^{n+1} = 0$；由前一次结果，取 $Q_2^n Q_1^n Q_0^n = 001$，当第 2 个 CP 信号的上升沿到达时，$Q_0^{n+1} = 0$，Q_1 的 CP 信号上升沿也到达，故 $Q_1^{n+1} = 1$，而 Q_2 保持原来状态，$Q_2^{n+1} = 0$；由前一次结果，取 $Q_2^n Q_1^n Q_0^n = 010$，重复进行，其状态转换表见例7-7-9表，应选C项。

状态转换表　　　　　　　　　　　　　　　　例 7-7-9 表

CP 的顺序	Q_2	Q_1	Q_0
0	0	0	0
1	0	0	1
2	0	1	0
3	0	1	1
4	1	0	0
5	1	0	1
6	1	1	0
7	1	1	1
8	0	0	0

【例7-7-10】（历年真题）图示时序逻辑电路的工作波形如图（b）所示，由此可知，图（a）电路是一个：

例 7-7-10 图

A. 右移寄存器　　　　　　　　　　B. 三进制计数器

C. 四进制计数器　　　　　　　　　D. 五进制计数器

【解答】根据电路的工作波形图，其状态转换表见例 7-7-10 表，应选 C 项。

状态转换表　　　　　　　　　　　　　　　例 7-7-10 表

CP 的顺序	Q_2	Q_1	Q_0
0	0	0	0
1	0	0	1
2	0	1	0
3	1	0	0
4	0	0	0

习　题

7-7-1　（历年真题）如图（a）所示电路中，复位信号、数据输入及时钟脉冲信号如图（b）所示，经分析可知，在第一个和第二个时钟脉冲的下降沿过后，输出 Q 先后等于：

A. 0　0
B. 0　1
C. 1　0
D. 1　1

题 7-7-1 图

附：触发器的逻辑状态表为：

J	K	Q^{n+1}
0	0	Q_n
0	1	0
1	0	1
1	1	$\overline{Q}_n$

7-7-2　（历年真题）图（a）所示电路中，复位信号 $\overline{R}_D$、信号 A 及时钟脉冲信号 CP 如图（b）所示，经分析可知，在第一个和第二个时钟脉冲的下降沿时刻，输出 Q 先后等于：

A. 0　0　　　　　　　　　　　B. 0　1
C. 1　0　　　　　　　　　　　D. 1　1

附：触发器的逻辑状态表为：

D	Q^{n+1}
0	0
1	1

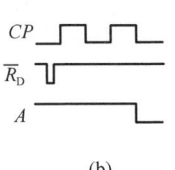

题 7-7-2 图

7-7-3　（历年真题）图示电路中，复位信号及时钟脉冲信号如图所示，经分析可知，在 t_1 时刻，输出 Q_{JK} 和 Q_D 分别等于：

A. 0　0　　　　　　　　　　　B. 0　1
C. 1　0　　　　　　　　　　　D. 1　1

题 7-7-3 图

附：D 触发器的逻辑状态表为表 1；JK 触发器的逻辑状态表为表 2。

表 1

D	Q^{n+1}
0	0
1	1

表 2

J	K	Q^{n+1}
0	0	Q^n
0	1	0
1	0	1
1	1	$\overline{Q^n}$

第八节　信号、信息与模拟信号

一、信号与信息

客观事物的存在方式和运动状态的变化称为信息。信息具有一定的形态（如数字、文本、图像、音频、视频等），各种形态之间又能互相转换。一般来说，信息在不同领域有不同的概念。信息是抽象的。

信号一般是指物理信号，它是可以被观测到的物理现象。通常所说的光、热、声、机械振动等现象都是物理信号。信号是具体的客观的。信号具有可加工、处理、转换、传输等特点。

信号是信息的物理载体，是运载信息的工具。而信息隐含于信号中，必须对信号进行必要的分析和处理才能从中提取出所需要的信息。

从信号中获取信息的渠道有以下两条：

（1）直接观测对象：借助被测对象发出的真实信号直接获取信息。例如，通过观测化学反应器中的温度、压力、流量等随时间变化的信号可以获取化学反应过程的信息；通过观测机械零件和建筑结构中的应力、变形等信号可以获取机械或建筑物的状态信息等。

（2）通过人与人之间的交流：用符号对信息进行编码，然后以信号的形式传送出去，人们在收到这种编码信号并对它进行必要的处理（译码）之后间接获取信息。例如书籍用的是文字符号编码，交谈、演讲用的是语音信号编码，数字系统中使用的是数字信号编码等，它们传递的是预先编制好的信息。

二、信号的分类

根据信号自身的形态及其传送信息的方式，可分为多种类型。信号类型的不同，描述、分析、处理及应用方式也有所不同。例如，模拟信号、采样信号、数字信号以及确定性信号和不确定性信号等。

1. 模拟信号与数字信号

模拟信号是由观测对象直接发出的原始形态的信号转换而来的电信号,如电压信号或电流信号。模拟信号在时间上和数值上都是连续取值的信号。如图 7-8-1 (a) 所示,原始压力信号是由观测对象直接发生的信号;图 7-8-1 (b) 是压力的模拟信号,即模拟压力信号 p 的电压信号 u。

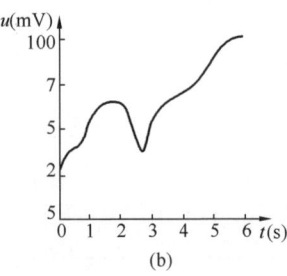

图 7-8-1 原始信号和模拟信号
(a) 原始压力信号;(b) 压力的模拟信号

图 7-8-1 两个信号数值大小不同,量纲不同,但它们随时间变化的规律相同,所以模拟信号 u 所携带和传送的信息与原始信号 p 是相同的。

如图7-8-2所示数字信号是指在时间上和数值上都是离散取值的信号,它是经过人工处理后以数字编码形式出现的离散电脉冲序列,属于代码信号。

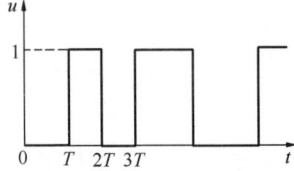

图 7-8-2 数字信号

2. 连续信号与离散信号

连续信号是时间和数值都连续取值的信号。连续信号可以用连续的时间函数曲线描述,如图 7-8-1 (b) 的模拟信号,就是连续时间信号,可用如下时间函数描述:

$$u = f(t)$$

离散信号是时间或数值离散取值,或者两者都离散取值的信号。如图 7-8-2 所示的数字信号,就是离散信号,它只能用离散的时间序列表示,即

$$u = [f(0), f(T), f(2T), \cdots]$$

3. 采样信号与采样保持信号

通过采用等时间间隔(称为采样周期)读取连续信号瞬时值方法所获取的信号为采样信号。采样信号是一种离散信号,是连续信号的离散化形式。如图 7-8-3 (a) 所示采样信

图 7-8-3 采样信号和采样保持信号
(a) 采样信号;(b) 采样保持信号

号是时间离散、幅值连续的离散信号，T 为采样周期。

按照著名的采样定理，取采样频率 $f(f=1/T)$ 为信号中最高谐波频率的2倍以上时，采样信号即可保留原始信号的全部信息。

将采样得到的每一个瞬时值在其采样周期内保持不变所形成的信号称为采样保持信号，如图 7-8-3（b）所示。采样保持信号兼有离散和连续的双重性质。

4. 周期信号和非周期信号

周期信号是依一定时间间隔周而复始，而且是无始无终的时间信号。对连续时间周期信号，它可以表示为：

$$f(t) = f(t+nT), n = 0, \pm 1, \pm 2, \cdots (任意整数)$$

满足上述关系式的 T 最小值称为信号的周期 T。只要知道信号在一个周期内的变化过程，便可知道信号在任意一个时刻的幅值。

非周期信号在时间上不具有周而复始的特性。若令周期信号的周期 T 趋于无穷大，则为非周期信号。

5. 确定性信号与不确定性信号

在任何指定的时刻都可以确定相应数值的信号是确定性信号，否则为不确定性信号或随机信号。确定性信号可以用一个确定的连续时间函数加以描述，如正弦函数所描述的交流电信号等；由于随机信号在指定的时刻无法确定它的准确数值，所以不能用确定的时间函数描述，只能知道它的统计特性，如在指定时刻取某一数值的概率，如噪声信号、干扰信号等。

【例 7-8-1】（历年真题）在以下关于信号的说法中，正确的是：

A. 代码信号是一串电压信号，故代码信号是一种模拟信号
B. 采样信号是时间上离散、数值上连续的信号
C. 采样保持信号是时间上连续、数值上离散的信号
D. 数字信号是直接反映数值大小的信号

【解答】采样信号是时间上离散、数值上连续的信号，应选 B 项。

【例 7-8-2】（历年真题）图示电路的任意一个输出端，在任意时刻都只出现 0V 或 5V 这两个电压值（例如，在 $t=t_0$ 时刻获得的输出电压从上到下依次为 5V，0V，5V，0V），那么该电路的输出电压：

A. 是取值离散的连续时间信号
B. 是取值连续的离散时间信号
C. 是取值连续的连续时间信号
D. 是取值离散的离散时间信号

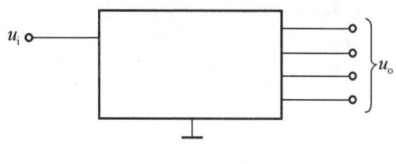

例 7-8-2 图

【解答】由题目条件，输出电压是取值离散（0V 或 5V）的连续时间信号，应选 A 项。

【例 7-8-3】（历年真题）通过两种测量手段测得某管道中液体的压力和流量信号如图中曲线 1 和曲线 2 所示，由此可以说明：

A. 曲线 1 是压力的模拟信号
B. 曲线 2 是流量的模拟信号

例 7-8-3 图

C. 曲线 1 和曲线 2 均为模拟信号
D. 曲线 1 和曲线 2 均为连续信号

【解答】曲线 1 和曲线 2 均满足模拟信号的定义，故选 C 项。

【例 7-8-4】（历年真题）某温度信号如图（a）所示，经温度传感器测量后得到图（b）波形，经采样后得到图（c）波形，再经保持器得到图（d）波形，则：

A. 图（b）是图（a）的模拟信号
B. 图（a）是图（b）的模拟信号
C. 图（c）是图（b）的数字信号
D. 图（d）是图（a）的模拟信号

例 7-8-4 图

【解答】图（b）是图（a）的模拟信号，图（c）是图（a）的采样信号，应选 A 项。

三、模拟信号与信息

1. 基本概念

模拟信号是由观测对象直接发出的原始形态的信号转换而来的电信号，它提供对象原始形态的信息，是"信息的表现形式"。

模拟信号是连续的时间信号，可以用连续的时间函数描述，也可以用时间函数的曲线形式表述。模拟信号借助时间函数的变化规律来反映被测对象的变化规律，某一时刻的数值表示了被测对象的状态。模拟信号的这类描述称为时域描述。

模拟信号也可采用频域描述。模拟信号在频域里可以借助不同频率、不同相位和不同幅值的信号（谐波分量）的叠加表示。模拟信号不同，分解的谐波分量不同。因此，从频域角度看，信息载于模拟信号的谐波分量中。通过频域分析可以从中提取更加丰富、更加细微的信息。

2. 模拟信号的时域描述（时域法）

模拟信号按时间函数的描述形式可分为周期信号和非周期信号。周期信号随时间周期性地重复变化，如正弦交流电信号；非周期信号则不具有周期性，如阶跃信号。

（1）周期信号的时域描述

1）正弦周期信号

正弦周期信号是最基本的周期信号，如图 7-8-4 所示，信号随时间按正弦规律变化，其时域描述形式为：

$$f(t) = K\sin(\omega t + \theta)$$

式中，K 为振幅；ω 为角频率；θ 为初相位。其周期 T 与角频率 ω 和频率 f 满足下列关系式：

$$T = \frac{2\pi}{\omega} = \frac{1}{f}$$

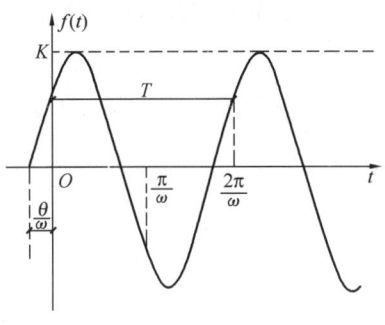

图 7-8-4 正弦周期信号

2）非正弦周期信号

非正弦周期信号，如周期矩形信号（图 7-8-5）、周期锯齿脉冲信号、周期三角脉冲信号等。

任何满足狄利克雷条件（函数在一个周期内只有有限个第一类间断点和至多只有有限个极大值和极小值）的非正弦周期信号都可以利用傅里叶级数分解为无穷多个谐波分量的叠加，即：

$$f(t) = a_0 + \sum_{k=1}^{\infty}[a_k\cos(k\omega t) + b_k\sin(k\omega t)]$$
$$(k = 1, 2, \cdots) \quad (7\text{-}8\text{-}1)$$

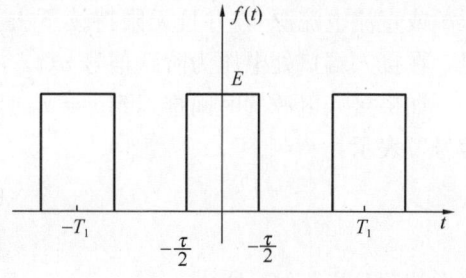

图 7-8-5 周期矩形信号

或

$$f(t) = a_0 + \sum_{k=1}^{\infty} A_{km}\sin(k\omega t + \psi_k) \quad (k = 1, 2, \cdots) \quad (7\text{-}8\text{-}2)$$

式中，$\omega_1 = \dfrac{2\pi}{T}$，称为基波频率（$\omega$ 的下标"1"表示基波，即一次谐波）；$a_0 = \dfrac{1}{T}\int_0^T f(t)\mathrm{d}t$，为 $f(t)$ 的直流分量；$a_k = \dfrac{2}{T}\int_0^T f(t)\cos(k\omega t)\mathrm{d}t$，为 k 次谐波的余弦分量的幅值；$b_k = \dfrac{2}{T}\int_0^T f(t)\sin(k\omega t)\mathrm{d}t$，为 k 次谐波的正弦分量的幅值；$A_{km} = \sqrt{a_k^2 + b_k^2}$，为 k 次谐波分量的幅值；$\psi_k = \arctan\left(\dfrac{a_k}{b_k}\right)$，为 k 次谐波分量的初相位。

上式说明，谐波分量形式都是正弦周期函数形式，各次谐波的频率是周期信号频率的整数倍（$k\omega, k = 1, 2, \cdots, \infty$）。$k = 1$ 为一次谐波，$k = 2$ 为二次谐波，……周期函数的直流分量 a_0 也称为零次谐波。

(2) 非周期信号的时域描述

非周期信号如阶跃信号、冲激信号等。

1) 阶跃信号

单位阶跃信号的波形如图 7-8-6（a）所示，通常以符号 $u(t)$ 表示：

$$u(t) = \begin{cases} 0 & (t < 0) \\ 1 & (t > 0) \end{cases}$$

在跳变点 $t = 0$ 处，函数值未定义，或在 $t = 0$ 处规定函数值 $u(0) = \dfrac{1}{2}$。

图 7-8-6 单位阶跃信号

单位阶跃信号的物理背景是：在 $t=0$ 时刻对某一电路接入单位电源（可以是直流电压源或直流电流源），并且无限持续下去。如图 7-8-6（b）所示接入 1V 直流电压源的情况，在接入端口处电压为阶跃信号 $u(t)$。

如果接入电源的时间推迟到 $t=t_0$ 时刻（$t_0>0$），那么，可用一个"延时的单位阶跃信号"表示：

$$u(t-t_0)=\begin{cases}0 & (t<t_0)\\1 & (t>t_0)\end{cases}$$

波形如图 7-8-6（c）所示。

阶跃信号鲜明地表现出信号的单边特性，即信号在某接入时刻 t_0 以前的幅度为零。利用阶跃信号的这一特性，可以较方便地以数学表示式描述各种信号的接入特性。具体见后面的案例。

2）冲激信号

某些物理现象需要用一个时间极短但取值极大的信号模型来描述，例如，力学中瞬间作用的冲击力，电学中的雷击电闪等。"冲激信号"的概念就是以这类实际问题为背景而引出的。

冲激信号可由不同的方式来定义。如图 7-8-7 所示为矩形脉冲演变为冲激信号的过程，当保持矩形脉冲面积 $\tau\cdot\dfrac{1}{\tau}=1$ 不变，而使脉宽 τ 趋近于零时，脉冲幅度 $\dfrac{1}{\tau}$ 必趋于无穷大，此极限情况即为单位冲激信号，常记作 $\delta(t)$。

冲激信号用箭头表示，如图 7-8-8 所示，其示意表明，$\delta(t)$ 只在 $t=0$ 点有一"冲激"，在 $t=0$ 点以外各处，函数值都是零。如果矩形脉冲的面积不是固定为 1，而是 E，则表示一个冲激强度为 E 倍单位值的 δ 函数，即 $E\delta(t)$（在用图形表示时，可将此强度 E 注于箭头旁）。

图 7-8-7 矩形脉冲演变为冲激信号

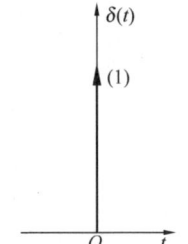
图 7-8-8 冲激信号 $\delta(t)$

狄拉克给 δ 冲激信号的另一种定义方式：

$$\begin{cases}\int_{-\infty}^{\infty}\delta(t)\mathrm{d}t=1\\\delta(t)=0\quad(\text{当 }t\neq 0)\end{cases}$$

单位冲激信号是偶函数，即：$\delta(t)=\delta(-t)$。

由狄拉克定义可知：

$$\begin{cases} \int_{-\infty}^{t} \delta(\tau)\mathrm{d}\tau = 1 & (当\ t > 0) \\ \int_{-\infty}^{t} \delta(\tau)\mathrm{d}\tau = 0 & (当\ t < 0) \end{cases}$$

将这对等式与单位阶跃信号 $u(t)$ 的定义进行比较,可得:

$$\int_{-\infty}^{t} \delta(\tau)\mathrm{d}\tau = u(t)$$

即:单位冲激信号的积分等于单位阶跃信号。

反过来,单位阶跃信号的微分应等于单位冲激信号,即:

$$\frac{\mathrm{d}u(t)}{\mathrm{d}t} = \delta(t)$$

【例 7-8-5】(历年真题)单位冲激信号 $\delta(t)$ 是:

A. 奇函数 B. 偶函数

C. 非奇非偶函数 D. 奇异函数,无奇偶性

【解答】 单位冲激信号是偶函数,应选 B 项。

【例 7-8-6】(历年真题)单位阶跃信号 $\varepsilon(t)$ 是物理量单位跃变现象,而单位冲激信号 $\delta(t)$ 是物理量产生单位跃变( )的现象。

A. 速度 B. 幅度 C. 加速度 D. 高度

【解答】 由于 $\delta(t) = \dfrac{\mathrm{d}\varepsilon(t)}{\mathrm{d}t}$,所以选 A 项。

【例 7-8-7】(历年真题)图示非周期信号 $u(t)$,若利用单位阶跃函数 $\varepsilon(t)$ 将其写成时间函数表达式,则 $u(t)$ 等于:

A. $5-1=4\mathrm{V}$

B. $5\varepsilon(t) + \varepsilon(t-t_0)\mathrm{V}$

C. $5\varepsilon(t) - 4\varepsilon(t-t_0)\mathrm{V}$

D. $5\varepsilon(t) - 4\varepsilon(t+t_0)\mathrm{V}$

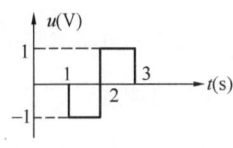

例 7-8-7 图

【解答】 $u = 5\varepsilon(t) - 4\varepsilon(t-t_0)$,应选 C 项。

【例 7-8-8】(历年真题)图示非周期信号 $u(t)$ 的时域描述形式是:[注:$\mathbf{1}(t)$ 是单位阶跃函数]

A. $u(t) = \begin{cases} 1\mathrm{V}, & t \leqslant 2 \\ -1\mathrm{V}, & t > 2 \end{cases}$

B. $u(t) = -\mathbf{1}(t-1) + 2 \cdot \mathbf{1}(t-2) - \mathbf{1}(t-3)\mathrm{V}$

C. $u(t) = \mathbf{1}(t-1) - \mathbf{1}(t-2)\mathrm{V}$

D. $u(t) = -\mathbf{1}(t+1) + \mathbf{1}(t+2) - \mathbf{1}(t+3)\mathrm{V}$

例 7-8-8 图

【解答】 $u(t) = -\mathbf{1}(t-1) + 2 \cdot \mathbf{1}(t-2) - \mathbf{1}(t-3)$

应选 B 项。

3. 模拟信号的频域描述

模拟信号可以看作是由无限个频率不同、幅值不同、初相位不同的交流信号叠加而成的,这些交流信号分量的幅值和初相位对频率的关系称为频谱。

(1)周期信号的频域描述与频谱

任何满足狄利克雷条件的非正弦周期信号都可以通过傅里叶级数表示。如图 7-8-9 所示为常见的非正弦周期信号。

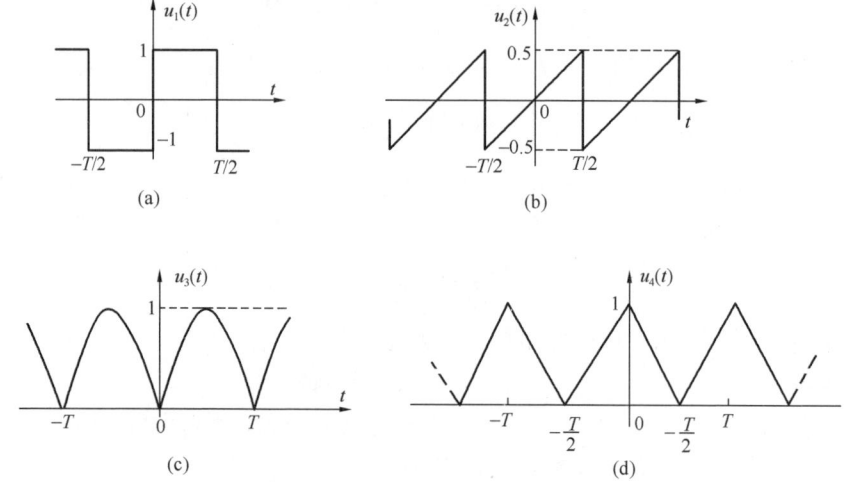

图 7-8-9 常见的非正弦周期信号

上述非正弦周期信号的频域描述为：

周期方波信号：$u_1(t) = \dfrac{4}{\pi}\left[\sin(\omega t) + \dfrac{1}{3}\sin(3\omega t) + \dfrac{1}{5}\sin(5\omega t) + \cdots\right]$

周期锯齿波信号：$u_2(t) = \dfrac{1}{\pi}\left[\sin(\omega t) - \dfrac{1}{2}\sin(2\omega t) + \dfrac{1}{3}\sin(3\omega t) - \cdots\right]$

周期全波整流信号：$u_3(t) = \dfrac{4}{\pi}\left[\dfrac{1}{2} - \dfrac{1}{3}\cos(2\omega t) - \dfrac{1}{15}\cos(4\omega t) - \dfrac{1}{35}\cos(6\omega t) - \cdots\right]$

周期三角波信号：$u_4(t) = \dfrac{1}{2} + \dfrac{4}{\pi^2}\left[\cos(\omega t) + \dfrac{1}{9}\cos(3\omega t) + \dfrac{1}{25}\cos(5\omega t) + \cdots\right]$

由上可知，当周期信号为偶函数时，即信号波形相对于纵轴是对称的，见图 7-8-9 (c)、(d)，其傅里叶级数中只可能含有直流项和余弦项，不会含有正弦项。当周期信号为奇函数时，即信号波形相对于纵轴是反对称的，见图 7-8-9 (a)、(b)，其傅里叶级数中只可能含有正弦项，不会含有余弦项。

不同的周期信号的谐波构成是不同的。以周期方波信号为例，k 次谐波的幅值为 $\dfrac{4}{\pi k}$。随着 k 的增加，谐波的幅值越来越小，初相位却保持为 0° 不变。图 7-8-10 表示周期方波信号由谐波叠加的情况。图 7-8-10 (a) 表示原始波形及其 1、3、5 次谐波，其中 A_1、A_2、A_3 分别指第 1、3、5 次谐波的幅值，图 7-8-10 (b) 表示的是 1、3 次谐波叠加后的波形和原始波形的比较，图 7-8-10 (c) 表示的是 1、3、5 次谐波叠加后的波形和原始波形的比较。可以看出，叠加的谐波越多，叠加后的波形越来越趋近原始的方波。

图 7-8-11 以线图的形式表示周期方波各次谐波的幅值和初相位随 $k\omega (k=1,2,3,\cdots)$ 的变化状况，称之为频谱。图 7-8-11 (a) 为幅度频谱，图 7-8-11 (b) 为相位频谱。谱线只出现在频率为 $\omega=\omega,3\omega,5\omega,\cdots$ 这些离散点上，谱线顶点的连线称为频谱的包络线（图中虚线所示）。

图 7-8-10 周期方波信号的谐波叠加

图 7-8-11 周期方波信号的频谱
(a) 幅度频谱；(b) 相位频谱

由上图可知：

1) 周期信号的频谱是离散频谱，其谱线只能出现在周期信号频率 ω 的整数倍上。这是周期信号频谱的主要特点。

2) 各条幅值谱线的高度随谐波次数的增大而减小。

3) 频谱包络线的形状对了解周期信号的特征至关重要；不同的周期信号，其频谱包络线的形状是不同的。

4) 在实际应用中，次数足够高的谐波由于其幅度足够小可以忽略不计，而把模拟信号视为由有限个谐波组成的。

（2）非周期信号的频域描述与频谱

由于非周期信号的周期趋于无穷大，$f(t)$ 的描述形式由傅里叶级数求和形式转化为傅里叶积分形式，即：

$$f(t) = \frac{1}{2\pi} \int_{-\infty}^{+\infty} F(j\omega) e^{j\omega t} dt \tag{7-8-3}$$

经过反变换可得：

$$F(\omega) = \int_{-\infty}^{+\infty} f(t) e^{-j\omega t} dt \qquad (7\text{-}8\text{-}4)$$

式中，ω 已是连续量，$F(\omega)$ 是一个复函数，$F(\omega)$ 的模 $|F(\omega)|$ 和相位 $\varphi(\omega)$ 都是频率 ω 的连续函数。为了与周期信号的频谱相一致，习惯上把 $|F(\omega)|$-ω 与 $\varphi(\omega)$-ω 曲线分别称为非周期信号的幅度频谱和相位频谱。

非周期信号的周期 $T \to \infty$，频谱中各次谐波之间的距离趋于消失，因此信号的频谱也从离散频谱变成了连续频谱。由于频谱是连续的，故用它的包络线（谱线顶点连线）来表示非周期信号的频谱。

图 7-8-12 所示为非周期矩形脉冲信号的波形和幅值频谱。

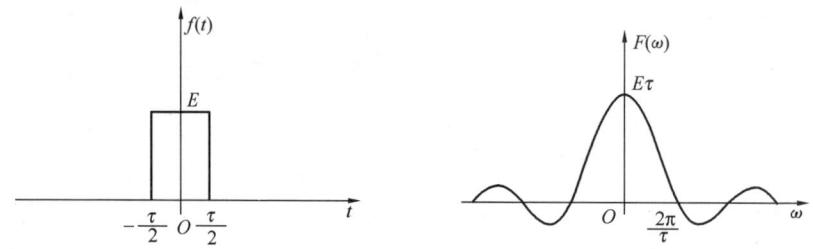

图 7-8-12 非周期矩形脉冲信号的波形和幅值频谱

又如，非周期单位冲激信号的波形和幅值频谱见图 7-8-13，非周期单位阶跃信号的波形和幅值频谱见图 7-8-14。

图 7-8-13 单位冲激信号的波形和幅值频谱

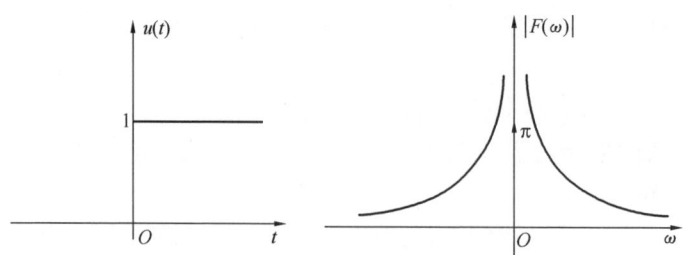

图 7-8-14 单位阶跃信号的波形和幅值频谱

总之，模拟信号的时间函数和频谱（包括周期信号的离散频谱和非周期信号的连续频谱）是一一对应的，数学上是可以相互转换的，因此两者对模拟信号的描述是等效的。虽然模拟信号的时域描述和分析比较直观，但时域法的分析和处理能力较差，手段较少，不能进行复杂的信号分析。模拟信号的频谱分析方法可以根据频谱的特征进行信号的识别和提取精细的信息，它是模拟信号和处理的基础，在工程上有着广泛的应用。

【例 7-8-9】（历年真题）设周期信号 $u(t)$ 的幅值频谱如图所示，则该信号：

例 7-8-9 图

A. 是一个离散时间信号　　　　　B. 是一个连续时间信号
C. 在任意瞬间均取正值　　　　　D. 最大瞬时值为 1.5V

【解答】 周期信号的幅值频谱是离散频谱，周期信号是连续时间信号，应选 B 项。

【例 7-8-10】（历年真题）若某周期信号的一次谐波分量为 $5\sin10^3 t\mathrm{V}$，则它的三次谐波分量可表示为：

A. $U\sin3\times10^3 t,\ U>5\mathrm{V}$　　　　B. $U\sin3\times10^3 t,\ U<5\mathrm{V}$
C. $U\sin10^6 t,\ U>5\mathrm{V}$　　　　　　D. $U\sin10^6 t,\ U<5\mathrm{V}$

【解答】 三次谐波分量 $U_3\sin3\omega t=U\sin3\times10^3 t$，$U_3=U<U_1=5$，应选 B 项。

【例 7-8-11】（历年真题）设周期信号 $u(t)=\sqrt{2}U_1\sin(\omega t+\psi_1)+\sqrt{2}U_3\sin(3\omega t+\psi_3)+\cdots$

$$u_1(t)=\sqrt{2}U_1\sin(\omega t+\psi_1)+\sqrt{2}U_3\sin(3\omega t+\psi_3)$$

$$u_2(t)=\sqrt{2}U_1\sin(\omega t+\psi_1)+\sqrt{2}U_5\sin(5\omega t+\psi_5)$$

则：

A. $u_1(t)$ 较 $u_2(t)$ 更接近 $u(t)$
B. $u_2(t)$ 较 $u_1(t)$ 更接近 $u(t)$
C. $u_1(t)$ 与 $u_2(t)$ 接近 $u(t)$ 的程序相同
D. 无法做出三个电压之间的比较

【解答】 周期信号中各次谐波的幅值随频率的增大而减小，故 $u_1(t)$ 较 $u_2(t)$ 更接近 $u(t)$，应选 A 项。

【例 7-8-12】（历年真题）模拟信号 $u_1(t)$ 和 $u_2(t)$ 的幅值频谱分别如图（a）和图（b）所示，则在时域中：

例 7-8-12 图

A. $u_1(t)$ 和 $u_2(t)$ 是同一个函数
B. $u_1(t)$ 和 $u_2(t)$ 都是离散时间函数
C. $u_1(t)$ 和 $u_2(t)$ 都是周期性连续时间函数
D. $u_1(t)$ 是非周期性时间函数，$u_2(t)$ 是周期性时间函数

【解答】由题目图示可知，$u_1(t)$ 和 $u_2(t)$ 都是周期性连续时间函数，应选 C 项。

【例 7-8-13】（历年真题）模拟信号 $u_1(t)$ 和 $u_2(t)$ 的幅值频谱分别如图（a）和图（b）所示，则：

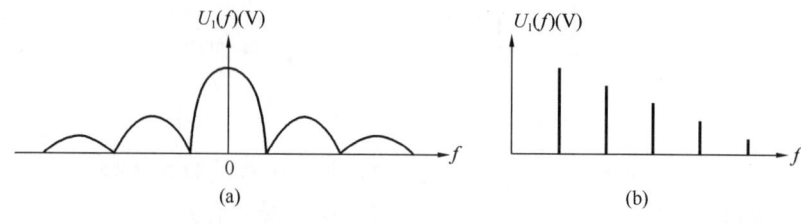

例 7-8-13 图

A. $u_1(t)$ 是连续时间信号，$u_2(t)$ 是离散时间信号
B. $u_1(t)$ 是非周期性时间信号，$u_2(t)$ 是周期性时间信号
C. $u_1(t)$ 和 $u_2(t)$ 都是非周期性时间信号
D. $u_1(t)$ 和 $u_2(t)$ 都是周期性时间信号

【解答】$u_1(t)$ 是非周期性时间信号，$u_2(t)$ 是周期性时间信号，应选 B 项。

【例 7-8-14】（历年真题）模拟信号 $u_1(t)$ 和 $u_2(t)$ 的幅值频谱分别如图（a）和图（b）所示，则：

例 7-8-14 图

A. $u_1(t)$ 和 $u_2(t)$ 都是非周期性时间信号
B. $u_1(t)$ 和 $u_2(t)$ 都是周期性时间信号
C. $u_1(t)$ 是周期性时间信号，$u_2(t)$ 是非周期性时间信号
D. $u_1(t)$ 是非周期性时间信号，$u_2(t)$ 是周期性时间信号

【解答】$u_1(t)$ 和 $u_2(t)$ 都是非周性时间信号，应选 A 项。

4. 模拟信号的处理

模拟信号中含有多种信息。对信号的处理，如信号放大、信号变换及信号滤波等都必须服从于信息处理需要，以此实现增强、识别和提取信息。

（1）模拟信号增强

从客观对象接收到的模拟信号一般很微弱，必须通过一个电子电路把相对微弱的模拟信号增强到满足应用的要求。信号放大包括电压放大和功率放大，可以通过放大器实现。模拟信号放大最主要的要求就是保证放大前后的信号波形不变或频谱结构不变。

从放大器的外部来看，放大器是一个二端口网络，从输出端口看，放大器输出电信号和电能量，对于负载相当于一个电源；从输入端看，输入电信号控制放大器的工作，使放大器输出放大后的信号，相对信息源来说，放大器相当于负载，所以，二端口网络内部可

以用一个受控的电源模型来描述，如图 7-8-15 所示。

图 7-8-15　放大器示意图

$$\frac{u_o}{u_i} = \frac{Z_L}{Z_0 + Z_L} |A_u|, \quad \frac{u_i}{u_s} = \frac{Z_i}{Z_s + Z_i}$$

故放大器放大能力 A 为：

$$A = \frac{u_o}{u_s} = \frac{u_o}{u_i} \cdot \frac{u_i}{u_s} = \frac{Z_L}{Z_0 + Z_L} \cdot \frac{Z_i}{Z_s + Z_i} |A_u|$$

上述均为理想化的情况，实际的放大器不可能做到，这是因为：非线性失真、频率失真、信噪比等。

【例 7-8-15】模拟信号放大环节的输出 u_o 与输入 u_i 的关系如图（a）所示，若输入信号为 $u_i = 0.1\sin\omega t$ V，如图（b）所示，下列选项中正确的是：

例 7-8-15 图

【解答】由图可知，电压放大器具有非线性特性，即线性放大区域 $\frac{u_o}{u_i} = -\frac{5}{50 \times 10^{-3}} = -100$，电压放大倍数 $\left|\frac{u_o}{u_i}\right| = 100$，$u_o$ 与 u_i 的相位互差 $180°$，最大输出为 5V，故信号在放大的同时可能会出现失真现象。输入信号 $u_i = 0.1\sin\omega t$ V，经该放大器后的信号为 $u_o = 20\sin(\omega t + 180°)$ V，因此，大于 5V 的信号被削掉，应选 D 项。

可知，造成本例放大器输出波形失真的原因是由于构成放大环节的电子器件特性是非线性的。由于这种特性无法保证放大环节的输出信号与输入信号是线性变换，也就导致了输入信号经放大环节之后可能出现失真，也就是放大器的非线性失真。

【例 7-8-16】 放大器的传递特性曲线及频率特性分别如图（a）、（b）所示。若周期方波信号 u_i 如图（c）作为放大器的输入信号，则输出波形为：

    A. 仍为方波信号   B. 出现非线性失真

    C. 出现频率失真   D. 出现两种失真

例 7-8-16 图

(a) 传递特性；(b) 幅频特性；(c) 方波信号

【解答】 周期方波信号的傅里叶级数为：

$$u_i(t) = \frac{4 \times 30}{\pi}\left[\sin(2\pi ft) + \frac{1}{3}\sin(3 \times 2\pi ft) + \frac{1}{5}\sin(5 \times 2\pi ft) + \cdots\right]$$

$$= 38.2\sin(2\pi f_1 t) + 12.7\sin(2\pi f_3 t) + 7.6\sin(2\pi f_5 t) + \cdots$$

可知，一次谐波的频率 $f_1 = 10\text{kHz}$，$u_{1m} = 38.2\text{mV}$；三次谐波的 $f_3 = 30\text{kHz}$，$u_{3m} = 12.7\text{mV}$；五次谐波的 $f_5 = 50\text{kHz}$，$u_{5m} = 7.6\text{mV}$。

根据模拟信号的放大要求，只有输入信号的各次谐波得到同样的放大，即同时放大 A 倍后，才能保证放大后的信号与原有信号的频谱结构相同，也才能保证输出信号不失真。

一次谐波的频率 f_1 和三次谐波的频率 f_3 均在通频带范围，故这两个谐波的放大倍数相同，均为 100，而五次谐波的频率为 50kHz，大于通频带的上限频率 40kHz，所以，五次谐波乃至更高次的谐波的放大倍数均小于 100，因此，输入信号 u_i 的各次谐波不能得到相同的放大，输出信号出现频率失真。

由传递特性曲线可知，放大器线性放大区域所对应的输入信号为 $[-50\text{mV}, 50\text{mV}]$，而 u_{1m} 为最大，且 $u_{1m} = 38.2\text{mV}$，故不会出现非线性失真。

综上可知，应选 C 项。

【例 7-8-17】 （历年真题）设放大器的输入信号为 $u_1(t)$，放大器的幅频特性如图所示，令 $u_1(t) = \sqrt{2}u_1\sin 2\pi ft$，且 $f > f_H$，则：

    A. $u_2(t)$ 的出现频率失真

    B. $u_2(t)$ 的有效值 $U_2 = AU_1$

    C. $u_2(t)$ 的有效值 $U_2 < AU_1$

    D. $u_2(t)$ 的有效值 $U_2 > AU_1$

例 7-8-17 图

【解答】 由图可知，当 $f \leqslant f_H$ 时，$U_2 = AU_1$；当 $f > f_H$ 时，$U_2 < AU_1$，应选 C 项。

【例7-8-18】（历年真题）放大器在信号处理系统中的作用是：
A. 从信号中提取有用信息　　　　B. 消除信号中的干扰信号
C. 分解信号中的谐波成分　　　　D. 增强信号的幅值以便于后续处理

【解答】放大器在信号处理系统中，其作用是增强信号的幅值，以便于后续处理，应选 D 项。

(2) 模拟信号滤波

滤波就是从模拟信号中滤除部分谐波信号，它是实现从模拟信号中去除无用信息提取有用信息的一种重要技术手段，实现滤波的电路称为滤波器。

先简单介绍传递函数的概念，图 7-8-16 表示一个滤波器，输入频率为 ω 的交流信号 $u_i(\omega)$，经过滤波器后，输出交流信号 $u_o(\omega)$，滤波器的传递函数 $H(j\omega)$ 为：

$$H(j\omega) = \frac{u_o(\omega)}{u_i(\omega)} = |H(j\omega)| \angle \varphi(\omega)$$

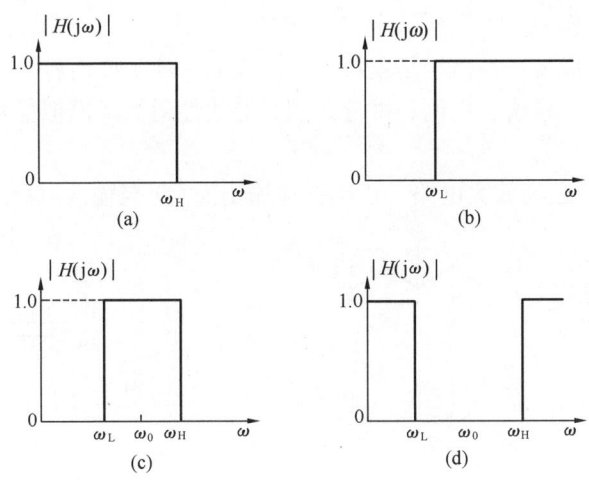

图 7-8-16　滤波器示意图

式中，$|H(j\omega)|$ 称为幅频响应；$\varphi(\omega)$ 称为相频响应。

滤波器有以下几种类型：

1) 低通滤波器

只允许信号中频率低于某一特定值的谐波分量通过，称为低通滤波。低通滤波器的频率响应如图 7-8-17（a）所示。当频率低于 ω_H 时，滤波器的幅频响应为 1，而高于 ω_H 时的幅频响应等于零。因此低通滤波器阻止了 $\omega > \omega_H$ 的谐波分量通过，而 $\omega < \omega_H$ 的谐波分量则畅通无阻。

图 7-8-17　几种类型滤波器的幅频响应

2) 高通滤波器

与低通滤波相反，高通滤波只允许信号中频率高于某一特定值的谐波分量通过。高通滤波器的幅频响应如图 7-8-17（b）所示。当频率低于 ω_L 时，滤波器的幅频响应为 0，而高于 ω_L 时的幅频响应等于 1。

3) 带通滤波器

带通滤波器只允许信号中 $\omega_L < \omega < \omega_H$ 的谐波分量通过，而阻止该频带以外的谐波分

量通过。带通滤波器的幅频响应如图 7-8-17（c）所示，当频率低于 ω_L 时或高于 ω_H 时，滤波器的幅频响应为 0。而当 $\omega_L < \omega < \omega_H$ 时滤波器的幅频响应等于 1。($\omega_H - \omega_L$) 称为通带宽度，ω_0 为通带的中心频率。

4）带阻滤波器

与带通滤波器相反，带阻滤波器阻止信号中 $\omega_L < \omega < \omega_H$ 的谐波分量通过，而该频带以外的谐波分量则畅通无阻。带阻滤波器的频率响应如图 7-8-17（d）所示。($\omega_H - \omega_L$) 称为阻带宽度，ω_0 为阻带的中心频率。

【例 7-8-19】（历年真题）一个低频模拟信号 $u_1(t)$ 被一个高频的噪声信号污染后，能将这个噪声滤除的装置是：

A. 高通滤波器　　　　　　　　　B. 低通滤波器
C. 带通滤波器　　　　　　　　　D. 带阻滤波器

【解答】采用低通滤波器可滤除高频的噪声信号，应选 B 项。

【例 7-8-20】（历年真题）以下几种说法中正确的是：

A. 滤波器会改变正弦波信号的频率
B. 滤波器会改变正弦波信号的波形形状
C. 滤波器会改变非正弦周期信号的频率
D. 滤波器会改变非正弦周期信号的波形形状

【解答】正弦波信号，滤波路不会改变它的波形形状，也不会改变它的频率。非正弦周期信号变为频域描述时，其高频分量经滤波器滤除后，滤波器会改变其波形形状，故选 D 项。

(3) 模拟信号变换

将一种信号变换成另一种信号是模拟信号处理的一项主要内容。在模拟系统中，常见的信号变换包括加法、减法、比例、微分、积分等线性运算。模拟信号的运算都是使用运算放大电路实现的。

【例 7-8-21】图示运算放大电路，正确描述输出 $u_o(t)$ 与输入 $u_i(t)$ 的波形是：

例 7-8-21 图

【解答】本题目的电路是一个积分电路，输出信号 u_o 与输入信号 u_i 满足积分关系：

$$u_o = -\frac{1}{RC}\int u_i(t)\,dt$$

因此，当输入信号 u_i 为方波信号时，经过积分电路后将被变换为一个三角波信号 u_o，应选 B 项。

假若例 7-8-21 图中电阻 R 与电容 C 相互交换位置，则变为微分电路，$u_o = -CR\dfrac{du_i}{dt}$，即一个三角波信号经过微分变换后被变换为一个方波信号。

习 题

7-8-1（历年真题）某空调器的温度设置为 25℃，当室温超过 25℃后，它便开始制冷，此时红色指示灯亮，并在显示屏上显示"正在制冷"字样，那么：

A. "红色指示灯亮"和"正在制冷"均是信息

B. "红色指示灯亮"和"正在制冷"均是信号

C. "红色指示灯亮"是信号，"正在制冷"是信息

D. "红色指示灯亮"是信息，"正在制冷"是信号

7-8-2（历年真题）如果一个十六进制数和一个八进制数的数字信号相同，那么：

A. 这个十六进制数和八进制数实际反映的数量相等

B. 这个十六进制数两倍于八进制数

C. 这个十六进制数比八进制数少 8

D. 这个十六进制数与八进制数的大小关系不定

7-8-3（历年真题）某模拟信号放大器输入与输出之间的关系如图所示，那么，能够经该放大器得到 5 倍放大的输入信号 $u_i(t)$ 最大值一定：

A. 小于 2V

B. 小于 10V 或大于 −10V

C. 等于 2V 或等于 −2V

D. 小于等于 2V 且大于等于 −2V

题 7-8-3 图

7-8-4（历年真题）连续时间信号与通常所说的模拟信号的关系是：

A. 完全不同　　　　　　　　B. 是同一个概念

C. 不完全相同　　　　　　　D. 无法回答

7-8-5（历年真题）图示周期为 T 的三角波信号，在用傅里叶级数分析周期信号时，系数 a_0、a_n 和 b_n 判断正确的是：

A. 该信号是奇函数且在一个周期的平均值为零，所以傅里叶系数 a_0 和 b_n 是零

B. 该信号是偶函数且在一个周期的平均值不为零，所以傅里叶系数 a_0 和 a_n 不是零

C. 该信号是奇函数且在一个周期的平均值不为零，所以傅里叶系数 a_0 和 b_n 不是零

D. 该信号是偶函数且在一个周期的平均值为零，所以傅里叶系数 a_0 和 b_n 是零

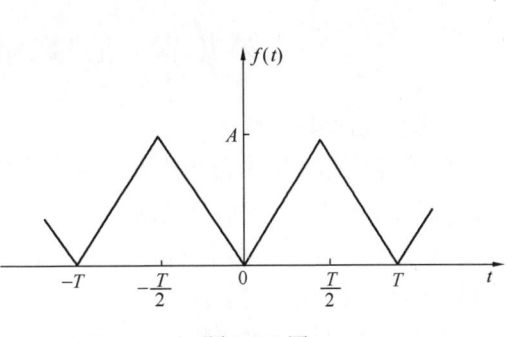

题 7-8-5 图

7-8-6（历年真题）关于信号与信息，如下几种说法中正确的是：

A. 电路处理并传输电信号

B. 信号和信息是同一概念的两种表述形式

C. 用"1"和"0"组成的信息代码"1001"只能表示数量"5"

D. 信息是看得到的，信号是看不到的

7-8-7 （历年真题）模拟信号经线性放大器放大后，信号中被改变的量是：

A. 信号的频率　　　　　　　　B. 信号的幅值频谱

C. 信号的相位频谱　　　　　　D. 信号的幅值

7-8-8 （历年真题）图示电压信号 u_o 是：

A. 二进制代码信号

B. 二值逻辑信号

C. 离散时间信号

D. 连续时间信号

题 7-8-8 图

7-8-9 （历年真题）在模拟信号、采样信号和采样保持信号这几种信号中，属于连续时间信号的是：

A. 模拟信号与采样保持信号　　B. 模拟信号和采样信号

C. 采样信号与采样保持信号　　D. 采样信号

7-8-10 （历年真题）下述四个信号中，不能用来表示信息代码"10101"的图是：

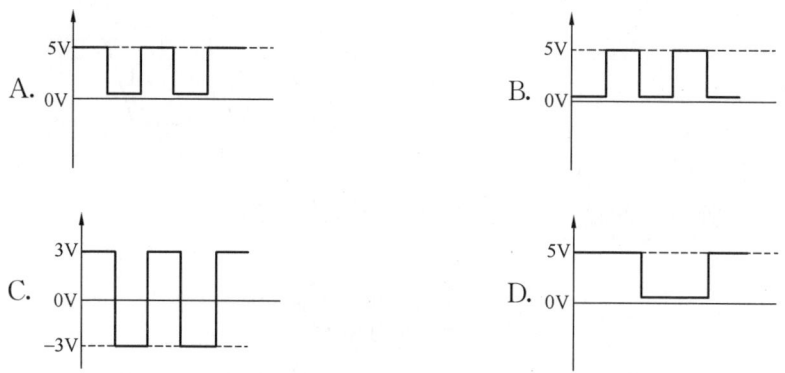

第九节　信号、信息与数字信号

一、数字信号与信息

数字信号具有极强的表达能力，有着广泛的应用，包括文字信息处理、图形信息处理、图像信息处理、语音信息处理等。

通常使用的数字信号是取值为0V和5V的电压信号，而0V和5V分别用"0"和"1"两个抽象的符号或代码表示。

数字信号可以用来对"数"进行编码，实现数值信息的表示、运算、传送和处理；数字信号可以用来对符号进行编码，实现符号信息的表达、传送和处理；数字信号可以用来表示逻辑关系，实现逻辑演算、逻辑控制等。

二、数字信号与数值信息

1. 数字信号

数字信号是二值信号，用它来表示数并进行数的运算，就必须采取二进制形式，并按照二进制数的运算法则进行数的运算。二进制数用符号"0"和"1"两个数字、采取逢二进一的原则来表示。二进制数的位按从右向左的次序排列，分别记为第 0 位、第 1 位、第 2 位、……。每一位称为一个比制（bit）。二进制数的每一位对应于数字信号的一个脉冲位置，所以，一个 $n$bit 的二进制数可以用一个 $n$bit 的数字信号来表示。

2. 数制与转换

(1) 进位计数制

计算机中存放的是二进制数，为了书写和表示方便，还引入了八进制数和十六进制数。这就有着相互转换的问题。无论哪种数制，其共同之处都是进位计数制。在采用进位计数的数字系统中，如果只用 r 个基本符号（例如 0，1，2，…，$r-1$）表示数值，则称其为 r 进制数，r 称为该数制的"基数"，而数制中每一固定位置对应的单位值称为"权"。

例如，在十进制数中，678.34 可表示为：

$$678.34 = 6 \times 10^2 + 7 \times 10^1 + 8 \times 10^0 + 3 \times 10^{-1} + 4 \times 10^{-2}$$

各种进位计数制中的权的值恰好是基数 r 的某次幂。因此，对任何一种进位计数制表示的数都可以写出按其权展开的多项式之和，任意一个 r 进制数 N 可表示为：

$$\begin{aligned}(N)_r &= a_{n-1}a_{n-2}\cdots a_1 a_0 a_{-1}\cdots a_{-m} \\ &= a_{n-1} \times r^{n-1} + a_{n-2} \times r^{n-2} + \cdots + a_1 \times r^1 + a_0 \times r^0 + a_{-1} \times r^{-1} + \cdots + a_{-m} \times r^{-m} \\ &= \sum_{i=-m}^{n-1} a_i \times r^i \end{aligned} \quad (7\text{-}9\text{-}1)$$

式中，a_i 是数码；r 是基数；r^i 是权；不同的基数，表示是不同的进制数。

常用的几种进位计数制，见表 7-9-1。

常用的几种进位计数制　　　　　　　　　　　表 7-9-1

进位制	二进制	八进制	十进制	十六进制
规则	逢二进一	逢八进一	逢十进一	逢十六进一
基数	$r=2$	$r=8$	$r=10$	$r=16$
基本符号	0，1	0，1，2，…，7	0，1，2，…，9	0，1，…，9，A，B，…，F
权	2^i	8^i	10^i	16^i
角标表示	B (Binary)	O (Octal)	D (Decimal)	H (Hexadecimal)

例如，将下列不同进位制数转换为十进制数：

$(110111.01)_B = 1 \times 2^5 + 1 \times 2^4 + 1 \times 2^2 + 1 \times 2^1 + 1 \times 2^0 + 1 \times 2^{-2} = (55.25)_D$

$(456.4)_O = 4 \times 8^2 + 5 \times 8^1 + 6 \times 8^0 + 4 \times 8^{-1} = (302.5)_D$

$(A12)_H = 10 \times 16^2 + 1 \times 16^1 + 2 \times 16^0 = (2578)_D$

(2) 十进制数转换成 r 进制数

将十进制数转换为 r 进制数时，可将此数分成整数与小数两部分分别转换，然后再拼接起来即可。

1) 整数部分：采用除以 r 取余法，即将十进制整数不断除以 r 取余数，直到商为 0，余数从右到左排列，首次取得的余数最右。

2) 小数部分：采用乘以 r 取整法，即将十进制小数不断乘以 r 取整数，直到小数部分为0或达到所求的精度为止（小数部分可能永远不会得到0）；所得的整数从小数点自左往右排列，取有效精度，首次取得的整数最左。

例如，将十进制数（100.345）转换成二进制数，具体如下：

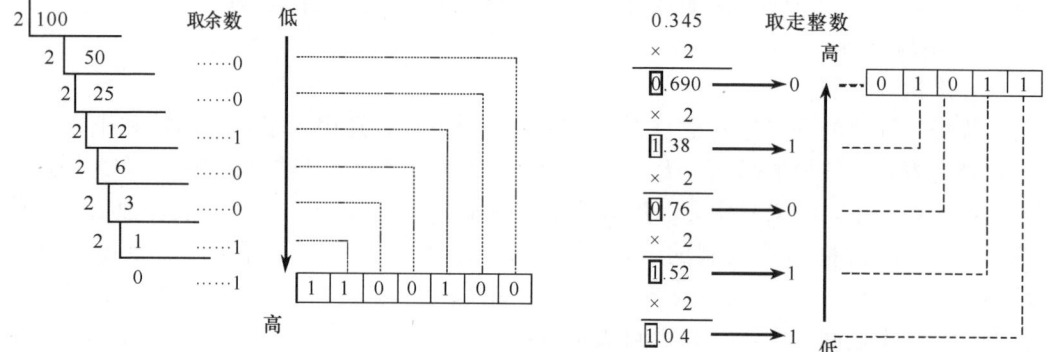

转换结果：$(100.345)_D \approx (1100100.01011)_B$

又如，将十进制数 $(193.12)_D$ 转换成八进制数，具体如下：

转换结果：$(193.12)_D \approx (301.0754)_O$

注意，小数部分转换时可能是不精确的，要保留多少位小数没有规定，主要取决于用户对数据精度的要求。

3. 二进制、八进制、十六进制数间的相互转换

由于二进制、八进制和十六进制之间存在特殊关系：$8^1 = 2^3$、$16^1 = 2^4$，即一位八进制数相当于三位二进制数；一位十六进制数相当于四位二进制数。因此，转换方法就比较容易，见表7-9-2。

八进制与二进制、十六进制与二进制之间的关系 表7-9-2

十进制	八进制	二进制	十进制	十六进制	二进制	十进制	十六进制	二进制
0	0	000	0	0	0000	9	9	1001
1	1	001	1	1	0001	10	A	1010
2	2	010	2	2	0010	11	B	1011
3	3	011	3	3	0011	12	C	1100
4	4	100	4	4	0100	13	D	1101
5	5	101	5	5	0101	14	E	1110
6	6	110	6	6	0110	15	F	1111
7	7	111	7	7	0111	16	10	00010000
8	8	001000	8	8	1000			

根据这种对应关系,二进制数转换成八进制数时,以小数点为中心向左右两边分组,每三位为一组,两头不足三位补零即可。同样,二进制数转换成十六进制数,只要四位为一组进行分组。

例如,将二进制数 $(1101101110.110101)_B$ 转换成十六进制数:

$$\underset{3}{(0011}\underset{6}{0110}\underset{E}{1110}\cdot\underset{D}{1101}\underset{4}{0100)_B} = (36.\mathrm{E}\mathrm{D}4)_H\quad(整数高位和小数低位补零)$$

又如,将二进制数 $(1101101110.110101)_B$ 转换成八进制数:

$$\underset{1}{(001}\underset{5}{101}\underset{5}{101}\underset{6}{110}\cdot\underset{6}{110}\underset{5}{101)_B} = (1556.65)_O$$

同样,将八(或十六)进制数转换成二进制数只要一位化三(或四)位即可,举例如下:

$$(2C1D.A1)_H = \underset{2}{(0010}\underset{C}{1100}\underset{1}{0001}\underset{D}{1101}\cdot\underset{A}{1010}\underset{1}{0001)_B}$$

$$(7123.14)_O = \underset{7}{(111}\underset{1}{001}\underset{2}{010}\underset{3}{011}\cdot\underset{1}{001}\underset{4}{100)_B}$$

注意,整数前的高位 0 和小数后的低位 0 可取消。

【例 7-9-1】(历年真题)将 $(11010010.01010100)_2$ 表示成十六进制数是:
A. $(D2.54)_H$　　　B. D2.54　　　C. $(D2.A8)_H$　　　D. $(D2.54)_B$

【解答】$\underset{D}{(1101}\underset{2}{0010}\cdot\underset{5}{0101}\underset{4}{0100)_2} = (D2.54)_H$

应选 A 项。

三、数字信号的数值编码与数值演算

1. 数值编码与 BCD 代码

为了用二进制代码表示十进制数的 0~9 这十个状态,二进制代码至少应当有 4 位。4 位二进制代码一共有十六个(**0000~1111**),取其中哪十个以及如何与 0~9 相对应,有多种方案。表 7-9-3 中列出了常见的几种十进制代码,它们的编码规则各不相同。

常见的十进制代码　　　　表 7-9-3

编码种类 十进制数	8421 码 (BCD 代码)	余 3 码	2421 码	5211 码	余 3 循环码
0	0000	0011	0000	0000	0010
1	0001	0100	0001	0001	0110
2	0010	0101	0010	0100	0111
3	0011	0110	0011	0101	0101
4	0100	0111	0100	0111	0100
5	0101	1000	1011	1000	1100
6	0110	1001	1100	1001	1101
7	0111	1010	1101	1100	1111
8	1000	1011	1110	1101	1110
9	1001	1100	1111	1111	1010
权	8421		2421	5211	

8421 码又称 BCD(Binary Coded Decimal)码,是十进制代码中最常用的一种。在这种编码方式中,每一位二值代码的 1 都代表一个固定数值,将每一位的 1 代表的十进制数

加起来，得到的结果就是它所代表的十进制数码。由于代码中从左到右每一位的 1 分别表示 8、4、2、1，所以将这种代码称为 8421 码。每一位的 1 代表的十进制数称为这一位的权。8421 码中每一位的权是固定不变的，它属于恒权代码。

其他码，此处略。

例如，十进制数 $(27)_D$ 对应的 BCD 码为：$\dfrac{(0010\ 0111)_{BCD}}{2\quad\ \ 7}$

又如，$(53.2)_D = \dfrac{(0101\ 0011\ 0010)_{BCD}}{5\quad\ \ 3\quad\ \ 2}$

【例 7-9-2】（历年真题）十进制数字 88 的 BCD 码为：
A. 00010001　　B. 10001000　　C. 01100110　　D. 01000100

【解答】$(88)_D = \dfrac{(1000\ 1000)_{BCD}}{8\quad\ \ 8}$，应选 B 项。

【例 7-9-3】（历年真题）十进制数字 16 的 BCD 码为：
A. 0010000　　B. 00010110　　C. 00010100　　D. 00011110

【解答】$(16)_D = \dfrac{(0001\ 0110)_{BCD}}{1\quad\ \ 6}$，应选 B 项。

2. 数值数据在计算机中的表示

计算机中的数值数据分为整数和浮点数两大类。

在计算机中，整数的小数点隐含在个位数的右边，也叫做定点数。计算机中的整数分为无符号整数和有符号整数。

（1）无符号整数

无符号整数是指所有二进位都用来表示数值，它只能存放正整数或存放无数值概念的地址。如果一个无符号整数占一个字节，则能表示 00000000～11111111B，其十进制取值范围为 0～255（2^8-1）。对占任意 n 位的无符号整数，则取值范围为 0～2^n-1。

（2）有符号整数

为了表示数的正（"+"）、负（"－"）号，就要将数的符号以 "0" 和 "1" 编码。通常把一个有符号数的最高位定义为符号位，用 0 表示正，1 表示负，称为数符；其余位仍表示数值。例如，一个 8 位二进制数 －0101101，它在计算机中表示为：10101101，见图 7-9-1。

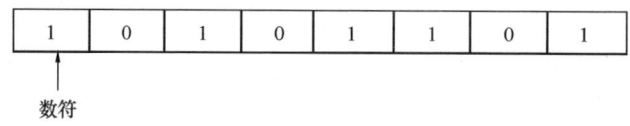

图 7-9-1　有符号整数的计算机表示实例

将一个数在计算机内的表示形式统称为"机器数"，而它代表的数值称为此机器数的"真值"。在上例中，10101101 为机器数，－0101101 为此机器数的真值。

（3）有符号数的编码

为了方便带有符号位的计算机运算，一般将有符号的数用三种编码表示：原码、反码和补码。

1) 原码

整数 X 的原码是指：其数符位 0 表示正，1 表示负；其数值部分就是 X 绝对值的二进制表示。通常用 $[X]_原$ 表示 X 的原码。例如：

$[+1]_原 = 00000001 \quad [+127]_原 = 01111111$

$[-1]_原 = 10000001 \quad [-127]_原 = 11111111$

2) 反码

整数 X 的反码是指：对于正数，反码与原码相同；对于负数，反码的数符位为 1，其数值位 X 的绝对值取反。通常用 $[X]_反$ 表示 X 的反码。例如：

$[+1]_反 = 00000001 \quad [+127]_反 = 01111111$

$[-1]_反 = 11111110 \quad [-127]_反 = 10000000$

3) 补码

整数 X 的补码是指：对于正数，补码与原码、反码相同；对于负数，补码的数符位为 1，其数值位 X 的绝对值取反最右加 1，即为反码加 1。通常用 $[X]_补$ 表示 X 的补码。例如：

$[+1]_补 = 00000001 \quad [+127]_补 = 01111111$

$[-1]_补 = 11111111 \quad [-127]_补 = 10000001$

引入补码是为了解决减法的问题，见后面的案例。

3. 二进制数的算术运算

(1) 加法运算

与十进制数加法一样，二进制数加法也是从最低位开始逐位完成两数相加和进位操作，如图 7-9-2（a）所示。二进制数加法的进位原则是逢二进一。

```
   1001          1001
 + 0101        - 0101
 ──────       ──────
   1110          0100
    (a)           (b)
```

图 7-9-2 二进制数的加法与减法运算实例

(2) 减法运算

在二进制数运算中采用补码的形式表示负数，从而将减法运算转化为被减数代码和减数补码之间的加法运算。一个二进制数的补码等于这个数的反码加 1，如图 7-9-1（b）中 1001－0101 可转换成：

$$1001 + (1010 + 1) = (1)0100$$

舍去进位后刚好是 0100。

(3) 乘法运算

如图 7-9-3（a）所示，二进制数的乘法运算是从右向左操作的，其运算过程可以总结为一系列的"左移—相加"操作，即被乘数逐步左移并逐步相加完成乘法运算。值得注意的是：在进行左移操作过程中，被乘数左移的位数与乘数中取值"1"所处的位数相同。

(4) 除法运算

如图 7-9-3（b）所示，二进制数的除法运算是从左向右操作的，其运算过程可以总结

$$
\begin{array}{r}
1001 \\
\times 0101 \\
\hline
1001 \\
0000 \\
1001 \\
0000 \\
\hline
0101101
\end{array}
\qquad
\begin{array}{r}
1.11\ldots \\
0101\overline{)1001} \\
0101 \\
\hline
1000 \\
0101 \\
\hline
0110 \\
0101 \\
\hline
0010
\end{array}
$$

(a)   (b)

图 7-9-3 二进制数的乘法与除法运算实例

为一系列的"右移—相减"操作,即以除数逐步右移并逐步和被除数(或余数)相减的方式完成除法运算。

四、数字信号的逻辑编码与逻辑演算

1. 数字信号的逻辑编码

数字逻辑是用数字信号表示并采用数字信号处理方法实现演算的逻辑体系,它是二值的,对应于逻辑学中的命题逻辑体系。在应用中采用由布尔(Boole)所建立的数字逻辑体系来描述数字逻辑及其演算法则。由于采用了布尔代数描述逻辑关系,所以也称为逻辑代数或布尔代数。

(1) 符号

逻辑变量:用大写英文字母($ABC\cdots XYZ$)表示。

数值:0、1 表示逻辑变量的取值,0 表示"假"(F),1 表示"真"(T)。

运算符:"+""·"分别表示逻辑"或"和逻辑"与"运算;逻辑求反运算用变量上方加一横线表示,如 $\overline{A}$、$\overline{B}$ 等。和代数运算一样,逻辑"与"运算符"·"通常可以忽略。

(2) 逻辑运算

逻辑运算的详细内容,见本章第七节。

逻辑与运算表达式为: $Y=A\cdot B=AB$

逻辑或运算表达式为: $Y=A+B$

逻辑非运算表达式为: $Y=\overline{A}$

(3) 基本运算法则

逻辑运算的基本运算法则,见本章第七节。

2. 逻辑函数化简

根据真值表写出的逻辑函数表达式,以及由此画出的组合逻辑图往往比较复杂,需要简化处理。简化后的逻辑表达式能清晰反映出逻辑变量内在的逻辑关系,同时减少了组合逻辑电路的组成器件,提高了电路的可靠性。

利用逻辑代数的运算法则对逻辑函数表达式进行化简。由于比较常见的逻辑表达式是"与或"形式,因此,通常逻辑函数化简是指逻辑表达式为最简的"与或"表达式,即逻辑函数"与或"表达式中所含"或"项的数目最少,每个"与"项中变量的个数最少。

3. 数字信号的逻辑演算

数字信号逻辑关系以及任意复杂的逻辑函数演算可通过基本逻辑门搭建满足要求的逻辑电路来实现,见本章第七节。

【例 7-9-4】(历年真题)对逻辑表达式 $ABCD+\overline{A}+\overline{B}+\overline{C}+\overline{D}$ 的简化结果是:
A. 0　　　　　　B. 1　　　　　　C. $ABCD$　　　　　　D. $\overline{A}\,\overline{B}\,\overline{C}\,\overline{D}$

【解答】$ABCD+\overline{A}+\overline{B}+\overline{C}+\overline{D}=ABCD+\overline{ABCD}=1$

应选 B 项。

【例 7-9-5】(历年真题)对逻辑表达式 $ABC+A\overline{B}+AB\overline{C}$ 的化简结果是:
A. A　　　　　　B. $A\overline{B}$　　　　　　C. AB　　　　　　D. $AB\overline{C}$

【解答】$ABC+A\overline{B}+AB\overline{C}=AB(C+\overline{C})+A\overline{B}=AB+A\overline{B}$
$\qquad\qquad\qquad =A(B+\overline{B})=A$

应选 A 项。

【例 7-9-6】(历年真题)对逻辑表达式 $\overline{AD+\overline{A}\,\overline{D}}$ 的化简结果是:
A. 0　　　　　　　　　　　　　　B. 1
C. $\overline{A}D+A\overline{D}$　　　　　　　　　　　D. $\overline{AD}+AD$

【解答】$\overline{AD+\overline{A}\,\overline{D}}=\overline{AD}\cdot\overline{\overline{A}\,\overline{D}}=(\overline{A}+\overline{D})\cdot(A+D)$
$\qquad\qquad =\overline{A}A+\overline{A}D+\overline{D}A+\overline{D}D=\overline{A}D+\overline{D}A$

应选 C 项。

【例 7-9-7】(历年真题)已知数字电路输入信号 A 和信号 B 的波形如图所示,则数字输出信号 $F=\overline{AB}$ 的波形为:

【解答】$F=\overline{AB}$,从左到右,当 $0\sim\dfrac{T}{2}$ 时,$F=\overline{0\cdot 1}=1$,排除 A、D 项。

当 $\dfrac{9}{4}T\sim\dfrac{5}{2}T$ 时,$F=\overline{0\cdot 0}=1$,C 项错误,应选 B 项。

【例 7-9-8】(历年真题)已知数字信号 A 和数字信号 B 的波形如图所示,则数字信号 $F=\overline{A+B}$ 的波形为:

【解答】$F=\overline{A+B}$,从左到右,当 $0\sim\dfrac{T}{2}$ 时,$F=\overline{0+1}=0$,排除 B、C 项。

当 $\frac{T}{2} \sim T$ 时，$F = \overline{1+1} = 0$，排除 D 项，应选 A 项。

【例 7-9-9】（历年真题）逻辑函数 $F = f(A, B, C)$ 的真值表如下，由此可知：

A	B	C	F
0	0	0	0
0	0	1	0
0	1	0	0
0	1	1	1
1	0	0	0
1	0	1	0
1	1	0	1
1	1	1	1

A. $F = BC + AB + \overline{A}\,\overline{B}C + B\overline{C}$
B. $F = \overline{A}\,\overline{B}\,\overline{C} + AB\overline{C} + AC + ABC$
C. $F = AB + BC + AC$
D. $F = \overline{A}BC + AB\overline{C} + ABC$

【解答】从题目的真值表中找出 F 为 1 的情况，表中从上往下：第 1 个 $F=1$ 时，由相应的 A、B、C 的取值，可知，$F = \overline{A}BC$ 同理，第 2 个 $F=1$ 时，$F = AB\overline{C}$；第 3 个 $F=1$ 时，$F = ABC$
故：$F = \overline{A}BC + AB\overline{C} + ABC$，应选 D 项。

【例 7-9-10】（历年真题）逻辑函数 $F = f(A, B, C)$ 的真值表如下表所示，由此可知：

A	B	C	F
0	0	0	0
0	0	1	1
0	1	0	1
0	1	1	0
1	0	0	0
1	0	1	0
1	1	0	0
1	1	1	0

A. $F = \overline{A}BC + A\overline{C}$
B. $F = \overline{A}\,\overline{B}C + \overline{A}B\,\overline{C}$
C. $F = \overline{A}BC + \overline{A}BC$
D. $F = A\overline{B}\,\overline{C} + ABC$

【解答】从题目的真值表中找出 F 为 1 的情况，表中从上向下：第 1 个 $F=1$ 时，$F = \overline{A}\,\overline{B}C$；第 2 个 $F=1$ 时，$F = \overline{A}B\,\overline{C}$
故：$F = \overline{A}\,\overline{B}C + \overline{A}B\,\overline{C}$，应选 B 项。

习　题

7-9-1 （历年真题）十进制数字 10 的 BCD 码为：
A. 00010000　　B. 00001010　　C. 1010　　D. 0010

7-9-2 （历年真题）对逻辑表达式 $\overline{AB} + \overline{BC}$ 的化简结果是：

A. $\overline{A}+\overline{B}+\overline{C}$ B. $\overline{A}+2\overline{B}+\overline{C}$ C. $\overline{A+C}+B$ D. $\overline{A}+\overline{C}$

7-9-3（历年真题）对逻辑表达式 $AC+DC+\overline{AD}\cdot C$ 的化简结果是：

A. C B. $A+D+C$ C. $AC+DC$ D. $\overline{A}+\overline{C}$

7-9-4（历年真题）已知数字信号 A 和数字信号 B 的波形如图所示，则数字信号 $F=A\overline{B}+\overline{A}B$ 的波形为：

7-9-5（历年真题）已知数字信号 A 和数字信号 B 的波形如图所示，则数字信号 $F=\overline{A+B}$ 的波形为：

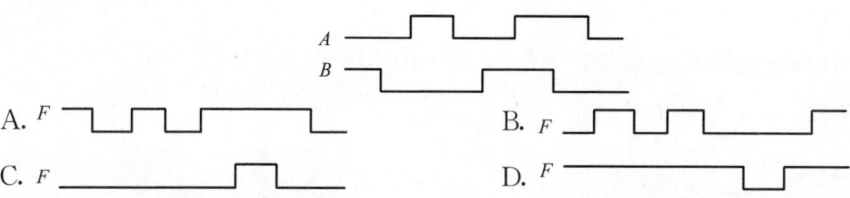

7-9-6（历年真题）逻辑函数 $F=f(A,B,C)$ 的真值表如下所示，由此可知：

A	B	C	F
0	0	0	1
0	0	1	0
0	1	0	0
0	1	1	1
1	0	0	1
1	0	1	0
1	1	0	0
1	1	1	1

A. $F=\overline{A}(\overline{B}C+B\overline{C})+A(\overline{B}\,\overline{C}+BC)$ B. $F=\overline{B}C+B\overline{C}$

C. $F=\overline{B}\,\overline{C}+BC$ D. $F=\overline{A}+\overline{B}+\overline{BC}$

习题解答与参考答案

第一节

7-1-1　**解答**：根据静电荷的电场强度与电场力的计算，A、C、D项均错误。
　　　　答案：B

7-1-2　**解答**：运动的电荷周围有磁场，也存在电场；静止的电荷仅存在电场。
　　　　答案：A

7-1-3　**解答**：由库仑定律，q_2 点处：$|F_{21}|=|F_{23}|$
　　　　$\left|\dfrac{1}{4\pi\varepsilon_0}\dfrac{q_1q_2}{r^2}\right|=\left|\dfrac{1}{4\pi\varepsilon_0}\dfrac{q_2q_3}{r^2}\right|$，则：$q_1=q_3=|q_2|$
　　　　答案：B

7-1-4　**解答**：首先排除 A、B 项。点电荷周围的电场强度的方向：从正电荷指向负电荷，即从电荷所在处到无穷远处的整个空间中。
　　　　答案：D

7-1-5　**解答**：线圈 a 加上外加激励，产生变化的电流和磁通量 Φ，故产生感应电动势 $\mathscr{E}_a$，电流 i_a 不再是 u/R_a；该磁通量 Φ 的变化会在线圈 b 中产生感应电流 i_b。
　　　　答案：B

7-1-6　**解答**：直流电流 I 作用，磁通量 Φ 不变，故 $\mathrm{d}\Phi/\mathrm{d}t=0$，所以 $U_2=0$。
　　　　答案：A

第二节

7-2-1　**解答**：电阻是纯耗能元件，故 C、D 项错误。
　　　　由 KVL：$(8+R)I+10=0$，即：$-(8+R)I=10$
　　　　答案：B

7-2-2　**解答**：图示 U_s 为理想电压源，R 变化，仅电路 R 上电流发生变化。
　　　　答案：C

7-2-3　**解答**：独立节点数 $=4-1=3$ 个；独立回路数 $=b-4+1=3$ 个
　　　　故需要 6 个方程。
　　　　A 项：错误；B 项：①、②、③回路是独立回路，正确。
　　　　答案：B

7-2-4　**解答**：直流稳态中，电感视为短路，电容视为开路。
　　　　答案：D

7-2-5　**解答：** 由 KCL：$I_3 = I_1 + I_2 = -4 - 3 = -7\text{A}$
　　　　答案： C

7-2-6　**解答：** 电感 $u_L = L\dfrac{\mathrm{d}i_L}{\mathrm{d}t}$；电容 $i_C = C\dfrac{\mathrm{d}u_C}{\mathrm{d}t}$
　　　　答案： C

第三节

7-3-1　**解答：** $z = R + \mathrm{j}\omega L - \mathrm{j}\dfrac{1}{\omega C}$，$\omega = 314\text{rad/s}$

$$|Z| = \sqrt{R^2 + \left(314L - \dfrac{1}{314C}\right)^2}$$

　　　　答案： C

7-3-2　**解答：** $\dot{U} = \dfrac{10}{\sqrt{2}}\angle 30°$，$\dot{I}_1 = \dfrac{10/\sqrt{2}\angle 30°}{R + \mathrm{j}1000L}$

$\dot{I}_2 = \dfrac{10/\sqrt{2}\angle 30°}{-\mathrm{j}\dfrac{1}{1000C}}$，故选 C 项。

　　　　答案： C

7-3-3　**解答：** 此时，电路处于谐振状态，$\dot{I}_R = \dot{I}_L + \dot{I}_C = 0$
　　　　故 $I_L = I_C$，或 $i_L - i_C = 0$
　　　　答案： B

7-3-4　**解答：** 电压超前电流 $30°$，$u(t) = 10\sqrt{2}\sin(\omega t - 30°)\text{V}$
　　　　答案： A

7-3-5　**解答：** $P = UI\cos\varphi = 110 \times 1 \times \cos 30° = 95.3\text{W}$
　　　　$Q = UI\sin\varphi = 110 \times 1 \times \sin 30° = 55\text{W}$
　　　　$Q = UI = 110 \times 1 = 110\text{W}$
　　　　答案： A

7-3-6　**解答：** $\omega = 2\pi f = 2\pi\dfrac{1}{T} = 2\pi \times \dfrac{1}{1 \times 10^{-3}} = 2000\pi$

$i(t) = 0.5\sqrt{2}\sin(2000\pi t + \psi_i)$；$t = 0$ 时，$i = 0.5\sqrt{2}$
则：$\psi_i = 90°$
　　　　答案： C

7-3-7　**解答：** 由图（b）可知，为过补偿；图（c），为一般情况的补偿，则：$C_1 > C_2$。
　　　　答案： A

7-3-8　**解答：** $\dot{I} = \dfrac{3}{\sqrt{2}}\angle 90° = 2.12\angle 90°\text{A}$

$\dot{U} = \dfrac{10}{\sqrt{2}}\angle -90° = 7.07\angle -90° = -\mathrm{j}7.07\text{V}$

　　　　答案： A

第四节

7-4-1 **解答**：开关打开前，$U_C(0_-) = \dfrac{R_2}{R_1+R_2} U_s$

开关打开后瞬时，$U_C(0_+) = U_C(0_-)$，$I(0_+) = \dfrac{U_C(0_+)}{R^2} = \dfrac{U_s}{R_1+R_2}$

开关打开后稳态时，$I(\infty) = 0$

答案：B

7-4-2 **解答**：开关断开后，左侧电路无储能元件，故无暂态过程，右侧电路有暂态过程，故 A、B、D 项错误。

答案：C

7-4-3 **解答**：开关断开前、后：$U_C(0_-) = \dfrac{2}{2+2} \times 6 = 3\text{V}$，$U_C(0_+) = 3\text{V}$

开关断开后稳态时：$U_C(\infty) = \dfrac{2}{2+2+2} \times 6 = 2\text{V}$

答案：B

第五节

7-5-1 **解答**：$n = \dfrac{S\cos\varphi}{W} = \dfrac{10 \times 10^3 \times 0.44}{40} = 110$

答案：A

7-5-2 **解答**：$R_L' = K^2 R_L = 2^2 \times 100 = 400\Omega$

$I_1 = \dfrac{U}{100+400} = 0.002U$，$I_2 = KI_1 = 0.004U$

答案：C

7-5-3 **解答**：变压器空载运行时可以为原边电流为零（或者 R_L' 为无穷大），则 $U_1 = U$；

$\dfrac{U_1}{U_2} = K = 2$，则 $\dfrac{U}{U_2} = 2$

答案：B

7-5-4 **解答**：Y-△降压启动时，$T_{st} = \dfrac{1}{3} \times 66 = 22\text{N} \cdot \text{m}$

当负载小于 22N·m 时，可启动；反之，无法正常启动。

答案：C

7-5-5 **解答**：当 $U_2 = 10\text{V}$ 时，$K = \dfrac{U_1}{U_2} = \dfrac{550}{N_2}$，$N_2 = 550 \times \dfrac{10}{100} = 55$ 匝

答案：C

7-5-6 **解答**：满载启动，避免电网电压的过大波动，应采用绕线式电动机，其转子绕组串电阻启动。

答案：C

7-5-7 **解答**：当电源信号的内阻与负载电阻相等时，信号源输出最大功率。

$R'_L = K^2 R_L$，则：$K^2 R_L = R_s$，$K = 2$；

$u_1 = \dfrac{R'_L}{R'_L + R_s} u_s = \dfrac{40}{40+40} u_s = 40\sin\omega t$

$u_2 = u_1 \dfrac{1}{K} = u_1 \times \dfrac{1}{2} = 20\sin\omega t$

答案：B

第六节

7-6-1 解答：当二极管截止时，由两个 R、R 串联，故 $u_o = \dfrac{R}{R+R} \times 5 = 2.5\text{V}$

答案：C

7-6-2 解答：此时，电路为半波整流，$U_o = -0.45 \times \dfrac{10}{\sqrt{2}} = -3.18\text{V}$

答案：C

7-6-3 解答：此时，电路为半波整流，负半周导通。

答案：B

7-6-4 解答：输入回路 $I_B = \dfrac{U_i - U_{BE}}{R_X} - \dfrac{U_{BE} - U_B}{R_B} = \dfrac{5 - 0.7}{R_X} - \dfrac{0.7 - (-9)}{20 \times 10^3}$

晶体管饱和导通，则：$I_B > \dfrac{1}{\beta} I_{C\max} = \dfrac{1}{40} \times \dfrac{15 - 0.3}{3 \times 10^3}$

上述两个方程联解，得：$R_X < 7.08\text{k}\Omega$

答案：A

7-6-5 解答：图（a）是反相加法运算；图（b）是同相加法运算；图（c）是减法运算。

答案：A

7-6-6 解答：静态分析，电容视为断路，故静态工作点不变；

动态分析，电容视为短路，故输入电阻变小，输出电阻不变。

答案：C

第七节

7-7-1 解答：图示为下降沿触发的 JK 触发器，$J = \overline{Q \cdot A}$，$K = 0$，其输出 Q 的波形见题 7-7-1 解图。

题 7-7-1 解图

答案：D

7-7-2 **解答：** 图示为上升沿触发的 D 触发器，$D=A\overline{Q}$，其输出 Q 的波形见题 7-7-2 解图。

答案：C

7-7-3 **解答：** D 触发器为上升沿触发；JK 触发器在下降沿触发。$D=\overline{Q}_D$，J、K 悬空，故 $J=1$，$K=1$。其输出的波形见题 7-7-3 解图。t_1 时刻，$Q_{JK}=0$，$Q_D=1$。

答案：B

题 7-7-2 解图

题 7-7-3 解图

第八节

7-8-1 **解答：** "红色指示灯亮" 是信号；"正在制冷" 是信息。

答案：C

7-8-2 **解答：** 16 进制、8 进制本质上都是二进制，故实际反映的数量相等。

答案：A

7-8-3 **解答：** 线性工作区 [−2V，2V] 放大为 5 倍。

答案：D

7-8-4 **解答：** 两者有区别，连续时间信号是指时间连续的信号；模拟信号是指在时间和数值上均连续的信号。

答案：C

7-8-5 **解答：** 该信号是偶函数，故系数 a_0 和 a_n 不为零。

答案：B

7-8-6 **解答：** 电路处理并传输电信号，故 A 项正确，B、C、D 均错误。

答案：A

7-8-7 **解答：** 模拟信号经线性放大器放大后，信号中被改变的量是信号的幅值。

答案：D

7-8-8 **解答：** u_o 可取 5V、0V、−5V，故排除 A、B、C 项。

答案：D

7-8-9 **解答：** 模拟信号、采样保持信号均为连续时间信号。

答案：A

7-8-10　**解答**：信息代码"10101"代表电压为：高-低-高-低-高，故 D 项不满足。

答案：D

第九节

7-9-1　**解答**：$(10)_D = \underbrace{(0001}_{1}\underbrace{0000)_{BCD}}_{0}$

答案：A

7-9-2　**解答**：$\overline{AB} + \overline{BC} = \overline{A} + \overline{B} + \overline{B} + \overline{C} = \overline{A} + \overline{B} + \overline{C}$

答案：A

7-9-3　**解答**：$AC + DC + \overline{AD} \cdot C = (A+D)C + (\overline{A}+\overline{D})C = C(A+D+\overline{A}+\overline{D}) = C$

答案：A

7-9-4　**解答**：$F = A\overline{B} + \overline{A}B$，当 $0 \sim \dfrac{T}{2}$ 时，$F = 0 \cdot \overline{0} + \overline{0} \cdot 0 = 0 + 0 = 0$，排除 B、D 项；

当 $\dfrac{T}{2} \sim T$ 时，$F = 1 \cdot \overline{0} + \overline{1} \cdot 0 = 1$，排除 C 项。

答案：A

7-9-5　**解答**：$F = \overline{A+B}$，当 $0 \sim \dfrac{T}{2}$ 时，$F = \overline{0+1} = 0$，排除 A、D 项。

当 $\dfrac{T}{2} \sim T$ 时，$F = \overline{0+0} = 1$，排除 C 项。

答案：B

7-9-6　**解答**：由其值表，从上向下：

第 1 个 $F=1$ 时，$F = \overline{A}\,\overline{B}\,\overline{C}$；第 2 个 $F=1$ 时，$F = \overline{A}BC$

第 3 个 $F=1$ 时，$F = A\overline{B}\,\overline{C}$；第 4 个 $F=1$ 时，$F = ABC$

故 $F = \overline{A}\,\overline{B}\,\overline{C} + \overline{A}BC + A\overline{B}\,\overline{C} + ABC = (\overline{A}+A)\overline{B}\,\overline{C} + (\overline{A}+A)BC = \overline{B}\,\overline{C} + BC$

答案：C

第八章 计算机应用基础

第一节 计算机系统

一、计算机的发展

根据计算机采用的物理器件，一般将计算机的发展分成四个阶段。

1. 第一代电子计算机

第一代电子计算机是电子管计算机，时间大约为1946—1958年。世界上第一台电子计算机是1946年2月由宾夕法尼亚大学研制成功的ENIAC（电子数字积分计算机）。电子管计算机的基本特征是采用电子管作为计算机的逻辑元件，内存所使用的器件采用磁芯存储器。用机器语言或汇编语言编写程序。每秒运算速度仅为几千次，内存容量仅几个kB。因此，第一代电子计算机体积庞大，造价很高，主要用于军事和科学研究工作，其代表机型有IBM650（小型机）、IBM709（大型机）。

2. 第二代电子计算机

第二代电子计算机是晶体管电路电子计算机，时间大约为1956—1964年。其基本特征是逻辑元件逐步由电子管改为晶体管，内存所使用的器件大都使用磁芯存储器，外存储器有了磁盘、磁带，外设种类也有所增加。运算速度达每秒几十万次，内存容量扩大到几十kB。与此同时，出现了FORTRAN、COBOL、ALGOL等高级语言。与第一代计算机相比，晶体管电子计算机体积小、成本低、功能强、可靠性大大提高。除了科学计算外，它还用于数据处理和事务处理，其代表机型有IBM7090、CDC7600。

3. 第三代电子计算机

第三代电子计算机是集成电路计算机，时间大约为1964—1970年，其基本特征是逻辑元件采用小规模集成电路SSI和中规模集成电路MSI。第三代电子计算机的运算速度每秒可达几十万次到几百万次。存储器进一步发展，体积越来越小、价格越来越低。高级程序设计语言在这个时期有了很大发展，并出现了操作系统和会话式语言，计算机开始广泛应用在各个领域，其代表机型有IBM360。

4. 第四代电子计算机

第四代电子计算机称为大规模集成电路电子计算机，时间从1971年至今。进入20世纪70年代以来，计算机逻辑器件采用大规模集成电路LSI和超大规模集成电路VLSI技术，在硅半导体上集成了大量的电子元器件。集成度很高的半导体存储器代替了磁芯存储器。目前，计算机的速度最高可以达到每秒几千万亿次浮点运算。操作系统不断完善，应用软件种类繁多。

未来计算机将向更深、更广、更快的方向发展，其发展趋势可以概括为高性能、人性化、网络化、多极化、多媒体化、智能化，特别在量子计算机、生物计算机和光计算机等方面将取得革命性的突破。

二、计算机的分类

根据用途及其使用的范围，计算机可分为通用计算机和专用计算机。其中，通用计算机的特点是通用性强，具有很强的综合处理能力，能够解决各种类型的问题。专用计算机则功能单一，配有解决特定问题的软、硬件，但能够高速、可靠地解决特定的问题。

根据计算机的运算速度和性能等指标，计算机可分为：高性能计算机、中型机、小型机、服务器、工作站、微型计算机（个人计算机）、嵌入式计算机等。这种分类标准不是固定不变的，只能针对某一个时期。现在是大中型机，过了若干年后可能成了小型机。

微型计算机的种类很多，主要分成四类：桌面型计算机；笔记本电脑；平板电脑；移动设备。

嵌入式计算机如数字电视机、数字照相机等。

三、计算机系统组成

一个完整的计算机系统是由硬件系统和软件系统两部分组成的。

<u>硬件是指计算机装置，即物理设备。</u>硬件系统是组成计算机系统的各种物理设备的总称，是计算机完成各项工作的物质基础，如图 8-1-1 所示。

图 8-1-1　硬件系统的组成

<u>软件是指用某种计算机语言编写的程序、数据和相关文档，软件系统则是在计算机上运行的所有软件的总称。</u>

四、计算机硬件系统

1945 年美籍匈牙利数学家冯·诺依曼和他的同事们研制的 EDVAC（离散变量自动电子计算机）对后来的计算机在体系结构和工作原理上产生了重大影响。在 EDVAC 中采用了"存储程序"的概念。以此概念为基础的各类计算机统称为冯·诺依曼机。它的主要特点如下：

（1）采用二进制表示数据。

（2）"存储程序"，即程序和数据一起存储在内存中，计算机按照程序顺序执行。

（3）计算机应由五个基本部分组成：运算器、控制器、存储器、输入设备和输出设备。

几十年来，计算机的基本结构没有变，都属于冯·诺依曼计算机，其基本结构如图 8-1-2 所示。

1. 运算器

运算器的主要功能是算术运算和逻辑运算。算术运算是指加、减、乘、除等基本运

图 8-1-2 计算机的基本结构

算;逻辑运算是指逻辑判断、关系比较以及其他的基本逻辑运算。运算器只能做这些最简单的运算,复杂的计算都要通过基本运算一步步实现。运算器中的数据取自内存,运算的结果又送回内存。运算器对内存的读写操作是在控制器的控制之下进行的。

2. 控制器

控制器是计算机的指挥中枢,用于控制计算机各个部件按照指令的功能要求协同工作,其基本功能是从内存取指令、分析指令和向其他部件发出控制信号。控制器的主要部件由程序计算器(PC)、指令寄存器(IR)、指令译码器(ID)、时序控制电路以及微操作控制电路等组成。

(1) 程序计数器。对程序中的指令进行计数,使得控制器能够一次读取指令。

(2) 指令寄存器。在指令执行期间暂时保存正在执行的指令。

(3) 指令译码器。识别指令的功能,分析指令的操作要求。

(4) 时序控制电路。生成时序控制信号,协调在指令执行周期的各部件的工作。

(5) 微操作控制电路。产生各种控制操作命令。

控制器与运算器共同组成了中央处理器(Central Processing Unit,CPU),是计算机的核心部分。

3. 存储器

存储器主要用来存储程序和数据。对存储器的基本操作是按照指定位置存入或取出二进制信息。

按功能的不同,计算机中的存储器一般分为内存储器和外存储器两种类型:

(1) 内存储器简称内存或主存,用来存放要执行的程序和数据,计算机可以直接从内存储器中存取信息。

按存储器的读写功能划分,内存可分为随机存取存储器(RAM)和只读存储器(ROM)。前者既可以读取数据,又可以写入数据;后者只能从中读取数据,不能写入数据。通常所说的内存主要指 RAM,如果断电,RAM 中的信息会自动消失。内存的特点是存取速度快,但容量小、价格贵。

(2) 外存储器简称外存或辅存,用来长期存放程序和数据。外存一般只与内存进行数据交换。外存的特点是容量大、价格低,但存取速度慢。为了解决对存储器要求容量大、速度快、成本低三者之间的矛盾,目前通常采用多级存储器体系结构,即使用高速缓冲存储器(Cache)、主存储器和外存储器,这时内存包括主存与高速缓存两部分。

在计算机中,数据存储的最小单位为一个二进制位(bit,b)。一位可存储一个二进制数0或1。由于bit太小,无法用来表示出数据的信息含义,所以把8个连续的二进制位组合在一起就构成一个字节(Byte,B),一般用字节来作为计算机存储容量的基本单位。

常用的单位有 B、kB、MB、GB、TB、PB,它们之间的换算关系如下:

$1kB=2^{10}B=1024B$;$1MB=2^{20}B=1024kB$

$1GB=2^{30}B=1024MB$;$1TB=2^{40}B=1024GB$

$1PB=2^{50}B=1024TB$

4. 输入设备

输入设备用于接受用户输入的原始数据和程序,并将它们转换成计算机可以识别的形式(二进制)存放到内存中。常用的输入设备有键盘、鼠标、触摸屏、摄像头、扫描仪、游戏杆、话筒等。

5. 输出设备

输出设备用于将存放在内存中由计算机处理的结果转变为用户可接受的形式。常用的输出设备有显示器、触摸屏、打印机、绘图仪、音箱等。

输入设备和输出设备简称为 I/O (Input/Outut) 设备。

6. 总线与接口

在计算机系统中,总线(Bus)是各部件(或设备)之间传输数据的公用通道。从主机各个部件之间的连接,到主机与外部设备之间的连接,几乎都采用了总线结构,所以计算机系统是多总线结构的计算机。

(1) 根据总线传送信息的类别,可以把总线分为三类:

1) 数据总线:用于传送程序或数据;

2) 地址总线:用于传送主存储器地址码或外围设备码;

3) 控制总线:用于传送控制信息。

(2) 根据数据传输方式,总线可分为串行总线和并行总线:

1) 串行总线二进制数据逐位通过一根数据线发送到目的部件(或设备),常见的串行总线有 RS-232、PS/2、USB 等。

2) 并行总线数据线有许多根,故一次能发送多个二进制位数据,如 PCI 总线等。

各种外部设备通过接口与计算机主机相连,即通过接口,可以把打印机、扫描仪、U盘、数码相机(DC)、数码摄像机(DV)、移动硬盘、手机等外部设备连接到电脑上。

微型计算机主板上常见的接口有 USB 接口、HDMI 接口、音频接口和显示接口等。

【例 8-1-1】(历年真题)在计算机的运算器上可以:

A. 直接解微分方程　　　　　　　B. 直接进行微分运算

C. 直接进行积分运算　　　　　　D. 进行算术运算和逻辑运算

【解答】运算器上可以进行算术运算和逻辑运算,应选 D 项。

【例 8-1-2】(历年真题)程序计数器(PC)的功能是:

A. 对指令进行译码　　　　　　　　B. 统计每秒钟执行指令的数目
C. 存放下一条指令的地址　　　　　D. 存放正在执行的指令地址

【解答】程序计数器的功能是存放下一条指令的地址，应选 C 项。

【例 8-1-3】（历年真题）计算机存储器是按字节进行编址的，一个存储单元是：

A. 8 个字节　　　　　　　　　　　B. 1 个字节
C. 16 个二进制数位　　　　　　　 D. 32 个二进制数位

【解答】一个存储单元是 1 个字节，即 8 个二进制数位，应选 B 项。

【例 8-1-4】（历年真题）总线中的控制总线传输的是：

A. 程序和数据　　　　　　　　　　B. 主存储器的地址码
C. 控制信息　　　　　　　　　　　D. 用户输入的数据

【解答】总线中的控制总线传输的是控制信息，应选 C 项。

五、计算机软件系统

软件的分类，一种分类方法是根据国家标准《计算机软件分类与代码》中有关规定，将软件分为：系统软件（操作系统）、支撑软件（软件开发工具、数据库管理系统等）和应用软件三类。其中，支撑软件是指支援其他软件的编写制作和维护的软件。

按传统分类方法，将软件分为：系统软件、应用软件。

1. 系统软件

系统软件是指控制计算机的运行，管理计算机的各种资源，并为应用软件提供支持和服务的一类软件。在系统软件的支持下，用户才能运行各种应用软件。系统软件通常包括操作系统、语言处理程序和各种实用程序等。

（1）操作系统

为了使计算机系统的所有软、硬件资源协调一致，有条不紊地工作，就必须有一个软件来进行统一的管理和调度，这种软件就是操作系统。它也是最靠近硬件一层，其作用是管理资源；提供用户界面，提高用户的工作效率。详细内容见本章第二节。

（2）程序设计语言与语言处理程序

1）程序设计语言

程序设计语言是人与计算机交流的工具，是用来书写计算机程序的工具，也可用不同语言来进行描述。通常将程序设计语言分为机器语言、汇编语言和高级语言三类。

机器语言是由"0"和"1"二进制代码按一定规则组成的，能被机器直接理解、执行的指令集合。机器语言中的每一条语句实际上是一条二进制形式的指令代码。

汇编语言是使用一些反映指令功能的助记符来代替机器语言的符号语言。例如用ADD 表示加、SUB 表示减、JMP 表示程序跳转等，这种指令助记符的语言就是汇编语言（也称为符号语言）。

高级语言是一种接近与自然语言和数学公式的程序设计语言。高级语言之所以"高级"，就是因为它使程序员可以不用与计算机的硬件打交道，可以不必了解机器的指令系统，极大地提高了编程的效率。典型的高级语言有：FORTRAN、COBOL、BASIC、Pascal、C、C++、JaVa、Python 等。其中，JaVa 主要为网络应用开发使用；Python 可用于应用程序开发、网络编程、网站设计等。

2）语言处理程序

除了用机器语言编制的程序能够被计算机直接理解和执行外,其他的程序设计语言编写的程序计算机都不能直接执行,这种程序称为源程序,必须将源程序经过一个翻译过程才能转换为计算机所能识别的机器语言程序,实现这个翻译过程的工具是语言处理程序。针对不同的程序设计语言编写出的程序,语言处理程序也有不同的形式。

汇编程序是将汇编语言编制的程序(称为源程序)翻译成机器语言程序(也称为目标程序)的工具。

高级语言翻译程序是将高级语言编写的源程序翻译成目标程序的工具。翻译程序有两种工作方式:解释方式和编译方式。相应的翻译工具也分别称为解释程序和编译程序:

① 解释方式。这种方式如同"同声翻译",解释程序对源程序进行逐句分析,若没有错误,将该语句释译成一个或多个机器语言指令,然后立即执行这些指令;若当它解释时发现错误,会立即停止,报错并提醒用户更正代码。解释方式不生成目标程序。

② 编译方式。这种方式如同"笔译",编译程序对整个源程序经过编译处理,产生一个与源程序等价的目标程序,但目标程序还不能直接执行,因为程序中还可能要调用一些其他语言编写的程序或库函数,所有这些程序通过连接程序将目标程序和有关的程序库组合成一个完整的可执行程序,见图 8-1-3。产生的可执行程序可独立存在并反复使用。故编译方式执行速度快,但每次修改源程序,都必须重新编译。大多数高级语言都是采用编译方式。

图 8-1-3　编译方式的工作过程

2. 数据库系统

数据库系统由数据库(存放数据)、数据库管理系统(管理数据)、数据库应用程序(应用数据)、数据库管理员(管理数据库系统)和硬件等组成。

数据库管理系统是数据库系统的重要组成部分,其主要提供的功能有:建立数据库、编辑、修改、增删数据库内容等对数据的维护功能;对数据的检索、排序、统计等使用数据库的功能;友好的交互式输入/输出能力;使用方便、高效的数据库编程语言;允许多用户同时访问数据库;提供数据独立性、完整性、安全性的保障。目前常用数据库管理系统有:Access、SQLServer、Oracle、Sybase、DB_2 等。

3. 应用软件

利用计算机的软硬件资源为某一专门的应用目的而开发的软件称为应用软件。

(1) 办公软件包。常用的文字处理软件有微软公司的 Microsoft Word 和我国金山公司的 WPS 等。常用的电子表格处理软件有 Microsoft Excel 等。

(2) 计算机辅助设计软件。在工程技术领域计算机辅助设计 CAD 软件被广泛使用。常用的计算机辅助设计软件是 AutoCAD,它极大地提高了土木工程设计人员的工作效率。

(3) 图像处理软件。图像软件主要用于创建和编程位图文件。Windows 自带的"画图"是一个简单的图像软件,Adobe 公司开发的 Photoshop 软件是目前流行的图像软件。常见的动画制作软件有 3D MAX、Flash 等。

(4) 网络服务软件。网络服务软件繁多,常用的有浏览器、电子邮件、FTP 文件传输、博客、微信、即时通信等软件等。

【例 8-1-5】（历年真题）目前，人们常用的文字处理软件有：
A. Microsoft Word 和国产文字处理软件 WPS
B. Microsoft Excel 和 AutoCAD
C. Microsoft Access 和 Visual Foxpro
D. Visual BASIC 和 Visual C++

【解答】常用的文字处理软件是 Microsoft Word 和国产 WPS，应选 A 项。

【例 8-1-6】（历年真题）用高级语言编写的源程序，将其转换成能在计算机上运行的程序过程是：
A. 编译、连接、执行   B. 编辑、编译、连接
C. 连接、翻译、执行   D. 编程、编辑、执行

【解答】高级语言编写的源程序，当为编译方式时，其过程为：编译、连接、执行，应选 A 项。

【例 8-1-7】（历年真题）计算机的支撑软件是：
A. 计算机软件系统内的一个组成部分
B. 计算机硬件系统内的一个组成部分
C. 计算机应用软件内的一个组成部分
D. 计算机专用软件内的一个组成部分

【解答】支撑软件是计算机软件系统内的一个组成部分，应选 A 项。

【例 8-1-8】（历年真题）计算机可以直接执行的程序是用：
A. 自然语言编制的程序   B. 汇编语言编制的程序
C. 机器语言编制的程序   D. 高级语言编制的程序

【解答】计算机可以直接执行的是机器语言编制的程序，应选 C 项。

习 题

8-1-1（历年真题）计算机系统中，存储器系统包括：
A. 寄存器组、外存储器和主存储器
B. 寄存器组、高速缓冲存储器（Cache）和外存储器
C. 主存储器、高速缓冲存储器（Cache）和外存储器
D. 主存储器、寄存器组和光盘存储器

8-1-2（历年真题）计算机系统内的系统总线是：
A. 计算机硬件系统的一个组成部分   B. 计算机软件系统的一个组成部分
C. 计算机应用软件系统的一个组成部分   D. 计算机系统软件的一个组成部分

8-1-3（历年真题）软件系统中，能够管理和控制计算机系统全部资源的软件是：
A. 应用软件   B. 用户程序   C. 支撑软件   D. 操作系统

8-1-4（历年真题）计算机系统的内存存储器是：
A. 计算机软件系统的一个组成部分   B. 计算机硬件系统的一个组成部分
C. 隶属于外围设备的一个组成部分   D. 隶属于控制部件的一个组成部分

8-1-5（历年真题）根据冯·诺依曼结构原理，计算机的硬件由：
A. 运算器、存储器、打印机组成

B. 寄存器、存储器、硬盘存储器组成
C. 运算器、控制器、存储器、I/O 设备组成
D. CPU、显示器、键盘组成

8-1-6 （历年真题）当前微机所配备的内存储器大多是：
A. 半导体存储器　　　　　　　　B. 磁介质存储器
C. 光线（纤）存储器　　　　　　D. 光电子存储器

8-1-7 （历年真题）根据冯·诺依曼结构原理，计算机的 CPU 是由：
A. 运算器、控制器组成　　　　　B. 运算器、寄存器组成
C. 控制器、寄存器组成　　　　　D. 运算器、存储器组成

8-1-8 （历年真题）计算机的信息数量的单位常用 kB、MB、GB、TB 表示，它们中表示信息数量最大的一个是：
A. kB　　　　B. MB　　　　C. GB　　　　D. TB

第二节　常用操作系统

一、概述

操作系统的三个基本特征：并发性、共享性和随机性。其中，随机性是指操作系统的运行是在一个随机的环境中进行的。

1. 操作系统的分类

按系统的功能分类，操作系统可分为三种基本类型：批处理系统，分时系统，实时系统。随着计算机体系结构的发展，又出现了许多种操作系统，如个人计算机操作系统（如 Windows、Linux）、网络操作系统（如 Windows Server）和智能手机操作系统（如 Android、iOS）。

(1) 批处理系统

批处理系统的主要特点是允许用户将由程序、数据以及说明如何运行该作业的操作说明书组成的作业一批批地提交系统，然后不再与作业发生交互作用，直到作业运行完毕后，才能根据输出结果分析作业运行情况，确定是否需要适当修改再次上机。目前较少采用批处理系统。

(2) 分时操作系统

分时操作系统的主要特点是将 CPU 的时间划分成时间片，轮流接收和处理各个用户从终端输入的命令。典型的分时操作系统有 UNIX、Linux 等。

(3) 实时操作系统

实时操作系统的主要特点是指对信号的输入、计算和输出都能在一定的时间范围内完成。实时操作系统可以分成两类：实时控制系统（如飞机自动导航系统）和实时信息处理系统（如机票订购系统、联机检索系统）。常用的实时操作系统有 RDOS 等。

2. 常用操作系统

常用操作系统目前主要有 Windows、UNIX、Linux、Mac OS 和 Android。

【例 8-2-1】（历年真题）允许多个用户以交互方式使用计算机的操作系统是：
A. 批处理单道系统　　　　　　　B. 分时操作系统

C. 实时操作系统　　　　　　　　　　D. 批处理多道系统

【解答】分时操作系统是指允许多个用户以交互方式使用计算机，应选 B 项。

二、操作系统的基本功能

操作系统的基本功能是处理机管理、存储管理、文件系统和设备管理。

1. 进程和处理机管理（也称为程序管理）

处理机管理的主要功能是把 CPU 的时间有效地、合理地分配给各个正在运行的程序。在许多操作系统中，包括 CPU 在内的系统资源是以进程为单位分配的，因此，处理机管理在某种程度上也可以说是进程管理。

（1）程序

在早期的计算机系统中，一旦某个程序开始运行，它就占用了整个系统的所有资源，直到该程序运行结束，这就是所谓的单道程序系统。

为了提高系统资源的利用率，后来的操作系统都允许同时有多个程序被加载到内存中执行，这样的操作系统称为多道程序系统。在多道程序系统中，从宏观上看，系统中多道程序是在并行执行；从微观上看，在任一时刻仅能执行一道程序，各程序是交替执行的。因此，操作系统必须能够对包括处理机在内的系统资源进行管理。

（2）进程

进程可以认为是一个正在执行的程序，或者说，进程是一个程序与其数据一道在计算机上顺序执行时所发生的活动。一个程序被加载到内存，系统就创建了一个进程，程序执行结束后，该进程也就消亡了。当一个程序同时被执行多次时，系统就创建了多个进程，尽管是同一个程序。

进程的基本特征是：动态性、并发性、独立性和异步性。

并发性是指系统中可以同时有几个进程在活动，也就是说，同时存在几个程序的执行过程。并发性是进程的重要特征之一，也就是操作系统的重要特征。

异步性是指进程按各自独立的、不可预知的速度前进，也就是说，进程是按异步方式运行的。

进程在它的整个生命周期中有三个基本状态：就绪，运行，挂起（也称为"等待"或"睡眠"）。在运行期间，进程不断地从一个状态转换到另一个状态。处于执行状态的进程，因时间片用完就转换为就绪状态，因为需要访问某个资源，而该资源被别的进程占用，则由执行状态转换为挂起状态；处于挂起状态的进程因发生了某个事件后（需要的资源满足了）就转换为就绪状态；处于就绪状态的进程被分配了 CPU 后就转换为执行状态。

程序和进程的主要差异是：

1）程序是一个静态的概念，指的是存放在外存储器上的程序文件；进程是一个动态的概念，描述程序执行时的动态行为。

2）程序可以脱离机器长期保存，即使不执行的程序也是存在的。而进程是执行着的程序，当程序执行完毕，进程也就不存在了。

3）一个程序可多次执行并产生多个不同的进程。

（3）线程

随着硬件和软件技术的发展，为了更好地实现并发处理和共享资源，提高 CPU 的利用率，目前许多操作系统把进程再"细分"成线程（threads）。线程描述进程内的执行，是某些操作系统分配 CPU 时间的基本单位。

一个进程可以有多个线程，它们共享许多资源。采用多线程的优点有：响应效果好、资源共享、经济、更好地应用多处理器结构。

目前，在 UNIX 中，进程仍然是 CPU 的分配单位，而在 Windows 中，线程是 CPU 的分配单位。目前大部分的应用程序都是多线程的结构。

【例 8-2-2】（历年真题）操作系统中的进程与处理器管理的主要功能是：
A. 实现程序的安装、卸载
B. 提高主存储器的利用率
C. 使计算机系统中的软硬件资源得以充分利用
D. 优化外部设备的运行环境

【解答】进程与处理器管理的主要功能是使计算机系统的软硬件资源得以充分利用，应选 C 项。

【例 8-2-3】（历年真题）可以这样来认识进程，进程是：
A. 一段执行中的程序　　　　　B. 一个名义上系统软件
C. 与程序等效的一个概念　　　D. 一个存放在 ROM 中的程序

【解答】进程是一段执行中的程序，应选 A 项。

【例 8-2-4】（历年真题）下面四条有关线程的表述中，其中错误的一条是：
A. 线程有时也称为轻量级进程
B. 有些进程只包含一个线程
C. 线程是所有操作系统分配 CPU 时间的基本单位
D. 把进程再仔细分成线程的目的是为更好地实现并发处理和共享资源

【解答】线程不是所有操作系统（如 UNIX）分配 CPU 时间的基本单位，应选 C 项。

2. 存储管理

(1) 虚拟内存

由于内存的容量相对较小，往往无法满足实际的需要。为了解决这个问题，操作系统使用硬盘空间模拟内存，为用户提供了一个比实际内存大得多的内存空间。在计算机的运行过程中，当前使用的部分保留在内存中，其他暂时不用的存放在外存中，操作系统根据需要负责进行内外存的交换。虚拟内存的最大容量与 CPU 的寻址能力有关。虚拟内存在 Windows 中又称为页面文件。

(2) 存储器分配

存储器分配是存储管理的重要部分。

此外，存储管理的功能还有地址的转换、信息的保护等。

3. 设备管理

(1) 设备的分类

操作系统所管理的设备是指除 CPU 和内存储器以外的所有输入/输出设备。这些设备可以从不同的角度进行分类。

1) 按设备的使用特性分类。它可分为：①存储设备，如硬盘；②输入/输出设备。
2) 按设备的共享属性分类。它可分为：①独享设备；②共享设备；③虚拟设备。
3) 按设备的从属关系分类。它可分为：①系统设备，如键盘、显示器等；②用户设备，如网卡、扫描仪等。

（2）Windows 的设备管理

设备驱动程序是操作系统管理和驱动设备的程序。用户使用设备之前，必须已经安装驱动程序，否则无法使用。Windows 的设备管理功能有：即插即用、热插拔、通用即插即用、集中统一管理。在 Windows 中，对设备进行集中统一管理的是设备管理器和控制面板。

4. 文件系统与管理

在操作系统中，负责管理和存取文件信息的部分称为文件系统或信息管理系统。在文件系统的管理下，用户可以按照文件名访问文件，而不必考虑各种外存储器的差异，不必了解文件在外存储器上的具体物理位置以及如何存放的。文件系统为用户提供了一个简单、统一的访问文件的方法，因此也被称为用户与外存储器的接口。

（1）文件夹（也称为目录）与文件路径

在计算机中，任何一个文件都有文件名。一般来说，文件名分为文件主名和扩展名两个部分。文件扩展名表示文件的类型。

一个磁盘上的文件成千上万，为了有效地管理和使用文件，用户通常在磁盘上创建文件夹（目录），在文件夹下再创建子文件夹（子目录），也就是将磁盘上所有文件组织成树状结构，然后将文件分门别类地存放在不同的文件夹中。

访问磁盘上的文件，文件路径有两种方式：

1）绝对路径：从根目录开始，依序到该文件之前的名称。

2）相对路径：从当前目录开始到某个文件之前的名称。

在 Windows 中，桌面上有"我的文档""我的电脑""网上邻居""回收站"等系统专用的文件夹，不能改名，被称为系统文件夹。

（2）Windows 的文件管理

Windows 中"我的电脑"和"资源管理器"是 Windows 提供的用于管理文件和文件夹的工具，利用它们可以显示文件夹的结构和文件的详细信息，启动应用程序，打开文件，查找文件，复制文件以及直接访问 Internet 等。用户可以根据自己的习惯和要求来选择这两种工具中的一种。

习 题

8-2-1 （历年真题）操作系统作为一种系统软件，存在着与其他软件明显不同的三个特征是：

A. 可操作性、可视性、公用性　　B. 并发性、共享性、随机性

C. 随机性、公用性、不可预测性　　D. 并发性、可操作性、脆弱性

8-2-2 （历年真题）在计算机系统中，设备管理是指对：

A. 除 CPU 和内存储器以外的所有输入/输出设备的管理

B. 包括 CPU 和内存储器以及所有输入/输出设备的管理

C. 除 CPU 外，包括内存储器以及所有输入/输出设备的管理

D. 除内存储器外，包括 CPU 以及所有输入/输出设备的管理

8-2-3 （历年真题）Windows 提供了两个十分有效的文件管理工具，它们是：

A. 集合和记录
B. 批处理文件和目标文件
C. 我的电脑和资源管理器
D. 我的文档、文件夹

8-2-4 （历年真题）操作系统中采用虚拟存储技术，是为了对：
A. 外围存储空间的分配　　　　　B. 外存储器进行变换
C. 内存储器的保护　　　　　　　D. 内存储器容量的扩充

8-2-5 （历年真题）操作系统中采用虚拟存储技术，实际上是为实现：
A. 在一个较小的内存储空间上，运行一个较小的程序
B. 在一个较小的内存储空间上，运行一个较大的程序
C. 在一个较大的内存储空间上，运行一个较小的程序
D. 在一个较大的内存储空间上，运行一个最大的程序

8-2-6 （历年真题）在下面四条有关进程特征的叙述中，其中正确的一条是：
A. 静态性、并发性、共享性、同步性
B. 动态性、并发性、共享性、异步性
C. 静态性、并发性、独立性、同步性
D. 动态性、并发性、独立性、异步性

8-2-7 （历年真题）操作系统的设备管理功能是对系统中的外围设备：
A. 提供相应的设备驱动程序、初始化程序和设备控制程序等
B. 直接进行操作
C. 通过人和计算机的操作系统对外围设备直接进行操作
D. 既可以由用户干预，也可以直接执行操作

8-2-8 （历年真题）操作系统中的文件管理是：
A. 对计算机的系统软件资源进行管理　　B. 对计算机的硬件资源进行管理
C. 对计算机用户进行管理　　　　　　　D. 对计算机网络进行管理

8-2-9 （历年真题）若干台计算机相互协作完成同一任务的操作系统属于：
A. 分时操作系统　　　　　　　　B. 嵌入式操作系统
C. 分布式操作系统　　　　　　　D. 批处理操作系统

8-2-10 （历年真题）批处理操作系统的功能是将用户的一批作业有序地排列起来：
A. 在用户指令的指挥下、顺序地执行作业流
B. 计算机系统会自动地、顺序地执行作业流
C. 由专门的计算机程序员控制作业流的执行
D. 由微软提供的应用软件来控制作业流的执行

第三节　计算机中数据的表示

一、信息在计算机的表示

1. 信息和数据

数据是对客观事物的性质、状态以及相互关系等进行记载的物理符号或是这些物理符

号的组合。数据是可识别的、抽象的符号。这些符号不仅指数字,而且包括字符、文字、图形等。

数据经过处理后,其表现形式仍然是数据。处理数据是为了便于更好地解释,只有经过解释,数据才有意义,才成为信息。因此,信息是经过加工并对客观世界产生影响的数据。信息与数据是不同的,信息有意义,而数据没有。通常,在计算机中经常将信息和数据这两个词不加以严格区分,互换使用。

2. 二进制编码

在计算机中要将数值、文字、图形、图像、声音等各种数据进行二进制编码才能存放到计算机中进行处理。计算机中存放的任何形式的数据都以"0"和"1"的二进制编码表示和存放。采用二进制编码的优点如下:

(1) 物理上容易实现,可靠性强。
(2) 运算简单,通用性强。
(3) 计算机中二进制数的0、1数码与逻辑量"假"和"真"的0与1吻合,便于表示和进行逻辑运算。

因此,进入计算机中的各种数据都要进行二进制编码的转换。同样,从计算机输出数据而进行逆向的转换称为解码。

3. 数制转换

数制转换的内容,见本书第七章第九节。二进制的角标为B;八进制的角标为O;十进制的角标为D;十六进制的角标为H。

【例 8-3-1】(历年真题)十进制的数 256.625 用十六进制表示则是:
A. 100.B   B. 200.C
C. 100.A   D. 96.D

【解答】$256 \div 16$ 可得余数分别为:0、0、1,故整数为100;
0.625×16 可得整数位数为:10,故小数为A。
综上,$(256.625)_D = (100.A)_H$,应选C项。

【例 8-3-2】(历年真题)十进制的数 256.625,用八进制表示则是:
A. 412.5   B. 326.5
C. 418.8   D. 400.5

【解答】$256 \div 8$ 可得余数分别为:0、0、4,故整数为400;
0.625×8 可得整数位数为:5,故小数为5。
综上,$(256.625)_D = (400.5)_O$,应选D项。

二、数据在计算机中的表示

1. 数值数据在计算机中的表示

数值数据在计算机中的表示,见本书第七章第九节。

2. 非数值数据在计算机中的表示

非数值数据有字符编码、多媒体信息编码等。其中,字符包括西文字符(英文字母、数字、各种符号)和中文字符。

(1) 西文字符编码

对西文字符编码最常用的是 ASCII 字符编码(美国信息交换标准代码)。ASCII 是用

7 位二进制编码，它可以表示 2^7，即 128 个字符，见表 8-3-1。每个字符用 7 位基 2 码表示，其排列次序为 $d_6d_5d_4d_3d_2d_1d_0$，d_6 为高位，d_0 为低位。

7 位 ASCII 代码表　　　　　　　　　　　　表 8-3-1

$d_3d_2d_1d_0$	$d_6d_5d_4$	000	001	010	011	100	101	110	111
		0	1	2	3	4	5	6	7
0000	0	NUL	DLE	SP	0	@	P	、	p
0001	1	SOH	DC1	!	1	A	Q	a	q
0010	2	STX	DC2	"	2	B	R	b	r
0011	3	EXT	DC3	#	3	C	S	c	s
0100	4	EOT	DC4	$	4	D	T	d	t
0101	5	ENQ	NAK	%	5	E	U	e	u
0110	6	ACK	SYN	&	6	F	V	f	v
0111	7	BEL	ETB	ʻ	7	G	W	g	w
1000	8	BS	CAN	(	8	H	X	h	x
1001	9	HT	EM	)	9	I	Y	i	y
1010	A	LF	SUB	*	:	J	Z	j	z
1011	B	VT	ESC	+	;	K	[	k	{
1100	C	FF	FS	,	<	L	\	l	|
1101	D	CR	GS	-	=	M	]	m	}
1110	E	SO	RS	·	>	N	↑	n	~
1111	F	SI	US	/	?	O	↓	o	DEL

在 ASCII 码表中可以看出，十进制码值 0～32 和 127（即 NUL～SP 和 DEL）共 34 个字符称为非图形字符（也称为控制字符）；其余 94 个字符称为图形字符（也称为普通字符）。在这些字符中，从 "0"～"9" "A"～"Z" "a"～"z" 都是顺序排列的，且小写比大写字母码值大 32，即位值 d_5 为 1（小写字母）、0（大写字母），这有利于大、小写字母之间的编码转换。

(2) 汉字字符编码

由于汉字具有特殊性，计算机在处理汉字时，汉字的输入、存储、处理和输出过程中所使用的汉字编码不同，之间要进行相互转换，过程如图 8-3-1 所示。

图 8-3-1　汉字信息处理系统的模型

1) 汉字输入码

汉字的输入码就是利用键盘输入汉字时对汉字的编码。目前常用的输入码主要分为两类：一类是音码类，如全拼码；另一类是形码类，如五笔字型法。

2) 汉字国标码

国标码是我国 1980 年发布的《信息交换用汉字编码字符集——基本集》GB 2312—80，是中文信息处理的国家标准，也称汉字交换码，简称 GB 码。考虑到与 ASCII 编码的关系，国标码中每个汉字用两个字节表示，使用了每个字节的低 7 位。

3) 汉字机内码

一个汉字国标码占两个字节，每个字节最高位仍为"0"；英文字符的机内代码是 7 位 ASCII 码，最高位也为"0"。为了在计算机内部能够区分是汉字编码还是 ASCII 码，将汉字国标码的每个字节的最高由"0"变为"1"，变换后的国标码称为汉字机内码。由此可知汉字机内码的每个字节都大于 128，而每个西文字符的 ASCII 码值均小于 128。

4) 汉字字形码

汉字字形码又称汉字字模，用于汉字在显示屏或打印机输出。汉字字形码通常有两种表示方式：点阵和矢量。

用点阵表示字形时，汉字字形码指的就是这个汉字字形点阵的代码。根据输出汉字的要求不同，点阵的多少也不同。字库中存储了每个汉字的点阵代码，当显示输出时才检索字库，输出字模点阵得到字形。

矢量表示方式存储的是描述汉字字形的轮廓特征，当要输出汉字时，通过计算机的计算，由汉字字形描述生成所需大小和形状的汉字。矢量化字形描述与最终文字显示的大小、分辨率无关，因此可产生高质量的汉字输出。

【例 8-3-3】（历年真题）在计算机内，ASCII 码是为：
A. 数字而设置的一种编码方案　　　　B. 汉字而设置的一种编码方案
C. 英文字母而设置的一种编码方案　　D. 常用字符而设置的一种编码方案

【解答】ASCII 码是为常用字符（英文字母、数字、符号）而设置的一种编码方案，应选 D 项。

【例 8-3-4】（历年真题）汉字的国标码是用两个字节码表示，为与 ASCII 码区别，是将两个字节的最高位：
A. 都置成 0　　　　　　　　　　　　B. 都置成 1
C. 分别置成 1 和 0　　　　　　　　　D. 分别置成 0 和 1

【解答】汉字国标码将两个字节的最高位都置成 1，应选 B 项。

(3) 多媒体信息编码

1) 声音信息编码

声音是由空气中分子振动产生的波传到人们的耳朵，引起耳膜振动，这就是人们听到的声音。声波在时间上和幅度上都是连续变化的模拟信号。若要用计算机对声音处理，就要将模拟信号转换成数字信号，这一转换过程称为模拟音频的数字化。数字化过程涉及声音的采样、量化和编码。

采样和量化的过程可由 A/D（模/数）转换器实现。经采样和量化的声音信号再经编码后就成为数字音频信号，以数字声波文件形式保存在计算机的存储介质中。若要将数字声音输出，必须通过 D/A（数/模）转换器将数字信号转换成原始的模拟信号。

数字音频的质量由三项指标组成：采样频率、量化位数（即采样精度）和声道数。

数字音频信息在计算机中是以文件的形式保存，通常有：WAV（wav）文件、MIDI（mid）文件、MP3 文件、RA（ra）文件和 WMA（wma）文件。

2）图形和图像信息编码

图形一般是指通过绘图软件绘制的由直线、圆、圆弧、任意曲线等图元组成的画面，以矢量图形文件形式存储，占用的存储空间小。矢量图形文件存储的是描述生成图形的指令，因此不必对图形中每一点进行数字化处理。

图像是由扫描仪、数字照相机、摄像机等输入设备捕捉的真实场景画面产生的映像，数字化后以位图形式存储。位图文件中存储的是构成图像的每个像素点的亮度、颜色，位图文件的大小与分辨率和色彩的颜色种类有关，放大、缩小要失真，占用的存储空间比矢量文件大。

现实中的图像是一种模拟信号。图像的数字化是指将一幅真实的图像转变成为计算机能够接受的数字形式，这涉及对图像的采样和量化。

采样就是将空间上连续的图像转换成离散点的过程，采样的实质就是用多少个像素（pixels）点来描述这一幅图像，称为图像的分辨率，用"列数×行数"表示，分辨率越高，图像越清晰，存储量也越大。

量化则是在图像离散化后，将表示图像色彩浓淡的连续变化值离散化为整数值的过程。把量化时所确定的整数值取值个数称为量化级数，表示量化的色彩值（或亮度）所需的二进制位数称为量化字长。一般可用 8 位、16 位、24 位、32 位等来表示图像的颜色，24 位可以表示 $2^{24}=16777216$ 种颜色，称为真彩色。

将采样和量化后的数字数据转换成用二进制数码 0 和 1 表示的形式。

图像的分辨率和像素位的颜色深度决定了图像文件的大小，计算公式为：

列数×行数×颜色深度÷8＝图像字节数

例如，当要表示一个分辨率为 1280×1024 的"24 位真彩色"图像，则图像大小为：1280×1024×24÷8≈4MB。

可见，数字化后的图像数据量十分巨大，必须采用编码技术来压缩信息。

图形图像文件格式通常有：BMP（bmp）文件、GIF（gif）文件、JPEG（jpg）文件、WMF（wmf）文件和 PNG（png）文件等。

【例 8-3-5】（历年真题）一幅图像的分辨率为 640×480 像素，这表示该图像中：

A. 至少由 480 个像素组成　　　　　B. 总共由 480 个像素组成
C. 每行由 640×480 个像素组成　　　D. 每列由 480 个像素组成

【解答】排除法，A、B、C 项均错误，应选 D 项。

习　题

8-3-1　（历年真题）将二进制数 11001 转换成相应的十进制数，其正确结果是：
A. 25　　　　B. 32　　　　C. 24　　　　D. 22

8-3-2　（历年真题）图像中的像素实际上就是图像中的一个个光点，这光点：
A. 只能是彩色的，不能是黑白的
B. 只能是黑白的，不能是彩色的
C. 既不能是彩色的，也不能是黑白的

D. 可以是黑白的，也可以是彩色的

8-3-3 （历年真题）下面四个二进制数中，与十六进制数 AE 等值的一个是：
A. 10100111　　　　B. 10101110　　　　C. 10010111　　　　D. 11101010

8-3-4 （历年真题）计算机中度量数据的最小单位是：
A. 数 0　　　　　　B. 位　　　　　　　C. 字节　　　　　　D. 字

8-3-5 （历年真题）在下面列出的四种码中，不能用于表示机器数的一种是：
A. 原码　　　　　　B. ASCII 码　　　　C. 反码　　　　　　D. 补码

8-3-6 （历年真题）影响计算机图像质量的主要参数有：
A. 存储器的容量、图像文件的尺寸、文件保存格式
B. 处理器的速度、图像文件的尺寸、文件保存格式
C. 显卡的品质、图像文件的尺寸、文件保存格式
D. 分辨率、颜色深度、图像文件的尺寸、文件保存格式

第四节　计算机网络

一、计算机网络的概念与功能

当今人类社会是一个以网络为核心的信息社会，其特征是数字化、网络化和信息化。其中，信息化的三大技术支柱是计算机技术、通信技术和计算机网络。

1. 计算机网络的概念

计算机网络就是一群具有独立功能的计算机通过通信线路和通信设备互联起来，在功能完善的网络软件（网络协议、网络操作系统等）的支持下，实现计算机之间数据通信和资源共享的系统。

在计算机网络中，各计算机都安装有操作系统，能够独立运行。也就是说，在没有网络或网络崩溃的情况下，各计算机仍然能够运行。

2. 计算机网络的功能

计算机网络的基本功能有两个：数据通信和资源共享。

（1）数据通信是计算机网络最基本的功能。其他所有的功能都是构筑在数据通信基础上的，没有数据通信功能，也就没有所有功能。

（2）资源共享是计算机网络最主要的功能。可以共享的网络资源包括硬件、软件和数据。其中，最重要的是数据资源。

二、计算机网络的分类

1. 按网络覆盖的地理范围分类

按网络覆盖的地理范围，计算机网络可分为：局域网、城域网和广域网。

（1）局域网

局域网（LAN）是指地理范围在几米到十几公里内的计算机及外围设备通过高速通信线路相连的网络，常见于一幢大楼、一个工厂、一个企业或一个校园内。这样的网络常称为企业网或校园网。常见的局域网主要有两种：以太网（Ethernet）和无线局域网（WLAN）。

（2）城域网

城域网（MAN）覆盖了一个城市。典型的城域网例子有两个：一个是有线电视网；

另一个是宽带无线接入系统。常见到的是作为一个公用设施，被一个或几个单位所拥有，将多个局域网互联起来的城域网，采用的技术是以太网技术。

(3) 广域网

广域网（WAN），也称为远程网，所覆盖的范围从几十公里到几千公里，它能连接多个城市或国家，或横跨几个洲并能提供远距离通信，目的是将分布在不同地区的局域网或计算机系统互连起来以达到资源共享。常见的广域网主要有：公用数据网（PDN）、数字数据网（DDN）、综合业务数据网（ISDN）、帧中继网（FR）、千兆以太网（GE）与10GE 的光以太网等。它们使用的通信干线主要有光缆、微波中继线等。

2. 按网络的交换功能分类

按照交换的功能将计算机网络分类，常用的交换方法有电路交换、报文交换和分组交换。其中，电路交换类似于传统的电话交换方式；报文交换类似于古代的邮政通信，邮件由途中的驿站逐个存储转发；分组交换是将一个长的报文划分为许多定长的报文分组，以分组作为传输的基本单位。分组交换优于电路交换、报文交换。

3. 其他分类

(1) 按采用的传输介质，可分为双绞线网、同轴电缆网、光纤网、无线网等。

(2) 按网络传输技术，可分为广播式网络和点到点式网络。

(3) 按线路上所传输信号的不同，可分为基带网和宽带网。

(4) 按网络的使用范围进行分类，可分为公用网和专用网。

【例 8-4-1】（历年真题）若按采用的传输介质的不同，可将网络分为：

A. 双绞线网、同轴电缆网、光纤网、无线网

B. 基带网和宽带网

C. 电路交换类、报文交换类、分组交换类

D. 广播式网络、点到点式网络

【解答】按传输介质的不同，网络可分为双绞线网、同轴电缆网、光纤网、无线网，应选 A 项。

【例 8-4-2】（历年真题）广域网，又称为远程网，它所覆盖的地理范围一般：

A. 从几十米到几百米　　　　　　　B. 从几百米到几公里

C. 从几公里到几百公里　　　　　　D. 从几十公里到几千公里

【解答】广域网所覆盖的地理范围一般是从几十公里到几千公里，应选 D 项。

【例 8-4-3】（历年真题）构成信息化社会的主要技术支柱有三个，分别是：

A. 计算机技术、通信技术、网络技术

B. 数据库、计算机技术、数字技术

C. 可视技术、大规模集成技术、网络技术

D. 动画技术、网络技术、通信技术

【解答】构成信息化社会的三个技术支柱是计算机技术、通信技术、网络技术，应选 A 项。

三、计算机网络的组成

1. 从逻辑功能上，计算机网络的组成

从逻辑功能上看，计算机网络由通信子网和资源子网组成（图 8-4-1）。

图 8-4-1 通信子网和资源子网

（1）通信子网

由通信设备和通信线路组成的传输网络，位于网络内层，负责全网的数据传输、加工和交换等通信处理工作。

（2）资源子网

代表网络的数据处理资源和数据存储资源，位于网络的外围，负责全网数据处理和向网络用户提供资源及网络服务。

2. 从网络硬件系统和软件系统上看，计算机网络的组成

一个计算机网络由网络硬件系统和网络软件系统两大部分组成。

（1）网络硬件

网络硬件主要包括计算机设备、接口设备、传输媒体、互联设备等。

1）计算机设备

网络中的计算机设备通常有服务器和客户机之分。

① 服务器：通常是指速度快、容量大的特殊计算机，它是整个网络系统的核心，对客户机进行管理并提供网络服务。

② 客户机：是网络中使用共享资源的普通计算机，用户通过客户端软件可以向服务器请求提供各种服务，例如邮件服务、打印服务等。

2）接口设备

网卡是网络适配器（或称网络接口卡）的简称，是计算机和网络之间的物理接口。计算机通过网卡接入计算机网络。

3）网络传输介质

传输介质就是连接计算机的通信线路。常用的传输介质可分为有线介质和无线介质，有线介质主要有同轴电缆、双绞线、光纤，无线介质主要有无线电波、红外线等。

4）网络互联设备

要将多台计算机连接成局域网，除了需要插在计算机中的网卡、连接计算机的传输媒体外，还需要交换机、路由器等这样的网络互联设备。

(2) 网络软件

网络软件主要有以下三类：

1) 网络协议软件。网络协议负责保证网络中的通信能够正常进行。目前在局域网上常用的网络协议是 TCP/IP 协议。

2) 网络操作系统。网络操作系统是具有网络功能的操作系统，主要用于管理网络中所有资源，并为用户提供各种网络服务。网络操作系统一般都内置了多种网络协议软件。目前常用的网络操作系统有：Windows Server、UNIX 和 Linux。

3) 网络应用软件。网络应用软件是各式各样的，目的是为网络用户提供各种服务。例如，浏览网页的工具 Internet Explorer。

【例 8-4-4】（历年真题）在计算机网络中，常将负责全网络信息处理的设备和软件称为：

A. 资源子网 B. 通信子网
C. 局域网   D. 广域网

【解答】在计算机网络中，常将负责全网络信息处理的设备和软件称为资源子网，应选 A 项。

四、网络体系结构与协议

网络协议就是指在计算机网络中，通信双方为了实现通信而设计的规则。

在网络协议的分层结构中，相似的功能出现在同一层内；每层都是建立在它的前一层的基础上，相邻层之间通过接口进行信息交流；对等层间有相应的网络协议来实现本层的功能。这样网络协议被分解成若干相互有联系的简单协议，这些简单协议的集合称为协议栈。计算机网络的各个层次和在各层上使用的全部协议统称为计算机网络体系结构。目前，计算机网络存在两种系统结构占主导地位：OSI 体系结构和 TCP/IP 体系结构。OSI 体系结构具有七层，TCP/IP 体系结构具有四层。

1. ISO/OSI 参考模型

OSI（Open System Interconnection）参考模型是由国际标准化组织（ISO）于 1978 年制定的，这是一个异种计算机互联的国际标准。OSI 模型分为七层，其结构如图 8-4-2 所示。

图 8-4-2　TCP/IP 体系结构与 OSI 参考模型对照关系

2. TCP/IP 体系结构

TCP/IP 采用四层体系结构，见图 8-4-2。TCP/IP 协议并不是一个协议，而是由 100

多个网络协议组成的协议族,因为其中的传输控制协议(TCP)和网际协议(IP)最重要,所以被称为 TCP/IP 协议。

IP 协议是为数据在 Internet 上发送、传输和接收制定的详细规则,凡使用 IP 协议的网络都称为 IP 网络。IP 协议不能确保数据可靠地从一台计算机发送到另一台计算机,因为数据经过某一台繁忙的路由器时可能会被丢失。确保可靠交付的任务由 TCP 协议完成。

五、局域网

1. 局域网的拓扑结构

网络中的计算机等设备要实现互联,就需要以一定的结构方式进行连接,这种连接方式就称为拓扑结构。通常局域网的拓扑结构有:总线型结构、环形结构、星形结构、树形结构等。

2. 常用局域网

美国电气和电子工程师学会(IEEE)于 1980 年 2 月成立了局域网标准委员会(简称 IEEE 802 委员会),专门从事局域网标准化工作,并制定了一系列标准,统称为 IEEE 802 标准。目前最为常用的局域网标准有两个:IEEE802.3(以太网)和 IEEE802.11(无线局域网)。

采用 IEEE 802.3 标准组建的局域网就是以太网(Ethernet)。以太网是有线局域网,在局域网中历史最为悠久、技术最为成熟、应用最为广泛。

采用 IEEE 802.11 标准组建的局域网就是无线局域网(WLAN),它是局域网与无线通信技术相结合的产物,采用红外线或者无线电波进行数据通信,能提供有线局域网的所有功能,同时,还能按照用户的需要方便地移动或改变网络。目前无线局域网还不能完全脱离有线网络,它只是有线网络的扩展和补充。

【例 8-4-5】(历年真题)下列选项中不属于局域网拓扑结构的是:
A. 星形　　　　B. 互联形　　　　C. 环形　　　　D. 总线型

【解答】局域网拓扑结构有星形、环形、总线型,无互联形,故选 B 项。

六、因特网

1. IP 地址和域名

在社会中,每一个人都有一个身份证号码。在 Internet 上,每一台计算机也有一个身份证号码,即 IP 地址。在 IPv4(IP 的 v4 版本)中,IP 地址占用 4 个字节 32 位。由于几乎无法记住二进制形式的 IP 地址,所以 IP 地址通常以点分十进制形式表示。而点分十进制形式也难以让人记住,所以服务器采用域名表示。用户上网时输入域名,由域名服务器将域名转换成为 IP 地址,如图 8-4-3 所示。

图 8-4-3　域名服务器

(1) IP 地址

IP 地址由网络地址和主机地址组成。根据网络规模的大小,IP 地址分成 A、B、C、D、E 五类,其中 A 类、B 类和 C 类地址为基本地址,它们的格式如图 8-4-4 所示。

地址数据中的全 0 或全 1 有特殊含义,不能作为普通地址使用。例如,网络地址 127 专用于测试,不可用于其他用途。如果某计算机发送信息给 IP 地址为 127.0.0.1 的主机,则此信息将传送给该计算机自身。

1) A 类地址。网络地址部分有 8 位,其中最高位为 0,所以第一字节的值为 1~126

图 8-4-4 Internet 上的地址类型格式

(0 或 127 有特殊用途),即只能有 126 个网络可获得 A 类地址。主机地址是 24 位,一个网络中可以拥有 $2^{24}-2=16777214$ 台主机。A 类地址用于大型网络。

2) B 类地址。网络地址部分有 16 位,其中最高 2 位为 10,所以第一字节的值为 128~191(10000000B~10111111B)之间。主机地址也是 16 位,一个网络可含有 $2^{16}-2=65534$ 台主机。B 类地址用于中型网络。

3) C 类地址。网络地址部分有 24 位,其中最高 3 位为 110,所以第一字节地址范围在 192~223(11000000B~11011111B)之间。主机地址是 8 位,一个网络可含有 $2^8-2=254$ 台主机。C 类地址用于主机数量不超过 254 台的小网络。

采用点分十进制形成的 IP 地址很容易通过第一字节的值识别是属于哪一类的。例如,202.112.0.36 是 C 类地址。

由于地址资源紧张,因而在 A、B、C 类 IP 地址中,保留部分地址,保留的 IP 地址段不能在 Internet 上使用,但可重复地使用在各个局域网内。

(2) 域名

1) 域名结构

域名采用层次结构,整个域名空间好似一个倒置的树,树上每个节点上都有一个名字。一台主机的域名就是从树叶到树根路径上各个节点名字的序列,中间用"."分隔。域名从右到左(即由高到低或由大到小)分别称为顶级域名、二级域名、三级域名等。典型的域名结构为:主机名·单位名·机构名·国家名。

2) 顶级域名

顶级域名分为两类:一是国际顶级域名,共有 14 个,例如,com 表示商业类,edu 表示教育类;二是国家顶级域名,用两个字母表示世界各个国家和地区,例如,cn 表示中国,hk 表示中国香港地区,jp 表示日本,us 表示美国,de 表示德国,gb 表示英国。

3) 中国国家顶级域名

中国国家顶级域名即是.cn,注册的管理机构为中国互联网信息中心(CNNIC)。与.cn 对应的中文顶级域名".中国"于 2009 年生效,并自动把.cn 的域名免费升级为".中国",同时支持简体和繁体。

二级域名分为类别域名和行政区域名两类。其中,行政区域名对应我国的各省、自治区和直辖市,采用两个字符的汉语拼音表示。例如,bj 为北京市、sh 为上海市等。

2. 因特网接入

Internet 服务提供商(ISP)是接入 Internet 的桥梁。无论是个人还是单位的计算机都不是直接连到 Internet 上的,而是采用某种方式连接到 ISP 提供的某一台服务器上,通过它再连到 Internet。

Internet 接入技术主要有 ADSL(非对称数字用户环路)接入、有线电视接入、光纤接入和无线接入。

上述接入方式都可以使一台计算机使用一个账号接入 Internet。如果要使一批计算机接入 Internet，而只使用一个账号，这种方式称为共享接入。共享接入通过构建局域网，将能接入 Internet 的计算机与其他计算机连接起来，其他计算机通过共享方式接入 Internet。常见的共享方式是利用路由器接入到 Internet，而其他的计算机或设备只要连接到路由器就能上网了。

3. 因特网提供的服务与应用

(1) WWW 服务

WWW（World Wide Web，万维网）是 Internet 上应用最广泛的一种服务。通过 WWW，任何一个人都可以立即访问世界上每一个网页查找、检索、浏览或发布信息。

浏览器访问服务器时所看到的画面称为网页（亦称 Web 页）。多个相关的网页合在一起便组成一个 Web 站点。用户输入域名访问 Web 站点时看到的第一个网页称为主页（Home Page），它是一个 Web 站点的首页。从主页出发，通过超链接可以访问所有的页面，也可以链接到其他网站。主页文件名一般为 index. html 或者 default. html。

为了使客户程序能找到位于整个 Internet 范围的某个信息资源，WWW 系统使用统一资源定位（Uniform Resource Locator，URL）规范。URL 由四部分组成：资源类型、存放资源的主机名、端口号、资源文件名。

WWW 采用客户机/服务器工作模式。用户在客户机上使用浏览器发出访问请求，服务器根据请求向浏览器返回信息。浏览器和服务器之间交换数据使用超文本传输协议（HTTP）。为了安全，可以使用 HTTPS 协议。

搜索引擎是用来搜索网上资源的工具。自 1994 年，斯坦福大学的 David Filo 和美籍华人杨致远共同创办了超级目录索引 Yahoo。目前，国内搜索引擎有：百度、搜狗搜索、360 搜索等。

(2) 其他服务与应用

因特网还提供文件传输、电子邮件、即时通信（如腾讯的微信和 QQ）、微博、远程桌面（它是以用户在本地计算机上控制远程计算机的一种技术）等服务与应用。

【例 8-4-6】（历年真题）域名服务器的作用是：

A. 为连入 Internet 网的主机分配域名

B. 为连入 Internet 网的主机分配 IP 地址

C. 为连入 Internet 网的一个主机域名寻找所对应的 IP 地址

D. 将主机的 IP 地址转换为域名

【解答】域名服务器的使用是为连入 Internet 网的一个主机域名寻找对应的 IP 地址，应选 C 项。

【例 8-4-7】（历年真题）下列有关因特网提供服务的叙述中，错误的一条是：

A. 文件传输服务、远程登录服务　　B. 信息搜索服务、WWW 服务

C. 信息搜索服务、电子邮件服务　　D. 网络自动连接、网络自动管理

【解答】因特网提供的服务有 A、B、C 项，无 D 项，故应选 D 项。

七、网络管理

根据国际标准化组织定义,网络管理有五大功能:故障管理、配置管理、性能管理、安

全管理、计费管理。

性能管理负责监视整个网络的性能，完成收集网络设备和网络通道实际运行的质量数据，为网络管理人员提供评价、分析、预测网络性能的手段，从而提高整个网络的运行效率。主要包括三个功能，即性能数据的采集和存储功能、性能门限的管理功能、性能数据的显示和分析功能。

配置管理负责完成整个网络系统的配置。这要涉及网络设备、网络的物理连接和物理接口。它不但要负责建立、修改、删除和优化网络配置参数，而且还要通过配置管理来提高整个网络的性能。配置管理包括网络实际配置和配置数据管理两部分。

网络管理协议有：

1. SNMP

简单网络管理协议（SNMP）的前身是 1987 年发布的简单网关监控协议（SGMP）。SGMP 给出了监控网关的直接手段，SNMP 则是在其基础上发展而来。最初，SNMP 是作为一种可提供最小网络管理功能的临时方法开发的，它具有两个优点：①能够迅速、简便地实现；②积累了大量的操作经验。

2. CMIP

CMIP 是一个应用较广、功能较为完善的网络管理协议。在网络管理过程中，CMIP 不是通过轮询而是通过事件报告进行工作，由网络中的各个设备监测设施在发现被检测设备的状态和参数发生变化后及时向管理进程进行事件报告。CMIP 采用的方法是：一般都对事件进行分类，并根据事件发生时对网络服务影响的大小来划分事件的严重等级。CMIP 的缺点在于需要 OSI 协议栈的支持，协议的开销非常大，协议占用的资源也较多；由于 CMIP 协议十分繁杂，使其执行速度也受到了一定的影响。

八、网络安全及信息安全

1. 网络安全与信息安全

网络安全是指网络系统的硬件、软件及其系统中的数据受到保护，不因偶然的或者恶意的原因而遭受到破坏、更改、泄露，系统连续可靠正常地运行，网络服务不中断。网络安全从其本质上来讲就是网络上的信息安全。

信息安全是指保障信息不会被非法阅读、修改和泄露。信息安全主要包括软件安全和数据安全。对信息安全的威胁有两种：即信息泄漏和信息破坏。信息泄漏指由于偶然或人为原因将一些重要信息为别人所获，造成泄密事件。信息破坏则可能由于偶然事故和人为因素故意破坏信息的正确性、完整性和可用性。

目前人们对网络安全提出的要求如下：

(1) 保密性：信息不泄露给非授权用户、实体或过程，或供其利用的特性。

(2) 完整性：数据未经授权不能进行改变的特性，即信息在存储或传输过程中保持不被修改、不被破坏和丢失的特性。

(3) 可用性：可被授权实体访问并按需求使用的特性，即当需要时能否存取所需的信息。例如网络环境下拒绝服务、破坏网络和有关系统的正常运行等都属于对可用性的攻击。

(4) 可控性：对信息的传播及内容具有控制能力。

(5) 可审查性：出现的安全问题时提供依据与手段。

2. 网络安全对策

网络的安全威胁主要来自于自然灾害、系统故障、操作失误和人为的蓄意破坏,对前三种威胁的防范可以通过加强管理和采取各种技术手段来解决,而对于病毒的破坏和黑客的攻击等人为的蓄意破坏则需要进行综合防范。

(1) 计算机病毒和网络病毒

计算机病毒是指编制或者在计算机程序中插入的破坏计算机功能或者数据,影响计算机使用并且能够自我复制的一组计算机的指令或者程序代码。传统单机病毒主要以破坏计算机的软硬件资源为目的,具有破坏性、传染性、隐蔽性和可触发性等特点,可通过杀毒软件进行预防。

网络病毒则主要通过计算机网络来传播,病毒程序一般利用操作系统中存在的漏洞,通过电子邮件附件和恶意网页浏览等方式来进行传播,其破坏性和危害性都非常大。网络病毒主要分为蠕虫病毒和木马病毒两大类。

预防网络病毒应先了解网络病毒进入计算机的途径,然后采取对策切断这些入侵的途径,从而提高网络系统的安全性。

(2) 常用的网络安全技术对策

1) 加密

加密是保护数据安全的重要手段,加密的作用是保障信息被人截获后不能读懂其含义,防止计算机网络病毒,安装网络防病毒系统。

2) 数字签名

数字签名也称电子签名,如同出示手写签名一样,能起到电子文件认证、核准和生效的作用。数字签名机制提供了一种鉴别方法,以解决伪造、抵赖、冒充、篡改等问题。数字签名采用一种数据交换协议,使得收发数据的双方能够满足两个条件:接受方能够鉴别发送方所宣称的身份;发送方事后不能否认他曾经发送过数据这一事实。

数据签名一般采用不对称加密技术,发送方对整个明文进行加密变换,得到一个值,将其作为签名。接收者使用发送者的公开密钥对签名进行解密运算,如其结果为明文,则签名有效,证明对方的身份是真实的。

3) 鉴别

鉴别的目的是验明用户或信息的正身。对实体声称的身份进行唯一性的识别,以便验证其访问请求,或保证信息来自或到达指定的源和目的。鉴别技术可以验证消息的完整性,有效地对抗冒充、非法访问、重演等威胁。

4) 访问控制

对用户访问网络资源的权限进行严格的认证和控制。例如,进行用户身份认证,对口令加密、更新和鉴别,设置用户访问目录和文件的权限,控制网络设备配置的权限等。

5) 防火墙

防火墙是位于计算机与外部网络之间或内部网络与外部网络之间的一道安全屏障,其实质就是一个软件或者是软件与硬件设备的组合。用户通过设置防火墙提供的应用程序和服务以及端口访问规则,达到过滤进出内部网络或计算机的不安全访问。

防火墙的主要功能包括用于监控进出内部网络或计算机的信息,保护内部网络或计算机的信息不被非授权访问、非法窃取或破坏,过滤不安全的服务,提高企业内部网的安全性,并记录了内部网络或计算机与外部网络进行通信的安全日志等。

【例 8-4-8】（历年真题）为有效地防范网络中的冒充、非法访问等威胁，应采用的网络安全技术是：

A. 数据加密技术　　　　　　　　　B. 防火墙技术
C. 身份验证与鉴别技术　　　　　　D. 访问控制与目录管理技术

【解答】 为防范网络中的冒充、非法访问等，应采用的网络安全技术是防火墙技术，应选 B 项。

【例 8-4-9】（历年真题）杀毒软件应具有的功能是：

A. 消除病毒　　　　　　　　　　　B. 预防病毒
C. 检查病毒　　　　　　　　　　　D. 检查并消除病毒

【解答】 杀毒软件应具有检查并消除病毒的功能，应选 D 项。

习　题

8-4-1　（历年真题）计算机病毒以多种手段入侵和攻击计算机信息系统，下面有一种不被使用的手段是：

A. 分布式攻击、恶意代码攻击
B. 恶意代码攻击、消息收集攻击
C. 删除操作系统文件、关闭计算机系统
D. 代码漏洞攻击、欺骗和会话劫持攻击

8-4-2　（历年真题）一个典型的计算机网络主要是由两大部分组成，即：

A. 网络硬件系统和网络软件系统
B. 资源子网和网络硬件系统
C. 网络协议和网络软件系统
D. 网络硬件系统和通信子网

8-4-3　（历年真题）在计算机网络中，常将实现通信功能的设备和软件称为：

A. 资源子网　　　B. 通信子网　　　C. 广域网　　　D. 局域网

8-4-4　（历年真题）联网中的每台计算机：

A. 在联网之前有自己独立的操作系统，联网以后是网络中的某一个节点
B. 在联网之前有自己独立的操作系统，联网以后它自己的操作系统屏蔽
C. 在联网之前没有自己独立的操作系统，联网以后使用网络操作系统
D. 联网中的每台计算机有可以同时使用的多套操作系统

8-4-5　（历年真题）在下面有关信息加密技术的论述中，不正确的是：

A. 信息加密技术是为提高信息系统及数据的安全性和保密性的技术
B. 信息加密技术是防止数据信息被别人破译而采用的技术
C. 信息加密技术是网络安全的重要技术之一
D. 信息加密技术是清除计算机病毒而采用的技术

8-4-6　（历年真题）下面四个选项中，不属于数字签名技术的是：

A. 权限管理
B. 接收者能够核实发送者对报文的签名
C. 发送者事后不能对报文的签名进行抵赖

D. 接收者不能伪造对报文的签名

8-4-7 （历年真题）下列选项中，不是计算机病毒特点的是：

A. 非授权执行性、复制传播性

B. 感染性、寄生性

C. 潜伏性、破坏性、依附性

D. 人机共患性、细菌传播性

8-4-8 （历年真题）若按网络传输技术的不同，可将网络分为：

A. 广播式网络、点到点式网络

B. 双绞线网、同轴电缆网、光纤网、无线网

C. 基带网和宽带网

D. 电路交换类、报文交换类、分组交换类

习题解答与参考答案

第一节

8-1-1 **解答**：存储器包括主存、外存、高速缓冲存储器。
答案：C

8-1-2 **解答**：系统总线是计算机硬件系统的一个组成部分。
答案：A

8-1-3 **解答**：操作系统能够管理和控制计算机系统全部资源。
答案：D

8-1-4 **解答**：内存存储器是计算机硬件系统的一个组成部分。
答案：B

8-1-5 **解答**：根据冯·诺依曼结构原理，应选 C 项。
答案：C

8-1-6 **解答**：当前微机的内存储器大多是半导体存储器。
答案：A

8-1-7 **解答**：根据冯·诺依曼结构原理，CPU 由运算器、控制器组成。
答案：A

8-1-8 **解答**：在四个选项中，信息数量最大的是 TB。
答案：D

第二节

8-2-1 **解答**：操作系统的三个特征是：并发性、共享性、随机性。
答案：B

8-2-2 **解答**：设备管理是对除 CPU 和内存储器以外的所有输入/输出设备的管理。
答案：A

8-2-3 **解答**：Windows 文件管理工是："我的电脑""资源管理器"。
答案：C

8-2-4 **解答**：虚拟存储技术是为了对内存储器容量的扩充。
答案：D

8-2-5 **解答**：采用虚拟存储技术是为了实现在一个较小的内存储空间上，运行一个较大的程序。
答案：B

8-2-6 **解答**：进程的特征是 D 项。
答案：D

8-2-7 **解答**：操作系统的设备管理功能是通过人和计算机的操作系统对外围设备直接进行操作。
答案：C

8-2-8 **解答**：操作系统的文件管理是对计算机的系统软件资源进行管理。
答案：A

8-2-9 **解答**：若干台计算机相互协作完成同一任务的操作系统属于分时操作系统。
答案：A

8-2-10 **解答**：批处理操作系统的功能是将用户的一批作业有序地排列起来，计算机系统会自动地、顺序地执行作业流。
答案：B

第三节

8-3-1 **解答**：$(11001)_B = 1 \times 2^4 + 1 \times 2^3 + 1 \times 2^0 = 16 + 8 + 1 = 25$
答案：A

8-3-2 **解答**：图像中的光点可以是黑白的，也可以是彩色的。
答案：D

8-3-3 **解答**：$(AE)_H = \left(\dfrac{1010}{A} \dfrac{1110}{E} \right)_B$
答案：B

8-3-4 **解答**：计算机中度量数据的最小单位是比特（bit），也称为位。
答案：B

8-3-5 **解答**：ASCII 码不能用于表示机器数。
答案：B

8-3-6 **解答**：影响计算机图像质量的主要参数为 D 项。
答案：D

第四节

8-4-1 **解答**：计算机病毒不使用删除操作系统文件、关闭计算机系统，因为它会导致关机。
答案：C

8-4-2 **解答**：一个典型的计算机网络由网络硬件系统和网络软件系统组成。
答案：A

8-4-3 **解答**：网络中，常将实现通信功能的设备和软件称为通信子网。
答案：B

8-4-4 **解答**：联网中的每台计算机，在联网之前有自己独立的操作系统，联网之后是网络中的某一个节点。

答案：A

8-4-5 **解答**：信息加密技术不是为了清除计算机病毒而采用的技术。

答案：D

8-4-6 **解答**：权限管理不属于数字签名技术。

答案：A

8-4-7 **解答**：计算机病毒特点不是人机共患性、细菌传播性。

答案：D

8-4-8 **解答**：按网络传输技术的不同，可将网络分为广播式网络、点到点式网络。

答案：A

第九章 工程经济

第一节 资金的时间价值

一、资金时间价值的概念

在工程经济分析中，项目技术方案所消耗的人力、物力和自然资源和项目完成后的经济效益，最后都是以价值形态，即资金的形式表现出来的。资金运动反映了物化劳动和活劳动的运动过程，而这个过程也是资金随时间运动的过程。因此，资金的价值是随时间变化而变化的，是时间的函数，随时间的推移而增值，其增值的这部分资金就是原有资金的时间价值。其实质是资金作为生产经营要素，在扩大再生产及其资金流通过程中，资金随时间周转使用的结果。

二、利息及计算

在借贷过程中，债务人支付给债权人超过原借贷金额的部分就是利息，即：

$$I = F - P \tag{9-1-1}$$

式中，I 为利息；F 为目前债务人应付（或债权人应收）总金额，即还本付息总额；P 为原借贷金额，常称为本金。

利率是指在单位时间内所得利息 I 与原借贷金额之比，通常用百分数表示，即：

$$i = \frac{I}{P} \times 100\% \tag{9-1-2}$$

式中，i 为利率。

用于表示计算利息的时间单位称为计息周期，计息周期通常为年、半年、季、月、周或天。

通常用利息作为衡量资金时间价值的绝对尺度，用利率作为衡量资金时间价值的相对尺度。

1. 单利

单利是指在计算利息时，仅用最初本金来计算，而不计入先前计息周期中所累积增加的利息，即通常所说的"利不生利"的计息方法。其计算式如下：

$$I_t = P \times i_{单} \tag{9-1-3}$$

式中，I_t 为代表第 t 计息周期的利息额；P 为代表期初本金；$i_{单}$ 为计息周期单利利率。

第 n 期末单利本利和 F 等于本金加上总利息，即：

$$F = P + I_n = P(1 + n \times i_{单}) \tag{9-1-4}$$

式中，I_n 为代表 n 个计息周期所付（或所收）的单利总利息，即 $I_n = P \times n \times i_{单}$。

单利计息不符合客观的经济发展规律,没有反映资金随时都在增值的概念,也即没有完全反映资金的时间价值。因此,在工程经济分析中,单利使用较少,通常只适用于短期投资或短期贷款。

2. 复利

复利是指在计算某一计息周期的利息时,其先前周期上所累积的利息要计算利息,即"利生利""利滚利"的计息方式。其表达式如下:

$$I_t = i \times F_{t-1} \tag{9-1-5}$$

式中,i 为计息周期复利利率;F_{t-1} 为表示第 $(t-1)$ 期末复利本利和。

期初本金为 P,第 t 期末复利本利和的表达式如下:

$$F_t = F_{t-1} \times (1+i) = P(1+i)^n \tag{9-1-6}$$

复利计息比较符合资金在社会再生产过程中运动的实际状况。因此,在工程经济分析中,一般采用复利计算。

复利计算有间断复利和连续复利之分。按期(年、半年、季、月、周、日)计算复利的方法称为间断复利(即普通复利);按瞬时计算复利的方法称为连续复利。在实际使用中都采用间断复利。

三、实际利率和名义利率

在复利计算中,利率周期通常以年为单位,它可以与计息周期相同,也可以不同。当计息周期小于一年时,就出现了名义利率和有效利率的概念。

名义利率 r 是指计息周期利率 i 乘以一年内的计息周期数 m 所得的年利率,即:

$$r = i \times m \tag{9-1-7}$$

若计息周期月利率为 1%,则年名义利率为 12%。显然,计算名义利率时忽略了前面各期利息再生的因素,这与单利的计算相同。通常所说的年利率都是名义利率。

有效利率是指资金在计息中所发生的实际利率,包括计息周期有效利率和年有效利率两种情况。

1. 计息周期有效利率的计算

计息周期有效利率,即计息周期利率 i,其计算由式(9-1-7)可得:

$$i = \frac{r}{m} \tag{9-1-8}$$

2. 年有效利率的计算

若用计息周期利率来计算年有效利率,并将年内的利息再生因素考虑进去,这时所得的年利率称为年有效利率(也称年实际利率)i_{eff}。根据利率的概念即可推导出年有效利率的计算式。

已知名义利率 r,一个利率周期内计息 m 次,则计息周期利率为 $i = r/m$。在某个利率周期的期初有本金 P,根据复利计算公式可得该利率周期的本利和 F,即:

$$F = P\left(1 + \frac{r}{m}\right)^m$$

根据利息的定义可得该利率周期的利息 I 为：

$$I = F - P = P\left(1+\frac{r}{m}\right)^m - P = P\left[\left(1+\frac{r}{m}\right)^m - 1\right]$$

再根据利率的定义可得该利率周期的实际利率 i_{eff} 为：

$$i_{\text{eff}} = \frac{I}{P} = \left(1+\frac{r}{m}\right)^m - 1 \tag{9-1-9}$$

现设年名义利率 $r=10\%$，则年、半年、季、月、日计息的年实际利率见表 9-1-1。

年实际利率与年名义利率的关系　　　　　　　　表 9-1-1

年名义利率（r）	计息期	年计息次数（m）	计息期利率（$i=r/m$）	年实际利率（i_{eff}）
10%	年	1	10%	10%
	半年	2	5%	10.25%
	季	4	2.5%	10.38%
	月	12	0.833%	10.47%
	日	365	0.0274%	10.52%

从表 9-1-1 可以看出，每年计息期 m 越多，年实际利率 i_{eff} 与年名义利率 r 相差越大。所以，在工程经济分析中，如果各方案的计息期不同，就不能简单地使用名义利率来评价，而必须换算成实际利率进行评价。

【例 9-1-1】（历年真题）某项目借款 2000 万元，借款期限 3 年，年利率为 6%，若每半年计复利一次，则实际年利率会高出名义利率多少？

　　A. 0.16%　　　　B. 0.25%　　　　C. 0.09%　　　　D. 0.06%

【解答】 年实际利率为：

$$i = \left(1+\frac{r}{m}\right)^m - 1 = \left(1+\frac{6\%}{2}\right)^2 - 1 = 6.09\%$$

年实际利率高出名义利率：$6.09\% - 6\% = 0.09\%$，应选 C 项。

四、现金流量及现金流量图

在工程经济分析中，需要将所考察的对象（如一个建议项目或一个企业等）视为一个系统，投入的资金、花费的成本、获取的收入均可看成该系统以货币形式体现的资金流出或资金流入。这种所考察系统一定时期各时点上实际发生的资金流出或资金流入称为现金流量，其中，流出系统的资金称为现金流出（CO），流入系统的资金称为现金流入（CI），现金流入与现金流出之差（$CI-CO$）称为净现金流量（Net Cash Flow，NCF）。

对于一个经济系统，其现金流量的流向（流出或流入）、数额和发生时点都不尽相同。为正确地进行经济评价，有必要借助现金流量图或现金流量表。

现金流量图是一种反映经济系统资金运动状态的图式，即把经济系统的现金流量绘入一时间坐标图中，表示出各现金流出、流入与相应时间的对应关系，如图 9-1-1 所示。现以图 9-1-1 说明现金流量图的作图方法和规则：

（1）以横轴为时间轴，向右延伸表示时间的延续，轴上每一刻度表示一个时间单位，可取年、半年、季或月等；0 表示时间序列的起点，当年的年末同时也是下一年的年初。

(2) 相对于时间坐标的垂直箭线代表不同时点的现金流量，在横轴上方的箭线表示现金流入，即表示效益；在横轴下方的箭线表示现金流出，即表示费用或损失。

图 9-1-1 现金流量图

(3) 现金流量的方向（流出与流入）是对特定系统而言的。贷款方的流入就是借款方的流出；反之亦然。

(4) 在现金流量图中，箭线长短与现金流量数值大小本应成比例，但由于经济系统中各时点现金流量的数额常常相差悬殊而无法成比例绘出，故在现金流量图绘制中，箭线长短只是示意性地体现各时点现金流量数额的差异，并在各箭线上方（或下方）注明其现金流量的数值即可。

(5) 箭线与时间轴的交点即为现金流量发生的时点。现金流量发生的时点可服从年末习惯法或年初习惯法。在工程经济分析中，一般采用年末习惯法。

总之，要正确绘制现金流量图，必须把握好现金流量的三要素，即现金流量的大小（资金数额）、方向（资金流入或流出）和作用点（资金的发生时点）。

五、资金等值计算的常用公式及复利系数表的应用

1. 终值和现值计算

根据现金流量的时间分布，现金流量可分为一次支付和多次支付。而在多次支付中，等额支付系列现金流量又是常用的支付情形。

图 9-1-2 一次支付现金流量图

(1) 一次支付现金流量的终值和现值计算

一次支付（也称整付）是指所分析系统的现金流量，无论是流入还是流出，均在一个时点上一次发生，如图 9-1-2 所示。在图 9-1-2 中，i 为计息期利率；n 为计息期数；P 为现值（即现在的资金或本金，Present Value），或资金发生在（或折算为）某一特定时间序列起点时的价值；F 为终值（n 期末的资金或本利和，Future Value），或资金发生在（或折算为）某一特定时间序列终点的价值。

1) 终值计算（已知 P 求 F）

$$F=P(1+i)^n \tag{9-1-10}$$

式中，$(1+i)^n$ 称为一次支付终值系数，用 $(P/F, i, n)$ 表示，故式 (9-1-10) 又可写成：

$$F = P(F/P, i, n) \tag{9-1-11}$$

在 $(F/P, i, n)$ 这类符号中，括号内斜线上的符号表示所求的未知数，斜线下的符号表示已知数。整个 $(F/P, i, n)$ 符号表示在已知 i、n 和 P 的情况下求解 F 的值。为了计算方便，通常按照不同的利率 i 和计息期 n 计算出 $(1+i)^n$ 的值，并列于复利系数（亦称复利因子）表中。在计算 F 时，只要从复利系数表中查出相应的复利系数再乘以本金即为所求。

例如：表 9-1-2 是利率为 4% 的复利系数表的一部分。

复利系数表（利率为 4%）　　　　　表 9-1-2

年份 n	一次支付		等额支付			
	终值系数 $(1+i)^n$ $(F/P,i,n)$	现值系数 $\dfrac{1}{(1+i)^n}$ $(F/P,i,n)$	终值系数 $\dfrac{(1+i)^n-1}{i}$ $(F/A,i,n)$	偿债基金系数 $\dfrac{i}{(1+i)^n-1}$ $(A/F,i,n)$	资金回收系数 $\dfrac{i(1+i)^n}{(1+i)^n-1}$ $(A/P,i,n)$	现值系数 $\dfrac{(1+i)^n-1}{i(1+i)^n}$ $(P/A,i,n)$
1	1.0400	0.9615	1.0000	1.0000	1.0400	0.9615
2	1.0816	0.9246	2.0400	0.4902	0.5302	1.8860
3	1.1249	0.8890	3.1216	0.3203	0.3603	2.7751
4	1.1699	0.8548	4.2465	0.2355	0.2755	3.6299
5	1.2167	0.8219	4.4163	0.1846	0.2246	4.4518
6	1.2653	0.7903	6.6330	0.1508	0.1908	4.2421
7	1.3159	0.7599	7.8983	0.1266	0.1666	6.0021
8	1.3686	0.7307	9.2142	0.1085	0.1485	6.7327
9	1.4233	0.7026	6.5828	0.0945	0.1345	7.4353
10	1.4802	0.6756	12.0061	0.0833	0.1233	11.1109

2) 现值计算（已知 F 求 P）

由式（9-1-10）即可求出现值 P：

$$P = F(1+i)^{-n} \tag{9-1-12}$$

式中，$(1+i)^{-n}$ 称为一次支付现值系数，用符号 $(P/F, i, n)$ 表示。在工程经济分析中，一般是将未来值折现到零期。计算现值 P 的过程叫"折现"或"贴现"，其所使用的利率常称为折现率、贴现率或收益率。贴现率、折现率反映了利率在资金时间价值计算中的作用，而收益率反映了利率的经济含义。故 $(1+i)^{-n}$ 或 $(P/F, i, n)$ 也可叫折现系数或贴现系数。式（9-1-12）常写成：

$$P = F(P/F, i, n) \tag{9-1-13}$$

(2) 等额支付系列现金流量的终值、现值计算

等额支付系列现金流量是指各期的现金流量序列是连续的，且数额相等，如图 9-1-3 所示。

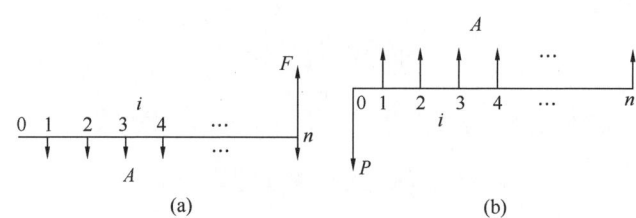

图 9-1-3　等额支付系列现金流量示意图
(a) 年金与终值关系；(b) 年金与现值关系

图 9-1-3 中 A 称为年金，是发生在（或折算为）某一特定时间序列各计息期末（不包括零期）的等额资金序列的价值。

1) 终值计算（已知 A，求 F）[图 9-1-3(a)]

由一次支付终值计算式，即式（9-1-10）逐一计算汇总可得出等额支付系列现金流量的终值为：

$$F = \sum_{t=1}^{n} A_t (1+i)^{n-t} = A[(1+i)^{n-1} + (1+i)^{n-2} + \cdots + (1+i) + 1]$$，即：

$$F = A \frac{(1+i)^n - 1}{i} \tag{9-1-14}$$

式中，$\frac{(1+i)^n - 1}{i}$ 称为等额支付系列终值系数或年金终值系数，用符号 $(F/A, i, n)$ 表示，则式（9-1-14）又可写成：

$$F = A(F/A, i, n) \tag{9-1-15}$$

2) 偿债基金计算（已知 F 求 A）[图 9-1-3(a)]

偿债基金计算是等额系列终值计算的逆运算，通过式（9-1-14）可得：

$$A = F \frac{i}{(1+i)^n - 1} \tag{9-1-16}$$

式中，$\frac{i}{(1+i)^n - 1}$ 称为等额系列偿债基金系数，用符号 $(A/F, i, n)$ 表示，则式（9-1-16）又可写成：

$$A = F(A/F, i, n) \tag{9-1-17}$$

3) 现值计算（已知 A 求 P）[图 9-1-3(b)]

由式（9-1-12）和式（9-1-14）得：

$$P = F(1+i)^{-n} = A \frac{(1+i)^n - 1}{i(1+i)^n} \tag{9-1-18}$$

式中，$\frac{(1+i)^n - 1}{i(1+i)^n}$ 称为等额系列现值系数或年金现值系数，用符号 $(P/A, i, n)$ 表示，则式（9-1-18）又可写成：

$$P = A(P/A, i, n) \tag{9-1-19}$$

4) 资金回收计算（已知 P 求 A）[图 9-1-3(b)]

等额系列资金回收计算是等额系列现值计算的逆运算，故由式（9-1-18）可得：

$$A = P \frac{i(1+i)^n}{(1+i)^n - 1} \tag{9-1-20}$$

式中，$\frac{i(1+i)^n}{(1+i)^n - 1}$ 称为等额系列资金回收系数，用符号 $(A/P, i, n)$ 表示，则式（9-1-20）又可写成：

$$A = P(A/P, i, n) \tag{9-1-21}$$

(3) 复利计算公式使用注意事项

1) 计息期数为时点或时标，本期末即等于下期初。0 点就是第一期初，也叫零期；第一期末即等于第二期初；以此类推。

2) P 是在第一计息期开始时（0 期）发生。

3) F 发生在考察期期末，即 n 期末。

4) 各期的等额支付 A，发生在各期期末。

5) 当问题包括 P 与 A 时，系列的第一个 A 与 P 隔一期，即 P 发生在系列 A 的前一期期末。

6) 当问题包括 A 与 F 时，系列的最后一个 A 是与 F 同时发生。

【例 9-1-2】（历年真题）某企业年初投资 5000 万元，拟 10 年内等额回收本利，若基准收益率为 8%，则每年年末应回收的资金是：

A. 540.00 万元　　　B. 1079.46 万元　　　C. 745.15 万元　　　D. 345.15 万元

【解答】$A = P(A/P, i, n) = 5000 \times \dfrac{8\% \times (1+8\%)^{10}}{(1+8\%)^{10} - 1}$

$\qquad = 745.15$ 万元

应选 C 项。

【例 9-1-3】（历年真题）某企业准备 5 年后进行设备更新，到时所需资金估计为 600 万元，若存款利率为 5%，从现在开始每年年末均等额存款，则每年应存款：

[已知：$(A/F, 5\%, 5) = 0.18097$]

A. 78.65 万元　　　B. 108.58 万元　　　C. 120 万元　　　D. 165.77 万元

【解答】$A = F(A/F, i, n) = 600 \times (A/F, 5\%, 5)$

$\qquad = 600 \times 0.18097 = 108.58$ 万元

应选 B 项。

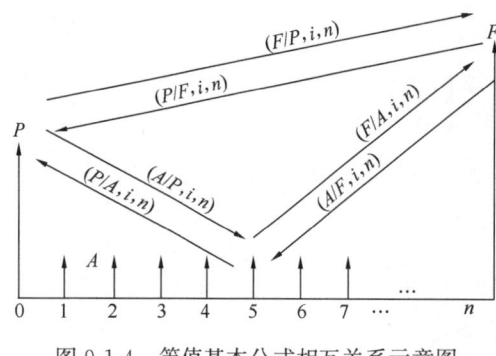

图 9-1-4　等值基本公式相互关系示意图

2. 资金等值计算

由于资金有时间价值，我们将这些不同时期、不同数额但其"价值等效"的资金称为等值。在工程经济分析中，资金等值为我们提供了一个计算某一经济活动有效性或者进行方案比较、优选的可能性。资金等值计算公式和复利计算公式的形式是相同的。等值基本公式相互关系见图 9-1-4，与前面的终值和现值复利计算图的区别是：等值计算时资金的 P、F、A 均在现金流图的同一侧。

影响资金等值的因素有三个：资金数额的多少、资金发生的时间长短（即换算的期数）、利率（或折现率）的大小。其中利率是一个关键因素，一般等值计算中是以同一利率为依据的。

【例 9-1-4】图示某项目技术方案的净现金流量，单位为万元，取折现率为 6%。确定该项目的净现金流量折现到零期的现值之和为：[已知：$(P/A, 6\%, 5) = 4.2124$]

A. 684.96 万元　　　B. 508.12 万元

C. 499.61 万元　　　D. 386.62 万元

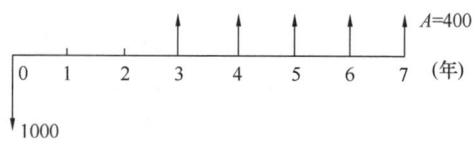

例 9-1-4 图

【解答】折现到零期的现值之和（也称净现值）NPV 为：

$NPV = 1000 + 400 \times (P/A, 6\%, 5) \times (P/F, 6\%, 2)$

$$=-1000+400\times 4.2124\times \frac{1}{(1+6\%)^2}$$
$$=499.61 \text{ 万元}$$

应选 C 项。

习　题

9-1-1　（历年真题）某公司拟向银行贷款 100 万元，贷款期为 3 年，甲银行的贷款利率为 6%（按季计息），乙银行的贷款利率为 7%，该公司向（　　）贷款付出的利息较少。

A. 甲银行　　　　　　　　　B. 乙银行
C. 两家银行的利息相等　　　D. 不能确定

9-1-2　（历年真题）某企业拟购买 3 年期一次到期债券，打算三年后到期本利和为 300 万元，按季复利计息，年名义利率为 8%，则现在应购买债券：

A. 119.13 万元　　B. 236.55 万元　　C. 283.15 万元　　D. 282.70 万元

9-1-3　（历年真题）某项目向银行借款，按半年复利计息，年实际利率为 8.6%，则年名义利率为：

A. 8%　　　　B. 8.16%　　　　C. 8.24%　　　　D. 8.42%

第二节　财务效益与费用估算

一、项目的分类

对建设项目可以从不同的角度进行分类，通常有以下分类方法：
(1) 按建设项目的目标，可分为经营性项目和非经营性项目；
(2) 按建设项目的产出属性（产品或服务），可分为公共项目和非公共项目；
(3) 按建设项目的投资管理形式，可分为政府投资项目和非政府投资（也称企业投资）项目；
(4) 按建设项目与企业原有资产的关系，可分为新建项目和改扩建项目；
(5) 按建设项目的融资主体，可分为新设法人项目和既有法人项目；
(6) 按建设项目的功能与用途，可分为工业项目、民用项目和基础设施项目等。

二、项目的计算期

项目的计算期是指在工程经济分析中为进行动态分析所设定的期限，包括建设期和运营期。

建设期是指项目技术方案从资金正式投入开始到技术方案建成投产为止所需要的时间。

运营期分为投产期和达产期两个阶段。
(1) 投产期。它是指项目技术方案投入生产，但生产能力尚未完全达到设计能力时的过渡阶段。
(2) 达产期。它是指生产运营达到设计预期水平后的时间。

运营期一般应根据项目技术方案主要设施和设备的经济寿命期（或折旧年限）、产品寿命期、主要技术的寿命期等多种因素综合确定。行业有规定时，应从其规定。

计算期较长的技术方案多以年为时间单位。对于计算期较短的技术方案，在较短的时间间隔内（如月、季、半年或其他非日历时间间隔）现金流水平有较大变化，可根据技术方案的具体情况选择合适的计算现金流量的时间单位。

三、财务效益与费用

建设项目经济评价包括财务评价和国民经济评价。

财务效益与费用的估算是财务分析重要的基础工作，正确的财务评价结论必须在全面、准确的相关数据支持下才能做出。财务评价是从项目的角度进行评价，具体见本章第四节；国民经济评价是从国家经济全局的角度进行评价，具体见本章第五节。

1. 财务效益

财务效益是指项目实施后获得的营业收入、补贴收入等。

（1）营业收入

营业收入是指项目技术方案实施后各年销售产品或提供服务所获得的收入，即：

$$\text{营业收入} = \text{产品销售量（或服务量）} \times \text{产品单价（或服务单价）}$$

营业收入是经济效果分析的重要数据，其估算的准确性极大地影响着技术方案经济效果的评价。因此，营业收入的计算既需要在正确估计各年生产能力利用率（或称生产负荷）基础之上的年产品销售量（或服务量），同时，需要合理确定产品（或服务）的价格。

（2）补贴收入

某些项目还应按有关规定估算企业可能得到的补贴收入，补贴收入包括如下内容：

1）先征后返的增值税。对于国家鼓励发展的经营性项目，可以获得增值税的优惠，先征后返的增值税应记作补贴收入，作为财务效益进行核算。

2）按销量或工作量等依据国家规定的补贴定额计算并按期给予的定额补贴。

3）属于财政扶持而给予的其他形式的补贴。

【例 9-2-1】（历年真题）对于国家鼓励发展的增值税的经营项目，可以获得增值税的优惠。在财务评价中，先征后返的增值税应记作项目的：

A. 补贴收入   B. 营业收入

C. 经营成本   D. 营业外收入

【解答】 根据建议项目经济评价的规定，应选 A 项。

2. 财务费用

（1）建设项目总投资

建设项目总投资一般是指某建设项目从筹建开始到全部竣工投产为止所发生的全部资金投入。建设项目总投资由建设投资、建设期利息和流动资金三部分组成，如图9-2-1所示。

建筑安装工程投资由建筑工程费和安装工程费两部分组成。

工程建设其他投资是指属于整个建设项目所必需而又不能包括在单项工程建设投资中的费用。它可分为三类：①土地费用；②与项目建设有关的其他费用，如建设单位管理费、勘察设计费、科学研究试验费、样品样机购置费、引进技术和进口设备其他费、工程监理费等；③与未来企业生产经营有关的费用，如联合试运转费、生产职工培训费、办公及生活用具购置费。

1）建设期利息

图 9-2-1 建设项目总投资构成图

建设期利息是指项目在建设期内因使用债务资金而支付的利息。在项目投产后偿还债务资金时，建设期利息一般也作为本金计算项目投入使用后各期的利息。

项目建设期，一般各种债务资金服从平均分布。在工程经济分析中，可假定借款在年中支用，即当年借款支用额按半年计息，上年借款按全年计息。

当建设期未能付息时，建设期各年利息采用复利方式计息，其计算公式为：

$$各年应计利息 = \left(年初借款本息累计 + \frac{本年借款支用额}{2}\right) \times 年实际利率$$

$$= \left(P_{j-1} + \frac{1}{2}A_j\right) \times i_{\text{eff}} \tag{9-2-1}$$

例如，某新建项目，建设期为 3 年，在建设期第一年借款 300 万元，第二年借款 400 万元，第三年借款 300 万元，每年借款平均支用，年实际利率为 5.6%。用复利法计算建设期借款利息。

建设期各年利息计算如下：

$P_0 = 0$，$A_1 = 300$ 万元，$I_1 = 0.5 \times 300 \times 5.6\% = 8.4$ 万元

$P_1 = 300 + 8.4 = 308.4$ 万元，$A_2 = 400$ 万元

$I_2 = (308.4 + 0.5 \times 400) \times 5.6\% = 28.47$ 万元

$P_2 = 300 + 8.4 + 400 + 28.47 = 736.87$ 万元，$A_3 = 300$ 万元

$I_3 = (736.87 + 0.5 \times 300) \times 5.6\% = 49.66$ 万元

到建设期末累计借款本利为 $736.87 + 300 + 49.66 = 1086.53$ 万元，其中，建设期利息为 $8.4 + 28.47 + 49.66 = 86.53$ 万元。

【例 9-2-2】（历年真题）某建设项目的建设期为 2 年，第一年贷款额为 400 万元，第二年贷款额为 800 万元，贷款在年内均衡发生，贷款年利率为 6%，建设期内不支付利息，计算建设期贷款利息为：

A. 12 万元　　　　B. 48.78 万　　　　C. 60 万元　　　　D. 60.72 万元

【解答】第一年贷款利息：$\frac{400}{2} \times 6\% = 12$ 万元

第二年贷款利息：$(400 + 800/2 + 12) \times 6\% = 48.72$ 万元

建设期贷款利息：$12 + 48.72 = 60.72$ 万元

应选 D 项。

2) 流动资金

流动资金是指生产经营性项目投产后，为进行正常生产运营，用于购买原材料、燃料，支付工资及其他经营费用等所需的周转资金，不包括运营中需要的临时性营运资金。流动资金估算一般是参照现有同类企业的状况采用分项详细估算法，个别情况或者小型项目可采用扩大指标法。

① 分项详细估算法

对计算流动资金需要掌握的流动资产和流动负债这两类因素应分别进行估算。为简化计算，仅对存货、现金、应收账款、预付账款等流动资产和应付账款、预收账款等流动负债进行估算，计算公式如下：

$$流动资金 = 流动资产 - 流动负债$$
$$流动资产 = 应收账款 + 预付账款 + 存货 + 现金$$
$$流动负债 = 应付账款 + 预收账款$$
$$流动资金本年增加额 = 本年流动资金 - 上年流动资金$$

② 扩大指标估算法

a. 按建设投资的一定比例估算

b. 按经营成本的一定比例估算。

c. 按年营业收入的一定比例估算。

d. 按单位产量占用流动资金的比例估算。

流动资金一般在投产前开始筹措。在投产第一年开始按生产负荷进行安排，其借款部分按全年计算利息。流动资金利息应计入财务费用。项目计算期末回收全部流动资金。

(2) 运营期成本费用

运营期成本费用（亦称总成本费用）是指在一定时期为生产和销售产品或提供服务所发生的全部费用。

总成本费用可按生产成本加期间费用估算法。其中，生产成本是指项目在运营期生产经营过程中实际消耗的直接材料费、直接工资、其他直接支出和制造费用；期间费用是指项目在运营期的一定会计期间发生的与生产经营没有直接关系和关系不密切的管理费用、财务费用和营业费用。期间费用不计入产品的生产成本，直接体现为当期损益。

$$总成本费用 = 生产成本 + 期间费用 \tag{9-2-2}$$

按生产要素估算法，总成本费用为：

$$总成本费用 = 外购原材料成本 + 外购燃料动力成本 + 工资及福利费 + 修理费$$
$$+ 折旧费 + 维简费 + 摊销费 + 利息支出 + 其他费用 \tag{9-2-3}$$

1) 折旧费

固定资产是指使用年限在 1 年以上，单位价值在一定限额以上，在使用过程中始终保持原有物质形态的资产。固定资产主要包括房屋、建筑物、机械、运输设备和其他与生产经营有关的设备、器具、工具等。

固定资产原值是指项目建成投产时核定的固定资产值，其大小等于购入或自创固定资产时所发生的全部费用。固定资产预计净残值是指项目寿命期结束时，预估的固定资产的残余价值（一般指当时市场上可以实现的价值）。

固定资产折旧是指固定资产在使用中会逐渐磨损和贬值，使用价值逐步转移到产品中去，这种伴随固定资产损耗发生的价值转移称为固定资产折旧。转移的价值以折旧的形式计入成本，通过产品销售以货币的形式回到投资者手中。我国现行的固定资产折旧方法，一般采用平均年限法、工作量法或加速折旧法（分为双倍余额递减法和年数总和法）。

① 平均年限法

平均年限法（亦称直线法）根据固定资产的原值、预计净残值率和折旧年限计算折旧。房屋、建筑物和经常使用的机械设备可采用平均年限法计算折旧。其计算公式为：

$$年折旧率 = \frac{1}{折旧年限} \times 100\%$$

$$年折旧费 = (固定资产原值 - 预计净残值) \times 年折旧率$$
$$= 固定资产原值 \times (1 - 预计净残值率) \times 年折旧率$$

固定资产计算折旧的最低年限如下：房屋、建筑物，为 20 年；飞机、火车、轮船、机器、机械和其他生产设备，为 10 年；与生产经营活动有关的器具、工具、家具等，为 5 年；飞机、火车、轮船以外的运输工具，为 4 年；电子设备，为 3 年。

在工程经济分析中，一般采用平均年限法计算折旧费。

② 工作量法

工作量法是指按实际工作量计提固定资产折旧额的一种方法。对于下列专用设备可采用工作量法计提折旧：

a. 交通运输企业和其他企业专用车队的客货运汽车，按照行驶里程计算折旧费，其计算公式如下：

$$单位里程折旧费 = \frac{原值 \times (1 - 预计净残值率)}{规定的总行驶里程}$$

$$年折旧费 = 单位里程折旧费 \times 年实际行驶里程$$

b. 不经常使用的大型专用设备，可根据工作小时计算折旧费，其计算公式如下：

$$每小时折旧费 = \frac{原值 \times (1 - 预计净残值率)}{规定的总工作小时}$$

$$年折旧费 = 每工作小时折旧费 \times 年实际工作小时$$

③ 双倍余额递减法

双倍余额递减法是以平均年限法确定的折旧率的双倍乘以固定资产在每一会计期间的期初账面净值，从而确定当期应提折旧的方法。其计算公式为：

$$年折旧率 = \frac{2}{折旧年限} \times 100\%$$

$$年折旧费 = 年初固定资产账面原值 \times 年折旧率$$

实行双倍余额递减法的固定资产应当在其固定资产折旧年限到期前两年内，将固定资产净值扣除预计净残值后的净额平均摊销，即最后两年改用直线折旧法计算折旧。

④ 年数总和法

年数总和法是以固定资产原值扣除预计净残值后的余额作为计提折旧的基础，按照逐年递减的折旧率计提折旧的一种方法。采用年数总和法的关键是每年都要确定一个不同的折旧率。其计算公式为：

$$年折旧率 = \frac{折旧年限-已使用年数}{折旧年限\times(折旧年限+1)\div 2}\times 100\%$$

$$年折旧费 = (固定资产原值-预计净残值)\times 年折旧率$$

例如，某种设备的原价为 1 万元，预计净残值为 400 元，折旧年限为 5 年。采用双倍余额递减法计算其折旧费，见表 9-2-1；用年数总和法计算其折旧费，年数总和 $=\frac{1}{2}\times 5\times(5+1)=15$，见表 9-2-2。

双倍余额递减法计算折旧费　　　　　　　　　　表 9-2-1

年	年折旧率	年折旧费（元）
1	$\frac{2}{5}=40\%$	$10000\times 40\%=4000$
2	40%	$(10000-4000)\times 40\%=2400$
3	40%	$(10000-4000-2400)\times 40\%=1440$
4	$\frac{1}{2}=50\%$	$(10000-4000-2400-1440-400)\times 50\%=880$
5	50%	880

年数总和法计算折旧费　　　　　　　　　　表 9-2-2

年	年折旧率	年折旧费（元）
1	$\frac{5-0}{15}=\frac{5}{15}$	$(10000-400)\times\frac{5}{15}=3200$
2	$\frac{5-1}{15}=\frac{4}{15}$	$(10000-400)\times\frac{4}{15}=2560$
3	$\frac{5-2}{15}=\frac{3}{15}$	$(10000-400)\times\frac{3}{15}=1920$
4	$\frac{5-3}{15}=\frac{2}{15}$	$(10000-400)\times\frac{2}{15}=1280$
5	$\frac{5-4}{15}=\frac{1}{15}$	$(10000-400)\times\frac{1}{15}=640$

2）摊销费

无形资产是指企业能长期使用而没有实物形态的资产，包括专利权、非专利技术、商标权、商誉、著作权和土地使用权等。

递延资产是指应当在运营期内的前几年逐年摊销的各项费用，包括开办费和其他长期待摊费用。

无形资产和递延资产的原始价值要在规定的年限内按年度或产量转移到产品的成本中，这一部分被转移的无形资产和递延资产的原始价值，称为摊销。企业通过计提摊销费，回收无形资产及递延资产的资本支出。计算摊销费采用直线法，并且不留残值。

3）维简费

维简费是指采掘、采伐工业按生产产品数量（采矿按每吨原矿产量，林区按每立方米原木产量）提取的固定资产更新和技术改造资金，即维持简单再生产的资金，简称"维简费"。企业发生的维简费直接计入成本，其计算方法和折旧费相同。这类采掘、采伐企业不计提固定资产折旧。

4）经营成本

经营成本是指项目从总成本费用中扣除折旧费、维简费、摊销费和利息支出后的成本，即：

$$经营成本 = 总成本费用 - 折旧费 - 维简费 - 摊销费 - 利息支出 \quad (9-2-4)$$

或　经营成本 = 外购原材料、燃料和动力费 + 工资及福利费 + 修理费 + 其他费用

经营成本是工程经济分析特有的概念。它涉及产品生产及销售、企业管理过程中的物料、人力和能源的投入费用，反映企业的生产和管理水平。在工程经济分析中，经营成本被应用于现金流量的分析。

5）固定成本与变动成本

从理论上讲，年成本费用可分为固定成本、变动成本和混合成本三大类。

① 固定成本是指在一定的产量范围内，不随产量变化而变动的成本，如按直线法计提的固定资产折旧费、计时工资及修理费等。

② 变动成本是指随着产量的变化而变动的成本，如原材料费用、燃料和动力费用等。

③ 混合成本是指介于固定成本和变动成本之间，既随产量变化又不成正比例变化的成本，又称为半固定和半变动成本。

在工程经济分析中，为便于计算和分析，可将总成本费用中的原材料费用及燃料和动力费用视为变动成本，其余各项均视为固定成本。

6）沉没成本、机会成本和边际成本

沉没成本是指由于过去的决策已经发生的，而不能由现在或将来的任何决策改变的成本。它是指已经发生不可收回的支出，如时间、金钱等。

机会成本是指资源用于某种用途后放弃了其他用途而失去的最大收益。

边际成本是指在任何产量水平上，增加一个单位产量所需要增加的人工工资、原材料和燃料等变动成本。

【例9-2-3】（历年真题）某项目投资中有部分资金源于银行贷款，该贷款在整个项目期间净等额偿还本息。项目预计年经营成本为5000万元，年折旧费和摊销为2000万元，则该项目的年总成本费用应：

A. 等于5000万元　　　　　　　　B. 等于7000万元
C. 大于7000万元　　　　　　　　D. 在5000万元与7000万元之间

【解答】年总成本费用包括年经营成本、年折旧费和摊销，以及年利息支出等，故应选C项。

四、项目评价涉及的税费

1. 营业税金及附加

营业税金主要有增值税、消费税、城市维护建设税、资源税等。附加是指教育费附加

和地方教育费附加。

(1) 增值税

增值税是对我国境内销售货物、进口货物以及提供加工、修理修配劳务的单位和个人，就其取得货物的销售额、进口货物金额、应税劳务收入额计算税款，并实行税款抵扣制的一种流转税。增值税是价外税。

我国增值税率针对一般纳税人和小规模纳税人分别征收。

1) 一般纳税人

对一般纳税人而言，纳税人销售货物、劳务、有形动产租赁服务或者进口货物，适用基本税率13%。纳税人销售交通运输、邮政、基础电信、建筑、不动产租赁服务、与人们生活密切相关的基本生活用品、不动产、转让土地使用权，适用较低税率9%。纳税人销售服务、无形资产以及增值电信服务，除另有规定外，适用低税率6%。纳税人出口货物、劳务等，适用零税率。

一般纳税人缴纳增值税可按下列公式计算：

$$增值税应纳税额 = 销项税额 - 进项税额 \tag{9-2-5}$$

$$销项税额 = 销售额 \times 增值税率$$
$$= 营业收入（含增值税销售额）\div （1 + 增值税率）\times 增值税率 \tag{9-2-6}$$

$$进项税额 = 外购原材料、燃料及动力费（含增值税进项额）\div （1 + 增值税率）\times 增值税率 \tag{9-2-7}$$

2) 小规模纳税人

由于小规模纳税人会计核算不健全，采用简便方式，按照其销售额与规定的征收率计算缴纳增值税，不准许抵扣进项税，其计算公式为：

$$应纳税额 = 销售额 \times 征收率 \tag{9-2-8}$$

小规模纳税人在国内销售服务、无形资产，适用税率3%。一般纳税人销售不动产，小规模纳税人销售不动产及出租不动产可选择适用简易计税方法，征收率为5%。

(2) 消费税

消费税是在普遍征收增值税的基础上，根据消费政策、产业政策，有选择地对部分消费品征收的一种特殊的税种。消费税的税率有定额税率和比例税率两种。消费税采用从价定率和从量定额两种计税方法计算应纳税额，一般以应税消费品的生产者为纳税人，在销售时纳税。

(3) 城市维护建设税

城市维护建设税是以增值税和消费税额为计税依据征收的一种附加税。城市维护建设税按纳税人所在地区实行差别税率：项目所在地为市区的，税率为7%；项目所在地为县城、镇的，税率为5%；项目所在地为乡村的，税率为1%。城市维护建设税以纳税人实际缴纳的增值税和消费税额为计税依据，其应纳税额计算公式为：

$$应纳税额 = （增值税 + 消费税）的实纳税额 \times 适用税率 \tag{9-2-9}$$

(4) 教育费附加

教育费附加是为了加快地方教育事业的发展，扩大地方教育经费的资金来源而开征的一种附加费。教育费附加随消费税、增值税同时缴纳。教育费附加的计征依据是各缴纳人实际缴纳的消费税和增值税的税额，征收率为3%。

(5) 地方教育费附加

地方教育费附加是为增加地方教育的资金投入，促进省教育事业发展而开征的一项政府基金。地方教育费附加征收标准统一为单位和个人实际缴纳的增值税和消费税税额的2%。

(6) 资源税

资源税是以原油、天然气、煤炭、金属或非金属矿、盐和水资源等各种应税自然资源为课税对象，为了调节资源级差收入并体现国有资源有偿使用而征收的一种税。资源税采用从价定率和从量定额征收，因此，其税率形式有比例税率和定额税率两种。

2. 企业所得税

(1) 利润总额

利润总额是企业在一定时期内生产经营活动的最终财务成果。利润总额的估算公式为：

$$利润总额 = 营业收入(含增值税) - 营业税金及附加 - 总成本费用 \quad (9-2-10)$$

(2) 企业所得税

根据税法的规定，企业取得利润后，先向国家缴纳所得税。企业所得税是现金流出项。

纳税人每一纳税年度的收入总额减去准予扣除项目的余额，为应纳税所得额。

纳税人发生年度亏损的，可用下一纳税年度的所得弥补；下一纳税年度的所得不足弥补的，可以逐年延续弥补，但是延续弥补期最长不得超过5年。

企业所得税的应纳税额计算公式如下：

$$所得税应纳税额 = 应纳税所得额 \times 25\% \quad (9-2-11)$$

在工程经济分析中，一般是按照利润总额作为企业所得乘以25%税率计算企业所得税。

五、总投资形成的资产

工程经济分析（即建设项目评价）中的总投资是指项目建设和投入运营所需的全部投资，包括建设投资、建设期利息和流动资金。建设项目评价应按有关规定将全部投资中的各分项分别形成固定资产原值、无形资产原值和其他资产原值。

1. 固定资产

在总投资中形成固定资产、构成固定资产原值的费用包括：①工程费用，即设备购置费和建筑安装工程费；②工程建设其他费用；③预备费(包括基本预备费和涨价预备费)；④建设期利息。

2. 无形资产

在总投资中形成无形资产、构成无形资产原值的费用主要包括技术转让费或技术使用费（含专利权和非专利技术）、商标权和商誉等。

3. 其他资产

其他资产是指除流动资产、长期投资、固定资产、无形资产以外的其他资产。

在总投资中形成其他资产、构成其他资产原值的费用主要包括生产准备费、开办费、出国人员费、来华人员费、图纸资料翻译复制费、样品样机购置费等。

4. 流动资产

总投资中的流动资金与流动负债共同形成流动资产。

【例 9-2-4】（历年真题）以下关于项目总投资中流动资金的说法正确的是：

A. 是指工程建设其他费用和预备费之和

B. 是指投产后形成的流动资产和流动负债之和

C. 是指投产后形成的流动资产和流动负债的差额

D. 是指投产后形成的流动资产占用的资金

【解答】 根据流动资产的计算规定，应选 C 项。

习　题

9-2-1　（历年真题）关于总成本费用的计算公式，下列正确的是：

A. 总成本费用＝生产成本＋期间费用

B. 总成本费用＝外购原材料、燃料和动力费＋工资及福利费＋折旧费

C. 总成本费＝外购原材料、燃料和动力费＋工资及福利费＋折旧费＋摊销费

D. 总成本费＝外购原材料、燃料和动力费＋工资及福利费＋折旧费＋摊销费＋修理费

9-2-2　（历年真题）建设项目评价中的总投资包括：

A. 建设投资和流动资金　　　　　　B. 建设投资和建设期利息

C. 建设投资、建设期利息和流动资金　D. 固定资产投资和流动资产投资

9-2-3　（历年真题）某建设工程建设期为 2 年，其中第一年向银行贷款总额为 1000 万元，第二年无贷款，贷款年利率为 6%，则该项目建设期利息为：

A. 30 万元　　　　B. 60 万元　　　　C. 61.8 万元　　　　D. 91.8 万元

9-2-4　（历年真题）在下列选项中，应列入项目投资现金流量分析中的经营成本的是：

A. 外购原材料、燃料和动力费　　　B. 设备折旧

C. 流动资金投资　　　　　　　　　D. 利息支出

9-2-5　（历年真题）在下列费用中，应列入项目建设投资的是：

A. 项目经营成本　　　　　　　　　B. 流动资金

C. 预备费　　　　　　　　　　　　D. 建设期利息

第三节　资金来源与融资方案

一、项目资金筹措的主要方式

1. 融资主体

在项目融资过程中，首先应明确融资主体，由融资主体进行融资活动，并承担融资责任和风险。项目融资主体的组织形式主要有既有项目法人融资和新设项目法人融资两种形式。其中，既有项目法人融资形式是指依托现有法人进行的融资活动；新设项目法人融资形式是指新组建项目法人进行的融资活动。

采用既有法人融资方式，项目所需资金来源有：既有法人内部融资；新增资本金；新增债务资金。采用新设法人融资方式，项目所需资金来源有：项目公司股东投资的资本金；项目公司承担的债务资金。

2. 项目资本金筹措的主要方式

(1) 项目资本金的概念

项目资本金是指在项目总投资中，由投资者认缴的出资额，为部分资金对项目的法人而言属非债务资金，投资者可以转让其出资，但不能以任何方式抽回。我国实行固定资产投资项目资本金制度。项目资本金可以用货币出资，也可以用实物、工业产权、非专利技术、土地使用权、资源开采权等作价出资。作价出资的实物、工业产权、非专利技术、土地使用权和资源开采权，必须经过有资格的资产评估机构依照法律法规评估作价。

(2) 项目资本金筹措的主要方式

1) 股东直接投资。股东直接投资包括政府授权投资机构入股资金、国内外企业入股资金、社会团体和个人入股的资金以及基金投资公司入股的资金，分别构成国家资本金、法人资本金、个人资本金和外商资本金。既有法人融资项目，股东直接投资表现为扩充既有企业的资本金，包括原有股东增资扩股和吸收新股东投资。新设法人融资项目，股东直接投资表现为投资者为项目提供资本金。

2) 股票融资。既有法人融资项目或新设法人融资项目，凡符合规定条件的，均可以通过发行股票在资本市场募集股本资金。股票融资可以采取公募和私募两种形式。

3) 政府投资。政府投资资金，包括各级政府的财政预算内资金、国家批准的各种专项建设基金、统借国外贷款、土地批租收入、地方政府按规定收取的各种费用及其他预算外资金等。政府投资主要用于基础性项目和公益性项目。

3. 项目债务资金的筹措方式

(1) 项目债务资金的特点

项目债务资金的特点是：到期必须偿还，并按期支付利息，增大了融资风险；利息可以作为费用列支，可以降低所得税，因此，其资金成本一般低于权益资金的资本成本；不会分散投资者对企业的控制权。

(2) 项目债务资金的筹措方式

国内借入资金的来源方式有：商业银行贷款；政策性银行贷款；非银行的金融机构的贷款；发行债券；融资租赁等。

国外借入资金的来源方式有：外国政府贷款；外国商业银行贷款；出口信贷；银团贷款；国际金融机构贷款。

1) 出口信贷

出口信贷亦称长期贸易信贷，是指商品出口国的官方金融机构或商业银行以优惠利率向本国出口商、进口方银行或进口商提供的一种贴补性贷款，是争夺国际市场的一种筹资手段。出口信贷主要有卖方信贷和买方信贷。其中，卖方信贷是指在大型设备出口时，为便于出口商以延期付款的方式出口设备，由出口商本国的银行向出口商提供的信贷。买方信贷是由出口方银行直接向进口商或进口方银行所提供的信贷。

2) 发行债券

发行债券是指项目法人以自身的财务状况和信用条件为基础，通过发行企业债券筹集资金，用于项目建设的融资方式。债券筹资的利息允许在所得税前支付，且可发挥财务杠杆作用，提高自有资金收益率；但债券筹资也具有发行限制条件较多，还本付息负担较重的问题。

3）融资租赁

融资租赁是指由出租人按承租人要求，融通资金购买设备，租给承租人使用，由承租人支付租金获取设备使用权的一种方式。采用这种方式，一般是由承租人选定设备，由出租人购置后租给承租人使用，承租人按期交付租金。租赁期满后，出租人可以将设备作价售让给承租人。这种融资方式实际上是通过租赁设备融通到所需资金，从而形成债务资金。

4. 准股本资金

准股本资金是指具有资本金和债务资金双重性质的资金，主要包括优先股和可转换债券。

（1）优先股

优先股较普通股具有某些优先的权利，主要包括先于普通股分配股利和清算时剩余财产的优先分配权。具体的优先条件须有公司章程予以明确规定。优先股股东不参与公司经营管理，没有公司控制权，只支付固定的股息，一般不参加公司的红利分配。

优先股通常处于较后的受偿顺序，且股息在税后利润中支付。在项目评价中，优先股股票应视为项目资本金。

（2）可转换债券

可转换债券是公司债券的一种，即这种债券的持有者可根据自己的意愿，在一定的时候按规定的价格转换公司发行的股票。它的性质主要有：可转换性；债权性；股权性。

在项目评价中，可转换债券应视为项目债务资金。

5. 既有法人的内部融资

既有法人的内部融资的方式包括：可用于项目建设的货币资金；资产变现的资金；资产经营权变现的资金；直接使用非现金资产。

【例 9-3-1】（历年真题）下列筹资方式中，属于项目资本金的筹集方式的是：

A. 银行贷款　　　　　　　　B. 政府投资
C. 融资租赁　　　　　　　　D. 发行债券

【解答】项目资本金的筹集方式有政府投资，应选 B 项。

二、融资方案

1. 资金成本的概念

资金成本就是投资者在建设项目实施中，为筹集和使用资金而付出的代价。资金成本由两部分组成，即资金筹集成本和资金使用成本。

资金筹集成本是指投资者在资金筹措过程中支付的各项费用。它主要包括向银行借款的手续费；发行股票、债券而支付的各项代理发行费用，如印刷费、手续费、公证费、担保费和广告费等。资金筹集成本一般属于一次性费用。

资金使用成本又称资金占用费，其主要包括支付给股东的各种股利、向债权人支付的贷款利息以及支付给其他债权人的各种利息费用等。资金使用成本是资金成本的主要内容。

2. 资金成本的计算

(1) 资金成本计算的一般形式

资金成本可用绝对数表示,也可用相对数表示。为便于分析比较,资金成本一般用相对数表示,称为资金成本率。其一般计算公式为:

$$K = \frac{D}{P-F} = \frac{D}{P(1-f)} \tag{9-3-1}$$

式中,K 为资金成本率(一般通称为资金成本);P 为筹集资金总额;D 为资金占用费;F 为筹资费;f 为筹资费费率(即筹资费占筹集资金总额的比率)。

(2) 各种资金来源的资金成本计算

1) 银行贷款的资金成本

不考虑资金筹集成本时的资金成本为:

$$K_d = (1-T) \times R \tag{9-3-2}$$

式中,K_d 为银行借款的资金成本;T 为所得税税率;R 为银行借款利率。

考虑资金筹集成本时的资金成本为:

$$K_d = \frac{(1-T) \times R}{1-f} \tag{9-3-3}$$

2) 债券资金成本

发行债券的成本主要是指债券利息和筹资费用。债券利息的处理与长期借款利息的处理相同,应以税后的债务成本为计算依据。债券的筹资费用一般比较高,不可在计算融资成本时省略。债券资金成本的计算公式为:

$$K_b = \frac{I_b(1-T)}{B(1-f_b)} = \frac{R_b(1-T)}{(1-f_b)} \tag{9-3-4}$$

式中,K_b 为债券资金成本;B 为债券筹资额;f_b 为债券筹资费率;I_b 为债券年利息;R_b 为债券利率。

若债券溢价或折价发行,为了更精确地计算资金成本,应以其实际发行价格作为债券筹资额。

3) 优先股成本

与负债利息的支付不同,优先股的股利不能在税前扣除,因而在计算优先股成本时无需经过税赋的调整。优先股成本的计算公式为:

$$K_p = \frac{D_p}{P_p(1-f_p)} = \frac{i}{1-f_p} \tag{9-3-5}$$

式中,K_p 为优先股资金成本;D_p 为优先股每年股息;P_p 为优先股股票面值;f_p 为优先股筹资费率;i 为股息率。

4) 普通股资金成本

普通股资金成本属权益融资成本。权益资金的资金占用费是向股东分派的股利,而股利是以所得税后净利润支付的,不能抵减所得税。计算普通股资金成本,常用的方法有:

评价法；资本资产定价模型法。

① 评价法

$$K_c = \frac{D_c}{P_c(1-f_c)} + G \qquad (9\text{-}3\text{-}6)$$

式中，K_c 为普通股资金成本；D_c 为预期年股利额；P_c 为普通股筹资额；f_c 为普通股筹资费率；G 为普通股利年增长率。

② 资本资产定价模型法

$$K_c = R_f + \beta(R_m - R_f) \qquad (9\text{-}3\text{-}7)$$

式中，R_f 为无风险报酬率；R_m 为平均风险股票必要报酬率；β 为股票的风险校正系数。

5) 留存盈余资金成本

留存盈余是指企业未以股利等形式发放给投资者而保留在企业的那部分盈利，即经营所得净收益的积余，包括盈余公积和未分配利润。留存盈余是所得税后形成的，其所有权属于股东。股东将留存盈余留用于公司，是想从中获取投资报酬，所以留存盈余也有资金成本，它与普通股成本的计算基本相同，只是不考虑筹资费用。如按评价法，计算公式为：

$$K_r = \frac{D_c}{P_c} + G \qquad (9\text{-}3\text{-}8)$$

式中，K_r 为留存盈余资金成本。

(3) 加权平均资金成本

建设项目的资金筹集一般采用多种融资方式，不同来源的资金，其资金成本各不相同。为了对建设项目的整个融资方案进行筹资决策，在计算各种融资方式个别资金成本的基础上，还要计算整个融资方案的加权平均资金成本，以反映建设项目的整个资金方案的资金成本状况。其计算公式为：

$$K_w = \sum_{j=1}^{n} K_j \times W_j \qquad (9\text{-}3\text{-}9)$$

式中，K_w 为加权平均资金成本；K_j 为第 j 种融资渠道的资金成本；W_j 为第 j 种融资渠道筹集的资金占全部资金的比重。

【例 9-3-2】（历年真题）某公司向银行借款 5000 万元，期限为 5 年，年利率为 10%，每年年末付息一次，到期一次还本，企业所得税率为 25%。若不考虑筹资费用，该项借款的资金成本率是：

A. 7.5%　　　　B. 10%　　　　C. 12.5%　　　　D. 37.5%

【解答】$K_d = (1-T) \times R = (1-25\%) \times 10\% = 7.5\%$

应选 A 项。

【例 9-3-3】（历年真题）某公司发行普通股筹资 8000 万元，筹资费率为 3%，第一年股利率为 10%，以后每年增长 5%，所得税率为 25%，则普通股资金成本为：

A. 7.37%　　　　B. 10.31%　　　　C. 11.48%　　　　D. 15.31%

【解答】$K_c = \dfrac{D_c}{P_c(1-f_c)} + G = \dfrac{8000 \times 10\%}{8000 \times (1-3\%)} + 5\% = 15.31\%$

应选 D 项。

3. 债务偿还的主要方式

(1) 等额利息法

每期付息额相等，期中不还本金，最后一期归还本期利息和本金。

(2) 等额本金法

每期偿还相等的本金和相应的利息，其计算公式为：

$$A_t = \frac{I_c}{n} + I_c \times \left(1 - \frac{t-1}{n}\right) \times i \tag{9-3-10}$$

式中，A_t 为第 t 期的还本付息额；I_c 为还款开始的期初借款余额；$\frac{I_c}{n}$ 为每年偿还的本金；n 为约定的还款期；i 为借款的年利率。

第 t 年支付的利息 $= I_c \times \left(1 - \frac{t-1}{n}\right) \times i$。

(3) 等额本息法（亦称等额摊还法）

每期偿还本金和利息相等，其计算公式为：

$$A = P(A/P, i, n) = P \cdot \frac{i(1+i)^n}{(1+i)^n - 1} \tag{9-3-11}$$

(4) 一次性偿付法

最后一次偿还本金和利息。

(5) 量入偿还法

根据项目的盈利大小，任意偿还本息，到期末全部还清本息。

量入偿还法是最常用的债务偿还方式。

【例 9-3-4】（历年真题）某公司向银行借款 2400 万元，期限为 6 年，年利率为 8%，每年年末付息一次，每年等额还本，到第 6 年年末还完本息。则该公司第 4 年年末应还的本息和是：

A. 432 万元 B. 464 万元 C. 496 万元 D. 592 万元

【解答】按偿还等额本金法计算：

方法一：每年应偿还的本金均为：2400/6=400 万元

前 3 年已经偿还本金：400×3=1200 万元

尚未偿还本金：2400－1200=1200 万元

第 4 年年末应还利息：I_4=1200×8%=96 万元，本息和=400+96=496 万元

方法二：按公式计算：

$$A_4 = \frac{I_c}{n} + I_c\left(1 - \frac{t-1}{n}\right)i = \frac{2400}{6} + 2400 \times \left(1 - \frac{4-1}{6}\right) \times 8\% = 496 \text{ 万元}$$

应选 C 项。

【例 9-3-5】（历年真题）某公司向银行借款 150 万元，期限为 5 年，年利率为 8%，每年年末等额还本付息一次（即等额本息法），到第 5 年年末还完本息。则该公司第 2 年年末偿还的利息为：

［已知：$(A/P, 8\%, 5) = 0.2505$］

A. 9.954 万元 B. 12 万元 C. 25.575 万元 D. 37.575 万元

【解答】按偿还等额本息法计算：

$$A = P(A/P, 8\%, 5) = 150 \times 0.2505 = 37.575 \text{ 万元}$$

第 1 年年末偿还本金为：37.575－150×8％＝25.575 万元
第 2 年年末偿还利息为：(150－25.575)×8％＝9.954 万元
应选 A 项。

习　题

9-3-1　（历年真题）关于准股本资金的下列说法中，正确的是：
A. 准股本资金具有资本金性质，不具有债务资金性质
B. 准股本资金主要包括优先股股票和可转换债券
C. 优先股股票在项目评价中应视为项目债务资金
D. 可转换债券在项目评价中应视为项目资本金

9-3-2　（历年真题）新设法人融资方式，建设项目所需资金来源于：
A. 资本金和权益资金　　　　　　B. 资本金和注册资本
C. 资本金和债务资金　　　　　　D. 建设资金和债务资金

9-3-3　（历年真题）下列筹资方式中，属于项目债务资金的筹集方式是：
A. 优先股　　　　　　　　　　　B. 政府投资
C. 融资租赁　　　　　　　　　　D. 可转换债券

第四节　财　务　分　析

一、财务评价的内容

1. 财务评价的基本概念

财务评价（亦称财务分析）是在国家现行财税制度和市场价格体系下，从项目的角度，分析预测项目的财务效益与费用，计算财务分析指标，考察经营性项目的盈利能力、偿债能力和财务生存能力，据以判断项目的财务可行性。对于非经营性项目，财务评价主要是分析项目的财务生存能力。

财务评价指标的分类：(1) 按是否考虑资金时间价值，将其分为静态评价指标和动态评价指标，见表 9-4-1。(2) 按评价指标的性质，将其分为盈利能力分析指标、偿债能力分析指标和财务生存能力指标，如图 9-4-1 所示。

财务评价指标　　　　　　　　　　　表 9-4-1

静态评价指标	动态评价指标
静态投资回收期、总投资收益率、资本金净利润率、利息备付率、偿债备付率、资产负债率、速动比率、流动比率	动态投资回收期、财务净现值、财务内部收益率

2. 财务评价的内容

财务评价内容主要包括盈利能力分析、偿债能力分析、财务生存能力分析，以及风险与不确定性分析（见本章第六节）。财务分析可分为融资前分析和融资后分析，一般先进行融资前的分析。

(1) 融资前分析

融资前分析不考虑具体债务融资条件，从项目投资总获利能力的角度，进行盈利能力

图 9-4-1 财务评价指标体系

分析，考察项目技术方案设计的合理性，作为投资决策的依据。融资前分析以考虑资金时间价值的动态分析为主，不考虑资金时间价值的静态分析为辅。融资前分析的内容如下：

1) 估算营业收入、建设投资、流动资金、经营成本、营业税金及附加、所得税；

2) 编制项目投资现金流量表，计算项目投资财务内部收益率、财务净现值和项目静态投资回收期等指标；

3) 根据计算指标进行方案的评判取舍；如果分析结果表明方案可行，再进行融资后的分析；如果分析结果不能满足要求，可进行方案的修改完善，必要时甚至可以放弃方案。

(2) 融资后分析

融资后分析应以融资前分析和初步的融资方案为基础，考虑项目在拟定融资条件下的财务分析，主要分析考察项目在融资条件下的盈利能力、偿债能力和财务生存能力，判断项目方案在融资条件下的可行性。融资后分析用于比选融资方案，作为投资者进行融资决策的依据。融资后分析的内容如下：

1) 在融资前分析结论满足要求情况下，初步设定融资方案；

2) 在财务分析辅助报表的基础上，编制项目总投资使用计划、资金筹措表和建设期利息估算表；

3) 编制资本金现金流量表，计算项目资本金财务内部收益率指标，考察资本金可获得的收益水平；

4) 编制投资各方现金流量表，计算投资各方财务内部收益率指标，考察投资各方可获得的收益水平。

财务分析报表与财务评价指标的关系见表 9-4-2。

财务分析报表与财务评价指标的关系　　　　表 9-4-2

财务分析内容		分析报表	财务分析指标	
			静态指标	动态指标
融资前分析	盈力能力分析	项目投资现金流量表	静态投资回收期	投资财务内部收益率 投资财务净现值 动态投资回收期

续表

财务分析内容		分析报表	财务分析指标	
			静态指标	动态指标
融资后分析	盈力能力分析	项目资本金现金流量表	资本金静态投资回收期	资本金财务内部收益率 资本金动态投资回收期
		投资各方现金流量表	—	投资各方财务内部收益率
		利润与利润分配表	总投资收益率 资本金净利润率	—
	偿债能力分析	借款还本息计划表	偿债备付率 利息备付率	—
		资产负债表	资产负债率 速动比率 流动比率	—
	财务生存能力分析	财务计划现金流量表	累计盈亏资金	—

【例 9-4-1】（历年真题）下列财务评价指标中，反映项目盈利能力的指标是：
A. 流动比率　　　　　　　　B. 利息备付率
C. 投资回收期　　　　　　　D. 资产负债率

【解答】反映项目盈利能力的指标有投资回收期，应选 C 项。

二、盈利能力分析

1. 投资回收期

（1）静态投资回收期（P_t）

静态投资回收期是在不考虑资金时间价值的条件下，以项目技术方案投入运营后的净现金流量回收项目总投资所需的时间。静态投资回收期可以从项目技术方案建设开始年算起，也可以从投产年开始算起，但应予注明。如果投入和产出现金流量均服从年末习惯法，自建设开始年算起。静态投资回收期 P_t（以年表示）的计算公式如下：

$$\sum_{t=0}^{P_t}(CI-CO)_t = 0 \tag{9-4-1}$$

式中，P_t 为静态投资回收期；CI 为现金流入量；CO 为现金流出量；$(CI-CO)_t$ 为第 t 年时点的净现金流量。

静态投资回收期可根据项目技术方案的现金流量表计算。其具体计算又分以下两种情况：

1）项目技术方案建成投产后各年的净现金流量均相同，则静态投资回收期的计算公式如下：

$$P_t = \frac{I}{A} \tag{9-4-2}$$

式中，I 为项目技术方案投入的总投资；A 为项目技术方案投产后各年的净现金流量，即 $A=(CI-CO)_t$。

2）项目技术方案建成投产后各年的净现金流量不相同，则静态投资回收期可根据项目技术方案的投资现金流量表计算累计净现金流量求得，也就是在现金流量表中累计净现金流量由负值转向正值的时点。其计算公式为：

$$P_t = (累计净现金流量出现正值的时点-1)$$
$$+\frac{上一时点累计净现金流量的绝对值}{出现正值时点的净现金流量} \tag{9-4-3}$$

将计算出的静态投资回收期 P_t 与所确定的基准投资回收期 P_c 进行比较：若 $P_t \leqslant P_c$，表明项目技术方案投入的总资金能在规定的时间内收回，则项目技术方案可以考虑接受；若 $P_t > P_c$，则项目技术方案不可行。

（2）动态投资回收期（P'_t）

动态投资回收期是在计算回收期时考虑了资金的时间价值。如果投入与产出的现金流量均服从年末习惯法，自建设开始年算起，其计算公式为：

$$\sum_{t=0}^{P'_t}(CI-CO)_t(1+i_c)^{-t}=0 \tag{9-4-4}$$

式中，P'_t 为动态投资回收期（年）；i_c 为基准收益率。

判别准则：设基准动态投资回收期为 P'_c，若 $P'_t < P'_c$，项目技术方案可行；否则，应予拒绝。

动态投资回收期的实用计算公式为：

$$P'_t = (累计折现值出现正值的时点-1)+\frac{上个时点累计折现值的绝对值}{出现正值时点的折现值} \tag{9-4-5}$$

一般地，项目技术方案的动态投资回收期大于静态投资回收期。

静态或动态投资回收期的不足主要是：没有全面地考虑项目技术方案在整个计算期内的现金流量，即只考虑回收之前的效果，不能反映投资回收之后的情况，故无法全面衡量项目技术方案在整个计算期内的经济效果。

例如，某项目技术方案的净现金流量见表 9-4-3，基准收益率 $i_c = 10\%$，基准投资回收期 $P_c = 7$ 年。确定其静态和动态投资回收期。

某项目技术方案的净现金流量表（万元） 表 9-4-3

项目年份	0	1	2	3	4	5	6
净现金流量	−40	−450	−100	100	250	300	300
累计现金流量	−40	−480	−580	−480	−230	70	370
折现系数	1	0.9091	0.8264	0.7513	0.6830	0.6209	0.5654
折现值	−40	−409.10	−82.64	75.13	170.75	186.27	169.62
累计折现值	−40	−449.10	−531.74	−456.61	−285.86	−99.59	70.03

具体计算过程见表 9-4-3，则：

$$P_t = (5-1) + \frac{|-230|}{300} = 4.77 \text{ 年}$$

$$P'_t = (6-1) + \frac{|-99.59|}{169.62} = 5.59 \text{ 年}$$

经过计算得出 $P_t < P_c$, $P'_t < P_c$，所以该项目技术方案可行。

2. 财务净现值（Financial Net Present Value）

财务净现值（$FNPV$）是反映项目技术方案在计算期内盈利能力的动态评价指标。项目技术方案的财务净现值是指用一个预定的基准收益率（或设定的折现率）i_c，分别把整个计算期间内各年所发生的净现金流量都折现到技术方案开始实施时的现值之和。财务净现值计算公式为：

$$FNPV = \sum_{t=0}^{n}(CI-CO)_t(1+i_c)^{-t} \tag{9-4-6}$$

式中，$FNPV$ 为财务净现值；$(CI-CO)_t$ 为项目技术方案第 t 年的净现金流量（应注意"+"和"-"号）；i_c 为基准收益率；n 为项目技术方案计算期。

财务净现值是评价技术方案盈利能力的绝对指标。当 $FNPV>0$ 时，说明该项目技术方案除了满足基准收益率要求的盈利之外，还能得到超额收益的现值，财务上可行；当 $FNPV=0$ 时，说明该技术方案基本能满足基准收益率要求的盈利水平，该技术方案财务上还是可行的；当 $FNPV<0$ 时，说明该技术方案不能满足基准收益率要求的盈利水平，该技术方案财务上不可行。对多个互斥技术方案评价时，在所有 $FNPV_j \geqslant 0$ 的技术方案中，以财务净现值最大的技术方案为财务上相对更优的方案，即财务净现值最大化原则。

财务净现值指标的优点是：考虑了资金的时间价值，并全面考虑了项目技术方案在整个计算期内现金流量的时间分布的状况；经济意义明确，能够直接以货币额表示技术方案的盈利水平；判断直观。其缺点是：必须首先确定一个符合经济现实的基准收益率，而基准收益率的确定往往是比较困难的；在互斥方案评价时，财务净现值必须慎重考虑互斥方案的寿命，如果互斥方案寿命不等，必须构造一个相同的分析期限，才能进行各个方案之间的比选；财务净现值不能反映技术方案投资中单位投资的使用效率等。

例如，已知某项目技术方案的净现金流量，见表 9-4-4，设 $i_c=8\%$。确定其财务净现值（$FNPV$）。

某技术方案的净现金流量（万元） 表 9-4-4

年份	1	2	3	4	5	6
净现金流量	-3200	-4000	2000	2500	3000	3000

$$\begin{aligned}FNPV = &-3200 \times \frac{1}{(1+8\%)} - 4000 \times \frac{1}{(1+8\%)^2} + 2000 \times \frac{1}{(1+8\%)^3} \\ &+ 2500 \times \frac{1}{(1+8\%)^4} + 3000 \times \frac{1}{(1+8\%)^5} + 3000 \times \frac{1}{(1+8\%)^6} \\ = &-3200 \times 0.9259 - 4000 \times 0.8573 + 2000 \times 0.7938 + 2500 \times 0.7350 \\ &+ 3000 \times 0.6806 + 3000 \times 0.6302 \\ = &965.4 \text{ 万元}\end{aligned}$$

由于 $FNPV=965.4$ 万元>0，所以该项目技术方案在经济上可行。

当不考虑现金流量的来源时，用净现值（NPV）表示，即：对于财务现金流量，用财务净现值（$FNPV$）表示；对于国民经济评价的经济现金流量，用经济净现值（$ENPV$）表示。净现值（NPV）的内涵、计算公式、优缺点与财务净现值（$FNPV$）是一致的。

3. 财务内部收益率（Financial Internal Rate of Return）

常规现金流量的技术方案（亦称常规投项目技术方案），简称常规技术方案，它是指在计算期内，开始时有支出而后才有收益，且其净现金流量序列的符号只改变一次的现金流量的技术方案。不属于常规技术方案的技术方案称为非常规技术方案。

常规技术方案的财务净现值的大小与折现率的高低有直接的关系。若已知某常规技术方案各年的净现金流量，则该常规技术方案的财务净现值就完全取决于所选用的折现率，即财务净现值是折现率的函数，其表达式如下：

$$FNPV(i) = \sum_{t=0}^{n}(CI-CO)_t(1+i)^{-t}$$

常规技术方案的财务净现值 $FNPV(i)$ 与 i 之间的关系一般如图 9-4-2 所示。

图 9-4-2 常规技术方案的财务净现值函数曲线

从图 9-4-2 可以看出，按照财务净现值的评价准则，只要 $FNPV(i) \geqslant 0$，技术方案就可接受。但由于 $FNPV(i)$ 是 i 的递减函数，故折现率 i 定得越高，技术方案被接受的可能性越小。i 最大可以大到多少，仍使技术方案可以接受呢？显然，i 可以大到使 $FNPV(i)=0$，这时 $FNPV(i)$ 曲线与横轴相交，i 达到了其临界值 i^*，因此，i^* 是财务净现值评价准则的一个分水岭。i^* 就是财务内部收益率 $FIRR$。

对常规技术方案，财务内部收益率其实质就是使技术方案在整个计算期内各年净现金流量的现值累计等于零时的折现率，它是考察项目盈利能力的相对量指标。其数学表达式为：

$$FNPV(FIRR) = \sum_{t=0}^{n}(CI-CO)_t(1+FIRR)^{-t} = 0 \quad (9\text{-}4\text{-}7)$$

式中，$FIRR$ 为财务内部收益率。

财务内部收益率是一个未知的折现率，求方程式（9-4-9）中的折现率需解高次方程。在实际工作中，一般通过软件直接计算，手算时可采用试算法确定财务内部收益率 $FIRR$。试算法确定 $FIRR$ 的计算过程如下：

首先，试用 i_1 计算 $FNPV_1$（实际工作中 i_1 的确定，往往是根据给出的基准收益率 i_c 作为第一步试算依据）。若得 $FNPV_1>0$，再试用 i_2（$i_2>i_1$）计算 $FNPV_2$；如果 $FNPV_2>0$，再用 i_3 来计算，以此类推，直到 $FNPV<0$ 时为止；若 $FNPV_2<0$，则 $FNPV=0$ 时的 $FIRR$ 一定在 $i_2 \sim i_1$ 之间，如图 9-4-2 所示。此时，可用线性内插公式求出 $FIRR$ 的近似值，即：

$$FIRR = i_1 + \frac{FNPV_1}{FNPV_1 + |FNPV_2|}(i_2 - i_1) \quad (9\text{-}4\text{-}8)$$

式中，$FNPV_1$ 为折现率 i_1 时的财务净现值（正）；$FNPV_2$ 为折现率 i_2 时的财务净现值（负）。

FIRR 计算出来后，与基准收益率 i_c 进行比较，若 $FIRR \geq i_c$，则项目技术方案在财务上可以接受；$FIRR < i_c$，则技术方案在财务上应予拒绝。

财务内部收益率容易被人误解为是项目技术方案的初期投资的收益率。事实上，财务内部收益率的经济含义是技术方案占用的尚未回收资金的获利能力。

财务内部收益率是项目技术方案到计算期末正好将未收回的资金全部收回来的折现率，也可以理解为技术方案对贷款利率的最大承担能力。

由于财务内部收益率不是初始投资在整个计算期内的盈利率，因而它不仅受项目技术方案的初始投资规模的影响，而且受技术方案计算期内各年净收益大小的影响（即各年净收益大小分布的影响）。

财务内部收益率（FIRR）的优点是：它考虑了资金的时间价值以及技术方案在整个计算期内的经济状况，不仅能反映投资过程的收益程度，而且 FIRR 的大小不受外部参数影响，完全取决于技术方案投资过程净现金流量系列的情况。这种技术方案内部决定性，使它在应用中具有一个显著的优点，即避免了像财务净现值之类的指标那样须事先确定基准收益率这个难题，而只需要知道基准收益率的大致范围即可。

FIRR 的缺点是：对于非常规技术方案，其财务内部收益率 FIRR 在某些情况下甚至不存在或存在多个解，而对多个解的分析、检验和判断是比较复杂的；FIRR 也不能直接用于多个互斥方案之间的比选。因此，财务内部收益率 FIRR 适用于独立的、具有常规现金流量的技术方案的经济评价和可行性判断。

同理，当不考虑现金流量的来源时，用内部收益率（IRR）表示。对于财务现金流量，用财务内部收益率（FIRR）表示；对于国民经济评价的经济现金流量，用经济内部收益率（EIRR）表示。内部收益率（IRR）的内涵、计算公式、优缺点与财务内部收益率（FIRR）是一致的。

【例 9-4-2】（历年真题）某项目动态投资回收期刚好等于项目计算期，则以下说法中正确的是：

A. 该项目动态回收期小于基准回收期　　B. 该项目净现值大于零
C. 该项目净现值小于零　　　　　　　　D. 该项目内部收益率等于基准收益率

【解答】根据项目的内部收益率的定义，当项目的动态回收期正好等于项目计算期时，内部收益率就等于基准收益率，应选 D 项。

【例 9-4-3】（历年真题）以下关于项目内部收益率指标的说法正确的是：

A. 内部收益率属于静态评价指标
B. 项目内部收益率就是项目的基准收益率
C. 常规项目可能存在多个内部收益率
D. 计算内部收益率不必事先知道准确的基准收益率 i_c

【解答】根据项目的内部收益率的优缺点，应选 D 项。

此外，对于 B 项：非常规技术方案可能存在多个解，其中的解不是项目的内部收益率。

对于 C 项：常规技术方案只有唯一解，该解是项目的内部收益率。

4. 总投资收益率（ROT）

总投资收益率是指项目技术方案达到设计生产能力时的一个正常年份的年息税前利润

或运营期内年平均息税前利润与项目总投资的比率。其计算公式为：

$$ROI = \frac{EBIT}{TI} \times 100\% \qquad (9\text{-}4\text{-}9)$$

式中，ROI 为总投资收益率；$EBIT$ 为项目技术方案达到设计能力后正常年份的年息税前利润或运营期内年平均息税前利润；TI 为项目总投资。

$$\text{年息税前利润} = \text{年利润总额} + \text{计入年成本费用的利息支出}$$
$$= \text{年营业收入} - \text{年营业税金及附加}$$
$$- \text{年总成本费用} + \text{利息支出}$$

当计算出的总投资收益率高于行业收益率参考值时，认为该项目盈利能力满足要求。

5. 项目资本金净利润率（ROE）

项目资本金净利润率表示项目资本金的盈利水平，是指项目技术方案达到设计能力后正常年份的年净利润或运营期内年平均净利润与项目资本金的比率。其计算公式为：

$$ROE = \frac{NP}{EC} \times 100\% \qquad (9\text{-}4\text{-}10)$$

式中，ROE 为项目资本金净利润率；NP 为项目技术方案达到设计能力后正常年份的年净利润或运营期内年平均净利润；EC 为项目资本金。

当计算出的项目资本金净利润率高于行业净利润率参考值时，表明用项目资本金净利润率表示的盈利能力满足要求。

三、偿债能力分析

偿债能力指标主要有：利息备付率、偿债备付率、资产负债率、流动比率和速动比率。其中，资产负债率、流动比率、速动比率等指标是项目技术方案偿债能力分析中考察企业财务状态的主要指标。

1. 利息备付率（ICR）

利息备付率（也称已获利息倍数）是指在项目技术方案借款偿还期内各年企业可用于支付利息的息税前利润（$EBIT$）与当年应付利息（PI）的比值。其计算公式为：

$$ICR = \frac{EBIT}{PI} \qquad (9\text{-}4\text{-}11)$$

式中，$EBIT$ 为息税前利润，即利润总额与计入总成本费用的利息费用之和；PI 为计入总成本费用的应付利息。

利息备付率应在借款偿还期内分年计算，它从付息资金来源的充裕性角度反映企业偿付债务利息的能力，表示企业使用息税前利润偿付利息的保证倍率。利息备付率高，说明利息支付的保证度大，偿债风险小。正常情况下利息备付率应当大于1，并结合债权人的要求确定。一般情况下，利息备付率不宜低于2。

2. 偿债备付率（DSCR）

偿债备付率是从偿债资金来源的充裕性角度反映偿付债务本息的能力，是指在项目技术方案借款偿还期内，各年可用于还本付息的资金（$EBITDA - T_{AX}$）与当期应还本付息金额（PD）的比值。其计算公式为：

$$DSCR = \frac{EBITDA - T_{AX}}{PD} \qquad (9\text{-}4\text{-}12)$$

式中，EBITDA 为企业息税前利润加折旧和摊销费；T_{AX} 为企业所得税；PD 为应还本付息的金额，包括当期应还贷款本金额及计入总成本费用的全部利息。融资租赁费用可视同借款偿还；运营期内的短期借款本息也应纳入计算。

偿债备付率应在借款偿还期内分年计算，它表示企业可用于还本付息的资金偿还借款本息的保证倍率。偿债备付率低，说明偿付债务本息的资金不充足，偿债风险大。正常情况下偿债备付率应当大于1，并结合债权人的要求确定。

3. 资产负债率（LOAR）

资产负债率（LOAR）是指各期末负债总额同资产总额的比率。其计算公式为：

$$LOAR = \frac{TL}{TA} \times 100\% \tag{9-4-13}$$

式中，LOAR 为资产负债率；TL 为期末负债总额；TA 为期末资产总额。

适度的资产负债率，表明企业经营安全、稳健，具有较强的筹资能力，也表明企业和债权人的风险较小。

【例 9-4-4】（历年真题）某建设项目预计第三年息税前利润为 200 万元，折旧与摊销为 30 万元，所得税为 20 万元。项目生产期第三年应还本付息金额为 100 万元。该年的偿债备付率为：

  A. 1.5   B. 1.9   C. 2.1   D. 2.5

【解答】 偿债备付率 $=\dfrac{\text{税前利润}+\text{折旧与摊销}-\text{所得税}}{\text{应还本付息金额}}$

$=\dfrac{200+30-20}{100}=2.1$ 万元

应选 C 项。

【例 9-4-5】（历年真题）某建设项目预计生产期第三年息税前利润为 200 万元，折旧与摊销为 50 万元，所得税为 25 万元，计入总成本费用的应付利息为 100 万元，则该年的利息备付率为：

  A. 1.25   B. 2   C. 2.25   D. 2.5

【解答】 利息备付率 $=\dfrac{\text{息税前利润}}{\text{应付利息}}=\dfrac{200}{100}=2$

应选 B 项。

四、财务生存能力分析

财务生存能力分析应在财务分析辅助表和利润与利润分配表的基础上编制财务计划现金流量表，通过合并项目计算期内的投资、融资和经营活动所产生的各项现金流入和流出，计算净现金流量和累计盈余资金，分析项目是否有足够的净现金流量维持正常运营，以实现财务可持续性。

项目财务生存能力的具体判断：

一是拥有足够的经营净现金流量是财务可持续性的基本条件；

二是各年累计盈余资金不出现负值是财务生存的必要条件。

财务可持续性首先体现在有足够大的经营活动净现金流量，其次体现在各年累计盈余资金不应出现负值。若出现负值，应进行短期借款，同时分析短期借款的年份长短和数额大小，判断财务可持续性是否受到影响。

五、财务分析报表

进行财务分析需要编制相关的财务分析报表。财务分析报表主要包括：项目投资现金流量表；项目资本金现金流量表；投资各方现金流量表；利润与利润分配表；财务计划现金流量表；资产负债表；借款还本付息计划表等。

1. 项目投资现金流量表

项目投资现金流量表不分投资资金来源，以全部投资作为计算基础，反映投资方案在整个计算期（包括建设期和生产运营期）内的现金流入和流出，其现金流量表的构成见表9-4-5。通过投资现金流量表可计算方案的投资财务内部收益率、投资财务净现值和静态投资回收期等全部经济效果评价指标，考察项目全部投资的盈利能力，为各个投资方案（不论其资金来源及利息多少）进行比较建立共同基础。根据需要，可从所得税前或所得税后两个角度进行考察，选择计算所得税前或所得税后指标。项目投资现金流量分析是融资前分析。

注意，在增值税条例执行中，为了体现固定资产进项税抵扣导致技术方案应纳增值税额的降低进而致使净现金流量增加的作用，应在现金流入中增加销项税额，同时在现金流出中增加进项税额以及应纳增值税，见表9-4-5。

【例9-4-6】（历年真题）在进行融资前项目投资现金流量分析时，现金流量应包括：
A. 资产处置收益分配　　　　　　B. 流动资金
C. 借款本金偿还　　　　　　　　D. 借款利息偿还

【解答】根据项目投资现金流量表，应包括流动资金，应选B项。

项目投资现金流量表（人民币，单位：万元）　　　　表9-4-5

序号	项 目	合计	计算期					
			1	2	3	4	……	n
1	现金流入							
1.1	营业收入							
1.2	补贴收入							
1.3	销项税额							
1.4	回收固定资产余值							
1.5	回收流动资金							
2	现金流出							
2.1	建设投资							
2.2	流动资金							
2.3	经营成本							
2.4	进项税额							
2.5	应纳增值税							
2.6	营业中税金及附加							
2.7	维持运营投资							
3	所得税前净现金流量（1－2）							
4	累计税前现金流量							
5	调整所得税							
6	所得税后现金流量（3－5）							
7	累计所得税后净现金流量							

计算指标：　　　　所得税前：　　　　所得税后：
投资财务内部收益率（%）：
投资财务净现值（$i_c=$　%）
投资回收期

2. 项目资本金现金流量表

资本金现金流量表是在拟定融资方案后，从项目技术方案权益投资者整体（即项目法人）角度出发，以技术方案资本金作为计算的基础，把借款本金偿还和利息支付作为现金流出，用以计算资本金财务内部收益率，反映在一定融资方案下投资者权益投资的获利能力，用以比选融资方案，为投资者投资决策、融资决策提供依据。项目资本金现金流量表构成见表 9-4-6。

项目资本金现金流量表（人民币，单位：万元） 表 9-4-6

序号	项目	合计	计算期					
			1	2	3	4	……	n
1	现金流入							
1.1	营业收入							
1.2	补贴收入							
1.3	销项税额							
1.4	回收固定资产余值							
1.5	回收流动资金							
2	现金流出							
2.1	技术方案资本金							
2.2	借款本金偿还							
2.3	借款利息支付							
2.4	经营成本							
2.5	进项税额							
2.6	应纳增值税							
2.7	营业中税金及附加							
2.8	所得税							
2.9	维持运营投资							
3	净现金流量（1—2）							

计算指标：
资本金财务内部收益率（%）

3. 投资各方现金流量表

投资各方现金流量表是分别从项目技术方案各个投资者的角度出发，以投资者的出资额作为计算的基础，用以计算技术方案投资各方财务内部收益率。

一般情况下，技术方案投资各方按股本比例分配利润和分担亏损及风险，因此，投资各方的利益一般是均等的，没有必要计算投资各方的财务内部收益率。只有技术方案投资者中各方有股权之外的不对等的利益分配时，投资各方的收益率才会有差异，此时常需要计算投资各方的财务内部收益率，以看出各方收益是否均衡，或者其非均衡性是否在一个合理的水平，有助于促成技术方案投资各方在合作谈判中达成平等互利的协议。

4. 利润与利润分配表

利润与利润分配表是反映项目技术方案计算期内各年营业收入、总成本费用、利润总额等情况，以及所得税后利润的分配，用于计算总投资收益率、项目资本金净利润率等指标的一张报表。

5. 财务计划现金流量表

财务计划现金流量表反映项目技术方案计算期各年的投资、融资及经营活动所产生的现金流入和流出，用于计算净现金流量和累计盈余资金，考察资金平衡和余缺情况，分析技术方案的财务生存能力，即分析技术方案是否能为企业创造足够的净现金流量维持正常运营，进而考察实现财务可持续性的能力。

6. 资产负债表

资产负债表综合反映项目计算期内各年末资产、负债和所有者权益的增减变化及对应关系，以考察项目资产、负债、所有者权益的结构是否合理，用以计算资产负债率、流动比率及速动比率，进行偿债能力分析。资产负债表的编制依据是：资产＝负债＋所有者权益。

7. 借款还本付息计划表

借款还本付息计划表反映项目计算期内各年借款本金偿还和利息支付情况，用于计算偿债备付率和利息备付率指标。固定资产投资贷款还本付息估算主要是测算还款期的利息和偿还贷款的时间，从而观察借款项目的偿还能力和收益，为财务效益评价和项目决策提供依据。

上述财务分析报表与财务评价指标的关系见前述表9-4-2。

六、基准收益率（i_c）

基准收益率是企业或行业或投资者确定的投资项目最低标准收益水平。它表明投资决策者对项目资金时间价值的估价，是投资应当获得的最低盈利率水平，是评价和判断项目在财务上是否可行的依据，是一个重要的经济参数。对于竞争性项目，财务评价时的基准收益率的确定一般以行业的平均收益率为基础，同时综合考虑资金成本、投资风险、通货膨胀，以及资金限制等影响因素。

1. 资金成本或机会成本（i_1）

基准收益率应不低于单位资金成本或单位投资的机会成本，这样才能使资金得到最有效的利用。

2. 风险贴补率（i_2）

在整个项目技术方案计算期内，存在着发生不利于技术方案的环境变化的可能性，这种变化难以预料，即投资者要冒着一定的风险作决策。为此，投资者自然就要求获得较高的利润，否则他是不愿去冒风险的，故在确定基准收益率时，还应考虑风险因素，通常以一个适当的风险贴补率 i_2 来提高 i_c 值。即以一个较高的收益水平补偿投资者所承担的风险，风险越大，风险贴补率越高。

3. 通货膨胀率（i_3）

通货膨胀是指由于货币（这里指纸币）的发行量超过商品流通所需要的货币量而引起的货币贬值和物价上涨的现象。为反映和评价出拟实施技术方案在未来的真实经济效果，在确定基准收益率时，应考虑这种影响，结合投入产出价格的选用决定对通货膨胀因素的处理。通货膨胀以通货膨胀率 i_3 来表示，通货膨胀率主要表现为物价指数的变化，即通货膨胀率约等于物价指数变化率。

综合以上分析，投资者自行测定的基准收益率可确定如下：

若技术方案现金流量是按当年价格预测估算的，则应以年通货膨胀率 i_3 修正 i_c 值。即：

$$i_c = (1+i_1)(1+i_2)(1+i_3) - 1 \approx i_1 + i_2 + i_3 \tag{9-4-14}$$

若技术方案的现金流量是按基年不变价格预测估算的，预测结果已排除通货膨胀因素的影响，就不再重复考虑通货膨胀的影响去修正 i_c 值，即：

$$i_c = (1+i_1)(1+i_2) - 1 \approx i_1 + i_2 \tag{9-4-15}$$

上述近似处理的条件是 i_1、i_2、i_3 都为小数。

习　题

9-4-1（历年真题）某项目建设工期为两年，第 1 年年初投资 200 万元，第 2 年年初投资 300 万元，投产后每年净现金流量为 150 万元，项目计算期为 10 年，基准收益率 10%，则此项目的财务净现值为：

[已知：$(P/A, 10\%, 8) = 5.3349$]

　　A. 331.97 万元　　　　　　　　　B. 188.63 万元
　　C. 171.48 万元　　　　　　　　　D. 231.60 万元

9-4-2（历年真题）财务生存能力分析中，财务生存的必要条件是：

　　A. 拥有足够的经营净现金流量
　　B. 各年累计盈余资金不出现负值
　　C. 适度的资产负债率
　　D. 项目资本金净利润高于同行业的净利润率参考值

9-4-3（历年真题）对于某常规项目（IRR 唯一），当设定折现率为 12% 时，求得的净现值为 130 万元；当设定折现率为 14% 时，求得的净现值为 −50 万元，则该项目的内部收益率应是：

　　A. 11.56%　　　B. 12.77%　　　C. 13%　　　D. 13.44%

9-4-4（历年真题）下列财务评价指标中，反映项目偿债能力的指标是：

　　A. 投资回收期　　　　　　　　　B. 利息备付率
　　C. 财务净现值　　　　　　　　　D. 总投资收益率

9-4-5（历年真题）某项目第 6 年累计净现金流量开始出现正值，第 5 年年末累计净现金流量为 −60 万元，第 6 年当年净现金流量为 240 万元，则该项目的静态投资回收期为：

　　A. 4.25 年　　　B. 4.75 年　　　C. 5.25 年　　　D. 6.25 年

9-4-6（历年真题）某项目第 1 年年初投资 5000 万元，此后从第 1 年年末开始每年年末有相同的净收益，收益期为 10 年。寿命期结束时的净残值为 100 万元。若基准收益率为 12%，则要使该投资方案的净现值为零，其年净收益应为：

[已知：$(P/A, 12\%, 10) = 5.6500$；$(P/F, 12\%, 10) = 0.3220$]

　　A. 879.26 万元　　B. 884.96 万元　　C. 890.65 万元　　D. 1610 万元

9-4-7（历年真题）某投资项目原始投资额为 200 万元，使用寿命为 10 年，预计净残值为零，已知该项目第 10 年的经营净现金流量为 25 万元，回收营运资金 20 万元，则该项目第 10 年的净现金流量为：

A. 20 万元　　　　B. 25 万元　　　　C. 45 万元　　　　D. 65 万元

9-4-8　（历年真题）某项目方案各年的净现金流量见表（单位：万元），其静态投资回收期为：

年份	0	1	2	3	4	5
净现金流量	−100	−50	40	60	60	60

A. 2.17 年　　　　B. 3.17 年　　　　C. 3.83 年　　　　D. 4 年

第五节　经济费用效益分析

一、经济费用效益

1. 基本概念

经济费用效益分析是按合理配置稀缺资源和社会经济可持续发展的原则，采用影子价格、社会折现率等费用效益分析参数，从国民经济全局的角度出发，分析项目投资的经济效益和对社会福利所做出的贡献，评价项目的经济合理性。

应作经济费用效益分析的项目有：①具有垄断特征的项目，如电力、电信、交通运输等行业的项目；②产出具有公共产品特征的项目；③外部效果显著的项目；④资源开发项目；⑤涉及国家经济安全的项目；⑥受过度行政干预的项目。

经济效益分为直接经济效益和间接经济效益，经济费用分为直接经济费用和间接经济费用。直接经济效益和直接经济费用是与投资主体有关的，可称为内部效果。因投资主体而产生，却被其他主体所承担的间接经济效益和间接经济费用，称为外部效果。外部效果分为货币性和技术性两类：(1) 货币性外部效果指效益在各部门的重新分配，如税收或补贴等。货币性外部效果并不引起社会资源的变化，故在效益费用分析中不考虑。(2) 技术性外部效果是指外部效果确实使社会总生产和社会总消费起变化，如水利设施项目，除产生电力外，还使粮食产量增加。技术性外部效果反映了社会生产和消费的真实变化，这种真实变化必然引起社会资源配置的变化。所以应在费用效益分析中加以考虑。为防止外部效果计算扩大化，项目的外部效果一般只计算一次相关效果，不应连续计算。

2. 识别经济效益和经济费用的原则

(1) "有无对比"增量分析的原则。项目经济费用效益分析应建立在增量效益和增量费用识别和计算的基础之上，不应考虑沉没成本和已实现的效益。应按照"有无对比"增量分析的原则，通过项目的实施效果与无项目情况下可能发生的情况进行对比分析，作为计算机会成本或增量效益的依据。

(2) 考虑关联效果原则。应考虑项目投资可能产生的其他关联效应。

(3) 以本国居民作为分析对象的原则。

(4) 剔除转移支付的原则。在经济费用效益分析中，税赋、补贴、借款和利息属于转移支付。一般在进行经济费用效益分析时，不得再计算转移支付的影响。

3. 经济效益和经济费用的计算原则

经济效益的计算原则：

（1）**支付意愿原则**。项目产出物的正面效果的计算遵循支付意愿（WTP）原则，用于分析社会成员为项目所产出的效益愿意支付的价值。

（2）**受偿意愿原则**。项目产出物的负面效果的计算遵循接受补偿意愿（WTA）原则，用于分析社会成员为接受这种不利影响所得到补偿的价值。

经济费用的计算原则：机会成本原则。项目投入的经济费用的计算应遵循机会成本原则，用于分析项目所占用的所有资源的机会成本。

此外，经济效益和经济费用均应遵循的计算原则是：实际价值计算原则，即采用反映资源真实价值的实际价格进行计算，不考虑通货膨胀因素的影响，但应考虑相对价格变动。

二、经济费用效益分析参数

经济费用效益分析参数是经济费用效益分析的基本判据，对比选优化方案具有重要作用。经济费用效益分析的参数主要包括：社会折现率、影子汇率、影子工资和影子价格等，这些参数由有关专门机构组织测算和发布。

1. 社会折现率（i_s）

社会折现率是用以衡量资金时间价值的重要参数，代表社会资金被占用应获得的最低收益率。它是建设项目国民经济评价中衡量经济内部收益率（EIRR）的基准值，也是计算项目经济净现值（ENPV）的折现率，用作不同年份价值换算的折现率，是项目经济可行性和方案比选的主要判据。

2. 影子汇率

影子汇率是指能够正确反映国家外汇经济价值的汇率。在建设项目国民经济评价中，项目的进口投入物和出口产出物应采用影子汇率换算系数调整计算进出口外汇收支的价值。影子汇率可通过影子汇率换算系数来计算，影子汇率换算系数是影子汇率与国家外汇牌价的比值。影子汇率应按下式来计算：

$$\text{影子汇率} = \text{外汇牌价} \times \text{影子汇率换算系数} \tag{9-5-1}$$

3. 影子工资

影子工资反映国民经济为项目使用劳动力所付出的真实代价，由劳动力机会成本与因劳动力转移而引起的新增资源耗费两部分构成，即：

$$\text{影子工资} = \text{劳动力机会成本} + \text{新增资源耗费} \tag{9-5-2}$$

劳动力的机会成本是指劳动力如果不就业于拟建项目而从事于其他生产经营活动所创造的最大效益。新增资源耗费是指项目使用劳动力，由于劳动者就业或者迁移而增加的城市管理费用和城市交通等基础设施投资费用。影子工资一般通过影子工资换算系数来计算。影子工资换算系数是指影子工资与项目财务评价中劳动力工资之间的比值。影子工资可按下式来计算：

$$\text{影子工资} = \text{财务工资} \times \text{影子工资换算系数} \tag{9-5-3}$$

4. 影子价格

影子价格是计算国民经济效益与费用时专用的价格，它能够真实反映项目投入物和产出物的真实经济价值，是反映市场供求状况和资源稀缺程度、使资源得到合理配置的计算价格。

市场定价货物的影子价格计算如下：

(1) 可外贸货物的影子价格

$$\text{出口产出的影子价格(出厂价)} = \text{离岸价}(FOB) \times \text{影子汇率} - \text{出口费用} \quad (9\text{-}5\text{-}4)$$

$$\text{进口投入的影子价格(到厂价)} = \text{到岸价}(CIF) \times \text{影子汇率} + \text{进口费用} \quad (9\text{-}5\text{-}5)$$

离岸价、到岸价均以项目所在国口岸为依据。进口或出口费用是指货物进出口环节在国内发生的相关费用，包括运输、储运、装卸、运输保险等以及物流环节的各种损失、损耗等。在一般情况下，大致包括国内运杂费和贸易费用。

(2) 非外贸货物的影子价格

非外贸货物的影子价格是指以市场价格加上或者减去国内运杂费作为影子价格，即：

$$\text{投入物影子价格(到厂价)} = \text{市场价格} + \text{国内运杂费} \quad (9\text{-}5\text{-}6)$$

$$\text{产出物影子价格(出厂价)} = \text{市场价格} - \text{国内运杂费} \quad (9\text{-}5\text{-}7)$$

【例 9-5-1】（历年真题）某项目要从国外进口一种原材料，原始材料的 CIF（到岸价）为 150 美元/t，美元的影子汇率为 6.5，进口费用为 240 元/t，则这种原材料的影子价格是：

A. 735 元人民币   B. 975 元人民币   C. 1215 元人民币   D. 1710 元人民币

【解答】影子价格(到厂价) $= 150 \times 6.5 + 240 = 1215$ 元人民币/t

应选 C 项。

三、经济费用效益指标

经济费用效益分析以盈利能力评价为主，评价指标包括经济内部收益率（$EIRR$）、经济净现值（$ENPV$）和效益费用比（R_{BC}）。其中，经济净现值是经济分析的主要评价指标，经济内部收益率和效益费用比是辅助评价指标。

1. 经济内部收益率（$EIRR$）

经济内部收益率是反映项目对国民经济净贡献的相对指标。它是项目在计算期内各年经济净效益流量的现值累计等于零时的折现率，其计算公式为：

$$\sum_{t=0}^{n}(B-C)_t(1+EIRR)^{-t} = 0 \quad (9\text{-}5\text{-}8)$$

式中，B 为国民经济效益流量；C 为国民经济费用流量；$(B-C)_t$ 为第 t 年的国民经济净效益流量；n 为计算期。

判别准则：经济内部收益率不小于社会折现率，表明项目对国民经济的净贡献达到或超过了要求的水平，这时应认为项目是可以接受的。

2. 经济净现值（$ENPV$）

经济净现值是反映项目对国民经济净贡献的绝对指标。它是指用社会折现率将项目计算期内各年的净效益流量折算到建设期初的现值之和，其计算公式为：

$$ENPV = \sum_{t=0}^{n}(B-C)_t(1+i_s)^{-t} \quad (9\text{-}5\text{-}9)$$

式中，i_s 为社会折现率。

判别准则：项目经济净现值不小于零，表示国家拟建项目付出代价后，可以得到符合社会折现率的社会盈余，或除了得到符合社会折现率的社会盈余外，还可以得到以现值计算的超额社会盈余，这时就认为项目是可以考虑接受的。

3. 效益费用比（R_{BC}）

效益费用比是项目在计算期内效益流量的现值与费用流量的现值的比率，是经济费用效益分析的辅助评价指标。其计算公式为：

$$R_{BC} = \frac{\sum_{t=0}^{n} B_t (1+i_s)^{-t}}{\sum_{t=0}^{n} C_t (1+i_s)^{-t}} \tag{9-5-10}$$

式中，R_{BC} 为效益费用比；B_t 为第 t 期的经济效益；C_t 为第 t 期的经济费用。

如果效益费用比大于1，表明项目资源配置的经济效益达到了可以被接受的水平。

【例 9-5-2】（历年真题）交通部门拟修建一条公路，预计建设期为一年，建设期初投资为 100 万元，建设后即投入使用，预计使用寿命为 10 年，每年将产生的效益为 20 万元，每年需投入保养费 8000 元。若社会折现率为 10%，则该项目的效益费用比为：

[已知：$(P/A,10\%,10) = 6.1446$]

A. 1.07　　　　B. 1.17　　　　C. 1.85　　　　D. 1.92

【解答】项目建设期 1 年、使用寿命 10 年，则项目计算期为 11 年，其现金流量图见下图。

例 9-5-2 解图

效益：$B = 20 \times (P/A,10\%,10) \times (P/F,10\%,1)$
$= 20 \times 6.1446 \times 0.9091 = 111.72$ 万元

费用：$C = 0.8 \times (P/A,10\%,10) \times (P/F,10\%,1) + 100$
$= 0.8 \times 6.1446 \times 0.9091 + 100 = 104.47$ 万元

$$R_{BC} = \frac{B}{C} = \frac{111.72}{104.72} = 1.07$$

应选 A 项。

习　题

9-5-1　（历年真题）可外贸化物的投入或产出的影子价格应根据口岸价格计算，下列公式正确的是：

　A. 出口产出的影子价格（出厂价）＝离岸价（FOB）×影子汇率＋出口费用

　B. 出口产出的影子价格（出厂价）＝到岸价（CIF）×影子汇率－出口费用

　C. 出口投入的影子价格（到厂价）＝到岸价（CIF）×影子汇率＋进口费用

　D. 出口投入的影子价格（到厂价）＝离岸价（FOB）×影子汇率－进口费用

9-5-2　（历年真题）以下关于项目经济费用效益分析的说法中，正确的是：

A. 经济费用效益分析应考虑沉没成本
B. 经济费用和效益的识别不适宜"有无对比"原则
C. 识别经济费用效益时应剔除项目的转移支付
D. 为了反映投入物和产出物真实经济价值，经济费用效益分析不能使用市场价格

9-5-3（历年真题）以下关于社会折现率的说法中，不正确的是：
A. 社会折现率可用作经济内部收益率的判别基准
B. 社会折现率可用作衡量资金时间经济价值
C. 社会折现率可用作不同年份之间资金价值转化的折现率
D. 社会折现率不能反映资金占用的机会成本

9-5-4（历年真题）影子价格是商品或生产要素的任何边际变化对国家的基本社会经济目标所做贡献的价值，因而影子价格是：
A. 目标价格
B. 反映市场供求状况和资源稀缺程度的价格
C. 计划价格
D. 理论价格

9-5-5（历年真题）某项目的产出物为可外贸货物，其离岸价格为 100 美元，影子汇率为 6 元人民币/美元，出口费用为每件 100 元人民币，则该货物的影子价格为：
A. 500 元人民币   B. 600 元人民币
C. 700 元人民币   D. 800 元人民币

第六节　不确定性分析

不确定性分析是指研究和分析当影响技术方案经济效果的各项主要因素发生变化时，拟实施技术方案的经济效果会发生什么样的变化，以便为正确决策服务的一项工作。常用的不确定性分析方法有盈亏平衡分析和敏感性分析。其中，盈亏平衡分析只适用于财务评价。敏感性分析适用于财务评价和国民经济评价。

一、盈亏平衡分析

盈亏平衡分析是研究建设项目的产品的成本费用、产销量与盈利的平衡关系的方法。对于一个建设项目而言，随着其产品的产销量的变化，盈利与亏损之间一般至少有一个转折点，这种转折点称为盈亏平衡点 BEP（Break Even Point）。在这点上，营业收入与成本费用相等，既不亏损也不盈利。盈亏平衡分析就是要找出项目方案的盈亏平衡点。一般来说，建设项目的产品有市场前景，其盈亏平衡点越低，项目盈利的可能性就越大，对不确定因素变化所带来的风险的承受能力就越强。

盈亏平衡分析的基本方法是建立成本与产量、营业收入与产量之间的函数关系，通过对这两个函数及其图形的分析，找出盈亏平衡点。

1. 线性盈亏平衡分析

为简化数学模型，对线性盈亏平衡分析作了如下假设：
（1）生产量等于销售量，即当年生产的产品（或提供的服务，下同）扣除自用量，当年完全销售出去；

(2) 产销量变化，单位产品变动成本不变，总成本费用是产销量的线性函数；
(3) 产销量变化，单位产品销售价格不变，销售收入是产销量的线性函数；
(4) 只生产单一产品，或者生产多种产品，但可以换算为单一产品计算，不同产品的生产负荷率的变化应保持一致。

根据上述假设，线性盈亏平衡分析的基本公式如下：
年营业收入：

$$R = P \cdot Q \qquad (9\text{-}6\text{-}1)$$

年总成本费用：

$$C = F + V \cdot Q + T \cdot Q \qquad (9\text{-}6\text{-}2)$$

年利润：

$$B = R - C = (P - V - T)Q - F \qquad (9\text{-}6\text{-}3)$$

式中，R 为年营业收入；P 为单位产品销售价格；Q 为项目设计生产能力或年产量；C 为年总成本费用；F 为年总成本中的固定成本；V 为单位产品变动成本；T 为单位产品税金及附加；B 为年利润。

当盈亏平衡时，$B=0$，则年产量的盈亏平衡点：

$$BEP_Q = \frac{F}{P - V - T} \qquad (9\text{-}6\text{-}4)$$

营业收入的盈亏平衡点：

$$BEP_R = P\left(\frac{F}{P - V - T}\right) \qquad (9\text{-}6\text{-}5)$$

盈亏平衡点的生产能力利用率：

$$BEP_Y = \frac{BEP_Q}{Q} = \frac{F}{(P - V - T)Q} \qquad (9\text{-}6\text{-}6)$$

图 9-6-1 线性盈亏平衡分析图

产品销售价格的盈亏平衡点：

$$BEP_p = \frac{F}{Q} + V + T$$

单位产品变动成本的盈亏平衡点：

$$BEP_V = P - T - \frac{F}{Q}$$

以上分析如图 9-6-1 所示。

2. 非线性盈亏平衡分析

营业收入与产销量之间是非线性的，单位产品变动成本随产销量是变化的，即总成本与产销量之间也是非线性的。这种情况下，盈亏平衡点可能不止一个。

【例 9-6-1】（历年真题）某企业设计生产能力为年产某产品 40000t，在满负荷生产状态下，总成本为 30000 万元，其中固定成本为 10000 万元，若产品价格为 1 万元/t，则以生产能力利用率表示的盈亏平衡点为：

A. 25% B. 35% C. 40% D. 50%

【解答】单位产品变动成本 $=\dfrac{30000-10000}{40000}=0.5$ 万元/t

$$BEP_Q = \dfrac{F}{P-V-T} = \dfrac{10000}{1-0.5-0} = 20000$$

$BEP_Y = \dfrac{BEP_Q}{Q} = \dfrac{20000}{40000} = 50\%$，应选 D 项。

【例 9-6-2】（历年真题）某企业生产一种产品，年固定成本为 1000 万元，单位产品的可变成本为 300 元、售价为 500 元，则其盈亏平衡点的销售收入为：

A. 5 万元 B. 600 万元 C. 1500 万元 D. 2500 万元

【解答】$BEP_Q = \dfrac{F}{P-V-T} = \dfrac{10000\times 10^4}{500-300-0} = 5\times 10^4$

BEP_Q 对应的营业收入 $=500\times 5\times 10^4 = 2500$ 万元

应选 D 项。

二、敏感性分析

1. 基本概念

在项目技术方案经济效果评价中，有些因素可能仅发生较小幅度的变化就能引起经济评价指标发生大的变动；而另一些因素即使发生了较大幅度的变化，对经济评价指标的影响却不是太大。将前一类因素称为敏感性因素，后一类因素称为非敏感性因素。

敏感性分析就是在项目技术方案确定性分析的基础上，通过进一步分析、预测技术方案主要不确定因素的变化对技术方案经济评价指标（如财务内部收益率、财务净现值等）的影响，从中找出敏感因素，确定评价指标对该因素的敏感程度和技术方案对其变化的承受能力。

敏感性分析有单因素敏感性分析和多因素敏感性分析两种。其中，单因素敏感性分析是对单一不确定因素变化对技术方案经济效果的影响进行分析，即假设各个不确定因素之间相互独立，每次只考察一个因素变动，其他因素保持不变，以分析这个可变因素对经济效果评价指标的影响程度和敏感程度。

2. 单因素敏感性分析的步骤

（1）确定分析指标

项目技术方案评价的各种经济评价指标，如财务净现值、财务内部收益率、静态投资回收期等，都可以作为敏感性分析的指标。其中，财务内部收益率是最基本的分析指标。

由于敏感性分析是在确定性经济效果分析的基础上进行的，一般而言，敏感性分析的指标应与确定性经济评价指标一致，不应超出确定性经济评价指标范围而另立新的分析指标。

（2）选择需要分析的不确定性因素

对于一般技术方案来说，通常从以下几方面选择敏感性分析中的不确定性因素：

1）从收益方面来看，主要包括产销量与销售价格、汇率。
2）从费用方面来看，包括成本、建设投资、流动资金占用、折现率、汇率等。

3) 从时间方面来看，包括技术方案建设期、生产期，生产期又可考虑投产期和正常生产期。

此外，选择的不确定性因素要与选定的分析指标相联系。例如，折现率因素对静态评价指标不起作用。

（3）分析每个不确定性因素的波动程度及其对分析指标可能带来的增减变化情况

1) 对所选定的不确定性因素，应根据实际情况设定这些因素的变动幅度，其他因素固定不变。不确定性因素的变动可以按照一定的变化幅度（如±5%、±10%、±15%、±20%等）改变它的数值。

2) 计算不确定性因素每次变动对技术方案经济效果评价指标的影响。

3) 对每一因素的每一变动，均重复以上1)、2)。然后，把因素变动及相应指标变动结果用敏感性分析表和敏感性分析图的形式表示出来，以便于确定敏感因素。

（4）确定敏感性因素

敏感性分析的目的在于寻求敏感因素，这可以通过计算敏感度系数和临界点来判断。

1) 敏感度系数（S_{AF}）

敏感度系数表示技术方案经济效果评价指标对不确定性因素的敏感程度，其计算公式为：

$$S_{AF} = \frac{\Delta A/A}{\Delta F/F} \tag{9-6-7}$$

式中，S_{AF} 为评价指标 A 对于不确定性因素 F 的敏感度系数；$\Delta F/F$ 为不确定性因素 F 的变化率（%）；$\Delta A/A$ 为不确定性因素 F 发生 ΔF 变化时，评价指标 A 的相应变化率（%）。

计算敏感度系数判别敏感因素的方法是一种相对测定法。

$S_{AF}>0$，表示评价指标与不确定性因素同方向变化；$S_{AF}<0$，表示评价指标与不确定性因素反方向变化。$|S_{AF}|$ 越大，表明评价指标 A 对于不确定性因素 F 越敏感；反之，则不敏感。据此可以找出哪些因素是最关键的因素。

2) 临界点

临界点是指技术方案允许不确定性因素向不利方向变化的极限值。超过极限，技术方案的经济评价指标将不可行。临界点可用临界点百分比或者临界值分别表示某一变量的变化达到一定的百分比或者一定数值时，技术方案的经济评价指标将从可行转变为不可行。临界点可用软件计算，也可由敏感性分析图直接求得近似值。

利用临界点判别敏感因素的方法是一种绝对测定法。

临界点的高低与分析指标的判别标准设定值有关。例如：财务内部收益率的判别标准为基准收益率 i_c，对同一个技术方案，随着基准收益率设定值的提高（如 $i_c=10\%$ 变为 $i_c=16\%$），临界点就会变低。

在一定指标判断标准（如基准收益率）下，在若干个不确定性因素中，临界点越低，说明该因素对技术方案经济效果指标影响越大，技术方案对该因素就越敏感。

例如，某项目技术方案的基本方案的现金流量表见表9-6-1，现金流量服从年末习惯法，基准收益率 $i_c=10\%$。选定财务内部收益 $FIRR$ 为评价指标。拟分析的不确定性因素是：年营业收入；年经营成本；建设投资。确定其敏感度系数、临界点。

基本方案的现金流量表（万元）   表 9-6-1

年份	1	2	3	4	5	6
1　现金流入		600	600	600	600	800
1.1　年营业收入		600	600	600	600	600
1.2　期末残值回收						200
2　现金流出	1400	250	250	250	250	250
2.1　建设投资	1400					
2.2　年经营成本		250	250	250	250	250
3　净现金流量	−1400	350	350	350	350	550

$$NPV(FIRR) = -1400(1+FIRR)^{-1} + 350\sum_{i=2}^{5}(1+FIRR)^{-i} + 550(1+FIRR)^{-6} = 0$$

由试算法可得：$FIRR = 11.33\%$。

当年营业收入的变动幅度为 +5% 时，则：

$$NPV(FIRR) = -1400(1+FIRR)^{-1} + 380\sum_{i=2}^{5}(1+FIRR)^{-i} + 580(1+FIRR)^{-6} = 0$$

由试算法可得：$FIRR = 14.24\%$

同理，可得不确定性因素的变动，其相应的 $FIRR$ 值见表 9-6-2。

敏感度系数：年营业收入 $S_{AF} = \dfrac{(17.09\% - 5.29\%)/11.33\%}{10\% - (-10\%)} = 5.21$

单因素变动对 $FIRR$（%）的影响及敏感度   表 9-6-2

不确定性因素	变动幅度					敏感度系数	临界点（%）
	−10%	−5%	0	+5%	+10%		
年营业收入	5.29	8.35	11.33	14.24	17.09	5.21	−2.23
年经营成本	13.76	12.55	11.33	10.09	8.85	−2.17	5.36
建设投资	15.40	13.28	11.33	9.52	7.85	−3.33	3.67

单因素敏感性分析图如图 9-6-2 所示。

图 9-6-2　单因素敏感性分析图

由表 9-6-2 可知，年营业收入的 $|S_{AF}| = 5.21$ 最大，故对 $FIRR$ 最敏感；年营业收入的临界点最低，故对 $FIRR$ 最敏感。

由图 9-6-2 可知，年营业收入的斜率的绝对值大于建设投资的斜率的绝对值、年经营成本的斜率的绝对值，故年营业收入对 $FIRR$ 最敏感。

【**例 9-6-3**】（历年真题）某项目在进行敏感性分析时，得到以下结论：产品价格下降 10%，可使 $NPV=0$；经营成本上升 115%，$NPV=0$；寿命期缩短 20%，$NPV=0$；投资增加 25%，$NPV=0$。则下列因素中，最敏感的是：

  A. 产品价格   B. 经营成本   C. 寿命期   D. 投资

【**解答**】产品价格变化幅度最小，致使 $NPV=0$，故其最敏感，应选 A 项。

习　题

9-6-1　（历年真题）关于盈亏平衡点的下列说法中，错误的是：
  A. 盈亏平衡点是项目的盈利与亏损的转折点
  B. 盈亏平衡点上，销售（营业、服务）收入等于总成本费用
  C. 盈亏平衡点越低，表明项目抗风险能力越弱
  D. 盈亏平衡分析只用于财务分析

9-6-2　（历年真题）在对项目进行盈亏平衡分析时，各方案的盈亏平衡点生产能力利用率有如下四种数据，则抗风险能力较强的是：

  A. 30%   B. 60%   C. 80%   D. 90%

9-6-3　（历年真题）某拟建生产企业设计年产 6 万 t 化工原料，年固定成本为 1000 万元，单位可变成本、销售税金和单位产品增值税之和为 800 元/t，单位产品售价为 1000 元/t。销售收入和成本费用均采用含税价格表示。以生产能力利用率表示的盈亏平衡点为：

  A. 9.25%   B. 21%   C. 66.7%   D. 83.3%

第七节　方 案 经 济 比 选

一、方案比选的概述

1. 方案比选的类型

多方案比选的类型有：独立方案，互斥方案，互补方案，混合型方案等。

（1）独立方案

独立方案是指多方案间互不干扰、在经济上互不相关的方案，即这些方案是彼此独立无关的，选择或放弃其中一个方案，并不影响对其他方案的选择。

（2）互斥方案

在若干备选方案中，各个方案彼此可以相互代替，因此，方案具有排他性，选择其中任何一个方案，则其他方案必然被排斥。这种择此就不能择彼的若干方案，称为互斥方案。

（3）混合型方案

混合型方案是指独立方案、互斥方案等混合的情况。

2. 方案比选的经济评价指标计算

净现值（NPV）的计算与前面的财务净现值（$FNPV$）计算相同，即：

$$NPV = \sum_{t=0}^{n}(CI-CO)_t + (1+i_c)^{-t} \tag{9-7-1}$$

净现值（NAV），也称等额年值、等额年金，是以基准收益率 i_c 将项目计算期内净现金流量等值换算而成的等额年值，即：

$$NAV = NPV(A/P, i_c, n) = NPV \frac{i(1+i_c)^n}{(1+i_c)^n - 1} \quad (9\text{-}7\text{-}2)$$

由于 $(A/P, i_c, n) > 0$，故对同一个方案经济评价，NPV 与 NAV 的结论总是一致的，即：$NPV \geqslant 0$（或 $NAV \geqslant 0$），项目技术方案在经济上可以接受；否则，应予拒绝。

在费用比选法中，常用到下面的评价指标：

费用现值（PW，Present Waste）的计算公式为：

$$PW = \sum_{t=0}^{n} CO_t (1+i_c)^{-t} \quad (9\text{-}7\text{-}3)$$

费用年值（AC，Annual Cost）的计算公式为：

$$AC = PW(A/P, i_c, n) \quad (9\text{-}7\text{-}4)$$

二、独立方案的方案经济比选的方法

独立方案在经济上是否可接受，取决于方案自身的经济性，即方案的经济效果是否达到或超过了预定的评价标准。通过计算方案的经济评价指标，并按照指标的判据（或判别标准）加以检验就可判别。这种对方案自身经济性的检验叫做"绝对经济效果检验"。对独立方案，若方案通过了绝对经济效果检验，就认为方案在经济上是可行的；否则，应予拒绝。

例如，当应用净现值 NPV 评价时，首先依据现金流量表和确定的基准收益率计算方案的净现值 NPV；根据净现值 NPV 的评价判据，当 $NPV \geqslant 0$，方案可行。

当应用内部收益率 IRR（其计算公式与财务内部收益率 $FIRR$ 的计算公式完全相同）评价时，首先依据技术方案现金流量表示出 IRR 值；然后，当 $IRR \geqslant i_c$ 时，方案可行。

三、互斥方案的方案经济比选的方法

互斥方案经济效果评价包含两部分内容：一是考察各个方案自身的经济效果，即进行绝对经济效果检验；二是对通过绝对经济效果检验的备选方案，再考察哪个方案相对经济效果最优，即相对经济效果检验。两种检验的目的和作用不同，通常缺一不可。

互斥方案的比选分为两种情况：计算期相同；计算期不同。

1. 计算期相同的互斥方案的比选

比选的方法可以采用效益比选法、费用比选法、最低价格法等。

（1）效益比选法

1）净现值法（NPV法）

首先，分别计算各方案的净现值 NPV，剔除 $NPV < 0$ 的方案，即绝对经济效果检验；

其次，对所有 $NPV \geqslant 0$ 的方案，选择净现值最大的方案为最佳方案，即相对经济效果检验。

2）净年值法（NAV法）

首先，分别计算各方案的净年值 NAV，剔除 $NAV < 0$ 的方案；

其次，对所有 $NAV \geqslant 0$ 的方案，选择净年值最大的方案为最佳方案。

3）增量内部收益率法（ΔIRR法）

增量内部收益率（ΔIRR），也称增量投资内部收益率、差额内部收益率，是指两互斥方案各年净现金流量的差额的现值之和等于零时的折现率。

例如，现有两个互斥方案，其技术方案的现金流量见表 9-7-1。已知基准收益率 i_c =10%。

某项目技术方案的净现金流量表（万元） 表 9-7-1

方案	净现金流量				
	0	1	2	3	4
甲	-6000	1000	2000	5000	3000
乙	-3000	1000	1000	2000	2000

可得：$NPV_甲$ =2368 万元，$IRR_甲$ =24%，通过绝对检验

$NPV_乙$ =1604 万元，$IRR_乙$ =30%，通过绝对检验

当用净现值法时，$NPV_甲 > NPV_乙$，甲方案为佳。

当用内部收益率分析时，$IRR_甲 < IRR_乙$，乙方案为佳。

上述出现矛盾，此时，应采用增量内部收益率法（ΔIRR 法），即：

$$\Delta NPV(\Delta IRR) = [-6000-(-3000)] + (1000-1000)/(1+\Delta IRR)$$
$$+ (2000-1000)/(1+\Delta IRR)^2 + (5000-2000)/(1+\Delta IRR)^3$$
$$+ (3000-2000)/(1+\Delta IRR)^4 = 0$$

由试算法可得：

$$\Delta IRR = 19\% > i_c = 10\%$$

故选初始投资大的甲方案为佳，这与净现值法（NPV 法）的结论一致。可知，互斥方案绝对效果检验不能直接采用 IRR，而应采用 ΔIRR 法。

综上可知：

① 计算各方案的 IRR，分别与基准收益率 i_c 比较，剔除 $IRR < i_c$ 的方案。

② 将 $IRR \geq i_c$ 的方案按初始投资额由小到大依次排列。按初始投资额由小到大依次计算相邻两个方案的增量内部收益率 ΔIRR，若 $\Delta IRR > i_c$，则说明初始投资大的方案优于初始投资小的方案，保留投资大的方案；反之，则保留投资小的方案。直至 $\Delta IRR \geq i_c$ 的全部方案比较完毕，保留的方案就是最佳方案。

【例 9-7-1】（历年真题）某项目有甲、乙两个建设方案，投资分别为 500 万元和 1000 万元，项目期均为 10 年，甲项目年收益为 140 万元，乙项目年收益为 250 万元。假设基准收益率为 8%。已知 $(P/A, 8\%, 10) = 6.7101$，则下列关于该项目方案选择的说法中正确的是：

A. 甲方案的净现值大于乙方案，故应选择甲方案

B. 乙方案的净现值大于甲方案，故应选择乙方案

C. 甲方案的内部收益率大于乙方案，故应选择甲方案

D. 乙方案的内部收益率大于甲方案，故应选择乙方案

【解答】 $NPV_甲 = -500 + 140 \times 6.7101 = 439.414$ 万元

$NPV_乙 = -1000 + 250 \times 6.7101 = 677.525$ 万元 $> NPV_甲$

故应选 B 项。

【例 9-7-2】（历年真题）已知甲、乙为两个寿命期相同的互斥项目，其中乙项目投资

大于甲项目。通过测算得出甲、乙两项目的内部收益率分别为 17% 和 14%。增量内部收益 ΔIRR(乙－甲)＝13%，基准收益率为 14%，以下说法中正确的是：

A. 应选择甲项目　　　　　　　　B. 应选择乙项目
C. 应同时选择甲、乙两个项目　　D. 甲、乙两项目均不应选择

【解答】甲、乙项目 IRR 均大于基准收益率，通过绝对效果检验，均可行。
ΔIRR(乙－甲)＝13%＜i_c＝14%，故投资小的项目为优，选 B 项。

【例 9-7-3】（历年真题）现有两个寿命期相同的互斥投资方案 A 和 B，B 方案的投资额和净现值都大于 A 方案，A 方案的内部收益率为 14%，B 方案的内部收益率为 15%，差额的内部收益率为 13%，则使 A、B 两方案优劣相等时的基准收益率应为：

A. 13%　　　　　　　　　　　　B. 14%
C. 15%　　　　　　　　　　　　D. 13%～15% 之间

【解答】当 ΔIRR＝13%＝i_c 时，A、B 方案优劣相等，并且 IRR_A＝14%＞i_c＝13%，IRR_B＝15%＞13%，A、B 方案均可行，故应选 A 项。

(2) 费用比选法

对效益相同或效益基本相同但难以具体估算的方案，以及无效益的公共项目的方案，其比选时，可采用费用比选法。

1) 费用现值法（PW 法）

分别计算各方案的费用现值 PW，费用现值最低的方案为最佳方案。

2) 费用年值法（AC 法）

分别计算各方案的费用年值 AC，费用年值最低的方案为最佳方案。

(3) 最低价格法

最低价格法也称服务收费标准比较法。在相同产品方案比选中，以净现值为零推算备选方案的产品最低价格（P_{min}），应以最低产品价格较低的方案为优。

【例 9-7-4】（历年真题）甲、乙为两个互斥的投资方案。甲方案现时点的投资为 25 万元，此后从第 1 年年末开始，年运行成本为 4 万元，寿命期为 20 年，净残值为 8 万元；乙方案现时点的投资额为 12 万元，此后从第 1 年年末开始，年运行成本为 6 万元，寿命期也为 20 年，净残值 6 万元。若基准收益率为 20%，则甲、乙方案费用现值分别为：

[已知：(P/A, 20%, 20)＝4.8696，(P/F, 20%, 20)＝0.02608]

A. 50.80 万元，－41.06 万元　　B. 54.32 万元，41.06 万元
C. 44.27 万元，41.06 万元　　　D. 50.80 万元，44.27 万元

【解答】$PW_甲$＝25＋4(P/A, 20%, 20)－8(P/F, 20%, 20)
　　　　　＝25＋4×4.8696－8×0.02608＝44.27 万元
　　　$PW_乙$＝12＋6(P/A, 20%, 20)－6(P/F, 20%, 20)
　　　　　＝12＋6×4.8696－6×0.02608＝41.06 万元

故选 C 项。

注意，由本题目的选项，根据 $PW_甲$，可直接确定 C 项。

2. 计算期不同的互斥方案的比选

比选的方法可以采用净年值法（或费用年值法）、最小公倍数法、研究期法等。

(1) 净年值法（NAV 法）

首先，分别计算各方案的净年值 NAV，剔除 NAV<0 的方案；

其次，对所有 NAV≥0 的方案，选择净年值最大的方案为最佳方案。

由上可知，净年值法适用于计算期相同、不相同的两种情况。

(2) 最小公倍数法

最小公倍数法是以各备选方案计算期的最小公倍数作为方案比选的共同计算期，并假设各个方案均在这样一个共同的计算期内重复进行，即各备选方案在其计算期结束后，均可按与其原方案计算期内完全相同的现金流量系列周而复始地循环下去直到共同的计算期。

在上述基础上，分别计算各方案的净现值 NPV，剔除 NPV<0 的方案；

其次，对所有 NPV≥0 的方案，选择净现值最大的方案为最佳方案。

注意，对于某些不可再生资源开发型项目，或者寿命原本较长的项目，在进行计算期不同的互斥方案比选时，方案可重复实施的假定不再成立，这时最小公倍数法不适用。

(3) 研究期法

研究期法就是确定一个适当的分析期作为各个方案共同的计算期。

一般以方案中年限最短或最长方案的计算期作为互斥方案评价的共同研究期。通过比较各个方案在该研究期内的净现值 NPV 来对方案进行比选，以净现值最大的方案为最佳方案。

注意，对于计算期比共同研究期长的方案，要对其在研究期以后的现金流量余值进行估算，并回收余值。该项余值估算的合理性及准确性，对方案比选结论有重要影响。

【例 9-7-5】（历年真题）在项目无资金约束、寿命不同、产出不同的条件下，方案经济比选只能采用：

A. 净现值比较法　　　　　　　　　　B. 差额投资内部收益率法
C. 净年值法　　　　　　　　　　　　C. 费用年值法

【解答】寿命不同，可采用净年值法，应选 C 项。

习　题

9-7-1　（历年真题）下列项目方案类型中，适于采用净现值法直接进行方案选优的是：

A. 寿命期相同的独立方案　　　　　　B. 寿命期不同的独立方案
C. 寿命期相同的互斥方案　　　　　　D. 寿命期不同的互斥方案

9-7-2　（历年真题）下列项目方案类型中，适于采用最小公倍数法进行方案比选的是：

A. 寿命期相同的互斥方案　　　　　　B. 寿命期不同的互斥方案
C. 寿命期相同的独立方案　　　　　　D. 寿命期不同的独立方案

第八节　改扩建项目的经济评价特点

改扩建项目是指既有企业利用原有资产与资源，投资形成新的生产（服务）设施，扩大或完善原有生产（服务）系统的活动，包括改建、扩建、迁建和停产复建等。

一、改扩建项目的特点

(1) 项目是既有企业的有机组成部分,同时项目的活动与企业的活动在一定程度上是有区别的。

(2) 项目的融资主体是既有企业,项目的还款主体是既有企业。

(3) 项目一般要利用既有企业的部分或全部资产与资源,且不发生资产与资源的产权转移。

(4) 建设期内既有企业生产(运营)与项目建设一般同时进行。

二、改扩建项目的经济评价特点

(1) 经济评价应正确识别与估算"无项目""有项目""现状""新增""增量"等五种状态下的资产、资源、效益与费用。"无项目"与"有项目"的口径与范围应当保持一致。

1) "无项目":是指既有企业利用拟建项目范围内的部分或全部原有生产设施(资产),在项目计算期内可能发生的效益与费用流量。

2) "有项目":是指既有企业进行投资活动后,在项目的经济寿命期内,在项目范围内可能发生的效益与费用流量。

(2) 应明确界定项目效益和费用范围。

(3) 财务分析采用一般建设项目财务分析的基本原理和分析指标。由于项目与既有企业既有联系又有区别,一般可进行项目层次和企业层次两个层次的分析。

1) 项目层次分析

① 盈利能力分析。应遵循"有无对比"原则,利用"有项目"与"无项目"的效益与费用计算增量效益和增量费用,分析项目的增量盈利能力,并作为项目决策的主要依据之一。符合简化条件时,项目层次可直接用"增量"数据和相关指标进行分析。

② 清偿能力分析。应分析"有项目"的偿债能力,若"有项目"还款资金不足,应分析"有项目"还款资金的缺口,即既有企业应为项目额外提供的还款资金数额。

③ 财务生存能力分析。应分析"有项目"的财务生存能力。

2) 企业层次分析

分析既有企业以往的财务状况与今后可能的财务状况,了解企业生产与经营情况、资产负债结构、发展战略、资源利用优化的必要性、企业信用等。应特别关注企业为项目融资的能力、企业自身的资金成本或与项目有关的资金机会成本。

(4) 应注意分析项目对既有企业的贡献。

(5) 经济费用效益分析应采用一般建设项目的经济费用效益分析原理,其分析指标为增量经济净现值和经济内部收益率。

(6) 应根据项目目的、项目层次与企业层次财务分析的结果、经济费用效益分析的结果,结合不确定性分析和风险分析的结果,以及项目对企业的贡献等,进行多指标投融资决策。

(7) 应处理好计算期的可比性、原有资产利用、停产减产损失和沉没成本等问题。

【例 9-8-1】(历年真题)以下关于改扩建项目财务分析的说法中正确的是:

A. 应以财务生存能力分析为主

B. 应以项目清偿能力分析为主

C. 应以企业层次为主进行财务分析

D. 应遵循"有无对比"原则

【解答】根据改扩建项目财务分析的规定,应选 D 项。

习 题

9-8-1 (历年真题)属于改扩建项目经济评价中使用的五种数据之一的是:
A. 资产　　　　B. 资源　　　　C. 效益　　　　D. 增量

第九节 价 值 工 程

一、价值工程原理

1. 基本概念

价值工程又称价值分析,是一种把功能与成本、技术与经济结合起来进行技术经济评价的方法。它不仅广泛应用于产品设计和产品开发,而且也应用于工程建设中。

价值工程是以提高产品(或作业)价值和有效利用资源为目的,通过有组织的创造性工作,寻求用最低的寿命周期成本,可靠地实现使用者所需功能,以获得最佳的综合效益的一种管理技术。设对象(如产品、作业)的功能为 F,寿命周期成本为 C,价值为 V,则:

$$V = \frac{F}{C} \tag{9-9-1}$$

(1) 价值

价值是一个相对的概念,是指作为某种产品(或作业)所具有的功能与获得该功能的全部费用的比值。它不是对象的使用价值,也不是对象的交换价值,而是对象的比较价值,是作为评价事物有效程度的一种尺度。

(2) 功能

功能是对象能满足某种需求的效用或属性。任何产品(或作业)都具有功能。功能的分类如下:

1) 按功能的重要程度分类,产品的功能一般可分为基本功能和辅助功能。
2) 按功能的性质分类,产品的功能可划分为使用功能和美学功能。
3) 按用户的需求分类,产品的功能可分为必要功能和不必要功能。
4) 按功能的量化标准分类,产品的功能可分为过剩功能与不足功能。
5) 按总体与局部分类,产品的功能可划分为总体功能和局部功能。

(3) 寿命周期成本

产品的寿命周期成本由生产成本、使用及维护成本组成。

2. 价值工程的特点

(1) 价值工程的目标,是以最低的寿命周期成本使产品具备其所必须具备的功能。
(2) 价值工程的核心,是对产品进行功能分析。
(3) 价值工程将产品价值、功能和成本作为一个整体同时来考虑。
(4) 价值工程强调不断改革和创新。
(5) 价值工程是以集体智慧开展的有计划、有组织、有领导的管理活动。

3. 提高价值的途径

价值取决于功能和成本两个因素，因此提高价值的途径可归纳如下：

(1) 保持产品的必要功能不变，降低产品成本，即：$\dfrac{F \rightarrow}{C \downarrow} = V \uparrow$。

(2) 保持产品成本不变，提高产品的必要功能，即：$\dfrac{F \uparrow}{C \rightarrow} = V \uparrow$。

(3) 成本稍有增加，但必要功能增加的幅度更大，即：$\dfrac{F \uparrow\uparrow}{C \uparrow} = V \uparrow$。

(4) 适当去除用户不需要的功能，大幅度降低产品成本，即：$\dfrac{F \downarrow}{C \downarrow\downarrow} = V \uparrow$。

(5) 提高产品的功能，同时，降低产品成本，即：$\dfrac{F \uparrow}{C \downarrow} = V \uparrow\uparrow$。

二、价值工程的实施步骤

1. 价值工程的工作程序

价值工程的一般工作程序见表 9-9-1。其中，对象选择、功能分析、功能评价、方案创新与评价是工作程序的关键内容，体现了价值工程的基本原理和思想，是不可缺少的。

价值工程的一般工作程序　　　　　　　　　　　　表 9-9-1

工作阶段	设计程序	工作步骤		对应问题
		基本步骤	详细步骤	
准备阶段	制定工作计划	确定目标	1. 工作对象选择	1. 这是什么？
			2. 信息搜集	
分析阶段	规定评价（功能要求事项实现程度）的标准	功能分析	3. 功能定义	2. 这是干什么用的？
			4. 功能整理	
		功能评价	5. 功能成本分析	3. 它的成本是多少？
			6. 功能评价	4. 它的价值是多少？
			7. 确定改进范围	
创新阶段	初步设计（提出各种设计方案）	制定改进方案	8. 方案创新	5. 有其他方法实现这一功能吗？
	评价各设计方案，对方案进行改进、选优		9. 概略评价	6. 新方案的成本是多少？
			10. 调整完善	
			11. 详细评价	
	书面化		12. 提出方案	7. 新方案能满足功能要求吗？
实施阶段	检查实施情况并评价活动成果	实施评价成果	13. 审批	8. 偏离目标了吗？
			14. 实施与检查	
			15. 成果鉴定	

2. 价值工程的对象选择

价值工程对象选择的一般原则是：市场反馈迫切要求改进的产品；功能改进和成本降低潜力较大的产品。对象选择的方法有经验分析法、百分比法、价值指数法、ABC 法和强制确定法等。

(1) 经验分析法

经验分析法是根据有丰富实践经验的设计人员、施工人员以及企业的专业技术人员和管理人员对产品中存在问题的直接感受，经过主观判断确定价值工程对象的一种方法。经验分析法是定性分析方法，其优点是简便易行，考虑问题综合全面，是目前实践中采用较为普遍的方法，其缺点是缺乏定量分析。

(2) 百分比法

百分比法是通过分析产品对两个或两个以上经济指标的影响程度（百分比）来确定价值工程对象的方法。百分比法的优点是当企业在一定时期要提高某些经济指标且拟选对象数目不多时，具有较强的针对性和有效性，其缺点是不够系统和全面。

(3) 价值指数法

根据价值的表达式 $V=F/C$，在产品成本已知的基础上，将产品功能定量化，就可以计算产品价值。在应用该法选择价值工程的对象时，应当综合考虑价值指数偏离 1 的程度和改善幅度，优先选择 $V<1$ 且改进幅度大的产品或零部件。

例如，某机械制造厂生产三种型号的挖土机，各种型号挖土机的主要技术参数及相应的成本，见表 9-9-2。

挖土机主要技术参数及相应成本　　　　表 9-9-2

产品型号	甲	乙	丙
技术参数（百 m³/台班）	1.55	1.60	1.30
成本（百元/台班）	1.15	1.30	1.45
价值指数	1.35	1.23	0.90

运用价值指数法，首先计算各型号的价值指数，见表 9-9-2；其次，丙型号 $V=0.90<1$，故选择挖土机丙作为价值工程对象。

(4) ABC 分析法

ABC 分析法是根据研究对象对某项目技术经济指标的影响程度和研究对象数量的比例大小两个因素，把所有研究对象划分成主次有别的 A、B、C 三类的方法。通过这种划分，明确关键的少数和一般的多数，准确地选择价值工程对象。研究对象类别划分的参考值见表 9-9-3 和图 9-9-1。A 类作为重点分析对象，B 类只作一般分析，C 类可以不加分析。

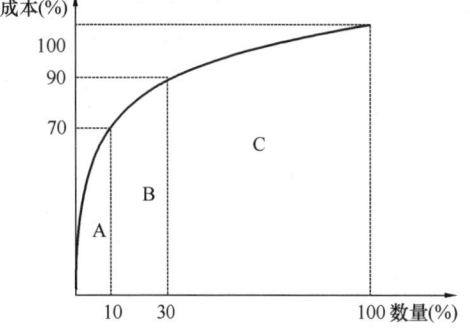

图 9-9-1　ABC 分析曲线图

A、B、C 类别划分参考值　　　　表 9-9-3

类别	数量占总数百分比	成本占总成本百分比
A 类	10% 左右	70% 左右
B 类	20% 左右	20% 左右
C 类	70% 左右	10% 左右

(5) 强制确定法

强制确定法(亦称 FD 法)是以功能重要程度作为选择价值工程对象的一种分析方法。具体做法如下：

1) 确定对象的功能评价系数。通过"01"评分法、"04"评分法、直接评分法和倍比法等计算功能评价系数。

① "01"评分法。首先把构成产品的零件排列起来，按其功能重要程度，进行一对一的比较，重要的得 1 分，次要的得 0 分。然后把各零件的得分进行累计，为防止功能得分为零的情况发生，用各加 1 分的方法予以修正，具体例子见表 9-9-4。

$$功能评价系数 = \frac{某零件功能得分}{全部零件功能得分合计}$$

② "04"评分法。它是对"01"评分法的改进，即：①非常重要的功能得 4 分，很不重要的功能得 0 分；②比较重要的功能得 3 分，不太重要的功能得 1 分；③两个功能重要程度相同时各得 2 分；④自身对比不得分。

③ 倍比法。它是利用评价对象之间的相关性进行比较来确定的。

2) 确定成本系数，确定各零件的现实成本，则：

$$成本系数 = \frac{某零件现实成本}{全部零件现实成本}$$

3) 确定价值系数(也称价值指数) V_i

$$V_i = \frac{功能评价系数}{成本系数}$$

4) 计算结果 V_i 存在如下三种情况：

① $V_i < 1$，表明该零件或产品的重要程度小而成本高，应作为研究对象。

② $V_i > 1$，表明该零件或产品的重要程度大而成本低，需作进一步分析其存在的具体原因，可作为研究对象。

③ $V_i = 1$，表明该零件或产品的重要程度与成本相当，即功能与成本匹配，不作为价值工程活动的选择对象。

具体例子见表 9-9-4，应选零件 D 作为价值工程的选择对象。

强制确定法案例表　　　　　　　表 9-9-4

零件代号	一对一比较				得分	功能评价系数	成本(元)	成本系数	V_i
	A	B	C	D					
A	×	1	0	1	2+1	0.3	120	0.24	1.25
B	0	×	0	1	1+1	0.2	100	0.20	1.00
C	1	1	×	1	3+1	0.4	180	0.36	1.11
D	0	0	0	×	0+1	0.1	100	0.20	0.50
小计					10	1	500	1	

【例 9-9-1】(历年真题) 某产品共有五项功能 F_1、F_2、F_3、F_4、F_5，用强制确定法确定零件功能评价体系时，其功能得分分别为 3、5、4、1、2，则 F_5 的功能评价系数为：

A. 0.20　　　　B. 0.13　　　　C. 0.27　　　　D. 0.33

【解答】F_3 的功能评价系数 = 4/(3+5+4+1+2) = 0.27

应选 C 项。

3. 功能分析

功能分析包括功能定义和功能整理。功能分析是价值工程的核心。

功能定义就是根据收集到的信息资料，透过对象产品或作业的物理特征（或现象），找出其效用或功用的本质东西，并逐项加以区分和规定，以简洁的语言描述出来。通常用一个动词加一个名词表述，如发光、保温等。

功能整理是用系统的观点将已经定义了的功能加以系统化，找出各局部功能相互之间的逻辑关系是并列关系还是上下位置关系，并用图表形式表达（如功能系统图），以明确产品的功能系统，从而为功能评价和方案构思提供依据。

4. 功能评价

功能评价是在功能定义和功能整理完成之后，在已定性确定问题的基础上进一步作定量的确定，即评定功能的价值。功能价值 V 的计算方法可分为两大类：功能成本法与功能指数法。

（1）功能成本法

功能成本法为绝对值计算法。价值工程的成本有两种，一种是现实成本 C_i，是指目前的实际成本；另一种是目标成本，即功能评价值 F_i。功能评价就是找出实现功能的最低费用作为功能的目标成本，以功能目标成本为基准，通过与功能现实成本的比较，求出两者的比值（功能价值 V_i）和两者的差异值（改善期望值 $\Delta C_i = C_i - F_i$），然后选择功能价值低、改善期望值大的功能作为价值工程活动的重点对象。

功能的现实成本 C_i 的计算：需要根据传统的成本核算资料，将产品或构配件的现实成本换算成功能的现实成本。

目标成本即功能评价值 F_i 的计算：是企业预期的、理想的成本目标值，常用功能重要性系数进行计算。

功能成本法计算价值系数为：

$$V_i = \frac{F_i}{C_i} \tag{9-9-2}$$

式中，V_i 为第 i 个评价对象的价值系数；F_i 为第 i 个评价对象的功能评价值（目标成本）；C_i 为第 i 个评价对象的现实成本。

由公式（9-9-2），功能的价值系数 V_i 的情况如下：

$V_i = 1$，表示功能评价值等于功能现实成本。这表明评价对象的功能现实成本与实现功能所必需的最低成本大致相当，说明评价对象的价值为最佳，一般无需改进。

$V_i < 1$，此时功能现实成本大于功能评价值。这表明评价对象的现实成本偏高，而功能要求不高，一种可能是存在着过剩的功能；另一种可能是功能虽无过剩，但实现功能的条件或方法不佳，以致使实现功能的成本大于功能的实际需要。

$V_i > 1$，说明该评价对象的功能比较重要，但分配的成本较少，即功能现实成本低于功能评价值。应具体分析，可能功能与成本分配已较理想，或者有不必要的功能，或者应该提高成本。

【例 9-9-2】（历年真题）某项目整体功能的目标成本为 10 万元，在进行功能评价时，得出某一功能 F^* 的功能评价系数为 0.3，若其成本改进期望值为 −5000 元（即降低 5000

元),则 F^* 的现实成本为:

A. 2.5万元　　　　B. 3万元　　　　C. 3.5万元　　　　D. 4万元

【解答】功能 F^* 的目标成本＝0.3×10＝3万元

功能 F^* 的现实成本＝3＋0.5＝3.5万元

应选C项。

(2) 功能指数法

功能指数法为相对值计算法。它通过计算评价对象的功能评价系数、成本系数,从而确定其价值系数 V_i。

1) 功能重要性系数的确定

确定功能重要性系数的方法与前面的强制确定法相同,即"01"评分法、"04"评分法等。

2) 功能评价系数

第 i 个评价对象的功能评价系数:

$$F_i^I = \frac{第 i 个评价对象的功能得分}{全部评价对象的功能得分合计} \qquad (9-9-3)$$

对于零件功能评价,其功能评价系数可按前面的强制确定法。

3) 成本系数

第 i 个评价对象的成本系数按现实成本计算,即:

$$C_i^I = \frac{第 i 个评价对象现实成本}{全部评价对象现实成本合计} \qquad (9-9-4)$$

4) 价值系数(亦称价值指数)

$$V_i^I = \frac{F_i^I}{C_i^I} \qquad (9-9-5)$$

V_i^I 的结果也有三种情况:$V_i^I = 1$;$V_i^I < 1$;$V_i^I > 1$,其内涵见前述。

例如,某住宅工程有3个设计方案(A、B和C方案),每个方案有4项功能 F_1、F_2、F_3 和 F_4。对功能重要性系数采用"01"评分法见表9-9-5,各方案的功能得分及单方造价见表9-9-6。价值系数计算见表9-9-7,如A方案:$F_i^I = \frac{8.2}{25.6} = 0.32$,$C_i^I = \frac{1360}{4000} = 0.34$,$V_i^I = \frac{0.32}{0.34} = 0.94$。

功能重要性系数　　　　　　　　　　　表 9-9-5

功能	一对一比较				得分	功能重要性系数
	F_1	F_2	F_3	F_4		
F_1	×	1	0	1	2+1	0.3
F_2	0	×	0	1	1+1	0.2
F_3	1	1	×	1	3+1	0.4
F_4	0	0	0	×	0+1	0.1
合计					10	1

697

功能评价   表 9-9-6

方案功能	功能得分		
	A	B	C
F_1	8	9	9
F_2	9	8	9
F_3	8	7	10
F_4	8	10	8
单方造价（元/m²）	1360	1400	1240
各方案功能得分	8.2	8.1	9.3
所有方案功能得分合计	25.6		
所有方案造价合计（元/m²）	4000		

价值系数计算表   表 9-9-7

方案	A	B	C
功能评价系数（F_i^I）	0.32	0.32	0.36
成本系数（F_i^I）	0.34	0.35	0.31
价值系数（V_i^I）	0.94	0.91	1.26
最优方案			—

【例 9-9-3】（历年真题）某产品的实际成本为 10000 元，它由多个零部件组成，其中一个零部件的实际成本为 880 元，功能评价系数为 0.140，则该零部件的价值指数为：

A. 0.628　　　　B. 0.880　　　　C. 1.400　　　　D. 1.591

【解答】成本系数 $C_i^I = \dfrac{880}{1000} = 0.088$

价值指数 $= \dfrac{0.140}{0.088} = 1.591$，应选 D 项。

习　题

9-9-1 （历年真题）ABC 分类法中，部件数量占 60%～80%，成本占 5%～10% 的为：

A. A 类　　　　B. B 类　　　　C. C 类　　　　D. 以上都不对

9-9-2 （历年真题）在对象选择中，通过对每个部件与其他各部件的功能重要程度进行逐一对比打分，相对重要的得 1 分，不重要的得 0 分，此方法称为：

A. 经验分析法　　B. 百分比法　　C. ABC 分析法　　D. 强制确定法

9-9-3 （历年真题）某项目由 A、B、C、D 四个部分组成，当采用强制确定法进行价值工程对象选择时，它们的价值指数分别如下所示，其中不应作为价值工程分析对象的是：

A. 0.7559　　　B. 1.0000　　　C. 1.2245　　　D. 1.5071

9-9-4 （历年真题）下面关于价值工程的论述中正确的是：

A. 价值工程中的价值是指成本与功能的比值

B. 价值工程中的价值是指产品消耗的必要劳动时间

C. 价值工程中的成本是指寿命周期成本，包括产品在寿命期内发生的全部费用

D. 价值工程中的成本就是产品的生产成本，它随着产品功能的增加而提高

9-9-5（历年真题）某工程设计有四个方案，在进行方案选择时计算得出：甲方案功能评价系数0.85，成本系数0.92；乙方案功能评价系数0.6，成本系数0.7；丙方案功能评价系数0.94，成本系数0.88；丁方案功能评价系数0.67，成本系数0.82。则最优方案的价值系数为：

A. 0.924　　　　B. 0.857　　　　C. 1.068　　　　D. 0.817

9-9-6（历年真题）某项目打算采用甲工艺进行施工，但经广泛的市场调研和技术论证后，决定用乙工艺代替甲工艺，并达到了同样的施工质量，且成本下降15%。根据价值工程原理，该项目提高价值的途径是：

A. 功能不变，成本降低

B. 功能提高，成本降低

C. 功能和成本均下降，但成本降低幅度更大

D. 功能提高，成本不变

9-9-7（历年真题）用强制确定法（FD法）选择价值工程的对象时，得出某部件的价值系数为1.02，则下列说法正确的是：

A. 该部件的功能重要性与成本比重相当，因此应将该部件作为价值工程对象

B. 该部件的功能重要性与成本比重相当，因此不应将该部件作为价值工程对象

C. 该部件功能重要性较小，而所占成本较高，因此应将该部件作为价值工程对象

D. 该部件功能过高或成本过低，因此应将该部件作为价值工程对象

习题解答与参考答案

第一节

9-1-1 **解答**：$i_{甲} = \left(1 + \dfrac{6\%}{4}\right)^4 - 1 = 6.14\%$，$i_{乙} = 7\%$

答案：A

9-1-2 **解答**：$i_{\text{eff}} = \left(1 + \dfrac{8\%}{4}\right)^4 - 1 = 8.243\%$

$P = F(1 + i_{\text{eff}})^{-3} = 300 \times (1 + 8.243\%)^{-3} = 236.55$ 万元

答案：B

9-1-3 **解答**：$8.6\% = \left(1 + \dfrac{r}{2}\right)^2 - 1$

可得：$r = 8.42\%$

答案：D

第二节

9-2-1 **解答**：A 项正确，D 项缺经营成本。

答案：A

9-2-2 **解答**：总投项＝建设投资＋建设期利息＋流动资金

答案：C

9-2-3 **解答**：$I_1 = \dfrac{1000}{2} \times 6\% = 30$ 万元

$I_2 = (1000 + 30) \times 60\% = 61.8$ 万元，$I = I_1 + I_2 = 91.8$ 万元

答案：D

9-2-4 **解答**：经营成本扣除 B、D 项，应考虑 A 项。

答案：A

9-2-5 **解答**：建设投资包括预备费。

答案：C

第三节

9-3-1 **解答**：准股本资金主要包括优先股股票和可转换债券。

答案：B

9-3-2 **解答**：项目资金来源有资本金和债务资金。权益融资形成项目资本金。
答案：C

9-3-3 **解答**：债务资金的筹集方式有融资租赁。
答案：C

第四节

9-4-1 **解答**：$FNPV = -200 - 300(P/F, 10\%, 1) + 150(P/A, 10\%, 8)(P/F, 10\%, 2)$
$= -200 - 300 \times (1 + 10\%)^{-1} + 150 \times 5.3349 \times (1 + 10\%)^{-2}$
$= 188.63$ 万元

答案：B

9-4-2 **解答**：财务生存的必要条件是各年累计盈余资金不出现负值。
答案：B

9-4-3 **解答**：$IRR = 12\% + \dfrac{130}{130 + |-50|} \times (14\% - 12\%) = 13.44\%$
答案：D

9-4-4 **解答**：偿债能力的财务评价指标有：利息备付率。
答案：B

9-4-5 **解答**：$P_t = 6 - 1 + \dfrac{|-60|}{240} = 5.25$ 年
答案：C

9-4-6 **解答**：$NPV = -5000 + A(P/A, 12\%, 10) + 100(P/F, 12\%, 10) = 0$
$-5000 + A \times 5.6500 + 100 \times 0.3220 = 0$
可得：$A = 879.26$ 万元

答案：A

9-4-7 **解答**：第 10 年的净现金流量 $= 25 + 20 = 45$ 万元
答案：C

9-4-8 **解答**：各年累计净现金流量见下表。

表题 9-4-8 解

年份	0	1	2	3	4	5
净现金流量	−100	−50	40	60	60	60
累计净现金流量	−100	−150	−110	−50	10	70

$$P_t = 4 - 1 + \dfrac{|-50|}{60} = 3.83 \text{ 年}$$

答案：C

第五节

9-5-1 **解答**：影子价格（到厂价）$= CIF \times$ 影子汇率 $+$ 进口费用

答案：C

9-5-2 解答：D项错误，非外贸货物的影子价格可采用市场价格。
答案：C

9-5-3 解答：社会折现率能反映资金占用的机会成本。
答案：D

9-5-4 解答：影子价格是反映市场供求状况和资源稀缺程度的价格。
答案：B

9-5-5 解答：影子价格（出厂价）＝100×6－100＝500 元人民币
答案：A

第六节

9-6-1 解答：盈亏平衡点越低，表明项目抗风险越强。
答案：C

9-6-2 解答：盈亏平衡点生产能力利率越低，表明项目抗风险越强。
答案：A

9-6-3 解答：$Q_平 = \dfrac{1000 \times 10^4}{1000 - 800} = 5 \times 10^4 \text{t} = 5 \text{ 万 t}$

$BEP_Y = \dfrac{5}{6} = 83.3\%$

答案：D

第七节

9-7-1 解答：净现值法直接选优，适用于寿命期相同的互斥方案。
答案：C

9-7-2 解答：最小公倍数法适用于寿命期不同的互斥方案。
答案：B

第八节

9-8-1 解答：五种数据有："无项目""有项目""现状""新增""增量"。
答案：D

第九节

9-9-1 解答：C类是指部件数量占60%～80%，成本占5%～10%。
答案：C

9-9-2 解答：强制确定法包括"01"评分法。

答案：D

9-9-3 **解答**：价值指数为1.0的对象不应作为分析对象。
答案：B

9-9-4 **解答**：价值工程中的成本是指寿命周期成本。
答案：C

9-9-5 **解答**：$V_甲 = \dfrac{0.85}{0.92} = 0.924$，$V_乙 = \dfrac{0.6}{0.7} = 0.857$

$V_丙 = \dfrac{0.94}{0.88} = 1.068$，$V_丁 = \dfrac{0.67}{0.82} = 0.817$

故丙方案最优。

答案：C

9-9-6 **解答**：功能不变，成本降低。
答案：A

9-9-7 **解答**：价值系数为1.02，不应将该部件作为价值工程对象。
答案：B

第十章　法　律　法　规

本章内容扫本书封面二维码。

附录一

一级注册结构工程师执业资格考试基础考试大纲（上午段）

Ⅰ. 工程科学基础

一、数学

1.1 空间解析几何

向量的线性运算；向量的数量积、向量积及混合积；两向量垂直、平行的条件；直线方程；平面方程；平面与平面、直线与直线、平面与直线之间的位置关系；点到平面、直线的距离；球面、母线平行于坐标轴的柱面、旋转轴为坐标轴的旋转曲面的方程；常用的二次曲面方程；空间曲线在坐标面上的投影曲线方程。

1.2 微分学

函数的有界性、单调性、周期性和奇偶性；数列极限与函数极限的定义及其性质；无穷小和无穷大的概念及其关系；无穷小的性质及无穷小的比较极限的四则运算；函数连续的概念；函数间断点及其类型；导数与微分的概念；导数的几何意义和物理意义；平面曲线的切线和法线；导数和微分的四则运算；高阶导数；微分中值定理；洛必达法则；函数的切线及法平面和切平面及切法线；函数单调性的判别；函数的极值；函数曲线的凹凸性、拐点；偏导数与全微分的概念；二阶偏导数；多元函数的极值和条件极值；多元函数的最大、最小值及其简单应用。

1.3 积分学

原函数与不定积分的概念；不定积分的基本性质；基本积分公式；定积分的基本概念和性质（包括定积分中值定理）；积分上限的函数及其导数；牛顿—莱布尼兹公式；不定积分和定积分的换元积分法与分部积分法；有理函数、三角函数的有理式和简单无理函数的积分；广义积分；二重积分与三重积分的概念、性质、计算和应用；两类曲线积分的概念、性质和计算；求平面图形的面积、平面曲线的弧长和旋转体的体积。

1.4 无穷级数

数项级数的敛散性概念；收敛级数的和；级数的基本性质与级数收敛的必要条件；几何级数与 p 级数及其收敛性；正项级数敛散性的判别法；任意项级数的绝对收敛与条件收敛；幂级数及其收敛半径、收敛区间和收敛域；幂级数的和函数；函数的泰勒级数展开；函数的傅里叶系数与傅里叶级数。

1.5 常微分方程

常微分方程的基本概念；变量可分离的微分方程；齐次微分方程；一阶线性微分方程；全微分方程；可降阶的高阶微分方程；线性微分方程解的性质及解的结构定理；二阶常系数齐次线性微分方程。

1.6 线性代数

行列式的性质及计算；行列式按行展开定理的应用；矩阵的运算；逆矩阵的概念、性质及求法；矩阵的初等变换和初等矩阵；矩阵的秩；等价矩阵的概念和性质；向量的线性表示；向量组的线性相关和线性无关；线性方程组有解的判定；线性方程组求解；矩阵的特征值和特征向量的概念与性质；相似矩阵的概念和性质；矩阵的相似对角化；二次型及其矩阵表示；合同矩阵的概念和性质；二次型的秩；惯性定理；二次型及其矩阵的正定性。

1.7 概率与数理统计

随机事件与样本空间；事件的关系与运算；概率的基本性质；古典型概率；条件概率；概率的基本公式；事件的独立性；独立重复试验；随机变量；随机变量的分布函数；离散型随机变量的概率分布；连续型随机变量的概率密度；常见随机变量的分布；随机变量的数学期望、方差、标准差及其性质；随机变量函数的数学期望；矩、协方差、相关系数及其性质；总体；个体；简单随机样本；统计量；样本均值；样本方差和样本矩；χ^2 分布；t 分布；F 分布；点估计的概念；估计量与估计值；矩估计法；最大似然估计法；估计量的评选标准；区间估计的概念；单个正态总体的均值和方差的区间估计；两个正态总体的均值差和方差比的区间估计；显著性检验；单个正态总体的均值和方差的假设检验。

二、物理学

2.1 热学

气体状态参量；平衡态；理想气体状态方程；理想气体的压强和温度的统计解释；自由度；能量按自由度均分原理；理想气体内能；平均碰撞频率和平均自由程；麦克斯韦速率分布律；方均根速率；平均速率；最概然速率；功；热量；内能；热力学第一定律及其对理想气体等值过程的应用；绝热过程；气体的摩尔热容量；循环过程；卡诺循环；热机效率；净功；制冷系数；热力学第二定律及其统计意义；可逆过程和不可逆过程。

2.2 波动学

机械波的产生和传播；一维简谐波表达式；描述波的特征量；阵面，波前，波线；波的能量、能流、能流密度；波的衍射；波的干涉；驻波；自由端反射与固定端反射；声波；声强级；多普勒效应。

2.3 光学

相干光的获得；杨氏双缝干涉；光程和光程差；薄膜干涉；光疏介质；光密介质；迈克尔逊干涉仪；惠更斯—菲涅尔原理；单缝衍射；光学仪器分辨本领；衍射光栅与光谱分析；X射线衍射；布喇格公式；自然光和偏振光；布儒斯特定律；马吕斯定律；双折射现象。

三、化学

3.1 物质的结构和物质状态

原子结构的近代概念；原子轨道和电子云；原子核外电子分布；原子和离子的电子结构；原子结构和元素周期律；元素周期表；周期族；元素性质及氧化物及其酸碱性。离子键的特征；共价键的特征和类型；杂化轨道与分子空间构型；分子结构式；键的极性和分子的极性；分子间力与氢键；晶体与非晶体；晶体类型与物质性质。

3.2 溶液

溶液的浓度；非电解质稀溶液通性；渗透压；弱电解质溶液的解离平衡；分压定律；解离常数；同离子效应；缓冲溶液；水的离子积及溶液的pH值；盐类的水解及溶液的酸碱性；溶度积常数；溶度积规则。

3.3 化学反应速率及化学平衡

反应热与热化学方程式；化学反应速率；温度和反应物浓度对反应速率的影响；活化能的物理意义；催化剂；化学反应方向的判断；化学平衡的特征；化学平衡移动原理。

3.4 氧化还原反应与电化学

氧化还原的概念；氧化剂与还原剂；氧化还原电对；氧化还原反应方程式的配平；原电池的组成和符号；电极反应与电池反应；标准电极电势；电极电势的影响因素及应用；金属腐蚀与防护。

3.5 有机化学

有机物特点、分类及命名；官能团及分子构造式；同分异构；有机物的重要反应：加成、取代、消除、氧化、催化加氢、聚合反应、加聚与缩聚；基本有机物的结构、基本性质及用途：烷烃、烯烃、炔烃、芳烃、卤代烃、醇、苯酚、醛和酮、羧酸、酯；合成材料：高分子化合物、塑料、合成橡胶、合成纤维、工程塑料。

四、理论力学

4.1 静力学

平衡；刚体；力；约束及约束力；受力图；力矩；力偶及力偶矩；力系的等效和简化；力的平移定理；平面力系的简化；主矢；主矩；平面力系的平衡条件和平衡方程式；物体系统（含平面静定桁架）的平衡；摩擦力；摩擦定律；摩擦角；摩擦自锁。

4.2 运动学

点的运动方程；轨迹；速度；加速度；切向加速度和法向加速度；平动和绕定轴转动；角速度；角加速度；刚体内任一点的速度和加速度。

4.3 动力学

牛顿定律；质点的直线振动；自由振动微分方程；固有频率；周期；振幅；衰减振动；阻尼对自由振动振幅的影响—振幅衰减曲线；受迫振动；受迫振动频率；幅频特性；共振；动力学普遍定理；动量；质心；动量定理及质心运动定理；动量及质心运动守恒；动量矩；动量矩定理；动量矩守恒；刚体定轴转动微分方程；转动惯量；回转半径；平行轴定理；功；动能；势能；动能定理及机械能守恒；达朗贝尔原理；惯性力；刚体作平动和绕定轴转动（转轴垂直于刚体的对称面）时惯性力系的简化；动静法。

五、材料力学

5.1 材料在拉伸、压缩时的力学性能

低碳钢、铸铁拉伸、压缩实验的应力—应变曲线；力学性能指标。

5.2 拉伸和压缩

轴力和轴力图；杆件横截面和斜截面上的应力；强度条件；虎克定律；变形计算。

5.3 剪切和挤压

剪切和挤压的实用计算；剪切面；挤压面；剪切强度；挤压强度。

5.4 扭转

扭矩和扭矩图；圆轴扭转切应力；切应力互等定理；剪切虎克定律；圆轴扭转的强度条件；扭转角计算及刚度条件。

5.5 截面几何性质

静矩和形心；惯性矩和惯性积；平行轴公式；形心主轴及形心主惯性矩概念。

5.6 弯曲

梁的内力方程；剪力图和弯矩图；分布载荷、剪力、弯矩之间的微分关系；正应力强度条件；切应力强度条件；梁的合理截面；弯曲中心概念；求梁变形的积分法、叠加法。

5.7 应力状态

平面应力状态分析的解析法和应力圆法；主应力和最大切应力；广义虎克定律；四个常用的强度理论。

5.8 组合变形

拉/压——弯组合、弯——扭组合情况下杆件的强度校核；斜弯曲。

5.9 压杆稳定

压杆的临界载荷；欧拉公式；柔度；临界应力总图；压杆的稳定校核。

六、流体力学

6.1 流体的主要物性与流体静力学

流体的压缩性与膨胀性；流体的粘性与牛顿内摩擦定律；流体静压强及其特性；重力作用下静水压强的分布规律；作用于平面的液体总压力的计算。

6.2 流体动力学基础

以流场为对象描述流动的概念；流体运动的总流分析；恒定总流连续性方程、能量方程和动量方程的运用。

6.3 流动阻力和能量损失

沿程阻力损失和局部阻力损失；实际流体的两种流态—层流和紊流；圆管中层流运动；紊流运动的特征；减小阻力的措施。

6.4 孔口管嘴管道流动

孔口自由出流、孔口淹没出流；管嘴出流；有压管道恒定流；管道的串联和并联。

6.5 明渠恒定流

明渠均匀水流特性；产生均匀流的条件；明渠恒定非均匀流的流动状态；明渠恒定均匀流的水平力计算。

6.6 渗流、井和集水廊道

土壤的渗流特性；达西定律；井和集水廊道。

6.7 相似原理和量纲分析

力学相似原理；相似准则；量纲分析法。

Ⅱ. 现代技术基础

七、电气与信息

7.1 电磁学概念

电荷与电场；库仑定律；高斯定理；电流与磁场；安培环路定律；电磁感应定律；洛仑兹力。

7.2 电路知识

电路组成；电路的基本物理过程；理想电路元件及其约束关系；电路模型；欧姆定律；基尔霍夫定律；支路电流法；等效电源定理；叠加原理；正弦交流电的时间函数描述；阻抗；正弦交流电的相量描述；复数阻抗；交流电路稳态分析的相量法；交流电路功

率；功率因数；三相配电电路及用电安全；电路暂态；R-C、R-L 电路暂态特性；电路频率特性；R-C、R-L 电路频率特性。

7.3 电动机与变压器

理想变压器；变压器的电压变换、电流变换和阻抗变换原理；三相异步电动机接线、启动、反转及调速方法；三相异步电动机运行特性；简单继电—接触控制电路。

7.4 信号与信息

信号；信息；信号的分类；模拟信号与信息；模拟信号描述方法；模拟信号的频谱；模拟信号增强；模拟信号滤波；模拟信号变换；数字信号与信息；数字信号的逻辑编码与逻辑演算；数字信号的数值编码与数值运算。

7.5 模拟电子技术

晶体二极管；极型晶体三极管；共射极放大电路；输入阻抗与输出阻抗；射极跟随器与阻抗变换；运算放大器；反相运算放大电路；同相运算放大电路；基于运算放大器的比较器电路；二极管单相半波整流电路；二极管单相桥式整流电路。

7.6 数字电子技术

与、或、非门的逻辑功能；简单组合逻辑电路；D 触发器；JK 触发器；数字寄存器；脉冲计算器。

7.7 计算机系统

计算机系统组成；计算机的发展；计算机的分类；计算机系统特点；计算机硬件系统组成；CPU；存储器；输入/输出设备及控制系统；总线；数模/模数转换；计算机软件系统组成；系统软件；操作系统；操作系统定义；操作系统特征；操作系统功能；操作系统分类；支撑软件；应用软件；计算机程序设计语言。

7.8 信息表示

信息在计算机内的表示；二进制编码；数据单位；计算机内数值数据的表示；计算机内非数值数据的表示；信息及其主要特征。

7.9 常用操作系统

Windows 发展；进程和处理器管理；存储管理；文件管理；输入/输出管理；设备管理；网络服务。

7.10 计算机网络

计算机与计算机网络；网络概念；网络功能；网络组成；网络分类；局域网；广域网；因特网；网络管理；网络安全；Windows 系统中的网络应用；信息安全；信息保密。

Ⅲ、工程管理基础

八、法律法规

8.1 中华人民共和国建筑法

总则；建筑许可；建筑工程发包与承包；建筑工程监理；建筑安全生产管理；建筑工程质量管理；法律责任。

8.2 中华人民共和国安全生产法

总则；生产经营单位的安全生产保障；从业人员的权利和义务；安全生产的监督管

理；生产安全事故的应急救援与调查处理。

8.3 中华人民共和国招标投标法
总则；招标；投标；开标；评标和中标；法律责任。

8.4 中华人民共和国合同法
一般规定；合同的订立；合同的效力；合同的履行；合同的变更和转让；合同的权利义务终止；违约责任；其他规定。

8.5 中华人民共和国行政许可法
总则；行政许可的设定；行政许可的实施机关；行政许可的实施程序；行政许可的费用。

8.6 中华人民共和国节约能源法
总则；节能管理；合理使用与节约能源；节能技术进步；激励措施；法律责任。

8.7 中华人民共和国环境保护法
总则；环境监督管理；保护和改善环境；防治环境污染和其他公害；法律责任。

8.8 建设工程勘察设计管理条例
总则；资质资格管理；建设工程勘察设计发包与承包；建设工程勘察设计文件的编制与实施；监督管理。

8.9 建设工程质量管理条例
总则；建设单位的质量责任和义务；勘察设计单位的质量责任和义务；施工单位的质量责任和义务；工程监理单位的质量责任和义务；建设工程质量保修。

8.10 建设工程安全生产管理条例
总则；建设单位的安全责任；勘察设计工程监理及其他有关单位的安全责任；施工单位的安全责任；监督管理；生产安全事故的应急救援和调查处理。

九、工程经济

9.1 资金的时间价值
资金时间价值的概念；利息及计算；实际利率和名义利率；现金流量及现金流量图；资金等值计算的常用公式及应用；复利系数表的应用。

9.2 财务效益与费用估算
项目的分类；项目计算期；财务效益与费用；营业收入；补贴收入；建设投资；建设期利息；流动资金；总成本费用；经营成本；项目评价涉及的税费；总投资形成的资产。

9.3 资金来源与融资方案
资金筹措的主要方式；资金成本；债务偿还的主要方式。

9.4 财务分析
财务评价的内容；盈利能力分析（财务净现值、财务内部收益率、项目投资回收期、总投资收益率、项目资本金净利润率）；偿债能力分析（利息备付率、偿债备付率、资产负债率）；财务生存能力分析；财务分析报表（项目投资现金流量表、项目资本金现金流量表、利润与利润分配表、财务计划现金流量表）；基准收益率。

9.5 经济费用效益分析
经济费用和效益；社会折现率；影子价格；影子汇率；影子工资；经济净现值；经济内部收益率；经济效益费用比。

9.6 不确定性分析

盈亏平衡分析（盈亏平衡点、盈亏平衡分析图）；敏感性分析（敏感度系数、临界点、敏感性分析图）。

9.7 方案经济比选

方案比选的类型；方案经济比选的方法（效益比选法、费用比选法、最低价格法）；计算期不同的互斥方案的比选。

9.8 改扩建项目经济评价特点

改扩建项目经济评价特点。

9.9 价值工程

价值工程原理；实施步骤。

附录二

一级注册结构工程师执业资格考试基础试题配置说明（上午段）

Ⅰ．工程科学基础（共78题）
数学基础　　　24题　　　理论力学基础　　12题
物理基础　　　12题　　　材料力学基础　　12题
化学基础　　　10题　　　流体力学基础　　 8题

Ⅱ．现代技术基础（共28题）
电气技术基础　　12题　　　计算机基础　　　10题
信号与信息基础　 6题

Ⅲ．工程管理基础（共14题）
工程经济基础　　 8题　　　法律法规　　　　 6题
注：试卷题目数量合计120题，每题1分，满分为120分。考试时间为4小时。

注册结构工程师考试用书

一级注册结构工程师基础考试复习教程

（下　册）

兰定筠　叶天义　主编

中国建筑工业出版社

前　言

　　本书根据最新公布的考试大纲、近几年考试真题、新的通用规范（如《工程结构通用规范》GB 55001—2021、《建筑与市政工程抗震通用规范》GB 55002—2021、《混凝土结构通用规范》GB 55008—2021 等）和新标准（如《工程测量标准》GB 50026—2020、《建设用砂》GB/T 14684—2022、《建设用卵石、碎石》GB/T 14685—2022 等）以及新的国家法律法规等进行编写。本书对考试大纲的要求内容进行了全面、系统的阐述，力求简明扼要，并突出重点和难点，结合考试真题的难度与广度进行编写。本书上册包括数学、物理学、化学、理论力学、材料力学、流体力学、电气与信息、计算机应用基础、工程经济和法律法规十章；本书下册包括土木工程材料、工程测量、职业法规、土木工程施工与管理、结构力学、结构设计、结构试验和土力学与地基基础八章。

　　本书编写特色如下：

　　1. 结合历年考试真题的广度、难度进行编写，主要侧重于阐述各科考试科目的基本概念、基本原理和基本规定，以及它们的具体应用。

　　2. 针对历年考试真题的考点，将其相关知识从简单到复杂进行阐述，使考生掌握考点必备的知识内容，正确解答题目。

　　3. 结合新的通用规范、新标准和新科学知识进行编写，如钢筋的最大力总延伸率、荷载基本组合和地震作用组合的各分项系数的新取值等。

　　4. 对经常出现的考点和经典案例，进行了归纳总结；结合对考试真题的解答，提供了答题技巧、应试方法。

　　5. 全书的例题均是历年真题，习题中 95% 是历年真题，使本书内容贴合考试实际。习题均有参考答案和详细解答过程，方便考生自学。

　　6. 利用中国建筑工业出版社的数字资源平台，将法律法规内容纳入数字资源，减少书的页码，便于考试携带复习。

　　7. 提供书的增值服务，作者及其团队及时做好本书的答疑服务。

　　兰定筠、叶天义、黄音、黄小莉、郑应亨、罗刚、刘福聪、谢应坤、杨利容、杨莉琼、赵诣深、饶伟立、王源盛、杨松、蓝润生、蓝亮、蓝宁、梁怀庆、王龙、王远等参加了本书的编写工作。

　　本书编写中参阅了大量的参考文献、教材、标准规范和历年考试真题等，在此一并致谢。

　　由于本书编者水平有限，难免存在不妥或错误之处，恳请广大读者及专家批评指正。书中的问题请发邮箱：Landj2020@163.com，作者不胜感谢。

　　兰老师及其团队开通知识星球，提供知识点答疑、备考经验、现场应试能力、历年真题及解答等服务，联系方式：微信小程序搜索"知识星球"，再搜索"兰老师结构基础"进入。微博：搜索"兰定筠"进入。

目 录

（上 册）

第一章 数学 ··· 1
   第一节 空间解析几何 ··· 1
   第二节 一元函数微分学 ··· 13
   第三节 一元函数积分学 ··· 31
   第四节 多元函数微分学与积分学 ··· 48
   第五节 无穷级数 ·· 67
   第六节 微分方程 ·· 79
   第七节 线性代数 ·· 86
   第八节 概率论与数理统计 ·· 118
   习题解答与参考答案 ··· 152

第二章 物理学 ·· 166
   第一节 热学 ·· 166
   第二节 波动学 ··· 184
   第三节 光学 ·· 197
   习题解答与参考答案 ··· 217

第三章 化学 ··· 221
   第一节 物质的结构和物质状态 ·· 221
   第二节 溶液 ·· 238
   第三节 氧化还原反应与电化学 ·· 249
   第四节 化学反应的基本规律 ··· 260
   第五节 有机化学 ·· 275
   习题解答与参考答案 ··· 296

第四章 理论力学 ··· 299
   第一节 静力学的基本原理和平面力系的简化 ························· 299
   第二节 静力学的平面力系的平衡与应用 ······························· 311
   第三节 运动学 ··· 322
   第四节 动力学 ··· 329
   习题解答与参考答案 ··· 351

第五章 材料力学 ··· 355
   第一节 材料在拉伸与压缩时的力学性能 ······························· 355
   第二节 拉伸和压缩 ··· 358

第三节　剪切和挤压 ··· 363
　　第四节　扭转 ··· 367
　　第五节　截面几何性质 ·· 371
　　第六节　弯曲 ··· 376
　　第七节　应力状态 ··· 389
　　第八节　组合变形 ··· 396
　　第九节　压杆稳定 ··· 402
　　习题解答与参考答案 ··· 406

第六章　流体力学 ··· 412
　　第一节　流体的主要物性与流体静力学 ·· 412
　　第二节　流体动力学基础 ·· 424
　　第三节　流动阻力和能量损失 ·· 440
　　第四节　孔口、管嘴出流和有压管流 ·· 452
　　第五节　明渠恒定流 ··· 458
　　第六节　渗流、井和集水廊道 ·· 464
　　第七节　相似原理和量纲分析 ·· 471
　　习题解答与参考答案 ··· 478

第七章　电气与信息 ··· 481
　　第一节　电磁场基本理论 ·· 481
　　第二节　直流电路 ··· 489
　　第三节　正弦交流电路 ··· 502
　　第四节　一阶线性电路的暂态响应 ·· 519
　　第五节　变压器与电动机 ·· 524
　　第六节　模拟电子技术 ··· 536
　　第七节　数字电子技术 ··· 561
　　第八节　信号、信息与模拟信号 ·· 579
　　第九节　信号、信息与数字信号 ·· 596
　　习题解答与参考答案 ··· 606

第八章　计算机应用基础 ··· 612
　　第一节　计算机系统 ··· 612
　　第二节　常用操作系统 ··· 619
　　第三节　计算机中数据的表示 ·· 623
　　第四节　计算机网络 ··· 628
　　习题解答与参考答案 ··· 639

第九章　工程经济 ··· 642
　　第一节　资金的时间价值 ·· 642
　　第二节　财务效益与费用估算 ·· 649
　　第三节　资金来源与融资方案 ·· 658
　　第四节　财务分析 ··· 664

第五节	经济费用效益分析	677
第六节	不确定性分析	681
第七节	方案经济比选	686
第八节	改扩建项目的经济评价特点	690
第九节	价值工程	692
习题解答与参考答案		700

第十章 法律法规 …… 704

附录一 一级注册结构工程师执业资格考试基础考试大纲（上午段）…… 705

附录二 一级注册结构工程师执业资格考试基础试题配置说明（上午段）…… 712

（下　册）

第十一章　土木工程材料 …… 713
- 第一节　材料科学与物质结构基础知识 …… 713
- 第二节　气硬性无机胶凝材料 …… 729
- 第三节　水泥 …… 734
- 第四节　混凝土 …… 748
- 第五节　建筑钢材 …… 776
- 第六节　沥青及改性沥青 …… 789
- 第七节　木材 …… 795
- 第八节　石材 …… 800
- 第九节　黏土 …… 803
- 习题解答与参考答案 …… 806

第十二章　工程测量 …… 810
- 第一节　测量基本概念 …… 810
- 第二节　水准测量 …… 815
- 第三节　角度测量 …… 823
- 第四节　距离测量与直线定向 …… 830
- 第五节　测量误差基本知识 …… 838
- 第六节　控制测量 …… 843
- 第七节　地形图测绘 …… 851
- 第八节　地形图应用 …… 857
- 第九节　建筑工程测量 …… 860
- 习题解答与参考答案 …… 871

第十三章　职业法规 …… 874

第十四章　土木工程施工与管理 …… 875
- 第一节　土石方工程与桩基工程 …… 875
- 第二节　钢筋混凝土工程与预应力混凝土工程 …… 893
- 第三节　砌体工程与结构吊装工程 …… 919
- 第四节　施工组织设计与流水施工原理 …… 938

第五节	网络计划技术	948
第六节	施工管理	961
习题解答与参考答案		971

第十五章　结构力学　974

第一节	平面体系的几何组成分析	974
第二节	静定结构的受力分析与特性	984
第三节	静定结构的位移计算	1002
第四节	超静定结构受力分析及特性	1012
第五节	影响线及应用	1034
第六节	结构动力学	1042
习题解答与参考答案		1058

第十六章　结构设计　1065

第一节	混凝土结构材料性能与基本设计原则	1065
第二节	混凝土结构承载能力极限状态计算	1077
第三节	混凝土结构正常使用极限状态验算	1109
第四节	预应力混凝土和构造要求	1115
第五节	梁板结构与单层厂房	1129
第六节	多高层混凝土结构房屋	1142
第七节	抗震设计要点	1152
第八节	钢结构基本设计规定和材料	1169
第九节	轴心受力、受弯、拉弯和压弯构件	1177
第十节	钢结构的连接和钢屋盖	1193
第十一节	砌体结构材料性能与设计表达式	1208
第十二节	砌体结构房屋静力计算和构造要求	1217
第十三节	砌体构件受压承载力计算	1226
第十四节	砌体结构房屋部件设计	1235
第十五节	砌体结构抗震设计要点	1246
习题解答与参考答案		1256

第十七章　结构试验　1262

第一节	结构试验设计	1262
第二节	结构试验的加载设备和量测仪器	1270
第三节	结构静力（单调）加载试验	1284
第四节	结构低周反复加载试验	1294
第五节	结构动力特性及响应试验	1300
第六节	模型试验	1306
第七节	结构试验的非破损检测技术	1312
习题解答与参考答案		1320

第十八章　土力学与地基基础　1323

第一节	土的物理性质和工程分类	1323

第二节	土中应力	1335
第三节	地基变形	1341
第四节	土的抗剪强度和土压力	1352
第五节	地基承载力理论和边坡稳定	1366
第六节	地基勘察	1373
第七节	浅基础	1381
第八节	深基础	1399
第九节	地基处理	1410
习题解答与参考答案		1421

附录三 一级注册结构工程师执业资格考试基础考试大纲（下午段） ……………… 1425

附录四 一级注册结构工程师执业资格考试基础试题配置说明（下午段） ………… 1429

参考文献 …………………………………………………………………………………… 1430

增值服务 …………………………………………………………………………………… 1432

第十一章 土木工程材料

第一节 材料科学与物质结构基础知识

一、材料的组成与结构

材料的组成、结构（构造）是影响材料性质的内部因素，对材料性质起着决定性的作用。

1. 材料的组成

材料的组成包括材料的化学组成、矿物组成和相组成。它不仅影响材料的化学性质，也是决定材料的物理、力学性质的重要因素。

（1）化学组成

化学组成（也称化学成分）是指构成材料的化学元素及化合物的种类及数量。当材料与自然环境或各类物质相接触时，它们之间必然按化学变化规律发生作用。例如材料受到酸、碱、盐类等物质的侵蚀作用，材料遇到火焰时燃烧，以及钢材和其他金属材料的腐蚀等都属于化学作用。

材料的化学组成决定着材料的化学稳定性、大气稳定性、耐火性等性质。例如石膏、石灰和石灰石的主要化学组成分别是 $CaSO_4$、CaO 和 $CaCO_3$，它决定了石膏、石灰易溶于水而耐水性差，而石灰石较稳定；普通硅酸盐水泥主要由 CaO、SiO_2、Al_2O_3 等氧化物形成的硅酸钙及铝酸钙等矿物组成，它决定了水泥易水化形成凝胶体，具有胶凝性，且呈碱性；石油沥青则由多种 C—H 化合物及其衍生物组成，故决定了其易于老化等。各种材料均有其自身的化学组成，不同化学组成的材料具有不同的化学、物理及力学性质。因此，化学组成是材料性质的物质基础，它对材料的性质起着决定性作用。

根据材料的化学组成，材料可分为无机材料、有机材料和复合材料，见表 11-1-1。其中，复合材料是指由两种及两种以上的有机或无机材料按照一定的工艺制成的材料。

土木工程材料的分类　　　　　　　　　表 11-1-1

材料分类		实例
无机材料	金属材料	黑色金属：钢、铁、不锈钢等
		有色金属：铝、铜等及其合金
	非金属材料	石材料：砂、石及各种石料制品
		烧土制品：砖、瓦、陶瓷、玻璃等
		胶凝材料：石膏、石灰、水泥、水玻璃等
		混凝土及硅酸盐制品：混凝土、砂浆及硅酸盐制品
		无机纤维材料：玻璃纤维、矿物棉等

续表

材料分类		实例
有机材料	沥青材料	石油沥青、煤沥青、沥青制品
	高分子材料	塑料、涂料、胶粘剂、合成橡胶等
	植物质材料	木材、竹材等
复合材料	有机-无机复合材料	聚合物混凝土、沥青混合料、玻璃钢等
	金属-无机非金属复合材料	钢筋混凝土、钢纤维混凝土、钢管混凝土等
	金属-有机复合材料	PVC钢板、有机涂层铝合金板、轻质金属夹芯板等

(2) 矿物组成

矿物是指由地质作用形成的具有相对固定的化学组成和确定的内部结构的天然单质或化合物。矿物必须是具有特定的化学组成和结晶结构的无机物。矿物组成是指构成材料的矿物的种类和数量。大多数土木工程材料的矿物组成是复杂的，复杂的矿物组成是决定其性质的主要因素。例如花岗岩的主要矿物组成为石英（结晶 SiO_2）、长石（结晶铝硅酸盐），属酸性结晶岩，因此，花岗岩的强度高、硬度大、耐磨性好，可用于室内、外环境；大理石的主要矿物组成为方解石（结晶碳酸钙）或白云石（结晶碳酸钙镁复盐），属碱性结晶岩，因此，大理石的强度、硬度、耐磨性不如花岗石，主要用于室内环境。水泥因熟料矿物不同或含量不同，表现出的水泥性质不同，如硅酸盐水泥中，硅酸三钙含量高，其硬化速度较快，早期强度与后期强度均较高。

(3) 相组成

相是指具有相同的物理性质和化学性质的物质。例如表 11-1-1 中的复合材料就是由两相或两相以上物质组成的材料。混凝土、建筑涂料等是多相组成的材料。

2. 材料的结构

材料的结构可分为：微观结构、细观结构和宏观结构三个层次。

(1) 微观结构

微观结构是指原子、分子层次上的结构。可用电子显微镜、X 射线等分析研究材料的微观结构特征。微观结构的尺寸分辨范围为"埃"（Å，0.1nm）～"纳米"（nm），1nm=1×10^{-9}m。材料的许多物理性质，如强度、硬度、弹塑性、熔点、导热性、导电性等均由其微观结构特征所决定。

从微观结构层次上，材料可分为：晶体、玻璃体、胶体。

1) 晶体

质点（离子、原子、分子）在空间上按特定的规则呈周期性排列所形成的结构称为晶体。晶体的原子排列示意图见图 11-1-1(a)。晶体具有的特点是：特定的几何外形；各向异性；固定的熔点和化学稳定性；结晶接触点和晶面。注意，晶体材料又是由大量排列不规则的晶粒组成，因此，晶体材料整体具有各向同性的性质。

按晶体的质点及结合键的不同，晶体可分为：①原子晶体：中性原子以共价键结合的晶体；②离子晶体：正负离子以离子键结合的晶体；③分子晶体：以分子间的范德华力结合的晶体；④金属晶体：以金属阳离子为晶格，由自由电子与金属阳离子间的金属键结合的晶体，其具体性质见表 11-1-2。

晶体的类型及性质   表 11-1-2

晶体的类型	原子晶体	离子晶体	分子晶体	金属晶体
微粒间的作用力	共价键	离子键	分子间力（范德华力）	金属键
熔点、沸点	高	较高	低	一般较高
强度、硬度	大	较大	小	一般较大
延展性	差	差	差	良
导电性	绝缘体或半导体	水溶液或熔融体导电性良好	绝缘体	良
实例	石英、金刚石、碳化硅	NaCl、MgO、Na_2SO_4	CO_2、H_2O、CH_4	Na、Al、Fe 合金

在金属材料中，晶数的形状和大小也会影响材料的性质。常采用热处理的方法，使金属晶粒产生变化，以收到调节和控制金属材料机械性能（强度、韧性、硬度等）的效果。金属晶体在外力作用下具有弹性变形的特点。当外力达到一定程度时，由于某一晶面上的剪应力达到一定限度，沿该晶面发生相对的滑动，因而材料产生塑性变形。软钢和一些有色金属（铜、铝等）都是具有塑性的材料。

2) 玻璃体

玻璃体是熔融的物质经急冷而形成的无定形体，是非晶体。熔融物经慢冷，内部质子可以进行规则的排列而形成晶体；若冷却速度较快，达到凝固温度时，它还具有很大的黏度，致使内部质点来不及按一定的规则进行排列，就已经凝固成为固体，此时得到的就是玻璃体结构，见图 11-1-1(b)。因其质点排列无规律，具有各向同性，而且没有固定的熔点，熔融时只出现软化现象。

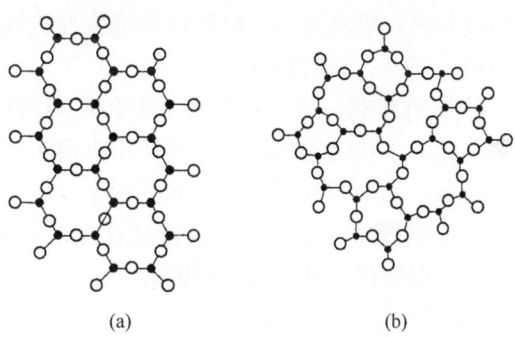

图 11-1-1　晶体与非晶体的原子排列示意图
(a) 晶体；(b) 非晶体（玻璃体）

由于在急冷过程中，质点间的能量以内能的形式储存起来，使玻璃体具有化学不稳定性，即具有潜在的化学活性，在一定条件下容易与其他物质发生化学反应。例如火山灰、粒化高炉矿渣等。

3) 胶体

胶体是指一些细小的固体粒子（粒径约 1～100nm）分散在介质中所组成的结构。一般属于非晶体。由于胶体的质点很微小，表面积很大，所以表面能很大，吸附能力很强，使胶体具有很强的黏结力。

胶体中分散的微粒可以借布朗运动而自由运动时，这种胶体称溶胶，溶胶具有较大的流动性，建筑涂料就是利用这一性质配制而成的。当溶胶脱水或微粒产生凝聚，使分散质点不能再按布朗运动自由移动时，称为凝胶，凝胶具有触变性，即将凝胶搅拌或振动，又能变成溶胶。水泥浆、新拌混凝土、胶粘剂等均表现有触变性。当凝胶完全脱水则成干凝胶体，它具有固体的性质，即产生强度。硅酸盐水泥主要水化产物的最后形式就是干凝胶体。

非晶体材料在外力作用下，其弹性变形和塑性变形没有明显的界限，一般会同时产生弹性变形和塑性变形。

(2) 细观结构

细观结构（也称显微结构或亚微观结构）是用光学显微镜等分析研究材料的结构特征。细观结构的尺寸范围在微米（μm）数量级。土木工程材料的细观结构，针对具体材料进行分类研究。从细观结构层次上，天然岩石可分为矿物、晶体颗粒、非晶体；混凝土可分为水泥石、集料和界面；钢材可分为铁素体、渗碳体、珠光体；木材可分为木纤维、导管髓线、树脂道。

材料在细观结构层次上，其组成不同则性质不同。这些组成的特征、数量、分布以及界面性质等，对材料的性能有重要影响。例如钢材的晶粒尺寸越小，钢材强度越高。

(3) 宏观结构

土木工程材料的宏观结构是用肉眼或放大镜可分辨的粗大材料层次，其尺寸在0.10mm以上数量级。

1) 按孔隙特征分类

① 密实结构。密实结构材料的内部基本无孔隙，结构致密。这类材料的特点是强度和硬度较高，吸水性小，抗渗性和抗冻性较好，耐磨性较好，保温隔热性差，如钢材、天然石材、玻璃、玻璃钢等。

② 多孔结构。它是指具有粗大孔隙的结构，其内部存在着均匀分布的闭口或部分开口的孔隙。多孔结构的材料，其性质决定于孔隙的特征、多少、大小及分布等。该类材料强度较低，如加气混凝土、泡沫混凝土、泡沫塑料等。

③ 微孔结构。它是指具有微细孔隙的结构，如石膏制品、黏土砖等。该类材料的质量轻、保温隔热、吸声隔声性能好。

2) 按构造特征分类

① 堆聚结构。它是由骨料与胶凝材料胶结成的结构。堆聚结构的材料种类很多，如水泥混凝土、砂浆、沥青混凝土等。

② 纤维结构。纤维结构材料的内部组成具有方向性，纤维束之间存在较多的孔隙。这类材料的性质具有明显的方向性，一般平行于纤维束方向的强度相对较高，导热性相对较大，如木材、玻璃纤维、石棉等。

③ 层状结构。层状结构材料的内部具有叠合结构。层状结构是用胶粘材料将不同的片状材料或具有各向异性的片状材料胶粘叠合成整体，可获得平面各向同性，更重要的是可以显著提高材料的强度、硬度、保温隔热性等性质，扩大其使用范围，如胶合板、石膏板等。

④ 散粒结构（也称粒状结构）。散粒结构材料的内部呈松散颗粒状。颗粒有密实颗粒和轻质多孔颗粒之分。如砂子、石子等，因其致密、强度高，适合用于大孔混凝土的骨料；如陶粒、膨胀珍珠岩等，因其多孔结构，适合用于保温隔热材料。散粒结构的颗粒之间存在着大量的空隙，其空隙率主要取决于颗粒级配。

⑤ 纹理结构。天然材料在生长或形成过程中自然造就天然纹理，如木材、大理石、花岗石等；人工材料可人为制作纹理，如瓷质彩胎砖、人造花岗岩板材等。这些天然或人工制造的纹理，使材料具有美丽的外观。

【例 11-1-1】（历年真题）具有一定的化学组成、内部质点周期排列的固体，称为：

A. 晶体　　　　　　　　　　　　B. 凝胶体
C. 玻璃体　　　　　　　　　　　D. 溶胶体

【解答】根据晶体的定义和性质，应选 A 项。

【例 11-1-2】（历年真题）玻璃态物质：

A. 具有固定熔点　　　　　　　　B. 不具有固定熔点
C. 是各向异性材料　　　　　　　D. 内部质点规则排列

【解答】玻璃态物质不具有固定熔点，应选 B 项。

【例 11-1-3】（历年真题）NaCl 晶体内部的结合力是：

A. 金属键　　　　　　　　　　　B. 共价键
C. 离子键　　　　　　　　　　　D. 氢键

【解答】NaCl 晶体内部的结合力是离子键，应选 C 项。

二、建筑材料的基本物理性质

1. 材料的密度、表观密度和堆积密度

（1）密度（ρ）

密度是干燥材料在绝对密实状态下，单位体积的质量。用公式表示为（图 11-1-2）：

$$\rho = \frac{m}{V} \quad (11\text{-}1\text{-}1)$$

式中，ρ 为密度（g/cm³）；m 为材料在干燥状态下的质量（g）；V 为干燥材料在绝对密度状态下的体积（cm³）。

图 11-1-2　自然状态下体积示意图
1—固体；2—闭口孔隙；3—开口孔隙

材料的密度只取决于材料自身的物质组成及微观结构，与孔隙状态无关。当材料的物质组成与微观结构一定时，材料的密度为常数。除钢材、玻璃等外，绝大多数土木工程材料内部均含有一定的孔隙。测定内部含有孔隙的材料密度时，应将材料磨成细粉（粒径小于 0.20mm），经干燥后用李氏比重瓶测得其纯固体体积。材料磨得越细，测得的密度值越精确。材料密度试验用李氏比重瓶。

相对密度（d_s），也称比重，是指用材料的质量与同体积水（4℃、标准大气压下）的质量的比值表示，无量纲，其值与材料的密度值相同（即数值上相同）。

（2）表观密度

材料在自然状态下单位体积的质量称为材料的表观密度。用公式表示为（图 11-1-2）：

$$\rho_0 = \frac{m}{V_0} \quad (11\text{-}1\text{-}2)$$

式中，ρ_0 为材料的表观密度（g/cm³ 或 kg/m³）；m 为材料在自然状态下的质量（g 或 kg）；V_0 为材料在自然状态下的体积（cm³ 或 m³）。

材料在自然状态下的体积包含材料的固体物质实体积、闭口孔隙体积和开口孔隙体积。材料的表观密度与其含水状况有关。材料在自然状态下含水率变化时，其质量和体积均有所变化，因此，测定材料表观密度时，应同时测定其含水率，并予以注明。通常所讲的表观密度是指气干状态下的，但是材料进行对比试验时应处于绝对干燥状态。气干状态、绝对干燥状态的定义，见本节后面内容。

通常测定材料在自然状态下的体积时，对于规则形状的材料，可直接用量具测定其外部尺寸并进行计算；对于不规则形状且质地坚硬、开口孔隙率小（吸水率小）的材料，通常采用排水或排液置换法测定；对于不规则形状且开口孔隙率较大（吸水率大）并易与水等发生反应的材料，在材料试样表面采取涂蜡等措施，使表观体积（尤其是开口孔隙体积）测试结果更为准确。

（3）堆积密度

粉状（或散粒）材料在自然堆积状态下单位体积的质量称为堆积密度。用公式表示为：

$$\rho_0' = \frac{m}{V_0'} \tag{11-1-3}$$

式中，ρ_0' 为材料的堆积密度（kg/m³）；m 为材料在自然堆积状态下的质量（kg）；V_0' 为材料在自然堆积状态下的体积（m³）。

散粒材料在自然堆积状态下的体积，即包含颗粒的固体物质实体积及其闭口、开口孔隙体积，又包含颗粒之间的空隙体积。通常所讲的堆积密度是指气干状态下的，材料进行对比试验时应按绝对干燥状态。

由于大多数材料中或多或少含有一些孔隙，因此，对同一材料而言，有：$\rho > \rho_0 > \rho_0'$。

常用土木工程材料的密度、表观密度和堆积密度见表 11-1-3。

常用土木工程材料的密度、表观密度、堆积密度和孔隙率   表 11-1-3

材料	密度（g/m³）	表观密度（kg/m³）	堆积密度（kg/m³）	孔隙率（%）
石灰石	2.65～2.80	1800～2600	—	—
花岗岩	2.60～2.90	2500～2800	—	0.5～3.0
碎石（石灰石）	2.65～2.80	2300～2700	1400～1700	—
河砂	2.60～2.90	2670	1450～1650	—
黏土	2.60	—	1600～1800	—
烧结普通砖	2.50～2.80	1600～1800	—	20～40
烧结空心砖	2.50	1000～1400	—	—
水泥	2.80～3.20	—	—	—
普通混凝土	—	2000～2800	—	5～20
轻骨料混凝土	—	800～1900	—	—
木材	1.55	400～800	—	55～75
钢材	7.85	7850	—	0
泡沫塑料	—	20～50	—	—
玻璃	2.55	2550	—	0

【例 11-1-4】（历年真题）材料在绝对密实状态下，单位体积的质量称为：

A. 密度　　　　　B. 表观密度　　　　C. 密实度　　　　D. 堆积密度

【解答】在绝对密实状态下，材料单位体积的质量称为密度，应选 A 项。

2. 材料的孔隙率和空隙率

(1) 孔隙率与密实度

材料的孔隙体积占总体积的百分率称为孔隙率。用公式表示为：

$$P_0 = \frac{V_0 - V}{V_0} \times 100\% = \left(1 - \frac{\rho_0}{\rho}\right) \times 100\% \tag{11-1-4}$$

材料孔隙率的大小直接反映材料的密实程度，孔隙率小，则密实度高。孔隙率相同的材料，其孔隙特征可以不同。按孔隙的特征，材料的孔隙可分为开口孔隙（连通孔隙）和闭口孔隙（封闭孔隙）。按孔径大小，孔隙可分为微孔、小孔及大孔。材料的孔隙率大小、孔隙特征、孔径大小、孔隙分布等，直接影响材料的力学性能、热物理性能、耐久性能等。一般而言，孔隙率较小，闭口微孔较多且孔隙分布均匀的材料，其强度较高，导热系数较小（保温隔热性较好），吸水性较小，抗渗性和抗冻性较好。当开口孔隙率较大时，材料的吸水性、透水性和吸声性较好，但其抗冻性和抗渗性较差。

密实度 D 是指材料的固体物质占总体积的百分率。因此，对同一材料而言，有：$P_0 + D = 1$。

(2) 空隙率与填充率

散粒材料堆积体积中，颗粒间空隙体积占总体积的百分率称为空隙率。用公式表示为：

$$P'_0 = \frac{V'_0 - V}{V'_0} \times 100\% = \left(1 - \frac{\rho'_0}{\rho_0}\right) \times 100\% \tag{11-1-5}$$

空隙率的大小反映散粒材料颗粒之间相互填充的密实程度。

填充率 D' 是指散粒材料堆积体积中，颗粒体积占总体积的百分率。因此，对同一材料而言，有：$P'_0 + D' = 1$。

空隙率的大小反映了散粒材料的颗粒互相填充的致密程度。在配制普通混凝土时，砂子、石子的空隙率是作为控制混凝土中的骨料级配与计算混凝土含砂率时的重要依据。常见材料的空隙率见表 11-1-2。

【例 11-1-5】（历年真题）下列与材料的孔隙率没有关系的是：

A. 强度　　　　　B. 绝热性　　　　C. 密度　　　　D. 耐久性

【解答】材料的密度与其孔隙率无关，应选 C 项。

【例 11-1-6】（历年真题）材料的孔隙率低，则其：

A. 密度增大而强度提高　　　　B. 表观密度增大而强度提高

C. 密度减小而强度降低　　　　D. 表观密度减小而强度降低

【解答】密度与孔隙率无关，故排除 A、C 项。

材料孔隙率低，其表观密度增大而强度提高，应选 B 项。

【例 11-1-7】（历年真题）密度为 2.6g/cm³ 的岩石具有 10% 的孔隙率，其表观密度为：

A. 2340kg/m³　　　B. 2680kg/m³　　　C. 2600kg/m³　　　D. 2364kg/m³

【解答】空隙率 $= \left(1 - \dfrac{\rho_0}{\rho}\right) \times 100\%$，则：

$$10\% = \left(1 - \frac{\rho_0}{2.6}\right) \times 100\%, \quad \rho_0 = 2.34 \text{g/cm}^3 = 2340 \text{kg/m}^3$$

应选 A 项。

3. 材料的亲水性和憎水性

当材料与水或空气中的水接触时，有些材料能被水润湿，有些材料则不能被水润湿。材料能被水润湿的原因是材料与水接触时，材料与水之间的分子亲合力大于水分子之间的内聚力，材料表现为亲水性。当材料与水之间的分子亲合力小于水分子之间的内聚力时，材料不能被水润湿，材料表现为憎水性。

图 11-1-3 材料润湿边角
(a) 亲水性材料；(b) 憎水性材料

材料被水润湿的情况可用润湿边角 θ 表示。当材料与水接触时，在材料、水、空气这三相体的交点处，沿水滴表面引切线，该切线与材料和水接触面的夹角 θ，称为润湿边角，如图 11-1-3 所示。θ 角越小，表明材料越易被水润湿。试验证明，当 $0°<\theta \leqslant 90°$ 时 [图 11-1-3(a)]，材料表面易吸附水，材料易被水润湿而表现出亲水性，这种材料称为亲水性材料；当 $\theta > 90°$ 时 [图 11-1-3(b)]，材料表面不易吸附水，材料不易被水润湿而表现出憎水性，这种材料称为憎水性材料；当 $\theta = 0°$ 时，表明材料完全被水润湿，这种材料称为完全亲水性材料。

材料的亲水性和憎水性主要与材料的物质组成、结构等有关。土木工程材料大多数为亲水性材料，如水泥、混凝土、砂浆、石灰、石膏、砖、木材等，有些材料如沥青、玻璃、塑料等为憎水性材料。憎水性材料常被用作防水、防潮材料，或用作亲水性材料的覆面层，以提高其防水、防潮性能。

4. 材料的吸水性和吸湿性

(1) 材料的含水状态

材料一般有绝干状态、气干状态、饱和面干状态和湿润状态四种含水状态，如图 11-1-4 所示。材料内外不含任何水分的状态称绝干状态（或全干状态）[图 11-1-4(a)]，通常在 105℃ 条件下烘干而得，故又称烘干状态。材料在水中浸泡足够长的时间，充分饱水后刚取出时，内部所有孔隙充满水分，而且表面存在水膜的状态称为湿润状态 [图 11-1-4(d)]。用潮抹布拭去湿润材料的表面水分而不吸出孔隙中的水分，即孔隙内充满水分而表面干燥的状态称为饱和面干状态 [图 11-1-4(c)]。材料存放时通常置于空气环境中，材料表面无水、孔隙中有部分水但不饱和的状态称为气干状态 [图 11-1-4(b)]。

在上述四种状态中，对同一个材料试样，从全干状态到湿润状态，其含水量从零起依次增大。材料在全干和饱和面干状态时有确定的含水量；材料处于绝干和湿润状态时，其

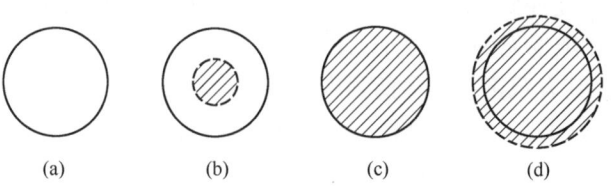

图 11-1-4 材料含水状态示意图
(a) 绝干状态；(b) 气干状态；(c) 饱和面干状态；(d) 湿润状态

含水量是不确定的。

(2) 吸水性

材料在水中吸收水分的性质称为吸水性。材料的吸水性用吸水率表示，有两种表示方法：质量吸水率；体积吸水率。

质量吸水率是指材料在吸水饱和时，其内部所吸收的水分质量占材料干质量的百分率。用公式表示为：

$$W_m = \frac{m_b - m_g}{m_g} \times 100\% \qquad (11-1-6)$$

式中，W_m 为材料的质量吸水率（%）；m_b 为材料在吸水饱和状态下的质量（g）；m_g 为材料在干燥状态下的质量（g）。

材料的吸水性与材料的亲水性、憎水性有关，还与材料的孔隙率及孔隙特征等有关。对于细微开口的孔隙，孔隙率越大，则吸水率越大。闭口的孔隙内水分不易进入，而开口大孔内虽然水分易进入，但不易存留，只能润湿孔壁，所以吸水率较小。各种材料的吸水率差异很大，如花岗岩的吸水率只有 0.5%~0.7%，混凝土的吸水率为 2%~3%，烧结普通砖的吸水率为 8%~20%，木材的吸水率可超过 100%。

(3) 吸湿性

材料在大气环境中吸收水分的性质称为吸湿性。材料的吸湿性用含水率表示。含水率（W_h 或 w）是指材料内部含水质量占材料干质量的百分率。用公式表示为：

$$W_h = w = \frac{m_s - m_g}{m_g} \times 100\% \qquad (11-1-7)$$

式中，W_h 为材料的含水率（%）；m_s 为材料在吸湿状态下的质量（g）；m_g 为材料在干燥状态下的质量（g）。

材料的吸湿性随着所处环境的相对湿度和温度的变化而改变，当相对湿度较大且温度较低时，材料的含水率较大，反之则小。材料中所含水分与所处环境的相对湿度相平衡时的含水率，称为平衡含水率。具有细微开口孔隙的材料，吸湿性特别强。

材料的吸水性和吸湿性均对材料的性能产生不利影响。材料吸水后会导致其自重增大、导热性增大、变形增大，材料的强度、保温隔热性能和耐久性等将产生不同程度的下降。材料干湿交替还会引起其尺寸形状的改变（如湿胀干缩），从而影响正常使用。

【例 11-1-8】（历年真题）憎水材料的润湿角：

A. >90° B. ≤90° C. >135° D. ≤180°

【解答】憎水材料的润湿角>90°，应选 A 项。

【例 11-1-9】（历年真题）混凝土用集料的内部孔隙充满水但表面没有水膜，该含水状态被称为：

A. 气干状态 B. 绝干状态
C. 润湿状态 D. 饱和面干状态

【解答】混凝土用集料的内部孔隙充满水但表面无水膜，该含水状态称为饱和面干状态，应选 D 项。

【例 11-1-10】（历年真题）含水率 3% 的砂 500g，其中所含的水量为：

A. 15g   B. 14.6g   C. 20g   D. 13.5g

【解答】$3\% = \frac{m_1 - m}{m} \times 100\% = \frac{500 - m}{m} \times 100\%$，可得：$m = 485.4g$

$$m_\text{水} = 500 - 485.4 = 14.6g$$

或者 $3\% = \frac{m_\text{水}}{500 - m_\text{水}} \times 100\%$，可得：$m_\text{水} = 14.6g$

应选 B 项。

5. 材料的耐水性、抗渗性和抗冻性

(1) 耐水性

材料在吸水饱和状态下，强度不显著降低的性质称为耐水性。材料的耐水性用软化系数表示：

$$K_R = \frac{f_w}{f_d} \tag{11-1-8}$$

式中，K_R 为材料的软化系数；f_w 为材料在吸水饱和状态下的抗压强度（MPa）；f_d 为材料在干燥状态下的抗压强度（MPa）。

软化系数的大小反映材料在吸水饱和后强度降低的程度。材料的软化系数主要与材料的物质组成、结构等有关。一般来说，材料被水浸湿后，强度均会有所降低。软化系数越小，表示材料吸水饱和后强度下降越多，即耐水性越差。材料的软化系数在 0~1 之间。如黏土 $K_R = 0$，而金属 $K_R = 1$。通常将软化系数大于等于 0.85 的材料，称为耐水性材料。长期处于水中或潮湿环境中的重要结构，要选择软化系数大于等于 0.85 的耐水性材料。用于受潮较轻或次要结构的材料，其软化系数不宜小于 0.75。

(2) 抗渗性

材料抵抗压力水渗透的性质称为抗渗性。材料的抗渗性常用渗透系数 K_s 表示。渗透系数的含义是：一定厚度的材料，在单位水头压力作用下，在单位时间内渗透单位面积的水量。用公式表示为：

$$K_s = \frac{Qd}{AtH} \tag{11-1-9}$$

式中，K_s 为渗透系数（cm/h）；Q 为渗透水量（cm³）；d 为材料厚度（cm）；A 为渗水面积（cm²）；t 为渗水时间（h）；H 为静水压力水头（cm）。

渗透系数 K_s 值越大，表示渗透材料的水量越多，即抗渗性越差。

混凝土的抗渗性通常用抗渗等级表示。抗渗等级是按规定要求的试件，按照标准要求逐级施加水压力，规定数量的试件所能承受的最大水压力。抗渗等级符号"Pn"中，n 为该材料在标准试验条件下所能承受的最大水压力的 10 倍数，如 P4、P6、P8、P10、P12 分别表示材料能承受 0.4MPa、0.6MPa、0.8MPa、1.0MPa、1.2MPa 的水压力而不渗水。

材料的抗渗性主要与材料的物质组成、结构等有关，尤其与其孔隙率、孔隙大小、孔隙特征有关。开口大孔的孔隙中水最易渗入，其抗渗性最差。细微开口的孔隙中水易渗入，故这种孔隙越多，材料的抗渗性越差。闭口孔隙中水不易渗入，因此，闭口孔隙率大的材料，其抗渗性良好。此外，憎水性材料的抗渗性优于亲水性材料。

抗渗性是决定材料耐久性的重要因素之一。在设计地下结构、压力管道等承受水压力的结构时，均要求其所用材料具有一定的抗渗性。抗渗性也是检验防水材料质量的重要指标。

（3）抗冻性

材料经受规定条件下的多次冻融循环作用，其质量损失率或抗压强度损失率（或相对动弹性模量下降）满足规定要求的性质称为材料的抗冻性。材料的抗冻性通常用抗冻标号或抗冻等级表示。

混凝土的抗冻标号用符号"Dn"表示，其中n即为最大冻融循环次数，如D50、D100等；其抗冻等级用符号"Fn"表示，其中n为最大冻融循环次数，如F50、F100等，具体内容见本章第四节。

材料遭受冻融破坏主要是因为其孔隙中的水结冰所致。水结冰时体积增大约9%，若材料孔隙中充满水，则水结冰膨胀对孔壁产生冻胀应力，当此应力超过材料的抗拉强度时，孔壁将产生局部开裂。随着冻融循环次数的增多，材料破坏加重。因此，材料的抗冻性取决于其孔隙率、孔隙特征、充水程度和材料对水结冰膨胀所产生的冻胀应力的抵抗能力。

抗冻性良好的材料，抵抗使用环境温度变化、冻融交替等破坏作用的能力较强，所以抗冻性常作为决定材料耐久性的重要因素之一。在设计寒冷地区及寒冷环境的建筑物时，必须考虑材料的抗冻性。

6. 材料的热物理性能

土木工程材料除了满足必要的强度及其他性能要求外，为了降低建筑物的使用能耗，以及为生产和生活创造适宜的条件，常要求材料具有一定的热物理性能。通常考虑的热物理性能有导热系数、热阻、比热容等。

（1）导热系数

材料传导热量的性质称为导热性。材料的导热性可用导热系数表示。导热系数是指材料在稳定传热条件下，1m厚的材料，两侧表面的温差为1度（K或℃），在1h内透过1m^{2}面积传递的热量。用公式表示为：

$$\lambda = \frac{Qa}{(T_1 - T_2)A \cdot t} \tag{11-1-10}$$

式中，λ为材料的导热系数[W/(m·K)]；Q为传热量（J）；a为材料厚度（m）；A为传热面积（m^2）；T为传热时间（s）；(T_1-T_2)为材料两侧表面温差（K）。

衡量材料保温隔热性能优劣的主要指标是导热系数λ[W/(m·K)]。材料的导热系数越小，则通过材料传递的热量越少，表示材料的保温隔热性能越好。通常将$\lambda \leqslant$ 0.23W/(m·K)的材料称为绝热材料。

导热系数是材料的固有特性，导热系数与材料的物质组成、结构等有关，尤其与其孔隙率、孔隙特征、湿度、温度和热流方向等有着密切关系。一般地，金属材料、无机材料、晶体材料的导热系数分别大于非金属材料、有机材料、非晶体材料。由于密闭干燥空气的导热系数很小，约为0.023W/(m·K)，所以，闭口孔隙率较大的材料其导热系数较小，但是如果孔隙粗大或贯通，由于对流作用，材料的导热系数反而增大。材料受潮或受冻后，其导热系数显著增大，这是由于水和冰的导热系数比空气的导热系数大很多，水的导热系数约为 0.581W/(m·K)，冰的导热系数约为 2.326W/(m·K)。因此，材料处于干燥状态，有利于发挥其保温隔热效果。

典型材料的导热系数见表 11-1-4。

典型材料的导热系数和比热容　　　　表 11-1-4

材料	导热系数 [W/(m·K)]	比热容 [J/(g·K)]	材料	导热系数 [W/(m·K)]	比热容 [J/(g·K)]
钢材	58.0	0.48	黏土空心砖	0.64	0.92
花岗石	3.49	0.92	松木	0.17~0.35	2.51
普通混凝土	1.74	0.88	泡沫塑料	0.03	1.30
水泥砂浆	0.93	0.84	冰	2.20	2.05
白灰砂浆	0.81	0.84	水	0.60	4.19
普通黏土砖	0.81	0.84	空气	0.025	1.00

热阻 R 是指导热系数 λ 与材料厚度 a 之比的倒数，$R=1/(\lambda/a)=a/\lambda$，它表明热量通过材料层时所受到的阻力。

(2) 热容量

热容量是指材料在温度发生变化时吸收或放出热量的能力，其大小用比热容来表示。比热容是指单位质量的材料，温度升高或降低单位温度所吸收或放出的热量。用公式表示为：

$$c = \frac{Q}{m(T_1 - T_2)} \tag{11-1-11}$$

式中，c 为材料的比热容 [kJ/(kg·K)]；Q 为材料吸收或放出的热量 (kJ)；m 为材料的质量 (kg)；$(T_1 - T_2)$ 为材料受热或冷却前后的温度差 (K)。

材料的比热容主要取决于矿物成分和有机成分含量，它对保持建筑物内部温度稳定有很大作用。典型材料的比热容见表 11-1-4。

【例 11-1-11】（历年真题）材料孔隙中可能存在三种介质：水、空气、冰，其导热能力顺序为：

A. 水＞冰＞空气　　　　　　　　B. 冰＞水＞空气
C. 空气＞水＞冰　　　　　　　　C. 空气＞冰＞水

【解答】按导热能力顺序为：冰＞水＞空气，应选 B 项。

【例 11-1-12】（历年真题）在组成一定时，为使材料的导热系数降低，应：

A. 提高材料的孔隙率
B. 提高材料的含水率
C. 增加开口大孔的比例
D. 提高材料的密实度

【解答】 采用排除法，B、C、D 项均错误；提高材料的孔隙率，即提高空气含量，则材料的导热系数降低，应选 A 项。

三、土木工程材料的力学性质

1. 强度与比强度

强度是指材料在外力（或荷载）作用下抵抗外力破坏的能力。当材料受到外力作用时，内部产生应力。外力增大，应力也随之增大，当应力达到一定值时，材料将破坏，此时的应力值称为极限应力值，也即材料的强度。

图 11-1-5 材料所受外力示意图
(a) 压力；(b) 拉力；(c) 弯曲；(d) 剪切

材料在工程结构中，经常会受到拉力、压力、弯矩、剪力等不同外力的作用，如图 11-1-5所示，材料的强度则相应地分为抗拉强度、抗压强度、抗弯强度、抗剪强度等。

材料的抗压、抗拉、抗剪强度可直接由下式计算：

$$R = \frac{P}{A} \tag{11-1-12}$$

式中，R 为材料的抗压、抗拉或抗剪强度（N/mm^2 或 MPa）；P 为材料破坏时的最大荷载（N）；A 为受力截面面积（mm^2）。

根据试验时试件受荷载的情况，抗弯强度可有两种计算方式。将抗弯试件放在两支点上，当外力为作用在试件中心的集中荷载，且试件截面为矩形时，试件的抗弯强度（也称抗折强度）可用下式计算：

$$R_{弯} = \frac{3PL}{2bh^2} \tag{11-1-13}$$

若在此试件跨距的三分点上加两个相等的集中荷载（$P/2$），则抗弯强度按下式计算：

$$R_{弯} = \frac{P}{bh^2} \tag{11-1-14}$$

式中，$R_{弯}$ 为材料的抗弯（抗折）强度（N/mm^2 或 MPa）；P 为材料弯曲破坏时的最大荷载（N）；b、h 为试件横截面的宽和高（mm）。

材料的强度与其组成和构造有关。不同种类的材料具有不同的抵抗外力作用的能力，即使是相同种类的材料，由于其内部结构的不同，其强度也有很大差异。孔隙率对强度有很大的影响，孔隙率越大，强度越低，两者近似于直线的关系。另外，材料的含水状态、温度、试件的形状和尺寸、试验加载速度等因素也会对强度值产生很大影响。几种常用土木工程材料的强度，见表 11-1-5。多数土木工程材料是根据其强度大小，划分成若干个不同的强度等级。

几种常用材料的强度　　　　　　　　　　表 11-1-5

材料	抗压强度（MPa）	抗拉强度（MPa）	抗弯强度（MPa）
建筑钢材	240～1800	240～1800	—
普通混凝土	10～100	1～4	2.0～2.8
松木（顺纹）	30～50	80～120	60～100
烧结普通砖	7.5～30	—	1.8～4.0
花岗石	100～250	5～8	10～14
大理石	47～140	5～8	5～10

比强度是按单位重量计算的材料强度，它等于材料的强度与其表观密度之比。根据比强度值可以对不同的材料进行比较，是衡量材料轻质高强性能的指标之一。几种常用材料的比强度，见表 11-1-6。

几种常用材料的比强度　　　　　　　　　　表 11-1-6

材料	表观密度 ρ_0（kg/m³）	强度 f_c（MPa）	比强度（f_c/ρ_0）
普通混凝土	2400	40	0.017
松木（顺纹抗拉）	500	100	0.200
松木（顺纹抗压）	500	36	0.072
玻璃钢	2000	450	0.225
烧结普通砖	1700	10	0.006

2. 弹性和塑性

材料根据其变形特征通常分为弹性材料、塑性材料和弹塑性材料。

材料在外力作用下产生变形，当外力撤除后完全恢复变形的性质称为弹性。这种可恢复的可逆变形称为弹性变形，具有这种性质的材料称为弹性材料。弹性材料的变形特征常用弹性模量 E 表示，其值等于应力（σ）与应变（ε）之比，即：$E = \sigma/\varepsilon$。

弹性模量是衡量材料抵抗变形能力的一个重要指标。同一种材料在其弹性变形范围内，弹性模量为常数，弹性模量越大，材料越不易变形，即刚度越大。弹性模量是结构设计的重要参数。

材料在外力作用下产生变形，当外力撤除后不能恢复变形的性质称为塑性。这种不可恢复的不可逆变形称为塑性变形，具有这种性质的材料称为塑性材料。

实际上，纯弹性变形的土木工程材料是没有的，通常一些材料在受力不大时，表现为弹性变形，当外力超过一定值时，则呈现塑性变形，如低碳钢。有些材料在受力时，弹性变形和塑性变形同时产生，当外力取消后，弹性变形即可恢复，而塑性变形不能恢复，这种材料称为弹塑性材料，如混凝土。弹塑性材料的变形曲线如图 11-1-6 所示，图中 ab 为可恢复的弹性变形，bO 为不可恢复的塑性变形。

3. 脆性和韧性

材料在外力作用下，无明显塑性变形而突然破坏的性质，称为脆性。具有这种性质的材料称为脆性材料。脆性材料的抗压强度一般要比其抗拉强度高得多，它对承受振动和冲击荷载不利。这类材料有砖、石材、玻璃、陶瓷、铸铁等。有些材料的脆性与其塑性随着试验条件或使用环境等因素的改变而变化，如黏土在干燥状态时表现为脆性；在潮湿环境中则表现为塑性。

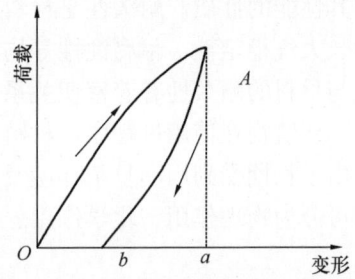

图 11-1-6　弹塑性材料的变形曲线

材料在冲击或振动荷载作用下，能吸收较大的能量，产生一定的变形而不破坏的性质，称为韧性或冲击韧性。它可用材料受荷载达到破坏时所吸收的能量来表示。建筑钢材、木材等均属于韧性材料。对于承受冲击荷载、振动荷载或有抗震要求的结构或构件，如吊车梁、吊车桁架、桥梁等所用的材料，均要求具有较高的韧性。

4. 硬度和耐磨性

（1）硬度

硬度是指材料表面抵抗硬物压入或刻划的能力。材料硬度测试方法有多种，不同材料用不同的测试方法，常用的有压入法和刻划法两种。

压入法主要有布氏硬度 HB 和洛氏硬度 HR。布氏硬度通常用于铸铁、非铁金属、低合金结构钢及结构钢调质件、木材、混凝土等材料。洛氏硬度理论上可以用于各种材料硬度的测试，洛氏硬度的压痕小，所以常用于判断钢材的热处理效果。

刻划法主要有莫氏硬度。莫氏硬度主要用于无机非金属材料，特别是矿物的硬度测试。按莫氏硬度把矿物硬度分为十级，按硬度递增顺序：滑石 1 级、石膏 2 级、方解石 3 级、萤石 4 级、磷灰石 5 级、正长石 6 级、石英 7 级、黄玉 8 级、刚玉 9 级、金刚石 10 级。

工程中有时也可以用硬度来间接推算材料的强度。一般地，材料的硬度越大，其耐磨性越好。

（2）耐磨性

耐磨性是材料表面抵抗磨损的能力。材料的耐磨性用磨损率表示。材料的耐磨性与材料的组成、结构、强度、硬度等有关。土木工程中用于踏步、台阶、地面、路面等部位的材料应具有较好的耐磨性。一般地，强度较高且密实的材料，其硬度较大，耐磨性较好。

【例 11-1-13】（历年真题）土木工程中使用的大量无机非金属材料，叙述错误的是：

A. 亲水性材料　　　　　　　　B. 脆性材料
C. 主要用于承压构件　　　　　D. 完全弹性材料

【解答】混凝土材料不是完全弹性材料，故选 D 项。

【例 11-1-14】（历年真题）弹性体受拉应力时，所受应力与纵向应变之比称为：

A. 弹性模量　　　　　　　　　B. 泊松比
C. 体积模量　　　　　　　　　D. 剪切模量

【解答】弹性体受拉应力，拉应力与纵向应变之比称为弹性模量，应选 A 项。

四、土木工程材料的耐久性

材料的耐久性是指材料在各种环境因素综合作用下，能经久不变质、不破坏，长久保持其性能的性质。耐久性是材料的一项综合性质，如抗冻性、抗渗性、抗碳化性、抗风化性、大气稳定性、耐腐蚀性等均属耐久性的范畴。此外，材料的强度、耐磨性、耐热性等也与材料的耐久性有着密切关系。

建筑物在使用过程中，材料除了因内在原因使其组成、结构、性能等发生变化以外，还由于长期受到周围复杂环境及各种自然因素的共同作用，使其性能劣化、破坏。这些作用可分为物理作用、化学作用、生物作用和机械作用等。

习　题

11-1-1　（历年真题）下列矿物中仅含有碳元素的是：
A. 石膏　　　　　　B. 芒硝　　　　　　C. 石墨　　　　　　D. 石英

11-1-2　（历年真题）材料积蓄热量的能力称为：
A. 导热系数　　　　B. 热容量　　　　　C. 温度　　　　　　D. 传热系数

11-1-3　（历年真题）材料的孔隙率增加，特别是开口孔隙率增加时，会使材料的性能发生如下变化：
A. 抗冻性、抗渗性、耐腐蚀性提高　　　B. 抗冻性、抗渗性、耐腐蚀性降低
C. 密度、导热系数、软化系数提高　　　D. 密度、导热系数、软化系数降低

11-1-4　（历年真题）当外力达到一定限度后，材料突然破坏，且破坏时无明显的塑性变形，材料的这种性质称为：
A. 弹性　　　　　　B. 塑性　　　　　　C. 脆性　　　　　　D. 韧性

11-1-5　（历年真题）下列材料中属于韧性材料的是：
A. 烧结普通砖　　　　　　　　　　　　B. 石材
C. 高强混凝土　　　　　　　　　　　　D. 木材

11-1-6　（历年真题）轻质无机材料吸水后，该材料的：
A. 密实度增加　　　　　　　　　　　　B. 绝热性能提高
C. 导热系数增大　　　　　　　　　　　D. 孔隙率降低

11-1-7　（历年真题）材料吸水率越大，则：
A. 强度越低　　　　　　　　　　　　　B. 含水率越低
C. 孔隙率越大　　　　　　　　　　　　D. 毛细孔越多

11-1-8　（历年真题）某种多孔材料密度为 $2.4g/cm^3$，表观密度为 $1.8g/cm^3$。该多孔材料的孔隙率为：
A. 20%　　　　　　B. 25%　　　　　　C. 30%　　　　　　D. 35%

11-1-9　两种元素化合形成离子化合物，其阴离子将：
A. 获得电子　　　　　　　　　　　　　B. 失去电子
C. 既不获得也不失去电子　　　　　　　D. 与别的阴离子共用自由电子

11-1-10　一般来说，同一组成、不同表观密度的无机非金属材料，表观密度大者的：
A. 强度高　　　　　　B. 强度低　　　　C. 孔隙率大　　　　D. 空隙率大

11-1-11　脆性材料的断裂强度取决于：
A. 材料中的最大裂纹长度　　　　　　　B. 材料中的最小裂纹长度
C. 材料中的裂纹数量　　　　　　　　　D. 材料中的裂纹密度

第二节 气硬性无机胶凝材料

在一定条件下，经过一系列的物理作用、化学作用，能将散粒或块状材料粘结成整体并具有一定强度的材料，统称为胶凝材料。根据胶凝材料的化学组成，可将其分为无机胶凝材料和有机胶凝材料两大类，见表11-2-1。

胶凝材料的分类　　　　　　　　　　　　　　　表 11-2-1

胶凝材料类别		实例
无机胶凝材料	气硬性胶凝材料	石灰、石膏、水玻璃、菱苦土等
	水硬性胶凝材料	各种水泥
有机胶凝材料		石油沥青、煤沥青、各种树脂等

无机胶凝材料是以无机化合物为基本成分的胶凝材料，根据其凝结硬化条件的不同，可分为气硬性胶凝材料和水硬性胶凝材料：(1) 气硬性胶凝材料是指只能在空气中凝结硬化，也只能在空气中保持和发展其强度的无机胶凝材料。常用的气硬性胶凝材料主要有石膏、石灰和水玻璃等。气硬性胶凝材料一般只适用于干燥环境，而不宜用于潮湿环境，更不可用于水中；(2) 水硬性胶凝材料是指既能在空气中，也能更好地在水中凝结硬化、保持并继续发展其强度的无机胶凝材料。常用的水硬性胶凝材料包括各种水泥。水硬性胶凝材料既适用于干燥环境，又适用于潮湿环境或水下工程。

一、石灰

目前，常用的石灰产品有磨细生石灰粉、消石灰粉和石灰膏。在建材行业标准中，将建筑石灰分为：建筑生石灰、建筑生石灰粉和建筑消石灰（粉）。

1. 石灰的原料与生产

石灰（Lime）的生产实际是将含有碳酸钙的天然岩石（如石灰石、白云石、白垩等）在适当温度（900℃）下煅烧，使碳酸钙分解成氧化钙，即得到白色或灰白色的块状生石灰。生石灰的主要成分是氧化钙（CaO）。将块状生石灰磨细成粉状，可得到生石灰粉。

$$CaCO_3 \xrightarrow{900\sim1100℃} CaO + CO_2 \uparrow$$

如果温度过低或煅烧时间不足，碳酸钙则不能完全分解，将生成所谓的"欠火石灰"。由于欠火石灰存在没有被完全分解的石灰石块，而碳酸钙不溶于水，也无胶结能力，在熟化及使用时常作为残渣被废弃，因此，石灰的利用率将降低。如果煅烧时间过长或温度过高，将生成颜色较深，表面被黏土杂质融化形成的致密玻璃釉状物包覆的所谓"过火石灰"。过火石灰熟化速度十分缓慢，在使用一段时间以后才开始熟化，释放大量热量并体积膨胀，容易造成石灰产品及构件的鼓包、隆起、开裂等现象，从而影响工程质量。

根据《建筑生石灰》JC/T 479—2013规定，当生石灰中MgO含量不多于5%时，称为钙质生石灰（分为：CL90、CL85、CL75 三个等级）；当生石灰中 MgO 含量多于 5% 时，称为镁质生石灰（分为：ML85、ML80 两个等级）。同等级的钙质生石灰质量优于镁质生石灰。

2. 石灰的熟化

石灰的熟化是指生石灰（CaO）与水反应生成熟石灰［$Ca(OH)_2$］的过程，又称石灰的消解或消化。生石灰的熟化反应如下：

$$CaO + H_2O \longrightarrow Ca(OH)_2 + 64.9 kJ/mol$$

按照石灰的用途，有两种常用的石灰熟化方法：石灰膏法和消石灰粉法。

（1）石灰膏法

将生石灰块在化灰池中与水反应熟化成石灰浆，使石灰浆通过一定孔径的滤网流入储灰坑，石灰浆沉淀后除去上层的水分，得到的膏状体称为石灰膏。石灰膏主要用于拌制砌筑砂浆和抹面砂浆。石灰膏的主要成分为氢氧化钙和水。

为了消除过火石灰的危害，石灰膏在使用之前须进行"陈伏"。陈伏是指石灰膏（或石灰乳）在储灰坑中放置 2 周以上时间，使过火石灰逐渐熟化。其间石灰膏表面应保持一层水分，目的是使其与空气隔绝，以免与空气中的二氧化碳发生碳化反应。

（2）消石灰粉法

该方法是在块状生石灰中加入适量的水，使块状生石灰熟化成粉状的消石灰，也称熟石灰粉。消石灰粉的主要成分是氢氧化钙。熟化时，在工地现场，也可采用分层（每层 50cm）融淋法对生石灰进行熟化。消石灰粉主要用于配制土木工程中的石灰土（石灰＋黏土）和三合土（石灰＋黏土＋砂石）。按照《建筑消石灰》JC/T 481—2013 的规定，扣除游离水与结合水后按干基数计算，MgO 含量不多于 5% 的消石灰称为钙质消石灰（分为：HCL90、HCL85、HCL75 三个等级）；MgO 含量多于 5% 的消石灰称为镁质消石灰（分为：HML85、HML80 两个等级）。

消石灰粉在使用前，一般也需要"陈伏"。如果将生石灰磨细后使用，则不需"陈伏"，其原因是粉磨过程使过火石灰的比表面积大大增加，并均匀分散在生石灰粉中，使得水化反应速度加快，几乎可以与正品石灰同步熟化，不致引起过火石灰的各种危害。

3. 石灰的凝结与硬化

石灰浆体能在空气中逐渐凝结硬化，主要由结晶和碳化两个同时作用的过程来完成。

（1）结晶过程

石灰浆中的游离水分蒸发或被基体吸收，使 $Ca(OH)_2$ 以晶体形态析出，石灰浆体逐渐失去塑性，并凝结硬化具有一定强度。

（2）碳化过程

$Ca(OH)_2$ 在潮湿条件下与空气中的 CO_2 反应生成 $CaCO_3$ 晶体，析出的水分逐渐被蒸发，其反应式为：

$$Ca(OH)_2 + CO_2 + nH_2O \longrightarrow CaCO_3 + (n+1)H_2O$$

由于碳化作用在表层生成 $CaCO_3$ 结晶的薄层阻碍了 CO_2 的进一步深入和水分蒸发，而且空气中 CO_2 的浓度低，故石灰的碳化速度缓慢。

4. 石灰的主要技术性质

(1) 可塑性、保水性好。将石灰浆掺入水泥砂浆中，可显著提高砂浆的可塑性和保水性。

(2) 凝结硬化慢、强度低。石灰浆和石灰膏在凝结硬化过程中结晶作用相对较快，一般1～2d即可凝结硬化，但其碳化作用受外界环境湿度、空气中CO_2浓度和表面碳化层厚度的影响，其碳化速度极其缓慢。

(3) 硬化时体积收缩大。石灰在硬化过程中，由于大量的游离水分蒸发，使得体积显著地收缩，易出现干缩裂缝，故石灰浆不宜单独使用，一般要掺入骨料（如细砂）或纤维材料（如麻刀、纸筋等），以抵抗收缩产生的拉应力，防止开裂。

(4) 耐水性差。生石灰在放置过程中会缓慢吸收空气中的水分而自动水化，再与空气中的CO_2作用生成$CaCO_3$，失去胶结能力。硬化后的石灰，如果长期处于潮湿环境或水中，$Ca(OH)_2$会逐渐溶解而导致结构破坏，故耐水性差。

5. 石灰的应用

(1) 制作石灰乳和石灰砂浆

将消石灰粉或水化好的石灰膏加入大量水调制成稀浆，成为石灰乳，或配制成石灰砂浆，用于要求不高的室内粉刷或抹面。为了克服石灰砂浆收缩大、易开裂等缺点，配制时常需加入纸筋、麻刀等。

(2) 拌制石灰土和三合土

石灰粉和黏土拌合称为石灰土（亦称灰土），若再加入砂和石屑、炉渣等即为三合土。在潮湿环境中，由于$Ca(OH)_2$能和黏土中少量的活性SiO_2和Al_2O_3反应生成具有水硬性的产物，使黏土的密实度、强度和耐水性得到改善，因此，可用于多层建筑物的基础和道路垫层。

(3) 生产硅酸盐制品

以磨细生石灰（或熟石灰粉）和硅质材料（如砂、粉煤灰、煤矸石等）为主要原料，加水拌合，经过成型、养护（常压蒸汽养护或高压蒸汽养护）等工序制得的制品，统称为硅酸盐制品，常用的有粉煤灰砖、灰砂砖、硅酸盐砌块、加气混凝土等。

【例11-2-1】（历年真题）石灰的陈伏期应为：
A. 两个月以上　　　　　　　　B. 两星期以上
C. 一个星期以上　　　　　　　D. 两天以上

【解答】石灰的陈伏期应两星期以上，应选B项。

【例11-2-2】（历年真题）在三合土中，不同材料组分间可发生的反应里，（　　）与土作用，生成了不溶性的水化硅酸钙和水化铝酸钙。
A. $3CaO·SiO_2$　　　　　　　B. $2CaO·SiO_2$
C. $CaSO_4·2H_2O$　　　　　　D. CaO

【解答】三合土中石灰粉成分为CaO，与水反应生成$Ca(OH)_2$，然后$Ca(OH)_2$与黏土中少量活性SiO_2和Al_2O_3反应生成具有不溶性的水合物，应选D项。

二、建筑石膏

1. 建筑石膏的原料与生产

生产石膏的主要原料是天然二水石膏（$CaSO_4·2H_2O$）（亦称软石膏或生石膏），它是生产石膏胶凝材料的主要原料。

将天然二水石膏在107～170℃条件下加热脱去部分结晶水而制得的β型半水石膏称为建筑石膏（亦称熟石膏），分子式为 $CaSO_4 \cdot \frac{1}{2}H_2O$，其脱水反应式如下：

$$CaSO_4 \cdot 2H_2O \xrightarrow{107\sim170℃} CaSO_4 \cdot \frac{1}{2}H_2O + 1\frac{1}{2}H_2O \uparrow$$

石膏在加热过程中，随着温度和压力不同，其产品的性能也随之变化。若将石膏在125℃、0.13MPa压力的蒸压锅内蒸炼，则生成α型半水石膏，其晶粒较粗，拌制石膏浆体时的需水量较小，硬化后强度较高，故称为高强石膏。

当温度升高到170～200℃时，脱水加速，半水石膏成为可溶性硬石膏（$CaSO_4$-Ⅲ），与水调和仍然很快凝结硬化，强度低。当温度升高到200～250℃时，石膏中残留的水分很少，凝结硬化很慢，但遇水后还能逐渐生成半水石膏直至二水石膏。

当温度高于400℃时，石膏完全失去水分，成为不溶性硬石膏（$CaSO_4$-Ⅱ），失去凝结硬化能力，称为死烧石膏。但加入适量激发剂混合磨细后又能凝结硬化，成为无水石膏水泥。

当温度高于800℃时，部分石膏分解出CaO，磨细后的产品成为高温煅烧石膏，此时CaO起碱性激发剂的作用，硬化后有较高的强度和耐磨性，抗水性也较好，也称地板石膏。

2. 建筑石膏的水化、凝结与硬化

建筑石膏加水拌合后，与水相互作用，由原先的半水石膏逐渐反应生成二水石膏，这个过程称为水化。反应式如下：

$$CaSO_4 \cdot \frac{1}{2}H_2O + 1\frac{1}{2}H_2O \longrightarrow CaSO_4 \cdot 2H_2O$$

建筑石膏的凝结硬化是复杂的物理化学变化和连续的溶解、水化、胶化与结晶的过程。建筑石膏（半水石膏）极易溶于水，加水后很快达到饱和溶液而分解出溶解度低的二水石膏胶体。由于二水石膏的析出，半水石膏溶液转变成非饱和状态，又有新的半水石膏溶解，接着继续重复水化和胶化过程。随着析出二水石膏胶体的不断增多，彼此互相联结，使石膏具有了强度。同时，溶液中的游离水分不断减少，结晶体之间的摩擦力、粘结力逐渐增大，石膏强度也随之增加，最后成为坚硬的固体。

3. 建筑石膏的主要技术性质

（1）凝结硬化快、体积微膨胀

建筑石膏在加水后的3～5min内便开始失去塑性，一般在30min左右即可完全凝结。为了满足施工操作的要求，可加入缓凝剂。建筑石膏凝结硬化时不像石灰和水泥那样出现体积收缩现象，反而略有膨胀。

（2）孔隙率大、表观密度小

为满足施工要求的可塑性，建筑石膏往往多加水，由于多余水分的蒸发，在内部形成大量孔隙，孔隙率可达50%～60%。因此，表观密度一般为800～1000kg/m³，属于轻质材料。石膏制品孔隙为微细的毛细孔，吸声能力强，导热系数小，保温隔热及节能效果好。

(3) **吸湿性强、防火性能好**

当空气中水分含量过高即湿度过大时，石膏制品能通过毛细管很快吸收水分；当空气湿度减小时，又很快地向周围释散水分。因此，石膏制品具有一定的室内空气湿度调节功能。硬化后的石膏制品含有占其总质量 20.93% 的结合水，遇火时，结合水吸收热量后大量蒸发，在制品表面形成水蒸气幕并隔绝空气，在缓解石膏制品本身温度升高的同时，可有效地阻止火势的蔓延。

(4) **耐水性、抗冻性和耐热性差**

由于硬化后的建筑石膏具有很强的吸湿性和吸水性，在潮湿条件下，晶粒间的结合力减弱，导致强度降低，其软化系数仅为 0.2~0.3。另外，当建筑石膏及制品浸泡在水中时，由于二水石膏微溶于水，也会使其强度有所降低。因此，建筑石膏属不耐水材料，在储存时需要防水、防潮，储存期一般不超过三个月。

若建筑石膏吸水饱和后受冻，孔隙中的水结冰膨胀而易破坏，故抗冻性较差。若在温度过高的环境中使用（超过 65℃），二水石膏会脱水分解，造成强度降低，因此，建筑石膏不宜用于温度过高的环境中。

4. 建筑石膏的技术标准

建筑石膏的主要技术指标有组成、强度、细度和凝结时间。根据《建筑石膏》GB/T 9776—2008 的规定，建筑石膏产品中 β 半水硫酸钙（$\beta\text{-}CaSO_4 \cdot \frac{1}{2}H_2O$）的含量应不小于 60.0%。按原材料种类分为三类：天然建筑石膏（代号 N）、脱硫建筑石膏（代号 S）和磷建筑石膏（代号 P）。按 2h 抗折强度将建筑石膏分为 3.0、2.0、1.6 三个等级。凝结时间，初凝：≥3min；终凝：≤30min。

5. 建筑石膏的应用

建筑石膏适宜用作室内装饰、保温绝热、吸声及阻燃等方面的材料，一般做成石膏抹面灰浆、建筑装饰制品、石膏板等。由于石膏板具有长期徐变的性质，在潮湿的环境中更严重，所以不宜用于承重结构，主要用作室内墙体、墙面装饰和吊顶等。

习 题

11-2-1 经过"陈伏"处理后，石灰浆体的主要成分是

A. CaO B. $Ca(OH)_2$

C. $CaCO_3$ D. $Ca(OH)_2 + H_2O$

11-2-2 生石灰和消石灰的化学式分别为：

A. $Ca(OH)_2$ 和 $CaCO_3$ B. CaO 和 $CaCO_3$

C. $Ca(OH)_2$ 和 CaO D. CaO 和 $Ca(OH)_2$

11-2-3 用石灰浆罩墙面时，为避免收缩开裂，其正确的调制方法是掺入：

A. 适量盐 B. 适量纤维材料

C. 适量石膏 D. 适量白水泥

11-2-4 下列各项中，属于建筑石膏性能优点的是：

A. 耐水性好 B. 抗冻性好

C. 保温性能好 D. 抗渗性好

11-2-5 下面各项指标中，（　　）与建筑石膏的质量等级划分无关。

A. 强度　　　　　　　　　　　　B. 细度

C. 体积密度　　　　　　　　　　D. 凝结时间

第三节　水　　泥

水泥属于水硬性胶凝材料。水泥按熟料矿物种类可分为硅酸盐水泥、铝酸盐水泥、硫铝酸盐水泥和铁铝酸盐水泥等系列。其中，硅酸盐系列水泥按性能和用途可分为通用硅酸盐水泥、专用水泥和特性水泥，见表11-3-1。建筑工程中常用的水泥主要是通用硅酸盐水泥。

水泥种类　　　　　　　　　　　　　　　　　　　　表11-3-1

水泥系列		水泥品种
硅酸盐系列水泥	通用水泥	硅酸盐水泥、普通硅酸盐水泥、矿渣硅酸盐水泥、火山灰质硅酸盐水泥、粉煤灰硅酸盐水泥、复合硅酸盐水泥
	专用水泥	专门用途的水泥，如道路水泥、油井水泥等
	特性水泥	某种性能较突出的水泥，如白色硅酸盐水泥、抗硫酸盐硅酸盐水泥、快硬硅酸盐水泥等
特种水泥		硅酸盐系列以外的其他水泥统称为特种水泥，如铝酸盐水泥、硫铝酸盐水泥、铁铝酸盐水泥等

一、硅酸盐水泥

生产硅酸盐水泥的原料主要是石灰质和黏土质原料两类。石灰质原料主要提供 CaO，常采用石灰石、白垩、石灰质凝灰岩等。黏土质原料主要提供 SiO_2、Al_2O_3 及 Fe_2O_3，常采用黏土、黏土质页岩、黄土等。有时两种原料化学成分不能满足要求，还需加入少量校正原料来调整，常采用黄铁矿渣等。将石灰石、黏土和铁矿粉按比例混合磨细得到水泥生料。

由硅酸盐水泥熟料加适量石膏，掺加不大于5%的石灰石或粒化高炉矿渣磨细制成的水硬性胶凝材料称为硅酸盐水泥。不掺加混合材料（指石灰石或粒化高炉矿渣）的硅酸盐水泥称为Ⅰ型硅酸盐水泥，代号为P·Ⅰ；在硅酸盐水泥混磨时掺加不超过水泥质量5%混合材料的硅酸盐水泥称为Ⅱ型硅酸盐水泥，代号为P·Ⅱ。

生产水泥时，加入适量石膏的目的是延缓水泥的凝结，满足工程施工要求。

【例11-3-1】（历年真题）硅酸盐水泥生产过程中添加适量的石膏，目的是为了调节：

A. 水泥的密度　　　　　　　　　B. 水泥的比表面积

C. 水泥的强度　　　　　　　　　D. 水泥的凝结时间

【解答】硅酸盐水泥生产过程中添加适量的石膏，目的是为了调节水泥的凝结时间，应选D项。

1. 硅酸盐水泥熟料的矿物组成

水泥生料在高温煅烧条件下，其成分 CaO、SiO_2、Fe_2O_3 和 Al_2O_3 之间发生化学反应，生成熟料的主要矿物成分见表 11-3-2。

硅酸盐水泥熟料的矿物成分　　　　表 11-3-2

矿物成分	化学式	化学或简写	含量（%）
硅酸三钙	$3CaO \cdot SiO_2$	C_3S	38～60
硅酸二钙	$2CaO \cdot SiO_2$	C_2S	15～37
铝酸三钙	$3CaO \cdot Al_2O_3$	C_3A	7～15
铁铝酸四钙	$4CaO \cdot Al_2O_3 \cdot Fe_2O_3$	C_4AF	10～18

水泥熟料配以适当的石膏、混合材料在磨机中磨成细粉，即得到水泥。

2. 硅酸盐水泥的水化与凝结硬化

水泥与水拌合后，最初形成具有可塑性的水泥净浆，水泥颗粒表面的矿物成分与水发生化学反应，即水泥的水化。随着水化反应的进行，水泥浆体逐渐变稠失去塑性，但尚不具有强度，这个过程称为水泥的凝结。随着水化反应的继续进行，凝结的水泥浆开始产生强度并逐渐发展成为坚硬的水泥石固体，这一过程称为水泥的硬化。水化是水泥凝结硬化的前提，凝结硬化则是水泥水化的结果。

（1）硅酸盐水泥的水化

硅酸盐水泥与水拌合后，其熟料颗粒表面的四种矿物立即与水发生水化反应，生成水化产物。各矿物的水化反应如下：

$$2(3CaO \cdot SiO_2) + 6H_2O = 3CaO \cdot 2SiO_2 \cdot 3H_2O + 3Ca(OH)_2$$
（水化硅酸钙凝胶）　　（氢氧化钙晶体）

$$2(2CaO \cdot SiO_2) + 4H_2O = 3CaO \cdot 2SiO_2 \cdot 3H_2O + Ca(OH)_2$$
（水化硅酸钙凝胶）　　（氢氧化钙晶体）

$$3CaO \cdot Al_2O_3 + 6H_2O = 3CaO \cdot Al_2O_3 \cdot 6H_2O$$
（水化铝酸钙晶体）

$$4CaO \cdot Al_2O_3 \cdot Fe_2O_3 + 7H_2O = 3CaO \cdot Al_2O_3 \cdot 6H_2O + CaO \cdot Fe_2O_3 \cdot H_2O$$
（水化铝酸钙晶体）　　（水化铁酸钙凝胶）

上述反应中，生成的水化硅酸钙（简写成C-S-H）几乎不溶于水，而以胶体微粒析出，并逐渐凝聚成为凝胶。

上述水泥的四种矿物单独与水作用，每一种矿物成分都表现出不同的水化特性，见表 11-3-3。

硅酸盐水泥熟料矿物的水化特性　　　　表 11-3-3

矿物	水化速度	凝结硬化速度	放热量	强度 早期	强度 后期	抗化学侵蚀性	收缩
硅酸三钙（C_3S）	快	快	多	高	高	差	大
硅酸二钙（C_2S）	慢	慢	少	低	高	较好	中
铝酸三钙（C_3A）	最快	快	最多	低	低	最差	最大
铁铝酸四钙（C_4AF）	快	快	中	低	低	好	小

由于硅酸盐水泥是由具有不同水化特性的熟料矿物组成的混合物，如果改变熟料中矿物组成的比例，水泥的性质即发生相应的变化。例如，增加熟料中硅酸三钙和铝酸三钙的

相对含量，硅酸盐水泥的凝结硬化速度加快，即可制得快硬硅酸盐水泥；增加硅酸二钙的相对含量，适当降低硅酸三钙和铝酸三钙的相对含量，即可制得低水化热的硅酸盐水泥。

由上述可知，铝酸三钙的剧烈水化会使浆体迅速产生凝结，这在使用时便无法正常施工。因此，在水泥生产时必须加入适量的石膏调凝剂，使水泥的凝结时间满足工程施工的要求。水泥中适量的石膏与水化铝酸三钙反应生成高硫型水化硫铝酸钙（$3CaO \cdot Al_2O_3 \cdot 3CaSO_4 \cdot 32H_2O$），又称钙矾石（AFt）。石膏完全消耗后，一部分钙矾石将转变为单硫型水化硫铝酸钙（AFm）晶体。水化硫铝酸钙是难溶于水的针状晶体，它沉淀在熟料颗粒的周围，阻碍了水分的进入，故起到了延缓水泥凝结的作用。

硅酸盐水泥与水反应后，生成的主要水化产物有：水化硅酸钙凝胶（C-S-H）、水化铁酸钙凝胶（C-F-H）、氢氧化钙晶体（CH）、水化铝酸钙晶体、水化硫铝酸钙晶体。在完全水化的水泥中，水化硅酸钙约占70%，氢氧化钙约占20%，钙矾石（AFt）和单硫型水化硫铝酸钙（AFm）约占7%。

硅酸盐水泥的水化放热曲线如图11-3-1所示，可将其划分为三个阶段：

1）钙矾石形成期。铝酸三钙（C_3A）率先水化，迅速形成钙矾石，这是导致第一放热峰出现的主要因素。

2）硅酸三钙水化期。硅酸三钙（C_3S）水化迅速，大量放热，形成第二个放热峰。有时会有第三放热峰或在第二放热峰上出现一个"峰肩"，这是由AFt转化成AFm引起的。硅酸二钙（C_2S）和铁铝酸四钙（C_4AF）亦不同程度地参与这两个阶段的反应，生成相应的水化产物。

图11-3-1 硅酸盐水泥的水化放热曲线

3）结构形成发展期。随着各种水化产物的增多，放热速率变低并趋于稳定，水化产物开始填入原先由水所占据的空间，再逐渐连接并相互交织，逐步发展成硬化的浆体结构。

（2）硅酸盐水泥的凝结硬化

1）凝结硬化过程

硅酸盐水泥的凝结硬化理论，自1882年以来，至今仍有各种论点。目前，一般按水化反应速率和水泥浆体的结构特征，将其凝结硬化过程分为：初始反应期、潜伏期、凝结期、硬化期四个阶段。

① 初始反应期。水泥与水接触后立即发生水化反应，在初始的5~10min内，放热速率先急剧增长，然后又降至很低的数值。在此阶段，铝酸三钙溶于水并与石膏反应，生成水化铝酸钙凝胶和钙矾石覆盖在水泥颗粒表面。

② 潜伏期。在初始反应期后，有相当长一段时间（1~2h），由于水泥颗粒表面覆盖了水化铝酸钙凝胶和钙矾石晶体，阻碍了水泥颗粒的进一步水化，故水泥水化十分缓慢。

③ 凝结期。在潜伏期后由于渗透压的作用，水泥颗粒表面的膜层破裂，水泥继续水

化，放热速率又开始增大，6h后又缓慢下降。在此阶段，水化产物不断增加并填充水泥颗粒之间的空间，随着接触点的增多，形成了由分子力结合的凝聚结构，使水泥浆体逐渐失去塑性，这一过程称为水泥的凝结。此阶段结束约有15%的水泥水化。

④ 硬化期。在凝结期后，放热速率缓慢下降，水泥水化仍在继续进行。在这一过程中，水化产物越来越多，它们更进一步地填充孔隙且彼此间的结合亦更加紧密，使得水泥浆体产生强度，这一过程称为水泥的硬化。硬化期是一个相当长的时间过程，在适当的养护条件下，水泥硬化可以持续很长时间，几个月、几年、甚至几十年后强度还会继续增长。

注意，水泥凝结硬化过程的各个阶段不是彼此截然分开的，而是交错进行的。

硬化后的水泥石是由凝胶体（C-S-H凝胶）、结晶体（氢氧化钙、AFt、AFm和水化铝酸钙）、未水化的水泥颗粒、孔隙、水和少量的空气组成的非匀质结构，它是一个固、液、气三相多孔体。

2）硬化水泥浆体中的孔

硬化水泥浆体中的孔按照形成方式的不同可以分为：气孔、毛细孔和C-S-H中的层间孔（亦称凝胶孔）。气孔是水泥浆体在拌制过程中带入的少量空气形成的，其孔径较大，一般大于$5\mu m$，对强度会产生不利影响。毛细孔是由原有的充水空间未被水化产物充填所留下的空间形成的。毛细孔的体积和尺寸由水灰比及水泥水化的程度所决定，一般在250～5000nm之间，在一定条件下毛细孔水失去会产生干缩。C-S-H为层状结构，C-S-H层间孔（凝胶孔）都很微小，一般在1～250nm之间，不会对水化水泥浆体的强度和渗透性产生不利影响。

【例11-3-2】（历年真题）水泥中不同矿物水化速率有较大差别，因此可以通过其在水泥中的相对含量来满足不同工程对水泥水化速率与凝结时间的要求。早强水泥要求水泥水化速度快，因此以下矿物含量较高的是：

A. 石膏　　　　　B. 铁铝酸四钙　　　C. 硅酸三钙　　　　D. 硅酸二钙

【解答】根据水泥熟料矿物的水化特性，要求硅酸三钙的含量较高，应选C项。

【例11-3-3】（历年真题）普通硅酸盐水泥的水化反应为放热反应，并且有两个典型的放热峰，其中第二个放热峰对应：

A. 硅酸三钙的水化　　　　　　B. 硅酸二钙的水化
C. 铁铝酸四钙的水化　　　　　D. 铝酸三钙的水化

【解答】第二个放热峰对应硅酸三钙的水化，应选A项。

【例11-3-4】（历年真题）硬化水泥浆体中的孔隙可分为水化硅酸钙凝胶的层间孔隙、毛细孔隙和气孔，其中对材料耐久性产生主要影响的是毛细孔隙，其尺寸的数量级为：

A. 1nm　　　　　B. $1\mu m$　　　　　C. 1mm　　　　　D. 1cm

【解答】毛细孔隙尺寸的数量级为nm，应选A项。

【例11-3-5】（历年真题）硬化水泥浆体的强度与自身的孔隙率有关，与强度直接相关的孔隙率是指：

A. 总孔隙率　　　B. 毛细孔隙率　　　C. 气孔孔隙率　　　D. 层间孔隙率

【解答】硬化水泥浆体的强度直接与毛细孔隙率相关，基本与层间孔隙率无关，应选B项。

3) 影响硅酸盐水泥凝结硬化的主要因素

从硅酸盐水泥熟料的单矿物水化及凝结硬化特性可知，熟料的矿物组成直接影响着水泥水化与凝结硬化。此外，水泥的凝结硬化还与水泥细度、石膏掺量、水泥浆的水灰比、温度、湿度和养护龄期等有关。

① 水泥浆的水灰比。为使水泥浆体具有一定塑性和流动性，故加入的水量通常要大大超过水泥充分水化时所需的水量，多余的水在硬化的水泥石内形成毛细孔隙，水灰比越大，形成凝胶结构时间越长，凝结时间越长。同时，硬化水泥石的毛细孔隙率越大，水泥石的强度随其增加而呈直线下降。

② 温度与湿度。温度升高，水泥的水化反应加速，从而使其凝结硬化速率加快，早期强度提高，但后期强度反而可能有所下降。相反，在较低温度下，水泥的凝结硬化速度慢，早期强度低，但因生成的水化产物较致密而可以获得较高的最终强度；负温下水结成冰时，水泥的水化将停止。因此，用水泥拌制的砂浆和混凝土，在浇筑后应保水养护。

③ 养护龄期。水泥的水化硬化是一个较长时期不断进行的过程，随着时间的增加，水泥的水化程度提高，凝胶体不断增多，毛细孔减少，水泥石强度不断增加。

3. 硅酸盐水泥石的侵蚀与预防

硅酸盐水泥硬化后，在通常使用条件下具有优良的耐久性。但在某些侵蚀性液体或气体等介质的作用下，水泥石会逐渐遭受侵蚀，导致其性能降低甚至结构破坏，这种现象称为水泥石的侵蚀。

(1) 水泥石侵蚀类型

水泥石侵蚀原因、作用机理较为复杂，其侵蚀类型可分为：

1) 软水侵蚀（亦称溶出性侵蚀）

不含或仅含少量重碳酸盐（含 HCO_3^- 的盐）的水称为软水，如雨水、蒸馏水、冷凝水及部分江水、湖水等。当水泥石长期与流动的软水相接触时，水泥石中的氢氧化钙被水溶解，并不断流失，使水泥石变疏松，导致其结构破坏和强度降低。

2) 酸类侵蚀

工业废水及地下水中常含有盐酸、硝酸、氢氟酸等无机酸以及醋酸、蚁酸等有机酸，它们均可与水泥石中的氢氧化钙反应，生成易溶物，从而导致水泥石结构的溶解性破坏。

3) 强碱侵蚀

当强碱的浓度不高时，一般对水泥石没有侵蚀作用。但是，当强碱的浓度较高（如氢氧化钠）且水泥石中存在较高含量的水化铝酸钙时，与强碱反应生成的铝酸钠易溶于水，此时可造成水泥石的侵蚀破坏。

4) 盐类侵蚀

在水中通常溶有大量的盐类，某些溶解于水中的盐类会与水泥石相互作用产生置换反应，生成一些易溶或无胶结能力或产生膨胀的物质，从而使水泥石结构破坏。最常见的盐类侵蚀是硫酸盐侵蚀。硫酸盐侵蚀是由于水中溶有一些易溶的硫酸盐，它们与水泥石中的氢氧化钙反应生成硫酸钙，硫酸钙再与水泥石中的固态水化铝酸钙反应生成钙矾石，体积急剧膨胀（约1.5倍），使水泥石结构破坏。钙矾石呈针状晶体，常称其为"水泥杆菌"。

(2) 水泥石侵蚀原则与防止

水泥石受到的侵蚀作用通常是上述几种侵蚀类型同时发生，且互相影响，水泥石侵蚀原因与防止措施，见表 11-3-4。

水泥石侵蚀原因与防止措施　　　　表 11-3-4

	水泥石侵蚀原因	防止措施
内因	水泥石中存在易被侵蚀的组分，如氢氧化钙、AFm、水化铝酸钙等	在水泥中掺入活性混合材；合理选用水泥品种
	水泥石本身不致密，有很多毛细孔通道	提高水泥石的密实度
外因	周围环境中存在侵蚀性介质，如流动的软水和酸、盐、强碱等	合理选用水泥品种；设置隔离层或保护层

二、掺混合材料的硅酸盐水泥

1. 概述

(1) 混合材料

掺混合材料的硅酸盐水泥包括普通硅酸盐水泥（简称普通水泥）、矿渣硅酸盐水泥（简称矿渣水泥）、火山灰质硅酸盐水泥（简称火山灰水泥）、粉煤灰硅酸盐水泥（简称粉煤灰水泥）和复合硅酸盐水泥（简称复合水泥）。磨制水泥时掺入的人工或天然矿物材料称为混合材料。混合材料按其性能可分为活性混合材料和非活性混合材料两大类。

活性混合材料掺入水泥中的主要作用是：改善水泥的某些性能、调节水泥强度、降低水化热、降低生产成本、增加水泥产量、扩大水泥品种。

非活性混合材料掺入水泥中的主要作用是：调节水泥强度、降低水化热、降低生产成本、增加水泥产量。

常见的活性混合材料有：

1) 粒化高炉矿渣或粒化高炉矿渣粉：应符合《用于水泥中的粒化高炉矿渣》GB/T 203、《用于水泥、砂浆和混凝土中的粒化高炉渣粉》GB/T 18046 的规定，其化学成分主要为 CaO、SiO_2、Al_2O_3 和 MgO，活性成分主要是活性氧化铝 Al_2O_3 和活性氧化硅 SiO_2。

2) 火山灰质混合材料：应符合《用于水泥中的火山灰质混合材料》GB/T 2847 的规定，其化学成分主要是 SiO_2、Al_2O_3，其品种较多，天然的有：火山灰、凝灰岩、浮石、沸石岩、硅藻土或硅藻岩；人工的有：烧页岩、烧黏土、煤渣、煤矸石、硅质渣。其活性成分也是活性 Al_2O_3 和活性 SiO_2。

3) 粉煤灰：应符合《用于水泥和混凝土中的粉煤灰》GB/T 1596 的规定，其化学成分主要是 SiO_2、Al_2O_3 和 Fe_2O_3，以及少量的 CaO。其活性成分主要是活性 Al_2O_3 和活性 SiO_2，以及玻璃体。

4) 硅粉：它是硅铁合金生产过程排出的烟气，遇冷凝聚所形成的微细球玻璃质粉末，其化学成分主要是 SiO_2，其活性成分是活性 SiO_2。硅粉掺入水泥时，能加速水泥的水化硬化过程，改善硬化水泥浆体的微观结构，提高其强度。

常用的非活性混合材料有磨细石英砂、石灰石、窑灰、慢冷矿渣，以及不符合质量标准的活性混合材料可加以磨细作为非活性混合材料。

(2) 活性混合材料的水化

掺活性混合材料的硅酸盐水泥与水拌合后,首先是水泥熟料水化,之后是水泥熟料的水化产物——$Ca(OH)_2$ 与活性混合材料中的活性 SiO_2 和活性 Al_2O_3 发生水化反应(亦称火山灰反应)生成水化产物(C-S-H 凝胶和水化铝酸钙)。由此可知,掺活性混合材料的硅酸盐水泥的水化速度较慢,故早期强度较低,而由于水泥中熟料含量相对减少,故水化热较低。

2. 组分要求

通用硅酸盐水泥的组分要求,见表 11-3-5 和表 11-3-6。其中,普通水泥的掺入混合材料较少,故其性质与硅酸盐水泥相近。矿渣水泥、粉煤灰水泥、火山灰水泥和复合水泥,其掺入混合材料较多,属于掺大量混合材料的硅酸盐水泥,故其性质与硅酸盐水泥有不同。

通用硅酸盐水泥的组分要求 表 11-3-5

品种	代号	组分(质量分数)(%)				
		主要组分				替代组分
		熟料+石膏	粒化高炉矿渣	粉煤灰	火山灰质混合材料	
普通硅酸盐水泥	P·O	80~95	5~20[a]			0~5[b]
矿渣硅酸盐水泥	P·S·A	50~80	20~50	—	—	0~8[c]
	P·S·B	30~50	50~70	—	—	
粉煤灰硅酸盐水泥	P·F	60~80	—	20~40	—	
火山灰质硅酸盐水泥	P·P	60~80	—	—	20~40	

注:a 本组分材料由符合本标准规定的粒化高炉矿渣、粉煤灰、火山灰质混合材料组成。
　　b 本替代组分为符合本标准规定的石灰石、砂岩、窑灰中的一种材料。
　　c 本替代组分为符合本标准规定的粉煤灰、火山灰、石灰石、砂岩、窑灰中的一种材料。

复合硅酸盐水泥的组分要求 表 11-3-6

品种	代号	组分(质量分数)(%)						
		主要组分						替代组分
		熟料+石膏	粒化高炉矿渣	粉煤灰	火山灰质混合材料	石灰石	砂岩	
复合硅酸盐水泥	P·C	50~80	20~50[a]					0~8[b]

注:a 本组分材料由符合本标准规定的粒化高炉矿渣、粉煤灰、火山灰质混合材料、石灰石和砂岩中的三种(含)以上材料组成。其中石灰石和砂岩的总量小于水泥质量的 20%。
　　b 本替代组分为符合本标准规定的窑灰。

石灰石、砂岩的亚甲基蓝值不大于 1.4g/kg。

【例 11-3-6】(历年真题)水泥中掺入的活性混合材料能够与水泥水化产生的氢氧化钙发生反应,生成水化硅酸钙等水化产物,该反应被称为:

A. 火山灰反应　　　　　　　　B. 沉淀反应
C. 碳化反应　　　　　　　　　C. 钙矾石延迟生成反应

【解答】水泥中掺入的活性混合材料与水泥水化产生的氢氧化钙反应，生成水化硅酸钙等，该反应称为火山灰反应，或称二次反应，应选 A 项。

【例 11-3-7】（历年真题）我国现行《通用硅酸盐水泥》GB 175 中，符号"P·C"代表：
A. 普通硅酸盐水泥　　　　　　　　B. 硅酸盐水泥
C. 粉煤灰硅酸盐水泥　　　　　　　D. 复合硅酸盐水泥

【解答】符号"P·C"中"C"为复合的英文的第一个字母，故代表复合硅酸盐水泥，应选 D 项。

三、通用硅酸盐水泥的技术性质

《通用硅酸盐水泥》GB 175 规定，硅酸盐水泥的技术要求包括：化学要求（不溶物、烧失量、三氧化硫、氧化镁、氯离子）、水泥中水溶性铬（Ⅵ）、碱含量、物理要求（凝结时间、安定性、强度、细度）和放射性。其中，氯离子含量≤0.10%，当有更低要求时，买卖双方协商确定。

水泥出厂检验项目为：水泥的组分、化学要求、凝结时间、沸煮法检验合格、强度和细度。

1. 细度

水泥的细度是指水泥颗粒的粗细程度。水泥颗粒公称粒径一般在 $80\mu m$（0.08mm）以下，水泥颗粒越细，水泥的总比表面积越大，水化时与水接触的面积就越大，水化反应的速率就越大且越充分。如果水泥的颗粒过细，会增加需水量和收缩变形，而且磨制水泥时的能耗及成本会增大。一般认为，水泥颗粒粒径小于 $40\mu m$（0.04mm）时才具有较高的活性，水泥颗粒粒径大于 $100\mu m$（0.1mm）时其活性很小。通常采用比表面积法或筛析法来测定水泥的细度。

硅酸盐水泥细度以比表面积表示，不低于 $300m^2/kg$、但不大于 $400m^2/kg$。普通硅酸盐水泥、矿渣硅酸盐水泥、粉煤灰硅酸盐水泥、火山灰硅酸盐水泥、复合硅酸盐水泥的细度以 $45\mu m$ 方孔筛筛余表示，不小于 5%。当有特殊要求时，由买卖双方协商确定。

2. 凝结时间

水泥的凝结时间是指从加水开始，到水泥浆失去塑性所需的时间。凝结时间分初凝时间与终凝时间，初凝时间为自加水起至水泥净浆开始失去可塑性所需的时间；终凝时间为自加起水起至水泥净浆完全失去可塑性并开始产生强度所需的时间。

水泥凝结时间的测定是以标准稠度的水泥净浆，在规定的温度和湿度条件下，采用凝结时间测定仪（维卡仪）进行测定。标准稠度的水泥净浆是指将拌合结束后的适量水泥净浆置于维卡仪，以试杆沉入水泥净浆并距离板 6±1mm 的水泥净浆，其拌合水量为该水泥的标准稠度用水量，按水泥质量的百分比计，硅酸盐水泥的标准稠度用水量一般在 24%～30% 之间。

硅酸盐水泥的初凝时间不小于 45min，终凝时间不大于 390min。

普通硅酸盐水泥、矿渣硅酸盐水泥、粉煤灰硅酸盐水泥、火山灰硅酸盐水泥、复合硅酸盐水泥的初凝时间不小于 45min，终凝时间不大于 600min。

3. 安定性

水泥安定性是指水泥浆体硬化后其体积变化的均匀性。如果水泥的体积安定性不良，水泥硬化后将产生不均匀的体积变化，会导致水泥制品膨胀性裂缝，降低工程质量，甚至引起严重事故。

引起水泥体积安定性不良的原因主要是由于水泥熟料中所含的游离氧化钙（f-CaO）、游离氧化镁（f-MgO），或生产水泥时加入过多的石膏引起的。

沸煮能加速 f-CaO 的水化，国家标准规定用沸煮法检验安定性；f-MgO 的水化比 f-CaO 更缓慢，沸煮法已不能检验，国家标准规定用压蒸法检验安定性；由石膏造成的安定性不良，需经长期浸在常温水中才能发现，不便于检验，故国家标准规定矿渣硅酸盐水泥中的 SO_3 含量不得超过 4.0%，其他硅酸盐水泥中的 SO_3 含量不得超过 3.5%。

4. 强度

水泥的强度是评定其质量与品质的重要指标，也是划分强度等级的依据。根据《水泥胶砂强度检验方法（ISO法）》GB/T 17671—2021 的规定，水泥的强度采用胶砂强度表示，按水（225g）：水泥（450g）：标准砂（1350g）=0.5：1：3 的质量比混合，即水灰比为 0.5，按规定的方法制成 40mm×40mm×160mm 的标准胶砂试件，在标准温度（20±1℃）的水中养护，分别测定其在 3d 和 28d 的抗折强度值与抗压强度值。根据 3d 和 28d 抗折强度与抗压强度的测定结果，来划分水泥的强度等级。

硅酸盐水泥、普通水泥分为：42.5、42.5R、52.5、52.5R、62.5、62.5R 六个强度等级；矿渣水泥、粉煤灰水泥和火山灰水泥分为：32.5、32.5R、42.5、42.5R、52.5、52.5R 六个强度等级；复合水泥分为 42.5、42.5R、52.5、52.5R 四个等级。其中，代号 R 表示快硬型水泥。通用硅酸盐水泥不同龄期强度应符合表 11-3-7 的规定。

通用硅酸盐水泥不同龄期强度要求　　　表 11-3-7

强度等级	抗压强度（MPa）		抗折强度（MPa）	
	3d	28d	3d	28d
32.5	≥12.0	≥32.5	≥3.0	≥5.5
32.5R	≥17.0		≥4.0	
42.5	≥17.0	≥42.5	≥4.0	≥6.5
42.5R	≥22.0		≥4.5	
52.5	≥22.0	≥52.5	≥4.5	≥7.0
52.5R	≥27.0		≥5.0	
62.5	≥27.0	≥62.5	≥5.0	≥8.0
62.5R	≥32.0		≥5.5	

5. 碱含量

通常用氧化钠当量（R_2O）表示水泥或混凝土体系中的碱含量，由于 Na_2O 与 K_2O 分子量比为 0.658，故碱含量按 $R_2O=Na_2O+0.658K_2O$ 计算的质量百分率来表示。当水泥混凝土中的碱含量超过一定量时，碱物质会与骨料中的活性成分（如 SiO_2）发生碱骨料反应，生成膨胀性或吸水膨胀性物质（如碱硅凝胶 N-S-H 或 K-S-H），造成水泥混凝土工程开裂（地图状裂纹）破坏。为防止发生此类碱骨料反应，需对水泥中的碱含量进行控制。碱含量作为选择性指标，当用户要求提供低碱水泥时，由买卖双方协商确定。

【例 11-3-8】（历年真题）水泥颗粒的大小通常用水泥的细度来表征，水泥的细度是指：

A. 单位质量水泥占有的体积　　　　B. 单位体积水泥的颗粒总表面积
C. 单位质量水泥的颗粒总表面积　　D. 单位颗粒表面积的水泥质量

【解答】水泥细度是指单位质量水泥的颗粒总表面积，应选 C 项。

【例 11-3-9】（历年真题）伴随着水泥的水化和各种水化产物的陆续生成，水泥浆的流动性发生较大的变化；其中，水泥浆的初凝是指其：

A. 开始明显固化　　　　　　　　B. 黏性开始减小
C. 流动性基本丧失　　　　　　　D. 强度达到一定水平

【解答】水泥的水化过程，水泥浆的初凝是指其流动性基本丧失，应选 C 项。

四、通用硅酸盐水泥的运输与贮存

通用硅酸盐水泥在运输与贮存时不应受潮和混入杂物，不同品种和强度等级的水泥在贮存中应避免混杂。水泥贮存日久，易吸收空气中的水分和二氧化碳，在水泥颗粒表面进行缓慢的水化和碳化作用，从而丧失其胶结能力，降低强度，即使在条件良好的仓库里贮存，时间也不宜过长。一般贮存 3 个月后，水泥强度降低 10%～20%；6 个月后，降低 15%～30%。因此，水泥自出厂至使用，不应超过 3 个月，存放超过 6 个月，必须重新试验，鉴定后方可使用。

五、通用硅酸盐水泥的基本性质与选用

1. 基本性质与应用

通用硅酸盐水泥的基本性质，见表 11-3-8。其中，矿渣水泥、火山灰水泥、粉煤灰水泥和复合水泥的特性，解释如下：

（1）**矿渣水泥**：粒化高炉矿渣玻璃体的保水性差，故矿渣水泥的抗渗性差、干缩性较大、保水性差，其优点是耐热性较好。

（2）**火山灰水泥**：火山灰质混合材料含大量微细孔隙，其保水性好，故火山灰水泥的抗渗性好、保水性好，其缺点是干缩性大、耐磨性较差。

（3）**粉煤灰水泥**：粉煤灰为表面致密的球形颗粒，其保水性差，故粉煤灰水泥的抗渗性差、耐磨性较差，其优点是干缩性小。

（4）**复合水泥**：其性能介于普通水泥和上述三种混合材料硅酸盐水泥之间。

通用硅酸盐水泥的基本性质　　　　表 11-3-8

项目	硅酸盐水泥	普通水泥	矿渣水泥	火山灰水泥	粉煤灰水泥	复合水泥
共性			1. 早期强度低，后期强度增长快；2. 对温度敏感，适合高温养护；3. 水化热小；4. 抗侵蚀性好；5. 抗冻性差；6. 抗碳化较差				
特性	1. 早期强度高，后期强度高 2. 水化热较大 3. 抗冻性好 4. 抗碳化好 5. 耐磨性好 6. 耐热性较好 7. 抗侵蚀较差	1. 早期强度稍低，后期强度高 2. 水化热较大 3. 抗冻性较好 4. 抗碳化好 5. 耐磨性较好 6. 耐热性较差 7. 抗侵蚀增强	耐热性较好；抗渗性差；干缩较大	保水性好；抗渗性好；干缩大；耐磨性差	抗裂性好；抗渗性差；干缩小；耐磨性较差	干缩较大

2. 应用

(1) 硅酸盐水泥：它用于配制高强度混凝土、先张法预应力混凝土制品、道路、低温下施工的工程和一般受热（＜250℃）的工程。一般不适用于大体积混凝土和地下工程，特别是有化学侵蚀的工程。

(2) 普通水泥：它可用于任何无特殊要求的工程。一般不适用于受热工程、道路、低温下施工工程、大体积混凝土工程和地下工程，特别是有化学侵蚀的工程。

(3) 矿渣水泥：它可用于无特殊要求的一般结构工程，适用于地下、水利和大体积等混凝土工程，在一般受热工程（＜250℃）和蒸汽养护构件中可优先采用，不宜用于需要早强和受冻融循环、干湿交替的工程。

(4) 火山灰水泥和粉煤灰水泥：它们可用于一般无特殊要求的结构工程，适用于地下、水利和大体积等混凝土工程，不宜用于冻融循环、干湿交替的工程。

(5) 复合水泥：它可用于无特殊要求的一般结构工程，适用于地下、水利和大体积等混凝土工程，特别是有化学侵蚀的工程，不宜用于需要早强和受冻融循环、干湿交替的工程中。

3. 通用硅酸盐水泥的选用

通用硅酸盐水泥的选用，见表 11-3-9。

通用硅酸盐水泥的选用　　　表 11-3-9

混凝土工程特点及所处环境条件		优先选用	可以选用	不宜选用
普通混凝土	在一般气候环境中的混凝土	普通水泥	矿渣水泥、火山灰水泥、粉煤灰水泥、复合水泥	
	在干燥环境中的混凝土	普通水泥	矿渣水泥	火山灰水泥、粉煤灰水泥
	干湿交替中的混凝土	普通水泥、硅酸盐水泥		矿渣水泥、火山灰水泥、粉煤灰水泥、复合水泥
	在高湿或处于水中的混凝土	矿渣水泥、火山灰水泥、粉煤灰水泥、复合水泥	普通水泥	
	大体积混凝土	矿渣水泥、火山灰水泥、粉煤灰水泥、复合水泥	普通水泥	硅酸盐水泥
有特殊要求的混凝土	有快硬、高强要求的混凝土	硅酸盐水泥	普通水泥	矿渣水泥、火山灰水泥、粉煤灰水泥、复合水泥
	严寒地区露天混凝土、寒冷地区处于水位升降范围内的混凝土	普通水泥	矿渣水泥	火山灰水泥、粉煤灰水泥

续表

混凝土工程特点及所处环境条件		优先选用	可以选用	不宜选用
有特殊要求的混凝土	严寒地区处于水位升降范围内的混凝土	普通水泥		火山灰水泥、矿渣水泥、粉煤灰水泥、复合水泥
	有抗渗要求的混凝土	普通水泥、火山灰水泥		矿渣水泥、粉煤灰水泥
	有耐磨性要求的混凝土	硅酸盐水泥、普通水泥	矿渣水泥	火山灰水泥、粉煤灰水泥
	受侵蚀介质作用的混凝土	矿渣水泥、火山灰水泥、粉煤灰水泥、复合水泥		硅酸盐水泥、普通水泥

【例 11-3-10】（历年真题）某工程基础部分使用大体积混凝土浇筑，为降低水泥水化温升，针对水泥可以采用如下措施：

A. 加大水泥用量　　　　　　　　B. 掺入活性混合材料
C. 提高水泥细度　　　　　　　　D. 减少碱含量

【解答】大体积混凝土浇筑，为降低水泥水化温升，对水泥可采用掺入活性混合材料，应选 B 项。

六、其他品种水泥

1. 白色硅酸盐水泥

（1）定义

白色硅酸盐水泥熟料是指由适当成分的生料烧至部分熔融，得到以硅酸钙为主要成分，氧化铁含量少的熟料。熟料中氧化镁的含量不宜超过 5.0%。

白色硅酸盐水泥（代号 P·W）是由白色硅酸盐水泥熟料，加入适量石膏和混合材料磨细制成的水硬性胶凝材料。其中，白色硅酸盐水泥熟料和石膏占 70%～100%，石灰岩、白云质岩石和石英砂等天然矿物占 0%～30%。

（2）技术要求

根据《白色硅酸盐水泥》GB/T 2015—2017 的规定，白色硅酸盐水泥的主要技术要求如下：

1）细度：45μm 方孔筛筛余不大于 30.0%。
2）凝结时间：初凝时间不小于 45min，终凝时间不大于 600min。
3）白度：1 级白度（P·W-1）≥89；2 级白度（P·W-2）≥87。
4）强度：白色硅酸盐水泥强度分为 32.5、42.5 和 52.5 三个等级。不同龄期强度应符合表 11-3-10 的规定。

白色硅酸盐水泥的不同龄期强度要求　　　　表 11-3-10

强度等级	抗折强度（MPa）		抗压强度（MPa）	
	3d	28d	3d	28d
32.5	≥3.0	≥6.0	≥12.0	≥32.5
42.5	≥3.5	≥6.5	≥17.0	≥42.5
52.5	≥4.0	≥7.0	≥22.0	≥52.5

5）放射性：水泥放射性内照射指数 I_{Ra} 不大于 1.0，放射性外照射指数 I_r 不大于 1.0。

(3) 应用

白色硅酸盐水泥主要用于制备白色或彩色的灰浆、砂浆，以及混凝土等装饰材料。

2. 道路硅酸盐水泥

(1) 定义

以适当成分的生料烧至部分熔融，所得以硅酸钙为主要成分和较多量的铁铝酸四钙（含量≥15%）的硅酸盐熟料称为道路硅酸盐水泥熟料。由道路硅酸盐水泥熟料、0~10%活性混合材料和适量石膏磨细制成的水硬性胶凝材料称为道路硅酸盐水泥（简称道路水泥），代号 P·R。

(2) 技术要求

根据《道路硅酸盐水泥》GB/T 13693—2017 的规定，道路硅酸盐水泥的技术要求如下：

1）比表面积：比表面积为 300~450m²/kg。
2）凝结时间：初凝不小于 90min，终凝不大于 720min。
3）安定性：用雷氏夹检验合格。
4）干缩性：28d 干缩率应不大于 0.10%。
5）耐磨性：28d 磨耗量应不大于 3.00kg/m²。
6）强度：道路水泥按规定龄期的抗压和抗折强度划分，各龄期的抗压和抗折强度应符合表 11-3-11 的规定。

道路水泥的等级与各龄期强度　　　　　表 11-3-11

强度等级	抗折强度（MPa）		抗压强度（MPa）	
	3d	28d	3d	28d
7.5	≥4.0	≥7.5	≥21.0	≥42.5
8.5	≥5.0	≥8.5	≥26.0	≥52.5

(3) 应用

道路水泥是一种强度高，特别是抗折强度高、耐磨性好、干缩性小、抗冲击性好、抗冻性和抗硫酸性较好的专用水泥。它适用于道路路面、机场跑道道面、城市广场等。

3. 铝酸盐水泥

铝酸盐水泥是以钙质和铝质材料为主要原料，按适当比例配制成生料，煅烧至完全或部分熔融，并经冷却所得以铝酸钙为主要矿物的产物，称为铝酸盐水泥熟料。由铝酸盐水泥熟料磨细制成的水硬性胶凝材料称为铝酸盐水泥，代号 CA。

铝酸盐水泥按水泥中 Al_2O_3 的质量百分率分为 CA50、CA60、CA70 和 CA80 四个品种，其中 CA50 又按强度分为四级（Ⅰ~Ⅳ级 3d 抗压强度分别为 50MPa、60MPa、70MPa 和 80MPa）；CA60 按主要矿物组成又分为两级（Ⅰ级以铝酸一钙为主、Ⅱ级以二铝酸钙为主）。铝酸盐水泥的技术要求应满足《铝酸盐水泥》GB/T 201—2015 的规定。

铝酸盐的特性与应用：

(1) 快硬早强：1d 强度高，适用于紧急抢修抢建工程。

(2) **水化热大**：放热量主要集中在早期，1d 内即可放出水化总热量的 70%～80%，因此，不宜用于大体积混凝土工程，但适用于冬期施工的混凝土工程。

(3) **抗硫酸盐侵蚀性好**：适用于抗硫酸盐及海水侵蚀的工程，以及配制膨胀水泥、自应力水泥。

(4) **耐热性好**：可作为耐热砂浆或耐热混凝土的胶结材料，能耐 1300～1400℃高温。

(5) **长期强度要降低**：不宜用于长期承载结构，且不宜用于高温高湿环境中的工程。

4. 砌筑水泥

砌筑水泥是由硅酸盐水泥熟料加入规定的混合材料和适量石膏，磨细制成的保水性好的水硬性胶凝材料，其代号 M。

根据《砌筑水泥》GB/T 3183—2017 的规定，砌筑水泥的技术要求如下：

(1) 细度：80μm 方孔筛筛余不大于 10.0%。

(2) 凝结时间：初凝时间不小于 60min，终凝时间不大于 720min。

(3) 保水率：保水率不小于 80%。

(4) 强度：砌筑水泥不同龄期的强度应符合表 11-3-12 的规定。

砌筑水泥不同龄期的强度　　　　　表 11-3-12

强度等级	抗压强度（MPa）			抗折强度（MPa）		
	3d	7d	28d	3d	7d	28d
12.5	—	≥7.0	≥12.5	—	≥1.5	≥3.0
22.5	—	≥10.0	≥22.5	—	≥2.0	≥4.0
32.5	≥10.0	—	≥32.5	≥2.5	—	≥5.5

砌筑水泥主要用于配制砌筑砂浆、抹面砂浆等。

习　题

11-3-1（历年真题）硬化的水泥浆体中，位于水化硅酸钙凝胶的层间孔隙中的水与凝胶有很强的结合作用，一旦失去，水泥浆体将会：

A. 发生主要矿物解体　　　　　　B. 保持体积不变
C. 发生显著的收缩　　　　　　　D. 发生明显的温度变化

11-3-2（历年真题）硅酸盐水泥熟料中含量最大的矿物成分是：

A. 硅酸三钙　　　　　　　　　　B. 硅酸二钙
C. 铝酸三钙　　　　　　　　　　D. 铁铝酸四钙

11-3-3 水泥体积安定性是指水泥在硬化过程中（　　）变化是否均匀的性质。

A. 质量　　　B. 放热量　　　C. 水化速度　　　D. 体积

11-3-4 引起硅酸盐水泥体积安定性不良的原因是含有过量的：
①游离氧化钠；②游离氧化钙；③游离氧化镁；④石膏；⑤氧化硅。

A. ②③④　　　B. ①②③　　　C. ①②④　　　D. ②③⑤

11-3-5 水泥强度是指：

A. 水泥胶砂的强度　　　　　　　B. 水泥净浆的强度
C. 混凝土试块的强度　　　　　　D. 水泥颗粒间粘结力

11-3-6 对于有抗渗要求的混凝土工程，不宜使用：
A. 普通硅酸盐水泥　　　　　　B. 火山灰水泥
C. 矿渣水泥　　　　　　　　　D. 粉煤灰水泥

11-3-7 下列水泥不宜用于有耐磨性要求的混凝土工程的是：
A. 硅酸盐水泥　　　　　　　　B. 火山灰水泥
C. 普通水泥　　　　　　　　　D. 高铝水泥

11-3-8 高层建筑基础工程的混凝土宜优先选用：
A. 普通水泥　　　　　　　　　B. 矿渣水泥
C. 火山灰水泥　　　　　　　　D. 粉煤灰水泥

第四节　混　凝　土

一、概述

混凝土是指用胶凝材料将粗骨料、细骨料胶结成整体的复合固体材料的总称。

1. 混凝土的分类

（1）按表观密度分类

1) 重混凝土。其干表观密度大于 2800kg/m³。它是采用了密度很大的重骨料（如重晶石、铁矿石、钢屑等），也可以同时采用重水泥（如钡水泥、锶水泥）。重混凝土具有防射线的性能，故又称防辐射混凝土，主要用作核能工程的屏蔽结构材料。

2) 普通混凝土。其干表观密度为 2000～2800kg/m³，一般在 2400kg/m³ 左右。它是用普通的天然砂、石作骨料，以水泥为主要胶凝材料，掺入适量粉煤灰、矿粉等掺合料和外加剂配制而成，通常简称混凝土，主要用作各种土木工程的承重结构材料。

3) 轻混凝土。其干表观密度小于 2000kg/m³。它是采用轻质多孔的骨料，或者不用骨料而掺入加气剂或泡沫剂等，造成多孔结构的混凝土，包括轻骨料混凝土、多孔混凝土、大孔混凝土等，其用途可分为结构用、保温用、结构兼保温等。

（2）按所用胶凝材料分类

混凝土按其所用胶凝材料可分为水泥混凝土、沥青混凝土、聚合物混凝土、石膏混凝土、水玻璃混凝土等。

（3）按用途分类

混凝土按其用途可分为结构混凝土（即普通混凝土）、防水混凝土、耐热混凝土、耐酸混凝土、泵送混凝土、自密实混凝土、膨胀混凝土、防辐射混凝土、纤维混凝土、高性能混凝土、道路混凝土等。

【例 11-4-1】（历年真题）骨料的性质会影响混凝土的性质，两者的强度无明显关系，但两者关系密切的性质是：
A. 弹性模量　　　　　　　　　B. 泊松比
C. 密度　　　　　　　　　　　D. 吸水率

【解答】骨料与混凝土之间关系密切的是密度，如重混凝土，其采用重骨料，应选 C 项。

2. 普通混凝土

普通混凝土的优点是：原材料来源丰富，施工方便，抗压强度高，耐久性好，适应性好（即性能可根据需要设计调整）；其缺点是：自重大、抗拉强度低、抗裂性差、收缩变形大。

二、普通混凝土原材料的技术要求

粗骨料（石）和细骨料（砂子）在普通混凝土中主要起骨架作用，同时，由于其弹性模量较大，故也可发挥抑制混凝土早期和后期收缩的作用。胶凝材料（水泥与矿物掺合料）、外加剂与水拌合后，形成的水泥浆包裹在骨料表面并填充骨料间的空隙，在混凝土硬化前主要起润滑作用，赋予混凝土拌合物良好的工作性，便于施工；硬化后主要起胶结作用，将粗、细骨料胶结成一个整体，使混凝土产生强度，成为坚硬的人造石材。掺加矿物掺合料不仅可降低成本，还可改善混凝土性能，如降低混凝土水化温升、提高硬化混凝土耐久性等。掺加外加剂的目的主要是调整混凝土拌合物和硬化混凝土的性能。

1. 水泥

（1）水泥品种的选择

配制混凝土时，应根据混凝土工程的特点、施工条件、环境状况、经济成本等因素进行综合考虑，合理地选择。

（2）水泥强度等级的选择

配制混凝土时，水泥强度等级的选择应与所配制混凝土的强度等级相适应。高强度要求的混凝土应选用高强度等级的水泥，低强度要求的混凝土应选用低强度等级的水泥。根据经验，配制中低强度混凝土时，水泥强度等级是混凝土强度等级的 1.5～2.0 倍为宜；配制高强度混凝土时，水泥强度等级是混凝土强度等级的 0.9～1.5 倍为宜。若采取某些措施（如外加剂等），情况有所不同。

2. 细骨料

《普通混凝土用砂、石质量与检验方法标准》JGJ 52—2006 规定，公称粒径小于 5.00mm 的岩石颗粒称为砂；《建设用砂》GB/T 14684—2022 规定，粒径小于 4.75mm 的岩石颗粒称为砂。按 JGJ 52，砂公称粒径范围为：0.16～5.00mm；按 GB/T 14684，砂粒径范围为：0.15～4.75mm。

常用的细骨料有河砂、湖砂、海砂、山砂、机制砂（也称为人工砂）和混合砂。其中，混合砂是由机制砂和天然砂按一定比例混合而成的砂。根据 GB/T 14684，砂质量指标分为Ⅰ类、Ⅱ类和Ⅲ类。Ⅰ类用于强度等级大于 C60 的混凝土；Ⅱ类用于 C30～C60 的混凝土；Ⅲ类用于强度等级小于 C30 的混凝土。

细骨料的主要质量指标有：

（1）含泥量、泥块含量和有害物质

天然砂中的泥（粒径小于 $75\mu m$ 的颗粒）和泥块（砂中原粒径大于 1.18mm，经水浸泡、淘洗等处理后小于 $600\mu m$ 的颗粒）对混凝土性能是有害的。泥包裹于骨料表面，隔断水泥石与骨料间的粘结，削弱混凝土中骨料与水泥石之间的界面粘结作用，当含泥量较多时，会降低混凝土强度和耐久性，增加混凝土干缩。泥块在混凝土内成为薄弱部位，会使混凝土强度和耐久性下降。天然砂的含泥量和泥块含量应符合表 11-4-1 的规定。

砂中有害物质包括云母、轻物质、有机物、硫化物及硫酸盐、氯盐等，海砂中有害物质还包括贝壳等。云母是表面光滑的小薄片，会降低混凝土拌合物的和易性，也会降低混凝土的强度和耐久性。硫化物及硫酸盐主要由硫铁矿（FeS_2）和石膏（$CaSO_4$）等杂物带入，它们与水泥石中固态水化铝酸钙反应生成钙矾石，反应产物的固相体积膨胀，易引起混凝土膨胀开裂。有机物会延缓水泥的水化，降低混凝土的强度，尤其是早期强度。Cl⁻易导致钢筋混凝土中的钢筋锈蚀，钢筋锈蚀后体积膨胀且受力面减小，从而引起混凝土开裂。天然砂中有害物质含量应符合表 11-4-1 的规定。

砂的技术要求 表 11-4-1

项目		Ⅰ类	Ⅱ类	Ⅲ类
有害物质	云母含量（按质量计，%）	≤1.0	≤2.0	≤2.0
	硫化物及硫酸盐含量（按 SO_3 质量计，%）	≤0.5	≤0.5	≤0.5
	有机物含量（用比色法试验）	合格	合格	合格
	轻物质（按质量计，%）	≤1.0	≤1.0	≤1.0
	氯化物含量（以氯离子质量计，%）	≤0.01	≤0.02	≤0.06
	贝壳（按质量计，%）	≤3.0	≤5.0	≤8.0
含泥量（按质量重量计，%）		≤1.0	≤3.0	≤5.0
泥块含量（按质量计，%）		≤0.2	≤1.0	≤2.0

按 JGJ 52 的规定，由于氯离子对钢筋有严重的腐蚀作用，当采用海砂配制钢筋混凝土时，经淡水冲洗后海砂中氯离子含量要求小于或等于 0.06%（以干砂重计）；对预应力混凝土不宜采用海砂，若必须使用海砂时，需经淡水冲洗至氯离子含量小于或等于 0.02%。按 GB/T 14684 的规定，钢筋混凝土用净化处理的海砂，其氯化物含量应小于或等于 0.02%。此外，用海砂配制素混凝土，氯离子含量不受限制。

（2）砂的粗细程度与颗粒级配

砂的颗粒级配是指砂中不同粒径颗粒的分布情况。级配良好的砂可使其空隙率和总表面积均较小，从而达到节约水泥，提高混凝土密实性及强度的目的。

砂的粗细程度是指不同粒径的砂粒混合体平均粒径大小。通常用细度模数（M_x）表示，其值并不等于平均粒径，但能较准确地反映砂的粗细程度。细度模数 M_x 越大，表示砂越粗，单位质量总表面积（或比表面积）越小；M_x 越小，则砂比表面积越大。

砂的粗细程度和颗粒级配用筛分析方法测定，用细度模数表示粗细，用级配区表示砂的级配。筛分析是用一套孔径为 9.50mm、4.75mm、2.36mm、1.18mm、0.600mm、0.300mm、0.150mm 的方孔筛，将 500g 干砂由粗到细依次过筛，称量各筛上的筛余量 m_i（g），计算各筛上的分计筛余率 a_i（%），再计算累计筛余率 A_i（%）。a_i 和 A_i 的计算关系见表 11-4-2。

累计筛余与分计筛余计算关系 表 11-4-2

方孔筛边长尺寸（mm）	筛余量（g）	分计筛余（%）	累计筛余（%）
4.75	m_1	$a_1=m_1/m$	$A_1=a_1$
2.36	m_2	$a_2=m_2/m$	$A_2=A_1+a_2$
1.18	m_3	$a_3=m_3/m$	$A_3=A_2+a_3$
0.600	m_4	$a_4=m_4/m$	$A_4=A_3+a_4$
0.300	m_5	$a_5=m_5/m$	$A_5=A_4+a_5$
0.150	m_6	$a_6=m_6/m$	$A_6=A_5+a_6$
底盘	$m_底$	$m=m_1+m_2+m_3+m_4+m_5+m_6+m_底$	

细度模数根据下式计算（精确至0.01）：

$$M_x = \frac{(A_2 + A_3 + A_4 + A_5 + A_6) - 5A_1}{100 - A_1} \qquad (11\text{-}4\text{-}1)$$

根据细度模数 M_x 大小将砂分类为：$M_x=3.7\sim3.1$，粗砂；$M_x=3.0\sim2.3$，中砂；$M_x=2.2\sim1.6$，细砂；$M_x=1.5\sim0.7$，特细砂。

按 GB/T 14684 的规定，除特细砂外，Ⅰ类砂的累计筛余应符合表 11-4-3 中 2 区的规定，分计筛余应符合表 11-4-4 的规定；Ⅱ类和Ⅲ类砂的累计筛余应符合表 11-4-3 的规定。砂的实际颗粒级配除 4.75mm 和 0.60mm 筛档外，可以超出，但各级累计筛余超出值总和不应大于 5%。

累计筛余　　　　　　　　　　　　　　　　　　表 11-4-3

砂的分类	天然砂			机制砂、混合砂		
级配区	1区	2区	3区	1区	2区	3区
方孔筛尺寸	累计筛余（%）					
4.75mm	10～0	10～0	10～0	5～0	5～0	5～0
2.36mm	35～5	25～0	15～0	35～5	25～0	15～0
1.18mm	65～35	50～10	25～0	65～35	50～10	25～0～
600μm	85～71	70～41	40～16	85～71	70～41	40～16
300μm	95～80	92～70	85～55	95～80	92～70	85～55
150μm	100～90	100～90	100～90	97～85	94～80	94～75

分计筛余　　　　　　　　　　　　　　　　　　表 11-4-4

方筛孔尺寸（mm）	4.75[a]	2.36	1.18	0.60	0.30	0.15[b]	筛底[c]
分计筛余（%）	0～10	10～15	10～25	20～31	20～30	5～15	0～20

注：a 对于机制砂，4.75mm 筛的分计筛余不应大于 5%。

　　b 对于 MB>1.4 的机制砂，0.15mm 筛和筛底的分计筛余之和不应大于 25%。

　　c 对于天然砂，筛底的分计筛余不应大于 10%。

砂的颗粒级配根据 0.600mm 方筛孔对应的累计筛余百分率 A_4，分成 1 区、2 区和 3 区三个级配区，见表 11-4-3。级配良好的粗砂应落在 1 区；级配良好的中砂应落在 2 区；细砂则在 3 区。按 JGJ 52 的规定，砂的颗粒级配为：Ⅰ区、Ⅱ区、Ⅲ区，其分别对应表 11-4-3 中的 1 区、2 区、3 区。

配制混凝土时宜优先选用 2 区（或Ⅱ区）砂。当采用较粗的 1 区（或Ⅰ区）砂时，应适当提高砂率，并保持足够的水泥用量，以满足混凝土的和易性。当采用 3 区（或Ⅲ区）砂时，宜适当降低砂率，以节约水泥用量。配制泵送混凝土时，宜选用中砂。

（3）坚固性

天然砂是由岩石经自然风化作用而成，机制砂也会含大量风化岩体，在冻融或干湿循环作用下有可能持续风化。因此，严寒及寒冷地区室外工程并处于湿潮或干湿交替状态下的混凝土，有抗疲劳、抗冲击的混凝土，有腐蚀介质存在或处于水位升降区的混凝土等，应做坚固性检验。根据 GB/T 14684 的规定，天然砂采用硫酸钠溶液浸泡→烘干→浸泡循环试验法检验，测定 5 个循环后的质量损失率，指标应符合表 11-4-5 的要求。机制砂不仅要满足表 11-4-5，还应采用压碎指标法进行试验，压碎指标应小于表 11-4-6 的要求。

天然砂的坚固性指标　　　　　　　　　　　　　　表 11-4-5

项目		Ⅰ类	Ⅱ类	Ⅲ类
循环后质量损失（%）	≤	8	8	10

机制砂的压碎指标　　　　　　　　　　　　　　表 11-4-6

项目		Ⅰ类	Ⅱ类	Ⅲ类
单级最大压碎指标（%）	≤	20	25	30

（4）石粉含量与片状颗粒含量

机制砂的石粉含量应满足表 11-4-7 的要求。

机制砂的石粉含量　　　　　　　　　　　　　　表 11-4-7

类型	亚甲蓝值（MB）	石粉含量（质量分数）（%）
Ⅰ类	MB≤0.5	≤15.0
	0.5<MB≤1.0	≤10.0
	1.0<MB≤1.4 或快速试验合格	≤5.0
	MB>1.4 或快速试验不合格	≤1.0[a]
Ⅱ类	MB≤1.0	≤15.0
	1.0<MB≤1.4 或快速试验合格	≤10.0
	MB>1.4 或快速法不合格	≤3.0[a]
Ⅲ类	MB≤1.4 或快速试验合格	≤15.0
	MB>1.4 或快速法不合格	≤5.0[a]

注：a 砂浆用砂的石粉含量不作限制。

Ⅰ类机制砂的片状颗粒含量不应大于 10%。

【例 11-4-2】（历年真题）描述混凝土用砂粗细程度的指标是：
A. 细度模数　　　B. 级配曲线　　　C. 最大粒径　　　D. 最小粒径

【解答】描述混凝土用砂粗细程度的指标是细度模数，应选 A 项。

3. 粗骨料

根据《建设用卵石、碎石》GB/T 14685—2022 的规定，粒径大于 4.75mm 的岩石颗粒为粗骨料；按 JGJ 52 的规定，公称粒径大于 5.00mm 的岩石颗粒为粗骨料。

混凝土工程中常用的有碎石和卵石两大类。碎石为岩石经破碎、筛分而得；卵石多为自然形成的河卵石经筛分而得。根据 GB/T 14685 的规定，卵石和碎石的技术要求分为Ⅰ类、Ⅱ类和Ⅲ类。Ⅰ类用于强度等级大于 C60 的混凝土；Ⅱ类用于 C30～C60 的混凝土；Ⅲ类用于小于 C30 的混凝土。

粗骨料的主要技术指标有：

（1）含泥量、泥块含量和有害物质含量

根据 GB/T 14685 的规定，粗骨料的含泥量、泥块含量和有害物质含量应符合表 11-4-8 的要求。

碎石或卵石的技术指标　　　　　　表 11-4-8

项目		指标		
		Ⅰ类	Ⅱ类	Ⅲ类
卵石含泥量（按质量计，%）		≤0.5	≤1.0	≤1.5
碎石泥粉含量（按质量计，%）		≤0.5	≤1.5	≤2.0
泥块含量（按质量计，%）		≤0.1	≤0.2	≤0.7
有害物质	硫化物及硫酸盐含量（按 SO_3 质量计，%）	≤0.5	≤1.0	≤1.0
	有机物含量	合格	合格	合格
针片状颗粒（按质量计，%）		≤5	≤8	≤15
坚固性质量损失（%）		≤5	≤8	≤12
碎石压碎指标（%）		≤10	≤20	≤30
卵石压碎指标（%）		≤12	≤14	≤16
空隙率（%）		≤43	≤45	≤47
吸水率（%）		≤1.0	≤2.0	≤2.5

（2）颗粒形态

粗骨料的颗粒形状以近立方体或近球状体为最佳，但在岩石破碎加工过程中往往产生一定量的针、片状，使骨料的空隙率增大，并降低混凝土的强度，特别是抗折强度。针状颗粒是指粗骨料颗粒的最大一维尺寸大于该颗粒所属粒级的平均粒径 2.4 倍的颗粒；片状颗粒是指最小一维尺寸小于该颗粒所属粒级的平均粒径 0.4 倍的颗粒。各类别粗骨料针片状含量要符合表 11-4-8 的要求。

粗骨料的表面特征指表面粗糙程度。碎石表面比卵石粗糙，且多棱角，因此，拌制的混凝土拌合物流动性较差，但与水泥粘结强度较高，配合比相同时，混凝土强度相对较高。

（3）坚固性

粗骨料的坚固性指标与砂相似，各类别骨料的质量损失应符合表 11-4-8 的要求。

（4）强度

碎石和卵石的强度可用岩石的抗压强度或压碎值指标两种方法表示。岩石的抗压强度采用 $\phi 50mm \times 50mm$ 的圆柱体或边长为 50mm 的立方体试样测定。一般要求其抗压强度大于配制混凝土强度的 1.5 倍。在水饱和状态下，岩石抗压强度：岩浆岩应不小于 80MPa，变质岩应不小于 60MPa，沉积岩应不小于 45MPa。

压碎值指标是将 9.5~19mm 的石子 m 克，装入专用试样筒中，施加 200kN 的荷载，卸载后用边长 2.36mm 的方孔筛筛去被压碎的细粒，称量筛余，计作 m_1，则压碎值指标 Q（%）按下式计算：

$$Q = \frac{m - m_1}{m} \times 100\% \tag{11-4-2}$$

压碎值越小，表示石子强度越高，反之亦然。各类别骨料的压碎值指标应符合

表 11-4-8 的要求。

(5) 颗粒级配与最大粒径

粗骨料的颗粒级配是指大小石子搭配适当，使粗骨料的空隙率和总表面积均较小，这样拌制的混凝土水泥用量少，密实度较好，有利于改善混凝土的和易性，提高其强度。粗骨料的公称粒级上限称为最大粒径 D_{max}。

石子的粒级分为连续粒级和单粒粒级两种。连续粒级是指 5mm 以上至最大粒径 D_{max}，各粒级均占一定比例，且在一定范围内。单粒粒级是指从 1/2 最大粒径开始至 D_{max}。单粒粒级主要用于配制具有要求级配的连续粒级，也可与连续粒级混合使用，以改善级配或配成较大密实度的连续粒级。单粒粒级一般不宜单独用来配制混凝土。

石子的级配与砂的级配一样，通过一套标准筛筛分试验，计算累计筛余率确定。根据 GB/T 14685 的规定，碎石和卵石级配均应符合表 11-4-9 的要求。

碎石或卵石的颗粒级配范围　　　　　　表 11-4-9

公称粒径 (mm)		累计筛余（%）										
		方孔筛孔径（mm）										
		2.36	4.75	9.50	16.0	19.0	26.5	31.5	37.5	53.0	63.0	75.0	90.0
连续粒级	5～16	95～100	85～100	30～60	0～10	0	—	—	—	—	—	—	—
	5～20	95～100	90～100	40～80	—	0～10	0	—	—	—	—	—	—
	5～25	95～100	90～100	—	30～70	—	0～5	0	—	—	—	—	—
	5～31.5	95～100	90～100	70～90	—	15～45	—	0～5	0	—	—	—	—
	5～40	—	95～100	70～90	—	30～65	—	—	0～5	0	—	—	—
单粒粒级	5～10	95～100	80～100	0～15	0	—	—	—	—	—	—	—	—
	10～16	—	95～100	80～100	0～15	0	—	—	—	—	—	—	—
	10～20	—	95～100	85～100	—	0～15	0	—	—	—	—	—	—
	16～25	—	—	95～100	55～70	25～40	0～10	0	—	—	—	—	—
	16～31.5	—	95～100	—	85～100	—	—	0～10	0	—	—	—	—
	20～40	—	—	95～100	—	80～100	—	—	0～10	0	—	—	—
	25～31.5	—	—	—	95～100	—	80～100	0～10	0	—	—	—	—
	40～80	—	—	—	—	95～100	—	—	70～100	—	30～60	0～10	0

注："—"表示该孔径累计筛余不作要求；"0"表示该孔径累计筛余为 0。

混凝土所用粗骨料的粒径越大，其表面积越小，通常空隙率也相应减小，因此所需的浆体或砂浆数量也可相应减少，有利于节约水泥、降低成本，并改善混凝土性能。在条件许可的情况下，应尽量选择较大粒径的骨料。

《混凝土结构工程施工规范》GB 50666—2011 规定：粗骨料最大粒径不应大于构件最小截面尺寸的 1/4，同时不应大于钢筋净距的 3/4；对于混凝土实心板，粗骨料最大粒径不宜超过板厚的 1/3，且不应大于 40mm。

对于泵送混凝土，当泵送高度在 50m 以下时，粗骨料最大粒径与输送管内径之比，碎石不宜大于 1∶3.0，卵石不宜大于 1∶2.5；泵送高度为 50～100m 时，碎石不宜大于 1∶4.0，卵石不宜大于 1∶3.0；泵送高度大于 100m 时，碎石不宜大于 1∶5.0，卵石不宜大于 1:4.0。

(6) 碱骨料反应

按 GB/T 14685 的规定，经碱骨料反应试验后，试件应无裂缝、酥裂、胶体外溢等现象，在规定的试验龄期膨胀率应小于 0.10%。

【例 11-4-3】(历年真题) 混凝土用骨料的粒形对骨料的空隙率有很大的影响，会最终影响到混凝土的：

A. 孔隙率   B. 强度
C. 导热系数   D. 弹性模量

【解答】骨料的粒形会最终影响到混凝土的强度，应选 B 项。

4. 水

根据《混凝土用水标准》JGJ 63—2006 的规定，凡符合国家标准的生活饮用水，均可拌制各种混凝土。海水可拌制素混凝土，但不宜拌制有饰面要求的素混凝土，更不得拌制钢筋混凝土和预应力混凝土。

5. 矿物掺合料

混凝土矿物掺合料（亦称矿物外加剂）是指以氧化硅、氧化铝和其他有效矿物为主要成分，在混凝土中可以代替部分水泥、改善混凝土综合性能，且掺量一般不小于 5% 的具有火山灰活性的粉体材料。在混凝土中的作用机理除了微粉的填充效应、形态效应外，主要是活性 SiO_2 和 Al_2O_3 与 $Ca(OH)_2$ 作用生成 C-S-H 凝胶、水化铝酸钙、水化硫铝酸钙。

常用品种有粉煤灰、矿物（即粒化高炉矿渣粉）、硅灰、磨细沸石粉、偏高岭土、硅藻土、烧页岩、沸腾炉渣、钢渣粉、磷渣粉和复合掺和料等。随着凝土技术的进步，矿物掺合料的内容也在不断拓展，如磨细石灰石粉、磨细石英砂粉、硅质石粉等非活性矿物掺合料（又称惰性掺合料）。

矿物掺合料的主要功能有：①改善混凝土的和易性；②降低混凝土水化温升；③提高早期强度或增进后期强度；④提高混凝土的耐久性。

【例 11-4-4】(历年真题) 粉煤灰是现代混凝土材料胶凝材料中常见的矿物掺合物，其主要活性成分是：

A. 二氧化硅和氧化钙   B. 二氧化硅和三氧化二铝
C. 氧化钙和三氧化二铝   D. 氧化铁和三氧化二铝

【解答】粉煤灰的主要活性成分是二氧化硅和三氧化二铝，应选 B 项。

6. 混凝土外加剂

外加剂是指能有效改善混凝土某项或多项性能的一类材料。其掺量一般只占胶凝材料用量的 5% 以下，却能显著改善混凝土的和易性、强度、耐久性或调节凝结时间。

根据《混凝土外加剂术语》GB/T 8075—2017 的规定，混凝土外加剂按其主要使用功能分为四类，见表 11-4-10。

混凝土化学外加剂的功能分类   表 11-4-10

功能分类	外加剂名称
改善混凝土拌合物流变性能的外加剂	减水剂、泵送剂等
调节混凝土凝结时间和硬化性能的外加剂	缓凝剂、促凝剂、速凝剂、早强剂等
改善混凝土耐久性的外加剂	引气剂、防水剂、阻锈剂等
改善混凝土其他性能的外加剂	膨胀剂、防冻剂、着色剂等

除上述四类使用功能的外加剂外，通过它们合理搭配还可形成各种多功能外加剂，如引气减水剂、缓凝减水剂、早强减水剂等。

(1) 减水剂

减水剂是指在混凝土坍落度相同的条件下，能减少拌合用水量的外加剂。其主要功能是：①配合比不变时显著提高流动性；②流动性和胶凝材料用量不变时，减少用水量，降低水胶比，提高强度；③保持流动性和强度不变时，节约胶凝材料用量，降低成本；④配置高强度性能混凝土；⑤改善混凝土其他性能，如缓凝型减水剂可使水泥水化放热速度减速，引气型减水剂可提高混凝土的抗渗性和抗冻性等。

作为最早期使用的木质素系和糖蜜类减水剂，由于减水率低、综合性能差，已很少单独使用。目前工程上常用的品种有：

1) 萘磺酸盐系减水剂（简称萘系减水剂）、树脂系减水剂（如磺化三聚氰胺甲醛树脂减水剂），均属于非引气型高效减水剂，主要适用于配制高强、早强、流态和蒸养混凝土制品和工程，也可用于一般工程。

2) 聚羧酸系高性能减水剂，其减水率可达25%以上，坍落度损失小。掺聚羧酸系减水剂的混凝土具有相对较高的优质微气泡，特别适用于配制高强泵送混凝土、具有早强要求的混凝土和流态混凝土。聚羧酸系减水剂的价格相对较高，但掺量相对较低，故有较好的性价比。

(2) 早强剂

早强剂是指能加速混凝土早期强度发展并对后期强度无显著影响的外加剂。它的主要作用机理是加速水泥水化速度，加速水化产物的早期结晶和沉淀。其主要功能是缩短混凝土施工养护期，加快施工进度，提高模板周转率。它适用于有早强要求的混凝土工程及低温、冬期施工、预制构件，以及紧急抢修施工工程等。

1) 氯化钙（$CaCl_2$）早强剂：能使混凝土3d强度提高50%～100%，但后期强度不一定提高，甚至可能低于基准混凝土。由于Cl^-对钢筋有腐蚀作用，故钢筋混凝土中掺量应严格控制在1%以内，并与阻锈剂亚硝酸钠等复合使用。

2) 硫酸钠早强剂（又称元明粉）：早强效果不及$CaCl_2$。对矿渣水泥混凝土早强效果较显著，但后期强度略有下降。硫酸钠早强剂在预应力混凝土结构中的掺量不得大于1%；潮湿环境中的钢筋混凝土结构中掺量不得大于1.5%。

3) 有机胺类早强剂：最常用的三乙醇胺为无色或淡黄色油状液体，呈碱性，易溶于水。三乙醇胺的掺量极微，一般为胶凝材料用量的0.02%～0.05%，虽然早强效果不及$CaCl_2$，但后期强度不下降并略有提高，且对混凝土耐久性无不利影响。掺量不宜超过0.1%，否则可能导致混凝土后期强度下降。

(3) 缓凝剂

缓凝剂是指能延长混凝土的初凝和终凝时间的外加剂。最常用的缓凝剂为木钙和糖蜜。糖蜜的缓凝效果优于木钙，一般能缓凝3h以上。针对超长和超大混凝土结构、大型水利工程等，其缓凝时间有时要求24h以上，目前常用葡萄酸钠、羟基羧酸及其盐类等。缓凝剂主要用于大体积混凝土的施工降低其水化热并推迟温峰出现时间，夏季高温施工和连续浇捣的混凝土，泵送及滑模施工，以及远距离运输。

(4) 速凝剂

速凝剂是指能使混凝土迅速硬化的外加剂。一般初凝时间小于 5min，终凝时间小于 10min，1h 内即产生强度，3d 强度可达基准混凝土的 3 倍以上，但后期强度一般低于基准混凝土。速凝剂主要用于喷射混凝土、紧急抢修工程、军事工程、防洪堵水工程等。

(5) 引气剂

引气剂是指混凝土在搅拌过程中能引入大量均匀、稳定且封闭的微小气泡的外加剂。气泡直径一般为 0.02~1.0mm，绝大部分小于 0.2mm。常用引气剂有松香树脂、脂肪醇磺酸盐、烷基和烷基芳烃磺酸类、皂苷类以及蛋白质盐、石油磺盐酸等。掺量一般为 0.005%~0.01%。严防超量掺用，否则将严重降低混凝土强度。

引气剂主要应用于具有较高抗渗和抗冻要求的混凝土工程，提高混凝土耐久性，也可用来改善泵送性。由于引气剂导致混凝土含气量提高，混凝土有效受力面积减小，故混凝土强度将下降。一般每增加 1% 含气量，抗压强度下降 5% 左右，抗折强度下降 2%~3%。

(6) 防冻剂

防冻剂指能使混凝土中水的冰点下降，保证混凝土在负温下凝结硬化并产生足够强度的外加剂。

(7) 膨胀剂

膨胀剂是指混凝土凝结硬化过程中生成膨胀性产物或气体，使混凝土产生一定体积膨胀的外加剂。掺入膨胀剂的目的是补偿混凝土自收缩、干缩和温度变形，防止混凝土开裂，并提高混凝土的密实性和防水性能。常用膨胀剂品种有硫铝酸钙、氧化钙、氧化镁、铁屑膨胀剂和复合膨胀剂等，也有采用加气类膨胀剂，如铝粉膨胀剂。膨胀剂主要应用于地下室底板和侧墙混凝土、超长结构混凝土、有抗渗要求的混凝土等。

【例 11-4-5】（历年真题）混凝土中添加减水剂能够在保持相同坍落度的前提下，大幅减小其用水量，因此能够提高混凝土的：

A. 流动性　　　　B. 强度　　　　C. 黏聚性　　　　D. 捣实性

【解答】混凝土中添加减水剂可大幅减小其用水量，故降低水灰比，提高混凝土的强度，应选 B 项。

【例 11-4-6】（历年真题）大体积混凝土施工不宜掺：

A. 速凝剂　　　　B. 缓凝剂　　　　C. 减水剂　　　　D. 防水剂

【解答】大体积混凝土施工时释放出大量热量，故不宜掺速凝剂，应选 A 项。

三、普通混凝土的技术性质

1. 新拌混凝土的和易性

(1) 和易性的概念与测试

新拌混凝土（亦称混凝土拌合物）的和易性是指拌合物易于搅拌、运输、浇捣成型，并获得质量均匀密实混凝土的综合性能。通常用流动性、黏聚性和保水性三项指标表示。流动性是指拌合物在自重或外力作用下产生流动的难易程度；黏聚性是指拌合物各组成材料之间不产生分层离析现象；保水性是指拌合物不产生严重的泌水现象。

混凝土拌合物的和易性是一项极其复杂的综合性能，通常通过测定其流动性，再辅以其他直观观察或经验综合评定。

根据《普通混凝土拌合物性能试验方法标准》GB/T 50080—2016 的规定，稠度是表征混凝土拌合物流动性的指标，可用坍落度、维勃稠度或扩展度表示。

1) **坍落度**。它是指混凝土拌合物在自重作用下坍落的高度，坍落度试验[图 11-4-1(a)]适用于骨料最大公称粒径不大于 40mm、坍落度不小于 10mm 的情况。

2) **扩展度**。它是指混凝土拌合物坍落后扩展的直径。扩展度试验[图 11-4-1(b)]适用于骨料最大公称粒径不大于 40mm、坍落度不小于 160mm 的情况。适用于泵送高强混凝土、自密实混凝土。

3) **维勃稠度**。维勃稠度试验（图 11-4-2）宜用于骨料最大公称粒径不大于 40mm、维勃稠度在 5~30s 的混凝土拌合物维勃稠度的测定，适用于干硬性混凝土拌合物。

混凝土拌合物的坍落度、扩展度和维勃稠度的等级划分，分别见表 11-4-11、表 11-4-12 和表 11-4-13。可知，坍落度越大或扩展度越大，表明混凝土拌合物的流动性越好；维勃稠度越大，则混凝土拌合物的流动性越差。

图 11-4-1 坍落度和坍落扩展度试验
(a) 坍落度；(b) 坍落扩展度

图 11-4-2 维勃稠度试验示意图

混凝土拌合物的坍落度等级划分　　表 11-4-11

等级	坍落度 (mm)	等级	坍落度 (mm)
S1	10~40	S4	160~210
S2	50~90	S5	≥220
S3	100~150		

混凝土拌合物的扩展度等级划分　　表 11-4-12

等级	扩展度 (mm)	等级	扩展度 (mm)
F1	≤340	F4	490~550
F2	350~410	F5	560~620
F3	420~480	F6	≥630

混凝土拌合物的维勃稠度等级划分　　表 11-4-13

等级	维勃稠度 (s)	等级	维勃稠度 (s)
V0	≥31	V3	10~6
V1	30~21	V4	5~3
V2	20~11		

按坍落度的不同，可将混凝土拌合物分为：干硬性混凝土（坍落度 10mm 且须用维勃稠度来表示其稠度）、塑性混凝土（坍落度为 10～90mm）、流动性混凝土（坍落度为 100～150mm）和大流动性混凝土（坍落度≥160mm）。

实际施工中，选择混凝土拌合物的坍落度是依据构件截面的大小、钢筋疏密、入模方式、捣实方法来确定。当构件截面尺寸较小，或钢筋较密，或人工插捣时，坍落度可选得大些，反之亦然。总之，应以保证能顺利施工为前提，坍落度尽量选小些为宜。

(2) 影响和易性的因素

1) 单位用水量

单位用水量是混凝土流动性的决定因素。用水量增大，流动性随之增大。但用水量大带来的不利影响是保水性和黏聚性变差，易产生泌水分层离析，从而影响混凝土的匀质性、强度和耐久性。试验研究证明在原材料品质一定的条件下，单位用水量一旦选定，$1m^3$ 混凝土的胶凝材料用量增减 50～100kg/m^3，流动性基本保持不变，这一规律称为固定用水量定则。

2) 水胶比（W/B）

水胶比是指用水量与胶凝材料（Binder）的质量比。在胶凝材料用量和骨料用量不变的情况下，水胶比增大，相当于单位用水量增大，浆体变稀，拌合物流动性也随之增大，反之亦然。用水量增大带来的负面影响是严重降低混凝土的保水性，增大泌水，同时使黏聚性也下降。但水胶比也不宜太小，否则因流动性过低影响混凝土振捣密实，易产生麻面和空洞。合理的水胶比是混凝土拌合物流动性、保水性和黏聚性的良好保证。

3) 砂率

砂率是指混凝土中砂的用量占砂、石总量的百分比。砂率对粗、细骨料总的表面积和空隙率有很大影响。砂率大，则粗、细骨料总的表面积大，在水泥浆数量一定的前提下，减薄了起到润滑作用的水泥浆层厚度，使混凝土拌合物流动性减小，如图 11-4-3(a) 所示。若砂率过小，包裹在粗骨料表面的砂浆层厚度过薄，也会降低混凝土拌合物的流动性 [图 11-4-3(a)]。因此，在配制混凝土时，应选用合理砂率。当采用合理砂率时，在用水量及胶凝材料用量一定的情况下，能使混凝土拌合物获得最好的流动性，且保持良好的黏聚性及保水性。如图 11-4-3(b) 所示，采用合理砂率时，在保持混凝土拌合物坍落度基本相同，且能保持黏聚性及保水性良好的情况下，其用水量及胶凝材料用量为最小值。

图 11-4-3 砂率与混凝土流动性和胶凝材料用量的关系
(a) 砂率与坍落度的关系；(b) 砂率与胶凝材料用量的关系

合理砂率可通过试验确定。此外，合理砂率可参照《普通混凝土配合比设计规程》JGJ 55—2011，具体见本节后面内容。

4) 水泥品种及细度

如火山灰质水泥、矿渣水泥配制的混凝土流动性比普通水泥小。在流动性相同的情况下，矿渣水泥的保水性能较差，黏聚性也较差。同品种水泥越细，流动性越差，但黏聚性和保水性越好。

5) 骨料的品种和粗细程度

卵石表面光滑，碎石粗糙且多棱角，因此，卵石配制的混凝土流动性较好，但黏聚性和保水性则相对较差。河砂与山砂、机制砂的差异与上述相似。对级配符合要求的砂石料来说，粗骨料粒径越大，砂子的细度模数越大，则流动性越大，但黏聚性和保水性有所下降。

6) 掺合料品种和掺量

掺合料品种对流动性的影响非常显著。如Ⅰ级粉煤灰可增大流动性，并使保水性得以改善，Ⅱ级粉煤灰则有可能降低流动性；硅灰则严重降低混凝土流动性，但黏聚性和保水性得以改善；超细磨的矿粉通常也降低流动性，但当其较粗时则对流动性影响较小。

7) 外加剂

改善混凝土和易性的外加剂主要有减水剂和引气剂。它们能使混凝土在不增加用水量的条件下增加流动性，并具有良好的黏聚性和保水性。

8) 时间和气候条件

随着胶凝材料水化和水分蒸发，混凝土的流动性将随着时间的延长而下降。气温高、湿度小、风速大将加速流动性的损失。

(3) 混凝土和易性的改善措施

1) 尽可能选用合理砂率。

2) 当坍落度大于设计要求时，可在保持砂率不变的前提下，增加砂石用量。

3) 当混凝土流动性小于设计要求时，为了保证混凝土的强度和耐久性，不能单独加水，必须保持水胶比不变，增加胶凝材料用量。但胶凝材料用量增加，成本提高，收缩和水化热增大，且可能导致黏聚性和保水性下降。

4) 改善骨料级配，既可增加混凝土流动性，也能改善黏聚性和保水性。

5) 掺减水剂或引气剂，是改善混凝土和易性的最有效措施。

【例 11-4-7】(历年真题) 在不影响混凝土强度的前提下，当混凝土的流动性太大或太小时，调整的方法通常是：

A. 增减用水量　　　　　　　　　B. 保持水灰比不变，增减水泥用量
C. 增大或减小水灰比　　　　　　D. 增减砂石比

【解答】当不影响混凝土强度的前提下，改善其流动性，可采取保持水灰比不变，增减水泥用量，应选 B 项。

2. 硬化混凝土的强度

(1) 混凝土的受压变形与破坏机理

1) 混凝土硬化后的结构状态

硬化混凝土是由粗、细骨料和硬化水泥浆组成的，而硬化水泥浆由水泥水化物、未水化水泥颗粒、自由水、气孔等组成，并且在骨料表面及骨料与硬化水泥浆体之间也存在孔隙及裂缝等。

通过显微镜观察到，在混凝土内，从粗骨料表面至硬化水泥浆体有一厚度约为 10～50μm 的区域范围，通常称为界面过渡区。该过渡区结构较疏松、密度小、强度低，对混凝土强度和抗渗性都不利。

混凝土硬化后，在受力前，其内部已存在大量肉眼看不到的原始裂缝，其中以界面微裂缝为主。界面是指石子与硬化水泥浆的粘结面。界面微裂缝形成的原因是：①水泥浆在硬化过程中产生的体积变化（如化学减缩、湿胀、干缩等）与粗骨料体积变化一致而形成的；②由于混凝土成型后的泌水作用，在粗骨料下方形成水隙，待混凝土硬化后，水分蒸发而形成的。界面微裂缝对混凝土强度影响极大。

2）混凝土的受压变形与破坏机理

硬化后的混凝土，在施加外力时，界面微裂缝处出现应力集中，随着外力的增大，裂缝就会延伸和扩展，最后导致混凝土破坏。混凝土的受压破坏实际上是裂缝的失稳扩展到贯通的过程。混凝土裂缝的扩展可分为如图 11-4-4 所示的四个阶段，每个阶段的裂缝状态示意图见图 11-4-5。

当荷载到达"比例极限"（约为极限荷载的 30%）以前，界面裂缝无明显变化（图 11-4-5 中Ⅰ）。此时，荷载与变形接近直线关系（图 11-4-4 曲线的 OA 段）；荷载超过"比例极限"以后，界面裂缝的数量、长度、宽度都不断扩大，界面借摩

图 11-4-4　混凝土受压变形曲线
Ⅰ—界面裂缝无明显变化；Ⅱ—界面裂缝增长；
Ⅲ—出现砂浆裂缝和连续裂缝；Ⅳ—连续裂缝
迅速发展；Ⅴ—裂缝缓慢发展；
Ⅵ—裂缝迅速增长

擦阻力继续承担荷载，但尚无明显的砂浆裂缝（图 11-4-5 中Ⅱ）。此时，变形增大的速度超过荷载增大的速度，荷载与变形之间不再接近直线关系（图 11-4-4 曲线的 AB 段）。荷载超过"临界荷载"（为极限荷载的 70%～90%）以后，在界面裂缝继续发展的同时，开始出现砂浆裂缝，并将临近的界面裂缝连接起来成为连续裂缝（图 11-4-5 中Ⅲ），此时，变形增大的速度进一步加快，荷载-变形曲线明显地弯向变形轴方向（图 11-4-4 曲线的 BC 段）。超过极限荷载后，连续裂缝急速地扩展（图 11-4-5 中Ⅳ）。此时，混凝土的承载力下降，荷载减小而变形迅速增大，以致完全破坏，荷载-变形曲线逐渐下降而最后结束（图 11-4-4 曲线的 CD 段）。因此，混凝土的受力破坏过程实际上是混凝土裂缝的发生和发展过程，也是混凝土内部结构由连续到不连续的演变过程。

【例 11-4-8】（历年真题）混凝土材料在单向受压条件下的应力-应变曲线呈现明显的非线性特征，在外部应力达到抗压强度的 30% 左右时，图线发生弯曲，这时应力-应变关系的非线性主要是由于：

A. 材料出现贯穿裂缝　　　　　　　B. 骨料被压碎
C. 界面过渡区裂缝的增长　　　　　D. 材料中孔隙被压缩

【解答】外部应力达到混凝土抗压强度的 30% 左右时，界面过渡区裂缝增长，应选 C 项。

（2）混凝土的立方体抗压强度

图 11-4-5 混凝土不同受力阶段裂缝示意图

按照《混凝土物理力学性能试验方法标准》GB/T 50081—2019 的规定，制作边长为 150mm 的立方体试件，在标准条件（温度 20±2℃，相对湿度 95% 以上）下，养护到 28d 龄期或设计龄期，测得的抗压强度值为混凝土立方体试件抗压强度（简称立方体抗压强度），以 f_{cu} 表示。

在实际的混凝土工程中，允许采用非标准尺寸的试件，由于试件的环箍效应，试件自身的缺陷（如裂缝、孔隙），导致试件尺寸越大，其测得的抗压强度越低。当混凝土强度等级小于 C60 时，用非标准试件测得的强度均应乘以尺寸换算系数，对 200mm×200mm×200mm 试件可取为 1.05；对 100mm×100mm×100mm 试件可取为 0.95。

混凝土试件的立方体抗压强度试验应按现行《混凝土物理力学性能试验方法标准》GB/T 50081—2019 的规定，每组混凝土试件立方体抗压强度值的确定，应符合下列规定：

1）取 3 个试件测值的算术平均值作为每组试件的强度值；

2）当 3 个测值中的最大值或最小值与中间值之差超过中间值的 15% 时，取中间值作为该组试件的强度值；

3）当最大值和最小值与中间值之差均超过中间值的 15% 时，该组试件的试验结果无效。

根据《混凝土强度检验评定标准》GB/T 50107—2010 的规定，混凝土的强度等级应按立方体抗压强度标准值划分。混凝土强度等级应采用符号 C 与立方体抗压强度标准值 $f_{cu,k}$（以 N/mm^2 计）表示。立方体抗压强度标准值应为按标准方法制作和养护的边长为 150mm 的立方体试件，用标准试验方法在 28d 龄期测得的混凝土抗压强度总体分布中的一个值，强度低于该值的概率应为 5%，即具有不低于 95% 的保证率。

根据《混凝土质量控制标准》GB 50164—2011 规定，普通混凝土划分为 C10、C15、C20、C25、C30、C35、C40、C45、C50、C55、C60、C65、C70、C75、C80、C85、C90、C95、C100 共 19 个强度等级。如 C30 表示立方体抗压强度标准值为 $30N/mm^2$，混凝土立方体抗压强度大于等于 $30N/mm^2$ 的概率要求 95% 以上。

（3）混凝土的轴心抗压强度（也称棱柱体抗压强度）

考虑到实际工程中受压构件是棱柱体，故采用棱柱体试件比用立方体试件更能反映混凝土的实际受压情况。由棱柱体试件测得的抗压强度称为轴心抗压强度 f_{cp}。国家标准规定采用 150mm×150mm×300mm 的标准棱柱体试件进行轴心抗压强度试验，也可采用非标准尺寸的棱柱体试件。当混凝土强度等级低于 C60 时，用非标准试件测得的强度值均应乘以尺寸换算系数，200mm×200mm×400mm 的试件尺寸换算系数为 1.05；100mm×100mm×300mm 的试件为 0.95。

试验研究表明，当立方体抗压强度在 $f_{cu}=10\sim55\text{N/mm}^2$ 的范围内时，轴心抗压强度 f_{cp} 与 f_{cu} 之比约为 0.7～0.80。

(4) 混凝土的劈裂抗拉强度

混凝土的抗拉强度很低，其抗拉强度与抗压强度之比值仅为 1/20～1/10，且该比值随混凝土强度的提高而减小，即混凝土强度越大，脆性越大。结构设计时，通常不考虑混凝土所承受拉应力，而仅考虑钢筋承受拉应力，但抗拉强度对提高混凝土抗裂性具有重要意义，是裂缝宽度和裂缝间距计算的主要指标，也可用来间接衡量混凝土与钢筋的粘结强度。

由于用轴向拉伸试验测定混凝土的抗拉强度困难、测试值准确度较低，因此，采用劈裂法间接测定混凝土的抗拉强度，即劈裂抗拉强度 f_{ts}。劈拉试验的标准试件尺寸为边长 150mm 的立方体，在上下两相对面的中心线上施加均布线荷载，使试件内竖向平面上产生均布拉应力。混凝土的劈裂抗拉强度 f_{ts} 按下式计算：

$$f_{ts}=\frac{2F}{\pi A}=0.637\frac{F}{A} \tag{11-4-3}$$

式中，F 为试件破坏荷载（N）；A 为试件劈裂面面积（N/mm²）。

当采用 100mm×100mm×100mm 的非标准试件时，其测得的劈裂抗拉强度值应乘以尺寸换算系数 0.85。

(5) 复合应力状态下混凝土的强度

1) 双向（亦称双轴）压力下：混凝土一向的强度随另一向的压力的增加而增大，混凝土双向受压强度比单向（即单轴）受压强度大，最多可提高 27% 左右。

2) 三向（亦称三轴）压力下：由于受到侧向压力的约束作用，最大主压应力轴的抗压强度有较大程度的增长，其变化规律随两侧向压应力的比值和大小而不同。在工程中，混凝土柱设置螺旋箍、箍筋或钢管来约束混凝土，使混凝土处于三向压力作用下，改善柱的受力性能。

【例 11-4-9】（历年真题）对于混凝土强度受到其材料组成、养护条件及试验方法的影响，其中试验方法的影响主要体现在：

A. 试验设备的选择　　　　　　B. 试验地点的选择
C. 试件尺寸的选择　　　　　　D. 温湿环境的选择

【解答】试验方法的影响主要体现在试件尺寸的选择，应选 C 项。

【例 11-4-10】（历年真题）根据混凝土的劈裂强度可推断出其：

A. 抗压强度　　　　　　　　　B. 抗剪强度
C. 抗拉强度　　　　　　　　　D. 弹性模量

【解答】根据混凝土的劈裂强度可推断出其抗拉强度，应选 C 项。

【例 11-4-11】（历年真题）混凝土的单轴抗压强度与三轴抗压强度相比：

A. 数值较大　　　　　　　　　B. 数值较小
C. 数值相同　　　　　　　　　D. 大小不能确定

【解答】混凝土的单轴抗压强度与其三轴抗压强度相比数值较小，应选 B 项。

(6) 影响混凝土抗压强度的因素

1) 胶凝材料强度和水胶比

胶凝材料强度和水胶比是决定混凝土抗压强度的主要因素。混凝土的强度主要来自胶凝材料强度以及与骨料之间的粘结力。胶凝材料强度越高，则自身强度及与骨料的粘结强度就越高，混凝土强度也越高。

水泥完全水化的理论需水量约为水泥重的23%，作为胶凝材料完全水化的需水量可能更小，但实际拌制混凝土时，为获得良好的和易性，水胶比往往大于该理论值，多余水分蒸发后，在混凝土内部留下孔隙，且水胶比越大，留下的孔隙越大，使有效承压面积减少，混凝土强度也就越小。此外，多余水分在混凝土内的迁移上升过程中遇到粗骨料时，由于受到粗骨料的阻碍，水分往往在其底部积聚，形成水泡，极大地削弱了砂浆与骨料的粘结强度，使混凝土强度下降。因此，在胶凝材料强度和其他条件相同的情况下，水胶比越小，混凝土强度越高，水胶比越大，混凝土强度越低。但水胶比太小，混凝土过于干稠，不能保证振捣均匀密实，反而使得强度降低。试验证明，在相同的情况下，混凝土的强度（f_{cu}）与水胶比呈有规律的曲线关系，而与胶水比（B/W）则呈线性关系。通过大量试验资料的数理统计分析，建立了混凝土强度经验公式（又称鲍罗米公式）：

$$f_{cu} = \alpha_a f_b \left(\frac{B}{W} - \alpha_b \right) \tag{11-4-4}$$

式中，f_{cu}为混凝土的立方体抗压强度（MPa）；$\frac{B}{W}$为混凝土的胶水比，即胶凝材料与用水量之比，当无矿物掺合料时，为水泥与用水量之比（C/W）；f_b为胶凝材料28d胶砂抗压强度（MPa）；α_a、α_b为与骨料种类有关的经验系数；可按《普通混凝土配合比设计规程》JGJ 55—2011采用，碎石：$\alpha_a = 0.53$，$\alpha_b = 0.20$；卵石：$\alpha_a = 0.49$，$\alpha_b = 0.13$。

2) 骨料的质量（品质）

骨料的颗粒形状和表面粗糙度对强度影响较为显著，如碎石表面较粗糙，多棱角，与砂浆的机械啮合力（即粘结强度）提高，混凝土强度较高。相反，卵石表面光洁，强度也较低。砂的作用效果与粗骨料类似。当粗骨料中针片状含量较高时，将降低混凝土强度，对抗折强度的影响更显著。所以在骨料选择时要尽量选用接近球状体的颗粒。

3) 施工方法

一般情况下，采用机械振捣比人工振捣均匀密实，强度也略高。机械振捣允许采用更小的水胶比，获得更高的强度。此外，高频振捣、多频振捣和二次振捣工艺等，均有利于提高强度。

4) 养护条件

混凝土浇筑成型后的养护温度、湿度是决定强度发展的主要外部因素。

养护环境温度高，水泥水化速度加快，混凝土强度发展也快，早期强度高；反之亦然。但是，针对不加掺合料的水泥混凝土，当养护温度超过40℃以上时，虽然能提高早期强度，但28d以后的强度通常比20℃标准养护的低。当温度在冰点以下时，不但水泥水化停止，而且有可能因冰冻导致混凝土结构疏松，强度严重降低，因此，冬期施工的混凝土应特别加强防冻措施。

空气相对湿度低，空气干燥，混凝土中的水分蒸发加快，严重时导致混凝土缺水而停止水化，强度发展受阻。另外，混凝土在强度较低时失水过快，极易引起干缩开裂，影响耐久性。因此，应特别加强早期的浇水养护，确保内部有足够的水分使胶凝材料充分水化。对于采用硅酸盐水泥、普通硅酸盐水泥或矿渣硅酸盐水泥配制的混凝土，采用浇水和潮湿覆盖的养护时间不得少于 7d。对于采用粉煤灰硅酸盐水泥、火山灰质硅酸盐水泥、复合硅酸盐水泥配制的混凝土，或掺加缓凝剂的混凝土以及大掺量矿物掺合料混凝土，采用浇水和潮湿覆盖的养护时间不得少于 14d。

5）龄期

龄期是指混凝土在正常养护下所经历的时间。随养护龄期增长，胶凝材料水化程度提高，凝胶体增多，自由水和孔隙率减少，密实度提高，混凝土强度也随之提高。最初的 7d 内强度增长较快，而后增幅减小，28d 以后，强度增长更趋缓慢，但如果养护条件得当，则在几年、甚至数十年内仍将有所增长。在标准养护下，普通硅酸盐水泥配制的混凝土，混凝土强度的发展大致与龄期的对数成正比关系：

$$f_{cu,n} = \frac{\lg n}{\lg 28} f_{cu,28} \tag{11-4-5}$$

式中，$f_{cu,n}$ 为标准养护 nd 时混凝土的抗压强度（N/mm²）；$f_{cu,28}$ 为标准养护 28d 的混凝土抗压强度（N/mm²）；n 为龄期（d），$n \geqslant 3$。

6）外加剂

在混凝土中掺入减水剂，可在保证相同流动性前提下，减少用水量，降低水胶比，从而提高混凝土的强度。

（7）提高混凝土强度的措施

1）采用高强度等级水泥。

2）尽可能降低水胶比。可掺入高性能减水剂，减少用水量，降低水胶比，提高混凝土强度。

3）采用优质砂石骨料，选择合理砂率。

4）采用机械搅拌和机械振捣，确保搅拌均匀性和振捣密实性。

5）改善养护条件，保证一定的温度和湿度条件，必要时可采用蒸汽养护，提高早期强度。用粉煤灰水泥、矿渣水泥、火山灰水泥配制的混凝土，蒸汽养护的增强效果更加显著，不仅能提高早期强度，也能提高后期强度。

6）掺入减水剂或早强剂，提高混凝土的强度或早期强度。

7）掺硅灰或超细矿渣粉，提高混凝土强度。

【例 11-4-12】（历年真题）混凝土强度的形成受到其养护条件的影响，主要是指：

A. 环境温湿度　　　　　　　　　B. 搅拌时间

C. 试件大小　　　　　　　　　　D. 混凝土水胶比

【解答】混凝土强度的形成受到环境温度、湿度的影响，应选 A 项。

【例 11-4-13】（历年真题）混凝土强度是在标准养护条件下达到标准养护龄期后测量得到的，如实际工程中混凝土的环境温度比标准养护温度低了 10℃，则混凝土的最终强度与标准强度相比：

A. 一定较低   B. 一定较高   C. 不能确定   D. 相同

【解答】当实际工程中混凝土的环境温度比标准养护温度低10℃时，其最终强度与标准强度相同，应选 D 项。

【例 11-4-14】（历年真题）混凝土材料的抗压强度与下列哪个因素不直接相关：

A. 骨料强度   B. 硬化水泥浆强度

C. 骨料界面过渡区   D. 拌合用水的品质

【解答】混凝土的强度与拌合用水的品质不直接相关，应选 D 项。

3. 混凝土的变形性能

混凝土在凝结硬化过程和凝结硬化以后，均会产生一定量的体积变形，主要包括化学收缩、干湿变形、自收缩、温度变形以及荷载作用下的变形。按变形性质可分为可逆变形与不可逆变形、弹性变形与塑性变形。

（1）化学收缩

由水泥和胶凝材料的水化和凝结硬化而产生的自身体积减缩称为化学收缩。其收缩值随混凝土龄期的增加而增大，大致与时间的对数成正比，亦即早期收缩大，后期收缩小。一般在混凝土成型后40d 内增长较快，以后渐趋稳定。收缩量与水泥及胶凝材料用量、水泥及胶凝材料品种有关。水泥及胶凝材料用量越大，化学收缩值越大。化学收缩是不可恢复的。

（2）干湿变形

混凝土的干湿变形是指干燥收缩（简称干缩）和吸湿膨胀（简称湿胀）。干缩是指混凝土内部水分向外部迁移蒸发引起的体积变形。湿胀是指混凝土吸湿或吸水引起的膨胀，湿胀对混凝土无害。

混凝土在空气中硬化，当环境湿度较小时，首先失去自由水，自由水失去不引起收缩；继续干燥时，毛细孔水蒸发，在毛细孔中形成负压产生收缩，该收缩在重新吸附水分后会有所恢复；再继续干燥则引起凝胶体颗粒的吸附水（或凝胶孔水）也发生部分蒸发，导致凝胶颗粒之间发生紧缩，这部分收缩是不可恢复的。因此，混凝土的干缩变形在重新吸水后大部分可以恢复，但有 30%～60% 不能完全恢复。干缩可使混凝土表面产生较大拉应力而引起开裂，导致混凝土抗渗性、抗冻性和抗侵蚀性等下降。结构设计中混凝土干缩率取值为 $(1.5 \sim 2.0) \times 10^{-4}$ mm/mm。

影响混凝土干缩的因素有：水泥品种、水泥用量和用水量，粗细骨料的品质，养护条件等。

（3）自收缩

自收缩与干缩的产生机理在实质上可以认为是一致的，常温条件下主要由毛细孔失水，形成水凹液面而产生收缩应力。不同的是：自收缩是因水泥水化导致混凝土内部缺水，外部水分未能及时补充而产生，这在低水胶比高强高性能混凝土中极其普遍。研究表明，当混凝土的水胶比低于 0.3 时，自收缩率高达 $(2.0 \sim 4.0) \times 10^{-4}$ mm/mm。

（4）温度变形

混凝土也具有热胀冷缩的性质。混凝土的温度膨胀系数约为 1.0×10^{-5} mm/(mm·℃)，即温度升高 1℃，每米膨胀 0.01mm。温度变形对大体积混凝土、大面积混凝土、超长结构混凝土等极为不利，易产生温度裂缝。

在混凝土硬化初期，水泥水化放出较多的热量，混凝土又是热的不良导体，散热较慢，因此在大体积混凝土内部的温度较外部高，有时可达 50℃～70℃。这将使内部混凝土的体积产生较大的膨胀，而外部混凝土却随气温降低而收缩。内部膨胀和外部收缩互相制约，在外表混凝土中将产生很大拉应力，严重时使混凝土产生裂缝。因此，对大体积混凝土工程，必须尽量设法减少混凝土发热量，如采用低热水泥、减少水泥用量、采用人工降温等措施。超长混凝土结构物应每隔一段距离设置一道伸缩缝、配制温度钢筋等。

（5）影响混凝土收缩的因素及减少收缩的措施

混凝土中水泥石失去水分是引起收缩的主要原因，骨料的收缩值很小且抑制水泥石的收缩。

1）胶凝材料用量：在水胶比一定时，胶凝材料（尤其是水泥）用量越大，混凝土收缩值也越大。相反，骨料含量越高，胶凝材料用量越少，则混凝土收缩越小。

2）水胶比：在胶凝材料用量一定时，水胶比越大，意味着多余水分越多，蒸发收缩值也越大。因此要严格控制水胶比，尽量降低水胶比。

3）胶凝材料品种和强度：一般情况下，矿渣水泥比普通水泥收缩大。高强度水泥比低强度水泥收缩大。硅灰掺合料会增大混凝土的收缩。在良好养护条件下，矿粉与粉煤灰掺合料能减少混凝土的收缩。

4）骨料的规格与质量：骨料的粒径越大、级配越好，混凝土干缩越少。

5）环境条件：气温越高、环境湿度越小、风速越大，混凝土的干燥速度越快，在混凝土凝结硬化初期特别容易引起干缩开裂，故必须加强早期保湿养护。

（6）在荷载作用下的变形

1）在短期荷载作用下的变形

① 混凝土的弹塑性变形

混凝土是多相复合物质，不是完全的弹性体而是弹塑性体。在受力时，混凝土既会产生可以恢复的弹性变形，也会产生不可恢复的塑性变形，其应力-应变曲线不是直线而是曲线，如图 11-4-6 所示。

在重复荷载作用下的应力-应变曲线如图 11-4-7 所示，其曲线形式因作用力的大小不

图 11-4-6 混凝土在压力作用下的应力-应变曲线

图 11-4-7 混凝土在低应力重复荷载作用下的应力-应变曲线

同而不同。当应力小于 $(0.3 \sim 0.5)f_{cp}$（混凝土轴心抗压强度）时，每次卸荷都残留一部分塑性变形 $\varepsilon_{塑}$，但随重复次数的增加，$\varepsilon_{塑}$ 的增量逐渐减小，最后曲线稳定于 $A'C'$ 线，它与初始切线大致平行。若所加应力在 $(0.5 \sim 0.7)f_{cp}$ 以上重复时，随重复次数的增加，塑性应变逐渐增加，最终将导致混凝土的疲劳破坏。

② 混凝土的弹性模量

根据《混凝土物理力学性能试验方法标准》GB/T 50081—2019 的规定，混凝土的静力受压弹性模量是以棱柱体（150mm×150mm×300mm）试件轴心抗压强度的 1/3 作为控制值，在此应力水平下重复加荷-卸荷至少 2 次以上，以基本消除塑性变形后测得的应力-应变之比值，是一个条件弹性模量。采用这种方法测定的弹性模量 E_c 可作为混凝土结构设计的依据。对于 C15～C80 混凝土，E_c 值为 $(2.20 \sim 3.80) \times 10^4 \mathrm{N/mm^2}$。影响混凝土的弹性模量的因素有：a. 骨料含量越高，骨料自身的弹性模量越大，则混凝土弹性模量越大；b. 混凝土水胶比越小，越密实，弹性模量越大；c. 混凝土养护龄期越长，弹性模量也越大；d. 早期养护温度较低时，弹性模量较大，亦即蒸汽养护混凝土的弹性模量较小；e. 掺入引气剂将使混凝土弹性模量下降。

2）徐变

徐变是指混凝土在长期恒载作用下，随时间延长，沿作用力方向缓慢发展的变形。混凝土的应变与持荷时间关系曲线如图 11-4-8 所示，当混凝土受荷作用后，即产生瞬时应变，瞬时应变以弹性变形为主。随着荷载持续时间的增长，混凝土的徐变在加荷早期增长较快，然后逐渐减慢，2～3 年后才趋于稳定。徐变变形可达瞬时变形的 2～4 倍。普通混凝土的最终徐变为 $(3 \sim 15) \times 10^{-4} \mathrm{m/m}$。当混凝土卸载后，一部分变形瞬时恢复，一部分要过一段时间才能恢复（称为徐变恢复），剩余的变形是不可恢复的（称为残余变形）。

图 11-4-8　混凝土的应变与持荷时间的关系曲线

混凝土产生徐变，一般认为是由于在长期荷载作用下，水泥石中的凝胶体产生黏性流动，向毛细孔中迁移，或者凝胶体颗粒的吸附水（或凝胶孔水）向内部毛细孔迁移渗透所致。因此，影响混凝土徐变的主要因素是水泥用量和水胶比。水泥用量越多，混凝土中凝胶体含量越大；水胶比越大，混凝土中的毛细孔越多，这两个方面均会使混凝土的徐变增大。此外，加荷时间越短，所加荷载越大，混凝土徐变越大。

混凝土的徐变对混凝土及钢筋混凝土结构物的影响有有利的一面，也有不利的一面。徐变有利于削弱由温度、干缩等引起的约束变形，防止裂缝的产生；对钢筋混凝土构件能消除其内部的应力集中，使应力较均匀地重新分布；对大体积混凝土，能消除一部分由于温度变形所产生的破坏应力。但在预应力混凝土结构中，混凝土的徐变将使钢筋的预应力受到损失。

【例 11-4-15】（历年真题）增大混凝土的骨料含量，混凝土的徐变和干燥收缩的变化规律为：

A. 都会增大　　　　　　　　　　B. 都会减小

C. 徐变增大，干燥收缩减小　　　D. 徐变减小，干燥收缩增大

【解答】增大骨料含量，混凝土的徐变和干燥收缩都会减小，应选 B 项。

【例 11-4-16】（历年真题）混凝土的干燥收缩和徐变规律相似，而且最终变形量也相互接近，原因是两者有相同的微观机理，均为：

A. 毛细孔的排水　　　　　　　　B. 过渡区的变形

C. 骨料的吸水　　　　　　　　　D. 凝胶孔水分的移动

【解答】混凝土的干燥收缩和徐变，两者相同的微观机理是凝胶孔水分的移动，应选 D 项。

4. 混凝土的耐久性

混凝土的耐久性是指混凝土在所处环境及使用条件下经久耐用的性能。通常根据不同的结构部位和使用环境，用混凝土的抗渗性、抗侵蚀性、抗冻性、抗碳化性和抗碱-骨料反应综合评价混凝土的耐久性。

(1) 混凝土的抗渗性

混凝土的抗渗性是指抵抗压力液体（水、油、溶液等）和气体渗透作用的能力。抗渗性是决定混凝土耐久性最主要的技术指标。因为抗渗性好，即密实性高，外界腐蚀介质不易侵入内部，从而抗侵蚀性相应提高。同样，水不易进入混凝土内部，冰冻破坏作用和风化作用减小。因此，混凝土的抗渗性可以认为是混凝土耐久性指标的综合体现。

混凝土的抗渗性能用抗渗等级表示。抗渗等级是根据《普通混凝土长期性能和耐久性能试验方法标准》GB/T 50082—2009 的规定，通过试验确定。根据《混凝土质量控制标准》GB 50164—2011 的规定，混凝土抗渗性能分为 P4、P6、P8、P10、P12 和＞P12 共六个等级，分别表示混凝土能抵抗 0.4MPa、0.6MPa、0.8MPa、1.0MPa、1.2MPa 和大于 1.2MPa 的水压力而不渗漏。抗渗混凝土一般是指抗渗等级大于等于 P6 级。

混凝土的抗渗性主要与混凝土的密实度和孔隙率以及孔隙特征有关。混凝土中相互连通的孔隙越多、孔径越大，则混凝土的抗渗性越差。

(2) 混凝土的抗侵蚀性

当混凝土所处环境中含有侵蚀性介质时，混凝土便会遭受侵蚀，通常有软水侵蚀、硫酸盐侵蚀、镁盐侵蚀、碳酸侵蚀、一般酸侵蚀与强碱侵蚀等。

混凝土的抗侵蚀性与所用水泥的品种、混凝土的密实程度和孔隙特征有关。密实和孔隙封闭的混凝土，环境水不易侵入，则其抗侵蚀性较强。所以，提高混凝土抗侵蚀性的措施，主要是合理选择水泥品种、降低水胶比、提高混凝土的密实度和改善孔结构。

(3) 混凝土的抗冻性

混凝土的抗冻性是指混凝土在吸水饱和状态下，能经受多次冻融循环而不破坏，同时也不严重降低强度的性能。混凝土的抗冻性用抗冻等级或抗冻标号表示。混凝土抗冻性能的测定有两种方法：①快冻法，采用标准养护 28d 龄期的 100mm×100mm×400mm 棱柱

体试件,在水饱和后,在试件中心温度为-18～5℃情况下进行冻融循环,以混凝土快速冻融循环后,相对动弹性模量下降到60%,或质量损失率已达到5%,或达到规定的冻融循环次数时的最大冻融循环次数表示,分为F50、F100、F150、F200、F250、F300、F350、F400和大于F400九个抗冻等级;②慢冻法,采用标准养护28d龄期的边长100mm的立方体试件,在水饱和后,在-18～20℃情况下进行冻融循环,以混凝土慢速冻融循环后,抗压强度损失率已达到25%,或质量损失率已达到5%,或达到规定的冻融循环次数时的最大冻融循环次数来表示,分为D50、D100、D150、D200和大于D200五个抗冻标号。

影响混凝土抗冻性的主要因素有:①水胶比或孔隙率。水胶比大,则孔隙率大,导致吸水率增大,冰冻破坏严重,抗冻性差。故应降低水胶比,提高混凝土密实度。②孔隙特征。连通毛细孔易吸水饱和,冻害严重。若为封闭孔,则不易吸水,冻害就小。故加入引气剂能提高抗冻性。③混凝土的自身强度。在相同的冰冻破坏应力作用下,混凝土强度越高,冻害程度也就越低。④混凝土孔隙的吸水饱和程度、降温速度和冰冻温度。

混凝土道路工程、桥梁工程还存在盐冻破坏问题,为防止冰雪冻滑影响交通,常在路面、桥面撒除冰盐。除冰盐会使混凝土的饱水程度、膨胀压力、渗透压力提高,加大冰冻的破坏力,且在干燥时盐会在孔中结晶,产生结晶压力,两方面共同作用,使混凝土路面、桥面剥蚀。因此,盐冻的破坏力更大。

混凝土的抗冻耐久性指数DF是指混凝土试件经300次快速冻融循环后混凝土的动弹性模量E_1与其初始值E_0的比值,$DF=100\times E_1/E_0$;在达到300次循环之前E_1已降至初始值的60%或试件重量损失已达5%的试件,以此时的循环次数N计算其DF值,$DF=0.6\times 100\times N/300$。

(4) 混凝土的抗碳化性

混凝土的碳化是空气中的CO_2与水泥石中的$Ca(OH)_2$在有水的条件下发生化学反应,生成碳酸钙和水的过程,碳化也称为中性化。碳化过程是CO_2由表及里向混凝土内部逐渐扩散的过程。未经碳化的混凝土pH值为12～13,碳化后pH值为8.5～10,接近中性。

碳化对混凝土性能有明显的影响:①减弱对钢筋的保护作用。由于水泥水化过程中生成大量的$Ca(OH)_2$,使混凝土孔隙中充满饱和的$Ca(OH)_2$溶液,其pH值可以达到12.6～13。这种强碱性环境能使混凝土中的钢筋表面生成一层钝化薄膜,从而保护钢筋免于锈蚀。碳化降低了混凝土的碱度,当pH值低于10时,钢筋表面钝化膜破坏,导致钢筋锈蚀。②当碳化深度超过钢筋的保护层时,钢筋不仅易发生锈蚀,还会因此引起体积膨胀,使混凝土保护层开裂或剥落,进而又加速混凝土进一步碳化。③碳化会引起混凝土的收缩,使混凝土表面碳化层产生拉应力,可能产生微细裂缝,从而降低混凝土的抗折强度。

混凝土抗碳化的措施是通过掺加减水剂,尽量减小水胶比,或掺加引气剂,使开口气孔转变为闭口气孔,并加强振捣和养护等提高混凝土密实度。

(5) 混凝土的抗碱-骨料反应

混凝土中的碱性氧化物(Na_2O、K_2O)与骨料中的活性SiO_2、活性碳酸盐发生化学反应生成碱-硅酸盐凝胶或碱-碳酸盐凝胶,沉积在骨料与水泥胶体的界面上,吸水后体积膨胀3倍以上导致混凝土开裂破坏。一旦发生则很难修复。

预防碱-骨料反应的措施是:①控制水泥的碱含量;②尽量采用非碱活性骨料,当采用碱活性骨料时，严格控制其碱含量，进行碱-骨料试验；③掺加矿合料，其在水泥水化硬化过程中吸收溶液中的 Na^+ 和 K^+，使 Na^+、K^+ 不集中于骨料颗粒周围，可减轻或消除碱-骨料反应引起的膨胀破坏。

【例 11-4-17】（历年真题）在寒冷地区的混凝土发生冻融破坏时，如果表面有盐类作用，其破坏程度：

A. 会减轻　　　　　　　　　　B. 会加重
C. 与有无盐类无关　　　　　　D. 视盐类浓度而定

【解答】除发生冻融破坏，还会发生盐冻破坏，故破坏程度会加重，应选 B 项。

【例 11-4-18】（历年真题）在我国西北干旱和盐渍土地区，影响地面混凝土构件耐久性的主要过程是：

A. 碱-骨料反应　　　　　　　B. 混凝土碳化反应
C. 盐结晶破坏　　　　　　　　D. 盐类化学反应

【解答】在我国西北干旱和盐渍土地区，影响地面混凝土构件耐久性的主要是盐类化学反应，应选 D 项。

【例 11-4-19】（历年真题）混凝土的碱-骨料反应是内部碱性孔隙溶液和骨料中的活性成分发生了反应，因此以下措施中对于控制工程中碱-骨料反应最为有效的是：

A. 控制环境温度　　　　　　　B. 控制环境湿度
C. 降低混凝土含碱量　　　　　D. 改善骨料级配

【解答】控制工程中混凝土的碱-骨料反应最为有效的是降低混凝土含碱量，应选 C 项。

(6) 提高混凝土耐久性的措施

1) 控制混凝土最大水胶比（表 11-4-14）和最小胶凝材料用量。
2) 合理选择胶凝材料品种。
3) 选用良好的骨料和级配。
4) 加强施工质量控制，确保振捣密实和良好的养护。
5) 采用适宜的外加剂。

结构混凝土材料的耐久性基本要求　　　　　　表 11-4-14

环境等级	最大水胶比	最低强度等级	水溶性氯离子最大含量（％）	最大碱含量（kg/m^3）
一	0.60	C25	0.30	不限制
二 a	0.55	C25	0.20	3.0
二 b	0.50 (0.55)	C30 (C25)	0.15	3.0
三 a	0.45 (0.50)	C35 (C30)	0.10	3.0
三 b	0.40	C40	0.10	3.0

注：1. 氯离子含量按氯离子占胶凝材料用量的质量百分比计算；
2. 预应力构件混凝土中的最大氯离子含量为 0.06%；其最低混凝土强度等级宜按表中的规定提高两个等级；
3. 素混凝土构件的水胶比及最低强度等级的要求可适当放松；
4. 有可靠工程经验时，二类环境中的最低混凝土强度等级可降低一个等级；
5. 处于严寒和寒冷地区二 b、三 a 类环境中的混凝土应使用引气剂，并可采用括号中的有关参数；
6. 当使用非碱活性骨料时，对混凝土中的碱含量可不作限制。

【例 11-4-20】（历年真题）从工程角度，混凝土中钢筋防锈的最经济措施是：
A. 使用高效减水剂　　　　　　　　B. 使用钢筋阻锈剂
C. 使用不锈钢钢筋　　　　　　　　D. 增加混凝土保护层厚度

【解答】 混凝土中钢筋防锈可采用上述四项措施，从最经济的角度，应选 A 项。

四、普通混凝土配合比设计

1. 基本要求和三个基本参数

(1) 基本要求

混凝土配合比是指 1m³ 混凝土中各组成材料的用量，或各组成材料之重量比。配合比设计的目的是为满足以下四项基本要求：

1) 满足施工要求的和易性。
2) 满足设计的强度等级，并具有 95% 的保证率。
3) 满足工程所处环境对混凝土的耐久性要求。
4) 经济合理，最大限度节约胶凝材料用量，降低混凝土成本。

(2) 三个基本参数

为了达到混凝土配合比设计的四项基本要求，关键是要控制好水胶比（W/B）、单位用水量和砂率三个基本参数。

1) 水胶比：水胶比根据设计要求的混凝土强度和耐久性确定，其确定原则为：在满足混凝土设计强度和耐久性的基础上，选用较大水胶比，以节约胶凝材料，降低混凝土成本。

2) 单位用水量：单位用水量主要根据坍落度要求和粗骨料品种、最大粒径确定，其确定原则为：在满足施工和易性的基础上，尽量选用较小的单位用水量，以节约胶凝材料。

3) 砂率：合理砂率的确定原则为：砂子的用量填满石子的空隙略有富余；应尽可能选用最优砂率。

【例 11-4-21】（历年真题）混凝土配合比设计中需要确定的基本变量不包括：
A. 混凝土用水量　　　　　　　　B. 混凝土砂率
C. 混凝土粗骨料用量　　　　　　D. 混凝土密度

【解答】 混凝土配合比设计中需要确定的基本变量不包括混凝土密度，应选 D 项。

【例 11-4-22】（历年真题）混凝土配合比设计通常需满足多项基本要求，这些基本要求不包括：
A. 混凝土强度　　　　　　　　　B. 混凝土和易性
C. 混凝土用水量　　　　　　　　D. 混凝土成本

【解答】 混凝土配合比设计的基本要求不包括混凝土用水量，应选 C 项。

2. 混凝土配合比设计计算

混凝土配合比设计步骤为：首先根据原始技术资料计算"初步计算配合比"；然后经试配调整获得满足和易性要求的"基准配合比"；再经强度和耐久性检验定出满足设计要求、施工要求和经济合理的"实验室配合比"；最后根据施工现场砂、石料的含水率换算成"施工配合比"。

(1) 初步计算配合比

1) 计算混凝土配制强度，根据《普通混凝土配合比设计规程》JGJ 55—2011 的规定，当混凝土的设计强度等级小于 C60 时，配制强度应按下式确定：

$$f_{cu,0} > f_{cu,k} + 1.645\sigma \tag{11-4-6}$$

式中，$f_{cu,0}$ 为混凝土配制强度（MPa）；$f_{cu,k}$ 为混凝土立方体抗压强度标准值，这里取混凝土的设计强度等级值（MPa）；σ 为混凝土强度标准差（MPa）。

2）确定水胶比（W/B），按下式计算：

$$W/B = \frac{\alpha_a f_b}{f_{cu,0} + \alpha_a \alpha_b f_b} \tag{11-4-7}$$

式中，f_b 为胶凝材料 28d 胶砂抗压强度（MPa），可实测；回归系数 α_a、α_b 取值，碎石：$\alpha_a=0.53$，$\alpha_b=0.20$；卵石：$\alpha_a=0.49$，$\alpha_b=0.13$。

上式计算得到的 $\left(\frac{W}{B}\right)_{计}$ 与耐久性要求（表 11-4-14 规定）的最大水胶比 $\left(\frac{W}{B}\right)_{耐}$ 进行比较，最终取 $\frac{W}{B} = \min\left[\left(\frac{W}{B}\right)_{计}, \left(\frac{W}{B}\right)_{耐}\right]$。

3）确定单位用水量 m_w

水胶比在 0.40~0.80 时，JGJ 55 规定：

塑性混凝土的用水量（kg/m³） 表 5.2.1-2

拌合物稠度		卵石最大公称粒径（mm）				碎石最大公称粒径（mm）			
项目	指标	10.0	20.0	31.5	40.0	16.0	20.0	31.5	40.0
坍落度（mm）	10~30	190	170	160	150	200	185	175	165
	35~50	200	180	170	160	210	195	185	175
	55~70	210	190	180	170	220	205	195	185
	75~90	215	195	185	175	230	215	205	195

注：1 本表用水量系采用中砂时的取值。采用细砂时，每立方米混凝土用水量可增加 5kg~10kg；采用粗砂时，可减少 5kg~10kg。
　　2 掺用矿物掺合料和外加剂时，用水量应相应调整。

若掺外加剂（如减水剂），混凝土的单位用水量，JGJ 55 规定：

5.2.2 掺外加剂时，每立方米流动性或大流动性混凝土的用水量（m_{w0}）可按下式计算：

$$m_{w0} = m'_{w0}(1-\beta) \tag{5.2.2}$$

式中：m_{w0}——计算配合比每立方米混凝土的用水量（kg/m³）；

　　　m'_{w0}——未掺外加剂时推定的满足实际坍落度要求的每立方米混凝土用水量（kg/m³），以本规程表 5.2.1-2 中 90mm 坍落度的用水量为基础，按每增大 20mm 坍落度相应增加 5kg/m³ 用水量来计算；

　　　β——外加剂的减水率（%），应经混凝土试验确定。

5.2.3 每立方米混凝土中外加剂用量（m_{a0}）应按下式计算：

$$m_{a0} = m_{b0}\beta_a \tag{5.2.3}$$

式中：m_{a0}——计算配合比每立方米混凝土中外加剂用量（kg/m³）；

m_{b0}——计算配合比每立方米混凝土中胶凝材料用量（kg/m³）；

β_a——外加剂掺量（％），应经混凝土试验确定。

4）计算每立方米混凝土的胶凝材料用量

JGJ 55 规定：

5.3.1 每立方米混凝土的胶凝材料用量（m_{b0}）应按式（5.3.1）计算，并应进行试拌调整。

$$m_{b0} = \frac{m_{w0}}{W/B} \tag{5.3.1}$$

上述计算得到的 $m_{b0,计}$，与 JGJ 55 要求的最小胶凝材料用量 $m_{b0,最小}$ 进行比较，最终取 $m_{b0} = \max(m_{b0,计}, m_{b0,最小})$。

当掺加矿物掺合料时，JGJ 55 规定：

5.3.2 每立方米混凝土的矿物掺合料用量（m_{f0}）应按下式计算：

$$m_{f0} = m_{b0}\beta_f \tag{5.3.2}$$

式中：m_{f0}——计算配合比每立方米混凝土中矿物掺合料用量（kg/m³）；

β_f——矿物掺合料掺量（％）。

5.3.3 每立方米混凝土的水泥用量（m_{c0}）应按下式计算：

$$m_{c0} = m_{b0} - m_{f0} \tag{5.3.3}$$

式中：m_{c0}——计算配合比每立方米混凝土中水泥用量（kg/m³）。

5）确定合理砂率

坍落度为 10～60mm 的混凝土，JGJ 55 规定：

混凝土的砂率（％）　　　　　　　　　　　　　　　　表 5.4.2

水胶比	卵石最大公称粒径（mm）			碎石最大公称粒径（mm）		
	10.0	20.0	40.0	16.0	20.0	40.0
0.40	26～32	25～31	24～30	30～35	29～34	27～32
0.50	30～35	29～34	28～33	33～38	32～37	30～35
0.60	33～38	32～37	31～36	36～41	35～40	33～38
0.70	36～41	35～40	34～39	39～44	38～43	36～41

6）计算砂、石用量，并确定"初步计算配合比"

JGJ 55 规定：

5.5.1 当采用质量法计算混凝土配合比时，粗、细骨料用量应按式（5.5.1-1）计算；砂率应按式（5.5.1-2）计算。

$$m_{f0}+m_{c0}+m_{g0}+m_{s0}+m_{w0}=m_{cp} \qquad (5.5.1\text{-}1)$$

$$\beta_s = \frac{m_{s0}}{m_{g0}+m_{s0}} \times 100\% \qquad (5.5.1\text{-}2)$$

式中：m_{g0}——计算配合比每立方米混凝土的粗骨料用量（kg/m³）；

m_{s0}——计算配合比每立方米混凝土的细骨料用量（kg/m³）；

β_s——砂率（%）；

m_{cp}——每立方米混凝土拌合物的假定质量（kg），可取 2350kg/m³～2450kg/m³。

5.5.2 当采用体积法计算混凝土配合比时，砂率应按式（5.5.1-2）计算，粗、细骨料用量应按式（5.5.2）计算。

$$\frac{m_{c0}}{\rho_c}+\frac{m_{f0}}{\rho_f}+\frac{m_{g0}}{\rho_g}+\frac{m_{s0}}{\rho_s}+\frac{m_{w0}}{\rho_w}+0.01\alpha = 1 \qquad (5.5.2)$$

式中：ρ_c——水泥密度（kg/m³）；

ρ_f——矿物掺合料密度（kg/m³）；

ρ_g——粗骨料的表观密度（kg/m³）；

ρ_s——细骨料的表观密度（kg/m³）；

ρ_w——水的密度（kg/m³），可取 1000kg/m³；

α——混凝土的含气量百分数，在不使用引气剂或引气型外加剂时，α 可取 1。

(2) 基准配合比和实验室配合比

因为以上求出的各材料用量不一定能够符合实际情况，故必须经过试拌调整，直到混凝土拌合物的和易性符合要求为止，然后提出供检验混凝土强度用的基准配合比。当试拌调整工作完成后，应测出混凝土拌合物的实际表观密度（ρ_{0h}）。

经过和易性调整试验得出的混凝土基准配合比，其水胶比值不一定选用恰当，其结果是强度不一定符合要求，所以应检验混凝土的强度。一般采用三个不同的配合比，其中一个为基准配合比，另外两个配合比的水胶比值，应较基准配合比分别增加及减少 0.05，其用水量应该与基准配合比相同，但砂率可作适当调整。每个配合比制作一组试件，标准养护 28d 试压。

(3) 施工配合比

实验室得出的配合比，是以干燥材料为基准的，而工地现场存放的砂、石材料都含有一定的水分。所以现场材料的实际称量应按工地砂、石的含水情况进行修正，修正后的配合比称作施工配合比。设工地测出砂的含水率为 a、石子的含水率为 b，则上述实验室配合比换算为施工配合比为（每 1m³ 各材料用量）：

水泥： $m'_c = m_c$

矿物掺合料： $m'_f = m_f$

砂： $m'_s = m_s(1+a)$

石： $m'_g = m_g(1+b)$

水： $m'_w = m_w - m_s \cdot a - m_g \cdot b$

习 题

11-4-1 （历年真题）在混凝土配合比设计中，选用合理砂率的主要目的是：
A. 提高混凝土的强度　　　　　　　B. 改善拌合物的和易性
C. 节省水泥　　　　　　　　　　　D. 节省粗骨料

11-4-2 （历年真题）在下列混凝土的技术性能中，正确的是：
A. 抗剪强度大于抗压强度
B. 轴心抗压强度小于立方体抗压强度
C. 混凝土不受力时内部无裂纹
D. 徐变对混凝土有害无利

11-4-3 （历年真题）混凝土材料在外部力学荷载、环境温度以及内部物理化学过程的作用下均会产生变形，以下属于内部物理化学过程引起的变形是：
A. 混凝土徐变　　　　　　　　　　B. 混凝土干燥收缩
C. 混凝土温度收缩　　　　　　　　D. 混凝土自身收缩

11-4-4 （历年真题）在沿海地区，钢筋混凝土构件的主要耐久性问题是：
A. 内部钢筋锈蚀　　　　　　　　　B. 碱-骨料反应
C. 硫酸盐反应　　　　　　　　　　D. 冻融破坏

11-4-5 （历年真题）影响混凝土的徐变但不影响其干燥收缩的因素为：
A. 环境湿度　　　　　　　　　　　B. 混凝土水灰比
C. 混凝土骨料含量　　　　　　　　D. 外部应力水平

11-4-6 （历年真题）混凝土的强度受到其材料组成的影响，决定混凝土强度的主要因素是：
A. 骨料密度　　　　　　　　　　　B. 砂的细度模数
C. 外加剂种类　　　　　　　　　　D. 水灰（胶）比

11-4-7 （历年真题）水泥混凝土遭受最严重的化学腐蚀为：
A. 溶出性腐蚀　　　　　　　　　　B. 一般酸腐蚀
C. 镁盐腐蚀　　　　　　　　　　　D. 硫酸盐腐蚀

11-4-8 （历年真题）我国使用立方体试件来测定混凝土的抗压强度，其标准立方体试件的边长为：
A. 100mm　　　B. 125mm　　　C. 150mm　　　D. 200mm

11-4-9 （历年真题）现代混凝土使用的活性矿物掺合料不包括：
A. 粉煤灰　　　　　　　　　　　　B. 硅灰
C. 磨细的石英砂　　　　　　　　　D. 粒化高炉矿渣

第五节　建　筑　钢　材

一、概述

生铁是指含碳量大于2％的铁碳合金。钢材是以铁为主要元素，含碳量一般在2％以下，还含有其他微量元素的材料。建筑钢材是指建筑工程中使用的各种钢材，包括钢结构用各种型材（如圆钢、角钢、工字钢、管钢等）和板材；混凝土结构用钢筋、钢丝、钢绞线等。

建筑钢材的优点是：材质均匀，性能可靠，强度高，具有一定的塑性和韧性，具有承受冲击和振动荷载的能力，可焊接、铆接或螺栓连接，便于装配；其缺点是：耐久性差、易锈蚀、维修费用大。

建筑钢材的分类方法如下：

（1）按冶炼时脱氧程度分类：沸腾钢（代号F）、半镇静钢（b）、镇静钢（Z）、特殊镇静钢（TZ）。其中，沸腾钢的质量较差，但其成本低、产量高，可用于一般工程。

（2）按化学成分分类：碳素钢、合金钢。

（3）碳素钢按碳的含量分类：低碳钢(含碳量小于0.25%)，中碳钢(含碳量为0.25%～0.6%)，高碳钢（含碳量大于0.6%）。

（4）合金钢按掺入合金元素（一种或多种）的总量分类：低合金钢（合金元素总含量小于5%），中合金钢(合金元素总含量为5%～10%)，高合金钢(合金元素总含量大于10%)。

（5）按钢材品质分类：普通钢、优质钢、高级优质钢和特级优质钢。

（6）按用途分类：结构钢、工具钢、特殊钢和专用钢。

常用建筑钢材是碳素钢中的低碳钢和低合金钢。

二、钢材的技术性质

钢材的技术性质包括力学性能和工艺性能。其中，力学性能有抗拉性能、抗冲击性能、耐疲劳性能和硬度；工艺性能有冷弯性能和可焊接性能。

1. 力学性能

（1）抗拉性能

抗拉性能是钢材最主要的技术性能，通过拉伸试验可以测得屈服强度、抗拉强度和伸长率，这些是钢材的重要技术性能指标。低碳钢从受拉到拉断，经历了如下四个阶段（图11-5-1）：

图11-5-1 低碳钢受拉的应力-应变曲线

1）弹性阶段

a点以前，应力σ与应变ε的关系为线弹性，即$\sigma=E\varepsilon$，E为钢材的弹性模量，a点所对

应的应力称为比例极限，用 σ_p 表示。过 a 点后，ab 段的应力 σ 与应变 ε 的关系不再成比例，但仍然为弹性变形，b 点所对应的应力称为弹性极限，用 σ_e 表示。

2）屈服阶段

bf 段为屈服阶段。应力与应变不成比例变化。应力超过 σ_e 后，即开始产生塑性变形。应力到达 σ_{sH} 之后，变形急剧增加，应力则在不大的范围内波动，直到 d 点止。σ_{sH} 点是屈服上限，σ_{sL} 点是屈服下限。当应力到达 σ_{sH} 点时，钢材抵抗外力能力下降，发生屈服现象。σ_{sL} 是屈服阶段应力波动的次低值，它表示钢材在工作状态允许达到的应力值。当应力超过屈服下限时，变形迅速发展，将产生不可恢复的永久变形，尽管尚未破坏但已不能满足正常使用要求，故在设计中一般以屈服下限作为屈服强度，并且作为强度取值的依据。

3）强化阶段

fg 段为强化阶段。对应于最高点 g 的应力称为抗拉强度。抗拉强度不能直接利用，但屈服下限和抗拉强度的比值（即屈强比 σ_{sL}/σ_b）却能反映钢材的安全可靠程度和利用率。屈强比越小，表明材料的安全性和可靠性越高，材料不易发生危险的脆性断裂。如果屈强比太小，则利用率低，造成钢材浪费。对于在外力作用下屈服现象不明显的硬钢类，规定产生残余变形为 $0.2\%L_0$ 时的应力作为屈服强度，用 $\sigma_{0.2}$ 表示（图 11-5-2）。

图 11-5-2 中碳钢或高碳钢受拉的应力-应变曲线

4）颈缩阶段

gh 段为颈缩阶段。过 g 点后，钢材抵抗变形的能力明显降低。钢材被拉长，并在变形最大处发生"颈缩"，直至断裂。

① 伸长率

将拉断的钢材拼合后，测出标距部分的长度，便可按下式求得其断后伸长率 δ：

$$\delta = \frac{L_1 - L_0}{L_0} \times 100\% \tag{11-5-1}$$

式中，L_0 为试件原始标距长度（mm）；L_1 为试件拉断后标距部分的长度（mm）。

通常钢材拉伸试件的原始标距取 $L_0 = 5d$ 或 $L_0 = 10d$，d 为试件的直径，其断后伸长率分别用 δ_5 和 δ_{10} 表示。对于同一钢材，δ_5 大于 δ_{10}。

断后伸长率反映了钢材的塑性大小，在工程中具有重要意义。塑性大，钢质软，结构塑性变形大，影响使用。塑性小，钢质硬脆，超载后易断裂破坏。塑性良好的钢材，偶尔超载，产生塑性变形，会使内部应力重新分布，不致由于应力集中而发生脆断。

② 最大力总延伸率

断后伸长率只反映颈缩断口区域的残余变形，不能反映颈缩出现之前整体的平均变形，也不能反映弹性变形，这与钢材拉断时刻应变状态下的变形相差较大，而且，各类钢材的颈缩特征也有差异，再加上断口拼接误差，较难真实反映钢材的拉伸变形特性。为此，引入钢材在最大力作用下原始标距的总延伸率，其公式表达为：

$$\delta_{gt} = \left(\frac{L-L_0}{L_0} + \frac{\sigma_b}{E}\right) \times 100\% \tag{11-5-2}$$

式中，δ_{gt} 为最大力总延伸率（%）；L 为断裂后标记间的距离（mm）；L_0 为试验前的原始标记间的距离（mm），不包含颈缩区，一般取为 100mm；σ_b 为抗拉强度实测值（MPa）；E 为钢材的弹性模量（MPa）。

③ 断面收缩率

钢材的塑性也可以用断面收缩率 ψ 表示，即试件断裂后横截面积的最大缩减量与原始横截面积之比的百分率，用公式表达为：

$$\psi = \frac{A_0 - A_1}{A_0} \times 100\% \tag{11-5-3}$$

式中，ψ 为断面收缩率（%）；A_0 为试验前原始横截面积（mm²）；A_1 为断裂后最小横截面积（mm²）。

（2）冲击韧性

冲击韧性反映钢材抵抗冲击荷载的能力。钢材的冲击韧性是以试件冲断时，单位面积上所吸收的能量作为冲击韧性指标，用冲击值 a_k（J/cm²）表示。影响钢材冲击韧性的主要因素有：化学成分、冶炼质量、冷作硬化及时效、环境温度等。

钢材冲击韧性一开始随温度降低而缓慢下降，但是当温度降低至一定范围时，钢材的冲击韧性骤然下降而呈脆性，即冷脆性，此时的温度称为脆性转变温度（亦称脆性临界温度）。脆性转变温度越低，表明钢材的低温冲击韧性越好。为此，在负温条件下使用的结构，设计时必须考虑钢材的冷脆性，应选用脆性转变温度低于最低使用温度的钢材。

（3）耐疲劳性

钢材在交变荷载反复作用下，在远小于抗拉强度时发生突然破坏，这种破坏叫疲劳破坏。疲劳破坏的危险应力用疲劳极限或疲劳强度表示。疲劳极限是指钢材在交变荷载作用下，在规定的周期基数内不发生断裂所能承受的最大应力。

（4）硬度

硬度是指钢材抵抗硬物压入表面的能力。硬度值与钢材的力学性能之间有着一定的相关性。根据我国现行标准，测定钢材硬度的方法有：布氏硬度法、洛氏硬度法和维氏硬度法三种。常用的硬度指标为布氏硬度（代号 HB）和洛氏硬度（代号 HR）。

硬度的大小既可用以判断钢材的软硬程度，也可近似地估计钢材的抗拉强度。

【例 11-5-1】（历年真题）衡量钢材的塑性高低的技术指标为：

A. 屈服强度　　　　　　　　B. 抗拉强度
C. 断后伸长率　　　　　　　D. 冲击韧性

【解答】衡量钢材的塑性高低的技术指标为断后伸长率，应选 C 项。

【例 11-5-2】（历年真题）钢材试件受拉应力-应变曲线上从原点到弹性极限点称为：

A. 弹性阶段　　　　　　　　B. 屈服阶段
C. 强化阶段　　　　　　　　D. 颈缩阶段

【解答】钢材试件受拉应力-应变曲线上从原点到弹性极限点称为弹性阶段，应选 A 项。

2. 工艺性能

钢材应具有良好的工艺性能，以满足施工工艺的要求。

(1) 冷弯性能

冷弯性能是在常温条件下，钢材承受弯曲变形的能力，是反映钢材缺陷的一种重要工艺性能。钢材的冷弯性能常用弯曲试验时的弯曲角度、弯心直径 d 与试件直径（或厚度） a 的比值（d/a）来表示。钢材弯曲试验时，弯曲角度越大，d/a 越小，则表示对冷弯性能的要求越高。试件弯曲处若无裂纹、起层及断裂等现象，则认为其冷弯性能合格。

钢材的冷弯性能也是反映钢材在静荷载作用下的塑性，是在不利的弯曲变形下对钢材塑性的严格检验，它能反映钢材内部晶格组织是否均匀、是否存在内应力及夹杂物等缺陷。冷弯试验还可用于检验钢材焊接接头的焊接质量。

(2) 焊接性能

在土木工程中，钢材间的连接绝大多数采用焊接方式来完成，因此，要求钢材具有良好的可焊接性能。焊接性能主要受化学元素及其含量的影响，含碳量高将增加焊接的硬脆性，含碳量小于0.25%的碳素钢具有良好的可焊性，含碳量大于0.3%时，焊接性能变差，加入合金元素如（硅、锰、钒、钛等）也将增大焊接的硬脆性，降低可焊性，特别是硫对焊接产生热裂纹及硬脆性。为了改善焊接后的硬脆性，对于合金钢，焊接时一般要采用焊前预热及焊后热处理等措施。

【例 11-5-3】（历年真题）对钢材的冷弯性能要求越高，试验时采用的：

A. 弯曲角度越大，弯心直径对试件直径的比值越大

B. 弯曲角度越小，弯心直径对试件直径的比值越小

C. 弯曲角度越小，弯心直径对试件直径的比值越大

D. 弯曲角度越大，弯心直径对试件直径的比值越小

【解答】对钢材的冷弯性能要求越高，则要求弯曲角度越大，d/a 越小，应选 D 项。

3. 影响钢材性能的主要因素

(1) 钢材的基本组织

碳素钢冶炼时钢水冷却过程中，其铁和碳有三种结合形式：固溶体、化合物（Fe_3C）和机械混合物。这三种形式的 Fe-C 在一定条件下形成具有一定形态的聚合体，称为钢的组织。常温下钢的基本组织主要有以下三种：

1) 铁素体。它是 C 在 α-Fe 中的固溶体，由于 α-Fe 体心立方体晶格的原子空隙小，溶碳能力较差，故铁素体含碳量很少（小于 0.02%），因此，其塑性、韧性很好，但强度、硬度很低。

2) 渗碳体。它是铁和碳的化合物 Fe_3C，其含碳量最高（达 6.67%），晶体结构复杂，塑性差，性硬脆，抗拉强度低。

3) 珠光体。它是铁素体和渗碳体的机械混合物，含碳量较低（0.8%），层状结构，塑性和韧性较好，强度较高。

此外，在高温 727°以上的钢中还存在奥氏体，其塑性好，故高温下钢材容易轧制成材。

图 11-5-3 显示了碳素钢中基本组织的相对含量与其含碳量的关系。当含碳量小于 0.8%时，钢的基本组织由铁素体和珠光体组成，随着含碳量提高，铁素体逐渐减少而珠

图 11-5-3 碳素钢中基本组织相对含量与含碳量的关系

光体逐渐增大，钢材塑性、韧性则随强度、硬度逐渐提高而降低。当含碳量为 0.8% 时，钢的基本组织仅为珠光体。

建筑钢材其含碳量均在 0.8% 以下，所以其基本组织由铁素体和珠光体组成，这决定了建筑钢材具有较高的强度，同时塑性、韧性也较好。

【例 11-5-4】 （历年真题）当含碳量为 0.8% 时，钢材的晶体组织全部是：

A. 珠光体　　　　B. 渗碳体
C. 铁素体　　　　D. 奥氏体

【解答】当含碳量为 0.8% 时，钢材的晶体组织全部是珠光体，应选 A 项。

(2) 化学成分

钢材中化学成分除了主要的铁（Fe）以外，还含有少量的碳（C）、硅（Si）、锰（Mn）、磷（P）、硫（S）、氧（O）、氮（N）、钛（Ti）、钒（V）等元素，这些元素虽然含量少，但是对钢材性能有很大影响。

1) 碳。碳对钢材性能的影响如图 11-5-4 所示。钢材中碳含量小于 0.8% 时，随着碳含量的增加，钢材的强度和硬度提高、塑性和韧性降低；碳含量大于 1.0% 时，随着碳含量的增加，钢材的硬度和脆性增大、强度和塑性降低。碳含量大于 0.3% 时，随着碳含量的增加，钢材的可焊性显著降低、焊接性能变差、冷脆性和时效敏感性增大、耐大气腐蚀性降低。

图 11-5-4 碳含量对碳素钢性能的影响

σ_b—抗拉强度；δ—伸长率；a_k—冲击韧性；ψ—断面收缩率；HB—硬度

2) 硅。硅是作为脱氧剂而存在的，硅含量较低（小于 1.0%）时，随着硅含量的增加，钢材的强度、抗疲劳性、耐腐蚀性及抗氧化性等提高，而对塑性和韧性无明显影响，但是对钢材的可焊性和冷加工性能有所影响。

3) 锰。锰具有很强的脱氧去硫能力，能消除或减轻氧、硫所引起的热脆性。随着锰含量的增加，显著改善钢材的热加工性能，钢材的强度、硬度及耐磨性等提高。锰含量小于 1.0% 时，对钢材的塑性和韧性无明显影响。锰是低合金钢的主加合金元素，一般低合金钢的锰含量为 1.0%～2.0%。

4）硫。硫是有害元素。随着硫含量的增加，钢材的热脆性增大，可焊性、冲击韧性、耐疲劳性和抗腐蚀性等降低。硫含量要小于 0.045%。

5）磷。磷是有害元素。随着磷含量的增加，钢材的强度、屈强比、硬度、耐磨性和耐蚀性等提高，塑性、韧性、可焊性显著降低。特别是温度越低，对钢材的塑性和韧性的影响越大，增大钢材的冷脆性。磷含量要小于 0.045%。

6）氧。氧是有害元素。随着氧含量的增加，钢材的强度有所降低，塑性特别是韧性显著降低，可焊性变差。氧会造成钢材的热脆性。氧含量要小于 0.03%。

7）氮。氮对钢材性能的影响与磷相似。随着氮含量的增加，钢材的强度提高，但是塑性特别是韧性显著降低，可焊性变差，冷脆性加剧。氮在铝、铌、钒等元素的配合下可以减少其不利影响，改善钢材性能，可作为低合金钢的合金元素使用。氮含量要小于 0.008%。

8）钛和钒。钛和钒是常用的微量合金元素。

【例 11-5-5】（历年真题）钢材中的含碳量降低，会降低钢材的：
A. 强度　　　　B. 塑性　　　　C. 可焊性　　　　D. 韧性

【解答】含碳量降低，会降低钢材的强度，应选 A 项。

【例 11-5-6】（历年真题）使钢材冷脆性加剧的主要元素是：
A. 碳（C）　　　B. 硫（S）　　　C. 磷（P）　　　D. 锰（Mn）

【解答】磷（P）加剧了钢材的冷脆性，应选 C 项。

三、钢材的冷加工和时效

将钢材在常温下进行冷拉、冷拔、冷轧、冷扭等，使之产生一定的塑性变形，强度和硬度明显提高，塑性和韧性有所降低，这个过程称为钢材的冷加工（或冷加工强化、冷作强化）。

将冷拉后的钢筋，在常温下存放 15～20d，或加热至 100～200℃并保持 2h 左右，其屈服强度、抗拉强度及硬度进一步提高，这个过程称为时效处理。前者称为自然时效，后者称为人工时效。强度较低的钢筋可采用自然时效，强度较高的钢筋则需要采用人工时效。

1. 冷拉

将热轧钢筋用拉伸设备在常温下拉长，使之产生一定的塑性变形称为冷拉。冷拉后的钢筋不仅屈服强度提高 20%～30%，同时还增加钢筋长度（4%～10%），因此，冷拉也是节约钢材（一般 10%～20%）的一种措施。钢材经冷拉后屈服阶段缩短，伸长率减小，材质变硬。实际冷拉时，应通过试验确定冷拉控制参数。钢筋的冷拉可采用控制应力或控制冷拉率的方法。

如图 11-5-5 所示，虚线为冷拉后的钢筋应力-应变曲线，可知，屈服强度提高，抗拉强度基本不变，但抗压强度不提高，塑性和韧性降低，弹性模量稍有下降，屈服台阶不明显。

如图 11-5-5 所示，由冷拉、时效后的钢筋应力-应变曲线可知，屈服强度进一步提高，抗拉强度有所提高，但抗压强度不提高，塑性和韧性相应降低。此时，有明显的屈服台阶。

2. 冷拔

将光圆钢筋通过硬质合金拔丝模孔强行拉拔称为冷拔。钢筋在冷拔过程中，不仅受拉，同时还受到挤压作用。如图 11-5-6 所示，经过冷拔后，钢筋的屈服强度提高，一般可提高

40%~60%，抗拉强度和抗压强度均提高，但是塑性明显降低，弹性模量稍有下降，具有硬钢的特性。

图 11-5-5　钢筋冷拉和时效后的应力-应变关系

图 11-5-6　冷拔低碳钢丝的应力-应变关系

【例 11-5-7】（历年真题）钢材冷加工对力学性能有影响，下列说法不正确的是：
A. 冷拉后，钢材塑性、韧性均降低
B. 冷拉后，钢材抗拉强度、抗压强度均升高
C. 冷拔后，钢材抗拉强度、抗压强度均升高
D. 钢筋冷拉并经时效处理后，屈服点及抗拉强度均升高

【解答】冷拉后，钢材抗拉强度升高，但抗压强度未升高，故 B 项不正确，选 B 项。

四、建筑钢材的技术标准和选用

建筑钢材可分为钢结构用钢、混凝土结构用钢。

1. 主要钢种

（1）碳素结构钢

根据国家标准《碳素结构钢》GB/T 700—2006 的规定，碳素结构钢牌号分为 Q195、Q215、Q235 和 Q275。碳素结构钢的牌号由屈服强度的字母 Q、屈服强度数值、质量等级符号（A、B、C、D）、脱氧方法符号（F、Z、TZ）四个部分按顺序构成。镇静钢（Z）和特殊镇静钢（TZ）在钢的牌号中可以省略。按冲击韧性的试验温度，钢材质量等级分为 A、B、C、D。其中，A 级不提供冲击韧性保证。B、C、D 级分别提供 20℃、0℃ 和 −20℃的冲击韧性，故 D 级质量级别最高。如 Q235AF，表示此碳素结构钢是屈服强度为 235MPa 的 A 级沸腾钢。

碳素结构钢随着牌号的增大，其碳含量和锰含量增加，强度和硬度提高，而塑性和韧性降低，弯曲性能逐渐变差。

选用碳素结构钢，应综合考虑结构的工作环境条件、承受荷载类型（动荷载或静荷载等）、承受荷载方式（直接或间接等）、连接方式（焊接或非焊接等）等。应用最广泛的碳素结构钢是 Q235，由于其具有较高的强度，良好的塑性、韧性及可焊性，综合性能好，故能较好地满足一般钢结构和钢筋混凝土结构的用钢要求。用 Q235 钢大量轧制各种型钢、钢板及钢筋。Q235A 级钢仅可用于钢结构工作温度高于 0℃的不需要验算疲劳的结构，不宜用于焊接结构。

（2）低合金高强度结构钢

低合金高强度结构钢是在碳素结构钢的基础上，加入总量小于5%的合金元素制成的结构钢。所加入的合金元素主要有锰、硅、钒、钛、铌、铬、镍等。根据《低合金高强度结构钢》GB/T 1591—2018的规定，低合金高强度结构钢按钢材生产工艺和热处理分为：

1) 热轧（AR或WAR）：钢材未经任何特殊轧制和（或）热处理的状态。

2) 正火（N）：钢材加热到高于相变点温度以上的一个合适的温度，然后在空气中冷却至低于某相变点温度的热处理工艺。

3) 正火轧制（+N）：最终变形是在一定温度范围内的轧制过程中进行，使钢材达到一种正火后的状态，以便即使正火后也可达到规定的力学性能数值的轧制工艺。

4) 热机械轧制（M）：钢材的最终变形是在一定温度范围内进行的轧制工艺，从而保证钢材获得仅通过热处理无法获得的性能。

低合金高强度结构钢的牌号是由屈服强度字母Q，规定的最小上屈服强度数值，交货状态代号，质量等级符号（B、C、D、E、F）四个部分构成。其中，交货状态为热轧时，交货状态代号AR或WAR可省略；交货状态为正火或正火轧制状态时，交货代号均用N表示；交货状态为热机械轧制状态时，交货代号用M表示。例如：Q355ND表示该钢材的屈服强度为355MPa，交货状态为正火（或正火轧制）的D级钢；Q390MC表示该钢材的屈服强度为390MPa，交货状态为热机械轧制的C级钢。在低合金高强度结构钢中，热轧钢的牌号有：Q355、Q390、Q420和Q460；正火或正火轧制钢的牌号有：Q355N、Q390N、Q420N和Q460N；热机械轧制钢的牌号有：Q355M、Q390M、420M、Q460M、Q500M、Q550M、Q620M和Q690M。

低合金高强度结构钢与碳素结构钢相比，强度较高，综合性能好，所以在相同使用条件下，可比碳素结构钢节省用钢20%～30%，对减轻结构自重有利。低合金高强度结构钢广泛用于钢结构和钢筋混凝土结构中，特别适用于各种重型结构、高层结构、大跨度结构及大柱网结构等。

【例11-5-8】（历年真题）钢材牌号（如Q390）中的数值表示钢材的：

A. 抗拉强度　　　　B. 弹性模量　　　　C. 屈服强度　　　　D. 疲劳强度

【解答】钢材牌号中的数值表示钢材的屈服强度，应选C项。

【例11-5-9】（历年真题）相同牌号的碳素结构钢中，质量等级最高的是（　　）级。

A. A　　　　　　　B. B　　　　　　　C. C　　　　　　　D. D

【解答】相同牌号的碳素结构钢中，质量等级最高的是D级，应选D项。

2. 混凝土结构用钢筋

混凝土结构用钢筋主要由碳素结构钢和低合金结构钢轧制而成，主要有钢筋混凝土结构用热轧钢筋、余热处理钢筋、冷轧带肋钢筋等普通钢筋和预应力混凝土结构用钢丝、钢绞线、预应力螺纹钢筋等预应力筋。

（1）钢筋混凝土用热轧钢筋

钢筋混凝土用热轧钢筋具有较好的延性、可焊性、机械连接性能及施工适应性，所以是在混凝土结构工程中用量最多的普通钢筋。根据其表面形状分为光圆钢筋和带肋钢筋两类。带肋钢筋有月牙肋钢筋和等高肋钢筋等。

根据《钢筋混凝土用钢 第1部分：热轧光圆钢筋》GB/T 1499.1—2017的规定，热轧光圆钢筋适用于钢筋混凝土用热轧直条、盘卷光圆钢筋，不适用于由成品钢材再次轧制成的再生钢筋。

热轧光圆钢筋的牌号是由 HPB 和屈服强度特征值构成，其中 H、P、B 分别为热轧（Hot rolled）、光圆（Plain）、钢筋（Bars）三个词的英文首位字母，其力学性能见表 11-5-1。

热轧光圆钢筋为 Ⅰ 级钢筋，用符号 Φ 表示。

热轧光圆钢筋、热轧带肋钢筋的牌号、力学性能和弯曲性能　　表 11-5-1

表面形状	牌号	公称直径 a（％）	下屈服强度 σ_s（MPa）	抗拉强度 σ_b（MPa）	断后伸长率 δ（％）	最大力总延伸率 δ_{gt}（％）	弯曲试验（180°）弯心直径（d）钢筋公称直径（a）
				不小于			
光圆钢筋	HPB300	6～22	300	420	25	10.0	$d=a$
带肋钢筋	HRB400 HRBF400 HRB400E HRBF400E	6～25 28～40 ＞40～50	400	540	16 —	7.5 9.0	4a 5a 6a
	HRB500 HRBF500 HRB500E HRBF500E	6～25 28～40 ＞40～50	500	630	15 —	7.5 9.0	6a 7a 8a
	HRB600	6～25 28～40 ＞40～50	600	730	14	7.5	6a 7a 8a

热轧光圆钢筋强度较低，塑性及焊接性能好，伸长率大，便于弯折成型和进行各种冷加工，广泛用于钢筋混凝土构件中，作为小型钢筋混凝土结构构件的受力钢筋和各种钢筋混凝土结构构件的箍筋等。

根据《钢筋混凝土用钢 第 2 部分：热轧带肋钢筋》GB/T 1499.2—2018，热轧带肋钢筋适用于钢筋混凝土用普通热轧带肋钢筋和细晶粒热轧带肋钢筋，不适用于由成品钢材再次轧制成的再生钢筋及余热处理钢筋。

普通热轧带肋钢筋的牌号是由 HRB 和屈服强度特征值及 E 构成，其中 H、R、B 分别为热轧（Hot rolled）、带肋（Ribbed）、钢筋（Bars）三个词的英文首位字母，E 是"地震"的英文（Earthquake）首位字母。

细晶粒热轧带肋钢筋的牌号是由 HRBF 和屈服强度特征值及 E 构成，其中 F 为细（Fine）的英文首位字母。其他字母含义同前。

热轧带肋钢筋的力学性能见表 11-5-1。

热轧带肋钢筋可分为 Ⅲ、Ⅳ 和 Ⅴ 级钢筋，Ⅲ 级包括 HRB400、HRBF400、HRB400E 和 HRBF400E，用符号 Φ 或 $Φ^F$ 表示；Ⅳ 级包括 HRB500、HRBF500、HRB500E 和 HRBF500E，用符号 Φ 或 $Φ^F$ 表示；Ⅴ 级包括 HRB600。注意：老规范中有 HRB335 钢筋，为 Ⅱ 级钢筋，用 Φ 表示，现已淘汰。

(2) 钢筋混凝土用余热处理钢筋

钢筋混凝土用余热处理钢筋是热轧后利用热处理原理进行表面控制冷却，并利用芯部余热自身完成回火处理所得的成品钢筋。余热处理后钢筋的强度提高，但是其延性、可焊性、机械连接性能及施工适应性降低。一般可用于对变形性能及加工性能要求不高的构件中，如基础、大体积混凝土、楼板、墙体以及次要的中小结构构件等。

根据《钢筋混凝土用余热处理钢筋》GB 13014—2013，按屈服强度特征值分为400、500级，按用途分为可焊和非可焊。余热处理钢筋有RRB400、RRB400W和RRB500三种，其中，RRB为余热处理钢筋的英文缩写，W为焊接的英文缩写。《混凝土结构设计规范》GB 50010规定，应采用RRB400，其力学性能与HRB400相同，即为Ⅲ级钢筋，用符号Φ^R表示。

(3) 冷轧带肋钢筋

冷轧带肋钢筋是由热轧光圆钢筋为母材，经冷轧减径后其表面冷轧成二面肋、三面肋（月牙肋）和四面肋的钢筋。根据《冷轧带肋钢筋》GB 13788—2017，牌号由CRB和抗拉强度特征值及H构成。C、R、B、H分别表示冷轧（Cold rolled）、带肋（Ribbed）、钢筋（Bars）、高延性（High elongation）四个词的英文首位字母。

冷轧带肋钢筋分为CRB550、CRB650、CRB800、CRB600H、CRB680H、CRB800H六个牌号。CRB550、CRB600H为普通钢筋混凝土用钢筋，CRB650、CRB800、CRB800H为预应力混凝土用钢筋，CRB680H既可作为普通钢筋混凝土用钢筋，也可作为预应力混凝土用钢筋。冷轧带肋钢筋也适用于制造焊接网。

(4) 预应力混凝土用钢丝

根据《预应力混凝土用钢丝》GB/T 5223—2014，钢丝按加工状态分为冷拉钢丝（代号为WCD）和消除应力低松弛钢丝（代号为WLR）两类；钢丝按外形分为光圆钢丝（代号为P）、螺旋肋钢丝（代号为H）和刻痕钢丝（代号为I）三种。预应力混凝土用钢丝具有强度高、柔性好、松弛率低、抗腐蚀性强、质量稳定、安全可靠等特点，主要用于大跨度屋架及薄腹梁、大跨度吊车梁、桥梁等预应力结构。

(5) 预应力混凝土用钢绞线

预应力混凝土用钢绞线应以热轧盘条钢丝为原料，经冷拔后捻制而成。捻制后，钢绞线应进行连续的稳定化处理。根据《预应力混凝土用钢绞线》GB/T 5224—2014，钢绞线按结构分为8类，其结构代号分别为：1×2（用两根钢丝捻制）、1×3（用三根钢丝捻制）、1×3I（用三根刻痕钢丝捻制）、1×7（用七根钢丝捻制的标准型）、1×7I（用六根刻痕钢丝和一根光圆中心钢丝捻制）、1×7C（用七根钢丝捻制又经模拔）、1×19S（用十九根钢丝捻制的1+9+9西鲁式）等。其中，常用的是1×7结构钢绞线。预应力混凝土用钢绞线具有强度高、与混凝土粘结性能好、易于锚固等特点，常用于大跨度、重荷载的预应力混凝土结构。

(6) 预应力混凝土用螺纹钢筋

预应力混凝土用螺纹钢筋（也称精轧螺纹钢筋）是一种热轧成带有不连续外螺纹的直条大直径预应力筋，该钢筋在任意截面处，均可用带有匹配形状的内螺纹的连接器或锚具进行连接或锚固。预应力混凝土用螺纹钢筋以屈服强度划分级别，其代号为PSB（Prestressing Screw Bars）加规定屈服强度最小值表示，例如PSB830表示屈服强度最小值为

830MPa 的钢筋。螺纹钢筋的公称直径为 15～75mm，《预应力混凝土用螺纹钢筋》GB/T 20065—2016 推荐的钢筋公称直径为 25mm 和 32mm。

3. 钢结构用钢

钢结构用钢材主要是热轧成型的钢板、型钢，以及冷加工成型的冷轧薄钢板和冷弯薄壁型钢等。

(1) 钢板

钢板有厚钢板、薄钢板、扁钢（或带钢）之分。厚钢板常用于大型梁、柱等实腹式构件的翼缘板、腹板及节点板；薄钢板主要用于制造冷弯薄壁型钢；扁钢可用于焊接组合梁、柱的翼缘板、各种连接板和加劲肋等。钢板截面的表示方法是在符号"—"后加"宽度×厚度"尺寸，如—300×20。

(2) 热轧型钢

常用的热轧型钢有角钢、工字钢、H 型钢和槽钢。

1) 角钢分为等边角钢和不等边角钢两种。角钢主要用来制作桁架结构的杆件和支撑连接杆件。角钢型号的表示方法是在符号"L"后加"长边宽×短边宽×厚度"，或加"边长×厚度"。

2) 工字钢分为普通工字钢和轻型工字钢。普通工字钢的型号用符号"I"后加截面高度的厘米数来表示、20 号以上的工字钢又按腹板的厚度不同，分为 a、b 或 a、b、c 等类别。

3) H 型钢的基本类型可分为宽翼缘（HW）、中翼缘（HM）、窄翼缘（HN）和薄壁（HT）四类，还可剖分成 T 型钢，代号分别为 TW、TM、TN。H 型钢和相应的 T 型钢的型号分别为代号后加"高度 H×宽度 B×腹板厚度 t_1×翼缘厚度 t_2"，如 HW400×400×13×21 和 TW200×400×13×21。宽翼缘和中翼缘 H 型钢可用于钢柱等受压构件，窄翼缘 H 型钢则适用于钢梁等受弯构件。

4) 槽钢分为普通槽钢和轻型槽钢两种。槽钢适于作檩条等双向受弯构件。

(3) 冷弯薄壁型钢

冷弯薄壁型钢是采用 1.5～6mm 厚的钢板经冷弯和辊压成型的型材以及采用 0.4～1.6mm 的薄钢板经辊压成型的压型钢板，适用于轻钢建筑结构。

五、建筑钢材的防锈和防火

1. 钢材的防锈

钢材的锈蚀是指钢材表面与周围介质发生化学或电化学作用而引起的破坏现象。化学腐蚀指钢材与周围介质（如氧气、二氧化碳、二氧化硫和水等）直接发生化学作用，生成疏松的氧化物而引起的腐蚀现象。化学腐蚀在干燥环境中的速度缓慢，但在干湿交替的情况下腐蚀速度大大加快。电化学腐蚀是指钢材与电解质溶液接触形成微电池而产生的腐蚀现象。钢材在大气中的腐蚀，实际上是化学腐蚀和电化学腐蚀共同作用所致，以电化学腐蚀为主。

对于钢结构用型钢的防锈，主要采用在钢材表面涂覆耐腐蚀性好的金属（镀锌、镀铜和镀铬等）和刷漆（即非金属涂层覆盖，即由底漆、中间漆和面漆组成）的方法，来提高钢材的耐腐蚀能力。

对于混凝土用钢筋的防锈，主要是提高混凝土的密实度，保证钢筋外侧混凝土保护层的厚度，限制氯盐外加剂的掺加量。此外，还可采用环氧树脂涂刷钢筋、镀锌钢筋、掺加阻锈剂等措施。

2. 钢材的防火

钢材在火灾发生及高温条件下将失去原有的性能和承载能力。由耐火试验可知，裸露的钢梁的耐火时间仅为15～20min。温度在200℃以内时，钢材的性能基本不变；当温度超过300℃以后，钢材的弹性模量、屈服强度和极限强度均开始显著下降；当温度达到500℃时，钢材的屈服点降到常温时的50%，会发生塑性变形而导致破坏。钢结构抗火性能差，其主要原因是：一是钢材热传导系数很大，火灾下钢构件升温快；二是钢材强度随温度升高而迅速降低。

钢材的防火措施主要是采用包覆的办法，用防火涂料或不燃性板材将钢构件包裹。防火涂料按受热时的变化分为膨胀型（薄型）和非膨胀型（厚型）两种。膨胀型防火涂料的涂层厚度为2～7mm，由于其内含膨胀组分，遇火后会膨胀增厚5～10倍，形成多孔结构，从而起到隔热防火作用。非膨胀型防火涂料的涂层厚度一般为8～50mm，密度小、强度低，喷涂后需再用装饰面层隔护，耐火极限可达0.5～3.0h。

习　题

11-5-1 （历年真题）衡量钢材均匀变形时的塑性变形能力的技术指标为：
A. 冷弯性能　　　B. 抗拉强度　　　C. 伸长率　　　D. 冲击韧性

11-5-2 同一钢材分别以5倍于直径和10倍于直径的长度作为原始标距，所测得的伸长率 δ_5 和 δ_{10} 关系为：
A. $\delta_5 > \delta_{10}$　　　B. $\delta_5 < \delta_{10}$　　　C. $\delta_5 \geq \delta_{10}$　　　D. $\delta_5 \leq \delta_{10}$

11-5-3 下列关于冲击韧性的叙述，合理的是：
A. 冲击韧性指标是通过对试件进行弯曲试验来确定的
B. 使用环境的温度影响钢材的冲击韧性
C. 钢材的脆性临界温度越高，说明钢材的低温冲击韧性越好
D. 对于承受荷载较大的结构用钢，必须进行冲击韧性检验

11-5-4 建筑钢材产生冷加工强化的原因是：
A. 钢材在塑性变形中缺陷增多，晶格严重畸变
B. 钢材在塑性变形中消除晶格缺陷，晶格畸变减小
C. 钢材在冷加工过程中密实度提高
D. 钢材在冷加工过程中形成较多的具有硬脆性渗碳体

11-5-5 钢材经过冷加工、时效处理后，性能发生的变化为：
A. 屈服点和抗拉强度提高，塑性和韧性降低
B. 屈服点降低，抗拉强度、塑性、韧性都有提高
C. 屈服点提高，抗拉强度、塑性、韧性都有降低
D. 屈服点降低，抗拉强度提高，塑性、韧性都有降低

11-5-6 表明钢材超过屈服点工作时的可靠性的指标是：
A. 比强度　　　　　　　　　　B. 屈强比
C. 屈服强度　　　　　　　　　D. 屈服比

11-5-7 使钢材产生热脆性的有害元素主要是：
A. 碳　　　　　B. 硫　　　　　C. 磷　　　　　D. 氧

11-5-8 建筑钢材腐蚀的主要原因是：
A. 物理腐蚀　　B. 化学腐蚀　　C. 电化学腐蚀　　D. 大气腐蚀

第六节　沥青及改性沥青

沥青是一种有机胶凝材料，是由一些极其复杂的高分子碳氢化合物及其非金属（如氧、氮、硫等）衍生物所组成的混合物。在常温下，沥青呈褐色或黑褐色的固体、半固体或黏稠液体状态。按产源，沥青分为地沥青（包括天然沥青和石油沥青）、焦油沥青（包括煤沥青和页岩沥青）两大类。其中，在建筑工程中石油沥青应用最普遍。

一、石油沥青

石油沥青是石油原油经各种炼制工艺加工而得到的沥青产品，可分为建筑石油沥青、道路石油沥青和普通石油沥青。石油沥青是憎水性材料。

1. 石油沥青的组成

石油沥青的化学组成分析是将沥青分离为化学性质相近，而且与其工程性能有一定联系的几个化学成分组，这些组称为组分。

石油沥青的主要组分是油分、树脂和地沥青质。

(1) 油分。它是一种常温下呈淡黄色至红褐色的油状液体，分子量在 100～500 之间，是石油沥青中分子量最低的组分，密度介于 $0.7～1.0g/cm^3$ 之间。它能溶于石油醚、三氯乙烯、四氯化碳、苯和丙酮等有机溶剂中，但不溶于乙醇。油分在石油沥青中的含量为 40%～60%。由于油分是沥青中分子量最小和密度最小的组分，油分对沥青性质的影响主要表现为降低稠度和黏滞度，增加流动性，降低软化点。油分含量越多，沥青的流动性越好，软化点越低。

(2) 树脂（亦称胶质或脂胶）。它是一种颜色介于黄色至红褐色之间的黏稠状物质（半固体），分子量比油分大，在 600～1000 之间，密度为 $1.0～1.1g/cm^3$。树脂在石油沥青中的含量为 15%～30%。它赋予沥青一定的粘结性和塑性。树脂的含量直接决定着沥青的变形能力和粘结力。树脂的含量增加，沥青的延度和粘结力增加。

(3) 地沥青质（亦称沥青质）。它是一种深褐色至黑色固态无定形的脆性固体微粒。分子量在 1000～6000 之间，密度大于 $1.0g/cm^3$。对光的敏感性强，感光后就不能溶解。地沥青质在石油中含量为 10%～30%。地沥青质属于固态组分，无固定软化点。地沥青质决定着沥青的粘结力、黏度和温度稳定性。地沥青质的含量越高，石油沥青的软化点越高，黏性越大，温度稳定性越好，但同时沥青硬度提高。

此外，石油沥青中还含 2%～3% 的沥青碳和似碳物，为无定形的黑色固体粉末，分子量大约为 75000，密度大于 $1g/cm^3$，对沥青性质的影响表现为降低塑性和黏性，增加老化程度。但由于含量极少，所以对沥青的性质影响不大。

石油沥青中还含有蜡，它会降低石油沥青的粘结性和塑性，同时对温度特别敏感（即温度稳定性差），所以蜡是石油沥青的有害成分，应严格限制其含量。

在长期使用过程中，受大气的作用，部分油分挥发，而部分树脂逐步聚合为大分子组分，即地沥青质组分增多，使石油沥青的塑性降低，黏滞性增大，变脆并硬。

石油沥青属于胶体结构，以地沥青质为核心，周围吸附部分树脂和油分，构成胶团，无数的胶团分散在油分中而形成胶体结构。按其组分的含量及化学结构不同，胶体结构可分为：溶胶型、凝胶型、溶-凝胶型。建筑工程中多采用凝胶型石油沥青。

2. 技术性质

(1) 黏滞性（黏性）

沥青材料在外力作用下抵抗黏性变形的能力称为沥青的黏滞性。黏滞性是反映材料内部阻碍其相对运动的一种特性，也是我国现行标准划分沥青标号的主要性能指标。沥青的黏滞性与其组分及所处的温度有关。当沥青质含量较高，又有适量的胶质，且油分含量较少时，黏滞性较大。温度升高时，黏滞性随之降低，反之则增大。

一般采用针入度来表示石油沥青的黏滞性，其数值越小，表明黏性越大。针入度是在温度为25℃时，以附重100g的标准针，经5s沉入沥青试样中的深度，每深1/10mm，定为1度。

(2) 塑性

塑性是指石油沥青在外力作用时产生变形而不破坏，除去外力后，仍保持变形后的形状的性质。它是沥青性质的重要指标之一。石油沥青中树脂含量较多，且其他组分含量又适当时，则塑性较大。影响沥青塑性的因素有温度和沥青膜层厚度，温度升高，则塑性增大；膜层越厚，则塑性越大。

石油沥青的塑性用延度表示。延度越大，塑性越好。沥青延度是把沥青试样制成∞字形标准试模（中间最小截面积1cm^2）在规定速度（每分钟5cm）和规定温度（25℃）下拉断时的长度，以"cm"为单位表示。

(3) 温度稳定性

石油沥青的性质（包括黏滞性、塑性等）随温度的变化呈现较大的波动，这种性能称为沥青的温度稳定性（也称温度敏感性）。沥青没有一定的熔点。

沥青的温度稳定性用软化点来表示。它表示沥青在某一固定重力作用下，随温度升高逐渐软化，最后流淌垂下至一定距离时的温度。软化点值越高，沥青的温度稳定性越好。

我国现行试验法是采用环球法软化点仪测定软化点。该法是沥青试样注于内径为18.9mm的铜环中，环上置一重3.5g的钢球，在规定的加热速度（5℃/min）下进行加热，沥青试样逐渐软化，直至在钢球荷重作用下，使沥青产生25.4mm挠度时的温度，称为软化点。

建筑工程宜选用温度敏感性较小的沥青。例如沥青防水卷材铺设的屋顶在炎热的夏季阳光下会发生流淌现象，这反映了沥青材料的温度敏感性大。

上述针入度、延度和软化点称为沥青的"三大指标"。

(4) 大气稳定性

大气稳定性是指石油沥青在热、阳光、氧气和潮湿等因素的长期综合作用下抵抗老化的性能。在阳光、空气和热的综合作用下，沥青各组分会不断递变。树脂转变为地沥青质比油分转变为树脂的速度快很多。因此，石油沥青随着时间的进展而流动性和塑性逐渐减小，针入度和延度减小，软化点增高，硬脆性逐渐增大，直至脆裂。这个过程称为石油沥青的"老化"。所以大气稳定性可以抗"老化"性能来说明。

石油沥青的大气稳定性常以蒸发损失和蒸发后针入度比来评定。其测定方法是：先测定沥青试样的重量及其针入度，然后将试样置于加热损失试验专用的烘箱中，在160℃下蒸发5h，待冷却后再测定其重量及针入度。计算蒸发损失重量占原重量的百分数称为蒸发损失；计算蒸发后针入度占原针入度的百分数称为蒸发后针入度比。

(5) 其他性质

溶解度是指石油沥青在三氯乙烯、四氯化碳或苯中溶解的百分率，以表示石油沥青中有效物质的含量，即纯净程度。那些不溶解的物质会降低沥青的性能，应把不溶物视为有害物质（如沥青碳或似碳物）而加以限制。

闪点（也称闪火点）是指加热沥青至挥发出的可燃气体和空气的混合物，在规定条件下与火焰接触，初次闪火（有蓝色闪光）时的沥青温度（℃）。

燃点（也称着火点）是指加热沥青产生的气体和空气的混合物，与火焰接触能持续燃烧 5s 以上时沥青的温度（℃）。燃点温度比闪点温度约高 10℃，沥青质组分多的沥青相差越多，液体沥青由于轻质成分较多，闪点和燃点的温度相差很小。

闪点和燃点的高低表明沥青引起火灾或爆炸的可能性的大小，它关系到运输、贮存和加热使用等方面的安全。例如建筑石油沥青闪点约 230℃，在熬制时一般温度为 185～200℃，为安全起见，沥青应与火焰隔离。

3. 建筑石油沥青

建筑石油沥青按针入度值划为 10 号、30 号、40 号三个牌号，见表 11-6-1。

建筑石油沥青技术要求 表 11-6-1

技术指标项目	质量指标		
	10 号	30 号	40 号
针入度（25℃，100g，5s）（1/10mm）	10～25	26～35	36～50
针入度（0℃，200g，5s）（1/10mm），≥	3	6	6
延度（25℃，5cm/min）（cm），≥	1.5	2.5	3.5
软化点（环球法）（℃）	95	75	60
溶解度（三氯乙烯）（%），≥	99.0		
蒸发后质量变化（163℃，5h）（%），≤	1		
蒸发后25℃针入度比（%），≥	65		
闪点（开口杯法）（℃），≥	260		

注：46℃针入度报告应为实测值。

在同一品种石油沥青中，牌号越大，相应的针入度值越大（黏性越小），延度越大（塑性越大），软化点越低（温度稳定性越差）。

选用建筑石油沥青的原则是根据工程性质（房屋、防腐等）及当地气候条件、所处工程部位（屋面、地下）来选用。在满足上述要求的前提下，尽量选用牌号高的石油沥青。对于屋面防水工程，应主要考虑沥青的高温稳定性，宜选用软化点较高的沥青，如 10 号沥青或10号与30号的混合沥青。对于地下室防水工程，应主要考虑沥青的耐老化性，选用软化点较低的沥青，如40号沥青。

当某一种牌号的石油沥青不能满足工程技术要求时，需用不同牌号沥青进行掺配。在进行掺配时，为了不使掺配后的沥青胶体结构破坏，应选用表面张力相近和化学性质相似的沥青。研究证明同产源的沥青容易保证掺配后的沥青胶体结构的均匀性。所谓同产源是指同属石油沥青，或同属煤沥青（或煤焦油）。

【例11-6-1】（历年真题）为了提高沥青的温度稳定性，可以采取的措施是：
A. 提高地沥青质的含量　　　　　B. 降低环境温度
C. 提高油分含量　　　　　　　　D. 提高树脂含量

【解答】为了提高沥青的温度稳定性，可采取提高地沥青质的含量，应选A项。

【例11-6-2】（历年真题）为了提高沥青的塑性、粘结性和可流动性，应增加：
A. 油分含量　　　　　　　　　　B. 树脂含量
C. 地沥青质含量　　　　　　　　D. 焦油含量

【解答】为了提高沥青的塑性、粘结性和可流动性，应增加树脂含量，应选B项。

二、煤沥青

煤沥青是炼焦厂或煤气厂的副产品。烟煤在干馏过程中的挥发物质，经冷凝而成黑色黏性液体称为煤焦油，煤焦油经分馏加工提取轻油、中油、重油、蒽油以后，所得残渣即为煤沥青。根据蒸馏程度不同，煤沥青分为低温沥青、中温沥青和高温沥青三种。建筑工程所采用的煤沥青多为黏稠或半固体的低温沥青。

与石油沥青相比，煤沥青的技术特点是温度稳定性较低、大气稳定性较差，但与矿质骨料的粘附性较好、耐腐蚀性强。因此，煤沥青适用于木材等的表面防腐处理。

三、改性石油沥青

建筑工程上使用的沥青必需具有一定的物理性质和粘附性。在低温条件下应有弹性和塑性；在高温条件下要有足够的强度和稳定性；在加工和使用条件下具有抗"老化"能力；还应与各种矿料和结构表面有较强的粘附力；对构件变形的适应性和耐疲劳性。通常，石油加工厂制备的沥青不一定能全面满足这些要求，因此，常用橡胶、树脂和矿物填料等改性。橡胶、树脂和矿物填料等通称为石油沥青的改性材料。

1. 橡胶类改性沥青

橡胶是沥青的重要改性材料，它与沥青有较好的混溶性，并能使沥青具有橡胶的很多优点，如高温变形性小，低温柔性好。由于橡胶的品种不同，掺入的方法也有所不同，而各种橡胶沥青的性能也有差异。常用的有：丁基橡胶改性沥青、再生橡胶改性沥青和氯丁橡胶改性沥青。

2. 树脂类改性沥青

用树脂改性石油沥青，可以改进沥青的耐寒性、耐热性、粘结性和不透气性。由于石油沥青中含芳香性化合物很少，故树脂与石油沥青的相溶性较差，而且可用的树脂品种也较少。常用的有：古马隆树脂、聚乙烯、聚丙烯、酚醛树脂及天然松香等。

3. 橡胶和树脂改性沥青

橡胶和树脂同时用于改善沥青的性质，使沥青同时具有橡胶和树脂的特性，并且树脂比橡胶便宜，橡胶与树脂又有较好的混溶性，故效果较好。

4. 矿物填充料改性沥青

为提高沥青的粘结能力和耐热性，减小沥青的温度敏感性，经常加入一定数量的矿物填充料。常用的矿物填充料大多是粉状的和纤维状的，主要的有滑石粉、硅藻土、云母粉、石棉粉、粉煤灰、高岭土、白垩粉等。

【例 11-6-3】（历年真题）下列几种矿物粉料中，适合做沥青的矿物填充料的是：
A. 石灰石粉　　　B. 石英砂粉　　　C. 花岗岩粉　　　D. 滑石粉

【解答】适合做沥青的矿物填充料是滑石粉，应选 D 项。

四、沥青的应用

沥青的使用方法很多，可以作为涂层涂刷，也可以配制成各种防水材料制品。沥青按施工方法的不同分热用和冷用两种。热用是指加热沥青使其软化流动，并趁热施工；冷用是将沥青加溶剂稀释或用乳化剂乳化成液体，在常温下施工。使用沥青时，加热温度不宜过高，时间不宜过长，以防老化，并且不应超过沥青的闪点，还应与火源隔开以防着火，同时，要防止烫伤、中毒等事故。

1. 防水涂料

（1）沥青基防水涂料

1) 冷底子油

冷底子油是用汽油、柴油、煤油、苯等稀释剂对石油沥青进行稀释后的油状物。由于在常温下主要用于防水工程的底层，故称冷底子油。冷底子油黏度小，具有良好的流动性，涂刷在混凝土、砂浆或木材等基面上，能很快渗入基层孔隙中，待溶剂挥发后便与基面牢固结合。

冷底子油形成的涂膜较薄，一般不单独作防水材料使用，只作某些防水材料的配套材料，施工时应在基层上先涂刷一道冷底子油，再刷沥青防水涂料或防水卷材。冷底子油应涂刷在干燥的基面上，不宜在有雨、雾、雪的环境中施工。

2) 沥青胶（沥青玛琋脂）

沥青胶是在沥青中掺入适量的粉状或纤维状矿物填充料，经均匀混合而制成的胶状物材料，属于矿物填充料改性沥青。常用的矿物填充料主要有滑石粉、石灰石粉、木屑粉、石棉粉等。沥青胶具有较好的黏性、耐热性和柔韧性。沥青胶主要用于粘贴卷材、嵌缝、接头、补漏及作防水层的底层。

3) 乳化沥青

乳化沥青是沥青微粒（粒径 $1\mu m$）分散在有乳化剂的水中而成的乳胶体。制作时，首先在水中加入少量乳化剂，再将沥青热熔后缓缓倒入，同时高速搅拌，使沥青分散成微小颗粒，均匀分散于水中。乳化沥青可涂刷或喷涂在基层表面上作为防潮或防水层，用以粘贴玻璃纤维毡片（或布）作屋面防水层，或用于拌制冷用沥青砂浆和沥青混凝土。

4) 水性沥青防水涂料

水性沥青防水涂料是以沥青为基料配制而成的水乳型或溶剂型防水涂料。涂料的乳化是借助于乳化剂的作用，在机械搅拌下，将熔化的沥青微粒（粒径 $1\sim10\mu m$）均匀地分散在溶剂中，使其形成稳定的悬浮体。常用的乳化剂有石灰膏、水玻璃、动物胶、松香、肥皂等。目前，最常用的水性沥青防水涂料有 AE-1 和 AE-2 两种类型。AE-1 型是用矿物胶体乳化剂配制的乳化沥青为基料，以石棉纤维或其他无机矿物作为填料的防水涂料，又称水性沥青基厚质防水涂料；AE-2 型是用化学乳化剂配制的乳化沥青为基料，掺有氯丁胶乳或再生胶等橡胶水分散体的防水涂料，又称水性沥青基薄质防水涂料。

（2）高聚物改性沥青防水涂料

高聚物改性沥青防水涂料是以沥青为基料，用合成高分子聚合物改性而制成的水乳型或溶剂型防水涂料，如氯丁橡胶改性沥青防水涂料、水乳型橡胶改性沥青防水涂料、SBS 和 APP 改性沥青防水涂料等。该类防水涂料柔韧性、抗裂性、拉伸强度、耐高低温性能、使用寿命等性能均比沥青基防水涂料有较大改善，广泛应用于各级屋面、地下室以及卫生间的防水工程。

【例 11-6-4】（历年真题）配制乳化沥青时需要加入：
A. 有机溶剂　　　　　　　　　B. 乳化剂
C. 塑化剂　　　　　　　　　　D. 无机填料

【解答】 配制乳化沥青时需要加入乳化剂，应选 B 项。

2. 防水卷材

（1）沥青防水卷材

根据防水材料中有无基胎增强材料，沥青防水卷材分为有胎沥青防水卷材和无胎沥青防水卷材。有胎沥青防水卷材是以原纸、纤维毡、纤维布、金属箔、塑料膜等材料中的一种或数种复合为胎基，浸涂沥青或改性沥青后，用隔离材料覆盖其表面所制成的防水卷材。无胎沥青防水卷材是以橡胶或沥青、树脂、配合剂和填料为原料，经热融混合成型而制成的防水卷材。

油毡和油纸是常用的沥青防水卷材。油毡按所使用原纸单位平方米的质量（g）数划分为 200 号、350 号和 500 号三个标号；按浸渍材料总量和物理性能，油毡分为合格品、一等品和优等品三个等级。200 号油毡适用于简易防水、临时性建筑防水、防潮及包装等；350 号和 500 号油毡适用于多层建筑防水。

（2）改性沥青防水卷材

改性沥青防水卷材是以合成高分子聚合物改性沥青为涂覆层，以纤维织物或纤维毡为胎基，粉状、片状、粒状或薄膜材料为隔离层而制成的厚度为 2～4mm 的防水卷材。改性沥青防水卷材具有高温不流淌、低温不脆裂、拉伸强度较高、延伸率较大等性能特点。常用的改性沥青防水卷材有弹性体改性沥青防水卷材（也称 SBS 改性沥青防水卷材）和塑性体改性沥青防水卷材（也称 APP 改性沥青防水卷材）。

3. 密封材料

建筑防水沥青嵌缝油膏是以石油沥青为基料，加入改性材料、稀释剂及填充料混合制成的冷用膏状材料，简称油膏。改性材料有废橡胶粉和硫化鱼油；稀释剂有松焦油、松节重油和机油；填充料有石棉绒和滑石粉等。油膏主要作为屋面、墙面、沟和槽的防水嵌缝材料。

习　题

11-6-1　（历年真题）在测定沥青的延度和针入度时，需保持以下哪项条件恒定？
A. 室内温度　　　　　　　　　B. 试件所处水浴的温度
C. 试件质量　　　　　　　　　D. 试件的养护条件

11-6-2 （历年真题）石油沥青的软化点反映了沥青的：
A. 黏滞性　　　　B. 温度敏感性　　　C. 强度　　　　　D. 耐久性

11-6-3 （历年真题）沥青老化后，其组分的变化规律是：
A. 油脂增多　　　　　　　　　　　B. 树脂增多
C. 地沥青质增多　　　　　　　　　D. 沥青碳增多

11-6-4 （历年真题）石油沥青的针入度指标反映了石油沥青的：
A. 黏滞性　　　　B. 温度敏感性　　　C. 塑性　　　　　D. 大气稳定性

第七节　木　　材

木材作为一种建筑材料，有其显著的特性：强度高，质地轻，弹性好，易加工，具有很好的耐冲击性、抗震性；导热性低，隔热、隔声、绝缘性好；具有独特的纹理，装饰性好。木材是可再生资源，符合可持续发展战略。当然，木材也有一些缺陷，如构造不均匀、各向异性、易吸潮、易变形、易受虫菌的侵蚀、易腐朽、易燃烧等。

一、木材的分类与组成

1. 分类

由树叶的外观形状可将木材分为针叶树木材和阔叶树木材。

针叶树树干通直且高大，纹理平顺，材质较均匀，易于加工，木质较软，又称软木。其强度较高，材质较轻，胀缩变形较小，耐腐蚀性较强，在工程中广泛用作承重构件（如梁、柱、屋架、门窗等），也用作模板。常用树种有柏木、东北落叶松、油松、红松、云南松、马尾松、西南云杉、油杉、铁杉、红皮云杉、西北玄杉、冷杉、鱼鳞云杉等。

阔叶树树干通直部分较短，材质较硬。加工较难，又称硬木。其强度高，一般较重，纹理显著，胀缩变形较大，易翘曲、开裂。常用作尺寸较小的构件及装修材料。常用树种有栎木、青冈、水曲柳、樟木、锥栗、紫心木、桦木、大叶椴等。

按木材的用途和加工的不同，可以分为原条、原木和锯材。原条是指已经去皮、根及树梢，但尚未加工成规定尺寸的木料；原木是指由原条按一定尺寸加工成规定直径和长度的木材；锯材是指原木经制材加工而成的成品材或半成品材，分为方木（亦称方材）和板材。

2. 组成

木材的组成（或构造）分为宏观构造和微观构造。

（1）宏观构造

将木材切成如图 11-7-1 所示的 3 个切面，即横切面、径切面、弦切面，用肉眼和放大镜可以观察到木材的宏观构造。从径切面上可看到，树木是由髓心、木质部和树皮等部分组成。木质部是木材使用的主要部分。靠近树中心颜色较深的部分称为心材。靠近边缘颜色较浅的部分称为边材。心材比边材含水率低，变形小，抗腐蚀性好。

从横切面上看到木质部具有深浅相间的同心圆环，此谓年轮。在同一年轮内，春天生长的木质，细胞壁薄，形体较大，质较松，色较浅，称为春材（早材）；夏秋两季生长的木质，细胞腔小而壁厚，质较密，色较深，称为夏材（晚材）。一个年轮内晚材所占的比例称为晚材率。相同树种，年轮越密而均匀，材质越好；夏材部分越多，晚材率越大，木

图 11-7-1 木材的宏观构造
1—横切面；2—径切面；3—弦切面；4—树皮；
5—木质部；6—髓心；7—髓线；8—年轮

材强度越高。

(2) 微观构造

在显微镜下可观察到木材是由无数管状空腔细胞紧密结合而成，绝大部分管状细胞纵向排列，少数横向排列（如髓线）。每个细胞由细胞壁和细胞腔组成，细胞壁由若干层细纤维组成，其间微小的间隙能吸收和渗透水分，细纤维的纵向连接比横向牢固，故细胞壁的纵向强度比横向强度高。细胞壁越厚、细胞腔越小的木材越密实，其表观密度越大，强度也越高，但胀缩变形也较大。

【例 11-7-1】（历年真题）下列木材中适宜做装饰材料的是：

A. 松木　　　　　　B. 杉木
C. 水曲柳　　　　　D. 柏木

【解答】适宜做装饰材料的是水曲柳，应选 C 项。

二、木材的性质

1. 含水率、纤维饱和点与平衡含水率

木材的含水率是指木材所含水的质量占干燥木材质量的百分数。含水率的大小对木材的湿胀干缩性和强度影响很大。

木材中所含水分可分为自由水和吸附水。其中，自由水是存在于细胞腔和细胞间隙中的水分，吸附水是指被吸附在细胞壁内细纤维之间的水分。水分进入木材后，首先吸附在细胞壁内的细纤维中，成为吸附水。吸附水饱和后，其余的水则成为自由水。自由水的变化只影响木材的表观密度、燃烧性和抗腐蚀性，而吸附水的变化是影响木材强度和胀缩变形的主要因素。

当木材中无自由水，而细胞壁内充满吸附水并达到饱和时的含水率称为纤维饱和点。纤维饱和点是木材物理力学性质发生变化的转折点。纤维饱和点因树种不同而异，一般为 25%～35%。

干燥的木材能从周围湿空气中吸收水分，而潮湿的木材也能在较干燥的空气中失去水分，且含水率随着环境的温度和湿度变化而改变。当木材长时间处于一定的温度和湿度环境中时，木材中的含水量最后会达到与周围空气湿度相平衡的状态，此时的木材含水率称为平衡含水率。平衡含水率是木材进行干燥时的重要指标。我国北方木材的平衡含水率约为 12%，南方木材的平衡含水率约为 18%，长江流域木材的平衡含水率一般为 15% 左右。

2. 湿胀与干缩

当木材的含水率在纤维饱和点以下时，随着含水率的增大，木材体积产生膨胀；随着含水率减小，木材体积收缩；而当木材含水率在纤维饱和点以上变化时，只是自由水增减，木材的重量改变，而木材的体积不发生变化。

由于木材构造的不均质性，各方向的胀缩变形也不一致。同一木材中，弦向胀缩变形最大，径向次之，纵向最小。

3. 强度及其影响因素

(1) 强度

木材的强度包括抗压、抗拉、抗弯和抗剪强度。由于木材是各向异性材料，因而其抗压、抗拉和抗剪强度又有顺纹和横纹的区别。

木材的顺纹抗压强度是指压力作用方向与木材纤维方向平行时的强度，这种受压破坏是因细胞壁失去稳定而非纤维的断裂。木材的顺纹抗拉强度是指拉力方向与木材纤维方向一致时的强度，这种受拉破坏往往不是纤维被拉断而是纤维间被撕裂。顺纹抗拉强度是木材所有强度中最高的（表 11-7-1），但在实际应用中，由于木材存在的各种缺陷（如木节、斜纹、裂缝等）对其影响极大，同时，受拉构件连接处应力复杂，使木材的顺纹抗拉强度难以充分利用。木材的剪切见图 11-7-2，其强度见表 11-7-1。

木材理论上各强度大小关系　　　　　　　　表 11-7-1

抗压		抗拉		抗弯	抗剪		
顺纹	横纹	顺纹	横纹		顺纹	横纹	横纹切断
1	1/10~1/3	2~3	1/20~1/3	1.5~2	1/7~1/3	1/14~1/6	0.5~1

图 11-7-2　木材的剪切
(a) 顺纹剪切；(b) 横纹剪切；(c) 横纹切断

(2) 影响强度的因素

1) 含水率。当木材含水率在纤维饱和点以下时，随含水率降低，即吸附水减少，细胞壁趋于紧密，木材强度提高；反之，当含水率升高时，由于亲水的细胞壁逐渐软化而使木材强度降低。当木材含水率在纤维饱和点以上变化时，仅是细胞腔内自由水的变化，木材的强度不改变。

含水率变化对木材抗弯强度和顺纹抗压强度影响较大，对顺纹抗剪强度影响较小，对顺纹抗拉强度几乎没有影响。

根据《无疵小试样木材物理力学性质试验方法　第 2 部分：取样方法和一般要求》GB/T 1927.2—2021 的规定，木材的强度标准值应在实验室温度 20±2℃和相对湿度65%±3%，木材平衡含水率为 12%的条件下进行测定。

2) 负荷时间。木材的持久强度比短期荷载作用下的极限强度低得多，一般为短期极限强度的 50%~60%。

3) 温度。木材的强度随环境温度升高而降低。因此，长期处于 50℃以上的建筑不宜采用木结构。

4) 缺陷。木材的缺陷包括木节、斜纹、裂纹、腐朽和虫害等。木节分为活节、死节、松软节、腐朽节等几种，活节影响较小。木节使木材顺纹抗拉强度显著降低，对顺纹抗压强度影响较小。在木材受横纹抗压和剪切时，木节反而增加其强度。

【例 11-7-2】（历年真题）同种木材的各种强度中最高的是：
 A. 顺纹抗拉强度 B. 顺纹抗压强度
 C. 横纹抗拉强度 D. 横纹抗压强度

【解答】同种木材的各种强度中最高的是顺纹抗拉强度，应选 A 项。

【例 11-7-3】（历年真题）测定木材强度标准值时，木材的含水率需调整到：
 A. 平衡含水率 B. 纤维饱和点
 C. 绝对干燥状态 D. 12%

【解答】测定木材强度标准值时，木材的含水率需调整到12%，应选 D 项。

【例 11-7-4】（历年真题）导致木材物理力学性质发生改变的临界含水率是：
 A. 最大含水率 B. 平衡含水率 C. 纤维饱和点 D. 最小含水率

【解答】导致木材物理力学性质发生改变的临界含水率是纤维饱和点，应选 C 项。

三、木材的保护

1. 木材的干燥

木材的含水状况对木材的性能具有较大影响，在加工和使用木材之前应对木材进行一定程度的干燥处理，以防止木材收缩变形和翘曲开裂，尽可能地提高强度和耐久性。木材的干燥方法有自然干燥法和人工干燥法。

2. 木材的防腐

木材腐朽为真菌侵害所致。木材中常见的真菌有霉菌、变色菌、腐朽菌三种。前两种真菌只能使木材变色，影响其外观，而对木材的力学性质影响不大，腐朽菌通过分泌酶将木材细胞壁物质分解为其所需养料，使木材腐朽败坏。真菌在木材中的生存和繁殖必须同时具备3个条件：适当的水分、空气和温度。最适宜腐朽菌繁殖的条件是：木材含水率为35%~50%，温度为25~30℃，木材中有一定量的空气存在。木材除易受真菌侵蚀外，还会遭受昆虫的蛀蚀（如白蚁、天牛、蠹虫等）。

木材的防腐防虫通常采用的方法：①通过通风、排湿、表面涂刷油漆等，保持其经常处于干燥状态，使其含水率在20%以下；②注入化学防腐剂、防虫剂。

3. 木材的防火

木材的防火方法：①表面处理法，它是采用不燃性材料（如金属、水泥砂浆、防火涂料等）覆盖在木材的表面，阻止木材直接与火接触；②注入阻燃剂（或防火剂）。

四、木材的应用

1. 承重材料

原木、方木（方材）、板材可作木结构房屋的承重构件。

2. 装饰制品

（1）木地板。木地板分为条木地板和拼花地板。木地板应选用木纹美观，不易开裂变形，有适当硬度，耐腐朽，较耐磨的优质木材。木地板应经干燥、变形稳定后再加工制作。

（2）胶合板。胶合板按质量和使用胶料不同分为Ⅰ、Ⅱ、Ⅲ、Ⅳ类。胶合板最大的特点是改变了木材的各向异性，材质均匀、吸湿变形小、幅面大、不易翘曲，而且有着美丽的花纹。

(3) 纤维板。纤维板是将树皮、刨花、树枝等废材经破碎浸泡、研磨成木浆,加入胶料,热压成型,干燥处理而成的人造板材。纤维板按密度不同分为硬质纤维板(表观密度大于 800kg/m³)、中密度纤维板(表观密度大于 500kg/m³)、软质纤维板(表观密度小于 500kg/m³)。硬质纤维板主要用作室内壁板、门板、地板、家具等。中密度纤维板主要用于隔断、隔墙和家具等。软质纤维板主要用于吊顶和墙面吸声材料。

(4) 刨花板、木丝板、木屑板。刨花板、木丝板、木屑板是分别以刨花木渣、短小废料刨制的木丝、木屑等为原料,经干燥后拌入胶料,再经热压成型而制成的人造板材。这类板材一般表观密度较小,强度较低,主要用作绝热和吸声材料,但其中热压树脂刨花板和木屑板,其表面可粘贴塑料贴面或胶合板作饰面层,这样既增加了板材的强度,又使板材具有装饰性,可用作吊顶、隔墙、家具等材料。

(5) 细木工板。细木工板是由上、下两面层和芯材三部分组成,上、下面层均为胶合板,芯材是由木材加工使用中剩下的短小木料经再加工成木条,最后用胶将其粘拼在面层板上并经压合而制成。这种板材一般厚 20mm 左右,长 2000mm 左右,宽 1000mm 左右,强度较高,幅面大,表面平整,使用方便。细木工板可代替实木板应用,普遍用作建筑室内门、隔墙、隔断、橱柜等的装修。

(6) 复合地板。复合地板是一种多层叠压木地板,板材 80% 为木质。这种地板通常是由面层、芯板和背层三部分组成。其中,面层又由数层叠压而成,每层都有其不同的特色和功能。复合地板适用于客厅、起居室、卧室等地面铺装。

【例 11-7-5】(历年真题)将木材破碎浸泡,研磨成浆,加入一定量粘合剂,经热压成型、干燥处理而制成的人造板材,称为:

A. 胶合板　　　　B. 纤维板　　　　C. 刨花板　　　　D. 大芯板

【解答】将木材破碎浸泡,研磨成浆,加入粘合剂,再次热压成型的人造板材称为纤维板,应选 B 项。

习 题

11-7-1 (历年真题)木材在生长、采伐、储运、加工和使用过程中会产生一些缺陷,这些缺陷对( )影响最大。

A. 横纹抗压　　B. 顺纹抗拉　　C. 横向抗压　　D. 顺纹抗剪

11-7-2 木材的胀缩变形沿( )最小。

A. 纵向　　　　B. 弦向　　　　C. 径向　　　　D. 无法确定

11-7-3 木节降低木材的强度,其中对( )强度影响最大。

A. 抗弯　　　　B. 抗拉　　　　C. 抗剪　　　　D. 抗压

11-7-4 木材干燥时,首先失去的水分是:

A. 自由水　　　B. 吸附水　　　C. 化合水　　　D. 结晶水

11-7-5 含水率对木材强度影响最大的是:

A. 顺纹抗压强度　　　　　　　　B. 横纹抗压强度
C. 顺纹抗拉强度　　　　　　　　D. 顺纹抗剪强度

第八节 石　　材

一、岩石的形成与分类

天然石材是指从天然岩石（体）中开采未经加工或经加工制成块状、板状或特定形状的石材的总称。天然岩石根据其形成的地质条件不同，可分为岩浆岩、沉积岩、变质岩三大类。

1. 岩浆岩

岩浆岩又称火成岩，它是地壳深处的熔融岩浆上升到地表附近或喷出地表经冷凝而形成的岩石。根据岩浆冷凝情况不同，岩浆岩又可分为深成岩、喷出岩和火山岩三种。

深成岩是地壳深处的岩浆，其特点是：矿物结晶完整，晶粒粗大，结构致密，呈块状构造；具有抗压强度高，吸水率小，表观密度大，抗冻性、耐磨性、耐水性良好。常见的深成岩有花岗岩、正长岩、闪长岩、橄榄岩。

喷出岩是岩浆喷出地表后，在压力骤减、迅速冷却的条件下形成的岩石。其特点是大部分结晶不完全，多呈细小结晶（隐晶质）或玻璃质（解晶质）。常见的喷出岩有玄武岩、安山岩、辉绿岩。

火山岩是火山爆发时，岩浆被喷到空中急速冷却后形成的岩石。其特点是呈多孔玻璃质结构，表观密度小。常见的火山岩有火山灰、浮石、火山渣、火山凝灰岩等。

2. 沉积岩

沉积岩又称水成岩。它是地表的各种岩石经自然风化、风力搬迁、流水冲移等作用后，再沉积而形成的岩石。主要存在于地表及离地表不太深处。其特征是层状构造，外观多层理（各层的成分、结构、颜色、层厚等均不相同），表观密度小，孔隙率和吸水率较大，强度较低，耐久性较差。根据沉积岩的生成条件，沉积岩可分为机械沉积岩（如砂岩、页岩）、生物沉积岩（如石灰岩、硅藻土）、化学沉积岩（石膏、白云岩）三种。

3. 变质岩

变质岩是由地壳中原有的岩浆岩或沉积岩，由于地壳变动和岩浆活动产生的温度和压力，使原岩石在固态状态下发生再结晶，使其矿物成分、结构构造以至化学成分部分或全部改变而形成的岩石。如大理岩、石英岩、片麻岩等。

【例 11-8-1】（历年真题）地表岩石经长期风化、破碎后，在外力作用下搬运、堆积，再经胶结、压实等再造作用而形成的岩石称为：

A. 变质岩　　　　B. 沉积岩　　　　C. 岩浆岩　　　　D. 火成岩

【解答】地表岩石经长期风化、破碎后，在外力作用下搬运、堆积，再经胶结、压实等作用而生成的岩石称为沉积岩，应选 B 项。

二、石材的技术性质

石材的技术性质可分为物理性质、力学性质和工艺性质。

1. 物理性质

物理性质主要有：表观密度、吸水性、耐水性、抗冻性、耐热性、导热性、光泽度和放射性元素含量。

表观密度大于 1800kg/m³ 的称为重质石材，否则称为轻质石材。

吸水率低于 1.5%的岩石称为低吸水性岩石；吸水率介于 1.5%～3.0%的称为中吸水性岩石；吸水率高于 3.0%的称为高吸水性岩石。花岗岩的吸水率通常小于 0.5%。

石材的耐水性用软化系数表示。软化系数大于 0.90 为高耐水性石材，软化系数在 0.7～9.0 之间为中耐水性石材，软化系数在 0.6～0.7 之间为低耐水性石材。一般软化系数低于 0.6 的石材，不允许用于重要建筑。

为确保石材的强度、耐久性等性能，一般要求所采用石材的表观密度较大、吸水率小、耐水性好、抗冻性好以及耐热性好。

2. 力学性质

(1) 抗压强度。天然饰面石材的抗压强度是在饰面石材干燥、吸水饱和条件下用边长 50mm 的立方体或直径 50mm×50mm 的圆柱体试件的抗压强度值来表示，分为 MU100、MU80、MU60、MU50、MU40、MU30、MU20、MU15、MU10 九个等级。建筑工程中承重石材的抗压强度是用 70mm 的立方体试块在吸水饱和状态下的抗压强度值表示，分为 MU100、MU80、MU60、MU50、MU40、MU30、MU20 七个等级。

(2) 抗拉强度。石材的抗拉强度较小，为其抗压强度的 $\frac{1}{20}\sim\frac{1}{10}$。

(3) 冲击韧性。石材的冲击韧性取决于矿物成分与构造。

(4) 硬度。石材的硬度指抵抗刻划的能力，以莫氏强度（相对硬度）或肖氏硬度（绝对硬度）表示。它取决于矿物的硬度与构造。石材的硬度与抗压强度具有良好的相关性，一般抗压强度越高，其硬度也越高。硬度越高，其耐磨性和抗刻划性越好，但表面加工越困难。装饰石材的莫氏硬度一般在 5～7 之间。

(5) 耐磨性。耐磨性是指石材在使用条件下抵抗摩擦、边缘剪切以及冲击等复杂作用的性质。石材的耐磨性以单位面积磨耗量表示。石材的耐磨性与其矿物的硬度、结构、构造特征以及石材的抗压强度和冲击韧性等有关。

3. 工艺性质

石材的工艺性质指开采及加工的适应性，包括加工性、磨光性和抗钻性。

加工性指对岩石进行劈解、破碎与凿琢等加工时的难易程度。强度、硬度较高的石材，不易加工；质脆而粗糙，颗粒交错结构，含层状或片状构造或已风化的岩石，都难以满足加工要求。

磨光性指岩石能否磨成光滑表面的性质。致密、均匀、细粒的岩石，一般都有良好的磨光性。磨光性用磨光值（PSV）表示。

抗钻性指岩石钻孔的难易程度。影响抗钻性的因素很复杂，一般与岩石的强度、硬度等性质有关。

【例 11-8-2】（历年真题）以下性质中哪个不属于石材的工艺性质：

A. 加工性　　　　　　　　　　B. 抗酸腐蚀性
C. 抗钻性　　　　　　　　　　D. 磨光性

【解答】抗酸腐蚀性不属于石材的工艺性质，应选 B 项。

三、石材的应用

1. 花岗石

花岗石是岩浆岩（火成岩）中的深成岩，是地壳内部熔融的岩浆上升至地壳某一深处冷凝而成的岩石。构成花岗岩的主要造岩矿物有长石（结晶铝硅酸盐）、石英（结晶 SiO_2）和少量云母（片状含水铝硅酸盐）。从化学成分看，花岗岩主要含 SiO_2（约70%）和 Al_2O_3，CaO 和 MgO 含量很少，因此，属酸性结晶深成岩。

花岗石的特点是：①硬度大，耐磨性好；②耐久性好，花岗岩的化学组成主要为酸性的 SiO_2，具有高度抗酸腐蚀性；③耐火性差，由于花岗岩中的石英在 573℃ 和 870℃ 会发生相变膨胀，引起岩石开裂破坏，因而耐火性不高；④可以打磨抛光；⑤自重大，硬度大，开采和加工困难；⑥某些花岗岩含有微量放射性元素，对人体有害。

花岗石板材质感丰富，具有华丽高贵的装饰效果，且质地坚硬、耐久性好，所以是室内外高级装饰材料，主要用于建筑物的墙、柱、地、楼梯、台阶、栏杆等表面装饰及服务台、展示台等。

2. 大理石

工程地质学中所指的大理岩是由石灰岩或白云岩变质而成的变质岩，主要矿物成分是方解石或白云石，主要化学成分为碳酸盐类（碳酸钙或碳酸镁）。但建筑工程上通常所说的大理石是广义的，是指具有装饰功能，可锯切、研磨、抛光的各种沉积岩和变质岩，属沉积岩的大致有致密石灰岩、砂岩、白云岩等；属变质岩的大致有大理岩、石英岩、蛇纹岩等。

大理石耐久性次于花岗岩。天然大理石硬度较低，容易加工和磨光，材质均匀，抗压强度为 50~140MPa。大理石铺设地面，磨光面容易损坏，其耐用年限一般在 30~80 年。大理石为碱性岩石，不耐酸，抗风化能力差，除个别品种（如汉白玉、艾叶青等）外，一般不宜用于室外装饰。

大理石板材用于装饰等级要求较高的建筑物饰面，主要用于室内饰面，如墙面、地面、柱面、台面、栏杆、踏步等。

3. 承重的石材（毛石与料石）

(1) 毛石：毛石是指岩石经爆破后所得形状不规则的石块，形状不规则的称为乱毛石，有两个大致平行面的称为平毛石。建筑上用毛石一般要求中部厚度不小于 200mm，抗压强度应大于 10MPa，软化系数应不小于 0.85。毛石常用来砌筑基础、勒脚、墙身、挡土墙，还可以用来制作毛石混凝土。

(2) 料石：料石是指经加工而成规则的六面体块石，按表面加工的平整程度分为：毛料石、粗料石和细料石。料石按形状可分为条石、方石及拱石。料石主要应用于建筑物的基础、勒脚、墙体等部位。

习　题

11-8-1 土木工程中常用的石灰岩、石膏岩、菱镁矿，它们均属于：
A. 岩浆岩　　　　　B. 变质岩　　　　　C. 沉积岩　　　　　D. 火山岩

11-8-2 花岗岩与石灰岩在强度和吸水性方面的差异，描述正确的是：
A. 前者强度较高，吸水率较小　　　　　B. 前者强度较高，吸水率较大
C. 前者强度较低，吸水率较小　　　　　D. 前者强度较低，吸水率较大

11-8-3 石材的矿物组成决定其性质，对于花岗石而言，影响其耐久性和耐磨性的矿物是：
A. 方解石和白云石　　　　　　　　　　B. 石英和长石

C. 云母　　　　　　　　D. 石膏

11-8-4 提高混凝土耐酸性，不能使用（　　）骨料。
A. 玄武岩　　　B. 白云岩　　　C. 花岗岩　　　D. 石英砂

11-8-5 大理石较耐：
A. 硫酸　　　　B. 盐酸　　　　C. 草酸　　　　D. 碱

第九节　黏　土

一、黏土的组成与性能

土是由岩石经强烈风化作用形成的大小不等、未经胶结的一切松散物质。土是由固体颗粒、水和气体三部分所组成的三相体系。根据土粒之间有无连结性，大致可分为砂类土和黏性土。黏性土的组分与岩石的组分相同。

1. 稠度、塑性指数和液性指数

稠度是反映黏性土的物理状态指标。稠度是指黏性土在某一含水率时的稀稠程度或软硬程度。稠度还反映了黏性土的颗粒在不同含水量时土粒间的连接强度，稠度不同，土的强度及变形特性也不同。因此，稠度也可以指土对外力引起变形或破坏的抵抗能力。

黏性土处在某种稠度时所呈现出的状态称为稠度状态。黏性土的物理状态，从很湿逐渐变干，分别为：流动状态、可塑状态、半固态和固态。

当含水量较大时，土粒间距较远、中间为自由水隔开，土粒与水混合成泥浆状态，这时黏性土就处于流动状态。

随着水分蒸发，其体积随之缩小。当含水量减小到一定程度时，泥浆变稠，逐渐变成可搓捏的塑性状态。黏性土在某含水率范围内土粒在外力作用下相互滑动而不产生颗粒间联系的破坏，这时，可用外力塑成任何形状而不发生裂纹，并当外力移去后仍能保持既有的形状，黏性土的这种性能称为塑性（也称可塑性）。

若水分再蒸发，含水量继续减小，其体积仍在缩小，黏性土就会由可塑状态转变为不可塑的半固态状态。当水分继续蒸发，直到体积不再减小而质量减少的固体状态。

黏性土从一种状态过渡到另一种状态之间的分界含水量（图11-9-1）称为界限含水量。它对黏性土的分类和工程性质的评价有重要意义。

图 11-9-1　黏性土的物理状态与界限含水量关系

黏性土由可塑状态转到流动状态的界限含水量称为液限 w_L（%）。液限采用锥式液限仪测定。

黏性土由半固态转到可塑状态的界限含水量称为塑限 w_p。塑限是产生塑性变形的最小含水量。塑限采用"搓条法"测定，也可采用联合测定仪一起测定液限和塑限。

（1）塑性指数 I_p

黏性土的液限与塑限的差值定义为塑性指数 I_p，常用百分数的绝对值表示（不带％），其表达式为：

$$I_p = w_L - w_p \tag{11-9-1}$$

塑性指数反映黏性土处于可塑状态下，含水量变化的最大区间。I_p 越大，说明土体处于可塑状态的含水量变化范围越大。塑性指数的大小与土中结合水的含量有关。从土的颗粒来说，土粒越细，则其比表面积越大，结合水含量越多，因而 I_p 也随之增大。从矿物成分来说，黏土矿物（尤以蒙脱石类）含量越多，水化作用剧烈，结合水含量越多，因而 I_p 越大。在一定程度上，塑性指数综合反映了黏性土及其三相组成的基本特性。因此，在工程上常按塑性指数对黏性土进行分类：黏土，粉质黏土，见表 11-9-1。

黏性土的分类　　　　　　　　　　　　表 11-9-1

塑性指数 I_p	土的名称
$I_p > 17$	黏土
$10 < I_p \leqslant 17$	粉质黏土

注：塑性指数由相应于 76g 圆锥体沉入土样中深度为 10mm 时测定的液限计算而得。

(2) 液性指数 I_L

黏性土的液性指数是指黏性土的天然含水量和塑限的差值与塑性指数之比，用符号 I_L 表示，即：

$$I_L = \frac{w - w_p}{w_L - w_p} = \frac{w - w_p}{I_p} \tag{11-9-2}$$

液性指数 I_L 是表征黏性土的天然含水量与界限含水量之间相对关系的指标。

液性指数是判别黏性土的状态即软硬程度（稀稠程度）的指标，见表 11-9-2。

黏性土的状态　　　　　　　　　　　　表 11-9-2

液性指数 I_L	状态	液性指数 I_L	状态
$I_L \leqslant 0$	坚硬	$0.75 < I_L \leqslant 1$	软塑
$0 < I_L \leqslant 0.25$	硬塑	$I_L > 1$	流塑
$0.25 < I_L \leqslant 0.75$	可塑		

【例 11-9-1】（历年真题）黏性土由半固态变成可塑状态时的界限含水量称为土的：
A. 塑性指数　　　B. 液限　　　C. 塑限　　　D. 最佳含水量

【解答】黏性土由半固态变成可塑状态时的界限含水量称为土的塑限，应选 C 项。

【例 11-9-2】（历年真题）土的塑性指数越高，土的：
A. 黏聚性越高　　　　　　　　B. 黏聚性越低
C. 内摩擦角越大　　　　　　　D. 粒度越粗

【解答】土的塑性指数越高，黏土矿物含量越多，故黏聚性越高，应选 A 项。

2. 黏性土的活动度、灵敏度和触变性

(1) 活动度 A。它反映黏性土中所有矿物的活动性，用公式表达为：

$$A = \frac{I_p}{m} \tag{11-9-3}$$

式中，m 为粒径小于 0.002mm 的颗料含量百分数。

黏性土按活动度 A 的大小分为：不活动黏性土（$A \leqslant 0.75$）、正常黏性土（$0.75 < A$

≤1.25)、活动黏性土（$A>1.25$）。

（2）灵敏度 s_t。黏性土的灵敏度是以原状土的强度与该土经过重塑（土的结构性被彻底破坏）后的强度之比来表示。对于饱和黏性土的灵敏度 s_t，用公式表达为：

$$s_t = \frac{q_u}{q'_u} \tag{11-9-4}$$

式中，q_u 为原状试样的无侧限抗压强度（kPa）；q'_u 为重塑试样的无侧限抗压强度（kPa）。

根据灵敏度可将饱和黏性土分为：低灵敏（$1<s_t\leq2$）、中灵敏（$2<s_t\leq4$）和高灵敏（$s_t>4$）三类。土的灵敏度越高，其结构性越强，受扰动后土的强度降低就越多。所以在基础施工中应尽量减少对基坑（或基槽）底土的结构扰动。

（3）触变性。饱和黏性土的结构受到扰动，导致强度降低，但当扰动停止后，土的强度又随时间而逐渐部分恢复。黏性土的这种强度随时间恢复的胶体化学性质称为土的触变性。例如，在黏性土中打桩时，往往利用振扰的方法，破坏桩侧土和桩尖土的结构，以降低打桩的阻力，但在打桩完成后，土的强度可随时间部分恢复，使桩的承载力逐渐增大，这就是利用了土的触变性。

3. 黏性土的强度

黏性土的强度（即抗剪强度）由黏聚强度（或黏聚力 c）和摩擦强度（$\sigma\tan\varphi$，σ 为正应力，φ 为土的内摩擦角）两部分组成，其中，黏性土的黏聚力取决于土粒间的各种物理化学作用力，包括库仑力（亦称静电力）、范德华力、胶结作用力等。一般地，土颗粒间的距离越近、单位面积上土粒的接触点越多，土粒之间的胶结物质强度越高，则黏聚力越大。

二、黏土的应用

黏土可用于制作烧结黏土砖、烧结多孔砖、砌块、装饰陶瓷制品。其中，装饰陶瓷制品有瓷砖（亦称釉面砖）、地面砖、外墙砖等。

习　题

11-9-1 黏土是由（　　）长期风化而成。

A. 碳酸盐类岩石　　　　　　　　B. 铝硅酸盐类岩石
C. 硫酸盐类岩石　　　　　　　　D. 大理岩

11-9-2 黏土由可塑状态进入流动状态时的含水量指标是：

A. 液限　　　　　　　　　　　　B. 塑限
C. 塑性指数　　　　　　　　　　D. 塑性指标

11-9-3 土的性能指标中，一部分可通过试验直接测定，其余需要由试验数据换算得到。下列指标中，需要换算得到的是：

A. 土的密度　　B. 土粒密度　　C. 土的含水率　　D. 土的孔隙率

习题解答与参考答案

第一节

11-1-1 **解答**：仅含有碳元素的是石墨。
答案：C

11-1-2 **解答**：材料积蓄热量的能力称为热容量。
答案：B

11-1-3 **解答**：开口孔隙率增加，材料的密度不变，而抗冻性、抗渗性、耐腐蚀性降低。
答案：B

11-1-4 **解答**：材料突然破坏且无明显的塑性变形，称为脆性。
答案：C

11-1-5 **解答**：木材属于韧性材料。
答案：D

11-1-6 **解答**：轻质无机材料吸水后，该材料的导热系数增大。
答案：C

11-1-7 **解答**：材料吸水率越大，则毛细孔越多。
答案：D

11-1-8 **解答**：孔隙率 $=\left(1-\dfrac{1.8}{2.4}\right)\times 100\% = 25\%$。
答案：B

11-1-9 **解答**：离子化合物，其阴离子获得电子。
答案：A

11-1-10 **解答**：表观密度大的，其强度高。
答案：A

11-1-11 **解答**：脆性材料的断裂强度取决于最大裂纹长度。
答案：A

第二节

11-2-1 **解答**：经过"陈伏"后，石灰浆体的主要成分是 $Ca(OH)_2$ 与 H_2O。
答案：D

11-2-2 **解答**：生石灰为 CaO，消石灰为 $Ca(OH)_2$。
答案：D

11-2-3　**解答**：用石灰浆罩墙面时，为避免收缩开裂，可掺入适量的纤维材料。
　　　　答案：B

11-2-4　**解答**：建筑石膏的性能优点是保温性能好。
　　　　答案：C

11-2-5　**解答**：体积密度与建筑石膏的质量等级划分无关。
　　　　答案：C

第三节

11-3-1　**解答**：水化硅酸钙凝胶的层间孔隙中的水失去，凝胶相互靠近，则水泥浆体将会发生显著的收缩。
　　　　答案：C

11-3-2　**解答**：水泥熟料中含量最大的矿物成分是硅酸三钙。
　　　　答案：A

11-3-3　**解答**：水泥体积安定性是指水泥在硬化过程中体积变化是否均匀的性质。
　　　　答案：D

11-3-4　**解答**：引起水泥体积安定性不良的原因是游离氧化钙、游离氧化镁、石膏。
　　　　答案：A

11-3-5　**解答**：水泥强度是指水泥胶砂的强度。
　　　　答案：A

11-3-6　**解答**：矿渣水泥的抗渗性差。
　　　　答案：C

11-3-7　**解答**：火山灰水泥的耐磨性差。
　　　　答案：B

11-3-8　**解答**：普通水泥的抗冻性、抗碳化均较好。
　　　　答案：A

第四节

11-4-1　**解答**：选用合理砂率的主要目的是改善拌合物的和易性。
　　　　答案：B

11-4-2　**解答**：混凝土的轴心抗压强度小于立方体抗压强度。
　　　　答案：B

11-4-3　**解答**：混凝土自身收缩属于内部物理化学过程引起的变形。
　　　　答案：D

11-4-4　**解答**：海水中的硫酸盐会侵蚀混凝土，发生硫酸盐反应。
　　　　答案：C

11-4-5　**解答**：外部应力水平影响混凝土的徐变，但不影响其干燥收缩。
　　　　答案：D

11-4-6 **解答**：水灰（胶）比是决定混凝土强度的主要因素。
答案：D

11-4-7 **解答**：在硫酸盐腐蚀中，它们与水泥石中的氢氧化钙反应生成硫酸钙，硫酸钙与水泥石中的固态水化铝酸钙反应生成钙矾石（也称为"水泥杆菌"），体积急剧膨胀，使水泥石结构破坏。
答案：D

11-4-8 **解答**：混凝土抗压强度的立方体试件的边长为 150mm。
答案：C

11-4-9 **解答**：活性矿物掺合料不包括磨细的石英砂。
答案：C

第五节

11-5-1 **解答**：衡量钢材均匀变形时的塑性变形能力的指标为伸长率。
答案：C

11-5-2 **解答**：同一种钢材，$\delta_5 > \delta_{10}$。
答案：A

11-5-3 **解答**：使用环境的温度影响钢材的冲击韧性。
答案：B

11-5-4 **解答**：钢材产生冷加工强化的原因是塑性变形中缺陷增多，晶格严重畸变。
答案：A

11-5-5 **解答**：经冷加工、时效处理后，钢材的屈服点和抗拉强度提高，塑性和韧性降低。
答案：A

11-5-6 **解答**：屈强化表明钢材超过屈服点工作时的可靠性的指标。
答案：B

11-5-7 **解答**：硫使钢材产生热脆性。
答案：B

11-5-8 **解答**：建筑钢材腐蚀的主要原因是电化学腐蚀。
答案：C

第六节

11-6-1 **解答**：在测定沥青的延度和针入度时，需保持沥青试件所处水浴的温度。
答案：B

11-6-2 **解答**：石油沥青的软化点反映了沥青的温度敏感性。
答案：B

11-6-3 **解答**：沥青老化后，其组分中地沥青质增多。
答案：C

11-6-4 **解答**：石油沥青的针入度反映了沥青的黏滞性。
答案：A

第七节

11-7-1 **解答**：木材的缺陷对顺纹抗拉影响最大。
答案：B

11-7-2 **解答**：木材的胀缩变形沿纵向最小。
答案：A

11-7-3 **解答**：木节降低木材的强度，对抗拉强度影响最大。
答案：B

11-7-4 **解答**：木材干燥时，首先失去的水分是自由水。
答案：A

11-7-5 **解答**：含水率对木材强度影响最大的是顺纹抗压强度。
答案：A

第八节

11-8-1 **解答**：石灰岩、石膏岩、菱镁矿均属于沉积岩。
答案：C

11-8-2 **解答**：花岗岩强度比石灰岩高，但吸水率较小。
答案：A

11-8-3 **解答**：对花岗岩，影响其耐久性、耐磨性的矿物是石英和长石。
答案：B

11-8-4 **解答**：白云岩遇酸有化学反应。
答案：B

11-8-5 **解答**：大理石耐碱。
答案：D

第九节

11-9-1 **解答**：黏土是由铝硅酸盐类岩石长期风化而成。
答案：B

11-9-2 **解答**：黏土由可塑状态进入流动状态时的含水量指标是液限。
答案：A

11-9-3 **解答**：土的孔隙率需要换算计算得到。
答案：D

第十二章 工 程 测 量

第一节 测量基本概念

一、地球的形状和大小

1. 测量学概述

测量学是研究地球的形状、大小,以及确定地面(包括空中和地下)点位的科学。它的内容包括测定和测设两个方面。测定是指通过各种测量工作,把地球表面的形状和大小缩绘成地形图,或得到相应的数字信息,供国民经济建设及国防工程的规划、设计、管理和科学研究使用。测设是指把图纸上规划设计好的建筑物、构筑物的位置在地面上标定出来,作为施工的依据。

工程测量学是研究工程建设各阶段及运营使用阶段所进行的各种测量工作,其主要内容是:测绘地形图,在地形图上进行规划设计、建(构)筑物的施工放样、工程质量检测及工程安全的变形监测等。

2. 地球的形状和大小

测量学的实质是确定地面点的空间位置。要测量地球表面上点的相互位置,必须首先建立一个共同的坐标系统,而测量工作是在地球表面上进行,因此,测量的坐标与地球的大小形状有密切关系。地球的自然表面有高山、丘陵、平原、盆地及海洋等起伏状态。对整个地球而言,海洋的面积约占71%,陆地的面积约占29%,可以认为是一个由水面包围的球体。

由于地球的自转运动,地球上任一点都要受到离心力和地球引力的双重作用,这两个力的合力称为重力,重力的方向线称为铅垂线。铅垂线是测量工作的基准线。

假想静止不动的水面延伸穿过陆地,包围了整个地球,形成一个闭合的曲面,这个曲面称为水准面。水准面是受地球重力影响而形成的,它的特点是面上任意一点的铅垂线都垂直于该点的曲面。由于水面可高可低,因此,符合这个特点的水准面有无数个,其中与平均海水面相吻合的水准面称为大地水准面。

由于地球内部质量分布不均匀,重力也受其影响,引起铅垂线方向的变动,致使大地水准面成为一个复杂的曲面。为此,选用一个非常接近大地水准面,并可用数学式表示的几何形状来代表地球总的形状。这个数学形体是由椭圆绕其短轴旋转而成的旋转椭球体(亦称地球椭球体),其旋转轴与地球自转轴重合,其表面称为旋转椭球面(参考椭球面)。决定地球椭球体的大小和形状的元素为椭圆的长半轴 a、短半轴 b、扁率 f,其关系式为:

$$f = \frac{a-b}{a} \tag{12-1-1}$$

目前,取 $a=6378140$m,$b=6356755.288$m,则 $f=1/298.257$。

由于地球椭球体的扁率很小,当测区面积不大时,可以将其当作圆球看待,其半径 R

按下式计算：

$$R = \frac{1}{3}(2a+b) \tag{12-1-2}$$

R 近似值为 6371km。

【例 12-1-1】（历年真题）下列何项作为测量野外工作的基准线：

A. 水平线　　　　B. 法线方向　　　　C. 铅垂线　　　　D. 坐标纵轴方向

【解答】铅垂线是测量野外工作的基准线，应选 C 项。

二、地面点位的确定

1. 坐标

空间是三维的，因此，表示地面点在某个空间坐标系中的位置需要三个参数，可知，确定地面点位的实质就是确定其在某个空间坐标系中的三维坐标。

（1）地理坐标

按坐标所依据的基本线和基本面的不同以及求坐标方法的不同，地理坐标可分为天文地理坐标和大地地理坐标两种。

1）天文地理坐标

天文地理坐标又称天文坐标，是表示地面点在大地水准面上的位置，用天文经度 λ 和天文纬度 φ 表示。如图 12-1-1 所示，过地面上任意一点的铅垂线与地轴 PP_1 所组成的平面称为该点的子午面。子午面与球面的交线称为子午线（亦称经线或真子午线）。F 点的经度 λ，是过 F 点的子午面 $PFKP_1OP$ 与首子午面 $PGMP_1OP$（通过英国格林尼治天文台的子午面为计算经度的起始面）所组成的夹角（两面角），自首子午线向东或向西计算，数值为 $0°\sim180°$。在首子午线以东为东经，以西为西经，同一子午线上各点的经度相同。

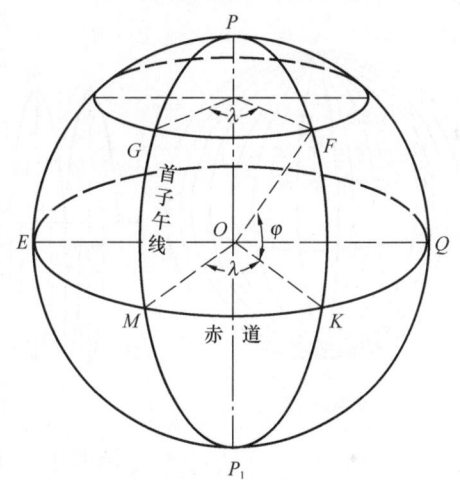

图 12-1-1　地理坐标

F 点的纬度 φ，是 F 点的铅垂线 FO 与赤道平面 $EMKQO$ 之间的夹角，自赤道起向南或向北计算，数值为 $0°\sim90°$，在赤道以北为北纬，以南为南纬。经度和纬度的值是用天文测量，陀螺经纬仪测量方法测定。例如我国首都北京中心地区的概括天文坐标为东经 $116°25'$，北纬 $39°54'$。

2）大地地理坐标

大地地理坐标又称为大地坐标，是表示地面点在旋转椭球面上的位置，用大地经度 L 和大地纬度 B 表示。F 点的大地经度 L，就是包含 F 点的子午面和首子午面所夹的两面角；F 点的大地纬度 B，就是过 F 点的法线（与旋转椭圆球面垂直的线）与赤道面的夹角。大地经、纬度是根据一个起始的大地点（大地原点，该点的大地经纬度与天文经纬度一致）的大地坐标，再按大地测量所得的数据推算而得的。我国曾采用"1954 年北京坐标系"并于 1987 年废止，然后采用陕西省泾阳县永乐镇某点为国家大地原点，由此建立新的统一坐标系，称为"1980 年国家大地坐标系"。

自 2008 年 7 月 1 日起，我国采用 2000 国家大地坐标系（简称 CGCS2000）。2000 国家大地坐标系是地心坐标系，原点为包括海洋和大气在内的整个地球的质量中心，Z 轴指向 BIH1984.0 定义的协议极地方向（BIH 国际时间局），X 轴指向 BIH1984.0 定义的零子午面与协议赤道的交点，Y 轴按右手坐标系确定。精确的地心坐标系对于卫星定位测量、全球性卫星导航等具有重要意义。我国北斗卫星导航系统BDS的坐标系统是采用CGCS2000。

（2）高斯平面直角坐标

高斯投影的方法首先是将地球按经线划分成带，称为投影带，投影带是从首子午线起，每隔经度 6°划为一带（称为 6°带），如图 12-1-2（a）所示，自西向东将整个地球划分为 60 个带。带号从首子午线开始，用阿拉伯数字表示，位于各带中央的子午线称为该带的中央子午线，如图 12-1-2（b）所示，第一个 6°带的中央子午线的经度为 3°，任意一个带的中央子午线经度 λ_0，可按下式计算：

$$\lambda_0 = 6°N - 3° \qquad (12\text{-}1\text{-}3)$$

式中，N 为 6°带的投影带号。

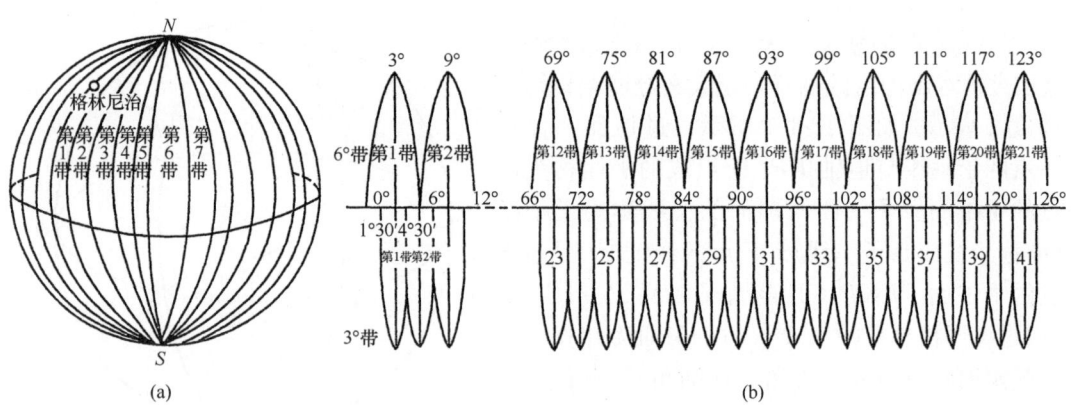

图 12-1-2 投影分带与 6°（3°）带

投影时设想取一个空心圆柱体与地球椭球体的某一中央子午线相切，在球面图形与柱面图形保持等角的条件下，将球面上图形投影在圆柱面上，然后将圆柱体沿着通过南北极母线切开，并展开成为平面。投影后，中央子午线与赤道为互相垂直的直线，以中央子午线为坐标纵轴 x，以赤道为坐标横轴 y，两轴的交点作为坐标原点 O，组成高斯平面直角坐标系，如图 12-1-3（a）所示。在坐标系内，规定 x 轴向北为正，y 轴向东为正。我国位于北半球，x 坐标值为正，y 坐标则有正有负。例如图 12-1-3（a）中，$y_A = +34680\text{m}$，$y_B = -35240\text{m}$，为避免出现负值，将每带的坐标原点向西移 500km，则每点的横坐标值也均为正值，如图 12-1-3（b）中，$y_A = 500000 + 34680 = 534680\text{m}$，$y_B = 500000 - 35240 = 464760\text{m}$。

6°可以满足中小比例尺测图精度的要求（1:2.5 万以上），对于更大比例尺的地图，则可用 3°带 ［图 12-1-2（b）］ 或 1.5°带投影。3°带中央子午线在奇数带时与 6°带中央子午线重合，6°带的中央子午线和分带子午线都是 3°带的中央子午线，6°带第 1 带的中央子午线就是 3°带第 1 带的中央子午线。各 3°带中央子午线经度为：

图 12-1-3 高斯平面直角坐标系

$$\lambda'_0 = 3°N' \tag{12-1-4}$$

式中，N' 为 3°带的投影带号。

例如，某点的经度为 $116°30'$，分别确定其在高斯投影 6°带和 3°带的带号。此时，分别按：6°带，$\lambda_0 = INT\left(\frac{116°30'}{6°}+1\right) = 20$；3°带，$\lambda'_0 = INT\left(\frac{116°30'+1°30'}{3°}\right) = 39$。符号 INT 表示取整数。

我国横跨的 6°带为第 13～23 带（共计 11 个），横跨的 3°带为第 25～45 带（共计 21 个）。

（3）独立平面直角坐标

当测量区域较小时，可以用水平面代替作为投影面的球面，用独立平面直角坐标系（图 12-1-4）来确定点位。测量上采用的平面直角坐标系与数学上的基本相同，但坐标轴互换，象限的顺序相反。测量上取南北为标准方向，向北为 x 轴正向，顺时针方向量度，这样便于将数学的三角公式直接应用到测量计算上。原点 O 一般假定在测区西南以外，使测区内各点坐标均为正值，便于计算。

2. 高程

地面点到大地水准面的铅垂距离称为绝对高程（亦称海拔），简称高程。如图 12-1-5 中，A、B 两点的绝对高程分别为 H_A、H_B。在局部地区，若无法知道绝对高程时，也可以假定一个水准面作为高程起算面，地面点到假定水准面的铅垂距离称为相对高程（又称假定高程）。A、B 点的相对高程分别以 H'_A、H'_B 表示。地面两点高程之差称为高差，用 h 表示。A、B 两点的高差为：

$$h_{AB} = H_B - H_A = H'_A - H'_B \tag{12-1-5}$$

图 12-1-4 独立平面直角坐标系

可见，高差的大小与高程起算面无关。由于海水面受潮汐、风浪等影响，海水面的高低时刻在变化。通常是在海边设立验潮站，进行长期观测，求得海平面的平均高度作为高

图 12-1-5 高程和高差

程零点,过该点的大地水准面作为高程基准面,即在大地水准面上的高程为零。我国采用"1985 年国家高程基准",它是根据青岛验潮站 1952—1979 年的观测资料确定的黄海平均海水面(其高程为零)作为高程起算面,并在青岛建立了水准原点,水准原点的高程为 72.2604m,全国各地的高程均以它为基准进行推算。

三、用水平面代替大地水准面的范围

如图 12-1-6 所示,球面 P 与水平面 P' 相切于 A 点,A、B 两点在球面上的弧长为 D,在水平面 P' 上的长度为 D',地球半径为 R($R=6371$km),距离 D 的距离误差 ΔD、相对误差 $\Delta D/D$ 分别为:

$$\Delta D = \frac{D^3}{3R^2} \tag{12-1-6}$$

$$\frac{\Delta D}{D} = \frac{D^2}{3R^2} \tag{12-1-7}$$

当 $D=10$km 时,$\Delta D=0.8$cm,$\Delta D/D=1:1200000$,这样微小的误差,就是在地面上进行最精密的距离测量也是容许的。因此,在以 10km 为半径,即面积约 320km² 范围内,以水平面代替大地水准面所产生的距离误差可以忽略不计。

如图 12-1-6 所示,BB' 为水平面代替大地水准面所产生的高程误差(亦称地球曲率的影响),令 $BB'=\Delta h$,则:

$$\Delta h = \frac{D^2}{2R} \tag{12-1-8}$$

当 $D=200$m 时,$\Delta h=3.1$mm。因此,当进行高程测量时,必须考虑水准面曲率(即地球曲率)的影响,即不能用水平面代替大地水准面。

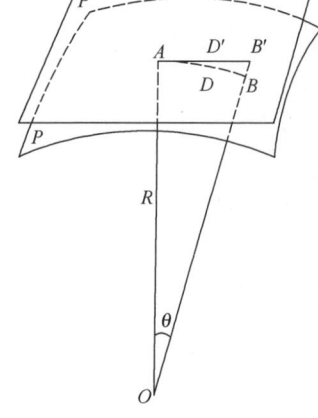

图 12-1-6 水平面代替水准面的影响

【例 12-1-2】(历年真题)在测区半径为 10km 的范围内,面积为 100km² 之内,以水平面代替大地水准面所产生的影响,在普通测量工作中可以忽略不计的为:

A. 距离影响、水平角影响　　B. 方位角影响、竖直角影响
C. 距离影响、高差影响　　　D. 坐标计算影响、高程计算影响

【解答】测区半径为 10km 的范围内，可忽略不计的是距离影响、水平角影响，应选 A 项。

四、测量工作的基本概念

为了防止测量误差的逐渐传递，累积增大到不能容许的程度，要求测量工作遵循在布局上"由整体到局部"、在精度上"由高级到低级"、在次序上"先控制后碎部"的原则。同时，测量工作必须进行严格的检核，即：前一步工作未作检核不得进行下一步测量工作。

水平角、水平距离和高差是测量工作的三个基本观测量，是确定地面点三维坐标的三个基本要素。观测这三个要素的工作是测量的基本工作。

工程测量包括平面控制测量和高程控制测量。在平面控制测量中，平面控制网可按精度划分为等与级两种规格，由高到低依次宜为二、三、四等和一、二、三级。高程控制测量精度等级宜划分为二、三、四、五等。

【例 12-1-3】（历年真题）"从整体到局部、先控制后碎部"是测量工作应遵循的原则，遵循这个原则的要求包括下列何项？

A. 防止测量误差的积累　　　　B. 提高观测值精度
C. 防止观测值误差积累　　　　D. 提高控制点测量精度

【解答】上述测量工作应遵循的原则是为了防止测量误差的积累，应选 A 项。

【例 12-1-4】（历年真题）确定地面点位相对位置的三个基本观测量是水平距离及：

A. 水平角和方位角　　　　　　B. 水平角和高差
C. 方位角和竖直角　　　　　　D. 竖直角和高差

【解答】确定地面点位相对位置的基本观测量是水平距离、水平角、高差，应选 B 项。

习　题

12-1-1 （历年真题）下列哪项可作为测量工作的基准面？
A. 水准面　　　　　　　　　　B. 参考椭球面
C. 大地水准面　　　　　　　　D. 平均海水面

12-1-2 （历年真题）下列何项反映了测量工作应遵循的原则？
A. 先测量，后计算　　　　　　B. 先控制，后碎部
C. 先平面，后高程　　　　　　D. 先低精度，后高精度

12-1-3 （历年真题）测量学中高斯平面直角坐标系 x 轴、y 轴的定义为：
A. x 轴正向为东，y 轴正向为北　　B. x 轴正向为西，y 轴正向为南
C. x 轴正向为南，y 轴正向为东　　D. x 轴正向为北，y 轴正向为东

第二节　水　准　测　量

一、水准测量原理

水准测量是利用水准仪提供一条水平视线，借助水准尺测定地面两点间的高差，从而由已知点高程及测得的高差求得待测点的高程。如图 12-2-1 所示，欲测定 A、B 两点的高

图 12-2-1 水准测量原理

差 h_{AB}，可在两点间安置水准仪，在两点上分别竖立水准尺，利用水准仪提供的水平视线，分别读取 A 点水准尺上的读数 a（称为后视读数）和 B 点水准尺的读数 b（称为前视读数），则 A、B 两点的高差为：

$$h_{AB} = a - b \quad (12\text{-}2\text{-}1)$$

高差法：

$$H_B = H_A + h_{AB} \quad (12\text{-}2\text{-}2)$$

仪高法：

$$H_i = H_A + a \quad (12\text{-}2\text{-}3)$$
$$H_B = H_i - b \quad (12\text{-}2\text{-}4)$$

式中，H_A 为已知点高程；H_B 为待测点的高程；H_i 为通过仪器的视线高程。

【例 12-2-1】（历年真题）下列何项是利用仪器所提供的一条水平视线来获取的？
A. 三角高程测量　　　　　　　B. 物理高程测量
C. GPS 高程测量　　　　　　　D. 水准测量

【解答】水准测量是利用水准仪所提供的一条水平视线来获取的，应选 D 项。

【例 12-2-2】（历年真题）采用水准仪测量 A、B 两点间的高差，将已知高程点 A 作为后视，待求点 B 作为前视，先后在两尺上读取读数，得到后视读数 a 和前视读数 b，则 A、B 两点间的高差可以表示为：
A. $h_{BA}=a-b$　　　　　　　B. $h_{AB}=b-a$
C. $h_{AB}=a-b$　　　　　　　D. $h_{BA}=b-a$

【解答】$h_{AB}=a-b$，应选 C 项。

二、水准仪的分类

水准测量使用的仪器为水准仪，按构造可分为光学水准仪（细分为：微倾式水准仪，其级别有 DS05、DS1、DS3、DS10 等，自动安平水准仪，其级别有 DSZ05、DSZ1、DSZ3、DSZ10 等）和数字水准仪（其级别有 DSZ05、DSZ1、DSZ3 等）。D、S 分别为"大地测量""水准仪"的汉语拼音的第一个字母；05、1、3、10 表示仪器的精度。如 DS3 表示该水准仪进行水准测量每千米往、返测高差精度为±3mm。DS3（或 DSZ3）水准仪是土木工程测量中常用的仪器。

三、水准仪的构造

首先介绍微倾式水准仪的构造，其他水准仪在本节后面作简要介绍。

微倾式水准仪由望远镜、水准器和基座三部分组成，各部件名称见图 12-2-2。

1. 望远镜

望远镜的作用是使观测者看清不同距离的目标，并提供一条照准目标的视线。望远镜主要由物镜、目镜、镜筒、调焦透镜、十字丝分划板、目镜等部件构成。十字丝分划板是安装在物镜和目镜之间的一块平板玻璃，上面刻有相互垂直的细线，称为十字丝。中间横的一条称为中丝（或横丝），与中丝平行的上、下两根短丝称为视距丝，用来测量距离

图 12-2-2　DS3 微倾式水准仪

1—准星；2—物镜；3—制动螺旋；4—目镜；5—符合水准器放大镜；
6—水准管；7—圆水准器；8—圆水准器校正螺旋；9—脚螺旋；10—微倾螺旋；
11—三角形底板；12—对光螺旋；13—微动螺旋

（图 12-2-3）。

2. 水准器

水准器是用来表示视准轴是否水平或仪器竖轴是否铅直的装置。水准器有管水准器和圆水准器两种。

图 12-2-3　十字丝分划板

（1）管水准器。管水准器也称水准管，是纵向内壁琢磨成圆弧形的玻璃管，管内装满乙醇和乙醚的混合液，加热封闭冷却后，在管内形成一个气泡，水准管圆弧中点 O 称为水准管的零点。通过零点与圆弧相切的直线 LL' 称为水准管轴。当气泡中心与零点重合时，称气泡居中，这时水准管轴处于水平位置。水准管圆弧形表面上 2mm 弧长所对的圆心角 τ 称为水准管分划值，用公式表示为：

$$\tau = \frac{2}{R}\rho'' \tag{12-2-5}$$

式中，R 为水准管的圆弧半径（mm）；ρ'' 为弧度的秒值，$\rho''=206265''$。

水准管分划值的大小反映了仪器整平精度的高低。水准管半径越大，分划值越小，其灵敏度（整平仪器的精度）越高。DS3 水准仪的水准管分划值为 $20''/(2mm)$。

（2）圆水准器。圆水准器是一个圆柱形玻璃盒，其顶面内壁为球面，球面中央有一个圆圈。其圆心称为圆水准器的零点。通过零点所作球面的法线，称为圆水准器轴。当气泡居中时，圆水准器轴就处于铅直位置。圆水准器的分划值是指通过零点及圆水准器轴的任一纵断面上 2mm 弧长所对的圆心角。DS3 级水准仪圆水准器分划值一般为 $8'/(2mm)$。由于其精度较低，故只用于仪器的粗略整平。

3. 基座

基座主要由轴座、脚螺旋和连接板组成。仪器上部通过竖轴插入轴座内，由基座承托。整个仪器用连接螺旋与三脚架连接。

四、水准仪的使用

用微倾式水准仪进行水准测量的操作程序为：粗平、瞄准、精平、读数。

1. 粗平

调节仪器脚螺旋使圆水准器气泡居中，以达到水准仪的竖轴铅直，视线大致水平。

2. 瞄准

通过望远镜镜筒外的缺口和准星瞄准水准尺,使镜筒内能清晰地看到水准尺和十字丝。若存在视差,应予清除。

3. 精平

调节微倾螺旋,使水准管气泡严格居中,以达到视准轴精确水平。

4. 读数

水准器气泡居中后,即可读取十字丝横丝在水准尺上的读数。读数时要按由小到大的方向,先用十字丝横丝估读出毫米数,再读厘米、分米、米数,并报出全部读数。

五、水准测量方法及成果整理

1. 水准路线

当欲测的高程点距水准点较远或高差很大时,就需要连续多次安置仪器以测出两点的高差。如图12-2-4所示,已知高程的地面固定点称为水准点,用 BM 表示;中间起传递高程作用的点称为转点,用 TP 或 ZD 表示。水准路线的布置形式一般有下列三种(图12-2-5):

图 12-2-4 水准测量

图 12-2-5 水准路线布置形式

(1) 闭合水准路线 [图12-2-5 (a)]:从一个已知的水准点出发,沿线测量各待定点,最后回到原水准点。

(2) 附合水准路线 [图12-2-5 (b)]:从一个已知的水准点出发,沿线测量各待定点,最后附合到另一个水测点。

(3) 支水准路线 [图12-2-5 (c)]:从一个已知的水准点出发,沿线测量各待定点,既不附合也不闭合到已知高程的水准点。因此，必须往返测。

2. 水准测量的检核工作

(1) 计算检核

$$\sum h = \sum a - \sum b \tag{12-2-6}$$

上式可以检核高差计算的正确性。

$$H_B - H_A = \sum h \tag{12-2-7}$$

上式可以检核高程计算的正确性。

计算检核只能检查计算是否正确，并不能检核观测和记录是否发生错误。

(2) 测站检核

对每一站的高差，都必须采取措施进行检核测量，这种检核称为测站检核。测站检核通常采用变动仪器高法或双面尺法。

1) 变动仪器高法：是在同一个测站上用两次不同的仪器高度，测得两次高差以相互比较进行检核。即测得第一次高差后，改变仪器高度（应大于10cm）重新安置，再测一次高差。两次所测高差之差不超过容许值，则认为符合要求，取其平均值作为最后结果。否则，必须重测。

2) 双面尺法：是仪器的高度不变，而立在前视点和后视点上的水准尺分别用黑面和红面各进行一次读数，测得两次高差，相互进行检核。

(3) 成果检核

测站检核只能检核一个测站上是否存在错误或误差超限。由于温度、风力、大气折光等外界条件引起的误差，尺子倾斜和估读的误差，以及水准仪本身的误差等，虽然在一个测站上反映不很明显，但随着测站数的增多使误差积累，有时也会超过规定的限差。因此，还必须进行整个水准路线的成果检核。检核路线的高差闭合差 f_h 是否在容许值范围内。

闭合水准路线 $f_h = \sum h_{测}$ (12-2-8)

附合水准路线 $f_h = \sum h_{测} - (H_{终} - H_{始})$ (12-2-9)

支水准路线 $f_h = \sum h_{往} + \sum h_{返}$ (12-2-10)

图根水准测量指为地形测量而进行的水准测量，其水准测量的闭合差的要求按《工程测量标准》GB 50026—2020 的规定，即：

图根水准测量的主要技术要求　　　　表 5.2.12

每千米高差全中误差(mm)	附合路线长度(km)	水准仪级别	视线长度(m)	观测次数		往返较差、附合或环线闭合差(mm)	
				附合或闭合路线	支水准路线	平地	山地
20	≤5	DS10	≤100	往一次	往返各一次	$40\sqrt{L}$	$12\sqrt{n}$

注：1. L 为往返测段、附合或环线水准路线的长度（km）；n 为测站数。
　　2. 当水准路线布设成支线时，其路线长度不应大于2.5km。

3. 成果整理

当 f_h 满足后，可进行高差闭合差的分配，对于闭合水准路线、附合水准路线，第 i 测段高差改正数 v_i 按其与距离（或与测站数）成正比的原则，反其符号进行分配：

$$v_i = -\frac{f_h}{n}n_i \qquad (12\text{-}2\text{-}11)$$

$$\text{或 } v_i = -\frac{f_h}{L}L_i \qquad (12\text{-}2\text{-}12)$$

式中，n 为路线总测站数；n_i 为第 i 段测站数；L 为路线总长；L_i 为第 i 段路线长。

将 v_i 加在各相应测段的高差观测值上，得到改正后的高差；用每段改正后的高差计算各点的高程。

对于支水准路线，则取往、返测高差的绝对值的平均值（高差符号以往测为准）作为改正后的高差，其他同前述。

【例 12-2-3】（历年真题）水准测量实际工作时，计算出每个测站的高差后，需要进行计算检核，如果 $\sum h = \sum a - \sum b$ 算式成立，则说明：

A. 各测站高差计算正确　　　　　　B. 前、后视读数正确
C. 高程计算正确　　　　　　　　　D. 水准测量成果合格

【解答】如果 $\sum h = \sum a - \sum b$，说明各测站高差计算正确，应选 A 项。

【例 12-2-4】（历年真题）水准测量中，对每一测站的高差都必须采取措施进行检核测量，这种检核称为测站检核。下列哪一种属于常用的测站检核方法？

A. 双面尺法　　　　　　　　　　　B. 黑面尺读数
C. 红面尺读数　　　　　　　　　　D. 单次仪器高法

【解答】常用的测站检核方法是双面尺法，应选 A 项。

4. 水准测量的误差

（1）**仪器误差**：仪器校后的残余误差（通过前、后视距相等，在高差计算中消除其影响）、水准尺误差等。

（2）**观测误差**：水准器气泡居中误差、读数误差、视差影响和水准尺倾斜等。

（3）**环境误差**：地球曲率差的影响（通过前、后视距相等，在高差计算中消除其影响）、大气折光差的影响、阳光及风的影响、仪器下沉和尺垫下沉等。

六、水准仪的检验校正

水准仪的轴线如图 12-2-6 所示，图中 CC_1 为视准轴，LL_1 为水准管轴，$L'L'_1$ 为圆水准轴，VV_1 为仪器旋转轴（竖轴）。水准仪应满足下列条件：

（1）圆水准轴平行于竖轴（$L' // V$）；
（2）横丝垂直于竖轴；
（3）水准管轴平行于视准轴（$L // C$）。

其中，(1)、(2) 为次要条件，(3) 为主要条件。

1. 圆水准器轴平行于仪器竖轴的检验校正

检验：用脚螺旋使圆水准器气泡居中，此时圆水准器轴 $L'L'$ 处于竖直位置。然后将仪器旋转 180°，如果气泡仍居中，说明仪器竖轴 VV 与 $L'L'$ 平行。

图 12-2-6　水准仪的轴线

否则，应校正。

校正：校正前应先稍松中间的固紧螺丝；然后调整三个校正螺丝，使气泡向居中位置移动偏离量的一半，然后再用脚螺旋整平，使圆水准器气泡居中，需反复进行直至仪器旋转到任何位置圆水准器气泡皆居中时为止；最后应注意拧紧固紧螺丝。

2. 十字丝横丝垂直于仪器竖轴的检验校正

检验：安置仪器后，先将横丝一端对准一个明显的点状目标 P，固定制动螺旋，转动微动螺旋，如果标志点 P 不离开横丝，则说明横丝垂直竖轴，不需要校正。否则，应校正。

校正：旋下靠目镜处的十字丝环外罩，用螺丝刀松开十字丝分划板的四个固定螺丝，按横丝倾斜的反方向转动分划板座，使十字丝横丝水平。再进行检验，如果 P 点始终在横丝上移动，则说明横丝已水平。

3. 视准轴平行于水准管轴的检验校正

检验：如图 12-2-7 所示，在 S_1 处安置水准仪，从仪器向两侧各量约 40m，定出等距离的 A、B 两点，打木桩或放置尺垫进行标志。在 S_1 处用变动仪高（或双面尺）法，测出 A、B 两点的高差。安置仪器于 B 点附近的 S_2 处，离 B 点约 3m，精平后读得 B 点水准尺上的读数为 b_2，因仪器离 B 点很近，两轴不平行引起的读数误差可忽略不计。故根据 b_2 和 A、B 两点的正确高差 h 算出 A 点尺上应有读数为：$a_2=b_2+h_{AB}$；然后，瞄准 A 点水准尺，读出水平视线读数 a_2'，如果 a_2' 与 a_2 相等，则说明两轴平行。否则，应校正。

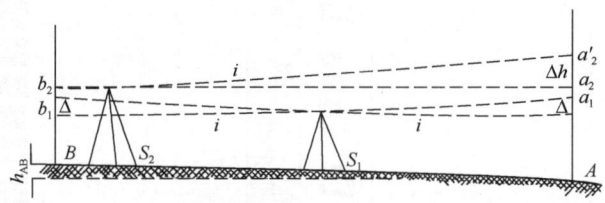

图 12-2-7　视准轴平行于水准管轴的校验

校正：转动微倾螺旋使中丝对准 A 点尺上正确读数 a_2，此时视准轴处于水平位置，但水准管气泡必然偏离中心。为了使水准管轴也处于水平位置，可用拨针拨动水准管一端的上、下两个校正螺丝，使气泡的两个半像符合。

七、其他水准仪

1. 精密光学水准仪

DS05、DS1 光学水准仪属于精密光学水准仪，其构造与 DS3 微倾式水准仪基本相同，其主要用于国家一、二等水准测量和高精度的工程测量，如建筑物的变形监测、大型建筑物的施工测量、大型精密设备的安装测量等。与精密光学水准仪配套的是线条式因瓦水准尺，如图 12-2-8 所示。标尺中间的木槽装有一条因瓦合金带，带的两边注有厘米刻画（或 0.5cm 刻画），一边是基本分划，另一边是辅助分划。

此外，非精密光学水准仪采用单面尺、双面尺（图 12-2-9）。其中，双面尺的黑面尺（也称基本分划）的尺底端起点为零；红面尺（也称辅助分划）的尺底端起点是一个常数。双面尺一般成对使用，单号尺常数为 4687mm，双号尺常数为 4787mm。双面尺用于三、四等水准测量。

2. 自动安平光学水准仪

自动安平光学水准仪用设置在望远镜内的自动补偿器代替水准管，观测时，只需将仪器粗略整平，便可进行中丝读数。由于省略了"精平"，从而简化了操作，提高了观测速度。

3. 数字水准仪

数字水准仪采用条码式因瓦水准尺（图 12-2-10）与之配合使用。观测时，水准尺上的条码由水准仪望远镜后的数码相机接收，将采集到的标尺编码光信号转换成电信号，处理器将之与仪器内部存储的标尺编码信号进行比较，从而得到视距和中丝读数，显示在液晶窗中。当采用条码式玻璃钢水准尺时，数字水准仪的精度应降级使用。

图 12-2-8 线条式因瓦水准尺　　图 12-2-9 双面尺　　图 12-2-10 条码式因瓦水准尺

习　题

12-2-1　（历年真题）进行往返路线水准测量时，从理论上说 $\Sigma h_{往}$ 与 $\Sigma h_{返}$ 之间应具备的关系为：

A. 符号相反，绝对值不等　　　　　　B. 符号相反，绝对值相等
C. 符号相反，绝对值相等　　　　　　D. 符号相同，绝对值不等

12-2-2　（历年真题）DS3 型微倾式水准仪的主要组成部分是：

A. 物镜、水准器、基座　　　　　　　B. 望远镜、水准器、基座
C. 望远镜、三脚架、基座　　　　　　D. 仪器箱、照准器、三脚架

12-2-3　（历年真题）微倾式水准仪轴线之间应满足相应的几何条件，其中满足的主要条件是下列哪项？

A. 圆水准器轴平行于仪器竖轴　　　　B. 十字丝横丝垂直于仪器竖轴

C. 视准轴平行于水准管轴　　　　　　D. 水准管轴垂直于圆水准器轴

12-2-4 （历年真题）水准测量中设 P 点为后视点，E 点为前视点，P 点的高程是 51.097m，当后视读数为 1.116m，前视读数为 1.357m 时，E 点的高程是：

A. 51.338m　　　　　　　　　　　B. 52.454m
C. 50.856m　　　　　　　　　　　D. 51.213m

第三节　角　度　测　量

一、水平角和垂直角观测原理

1. 水平角观测原理

如图 12-3-1 所示，A、B、C 为地面上任意三点，将三点沿铅垂线方向投影到水平面 H 上，得到相应的 A_1、B_1、C_1 点，则水平线 B_1A_1 与 B_1C_1 的夹角 β 即为地面 BA 与 BC 两方向线间的水平角。可见，地面上任意两直线间的水平角度为通过该两直线所作铅垂面间的两面角。

为了测定水平角值，可在 B 点的铅垂线上安置一架经纬仪，仪器必须有一个能水平放置的刻度圆盘——水平度盘，度盘上有顺时针方向的 0°~360°的刻度。另外，经纬仪还必须有一个能够瞄准远方目标的望远镜，望远镜不但可以在水平面内转动，而且还能在铅垂面内旋转。通过望远镜分别瞄准高低不同的目标 A 和 C，其在水平度盘上相应读数为 a 和 c，则水平角 β 即为两个读数之差，即：

$$\beta = c - a \tag{12-3-1}$$

2. 垂直角观测原理

同一铅垂面内，某方向的视线与水平线的夹角称为垂直角 α（又称竖直角），其角值为 0~±90°。对于垂直角，目标视线在水平线以上的称为仰角，角值为正；目标视线在水平线以下的称为俯角，角值为负，见图 12-3-2。为了测定垂直角，经纬仪还必须在铅垂面内装有一个刻度盘——垂直度盘（简称竖盘）。

图 12-3-1　水平角观测原理

图 12-3-2　竖直角示意图

垂直角为度盘上两个方向的读数之差。由于垂直角的两个方向中的一个是水平方向，对某种经纬仪来说，视线水平时的竖盘读数应为 0°或 90°的倍数，故测量垂直角时，只要瞄准目标，读出竖盘读数，即可计算出垂直角。

【例 12-3-1】（历年真题）测量中的竖直角是指在同一竖直面内，某一方向线与下列何项之间的夹角？

A．坐标纵轴　　　　　　　　　B．仪器横轴

C．正北方向　　　　　　　　　D．水平线

【解答】 竖直角是指在同一竖直面内，某一方向线与水平线的夹角，应选 D 项。

二、经纬仪的构造

经纬仪可分为光学经纬仪和数字经纬仪（也称电子经纬仪）；按其精度可划分为 DJ_1、DJ_2、DJ_6 等级别，1、2、6 分别为该经纬仪一测回方向观测中误差的秒值。其中，DJ_2 用于三、四等平面控制测量及一般工程测量；DJ_6 用于图根控制测量及一般工程测量。DJ_6 光学经纬仪主要由照准部、水平度盘和基座三部分组成（图 12-3-3）。

图 12-3-3　DJ_6 光学经纬仪的构造

1—脚螺旋；2—水平微动螺旋；3—水平制动螺旋；4—望远镜微动螺旋；5—望远镜物镜；6—望远镜制动螺旋；7—瞄准器；8—物镜调焦环；9—望远镜目镜；10—读数显微镜；11—竖盘水准管微动螺旋；12—光学对中器；13—圆水准器；14—基座；15—竖盘指标水准管；16—竖盘指标水准管观察镜；17—垂直度盘；18—度盘照明反光镜；19—照准部水准管；20—水平度盘位置变换轮；21—基座底板

1. 照准部

照准部是基座上方能够转动部分的总称，包括望远镜、支架、横轴、竖直度盘、水准器、读数设备等。

2. 水平度盘

水平度盘是由光学玻璃制成的精密刻度盘，分划为 0°～360°，按顺时针注记，每格为 1°或 30′，用以测量水平角。

3. 基座

基座是仪器的底座，由一固定螺旋将其与照准部连接在一起。

三、经纬仪的使用

光学经纬仪的使用包括：对中、整平、瞄准、读数。

1. 对中

对中的目的是使水平度盘的中心与测站点中心位于同一铅垂线上。对中可利用垂球或光学对中器。目前，光学经纬仪均装有光学对中器，较垂球对中精度更高，且不受风的影响。

2. 整平

整平的目的是使仪器的竖直轴处于竖直位置和水平度盘处于水平位置。整平工作是利用基座上的三个脚螺旋，使照准部水准管在相互垂直的两个方向上气泡都居中。

3. 瞄准

将望远镜对向天空，调节目镜对光螺旋使十字丝清晰；然后用望远镜照门和准星（或光学瞄准器）瞄准目标，旋紧望远镜制动螺旋和水平制动螺旋，调节物镜对光螺旋使目标影像清晰，并消除视差；转动望远镜微动螺旋和照准部微动螺旋，使双丝夹住目标或单丝平分目标。

4. 读数

打开反光镜，调至合适位置，使读数窗明亮；然后调节读数显微镜调焦螺旋，使读数分划清晰，再读度盘读数并记录。DJ_6级光学经纬仪有分微尺和单平行玻璃测微器两种读数装置，后者现已较少采用。

【例 12-3-2】（历年真题）经纬仪的操作步骤是：
A. 整平、对中、瞄准、读数 B. 对中、瞄准、精平、读数
C. 对中、整平、瞄准、读数 D. 整平、瞄准、读数、记录

【解答】经纬仪的操作步骤是：对中、整平、瞄准、读数，应选 C 项。

四、水平角观测

常用的水平角观测方法有：测回法；方向观测法。

1. 测回法

测回法见表 12-3-1 的备注，A 为测站，B 为始目标，C 为终目标，观测$\angle BAC$，其步骤如下：

（1）在 A 点安置经纬仪，对中、整平。

（2）用盘左位置（竖盘在望远镜左侧，也称正镜），瞄准 B，读取水平度盘读数 $b_左$，顺时针转动照准部，瞄准 C，读取 $C_左$。这称为上半测回，其角值 $\beta_左$：

$$\beta_左 = C_左 - b_左 \tag{12-3-2}$$

盘右位置，瞄准 C，读取 $C_右$，逆时针转动照准部，瞄准 B，读取 $b_右$。这称为下半测回，其角值 $\beta_右$：

$$\beta_右 = C_右 - b_右 \tag{12-3-3}$$

上、下半测回合称为一测回。一测回角值为：

$$\beta = \frac{1}{2}(\beta_左 + \beta_右) \tag{12-3-4}$$

测回法　　　　　　　　　　　　　　　　表 12-3-1

测站	竖盘位置	目标	水平度盘读数	半测回角值	一测回角值	备注
A	左	B	0°12′00″	60°12′21″	60°21′03″	
		C	60°33′12″			
	右	B	180°12′36″	60°20′54″		
		C	240°33′30″			

注意，由于水平度盘是顺时针刻画和注记的，所以在计算水平角时，总是用右目标的

读数减去左目标的读数，如果不够减，则应在右目标的读数上加上 360°，再减去左目标的读数，决不可以倒过来减。

测回法用盘左、盘右观测，可以消除仪器某些系统误差对测角的影响，校核观测结果和提高观测结果的精度。对于 DJ_6 仪器，上、下半测回角值之差不得超过 $\pm 40''$，若超过此限应重新观测。为了减少度盘刻画不均匀误差对水平角的影响，各测回应利用仪器的复测装置或换盘手轮按 $180°/n$（n 为测回数）变换水平盘位置，即第一测回盘左时，左目标读数为略大于 $0°$ 的数值，以后各测回依次加 $180°/n$。

2. 方向观测法

当一个测站上需观测的方向在 3 个或 3 个以上时，应采用方向观测法，也称为全圆观测法或全圆测回法。现以图 12-3-4 为例介绍如下：

（1）O 为测站，选定起始方向 A，盘左位置，将水平度盘置于略大于 $0°$ 的数值，瞄准 A，读数；顺时针方向，依次瞄准 B、C、D，读数。

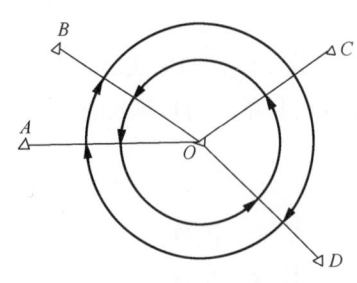

图 12-3-4 方向观测法

继续顺时针转动照准部，再次瞄准 A，读数。此操作称为归零，A 方向两次读数差称为半测回归零差。对于 DJ_6 经纬仪，归零差不应超过 $\pm 18''$，否则应重新观测，上述观测称为上半测回。

（2）盘右位置，逆时针方向，依次观测 A、D、C、B、A 点，此为下半测回。

上、下半测回合称为一测回。如需观测多个测回，各测回仍按 $180°/n$ 变换水平盘位置。

（3）方向观测法计算

1）计算两倍照准误差 $2C$

$$2C = 盘左读数 - (盘右读数 \pm 180°) \quad (12\text{-}3\text{-}5)$$

2）计算各方向的平均读数

$$平均读数 = [盘左读数 + (盘右读数 \pm 180°)] / 2 \quad (12\text{-}3\text{-}6)$$

由于存在归零读数，所以起始方向 A 有两个平均值，将这两个平均值再取平均值作为起始方向的方向值，通常在观测手簿上以圆括号标明。

3）计算归零后方向值

将各方向的平均读数减去经两次平均后的起始方向平均值（即圆括号内的值），即得各方向归零后的方向值。

4）计算各测回归零后方向值的平均值

将各测回同一方向归零后的方向值取平均数，作为各方向的最后结果。

《工程测量标准》GB 50026—2020 规定：

水平角方向观测法的技术要求　　　　表 3.3.8

等级	仪器精度等级	半测回归零差 ('') 限差	一测回内 2C 互差 ('') 限差	同一方向值各测回较差 ('') 限差
四等及以上	0.5″级仪器	≤3	≤5	≤3
	1″级仪器	≤6	≤9	≤6
	2″级仪器	≤8	≤13	≤9

续表

等级	仪器精度等级	半测回归零差(″)限差	一测回内2C互差(″)限差	同一方向值各测回较差(″)限差
一级以下	2″级仪器	≤12	≤18	≤12
	6″级仪器	≤18	—	≤24

在上表中仪器精度等级，例如，2″级仪器是指在标准环境下一测回水平方向观测中误差标称为2″的测角仪器。

3. 水平角观测的误差

（1）仪器误差：仪器制造、加工不完善所引起的误差，仪器检验校正不完善所引起的误差。

（2）观测误差：对中误差，整平误差，目标偏心影响，瞄准误差和读数误差。

（3）外界条件的影响：大气透明度，温度，大风和仪器下沉等。

【例12-3-3】（历年真题）经纬仪测量水平角时，下列何种方法用于测量两个方向所夹的水平角：

A. 测回法   B. 方向观测法
C. 半测回法   D. 全圆方向法

【解答】经纬仪测量两个方向所夹的水平角采用测回法，应选A项。

五、垂直角观测

光学经纬仪的竖盘装置，由竖直度盘、竖盘指标水准管和竖盘指标水准管微动螺旋组成。竖直度盘也是玻璃制成，以0°~360°刻画，有顺时针和逆时针注记两种形式。竖盘固定在横轴一端，随望远镜一起转动。而竖盘读数指标与指标水准管、指标水准管的微动框架连成一体。转动指标水准管微动螺旋，气泡居中，读数指标处于正确位置，即可读取竖盘读数。

竖盘注记不同，盘左时，视线水平时的竖盘读数为90°；盘右时，视线水平时的竖盘读数为270°。

1. 垂直角观测与计算

（1）盘左，瞄准目标，使十字丝横丝精确地切于目标顶端，并使竖盘指标水准管气泡居中，读取盘左竖盘读数 L。

（2）盘右，同（1），读取盘右竖盘读数 R。

（3）计算，垂直角计算公式取决于竖盘的刻画形式。盘左时，将望远镜大致水平后上仰，若竖盘读数减小，则竖盘为顺时针注记；反之，为逆时针注记。

顺时针注记：

$$\alpha_{左}=90°-L \qquad (12\text{-}3\text{-}7)$$

$$\alpha_{右}=R-270° \qquad (12\text{-}3\text{-}8)$$

逆时针注记：

$$\alpha_{左}=L-90° \qquad (12\text{-}3\text{-}9)$$

$$\alpha_{右}=270°-R \qquad (12\text{-}3\text{-}10)$$

一测回垂直角

$$\alpha=\frac{\alpha_{左}+\alpha_{右}}{2} \qquad (12\text{-}3\text{-}11)$$

2. 竖盘指标差

由于竖盘水准管与竖盘读数指标的关系不正确，使视线水平时的读数与应有读数有一个小的角度差 x，称为竖盘指标差。竖盘指标自动归零的经纬仪，同样可有竖盘指标差。

$$x = \frac{1}{2}(\alpha_左 - \alpha_右) = \frac{1}{2}(L + R - 360°) \tag{12-3-12}$$

在取盘左、盘右测得垂直角的平均值时，则可以消除竖盘指标差的影响。

DJ_6 光学经纬仪的竖盘指标差的变动范围不应超过 $\pm 25''$。

【例 12-3-4】（历年真题）光学经纬仪竖盘刻画的注记有顺时针方向与逆时针方向两种，若经纬仪竖盘刻画的注记为顺时针方向，则该仪器的竖直角计算公式为：

A. $\alpha_左 = 90° - L$，$\alpha_右 = 270° - R$　　　　B. $\alpha_左 = 90° - L$，$\alpha_右 = R - 270°$

C. $\alpha_左 = L - 90°$，$\alpha_右 = R - 270°$　　　　D. $\alpha_左 = L - 90°$，$\alpha_右 = 270° - R$

【解答】顺时针注记时，$\alpha_左 = 90° - L$，$\alpha_右 = R - 270°$，应选 B 项。

【例 12-3-5】（历年真题）光学经纬仪下列何种误差可以通过盘左、盘右取均值的方法消除？

A. 对中误差　　　　B. 视准轴误差　　　　C. 竖轴误差　　　　D. 照准误差

【解答】光学经纬仪的视准轴误差可通过盘左、盘右取均值的方法消除，应选 B 项。

六、经纬仪的检验与校正

光学经纬仪的轴线如图 12-3-5 所示，VV_1 为竖轴，$L'L'_1$ 为圆水准轴，CC_1 为视准轴，HH_1 为横轴，LL_1 为平盘水准管轴。光学经纬仪的轴线应满足下列一些条件：

(1) 平盘水准管轴垂直于竖轴（$LL_1 \perp VV_1$）；

(2) 视准轴垂直于横轴（$CC_1 \perp HH_1$）；

(3) 横轴垂直于竖轴（$HH_1 \perp VV_1$）；

(4) 十字丝竖丝垂直于横轴；

(5) 圆水准轴平行于竖轴（$L'L'_1 // VV_1$）。

例如：当光学经纬仪的视准轴不垂直于横轴时，望远镜绕横轴旋转，此时，视准轴的轨迹是一个圆锥面。

图 12-3-5　光学经纬仪的轴线

又如：当光学经纬仪的竖轴铅垂，视准轴垂直于横轴，但横轴不水平时，望远镜绕横轴旋转，此时，视准轴的轨迹是一个倾斜面。

1. 照准部水准管轴垂直于竖轴（$LL_1 \perp VV_1$）

检验：将仪器大致整平，使照部水准管平行于一对脚螺旋的连线，转动这两个脚螺旋使水准管气泡居中。然后转动照准部 180°，若气泡居中，说明条件满足。若气泡偏离超过一格，应进行校正。

校正：当水准管气泡居中，水准管轴水平，竖轴倾斜，竖轴与铅垂线之夹角为 α。当转动照准部 180°时，基座和竖轴位置不变，但气泡不居中，此时水准管轴与水平线的夹角为 2α，反映为气泡偏离中心的格值。用校正针拨动水准管校正螺丝，使气泡返回偏离量的一半，即 α，这时水准管轴就垂直于竖轴，再用脚螺旋使水准管气泡居中。这时，水准管轴水平，竖轴铅垂。此项检验校正需要反复进行，直至照准部处于任何位置，气泡偏离中心不大于一格为止。

2. 十字丝竖丝垂直于横轴

检验：用十字丝的交点精确瞄准一清晰目标点，将照准部水平制动螺旋和望远镜制动螺旋制紧，慢慢转动望远镜微动螺旋，使望远镜上、下移动，若目标点一直不离开竖丝，条件满足，否则需校正。

校正：此项校正与本章第二节水准仪十字丝校正方法相似。

3. 视准轴垂直于横轴（$CC_1 \perp HH_1$）

选择一平坦场地，如图 12-3-6（a）所示，A、B 两点相距约 60～100m，置仪器在中点 O 处，在 A 点竖立一标志，在 B 点与 OB 垂直地横置一有毫米分划的直尺，并使 A 点标志和 B 点直尺大致与仪器同高。盘左位置瞄准 A 点，制紧水平制动螺旋，旋转望远镜在 B 点直尺上读数 B_1。然后，盘右再瞄准 A 点，制紧水平制动螺旋，旋转望远镜在 B 尺上读数 B_2，如图 12-3-6（b）所示。若 B_1、B_2 两数相等，说明视准轴垂直于横轴，否则需校正。

校正：如图 12-3-6（b）所示，$\angle B_1OB_2 = 4C$。在尺上定出 B_3 点，使 $B_2B_3 = \dfrac{1}{4} B_1B_2$，则 OB_3 垂直于仪器的横轴。用校正针拨动左右两个十字丝校正螺丝，一松一紧，移动十字丝交点与 B_3 重合即可，这项检验与校正也需反复进行。

4. 横轴垂直于竖轴（$HH_1 \perp VV_1$）

检验：在距墙 30m 处安置经纬仪，用盘左位置瞄准墙上仰角大于 30°的高处目标 P，如图 12-3-7 所示，然后望远镜大致水平，在墙上标出十字丝交点 P_1。盘右同法标出 P_2，若 P_1 与 P_2 重合，说明横轴垂直于竖轴，否则需要校正。

图 12-3-6　视准轴的检验校正

图 12-3-7　横轴的检验校正

校正：取 P_1、P_2 的中点 P_M，用盘右位置瞄准 P_M 点，固定照准部，抬高望远镜，此时十字丝交点必然偏离 P 点至 P' 点。打开支架护盖，用校正针拨动支架校正螺丝，升高或降低横轴的一端，使十字丝交点瞄准 P 点。

5. 光学对中器视轴平行于竖轴

检验：将仪器安置在平坦的地面上，严格地整平仪器，在三脚架正下方地面上固定一张白纸，旋转对中器的目镜镜筒看清分划圆圈，推拉目镜镜筒看清地面上的白纸。根据分划板上圆圈中心在纸上标出一点 P，将照准部旋转 180°，如果该点仍位于圆圈中心，说明对中器视准轴平行于竖轴的条件满足；否则需要校正。

校正：将旋转 180°后分划圆圈中心位置 P' 在纸上标出，取两点的中点 P''，校正转向棱镜的位置，直至圆圈中心对准中点为止。

【例 12-3-6】（历年真题）经纬仪有四条主要轴线，如果视准轴不垂直于横轴，此时望远镜绕横轴旋转时，则视准轴的轨迹是：

A. 一个圆锥面　　　　　　　　　　B. 一个倾斜面
C. 一个竖直面　　　　　　　　　　D. 一个不规则的曲面

【解答】视准轴不垂直于横轴，望远镜绕横轴旋转，视准轴的轨迹是一个圆锥面，应选 A 项。

七、数字经纬仪

数字经纬仪（也称电子经纬仪）在结构和外观上与光学经纬仪相似，其不同点在于读数系统，其采用光电读数装置。目前大部分数字经纬仪测角系统采用编码度盘测角系统、光栅度盘测角系统和动态测角系统。

习　题

12-3-1（历年真题）测站点与测量目标点位置不变，但仪器高度改变，则此时所测得的：

A. 水平角改变，竖直角不变　　　　B. 水平角改变，竖直角也改变
C. 水平角不变，竖直角改变　　　　D. 水平角不变，竖直角也不变

12-3-2（历年真题）经纬仪有四条主要轴线，当竖轴铅垂，视准轴垂直于横轴时，但横轴不水平，此时望远镜绕横轴旋转时，则视准轴的轨迹是：

A. 一个圆锥面　　　　　　　　　　B. 一个倾斜面
C. 一个竖直面　　　　　　　　　　D. 一个不规则的曲面

12-3-3（历年真题）经纬仪观测水平角时，若照准同一竖直面内不同高度的两个目标点，分别读取水平盘读数，此时两个目标点的水平度盘读数理论上应该是：

A. 相同的　　　B. 不相同的　　　C. 不一定相同　　　D. 在特殊情况下相同

第四节　距离测量与直线定向

测量水平距离是测量的基本工作之一，水平距离是指地面上两点沿铅垂线方向在大地水准面上投影后得到的两点间的弧长。在半径 10km 的范围之内，由于地球曲率对距离的影响很小，因此，可以用水平面代替水准面，则地面上两点在水平面上投影后的水平长度

称为水平距离（简称平距）D；若测得的是倾斜距离（简称斜距）S，还必须改算为水平距离。

一、钢尺量距

钢尺的长度有 20m、30m、50m 等多种，其基本分划为厘米，也有的基本分划为毫米。按钢尺的零点分划位置不同，有端点尺和刻线尺之分，端点尺的零点位于尺端，刻线尺是以尺前端的一刻线作为尺长的零点。此外，量距工具还有皮尺、因瓦尺等。

如果地面两点间距离较长或地面起伏较大，需要分段进行量测。为了使所量线段在一条直线上，需要在每一尺段首尾立标杆，将所量尺段标定在所测直线上的工作称为直线定线。一般量距采用目视定线，直线定线一般由远到近进行。当量矩精度要求较高时，应使用经纬仪或全站仪定线。

1. 平坦地区量距

为了提高量距精度，一般采用往、返丈量，取往、返距离的平均值作为最后结果，用相对误差 K 衡量测量精度，即：

$$D_{\text{平均}} = \frac{D_{\text{往}} + D_{\text{返}}}{2} \tag{12-4-1}$$

$$K = \frac{|D_{\text{往}} - D_{\text{返}}|}{D_{\text{平均}}} = \frac{|\Delta D|}{D_{\text{平均}}} = \frac{1}{\dfrac{D_{\text{平均}}}{|\Delta D|}} = \frac{1}{M} \tag{12-4-2}$$

平坦地区，钢尺量距一般方法的相对误差 $K \leqslant 1/3000$，困难地区相对误差 $K \leqslant 1/1000$。当要求钢尺量距的相对误差 $K \leqslant 1/20000$ 时，应考虑钢尺的尺长方程式进行精密量距。

2. 倾斜地面量距

在倾斜地面上量距，根据地形情况可用水平量距法和倾斜量距法。当地面起伏不大时，可将钢尺拉平丈量，称为水平量距法。

当倾斜地面坡度均匀时，可以将钢尺贴在地面上量斜距 S，用水准测量方法测出高差 h，再将丈量的斜距换算成平距 D，称为倾斜量距法。

$$D = \sqrt{S^2 - h^2} \tag{12-4-3}$$

$$D = S + \Delta D_h \tag{12-4-4}$$

$$\Delta D_h = -\frac{h^2}{2S} \tag{12-4-5}$$

式中，ΔD_h 为量距的高差改正（也称倾斜改正）。

3. 钢尺的尺长方程式

在一定的拉力下，用以温度为自变量的函数来表示钢尺尺长 l_t，即为尺长方程式：

$$l_t = l_0 + \Delta l + \alpha(t - t_0)l_0 \tag{12-4-6}$$

式中，l_t 为钢尺在温度 t 时的实际长度（m）；l_0 为钢尺的名义长度（m）；Δl 为尺长改正数，即钢尺在温度 t_0 时的改正数（m）；α 为钢尺的膨胀系数，一般取 $\alpha = 1.25 \times 10^{-5}/℃$；

t_0 为钢尺检定时的温度（℃），一般取 20℃；t 为钢尺使用时的温度（℃）。

尺长方程式中的尺长改正值 Δl 要经过钢尺检定，与标准长度相比较而求得。

4. 钢尺量距的成果整理

钢尺量距的成果整理一般应包括计算每段距离（边长）的量得长度、尺长改正、温度改正、高差改正（也称倾斜改正），最后算得的值为经过各项改正后的水平距离。

计算量得长度：
$$D' = n \times 尺段长 + 余长 \tag{12-4-7}$$

尺长改正：
$$\Delta D_l = D' \frac{\Delta l}{l_0} \tag{12-4-8}$$

温度改正：
$$\Delta D_t = D' \alpha (t - t_0) \tag{12-4-9}$$

高差改正：
$$\Delta D_h = -\frac{h^2}{2S} \tag{12-4-10}$$

经各项改正后，最终的水平距离为：
$$D_{终} = D' + \Delta D_l + \Delta D_t + \Delta D_h \tag{12-4-11}$$

钢尺量距的误差主要有：定线误差、尺长误差、温度误差、倾斜误差、拉力误差、对准误差和读数误差等。

作业前，应对钢尺进行检定，检定的相对误差不应大于 1/100000。钢尺量距的技术要求，《工程测量标准》规定：

普通钢尺量距的技术要求 表 8.3.3-2

等级	边长量距较差相对误差	作业尺数	量距总次数	定线最大偏差（mm）	尺段高差较差（mm）	读定次数	估读值至（mm）	温度读数值至（℃）	同尺各次或同段各尺的较差（mm）
二级	1/20000	1～2	2	50	≤10	3	0.5	0.5	≤2

【例 12-4-1】（历年真题）精密量距时，对钢尺量距的结果需要进行下列何项改正，才能达到距离测量精度要求？

A. 尺长改正、温度改正和倾斜改正　　B. 尺长改正、拉力改正和温度改正
C. 温度改正、读数改正和拉力改正　　D. 定线改正、倾斜改正和温度改正

【解答】对钢尺量距的结果需要进行尺长改正、温度改正和倾斜改正，应选 A 项。

二、视距测量

视距测量是一种光学间接测距方法，它利用测量仪器的望远镜内十字丝平面上的视距丝及水准尺，根据光学原理，可以同时测定两点间的水平距离和高差，其测定距离的相对精度约为 1/300。

1. 视线水平与尺垂直

$$D = Kl \tag{12-4-12}$$

$$h = i - v \tag{12-4-13}$$

式中，K 为视距常数，一般取 100；l 为尺间隔，为上丝读数 a 与下丝读数 b 之差，$l=a-b$；i 为仪器高；v 为中丝读数；h 为测站点至立尺点（或目标点）的高差。

2. 视线倾斜与尺不垂直

$$D = Kl\cos^2\alpha \tag{12-4-14}$$

$$h = D\tan\alpha + i - v \tag{12-4-15}$$

式中，α 为中丝读数为 v 时的视准轴倾斜角（即垂直角）。

【例 12-4-2】（历年真题）用视距测量方法求 A、B 两点间距离，通过观测得尺间隔 $l=0.386\text{m}$，竖直角 $\alpha=6°42'$，则 A、B 两点间水平距离为：

A. 38.1m　　　　B. 38.3m　　　　C. 38.6m　　　　D. 37.9m

【解答】$D=Kl\cos^2\alpha=100\times0.386\cos^2 6°42'=38.1\text{m}$，应选 A 项。

【例 12-4-3】（历年真题）视距测量中，设视距尺的尺间隔为 l，视距常数为 K，竖直角为 α，仪器高为 i，中丝读数为 v，则测站点与目标点间高差计算公式为：

A. $h_{测点-目标点}=Kl\cos\alpha\tan\alpha-i+v$

B. $h_{测点-目标点}=Kl\cos^2\alpha\tan\alpha-i+v$

C. $h_{测点-目标点}=Kl\cos^2\alpha\tan\alpha+i-v$

D. $h_{目标点-测点}=Kl\cos^2\alpha\tan\alpha-i+v$

【解答】$h_{测点-目标点}=Kl\cos^2\alpha\tan\alpha+i-v$，应选 C 项。

三、电磁波测距

电磁波测距是用电磁波（微波或光波）作为载波传输信号以测量两点间距离的一种方法。按其所采用的载波可分为：① 用微波段的无线电波作为载波的微波测距仪；② 用激光作为载波的激光测距仪；③ 用红外光作为载波的红外光测距仪（亦称红外测距仪）。后两者统称为光电测距仪。

1. 光电测距仪的工作原理

光电测距仪的基本工作原理是利用已知光速 c 的光波，测定它在两点间的传播时间 t，以计算距离。欲测定 A、B 两点间的距离时，将一台发射和接收光波的测距仪主机安置在一端 A 点，另一端 B 点安置反射棱镜，则其距离 D 可按下式计算：

$$D = \frac{1}{2}ct \tag{12-4-16}$$

利用先进的电子脉冲计数，能精确测定到 $\pm10^{-8}$ s，但由此引起的测距误差为 ±1.5m，故测距精度较低。为此，引入相位法测距，它是利用测定连续的调制光波在所测距离往返测程上的相位差来计算距离：

$$D = \frac{1}{2}ct = \frac{1}{2}\frac{\lambda}{T}(NT+\Delta T) = \frac{\lambda}{2T}\left(NT+\frac{\Delta\varphi}{2\pi}T\right) = \frac{\lambda}{2}\left(N+\frac{\Delta\varphi}{2\pi}\right) \tag{12-4-17}$$

由此可见,相位式光电测距的原理和钢卷尺量距相仿,相当于用一支长度为 $\lambda/2$ 的"光尺"来丈量距离,N 为"整尺段数",$(\lambda/2)\times(\Delta\varphi/2\pi)$ 为"余长"。

由于测距仪的相位计只能分辨 $0\sim 2\pi$ 之间的相位变化,即只能测出不足一个整周期的相位差 $\Delta\varphi$,而不能测出整周期数 N。例如:测尺为 10m,只能测出小于 10m 的距离。由于仪器测相精度一般为 1/1000,1km 的测尺测量精度只有米级。测尺越长,精度越低。为了兼顾测程和精度,目前测距仪常采用多个测尺频率进行测距。用短测尺(也称精尺)测定精确的小数,用长测尺(也称粗尺)测定距离的大数,将两者衔接起来,就解决了长距离测距数字直接显示的问题。

如某双频测距仪,测程为 1km,设计了精、粗两个测尺,精尺长 10m(载波频率 f_1 =15MHz),粗尺长 1000m(载波频率 f_2=150kHz)。用精尺测 10m 以下小数,粗尺测 10m 以上大数。例如实测距离为 345.662m,其中:

精测结果　　　　　　　　5.662m
粗测结果　　　　　　　　345m
仪器显示结果　　　　　　345.662m

2. 标称精度

光电测距仪的标称精度表达式为:

$$m_D = \pm(a + b \cdot D) \tag{12-4-18}$$

或

$$m_D = \pm(a + c\text{ppm} \cdot D) \tag{12-4-19}$$

式中,m_D 为测距中误差(mm);a 为标称的测距固定误差(mm);b 为标称的测距比例误差系数(mm/km);D 为测距长度(km);c 为比例误差系数;ppm 为百万分之一(10^{-6})。

如某电磁波测距仪的标称精度为 $\pm(3+3\text{ppm})$mm,用该仪器测得 200m 距离,其测距中误差 $m_D=\pm(3+3\times 10^{-6}\times 2000\times 10^3)=\pm 9$mm。此外,该测距仪的标称精度也可表达为:$\pm(3+3\times 10^{-6}D)$mm。

【例 12-4-4】(历年真题)某双频测距仪设置的第一个调制频率为 15MHz,其光尺长度为 10m,设置的第二个调制频率为 150kHz,它的光尺长度为 1000m,若测距仪的测相精度为 1:1000,则测距仪的测尺精度可达到:

A. 1cm　　　　　B. 100cm　　　　　C. 1m　　　　　D. 10cm

【解答】精尺 10m 的测量精度 $=10\times\dfrac{1}{1000}=0.01m=$1cm

应选 A 项。

四、全站仪和卫星定位测量

1. 全站仪

全站型电子速测仪简称全站仪,它由光电测距仪、电子经纬仪和微处理机组成。全站仪可在一个测站上同时测距和测角,能自动计算出待定点的坐标和高程,并能完成总的放样工作。全站仪通过传输接口将野外采集的数据传输给计算机,配以绘图软件以及绘图设备,实现测图的自动化,也可将设计数据传输给全站仪,从而进行高效率的施工放样测量工作。此外,全站仪设有测量应用软件,可以方便地进行悬高测量、偏心测量、后方交会等工作。

全站仪的结构原理如图12-4-1所示，由测角（测水平角、测竖直角）、测距、水平补偿和微机处理装置四大部分组成。其中，微机处理装置是由微处理器、存储器、输入和输出部分等组成。由微处理器对获取的倾斜距离、水平角、竖直角、垂直轴倾斜误差、视准轴误差、垂直度盘指标差、棱镜常数、气温、气压等信息加以处理，从而获得各项改正后的观测数据和计算数据。在仪器的只读存储器中固化了测量程序，测量过程由程序完成。

全站仪测距的标称精度表达式与光电测距仪的表达式相同，即：$m_D = \pm (a + b \cdot D)$，式中符号的定义，同前面光电测距仪。

图12-4-1 全站仪的结构原理

2. 卫星定位测量

卫星定位测量泛指利用卫星定位接收机同时接收多个系统的多颗定位卫星信号，确定地面点位置的技术和方法，不仅包括相对定位，也包括单点定位或精密单位定位，同时包括实时与事后的动态定位，甚至还包括伪距定位。

卫星定位测量的概念，主要是面向多元化的全球空间卫星定位系统而提出的。目前，卫星导航系统（GNSS）有：中国的北斗卫星导航系统BDS，美国的全球卫星导航系统GPS、俄罗斯的格洛纳斯卫星导航系统GLONASS、欧洲的伽利略卫星导航系统GALILEO。这四大卫星导航系统均采用地心坐标系。

在工程测量中，卫星定位测量采用实时动态RTK（Real-Time Kinematic）作业模式进行测量。RTK测量可分为：单基站RTK测量技术和网络RTK测量技术。利用网络RTK测量技术可建立连续运行基准站系统CORS。

单基站RTK测量能实时地提供测站点在指定坐标系中的三维定位结果，方便工程施工放样、地形测图、各种控制测量，极大地提高了外业作业效率。

CORS系统是动态的、连续的空间数据参考框架，是一种快速、高精度获取空间信息的重要基础设施。CORS系统可向大量用户同时提供高精度、高可靠性、实时定位信息，并实现城市测绘数据的完整统一。

五、直线定向

直线定向是指确定直线与标准方向之间的水平夹角。

1. 标准方向及方位角

（1）真子午线方向

通过地球表面某点的真子午线的切线方向，称为该点的真子午线方向。通常用指向北极星的方向来表示近似的真子午线方向。不同真子午线上各点的真子午线方向不同，并且收敛于南北极。

（2）磁子午线方向

通过地球表面上某点的磁子午线的切线方向，称为该点的磁子午线方向。磁针在地球磁场的作用下，自由静止时其轴线指示的方向即磁子午线方向，磁子午线方向可用罗盘仪测定。同样，不同磁子午线上各点的磁子午线方向不同，也收敛于南北极。

(3) 坐标纵轴方向

我国采用高斯平面直角坐标系，其每一投影带中央子午线的投影为坐标纵轴方向，因此，在该带内确定直线方向就用该带的坐标纵轴方向作为标准方向。如采用假定坐标系，则用假定的坐标纵轴作为标准方向。在一个小范围内的同一平面直角坐标系中，各点处的坐标纵轴方向是相同的。

图 12-4-2 三种方位角及其关系

(4) 三种方位角

测量工作中，常采用方位角来表示直线的方向。由标准方向的北端起，顺时针量至某直线的水平夹角，称为该直线的方位角，角值为 $0°\sim360°$。根据标准方向的不同，方位角分为真方位角、磁方位角和坐标方位角三种，如图 12-4-2 所示，若以坐标纵轴方向为标准方向，则直线 12 的方位角 α 称为该直线的坐标方位角；若以过 1 点的真子午线方向为标准方向，则直线 12 的方位角 $A_\text{真}$ 称为该直线的真方位角；若以过 1 点的磁子午线方向为标准方向，则直线 12 的方位角 $A_\text{磁}$ 称为该直线的磁方位角。

2. 两种偏角及方位角换算

(1) 磁偏角 δ

由于地磁南北极与地球的南北极并不重合，因此过地面上某点的真子午线方向与磁子午线方向常不重合，两者之间的夹角称为磁偏角 δ。磁针北端偏于真子午线以东称为东偏，偏于真子午线以西称为西偏。直线的真方位角与磁方位角之间可用下式换算：

$$A_\text{真} = A_\text{磁} + \delta \tag{12-4-20}$$

式中，磁偏角 δ，东偏取正值，西偏取负值。

(2) 子午线收敛角 γ

如图 12-4-3 所示，地面上 M、N 等点的真子午线方向与中央子午线之间的夹角，称为该点真子午线与中央子午线的收敛角 γ（简称子午线收敛角）。在中央子午线以东，γ 取正值；在中央子午线以西，γ 取负值。真方位角与坐标方位角之间的关系，可用下式进行换算：

$$A_\text{真} = \alpha + \gamma \tag{12-4-21}$$

图 12-4-3 子午线收敛角

(3) 坐标方位角与磁方位角之间的关系

$$\alpha = A_\text{磁} + \delta - \gamma \tag{12-4-22}$$

3. 正、反坐标方位角

直线 12 的 1 点是起点，2 点是终点，起点 1 的坐标方位角为 α_{12}，终点 2 的坐标方位角为 α_{21}，则：

$$\alpha_{12} = \alpha_{21} \pm 180° \tag{12-4-23}$$

4. 坐标方位角的推算

如图 12-4-4 所示，已知 α_{AB}（也称为 $\alpha_\text{后}$），测得 AB 边与 $B1$ 边所夹的水平角 β_b，以及

各点的转折角 β_1、β_2 等，由图可以得到：

$$\alpha_{B1} = \alpha_{AB} + \beta_b - 180° \tag{12-4-24}$$

上述 β_b、β_1、β_2 等均为折线推算前进方向的左角，故其一般公式为：

$$\alpha_{前} = \alpha_{后} + \beta_{左} - 180° \tag{12-4-25}$$

同样，若测定的是右角，由图可以得到一般公式为：

$$\alpha_{前} = \alpha_{后} + 180° - \beta_{右} \tag{12-4-26}$$

5. 象限角

由标准方向的北端或者南端起，顺时针或者逆时针方向量至直线的锐角，并注出象限的名称，称为象限角。象限角为 $0°\sim90°$，用 R 表示。图 12-4-5 中直线 $O1$、$O2$、$O3$ 和 $O4$ 的象限角依次写为北东 R_1、南东 R_2、南西 R_3 和北西 R_4。坐标方位角与象限角之间的换算关系见表 12-4-1。

图 12-4-4　坐标方位角计算　　　图 12-4-5　象限角

坐标方位角与象限角之间的换算关系　　　　　　　表 12-4-1

直线方向	由坐标方位角推算象限角	由象限角推算坐标方位角
北东第 1 象限	$R=\alpha$	$\alpha=R$
南东第 2 象限	$R=180°-\alpha$	$\alpha=180°-R$
南西第 3 象限	$R=\alpha-180°$	$\alpha=R+180°$
北西第 4 象限	$R=360°-\alpha$	$\alpha=360°-R$

【例 12-4-5】（历年真题）磁偏角和子午线收敛角分别是指磁子午线、中央子午线与下列哪项的夹角？

A. 坐标纵轴　　　B. 指北线　　　C. 坐标横轴　　　D. 真子午线

【解答】磁偏角、子午线收敛角分别是磁子午线、中央子午线与真子午线的夹角，应选 D 项。

【例 12-4-6】（历年真题）已知直线 AB 方位角 $\alpha_{AB}=60°30'18''$，$\angle BAC=90°22'12''$，若 $\angle BAC$ 为左角，则直线 AC 的方位角 α_{AC} 等于：

A. $150°52'30''$　　　　　　　　B. $29°51'54''$
C. $89°37'48''$　　　　　　　　D. $119°29'42''$

【解答】折线推算前进方向为左角，则：

$$\alpha_{AC} = \alpha_{BA} + \alpha_{BAC} - 180° = \alpha_{AB} + 180° + \alpha_{BAC} - 180°$$
$$= 60°30'18'' + 90°22'12'' = 150°52'30''$$

应选 A 项。

习 题

12-4-1 (历年真题)某电磁波测距仪的标称精度为±(3+3ppm)mm,用该仪器测得 500m 距离,如不顾及其他因素影响,则产生的测距中误差为:
A. ±18mm　　　B. ±3mm　　　C. ±4.5mm　　　D. ±6mm

12-4-2 (历年真题)下列何项对正、反坐标方位角的描述是正确的?
A. 正、反坐标方位角相差 180°　　B. 正坐标方位角比反坐标方位角小 180°
C. 正、反坐标方位角之和为 0　　D. 正坐标方位角比反坐标方位角大 180°

12-4-3 (历年真题)用视距测量方法测量水平距离时,水平距离 D 可用下列哪项公式表示(l 为尺间隔,α 为竖直角)?
A. $D=Kl\cos^2\alpha$　　　　　　B. $D=Kl\cos\alpha$
C. $D=\frac{1}{2}Kl\sin^2\alpha$　　　　　　D. $D=\frac{1}{2}Kl\sin\alpha$

12-4-4 (历年真题)钢尺量距时,下面哪项是不需要改正的?
A. 尺子改正　　　　　　　　B. 温度改正
C. 倾斜改正　　　　　　　　D. 地球曲率和大气折光改正

12-4-5 (历年真题)用视距测量方法求 C、D 两点间距离。通过观测得尺间隔 $l=0.276$m,竖直角 $\alpha=5°38'$,则 C、D 两点间的水平距离为:
A. 27.5m　　　　　　　　B. 27.6m
C. 27.4m　　　　　　　　D. 27.3m

12-4-6 (历年真题)用视距测量方法测量 A、B 两点高差,通过观测得尺间隔 $l=0.365$m,竖直角 $\alpha=3°15'00''$,仪器高 $i=1.460$m,中丝读数 2.379m,则 A、B 两点间高差 h_{AB} 为:
A. 1.15m　　　B. 1.14m　　　C. 1.16m　　　D. 1.51m

第五节 测量误差基本知识

一、测量误差的分类与特性

测量误差(也称真误差)Δ_i 是指真定值 X 与各观测值 l_i 之间的差异,即:$\Delta_i=X-l_i$。

1. 测量误差产生的原因

产生测量误差的原因,主要有三个方面:①人的原因。观测者的误差是由于观测者技术水平和感官能力的局限致使观测值产生的误差;②仪器的原因。仪器误差是由测量仪器构造上的缺陷、仪器自身精密度的限制致使观测值含有的误差;③外界条件的影响。它是指观测过程中不断变化的大气温度、湿度、透明度、风力、大气折光等因素给观测值带来的误差。

2. 测量误差的分类与特性

(1)粗差

粗差是一种量级较大的观测误差。例如，超限的观测值中往往就含有粗差。粗差也包括测量过程中各种失误引起的误差。粗差有时也称错误。含有粗差的观测值都不能使用。因此，一旦发现粗差，该观测值必须舍弃并重测。

（2）系统误差

在一定的观测条件下对某量进行一系列观测，若误差的符号和大小保持不变或按一定规律变化，这种误差称为系统误差。系统误差在观测成果中具有累积性。

在测量工作中，应尽量设法消除或减小系统误差。消除或减小系统误差的方法有三种：①严格检验与校正仪器，将仪器结构方面的误差限制在最小，如对仪器水准管的校正、各轴之间关系的校正等；②采用对称观测的方法和程序，限制或削弱系统误差的影响，如角度测量中采用盘左、盘右观测，水准测量中前后视距相等；③通过找出产生系统误差的原因和规律，对观测值进行系统误差的计算改正，如对距离观测值进行尺长改正、温度改正和倾斜改正，对竖直角进行指标差改正等。

（3）偶然误差

在一定的观测条件下对某量进行一系列观测，如果误差的符号和大小均呈现偶然性，即从表面现象看，误差的大小和符号没有规律性，这种误差称为偶然误差。产生偶然误差的原因往往是不固定的和难以控制的。

偶然误差的特性是：

1）在一定观测条件下的有限次观测中，偶然误差的绝对值不会超过一定的限值；

2）绝对值较小的误差出现的频率大，绝对值较大的误差出现的频率小；

3）绝对值相等的正、负误差具有大致相等的频率；

4）当观测次数无限增大时，偶然误差的理论平均值趋近于零，即偶然误差具有抵偿性，用公式表示为：

$$\lim_{n\to\infty}\frac{\Delta_1+\Delta_2+\cdots+\Delta_n}{n}=\lim_{n\to\infty}\frac{[\Delta]}{n}=0 \tag{12-5-1}$$

式中，[ ]表示取括号中数值（偶然误差）的代数和。

当 $n\to\infty$ 时，偶然误差出现的频率即为其概率。如果以偶然误差的大小为横坐标，以其出现的概率密度为纵坐标，则偶然误差的特性可以表示为概率论中的正态分布曲线，其标准差为 σ。因此，观测值的精度取标准差 σ 是合适的。

【例 12-5-1】（历年真题）测量误差按其性质的不同可分为两类，它们是：

A. 读数误差和仪器误差　　　　　　B. 观测误差和计算误差

C. 系统误差和偶然误差　　　　　　D. 仪器误差和操作误差

【解答】测量误差按其性质不同分为：系统误差和偶然误差，应选 C 项。

【例 12-5-2】（历年真题）偶然误差具有下列何种特性：

A. 测量仪器产生的误差　　　　　　B. 外界环境影响产生的误差

C. 单个误差的出现没有一定的规律性　D. 大量的误差缺乏统计规律性

【解答】偶然误差的特性：单个误差的出现没有一定的规律性，应选 C 项。

二、评定精度的标准

1. 中误差

在实际测量工作中，不可能对某一量作无穷多次观测，因此，定义按有限的数次观测的真误差求得的标准差为"中误差" m，即：

$$m = \pm \sqrt{\frac{\Delta_1^2 + \Delta_2^2 + \cdots + \Delta_n^2}{n}} = \pm \sqrt{\frac{[\Delta\Delta]}{n}} \quad (12\text{-}5\text{-}2)$$

式中，$[\Delta\Delta]$ 为真误差的平方和。

2. 相对误差

在某些测量工作中，对观测值的精度仅用中误差来衡量还不能正确反映出观测值的精度，例如量距的误差与其长度有关。为此，用观测值的中误差与观测值之比的形式（也称"相对中误差"）描述观测的精度。

3. 极限误差

依据偶然误差的第一特性，在一定的观测条件下，偶然误差的绝对值不会超过一定的限值，这个限值就是容许误差（亦称极限误差）。偶然误差的绝对值大于 2 倍中误差的约占误差总数的 5%，而大于 3 倍中误差的仅占误差总数的 0.3%。一般进行的测量次数有限，3 倍中误差应该很少遇到。因此，以 2 倍中误差作为容许的误差极限，称为"容许误差"（也称为"限差"），即：

$$\Delta_{容} = 2m \quad (12\text{-}5\text{-}3)$$

三、观测值的精度评定

1. 算术平均值

在相同的观测条件（等精度观测）下，对某个未知量进行 n 次观测，其观测值分别为 l_1, l_2, $\cdots$, l_n，将这些观测值取算术平均值 $\bar{x}$，作为该量的最可靠的数值，称为"最或是值"：

$$\bar{x} = \frac{l_1 + l_2 + \cdots + l_n}{n} = \frac{[l]}{n} \quad (12\text{-}5\text{-}4)$$

2. 观测值的改正值

算术平均值与观测值之差称为观测值的改正值（亦称最或是误差）v_i：

$$v_i = \bar{x} - l_i \quad (12\text{-}5\text{-}5)$$

一组观测值取算术平均值后，其改正值之和恒等于零。这一结论可以作为计算中的校核。

3. 按观测值的改正值计算中误差

在一般情况下，观测值的真值 X 是不知道的，真误差 Δ_i 也就无法求得，此时，就不可能用式（12-5-2）求中误差。在同样的观测条件下对某一量进行多次观测，可以取其算术平均值 $\bar{x}$ 作为最或是值，也可以算得各个观测值的改正值 v_i；$\bar{x}$ 在观测次数无限增多时将趋近于真值 X。对于有限的观测次数，以 $\bar{x}$ 代替 X 即相应于以最或是误差 v_i 代替真误差 Δ_i，得到按最或是误差计算观测值的中误差的公式（称为白塞尔公式）：

$$m = \pm \sqrt{\frac{[vv]}{n-1}} \quad (12\text{-}5\text{-}6)$$

4. 算术平均值的中误差

在等精度观测下，根据误差传播定律，观测值的算术平均值（即最或是值）的中误差 $m_{\bar{x}}$ 为：

$$m_{\bar{x}} = \pm \frac{m}{\sqrt{n}} = \pm \sqrt{\frac{[vv]}{n(n-1)}} \quad (12\text{-}5\text{-}7)$$

【例 12-5-3】（历年真题）设 v 为一组同精度观测值改正数，则下列何项表示最或是值的中误差？

A. $m = \pm \sqrt{\dfrac{[vv]}{n(n-1)}}$
B. $m = \pm \sqrt{\dfrac{[vv]}{n}}$
C. $m = \pm \dfrac{1}{n}\sqrt{\dfrac{[vv]}{n-1}}$
D. $m = \pm \sqrt{\dfrac{[vv]}{n-1}}$

【解答】 最或是值的中误差：$m = \pm \sqrt{\dfrac{[vv]}{n(n-1)}}$，应选 A 项。

四、误差传播定律

在实际测量工作中，某些需要的量不是直接观测值，而是通过其他观测值用一定的函数关系间接求得的。设 $Z = f(x_1, x_2, \cdots, x_n)$，即 Z 是独立变量 $x_1, x_2, \cdots, x_n$ 的函数，函数 Z 的中误差为 m_Z，各独立变量 $x_1, x_2, \cdots, x_n$ 对应的观测值的中误差分别为 $m_1, m_2, \cdots, m_n$。如果知道了 m_Z 与 m_i（$i = 1, 2, \cdots, n$）之间的关系，就可以由各变量的观测值中误差来求得函数 Z 的中误差。各变量的观测值中误差与其函数的中误差之间的关系式，称为误差传播定律。一般函数 $Z = f(x_1, x_2, \cdots, x_n)$，$Z$ 的中误差为：

$$m_Z = \pm \sqrt{\left(\frac{\partial f}{\partial x_1}\right)^2 m_1^2 + \left(\frac{\partial f}{\partial x_2}\right)^2 m_2^2 + \cdots + \left(\frac{\partial f}{\partial x_n}\right)^2 m_n^2} \tag{12-5-8}$$

上式是误差传播的最普遍的形式。其他函数，如线性函数、和差函数、倍函数等，都是一般函数的特殊情况。

1. 线性函数的中误差

$$Z = k_1 x_1 + k_2 x_2 + \cdots + k_n x_n \tag{12-5-9}$$

式中，$k_1, k_2, \cdots, k_n$ 为任意常数；$x_1, x_2, \cdots, x_n$ 为独立变量，相应的中误差分别为 $m_1, m_2, \cdots, m_n$。

$$m_Z = \pm \sqrt{k_1^2 m_1^2 + k_2^2 m_2^2 + \cdots + k_n^2 m_n^2} \tag{12-5-10}$$

2. 倍函数的中误差

$$Z = kx \tag{12-5-11}$$

式中，k 为任意常数；x 为独立变量，相应的中误差为 m_x。

$$m_Z = k m_x \tag{12-5-12}$$

3. 和差函数的中误差

$$Z = x_1 \pm x_2 \pm \cdots \pm x_n \tag{12-5-13}$$

式中，$x_1, \cdots, x_n$ 为独立变量，相应的中误差为 $m_1, \cdots, m_n$。

$$m_Z = \pm \sqrt{m_1^2 + m_2^2 + \cdots + m_n^2} \tag{12-5-14}$$

各个自变量如果具有相同的精度，$m_1 = m_2 = \cdots = m_n = m$，则：

$$m_Z = \pm m\sqrt{n} \tag{12-5-15}$$

【例 12-5-4】（历年真题）设在三角形 ABC 中，直接观测了 $\angle A$ 和 $\angle B$，$m_A = \pm 4''$、

$m_B = \pm 5''$，由$\angle A$、$\angle B$计算$\angle C$，则$\angle C$的中误差m_C为：

  A. $\pm 9''$ B. $\pm 6.4''$ C. $\pm 3''$ D. $\pm 4.5''$

  【解答】由于$\angle C = 180° - \angle A - \angle B$

$$m_C = \pm\sqrt{(-1)^2 m_A^2 + (-1)^2 m_B^2} = \pm\sqrt{4^2 + 5^2} = \pm 6.4''$$

应选B项。

【例12-5-5】 （历年真题）有一长方形水池，独立地观测得其边长$a = 30.000 \pm 0.004\text{m}$，$b = 25.000 \pm 0.003\text{m}$，则该水池的面积$S$及面积测量的精度$m_S$为：

  A. $750 \pm 0.134 \text{m}^2$ B. $750 \pm 0.084 \text{m}^2$

  C. $750 \pm 0.025 \text{m}^2$ D. $750 \pm 0.142 \text{m}^2$

  【解答】面积$S = ab = 30 \times 25 = 750 \text{m}^2$

$$m_S = \pm\sqrt{b^2 m_a^2 + a^2 m_b^2} = \sqrt{25^2 \times 0.004^2 + 30^2 \times 0.003^2} = \pm 0.134 \text{m}^2$$

应选A项。

习　　题

12-5-1 （历年真题）误差具有下列哪种特性？

  A. 系统误差不具有累积性   B. 取均值可消除系统误差

  C. 检校仪器可消除或减弱系统误差   D. 理论上无法消除或者减弱偶然误差

12-5-2 （历年真题）测量误差来源有三大类，包括：

  A. 观测误差、仪器误差、外界环境的影响

  B. 偶然误差、观测误差、外界环境的影响

  C. 偶然误差、系统误差、观测误差

  D. 仪器误差、观测误差、系统误差

12-5-3 丈量一段距离4次，结果分别为 232.563m、232.543m、232.548m 和 232.538m，则算术平均值中误差和最后结果的相对中误差分别为：

  A. $\pm 5.4\text{mm}$，$1/43063$ B. $\pm 5.4\text{mm}$，$1/24546$

  C. $\pm 4.5\text{mm}$，$1/43063$ D. $\pm 4.5\text{mm}$，$1/24546$

12-5-4 用DJ_6级经纬仪测量一个角度，为了使得该角度的中误差$\leqslant \pm 4''$，则需要至少观测（　　）个测回。

  A. 4   B. 5   C. 6   D. 7

12-5-5 n边形各内角观测值中误差均为$\pm 6''$，则内角和的中误差为：

  A. $\pm 6'' n$ B. $\pm 6'' \sqrt{n}$ C. $\pm 6''/n$ D. $\pm 6''/\sqrt{n}$

12-5-6 观测三角形各内角3次，求得三角形闭合差分别为$+8''$、$-10''$和$+2''$，则三角形内角和的中误差为：

  A. $\pm 7.5''$ B. $\pm 9.2''$ C. $\pm 20''$ D. $\pm 6.7''$

12-5-7 用30m的钢尺丈量120m的距离，已知每尺段量距中误差为$\pm 4\text{mm}$，则全长中误差为（　　）mm。

  A. ± 16 B. ± 4 C. ± 8 D. ± 10

第六节 控 制 测 量

一、控制测量概述

进行测量工作时，总是首先在测区内选择一些具有控制意义的点，组成一定的几何图形，形成测区的骨架，用相对精确的测量手段和计算方法，计算出这些点的平面坐标和高程，然后以其为基础测定其他更多地面点的坐标或进行施工放样。将这些具有控制意义的点称为控制点，由控制点按一定的规律和要求构成网状几何图形，称为控制网。对控制网进行布设、观测和计算，最终确定出控制点坐标的工作称为控制测量。控制网分为平面控制网和高程控制网，控制测量分为平面控制测量和高程控制测量。

1. 平面控制测量

平面控制测量是确定控制点的平面位置。平面控制网的经典布网形式有三角网（锁）、三边网、边角网和导线网。目前，常采用卫星定位网（即卫星定位控制网）。

国家平面控制网是在全国范围内建立的控制网，逐级控制，分为一、二、三、四等三角测量和一、二级精密导线测量。

工程控制测量是为大比例尺地形测量或为工程建筑物的施工放样及变形观测等专门用途而建立控制网。工程平面控制网的建立，可采用卫星定位测量、导线测量、三角形网测量等方法。

卫星定位测量可用于二、三、四等和一、二级控制网的建立；导线测量可用于三、四等和一、二、三级控制网的建立；三角形网测量可用于二、三、四等和一、二级控制网的建立。

图根控制网是直接为测图建立的控制图。

《工程测量标准》规定：

各等级导线测量的主要技术要求　　表 3.3.1

等级	导线长度(km)	平均边长(km)	测角中误差(″)	测距中误差(mm)	测距中对中误差	测回数 0.5″级仪器	测回数 1″级仪器	测回数 2″级仪器	测回数 6″级仪器	方位角闭合差(″)	导线全长相对闭合差
三等	14	3	1.8	20	1/150000	4	6	10	—	$3.6\sqrt{n}$	≤1/55000
四等	9	1.5	2.5	18	1/80000	2	4	6	—	$5\sqrt{n}$	≤1/35000
一级	4	0.5	5	15	1/30000	—	—	2	4	$10\sqrt{n}$	≤1/15000
二级	2.4	0.25	8	15	1/14000	—	—	1	3	$16\sqrt{n}$	≤1/10000
三级	1.2	0.1	12	15	1/7000	—	—	1	2	$24\sqrt{n}$	≤1/5000

注：1. n 为测站数；
2. 当测区测图的最大比例尺为 1:1000 时，一、二、三级导线的导线长度、平均边长可放长，但最大长度不应大于表中规定相应长度的 2 倍。

图根导线测量的主要技术要求　　　　　　　　表 5.2.7

导线长度 (m)	相对闭合差	测角中误差 (″)		方位角闭合差 (″)	
		首级控制	加密控制	首级控制	加密控制
$\leqslant \alpha \cdot M$	$\leqslant 1/(2000\times\alpha)$	20	30	$40\sqrt{n}$	$60\sqrt{n}$

注：1. α 为比例系数，取值宜为 1，当采用 1∶500、1∶1000 比例尺测图时，α 值可在 1～2 之间选用；
　　2. M 为测图比例尺的分母，但对于工矿区现状图测量，不论测图比例尺大小，M 应取值为 500。

【例 12-6-1】（历年真题）图根平面控制可以采用图根导线测量，当图根导线作为首级控制时，其方位角闭合差应符合下列（　　）规定。

A. 小于 $40″\sqrt{n}$　　　　　　　　B. 小于 $45″\sqrt{n}$

C. 小于 $50″\sqrt{n}$　　　　　　　　D. 小于 $60″\sqrt{n}$

【解答】图根平面控制采用图根导线测量，首级控制，其方位角闭合差小于 $40″\sqrt{n}$，应选 A 项。

2. 高程控制测量

建立高程控制网的主要方法是水准测量。国家水准测量分为一、二、三、四等级，逐级布设。

为了工程建设的需要所建立的高程控制测量，采用二、三、四、五等水准测量及直接为测地形图用的图根水准测量。各等级高程控制宜采用水准测量，四等及以下等级也可采用电磁波测距三角高程测量，五等还可采用卫星定位高程测量。

《工程测量标准》规定：

水准测量的主要技术要求　　　　　　　　表 4.2.1

等级	每千米高差全中误差 (mm)	路线长度 (km)	水准仪级别	水准尺	观测次数		往返较差、附合或环线闭合差	
					与已知点联测	附合或环线	平地 (mm)	山地 (mm)
二等	2	—	DS1、DSZ1	条码因瓦、线条式因瓦	往返各一次	往返各一次	$4\sqrt{L}$	—
三等	6	$\leqslant 50$	DS1、DSZ1	条码因瓦、线条式因瓦	往返各一次	往一次	$12\sqrt{L}$	$4\sqrt{n}$
			DS3、DSZ3	条码式玻璃钢、双面		往返各一次		
四等	10	$\leqslant 16$	DS3、DSZ3	条码式玻璃钢、双面	往返各一次	往一次	$20\sqrt{L}$	$6\sqrt{n}$
五等	15	—	DS3、DSZ3	条码式玻璃钢、单面	往返各一次	往一次	$30\sqrt{L}$	—

注：1. 节点之间或节点与高级点之间的路线长度不应大于表中规定的 70%；
　　2. L 为往返测段、附合或环线的水准线路长度（km），n 为测站数；
　　3. 数字水准测量和同等级的光学水准测量精度要求相同，作业方法在没有特指的情况下均称为水准测量；
　　4. DSZ1 级数字水准仪若与条码式玻璃钢水准尺配套，精度降低为 DSZ3 级。

数字水准仪观测的主要技术要求　　　　　　　表 4.2.5

等级	水准仪级别	水准尺类别	视线长度(m)	前后视的距离较差(m)	前后视的距离较差累积(m)	视线离地面最低高度(m)	测站两次观测的高差较差(mm)	数字水准仪重复测量次数
二级	DSZ1	条码式因瓦尺	50	1.5	3.0	0.55	0.7	2
三等	DSZ1	条码式因瓦尺	100	2.0	5.0	0.45	1.5	2
四等	DSZ1	条码式因瓦尺	100	3.0	10.0	0.35	3.0	2
四等	DSZ1	条码式玻璃钢尺	100	3.0	10.0	0.35	5.0	2
五等	DSZ3	条码式玻璃钢尺	100	近似相等	—	—	—	—

注：1. 二等数字水准测量观测顺序，奇数站应为后—前—前—后，偶数站应为前—后—后—前；
2. 三等数字水准测量观测顺序应为后—前—前—后；四等数字水准测量观测顺序应为后—后—前—前；
3. 水准观测时，若受地面振动影响时，应停止测量。

光学水准仪观测的主要技术要求　　　　　　　表 4.2.6

等级	水准仪级别	视线长度(m)	前后视距差(m)	任一测站上前后视距差累积(m)	视线离地面最低高度(m)	基、辅分划或黑、红面读数较差(mm)	基、辅分划或黑、红面所测高差较差(mm)
二等	DS1、DSZ1	50	1.0	3.0	0.5	0.5	0.7
三等	DS1、DSZ1	100	3.0	6.0	0.3	1.0	1.5
三等	DS3、DSZ3	75	3.0	6.0	0.3	2.0	3.0
四等	DS3、DSZ3	100	5.0	10.0	0.2	3.0	5.0
五乖	SD3、DSZ3	100	近似相等	—	—	—	—

注：1. 二等光学水准测量观测顺序，往测时，奇数站应为后—前—前—后，偶数站应为前—后—后—前；返测时，奇数站应为前—后—后—前，偶数站应为后—前—前—后；
2. 三等光学水准测量观测顺序应为后—前—前—后；四等光学水准测量观测顺序应为后—后—前—前；
3. 二等水准视线长度小于 20m 时，视线高度不应低于 0.3m；
4. 三、四等水准采用变动仪器高度观测单面水准尺时，所测两次高差较差，应与黑面、红面所测高差之差的要求相同。

图根水准测量的技术要求，见本章第二节。

【例 12-6-2】（历年真题）进行三、四等水准测量，通常是使用双面水准尺，对于三等（DS3）水准测量红黑面高差之差的限差是：

A. 3mm　　　　　B. 5mm　　　　　C. 2mm　　　　　D. 4mm

【解答】三等（DS3）水准测量红黑面高差之差的限差为 3mm，应选 A 项。

【例 12-6-3】（历年真题）进行三、四等水准测量，视线长度和前后视距差都有一定的要求，光学水准仪的四等水准测量的前后视距差的限差是：

A. 10m　　　　　B. 5m　　　　　C. 8m　　　　　D. 12m

【解答】光学水准仪四等水准测量的前后视距差的限差是5m，应选B项。

二、平面控制网的定位与定向

在工程测量中，地面的点位常采用高斯分带投影的方法建立直角坐标系。如图12-6-1所示，已知1点坐标(x_1, y_1)，已测得1-2边的坐标方位角α_{12}和边长D_{12}，待定点2点的坐标为：

$$x_2 = x_1 + \Delta x_{12} = x_1 + D_{12}\cos\alpha_{12} \quad (12\text{-}6\text{-}1)$$

$$y_2 = y_1 + \Delta y_{12} = y_1 + D_{12}\sin\alpha_{12} \quad (12\text{-}6\text{-}2)$$

式中，Δx_{12}、Δy_{12}称为坐标增量。上述计算称为坐标正算。

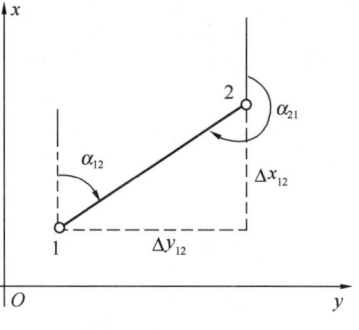

图12-6-1　坐标增量计算

当已知1、2两点的坐标x_1、y_1和x_2、y_2时，求其坐标方位角和边长，则：

$$\alpha_{12} = \arctan\frac{\Delta y_{12}}{\Delta x_{12}} = \arctan\frac{y_2 - y_1}{x_2 - x_1} \quad (12\text{-}6\text{-}3)$$

$$D_{12} = \sqrt{\Delta x_{12}^2 + \Delta y_{12}^2} = \sqrt{(x_2-x_1)^2 + (y_2-y_1)^2} \quad (12\text{-}6\text{-}4)$$

上式中α_{12}有正负号，应根据Δy_{12}、Δx_{12}的等号将其转化为坐标方位角：

$\Delta y_{12} > 0$，$\Delta x_{12} > 0$ 时，$\alpha_方 = \alpha_{12}$

$\Delta y_{12} > 0$，$\Delta x_{12} < 0$ 时，$\alpha_方 = 180° - |\alpha_{12}|$

$\Delta y_{12} < 0$，$\Delta x_{12} > 0$ 时，$\alpha_方 = 360° - |\alpha_{12}|$

$\Delta y_{12} < 0$，$\Delta x_{12} < 0$ 时，$\alpha_方 = 180° + \alpha_{12}$

上述计算称为坐标反算。

平面控制网的直线定向及正、反坐标方位角，见本章第四节。

【例12-6-4】（历年真题）在测量坐标计算中，已知某边AB长$D_{AB} = 78.00$mm，该边坐标方位角$\alpha_{AB} = 320°10'40''$，则该边的坐标增量为：

A. $\Delta X_{AB} = +60$m；$\Delta Y_{AB} = -50$m　　　　B. $\Delta X_{AB} = -50$m；$\Delta Y_{AB} = +50$m

C. $\Delta X_{AB} = -49.952$m；$\Delta Y_{AB} = +59.907$m　　D. $\Delta X_{AB} = +59.907$m；$\Delta Y_{AB} = -49.952$m

【解答】$\Delta X_{AB} = D\cos\alpha_{AB} = 78\cos320°10'40'' = +59.907$m，应选D项。

此外，$\Delta Y_{AB} = D\sin\alpha_{AB} = 78\sin320°10'40'' = -49.952$m。

【例12-6-5】（历年真题）若$\Delta X_{AB} < 0$，且$\Delta Y_{AB} < 0$，则下列哪项表达了坐标方位角α_{AB}？

A. $\alpha_{AB} = \arctan\dfrac{\Delta Y_{AB}}{\Delta X_{AB}}$　　　　　　B. $\alpha_{AB} = \arctan\dfrac{\Delta Y_{AB}}{\Delta X_{AB}} + \pi$

C. $\alpha_{AB} = \pi - \arctan\dfrac{\Delta Y_{AB}}{\Delta X_{AB}}$　　　　D. $\alpha_{AB} = \arctan\dfrac{\Delta Y_{AB}}{\Delta X_{AB}} - \pi$

【解答】由于$\Delta X_{AB} < 0$，$\Delta Y_{AB} < 0$，则$\alpha_{AB} = \arctan\dfrac{\Delta Y_{AB}}{\Delta X_{AB}} + \pi$

应选B项。

三、导线测量

1. 基本概念

导线的布设有三种基本形式：闭合导线、附合导线和支导线，如图 12-6-2 所示。

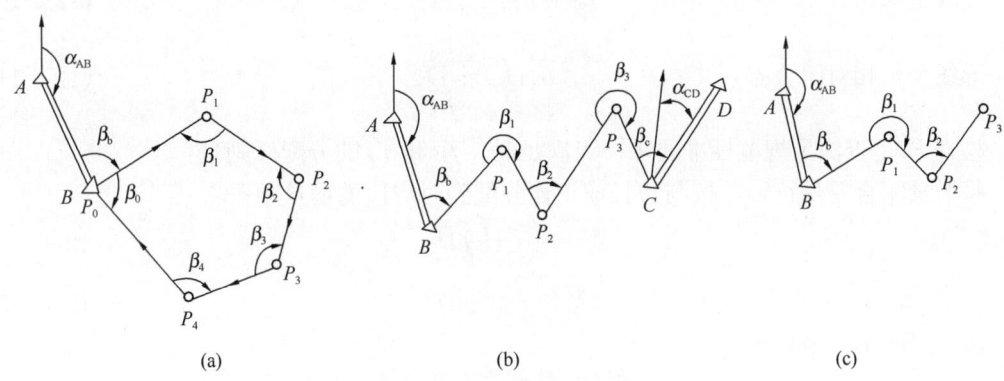

图 12-6-2
（a）闭合导线；（b）附合导线；（c）支导线

导线测量的外业工作包括：踏勘选点及建立标志、量边、测角和联测。

【例 12-6-6】（历年真题）导线测量的外业工作在踏勘选点工作完成后，需要进行下列何项工作？

A. 水平角测量和竖直角测量　　　　B. 方位角测量和距离测量
C. 高程测量和边长测量　　　　　　D. 水平角测量和边长测量

【解答】 导线测量外业工作在踏勘选点工作完成后，进行水平角测量和边长测量，应选 D 项。

2. 闭合导线测量的内业计算

（1）角度闭合差的计算和调整

n 边闭合多边形的内角和 $\sum \beta_测$ 与理论值 $(n-2) \times 180°$ 之差称为角度闭合差：

$$f_\beta = \sum \beta_测 - \sum \beta_理 = \sum \beta_测 - (n-2) \times 180° \tag{12-6-5}$$

检查 f_β 是否满足规范标准要求。当满足时，f_β 的分配原则是：闭合差反符号平均分配到各观测角度，即：$\beta_{改正后} = \beta_测 + \dfrac{-f_\beta}{n}$。

（2）用改正后的导线角度推算各边的坐标方位角

左角　　　　　　　　　　$\alpha_前 = \alpha_后 + \beta_左 - 180°$ 　　　　　　　　　　(12-6-6)

右角　　　　　　　　　　$\alpha_前 = \alpha_后 + 180° - \beta_右$ 　　　　　　　　　　(12-6-7)

上述公式来源见本章第四节。

（3）坐标增量闭合差的计算和调整

由已测的边长 D_i 和推算的方位角求坐标增量，即：$\Delta x_{测i} = D_i \cos\alpha$，$\Delta y_{测i} = D_i \sin\alpha$；从理论上讲，闭合导线各边的纵、横坐标增量代数和的理论值应分别等于零，即：$\sum \Delta x_理 = 0$，$\sum \Delta y_理 = 0$。但实际上，由于导线边长观测值中有误差，角度观测值虽然经过导线角度闭合差的调整，但仍有剩余的误差。因此，导致由边长、方位角推算而得的坐标增量也具有误差，从而产生纵坐标增量闭合差 f_x 和横坐标增量闭合差 f_y，即：

$$f_x = \sum \Delta x_{测} - \sum \Delta x_{理} = \sum \Delta x_{测} \tag{12-6-8}$$

$$f_y = \sum \Delta y_{测} - \sum \Delta y_{理} = \sum \Delta y_{测} \tag{12-6-9}$$

导线全长闭合差
$$f = \sqrt{f_x^2 + f_y^2} \tag{12-6-10}$$

导线全长相对闭合差
$$K = \frac{f}{\sum D} = \frac{1}{\dfrac{\sum D}{f}} \tag{12-6-11}$$

检查 K 是否满足规范标准要求。当满足时，f_x 和 f_y 的分配原则是：将增量闭合差反符号并按与边长成正比分配到对应边的增量中去：

$$V_{xi} = -\frac{f_x}{\sum D} D_i \tag{12-6-12}$$

$$V_{yi} = -\frac{f_y}{\sum D} D_i \tag{12-6-13}$$

改正后的坐标增量为：

$$\Delta x_i = \Delta x_{测i} + V_{xi} \tag{12-6-14}$$

$$\Delta y_i = \Delta y_{测i} + V_{yi} \tag{12-6-15}$$

(4) 计算各导线点的坐标

根据起始点的坐标、改正后的坐标增量，依次计算各导线点的坐标。

3. 附合导线测量的内业计算

附合导线计算的步骤与闭合导线完全相同。由于导线的形状、起始点和起始方位角位置分布的不同，仅是在计算导线角度闭合差和坐标增量闭合差时有所差别。

(1) 角度闭合差的计算和调整

右角
$$\sum \beta_{理} = \alpha_{始} - \alpha_{终} + n \times 180° \tag{12-6-16}$$

左角
$$\sum \beta_{理} = \alpha_{终} - \alpha_{始} + n \times 180° \tag{12-6-17}$$

$$f_\beta = \sum \beta_{测} - \sum \beta_{理} \tag{12-6-18}$$

容许的角度闭合差及角度闭合差的分配方法同闭合导线。

(2) 坐标增量闭合差计算和调整

$$\sum \Delta x_{理} = x_{终} - x_{始} \tag{13-6-19}$$

$$\sum \Delta y_{理} = y_{终} - y_{始} \tag{13-6-20}$$

$$f_x = \sum \Delta x_{测} - \sum \Delta x_{理} \tag{12-6-21}$$

$$f_y = \sum \Delta y_{测} - \sum \Delta y_{理} \tag{12-6-22}$$

附合导线的导线全长闭合差、全长相对闭合差及容许相对闭合差的计算，以及增量闭合差的调整同闭合导线。

4. 支导线测量的内业计算

支导线中没有多余观测值，因此也没有任何闭合差产生，导线的转折角和计算的坐标增量不需要进行改正。支导线的计算步骤如下：

(1) 根据观测的转折角推算各边坐标方位角；

(2) 根据各边的边长和方位角计算各边的坐标增量；

(3) 根据各边的坐标增量推算各点的坐标。

四、交会定点

小地区平面控制网的个别控制点的加密可用测角交会、测边交会、边角交会等交会定点方法。测角交会法有前方交会、侧方交会和后方交会。

1. 前方交会

如图12-6-3所示,在已知点 A、B 分别对待定点 P 观测水平角 α、β,求 P 点坐标。此时,按余切公式直接求 P 点坐标:

$$x_P = \frac{x_A \cot\beta + x_B \cot\alpha - y_A + y_B}{\cot\alpha + \cot\beta} \tag{12-6-23}$$

$$y_P = \frac{y_A \cot\beta + y_B \cot\alpha + x_A - x_B}{\cot\alpha + \cot\beta} \tag{12-6-24}$$

2. 测边交会

如图12-6-4所示,已知 A、B 点坐标和测得 AP、BP 的边长,求待定点 P 的坐标:

$$e = \frac{D_{AB}^2 + D_{AP}^2 - D_{BP}^2}{2D_{AB}} \tag{12-6-25}$$

$$h = \sqrt{D_{AP}^2 - e^2} \tag{12-6-26}$$

$$x_P = x_A + e\cos\alpha_{AB} + h\sin\alpha_{AB} \tag{12-6-27}$$

$$y_P = y_A + e\cos\alpha_{AB} - h\sin\alpha_{AB} \tag{12-6-28}$$

图 12-6-3 前方交会

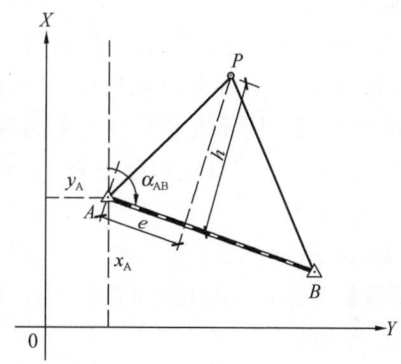

图 12-6-4 测边交会

五、高程控制测量

1. 三、四等水准测量

三、四等水准测量,除用于国家高程控制网的加密外,还常用作小地区的首级高程控制网,以及工程建设地区内工程测量和变形观测的基本控制。三、四等水准网应从附近的国家一、二等水准点引测高程。

工程建设地区的三、四等水准点的间距可根据实际需要决定,一般地区应为 $1\sim3\mathrm{km}$,工业厂区、城镇建筑区宜小于 $1\mathrm{km}$。一个测区至少应有 3 个高程控制点。

三、四等水准测量使用的水准尺,光学经纬仪采用双面水准尺,具体见本章第二节。

三、四等水准测量每站的观测顺序见前面《工程测量标准》表 4.2.5 注、表 4.2.6 注的规定,其主要是抵消水准仪与水准尺下沉产生的误差。

三、四等附合或闭合水准路线高差闭合差的计算、调整方法与普通水准测量相同,但

三、四等水准测量的成果处理应按最小二乘法进行平差。

2. 图根水准测量

相关内容，见本章第二节。

3. 三角高程测量

如图 12-6-5 所示，已知 A 点的高程 H_A，欲知待测点 B 的高程 H_B。在 A 点安置经纬仪，量取仪器高 i，在 B 点竖立标尺，测出目标高 v，根据测得的两点间水平距离为 D 和竖直角 α，应用三角公式计算得到 B 点高程的方法，称为三角高程测量。公式表达为：

图 12-6-5 三角高程测量原理

$$h = D\tan\alpha + i - v + f \quad (12\text{-}6\text{-}29)$$

$$H_B = H_A + D\tan\alpha + i - v + f \quad (12\text{-}6\text{-}30)$$

式中，f 为球差改正与气差改正，球差改正是针对地球曲率影响的改正；气差改正是针对大气折光影响的改正。

三角高程测量一般应进行往返测量，既由 A 向 B 观测，又由 B 向 A 观测，这样的观测称为对向观测（亦称双向观测）。对向观测可以消除地球曲率差和大气折光差的影响。

【例 12-6-7】（历年真题）在三角高程测量中，设水平距离为 D，α 为竖直角，仪器高为 i，中丝读数为 v，球气差改正为 f，则测站点与目标点间高差可表示为：

A. $D\tan\alpha + i - v + f$
B. $D\tan\alpha + v - i + f$
C. $D\cos^2\alpha + i - v + f$
D. $D\cos^2\alpha + v - i + f$

【解答】测站点与目标点间高差为：$D\tan\alpha + i - v + f$

应选 A 项。

习　题

12-6-1（历年真题）坐标正算中，下列何项表达了横坐标增量？

A. $\Delta X_{AB} = D_{AB} \cdot \cos\alpha_{AB}$
B. $\Delta Y_{AB} = D_{AB} \cdot \sin\alpha_{AB}$
C. $\Delta Y_{AB} = D \cdot \sin\alpha_{BA}$
D. $\Delta X_{AB} = D \cdot \cos\alpha_{BA}$

12-6-2（历年真题）坐标正算中，下列何项表达了纵坐标增量？

A. $\Delta X_{AB} = D_{AB} \cdot \cos\alpha_{AB}$
B. $\Delta Y_{AB} = D_{AB} \cdot \sin\alpha_{AB}$
C. $\Delta Y_{AB} = D \cdot \sin\alpha_{BA}$
D. $\Delta X_{AB} = D \cdot \cos\alpha_{BA}$

12-6-3（历年真题）图根导线测量中，以下哪一项反映了导线全长相对闭合差精度要求？

A. $K \leqslant \dfrac{1}{2000}$
B. $K \geqslant \dfrac{1}{2000}$
C. $K \leqslant \dfrac{1}{5000}$
D. $K \approx \dfrac{1}{5000}$

第七节 地形图测绘

一、地形图基本知识

地球表面的形态归纳起来可分为地物和地貌两大类。地面上有明显轮廓的、固定性自然物体和人工建筑物体都称为地物，如村庄、河流、湖泊、森林等。地貌是指地球表面的自然起伏状态，包括山地、平原、陡坎、崩崖等。当测区较小时，可将地面上的各种地物、地貌沿铅垂线方向投影到水平面上，再按照一定的比例缩小绘制成图，在图上仅表示地物的平面位置，并注有代表性的高程点，这种图称为平面图；在图上除表示地物的平面位置外，还通过特殊符号表示地貌的称为地形图。若测区较大，考虑地球曲率差的影响，采用专门的方法将观测成果编绘而成的图称为地图。地图上的图形因投影的关系都有一定的地形，但平面图上的图形与地面上的地物的图形是相似的，也即它们的相应角度相等，边长成比例。此外，还有数字地形测量图。以下主要介绍纸质地形图，而数字地形图在本节最后作简要说明。

【例 12-7-1】（历年真题）地形图是按一定比例，用规定的符号表示下列哪一项的正射投影图？

A. 地物的平面位置　　　　　　　　B. 地物地貌的平面位置和高程
C. 地貌高程位置　　　　　　　　　D. 地面高低状态

【解答】地形图用规定的符号表示地物、地貌的平面位置、高程，应选 B 项。

1. 比例尺

纸质地形图上任意一线段的长度与地面上相应线段的实际水平长度之比，称为地形图的比例尺。比例尺的种类有数字比例尺、图示比例尺等。

数字比例尺一般用分子为 1 的分数形式表示。设图上某一线段的长度为 d，地面上相应线段的水平长度为 D，则该地形图的比例尺为：

$$\frac{d}{D} = \frac{1}{\frac{D}{d}} = \frac{1}{M} \tag{12-7-1}$$

式中，M 为比例尺分母。当图上 10mm 代表地面上 10m 的水平长度时，该图的比例尺即为 1：1000。由此可见，比例尺分母实际上就是实地水平长度缩绘到图上的缩小倍数。比例尺的大小以比例尺的比值衡量。比值越大（分母 M 越小），比例尺越大。通常称 1：100 万、1：50 万、1：20 万为小比例尺地形图；1：100000、1：50000、1：25000 为中比例尺地形图；1：10000、1：5000、1：2000、1：1000、1：500 为大比例尺地形图。工程建设中通常采用大比例尺地形图。

为了用图方便，以及减小由于图纸伸缩而引起的误差，在绘制纸质地形图的同时，常在图纸上绘制图示比例尺。最常见的图示比例尺为直线比例尺。

把图上 0.1mm 所代表的实际水平长度称为比例尺精度。在测绘纸质地形图时，要根据测图比例尺确定合理的测图精度。例如，欲在图上能反映地面上 10cm 的水平距离精度，其采用的比例尺不应小于 0.1/100＝1/1000。不同比例尺的比例尺精度见表 12-7-1。

不同比例尺的比例尺精度　　　　　　　表 12-7-1

比例尺	1∶500	1∶1000	1∶2000	1∶5000
比例尺精度（m）	0.05	0.10	0.20	0.50

注意，数字地形测量成图的地物平面位置和高程的精度，不决定于所显示图形的比例尺，而只决定于测图时测定点位的精度。

【例 12-7-2】（历年真题）某城镇需测绘地形图，要求在图上能反映地面上 0.2m 的精度，则采用的测图比例尺不得小于：

A. 1∶500　　　　B. 1∶1000　　　　C. 1∶2000　　　　D. 1∶100

【解答】图上能反映地面上 0.2m 的精度，应采用的测图比例尺不得小于 0.1/(0.2×1000)＝1∶2000，应选 C 项。

2. 地形图的分幅和编号

地形图分幅的方法分为两类：一类是按经纬线分幅的梯形分幅法（亦称国际分幅）；另一类是按坐标格网分幅的矩形分幅法。

(1) 梯形分幅法

梯形分幅法应执行《国家基本比例尺地形图分幅和编号》GB/T 13989—2012。1∶100 万地形图的编号采用国际统一的行列式编号。如图 12-7-1 所示，从赤道起分别向南、向北，每纬差 4°为一列，至纬度 88°各分为 22 横列，依次用大写拉丁字母（字符码）A，B，C，…，V 表示。从 180°经线起，自西向东每经差 6°为一行，分为 60 纵行，依次用阿拉伯数字（数字码）1，2，3，…，60 表示，以两极为中心，以纬度 88°为界的圆用 Z 表示。图 12-7-1 仅示出东经 0°～180°，未示出西经 0°～180°。例如，北京所在的 1∶100 万地形图图号为：J50。

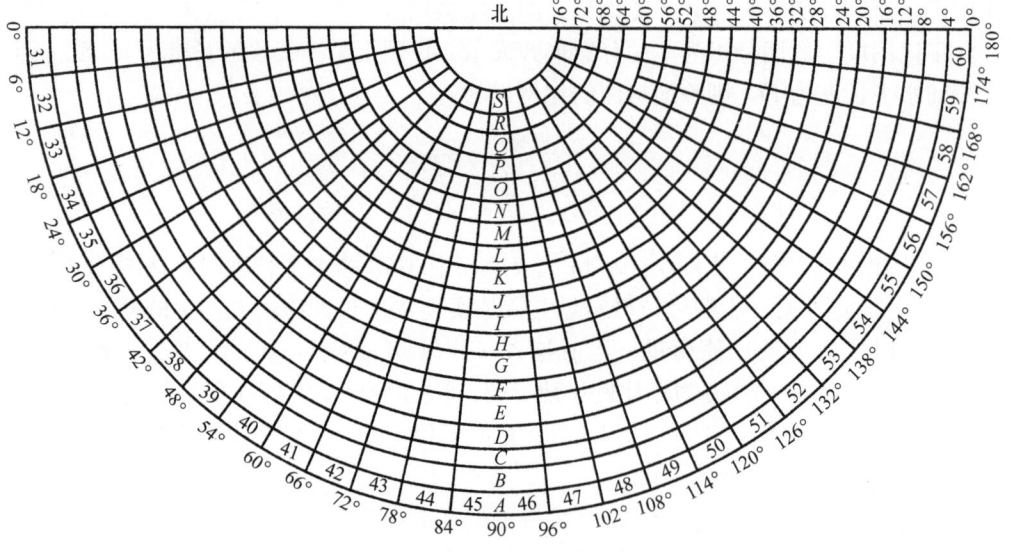

图 12-7-1　1∶1000000 地图分幅编号

1∶50 万～1∶5000 地形图的分幅全部由 1∶100 万地形图逐次加密划分而成，编号均以 1∶100 万比例尺地形图为基础，采用行列编号方法，由其所在的 1∶100 万比例尺地形图的图号、比例尺代码和图幅的行列号共 10 位码组成，编码长度相同，编码系列统一为一个根部，如图 12-7-2 所示。各种比例尺代码见表 12-7-2。

比例尺代码表　　　　　　　　　　　表 12-7-2

比例尺	1:500000	1:250000	1:100000	1:50000	1:25000	1:10000	1:5000
代码	B	C	D	E	F	G	H

图 12-7-2　地形图图号构成

现行国家基本比例尺地形图分幅、编号关系见表 12-7-3。

现行国家基本比例尺地形图分幅、编号关系表　　　表 12-7-3

比例尺		1:100万	1:50万	1:25万	1:10万	1:5万	1:2.5万	1:1万	1:5000
图幅范围	经差	6°	3°	1°30′	30′	15′	7′30″	3′45″	1′52.5″
	纬差	4°	2°	1°	20′	10′	5′	2′30″	1′15″
行列数量关系	行数	1	2	4	12	24	48	96	192
	列数	1	2	4	12	24	48	96	129

例如，J50B001002 是指纬度为 38°～40°、经度为 117°～120°，1:50 万比例尺，图幅行号为 001，图幅列号为 002。

(2) 矩形分幅法

大比例尺地形图大多采用矩形分幅法，它是按统一的直角坐标格网划分的。图幅的大小为 50cm×50cm、50cm×40cm 或 40cm×40cm，每幅图中以 10cm×10cm 为基本方格。地形图按矩形分幅时常用的编号方法有图幅西南角坐标编号法。

采用图廓西南角坐标千米数编号，x 坐标在前，y 坐标在后，中间用短线连接。1:5000 取至千米数，1:2000、1:1000 取至 0.1km；1:500 取至 0.01km。例如，某幅 1:1000 比例尺地形图西南角图廓点的坐标 $x=835000$m，$y=15500$m，则该图幅编号为 83.5-15.5。

【例 12-7-3】（历年真题）某图幅编号为 J50B001001，则该图比例尺为：
A. 1:100000　　　　　　　　B. 1:50000
C. 1:500000　　　　　　　　D. 1:250000

【解答】该图比例尺为 1:500000，应选 C 项。

3. 地形图图外注记

图名即本幅图的名称，是以所在图幅内最著名的地名、厂矿企业和村庄的名称来命名的。

图号是根据地形图分幅和编号方法编定的,并把图名、图号标注在北图廓上方的中央。

接图表用于说明本幅图与相邻图幅的关系,供索取相邻图幅时用。通常是中间一格画有斜线代表本图幅,四邻的8幅图分别标注图号或图名,并绘在图廓的左上方。

图廓是地形图的边界线,分内、外图廓。内图廓线即地形图分幅时的坐标格网经纬线。外图廓是距内图廓以外一定距离绘制的加粗平行线,仅起装饰作用。在内图廓外四角注有坐标值,并在内图廓线内侧,每隔10cm绘5mm的短线,表示坐标格网的位置。在图幅内绘有每隔10cm的坐标格网交叉点。

在中、小比例尺的图廓线的右下方,还绘有真子午线、磁子午线和坐标纵轴(中央子午线)3个方向之间的角度关系,称为三北方向图。利用该关系图可对图上任一方向的真方位角、磁方位角和坐标方位角作相互换算。

此外,图上还要标注本图的投影方式(地形图都是采用正投影的方式完成的)、坐标系统和高程系统,以及成图方法(如平板仪测量成果、野外数字测量成果等)。

二、地形图图式

地形图对地物、地貌符号的样式、规格、颜色、使用以及地图注记和图廓整饰等都有统一规定,称为地形图图式。

1. 地物符号

地物符号分为比例符号、非比例符号、半比例符号和地物注记。

有些地物的轮廓较大,如房屋、运动场、湖泊、森林等,其形状和大小可以按测图比例尺缩绘在图纸上,再配以特定的符号予以说明,这种符号称为比例符号。

某些地物,如三角点、水准点、独立树、里程碑、钻孔等,因其轮廓较小,无法将其形状和大小按测图比例尺缩绘到图纸上,而该地物又很重要,必须表示出来,则不管地物的实际尺寸,而用规定的符号表示,这类符号称为非比例符号。

对于一些带状延伸的地物,如公路、通信线路及管道等,其长度可按测图比例尺缩绘,而宽度无法按比例尺缩绘,这种长度按比例、宽度不按比例的符号,称为半比例符号。

用文字、数字或特定的符号对地物加以说明,称为地物注记。例如,城镇、工厂、铁路、公路的名称,河流的流速、深度,道路的去向以及果树、森林的类别等。

在地形图上,对于某个具体地物,究竟是采用比例符号还是非比例符号,主要由测图比例尺决定。

2. 地貌符号

在图上表示地貌的方法很多,在测量工作中通常用等高线表示地貌。等高线是由地面上高程相同的相邻点所连接而成的闭合曲线。相邻等高线之间的高差,称为等高距,常以 h 表示。在同一幅图上,等高距是相同的。相邻等高线之间的水平距离称为等高线平距,常以 d 表示。因为同一幅地形图内,等高距是相同的,所以等高线平距 d 的大小直接与地面的坡度有关。等高线平距越小,地面坡度越陡,图上等高线就显得越密集;反之,则比较稀疏;当地面的坡度均匀时,等高线平距就相等。

(1) 等高线的分类

1) 首曲线:在同一幅地形图上,按规定的基本等高距描绘的等高线称为首曲线,也称基本等高线。首曲线用细实线描绘,如图12-7-3中高程为38m、42m的等高线。

2) 计曲线:为了用图方便,每隔四根首曲线描绘一根较粗的等高线,称为计曲线,也称加粗等高线。为了计算和读图的方便,计曲线要加粗描绘并注记高程。如图12-7-3中高程为40m的等高线。

3) 间曲线:当首曲线不能详细表示地貌特征时,则需在首曲线间加绘间曲线,按1/2基本等高距描绘的等高线称为间曲线,也称半距等高线。间曲线用细长虚线表示。如图12-7-3中高程为39m、41m的等高线。

4) 助曲线:如采用了间曲线仍不能表示较小的地貌特征时,则应当在首曲

图12-7-3 等高线分类

线和间曲线间加绘助曲线,其等高距为基本等高距的1/4,助曲线用细短虚线表示。如图12-7-3中高程为38.5m的等高线。间曲线和助曲线描绘时可不闭合。

(2) 等高线的特性

1) 同一条等高线上各点的高程相等。

2) 等高线为闭合曲线,不能中断,如果不在本幅图内闭合,则必在相邻的其他图幅内闭合。

3) 等高线只有在悬崖、绝壁处才能重合或相交。

4) 等高线与山脊线、山谷线正交。

5) 同一幅地形图上的等高距相同,故等高线平距大表示地面坡度小;等高线平距小表示地面坡度大;平距相同则坡度相同。

【例12-7-4】(历年真题)同一张地形图上等高距是相等的,则地形图上陡坡的等高线是:

A. 汇合的　　　　　B. 密集的　　　　　C. 相交的　　　　　D. 稀疏的

【解答】地形图上陡坡的等高线是密集的,应选B项。

(3) 典型地貌的等高线

1) 山头和洼地:其等高线都是一组闭合线,区别是:凡内圈等高线的高程注记大于外圈者为山头,小于外圈者为洼地;如果等高线上没有高程注记,则用示坡线表示。示坡线就是一条垂直于等高线而指示坡度降落方向的短线。

2) 山脊和山谷:山脊等高线表现为一组凸向低处的曲线;山谷等高线表现为一组凸向高处的曲线。

3) 鞍部:其等高线的特点是一圈大的闭合曲线内套有两组小的闭合曲线。

4) 陡崖:采用陡崖符号来表示。

5) 悬崖:其等高线出现相交,其下部凹进的等高线用虚线表示。

四、地物平面图测绘和地形图测绘

地形图测绘是以控制点为测站,测绘出其周围的地物、地貌特征点,并依地形图图式

规定的符号，按一定比例尺展绘在图纸上，形成地形图。地物平面图测绘仅针对地物。

1. 传统测图方法

传统的纸质地形图测绘方法采用平板仪与光学经纬仪联合测图，其具体步骤如下：

（1）测图前的准备工作。包括：图纸的准备、绘制坐标格网、仪器及资料的准备，以及展绘控制点等。

（2）碎部测量。碎部点是指地物、地貌的特征点，碎部测量就是测绘地物和地貌碎部点的平面位置和高程。其中，测定碎部点的平面位置的基本方法有：极坐标法、方向交会法、距离交会法和直角坐标法等。

（3）地物的描绘。对于地物要按地形图图式规定的符号表示，如房屋按其轮廓用直线连接；河流、道路的弯曲部分，则用圆滑的曲线连接。对于不能按比例描绘的地物，应按相应的非比例符号表示。

（4）等高线的勾绘。勾绘等高线时，首先用铅笔轻轻描绘出山脊线、山谷线等地性线，再根据碎部点的高程勾绘等高线。不能用等高线表示的地貌，如悬崖、峭壁、土堆、冲沟等，应按图式规定的符号表示。由于碎部点是选在地面坡度变化处，因此相邻点之间可视为均匀坡度。这样可在两相邻的碎部点的连线上，按平距与高差成比例的关系，内插出两点间各条等高线通过的位置。勾绘等高线时，要对照实地情况，先画计曲线，后画首曲线，并注意等高线通过山脊线、山谷线的走向。

2. 数字化测图

数学化测图可采用RTK测图、全站仪测图、地面三维激光扫描测图、移动测量系统测图、低空数字摄影测图、机载激光雷达扫描测图、扫描数字化等方法。

3. 地形测量图形成果

地形测量图形成果宜包括纸质地形图成果及数字地形成果。数字地形成果宜包括数字线划图、数字高程模型、数字正射影像图及数字三维模型，地形测量图形成果的主要特征可按表12-7-4分类。

地形测量图形成果的主要特征　　　　　　表12-7-4

产品特征	图形成果类型				
	纸质地形图原图	数字地形测量图形成果			
		数字线划图	数字高程模型	数字正射影像图	数字三维模型
数据来源	平板测图、人工手绘、模拟航测成图等	全站仪测图、卫星定位实时动态测图、数字航空摄影测量、扫描数字化等	数字航空摄影、机载激光雷达、3D激光扫描等	数字航空摄影、低空无人机摄影、遥感影像等	数字航空（地面）摄影、倾斜摄像测量、3D激光扫描等
技术特性	纸质图可量测、透明底图可晒图复制等	可量测、编辑、计算、矢量格式、自由缩放、叠加、漫游、查询等	立体直观、自由旋转、可量测切削等	精度高、信息丰富、直观逼真、现势性强等	真实性强、性价比高、立体直观、自由旋转、单张影像可量测等

续表

产品特征	图形成果类型				
	纸质地形图原图	数字地形测量图形成果			
		数字线划图	数字高程模型	数字正射影像图	数字三维模型
工程应用	几何作图等	生成地理空间数据库和数字线划图供规划设计使用等	数字沙盘、土石方量计算、线路工程选线等	城市规划管理、农村土地调查、区（流）域生态监测等	应急指挥、国土资源管理、数字城市、灾害评估、房产税收等

习 题

12-7-1 （历年真题）下列何项描述了比例尺精度的意义？
A. 数字地形图上 0.1mm 所代表的实地长度
B. 传统地形图上 0.1mm 所代表的实地长度
C. 数字地形图上 0.3mm 所代表的实地长度
D. 传统地形图上 0.3mm 所代表的实地长度

12-7-2 （历年真题）下列关于等高线的描述，正确的是：
A. 相同等高距下，等高线平距越小，地势越陡
B. 相同等高距下，等高线平距越大，地势越陡
C. 同一幅图中地形变化大时，可选择不同的基本等高距
D. 同一幅图中任意一条等高线一定是封闭的

第八节 地形图应用

一、地形图应用的基本知识

1. 点位的坐标量测

如图 12-8-1 所示，从图上求 A 点的坐标时，可通过 A 点作坐标格网的平行线 mn、gh，再按图的比例尺量出 mA 和 gA 的长度，图中 $x_0=500\mathrm{m}$，$y_0=1100\mathrm{m}$，则：

$$x_A = x_0 + mA = 500 + mA \quad (12\text{-}8\text{-}1)$$

$$y_A = y_0 + gA = 1100 + gA \quad (12\text{-}8\text{-}2)$$

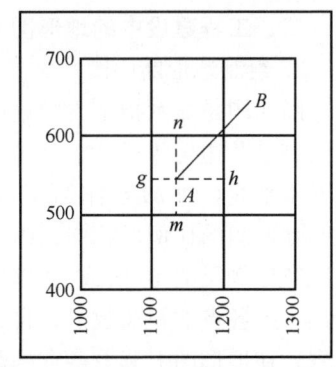

图 12-8-1 点的坐标量测

当考虑图纸伸缩的影响时，量出实际长度 mn、gh，若 mn 和 gh 不等于坐标格网的理论长度 l（一般为图上 10cm），则：

$$x_A = x_0 + \frac{mA}{mn} \cdot l \quad (12\text{-}8\text{-}3)$$

$$y_A = y_0 + \frac{gA}{gh} \cdot l \tag{12-8-4}$$

2. 两点间的水平距离量测

当欲求图上 A、B 两点间的水平距离 D 时，由上述得到 A、B 两点的坐标值 x_A、y_A 和 x_B、y_B，则：

$$D = \sqrt{(x_B - x_A)^2 + (y_B - y_A)^2} \tag{12-8-5}$$

当量测距离的精度要求不高时，也可以用比例尺直接在图上量取。

3. 直线的方位角量测

如图 12-8-1 所示，欲求直线 AB 的方位角，先利用式（12-8-3）、式（12-8-4）求得 A、B 两点的坐标，再用坐标反算的公式计算 AB 边方位角：

$$a_{AB} = \arctan\left(\frac{y_B - y_A}{x_B - x_A}\right) \tag{12-8-6}$$

如果精度要求不高时，可以通过 A 点作平行于坐标纵轴（x 轴）的直线，然后用量角器直接在图上量取 AB 的方位角 α_{AB}。

4. 点位的高程及两点间的坡度量测

在等高线地形图上，如果所求点恰好位于某一根等高线上，则该点的高程就等于该等高线的高程。如果所求点位于两根等高线之间时，过该点作一条垂直于相邻等高线的线段，按比例关系求得其高程。

在地形图上求得相邻两点间的水平距离 D_{AB} 和高差 h_{AB} 以后，可以按下式计算 A、B 两点直线的地面坡度：

$$i_{AB} = \frac{h_{AB}}{D_{AB}} = \frac{H_B - H_A}{D_{AB}} \tag{12-8-7}$$

坡度 i 常以百分率（％）或千分率（‰）表示。坡度有正负号，正号为上坡，负号为下坡。

【例 12-8-1】（历年真题）下列何项表示 A、B 两点间坡度？

A. $i_{AB} = (h_{AB}/D_{AB})/\%$
B. $i_{AB} = (H_B - H_A)/D_{AB}$
C. $i_{AB} = (H_A - H_B)/D_{AB}$
D. $i_{AB} = [(H_A - H_B)/D_{AB}]\%$

【解答】 $i_{AB} = \dfrac{H_B - H_A}{D_{AB}}$，应选 B 项。

二、工程建设中的地形图应用

1. 绘制地形断面图

断面图是显示指定方向地面起伏变化的剖面图。它是供道路、管道等设计坡度、计算土石方量及边坡放样用。欲求某一地形图上沿 MN 方向的断面图，首先，在图纸上绘 MN 水平线，过 M 点作 MN 垂直线，建立直角坐标系，横坐标轴表示水平距离，其比例尺与地形图的比例尺相同；纵坐标轴表示高程，为能更显示地面起伏形态，其比例尺是水平距离比例尺的 10 倍或 20 倍。然后，在地形图上沿 MN 方向线，量取各交点至 M 点的距离，按各点的距离数值，自 M 点起依次截取于横坐标轴上，则得各点在横坐标轴上的位置。在地形图上读取各点的高程，然后将各点的高程按高程比例尺画垂线，就得到了各点在断面图上的位置。最后，将各相邻点用平滑曲线连接起来，即 MN 方向的断面图。

2. 按限制坡度最短线路

道路、管线的初步设计阶段，一般在地形图上根据限制坡度或设计要求的坡度选择最短线路。已知限制坡度（或设计坡度）为 i、地形图比例尺为 $1/M$，等高距为 h。首先，计算出通过相邻两条等高线之间的最短距离 $d=h/(iM)$；然后，以路线起点（一般位于某一条等高线上）为圆心、d 为半径作弧与相邻等高线交于一点（如1点）；再以该交点（即1点）为圆心、d 为半径作弧与另一相邻等高线交于一点；依次类推，最后连接相邻交点所成线路即为最短线路。

3. 确定汇水面积

当道路跨越河流或沟谷时，需要修建桥梁或涵洞。桥梁或涵洞的孔径大小，取决于河流或沟谷的水流量，水的流量大小又取决于汇水面积。地面上某区域内雨水注入同一山谷或河流，并通过某一断面，这一区域的面积称为汇水面积。汇水面积可由地形图上山脊线的界线求得，即山脊线与断面所包围的面积，就是该断面的汇水面积。

4. 利用地形图计算面积

地形图上量测面积的方法有透明方格纸法、平行线法、坐标计算法（也称解析法）等。

【例 12-8-2】（历年真题）由地形图上量得某草坪面积为 632mm^2，若此地形图的比例尺为 1∶500，则该草坪实地面积 S 为：

A. 316m²   B. 31.6m²   C. 158m²   D. 15.8m²

【解答】实地面积 $S=632\times 10^{-6}\times 500^2=158\text{m}^2$

应选 C 项。

【例 12-8-3】（历年真题）在 1∶2000 的地形图上，量得某水库图上汇水面积为 $P=1.6\times 10^4 \text{cm}^2$，某次降水过程雨量为（每小时平均降雨量）$m=50\text{mm}$，降水时间 n 持续 2.5h，设蒸发系数 $k=0.4$，按汇水量 $Q=P\cdot m\cdot n\cdot k$ 计算，本次降水汇水量为：

A. $1.0\times 10^{11} \text{cm}^3$ B. $3.2\times 10^{11} \text{cm}^3$

C. $1.0\times 10^7 \text{cm}^3$ D. $2.0\times 10^4 \text{cm}^3$

【解答】$P_\text{实}=1.6\times 10^4\times 2000^2=6.4\times 10^{10}\text{cm}^2$

$Q=6.4\times 10^{10}\times 5\times 2.5\times 0.4=3.2\times 10^{11}\text{cm}^3$

应选 B 项。

5. 确定土地平整时的土石方计算

土地平整一般采用方格网法和断面法。

设计成水平场地的土石方计算，其步骤如下：

(1) 在地形图的拟平整场地内绘制方格网，求各方格顶点的高程。

(2) 设计高程由工程的具体要求来确定。设计高程的等高线即为挖、填边界线。

(3) 计算各方格顶点挖填高度。

(4) 计算各方格挖、填土方量，即：填高（或挖高）×方格面积，最后得到总的挖方量、填方量。

三、城市规划和建筑设计中的地形图应用

在城市规划中，首先需要按城市建设对地形的要求，在地形图上，对规划区域的地形进行整体认识和分析评价。以实现规划中能充分合理地利用自然地形条件，经济有效地使用城市土地，促进城市可持续发展。城市各项工程建设与设施对用地都有一定的要求，如地质、水文、地形等方面。在地形方面，表现在对不同地面坡度的要求、各类用地的布

局，避开不良地段等。

在建筑设计中，在山地和丘陵地区，利用地形图，建筑群体的布置形式受到地形的制约，按带状分布形式，或团状分布形式，或星形分布形式等进行布置；适应地形陡缓曲直变化规律，设计结合自然地形，争取建筑群体有较好的朝向，并提高日照和通风的效果。

习　　题

12-8-1 （历年真题）1∶500 地形图上，量得 AB 两点间的图上距离为 25.6mm，则 AB 间实地距离为：

A. 51.2m　　　　B. 5.12m　　　　C. 12.8m　　　　D. 1.25m

12-8-2 （历年真题）比例尺为 1∶2000 的地形图丈量得某地块的图上面积为 $250cm^2$，则该地块的实地面积为：

A. $0.25km^2$　　　　　　　　　　B. $0.5km^2$

C. $25hm^2$　　　　　　　　　　　D. 150 亩

12-8-3 （历年真题）在 1∶2000 地形图上有 A、B 两点，在地形图上求得 A、B 两点高程分别为 $H_A=51.2m$、$H_B=46.7m$，地形图上量 A、B 两点之间的距离 $d_{AB}=93mm$，则 AB 直线的坡度 i_{AB} 为：

A. 4.1%　　　　　　　　　　　　B. −4.1%

C. 2%　　　　　　　　　　　　　D. −2.42%

第九节　建筑工程测量

一、建筑工程控制测量

建筑工程测量必须遵循"先控制，后碎部"的原则，在施工前，在建筑场地上要建立统一的施工控制网。在勘测阶段所建立的测图控制网，可以作为施工测量时使用，但是在勘测阶段时建筑物的设计位置尚未确定，测图控制网无法考虑满足施工测量要求，而且在施工现场由于大量的土方填挖，地面变化很大，原来布置的测图控制点往往会被破坏掉，因此在施工前，应在建筑场地重新建立施工控制网，以供建筑物的施工测量和变形监测等使用。

1. 平面控制网

施工平面控制网经常采用的形式有三角网、导线网、建筑基线或建筑方格网。选择平面控制网的形式，应根据建筑总平面图、建筑场地的大小、地形、施工方案等因素进行综合考虑。对于地形起伏较大的山区或丘陵地区，常用三角测量或边角测量方法建立控制网；对于地形平坦而通视比较困难的地区，如扩建或改建的施工场地，则可采用导线网；对于地面平坦而简单的小型建筑场地，常布置一条或几条建筑基线；对于地势平坦，建筑物众多且分布比较规则和密集的工业场地，一般采用建筑方格网。总之，施工控制网的形式应与设计总平面图的布局相一致。

(1) 建筑方格网

建筑方格网的布置，应根据设计总平面图上各建筑物、构筑物、道路及各种管线的布设情况，结合现场的地形情况拟定。如图 12-9-1 所示，布置时应先选定建筑方格网的主轴

线 MN 和 CD，然后再布置方格网。方格网的形式可布置成正方形或矩形，当场区面积较大时，常分两级。首级可采用"十"字形、"口"字形或"田"字形，然后再加密方格网。《工程测量标准》规定：

8.2.4 建筑方格网的建立应符合下列规定：

1 建筑方格网测量的主要技术要求应符合表 8.2.4-1 的规定。

建筑方格网的主要技术要求　　　　　表 8.2.4-1

等级	边长（m）	测角中误差（″）	相对中误差
一级	100～300	5	≤1/30000
二级	100～300	8	≤1/20000

2 建筑方格网点的布设应与建（构）筑物的设计轴线平行，并应构成正方形或矩形格网。

3 建筑方格网的测设方法可采用布网法或轴线法。当采用布网法时，宜增测方格网的对角线；当采用轴线法时，长轴线的定位点不得少于 3 个，点位偏离直线应在 5″以内，短轴线应根据长轴线定向，直角偏差应在 5″以内。水平角观测的测角中误差不应大于 2.5″。

（2）建筑基线

根据设计总平面图以及建筑物的布置情况，建筑基线可以设计成三点"一"字形、三点"L"形、四点"T"字形及五点"十"字形等形式，如图 12-9-2 所示。建筑基线应平行或垂直于主要建筑物的轴线，建筑基线主点间应相互通视，边长 100～300m。

图 12-9-1　建筑方格网的布置

图 12-9-2　建筑基线的布置

（3）坐标系统转换

为便于进行建筑物的施工测量，常采用坐标轴与建筑物主轴线相一致或平行的施工坐标系（也称建筑坐标系）。如图 12-9-3 所示，通常把施工坐标设为 A、B 轴，若已知施工坐标系原点 O' 的测量坐标（x'_0，y'_0），其 A 轴的测量坐标方位角为 α。设 P 点的施工坐标为（A_P，B_P），可按下式将其换算为测量坐标（x_P，y_P）：

$$x_P = x'_0 + A_P\cos\alpha - B_P\sin\alpha \quad (12\text{-}9\text{-}1)$$

图 12-9-3　施工坐标与测量坐标的换算

$$y_P = y'_0 + A_P \sin\alpha + B_P \cos\alpha \tag{12-9-2}$$

用矩阵表示为：

$$\begin{bmatrix} x_P \\ y_P \end{bmatrix} = \begin{bmatrix} x'_0 \\ y'_0 \end{bmatrix} + \begin{bmatrix} A_P \\ B_P \end{bmatrix} \begin{bmatrix} \cos\alpha & -\sin\alpha \\ \sin\alpha & \cos\alpha \end{bmatrix} \tag{12-9-3}$$

如已知 P 点的测量坐标，则可按下式将其换算为施工坐标：

$$A_P = (x_P - x'_0)\cos\alpha + (y_P - y'_0)\sin\alpha \tag{12-9-4}$$

$$B_P = (y_P - y'_0)\cos\alpha + (x_P - x'_0)\sin\alpha \tag{12-9-5}$$

用矩阵表示为：

$$\begin{bmatrix} A_P \\ B_P \end{bmatrix} = \begin{bmatrix} x_P - x'_0 \\ y_P - y'_0 \end{bmatrix} \begin{bmatrix} \cos\alpha & \sin\alpha \\ -\sin\alpha & \cos\alpha \end{bmatrix} \tag{12-9-6}$$

由于建筑工程中大量使用点的施工坐标，通常将控制点的测量坐标换算为施工坐标。

【例 12-9-1】（历年真题）施工控制网一般采用建筑方格网，对于建筑方格的首级控制技术要求应符合《工程测量标准》的要求，其主要技术要求为：

A. 边长：100～300m、测角中误差：5″、边长相对中误差：1/30000
B. 边长：150～350m、测角中误差：8″、边长相对中误差：1/10000
C. 边长：100～300m、测角中误差：6″、边长相对中误差：1/20000
D. 边长：800～200m、测角中误差：7″、边长相对中误差：1/15000

【解答】根据《工程测量标准》8.2.4 条，应选 A 项。

【例 12-9-2】（历年真题）设 A、B 坐标系为施工坐标系，A 轴在测量坐标系中的方位角为 α，施工坐标系的原点为 O'，其坐标为 x_0 和 y_0，下列可表达点 P 的施工坐标 A_P、B_P 转换为测量坐标 x_P、y_P 的公式是：

A. $\begin{bmatrix} x_P - x_0 \\ y_P - y_0 \end{bmatrix} = \begin{bmatrix} \cos\alpha & -\sin\alpha \\ \sin\alpha & \cos\alpha \end{bmatrix} \begin{bmatrix} A_P \\ B_P \end{bmatrix}$ B. $\begin{bmatrix} x_P - x_0 \\ y_P - y_0 \end{bmatrix} = \begin{bmatrix} \cos\alpha & \sin\alpha \\ \sin\alpha & \cos\alpha \end{bmatrix} \begin{bmatrix} A_P \\ B_P \end{bmatrix}$

C. $\begin{bmatrix} x_P - x_0 \\ y_P - y_0 \end{bmatrix} = \begin{bmatrix} \sin\alpha & -\cos\alpha \\ \cos\alpha & \sin\alpha \end{bmatrix} \begin{bmatrix} A_P \\ B_P \end{bmatrix}$ D. $\begin{bmatrix} x_P - x_0 \\ y_P - y_0 \end{bmatrix} = \begin{bmatrix} \sin\alpha & \cos\alpha \\ \cos\alpha & \sin\alpha \end{bmatrix} \begin{bmatrix} A_P \\ B_P \end{bmatrix}$

【解答】点 P 的施工坐标 A_P、B_P 转换为测量坐标 x_P、y_P，则有：$x_P - x_0 = \cos\alpha A_P - \sin\alpha B_P$，故选 A 项。

2. 高程控制网

建筑场地的高程控制网一般布设成两级。首级为整个场地的高程基本控制，应布设成闭合水准路线，尽量与国家水准点联测，可按四等水准要求进行观测。但对于连续生产的车间或下水管道等，则需采用三等水准测量的方法测定各水准点的高程。水准点应布设在场地平整范围之外、土质坚固的地方，并埋设成永久性标志，便于长期使用。另一级为加密网，以首级网为基础，可布设成附合路线或闭合路线，加密水准点可埋设成临时性标准，尽量靠近建筑物，以便使用，但应避免施工时被破坏。此外，为了测设方便和减小误差，在建筑物室内或附近应专门设置±0.000 标高水准点。注意，设计中各建筑物的±0.000 的高程不一定相等，应严格加以区别。

二、施工测量

1. 施工测量的基本工作

在施工测量前,应建立健全测量组织和检查制度,并核对设计图纸和数据,如有不符之处要向监理或建设单位提出,进行修正。然后对施工现场进行实地踏勘,根据实际情况编制测设详图,计算测设数据并拟订施工测量方案。

(1) 设计水平距离的测设(也称放样)

测设设计水平距离是从地面一已知点开始,沿已知方向测设(放样)出给定的水平距离以定出第二个端点的工作。根据放样的精度要求不同,可分为一般方法和精确方法。

如图 12-9-4 所示,在地面上,由已知点 A 开始,沿给定的 AC 方向,用钢尺量出已知水平距离 S 定出 B' 点。为了校核与提高放样精度,在起点处改变读数(10~12cm),按同法量已知距离定出 B'' 点。由于量距有误差,两点一般不重合,其误差 ΔS 的相对误差在容许范围内时,则取 $B'B''$ 的中点 B,AB 即为所放样的水平距离 S。

图 12-9-4 放样已知水平距离

当放样精度要求较高时,在地面放出的距离 $D_{放}$ 应是给定的水平距离 $D_{设}$ 考虑尺长改正 ΔD_l、温度改正 ΔD_t、高差改正 ΔD_h,但改正数的符号与精确量距时的符号相反,即:

$$D_{放} = D_{设} - (\Delta D_l + \Delta D_t + \Delta D_h) \tag{12-9-7}$$

(2) 设计水平角度的测设

测设设计的水平角时,是按已知的水平角值和地面上已有的一个已知方向,把该角的另一个方向测设到地面上。一般方法(也称正倒镜分中法),如图 12-9-5(a)所示,欲测设出水平角 β,将经纬仪安置在 A 点,用盘左瞄准 B 点,读取度盘读数;向右旋转,当度盘读数增加 β 角值时,在视线方向上定出 C' 点。然后倒转望远镜(盘右),用同样步骤再在视线方向上定出另一点 C'',取 C' 和 C'' 的中点 C,则 $\angle BAC$ 就是要测设的 β 角。精确方法,如图 12-9-5(b)所示,在 A 点安置经纬仪,先用上述的方法,测设出 β 角,在地面上定出 C_1 点,再用多次测回较精确地测出 $\angle BAC_1 = \beta_1$,设 β_1 角比需要测设的 β 角值小了 $\Delta\beta$,即可根据 AC_1 的长度和小角值 $\Delta\beta$ 计算出垂直距离 C_1C 为:

$$C_1C = AC_1 \tan\Delta\beta = AC_1 \times \frac{\Delta\beta}{\rho''} \tag{12-9-8}$$

(3) 设计高程的测设

设计高程的测设是根据已知水准点的高程,在地面上标定出某设计高程的位置。如图 12-9-6 所示,测设时,先安置水准仪于水准点与待测设点之间,根据水准仪测得的视线高程 $H_{视}$ 和设计高程 $H_{设}$ 求出前视应读数 $b_{应} = H_{视} - H_{设}$,然后,以此水平视线和 $b_{应}$ 读数,上下移动水准尺,标定设计高程位置。

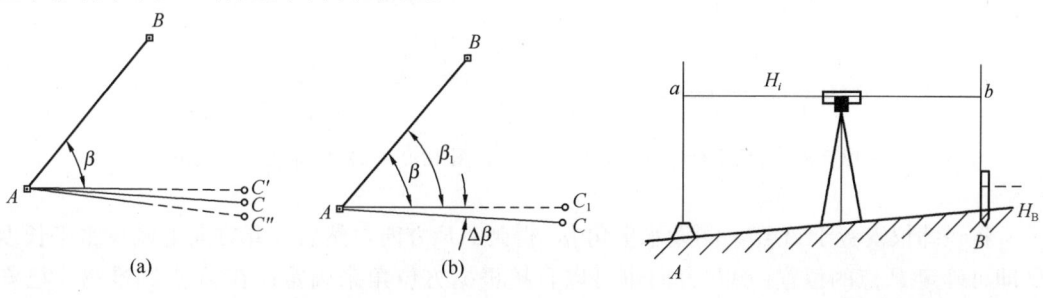

图 12-9-5 测设水平角   图 12-9-6 测设设计高程

图 12-9-7 高程的传递

当开挖较深的基坑时，由于水准尺长度有限，可用钢尺将高程传递到基坑所设的临时水准点，再以此水准点测设所求各点高程。如图 12-9-7 所示，在基坑中悬吊一根钢尺，在尺下端吊一垂球，将水准仪分别安置在地面和井内，并读取 a、b、c、d 读数，则可根据水准点 A 的高程 H_A，计算出 B 点的高程 H_B，即：

$$H_B = H_A + a - (b-c) - d \quad (12\text{-}9\text{-}9)$$

$$d = a - (b-c) - h_{AB} \quad (12\text{-}9\text{-}10)$$

(4) 测设点的平面位置

1) **直角坐标法**：直角坐标法是根据两个彼此垂直的水平距离测设点的平面位置的方法。如图 12-9-8 所示，P 为欲测设的待定点，A、B 为已知点。为将 P 点测设于地面，首先求出 P 点在直线 AB 上的垂足点 N，再求出 AN 的距离（图中记为 y）和垂距 NP（图中记为 x）。

2) **极坐标法**：极坐标法是测设点位最常用的方法。如图 12-9-9 所示，首先根据控制点 A、B 的坐标和 P 点的设计坐标，按下式计算测设数据：

$$D = \sqrt{(x_P - x_A)^2 + (y_P - y_A)^2} \quad (12\text{-}9\text{-}11)$$

$$\alpha_{AP} = \arctan \frac{y_P - y_A}{x_P - x_A} \quad (12\text{-}9\text{-}12)$$

$$\alpha_{AB} = \arctan \frac{y_B - y_A}{x_B - x_A} \quad (12\text{-}9\text{-}13)$$

$$\beta = \alpha_{AP} - \alpha_{AB} \quad (12\text{-}9\text{-}14)$$

图 12-9-8 直角坐标法测设点位

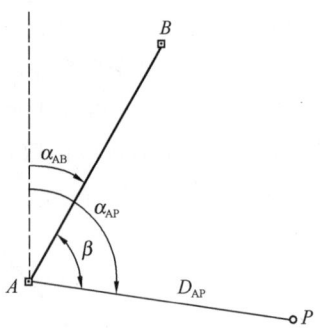

图 12-9-9 极坐标法测设点位

将经纬仪安置于 A 点，测设水平角 β，得到 AP 方向，然后在此方向上测设水平长度 D 即可确定 P 点的位置。AP 方向也可以直接根据方位角来确定；在 A 点瞄准另一已知点 B 时，将水平度盘读数设置成 α_{AB} 的数值，然后转动经纬仪照准部，使水平度盘读数为

α_{AP},此时,视准轴的方向即为 AP 方向。

3)**角度交会法**:角度交会法是根据测设两个水平角度定出的两直线方向,交会出点的平面位置的方法。该法适用于不便量距或测设的点位远离控制点。

4)**距离交会法**:距离交会法是根据测设两个水平距离,交会出点的平面位置的方法。

【例 12-9-3】(历年真题)若施工现场附近有控制点若干个,如果采用极坐标方法进行点位的测设,则测设数据为:

A. 水平角和方位角　　　　　　　B. 水平角和边长
C. 边长和方位角　　　　　　　　D. 坐标增量和水平角

【解答】采用极坐标法进行点位的测设,测设数据为水平角、边长,应选 B 项。

2. 建筑物的主轴线测设与定位测量

建筑物的主轴线是建筑物细部放样的依据,在建筑物施工前,应先在建筑场地上测设出建筑物的主轴线。建筑物主轴线的布设形式与作为施工控制测量的建筑基线相似,主轴线的点数不得少于 3 个。主轴线可根据建筑红线测设、现有建筑物测设、建筑基线或建筑方格网测设。

建筑物的定位,就是将建筑物外廓各轴线交点(简称角桩)测设在地面上,作为基础放样和细部放样的依据。

建筑物的放线,是指根据已定位的外墙轴线交点桩(角桩),详细测设出建筑物各轴线的交点桩(或称中心桩),然后根据交点桩按基础宽和放坡宽用白灰线撒出基槽开挖边界线。

由于在开挖基础时,角桩和中心桩要被挖掉,一般在基础开挖前把建筑物轴线延长到安全地点,并做好标志,作为开槽后各阶段施工中恢复轴线的依据。其方法有设置轴线控制桩和龙门板两种形式。

3. 基础施工的测量

当基槽(或基坑)开挖到距槽(坑)底 0.3~0.5m 时,需在槽(坑)壁上每隔 3~5m 及转角处设距槽(坑)底设计高程为整分米的水平桩,作为控制挖槽(坑)深度和修平槽(坑)底的依据。水平桩测设高程容许误差为 ±10mm。槽(坑)底清理好后,依据水平桩在槽(坑)底测设顶面恰为垫层标高的木桩,用以控制垫层的标高。

垫层打好后,根据轴线控制桩或龙门板上的轴线钉,用经纬仪将轴线投测到垫层上,然后在垫层上用墨线弹出基础边线,以便砌筑或支模板浇筑基础。

4. 多层建筑主体施工测量

多层建筑主体的轴线投测可采用吊锤球法、经纬仪投测法将轴线投测到各层楼板边缘或柱顶上。

高程的传递可采用皮数杆传递高程、钢尺直接尺量、悬吊钢尺法。

5. 高层建筑主体施工测量

基础施工完工后,应用经纬仪将建筑物主轴线精确地投测到建筑物底部,供向上引测轴线和其他后续工序施工使用;还应以建筑物主轴线为基准,将建筑物角点投测到基础顶面,且复核原来所作的柱列轴线。

轴线投测可采用外部的经纬仪引桩投测法,也可采用内部预留的传递孔(300mm×300mm),直接采用吊线坠法、激光铅垂仪法,将轴线控制点位垂直投测到任一楼层。

高层建筑的标高的传递，可以采用常用的皮数杆、钢尺直接测设法，还可以在楼梯间、电梯间等竖直空间悬吊钢尺，采用悬吊钢尺法将标高传递至施工面，以及全站仪天顶测距法。

三、工业厂房安装测量

一般工业厂房多采用预制构件在现场装配的方法施工。厂房的预制构件有柱子、吊车梁和屋架等。因此，工业厂房施工测量的工作主要是保证这些预制构件安装到位。具体任务为：厂房矩形控制网测设、厂房柱列轴线放样、杯形基础施工测量及厂房预制构件安装测量等。

1. 柱子安装测量

柱子吊装前，应根据轴线控制桩，把定位轴线投测到杯形基础的顶面上，并用红油漆画上"▶"标明，同时还要在杯口内壁，测出一条高程线（一般为－0.600m），并画出"▼"标志，作为杯底找平的依据。

在柱子的三个侧面弹出柱中心线，每一面又需分为上、中、下三点，并画"▶"标志，以便安装校正。

杯底找平，先量出柱子的－0.600标高线至柱底面的长度，再在相应的柱基杯口内，量出－0.600标高线至杯底的高度，并进行比较，以修整杯底，高的地方凿去一些，低的地方用水泥砂浆根据找平厚度在杯底进行找平，使牛腿面符合设计高程。

柱子安装测量的目的是保证柱子平面和高程符合设计要求，柱身铅垂。用两台经纬仪，分别安置在柱基纵、横轴线上，离柱子的距离不小于柱高的1.5倍，先用望远镜瞄准柱底的中心线标志，固定照准部后，再缓慢抬高望远镜，观察柱子偏离十字丝竖丝的方向，指挥用钢丝绳拉直柱子，直至从两台经纬仪中观测到的柱子中心线自下而上都与十字丝竖丝重合为止。

在校正变截面的柱子时，经纬仪必须安置在柱列轴线上，以免产生差错。在日照下校正柱子的垂直度时，应考虑日照使柱顶向阴面弯曲的影响，为避免此种影响，宜在早晨或阴天校正。

2. 吊车梁安装测量

在安装前，先弹出吊车梁顶面中心线和吊车梁两端中心线，再将吊车轨道中心线投到牛腿面上。其步骤是：如图12-9-10所示，利用厂房中心线A_1A_1，根据设计轨距在地面上测设出吊车轨道中心线$A'A'$和$B'B'$；然后分别安置经纬仪于吊车轨中心的一个端点A'上，瞄准另一端点A'，仰起望远镜，即可将吊车轨道中线投测到每根柱子的牛腿面上并弹以墨线；然后，根据牛腿面上的中心线和梁端中心线，将吊车梁安装在牛腿上。吊车梁安装完后，应

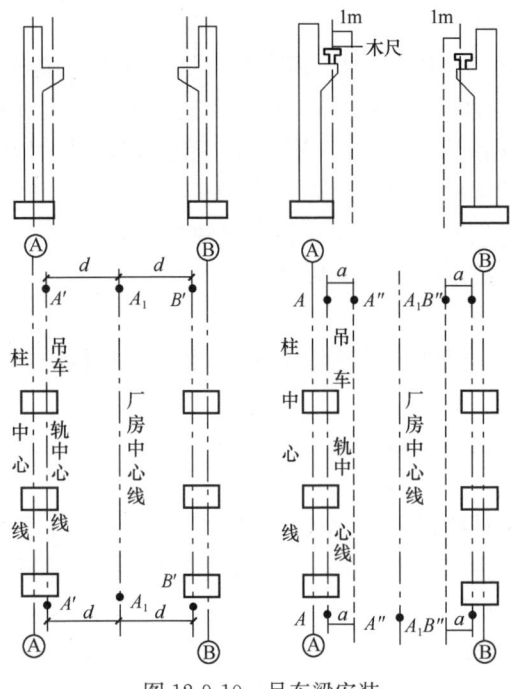

图 12-9-10 吊车梁安装

检查吊车梁的高程，可将水准仪安置在地面上，在柱子侧面测设+50cm标高线，再用钢尺从该线沿柱子侧面向上量出至梁面的高度，检查梁面标高是否正确，然后在梁下用铁板调整梁面高程，使之符合设计要求。

3. 吊车轨道安装测量

安装吊车轨道前，须先对梁上的中心线进行检测，此项检测多用平行线法。如图12-9-10所示，首先在地面上从吊车轨中心线向厂房中心线方向量出长度 a（$a=1m$），得平行线 $A''A''$ 和 $B''B''$。然后安置经纬仪于平行线一端 A'' 上，瞄准另一端点，固定照准部，仰起望远镜投测。此时另一人在梁上移动横放的木尺，当视线正对准尺上1m刻画时，尺的零点应与梁面上的中线重合。如不重合应予以改正，可用撬杠移动吊车梁，使吊车梁中线至 $A''A''$（或 $B''B''$）的间距等于1m为止。

吊车轨道按中心线安装就位后，可将水准仪安置在吊车梁上，水准尺直接放在轨顶上进行检测，每3m测一点高程，与设计高程相比较，误差不得超过±5mm。

四、建筑工程变形观测

为保证建筑物在施工阶段和使用阶段的安全，以及为建筑设计积累资料，必须在建筑施工中及竣工后使用期间进行变形观测（也称变形监测）。建筑工程变形观测包括沉降观测、倾斜观测、位移观测、裂缝观测、挠度观测等。

1. 基本规定

《建筑变形测量规范》JGJ 8—2016 对基本规定作了要求。建筑变形的测量精度等级，见表12-9-1。

建筑变形的测量精度等级　　　　　表12-9-1

等级	沉降监测点测站高差中误差（mm）	位移监测点坐标中误差（mm）	主要适用范围
特等	0.05	0.3	特高精度要求的变形测量
一等	0.15	1.0	地基基础设计为甲级的建筑的变形测量；重要的古建筑、历史建筑的变形测量
二等	0.5	3.0	地基基础设计为甲、乙级的建筑的变形测量；重要场地的边坡监测；重要的基坑监测
三等	1.5	10.0	地基基础设计为乙、丙级的建筑的变形测量；一般场地的边坡监测；一般的基坑监测
四等	3.0	20.0	精度要求低的变形测量

建筑变形测量的基准点应设置在变形影响范围以外且位置稳定、易于长期保存的地方，宜避开高压线。基准点可分为沉降基准点和位移基准点。当基准点与所测建筑距离较远致使变形测量作业不方便时，宜设置工作基点。

2. 沉降观测

沉降观测应设置沉降基准点。特等、一等沉降观测，基准点不应少于4个；其他等级沉降观测，基准点不应少于3个。基准点之间应形成闭合环。密集建筑区内，基准点与待测建筑的距离应大于该建筑基础最大深度的2倍。沉降基准点观测宜采用水准测量。对三等或四等沉降观测的基准点观测，当不便采用水准测量时，可采用三角高程测量方法。

民用建筑的沉降监测点宜布设的位置为：①建筑的四角、核心筒四角、大转角处及沿外墙每10～20m处或每隔2～3根柱基上；②高低层建筑、新旧建筑和纵横墙等交接处的两侧；③超高层建筑或大型网架结构的每个大型结构柱监测点数不宜少于2个，且应设置在对称位置。

高层建筑施工阶段，应每加高1～2层观测1次。

建筑运营（使用）阶段的观测次数，应视地基土类型和沉降速率大小确定。除有特殊要求外，可在第一年观测3～4次，第二年观测2～3次，第三年后每年观测1次，至沉降达到稳定状态或满足观测要求为止。

每期观测后，应计算各监测点的沉降量、累计沉降量、沉降速率及所有监测点的平均沉降量。

【例12-9-4】（历年真题）建筑物的沉降观测是依据埋设在建筑物附近的水准点进行的，为了防止由于某个水准点的高程变动造成差错，一般至少埋设几个水准点？

A. 3个　　　　　　B. 4个　　　　　　C. 6个　　　　　　D. 10个以上

【解答】 建筑物的沉降观测，一般至少埋设3个水准点，应选A项。

3. 倾斜观测

建筑物倾斜观测是用测量仪器测定建筑物的基础和上部结构的倾斜变化，包括倾斜的方向、大小、速率等。

基础倾斜是指基础两端由于不均匀沉降而产生的差异沉降现象；上部结构倾斜是指建筑的中心线或其墙、柱上某点相对于底部对应点产生的偏离现象。

当从建筑外部进行倾斜观测时，宜采用全站仪投点法、水平角观测法或前方交会法进行观测。当采用投点法时，测站点宜选在与倾斜方向成正交的方向线上距照准目标1.5～2.0倍目标高度的固定位置，测站点的数量不宜少于2个。当建筑上监测点数量较多时，可采用激光扫描测量或近景摄影测量等方法进行观测。

当利用建筑或构件的顶部与底部之间的竖向通视条件进行倾斜观测时，可采用激光垂准测量或正、倒垂线等方法。

当利用相对沉降量间接确定建筑倾斜时，可采用水准测量或静力水准测量等方法通过测定差异沉降来计算倾斜值及倾斜方向。

倾斜观测的周期，宜根据倾斜速率每1～3个月观测1次。

4. 位移观测

建筑位移观测是根据平面控制点测定建筑物的平面位置随时间而移动的方向、大小、速率等。建筑位移观测方法常采用角度前方交会法、基准线法。

水平位移的基准点应选择在建筑变形以外的区域。水平位移监测点应选在建筑的墙角、柱基及一些重要位置，标志可采用墙上标志。

水平位移观测应根据现场作业条件，采用全站仪测量、卫星定位测量、激光测量或近景摄影测量等方法进行。

水平位移观测的周期，施工期间，可在建筑每加高2～3层观测1次；主体结构封顶后，可每1～2个月观测1次。使用期间，可在第一年观测3～4次，第二年观测2～3次，第三年后每年观测1次，直至稳定为止。

5. 裂缝观测

建筑裂缝观测应测定裂缝的位置分布和裂缝的走向、长度、宽度、深度及其变化情况。深度观测宜选在裂缝最宽的位置。裂缝观测标志应便于量测。长期观测时，可采用镶嵌或埋入墙面的金属标志、金属杆标志或楔形板标志；短期观测时，可采用油漆平行线标志或用建筑胶粘贴的金属片标志。当需要测出裂缝纵、横向变化值时，可采用坐标方格网板标志。

裂缝的宽度量测精度不应低于 1.0mm，长度量测精度不应低于 10.0mm，深度量测精度不应低于 3.0mm。

对数量少、量测方便的裂缝，可分别采用比例尺、小钢尺或游标卡尺等工具定期量出标志间距离求得裂缝变化值，或用方格网板定期读取坐标差计算裂缝变化值。对大面积且不便于人工量测的众多裂缝，宜采用前方交会或单片摄影方法观测。当需要连续监测裂缝变化时，可采用测缝计或传感器自动测记方法观测。对裂缝深度量测，当裂缝深度较小时，宜采用凿出法和单面接触超声波法监测；当深度较大时，宜采用超声波法监测。裂缝观测的周期应根据裂缝变化速率确定。开始时可半月测 1 次，以后 1 个月测 1 次。

五、建筑竣工总平面图测绘

建筑工程竣工后，应编制竣工总平面图，应采用数字竣工图，为建筑物的使用、管理、维修、扩建或改建等提供图纸资料和数据。在建筑施工时，由于施工误差或设计更改，使竣工后建筑物的某些部位与原设计不完全相符。竣工图是根据施工过程中各阶段验收资料和竣工后的实测资料绘制的，故能全面、准确地反映建筑物竣工后的实际情况。

工程竣工总图的绘制内容为：

（1）应绘出地面的建（构）筑物、道路、地面排水沟渠、树木及绿化地等。

（2）矩形建（构）筑物的外墙角应注明两个以上点的坐标。

（3）圆形建（构）筑物应注明中心坐标及接地处半径。

（4）主要建筑物应注明室内地坪高程。

（5）道路的起终点、交叉点应注明中心点的坐标和高程，弯道处应注明交角、半径及交点坐标，路面应注明宽度及铺装材料。

（6）当不绘制分类专业图时，给水管道、排水管道、动力管道、工艺管道、电力及通信线路等在总图上绘制。

习　题

12-9-1（历年真题）在工业企业建筑设计总平面图上，根据建（构）筑物的分布及建筑物的轴线方向，布设矩形网的主轴线，纵横两条主轴线要与建（构）筑物的轴线平行。下列哪项关于主轴线上定位点的个数的要求是正确的？

A. 不少于 2 个　　　　　　　　B. 不多于 3 个
C. 不少于 3 个　　　　　　　　D. 4 个以上

12-9-2（历年真题）下述测量工作不属于变形测量的是：

A. 竣工测量　　　　　　　　　B. 位移测量
C. 倾斜测量　　　　　　　　　D. 挠度观测

12-9-3（历年真题）建筑场的高程测量，为了便于建（构）筑物的内部测设，在建

（构）筑物内设±0.000点，一般情况（构）筑物的室内地坪高程作为±0.000，因此，各个建（构）筑物的±0.000应该是：

A. 同一高程 B. 根据地形确定高程
C. 依据施工方便确定高程 D. 不是同一高程

习题解答与参考答案

第一节

12-1-1 **解答**：测量工作的基准面是大地水准面。
答案：C

12-1-2 **解答**：测量工作应遵循的原则是先控制，后碎部。
答案：B

12-1-3 **解答**：测量学中高斯平面直角坐标系，x轴正向为北，y轴正向为东。
答案：D

第二节

12-2-1 **解答**：理论上$\sum h_{往}$与$\sum h_{返}$之间应具备符号相反，绝对值相等。
答案：B

12-2-2 **解答**：DS3型微倾式水准仪的主要组成部分是望远镜、水准器、基座。
答案：B

12-2-3 **解答**：微倾式水准仪的视准轴平行于水准管轴。
答案：C

12-2-4 **解答**：$H_E = H_P + h_{PE} = 51.097 + (1.116 - 1.357) = 50.856\text{m}$
答案：C

第三节

12-3-1 **解答**：仅仪器高度改变，所测得的水平角不变，竖直角改变。
答案：C

12-3-2 **解答**：此时，视准轴的轨迹是一个倾斜面。
答案：B

12-3-3 **解答**：根据水平角的测量原理，此时，两个目标点的水平度盘读数理论上是相同的。
答案：A

第四节

12-4-1　**解答**：测距中误差 $=\pm(3+3\times10^{-6}\times500\times10^3)=\pm4.5$mm
　　　　答案：C

12-4-2　**解答**：正、反坐标方位角相差 $180°$。
　　　　答案：A

12-4-3　**解答**：$D=Kl\cos^2\alpha$
　　　　答案：A

12-4-4　**解答**：钢尺量距时，不需要进行地球曲率和大气折光改正。
　　　　答案：D

12-4-5　**解答**：$D=Kl\cos^2\alpha=100\times0.276\times\cos^25°38'=27.3$m
　　　　答案：D

12-4-6　**解答**：$D=Kl\cos^2\alpha=100\times0.365\times\cos^23°15'=36.383$m
　　　　$h_{AB}=D\tan\alpha+i-v=36.383\tan3°15'+1.460-2.379=1.147$m ≈1.15m
　　　　答案：A

第五节

12-5-1　**解答**：检校仪器可消除或减弱系统误差。
　　　　答案：C

12-5-2　**解答**：测量误差来源有：偶然误差、系统误差、观测误差。
　　　　答案：C

12-5-3　**解答**：算术平均值 $=\dfrac{1}{4}\times(232.563+232.543+232.548+232.538)=232.548$m

算术平均值的误差 $=\pm\sqrt{\dfrac{0.015^2+0.005^2+0^2+0.01^2}{4\times(4-1)}}=\pm0.0054$m

其相对中误差 $=\dfrac{0.0054}{232.548}=\dfrac{1}{43063}$

　　　　答案：A

12-5-4　**解答**：$m_{角}=\dfrac{m_{方}}{\sqrt{n}}$，$m_{角}\leqslant\pm4''$，$m_{方}\leqslant6''\sqrt{2}$，则：

$n\geqslant(6\sqrt{2}/4)^2=4.5$，取 n 为 5。
　　　　答案：B

12-5-5　**解答**：内角和的中误差 $=\pm\sqrt{n}m=\pm6''\sqrt{n}$
　　　　答案：B

12-5-6　**解答**：内角和的中误差 $=\pm\sqrt{\dfrac{8^2+(-10)^2+2^2}{3}}=\pm7.48''$
　　　　答案：A

12-5-7　解答：全长中误差$=\pm 4\sqrt{120/30}=\pm 8$mm
　　　　答案：C

第六节

12-6-1　解答：坐标正算，横坐标增量为：$\Delta Y_{AB}=D_{AB}\sin\alpha_{AB}$
　　　　答案：B

12-6-2　解答：坐标正算，纵坐标增量为：$\Delta X_{AB}=D_{AB}\cos\alpha_{AB}$
　　　　答案：A

12-6-3　解答：根据《工程测量标准》，$K\leqslant\dfrac{1}{2000}$。
　　　　答案：A

第七节

12-7-1　解答：比例尺精度的意义，是指传统地形图上0.1mm所代表的实地长度。
　　　　答案：B

12-7-2　解答：相同等高距下，等高线平距越小，地势越陡。
　　　　答案：A

第八节

12-8-1　解答：AB实地距离$=25.6\times 500=12800$mm$=12.8$m
　　　　答案：C

12-8-2　解答：实地面积$=250\times 10^{-4}\times(2000)^2=1\times 10^5$m^2
　　　　1亩$=666.7$m^2，$1\times 10^5/666.7=150$亩
　　　　答案：D

12-8-3　解答：$i_{AB}=\dfrac{h_{AB}}{D_{AB}}=\dfrac{46.7-51.2}{93\times 2000\times 10^{-3}}=-0.0242=-2.42\%$
　　　　答案：D

第九节

12-9-1　解答：布设矩形图的主轴线，其主轴线上定位点的个数不少于3个。
　　　　答案：C

12-9-2　解答：竣工测量不属于变形测量。
　　　　答案：A

12-9-3　解答：各个建（构）筑物的±0.000不是同一高程。
　　　　答案：D

第十三章 职 业 法 规

本章内容扫码本书封面二维码。

第十四章 土木工程施工与管理

第一节 土石方工程与桩基工程

一、土石方工程概述

土木工程中常见的土石方工程有：场地平整、基坑（槽）开挖、压实填土地基、路基填筑、基坑回填、地下工程土方开挖，以及边坡土石方开挖等。土石方工程施工往往具有工程量大、劳动繁重和施工条件复杂等特点，同时，受气候、水文、地质、地下障碍等因素的影响较大，不可确定的因素较多，因此，在工程施工前，应制定技术经济合理的施工方案。

1. 土石的工程分类

在土木工程施工中，按土石方开挖难易程度，将土石分为八类，见表14-1-1，有助于合理选择施工方法，是确定土木工程劳动定额的依据。

土石的工程分类　　表14-1-1

土的分类	土的名称	可松性系数 K_s	可松性系数 K'_s	开挖方法及工具
一类土（松软土）	砂土、粉土、冲积砂土层、疏松的种植土、淤泥（泥炭）	1.08～1.17	1.01～1.03	用锹、锄头开挖，少许用脚蹬
二类土（普通土）	粉质黏土；潮湿的黄土；夹有碎石、卵石的砂；粉土混卵（碎）石；种植土、填土	1.14～1.28	1.02～1.05	用锹、锄头开挖，少许用镐翻松
三类土（坚土）	软及中等密实黏土；重粉质黏土；砾石土；干黄土、粉质黏土；压实的填土	1.24～1.30	1.04～1.07	主要用镐，少许用锹、锄头挖掘，部分撬棍
四类土（砂砾坚土）	坚硬密实的黏性土或黄土；含碎石卵石的中等密实的黏性土或黄土；粗卵石；天然级配砂石；软泥灰岩	1.26～1.32	1.06～1.09	整个先用镐、撬棍，后用锹挖掘，部分使用风镐
五类土（软石）	硬质黏土；中密的页岩、泥灰岩、白垩土；胶结不紧的砾岩；软石灰岩及贝壳石灰岩	1.30～1.45	1.10～1.20	用镐或撬棍，大锤挖掘，部分使用爆破方法
六类土（次坚石）	泥岩、砂岩、砾岩；坚硬的页岩、泥灰岩、密实的石灰岩；风化花岗岩、片麻岩及正常岩	1.30～1.45	1.10～1.20	用爆破方法开挖，部分用风镐
七类土（坚石）	大理石；辉绿岩；玢岩；粗、中粒花岗岩；坚实的白云岩、砂岩、砾岩、片麻岩、石灰岩；微风化安山岩、玄武岩	1.30～1.45	1.10～1.20	用爆破方法开挖
八类土（特坚石）	安山岩；玄武岩；花岗片麻岩；坚实的细粒花岗岩、闪长岩、石英岩、辉长岩、辉绿岩、玢岩、角闪岩	1.45～1.50	1.20～1.30	用爆破方法开挖

2. 土的可松性

土具有可松性，即自然状态下的土经过开挖后，组织破坏，其体积因松散而增加，以后虽经回填压实，仍不能恢复至原来的体积。土的可松性程度用可松性系数表示，即：

最初可松性系数： $$K_s = \frac{V_2}{V_1}$$ (14-1-1)

最后可松性系数： $$K'_s = \frac{V_3}{V_1}$$ (14-1-2)

式中，V_1 为土在天然状态下的体积（m³）；V_2 为土经开挖后的松散体积（m³）；V_3 为土经填筑压实后的体积（m³）。

土的可松性系数见表 14-1-1。土的可松性是挖填土方时，计算土方机械生产率、回填土方量、运输机具数量、场地平整规划竖向设计、土方平衡调配的重要参数。

3. 土石的休止角

土石的休止角是指在某一状态下的岩土体可以稳定的坡度。如粗砂，其干土、湿润土、潮湿土的休止角分别为 30°、35°和 27°。

4. 土石方工程的准备与辅助工作

（1）学习和审查图纸。

（2）查勘施工现场，收集施工需要的各项资料，为施工规划和准备提供可靠的资料和数据。

（3）编制施工方案，研究制定场地整平、基坑支护施工方案、排水降水施工方案、基坑开挖施工方案；绘制施工总平面布置图和基坑土石方开挖图；提出机具、劳动力计划。

（4）平整施工场地，清除现场障碍物。

（5）做好排水降水设施。

（6）设置测量控制网，做好轴线控制的测量和校核。

（7）根据工程特点，修建进场道路、生产和生活设施，敷设现场供水、供电线路。

（8）做好设备调配和维修工作，准备工程用料，配备工程施工技术、管理和作业人员；制定技术岗位责任制和技术、质量、安全、环境管理网络。

二、场地平整

场地平整是指在建筑红线范围内的自然地形现状，通过人工或机械挖填平整改造成为设计所需要的平面，以利于现场平面布置和文明施工。场地平整以工程设计的建筑总平面图的室外地坪标高为依据，综合考虑工程施工的具体情况，按照总体规划、生产施工工艺、交通运输和场地排水等要求，并尽量使土方的挖填平衡。

一般情况下，场地平整的施工工序为：现场勘察→清除地面障碍物→标定整平范围→水准基点检核和引测→设置方格网和测量标高→计算土方挖填工程量→平整土方→场地压实处理→验收。

1. 场地设计标高确定的一般方法

对小型场地平整，可按场地平整施工中挖填土石方量相等的原则确定。将场地划分成边长为 a 的若干方格，并将方格网角点的原地形标高标在图上。原地形标高可利用等高线按插入法求得或在实地测量得到。场地设计标高 H_0 为：

$$H_0 = \frac{1}{4n}\sum_{i=1}^{n}(H_{i1}+H_{i2}+H_{i3}+H_{i4}) \quad (14\text{-}1\text{-}3)$$

式中，n 为方格数量；H_{i1}、H_{i2}、H_{i3}、H_{i4} 为第 i 个方格四个角点的原地形标高（m）。为便于计算，上式可改写为：

$$H_0 = \frac{1}{4n}(\Sigma H_1 + 2\Sigma H_2 + 3\Sigma H_3 + 4\Sigma H_4) \quad (14\text{-}1\text{-}4)$$

式中，H_1、H_2、H_3、H_4 分别为一个、二个、三个和四个方格所共有的角点的原地形标高（m）。

当考虑排水坡度时，调整后的平整标高 $H_n(m)$ 为：

单向排水时
$$H_n = H_0 \pm l \cdot i \quad (14\text{-}1\text{-}5)$$

双向排水时
$$H_n = H_0 \pm l_x i_x \pm l_y i_y \quad (14\text{-}1\text{-}6)$$

式中，l 为该点至 H_0 的距离（m）；i 为 x 方向或 y 方向的排水坡度；l_x、l_y 为该点于 x-x、y-y 方向距场地中心线的距离（m）；i_x、i_y 为分别为 x 方向和 y 方向的排水坡度；±表示该点比 H_0 高则取"+"号，反之取"-"号。

一般地，排水沟方向的排水坡度不应小于2‰。

2. 最佳设计平面

按上述方法得到的设计平面，能使挖方量与填方量平衡，但不能保证总的土石方量最小。因此，对大型场地或地形比较复杂时，应采用最小二乘法的原理进行竖向规划设计，求出最佳设计平面。

3. 场地土石方量的计算、平衡和调配

确定场地平整标高后，以此为基准进行土方挖填平衡计算，确定平衡调配方案。填挖土方计算的方法有多种，常用的方法有：方格网法、横断面法、等高线法等。其中，方格网法适用于地形较平缓或台阶宽度较大的地段，计算方法较为复杂，精度较高。横断面法适用于地形起伏、狭长，挖填深度较大又不规则的地区。

计算出土石方的施工标高、挖填区面积、挖填区土石方量，并考虑各种变动因素（如土的可松性、压缩率、沉降量等）进行调整后，应对土石方进行综合平衡与调配。进行土石方平衡与调配，必须综合考虑工程和现场情况、进度要求和土石方施工方法，以及分期分批施工工程的土石方堆放和调运问题，确定平衡调配的原则之后，才可着手进行土石方平衡与调配工作，如划分土石方调配区、计算平均运距、单位土石方的运价、确定土石方的最优调配方案。土石方平衡与调配需编制相应的土石方调配图。

4. 机械化施工

大面积平整土石方宜采用推土机、铲运机、平地机等机械进行，大量挖方用挖掘机，用压路机压实。各类机械的特点、适用对象见本节后面内容。

三、基坑工程

1. 基坑支护结构

根据工程特点、基坑周边环境、开挖深度、工程地质与水文地质、施工作业设备、施工季节和基坑安全等级等条件，基坑支护结构可选用支挡式结构、土钉墙、重力式水泥土墙、放坡或上述形式的组合。支护结构选型适用条件见表14-1-2。

各类支护结构的适用条件　　　　　　　　　　表14-1-2

结构类型		适用条件	
		安全等级	基坑深度、环境条件、土类和地下水条件
支挡式结构	锚拉式结构	一级 二级 三级	适用于较深的基坑
	支撑式结构		适用于较深的基坑
	悬臂式结构		适用于较浅的基坑
	双排桩		当锚拉式、支撑式和悬臂式结构不适用时，可考虑采用双排桩
	支护结构与主体结构结合的逆作法		适用于基坑周边环境条件很复杂的深基坑
土钉墙	单一土钉墙	二级 三级	适用于地下水位以上或降水的非软土基坑，且基坑深度不宜大于12m
	预应力锚杆复合土钉墙		适用于地下水位以上或降水的非软土基坑，且基坑深度不宜大于15m
	水泥土桩复合土钉墙		用于非软土基坑时，基坑深度不宜大于12m；用于淤泥质土基坑时，基坑深度不宜大于6m；不宜用在高水位的碎石土、砂土层中
	微型桩复合土钉墙		适用于地下水位以上或降水的基坑，用于非软土基坑时，基坑深度不宜大于12m；用于淤泥质土基坑时，基坑深度不宜大于6m
重力式水泥土墙		二级 三级	适用于淤泥质土、淤泥基坑，且基坑深度不宜大于7m
放坡		三级	1. 施工场地满足放坡条件 2. 放坡与上述支护结构形式结合

说明（锚拉式结构、支撑式结构、悬臂式结构、双排桩对应的基坑深度、环境条件、土类和地下水条件）：
1. 排桩适用于可采用降水或截水帷幕的基坑
2. 地下连续墙宜同时用作主体地下结构外墙，可同时用于截水
3. 锚杆不宜用在软土层和高水位的碎石土、砂土层中
4. 当邻近基坑有建筑物地下室、地下构筑物等，锚杆的有效锚固长度不足时，不应采用锚杆
5. 当锚杆施工会造成基坑周边建（构）筑物的损害或违反城市地下空间规划等时，不应采用锚杆

（土钉墙对应）：当基坑潜在滑动面内有建筑物、重要地下管线时，不宜采用土钉墙

注：1. 当基坑不同部位的周边环境条件、土层性状、基坑深度等不同时，可在不同部位分别采用不同的支护形式；

2. 支护结构可采用上、下部以不同结构类型组合的形式。

对支护结构要进行强度、稳定和变形的计算，并且都必须满足要求。

（1）放坡

当基坑所处的场地较大而且周边环境较简单时，基坑开挖可以采用放坡形式，这样比较经济，而且施工也较简单。土方放坡开挖的边坡可做成直线形、折线形或踏步形，边坡坡度以其高度 H 与其底宽度 B 之比表示，如图14-1-1所示。

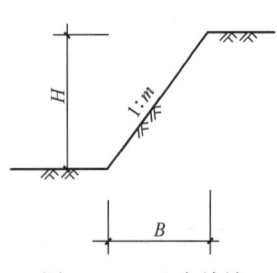

图14-1-1　土方放坡

$$土方边坡坡度 = \frac{H}{B} = \frac{1}{B/H} = \frac{1}{m} \quad (14\text{-}1\text{-}7)$$

式中，$m = B/H$ 称为坡度系数。

施工中，土方放坡坡度的留设应考虑土质、开挖深度、施工工期、地下水水位、坡顶荷载及气候条件因素。

边坡失稳一般是外界不利因素影响导致土体的下滑力增加或土体的抗剪强度降低。引起下滑力增加的因素主要有：坡顶上堆物、行车等荷载；雨水或地面水渗入土中，使土的含水量提高而使土的自重增加；地下水渗流产生一定的动水压力；土体竖向裂缝中的积水产生侧向静水压力等。引起土体抗剪强度降低的因素主要有：气候的影响使土质松软；土体内含水量增加而产生润滑作用等。因此，在土方施工中，要预估各种可能出现的情况，采取必要的措施护坡防坍，及时排除雨水、地面水，防止坡顶集中堆载及振动。常用的护坡方法有表面覆盖法、坡脚反压法和短桩护坡法等。

无支护措施的临时性挖方工程的边坡坡率允许值见表14-1-3。

无支护措施的临时性挖方工程的边坡坡率允许值　　　表14-1-3

土的类别		边坡坡率（高：宽）
砂土	不包括细砂、粉砂	1∶1.25～1∶1.50
黏性土	坚硬	1∶0.75～1∶1.00
	硬塑、可塑	1∶1.00～1∶1.25
	软塑	1∶1.50 或更缓
碎石土	充填坚硬黏土、硬塑黏土	1∶0.50～1∶1.00
	充填砂土	1∶1.00～1∶1.50

注：1. 设计有要求时，应符合设计标准。
　　2. 本表适用于地下水位以上的土层。采用降水或其他加固措施时，可不受本表限制，但应计算复核。
　　3. 一次开挖深度，软土不应超过4m，硬土不应超过8m。

（2）支挡式结构

支挡式结构中支锚式支护结构主要由围护墙系统、支锚系统（支撑式或锚拉式系统）构成，如图14-1-2 (a)、(b) 所示，其中，围护墙系统常用的形式有钢板桩、型钢水泥土搅拌墙、灌注桩排桩和地下连续墙等。非支锚式支护结构有悬臂式、双排桩等，见图14-1-2 (c)、(d)。

图 14-1-2　基坑支挡式结构
(a) 锚拉式；(b) 支撑式；(c) 悬臂式；(d) 双排桩
1—围护墙；2—围檩；3—锚杆；4—支撑；5—立柱

悬臂式、单层锚杆和单层支撑的支挡式结构的嵌固深度应满足嵌固稳定性的要求。

锚拉式和支撑式支挡结构的嵌固深度应满足坑底抗隆起稳定性要求；悬臂式支挡结构可不进行抗隆起稳定性要求。

锚拉式、悬臂式支挡结构和双排桩应满足整体滑动稳定性要求。

(3) 土钉墙

土钉墙具有结构简单、施工方便、造价低廉的特点，因此，在基坑工程中得到广泛应用。土钉墙是通过钢筋、钢管或其他型钢对原位土进行加固的一种支护形式。土钉墙是随着土方逐层开挖，逐层将土钉体设置到土体中。此外，在土钉墙中复合水泥土搅拌桩、微型桩、预应力锚杆等可形成复合土钉墙。

(4) 重力式水泥土墙

重力式水泥土墙是利用加固后的水泥土体形成的块体结构，并以其自重来平衡土压力，使支护结构保持稳定。由于它具有施工简单、效果好的特点，特别还兼有止水作用，因此，在基坑工程中得到了广泛应用。重力式水泥土墙稳定性验算包括倾覆稳定性、滑移稳定性和整体稳定性等。水泥土墙的倾覆和滑移稳定都取决于其重力和主、被动土压力的平衡，因此，重力式水泥土墙的位移一般较大，有时会达到开挖深度的 1/100 甚至更多。

【例 14-1-1】（历年真题）在建筑物稠密且为淤泥质土的基坑支护结构中，其支撑结构宜选用：

A．自立式（悬臂式）   B．锚拉式
C．土层锚杆   D．钢结构水平支撑

【解答】建筑物稠密地区，故排除 B、C 项；淤泥质土，宜选用钢结构水平支撑，应选 D 项。

2. 地下水控制

地下水控制的设计和施工应满足支护结构设计要求，根据场地及周边工程地质条件、水文地质条件和环境条件，并结合基坑支护和基础工程方案综合分析、确定。地下水控制方法可分为明排集水、降水、截水和回灌等形式单独或组合使用，见表 14-1-4。

常用地下水控制方法及适用条件   表 14-1-4

方法名称		土类	渗透系数 (cm/s)	降水深度（地面以下）(m)	水文地质特征
	集水明排	填土、黏性土、粉土、砂土	$1×10^{-7} \sim 2×10^{-4}$	≤3	上层滞水或潜水
降水	轻型井点			≤6	
	多级轻型井点			6~10	
	喷射井点		$1×10^{-7} \sim 2×10^{-4}$	8~20	
	电渗井点		$<1×10^{-7}$	6~10	
	真空降水管井		$>1×10^{-6}$	>6	
	降水管井	黏性土、粉土、砂土、碎石土、黄土	$>1×10^{-5}$	>6	含水丰富的潜水承压水和裂隙水
截水		黏性土、粉土、砂土、碎石土、黄土	不限	不限	不限
回灌		填土、粉土、砂土、碎石土、黄土	$>1×10^{-5}$	不限	不限

(1) 集水明排

在基坑外侧设置由集水井和排水沟组成的地表排水系统，集水井、排水沟与坑边的距离不宜小于 0.5m。基坑外侧地面集水井、排水沟应有可靠的防渗措施。根据基坑特点，沿基坑周围合适位置设置临时明沟和集水井（图 14-1-3），临时明沟和集水井应随土方开挖过程适时调整。土方开挖结束后，宜在坑内设置明沟、盲沟、集水井。基坑采用多级放坡开挖时，可在放坡平台上设置排水沟。挖至基坑底后，集水井井底宜低于坑底 1.0m。

图 14-1-3 普通明沟排水方法
1—排水明沟；2—集水井；3—水泵；
4—原地下水位线；5—降低后地下水位线

（2）降水

1）降水井的布置要求

各类降水井的布置要求按表 14-1-5，其中，电渗井点目前很少使用，故不再列出。降水管井可分为疏干降水井和减压降水井。

各类降水井的布置要求　　　　　表 14-1-5

降水井类型	降水深度（地面以下）(m)	降水布置要求
轻型井点	≤6	井点管排距不宜大于 20m，滤管顶端宜位于坑底以下 1~2m。井管内真空度不应小于 65kPa
多级轻型井点	6~10	井点管排距不宜大于 20m，滤管顶端宜位于坡底和坑底以下 1~2m。井管内真空度不应小于 65kPa
喷射井点	8~20	井点管排距不宜大于 40m，井点深度与井点管排距有关，应比基坑设计开挖深度大 3~5m
降水管井	>6	井管轴心间距不宜大于 25m，成孔直径不宜小于 600mm，坑底以下的滤管长度不宜小于 5m，井底沉淀管长度不宜小于 1m
真空降水管井		利用降水管井采用真空降水，井管内真空度不应小于 65kPa

井点布置包括平面布置与高程布置。其中，平面布置即确定井点布置形式、总管长度、井点管数量、水泵数量及位置等。高程布置则确定井点管的埋设深度。

根据基坑（槽）形状，井点可采用单排布置、双排布置和环形布置，当土方施工机械需进出基坑时，也可采用 U 形布置，如图 14-1-4 所示。单排布置适用于基坑（槽）宽度

图 14-1-4 井点的平面布置
(a) 单排布置；(b) 双排布置；(c) 环形布置；(d) U 形布置

小于 6m，且降水深度不超过 5m 的情况。井点管应布置在地下水的上游一侧，两端延伸长度不宜小于坑（槽）的宽度。双排布置适用于基坑宽度大于 6m 或土质不良的情况。环形布置适用于大面积基坑。如采用 U 形布置，则井点管不封闭的一段应设在地下水的下游方向。

【例 14-1-2】（历年真题）某沟槽宽度为 10m，拟采用轻型井点降水，则其平面布置宜采用的形式为：

A. 单排 B. 双排
C. 环形 D. U 形

【解答】 沟槽宽度 10m，大于 6m，轻型井点降水的平面布置宜采用双排，应选 B 项。

2）井点系统的涌水量和降水井的数量

井点系统的涌水量按水井理论进行计算。根据地下水有无压力，水井分为无压井和承压井。当水井布置在具有潜水自由面的含水层中时（即地下水面为自由水面），称为无压井；当水井布置在承压含水层中时（含水层中的地下水充满在两层不透水层间，含水层中的地下水水面具有一定水压），称为承压井。当水井底部达到不透水层时称完整井，否则称为非完整井。各类井的涌水量计算方法都不同。

降水井的单井设计流量 q（m^3/d）：

$$q = 1.1 \frac{Q}{n} \tag{14-1-8}$$

式中，Q 为基坑降水总涌水量（m^3/d）；n 为降水井数量。

降水井的单井出水能力 q_0（m^3/d）应大于单井设计流量 q（m^3/d）。管井的单井出水能力 q_0 为：

$$q_0 = 120\pi r_s l \sqrt[3]{k} \tag{14-1-9}$$

式中，r_s 为过滤器半径（m）；l 为过滤器进水部分长度；k 为渗透系数（m/d）。

承压含水层顶埋深小于基坑开挖深度，应采取有效的降水措施，将承压水水头降低至基坑开挖面和坑底以下。当验算基坑承压水稳定性不满足要求时，应通过有效的减压降水措施，将承压水水头降低至安全水头埋深以下。

(3) 截水

基坑工程截水措施可采用水泥土搅拌桩、高压喷射注浆、地下连续墙、小齿口钢板桩等。有可靠工程经验时，可采用地层冻结技术（冻结法）阻隔地下水。当地质条件、环境条件复杂或基坑工程等级较高时，可采用多种隔水措施联合使用的方式，增强隔水可靠性。如搅拌桩结合旋喷桩、地下连续墙结合旋喷桩。

截水帷幕在设计深度范围内应保证连续性，在平面范围内宜封闭，确保隔水可靠性。其插入深度应根据坑内潜水降水要求、地基土抗渗流（或抗管涌）稳定性要求确定。截水帷幕的自身强度应满足设计要求，抗渗性能应满足自防渗要求。

(4) 回灌

当基坑外地下水位降幅较大、基坑周围存在需要保护的建（构）筑物或地下管线时，宜采用地下水人工回灌措施。回灌措施包括回灌井、回灌砂井、回灌砂沟和水位观测井等。回灌砂井、回灌砂沟一般用于浅层潜水回灌，回灌井用于承压水回灌。

对于坑内减压降水，坑外回灌井深度不宜超过承压含水层中基坑截水帷幕的深度，避免影响坑内减压降水效果。对于坑外减压降水，回灌井与减压井的间距宜通过计算确定，回灌砂井或回灌砂沟与降水井点的距离一般不宜小于6m，如图 14-1-5 所示。在回灌保护范围内，应设置水位观测井，根据水位动态变化调节回灌水量。

回灌井施工结束至开始回灌，应至少有 2~3 周的时间间隔，以保证井管周围止水封闭层充分密实，防止或避免回灌水沿井管周围向上反渗、地面泥浆水喷溢。井管外侧止水封闭层顶至地面之间，宜用素混凝土充填密实。

图 14-1-5 回灌井点布置
1—降水井点；2—回灌井点；
3—原水位线；4—基坑内降低后的水位线；5—回灌后水位线

3. 流砂防治

水在土中渗流，土颗粒将受到动水压力 G_D（亦称渗透力），$G_D = \gamma_w i$，i 为水力坡度，$i = \Delta h / L$ 即水头差与渗透路径之比。因此，动力压力 G_D 为一种体积力，其量纲与 γ_w（kN/m³）相同。

基坑中土体受向上的动力压力 G_D 作用，其单位体积的土体有效重力为 γ'，则：

$$G_D \geq \gamma' \tag{14-1-10}$$

此时，土颗粒失去自重，处于悬浮状态，并能随着渗流的水一起流动，这种现象称为"流土"（当土为砂土时，习惯称为"流砂"）。可见，是否出现流砂的重要条件是动力压力的大小。因此，防治流砂的措施是：井点降水、加设支护结构、截水法、水干挖土法和枯水期施工等。

4. 基坑土方开挖

基坑土方工程应做好相关的施工准备工作，应编制基坑土方开挖施工方案和基坑开挖应急预案。土方开挖前应确保工程桩、围护结构等施工完毕，且强度达到设计要求；应通过降水等措施，保证坑内水位低于基坑开挖面及基坑底面不小于 0.5m，同时开挖前应完成排水系统的设置；应对相关的基坑监测数据进行必要的分析。土方开挖施工机械主要有反铲挖掘机、抓铲机、土方运输车，其内容见本节后面。

机械挖土时应避免超挖，场地边角土方、边坡修整等应采用人工方式挖除。机械挖土时，坑底以上 200~300mm 范围内的土方应采用人工修底的方式挖除。基坑开挖至坑底标高应在验槽后及时进行垫层施工，垫层宜浇筑至基坑围护墙边或坡脚。

基坑开挖的分层厚度宜控制在 3m 以内，并应配合支护结构的设置和施工的要求，临近基坑边的局部深坑宜在大面积垫层完成后开挖。

基坑放坡开挖应根据土层性质、开挖深度、荷载等通过计算确定坡体坡度、放坡平台宽度，多级放坡开挖的基坑，坡间放坡平台宽度不宜小于 3.0m。

采用土钉支护、土层锚杆支护的基坑工程，其土方开挖要求：①应在截水帷幕或排桩墙的强度和龄期满足设计要求后方可进行基坑开挖；②基坑开挖应分层分段进行，每层开挖深度应根据土钉、土层锚杆施工作业面确定，并满足设计工况要求，每层分段长度不宜大于 30m；③每层每段开挖后应及时进行土钉、土层锚杆施工，缩短无支护暴露时间，上一层土钉支护、土层锚杆支护完成后的养护时间或强度满足设计要求后，方可开挖下一层土方。

设有内支撑的基坑开挖应遵循"先撑后挖、限时支撑"的原则，减小基坑无支撑暴露的时间和空间。

面积较大的基坑可根据周边环境保护要求、支撑布置形式等因素，采用盆式开挖、岛式开挖等方式施工，并结合开挖方式及时形成支撑或基础底板。盆式开挖时，盆边土方应分段、对称开挖，分段长度宜按照支撑布置形式确定，并限时设置支撑；岛式开挖时，基坑周边土方应分段、对称开挖。

饱和软土场地的基坑开挖时，挤土成桩的场地应在成桩休止一个月后待超孔隙水压消散后方可进行基坑开挖；基坑开挖应分层均衡开挖，分层厚度不应大于1m。

四、土方的填筑与压实

1. 填方土料的选用

填方土料应符合设计要求，保证填方的强度与稳定性，填料应选择强度高、压缩性小、水稳定性好，便于施工的土、石料。设计无要求时，应符合下列要求：

(1) 不同填料不应混填；两种透水性不同的填料分层填筑时，上层宜填透水性较小的填料。

(2) 草皮土和有机质含量大于8%的土，不应用于有压实要求的回填区域。

(3) 淤泥和淤泥质土不宜作为填料，在软土或沼泽地区，经过处理且符合压实要求后，可用于回填次要部位或无压实要求的区域。

(4) 碎石类土或爆破石渣，可用于表层以下回填，可采用碾压法或强夯法施工。采用分层碾压时，厚度应根据压实机具通过试验确定，一般不宜超过500mm，其最大粒径不得超过每层厚度的3/4；采用强夯法施工时，填筑厚度和最大粒径应根据强夯夯击能量大小和施工条件通过试验确定，为了保证填料的均匀性，粒径一般不宜大于1m。

(5) 不同土类应分别经过击实试验测定填料的最大干密度和最佳含水量，填料含水量与最佳含水量的偏差控制在±2%范围内。

建筑地基、基坑回填的土料还应满足下列要求：

(1) 土料不得采用淤泥和淤泥质土，有机质含量不大于5%，土料含水量应满足压实要求。

(2) 碎石类土或爆破石渣用作回填土料时，其最大粒径不应大于每层铺填厚度的2/3，铺填时大块料不应集中，且不得回填在分段接头处。

【例14-1-3】（历年真题）在填方工程中，如采用透水性不同的土料分层填筑时，下层宜填筑：

A. 渗透系数极小的填料　　　　B. 渗透系数较小的填料

C. 渗透系数中等的填料　　　　D. 渗透系数较大的填料

【解答】下层宜填筑渗透系数较大的填料，应选D项。

2. 压实方法与填筑要求

填土的压实方法有碾压、夯实和振动压实等几种。

碾压法适用于大面积填土工程。碾压机械有平碾（压路机）、羊足碾和汽胎碾。

平碾是最普遍的方法。羊足碾只适用于压实黏性土，因在砂土中碾压时，土的颗粒受到"羊足"较大的单位压力后会向四面移动，而使土的结构破坏。汽胎碾在工作时是弹性体，给土的压力较均匀，填土质量较好。碾压机械压实回填时，一般先静压后振动或先轻后重。例如松土应采用先轻后重，否则土层有强烈起伏现象。压实时应控制行驶速度，平碾和振动碾一般不宜超过 2km/h；羊足碾不宜超过 3km/h。每次碾压，机具应从两侧向中央进行，主轮应重叠 150mm 以上。

夯实法主要用于小面积填土以及在排水沟、电缆沟、涵洞、挡土墙等结构附近的区域，可以夯实黏性土或非黏性土。夯实机械有夯锤、内燃夯土机和蛙式打夯机等。夯锤的夯土影响深度可超过 1m，常用于夯实湿陷性黄土、杂填土以及含有石块的填土。内燃夯土机作用深度为 0.4～0.7m，它和蛙式打夯机都是应用较广的夯实机械。人力夯土（木夯、石夯）方法现已很少使用。

振动压实法主要用于压实非黏性土，采用的机械主要是振动压路机、平板振动器等。

分段填筑时，每层接缝处应作成大于 1∶1.5 的斜坡，碾迹重叠 0.5～1.0m，上下层错缝距离不应小于 1m。基坑土方回填宜对称、均衡地进行。

3. 影响填土压实的因素

(1) 压实功的影响

填土压实后的密度与压实机械在其上所施加的功有一定的关系。当土的含水量一定，在开始压实时，土的密度急剧增加，待到接近土的最大密度时，压实功增加许多，而土的密度则几乎没有变化。实际施工中，对不同的土应根据选择的压实机械和密实度要求选择合理的压实遍数。

(2) 含水量的影响

较为干燥的土，由于土颗粒之间的摩阻力较大而不易压实。当土具有适当含水量时，水起了润滑作用，土颗粒之间的摩阻力减小，从而易压实每种土都有其最佳含水量。土的这种含水量的条件下，使用同样的压实功进行压实，所得到的密度最大。各种土的最佳含水量 w_{op} 和所能获得的最大干密度，可由击实试验取得。

(3) 铺土厚度的影响

土的压实功的作用下，压应力随深度增加而逐渐减小，其影响深度与压实机械、土的性质和含水量等有关。铺土厚度应小于压实机械压土的有效作用深度。此外，还应考虑最优土层厚度，最优的铺土厚度应能使土方压实而机械的功耗费最少。填方每层的铺土厚度及压实遍数可按表 14-1-6 采用。

填方每层的铺土厚度和压实遍数　　　　　　　表 14-1-6

压实机具	每层铺土厚度（mm）	每层压实遍数
平碾	250～300	6～8
振动压实机	250～300	3～4
柴油打夯机	200～250	3～4
人工打夯	<200	3～4

4. 填土压实的施工质量检验

在建筑工程中，填方工程质量检验的主控项目是标高和压实系数（或分层压实系数）。其中，压实系数 λ_c 为土的施工现场控制干密度 ρ_d 与最大干密度 ρ_{dmax} 的比值（$\lambda_c = \rho_d / \rho_{dmax}$）。在道路工程中以压实度表示。

压实系数 λ_c 的要求一般由设计根据工程结构类型、压实填土所在部位等确定，例如砌体结构和钢筋混凝土框架结构,在地基主要持力层范围内,$\lambda_c \geq 0.97$;在地基主要持力层范围以下,$\lambda_c \geq 0.95$。筏形基础地下室回填土的 $\lambda_c \geq 0.94$。

填土的最大干密度应通过击实试验确定,填土的控制干密度在施工现场可采用环刀法、灌砂法、灌水法或其他方法检验。采用轻型击实试验时,压实系数宜取高值,采用重型击实试验时,压实系数可取低值。

基坑和室内土方回填,每层按 100~500m² 取样 1 组,且不应少于 1 组;桩基回填,每层抽样桩基总数的 10%,且不应少于 5 组;基槽和管沟回填,每层按 20~50m 取 1 组,且不应少于 1 组;场地平整填方,每层按 400~900m² 取样 1 组,且不应少于 1 组。取样部位应在每层压实后的下半部。

土方回填的施工质量检测应分层进行,应在每层压实系数符合设计要求后方可铺填上层土。

【例 14-1-4】(历年真题) 压实松土时,应采用:
A. 先用轻碾后用重碾　　　　　　B. 先振动碾压后停振碾压
C. 先压中间再压边缘　　　　　　D. 先快速后慢速

【解答】压实松土时,应采用先轻碾后重碾,应选 A 项。

【例 14-1-5】(历年真题) 关于土方填筑与压实,下列叙述正确的是:
A. 夯实法多用于大面积填土工程
B. 碾压法多用于建筑基坑土方回填
C. 振动压实法主要用于黏性土的压实
D. 有机质含量为 8% 的土仅用于无压实要求的土

【解答】根据土方压实的要求,A、B、C 项错误;根据土方填料的要求,D 项正确,应选 D 项。

【例 14-1-6】(历年真题) 某基坑回填工程,检查其填土压实质量时,应:
A. 每三层取一次试样　　　　　　B. 每 1000m³ 取样不少于一组
C. 在每层上半部取样　　　　　　D. 以干密度作为检测指标

【解答】应以填土的干密度作为检测指标,应选 D 项。其他项均错误。

五、土石方机械化施工

1. 主要施工机械

(1) 推土机

推土机是场地平整施工的主要机械之一,它是在履带式拖拉机上安装推土板等工作装置而成的机械。推土机作业以切土和推运土方为主。推土机操纵灵活,运转方便,所需工作面较小、行驶速度快、易于转移,能爬 30°左右的缓坡。推土机适于推挖一至三类土。用于平整场地,移挖作填,回填土方,堆筑堤坝以及配合挖土机集中土方、修路开道等。推土机经济运距在 100m 以内,效率最高的运距为 60m。为提高生产率,可采用下坡推土、槽形推土以及并列推土等方法。

(2) 铲运机

在场地平整施工中,铲运机是一种能综合完成全部土方施工工序(挖土、装土、运土、卸土和平土)的机械。它适于一至三类土,常用于坡度 20°以内的大面积场地土方挖、填、平整、压实,也可用于堤坝填筑等。铲运机适用运距为 600~1500m,当运距为 200~

350m 时效率最高。采用下坡铲土、跨铲法、推土机助铲法等，可缩短装土时间，提高土斗装土量，以充分发挥其效率。

（3）挖掘机

挖掘机根据工作装置不同分为正铲、反铲、抓铲，机械传动挖掘机还有拉铲。

1）**正铲挖掘机**：它适用于开挖停机面以上的土方，且需与汽车配合完成整个挖运工作。正铲挖掘机挖掘力大，适用于开挖含水量较小的一至四类土和经爆破的岩石及冻土。一般用于大型基坑工程，也可用于场地平整施工。正铲的开挖方式根据开挖路线与汽车相对位置的不同分为正向开挖、侧向装土和正向开挖、后方装土两种，前者生产率较高。

2）**反铲挖掘机**：它适用于开挖一至三类土，是基坑工程应用最广泛的一种机械。它应用于开挖停机面以下的土方，一般反铲的最大挖土深度为 4~6m 的基坑。反铲的开挖方式一般采用后退开挖法，即反铲停于基坑一端，后退挖土，向基坑侧边弃土或装汽车运走。

3）**抓铲挖掘机**：它施工作业通过吊索"直下直上"，适用于开挖较松软的土。对施工面狭窄而深的基坑、深槽、深井采用抓铲可取得理想效果，也可用于场地平整中的土堆与土丘的挖掘。抓铲还可用于挖取水中淤泥、装卸碎石、矿渣等松散材料。

4）**拉铲挖掘机**：它适用于一至三类土，可开挖停机面以下的土方，如较大基坑（槽）和沟渠，挖取水下泥土，也可用于大型场地平整、填筑路基、堤坝等。拉铲挖土时，依靠土斗自重及拉索拉力切土并装入土斗，卸土时斗齿朝下，利用惯性，较湿的黏土也能卸净。其缺点是：开挖的边坡及坑底平整度较差，需要较多的人工修坡（底）。

2. 施工机械选择

施工机械选择主要取决于施工对象特点、地下水位高低和土的含水量。

【例 14-1-7】（历年真题）反铲挖土机的挖土特点是：

A. 后退向下，强制切土　　　　　　B. 前进向上，强制切土
C. 前进向上，自重切土　　　　　　D. 直上直下，自重切土

【解答】反铲挖土机的挖土特点：后退向下，强制切土，应选 A 项。

六、爆破工程

1. 基本概念

爆破是指把炸药埋置在岩土体内并引爆，炸药由原来很小体积通过化学变化瞬时转化为气体状态，体积剧增，并伴随很高的温度，使周围的岩土体介质产生压缩、破碎、松散和飞溅等，受到不同程度的破坏。其目的是开挖、填筑、拆除或取料等。

爆破石方的时候，用药量要根据岩石的硬度、岩石的缝隙、临空面大小、爆破的石方量以及施工经验决定。通常先进行理论计算，再结合试爆结果最后确定实际的用药量。

常用的起爆方法主要有两大类：电力起爆法和非电力起爆法（导火索起爆法、导爆索起爆法和导爆管起爆法）。

电力起爆法具有可靠性强，有效控制起爆顺序和时间，可远距离控制起爆，作业安全等优点，但技术要求较高，操作复杂。

导火索起爆法是利用导火索在燃烧时的火花引爆雷管，然后再使炸药发生爆炸，其操作简单、施工方便、机动灵活、成本低廉，但由于其安全性差，现已较少采用。

导爆索起爆法是直接起爆药卷的起爆方法，不需雷管，但本身须用雷管引爆。这种方法成本较高，主要用于深孔爆破、成组同时爆破。

导爆管起爆法的起爆系统由击发元件（起爆元件）、连接元件（传爆元件）及工作元件组成，其中导爆管是主体。导爆管被激发后传递出爆轰波是一种低爆速的弱爆轰波，不能直接起爆炸药，只能起爆雷管，再引爆炸药。导爆管起爆法具有传爆可靠性高、使用方便、安全性好、成本低，不受周围电场以及杂散电流等影响，可准确实现微差及延期爆破等优点，因此在工程中得到广泛应用。其缺点是：起爆前无法用仪表检测连接质量；不能用于有沼气和矿尘的场地等。

2. 爆破方法

（1）浅孔爆破法（亦称炮孔法）：它属于小爆破，一般炮孔直径25～50mm、深度不大于5m。浅孔爆破可用于开挖基坑、开采石料、松动冻土、爆破大块岩石及开挖路堑等。炮孔位置的布置要尽量利用临空面较多的地形，炮孔方向应尽量与临空面平行。

（2）深孔爆破法：其孔深一般大于5m，孔径大于50mm。深孔爆破应采用台阶爆破，台阶的高度应根据地质情况、开挖条件、机械设备状况等确定，一般可取8～15m。这种爆破方法的钻孔需要大型凿岩机或穿孔机等设备。其优点是效率高，一次爆落的石方量大。但爆落的岩石不太均匀，往往有10%～20%的大石块需要进行二次爆破。

（3）药壶法：它是在炮孔底部放入少量的炸药，经过几次爆破扩大成为圆球的形状，最后装入炸药进行爆破。与浅孔法相比，它具有爆破效果好、工效高、进度快、炸药消耗少等优点。但扩大药壶的操作较为复杂，爆落的岩石不均匀。

（4）硐室法：它是把炸药装进开挖好的硐室内进行爆破，是一种大型的爆破方法。装药的硐室一般设计成立方体，高度不宜超过2m，以利于开挖和装药。

（5）定向爆破法（亦称控制爆破）：其基本原理是炸药在岩体或土体内部爆炸时，岩、土沿着最小抵抗线（即药包中心到临空面最短距离）的方向飞溅出去。它常用于边坡工程的爆破。此外，它也用于旧有建（构）筑物、桥梁的拆除，基坑支撑的拆除等。

七、桩基础工程

1. 概述

桩基础由桩和承台组成。桩的材料可用混凝土、钢、木或组合材料。

按承载性状分类，桩基础分为摩擦型桩和端承型桩。其中，摩擦型桩可分为：①摩擦桩，在承载能力极限状态下，桩顶竖向荷载由桩侧阻力承受，桩端阻力小到可忽略不计；②端承摩擦桩，在承载能力极限状态下，桩顶竖向荷载主要由桩侧阻力承受。端承型桩可分为：①端承桩，在承载能力极限状态下，桩顶竖向荷载由桩端阻力承受，桩侧阻力小到可忽略不计；②摩擦端承桩，在承载能力极限状态下，桩顶竖向荷载主要由桩端阻力承受。

按施工方法，桩可分为预制桩和灌注桩两大类。其中，预制桩是指在工厂或施工现场制成的各种形式的桩，然后用锤击、静压、振动或水冲等方法沉桩入土。灌注桩是指就地成孔，而后在钻孔中放置钢筋笼，灌注混凝土成桩。灌注桩根据成孔的方法，又可分为钻孔、挖孔、冲孔及沉管成孔等方法。

根据在成桩过程中是否挤土，桩分为：①非挤土桩，如干作业钻（挖）孔灌注桩、泥浆护壁钻孔灌注桩等；②部分挤土桩，如长螺旋压灌灌注桩、冲孔灌注桩、预钻孔打入

（静压）实心预制桩、打入（静压）敞口钢管桩、敞口预应力混凝土空心桩、H型钢柱等；③挤土桩，如沉管灌注桩、夯（挤）扩灌注桩、打入（静压）实心预制桩、闭口预应力混凝土空心桩和闭口钢管桩等。

桩的直径（边长）$d \leqslant 250$mm 的桩称为小直径桩；250mm$< d <800$mm 的桩称为中等直径桩；$d \geqslant 800$mm 的桩称为大直径桩。

2. 预制桩施工

预制桩一般有混凝土预制桩和钢桩。其中，混凝土预制桩可分为钢筋混凝土实心方桩和预应力混凝土空心管桩，前者多在工厂加工，也可在施工现场制作，后者则在工厂加工。

（1）预制桩的制作、起吊、运输和堆放

混凝土方桩的截面边长多为 $250 \sim 350$mm，普通混凝土方桩截面边长不应小于 200mm，预应力混凝土实心桩的截面边长不宜小于 350mm。如在工厂制作，长度不宜超过 12m；如在现场预制，长度不宜超过 30m。桩的接头不宜超过两个。

重叠法制作预制钢筋混凝土方桩时，桩与邻桩及底模之间的接触面应采取隔离措施，上层桩或邻桩的浇筑，应在下层桩或邻桩的混凝土达到设计强度的30%以上时方可进行。根据地基承载力确定叠制的层数。混凝土应由桩顶向桩尖连续浇筑，桩的表面应平整、密实。

混凝土预制桩的混凝土强度达到70%后方可起吊，达到100%后方可运输。吊点设置应按起吊后桩的正、负弯矩基本相等的原则。

预应力混凝土空心管桩的叠层堆放时，外径为 $500 \sim 600$mm 的桩不宜大于 5 层，外径为 $300 \sim 400$mm 的桩不宜大于 8 层，堆叠的层数还应满足地基承载力的要求，最下层应设两支点，支点垫木应选用木枋，垫木与吊点应保持在同一横断面上。

预制桩的沉桩方法有锤击法、静压法、振动法及水冲法等。

（2）锤击沉桩法

1）锤击沉桩机

锤击沉桩机有桩锤、桩架及动力装置三部分组成，选择时主要考虑桩锤与桩架。桩锤有落锤、蒸汽锤、柴油锤、液压锤及振动锤等。

用锤击沉桩时，为防止桩受冲击应力过大而损坏，宜采用"重锤轻击"方法。桩锤过轻，锤击能很大一部分被桩身吸收，桩头容易打碎而桩不易入土，或导致桩锤回弹。桩锤的选用应根据地质条件、桩型、桩的密集程度、单桩竖向承载力及现有施工条件等因素确定。

桩架的作用是悬吊桩锤，为桩锤导向，还能吊桩并可以在小范围内移动桩位。桩架的行走方式常有滚管式、轨道式、步履式及履带式四种。桩架的高度应满足施工要求，它一般等于桩长＋滑轮组高度＋桩锤高度＋桩帽高度＋起锤移位高度（取 $1 \sim 2$m）。

2）打桩施工

施工前的准备工作，完成场地平整，清除地上及地下障碍物，做好桩基施工图纸的会审与技术交底。布置测量控制网、水准基点，按平面图进行测量放线，定出桩基轴线，先定出中心，再引出两侧。设置的控制点和水准点的数量不少于2个，并应设在受打桩影响范围以外，以便随时检查桩位。

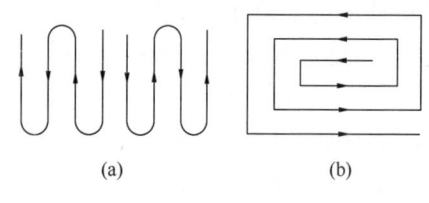

图 14-1-6 打桩顺序
(a) 由中间向两个方向施打；
(b) 由中间向四周施打

对于密集桩群，应采用自中间向两个方向，或自中间向四周对称施打，如图14-1-6所示。施工区毗邻建筑物或地下管线，应由毗邻被保护的一侧向另一方向施打。此外，根据设计标高及桩的规格，应先深后浅、先大后小、先长后短、先密后疏的次序进行，这样可以减小后施工的桩对先施工的桩的影响。

打桩机就位后，将桩锤和桩帽吊起，然后吊桩提升，垂直对准桩位缓缓送下插入土中，桩插入时垂直度偏差不得超过0.5%。然后固定桩帽和桩锤，使桩、桩帽、桩锤在同一铅垂线上，确保桩能垂直下沉。桩帽或送桩帽与桩周围应有5~10mm的间隙，在桩锤和桩帽之间应加弹性衬垫。打桩开始时，锤的落距应较小，待桩入土至一定深度且稳定后，再按规定的落距锤击。用落锤或单动汽锤打桩时，最大落距不宜大于1m，用柴油锤时，应使锤跳正常。混凝土桩的接桩可用焊接、法兰连接以及机械快速连接（螺纹式、啮合式）等。

3) 打桩的质量控制

打桩终止沉桩的控制标准应符合下列要求：

① 终止沉桩应以桩端标高控制为主，贯入度（是指10击桩的平均入土深度）控制为辅；当桩端达到坚硬、硬塑的黏性土，中密以上粉土、砂土、碎石类土及风化岩时，可以贯入度控制为主，桩端标高控制为辅。

② 贯入度已达到设计要求而桩端标高未达到时，应继续锤击3阵，按每阵10击的贯入度不大于设计规定的数值予以确认，必要时施工控制贯入度应通过试验与设计协商确定。

预制桩的垂直偏差应控制在1%之内，斜桩的倾斜度偏差不得大于倾斜角正切值的15%（倾斜角是指桩的纵向中心线与铅垂线之间的夹角）。桩的平面位置的允许偏差见表14-1-7。

预制桩（钢桩）的平面位置的允许偏差 表 14-1-7

检查项目		允许偏差（mm）
带有基础梁的桩	垂直基础梁的中心线	≤100+0.01H
	沿基础梁的中心线	≤150+0.01H
承台桩	桩数为1~3根桩基中的桩	≤100+0.01H
	桩数大于或等于4根桩基中的桩	≤1/2桩径+0.01H 或 1/2边长+0.01H

注：H为桩基施工面至设计桩顶的距离（mm）。

4) 打桩对周边的影响与防治

为避免或减小打桩挤土效应及对邻近环境的影响，可采取的措施有：预钻孔沉桩；设置袋装砂井或塑料排水板，减少挤土现象；挖防振（挤）沟；设置隔离桩（墙）；采取合理打桩顺序，控制打桩速度。

(3) 静力压桩法

静力压桩法是利用桩机本身的自重平衡沉桩阻力，在沉桩压力的作用下，克服压桩过程中的桩侧摩阻力及桩端阻力而将桩压入土中。它一般适用于软弱土层,广泛应用于闹市中心建筑密集的地区。静力压桩终压的控制标准应以标高为主,压力为辅。

(4) 振动沉桩法

振动沉桩法是利用振动锤,激振桩身,减小桩身与土之间的摩擦力,依靠桩锤和桩体自重将桩沉入土中。它适用于软土、粉土、松砂等土层,不宜用于密实的粉性土、砾石。

【例 14-1-8】(历年真题) 在沉桩前进行现场定位放线时,需设置的水准点应不少于:
A. 1 个　　　　　B. 2 个　　　　　C. 3 个　　　　　D. 4 个

【解答】沉桩前的现场定位放线,需设置的水准点不少于 2 个,应选 B 项。

【例 14-1-9】(历年真题) 在锤击沉桩施工中,如发现桩锤经常回弹大,桩下沉量小,说明:
A. 桩锤太重　　　　　　　　B. 桩锤太轻
C. 落距小　　　　　　　　　D. 落距大

【解答】此时说明桩锤太轻,其冲击力太小,其冲击能被桩吸收,桩锤常回弹大,应选 B 项。

【例 14-1-10】(历年真题) 当锤击桩沉桩采用以桩尖设计标高控制为主时,桩尖应处于的土层是:
A. 坚硬的黏土　　　　　　　B. 碎石土
C. 风化岩　　　　　　　　　D. 软土层

【解答】此时,桩尖应处于软土层,应选 D 项。

3. 灌注桩施工

灌注桩是直接在桩位上就地成孔,然后在孔内安放钢筋笼、灌注混凝土而成。根据成孔工艺不同,分为干作业成孔、泥浆护壁成孔、套管成孔和爆扩成孔等。灌注桩能适应各种地层的变化,无需接桩,施工时无振动、无挤土、噪声小,宜在建筑物密集地区使用。但与预制桩相比,存在质量不易控制、操作要求严格、桩的养护需占工期、成孔时有大量土渣泥浆排出等缺点。

(1) 干作业成孔灌注桩

干作业成孔灌注桩适用于地下水位以上的黏性土、粉土、填土、中等密实以上的砂土、风化岩层等。目前常用螺旋钻机成孔,也有采用人工挖孔的。螺旋钻孔机的钻头是钻进取土的关键装置,常用的有锥式钻头、平底钻头及耙式钻头。其中,锥式钻头适用于黏性土;平底钻头适用于松散土层;耙式钻头适用于杂填土。人工挖孔桩的桩净距小于 2.5m 时,应采用间隔开挖和间隔灌注,且相邻排桩最小施工净距不应小于 5.0m。

(2) 泥浆护壁成孔灌注桩

泥浆护壁成孔是用泥浆保护孔壁并排出土渣而成孔,它适用于在地下水位以上或以下的土层,还适用于地质情况复杂、夹层多、风化不均、软硬变化大的岩层。泥浆护壁钻孔灌注桩的护壁泥浆对保证成孔质量十分重要。

护壁泥浆具有保护孔壁、防止塌孔、排出土渣以及冷却与润滑钻头的作用。护壁泥浆是由高塑性黏土或膨润土和水拌合的混合物,还可在其中掺入其他掺合剂,如加重剂、分散剂、增黏剂及堵漏剂等。护壁泥浆一般在现场专门制备。

在钻孔时,需在孔口埋设护筒,护筒可以起到定位、保护孔口、维持水头等作用。泥浆液面应高出地下水位 0.5m 以上，如受水位涨落影响时，应增至 1.5m 以上。钻孔时泥浆不断循环，携带土渣排出桩孔。钻孔完成后应进行清孔，在清孔过程中泥浆不断置换，使孔底沉渣排出，端承型桩的孔底沉渣厚度不大于 50mm，摩擦型桩则不大于 100mm。

成孔机械有回转钻机、冲击钻、潜水钻机等，其中以回转钻机应用最多。

水下混凝土应具有良好的和易性，坍落度宜为 180～220mm。导管底部至孔底距离宜为 300～500mm。导管安装完毕后，应进行二次清孔。混凝土灌注过程中导管应始终埋入混凝土内，宜为 2～6m，导管应勤提勤拆；应连续灌注水下混凝土，并应经常检测混凝土面上升情况，灌注时间应确保混凝土不初凝。混凝土灌注应控制最后一次灌注量，超灌高度应高于设计桩顶标高 1.0m 以上，充盈系数不应小于 1.0。

(3) 沉管灌注桩

沉管灌注桩是利用锤击打桩法或振动沉管法将带有活瓣的钢制桩尖或混凝土桩靴的钢管沉入土中，然后边拔出钢管边向钢管内灌注混凝土而形成的桩。

沉管灌注桩的施工，应根据土质情况和荷载要求，选用单打法、复打法或反插法。单打法可用于含水量较小的土层，且宜采用预制桩尖，复打法及反插法可用于饱和土层。流动性淤泥土层、坚硬土层中不宜采用反插法。

1) 锤击沉管灌注桩

锤击沉管灌注桩宜用于一般黏性土、淤泥质土、砂土和人工填土地基。

桩管沉到设计标高并停止振动后应立即浇筑混凝土，灌注混凝土之前，应检查桩管内有无吞桩尖或进土、水及杂物。桩身配钢筋笼时，第一次混凝土应先灌至笼底标高，然后放置钢筋笼，再灌混凝土至桩顶标高。为了提高沉管灌注桩的质量和承载能力，可采用全长复打法。复打桩施工时，第一次灌注混凝土应达到自然地面，然后一边拔管一边清除粘在管壁上和散落在地面上的混凝土或残土。复打施工应在第一次灌注的混凝土初凝之前完成，初打与复打的桩轴线应重合。

2) 振动沉管灌注桩

振动沉管灌注桩的适用范围除与锤击沉管灌注桩相同外，还适用于稍密及中密的碎石土。它可采用单打法、反插法或复打法。

反插法施工时，在套管内灌满混凝土后先振动再开始拔管，每次拔管高度 0.5～1.0m，向下反插深度 0.3～0.5m。如此反复进行并始终保持振动，直至套管全部拔出地面。在拔管过程中，应分段添加混凝土，保持管内混凝土面高于地表面或高于地下水位 1.0～1.5m。拔管速度应小于 0.5m/min。反插法能使桩的截面增大，从而提高桩的承载能力。

振动沉管灌注桩的复打法施工与锤击灌注桩复打法相同。

4. 灌注桩的质量控制

灌注桩的桩径、垂直度及桩位允许偏差见表 14-1-8。

灌注桩的桩径、垂直度及桩位允许偏差　　　　　表 14-1-8

成孔方法		桩径允许偏差 (mm)	垂直度允许偏差	桩位允许偏差 (mm)
沉浆护壁钻孔桩	$D<1000$mm	$\geqslant 0$	$\leqslant 1/100$	$\leqslant 70+0.01H$
	$D\geqslant 1000$mm			$\leqslant 100+0.01H$

续表

成孔方法		桩径允许偏差（mm）	垂直度允许偏差	桩位允许偏差（mm）
套管成孔灌注桩	$D<500$mm	$\geqslant 0$	$\leqslant 1/100$	$\leqslant 70+0.01H$
	$D\geqslant 500$mm			$\leqslant 100+0.01H$
干成孔灌注桩		$\geqslant 0$	$\leqslant 1/100$	$\leqslant 70+0.01H$
人工挖孔桩		$\geqslant 0$	$\leqslant 1/200$	$\leqslant 50+0.005H$

注：1 H 为桩基施工面至设计桩顶的距离（mm）；
2 D 为设计桩径（mm）。

【例 14-1-11】（历年真题）灌注桩的承载能力与施工方法有关，其承载力由低到高的顺序依次为：

A. 钻孔桩、复打沉管桩、单打沉管桩、反插沉管桩
B. 钻孔桩、单打沉管桩、复打沉管桩、反插沉管桩
C. 钻孔桩、单打沉管桩、反插沉管桩、复打沉管桩
D. 单打沉管桩、反插沉管桩、复打沉管桩、钻孔桩

【解答】 钻孔桩是非挤土桩，沉管桩是挤土桩，故钻孔桩承载力低；在沉管桩中，复打法挤土效应最强，复打沉管桩承载力最高，应选 C 项。

八、地基加固处理技术

地基加固处理技术见第十八章土力学与地基基础。

习 题

14-1-1（历年真题）泥浆护壁成孔过程中，泥浆的作用除了保护孔壁、防止塌孔外，还有：

A. 提高钻进速度 B. 排出土渣
C. 遇硬土层易钻进 D. 保护钻机设备

14-1-2（历年真题）在预制桩打桩过程中，如发现贯入度有骤减，说明：

A. 桩尖破坏 B. 桩身破坏
C. 桩下有障碍物 D. 遇软土层

14-1-3（历年真题）最适用于在狭窄的现场施工的成孔方式是：

A. 沉管成孔 B. 泥浆护壁钻孔
C. 人工挖孔 D. 螺旋钻成孔

14-1-4（历年真题）场地平整前的首要工作是：

A. 计算挖方量和填方量 B. 确定场地的设计标高
C. 选择土方机械 D. 拟订调配方案

第二节 钢筋混凝土工程与预应力混凝土工程

一、模板工程

模板系统由模板、支承件和连接件组成，要求它能保证结构和构件的形状尺寸准确；

有足够的强度、刚度和稳定性；接缝严密不漏浆；装拆方便可多次周转使用。常用的模板包括木模板、组合式模板、大型工具式模板（如大模板、爬升模板、滑升模板、隧道模和飞模），以及永久式模板等。

1. 模板的种类

(1) 木模板

木模板通常事先在工厂或木工棚加工成拼板或定型板形式的基本构件，再把它们进行拼装形成所需要的模板系统。拼板一般用宽度小于 200mm 的木板，再用 25mm×35mm 的拼条钉成。作梁侧模使用时，荷载较小，一般采用 25mm 厚的木板制作；作承受较大荷载的梁底模使用时，拼板厚度加大到 40～50mm。目前，木模板主要用于异形构件。

(2) 组合式模板

组合式模板可采取预拼装或整体安装整体拆除，也可采取散支散拆的方法。组合式模板包括组合钢模板、钢框木(竹)胶合板模板、塑料模板和铝合金模板等，其用于梁、柱、墙、楼板、基础等。其中，组合钢模板的部件主要由钢模板、连接件和支承件三大部分组成。钢模板包括平板模板、阴角模板、阳角模板、连接角模等。连接件包括 U 形卡、L 形插销、对拉螺栓、扣件等。支承件包括钢管支架、门式支架、斜撑等。

(3) 大模板

大模板是一种大尺寸的工具式模板，主要用于剪力墙结构或框架-剪力墙结构中剪力墙的施工，也可用于框架-核心筒结构和筒体结构中竖向筒体墙的施工。一般是一块墙面用一块大模板。因为其重量大，配以相应的起重吊装机械，以工业化生产方式在施工现场浇筑钢筋混凝土墙体。装拆皆需起重机械吊装，提高了机械化程度，减少了用工量，缩短了工期，已形成一种工业化建筑体系。一块大模板由面板、加劲肋、竖楞、支撑桁架、稳定机构及附件组成。

(4) 滑升模板

滑升模板（简称滑模）是一种工具式模板，宜用于现场浇筑高耸的构筑物和建筑物等，如烟囱、筒仓、电视塔、竖井、沉井、冷却塔和高层剪力墙结构及筒体结构。滑模装置主要由模板系统、操作平台系统、液压系统，以及施工精度控制系统等部分组成。滑模施工是在构筑物或建筑物底部，沿其墙、柱、梁等构件的周边组装高 1.2m 左右的滑升模板，随着向模板内不断地分层浇筑混凝土；用液压提升设备使模板不断地向上滑升，直到需要浇筑的高度为止。采用滑模施工，可以节约模板和支撑材料、加快施工速度和保证结构的整体性。但模板一次性投资多、耗钢量大，对建筑的立面造型和构件断面变化有一定的限制。

(5) 爬升模板

爬升模板（简称爬模）是通过附着装置支承在建筑结构上，以液压油缸或千斤顶动力，以导轨为爬升轨道，随建筑结构逐层爬升、循环作业的施工工艺。爬升模板，由于它综合了大模板和滑升模板的优点，已形成了一种施工中模板不落地，混凝土表面质量易于保证的快捷、有效的施工方法，特别适用于高耸建(构)筑物竖向结构浇筑施工。爬升模板的组成包括附着装置、升降机构、防坠装置架体系统和模板系统。

(6) 飞模

飞模又称台模，因其形状像一个台面，使用时利用起重机械将该模板体系直接从完毕的楼板下整体吊运飞出，周转到上层布置而得名。飞模是一种水平模板体系，属于大型工具式模板，主要由台面、支撑系统、行走系统和其他配套附件组成。它适用于大开间、大柱网、大进深的现浇钢筋混凝土楼板施工，对于无柱帽现浇板柱结构楼盖尤其适用。

（7）隧道模板

隧道模板是由若干个半隧道模板按建筑结构的开间、进深组拼而成的。它适用于在施工现场同时浇筑剪力墙结构的墙体和楼板混凝土。

（8）永久式模板

永久式模板是在浇筑混凝土时起模板作用，施工后不拆除，成为结构的一部分。它包括压型钢板模板、钢筋桁架组合模板等。

2. 模板工程的基本规定与设计

（1）基本规定

模板工程应编制专项施工方案。滑模、爬模等工具式模板工程及高大模板支架工程的专项施工方案，应进行技术论证。

模板及支架应根据施工过程中的各种工况进行设计，应具有足够的承载力和刚度，并应保证其整体稳固性。

（2）设计

模板及支架设计内容包括：①模板及支架的选型及构造设计；②荷载及其效应计算；③模板及支架的承载力、刚度、抗倾覆验算；④绘制模板及支架施工图。

模板及支架承载力计算的各项荷载可按表 14-2-1 确定，并应采用最不利的荷载基本组合进行设计。参与组合的永久荷载应包括：模板及支架自重（G_1）；新浇筑混凝土自重（G_2）；钢筋自重（G_3）；新浇筑混凝土对模板的侧压力（G_4）等。参与组合的可变荷载宜包括：施工人员及施工设备产生的荷载（Q_1）；混凝土下料产生的水平荷载（Q_2）；泵送混凝土或不均匀堆载等因素产生的附加水平荷载（Q_3）；风荷载（Q_4）等。

参与模板及支架承载力计算的各项荷载 表 14-2-1

计算内容		参与荷载项
模板	底面模板的承载力	$G_1+G_2+G_3+Q_1$
	侧面模板的承载力	G_4+Q_2
支架	支架水平杆及节点的承载力	$G_1+G_2+G_3+Q_1$
	立杆的承载力	$G_1+G_2+G_3+Q_1+Q_4$
	支架结构的整体稳定	$G_1+G_2+G_3+Q_1+Q_3$ $G_1+G_2+G_3+Q_1+Q_4$

注：表中的"+"仅表示各项荷载参与组合，而不表示代数相加。

模板及支架的变形限值应根据结构工程要求确定，并宜符合下列规定：

1）对结构表面外露的模板，其挠度限值宜取为模板构件计算跨度的 1/400；

2）对结构表面隐藏的模板，其挠度限值宜取为模板构件计算跨度的 1/250；

3）支架的轴向压缩变形限值或侧向挠度限值，宜取为计算高度或计算跨度的 1/1000。

支架的高宽比不宜大于 3；当高宽比大于 3 时，应采取加强整体稳固性的措施。

支架应按混凝土浇筑前和混凝土浇筑时两种工况进行抗倾覆验算。

支架结构中钢构件的长细比不应超过表14-2-2规定的容许值。

支架结构钢构件容许长细比　　　　　　　　　　表14-2-2

构件类别	容许长细比
受压构件的支架立柱及桁架	180
受压构件的斜撑、剪力撑	200
受拉构件的钢杆件	350

多层楼板连续支模时，应分析多层楼板间荷载传递对支架和楼板结构的影响。

3. 模板工程的制作与安装

模板面板背楞的截面高度宜统一。模板制作与安装时，面板拼缝应严密。有防水要求的墙体，其模板对拉螺栓中部应设止水片，止水片应与对拉螺栓环焊。

支架立柱和竖向模板安装在土层上时，应设置具有足够强度和支承面积的垫板；土层应坚实，并应有排水措施；对湿陷性黄土、膨胀土，应有防水措施；对冻胀性土，应有防冻胀措施；对软土地基，必要时可采用堆载预压的方法调整模板面板安装高度。

安装模板时，应进行测量放线，并应采取保证模板位置准确的定位措施。对竖向构件的模板及支架，应根据混凝土一次浇筑高度和浇筑速度，采取竖向模板抗侧移、抗浮和抗倾覆措施。对水平构件的模板及支架，应结合不同的支架和模板面板形式，采取支架间、模板间及模板与支架间的有效拉结措施。对可能承受较大风荷载的模板，应采取防风措施。

对跨度不小于4m的梁、板，其模板施工起拱高度宜为梁、板跨度的1/1000～3/1000。起拱不得减小构件的截面高度。

支架的竖向斜撑和水平斜撑应与支架同步搭设，支架应与成型的混凝土结构拉结。

对现浇多层、高层混凝土结构，上、下楼层模板支架的立杆宜对准。模板及支架杆件等应分散堆放。

模板安装应与钢筋安装配合进行，梁柱节点的模板宜在钢筋安装后安装。

模板与混凝土接触面应清理干净并涂刷脱模剂，脱模剂不得污染钢筋和混凝土接槎处。

后浇带是指为适应环境温度变化、混凝土收缩、结构不均匀沉降等因素影响，在梁、板（包括基础底板）、墙等结构中预留的具有一定宽度且经过一定时间后再浇筑的混凝土带。后浇带分为收缩后浇带和沉降后浇带。收缩后浇带的带宽为800～1000mm。后浇带的模板及支架应独立设置。

4. 模板工程的拆除

模板拆除时，可采取先支的后拆、后支的先拆，先拆非承重模板、后拆承重模板的顺序，并应从上而下进行拆除。当混凝土强度能保证其表面及棱角不受损伤时，方可拆除侧模。多个楼层间连续支模的底层支架拆除时间，应根据连续支模的楼层间荷载分配和混凝土强度的增长情况确定。冬期施工高层建筑时，连续模板支架层数一般不少于3层。后张法预应力混凝土结构构件，侧模宜在预应力筋张拉前拆除，底模及支架不应在结构构件建立预应力前拆除。

底模及支架应在混凝土强度达到设计要求后再拆除；当设计无具体要求时，同条件养护的混凝土立方体试件抗压强度应符合表14-2-3的规定。

后浇带拆模时，混凝土强度应达到设计强度的100%。

底模拆除时的混凝土强度要求　　　　表14-2-3

构件类型	构件跨度（m）	达到设计混凝土强度等级值的百分数（%）
板	≤2	≥50
	>2，≤8	≥75
	>8	≥100
梁、拱、壳	≤8	≥75
	>8	≥100
悬臂结构		≥100

【例14-2-1】（历年真题）既可用于水平混凝土构件，也可用于垂直混凝土构件的模板是：

A. 爬升模板　　　　　　　　B. 压型钢板永久性模板
C. 组合钢模板　　　　　　　D. 大模板

【解答】组合钢模板可用于水平、垂直混凝土构件，应选C项。

【例14-2-2】（历年真题）关于梁模板拆除的一般顺序，下面描述正确的是：

Ⅰ. 先支的先拆，后支的后拆；
Ⅱ. 先支的后拆，后支的先拆；
Ⅲ. 先拆除承重部分，后拆除非承重部分；
Ⅳ. 先拆除非承重部分，后拆除承重部分。

A. Ⅰ、Ⅲ　　　　　　　　　B. Ⅱ、Ⅳ
C. Ⅰ、Ⅳ　　　　　　　　　D. Ⅱ、Ⅲ

【解答】梁模板拆除的一般顺序为Ⅱ、Ⅳ，应选B项。

二、钢筋工程

混凝土结构的钢筋分为普通钢筋和预应力筋。其中，普通钢筋包括热轧钢筋（热轧光圆钢筋 HPB300 和热轧带肋钢筋 HRB335、HRB400、HRB500）、余热处理钢筋（RRB400等）；预应力筋包括预应力钢丝、钢绞线和预应力螺纹钢筋。需注意的是，根据《混凝土结构通用规范》GB 55008—2021，热轧带肋钢筋 HRB335 不再使用。HPB300 钢筋采用直径为 8～14mm。按供应形式，为便于运输，通常将直径为 6～10mm 的钢筋卷成圆盘，称盘圆或盘条钢筋；将直径大于 10mm 的钢筋轧成 6～12m 长一根，称直条钢筋。

对有抗震设防要求的结构，抗震等级为一、二、三级的房屋建筑框架和斜撑（楼段）构件，其纵向受力普通钢筋应满足：①抗拉强度实测值与屈服强度实测值的比值不应小于1.25，即强屈比≥1.25；②屈服强度实测值与屈服强度标准值的比值不应大于1.30，即超强比（或称超屈比）≤1.30；③最大力总延伸率实测值不应小于9%。

1. 钢筋冷加工

钢筋冷加工包括冷拉、冷拔等，其相关内容见第十一章土木工程材料。吊环应采用HPB300钢筋制作，严禁使用冷加工钢筋。

冷拔低碳钢丝,是指使直径6～10mm的光圆钢筋通过钨合金的拔丝模进行强力冷拉。冷拔后,其抗拉强度提高、塑性降低,呈硬钢性质。影响冷拔低碳钢丝质量的主要因素是:原材料的质量;冷拔总压缩率。冷拔低碳钢丝分为甲级、乙级。其中,甲级用于预应力筋。

2. 钢筋的验收

钢筋进场后,应经检查验收合格后才能使用。未经检查验收或检查验收不合格的钢筋严禁在工程中使用。钢筋进场检查验收应检查钢筋的质量证明文件,应按国家现行有关标准的规定抽样检验屈服强度、抗拉强度、伸长率、弯曲性能和重量偏差。

热轧钢筋进场应按批进行检查和验收,每抽由同一牌号、同一炉罐号、同一规格的钢筋组成。每批重量不大于60t。超过60t的部分,每增加40t(或不足40t的余数),增加一个拉伸试验试样和一个弯曲试验试样。

冷轧带肋钢筋进场检查验收,每批重量不大于60t。冷拔低碳钢丝,甲级,每批重量不大于30t;乙级,每批重量不大于50t。冷拔螺旋钢筋,每批重量不大于50t。冷轧扭钢筋,每批重量不大于20t。

有抗震设计要求的,结构构件的纵向受力钢筋的选用要求,见本书第十六章钢筋混凝土结构。

施工中发现钢筋脆断、焊接性能不良或力学性能显著不正常等现象时,应停止使用该批钢筋,并对该批钢筋进行化学成分检验或其他专项检验。

3. 钢筋加工

钢筋加工包括调直、除锈、下料切断、弯曲成型等工作。钢筋加工宜在常温状态下进行,加工过程中不应对钢筋进行加热。钢筋加工方法宜采用机械设备加工,有利于保证钢筋的加工质量。钢筋应一次弯折到位。

钢筋宜采用机械设备进行调直时,也可采用冷拉方法调直。当采用机械设备调直时,调直设备不应具有延伸功能。当采用冷拉方法调直时,HPB300光圆钢筋的冷拉率不宜大于4%;HRB400、HRBF400、HRB500、HRBF500及RRB400带肋钢筋的冷拉率,不宜大于1%。钢筋调直过程中不应损伤带肋钢筋的横肋。调直后的钢筋应平直,不应有局部弯折。

钢筋弯折的弯弧内直径应符合下列要求:

(1) 光圆钢筋,不应小于钢筋直径的2.5倍。

(2) 400MPa级带肋钢筋,不应小于钢筋直径的4倍。

(3) 500MPa级带肋钢筋,当直径为28mm以下时不应小于钢筋直径的6倍,当直径为28mm及以上时不应小于钢筋直径的7倍。

(4) 箍筋弯折处尚不应小于纵向受力钢筋直径。

箍筋、拉筋的末端应按设计要求做弯钩,并应符合下列要求:

(1) 一般结构构件,箍筋弯钩的弯折角度不应小于90°,弯折后平直段长度不应小于箍筋直径的5倍;有抗震设防要求的,箍筋弯钩的弯折角度不应小于135°,弯折后平直段长度不应小于箍筋直径的10倍和75mm两者之中的较大值。

(2) 圆形箍筋的搭接长度不应小于其受拉锚固长度,且两末端均应做不小于135°的弯钩,弯折后平直段长度对一般结构构件不应小于箍筋直径的5倍;有抗震设防要求的,不应小于箍筋直径的10倍和75mm的较大值。

(3) 拉筋用作梁、柱复合箍筋中单肢箍筋或梁腰筋间拉结筋时，两端弯钩的弯折角度均不应小于135°，弯折后平直段长度应符合上述（1）的要求；拉筋用作剪力墙、楼板等构件中拉结筋时，两端弯钩可采用一端135°另一端90°，弯折后平直段长度不应小于拉筋直径的5倍。

4. 钢筋的连接

钢筋连接方式应根据设计要求和施工条件选用。常用钢筋连接方法有绑扎搭接连接、焊接连接、机械连接等。

钢筋接头宜设置在受力较小处；有抗震设防要求的结构中，梁端、柱端箍筋加密区范围内不宜设置钢筋接头，且不应进行钢筋搭接。同一纵向受力钢筋不宜设置两个或两个以上接头。接头末端至钢筋弯起点的距离，不应小于钢筋直径的10倍。

（1）焊接连接

当纵向受力钢筋采用焊接接头时，同一构件内的接头宜分批错开。接头连接区段的长度为$35d$，且不应小于500mm，凡接头中点位于该连接区段长度内的接头均应属于同一连接区段，其中d为相互连接的两根钢筋中较小直径。同一连接区段内，纵向受力钢筋接头面积百分率为该区段内有接头的纵向受力钢筋截面面积与全部纵向受力钢筋截面面积的比值，纵向受力钢筋的接头面积百分率要求：①受拉接头，不宜大于50%；受压接头，可不受限制。②直接承受动力荷载的结构构件中，不宜采用焊接；当采用机械连接时，不应超过50%。

常采用的焊接方法有闪光对焊、电弧焊、电渣压力焊、气压焊和电阻点焊等（图14-2-1）。当环境温度低于-20℃时，不宜进行各种焊接。

图 14-2-1 焊接方法
(a) 闪光对焊；(b)、(c) 电弧焊；(d) 电渣压力焊；
(e) 气压焊；(f) 电阻点焊

1) 闪光对焊：其适用于HPB300、HRB400（直径8～40mm）、HRB500（直径8～40mm），其工艺方法有连续闪光焊、预热闪光焊和闪光-预热闪光焊。它用于纵向受力钢筋下料前的接长，制作封闭箍筋的闭口焊接，预应力筋与螺丝端杆的焊接。

2) 电弧焊：它包括帮条焊、搭接焊、坡口焊、窄间隙焊和熔槽帮条焊。其中，钢筋帮条焊（图14-2-2）、钢筋搭接焊（图14-2-3），可采用单面焊、双面焊，其帮条（搭接）长度l应满足表14-2-4。它广泛用于各种钢筋接头、钢筋与钢板的焊接、钢筋骨架的焊接、预埋件钢筋的焊接等。

钢筋帮条（搭接）长度   表14-2-4

钢筋牌号	焊缝形式	帮条（搭接）长度 l（mm）
HPB300	单面焊	$\geqslant 8d$
	双面焊	$\geqslant 4d$
HRB400、HRBF400 HRB500、HRBF500、RRB400	单面焊	$\geqslant 10d$
	双面焊	$\geqslant 5d$

注：d 为主筋直径（mm）。

图 14-2-2 钢筋帮条焊接头
(a) 双面焊；(b) 单面焊
d—钢筋直径；l—帮条长度

图 14-2-3 钢筋搭接焊接头
(a) 双面焊；(b) 单面焊
d—钢筋直筋；l—搭接长度

3) 电渣压力焊：它适用于 HPB300、HRB400（直径12～32mm）、HRB500（直径 12～32mm）。它只应用于柱、墙等竖向构件中竖向受力钢筋的连接；不得用于梁、板等构件中作水平钢筋的连接。

4) 气压焊：它适用于 HPB300、HRB400（直径 12～40mm）、HRB500（直径 12～32mm），分为固态气压焊和熔态气压焊。它可用于竖向或水平向受力钢筋的焊接。

5) 电焊点焊：它适用于直径 6～16mm 的各种钢筋，常用于钢筋骨架、钢筋网片的焊接。

（2）机械连接

钢筋机械连接是指通过钢筋与连接件或其他介入材料的机械咬合作用或钢筋端面的承压作用，将一根钢筋中的力传递至另一根钢筋的连接方法。常见的机械接头类型如下：

1) 套筒挤压接头：通过挤压力使连接件钢套筒塑性变形与带肋钢筋紧密咬合形成的接头。

2) 锥螺纹接头：通过钢筋端头特制的锥形螺纹和连接件锥螺纹咬合形成的接头。

3) 镦粗直螺纹接头：通过钢筋端头镦粗后制作的直螺纹和连接件螺纹咬合形成的接头。

4) 滚轧直螺纹接头：通过钢筋端头直接滚轧或剥肋后滚轧制作的直螺纹和连接件螺纹咬合形成的接头。

5) 套筒灌浆接头：在金属套筒中插入单根带肋钢筋并注入灌浆料拌合物，通过拌合物硬化而实现传力的钢筋对接接头。它主要用于装配式混凝土结构竖向受力钢筋连接。

除套筒灌浆接头外，接头应根据极限抗拉强度、残余变形、最大力下总伸长率以及高应力和大变形条件下反复拉压性能，分为Ⅰ级、Ⅱ级、Ⅲ级三个性能等级，即：

Ⅰ级接头：连接件极限抗拉强度大于或等于被连接钢筋抗拉强度标准值的1.1倍，残余变形小并具有高延性及反复拉压性能。

Ⅱ级接头：连接件极限抗拉强度不小于被连接钢筋极限抗拉强度标准值，残余变形较小并具有高延性及反复拉压性能。

Ⅲ级接头：连接件极限抗拉强度不小于被连接钢筋屈服强度标准值的1.25倍，残余变形较小并具有一定的延性及反复拉压性能。

除套筒灌浆接头外，接头等级的选用为：混凝土结构中要求充分发挥钢筋强度或对延性要求高的部位应选用Ⅱ级或Ⅰ级接头；当在同一连接区段内钢筋接头面积百分率为100%时，应选用Ⅰ级接头。混凝土结构中钢筋应力较高但对延性要求不高的部位可选用Ⅲ级接头。

结构构件中纵向受力钢筋的接头宜相互错开。钢筋机械连接的连接区段长度应按35d计算，当直径不同的钢筋连接时，按直径较小的钢筋计算。位于同一连接区段内的钢筋机械连接接头的面积百分率应符合下列规定：

1) 接头宜设置在结构构件受拉钢筋应力较小部位，高应力部位设置接头时，同一连接区段内Ⅲ级接头的接头面积百分率不应大于25%，Ⅱ级接头的接头面积百分率不应大于50%。Ⅰ级接头的接头面积百分率除抗震设防结构、直接承受重复荷载的结构外可不受限制。

2) 接头宜避开有抗震设防要求的框架的梁端、柱端箍筋加密区；当无法避开时，应采用Ⅱ级接头或Ⅰ级接头，且接头面积百分率不应大于50%。

3) 受拉钢筋应力较小部位或纵向受压钢筋，接头面积百分率可不受限制。

4) 对直接承受重复荷载的结构构件，接头面积百分率不应大于50%。

(3) 绑扎连接

钢筋绑扎连接的要求，见本书第十六章钢筋混凝土结构。

5. 钢筋的配料与代换

钢筋配料是现场钢筋的深化设计，即根据结构配筋图，先绘出各种形状和规格的单根钢筋简图并加以编号，然后分别计算钢筋下料长度和根数，填写配料单。

钢筋的代换应满足设计要求的构件承载力、裂缝宽度和抗震要求，还应满足最小配筋率、钢筋间距与锚固长度、保护层厚度等构造要求。钢筋代换原则为：

(1) 等强度代换：当构件受强度控制时，钢筋可按强度相等的原则进行代换。

(2) 等面积代换：当构件按最小配筋率配筋时，钢筋可按面积相等的原则进行代换。

(3) 当构件受裂缝宽度或挠度控制时，代换后应进行裂缝宽度或挠度验算。

三、混凝土工程

1. 原材料

混凝土的原材料包括水泥、砂、石、水、掺合料和外加剂。

(1) 水泥的选用

水泥品种与强度等级应根据设计、施工要求，以及工程所处环境条件确定。普通混凝土宜选用通用硅酸盐水泥；有特殊需要时，也可选用其他品种水泥。有抗渗、抗冻融要求的混凝土，宜选用硅酸盐水泥或普通硅酸盐水泥。处于潮湿环境的混凝土结构，当使用碱活性骨料时，宜采用低碱水泥。

(2) 骨料的选用

粗骨料最大粒径不应超过构件截面最小尺寸的 1/4，且不应超过钢筋最小净间距的 3/4；对实心混凝土板，粗骨料的最大粒径不宜超过板厚的 1/3，且不应超过 40mm。泵送混凝土时，粗骨料最大公称粒径与输送管径之比（λ）与泵送高度（H）有关，碎石：$H<50$m 时，$\lambda \leqslant 1:3.0$；H 为 50～100m 时，$\lambda \leqslant 1:4.0$；$H>100$m 时，$\lambda \leqslant 1:5.0$。卵石：$H<50$m 时，$\lambda \leqslant 1:2.5$；H 为 50～100m 时，$\lambda \leqslant 1:3.0$；$H>100$m 时，$\lambda \leqslant 1:4.0$。

细骨料宜选用Ⅱ区中砂。当选用Ⅰ区砂时，应提高砂率，并应保持足够的胶凝材料用量，同时应满足混凝土的工作性要求；当采用Ⅲ区砂时，宜适当降低砂率。

混凝土细骨料中氯离子含量，对钢筋混凝土，按干砂的质量百分率计算不得大于 0.06%；对预应力混凝土，按干砂的质量百分率计算不得大于 0.02%。

有抗渗、抗冻融或其他特殊要求的混凝土，宜选用连续级配的粗骨料，最大粒径不宜大于 40mm，含泥量不应大于 1.0%，泥块含量不应大于 0.5%。

(3) 进场检验

对水泥的强度、安定性及凝结时间应进行进场检验。同一生产厂家、同一等级、同一品种、同一批号且连续进场的水泥，袋装水泥不超过 200t 应为一批，散装水泥不超过 500t 应为一批。当使用中水泥质量受不利环境影响或水泥出厂超过三个月（快硬硅酸盐水泥超过一个月）时，应进行复验，并应按复验结果使用。

2. 混凝土配合比

混凝土配合比的内容，见本书第十一章土木工程材料。

3. 混凝土的拌制

混凝土的拌制就是胶凝材料（水泥和掺合料）、水、骨料和外加剂等原材料混合在一起进行均匀拌合的过程。搅拌后的混凝土要求匀质，且达到设计要求的和易性和强度。混凝土结构施工宜采用预拌混凝土。

目前普遍使用的搅拌机根据其搅拌机理可分为自落式搅拌机和强制式搅拌机，前者适用于搅拌塑性混凝土和低流动性混凝土，后者适用于搅拌干硬性混凝土、流动性混凝土和轻骨料混凝土。混凝土搅拌制度包括搅拌机的转速、搅拌时间、装料容积和投料顺序等。

目前采用的装料顺序有一次投料法、二次投料法等。其中，一次投料法就是将砂、石、水泥依次放入料斗后再和水一起进入搅拌筒进行搅拌。当采用自落式搅拌机时常用的加料顺序是先倒石子，再加水泥，最后加砂。二次投料法又可分为预拌水泥砂浆法和预拌水泥净浆法。预拌水泥砂浆法是指先将水泥、砂和水投入拌筒搅拌 1～1.5min 后加入石子再搅拌 1～1.5min。预拌水泥净浆法是先将水和水泥投入拌筒搅拌 1/2 搅拌时间，再加入砂石搅拌到规定时间。试验表明，由于预拌水泥砂浆或水泥净浆对水泥有一种活化作用，因而搅拌质量明显高于一次加料法。若水泥用量不变，混凝土强度可提高 15% 左右，或在混凝土强度相同的情况下，可减少水泥用量约 15%～20%。

掺合料宜与水泥同步投料，液体外加剂宜滞后于水和水泥投料；粉状外加剂宜溶解后再投料。

混凝土搅拌的最短时间应满足表 14-2-5，自落式搅拌机的搅拌时间应比强制式搅拌机延长 30s。

混凝土搅拌的最短时间（s）　　　　　表 14-2-5

混凝土坍落度 (mm)	搅拌机机型	搅拌机出料量（L）		
		<250	250~500	>500
≤40	强制式	60	90	120
>40，且<100	强制式	60	60	90
≥100	强制式	60		

注：1. 混凝土搅拌时间指从全部材料装入搅拌筒中起，到开始卸料时止的时间段；
　　2. 当掺有外加剂与矿物掺合料时，搅拌时间应适当延长。

对首次使用的配合比应进行开盘鉴定，开盘鉴定应包括：①混凝土的原材料与配合比设计所采用原材料的一致性；②出机混凝土工作性与配合比设计要求的一致性；③混凝土强度；④混凝土凝结时间；⑤工程有要求时，尚应包括混凝土耐久性能等。

施工现场搅拌混凝土的开盘鉴定由监理工程师组织，施工单位项目技术负责人、专业工长、实验室代表等参加；预拌混凝土搅拌站的开盘鉴定由搅拌站总工程师组织，搅拌站技术、质量负责人和实验室代表等参加。

4. 混凝土的运输与输送

混凝土运输是指混凝土搅拌地点至工地卸料地点的运输过程，一般采用混凝土搅拌运输车，以及机动翻斗车。混凝土输送是指对运输至施工现场的混凝土，通过输送泵、溜槽、吊车配备斗容器、升降设备配备小车等方式送至浇筑点的过程。混凝土输送宜采用泵送方式。

混凝土运输、输送、浇筑过程中严禁加水；混凝土运输、输送、浇筑过程中散落的混凝土严禁用于混凝土结构构件的浇筑。

混凝土输送泵管与支架的设置应符合下列规定：

（1）混凝土粗骨料最大粒径不大于 25mm 时，可采用内径不小于 125mm 的输送泵管；混凝土粗骨料最大粒径不大于 40mm 时，可采用内径不小于 150mm 的输送泵管。

（2）向上输送混凝土时，地面水平输送泵管的直管和弯管总的折算长度不宜小于竖向输送高度的 20%，且不宜小于 15m。

（3）输送泵管倾斜或垂直向下输送混凝土，且高差大于 20m 时，应在倾斜或竖向管下端设置直管或弯管，直管或弯管总的折算长度不宜小于高差的 1.5 倍。

（4）输送高度大于 100m 时，混凝土输送泵出料口处的输送泵管位置应设置截止阀。

5. 混凝土的浇筑与振捣

混凝土拌合物入模温度不应低于 5℃，且不应高于 35℃。浇筑混凝土前，应清除模板内或垫层上的杂物。表面干燥的地基、垫层、模板上应洒水湿润；现场环境温度高于 35℃时宜对金属模板进行洒水降温；洒水后不得留有积水。混凝土浇筑应保证混凝土的均匀性和密实性。混凝土宜一次连续浇筑；当不能一次连续浇筑时，可留设施工缝或后浇带分块浇筑。其中，施工缝是指按设计要求或施工需要分段浇筑，先浇筑混凝土达到一定强度后继续浇筑混凝土所形成的接缝。

(1) 施工缝的留设

混凝土施工缝是结构的薄弱部位，宜留在结构受剪力较小且便于施工的部位，应在混凝土浇筑前确定。施工缝留设界面应垂直于结构构件和纵向受力钢筋。柱、墙应留水平缝，梁、板、墙应留竖向施工缝（亦称垂直施工缝）。

水平施工缝的留设位置应符合下列规定：

1）柱、墙施工缝可留设在基础、楼层结构顶面（图 14-2-4），柱施工缝与结构上表面的距离宜为 0～100mm，墙施工缝与结构上表面的距离宜为 0～300mm。

图 14-2-4 浇筑柱的施工缝留设位置
Ⅰ-Ⅰ、Ⅱ-Ⅱ 表示施工缝的位置

图 14-2-5 主次梁结构垂直施工缝留设位置

2）柱、墙施工缝也可留设在楼层结构底面，施工缝与结构下表面的距离宜为 0～50mm；当板下有梁托时，可留设在梁托下 0～20mm。

竖向施工缝的留设位置应符合下列规定：

1）有主次梁的楼板施工缝应留设在次梁跨度中间 1/3 范围内（图 14-2-5）。

2）单向板施工缝应留设在与跨度方向平行的任何位置。

3）楼梯梯段施工缝宜设置在梯段板跨度端部 1/3 范围内。

4）墙的施工缝宜设置在门洞口过梁跨中 1/3 范围内，也可留设在纵横墙交接处。

施工缝（或后浇带）处浇筑混凝土时，结合面应采用粗糙面，结合面应清除浮浆、疏松石子、软弱混凝土层，并应清理干净；结合面处应采用洒水方法进行充分湿润，并不得有积水；施工缝处已浇筑混凝土的强度不应小于 1.2MPa；柱、墙水平施工缝水泥砂浆接浆层厚度不应大于 30mm，接浆层水泥砂浆应与混凝土浆液同成分。

(2) 浇筑

混凝土浇筑过程应分层进行，分层浇筑应符合表 14-2-6 规定的分层振捣厚度要求，上层混凝土应在下层混凝土初凝之前浇筑完毕。

混凝土分层振捣的最大厚度 表 14-2-6

振捣方法	混凝土分层振捣最大厚度
振动棒	振动棒作用部分长度的 1.25 倍

续表

振捣方法	混凝土分层振捣最大厚度
表面振动器	200mm
附着振动器	根据设置方式,通过试验确定

混凝土运输、输送入模的过程应保证混凝土连续浇筑,从运输到输送入模的延续时间不宜超过表 14-2-7 的规定,且不应超过表 14-2-8 的规定。

运输到输送入模的延续时间（min）　　表 14-2-7

条件	气温	
	≤25℃	>25℃
不掺外加剂	90	60
掺外加剂	150	120

运输、输送入模及其间歇总的时间限值（min）　　表 14-2-8

条件	气温	
	≤25℃	>25℃
不掺外加剂	180	150
掺外加剂	240	210

混凝土浇筑的布料点宜接近浇筑位置,宜先浇筑竖向结构构件,后浇筑水平结构构件;浇筑区域结构平面有高差时,宜先浇筑低区部分再浇筑高区部分。

柱、墙模板内的混凝土浇筑不得发生离析,倾落高度应符合表 14-2-9 的规定;当不能满足要求时,应加设串筒、溜管、溜槽等装置。

柱、墙模板内混凝土浇筑倾落高度限值　　表 14-2-9

条件	浇筑倾落高度限值（m）
粗骨料粒径大于25mm	≤3
粗骨料粒径小于等于25mm	≤6

注：当有可靠措施能保证混凝土不产生离析时,混凝土倾落高度可不受本表限制。

柱、墙混凝土设计强度等级高于梁、板混凝土设计强度等级时,混凝土浇筑应符合下列规定：

1）柱、墙混凝土设计强度比梁、板混凝土设计强度高一个等级时,柱、墙位置梁、板高度范围内的混凝土经设计单位确认,可采用与梁、板混凝土设计强度等级相同的混凝土进行浇筑。

2）柱、墙混凝土设计强度比梁、板混凝土设计强度高两个等级及以上时,应在交界区域采取分隔措施;分隔位置应在低强度等级的构件中,且距高强度等级构件边缘不应小于 500mm。

3）宜先浇筑强度等级高的混凝土,后浇筑强度等级低的混凝土。

泵送混凝土浇筑时,宜根据结构形状及尺寸、混凝土供应、混凝土浇筑设备、场地内外条件等划分每台输送泵的浇筑区域及浇筑顺序;采用输送管浇筑混凝土时,宜由远而近浇筑;采用多根输送管同时浇筑时,其浇筑速度宜保持一致。

后浇带混凝土浇筑时,后浇带混凝土强度等级及性能应符合设计要求;当设计无具体要求时,后浇带混凝土强度等级宜比两侧混凝土提高一级,并宜采用减少收缩的技术措施。收缩后浇带混凝土宜在 45d 后浇筑或设计单位确定；沉降后浇带混凝土浇筑时间应在差异沉降稳定后或设计单位确定。

型钢混凝土结构浇筑时，混凝土粗骨料最大粒径不应大于型钢外侧混凝土保护层厚度的 1/3，且不宜大于 25mm。型钢周边混凝土浇筑宜同步上升，混凝土浇筑高差不应大于 500mm。

钢管混凝土结构浇筑时，宜采用自密实混凝土浇筑。钢管截面较小时，应在钢管壁适当位置留有足够的排气孔，排气孔孔径不应小于 20mm。当采用粗骨料粒径不大于 25mm 的高流态混凝土或粗骨料粒径不大于 20mm 的自密实混凝土时，混凝土最大倾落高度不宜大于 9m；倾落高度大于 9m 时，宜采用串筒、溜槽、溜管等辅助装置进行浇筑。

(3) 超长结构混凝土浇筑

1) 可留设施工缝分仓浇筑，分仓浇筑间隔时间不应少于 7d。

2) 当留设后浇带时，后浇带封闭时间（即后浇带混凝土浇筑时间）不得少于 14d。

3) 超长整体基础中调节沉降的后浇带，混凝土封闭时间应通过监测确定，应在差异沉降稳定后封闭后浇带。

4) 后浇带的封闭时间尚应经设计单位确认。

(4) 现浇钢筋混凝土框架结构

浇筑一排柱的顺序应从两端同时开始，向中间推进，以免因浇筑混凝土后由于模板吸水膨胀，断面增大而产生横向推力，最后使柱发生弯曲变形。柱浇筑前，应在其底部先填 5~10cm 厚与混凝土配合比相同的减石子砂浆。

梁、板同时浇筑，浇筑方法应由一端开始用"赶浆法"，即先浇筑梁，根据梁高分层浇筑成阶梯形，当达到板底位置时再与板的混凝土一起浇筑，随着阶梯形不断延伸，梁板混凝土浇筑连续向前进行。与板连成整体高度大于 1m 的梁，允许单独浇筑，其施工缝应留在板底以下 20~30mm 处。

在柱与梁板整体浇筑时，应在柱浇筑完毕后停歇 2h，使其初步沉实，再继续浇筑。

【例 14-2-3】（历年真题）混凝土施工缝宜留置在：

A. 结构受剪力较小且便于施工的位置　　B. 遇雨停工处

C. 结构受弯矩较小且便于施工的位置　　D. 结构受力复杂处

【解答】混凝土施工缝宜留置在结构剪力较小且便于施工的位置，应选 A 项。

【例 14-2-4】（历年真题）浇筑混凝土单向板时，施工缝应留置在：

A. 中间 1/3 跨度范围内且平行于板的长边　　B. 平行于板的长边的任何位置

C. 平行于板的短边的任何位置　　D. 中间 1/3 跨度范围内

【解答】混凝土单向板的施工缝应留置在平行于板的长边的任何位置，应选 B 项。

【例 14-2-5】（历年真题）在进行钢筋混凝土框架结构的梁、柱施工过程中，对混凝土骨料的最大粒径的要求，下面正确的是：

A. 不超过结构最小截面的 1/4，钢筋间最小净距的 1/2

B. 不超过结构最小截面的 1/4，钢筋间最小净距的 3/4

C. 不超过结构最小截面的 1/2，钢筋间最小净距的 1/2

D. 不超过结构最小截面的 1/2，钢筋间最小净距的 3/4

【解答】梁、柱构件混凝土骨料的最大粒径应满足 B 项，应选 B 项。

(5) 大体积混凝土结构浇筑

大体积混凝土是指混凝土结构物实体最小尺寸不小于1m的大体量混凝土，或预计会因混凝土中胶凝材料水化引起的温度变化和收缩而导致有害裂缝产生的混凝土。大体积混凝土浇筑方法需根据结构大小、混凝土供应等实际情况决定，一般有全面分层、分段分层和斜面分层三种方法，如图14-2-6所示。

图 14-2-6　大体积混凝土浇筑方法
(a) 全面分层；(b) 分段分层；(c) 斜面分层

全面分层，要求每一层的混凝土浇筑必须在下层混凝土初凝前完成。该方法适用于平面尺寸不太大的结构，施工时宜从短边开始，顺着长边方向推进。

分段分层，要求在第一层第一段末端混凝土初凝前，开始第二段的施工，以保证混凝土接触面结合良好。该方法适用于厚度不大而面积或长度较大的结构。

斜面分层，其适用于结构的长度超过厚度的3倍，要求斜面坡度不大于1/3。施工时，混凝土的振捣需从浇筑层下端开始，逐渐上移。

防治大体积混凝土温度裂缝的措施如下：

1) 宜选用水化热较低的水泥，如矿渣水泥、火山灰质水泥或粉煤灰水泥；在保证混凝土强度的条件下，尽量减少水泥用量和用水量；可采用高性能减水剂；粗骨料宜选用粒径较大的卵石，应尽量降低砂石的含泥量，以减小混凝土的收缩量。

2) 尽量降低混凝土的入模温度，混凝土的浇筑温度不宜超过30℃，浇筑体最大温升值不宜大于50℃。

3) 必要时可在混凝土内部埋设冷却水管，利用循环水来降低混凝土温度。

4) 加强混凝土保温、保湿养护措施，严格控制大体积混凝土的内外温差（设计无要求时，温差不宜超过25℃），可采用草包、炉渣、砂、锯末等保温材料。

(6) 混凝土的振捣

混凝土的振动机械按其工作方式不同，可分为内部振动器、表面振动器、外部振动器和振动台等。这些振动机械的构造原理基本相同，主要是利用偏心锤的高速旋转，使振动设备因离心力而产生振动。

插入式振动器属于内部振动器，其操作要点是："直上和直下、快插与慢拔、插点均匀"，适用于大体积混凝土、基础、柱、梁、墙、厚度较大的板及预制构件的捣实工作。按分层浇筑厚度分别进行振捣，振动棒的前端应插入前一层混凝土中，插入深度不应小于50mm。

表面振动器，其振动作用深度较小，仅适用于厚度较薄而表面较大的结构，如平板、楼地面、屋面等构件。

附着式振动器属于外部振动器,其适用于振捣钢筋较密、厚度较小等不宜使用插入式振动器的结构。

6. 混凝土的养护

混凝土保湿养护可采用洒水、覆盖、喷涂养护剂等方式。选择养护方式应考虑现场条件、环境温湿度、构件特点、技术要求、施工操作等因素。

洒水养护是指用麻袋或草帘等材料将混凝土表面覆盖,并经常洒水使混凝土表面处于湿润状态的养护方法。当日最低温度低于5℃时,不应采用洒水养护。

覆盖养护是指以塑料薄膜为覆盖物,使混凝土表面空气隔绝,可防止混凝土内的水分蒸发,水泥依靠混凝土中的水分完成水化作用而凝结硬化。

喷涂养护剂养护是指将养护剂喷涂在混凝土表面,溶液挥发后在混凝土表面结成一层薄膜,使混凝土表面与空气隔绝,封闭混凝土内的水分不再被蒸发。

混凝土养护应在混凝土浇筑完毕12h以内,进行覆盖和洒水养护。混凝土的养护时间如下:

(1) 采用硅酸盐水泥、普通硅酸盐水泥或矿渣硅酸盐水泥配制的混凝土,不应少于7d。

(2) 采用粉煤灰硅酸盐水泥、火山灰质硅酸盐水泥、复合硅酸盐水泥配制的混凝土;或采用缓凝型外加剂、大掺量矿物掺合料配制的混凝土,均不应少于14d。

(3) 抗渗混凝土、强度等级C60及以上的混凝土,不应少于14d。

(4) 后浇带混凝土的养护时间不应少于14d。

(5) 地下室底层和上部结构首层柱、墙混凝土带模养护时间,不应少于3d;带模养护结束后,可采用洒水养护等继续养护。

混凝土强度达到1.2MPa前,不得在其上踩踏、堆放物料、安装模板及支架。

7. 混凝土结构的质量检查与评定

混凝土结构施工质量检查可分为过程控制检查和拆模后的实体质量检查。过程控制检查应在混凝土施工全过程中,按施工段划分和工序安排及时进行;拆模后的实体质量检查应在混凝土表面未作处理和装饰前进行。

混凝土的强度等级必须符合设计要求。检验混凝土的强度等级应在现场留置试件,由实验室试验后进行评定。当为了检查结构或构件的拆模、出厂、吊装、张拉、放张等时,还应留置与结构或构件同条件养护的试件。

混凝土强度试件的取样频率和数量按规范要求。每次取样应至少制作一组标准养护试件;同条件养护的试件组数,可根据实际需要确定。每组三个试件应由同一盘或同一车的混凝土中取样制作。

混凝土的试件是边长为150mm的立方体,当采用非标准尺寸试件时,应将其抗压强度乘以尺寸折算系数,折算成边长为150mm的标准尺寸试件抗压强度。尺寸折算系数按下列规定采用:

(1) 当混凝土强度等级低于C60时,对边长为100mm的立方体试件取0.95,对边长为200mm的立方体试件取1.05。

(2) 当混凝土强度等级不低于C60时,宜采用标准尺寸试件;使用非标准尺寸试件时,尺寸折算系数应由试验确定,其试件数量不应少于30个对组。

每组混凝土试件强度代表值的确定,应符合下列规定:

(1) 取三个试件强度的算术平均值作为每组试件的强度代表值。
(2) 间当一组试件中强度的最大值或最小值与中间值之差超过中间值的 15% 时，取中值作为该组试件的强度代表值。
(3) 当一组试件中强度的最大值和最小值与中间值之差均超过中间值的 15% 时，该组试件的强度不应作为评定的依据。

混凝土强度应分批进行检验评定。一个检验批的混凝土应由强度等级相同、试验龄期相同、生产工艺条件和配合比基本相同的混凝土组成。

对大批量、连续生产的混凝土强度应按统计方法评定。统计方法分为标准差已知方案和标准差未知方案两种。对小批量或零星生产（是指用于评定的样本容量小于 10 组）的混凝土强度应按非统计方法评定。

四、混凝土预制构件制作

中小构件一般在预制厂制作，其工艺方案有台座法、机组流水法、传送带流水法等。大构件（如屋架、柱、桩等）在施工现场制作。混凝土的振捣方式可采用振动台。

制作预制构件的场地应平整、坚实，并应采取排水措施。当采用台座生产预制构件时，台座表面应光滑平整，2m 长度内表面平整度不应大于 2mm，在气温变化较大的地区宜设置伸缩缝。

混凝土预制构件制作的其他内容，见本章第三节多层装配式混凝土结构。

五、混凝土冬期施工

根据当地多年气象资料统计，当室外日平均气温连续 5 日稳定低于 5℃ 时，进入冬期施工。混凝土受冻临界强度是指冬期浇筑的混凝土在受冻以前必须达到的最低强度。

1. 原材料、搅拌、运输与浇筑

冬期施工混凝土宜采用硅酸盐水泥或普通硅酸盐水泥；采用蒸汽养护时，宜采用矿渣硅酸盐水泥。

冬期施工混凝土搅拌前，宜加热拌合水，当仅加热拌合水不能满足热工计算要求时，可加热骨料；拌合水与骨料的加热温度可通过热工计算确定，加热温度不应超过表 14-2-10 的规定。水泥、外加剂、矿物掺合料不得直接加热，应置于暖棚内预热。

拌合水及骨料最高加热温度（℃） 表 14-2-10

水泥强度等级	拌合水	骨料
42.5 以下	80	60
42.5、42.5R 及以上	60	40

混凝土搅拌前应对搅拌机械进行保温或采用蒸汽进行加温，搅拌时间应比常温搅拌时间延长 30～60s。混凝土搅拌时应先投入骨料与拌合水，预拌后再投入胶凝材料与外加剂。胶凝材料、引气剂或含引气组分外加剂不得与 60℃ 以上热水直接接触。混凝土拌合物的出机温度不宜低于 10℃，入模温度不应低于 5℃。

混凝土分层浇筑时，分层厚度不应小于 400mm。在被上一层混凝土覆盖前，已浇筑层的温度应满足热工计算要求，且不得低于 2℃。

2. 混凝土受冻临界强度的确定

蓄热法是指混凝土浇筑后，利用原材料加热以及水泥水化放热，并采取适当保温措施延缓混凝土冷却,在混凝土温度降到 0℃以前达到受冻临界强度的施工方法。综合蓄热法是掺早强剂或早强型复合外加剂的混凝土,其他同蓄热法的施工方法。

负温养护法是指在混凝土中掺入防冻剂,使其在负温条件下能够不断硬化,在混凝土温度降到防冻剂规定温度前达到受冻临界强度的施工方法。

冬期浇筑的混凝土,其受冻临界强度应符合下列要求:

(1) 当采用蓄热法、暖棚法、加热法施工时,采用硅酸盐水泥、普通硅酸盐水泥配制的混凝土,不应低于设计混凝土强度等级值的 30%;采用矿渣硅酸盐水泥、粉煤灰硅酸盐水泥、火山灰质硅酸盐水泥、复合硅酸盐水泥配制的混凝土时,不应低于设计混凝土强度等级值的 40%。

(2) 当室外最低气温不低于−15℃时,采用综合蓄热法、负温养护法施工的混凝土受冻临界强度不应低于 4.0MPa;当室外最低气温不低于−30℃时,采用负温养护法施工的混凝土受冻临界强度不应低于 5.0MPa。

(3) 强度等级等于或高于 C50 的混凝土,不宜低于设计混凝土强度等级值的 30%。

(4) 有抗渗要求的混凝土,不宜小于设计混凝土强度等级值的 50%。

(5) 有抗冻耐久性要求的混凝土,不宜低于设计混凝土强度等级值的 70%。

3. 混凝土养护与拆模

冬期施工时,混凝土养护方法有:蓄热法、综合蓄热法、蒸汽养护法、暖棚法、电加热法和负温养护法等。

当室外最低气温不低于−15℃时,对地面以下的工程或表面系数不大于 $5m^{-1}$ 的结构,宜采用蓄热法养护,并应对结构易受冻部位加强保温措施;对表面系数为 $5\sim15m^{-1}$ 的结构,宜采用综合蓄热法养护。

对不易保温养护且对强度增长无具体要求的一般混凝土结构,可采用负温养护法进行养护。

上述方法均不能满足施工要求时,可采用暖棚法、蒸汽加热法、电加热法等方法进行养护。

在混凝土养护和越冬期间,不得直接对负温混凝土表面浇水养护。

混凝土强度应达到受冻临界强度,且混凝土表面温度不应高于 5℃,模板和保温层才能拆除,同时,应满足一般条件下拆模的规定。墙、板等薄壁结构构件宜推迟拆模。

混凝土强度未达到受冻临界强度和设计要求时,应继续进行养护。当混凝土表面温度与环境温度之差大于 20℃时,拆模后的混凝土表面应立即进行保温覆盖。

冬期施工混凝土强度试件的留置,除应符合《混凝土结构工程施工质量验收规范》GB 50204 的有关规定外,尚应增加不少于 2 组的同条件养护试件。同条件养护试件应在解冻后进行试验。试件的留置数量用于施工期间监测混凝土受冻临界强度,拆模或拆除支架时强度。

【例 14-2-6】(历年真题)影响混凝土受冻临界强度的因素是:

A. 水泥品种   B. 骨料粒径

C. 水灰比   D. 构件尺寸

【解答】影响混凝土受冻临界强度的因素是水泥品种,应选 A 项。

【例 14-2-7】(历年真题)冬期施工时,混凝土的搅拌时间应比常温搅拌时间:

A. 缩短 25%   B. 缩短 30%

C. 延长 50% D. 延长 75%

【解答】在常温下，强制式搅拌机的搅拌时间为 60min；冬期施工，比常温下延长 30～60s，故应比常温搅拌时间延长 50%，应选 C 项。

【例 14-2-8】（历年真题）某工程冬期施工中使用普通硅酸盐水泥拌制的混凝土强度等级为 C40，则其要求防冻的最低立方体抗压强度为：

A. $5N/mm^2$ B. $10N/mm^2$
C. $12N/mm^2$ D. $15N/mm^2$

【解答】不应低于设计强度等级值的 30%，即 $40 \times 30\% = 12N/mm^2$，应选 C 项。

六、混凝土雨期施工

雨期施工期间，水泥和矿物掺合料应采取防水和防潮措施，并应对粗骨料、细骨料的含水率进行监测，及时调整混凝土配合比。

雨期施工期间，除应采用防护措施外，小雨、中雨天气不宜进行混凝土露天浇筑，且不应进行大面积作业的混凝土露天浇筑；大雨、暴雨天气不应进行混凝土露天浇筑。

雨期施工期间，应采取防止模板内积水的措施。模板内和混凝土浇筑分层面出现积水时，应在排水后再浇筑混凝土。

混凝土浇筑过程中，因雨水冲刷致使水泥浆流失严重的部位，应采取补救措施后再继续施工。混凝土浇筑完毕后，应及时采取覆盖塑料薄膜等防雨措施。

七、预应力混凝土工程

预应力混凝土是指在结构或构件承受使用荷载之前，预先在混凝土受拉区施加一定的预压应力并产生一定压缩变形的混凝土。按施加预应力的施工方法不同可分为先张法施工和后张法施工。按预应力筋与混凝土的粘结状态不同，预应力混凝土可分为：有粘结预应力混凝土和无粘结预应力混凝土等。

预应力混凝土结构可充分发挥高强钢材和高强混凝土，减轻结构构件自重，提高其刚度、抗震性及耐久性，减小变形，同时，提高其疲劳承载力。

1. 锚固体系

锚固体系是预应力混凝土结构和施工的重要组成部分，通常包括锚具、夹具、连接器及锚下支承系统等。锚具是后张法施工中为保持预应力筋的拉力并将其传递到混凝土上所用的永久性锚固装置。夹具是先张法施工时为保持预应力筋拉力并将其固定在张拉台座（设备）上的临时锚固装置；后张法夹具是将张拉设备的张拉力传递到预应力筋的临时性锚固装置。连接器是将多段预应力筋连接形成一条完整预应力锚束的装置。锚下支承系统是指与锚具配套的布置在锚固区混凝土中的锚垫板、螺旋筋或钢丝网片等。锚具、夹具和连接器的代号见表 14-2-11。

锚具、夹具和连接器的代号　　　　表 14-2-11

分类代号		锚具	夹具	连接器
夹片式	圆形	YJM	YJJ	YJL
	扁形	BJM	BJJ	BJL
支承式	镦头	DTM	DTJ	DTL
	螺母	LMM	LMJ	LML

续表

分类代号		锚具	夹具	连接器
握裹式	挤压	JYM	—	JYL
	压花	YHM	—	—
组合式	冷铸	LZM	—	—
	热铸	RZM	—	—

(1) 钢铰线的锚固体系

钢铰线的张拉端锚具有夹片式锚具。圆形夹片式锚具有单孔、多孔夹片锚具，如图 14-2-7、图 14-2-8 所示。扁形夹片式锚具主要适用于楼板、扁梁、低高度箱梁等。钢绞线的固定端有握裹式（挤压、压花）锚具，如图 14-2-9、图 14-2-10 所示，压花锚具安装在混凝土结构内部。特殊情况下，固定端也可选用夹片式锚具。

图 14-2-7 单孔夹片锚具
1—预应力筋；2—夹片；3—锚环；
4—承压板；5—螺旋筋

图 14-2-8 多孔夹片锚具
1—钢绞线；2—夹片；3—锚环；4—锚垫板（喇叭口）；
5—螺旋筋；6—波纹管

图 14-2-9 挤压锚具
1—波纹管；2—螺旋筋；3—钢绞线；
4—垫板；5—挤压锚具

图 14-2-10 压花锚具
1—波纹管；2—螺旋筋；3—排气孔；
4—钢绞线；5—构造筋；6—压花锚具

在先张法中，钢绞线可采用夹片式夹具、工具式螺杆。其中，在台座上，工具式螺杆与连接器将钢绞线挂在活动模梁上，如图 14-2-11 所示。

(2) 钢丝束的锚固体系

钢丝束通常采用支承式锚具，常用的镦头锚具分为 A 型与 B 型。A 型由锚杯与螺母组成，用于张拉端。B 型为锚板，用于固定，其构造见图 14-2-12。此外，钢丝束也可采用锥形锚具。

单根钢丝的夹片式夹具（图 14-2-13），它由套筒和夹片组成，适用于夹持单根直径 5～7mm 的钢丝。

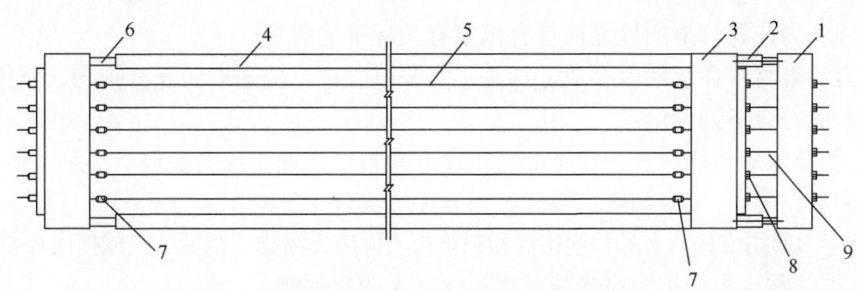

图 14-2-11　三横梁式成组张拉装置

1—活动横梁；2—千斤顶；3—固定横梁；4—横式台座；5—预应力筋；
6—放张装置；7—连接；8—张拉端螺母锚具；9—工具式螺杆

图 14-2-12　钢丝束镦头锚具

图 14-2-13　单根钢丝夹片式夹具

1—钢丝；2—套筒；3—夹片；4—钢丝圈；
5—弹簧圈；6—顶杆；7—顶盖

在先张法中，钢丝夹具可采用镦头夹具、夹片式夹具、锥形夹具。在预制厂采用机组流水法或传送带法时，可采用钢模张拉用镦头梳筋板夹具。

（3）预应力螺纹钢筋的锚固体系

预应力螺纹钢筋采用螺母锚具（或夹具），如图 14-2-14 所示。

（4）冷（热）铸镦头锚具

冷（热）铸镦头锚具、压接锚具和拉索锚具主要用于预应力空间钢结构。

2．预应力混凝土的基本要求

（1）一般规定

预应力工程应编制专项施工方案。必要时，施工单位应根据设计文件进行深化设计。

图 14-2-14　螺母锚具

预应力工程施工应根据环境温度采取必要的质量保证措施，并应符合下列规定：

1）当工程所处环境温度低于−15℃时，不宜进行预应力筋张拉；

2）当工程所处环境温度高于35℃或日平均环境温度连续5日低于5℃时，不宜进行灌浆施工；当在环境温度高于35℃或日平均环境温度连续5日低于5℃条件下进行灌浆施工时，应采取专门的质量保证措施。

当预应力筋需要代换时，应进行专门计算，并应经原设计单位确认。

（2）材料

预应力筋的性能，锚具、夹具和连接器应符合国家有关标准的规定。

后张预应力成孔管道的性能应符合国家有关标准的规定。

预应力筋等材料在运输、存放、加工、安装过程中,应采取防止其损伤、锈蚀或污染的措施,并应符合下列规定:

1) 有粘结预应力筋展开后应平顺,不应有弯折,表面不应有裂纹、小刺、机械损伤、氧化铁皮和油污等。

2) 预应力筋用锚具、夹具、连接器和锚垫板表面应无污物、锈蚀、机械损伤和裂纹。

3) 无粘结预应力筋护套应光滑、无裂纹、无明显褶皱。

4) 后张预应力用成孔管道内外表面应清洁,无锈蚀,不应有油污、孔洞和不规则的褶皱,咬口不应有开裂或脱落。

(3) 制作与安装

预应力筋的下料长度应经计算确定,并应采用砂轮锯或切断机等机械方法切断。

钢丝镦头及下料长度偏差应符合下列规定:

1) 镦头的头型直径不宜小于钢丝直径的 1.5 倍,高度不宜小于钢丝直径;镦头不应出现横向裂纹。

2) 当钢丝束两端均采用镦头锚具时,同一束中各根钢丝长度的极差不应大于钢丝长度的 1/5000,且不应大于 5mm。当成组张拉长度不大于 10m 的钢丝时,同组钢丝长度的极差不得大于 2mm。

钢绞线挤压锚具应采用配套的挤压机制作,采用的摩擦衬套应沿挤压套筒全长均匀分布;挤压完成后,预应力筋外端露出挤压套筒不应少于 1mm。

钢绞线压花锚具应采用专用的压花机制作成型,梨形头尺寸和直线锚固段长度不应小于设计值。

3. 先张法

先张法是在构件浇筑混凝土之前,首先张拉预应力筋,并将其临时锚固在台座或钢模上,然后浇筑构件的混凝土。待混凝土达到一定强度后放松预应力筋,借助混凝土与预应力筋的粘结力,使混凝土产生预压应力。该方法广泛适用于中小型预制预应力混凝土构件(如板、梁、桩等)的生产。先张法生产工艺可分为长线台座法、机组流水法和传送带法。其中,台座可分为墩式台座、槽式台座等。先张法施工工艺流程是:预应力筋的加工与铺设、预应力筋张拉、混凝土的浇筑与养护、预应力筋放张等。

(1) 预应力筋张拉

预应力筋的张拉控制应力应按设计的要求。当要求提高构件在施工阶段的抗裂性能而在使用阶段受压区内设置的预应力筋,或要求部分抵消由于松弛、孔道摩擦、预应力筋与台座之间的温差等因素产生的预应力损失时,可采用超张拉,其最大张拉控制应力应满足表 14-2-12。

预应力筋张拉控制应力 σ_{con} 取值(N/mm²) 表 14-2-12

预应力筋种类	张拉控制应力 σ_{con}	
	一般情况	超张拉情况
消除应力钢丝、钢绞线	$\leqslant 0.75 f_{ptk}$	$\leqslant 0.80 f_{ptk}$
中强度预应力钢丝	$\leqslant 0.70 f_{ptk}$	$\leqslant 0.75 f_{ptk}$
预应力螺纹钢筋	$\leqslant 0.85 f_{pyk}$	$\leqslant 0.90 f_{pyk}$

注:f_{ptk} 为预应力钢丝和钢绞线的抗拉强度标准值;f_{pyk} 为预应力螺纹钢筋的屈服强度标准值。

预应力钢丝张拉程序一般可按下列方式之一进行：

$0 \rightarrow 1.05\sigma_{con}$（持荷 2min）$\rightarrow \sigma_{con}$（锚固）或者 $0 \rightarrow 1.03\sigma_{con}$（锚固）

采用上述张拉程序的目的是为了减少应力松弛损失。应力松弛是指钢材在常温、高应力状态下由于塑性变形而使应力随时间的延续而降低的现象。这种现象在张拉后的头几分钟内发展得特别快，往后趋于缓慢。

低松弛钢绞线张拉可采用一次张拉程序：

对单根张拉：$0 \rightarrow \sigma_{con}$（锚固）

对整体张拉：$0 \rightarrow$ 初应力调整 $\rightarrow \sigma_{con}$（锚固）

在浇筑混凝土前发生断裂或滑脱的预应力筋必须更换。

张拉后预应力筋的位置与设计位置的偏差不应大于 5mm，且不应大于构件截面短边边长的 4%。

(2) 预应力筋放张

预应力筋放张时，混凝土强度必须符合设计要求；当设计无规定时，混凝土强度不得低于设计强度等级的 75%。采用消除应力钢丝和钢绞线作预应力筋的先张法构件，尚不应低于 30MPa。其放张顺序，应符合下列规定：

1）宜采取缓慢放张工艺进行逐根或整体放张。

2）对轴心受压构件，所有预应力筋宜同时放张。

3）对受弯或偏心受压的构件，应先同时放张预压应力较小区域的预应力筋，再同时放张预压应力较大区域的预应力筋。

4）当不能按上述 1）、2）或 3）放张时，应分阶段、对称、相互交错放张。

5）放张后，预应力筋的切断顺序，宜从张拉端开始依次切向另一端。

【例 14-2-9】（历年真题）下列有关先张法预应力筋放张的顺序，说法错误的是：

A. 压杆的预应力筋应同时放张

B. 梁应先同时放张预应力较大区域的预应力筋

C. 桩的预应力筋应同时放张

D. 板类构件应从板外边向里对称放张

【解答】梁应先同时放张预应力较小区域的预应筋，B 项错误，应选 B 项。

4. 后张法

后张法是先制作混凝土构件或结构，待混凝土达到一定强度后，直接在构件或结构上张拉预应力筋，并用锚具将其锚固在构件端部，使混凝土产生预压应力的施工方法。后张法施工工艺流程是：铺设预应力筋管道、预应力筋穿束（可分为先穿束法和后穿束法，前者在浇筑混凝土之前穿束，后者在浇筑混凝土之后穿束）、预应力筋张拉锚固、孔道灌浆、封堵等。后张法广泛应用于大型预制预应力混凝土构件和现浇预应力混凝土结构。

(1) 孔道留设

1）方法

预应力筋的孔道形状有直线、曲线和折线三种。孔道内径应比预应力筋外径或需穿过孔道的锚具（连接器）外径大 6~15mm，且孔道面积应大于预应力筋面积的 3~4 倍。预应力筋孔道成型可采用钢管抽芯、胶管抽芯和预埋波纹管法。孔道成型的质量直接影响到预应力筋的穿入与张拉。

① 钢管抽芯法：预先将钢管埋设在模板内的孔道位置处，在混凝土浇筑过程中和浇筑之后，每隔一定时间慢慢转动钢管，使之不与混凝土粘结，混凝土初凝后，终凝前，抽出钢管，即形成孔道。该方法只适用于直线孔道。

② 胶管抽芯法：选用5～7层帆布夹层的普通橡胶管。使用时先充气或充水，持续保持压力为0.8～1.0MPa，此时胶管直径可增大约3mm，密封后浇筑混凝土。待混凝土达到一定强度后抽管，抽管时应先放气或水，待管径缩小与混凝土脱离，即可拔出。该方法可适用于直线孔道或一般的折线与曲线孔道。

③ 预埋管法：预埋管有波纹管和钢管。波纹管主要有金属波纹管和塑料波纹管两种。波纹管用间距0.8～1.5m的钢筋马凳固定，波纹管不再抽出。

2）要求

成孔管道的连接应密封，圆形金属波纹管接长时，可采用大一规格的同波型波纹管作为接头管，接头管长度可取其内径的3倍，且不宜小于200mm，两端旋入长度宜相等，且接头管两端应采用防水胶带密封；塑料波纹管接长时，可采用塑料焊接机热熔焊接或采用专用连接管；钢管连接可采用焊接连接或套筒连接。

成孔管道应平顺，并与定位钢筋绑扎牢固。定位钢筋直径不宜小于10mm，间距不宜大于1.2m。凡施工时需要预先起拱的构件，成孔管道宜随构件同时起拱。

孔道之间的水平净间距不宜小于50mm，且不宜小于粗骨料最大粒径的1.25倍；孔道至构件边缘的净间距不宜小于30mm，且不宜小于孔道外径的50%。

预应力孔道应根据工程特点设置排气孔、泌水孔及灌浆孔，排气孔可兼作泌水孔或灌浆孔，并应符合下列规定（图14-2-15）：

① 当曲线孔道波峰和波谷的高差大于300mm时，应在孔道波峰设置排气孔，排气孔间距不宜大于30m。

② 当排气孔兼作泌水孔时，其外接管伸出构件顶面高度不宜小于300mm。

图14-2-15 预应力筋在波纹管中位置图
1—预应力筋；2—排气孔；3—塑料弧形盖板；4—塑料管；5—波纹管孔道

(2) 预应力筋穿束

1) 对采用蒸汽养护的预制构件，预应力筋应在蒸汽养护结束后穿入孔道。

2) 预应力筋穿入孔道后至孔道灌浆的时间间隔不宜过长，当环境相对湿度大于60%或处于近海环境时，不宜超过14d；当环境相对湿度不大于60%时，不宜超过28d。当不能满足时，宜对预应力筋采取防锈措施。

(3) 预应力筋张拉

后张法预应力筋张拉时，构件的混凝土强度应符合设计要求，且同条件养护的混凝土抗压强度不应低于设计强度等级的75%，也不得低于所用锚具局部承压所需的混凝土最低强度等级。后张法预应力梁和板，现浇结构混凝土的龄期分别不宜小于7d和5d。

预应力筋的张拉控制应力应符合设计及专项施工方案的要求。当施工中需要超张拉时，调整后的最大张拉控制应力 σ_{con} 应符合表 14-2-12 的规定。

采用低松弛钢丝和钢绞线时，张拉程序为：0→σ_{con}（锚固）。

采用普通松弛预应力筋时，采用超张拉方法可减少预应力筋的应力松弛损失，其超张拉程序为：

墩头锚具等可卸荷锚具：0→1.05σ_{con}（持荷 2min）→σ_{con}（锚固）。

夹片锚具等不可卸荷夹片式锚具：0→1.03σ_{con}（锚固）。

后张法预应力筋的张拉方法，应根据设计和专项施工方案的要求采用一端张拉或两端张拉。当设计无具体要求时，有粘结预应力筋长度不大于20m，可采用一端张拉；长度大于20m时，宜两端张拉。预应力筋为直线形时，一端张拉的长度可放宽至35m。采用两端张拉时，可两端同时张拉，也可一端先张拉锚固，另一端补张拉。

后张法预应力筋的张拉顺序应符合设计要求，当设计无具体要求时，应采用分批、分阶段、均匀、对称的原则进行张拉，使混凝土不产生超应力、构件不扭转与侧弯。平卧重叠制作的构件，宜先上后下逐层进行张拉；为了减少上下层之间因摩阻引起的预应力损失，应自上而下逐层加大张拉力。现浇预应力混凝土楼盖，宜先张拉楼板、次梁的预应力筋，后张拉主梁的预应力筋。

对后张法预应力结构构件，断裂或滑脱的数量严禁超过同一截面预应力筋总根数的3%，且每束钢丝或每根钢绞线不得超过一丝；对多跨双向连续板，其同一截面应按每跨计算。施工现场应全数检查。

(4) 孔道灌浆与端头封锚

1) 孔道灌浆

孔道灌浆时间见前面预应力筋穿束。

孔道灌浆用的水泥浆应具有较大的流动性、较小的干缩性与泌水性。灌浆用水泥应优先采用强度等级不低于 42.5 级的普通硅酸盐水泥或硅酸盐水泥。

灌浆用水泥浆，采用普通灌浆工艺时，稠度宜控制在 12~20s，采用真空灌浆工艺时，稠度宜控制在 18~25s，水灰比不应大于 0.45。3h 自由泌水率宜为 0，且不应大于 1%，泌水应在 24h 内全部被水泥浆吸收。24h 自由膨胀率，采用普通灌浆工艺时不应大于 6%；采用真空灌浆工艺时不应大于 3%。水泥浆中氯离子含量不应超过水泥重量的 0.06%。

灌浆用水泥浆的 28d 标准养护的边长为 70.7mm 的立方体水泥浆试块抗压强度不应低于 30MPa。

灌浆用水泥浆宜采用高速搅拌机进行搅拌，搅拌时间不应超过 5min。水泥浆应在初凝前灌入孔道，搅拌后至灌浆完毕的时间不宜超过 30min。

灌浆施工，宜先灌注下层孔道，后灌注上层孔道；灌浆应连续进行，直至排气管排出的浆体稠度与注浆孔处相同且无气泡后，再顺浆体流动方向依次封闭排气孔；全部出浆口封闭后，宜继续加压 0.5~0.7MPa，并应稳压 1~2min 后封闭灌浆口；当泌水较大时，宜进行二次灌浆和对泌水孔进行重力补浆。

2) 端头封锚

后张法预应力筋锚固后的外露多余长度，宜采用机械方法切割，也可采用氧-乙炔焰切割，其外露长度不宜小于预应力筋直径的 1.5 倍，且不应小于 30mm。外露锚具和预应力筋应采用封头混凝土保护，其混凝土保护层厚度不应小于：一类环境时 20mm；二 a、二 b 类环境时 50mm；三 a、三 b 类环境时 80mm。

【例 14-2-10】（历年真题）采用钢管抽芯法留设孔道时，抽管时间为：
A. 混凝土初凝前
B. 混凝土初凝后、终凝前
C. 混凝土终凝后
D. 混凝土达到 30%设计强度

【解答】 钢管抽管时间为混凝土初凝后、终凝前，应选 B 项。

【例 14-2-11】 某构件预应筋直径为 22mm，孔道灌浆后，对预应力筋处理错误的是：
A. 预应力筋锚固后外露长度留足 30mm
B. 多余部分用氧-乙炔焰切割
C. 封头混凝土厚 100mm
D. 锚具采用封头混凝土保护

【解答】 预应力筋锚固后外露长度$\geqslant 1.5d = 1.5 \times 22 = 33$mm，且$\geqslant 30$mm，A 项不满足，应选 A 项。

5. 无粘结预应力混凝土施工

无粘结预应力混凝土是指配有无粘结预应力筋、靠锚具传力的一种预应力混凝土。其施工过程是：先将无粘结预应力筋安装固定在模板内，然后再浇筑混凝土，待混凝土达到设计强度后进行张拉锚固。它适用于现浇楼板（单向板、双向板）、扁梁等。

板中单根无粘结预应力筋的水平间距不宜大于板厚的 6 倍，且不宜大于 1m；带状束的无粘结预应力筋根数不宜多于 5 根，束间距不宜大于板厚的 12 倍，且不宜大于 2.4m。

梁中集束布置的无粘结预应力筋，束的水平净间距不宜小于 50mm，束至构件边缘的净间距不宜小于 40mm。

无粘结预应筋的张拉都是逐根进行的。无粘结预应力筋长度不大于 40m 时，可一端张拉，大于 40m 时，宜两端张拉。

【例 14-2-12】（历年真题）现浇框架结构中，厚度为 150mm 的多跨连续预应力混凝土楼板，其预应力施工宜采用：
A. 先张法
B. 铺设无粘结预应力筋的后张法
C. 预埋螺旋管留孔道的后张法
D. 钢管抽芯预留孔道的后张法

【解答】 厚度 150mm 的多跨连续楼板，无法采用 A、C、D 项，故应选 B 项。

习　题

14-2-1（历年真题）影响冷拔低碳钢丝质量的主要因素是：
A. 原材料的质量
B. 冷拔的次数
C. 冷拔总压缩率
D. A 和 C

14-2-2（历年真题）钢筋经冷拉后不得用作构件的：
A. 箍筋
B. 预应力钢筋
C. 吊环
D. 主筋

14-2-3（历年真题）某工程冬期施工中使用普通硅酸盐水泥拌制的混凝土强度等级为 C50，则其受冻临界强度不宜小于：

A. $5N/mm^2$ B. $10N/mm^2$
C. $12N/mm^2$ D. $15N/mm^2$

14-2-4 （历年真题）冬期施工中配制混凝土用的水泥，应优先选用：
A. 矿渣水泥   B. 硅酸盐水泥
C. 火山灰质水泥   D. 粉煤灰水泥

14-2-5 （历年真题）某悬挑长度为 1.5m、强度等级为 C30 的现浇阳台板，当可以拆除其底模时，混凝土立方体抗压强度至少应达到：
A. $15N/mm^2$ B. $22.5N/mm^2$
C. $21N/mm^2$ D. $30N/mm^2$

第三节 砌体工程与结构吊装工程

一、砌体工程

砌体结构工程是指由块体和砂浆砌筑而成的墙、柱作为建筑物主要受力构件及其他构件的结构工程。

1. 砌筑材料

砌筑材料主要是砖、石、砌块和砌筑砂浆，见表 14-3-1。

砌筑材料及其强度等级　　　　表 14-3-1

块体	块体强度等级	砌筑砂浆强度等级
烧结普通砖、烧结多孔砖	MU30、MU25、MU20、MU15、MU10	M15、M10、M7.5、M5、M2.5
蒸压灰砂普通砖、蒸压粉煤灰普通砖	MU25、MU25、MU20、MJ15	Ms15、Ms10、Ms7.5、Ms5.0
石材	MU100、MU80、MU60、MU50、MU40、MU30、MU20	M7.5、M5、M2.5
混凝土砌块、轻骨料混凝土砌块	MU20、MU15、MU10、MU7.5、MU5	Mb20、Mb15、Mb10、Mb7.5、Mb5

注：1. Ms、Mb 为专用砌筑的符号。
　　2. 混凝土普通砖与多孔砖，蒸压加气混凝土砌块未列出。

烧结普通砖、蒸压灰砂普通砖、蒸压粉煤灰普通砖和混凝土普通砖的规格为 240mm×115mm×53mm，混凝土小型空心砌块的规格为 390mm×190mm×190mm。

当砌筑烧结普通砖、烧结多孔砖、蒸压灰砂砖和蒸压粉煤灰普通砖砌体时，砖应提前 1～2d 适度湿润，不得采用干砖或吸水饱和状态的砖砌筑。烧结类砖的相对含水率（块体含水率与吸水率的比值）宜为 60%～70%；混凝土多孔砖及混凝土实心砖不宜浇水湿润，但在气候干燥炎热的情况下，宜在砌筑前对其浇水湿润；其他非烧结类砖的相对含水率宜为 40%～50%。

砌筑砂浆有水泥砂浆、石灰砂浆和混合砂浆。砂浆种类选择及其等级的确定应根据设计要求。其中，水泥砂浆和混合砂浆可用于砌筑潮湿环境和强度要求较高的砌体，但对于基础一般只用水泥砂浆。石灰砂浆宜用于砌筑干燥环境中以及强度要求不高的砌体，不宜用于潮湿环境的砌体及基础。建筑生石灰熟化成石灰膏时，应采用孔径不大于 3mm×3mm 的网过滤，熟化时间不得少于 7d；建筑生石灰粉的熟化时间不得少于 2d。

砂浆应随拌随用，如砂浆出现泌水现象，应再次拌合。现场拌制的砂浆应在搅拌后3h内使用完毕，如施工期间最高气温超过30℃，则应在2h内用完。

【例14-3-1】（历年真题）普通砌筑砂浆的强度等级划分中，强度等级最高的是：

A. M20　　　　　B. M25　　　　　C. M10　　　　　D. M15

【解答】普通砌筑砂浆的最高强度等级为M15，应选D项。

2. 砖砌体施工

（1）砌筑施工

砖砌体施工通常包括抄平、放线、摆砖样、立皮数杆、挂准线、铺灰、砌砖等工序。若为清水墙，则还要进行勾缝。砖砌体施工顺序为：当基底标高不同时，应从低处砌起，并由高处向低处搭接，当设计无要求时，搭接长度不应小于基础扩大部分的高度。墙体砌筑时，内外墙应同时砌筑，不能同时砌筑时，应留槎并做好接槎处理。

砌筑宜采用一铲灰、一块砖、一揉压的"三一"砌筑法。当采用铺浆法砌筑时，铺浆的长度不得超过750mm，如施工期间气温超过30℃时，铺浆长度不得超过500mm。实心砖砌体一般采用一顺一丁、三顺一丁、梅花丁等组砌方法。

砖砌体的转角处和交接处应同时砌筑。在抗震设防烈度8度及以上地区，对不能同时砌筑的临时间断处应砌成斜槎，其中普通砖砌体的斜槎水平投影长度不应小于高度(h)的2/3（图14-3-1），多孔砖砌体的斜槎长高比不应小于1/2。斜槎高度不得超过一步脚手架高度。

砖砌体的转角处和交接处对非抗震设防及在抗震设防烈度为6度、7度地区的临时间断处，当不能留斜槎时，除转角处外，可留直槎，但应做成凸槎。留直槎处应加设拉结钢筋（图14-3-2），每120mm墙厚应设置1ϕ6拉结钢筋；当墙厚为120mm时，应设置2ϕ6拉结钢筋；间距沿墙高不应超过500mm，且竖向间距偏差不应超过100mm；埋入长度从留槎处算起每边均不应小于500mm；对抗震设防烈度6度、7度的地区，不应小于1000mm；拉筋末端应设90°弯钩。

图14-3-1　砖砌体斜槎砌筑示意图

图14-3-2　砖砌体直槎和拉结筋示意图

砌体施工质量着重控制墙体位置、垂直度及灰缝质量，要求做到横平竖直、砂浆饱满、厚薄均匀、上下错缝、内外搭砌、接槎牢固。

砌体灰缝的砂浆应密实饱满，砖墙水平灰缝的砂浆饱满度不得小于80%，砖柱的水平灰缝和竖向灰缝饱满度不应小于90%；竖缝宜采用挤浆或加浆方法，不得出现透明缝、瞎缝和假缝。不得用水冲浆灌缝。水平灰缝厚度和竖向灰缝宽度宜为10mm，但不应小于8mm，且不应大于12mm。

平拱式过梁拱脚应伸入墙内不小于20mm，拱底应有1%起拱。砖过梁底部的模板，应在灰缝砂浆强度不低于设计强度的75%时，方可拆除。

与构造柱相邻部位砌体应砌成马牙槎，马牙槎应先退后进，每个马牙槎沿高度方向的尺寸不宜超过300mm，凹凸尺寸宜为60mm。砌筑时，砌体与构造柱间应沿墙高每500mm设拉结钢筋。

在墙体上留置临时施工洞口净宽度不应大于1m，其侧边距交接处墙面不应小于500mm。

（2）施工脚手架眼的设置要求

施工脚手架眼不得设置在下列墙体或部位：

1）120mm厚墙、清水墙、料石墙、独立柱和附墙柱。
2）过梁上部与过梁成60°角的三角形范围及过梁净跨度1/2的高度范围内。
3）宽度小于1m的窗间墙。
4）门窗洞口两侧石砌体300mm，其他砌体200mm范围内；转角处石砌体600mm，其他砌体450mm范围内。
5）梁或梁垫下及其左右500mm范围内。
6）轻质墙体。
7）夹心复合墙外叶墙。
8）设计不允许设置脚手架眼的部位。

砌体施工质量控制等级分为：A级、B级和C级。其中，C级为最低。当设计无要求时，不应低于B级。

【例14-3-2】（历年真题）砌体工程中，下列墙体或部位中可以留设脚手架眼的是：

A. 120mm厚砖墙、穿斗墙和砖柱
B. 宽度小于2m，但大于1m的窗间墙
C. 门洞窗口两侧200mm和距转角450mm的范围内
D. 梁和梁垫下及其左右500mm范围内

【解答】宽度小于2m，但大于1m的窗间墙可留设脚手架眼，应选B项。

3. 混凝土小型空心砌块砌体施工

混凝土小砌块砌筑时的含水率，对普通混凝土小砌块，宜为自然含水率，当天气干燥炎热时，可提前浇水湿润；对轻骨料混凝土小砌块，宜提前1~2d浇水润湿。不得雨天施工，小砌块表面有浮水时，不得使用。

使用单排孔小砌块砌筑时，应孔对孔错缝搭砌。单排孔小砌块的搭接长度应为块体长度的1/2；多排孔小砌块的搭接长度不宜小于砌块长度的1/3。如个别部位不能满足时，应在灰缝中设置拉结钢筋或铺设钢筋网片，但竖向通缝不得超过2皮砌块。

砌筑时，承重墙部位严禁使用断裂的砌块，小型砌块应底面朝上反砌于墙上。建筑底层室内地面以下或防潮层以下的砌体，应采用水泥砂浆，采用强度等级不低于C20的混凝土灌实小砌块的孔洞。

小砌块砌体的水平灰缝应平直,其砂浆饱满度按净面积计算不应小于90%。竖向灰缝应采用加浆方法,严禁用水冲浆灌缝,竖向灰缝的饱满度不应小于90%。竖缝不得出现瞎缝或透明缝。水平灰缝的厚度与垂直灰缝的宽度应控制在8~12mm。

小砌块砌体的转角或内外墙交接处应同时砌筑。如必须设置临时间断处,则应砌成斜槎,斜槎水平投影长度不应小于斜槎高度。

正常施工条件下,小砌块砌体每日砌筑高度宜控制在1.4m或一步脚手架高度内。在砌筑砂浆强度大于1.0MPa后,方可浇筑芯柱混凝土,每层应连续浇筑。

4. 填充墙施工与冬期施工

填充墙砌体砌筑,应在承重主体结构检验批验收合格后进行;填充墙顶部与承重主体结构之间的空隙部位,应在填充墙砌筑14d后进行砌筑。

烧结空心砖墙应侧立砌筑,孔洞应呈水平方向。空心砖墙底部宜砌筑3皮普通砖,且门窗洞口两侧一砖范围内应采用烧结普通砖砌筑。转角及交接处应同时砌筑,不得留直槎,留斜槎时,斜槎高度不宜大于1.2m。

冬期施工不得使用无水泥拌制的砂浆,砂浆宜采用普通硅酸盐水泥拌制,拌合砂浆宜采用两步投料法,并可对水和砂进行加温,但水的温度不得超过80℃,砂的温度不得超过40℃。

烧结普通砖、烧结多孔砖和烧结空心砖在正温度条件下砌筑需适当浇水润湿,但在负温度条件下砌筑时不应浇水而采用增大砂浆稠度的方法。

砌体工程的冬期施工可以采用掺氯盐砂浆法。当最低气温不高于-15℃时,采用掺氯盐砂浆法砌筑承重砌体,其砂浆强度等级应按常温施工时的规定提高一级。

5. 脚手架

(1) 脚手架的分类

脚手架的种类很多,按其搭设位置分为外脚手架和里脚手架两大类;按其所用材料分为竹脚手架与金属脚手架;按其构造形式分为多立杆式、门式、悬挑式、悬挂式、升降式等;按设置形式分为单排、双排和满堂脚手架,以及封圈型脚手架(指沿建筑周边交圈设置的脚手架)、开口型脚手架(沿建筑周边非交圈设置的脚手架为开口型脚手架。其中,呈直线形的脚手架称为一字形脚手架)。

按用途划分,脚手架可分为作业脚手架、支撑脚手架和防护用脚手架。其中,作业脚手架是为建筑施工提供作业平台和安全防护的脚手架,简称作业架。支撑脚手架是为建筑施工提供支撑和作业平台的脚手架,简称支撑架,如结构安装支撑脚手架、混凝土施工模板支撑脚手架。

对脚手架的基本要求是:工作面满足工人操作、材料堆置和运输的需要;结构有足够的承载能力、刚度和稳定性,变形满足要求;装拆简便,便于周转使用。

外脚手架按搭设安装的方式有四种基本形式,即落地式脚手架、悬挑式脚手架、悬挂式脚手架及升降式脚手架。在高层建筑中,升降式脚手架常用的有自升式、互升式和整体升降式。

(2) 扣件式钢管作业脚手架

扣件式钢管作业脚手架由立杆、纵向水平杆、横向水平杆、连墙件、剪刀撑、脚手板、底座、扫地杆等组成(图14-3-3)。

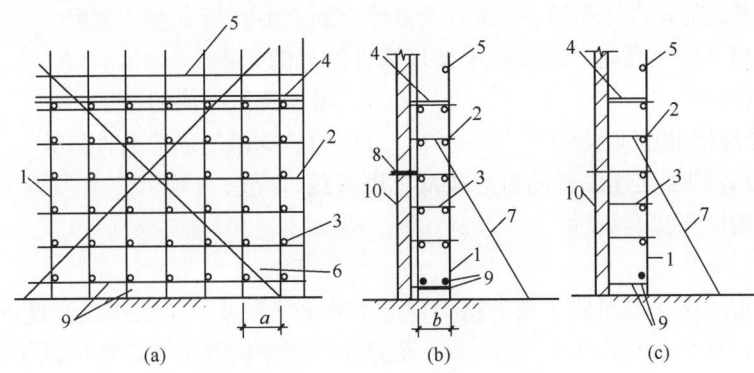

图 14-3-3　扣件式钢管作业脚手架
(a) 立面；(b) 侧面（双排）；(c) 侧面（单排）
1—立杆；2—纵向水平杆；3—横向水平杆；4—脚手板；5—栏杆；
6—剪刀撑；7—抛撑；8—连墙件；9—扫地杆；10—墙体

立杆承担脚手架的竖向荷载，在水平风荷载等作用下，立杆承担水平风荷载。
横向水平杆、纵向水平杆承担竖向荷载，如施工人员和材料等。
连墙件是将脚手架与建筑物主体结构连接，其作用是：①防止脚手架发生横向整体失稳；②防止脚手架在风荷载下产生倾覆，将水平风荷载的水平力传递给建筑结构，即传递拉力和压力；③对立杆起中间支座的作用，提高立杆的刚度、承载力；④能承受施工荷载偏心作用产生的水平力。
剪刀撑加强脚手架的纵向刚度、提高架体整体刚度和空间作用，以保证脚手架稳定，同时，提高架体的抗侧力刚度，减小变形。

单排脚手架的搭设高度不大于 24m；双排脚手架的搭设高度不大于 50m。高度大于 50m 的双排脚手架应采用分段搭设的措施。

纵向水平杆应设置在立杆内侧，单根杆长度不应小于 3 跨。主节点处必须设置一根横向水平杆，用直角扣件扣接且严禁拆除。

双排脚手架立杆横距 1.05～1.55m，纵距 1.2～2.0m；单排脚手架的横距 1.2～1.4m，纵距 1.2～2.0m，脚手架的步距 1.5～1.8m。脚手架立杆的纵、横距及步距根据荷载大小确定。单排脚手架横向水平杆伸入墙内的长度不应小于 180mm。每根立杆底部宜设置底座或垫板。脚手架必须设置纵、横向扫地杆。纵向扫地杆应采用直角扣件固定在距钢管底端不大于 200mm 处的立杆上。横向扫地杆应采用直角扣件固定在紧靠纵向扫地杆下方的立杆上。单排、双排与满堂脚手架立杆接长除顶层顶步外，其余各层各步接头必须采用对接扣件连接。

连墙件的连墙点的水平间距不得超过 3 跨，竖向间距不得超过 3 步，连墙点之上架体的悬臂高度不应超过 2 步；在架体的转角处、开口型作业脚手架端部应增设连墙件，连墙件的垂直间距不应大于建筑物层高，且不应大于 4.0m。

双排脚手架应设置剪刀撑与横向斜撑，单排脚手架应设置剪刀撑。每道剪刀撑的宽度应为 4～6 跨，且不应小于 6m，也不应大于 9m；剪刀撑斜杆与水平面的倾角应在 45°～60°之间。搭设高度在 24m 以下时，应在架体两端、转角及中间每隔不超过 15m 各设置一道剪刀撑，并由底至顶连续设置；搭设高度在 24m 及以上时，应在全外侧立面上由底至顶连续设置。悬挑脚手架、附着式升降脚手架应在全外侧立面上由底至顶连续设置。

【例 14-3-3】（历年真题）设置脚手架连墙件的目的是：
A. 抵抗风荷载　　　　　　　　　B. 增加建筑结构的稳定
C. 方便外装饰的施工操作　　　　D. 为悬挂吊篮创造条件

【解答】设置脚手架连墙件的目的是抵抗风荷载，应选 A 项。

（3）脚手架的搭设与拆除

1）搭设

落地作业脚手架、悬挑脚手架的搭设应与工程施工同步，一次搭设高度不应超过最上层连墙件两步，且自由高度不应大于 4m；剪刀撑、斜撑杆等加固杆件应随架体同步搭设，不得滞后安装。

作业脚手架连墙件的安装，必须随作业脚手架搭设同步进行，严禁滞后安装；当作业脚手架操作层高出相邻连墙件 2 个步距及以上时，在上层连墙件安装完毕前，必须采取临时拉结措施。

2）拆除

架体的拆除应从上而下逐层进行，严禁上下同时作业；同层杆件和构配件必须按先外后内的顺序拆除；剪刀撑、斜撑杆等加固杆件必须在拆卸至该杆件所在部位时再拆除。

作业脚手架连墙件必须随架体逐层拆除，严禁先将连墙件整层或数层拆除后再拆架体。拆除作业过程中，当架体的自由端高度超过 2 个步距时，必须采取临时拉结措施。

当脚手架拆至下部最后一根长立杆的高度（约 6.5m）时，应先在适当位置搭设临时抛撑加固后再拆除连墙件。

二、起重安装机械

结构吊装中常用的起重机械有自行式起重机（履带式、汽车式和轮胎式）、塔式起重机和非标准起重装置（如独脚拔杆、人字拔杆、桅杆式起重机）。

1. 自行式起重机

履带式起重机主要由行走装置、回转机构、机身及起重臂等部分组成，其作业时不需要支腿支承，可以吊载行驶，可在松软、泥泞、坎坷不平的场地作业，适应性强。它的缺点是：机身稳定性较差，在正常条件下不宜超负荷吊装，转场困难，多用平板拖车装运。它主要适用于单层、5 层以下结构吊装。

汽车式起重机是一种自行式全回转起重机，起重机构安装在汽车通用或专用底盘上，其行驶驾驶室与起重操纵室分开设置。汽车起重机起重量的范围很大，为 8~1000t，按起重量大小分为轻型、中型和重型。它的优点是行驶速度快、机动性好、转移迅速、对地面破坏性小等，特别适合于流动性大、经常变换地点的作业；其缺点是工作时须支腿，不能负荷行驶。轻型汽车式起重机主要用于装卸作业，中型和重型汽车式起重机则用于结构吊装。

轮胎式起重机是把起重机构装在加重型轮胎和轮轴组成的特制底盘上的全回转起重机，用于构件装卸和厂房结构吊装。轮胎式起重机行驶时对路面破坏性小，吊重时一般需使用支腿，否则起重量大大减小。

2. 塔式起重机

塔式起重机的特点及适用对象见表 14-3-2。

塔式起重机特点及适用对象 表 14-3-2

类型	特点	适用对象
轨道行走式	底部设行走机构，可沿轨道两侧进行吊装，作业范围大，非生产时间少，并可替代履带式和汽车式等起重机； 需铺设专用轨道，路基工作量大、占用施工场地大	大跨度结构、长度较长的单层、10层以下结构
固定式	无行走机构，底座固定，能增加标准节，塔身可随施工进度逐渐提高； 缺点是不能行走，作业半径较小，覆盖范围很有限	高度及跨度都不大的普通建筑
附着自升式	须将起重机固定，每隔16～36m设置一道锚固装置与建筑结构连接，保证塔身稳定性。其特点是可自行升高，起重高度大，占地面积小； 需增设附墙架，对建筑结构会产生附加力，必须进行相关验算	高层建筑
内爬式	特点是塔身长度不变，底座通过附墙架支承在建筑物内部，借助爬升系统随着结构的升高而升高，一般每隔1～3层爬升一次。 优点是节约大量塔身，体积小，既不需要铺设轨道，又不占用施工场地； 缺点是对建筑物产生较大的附加力，附着所需的支承架及相应的预埋件有一定的用钢量；工程完成后，拆机下楼需要辅助起重设备	超高层建筑

【例14-3-4】（历年真题）对平面呈板式的六层钢筋混凝土预制结构吊装时，宜使用：

A. 人字桅杆式起重机　　　　B. 履带式起重机
C. 附着式塔式起重机　　　　D. 轨道式塔式起重机

【解答】平面呈板式的六层钢筋混凝土预制结构吊装，宜使用轨道式塔式起重机，应选D项。

3. 非标准起重装置

独脚拔杆、人字拔杆和桅杆式起重机用于重型构件吊装、狭小场地吊装、协助内爬式塔式起重机的拆除等。

三、单层装配式混凝土厂房吊装

单层装配式混凝土厂房，一般由基础、柱、吊车梁、屋架、天窗架、屋面板等组成，除基础现浇外，其他多为装配式构件，工厂和现场预制，用起重机进行吊装。

吊装前的准备工作包括：构件的制作、运输和堆放；构件质量检查，吊装时混凝土强度需满足设计要求，若设计无要求，柱混凝土强度应不低于设计强度的75%，屋架混凝土强度应达到设计强度的100%，且孔道的灌浆强度不应低于15MPa，方可进行吊装；构件弹线编号；杯形基础的弹线与杯底找平等。

1. 构件吊装工艺

构件吊装一般包括：绑扎、起吊、对位、临时固定、校正和最后固定等。

（1）柱的吊装

1）柱的绑扎

按柱起吊后柱身是否垂直，分为直吊法和斜吊法，相应的绑扎方法如下：

① 斜吊绑扎法：当柱平卧起吊的抗弯能力满足要求时（柱受弯截面有效高度为 b_0），可采用斜吊绑扎（图14-3-4）。该方法的特点是柱不需翻身，起重钩可低于柱顶，当柱身较长、起重机臂长不够时，用此法较方便，但因柱身倾斜，就位时对中较困难。该方法可

采用一点绑扎或两点绑扎。

② 直吊绑扎法：当柱平卧起吊的抗弯能力不足时，吊装前需先将柱翻身后再绑扎起吊，这时就要采取直吊绑扎法（柱抗弯截面有效高度为 h_0）（图 14-3-5）。起吊时，铁扁担位于柱顶上，柱身呈垂直状态，便于柱垂直插入杯口和对中、校正。该方法可采用一点绑扎或两点绑扎。

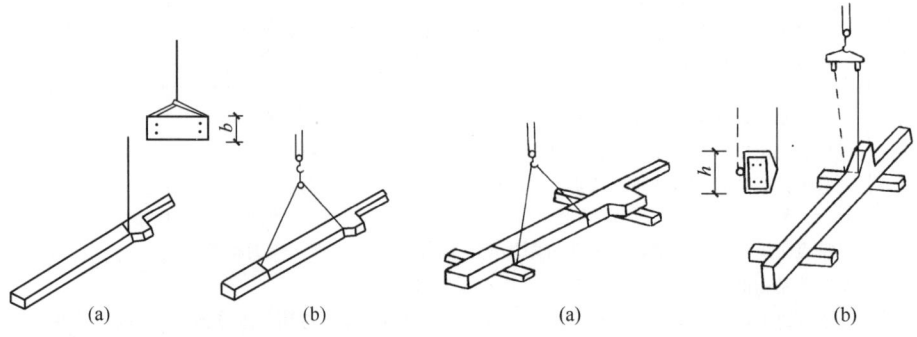

图 14-3-4　斜吊绑扎
(a) 一点斜吊绑扎法；(b) 两点斜吊绑扎法

图 14-3-5　柱的翻身及直吊绑扎法
(a) 柱翻身绑扎法；(b) 柱直吊绑扎法

【例 14-3-5】（历年真题）在柱子吊装时，采用斜吊绑扎法的条件是：
A. 柱平卧起吊时受弯承载力满足要求
B. 柱平卧起吊时受弯承载力不满足要求
C. 柱混凝土强度达到设计强度的 50%
D. 柱身较长，一点绑扎受弯承载力不满足要求

【解答】柱子采用斜吊绑扎法的条件是柱平卧起吊时受弯承载力满足要求，应选 A 项。

2）柱的起吊

柱的起吊方法有旋转法和滑行法；按使用机械数量可分为单机起吊和双机抬吊。

① 旋转法：起重机边升钩，边回转起重臂，使柱绕柱脚旋转而呈直立状态，然后将其插入杯口中（图 14-3-6）。其特点是：应使柱的绑扎点、柱脚中心和杯口中心点三点共弧。该弧所在圆的圆心即为起重机的回转中心，半径为圆心到绑扎点的距离。该方法适用于中小型柱的吊装。

② 滑行法：柱起吊时，起重机只升钩，起重臂不转动，使柱脚沿地面滑升逐渐直立，

图 14-3-6　旋转法吊柱
(a) 旋转过程；(b) 平面布置

然后插入基础杯口（图 14-3-7）。采用此法起吊时，柱的绑扎点布置在杯口附近，并与杯口中心位于起重机的同一工作半径的圆弧上，以便将柱子吊离地面后，稍转动起重臂杆，即可就位。该方法适用于柱较重、较长或起重机在安全荷载下的回转半径不够时。

图 14-3-7　滑行法吊柱
(a) 滑行过程；(b) 平面布置

3) 柱的临时固定、校正和最后固定

柱脚插入杯口后，应悬离杯底 30～50mm 处进行对位。对位时，应先沿柱子四周向杯口放入 8 只楔块，并用撬棍拨动柱脚，使柱子安装中心线对准杯口上的安装中心线，保持柱子基本垂直。当对位完成后，即可落钩将柱脚放入杯底，并复查中线，待符合要求后，即可将楔子打紧，使之临时固定。

柱的校正包括平面位置校正、垂直度校正和标高校正。柱校正后，柱脚、柱与基础杯口的空隙用混凝土分两次浇筑、捣固密实，作为最后固定。

(2) 吊车梁的吊装

吊车梁安装时应采用两点绑扎，对称起吊，当跨度为 12m 时也可采用横吊梁。吊钩应对准吊车梁重心使其起吊后基本保持水平。吊车梁的校正包括标高、垂直度和平面位置等，其校正可在屋盖吊装前进行，也可在屋盖吊装后进行。重型吊车梁的校正宜在屋盖吊装前进行。吊车梁校正后应立即焊接牢固，并在吊车梁与柱接头的空隙处浇筑细石混凝土进行最后固定。

(3) 屋架的吊装

钢筋（预应力）混凝土屋架一般在现场平卧叠浇预制，其吊装工艺为：绑扎、扶直就位、吊装、对位、临时固定、校正和最后固定。

屋架的绑扎点应选在上弦节点处，左右对称，并高于屋架重心，以免屋架起吊后晃动和倾翻。吊索与水平线的夹角不宜小于 45°，以免屋架承受过大的横向压力。必要时，为了减小绑扎高度及所受的横向压力可采用横吊梁。吊点的数目及位置与屋架的形式和跨度有关，一般应经吊装验算确定。当屋架跨度小于或等于 18m 时，采用两点绑扎；当跨度为 18～24m 时，采用四点绑扎；当跨度为 30～36m 时，采用 9m 横吊梁，四点绑扎。

按起重机与屋架相对位置不同，屋架扶直可分为（图 14-3-8）：

1) 正向扶直：起重机位于屋架下弦一侧，首先以吊钩中心对准屋架上弦中点，收紧吊钩，然后略略起臂使屋架脱模，接着起重机升钩并升臂使屋架以下弦为轴缓慢转为直立状态。升臂易于操作且安全，应尽可能采用正向扶直。

2) 反向扶直：起重机位于屋架上弦一侧，首先以吊钩对准屋架上弦中点，接着升钩

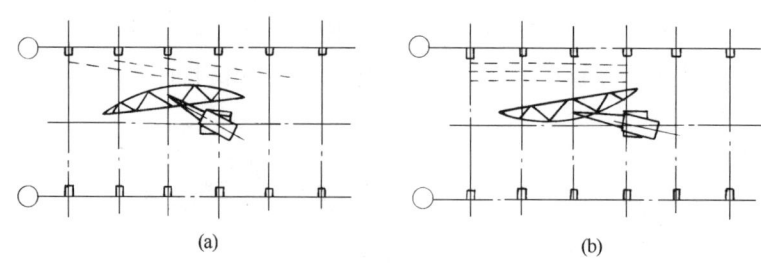

图 14-3-8 屋架的扶直
(a) 正向扶直；(b) 反向扶直

并降臂，使屋架以下弦为轴缓慢转为直立状态。

将屋架吊升超过柱顶约 300mm，然后将屋架缓慢放至柱顶，对准建筑物的定位轴线，其临时固定方法是：第一榀屋架用四根缆风绳从两边将屋架拉牢，其他各榀屋架则采用两根工具式支撑（屋架校正器）撑在前一榀屋架上。

屋架的校正一般采用校正器校正，其垂直度可用经纬仪检查。屋架校正完毕后，立即用电焊最后固定。焊接时，应先焊接屋架两端成对角线的两侧边，避免两端同侧施焊，以免因焊缝收缩使屋架倾斜。

【例 14-3-6】（历年真题）屋架采用反向扶直时，起重机立于屋架上弦一边，吊钩对准上弦中点，则臂与吊钩满足下列（　　）关系。

A. 升臂升钩　　　　　　　　B. 升臂降钩
C. 降臂升钩　　　　　　　　D. 降臂降钩

【解答】屋架反向扶直时，采用降臂升钩，应选 C 项。

(4) 屋面板及天窗架的吊装

屋面板预埋有吊环，一般采用一钩多吊。屋面板安装应自两边檐口左右对称地逐块安向屋脊（或中央）。屋面板就位、校正后，应与屋架上弦焊牢。

天窗架常采用单独安装，安装时需待天窗架两侧屋面板安装后进行。此外，天窗架可与屋架组合一次安装。

2. 结构吊装方案

单层厂房结构安装方案的主要内容是：起重机的选择、结构安装方法、起重机开行路线及停机点的确定、构件平面布置等。

(1) 起重机的选择

对于一般中小型厂房，由于平面尺寸不大，构件重量较轻，起重高度较小，厂房内设备为后安装，常采用自行式起重机，尤以履带式起重机应用最为广泛。对于重型厂房，因厂房的跨度和高度都大，构件尺寸和重量亦很大，设备安装往往要同结构安装平行进行，一般采用重型塔式起重机或桅杆式起重机。

起重机的型号应根据构件重量、构件安装高度和构件外形尺寸确定，起重机的工作参数即起重量 Q、起重高度 H 及回转半径 R 都要满足结构安装的需要。

起重机的起重量必须满足下式要求：

$$Q \geqslant Q_1 + Q_2 \tag{14-3-1}$$

式中，Q 为起重机的起重量（t）；Q_1 为构件重量（t）；Q_2 为索具重量（t）。

起重机的起重高度必须满足所吊构件的高度要求（图 14-3-9）：

$$H \geqslant h_1 + h_2 + h_3 + h_4 \tag{14-3-2}$$

式中，H 为起重机的起重高度（m），从停机面至吊钩的垂直距离；h_1 为安装支座表面高度（m），从停机面算起；h_2 为安装间隙，一般不小于 0.3m；h_3 为绑扎点至构件底面的距离（m）；h_4 为索具高度，自绑扎点至吊钩中心的距离，视具体情况而定，不小于 1m。

当起重机可以不受限制地开到所吊装构件附近去吊装构件时，可不验算起重半径。但当起重机受限制不能靠近吊装位置去吊装构件时，则应验算当起重机的起重半径为一定值时的起重量与起重高度能否满足吊装构件的要求，具体可查起重机性能或性能曲线。

图 14-3-9　起重机的起重高度

当起重机的起重臂须跨过已安装好的结构去吊装构件，例如跨过屋架安装屋面板时，为了不与屋架相碰，必须求出起重机的最小臂长。求最小臂长可用数解法或图解法。

【例 14-3-7】（历年真题）下列选项中，不是选用履带式起重机时要考虑的因素为：

A．起重量　　　　　　　　　B．起重动力设备
C．起重高度　　　　　　　　D．起重半径

【解答】起重动力设备不是选用履带式起重机时要考虑的因素，应选 B 项。

（2）结构吊装方法

1）**分件吊装法（亦称大流水法）**

分件吊装法是起重机每开行一次只安装一种或几种构件。通常起重机分三次开行安装完成单层厂房的全部构件：起重机第一次开行，安装完全部柱子并对柱子进行校正和最后固定；第二次开行，安装全部吊车梁、连系梁及柱间支撑等；经三次开行，按节间安装屋架、天窗架、屋盖支撑及屋面构件（如檩条、屋面板、天沟等）。该方法的优点是：构件校正、固定有足够的时间；构件可分批进场，施工现场不致过分拥挤，平面布置较简单；起重机每次开行吊同类型构件，索具不用经常更换，安装效率高。其缺点是不能为后续工序及早提供工作面，起重机开行路线长。

2）**综合吊装法（亦称节间吊装法）**

综合吊装法是起重机每移动一次就安装完一个节间内的全部构件。先安装这一节间柱子，校正固定后立即安装该节间内的吊车梁、屋架及屋面构件，待安装完这一节间全部构件后，起重机移至下一节间进行安装。该方法的优点是可使后续工序提早进行，进行交叉平行流水作业，起重机开行路线较短。其缺点是多种类型构件同时安装，起重机不能发挥最大效率、校正困难。

（3）构件平面布置与吊装前构件的就位及堆放

单层厂房需要在现场预制的构件主要有柱和屋架，吊车梁有时也在现场制作。其他构件则在构件厂或预制厂制作，运到现场就位安装。

柱的布置按安装方法的不同可分为：斜向布置和纵向布置，前者适用于旋转法，后者适用于滑行法。

屋架的布置一般在跨内预制，其布置方式有三种：正面斜向布置、正反斜向布置、正反纵向布置，应优先选用正面斜向布置。

若吊车梁在现场预制，一般应靠近柱基础顺纵轴线或略作倾斜布置，也可插在柱子之间预制。若具有运输条件，可另行在场外集中预制。

吊装前构件的就位及堆放，由于柱在预制阶段已按安装阶段的就位要求布置，当柱的混凝土强度达到安装要求后，应先吊柱，以便空出场地布置其他构件，如屋面板、屋架、吊车梁等。

四、单层钢结构厂房吊装

对于柱子、柱间支撑和吊车梁一般采用分件吊装法，即一次性将柱子安装并校正后再安装柱间支撑、吊车梁等构件。该方法尤其适合履带式起重机。

当采用汽车式起重机时，考虑到移动的不方便，可采用综合吊装法，即以2~3个柱距为一个单元进行节间构件吊装。

屋盖系统吊装通常采用综合吊装法，即起重机一次吊完一个节间的全部屋盖构件后再吊装下一个节间的屋盖构件。

五、多层房屋结构吊装

1. 概述

（1）吊装起重机械的选择

起重机械选择主要根据工程特点（平面尺寸、高度、构件重量和大小等）、现场条件、现有机械设备等来确定。

一般地，5层以下的民用建筑、高度在18m以下的多层工业厂房或外形不规则的房屋，宜选用自行式起重机。

10层以下或房屋高度在24m以下，宽度在15m以内，构件重量在2~3t，可选用塔式起重机。

其他房屋结构，塔式起重机类型的选用可按表14-3-2采用。

在选择塔式起重机型号时，首先应分析结构情况，绘出剖面图，并在图上标注各种主要构件的重量 Q_i 及安装时所需起重半径 R_i；然后根据现有起重机的性能，验算其起重量、起重高度和起重半径是否满足要求（图14-3-10）。当塔式起重机的起重能力用起重力矩表示时，应分别计算出吊装主要构件所需的起重力矩，$M_i = Q_i \cdot R_i (\text{kN} \cdot \text{m})$，取其中最大值作为选择依据。

图14-3-10 塔式起重机工作参数计算简图

（2）起重机械的布置

塔式起重机的布置主要应根据建筑物的平面形状、构件重量、起重机性能及施工现场环境条件等因素确定。

1）跨外布置

通常塔式起重机布置在建筑物的外侧，有单侧布置和双侧（或环形）布置两种方案（图 14-3-11）。

图 14-3-11　塔式起重机跨外布置
(a) 单侧布置；(b) 双侧（环形）布置

当建筑物宽度较小（15m 左右），构件重量较轻（2t 左右）时，常采用单侧布置，其起重半径应满足：

$$R \geqslant b+a \tag{14-3-3}$$

式中，R 为一起重机吊最远构件时的起重半径（m）；b 为房屋宽度（m）；a 为房屋外侧至塔轨中心线的距离（$a=3\sim5$m）。

单侧布置具有轨道长度较短，构件堆放场地较宽等特点。

当建筑物宽度较大（$b>15$m）或构件较重，单侧布置时起重力矩不能满足最远构件的安装要求时，起重机可双侧布置，其起重半径应满足：

$$R \geqslant b/2+a \tag{14-3-4}$$

2）跨内布置

当场地狭窄，在建筑物外侧不可能布置起重机，或建筑物宽度较大，构件较重，起重机布置在跨外其性能不能满足安装需要时，也可采用跨内布置，其布置方式有跨内单行布置和跨内环形布置两种（图 14-3-12）。该布置方式结构稳定性差，构件多布置在起重半径之外，且对建筑物外侧围护结构安装困难；在建筑物一端还需留 20~30m 长的场地供起重机装卸之用。因此，应尽可能不采用跨内布置，尤其是跨内环形布置。

图 14-3-12　塔式起重机跨内布置（$l=20\sim30$m）
(a) 单行布置；(b) 环形布置

2. 多层装配式混凝土结构

（1）概述

目前装配式混凝土结构的连接方式主要有：钢筋套筒灌浆连接；浆锚搭接连接；后浇混凝土连接；螺栓连接；焊接连接等。

对于钢筋套筒灌浆连接，按灌浆套筒结构形式，分为全灌浆套筒（图14-3-13）和半灌浆套筒。

图14-3-13 全灌浆套筒剖面示意图

对于浆锚搭接连接，按预留孔洞的成型方式不同，分为钢筋约束浆锚搭接连接和金属波纹管浆锚搭接连接，如图14-3-14所示。

图14-3-14
(a) 钢筋约束浆锚搭接连接；(b) 金属波纹管浆锚搭接连接

施工现场预制柱、预制梁构件的堆放，如图14-3-15所示。预制墙板的竖放，如图14-3-16所示。

图14-3-15 预制构件的堆放
(a) 预制柱堆放；(b) 预制梁堆放

施工现场预制梁吊装，如图14-3-17所示。施工现场预制柱、预制剪力墙的斜支撑设置，如图14-3-18所示。

图 14-3-16　预制墙板竖放

图 14-3-17　预制梁吊装

(a)

(b)

图 14-3-18　预制柱、预制剪力墙的斜支撑设置
(a) 预制柱斜支撑设置；(b) 预制剪力墙斜支撑设置

(2) 多层装配式混凝土框架结构的吊装方法

1) **分件安装法**：分件安装法根据流水方式的不同，又可分为分层分段流水安装法和分层大流水安装法两种。分层分段流水安装法是以一个楼层为一个施工层（若柱是两层一节，则以两个楼层为一个施工层），每一层施工层再划分为若干个施工段。起重机在每一段内按柱、梁、板的顺序分次进行安装，直至该段的构件全部安装完毕，再转向另一施工段。待一层构件全部安装完毕并最后固定后再安装上一层构件。分层大流水安装法是每个施工层不再划分施工段，而按一个楼层组织各工序的流水，其临时固定支撑很多，只适用于面积不大的结构安装工程。分析安装法是装配式混凝土框架结构最常用的方法。

2) **综合安装法**：综合安装法是以一个柱网（节间）或若干个柱网（节间）为一个施工段，以房屋的全高为一个施工层来组织各工序的流水。起重机把一个施工段的构件安装至房屋的全高，然后转移到下一个施工段。该方法适用于：采用自行式起重机安装框架结构时；塔式起重机不能在房屋外侧进行安装时；房屋宽度较大和构件较重，只有把起重机

布置在跨内才能满足安装要求时。

(3) 构件制作、运输与施工

装配式混凝土结构的构件制作、运输与施工要求，《装配式混凝土结构技术规程》JGJ 1—2014（以下简称《装配式混规》）和《混凝土结构工程施工规范》GB 50666—2011（以下简称《混施规》）均作了具体规定。

1) 构件制作、运输与堆放

《装配式混规》规定：

> **11.1.4** 预制结构构件采用钢筋套筒灌浆连接时，应在构件生产前进行钢筋套筒灌浆连接接头的抗拉强度试验，每种规格的连接接头试件数量不应少于 3 个。
>
> **11.3.3** 夹心外墙板宜采用平模工艺生产，生产时应先浇筑外叶墙板混凝土层，再安装保温材料和拉结件，最后浇筑内叶墙板混凝土层；当采用立模工艺生产时，应同步浇筑内外叶墙板混凝土层，并应采取保证保温材料及拉结件位置准确的措施。
>
> **11.3.5** 预制构件采用洒水、覆盖等方式进行常温养护时，应符合现行国家标准《混凝土结构工程施工规范》GB 50666 的要求。
>
> 　　预制构件采用加热养护时，应制定养护制度对静停、升温、恒温和降温时间进行控制，宜在常温下静停 2h～6h，升温、降温速度不应超过 20℃/h，最高养护温度不宜超过 70℃，预制构件出池的表面温度与环境温度的差值不宜超过 25℃。
>
> **11.3.6** 脱模起吊时，预制构件的混凝土立方体抗压强度应满足设计要求，且不应小于 15N/mm²。
>
> **11.3.7** 采用后浇混凝土或砂浆、灌浆料连接的预制构件结合面，制作时应按设计要求进行粗糙面处理。设计无具体要求时，可采用化学处理、拉毛或凿毛等方法制作粗糙面。

同时，《混施规》规定：

> **9.3.4** 当采用平卧重叠法制作预制构件时，应在下层构件的混凝土强度达到 5.0MPa 后，再浇筑上层构件混凝土，上、下层构件之间应采取隔离措施。
>
> **9.3.6** 预制构件的饰面应符合设计要求。带面砖或石材饰面的预制构件宜采用反打成型法制作，也可采用后贴工艺法制作。
>
> **9.4.4** 墙板类构件应根据施工要求选择堆放和运输方式。外形复杂墙板宜采用插放架或靠放架直立堆放和运输。插放架、靠放架应安全可靠。采用靠放架直立堆放的墙板宜对称靠放、饰面朝外，与竖向的倾斜角不宜大于 10°。

2) 施工安装

① 一般规定与施工验算

《装配式混规》规定：

> **12.1.4** 吊装用吊具应按国家现行有关标准的规定进行设计、验算或试验检验。吊具应根据预制构件形状、尺寸及重量等参数进行配置，吊索水平夹角不宜小于 60°，且

不应小于 45°；对尺寸较大或形状复杂的预制构件，宜采用有分配梁或分配桁架的吊具。

12.1.5 钢筋套筒灌浆前，应在现场模拟构件连接接头的灌浆方式，每种规格钢筋应制作不少于 3 个套筒灌浆连接接头，进行灌注质量以及接头抗拉强度的检验；经检验合格后，方可进行灌浆作业。

同时，《混施规》规定：

9.2.1 装配式混凝土结构施工前，应根据设计要求和施工方案进行必要的施工验算。

9.2.2 预制构件在脱模、吊运、运输、安装等环节的施工验算，应将构件自重标准值乘以脱模吸附系数或动力系数作为等效荷载标准值，并应符合下列规定：

　　1 脱模吸附系数宜取 1.5，也可根据构件和模具表面状况适当增减；复杂情况，脱模吸附系数宜根据试验确定；

　　2 构件吊运、运输时，动力系数宜取 1.5；构件翻转及安装过程中就位、临时固定时，动力系数可取 1.2。当有可靠经验时，动力系数可根据实际受力情况和安全要求适当增减。

9.2.3 预制构件的施工验算应符合设计要求。

预制构件中的预埋吊件及临时支撑，宜按下式进行计算：

$$K_c S_c \leqslant R_c \tag{14-3-5}$$

式中，S_c 为施工阶段荷载标准组合下的效应值；R_c 为按材料强度标准值计算的承载力；K_c 为施工安全系数，临时支撑 $K_c=2$，临时支撑的连接件 $K_c=3$，普通预埋吊件 $K_c=4$，多用途的预埋吊件 $K_c=5$。

采用 HPB300 钢筋吊环形式的预埋吊件应执行《混凝土结构设计规范》GB 50010。

② 安装与连接

《装配式混规》规定：

12.3.2 采用钢筋套筒灌浆连接、钢筋浆锚搭接连接的预制构件就位前，应检查下列内容：

　　1 套筒、预留孔的规格、位置、数量和深度；

　　2 被连接钢筋的规格、数量、位置和长度。

当连接钢筋倾斜时，应进行校直。连接钢筋偏离套筒或孔洞中心线不宜超过 5mm。

12.3.3 墙、柱构件的安装应符合下列规定：

　　1 构件安装前，应清洁结合面；

　　2 构件底部应设置可调整接缝厚度和底部标高的垫块；

　　3 钢筋套筒灌浆连接接头、钢筋浆锚搭接连接接头灌浆前，应对接缝周围进行封堵，封堵措施应符合结合面承载力设计要求；

　　4 多层预制剪力墙底部采用坐浆材料时，其厚度不宜大于 20mm。

12.3.4 钢筋套筒灌浆连接接头、钢筋浆锚搭接连接接头应按检验批划分要求及时灌浆，灌浆作业应符合国家现行有关标准及施工方案的要求，并应符合下列规定：
　　1 灌浆施工时，环境温度不应低于5℃；当连接部位养护温度低于10℃时，应采取加热保温措施；
　　4 灌浆作业应采用压浆法从下口灌注，当浆料从上口流出后应及时封堵，必要时可设分仓进行灌浆；
　　5 灌浆料拌合物应在制备后30min内用完。
12.3.8 构件连接部位后浇混凝土及灌浆料的强度达到设计要求后，方可拆除临时固定措施。
12.3.9 受弯叠合构件的装配施工应符合下列规定：
　　1 应根据设计要求或施工方案设置临时支撑；
　　2 施工荷载宜均匀布置，并不应超过设计规定；
　　3 在混凝土浇筑前，应按设计要求检查结合面的粗糙度及预制构件的外露钢筋；
　　4 叠合构件应在后浇混凝土强度达到设计要求后，方可拆除临时支撑。
12.3.10 安装预制受弯构件时，端部的搁置长度应符合设计要求，端部与支承构件之间应坐浆或设置支承垫块，坐浆或支承垫块厚度不宜大于20mm。
12.3.11 外挂墙板的连接节点及接缝构造应符合设计要求；墙板安装完成后，应及时移除临时支承支座、墙板接缝内的传力垫块。

同时，《混施规》规定：

9.5.4 预制构件安装过程中应根据水准点和轴线校正位置，安装就位后应及时采取临时固定措施。预制构件与吊具的分离应在校准定位及临时固定措施安装完成后进行。临时固定措施的拆除应在装配式结构能达到后续施工承载要求后进行。
9.5.5 采用临时支撑时，应符合下列规定：
　　1 每个预制构件的临时支撑不宜少于2道；
　　2 对预制柱、墙板的上部斜撑，其支撑点距离底部的距离不宜小于高度的2/3，且不应小于高度的1/2；
　　3 构件安装就位后，可通过临时支撑对构件的位置和垂直度进行微调。
9.5.6 装配式结构采用现浇混凝土或砂浆连接构件时，除应符合本规范其他章节的有关规定外，尚应符合下列规定：
　　1 构件连接处现浇混凝土或砂浆的强度及收缩性能应满足设计要求。设计无具体要求时，应符合下列规定：
　　　1) 承受内力的连接处应采用混凝土浇筑，混凝土强度等级值不应低于连接处构件混凝土强度设计等级值的较大值；
　　　2) 非承受内力的连接处可采用混凝土或砂浆浇筑，其强度等级不应低于C15或M15；
　　　3) 混凝土粗骨料最大粒径不宜大于连接处最小尺寸的1/4。

2 浇筑前，应清除浮浆、松散骨料和污物，并宜洒水湿润。

　　3 连接节点、水平拼缝应连续浇筑；竖向拼缝可逐层浇筑，每层浇筑高度不宜大于 2m，应采取保证混凝土或砂浆浇筑密实的措施。

3. 多层钢结构

多层钢结构吊装应划分安装流水区段，确定构件安装顺序，常采用综合吊装法，其吊装程序是：

（1）平面上，从中间或某一对称节间开始，以一个节间的柱网为一个吊装单元，其吊装施工顺序：钢柱、钢梁、钢支撑，并向四周扩展，以减小焊接误差；

（2）垂直方向，由下向上组成稳定结构后，分层安装次要构件，一节间一节间钢构件、一层楼一层楼安装完，一个流水段一节柱的全部钢构件安装完毕并验收合格后，方可进行下一个流水段的安装，采用对称安装、对称固定的工艺。

习　题

14-3-1 砖墙施工中皮数杆的作用是：
A. 控制砌体的水平尺寸　　　　　　B. 保证墙面平整
C. 控制砌体的竖向尺寸　　　　　　D. 检查游丁走缝

14-3-2 砖墙施工工艺顺序是：
A. 放线—抄平—立皮数杆—砌砖—清理
B. 放线—抄平—砌砖—立皮数杆—清理
C. 抄平—放线—立皮数杆—砌砖—清理
D. 抄平—放线—砌砖—立皮数杆—清理

14-3-3 砖砌体应砂浆饱满，对实心砖柱砌体水平灰缝的砂浆饱满度不得低于：
A. 70%　　　　　　　　　　　　　B. 75%
C. 80%　　　　　　　　　　　　　D. 90%

14-3-4 砖砌体的外墙转角处留槎要求是：
A. 留直槎　　　　　　　　　　　　B. 留斜槎
C. 留直槎或留斜槎　　　　　　　　D. 留直槎加密拉结筋

14-3-5 当柱平卧起吊的抗弯能力不足时，吊装前需先将柱翻身后再绑扎起吊，此时应采用的绑扎方法是：
A. 施转绑扎法　　　　　　　　　　B. 两点绑扎法
C. 直吊绑扎法　　　　　　　　　　D. 斜吊绑扎法

14-3-6 单层厂房结构安装中，起重机在厂房内一次施工中就安装完一个柱节间内的各种类型的构件，这种安装方法是：
A. 分件安装法　　　　　　　　　　B. 旋转安装法
C. 滑行安装法　　　　　　　　　　D. 综合安装法

第四节 施工组织设计与流水施工原理

一、施工组织设计

1. 概述与施工组织总设计

（1）概述

施工组织设计是指导土木工程施工全过程各项活动的技术、经济、组织和管理的综合性文件。它的任务是要对具体的拟建工程施工准备工作和整个施工过程，在人力、物力、时间、空间、技术、组织、管理上，做出统筹兼顾、全面合理的计划安排，实现科学管理，达到提高工程质量、加快工程进度、降低工程成本、预防安全事故的目的。

按时间阶段划分，它可为：投标前的施工组织设计，中标签订合同后的施工组织设计，本节主要针对后者。

按编制对象范围不同，它可分为施工组织总设计、单位工程施工组织设计、施工方案。

1）施工组织总设计：它是以整个建设项目或群体工程或特大型项目为对象，根据初步设计或扩大初步设计图纸以及其他有关资料和现场施工条件编制，用以指导整个工地各项施工准备和施工活动的技术经济文件，它由工程总承包单位项目负责人主持编制。

2）单位工程施工组织设计：它是以一个单位工程（或一个子单位工程）为对象编制的。它是根据施工组织总设计的规定和具体实际条件对拟建单位工程的施工工作所做的施工部署，内容比较具体、详细，是在施工图设计完成后，单位工程开工前，由施工单位项目经理主持编制，项目技术负责人负责编制。

3）施工方案：它是以分部（分项）工程和专项工程为编制对象。一般对于工程规模大、技术复杂、施工难度大或采用新工艺、新技术施工的建筑物或构筑物，在编制单位工程施工组织设计之后，常需要对某些重要的又缺乏经验的分部（分项）工程和专项工程再深入编制专业工程的具体施工设计，如深基础工程、大型结构安装工程、脚手架工程等。分部（分项）工程和专项工程的施工方案由施工单位的技术负责人或专业承包单位的技术负责人组织编制，其内容具体、详细、可操作性强。

施工组织总设计是对整个建设项目的全局性战略部署，其内容和范围比较概括；单位工程施工组织设计是在施工组织总设计的控制下，以施工组织总设计和企业施工计划为依据编制的，针对具体的单位工程，把施工组织总设计的有关内容具体化；施工方案是以施工组织总设计、单位工程施工组织设计和企业施工计划为编制依据，针对具体的分部（分项）工程和专项工程，把单位工程施工组织设计进一步具体化，它是专业工程具体的组织施工的设计。

施工组织总设计应由总承包单位技术负责人审批。单位工程施工组织设计应由施工单位技术负责人或技术负责人授权的技术人员审批。

施工方案应由项目技术负责人审批；重点、难点分部（分项）工程和专项工程施工方案应由施工单位技术部门组织相关专家评审，施工单位技术负责人批准。由专业承包单位施工的分部（分项）工程或专项工程的施工方案，应由专业承包单位技术负责人或技术负责人授权的技术人员审批；有总承包单位时，应由总承包单位项目技术负责人核准备案。

规模较大的分部（分项）工程和专项工程的施工方案应按单位工程施工组织设计进行编制和审批。

（2）施工组织总设计

施工组织总设计的内容如下：

1）工程概况：它应包括项目主要情况和项目主要施工条件等。

2）总体施工部署：它是总体施工的宏观部署（确定项目施工总目标、确定项目分阶段或分期交付的计划及其合理顺序、空间组织）；对于项目施工的重点和难点应进行简要分析；总承包单位应明确项目管理组织机构形式，并宜采用框图的形式表示。项目管理组织机构形式应根据施工项目的规模、复杂程度、专业特点、人员素质和地域范围确定。大中型项目宜设置矩阵式项目管理组织，远离企业管理层的大中型项目宜设置事业部式项目管理组织，小型项目宜设置直线职能式项目管理组织。

3）施工总进度计划：可采用网络图或横道图表示，并附必要说明。其编制依据是总体施工部署和施工方法。

4）总体施工准备与主要资源配置计划：总体施工准备应包括技术准备、现场准备和资金准备等；主要资源配置计划应包括劳动力配置计划和物资配置计划等。

5）主要施工方法。

6）施工总平面布置。

施工组织总设计的编制程序是：调查研究，获得编制依据→总体施工部署→选择施工方法、估算工程量→编制施工总进度计划→编制劳动力、机具设备、材料配置计划→编制临时供水电热计划→编制施工准备工作计划→设计施工总平面布置→计算技术经济指标。

【例 14-4-1】（历年真题）以整个建设项目或建筑群为编制对象，用以指导整个建筑群或建设项目施工全过程的各项施工活动的综合技术经济文件为：

A. 分部工程施工组织设计　　　　B. 分项工程施工组织设计
C. 施工组织总设计　　　　　　　D. 单位工程施工组织设计

【解答】施工组织总设计是以整个建设项目或建筑群为编制对象，故选 C 项。

2. 单位工程施工组织设计

（1）内容

单位工程施工组织设计的内容如下：

1）工程概况：它应包括工程主要情况、各专业设计简介和工程施工条件等。

2）施工部署：工程施工目标应根据施工合同、招标文件以及本单位对工程管理目标的要求确定，包括进度、质量、安全、环境和成本等目标。各项目标应满足施工组织总设计中确定的总体目标。工程主要施工内容及其进度安排应明确说明，施工顺序应符合工序逻辑关系；施工流水段应结合工程具体情况分阶段进行划分；单位工程施工阶段的划分一般包括地基基础、主体结构、装修装饰和机电设备安装三个阶段。工程施工的重点和难点分析。管理的组织机构形式。

3）施工进度计划。

4）施工准备与资源配置计划。

5）主要施工方案。

6）施工现场平面布置。

(2) 施工部署

施工部署涉及施工程序、施工起点流向、施工顺序等。

1) 施工程序

施工程序是指施工中不同阶段的不同工作内容按照其固有的先后次序、循序渐进向前开展的客观规律。通常遵循的施工程序有："先地下后地上""先主体后围护""先结构后装饰""先土建后设备"。

2) 施工起点流向

确定施工起点流向是指确定单位工程在平面上或竖向上施工开始的部位和进展的方向。对于单层建筑物，如厂房，可按其车间、工段或跨间，分区分段地确定出在平面上的施工流向。对于多高层建筑物，除了确定每层平面上的流向外，还应确定沿竖向上的施工流向。确定单位工程施工起点流向时，一般应考虑如下因素：

① 建设单位对生产和使用的要求。一般使用急的工段或部位应先施工。

② 车间的生产工艺流程。影响其他工段试车投产的工段应先施工。

③ 工程的繁简程度和施工过程间的相互关系。一般技术复杂、耗时长的区段或部位应先施工。此外，关系密切的分部分项工程的流水施工，如果紧前工作的起点流向已经确定，则后续施工过程的起点流向应与之一致。

④ 房屋高低层和高低跨。如当高低跨并列时，一般应先从低跨向高跨处吊装；屋面防水层施工应按先低后高方向施工；基础施工应按先深后浅的顺序施工。

⑤ 工程现场条件和施工方案。如土方工程边开挖边余土外运，施工的起点一般应选定在离道路远的部位，由远而近的流向进行。

⑥ 分部分项工程的特点和相互关系。在流水施工中，施工起点流向决定了各施工段的施工顺序。因此，在确定施工起点流向的同时，应将施工段划分并进行编号。

例如，装饰工程分为室外和室内。根据室内装饰工程的特点，其施工起点流向一般有以下几种情况：

① 自上而下的施工起点流向，通常是指主体结构工程封顶、屋面防水层完成后，从顶层开始逐层向下进行。其优点是主体结构完成后有一定的沉降时间，且防水层已做好，容易保证装饰工程质量不受沉降和下雨影响，而且工序之间交叉少，便于施工和成品保护，垃圾清理也方便。其缺点是不能与主体工程搭接施工，工期较长。当工期不紧时，应选择此种施工起点流向。

② 自下而上的施工起点流向，通常是指主体结构工程施工到三层以上时，装饰工程从一层开始，逐层向上进行。其优点是主体与装饰交叉施工，工期短，其缺点是工序交叉多，成品保护难，质量和安全不易保证。采用此种施工起点流向，必须采取一定的技术组织措施来保证质量和安全。当工期紧时可采用此种施工起点流向。

③ 自中而下再自上而中的施工起点流向，它综合上了述两种流向的优点，通常适于中、高层建筑装饰施工。

室外装饰工程通常均为自上而下的施工起点流向，以便保证质量。

3) 施工顺序

施工顺序是指分部分项工程施工的先后次序。确定施工顺序应考虑的因素是：施工工艺、施工方法、施工组织、施工质量与安全，以及气候条件等。

(3) 施工方案

施工方案主要是施工方法选择、施工机械选择。其中，施工方法选择时，重点解决影响整个工程施工的分部（分项）工程或专项工程施工方法并进行必要的技术核算。对主要分项工程（工序）明确施工工艺要求。对易发生质量通病、易出现安全问题、施工难度大、技术含量高的分项工程（工序）等应做出重点说明。

施工机械选择时，首先选择主导的施工机械；其次，选择与主导机械配套的辅助施工机械；同一现场的机械型号尽可能少，方便管理。

(4) 单位工程施工组织设计的编制

单位工程施工组织设计的编制程序是：调查研究、获得编制依据→施工部署→选择施工方案、计算工程量→编制施工进度计划→编制资源（劳动力、材料、机具设备）配置计划→编制临时供水、供电、供热计划→编制施工准备计划→设计施工平面图→计算技术经济指标。

1) 编制施工进度计划

施工进度计划是指为实现项目设定的工期目标，对各项施工过程的施工顺序、起止时间和相互衔接关系所作的统筹策划和安排。它的编制依据是施工部署和施工方案。施工进度计划的编制步骤是：划分施工过程项目→计算工程量→确定劳动量和机械台班量→确定各施工过程项目的持续时间、施工顺序和搭接关系→编制初始施工进度计划→检查与调整施工进度计划→最终的施工进度计划。

2) 设计施工平面图

单位工程的施工现场平面布置图的内容如下：

① 工程施工场地状况。

② 拟建建（构）筑物的位置、轮廓尺寸、层数等。

③ 工程施工现场的加工设施、存贮设施、办公和生活用房等的位置和面积。

④ 布置在工程施工现场的垂直运输设施、供电设施、供水供热设施、排水排污设施和临时施工道路等。

⑤ 施工现场必备的安全、消防、保卫和环境保护等设施。

⑥ 相邻的地上、地下既有建（构）筑物及相关环境。

单位工程施工平面图的设计步骤是：确定起重机的位置→确定仓库、材料和构件堆场、加工厂的位置→布置运输道路→布置生产、生活福利用临时设施→布置水电管线→计算技术经济指标。

【例 14-4-2】（历年真题）施工单位的计划系统中，下列哪类计划是编制各种资源需要量计划和施工准备工作计划的依据？

  A. 施工准备工作计划   B. 工程年度计划

  C. 单位工程施工进度计划   D. 分部分项工程进度计划

【解答】单位工程施工进度计划是编制各种资源需要量计划和施工准备工作计划的依据，应选 C 项。

【例 14-4-3】（历年真题）下列关于单位工程的施工流向安排的表述正确的是：

  A. 对技术简单、工期较短的分部分项工程一般应优先施工

  B. 室内装饰工程一般有自上而下、自下而上及自中而下再自上而中三种施工流向安排

C. 当有高低跨并列时，一般应从高跨向低跨处吊装

D. 室外装饰工程一般应遵循自下而上的流向

【解答】根据施工流向安排的考虑因素，上述 A、C、D 均错误，B 项正确，应选 B 项。

3. 施工方案

施工方案的内容包括：工程概况；施工安排；施工进度计划；施工准备与资源配置计划；施工方法及工艺要求。

二、流水施工原理

流水施工是将施工项目中的每一个施工对象分解为若干个施工过程，并按照施工过程成立相应的专业工作队，各专业队按照施工顺序依次完成各个施工对象的施工过程，同时保证施工在时间和空间上连续、均衡和有节奏地进行，使相邻两专业队能最大限度地搭接作业。流水施工可针对分项工程、分部工程、单位工程或群体项目组织实施。

1. 流水施工参数

流水施工参数是表达各施工过程在时间和空间上的开展情况及相互依存关系的参数，包括工艺参数、空间参数和时间参数。

(1) 工艺参数

工艺参数主要是用以表达流水施工在施工工艺方面进展状态的参数，通常包括施工过程和流水强度两个参数。

1) 施工过程数 n：它是指根据施工组织及计划安排需要将计划任务划分成的子项数目。

2) 流水强度：它是指流水施工的某施工过程（专业工作队）在单位时间内所完成的工程量。

(2) 空间参数

空间参数是表达流水施工在空间布置上开展状态的参数，通常包括工作面、施工段和施工层。

1) 工作面：它是指供某专业工种的工人或某种施工机械进行施工的活动空间。工作面的大小能反映安排施工人数或机械台数的多少。最小工作面所对应安排的施工人数、施工机械数量是最多的。

2) 施工段 m：它是指将施工对象在平面上划分成若干个劳动量大致相等的施工段落。施工段划分应遵循的原则是：①同一专业工作队在各个施工段上的劳动量应大致相等，相差幅度不宜超过 10%～15%；②每个施工段内要有足够的工作面；③施工段的界限应尽可能与结构界限（如沉降缝、伸缩缝等）相一致；④施工段的数目要满足合理组织流水施工的要求。

3) 施工层 j：它是指为了满足专业工种对操作高度和施工工艺的要求，将施工项目在竖向上划分为若干个操作层。当设置有施工层时，为了实施流水施工，要求：$m \geqslant n$。

(3) 时间参数

时间参数是表达流水施工在时间安排上所处状态的参数，主要包括流水节拍、流水步距、工艺间歇时间、组织间歇时间、搭接时间和流水施工工期。

1) 流水节拍：它是指在组织流水施工时，某个专业工作队在一个施工段上的施工时

间。第 j 个专业工作队在第 i 个施工段的流水节拍一般用 $t_{j,i}$ 来表示（$j=1, 2, \cdots, n$；$i=1, 2, \cdots, m$）。流水节拍可按定额计算法、经验估算法等进行确定。按定额计算法为：

$$t_{j,i} = \frac{Q_{j,i}}{S_j R_j N_j} = \frac{Q_{j,i} H_j}{R_j N_j} = \frac{P_{j,i}}{R_j N_j} \tag{14-4-1}$$

式中，$t_{j,i}$ 为第 j 个专业工作队在第 i 个施工段的流水节拍；$Q_{j,i}$ 为第 j 个专业工作队在第 i 个施工段要完成的工程量或工作量；S_j 为第 j 个专业工作队的计划产量定额；H_j 为第 j 个专业工作队的计划时间定额；$P_{j,i}$ 为第 j 个专业工作队在第 i 个施工段需要的劳动量或机械台班数量；R_j 为第 j 个专业工作队所投入的人工数或机械台数；N_j 为第 j 个专业工作队的工作班次。

2）流水步距：它是指组织流水施工时，相邻两个施工过程（或专业工作队）相继开始施工的最小间隔时间。流水步距一般用 $K_{j,j+1}$ 来表示，其中 j（$j=1, 2, \cdots, n-1$）为专业工作队或施工过程的编号。确定流水步距时，一般应满足以下基本要求：

① 各施工过程按各自流水速度施工，始终保持工艺先后顺序。
② 各施工过程的专业工作队投入施工后保持连续作业。
③ 相邻两个施工过程（或专业工作队）在满足连续施工的条件下，能最大限度地实现合理搭接。

3）工艺间歇时间（亦称技术间歇时间）：它是指相邻两个施工过程之间由于工艺需要，应增加的额外等待时间，用 $G_{j,j+1}$ 表示。

4）组织间歇时间：它是指相邻两个施工过程之间由于组织安排需要，应增加的额外等待时间，用 $Z_{j,j+1}$ 表示。

5）搭接时间（亦称提前插入时间）：它是指相邻两个专业工作队在同一施工段上共同作业的时间，用 $C_{j,j+1}$ 表示。

6）流水施工工期：它是指从第一个专业工作队投入流水施工开始，到最后一个专业工作队完成流水施工为止的整个持续时间。由于一项施工项目往往包含有许多流水组，故流水施工工期一般均不是整个施工项目的总工期。

【例 14-4-4】（历年真题）描述流水施工空间参数的指标不包括：
A. 建筑面积　　　　　　　　B. 施工段
C. 工作面　　　　　　　　　D. 施工层

【解答】流水施工空间参数不包括建筑面积，应选 A 项。

【例 14-4-5】（历年真题）流水施工的时间参数不包括：
A. 总工期　　　　　　　　　B. 流水节拍和流水步距
C. 组织和技术间歇时间　　　D. 平行搭接时间

【解答】流水施工的时间参数不包括总工期，应选 A 项。

2. 流水施工的表达方式与组织方式

流水施工的表达方式有横道图、垂直图和网络图等。

横道图的优点是：绘图简单，施工过程及其先后顺序表达比较清楚，时间和空间状况形象直观，使用方便，计算机软件实现容易。

垂直图的优点是：施工过程及其先后顺序表达比较清楚，时间和空间状况形象直观，斜向进度线的斜率可以直观地表示出各施工过程的进展速度；其缺点是编制实际工程进度计划不如横道图方便。

流水施工的组织方式按流水节拍的特征可分为：有节奏流水和非节奏流水。

有节奏流水施工是指在组织流水施工时，每一个施工过程在各个施工段上的流水节拍都各自相等的流水施工，可分为等节奏流水施工和异节奏流水施工。

(1) 等节奏流水施工：它是指在有节奏流水施工中，各施工过程的流水节拍都相等的流水施工，也称为固定节拍流水施工。

(2) 异节奏流水施工：它是指在有节奏流水施工中，各施工过程的流水节拍各自相等而不同施工过程之间的流水节拍不尽相等的流水施工。它可分为如下两类：

1) 等步距异节奏流水施工，它是指在组织异节奏流水施工时，按每个施工过程流水节拍之间的比例关系，成立相应数量的专业工作队而进行的流水施工，也称为加快的成倍节拍流水施工。

2) 异步距异节奏流水施工，它是指在组织异节奏流水施工时，每个施工过程成立一个专业工作队，由其完成各施工段任务的流水施工，也称为一般的成倍节拍流水施工。

非节奏流水施工是指在组织流水施工时，全部或部分施工过程在各个施工段上的流水节拍不相等的流水施工。

3. 等节奏流水施工（亦称固定节拍流水施工）

等节奏流水施工的特点是：所有施工过程在各个施工段上的流水节拍均相等；相邻施工过程的流水步距相等且等于流水节拍即 $K = t_{j,i}$，专业工作队数等于施工过程数，各个专业工作队在各施工段上能够连续作业，施工段之间没有空闲时间。其流水工期为：

$$T = (mj + n - 1)K + \Sigma G_1 + \Sigma Z_1 - \Sigma C \qquad (14\text{-}4\text{-}2)$$

式中，j 为施工层数；ΣG_1、ΣZ_1 分别为一个施工层内各施工过程之间技术间歇、组织间歇时间之和。

例如，某现浇钢筋混凝土柱，分为 4 个流水施工段，柱施工过程为三个：扎筋、支模和浇混凝土，其流水节拍均为 2 天，其施工进度计划的横道图、垂直图分别见图 14-4-1 (a)、(b)。

4. 等步距异节奏流水（亦称加快的成倍节拍流水）

加快的成倍节拍流水的特征为：

图 14-4-1　等节奏流水施工进度
(a) 横道间；(b) 垂直图

(1) 同一施工过程在其各个施工段上的流水节拍均相等；不同施工过程的流水节拍不等，但其值为倍数关系。

(2) 相邻专业工作队的流水步距相等，且等于流水节拍的最大公约数（K）。

(3) 专业工作队数大于施工过程数，即有的施工过程只成立一个专业工作队，而对于流水节拍大的施工过程，可按其倍数增加相应专业工作队数目，各施工过程的专业工作队数目 $b_i=t_i/K$，总的专业工作队数 $n'=\Sigma b_i$。

(4) 各个专业工作队在施工段上能够连续作业，施工段之间没有空闲时间。

其流水施工工期为：

$$T=(mj+n'-1)K+\Sigma G_1+\Sigma Z_1-\Sigma C \tag{14-4-3}$$

例如，某现浇钢筋混凝土梁，划分为 4 个流水施工段，梁施工过程为三个：支模、扎筋和浇混凝土，其节拍分别为 2d、4d 和 2d，组织为加快的成倍节拍流水施工，其施工工期的计算为：

$K=$最大公约数（2，4，2）$=2$d，支模队数：$b_1=2/2=1$ 个，扎筋队数：$b_2=4/2=2$ 个；浇混凝土：$b_3=2/2=1$ 个，总队数 $n'=1+2+1=4$ 个，则 $T=(4\times1+4-1)\times2+0+0-0=14$d，其施工进度计划见图 14-4-2。

图 14-4-2　加快的成倍节拍流水施工进度
(a) 横道图；(b) 垂直图

5. 非节奏流水施工

非节奏流水施工的特点是：各施工过程在各施工段的流水节拍不全相等；相邻施工过程的流水步距不尽相等；专业工作队数等于施工过程数；各专业工作队能够在施工段上连续作业，但有的施工段之间可能有空闲时间。在非节奏流水施工中，通常采用累加数列错位相减取大差法计算流水步距，其步骤如下：

(1) 对每一个施工过程在各施工段上的流水节拍依次累加，求得各施工过程流水节拍的累加数列；

(2) 将相邻施工过程流水节拍累加数列中的后者错后一位，相减后求得一个差数列；

(3) 在差数列中取最大值，即为过两个相邻施工过程的流水步距。

其流水施工工期为：

$$T=\Sigma K+\Sigma t_n+\Sigma G_1+\Sigma Z_1-\Sigma C \tag{14-4-4}$$

式中，ΣK 为各施工过程（或专业工作队）之间流水步距之和；Σt_n 为最后一个施工过程（或专业工作队）在各施工段流水节拍之和。

【例 14-4-6】（历年真题）在有关流水施工的概念中，下列正确的是：
A. 对于非节奏专业流水施工，工作队在相邻施工段上的施工可以间断
B. 节奏专业流水的重直进度图表中，各个施工相邻过程的施工进度线是相互平行的
C. 在组织搭接施工时，应先计算相邻施工过程的流水步距
D. 对于非节奏专业流水施工，各施工段上允许出现暂时没有工作队投入施工的现象

【解答】 根据非节奏流水施工的特点，D 项正确，应选 D 项。

例如，某大型建筑物筏形基础施工划分为 4 个施工段，其施工过程为：扎筋、支模和浇混凝土，其施工节拍见表 14-4-1，确定其流水施工工期。

各施工段的流水节拍（d） 表 14-4-1

施工过程 \ 施工段	①	②	③	④
扎筋	2	3	2	2
支模	4	4	2	3
浇混凝土	2	3	2	2

第一步：依次计算各施工过程流水节拍的累加数列：
扎筋：2，5，7，9
支模：4，8，10，13
浇混凝土：2，5，7，9

第二步：采用"累加数列错位相减取大差法"求流水步距：

$$\begin{array}{r} 2, \quad 5, \quad 7, \quad 9 \\ -) \quad\quad 4, \quad 8, \quad 10, \quad 13 \\ \hline 2, \quad 1, \quad -1, \quad -1, \quad -13 \end{array}$$

$$K_{1,2} = \max\{2, 1, -1, -1, -13\} = 2$$

$$\begin{array}{r} 4, \quad 8, \quad 10, \quad 13 \\ -) \quad\quad 2, \quad 5, \quad 7, \quad 9 \\ \hline 4, \quad 6, \quad 5, \quad 6, \quad -9 \end{array}$$

$$K_{2,3} = \max(4, 6, 5, 6, -9) = 6$$

$$T = \Sigma K + \Sigma t_n = 2 + 6 + (2 + 3 + 2 + 2) = 17d$$

绘制其施工进度计划见图 14-4-3。

6. 一般的搭接施工

在施工中，为了防止窝工，通常可采用加强作业调度或安排缓冲工程进行调剂，以解

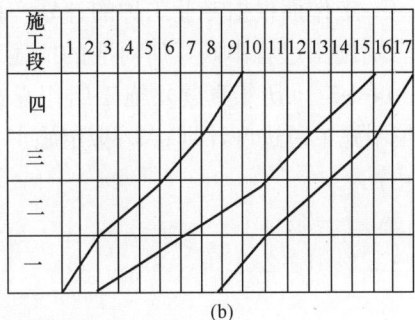

图 14-4-3 非节奏流水施工进度计划
(a) 横道图；(b) 垂直图

决各主要工种施工过程的连续性。因此，工地上习惯地把这种施工过程有间断的搭接施工也看作是流水施工。一般的搭接施工的特点在于充分利用工作空间，各个施工过程在同一个施工段上的工作，仍是依次按合理的工艺顺序连续施工，它可以使单位工程的工期缩短。因此，搭接施工不需要计算相邻施工过程的步距，而是以工艺顺序先后为依据，前者完成，后者开始，依次开展。

习 题

14-4-1 （历年真题）在单位工程施工平面图设计中应该首先考虑的内容为：
A. 工人宿舍 B. 垂直运输机械
C. 仓库和堆场 D. 场地道路

14-4-2 （历年真题）下列关于单位工程施工流向安排的表述不正确的是：
A. 对技术简单、工期较短的分部分项工程一般优先施工
B. 室内装饰工程一般有自上而下、自下而上及自中而下再自上而中三种流向
C. 当有高低跨并列时，一般应从低跨向高跨处吊装
D. 室外装饰工程一般应遵循自上而下的流向

14-4-3 （历年真题）某工程各施工过程在施工段上的流水节拍见下表，则该工程的工期是：

n \ m	I	II	III
A	3	2	2
B	4	4	3
C	5	4	4

A. 13d B. 17d C. 20d D. 21d

14-4-4 （历年真题）下列关于工作面的说法，不正确的是：
A. 工作面是指安排专业工人进行操作或者布置机械设备进行施工所需的活动空间

B. 最小工作面所对应安排的施工人数和机械数量是最少的
C. 工作面根据专业工种的计划产量定额、操作规程和安全施工技术规程确定
D. 施工过程不同，所对应的描述工作面的计量单位不一定相同

14-4-5 （历年真题）施工组织总设计的编制，需要进行：1. 编制资源需求量计划；2. 编制施工总进度计划；3. 拟定施工方案等多项工作。仅就上述三项工作而言，其正确的顺序为：

A. 1—2—3　　　　　　　　　　B. 2—3—1
C. 3—1—2　　　　　　　　　　D. 3—2—1

第五节　网络计划技术

工程网络计划有双代号网络计划、单代号网络计划、双代号时标网络计划和单代号搭接网络计划等。

一、双代号网络图

1. 基本概念与绘图规则

（1）基本概念

双代号网络图是以箭线及其两端节点的编号表示工作的网络图。

在双代号网络图中，工作应以箭线表示（图 14-5-1）。箭线应画成水平直线、垂直直线或折线，水平直线投影的方向应自左向右。工作名称应标注在箭线上方，持续时间应标注在箭线下方（图 14-5-2）。

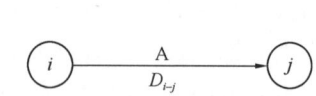

图 14-5-1　双代号网络图　　　　　图 14-5-2　双代号网络图工作表示方法
①，②，③，④，⑤，⑥—网络图的节点；　　　A—工作；D_{i-j}—持续时间
A，B，C，D，E，F—工作

双代号网络图的节点应用圆圈表示，并应在圆圈内编号。节点编号顺序应从左至右、从小到大，可不连续，但严禁重复。其中，起点节点是网络图的第一个节点，表示一项任务（或工作）的开始；终点节点则表示一项任务（或工作）的完成。

在双代号网络图中，一项工作应只有唯一的一条箭线和相应的一对节点编号，箭尾的节点编号应小于箭头的节点编号。

虚工作是指既不耗用时间，也不耗用资源的虚拟的工作，它表示前后工作之间的逻辑关系，用虚箭线表示。如图 14-5-1 中节点③到节点④为虚工作。

逻辑关系是指网络图中工作之间相互制约或相互依赖的关系，它包括工艺关系和组织关系，在网络图中均应表现为工作之间的先后顺序。

紧前工作是指紧排在本工作之前的工作；紧后工作是指紧排在本工作之后的工作。

线路是指网络图中从起点节点开始，沿箭线方向连续通过一系列箭线（或虚箭线）与节点，最后达到终点节点所经过的通路。

(2) 绘图规则

1) 网络图应正确表达工作之间已定的逻辑关系。

2) 网络图中，不得出现回路。

3) 网络图中，不得出现带双向箭头或无箭头的连线。

4) 网络图中，不得出现没有箭头节点或没有箭尾节点的箭线。

5) 当双代号网络图的起点节点有多条外向箭线或终点节点有多条内向箭线时，对起点节点和终点节点可使用母线法绘图（图 14-5-3）。

6) **绘制网络图时，箭线不宜交叉；当交叉不可避免时，可用过桥法、断线法或指向法**（图 14-5-4）。

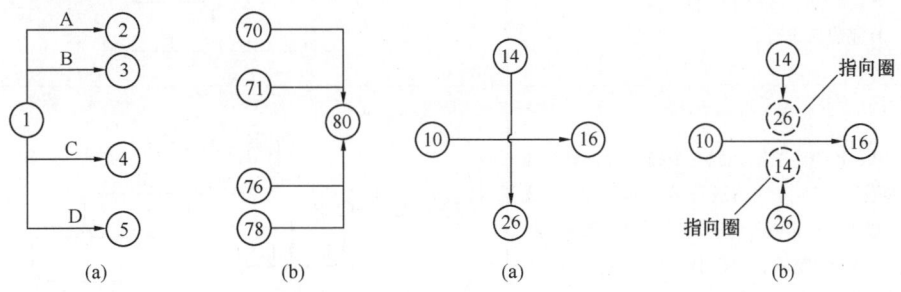

图 14-5-3　母线法绘制

图 14-5-4　箭线交叉的表示方法
(a) 过桥法；(b) 指向法

网络图中常见的各种工作逻辑关系的表示方法见表 14-5-1。

网络图中常见的各种工作逻辑关系的表示方法　　表 14-5-1

序号	工作之间的逻辑关系	网络图中的表示方法
1	A 完成后进行 B 和 C	
2	A、B 均完成后进行 C	
3	A、B 均完成后同时进行 C 和 D	

续表

序号	工作之间的逻辑关系	网络图中的表示方法
4	A 完成后进行 C A、B 均完成后进行 D	
5	A、B 均完成后进行 D A、B、C 均完成后进行 E D、E 均完成后进行 F	
6	A 完成后进行 C A、B 均完成后进行 D B 完成后进行 E	
7	A、B 两项工作分成三个施工段，分段流水施工：A_1 完成后进行 A_2、B_1，A_2 完成后进行 A_3，A_2、B_1 均完成后进行 B_2，A_3、B_2 均完成后进行 B_3	有两种表示方法

2. 双代号网络计划的时间参数计算

双代号网络计划时间参数计算的目的在于通过计算各项工作的时间参数，确定网络计划的关键工作、关键线路和计算工期，为网络计划的优化、调整和执行提供明确的时间参数。双代号网络计划时间参数的计算方法很多，常用方法有按工作计算法和按节点计算法两种。以下仅介绍按工作计算法。

(1) 时间参数的概念

1) 工作持续时间 (D_{i-j})：是指一项工作从开始到完成的时间。

2) 工期 (T)：指完成任务所需要的时间，一般有以下三种：

① 计算工期，根据网络计划时间参数计算出来的工期，用 T_c 表示。

② 要求工期，任务委托人所要求的工期，用 T_r 表示。

③ 计划工期，根据要求工期和计算工期所确定的作为实施目标的工期，用 T_p 表示。

网络计划的计划工期 T_p 应按下列情况分别确定：

当已规定了要求工期 T_r 时：$T_p \leqslant T_r$；

当未规定要求工期时，可令计划工期等于计算工期：$T_p = T_c$。

3) 网络计划中工作的六个时间参数

① 最早开始时间 (ES_{i-j}，ES 是 Early Start 的第一个字母)：是指在各紧前工作全部完成后，工作 i-j 有可能开始的最早时刻。

② 最早完成时间 (EF_{i-j})：是指在各紧前工作全部完成后，工作 i-j 有可能完成的最

早时刻。

③ 最迟开始时间（LS_{i-j}）：是指在不影响整个任务按期完成的前提下，工作 i-j 必须开始的最迟时刻。

④ 最迟完成时间（LF_{i-j}）：是指在不影响整个任务按期完成的前提下，工作 i-j 必须完成的最迟时刻。

⑤ 总时差（TF_{i-j}）：是指在不影响总工期的前提下，工作 i-j 可以利用的机动时间。

⑥ 自由时差（FF_{i-j}）：是指在不影响其紧后工作最早开始的前提下，工作 i-j 可以利用的机动时间。

按工作计算法计算网络计划中各时间参数，其计算结果应标注在箭线之上，如图 14-5-5 所示。

图 14-5-5　按工作计算法的标注内容

(2) 双代号网络计划时间参数计算

1) 工作最早开始时间的计算如下：

工作 i-j 的最早开始时间（ES_{i-j}）应从网络计划的起点节点开始顺着箭线方向依次逐项计算。

以起点节点 i 为箭尾节点的工作 i-j，当未规定其最早开始时间时应按下式计算：

$$ES_{i-j} = 0 \qquad (14\text{-}5\text{-}1)$$

其他工作的最早开始时间（ES_{i-j}）应按下式计算：

$$ES_{i-j} = \max(ES_{h-i} + D_{h-i}) \qquad (14\text{-}5\text{-}2)$$

式中，D_{h-i} 为工作 i-j 的各项紧前工作 h-i 的持续时间；ES_{h-i} 为工作 i-j 的各项紧前工作 h-i 的最早开始时间。

2) 工作 i-j 的最早完成时间（EF_{i-j}）应按下式计算：

$$EF_{i-j} = ES_{i-j} + D_{i-j} \qquad (14\text{-}5\text{-}3)$$

3) 网络计划的计算工期（T_c）应按下式计算：

$$T_c = \max(EF_{i-n}) \qquad (14\text{-}5\text{-}4)$$

式中，EF_{i-n} 为以终点节点（$j=n$）为箭头节点的工作 i-n 的最早完成时间。

当无要求工期的限制时，取计划工期等于计算工期，即 $T_p = T_c$。

4) 工作最迟完成时间的计算如下：

工作 i-j 的最迟完成时间（LF_{i-j}）应从网络计划的终点节点开始，逆着箭线方向依次逐项计算。

以终点节点（$j=n$）为箭头节点的工作，最迟完成时间（LF_{i-n}）应按下式计算：

$$LF_{i-n} = T_p \qquad (14\text{-}5\text{-}5)$$

其他工作的最迟完成时间（LF_{i-j}）应按下式计算：

$$LF_{i-j} = \min(LF_{j-k} - D_{j-k}) \qquad (14\text{-}5\text{-}6)$$

式中，LF_{j-k} 为工作 i-j 的各项紧后工作 j-k 的最迟完成时间；D_{j-k} 为工作 i-j 的各项紧后工作 j-k 的持续时间。

5) 工作 i-j 的最迟开始时间（LS_{i-j}）应按下式计算：

$$LS_{i\text{-}j} = LF_{i\text{-}j} - D_{i\text{-}j} \tag{14-5-7}$$

6) 工作 i-j 的总时差（$TF_{i\text{-}j}$）应按下列公式计算：

$$TF_{i\text{-}j} = LS_{i\text{-}j} - ES_{i\text{-}j} \tag{14-5-8}$$

或

$$TF_{i\text{-}j} = LF_{i\text{-}j} - EF_{i\text{-}j} \tag{14-5-9}$$

7) 工作 i-j 的自由时差（$FF_{i\text{-}j}$）的计算如下：

当工作 i-j 有紧后工作 j-k 时，其自由时差应按下式计算：

$$FF_{i\text{-}j} = \min(ES_{j\text{-}k}) - EF_{i\text{-}j} \tag{14-5-10}$$

式中，$ES_{j\text{-}k}$ 为工作 i-j 的紧后工作 j-k 的最早开始时间。

以终点节点（$j=n$）为箭头节点的工作，其自由时差应按下式计算：

$$FF_{i\text{-}n} = T_p - EF_{i\text{-}n} \tag{14-5-11}$$

8) 关键工作与关键线路

关键工作是指网络计划中机动时间最少的工作或总时差最少的工作。

关键线路是指由关键工作组成的线路或总持续时间最长的线路。

例如，某双代号网络图见图14-5-6，确定各工作的六个时间参数。

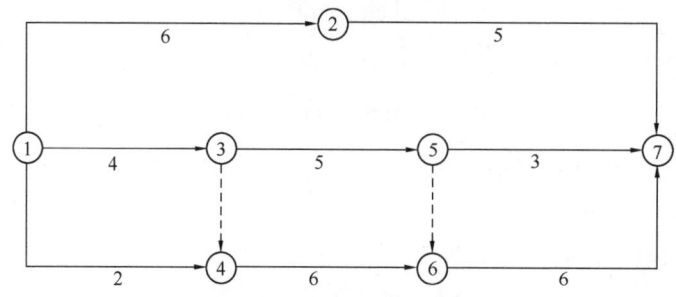

图 14-5-6 双代号网络计划

根据上述计算的程序及计算公式，其计算结果见图14-5-7，其中，③-⑤工作的自由时差为：$FF_{3\text{-}5} = \min(ES_{5\text{-}7} - EF_{3\text{-}5}, ES_{6\text{-}7} - EF_{3\text{-}5}) = \min(9-9, 10-9) = 0$；关键线路为：①-③-④-⑥-⑦，用双箭线表示。

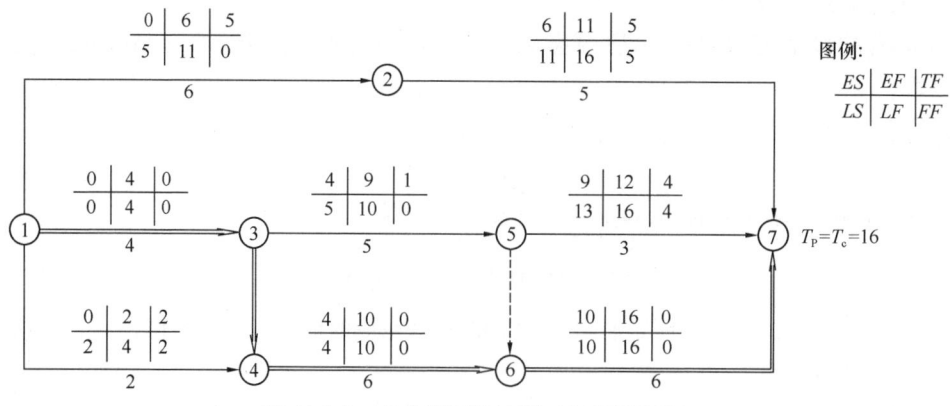

图 14-5-7 双代号网络计划（六时标注法）

【例 14-5-1】（历年真题）以下关于工程网络计划中的关键工作的说法中，不正确的是：
A. 总时差为 0 的工作为关键工作
B. 关键路线上不能有虚工作
C. 关键路线上的工作，其总持续时间为最长
D. 关键路线上的工作都是关键工作

【解答】 根据关键工作的定义，A、C、D 项均正确。关键路线上可能有虚工作，选 B 项。

【例 14-5-2】（历年真题）某工作最早完成时间与其所有紧后工作的最早开始时间之差中的最小值，称为：
A. 总时差　　　　B. 自由时差　　　　C. 虚工作　　　　D. 时间间隔

【解答】 某工作最早完成时间与其所有紧后工作的最早开始时间之差中的最小值，称为自由时差，应选 B 项。

【例 14-5-3】（历年真题）某项工作有 3 项紧后工作，其持续时间分别为 4d、5d、6d，其最迟完成时间分别为第 18、16、14 天末，本工作的最迟完成时间是第几天末？
A. 14　　　　B. 11　　　　C. 8　　　　D. 6

【解答】 某项工作的紧后工作的最迟开始时间 $LS_i = LF_i - D_i$，分别为：
$$LS_1 = 18 - 4 = 14d, LS_2 = 16 - 5 = 11d, LS_3 = 14 - 6 = 8d$$
可知，本项工作的最迟完成时间是：min（14，11，8）＝8d
应选 C 项。

【例 14-5-4】（历年真题）某工作 A 持续时间为 5d，最早可能开始时间为 3d，该工作有三个紧后工作 B、C、D 的持续时间分别为 4d、3d、6d，最迟完成时间分别是 15d、16d、18d，则该工作 A 的总时差是：
A. 3d　　　　B. 4d　　　　C. 5d　　　　D. 6d

【解答】 工作 A 的紧后工作的最迟开始时间 $LS_i = LF_i - D_i$，分别为：
$$LS_1 = 15 - 4 = 11d, LS_2 = 16 - 3 = 13d, LS_3 = 18 - 6 = 12d$$
工作 A 的最迟完成时间 $LS_A = \min(11,13,12) = 11d$
工作 A 的最早完成时间 $EF_A = 3 + 5 = 8d$
工作 A 的总时差 $= LS_A - EF_A = 11 - 8 = 3d$，应选 A 项。

二、单代号网络图

1. 基本概念与绘图规则

单代号网络图是以节点及其编号表示工作，以箭线表示工作之间逻辑关系的网络图，并在节点中加注工作代号、名称和持续时间，以形成单代号网络计划，见图 14-5-8。单代号网络图中的每一个节点表示一项工作，节点宜用圆圈或矩形表示，见图 14-5-9。

图 14-5-8　单代号网络计划图　　　图 14-5-9　单代号网络图工作的表示方法
（a）圆节点表示注；(b) 矩形节点表示法

单代号网络图的绘图规则与双代号网络图的绘图规则基本相同,主要区别在于:当网络图中有多项开始工作时,应增设一项虚拟的工作(St),作为该网络图的起点节点;当网络图中有多项结束工作时,应增设一项虚拟的工作(Fin),作为该网络图的终点节点。

例如前面表 14-5-1 中序号 1 的单代号网络图见图 14-5-10;表 14-5-1 中序号 2 的单代号网络图见图 14-5-11;表 14-5-1 中序号 6 的单代号网络图见图 14-5-12。

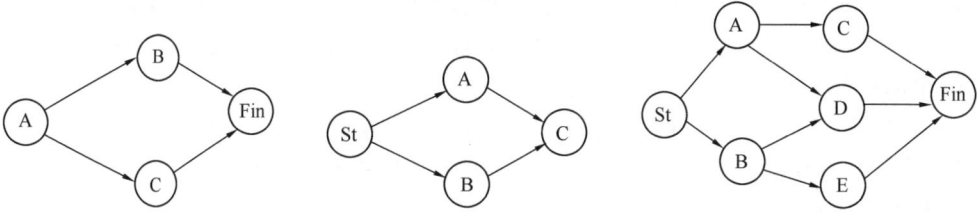

图 14-5-10 序号 1 的单代号网络图　　图 14-5-11 序号 2 的单代号网络图　　图 14-5-12 序号 6 的单代号网络图

2. 单代号网络计划的时间参数计算

单代号网络计划的时间参数应分别标注,见图 14-5-13。

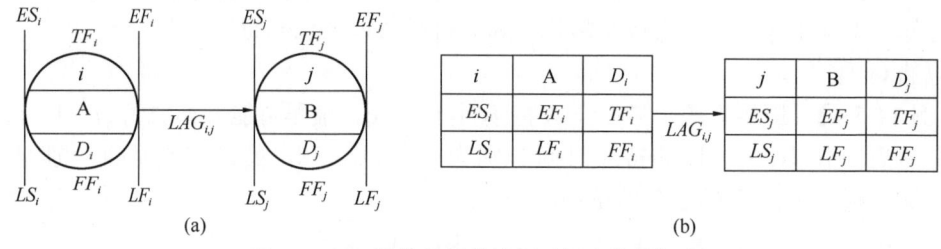

图 14-5-13 单代号网络计划时间参数的标注
(a) 时间参数标注形式一; (b) 时间参数标注形式二
i、j—节点编号; A、B—工作; D_i、D_j—持续时间;
ES_i、ES_j—最早开始时间; EF_i、EF_j—最早完成时间;
LS_i、LS_j—最迟开始时间; LF_i、LF_j—最迟完成时间;
TF_i、TF_j—总时差; FF_i、FF_j—自由时差; $LAG_{i,j}$—间隔时间

(1) 时间参数的计算

1) 工作最早开始时间的计算如下:

工作 i 的最早开始时间(ES_i)应从网络计划的起点节点开始顺着箭线方向依次逐项计算。

当起点节点 i 的最早开始时间(ES_i)无规定时,应按下式计算:

$$ES_i = 0 \qquad (14\text{-}5\text{-}12)$$

其他工作 i 的最早开始时间(ES_i)应按下式计算:

$$ES_i = \max(ES_h + D_h) = \max(EF_h) \qquad (14\text{-}5\text{-}13)$$

式中,D_h、ES_h、EF_h 分别为工作 i 的各项紧前工作 h 的持续时间、最早开始时间、最早完成时间。

2) 工作最早完成时间(EF_i)应按下式计算:

$$EF_i = ES_i + D_i \qquad (14\text{-}5\text{-}14)$$

3) 网络计划计算工期（T_c）应按下式计算：
$$T_c = EF_n \tag{14-5-15}$$
式中，EF_n 为终点节点 n 的最早完成时间。

当未规定要求工期时，令：$T_p = T_c$。

4) 工作最迟完成时间的计算如下：

终点节点所代表的工作 n 的最迟完成时间（LF_n）应按下式计算：
$$LF_n = T_p \tag{14-5-16}$$
其他工作 i 的最迟完成时间（LF_i）应按下列公式计算：
$$LF_i = \min(LS_j) \tag{14-5-17}$$
式中，LS_j 为工作 i 的各项紧后工作 j 的最迟开始时间。

5) 工作 i 的最迟开始时间（LS_i）应按下列公式计算：
$$LS_i = LF_i - D_i \tag{14-5-18}$$

6) 相邻两项工作 i 和 j 之间的间隔时间（$LAG_{i,j}$）的计算如下：

当终点节点为虚拟节点时，其间隔时间应按下式计算：
$$LAG_{i,n} = T_p - EF_i \tag{14-5-19}$$
其他节点之间的间隔时间应按下式计算：
$$LAG_{i,j} = ES_j - EF_i \tag{14-5-20}$$

7) 工作总时差的计算如下：

工作 i 的总时差（TF_i）应从网络计划的终点节点开始，逆着箭线方向依次逐项计算。

终点节点所代表工作 n 的总时差（TF_n）应按下式计算：
$$TF_n = T_p - EF_n \tag{14-5-21}$$
其他工作 i 的总时差（TF_i）应按下式计算：
$$TF_i = \min(TF_j + LAG_{i,j}) \tag{14-5-22}$$

8) 工作自由时差的计算如下：

终点节点所代表的工作 n 的自由时差（FF_n）应按下式计算：
$$FF_n = T_p - EF_n \tag{14-5-23}$$
其他工作 i 的自由时差（FF_i）应按下式计算：
$$FF_i = \min(LAG_{i,j}) \tag{14-5-24}$$

(2) 关键线路

总时差最小的工作为关键工作。由关键工作组成且关键工作之间的间隔时间为零的线路或总持续时间最长的线路为关键线路。

【例14-5-5】（历年真题）下列关于单代号网络图表述正确的是：
A. 箭线表示工作及其进行的方向，节点表示工作之间的逻辑关系
B. 节点表示工作，箭线表示工作进行的方向
C. 节点表示工作，箭线表示工作之间的逻辑关系
D. 箭线表示工作及其进行的方向，节点表示工作的开始或结束

【解答】单代号网络图中节点表示工作，箭线表示工作之间的逻辑关系，应选 C 项。

三、双代号时标网络计划

双代号时标网络计划是以时间坐标单位为尺度，表示箭线长度的双代号网络计划。

1. 基本规定

双代号时标网络计划应以水平时间坐标为尺度表示工作时间，时标的时间单位应根据需要在编制网络计划之前确定，可为小时、天、周、旬、月、季或年。

双代号时标网络计划应以实箭线表示工作，以虚箭线表示虚工作，以波形线表示工作的自由时差。

双代号时标网络计划中所有符号在时间坐标上的水平投影位置，都必须与其时间参数相对应。节点中心必须对准相应的时标位置。虚工作必须以垂直方向的虚箭线表示，有自由时差时应用波形线表示。

双代号时标网络计划的编制规定如下：

(1) 双代号时标网络计划宜按最早时间编制。

(2) 编制双代号时标网络计划之前，应先按已确定的时间单位绘出时标计划表。时标可标注在时标计划表的顶部或底部。时标的长度单位必须注明。可在顶部时标之上或底部时标之下加注日历的对应时间。

(3) 可采用间接法或直接法绘制时标网络计划。

2. 时间参数的确定

计算工期应为计算坐标体系中终点节点与起点节点所在位置的时标值之差。

按最早时间绘制的双代号时标网络计划，箭尾节点中心所对应的时标值为工作的最早开始时间；当箭线不存在波形线时，箭头节点中心所对应的时标值为工作的最早完成时间；当箭线存在波形线时，箭线实线部分的右端点所对应的时标值为工作的最早完成时间。

工作的自由时差应为工作的箭线中波形线部分在坐标轴上的水平投影长度。

工作总时差的计算应自右向左进行，并应符合下列规定：

以终点节点（$j=n$）为箭头节点的工作，总时差（TF_{i-j}）应按下式计算：

$$TF_{i-n} = T_p - EF_{i-n} \qquad (14\text{-}5\text{-}25)$$

其他工作 $i\text{-}j$ 的总时差应按下式计算：

$$TF_{i-j} = \min(TF_{j-k} + FF_{i-j}) \qquad (14\text{-}5\text{-}26)$$

式中，TF_{j-k} 为工作 $i\text{-}j$ 的紧后工作 $j\text{-}k$ 的总时差。

工作的最迟开始时间和最迟完成时间，应按下列公式计算：

$$LS_{i-j} = ES_{i-j} + TF_{i-j} \qquad (14\text{-}5\text{-}27)$$

$$LF_{i-j} = EF_{i-j} + TF_{i-j} \qquad (14\text{-}5\text{-}28)$$

例如，将前面双代号网络计划图 14-5-6 用双代号时标网络计划表达，见图 14-5-14。由图 14-5-14，可直接确定下列时间参数：

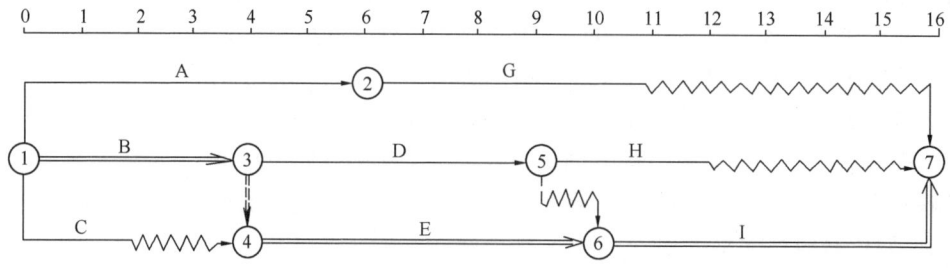

图 14-5-14 双代号时标网络计划

计算工期 $T_c=16d$，工作 D 的最早开始时间为第 4 天，最早完成时间为第 9 天，其自由时差为 0；工作 G 的最早开始时间为第 6 天，最早完成时间为第 11 天，其自由时差为波形线长度即 4 天。同理，其他工作的最早开始时间、最早完成时间、自由时差均可直接由图确定。各工作的工作总时差、最迟开始时间和最迟完成时间按公式计算得到。

【例 14-5-6】（历年真题）在双代号时标网络计划中，若某项工作的箭线上没有波形线，则说明该工作：

A. 为关键工作　　　　　　　　B. 自由时差为 0
C. 总时差等于自由时差　　　　D. 自由时差不超过总时差

【解答】此时，说明该工作的自由时差为 0，但不一定是关键工作，应选 B 项。

四、网络计划的优化

网络计划的优化是指在一定约束条件下，按既定目标对网络计划进行不断改进，以寻求满意方案的过程。根据优化目标的不同，网络计划的优化可分为工期优化、费用优化和资源优化三种。

1. 工期优化

当计算工期超过要求工期时，可通过压缩关键工作的持续时间来满足工期要求。

工期优化的计算，应按下列步骤进行：

（1）计算并找出初始网络计划的计算工期、关键工作及关键线路；

（2）按要求工期计算应缩短的时间；

（3）确定各关键工作能缩短的持续时间；

（4）选择缩短持续时间的关键工作，压缩持续时间，并重新计算网络计划的计算工期。当被压缩的关键工作变成了非关键工作，则应延长其持续时间，使之仍为关键工作；

（5）当计算工期仍超过要求工期时，则重复上述(1)~(4)的步骤，直到满足工期要求或工期已不能再缩短为止；

（6）当所有关键工作的持续时间都已达到其能缩短的极限而工期仍不能满足要求时，应对计划的技术方案、组织方案进行调整或对要求工期重新审定。

在选择缩短持续时间的关键工作时，应优先考虑有作业空间、充足备用资源和增加费用最小的工作，以及缩短持续时间对质量和安全影响不大的工作。

2. 资源优化

资源是指为完成一项计划任务所需投入的人力、材料、机械设备和资金等。完成一项工程任务所需要的资源量基本上是不变的，不可能通过资源优化将其减少。资源优化的目的是通过改变工作的开始时间和完成时间，使资源按照时间的分布符合优化目标。

资源优化的前提条件是：

① 在优化过程中，不改变网络计划中各项工作之间的逻辑关系。
② 在优化过程中，不改变网络计划中各项工作的持续时间。
③ 网络计划中各项工作的资源强度（单位时间所需资源数量）为常数，而且是合理的。
④ 除规定可中断的工作外，一般不允许中断工作，应保持其连续性。

（1）"资源有限，工期最短"的优化

它是通过调整计划安排，在满足资源限制条件下，使工期延长最少的过程，其优化的步骤如下：

1) 按最早开始时间安排进度计划，计算网络计划每个时间单位的资源需用量。

2) 从计划开始日期起，逐个检查每个时段的资源需用量是否超过所能供应的资源限量。如果在整个工期范围内每个时段的资源需用量均能满足资源限量的要求，则可行优化方案就编制完成。否则，必须转入下一步进行计划的调整。

3) 分析超过资源限量的时段。如果在该时段内有几项工作平行作业，则采取将一项工作安排在与之平行的另一项工作之后进行的方法，以降低该时段的资源需用量。例如，两项平行作业的工作 m 和工作 i，为了降低相应时段的资源需用量，现将工作 i 安排在工作 m 之后进行，如图 14-5-15 所示，网络计划工期延长值 $\Delta T_{m,i}$ 为：

$$\Delta T_{m,i} = EF_m + D_i - LF_i = EF_m - (LF_i - D_i) = EF_m - LS_i \quad (14\text{-}5\text{-}29)$$

当 $\Delta T_{m,i} > 0$ 时，表明工期将延长，其延长值为 $\Delta T_{m,i}$。

当 $\Delta T_{m,i} \leqslant 0$ 时，表明工期不受影响。

在有资源冲突的时段中，对平行作业的工作进行两两排序，即可得出若干个 $\Delta T_{m,i}$，选择其中最小的 $\Delta T_{m,i}$，将相应的工作 i 安排在工作 m 之后进行，既可降低该时段的资源需用量，又使网络计划的工期延长最短或不延长。

图 14-5-15 "资源有限，工期最短"的优化

4) 对调整后的网络计划安排重新计算每个时间单位的资源需用量。

5) 重复上述 2)~4)，直至网络计划整个工期范围内每个时间单位的资源需用量均满足资源限量为止。

【例 14-5-7】（历年真题）进行网络计划"资源有限，工期最短"优化时，前提条件不包括：

A. 任何工作不得中断

B. 网络计划一经确定，在优化过程中不得改变各工作的持续时间

C. 各工作每天的资源需要量为常数，而且是合理的

D. 在优化过程中不得改变网络计划的逻辑关系

【解答】其前提条件包括 B、C、D 项，不包括 A 项，应选 A 项。

【例 14-5-8】（历年真题）进行资源有限工期最短优化时，当将某工作移出超过限量的资源时段后，计算发现工期增加 Δ 小于零，以下说明正确的是：

A. 总工期不变
B. 总工期会缩短
C. 总工期会延长
D. 这种情况不会出现

【解答】此时，工期增加 Δ<0，说明超过资源限量而调整移动的工作为非关键工作，故总工期不变。

(2) "工期固定，资源均衡"的优化

它是通过调整计划安排，在工期保持不变的条件下，使资源需用量不出现过多的高峰和低谷，即尽可能均衡的过程。它的优化可用削高峰法，利用时差降低资源高峰值，其步骤如下：

1) 计算网络计划各个时段的资源需用量。
2) 确定削高峰目标，其值等于各个时段资源需用量的最大值减去一个单位资源量。
3) 找出高峰时段的最后时间（T_h）及相关工作的最早开始时间（$ES_{i\text{-}j}$ 或 ES_i）和总时差（$TF_{i\text{-}j}$ 或 TF_i）。
4) 按下列公式计算有关工作的时间差值：

双代号网络计划：

$$\Delta T_{i\text{-}j} = TF_{i\text{-}j} - (T_h - ES_{i\text{-}j}) \tag{14-5-30}$$

单代号网络计划：

$$\Delta T_i = TF_i - (T_h - ES_i) \tag{14-5-31}$$

应优先以时间差值最大的工作（i'-j' 或 i'）为调整对象，令 $ES_{i'\text{-}j'} = T_h$ 或 $ES_{i'} = T_h$。

5) 当峰值不能再减少时，即得到优化方案。否则，重复 1)～4) 的步骤。

3. **费用优化（亦称工期-费用优化）**

工程费用是由直接费和间接费组成，直接费由人工费、材料费、施工机具使用费、措施费及现场经费等组成。直接费会随着工期的缩短而增加。间接费包括企业经营管理的全部费用，一般会随着工期的缩短而减少。工程费用与工期的关系如图 14-5-16 所示。

图 14-5-16　费用-工期曲线
T_L—最短工期；T_O—最优工期；
T_N—正常工期

直接费用率是指工作持续时间每缩短单位时间而增加的直接费，按下式计算：

$$\Delta C_{i\text{-}j} = \frac{CC_{i\text{-}j} - CN_{i\text{-}j}}{DN_{i\text{-}j} - DC_{i\text{-}j}} \tag{14-5-32}$$

式中，$\Delta C_{i\text{-}j}$ 为工作 i-j 的直接费用率；$CC_{i\text{-}j}$ 为工作 i-j 的持续时间缩短为最短持续时间后，完成该工作所需的直接费用；$CN_{i\text{-}j}$ 为在正常条件下，完成工作 i-j 所需直接费用；$DC_{i\text{-}j}$ 为工作 i-j 的最短持续时间；$DN_{i\text{-}j}$ 为工作 i-j 的正常持续时间。

工期-费用优化的步骤如下：

(1) 按工作的正常持续时间确定计算工期和关键线路。

(2) 计算各项工作的直接费用率。

(3) 当只有一条关键线路时，应找出直接费用率最小的一项关键工作，作为缩短持续时间的对象；当有多条关键线路时，应找出组合直接费用率最小的一组关键工作，作为缩短持续时间的对象。

(4) 对于选定的压缩对象（一项关键工作或一组关键工作），首先比较其直接费用率（或组合直接费用率）与工程间接费用率的大小：

1) 如果被压缩对象的直接费用率（或组合直接费用率）小于工程间接费用率，说明压缩关键工作的持续时间会使工程总费用减少，故应缩短关键工作的持续时间。

2) 如果被压缩对象的直接费用率（或组合直接费用率）等于工程间接费用率，说明压缩关键工作的持续时间不会使工程总费用增加，故应缩短关键工作的持续时间。

3) 如果被压缩对象的直接费用率（或组合直接费用率）大于工程间接费用率，说明压缩关键工作的持续时间会使工程总费用增加，此时应停止缩短关键工作的持续时间，在此之前的方案即为优化方案。

(5) 当需要缩短关键工作的持续时间时，其缩短值的确定必须符合下列两条原则：

1) 缩短后工作的持续时间不能小于其最短持续时间。

2) 缩短持续时间的工作不能变成非关键工作。

(6) 计算关键工作持续时间缩短后相应增加的总费用。

(7) 重复上述（3）～（6），直至计算工期满足要求工期或被压缩对象的直接费用率（或组合直接费用率）大于工程间接费用率为止。

(8) 计算优化后的工程总费用。

【例 14-5-9】（历年真题）对工程网络进行工期-成本优化的主要目的是：

A. 确定工程总成本最低时的工期

B. 确定工期最短时的工程总成本

C. 确定工程总成本固定条件下的最短工期

D. 确定工期固定下的最低工程成本

【解答】工期-成本优化的主要目的是确定工程总成本最低时的工期，应选 A 项。

【例 14-5-10】（历年真题）在进行网络计划的工期-费用优化时，如果被压缩对象的直接费用率等于工程间接费用率时：

A. 应压缩关键工作的持续时间

B. 应压缩非关键工作的持续时间

C. 停止压缩关键工作的持续时间

D. 停止压缩非关键工作的持续时间

【解答】此时，应压缩关键工作的持续时间，应选 A 项。

习　题

14-5-1　（历年真题）单代号网络图中，某工作最早完成时间与其紧后工作的最早开始时间之差为：

A. 总时起　　　　　　　　B. 自由时差

C. 虚工作　　　　　　　　D. 时间间隔

14-5-2　（历年真题）网络计划中的关键工作是：

A. 自由时差总和最大线路上的工作　　B. 施工工序最多线路上的工作

C. 总持续时间最短线路上的工作　　　D. 总持续时间最长线路上的工作

14-5-3　（历年真题）与工程网络计划方法相比，横道图进度计划方法的缺点是不能：

A. 直观表示计划中工作的持续时间　　B. 确定实施计划所需要的资源数量

C. 直观表示计划完成所需要的时间　　D. 确定计划中的关键工作和时差

14-5-4　（历年真题）下列关于网络计划的工期优化的表述不正确的是：

A. 一般通过压缩关键工作来实现

B. 可将关键工作压缩为非关键工作

C. 应优先压缩对成本、质量和安全影响小的工作

D. 当优化过程中出现多条关键线路时，必须同时压缩各关键线路的持续时间

14-5-5 （历年真题）某工程项目双代号网络计划中，混凝土浇捣工作 M 的最迟完成时间为第 25d，其持续时间为 6d。该工作共有三项紧前工作分别是钢筋绑扎、模板制作和预埋件安装，它们的最早完成时间分别为第 10 天、第 12 天和第 13 天，则工作 M 的总时差为：

A. 9d　　　　B. 7d　　　　C. 6d　　　　D. 10d

第六节　施　工　管　理

一、现场施工管理的内容及组织形式

1. 现场施工管理的内容

现场施工管理的内容包括：项目组织管理，施工进度管理，施工质量管理，施工成本管理，施工安全管理，施工资源管理，施工合同管理和工程验收管理等。

项目组织管理主要包括：施工现场平面布置管理，施工现场临时用电用水管理，环境保护管理（文明施工绿色施工），职业健康管理，施工现场消防管理和现场技术应用管理等。

2. 组织形式

施工管理的组织形式有下列三种：

(1) 线性组织结构

如图 14-6-1 所示，在线性组织结构中，每一个工作部门只能对其直接的下属部门下达工作指令，每一个工作部门也只有一个直接的上级部门，因此，每一个工作部门只有唯一的指令源，避免了由于矛盾的指令而影响组织系统的运行。

(2) 职能组织结构

如图 14-6-2 所示，在职能组织结构中，每一个职能部门可根据它的管理职能对其直接和非直接的下属工作部门下达工作指令，因此，每一个工作部门可能得到其直接和非直接的上级工作部门下达的工作指令，它就会有多个矛盾的指令源。一个工作部门的多个矛盾的指令源会影响组织的运行。

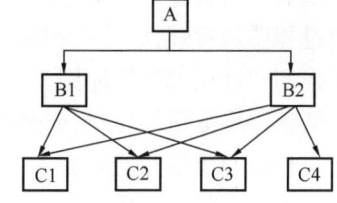

图 14-6-1　线性组织结构　　　　图 14-6-2　职能组织结构

(3) 矩阵组织结构

如图 14-6-3 所示，纵向职能工作部门可以是质量管理、合同管理、进度管理、成本管理等；横向可以是各子项目的项目经理部。在该结构中，每一项纵向和横向交汇的工作，其指令来自于纵向和横向两个工作部门，故指令源有两个。当纵向和横向工作部门的指令发生矛盾时，由该组织系统的最高指挥者，如图 14-6-3 中总经理进行协调或决策。

图 14-6-3 矩阵组织结构

为了避免此类情况,可以采用以纵向工作部门指令为主,或以横向工作部门指令为主的模式。矩阵组织结构适用于大型、复杂的施工项目。

二、技术管理

技术管理是指在施工过程中,对各项技术活动过程、技术工作的各种资源等进行管理。其中,技术管理制度是技术管理的重要内容,它具体包括:图纸学习与会审制度、施工组织设计管理制度、技术交底制度、技术复核与核定管理制度、材料设备检验制度、计量管理制度、质量检查与验收制度、施工技术工艺措施制度、技术资料管理制度,以及技术开发管理制度等。

三、全面质量管理

全面质量管理 TQC（Total Quality Control）,其基本原理就是强调在企业或组织最高管理者的质量方针指引下,实行全面、全过程和全员参与的质量管理。它的主要特点是:以顾客满意为宗旨;领导参与质量方针和目标的制定;提倡预防为主,科学管理,用数据说话等。工程项目（亦称建设项目）的质量管理应贯彻"三全"管理的思想和方法。

(1) 全面质量管理:它是指项目参与各方均应进行工程项目的质量管理,即对工程质量和工作质量的全面管理。

(2) 全过程质量管理:它是指根据工程质量的形成规律,进行工程建设的全过程的质量管理,即强调"过程方法"原则。

(3) 全员参与质量管理:按照全面质量管理的思想,施工单位内部的每个部门和工作岗位都承担着相应的质量职能,施工单位的最高管理者确定了质量方针和目标,就应组织和动员全体员工参与到实施质量方针的系统活动中去,发挥自己的角色作用。

全面质量管理的基本方法是 PDCA 循环,持续改进。PDCA 循环是:计划 P（Plan）、实施 D（Do）、检查 C（Check）和处理 A（Action）。

四、工程进度管理

工程进度管理是指对工程进度进行计划、组织、指挥、控制和协调,以实现工程项目按预定的时间动用或提前交付使用。工程进度控制是对进度计划的实施过程中经常检查实际进度是否按计划要求开展,对出现的偏差情况进行分析,采取纠偏措施或调整、修改原计划后再付诸实施，如此循环，直到工程竣工验收交付使用。上述循环过程体现了动态控制原理在工程进度控制中的运用。

1. 影响施工进度的因素

(1) 因发包人原因导致工期延误

在合同履行过程中，因下列情况导致工期延误和（或）费用增加的，由发包人（建设单位）承担由此延误的工期和（或）增加的费用，且发包人应支付承包人（施工单位）合理的利润：

1）发包人未能按合同约定提供图纸或所提供图纸不符合合同约定的；
2）发包人未能按合同约定提供施工现场、施工条件、基础资料，许可、批准等开工条件的；
3）发包人提供的测量基准点、基准线和水准点及其书面资料存在错误或疏漏的；
4）发包人未能在计划开工日期之日起7天内同意下达开工通知的；
5）发包人未能按合同约定日期支付工程预付款、进度款或竣工结算款的；
6）监理人未按合同约定发出指示、批准等文件的；
7）专用合同条款中约定的其他情形。

(2) 因承包人原因导致工期延误

因承包人原因造成工期延误的，可以在专用合同条款中约定逾期竣工违约金的计算方法和逾期竣工违约金的上限。承包人支付逾期竣工违约金后，不免除承包人继续完成工程及修补缺陷的义务。

(3) 不利物质条件导致工期延误

不利物质条件是指有经验的承包人在施工现场遇到的不可预见的自然物质条件、非自然的物质障碍和污染物，但不包括气候条件。承包人遇到不利物质条件时，应采取克服不利物质条件的合理措施继续施工，并及时通知发包人和监理人。监理人经发包人同意后应当及时发出指示。承包人因采取合理措施而增加的费用和（或）延误的工期由发包人承担。

(4) 异常恶劣的气候条件导致工期延误

异常恶劣的气候条件是指在施工过程中遇到的，有经验的承包人在签订合同时不可预见的，对合同履行造成实质性影响的，但尚未构成不可抗力事件（如地震、海啸、瘟疫等）的恶劣气候条件。承包人应采取克服异常恶劣的气候条件的合理措施继续施工，并及时通知发包人和监理人。监理人经发包人同意后应当及时发出指示。承包人因采取合理措施而增加的费用和（或）延误的工期由发包人承担。

(5) 工程变更导致工期延误

发包人和监理人均可以提出变更。变更指示均通过监理人发出，监理人发出变更指示前应征得发包人同意。未经许可，承包人不得擅自对工程的任何部分进行变更。涉及设计变更，应由设计人提供变更后的图纸和说明。如变更超过原设计标准或批准的建设规模时，发包人应及时办理规划、设计变更等审批手续。

发包人提出变更的，应通过监理人向承包人发出变更指示，变更指示应说明计划变更的工程范围和变更的内容。监理人提出变更建议的，需要向发包人以书面形式提出变更计划，说明计划变更工程范围和变更的内容、理由，以及实施该变更对合同价格和工期的影响,经发包人同意变更后,监理人方可向承包人发出变更指示。

承包人收到监理人下达的变更指示后,认为不能执行,应立即提出不能执行该变更指示的理由。承包人认为可以执行变更的,应当书面说明实施该变更指示对合同价格和工期的影响。当存在总分包时,变更指示由监理人下达给总承包单位。

(6) 隐蔽工程检查导致工期延误

1) 隐蔽工程检查:除专用合同条款另有约定外,工程隐蔽部位经承包人自检确认具备覆盖条件的,承包人应在共同检查前48小时书面通知监理人检查。监理人不能按时进行检查的,应在检查前24小时向承包人提交书面延期要求,但延期不能超过48小时,由此导致工期延误的,工期应予以顺延。

2) 重新检查:承包人覆盖工程隐蔽部位后,发包人或监理人对质量有疑问的,可要求承包人对已覆盖的部位进行钻孔探测或揭开重新检查,承包人应遵照执行。经检查证明工程质量符合合同要求的,由发包人承担由此增加的费用和(或)延误的工期,并支付承包人合理的利润;经检查证明工程质量不符合合同要求的,由此增加的费用和(或)延误的工期由承包人承担。

3) 承包人私自覆盖:承包人未通知监理人到场检查,私自将工程隐蔽部位覆盖的,监理人有权指示承包人钻孔探测或揭开检查,无论工程隐蔽部位质量是否合格,由此增加的费用和(或)延误的工期均由承包人承担。

【例 14-6-1】(历年真题)在施工过程中,对于来自外部的各种因素所导致的工期延长,应通过工期签证予以扣除,下列不属于应办理工期签证的情形是:

A. 不可抗拒的自然灾害(地震、洪水、台风等)导致工期拖延

B. 由于设计变更导致的返工时间

C. 基础施工时,遇到不可预见的障碍物后停止施工进行处理的时间

D. 下雨导致场地泥泞,施工材料运输不通畅导致工期拖延

【解答】上述选项中 A、B、C 项均属于办理工期签订的情形,D 项则不属于,应选 D 项。

2. 施工进度计划的检查

施工进度计划的检查内容包括:工程量的完成情况,工作时间和执行情况,进度偏差及原因,资源使用及与进度的匹配情况,上次检查提出问题的整改情况。进度计划的检查过程为:调查、整理、对比分析等。对比分析方法主要有横道图比较法、前锋线法、赢得值(挣值)法、S形曲线法、香蕉形曲线法等。

(1) 横道图比较法

横道图比较法是指将在项目实施中检查实际进度收集的信息,经整理后直接用横道线并列标于原计划的横道线处,进行直观比较的方法。在匀速施工条件下,时间进度与完成工程量进度一致,因此,用到检查日为止的实际进度线与计划进度线长度相比较,二者之差即为时间进度偏差(或称进度偏差)。当实际进度线右端位于检查日期的左侧,表明实际进度拖后(即工期延误);当实际进度线右端与检查日期重合,表明实际进度与进度计划一致;当实际进度线右端位于检查日期的右侧,则表明实际进度超前。

如图14-6-4所示,检查日期为第10周末,序号1、序号2的工作已完成,序号3的实际进度拖后2周,序号4的实际进度超前2周。

图 14-6-4 匀速施工横道图比较法

【例 14-6-2】（历年真题）当采用匀速进展横道图比较工作实际进度与计划进度时，如果表示实际进度的横道线右端落在检查日期的右侧，这表明：

A. 实际进度超前

B. 实际进度拖后

C. 实际进度与进度计划一致

D. 无法说明实际进度与计划进度的关系

【解答】此时，表明实际进度超前，应选 A 项。

（2）前锋线法

前锋线法主要适用于双代号时标网络计划，实际进度前锋线是在原双代号时标网络图上，自上而下从计划检查时刻的时标点出发，用点画线依次将各项工作实际进度达到的前锋点连接而成的折线。

通过实际进度前锋线与原进度计划中各工作箭线交点的位置可以判别实际进度与计划进度的进度偏差，即：当工作实际进度点位置与检查日时间坐标相同，则该工作实际进度与计划进度一致；当工作实际进度点位置在检查日时间坐标右侧，则该工作实际进度超前，超前天数为二者之差；当工作实际进度点位置在检查日时间坐标左侧，则该工作实际进度拖后，拖后天数为二者之差。

如图 14-6-5 所示，分别在等 6 天末和第 11 天末进行检查，其前锋线如图所示。由图可知，在第 6 天末，G 工作超前一天，D 工作拖后 1d，C 工作拖后 1d。在第 11 天末，G 工作拖后 1d，I 工作与原计划一致，H 工作拖后 3d。

（3）赢得值（挣值）法

赢得值法进行工程项目的费用、进度综合分析控制。赢得值法的三个基本参数：已完工作预算费用；计划工作预算费用；已完工作实际费用。

已完工作预算费用 BCWP（Budgeted Cost for Work Performed），是指在某一时间已经完成的工作（或部分工作），以批准认可的预算为标准所需要的资金总额，由于发包人正是根据这个值为承包人完成的工作量支付相应的费用，也就是承包人获得（挣得）的金额，故称赢得值或挣值。

$$已完工作预算费用(BCWP) = 已完成工作量 \times 预算单价 \quad (14\text{-}6\text{-}1)$$

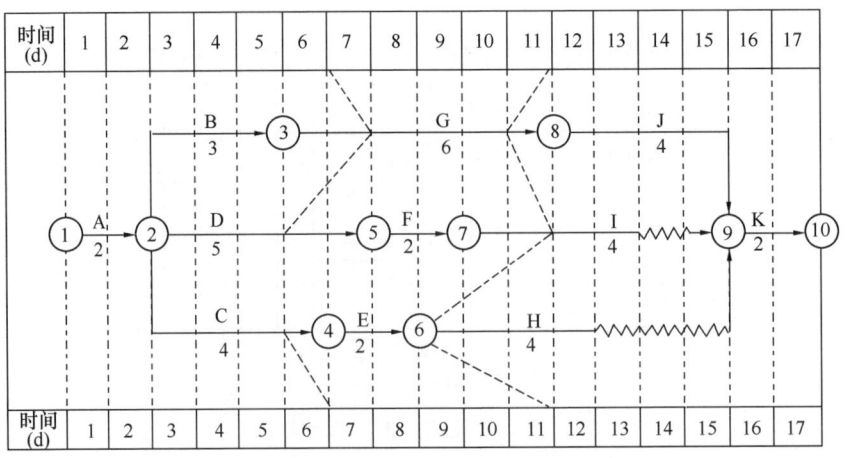

图 14-6-5 前锋线法

计划工作预算费用 BCWS（Budgeted Cost for Work Scheduled），是指根据进度计划，在某一时刻应当完成的工作（或部分工作），以预算为标准所需要的资金总额。一般来说，除非合同有变更，BCWS 在工程实施过程中应保持不变。

$$计划工作预算费用(BCWS) = 计划工作量 \times 预算单价 \quad (14\text{-}6\text{-}2)$$

已完工作实际费用 ACWP（Actual Cost for Work Performed），是指到某一时刻为止，已完成的工作（或部分工作）所实际花费的总金额。

$$已完工作实际费用(ACWP) = 已完成工作量 \times 实际单价 \quad (14\text{-}6\text{-}3)$$

在上述三个基本参数的基础上，可以确定赢得值法的四个评价指标，它们都是时间的函数。

1) 费用偏差 CV

$$费用偏差(CV) = 已完工作预算费用(BCWP) - 已完工作实际费用(ACWP)$$

$$(14\text{-}6\text{-}4)$$

当费用偏差 CV 为负值时，即表示项目运行超出预算费用；当费用偏差 CV 为正值时，表示项目运行节支，实际费用没有超出预算费用。

2) 进度偏差 SV

$$进度偏差(SV) = 已完工作预算费用(BCWP) - 计划工作预算费用(BCWS)$$

$$(14\text{-}6\text{-}5)$$

当进度偏差 SV 为负值时，表示进度延误，即实际进度落后于计划进度；当进度偏差 SV 为正值时，表示进度提前，即实际进度快于计划进度。

3) 费用绩效指数（CPI）

$$费用绩效指数(CPI) = 已完工作预算费用(BCWP) / 已完工作实际费用(ACWP)$$

$$(14\text{-}6\text{-}6)$$

当费用绩效指数 $(CPI) < 1$ 时，表示超支，即实际费用高于预算费用；

当费用绩效指数 $(CPI) > 1$ 时，表示节支，即实际费用低于预算费用。

4) 进度绩效指数（SPI）

进度绩效指数（SPI）＝已完工作预算费用（BCWP）/ 计划工作预算费用（BCWS）

(14-6-7)

当进度绩效指数（SPI）＜1时，表示进度延误，即实际进度比计划进度慢；

当进度绩效指数（SPI）＞1时，表示进度提前，即实际进度比计划进度快。

【例 14-6-3】（历年真题）某土方工程总挖方量为 1 万 m^3。预算单价 45 元/m^3，该工程总预算为 45 万元，计划用 25d 完成，每天 $400m^3$。开工后第 7 天早晨刚上班时，经业主复核确认的挖方量为 $2000m^3$，承包商实际付出累计 12 万元。应用挣值法（赢得值法）对项目进展进行评估，下列哪项评估结论不正确？

A. 进度偏差＝－1.8 万元，因此工期拖延

B. 进度偏差＝1.8 万元，因此工期超前

C. 费用偏差＝－3 万元，因此费用超支

D. 工期拖后 1d

【解答】进度偏差＝2000×45－400×6×45＝－18000 元＝－1.8 万元

因此，工期拖延，应选 B 项。

此外，费用偏差＝2000×45－120000＝－30000 元＝－3 万元

因此，费用超支。

工期拖后天数＝$\frac{400×6－2000}{400}$＝1d

3. 施工进度计划的调整

通过检查发现施工进度出现偏差后，利用网络计划分析进度偏差所处位置及其与总时差 TF、自由时差 FF 的对比关系，判断偏差对总工期及后续工作的影响。

当出现偏差的工作为关键工作，则无论偏差大小，都对后续工作及总工期产生影响，必须采取相应的调整措施。

当出现偏差的工作不是关键工作，需要根据偏差值与总时差和自由时差的大小关系，确定对后续工作和总工期的影响程度；当偏差小于该工作的自由时差时，对工作计划无影响；当偏差大于自由时差而小于总时差时，对后续工作的最早开工时间有影响，对总工期无影响；当偏差大于总时差时，对后续工作和总工期都有影响。

施工进度计划的调整方法：

(1) 调整关键线路。缩短后续某些工作的持续时间，进行工期-费用优化。

(2) 利用时差调整非关键工作的开始时间、完成时间或工作持续时间。

(3) 调整某些工作间的逻辑关系。如采用流水施工原理重新组织后续施工任务。

(4) 重新估计某些工作的持续时间。

(5) 调整资源投入。

五、质量验收与竣工验收

1. 质量验收的划分与基本规定

建筑工程施工质量验收应划分为单位工程、分部工程、分项工程和检验批。

检验批可根据施工、质量控制和专业验收的需要，按工程量、楼层、施工段、变形缝进行划分。

建筑工程的分部工程划为十个，即：地基与基础、主体结构、建筑装饰装修、屋面、建筑给水排水及供暖、通风与空调、建筑电气、智能建筑、建筑节能和电梯。

建筑工程施工质量应按下列要求进行验收：

（1）工程质量验收均应在施工单位自检合格的基础上进行。

（2）参加工程施工质量验收的各方人员应具备相应的资格。

（3）检验批的质量应按主控项目和一般项目验收。其中，主控项目是指建筑工程中对安全、节能、环境保护和主要使用功能起决定性作用的检验项目。一般项目是除主控项目以外的检验项目。

（4）对涉及结构安全、节能、环境保护和主要使用功能的试块、试件及材料，应在进场时或施工中按规定进行见证检验。

（5）隐蔽工程在隐藏前应由施工单位通知监理单位进行验收，并应形成验收文件，验收合格后方可继续施工。

（6）对涉及结构安全、节能、环境保护和使用功能的重要分部工程，应在验收前按规定进行抽样检验。

（7）工程的观感质量应由验收人员现场检查，并应共同确认。

2. 质量验收的要求

（1）检验批质量验收合格应符合下列规定：

1）主控项目的质量经抽样检验均应合格。

2）一般项目的质量经抽样检验合格。

3）具有完整的施工操作依据、质量验收记录。

（2）分项工程质量验收合格应符合下列规定：

1）所含检验批的质量均应验收合格。

2）所含检验批的质量验收记录应完整。

（3）分部工程质量验收合格应符合下列规定：

1）所含分项工程的质量均应验收合格。

2）质量控制资料应完整。

3）有关安全、节能、环境保护和主要使用功能的抽样检验结果应符合相应规定。

4）观感质量应符合要求。

（4）单位工程质量验收合格应符合下列规定：

1）所含分部工程的质量均应验收合格。

2）质量控制资料应完整。

3）所含分部工程中有关安全、节能、环境保护和主要使用功能的检验资料应完整。

4）主要使用功能的抽查结果应符合相关专业验收规范的规定。

5）观感质量应符合要求。

（5）施工质量不符合要求的处理

1）经返工或返修的检验批，应重新进行验收。

2）经有资质的检测机构检测鉴定能够达到设计要求的检验批，应予以验收。

3）经有资质的检测机构检测鉴定达不到设计要求，但经原设计单位核算认可能够满足安全和使用功能的检验批，可予以验收。

4）经返修或加固处理的分项、分部工程，满足安全及使用功能要求时，可按技术处理方案和协商文件的要求予以验收。

3. 质量验收和竣工验收的程序和组织

（1）质量验收的程序和组织

1）检验批应由专业监理工程师组织施工单位项目专业质量检查员、专业工长等进行验收。

2）分项工程应由专业监理工程师组织施工单位项目专业技术负责人等进行验收。

3）分部工程应由总监理工程师组织施工单位项目负责人和项目技术负责人等进行验收。

勘察、设计单位项目负责人和施工单位技术、质量部门负责人应参加地基与基础分部工程的验收。

设计单位项目负责人和施工单位技术、质量部门负责人应参加主体结构、节能分部工程的验收。

4）单位工程中的分包工程完工后，分包单位应对所承包的工程项目进行自检，并应按标准规定的程序进行验收。验收时，总包单位应派人参加。分包单位应将所分包工程的质量控制资料整理完整，并移交给总包单位。

5）单位工程完工后，施工单位应组织有关人员进行自检。总监理工程师应组织各专业监理工程师对工程质量进行竣工预验收。存在施工质量问题时，应由施工单位整改。整改完毕后，由施工单位向建设单位提交工程竣工报告，申请工程竣工验收。

（2）工程竣工验收的程序和组织

1）建设单位接到工程项目竣工报告后，对符合竣工验收要求的工程，组织勘察、设计、施工、监理等单位和其他有关方面的专家组成验收组，制订验收方案。

2）建设单位应在工程项目竣工验收7个工作日前将验收的时间、地点及验收组名单通知负责该工程的工程质量监督机构。

3）建设单位组织工程项目竣工验收。

建设、勘察、设计、施工和监理单位分别汇报工程合同履行情况和在建工程建设各个环节执行法律、法规和工程建设强制性标准的情况。审阅建设、勘察、设计、施工和监理单位的工程档案资料。实地查验工程质量。对工程勘察、设计、施工、设备安装质量和各管理环节等方面作出全面评价，形成经验收组人员签署的工程项目竣工验收意见。

参与工程项目竣工验收的建设、勘察、设计、施工和监理等各方面对工程项目竣工不能形成一致意见时，应当协商，提交解决的方法，待意见一致后，重新组织工程项目竣工验收。

4）工程项目竣工验收合格后，建设单位应及时提交工程项目竣工验收报告。

【例14-6-4】（历年真题）检验批验收的项目包括：

A. 主控项目和一般项目　　　　　　B. 主控项目和合格项目
C. 主控项目和允许偏差项目　　　　D. 优良项目和合格项目

【解答】检验批验收的项目包括主控项目、一般项目，应选 A 项。

【例14-6-5】（历年真题）有关施工过程质量验收的内容正确的是：

A. 检验批可根据施工及质量控制和专业验收需要按楼层、施工段、变形缝等进行划分

B. 一个或若干个分项工程构成检验批
C. 主控项目可以有不符合要求的检验结果
D. 分部工程是在所含分项验收基础上的简单相加

【解答】 根据施工质量验收规定，A 项正确，应选 A 项。

习　题

14-6-1 （历年真题）施工过程中设计变更是经常发生的，下列关于设计变更处理的方式规定中不正确的是：
　A. 对于变更较少的设计，设计单位可通过变更通知单，由建设单位自行修改，在修改的地方加盖图章，注明设计变更编号
　B. 若设计变更对施工产生直接影响，涉及工程造价与施工预算的调整，施工单位应及时与建设单位联系，根据承包合同和国家有关规定，商讨解决办法
　C. 设计变更与分包施工单位有关，应及时将设计变更交给分包施工单位
　D. 设计变更若与以前洽商记录有关，要进行对照，看是否存在矛盾或不符之处

14-6-2 施工承包企业在施工现场负责全面管理工作的是：
　A. 项目经理　　　　　　　　　B. 企业法定代表人
　C. 企业总经理　　　　　　　　D. 企业技术负责人

14-6-3 不是施工进度管理所使用的工具的：
　A. 横道图　　　　　　　　　　B. 关键线路图
　C. 排列图　　　　　　　　　　D. 计划评审技术图

14-6-4 图纸会审工作是属于：
　A. 计划管理工作　　　　　　　B. 现场施工管理工作
　C. 技术管理工作　　　　　　　D. 文档管理工作

14-6-5 建设项目竣工验收的组织者是：
　A. 建设单位　　　　　　　　　B. 质量监督站
　C. 施工单位　　　　　　　　　D. 监理单位

习题解答与参考答案

第一节

14-1-1 **解答**：泥浆的作用是保护孔壁、防止塌孔、排出土渣。
答案：B

14-1-2 **解答**：此时，说明桩下有障碍物。
答案：C

14-1-3 **解答**：最适用于在狭窄现场施工成孔方式是人工挖孔。
答案：C

14-1-4 **解答**：场地平整前的首要工作是确定场地的设计标高。
答案：B

第二节

14-2-1 **解答**：影响冷拔低碳钢丝质量的主要因素是原材料的质量、冷拔总压缩率。
答案：D

14-2-2 **解答**：钢筋经冷拉后不得用作构件的吊环。
答案：C

14-2-3 **解答**：对于C50，要求不宜低于 $50 \times 30\% = 15\text{N/mm}^2$。
答案：D

14-2-4 **解答**：冬期施工，水泥应优先选用硅酸盐水泥。
答案：B

14-2-5 **解答**：悬挑构件，拆除其模板时，混凝土立方体强度至少应达到100%，即 30N/mm^2。
答案：D

第三节

14-3-1 **解答**：砖墙施工中，皮数杆的作用是控制砌体的竖向尺寸。
答案：C

14-3-2 **解答**：砖墙施工工艺顺序为：抄平、放线、立皮数杆、砌砖、清理。
答案：C

14-3-3 **解答**：砖柱砌体的水平灰缝和竖向灰缝的砂浆饱满度不得低于90%。

答案：D

14-3-4　解答：砖砌体的外墙转角处应留斜槎。
　　　　答案：B

14-3-5　解答：柱平卧起吊的抗弯能力不足时，采用柱翻身后再绑扎起吊，应采用直吊绑扎法。
　　　　答案：C

14-3-6　解答：一次施工中就安装完一个柱节间内的各种类型的构件，这种安装方法是综合安装法。
　　　　答案：D

第四节

14-4-1　解答：单位工程施工平面图设计中，首先考虑垂直运输机械。
　　　　答案：B

14-4-2　解答：单位工程施工流向的安排是：对技术简单、工期较短的分部分项工程一般后施工，故 A 项错误。
　　　　答案：A

14-4-3　解答：

$$\begin{array}{r} 3\quad 5\quad 7 \\ -)\ 4\quad 8\quad 11 \\ \hline 3\quad 1\ -1\ -11 \end{array}$$，取最大值 $K_{A,B}=3$

同理，
$$\begin{array}{r} 4\quad 8\quad 11 \\ -)\ 5\quad 9\quad 13 \\ \hline 4\quad 3\quad 2\ -13 \end{array}$$，取最大值 $K_{B,C}=4$

$T=K_{A,B}+K_{B,C}+5+4+4=3+4+5+4+4=20d$

　　　　答案：C

14-4-4　解答：最小工作面所对应安排的施工人数和机械数量是最多的，故 B 项错误。
　　　　答案：B

14-4-5　解答：施工组织总设计的编制顺序：拟定施工方案、编制施工总进度计划、编制资源需求量计划等。
　　　　答案：D

第五节

14-5-1　解答：某工作最早完成时间与其紧后工作的最早开始时间之差称为自由时差。
　　　　答案：B

14-5-2　解答：关键工作是总持续时间最长线路上的工作。
　　　　答案：D

14-5-3　**解答**：横道图进度计划的缺点是不能确定计划中的关键工作和时差。
　　　　答案：D
14-5-4　**解答**：工期优化不能将关键工作压缩为非关键工作，故 B 项错误。
　　　　答案：B
14-5-5　**解答**：$LS_M = LF_M - D_M = 25 - 6 = 19d$
$$ES_M = \max(10, 12, 13) = 13d$$
$$TF_M = LS_M - ES_M = 19 - 13 = 6d$$
　　　　答案：C

第六节

14-6-1　**解答**：设计变更与分包施工单位有关，应及时将设计变更交给施工总承包单位。
　　　　答案：C
14-6-2　**解答**：项目经理在施工现场负责全面管理工作。
　　　　答案：A
14-6-3　**解答**：排列图不是施工进度管理所使用的工具。
　　　　答案：C
14-6-4　**解答**：图纸会审工作属于技术管理工作。
　　　　答案：C
14-6-5　**解答**：建设单位组织建设项目竣工验收。
　　　　答案：A

第十五章 结 构 力 学

第一节 平面体系的几何组成分析

平面体系的几何组成分析（也称几何构造分析）是指按照几何学的原理对平面体系发生运动的可能性进行分析的过程。通过对体系进行几何组成分析可以判定体系是几何不变体系，还是几何可变体系。一般地，工程结构必须采用几何不变体系，不能采用几何可变体系。

一、基本概念

1. 几何不变体系和几何可变体系

在荷载等作用下，不考虑材料的应变，将杆件视为刚性杆件，体系的几何形状和位置均不会改变，该体系称为几何不变体系（图 15-1-1）。可见，铰接三角形是几何不变的。

图 15-1-1 几何不变体系

在荷载等作用下，不考虑材料的应变，将杆件视为刚性杆件，体系的几何形状和位置可以发生改变，该体系称为几何可变体系（图 15-1-2）。可见，铰接四边形是几何可变的。造成几何可变体系的原因有：①体系缺乏足够的约束；②体系尽管有足够的（或多余）的约束，但约束布置不合理。

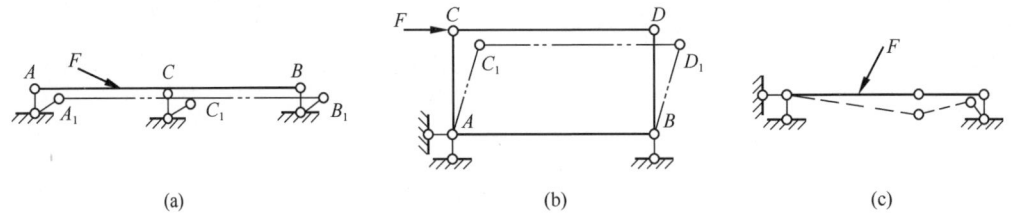

图 15-1-2 几何可变体系

2. 刚片和自由度

体系的几何组成分析不考虑材料的应变，任一杆件均可以看成一个刚片，如梁、柱、斜杆、桁架中的杆件等。与体系连接的地基（或基础）可以看成一个刚片。体系中任一几何不变部分也可以看成一个刚片。

体系的自由度是指完全确定体系位置所需要的独立坐标的数目。注意，独立坐标是指广义坐标，它可以是直角坐标或其他任何可独立变化的几何参数。例如，平面内一个点有 2 个自由度，其位置确定需要 2 个独立坐标，见图 15-1-3（a）。平面内一个刚片有 3 个自由度，其位置确定需要 3 个独立坐标，见图 15-1-3（b）。

图 15-1-3　体系的自由度
(a) 一个点的自由度；(b) 一个刚片的自由度

3. 约束

减少自由度的装置称为约束（或联系）。可以减少一个自由度的装置是一个约束。

（1）链杆。链杆是指两端铰接的直杆（或曲杆或折杆）。链杆包括体系内的链杆和支座链杆。如图 15-1-4 所示，刚片 I 用一根链杆与地基（即地基为刚片 II）相连，刚片 I 不能沿链杆 AC 方向移动，其位置确定只需要两个独立坐标（φ_1、φ_2），故自由度由原来的 3 个变为 2 个，减少 1 个自由度。因此，一根链杆相当于一个约束。

（2）铰。如图 15-1-5（a）所示，连接两个刚片的铰称为单铰，刚片 I 通过铰与地基相连，刚片 I 只能作转动，自由度减少了 2 个。因此，一个单铰相当于两个约束。如图 15-1-5（b）所示称为复铰，连接 n 个刚片的复铰相当于（$n-1$）个单铰，相当于 2（$n-1$）个约束。

图 15-1-4　链杆　　　　　图 15-1-5　铰
(a) 单铰；(b) 复铰

（3）刚节点。如图 15-1-6（a）所示，连接两个刚片的刚节点称为单刚节点，刚片 I 与刚片 II 通过单刚节点 B 连接后，使两刚片之间不再有相对运动，其自由度减少了 3 个，因此，一个单刚节点相当于三个约束。如图 15-1-6（b）所示为复刚节点，连接 n 个刚片的复刚节点相当于（$n-1$）个单刚节点，相当于 3（$n-1$）个约束。

4. 多余约束

如果在一个体系中增加一个约束，而体系的自由度并不因此而减少，则该约束称为多余约束。例如，图 15-1-7（a）中的 A 点被固定，体系的自由度为零；当增加一根链杆，见图 15-1-7（b），此时，该体系的自由度仍为零，即自由度并不因此而减少，新增加的链杆 AD 为多余约束。注意，多余约束是相对的概念，如链杆 AB 对于链杆 AC、AD 而言是多余约束。

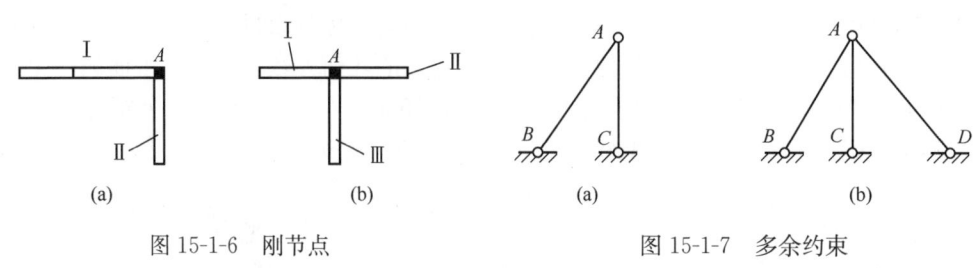

图 15-1-6 刚节点
(a) 单刚节点；(b) 复刚节点

图 15-1-7 多余约束

5. 平面体系的计算自由度 W

设一个平面体系由 m 个刚片，R 个单刚节点，h 个单铰节点，r 个链杆组成，则该体系的计算自由度 $W = 3m - (3R + 2h + r)$。

若 $W > 0$，说明体系缺少维持几何不变的足够约束，体系是几何可变的。

若 $W \leq 0$，说明体系要维持几何不变的约束数刚好够或者有多余约束，但不表明该体系一定是几何不变体系，因为即使约束数够了，若约束布置不合理，则仍有可能几何可变。因此，若 $W \leq 0$ 时，需要继续分析其约束布置的合理性，从而判断其是几何不变体系还是几何可变体系。平面几何不变体系的基本规则可以判断约束布置是否合理。

6. 实铰和虚铰

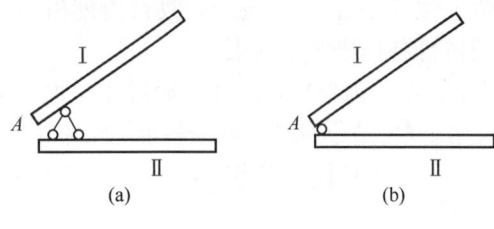

图 15-1-8 实铰

（1）实铰。如图 15-1-8（a）所示，刚片Ⅰ和刚片Ⅱ用两根链杆连接，并交于 A 点，其约束的作用与图 15-1-8（b）用一个铰连接的约束作用完全相同。图 15-1-8（a）、(b) 的铰 A 称为实铰。

（2）虚铰。如图 15-1-9（a）、(b) 所示，两根链杆构成一个虚铰 O。在刚片Ⅰ相对于地基Ⅱ（即地基作为刚片Ⅱ）的运动中，交点 O 的位置是随刚片Ⅰ的转动而变化的，故称为瞬铰。图 15-1-9（c）的两根链杆相互平行，虚铰视为在无穷远点处。

图 15-1-9 虚铰（瞬铰）

两个链杆用铰（实铰或虚铰）替代，这称为约束的等效变换，在平面体系的几何组成分析中常采用这种方法。

二、平面几何不变体系的基本规则

平面几何不变体系遵循一个基本原则，即：铰接三角形是几何不变的。在该基本原则的基础上，建立了三个规则，包括：二元体规划、两刚片规则和三刚片规则。

1. 二元体规则

图 15-1-10（a）为一个几何不变的铰接三角形，将链杆①视为一个刚片Ⅰ，得到图 15-1-10（b），可得：

图 15-1-10　二元体规则

二元体规则（固定一点规则）：一个点与一个刚片用两根不共线的链杆相连，则组成内部几何不变的整体，且无多余约束。

用两根不共线的链杆联结一个新节点的构造，称为二元体，见图15-1-11。由此可得如下结论：

图 15-1-11　二元体的常见形式

在一个平面体系上依次增加（或减少）若干个二元体，不影响原体系的几何可变性质。注意，该结论为平面体系的几何组成分析带来方便。

2. 两刚片规则

一个铰接三角形，将图 15-1-10（a）中链杆①和链杆②均视为一个刚片Ⅰ和刚片Ⅱ，得到图 15-1-12（a），可得：

两刚片规则（表述1）：两刚片用一个铰和一根链杆相连，且链杆及其延长线不通过铰，则组成内部几何不变的整体，且无多余约束。

两刚片规则的运用，如简支梁、伸臂梁，熟悉和掌握它们，将为平面体系的几何组成分析带来方便。

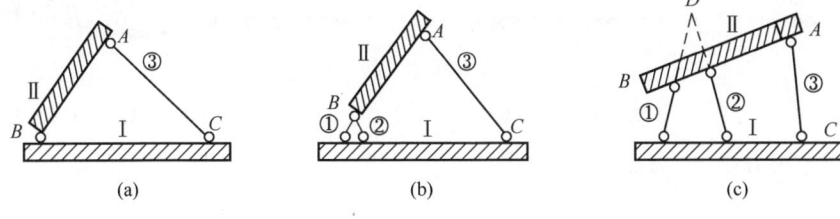

图 15-1-12　两刚片规则

前面所述，一个铰的约束等效于两根链杆的约束，因此，图 15-1-12（a）可表示为图 15-1-12（b）、（c），可得：

两刚片规则（表述2）：两个刚片用三个链杆相连，且三根链杆既不全交于一点也不全平行，则组成内部几何不变的整体，且无多余约束。

3. 三刚片规则

一个铰接三角形，将三个链杆均视为三个钢片Ⅰ、Ⅱ、Ⅲ，得到图 15-1-13（a），可得：

三刚片规则：三个刚片用三个铰两两相连，且三个铰不在一直线上，则组成内部几何不变的整体，且无多余约束。

一个铰的约束可用两根链杆替代，故图 15-1-13（a）可表示为 15-1-13（b）。

三刚片规则的运用，如三铰刚架、三铰拱以及类似的三铰结构，见图 15-1-14，熟悉和掌握它们，将为平面体系的几何组成分析带来方便。

图 15-1-13　三刚片规则　　　　图 15-1-14　三铰结构

三、几何可变体系

平面体系的几何可变体系分为常变体系和瞬变体系。其中，常变体系是指由于当约束布置不恰当，体系可以持续发生大的刚体运动。瞬变体系则指体系只能瞬时绕虚铰产生微小运动。

1. 无多余约束，两个刚片联结的情况

（1）常变体系。图 15-1-15（a）中的三根链杆常交于一点，图 15-1-15（b）中的三根链杆常交于无穷远处一点，均为常变体系。

（2）瞬变体系。瞬变体系见图 15-1-16（a），刚片Ⅱ经瞬时绕虚铰 O 微小运动后，三根链杆不再交于一点，体系变为几何不变体系。

图 15-1-15　常变体系　　　　图 15-1-16　瞬变体系

瞬变体系见图 15-1-16（b），刚片Ⅱ经瞬时绕无穷远处虚铰微小运动后，三根链杆不再全平行（即不在无穷远处点相交），体系变为几何不变体系。

2. 无多余约束，三个刚片联结的情况

若三个铰共在一线（简称共线），则该体系为可变体系。该可变体系是否为常变体系或瞬变体系，应根据具体的约束布置情况进行判别。

如图 15-1-17（a）所示，三个实铰共线，为瞬变体系。如图 15-1-17（b）所示，只有一个虚铰（链杆 1、2 构成的虚铰），当实铰 O_A 和实铰 O_B 的连线与链杆 1、2 平行时，则三铰共线，为瞬变体系。如图 15-1-17（c）所示，链杆 1、2 不等长，有三个虚铰，三铰共线，为瞬变体系。如图 15-1-17（d）所示，链杆 1、2 等长，有三个虚铰，三铰共线，为常变体系。

图 15-1-17　无多余约束的几何可变体系
(a) 瞬变体系；(b) 瞬变体系；(c) 瞬变体系；(d) 常变体系

3. 有多余约束的几何可变体系

如图 15-1-18 所示，链杆 1、2 为多余约束，由于铰接四边形为可变的，故体系为有多余约束的几何可变体系，且为常变体系。

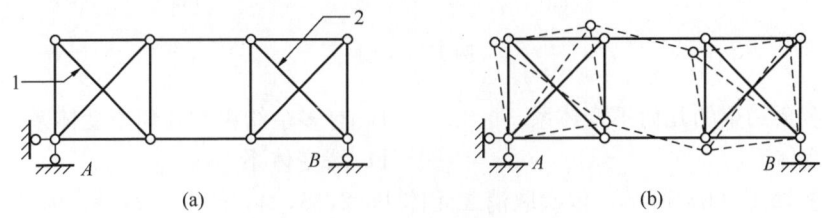

图 15-1-18　有多余约束的几何可变体系

四、平面体系几何组成分析的步骤与应用技巧

1. 步骤

计算自由度 $W \leqslant 0$ 是平面体系几何不变的必要条件，平面几何不变体系的基本规则是体系几何不变的充分条件。因此，几何组成分析时，可以不计算 W，而直接用平面几何不变体系的基本规则进行几何组成分析。

通过几何组成分析，按照体系的几何构造特性，体系可分为：

（1）无多余联系（约束）的几何不变体系；
（2）有多余联系（约束）的几何不变体系；
（3）几何常变的几何可变体系；
（4）几何瞬变的几何可变体系。

此外，可以证明几何不变体系中，没有多余联系的几何不变体系一定为静定结构；有多余联系的几何不变体系一定为超静定结构（$W<0$）。

2. 应用技巧

（1）当体系与地基（或基础）之间的约束多于三个时，则从地基出发进行分析，即：先以地基为基本刚片，将其周围构件按上述基本规则联结在地基刚片上。

（2）当体系与地基（或基础）之间的约束只有三个时，则从体系的内部刚片出发进行分析，即：先在体系内部选取一个刚片或几个刚片作为基本刚片，再将其周围杆件按上述基本规则进行联结，形成一个大的刚片，最后，与地基联结形成整体。

（3）运用增减二元体，即：增加或减少二元体，不影响原体系的几何构造特性。

（4）等效变换。例如：曲杆、折杆用直杆替代；地基（或基础）用一个刚片替代；两个链杆用铰替代；链杆用刚片替代等。注意，刚体不能用链杆替代。

（5）对于某一个体系，其几何组成分析的方法（或途径）可能有多种，但是其结论是唯一的。

【例 15-1-1】如图（a）所示体系属于：

 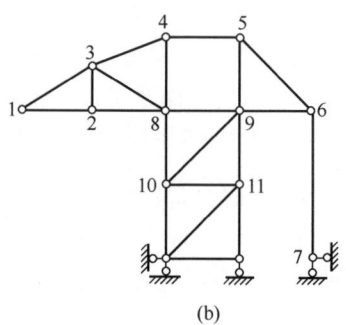

例 15-1-1 图

A. 无多余约束的几何不变体系
B. 有多余约束的几何不变体系
C. 常变体系
D. 瞬变体系

【解答】如图（b）所示，依次取消二元体 1，2，3，4，5，6，7，8，9，10，11，只剩下一个简支梁，即为无多余约束的几何不变体系，应选 A 项。

【例 15-1-2】如图（a）所示体系属于：
A. 无多余约束的几何不变体系
B. 有多余约束的几何不变体系
C. 常变体系
D. 瞬变体系

 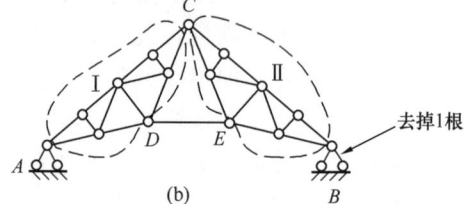

例 15-1-2 图

【解答】如图（b）所示，分别增加二元体构成刚片Ⅰ、刚片Ⅱ。刚片Ⅰ和刚片Ⅱ通过铰 C、链杆 DE 联结，依据两刚片规则，体系内部构成一个大刚片。该大刚片与支座 A、B 联结，当去掉支座 B 的一根链杆，由两刚片规则，构成几何不变体系。因此，该体系为有多余约束的几何不变体系。应选 B 项。

【例 15-1-3】如图（a）所示体系属于：
A. 几何可变体系
B. 几何不变体系，无多余约束
C. 几何不变体系，有 1 个多余约束
D. 几何不变体系，有 2 个多余约束

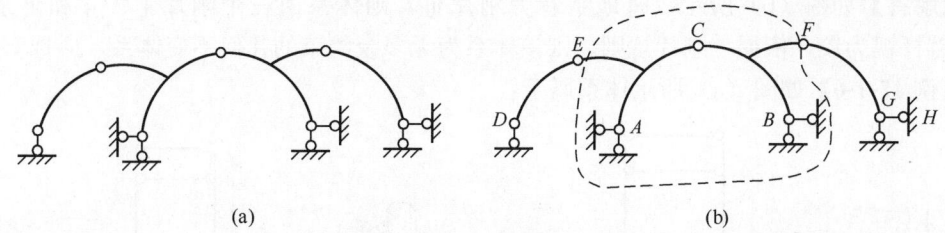

例 15-1-3 图

【解答】如图（b）所示，ACE 看为刚片Ⅰ，BCF 看为刚片Ⅱ，与铰支座 A 和 B 构成三铰结构，再增加二元体 D；去掉一根链杆 GH（为多余约束），再增加二元体 G，故为几何不变体系，有 1 个多余约束，应选 C 项。

【例 15-1-4】如图（a）所示体系属于：
A. 无多余约束的几何不变体系　　B. 有多余约束的几何不变体系
C. 常变体系　　D. 瞬变体系

 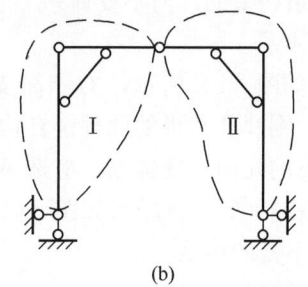

例 15-1-4 图

【解答】如图（b）所示，将左侧三链杆按三刚片规则看为刚片Ⅰ，同理，右侧三链杆看为一个刚片Ⅱ，则刚片Ⅰ、Ⅱ与支座构成三铰结构，而三铰结构为无多余约束的几何不变体系，故该体系为无多余约束的几何不变体系，应选 A 项。

【例 15-1-5】如图（a）所示体系属于：
A. 常变体系　　B. 瞬变体系
C. 无多余约束的几何不变体系　　D. 有多余约束的几何不变体系

 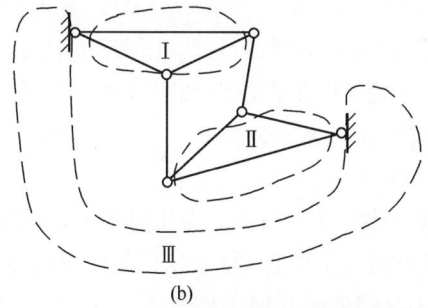

例 15-1-5 图

【解答】如图（b）所示，将地基看为刚片Ⅲ，则体系由三个刚片Ⅰ、Ⅱ和Ⅲ组成，两个链杆视为铰，依据三刚片规则，则该体系为无多余约束的几何不变体系，应选 C 项。

【例 15-1-6】如图（a）所示体系属于：

例 15-1-6 图

A. 无多余约束的几何不变体系　　B. 有多余约束的几何不变体系
C. 常变体系　　　　　　　　　　D. 瞬变体系

【解答】如图（b）所示，右侧简支刚架与地基看为刚片Ⅲ，则体系由三个刚片Ⅰ、Ⅱ和Ⅲ组成，刚片Ⅱ和Ⅲ的两根链杆构成一个无穷远处虚铰，依据三刚片规则，则该体系为无多余约束的几何不变体系，应选 A 项。

【例 15-1-7】（历年真题）如图（a）所示体系是：
A. 几何不变的体系　　　　　　　B. 几何不变且无多余约束的体系
C. 几何瞬变的体系　　　　　　　D. 几何不变，有一个多余约束的体系

例 15-1-7 图

【解答】如图（b）所示，为几何不变且无多余约束的体系，应选 B 项。

【例 15-1-8】（历年真题）如图（a）所示体系的几何组成为：
A. 几何不变，无多余约束　　　　B. 几何不变，有多余约束
C. 瞬变体系　　　　　　　　　　D. 常变体系

【解答】如图（b）所示，为几何不变，无多余约束，应选 A 项。

【例 15-1-9】（历年真题）如图（a）所示体系的几何组成为：
A. 无多余约束的几何不变体系　　B. 有多余约束的几何不变体系
C. 几何瞬变体系　　　　　　　　D. 几何常变体系

【解答】去掉三根支座链杆，再去掉四个角部的二元体，其简化为图（b）所示，三

例 15-1-8 图

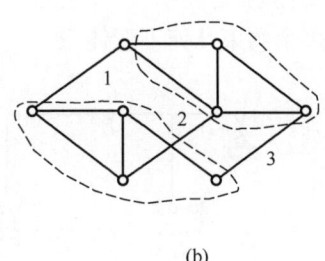

例 15-1-9 图

根链杆平行，为常变体系，应选 D 项。

习　题

15-1-1　（历年真题）图示平面体系的计算自由度为：
A. 2 个　　　　　　B. 1 个　　　　　　C. 0 个　　　　　　D. −1 个

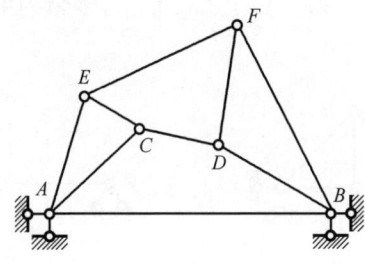

题 15-1-1 图

15-1-2　（历年真题）超静定结构的计算自由度：
A. >0　　　　　　B. <0　　　　　　C. =0　　　　　　D. 不定

15-1-3　（历年真题）几何可变体系的计算自由度为：
A. >0　　　　　　B. =0　　　　　　C. <0　　　　　　D. 不确定

15-1-4　图示平面体系的计算自由度为：
A. 2 个　　　　　　B. 1 个　　　　　　C. 0 个　　　　　　D. −1 个

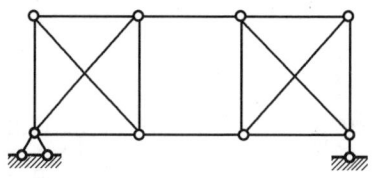

题 15-1-4 图

15-1-5 图示体系的几何组成为：
A. 常变体系
B. 瞬变体系
C. 无多余约束几何不变体系
D. 有多余约束几何不变体系

15-1-6 图示体系的几何组成为：
A. 常变体系
B. 瞬变体系
C. 无多余约束几何不变体系
D. 有多余约束几何不变体系

题 15-1-5 图

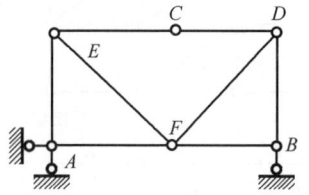
题 15-1-6 图

15-1-7 图示体系的几何组成为：
A. 瞬变体系
B. 无多余约束的几何不变体系
C. 有 1 个多余约束的几何不变体系
D. 有 2 个多余约束的几何不变体系

15-1-8 图示体系的几何组成为：
A. 常变体系
B. 瞬变体系
C. 无多余约束的几何不变体系
D. 有多余约束的几何不变体系

题 15-1-7 图

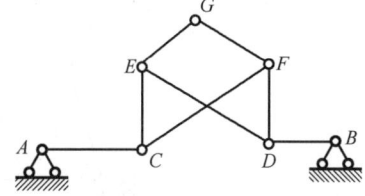
题 15-1-8 图

第二节 静定结构的受力分析与特性

一、静定结构概述

静定结构是无多余约束的几何不变体系。静定结构在任意荷载作用下，全部反力和内力均可以根据静力平衡条件求得。静定结构中，平衡方程的个数和未知力的个数相等。

静定平面杆件结构一般分为五种：静定梁、静定平面刚架、静定拱、静定平面桁架、静定组合结构。

组成静定结构的构件主要有链杆杆件和受弯杆件两种。静定梁、静定平面刚架由受弯杆件组成，静定平面桁架由链杆组成，静定组合结构由链杆和受弯杆件两类杆件共同组成。

1. 受弯杆件内力与荷载之间的关系

对于受弯杆件来说，横截面上一般有三个内力：沿杆轴线方向的轴力 F_N、垂直于杆轴线方向的剪力 F_Q 和弯矩 M。轴力以拉力为正，压力为负；剪力以使微段隔离体顺时针方向转动为正，逆时针方向转动为负；弯矩的正负号不作规定，弯矩图画在受拉侧。一般地，静定梁中的弯矩以使截面下侧纤维受拉为正，受压为负。

受弯杆件的内力之间以及内力与荷载集度之间存在以下关系：

$$\frac{dF_Q}{dx}=-q_y,\ \frac{dM}{dx}=F_Q,\ \frac{dM^2}{dx^2}=-q_y,\ \frac{dF_N}{dx^2}=-q_x$$

可见，剪力图和弯矩图的形状与横向荷载 q_y 有关，轴力图的形状与轴向荷载 q_x 有关。因此，可得荷载作用下的剪力图与弯矩图的特征，如图 15-2-1 所示。

2. 内力计算方法

静定结构受力分析是通过对受力结构的整体或某些隔离体作为研究对象，根据静力平衡条件建立平衡方程，由平衡方程求解结构的支座反力和内力。

静定结构受力分析的顺序是：先计算反力，再计算内力。

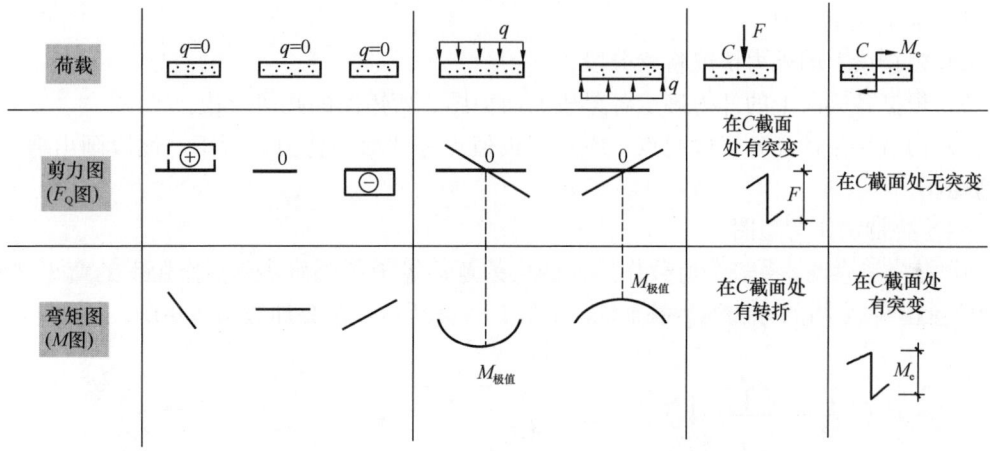

图 15-2-1　梁上荷载与对应的剪力图和弯矩图的特征

二、静定梁

静定梁可分为单跨静定梁和多跨静定梁。其中，单跨静定梁可分为简支梁（包括杆轴水平简支梁和简支斜梁）、悬臂梁、伸臂梁，如图 15-2-2(a)～(d)所示。简支斜梁如楼梯梁。在结构分析中，还有如图 15-2-2(e) 所示的单跨静定梁。

1. 单跨静定梁

（1）单跨静定梁的变形特点和内力特点

当单跨静定梁为水平直梁时，在外力作用下发生平面弯曲时，梁的轴线在其纵向对称平面内由原来的直线变为一条光滑曲线。单跨静定梁和多跨静定梁，其内力一般有弯矩 M、剪力 F_Q（或 V、Q 表示）和轴力 F_N（或 N 表示）；当梁的杆轴水平，外力（荷载）

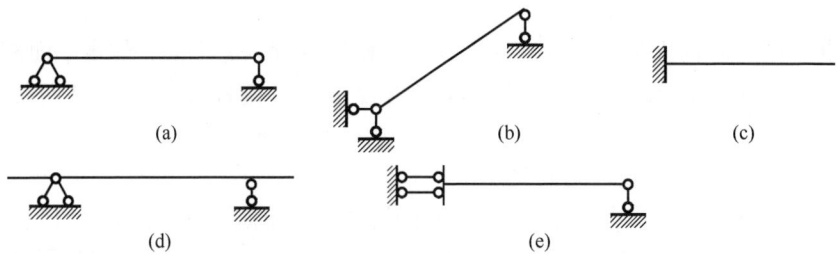

图 15-2-2 单跨静定梁
(a) 水平简支梁；(b) 简支斜梁；(c) 悬臂梁；(d) 伸臂梁；(e) 带滑动支座的梁

与杆轴垂直时，梁的轴力为零。

(2) 单跨静定梁的内力和内力图

单跨静定梁的内力计算采用截面法，其内力计算如下：

1) 计算支座反力。
2) 取脱离体。
3) 列平衡方程。

(3) 根据内力图特征简化梁的内力图绘制

根据内力图特征，结合直接法确定内力，可以简化梁的内力图绘制。其基本步骤如下：

1) 求出支座反力。
2) 根据梁上的外力情况将梁分段。
3) 根据各梁段上的外力确定各梁段的剪力图、弯矩图的几何形状。
4) 由直接法计算各梁段起点、终点及极值点等截面的剪力、弯矩，逐段画出剪力图和弯矩图。

(4) 叠加法作弯矩图

运用叠加原理，将多个荷载作用下的梁的弯矩等于各个荷载单独作用下的弯矩之和。这种绘制梁内力图的方法称为叠加法。如图 15-2-3 所示，按叠加法画弯矩图。

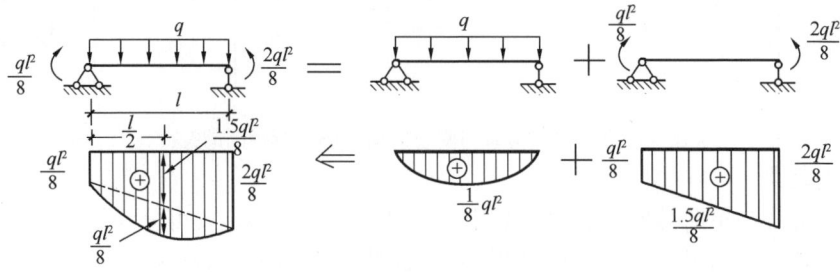

图 15-2-3 叠加法画弯矩图

(5) 利用对称性进行内力分析和内力图

在梁的内力中，弯矩是对称性的，故弯矩为对称内力；剪力是反对称的，故剪力为反对称内力。因此，简支梁的支座反力、内力和内力图的特点（图 15-2-4）如下：

1) 在正对称荷载作用下，对称杆段的内力和支座反力是对称的，其弯矩图是对称的，剪力图是反对称的。在梁跨中点处剪力必为零。

2) 在反对称荷载作用下，对称杆段的内力和支座反力是反对称的，其弯矩图是反对称的，剪力图是对称的。在梁跨中点处弯矩必为零。

图 15-2-4　对称结构支座反力、内力和内力图
(a) 正对称荷载；(b) 反对称荷载

2. 多跨静定梁

多跨静定梁是由若干根梁用铰相连，并通过若干支座与地基（或基础或结构）相连而成的静定结构。多跨静定梁的组成包括基本部分和附属部分，基本部分是指不依靠其他部分而能独立承受荷载的部分，例如图 15-2-5（a）中 AC，附属部分则需要依靠基本部分的支承才能承受荷载的部分，如图 15-2-5（a）中 CD。

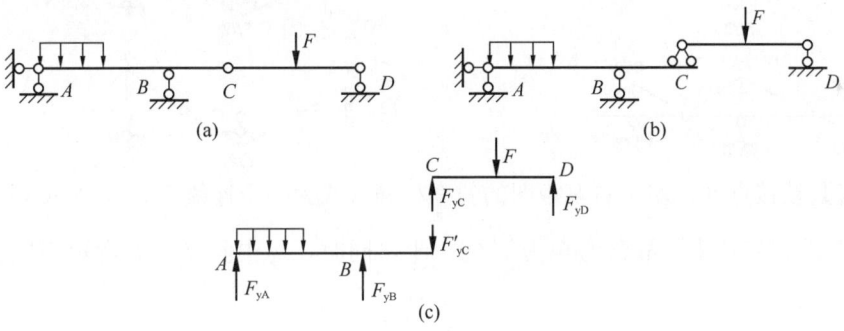

图 15-2-5　多跨静定梁

为使分析计算方便，常画出多跨静定梁的层叠图，即：基本部分画在下层，附属部分画在上层。例如图 15-2-5（b）。

作用在静定结构基本部分上的荷载不会传至附属部分，它仅使基本部分产生内力；而作用在附属部分上的荷载将其内力传至基本部分，使附属部分和基本部分均产生内力。因此，分析计算多跨静定梁时，应将结构在铰接处拆开，按先计算附属部分、后计算基本部分的原则，例如图 15-2-5（c），C 处的水平约束力为零，故未标注。该原则也适用于多跨静定平面刚架、组合结构等。

【例 15-2-1】（历年真题）图示结构，A 支座提供的约束力矩是：
A. 60kN·m，下表面受拉
B. 60kN·m，上表面受拉
C. 20kN·m，下表面受拉
D. 20kN·m，上表面受拉

例 15-2-1 图

【解答】取 BC 部分，$\sum M_B=0$，则：$F_{YC}=20/1=20$kN（↑）
取整体分析，对 A 点取力矩：
$$M_A=20\times3-20\times1=20=20\text{kN}\cdot\text{m}（↑）$$
故 A 支座提供约束力矩为 20kN·m（↓），应选 C 项。

【例 15-2-2】（历年真题）图示等截面梁，正确的 M 图是：

例 15-2-2 图

【解答】铰接点处，左、右弯矩图的斜率相同（或为一个连线直线），故 C 项错误。
最左端为固定约束，故其弯矩为 $\dfrac{Pl}{2}$ 的一半，同时，与中间支座处弯矩为同一方向即逆时针，故选 B 项。

三、静定平面刚架

1. 基本特点和规定

（1）静定平面刚架的分类和变形特点

刚架是由梁和柱组成且具有刚节点的结构。刚节点能传递轴力、剪力和弯矩。当刚架的各杆的轴线都在同一平面内且外力（荷载）也作用于该平面内时称为平面刚架。静定平面刚架的基本类型有悬臂刚架、简支刚架、三铰刚架，以及多跨刚架，如图 15-2-6 所示。此外，刚架还可分为等高刚架和不等高刚架。

刚架的变形特点：连接于刚节点的所有杆件在受力前后的杆端夹角不变，如图 15-2-7 所示。

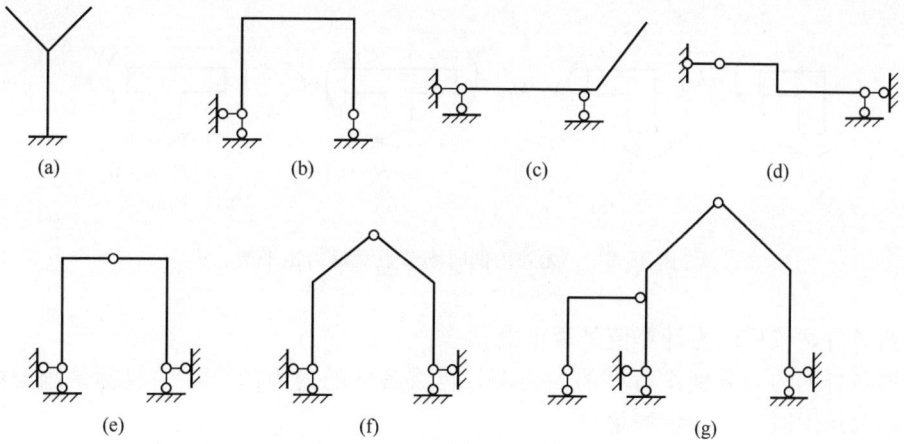

图 15-2-6 静定平面刚架

(a) 悬臂刚架；(b)、(c)、(d) 简支刚架；(e) Ⅱ形三铰刚架；
(f) 门式三铰刚架；(g) 多跨刚架

(2) 静定平面刚架的受力特点和基本规定

平面刚架的杆件的内力一般包括轴力 F_N、剪力 F_Q 和弯矩 M，其正负号规定与梁相同。为了表明各杆端截面的内力，规定在内力符号后面引用两个脚标：第一脚标表示内力所在杆件近端截面，第二脚标表示远端截面。例如图 15-2-8 (b)，杆端弯矩 M_{BA} 和剪力 F_{QBA} 分别表示 AB 杆 B 截面的弯矩、剪力。一般地，平面刚架的轴力图和剪力图可绘在杆件的任一侧，并注明正负，如图 15-2-8 (d)、(e) 所示。弯矩图绘在杆件受拉侧，不需要注明正负，如图 15-2-8 (c) 所示。

图 15-2-7 刚架变形图

图 15-2-8 刚架的内力符号

刚架的刚节点的内力特点是：满足静力平衡方程（两个力平衡方程和一个力矩平衡方程）。如图 15-2-9 所示，当节点处无外力偶时，刚节点处的弯矩满足力矩平衡。

三铰刚架在竖向荷载作用下会产生水平推力，由支座水平反力与之平衡。

(3) 内力计算和内力图绘制

静定平面刚架的内力计算仍采用截面法。其基本步骤是：首先求出支座反力，然后将刚架拆分为单个杆件，逐个求解各杆件的内力图。在求支座反力时，可利用整体或部分隔离体的平衡条件，即灵活运用，使计算简便。内力计算完成后，需根据刚节点或部分隔离

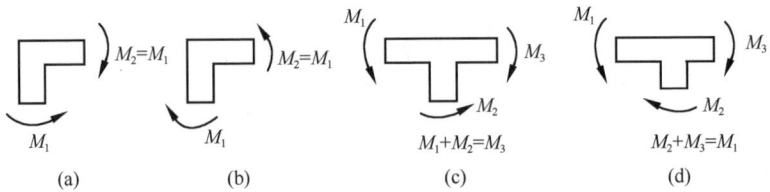

图 15-2-9 无外力偶时刚节点满足力矩平衡

体的平衡条件,校核内力计算值是否正确。

根据各杆的内力分别作各杆的内力图,再将各杆的内力图合在一起就是刚架的内力图。在画弯矩图时,应注意的是:

1) 刚节点处的弯矩应满足力矩平衡。
2) 铰节点处,当无成对的外力偶(↑↑)时,弯矩必为零。
3) 弯矩图的特征应满足前面梁的弯矩图的特征。
4) 在多个荷载作用的杆段,仍可采用叠加法绘制弯矩图。
5) 利用对称性,见本节后面内容。

2. 悬臂刚架

悬臂刚架的各杆段的内力直接采用截面法,由静力平衡条件求解得到。当计算柱脚处的弯矩时,取整体悬臂刚架分析即可得到。

3. 简支刚架和三铰刚架

(1) 叠加法绘制弯矩图

在多个荷载作用的刚架杆段,仍可采用叠加法绘制弯矩图。欲求图 15-2-10(a)所示刚架的 CD 杆端的弯矩和弯矩图,首先求出支座 A 的水平反力,由水平方向力平衡,可得 $F_{xA} = P$,从而求解到 AC 杆 C 端截面的弯矩 $M_{CA} = qa \cdot 2a - qa \cdot a = qa^2$,再根据 C 点刚节点力矩平衡,则 $M_{CD} = M_{CA} = qa^2$。又根据 B 点的反力对杆 DB 的 D 端截面的弯矩为零即 $M_{DB} = 0$,D 点刚节点,则 $M_{DC} = M_{DB} = 0$,其弯矩图如图 15-2-10(b)所示。杆 CD 在均布荷载 q 作用下的弯矩图如图 15-2-10(c)所示。两者叠加,最终弯矩及弯矩图如图 15-2-10(d)所示,其中,跨中点处弯矩 $= \frac{1}{2}qa^2 + \frac{1}{8}qa^2 = \frac{5}{8}qa^2$。

(2) 利用对称性

静定平面刚架的轴力和弯矩均为对称内力,剪力为反对称内力。对称三铰刚架的内力图如图 15-2-11、图 15-2-12 所示。

对称结构静定平面刚架的内力图及变形的特点如下:

1) 在正对称荷载作用下,对称杆件的内力(弯矩、轴力和剪力)和支座反力、变形是对称的,其弯矩图和轴力图是对称的,而剪力图是反对称的。在对称轴位置上的杆件的剪力必为零(若剪力不为零,则不能满足静力平衡方程)。

2) 在反对称荷载作用下,对称杆件的内力(弯矩、轴力和剪力)和支座反力、变形是反对称的,其弯矩图和轴力图是反对称的,但剪力图是对称的。在对称轴位置上的杆件的弯矩和轴力均为零(若弯矩、轴力不为零,则不能满足静力平衡方程)。

图 15-2-10 叠加法绘制弯矩图

图 15-2-11 正对称荷载作用

图 15-2-12 反对称荷载作用

4. 多跨刚架

多跨刚架的计算，同样遵循"先附属、后基本"的原则。

【**例 15-2-3**】（历年真题）图示刚架 M_{ED} 值为：

A. 36kN·m
B. 48kN·m
C. 60kN·m
D. 72kN·m

例 15-2-3 图

【**解答**】水平方向力平衡，$X_C = 8 \times 3 = 24$kN

E 点力矩平衡，$M_{ED} = X_C \cdot 3 = 24 \times 3 = 72$kN·m

应选 D 项。

【例15-2-4】（历年真题）如图（a）所示刚架中，M_{AC}等于：
A. 2kN·m（右拉）　　　　　　B. 2kN·m（左拉）
C. 4kN·m（右拉）　　　　　　D. 6kN·m（左拉）

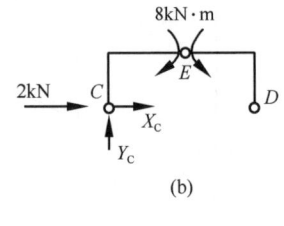

例15-2-4 图

【解答】如图（b）所示，$\sum M_D=0$，则：$Y_C=0$

取 CE 为对象，$\sum M_E=0$，则：$X_C=\dfrac{8}{2}-2=2$kN（→）

$X'_C=X_C=2$kN（←），$M_{AC}=2X'_C=4$kN·m（右拉）

应选 C 项。

【例15-2-5】（历年真题）图示刚架 M_{DC} 为（下侧受拉为正）：
A. 20kN·m　　　　B. 40kN·m
C. 60kN·m　　　　D. 0kN·m

【解答】取 BC 分析：$Y_B\times 4=X_B\times 4$，即：$Y_B=X_B$，Y_B（↑），X_B（←）

取整体分析，$\sum M_A=0$，则：

$$20\times 4+5\times 4\times \dfrac{4}{2}=X_B\cdot 4+Y_B\cdot 8$$

即：$X_B=Y_B=10$kN

取 DCB 分析：$M_{DC}=5\times 4\times 2+10\times 4-10\times 8=0$

例15-2-5 图

应选 D 项。

四、静定拱

拱是指杆件轴线为曲线，在竖向荷载作用下，拱的支座将产生水平推力的结构。拱分为三铰拱、两铰拱和无铰拱。三铰拱属于静定结构，其他两种属于超静定结构。三铰拱的名称如图 15-2-13（a）所示，其中拱高 f 与跨度之比称为高跨比（亦称矢跨比）。为了平衡水平推力，常采用设置拉杆的三铰拱［图 15-2-13（b）］，也属于静定结构。拱与梁的区别是：在竖向荷载作用下，梁无水平推力，而拱有水平推力，故图 15-2-13（c）称为曲梁。

三铰拱的支座反力和内力的计算（图 15-2-14），常采用与之相应的简支梁（简称"相当梁"）作比较。

A 支座竖向反力 F_{yA}，取整体为研究对象，对 B 点取力矩平衡，由于水平推力不参与

图 15-2-13　三铰拱和曲梁

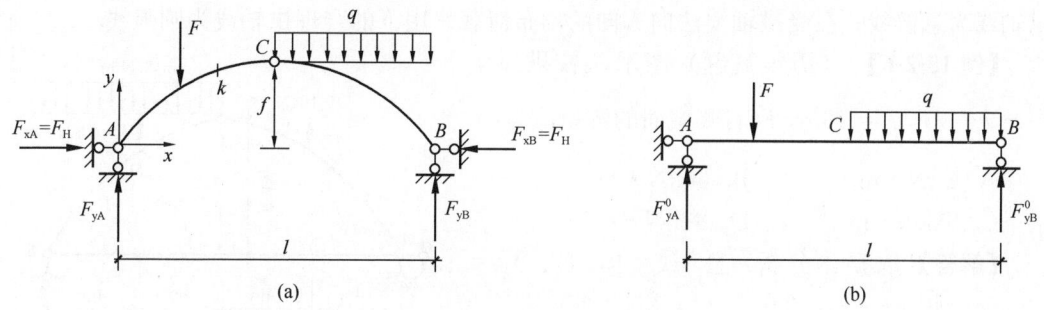

图 15-2-14　三铰拱的内力计算

计算，故 A 支座反力 F_{yA} 的计算与相当梁的支座反力 F_{yA}^0 的计算完全相同，其方向也相同；同理，B 支座反力 F_{yB} 与相当梁的支座反力 F_{yB}^0 也完全相同，可得：

$$F_{yA} = F_{yA}^0, \quad F_{yB} = F_{yB}^0$$

求拱的水平推力 F_H，取 AC 端为研究对象，对 C 点铰取力矩平衡，A 支座竖向反力和外力对 C 点铰的力矩的代数之和，与相当梁的 A 支座竖向反力和外力对 C 点处的力矩的代数之和（记为：M_C^0）两者相等，因此，水平推力 F_H 为：

$$F_H = \frac{M_C^0}{f} \tag{15-2-1}$$

从上述分析计算结果可得：

（1）在某一荷载作用下，三铰拱的支座反力（包括水平推力）仅与三个铰的位置有关，而与拱的轴线无关。

（2）仅有竖向荷载作用下，三铰拱的支座竖向反力与相当梁的支座竖向反力相同，而水平推力与拱高（也称矢高）f 成反比。拱的高跨比（矢高比）越大，则水平推力越小，反之，水平推力越大。

对于带拉杆的三铰拱，在竖向荷载作用下拉杆的内力的确定，如图 15-2-13（b）所示，以整体为研究对象，求出三个约束反力；用截面法，过顶铰 C 和拉杆 AB 取截面，取右半部分，对顶铰 C 取力矩平衡，即可得到拉杆的轴力。

拱的内力计算仍采用截面法，一般地，拱的内力有轴力、剪力和弯矩。

在给定的荷载作用下，能使拱体所有截面上弯矩为零的拱轴线称为合理拱轴线。

对于受竖向荷载作用的拱，拱截面弯矩公式为：

$$M_K = M_K^0 - F_H y_K$$

当拱轴线为合理拱轴线时，按上述合理拱轴线的定义，令：

$$M = M^0 - F_H y = 0$$

由此得到合理拱轴线的方程为：

$$y = \frac{M^0}{F_H} \tag{15-2-2}$$

三铰拱在竖向均布荷载作用下的合理拱轴线为二次抛物线；在填土自重作用下的合理拱轴线为悬链线；在受拱轴线法向方向的均布荷载作用下的合理拱轴线为圆弧线。

【例 15-2-6】（历年真题）图示三铰拱 $y = \frac{4f}{l^2} x(l-x)$，$l = 16\text{m}$，$D$ 右侧截面的弯矩值为：

A. $2\text{kN} \cdot \text{m}$ B. $66\text{kN} \cdot \text{m}$
C. $58\text{kN} \cdot \text{m}$ D. $82\text{kN} \cdot \text{m}$

【解答】取整体分析：$\Sigma M_A = 0$，是：$Y_B = (10 \times 4 - 40 + 8 \times 8 \times 12)/16 = 48\text{kN}$（↑）

$\Sigma Y = 0$，则：

$Y_A = 8 \times 8 + 10 - 48 = 26\text{kN}$（↑）

取 AC 为对象，$\Sigma M_C = 0$，则：

$N_{AB} = (26 \times 8 - 10 \times 4)/4 = 42\text{kN}$

取 BC，对 D 点取力矩：则

$$M_D = 42 \times y_D + 8 \times 4 \times 2 - Y_B \times 4$$
$$= 42 \times \frac{4 \times 4}{16 \times 16} \times 12 \times (16 - 12) + 64 - 48 \times 4$$
$$= 42 \times 3 + 64 - 192 = -2\text{kN} \cdot \text{m}(\circlearrowleft)$$

应选 A 项。

【例 15-2-7】（历年真题）如图 (a) 所示三铰拱支座 B 的水平反力（以向右为正）等于：

A. P B. $\frac{\sqrt{2}}{2}P$ C. $\frac{\sqrt{3}}{2}P$ D. $\frac{\sqrt{3}-1}{2}P$

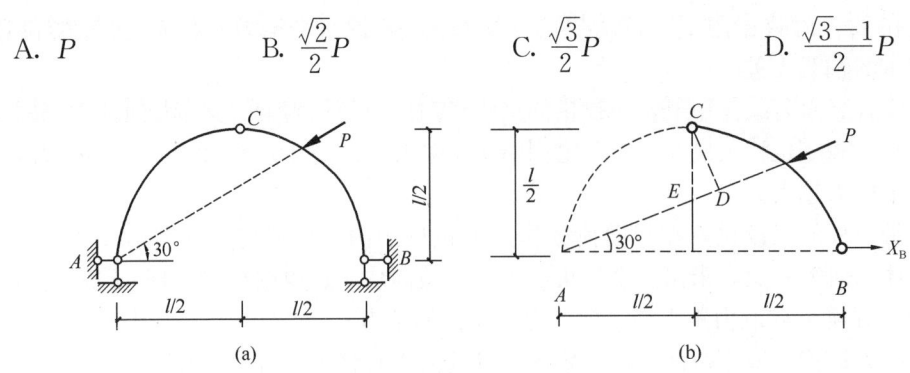

例 15-2-7 图

【解答】取整体分析，$\sum M_A=0$，则：$Y_B=0$；取 BC 分析，见图（b）：

$$\overline{CD}=\overline{CE}\cdot\cos30°=\left(\frac{l}{2}-\frac{l}{2}\tan30°\right)\cos30°$$

$$=\frac{l}{2}(\cos30°-\sin30°)=\frac{l}{2}\left(\frac{\sqrt{3}}{2}-\frac{1}{2}\right)$$

$$P\cdot\overline{CD}=X_B\cdot\frac{l}{2}，则：X_B=\frac{\sqrt{3}-1}{2}P$$

应选 D 项。

【例 15-2-8】（历年真题）图示静定三铰拱，拉杆 AB 的轴力等于：

A. 6kN B. 8kN
C. 10kN D. 12kN

例 15-2-8 图

【解答】取整体分析，$\sum M_B=0$，则：

$$Y_A=48\times7/8=42\text{kN}（\uparrow）$$

取 AC 分析，$\sum M_C=0$，则：

$$N_{AB}=\frac{42\times4-48\times3}{3}=8\text{kN}$$

应选 B 项。

五、静定平面桁架

为了简化计算，通常对实际的静定平面桁架采用如下计算假定：

（1）各杆都是直杆，其轴线位于同一平面内。

（2）各杆连接的节点（亦称节点）都是光滑铰链连接，即节点为铰接点。

（3）荷载（或外力）和支座的约束力（即支座反力）都集中作用在节点上，并且位于桁架平面内。各杆自重不计。

根据上述假定，这样的桁架称为理想桁架，各杆都视为只有两端受力的二力杆，因此，杆件的内力只有轴力（轴向拉力或轴向压力），单位为 N 或 kN。桁架杆件的内力以拉力为正。计算时，一般先假定所有杆件均为拉力，在受力图中画成离开节点，计算结果若为正值，则杆件受拉力；若为负值，则杆件受压力。

静定平面桁架杆件的内力计算方法有节点法、截面法，以及这两种方法的联合应用。

1. 节点法和截面法

（1）节点法

节点法是取桁架的节点为隔离体，用平面汇交力系的两个静力平衡方程来计算杆件内力的方法。由于平面汇交力系只能利用两个静力平衡方程，故每次截取的节点上的未知力个数不应多余两个。

（2）截面法

截面法是用一个适当的截面（平面或曲面），截取桁架的某一部分为隔离体，然后利用平面任意力系的三个平衡方程计算杆件的未知内力。一般地，所取的隔离体上未知内力的杆件数不多于 3 根，且它们既不全部汇交于一点也不全部平行，可以直接求出所有未知内力。

（3）节点法和截面法的联合应用

【例 15-2-9】 如图（a）所示桁架，AF、BE、CG 杆均铅直，DE、FG 杆均水平，则 DE 杆的内力应为下列何项？

A. P B. $-P$ C. $\sqrt{2}P$ D. $-\sqrt{2}P$

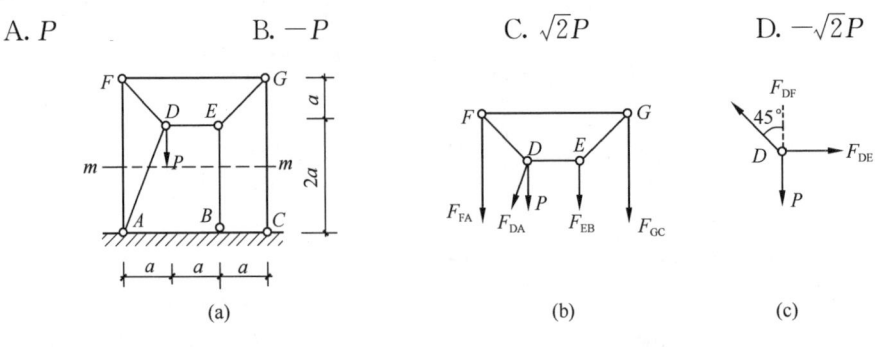

例 15-2-9 图

【解答】 作截面 m-m，取上半部分为研究对象，如图（b）所示，$\sum F_{ix}=0$，则 AD 杆的内力为零。

取节点 D 为研究对象，如图（c）所示，由力的平衡，则：
$F_{DE}=P$，应选 A 项。

2. 零杆及其运用

（1）零杆

内力为零的杆称为零杆。零杆不能取消，因为理想桁架有计算假定，而实际桁架对应的杆件的内力并不等于零，只是内力很小而已。

判别零杆的方法如下：

1) 不共线的两杆相交的节点上无荷载（或无外力）时，该两杆的内力均为零即零杆，如图 15-2-15（a）所示。

2) 三杆汇交的节点上无荷载（或无外力），且其中两杆共线时，则第三杆为零杆[图 15-2-15（b）]，而在同一直线上的两杆的内力必定相等，受力性质相同。

3) 利用对称形判别零杆，见后面内容。

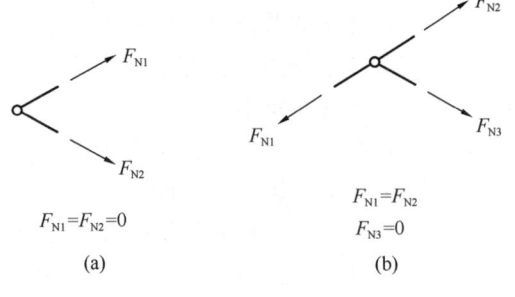

图 15-2-15 零杆

其他判别零杆的方法，均可采用受力分析和力平衡方程得到。

（2）等力杆

判别等力杆的方法如下：

1) X 形节点（四杆节点）。直线交叉形的四杆节点上无荷载（或无外力）时，则在同一直线上两杆的内力值相等，且受力性质相同，如图 15-2-16（a）所示。

2) K 形节点（四杆节点）。侧杆倾角相等的 K 形节点上无荷载（或无外力）时，则两侧杆的内力值相等，且受力性质相同，如图 15-2-16（b）所示。

3) Y 形节点（三杆节点）。三杆汇交的节点上无荷载（或无外力）时，如图 15-2-16（c）所示，对称两杆的内力值相等（$F_{N1}=F_{N2}$），且受力性质相同。

4) 利用对称性判别等力杆，见后面内容。

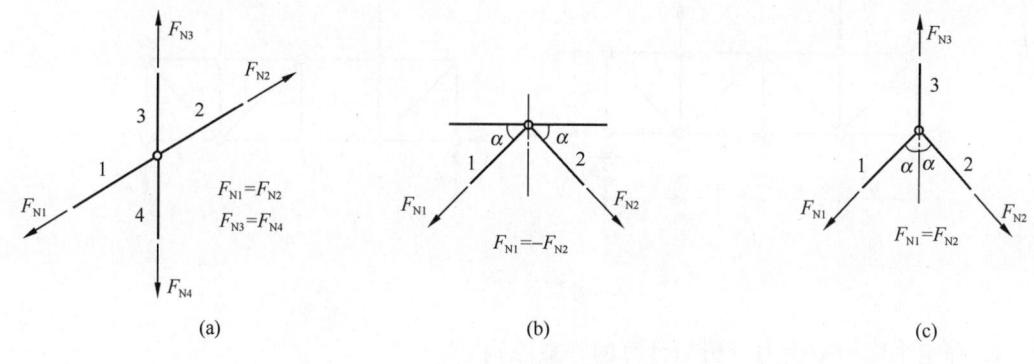

(a)   (b)   (c)

图 15-2-16 等力杆

【**例 15-2-10**】如图（a）所示结构，在外力 P 作用下的零杆数应为下列何项？
A. 无零杆   B. 1 根   C. 2 根   D. 3 根

例 15-2-10 图

【**解答**】 根据零杆判别法，左边竖腹杆（杆 1）为零杆；

根据整体平衡，对支座取矩，则两支座的约束力均为 P，方向向上。

作截面 m-m，如图（b）所示，取右半部分，如图（c）所示，铅垂方向力平衡，则杆 5 的内力为零即零杆；根据零杆判别法，杆 7 为零杆。总零杆数为 3 根，应选 D 项。

3. 对称性的利用

静定平面桁架的各杆件的轴力为对称内力。对称桁架是指桁架的几何形状、支承条件和杆件材料都关于某一轴对称，该轴称为对称轴。静定平面对称桁架的特点如下：

(1) 在正对称荷载作用下，对称杆件的轴力是对称的。

(2) 在反对称荷载作用下，对称杆件的轴力是反对称的。

(3) 在任意荷载作用下，可将该荷载分解为正对称荷载、反对称荷载两组，分别计算出内力后再叠加。

注意，对称轴位置上的杆件（竖杆或横杆）的内力的特点。

【**例 15-2-11**】如图（a）所示桁架，在竖向外力 P 作用下的零杆数为下列何项？
A. 2 根   B. 3 根   C. 4 根   D. 5 根

【**解答**】 整体分析，左边支座的水平反力为零。如图（b）所示，根据支座节点受力分析，杆 1、杆 2 为零杆。根据零杆判别法，杆 3 为零杆。

结构对称、荷载反对称，其杆的内力反对称，杆 4、杆 5 的内力为反对称，其相交节点处的水平方向力平衡，因此，杆 4、杆 5 的内力必定为零，因此，杆 4、杆 5 均为零杆。

总零杆数为 5 根，应选 D 项。

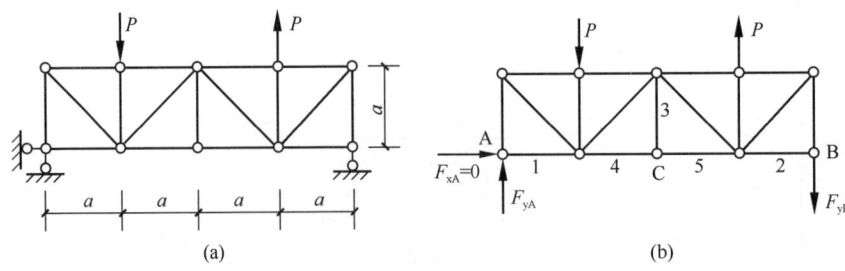

例 15-2-11 图

4. 静定平面桁架受力分析与计算的一般原则

（1）首先根据零杆判别法进行零杆的判别。

（2）利用对称性进行零杆的判别、杆件的内力分析。

（3）采用截面法、节点法进行杆件内力的计算，以及截面法与节点法的联合应用。

【例 15-2-12】（历年真题）桁架受力如图（a）所示，下列杆件中，非零杆是：

A. 杆 2-4   B. 杆 5-7   C. 杆 1-4   D. 杆 6-7

 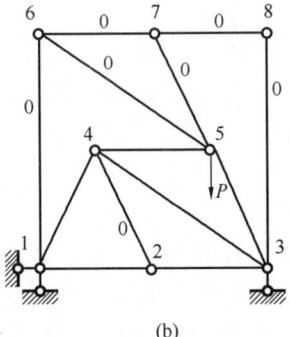

例 15-2-12 图

【解答】如图（b）所示，杆 1-4 为非零杆，应选 C 项。

【例 15-2-13】（历年真题）如图（a）所示桁架杆 1 的内力为：

A. $-P$ B. $-2P$ C. P D. $2P$

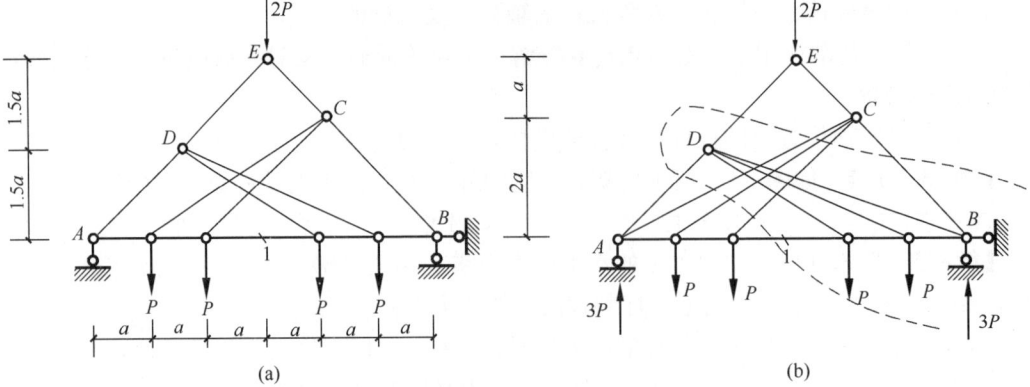

例 15-2-13 图

【解答】如图（b）所示，取截面，对 E 点取力矩平衡：
$$N_1 \cdot 3a + P \cdot a + P \cdot 2a = 3P \cdot 3a$$
$$N_1 = 2P(拉力)$$
应选 D 项。

六、静定组合结构

静定组合结构是指由若干链杆和受弯杆件联合组成的结构，如图 15-2-17 所示，其中链杆只承受轴力；受弯杆件则一般受到弯矩、剪力和轴力的共同作用。

图 15-2-17 静定组合结构

静定组合结构的内力计算的一般步骤：
（1）求支座反力。
（2）计算各链杆的轴力。
（3）计算受弯杆件的内力。

【例 15-2-14】（历年真题）图示结构 BC 杆轴力为：

A. $-2F_P$ B. $-2\sqrt{2}F_P$ C. $-\sqrt{2}F_P$ D. $-4F_P$

【解答】整体分析，$\sum M_A = 0$，则：
$$N_{BC} \cdot \sin45° \times 2 = F_P \times 4$$
$$N_{BC} = \frac{2F_P}{\frac{\sqrt{2}}{2}} = 2\sqrt{2}F_P(压力：-)$$

应选 B 项。

【例 15-2-15】（历年真题）如图（a）所示结构 K 截面的弯矩值为（以内侧受拉为正）：

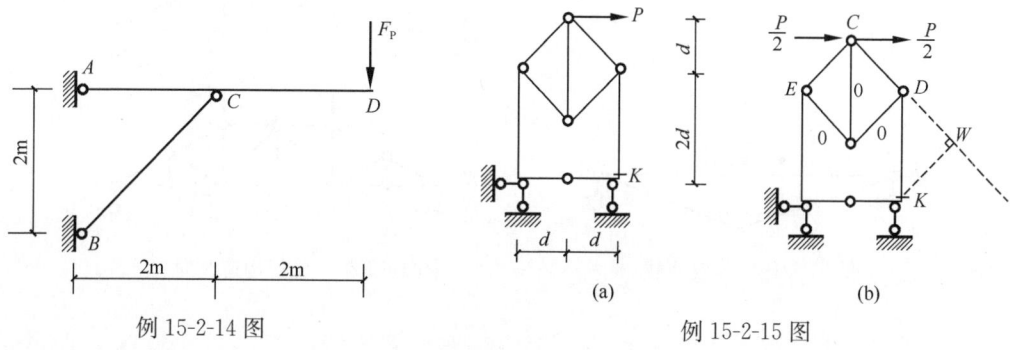

例 15-2-14 图

例 15-2-15 图

A. Pd　　　　B. $-Pd$　　　　D. $2Pd$　　　　D. $-2Pd$

【解答】对称结构，将 P 等效为一对反对称荷载：$P/2$，如图（b）所示，则：

$$N_{CD} = -N_{CE}，由水平方向力平衡：$$

$$2N_{CD}\cos45° = P$$

$$N_{CD} = \frac{P}{2\cos45°}（压力）$$

$$M_K = N_{CD} \cdot \overline{KW} = \frac{P}{2\cos45°} \cdot 2d\cos45°$$

$$= Pd（内侧受拉）$$

应选 A 项。

七、静定结构的一般性质

在线弹性范围内，静定结构满足平衡条件的反力和内力的解答是唯一的。根据这一性质，可以推出静定结构的一般性质如下：

（1）静定结构的支座反力和内力仅与荷载、结构整体几何尺寸和形状有关，而与结构的材料、杆件截面形状与截面几何尺寸、杆件截面的刚度（EI、EA 等）无关。

（2）非荷载因素的影响。非荷载因素如温度变化、支座位移、材料收缩和制造误差等不引起静定结构的反力和内力。

（3）平衡力系的影响。平衡力系作用于静定结构中某一几何不变或可独立承受该平衡力系的部分上时，只有该部分受力，其余部分的反力和内力均为零。

如图 15-2-18 所示梁在平衡力系作用下，只在平衡力系作用的部分 CD 段产生内力，其余部分反力和内力均为零。

图 15-2-18　平衡力系

（4）等效荷载的影响。对作用于静定结构中某一几何不变部分上的荷载作等效变换时，则只有该部分的内力发生变化，而其余部分的反力和内力均不变。所谓荷载的等效变换，即用主矢和对同一点的主矩均相等的一组荷载等效替代另一组荷载。

如图 15-2-19 所示，集中荷载 F_P 和两个集中荷载 $F_P/2$ 为等效荷载，当用两个集中荷载 $F_P/2$ 在 CD 杆段等效代替集中荷载 F_P 时，两组荷载产生的弯矩图只有 CD 部分不相同，其余部分都相同。

图 15-2-19　等效荷载　　　　图 15-2-20　几何构造改变

(5) **几何构造改变的影响**。对静定结构中的某一几何不变部分作几何构造改变时，其余部分的反力和内力均不变。

如图15-2-20（a）、（b）图中两个桁架除了 $CDEF$ 部分几何构造不同，其余部分几何构造均相同。在相同荷载作用下，两个桁架除了 $CDEF$ 部分的杆件内力不同，其余部分反力和内力均相同。

习　题

15-2-1 （历年真题）静定结构在支座移动时，会产生：
A. 内力　　　　　B. 应力　　　　　C. 刚体位移　　　　D. 变形

15-2-2 （历年真题）下面方法中，不能减小静定结构弯矩的是：
A. 在简支梁的两端增加伸臂段，使之成为伸臂梁
B. 减小简支梁的跨度
C. 增加简支梁的梁高，从而增大截面惯性矩
D. 对于拱结构，根据荷载特征，选择合理拱轴曲线

15-2-3 （历年真题）图示刚架 M_{EB} 的大小为：
A. 36kN·m　　　B. 54kN·m　　　C. 72kN·m　　　D. 108kN·m

题 15-2-3 图

题 15-2-4 图

15-2-4 （历年真题）图示结构的反力 F_H 为：
A. $\dfrac{M}{L}$　　　　B. $\dfrac{-M}{L}$　　　　C. $\dfrac{2M}{L}$　　　　D. $\dfrac{-2M}{L}$

15-2-5 （历年真题）图示结构的反力 F_H 为：
A. $\dfrac{M}{L}$　　　　B. $\dfrac{-M}{L}$　　　　C. $\dfrac{2M}{L}$　　　　D. $\dfrac{-2M}{L}$

题 15-2-5 图

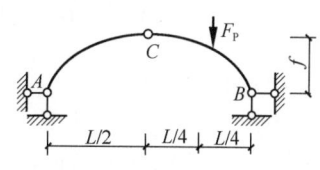

题 15-2-6 图

15-2-6 （历年真题）图示三铰拱，若使水平推力 $F_H=F_P/3$，则高跨比 f/L 应为：
A. $\dfrac{3}{8}$　　　　B. $\dfrac{1}{2}$　　　　C. $\dfrac{5}{8}$　　　　D. $\dfrac{3}{4}$

15-2-7 （历年真题）图示三铰拱，若高跨比 $f/L=1/2$，则水平推力 F_H 为：

A. $\dfrac{F_P}{4}$ B. $\dfrac{F_P}{2}$ C. $\dfrac{3F_P}{4}$ D. $\dfrac{3F_P}{8}$

15-2-8 （历年真题）图示结构杆 a 的轴力为：

A. $0.5F_P$ B. $-0.5F_P$ C. $1.5F_P$ D. $-1.5F_P$

题 15-2-7 图   题 15-2-8 图

15-2-9 （历年真题）图示结构杆件 1 的轴力为：

A. $-P$ B. $-\dfrac{P}{2}$ C. $\dfrac{\sqrt{2}P}{2}$ D. $\sqrt{2}P$

15-2-10 （历年真题）图示组合结构，梁 AB 的抗弯刚度为 EI，二力杆的抗拉刚度都为 EA。则 DG 杆的轴力为：

A. 0   B. P，受拉   C. P，受压   D. $2P$，受拉

题 15-2-9 图   题 15-2-10 图

第三节　静定结构的位移计算

一、广义位移和虚功原理

1. 广义力和广义位移

结构受到集中力、分布力的作用，也可能受到集中力偶、分布力偶等作用，将集中力、分布力、集中力偶等统称为广义力。

结构在荷载作用下会发生变形，而这种变形会引起结构各处位置的变化，即结构的位移。结构的位移包括线位移、角位移、相对线位移、相对角位移。所有以上这些位移可以统称为广义位移。除荷载之外，温度变化、支座移动、材料收缩和制造误差等非荷载因素，也会使结构产生位移。

2. 变形体的虚功原理

变形体的虚功原理可表述为：变形体处于平衡时，在任何无限小的虚位移下，外力所做虚功之和等于变形体所接受的虚变形功。若以 δW_e 表示外力虚功之和，以 δW_i 表示整个变形体所接受的虚变形功，则有如下变形体虚功方程：

$$\delta W_e = \delta W_i = \sum \int (F_N \delta \varepsilon + F_Q \delta \gamma_0 + M \delta \kappa) \mathrm{d}s \tag{15-3-1}$$

图 15-3-1

以上为平面杆系结构的虚功方程。如图 15-3-1 所示，F_N、F_Q、M 为力状态中任意微段上的轴力、剪力和弯矩；$\delta \varepsilon$、$\delta \gamma_0$ 和 $\delta \kappa$ 为位移状态中相应微段上的轴向虚应变、平均虚剪切角和虚曲率。

在理解和应用变形体的虚功原理时，应注意：

(1) 虚功原理中涉及的平衡状态与虚位移状态之间是相互独立的，不存在因果关系，即虚位移并非是由原平衡状态的内、外力引起，而是由其他任意原因引起的可能位移，所以将所做的功称为虚功。

(2) 虚位移必须在变形体内部连续，在边界上满足几何约束条件。此外，虚位移还必须是任意的和无限小的，此时虚功本身与虚位移属同阶微量。若将虚位移取为有限小量，则虚功原理不再成立。

(3) 变形体虚功原理的表述并未涉及变形体结构的类型，材料的性质和结构从受荷开始至到达平衡状态过程中变形或位移的大小。因此，虚功原理可以适用于任何类型的结构，并可以适用于材料非线性和几何非线性问题。

应用变形体虚功原理时，涉及力状态和位移状态两个状态，这两个状态中一个是实际发生的，一个是虚拟的。因此，可得：

(1) 当力状态是实际发生的，位移状态是虚拟的，虚功原理被称为虚位移原理。利用虚位移原理可采用机动法作结构的影响线，见本章第五节。

(2) 当位移状态是实际发生的，力状态是虚拟的，虚功原理被称为虚力原理。利用虚力原理推导出结构在荷载作用下位移计算的一般公式，见下面。

二、结构位移计算的一般公式——单位荷载法

如图 15-3-2 (a) 所示静定结构在荷载（如外力 F_P）、非荷载（如温度变化、支座移

动等）作用下发生的实际状态的变形，欲求任意点 K 的水平位移Δ。现虚拟单位荷载作用在结构 K 点，如图 15-3-2（b）所示，求出其相应的内力值（轴力$\overline{F}_N$、剪力$\overline{F}_Q$、弯矩$\overline{M}$）和支座 C 的反力$\overline{R}$。

图 15-3-2　单位荷载法原理

根据虚力原理，结构的虚拟外力（即：虚拟单位荷载和虚拟单位荷载下的支座反力$\overline{R}$）在实际状态的位移上所做的虚功（$1\times\Delta+\Sigma\overline{R}_i\times c_i$），与虚拟单位荷载下的内力在实际状态的变形上所做的虚功相等，即：

$$1\times\Delta_K+\Sigma\overline{R}\times c=\Sigma\int\overline{F}_N\varepsilon ds+\Sigma\int\overline{F}_Q\gamma_0 ds+\Sigma\int\overline{M}\kappa ds$$

或

$$\Delta_K=\Sigma\int\overline{F}_N\varepsilon ds+\Sigma\int\overline{F}_Q\gamma_0 ds+\Sigma\int\overline{M}\kappa ds-\Sigma\overline{R}_i c_i \tag{15-3-2}$$

式中，ε、κ 和 γ_0 分别为实际状态杆件的轴向应变、曲率和平均剪切变形。

这种通过虚设单位荷载作用下的力状态，利用虚功原理求结构位移的方法称为单位荷载法。

公式（15-3-2）不仅可以计算结构的线位移，也可以计算角位移、相对线位移、相对角位移，只要力状态中设置的单位力与位移方向一致即可。虚拟单位荷载应与拟求的广义位移要一致，典型的情况如图 15-3-3 所示。

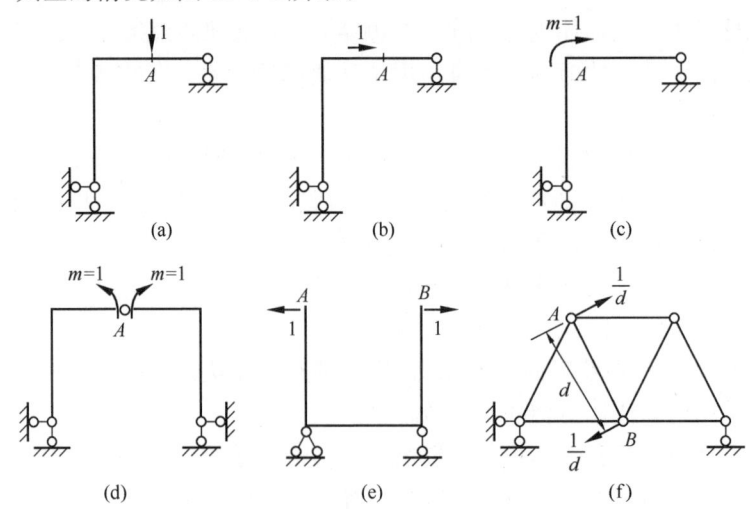

图 15-3-3　虚拟单位荷载
(a) 求 A 点的竖向位移；(b) 求 A 点的水平位移；(c) 求截面 A 的转角；
(d) 求铰 A 的两侧截面的相对转角；(e) 求 A、B 两点的水平相对线位移；(f) 求 AB 杆的转角虚拟单位荷载的方向可以任意假定，若计算出的结果为正，表明所求的广义位移方向与虚拟单位荷载的方向相同，反之，则相反。

三、荷载作用下的静定结构位移计算

1. 静定平面桁架的位移

在桁架中，各杆只承受轴力，不考虑弯曲变形和剪切变形。杆件轴向应变 $\varepsilon = \sigma/E = (F_N/A)/E = F_N/(EA)$，因此，公式（15-3-2）可简化为：

$$\Delta = \Sigma \frac{\overline{F}_{Ni} F_{Ni} l_i}{EA_i} \tag{15-3-3}$$

式中，F_{Ni} 为外荷载产生的各杆轴力（轴拉力或轴压力）；$\overline{F}_{Ni}$ 为虚拟单位荷载产生的各杆轴力；l_i 为各杆的长度；EA_i 为各杆的截面抗拉（抗压）强度。

2. 静定梁和刚架的位移

在荷载作用下静定梁和刚架的位移计算，可以不考虑轴向变形和剪切变形，仅考虑弯曲变形的影响。曲率 $\kappa = M_P/(EI)$，因此，公式（15-3-2）可简化为：

$$\Delta = \Sigma \int \frac{\overline{M} M_P}{EI} \mathrm{d}s \tag{15-3-4}$$

为了简化计算，可采用图乘法代替上述公式（15-3-4）中的积分运算。采用图乘法的前提条件是：等截面直杆（即 EI 为常数的直杆）；两个弯矩图 M_P（由外部的荷载产生的弯矩图）与 $\overline{M}$（由虚拟单位荷载产生的弯矩图）中至少有一个是直线图形。

采用图乘法时（图15-3-4），静定梁和刚架的位移计算为：

$$\Delta = \Sigma \int \frac{\overline{M} M_P}{EI} \mathrm{d}s = \Sigma \frac{1}{EI} A_P y_C \tag{15-3-5}$$

式中，A_P 为荷载产生的弯矩图 M_P 的面积；y_C 为弯矩图 M_P 的形心对应于弯矩图 $\overline{M}$ 中相应位置的竖坐标。

运用图乘法时，应注意的是：

（1）当面积 A_P 与竖坐标 y_C 在基线的同一侧时，其乘积 $A_P y_C$ 为正，反之，为负。

（2）竖坐标 y_C 只能从直线弯矩图形上取得。特殊地，当 M_P 图和 $\overline{M}$ 图均为直线时，y_C 可取其中任一图形，但 A_P 应取自另一图形。

（3）分段图乘时，可采用叠加法，如图15-3-5所示。

图15-3-4　　　　　　　　图15-3-5

（4）非标准抛物线与直线图图乘。图15-3-6（a）所示为杆件受端弯矩和均布荷载共

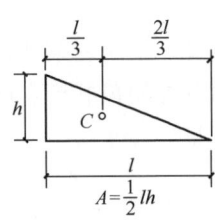

图 15-3-6

同作用下的弯矩图。在采用图乘法计算时，可以将此 M_P 图视为端弯矩作用下的梯形弯矩图 [图 15-3-6（b）] 与相应简支梁在均布荷载作用下标准抛物线形的弯矩图 [图 15-3-6（c）] 叠加而成。将上述两个图形分别与 $\overline{M}$ 图相乘，其代数和即为所求位移。

(5) 常用简单图形的形心位置和面积，如图 15-3-7 所示。

3. 静定组合结构的位移

在静定组合结构中，有受弯杆件和只承受轴力的链杆两种不同性质的杆件。对于受弯杆件，一般可只考虑弯曲变形的影响，而对于链杆则应考虑其轴向变形的影响。此时，位移计算公式简化为：

$$\Delta_K = \sum \int \frac{\overline{M} M_P \mathrm{d}s}{EI} + \sum \frac{\overline{F}_{Ni} F_{Ni} l_i}{EA_i} \tag{15-3-6}$$

图 15-3-7

【例 15-3-1】（历年真题）图示（a）结构，EA 为常数，杆 BC 的转角为：

A. $\dfrac{P}{2EA}$ B. $\dfrac{P}{EA}$ C. $\dfrac{3P}{2EA}$ D. $\dfrac{2P}{EA}$

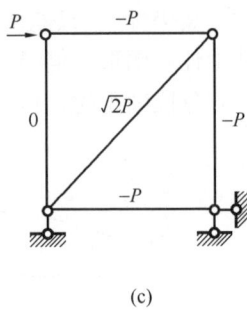

例 15-3-1 图

【解答】如图（b）所示，B、C 点施加单位荷载 $1/L$，则：

$$\theta_{BC} = \frac{\left(-\dfrac{1}{L}\right)(-P)L}{EA} = \frac{P}{EA}$$

应选 B 项。

【例15-3-2】（历年真题）如图（a）所示结构，EI 为常数。节点 B 处弹性支撑刚度系数 $k=3EI/L^3$，C 点的竖向位移为：

A. $\dfrac{PL^3}{EI}$ B. $\dfrac{4PL^3}{3EI}$ C. $\dfrac{11PL^3}{6EI}$ D. $\dfrac{2PL^3}{EI}$

例 15-3-2 图

【解答】如图（b）、（c）所示，C 点施加单位力，荷载产生的 Δ_{CP} 为：

$$\Delta_{CP} = \frac{1}{EI}\left(PL \cdot L \cdot \frac{1}{2} \cdot \frac{2L}{3} \cdot 2\right)$$

$$= \frac{2PL^3}{3EI}$$

弹簧产生的 Δ_{CK} 为：

$$\Delta_{CK} = -(-2) \times \frac{2P}{k}$$

$$= \frac{4P}{3EI/L^3} = \frac{4PL^3}{3}$$

$$\Delta = \Delta_{CP} + \Delta_{CK} = \frac{2PL^3}{EI}$$

应选 D 项。

四、非荷载因素作用下的静定结构位移计算

在非荷载因素（如温度变化、材料收缩、制造误差、支座移动或称支座位移）作用下静定结构不会产生内力，但是会产生位移。

1. 只有支座移动的情况

此时，公式（15-3-2）变为：

$$\Delta = -\Sigma \overline{R}_i c_i \tag{15-3-7}$$

式中，$\overline{R}_i$ 为虚拟单位荷载产生的各支座反力；c_i 为结构实际状态中的各支座位移。

此外，对于简单的静定结构，支座移动引起的位移可直接通过几何方法确定。

【例15-3-3】如图（a）所示刚架，由于支座 A 向右水平位移 $a=0.1\text{m}$ 和顺时针转角 θ（rad），支座 B 有竖直向下位移 $b=0.2\text{m}$。支座 B 的水平位移 Δ_{xB} 是：

A. $-0.1+6\theta$ B. $0.1-6\theta$ C. $-0.3+8\theta$ D. $0.3-8\theta$

【解答】如图（b）所示，在 B 点施加单位水平力（$X_1=1$），求出支座反力。

$$\Delta_{xB} = -\Sigma \overline{R}_i c_i = -(-1 \times 0.1 - 8\theta + 2 \times 0.2)$$

$$= -0.3 + 8\theta$$

应选 C 项。

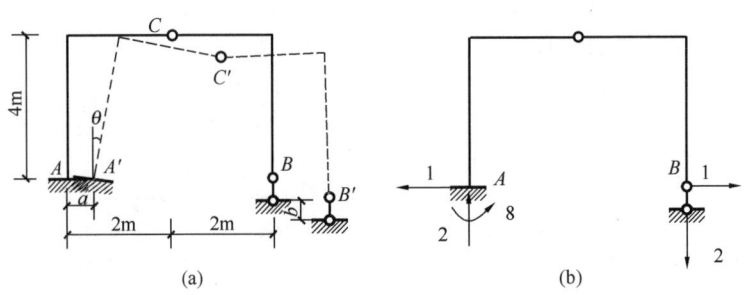

例 15-3-3 图

【例 15-3-4】（历年真题）如图（a）所示刚架，EI 为常数，忽略轴向变形。当 D 支座发生支座沉降 δ 时，B 点转角为：

A. δ/L B. $2\delta/L$ C. $\delta/(2L)$ D. $\delta/(3L)$

【解答】如图（b）所示，在 B 点施加 $m=1$，则：

$$\Delta\theta_B = (-\delta)\cdot\left(-\frac{1}{L}\right) = \frac{\delta}{L}$$

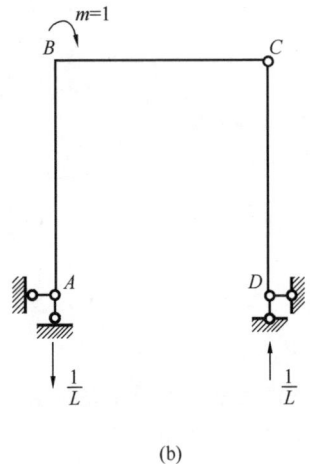

例 15-3-4 图

应选 A 项。

2. 只有温度变化的情况

如图 15-3-8 所示，t_1 表示上侧温度的变化（即温度升高或下降），t_2 表示下侧温度的变化，对称截面杆件轴线温度的变化 $t_0 = \frac{1}{2}(t_1+t_2)$，杆件上下侧温度的变化之差 $\Delta t = t_2 - t_1$。

杆件轴线温度的变化 t_0 产生轴向变形，杆件上下侧温度的变化之差 $\Delta t = t_2 - t_1$ 产生弯曲变形，因此，杆件变形（或位移）Δ 应为两者之和，即：

$$\Delta = \sum \alpha t_0 A_{\overline{F}} + \sum \alpha \frac{\Delta t}{h} A_{\overline{M}} \quad (15\text{-}3\text{-}8)$$

图 15-3-8

式中，α 为材料的线膨胀系数；t_0 为杆件轴线温度的变化；

A_F 表示虚拟单位荷载产生的轴力图 $\overline{F}_N$ 的面积；Δt 为杆件上下侧温度变化之差；h 为杆件横截面的高度；$A_{\overline{M}}$ 表示虚拟单位荷载产生的弯矩图 $\overline{M}$ 的面积。

轴力 $\overline{F}_N$ 以受拉为正，t_0 以温度升高为正；弯矩 $\overline{M}$ 和温差 Δt 引起的弯曲为同一方向时，其乘积取正值（即：弯矩 $\overline{M}$ 和温差 Δt 使杆件的同一侧产生拉伸变形时，其乘积取正值），反之，其乘积取负值。

【例 15-3-5】（历年真题）如图（a）所示结构，EI＝常数，截面高 h＝常数，线膨胀系数为 α，外侧环境温度降低 $t℃$，内侧环境温度升高 $t℃$。引起的 C 点竖向位移大小为：

A. $\dfrac{3\alpha tL^2}{h}$ B. $\dfrac{4\alpha tL^2}{h}$ C. $\dfrac{9\alpha tL^2}{2h}$ D. $\dfrac{6\alpha tL^2}{h}$

例 15-3-5 图

【解答】如图（b）所示，作 $\overline{M}_1$ 图：

$$\Delta_C = \Sigma \alpha \frac{\Delta t}{h} A_{\overline{M}} = \alpha \frac{2t}{h}\left(L \times L + \frac{L}{2} \times L\right) = \frac{3\alpha tL^2}{h}$$

应选 A 项。

【例 15-3-6】（历年真题）图示结构忽略轴向变形和剪切变形，若增大弹簧刚度 k，则 A 节点的水平位移 Δ_{AH}：

A. 增大
B. 减小
C. 不变
D. 可能增大，也可能减小

例 15-3-6 图

【解答】弹簧刚度增大，其整个结构的抗侧刚度（或抗剪切刚度）变大，故 A 点的水平位移减小，应选 B 项。

五、线弹性体系的互等定律

1. 功的互等定理

线弹性体系功的互等定理：同一个线弹性体系存在两个不同的状态，状态 i 的外力在状态 j 的位移上所做的功等于状态 j 的外力在状态 i 的位移上所做的功，即：$F_{Pi}\Delta_{ij} = F_{Pj}\Delta_{ji}$，如图 15-3-9 所示。

图 15-3-9

2. 位移互等定理

位移互等定理，即第 j 状态的单位力所引起的第 i 状态单位力作用点沿其作用方向的位移，等于第 i 状态的单位力所引起的第 j 状态单位力作用点沿其作用方向的位移，即：$\delta_{ij} = \delta_{ji}$，如图 15-3-10 所示。

图 15-3-10

3. 反力互等定理

反力互等定理，即第 i 个约束沿该约束方向发生单位位移时在第 j 个约束中产生的反力，等于第 j 个约束沿其约束方向发生单位位移时在第 i 个约束中产生的反力。此定理只适用于超静定结构，即：$r_{ij} = r_{ji}$，如图 15-3-11 所示。

图 15-3-11

4. 反力与位移互等定理

反力与位移互等定理，即由于单位力使体系中某一支座所产生的反力，等于该支座发生与反力方向相一致的单位位移时在单位力作用处所引起的位移，唯符号相反。此定理只适用于超静定结构，即：$r'_{ji} = -\delta'_{ij}$，如图 15-3-12 所示。

图 15-3-12

【例 15-3-7】 图示同一结构线弹性梁受到集中力作用，$F_1=10\text{kN}$，$F_2=20\text{kN}$，$F_3=10\text{kN}$，$F_4=20\text{kN}$，相应的位移 $\Delta_1=0.1\text{cm}$，$\Delta_2=0.2\text{cm}$，$\Delta_3=0.2\text{cm}$。则 Δ_4 的位移为：

A. 0.10cm　　　B. 0.15cm　　　C. 0.20cm　　　D. 0.30cm

(a)

(b)

例 15-3-7 图

【解答】 利用功的互等定理，则：
$$F_1\Delta_3 + F_2\Delta_4 = F_3\Delta_1 + F_4\Delta_2$$
$$10 \times 0.2 + 20\Delta_4 = 10 \times 0.1 + 20 \times 0.2$$

可得：$\Delta_4 = 0.15$ cm

应选 B 项。

习　题

15-3-1　（历年真题）图示对称结构 C 点的水平位移 $\Delta_{CH} = \Delta$（→），若 AC 杆 EI 增大一倍，BC 杆 EI 不变，则 Δ_{CH} 变为：

A. 2Δ　　　　　B. 1.5Δ　　　　　C. 0.5Δ　　　　　D. 0.75Δ

题 15-3-1 图　　　　　　　　　　　题 15-3-2 图

15-3-2　（历年真题）图示结构 B 截面转角位移为（以顺时针为正）：

A. $Pl^2/(EI)$　　　B. $Pl^2/(2EI)$　　　C. $Pl^2/(3EI)$　　　D. $Pl^2/(4EI)$

15-3-3　图示结构 AB 杆件 A 截面的转角 θ_A 值为：

A. $\dfrac{qa^3}{2EI}$（↑）　　B. $\dfrac{2qa^3}{EI}$（↓）　　C. $\dfrac{1.5qa^3}{2EI}$（↑）　　D. $\dfrac{4qa^3}{EI}$（↓）

15-3-4　图示支座 A 产生图中所示的位移，由此引起的节点 E 的水平位移 Δ_{EH} 为：

A. $l\theta - a$，方向水平向右　　　　　　B. $3l\theta + a$，方向水平向右

C. $l\theta + a$，方向水平向左　　　　　　D. $l\theta - 2b$，方向水平向左

题 15-3-3 图　　　　　　　　　　　题 15-3-4 图

15-3-5 图示等截面刚架，矩形截面高 $h = \dfrac{l}{10}$，材料的线膨胀系数为 α，在图示温度变化下 C 点的竖向位移 Δ_{CV} 为：

A. $80.5\alpha l$（↑）　　B. $70\alpha l$（↓）　　C. $68\alpha l$（↑）　　D. $72\alpha l$（↓）

15-3-6 图示刚架，EI 为常数，A 点竖向位移 Δ_{AV} 为：

A. $\dfrac{8Fl^3}{3EI}$（↓）　　B. $\dfrac{4Fl^3}{3EI}$（↓）　　C. $\dfrac{16Fl^3}{3EI}$（↓）　　D. $\dfrac{2Fl^3}{3EI}$（↓）

题 15-3-5 图　　　　　　题 15-3-6 图

第四节　超静定结构受力分析及特性

一、超静定结构的超静定次数

1. 超静定结构概述

超静定结构是具有多余约束的几何不变体系。一般地，超静定结构在荷载和非荷载因素作用下都会产生内力、位移。从静定性特征上看，超静定结构平衡方程数少于未知力的个数，仅靠平衡方程不能求出所有的反力和内力。

计算超静定结构内力的方法有：力法、位移法、剪力分配法、力矩分配法和矩阵位移法等。

2. 超静定次数

超静定次数就是多余约束的个数。超静定结构在去掉 n 个约束后变为静定结构，则该结构的超静定次数为 n。对同一超静定结构，其超静定的次数是唯一的，但是去掉多余约束的方法（或途径）不是唯一的，故得到的静定结构也不相同。

常用的去掉多余约束的方法有如下四种：

（1）去掉（或切断）一根链杆，或撤掉一个支座链杆，相当于去掉一个约束，如图 15-4-1～图 15-4-3 所示。

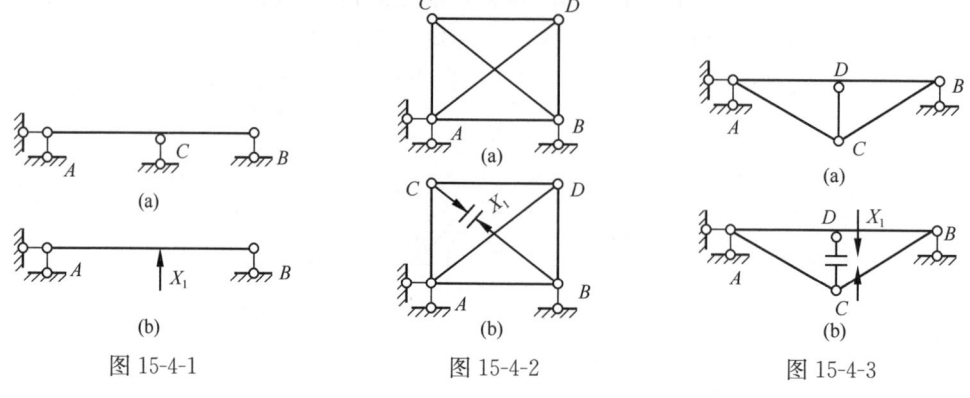

图 15-4-1　　　　　　图 15-4-2　　　　　　图 15-4-3

（2）去掉一个单铰（后面的"铰"均指单铰），或撤掉一个固定铰支座，相当于去掉两个约束，如图 15-4-4、图 15-4-5 所示。

图 15-4-4   图 15-4-5

（3）切断一根梁式杆（或称刚架式杆），或撤掉一个固定支座，相当于去掉三个约束，如图 15-4-6 所示。

（4）将一根梁式杆的某一截面改为铰连接，或将一固定支座改为固定铰支座，相当于去掉一个约束，如图 15-4-7 所示。

图 15-4-6

图 15-4-7

二、力法

1. 力法的基本概念

将超静定结构转化为静定结构并求解出超静定结构的内力，即为力法的基本原理。

如图 15-4-8（a）所示为超静定结构且为 1 次超静定，将其称为"原结构"。多余约束力 X_1 代替支座 B 的约束，原结构转化为静定结构，如图 15-4-8（b）所示，称该静定结构为"基本结构"。

在基本结构中，荷载在 B 点产生竖向位移 Δ_{1P}，多余约束力 X_1 在 B 点产生竖向位移 Δ_{11}（图 15-4-9），而荷载和多余约束力 X_1 在原结构 B 支座处共同作用的位移 Δ 为零，因

图 15-4-8
(a) 原结构；(b) 基本结构

此，基本结构应满足：$\Delta_{11}+\Delta_{1p}=\Delta=0$，称为变形协调条件。

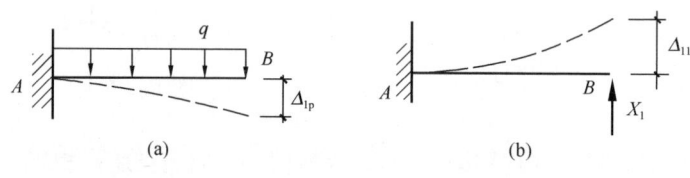

图 15-4-9

荷载产生的 Δ_{1p} 的确定，由于基本结构为静定结构，由静定结构的位移计算法——图乘法，即画出荷载产生的弯矩图 M_p，如图 15-4-10（a）所示，施加虚拟单位荷载在 B 点并画出单位荷载下的弯矩图 $\overline{M}_1$，如图 15-4-10（b）所示，可得 Δ_{1p} 为：

$$\Delta_{1p}=-\frac{1}{EI}\cdot\frac{l}{3}\times\frac{ql^2}{2}\times\frac{3l}{4}=-\frac{ql^4}{8EI}$$

图 15-4-10

多余约束力 X_1 的 Δ_{11} 的确定，为简化计算，先求出 $X_1=1$ 时的位移 δ_{11}，则 $\Delta_{11}=\delta_{11}X_1$。为了求位移 δ_{11}，同理，$X_1=1$ 施加在 B 点并画出其弯矩图 $\overline{M}_1$，该弯矩图与虚拟单位荷载下的弯矩图 $\overline{M}_1$ 即图 15-4-10（b）相同（故不用重复画出），图乘法时为弯矩图 $\overline{M}_1$ 与弯矩图 $\overline{M}_1$ 的图乘（简称"自身图乘"），δ_{11} 为：

$$\delta_{11}=\int\frac{\overline{M}_1\,\overline{M}_1}{EI}ds=\frac{1}{EI}\cdot\frac{1}{2}\times l\times l\times\frac{2}{3}l=\frac{l^3}{3EI}$$

由变形协调条件 $\Delta_{11}+\Delta_{1p}=0$，即：

$$\delta_{11}X_1+\Delta_{1p}=0 \qquad(15\text{-}4\text{-}1)$$

$$\frac{l^3}{3EI}\cdot X_1-\frac{ql^4}{8EI}=0, \text{可得}：X_1=\frac{3ql}{8}$$

所得为正值，表明其实际方向与假定的方向相同，若为负值，则方向相反。公式

(15-4-1) 称为力法基本方程。

求出 X_1 后,利用叠加原理,可得原结构弯矩 M 为: $M = \overline{M}_1 X_1 + M_p$。

力学基本体系是指力法基本结构在各多余约束力、外荷载(有时包括温度变化、支座位移等)共同作用下的体系。

2. 力法的典型方程

(1) 力法的计算

n 次超静定结构的力法典型方程为:

$$\left.\begin{aligned}\delta_{11}X_1 + \delta_{12}X_2 + \cdots + \delta_{1n}X_n + \Delta_{1p} + \Delta_{1t} + \Delta_{1c} &= \Delta_1 \\ \delta_{21}X_1 + \delta_{22}X_2 + \cdots + \delta_{2n}X_n + \Delta_{2p} + \Delta_{2t} + \Delta_{2c} &= \Delta_2 \\ &\vdots \\ \delta_{n1}X_1 + \delta_{n2}X_2 + \cdots + \delta_{3n}X_n + \Delta_{np} + \Delta_{nt} + \Delta_{nc} &= \Delta_n\end{aligned}\right\} \quad (15\text{-}4\text{-}2)$$

式中,X_i 为多余未知力 ($i=1, 2, \cdots, n$);δ_{ij} 为基本结构仅由 $X_j = 1(j=1,2,\cdots,n)$ 产生的沿 X_i 方向的位移,为基本结构的柔度系数;Δ_{ip}、Δ_{it}、Δ_{ic} 分别为基本结构仅由荷载、温度变化、支座位移产生的沿 X_i 方向的位移,为力法典型方程的自由项;Δ_i 为原超静定结构在荷载、温度变化、支座位移作用下的已知位移。

在力法典型方程中,第一个方程表示:基本结构在 n 个多余未知力、荷载、温度变化、支座位移等共同作用下,在多余未知力 X_i 作用点沿 X_1 作用方向产生的位移,等于原超静定结构的已知相应位移 Δ_1。其余各式的意义可按此类推。可见,力法典型方程也可称为变形协调方程。

同一超静定结构,可以选取不同的基本体系,其相应的力法典型方程的表达式也就不同。但不管选取哪种基本体系,求得的最后内力应是相同的。

力法典型方程中的系数 δ_{ii} 称为主系数,恒为正值;系数 $\delta_{ij}(i \neq j)$ 称为副系数,可为正值、负值或零,并且 $\delta_{ij} = \delta_{ji}$;各自由项 Δ_{ip}、Δ_{it}、Δ_{ic} 可为正值、负值或零。

上述系数、自由项都是力法基本结构(为静定结构)仅由单位力、荷载、温度变化、支座位移产生的位移,故按其定义,用相应的位移计算公式计算。当采用图乘法时,则为自身图乘。

(2) 超静定结构的内力计算

求出各多余未知力 X_i 后,将 X_i 和原荷载作用在基本结构上,再根据求作静定结构内力图的方法,作出基本结构的内力图即为超静定结构的内力图,或采用如下叠加法,计算结构的最后内力:

$$M = \overline{M}_1 X_1 + \overline{M}_2 X_2 + \cdots + \overline{M}_n X_n + M_p$$

$$V = \overline{V}_1 X_1 + \overline{V}_2 X_2 + \cdots + \overline{V}_n X_n + V_p$$

$$N = \overline{N}_1 X_1 + \overline{N}_2 X_2 + \cdots + \overline{N}_n X_n + N_p$$

式中,$\overline{M}_i$、$\overline{V}_i$、$\overline{N}_i$ 分别为 $X_i = 1$ 引起的基本结构的弯矩、剪力、轴力 ($i=1,2,\cdots,n$);M_p、

V_p、N_p 分别为荷载引起的基本结构的弯矩、剪力、轴力。

力法求解超静定结构内力的步骤：

1）确定结构的超静定次数，选取合理的基本结构，并将荷载、非荷载因素和作为力法基本未知量的多余约束力作用于基本结构。

2）根据变形协调条件建立力法典型方程。

3）求出各柔度系数 δ_{ij} 和自由项 Δ_{ip}。

4）求解力法方程，得到基本未知量，即多余约束力。

5）作出外荷载和多余约束力共同作用下基本结构的内力图，这实际上就是原结构的内力图，或者依据叠加法求得内力图。

（3）超静定结构的位移计算

超静定结构的位移计算仍应用虚力原理和单位荷载法，并结合图乘法进行。为简化计算，其虚设状态（即单位力状态）可采用原超静定结构的任意一个力法基本结构（为静定结构）。

荷载作用引起的位移计算公式：

$$\Delta_{ip} = \Sigma \int \frac{\overline{M}_i M_p ds}{EI} + \Sigma \int \frac{\overline{N}_i N_p ds}{EA} + \Sigma \int \frac{\kappa \overline{V}_i V_p ds}{GA} \tag{15-4-3}$$

温度变化引起的位移计算公式：

$$\Delta_{it} = \Sigma \int \frac{\overline{M}_i M_t ds}{EI} + \Sigma \int \frac{\overline{N}_i N_t ds}{EA} + \Sigma \int \frac{\kappa \overline{V}_i V_t ds}{GA} + \Sigma \int \frac{\alpha \Delta t}{h} \overline{M}_i ds + \Sigma \int \alpha t_0 \overline{N}_i ds \tag{15-4-4}$$

支座位移引起的位移计算公式：

$$\Delta_{ic} = \Sigma \int \frac{\overline{M}_i M_c ds}{EI} + \Sigma \int \frac{\overline{N}_i N_c ds}{EA} + \Sigma \int \frac{\kappa \overline{V}_i V_c ds}{GA} - \Sigma \overline{R}_i C \tag{15-4-5}$$

式中，$\overline{M}_i$、$\overline{N}_i$、$\overline{V}_i$ 和 $\overline{R}_i$ 为虚拟状态（原超静定结构的力法基本结构）的弯矩、轴力、剪力和支座反力；M_p、N_p、V_p、M_t、N_t、V_t、M_c、N_c、V_c 分别为原超静定结构在荷载、温度变化、支座位移作用下产生的弯矩、轴力、剪力。

在符合一定的条件下，上述超静定结构的位移计算可采用简化计算。

（4）超静定结构内力计算的校核

超静定结构的内力图需要同时满足静力平衡条件和变形条件。

1）平衡条件的校核

根据求得的内力图，取结构整体或任意部分为隔离体，校核其是否满足静力平衡条件。如果有任何一个平衡条件不满足，则内力图是错误的；如果满足静力平衡条件，还要继续下面第2）步变形条件的校核。

2）变形条件的校核

根据求得的内力图计算超静定结构的变形即位移，校核其是否与原结构的已知位移条件一致，如果一致说明内力图正确，否则为错误。

【例 15-4-1】（历年真题）用力法求解图示结构（EI 为常数），基本体系及基本未知量如图（a）、(b) 所示，柔度系数 δ_{11} 为：

A. $\dfrac{2L^3}{3EI}$ B. $\dfrac{L^3}{3EI}$ C. $\dfrac{L^3}{2EI}$ D. $\dfrac{3L^3}{2EI}$

例 15-4-1 图
（a）原结构；(b) 基本体系

【解答】如图（c）所示：

$$\delta_{11}=\frac{1}{EI}\left(L\cdot L\cdot \frac{1}{2}\cdot \frac{2L}{3}\right)\times 2=\frac{2L^3}{3EI}$$

应选 A 项。

【例 15-4-2】（历年真题）图示结构取图（b）为力法基本体系，EI 为常数，下列哪项是错误的？

A. $\delta_{23}=0$ B. $\delta_{31}=0$ C. $\Delta_{2p}=0$ D. $\delta_{12}=0$

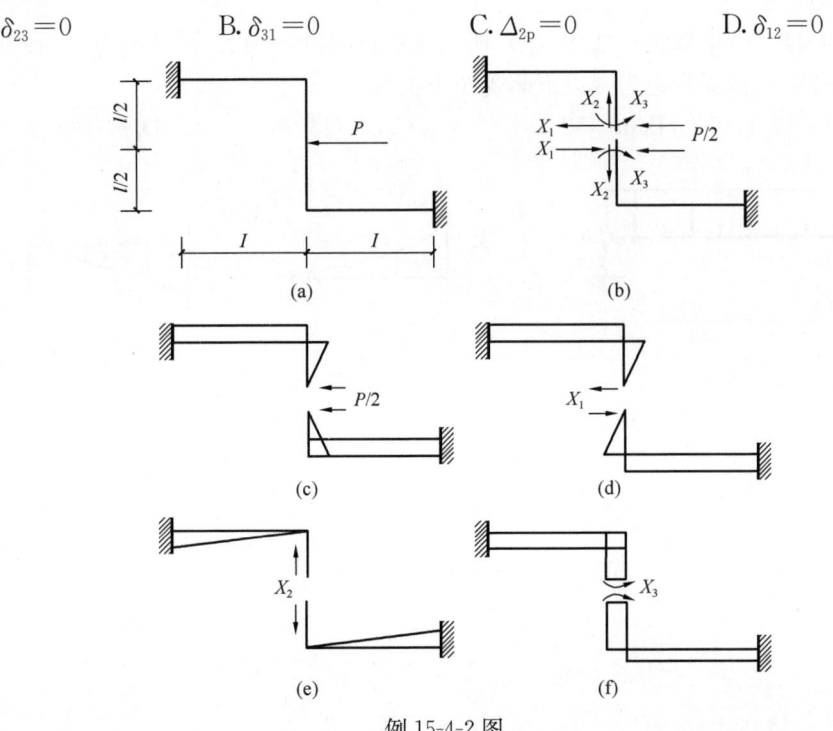

例 15-4-2 图
（a）结构；(b) 力法基本体系；(c) M_p 图；(d) $\overline{M}_1$ 图；(e) $\overline{M}_2$ 图；(f) $\overline{M}_3$ 图

【解答】分别作 M_p、$\overline{M}_1$、$\overline{M}_2$、$\overline{M}_3$ 图，见图（c）～（f）。

可知：$\delta_{12} \neq 0$，$\delta_{31} = 0$，$\delta_{23} = 0$，$\Delta_{2p} = 0$

应选 D 项。

【例 15-4-3】（历年真题）图示（a）、（b）结构，D 支座沉降量为 a。用力法求解（EI =常数），基本体系及基本变量如图（b）所示，基本方程 $\delta_{11}X_1 + \Delta_{1c} = 0$，则 Δ_{1c} 为：

A. $-\dfrac{2a}{L}$ B. $-\dfrac{3a}{2L}$ C. $-\dfrac{a}{L}$ D. $-\dfrac{a}{2L}$

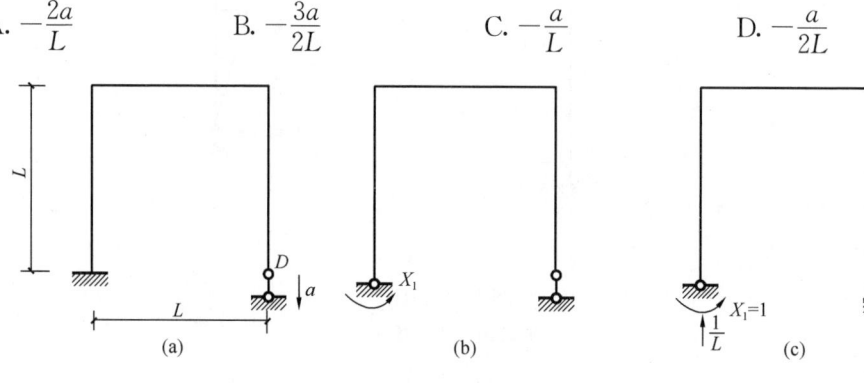

例 15-4-3 图
(a) 原结构；(b) 基本体系

【解答】作 $X_1 = 1$ 的受力分析图，见图（c）。

$$\Delta_{1c} = -\Sigma \overline{R}_i C = -\frac{1}{L} \times a = -\frac{a}{L}$$

应选 C 项。

【例 15-4-4】（历年真题）如图（a）所示梁的抗弯刚度为 EI，长度为 l，弹簧刚度 $k = 6EI/l^3$，跨中 C 截面弯矩为（以下侧受拉为正）：

A. 0 B. $ql^2/32$ C. $ql^2/48$ D. $ql^2/64$

例 15-4-4 图

【解答】力法计算，作 M_p、$\overline{M}_1$ 图，见图（b）、（c），则：

$$\delta_{11} = \frac{1}{EI} \cdot \frac{1}{2}l \cdot l \cdot \frac{2l}{3} = \frac{l^3}{3EI}$$

$$\Delta_{1p} = -\frac{1}{EI} \cdot \frac{1}{3} \cdot \frac{ql^2}{2} \cdot l \cdot \frac{3}{4}l = -\frac{ql^4}{8EI}$$

$$\delta_{11}X_1 + \Delta_{1p} = -\frac{X_1}{k}, \text{ 可得：} X_1 = \frac{ql}{4} (\uparrow)$$

取 CB 分析：$M_{CB} = \frac{ql}{4} \cdot \frac{l}{2} - q\frac{l}{2} \cdot \frac{l}{4} = 0$，应选 A 项。

【例 15-4-5】（历年真题）图示（a）结构 EI＝常数，在给定荷载作用下 M_{BA} 为（下侧受拉为正）：

A. $\frac{Pl}{2}$ B. $\frac{Pl}{4}$ C. $-\frac{Pl}{4}$ D. 0

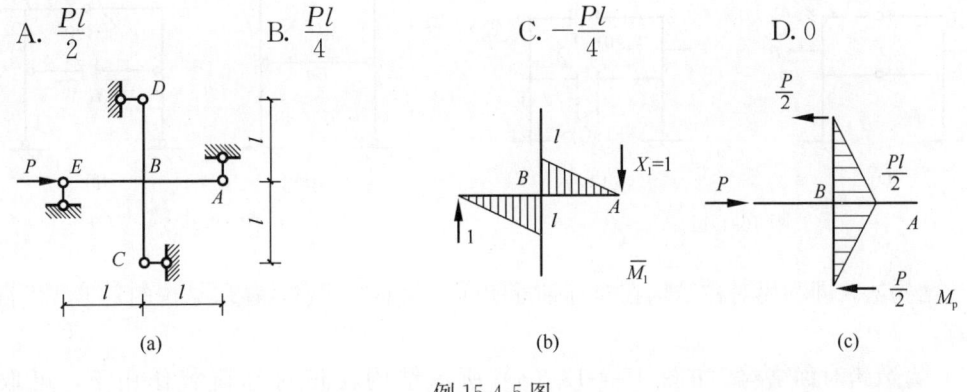

例 15-4-5 图

【解答】方法一：A 点约束反力为 X_1，作 $\overline{M}_1$、M_p 图，见图（b）、（c），则：
$$\Delta_{1p} = 0，又 \delta_{11}X_1 + \Delta_{1p} = 0，可得：X_1 = 0$$
则：$M_{BA}=0$，应选 D 项。

方法二：利用结构的特点，在 P 作用下，竖杆的支座反力大小相等，方向相同，即：$X_C = X_D = P/2$。取整体分析，$\sum M_E = 0$，则：$Y_A = 0$，$M_{BA} = 0$。

3. 对称性的利用

（1）对称结构的特点

对称结构的超静定结构具有如下特点：

1）在正对称荷载下，对称杆件的变形（或位移）、内力（弯矩、轴力、剪力）和支座反力是对称的，同时，弯矩图和轴力图是对称的，剪力图是反对称的。位于对称轴上的横杆的剪力为零（否则，铅垂方向的力不平衡）。

2）在反对称荷载下，对称杆件的变形（或位移）、内力（弯矩、轴力、剪力）和支座反力是反对称的，同时，弯矩图和轴力图是反对称的，剪力图是对称的。位于对称轴上的横杆的弯矩和轴力均为零（否则，水平方向的力不平衡）。

3）在任意荷载作用下，可将该荷载分解为正对称荷载、反对称荷载两组，分别计算出内力后再叠加。

（2）对称性的利用与半结构法

利用对称结构在正对称荷载和反对称荷载的作用下的受力特点，可以先取半边结构进行内力分析计算，即减少超静定的次数，简化计算。然后，再根据对称性得到整个结构的内力。

对称结构在任意荷载作用下，有时可将荷载分解成正对称和反对称两种进行计算。

对称结构选取对称的基本体系后，可得：

1）对称结构在正对称荷载作用下，选取对称的基本体系后，反对称未知力等于零，并且对应于反对称未知力的变形（如位移）也等于零，只需求解正对称的未知力。如图 15-4-11 所示，$X_3 = X_4 = 0$。

2）对称结构在反对称荷载作用下，选取对称的基本体系后，正对称未知力等于零，并且对应于正对称未知力的变形（如位移）也等于零，只需求解反对称未知力。如图 15-4-12 所示，$X_1 = X_2 = 0$。

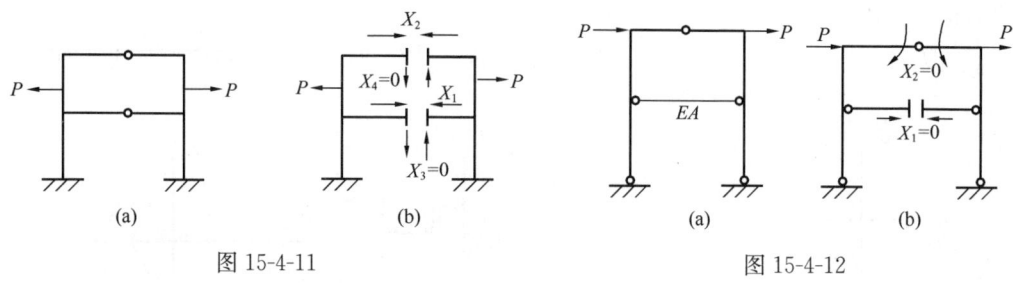

图 15-4-11　　　　　　　　　　　图 15-4-12

半结构法，即利用对称结构在对称轴处的受力和变形特点，截取结构的一半，进行简化计算：

1）奇数跨对称结构。如图 15-4-13（a）所示结构在正对称荷载作用下，可取如图 15-4-13（b）所示的半结构进行计算；如图 15-4-14（a）所示结构在反对称荷载作用下，可取如图 15-4-14（b）所示的半结构进行计算。

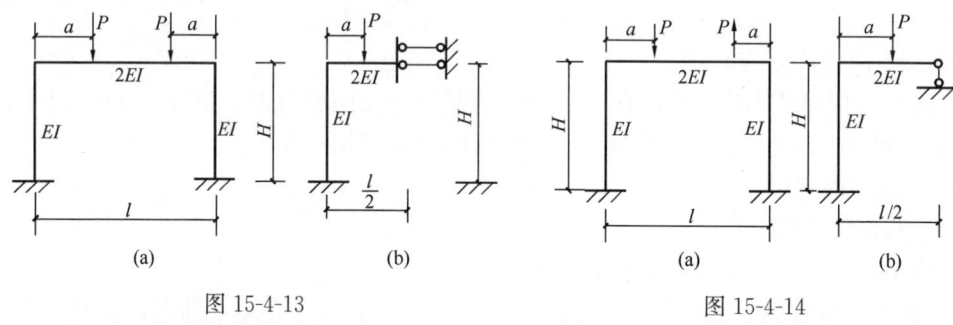

图 15-4-13　　　　　　　　　　　图 15-4-14

2）偶数跨对称结构。如图 15-4-15（a）所示结构在正对称荷载作用下；若不计杆件的轴向变形，可取如图 15-4-15（b）所示的半结构进行计算。如图 15-4-16（a）所示结构在反对称荷载下，可取如图 15-4-16（b）所示的半结构进行计算，取中柱的抗弯刚度为原来的 $\frac{1}{2}$。

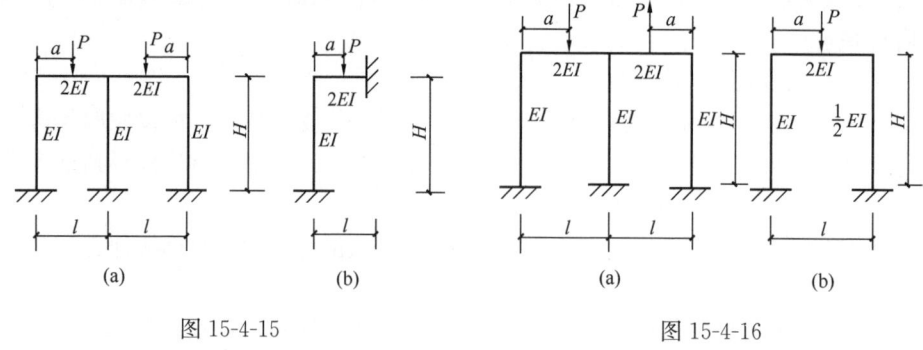

图 15-4-15　　　　　　　　　　　图 15-4-16

【例 15-4-6】（历年真题）图示对称结构 $M_{AD} = ql^3/36$（左拉），$F_{N,AD} = -5ql/12$

（压），则 M_{BC} 为（以下侧受拉为正）：

A. $-ql^2/6$
B. $ql^2/6$
C. $-ql^2/9$
D. $ql^2/9$

例 15-4-6 图

【解答】由结构荷载为正对称，故 $M_{CF}=ql^3/36$，$F_{N,CF}=-5ql/12$，对 B 点取力矩：$M_{BC}=\dfrac{5ql}{12} \cdot l-\dfrac{ql^2}{36}-\dfrac{1}{2}ql^2=-\dfrac{ql^2}{9}$

应选 C 项。

【例 15-4-7】（历年真题）图示结构 $EI=$ 常数，在给定荷载作用下，水平反力 H_A 为：

A. P　　　　B. $2P$
C. $3P$　　　　D. $4P$

【解答】结构对称，荷载反对称，支座的反力为反对称，由 $\Sigma X=0$，则：$H_A=P$

应选 A 项。

【例 15-4-8】（历年真题）如图（a）所示结构 $EI=$ 常数，不考虑轴向变形，则 M_{BA} 为（以下侧受拉为正）：

A. $\dfrac{Pl}{4}$　　　　B. $-\dfrac{Pl}{4}$

C. $\dfrac{Pl}{2}$　　　　D. $-\dfrac{Pl}{2}$

例 15-4-7 图

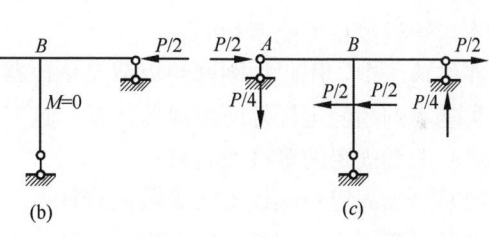

例 15-4-8 图

【解答】整体分析，水平方向力平衡，支座的水平反力为零，故结构为对称结构。将荷载分解为正对称、反对称荷载，如图（b）、（c）所示。

可知，$M_{BA}=-\dfrac{Pl}{4}$，应选 B 项。

【例 15-4-9】（历年真题）图示结构 $EI=$ 常数，在给定荷载作用下，竖反向力 V_A 为：

A. $-P$　　　　B. $2P$
C. $-3P$　　　　D. $4P$

例 15-4-9 图

【解答】对称结构，反对称荷载，水平方向力平衡，H_A

$=H_B=P$（向左），$V_A=-V_B$；对 A 点取力矩平衡：

$$V_A=-V_B=-(2Pl+2P \cdot 2l)/(2l)=-3P$$

应选 C 项。

【例 15-4-10】（历年真题）图示梁 AB，EI 为常数，支座 D 的反力 R_D 为：

A. $ql/2$ B. ql C. $3ql/2$ D. $2ql$

【解答】对称结构，正对称荷载，取 AC；再取 AD，此时，$R'_D=\dfrac{ql}{2}$

取整体时，$R_D=2R'_D=ql$

应选 B 项。

例 15-4-10 图

三、位移法

1. 位移法的基本概念

在位移法中，将结构的刚节点的角位移和独立的节点线位移作为基本未知量。其中，角位移数等于刚性节点的数目。对于平面刚架独立的节点线位移，如果杆件的弯曲变形是微小的，且忽略其轴向变形，则刚架独立的节点线位移数就是刚架铰接图的自由度数。而刚架铰接图就是将刚架的刚节点（包括固定支座）都改为铰节点后形成的体系。这种处理方法也称为"铰代节点，增设链杆"法。

在结构的节点角位移和独立的节点线位移处增设控制转角和线位移的附加约束，使结构的各杆成为互不相关的单杆体系，称为原结构的位移法基本结构。

位移法基本体系，指位移法基本结构在各节点位移（角位移、节点线位移）、外荷载（有时还有温度变化、支座位移等）作用下的体系。

注意，同一个结构，采用不同方式的附加刚臂、附加链杆约束节点，其相交的位移法的基本未知量数目可能不相同。

在位移法中，用附加刚臂约束节点角位移，用附加链杆约束节点线位移，原结构就成为三类基本的超静定杆件所组成的体系。这三类基本的超静定杆件是指：

(1) 两端固定的等截面直杆；

(2) 一端固定一端铰支的等截面直杆；

(3) 一端固定一端滑动的等截面直杆。

2. 等截面直杆刚度方程

杆件的转角位移方程（刚度方程）表示杆件两端的杆端力与杆端位移之间的关系式。

如图 15-4-17 所示，设线刚度 $i=EI/l$，杆端截面转角 θ_A、θ_B，弦转角 $\beta=\Delta_{AB}/l$，杆端弯矩 M_{AB}、M_{BA}，固端弯矩 M^F_{AB}、M^F_{BA} 均以顺时针（↓）转动为正。杆端剪力 V_{AB}、V_{BA}，固端剪力 V^F_{AB}、V^F_{BA} 均以绕隔离体顺时针（↓）转动为正。

(1) 两端固定的平面等截面直杆 [图 15-4-17（a）]

$$M_{AB}=4i\theta_A+2i\theta_B-6i\dfrac{\Delta_{AB}}{l}+M^F_{AB}$$

$$M_{BA}=2i\theta_A+4i\theta_B-6i\dfrac{\Delta_{AB}}{l}+M^F_{BA}$$

$$V_{AB}=-\dfrac{6i}{l}\theta_A-\dfrac{6i}{l}\theta_B+\dfrac{12i}{l^2}\Delta_{AB}+V^F_{AB}$$

$$V_{BA} = -\frac{6i}{l}\theta_A - \frac{6i}{l}\theta_B + \frac{12i}{l^2}\Delta_{AB} + V_{BA}^F$$

（2）一端固定另一端铰支的平面等截面直杆［图15-4-17（b）］

$$M_{AB} = 3i\theta_A - 3i\frac{\Delta_{AB}}{l} + M_{AB}^F$$

$$M_{BA} = 0$$

$$V_{AB} = -\frac{3i}{l}\theta_A + \frac{3i}{l^2}\Delta_{AB} + V_{AB}^F$$

$$V_{BA} = -\frac{3i}{l}\theta_A + \frac{3i}{l^2}\Delta_{AB} + V_{BA}^F$$

（3）一端固定另一端定向（滑动）支座的平面等截面直杆［图15-4-17（c）］

$$M_{AB} = i\theta_A + M_{AB}^F$$

$$M_{BA} = -i\theta_A + M_{BA}^F$$

$$V_{AB} = V_{AB}^F$$

$$V_{BA} = 0$$

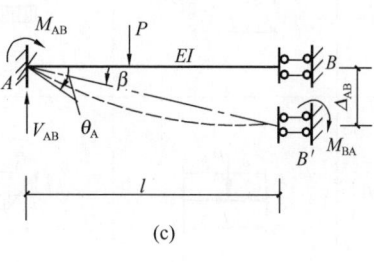

图 15-4-17

上述式子中，含有 θ_A、θ_B、Δ_{AB} 的各项分别代表该项杆端位移引起的杆端弯矩和杆端剪力，其前面公式中的系数称为杆件的刚度系数，它们只与杆件的长度、支座形式和抗弯刚度 EI 有关。

固端弯矩、固端剪力为由位移、荷载产生的杆端弯矩、杆端剪力。常见位移、荷载产生的固端弯矩和固端剪力，见表15-4-1。

等截面单跨超静定梁固端弯矩和剪力　　　　　表 15-4-1

图号	简图	弯矩图（绘在受拉边缘）	杆端弯矩		杆端剪力	
			M_{AB}	M_{BA}	V_{AB}	V_{BA}
1			$4i_{AB}$	$2i_{AB}$	$-\dfrac{6i_{AB}}{l}$	$-\dfrac{6i_{AB}}{l}$
2			$-\dfrac{6i_{AB}}{l}$	$-\dfrac{6i_{AB}}{l}$	$\dfrac{12i_{AB}}{l^2}$	$\dfrac{12i_{AB}}{l^2}$
3			$3i_{AB}$	0	$-\dfrac{3i_{AB}}{l^2}$	$-\dfrac{3i_{AB}}{l^2}$

续表

图号	简图	弯矩图（绘在受拉边缘）	杆端弯矩 M_{AB}	杆端弯矩 M_{BA}	杆端剪力 V_{AB}	杆端剪力 V_{BA}
4			$-\dfrac{3i_{AB}}{l}$	0	$\dfrac{3i_{AB}}{l^2}$	$\dfrac{3i_{AB}}{l^2}$
5			i_{AB}	$-i_{AB}$	0	0
6			$-\dfrac{Pab^2}{l^2}$ 当$a=b$时 $-\dfrac{Pl}{8}$	$+\dfrac{Pa^2b}{l^2}$ 当$a=b$时 $\dfrac{Pl}{8}$	$\dfrac{Pb^2}{l^2}\left(1+\dfrac{2a}{l}\right)$ 当$a=b$时 $\dfrac{P}{2}$	$-\dfrac{Pa^2}{l^2}\left(1+\dfrac{2b}{l}\right)$ 当$a=b$时 $-\dfrac{P}{2}$
7			$-\dfrac{ql^2}{8}$	0	$\dfrac{5ql}{8}$	$-\dfrac{3ql}{8}$
8			$-\dfrac{ql^2}{12}$	$\dfrac{ql^2}{12}$	$\dfrac{ql}{2}$	$-\dfrac{ql}{2}$

3. 位移法典型方程

对有 n 个未知量的结构，位移法典型方程为：

$$\left.\begin{array}{l}k_{11}\Delta_1+k_{12}\Delta_2+\cdots+k_{1n}\Delta_n+R_{1p}+R_{1t}+R_{1c}=0\\ k_{21}\Delta_1+k_{22}\Delta_2+\cdots+k_{2n}\Delta_n+R_{2p}+R_{2t}+R_{2c}=0\\ \vdots\\ k_{n1}\Delta_1+k_{n2}\Delta_2+\cdots+k_{nn}\Delta_n+R_{np}+R_{nt}+R_{nc}=0\end{array}\right\} \quad (15\text{-}4\text{-}6)$$

式中，Δ_i 为节点位移未知量（$i=1,2,\cdots,n$）；k_{ij} 为基本结构仅由于 $\Delta_j=1(j=1,2,\cdots,n)$ 在附加约束之中产生的约束力，为基本结构的刚度系数；R_{ip}、R_{it}、R_{ic} 分别为基本结构仅由荷载、温度变化、支座位移作用，在附加约束之中产生的约束力，为位移法典型方程的自由项。

位移法典型方程中，第一个方程表示：基本结构在 n 个未知节点位移、荷载、温度变化、支座位移等共同作用下,第一个附加约束中的约束力等于零。其余各式的意义可按此类推。**可见,位移法典型方程表示静力平衡方程。**

位移法不仅可以计算超静定结构的内力,也可以计算静定结构的内力。

位移法典型方程中的系数 k_{ii} 称为主系数,恒为正值。系数 $k_{ij}(i \neq j)$ 称为副系数,可为正值、负值或为零,并且 $k_{ij} = k_{ji}$;各自由项的值可为正、负或零。

系数和自由项都是附加约束中的反力,都可按上述各自的定义利用各杆的刚度系数、固端弯矩、固端剪力由平衡条件求出。

4. 结构的最后内力计算

求出各未知节点位移 Δ_i 后,由叠加原理可得:

$$M = \overline{M}_1\Delta_1 + \overline{M}_2\Delta_2 + \cdots + \overline{M}_n\Delta_n + M_p + M_t + M_c$$
$$V = \overline{V}_1\Delta_1 + \overline{V}_2\Delta_2 + \cdots + \overline{V}_n\Delta_n + V_p + V_t + V_c$$
$$N = \overline{N}_1\Delta_1 + \overline{N}_2\Delta_2 + \cdots + \overline{N}_n\Delta_n + N_p + N_t + N_c$$

式中,$\overline{M}_i$、$\overline{V}_i$、$\overline{N}_i$ 分别为由 $\Delta_i = 1$ 引起的基本结构的弯矩、剪力、轴力;M_p、M_t、M_c、V_p、V_t、V_c、N_p、N_t、N_c 分别为基本结构由荷载、温度变化、支座位移引起的弯矩、剪力、轴力。

【例 15-4-11】(历年真题)图示梁 AB,EI 为常数,固支端 A 发生顺时针的支座转动 θ,由此引起的 B 处的转角为:

A. θ,顺时针 B. θ,逆时针 C. $\theta/2$,顺时针 D. $\theta/2$,逆时针

【解答】位移法:

$$M_{BA} = 4i\theta_B + 2i\theta_A = 4i\theta_B + 2i\theta = 0$$

则:$\theta_B = -\dfrac{\theta}{2}(\uparrow)$

应选 D 项。

例 15-4-11 图

【例 15-4-12】(历年真题)图示结构 $EI =$ 常数,当支座 A 发生转角 θ 时,支座 B 处截面的转角为(以顺时针为正):

A. $\theta/3$ B. $2\theta/5$ C. $-\theta/3$ D. $-2\theta/5$

【解答】位移法:

$$M_{BA} = 4i\theta_B + 2i\theta,\quad M_{BC} = i\theta_B$$

$M_{BA} + M_{BC} = 0$,则:$\theta_B = -\dfrac{2}{5}\theta$

应选 D 项。

例 15-4-12 图

【例 15-4-13】(历年真题)图示结构 $EI =$ 常数,当支座 B 发生沉降 Δ 时,支座 B 处梁截面的转角为(以顺时针为正):

A. Δ/l B. $1.2\Delta/l$
C. $1.5\Delta/l$ D. $\Delta/(2l)$

【解答】位移法:

例 15-4-13 图

$$M_{BA} = 4i\theta_B - 6i\frac{\Delta}{l}, \quad M_{BC} = i\theta_B$$

$$\sum M_B = 0, \text{则}: 4i\theta_B - 6i\frac{\Delta}{l} + i\theta_B = 0$$

即：$\theta_B = 1.2\frac{\Delta}{l}$

应选 B 项。

【例 15-4-14】（历年真题）图示结构 B 处弹性支座的弹性刚度 $k = 3EI/l^3$，B 节点向下的竖向位移为：

A. $Pl^2/(12EI)$ B. $Pl^3/(6EI)$ C. $Pl^3/(4EI)$ D. $Pl^3/(3EI)$

【解答】位移法，B 节点的剪力：$\frac{3EI}{l^3} \cdot \Delta$，则：

$$\frac{3EI}{l^3} \cdot \Delta + k \cdot \Delta = P, \text{即}: \left(\frac{3EI}{l^3} + \frac{3EI}{l^3}\right)\Delta = P$$

可得：$\Delta = \frac{Pl^3}{6EI}$

例 15-4-14 图

应选 B 项。

【例 15-4-15】（历年真题）图示结构 B 处弹性支座的弹簧刚度 $k = 12EI/l^3$，则 B 截面的弯矩为：

A. Pl B. $\frac{Pl}{2}$

C. $\frac{Pl}{3}$ D. $\frac{Pl}{6}$

【解答】用位移法，B 点向下有位移 Δ，则：

$$\left(\frac{3EI}{l^3} + \frac{3EI}{l^3}\right)\Delta + k\Delta = P$$

可得：$\Delta = \frac{Pl^3}{18EI}$

例 15-4-15 图

$$M_{BC} = -3i_{BC}\theta_{BC} = -3\frac{EI}{l} \cdot \left(-\frac{\Delta}{l}\right)$$

$$= 3\frac{EI}{l} \cdot \frac{Pl^3}{18EIl} = \frac{Pl}{6}$$

应选 D 项。

【例 15-4-16】（历年真题）图示梁线刚度为 i，长度为 l，当 A 端发生微小转角 α，B 端发生微小位移 $\Delta = l\alpha$ 时，梁两端的弯矩（对杆端顺时针为正）为：

A. $M_{AB} = 2i\alpha$, $M_{BA} = 4i\alpha$
B. $M_{AB} = -2i\alpha$, $M_{BA} = -4i\alpha$
C. $M_{AB} = 10i\alpha$, $M_{BA} = 8i\alpha$
D. $M_{AB} = -10i\alpha$, $M_{BA} = -8i\alpha$

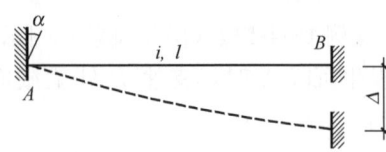

例 15-4-16 图

【解答】$M_{AB} = 4i\theta_A - 6i\frac{\Delta}{l} = 4i\alpha - 6i\frac{l\alpha}{l} = -2i\alpha$

应选 B 项。

【例 15-4-17】（历年真题）图示结构 $EI=$ 常数，当支座 A 发生转角 θ 时，支座 B 处梁截面竖向滑动位移为（以向下为正）：

A. $l\theta$ B. $\dfrac{1}{2}l\theta$ C. $\dfrac{1}{3}l\theta$ D. $\dfrac{l}{4}\theta$

【解答】B 点竖向剪力为零，则：

$$V_{BA}=-\frac{6i}{l}\theta_A-\frac{6i}{l}\theta_B+\frac{12i}{l^2}\Delta=0$$

即：$\dfrac{-6i}{l}\theta-0+\dfrac{12i}{l^2}\Delta=0$

例 15-4-17 图

则：$\Delta=\dfrac{1}{2}l\theta$，应选 B 项。

5. 剪力分配法计算有侧移刚架（或排架）

如图 15-4-18 所示，横梁 EI 为无穷大（$EI=\infty$），节点 B、D、F 均无角位移，柱两端具有同样的相对侧移 Δ。

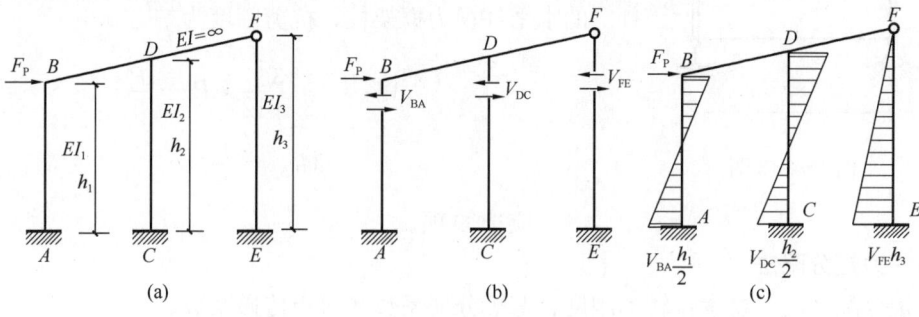

图 15-4-18

由位移法，杆端内力为：

$$M_{AB}=M_{BA}=-\frac{6EI_1}{h_1^2}\Delta,\ V_{BA}=12\frac{EI_1}{h_1^3}\Delta=k_1\Delta$$

$$M_{CD}=M_{DC}=-\frac{6EI_2}{h_2^2}\Delta,\ V_{DC}=12\frac{EI_2}{h_2^3}\Delta=k_2\Delta$$

$$M_{EF}=-\frac{EI_3}{h_3^2}\Delta,\ V_{FE}=3\frac{EI_3}{h_3^3}\Delta=k_3\Delta$$

则 $\sum X=0$，则：$V_{BA}+V_{DC}+V_{FE}=F_P$，即：

$$(k_1+k_2+k_3)\Delta=F_P$$

$$\Delta=\frac{1}{k_1+k_2+k_3}F_P=\frac{1}{\sum k}F_P$$

各杆件的剪力：$V_{BA}=\dfrac{k_1}{\sum k}F_P$，$V_{DC}=\dfrac{k_2}{\sum k}F_P$，$V_{FE}=\dfrac{k_3}{\sum k}F_P$

可表达为：

$$V_i=\frac{k_i}{\sum k}F_P=\eta_i F_P \tag{15-4-7}$$

$$\eta_i = \frac{k_i}{\sum k} \qquad (15\text{-}4\text{-}8)$$

式中，η_i 为剪力分配系数；k_i 为柱的抗剪切刚度（亦称抗侧刚度）。

可见，柱的剪力按各柱的抗剪切刚度进行分配，这就是剪力分配法。

可知，两端固定的柱的 k 为：$k = \dfrac{12i}{h^2} = \dfrac{12EI}{h^3}$

一端固定一端铰支的柱的 k 为：$k = \dfrac{3i}{h^2} = \dfrac{3EI}{h^3}$

【**例 15-4-18**】（历年真题）图示结构 M_{BA} 值的大小为：

A. $Pl/2$ B. $Pl/3$ C. $Pl/4$ D. $Pl/5$

【解答】整体分析，对右支座取力矩平衡，则：左支座 $Y = P$（拉力）

杆 AB 视为一排架柱，其抗剪刚度为 $\dfrac{3i}{l^2}$；两支座间的水平柱视为框架柱，抗剪刚度为 $\dfrac{12i}{l^2}$。

$$V_{AB} = \frac{3}{3+12} \cdot P = \frac{P}{5}$$

$$M_{BA} = \frac{P}{5} l$$

应选 D 项。

例 15-4-18 图

四、力矩分配法

力矩分配法的三要素：转动刚度、弯矩分配系数和弯矩传递系数。

1. 转动刚度

转动刚度（S），指使杆端产生单位转角所需施加的力矩。杆件的转动刚度（S）反映了杆端对转动的抵抗能力，如图 15-4-19 所示：

图 15-4-19 杆件的转动刚度

(1) 当远端 B 为固定支座时，AB 杆 A 点的转动刚度为：

$$S_{AB} = 4i = 4EI/l \qquad (15\text{-}4\text{-}9)$$

(2) 当远端 B 为铰支座时，AB 杆 A 点的转动刚度为：

$$S_{AB} = 3i = 3EI/l \qquad (15\text{-}4\text{-}10)$$

(3) 当远端 B 为滑动支座时，AB 杆 A 点的转动刚度为：

$$S_{AB} = i = EI/l \qquad (15\text{-}4\text{-}11)$$

节点转动刚度 $\sum\limits_{(A)} S_{AK}$，它表示汇交于刚节点 A 所有单元杆件在 A 端的转动刚度之和，如图 15-4-20 所示。

2. 弯矩分配系数

任意杆端截面的弯矩分配系数 μ_{AK}：

$$\mu_{AK} = \frac{S_{AK}}{\sum\limits_{(A)} S_{AK}}, \quad 且 \sum\limits_{(A)} \mu_{AK} = 1$$

图 15-4-20

任意杆端截面的分配弯矩：$M_{AK}^\mu = \mu_{AK} M_j$

式中，M_j 为节点处所受的外力矩。

对于图 15-4-20 中，各杆端的弯矩分配系数分别为：

AB 杆：$\quad \mu_{AB} = \dfrac{S_{AB}}{S_{AB}+S_{AC}+S_{AD}} = \dfrac{4i_{AB}}{4i_{AB}+3i_{AC}+i_{AD}}$

AC 杆：$\quad \mu_{AC} = \dfrac{S_{AC}}{S_{AB}+S_{AC}+S_{AD}} = \dfrac{3i_{AC}}{4i_{AB}+3i_{AC}+i_{AD}}$

AD 杆：$\quad \mu_{AD} = \dfrac{S_{AD}}{S_{AB}+S_{AC}+S_{AD}} = \dfrac{i_{AD}}{4i_{AB}+3i_{AC}+i_{AD}}$

显然有：$\mu_{AB} + \mu_{AC} + \mu_{AD} = 1$，即：$\sum\limits_{(A)} \mu_{AK} = 1$

各杆端分配的弯矩分别为：

AB 杆：$\quad\quad\quad\quad\quad M_{AB} = \mu_{AB} M$

AC 杆：$\quad\quad\quad\quad\quad M_{AC} = \mu_{AC} M$

AD 杆：$\quad\quad\quad\quad\quad M_{AD} = \mu_{AD} M$

3. 弯矩传递系数

弯矩传递系数 C_{AB} 表示 AB 杆 A 端转动 θ 角时，B 端（远端）的弯矩 M_{BA} 与 A 端（近端）的弯矩 M_{AB} 之比，即：

$$C_{AB} = \frac{M_{BA}}{M_{AB}}$$

如图 15-4-19 所示，对于不同的远端支承情况，相应的传递系数也不同，即：

远端为固定支座：$\quad\quad C_{AB} = \dfrac{1}{2}$ $\quad\quad\quad\quad$ (15-4-12)

远端为铰支座：$\quad\quad\quad C_{AB} = 0$ $\quad\quad\quad\quad\quad$ (15-4-13)

远端为滑动支座：$\quad\quad C_{AB} = -1$ $\quad\quad\quad\quad$ (15-4-14)

杆端截面的传递弯矩为：

$$M_{KA}^C = C_{AK} M_{AK}^\mu$$

【例 15-4-19】（历年真题）用力矩分配法求解图示结构，分配系数 μ_{BD}、传递系数 C_{BA} 分别为：

A. $\mu_{BD} = 3/10$，$C_{BA} = -1$
B. $\mu_{BD} = 3/7$，$C_{BA} = -1$
C. $\mu_{BD} = 3/10$，$C_{BA} = 1/2$
D. $\mu_{BD} = 3/7$，$C_{BA} = 1/2$

例 15-4-19 图

【解答】 $S_{BA} = 4i$，$S_{BC} = 3i$，$S_{BD} = 3i$，则：

$$\mu_{BD} = \frac{3}{4+3+3} = \frac{3}{10}$$

$$C_{BA} = \frac{1}{2}$$

应选 C 项。

【**例 15-4-20**】（历年真题）用力矩分配法分析图示结构，先锁住节点 B，然后再放松，则传递到 C 处的力矩为：

A. $\dfrac{ql^2}{27}$ B. $\dfrac{ql^2}{54}$

C. $\dfrac{ql^2}{23}$ D. $\dfrac{ql^2}{46}$

例 15-4-20 图

【**解答**】$S_{BA} = S_{BD} = 4i$，$S_{BC} = i$

$$\mu_{BC} = \frac{1}{4+4+1} = \frac{1}{9}$$

$$M = \frac{ql^2}{3}，M_{BC} = \frac{1}{9} \times \frac{ql^2}{3} = \frac{ql^2}{27}$$

$$C_{BC} = -1，则：M_{CB} = -\frac{ql^2}{27}$$

应选 A 项。

【**例 15-4-21**】（历年真题）图示结构用力矩分配法计算时，分配系数 μ_{AC} 为：

A. 1/4 B. 4/7

C. 1/2 D. 6/11

【**解答**】$S_{AB} = 4EI/4 = EI$，$S_{AC} = 4 \times \dfrac{2.5EI}{5} = 2EI$

$$S_{AD} = \frac{2EI}{4} = 0.5EI$$

$$\mu_{AC} = \frac{2}{1+2+0.5} = \frac{2}{3.5} = \frac{4}{7}$$

例 15-4-21 图

应选 B 项。

【**例 15-4-22**】（历年真题）图示结构用力矩分配法计算时，分配系数 μ_{AC} 为：

A. 1/4 B. 1/2

C. 2/3 D. 4/9

【**解答**】$S_{AC} = 4 \times \dfrac{2.5EI}{5} = 2EI$

$$S_{AB} = 4 \times \frac{EI}{4} = EI$$

$$S_{AD} = 0$$

$$\mu_{AC} = \frac{2}{2+1+0} = \frac{2}{3}$$

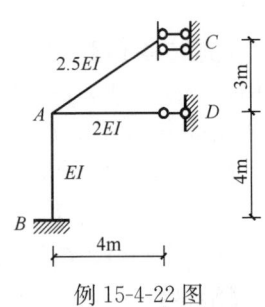

例 15-4-22 图

应选 C 项。

【例15-4-23】(历年真题) 图示结构 M_{BA} 为 (以下侧受拉为正):

A. $-\dfrac{1}{3}M$ B. $\dfrac{1}{3}M$ C. $-\dfrac{2}{3}M$ D. $\dfrac{2}{3}M$

【解答】$S_{BA}=3EI/l$

$S_{BC}=3\times 2EI/l$

$\mu_{BA}=\dfrac{3}{3+6}=\dfrac{1}{3}$,则:

$M_{BA}=-\dfrac{1}{3}M$ (下侧受拉)

例15-4-23 图

应选 A 项。

五、超静定结构的特性

超静定结构的特性如下:

1. 同时满足超静定结构的平衡条件和变形协调条件的超静定结构内力的解是唯一真实的解。

2. 一般地,超静定结构在荷载作用下的内力与各杆 EA、i 的相对比值有关,而与各杆 EA、i 的绝对值无关。但特殊情况下,改变超静定结构各杆 EA、i 的值,不会产生超静定结构的内力重新分布,例如单跨超静定梁。

3. 一般地,超静定结构在非荷载(如温度变化、杆件制造误差、材料收缩、支座位移等)作用下会产生内力(也称自内力),这种内力与各杆 EA、i 的绝对值有关,并且成正比。但特殊情况下,超静定结构在非荷载作用下不产生内力,例如图15-4-21 所示。

(a)

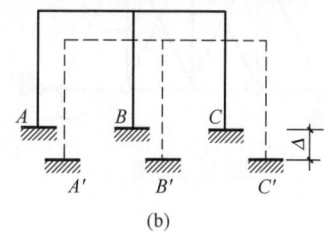

(b)

图 15-4-21

4. 超静定结构的内力分布比静定结构均匀,刚度和稳定性都有所提高。

【例15-4-24】(历年真题) 图示两桁架温度均匀降低,则温度改变引起的结构内力状况为:

A. (a) 无, (b) 有
B. (a) 有, (b) 无
C. 两者均有
D. 两者均无

(a)

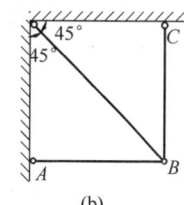

(b)

例 15-4-24 图

【解答】题目图(a),当各杆收缩时,其中任何一根杆件变形量(收缩量)受到其他两根杆件的约束,即:不能自由收缩;受到约束,必产生杆件的内力。

题目图(b),当各杆收缩时,能自由收缩,并且收缩量是变形协调的,故杆件无内力。

应选 B 项。

【例 15-4-25】（历年真题）图示桁架 K 点的竖向位移为最小的图为：

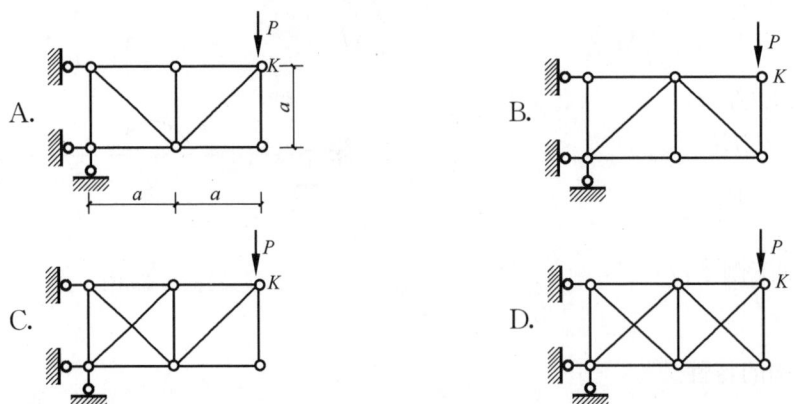

【解答】D 项：为超静定结构，其超静定次数最多，故刚度最大，相应的竖向位移为最小，应选 D 项。

习　题

15-4-1　（历年真题）图示桁架的超静定次数是：

A. 1 次　　　　　B. 2 次　　　　　C. 3 次　　　　　D. 4 次

题 15-4-1 图　　　　　　　　　题 15-4-2 图

15-4-2　（历年真题）图示桁架杆 1 的轴力为：

A. $2P$　　　　　B. $2\sqrt{2}P$　　　　　C. $-2\sqrt{2}P$　　　　　D. 0

15-4-3　（历年真题）用力法求解图示结构（EI＝常数）。基本体系及基本未知量如图

题 15-4-3 图

所示，力法方程中的系数 Δ_{1p} 为：

A. $-\dfrac{5qL^4}{36EI}$　　B. $\dfrac{5qL^4}{36EI}$　　C. $-\dfrac{qL^4}{24EI}$　　D. $\dfrac{5qL^4}{24EI}$

15-4-4（历年真题）若要保证图示结构在外荷载作用下，梁跨中截面产生负弯矩（上侧纤维受拉），可采用：

A. 增大二力杆刚度且减小横梁刚度
B. 减小二力杆刚度且增大横梁刚度
C. 减小均布荷载 q
D. 该结构为静定结构，与构件刚度无关

题 15-4-4 图

15-4-5（历年真题）图示梁的抗弯刚度为 EI，长度为 l，欲使梁中点 C 弯矩为零，则弹性支座刚度 k 的取值应为：

A. $3EI/l^3$　　B. $6EI/l^3$
C. $9EI/l^3$　　D. $12EI/l^3$

题 15-4-5 图

15-4-6（历年真题）图示结构用力矩分配法计算时，分配系数 μ_{A4} 为：

A. 1/4　　B. 4/7　　C. 1/2　　D. 4/11

15-4-7（历年真题）图示对称结构 $M_{AD}=ql^2/36$（左拉），$F_{N,AD}=-5ql/12$（压），则 M_{BA} 为（以下侧受拉为正）：

题 15-4-6 图

题 15-4-7 图

A. $-\dfrac{ql^2}{6}$　　　　　　　　B. $\dfrac{ql^2}{6}$

C. $-\dfrac{ql^2}{9}$　　　　　　　　D. $\dfrac{ql^2}{9}$

15-4-8（历年真题）图示结构 $EI=$ 常数，不考虑轴向变形，则 $F_{Q,BA}$ 为：

A. $\dfrac{P}{4}$　　　　　　　　B. $-\dfrac{P}{4}$

C. $\dfrac{P}{2}$　　　　　　　　D. $-\dfrac{P}{2}$

15-4-9（历年真题）图示结构当水平支杆产生单位位移时（未注的杆件抗弯刚度为 EI），B-B 截面的弯矩值为：

A. EI/l^2 B. $2EI/l^2$ C. $3EI/l^2$ D. 不定值

题 15-4-8 图

题 15-4-9 图

15-4-10 （历年真题）图示结构 M_{AC} 和 M_{BD} 正确的一组为：
A. $M_{AC}=M_{BD}=Ph$（左边受拉）
B. $M_{AC}=Ph$（左边受拉），$M_{BD}=0$
C. $M_{AC}=0$，$M_{BD}=Ph$（左边受拉）
D. $M_{AC}=Ph$（左边受拉），$M_{BD}=2Ph/3$（左边受拉）

题 15-4-10 图

第五节 影响线及应用

一、影响线的概念

移动荷载是指荷载的大小和方向不变而作用位置在结构上移动的荷载。如厂房吊车梁（或吊车桁架）上运行的吊车荷载，公路桥梁上通过的汽车荷载，铁路桥梁上通过的列车荷载等。

一个方向不变的单位集中移动荷载（$P=1$）在结构上移动时，表示结构某指定处的某一量值（反力、弯矩、剪力、轴力、位移等）变化规律的图线，称为该量值的影响线。影响线是研究结构在移动荷载作用下反力和内力等的变化规律的重要工具，通过它确定结构在移动荷载作用下反力和内力的最大值和最小值（最大负荷），作为设计的依据。

作影响线的方法一般有静力法和机动法。

二、静力法作静定梁的影响线

1. 单跨简支梁的影响线

静力法作影响线是以单位集中移动荷载的位置 x 为变量，由静力平衡条件建立某量值的函数方程（影响线方程），再按函数方程作影响线。

如图 15-5-1（a）所示双伸臂单跨简支梁有关量值的影响线的做法如下：

（1）反力 R_A、R_B 影响线

设 A 为坐标原点，x 以向右为正，则分别由 $\sum M_B=0$、$\sum M_A=0$，得影响线方程为：

$$R_A = \frac{l-x}{l} \quad (l_1 \leqslant x \leqslant l+l_2)$$

$$R_B = \frac{x}{l} \quad (l_1 \leqslant x \leqslant l+l_2)$$

影响线分别如图 15-5-1 (b)、(c) 所示，取反力向上时为正，反之为负。

(2) 跨中任意截面 C 的弯矩 M_C 影响线（设使杆件下侧受拉的弯矩为正）和剪力 V_C 影响线（设绕隔离体顺时针向转动的剪力为正）

截断截面 C，由隔离体的平衡条件 $\sum M_C = 0$、$\sum Y = 0$，得：

$M_C = R_A a$ （$P=1$ 在截面 C 以右时）
$V_C = R_A$ （$P=1$ 在截面 C 以右时）
$M_C = R_B b$ （$P=1$ 在截面 C 以左时）
$V_C = -R_B$ （$P=1$ 在截面 C 以左时）

据此作出的 M_C、V_C 影响线分别如图 15-5-1 (d)、(e) 所示。同理，可作出图 15-5-1 (f)、(g) 所示的 $V_{A右}$、$V_{A左}$ 影响线。

2. 静定多跨梁的影响线

用静力法作静定多跨梁的影响线，首先区分基本部分和附属部分。由于单位集中力在基本部分移动时，

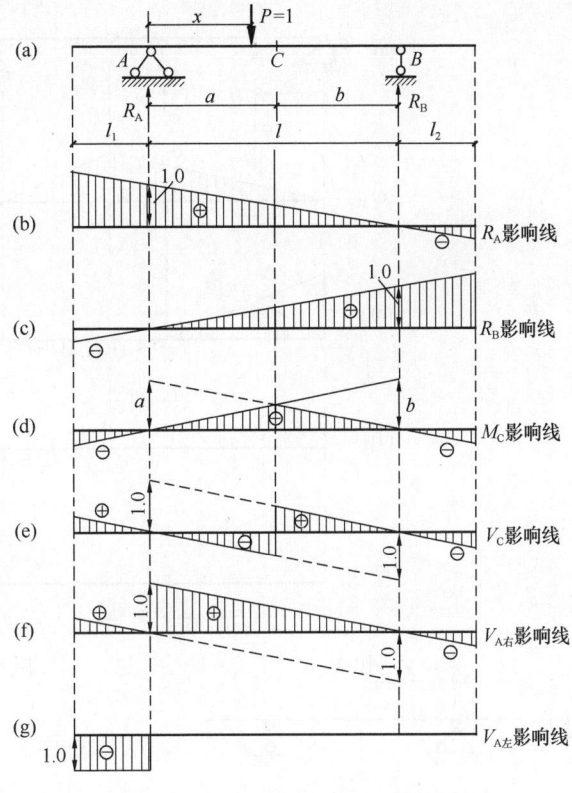

图 15-5-1 双伸臂单跨简支梁的影响线

对附属部分无影响，故按照前述单跨简支梁影响线的做法就可作出附属部分的影响线。作基本部分的影响线时，要分两种情况考虑：①当单位集中力在基本部分移动时，仍可按前述单跨简支梁影响线的做法作其影响线；②当单位集中力在附属部分移动时，由分析可知，基本部分某量值的影响线为直线，此直线可以根据铰接处影响线的竖标值为已知，以及在附属部分的支座处，该量值影响线为零的特点作出。用此法作图 15-5-2 (a) 所示静定多跨梁的 R_B、M_K、$V_{C左}$、R_D 影响线，分别如图 15-5-2 (b)、(c)、(d)、(e) 所示。

三、机动法作静定梁的影响线

如图 15-5-3 (a) 所示，将支座 B 的链杆撤除，代之以支座反力 R_B。沿 R_B 的正方向发生虚位移 δ_B，由虚位移原理，则：

$$1 \times \delta_P + R_B \delta_B = 0，即：R_B = -\frac{\delta_P}{\delta_B}$$

若取 $\delta_B = 1$，由上式可得：

$$R_B = -\delta_P$$

上式表明，只需将 $\delta_B = 1$ 时虚位移图中的 δ_P 改变符号，即取方向向上为正，就可得到所求量值 R_B 的影响线。因此，在影响线的基线（即水平线）以上为正；反之，基线以下为负。

用机动法作图 15-5-2 (a) 所示多跨静定梁的 R_B、M_K、$V_{C左}$ 和 $V_{C右}$ 的影响线，其结果与静力法所得结果一致。

图 15-5-2 静定多跨梁的影响线

图 15-5-3

机动法作影响线的步骤:

(1) 去除与量值对应的约束,使量值暴露出来。

(2) 沿量值的正方向发生单位位移,画出承载杆的位移图。

(3) 将承载杆的位移图反号可得该量值的影响线,即取方向向上为正。因此,在影响线的基线以上为正,在基线以下为负。

四、静力法作节点荷载作用下的影响线

1. 静定平面桁架的影响线

如图 15-5-4(a)所示平行弦静定桁架,单位移动荷载($P=1$)在桁架下弦 AG 移动。欲求任意一杆的轴力影响线,可采用静力法,将 $P=1$ 依次置于 A、B、C、D、E、F、G 点,计算出该杆的轴力,用竖距表示出来,再连以直线,即得到该杆的轴力的影响线。

R_A 和 R_G 的影响线与简支梁相同,图中没有画出。

作上弦杆 bc 的轴力影响线,作截面 I-I,以 C 为力矩中心,$\sum M_C=0$,则:

$$N_{bc} = -\frac{2d}{h} R_A \quad (P=1 \text{ 在 } C \text{ 点的右方})$$

$$N_{bc} = -\frac{4d}{h} R_G \quad (P=1 \text{ 在 } C \text{ 点的左方})$$

上弦杆 bc 轴力影响线,见图 15-5-4(b)。

作斜杆 bC 的轴力影响线,作截面 I-I,利用 $\sum F_y=0$,其轴力在 y 方向的影响线,见图 15-5-4(c)。同理,作竖杆 cC 的轴力影响线,作截面 II-II,利用 $\sum F_y=0$,其轴力影响线，见图 15-5-4（d）。

图 15-5-4 平行弦静定桁架的影响线

2. 静定主次梁结构主梁的影响线

如图 15-5-5（a）所示结构，荷载通过纵梁、横梁（节点）传至主梁，主梁承受的是

图 15-5-5 静定主次梁结构主梁的影响线

节点（间接）荷载。当 $P=1$ 在相邻两个横梁间移动时，主梁某量值按直线变化；而当 $P=1$ 作用在节点上时，相当于直接作用在主梁上，所以这种主梁某量值的影响线的做法是：先作主梁某量值在直接荷载作用下的影响线，并用虚线表示；然后从各节点引竖线与直接荷载作用下的影响线相交，并将各相邻相交点用直线相连，就得到节点荷载作用下的影响线。图 15-5-5（a）所示主梁的 R_A、M_K、$V_{K左}$、$V_{K右}$ 影响线分别见图 15-5-5（b）、(c)、(d)、(e)。

五、影响线的应用

1. 应用影响线计算影响量

应用影响线计算影响量 S，见表 15-5-1。

用影响线计算影响量　　　　　　表 15-5-1

序号	图　形	计算公式
1	$P_1, P_2, \cdots, P_n$ 作用下 S 影响线（$y_1, y_2, \cdots, y_n$）	$S = \sum_{i=1}^{n} P_i y_i$
2	$P_1, P_2, R, \cdots, P_n$ 作用下 S 影响线	$S = Ry$ （R 为 $P_1, P_2, \cdots, P_n$ 的合力）
3	q_x 分布于 A~B 段上 S 影响线	$S = \int_A^B q_x y \, dx$
4	均布荷载 q 分布于 A~B 段 S 影响线	$S = qw$ （w 为 q 作用范围内影响线面积代数和）

2. 应用影响线确定最不利荷载位置

最不利荷载位置是指荷载移动的过程中，使结构上某量值发生最大值或最小值（最大负值）的荷载位置。

（1）可以任意布置的均布荷载

当可以任意布置的均布活荷载满布相应影响线的正号区时，S 即取得最大正值；反之，当均布活荷载满布相应影响线的负号区时，S 取得最大负值。

图 15-5-6　移动荷载

（2）移动荷载组

如图 15-5-6 所示，当影响线为三角形，设一个临界荷载 P_{cr} 位于三角形影响线顶点，三角形左、右直线上荷载的合力分别为 $R_左$、$R_右$，则荷载的临界位置的判别条件是：

行列荷载稍向右移：$\dfrac{R_左}{a} \leqslant \dfrac{P_{cr} + R_右}{b}$

行列荷载稍向左移：$\dfrac{R_左 + P_{cr}}{a} \geqslant \dfrac{R_右}{b}$

上式表明：将 P_{cr} 算在影响线的顶点的哪侧，哪侧的平均荷载大。

【例 15-5-1】（历年真题）如图（a）所示简支梁在移动荷载作用下截面 K 的最大弯矩值为：

A. 90kN·m　　　　B. 120kN·m　　　　C. 150kN·m　　　　D. 180kN·m

例 15-5-1 图

【解答】作 K 点弯矩影响线，见图（b）、（c）。

图（b）：$M = \left(\dfrac{12-4}{12} \times 3 + \dfrac{12-2}{12} \times 3 + 3\right) \times 20 = 150$ kN·m

图（c）：$M = \left(\dfrac{12-2}{12} \times 3 + 3 + \dfrac{4-2}{4} \times 3\right) \times 20 = 140$ kN·m

故取 $M = 150$ kN·m，应选 C 项。

【例 15-5-2】（历年真题）在图示（a）移动荷载（间距为 0.2m、0.4m 的三个集中力，大小为 6kN、10kN 和 2kN）作用下，结构 A 支座的最大弯矩为：

A. 26.4kN·m　　　　B. 28.2kN·m　　　　C. 30.8kN·m　　　　D. 33.2kN·m

例 15-5-2 图

【解答】作支座 A 的弯矩影响线，见图（b）。

$$y_1 = \dfrac{1.8}{2} \times 2 = 1.8\text{m}, \quad y_2 = \dfrac{0.6}{1} \times 2 = 1.2\text{m}$$

$$M_A = 1.8 \times 6 + 10 \times 2 + 1.2 \times 2 = 33.2 \text{kN·m}$$

应选 D 项。

【例 15-5-3】（历年真题）如图（a）所示移动荷载（间距为 0.4m 的两个集中力，大小分别为 6kN 和 10kN）在桁架结构的上弦移动，杆 BE 的最大压力为：

A. 0kN　　　　B. 6.0kN　　　　C. 6.8kN　　　　D. 8.2kN

【解答】作出杆 BE 的轴力影响线，见图（b）。

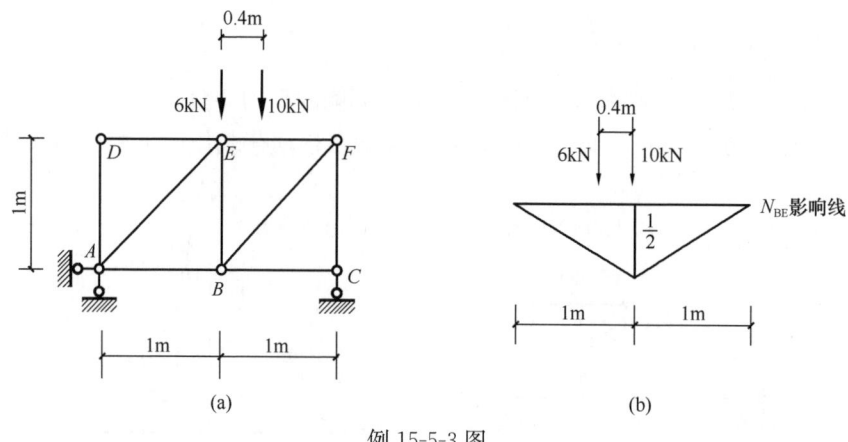

例 15-5-3 图

$$N_{BE} = \frac{1}{2} \times 10 + \left(\frac{0.6}{1} \times \frac{1}{2}\right) \times 6$$
$$= 6.8 \text{kN}$$

应选 C 项。

六、连续梁的影响线与内力包络图概念

1. 连续梁的影响线

作 15-5-7（a）所示连续梁 K 截面的弯矩 M_K 影响线，可取 15-5-7（b）所示的力法基本体系（此基本体系是超静定的），力法典型方程为：$\delta_{11}M_K + \delta_{1P} = 0$，根据位移互等定理 $\delta_{1P} = \delta_{P1}$，则：

$$M_K = -\frac{\delta_{P1}}{\delta_{11}}$$

若取 $\delta_{11} = 1$，上式变为：$M_K = -\delta_{P1}$

由上式可知，M_K 影响线与位移 δ_{P1} 图成正比，但符号相反，即影响线竖标在基线上方时为正，在下方时为负，如 15-5-7（c）所示。**超静定结构的影响线是非线性的。**

按相同原理和方法作出的 V_K、M_D 的影响线轮廓分别见图 15-5-7（d）、（e）。

图 15-5-7 连续梁的影响线

2. 内力包络图的概念

结构分析时常需要求出在恒荷载（亦称永久荷载）、活荷载共同作用下各截面上的最大和最小（或最大负值）内力，从而为设计提供依据。如果将结构杆件各截面的最大和最小（或最大负值）内力值按同一比例标在图上，连成曲线，则这种曲线图形就称为内力包络图。

恒荷载是始终存在于结构上的，利用影响线可方便地确定使其一量值 S 达到最大值的最不利的活荷载分布。对于连续梁，确定最不利的活荷载分布的原则是：当活荷载满布相应影响线的正号区时，S 即取得最大正值；反之，当活荷载满布相应影响线的负号区时，S 即取得最大负值。图 15-5-8 所示为活荷载 q 的最不利布置方式。

图 15-5-8　活荷载的最不利布置

习　题

15-5-1　（历年真题）图示简支梁在移动荷载作用下跨中截面 K 的最大弯矩值是：
A. 120kN·m　　B. 140kN·m　　C. 160kN·m　　D. 180kN·m

15-5-2　（历年真题）图示简支梁在所示移动荷载下截面 K 的最大弯矩值为：
A. 90kN·m　　B. 110kN·m　　C. 120kN·m　　D. 150kN·m

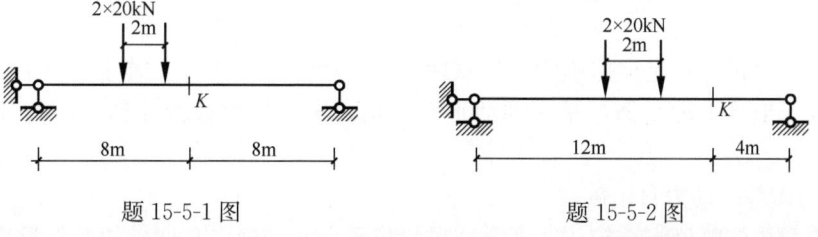

题 15-5-1 图　　　　　　　　题 15-5-2 图

15-5-3　（历年真题）图示圆弧曲梁 K 截面弯矩 M_K（外侧受拉为正）影响线在 C 点的竖标为：

A. $4(\sqrt{3}-1)$ B. $4\sqrt{3}$ C. 0   D. 4

15-5-4 （历年真题）图示圆弧曲梁 K 截面轴力 $F_{N,K}$（受拉为正）影响线在 C 点的竖标为：

A. $\dfrac{\sqrt{3}-1}{2}$ B. $-\dfrac{\sqrt{3}-1}{2}$ C. $\dfrac{\sqrt{3}+1}{2}$ D. $-\dfrac{\sqrt{3}+1}{2}$

题 15-5-3 图

题 15-5-4 图

第六节　结 构 动 力 学

一、概述

1. 结构动力学的特点

结构动力学是研究结构在动力作用下的振动问题。所谓动力作用是指当结构所受作用的大小、方向或位置随时间迅速变化，造成结构上质量运动的加速度较大，乃至相应的惯性力与结构所承受的其他外力相比不容忽视。因此，结构动力分析计算应考虑惯性力的作用。

结构在动力作用下产生的位移和内力称为动位移和动内力，它们均为时间的函数。结构的动位移、动内力、结构振动的速度和加速度等统称为结构的动力响应。

结构的动力响应除与外部作用有关以外，还与结构本身的动力特性密切相关。结构动力特性是反映其本身所固有的动力性能，与外荷载无关。结构的动力特性包括自振频率、振型和阻尼。自振频率是指结构受到某种初位移或初速度作用后发生自由振动时的圆频率或角频率 ω；振型是指结构按某个自振频率作无阻尼自由振动时的位移形态；阻尼是指结构振动过程中的能量耗散。因此，了解结构的自由振动的规律便成为结构动力响应分析的基础。

结构动力分析计算是根据达朗贝尔原理，采用动静法，即引入惯性力的条件下，结构每一瞬时处于形式上的平衡，是一种动平衡，从而采用静力分析计算方法处理结构动力问题。

2. 结构体系的动力自由度

在动力学中，将确定结构体系上全部质量位置所需的独立几何参数的数目称为体系的动力自由度，简称为自由度。

在确定杆系结构的振动自由度时，一般忽略梁或刚架杆件的轴向变形，并忽略集中质量转动惯量的影响。如图 15-6-1（a）所示结构中，在振动过程中要确定全部质量位置，需要 1 个独立的几何参数，属于单自由度的振动体系；如图 15-6-1（b）所示，需要 2 个独立的几何参数，属于多自由度的振动体系；如图 15-6-1（c）所示，需要无限多个独立的几何参数，属于无限自由度的振动体系。

图 15-6-1　结构体系的振动自由度

振动自由度的数目与集中质量的个数并不一定相等，例如图 15-6-1（b）体系虽只包含一个集中质量，但却有两个振动自由度；图 15-6-2 所示有两个集中质量的体系却只有一个振动自由度。对于较为复杂的体系，可以采用在集中质量处增加刚性链杆以限制质量运动的方法来确定振动体系的自由度数。此时，体系振动的自由度数就等于约束所有质量的运动所需增加的最少链杆数目。如图 15-6-3（a）所示体系有 4 个振动自由度，见图 15-6-3（b）。

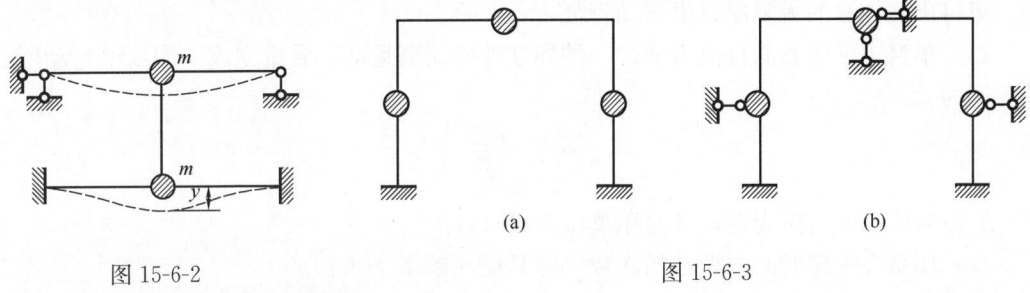

图 15-6-2

图 15-6-3

二、单自由度体系的无阻尼自由振动

自由振动是指在没有动力作用下结构所发生的振动。体系的自由振动可以通过对质量施加初位移或初速度而激发产生。

如图 15-6-4（a）所示代表一单自由度体系的自由振动，不考虑阻尼。采用图 15-6-4（b）所示的弹簧模型来表示图 15-6-4（a），并且建立坐标系，取隔离体如图 15-6-4（c）所示，弹性力（也称恢复力）为 ky，根据达朗贝尔原理，列出其平衡方程为：

$$m\ddot{y} + ky = 0 \quad (15\text{-}6\text{-}1)$$

这就是从力系平衡角度建立的自由振动微分方程。这种推导方法称为刚度法。

另外，自由振动微分方程也可从位移协调角度来推导。用 F_I 表示惯性力：$F_I = -m\ddot{y}$；用 δ 表示弹簧的柔度系数（即在单位力作用下

图 15-6-4

所产生的位移），其值与刚度系数 k 互为倒数：$\delta = 1/k$，则质量 m 的位移为：

$$y = F_1 \delta = (-m\ddot{y})\delta \tag{15-6-2}$$

上式表明，质量 m 在运动过程中任一时刻的位移等于在当时惯性力作用下的静力位移。这种推导方法称为柔度法。

在以上两式中令：

$$\omega^2 = \frac{k}{m} = \frac{1}{m\delta} \tag{15-6-3}$$

则单自由度体系无阻尼自由振动方程统一形式为：

$$\ddot{y} + \omega^2 y = 0 \tag{15-6-4}$$

其解为：

$$y(t) = y_0 \cos\omega t + \frac{v_0}{\omega}\sin\omega t = a\sin(\omega t + \alpha) \tag{15-6-5}$$

其中

$$a = \sqrt{y_0^2 + \frac{v_0^2}{\omega^2}}, \quad \alpha = \arctan\left(\frac{y_0 \omega}{v_0}\right)$$

式中，y_0 为初位移；v_0 为初速度；a 为振幅，其代表了振动时最大的位移幅度；α 为初始相位角。

单自由度体系的无阻尼自由振动特征：

（1）单自由度体系的自由振动是一种周期性的简谐运动，质量完成一周简谐运动所需的时间为：

$$T = \frac{2\pi}{\omega} \tag{15-6-6}$$

T 称为体系的自振周期，其常用单位为秒（s）。

（2）体系在单位时间内振动的次数，即其振动频率 f 为：

$$f = \frac{1}{T} \tag{15-6-7}$$

f 常称为工程频率，其单位为赫兹（Hz）。

（3）ω 称为圆频率，在结构动力学中，通常将体系作无阻尼自由振动时的圆频率称为自振频率。由式（15-6-3）可得 ω 的计算公式为：

$$\omega = \sqrt{\frac{k}{m}} = \sqrt{\frac{1}{m\delta}} = \sqrt{\frac{g}{W\delta}} = \sqrt{\frac{g}{\Delta_{st}}} \tag{15-6-8}$$

式中，$W = mg$ 为体系的重量；Δ_{st} 表示 W 沿运动自由度方向作用于质量时产生的静位移。

自振频率是结构重要的动力特性之一。由以上的分析可以看出：

（1）自振频率仅取决于体系本身的质量和刚度，与外界激发自由振动的因素无关。它是体系本身所固有的属性，所以也称为固有频率。

（2）单自由度体系的自振频率和刚度与质量比值的平方根成正比。刚度越大或质量越小，则自振频率越高；反之，自振频率越低。

一般地，静定结构因单位荷载作用下的内力容易求得，柔度系数 δ 也就相对比较容易求得,故用 δ 计算 ω_i;对于超静定结构,大多数情况下求其刚度系数 k 比较方便,故用 k 计算 ω。

【例 15-6-1】(历年真题)如图所示结构,质量 m 在杆件中点,$EI=\infty$,弹簧刚度为 k。该体系自振频率为:

A. $\sqrt{\dfrac{9k}{4m}}$ B. $\sqrt{\dfrac{2k}{m}}$

C. $\sqrt{\dfrac{9k}{2m}}$ D. $\sqrt{\dfrac{4k}{m}}$

例 15-6-1 图

【解答】EI 为无穷大,在梁跨的中点处加 $P=1$,则:弹簧受力 $=1\times\dfrac{a}{2}/a=\dfrac{1}{2}$

$$\Delta=\dfrac{\frac{1}{2}}{k}=\dfrac{1}{2k}$$

梁跨的中点处位移 $\delta=\dfrac{1}{2}\Delta=\dfrac{1}{4k}$

$$f=\sqrt{\dfrac{1}{m\delta}}=\sqrt{\dfrac{4k}{m}}$$

应选 D 项。

【例 15-6-2】(历年真题)如图所示梁 $EI=$ 常数。弹簧刚度为 $k=\dfrac{48EI}{l^3}$,梁的质量忽略不计,则结构的自振频率为:

A. $\sqrt{\dfrac{32EI}{ml^3}}$ B. $\sqrt{\dfrac{192EI}{5ml^3}}$

C. $\sqrt{\dfrac{192EI}{9ml^3}}$ D. $\sqrt{\dfrac{96EI}{9ml^3}}$

例 15-6-2 图

【解答】在梁跨中点处施加单位荷载 $P=1$,则:
$$\Delta_{1p}=\dfrac{Pl^3}{48EI}=\dfrac{l^3}{48EI}$$

弹簧受力为 $\dfrac{1}{2}$,其产生的梁中点处的位移:

$$\Delta_{1k}=\dfrac{\frac{1}{2}}{k}\times\dfrac{1}{2}=\dfrac{l^3}{4\times48EI}$$

$$\delta=\Delta_{1p}+\Delta_{1k}=\dfrac{5l^3}{192EI}$$

$$\omega=\sqrt{\dfrac{1}{m\delta}}=\sqrt{\dfrac{192EI}{5ml^3}}$$

应选 B 项。

【例 15-6-3】(历年真题)图示(a)所示体系杆的质量不计,$EI_1=\infty$,则体系的自振频率 ω 等于:

A. $\sqrt{\dfrac{3EI}{ml}}$ B. $\dfrac{1}{h}\sqrt{\dfrac{3EI}{ml}}$ C. $\dfrac{2}{h}\sqrt{\dfrac{3EI}{ml}}$ D. $\dfrac{1}{h}\sqrt{\dfrac{EI}{3ml}}$

1045

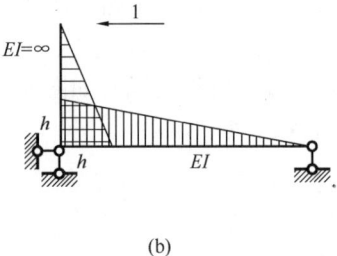

例 15-6-3 图

【解答】如图（b）所示，则：

$$\delta = \frac{1}{EI}\left(\frac{1}{2}hl \times \frac{3}{2}h\right) = \frac{h^2 l}{3EI}$$

$$\omega = \sqrt{\frac{1}{m\delta}} = \frac{1}{h}\sqrt{\frac{3EI}{ml}}$$

应选 B 项。

【例 15-6-4】图示体系，横梁单位长度的质量为 m_0，柱子质量不计，则其自振频率为：

A. $\sqrt{\dfrac{3EI}{m_0 l H^3}}$ B. $\sqrt{\dfrac{4EI}{m_0 l H^3}}$

C. $\sqrt{\dfrac{6EI}{m_0 l H^3}}$ D. $\sqrt{\dfrac{8EI}{m_0 l H^3}}$

例 15-6-4 图

【解答】两根排架柱的抗侧移刚度为：$2 \times \dfrac{3EI}{H^3}$

$$\omega = \sqrt{\frac{k}{m}} = \sqrt{\frac{6EI}{H^3} \cdot \frac{1}{m_0 l}} = \sqrt{\frac{6EI}{m_0 l H^3}}$$

应选 C 项。

【例 15-6-5】（历年真题）无阻尼等截面梁承受一静力荷载 P，如图（a）所示，设在 $t=0$ 时，撤掉荷载 P，点 m 的动位移为：

A. $y(t) = \dfrac{Pl^3}{3EI}\cos\sqrt{\dfrac{3EI}{ml^3}}t$

B. $y(t) = \dfrac{Pl^3}{3EI}\sin\sqrt{\dfrac{3EI}{ml^3}}t$

C. $y(t) = \dfrac{Pl^3}{8EI}\cos\sqrt{\dfrac{3EI}{ml^3}}t$

D. $y(t) = \dfrac{Pl^3}{8EI}\sin\sqrt{\dfrac{3EI}{ml^3}}t$

例 15-6-5 图

【解答】当 $t=0$ 时，撤掉 P，此时位移量大，故 B、D 项错误。

如图（b）所示，该结构的 $\delta = \dfrac{1}{EI} \cdot \dfrac{l}{2} \cdot l \cdot \dfrac{2l}{3} = \dfrac{l^3}{3EI}$

$y_{\max} = P\delta = \dfrac{Pl^3}{3EI}$，应选 A 项。

三、单自由度体系的无阻尼强迫振动

强迫振动(也称受迫振动)是指体系在动力作用下产生的振动。设单自由度体系在质量 m 处沿质量自由度方向作用一个动力荷载 $F_P(t)$,其无阻尼强迫振动的运动方程为:

$$m\ddot{y} + ky = F_P(t) \tag{15-6-9}$$

令 $\omega^2 = \dfrac{k}{m}$,上式变为:

$$\ddot{y} + \omega^2 y = \frac{F_P(t)}{m} \tag{15-6-10}$$

下面分别介绍常见动力作用下体系的动力响应情况。

1. 简谐荷载

$$F_P(t) = F\sin\theta t \tag{15-6-11}$$

式中,θ 为简谐荷载的圆频率;F 为荷载的幅值。将式(15-6-11)代入式(15-6-9),得运动方程为:

$$\ddot{y} + \omega^2 y = \frac{F}{m}\sin\theta t \tag{15-6-12}$$

其全解为:

$$y(t) = \frac{v_0}{\omega}\sin\omega t + y_0\cos\omega t - \frac{F}{m(\omega^2 - \theta^2)} \cdot \frac{\theta}{\omega}\sin\omega t + \frac{F}{m(\omega^2 - \theta^2)}\sin\theta t \tag{15-6-13}$$

式(15-6-13)中的前三项都是频率为 ω 的自由振动。当有阻尼存在时,前三项所代表的自由振动都将迅速衰减。第四项纯强迫振动,由于它的振幅和频率都是恒定的,因而称为稳态强迫振动。单自由度体系在简谐荷载作用下的稳态响应为:

$$y(t) = \frac{F}{m(\omega^2 - \theta^2)}\sin\theta t = \frac{1}{1 - \dfrac{\theta^2}{\omega^2}} \cdot \frac{F}{m\omega^2}\sin\theta t = \mu y_{st}\sin\theta t \tag{15-6-14}$$

式中,y_{st} 为将动力荷载幅值 F 作为静力荷载作用于体系时所引起的静位移,而

$$\mu = \frac{y_{max}}{y_{st}} = \frac{1}{1 - \dfrac{\theta^2}{\omega^2}} \tag{15-6-15}$$

μ 代表了动位移幅值与静位移之比,称为动力系数。动力系数反映了惯性力的影响。动力系数 μ 的值取决于激振力频率与自振频率的比值 $\dfrac{\theta}{\omega}$,两者之间的关系见图 15-6-5,图中纵坐标取 μ 的绝对值。

由以上的分析可见:

(1)稳态强迫振动的频率与荷载的变化频率相同,且动位移、惯性力以及体系的动内力均与干扰力同时达到幅值。

(2)当 $\theta \ll \omega$,$\left(\dfrac{\theta}{\omega}\right)^2 \to 0$ 时,$\mu \to 1$,这种情况相当于静力作用。通常当 $\dfrac{\theta}{\omega} \leqslant \dfrac{1}{5}$ 时,可按静力方法计算振幅。

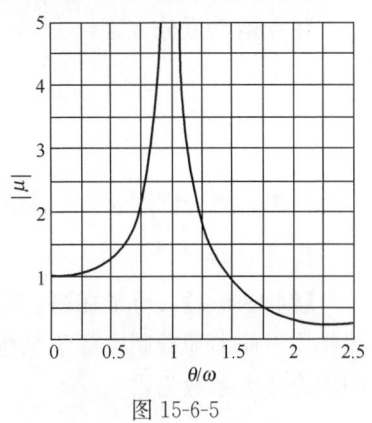

图 15-6-5

(3) 当 $\theta \gg \omega$，$\left(\dfrac{\theta}{\omega}\right)^2 \to \infty$ 时，$\mu \to 0$，表明当干扰力频率远大于体系的自振频率时，动位移将趋于零。

(4) 当 $\theta \to \omega$ 时，$\mu \to \infty$，即体系的振幅将趋于无穷大。实际结构都有阻尼，振幅不可能趋于无穷大，但体系的振幅很大，这种现象称为共振。为了避免共振现象的发生，一般应控制 $\dfrac{\theta}{\omega}$ 值，避开 $0.75 < \dfrac{\theta}{\omega} < 1.25$ 的共振区段。

2. 突加荷载

突加荷载后，质点是围绕其静力平衡位置 $y = y_{st}$ 作简谐运动，动力系数为：$\mu = y_{max}/y_{st} = 2$。

【例 15-6-6】（历年真题）不计阻尼时，如图（a）所示体系的运动方程为：

A. $m\ddot{y} + \dfrac{24EI}{l^3}y = M\sin\theta t$
B. $m\ddot{y} + \dfrac{24EI}{l^3}y = \dfrac{3}{l}M\sin\theta t$
C. $m\ddot{y} + \dfrac{3EI}{l^3}y = \dfrac{3}{2l}M\sin\theta t$
D. $m\ddot{y} + \dfrac{3EI}{l^3}y = \dfrac{3}{8l}M\sin\theta t$

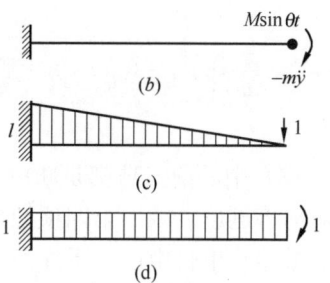

例 15-6-6 图

【解答】质点 m 的位移由惯性力（$-m\ddot{y}$）和动荷载 $M\sin\theta t$ 构成，如图（b）所示，故采用叠加法，如图（c）、（d）所示，分别求出 δ_{11}、δ_{12}。

$$\delta_{11} = \dfrac{l}{2EI} \times l \times \dfrac{2}{3}l = \dfrac{l^3}{3EI}$$

$$\delta_{12} = \dfrac{l^2}{2EI}$$

建立运动微分方程：

$$y = \delta_{11}(-m\ddot{y}) + \delta_{12}M\sin\theta t$$

$$= -m\ddot{y}\dfrac{l^3}{3EI} + \dfrac{l^2}{2EI}M\sin\theta t$$

可得：$m\ddot{y} + \dfrac{3EI}{l^3}y = \dfrac{3}{2l}M\sin\theta t$

应选 C 项。

【例 15-6-7】（历年真题）图示单自由度体系受简谐荷载作用，简谐荷载频率等于结构自振频率的 2 倍，则位移的动力放大系数为：

例 15-6-7 图

A. 2 B. 4/3 C. $-1/2$ D. $-1/3$

【解答】$\mu = \dfrac{1}{1-\left(\dfrac{\theta}{\omega}\right)^2} = \dfrac{1}{1-2^2} = -\dfrac{1}{3}$

应选 D 项。

【例 15-6-8】（历年真题）设 μ_a 和 μ_b 分别表示图（a）、（b）所示两结构的位移动力系数，则：

A. $\mu_a = \mu_b/2$
B. $\mu_a = -\mu_b/2$
C. $\mu_a = \mu_b$
D. $\mu_a = -\mu_b$

例 15-6-8 图

【解答】根据 $\mu = \dfrac{1}{1-\left(\dfrac{\theta}{\omega}\right)^2}$

题目图（a）、（b）中的 θ 相同，$\delta_a = 2\delta_b$

$$\omega_a = \sqrt{\dfrac{1}{m\delta_a}},\ \omega_b = \sqrt{\dfrac{1}{2m\delta_b}},\ \text{则}：\dfrac{\omega_a}{\omega_b} = 1$$

故 $\mu_a = \mu_b$，应选 C 项。

四、单自由度体系有阻尼自由振动

实际结构都有阻尼，常采用黏滞阻尼，即：阻尼力是与质点运动的速度成正比，方向与速度方向相反，用公式表达如下：

$$F_D = -c\dot{y} \tag{15-6-16}$$

式中，F_D 为阻尼力；c 为黏滞阻尼系数。

具有黏滞阻尼的自由振动方程为：

$$m\ddot{y} + c\dot{y} + ky = 0 \tag{15-6-17}$$

令

$$\omega^2 = \dfrac{k}{m},\ \xi = \dfrac{c}{2m\omega} \tag{15-6-18}$$

式（15-6-17）可改写为：

$$\ddot{y} + 2\xi\omega\dot{y} + \omega^2 y = 0 \tag{15-6-19}$$

式中，ω 为自振频率；ξ 则反映了阻尼的大小，称为阻尼比。

在实际工程中一般不会发生 $\xi > 1$ 的情况，故下面介绍 $\xi \leqslant 1$ 的情况。

1. 低阻尼（$\xi < 1$）

动位移的表达式可写为：

$$\begin{aligned} y(t) &= e^{-\xi\omega t}\left(y_0\cos\omega_d t + \dfrac{v_0 + \xi\omega y_0}{\omega_d}\sin\omega_d t\right) \\ &= e^{-\xi\omega t} a\sin(\omega_d t + \alpha) \end{aligned} \tag{15-6-20}$$

其中

$$\alpha = \sqrt{y_0^2 + \frac{(v_0 + \xi\omega y_0)^2}{\omega_d^2}}$$

$$\alpha = \arctan\frac{y_0\omega_d}{v_0 + \xi\omega y_0}$$

$$\omega_d = \omega\sqrt{1-\xi^2}$$

ω_d 称为有阻尼自由振动的角频率。

由式（15-6-20）可以作出有阻尼自由振动的 y-t 曲线（也称位移-时程曲线），如图 15-6-6 所示，这是一条逐渐衰减的波动曲线。

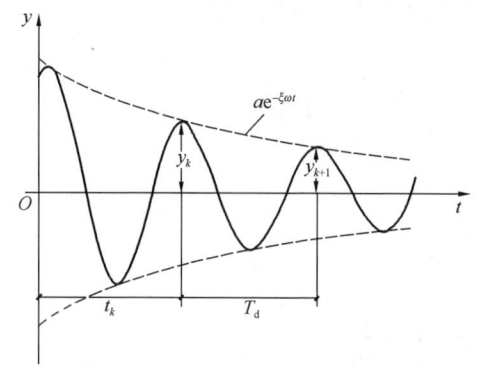

图 15-6-6　位移-时程曲线

从上述分析可以看出：

（1）体系的运动含有简谐振动的因子，其频率 ω_d 及两相邻极限位置之间的时间间隔（即周期）$T_d = \frac{2\pi}{\omega_d}$ 仍为常数，但振幅 $ae^{-\xi\omega t}$ 随时间按指数规律减小。阻尼比越大，则振幅的衰减越快。严格地说，此时运动已没有周期性，故称其为衰减振动。

（2）一般的建筑结构的阻尼比 ξ 的值很小，约在 0.01～0.1 之间，此时，有阻尼自由振动的频率和周期与无阻尼时十分接近。因此，在实际计算中，可以近似地取 $\omega_d \approx \omega$，$T_d \approx T$。

（3）每经过一个时间间隔 T_d，相邻的两个振幅 y_k 与 y_{k+1} 比值的对数为：

$$\ln\frac{y_k}{y_{k+1}} = \xi\omega T_d = \xi\omega\frac{2\pi}{\omega_d} \approx 2\pi\xi \qquad (15\text{-}6\text{-}21)$$

$\ln\frac{y_k}{y_{k+1}}$ 称为振幅的对数递减率。在经过 n 次波动后有：

$$\ln\frac{y_k}{y_{k+n}} \approx 2n\pi\xi$$

于是，阻尼比可表达为：

$$\xi = \frac{1}{2n\pi}\ln\frac{y_k}{y_{k+n}} \qquad (15\text{-}6\text{-}22)$$

2. 临界阻尼（$\xi=1$）

当 $\xi=1$ 时，体系的运动已不具有波动性质。此时，所对应的阻尼系数称为临界阻尼系数，记为 c_{cr}，则由式（15-6-18）可得：

$$c_{cr} = 2m\omega = 2\sqrt{mk} \qquad (15\text{-}6\text{-}23)$$

于是，阻尼比可表达为：

$$\xi = \frac{c}{c_{cr}} \qquad (15\text{-}6\text{-}24)$$

可知，阻尼比等于实际阻尼系数与临界阻尼系数之比，这也就是阻尼比名称的由来。

【**例 15-6-9**】（历年真题）单自由度体系自由振动时实测 10 周后振幅衰减为最初的 1%，则阻尼比为：

A. 0.1025　　　　B. 0.0950　　　　C. 0.0817　　　　D. 0.0733

【解答】 $\xi = \dfrac{1}{2\pi n}\ln\dfrac{y_k}{y_{k+n}} = \dfrac{1}{2\pi\times 10}\ln\dfrac{1}{1\%} = 0.0733$

应选 D 项。

【例 15-6-10】（历年真题）单自由度体系自由振动时，实测振动 5 周后振动衰减为 $y_5 = 0.04y_0$，则阻尼比等于：

A. 0.05　　　　B. 0.02　　　　C. 0.008　　　　D. 0.1025

【解答】 $\xi = \dfrac{1}{2\pi n}\ln\dfrac{y_k}{y_{k+n}} = \dfrac{1}{2\pi\times 5}\ln\dfrac{1}{0.04} = 0.1025$

应选 D 项。

五、单自由度体系有阻尼强迫振动

采用黏滞阻尼时，单自由度体系有阻尼受迫振动的运动方程为：

$$m\ddot{y} + c\dot{y} + ky = F_P(t)$$

或写成

$$\ddot{y} + 2\xi\omega\dot{y} + \omega^2 y = \dfrac{F_P(t)}{m} \tag{15-6-25}$$

1. 简谐荷载

将 $F_P(t) = F\sin\theta t$ 代入式（15-6-25），即得简谐荷载作用下有阻尼受迫振动的运动方程：

$$\ddot{y} + 2\xi\omega\dot{y} + \omega^2 y = \dfrac{F}{m}\sin\theta t \tag{15-6-26}$$

上式的一般解由两部分组成，第一部分是频率为 ω_d 的自由振动，其因阻尼的作用随时间迅速完成；第二部分是按动力荷载频率 θ 的有阻尼稳态强迫振动，即：

$$y(t) = A\sin(\theta t - \alpha) \tag{15-6-27}$$

其中

$$A = \dfrac{F}{m\omega^2}\cdot\dfrac{1}{\sqrt{\left(1-\dfrac{\theta^2}{\omega^2}\right)^2 + 4\xi^2\dfrac{\theta^2}{\omega^2}}} = y_{st}\mu \tag{15-6-28}$$

$$\alpha = \arctan\left(\dfrac{2\xi\dfrac{\theta}{\omega}}{1-\dfrac{\theta^2}{\omega^2}}\right) \tag{15-6-29}$$

式中，A、α 分别为有阻尼稳态振动的振幅和相位角。由式（15-6-28），动力系数 μ 可表示为：

$$\mu = \dfrac{1}{\sqrt{\left(1-\dfrac{\theta^2}{\omega^2}\right)^2 + 4\xi^2\dfrac{\theta^2}{\omega^2}}} \tag{15-6-30}$$

图 15-6-7 $\mu - \dfrac{\theta}{\omega}$ 关系曲线

上式表明动力系数 μ 不仅与频率比 $\dfrac{\theta}{\omega}$ 有关,而且还与阻尼比 ξ 有关,图 15-6-7 给出了对应不同 ξ 值时 μ 与 $\dfrac{\theta}{\omega}$ 之间的关系曲线。

由以上的分析可见:

(1) 阻尼对简谐荷载下的动力系数影响较大,动力系数 μ 随阻尼比 ξ 的增大而迅速减小。特别是在 $\dfrac{\theta}{\omega}$ 值趋近 1 时,μ 的峰值因阻尼作用而下降最为显著。

(2) 在 $\dfrac{\theta}{\omega}=1$ 的共振情况下,动力系数为:

$$\mu = \dfrac{1}{2\xi} \qquad (15\text{-}6\text{-}31)$$

(3) 有阻尼时,质量的动位移比动力荷载滞后一个相位角。

1) 当 $\dfrac{\theta}{\omega} \to 0$ 时,即 $\theta \ll \omega$ 时,$\alpha \to 0$,说明 $y(t)$ 与 $F_P(t)$ 趋于同向。此时体系因振动速度慢,惯性力和阻尼力均不明显,动力荷载主要由恢复力平衡,与静力作用时的情况相似。

2) 当 $\dfrac{\theta}{\omega} \to \infty$ 时,即 $\theta \gg \omega$ 时,$\alpha \to \pi$,说明 $y(t)$ 与 $F_P(t)$ 趋于反向。$\mu \to 0$,即体系的动位移趋于零,动力荷载主要由惯性力平衡,体系的动内力趋于零。

3) 当 $\dfrac{\theta}{\omega} \to 1$ 时,即 $\theta \approx \omega$ 共振时,$\alpha \to \dfrac{\pi}{2}$,这时,惯性力与弹性力平衡,而动力荷载与阻尼力平衡。因此,在 $0.75 < \dfrac{\theta}{\omega} < 1.25$ 的共振区内,阻尼对体系的动力响应将起重要作用。

2. 突加荷载

突加荷载作用于质量上,对于一般的建筑物,通常有 $0.01 < \xi < 0.1$,其动力系数近似取为:

$$\mu = 1 + e^{-\xi\pi} \qquad (15\text{-}6\text{-}32)$$

六、多自由度体系的自由振动

按建立运动方程的方法,多自由度体系自由振动的求解方法有两种:刚度法和柔度法。刚度法是从平衡方程出发建立基本微分方程,柔度法从位移协调方程出发建立基本微分方程。

1. 刚度法

如图 15-6-8 所示,F_{s1}、F_{s2} 均为弹性力,$F_{s1} = k_{11}y_1(t) + k_{12}y_2(t)$,$F_{s2} = k_{21}y_1(t) + k_{22}y_2(t)$,根据达朗贝尔原理,可列出平衡方程如下:

$$\left. \begin{array}{l} m_1 \ddot{y}_1(t) + k_{11} y_1(t) + k_{12} y_2(t) = 0 \\ m_2 \ddot{y}_2(t) + k_{21} y_1(t) + k_{22} y_2(t) = 0 \end{array} \right\} \qquad (15\text{-}6\text{-}33)$$

假设两个质点为简谐振动,上式的解设为如下形式:

图 15-6-8

$$y_1(t) = Y_1\sin(\omega t + \alpha) \atop y_2(t) = Y_2\sin(\omega t + \alpha)\} \quad (15\text{-}6\text{-}34)$$

上式所表示的运动具有以下特点：

(1) 在振动过程中，两个质点具有相同的频率 ω 和相同的相位角 α，Y_1 和 Y_2 是位移幅值。

(2) 在振动过程中，两个质点的位移在数值上随时间而变化，但二者的比值始终保持不变，即：

$$\frac{y_1(t)}{y_2(t)} = \frac{Y_1}{Y_2} = 常数$$

这种结构位移形状保持不变的振动形式可称为主振型或振型。

将式 (15-6-34) 代入式 (15-6-33)，经整理后得：

$$(k_{11} - \omega^2 m_1)Y_1 + k_{12}Y_2 = 0 \atop k_{21}Y_1 + (k_{22} - \omega^2 m_2)Y_2 = 0\} \quad (15\text{-}6\text{-}35)$$

上式称为刚度法的振型方程（或特征向量方程），为求 Y_1、Y_2 的非零解，应使上式的系数行列式为零，即：

$$D = \begin{vmatrix} k_{11} - \omega^2 m_1 & k_{12} \\ k_{21} & k_{22} - \omega^2 m_2 \end{vmatrix} = 0 \quad (15\text{-}6\text{-}36)$$

上式称为刚度法的频率方程（或特征方程），用它可以求出第一频率 ω_1 和第二频率 ω_2；然后，分别将 ω_1、ω_2 代入式 (15-6-35) 中任一式，可得相应的两个主振型分别为：

$$\frac{Y_{11}}{Y_{21}} = -\frac{k_{12}}{k_{11} - \omega_1^2 m_1}$$

$$\frac{Y_{12}}{Y_{22}} = \frac{k_{12}}{k_{11} - \omega_2^2 m_1}$$

Y_{11} 和 Y_{21} 分别表示第一振型中质点 1 和 2 的振幅，见图 15-6-9 (a)；Y_{12} 和 Y_{22} 分别表示第二振型中质点 1 和 2 的振幅，见图 15-6-9 (b)。

2. 柔度法

如图 15-6-10 所示，线弹性体系，可应用叠加原理，列出运动方程如下：

第一主振型，基本频率 ω_1　　第二主振型，第二频率 ω_2
　　　　(a)　　　　　　　　　　　　　(b)

图 15-6-9　　　　　　　　　　　　图 15-6-10

$$\left.\begin{array}{l} y_1(t) = -m_1\ddot{y}_1(t)\delta_{11} - m_2\ddot{y}_2(t)\delta_{12} \\ y_2(t) = -m_1\ddot{y}_1(t)\delta_{21} - m_2\ddot{y}_2(t)\delta_{22} \end{array}\right\} \quad (15\text{-}6\text{-}37)$$

假设两个质点为简谐振动，其解为式（15-6-34），即：

$$\left.\begin{array}{l} y_1(t) = Y_1\sin(\omega t + \alpha) \\ y_2(t) = Y_2\sin(\omega t + \alpha) \end{array}\right\}$$

将上式代入式（15-6-37），经整理后得：

$$\left.\begin{array}{l} \left(\delta_{11}m_1 - \dfrac{1}{\omega^2}\right)Y_1 + \delta_{12}m_2 Y_2 = 0 \\ \delta_{21}m_1 Y_1 + \left(\delta_{22}m_2 - \dfrac{1}{\omega^2}\right)Y_2 = 0 \end{array}\right\} \quad (15\text{-}6\text{-}38)$$

上式称为柔度法的振型方程（或特征向量方程），为使上式的 Y_1、Y_2 具有非零解，则：

$$D = \begin{vmatrix} \left(\delta_{11}m_1 - \dfrac{1}{\omega^2}\right) & \delta_{12}m_2 \\ \delta_{21}m_1 & \left(\delta_{22}m_2 - \dfrac{1}{\omega^2}\right) \end{vmatrix} = 0 \quad (15\text{-}6\text{-}39)$$

上式称柔度法的频率方程（或特征方程）。由上式可求出 ω_1、ω_2；然后，分别将 ω_1、ω_2 代入式（15-6-38）中任一式，可得相应的两个主振型分别为：

$$\frac{Y_{21}}{Y_{11}} = \frac{\dfrac{1}{\omega_1^2} - \delta_{11}m_1}{\delta_{12}m_2}$$

$$\frac{Y_{22}}{Y_{12}} = \frac{\dfrac{1}{\omega_2^2} - \delta_{11}m_1}{\delta_{12}m_2}$$

其振型图如图 15-6-11 所示。

第一主振型　　　　　　　　　　第二主振型
(a)　　　　　　　　　　　　　　(b)

图 15-6-11　振型图

3. 主振型的正交性

图 15-6-12（a）为第一主振型，频率为 ω_1，振幅为（Y_{11}、Y_{21}），其值正好等于相应惯性力（$\omega_1^2 m_1 Y_{11}$、$\omega_1^2 m_2 Y_{21}$）所产生的静位移。

图 15-6-12（b）为第二主振型，频率为 ω_2，振幅为（Y_{12}、Y_{22}），其值正好等于相应惯性力（$\omega_2^2 m_1 Y_{12}$、$\omega_2^2 m_2 Y_{22}$）所产生的静位移。

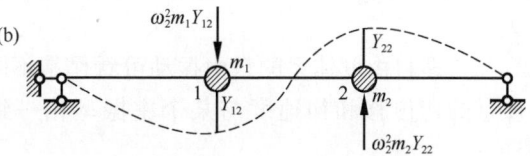

图 15-6-12　主振型的正交性

对两种静力平衡状态应用功的互等定理，可得：

$$(\omega_1^2 m_1 Y_{11})Y_{12} + (\omega_1^2 m_2 Y_{21})Y_{22} = (\omega_2^2 m_1 Y_{12})Y_{11} + (\omega_2^2 m_2 Y_{22})Y_{21}$$

移项后，可得：

$$(\omega_1^2 - \omega_2^2)(m_1 Y_{11} Y_{12} + m_2 Y_{21} Y_{22}) = 0$$

如果 $\omega_1 \neq \omega_2$，则有：

$$m_1 Y_{11} Y_{12} + m_2 Y_{21} Y_{22} = 0$$

上式就是两个主振型之间存在的第一个正交关系。推广到 n 个自由度体系，则有：

$$m_1 Y_{1i} Y_{1j} + \cdots + m_k Y_{ki} Y_{kj} + \cdots + m_n Y_{ni} Y_{nj} = 0 \tag{15-6-40}$$

若写成矩阵形式，则：

$$(Y_{1i} \quad Y_{2i} \cdots \cdots Y_{ni}) \begin{pmatrix} m_1 & & & 0 \\ & m_2 & & \\ & & \ddots & \\ 0 & & & m_n \end{pmatrix} \begin{pmatrix} Y_{1j} \\ Y_{2j} \\ \vdots \\ Y_{nj} \end{pmatrix} = 0 \ (i \neq j)$$

或简写为：

$$\boldsymbol{Y}^{(i)\mathrm{T}} \boldsymbol{M} \boldsymbol{Y}^{(j)} = 0 \quad (i \neq j) \tag{15-6-41}$$

上式表明多自由度体系任意两个主振型之间存在以质量作为权的正交性，或称为第一正交性。

由式（15-6-41），可证明得到下式：

$$\boldsymbol{Y}^{(i)\mathrm{T}} \boldsymbol{K} \boldsymbol{Y}^{(j)} = 0 \quad (i \neq j) \tag{15-6-42}$$

上式中 $\boldsymbol{K}$ 为刚度矩阵，即：

$$K = \begin{pmatrix} k_{11} & k_{12} & \cdots & k_{1n} \\ k_{21} & k_{22} & \cdots & k_{2n} \\ \vdots & \vdots & & \vdots \\ k_{n1} & k_{n2} & \cdots & k_{nn} \end{pmatrix}$$

式(15-6-42)表明多自由度体系任意两个主振型之间存在以刚度为权的正交性，或称为第二正交性。

主振型的正交性可用于校核所求主振型的正确性，以及可将多自由度体系的强迫振动转化为单自由度问题等。

4. 多自由度体系自由振动的重要特性

(1) 多自由度体系自振频率的个数与体系的自由度数相等。

(2) 多自由度体系自振频率及其相应的主振型均为体系固有的动力特性，与外界因素无关。

(3) 多自由度体系的自由振动可看作是不同自振频率对应的主振型的线性组合。只有在质量的初位移和初速度与某个主振型相一致的前提下，体系才会按该主振型作简谐振动。

【例 15-6-11】（历年真题）已知结构刚度矩阵 $K = \begin{pmatrix} 20 & -5 & 0 \\ -5 & 8 & -3 \\ 0 & -3 & 3 \end{pmatrix}$，第一主振型为 $\begin{pmatrix} 0.163 \\ 0.569 \\ 1 \end{pmatrix}$，则第二主振型可能为：

A. $\begin{pmatrix} -0.627 \\ -1.227 \\ 1 \end{pmatrix}$　　B. $\begin{pmatrix} -0.924 \\ -1.227 \\ 1 \end{pmatrix}$　　C. $\begin{pmatrix} -0.627 \\ -2.158 \\ 1 \end{pmatrix}$　　D. $\begin{pmatrix} -0.924 \\ -1.823 \\ 1 \end{pmatrix}$

【解答】根据主振型关于刚度矩阵的正交性，采用验证法，对于 B 项：

$$\begin{pmatrix} 0.163 \\ 0.569 \\ 1 \end{pmatrix}^{T} \begin{pmatrix} 20 & -5 & 0 \\ -5 & 8 & -3 \\ 0 & -3 & 3 \end{pmatrix} \begin{pmatrix} -0.924 \\ -1.227 \\ 1 \end{pmatrix} = 0, \text{满足}$$

应选 B 项。

习　题

15-6-1　（历年真题）图示梁的质量沿轴线均匀分布，该结构动力自由度的个数为：
A. 1　　　　　　　　B. 2
C. 3　　　　　　　　D. 无穷多

题 15-6-1 图

15-6-2　（历年真题）图示结构，忽略轴向变形，梁柱质量忽略不计。该结构动力自由度的个数为：
A. 1　　　　B. 2　　　　C. 3　　　　D. 4

15-6-3　（历年真题）图示结构中，若要使其自振频率 ω 增大，可以：
A. 增大 P　　B. 增大 m　　C. 增大 EI　　D. 增大 l

题 15-6-2 图　　　　　　　　题 15-6-3 图

15-6-4 （历年真题）有阻尼单自由度体系受简谐荷载作用，当简谐荷载频率等于结构自振频率时，与外荷载平衡的力是：

A. 惯性力　　　　　　　　　　B. 阻尼力
C. 弹性力　　　　　　　　　　D. 弹性力＋惯性力

15-6-5 （历年真题）设 μ_a 和 μ_b 分别表示图（a）和图（b）两结构的位移动力系数，则：

题 15-6-5 图

A. $\mu_a = \dfrac{1}{2}\mu_b$　　B. $\mu_a = -\dfrac{1}{2}\mu_b$　　C. $\mu_a = \mu_b$　　D. $\mu_a = -\mu_b$

15-6-6 （历年真题）单自由度体系自由振动，实测 10 周后振幅衰减为最初的 0.25%，则阻尼比为：

A. 0.25　　　　B. 0.02　　　　C. 0.008　　　　D. 0.0954

习题解答与参考答案

第一节

15-1-1 **解答**：无刚节点，6个复铰节点：$6\times2\times(3-1)=24$
$W=3\times9-(24+4)=-1$
答案：D

15-1-2 **解答**：超静定结构的约束数大于刚片自由度数，$W<0$。
答案：B

15-1-3 **解答**：几何可变体系的 $W>0$。
答案：A

15-1-4 **解答**：刚片数为14，连接3个刚片的复铰为4个，连接4个刚片的复铰为4个：
$W=3\times14-[4\times2\times(3-1)+4\times2\times(4-1)+3]=-1$
答案：D

15-1-5 **解答**：将地基、ABD、DC 各作为一刚片。
答案：C

15-1-6 **解答**：刚片 FAC 上依次加上了 CDF、FDB 两元片，共同与地基之间由3根不相交于一点、也不平行的链杆相连，此部分为无多余约束几何不变体系，但体系中 EF 杆为多余链杆，即1个多余约束。
答案：D

15-1-7 **解答**：将地基、$ABCGF$ 部分、DHE 部分各作为一刚片，撤去 CH 链杆，上述三刚片组成无多余约束的几何不变体系，故原体系有1个多余约束。
答案：C

15-1-8 **解答**：地基与 $DFCE$ 部分仅有2根链杆相连，故为常变体系。
答案：A

第二节

15-2-1 **解答**：静定结构在支座移动时，不产生内力、应力、变形。
答案：C

15-2-2 **解答**：静定结构，增加梁高，不能减小其弯矩。
答案：C

15-2-3 **解答**：整体分析，水平方向力平衡，$X_B=12\times3=36\text{kN}$
$M_{EB}=36\times3=108\text{kN}\cdot\text{m}$

答案：D

15-2-4 **解答**：对称结构，对称荷载，两支座的竖向反力均为0，对铰取力矩平衡：
$$F_H = -\frac{M}{L}$$
答案：B

15-2-5 **解答**：对称结构，对称荷载，两支座的竖向反力均为0，对铰取力矩平衡：
$$F_H = \frac{M}{L}$$
答案：A

15-2-6 **解答**：整体分析，对 B 点取力矩：$Y_A = \dfrac{F_P}{4}$（向上）

取 AC 段分析，对 C 点取力矩：
$$F_H \cdot f = \frac{F_P}{3} \cdot f = Y_A \cdot \frac{L}{2} = \frac{F_P}{4} \cdot \frac{L}{2}，则：$$
$$\frac{f}{L} = \frac{3}{8}$$
答案：A

15-2-7 **解答**：取整体分析，$\sum M_B = 0$，则：$Y_A = \dfrac{F_P \cdot \dfrac{L}{4}}{L} = \dfrac{F_P}{4}$

取 AC 分析，$\sum M_C = 0$，则：$F_H = \dfrac{\dfrac{F_P}{4} \cdot \dfrac{L}{2}}{f} = \dfrac{F_P}{4}$

答案：A

15-2-8 **解答**：根据对称性，可得：$F_{xA} = \dfrac{F_P}{2}$（←）

取 AC 段分析，对 E 点取力矩：
$$N_a \cdot L + F_P \cdot L + \frac{F_P}{2} \cdot L = 0$$
$$N_a = -1.5 F_P（压力）$$
答案：D

15-2-9 **解答**：作截面垂直于 P 并且过 P 的作用线，$\sum X = 0$，则：斜杆 EG 为零杆。
取节点 E，则：$N_{EC}\cos45° = P$
取节点 C，则：$N_{EC}\cos45° + N_1 = 0$
可知：$N_1 = -P$（压力）
答案：A

15-2-10 **解答**：对称结构，反对称荷载，故 $N_{DG} = 0$
答案：A

第三节

15-3-1 **解答**：AC 杆 EI 变大后，AC 部分位移变小为：$\dfrac{\Delta}{2} \times \dfrac{1}{2} = \dfrac{\Delta}{4}$

右边 BC 杆未变，其位移仍为：$\Delta/2$

故：$\Delta_{CH} = \dfrac{\Delta}{4} + \dfrac{\Delta}{2} = 0.75\Delta$

答案：D

15-3-2 解答：本题采用位移法，计算方便：

$3i\theta_B = Pl$，$\theta_B = \dfrac{Pl}{3i} = \dfrac{Pl^2}{3EI}$

答案：C

15-3-3 解答：作出 $\overline{M}_1$、M_p 图，见题 15-3-3 解图。

(a)

(b)

题 15-3-3 解图

$$\theta_A = \dfrac{1}{EI}\left[\dfrac{2}{3}\cdot(2qa^2\cdot 4a)\cdot\dfrac{1}{2} - \dfrac{1}{2}qa^2\cdot 4a\cdot\dfrac{1}{3}\right]$$

$$= \dfrac{2qa^3}{EI}(\downarrow)$$

答案：B

15-3-4 解答：在 E 处加单位水平力，方向向左，则求出支座反力：$Y_B = 0$，$X_A = 1$（←），$Y_A = 0$，$M_A = l$（↑），则：

$\Delta_{EH} = -\sum\overline{R}_i\cdot C = -(1\times a - l\times\theta) = l\theta - a$（→）

答案：A

15-3-5 解答：在 C 处作用单位力，方向垂直向下，作出 $\overline{M}_i$ 图、$\overline{N}_i$ 图，见题 15-3-5 解图。

$t_0 = \dfrac{t_1 + t_2}{2} = 15℃$，$\Delta t = 25 - 15 = 10℃$

$\Delta_{CV} = \sum\dfrac{\alpha\Delta t}{h}\cdot A_{\overline{M}_i} + \sum\alpha t_0 A_{\overline{N}_i}$

$= \dfrac{10\alpha}{h}\times 2\times\dfrac{1}{2}\times l\times l + (-2)\alpha\cdot 15\cdot l$

$= 100\alpha l - 30\alpha l = 70\alpha l(\downarrow)$

题 15-3-5 解图

答案：B

15-3-6 解答：作出 $\overline{M}_i$、M_p 图，见题 15-3-6 解图。

$\Delta_{AV} = \dfrac{1}{EI}\cdot\left(\dfrac{1}{2}\cdot 2FL\cdot 2L\right)\cdot\dfrac{2}{3}\cdot 2L$

$= \dfrac{8FL^3}{3EI}$

题 15-3-6 解图

答案：A

第四节

15-4-1 **解答：** 如图所示，切开3根链杆，变为静定结构，故超静定次数为3。
答案： C

15-4-2 **解答：** 如图（a）所示，$\sum Y=0$，$Y_A=P$（↑）
取整体分析，$\sum M_c=0$，则：$Y_B=P$（↑）
如图（b）所示，$\sum Y=0$，则：$N_1=0$
答案： D

题 15-4-1 解图

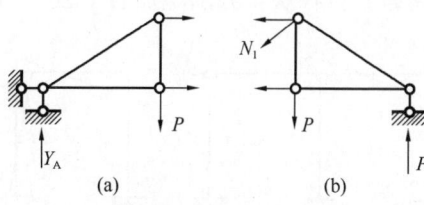

题 15-4-2 解图

15-4-3 **解答：** 作 M_p、$\overline{M}_1$ 图，如图所示。
$$\Delta_{1p}=-\frac{1}{EI}\left(\frac{2}{3}\times\frac{qL^2}{8}\times L\right)\times\frac{L}{2}=-\frac{qL^4}{24EI}$$
答案： C

15-4-4 **解答：** 该结构为超静定结构，应增大二力杆刚度，减小横梁刚度。
答案： A

题 15-4-3 解图

15-4-5 **解答：** 用力法，支座 B 的弹簧力设为 X，由力法方程：
$$\frac{Xl^3}{3EI}-\frac{ql^4}{8EI}=-\frac{X}{k}$$

C 点弯矩为 0，则由 BC 段力矩平衡：$X=\frac{ql}{4}$，代入上式，则：
$$k=\frac{6EI}{l^3}$$
答案： B

15-4-6 **解答：** $\mu_{A4}=\dfrac{4\times 3}{1\times 2+4\times 4+3\times 1+4\times 3}=\dfrac{12}{33}=\dfrac{4}{11}$
答案： D

15-4-7 **解答：** 对 AB 段分析
$$M_{BA}=\frac{5ql}{12}\cdot l-\frac{ql^2}{36}-\frac{1}{2}ql^2=-\frac{ql^2}{9}$$
答案： C

15-4-8 **解答：** 整体分析，水平方向力平衡，支座的水平反力为0，故为对称结构。将荷载分解为对称、反对称荷载，如图所示，故 $F_{Q,BA}=-\dfrac{P}{4}$。

答案：B

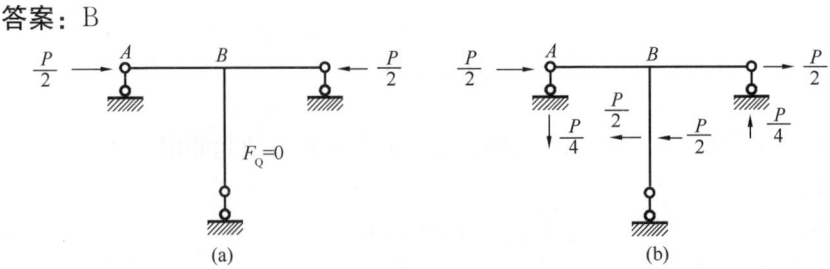

题 15-4-8 解图

15-4-9 解答：位移法，分别施加 Δ_1、Δ_2，作 $\overline{M}_1$、$\overline{M}_2$、$\overline{M}_P$ 图，如图所示。

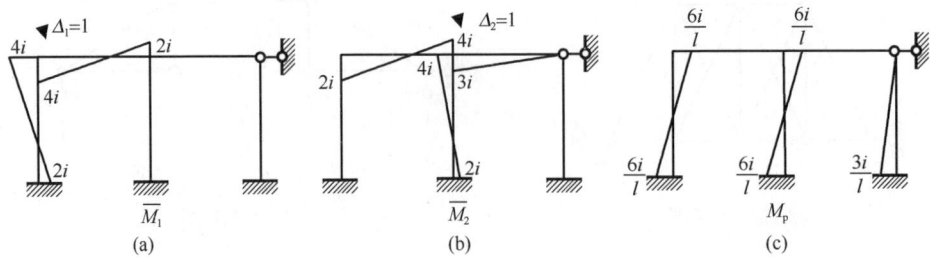

题 15-4-9 解图

$$8i\Delta_1 + 2i\Delta_2 - \frac{6i}{l} = 0$$

$$2i\Delta_1 + 11i\Delta_2 - \frac{6i}{l} = 0$$

可得：$\Delta_1 = \dfrac{9}{14l}$，$\Delta_2 = \dfrac{3}{7l}$

则：$M_B = 2i \times \dfrac{9}{14l} + 4i \times \dfrac{3}{7l} = \dfrac{3i}{l} = \dfrac{3EI}{l^2}$

答案：C

15-4-10 解答：取节点 C 分析，$N_{CD} = P$（←），则：$M_{AC} = 0$

答案：C

第五节

15-5-1 解答：作 K 点的弯矩影响线，见题 15-5-1 解图。

$$y_1 = \dfrac{8-2}{8} \times 4 = 3$$

$$M_K = (3+4) \times 20 = 140 \text{kN} \cdot \text{m}$$

答案：B

15-5-2 解答：作 K 点的弯矩影响线，见题 15-5-2 解图。

$$y = \dfrac{12-2}{12} \times 3 = 2.5$$

$$M_K = 20 \times (3+2.5) = 110 \text{kN} \cdot \text{m}$$

答案：B

题 15-5-1 解图　　　　　　题 15-5-2 解图

15-5-3　**解答**：当 $P=1$ 作用在 C 点时，支座反力均为 1，取 CK 段分析，见题 15-5-3 解图。

$$M_K = 1 \times 4 - 1 \times \overline{CD}$$
$$= 4 - 1 \times (8 - 8\cos 30°)$$
$$= 4\sqrt{3} - 4 = 4(\sqrt{3} - 1)$$

答案：A

15-5-4　**解答**：当 $P=1$ 作用在 C 点时，支座反力均为 1，取 CK 段分析，见题 15-5-4 解图。

$$F_{N,K} = -1 \times \cos 60° - 1 \times \cos 30°$$
$$= -\frac{1}{2} - \frac{\sqrt{3}}{2}$$
$$= -\frac{\sqrt{3} + 1}{2}$$

答案：D

题 15-5-3 解图　　　　　　题 15-5-4 解图

第六节

15-6-1　**解答**：该结构动力自由度的个数为无穷多。
　　　　答案：D

15-6-2　**解答**：因忽略杆的轴向变形，水平杆中部有一个竖向自由度，竖向杆的中部有一个水平向自由度，因此，总动力自由度的个数为 2。
　　　　答案：B

15-6-3　**解答**：$\omega=\sqrt{\dfrac{1}{m\delta}}$，故 B 项错误。$\delta$ 与 EI 成反比，增大 EI，则 ω 变大。

　　　　答案：C

15-6-4　**解答**：此时，阻尼力与动力荷载平衡。

　　　　答案：B

15-6-5　**解答**：$\mu=\dfrac{1}{1-\left(\dfrac{\theta}{\omega}\right)^2}$

题目图（a）、（b）中的 θ 相同。

$\delta_a=2\delta_b$，$\omega_a=\sqrt{\dfrac{1}{m\delta_a}}$，$\omega_b=\sqrt{\dfrac{1}{2m\delta_b}}$，则：

$\omega_a/\omega_b=1$，可知：$\mu_a=\mu_b$

　　　　答案：C

15-6-6　**解答**：$\xi=\dfrac{1}{2\pi\times10}\ln\dfrac{1}{0.25\%}=0.0954$

　　　　答案：D

第十六章 结 构 设 计

第一节 混凝土结构材料性能与基本设计原则

一、钢筋

混凝土结构用的线材有钢筋、钢丝和钢绞线三类。钢筋可分为热轧钢筋、冷加工钢筋、热处理钢筋和预应力螺纹钢筋。钢丝是指直径较细并经过冷加工处理的线材，其按加工方法可分为中强度预应力钢丝和消除应力钢丝。钢绞线是指由多根高强钢丝扭结而成，再经过低温回火消除内应力。根据钢筋的力学性能可分为有明显屈服点和明显流幅的软钢、无明显屈服点和无明显流幅的硬钢。其中，热轧钢筋属于软钢。热处理钢筋及消除应力钢丝则为硬钢。

钢筋性能指标主要是屈服强度、极限强度、伸长率、冷弯试验、钢筋疲劳强度等。

屈服强度，通常软钢的上屈服点不稳定，而下屈服点相对稳定，因此，取下屈服点作为屈服强度（即屈服强度标准值）。该指标对于软钢（如热轧钢筋）是作为屈服强度标准值 f_{yk} 取值的依据；对于硬钢因无明显屈服点，一般常取残余应变为 0.2% 时所对应的应力值作为假定的屈服强度，称为条件屈服强度，用 $\sigma_{0.2}$ 表示。对于热处理钢筋、消除应力钢丝和钢绞线，《混凝土结构设计规范》GB 50010—2010（2015 年版）（以下简称《混规》）统一取极限抗拉强度的 0.85 作为 $\sigma_{0.2}$。

极限强度或抗拉强度，该指标对于硬钢是作为极限强度标准值 f_{ptk} 取值的依据；对于软钢，对其有一个最低限值的要求。

伸长率，该指标衡量钢筋塑性性能，是钢筋标准试件拉断时的残余应变，用 δ 表示。国内取应变量测标距 L 为 $5d$ 或 $10d$（d 为钢筋直径），其相应的伸长率用 δ_5 和 δ_{10} 表示，标距不同其伸长率也不同，标距越短，平均残余变形越大。

最大力总延伸率 δ_{gt}（也称均匀延伸率），是指钢筋最大力下的总延伸率。δ_{gt} 不受断口-颈缩区域局部变形的影响，反映了钢筋拉断前达到最大力（极限强度）时的均匀应变。根据我国钢筋标准，将 δ_{gt} 作为控制钢筋延性的指标。《混凝土结构通用规范》GB 55008—2021 规定，普通钢筋、预应力筋在最大力下的总延伸率 δ_{gt} 不应小于表 16-1-1 规定的数值。

普通钢筋及预应力筋在最大力下的总延伸率限值　　表 16-1-1

钢筋品种	普通钢筋				预应筋	
	HPB300	HRB400、HRBF400 HRB500、HRBF500	HRB400E、HRB500E	RRB400	中强度预应力钢丝	其他
δ_{gt} (%)	10.0	7.5	9.0	5.0	4.0	4.5

冷弯试验，它是检验钢筋塑性性能的一种方法，也可以检查钢筋的脆性。冷弯试验的两个主要参数是弯心直径 D 和冷弯角度 α。对不同强度等级的钢筋，其对应的弯心直径 D 和冷弯角度 α 的规定值是不同的。如 HPB300 级钢筋，$\alpha=180°$，$D=d$；对 HRB400 级和

HRB500 级钢筋，$\alpha=180°$，$D=(4\sim8)d$。

钢筋疲劳强度，影响钢筋疲劳强度的主要因素为钢筋疲劳应力幅，即 $\sigma_{max}^f - \sigma_{min}^f$，《混规》中根据钢筋的疲劳强度设计值，给出了考虑疲劳应力比值的钢筋疲劳应力幅限值。

混凝土结构对钢筋性能的要求有：具有足够的强度和适当的屈强比；足够的塑性；可焊性；低温性能；与混凝土要有良好的粘结力。

《混规》对钢筋的选用规定是：纵向受力普通钢筋可采用 HRB400、HRB500、HRBF400、HRBF500、RRB400、HPB300 钢筋；梁、柱和斜撑构件的纵向受力普通钢筋宜采用 HRB400、HRB500、HRBF400、HRBF500 钢筋；箍筋宜采用 HRB400、HRBF400、HPB300、HRB500、HRBF500 钢筋；预应力筋宜采用预应力钢丝、钢绞线和预应力螺纹钢筋。此外，HPB300 钢筋的直径范围为 6~14mm。

钢筋的强度设计值应按其强度标准值除以钢筋材料分项系数 γ_s 确定。HPB300 的 $\gamma_s=1.10$，HRB400、RRB400 的 $\gamma_s=1.10$，HRB500 的 $\gamma_s=1.15$，预应力筋的 $\gamma_s=1.2$。

普通钢筋、预应力筋及横向钢筋的强度设计值，《混规》规定：

4.2.3 普通钢筋的抗拉强度设计值 f_y、抗压强度设计值 f_y' 应按表 4.2.3-1 采用；预应力筋的抗拉强度设计值 f_{py}、抗压强度设计值 f_{py}' 应按表 4.2.3-2 采用。

当构件中配有不同种类的钢筋时，每种钢筋应采用各自的强度设计值。

对轴心受压构件，当采用 HRB500、HRBF500 钢筋时，钢筋的抗压强度设计值 f_y' 应取 400N/mm²。横向钢筋的抗拉强度设计值 f_{yv} 应按表中 f_y 的数值采用；但用作受剪、受扭、受冲切承载力计算时，其数值大于 360N/mm² 时应取 360N/mm²。

普通钢筋强度设计值（N/mm²）　　　　表 4.2.3-1

牌号	抗拉强度设计值 f_y	抗压强度设计值 f_y'
HPB300	270	270
HRB400、HRBF400、RRB400	360	360
HRB500、HRBF500	435	435

预应力筋强度设计值（N/mm²）　　　　表 4.2.3-2

种类	极限强度标准值 f_{ptk}	抗拉强度设计值 f_{py}	抗压强度设计值 f_{py}'
中强度预应力钢丝	800	510	410
	970	650	
	1270	810	
消除应力钢丝	1470	1040	410
	1570	1110	
	1860	1320	
钢绞线	1570	1110	390
	1720	1220	
	1860	1320	
	1960	1390	
预应力螺纹钢筋	980	650	410
	1080	770	
	1230	900	

注：当预应力筋的强度标准值不符合表 4.2.3-2 的规定时，其强度设计值应进行相应的比例换算。

普通钢筋的弹性模量 E_s 可取为：HPB300 的 $E_s=2.10\times10^5$ N/mm²；HRB400、

HRBF400、HRB500、HRBF500、RRB400 的 $E_s=2.00×10^5 N/mm^2$。预应力筋的弹性模量 E_s 可取为：消除应力钢丝、中强度预应力钢丝的 $E_s=2.05×10^5 N/mm^2$；钢绞线的 $E_s=1.95×10^5 N/mm^2$。

【例 16-1-1】（历年真题）钢筋混凝土构件承载力计算中受力钢筋的强度限值为：
A. 有明显流幅的取其极限抗拉强度，无明显流幅的按其条件屈服点取
B. 所有均取其极限抗拉强度
C. 有明显流幅的按其屈服点取，无明显流幅的按其条件屈服点取
D. 有明显流幅的按其屈服点取，无明显流幅的取其极限抗拉强度

【解答】 有明显流幅的按其屈服点取，无明显流幅的按其条件屈服点取，应选 C 项。

二、混凝土

1. 混凝土的强度

混凝土的强度包括立方体抗压强度、轴心抗压强度、轴心抗拉强度。

立方体抗压强度，《混规》规定混凝土强度等级应按立方体抗压强度标准值（$f_{cu,k}$）确定，它指按标准方法制作和养护的边长为 150mm 的立方体试件在 28d 龄期或设计规定龄期，用标准方法测得的具有 95% 保证率的抗压强度。试件的养护环境定为温度在 20±2℃、相对湿度≥95%，试验时标准的加荷速度为 0.15~0.25N/mm²/s。当用边长为 200mm 和 100mm 的试块时，所得数值要分别乘以强度换算系数 1.05 和 0.95 加以校正。

《混凝土结构通用规范》规定，素混凝土结构构件（不含混凝土垫层）的混凝土强度等级不应低于C20；钢筋混凝土结构的混凝土强度等级不应低于C25，当采用强度等级500MPa及以上的钢筋的钢筋混凝土结构构件，混凝土强度等级不应低于C30；承受重复荷载的钢筋混凝土构件，其混凝土强度等级不应低于C30；预应力混凝土楼板结构的混凝土强度等级不应低于C30，其他预应力混凝土结构构件的混凝土强度等级不应低于C40。抗震等级不低于二级的钢筋混凝土结构构件，混凝土强度等级不应低于C30。

轴心抗压强度标准值（f_{ck}），能更好地反映混凝土的实际抗压能力，其试件往往取 150mm×150mm×450mm、150mm×150mm×600mm 等尺寸。f_{ck} 与 $f_{cu,k}$ 的关系表达式为：

$$f_{ck}=0.88\alpha_{c1}\alpha_{c2}f_{cu,k}$$

式中，α_{c1} 为棱柱强度与立方体强度的比值，当混凝土强度等级≤C50 时，$\alpha_{c1}=0.76$；当为 C80 时，$\alpha_{c1}=0.82$，中间按线性插入；α_{c2} 为高强度混凝土脆性折减系数，当混凝土强度等级≤C40 时，$\alpha_{c2}=1.0$；当为 C80 时，$\alpha_{c2}=0.87$，中间按线性插入。

轴心抗拉强度标准值（f_{tk}），其大小约为 1/17~1/8 的立方体抗压强度标准值。f_{tk} 与 $f_{cu,k}$ 的关系表达式为：

$$f_{tk}=0.88×0.395f_{cu,k}^{0.55}(1-1.645\delta)^{0.45}×\alpha_{c2}$$

式中，δ 为变异系数。

混凝土强度设计值应按其强度标准值除以材料分项系数 γ_c 确定，取 $\gamma_c=1.40$。

混凝土的轴心抗压、抗拉强度标准值及设计值，《混规》规定：

> **4.1.3** 混凝土轴心抗压强度的标准值 f_{ck} 应按表 4.1.3-1 采用；轴心抗拉强度的标准值 f_{tk} 应按表 4.1.3-2 采用。

混凝土轴心抗压强度标准值（N/mm²）　　　　表 4.1.3-1

强度	混凝土强度等级											
	C20	C25	C30	C35	C40	C45	C50	C55	C60	C65	C70	C75	C80
f_{ck}	13.4	16.7	20.1	23.4	26.8	29.6	32.4	35.5	38.5	41.5	44.5	47.4	50.2

混凝土轴心抗拉强度标准值（N/mm²）　　　　表 4.1.3-2

强度	混凝土强度等级											
	C20	C25	C30	C35	C40	C45	C50	C55	C60	C65	C70	C75	C80
f_{tk}	1.54	1.78	2.01	2.20	2.39	2.51	2.64	2.74	2.85	2.93	2.99	3.05	3.11

4.1.4 混凝土轴心抗压强度的设计值 f_c 应按表 4.1.4-1 采用；轴心抗拉强度的设计值 f_t 应按表 4.1.4-2 采用。

混凝土轴心抗压强度设计值（N/mm²）　　　　表 4.1.4-1

强度	混凝土强度等级											
	C20	C25	C30	C35	C40	C45	C50	C55	C60	C65	C70	C75	C80
f_c	9.6	11.9	14.3	16.7	19.1	21.1	23.1	25.3	27.5	29.7	31.8	33.8	35.9

混凝土轴心抗拉强度设计值（N/mm²）　　　　表 4.1.4-2

强度	混凝土强度等级											
	C20	C25	C30	C35	C40	C45	C50	C55	C60	C65	C70	C75	C80
f_t	1.10	1.27	1.43	1.57	1.71	1.80	1.89	1.96	2.04	2.09	2.14	2.18	2.22

此外，混凝土的剪切变形模量 G_c 可按相应的弹性模量值 E_c 的 40% 采用。混凝土的泊松比 ν_c 可按 0.2 采用。

2. 复合受力状态的混凝土强度

双向受力混凝土试件的试验结果，可知：当双向受压时，两个方向的抗压强度比单轴受压时有所提高，最大的抗压强度发生在两个方向的压应力比约为 0.5~2.0 之间时；当一个方向受压，另一个方向受拉时，其抗压或抗拉强度都比单轴抗压或抗拉时的强度低；当双向受拉时，其抗拉强度与单轴受拉时无明显差别。

由平面法向应力和剪应力的试验结果可知：混凝土的抗压、抗拉强度都将有所降低。当压应力 $\sigma \leqslant 0.6 f_{ck}$ 时，其抗剪强度将随 σ 的增大而提高；但 $\sigma > 0.6 f_{ck}$ 时，其抗剪强度将随 σ 的增大而下降；σ 趋近于 f_{ck} 时，将降至小于纯剪强度。

三向受压强度，当试件三向受压时，横向变形受到制约，形成约束混凝土，则强度有较大的增长，同时，变形能力也提高了。

$$f'_{cc} = f'_c + (4.5 \sim 7.0)\sigma$$

式中，f'_{cc} 为有侧向压力约束试件的轴心抗压强度；f'_c 为无侧向压力约束试件的轴心抗压强度；σ 为侧向约束压力应力。在工程实际中，可用间距较小的螺旋钢筋柱，或用于构件的节点区来提高承载力、延性（或变形能力）和抗震性能。

【例 16-1-2】（历年真题）有关横向约束逐渐增加对混凝土竖向受压性能的影响，下列说法中正确的是：

A. 受压强度不断提高，但其变形能力逐渐下降
B. 受压强度不断提高，但其变形能力保持不变
C. 受压强度不断提高，但其变形能力得到改善
D. 受压强度和变形能力均逐渐下降

【解答】 横向约束逐渐增加，混凝土的受压强度不断提高，其变形能力得到改善，应选 C 项。

3. 混凝土的变形

混凝土的变形可分为在荷载下的受力变形和与受力无关的体积变形。

(1) 混凝土在单调、短期加荷作用下的变形性能

通过试验可得到混凝土的应力-应变曲线，该曲线是研究钢筋混凝土构件的强度、变形、延性和受力全过程分析的依据。在整个曲线中，最大应力值 f_{ck}、与 f_{ck} 相应的应变值 ε_0、破坏时的极限应变值 ε_u 是曲线的三个特征值。应变 ε_0 的平均值一般取为 0.002，对于非均匀受压的情况，ε_u 值约为 0.002～0.006，甚至更高。

混凝土受压时的横向应变与纵向应变的关系，即混凝土的泊松比 ν_c，可采用 0.2。

混凝土的弹性模量，《混规》对弹性模量数值的规定：取棱柱试件，加荷至不超过适当的应力 $\sigma=0.5f_{ck}$ 为止，重复 5～10 次，所得应力-应变直线的斜率作为混凝土弹性模量的试验值。

混凝土的受拉变形，由于混凝土抗拉性能弱，对于 C20～C40 强度等级的混凝土，其极限拉应变可取为 $(1～1.5)\times 10^{-4}$。根据试验资料，混凝土受拉时应力-应变曲线上切线的斜率与受压时基本一致（即两者的弹性模量相同），当拉应力为 f_{tk} 时，弹性系数 $\nu'=0.5$，所以相应于 f_{tk} 时的变形模量为 $0.5E_c$。

(2) 混凝土在重复荷载下的变形性能

混凝土在重复荷载下的变形性能，即混凝土的疲劳性能。一般将试件承受 200 万次（或更多次数）重复荷载时发生破坏的压应力值，称为混凝土的疲劳强度（f_{ck}^f）。疲劳强度还与对试件所加重复作用应力的变化幅度有关，即按疲劳应力比值（ρ_c^f）对强度予以修正，当 $\rho_c^f \geq 0.5$ 时，可不修正；当 $\rho_c^f < 0.5$ 时，比值越小，则修正得也越多，即疲劳强度修正系数越小。疲劳应力比值为构件作疲劳验算时，截面同一纤维上的混凝土最小应力与最大应力之比（$\sigma_{min}^f/\sigma_{max}^f$）。疲劳强度要比棱柱体抗压强度低很多，大体上取为 $0.5f_c$。

《混规》规定，混凝土轴心抗压疲劳强度设计值 f_c^f、轴心抗拉疲劳强度设计值 f_t^f 应分别按其强度设计值乘以疲劳强度修正系数 γ_ρ 确定。当混凝土承受拉-压疲劳应力作用时，取 γ_ρ 为 0.60。

(3) 混凝土在荷载长期作用下的变形性能

在荷载的长期作用下，即使荷载大小维持不变，混凝土的变形随时间而增长的现象称为徐变。混凝土徐变的影响因素主要是混凝土中未晶体化的水泥胶凝体。混凝土的徐变对钢筋混凝土构件的内力分布及其受力性能有所影响。如钢筋混凝土柱的徐变，使混凝土的应力减小，使钢筋的应力增加，最后影响柱的承载力，但徐变对结构也有有利方面，如能缓和应力集中现象、降低温度应力、减少支座不均匀沉降引起的结构内力等。

影响徐变的因素很多，如受力大小、外部环境、内在因素等。试验表明，长期荷载作用应力大小是影响徐变的一个主要因素，当应力 $\sigma \leqslant 0.5f_c$ 时，徐变与应力成正比，此时可称为线性徐变，线性徐变在加荷初期增长很快，至半年徐变大部分完成，一年后趋于稳定。当应力较大时，即当 $\sigma = 0.5 \sim 0.8f_c$ 时，塑性变形剧增，徐变与应力不成正比，称为非线性徐变。当应力 $\sigma > 0.8f_c$ 时，非线性徐变变形骤然增加，变形是不收敛的，将导致混凝土破坏，应用上取 $\sigma = 0.8f_c$ 作为混凝土的长期抗压强度。荷载持续作用的时间越长，徐变越大。

混凝土龄期越短，徐变越大；养护环境湿度越大、温度越高，徐变越小，但在使用期处于高温、干燥条件下，构件的徐变将增大；构件的尺寸越大，则徐变越小；水胶比越大，徐变越大，在常用的水灰比（0.4～0.6）情况下，徐变与水灰比成线性关系；水泥用量越多，徐变越大；此外，水泥品种、骨料的力学性质也影响徐变。

(4) 混凝土的收缩和膨胀

收缩和膨胀是混凝土在结硬过程中本身体积的变形，与荷载无关。结硬初期收缩变形发展得很快，半个月大约可完成全部收缩的 25%，一个月可完成约 50%，两个月可完成约 75%，一年左右即渐稳定。在钢筋混凝土构件中，钢筋混凝土收缩受到阻碍，其收缩值较素混凝土小一半，收缩值取为 1.5×10^{-4}。

通常认为产生收缩变形的主要原因是混凝土结硬过程中，特别是结硬初期，水泥水化凝结作用引起体积的凝缩，以及混凝土内游离水分蒸发逸散引起的干缩。减小收缩变形的措施有：增大湿度、高温的养护环境；增大体表比；提高混凝土的密实度；减少水泥用量、水灰比取小值；避免用强度高的水泥；采用弹性模量高、粒径大的骨料等。

三、粘结

1. 粘结力的组成

粘结力是指钢筋和混凝土接触界面上沿钢筋纵向的抗剪能力，即分布在界面上的纵向剪应力。钢筋与混凝土的粘结作用：①混凝土凝结时，水泥胶的化学作用，使钢筋和混凝土在接触面上产生的胶结力；②由于混凝土凝结时收缩，握裹住钢筋，在发生相互滑动时产生的摩阻力；③钢筋表面粗糙不平或变形钢筋凸起的肋纹与混凝土的咬合力。

2. 粘结力的破坏机理及影响粘结强度的因素

光圆钢筋的粘结破坏，由于光圆钢筋与混凝土之间的粘结力主要由胶结力形成，光圆钢筋粘结强度低、滑移量大，其破坏形态可认为是钢筋与混凝土相对滑移产生的，或钢筋从混凝土中被拔出的剪切破坏。

带肋钢筋的粘结破坏，由于带肋钢筋与混凝土之间的粘结力主要是机械咬合力，其大小往往占粘结力的一半以上。根据试验，带肋钢筋的粘结强度高出光圆钢筋 2～3 倍。

影响粘结强度的因素：①混凝土的质量，如水泥性能好、骨料强度高、配比得当、振捣密实、养护良好的混凝土对粘结力非常有利；②钢筋的形式；③钢筋保护层厚度，一般应取保护层厚度 $c \geqslant$ 钢筋的直径 d，以防止发生劈裂裂缝；④横向钢筋对粘结力起有利影响，如设置箍筋可将纵向钢筋的抗滑移能力提高 25%；⑤钢筋锚固区有横向压力对粘结力起有利影响；⑥反复荷载对粘结力起不利影响。

【例 16-1-3】（历年真题）不能提高钢筋混凝土构件中钢筋与混凝土间的粘结强度的处理措施是：

A. 减小钢筋净间距 B. 提高混凝土的强度等级
C. 由光圆钢筋改为变形钢筋 D. 配置横向钢筋

【解答】减小钢筋净间距不能提高钢筋与混凝土间的粘结强度，应选 A 项。

四、建筑结构功能与可靠度

建筑结构必须满足安全性、适用性、耐久性的功能要求。

可靠性，是指结构在规定的时间内，在规定的条件下，完成预定功能的能力。对结构可靠性的要求是：安全性、适用性和耐久性的要求。

可靠度，是指结构在规定的时间内，在规定的条件下，完成预定功能的概率。所以，结构可靠度是结构可靠性的一种定量描述（概率度量）。

所谓规定的时间，是指设计时所规定的设计使用年限，具体的设计使用年限应按《工程结构通用规范》GB 55001—2021 和《建筑结构可靠性设计统一标准》GB 50068—2018（以下简称《统一标准》）确定，两本规范是一致的。所谓规定的条件，是指结构正常的设计、施工、使用和维护条件，不考虑人为的过失。预定的功能是指强度、刚度、稳定性、抗裂性、耐久性能等。

《统一标准》规定：

3.3.1 建筑结构的设计基准期应为 50 年。

3.3.2 建筑结构设计时，应规定结构的设计使用年限。

3.3.3 建筑结构的设计使用年限，应按表 3.3.3 采用。

建筑结构的设计使用年限　　表 3.3.3

类别	设计使用年限（年）
临时性建筑结构	5
易于替换的结构构件	25
普通房屋和构筑物	50
标志性建筑和特别重要的建筑结构	100

【例 16-1-4】（历年真题）建筑结构的可靠性包括：
A. 安全性、耐久性、经济性 B. 安全性、适用性、经济性
C. 耐久性、经济性、适用性 D. 安全性、适用性、耐久性

【解答】建筑结构的可靠性包括安全性、适用性、耐久性，应选 D 项。

五、基本设计原则

混凝土结构设计应包括的内容：①结构方案设计；②作用及作用效应分析；③结构的极限状态设计；④结构及构件的构造与连接措施；⑤耐久性及施工的要求。

《混规》仍遵照《混凝土结构通用规范》和《统一标准》所确定的原则，对建筑物和构筑物进行结构设计时，采用以概率理论为基础的极限状态设计法，以可靠指标度量结构构件的可靠度，并采用分项系数的设计表达式。

1. 结构的极限状态

若整个结构或结构的一部分超过某一特定状态就不能满足设计规定的某一功能要求，

则这个特定状态就称为该功能的极限状态,其可分为两类:承载能力极限状态;正常使用极限状态。

(1) 承载能力极限状态,是指对应于结构或结构构件达到最大承载力或不适于继续承载的变形的状态。当结构或结构构件出现下列状态之一时,应认为超过了承载能力极限状态:

1) 结构构件或连接因超过材料强度而破坏,或因过度变形而不适于继续承载;
2) 整个结构或是一部分作为刚体失去平衡;
3) 结构转变为机动体系;
4) 结构或结构构件丧失稳定;
5) 结构因局部破坏而发生连续倒塌;
6) 地基丧失承载力而破坏;
7) 结构或结构构件的疲劳破坏。

(2) 正常使用极限状态,是指对应于结构或结构构件达到正常使用的某项规定限值的状态。当结构或结构构件出现下列状态之一时,应认为超过了正常使用极限状态:

1) 影响正常使用或外观的变形;
2) 影响正常使用或耐久性能的局部损坏;
3) 影响正常使用的振动;
4) 影响正常使用的其他特定状态。

对于正常使用极限状态,在可靠度的保证程度上,它可以定得稍低些。

2. 结构功能函数与极限状态方程

结构的极限状态可由下述极限状态方程描述:

$$Z = g(X_1, X_2, \cdots, X_n) = 0$$

式中,$Z = g(\cdot)$ 为结构功能函数;X_i ($i=1, 2, \cdots, n$) 为基本变量。

这些基本变量如结构上的各种作用、材料性能、几何参数等均为随机变量。当将基本变量综合为结构的作用效应 S 和结构抗力 R 两个基本变量时,则结构按极限状态设计应符合下式要求:

$$Z = g(S, R) = R - S \geqslant 0$$

当 $Z>0$ 时,结构处于可靠状态;当 $Z<0$ 时,结构处于失效状态;当 $Z=0$ 时,结构处于极限状态。

3. 可靠概率、失效概率与可靠指标

结构能够完成预定功能的概率称为可靠概率,用 p_s 表示;反之,结构不能完成预定功能的概率称为失效概率,用 p_f 表示。可靠概率与失效概率为互补的关系,即:

$$p_s + p_f = 1$$

结构构件的可靠指标应该根据基本变量的平均值、标准差及其概率分布类型进行计算。如果功能函数中的基本变量 R、S 均为正态分布,而且极限状态是线性的 R、S、Z 的概率密度函数图如图 16-1-1 所示,则:

$$p_f = P(Z = R - S \leqslant 0) = \int_{-\infty}^{0} f_Z(z) dz$$

尽管用失效概率度量结构构件的可靠度，概念合理，意义明确，但在计算上较烦琐，可以用与失效概率有相应关系的可靠指标 β 来度量：

$$\beta = \frac{\mu_Z}{\sigma_Z} = \frac{\mu_R - \mu_S}{\sqrt{\sigma_R^2 + \sigma_S^2}}$$

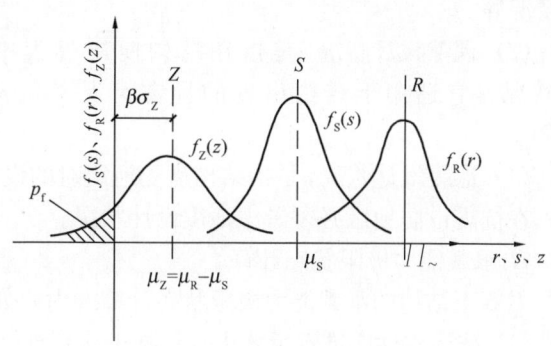

图 16-1-1

式中，μ_R、μ_S 为 R、S 的平均值；σ_R、σ_S 为 R、S 的标准值。

4. 可靠指标 β 的确定与结构安全等级

可靠指标 β，是指度量结构可靠度的数值指标。对于新建建筑结构，与可靠度相对应的可靠指标 β，是指设计使用年限的 β。建筑结构构件持久设计状况承载能力极限状态设计的可靠指标，不应小于表 16-1-2 的规定。

建筑结构构件的可靠指标 β 表 16-1-2

破坏类型	安全等级		
	一级	二级	三级
延性破坏	3.7	3.2	2.7
脆性破坏	4.2	3.7	3.2

建筑结构构件持久设计状况正常使用极限状态设计的可靠指标，宜根据其可逆程度取 0～1.5。

根据建筑结构破坏可能产生的后果的严重性，将建筑结构划分为三个安全等级：

一级：破坏后果很严重，重要的工业与民用建筑；

二级：破坏后果严重，一般的工业与民用建筑；

三级：破坏后果不严重，小型的或临时性贮存建筑等。

对有特殊要求的建筑物，其安全等级应根据具体情况而定。设计时，应针对建筑物的重要性选用安全等级。

5. 耐久性的设计方法

《统一标准》附录 C 规定，建筑结构的耐久性可采用的设计方法有：经验的方法；半定量的方法；定量控制耐久性失效概率的方法。

6. 四种设计状况

设计状况是指代表一定时段内实际情况的一组设计条件，设计应做到在该条件下结构不超越有关的极限状态。设计状况可分为下列四种：

(1) 持久设计状况，是指在结构使用过程中一定出现，且持续期很长的设计状况，其持续期一般与设计使用年限为同一数量级。它适用于结构使用时的正常情况。

(2) 短暂设计状况，是指在结构施工和使用过程中出现概率较大，而与设计使用年限相比，其持续期很短的设计状况。它适用于结构出现的临时情况，包括结构施工和维修时的情况等。

（3）偶然设计状况，是指在结构使用过程中出现概率很小，且持续期很短的设计状况。它适用于结构出现的异常情况，包括结构遭受火灾、爆炸、撞击时的情况等。

（4）地震设计状况，是指结构遭受地震时的设计状况。它适用于结构遭受地震时的情况，在抗震设防地区必须考虑地震设计状况。

7. 承载能力极限状态计算

混凝土结构的承载能力极限状态计算的内容如下：

（1）结构构件应进行承载力（包括失稳）计算；

（2）直接承受重复荷载的构件应进行疲劳验算；

（3）有抗震设防要求时，应进行抗震承载力计算；

（4）必要时还应进行结构的抗倾覆、滑移、漂移验算；

（5）对于可能遭受偶然作用，且倒塌可能引起严重后果的重要结构，宜进行防连续倒塌设计。

承载能力极限状态设计表达式，《混规》规定：

3.3.2 对持久设计状况、短暂设计状况和地震设计状况，当用内力的形式表达时，结构构件应采用下列承载能力极限状态设计表达式：

$$\gamma_0 S \leqslant R \tag{3.3.2-1}$$

$$R = R(f_c, f_s, a_k, \cdots)/\gamma_{Rd} \tag{3.3.2-2}$$

式中：γ_0——结构重要性系数，在持久设计状况和短暂设计状况下，对安全等级为一级的结构构件不应小于1.1，对安全等级为二级的结构构件不应小于1.0，对安全等级为三级的结构构件不应小于0.9；对地震设计状况下应取1.0；

S——承载能力极限状态下作用组合的效应设计值，对持久设计状况和短暂设计状况应按作用的基本组合计算；对地震设计状况应按作用的地震组合计算；

R——结构构件的抗力设计值；

$R(\cdot)$——结构构件的抗力函数；

γ_{Rd}——结构构件的抗力模型不定性系数，静力设计取1.0，对不确定性较大的结构构件根据具体情况取大于1.0的数值；抗震设计应用承载力抗震调整系数γ_{RE}代替γ_{Rd}；

f_c、f_s——混凝土、钢筋的强度设计值，应根据本规范第4.1.4条及第4.2.3条的规定取值；

a_k——几何参数的标准值，当几何参数的变异性对结构性能有明显的不利影响时，应增减一个附加值。

注：公式（3.3.2-1）中的 $\gamma_0 S$ 为内力设计值，在本规范各章中用 N、M、V、T 等表达。

3.3.4 对偶然作用下的结构进行承载能力极限状态设计时，公式（3.3.2-1）中的作用效应设计值 S 按偶然组合计算，结构重要性系数 γ_0 取不小于 1.0 的数值；公式（3.3.2-2）中混凝土、钢筋的强度设计值 f_c、f_s 改用强度标准值 f_{ck}、f_{yk}（或 f_{pyk}）。

对于持久设计状况和短暂设计状况下的基本组合的效应设计值，《工程结构通用规范》与《统一标准》是一致的，《统一标准》规定：

8.2.4 对持久设计状况和短暂设计状况，应采用作用的基本组合，并应符合下列规定：

1 基本组合的效应设计值按下式中最不利值确定：

$$S_d = S(\sum_{i \geqslant 1}\gamma_{G_i}G_{ik} + \gamma_P P + \gamma_{Q_1}\gamma_{L_1}Q_{1k} + \sum_{j>1}\gamma_{Q_j}\psi_{cj}\gamma_{L_j}Q_{jk}) \qquad (8.2.4\text{-}1)$$

式中：$S(\cdot)$ ——作用组合的效应函数；

G_{ik} ——第 i 个永久作用的标准值；

P ——预应力作用的有关代表值；

Q_{1k} ——第 1 个可变作用的标准值；

Q_{jk} ——第 j 个可变作用的标准值；

γ_{G_i} ——第 i 个永久作用的分项系数，应按本标准第 8.2.9 条的有关规定采用；

γ_P ——预应力作用的分项系数，应按本标准第 8.2.9 条的有关规定采用；

γ_{Q_1} ——第 1 个可变作用的分项系数，应按本标准第 8.2.9 条的有关规定采用；

γ_{Q_j} ——第 j 个可变作用的分项系数，应按本标准第 8.2.9 条的有关规定采用；

γ_{L_1}、γ_{L_j} ——第 1 个和第 j 个考虑结构设计使用年限的荷载调整系数，应按本标准第 8.2.10 条的有关规定采用；

ψ_{cj} ——第 j 个可变作用的组合值系数，应按现行有关标准的规定采用。

2 当作用与作用效应按线性关系考虑时，基本组合的效应设计值按下式中最不利值计算：

$$S_d = \sum_{i \geqslant 1}\gamma_{G_i}S_{G_{ik}} + \gamma_P S_P + \gamma_{Q_1}\gamma_{L1}S_{Q_{1k}} + \sum_{j>1}\gamma_{Q_j}\psi_{cj}\gamma_{Lj}S_{Q_{jk}} \qquad (8.2.4\text{-}2)$$

式中：$S_{G_{ik}}$ ——第 i 个永久作用标准值的效应；

S_P ——预应力作用有关代表值的效应；

$S_{Q_{1k}}$ ——第 1 个可变作用标准值的效应；

$S_{Q_{jk}}$ ——第 j 个可变作用标准值的效应。

8.2.9 建筑结构的作用分项系数，应按表 8.2.9 采用。

建筑结构的作用分项系数　　　　　　　　　表 8.2.9

作用分项系数	适用情况	当作用效应对承载力不利时	当作用效应对承载力有利时
γ_G		1.3	≤1.0
γ_P		1.3	≤1.0
γ_Q		1.5	0

8.2.10 建筑结构考虑结构设计使用年限的荷载调整系数，应按表 8.2.10 采用。

建筑结构考虑结构设计使用年限的荷载调整系数 γ_L　　表 8.2.10

结构的设计使用年限（年）	γ_L
5	0.9
50	1.0
100	1.1

注：对设计使用年限为 25 年的结构构件，γ_L 应按各种材料结构设计标准的规定采用。

此外，《工程结构通用规范》还规定：标准值大于 $4kN/m^2$ 的工业房屋楼面活荷载，当对结构不利时，作用分项系数 $\gamma_Q \geq 1.4$；当对结构有利时，$\gamma_Q = 0$。

8. 正常使用极限状态验算

混凝土结构构件应根据其使用功能及外观要求进行正常使用极限状况验算，具体如下：

（1）对需要控制变形的构件应进行变形验算。

（2）对不允许出现裂缝的构件应进行混凝土（拉）应力验算。

（3）对允许出现裂缝的构件应进行受力裂缝宽度验算。

（4）对舒适度有要求的楼盖结构应进行竖向自振频率验算。例如：住宅和公寓的楼盖结构不宜低于 5Hz，办公楼和旅馆的楼盖结构不宜低于 4Hz，大跨度公共建筑的楼盖结构不宜低于 3Hz。混凝土高层建筑应满足 10 年重现期水平风荷载作用的振动舒适度要求。

正常使用极限状态设计表达式，《混规》规定：

3.4.2 对于正常使用极限状态，钢筋混凝土构件、预应力混凝土构件应分别按荷载的准永久组合并考虑长期作用的影响或标准组合并考虑长期作用的影响，采用下列极限状态设计表达式进行验算：

$$S \leq C \quad (3.4.2)$$

式中：S——正常使用极限状态荷载组合的效应设计值；

C——结构构件达到正常使用要求所规定的变形、应力、裂缝宽度和自振频率等的限值。

正常使用极限状态荷载组合（即标准组合、频遇组合和准永久组合）的效应设计值，《工程结构通用规范》、《统一标准》与《建筑结构荷载规范》规定相同，即：

3.2.8 荷载标准组合的效应设计值 S_d 应按下式进行计算：

$$S_d = \sum_{j=1}^{m} S_{G_j k} + S_{Q_1 k} + \sum_{i=2}^{n} \psi_{c_i} S_{Q_i k} \quad (3.2.8)$$

注：组合中的设计值仅适用于荷载与荷载效应为线性的情况。

3.2.9 荷载频遇组合的效应设计值 S_d 应按下式进行计算：

$$S_d = \sum_{j=1}^{m} S_{G_j k} + \psi_{f_1} S_{Q_1 k} + \sum_{i=2}^{n} \psi_{q_i} S_{Q_i k} \quad (3.2.9)$$

注：组合中的设计值仅适用于荷载与荷载效应为线性的情况。

3.2.10 荷载准永久组合的效应设计值 S_d 应按下式进行计算：

$$S_d = \sum_{j=1}^{m} S_{G_j k} + \sum_{i=1}^{n} \psi_{q_i} S_{Q_i k} \quad (3.2.10)$$

注：组合中的设计值仅适用于荷载与荷载效应为线性的情况。

应注意的是，$\psi_{f_1} S_{Q_1 k}$ 为在频遇组合中起主导作用的一个可变荷载频遇值效应值。

习　题

16-1-1（历年真题）用于建筑结构的具有明显流幅的钢筋，其强度取值是：
A. 极限受拉强度　　　　　　　　B. 比例极限
C. 下屈服点　　　　　　　　　　D. 上屈服点

16-1-2（历年真题）正常使用极限状态验算时应进行的荷载效应组合为：
A. 标准组合、准永久组合和频遇组合
B. 基本组合、准永久组合和频遇组合
C. 标准组合、基本组合和偶然组合
D. 偶然组合、频遇组合和准永久组合

第二节　混凝土结构承载能力极限状态计算

一、受弯构件

1. 适筋梁正截面受弯承载力的特点

分三个阶段（图 16-2-1）：

第Ⅰ阶段（未裂阶段）：

开始加载时，由于荷载较小，混凝土基本处于弹性阶段，混凝土的拉应力、压应力呈三角形分布。梁的挠度较小，钢筋的应力也很小，如图 16-2-1(c) 所示。当荷载增加到即将开裂的临界状态(I_a状态)，受拉区混凝土出现明显的塑性，其拉应力呈曲线分布，但是受压区混凝土压应力较小，仍处于弹性，其呈三角形分布。此时，截面所能承担的弯矩 M_{cr}（下标 cr 表示裂缝 crack）称为开裂弯矩，I_a 状态用于抗裂验算。

第Ⅱ阶段（带裂缝工作阶段）：

继续增大荷载，截面不断出现一些裂缝，并且裂缝宽度不断开展，受拉区混凝土大部分退出工作，其拉应力由纵向钢筋承担。受压区混凝土的压应力则不断增大，呈现弹塑性特征，其压应力图形逐渐呈曲线分布，如图 16-2-1(d) 所示。钢筋混凝土构件在正常使用情况下一般处于该阶段，故钢筋混凝土构件通常是带裂缝工作的。因此Ⅱ阶段用于钢筋混凝土构件的裂缝宽度和挠度验算。纵向受拉钢筋没有屈服，梁的挠度明显变大。

第Ⅲ阶段（破坏阶段）：

荷载继续增加，当受拉钢筋的应力到达屈服强度时，该受力状态对应的弯矩记为 M_y（下标 y 表示屈服 yield），也称屈服弯矩。随着钢筋的屈服，钢筋的应力保持不变，但钢筋的应变急速增大，受压区混凝土的塑性表现更为充分，受压区高度减小，因此截面弯矩 M 略大于屈服弯矩 M_y。随着梁的挠度急速增大，裂缝向上延伸、裂缝宽度迅速发展，受拉区混凝土绝大部分已退出工作；受压区混凝土边缘压应变到达极限压应变，标志着截面已开始破坏，相应的截面受力状态称为Ⅲ$_a$状态，其截面弯矩达到极限弯矩 M_u［图 16-2-1 (e)］。因此，将Ⅲ$_a$状态用于正截面受弯承载力计算。

图 16-2-1 适筋梁受弯时各阶段正截面应力分布
(a) 适筋梁加载方式；(b) 弯矩-挠度关系；(c) 第一阶段；(d) 第二阶段；(e) 第三阶段

综上可知：

(1) 适筋梁的破坏过程是：纵向受拉钢筋先屈服，随后裂缝宽度不断开展，中性轴逐步上移，挠度持续变大，直到受压区边缘混凝土压应变达到极限压应变，混凝土压碎破坏。

(2) 适筋梁屈服后的承载力基本保持不变，并具有很大的塑性变形能力，在完全破坏前有明显的预兆，故属于延性破坏。

2. 超筋梁和少筋梁的破坏

(1) 超筋梁（受压脆性破坏）

当梁的纵向受拉钢筋的配筋率 $\rho=A_s/(bh_0)>\rho_{max}$ 时，或相对受压区高度 $\xi>\xi_b$ 时，发生超筋破坏，其特点是：纵向受拉钢筋未到达屈服前，受压区边缘混凝土已先被压碎，挠度变化不明显，在基本没有明显预兆的情况下因受压区混凝土被压碎而突然破坏，属于脆性破坏。由于超筋梁的破坏取决于受压区混凝土的抗压强度，其 M_u 与钢筋受拉屈服强度无关，取决于混凝土的抗压强度和梁截面尺寸。因此，工程设计中应避免超筋梁。

(2) 少筋梁（受拉脆性破坏）

当梁的纵向受拉钢筋的配筋率 $\rho<\rho_{min}$ 时〔最小配筋率，取 $\rho=A_s/(bh)$〕，发生少筋破坏，其特点是：构件一旦开裂，原来由受拉区混凝土承担的拉力全部转移给纵向受拉钢筋，导致钢筋应力突然增加，但因钢筋数量很少，钢筋会在开裂瞬间到达屈服，很快到达强化段、甚至被拉断。梁的挠度、裂缝宽度急剧增大，属于受拉脆性破坏。少筋梁破坏与素混凝土梁类似。少筋梁的承载力取决于混凝土的抗拉强度。少筋梁的受拉脆性破坏比超筋梁破坏更为不利，故不允许采用少筋梁。

【例 16-2-1】（历年真题）对适筋梁，受拉钢筋刚屈服时，则：

A. 承载力达到极限 　　　　　　B. 受压边缘混凝土达到极限压应变 ε_{cu}

C. 受压边缘混凝土被压碎 　　　D. $\varepsilon_s=\varepsilon_y$，$\varepsilon_c<\varepsilon_{cu}$

【解答】适筋梁，受拉钢筋刚屈服时，$\varepsilon_s=\varepsilon_y$，$\varepsilon_c<\varepsilon_{cu}$，应选 D 项。

【例 16-2-2】（历年真题）关于钢筋混凝土受弯构件正截面即将开裂时的描述，下列哪个不正确？

A. 截面受压区混凝土应力沿截面高度呈线性分布

B. 截面受拉区混凝土应力沿截面高度近似均匀分布

C. 受拉钢筋应力很小，远未达其屈服强度

D. 受压区高度约为截面高度的 1/3

【解答】受弯构件正截面即将开裂时，上述 A、B、C 项均正确，D 项错误，应选 D 项。

3. 计算假定

《混规》规定：

6.2.1 正截面承载力应按下列基本假定进行计算：

1 截面应变保持平面。

2 不考虑混凝土的抗拉强度。

3 混凝土受压的应力与应变关系按下列规定取用：

当 $\varepsilon_c \leqslant \varepsilon_0$ 时

$$\sigma_c = f_c \left[1 - \left(1 - \frac{\varepsilon_c}{\varepsilon_0}\right)^n \right] \quad (6.2.1\text{-}1)$$

当 $\varepsilon_0 < \varepsilon_c \leqslant \varepsilon_{cu}$ 时

$$\sigma_c = f_c \quad (6.2.1\text{-}2)$$

$$n = 2 - \frac{1}{60}(f_{cu,k} - 50) \quad (6.2.1\text{-}3)$$

$$\varepsilon_0 = 0.002 + 0.5(f_{cu,k} - 50) \times 10^{-5} \quad (6.2.1\text{-}4)$$

$$\varepsilon_{cu} = 0.0033 - (f_{cu,k} - 50) \times 10^{-5} \quad (6.2.1\text{-}5)$$

式中：σ_c——混凝土压应变为 ε_c 时的混凝土压应力；

f_c——混凝土轴心抗压强度设计值，按本规范表 4.1.4-1 采用；

ε_0——混凝土压应力达到 f_c 时的混凝土压应变，当计算的 ε_0 值小于 0.002 时，取为 0.002；

ε_{cu}——正截面的混凝土极限压应变，当处于非均匀受压且按公式（6.2.1-5）计算的值大于 0.0033 时，取为 0.0033；当处于轴心受压时取为 ε_0；

$f_{cu,k}$——混凝土立方体抗压强度标准值，按本规范第 4.1.1 条确定；

n——系数，当计算的 n 值大于 2.0 时，取为 2.0。

4　纵向受拉钢筋的极限拉应变取为 0.01。

5　纵向钢筋的应力取钢筋应变与其弹性模量的乘积，但其值应符合下列要求：

$$-f'_y \leqslant \sigma_{si} \leqslant f_y \quad (6.2.1\text{-}6)$$

$$\sigma_{p0i} - f'_{py} \leqslant \sigma_{pi} \leqslant f_{py} \quad (6.2.1\text{-}7)$$

式中：σ_{si}、σ_{pi}——第 i 层纵向普通钢筋、预应力筋的应力，正值代表拉应力，负值代表压应力；

σ_{p0i}——第 i 层纵向预应力筋截面重心处混凝土法向应力等于零时的预应力筋应力，按本规范公式（10.1.6-3）或公式（10.1.6-6）计算；

f_y、f_{py}——普通钢筋、预应力筋抗拉强度设计值，按本规范表 4.2.3-1、表 4.2.3-2 采用；

f'_y、f'_{py}——普通钢筋、预应力筋抗压强度设计值，按本规范表 4.2.3-1、表 4.2.3-2 采用。

等效矩形应力图，其等效代换的原则是：两图形压应力合力的大小和作用点位置不变。《混规》规定：

6.2.6　受弯构件、偏心受力构件正截面承载力计算时，受压区混凝土的应力图形可简化为等效的矩形应力图。

矩形应力图的受压区高度 x 可取截面应变保持平面的假定所确定的中和轴高度乘以系数 β_1。当混凝土强度等级不超过 C50 时，β_1 取为 0.80，当混凝土强度等级为 C80 时，β_1 取为 0.74，其间按线性内插法确定。

矩形应力图的应力值可由混凝土轴心抗压强度设计值 f_c 乘以系数 α_1 确定。当混凝土强度等级不超过 C50 时，α_1 取为 1.0，当混凝土强度等级为 C80 时，α_1 取为 0.94，其间按线性内插法确定。

此外，正截面受弯承载力计算的一般规定还涉及结构的重力二阶效应（$P\text{-}\Delta$ 效应），即：正截面受弯承载力计算中的弯矩设计值 M，当需要考虑重力二阶效应时，M 应当包括由重力二阶效应产生的弯矩作用效应，具体见本节偏心受压构件。

相对界限受压区高度 ξ_b 的计算。如图 16-2-2 所示，适筋梁、超筋梁的应力-应变关系,图中 ab 为界限破坏,即 ε_s 恰好等于钢筋屈服应变 ε_y,此时混凝土受压边缘纤维也同时达到其极限压应变值 ε_{cu}。

对有屈服点钢筋

$$\xi_b = \frac{\beta_1}{1+\dfrac{f_y}{E_s \cdot \varepsilon_{cu}}}$$

对无屈服点钢筋

$$\xi_b = \frac{\beta_1}{1+\dfrac{0.002}{\varepsilon_{cu}}+\dfrac{f_y}{E_s \varepsilon_{cu}}}$$

图 16-2-2

最小配筋率是少筋梁与适筋梁的界限,其计算原则是:配有 ρ_{min} 的钢筋混凝土在破坏时的正截面受弯承载力计算值 M_u 等于同样截面、同一等级的素混凝土梁的正截面开裂弯矩标准值。

【例 16-2-3】(历年真题)钢筋混凝土受弯构件界限受压区高度确定的依据是:
A. 平截面假设及纵向受拉钢筋达到屈服和受压区边缘混凝土达到极限压应变
B. 平截面假设和纵向受拉钢筋达到屈服
C. 平截面假设和受压区边缘混凝土达到极限压应变
D. 仅平截面假设

【解答】受弯构件 ξ_b 的确定依据是平截面假定,纵向受拉钢筋达到屈服和受压区边缘混凝土达到极限压应变,应选 A 项。

4. 单筋矩形截面正截面受弯承载力计算

对于适筋梁,将混凝土受压区应力图形简化为等效矩形应力图(图 16-2-3),由力平衡和力矩平衡可得:

$$\alpha_1 f_c bx = f_y A_s$$

$$M \leq \alpha_1 f_c bx \left(h_0 - \frac{x}{2}\right) = f_y A_s \left(h_0 - \frac{x}{2}\right)$$

(a)　　　　　　　(b)

图 16-2-3　单筋矩形截面计算简图

适用条件:
防止超筋破坏:$\xi = x/h_0 \leq \xi_b$;或 $x \leq x_b = \xi_b h_0$;或 $\rho = A_s/(bh_0) \leq \rho_{max}$
防止少筋破坏:$\rho = A_s/(bh) \geq \rho_{min}$
其中,最大配筋率 ρ_{max} 的计算为:

$$\rho_{max} = A_{s,max}/(bh_0) = \alpha_1 f_c b x_b/(f_y bh_0) = \xi_b \alpha_1 f_c/f_y$$

最小配筋率 ρ_{min} 按适筋梁与少筋梁的界限条件 $M_{cr}=M_u$ 确定，开裂弯矩 M_{cr} 可近似按素混凝土梁截面受力分析确定。注意，计算最小配筋率 ρ_{min} 时应按全截面 bh 考虑；其他情况的配筋率，按有效截面 bh_0 考虑。

翼缘位于受拉边的倒 T 形梁也按上述规定计算。

5. 双筋矩形截面正截面受弯承载力计算

当梁的截面高度受到限制、混凝土强度等级又不能提高时，或梁截面有异号弯矩（正负弯矩）时，可在受压区配置受压钢筋，构成双筋矩形截面梁。双筋矩形截面梁还可以减小梁的混凝土徐变，提高构

图 16-2-4 双筋矩形截面计算简图

件的刚度，提高截面的延性。抗震设计时，框架梁配置受压钢筋，可提高构件的延性。

计算公式（图 16-2-4）：

力平衡：$\alpha_1 f_c bx + f'_y A'_s = f_y A_s$

对受拉钢筋取力矩平衡：$M \leqslant \alpha_1 f_c bx\left(h_0 - \dfrac{x}{2}\right) + f'_y A'_s(h_0 - a'_s)$

式中，a'_s 为受压钢筋的合力点到截面受压边缘的距离。

适用条件：

混凝土受压区高度应符合下列条件：

防止出现超筋：$x \leqslant \xi_b h_0$

当计算出的 $x > \xi_b h_0$ 时，取 $x = x_b = \xi_b h_0$

保证受压钢筋到达其抗压强度设计值：$x \geqslant 2a'_s$

同时，箍筋应符合构造规定，如箍筋应做成封闭式，箍筋间距不应大于 $15d$，d 为纵筋直径，且不应大于 400mm。否则，纵向受压钢筋可能发生纵向弯屈（压屈）而向外凸出，引起保护层剥落。

当 $x < 2a'_s$ 时，表明受压钢筋不能到达其抗压强度设计值（即受压钢筋未达到屈服），因此《混规》规定，其正截面受弯承载力按下式计算：

$$M \leqslant f_y A_s(h_0 - a'_s) = f_y A_s(h - a_s - a'_s)$$

【例 16-2-4】（历年真题）对于双筋矩形截面钢筋混凝土受弯构件，为使配置 HRB400 级受压钢筋达到其屈服强度，应满足下列哪种条件？

A. 仅需截面受压高度 $\geqslant 2a'_s$（a'_s 为受压钢筋合力点到受压边缘的距离）

B. 仅需截面受压高度 $< 2a'_s$

C. 需截面受压高度 $\geqslant 2a'_s$，且箍筋满足一定的要求

D. 需截面受压高度 $\leqslant 2a'_s$，且箍筋满足一定的要求

【解答】 此时，需截面受压高度 $\geqslant 2a'_s$，且箍筋满足一定的要求，应选 C 项。

【例 16-2-5】（历年真题）在进行钢筋混凝土双筋矩形截面构件受弯承载力复核时，若截面受压区高度 x 大于界限受压区高度 x_b，则截面能承受的极限弯矩为：

A. 近似取 $x=x_b$，计算其极限弯矩
B. 按受压钢筋面积未知重新计算
C. 按受拉钢筋面积未知重新计算
D. 按最小配筋率计算其极限弯矩

【解答】此时，可近似取 $x=x_b$，计算其极限弯矩，应选 A 项。

6. T 形截面正截面受弯承载力计算

T 形截面梁受力后，其翼缘上的纵向压应力是不均匀分布的，离梁肋越远其压应力越小，当翼缘很宽，考虑到远离梁肋处的压应力很小，为简化计算，将翼缘限制在一定范围，称为有效翼缘计算宽度 b'_f，即假定在 b'_f 范围内压应力是均匀分布的。b'_f 的取值，《混规》作了具体规定。

按照构件破坏时受压区（或中性轴）位置的不同，T 形截面梁可分为两类：第一类 T 形截面，其受压区高度（或中性轴）在翼缘内，即 $x \leqslant h'_f$；第二类 T 形截面，其受压区（或中性轴）进入腹板，即 $x > h'_f$。

按受压区是否配置受压钢筋，T 形截面梁又可以分为：单筋 T 形截面（第一类 T 形、第二类 T 形）和双筋 T 形截面（第一类 T 形、第二类 T 形）。

(1) 第一类 T 形截面的计算（单筋 T 形）

如图 16-2-5 所示，由于受压区高度 $x \leqslant h'_f$，此时截面虽为 T 形，但受压区面积仍为 b'_f 宽的矩形，而受拉区形状与截面受弯承载力无关。因此，可按以 b'_f 为宽度的矩形截面进行正截面受弯承载力计算，计算时仅需将单筋矩形公式中的梁宽 b 代换为 b'_f 即可。

图 16-2-5　第一类 T 形截面

适用条件：

防止超筋破坏：$x \leqslant \xi_b h_0$

一般情况下，由于 h'_f/h 很小，该条件均能满足。

防止少筋破坏：$\rho = A_s/(bh) \geqslant \rho_{\min}$，$b$ 取梁肋宽度（或腹板宽度）。

(2) 第二类 T 形截面的计算（单筋 T 形）

如图 16-2-6 所示，可视为是以下两个截面相加：一个是由受压翼缘（习惯称"两挑耳"）与相应的部分受拉钢筋构成的，其提供承载力 M_{u1}；另一个是梁肋部分受压区与相应的另一部分受拉钢筋构成的，其提供承载力 M_{u2}。因此总承载力 $M_u = M_{u1} + M_{u2}$。由力平衡和力矩平衡可得：

$$\alpha_1 f_c bx + \alpha_1 f_c (b'_f - b) h'_f = f_y A_s$$

$$M \leqslant \alpha_1 f_c bx \left(h_0 - \frac{x}{2}\right) + \alpha_1 f_c (b'_f - b) h'_f \left(h_0 - \frac{h'_f}{2}\right)$$

适用条件：

防止超筋破坏：$x \leqslant \xi_b h_0$

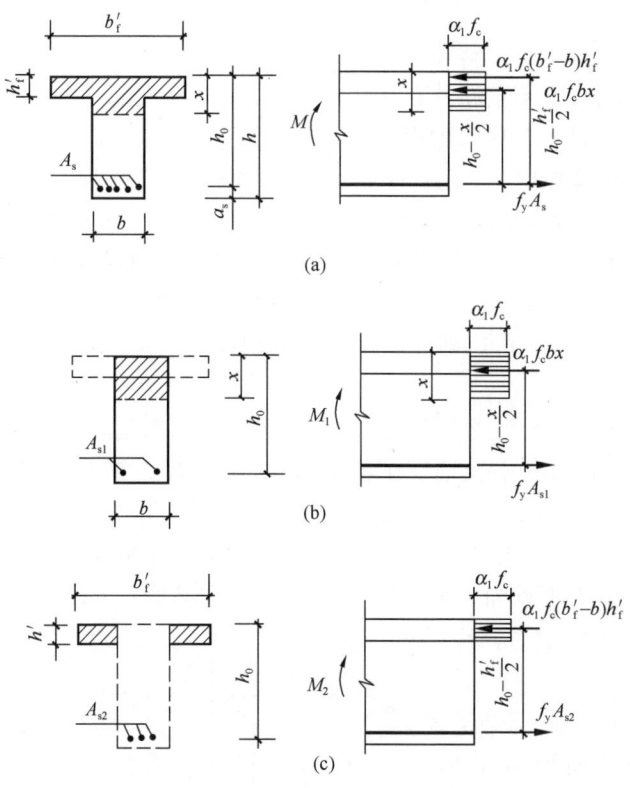

图 16-2-6 第二类 T 形截面

防止少筋破坏：$\rho = A_s/(bh) \geqslant \rho_{\min}$

通常第二类 T 形截面配筋较多，能满足最小配筋率要求，故不必验算最小配筋率。

(3) 双筋 T 形截面（第一类 T 形、第二类 T 形）

双筋 T 形截面的计算，可按《混规》规定，此时，其受压区高度 x 仍应满足下列条件：

防止超筋破坏：$x \leqslant \xi_b h_0$

保证受压钢筋到达其抗压设计强度值：$x \geqslant 2a'_s$

7. 斜截面的承载力计算

(1) 梁斜截面剪切破坏的主要形态

试验研究发现，影响梁斜截面剪切破坏的因素主要有：剪跨比 λ、混凝土强度、腹筋（箍筋和弯起钢筋统称腹筋）配置数量、纵筋配筋率、截面形状等有关。

1) 剪跨比 λ

梁斜截面受剪破坏是在弯矩 M 和剪力 V 的共同作用下产生的，与截面上的正应力 σ 和剪应力 τ 的比值（σ/τ）有关。由材料力学知识，正应力 $\sigma = M/W = 6M/(bh_0^2)$；剪应力 $\tau = V/(bh_0)$，忽略数字 6，则：剪跨比 $\lambda = \sigma/\tau = M/(Vh_0)$。

对于受集中荷载的简支梁，由于 $M = Va$，则：$\lambda = M/(Vh_0) = a/h_0$，$a$ 称为剪跨，是指集中荷载作用点至支座截面的距离。

可见，剪跨比 λ 反映了截面上的正应力和剪应力的相对比值，在一定程度上也反映了截面上弯矩 M 与剪力 V 的相对比值。

2）三种主要破坏形态

梁斜截面剪切破坏的主要形态可分为三种：斜压破坏、剪压破坏、斜拉破坏（图16-2-7）。无腹筋梁、有腹筋梁，其斜截面剪切破坏的三种破坏形态，见表16-2-1。

可见，斜压破坏、斜拉破坏、剪压破坏均属于脆性破坏。其中，斜压破坏、斜拉破坏更不利，工程设计中应避免采用。《混规》采用截面限制条件和构造措施防止斜压破坏、斜拉破坏。

图 16-2-7　剪切破坏形态
(a) 无腹筋 λ<1；(b) 无腹筋 1≤λ≤3；(c) 无腹筋 λ>3
(d) 有腹筋

梁斜截面剪切破坏形态　　　　表 16-2-1

分类		破坏形态
斜压破坏	无腹筋	当剪跨比 λ<1 时，在梁支座与加载作用点连线先出现多条大致平行的斜裂缝，继续加载，梁混凝土被斜裂缝分割成若干个斜向受压小柱而被压坏，故称为"斜压破坏"
	有腹筋	当腹筋配置很大，破坏时，腹筋未到达屈服，斜向受压混凝土小柱被压坏
斜拉破坏	无腹筋	当剪跨比 λ>3 时，一旦出现斜裂缝，很快产生一条贯通的较宽的主要斜裂缝（称为临界斜裂缝），承载力急剧下降，脆性明显，因混凝土斜向受拉引起故称为"斜拉破坏"，其受剪承载力最小
	有腹筋	当腹筋配置很少，且剪跨比 λ>3 时，腹筋太少不足以承担斜裂缝出现前混凝土承担的拉应力，因此斜裂缝一旦出现腹筋就达到屈服
剪压破坏	无腹筋	剪跨比适中（1≤λ≤3）时，在受拉区边缘先出现一些竖向裂缝，它们沿竖向延伸一小段后，就斜向延伸形成一些斜裂缝，随后会出现一条临界斜裂缝，临界斜裂缝顶端剪压区处混凝土受到剪应力和压应力的共同作用，最终在复合应力下混凝土达到极限强度而破坏
	有腹筋	当腹筋配置适量，且剪跨比 λ≥1 时，斜裂缝出现后，腹筋承担斜截面上的拉应力，继续加载，腹筋到达屈服；最终剪压区混凝土在剪应力和压应力的共同作用下达到其极限强度而破坏

（2）斜截面的承载力计算

斜截面受剪承载力计算时，剪力设计值的计算截面位置，《混规》规定：

6.3.2　计算斜截面受剪承载力时，剪力设计值的计算截面应按下列规定采用：

1 支座边缘处的截面（图 6.3.2a、b 截面 1-1）；
2 受拉区弯起钢筋弯起点处的截面（图 6.3.2a 截面 2-2、3-3）；
3 箍筋截面面积或间距改变处的截面（图 6.3.2b 截面 4-4）；

(a) 弯起钢筋　　　　　　　　(b) 箍筋

图 6.3.2　斜截面受剪承载力剪力设计值的计算截面
1-1 支座边缘处的斜截面；2-2、3-3 受拉区弯起钢筋弯起点的斜截面；
4-4 箍筋截面面积或间距改变处的斜截面

4 截面尺寸改变处的截面。

当腹筋数量配置很大时，则在腹筋屈服前，斜压混凝土已经被压坏，故取斜压破坏作为受剪承载力的上限（即最大值）。斜压破坏取决于构件的截面尺寸和混凝土的抗压强度。为此，《混规》规定：

6.3.1（条文说明）==规定受弯构件的受剪截面限制条件，其目的首先是防止构件截面发生斜压破坏，其次是限制在使用阶段可能出现的斜裂缝宽度，同时也是构件斜截面受剪破坏的最大配筋率条件。==

6.3.1 矩形、T 形和 I 形截面受弯构件的受剪截面应符合下列条件：

当 $h_w/b \leqslant 4$ 时

$$V \leqslant 0.25\beta_c f_c b h_0 \qquad (6.3.1\text{-}1)$$

当 $h_w/b \geqslant 6$ 时

$$V \leqslant 0.2\beta_c f_c b h_0 \qquad (6.3.1\text{-}2)$$

当 $4 < h_w/b < 6$ 时，按线性内插法确定。

式中：V——构件斜截面上的最大剪力设计值；

β_c——混凝土强度影响系数，当混凝土强度等级不超过 C50 时，β_c 取 1.0；当混凝土强度等级为 C80 时，β_c 取 0.8；其间按线性内插法确定；

b——矩形截面的宽度，T 形截面或 I 形截面的腹板宽度；

h_0——截面的有效高度；

h_w——截面的腹板高度，矩形截面，取有效高度；T 形截面，取有效高度减去翼缘高度；I 形截面，取腹板净高。

注：1 对T形或I形截面的简支受弯构件，当有实践经验时，公式（6.3.1-1）中的系数可改用0.3；
2 对受拉边倾斜的构件，当有实践经验时，其受剪截面的控制条件可适当放宽。

在斜截面受剪承载力的计算公式中，V_p（在预应力混凝土中由预加力产生的）在钢筋混凝土结构设计计算中为零，即：$V_p=0$，这样容易理解相关公式。

当仅配置箍筋时，《混规》规定：

6.3.4 当仅配置箍筋时，矩形、T形和I形截面受弯构件的斜截面受剪承载力应符合下列规定：

$$V \leqslant V_{cs} + V_p \tag{6.3.4-1}$$

$$V_{cs} = \alpha_{cv} f_t b h_0 + f_{yv} \frac{A_{sv}}{s} h_0 \tag{6.3.4-2}$$

$$V_p = 0.05 N_{p0} \tag{6.3.4-3}$$

式中：V_{cs}——构件斜截面上混凝土和箍筋的受剪承载力设计值；

V_p——由预加力所提高的构件受剪承载力设计值；

α_{cv}——斜截面混凝土受剪承载力系数，对于一般受弯构件取0.7；对集中荷载作用下（包括作用有多种荷载，其中集中荷载对支座截面或节点边缘所产生的剪力值占总剪力的75%以上的情况）的独立梁，取α_{cv}为$\frac{1.75}{\lambda+1}$，λ为计算截面的剪跨比，可取λ等于a/h_0，当λ小于1.5时，取1.5，当λ大于3时，取3，a取集中荷载作用点至支座截面或节点边缘的距离；

A_{sv}——配置在同一截面内箍筋各肢的全部截面面积，即nA_{sv1}，此处，n为在同一个截面内箍筋的肢数，A_{sv1}为单肢箍筋的截面面积；

s——沿构件长度方向的箍筋间距；

f_{yv}——箍筋的抗拉强度设计值，按本规范第4.2.3条的规定采用；

N_{p0}——计算截面上混凝土法向预应力等于零时的预加力，按本规范第10.1.13条计算；当N_{p0}大于$0.3f_c A_0$时，取$0.3f_c A_0$，此处，A_0为构件的换算截面面积。

当同时配置箍筋和弯起钢筋时，《混规》规定：

6.3.5 当配置箍筋和弯起钢筋时，矩形、T形和I形截面受弯构件的斜截面受剪承载力应符合下列规定：

$$V \leqslant V_{cs} + V_p + 0.8 f_{yv} A_{sb} \sin\alpha_s + 0.8 f_{py} A_{pb} \sin\alpha_p \tag{6.3.5}$$

式中：V——配置弯起钢筋处的剪力设计值，按本规范第6.3.6条的规定取用；

V_p——由预加力所提高的构件受剪承载力设计值，按本规范公式（6.3.4-3）计算，但计算预加力N_{p0}时不考虑弯起预应力筋的作用；

> A_{sb}、A_{pb}——分别为同一平面内的弯起普通钢筋、弯起预应力筋的截面面积；
>
> α_s、α_p——分别为斜截面上弯起普通钢筋、弯起预应力筋的切线与构件纵轴线的夹角。

试验表明，箍筋能抑制斜裂缝的发展，在不配置箍筋的梁中，斜裂缝的突然形成可能导致脆性的斜拉破坏。因此，规定当剪力设计值小于无腹筋梁的受剪承载力时，应按规范的规定配置最小用量的箍筋，并且这些箍筋还能提高构件抵抗超载和承受由于变形所引起应力的能力。

非抗震设计时，箍筋的构造配筋，即最小配箍率：

$$\rho_{sv} = \frac{nA_{sv1}}{bs} \geqslant \rho_{sv,\min} = 0.24\frac{f_t}{f_{yv}}$$

式中，A_{sv1} 为单肢箍筋的截面面积；b 为梁的宽度；s 为箍筋的间距；n 为同一个截面内箍筋的肢数。

一般板类受弯构件，其受剪承载力计算，《混规》规定：

> **6.3.3** 不配置箍筋和弯起钢筋的一般板类受弯构件，其斜截面受剪承载力应符合下列规定：
>
> $$V \leqslant 0.7\beta_h f_t bh_0 \quad (6.3.3\text{-}1)$$
>
> $$\beta_h = \left(\frac{800}{h_0}\right)^{1/4} \quad (6.3.3\text{-}2)$$
>
> 式中：β_h——截面高度影响系数：当 h_0 小于 800mm 时，取 800mm；当 h_0 大于 2000mm 时，取 2000mm。

【例 16-2-6】（历年真题）在按《混凝土结构设计规范》GB 50010—2010 所给的公式计算钢筋混凝土受弯构件斜截面承载力时，下列哪项不需要考虑：

A. 截面尺寸是否过小

B. 所配的配箍是否大于最小配箍率

C. 箍筋的直径和间距是否满足其构造要求

D. 箍筋间距是否满足 10 倍纵向受力钢筋的直径

【解答】根据《混规》6.3.1 条、6.3.4 条、9.2.9 条，上述 A、B、C 项均需要考虑，D 项不需要考虑，应选 D 项。

8. 纵筋的构造要求

纵筋的锚固长度，《混规》规定：

> **8.3.1** 当计算中充分利用钢筋的抗拉强度时，受拉钢筋的锚固应符合下列要求：
>
> **1** 基本锚固长度应按下列公式计算：
>
> 普通钢筋
>
> $$l_{ab} = \alpha\frac{f_y}{f_t}d \quad (8.3.1\text{-}1)$$

预应力筋

$$l_{ab} = \alpha \frac{f_{py}}{f_t} d \tag{8.3.1-2}$$

式中：l_{ab}——受拉钢筋的基本锚固长度；

f_y、f_{py}——普通钢筋、预应力筋的抗拉强度设计值；

f_t——混凝土轴心抗拉强度设计值，当混凝土强度等级高于 C60 时，按 C60 取值；

d——锚固钢筋的直径；

α——锚固钢筋的外形系数，按表 8.3.1 取用。

锚固钢筋的外形系数 α　　表 8.3.1

钢筋类型	光圆钢筋	带肋钢筋	螺旋肋钢丝	三股钢绞线	七股钢绞线
α	0.16	0.14	0.13	0.16	0.17

注：光圆钢筋末端应做 180°弯钩，弯后平直段长度不应小于 3d，但作受压钢筋时可不做弯钩。

2 受拉钢筋的锚固长度应根据锚固条件按下列公式计算，且不应小于 200mm：

$$l_a = \zeta_a l_{ab} \tag{8.3.1-3}$$

式中：l_a——受拉钢筋的锚固长度；

ζ_a——锚固长度修正系数，对普通钢筋按本规范第 8.3.2 条的规定取用，当多于一项时，可按连乘计算，但不应小于 0.6；对预应力筋，可取 1.0。

3 当锚固钢筋的保护层厚度不大于 5d 时，锚固长度范围内应配置横向构造钢筋，其直径不应小于 $d/4$；对梁、柱、斜撑等构件间距不应大于 5d，对板、墙等平面构件间距不应大于 10d，且均不应大于 100mm，此处 d 为锚固钢筋的直径。

8.3.3 当纵向受拉普通钢筋末端采用弯钩或机械锚固措施时，包括弯钩或锚固端头在内的锚固长度（投影长度）可取为基本锚固长度 l_{ab} 的 60%。

8.3.4 混凝土结构中的纵向受压钢筋，当计算中充分利用其抗压强度时，锚固长度不应小于相应受拉锚固长度的 70%。

受压钢筋不应采用末端弯钩和一侧贴焊锚筋的锚固措施。

梁的纵筋在端支座处的锚固，由于支座处往往同时存在有横向压应力的有利作用，故支座处的锚固长度一般较短。为此，《混规》作了具体规定。

框架梁的纵筋在框架中间层端节点和中间节点处的锚固，《混规》也作了具体规定。

纵向受力钢筋的连接，《混规》规定：

8.4.1 钢筋连接可采用绑扎搭接、机械连接或焊接。机械连接接头及焊接接头的类型及质量应符合国家现行有关标准的规定。

混凝土结构中受力钢筋的连接接头宜设置在受力较小处。在同一根受力钢筋上宜少设接头。在结构的重要构件和关键传力部位，纵向受力钢筋不宜设置连接接头。

8.4.2 轴心受拉及小偏心受拉杆件的纵向受力钢筋不得采用绑扎搭接；其他构件中的钢筋采用绑扎搭接时，受拉钢筋直径不宜大于25mm，受压钢筋直径不宜大于28mm。

8.4.3 同一构件中相邻纵向受力钢筋的绑扎搭接接头宜互相错开。钢筋绑扎搭接接头连接区段的长度为1.3倍搭接长度，凡搭接接头中点位于该连接区段长度内的搭接接头均属于同一连接区段（图8.4.3）。同一连接区段内纵向受力钢筋搭接接头面积百分率为该区段内有搭接接头的纵向受力钢筋与全部纵向受力钢筋截面面积的比值。当直径不同的钢筋搭接时，按直径较小的钢筋计算。

图8.4.3 同一连接区段内纵向受拉钢筋的绑扎搭接接头
注：图中所示同一连接区段内的搭接接头钢筋为两根，当钢筋直径相同时，钢筋搭接接头面积百分率为50%。

位于同一连接区段内的受拉钢筋搭接接头面积百分率：对梁类、板类及墙类构件，不宜大于25%；对柱类构件，不宜大于50%。当工程中确有必要增大受拉钢筋搭接接头面积百分率时，对梁类构件，不宜大于50%；对板、墙、柱及预制构件的拼接处，可根据实际情况放宽。

并筋采用绑扎搭接连接时，应按每根单筋错开搭接的方式连接。接头面积百分率应按同一连接区段内所有的单根钢筋计算。并筋中钢筋的搭接长度应按单筋分别计算。

8.4.4 纵向受拉钢筋绑扎搭接接头的搭接长度，应根据位于同一连接区段内的钢筋搭接接头面积百分率按下列公式计算（此处略，不小于$1.2l_a$），且不应小于300mm。

8.4.5 构件中的纵向受压钢筋当采用搭接连接时，其受压搭接长度不应小于本规范第8.4.4条纵向受拉钢筋搭接长度的70%，且不应小于200mm。

需注意的是，当直径不同的钢筋（即粗、细钢筋）在同一区段搭接时，按较细钢筋的截面面积计算接头面积百分率及搭接长度。这是因为钢筋通过接头传力时，均按受力较小的细直径钢筋考虑承载受力。

并筋应采用分散、错开搭接的方式实现连接，并按截面内各根单筋计算搭接长度及接头面积百分率。并筋的配置形式，《混规》规定：

4.2.7 构件中的钢筋可采用并筋的配置形式。直径28mm及以下的钢筋并筋数量不应超过3根；直径32mm的钢筋并筋数量宜为2根；直径36mm及以上的钢筋不应采用并筋。并筋应按单根等效钢筋进行计算，等效钢筋的等效直径应按截面面积相等的原则换算确定。

9. 箍筋的构造要求

梁中箍筋的构造要求，《混规》规定：

9.2.9 梁中箍筋的配置应符合下列规定：

1 按承载力计算不需要箍筋的梁，当截面高度大于 300mm 时，应沿梁全长设置构造箍筋；当截面高度 $h=150\text{mm} \sim 300\text{mm}$ 时，可仅在构件端部 $l_0/4$ 范围内设置构造箍筋，l_0 为跨度。但当在构件中部 $l_0/2$ 范围内有集中荷载作用时，则应沿梁全长设置箍筋。当截面高度小于 150mm 时，可以不设置箍筋。

2 截面高度大于 800mm 的梁，箍筋直径不宜小于 8mm；对截面高度不大于 800mm 的梁，不宜小于 6mm。梁中配有计算需要的纵向受压钢筋时，箍筋直径尚不应小于 $d/4$，d 为受压钢筋最大直径。

3 梁中箍筋的最大间距宜符合表 9.2.9 的规定；当 V 大于 $0.7f_tbh_0+0.05N_{p0}$ 时，箍筋的配筋率 ρ_{sv} $[\rho_{sv}=A_{sv}/(bs)]$ 尚不应小于 $0.24f_t/f_{yv}$。

梁中箍筋的最大间距（mm） 表 9.2.9

梁高 h	$V > 0.7f_tbh_0+0.05N_{p0}$	$V \leqslant 0.7f_tbh_0+0.05N_{p0}$
$150 < h \leqslant 300$	150	200
$300 < h \leqslant 500$	200	300
$500 < h \leqslant 800$	250	350
$h > 800$	300	400

二、受压构件

1. 轴心受压构件

短柱在短期轴心受压荷载下的应力分布：当荷载 N 很小时，混凝土处于弹性工作阶段；当 N 增大时，混凝土将进入弹塑性阶段，导致混凝土的应力增长速度逐渐缓慢，而钢筋应力增长的速度则越来越快，即产生了应力重分布。

长期荷载作用下，由于混凝土的徐变影响，钢筋压应力增大，而混凝土压应力逐渐降低。同时，钢筋与混凝土的应力受徐变影响的幅度与配筋率 ρ' 有关。当对持续受荷的轴心受压构件进行突然卸载时，由于钢筋、混凝土两部分变形不相等，且两者之间存在着粘结力，故其变形必须协调，导致混凝土受拉，而钢筋受压。特别是当纵筋配筋率过大时，可能使混凝土的拉应力达到其抗拉强度而拉裂，故在设计中对全部受压钢筋的最大配筋率有所限制，一般不宜大于 5%。

柱的普通箍筋是为了架立纵向钢筋，承担风或水平地震作用产生的水平剪力，防止纵向钢筋的压屈，并与纵向钢筋一起形成对芯部混凝土的围箍约束作用，提高柱的延性。螺旋式箍筋可以明显增加对芯部混凝土的围箍约束，显著提高柱的延性。

轴心受压构件的正截面受压承载力计算，《混规》规定：

6.2.15 钢筋混凝土轴心受压构件，当配置的箍筋符合本规范第 9.3 节的规定时，其正截面受压承载力应符合下列规定：

$$N \leqslant 0.9\varphi(f_c A + f'_y A'_s) \qquad (6.2.15)$$

式中：N ——轴向压力设计值；
φ ——钢筋混凝土构件的稳定系数，按表 6.2.15 采用；
f_c ——混凝土轴心抗压强度设计值，按本规范表 4.1.4-1 采用；
A ——构件截面面积；
A'_s ——全部纵向普通钢筋的截面面积。

当纵向普通钢筋的配筋率大于 3% 时，公式（6.2.15）中的 A 应改用 $(A-A'_s)$ 代替。

钢筋混凝土轴心受压构件的稳定系数（部分） 表 6.2.15

l_0/b	≤8	10	12	14	16	18	20	22	24	26	28
l_0/d	≤7	8.5	10.5	12	14	15.5	17	19	21	22.5	24
l_0/i	≤28	35	42	48	55	62	69	76	83	90	97
φ	1.00	0.98	0.95	0.92	0.87	0.81	0.75	0.70	0.65	0.60	0.56

注：1 l_0 为构件的计算长度，对钢筋混凝土柱可按本规范第 6.2.20 条的规定取用；
  2 b 为矩形截面的短边尺寸，d 为圆形截面的直径，i 为截面的最小回转半径。

配有螺旋式或焊接环式间接钢筋的轴心受压构件，其正截面受压承载力计算，《混规》规定：

6.2.16 钢筋混凝土轴心受压构件，当配置的螺旋式或焊接环式间接钢筋符合本规范第 9.3.2 条的规定时，其正截面受压承载力应符合下列规定：

$$N \leqslant 0.9(f_c A_{cor} + f'_y A'_s + 2\alpha f_{yv} A_{ss0}) \qquad (6.2.16-1)$$

$$A_{ss0} = \frac{\pi d_{cor} A_{ss1}}{s} \qquad (6.2.16-2)$$

式中：f_{yv} ——间接钢筋的抗拉强度设计值，按本规范第 4.2.3 条的规定采用；
A_{cor} ——构件的核心截面面积，取间接钢筋内表面范围内的混凝土截面面积；
A_{ss0} ——螺旋式或焊接环式间接钢筋的换算截面面积；
d_{cor} ——构件的核心截面直径，取间接钢筋内表面之间的距离；
A_{ss1} ——螺旋式或焊接环式单根间接钢筋的截面面积；
s ——间接钢筋沿构件轴线方向的间距；
α ——间接钢筋对混凝土约束的折减系数：当混凝土强度等级不超过 C50 时，取 1.0，当混凝土强度等级为 C80 时，取 0.85，其间按线性内插法确定。

注：1 按公式（6.2.16-1）算得的构件受压承载力设计值不应大于按本规范公式（6.2.15）算得的构件受压承载力设计值的 1.5 倍；
  2 当遇到下列任意一种情况时，不应计入间接钢筋的影响，而应按本规范第 6.2.15 条的规定进行计算：
   1) 当 $l_0/d>12$ 时；
   2) 当按公式（6.2.16-1）算得的受压承载力小于按本规范公式（6.2.15）算得的受压承载力时；
   3) 当间接钢筋的换算截面面积 A_{ss0} 小于纵向普通钢筋的全部截面面积的 25% 时。

柱中纵向受力钢筋、箍筋的构造要求，《混规》规定：

> **9.3.1** 柱中纵向钢筋的配置应符合下列规定：
> **1** 纵向受力钢筋直径不宜小于 12mm；全部纵向钢筋的配筋率不宜大于 5%；
> **2** 柱中纵向钢筋的净间距不应小于 50mm，且不宜大于 300mm；
> **3** 偏心受压柱的截面高度不小于 600mm 时，在柱的侧面上应设置直径不小于 10mm 的纵向构造钢筋，并相应设置复合箍筋或拉筋；
> **4** 圆柱中纵向钢筋不宜少于 8 根，不应少于 6 根，且宜沿周边均匀布置；
> **5** 在偏心受压柱中，垂直于弯矩作用平面的侧面上的纵向受力钢筋以及轴心受压柱中各边的纵向受力钢筋，其中距不宜大于 300mm。
> 注：水平浇筑的预制柱，纵向钢筋的最小净间距可按本规范第 9.2.1 条关于梁的有关规定取用。
>
> **9.3.2** 柱中的箍筋应符合下列规定：
> **1** 箍筋直径不应小于 $d/4$，且不应小于 6mm，d 为纵向钢筋的最大直径；
> **2** 箍筋间距不应大于 400mm 及构件截面的短边尺寸，且不应大于 $15d$，d 为纵向钢筋的最小直径；
> **3** 柱及其他受压构件中的周边箍筋应做成封闭式；对圆柱中的箍筋，搭接长度不应小于本规范第 8.3.1 条规定的锚固长度，且末端应做成 135°弯钩，弯钩末端平直段长度不应小于 $5d$，d 为箍筋直径；
> **4** 当柱截面短边尺寸大于 400mm 且各边纵向钢筋多于 3 根时，或当柱截面短边尺寸不大于 400mm 但各边纵向钢筋多于 4 根时，应设置复合箍筋；
> **5** 柱中全部纵向受力钢筋的配筋率大于 3% 时，箍筋直径不应小于 8mm，间距不应大于 $10d$，且不应大于 200mm，d 为纵向受力钢筋的最小直径。箍筋末端应做成 135°弯钩，且弯钩末端平直段长度不应小于箍筋直径的 10 倍；
> **6** 在配有螺旋式或焊接环式箍筋的柱中，如在正截面受压承载力计算中考虑间接钢筋的作用时，箍筋间距不应大于 80mm 及 $d_{cor}/5$，且不宜小于 40mm，d_{cor} 为按箍筋内表面确定的核心截面直径。

2. 偏心受压构件

（1）二阶效应

结构中的二阶效应是指作用在结构上的重力或构件中的轴压力在变形后的结构或构件中引起的附加内力和附加变形。建筑结构的二阶效应包括重力二阶效应（$P\text{-}\Delta$ 效应）和受压构件的挠曲效应（$P\text{-}\delta$ 效应）两部分。

重力二阶效应计算属于结构整体层面的问题，一般在结构整体分析中考虑，其计算方法有：有限元法、增大系数法等。

受压构件的挠曲效应计算属于构件层面的问题，一般在构件设计时考虑。在轴向力作用下的偏压杆件，当反弯点不在杆件高度范围内（即沿杆件长度均为同号弯矩）的较细长且轴压比偏大的情况时，经 $P\text{-}\delta$ 效应增大后的杆件中部弯矩有可能超过柱端控制截面的弯矩。此时，就必须在截面设计中考虑 $P\text{-}\delta$ 效应的附加影响，但是，在实际工程设计中该种情况较少出现。因此，为了不对各个偏压构件逐一进行验算，《混规》给出了可以不考虑 $P\text{-}\delta$ 效应的条件，以及应考虑 $P\text{-}\delta$ 效应的条件，即：

6.2.3 弯矩作用平面内截面对称的偏心受压构件，当同一主轴方向的杆端弯矩比 $\dfrac{M_1}{M_2}$ 不大于 0.9 且轴压比不大于 0.9 时，若构件的长细比满足公式（6.2.3）的要求，可不考虑轴向压力在该方向挠曲杆件中产生的附加弯矩影响；否则应根据本规范第 6.2.4 条的规定，按截面的两个主轴方向分别考虑轴向压力在挠曲杆件中产生的附加弯矩影响。

$$l_c/i \leqslant 34 - 12(M_1/M_2) \tag{6.2.3}$$

式中：M_1、M_2——分别为已考虑侧移影响的偏心受压构件两端截面按结构弹性分析确定的对同一主轴的组合弯矩设计值，绝对值较大端为 M_2，绝对值较小端为 M_1，当构件按单曲率弯曲时，M_1/M_2 取正值，否则取负值；

   l_c——构件的计算长度，可近似取偏心受压构件相应主轴方向上下支撑点之间的距离；

   i——偏心方向的截面回转半径。

对于考虑 $P\text{-}\delta$ 效应的偏压构件，其具体计算方法采用 $C_m\text{-}\eta_{ns}$ 法，即《混规》规定：

6.2.4 除排架结构柱外，其他偏心受压构件考虑轴向压力在挠曲杆件中产生的二阶效应后控制截面的弯矩设计值，应按下列公式计算：

$$M = C_m \eta_{ns} M_2 \tag{6.2.4-1}$$

$$C_m = 0.7 + 0.3 \dfrac{M_1}{M_2} \tag{6.2.4-2}$$

$$\eta_{ns} = 1 + \dfrac{1}{1300(M_2/N + e_a)/h_0}\left(\dfrac{l_c}{h}\right)^2 \zeta_c \tag{6.2.4-3}$$

$$\zeta_c = \dfrac{0.5 f_c A}{N} \tag{6.2.4-4}$$

当 $C_m \eta_{ns}$ 小于 1.0 时取 1.0；对剪力墙及核心筒墙，可取 $C_m \eta_{ns}$ 等于 1.0。

式中：C_m——构件端截面偏心距调节系数，当小于 0.7 时取 0.7；

   η_{ns}——弯矩增大系数；

   N——与弯矩设计值 M_2 相应的轴向压力设计值；

   e_a——附加偏心距，按本规范第 6.2.5 条确定；

   ζ_c——截面曲率修正系数，当计算值大于 1.0 时取 1.0；

   h——截面高度；对环形截面，取外直径；对圆形截面，取直径；

   h_0——截面有效高度；对环形截面，取 $h_0 = r_2 + r_s$；对圆形截面，取 $h_0 = r + r_s$；此处，r、r_2 和 r_s 按本规范第 E.0.3 条和第 E.0.4 条确定；

   A——构件截面面积。

6.2.5 偏心受压构件的正截面承载力计算时，应计入轴向压力在偏心方向存在的附加偏心距 e_a，其值应取 20mm 和偏心方向截面最大尺寸的 1/30 两者中的较大值。

(2) 偏心受压构件有破坏形态

偏心受压构件按受力情况分为大偏心受压和小偏心受压,按配筋形式可分为对称配筋和非对称配筋。

大偏心受压破坏(受拉破坏),如图 16-2-8 所示,当轴向压力 N 的相对偏心距 e_0/h_0 较大,$e_0=M/N$,并且受拉钢筋配置得不太多时,其破坏特点是:受拉钢筋先达到屈服,随后受拉区裂缝开展,受压区高度减小,最终导致受压区边缘混凝土压碎而破坏,属于延性破坏。该类破坏形态与适筋梁的破坏形态相似。

小偏心受压破坏(受压破坏),可分为如下两种情况:

1) 靠近轴向压力 N 的一侧混凝土先被压碎的情况

当轴向压力 N 的相对偏心距较小时,截面大部分受压或全部受压,如图 16-2-9(a)、(b) 所示,其破坏特点是:破坏是首先从靠近轴向压力 N 的一侧混凝土边缘压应变达到混凝土极限压应变开始,破坏时,靠近轴向压力 N 的一侧混凝土被压碎,同侧的受压钢筋也达到屈服;但远离 N 的一侧纵向钢筋,可能受拉,或可能受压,一般均未达到屈服。仅当偏心距很小时,N 很大($N>f_cbh$)时,远离 N 的一侧纵向钢筋才可能受压屈服。

图 16-2-8 大偏心破坏时截面应力

图 16-2-9 小偏心破坏时截面应力

当相对偏心距较大,但远离 N 的一侧纵向钢筋配置较多时,如图 16-2-9(a) 所示,其破坏特点是:靠近轴向压力 N 的一侧混凝土压应变首先达到混凝土极限压应变,混凝土先被压碎,同侧的受压钢筋也达到屈服;但远离 N 的一侧纵向钢筋为受拉,但受拉钢筋始终不屈服。其类似超筋梁,工程设计时应避免。

2) 远离轴向压力 N 的一侧混凝土先被压碎的情况

当偏心距很小时,轴向力 N 很大($N>f_cbh$),由于截面的实际形心和构件的几何中心不重合,远离轴向压力 N 的一侧纵向钢筋配置很少而另侧纵筋配置较多时,如图 16-2-9(c) 所示,其破坏特点是:全截全部受压,远离轴向压力 N 的一侧混凝土首先受压破坏

（故称为"反向破坏"），且该侧的纵向钢筋达到屈服；靠近轴向压力 N 的一侧纵向钢筋也达到屈服。

综上可知，小偏心受压破坏（受压破坏）的特点是：==混凝土先被压碎，靠近轴向压力 N 的一侧纵向钢筋受压屈服==。但是，远离轴向压力N的一侧纵向钢筋可能受拉也可能受压，受拉时不屈服，受压时可能不屈服也可能屈服。其破坏均属于脆性破坏。

【例 16-2-7】（历年真题）对于钢筋混凝土受压构件，当相对受压区高度大于 1 时，则：

A. 属于大偏心受压构件

B. 受拉钢筋受压但一定达不到屈服

C. 受压钢筋侧混凝土一定先被压溃

D. 受拉钢筋一定处于受压状态且可能先于受压钢筋达到屈服状态

【解答】此时，受拉钢筋受压，且可能先于受压钢筋达到屈服，应选 D 项。

(3) 偏心受压构件的正截面受压承载力计算

矩形截面偏心受压钢筋混凝土构件的正截面受压承载力计算，《混规》作了如下规定，理解下列公式时将预应力钢筋截面面积视为零（即 $A'_p = A_p = 0.0$）：

6.2.17 矩形截面偏心受压构件正截面受压承载力应符合下列规定（图 6.2.17）：

图 6.2.17 矩形截面偏心受压构件正截面受压承载力计算
1—截面重心轴

$$N \leqslant \alpha_1 f_c bx + f'_y A'_s - \sigma_s A_s - (\sigma'_{p0} - f'_{py})A'_p - \sigma_p A_p \quad (6.2.17\text{-}1)$$

$$Ne \leqslant \alpha_1 f_c bx\left(h_0 - \frac{x}{2}\right) + f'_y A'_s (h_0 - a'_s)$$
$$- (\sigma'_{p0} - f'_{py})A'_p (h_0 - a'_p) \quad (6.2.17\text{-}2)$$

$$e = e_i + \frac{h}{2} - a \quad (6.2.17\text{-}3)$$

$$e_i = e_0 + e_a \quad (6.2.17\text{-}4)$$

式中：e——轴向压力作用点至纵向受拉普通钢筋和受拉预应力筋的合力点的距离；

σ_s、σ_p——受拉边或受压较小边的纵向普通钢筋、预应力筋的应力；

e_i ——初始偏心距；

a ——纵向受拉普通钢筋和受拉预应力筋的合力点至截面近边缘的距离；

e_0 ——轴向压力对截面重心的偏心距，取为 M/N，当需要考虑二阶效应时，M 为按本规范第 5.3.4 条、第 6.2.4 条规定确定的弯矩设计值；

e_a ——附加偏心距，按本规范第 6.2.5 条确定。

按上述规定计算时，尚应符合下列要求：

1 钢筋的应力 σ_s、σ_p 可按下列情况确定：

1) 当 ξ 不大于 ξ_b 时为大偏心受压构件，取 σ_s 为 f_y、σ_p 为 f_{py}，此处，ξ 为相对受压区高度，取为 x/h_0；

2) 当 ξ 大于 ξ_b 时为小偏心受压构件，σ_s、σ_p 按本规范第 6.2.8 条的规定进行计算。

上述公式中，对于钢筋混凝土结构构件，a 取值即为 a_s 取值；a' 取值即为 a'_s 取值。上述公式，对于钢筋混凝土结构构件，当计算中计入纵向受压普通钢筋时，受压区高度 x 应满足下式：

$$x \geqslant 2a'_s$$

当不满足（即 $x < 2a'_s$）时，受压钢筋应力可能达不到 f'_y，取 $x = 2a'_s$，则：

$$Ne'_s = f_y A_s (h_0 - a'_s)$$

$$e'_s = e_i - \frac{h}{2} + a'_s$$

式中，e'_s 为轴向压力作用点至受压区纵向普通钢筋合力点的距离。

（4）偏心受压构件的 M-N 相关曲线

对于偏心受压构件，当其截面、材料强度和纵筋配筋给定后，到达正截面承载力极限状态时，其受压承载力 N_u 和受弯承载力 M_u 是相互关联的，可用一条 N_u-M_u 相关曲线表示，如图 16-4-10 所示，该曲线具有如下特点：

1) N_u-M_u 相关曲线上的任意一点代表处于正截面承载能力极限状态时的一种内力组合。当某一组内力（M、N）在该曲线内侧，表明未到达正截面承载能力极限状态，是安全的；反之，当某一组内力（M、N）在该曲线外侧，表明正截面承载能力不足。

2) AB 段曲线为大偏心受压的 N_u-M_u 相关曲线，BC 段曲线为小偏心受压的 N_u-M_u 相关曲线。B 点为界限破坏。

3) AB 段大偏心受压，M_u 随 N 的增大而增大。当大偏心受压构件的同一截面处存在有多组内力（M、N）时，一般地，其配筋控制（或最大配筋）是（M 大、N 小）的一组内力。

4) BC 段为小偏心受压，M_u 随 N 的增大而减小。当小偏心受压构件的同一截面处存在有多组内力（M、N）时，一般地，其配筋控制是（M 大、N 大）的一组内力。

5) 对称配筋时，界限破坏时的轴压力 N_b 与配筋率无关（图 16-2-10 中 B 点）。

图 16-2-10 偏心受压构件的 M_u-N_u 相关曲线

【例 16-2-8】（历年真题）某一钢筋混凝土柱，

在两组轴力和弯矩分别为（N_{1u}，M_{1u}）和（N_{2u}，M_{2u}）作用下发生大偏心受压破坏，且 $N_{1u} > N_{2u}$，则 M_1 与 M_2 的关系是：

A. $M_{1u} > M_{2u}$ 　　　　　　　　 B. $M_{1u} = M_{2u}$

C. $M_{1u} < M_{2u}$ 　　　　　　　　 D. $M_{1u} \leq M_{2u}$

【解答】根据偏心受压构件的 M_u-N_u 相关曲线，大偏压破坏时，当 $N_{1u} > N_{2u}$ 时，则有 $M_{1u} > M_{2u}$，应选 A 项。

（5）偏心受压构件的斜截面受剪承载力计算

试验表明，影响偏心受压构件（如框架柱）的抗剪能力的因素有：剪跨比、混凝土强度等级、纵筋配筋率、箍筋强度与配箍率、轴压比等。其中，轴压比对构件抗剪起有利作用，但其作用是有限度的，故《混规》作出了限制。此外，偏压构件的受剪截面应满足截面限制条件。

6.3.12 矩形、T 形和 I 形截面的钢筋混凝土偏心受压构件，其斜截面受剪承载力应符合下列规定：

$$V \leq \frac{1.75}{\lambda + 1} f_t b h_0 + f_{yv} \frac{A_{sv}}{s} h_0 + 0.07 N \quad (6.3.12)$$

式中：λ——偏心受压构件计算截面的剪跨比，取为 $M/(Vh_0)$；

N——与剪力设计值 V 相应的轴向压力设计值，当大于 $0.3 f_c A$ 时，取 $0.3 f_c A$，此处，A 为构件的截面面积。

计算截面的剪跨比 λ 应按下列规定取用：

1 对框架结构中的框架柱，当其反弯点在层高范围内时，可取为 $H_n/(2h_0)$。当 λ 小于 1 时，取 1；当 λ 大于 3 时，取 3。此处，M 为计算截面上与剪力设计值 V 相应的弯矩设计值，H_n 为柱净高。

2 其他偏心受压构件，当承受均布荷载时，取 1.5；当承受符合本规范第 6.3.4 条所述的集中荷载时，取为 a/h_0，且当 λ 小于 1.5 时取 1.5，当 λ 大于 3 时取 3。

三、受拉构件

受拉构件可分为轴心受拉构件、偏心受拉构件。其中，偏心受拉构件又可分为：大偏心受拉构件；小偏心受拉构件。

当轴向拉力 N 作用在 A_s 与 A_s' 之间，即偏心距 $e_0 < \frac{h}{2} - a_s$ 时，为小偏心受拉。

当轴向拉力 N 作用在 A_s 与 A_s' 范围以外，即 $e_0 > \frac{h}{2} - a_s$ 时，为大偏心受拉。

对于钢筋混凝土构件（预应力筋 $A_p' = A_p = 0.0$），《混规》规定：

6.2.22 轴心受拉构件的正截面受拉承载力应符合下列规定：

$$N \leq f_y A_s + f_{py} A_p \quad (6.2.22)$$

式中：N——轴向拉力设计值；

A_s、A_p——纵向普通钢筋、预应力筋的全部截面面积。

6.2.23 矩形截面偏心受拉构件的正截面受拉承载力应符合下列规定：

1 小偏心受拉构件

当轴向拉力作用在钢筋 A_s 与 A_p 的合力点和 A_s' 与 A_p' 的合力点之间时(图 6.2.23a)：

$$Ne \leqslant f_y A_s' (h_0 - a_s') + f_{py} A_p' (h_0 - a_p') \qquad (6.2.23\text{-}1)$$

$$Ne' \leqslant f_y A_s (h_0' - a_s) + f_{py} A_p (h_0' - a_p) \qquad (6.2.23\text{-}2)$$

2 大偏心受拉构件

当轴向拉力不作用在钢筋 A_s 与 A_p 的合力点和 A_s' 与 A_p' 的合力点之间时(图 6.2.23b)：

$$N \leqslant f_y A_s + f_{py} A_p - f_y' A_s' + (\sigma_{p0}' - f_{py}') A_p' - \alpha_1 f_c bx \qquad (6.2.23\text{-}3)$$

$$Ne \leqslant \alpha_1 f_c bx \left(h_0 - \frac{x}{2} \right) + f_y' A_s' (h_0 - a_s')$$

$$- (\sigma_{p0}' - f_{py}') A_p' (h_0 - a_p') \qquad (6.2.23\text{-}4)$$

此时，混凝土受压区的高度应满足本规范公式（6.2.10-3）的要求（即 $x \leqslant \xi_b h_0$）。当计算中计入纵向受压普通钢筋时，尚应满足本规范公式（6.2.10-4）的条件（即 $x \geqslant 2a_s'$）；当不满足时，可按公式（6.2.23-2）计算。

3 对称配筋的矩形截面偏心受拉构件，不论大、小偏心受拉情况，均可按公式（6.2.23-2）计算。

图 6.2.23 矩形截面偏心受拉构件正截面受拉承载力计算
(a) 小偏心受拉构件；(b) 大偏心受拉构件

上述规范式（6.2.10-3）、式（6.2.10-4）分别是指：$x \leqslant \xi_b h_0$；$x \geqslant 2a_s'$。

偏心受拉构件的斜截面受剪承载力计算。试验表明，轴向拉力会使构件的受剪承载力明显降低，其降低幅度随轴向拉力的增大而增大，但与斜裂缝相交的箍筋受剪承载力并不受拉力的影响。此外，偏心受拉构件的斜截面受剪同样受受剪截面条件限制。《混规》规定：

> **6.3.14** 矩形、T形和I形截面的钢筋混凝土偏心受拉构件，其斜截面受剪承载力应符合下列规定：
>
> $$V \leqslant \frac{1.75}{\lambda+1} f_t b h_0 + f_{yv} \frac{A_{sv}}{s} h_0 - 0.2N \quad (6.3.14)$$
>
> 式中：N——与剪力设计值V相应的轴向拉力设计值；
>
> λ——计算截面的剪跨比，按本规范第6.3.12条确定。
>
> 当公式（6.3.14）右边的计算值小于$f_{yv}\frac{A_{sv}}{s}h_0$时，应取等于$f_{yv}\frac{A_{sv}}{s}h_0$，且$f_{yv}\frac{A_{sv}}{s}h_0$值不应小于$0.36f_t b h_0$。

四、受扭构件

《混规》受扭构件计算模型采用了变角度空间桁架模型，其基本假定是：混凝土只承受压力，螺旋形裂缝的混凝土外壳组成桁架的斜压杆，纵筋和箍筋只承受拉力，分别为桁架的弦杆和腹杆；不计核心混凝土的受扭作用和钢筋的锚栓作用。

1. 受扭构件的破坏形态

根据受扭钢筋的配筋率的不同，矩形截面受扭构件的破坏形态分为三种：

（1）少筋破坏。当构件受扭纵筋和受扭箍筋配置数量较少时，在扭矩作用下长边中点处应力最大，先出现45°斜裂缝，随后向相邻的其他两面以45°延伸，此时，与斜裂缝相交的受扭箍筋和受扭纵筋达到屈服或被拉断。最后，在另一长边上形成受压面，并随着斜裂缝的开展，受压面混凝土被压碎而破坏。这种破坏类似受弯的少筋梁，呈受拉脆性破坏特征。《混规》采用构造措施防止少筋破坏。

（2）适筋破坏。当构件受扭纵筋和受扭箍筋配置数量适当时，在扭矩作用下，构件将出现许多45°斜裂缝，随后，与临界斜裂缝相交的受扭纵筋和受扭箍筋先达到屈服，然后，受压侧的混凝土被压碎而破坏。这种破坏与受弯的适筋梁类似，具有一定的延性，属于延性破坏。

（3）超筋破坏或部分超筋破坏。当构件受扭纵筋和受扭箍筋配置数量很大时，在扭矩作用下，构件将出现许多45°斜裂缝，由于受扭钢筋数量过多，破坏是由受压侧的混凝土被压碎导致的，而破坏时受扭纵筋和受扭箍筋均未达到屈服。这种破坏类似受弯的超筋梁，呈受压脆性破坏特征。《混规》采用限制截面尺寸条件防止超筋破坏。由于受扭钢筋是由受扭纵筋和受扭箍筋组成，当两者配筋数量或强度相差过大时，还会出现一个达到屈服而另一个未达到屈服的部分超筋破坏。部分超筋破坏的延性比完全超筋破坏要大一些，但小于适筋受扭构件。

【例16-2-9】（历年真题）钢筋混凝土受扭构件随受扭箍筋配筋率的增加，将发生的受扭破坏形态是：

A. 少筋破坏 B. 适筋破坏
C. 超筋破坏 D. 部分超筋破坏或超筋破坏

【解答】此时,受扭破坏形态为部分超筋破坏或超筋破坏,应选 D 项。

2. 截面尺寸要求

《混规》规定:

6.4.1 在弯矩、剪力和扭矩共同作用下,h_w/b 不大于 6 的矩形、T 形、I 形截面和 h_w/t_w 不大于 6 的箱形截面构件(图 6.4.1),其截面应符合下列条件:

当 h_w/b(或 h_w/t_w)不大于 4 时

$$\frac{V}{bh_0} + \frac{T}{0.8W_t} \leqslant 0.25\beta_c f_c \tag{6.4.1-1}$$

当 h_w/b(或 h_w/t_w)等于 6 时

$$\frac{V}{bh_0} + \frac{T}{0.8W_t} \leqslant 0.2\beta_c f_c \tag{6.4.1-2}$$

当 h_w/b(或 h_w/t_w)大于 4 但小于 6 时,按线性内插法确定。

式中:T——扭矩设计值;

b——矩形截面的宽度,T形或I形截面取腹板宽度,箱形截面取两侧壁总厚度 $2t_w$;

W_t——受扭构件的截面受扭塑性抵抗矩,按本规范第 6.4.3 条的规定计算;

h_w——截面的腹板高度,对矩形截面,取有效高度 h_0;对T形截面,取有效高度减去翼缘高度;对I形和箱形截面,取腹板净高;

t_w——箱形截面壁厚,其值不应小于 $b_h/7$,此处,b_h 为箱形截面的宽度。

注:当 h_w/b 大于 6 或 h_w/t_w 大于 6 时,受扭构件的截面尺寸要求及扭曲截面承载力计算应符合专门规定。

图 6.4.1 受扭构件截面
(a)矩形截面;(b)T形、I形截面;(c)箱形截面($t_w \leqslant t'_w$)
1—弯矩、剪力作用平面

3. 受扭构件按构造配筋的条件

《混规》规定:

6.4.2 在弯矩、剪力和扭矩共同作用下的构件,当符合下列要求时,可不进行构件受剪扭承载力计算,但应按本规范第 9.2.5 条、第 9.2.9 条和第 9.2.10 条的规定配置构造纵向钢筋和箍筋。

$$\frac{V}{bh_0} + \frac{T}{W_t} \leq 0.7f_t + 0.05\frac{N_{p0}}{bh_0} \qquad (6.4.2\text{-}1)$$

或

$$\frac{V}{bh_0} + \frac{T}{W_t} \leq 0.7f_t + 0.07\frac{N}{bh_0} \qquad (6.4.2\text{-}2)$$

式中：N_{p0}——计算截面上混凝土法向预应力等于零时的预加力，按本规范第 10.1.13 条的规定计算，当 N_{p0} 大于 $0.3f_cA_0$ 时，取 $0.3f_cA_0$，此处，A_0 为构件的换算截面面积；

N——与剪力、扭矩设计值 V、T 相应的轴向压力设计值，当 N 大于 $0.3f_cA$ 时，取 $0.3f_cA$，此处，A 为构件的截面面积。

4. 截面受扭塑性抵抗矩的计算

《混规》规定：

6.4.3 受扭构件的截面受扭塑性抵抗矩可按下列规定计算：

1 矩形截面

$$W_t = \frac{b^2}{6}(3h - b) \qquad (6.4.3\text{-}1)$$

式中：b、h——分别为矩形截面的短边尺寸、长边尺寸。

2 T形和I形截面

$$W_t = W_{tw} + W'_{tf} + W_{tf} \qquad (6.4.3\text{-}2)$$

腹板、受压翼缘及受拉翼缘部分的矩形截面受扭塑性抵抗矩 W_{tw}、W'_{tf} 和 W_{tf}，可按下列规定计算：

1）腹板

$$W_{tw} = \frac{b^2}{6}(3h - b) \qquad (6.4.3\text{-}3)$$

2）受压翼缘

$$W'_{tf} = \frac{h'^2_f}{2}(b'_f - b) \qquad (6.4.3\text{-}4)$$

3）受拉翼缘

$$W_{tf} = \frac{h^2_f}{2}(b_f - b) \qquad (6.4.3\text{-}5)$$

式中：b、h——分别为截面的腹板宽度、截面高度；

b'_f、b_f——分别为截面受压区、受拉区的翼缘宽度；

h'_f、h_f——分别为截面受压区、受拉区的翼缘高度。

计算时取用的翼缘宽度尚应符合 b'_f 不大于 $b+6h'_f$ 及 b_f 不大于 $b+6h_f$ 的规定。

5. 纯扭构件的受扭承载力计算

《混规》规定：

6.4.4 矩形截面纯扭构件的受扭承载力应符合下列规定：

$$T \leq 0.35f_tW_t + 1.2\sqrt{\zeta}f_{yv}\frac{A_{st1}A_{cor}}{s} \qquad (6.4.4\text{-}1)$$

$$\zeta = \frac{f_y A_{stl} s}{f_{yv} A_{st1} u_{cor}} \qquad (6.4.4-2)$$

式中：ζ——受扭的纵向普通钢筋与箍筋的配筋强度比值，ζ 值不应小于 0.6，当 ζ 大于 1.7 时，取 1.7；

A_{stl}——受扭计算中取对称布置的全部纵向普通钢筋截面面积；

A_{st1}——受扭计算中沿截面周边配置的箍筋单肢截面面积；

f_{yv}——受扭箍筋的抗拉强度设计值，按本规范第 4.2.3 条采用；

A_{cor}——截面核心部分的面积，取为 $b_{cor} h_{cor}$，此处，b_{cor}、h_{cor} 分别为箍筋内表面范围内截面核心部分的短边、长边尺寸；

u_{cor}——截面核心部分的周长，取 $2(b_{cor} + h_{cor})$。

6.4.5 T 形和 I 形截面纯扭构件，可将其截面划分为几个矩形截面，分别按本规范第 6.4.4 条进行受扭承载力计算。每个矩形截面的扭矩设计值可按下列规定计算：

1 腹板

$$T_w = \frac{W_{tw}}{W_t} T \qquad (6.4.5-1)$$

2 受压翼缘

$$T'_f = \frac{W'_{tf}}{W_t} T \qquad (6.4.5-2)$$

3 受拉翼缘

$$T_f = \frac{W_{tf}}{W_t} T \qquad (6.4.5-3)$$

式中：T_w——腹板所承受的扭矩设计值；

T'_f、T_f——分别为受压翼缘、受拉翼缘所承受的扭矩设计值。

【**例 16-2-10**】矩形截面纯扭构件的受扭承载力计算时，受扭的纵向普通钢筋与箍筋的配筋强度比值 ζ 的取值范围为：

A. $0.6 \leqslant \zeta \leqslant 2.0$ B. $0.3 \leqslant \zeta \leqslant 2.0$ C. $0.6 \leqslant \zeta \leqslant 1.7$ D. $0.3 \leqslant \zeta \leqslant 1.7$

【**解答**】应取为 $0.6 \leqslant \zeta \leqslant 1.7$，选 C 项。

6. 剪力和扭矩共同作用下的剪扭构件承载力计算

《混规》规定：

6.4.8 在剪力和扭矩共同作用下的矩形截面剪扭构件，其受剪扭承载力应符合下列规定：

1 一般剪扭构件

1）受剪承载力

$$V \leqslant (1.5 - \beta_t)(0.7 f_t b h_0 + 0.05 N_{p0}) + f_{yv} \frac{A_{sv}}{s} h_0 \qquad (6.4.8-1)$$

$$\beta_t = \frac{1.5}{1 + 0.5\frac{VW_t}{Tbh_0}} \quad (6.4.8-2)$$

式中：A_{sv}——受剪承载力所需的箍筋截面面积；

β_t——一般剪扭构件混凝土受扭承载力降低系数：当 β_t 小于 0.5 时，取 0.5；当 β_t 大于 1.0 时，取 1.0。

2) 受扭承载力

$$T \leqslant \beta_t(0.35f_t + 0.05\frac{N_{p0}}{A_0})W_t + 1.2\sqrt{\zeta}f_{yv}\frac{A_{st1}A_{cor}}{s} \quad (6.4.8-3)$$

式中：ζ——同本规范第 6.4.4 条。

6.4.9 T 形和 I 形截面剪扭构件的受剪扭承载力应符合下列规定：

1 受剪承载力可按本规范公式（6.4.8-1）与公式（6.4.8-2）或公式（6.4.8-4）与公式（6.4.8-5）进行计算，但应将公式中的 T 及 W_t 分别代之以 T_w 及 W_{tw}；

2 受扭承载力可根据本规范第 6.4.5 条的规定划分为几个矩形截面分别进行计算。其中，腹板可按本规范公式（6.4.8-3）、公式（6.4.8-2）或公式（6.4.8-3）、公式（6.4.8-5）进行计算，但应将公式中的 T 及 W_t 分别代之以 T_w 及 W_{tw}；受压翼缘及受拉翼缘可按本规范第 6.4.4 条纯扭构件的规定进行计算，但应将 T 及 W_t 分别代之以 T'_f 及 W'_{tf} 或 T_f 及 W_{tf}。

【例 16-2-11】（历年真题）当钢筋混凝土受扭构件还同时作用有剪力时，此时构件的受扭承载力将发生下列哪种变化？

A. 减小   B. 增大   C. 不变   D. 不确定

【解答】 根据《混规》6.4.8 条，当有剪力 V 作用时，β_t 减小，由式（6.4.8-3），受扭承载力将减小，应选 A 项。

7. 弯矩、剪力和扭矩共同作用下的弯剪扭构件承载力计算

《混规》规定：

6.4.12 在弯矩、剪力和扭矩共同作用下的矩形、T 形、I 形和箱形截面的弯剪扭构件，可按下列规定进行承载力计算：

1 当 V 不大于 $0.35f_tbh_0$ 或 V 不大于 $0.875f_tbh_0/(\lambda+1)$ 时，可仅计算受弯构件的正截面受弯承载力和纯扭构件的受扭承载力；

2 当 T 不大于 $0.175f_tW_t$ 或 T 不大于 $0.175\alpha_hf_tW_t$ 时，可仅验算受弯构件的正截面受弯承载力和斜截面受剪承载力。

6.4.13 矩形、T 形、I 形和箱形截面弯剪扭构件，其纵向钢筋截面面积应分别按受弯构件的正截面受弯承载力和剪扭构件的受扭承载力计算确定，并应配置在相应的位置；箍筋截面面积应分别按剪扭构件的受剪承载力和受扭承载力计算确定，并应配置在相应的位置。

五、受冲切构件

板中配置抗冲切箍筋或弯起钢筋的构造要求，《混规》规定：

9.1.11 混凝土板中配置抗冲切箍筋或弯起钢筋时，应符合下列构造要求：

1 板的厚度不应小于150mm；

图9.1.11 板中抗冲切钢筋布置
(a) 用箍筋作抗冲切钢筋；(b) 用弯起钢筋作抗冲切钢筋
注：图中尺寸单位mm。
1—架立钢筋；2—冲切破坏锥面；3—箍筋；4—弯起钢筋

2 按计算所需的箍筋及相应的架立钢筋应配置在与45°冲切破坏锥面相交的范围内，且从集中荷载作用面或柱截面边缘向外的分布长度不应小于$1.5h_0$（图9.1.11a）；箍筋直径不应小于6mm，且应做成封闭式，间距不应大于$h_0/3$，且不应大于100mm；

3 按计算所需弯起钢筋的弯起角度可根据板的厚度在30°～45°之间选取；弯起钢筋的倾斜段应与冲切破坏锥面相交（图9.1.11b），其交点应在集中荷载作用面或柱截面边缘以外$(1/2～2/3)h$的范围内。弯起钢筋直径不宜小于12mm，且每一方向不宜少于3根。

六、局部受压构件

配置间接钢筋的混凝土结构构件，其局部受压承载力计算，《混规》规定：

6.6.1 配置间接钢筋的混凝土结构构件，其局部受压区的截面尺寸应符合下列要求：

$$F_l \leqslant 1.35\beta_c\beta_l f_c A_{ln} \qquad (6.6.1-1)$$

$$\beta_l = \sqrt{\frac{A_b}{A_l}} \qquad (6.6.1-2)$$

式中：F_l——局部受压面上作用的局部荷载或局部压力设计值；

f_c——混凝土轴心抗压强度设计值；在后张法预应力混凝土构件的张拉阶段验算中，可根据相应阶段的混凝土立方体抗压强度f'_{cu}值按本规范表4.1.4-1的规定以线性内插法确定；

β_c——混凝土强度影响系数，按本规范第 6.3.1 条的规定取用；
β_l——混凝土局部受压时的强度提高系数；
A_l——混凝土局部受压面积；
A_{ln}——混凝土局部受压净面积；对后张法构件，应在混凝土局部受压面积中扣除孔道、凹槽部分的面积；
A_b——局部受压的计算底面积，按本规范第 6.6.2 条确定。

6.6.2 局部受压的计算底面积 A_b，可由局部受压面积与计算底面积按同心、对称的原则确定；常用情况，可按图 6.6.2 取用。

图 6.6.2　局部受压的计算底面积
A_l—混凝土局部受压面积；A_b—局部受压的计算底面积

6.6.3　配置方格网式或螺旋式间接钢筋（图 6.6.3）的局部受压承载力应符合下列规定：

$$F_l \leqslant 0.9(\beta_c\beta_l f_c + 2\alpha\rho_v\beta_{cor}f_{yv})A_{ln} \qquad (6.6.3\text{-}1)$$

当为方格网式配筋时（图 6.6.3a），钢筋网两个方向上单位长度内钢筋截面面积的比值不宜大于 1.5，其体积配筋率 ρ_v 应按下列公式计算：

$$\rho_v = \frac{n_1 A_{s1} l_1 + n_2 A_{s2} l_2}{A_{cor}s} \qquad (6.6.3\text{-}2)$$

当为螺旋式配筋时（图 6.6.3b），其体积配筋率 ρ_v 应按下列公式计算：

$$\rho_v = \frac{4A_{ss1}}{d_{cor}s} \qquad (6.6.3\text{-}3)$$

式中：β_{cor}——配置间接钢筋的局部受压承载力提高系数，可按本规范公式（6.6.1-2）计算，但公式中 A_b 应代之以 A_{cor}，且当 A_{cor} 大于 A_b 时，A_{cor} 取 A_b；当 A_{cor} 不大于混凝土局部受压面积 A_l 的 1.25 倍时，β_{cor} 取 1.0；
　　　　α——间接钢筋对混凝土约束的折减系数，按本规范第 6.2.16 条的规定取用；
　　　　f_{yv}——间接钢筋的抗拉强度设计值，按本规范第 4.2.3 条的规定采用；
　　　　A_{cor}——方格网式或螺旋式间接钢筋内表面范围内的混凝土核心截面面积，应大于混凝土局部受压面积 A_l，其重心应与 A_l 的重心重合，计算中按同心、对称的原则取值；

ρ_v——间接钢筋的体积配筋率；

n_1、A_{s1}——分别为方格网沿 l_1 方向的钢筋根数、单根钢筋的截面面积；

n_2、A_{s2}——分别为方格网沿 l_2 方向的钢筋根数、单根钢筋的截面面积；

A_{ss1}——单根螺旋式间接钢筋的截面面积；

d_{cor}——螺旋式间接钢筋内表面范围内的混凝土截面直径；

s——方格网式或螺旋式间接钢筋的间距，宜取30mm～80mm。

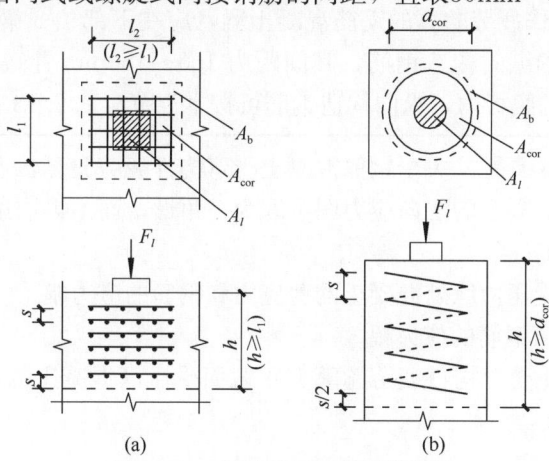

图 6.6.3 局部受压区的间接钢筋

(a) 方格网式配筋；(b) 螺旋式配筋

A_l—混凝土局部受压面积；A_b—局部受压的计算底面积；

A_{cor}—方格网式或螺旋式间接钢筋内表面范围内的混凝土核心面积

间接钢筋应配置在图 6.6.3 所规定的高度 h 范围内，方格网式钢筋，不应少于 4 片；螺旋式钢筋，不应少于 4 圈。柱接头，h 尚不应小于 $15d$，d 为柱的纵向钢筋直径。

需注意的是，上述规范式（6.6.3-1）中，f_{yv} 值，即间接钢筋的抗拉强度设计值，其数值不受限制，如当 $f_{yv} > 360\text{N/mm}^2$ 时，取 f_{yv} 的实际值进行计算。

七、疲劳强度验算

疲劳强度验算的基本假定和规定，《混规》规定：

6.7.1 受弯构件的正截面疲劳应力验算时，可采用下列基本假定：

1 截面应变保持平面；

2 受压区混凝土的法向应力图形取为三角形；

3 钢筋混凝土构件，不考虑受拉区混凝土的抗拉强度，拉力全部由纵向钢筋承受；要求不出现裂缝的预应力混凝土构件，受拉区混凝土的法向应力图形取为三角形；

4 采用换算截面计算。

6.7.2 在疲劳验算中，荷载应取用标准值；吊车荷载应乘以动力系数，并应符合现行国家标准《建筑结构荷载规范》GB 50009的规定。跨度不大于 12m 的吊车梁，可取用一台最大吊车的荷载。

6.7.3 钢筋混凝土受弯构件疲劳验算时，应计算下列部位的混凝土应力和钢筋应力幅：

1 正截面受压区边缘纤维的混凝土应力和纵向受拉钢筋的应力幅；
2 截面中和轴处混凝土的剪应力和箍筋的应力幅。
注：纵向受压普通钢筋可不进行疲劳验算。

钢筋混凝土受弯构件的正截面、斜截面的疲劳强度验算，《混规》作了具体规定。

需作疲劳验算的钢筋混凝土梁的配筋构造要求，《混规》规定：

9.2.14 薄腹梁或需作疲劳验算的钢筋混凝土梁，应在下部 1/2 梁高的腹板内沿两侧配置直径 8～14mm 的纵向构造钢筋，其间距为 100～150mm 并按下密上疏的方式布置。在上部1/2 梁高的腹板内，纵向构造钢筋可按本规范第9.2.13 条的规定配置。

【例 16-2-12】（历年真题）关于钢筋混凝土受弯构件疲劳验算，下列描述正确的是：

A. 正截面受压区混凝土的法向应力图可取为三角形，而不再取抛物状分布
B. 荷载应取设计值
C. 应计算正截面受压边缘处混凝土的剪应力和钢筋的应力幅
D. 应计算纵向受压钢筋的应力幅

【解答】钢筋混凝土受弯构件疲劳验算，正截面受压区混凝土的法向应力图取为三角形，应选 A 项。

习 题

16-2-1 （历年真题）若钢筋混凝土双筋矩形截面受弯构件的正截面受压区高度小于受压钢筋混凝土保护层厚度，表明：

A. 仅受拉钢筋未达到屈服
B. 仅受压钢筋未达到屈服
C. 受拉钢筋和受压钢筋均达到屈服
D. 受拉钢筋和受压钢筋均未达到屈服

16-2-2 （历年真题）一个钢筋混凝土矩形截面偏心受压短柱，当作用的轴向荷载 N 和弯矩 M 分别为 3000kN 和 350kN·m 时，该构件纵向受拉钢筋达到屈服，受压区混凝土也被压溃。试问下列哪组轴向荷载 N 和弯矩 M 作用下该柱一定处于安全状态？

A. $N=3200$kN，$M=350$kN·m
B. $N=2800$kN，$M=350$kN·m
C. $N=0$kN，$M=300$kN·m
D. $N=3000$kN，$M=300$kN·m

16-2-3 （历年真题）关于混凝土局部受压强度，下列描述中正确的是：

A. 不小于非局部受压时强度
B. 一定比非局部受压时的强度要大
C. 与非局部受压时强度相同
D. 一定比非局部受压时强度要小

16-2-4 （历年真题）为了避免钢筋混凝土受弯构件因斜截面受剪承载力不足而发生斜压破坏，下列措施不正确的是：

A. 增加截面高度　　　　　　　　B. 增加截面宽度
C. 提高混凝土强度等级　　　　　D. 提高配箍率

16-2-5 （历年真题）除了截面形式和尺寸外其他均相同的单筋矩形截面和 T 形截面，当截面高度及单筋矩形截面宽度与 T 形截面的翼缘计算宽度相同时，正确描述它们正截面极限承载能力的情况是：

A. 当受压区高度 x 小于 T 形截面翼缘厚度 h'_f 时，单筋矩形截面的正截面承载力 M_u 与 T 形截面的 M_u^T 相同
B. 当 $x<h'_f$ 时，$M_u>M_u^T$
C. 当 $x<h'_f$ 时，$M_u<M_u^T$
D. 当 $x>h'_f$ 时，$M_u<M_u^T$

16-2-6 （历年真题）关于钢筋混凝土矩形截面小偏心受压构件的构造要求，下列描述正确的是：

A. 宜采用高强度等级的混凝土
B. 宜采用高强度等级的纵筋
C. 截面长短边比值宜大于 1.5
D. 若采用高强度等级的混凝土，则需选用高强度等级的纵筋

16-2-7 （历年真题）关于钢筋混凝土梁，下列叙述中不正确的是：

A. 少筋梁受弯时，钢筋应力过早出现屈服点而引起梁的少筋破坏，因此不安全
B. 钢筋和混凝土之间的粘结力随混凝土的抗拉强度提高而增大
C. 利用塑性调幅法进行钢筋混凝土连续梁设计时，梁承载力比按弹性设计大，梁中裂缝宽度也大
D. 受剪破坏时，若剪跨比 $\lambda>3$ 时，一般不会发生斜压破坏

第三节　混凝土结构正常使用极限状态验算

一、抗裂与裂缝宽度的验算

1. 裂缝控制等级与最大裂缝宽度限值

《混规》规定：

> **3.4.4** 结构构件正截面的受力裂缝控制等级分为三级，等级划分及要求应符合下列规定：
>
> 　　一级——严格要求不出现裂缝的构件，按荷载标准组合计算时，构件受拉边缘混凝土不应产生拉应力。
>
> 　　二级——一般要求不出现裂缝的构件，按荷载标准组合计算时，构件受拉边缘混凝土拉应力不应大于混凝土抗拉强度的标准值。
>
> 　　三级——允许出现裂缝的构件：对钢筋混凝土构件，按荷载准永久组合并考虑长期作用影响计算时，构件的最大裂缝宽度不应超过本规范表 3.4.5 规定的最大裂缝宽度限值。对预应力混凝土构件，按荷载标准组合并考虑长期作用的影响计算时，构件的最大裂缝宽度不应超过本规范第 3.4.5 条规定的最大裂缝宽度限值；对二 a 类环境

的预应力混凝土构件，尚应按荷载准永久组合计算，且构件受拉边缘混凝土的拉应力不应大于混凝土的抗拉强度标准值。

3.4.5 结构构件应根据结构类型和本规范第3.5.2条规定的环境类别，按表3.4.5的规定选用不同的裂缝控制等级及最大裂缝宽度限值 $w_{\lim}$。

结构构件的裂缝控制等级及最大裂缝宽度的限值（mm） 表3.4.5

环境类别	钢筋混凝土结构		预应力混凝土结构	
	裂缝控制等级	$w_{\lim}$	裂缝控制等级	$w_{\lim}$
一	三级	0.30（0.40）	三级	0.20
二 a		0.20		0.10
二 b			二级	—
三 a、三 b			一级	—

注：1 对处于年平均相对湿度小于60%地区一类环境下的受弯构件，其最大裂缝宽度限值可采用括号内的数值；

2 在一类环境下，对钢筋混凝土屋架、托架及需作疲劳验算的吊车梁，其最大裂缝宽度限值应取为0.20mm；对钢筋混凝土屋面梁和托梁，其最大裂缝宽度限值应取为0.30mm；

3 在一类环境下，对预应力混凝土屋架、托架及双向板体系，应按二级裂缝控制等级进行验算；对一类环境下的预应力混凝土屋面梁、托梁、单向板，应按表中二a级环境的要求进行验算；在一类和二a类环境下需作疲劳验算的预应力混凝土吊车梁，应按裂缝控制等级不低于二级的构件进行验算。

需注意的是：①钢筋混凝土构件，裂缝宽度验算时荷载组合是取荷载准永久组合，并且考虑长期作用的影响；②预应力混凝土构件，裂缝宽度验算时荷载组合是取荷载标准组合，并且考虑长期作用的影响。二a类的预应力混凝土构件，还应取荷载准永久组合验算受拉边混凝土的拉应力不应大于 f_{tk} 值。

2. 最大裂缝宽度的验算

根据轴心受拉构件试验分析，钢筋和混凝土的应力是随着裂缝位置而变化的，呈波浪形起伏。《混规》所规定的裂缝开展宽度是指受拉钢筋重心处构件侧表面上混凝土的裂缝宽度，比构件混凝土底面的裂缝宽度小些。

试验表明，裂缝宽度的离散性比裂缝间距更大些，故平均裂缝宽度 w_m 的确定必须以平均裂缝间距 l_m 为基础。平均裂缝宽度 w_m 等于构件裂缝区段内钢筋的平均伸长与相交水平处构件侧表面混凝土平均伸长的差值，即 $w_m = \varepsilon_{sm} l_m - \varepsilon_{cm} l_m$ 或 $\alpha_c = 1 - \varepsilon_{cm}/\varepsilon_{sm}$，式中，$\varepsilon_{sm}$ 为受拉钢筋的平均拉应变，ε_{cm} 为与受拉钢筋相同水平处侧表面混凝土的平均拉应变。

将 w_m 乘以裂缝宽度扩大系数 τ 和长期荷载作用下的裂缝宽度扩大系数 τ_L 得到最大裂缝宽度 w_{max}，即《混规》式（7.1.2-1）。

正常使用极限状态验算的计算假定，《混规》规定：

7.1.3 在荷载准永久组合或标准组合下，钢筋混凝土构件、预应力混凝土构件开裂截面处受压边缘混凝土压应力、不同位置处钢筋的拉应力及预应力筋的等效应力宜按下列假定计算：

1 截面应变保持平面；

2 受压区混凝土的法向应力图取为三角形；
3 不考虑受拉区混凝土的抗拉强度；
4 采用换算截面。

最大裂缝宽度的验算，《混规》规定：

7.1.2 在矩形、T形、倒T形和I形截面的钢筋混凝土受拉、受弯和偏心受压构件及预应力混凝土轴心受拉和受弯构件中，按荷载标准组合或准永久组合并考虑长期作用影响的最大裂缝宽度可按下列公式计算：

$$w_{\max} = \alpha_{cr}\psi\frac{\sigma_s}{E_s}\left(1.9c_s + 0.08\frac{d_{eq}}{\rho_{te}}\right) \tag{7.1.2-1}$$

$$\psi = 1.1 - 0.65\frac{f_{tk}}{\rho_{te}\sigma_s} \tag{7.1.2-2}$$

$$d_{eq} = \frac{\sum n_i d_i^2}{\sum n_i \nu_i d_i} \tag{7.1.2-3}$$

$$\rho_{te} = \frac{A_s + A_p}{A_{te}} \tag{7.1.2-4}$$

式中：α_{cr}——构件受力特征系数，按表7.1.2-1采用；

ψ——裂缝间纵向受拉钢筋应变不均匀系数；当$\psi<0.2$时，取$\psi=0.2$；当$\psi>1.0$时，取$\psi=1.0$；对直接承受重复荷载的构件，取$\psi=1.0$；

σ_s——按荷载准永久组合计算的钢筋混凝土构件纵向受拉普通钢筋应力或按标准组合计算的预应力混凝土构件纵向受拉钢筋等效应力；

E_s——钢筋的弹性模量，按本规范表4.2.5采用；

c_s——最外层纵向受拉钢筋外边缘至受拉区底边的距离（mm）；当$c_s<20$时，取$c_s=20$；当$c_s>65$时，取$c_s=65$；

ρ_{te}——按有效受拉混凝土截面面积计算的纵向受拉钢筋配筋率；对无粘结后张构件，仅取纵向受拉普通钢筋计算配筋率；在最大裂缝宽度计算中，当$\rho_{te}<0.01$时，取$\rho_{te}=0.01$；

A_{te}——有效受拉混凝土截面面积：对轴心受拉构件，取构件截面面积；对受弯、偏心受压和偏心受拉构件，取$A_{te}=0.5bh+(b_f-b)h_f$，此处，b_f、h_f为受拉翼缘的宽度、高度；

A_s——受拉区纵向普通钢筋截面面积；

A_p——受拉区纵向预应力筋截面面积；

d_{eq}——受拉区纵向钢筋的等效直径（mm）；对无粘结后张构件，仅为受拉区纵向受拉普通钢筋的等效直径（mm）；

d_i——受拉区第i种纵向钢筋的公称直径；对于有粘结预应力钢绞线束的直径取为$\sqrt{n_1}d_{p1}$，其中d_{p1}为单根钢绞线的公称直径，n_1为单束钢绞线根数；

n_i——受拉区第 i 种纵向钢筋的根数;对于有粘结预应力钢绞线,取为钢绞线束数;

ν_i——受拉区第 i 种纵向钢筋的相对粘结特性系数,按表 7.1.2-2 采用。

注:1 对承受吊车荷载但不需作疲劳验算的受弯构件,可将计算求得的最大裂缝宽度乘以系数 0.85;

2 对按本规范第 9.2.15 条配置表层钢筋网片的梁,按公式(7.1.2-1)计算的最大裂缝宽度可适当折减,折减系数可取 0.7;

3 对 $e_0/h_0 \leqslant 0.55$ 的偏心受压构件,可不验算裂缝宽度。

构件受力特征系数 表 7.1.2-1

类型	α_{cr}	
	钢筋混凝土构件	预应力混凝土构件
受弯、偏心受压	1.9	1.5
偏心受拉	2.4	—
轴心受拉	2.7	2.2

钢筋的相对粘结特性系数 表 7.1.2-2

钢筋类别	钢筋		先张法预应力筋			后张法预应力筋		
	光圆钢筋	带肋钢筋	带肋钢筋	螺旋肋钢丝	钢绞线	带肋钢筋	钢绞线	光面钢丝
ν_i	0.7	1.0	1.0	0.8	0.6	0.8	0.5	0.4

注:对环氧树脂涂层带肋钢筋,其相对粘结特性系数应按表中系数的 80%取用。

根据《混规》式(7.1.2-1),控制和减小裂缝宽度的措施有:增大配筋降低钢筋应力、采用带肋钢筋、减小钢筋直径、增大混凝土的保护层厚度、提高混凝土强度从而减小不均匀系数 ψ 等。

【例 16-3-1】(历年真题)正常使用下的钢筋混凝土受弯构件正截面受力工作状态为:

A. 混凝土无裂缝且纵向受拉钢筋未屈服

B. 混凝土有裂缝且纵向受拉钢筋屈服

C. 混凝土有裂缝且纵向受拉钢筋未屈服

D. 混凝土无裂缝且纵向受拉钢筋屈服

【解答】正常使用下,钢筋混凝土受弯构件正截面混凝土有裂缝且纵向受拉钢筋未屈服,应选 C 项。

二、变形验算

根据适筋梁的 $M\text{-}f$ 关系曲线,在梁裂缝出现后,即第二阶段,由于混凝土的塑性发展,弹性模量降低,同时受拉区混凝土开裂,梁的惯性矩发生了质的变化,刚度下降,故在 $M\text{-}f$ 曲线中 f 比 M 增长得快。在正常使用情况下,梁受力状态一般位于第二阶段。因此,要验算钢筋混凝土受弯构件的挠度,关键是确定第二阶段中截面弯曲刚度 B。同时,在长期荷载作用下，构件的刚度将有所降低，《混规》采用了挠度增大的影响系数 θ 来考虑荷载长期作用的影响。在确定梁段刚度时采用了最小刚度原则，《混规》规定：

> **7.2.1** 钢筋混凝土和预应力混凝土受弯构件的挠度可按照结构力学方法计算，且不应超过本规范表 3.4.3 规定的限值。
>
> 在等截面构件中，可假定各同号弯矩区段内的刚度相等，并取用该区段内最大弯矩处的刚度。当计算跨度内的支座截面刚度不大于跨中截面刚度的 2 倍或不小于跨中截面刚度的 1/2 时，该跨也可按等刚度构件进行计算，其构件刚度可取跨中最大弯矩截面的刚度。
>
> **3.4.3** 钢筋混凝土受弯构件的最大挠度应按荷载的准永久组合，预应力混凝土受弯构件的最大挠度应按荷载的标准组合，并均应考虑荷载长期作用的影响进行计算，其计算值不应超过表 3.4.3 规定的挠度限值。
>
> 受弯构件的挠度限值　　　　表 3.4.3
>
> | 构件类型 | | 挠度限值 |
> | --- | --- | --- |
> | 吊车梁 | 手动吊车 | $l_0/500$ |
> | | 电动吊车 | $l_0/600$ |
> | 屋盖、楼盖及楼梯构件 | 当 $l_0<7\mathrm{m}$ 时 | $l_0/200$（$l_0/250$）|
> | | 当 $7\mathrm{m}\leqslant l_0 \leqslant 9\mathrm{m}$ 时 | $l_0/250$（$l_0/300$）|
> | | 当 $l_0>9\mathrm{m}$ 时 | $l_0/300$（$l_0/400$）|
>
> 注：1　表中 l_0 为构件的计算跨度；计算悬臂构件的挠度限值时，其计算跨度 l_0 按实际悬臂长度的 2 倍取用；
> 　　2　表中括号内的数值适用于使用上对挠度有较高要求的构件；
> 　　3　如果构件制作时预先起拱，且使用上也允许，则在验算挠度时，可将计算所得的挠度值减去起拱值；对预应力混凝土构件，尚可减去预加力所产生的反拱值；
> 　　4　构件制作时的起拱值和预加力所产生的反拱值，不宜超过构件在相应荷载组合作用下的计算挠度值。

1. 钢筋混凝土受弯构件的刚度 B 的计算

（1）短期刚度 B_s 的计算原理

沿梁长方向，各正截面上受拉钢筋的拉应变 ε_{tk}、受压边缘混凝土的压应变 ε_{ck} 都是不均匀分布的，裂缝截面处最大；沿梁长，截面受压区高度是变化的，裂缝截面处最小；当量测范围比较大时，各水平纤维的平均应变沿截面高度的变化符合平截面假定。因此，B_s 为：

$$B_s = \frac{M_k}{\phi} = \frac{M_k}{(\varepsilon_{sm}+\varepsilon_{cm})/h_0}$$

式中，ϕ 为平均曲率；ε_{sm}、ε_{cm} 分别为纵向受拉钢筋重心处的平均拉应变、受压区边缘混凝土的平均压应变。

（2）荷载长期作用下的刚度 B

在荷载长期作用下，受压混凝土将发生徐变，构件截面弯曲刚度将会降低，即构件的挠度将增长，《混规》规定，此时采用 B 计算荷载长期作用下的构件的挠度。对钢筋混凝土结构构件，《混规》规定：

7.2.2 矩形、T形、倒T形和I形截面受弯构件考虑荷载长期作用影响的刚度 B 可按下列规定计算：

　　2 采用荷载准永久组合时

$$B = \frac{B_s}{\theta} \tag{7.2.2-2}$$

式中：B_s——按荷载准永久组合计算的钢筋混凝土受弯构件，按本规范第7.2.3条计算；

　　　θ——考虑荷载长期作用对挠度增大的影响系数，按本规范第7.2.5条取用。

7.2.3 按裂缝控制等级要求的荷载组合作用下，钢筋混凝土受弯构件的短期刚度 B_s，可按下列公式计算：

　　1 钢筋混凝土受弯构件

$$B_s = \frac{E_s A_s h_0^2}{1.15\psi + 0.2 + \dfrac{6\alpha_E \rho}{1+3.5\gamma_f'}} \tag{7.2.3-1}$$

式中：ψ——裂缝间纵向受拉普通钢筋应变不均匀系数，按本规范第7.1.2条确定；

　　　α_E——钢筋弹性模量与混凝土弹性模量的比值，即 E_s/E_c；

　　　ρ——纵向受拉钢筋配筋率：对钢筋混凝土受弯构件，取为 $A_s/(bh_0)$；对预应力混凝土受弯构件，取为 $(\alpha_1 A_p + A_s)/(bh_0)$，对灌浆的后张预应力筋，取 $\alpha_1 = 1.0$，对无粘结后张预应力筋，取 $\alpha_1 = 0.3$；

　　　γ_f'——受压翼缘截面面积与腹板有效截面面积的比值。

7.2.5 考虑荷载长期作用对挠度增大的影响系数 θ 可按下列规定取用：

　　1 钢筋混凝土受弯构件

当 $\rho' = 0$ 时，取 $\theta = 2.0$；当 $\rho' = \rho$ 时，取 $\theta = 1.6$；当 ρ' 为中间数值时，θ 按线性内插法取用。此处，$\rho' = A_s'/(bh_0)$，$\rho = A_s/(bh_0)$。

对翼缘位于受拉区的倒T形截面，θ 应增加20%。

2. 挠度计算

对均布荷载的简支梁：$f = \dfrac{5ql^4}{384B} \leqslant [f]$

对跨中点作用集中荷载的简支梁：$f = \dfrac{Pl^3}{48B} \leqslant [f]$

对理想均质弹性梁：$f = S\dfrac{Ml^2}{B} \leqslant [f]$

式中，S 为与荷载形式、支承条件有关的挠度系数；M 值，对钢筋混凝土构件，取荷载的准永久组合值 M_q。

【例16-3-2】（历年真题）关于钢筋混凝土简支梁挠度验算的描述，不正确的是：

A. 作用荷载应取其标准值

B. 材料强度应取其标准值

C. 对带裂缝受力阶段的截面弯曲刚度按截面平均应变符合平截面假定计算

D. 对带裂缝受力阶段的截面弯曲刚度按截面开裂处的应变分布符合平截面假定计算

【解答】根据梁的截面刚度 B_s 的计算原理，D 项错误，应选 D 项。

【例 16-3-3】（历年真题）提高钢筋混凝土矩形截面受弯构件的弯曲刚度最有效的措施是：

A. 增加构件截面的有效高度　　　B. 增加受拉钢筋的配筋率

C. 增加构件截面的宽度　　　　　D. 提高混凝土强度等级

【解答】根据 B_s 的计算公式，B_s 与 h_0 的平方成正比，故最有效的措施是增加构件截面的有效高度，应选 A 项。

习　题

16-3-1　（历年真题）提高受弯构件抗弯刚度（减小挠度）最有效的措施是：

A. 加大截面宽度　　　　　　　　B. 增加受拉钢筋截面面积

C. 提高混凝土强度等级　　　　　D. 加大截面的有效高度

16-3-2　若其他条件完全相同，根据钢筋面积选择钢筋直径和根数时，对减小裂缝有利的是：

A. 较粗的带肋钢筋　　　　　　　B. 较粗的光圆钢筋

C. 较细的带肋钢筋　　　　　　　D. 较细的光圆钢筋

16-3-3　下列叙述错误的是：

A. 规范验算的裂缝宽度是指钢筋水平处构件侧表面的裂缝宽度

B. 受拉钢筋应变不均匀系数越大，表明混凝土参加工作程度越小

C. 钢筋混凝土梁采用高等级混凝土时，承载力提高有限，对裂缝宽度和刚度的影响也有限

D. 钢筋混凝土等截面受弯构件，其截面刚度不随荷载变化，但沿构件长度变化

第四节　预应力混凝土和构造要求

一、预应力混凝土基本概念

1. 预应力混凝土的特点

预应力混凝土的优点：①提高抗裂性、抗渗性，故提高了结构耐久性；②刚度大、变形小；③充分利用了高强钢筋和高强混凝土；④提高了受剪承载力，这是因为施加纵向预应力可延缓混凝土斜裂缝的形成。注意，它不能提高构件的正截面受拉（或受弯）承载力。

2. 材料

预加应力的方法有先张法、后张法两种。

预应力筋宜采用预应力钢丝、钢绞线和预应力螺纹钢筋。

3. 夹具和锚具

一般地，构件制成后能够取下重复使用的称夹具；留在构件上不再取下的称锚具。夹具和锚具主要依靠摩擦、握裹和承压锚固夹住或锚住钢筋。

锚具按所锚固的钢筋类型，可分为锚固粗钢筋的锚具、锚固平行钢筋（丝）束的锚具、锚固钢绞线束的锚具等；按锚固和传递预拉力的原理，可分为依靠承压力的锚具、依靠摩擦力的锚具、依靠粘结力的锚具等。

4. 张拉控制应力

张拉控制应力 σ_{con} 是指在张拉预应力筋时的最大应力值。为此，《混规》规定：

10.1.3 预应力筋的张拉控制应力 σ_{con} 应符合下列规定：

1 消除应力钢丝、钢绞线

$$\sigma_{con} \leqslant 0.75 f_{ptk} \qquad (10.1.3-1)$$

2 中强度预应力钢丝

$$\sigma_{con} \leqslant 0.70 f_{ptk} \qquad (10.1.3-2)$$

3 预应力螺纹钢筋

$$\sigma_{con} \leqslant 0.85 f_{pyk} \qquad (10.1.3-3)$$

式中：f_{ptk}——预应力筋极限强度标准值；
f_{pyk}——预应力螺纹钢筋屈服强度标准值。

消除应力钢丝、钢绞线、中强度预应力钢丝的张拉控制应力值不应小于 $0.4 f_{ptk}$；预应力螺纹钢筋的张拉应力控制值不宜小于 $0.5 f_{pyk}$。

当符合下列情况之一时，上述张拉控制应力限值可相应提高 $0.05 f_{ptk}$ 或 $0.05 f_{pyk}$：

1）要求提高构件在施工阶段的抗裂性能而在使用阶段受压区内设置的预应力筋；

2）要求部分抵消由于应力松弛、摩擦、钢筋分批张拉以及预应力筋与张拉台座之间的温差等因素产生的预应力损失。

10.1.4 施加预应力时，所需的混凝土立方体抗压强度应经计算确定，但不宜低于设计的混凝土强度等级值的75%。

注：当张拉预应力筋是为防止混凝土早期出现的收缩裂缝时，可不受上述限制，但应符合局部受压承载力的规定。

---

5. 预应力混凝土结构设计的基本规定

预应力混凝土结构设计的基本规定，《混规》规定：

10.1.1 预应力混凝土结构构件，除应根据设计状况进行承载力计算及正常使用极限状态验算外，尚应对施工阶段进行验算。

10.1.2 预应力混凝土结构设计应计入预应力作用效应；对超静定结构，相应的次弯矩、次剪力及次轴力等应参与组合计算。

需注意的是，预应力混凝土结构在施工阶段（包括制作、张拉、运输及安装等工序）

应进行承载能力极限状态验算。

6. 预应力损失计算

《混规》规定：

10.2.1 预应力筋中的预应力损失值可按表10.2.1的规定计算。

当计算求得的预应力总损失值小于下列数值时，应按下列数值取用：

先张法构件　　　　100N/mm²；

后张法构件　　　　80N/mm²。

预应力损失值（N/mm²）　　　　　　　　　　　　　　　表10.2.1

引起损失的因素		符号	先张法构件	后张法构件
张拉端锚具变形和预应力筋内缩		σ_{l1}	按本规范第10.2.2条的规定计算	按本规范第10.2.2条和第10.2.3条的规定计算
预应力筋的摩擦	与孔道壁之间的摩擦	σ_{l2}	—	按本规范第10.2.4条的规定计算
	张拉端锚口摩擦		按实测值或厂家提供的数据确定	
	在转向装置处的摩擦		按实际情况确定	
混凝土加热养护时，预应力筋与承受拉力的设备之间的温差		σ_{l3}	$2\Delta t$	—
预应力筋的应力松弛		σ_{l4}	消除应力钢丝、钢绞线 普通松弛： $$0.4\left(\frac{\sigma_{con}}{f_{ptk}}-0.5\right)\sigma_{con}$$ 低松弛： 当 $\sigma_{con} \leqslant 0.7 f_{ptk}$ 时 $$0.125\left(\frac{\sigma_{con}}{f_{ptk}}-0.5\right)\sigma_{con}$$ 当 $0.7 f_{ptk} < \sigma_{con} \leqslant 0.8 f_{ptk}$ 时 $$0.2\left(\frac{\sigma_{con}}{f_{ptk}}-0.575\right)\sigma_{con}$$ 中强度预应力钢丝：$0.08\sigma_{con}$ 预应力螺纹钢筋：$0.03\sigma_{con}$	
混凝土的收缩和徐变		σ_{l5}	按本规范第10.2.5条的规定计算	
用螺旋式预应力筋作配筋的环形构件，当直径 d 不大于3m时，由于混凝土的局部挤压		σ_{l6}	—	30

注：1　表中 Δt 为混凝土加热养护时，预应力筋与承受拉力的设备之间的温差（℃）；

　　2　当 $\sigma_{con}/f_{ptk} \leqslant 0.5$ 时，预应力筋的应力松弛损失值可取为零。

10.2.2 直线预应力筋由于锚具变形和预应力筋内缩引起的预应力损失值 σ_{l1} 应按下列公式计算：

$$\sigma_{l1} = \frac{a}{l} E_s \tag{10.2.2}$$

式中：a——张拉端锚具变形和预应力筋内缩值（mm），可按表 10.2.2 采用；
　　　l——张拉端至锚固端之间的距离（mm）。

锚具变形和预应力筋内缩值 a （mm）　　　　表 10.2.2

锚具类别		a
支承式锚具（钢丝束镦头锚具等）	螺帽缝隙	1
	每块后加垫板的缝隙	1
夹片式锚具	有顶压时	5
	无顶压时	6～8

注：1　表中的锚具变形和预应力筋内缩值也可根据实测数据确定；
　　2　其他类型的锚具变形和预应力筋内缩值应根据实测数据确定。

块体拼成的结构，其预应力损失尚应计及块体间填缝的预压变形。当采用混凝土或砂浆为填缝材料时，每条填缝的预压变形值可取为 1mm。

10.2.3 后张法构件曲线预应力筋或折线预应力筋由于锚具变形和预应力筋内缩引起的预应力损失值 σ_{l1}，应根据曲线预应力筋或折线预应力筋与孔道壁之间反向摩擦影响长度 l_f 范围内的预应力筋变形值等于锚具变形和预应力筋内缩值的条件确定，反向摩擦系数可按表 10.2.4 中的数值采用。

反向摩擦影响长度 l_f 及常用束形的后张预应力筋在反向摩擦影响长度 l_f 范围内的预应力损失值 σ_{l1} 可按本规范附录 J 计算。

10.2.4 预应力筋与孔道壁之间的摩擦引起的预应力损失值 σ_{l2}，宜按下列公式计算：

$$\sigma_{l2} = \sigma_{con} \left(1 - \frac{1}{e^{\kappa x + \mu \theta}}\right) \tag{10.2.4-1}$$

当（$\kappa x + \mu \theta$）不大于 0.3 时，σ_{l2} 可按下列近似公式计算：

$$\sigma_{l2} = (\kappa x + \mu \theta)\sigma_{con} \tag{10.2.4-2}$$

注：当采用夹片式群锚体系时，在 σ_{con} 中宜扣除锚口摩擦损失。

式中：x——从张拉端至计算截面的孔道长度，可近似取该段孔道在纵轴上的投影长度（m）；
　　　θ——从张拉端至计算截面曲线孔道各部分切线的夹角之和（rad）；
　　　κ——考虑孔道每米长度局部偏差的摩擦系数，按表 10.2.4 采用；
　　　μ——预应力筋与孔道壁之间的摩擦系数，按表 10.2.4 采用。

摩 擦 系 数　　　　　　　　表 10.2.4

孔道成型方式	κ	μ	
		钢绞线、钢丝束	预应力螺纹钢筋
预埋金属波纹管	0.0015	0.25	0.50
预埋塑料波纹管	0.0015	0.15	—
预埋钢管	0.0010	0.30	—
抽芯成型	0.0014	0.55	0.60
无粘结预应力筋	0.0040	0.09	

注：摩擦系数也可根据实测数据确定。

混凝土收缩、徐变引起受拉区和受压区纵向预应力筋的预应力损失值 σ_{l5}、σ'_{l5} 的计算，《混规》也作了规定。

预应力损失值的组合，《混规》规定：

10.2.7 预应力混凝土构件在各阶段的预应力损失值宜按表 10.2.7 的规定进行组合。

各阶段预应力损失值的组合　　　　　　　表 10.2.7

预应力损失值的组合	先张法构件	后张法构件
混凝土预压前（第一批）的损失	$\sigma_{l1}+\sigma_{l2}+\sigma_{l3}+\sigma_{l4}$	$\sigma_{l1}+\sigma_{l2}$
混凝土预压后（第二批）的损失	σ_{l5}	$\sigma_{l4}+\sigma_{l5}+\sigma_{l6}$

注：先张法构件由于预应力筋应力松弛引起的损失值 σ_{l4} 在第一批和第二批损失中所占的比例，如需区分，可根据实际情况确定。

7. 预应力筋的锚固长度及传递长度

预应力筋的基本锚固长度：$l_{ab}=\alpha\dfrac{f_{py}}{f_t}d$

式中，f_{py} 为预应力筋的抗拉强度设计值，其他符号见本章第二节。先张法预应力筋的传递长度的计算，《混规》规定：

10.1.9 先张法构件预应力筋的预应力传递长度 l_{tr} 应按下列公式计算：

$$l_{tr}=\alpha\dfrac{\sigma_{pe}}{f'_{tk}}d \tag{10.1.9}$$

式中：σ_{pe}——放张时预应力筋的有效预应力；

　　　d——预应力筋的公称直径，按本规范附录 A 采用；

　　　α——预应力筋的外形系数，按本规范表 8.3.1 采用；

　　　f'_{tk}——与放张时混凝土立方体抗压强度 f'_{cu} 相应的轴心抗拉强度标准值，按本规范表 4.1.3-2 以线性内插法确定。

当采用骤然放张预应力的施工工艺时，对光面预应力钢丝，l_{tr} 的起点应从距构件末端 $l_{tr}/4$ 处开始计算。

10.1.10 计算先张法预应力混凝土构件端部锚固区的正截面和斜截面受弯承载力时,锚固长度范围内的预应力筋抗拉强度设计值在锚固起点处应取为零,在锚固终点处应取为 f_{py},两点之间可按线性内插法确定。

当采用骤然放张预应力的施工工艺时,对光面预应力钢丝的锚固长度应从距构件末端 $l_{tr}/4$ 处开始计算。

8. 预应力混凝土框架梁及连续梁的弯矩调幅

《混规》规定:

10.1.8 对允许出现裂缝的后张法有粘结预应力混凝土框架梁及连续梁,在重力荷载作用下按承载能力极限状态计算时,可考虑内力重分布,并应满足正常使用极限状态验算要求。当截面相对受压区高度 ξ 不小于0.1且不大于0.3时,其任一跨内的支座截面最大负弯矩设计值可按下列公式(略)确定,且调幅幅度不宜超过重力荷载下弯矩设计值的20%。

二、轴拉构件

轴拉构件计算包括使用阶段的承载力计算、抗裂度验算、裂缝宽度验算;施工阶段张拉(或放松)预应力筋时构件的承载力计算、后张法构件端部锚固区局部受压验算。

1. 施工阶段和使用阶段的应力计算

先张法、后张法预应力混凝土轴心受拉构件施工阶段和使用阶段的应力分别见表16-4-1、表16-4-2。

2. 正截面抗裂度及裂缝宽度验算

《混规》将预应力混凝土构件分为三个裂缝控制等级,裂缝控制验算规定:

7.1.1 钢筋混凝土和预应力混凝土构件,应按下列规定进行受拉边缘应力或正截面裂缝宽度验算:

1 一级裂缝控制等级构件,在荷载标准组合下,受拉边缘应力应符合下列规定:
$$\sigma_{ck} - \sigma_{pc} \leqslant 0 \qquad (7.1.1-1)$$

2 二级裂缝控制等级构件,在荷载标准组合下,受拉边缘应力应符合下列规定:
$$\sigma_{ck} - \sigma_{pc} \leqslant f_{tk} \qquad (7.1.1-2)$$

3 三级裂缝控制等级时,钢筋混凝土构件的最大裂缝宽度可按荷载准永久组合并考虑长期作用影响的效应计算,预应力混凝土构件的最大裂缝宽度可按荷载标准组合并考虑长期作用影响的效应计算。最大裂缝宽度应符合下列规定:
$$w_{\max} \leqslant w_{\lim} \qquad (7.1.1-3)$$

对环境类别为二 a 类的预应力混凝土构件,在荷载准永久组合下,受拉边缘应力尚应符合下列规定:
$$\sigma_{cq} - \sigma_{pc} \leqslant f_{tk} \qquad (7.1.1-4)$$

式中:σ_{ck}、σ_{cq} ——荷载标准组合、准永久组合下抗裂验算边缘的混凝土法向应力;

先张法预应力混凝土轴心受拉构件施工阶段和使用阶段的应力

表 16-4-1

受力阶段		简图	预应力筋应力 σ_p	混凝土应力 σ_{pc}	普通钢筋应力 σ_s
施工阶段	a. 在台座上穿钢筋		0	—	—
	b. 张拉预应力筋		σ_{con}	—	—
	c. 完成第一批损失		$\sigma_{con} - \sigma_{lI}$	0	0
	d. 放松钢筋		$\sigma_{peI} = \sigma_{conI} - \sigma_{lI} - \alpha_E \sigma_{pcI}$	$\sigma_{pcI} = \dfrac{(\sigma_{con} - \sigma_{lI})A_p}{A_0}$（压）	$\sigma_{sI} = \alpha_E \sigma_{pcI}$（压）
	e. 完成第二批损失		$\sigma_{peII} = \sigma_{con} - \sigma_l - \alpha_E \sigma_{pcII}$ ($\sigma_c = \sigma_{cI} + \sigma_{cII}$)	$\sigma_{pcII} = \dfrac{(\sigma_{con} - \sigma_l)A_p - \sigma_{l5}A_s}{A_0}$（压）	$\sigma_{sII} = \alpha_E \sigma_{pcII} + \sigma_{l5}$（压）
使用阶段	f. 加载至 $\sigma_{pc}=0$		$\sigma_{p0} = \sigma_{con} - \sigma_l$	0	σ_{l5}（压）
	g. 加载至裂缝即将出现		$\sigma_{pcr} = \sigma_{con} - \sigma_l + \alpha_E f_{tk}$	f_{tk}（拉）	$\alpha_E f_{tk} - \sigma_{l5}$（拉）
	h. 加载至破坏		f_{py}	0	f_y（拉）

注：正截面受拉承载力为：$N \leq f_y A_s + f_{py} A_p$。

表 16-4-2

后张法预应力混凝土轴心受拉构件施工阶段和使用阶段的应力

受力阶段		简图	预应力筋应力 σ_p	混凝土应力 σ_{pc}	普通钢筋 σ_s
施工阶段	a. 穿钢筋		0	0	0
	b. 张拉钢筋	$\sigma_{pe}A_p$; σ_{pc}(压)	$\sigma_{con}-\sigma_{l2}$	$\sigma_{pc}=\dfrac{(\sigma_{con}-\sigma_{l2})A_p}{A_n}$ （压）	$\sigma_s=\alpha_E\sigma_{pc}$ （压）
	c. 完成第一批损失	$\sigma_{peI}A_p$; σ_{pcI}(压)	$\sigma_{peI}=\sigma_{con}-\sigma_{lI}$	$\sigma_{pcI}=\dfrac{(\sigma_{con}-\sigma_{lI})A_p}{A_n}$ （压）	$\sigma_{sI}=\alpha_E\sigma_{pcI}$ （压）
	d. 完成第二批损失	$\sigma_{peII}A_p$; σ_{pcII}(压)	$\sigma_{peII}=\sigma_{con}-\sigma_l$ $(\sigma_c=\sigma_{cI}+\sigma_{cII})$	$\sigma_{pcII}=\dfrac{(\sigma_{con}-\sigma_l)A_p-\sigma_{l5}A_s}{A_n}$ （压）	$\sigma_{sII}=\alpha_E\sigma_{pcII}+\sigma_{l5}$ （压）
使用阶段	e. 加载至 $\sigma_{pc}=0$	N_0; 消压 0	$\sigma_{p0}=\sigma_{con}-\sigma_l+\alpha_E\sigma_{pcII}$	0	σ_{l5} （压）
	f. 加载至裂缝即将出现	N_{cr}; f_{tk}(拉)	$\sigma_{pcr}=\sigma_{con}-\sigma_l+\alpha_E\sigma_{pcII}+\alpha_E f_{tk}$	f_{tk} （拉）	$\alpha_E f_{tk}-\sigma_{l5}$ （拉）
	g. 加载至破坏	N_u	f_{py}	0	f_y （拉）

注：正截面受拉承载力为：$N \leqslant f_y A_s + f_{py} A_p$。

σ_{pc}——扣除全部预应力损失后在抗裂验算边缘混凝土的预压应力,按本规范公式(10.1.6-1)和公式(10.1.6-4)计算;

f_{tk}——混凝土轴心抗拉强度标准值,按本规范表4.1.3-2采用;

w_{max}——按荷载的标准组合或准永久组合并考虑长期作用影响计算的最大裂缝宽度,按本规范第7.1.2条计算;

w_{lim}——最大裂缝宽度限值,按本规范第3.4.5条采用。

【例16-4-1】(历年真题)关于预应力钢筋混凝土轴心受拉构件的描述,下列说法不正确的是:

A. 即使张拉控制应力、材料强度等级、混凝土截面尺寸以及预应力钢筋和截面面积相同,后张法构件的有效预压应力值也比先张法高

B. 对预应力钢筋超张拉,可减少预应力钢筋的损失

C. 施加预应力不仅能提高构件抗裂度,也能提高其极限承载能力

D. 构件在使用阶段会始终处于受压状态,发挥了混凝土受压性能

【解答】对于轴心受拉构件,施加预应力仅提高其抗裂度,不提高其极限承载力,C项错,应选C项。

三、受弯构件

受弯构件计算内容包括使用阶段的受弯承载力计算、抗裂度与裂缝宽度验算、斜截面受剪承载力计算、斜截面抗裂度验算、变形(挠度)验算,施工阶段抗裂度验算。

1. 使用阶段的受弯承载力计算

10.1.17 预应力混凝土受弯构件的正截面受弯承载力设计值应符合下列要求:

$$M_u \geqslant M_{cr} \quad (10.1.17)$$

式中:M_u——构件的正截面受弯承载力设计值,按本规范公式(6.2.10-1)、公式(6.2.11-2)或公式(6.2.14)计算,但应取等号,并将M以M_u代替;

M_{cr}——构件的正截面开裂弯矩值,按本规范公式(7.2.3-6)计算。

10.1.17(条文说明)本条目的是控制受拉钢筋总配量不能过少,使构件具有应有的延性,防止其开裂后的突然脆断。

6.2.10 矩形截面或翼缘位于受拉边的倒T形截面受弯构件,其正截面受弯承载力应符合下列规定(图6.2.10):

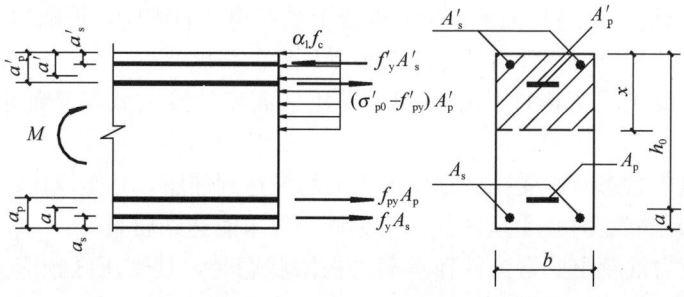

图6.2.10 矩形截面受弯构件正截面受弯承载力计算

$$M \leqslant \alpha_1 f_c bx\left(h_0 - \frac{x}{2}\right) + f'_y A'_s (h_0 - a'_s)$$
$$- (\sigma'_{p0} - f'_{py}) A'_p (h_0 - a'_p) \tag{6.2.10-1}$$

混凝土受压区高度应按下列公式确定：

$$\alpha_1 f_c bx = f_y A_s - f'_y A'_s + f_{py} A_p + (\sigma'_{p0} - f'_{py}) A'_p \tag{6.2.10-2}$$

混凝土受压区高度尚应符合下列条件：

$$x \leqslant \xi_b h_0 \tag{6.2.10-3}$$

$$x \geqslant 2a' \tag{6.2.10-4}$$

式中：M——弯矩设计值；

α_1——系数，按本规范第 6.2.6 条的规定计算；

f_c——混凝土轴心抗压强度设计值；

A_s、A'_s——受拉区、受压区纵向普通钢筋的截面面积；

A_p、A'_p——受拉区、受压区纵向预应力筋的截面面积；

σ'_{p0}——受压区纵向预应力筋合力点处混凝土法向应力等于零时的预应力筋应力；

b——矩形截面的宽度或倒 T 形截面的腹板宽度；

h_0——截面有效高度；

a'_s、a'_p——受压区纵向普通钢筋合力点、预应力筋合力点至截面受压边缘的距离；

a'——受压区全部纵向钢筋合力点至截面受压边缘的距离，当受压区未配置纵向预应力筋或受压区纵向预应力筋应力 $(\sigma'_{p0} - f'_{py})$ 为拉应力时，公式 (6.2.10-4) 中的 a' 用 a'_s 代替。

对《混规》式（6.2.10-2）中 $(\sigma'_{p0} - f'_{py}) A'_p$ 的理解：随着荷载的不断增加，在受压区的预应力筋 A'_p 重心处的混凝土压应力有所增加，预应力筋 A'_p 的拉应力随之减小。当截面到达破坏时，A'_p 的应力可能仍为拉应力，也可能变为压应力，但其应力值却达不到抗压强度设计值 f'_{py}（或未达到屈服），而仅为 $\sigma'_{p0} - f'_{py}$。

【例 16-4-2】（历年真题）关于预应力混凝土受弯构件的描述，正确的是：

A. 受压区设置预应力钢筋目的是增强该受压区的强度

B. 预应力混凝土受弯构件的界限相对受压区高度计算公式与钢筋混凝土受弯构件相同

C. 承载力极限状态时，受拉区预应力钢筋均能达到屈服，且受压区混凝土被压溃

D. 承载力极限状态时，受压区预应力钢筋一般未能达到屈服

【解答】预应力混凝土受弯构件在承载力极限状态时，其受压区预应力钢筋一般未能达到屈服，应选 D 项。

2. 受弯构件变形验算

预应力混凝土受弯构件的挠度应满足下列条件：
$$f_{1l} - f_{2l} \leqslant [f]$$
式中，f_{1l} 为由荷载标准组合并考虑荷载长期作用的影响产生的挠度；f_{2l} 为由预加应力产生的，并考虑预压应力长期作用的影响产生的挠度。

受弯构件变形验算步骤如下：

第一步：计算预应力混凝土受弯构件的刚度 B，《混规》规定：

7.2.2 矩形、T形、倒T形和I形截面受弯构件考虑荷载长期作用影响的刚度 B 可按下列规定计算：

1 采用荷载标准组合时

$$B = \frac{M_k}{M_q(\theta - 1) + M_k} B_s \tag{7.2.2-1}$$

式中：M_k——按荷载的标准组合计算的弯矩，取计算区段内的最大弯矩值；

M_q——按荷载的准永久组合计算的弯矩，取计算区段内的最大弯矩值；

B_s——按标准组合计算的预应力混凝土受弯构件的短期刚度，按本规范第 7.2.3 条计算；

θ——考虑荷载长期作用对挠度增大的影响系数，按本规范第 7.2.5 条取用（即 $\theta = 2.0$）。

7.2.3 按裂缝控制等级要求的荷载组合作用下，预应力混凝土受弯构件的短期刚度 B_s，可按下列公式计算：

2 预应力混凝土受弯构件

1） 要求不出现裂缝的构件

$$B_s = 0.85 E_c I_0 \tag{7.2.3-2}$$

2） 允许出现裂缝的构件

$$B_s = \frac{0.85 E_c I_0}{\kappa_{cr} + (1 - \kappa_{cr})\omega} \tag{7.2.3-3}$$

$$\kappa_{cr} = \frac{M_{cr}}{M_k} \tag{7.2.3-4}$$

$$\omega = \left(1.0 + \frac{0.21}{\alpha_E \rho}\right)(1 + 0.45\gamma_f) - 0.7 \tag{7.2.3-5}$$

$$M_{cr} = (\sigma_{pc} + \gamma f_{tk}) W_0 \tag{7.2.3-6}$$

$$\gamma_f = \frac{(b_f - b) h_f}{b h_0} \tag{7.2.3-7}$$

式中：ψ——裂缝间纵向受拉普通钢筋应变不均匀系数，按本规范第 7.1.2 条确定；

α_E——钢筋弹性模量与混凝土弹性模量的比值，即 E_s/E_c；

ρ——纵向受拉钢筋配筋率,对钢筋混凝土受弯构件,取为 $A_s/(bh_0)$;对预应力混凝土受弯构件,取为 $(\alpha_1 A_p + A_s)/(bh_0)$,对灌浆的后张预应力筋,取 $\alpha_1 = 1.0$,对无粘结后张预应力筋,取 $\alpha_1 = 0.3$;

I_0——换算截面惯性矩;

γ_f——受拉翼缘截面面积与腹板有效截面面积的比值;

b_f、h_f——分别为受拉区翼缘的宽度、高度;

κ_{cr}——预应力混凝土受弯构件正截面的开裂弯矩 M_{cr} 与弯矩 M_k 的比值,当 $\kappa_{cr} > 1.0$ 时,取 $\kappa_{cr} = 1.0$;

σ_{pc}——扣除全部预应力损失后,由预加力在抗裂验算边缘产生的混凝土预压应力;

γ——混凝土构件的截面抵抗矩塑性影响系数,按本规范第7.2.4条确定。

注:对预压时预拉区出现裂缝的构件,B_s 应降低10%。

第二步:计算挠度 f_{1l}。

计算方法与钢筋混凝土受弯构件中的挠度计算方法一致,但 M 值取荷载标准组合下的值。

第三步:计算挠度(反拱值)f_{2l}。

四、构造要求

混凝土结构的构造要求包括:伸缩缝;混凝土保护层;钢筋的锚固与连接;纵向受力钢筋的最小配筋率等。

1. 伸缩缝

《混规》对伸缩缝的规定:

8.1.1 钢筋混凝土结构伸缩缝的最大间距可按表8.1.1确定。

钢筋混凝土结构伸缩缝最大间距(m)　　　　表8.1.1

结构类别		室内或土中	露 天
排架结构	装配式	100	70
框架结构	装配式	75	50
	现浇式	55	35
剪力墙结构	装配式	65	40
	现浇式	45	30
挡土墙、地下室墙壁等类结构	装配式	40	30
	现浇式	30	20

注:1 装配整体式结构的伸缩缝间距,可根据结构的具体情况取表中装配式结构与现浇式结构之间的数值;
　　2 框架-剪力墙结构或框架-核心筒结构房屋的伸缩缝间距,可根据结构的具体情况取表中框架结构与剪力墙结构之间的数值;
　　3 当屋面无保温或隔热措施时,框架结构、剪力墙结构的伸缩缝间距宜按表中露天栏的数值取用;
　　4 现浇挑檐、雨罩等外露结构的局部伸缩缝间距不宜大于12m。

8.1.2 对下列情况，本规范表 8.1.1 中的伸缩缝最大间距宜适当减小：
 1 柱高（从基础顶面算起）低于 8m 的排架结构；
 2 屋面无保温、隔热措施的排架结构；
 3 位于气候干燥地区、夏季炎热且暴雨频繁地区的结构或经常处于高温作用下的结构；
 4 采用滑模类工艺施工的各类墙体结构；
 5 混凝土材料收缩较大，施工期外露时间较长的结构。

8.1.3 如有充分依据对下列情况，本规范表 8.1.1 中的伸缩缝最大间距可适当增大：
 1 采取减小混凝土收缩或温度变化的措施；
 2 采用专门的预加应力或增配构造钢筋的措施；
 3 采用低收缩混凝土材料，采取跳仓浇筑、后浇带、控制缝等施工方法，并加强施工养护。
 当伸缩缝间距增大较多时，尚应考虑温度变化和混凝土收缩对结构的影响。

8.1.4 当设置伸缩缝时，框架、排架结构的双柱基础可不断开。

需注意的是，设置后浇带可适当增大伸缩缝间距，但不能代替伸缩缝。

2. 混凝土保护层

钢筋的混凝土保护层厚度是按结构构件中最外层钢筋（包括箍筋、构造筋、分布筋等）的外缘计算。同时，普通钢筋的混凝土保护层厚度不应小于普通钢筋的公称直径（即单筋的公称直径或并筋的等效直径），且不应小于 15mm，以保证握裹层混凝土对钢筋的锚固。《混规》规定：

8.2.1 构件中普通钢筋及预应力筋的混凝土保护层厚度应满足下列要求。
 1 构件中受力钢筋的保护层厚度不应小于钢筋的公称直径 d；
 2 设计使用年限为 50 年的混凝土结构，最外层钢筋的保护层厚度应符合表 8.2.1 的规定；设计使用年限为 100 年的混凝土结构，最外层钢筋的保护层厚度不应小于表 8.2.1 中数值的 1.4 倍。

混凝土保护层的最小厚度 c（mm） 表 8.2.1

环境类别	板、墙、壳	梁、柱、杆
一	15	20
二 a	20	25
二 b	25	35
三 a	30	40
三 b	40	50

注：1 混凝土强度等级不大于 C25 时，表中保护层厚度数值应增加 5mm；
　　2 钢筋混凝土基础宜设置混凝土垫层，基础中钢筋的混凝土保护层厚度应从垫层顶面算起，且不应小于 40mm。

8.2.2 当有充分依据并采取下列措施时，可适当减小混凝土保护层的厚度。
 1 构件表面有可靠的防护层；

2 采用工厂化生产的预制构件;

3 在混凝土中掺加阻锈剂或采用阴极保护处理等防锈措施;

4 当对地下室墙体采取可靠的建筑防水做法或防护措施时,与土层接触一侧钢筋的保护层厚度可适当减少,但不应小于 25mm。

8.2.3 当梁、柱、墙中纵向受力钢筋的保护层厚度大于 50mm 时,宜对保护层采取有效的构造措施。当在保护层内配置防裂、防剥落的钢筋网片时,网片钢筋的保护层厚度不应小于 25mm。

3. 纵向受力钢筋的最小配筋率

非抗震设计时,按《混凝土结构通用规范》规定,钢筋混凝土结构构件中纵向受力钢筋的最小配筋百分率 ρ_{min} 不应小于表 16-4-3 规定的数值。

纵向受力钢筋的最小配筋百分率 ρ_{min} (%)　　　　　表 16-4-3

受力类型			最小配筋百分率
受压构件	全部纵向钢筋	强度等级 500MPa	0.50
		强度等级 400MPa	0.55
		强度等级 300MPa	0.60
	一侧纵向钢筋		0.20
受弯构件、偏心受拉、轴心受拉构件一侧的受拉钢筋			0.20 和 $45f_t/f_y$ 中的较大值

注:1. 受压构件全部纵向钢筋最小配筋百分率,当采用 C60 以上强度等级的混凝土时,应按表中规定增加 0.10;
　　2. 偏心受拉构件中的受压钢筋,应按受压构件一侧纵向钢筋考虑;
　　3. 受压构件的全部纵向钢筋和一侧纵向钢筋的配筋率以及轴心受拉构件和小偏心受拉构件一侧受拉钢筋的配筋率均应按构件的全截面面积计算;
　　4. 受弯构件、大偏心受拉构件一侧受拉钢筋的配筋率应按全截面面积扣除受压翼缘面积 $(b'_f-b)h'_f$ 后的截面面积计算;
　　5. 当钢筋沿构件截面周边布置时,"一侧纵向钢筋"系指沿受力方向两个对边中一边布置的纵向钢筋。

除悬臂板、柱支承板之外的板类受弯构件,当纵向受拉钢筋采用强度等级 500MPa 的钢筋时,其最小配筋率应允许采用 0.15% 和 $0.45f_t/f_y$ 中的较大值。

卧置于地基上的混凝土板,板中受拉钢筋的最小配筋率可适当降低,但不应小于 0.15%。

4. 吊环

《混规》规定:

9.7.6 吊环应采用 HPB300 钢筋或 Q235B 圆钢,并应符合下列规定:

1 吊环锚入混凝土中的深度不应小于 $30d$ 并应焊接或绑扎在钢筋骨架上,d 为吊环钢筋或圆钢的直径。

2 应验算在荷载标准值作用下的吊环应力,验算时每个吊环可按两个截面计算。对 HPB300 钢筋,吊环应力不应大于 $65N/mm^2$;对 Q235B 圆钢,吊环应力不应大于 $50N/mm^2$。

3 当在一个构件上设有 4 个吊环时,应按 3 个吊环进行计算。

习 题

16-4-1 与钢筋混凝土受弯构件相比,预应力混凝土受弯构件的特点是:
①正截面极限承载力大大提高;②构件开裂荷载明显提高;
③外荷作用下构件的挠度减小;④构件在使用阶段刚度比普通构件明显提高。
A. ①②③ B. ①②③④
C. ②③④ D. ②③

16-4-2 预应力混凝土轴心受拉构件的消压状态就是:
A. 预应力钢筋位置处的混凝土应力为零的状态
B. 外荷载为零时的状态
C. 预应力钢筋为零时的状态
D. 构件将要破坏时的状态

第五节 梁板结构与单层厂房

一、梁板结构

1. 塑性内力重分布

(1) 塑性铰

塑性铰的特点:①只能承受弯矩;②是单向铰,只能沿弯矩作用方向转动;③它的转动有限度,从钢筋屈服到混凝土压坏。

塑性铰与普通铰相比,有以下区别:

第一,普通铰截面可以任意转动,不传递或承受弯矩,且能沿任意方向转动;塑性铰截面在承受相当于截面塑性承载力的弯矩 M_u 后,可以转动,但不再承受新增加的弯矩;转动方向只能沿弯矩作用方向。

第二,普通铰截面的转动幅度不受限制,塑性铰截面的转动幅度不能过大,否则会引起结构过大的变形和挠度,影响正常使用。

塑性铰的转动能力,其主要取决于钢筋种类、配筋率、混凝土的极限压缩变形。当低或中等配筋率(或 ξ 值较低)时,其内力重分布,主要取决于钢筋的流幅;当较高配筋率(或 ξ 值较大)时,内力重分布取决于混凝土的极限压缩变形。

(2) 塑性内力重分布计算方法的适用范围

对于下列结构在受弯承载力计算时,不应考虑塑性内力重分布,应按弹性理论方法计算其内力:直接承受动力荷载的构件;要求不出现裂缝或处于侵蚀环境等情况下的结构。

此外,按考虑塑性内力重分布分析方法设计的结构和构件,尚应满足正常使用极限状态的要求,或采取有效的构造措施。

(3) 连续梁(板)塑性内力重分布计算方法

目前,关于连续梁(板)考虑塑性内力重分布的计算方法较多采用弯矩调幅法。弯矩调幅法是调整(一般降低)结构按弹性理论计算得到的某些截面的最大弯矩值。弯矩调幅法的基本原则如下:

1) 控制弯矩调幅值,一般情况下不宜超过按弹性理论计算所得弯矩值的 20%(板或25%（梁）。

2）必须保证在调幅截面形成的塑性铰具有足够的转动能力，故钢筋宜选用HRB400级、HRB500级热轧钢筋，混凝土强度等级宜在C25～C45，梁端截面相对受压区高度ξ≤0.35，且不宜小于0.10。

3）梁端负弯矩调幅后，梁跨中弯矩应按平衡条件相应增大。

4）梁跨中截面正弯矩设计值不应小于竖向荷载作用下按简支梁计算的跨中弯矩设计值的50%。

5）各控制截面的剪力设计值按荷载最不利布置和调整后的支座弯矩由静力平衡条件计算确定。

2. 单向板肋梁楼盖

《混规》规定，对四边均有支承的板，通常当长边l_2与短边l_1的比$l_2/l_1 \geq 3$时按单向板设计。

（1）计算简图

对于板、次梁的支座均视为铰支座。对于主梁，当两边支座为砖墙，中间支座为钢筋混凝土柱，如果与主梁整浇的钢筋混凝土柱的线刚度与主梁的线刚度之比小于1/5时，则可将主梁视作铰支于钢筋混凝土柱上的连续梁进行内力分析，否则应按框架计算梁的内力。

对于各跨荷载相同，且跨数超过5跨的等跨等截面连续梁（板），可按5跨来计算其内力。连续梁（板）上的荷载包括恒荷载（亦称永久荷载）和活荷载（亦称可变荷载）。恒荷载是固定存在的，故为全跨满布。活荷载是可变的，不一定全跨满布，其布置原则如下：

1）求某跨跨内的最大正弯矩，该跨应满布活荷载，其余每隔一跨布置活荷载。

2）求某支座的最大负弯矩和最大支座剪力时，该支座相邻两跨应满布活荷载，其余每隔一跨布置活荷载。

上述原则称为活荷载最不利的布置原则，具体见表16-5-1。

活荷载在梁（板）上最不利的布置原则　　　　表16-5-1

活荷载布置图	最大值	
	弯矩	剪力
（跨1、3、5布置活荷载）	M_1、M_3、M_5	V_A、V_F
（跨2、4布置活荷载）	M_2、M_4	
（跨1、2、4布置活荷载）	M_B	$V_{B左}$、$V_{B右}$
（跨2、3、5布置活荷载）	M_C	$V_{C左}$、$V_{C右}$
（跨1、3、4布置活荷载）	M_D	$V_{D左}$、$V_{D右}$
（跨2、4、5布置活荷载）	M_E	$V_{E左}$、$V_{E右}$

板、梁的计算跨度 l_0 值应按支座处板、梁的实际可能的转动情况确定。

单跨梁： $$l_0 = l_n + a \leqslant 1.05 l_n$$

单跨板： $$l_0 = \begin{cases} l_n + h & （两端搁置在墙上） \\ l_n + \dfrac{h}{2} & \left(\begin{array}{l}\text{一端搁置在墙上，}\\ \text{一端与梁整浇}\end{array}\right) \\ l_n & （两端与梁整浇） \end{cases}$$

式中，l_n 为板或梁的净跨；h 为板厚；a 为梁的支承长度。

多跨连续的板、梁，对支座为整浇的梁或柱，l_0 一般可取支座中心线间距离。

【例 16-5-1】（历年真题）如图所示五等跨连续梁，为使第 2 跨和第 3 跨间的支座上出现最大负弯矩，活荷载应布置在以下几跨：

A. 第 2、3、4 跨
B. 第 1、2、3、4、5 跨
C. 第 2、3、5 跨
D. 第 1、3、5 跨

例 16-5-1 图

【解答】根据活荷载最不利布置原则，应布置在第 2、3、5 跨，应选 C 项。

【例 16-5-2】（历年真题）两端固定的均布荷载作用钢筋混凝土梁，其支座负弯矩与正弯矩的极限承载力绝对值相等。若按塑性内力重分布计算，支座弯矩调幅系数为：

A. 0.8   B. 0.75   C. 0.7   D. 0.65

【解答】调幅前：$M_支 = \dfrac{1}{12}ql^2$，$M_中 = \dfrac{1}{24}ql^2$

调幅系数为 β，则：$\beta M_支 = (1-\beta) M_支 + M_中$

$$\beta \cdot \dfrac{1}{12}ql^2 = (1-\beta) \cdot \dfrac{1}{12}ql^2 + \dfrac{1}{24}ql^2$$

可得：$\beta = 0.75$，应选 B 项。

(2) 弯矩、剪力计算值

为考虑支座抵抗转动的影响，一般采用增大永久荷载，相应地减小可变荷载的办法，即以折算荷载代替实际计算荷载。

连续板的折算永久荷载： $$g' = g + \dfrac{1}{2}q$$

连续板的折算可变荷载： $$q' = \dfrac{1}{2}q$$

连续梁的折算永久荷载： $$g'_b = g + \dfrac{1}{4}q$$

连续梁的折算可变荷载： $$q'_b = \dfrac{3}{4}q$$

式中，g、q 分别为实际永久荷载、实际可变荷载。

当板或梁支承在砖墙上时，荷载不得折算；对主梁按连续梁计算时，因柱对梁的约束作用小，故对主梁荷载不进行折算。

弯矩、剪力的最大者，即危险截面是在支座边界处。求支座弯矩时，取该支座相邻两跨计算跨度的平均值进行计算。

(3) 考虑塑性内力重分布的计算

弯矩： $$M = \alpha(g+q)l_0^2$$
剪力： $$V = \beta(g+q)l_n$$

式中，α、β 分别为弯矩系数、剪力系数；l_0 为计算跨度；l_n 为净跨度。

需注意的是：①求支座弯矩时，取该支座相邻两跨计算跨度的较大值进行计算；②对跨度差别小于 10% 的不等跨连续板、梁，仍用上述公式计算，但支座弯矩应按相邻的较大计算跨度计算；跨中弯矩仍取本跨的计算跨度计算。

(4) 板的构造要求

现浇钢筋混凝土单向板的跨厚比不大于 30，双向板不大于 40；无梁支承的有柱帽板的跨厚比不大于 35（无柱帽板不大于 30）。

根据《混凝土结构通用规范》规定，现浇钢筋混凝土板的厚度不应小于表 16-5-2 规定的数值。

板的最小厚度 (mm)　　　　表 16-5-2

板的类型		最小厚度
实心楼板		80
密肋楼盖	上、下面板	50
	肋高	250
悬臂板（根部）	悬臂长度不大于 500mm	60
	悬臂长度 1200mm	100
无梁楼板		150
现浇空心楼板，其顶板、底板		50

板的配筋构造要求，《混规》规定：

> 9.1.3 板中受力钢筋的间距，当板厚不大于 150mm 时不宜大于 200mm；当板厚大于 150mm 时不宜大于板厚的 1.5 倍，且不宜大于 250mm。
>
> 9.1.4 采用分离式配筋的多跨板，板底钢筋宜全部伸入支座；支座负弯矩钢筋向跨内延伸的长度应根据负弯矩图确定，并满足钢筋锚固的要求。
>
> 9.1.5 现浇混凝土空心楼板的体积空心率不宜大于 50%。
>
> 9.1.6 按简支边或非受力边设计的现浇混凝土板，当与混凝土梁、墙整体浇筑或嵌固在砌体墙内时，应设置板面构造钢筋，并符合下列要求：
>
> 1 钢筋直径不宜小于 8mm，间距不宜大于 200mm，且单位宽度内的配筋面积不宜小于跨中相应方向板底钢筋截面面积的 1/3。与混凝土梁、混凝土墙整体浇筑单向板的非受力方向，钢筋截面面积尚不宜小于受力方向跨中板底钢筋截面面积的 1/3。
>
> 2 钢筋从混凝土梁边、柱边、墙边伸入板内的长度不宜小于 $l_0/4$，砌体墙支座处钢筋伸入板边的长度不宜小于 $l_0/7$，其中计算跨度 l_0 对单向板按受力方向考虑，对双向板按短边方向考虑。
>
> 3 在楼板角部，宜沿两个方向正交、斜向平行或放射状布置附加钢筋。
>
> 4 钢筋应在梁内、墙内或柱内可靠锚固。

9.1.7 当按单向板设计时，应在垂直于受力的方向布置分布钢筋，单位宽度上的配筋不宜小于单位宽度上的受力钢筋的 15%，且配筋率不宜小于 0.15%；分布钢筋直径不宜小于 6mm，间距不宜大于 250mm；当集中荷载较大时，分布钢筋的配筋面积尚应增加，且间距不宜大于 200mm。

当有实践经验或可靠措施时，预制单向板的分布钢筋可不受本条的限制。

9.1.8 在温度、收缩应力较大的现浇板区域，应在板的表面双向配置防裂构造钢筋。配筋率均不宜小于 0.10%，间距不宜大于 200mm。防裂构造钢筋可利用原有钢筋贯通布置，也可另行设置钢筋并与原有钢筋按受拉钢筋的要求搭接或在周边构件中锚固。

楼板平面的瓶颈部位宜适当增加板厚和配筋。沿板的洞边、凹角部位宜加配防裂构造钢筋，并采取可靠的锚固措施。

9.1.9 混凝土厚板及卧置于地基上的基础筏板，当板的厚度大于 2m 时，除应沿板的上、下表面布置的纵、横方向钢筋外，尚宜在板厚度不超过 1m 范围内设置与板面平行的构造钢筋网片，网片钢筋直径不宜小于 12mm，纵横方向的间距不宜大于 300mm。

(5) 次梁、主梁的计算和构造

次梁可按塑性内力重分布方法进行内力计算。主梁通常按弹性理论方法进行，不考虑塑性内力重分布。设计时，应在主梁承受次梁传来的集中力处设置附加横向钢筋，即箍筋或吊筋。

3. 双向板肋梁楼盖

四边支承的板，当长边 l_2 与短边 l_1 之比为 $2<l_2/l_1<3$，按弹性理论计算时，宜按双向板计算；当 $l_2/l_1\leqslant 2$ 时，按双向板计算；按塑性理论计算时，$l_2/l_1\leqslant 3$，按双向板计算。

(1) 双向板按弹性理论计算

单跨双向板，当板厚 h 小于板短边边长的 $\dfrac{1}{30}$，且板的挠度远小于板的厚度时，单跨双向板可按弹性薄板小挠度理论计算，并制成表格可供设计使用。

多跨连续双向板，当同一方向相邻最小跨度与最大跨度之比大于 0.75 时，可采用以单区格板计算为基础的简化计算法。当求跨中最大弯矩时，将活荷载分解为对称与反对称荷载情况，如图 16-5-1 所示：

图 16-5-1

对称情况： $g+\dfrac{q}{2}$

反对称情况： $\pm\dfrac{q}{2}$

在对称荷载作用下，所在中间区格板均可认为是四边固定边；边区格则为三边为固定边，一边为实际情况；角区格则两内边为固定边，两个边为实际情况。经过这样处理，只有 6 种可能的边界条件，可利用单跨双向板的内力计算表格，求出每一区格在对称荷载作用下的跨中弯矩。

在反对称荷载$\pm\frac{q}{2}$作用下，中间支座视为简支边，若边支座为简支边，则所有区格板均为四边简支板，利用表格可求得反对称荷载作用下的跨中最大弯矩。最后，将两种荷载情况的跨中弯矩进行叠加，可求出各区格板跨中最大正弯矩。

当求支座最大弯矩时，可假定全板各区格满布活荷载，对内区格可按四边固定的单跨双向板计算其支座弯矩；边区格，其内支座为固定边，边支座边界条件按实际情况考虑，计算出其支座弯矩。

【例 16-5-3】（历年真题）在均布荷载作用下，必须按照双向板计算的钢筋混凝土板是：

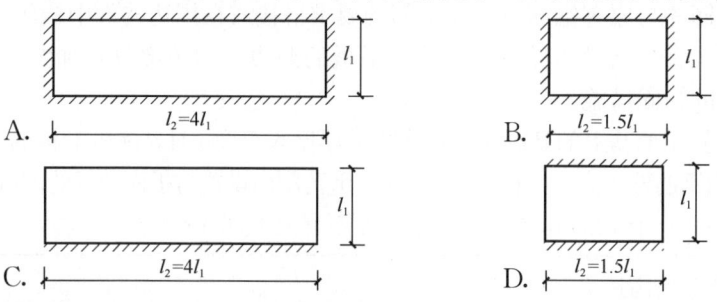

【解答】A 项：$l_2/l_1=4$，按单向板；

B 项：$l_2/l_1=1.5<2$，按双向板，应选 B 项。

（2）双向板按塑性理论的计算

目前常用计算方法有塑性铰线法、板带法以及用程序进行分析的最优配筋法等。其中，塑性铰线法，又称为极限平衡法，采用该法必须事先知道板在特定荷载作用下的破坏图式，按裂缝出现在板底或板面，塑性铰线分为"正塑性铰线""负塑性铰线"。该法计算的关键是找出最危险的塑性铰线位置，它与板的平面形状、尺寸、边界条件、荷载形式、纵横方向跨中与支座配筋等因素有关。

均布荷载作用下，四边连续矩形双向板的破坏机构主要有倒锥形、倒幂形和正幂形三种。其中，倒锥形是最基本的，其塑性铰线位置为：沿板的支座边由于负弯矩作用形成负塑性铰线，跨中的板底在正弯矩作用下沿长边方向并向四角发展形成正塑性铰线，如图 16-5-2(a) 所示。其他情况，见图 16-5-2(b)、(c) 和 (d)。

图 16-5-2

(a) 四边固定矩形板；(b) 四边简支方形板；(c) 四边简支矩形板；(d) 三边固定一边自由板

【例 16-5-4】（历年真题）下列给出的混凝土楼板塑性铰线正确的是：

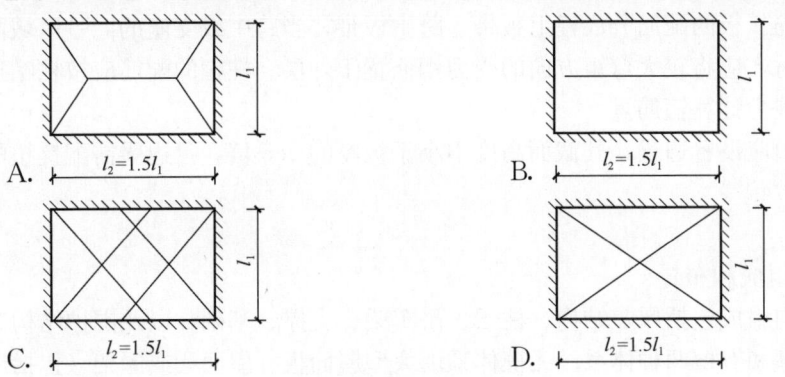

【解答】 $l_2/l_1 = 1.5$，矩形，四边固定，故选 A 项。

（3）双向板的截面设计和配筋构造

双向板的厚度 h 应在 80～160mm。

对于四边与梁整体连接的双向板，除角区格外，考虑周边支承梁对板的推力的有利影响，对弹性理论或塑性理论计算方法得到的弯矩或配筋可予以折减；对角区格的各截面不应折减。

双向板的配筋，将板在短边 l_1、长边 l_2 方向各分为三个带，其中两边带的宽度均为短边 l_1 的 1/4。在中间带内，按最大正弯矩求得的板底钢筋均匀配置，边带内则减少 50%，但每米宽度内不得少于 3 根；支座边界负弯矩钢筋，不能在边带内减少。

需注意的是，跨中沿短边方向即弯矩较大方向的板底钢筋宜放在沿长边方向板底钢筋的下面，而板面钢筋相反。

双向板的其他配筋构造见单向板肋梁楼盖部分。

（4）支承双向板的梁设计

荷载传递：从各区格的四角作 45°线与平行于长边的中线相交，把整块板分成四小块，每小块的荷载传至相邻的支承梁上。由此，短边支承梁上承受三角形荷载；长边支承梁上承受梯形荷载，此外，支承梁自重为均布荷载。

支承梁的内力可按弹性理论式考虑内力塑性重分布的调幅法计算。

4. 无梁楼盖

无梁楼盖的计算方法可按弹性理论、塑性理论计算。其中，按弹性理论计算方法中有经验系数法（或称直接设计法）、等效框架法等。

经验系数法计算时，不考虑可变荷载的不利布置，按全部均布荷载作用，求得每个区格板在两个方向的总弯矩值，然后将该弯矩值乘以一个系数再分配给柱上板带和跨中板带的支座和跨中截面，再进行配筋。

当按塑性理论计算时，考虑可变荷载的不利布置，板的破坏情况有：一类是内跨在带形可变荷载作用下，出现平行于带形荷载方向的跨中塑性铰线和支座塑性铰线；另一类是在连续满布可变荷载作用下，每个区格内的跨中板带出现正弯矩的塑性铰线，柱顶及柱上板带出现负弯矩的塑性铰线。

在竖向荷载作用下，有柱帽的无梁楼板内跨由于存在着穹顶作用，故按塑性理论计算结果应予考虑折减。除边跨及边支座外，其余部分截面的弯矩设计值可乘 0.8 的折减系数。

无梁楼盖的配筋。板的配筋分成柱上板带、跨中板带，当跨中或支座的同一区域两个方向具有同号弯矩时，应将较大弯矩方向的受力钢筋置于外层。柱帽的配筋应按柱帽边缘处平板的抗冲切承载力计算箍筋量。

无梁楼盖的周边应设置边梁，其截面高度不小于板厚的 2.5 倍，且边梁需配抗扭的构造钢筋。

二、单层厂房

1. 单层厂房的组成和布置

单层厂房的结构组成包括屋盖结构、柱子、吊车梁、支撑、基础，以及围护结构。

屋盖结构分无檩和有檩两种体系。无檩体系由大型屋面板、屋面梁或屋架（包括屋盖支撑）所组成；有檩体系由小型屋面板、檩条、屋架（包括屋盖支撑）所组成。屋盖结构有时还设有天窗架、托架，屋盖结构起围护和承重双重作用。

支撑包括屋架支撑、天窗架支撑和柱间支撑等，其作用是：保证厂房结构的纵向及横向水平刚度，并将平面结构联结成整体空间结构，加强厂房的稳定性和空间刚度；传递某些局部水平荷载（如纵向风荷载、吊车纵向制动力等）到主要承重结构构件；在施工和使用阶段，保证结构构件的稳定性。

屋盖支撑可分为上弦横向水平支撑、下弦横向水平支撑、垂直支撑及系杆等。

（1）横向水平支撑

上弦横向水平支撑的作用是：增强屋盖的整体刚度，保证屋架上弦或屋面梁上翼缘的侧向稳定，同时将山墙抗风柱传来的风力传递到（纵向）排架柱。山墙抗风柱的上部与屋架或圈梁联系，其连接点视为铰节点，按排架柱考虑，不能按框架柱考虑。

下弦横向水平支撑的作用是：当屋架下弦设有悬挂吊车或其他设备产生水平力时，或当抗风柱与屋架下弦连接，抗风柱风力传至下弦时，能保证水平力或风力传至排架柱。

上弦、下弦横向水平支撑的布置要求参见本章钢结构钢屋盖部分。

（2）屋面梁（屋架）间的垂直支撑及水平系杆

垂直支撑和下弦水平系杆作用是保证屋架的整体稳定以及防止在吊车工作时（或有其他振动时）屋架下弦的侧向颤动。上弦水平系杆则用以保证屋架上弦或屋面梁受压翼缘的侧向稳定。垂直支撑及水平系杆的布置要求参见本章钢结构钢屋盖部分。

（3）屋面梁（屋架）间的纵向水平支撑

下弦纵向水平支撑的作用是：保证横向水平力的纵向分布，增强排架的空间工作，提高厂房刚度。设计时应根据厂房跨度、跨数和高度，屋盖承重结构方案，吊车起重量及工作制等因素考虑在下弦平面靠近支座端部节间中设置。如厂房设有横向水平支撑时，则纵向水平支撑应尽可能同横向水平支撑形成封闭的支撑体系。当厂房设有托架时必须设置纵向水平支撑。如果只在部分柱间设有托架，则必须在设有托架的柱间和两端相邻的一个柱间设置纵向水平支撑，以承受屋架传来的横向风力。

（4）天窗架间的支撑

天窗架间支撑包括天窗横向水平支撑和天窗端垂直支撑，它们的作用是将天窗端壁的风荷载（或纵向地震作用）传递给屋盖系统和增加天窗系统的空间刚度。当屋盖为有檩体系或无檩体系中大型屋面板与屋架连接不符合要求时，应设置天窗架上弦横向水平支撑，此外，在天窗架端跨的两侧均应设置垂直支撑。天窗架的支撑与屋架上弦支撑应尽可能布置在同一个柱间。

柱间支撑，它的作用是提高厂房的纵向刚度和稳定性；把吊车纵向制动力和山墙抗风柱经屋盖系统传来的风荷载（或纵向地震作用）再经柱间支撑传给基础。对于有吊车的厂房，柱间支撑分上部和下部两种，前者位于吊车梁上部，用以承受作用在山墙上的风荷载并保证厂房上部的纵向刚度；后者位于吊车梁下部，承受上部支撑传来的力和吊车梁传来的吊车纵向制动力，并把它们传至基础。

【例 16-5-5】（历年真题）单层工业厂房中支撑的作用不包括：
A. 增强厂房的整体稳定性和空间刚度　　B. 传递纵向水平力
C. 保证受压构件的稳定性　　D. 承受吊车荷载

【解答】 在单层工业厂房中，支撑的作用不包括承受吊车荷载，应选 D 项。

【例 16-5-6】（历年真题）钢筋混凝土排架结构中承受和传递横向水平荷载的构件是：
A. 吊车梁和柱间支撑　　B. 吊车梁和山墙
C. 柱间支撑和山墙　　D. 排架柱

【解答】 在钢筋混凝土排架结构中，排架柱承受和传递横向水平荷载，应选 D 项。

2. 排架计算

排架计算内容包括：确定计算简图，此时应确定柱子各段高度、截面尺寸，求得柱截面惯性矩；确定各项荷载；排架内力分析，并求出各控制截面的内力值；内力组合，求出各控制截面的最不利组合；必要时应验算排架的水平位移值。

（1）计算假定

柱下端固接于基础顶面，柱上端与屋面梁或屋架铰接。但当地基土质较差、变形较大，或有较大的地面荷载等，则应考虑基础位移、转动对排架内力的影响。

横梁（屋面梁或屋架）在排架平面内的轴压刚度为无限大，不计轴向变形。但对于下弦杆采用圆钢（或角钢）的组合式屋架，二铰、三铰拱屋架，则应考虑其轴向变形对排架内力的影响。

（2）排架荷载计算

作用在排架上的荷载分为永久荷载和可变荷载两类。其中，永久荷载包括屋盖自重 G_1；上柱自重 G_2；下柱自重 G_3；吊车梁和轨道等自重 G_4；支承在柱牛腿上的围护结构等重量 G_5。可变荷载包括屋面活荷载 Q_1；吊车荷载 T、D；均布风荷载 q_1、q_2 及作用在屋盖处的集中风荷载 F_w 等。

对于永久荷载，当有偏心距时，竖向偏心压力换算成轴心压力和力矩。

屋面活荷载包括屋面均布活荷载、雪荷载和积灰荷载，计算均按屋面的水平投影面积进行，其作用通过屋架传给上柱。需注意的是，屋面均布活荷载不应与雪荷载同时组合。积灰荷载应与屋面活荷载或雪荷载进行组合，取组合值较大者进行内力计算。

吊车荷载包括吊车竖向荷载和水平荷载。

吊车竖向荷载的设计值 D_{max} 和 D_{min}，如图 16-5-3 所示，两台起重量不同的吊车的最大轮压标准值分别为 $P_{1max,k}$、$P_{2max,k}$，$P_{1max,k} > P_{2max,k}$；其最小轮压标准值分别为 $p_{1min,k}$、$p_{2min,k}$，$p_{1min,k} > p_{2min,k}$。根据吊车梁支座反力影响线可得：

$$D_{\max} = \gamma_Q[P_{1\max,k}(y_1+y_2) + P_{2\max,k}(y_3+y_4)]$$

$$D_{\min} = \gamma_Q[P_{1\min,k}(y_1+y_2) + P_{2\min,k}(y_3+y_4)]$$

式中，γ_Q 为可变荷载分项系数，$\gamma_Q=1.5$。

吊车水平荷载计算如下：

吊车纵向水平荷载标准值应为作用在一边轨道上所有刹车轮的最大轮压 $P_{\max,k}$ 之和的 10%，其作用点位于刹车轮与轨道的接触点，方向与轨道一致。

吊车的横向水平荷载可按横行小车重量 g_1 与额定起重量 Q 之和的下列百分数 (α) 并乘以重力加速度：

对软钩吊车：当 $Q \leqslant 10t$ 时，α 应取 12%；当 $Q=16\sim50t$ 时，α 应取 10%；当 $Q \geqslant 75t$ 时，α 应取 8%。对硬钩吊车：α 应取 20%。

吊车横向水平荷载应等分于桥架的两端，分别由轨道上的车轮平均传至轨道，其方向与轨道垂直，见图 16-5-3。

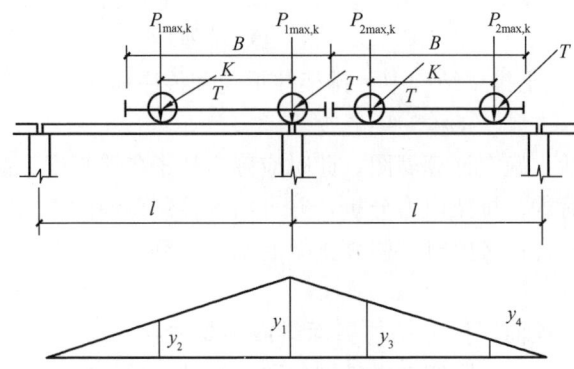

图 16-5-3 简支吊车梁支座反力影响线

四轮吊车：

$$T_1 = \frac{\alpha}{4}(Q_1+g_1) \cdot g$$

$$T_2 = \frac{\alpha}{4}(Q_2+g_2) \cdot g$$

式中，g_1、g_2 分别为小车重量；g 为重力加速度。

对于排架来说，吊车横向水平荷载设计值 $T_{\max}$ 作用在吊车梁顶面的水平处，其值为：

$$T_{\max} = \gamma_Q[T_1(y_1+y_2) + T_2(y_3+y_4)]$$

在计算有多台吊车的排架时，应考虑组合的台数、吊车荷载标准值的折减系数，具体见《建筑结构荷载规范》。

(3) 排架内力分析与内力组合

单层厂房排架为超静定结构，其超静定次数等于其跨数。对于等高排架一般采用剪力分配法进行计算。不等高排架可采用力法计算。

内力组合包括四种情况：①$+M_{\max}$ 及相应的 N、V；②$-M_{\max}$ 及相应的 N、V；③ $N_{\max}$ 及相应的 $\pm M$（取绝对值较大者）、V；④$N_{\min}$ 及相应的 $\pm M$（取绝对值较大者）、V。

内力组合应注意：①组合时不能仅组合 T_{max}，即 T_{max} 不能脱离吊车竖向荷载而单独存在；②T_{max}、风荷载可左、可右，两者取一；③组合 N_{max} 或 N_{min} 时，应使相应的 $|\pm M|$ 尽可能大些，特别是当 $N=0$，$M \neq 0$ 的情况，只要对截面不利，也应参加组合。

【例 16-5-7】（历年真题）钢筋混凝土单层厂房排架结构中吊车的横向水平作用在：
A. 吊车梁顶面水平处　　　　　　B. 吊车梁底面，即牛腿顶面水平处
C. 吊车轨顶水平处　　　　　　　D. 吊车梁端 1/2 高度处

【解答】排架结构中吊车的横向水平作用在吊车梁顶面水平处，应选 A 项。

3. 单层厂房柱的设计

柱截面尺寸应满足刚度要求，柱计算长度 l_0 的确定，《混规》规定：

6.2.20 轴心受压和偏心受压柱的计算长度 l_0 可按下列规定确定：

1 刚性屋盖单层房屋排架柱、露天吊车柱和栈桥柱，其计算长度 l_0 可按表 6.2.20-1 取用。

刚性屋盖单层房屋排架柱、露天吊车柱和栈桥柱的计算长度　　表 6.2.20-1

柱的类别		l_0		
		排架方向	垂直排架方向	
			有柱间支撑	无柱间支撑
无吊车房屋柱	单　跨	1.5H	1.0H	1.2H
	两跨及多跨	1.25H	1.0H	1.2H
有吊车房屋柱	上　柱	$2.0H_u$	$1.25H_u$	$1.5H_u$
	下　柱	$1.0H_l$	$0.8H_l$	$1.0H_l$
露天吊车柱和栈桥柱		$2.0H_l$	$1.0H_l$	—

注：1　表中 H 为从基础顶面算起的柱子全高；H_l 为从基础顶面至装配式吊车梁底面或现浇式吊车梁顶面的柱子下部高度；H_u 为从装配式吊车梁底面或从现浇式吊车梁顶面算起的柱子上部高度；
　　2　表中有吊车房屋排架柱的计算长度，当计算中不考虑吊车荷载时，可按无吊车房屋柱的计算长度采用，但上柱的计算长度仍可按有吊车房屋柱采用；
　　3　表中有吊车房屋排架柱的上柱在排架方向的计算长度，仅适用于 H_u/H_l 不小于 0.3 的情况；当 H_u/H_l 小于 0.3 时，计算长度宜采用 $2.5H_u$。

预制钢筋混凝土柱一般在混凝土强度达到 70% 以上时，即可进行吊装就位。吊装验算时的计算简图应根据吊装方法而确定。需注意的是，吊装验算时应考虑动力作用，即将柱自重乘以动力系数 1.5，同时考虑吊装时间短促，承载力验算时构件的安全等级可较其使用阶段的降低一级。在吊装阶段裂缝宽度验算中，计算受拉区纵向钢筋应力时应采用 M_k，且仍应考虑动力系数 1.5。

4. 牛腿设计

牛腿设计内容：截面尺寸的确定；承载力计算；配筋。

（1）截面尺寸的确定

因为牛腿截面宽度与柱等宽，故只需确定其截面高度。设计时一般先假定牛腿高度，然后按公式验算。为此，《混规》规定：

9.3.10 对于 a 不大于 h_0 的柱牛腿（图 9.3.10），其截面尺寸应符合下列要求：

图 9.3.10　牛腿的外形及钢筋配置
1—上柱；2—下柱；3—弯起钢筋；4—水平箍筋
注：图中尺寸单位为 mm。

1　牛腿的裂缝控制要求

$$F_{vk} \leqslant \beta\left(1 - 0.5\frac{F_{hk}}{F_{vk}}\right)\frac{f_{tk}bh_0}{0.5 + \dfrac{a}{h_0}} \tag{9.3.10}$$

式中：F_{vk}——作用于牛腿顶部按荷载效应标准组合计算的竖向力值；

　　　F_{hk}——作用于牛腿顶部按荷载效应标准组合计算的水平拉力值；

　　　β——裂缝控制系数，对支承吊车梁的牛腿，取 0.65；对其他牛腿，取 0.80；

　　　a——竖向力的作用点至下柱边缘的水平距离，应考虑安装偏差 20mm；当考虑 20mm 安装偏差后的竖向力作用点仍位于下柱截面以内时，取等于 0；

　　　b——牛腿宽度；

　　　h_0——牛腿与下柱交接处的垂直截面有效高度，取 $h_1 - a_s + c \cdot \tan\alpha$，当 α 大于 45°时，取 45°，c 为下柱边缘到牛腿外边缘的水平长度。

2　牛腿的外边缘高度 h_1 不应小于 $h/3$，且不应小于 200mm。

3　在牛腿顶受压面上，竖向力 F_{vk} 所引起的局部压应力不应超过 $0.75f_c$。

（2）承载力计算

常见的牛腿破坏为斜压破坏，故将其计算模型视为以纵筋为水平拉杆，以混凝土压力带为斜压杆的三角形桁架。因此，《混规》规定：

9.3.11　在牛腿中，由承受竖向力所需的受拉钢筋截面面积和承受水平拉力所需的锚筋截面面积所组成的纵向受力钢筋的总截面面积，应符合下列规定：

$$A_s \geqslant \frac{F_v a}{0.85 f_y h_0} + 1.2 \frac{F_h}{f_y} \qquad (9.3.11)$$

此处，当 a 小于 $0.3h_0$ 时，取 a 等于 $0.3h_0$。
式中：F_v——作用在牛腿顶部的竖向力设计值；
F_h——作用在牛腿顶部的水平拉力设计值。

（3）配筋的构造要求
《混规》规定：

9.3.12 沿牛腿顶部配置的纵向受力钢筋，宜采用 HRB400 级或 HRB500 级热轧带肋钢筋。全部纵向受力钢筋及弯起钢筋宜沿牛腿外边缘向下伸入下柱内 150mm 后截断（图 9.3.10）。

纵向受力钢筋及弯起钢筋伸入上柱的锚固长度，当采用直线锚固时不应小于本规范第 8.3.1 条规定的受拉钢筋锚固长度 l_a；当上柱尺寸不足时，钢筋的锚固应符合本规范第 9.3.4 条梁上部钢筋在框架中间层端节点中带 90°弯折的锚固规定。此时，锚固长度应从上柱内边算起。

承受竖向力所需的纵向受力钢筋的配筋率不应小于 0.20% 及 $0.45f_t/f_y$，也不宜大于 0.60%，钢筋数量不宜少于 4 根直径 12mm 的钢筋。

9.3.13 牛腿应设置水平箍筋，箍筋直径宜为 6mm~12mm，间距宜为 100mm~150mm；在上部 $2h_0/3$ 范围内的箍筋总截面面积不宜小于承受竖向力的受拉钢筋截面面积的 1/2。

当牛腿的剪跨比不小于 0.3 时，宜设置弯起钢筋。弯起钢筋宜采用 HRB400 级或 HRB500 级热轧带肋钢筋，并宜使其与集中荷载作用点到牛腿斜边下端点连线的交点位于牛腿上部 $l/6$~$l/2$ 之间的范围内，l 为该连线的长度（图 9.3.10）。弯起钢筋截面积不宜小于承受竖向力的受拉钢筋截面面积的 1/2，且不宜少于 2 根直径 12mm 的钢筋。纵向受拉钢筋不得兼作弯起钢筋。

【**例 16-5-8**】（历年真题）关于钢筋混凝土单层厂房柱牛腿，说法正确的是：
A. 牛腿应按照悬臂梁设计
B. 牛腿的截面尺寸根据斜裂缝控制条件和构造要求确定
C. 牛腿设计仅考虑斜截面承载力
D. 牛腿部位可允许带裂缝工作

【**解答**】牛腿的截面尺寸根据斜裂缝控制条件和构造要求确定，应选 B 项。

习　题

16-5-1　（历年真题）单层工业厂房设计中，若需要将伸缩缝、沉降缝、抗震缝合成一体时，其正确的设计构造做法为：
A. 在缝处从基础底至屋顶把结构分成两部分，其缝宽应满足三种缝中的最小缝宽的要求
B. 在缝处只需从基础顶以上至屋顶把结构分成两部分，其缝宽取三者的最大值
C. 在缝处只需从基础底至屋顶把结构分成两部分，其缝宽取三者的平均值

D. 在缝处只需从基础底至屋顶把结构分成两部分，其缝宽按抗震缝要求设置

16-5-2 （历年真题）在均布荷载 $q=8kN/m^2$ 作用下，如图所示的四边简支钢筋混凝土板单位宽度的最大弯矩应为：

A. $1kN \cdot m$

B. $4kN \cdot m$

C. $8kN \cdot m$

D. $16kN \cdot m$

题 16-5-2 图

16-5-3 （历年真题）关于钢筋混凝土单层厂房结构的布置与功能，下列说法不正确的是：

A. 支撑体系分为屋盖支撑和柱间支撑，主要作用是加强厂房结构的整体性和刚度，保证构件稳定性，并传递水平荷载

B. 屋盖分为有檩体系和无檩体系，起到承重和维护双重作用

C. 抗风柱与圈梁形成框架，提高了结构整体性，共同抵抗结构所遭受的风荷载

D. 排架结构、刚架结构和折板结构等均适用于单层厂房

16-5-4 （历年真题）为使 5 等跨连续梁的边跨跨中出现最大正弯矩，其活荷载应布置在：

A. 第 2 和 4 跨

B. 第 1、2、3、4 和 5 跨

C. 第 1、2 和 3 跨

D. 第 1、3 和 5 跨

第六节　多高层混凝土结构房屋

一、结构体系和布置

多层及高层钢筋混凝土结构房屋建筑常用的结构体系包括框架结构体系、剪力墙结构体系、框架-剪力墙结构体系、筒体结构体系。

1. 框架结构体系

框架结构体系是指竖向承重结构全部由框架所组成的多（高）层房屋结构体系。按照框架布置方向的不同，框架结构体系可分为横向布置、纵向布置及纵横双向布置三种。

框架结构用以承受竖向荷载是合理的，在非抗震设防区框架结构一般可建至 15 层，最高可达 20 层左右。框架结构在水平荷载作用下，房屋的抗侧移刚度小，水平位移大，故一般称它为柔性结构体系。

2. 剪力墙结构体系

剪力墙是一片高大的钢筋混凝土墙体。剪力墙既承受竖向荷载又承受水平荷载，因剪力墙在其自身平面内有很大的侧向刚度，在水平面方向有刚性楼盖的支承，一般称此种结构体系为刚性结构体系。

板式（条式）体型的剪力墙一般均按横向布置。通常剪力墙的间距为 3.3～8m。当剪力墙开有门窗洞口时，宜上下各层对齐，避免出现错洞墙，门窗洞口宜均匀布置。

3. 框架-剪力墙结构体系

框架-剪力墙结构体系是指由框架和剪力墙共同承受竖向荷载和侧向力的承重结构体

系。在框架-剪力墙结构中，竖向荷载主要由框架承受，水平荷载则主要由剪力墙承受。在一般情况下，剪力墙约可承受 70%～90% 的水平荷载。

剪力墙的布置除应满足使用要求外，宜放在恒荷载较大处，并宜尽量均匀对称，以免整个房屋在水平力作用下发生扭转。为了增加房屋的抗扭能力，剪力墙宜布置在房屋各区段的两端。在平面形状或刚度有变化处，宜设置剪力墙，以加强薄弱环节。

4. 筒体结构体系

筒体结构体系是指由单个或几个筒体作为竖向承重结构的高层房屋结构体系。筒体可由实心钢筋混凝土或密集柱（称框筒）构成。

二、框架结构计算

1. 内力近似计算

在框架结构内力与位移计算中，现浇楼面可作为框架梁的有效翼缘，无现浇面层的装配式楼面，楼面的作用不予考虑。对现浇楼面的边框架梁，取 $I=1.5I_0$，中框架梁，取 $I=2I_0$；对装配整体式楼盖的边框架梁，取 $I=1.2I_0$，中框架梁，取 $I=1.5I_0$。I_0 为矩形部分的惯性矩。

竖向荷载作用于框架内力采用分层法进行简化计算。

如图 16-6-1 所示，此时每层框架梁连同上、下层柱组成基本计算单元，如同开口的框架。竖向荷载产生的梁固端弯矩是在本层内进行弯矩分配，单元之间不再传递。除了底层柱子外，其他各层柱的线刚度均乘以 0.9 的折减系数，其弯矩传递系数为 1/3；底层柱的线刚度不予折减，其传递系数取为 1/2。按照叠加原理，多层多跨框架在多层竖向荷载同时作用下的内力，可看成是各层竖向荷载单独作用下内力的叠加。最后，梁的弯矩取分配后的数值；柱端弯矩取相邻两单元对应柱端弯矩之和。

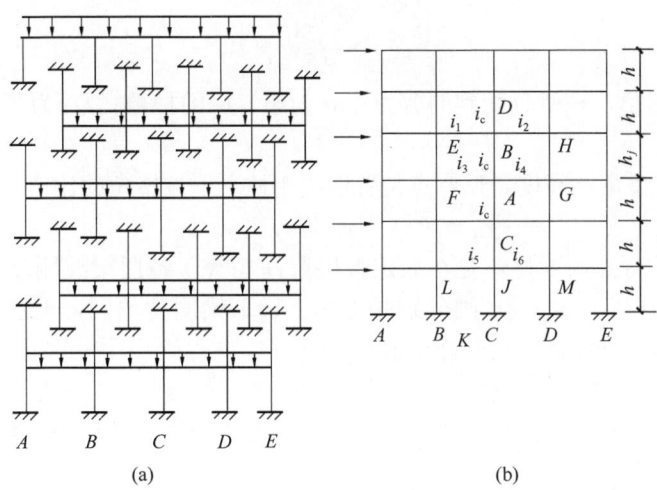

图 16-6-1 框架结构计算
(a) 开口框架；(b) 整体框架结构

风荷载和水平地震作用下的框架内力可以用 D 值法进行简化计算。

水平荷载作用下的反弯点法假定梁柱之间的线刚度之比无穷大，并且假定柱的反弯点高度为一定值，即假定各层框架柱的反弯点位于层高的中点；底层柱的反弯点位于距支座

2/3 层高处。水平荷载作用下的 D 值法对反弯点法中柱的侧向刚度和反弯点高度的计算方法作了改进，故也称为改进反弯点法，其中 D 表示柱的侧向刚度（也称抗侧移刚度）。当梁柱的线刚度比 $\geqslant 3$ 时，可采用反弯点法；当其线刚度比 <3 时，可采用 D 值法。

为了简化计算，作了如下假定（图 16-6-1）：

(1) 柱 AB 以及与柱 AB 相邻的各杆杆端的转角均相等；

(2) 与柱 AB 上下相邻的两个柱（即柱 AC 与柱 BD）的层间水平位移均为 Δu_j，并与柱 AB 的层间位移 Δu_j 相等；

(3) 与柱 AB 上下相邻的两个柱（柱 AC、柱 BD）的线刚度皆为 i_c，并与柱 AB 的线刚度 i_c 相等。

改进后柱的侧向刚度 D 是指当柱子上下端产生单位相对横向位移时，柱所承受的剪力，对框架结构中第 j 层第 k 柱有：

$$D_{jk} = \frac{V_{jk}}{\Delta j}$$

根据图 16-6-1 中梁柱单元的转角位移方程可导出 $D_{jk} = \alpha \frac{12 i_c}{h_j^2}$，$\alpha$ 值表示梁柱刚度比对柱刚度的影响。对一般楼层：$\alpha = \frac{k}{2+k}$，$k = \frac{i_1 + i_2 + i_3 + i_4}{2 i_c}$；对底层为固接时，$\alpha = \frac{0.5 + k}{2+k}$，$k = \frac{i_5 + i_6}{i_c}$。

求得框架柱的侧向刚度 D 值后，可由同一层各柱的层间位移相等的条件，将层间剪力 V_j 按下式分配给该层的各柱：

$$V_{jk} = \frac{D_{jk}}{\sum_{i=1}^{m} D_{jk}} V_j$$

式中，V_{jk} 为第 j 层第 k 柱所分配到的剪力；m 为第 j 层的柱数；D_{jk} 为第 j 层第 k 柱的侧向刚度值。

求修正后的柱反弯点高度，反弯点位置取决于柱上下端转角的比值，其计算为：

$$y_h = (y_0 + y_1 + y_2 + y_3) h$$

式中，y_0 为标准反弯点高度比，是在假定各层层高相等，各层梁线刚度相等的情况下通过理论推导得到的；y_1、y_2、y_3 则分别是考虑上、下梁刚度不同，上层层高有变化，下层层高有变化时反弯点位置变化的修正值。

根据上述求得的柱的侧向刚度、各柱的剪力、各柱的反弯点高度后，可求出各柱的杆端弯矩，再根据节点平衡条件求出梁端弯矩，再求出梁端的剪力和各柱的轴力。

2. 水平荷载作用下侧移近似计算

对多层或高层框架结构，控制侧移包括两部分内容，一是控制顶层最大侧移；二是控制层间侧移。框架结构在水平荷载作用下的变形包括：总体剪切变形和总体弯曲变形。对一般框架结构通常忽略总体剪切变形只考虑梁柱弯曲变形，则：

$$\Delta u_j = \frac{V_j}{\sum_{i=1}^{m} D_{jk}}$$

框架顶点总绝对位移 u 为各层层间相对位移之和，即：

$$u = \sum_{j=1}^{n} \Delta u_j$$

式中，Δu_j 为第 j 层的层间相对位移；n 为框架结构的总层数。

3. 最不利内力组合

柱的最不利内力可归纳为：$|M_{max}|$ 及相应的 N、V；N_{max} 及相应的 M、V；N_{min} 及相应的 M、V；$|M|$ 较大但不是最大，N 较小或 N 较大但不是绝对最小或最大。

4. 弯矩调幅

在竖向荷载作用下可以考虑梁端塑性内力重分布而对梁端负弯矩进行调幅。现浇框架调幅系数为 0.8～0.9；装配整体式框架调幅系数为 0.7～0.8。梁端负弯矩减小后，应按平衡条件计算调幅后的跨中弯矩。框架梁跨中截面正弯矩设计值不应小于竖向荷载作用下按简支梁计算的跨中弯矩设计值的 50%。

竖向荷载产生的梁的弯矩应先进行调幅，再与水平风载荷、水平地震作用产生的弯矩进行组合。

5. 截面设计与框架节点构造要求

框架结构体系的多层厂房，节点常采用全刚接或部分刚接、部分铰接的方案；框架结构体系的高层民用房屋，一般采用全刚接的情况。

装配整体式接头的设计应满足施工阶段和使用阶段的承载力、稳定性和变形的要求。

【例 16-6-1】（历年真题）钢筋混凝土框架结构在水平荷载作用下的内力计算可采用反弯点方法，通常反弯点的位置在：

A. 柱的顶端　　　　　　　　　　B. 柱的底端
C. 柱高的中点　　　　　　　　　D. 柱的下半段

【解答】框架结构在水平荷载作用下，通常反弯点的位置在柱高的中点，应选 C 项。

三、叠合梁

叠合梁指在装配整体式结构中分两次浇捣混凝土的梁。第一次在预制厂内进行，做成预制梁；第二次在施工现场进行，当预制楼板搁置在预制梁上后，再浇捣梁上部的混凝土使板和梁连成整体。在施工阶段不加支撑的叠合式受弯构件（如叠合梁），应对叠合构件及其预制构件部分分别进行计算。其中预制部分应按本章第二节和第三节混凝土受弯构件的规定计算。

当 $h_1/h < 0.4$ 时，应在施工阶段设置可靠支撑，此处，h_1 为预制构件的截面高度，h 为叠合构件的截面高度。施工阶段设有可靠支撑的叠合式受弯构件，可按普通受弯构件计算，但是叠合构件斜截面受剪承载力和叠合面受剪承载力应按《混规》附录 H.0.3 条和 H.0.4 条计算。

施工阶段不加支撑的叠合梁，其承载力计算如下。

1. 荷载规定

《混规》规定：

H.0.1 施工阶段不加支撑的叠合式受弯构件（梁、板），内力应分别按下列两个阶段计算。

1 第一阶段 后浇的叠合层混凝土未达到强度设计值之前的阶段。荷载由预制构件承担，预制构件按简支构件计算；荷载包括预制构件自重、预制楼板自重、叠合层自重以及本阶段的施工活荷载。

2 第二阶段 叠合层混凝土达到设计规定的强度值之后的阶段。叠合构件按整体结构计算；荷载考虑下列两种情况并取较大值：

1) 施工阶段　计入叠合构件自重、预制楼板自重、面层、吊顶等自重以及本阶段的施工活荷载；

2) 使用阶段　计入叠合构件自重、预制楼板自重、面层、吊顶等自重以及使用阶段的可变荷载。

2. 受弯承载力和斜截面受剪承载力计算

《混规》规定：

H.0.2 预制构件和叠合构件的正截面受弯承载力应按本规范第 6.2 节计算，其中，弯矩设计值应按下列规定取用：

预制构件

$$M_1 = M_{1G} + M_{1Q} \tag{H.0.2-1}$$

叠合构件的正弯矩区段

$$M = M_{1G} + M_{2G} + M_{2Q} \tag{H.0.2-2}$$

叠合构件的负弯矩区段

$$M = M_{2G} + M_{2Q} \tag{H.0.2-3}$$

式中：M_{1G}——预制构件自重、预制楼板自重和叠合层自重在计算截面产生的弯矩设计值；

M_{2G}——第二阶段面层、吊顶等自重在计算截面产生的弯矩设计值；

M_{1Q}——第一阶段施工活荷载在计算截面产生的弯矩设计值；

M_{2Q}——第二阶段可变荷载在计算截面产生的弯矩设计值，取本阶段施工活荷载和使用阶段可变荷载在计算截面产生的弯矩设计值中的较大值。

在计算中，正弯矩区段的混凝土强度等级，按叠合层取用；负弯矩区段的混凝土强度等级，按计算截面受压区的实际情况取用。

H.0.3 预制构件和叠合构件的斜截面受剪承载力，应按本规范第 6.3 节的有关规定进行计算，其中，剪力设计值应按下列规定取用：

预制构件

$$V_1 = V_{1G} + V_{1Q} \tag{H.0.3-1}$$

叠合构件

$$V = V_{1G} + V_{2G} + V_{2Q} \tag{H.0.3-2}$$

式中：V_{1G}——预制构件自重、预制楼板自重和叠合层自重在计算截面产生的剪力设计值；

V_{2G}——第二阶段面层、吊顶等自重在计算截面产生的剪力设计值；

V_{1Q}——第一阶段施工活荷载在计算截面产生的剪力设计值；

V_{2Q}——第二阶段可变荷载产生的剪力设计值，取本阶段施工活荷载和使用阶段可变荷载在计算截面产生的剪力设计值中的较大值。

在计算中，叠合构件斜截面上混凝土和箍筋的受剪承载力设计值V_{cs}应取叠合层和预制构件中较低的混凝土强度等级进行计算，且不低于预制构件的受剪承载力设计值；对预应力混凝土叠合构件，不考虑预应力对受剪承载力的有利影响，取$V_p=0$。

3. 叠合面受剪承载力计算

$$V \leqslant 1.2 f_t b h_0 + 0.85 f_{yv} \frac{A_{sv}}{s} h_0$$

式中，f_t取叠合层和预制梁中的较低值。

4. 叠合梁的钢筋应力和裂缝宽度验算

在叠合梁中有"钢筋应力超前"的特点，《混规》附录 H.0.7 条作了规定。

5. 叠合梁、板的构造规定

《混规》规定：

> **9.5.2** 混凝土叠合梁、板应符合下列规定：
>
> **1** 叠合梁的叠合层混凝土的厚度不宜小于100mm，混凝土强度等级不宜低于C30。预制梁的箍筋应全部伸入叠合层，且各肢伸入叠合层的直线段长度不宜小于$10d$，d为箍筋直径。预制梁的顶面应做成凹凸差不小于 6mm 的粗糙面。
>
> **2** 叠合板的叠合层混凝土厚度不应小于40mm，混凝土强度等级不宜低于C25。预制板表面应做成凹凸差不小于 4mm 的粗糙面。承受较大荷载的叠合板以及预应力叠合板，宜在预制底板上设置伸入叠合层的构造钢筋。

四、剪力墙结构

剪力墙可分为整截面剪力墙、整体小开口剪力墙、联肢剪力墙（双肢剪力墙或多肢剪力墙）、壁式框架四类。

各类剪力墙截面上正应力分布及沿墙高的弯矩分布如图 16-6-2 所示。在水平荷载作用下，整截面剪力墙在墙肢的整个高度上，弯矩图既不发生突变也不出现反弯点，变形曲线以弯曲型为主［图 16-6-2（a）］；整体小开口墙和双肢墙在连系梁处的墙肢弯矩图有突变，但在整个墙肢的高度上，设有或仅在个别楼层中才出现反弯点，其变形曲线仍以弯曲型为主［图 16-6-2（b）、(c)］；壁式框架，其柱的弯矩图不仅在楼层处有突变，且在大多数的楼层中都出现反弯点，整个框架的变形以剪切型为主［图 16-6-2（d）］。

根据对双肢墙的分析，在水平荷载作用下，墙肢局部弯矩的大小取决于剪力墙的整体

图 16-6-2 不同类型剪力墙受力特性
(a) 整体墙；(b) 小开口整体墙；
(c) 双肢墙；(d) 壁式框架

系数 α 值。α 值实质反映了连系梁与墙肢刚度的比值，体现了整片剪力墙的整体性。此外，墙肢是否出现反弯点，与墙肢惯性矩的比值 $\frac{I_A}{I}$、整体性系数 α、层数 n 等因素有关。I_A 为扣除墙肢惯性矩后剪力墙的惯性矩即 $I_A = I - (I_1 + I_2)$，故 $\frac{I_A}{I}$ 的限制 $\xi(\alpha, n)$ 作为剪力墙分类的第二个判别标准，其中 $\xi(\alpha, n)$ 已制成数表可查。

综上可得剪力墙分类的判别条件为：

当 $\alpha \geqslant 10$，且 $I_A/I \leqslant \xi$ 时，为整体小开口剪力墙；

当 $\alpha \geqslant 10$，且 $I_A/I > \xi$ 时，为壁式框架；

当 $1 < \alpha < 10$，且 $I_A/I \leqslant \xi$ 时，为双肢剪力墙。

2. 整截面和整体小开口剪力墙结构的计算

在承载力计算中，《混规》规定，剪力墙的翼缘计算宽度可取剪力墙的间距、门窗洞间翼墙的宽度、剪力墙厚度加两侧各6倍翼墙厚度、剪力墙墙肢总高度的1/10四者中的最小值。

对整截面剪力墙，因其水平截面在受力后基本上保持平面，故可直接用材料力学公式计算。对整体小开口剪力墙，墙肢水平截面内的正应力可看成是剪力墙整体弯曲所产生正应力和各墙肢局部弯曲所产生正应力之和；总剪力在各墙肢之间的分配与墙肢的截面惯性矩和截面面积有关，则：

墙肢弯矩：
$$M_j = 0.85M \frac{I_j}{I} + 0.15M \frac{I_j}{\sum I_j}$$

墙肢轴力：
$$N_j = 0.85M \frac{A_j y_j}{I}$$

墙肢剪力：
$$V_j = \frac{V}{2} \left(\frac{A_j}{\sum A_j} + \frac{I_j}{\sum I_j} \right)$$

式中，M、V 分别为外荷载在计算截面上所产生的弯矩、剪力；I_j、A_j 分别为第 j 墙肢的截面惯性矩、截面面积；I 为整个剪力墙截面对组合截面形心的惯性矩；y_j 为第 j 墙肢截面形心至整个剪力墙组合截面形心的距离。

连梁的剪力可由上、下墙肢的轴力差计算。

剪力墙顶点的水平位移，计算时应考虑截面剪切变形和洞口对截面刚度削弱的影响，即：

$$u = \begin{cases} \dfrac{1}{8}\dfrac{V_0 H^3}{EI_{eq}} & \text{(均布荷载)} \\ \dfrac{1}{60}\dfrac{V_0 H^3}{EI_{eq}} & \text{(倒三角荷载)} \\ \dfrac{1}{3}\dfrac{V_0 H^3}{EI_{eq}} & \text{(顶点集中力)} \end{cases}$$

式中，V_0 为外荷载在墙底部产生的总剪力；H 为剪力墙的总高度；EI_{eq} 为等效抗弯刚度，即：

$$EI_{eq} = \dfrac{EI_w}{1 + \dfrac{9\mu I_w}{A_w H^2}}$$

式中，I_w 为剪力墙截面惯性矩。对整体墙（包括有小洞口的墙）可取组合截面惯性矩。对整体小开口墙可取组合截面惯性矩的 80%；A_w 为在洞口剪力墙的截面面积，小洞口整截面剪力墙取折算截面面积，即 $A_w - (1 - 1.25\sqrt{A_{op}/A_f})A$，此处 A 为剪力墙毛截面面积，A_{op} 洞口总面积，A_f 为墙面总面积。整体小开口墙取墙肢截面面积之和，即 $A_w = \sum A_{wj}$，此处 A_{wj} 为第 j 墙肢截面面积；μ 为截面剪应力分布不均匀系数，对矩形截面，$\mu = 1.2$。

五、框架-剪力墙结构

在框架-剪力墙结构中，框架和剪力墙同时承受竖向荷载和侧向水平力。在竖向荷载作用下，框架和剪力墙分别承担其受荷范围内的竖向作用。在侧向水平力作用下，框架和剪力墙协同工作，共同抵抗侧向力。

当侧向水平力单独作用于框架时，其侧移曲线呈剪切型，如图 16-6-3(a) 所示；当侧向水平力单独作用于剪力墙时，其侧向位移曲线呈弯曲型，如图 16-6-3(b) 所示。当侧向水平力作用于框架-剪力墙结构时，由于楼盖结构的连接作用，若不发生结构的整体扭转，则框架与剪力墙在各楼层处必须具有相同的侧向位移，协调后的结构侧向位移曲线如图 16-6-3(c) 所示，呈弯剪型。由此可见，框架与剪力墙对整个结构侧移曲线的影响，沿结构高度方向是变化的。在结构的底部，框架的层间水平位移较大，剪力墙的层间水平位移较小，剪力墙发挥了较大的作用，框架的水平位移受到剪力墙的"牵约"；而在结构的顶部，框架的层间位移较小，剪力墙的层间水平位移较大，剪力墙的水平位移受到框架的"拖住"作用，如图 16-6-3(c)、(d) 所示。

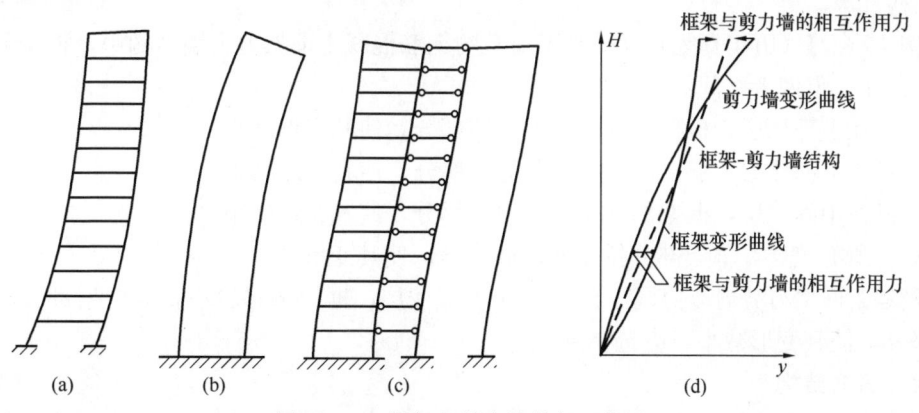

图 16-6-3 框架与剪力墙的相互作用

框架-剪力墙结构一般宜设计为双向抗侧力体系,抗震设计的框架-剪力墙结构,剪力墙应双向布置,并应使两个方向的结构自振周期较为接近。框架梁、柱与剪力的轴线宜重合在同一平面内,砌体填充墙宜与梁柱轴线位于同一平面内。

《高层建筑混凝土结构技术规范》JGJ 3—2010 对框架-剪力墙结构中剪力墙的布置的规定如下:

(1) 剪力墙宜均匀地设置在建筑物的周边附近、楼电梯间、平面形状变化处及恒荷载较大的地方,以便改善墙肢的受力性能,有利于提高结构抗侧刚度及结构区段的整体抗扭性能。

(2) 为了保证框架与剪力墙在侧向力作用下的协同工作性能,必须保证楼盖结构与其自身平面内的刚度,为此,剪力墙的间距应予以控制。横向剪力墙的间距宜满足表 16-6-1 的要求。剪力墙之间楼面有较大的开洞时,剪力墙的间距应予减小。

框架-剪力墙结构中剪力墙的最大间距(取较小值) 表 16-6-1

楼面形式	非抗震设计	抗震设防烈度		
		6度、7度	8度	9度
现浇板、叠合梁板	5B,60m	4B,50m	3B,40m	2B,30m
装配整体式楼板	3.5B,50m	3B,40m	2.5B,30m	不宜采用

注:1. 表中 B 为剪力墙之间的楼盖宽度;
  2. 装配整体式楼面指装配式楼面上做配筋现浇层;
  3. 现浇部分厚度大于 60mm 的叠合楼板可作为现浇楼板考虑。

(3) 纵向剪力墙宜布置在结构单元的中间区段内。房屋纵向较长时,不宜集中在两端布置纵向剪力墙,否则宜留施工后浇带以减小温度、收缩应力的影响。

(4) 纵横向剪力墙宜成组布置成 L 形、T 形和口字形等。

(5) 剪力墙宜贯通建筑物全高,厚度逐渐减薄,避免刚度突然变化。

(6) 抗震设计时,剪力墙的布置宜使结构各主轴方向的侧向刚度接近。

框架-剪力墙结构的计算中应考虑剪力墙和框架两种类型结构的不同受力特点,按协同工作条件进行内力、位移分析,不宜将楼层剪力简单地按某一比例在框架与剪力墙之间分配。框架结构中设置了电梯井、楼梯井或其他剪力墙型的抗侧力结构后,应按框架-剪力墙结构计算。

【例 16-6-2】(历年真题) 承受水平荷载的钢筋混凝土框架剪力墙结构中,框架和剪力墙协同工作,但两者之间:

 A. 只在上部楼层,框架部分拉住剪力墙部分,使其变形减小

 B. 只在下部楼层,框架部分拉住剪力墙部分,使其变形减小

 C. 只在中间楼层,框架部分拉住剪力墙部分,使其变形减小

 D. 在所有楼层,框架部分拉住剪力墙部分,使其变形减小

【解答】框架与剪力墙协同工作,只在上部楼层,框架侧移较小,故框架部分拉住剪力墙部分,使其变形减小,应选 A 项。

六、筒体结构

筒体结构可分为框架-核心筒结构(简称框筒结构)和筒中筒结构。当结构侧向刚度

不满足要求时，可设置加强层，形成带加强层的框架-核心筒和筒中筒结构，使侧向位移满足要求，同时，也减小内筒的弯矩。

框筒是指由密柱深梁框架围成的结构。框筒在水平荷载作用下，框筒柱的轴力或正应力分布如图 16-6-4 所示，翼缘框架各柱的轴力不是按直线分布而呈不均匀分布，角柱的轴力最大、中部柱轴力较小，这种现象称为"剪力滞后"现象。同样，腹板框架各柱的轴力分布也不是按直线分布，也出现"剪力滞后"现象。

图 16-6-4 框筒的"剪力滞后"现象

影响框筒的剪力滞后的主要因素有：①柱距与裙梁高度；②角柱截面面积；③结构高度；④框筒平面形状。其中，剪力滞后现象沿框筒高度是变化的，在结构底部的剪力滞后现象相对严重，越往上，其剪力滞后现象越缓和。框筒平面形状，选用圆形、正多边形等平面能减小外框筒的"剪力滞后"现象，矩形和三角形平面的"剪力滞后"现象相对严重。

除高度、高宽比和平面形状外，框筒的空间作用的大小还与柱距、墙面开洞率，以及洞口高宽比与层高和柱距之比等有关，矩形平面框筒的柱距越接近层高、墙面开洞率越小，洞口高宽比与层高和柱距之比越接近，外框筒的空间作用越强。

【例 16-6-3】（历年真题）下列关于框筒结构剪力滞后的规律，说法正确的是：
A. 柱距不变，减小梁断面，剪力滞后现象减小
B. 结构上端剪力滞后现象增大
C. 正方形结构，边长增加，剪力滞后现象增大
D. 滞后效应与平面结构形状无关

【解答】根据框筒结构剪力滞后的规律，A、B、D 项均错误，C 项正确，应选 C 项。

【例 16-6-4】（历年真题）与钢筋混凝土框架-剪力墙结构相比，钢筋混凝土筒体结构所特有的规律是：
A. 弯曲型变形与剪切型变形叠加　　B. 剪力滞后
C. 是双重抗侧力体系　　D. 水平荷载作用下是延性破坏

【解答】钢筋混凝土筒体结构的特有的规律是剪力滞后，应选 B 项。

习 题

16-6-1 （历年真题）高层筒中筒结构、框架-筒体结构设置加强层的作用是：
A. 使结构侧向位移变小和内筒弯矩减小
B. 增加结构刚度，不影响内力
C. 不影响刚度，增加结构整体性
D. 使结构刚度降低

16-6-2 按 D 值法对框架进行近似内力计算时，各柱的侧向刚度的变化规律是：
A. 当柱的线刚度不变时，随框架梁线刚度的增加而减小
B. 当框架梁、柱的线刚度不变时，随层高的增加而增加
C. 当柱的线刚度不变时，随框架梁线刚度的增加而增加
D. 与框架梁的线刚度无关

16-6-3 在钢筋混凝土框架-剪力墙结构中，纵向剪力宜布置在结构单元的中间区段间，当建筑平面纵向较长时，不宜集中在两端布置剪力墙，其理由是：
A. 减少结构扭转的影响
B. 减小温度、收缩应力的影响
C. 减小水平地震作用
D. 水平地震作用在结构单元的中间区段产生的内力较大

第七节 抗震设计要点

一、一般规定

1. 三水准设防与二阶段设计

（1）三水准设防

抗震设防三个水准目标，即"小震不坏、中震可修、大震不倒"。根据我国对建筑工程有影响的地震发生概率的统计分析，设计基准期50年内超越概率约为63%的地震烈度为对应于统计"众值"的烈度，比基本烈度约低一度半，取为第一水准烈度，称为"多遇地震"；50年超越概率约10%的地震烈度，即1990中国地震区划图规定的"地震基本烈度"或中国地震动参数区划图规定的峰值加速度所对应的烈度，取为第二水准烈度，称为"设防地震"；50年超越概率2%～3%的地震烈度，取为第三水准烈度，称为"罕遇地震"，当基本烈度6度时为7度强，7度时为8度强，8度时为9度弱，9度时为9度强。

与三个地震烈度水准相应的抗震设防目标是：一般情况下（不是所有情况下），遭遇第一水准烈度——众值烈度（多遇地震）影响时，建筑处于正常使用状态，从结构抗震分析角度，可以视为弹性体系，采用弹性反应谱进行弹性分析；遭遇第二水准烈度——基本烈度（设防地震）影响时，结构进入非弹性工作阶段，但非弹性变形或结构体系的损坏控制在可修复的范围；遭遇第三水准烈度——最大预估烈度（罕遇地震）影响时，结构有较大的非弹性变形，但应控制在规定的范围内，以免倒塌。

（2）二阶段设计

采用二阶段设计实施上述三个水准的设防目标：

第一阶段设计是承载力验算，取第一水准的地震动参数计算结构的弹性地震作用标准值和相应的地震作用效应，继续采用《统一标准》规定的分项系数设计表达式进行结构构件的截面承载力抗震验算，既满足了在第一水准下具有必要的承载力可靠度，又满足第二水准的损坏可修的目标。对大多数的结构，可只进行第一阶段设计，而通过概念设计和抗震构造措施来满足第三水准的设计要求。

第二阶段设计是弹塑性变形验算，对地震时易倒塌的结构、有明显薄弱层的不规则结构以及有专门要求的建筑，除进行第一阶段设计外，还要进行结构薄弱部位的弹塑性层间变形验算并采取相应的抗震构造措施，实现第三水准的设防要求。

2. 抗震概念设计

(1) "强柱弱梁"和"强剪弱弯"原则。如图 16-7-1(a) 所示为梁铰机制，即塑性铰出在梁端，除底层柱嵌固端外，柱端不出塑性铰；如图 16-7-1(b) 所示为柱铰机制，即在同一层所有柱的上下端形成塑性铰。梁铰机制优于柱铰机制，这是因为：当柱塑性铰集中在某一层时，塑性变形集中在该层，从而该层成为薄弱层，大震下容易形成倒塌机制，而梁铰分散在各层，也即塑性变形分散在各层，因此，在大震下不至于形成倒塌机制。

图 16-7-1 框架屈服机制
(a) 梁铰机制；(b) 柱铰机制

因此，为了减少柱铰或推迟柱端出铰，采用"强柱弱梁"原则，即：同一梁柱节点处的上下柱端正截面的实际受弯承载力之和大于左右梁端正截面的实际受弯承载力之和，从而迫使梁端优先出铰。

由于梁、柱弯曲破坏为延性破坏，其耗能能力大，而其剪切破坏是脆性破坏，其耗能能力差，因此，框架梁、连梁（指剪力墙经过门窗开洞，其洞口上下之间的部位称为连梁）、框架柱、剪力墙设计均应按"强剪弱弯"原则，即：梁、柱、剪力墙的斜截面的实际受剪承载力大于其正截面实际受弯承载力对应的剪力，从而避免脆性的剪切破坏。

(2) "强节点弱构件"原则。它是指使连接节点的受弯、受剪、受拉等承载力大于构件承载力，保证节点有足够的承载力和刚度，保证结构整体性的设计要求。

(3) 延性。延性是指材料、截面、构件和结构屈服后，具有承载力不降低（或基本不降低），并且有足够变形能力的一种性能。延性大，说明塑性变形能力大，达到最大承载力后承载力降低缓慢，从而有足够的能力吸收和耗散地震能量，故耗能能力大。

【例 16-7-1】（历年真题）钢筋混凝土结构抗震设计时，要求"强柱弱梁"是为了防止：

A. 梁支座处发生剪切破坏，从而造成结构倒塌
B. 柱较早进入受弯屈服，从而造成结构倒塌
C. 柱出现失稳破坏，从而造成结构倒塌
D. 柱出现剪切破坏，从而造成结构倒塌

【解答】"强柱弱梁"是为了防止柱较早进入受弯屈服，从而造成结构倒塌，应选 B 项。

建筑设计应根据抗震概念设计的要求明确建筑形体的规则性。此处，建筑形体是指建

筑平面形状和立面、竖向剖面的变化。

建筑形体及其构件布置的平面、竖向不规则性，应按下列要求划分：

（1）混凝土房屋、钢结构房屋和钢-混凝土混合结构房屋存在表16-7-1所列举的某项平面不规则类型或表16-7-2所列举的某项竖向不规则类型以及类似的不规则类型，应属于不规则的建筑。

平面不规则的主要类型　　　　　　　　　　　　　　表16-7-1

不规则类型	定义和参考指标
扭转不规则	在具有偶然偏心的规定水平力作用下，楼层两端抗侧力构件弹性水平位移（或层间位移）的最大值与平均值的比值大于1.2（图16-7-2）
凹凸不规则	平面凹进的尺寸，大于相应投影方向总尺寸的30%
楼板局部不连续	楼板的尺寸和平面刚度急剧变化，例如，有效楼板宽度小于该层楼板典型宽度的50%，或开洞面积大于该层楼面面积的30%，或较大的楼层错层

竖向不规则的主要类型　　　　　　　　　　　　　　表16-7-2

不规则类型	定义和参考指标
侧向刚度不规则	该层的侧向刚度小于相邻上一层的70%，或小于其上相邻三个楼层侧向刚度平均值的80%；除顶层或出屋面小建筑外，局部收进的水平向尺寸大于相邻下一层的25%
竖向抗侧力构件不连续	竖向抗侧力构件（柱、抗震墙、抗震支撑）的内力由水平转换构件（梁、桁架等）向下传递
楼层承载力突变	抗侧力结构的层间受剪承载力小于相邻上一楼层的80%

图16-7-2　建筑结构平面的扭转不规则示例

（2）当存在多项不规则或某项不规则超过规定的参考指标较多时，应属于特别不规则的建筑。

（3）严重不规则的建筑，指的是形体复杂，多项不规则指标超过表16-7-1、表16-7-2上限值或某一项大大超过规定值，具有现有技术和经济条件不能克服的严重的抗震薄弱环节，可能导致地震破坏的严重后果者。所以，严重不规则的建筑不应采用。

表16-7-1中的规定水平力一般采用振型组合后的楼层水平地震剪力换算的水平作用力，并考虑偶然偏心。

建筑形体及其构件布置不规则时，应按下列要求进行地震作用计算和内力调整，并应对薄弱部位采取有效的抗震构造措施：

（1）平面不规则而竖向规则的建筑，应采用空间结构计算模型，并应符合下列要求：

1）扭转不规则时，应计入扭转影响，且在考虑偶然偏心的规定水平力作用下，楼层两端抗侧力构件弹性水平位移或层间位移的最大值与平均值的比值不宜大于1.5，当最大

层间位移远小于规范限值时,可适当放宽;

2) 凹凸不规则或楼板局部不连续时,应采用符合楼板平面内实际刚度变化的计算模型;高烈度或不规则程度较大时,宜计入楼板局部变形的影响;

3) 平面不对称且凹凸不规则或局部不连续,可根据实际情况分块计算扭转位移比,对扭转较大的部位应采用局部的内力增大系数。

(2) 平面规则而竖向不规则的建筑,应采用空间结构计算模型,刚度小的楼层的地震剪力应乘以不小于1.15的增大系数,其薄弱层应按《建筑抗震设计规范》有关规定进行弹塑性变形分析,并应符合下列要求:

1) 竖向抗侧力构件不连续时,该构件传递给水平转换构件的地震内力应根据烈度高低和水平转换构件的类型、受力情况、几何尺寸等,乘以1.25~2.0的增大系数;

2) 侧向刚度不规则时,相邻层的侧向刚度比应依据其结构类型符合本规范相关章节的规定;

3) 楼层承载力突变时,薄弱层抗侧力结构的受剪承载力不应小于相邻上一楼层的65%。

(3) 平面不规则且竖向不规则的建筑,应根据不规则类型的数量和程度,有针对性地采取不低于上述(1)、(2)要求的各项抗震措施。特别不规则的建筑,应经专门研究,采取更有效的加强措施或对薄弱部位采用相应的抗震性能化设计方法。

3. 钢筋混凝土结构适用的最大高度和抗震等级

钢筋混凝土结构适用的最大高度,《建筑抗震设计规范》GB 50011—2010(2016年版)(以下简称《抗规》)规定:

6.1.1 本章适用的现浇钢筋混凝土房屋的结构类型和最大高度应符合表 6.1.1 的要求。平面和竖向均不规则的结构,适用的最大高度宜适当降低。

注:本章"抗震墙"指结构抗侧力体系中的钢筋混凝土剪力墙,不包括只承担重力荷载的混凝土墙。

现浇钢筋混凝土房屋适用的最大高度(m)　　　表 6.1.1

结构类型		烈度				
		6	7	8(0.2g)	8(0.3g)	9
框架		60	50	40	35	24
框架-抗震墙		130	120	100	80	50
抗震墙		140	120	100	80	60
部分框支抗震墙		120	100	80	50	不应采用
筒体	框架-核心筒	150	130	100	90	70
	筒中筒	180	150	120	100	80
板柱-抗震墙		80	70	55	40	不应采用

注:1 房屋高度指室外地面到主要屋面板板顶的高度(不包括局部突出屋顶部分);
2 框架-核心筒结构指周边稀柱框架与核心筒组成的结构;
3 部分框支抗震墙结构指首层或底部两层为框支层的结构,不包括仅个别框支墙的情况;
4 表中框架,不包括异形柱框架;
5 板柱-抗震墙结构指板柱、框架和抗震墙组成抗侧力体系的结构;
6 乙类建筑可按本地区抗震设防烈度确定其适用的最大高度。

【例 16-7-2】（历年真题）高层建筑结构体系适用高度按从小到大进行排序，排列正确的是：

A. 框架结构，剪力墙结构，筒体结构
B. 框架结构，筒体结构，框架-剪力墙结构
C. 剪力墙结构，筒体结构，框架-剪力墙结构
D. 剪力墙结构，框架结构，框架-剪力墙结构

【解答】适用高度从小到大排序为：框架结构、剪力墙结构、筒体结构，应选 A 项。

建筑工程分为四类抗震设防类别：特殊设防类（简称甲类）、重点设防类（简称乙类）、标准设防类（简称丙类）和适度设防类（简称丁类）。

房屋建筑混凝土结构构件的抗震等级，《混规》规定：

11.1.3 房屋建筑混凝土结构构件的抗震设计，应根据设防类别、烈度、结构类型和房屋高度采用不同的抗震等级，并应符合相应的计算和构造措施要求。丙类建筑的抗震等级应按表 11.1.3 确定。

混凝土结构的抗震等级 表 11.1.3

结构类型			设防烈度						
		6		7		8		9	
框架结构	高度（m）	≤24	>24	≤24	>24	≤24	>24	≤24	
	普通框架	四	三	三	二	二	一	一	
	大跨度框架	三		二		一		一	
框架-剪力墙结构	高度（m）	≤60	>60	<24	>24 且 ≤60	>60	<24	>24 且 ≤60	>60	≤24	>24 且 ≤50
	框架	四	三	四	三	二	三	二	一	二	一
	剪力墙	三		三	二		二	一		一	
剪力墙结构	高度（m）	≤80	>80	≤24	>24 且 ≤80	>80	≤24	>24 且 ≤80	>80	≤24	24～60
	剪力墙	四	三	四	三	二	三	二	一	二	一
部分框支剪力墙结构	高度（m）	≤80	>80	≤24	>24 且 ≤80	>80	≤24	>24 且 ≤80	—	
	剪力墙 一般部位	四	三	四	三	二	三	二		
	剪力墙 加强部位	三	二	三	二	一	二	一		
	框支层框架	二		二		一		—		
筒体结构	框架-核心筒 框架	三		二		一		一		
	框架-核心筒 核心筒	二		二		一		一		
	筒中筒 内筒	三		二		一		一		
	筒中筒 外筒	三		二		一		一		

续表

结构类型		设防烈度					
		6		7		8	9
板柱-剪力墙结构	高度（m）	≤35	>35	≤35	>35	≤35	>35
	板柱及周边框架	三	二	二	二	一	—
	剪力墙	二	二	二	二	二	一
单层厂房结构	铰接排架	四		三		二	一

注：1 建筑场地为Ⅰ类时，除6度设防烈度外应允许按表内降低一度所对应的抗震等级采取抗震构造措施，但相应的计算要求不应降低；
　2 接近或等于高度分界时，应允许结合房屋不规则程度及场地、地基条件确定抗震等级；
　3 大跨度框架指跨度不小于18m的框架；
　4 表中框架结构不包括异形柱框架；
　5 房屋高度不大于60m的框架-核心筒结构按框架-剪力墙结构的要求设计时，应按表中框架-剪力墙结构确定抗震等级。

丙类建筑直接查规范表11.1.3确定抗震等级。

建筑结构抗震设计包括地震作用计算和抗震措施。其中，抗震措施又分为：①一般规定、内力与变形的地震作用效应调整的抗震措施；②抗震构造措施。在具体运用上述《混规》表11.1.3，确定结构构件的抗震措施所对应的抗震等级时，应注意Ⅰ类建筑场地的情况，即《混规》表11.1.3中注1的规定。此时，内力及变形的抗震措施所采用的抗震等级，与抗震构造措施所采用的抗震等级，两者的内涵是不同的，其数值可能不相同。例如：I_1类建筑场地，7度抗震设防烈度，高度30m的钢筋混凝土框架结构，丙类建筑，其内力及变形的抗震措施所采用的抗震等级，按7度查《混规》表11.1.3，应为抗震等级二级；其抗震构造措施所采用的抗震等级，根据《混规》表11.1.3及注1的规定，按6度查《混规》表11.1.3，应为抗震等级三级。

4. 防震缝

《高层建筑混凝土结构技术规程》规定：

3.4.10 设置防震缝时，应符合下列规定：
　1 防震缝宽度应符合下列规定：
　1) 框架结构房屋，高度不超过15m时不应小于100mm；超过15m时，6度、7度、8度和9度分别每增加高度5m、4m、3m和2m，宜加宽20mm；
　2) 框架-剪力墙结构房屋不应小于本款1)项规定数值的70%，剪力墙结构房屋不应小于本款1)项规定数值的50%，且二者均不宜小于100mm。
　2 防震缝两侧结构体系不同时，防震缝宽度应按不利的结构类型确定；
　3 防震缝两侧的房屋高度不同时，防震缝宽度可按较低的房屋高度确定；

> 4 8、9度抗震设计的框架结构房屋，防震缝两侧结构层高相差较大时，防震缝两侧框架柱的箍筋应沿房屋全高加密，并可根据需要沿房屋全高在缝两侧各设置不少于两道垂直于防震缝的抗撞墙；
> 5 当相邻结构的基础存在较大沉降差时，宜增大防震缝的宽度；
> 6 防震缝宜沿房屋全高设置，地下室、基础可不设防震缝，但在与上部防震缝对应处应加强构造和连接；
> 7 结构单元之间或主楼与裙房之间不宜采用牛腿托梁的做法设置防震缝，否则应采取可靠措施。

5. 结构抗震验算的规定

《抗规》规定：

> **5.1.6** 结构的截面抗震验算，应符合下列规定：
> 1 6度时的建筑（不规则建筑及建造于Ⅳ类场地上较高的高层建筑除外），以及生土房屋和木结构房屋等，应符合有关的抗震措施要求，但应允许不进行截面抗震验算。
> 2 6度时不规则建筑、建造于Ⅳ类场地上较高的高层建筑，7度和7度以上的建筑结构（生土房屋和木结构房屋等除外），应进行多遇地震作用下的截面抗震验算。
> 注：采用隔震设计的建筑结构，其抗震验算应符合有关规定。

6. 承载力抗震调整系数 γ_{RE}

《混规》规定：

> **11.1.6** 考虑地震组合验算混凝土结构构件的承载力时，均应按承载力抗震调整系数 γ_{RE} 进行调整，承载力抗震调整系数 γ_{RE} 应按表11.1.6采用。
>
> 正截面抗震承载力应按本规范第6.2节的规定计算，但应在相关计算公式右端项除以相应的承载力抗震调整系数 γ_{RE}。
>
> 当仅计算竖向地震作用时，各类结构构件的承载力抗震调整系数 γ_{RE} 均应取为1.0。

承载力抗震调整系数　　　　表11.1.6

结构构件类别	正截面承载力计算					斜截面承载力计算	受冲切承载力计算	局部受压承载力计算
	受弯构件	偏心受压柱		偏心受拉构件	剪力墙	各类构件及框架节点		
		轴压比小于0.15	轴压比不小于0.15					
γ_{RE}	0.75	0.75	0.8	0.85	0.85	0.85	0.85	1.0

> 注：预埋件锚筋截面计算的承载力抗震调整系数 γ_{RE} 应取为1.0。

7. 抗震验算

《建筑与市政工程抗震通用规范》GB 55002—2021规定：

4.3.1 结构构件的截面抗震承载力，应符合下式规定：

$$S \leqslant R/\gamma_{RE} \tag{4.3.1}$$

式中：S——结构构件的地震组合内力设计值，按本规范4.3.2条的规定确定；

R——结构构件承载力设计值，按结构材料的强度设计值确定。

4.3.2 结构构件抗震验算的组合内力设计值应采用地震作用效应和其他作用效应的基本组合值，并应符合下式规定：

$$S = \gamma_G S_{GE} + \gamma_{Eh} S_{Ehk} + \gamma_{Ev} S_{Evk} + \Sigma \gamma_{Di} S_{Dik} + \Sigma \psi_i \gamma_i S_{ik} \tag{4.3.2}$$

式中：S——结构构件地震组合内力设计值，包括组合的弯矩、轴向力和剪力设计值等；

γ_G——重力荷载分项系数，按表4.3.2-1采用；

γ_{Eh}、γ_{Ev}——分别为水平、竖向地震作用分项系数，其取值不应低于表4.3.2-2的规定；

γ_{Di}——不包括在重力荷载内的第i个永久荷载的分项系数，应按表4.3.2-1采用；

γ_i——不包括在重力荷载内的第i个可变荷载的分项系数，不应小于1.5；

S_{GE}——重力荷载代表值的效应，有吊车时，尚应包括悬吊物重力标准值的效应；

S_{Ehk}——水平地震作用标准值的效应；

S_{Evk}——竖向地震作用标准值的效应；

S_{Dik}——不包括在重力荷载内的第i个永久荷载标准值的效应；

S_{ik}——不包括在重力荷载内的第i个可变荷载标准值的效应；

ψ_i——不包括在重力荷载内的第i个可变荷载的组合值系数，应按表4.3.2-1采用。

各荷载分项系数及组合系数 表4.3.2-1

荷载类别、分项系数、组合系数			对承载力不利	对承载力有利	适用对象
永久荷载	重力荷载	γ_G	≥1.3	≤1.0	所有工程
	预应力	γ_{Dy}			
	土压力	γ_{Ds}	≥1.3	≤1.0	市政工程、地下结构
	水压力	γ_{Dw}			
可变荷载	风荷载	ψ_N	0.0		一般的建筑结构
			0.2		风荷载起控制作用的建筑结构
	温度作用	ψ_t	0.65		市政工程

地震作用分项系数 表4.3.2-2

地震作用	γ_{Eh}	γ_{Ev}
仅计算水平地震作用	1.4	0.0
仅计算竖向地震作用	0.0	1.4
同时计算水平与竖向地震作用（水平地震为主）	1.4	0.5
同时计算水平与竖向地震作用（竖向地震为主）	0.5	1.4

8. 材料的要求

根据《混凝土结构通用规范》规定，材料应符合下列要求：

(1) 混凝土结构的混凝土强度等级应符合下列规定：

1) 剪力墙不宜超过 C60；其他构件，9 度时不宜超过 C60，8 度时不宜超过 C70。

2) 不低于二级抗震等级的钢筋混凝土结构构件，不应低于 C30；其他各类钢筋混凝土结构构件，不应低于 C25。

(2) 按一、二、三级抗震等级设计的框架和斜撑构件，其纵向受力普通钢筋应符合下列要求：

1) 钢筋的抗拉强度实测值与屈服强度实测值的比值不应小于 1.25；

2) 钢筋的屈服强度实测值与屈服强度标准值的比值不应大于 1.30；

3) 钢筋最大拉力下的总伸长率实测值不应小于 9%。

二、构要求

1. 框架梁的构造要求

(1) 截面尺寸要求

《混规》规定：

> **11.3.5** 框架梁截面尺寸应符合下列要求：
> 1 截面宽度不应小于 200mm；
> 2 截面高度与宽度的比值不宜大于 4；
> 3 净跨与截面高度的比值不宜小于 4。

(2) 梁端混凝土受压区高度的要求

《混规》规定：

> **11.3.1** 梁正截面受弯承载力计算中，计入纵向受压钢筋的梁端混凝土受压区高度应符合下列要求：
>
> 一级抗震等级
>
> $$x \leqslant 0.25 h_0 \quad (11.3.1\text{-}1)$$
>
> 二、三级抗震等级
>
> $$x \leqslant 0.35 h_0 \quad (11.3.1\text{-}2)$$
>
> 式中：x——混凝土受压区高度；
> h_0——截面有效高度。

(3) 纵向受拉钢筋构造要求

《混规》规定：

> **11.3.6** 框架梁的钢筋配置应符合下列规定：
> 1 纵向受拉钢筋的配筋率不应小于表 11.3.6-1 规定的数值；

框架梁纵向受拉钢筋的最小配筋百分率（%）　　表 11.3.6-1

抗震等级	梁中位置	
	支　座	跨　中
一级	0.40 和 $80 f_t/f_y$ 中的较大值	0.30 和 $65 f_t/f_y$ 中的较大值
二级	0.30 和 $65 f_t/f_y$ 中的较大值	0.25 和 $55 f_t/f_y$ 中的较大值
三、四级	0.25 和 $55 f_t/f_y$ 中的较大值	0.20 和 $45 f_t/f_y$ 中的较大值

　　2　框架梁梁端截面的底部和顶部纵向受力钢筋截面面积的比值，除按计算确定外，一级抗震等级不应小于0.5；二、三级抗震等级不应小于0.3。

11.3.7　梁端纵向受拉钢筋的配筋率不宜大于2.5%。沿梁全长顶面和底面至少应各配置两根通长的纵向钢筋，对一、二级抗震等级，钢筋直径不应小于14mm，且分别不应少于梁两端顶面和底面纵向受力钢筋中较大截面面积的1/4；对三、四级抗震等级，钢筋直径不应小于12mm。

（4）箍筋构造要求

《混规》规定：

　　3　梁端箍筋的加密区长度、箍筋最大间距和箍筋最小直径，应按表11.3.6-2采用；当梁端纵向受拉钢筋配筋率大于2%时，表中箍筋最小直径应增大2mm。

框架梁梁端箍筋加密区的构造要求　　表 11.3.6-2

抗震等级	加密区长度（mm）	箍筋最大间距（mm）	最小直径（mm）
一级	2倍梁高和500中的较大值	纵向钢筋直径的6倍，梁高的1/4和100中的最小值	10
二级	1.5倍梁高和500中的较大值	纵向钢筋直径的8倍，梁高的1/4和100中的最小值	8
三级	1.5倍梁高和500中的较大值	纵向钢筋直径的8倍，梁高的1/4和150中的最小值	8
四级		纵向钢筋直径的8倍，梁高的1/4和150中的最小值	6

注：箍筋直径大于12mm、数量不少于4肢且肢距不大于150mm时，一、二级的最大间距应允许适当放宽，但不得大于150mm。

11.3.8　梁箍筋加密区长度内的箍筋肢距：一级抗震等级，不宜大于200mm和20倍箍筋直径的较大值；二、三级抗震等级，不宜大于250mm和20倍箍筋直径的较大值；各抗震等级下，均不宜大于300mm。

11.3.9　梁端设置的第一个箍筋距框架节点边缘不应大于50mm。非加密区的箍筋间距不宜大于加密区箍筋间距的2倍。

2. 框架柱的构造要求

(1) 柱截面尺寸要求

《混规》规定：

> **11.4.11** 框架柱的截面尺寸应符合下列要求：
> **1** 矩形截面柱，抗震等级为四级或层数不超过 2 层时，其最小截面尺寸不应小于 300mm，一、二、三级抗震等级且层数超过 2 层时不宜小于 400mm；圆柱的截面直径，抗震等级为四级或层数不超过 2 层时不应小于 350mm，一、二、三级抗震等级且层数超过 2 层时不宜小于 450mm；
> **2** 柱的剪跨比宜大于 2；
> **3** 柱截面长边与短边的边长比不宜大于 3。

(2) 柱端弯矩增大系数与柱端剪力增大系数

框架柱端弯矩增大系数：①对框架结构中的框架，一、二、三、四级抗震等级可分别取为 1.7、1.5、1.3、1.2；②对其他结构类型中的框架，一、二、三、四级抗震等级可分别取为 1.4、1.2、1.1、1.1。

框架柱端剪力增大系数：①对框架结构中的框架，一、二、三、四级抗震等级可分别取为 1.5、1.3、1.2、1.1；②对其他结构类型中的框架，一、二、三、四级抗震等级可分别取为 1.4、1.2、1.1、1.1。

(3) 柱轴压比限值

为了使框架柱具有较大的延性和良好的耗能能力，因此，限制框架柱的轴压比。为此，《混规》规定：

> **11.4.16** 一、二、三、四级抗震等级的各类结构的框架柱、框支柱，其轴压比不宜大于表 11.4.16 规定的限值。对Ⅳ类场地上较高的高层建筑，柱轴压比限值应适当减小。
>
> 柱轴压比限值　　　　表 11.4.16
>
> | 结构体系 | 抗震等级 | | | |
> |---|---|---|---|---|
> | | 一级 | 二级 | 三级 | 四级 |
> | 框架结构 | 0.65 | 0.75 | 0.85 | 0.90 |
> | 框架-剪力墙结构、筒体结构 | 0.75 | 0.85 | 0.90 | 0.95 |
> | 部分框支剪力墙结构 | 0.60 | 0.70 | — | |
>
> 注：1 轴压比指柱地震作用组合的轴向压力设计值与柱的全截面面积和混凝土轴心抗压强度设计值乘积之比值；
> 2 当混凝土强度等级为 C65、C70 时，轴压比限值宜按表中数值减小 0.05；混凝土强度等级为 C75、C80 时，轴压比限值宜按表中数值减小 0.10；
> 3 表内限值适用于剪跨比大于 2、混凝土强度等级不高于 C60 的柱；剪跨比不大于 2 的柱轴压比限值应降低 0.05；剪跨比小于 1.5 的柱，轴压比限值应专门研究并采取特殊构造措施；
> 4 调整后的柱轴压比限值不应大于 1.05。

【例 16-7-3】（历年真题）钢筋混凝土结构抗震设计中轴压比限值的作用是：
A. 使混凝土得到充分利用　　　　B. 确保结构的延性

C. 防止构件剪切破坏　　　　　　　D. 防止柱的纵向屈曲

【解答】轴压比限值的作用是确保结构的延性,应选 B 项。

(4) 纵向受力钢筋的构造要求

《混规》规定：

11.4.12 框架柱和框支柱的钢筋配置,应符合下列要求：

1 框架柱和框支柱中全部纵向受力钢筋的配筋百分率不应小于表 11.4.12-1 规定的数值,同时,每一侧的配筋百分率不应小于 0.2；对Ⅳ类场地上较高的高层建筑,最小配筋百分率应增加 0.1；

柱全部纵向受力钢筋最小配筋百分率（%）　　　表 11.4.12-1

柱 类 型	抗 震 等 级			
	一级	二级	三级	四级
中柱、边柱	0.9 (1.0)	0.7 (0.8)	0.6 (0.7)	0.5 (0.6)
角柱、框支柱	1.1	0.9	0.8	0.7

注：1 表中括号内数值用于框架结构的柱；
　　2 采用 400MPa 级纵向受力钢筋时,应按表中数值增加 0.05 采用；
　　3 当混凝土强度等级为 C60 以上时,应按表中数值增加 0.1 采用。

11.4.13 框架边柱、角柱及剪力墙端柱在地震组合下处于小偏心受拉时,柱内纵向受力钢筋总截面面积应比计算值增加 25%。框架柱、框支柱中全部纵向受力钢筋配筋率不应大于 5%。

(5) 箍筋的构造要求

《混规》规定：

2 框架柱和框支柱上、下两端箍筋应加密,加密区的箍筋最大间距和箍筋最小直径应符合表 11.4.12-2 的规定；

柱端箍筋加密区的构造要求　　　表 11.4.12-2

抗震等级	箍筋最大间距（mm）	箍筋最小直径（mm）
一级	纵向钢筋直径的 6 倍和 100 中的较小值	10
二级	纵向钢筋直径的 8 倍和 100 中的较小值	8
三级、四级	纵向钢筋直径的 8 倍和 150（柱根 100）中的较小值	8

注：柱根系指底层柱下端的箍筋加密区范围；三级、四级,柱截面尺寸不大于 400mm,箍筋最小直径可取 6mm。

3 框支柱和剪跨比不大于 2 的框架柱应在柱全高范围内加密箍筋,且箍筋间距应符合本条第 2 款一级抗震等级的要求；

4 一级抗震等级框架柱的箍筋直径大于 12mm 且箍筋肢距不大于 150mm 及二级抗震等级框架柱的直径不小于 10mm 且箍筋肢距不大于 200mm 时,除底层柱下端外,箍筋间距应允许采用 150mm；四级抗震等级框架柱剪跨比不大于 2 时，箍筋直径不应小于 8mm。

11.4.14 框架柱的箍筋加密区长度，应取柱截面长边尺寸（或圆形截面直径）、柱净高的 1/6 和 500mm 中的最大值；一、二级抗震等级的角柱应沿柱全高加密箍筋。底层柱根箍筋加密区长度应取不小于该层柱净高的 1/3；当有刚性地面时，除柱端箍筋加密区外尚应在刚性地面上、下各 500mm 的高度范围内加密箍筋。

（6）柱箍筋的体积配筋率的构造要求

柱箍筋对混凝土的约束程度是影响框架柱的延性和耗能能力的主要因素之一，其约束程度用配箍特征值度量。为此，《混规》规定：

11.4.17 柱箍筋加密区箍筋的体积配筋率应符合下列规定：

1 柱箍筋加密区箍筋的体积配筋率，应符合下列规定：

$$\rho_v \geq \lambda_v \frac{f_c}{f_{yv}} \qquad (11.4.17)$$

式中：ρ_v——柱箍筋加密区的体积配筋率，按本规范第 6.6.3 条的规定计算，计算中应扣除重叠部分的箍筋体积；

f_{yv}——箍筋抗拉强度设计值；

f_c——混凝土轴心抗压强度设计值；当强度等级低于 C35 时，按 C35 取值；

λ_v——最小配箍特征值，按表 11.4.17 采用。

柱箍筋加密区的箍筋最小配箍特征值 λ_v　　　表 11.4.17

抗震等级	箍筋形式	轴压比							
		≤0.3	0.4	0.5	0.6	0.7	0.8	0.9	1.0	1.05
一级	普通箍、复合箍	0.10	0.11	0.13	0.15	0.17	0.20	0.23	—	—
	螺旋箍、复合或连续复合矩形螺旋箍	0.08	0.09	0.11	0.13	0.15	0.18	0.21	—	—
二级	普通箍、复合箍	0.08	0.09	0.11	0.13	0.15	0.17	0.19	0.22	0.24
	螺旋箍、复合或连续复合矩形螺旋箍	0.06	0.07	0.09	0.11	0.13	0.15	0.17	0.20	0.22
三、四级	普通箍、复合箍	0.06	0.07	0.09	0.11	0.13	0.15	0.17	0.20	0.22
	螺旋箍、复合或连续复合矩形螺旋箍	0.05	0.06	0.07	0.09	0.11	0.13	0.15	0.18	0.20

注：1 普通箍指单个矩形箍筋或单个圆形箍筋；螺旋箍指单个螺旋箍筋；复合箍指由矩形、多边形、圆形箍筋或拉筋组成的箍筋；复合螺旋箍指由螺旋箍与矩形、多边形、圆形箍筋或拉筋组成的箍筋；连续复合矩形螺旋箍指全部螺旋箍为同一根钢筋加工成的箍筋；

2 在计算复合螺旋箍的体积配筋率时，其中非螺旋箍筋的体积应乘以系数 0.8；

3 混凝土强度等级高于 C60 时，箍筋宜采用复合箍、复合螺旋箍或连续复合矩形螺旋箍，当轴压比不大于 0.6 时，其加密区的最小配箍特征值宜按表中数值增加 0.02；当轴压比大于 0.6 时，宜按表中数值增加 0.03。

2 对一、二、三、四级抗震等级的柱，其箍筋加密区的箍筋体积配筋率分别不应小于0.8%、0.6%、0.4%和0.4%。

11.4.18 在箍筋加密区外，箍筋的体积配筋率不宜小于加密区配筋率的一半；对一、二级抗震等级，箍筋间距不应大于$10d$；对三、四级抗震等级，箍筋间距不应大于$15d$，此处，d为纵向钢筋直径。

3. 剪力墙的构造要求
(1) 剪力墙截面尺寸要求
《混规》规定：

11.7.12 剪力墙的墙肢截面厚度应符合下列规定：
　1 剪力墙结构：一、二级抗震等级时，一般部位不应小于160mm，且不宜小于层高或无支长度的1/20；三、四级抗震等级时，不应小于140mm，且不宜小于层高或无支长度的1/25。一、二级抗震等级的底部加强部位，不应小于200mm，且不宜小于层高或无支长度的1/16，当墙端无端柱或翼墙时，墙厚不宜小于层高或无支长度的1/12。
　2 框架-剪力墙结构：一般部位不应小于160mm，且不宜小于层高或无支长度的1/20；底部加强部位不应小于200mm，且不宜小于层高或无支长度的1/16。
　3 框架-核心筒结构、筒中筒结构：一般部位不应小于160mm，且不宜小于层高或无支长度的1/20；底部加强部位不应小于200mm，且不宜小于层高或无支长度的1/16。筒体底部加强部位及其上一层不宜改变墙体厚度。

需注意的是，上述计算规定，应取层高或无支长度的较小者进行计算。

(2) 墙肢轴压比限值
墙肢轴压比是影响墙肢变形（或弹塑性变形）能力的主要因素之一。当轴压比大于一定值后，即使墙端设置了边缘构件，在强震下，其仍可能因混凝土压溃而丧失承载力。为此，《混规》规定：

11.7.16 一、二、三级抗震等级的剪力墙，其底部加强部位的墙肢轴压比不宜超过表11.7.16的限值。

剪力墙轴压比限值　　　　表11.7.16

抗震等级(设防烈度)	一级(9度)	一级(7、8度)	二级、三级
轴压比限值	0.4	0.5	0.6

注：剪力墙肢轴压比指在重力荷载代表值作用下墙的轴压力设计值与墙的全截面面积和混凝土轴心抗压强度设计值乘积的比值。

(3) 剪力墙的分布钢筋的构造要求
《混规》规定：

11.7.13 剪力墙厚度大于140mm时，其竖向和水平向分布钢筋不应少于双排布置。

> **11.7.14** 剪力墙的水平和竖向分布钢筋的配筋应符合下列规定：
> **1** 一、二、三级抗震等级的剪力墙的水平和竖向分布钢筋配筋率均不应小于0.25%；四级抗震等级剪力墙不应小于0.2%；
> **2** 部分框支剪力墙结构的剪力墙底部加强部位，水平和竖向分布钢筋配筋率不应小于0.3%。
> 注：房屋高度不大于10m且不超过三层的剪力墙，其竖向分布筋最小配筋率应允许按0.15%采用。
>
> **11.7.15** 剪力墙水平和竖向分布钢筋的间距不宜大于300mm，直径不宜大于墙厚的1/10，且不应小于8mm；竖向分布钢筋直径不宜小于10mm。
> 部分框支剪力墙结构的底部加强部位，剪力墙水平和竖向分布钢筋的间距不宜大于200mm。

(4) 约束边缘构件的构造要求

《混规》规定：

> **11.7.17** 剪力墙两端及洞口两侧应设置边缘构件，并宜符合下列要求：
> **1** 一、二、三级抗震等级剪力墙，在重力荷载代表值作用下，当墙肢底截面轴压比大于表11.7.17规定时，其底部加强部位及其以上一层墙肢应按本规范第11.7.18条的规定设置约束边缘构件；当墙肢轴压比不大于表11.7.17规定时，可按本规范第11.7.19条的规定设置构造边缘构件；
>
> 剪力墙设置构造边缘构件的最大轴压比　　　　表11.7.17
>
> | 抗震等级(设防烈度) | 一级(9度) | 一级(7、8度) | 二级、三级 |
> |---|---|---|---|
> | 轴压比 | 0.1 | 0.2 | 0.3 |
>
> **2** 部分框支剪力墙结构中，一、二、三级抗震等级落地剪力墙的底部加强部位及以上一层的墙肢两端，宜设置翼墙或端柱，并应按本规范第11.7.18条的规定设置约束边缘构件；不落地的剪力墙，应在底部加强部位及以上一层剪力墙的墙肢两端设置约束边缘构件；
> **3** 一、二、三级抗震等级的剪力墙的一般部位剪力墙以及四级抗震等级剪力墙，应按本规范第11.7.19条设置构造边缘构件。
>
> **11.7.18** 剪力墙端部设置的约束边缘构件（暗柱、端柱、翼墙和转角墙）应符合下列要求（图11.7.18）：
> **1** 约束边缘构件沿墙肢的长度 l_c 及配箍特征值 λ_v 宜满足表11.7.18的要求，箍筋的配置范围及相应的配箍特征值 λ_v 和 $\lambda_v/2$ 的区域如图11.7.18所示，其体积配筋率 ρ_v 应符合下列要求：
>
> $$\rho_v \geq \lambda_v \frac{f_c}{f_{yv}} \qquad (11.7.18)$$
>
> 式中：λ_v——配箍特征值，计算时可计入拉筋。

计算体积配箍率时，可适当计入满足构造要求且在墙端有可靠锚固的水平分布钢筋的截面面积。

2 一、二、三级抗震等级剪力墙约束边缘构件的纵向钢筋的截面面积，对图 11.7.18 所示暗柱、端柱、翼墙与转角墙分别不应小于图中阴影部分面积的 1.2%、1.0% 和 1.0%。

图 11.7.18 剪力墙的约束边缘构件
注：图中尺寸单位为 mm。
1—配箍特征值为 λ_v 的区域；2—配箍特征值为 $\lambda_v/2$ 的区域

3 约束边缘构件的箍筋或拉筋沿竖向的间距，对一级抗震等级不宜大于 100mm，对二、三级抗震等级不宜大于 150mm。

约束边缘构件沿墙肢的长度 l_c 及其配箍特征值 λ_v　　　　表 11.7.18

抗震等级（设防烈度）		一级（9度）		一级（7、8度）		二级、三级	
轴压比		≤0.2	>0.2	≤0.3	>0.3	≤0.4	>0.4
λ_v		0.12	0.20	0.12	0.20	0.12	0.20
l_c（mm）	暗柱	$0.20h_w$	$0.25h_w$	$0.15h_w$	$0.20h_w$	$0.15h_w$	$0.20h_w$
	端柱、翼墙或转角墙	$0.15h_w$	$0.20h_w$	$0.10h_w$	$0.15h_w$	$0.10h_w$	$0.15h_w$

注：1 两侧翼墙长度小于其厚度 3 倍时，视为无翼墙剪力墙；端柱截面边长小于墙厚 2 倍时，视为无端柱剪力墙；
　　2 约束边缘构件沿墙肢长度 l_c 除满足表 11.7.18 的要求外，且不宜小于墙厚和 400mm；当有端柱、翼墙或转角墙时，尚不应小于翼墙厚度或端柱沿墙肢方向截面高度加 300mm；
　　3 h_w 为剪力墙的墙肢截面高度。

(5) 构造边缘构件的构造要求

《混规》规定：

11.7.19 剪力墙端部设置的构造边缘构件（暗柱、端柱、翼墙和转角墙）的范围，应按图 11.7.19 确定，构造边缘构件的纵向钢筋除应满足计算要求外，尚应符合表 11.7.19 的要求。

图 11.7.19　剪力墙的构造边缘构件

注：图中尺寸单位为 mm。

构造边缘构件的构造配筋要求　　表 11.7.19

抗震等级	底部加强部位			其他部位		
	纵向钢筋最小配筋量（取较大值）	箍筋、拉筋最小直径（mm）	箍筋、拉筋最大间距（mm）	纵向钢筋最小配筋量（取较大值）	箍筋、拉筋最小直径（mm）	箍筋、拉筋最大间距（mm）
一	$0.01A_c$, $6\phi16$	8	100	$0.008A_c$, $6\phi14$	8	150
二	$0.008A_c$, $6\phi14$	8	150	$0.006A_c$, $6\phi12$	8	200
三	$0.006A_c$, $6\phi12$	6	150	$0.005A_c$, $4\phi12$	6	200
四	$0.005A_c$, $4\phi12$	6	200	$0.004A_c$, $4\phi12$	6	250

注：1　A_c 为图 11.7.19 中所示的阴影面积；
　　2　对其他部位，拉筋的水平间距不应大于纵向钢筋间距的 2 倍，转角处宜设置箍筋；
　　3　当端柱承受集中荷载时，应满足框架柱的配筋要求。

【**例 16-7-4**】（历年真题）下列关于钢筋混凝土剪力墙结构边缘构件的说法中，不正确的是：

A. 分为构造边缘构件和约束边缘构件两类
B. 边缘构件内混凝土为受约束的混凝土，因此可提高墙体的延性
C. 构造边缘构件内可不设置箍筋
D. 所有剪力墙都要设置边缘构件

【**解答**】构造边缘构件内应设置箍筋，C 项错误，应选 C 项。

习　题

16-7-1　（历年真题）在结构抗震设计中，框架结构在地震作用下：
A. 允许在框架梁端处形成塑性铰　　B. 允许在框架节点处形成塑性铰
C. 允许在框架柱端处形成塑性铰　　D. 不允许框架任何位置形成塑性铰

16-7-2（历年真题）下面关于钢筋混凝土剪力墙结构中边缘构件的说法中正确的是：
A. 仅当作用的水平荷载较大时，剪力墙才设置边缘构件
B. 剪力墙若设置边缘构件，必须为约束边缘构件
C. 所有剪力墙都需设置边缘构件
D. 剪力墙只需设置构造边缘构件即可

16-7-3（历年真题）关于抗震设计，下列叙述中不正确的是：
A. 基本烈度在结构使用年限内的超越概率是10%
B. 乙类建筑的地震作用应符合本地区设防烈度的要求，其抗震措施应符合本地区设防烈度提高一度的要求
C. 应保证框架结构的塑性铰有足够的转动能力和耗能能力，并保证塑性铰首先发生在梁上，而不是柱上
D. 应保证结构具有多道防线，防止出现连续倒塌的状况

16-7-4（历年真题）现浇钢筋混凝土框架结构梁柱节点区混凝土强度等级应该为：
A. 低于梁的混凝土强度等级   B. 低于柱的混凝土强度等级
C. 与梁的混凝土强度等级相同   D. 不低于柱的混凝土强度等级

第八节 钢结构基本设计规定和材料

一、基本设计规定

1. 一般规定

《钢结构设计标准》GB 50017—2017（以下简称《钢标》）规定：

> 3.1.2 本标准除疲劳计算和抗震设计外，应采用以概率理论为基础的极限状态设计方法，用分项系数设计表达式进行计算。
>
> 3.1.3 除疲劳设计应采用容许应力法外，钢结构应按承载能力极限状态和正常使用极限状态进行设计。
>
> 3.1.5 按承载能力极限状态设计钢结构时，应考虑荷载效应的基本组合，必要时尚应考虑荷载效应的偶然组合。按正常使用极限状态设计钢结构时，应考虑荷载效应的标准组合。
>
> 3.1.6 计算结构或构件的强度、稳定性以及连接的强度时，应采用荷载设计值；计算疲劳时，应采用荷载标准值。
>
> 3.1.7 对于直接承受动力荷载的结构：计算强度和稳定性时，动力荷载设计值应乘以动力系数；计算疲劳和变形时，动力荷载标准值不乘动力系数。计算吊车梁或吊车桁架及其制动结构的疲劳和挠度时，起重机荷载应按作用在跨间内荷载效应最大的一台起重机确定。
>
> 3.3.4 计算冶炼车间或其他类似车间的工作平台结构时，由检修材料所产生的荷载对主梁可乘以0.85，柱及基础可乘以0.75。

【例16-8-1】（历年真题）计算钢结构构件的疲劳和正常使用极限状态的变形时，荷载的取值为：

A. 采用标准值
B. 采用设计值
C. 疲劳计算采用设计值，变形验算采用标准值
D. 疲劳计算采用设计值，变形验算采用标准值并考虑长期荷载的作用

【解答】疲劳计算取荷载的标准值，正常使用极限状态下的变形取荷载的标准值，并按标准组合计算，故选 A 项。

2. 截面板件宽厚比等级

<mark>截面板件宽厚比是指截面板件平直段的宽度和厚度之比，受弯或压弯构件腹板平直段的高度与腹板厚度之比也可称为板件高厚比。</mark>绝大多数钢构件由板件构成，而板件宽厚比大小直接决定了钢构件的承载力和受弯及压弯构件的塑性转动变形能力，因此，钢构件截面的分类是钢结构设计技术的基础，尤其是钢结构抗震设计方法的基础。

(1) S1 级截面：可达全截面塑性，保证塑性铰具有塑性设计要求的转动能力，且在转动过程中承载力不降低，称为一级塑性截面，也可称为塑性转动截面；此时图 16-8-1 所示的曲线 1 可以表示其弯矩-曲率关系，ϕ_{p_2} 一般要求达到塑性弯矩 M_p 除以弹性初始刚度得到的曲率 ϕ_p 的 8～15 倍。

(2) S2 级截面：可达全截面塑性，但由于局部屈曲，塑性铰转动能力有限，称为二级塑性截面；此时的弯矩-曲率关系见图 16-8-1 所示的曲线 2，ϕ_{p_1} 大约是 ϕ_p 的 2～3 倍。

(3) S3 级截面：翼缘全部屈服，腹板可发展不超过 1/4 截面高度的塑性，称为弹塑性截面；作为梁时，其弯矩-曲率关系如图 16-8-1 所示的曲线 3。

(4) S4 级截面：边缘纤维可达屈服强度，但由于局部屈曲而不能发展塑性，称为弹性截面；作为梁时，其弯矩-曲率关系如图 16-8-1 所示的曲线 4。

(5) S5 级截面：在边缘纤维达屈服应力前，腹板可能发生局部屈曲，称为薄壁截面；作为梁时，其弯矩-曲率关系为图 16-8-1 所示的曲线 5。

图 16-8-1 截面的分类及其转动能力

为此，《钢标》规定：

3.5.1 进行受弯和压弯构件计算时，截面板件宽厚比等级及限值应符合表 3.5.1 的规定，其中参数 α_0 应按下式计算：

$$\alpha_0 = \frac{\sigma_{max} - \sigma_{min}}{\sigma_{max}} \quad (3.5.1)$$

式中：σ_{max}——腹板计算边缘的最大压应力（N/mm²）；

σ_{min}——腹板计算高度另一边缘相应的应力（N/mm²），压应力取正值，拉应力取负值。

压弯和受弯构件的截面板件宽厚比等级及限值							表 3.5.1
构件	截面板件宽厚比等级		S1 级	S2 级	S3 级	S4 级	S5 级
压弯构件（框架柱）	H形截面	翼缘 b/t	$9\varepsilon_k$	$11\varepsilon_k$	$13\varepsilon_k$	$15\varepsilon_k$	20
		腹板 h_0/t_w	$(33+13\alpha_0^{1.3})\varepsilon_k$	$(38+13\alpha_0^{1.39})\varepsilon_k$	$(40+18\alpha_0^{1.5})\varepsilon_k$	$(45+25\alpha_0^{1.66})\varepsilon_k$	250
	箱形截面	壁板（腹板）间翼缘 b_0/t	$30\varepsilon_k$	$35\varepsilon_k$	$40\varepsilon_k$	$45\varepsilon_k$	—
	圆钢管截面	径厚比 D/t	$50\varepsilon_k^2$	$70\varepsilon_k^2$	$90\varepsilon_k^2$	$100\varepsilon_k^2$	—
受弯构件（梁）	工字形截面	翼缘 b/t	$9\varepsilon_k$	$11\varepsilon_k$	$13\varepsilon_k$	$15\varepsilon_k$	20
		腹板 h_0/t_w	$65\varepsilon_k$	$72\varepsilon_k$	$93\varepsilon_k$	$124\varepsilon_k$	250
	箱形截面	壁板（腹板）间翼缘 b_0/t	$25\varepsilon_k$	$32\varepsilon_k$	$37\varepsilon_k$	$42\varepsilon_k$	—

注：1 ε_k 为钢号修正系数，其值为 235 与钢材牌号中屈服点数值的比值的平方根；

2 b 为工字形、H 形截面的翼缘外伸宽度，t、h_0、t_w 分别是翼缘厚度、腹板净高和腹板厚度，对轧制型截面，翼缘外伸宽度及腹板净高不包括翼缘腹板过渡处圆弧段；对于箱形截面，b_0、t 分别为壁板间的距离和壁板厚度；D 为圆管截面外径；

3 箱形截面梁及单向受弯的箱形截面柱，其腹板限值可根据工字形截面梁及 H 形截面柱腹板采用；

4 腹板的宽厚比可通过设置加劲肋减小。

注意，$\varepsilon_k=\sqrt{235/f_y}$，$f_y$ 为钢材牌号的屈服点。如 Q390 钢，取 $f_y=390\text{N/mm}^2$。

3. 结构分析与稳定性设计

《钢标》规定：

5.1.1 建筑结构的内力和变形可按结构静力学方法进行弹性或弹塑性分析，采用弹性分析结果进行设计时，截面板件宽厚比等级为 S1 级、S2 级、S3 级的构件可有塑性变形发展。

5.1.2 结构稳定性设计应在结构分析或构件设计中考虑二阶效应。

5.1.6 结构内力分析可采用一阶弹性分析、二阶 P-Δ 弹性分析或直接分析，应根据本条公式计算的最大二阶效应系数 $\theta_{i,\max}^{II}$ 选用适当的结构分析方法。当 $\theta_{i,\max}^{II} \leqslant 0.1$ 时，可采用一阶弹性分析；当 $0.1 < \theta_{i,\max}^{II} \leqslant 0.25$ 时，宜采用二阶 P-Δ 弹性分析或采用直接分析；当 $\theta_{i,\max}^{II} > 0.25$ 时，应增大结构的侧移刚度或采用直接分析。

5.1.7 二阶 P-Δ 弹性分析应考虑结构整体初始几何缺陷的影响，直接分析应考虑初始几何缺陷和残余应力的影响。

二阶 P-Δ 弹性分析是指仅考虑结构整体初始缺陷及几何非线性对结构内力和变形产生的影响，根据位移后的结构建立平衡条件，按弹性阶段分析结构内力及位移。

直接分析设计法是指直接考虑对结构稳定性和强度性能有显著影响的结构整体和构件的初始几何缺陷、残余应力、材料非线性、节点连接刚度等因素，以整个结构体系为对象进行二阶非线性分析的设计方法。该设计法应考虑二阶 P-Δ 和 P-δ 效应，但不需要按计算长度法进行受压稳定承载力验算。

(1) 结构整体初始缺陷：结构整体初始几何缺陷模式可按最低阶整体屈曲模态采用。

框架及支撑结构整体初始几何缺陷代表值的最大值 Δ_0 可取为 $H/250$，H 为结构总高度。框架及支撑结构整体初始几何缺陷代表值也可按公式计算确定或可通过在每层柱顶施加假想水平力 H_{ni} 等效考虑。

(2) 构件的初始缺陷：构件的初始缺陷代表值可按公式计算确定，该缺陷值包括了残余应力的影响。构件的初始缺陷也可采用假想均布荷载进行等效简化计算，假想均布荷载可按公式确定。

多层和高层钢结构，《钢结构通用规范》GB 55006—2021 规定：

> **5.2.3** 结构稳定性验算应符合下列规定：
> **1** 二阶效应计算中，重力荷载应取设计值；
> **2** 高层钢结构的二阶效应系数不应大于 0.2，多层钢结构不应大于 0.25；
> **3** 一阶分析时，框架结构应根据抗侧刚度按照有侧移屈曲或无侧移屈曲的模式确定框架柱的计算长度系数；
> **4** 二阶分析时应考虑假想水平荷载，框架柱的计算长度系数应取 1.0；
> **5** 假想水平荷载的方向与风荷载或地震作用的方向应一致，假想水平荷载的荷载分项系数应取 1.0，风荷载参与组合的工况，组合系数应取 1.0，地震作用参与组合的工况，组合系数应取 0.5。

4. 钢材的力学性能

钢结构所用的钢材主要为碳素结构钢和低合金高强度结构钢。

钢材的力学性能主要包括强度、塑性、韧性、冷弯性能等。

钢材的强度是根据标准试件一次拉伸试验确定，通过其应力-应变曲线来研究，它包括弹性阶段、弹塑性阶段、屈服阶段、强化阶段、颈缩阶段。钢材的强度指标有：比例极限 f_p；弹性极限 f_e；屈服强度 f_y；极限强度（或抗拉强度）f_u。其中，f_p、f_e、f_y 很接近，通常 Q235 钢取下屈服点 f_y 作为钢材设计强度的依据。f_u/f_y 作为衡量钢材强度储备的一个系数。

钢材可认为是最理想的弹性-塑性体。钢材的塑性指标主要是拉伸试验中断后伸长率 δ 和断面收缩率 ψ：

$$\delta = \frac{l_1 - l_0}{l_0} \times 100\%$$

$$\psi = \frac{A_0 - A_1}{A_0} \times 100\%$$

式中，l_0 为试件拉伸前标距长度；l_1 为试件拉断后原标距间长度；A_0 为试件截面面积；A_1 为拉断后颈缩区的截面面积。

δ 是标距 l_0 范围内的平均值，不完全代表颈缩区的钢材的最大塑性变形能力，而 ψ 是衡量钢材塑性的一个较真实和稳定的指标。

钢材的韧性指标是冲击韧性 A_{kv}，单位为 J（$1J=1N \cdot m$）。钢材的冲击韧性采用夏比（V 形缺口）试验，它随温度变化而不同，低温时冲击韧性将明显降低。

冷弯性能，指钢材在冷加工产生塑性变形时，对产生裂缝的抵抗能力。它由冷弯试验来确定。冷弯性能是鉴定钢材在弯曲状态下塑性应变能力和钢材质量的综合指标。

对于板厚大于 40mm 的钢板需进行沿板厚方向性能试验。试件应取沿板厚方向，检查断面收缩率 ψ 是否满足板厚方向性能等级要求，其含硫量比一般结构用钢的含硫量控制严格，要求不大于 0.1%。

5. 影响钢材力学性能的因素

钢材的两种破坏形式：塑性破坏和脆性破坏。影响钢材力学性能的主要因素有钢材的化学成分，钢材的冶金和轧制过程，时效、冷作硬化，工作温度，加荷速度，焊接和制作技术，复杂应力、应力集中和疲劳现象等。

(1) 化学成分的影响

有益的元素有：碳（C）、硅（Si）、锰（Mn）等，以及合金元素，如镍（Ni）、铬（Cr）、铜（Cu）、钒（V）等，其总量不超过 1.5%。

有害元素有：硫（S）、磷（P）、氧（O）、氮（N）等，其总量不超过 0.95‰。

碳的含量提高，钢材的屈服强度和抗拉极限强度提高，但塑性和韧性，特别是低温冲击韧性下降，钢材的可焊性、疲劳强度和冷弯性能也会下降。因此，建筑结构用钢中的低合金钢的碳当量（碳素结构钢的碳含量）不宜太高，在焊接结构中宜低于 0.45%。

锰能起强化作用，但含量过高（达 1.6% 以上）会使钢材变脆；硅能使强度提高，而塑性、韧性等不降低，但含量过高（达 ≥1.0% 时）也会使钢材变脆。

硫、氧为有害元素，会使钢材"热脆"；磷、氮也为有害元素，会使钢材"冷脆"。

(2) 钢材生产过程的影响

结构用钢需经过冶炼、浇铸、轧制和热处理等工序才能成材。根据加入脱氧剂的不同，按质量由低到高依次为：沸腾钢（F），半镇静钢（b），镇静钢（Z），特殊镇静钢（TZ）。其中，半镇静钢已不生产。

钢材的轧制能使金属的晶粒变细，也能使气泡、裂缝等弥合，因而改善了钢材的力学性能。钢材的热处理是通过全相组织的改变，从而得到高强度时具有良好的塑性和韧性性能。

(3) 时效的影响

随着时间的增长钢材变脆的现象称为时效。时效的后果是钢材的强度（屈服点和抗拉强度）提高，但塑性（伸长率）降低。

(4) 钢材疲劳的影响

直接承受动力荷载重复作用的钢结构构件及其连接，当应力变化的循环次数 n 等于或大于 5×10^4 次时，虽然应力还低于极限强度，甚至还低于屈服强度，也会发生破坏，这种现象称为钢材的疲劳现象或疲劳破坏。

《钢标》规定：

16.1.1 直接承受动力荷载重复作用的钢结构构件及其连接，当应力变化的循环次数 n 等于或大于 5×10^4 次时，应进行疲劳计算。

【例 16-8-2】（历年真题）钢材检验塑性的试验方法为：
A. 冷弯试验　　　　　　　　　B. 硬度试验
C. 拉伸试验　　　　　　　　　D. 冲击试验

【解答】钢材检验塑性的试验方法为拉伸试验，应选 C 项。

【例 16-8-3】（历年真题）结构钢材的主要力学性能指标包括：

A. 屈服强度、抗拉强度和伸长率　　　　B. 可焊性和耐候性
C. 碳、硫和磷含量　　　　　　　　　　D. 冲击韧性和屈强比

【解答】钢材的主要力学性能指标为屈服强度、抗拉强度和伸长率，应选 A 项。

二、材料

1. 钢材的品种和牌号

(1) 碳素结构钢

碳素结构钢有五种牌号，Q235 是钢结构常用的钢材品种，符号 Q 代表屈服点，235 代表钢材屈服强度。Q235 质量等级分为 A、B、C、D 四级，由 A 到 D 表示质量由低到高。对 Q235 来说，A、B 两级钢的脱氧方法可以是 Z、F，而 C 级钢只能是 Z，而 D 级只能是 TZ，表示牌号时 Z 和 TZ 可以省略。如 Q235AF 表示屈服强度 $f_y=235\text{N/mm}^2$、A 级沸腾钢；Q235D 表示屈服强度 $f_y=235\text{N/mm}^2$、D 级特殊镇静钢。

钢材厚度（或直径）越大，其设计用强度指标越小。例如 Q235 钢厚度 $t\leqslant 16\text{m}$，取 $f=215\text{N/mm}^2$；$16\text{mm}<t\leqslant 40\text{mm}$，取 $f=205\text{N/mm}^2$。

Q235A 不作冲击韧性试验要求，除保证力学性能外，其碳、锰、硅含量可不作为交货条件，但应在质量证明书中注明其含量。

Q235 的 B、C、D 级钢应作冲击韧性试验，都要求达到 $A_{kv}\geqslant 27\text{J}$，B、C、D 级的试验温度分别为：20℃，0℃，-20℃。

(2) 低合金高强度结构钢

根据《低合金高强度结构钢》GB/T 1591—2018，以 Q355 代替 Q345。

低合金高强度结构钢的牌号由代表屈服强度"屈"字的拼音首字母 Q、规定的最小上屈服强度数值、交货状态代号、质量等级符号（B、C、D、E、F）四个部分组成。

交货状态及代号有：热轧（AR 或 WAR）、正火（N）、正火轧制（+N）和热机械轧制（M）。当交货状态为热轧时，其代号 AR 或 WAR 可省略；当交货状态为正火或正火轧制状态时，其代号均用 N 表示。

质量等级分为 B、C、D、E 和 F，由 B 到 F 表示质量由低到高。

热轧钢的牌号有：Q355、Q390、Q420 和 Q460。

正火、正火轧制钢的牌号有：Q355N、Q390N、Q420N 和 Q460N。

热机械轧制钢的牌号有：Q355M、Q390M、Q420M、Q460M、Q500M、Q550M、Q620M 和 Q690M。

冲击韧性试验按夏比（V 形缺口）试验，B、C、D、E 和 F 的试验温度分别为：20℃，0℃，-20℃，-40℃，-60℃。

(3) 建筑结构用钢板

建筑结构用钢板是指高性能建筑结构钢材，用符号 GJ 代表，故称 GJ 钢。它的质量等级分为：B、C、D 和 E 级，钢的牌号有：Q345GJ、Q390GJ、Q420GJ 和 Q460GJ。如 Q345GJC 表示 $f_y=345\text{N/mm}^2$、高性能建筑结构用钢、C 级质量等级。

2. 钢材的选用

结构钢材的选用应遵循技术可靠、经济合理的原则，综合考虑结构的重要性、荷载特征（如静力荷载或动力荷载）、结构形式、应力状态、连接方法、工作环境、钢材厚度和价格等因素，选用合适的钢材牌号和材性保证项目。例如：对焊接结构应是有碳当量的合

格保证,其为了反映可焊性优劣,碳当量的高低等指标确定了焊接难度等级。
《钢标》规定:

> **4.3.2** 承重结构所用的钢材应具有屈服强度、抗拉强度、断后伸长率和硫、磷含量的合格保证,对焊接结构尚应具有碳当量的合格保证。焊接承重结构以及重要的非焊接承重结构采用的钢材应具有冷弯试验的合格保证;对直接承受动力荷载或需验算疲劳的构件所用钢材尚应具有冲击韧性的合格保证。
>
> **4.3.3** 钢材质量等级的选用应符合下列规定:
> 　　**1** A级钢仅可用于结构工作温度高于0℃的不需要验算疲劳的结构,且Q235A钢不宜用于焊接结构。
> 　　**2** 需验算疲劳的焊接结构用钢材应符合下列规定:
> 　　　　1)当工作温度高于0℃时其质量等级不应低于B级;
> 　　　　2)当工作温度不高于0℃但高于-20℃时,Q235钢、Q345钢、Q355钢不应低于C级,Q390钢、Q420钢及Q460钢不应低于D级;
> 　　　　3)当工作温度不高于-20℃时,Q235钢、Q345钢和Q355钢不应低于D级,Q390钢、Q420钢、Q460钢应选用E级。
> 　　**3** 需验算疲劳的非焊接结构,其钢材质量等级要求可较上述焊接结构降低一级但不应低于B级。吊车起重量不小于50t的中级工作制吊车梁,其质量等级要求应与需要验算疲劳的构件相同。
>
> **4.3.4** 工作温度不高于-20℃的受拉构件及承重构件的受拉板材应符合下列规定:
> 　　**1** 所用钢材厚度或直径不宜大于40mm,质量等级不宜低于C级;
> 　　**2** 当钢材厚度或直径不小于40mm时,其质量等级不宜低于D级。

注意,按《钢标》修订稿,其4.3.3条中Q345钢是指Q345GJ。

【例16-8-4】(历年真题)选用结构钢材牌号时必须考虑的因素包括:
　　A. 制作安装单位的生产能力　　B. 构件的运输和堆放条件
　　C. 结构的荷载条件和应力状态　　D. 钢材的焊接工艺

【解答】选用结构钢材牌号必须考虑结构的荷载条件和应力状态,应选C项。

【例16-8-5】(历年真题)高强度低合金钢划分为B、C、D、E等质量等级,其划分指标为:
　　A. 屈服强度　　B. 伸长率
　　C. 冲击韧性　　D. 含碳量

【解答】根据冲击韧性高强度低合金钢划分为四个质量等级,应选C项。

【例16-8-6】(历年真题)常用结构钢材中,含碳量不作为交货条件的钢材型号是:
　　A. Q355A　　B. Q235Bb
　　C. Q355B　　D. Q235AF

【解答】Q235AF,其含碳量不作为交货条件,应选D项。

【例16-8-7】(历年真题)设计我国东北地区露天运行的钢结构焊接吊车梁时宜选用的钢材牌号为:
　　A. Q235A　　B. Q345B

C. Q235B D. Q345D

【解答】东北地区露天温度低于－20℃，故选 Q345D，应选 D 项。

3. 钢材的规格和表示方法

钢结构所用的钢材主要为热轧成型的钢板和型钢，以及冷弯成型的薄壁型钢，有时还采用圆钢和无缝钢管。

(1) 钢板。钢板有厚钢板、薄钢板和扁钢（带钢）之分。图纸中对钢板规格采用"—宽×厚×长"或"—宽×厚"表示，如—450×8×3100。

(2) 型钢。钢结构常用的型钢是角钢、槽钢、工字钢、H 型钢、部分 T 型钢和钢管等。

图纸中对等边角钢规格采用"L 宽×厚"表示，如 L180×8；不等边角钢规格采用"L 长肢宽×短肢宽×厚"表示，如 L180×90×8。

槽钢表示方法为：[20 表示槽钢高度 200mm，其余尺寸查型钢表。

工字钢表示方法为：I40，表示 400mm 高度，其余尺寸查型钢表。

H 型钢规格采用"高×宽×腹板厚×翼缘厚"表示，如 H340×250×9×4。H 型钢可分为：HW 宽翼缘、HM 中翼缘、HN 窄翼缘和 HT 薄壁四种。

部分 T 型钢由 H 型钢切割而成，其规格采用"高×宽×腹板厚×翼缘厚"表示，如 T100×200×8×12。部分 T 型钢可分为：TW 宽翼缘、TM 中翼缘和 TN 窄翼缘三种。

(3) 冷弯薄壁型钢。它的壁厚一般为 1.5～5mm，但承重结构受力构件的壁厚不宜小于 2mm。

习 题

16-8-1 （历年真题）随着钢板厚度增加，钢材的：
A. 强度设计值下降 B. 抗拉强度提高
C. 可焊性提高 D. 弹性模量降低

16-8-2 （历年真题）通过单向拉伸试验可检测钢材的：
A. 疲劳强度 B. 冷弯角
C. 冲击韧性 D. 伸长率

16-8-3 （历年真题）结构钢材的碳当量指标反映了钢材的：
A. 屈服强度大小 B. 伸长率大小
C. 冲击韧性大小 D. 可焊性优劣

16-8-4 （历年真题）影响焊接钢构件疲劳强度的主要因素是：
A. 应力比 B. 应力幅
C. 计算部位的最大拉应力 D. 钢材强度等级

16-8-5 （历年真题）建筑钢结构经常采用的钢材牌号是 Q355，其中 355 表示的是：
A. 抗拉强度 B. 弹性模量
C. 屈服强度 D. 合金含量

16-8-6 （历年真题）结构钢材牌号 Q355C 和 Q355D 的主要区别在于：
A. 抗拉强度不同 B. 冲击韧性不同
C. 含碳量不同 D. 冷弯角不同

16-8-7 （历年真题）结构钢材冶炼和轧制过程中可提高强度的方法是：

A. 降低含碳量　　　　　　　　　B. 镀锌或镀铝
C. 热处理　　　　　　　　　　　D. 减少脱氧剂

16-8-8 （历年真题）下列属于碳素结构钢材牌号的是：
A. Q345B　　　　　　　　　　　B. Q460GJ
C. Q235C　　　　　　　　　　　D. Q390A

16-8-9 （历年真题）型号为 L160×10 所表示的热轧型钢是：
A. 钢板　　　　　　　　　　　　B. 不等边角钢
C. 等边角钢　　　　　　　　　　D. 槽钢

第九节　轴心受力、受弯、拉弯和压弯构件

一、轴心受力构件

1. 轴心受拉构件

轴心受拉构件计算包括强度、刚度计算。

(1) 强度计算

《钢标》规定：

7.1.1　轴心受拉构件，当端部连接及中部拼接处组成截面的各板件都由连接件直接传力时，其截面强度计算应符合下列规定：

1　除采用高强度螺栓摩擦型连接者外，其截面强度应采用下列公式计算：

毛截面屈服：

$$\sigma = \frac{N}{A} \leqslant f \tag{7.1.1-1}$$

净截面断裂：

$$\sigma = \frac{N}{A_n} \leqslant 0.7 f_u \tag{7.1.1-2}$$

3　当构件为沿全长都有排列较密螺栓的组合构件时，其截面强度应按下式计算：

$$\frac{N}{A_n} \leqslant f \tag{7.1.1-4}$$

式中：N——所计算截面处的拉力设计值（N）；

　　　f——钢材的抗拉强度设计值（N/mm²）；

　　　A——构件的毛截面面积（mm²）；

　　　A_n——构件的净截面面积，当构件多个截面有孔时，取最不利的截面（mm²）；

　　　f_u——钢材的抗拉强度最小值（N/mm²）。

注意，A_n 计算时，根据《钢标》11.5.2 条表 11.5.2 注 3 规定：

注 3　计算螺栓孔引起的截面削弱时可取 $d+4$mm 和 d_0 的较大者。

---

d 为螺栓杆直径，d_0 为螺栓的孔径，故取 $d_c = \max(d+4, d_0)$。

高强度螺栓摩擦型连接的轴心受拉构件的计算，见本章第十节。

非全部直接传力时，轴心受拉构件的强度计算应按《钢标》7.1.3条，即：

7.1.3 轴心受拉构件和轴心受压构件，当其组成板件在节点或拼接处并非全部直接传力时，应将危险截面的面积乘以有效截面系数 η，不同构件截面形式和连接方式的 η 值应符合表7.1.3的规定。

轴心受力构件节点或拼接处危险截面有效截面系数　　表7.1.3

构件截面形式	连接形式	η	图例
角钢	单边连接	0.85	
工字形、H形	翼缘连接	0.90	
工字形、H形	腹板连接	0.70	

（2）刚度计算

通常用控制拉杆的长细比来满足刚度要求，《钢标》规定：

7.4.7 验算容许长细比时，在直接或间接承受动力荷载的结构中，计算单角钢受拉构件的长细比时，应采用角钢的最小回转半径，但计算在交叉点相互连接的交叉杆件平面外的长细比时，可采用与角钢肢边平行轴的回转半径。受拉构件的容许长细比宜符合下列规定：

　　1　除对腹杆提供平面外支点的弦杆外，承受静力荷载的结构受拉构件，可仅计算竖向平面内的长细比；

　　2　中级、重级工作制吊车桁架下弦杆的长细比不宜超过200；

　　3　在设有夹钳或刚性料耙等硬钩起重机的厂房中，支撑的长细比不宜超过300；

　　4　受拉构件在永久荷载与风荷载组合作用下受压时，其长细比不宜超过250；

　　5　跨度等于或大于60m的桁架，其受拉弦杆和腹杆的长细比，承受静力荷载或间接承受动力荷载时不宜超过300，直接承受动力荷载时不宜超过250；

　　6　受拉构件的长细比不宜超过表7.4.7规定的容许值。

受拉构件的容许长细比				表 7.4.7
构件名称	承受静力荷载或间接承受动力荷载的结构			直接承受动力荷载的结构
	一般建筑结构	对腹杆提供平面外支点的弦杆	有重级工作制起重机的厂房	
桁架的构件	350	250	250	250
吊车梁或吊车桁架以下柱间支撑	300	—	200	
除张紧的圆钢外的其他拉杆、支撑、系杆等	400	—	350	

【例 16-9-1】（历年真题）简支平行弦钢屋架下弦杆的长细比应控制在：
A. 不大于 150　　　　　　　　B. 不大于 300
C. 不大于 350　　　　　　　　D. 不大于 400

【解答】简支平行弦钢屋架下弦杆为拉杆，由《钢标》表 7.4.7，取长细比≤350，应选 C 项。

【例 16-9-2】（历年真题）设计螺栓连接的槽钢柱间支撑时，应计算支撑构件的：
A. 净截面惯性矩　　　　　　　B. 净截面面积
C. 净截面扭转惯性矩　　　　　D. 净截面扇形惯性矩

【解答】柱间支撑一般按拉杆设计，其强度计算时应计算其净截面面积、毛截面面积，应选 B 项。

2. 轴心受压构件

轴心受压构件的计算包括强度、整体稳定性、局部稳定性和刚度。轴心受压构件可分为实腹式轴心受压构件、格构式轴心受压构件。

(1) 实腹式轴心受压构件的强度计算

《钢标》规定：

7.1.2　轴心受压构件，当端部连接及中部拼接处组成截面的各板件都由连接件直接传力时，截面强度应按本标准式（7.1.1-1）计算。但含有虚孔的构件尚需在孔心所在截面按本标准式（7.1.1-2）计算。

非全部直接传力时，轴心受压构件的强度计算也应按《钢标》7.1.3 条（见前面）。

(2) 实腹式轴心受压构件的整体稳定性

轴心受压实腹式构件失稳模式有：弯曲屈曲、弯扭屈曲、扭转屈曲。

整体稳定性计算时，注意公式中的 A 为毛截面面积。

7.2.1　除可考虑屈曲后强度的实腹式构件外，轴心受压构件的稳定性计算应符合下式要求：

$$\frac{N}{\varphi A f} \leqslant 1.0 \tag{7.2.1}$$

式中：φ——轴心受压构件的稳定系数（取截面两主轴稳定系数中的较小者），根据构件的长细比（或换算长细比）、钢材屈服强度和表 7.2.1-1、表 7.2.1-2 的截面分类，按本标准附录 D 采用。

轴心受压稳定系数 φ 与构件长细比（或换算长细比）、钢材屈服强度（即钢材牌号的屈服点，如 Q235 钢，取 $f_y=235\text{N/mm}^2$，Q355 钢，取 $f_y=355\text{N/mm}^2$）、截面分类有关（分为 a、b、c 和 d 类）。

纵向残余应力直接影响构件的截面分类，如图 16-9-1 所示，纵向残余应力的分布情况，压应力取负值，拉应力取正值。

图 16-9-1 纵向残余应力分布
(a) 热轧钢；(b) 焊接工字形；(c) 焊接工字形

轴心受压构件的长细比计算，对双轴对称的截面：

$$\lambda_x = \frac{l_{0x}}{i_x}$$

$$\lambda_y = \frac{l_{0y}}{i_y}$$

对单轴对称截面（如 T 形截面）应考虑扭转效应，采用换算长细比。如 T 形截面绕对称轴的 λ_y 应换算为 λ_{yz}（换算长细比）。双角钢的简化计算公式参阅《钢标》。

等边单角钢轴心受压构件当绕两主轴弯曲的计算长度相等时，可不计算弯扭屈曲。

(3) 实腹式轴心受压构件的局部稳定性

《钢标》对工字形、H形截面构件按等稳定性原则考虑轴心受压构件的局部稳定性，即板件的局部稳定屈曲临界应力不小于构件整体稳定的临界应力。同时，对箱形截面构件按屈服原则确定其局部稳定，即板件的局部稳定屈曲临界应力不小于板件材料屈服强度。由此推导出板件宽厚比的限值：

7.3.1 实腹轴心受压构件要求不出现局部失稳者，其板件宽厚比应符合下列规定：
1 H形截面腹板

$$h_0/t_w \leqslant (25+0.5\lambda)\varepsilon_k \quad (7.3.1-1)$$

式中：λ——构件的较大长细比；当$\lambda < 30$时，取为30；当$\lambda > 100$时，取为100；
h_0、t_w——分别为腹板计算高度和厚度，按本标准表3.5.1注2取值（mm）。
2 H形截面翼缘

$$b/t_f \leqslant (10+0.1\lambda)\varepsilon_k \quad (7.3.1-2)$$

式中：b、t_f——分别为翼缘板自由外伸宽度和厚度，按本标准表3.5.1注2取值。
3 箱形截面壁板

$$b/t \leqslant 40\varepsilon_k \quad (7.3.1-3)$$

式中：b——壁板的净宽度，当箱形截面设有纵向加劲肋时，为壁板与加劲肋之间的净宽度。
5 等边角钢轴心受压构件的肢件宽厚比限值为：
当$\lambda \leqslant 80\varepsilon_k$时：

$$w/t \leqslant 15\varepsilon_k \quad (7.3.1-6)$$

当$\lambda > 80\varepsilon_k$时：

$$w/t \leqslant 5\varepsilon_k + 0.125\lambda \quad (7.3.1-7)$$

式中：w、t——分别为角钢的平板宽度和厚度，简要计算时w可取为$b-2t$，b为角钢宽度；
λ——按角钢绕非对称主轴回转半径计算的长细比。
6 圆管压杆的外径与壁厚之比不应超过$100\varepsilon_k^2$。

7.3.2 当轴心受压构件的压力小于稳定承载力$\varphi A f$时，可将其板件宽厚比限值由本标准第7.3.1条相关公式算得后乘以放大系数$\alpha = \sqrt{\varphi A f/N}$确定。

当轴心受压构件的腹板高厚比不满足上述要求时，应按《钢标》进行处理，即：

7.3.3 板件宽厚比超过本标准第7.3.1条规定的限值时，可采用纵向加劲肋加强；当可考虑屈曲后强度时，轴心受压杆件的强度和稳定性可按本条公式计算。

7.3.5 H形、工字形和箱形截面轴心受压构件的腹板，当用纵向加劲肋加强以满足宽厚比限值时，加劲肋宜在腹板两侧成对配置，其一侧外伸宽度不应小于$10t_w$，厚度不应小于$0.75t_w$。

(4) 实腹式轴心受压构件的刚度

轴心受压构件的刚度也采用控制长细比的方法,《钢标》规定:

7.4.6 验算容许长细比时,可不考虑扭转效应,计算单角钢受压构件的长细比时,应采用角钢的最小回转半径,但计算在交叉点相互连接的交叉杆件平面外的长细比时,可采用与角钢肢边平行轴的回转半径。轴心受压构件的容许长细比宜符合下列规定:

  1 跨度等于或大于 60m 的桁架,其受压弦杆、端压杆和直接承受动力荷载的受压腹杆的长细比不宜大于 120;

  2 轴心受压构件的长细比不宜超过表 7.4.6 规定的容许值,但当杆件内力设计值不大于承载能力的 50%时,容许长细比值可取 200。

受压构件的长细比容许值 表 7.4.6

构 件 名 称	容许长细比
轴心受压柱、桁架和天窗架中的压杆	150
柱的缀条、吊车梁或吊车桁架以下的柱间支撑	150
支撑	200
用以减小受压构件计算长度的杆件	200

【例 16-9-3】(历年真题)钢结构轴心受压构件应进行下列哪项计算?
  A. 强度、刚度、局部稳定   B. 强度、局部稳定、整体稳定
  C. 强度、整体稳定   D. 强度、刚度、局部稳定、整体稳定
【解答】轴心受压构件应计算强度、刚度、局部稳定和整体稳定,应选 D 项。

【例 16-9-4】(历年真题)轴心受压钢构件常见的整体失稳模态是:
  A. 弯曲失稳   B. 扭转失稳
  C. 弯扭失稳   D. 以上三个都是
【解答】轴心受压构件常见的整体失稳模态是弯曲失稳、弯扭失稳和扭转失稳,应选 D 项。

【例 16-9-5】(历年真题)钢屋盖结构中常用圆管刚性系杆时,应控制杆件的:
  A. 长细比不超过 200   B. 应力设计值不超过 150MPa
  C. 直径和壁厚之比不超过 50   D. 轴向变形不超过 1/400
【解答】刚性系杆按压杆设计,根据《钢标》7.4.6 条,长细比不超过 200,应选 A 项。

【例 16-9-6】(历年真题)计算普通钢结构轴心受压构件的整体稳定性时,应计算:
  A. 构件的长细比   B. 板件的宽厚比
  C. 钢材的冷弯效应   D. 构件的净截面处应力
【解答】轴心受压构件的整体稳定性计算,应计算构件的长细比,从而确定稳定系数 φ,应选 A 项。

  (5)格构式轴心受压构件计算
  格构式轴心受压构件的截面强度与实腹式构件相同;其绕实轴的整体稳定计算也与实腹式构件相同,但绕虚轴的整体稳定计算是按换算长细比进行计算。
  分肢的稳定规定,为了防止分肢在相邻缀条或缀板范围内绕自身最小刚度轴发生失

稳，采用限制该范围内分肢长细比的方法来控制。为此，《钢标》规定：

> **7.2.4** 缀件面宽度较大的格构式柱宜采用缀条柱，斜缀条与构件轴线间的夹角应为 $40°\sim70°$。缀条柱的分肢长细比 λ_1 不应大于构件两方向长细比较大值 λ_{max} 的 0.7 倍，对虚轴取换算长细比。
>
> **7.2.5** 缀板柱的分肢长细比 λ_1 不应大于 $40\varepsilon_k$，并不应大于 λ_{max} 的 0.5 倍，当 $\lambda_{max}<50$ 时，取 $\lambda_{max}=50$。

3. 单边连接的单角钢

《钢标》规定：

> **7.6.1** 桁架的单角钢腹杆，当以一个肢连接于节点板时（图 7.6.1），除弦杆亦为单角钢，并位于节点板同侧者外，应符合下列规定：
>
>
>
> 图 7.6.1 角钢的平行轴
>
> **1** 轴心受力构件的截面强度应按本标准式（7.1.1-1）和式（7.1.1-2）计算，但强度设计值应乘以折减系数 0.85。
>
> **2** 受压构件的稳定性应按下列公式计算：
>
> $$\frac{N}{\eta\varphi A f}\leqslant 1.0 \qquad (7.6.1-1)$$
>
> 等边角钢
>
> $$\eta = 0.6+0.0015\lambda \qquad (7.6.1-2)$$
>
> 短边相连的不等边角钢
>
> $$\eta = 0.5+0.0025\lambda \qquad (7.6.1-3)$$
>
> 长边相连的不等边角钢
>
> $$\eta = 0.7 \qquad (7.6.1-4)$$
>
> 式中：λ——长细比，对中间无联系的单角钢压杆，应按最小回转半径计算，当 $\lambda<20$ 时，取 $\lambda=20$；
>
> η——折减系数，当计算值大于 1.0 时取为 1.0。

二、受弯构件

钢梁在工业与民用建筑中主要承受横向荷载，也称受弯构件。受弯构件包括实腹式（梁）和格构式（桁架）两类。

钢梁按材料和制作方法可分为型钢梁和焊接截面梁。其中，型钢梁常用工字钢和槽钢制成。薄壁型钢梁则可用作受力不大的受弯构件（如檩条、墙梁等）。焊接截面梁由钢板、型钢用焊缝连接而成，如用三块钢板焊成的工字形焊接梁。

钢梁的受力弯曲变形可分为在一个主平面内弯曲的单向受弯梁，在两个主平面内弯曲的双向受弯梁（或称斜弯曲梁）。

受弯构件应进行强度、整体稳定、局部稳定和刚度等计算，才能保证构件的安全。

1. 受弯构件的强度计算

受弯构件应进行正应力、剪应力、局部承压应力和折算应力四个方面的计算，其中局部承压应力、折算应力应根据截面构造、受力状态等情况确定是否进行计算。

《钢标》规定：

> **6.1.1** 在主平面内受弯的实腹式构件，其受弯强度应按下式计算：
>
> $$\frac{M_x}{\gamma_x W_{nx}} + \frac{M_y}{\gamma_y W_{ny}} \leqslant f \tag{6.1.1}$$
>
> 式中：M_x、M_y——同一截面处绕 x 轴和 y 轴的弯矩设计值（N·mm）；
>
> W_{nx}、W_{ny}——对 x 轴和 y 轴的净截面模量，当截面板件宽厚比等级为 S1 级、S2 级、S3 级或 S4 级时，应取全截面模量，当截面板件宽厚比等级为 S5 级时，应取有效截面模量，均匀受压翼缘有效外伸宽度可取 $15\varepsilon_k$ 倍翼缘厚度，腹板有效截面可按本标准第 8.4.2 条的规定采用（mm³）；
>
> γ_x、γ_y——对主轴 x、y 的截面塑性发展系数，应按本标准第 6.1.2 条的规定取值；
>
> f——钢材的抗弯强度设计值（N/mm²）。
>
> **6.1.2** 当截面板件宽厚比等级为 S4 或 S5 级时，截面塑性发展系数应取为 1.0，当截面板件宽厚比等级为 S1 级、S2 级及 S3 级时，截面塑性发展系数宜按下列规定取值：
>
> **1** 工字形和箱形截面：
>
> 工字形截面（x 轴为强轴，y 轴为弱轴）：$\gamma_x = 1.05$，$\gamma_y = 1.20$；
>
> 箱形截面：$\gamma_x = \gamma_y = 1.05$。
>
> **2** 其他截面可按本标准表 8.1.1 采用。
>
> **3** 对需要计算疲劳的梁，宜取 $\gamma_x = \gamma_y = 1.0$。

重级工作制吊车梁和重级、中级工作制吊车桁架需要计算疲劳，故取 $\gamma_x = \gamma_y = 1.0$。

当直接承受动力荷载重复作用，其应力变化的循环次数 $n \geqslant 5 \times 10^4$ 次时，钢结构构件及其连接应计算疲劳。

【例 16-9-7】（历年真题）设计起重量为 $Q = 100t$ 的钢结构焊接工形截面吊车梁且应力变化的循环次数 $n \geqslant 5 \times 10^4$ 次时，截面塑性发展系数取：

    A. 1.05   B. 1.2   C. 1.15   D. 1.0

【解答】 吊车梁应力变化的循环次数 $n \geqslant 5 \times 10^4$ 次时，应计算疲劳，故其截面塑性发展系数取为 1.0，应选 D 项。

《钢标》规定：

> **6.1.3** 在主平面内受弯的实腹式构件，除考虑腹板屈曲后强度者外，其受剪强度应按下式计算：
>
> $$\tau = \frac{VS}{It_w} \leqslant f_v \tag{6.1.3}$$
>
> 式中：V——计算截面沿腹板平面作用的剪力设计值（N）；
>
> S——计算剪应力处以上（或以下）毛截面对中和轴的面积矩（mm³）；
>
> I——构件的毛截面惯性矩（mm⁴）；

t_w——构件的腹板厚度（mm）；
f_v——钢材的抗剪强度设计值（N/mm²）。

6.1.4 当梁受集中荷载且该荷载处又未设置支承加劲肋时，其计算应符合下列规定：

1 当梁上翼缘受有沿腹板平面作用的集中荷载且该荷载处又未设置支承加劲肋时，腹板计算高度上边缘的局部承压强度应按下列公式计算：

$$\sigma_c = \frac{\psi F}{t_w l_z} \leqslant f \tag{6.1.4-1}$$

$$l_z = 3.25 \sqrt[3]{\frac{I_R + I_f}{t_w}} \tag{6.1.4-2}$$

或

$$l_z = a + 5h_y + 2h_R \tag{6.1.4-3}$$

式中：F——集中荷载设计值，对动力荷载应考虑动力系数（N）；
ψ——集中荷载的增大系数，对重级工作制吊车梁，$\psi = 1.35$；对其他梁，$\psi = 1.0$；
l_z——集中荷载在腹板计算高度上边缘的假定分布长度，宜按式（6.1.4-2）计算，也可采用简化式（6.1.4-3）计算（mm）；
I_R——轨道绕自身形心轴的惯性矩（mm⁴）；
I_f——梁上翼缘绕翼缘中面的惯性矩（mm⁴）；
a——集中荷载沿梁跨度方向的支承长度（mm），对钢轨上的轮压可取 50mm；
h_y——自梁顶面至腹板计算高度上边缘的距离，对焊接梁为上翼缘厚度，对轧制工字形截面梁，是梁顶面到腹板过渡完成点的距离（mm）；
h_R——轨道的高度，对梁顶无轨道的梁取值为 0（mm）。

2 在梁的支座处，当不设置支承加劲肋时，也应按式（6.1.4-1）计算腹板计算高度下边缘的局部压应力，但 ψ 取 1.0。支座集中反力的假定分布长度，应根据支座具体尺寸按式（6.1.4-3）计算。

6.1.5 在梁的腹板计算高度边缘处，若同时承受较大的正应力、剪应力和局部压应力，或同时承受较大的正应力和剪应力时，其折算应力应按下列公式计算：

$$\sqrt{\sigma^2 + \sigma_c^2 - \sigma \sigma_c + 3\tau^2} \leqslant \beta_1 f \tag{6.1.5-1}$$

$$\sigma = \frac{M}{I_n} y_1 \tag{6.1.5-2}$$

式中：σ、τ、σ_c——腹板计算高度边缘同一点上同时产生的正应力、剪应力和局部压应力，τ 和 σ_c 应按本标准式（6.1.3）和式（6.1.4-1）计算，σ 应按式（6.1.5-2）计算，σ 和 σ_c 以拉应力为正值，压应力为负值（N/mm²）；
I_n——梁净截面惯性矩（mm⁴）；
y_1——所计算点至梁中和轴的距离（mm）；
β_1——强度增大系数，当 σ 与 σ_c 异号时，取 $\beta_1 = 1.2$；当 σ 与 σ_c 同号或 $\sigma_c = 0$ 时，取 $\beta_1 = 1.1$。

【例 16-9-8】（历年真题）设计跨中受集中荷载作用的工字形截面简支钢梁的强度时，应计算：

A. 梁支座处抗剪强度　　　　　　　B. 梁跨中抗弯强度

C. 截面翼缘和腹板相交处的折算应力　D. 以上三处都要计算

【解答】 工字形简支钢梁在集中荷载作用下应计算：梁支座处抗剪强度、梁跨中抗弯强度、截面翼缘和腹板相交处的折算应力，应选 D 项。

2. 梁的挠度计算

$$w \leqslant [w]$$

式中，w 为梁在荷载标准组合下的挠度（按毛截面计算）；$[w]$ 为梁的容许挠度值。

3. 梁的整体稳定性计算

<u>一般的受弯构件（梁）的整体失稳模式为弯扭屈曲，但框架梁支座处有负弯矩且梁顶有混凝土楼板时，梁下翼缘可能发生畸变屈曲。</u>为此，《钢标》规定：

6.2.1 当铺板密铺在梁的受压翼缘上并与其牢固相连，能阻止梁受压翼缘的侧向位移时，可不计算梁的整体稳定性。

6.2.2 除本标准第 6.2.1 条所规定情况外，在最大刚度主平面内受弯的构件，其整体稳定性应按下式计算：

$$\frac{M_x}{\varphi_b W_x f} \leqslant 1.0 \qquad (6.2.2)$$

式中：M_x——绕强轴作用的最大弯矩设计值（N·mm）；

W_x——按受压最大纤维确定的梁毛截面模量，当截面板件宽厚比等级为 S1 级、S2 级、S3 级或 S4 级时，应取全截面模量；当截面板件宽厚比等级为 S5 级时，应取有效截面模量，均匀受压翼缘有效外伸宽度可取 $15\varepsilon_k$ 倍翼缘厚度，腹板有效截面可按本标准第 8.4.2 条的规定采用（mm^3）；单轴对称截面时，不应大于塑性截面模量的 0.95 倍；

φ_b——梁的整体稳定性系数，应按本标准附录 C 确定。

图 6.2.4　箱形截面

6.2.4 当箱形截面简支梁符合本标准第 6.2.1 条的要求或其截面尺寸（图 6.2.4）满足 $h/b_0 \leqslant 6$，$l_1/b_0 \leqslant 95\varepsilon_k^2$ 时，可不计算整体稳定性，l_1 为受压翼缘侧向支承点间的距离（梁的支座处视为有侧向支承）。

6.2.5 梁的支座处应采取构造措施，以防止梁端截面的扭转。<u>当简支梁仅腹板与相邻构件相连，钢梁稳定性计算时侧向支承点距离应取实际距离的 1.2 倍。</u>

按《钢标》附录C计算φ_b时，当查表φ_b值大于0.6时，应用φ'_b代替φ_b值，具体计算公式（C.0.1-7），即：

$$\varphi'_b = 1.07 - \frac{0.282}{\varphi_b} \leqslant 1.0$$

【例16-9-9】（历年真题）提高受集中荷载作用简支钢梁整体稳定性的有效方法是：
A. 增加受压翼缘宽度 B. 增加截面高度
C. 布置腹板加劲肋 D. 增加梁的跨度

【解答】 根据钢梁整体稳定性计算公式，当增加截面高度时，I_x与高度成三次方正比，则$W_x = I_x/y$相应越大，因此，提高了梁的整体稳定性，应选B项。

4. 梁的局部稳定性计算

梁的局部失稳通常用宽厚比来控制。梁的局部稳定计算又分为翼缘部分和腹板部分。其中，翼缘部分稳定通过控制其板件宽厚比限值来满足局部稳定，见《钢标》3.5.1条（见前面）。

对腹板局部稳定，《钢标》按屈曲后强度和不考虑屈曲后强度两种情况进行。不考虑屈曲后强度的腹板，通常采用设置横向加劲肋和纵向加劲肋来保证腹板局部稳定，即：

6.3.1 承受静力荷载和间接承受动力荷载的焊接截面梁可考虑腹板屈曲后强度，按本标准第6.4节的规定计算其受弯和受剪承载力。不考虑腹板屈曲后强度时，当$h_0/t_w > 80\varepsilon_k$，焊接截面梁应计算腹板的稳定性。$h_0$为腹板的计算高度，$t_w$为腹板的厚度。轻级、中级工作制吊车梁计算腹板的稳定性时，吊车轮压设计值可乘以折减系数0.9。

6.3.2 焊接截面梁腹板配置加劲肋应符合下列规定：

1 当$h_0/t_w \leqslant 80\varepsilon_k$时，对有局部压应力的梁，宜按构造配置横向加劲肋；当局部压应力较小时，可不配置加劲肋。

2 直接承受动力荷载的吊车梁及类似构件，应按下列规定配置加劲肋（图6.3.2）：

图6.3.2 加劲肋布置
1—横向加劲肋；2—纵向加劲肋；3—短加劲肋

> 1) 当 $h_0/t_w > 80\varepsilon_k$ 时，应配置横向加劲肋；
> 2) 当受压翼缘扭转受到约束且 $h_0/t_w > 170\varepsilon_k$、受压翼缘扭转未受到约束且 $h_0/t_w > 150\varepsilon_k$，或按计算需要时，应在弯曲应力较大区格的受压区增加配置纵向加劲肋。局部压应力很大的梁，必要时尚宜在受压区配置短加劲肋；对单轴对称梁，当确定是否要配置纵向加劲肋时，h_0 应取腹板受压区高度 h_c 的 2 倍。
>
> 3 不考虑腹板屈曲后强度时，当 $h_0/t_w > 80\varepsilon_k$ 时，宜配置横向加劲肋。
>
> 4 h_0/t_w 不宜超过 250。
>
> 5 梁的支座处和上翼缘受有较大固定集中荷载处，宜设置支承加劲肋。
>
> 6 腹板的计算高度 h_0 应按下列规定采用：对轧制型钢梁，为腹板与上、下翼缘相接处两内弧起点间的距离；对焊接截面梁，为腹板高度；对高强度螺栓连接（或铆接）梁，为上、下翼缘与腹板连接的高强度螺栓（或铆钉）线间最近距离（图 6.3.2）。

加劲肋的设置要求，《钢标》规定：

> 6.3.6 加劲肋的设置应符合下列规定：
>
> 1 加劲肋宜在腹板两侧成对配置，也可单侧配置，但支承加劲肋、重级工作制吊车梁的加劲肋不应单侧配置。
>
> 2 横向加劲肋的最小间距应为 $0.5h_0$，除无局部压应力的梁，当 $h_0/t_w \leqslant 100$ 时，最大间距可采用 $2.5h_0$ 外，最大间距应为 $2h_0$。纵向加劲肋至腹板计算高度受压边缘的距离应为 $h_c/2.5 \sim h_c/2$。
>
> 3 在腹板两侧成对配置的钢板横向加劲肋，其截面尺寸应符合下列公式规定：
> 外伸宽度：
>
> $$b_s \geqslant \frac{h_0}{30} + 40 \quad (\text{mm}) \qquad (6.3.6\text{-}1)$$
>
> 厚度：
>
> $$\text{承压加劲肋 } t_s \geqslant \frac{b_s}{15}, \text{ 不受力加劲肋 } t_s \geqslant \frac{b_s}{19} \qquad (6.3.6\text{-}2)$$
>
> 4 在腹板一侧配置的横向加劲肋，其外伸宽度应大于按式（6.3.6-1）算得的 1.2 倍，厚度应符合式（6.3.6-2）的规定。

【例 16-9-10】（历年真题）焊接工形截面钢梁设置腹板横向加劲肋的目的是：
A. 提高截面的抗弯强度　　　　　　　B. 减少梁的挠度
C. 提高腹板局部稳定性　　　　　　　D. 提高翼缘局部承载能力

【解答】钢梁设置腹板横向加劲肋的目的是：提高腹板局部稳定性，应选 C 项。

三、拉弯和压弯构件

1. 拉弯构件

拉弯构件的计算包括强度和刚度。通常拉弯构件不需要计算整体稳定性，但当拉力较小而弯矩很大时，应和梁一样计算其整体稳定性是否满足要求；若翼缘或腹板受压，也要与梁的板件一样考虑局部稳定性。对于刚度,拉弯构件用长细比控制,其容许长细比按拉杆的容许长细比采用,具体见前面内容。

《钢标》规定:

> **8.1.1** 弯矩作用在两个主平面内的拉弯构件和压弯构件,其截面强度应符合下列规定:
>
> **1** 除圆管截面外,弯矩作用在两个主平面内的拉弯构件和压弯构件,其截面强度应按下式计算:
>
> $$\frac{N}{A_n} \pm \frac{M_x}{\gamma_x W_{nx}} \pm \frac{M_y}{\gamma_y W_{ny}} \leqslant f \quad (8.1.1\text{-}1)$$
>
> **2** 弯矩作用在两个主平面内的圆形截面拉弯构件和压弯构件,其截面强度应按下式计算:
>
> $$\frac{N}{A_n} + \frac{\sqrt{M_x^2 + M_y^2}}{\gamma_m W_n} \leqslant f \quad (8.1.1\text{-}2)$$
>
> 式中:N——同一截面处轴心力设计值(N);
>
> M_x、M_y——分别为同一截面处对 x 轴和 y 轴的弯矩设计值(N·mm);
>
> γ_x、γ_y——截面塑性发展系数,根据其受压板件的内力分布情况确定其截面板件宽厚比等级,当截面板件宽厚比等级不满足 S3 级要求时,取 1.0,满足 S3 级要求时,可按本标准表 8.1.1 采用;需要验算疲劳强度的拉弯、压弯构件,宜取 1.0;
>
> γ_m——圆形构件的截面塑性发展系数,对于实腹圆形截面取 1.2,当圆管截面板件宽厚比等级不满足 S3 级要求时取 1.0,满足 S3 级要求时取 1.15;需要验算疲劳强度的拉弯、压弯构件,宜取 1.0;
>
> A_n——构件的净截面面积(mm²);
>
> W_{nx}、W_{ny}——分别为同一截面处对 x 轴和 y 轴的构件净截面模量(mm³);
>
> W_n——构件的净截面模量(mm³)。

截面塑性发展系数 γ_x、γ_y(部分) 表 8.1.1

项次	截 面 形 式	γ_x	γ_y
1			1.2
2		1.05	1.05

续表

项次	截面形式	γ_x	γ_y
3		$\gamma_{x1}=1.05$ $\gamma_{x2}=1.2$	1.2
4			1.05

2. 压弯构件

压弯构件计算的内容包括强度、整体稳定性、局部稳定性、刚度。压弯构件又可分为实腹式压弯构件和格构式压弯构件。

(1) 实腹式压弯构件的强度计算

强度计算见前面《钢标》拉弯构件中公式 (8.1.1-1)、公式 (8.1.1-2)。若为单向压弯构件，其强度计算公式为：$\dfrac{N}{A_n} \pm \dfrac{M_x}{\gamma_x W_{nx}} \leqslant f$。

(2) 实腹式压弯构件的整体稳定性计算

《钢标》规定：

8.2.1 除圆管截面外，弯矩作用在对称轴平面内的实腹式压弯构件，弯矩作用平面内稳定性应按式 (8.2.1-1) 计算，弯矩作用平面外稳定性应按式 (8.2.1-3) 计算；对于本标准表 8.1.1 第 3 项、第 4 项中的单轴对称压弯构件，当弯矩作用在对称平面内且翼缘受压时，除应按式 (8.2.1-1) 计算外，尚应按式 (8.2.1-4) 计算。

平面内稳定性计算：

$$\frac{N}{\varphi_x A f} + \frac{\beta_{mx} M_x}{\gamma_x W_{1x}(1-0.8N/N'_{Ex})f} \leqslant 1.0 \quad (8.2.1\text{-}1)$$

$$N'_{Ex} = \pi^2 EA/(1.1\lambda_x^2) \quad (8.2.1\text{-}2)$$

平面外稳定性计算：

$$\frac{N}{\varphi_y A f} + \eta \frac{\beta_{tx} M_x}{\varphi_b W_{1x} f} \leqslant 1.0 \quad (8.2.1\text{-}3)$$

$$\left| \frac{N}{A f} - \frac{\beta_{mx} M_x}{\gamma_x W_{2x}(1-1.25N/N'_{Ex})f} \right| \leqslant 1.0 \quad (8.2.1\text{-}4)$$

式中：N——所计算构件范围内轴心压力设计值 (N)；

N'_{Ex}——参数，按式 (8.2.1-2) 计算 (N)；

φ_x——弯矩作用平面内轴心受压构件稳定系数；

M_x——所计算构件段范围内的最大弯矩设计值（N·mm）；

W_{1x}——在弯矩作用平面内对受压最大纤维的毛截面模量（mm³）；

φ_y——弯矩作用平面外的轴心受压构件稳定系数，按本标准第7.2.1条确定；单轴对称截面，应取本标准式（7.2.2-4）的长细比λ_{yz}对应的稳定系数；

φ_b——均匀弯曲的受弯构件整体稳定系数，按本标准附录C计算，其中工字形和T形截面的非悬臂构件，可按本标准附录C第C.0.5条的规定确定；对闭口截面，$\varphi_b=1.0$；

η——截面影响系数，闭口截面$\eta=0.7$，其他截面$\eta=1.0$；

W_{2x}——无翼缘端的毛截面模量（mm³）。

等效弯矩系数β_{mx}应按下列规定采用：

1 无侧移框架柱和两端支承的构件：

1）无横向荷载作用时，β_{mx}应按下式计算：

$$\beta_{mx} = 0.6 + 0.4 \frac{M_2}{M_1} \tag{8.2.1-5}$$

式中：M_1，M_2——端弯矩（N·mm），构件无反弯点时取同号；构件有反弯点时取异号，$|M_1| \geqslant |M_2|$。

2）无端弯矩但有横向荷载作用时，β_{mx}应按下列公式计算：

跨中单个集中荷载：

$$\beta_{mx} = 1 - 0.36 N/N_{cr} \tag{8.2.1-6}$$

全跨均布荷载：

$$\beta_{mx} = 1 - 0.18 N/N_{cr} \tag{8.2.1-7}$$

$$N_{cr} = \frac{\pi^2 EI}{(\mu l)^2} \tag{8.2.1-8}$$

式中：N_{cr}——弹性临界力（N）；

μ——构件的计算长度系数。

3）端弯矩和横向荷载同时作用时，式（8.2.1-1）的$\beta_{mx}M_x$应按下式计算：

$$\beta_{mx}M_x = \beta_{mqx}M_{qx} + \beta_{m1x}M_1 \tag{8.2.1-9}$$

式中：M_{qx}——横向荷载产生的最大弯矩设计值（N·mm）；

β_{m1x}——取本条第1款第1项计算的等效弯矩系数；

β_{mqx}——取本条第1款第2项计算的等效弯矩系数。

2 有侧移框架柱和悬臂构件，等效弯矩系数β_{mx}应按下列规定采用：

1）除本款第2项规定之外的框架柱，β_{mx}应按下式计算：

$$\beta_{mx} = 1 - 0.36 N/N_{cr} \tag{8.2.1-10}$$

2）有横向荷载的柱脚铰接的单层框架柱和多层框架的底层柱，$\beta_{mx}=1.0$。

3）自由端作用有弯矩的悬臂柱，β_{mx}应按下式计算：

$$\beta_{mx} = 1 - 0.36(1-m)N/N_{cr} \tag{8.2.1-11}$$

式中：m——自由端弯矩与固定端弯矩之比，当弯矩图无反弯点时取正号，有反弯点时取负号。

等效弯矩系数 β_{tx} 应按下列规定采用：

1 在弯矩作用平面外有支承的构件，应根据两相邻支承间构件段内的荷载和内力情况确定：

1）无横向荷载作用时，β_{tx} 应按下式计算：

$$\beta_{tx} = 0.65 + 0.35 \frac{M_2}{M_1} \quad (8.2.1\text{-}12)$$

2）端弯矩和横向荷载同时作用时，β_{tx} 应按下列规定取值：

使构件产生同向曲率时　　　　$\beta_{tx} = 1.0$

使构件产生反向曲率时　　　　$\beta_{tx} = 0.85$

3）无端弯矩有横向荷载作用时，$\beta_{tx} = 1.0$。

2 弯矩作用平面外为悬臂的构件，$\beta_{tx} = 1.0$。

等效弯矩系数 β_{mx} 是考虑构件上弯矩分布的影响，即：使非均匀弯矩对构件稳定的效应和等效的均匀弯矩相同。为了简化，可按二阶弯矩最大值相等来处理。

等效弯矩系数 β_{tx} 也是考虑构件上弯矩分布的影响，取决于构件平面外支承和内力状况。

无侧移框架柱的计算长度系数 $\mu \leqslant 1.0$，其计算长度 $l_0 = \mu l$，l 为柱的几何长度。

有侧移框架柱的计算长度系数 $\mu > 1.0$，其计算长度 $l_0 = \mu l$，l 为柱的几何长度。

【例 16-9-11】（历年真题）计算有侧移多层钢框架时，柱的计算长度系数取值：

A. 应小于 1.0　　　　　　　　　　B. 应大于 1.0

C. 应小于 2.0　　　　　　　　　　D. 应大于 2.0

【解答】计算有侧移多层钢框架柱的计算长度系数应大于 1.0，应选 B 项。

(3) 实腹式压弯构件的局部稳定性计算

《钢标》规定：

8.4.1 实腹压弯构件要求不出现局部失稳者，对 H 形、箱形和圆管截面，其腹板高厚比、翼缘宽厚比应符合本标准表 3.5.1 规定的压弯构件 S4 级截面要求。

8.4.3 压弯构件的板件当用纵向加劲肋加强以满足宽厚比限值时，加劲肋宜在板件两侧成对配置，其一侧外伸宽度不应小于板件厚度 t 的 10 倍，厚度不宜小于 $0.75t$。

(4) 实腹式压弯构件的刚度

通常采用控制长细比来保证压弯构件的刚度，其容许长细比按压杆的容许长细比采用。如果弯矩很大，则需计算因弯矩引起的挠度是否过大以致不能满足使用要求。

【例 16-9-12】（历年真题）提高钢结构工字形截面压弯构件腹板局部稳定性的有效措施是：

A. 限制翼缘板最大厚度　　　　　　B. 限制腹板最大厚度

C. 设置横向加劲肋　　　　　　　　D. 限制腹板高厚比

【解答】提高工字形截面压弯构件的腹板局部稳定性的有效措施是限制腹板高厚比，应选 D 项。

习 题

16-9-1（历年真题）计算钢结构框架柱弯矩作用平面内稳定性时采用的等效弯矩系数 β_{mx} 是考虑了：
A. 截面应力分布的影响　　　　　B. 截面形状的影响
C. 构件弯矩分布的影响　　　　　D. 支座约束条件的影响

16-9-2（历年真题）设计钢结构圆管截面支撑压杆时，需要计算构件的：
A. 挠度　　　　　　　　　　　　B. 弯扭稳定性
C. 长细比　　　　　　　　　　　D. 扭转稳定性

16-9-3（历年真题）设计一悬臂钢梁，最合理的截面形式是：

题 16-9-3 图

A. ⊏　　　　B. I　　　　C. ⊤　　　　D. I

16-9-4（历年真题）钢结构轴心受拉构件的刚度设计指标是：
A. 荷载标准值产生的轴向变形　　B. 荷载标准值产生的挠度
C. 构件的长细比　　　　　　　　D. 构件的自振频率

16-9-5（历年真题）焊接 T 形截面构件中，腹板和翼缘相交处的纵向焊接残余应力为：
A. 压应力　　　　　　　　　　　B. 拉应力
C. 剪应力　　　　　　　　　　　D. 零

16-9-6（历年真题）在验算普通螺栓连接的钢结构轴心受拉构件强度时，需考虑：
A. 构件宽厚比　　　　　　　　　B. 螺栓孔对截面的削弱
C. 残余应力　　　　　　　　　　D. 构件长细比

16-9-7（历年真题）图中所示工形截面简支梁的跨度、截面尺寸和约束条件均相同，根据弯矩图（$|M_1|>|M_2|$）可判断整体稳定性最好的是：

第十节　钢结构的连接和钢屋盖

一、焊缝连接

焊缝分手工焊和自动焊或半自动焊，焊接时的焊条型号应与钢材品种相匹配。手工焊接时，Q235 选用 E43 焊条，Q345、Q390、Q345GJ 和 Q390GJ 选用 E50 或 E55 焊条，Q420、Q460、Q420GJ 和 Q460GJ 选用 E55 或 E60 焊条。当两种不同牌号钢材焊接时，选用与低牌号钢材相匹配的焊接材料。

根据《钢结构工程施工质量验收标准》GB 50205—2020 规定，焊接质量检验方法有：外观检验、超声波探伤、射线探伤。一级焊缝进行外观检验、超声波探伤检验（检测比例 100%）、射线探伤检验（检测比例 100%）；二级焊缝进行外观检验、超声波探伤检验（检测比例 20%）、射线探伤检验（检测比例 20%）；三级焊缝仅进行外观检验。其中，外观焊缝质量等级又分为一级、二级和三级。

对接焊缝可采用一级、二级、三级焊缝，其分别对应不同的焊缝强度设计值；角焊缝采用外观检查。

《钢标》规定：

4.4.5 焊缝的强度指标应按表 4.4.5 采用并应符合下列规定：

1 手工焊用焊条、自动焊和半自动焊所采用的焊丝和焊剂，应保证其熔敷金属的力学性能不低于母材的性能。

2 焊缝质量等级应符合现行国家标准《钢结构焊接规范》GB 50661 的规定，其检验方法应符合现行国家标准《钢结构工程施工质量验收规范》GB 50205 的规定。其中厚度小于 6mm 钢材的对接焊缝，不应采用超声波探伤确定焊缝质量等级。

3 对接焊缝在受压区的抗弯强度设计值取 f_c^w，在受拉区的抗弯强度设计值取 f_t^w。

4 计算下列情况的连接时，表 4.4.5 规定的强度设计值应乘以相应的折减系数；几种情况同时存在时，其折减系数应连乘：

 1）施工条件较差的高空安装焊缝应乘以系数 0.9；
 2）进行无垫板的单面施焊对接焊缝的连接计算应乘折减系数 0.85；
 3）按轴心受力计算的单角钢单面连接时应乘以系数 0.85。

焊缝的强度指标（N/mm²）（部分）   表 4.4.5

焊接方法和焊条型号	构件钢材		对接焊缝强度设计值				角焊缝强度设计值	对接焊缝抗拉强度 f_u^w	角焊缝抗拉、抗压和抗剪强度 f_u^f
	牌号	厚度或直径（mm）	抗压 f_c^w	焊缝质量为下列等级时，抗拉 f_t^w		抗剪 f_v^w	抗拉、抗压和抗剪 f_f^w		
				一级、二级	三级				
自动焊、半自动焊和 E43 型焊条手工焊	Q235	≤16	215	215	185	125	160	415	240
		>16,≤40	205	205	175	120			
		>40,≤100	200	200	170	115			

【例16-10-1】(历年真题)可以只做外观检查的焊缝质量等级是:
A. 一级焊缝　　　　　　　　　B. 二级焊缝
C. 三级焊缝　　　　　　　　　D. 上述三种焊缝

【解答】三级焊缝可只做外观检查,应选C项。

1. 对接焊缝的计算

《钢标》规定:

> **11.2.1** 全熔透对接焊缝或对接与角接组合焊缝应按下列规定进行强度计算:
> **1** 在对接和T形连接中,垂直于轴心拉力或轴心压力的对接焊接或对接与角接组合焊缝,其强度应按下式计算:
>
> $$\sigma = \frac{N}{l_w h_e} \leqslant f_t^w \text{ 或 } f_c^w \quad (11.2.1\text{-}1)$$
>
> 式中:N——轴心拉力或轴心压力(N);
> 　　　l_w——焊缝长度(mm);
> 　　　h_e——对接焊缝的计算厚度(mm),在对接连接节点中取连接件的较小厚度,在T形连接节点中取腹板的厚度;
> 　　　f_t^w、f_c^w——对接焊缝的抗拉、抗压强度设计值(N/mm²)。
>
> **2** 在对接和T形连接中,承受弯矩和剪力共同作用的对接焊缝或对接与角接组合焊缝,其正应力和剪应力应分别进行计算。但在同时受有较大正应力和剪应力处(如梁腹板横向对接焊缝的端部)应按下式计算折算应力:
>
> $$\sqrt{\sigma^2 + 3\tau^2} \leqslant 1.1 f_t^w \quad (11.2.1\text{-}2)$$

轴心受力时,对接焊缝连接如图16-10-1所示。

当对接焊缝和T形对接与角接组合焊缝无法采用引弧板和引出板施焊时,每条焊缝的长度计算时应各减去$2t$(t为较薄板件的厚度)。

当承受轴心力的板件用斜焊缝对接,见图16-10-1(b),焊缝与作用力间的夹角θ符合$\tan\theta \leqslant 1.5$时,其强度可不计算。

图16-10-1 对接焊缝连接

【例16-10-2】(历年真题)采用三级对接焊缝拼接的钢板,如采用引弧板,计算焊缝强度时:
A. 应折减焊缝计算长度　　　　B. 无需折减焊缝计算长度
C. 应折减焊缝厚度　　　　　　D. 应采用角焊缝设计强度值

【解答】若采用引弧板,计算焊缝强度时无需折减焊缝计算长度,应选B项。

2. 角焊缝的计算

《钢标》规定:

> **11.2.2** 直角角焊缝应按下列规定进行强度计算:
> **1** 在通过焊缝形心的拉力、压力或剪力作用下:
> 正面角焊缝(作用力垂直于焊缝长度方向):
>
> $$\sigma_f = \frac{N}{h_e l_w} \leqslant \beta_f f_f^w \quad (11.2.2\text{-}1)$$

侧面角焊缝（作用力平行于焊缝长度方向）：

$$\tau_f = \frac{N}{h_e l_w} \leqslant f_f^w \quad (11.2.2\text{-}2)$$

2 在各种力综合作用下，σ_f 和 τ_f 共同作用处：

$$\sqrt{\left(\frac{\sigma_f}{\beta_f}\right)^2 + \tau_f^2} \leqslant f_f^w \quad (11.2.2\text{-}3)$$

式中：σ_f——按焊缝有效截面（$h_e l_w$）计算，垂直于焊缝长度方向的应力（N/mm²）；

τ_f——按焊缝有效截面计算，沿焊缝长度方向的剪应力（N/mm²）；

h_e——直角角焊缝的计算厚度（mm），当两焊件间隙 $b \leqslant 1.5\text{mm}$ 时，$h_e = 0.7 h_f$；$1.5\text{mm} < b \leqslant 5\text{mm}$ 时，$h_e = 0.7(h_f - b)$，h_f 为焊脚尺寸（图 11.2.2）；

l_w——角焊缝的计算长度（mm），对每条焊缝取其实际长度减去 $2 h_f$；

f_f^w——角焊缝的强度设计值（N/mm²）；

β_f——正面角焊缝的强度设计值增大系数，对承受静力荷载和间接承受动力荷载的结构，$\beta_f = 1.22$；对直接承受动力荷载的结构，$\beta_f = 1.0$。

  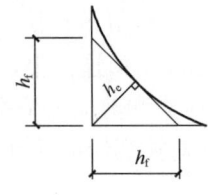

(a) 等边直角焊缝截面　　(b) 不等边直角焊缝截面　　(c) 等边凹形直角焊缝截面

图 11.2.2　直角角焊缝截面

11.2.3 两焊脚边夹角为 $60° \leqslant \alpha \leqslant 135°$ 的 T 形连接的斜角角焊缝，其强度应按本标准式（11.2.2-1）～式（11.2.2-3）计算，但取 $\beta_f = 1.0$，其计算厚度 h_e 的计算应符合本条规定。

3 当 $30° \leqslant \alpha \leqslant 60°$ 或 $\alpha < 30°$ 时，斜角角焊缝计算厚度 h_e 应按现行国家标准《钢结构焊接规范》GB 50661 的有关规定计算取值。

钢板与角钢连接焊缝计算，可分为两面侧焊、三面围焊、L 形围焊三种情况，所有围焊的转角处必须连续施焊。其中，L 形围焊不宜采用。

两面侧焊如图 16-10-2（a）所示，其侧缝的直角角焊缝计算：

肢背：$\dfrac{N_1}{\sum 0.7 h_{f1} l_{w1}} = \dfrac{K_1 N}{\sum 0.7 h_{f1} l_{w1}} \leqslant f_f^w$

肢尖：$\dfrac{N_2}{\sum 0.7 h_{f2} l_{w2}} = \dfrac{K_2 N}{\sum 0.7 h_{f2} l_{w2}} \leqslant f_f^w$

式中，K_1、K_2 为焊缝内力分配系数。等肢角钢，$K_1 = 0.70$，$K_2 = 0.30$；不等肢角钢短肢连接，$K_1 = 0.75$，$K_2 = 0.25$；不等肢角钢长肢连接，$K_1 = 0.65$，$K_2 = 0.35$。

图 16-10-2 节点板与角钢连接
(a) 两面侧焊连接；(b) 三面围焊连接

三面围焊如图 16-10-2 (b) 所示，其计算：

端缝 N_3：
$$N_3 = \beta_f \sum 0.7 h_{f3} l_{w3} \cdot f_f^w$$

肢背：
$$\frac{K_1 N - \dfrac{N_3}{2}}{\sum 0.7 h_{f1} l_{w1}} \leqslant f_f^w$$

肢尖：
$$\frac{K_2 N - \dfrac{N_3}{2}}{\sum 0.7 h_{f2} l_{w2}} \leqslant f_f^w$$

端缝长度：
$$l_{w3} = b$$

3. 焊缝计算的其他规定

《钢标》规定：

11.2.6 角焊缝的搭接焊缝连接中，当焊缝计算长度 l_w 超过 $60 h_f$ 时，焊缝的承载力设计值应乘以折减系数 α_f，$\alpha_f = 1.5 - \dfrac{l_w}{120 h_f}$，并不小于 0.5。

注意：①当搭接侧面角焊缝的剪应力不均匀分布，且 $l_w > 60 h_f$ 时，应考虑超长折减系数 α_f，其焊缝计算长度不应超过 $180 h_f$；②非搭接的角焊缝（如 T 形、角接）的剪应力不均匀分布时，要求 $l_w \leqslant 60 h_f$。

【例 16-10-3】（历年真题）计算角焊缝抗剪承载力时需要限制焊缝的计算长度，主要考虑了：

A. 焊脚尺寸的影响　　　　　　　　B. 焊缝剪应力分布的影响
C. 钢材牌号的影响　　　　　　　　D. 焊缝检测方法的影响

【解答】 角焊缝抗剪承载力计算时，需要限制焊缝计算长度，主要考虑焊缝剪应力分布的影响，应选 B 项。

4. 焊缝的构造要求

《钢标》规定：

11.3.3 不同厚度和宽度的材料对接时，应作平缓过渡，其连接处坡度值不宜大于 1:2.5（图 11.3.3-1 和图 11.3.3-2）。

图 11.3.3-1　不同宽度或厚度钢板的拼接

（a）不同宽度对接　　　　　（b）不同厚度对接

图 11.3.3-2　不同宽度或厚度铸钢件的拼接

11.3.5　角焊缝的尺寸应符合下列规定：

　1　角焊缝的最小计算长度应为其焊脚尺寸 h_f 的 8 倍，且不应小于 40mm；焊缝计算长度应为扣除引弧、收弧长度后的焊缝长度；

　2　断续角焊缝焊段的最小长度不应小于最小计算长度；

　3　角焊缝最小焊脚尺寸宜按表 11.3.5 取值，承受动荷载时角焊缝焊脚尺寸不宜小于 5mm；

　4　被焊构件中较薄板厚度不小于 25mm 时，宜采用开局部坡口的角焊缝；

　5　采用角焊缝焊接连接，不宜将厚板焊接到较薄板上。

　6　除钢管结构外，角焊缝的焊脚尺寸不宜大于较薄厚度的 1.2 倍。

角焊缝最小焊脚尺寸（mm）　　　　　表 11.3.5

母材厚度 t	角焊缝最小焊脚尺寸 h_f	母材厚度 t	角焊缝最小焊脚尺寸 h_f
$t \leq 6$	3	$12 < t \leq 20$	6
$6 < t \leq 12$	5	$t > 20$	8

注：1　采用不预热的非低氢焊接方法进行焊接时，t 等于焊接连接部位中较厚件厚度，宜采用单道焊缝；采用预热的非低氢焊接方法或低氢焊接方法进行焊接时，t 等于焊接连接部位中较薄件厚度；

　　2　焊脚尺寸 h_f 不要求超过焊接连接部位中较薄件厚度的情况除外。

11.3.6　搭接连接角焊缝的尺寸及布置应符合下列规定：

　1　传递轴向力的部件，其搭接连接最小搭接长度应为较薄件厚度的 5 倍，且不应小于 25mm（图 11.3.6-1），并应施焊纵向或横向双角焊缝；

图 11.3.6-1　搭接连接双角焊缝的要求

t——t_1 和 t_2 中较小者；h_f——焊脚尺寸，按设计要求

2 只采用纵向角焊缝连接型钢杆件端部时，型钢杆件的宽度不应大于 200mm，当宽度大于 200mm 时，应加横向角焊缝或中间塞焊；型钢杆件每一侧纵向角焊缝的长度不应小于型钢杆件的宽度；

3 型钢杆件搭接连接采用围焊时，在转角处应连续施焊。杆件端部搭接角焊缝作绕焊时，绕焊长度不应小于焊脚尺寸的 2 倍，并应连续施焊；

4 搭接焊缝沿母材棱边的最大焊脚尺寸，当板厚不大于 6mm 时，应为母材厚度，当板厚大于 6mm 时，应为母材厚度减去 1mm～2mm（图 11.3.6-2）；

5 用搭接焊缝传递荷载的套管连接可只焊一条角焊缝，其管材搭接长度 L 不应小于 $5(t_1+t_2)$，且不应小于 25mm。搭接焊缝焊脚尺寸应符合设计要求（图 11.3.6-3）。

(a) 母材厚度小于等于6mm时　　(b) 母材厚度大于6mm时

图 11.3.6-2　搭接焊缝沿母材棱边的最大焊脚尺寸

图 11.3.6-3　管材套管连接的搭接焊缝最小长度

h_f—焊脚尺寸，按设计要求

11.3.8 在次要构件或次要焊接连接中，可采用断续角焊缝。断续角焊缝焊段的长度不得小于 $10h_f$ 或 50mm，其净距不应大于 $15t$（对受压构件）或 $30t$（对受拉构件），t 为较薄焊件厚度。腐蚀环境中不宜采用断续角焊缝。

二、螺栓连接

1. 螺栓的种类

钢结构中螺栓有普通螺栓和高强度螺栓。普通螺栓又分 A、B 级（精制螺栓）和 C 级（粗制螺栓）两种。A、B 级螺栓采用 5.6 级和 8.8 级钢材，C 级螺栓采用 4.6 级和 4.8 级钢材。5.6 级中 5 表示钢材抗拉极限强度 $f_u=500\text{N/mm}^2$，0.6 表示钢材屈服强度 $f_y=0.6f_u$，其他型号以此类推。A、B 级螺栓既可受剪又可受拉，其螺杆的孔径比螺栓公称直径大 0.2～0.5mm，而 C 级螺栓的孔径比螺栓公称直径大 1～1.5mm，故剪力作用下剪切变形大，一般用于沿螺杆轴线方向的受拉连接，但在下列情况下可用于受剪连接：承受静力荷载或间接承受动力荷载结构中的次要连接；承受静力荷载的可拆卸结构的连接；临时固定构件用的安装连接。

高强度螺栓按连接方式可分为摩擦型连接和承压型连接。高强度螺栓采用 8.8 级和 10.9 级钢材。高强度螺栓的孔径比螺栓公称直径 d 大 1.5～3.0mm。

此外，在钢屋架、钢筋混凝土柱或钢筋混凝土基础处还有锚固螺栓（简称锚栓），其采用 Q235 或 Q355 钢材。

对直接承受动力荷载的普通螺栓受拉连接应采用双螺帽或其他能防止螺帽松动的有效措施。

【例16-10-4】（历年真题）我国常用的高强度螺栓等级有：
A. 5.6级和8.8级　　　　　　　　　B. 8.8级和10.9级
C. 4.6级和5.6级　　　　　　　　　D. 4.6级和8.8级
【解答】我国常用的高强度螺栓等级有：8.8级、10.9级，应选B项。

2. 普通螺栓的计算

受剪普通螺栓连接破坏时可能出现五种形式：螺杆剪断、孔壁挤压（或称承压）破坏、钢板被拉断、钢板端部或孔与孔间的钢板被剪坏、螺栓杆弯曲破坏。通常对前三种破坏情况通过计算来防止，后两种情况则用构造限制加以保证。如螺栓杆弯曲损坏用限制板叠厚度不超过$5d$（d为螺栓直径）。为此，《钢标》规定：

11.4.1 普通螺栓的连接承载力应按下列规定计算：

1 在普通螺栓抗剪连接中，每个螺栓的承载力设计值应取受剪和承压承载力设计值中的较小者。受剪和承压承载力设计值应分别按式（11.4.1-1）和式（11.4.1-3）计算。

普通螺栓： $$N_v^b = n_v \frac{\pi d^2}{4} f_v^b \tag{11.4.1-1}$$

普通螺栓： $$N_c^b = d \sum t f_c^b \tag{11.4.1-3}$$

式中：n_v——受剪面数目；
　　　d——螺杆直径（mm）；
　　　$\sum t$——在不同受力方向中一个受力方向承压构件总厚度的较小值（mm）；
　　　f_v^b、f_c^b——螺栓的抗剪和承压强度设计值（N/mm²）。

2 在普通螺栓杆轴向方向受拉的连接中，每个普通螺栓的承载力设计值应按下列公式计算：

普通螺栓 $$N_t^b = \frac{\pi d_e^2}{4} f_t^b \tag{11.4.1-5}$$

式中：d_e——螺栓或锚栓在螺纹处的有效直径（mm）；
　　　f_t^b——普通螺栓的抗拉强度设计值（N/mm²）。

3 同时承受剪力和杆轴方向拉力的普通螺栓，其承载力应分别符合下列公式的要求：

$$\sqrt{\left(\frac{N_v}{N_v^b}\right)^2 + \left(\frac{N_t}{N_t^b}\right)^2} \leqslant 1.0 \tag{11.4.1-8}$$

$$N_v \leqslant N_c^b \tag{11.4.1-9}$$

式中：N_v、N_t——分别为某个普通螺栓所承受的剪力和拉力（N）；
　　　N_v^b、N_t^b、N_c^b——一个普通螺栓的抗剪、抗拉和承压承载力设计值（N）。

受剪的普通螺栓（或高强度螺栓）在轴力N作用下计算，考虑螺栓的剪应力分布不均匀，应将螺栓承载力乘以超长折减系数η，即：

11.4.5 在构件连接节点的一端，当螺栓沿轴向受力方向的连接长度l_1大于$15d_0$时（d_0为孔径），应将螺栓的承载力设计值乘以折减系数$\left(1.1 - \dfrac{l_1}{150d_0}\right)$，当大于$60d_0$时，折减系数取为定值0.7。

注意,《钢标》11.4.5 条适用普通螺栓、高强度螺栓和铆钉。

$$\frac{N}{n} \leqslant \eta N_{\min}^{b}$$

式中,$N_{\min}^{b}$ 为一个螺栓抗剪或承压设计承载力的较小值。

净截面强度验算:
$$\sigma = \frac{N}{A_n} \leqslant 0.7 f_u$$

由《钢标》表 11.5.2 注 3,取 $d_c = \max(d+4, d_0)$,当螺栓并列时,则:
$$A_n = A - n_1 d_c t$$

当螺栓错列时,Ⅱ-Ⅱ截面,则:
$$A_n = [2e_1 + (n_2 - 1)\sqrt{a^2 + e^2} - n_2 d_c] t$$

式中,n_1 为第一列(Ⅰ-Ⅰ截面)螺栓数目;n_2 为齿形截面(Ⅱ-Ⅱ截面)上的螺栓数目。其余符号如图 16-10-3 所示。

普通螺栓群在弯矩作用下的计算,如图 16-10-4 所示,普通螺栓群绕 A 点(底排螺栓)转动,其螺栓最大拉力为:

$$N_1 = \frac{My_1}{m \sum y_i^2} \leqslant N_t^b$$

式中,m 为螺栓群的列数,其余符号如图所示。

图 16-10-3 轴力作用下剪力螺栓

图 16-10-4 弯矩作用下拉力螺栓

【例 16-10-5】(历年真题)计算钢结构螺栓连接超长接头承载力时,需要对螺栓的抗剪承载力进行折减,主要是考虑了:
A. 螺栓剪力分布不均匀的影响 B. 连接钢板厚度
C. 螺栓等级的影响 D. 螺栓间距的差异

【解答】对螺栓连接超长接头的抗剪承载力折减,主要是考虑了螺栓剪力分布不均匀的影响,应选 A 项。

【例 16-10-6】(历年真题)计算拉力和剪力同时作用的普通螺栓连接时,螺栓:
A. 抗剪承载力设计值取 $N_v^b = 0.9 n_f \mu P$
B. 承压承载力设计值取 $N_c^b = d \sum t f_c^b$
C. 抗拉承载力设计值取 $N_t^b = 0.8 P$
D. 预拉力设计值应进行折减

【解答】 普通螺栓连接时，螺栓承压承载力设计值 $N_c^b = d \Sigma t f_c^b$，应选 B 项。

3. 螺栓连接的构造要求

螺栓（普通螺栓和高强度螺栓）在构件上的排列必须符合构造要求，《钢标》规定：

11.5.2 螺栓（铆钉）连接宜采用紧凑布置，其连接中心宜与被连接构件截面的重心相一致。螺栓或铆钉的间距、边距和端距容许值应符合表11.5.2的规定。

螺栓或铆钉的孔距、边距和端距容许值   表 11.5.2

名称	位置和方向			最大容许间距 （取两者的较小值）	最小容许间距
中心间距	外排（垂直内力方向或顺内力方向）			$8d_0$ 或 $12t$	$3d_0$
	中间排	垂直内力方向		$16d_0$ 或 $24t$	
		顺内力方向	构件受压力	$12d_0$ 或 $18t$	
			构件受拉力	$16d_0$ 或 $24t$	
	沿对角线方向			—	
中心至构件边缘距离	顺内力方向			$4d_0$ 或 $8t$	$2d_0$
	垂直内力方向	剪切边或手工切割边			$1.5d_0$
		轧制边、自动气割或锯割边	高强度螺栓		
			其他螺栓或铆钉		$1.2d_0$

注：1 d_0 为螺栓或铆钉的孔径，对槽孔为短向尺寸，t 为外层较薄板件的厚度；
　　2 钢板边缘与刚性构件（如角钢，槽钢等）相连的高强度螺栓的最大间距，可按中间排的数值采用；
　　3 计算螺栓孔引起的截面削弱时可取 $d+4mm$ 和 d_0 的较大者。

螺栓在构件上的排列形式有并列、错列两种，对排列的构造要求如图 16-10-5 所示。

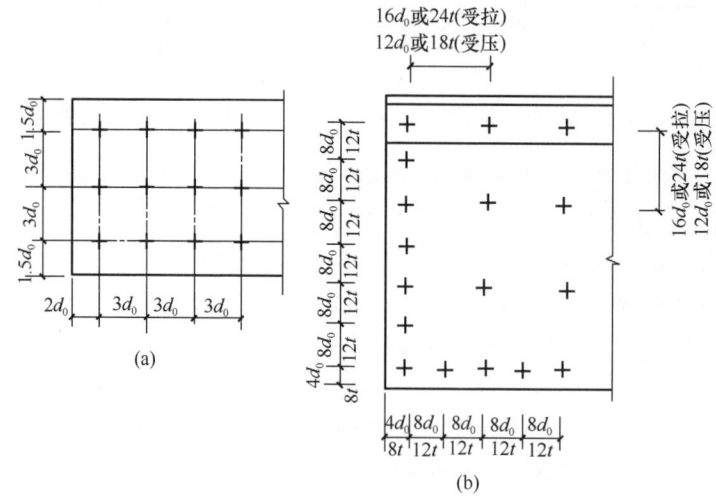

图 16-10-5　钢板上的螺栓排列
（a）螺栓排列的最小距离；（b）螺栓排列的最大距离

【例 16-10-7】（历年真题）采用高强度螺栓连接的构件拼接节点中，螺栓的中心间距应（d_0 为螺栓的孔径）：

A. 不小于 $1.5d_0$
B. 不小于 $3d_0$
C. 不大于 $3d_0$
D. 不大于 $1.5d_0$

【解答】 此时，螺栓的中心间距不小于 $3d_0$，应选 B 项。

4. 高强度螺栓的计算

高强度螺栓的受剪计算、受拉计算，《钢标》规定：

11.4.2 高强度螺栓摩擦型连接应按下列规定计算：

1 在受剪连接中，每个高强度螺栓的承载力设计值按下式计算：

$$N_v^b = 0.9kn_f\mu P \tag{11.4.2-1}$$

式中：N_v^b——一个高强度螺栓的受剪承载力设计值（N）；

k——孔型系数，标准孔取 1.0；大圆孔取 0.85；内力与槽孔长向垂直时取 0.7；内力与槽孔长向平行时取 0.6；

n_f——传力摩擦面数目；

μ——摩擦面的抗滑移系数，可按表 11.4.2-1（表略）取值，即 μ 值与连接处构件接触面的处理方法有关；

P——一个高强度螺栓的预拉力设计值（N），按表 11.4.2-2（表略）取值。

2 在螺栓杆轴方向受拉的连接中，每个高强度螺栓的承载力应按下式计算：

$$N_t^b = 0.8P \tag{11.4.2-2}$$

3 当高强度螺栓摩擦型连接同时承受摩擦面间的剪力和螺栓杆轴方向的外拉力时，承载力应符合下式要求：

$$\frac{N_v}{N_v^b} + \frac{N_t}{N_t^b} \leqslant 1.0 \tag{11.4.2-3}$$

式中：N_v、N_t——分别为某个高强度螺栓所承受的剪力和拉力（N）；

N_v^b、N_t^b——一个高强度螺栓的受剪、受拉承载力设计值（N）。

11.4.3 高强度螺栓承压型连接应按下列规定计算：

1 承压型连接的高强度螺栓预拉力 P 的施拧工艺和设计值取值应与摩擦型连接高强度螺栓相同；

2 承压型连接中每个高强度螺栓的受剪承载力设计值，其计算方法与普通螺栓相同，但当计算剪切面在螺纹处时，其受剪承载力设计值应按螺纹处的有效截面积进行计算；

3 在杆轴受拉的连接中，每个高强度螺栓的受拉承载力设计值的计算方法与普通螺栓相同。

高强度螺栓摩擦型连接在轴心力作用下的受剪计算，N 通过螺栓群形心：

每个螺栓受剪计算：
$$\frac{N}{n} \leqslant \eta N_v^b$$

式中，η 为螺栓超长折减系数。

构件毛截面屈服的强度验算：

$$\sigma = \frac{N}{A} \leqslant f$$

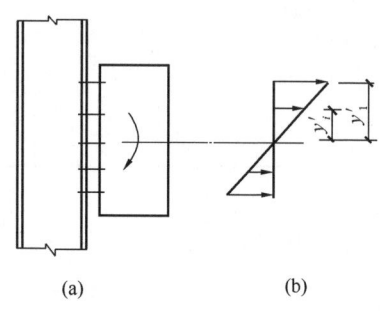

图 16-10-6 弯矩作用下高强度螺栓群连接

构件净截面断裂的强度验算：

$$\sigma = \left(1 - 0.5\frac{n_1}{n}\right)\frac{N}{A_n} \leqslant 0.7f_u$$

式中，n_1 为所计算截面（最外列螺栓处）上高强度螺栓数目；A_n 为验算截面处的净截面面积；n 为螺栓数目；f_u 为钢材的抗拉强度最小值。

高强度螺栓群（摩擦型连接或承压型连接）在弯矩作用下的计算，如图 16-10-6 所示，螺栓绕螺栓群形心转动，则：

$$N_1 = \frac{My_1'}{m\sum y_i'^2} \leqslant N_t^b = 0.8P$$

式中，y_1' 为最外一排螺栓至螺栓群中心距离；y_i' 为第 i 排螺栓至螺栓群中心距离；m 为螺栓群的列数。

【例 16-10-8】（历年真题）高强度螺栓摩擦型连接中，螺栓的抗滑移系数主要与：
A. 螺栓直径有关　　　　　　　B. 螺栓预应力值有关
C. 连接钢板厚度有关　　　　　D. 钢板表面处理方法有关

【解答】高强度螺栓摩擦型连接中，螺栓的抗滑移系数主要与钢板表面处理方法有关，应选 D 项。

【例 16-10-9】（历年真题）计算拉力和剪力同时作用的高强度螺栓承压型连接时，螺栓的：
A. 抗剪承载力设计值取 $N_v^b = 0.9n_f\mu P$
B. 抗拉承载力设计值取 $N_t^b = 0.8P$
C. 承压承载力设计值取 $N_c^b = d\sum t f_c^b$
D. 预应力设计值应进行折减

【解答】高强度螺栓承压型连接时，螺栓按普通螺栓计算方法，即承压承载力设计值取 $N_c^b = d\sum t f_c^b$，应选 C 项。

三、钢屋盖

1. 钢屋盖结构的组成和布置

钢屋盖结构由屋面材料、檩条、屋架、托架和天窗架、屋面支撑等构件组成。根据屋面材料和屋面结构布置情况可分为无檩屋盖和有檩屋盖两种。

屋架的跨度和间距取决于柱网布置，而柱网布置则根据建筑物工艺要求和经济合理等各方面因素而定。当柱距超过屋面板长度时，就必须在柱间设置托架，以支承中间屋架。

（1）钢屋盖支撑的分类与作用

屋盖支撑根据布置位置不同分为：屋架上弦横向水平支撑；屋架下弦横向水平支撑；屋架下弦纵向水平支撑；垂直（竖向）支撑；系杆。其中，系杆一般设置在不设置横向水平支撑的开间，分为刚性系杆（能承受压力）和柔性系杆（只能承受拉力）。为了保证屋架的几何稳定性，必须设置横向水平支撑、屋架端部垂直支撑和系杆。

屋盖支撑的作用包括：保证屋盖结构的几何稳定性；保证屋盖的空间和整体性；为受压弦杆提供侧向支承点；承受和传递纵向水平力（如风荷载、吊车纵向制动力、水平地震作用等）；保证结构在安装和架设过程中的稳定性。

屋架上弦平面支撑可作为上弦杆（压杆）的侧向支承点，从而减小其平面外（垂直屋架平面方向）的计算长度。屋架弦杆可由系杆与支撑桁架的节点连接，也能起到压杆（屋架弦杆）的侧向支承点的作用。

（2）屋盖支撑的布置

上弦横向水平支撑，它通常设置在房屋两端（或温度伸缩缝区段两端）的第一或第二开间内。当设置在第二个开间内时，必须用刚性系杆将端屋架与横向水平支撑桁架的节点连接。上弦横向水平支撑的间距不宜超过60m。当房屋纵向长度较大时，应在房屋长度中间再增加设置横向水平支撑。

下弦横向水平支撑，它与上弦横向水平支撑在同一开间设置。在有悬挂吊车的屋盖，有桥式吊车或有振动设备的工业厂房或跨度较大（$L \geqslant 18m$）的一般房屋中，必须设置下弦横向水平支撑。

下弦纵向水平支撑，在有桥式吊车的单层工业厂房中，除上、下弦横向水平支撑外，还必须设置下弦纵向水平支撑。

竖向支撑，在梯形屋架两端必须设置竖向支撑。另外，在屋架跨度中间，根据屋架跨度的大小，设置一道或二道竖向支撑。对于梯形屋架跨度$L \leqslant 30m$，三角形屋架跨度$L \leqslant 24m$时，仅在屋架跨度中央设置一道竖向支撑，但屋架跨度大于上述数值时，应在跨度三分点附近或天窗架侧柱处设置二道竖向支撑。当屋架上有天窗时，天窗也应设置竖向支撑。沿房屋的纵向，竖向支撑应与上下弦横向水平支撑设置在同一开间内。

系杆，如果系杆按压杆设计，常称为刚性系杆；如果系杆只需承受拉力，当它承受压力时可退出工作而由另一侧的系杆受拉承担，这种系杆按拉杆设计，常称为柔性系杆。

（3）支撑的计算和构造

一般地，屋盖支撑受力较小，支撑截面尺寸大多数是由杆件的容许长细比和构造要求而定。按拉杆设计的斜腹杆、柔性系杆等的容许长细比为400；按压杆设计的直腹杆、刚性系杆等的容许长细比为200。

【例16-10-10】（历年真题）钢结构屋盖中横向水平支撑的主要作用是：
A．传递吊车荷载　　　　　　　　B．承受屋面竖向荷载
C．固定檩条和系杆　　　　　　　D．提供屋架侧向支承点

【解答】屋盖中横向水平支撑的主要作用是提供屋架侧向支承点，应选D项。

2．普通钢屋架

一般的工业厂房中，屋架的计算跨度取支柱轴线之间的距离减去0.3m。

屋架的高度应根据经济、刚度、建筑等要求以及屋面坡度、运输条件等因素来确定。梯形屋架的端部高度：当屋架与柱铰接时为1.6~2.2m，刚接时为1.8~2.4m，端弯矩大时取大值，端弯矩小时取小值。屋架上弦节间的划分主要依据屋面材料而定，如对采用大型屋面板的无檩屋盖，上弦节间长度应等于屋面板的宽度，一般为1.5m或3m。当采用有檩屋盖时，则根据檩条的间距而定，一般为0.8~0.3m。

(1) 计算屋架杆件内力时常采用的基本假定

基本假定：屋架的节点为铰接（但当杆件为 H 形或箱形截面时，其内力应计算节点刚性引起的弯矩）；屋架所有杆件的轴线都在同一平面内，且相交于节点的中心；荷载都作用在节点上，且都在屋架平面内。

屋架内力应根据使用过程和施工过程中可能出现的最不利荷载组合计算。在屋架设计时应考虑的三种荷载组合：①永久荷载＋可变荷载；②永久荷载＋半跨可变荷载；③屋架、支撑和天窗架自重＋半跨屋面板重＋半跨屋面活荷载。

屋架上、下弦杆和靠近支座的腹杆按①组合计算；跨中附近的腹杆在②、③组合下可能内力为最大而且可能变号，应按②、③组合计算，取最不利者。

(2) 内力计算

轴向力计算，屋架杆件的轴向力可用数解法或图解法求得。

上弦局部弯矩，为了简化，可近似地先按简支梁计算出弯矩 M_0，端节间的正弯矩 $M_1 = 0.8M_0$，其他节间的正弯矩和节点负弯矩为 $M_2 = 0.6M_0$。

当屋架与柱刚接时，除上述计算的屋架内力外，还应考虑在排架分析时所得的屋架端弯矩对屋架杆件内力的影响。

(3) 屋架杆件设计

屋架杆件的计算长度 l_0 的规定见表 16-10-1。应注意表 16-10-1 注 3 的规定。

桁架弦杆和单系腹杆的计算长度 l_0 表 16-10-1

项次	弯曲方向	弦杆	腹杆	
			支座斜杆和支座竖杆	其他腹杆
1	在桁架平面内	l	l	$0.8l$
2	在桁架平面外	l_1	l	l
3	斜平面	—	l	$0.9l$

注：1. l 为构件的几何长度（节点中心间距离）；l_1 为桁架弦杆侧向支承点之间的距离。

2. 斜平面系指与桁架平面斜交的平面，适用于构件截面两主轴均不在桁架平面内的单角钢腹杆和双角钢十字形截面腹杆。

3. 无节点板的腹杆计算长度在任意平面内均取其等于几何长度（钢管结构除外）。

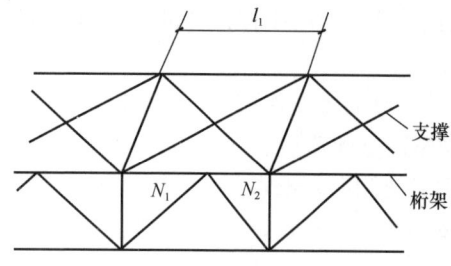

图 16-10-7 弦杆轴心压力在侧向支承点间有变化的桁架简图

当桁架弦杆侧向支承点之间的距离为节间长度的 2 倍（图 16-10-7）且两节间的弦杆轴心压力不相同时，则该弦杆在桁架平面外的计算长度，应按下式确定：

$$l_0 = l_1 \left(0.75 + 0.25 \frac{N_2}{N_1} \right) \geq 0.5 l_1$$

式中，N_1 为较大的压力，计算时取正值；N_2 为较小的压力或拉力，计算时压力取正值，拉力取负值。

确定在交叉点相互连接的桁架交叉腹杆的长细比时，在桁架平面内的计算长度应取节点中心到交叉点间的距离。在桁架平面外的计算长度，当两交叉杆长度相等且在中点相交时，压杆应按《钢标》规定采用；拉杆，应取 $l_0 = l$，l 为桁架节点中心间距离（交叉点不作为节点考虑）。

当确定交叉腹杆中单角钢杆件斜平面内的长细比时，计算长度应取节点中心至交叉点的距离。当确定交叉腹杆中单角钢杆件平面外的长细比时，同前述规定，即压杆按《钢标》规定；拉杆，取 $l_0=l$。

杆件的容许长细比，其取值见本章第九节的规定。

【例16-10-11】（历年真题）简支梯形钢屋架上弦杆的平面内计算长度系数应取：

A. 0.75　　　　B. 1.1　　　　C. 0.9　　　　D. 1.0

【解答】钢屋架上弦杆，根据表16-10-1，平面内计算长度系数应取1.0，应选D项。

【例16-10-12】（历年真题）钢屋盖桁架结构中，腹杆和弦杆直接连接而不采用节点板，则腹杆的计算长度系数为：

A. 1　　　　B. 0.9　　　　C. 0.8　　　　D. 0.7

【解答】根据表16-10-1注3，腹杆的计算长度系数为1.0，应选A项。

（4）杆件截面设计

普通钢屋架的杆件一般采用两个等肢或不等肢角钢组成的T形截面或十字形截面。由于屋架受压杆件的承载能力主要受稳定条件控制，故选择截面应符合稳定性要求，一般取 $\lambda_x \approx \lambda_y$，而当截面两个主轴方向的截面分类不属于同一类时，应取 $\varphi_x = \varphi_y$。

对于屋架上弦，如无局部弯矩，因屋架平面外计算长度往往是屋架平面内计算长度的两倍或更大，要使 $\lambda_x = \lambda_y$，必须使 $i_y = 2i_x$，上弦宜采用两个不等肢角钢短肢相并的T形截面形式。如有较大的局部弯矩，宜采用两个不等肢角钢长肢相并的T形截面。

对于屋架的支座斜杆（端斜杆），由于它的屋架平面内和平面外的计算长度相等，应使截面的 $i_x \approx i_y$，采用两个不等肢角钢长肢相并的T形截面。

对于其他腹杆，因为 $l_{0x} = 0.8 l_{0y}$，故要求 $i_{0x} = 0.8 i_{0y}$，宜采用两个等肢角钢组成的T形截面。与竖向支撑相连的竖腹杆宜采用两个等肢角钢组成的十字截面。

屋架下弦在平面外的计算长度很大，故宜采用两个不等肢角钢短肢相并的T形截面。

此外，应在角钢相并肢之间焊上垫板，垫板厚度与节点板厚度相同，垫板宽度一般取 50～80mm，长度比角钢肢宽大 20～30mm，垫板间距在受压杆件中不大于 $40i$，在受拉杆件中不大于 $80i$，在T形截面中 i 为一个角钢对平行于垫板自身重心轴的回转半径；在十字形截面中 i 为一个角钢的最小回转半径（图16-10-8）；在杆件的计算长度范围内至少设置两块垫板。

图16-10-8　计算 i 时的轴线示意图

（5）屋架节点设计

屋架节点设计的要求：各杆件的形心线应尽量与屋架的几何轴线重合，并交于节点中心；屋架节点板上腹杆与弦杆之间以及腹杆之间的间隙不宜小于20mm；节点板的形状应尽可能简单而有规则，至少应有两边平行，如矩形、棱形、直角梯形等；同一榀屋架中所有节点板宜采用同一种厚度，但支座节点板可比其他节点板厚2mm。节点板不得作为拼接弦杆用的主要传力杆件。

习　题

16-10-1　（历年真题）采用高强度螺栓的梁柱连接中，螺栓的中心间距应（d_0 为螺栓孔径）：

A. 不小于 $2d_0$ B. 不小于 $3d_0$
C. 不大于 $4d_0$ D. 不大于 $5d_0$

16-10-2 （历年真题）在荷载作用下，非搭接侧面角焊缝的计算长度大于某一数值时，其超过部分在抗剪计算中一般不予考虑，其值为：

A. $40h_f$ B. $60h_f$ C. $80h_f$ D. $100h_f$

16-10-3 （历年真题）设计采用钢桁架的屋盖结构时，必须：
A. 布置纵向支撑和刚性系杆   B. 采用梯形桁架
C. 布置横向支撑和垂直支撑   D. 采用角钢杆件

16-10-4 （历年真题）检测焊透对接焊缝质量时，如采用三级焊缝：
A. 需要进行外观检测和无损检测   B. 只需进行外观检测
C. 只需进行无损检测   D. 只需抽样 20% 进行检测

16-10-5 （历年真题）与普通螺栓连接抗剪承载力无关的是：
A. 螺栓的抗剪强度   B. 连接板件的孔壁抗压强度
C. 连接板件间的摩擦系数   D. 螺栓的受剪面数量

16-10-6 （历年真题）钢框架柱拼接不常用的是：
A. 全部采用坡口焊缝   B. 全部采用高强度螺栓
C. 翼缘用焊缝而腹板用高强度螺栓   D. 翼缘用高强度螺栓而腹板用焊缝

第十一节　砌体结构材料性能与设计表达式

一、块体

块体是砌体的主要部分。根据国家标准《砌体结构设计规范》GB 50003—2011（以下简称《砌规》），常用的块体可分为：烧结普通砖、烧结多孔砖；蒸压灰砂普通砖、蒸压粉煤灰普通砖；混凝土普通砖、混凝土多孔砖；混凝土砌块、轻骨料混凝土砌块；石材。《砌体结构通用规范》GB 55007—2021 还增加蒸压加气混凝土砌块。

1. 烧结普通砖、烧结多孔砖

烧结普通砖，是指由煤矸石、页岩、粉煤灰或黏土为主要原料，经过焙烧而成的实心砖。分烧结煤矸石砖、烧结页岩砖、烧结粉煤灰砖、烧结黏土砖等。

烧结多孔砖，是指以煤矸石、页岩、粉煤灰或黏土为主要原料，经焙烧而成，孔洞率不大于 35%，孔的尺寸小而数量多，主要用于承重部位的砖。我国烧结多孔砖类型很多，如 KM1、KP1、KP2，编号中的字母 K 表示孔洞，M 表示模数，P 表示普通。KM1 的规格为 190mm×190mm×90mm，KP1 的规格为 240mm×115mm×90mm。

烧结空心砖，是指有水平孔洞的黏土空心砖，空心率可达 40%～60%，一般用于填充墙、分隔墙等非承重部分。

块体的强度等级符号以 "MU" 表示，单位为 MPa（N/mm²）。烧结普通砖、烧结多孔砖的强度等级划分为：MU30、MU25、MU20、MU15 和 MU10。

烧结空心砖的强度等级划分为：MU10、MU7.5、MU5 和 MU3.5。

2. 蒸压灰砂普通砖、蒸压粉煤灰普通砖

蒸压灰砂普通砖，是指以石灰等钙质材料和砂等硅质材料为主要原料，经坯料制备、压制排气成型、高压蒸汽养护而成的实心砖。

蒸压粉煤灰普通砖，是指以石灰、消石灰（如电石渣）或水泥等钙质材料与粉煤灰等硅质材料及骨料（砂等）为主要原料，掺加适量石膏，经坯料制备、压制排气成型、高压蒸汽养护而成的实心砖。

根据建材标准指标，蒸压灰砂普通砖、蒸压粉煤灰普通砖等蒸压硅酸盐砖不得用于长期受热200℃以上、受急冷急热和有酸性介质侵蚀的建筑部位。这类砖的强度等级划分为：MU25、MU20和MU15。

3. 混凝土普通砖、混凝土多孔砖

混凝土普通砖和混凝土多孔砖，是指以水泥为胶结材料，以砂、石等为主要骨料，加水搅拌、成型、养护制成的一种多孔的混凝土半盲孔砖或实心砖。混凝土多孔砖的主规格尺寸为 240mm×115mm×90mm、240mm×190mm×90mm、190mm×190mm×90mm等；混凝土实心砖的主规格尺寸为 240mm×115mm×53mm、240mm×115mm×90mm等。这类砖的强度等级划分为：MU30、MU25、MU20和MU15。

4. 混凝土砌块、轻骨料混凝土砌块

高度在 180～350mm 的块体，一般称为小型砌块；高度在 360～900mm 的块体，一般称为中型砌块。目前应用的砌块按材料分有两种：混凝土空心砌块和轻骨料混凝土空心砌块。其中，混凝土空心砌块是由普通混凝土制成，有单排孔的和多排孔的，空心率在25%～50%，主规格尺寸为 390mm×190mm×190mm。

砌块的厚度及空心率应根据结构的承载力、稳定性、构造与热工要求决定。砌块的强度等级划分为：M20、MU15、MU10、MU7.5 和 MU5。

5. 石材

重质天然石材强度高，耐久，但导热系数大，一般用于基础砌体和重要建筑物的贴面，不宜作采暖房屋的墙壁。石材按其加工后的外形规则程度，可分为料石和毛石。料石又分为：细料石、粗料石和毛料石。毛石的形状不规则，中部厚度不应小于 200mm。

石材的强度等级，可用边长为 70mm 的立方体试块的抗压强度表示。抗压强度取三个试件破坏强度的平均值。石材的强度等级划分为 MU100、MU80、MU60、MU50、MU40、MU30 和 MU20。

6. 蒸压加气混凝土砌块

蒸压加气混凝土砌块，是指以硅质和钙质材料为主要原料，以铝粉（膏）为发气剂，经加水搅拌、浇注、静停、切割、蒸压养护等工艺过程制成的块体材料。

《砌体结构通用规范》规定：

> **3.2.4** 对处于环境类别1类和2类的承重砌体，所用块体材料的最低强度等级应符合表 3.2.4 的规定；对配筋砌块砌体抗震墙，表 3.2.4 中 1 类和 2 类环境的普通、轻骨料混凝土砌块强度等级为 MU10；安全等级为一级或设计工作年限大于 50 年的结构，表 3.2.4 中材料强度等级应至少提高一个等级。
>
> **3.2.5** 对处于环境类别3类的承重砌体，所用块体材料的抗冻性能和最低强度等级应符合表 3.2.5 的规定。设计工作年限大于 50 年时，表 3.2.5 中的抗冻指标应提高一个等级，对严寒地区抗冻指标提高为 F75。

1 类、2 类环境下块体材料最低强度等级　　　表 3.2.4

环境类别	烧结砖	混凝土砖	普通、轻骨料混凝土砌块	蒸压普通砖	蒸压加气混凝土砌块	石材
1（干燥环境）	MU10	MU15	MU7.5	MU15	A5.0	MU20
2（潮湿环境）	MU15	MU20	MU7.5	MU20	—	MU30

3 类环境下块体材料抗冻性能与最低强度等级　　　表 3.2.5

环境类别	冻融环境	抗冻性能			块材最低强度等级		
		抗冻指标	质量损失（%）	强度损失（%）	烧结砖	混凝土砖	混凝土砌块
3（冻融环境）	微冻地区	F25	≤5	≤20	MU15	MU20	MU10
	寒冷地区	F35			MU20	MU25	MU15
	严寒地区	F50			MU20	MU25	MU15

3.2.7　夹心墙的外叶墙的砖及混凝土砌块的强度等级不应低于 MU10。

3.2.8　填充墙的块材最低强度等级，应符合下列规定：

　　1　内墙空心砖、轻骨料混凝土砌块、混凝土空心砌块应为 MU3.5，外墙应为 MU5；

　　2　内墙蒸压加气混凝土砌块应为 A2.5，外墙应为 A3.5。

2.0.5　满足 50 年设计工作年限要求的块材碳化系数和软化系数均不应小于 0.85，软化系数小于 0.9 的材料不得用于潮湿环境、冻融环境和化学侵蚀环境下的承重墙体。

二、砂浆

普通砂浆按其配合成分可分为：水泥砂浆；混合砂浆；非水泥砂浆。普通砂浆的强度是由 28d 龄期的每边长为 70.7mm 的立方体试件的抗压强度指标为依据，其强度等级符号以"M"表示，划分为 M15、M10、M7.5、M5 和 M2.5。验算施工阶段新砌筑的砌体强度和稳定性，因为砂浆尚未硬化，可按砂浆的抗压强度为零确定其砌体强度和允许高厚比值 $[\beta]$。

砌筑用普通砂浆应具有强度、耐久性、流动性（或可塑性）、保水性。其中，砂浆的可塑性，可采用重 3N、顶角 30°的标准锥体沉入砂浆中的深度来测定，锥体的沉入深度根据砂浆的用途规定为：用于砖砌体为 70～100mm；用于砌块砌体为 50～70mm；用于石砌体为 30～50mm。

砂浆的质量在很大程度上取决于其保水性。砂浆的保水性以分层度表示，即将砂浆静置 30min，上下层沉入量之差宜在 10～20mm。纯水泥砂浆的流动性与保水性比混合砂浆差。

蒸压灰砂普通砖和蒸压粉煤灰普通砖砌体的专用砂浆的强度等级用 Ms 表示。蒸压加气混凝土砌块砌体的专用砂浆的强度等级用 Ma 表示。

砌块专用砂浆的强度等级用 Mb 表示。砌块灌孔混凝土的强度等级用 Cb 表示。

《砌体结构通用规范》规定：

3.3.1 砌筑砂浆的最低强度等级应符合下列规定：

1 设计工作年限大于和等于 25 年的烧结普通砖和烧结多孔砖砌体应为 M5，设计工作年限小于 25 年的烧结普通砖和烧结多孔砖砌体应为 M2.5；

2 蒸压加气混凝土砌块砌体应为 Ma5，蒸压灰砂普通砖和蒸压粉煤灰普通砖砌体应为 Ms5；

3 混凝土普通砖、混凝土多孔砖砌体应为 Mb5；

4 混凝土砌块、煤矸石混凝土砌块砌体应为 Mb7.5；

5 配筋砌块砌体应为 Mb10；

6 毛料石、毛石砌体应为 M5。

3.3.3 设计有抗冻要求的砌体时，砂浆应进行冻融试验，其抗冻性能不应低于墙体块材。

3.3.4 配置钢筋的砌体不得使用掺加氯盐和硫酸盐类外加剂的砂浆。

三、砌体

由块体和砂浆砌筑而成的整体结构称为砌体，它可分为无筋砌体和配筋砌体。砌体包括砖砌体、砌块砌体和石砌体。

砖砌体包括烧结普通砖、烧结多孔砖、蒸压灰砂普通砖、蒸压粉煤灰普通砖、混凝土普通砖、混凝土多孔砖的无筋和配筋砌体。

砌块砌体包括蒸压加气混凝土砌块、混凝土砌块、轻骨料混凝土砌块的无筋和配筋砌体。

按照砖的搭砌方式，实砌砌体通常采用一顺一丁、梅花丁和三顺一丁砌筑法。石砌体进一步分为料石砌体和毛石砌体。

配筋砌体包括网状（或水平）配筋砖砌体、组合砖砌体和配筋砌块砌体。

四、砌体的受压性能

1. 砌体受压时的块体的受力机理

（1）块体在砌体中处于压、弯、剪复杂应力状态

由于块体的表面不平整、砂浆铺砌不可能十分均匀，使砌体受压时的块体并非均匀受压，而是处于压、弯、剪复合应力状态。块体的抗剪、抗弯强度远低于其抗压强度，因而较早地使单个块体出现裂缝，导致块体的抗压强度不能充分发挥。这是砌体抗压强度远低于块体抗压强度的主要原因。

（2）砂浆使得块体在横向受拉

通常，低强度等级的砂浆弹性模量比块体弹性模量低，当砌体受压时，砂浆的横向变形比块体的横向变形大，故砂浆使得块体在横向受拉，从而降低了块体的抗压强度。注意，砂浆的横向变形受到块体的约束，故砂浆处于三向受压。

（3）竖向灰缝中存在应力集中

由于竖向灰缝不可能饱满，造成块体间的竖向灰缝处存在应力集中（即剪应力和横向拉应力的集中），使得块体受力更为不利。

可见，砌体受压时，砌体抗压强度远低于块体抗压强度。

2. 影响砌体抗压强度的主要因素

（1）块体和砂浆强度的影响。块体和砂浆强度是决定砌体抗压强度最主要的因素。砌体抗压强度随块体和砂浆的强度等级的提高而提高。

(2) 块体的形状和几何尺寸的影响。块体的表面越平整，越有利于灰缝厚度的均匀，使砌体抗压强度得到提高。块体较高（厚）时，其抗弯、抗剪能力增大，可提高砌体抗压强度。

(3) 砌筑质量。砌筑时灰缝的均匀、密实、饱满可明显提高砌体抗压强度。此外，块体的含水率及砌筑方法也会影响砌体抗压强度。

3. 砌体抗压强度设计值

《砌规》规定：

3.2.1 龄期为 28d 的以毛截面计算的砌体抗压强度设计值，当施工质量控制等级为 B 级时，应根据块体和砂浆的强度等级分别按下列规定采用：

1 烧结普通砖、烧结多孔砖砌体的抗压强度设计值，应按表 3.2.1-1 采用。

烧结普通砖和烧结多孔砖砌体的抗压强度设计值（MPa） 表 3.2.1-1

砖强度等级	砂浆强度等级					砂浆强度
	M15	M10	M7.5	M5	M2.5	0
MU30	3.94	3.27	2.93	2.59	2.26	1.15
MU25	3.60	2.98	2.68	2.37	2.06	1.05
MU20	3.22	2.67	2.39	2.12	1.84	0.94
MU15	2.79	2.31	2.07	1.83	1.60	0.82
MU10	—	1.89	1.69	1.50	1.30	0.67

注：当烧结多孔砖的孔洞率大于 30% 时，表中数值应乘以 0.9。

需注意：

(1) 砌体的施工质量控制等级分为 A 级、B 级和 C 级。一般多层砌体结构房屋宜按 B 级控制。根据《砌体结构工程施工质量验收规范》GB 50203—2011 的规定，配筋砌体不得采用 C 级施工。

(2) 根据《砌规》表 3.2.1-1，可得如下规律和结论：

1) 当要提高砌体抗压强度时，采用提高块体的强度等级比提高砂浆的强度等级更有效。

2) 当砂浆强度为 0 时，砌体抗压强度不为零。

3) 砂浆和块体的强度等级的选用应匹配，通常砂浆的强度等级小于或等于块体的强度等级。但特殊情况下，砂浆的强度等级可以大于块体的强度等级。

4) 块体抗压强度一定大于砌体的抗压强度。

5) 当砂浆强度不为 0 时，通常砌体的抗压强度小于砂浆的强度。但特殊情况下，砌体抗压强度大于砂浆的强度。

【例 16-11-1】（历年真题）砌体在轴心受压时，块体的受力状态为：

A. 压力 B. 剪力、压力

C. 弯矩、压力 D. 弯矩、剪力、压力、拉力

【解答】砌体在轴心受压时，块体的受力状态为：弯矩、剪力、压力、拉力，应选 D 项。

【例 16-11-2】（历年真题）砌体抗压强度恒比块材强度低的原因是：

① 砌体受压时块材处于复杂应力状态；

② 砌体中有很多竖缝，受压后产生应力集中现象；

③ 砌体受压时砂浆的横向变形大于块材的横向变形，导致块材在砌体中受拉；
④ 砌体中块材相互错缝咬结，整体性差。
A. ①③ B. ②④
C. ①② D. ①④

【解答】砌体受压时，块材处于复杂应力状态；砂浆的横向变形大于块材的横向变形，导致块材受拉，故应选 A 项。

【例 16-11-3】（历年真题）砌体是由块材和砂浆组合而成的。砌体抗压强度与块材及砂浆强度的关系，下列正确的是：
A. 砂浆的抗压强度恒小于砌体的抗压强度
B. 砌体的抗压强度随砂浆强度提高而提高
C. 砌体的抗压强度与块材的抗压强度无关
D. 砌体的抗压强度与块材的抗拉强度有关

【解答】根据《砌规》表 3.2.1-1，可知 A、C、D 项错误，B 项正确，应选 B 项。

五、砌体的轴心受拉、弯曲受拉和受剪性能

砌体受轴心拉力时，砌体可能会发生沿齿缝截面、也可能沿块体和竖向灰缝截面或者沿通缝截面破坏。砌体的轴心受拉承载力主要取决于块体与砂浆之间的粘结强度，故计算中仅考虑水平灰缝的粘结强度，与砂浆的抗压强度 f_2 关系为：$f_{t,m} = k_3 \sqrt{f_2}$，$f_{tm,m} = k_4 \sqrt{f_2}$，式中 $f_{t,m}$、$f_{tm,m}$ 分别为砌体轴心抗拉强度平均值、沿齿缝和通缝截面的弯曲抗拉强度平均值。k_3、k_4 为系数。

受纯剪时，砌体可能沿通缝或沿阶梯形截面破坏。在压弯受力状态下，砌体可能发生剪摩破坏、剪压破坏和斜压破坏等。因此，砌体的受剪承载力也主要取决于块体与砂浆之间的粘结强度，与砂浆的抗压强度 f_2 关系为：$f_{v,m} = k_5 \sqrt{f_2}$，式中 $f_{v,m}$ 为砌体抗剪强度平均值，k_5 为系数。

《砌规》规定：

3.2.2 龄期为 28d 的以毛截面计算的各类砌体的轴心抗拉强度设计值、弯曲抗拉强度设计值和抗剪强度设计值，应符合下列规定：

1 当施工质量控制等级为 B 级时，强度设计值应按表 3.2.2 采用：

沿砌体灰缝截面破坏时砌体的轴心抗拉强度设计值、
弯曲抗拉强度设计值和抗剪强度设计值（MPa）   表 3.2.2

强度类别	破坏特征及砌体种类	砂浆强度等级			
		≥M10	M7.5	M5	M2.5
轴心抗拉 沿齿缝	烧结普通砖、烧结多孔砖	0.19	0.16	0.13	0.09
	混凝土普通砖、混凝土多孔砖	0.19	0.16	0.13	—
	蒸压灰砂普通砖、蒸压粉煤灰普通砖	0.12	0.10	0.08	—
	混凝土和轻骨料混凝土砌块	0.09	0.08	0.07	—
	毛石	—	0.07	0.06	0.04

续表

强度类别	破坏特征及砌体种类	砂浆强度等级			
		≥M10	M7.5	M5	M2.5
弯曲抗拉（沿齿缝）	烧结普通砖、烧结多孔砖	0.33	0.29	0.23	0.17
	混凝土普通砖、混凝土多孔砖	0.33	0.29	0.23	—
	蒸压灰砂普通砖、蒸压粉煤灰普通砖	0.24	0.20	0.16	—
	混凝土和轻骨料混凝土砌块	0.11	0.09	0.08	—
	毛石	—	0.11	0.09	0.07
弯曲抗拉（沿通缝）	烧结普通砖、烧结多孔砖	0.17	0.14	0.11	0.08
	混凝土普通砖、混凝土多孔砖	0.17	0.14	0.11	—
	蒸压灰砂普通砖、蒸压粉煤灰普通砖	0.12	0.10	0.08	—
	混凝土和轻骨料混凝土砌块	0.08	0.06	0.05	—
抗剪	烧结普通砖、烧结多孔砖	0.17	0.14	0.11	0.08
	混凝土普通砖、混凝土多孔砖	0.17	0.14	0.11	—
	蒸压灰砂普通砖、蒸压粉煤灰普通砖	0.12	0.10	0.08	—
	混凝土和轻骨料混凝土砌块	0.09	0.08	0.06	—
	毛石	—	0.19	0.16	0.11

注：1　对于用形状规则的块体砌筑的砌体，当搭接长度与块体高度的比值小于1时，其轴心抗拉强度设计值 f_t 和弯曲抗拉强度设计值 f_{tm} 应按表中数值乘以搭接长度与块体高度比值后采用。

需注意：

（1）根据《砌规》表3.2.2，砌体的轴心抗拉、弯曲抗拉和抗剪强度设计值与块体的强度等级无关。当砂浆的强度等级越高，其砌体的轴心抗拉、弯曲抗拉和抗剪强度设计值也越高。

（2）毛石砌体总是沿齿缝弯曲破坏，不会沿通缝弯曲破坏，因此《砌规》表3.2.2中无"毛石砌体沿通缝的弯曲抗拉强度"。

【例16-11-4】（历年真题）砌体的抗拉强度主要取决于：
A. 块材的抗拉强度　　　　　　　B. 砂浆的抗压强度
C. 灰缝厚度　　　　　　　　　　D. 块材的整齐程度
【解答】砌体的抗拉强度主要取决于砂浆的抗压强度，应选B项。

六、强度设计值调整和砌体的弹性模量

1. 各类砌体的强度设计值调整系数

《砌规》规定：

3.2.3　下列情况的各类砌体，其砌体强度设计值应乘以调整系数 γ_a：
　　1　对无筋砌体构件，其截面面积小于 0.3m² 时，γ_a 为其截面面积加 0.7；对配筋

砌体构件,当其中砌体截面面积小于 $0.2m^2$ 时,γ_a 为其截面面积加 0.8;构件截面面积以"m^2"计;

  2 当砌体用强度等级小于 M5.0 的水泥砂浆砌筑时,对第 3.2.1 条各表中的数值,γ_a 为 0.9;对第 3.2.2 条表 3.2.2 中的数值,γ_a 为 0.8;

  3 当验算施工中房屋的构件时,γ_a 为 1.1。

此外,《砌规》4.1.1 条~4.1.5 条的条文说明中指出:当施工质量控制等级为 C 级时,取 $\gamma_a=0.89$。

《砌规》还规定:

3.2.4 施工阶段砂浆尚未硬化的新砌砌体的强度和稳定性,可按砂浆强度为零进行验算。对于冬期施工采用掺盐砂浆法施工的砌体,砂浆强度等级按常温施工的强度等级提高一级时,砌体强度和稳定性可不验算。配筋砌体不得用掺盐砂浆施工。

  2. 砌体的弹性模量

  砌体的弹性模量 E 取为应力-应变曲线上应力为 $0.43f_m$ 点的割线模量,即 $E=0.8E_0$(E_0 为原点弹性模量)。砌体的剪变模量可取 $G=0.4E$。烧结普通砖砌体的泊松比可取 0.15。应注意的是,弹性模量中的砌体抗压强度设计值不用按《砌规》3.2.3 条进行调整。

【例 16-11-5】（历年真题）用水泥砂浆与用同等级混合砂浆砌筑的砌体（块材相同）,两者的抗压强度:

  A. 相等   B. 前者小于后者

  C. 前者大于后者   D. 不一定

【解答】当采用 M2.5 水泥砂浆时,由《砌规》3.2.3 条,其抗压强度应乘以 0.9,故与 M2.5 级混合砂浆的抗压强度不相等,应选 D 项。

【例 16-11-6】（历年真题）《砌体结构设计规范》中砌体弹性模量的取值为:

  A. 原点弹性模量   B. $\sigma=0.43f_m$ 时的切线模量

  C. $\sigma=0.43f_m$ 时的割线模量   D. $\sigma=f_m$ 时的切线模量

【解答】砌体的弹性模量取 $\sigma=0.43f_m$ 时的割线模量,应选 C 项。

  七、基本设计原则

《砌规》规定:

4.1.1 本规范采用以概率理论为基础的极限状态设计方法,以可靠指标度量结构构件的可靠度,采用分项系数的设计表达式进行计算。

4.1.2 砌体结构应按承载能力极限状态设计,并满足正常使用极限状态的要求。

4.1.5 砌体结构按承载能力极限状态设计时,应按下式中最不利组合进行计算:

$$\gamma_0\left(1.2S_{Gk}+1.4\gamma_L S_{Q1k}+\gamma_L\sum_{i=2}^{n}\gamma_{Qi}\psi_{ci}S_{Qik}\right)\leqslant R(f,a_k\cdots) \quad (4.1.5\text{-}1)$$

式中:γ_0——结构重要性系数。对安全等级为一级的结构构件,不应小于 1.1;对安全等级为二级的结构构件,不应小于 1.0;对安全等级为三级的结构构件,不应小于 0.9;

> γ_L——结构构件的抗力模型不定性系数。对静力设计，考虑结构设计使用年限的荷载调整系数，设计使用年限为 50a，取 1.0；设计使用年限为 100a，取 1.1；
> S_{Gk}——永久荷载标准值的效应；
> S_{Q1k}——在基本组合中起控制作用的一个可变荷载标准值的效应；
> S_{Qik}——第 i 个可变荷载标准值的效应；
> $R(\cdot)$——结构构件的抗力函数；
> γ_{Qi}——第 i 个可变荷载的分项系数；
> ψ_{ci}——第 i 个可变荷载的组合值系数。一般情况下应取 0.7；对书库、档案库、储藏室或通风机房、电梯机房应取 0.9；
> f——砌体的强度设计值，$f = f_k/\gamma_f$；
> f_k——砌体的强度标准值，$f_k = f_m - 1.645\sigma_f$；
> γ_f——砌体结构的材料性能分项系数，一般情况下，宜按施工质量控制等级为 B 级考虑，取 $\gamma_f = 1.6$；当为 C 级时，取 $\gamma_f = 1.8$；当为 A 级时，取 $\gamma_f = 1.5$；
> f_m——砌体的强度平均值，可按本规范附录 B 的方法确定；
> σ_f——砌体强度的标准差；
> a_k——几何参数标准值。

注意，根据《工程结构通用规范》规定，荷载的基本组合应为下式：

$$\gamma_0 \left(1.3 S_{Gk} + 1.5 \gamma_L S_{Q1k} + \gamma_L \sum_{i=2}^{n} 1.5 \psi_{ci} S_{Qik}\right) \leqslant R(f, a_k \cdots)$$

标准值大于 $4kN/m^2$ 的工业房屋楼面活荷载，取 $\gamma_Q \geqslant 1.4$。

在一般的工业与民用建筑中，砌体结构构件的安全等级为二级，其破坏为脆性破坏，故其可靠指标 $\beta \geqslant 3.7$。

【例 16-11-7】（历年真题）进行砌体结构设计时，必须满足下面哪些要求？
① 砌体结构必须满足承载力极限状态；
② 砌体结构必须满足正常使用极限状态；
③ 一般工业与民用建筑中的砌体构件，目标可靠指标 $\beta \geqslant 3.2$；
④ 一般工业与民用建筑中的砌体构件，目标可靠指标 $\beta \geqslant 3.7$。
A. ①②③   B. ①②④   C. ①④   D. ①③

【解答】砌体结构设计必须满足①②④，应选 B 项。

【例 16-11-8】（历年真题）砌体结构的设计原则是：
① 采用以概率理论为基础的极限状态设计方法
② 按承载力极限状态设计，进行变形验算满足正常使用极限状态要求
③ 按承载力极限状态设计，由相应构造措施满足正常使用极限状态要求
④ 根据建筑结构的安全等级，按重要性系数考虑其重要程度
A. ①②④   B. ①③④   C. ②④   D. ③④

【解答】砌体结构的设计原则是：①③④，应选 B 项。

习 题

16-11-1 （历年真题）砌体的轴心抗拉强度、弯曲抗拉强度、抗剪强度，主要取决于：
A. 砂浆的强度　　　　　　　　B. 块体的抗拉强度
C. 块体的尺寸与形状　　　　　D. 砌筑方式

16-11-2 （历年真题）在确定砌体强度时，下列哪项叙述是正确的？
A. 块体的长宽对砌体抗压强度有影响
B. 水平灰缝厚度越厚，砌体抗压强度越高
C. 砖砌筑时含水量越大，砌体抗压强度越高，但抗剪强度越低
D. 对于提高砌体抗压强度，提高块体强度比提高砂浆强度更有效

16-11-3 （历年真题）关于砂浆强度等级 M0 的说法正确的是：
①施工阶段尚未凝结的砂浆；②抗压强度为零的砂浆；③用冻结法施工的砂浆；④抗压强度很小接近零的砂浆。
A. ①③　　　　B. ①②　　　　C. ③④　　　　D. ②

16-11-4 （历年真题）下列关于砖砌体的抗压强度与砖及砂浆的抗压强度的关系，说法正确的是：
① 砖的抗压强度恒大于砖砌体的抗压强度
② 砂浆的抗压强度恒大于砖砌体的抗压强度
③ 砌体的抗压强度随砂浆的强度提高而提高
④ 砌体的抗压强度随块体的强度提高而提高
A. ①②③④　　　　　　　　　B. ①③④
C. ②③④　　　　　　　　　　D. ③④

16-11-5 （历年真题）施工阶段的新砌体，砂浆尚未硬化时，砌体的抗压强度：
A. 按砂浆强度为零计算　　　　B. 按零计算
C. 按设计强度的30%采用　　　D. 按设计强度的50%采用

第十二节　砌体结构房屋静力计算和构造要求

一、结构布置

承重墙体的布置是砌体结构房屋设计中的重要环节，这是因为承重墙体的布置不仅影响了房屋平面的划分和空间的大小，还关系到荷载传递路线及房屋的空间刚度，影响了静力计算方案的确定。

（1）纵墙承重体系，其荷载主要传递路线为：屋（楼）面荷载→纵墙→基础→地基。
（2）横墙承重体系，其荷载主要传递路线为：屋（楼）面荷载→横墙→基础→地基。
（3）纵横墙承重体系，其荷载主要传递路线为：屋（楼）面荷载→横墙、纵墙→基础→地基。

二、静力计算方案

在砌体结构房屋中，纵墙、横墙（包括山墙）、屋（楼）盖、基础等组成一空间受

力体系。砌体结构房屋是以采用属于哪一类静力计算方案来区分空间作用的大小的。静力计算方案有弹性方案、刚性方案、刚弹性方案三种，而且屋（楼）盖类别、横墙间距又是确定静力计算方案的两个主要因素，横墙的刚度对确定静力计算方案有一定的影响。

《砌规》规定：

4.2.1 房屋的静力计算，根据房屋的空间工作性能分为刚性方案、刚弹性方案和弹性方案。设计时，可按表 4.2.1 确定静力计算方案。

房屋的静力计算方案　　　　　　　表 4.2.1

	屋盖或楼盖类别	刚性方案	刚弹性方案	弹性方案
1	整体式、装配整体和装配式无檩体系钢筋混凝土屋盖或钢筋混凝土楼盖	$s<32$	$32 \leqslant s \leqslant 72$	$s>72$
2	装配式有檩体系钢筋混凝土屋盖、轻钢屋盖和有密铺望板的木屋盖或木楼盖	$s<20$	$20 \leqslant s \leqslant 48$	$s>48$
3	瓦材屋面的木屋盖和轻钢屋盖	$s<16$	$16 \leqslant s \leqslant 36$	$s>36$

注：1　表中 s 为房屋横墙间距，其长度单位为"m"；
　　2　当屋盖、楼盖类别不同或横墙间距不同时，可按本规范第 4.2.7 条的规定确定房屋的静力计算方案；
　　3　对无山墙或伸缩缝处无横墙的房屋，应按弹性方案考虑。

4.2.2 刚性和刚弹性方案房屋的横墙，应符合下列规定：
　1　横墙中开有洞口时，洞口的水平截面面积不应超过横墙截面面积的 50%；
　2　横墙的厚度不宜小于 180mm；
　3　单层房屋的横墙长度不宜小于其高度，多层房屋的横墙长度不宜小于 $H/2$（H 为横墙总高度）。

注：1　当横墙不能同时符合上述要求时，应对横墙的刚度进行验算。如其最大水平位移值 $u_{\max} \leqslant \dfrac{H}{4000}$ 时，仍可视作刚性或刚弹性方案房屋的横墙；
　　2　凡符合注 1 刚度要求的一段横墙或其他结构构件（如框架等），也可视作刚性或刚弹性方案房屋的横墙。

1. 弹性方案

弹性方案房屋的静力计算，可按屋架或大梁与墙（柱）为铰接的、不考虑空间工作的平面排架或框架计算。

2. 刚性方案

刚性方案房屋的静力计算规定如下：

4.2.5 刚性方案房屋的静力计算，应按下列规定进行：
　1　单层房屋：在荷载作用下，墙、柱可视为上端不动铰支承于屋盖，下端嵌固于基础的竖向构件；
　2　多层房屋：在竖向荷载作用下，墙、柱在每层高度范围内，可近似地视作两端铰支的竖向构件；在水平荷载作用下，墙、柱可视作竖向连续梁；

3 对本层的竖向荷载，应考虑对墙、柱的实际偏心影响，梁端支承压力 N_l 到墙内边的距离，应取梁端有效支承长度 a_0 的 0.4 倍（图 4.2.5）。由上面楼层传来的荷载 N_u，可视作作用于上一楼层的墙、柱的截面重心处；

4 对于梁跨度大于 9m 的墙承重的多层房屋，按上述方法计算时，应考虑梁端约束弯矩的影响。可按梁两端固结计算梁端弯矩，再将其乘以修正系数 γ 后，按墙体线性刚度分到上层墙底部和下层墙顶部，修正系数 γ 可按下式计算：

图 4.2.5 梁端支承压力位置

注：当板支撑于墙上时，板端支承压力 N_l 到墙内边的距离可取板的实际支承长度 a 的 0.4 倍。

$$\gamma = 0.2\sqrt{\frac{a}{h}} \qquad (4.2.5)$$

式中：a——梁端实际支承长度；

h——支承墙体的墙厚，当上下墙厚不同时取下部墙厚，当有壁柱时取 h_T。

刚性方案时，多层房屋的风荷载计算，《砌规》规定：

4.2.6 刚性方案多层房屋的外墙，计算风荷载时应符合下列要求：

1 风荷载引起的弯矩，可按下式计算：

$$M = \frac{wH_i^2}{12} \qquad (4.2.6)$$

式中：w——沿楼层高均布风荷载设计值（kN/m）；

H_i——层高（m）。

3. 刚弹性方案

<u>刚弹性方案房屋的静力计算介于刚性方案和弹性方案之间，可应用空间性能影响系数 η 来考虑空间工作的平面排架或框架计算。</u>为此，《砌规》规定：

4.2.4 刚弹性方案房屋的静力计算，可按屋架、大梁与墙（柱）铰接并考虑空间工作的平面排架或框架计算。房屋各层的空间性能影响系数，可按表 4.2.4 采用，其计算方法应按本规范附录 C 的规定采用。

房屋各层的空间性能影响系数 η_i　　　　表 4.2.4

屋盖或楼盖类别	横墙间距 s（m）													
	16	20	24	28	32	36	40	44	48	52	56	60	64	68	72
1	—	—	—	—	0.33	0.39	0.45	0.50	0.55	0.60	0.64	0.68	0.71	0.74	0.77
2	—	0.35	0.45	0.54	0.61	0.68	0.73	0.78	0.82	—	—	—	—	—	—
3	0.37	0.49	0.60	0.68	0.75	0.81	—	—	—	—	—	—	—	—	—

注：i 取 1～n，n 为房屋的层数。

由《砌规》表 4.2.4 可知：<u>①空间性能影响系数 η_i 取决于屋（楼）盖类别、横墙间距</u>

两个因素；②η_i 越小，则房屋的刚度越大。

在基本条件相同的情况下，单层房屋刚性方案、刚弹性方案和弹性方案的内力值，如图 16-12-1 所示，η_1 为空间性能影响系数，$\eta_1 < 1.0$。因此，刚性方案的墙底、柱底的内力最小，弹性方案的墙底、柱底的内力最大，刚弹性方案的墙底、柱底的内力介于两者之间。

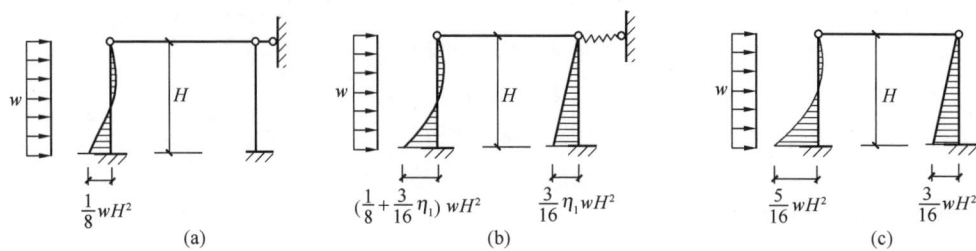

图 16.12-1　静力计算方案的内力值
(a) 刚性方案；(b) 刚弹性方案；(c) 弹性方案

【例 16-12-1】（历年真题）影响砌体结构房屋空间工作性能的主要因素是下列哪一项？
A. 房屋结构所用块材和砂浆的强度等级
B. 外纵墙的高厚比和门窗洞口的开设是否超过规定
C. 圈梁和构造柱的设置是否满足规范的要求
D. 房屋屋盖、楼盖的类别和横墙的距离

【解答】影响砌体结构空间工作性能的主要因素是：楼盖、屋盖的类别和横墙的间距，应选 D 项。

【例 16-12-2】（历年真题）按刚性方案计算的砌体房屋的主要特点为：
A. 空间性能影响系数 η 大，刚度大
B. 空间性能影响系数 η 小，刚度小
C. 空间性能影响系数 η 小，刚度大
D. 空间性能影响系数 η 大，刚度小

【解答】空间性能影响系数小、刚度大，应选 C 项。

【例 16-12-3】（历年真题）对多层砌体房屋进行承载力验算时，"墙在每层高度范围内可近似视作两端铰支的竖向构件"所适用的荷载是：
A. 风荷载　　　　　　　　　　B. 水平地震作用
C. 竖向荷载　　　　　　　　　D. 永久荷载

【解答】此时，该计算模型适用于竖向荷载（如永久荷载、楼面活荷载），应选 C 项。

【例 16-12-4】（历年真题）在相同荷载、相同材料、相同几何条件下，用弹性方案、刚弹性方案和刚性方案计算砌体结构的柱（墙）底端弯矩，结果分别为 $M_{弹}$、$M_{刚弹}$ 和 $M_{刚}$，三者的关系是：
A. $M_{刚弹} > M_{刚} > M_{弹}$　　　　　　B. $M_{弹} < M_{刚弹} < M_{刚}$
C. $M_{弹} > M_{刚弹} > M_{刚}$　　　　　　D. $M_{刚弹} < M_{刚} < M_{弹}$

【解答】刚性方案柱（墙）底弯矩为最小，而弹性方案为最大，应选 C 项。

三、墙和柱的构造

1. 墙、柱的计算高度与高厚比

墙、柱的构造要满足高厚比要求及其构造要求，而高厚比 $\beta=\dfrac{H_0}{h}$，其中 H_0 为墙、柱的计算高度，h 为墙厚或柱与 H_0 相对应的边长。因此，要确定墙、柱高厚比必须先确定墙、柱的计算高度 H_0。

《砌规》规定：

> **5.1.3** 受压构件的计算高度 H_0，应根据房屋类别和构件支承条件等按表 5.1.3 采用。表中的构件高度 H，应按下列规定采用：
>
> **1** 在房屋底层，为楼板顶面到构件下端支点的距离。下端支点的位置，可取在基础顶面。当埋置较深且有刚性地坪时，可取室外地面下 500mm 处；
>
> **2** 在房屋其他层，为楼板或其他水平支点间的距离；
>
> **3** 对于无壁柱的山墙，可取层高加山墙尖高度的 1/2；对于带壁柱的山墙可取壁柱处的山墙高度。

受压构件的计算高度 H_0   表 5.1.3

房屋类别			柱		带壁柱墙或周边拉接的墙		
			排架方向	垂直排架方向	$s>2H$	$2H\geqslant s>H$	$s\leqslant H$
有吊车的单层房屋	变截面柱上段	弹性方案	$2.5H_u$	$1.25H_u$		$2.5H_u$	
		刚性、刚弹性方案	$2.0H_u$	$1.25H_u$		$2.0H_u$	
	变截面柱下段		$1.0H_l$	$0.8H_l$		$1.0H_l$	
无吊车的单层和多层房屋	单跨	弹性方案	$1.5H$	$1.0H$		$1.5H$	
		刚弹性方案	$1.2H$	$1.0H$		$1.2H$	
	多跨	弹性方案	$1.25H$	$1.0H$		$1.25H$	
		刚弹性方案	$1.10H$	$1.0H$		$1.1H$	
	刚性方案		$1.0H$	$1.0H$	$1.0H$	$0.4s+0.2H$	$0.6s$

注：1 表中 H_u 为变截面柱的上段高度；H_l 为变截面柱的下段高度；
    2 对于上端为自由端的构件，$H_0=2H$；
    3 独立砖柱，当无柱间支撑时，柱在垂直排架方向的 H_0 应按表中数值乘以 1.25 后采用；
    4 s 为房屋横墙间距；
    5 自承重墙的计算高度应根据周边支承或拉接条件确定。

2. 墙、柱高厚比的验算

墙、柱高厚比的限值称为允许高厚比 $[\beta]$。砂浆强度等级是影响 $[\beta]$ 的一项重要因素。墙、柱高厚比的验算规定如下：

6.1.1 墙、柱的高厚比应按下式验算：

$$\beta = \frac{H_0}{h} \leqslant \mu_1 \mu_2 [\beta] \tag{6.1.1}$$

式中：H_0——墙、柱的计算高度；

h——墙厚或矩形柱与 H_0 相对应的边长；

μ_1——自承重墙允许高厚比的修正系数；

μ_2——有门窗洞口墙允许高厚比的修正系数；

$[\beta]$——墙、柱的允许高厚比，应按表 6.1.1 采用。

注：1 墙、柱的计算高度应按本规范第 5.1.3 条采用；

2 当与墙连接的相邻两墙间的距离 $s \leqslant \mu_1\mu_2[\beta]h$ 时，墙的高度可不受本条限制；

3 变截面柱的高厚比可按上、下截面分别验算，其计算高度可按第 5.1.4 条的规定采用。验算上柱的高厚比时，墙、柱的允许高厚比可按表 6.1.1 的数值乘以 1.3 后采用。

墙、柱的允许高厚比 $[\beta]$ 值　　　　表 6.1.1

砌体类型	砂浆强度等级	墙	柱
无筋砌体	M2.5	22	15
	M5.0 或 Mb5.0、Ms5.0	24	16
	≥M7.5 或 Mb7.5、Ms7.5	26	17
配筋砌块砌体	—	30	21

注：1 毛石墙、柱的允许高厚比应按表中数值降低 20%；

2 带有混凝土或砂浆面层的组合砖砌体构件的允许高厚比，可按表中数值提高 20%，但不得大于 28；

3 验算施工阶段砂浆尚未硬化的新砌砌体构件高厚比时，允许高厚比对墙取 14，对柱取 11。

自承重墙失稳时的临界荷载比上端受有荷载时要大，故其 $[\beta]$ 可适当提高，提高系数为 μ_1；而门窗洞口的墙对稳定不利，其 $[\beta]$ 应适当降低，降低系数为 μ_2，具体计算可按《砌规》。

带壁柱墙和带构造柱墙的高厚比验算，《砌规》规定：

6.1.2 带壁柱墙和带构造柱墙的高厚比验算，应按下列规定进行：

1 按公式（6.1.1）验算带壁柱墙的高厚比，此时公式中 h 应改用带壁柱墙截面的折算厚度 h_T，在确定截面回转半径时，墙截面的翼缘宽度，可按本规范第 4.2.8 条的规定采用；当确定带壁柱墙的计算高度 H_0 时，s 应取与之相交相邻墙之间的距离。

2 当构造柱截面宽度不小于墙厚时，可按公式（6.1.1）验算带构造柱墙的高厚比，此时公式中 h 取墙厚；当确定带构造柱墙的计算高度 H_0 时，s 应取相邻横墙间的距离；墙的允许高厚比 $[\beta]$ 可乘以修正系数 μ_c，μ_c 可按下式计算：

$$\mu_c = 1 + \gamma \frac{b_c}{l} \tag{6.1.2}$$

式中：γ——系数，对细料石砌体，$\gamma=0$；对混凝土砌块、混凝土多孔砖、粗料石、毛料石及毛石砌体，$\gamma=1.0$；其他砌体，$\gamma=1.5$；

b_c——构造柱沿墙长方向的宽度；

l——构造柱的间距。

当 $b_c/l>0.25$ 时取 $b_c/l=0.25$，当 $b_c/l<0.05$ 时取 $b_c/l=0$。

注：考虑构造柱有利作用的高厚比验算不适用于施工阶段。

3 按公式（6.1.1）验算壁柱间墙或构造柱间墙的高厚比时，s 应取相邻壁柱间或相邻构造柱间的距离。设有钢筋混凝土圈梁的带壁柱墙或带构造柱墙，当 $b/s\geqslant1/30$ 时，圈梁可视作壁柱间墙或构造柱间墙的不动铰支点（b 为圈梁宽度）。当不满足上述条件且不允许增加圈梁宽度时，可按墙体平面外等刚度原则增加圈梁高度，此时，圈梁仍可视为壁柱间墙或构造柱间墙的不动铰支点。

3.预制板、墙与柱的一般构造要求

预制钢筋混凝土板、墙和柱的一般构造要求，《砌规》规定：

6.2.1 预制钢筋混凝土板在混凝土圈梁上的支承长度不应小于 80mm，板端伸出的钢筋应与圈梁可靠连接，且同时浇筑；预制钢筋混凝土板在墙上的支承长度不应小于 100mm，并应按下列方法进行连接：

1 板支承于内墙时，板端钢筋伸出长度不应小于 70mm，且与支座处沿墙配置的纵筋绑扎，用强度等级不应低于 C25 的混凝土浇筑成板带；

2 板支承于外墙时，板端钢筋伸出长度不应小于 100mm，且与支座处沿墙配置的纵筋绑扎，并用强度等级不应低于 C25 的混凝土浇筑成板带；

3 预制钢筋混凝土板与现浇板对接时，预制板端钢筋应伸入现浇板中进行连接后，再浇筑现浇板。

6.2.2 墙体转角处和纵横墙交接处应沿竖向每隔 400mm～500mm 设拉结钢筋，其数量为每 120mm 墙厚不少于 1 根直径 6mm 的钢筋；或采用焊接钢筋网片，埋入长度从墙的转角或交接处算起，对实心砖墙每边不小于 500mm，对多孔砖墙和砌块墙不小于 700mm。

6.2.5 承重的独立砖柱截面尺寸不应小于 240mm×370mm。毛石墙的厚度不宜小于 350mm，毛料石柱较小边长不宜小于 400mm。

注：当有振动荷载时，墙、柱不宜采用毛石砌体。

6.2.6 支承在墙、柱上的吊车梁、屋架及跨度大于或等于下列数值的预制梁的端部，应采用锚固件与墙、柱上的垫块锚固：

1 对砖砌体为 9m；

2 对砌块和料石砌体为 7.2m。

6.2.7 跨度大于 6m 的屋架和跨度大于下列数值的梁，应在支承处砌体上设置混凝土或钢筋混凝土垫块；当墙中设有圈梁时，垫块与圈梁宜浇成整体。

1 对砖砌体为 4.8m；

2 对砌块和料石砌体为 4.2m；

  3 对毛石砌体为 3.9m。

6.2.8 当梁跨度大于或等于下列数值时，其支承处宜加设壁柱，或采取其他加强措施：

  1 对 240mm 厚的砖墙为 6m；对 180mm 厚的砖墙为 4.8m；

  2 对砌块、料石墙为 4.8m。

6.2.9 山墙处的壁柱或构造柱宜砌至山墙顶部，且屋面构件应与山墙可靠拉结。

【例 16-12-5】（历年真题）对于跨度较大的梁，应在其支承处的砌体上设置混凝土或钢筋混凝土垫块，但当墙中设有圈梁时，垫块与圈梁宜浇成整体。对砖砌体而言，现行规范规定的梁跨度限值是：

  A. 6.0m   B. 4.8m   C. 4.2m   D. 3.9m

  【解答】根据《砌规》6.2.7 条，取 4.8m，应选 B 项。

【例 16-12-6】（历年真题）砌体结构房屋，当梁跨度大到一定程度时，在梁支承处宜加设壁柱。对砌块砌体而言，现行规范规定的该跨度限值是：

  A. 4.8m   B. 6.0m   C. 7.2m   D. 9m

  【解答】根据《砌规》6.2.8 条，对砌体，取 4.8m，应选 A 项。

四、防止或减轻墙体开裂的措施

1. 伸缩缝的最大间距

《砌规》规定：

6.5.1 在正常使用条件下，应在墙体中设置伸缩缝。伸缩缝应设在因温度和收缩变形引起应力集中、砌体产生裂缝可能性最大处。伸缩缝的间距可按表 6.5.1 采用。

砌体房屋伸缩缝的最大间距（m） 表 6.5.1

屋盖或楼盖类别		间距
整体式或装配整体式钢筋混凝土结构	有保温层或隔热层的屋盖、楼盖	50
	无保温层或隔热层的屋盖	40
装配式无檩体系钢筋混凝土结构	有保温层或隔热层的屋盖、楼盖	60
	无保温层或隔热层的屋盖	50
装配式有檩体系钢筋混凝土结构	有保温层或隔热层的屋盖	75
	无保温层或隔热层的屋盖	60
瓦材屋盖、木屋盖或楼盖、轻钢屋盖		100

注：1 对烧结普通砖、烧结多孔砖、配筋砌块砌体房屋，取表中数值；对石砌体、蒸压灰砂普通砖、蒸压粉煤灰普通砖、混凝土砌块、混凝土普通砖和混凝土多孔砖房屋，取表中数值乘以 0.8 的系数，当墙体有可靠外保温措施时，其间距可取表中数值；

  2 在钢筋混凝土屋面上挂瓦的屋盖应按钢筋混凝土屋盖采用；

  3 层高大于 5m 的烧结普通砖、烧结多孔砖、配筋砌块砌体结构单层房屋，其伸缩缝间距可按表中数值乘以 1.3；

  4 温差较大且变化频繁地区和严寒地区不采暖的房屋及构筑物墙体的伸缩缝的最大间距，应按表中数值予以适当减小。

6.5.1（条文说明）为防止墙体房屋因长度过大由于温差和砌体干缩引起墙体产生竖向整体裂缝，规定了伸缩缝的最大间距。按表6.5.1设置的墙体伸缩缝，一般不能同时防止由于钢筋混凝土屋盖的温度变形和砌体干缩变形引起的墙体局部裂缝。

2. 房屋顶层、底层和两端墙体的措施

《砌规》规定：

6.5.2 房屋顶层墙体，宜根据情况采取下列措施：
　　1 屋面应设置保温、隔热层；
　　2 屋面保温（隔热）层或屋面刚性面层及砂浆找平层应设置分隔缝，分隔缝间距不宜大于6m，其缝宽不小于30mm，并与女儿墙隔开；
　　3 采用装配式有檩体系钢筋混凝土屋盖和瓦材屋盖；
　　4 顶层屋面板下设置现浇钢筋混凝土圈梁，并沿内外墙拉通，房屋两端圈梁下的墙体内宜设置水平钢筋；
　　5 顶层墙体有门窗等洞口时，在过梁上的水平灰缝内设置2～3道焊接钢筋网片或2根直径6mm钢筋，焊接钢筋网片或钢筋应伸入洞口两端墙内不小于600mm；
　　6 顶层及女儿墙砂浆强度等级不低于M7.5（Mb7.5、Ms7.5）；
　　7 女儿墙应设置构造柱，构造柱间距不宜大于4m，构造柱应伸至女儿墙顶并与现浇钢筋混凝土压顶整浇在一起；
　　8 对顶层墙体施加竖向预应力。

6.5.3 房屋底层墙体，宜根据情况采取下列措施：
　　1 增大基础圈梁的刚度；
　　2 在底层的窗台下墙体灰缝内设置3道焊接钢筋网片或2根直径6mm钢筋，并应伸入两边窗间墙内不小于600mm。

6.5.5 房屋两端和底层第一、第二开间门窗洞处，可采取下列措施：
　　1 在门窗洞口两边墙体的水平灰缝中，设置长度不小于900mm、竖向间距为400mm的2根直径4mm的焊接钢筋网片。
　　2 在顶层和底层设置通长钢筋混凝土窗台梁，窗台梁高宜为块材高度的模数，梁内纵筋不少于4根，直径不小于10mm，箍筋直径不小于6mm，间距不大于200mm，混凝土强度等级不低于C20。
　　3 在混凝土砌块房屋门窗洞口两侧不少于一个孔洞中设置直径不小于12mm的竖向钢筋，竖向钢筋应在楼层圈梁或基础内锚固，孔洞用不低于Cb20混凝土灌实。

6.5.7 当房屋刚度较大时，可在窗台下或窗台角处墙体内、在墙体高度或厚度突然变化处设置竖向控制缝。竖向控制缝宽度不宜小于25mm，缝内填以压缩性能好的填充材料，且外部用密封材料密封，并采用不吸水的、闭孔发泡聚乙烯实心圆棒（背衬）作为密封膏的隔离物。

6.5.8 夹心复合墙的外叶墙宜在建筑墙体适当部位设置控制缝，其间距宜为6m～8m。

【**例 16-12-7**】（历年真题）多层砖砌体房屋，顶部墙体有八字缝产生，较低层则没有。估计产生这类裂缝的原因是：

A. 墙体承载力不足　　　　　　　B. 墙承受较大的局部压力
C. 房屋有过大的不均匀沉降　　　D. 温差和墙体干缩

【解答】上述情况，估计产生裂缝的原因是温差和墙体干缩，应选 D 项。

习　题

16-12-1　（历年真题）砌体结构为刚性方案、刚弹性方案或弹性方案的判别因素是：
A. 砌体的高厚比
B. 砌体的材料与强度
C. 屋盖、楼盖的类别与横墙的刚度及间距
D. 屋盖、楼盖的类别与横墙的间距，而与横墙本身条件无关

16-12-2　（历年真题）关于伸缩缝的说法不正确的是：
A. 伸缩缝应设在温度和收缩变形可能引起应力集中的部位
B. 伸缩缝应设在高度相差较大或荷载差异较大处
C. 伸缩缝的宽度与砌体种类、屋盖、楼盖类别、保温隔热措施有关
D. 伸缩缝只将墙体及楼盖分开，不必将基础断开

16-12-3　（历年真题）墙体为砌体结构，楼屋盖、圈梁为混凝土结构，这两种不同的材料共同工作，结构工程师在设计时需要特别重视：
A. 两种材料不同的弹性模量　　　B. 两种材料不同的抗压强度
C. 两种材料不同的抗拉强度　　　D. 两种材料不同的膨胀系数

16-12-4　（历年真题）关于砌体房屋的空间工作性能，下列说法中正确的是：
A. 横墙间距越大，空间工作性能越好
B. 现浇钢筋混凝土屋（楼）盖的房屋，其空间工作性能比木屋（楼）盖的房屋好
C. 多层砌体结构中，横墙承重体系比纵墙承重体系的空间刚度小
D. 墙的高厚比与房屋的空间刚度无关

第十三节　砌体构件受压承载力计算

一、受压构件

根据砌体受压时截面应力变化，在破坏阶段，受压一侧的极限变形及极限强度均比轴压高，其提高的程度随偏心距的增大而加大。《砌规》采用偏心影响系数 φ 来反映截面承载力与偏心距的关系。

1. 受压构件的承载力计算

《砌规》规定：

> **5.1.1**　受压构件的承载力，应符合下式的要求：
> $$N \leqslant \varphi f A \quad (5.1.1)$$
> 式中：N——轴向力设计值；
> 　　　φ——高厚比 β 和轴向力的偏心距 e 对受压构件承载力的影响系数；
> 　　　f——砌体的抗压强度设计值；
> 　　　A——截面面积。

> 注：1 对矩形截面构件，当轴向力偏心方向的截面边长大于另一方向的边长时，除按偏心受压计算外，还应对较小边长方向，按轴心受压进行验算；
> 2 受压构件承载力的影响系数 φ，可按本规范附录 D 的规定采用。

在查《砌规》附录 D 确定 φ 或用公式计算 φ 时，应先对构件高厚比 β 乘以高厚比修正系数 γ_β，这实质是砌体材料类别对构件承载力的影响。《砌规》规定：

5.1.2 确定影响系数 φ 时，构件高厚比 β 应按下列公式计算：

对矩形截面 $\qquad \beta = \gamma_\beta \dfrac{H_0}{h}$ (5.1.2-1)

对 T 形截面 $\qquad \beta = \gamma_\beta \dfrac{H_0}{h_T}$ (5.1.2-2)

式中：γ_β——不同材料砌体构件的高厚比修正系数，按表 5.1.2 采用；

H_0——受压构件的计算高度，按本规范表 5.1.3 确定；

h——矩形截面轴向力偏心方向的边长，当轴心受压时为截面较小边长；

h_T——T 形截面的折算厚度，可近似按 $3.5i$ 计算，i 为截面回转半径。

高厚比修正系数 γ_β　　　　　　　　　　表 5.1.2

砌体材料类别	γ_β
烧结普通砖、烧结多孔砖	1.0
混凝土普通砖、混凝土多孔砖、混凝土及轻集料混凝土砌块	1.1
蒸压灰砂普通砖、蒸压粉煤灰普通砖、细料石	1.2
粗料石、毛石	1.5

注：对灌孔混凝土砌块砌体，γ_β 取 1.0。

单向偏心受压构件的影响系数 φ 与构件受压承载力设计值 N_u 的关系为：

(1) 短柱（即 $\beta \leqslant 3$ 时），φ 仅与 e/h 有关，与 β 值无关。当 e/h 越大时，则 φ 越小，故承载力设计值 $N_u = \varphi f A$ 也越小。

(2) 非短柱（即 $\beta > 3$ 时），φ 与 e/h、β 值均有关，可按《砌规》附录公式计算或查表确定 φ 值。当 e/h 一定时，β 值越大，则 φ 越小，故承载力设计值 $N_u = \varphi f A$ 也越小。当 e/h 越大，并且 β 值越大时，则承载力设计值 N_u 越小。

2. 轴向力的偏心距 e 的限制

轴向力的偏心距 e 按内力设计值计算，并不应超过 $0.6y$。y 为截面重心到轴向力所在偏心方向截面边缘的距离。

【例 16-13-1】（历年真题）截面尺寸为 240mm×370mm 的砌体短柱，当轴力 N 的偏心距如图所示时受压承载力的大小顺序为：

例 16-13-1 图

A. ①>③>④>②　　　　　B. ①>②>③>④
C. ③>①>②>④　　　　　D. ③>②>①>④

【解答】短柱，①：$e/h=40/240=0.167$；②：$e/h=72/240=0.3$；
③：$e/h=74/370=0.2$；④：$e/h=100/370=0.27$。
则：①>③>④>②，应选 A 项。

二、局部受压计算

1. 局部均匀受压的承载力计算

砌体在局部压应力作用下，一方面压应力向四周扩散（即应力扩散），另一方面没有直接承受压力的部分像套箍一样约束其横向变形，使该处砌体处于三向受压的应力状态（即"套箍"作用），从而使局部受压强度高于砌体的抗压强度。为此，《砌规》规定：

> **5.2.1** 砌体截面中受局部均匀压力时的承载力，应满足下式的要求：
>
> $$N_l \leqslant \gamma f A_l \tag{5.2.1}$$
>
> 式中：N_l——局部受压面积上的轴向力设计值；
> 　　　γ——砌体局部抗压强度提高系数；
> 　　　f——砌体的抗压强度设计值，局部受压面积小于 0.3m^2，可不考虑强度调整系数 γ_a 的影响；
> 　　　A_l——局部受压面积。

局部受压强度主要取决于砌体原有的抗压强度和周围砌体对局部受压区的约束程度。局部抗压强度提高系数 γ 就是反映其提高程度的指标，其计算如下：

> **5.2.2** 砌体局部抗压强度提高系数 γ，应符合下列规定：
> 　**1** γ 可按下式计算：
>
> $$\gamma = 1 + 0.35\sqrt{\frac{A_0}{A_l} - 1} \tag{5.2.2}$$
>
> 式中：A_0——影响砌体局部抗压强度的计算面积。
> 　**2** 计算所得 γ 值，尚应符合下列规定：
> 　　　1）在图 5.2.2（a）的情况下，$\gamma \leqslant 2.5$；
> 　　　2）在图 5.2.2（b）的情况下，$\gamma \leqslant 2.0$；
> 　　　3）在图 5.2.2（c）的情况下，$\gamma \leqslant 1.5$；
> 　　　4）在图 5.2.2（d）的情况下，$\gamma \leqslant 1.25$；
> 　　　5）按本规范第 6.2.13 条的要求灌孔的混凝土砌块砌体，在 1）、2）款的情况下，尚应符合 $\gamma \leqslant 1.5$。未灌孔混凝土砌块砌体，$\gamma = 1.0$；
> 　　　6）对多孔砖砌体孔洞难以灌实时，应按 $\gamma = 1.0$ 取用；当设置混凝土垫块时，按垫块下的砌体局部受压计算。
>
> **5.2.3** 影响砌体局部抗压强度的计算面积，可按下列规定采用：
> 　**1** 在图 5.2.2（a）的情况下，$A_0 = (a+c+h)h$；
> 　**2** 在图 5.2.2（b）的情况下，$A_0 = (b+2h)h$；

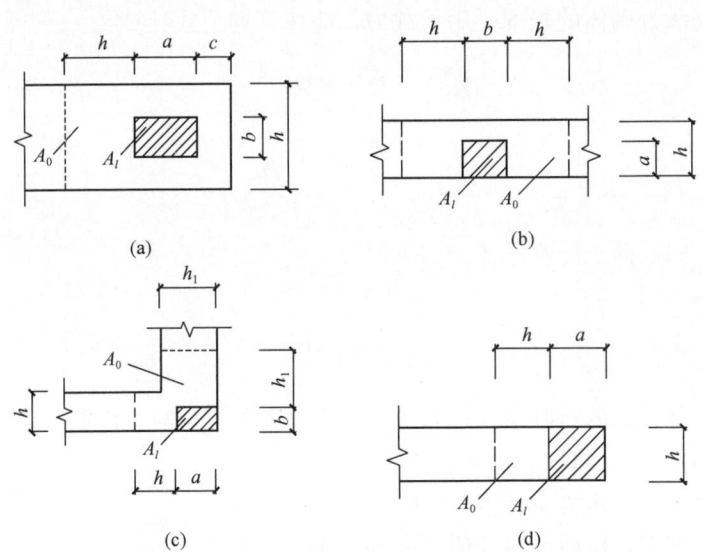

图 5.2.2 影响局部抗压强度的面积 A_0

3 在图 5.2.2（c）的情况下，$A_0 = (a+h)h + (b+h_1-h)h_1$；

4 在图 5.2.2（d）的情况下，$A_0 = (a+h)h$；

式中：a、b——矩形局部受压面积 A_l 的边长；

h、h_1——墙厚或柱的较小边长，墙厚；

c——矩形局部受压面积的外边缘至构件边缘的较小距离，当大于 h 时，应取为 h。

试验表明，当 A_0/A_l 较大时就会出现危险的劈裂破坏（属于脆性破坏），因此，对 γ 最大值应有所限制。

【例 16-13-2】（历年真题）砌体局部受压强度的提高，是因为：

A．局部砌体处于三向受力状态

B．非局部受压砌体有起拱作用而卸载

C．非局部受压面积提供侧压力和力的扩散的综合影响

D．非局部受压砌体参与受力

【解答】砌体局部受压强度的提高，其原因是非局部受压面积提供侧压力和力的扩散，应选 C 项。

2. 梁端支承处砌体的局部受压

当梁放置在砌体墙顶面时，梁上无墙，梁端属于无约束支承情况。当梁受力后在梁端将产生一定的转角，故支座内边缘处砌体的压缩变形以及相应的压应力最大，越靠近梁端，压缩变形及压应力越小，砌体处于非均匀受压。梁端支承处砌体的局部受压与梁端有效支承长度 a_0、上部荷载的影响有关。

《砌规》规定：

5.2.4 梁端支承处砌体的局部受压承载力,应按下列公式计算:

$$\psi N_0 + N_l \leqslant \eta \gamma f A_l \quad (5.2.4\text{-}1)$$

$$\psi = 1.5 - 0.5 \frac{A_0}{A_l} \quad (5.2.4\text{-}2)$$

$$N_0 = \sigma_0 A_l \quad (5.2.4\text{-}3)$$

$$A_l = a_0 b \quad (5.2.4\text{-}4)$$

$$a_0 = 10\sqrt{\frac{h_c}{f}} \quad (5.2.4\text{-}5)$$

式中:ψ——上部荷载的折减系数,当 A_0/A_l 大于或等于 3 时,应取 ψ 等于 0;

N_0——局部受压面积内上部轴向力设计值(N);

N_l——梁端支承压力设计值(N);

σ_0——上部平均压应力设计值(N/mm²);

η——梁端底面压应力图形的完整系数,应取 0.7,对于过梁和墙梁应取 1.0;

a_0——梁端有效支承长度(mm),当 a_0 大于 a 时,应取 a_0 等于 a,a 为梁端实际支承长度(mm);

b——梁的截面宽度(mm);

h_c——梁的截面高度(mm);

f——砌体的抗压强度设计值(MPa)。

3. 梁端设有刚性垫块的砌体局部受压

试验表明,刚性垫块下砌体的局部受压接近于偏心受压,可按偏心受压承载力计算公式进行计算。《砌规》规定:

5.2.5 在梁端设有刚性垫块时的砌体局部受压,应符合下列规定:

1 刚性垫块下的砌体局部受压承载力,应按下列公式计算:

$$N_0 + N_l \leqslant \varphi \gamma_1 f A_b \quad (5.2.5\text{-}1)$$

$$N_0 = \sigma_0 A_b \quad (5.2.5\text{-}2)$$

$$A_b = a_b b_b \quad (5.2.5\text{-}3)$$

式中:N_0——垫块面积 A_b 内上部轴向力设计值(N);

φ——垫块上 N_0 与 N_l 合力的影响系数,应取 β 小于或等于 3,按第 5.1.1 条规定取值;

γ_1——垫块外砌体面积的有利影响系数,γ_1 应为 0.8γ,但不小于 1.0。γ 为砌体局部抗压强度提高系数,按公式(5.2.2)以 A_b 代替 A_l 计算得出;

A_b——垫块面积(mm²);

a_b——垫块伸入墙内的长度(mm);

b_b——垫块的宽度(mm)。

2 刚性垫块的构造，应符合下列规定：

1) 刚性垫块的高度不应小于 180mm，自梁边算起的垫块挑出长度不应大于垫块高度 t_b；

2) 在带壁柱墙的壁柱内设刚性垫块时（图 5.2.5），其计算面积应取壁柱范围内的面积，而不应计算翼缘部分，同时壁柱上垫块伸入翼墙内的长度不应小于 120mm；

3) 当现浇垫块与梁端整体浇筑时，垫块可在梁高范围内设置。

图 5.2.5 壁柱上设有垫块时梁端局部受压

3 梁端设有刚性垫块时，垫块上 N_l 作用点的位置可取梁端有效支承长度 a_0 的 0.4 倍。a_0 应按下式确定：

$$a_0 = \delta_1 \sqrt{\frac{h_c}{f}} \tag{5.2.5-4}$$

式中：δ_1——刚性垫块的影响系数，可按表 5.2.5（此处略）采用。

4. 垫梁下砌体局部受压

梁端下设有垫梁（如圈梁作为垫梁）时，垫梁下砌体局部受压应进行验算。为此，《砌规》作了规定。

【例 16-13-3】（历年真题）砌体的局部受压，下列说法中错误的是：

A. 砌体的中心局部受压强度在周围砌体的约束下可提高

B. 梁端支承处局部受压面积上的应力是不均匀的

C. 增设梁垫或加大梁端截面宽度，可提高砌体的局部受压承载力

D. 梁端上部砌体传下来的压力，对梁端局部受压承载力不利

【解答】上述选项中，A、B 项正确；根据《砌规》5.2.4 条可知，a_0 越大，则 A_l 越大，故局部受压承载力提高了，C 项正确。故应选 D 项。

三、配筋砖砌体的承载力计算

1. 网状配筋砖砌体

对网状配筋砖砌体构件作用轴向压力时，由于钢筋的弹性模量大于砌体的弹性模量，故它能阻止砌体横向变形，从而提高砌体的抗压强度。这种提高的机理是：钢筋能联结被竖向裂缝所分割的小砖柱，使之不会过早失稳破坏，从而间接地提高了砌体承担轴向荷载的能力，并不是由于钢筋约束使砌体产生三向受压状态的结果。为此，《砌规》规定：

8.1.1 网状配筋砖砌体受压构件，应符合下列规定：

1 偏心距超过截面核心范围（对于矩形截面即$e/h>0.17$），或构件的高厚比$\beta>16$时，不宜采用网状配筋砖砌体构件；

2 对矩形截面构件，当轴向力偏心方向的截面边长大于另一方向的边长时，除按偏心受压计算外，还应对较小边长方向按轴心受压进行验算；

3 当网状配筋砖砌体构件下端与无筋砌体交接时，尚应验算交接处无筋砌体的局部受压承载力。

8.1.2 网状配筋砖砌体（图8.1.2）受压构件的承载力，应按下列公式计算：

$$N \leqslant \varphi_n f_n A \tag{8.1.2-1}$$

$$f_n = f + 2\left(1 - \frac{2e}{y}\right)\rho f_y \tag{8.1.2-2}$$

$$\rho = \frac{(a+b)A_s}{abs_n} \tag{8.1.2-3}$$

式中：N——轴向力设计值；

φ_n——高厚比和配筋率以及轴向力的偏心距对网状配筋砖砌体受压构件承载力的影响系数，可按附录D.0.2的规定采用；

f_n——网状配筋砖砌体的抗压强度设计值；

A——截面面积；

e——轴向力的偏心距；

y——自截面重心至轴向力所在偏心方向截面边缘的距离；

ρ——体积配筋率；

f_y——钢筋的抗拉强度设计值，当f_y大于320MPa时，仍采用320MPa；

a、b——钢筋网的网格尺寸；

A_s——钢筋的截面面积；

s_n——钢筋网的竖向间距（笔者注：采用连弯钢筋时，s_n取同一方向网的间距）。

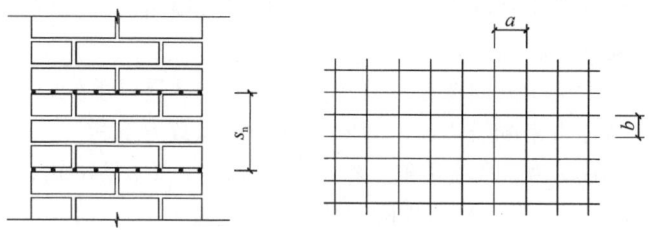

图8.1.2 网状配筋砖砌体

网状配筋砖砌体构件的构造规定，《砌规》规定：

8.1.3 网状配筋砖砌体构件的构造应符合下列规定：

1 网状配筋砖砌体中的体积配筋率，不应小于0.1%，并不应大于1%；

2 采用钢筋网时，钢筋的直径宜采用3mm～4mm；

3 钢筋网中钢筋的间距，不应大于 120mm，并不应小于 30mm；

4 钢筋网的间距，不应大于五皮砖，并不应大于 400mm；

5 网状配筋砖砌体所用的砂浆强度等级不应低于 M7.5；钢筋网应设置在砌体的水平灰缝中，灰缝厚度应保证钢筋上下至少各有 2mm 厚的砂浆层。

【例 16-13-4】（历年真题）网状配筋砌体的抗压强度较无筋砌体高，这是因为：
A. 网状配筋约束砌体横向变形　　　　B. 钢筋可以承受一部分压力
C. 钢筋可以加强块体强度　　　　　　D. 钢筋可以使砂浆强度提高

【解答】网状配筋砌体的抗压强度较无筋砌体高是因为网状配筋约束砌体横向变形，应选 A 项。

2. 组合砖砌体构件

当轴向力的偏心距超过 $0.6y$ 时，其中，y 为截面重心到轴向力所在偏心方向截面边缘的距离，宜采用砖砌体和钢筋混凝土面层或钢筋砂浆面层组成的组合砖砌体构件，如图 16-13-1 所示。由于面层具有一定的横向约束作用，延缓了竖向裂缝的发展，提高了受压变形能力。组合砖砌体构件通过共同工作来提高承载力和变形。

图 16-13-1　组合砖砌体构件截面

组合砖砌体构件的构造规定，《砌规》规定：

8.2.6 组合砖砌体构件的构造应符合下列规定：

1 面层混凝土强度等级宜采用 C20。面层水泥砂浆强度等级不宜低于 M10。砌筑砂浆的强度等级不宜低于 M7.5。

2 砂浆面层的厚度，可采用 30mm～45mm。当面层厚度大于 45mm 时，其面层宜采用混凝土。

3 竖向受力钢筋宜采用 HPB300 级钢筋，对于混凝土面层，亦可采用 HRB335 级钢筋。受压钢筋一侧的配筋率，对砂浆面层，不宜小于 0.1%，对混凝土面层，不宜小于 0.2%。受拉钢筋的配筋率，不应小于 0.1%。竖向受力钢筋的直径，不应小于 8mm，钢筋的净间距，不应小于 30mm。

4 箍筋的直径，不宜小于 4mm 及 0.2 倍的受压钢筋直径，并不宜大于 6mm。箍筋的间距，不应大于 20 倍受压钢筋的直径及 500mm，并不应小于 120mm。

5 当组合砖砌体构件一侧的竖向受力钢筋多于 4 根时，应设置附加箍筋或拉结钢筋。

6 对于截面长短边相差较大的构件如墙体等，应采用穿通墙体的拉结钢筋作为箍筋，同时设置水平分布钢筋。水平分布钢筋的竖向间距及拉结钢筋的水平间距，均不应大于500mm（图8.2.6）。

7 组合砖砌体构件的顶部和底部，以及牛腿部位，必须设置钢筋混凝土垫块。竖向受力钢筋伸入垫块的长度，必须满足锚固要求。

图8.2.6　混凝土或砂浆面层组合墙
1—竖向受力钢筋；2—拉结钢筋；
3—水平分布钢筋

3. 砖砌体和钢筋混凝土构造柱组合墙的材料与构造

《砌规》规定：

8.2.9　组合砖墙的材料和构造应符合下列规定：

1 砂浆的强度等级不应低于M5，构造柱的混凝土强度等级不宜低于C20。

2 构造柱的截面尺寸不宜小于240mm×240mm，其厚度不应小于墙厚，边柱、角柱的截面宽度宜适当加大。柱内竖向受力钢筋，对于中柱，钢筋数量不宜少于4根、直径不宜小于12mm；对于边柱、角柱，钢筋数量不宜少于4根、直径不宜小于14mm。构造柱的竖向受力钢筋的直径也不宜大于16mm。

3 组合砖墙砌体结构房屋，应在纵横墙交接处、墙端部和较大洞口的洞边设置构造柱，其间距不宜大于4m。各层洞口宜设置在相应位置，并宜上下对齐。

4 组合砖墙砌体结构房屋应在基础顶面、有组合墙的楼层处设置现浇钢筋混凝土圈梁。圈梁的截面高度不宜小于240mm；纵向钢筋数量不宜少于4根、直径不宜小于12mm。

5 砖砌体与构造柱的连接处应砌成马牙槎，并应沿墙高每隔500mm设2根直径6mm的拉结钢筋，且每边伸入墙内不宜小于600mm。

6 构造柱可不单独设置基础，但应伸入室外地坪下500mm，或与埋深小于500mm的基础梁相连。

7 组合砖墙的施工顺序应为先砌墙后浇混凝土构造柱。

习　题

16-13-1　（历年真题）下面关于配筋砖砌体的说法，正确的是：

A. 轴向力的偏心距超过规定值时，宜采用网状配筋砌体

B. 网状配筋砌体抗压强度较无筋砌体提高的原因是由于砌体中配有钢筋，钢筋的强度高，可与砌体共同承担压力

C. 组合砖砌体在轴向压力下，钢筋混凝土面层与砌体共同承担轴向压力并对砌体有横向约束作用

D. 网状配筋砖砌体的配筋率越大，砌体强度越大

16-13-2　（历年真题）对于截面尺寸、砂浆、砌体强度等级都相同的墙体，下列哪种

说法是正确的:
   A. 承载能力随偏心距的增大而增大
   B. 承载能力随高厚比增加而减小
   C. 承载能力随相邻横墙间距增加而增大
   D. 承载能力不随截面尺寸、砂浆、砂体强度等级变化

16-13-3 (历年真题)砌体局部承载力验算时,局部抗压强度提高系数 γ 受到限制的原因是:
   A. 防止构件失稳破坏   B. 防止砌体发生劈裂破坏
   C. 防止局压面积以外的砌体破坏 D. 防止砌体过早发生局压破坏

16-13-4 (历年真题)配筋砌体结构中,下列说法正确的是:
   A. 当砖砌体受压承载力不符合要求时,应优先采用网状配筋砌体
   B. 当砖砌体受压构件承载能力不符合要求时,应优先采用组合砌体
   C. 网状配筋砌体灰缝厚度应保证钢筋上下至少有 10mm 厚的砂浆层
   D. 网状配筋砌体中,连弯钢筋网的间距 S_n 取同一方向网的间距

第十四节　砌体结构房屋部件设计

一、圈梁

钢筋混凝土圈梁的宽度宜与墙厚相同,当墙厚 $h \geqslant 240\mathrm{mm}$ 时,其宽度不宜小于 $\frac{2h}{3}$;其高度应等于每皮砖厚度的倍数,并不应小于 120mm。圈梁的作用:增强房屋的整体刚度;防止由于地基的不均匀沉降或较大振动荷载等对房屋引起的不利影响;跨门窗洞口的圈梁若配筋不少于过梁配筋时,可兼作过梁。

圈梁的设置要求,《砌规》规定:

> **7.1.2** 厂房、仓库、食堂等空旷单层房屋应按下列规定设置圈梁:
>   **1** 砖砌体结构房屋,檐口标高为 5m～8m 时,应在檐口标高处设置圈梁一道;檐口标高大于 8m 时,应增加设置数量;
>   **2** 砌块及料石砌体结构房屋,檐口标高为 4m～5m 时,应在檐口标高处设置圈梁一道;檐口标高大于 5m 时,应增加设置数量;
>   **3** 对有吊车或较大振动设备的单层工业房屋,当未采取有效的隔振措施时,除在檐口或窗顶标高处设置现浇混凝土圈梁外,尚应增加设置数量。
> **7.1.3** 住宅、办公楼等多层砌体结构民用房屋,且层数为 3 层～4 层时,应在底层和檐口标高处各设置一道圈梁。当层数超过 4 层时,除应在底层和檐口标高处各设置一道圈梁外,至少应在所有纵、横墙上隔层设置。多层砌体工业房屋,应每层设置现浇混凝土圈梁。设置墙梁的多层砌体房屋,应在托梁、墙梁顶面和檐口标高处设置现浇钢筋混凝土圈梁。
> **7.1.4** 建筑在软弱地基或不均匀地基上的砌体结构房屋,除按本节规定设置圈梁外,尚应符合现行国家标准《建筑地基基础设计规范》GB 50007 的有关规定。

> **7.1.6** 采用现浇混凝土楼（屋）盖的多层砌体结构房屋，当层数超过5层时，除应在檐口标高处设置一道圈梁外，可隔层设置圈梁，并应与楼（屋）面板一起现浇。未设置圈梁的楼面板嵌入墙内的长度不应小于120mm，并沿墙长配置不少于2根直径为10mm的纵向钢筋。

圈梁的构造要求如下：

> **7.1.5** 圈梁应符合下列构造要求：
> **1** 圈梁宜连续地设在同一水平面上，并形成封闭状；当圈梁被门窗洞口截断时，应在洞口上部增设相同截面的附加圈梁。附加圈梁与圈梁的搭接长度不应小于其中到中垂直间距的2倍，且不得小于1m。
> **2** 纵、横墙交接处的圈梁应可靠连接。刚弹性和弹性方案房屋，圈梁应与屋架、大梁等构件可靠连接。
> **3** 混凝土圈梁的宽度宜与墙厚相同，当墙厚不小于240mm时，其宽度不宜小于墙厚的2/3。圈梁高度不应小于120mm。纵向钢筋数量不应少于4根，直径不应小于10mm，绑扎接头的搭接长度按受拉钢筋考虑，箍筋间距不应大于300mm。
> **4** 圈梁兼作过梁时，过梁部分的钢筋应按计算面积另行增配。

在抗震设防区时，圈梁设置还应符合抗震设计的有关规定。

当建筑物产生碟形沉降（即中间大两端小），墙体产生正向挠曲，下层的圈梁将起作用；反之，建筑物产生中间小两端大的沉降，墙体产生反向挠曲，则上层的圈梁起作用。由于正确估计墙体的挠曲方向较困难，故通常在房屋的上、下方都设置圈梁。

【例16-14-1】（历年真题）设计多层砌体房屋时，受工程地质条件的影响，预期房屋中部的沉降比两端大。为防止地基不均匀沉降对房屋的影响，最宜采取的措施是：
A. 设置构造柱
B. 在檐口设置圈梁
C. 在基础顶面设置圈梁
D. 采用配筋砌体结构

【解答】最宜采取的措施是在基础顶面设置圈梁，以抵抗不均匀沉降，应选C项。

二、过梁

1. 过梁的分类和构造要求

过梁可分为砖砌过梁和钢筋混凝土过梁。砖砌过梁又可分为砖砌平拱过梁和钢筋砖过梁。

砖砌平拱过梁的厚度等于墙厚，用竖砖砌筑部分的高度不应小于240mm。砖砌平拱过梁截面计算高度内的砂浆不宜低于M5（对钢筋砖过梁同样规定）。砖砌平拱过梁的跨度不应超过1.2m。

钢筋砖过梁底面砂浆层处的钢筋，其直径不应小于5mm，间距不宜大于120mm，钢筋伸入支座砌体内的长度不宜小于240mm，砂浆层厚度不宜小于30mm，砂浆强度不宜低于M5。钢筋砖过梁的跨度不应超过1.5m。

对有较大振动荷载，或可能产生不均匀沉降的房屋，应采用钢筋混凝土过梁。注意，抗震设计时，门窗洞口处应采用钢筋混凝土过梁。

2. 过梁上的荷载

当过梁上的砌体砌筑的高度接近跨度的一半时，由于砌体砂浆随时间增长而逐渐硬化,使砌体与过梁共同工作,这种组合作用可将其上部的荷载直接传递到过梁两侧的砖墙上,从而使跨中挠度增量减小很快,过梁中的内力增大不多。

试验还表明,当梁、板距过梁下边缘的高度较小时,其荷载才会传到过梁上;若梁、板位置较高,而过梁跨度相对较小,则梁、板荷载将通过下面砌体的起拱作用而直接传给支承过梁的墙。为了简化计算,《砌规》规定:

> **7.2.2** 过梁的荷载,应按下列规定采用:
> **1** 对砖和砌块砌体,当梁、板下的墙体高度 h_w 小于过梁的净跨 l_n 时,过梁应计入梁、板传来的荷载,否则可不考虑梁、板荷载;
> **2** 对砖砌体,当过梁上的墙体高度 h_w 小于 $l_n/3$ 时,墙体荷载应按墙体的均布自重采用,否则应按高度为 $l_n/3$ 墙体的均布自重来采用;
> **3** 对砌块砌体,当过梁上的墙体高度 h_w 小于 $l_n/2$ 时,墙体荷载应按墙体的均布自重采用,否则应按高度为 $l_n/2$ 墙体的均布自重采用。

3. 过梁的计算

砖砌过梁在荷载作用下,其破坏时的三种形态:过梁跨中截面受弯承载力不足而破坏;过梁支座附近截面受剪承载力不足,沿灰缝产生45°方向的阶梯形斜裂缝不断扩展而破坏;过梁支座端部墙体长度不够,引起水平灰缝的受剪承载力不足发生支座滑动而破坏。

砖砌平拱过梁计算如下:

跨中正截面受弯承载力计算: $M \leqslant W f_{tm}$

式中,M 为按简支梁并取净跨计算的过梁跨中弯矩设计值;W 为过梁的截面抵抗矩;f_{tm} 为砌体沿齿缝截面的弯曲抗拉强度设计值。

支座截面受剪承载力计算: $V \leqslant f_v bz$

式中,V 为按简支梁并取净跨计算的过梁支座剪力设计值;f_v 为砌体抗剪强度设计值;b 为过梁的截面宽度;z 为内力臂,$z = \dfrac{I}{s}$,当截面为矩形时,$z = \dfrac{2h}{3}$,I 为截面惯性矩,s 为截面面积矩,h 为过梁截面的计算高度。

工程实践表明,砖砌平拱过梁的承载力总是由受弯控制,设计时一般可以不进行受剪承载力验算。

钢筋砖过梁和钢筋混凝土过梁的计算,《砌规》规定:

> **7.2.3** 过梁的计算,宜符合下列规定:
> **2** 钢筋砖过梁的受弯承载力可按式(7.2.3)计算,受剪承载力,可按本规范第5.4.2条计算;
>
> $$M \leqslant 0.85 h_0 f_y A_s \qquad (7.2.3)$$
>
> 式中:M——按简支梁计算的跨中弯矩设计值;
> h_0——过梁截面的有效高度,$h_0 = h - a_s$;
> a_s——受拉钢筋重心至截面下边缘的距离;

h——过梁的截面计算高度，取过梁底面以上的墙体高度，但不大于 $l_n/3$；当考虑梁、板传来的荷载时，则按梁、板下的高度采用；

f_y——钢筋的抗拉强度设计值；

A_s——受拉钢筋的截面面积。

3 混凝土过梁的承载力，应按混凝土受弯构件计算。验算过梁下砌体局部受压承载力时，可不考虑上层荷载的影响；梁端底面压应力图形完整系数可取 1.0，梁端有效支承长度可取实际支承长度，但不应大于墙厚。

【例 16-14-2】（历年真题）作用在过梁上的荷载有砌体自重和过梁计算高度范围内的梁板荷载，对于砖砌体，可以不考虑高于 $l_n/3$（l_n 为过梁净跨）的墙体自重以及高度大于 l_n 上的梁板荷载，这是由于考虑了：

A. 起拱产生的荷载　　　　　　　B. 应力重分布

C. 应力扩散　　　　　　　　　　D. 梁墙间的相互作用

【解答】这是由于考虑了梁墙间的相互作用，应选 D 项。

【例 16-14-3】（历年真题）钢筋砖过梁的跨度不宜超过：

A. 2.0m　　　　　　　　　　　B. 1.8m

C. 1.5m　　　　　　　　　　　D. 1.0m

【解答】钢筋砖过梁的跨度不宜超过 1.5m，应选 C 项。

三、墙梁

墙梁由墙和托梁组合而成，它包括简支墙梁、连续墙梁和框支墙梁。墙梁又可分为承重墙梁和自承重墙梁。按墙体开洞情况，它又分为无洞口墙梁、有洞口墙梁。

当托梁及其上砌体墙达到一定强度后，墙和梁共同工作形成梁高较大的墙梁组合结构，也可视为组合深梁。试验表明，墙梁的上部荷载主要通过墙体的拱作用向两端支座传递，托梁承受拉力，两者组成一个带拉杆的拱结构。当墙体上有洞口时，形成大拱套小拱的受力结构，其应力分布与无洞口的墙梁基本一致。可见，托梁在整个受力过程中相当于一个偏心受拉构件。

影响墙梁破坏形态的因素有：砌体的高跨比；托梁的高跨比；砌体、混凝土的抗压强度设计值；托梁的纵向受力钢筋配筋率；墙体开洞及纵向翼墙；加荷方式等。墙梁破坏形态有：弯曲破坏、斜拉破坏、劈裂破坏、斜压破坏、局部受压破坏，如图 16-14-1 所示。

连续墙梁的破坏形态有：弯曲破坏、剪切破坏、局压破坏等。

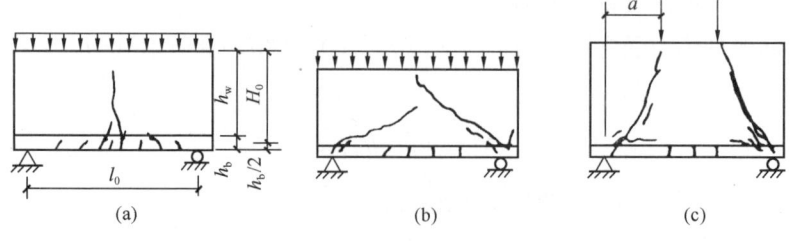

图 16-14-1　墙梁的破坏形态（一）
(a) 弯曲破坏；(b) 斜拉破坏；(c) 劈裂破坏

图 16-14-1 墙梁的破坏形态（二）
（d）斜压破坏；（e）局部受压破坏

框支墙梁的破坏形态有：弯曲破坏、剪切破坏、弯剪破坏、局压破坏等。

1. 墙梁的计算简图

《砌规》规定：

7.3.2 采用烧结普通砖砌体、混凝土普通砖砌体、混凝土多孔砖砌体和混凝土砌块砌体的墙梁设计应符合下列规定：

1 墙梁设计应符合表 7.3.2 的规定。

墙梁的一般规定　　　　　　　表 7.3.2

墙梁类别	墙体总高度 (m)	跨度 (m)	墙体高跨比 h_w/l_{0i}	托梁高跨比 h_b/l_{0i}	洞宽比 b_h/l_{0i}	洞高 h_h
承重墙梁	≤18	≤9	≥0.4	≥1/10	≤0.3	≤$5h_w/6$ 且 h_w-h_h≥0.4m
自承重墙梁	≤18	≤12	≥1/3	≥1/15	≤0.8	—

注：墙体总高度指托梁顶面到檐口的高度，带阁楼的坡屋面应算到山尖墙1/2高度处。

2 墙梁计算高度范围内每跨允许设置一个洞口，洞口高度，对窗洞取洞顶至托梁顶面距离。对自承重墙梁，洞口至边支座中心的距离不应小于 $0.1l_{0i}$，门窗洞上口至墙顶的距离不应小于 0.5m。

3 洞口边缘至支座中心的距离，距边支座不应小于墙梁计算跨度的 0.15 倍，距中支座不应小于墙梁计算跨度的 0.07 倍。托梁支座处上部墙体设置混凝土构造柱、且构造柱边缘至洞口边缘的距离不小于 240mm 时，洞口边至支座中心距离的限值可不受本规定限制。

4 托梁高跨比，对无洞口墙梁不宜大于 1/7，对靠近支座有洞口的墙梁不宜大于 1/6。配筋砌块砌体墙梁的托梁高跨比可适当放宽，但不宜小于 1/14；当墙梁结构中的墙体均为配筋砌块砌体时，墙体总高度可不受本规定限制。

7.3.3 墙梁的计算简图，应按图 7.3.3 采用。各计算参数应符合下列规定：

1 墙梁计算跨度，对简支墙梁和连续墙梁取净跨的 1.1 倍或支座中心线距离的较小值；框支墙梁支座中心线距离，取框架柱轴线间的距离；

2 墙体计算高度，取托梁顶面上一层墙体（包括顶梁）高度，当 h_w 大于 l_0 时，取 h_w 等于 l_0（对连续墙梁和多跨框支墙梁，l_0 取各跨的平均值）；

图 7.3.3 墙梁计算简图

$l_0(l_{0i})$—墙梁计算跨度;h_w—墙体计算高度;h—墙体厚度;H_0—墙梁跨中截面计算高度;b_{f1}—翼墙计算宽度;H_c—框架柱计算高度;b_{hi}—洞口宽度;h_{hi}—洞口高度;a_i—洞口边缘至支座中心的距离;Q_1、F_1—承重墙梁的托梁顶面的荷载设计值;Q_2—承重墙梁的墙梁顶面的荷载设计值

3 墙梁跨中截面计算高度,取 $H_0 = h_w + 0.5h_b$;

4 翼墙计算宽度,取窗间墙宽度或横墙间距的 2/3,且每边不大于 3.5 倍的墙体厚度和墙梁计算跨度的 1/6;

5 框架柱计算高度,取 $H_c = H_{cn} + 0.5h_b$;H_{cn} 为框架柱的净高,取基础顶面至托梁底面的距离。

2. 墙梁的计算荷载

《砌规》规定:

7.3.4 墙梁的计算荷载,应按下列规定采用:

1 使用阶段墙梁上的荷载,应按下列规定采用:
 1) 承重墙梁的托梁顶面的荷载设计值,取托梁自重及本层楼盖的恒荷载和活荷载;
 2) 承重墙梁的墙梁顶面的荷载设计值,取托梁以上各层墙体自重,以及墙梁顶面以上各层楼(屋)盖的恒荷载和活荷载;集中荷载可沿作用的跨度近似化为均布荷载;
 3) 自承重墙梁的墙梁顶面的荷载设计值,取托梁自重及托梁以上墙体自重。

2 施工阶段托梁上的荷载,应按下列规定采用:
 1) 托梁自重及本层楼盖的恒荷载;
 2) 本层楼盖的施工荷载;
 3) 墙体自重,可取高度为 $l_{0\max}/3$ 的墙体自重,开洞时尚应按洞顶以下实际分布的墙体自重复核;$l_{0\max}$ 为各计算跨度的最大值。

3. 墙梁的承载力计算内容

墙梁应分别进行托梁使用阶段正截面承载力和斜截面受剪承载力计算、墙体受剪承载力和托梁支座上部砌体局部受压承载力计算，以及施工阶段托梁承载力验算。

自承重墙梁可不验算墙体受剪承载力和砌体局部受压承载力。

4. 托梁的正截面和斜截面承载力计算

《砌规》规定：

7.3.6 墙梁的托梁正截面承载力，应按下列规定计算：

1 托梁跨中截面应按混凝土偏心受拉构件计算，第 i 跨跨中最大弯矩设计值 M_{bi} 及轴心拉力设计值 N_{bti} 可按下列公式计算：

$$M_{bi} = M_{1i} + \alpha_M M_{2i} \quad (7.3.6\text{-}1)$$

$$N_{bti} = \eta_N \frac{M_{2i}}{H_0} \quad (7.3.6\text{-}2)$$

式中：M_{1i}——荷载设计值 Q_1、F_1 作用下的简支梁跨中弯矩或按连续梁、框架分析的托梁第 i 跨跨中最大弯矩；

　　　M_{2i}——荷载设计值 Q_2 作用下的简支梁跨中弯矩或按连续梁、框架分析的托梁第 i 跨跨中最大弯矩；

　　　α_M——考虑墙梁组合作用的托梁跨中截面弯矩系数；

　　　η_N——考虑墙梁组合作用的托梁跨中截面轴力系数。

2 托梁支座截面应按混凝土受弯构件计算，第 j 支座的弯矩设计值 M_{bj} 可按下列公式计算：

$$M_{bj} = M_{1j} + \alpha_M M_{2j} \quad (7.3.6\text{-}9)$$

式中：M_{1j}——荷载设计值 Q_1、F_1 作用下按连续梁或框架分析的托梁第 j 支座截面的弯矩设计值；

　　　M_{2j}——荷载设计值 Q_2 作用下按连续梁或框架分析的托梁第 j 支座截面的弯矩设计值；

　　　α_M——考虑墙梁组合作用的托梁支座截面弯矩系数。

7.3.8 墙梁的托梁斜截面受剪承载力应按混凝土受弯构件计算，第 j 支座边缘截面的剪力设计值 V_{bj} 可按下式计算：

$$V_{bj} = V_{1j} + \beta_v V_{2j} \quad (7.3.8)$$

式中：V_{1j}——荷载设计值 Q_1、F_1 作用下按简支梁、连续梁或框架分析的托梁第 j 支座边缘截面剪力设计值；

　　　V_{2j}——荷载设计值 Q_2 作用下按简支梁、连续梁或框架分析的托梁第 j 支座边缘截面剪力设计值；

　　　β_v——考虑墙梁组合作用的托梁剪力系数。

---

5. 多跨框支墙梁框支柱轴力修正

对在墙梁顶面荷载 Q_2 作用下的多跨框支墙梁的框支柱，当边柱的轴力不利时，应乘以修正系数 1.2。

注意，框架柱的弯矩计算不考虑墙梁的组合作用。

6. 托梁施工阶段的计算

托梁应按混凝土受弯构件进行施工阶段的受弯、受剪承载力验算。

7. 墙梁的构造要求

《砌规》规定：

7.3.12 墙梁的构造应符合下列规定：

1 托梁和框支柱的混凝土强度等级不应低于 C30。

2 承重墙梁的块体强度等级不应低于 MU10，计算高度范围内墙体的砂浆强度等级不应低于 M10（Mb10）。

3 框支墙梁的上部砌体房屋，以及设有承重的简支墙梁或连续墙梁的房屋，应满足刚性方案房屋的要求。

4 墙梁的计算高度范围内的墙体厚度，对砖砌体不应小于 240mm，对混凝土砌块砌体不应小于 190mm。

5 墙梁洞口上方应设置混凝土过梁，其支承长度不应小于 240mm；洞口范围内不应施加集中荷载。

6 承重墙梁的支座处应设置落地翼墙，翼墙厚度，对砖砌体不应小于 240mm，对混凝土砌块砌体不应小于 190mm，翼墙宽度不应小于墙梁墙体厚度的 3 倍，并与墙梁墙体同时砌筑。当不能设置翼墙时，应设置落地且上、下贯通的混凝土构造柱。

7 当墙梁墙体在靠近支座 1/3 跨度范围内开洞时，支座处应设置落地且上、下贯通的混凝土构造柱，并应与每层圈梁连接。

8 墙梁计算高度范围内的墙体，每天可砌筑高度不应超过1.5m，否则，应加设临时支撑。

9 托梁两侧各两个开间的楼盖应采用现浇混凝土楼盖，楼板厚度不应小于 120mm，当楼板厚度大于 150mm 时，应采用双层双向钢筋网，楼板上应少开洞，洞口尺寸大于 800mm 时应设洞口边梁。

10 托梁每跨底部的纵向受力钢筋应通长设置，不应在跨中弯起或截断；钢筋连接应采用机械连接或焊接。

11 托梁跨中截面的纵向受力钢筋总配筋率不应小于 0.6%。

12 托梁上部通长布置的纵向钢筋面积与跨中下部纵向钢筋面积之比值不应小于 0.4；连续墙梁或多跨框支墙梁的托梁支座上部附加纵向钢筋从支座边缘算起每边延伸长度不应小于 $l_0/4$。

13 承重墙梁的托梁在砌体墙、柱上的支承长度不应小于 350mm；纵向受力钢筋伸入支座的长度应符合受拉钢筋的锚固要求。

14 当托梁截面高度 h_b 大于等于 450mm 时，应沿梁截面高度设置通长水平腰筋，其直径不应小于 12mm，间距不应大于 200mm。

15 对于洞口偏置的墙梁，其托梁的箍筋加密区范围应延到洞口外，距洞边的距离大于等于托梁截面高度 h_b（图 7.3.12），箍筋直径不应小于 8mm，间距不应大于 100mm。

图 7.3.12 偏开洞时托梁箍筋加密区

【例 16-14-4】（历年真题）进行墙梁设计时，下列说法正确的是：
A. 无论何种设计阶段，其顶面的荷载设计值计算方法相同
B. 托梁应按偏心受拉构件进行施工阶段承载力计算
C. 承重墙梁的支座处均应设落地翼墙
D. 托梁在使用阶段斜截面受剪承载力应按偏心受拉构件计算

【解答】 承重墙梁的支座处均应设落地翼墙，应选 C 项。

【例 16-14-5】（历年真题）下列有关墙梁的说法中，正确的是：
A. 托梁在施工阶段的承载力不需要验算
B. 墙梁的受力机制相当于"有拉杆的拱"
C. 墙梁墙体中可无约束地开门洞
D. 墙体两侧的翼墙对墙梁的受力没有什么影响

【解答】 墙梁的受力机制相当于"有拉杆的拱"，应选 B 项。

四、挑梁

挑梁在砌体中可能发生两种破坏形态：挑梁倾覆破坏和挑梁下砌体局部受压破坏。

1. 挑梁抗倾覆验算

《砌规》规定：

7.4.1 砌体墙中混凝土挑梁的抗倾覆，应按下列公式进行验算：

$$M_{ov} \leqslant M_r \quad (7.4.1)$$

式中：M_{ov}——挑梁的荷载设计值对计算倾覆点产生的倾覆力矩；
M_r——挑梁的抗倾覆力矩设计值。

7.4.2 挑梁计算倾覆点至墙外边缘的距离可按下列规定采用：

1 当 l_1 不小于 $2.2h_b$ 时（l_1 为挑梁埋入砌体墙中的长度，h_b 为挑梁的截面高度），梁计算倾覆点到墙外边缘的距离可按式(7.4.2-1)计算，且其结果不应大于 $0.13l_1$。

$$x_0 = 0.3h_b \quad (7.4.2-1)$$

式中：x_0——计算倾覆点至墙外边缘的距离（mm）。

2 当 l_1 小于 $2.2h_b$ 时，梁计算倾覆点到墙外边缘的距离可按下式计算：
$$x_0 = 0.13l_1 \qquad (7.4.2-2)$$

3 当挑梁下有混凝土构造柱或垫梁时，计算倾覆点到墙外边缘的距离可取 $0.5x_0$。

7.4.3 挑梁的抗倾覆力矩设计值，可按下式计算：
$$M_r = 0.8G_r(l_2 - x_0) \qquad (7.4.3)$$

式中：G_r——挑梁的抗倾覆荷载，为挑梁尾端上部 45°扩展角的阴影范围（其水平长度为 l_3）内本层的砌体与楼面恒荷载标准值之和（图 7.4.3）；当上部楼层无挑梁时，抗倾覆荷载中可计及上部楼层的楼面永久荷载；

l_2——G_r 作用点至墙外边缘的距离。

图 7.4.3 挑梁的抗倾覆荷载

2. 挑梁下砌体局部受压验算

《砌规》规定：

7.4.4 挑梁下砌体的局部受压承载力，可按下式验算（图 7.4.4）：
$$N_l \leqslant \eta\gamma f A_l \qquad (7.4.4)$$

式中：N_l——挑梁下的支承压力，可取 $N_l = 2R$，R 为挑梁的倾覆荷载设计值；

η——梁端底面压应力图形的完整系数，可取 0.7；

γ——砌体局部抗压强度提高系数，对图 7.4.4a 可取 1.25；对图 7.4.4b 可取 1.5；

A_l——挑梁下砌体局部受压面积，可取 $A_l = 1.2bh_b$，b 为挑梁的截面宽度，h_b 为挑梁的截面高度。

图 7.4.4 挑梁下砌体局部受压

3. 挑梁自身承载力计算

挑梁最大弯矩设计值 M_{max} 位于计算倾覆点处,最大剪力设计值 V_{max} 在墙边。

4. 挑梁的构造要求

挑梁设计除应符合《混凝土结构设计规范》的有关规定外,还应满足下列要求:

(1) 纵向受力钢筋至少应有1/2的钢筋面积伸入梁尾端,且不少于2ϕ12。其余钢筋伸入支座的长度不应小于 $2l_1/3$。

(2) 挑梁埋入砌体长度 l_1 与挑出长度 l 之比应大于1.2;当挑梁上无砌体时,l_1 与 l 之比应大于2。

习　题

16-14-1 (历年真题)如图所示砌砖体中的过梁(尺寸单位为mm),作用在过梁上的荷载为(梁自重不计):

A. 20kN/m

B. 18kN/m

C. 17.5kN/m

D. 2.5kN/m

题 16-14-1 图

16-14-2 圈梁必须是封闭的,当砌体房屋的圈梁被门窗洞口切断时,洞口上部应增设附加圈梁与原圈梁搭接,搭接长度不得小于1m,且不小于其中到中的垂直间距的:

A. 1倍　　　B. 1.2倍　　　C. 2倍　　　D. 1.5倍

16-14-3 墙梁计算高度范围内的墙体,在不加设临时支撑的条件下,每天砌筑高度不超过:

A. 1.2m　　　B. 1.5m　　　C. 2m　　　D. 2.5m

16-14-4 当计算挑梁的抗倾覆力矩时,荷载取为:

A. 本层的砌体与楼面恒荷载标准值之和

B. 本层的砌体与楼面恒荷载设计值之和

C. 本层恒荷载与活荷载标准值之和

D. 本层恒荷载与活荷载设计值之和

第十五节 砌体结构抗震设计要点

一、一般规定

砌体结构抗震设计的基本要求：

(1) 房屋的平、立面布置宜规则、对称，房屋的质量分布和刚度变化宜均匀，楼层不宜错层。

(2) 房屋的防震缝可按实际需要设置。当设置防震缝时，应将房屋分成规则的结构单元，留有足够的宽度，使两侧的上部结构完全分开。伸缩缝、沉降缝应符合防震缝的要求。

(3) 抗震结构体系，其计算简图应明确，地震作用传递途径合理；宜有多道抗震防线；应具备必要的强度，良好的变形能力和耗能能力；宜具有合理的刚度和强度分布。

(4) 抗震砌体结构构件，应按规定设置钢筋混凝土圈梁和构造柱、芯柱，或采用配筋砌体和组合砌体等，以改善结构的变形能力。

(5) 附属构件应与主体结构有可靠的连接或锚固，避免倒塌伤人或砸坏设备；避免不合理地设置围护墙和隔墙而导致主体结构的破坏；装饰贴面与主体结构应有可靠连接，应避免吊顶塌落伤人。

(6) 施工方面：构造柱、芯柱的施工，应先砌墙后浇混凝土柱；纵墙和横墙的交接处应同时咬槎砌筑或采取拉结措施。

二、砌体结构房屋的抗震措施

《砌规》和《抗规》对砌体结构房屋的抗震措施作了详细的规定。

1. 多层砌体房屋的高度和层数的规定

多层砌体房屋的抗震性能，除与横墙间距、结构的整体性、砂和砂浆的强度等级、施工质量等因素有关外，还与房屋的总高度和层高密切相关。为此，《抗规》规定：

7.1.2 多层房屋的层数和高度应符合下列要求：

1 一般情况下，房屋的层数和总高度不应超过表7.1.2的规定。

房屋的层数和总高度限值（m）   表7.1.2

房屋类别		最小抗震墙厚度（mm）	烈度和设计基本地震加速度							
			6		7		8		9	
			0.05g		0.10g	0.15g	0.20g	0.30g	0.40g	
			高度	层数	高度	层数	高度	层数	高度	层数	高度	层数	高度	层数
多层砌体房屋	普通砖	240	21	7	21	7	21	7	18	6	15	5	12	4
	多孔砖	240	21	7	21	7	18	6	18	6	15	5	9	3
	多孔砖	190	21	7	18	6	15	5	15	5	12	4	—	—
	小砌块	190	21	7	21	7	18	6	18	6	15	5	9	3

续表

房屋类别		最小抗震墙厚度（mm）	烈度和设计基本地震加速度									
			6		7				8		9	
			0.05g		0.10g		0.15g		0.20g	0.30g	0.40g	
			高度	层数	高度	层数	高度	层数	高度	层数	高度	层数
底部框架-抗震墙砌体房屋	普通砖多孔砖	240	22	7	22	7	19	6	16	5	—	—
	多孔砖	190	22	7	19	6	16	5	13	4	—	—
	小砌块	190	22	7	22	7	19	6	16	5	—	—

注：1 房屋的总高度指室外地面到主要屋面板板顶或檐口的高度，半地下室从地下室室内地面算起，全地下室和嵌固条件好的半地下室应允许从室外地面算起；对带阁楼的坡屋面应算到山尖墙的1/2高度处；
2 室内外高差大于0.6m时，房屋总高度应允许比表中的数据适当增加，但增加量应少于1.0m；
3 乙类的多层砌体房屋仍按本地区设防烈度查表，其层数应减少一层且总高度应降低3m；不应采用底部框架-抗震墙砌体房屋；
4 本表小砌块砌体房屋不包括配筋混凝土小型空心砌块砌体房屋。

  2 横墙较少的多层砌体房屋，总高度应比表7.1.2的规定降低3m，层数相应减少一层；各层横墙很少的多层砌体房屋，还应再减少一层。

  注：横墙较少是指同一楼层内开间大于4.2m的房间占该层总面积的40%以上；其中，开间不大于4.2m的房间占该层总面积不到20%且开间大于4.8m的房间占该层总面积的50%以上为横墙很少。

  3 6、7度时，横墙较少的丙类多层砌体房屋，当按规定采取加强措施并满足抗震承载力要求时，其高度和层数应允许仍按表7.1.2的规定采用。

  4 采用蒸压灰砂砖和蒸压粉煤灰砖的砌体的房屋，当砌体的抗剪强度仅达到普通黏土砖砌体的70%时，房屋的层数应比普通砖房减少一层，总高度应减少3m；当砌体的抗剪强度达到普通黏土砖砌体的取值时，房屋层数和总高度的要求同普通砖房屋。

《砌规》也作了上述相同的规定。
砌体结构房屋的层高，《砌规》规定：

10.1.4 砌体结构房屋的层高，应符合下列规定：

  1 多层砌体结构房屋的层高，应符合下列规定：

   1）多层砌体结构房屋的层高，不应超过3.6m；

  注：当使用功能确有需要时，采用约束砌体等加强措施的普通砖房屋，层高不应超过3.9m。

   2）底部框架-抗震墙砌体房屋的底部，层高不应超过4.5m；当底层采用约束砌体抗震墙时，底层的层高不应超过4.2m。

  2 配筋混凝土空心砌块抗震墙房屋的层高，应符合下列规定：

   1）底部加强部位（不小于房屋高度的1/6 且不小于底部二层的高度范围）的层高（房屋总高度小于21m时取一层），一、二级不宜大于3.2m，三、四级不应大于3.9m；

   2）其他部位的层高，一、二级不应大于3.9m，三、四级不应大于4.8m。

【例16-15-1】（历年真题）抗震设防烈度8度、设计地震基本加速度为0.20g的地区，对普通砖砌体多层房屋的总高度、总层数和层高的限值是：

A. 总高15m，总层数5层，层高3m　　B. 总高18m，总层数6层，层高3m

C. 总高18m，总层数6层，层高3.6m　　D. 总高21m，总层数7层，层高3.6m

【解答】根据《抗规》7.1.2条，总高为18m，总层数为6层；由《砌规》10.1.4条，层高限值为3.6m，应选C项。

2. 多层砌体房屋总高度与总宽度的最大高宽比

为保证房屋的稳定性，避免房屋发生整体弯曲破坏，《抗规》对多层砌体房屋总高度与总宽度的比值作了限制，即：

7.1.4 多层砌体房屋总高度与总宽度的最大比值，宜符合表7.1.4的要求。

房屋最大高宽比　　　　　　　　　表7.1.4

烈度	6	7	8	9
最大高宽比	2.5	2.5	2.0	1.5

注：1 单面走廊房屋的总宽度不包括走廊宽度；
　　2 建筑平面接近正方形时，其高宽比宜适当减小。

3. 多层砌体房屋的结构体系

《抗规》规定：

7.1.7 多层砌体房屋的建筑布置和结构体系，应符合下列要求：

　1 应优先采用横墙承重或纵横墙共同承重的结构体系。不应采用砌体墙和混凝土墙混合承重的结构体系。

　2 纵横向砌体抗震墙的布置应符合下列要求：

　　1）宜均匀对称，沿平面内宜对齐，沿竖向应上下连续；且纵横向墙体的数量不宜相差过大；

　　2）平面轮廓凹凸尺寸，不应超过典型尺寸的50%；当超过典型尺寸的25%时，房屋转角处应采取加强措施；

　　3）楼板局部大洞口的尺寸不宜超过楼板宽度的30%，且不应在墙体两侧同时开洞；

　　4）房屋错层的楼板高差超过500mm时，应按两层计算；错层部位的墙体应采取加强措施；

　　5）同一轴线上的窗间墙宽度宜均匀；墙面洞口的面积，6、7度时不宜大于墙面总面积的55%，8、9度时不宜大于50%；

　　6）在房屋宽度方向的中部应设置内纵墙，其累计长度不宜小于房屋总长度的60%（高宽比大于4的墙段不计入）。

　3 房屋有下列情况之一时宜设置防震缝，缝两侧均应设置墙体，缝宽应根据烈度和房屋高度确定，可采用70mm～100mm：

1) 房屋立面高差在 6m 以上；
  2) 房屋有错层，且楼板高差大于层高的 1/4；
  3) 各部分结构刚度、质量截然不同。
 4 楼梯间不宜设置在房屋的尽端或转角处。
 5 不应在房屋转角处设置转角窗。
 6 横墙较少、跨度较大的房屋，宜采用现浇钢筋混凝土楼、屋盖。

【例 16-15-2】（历年真题）砌体房屋中对抗震不利的情况是：
 A. 楼梯间设在房屋尽端　　　　　B. 采用纵横墙混合承重的结构布置方案
 C. 纵横墙布置均匀对称　　　　　D. 高宽比为 1∶1.5

【解答】楼梯间设在房屋尽端对抗震不利，应选 A 项。

4. 多层砌体房屋抗震横墙的间距

由于多层砌体房屋的横向水平地震作用主要由楼（屋）盖传递，由横墙承担，为保证房屋空间刚度，对抗震横墙的间距作出限制是必要的。为此，《抗规》规定：

7.1.5 房屋抗震横墙的间距，不应超过表 7.1.5 的要求：

房屋抗震横墙的间距 (m)　　　　　　　　表 7.1.5

房屋类别		烈度			
		6	7	8	9
多层砌体房屋	现浇或装配整体式钢筋混凝土楼、屋盖	15	15	11	7
	装配式钢筋混凝土楼、屋盖	11	11	9	4
	木屋盖	9	9	4	—
底部框架-抗震墙砌体房屋	上部各层	同多层砌体房屋			—
	底层或底部两层	18	15	11	—

注：1 多层砌体房屋的顶层，除木屋盖外的最大横墙间距应允许适当放宽，但应采取相应加强措施；
 2 多孔砖抗震横墙厚度为 190mm 时，最大横墙间距应比表中数值减少 3m。

【例 16-15-3】（历年真题）现行《砌体结构设计规范》对砌体房屋抗震横墙最大间距限制的目的是：
 A. 保证房屋的空间工作性能
 B. 保证楼盖具有传递地震作用给墙所需要的水平刚度
 C. 保证房屋地震时不倒塌
 D. 保证纵墙的高厚比满足要求

【解答】抗震横墙最大间距限制的目的是保证楼盖具有传递地震作用给墙所需要的水平刚度，应选 B 项。

5. 多层砌体房屋的局部限值

《抗规》规定：

7.1.6 多层砌体房屋中砌体墙段的局部尺寸限值，宜符合表7.1.6的要求：

房屋的局部尺寸限值（m）　　　　表7.1.6

部　　位	6度	7度	8度	9度
承重窗间墙最小宽度	1.0	1.0	1.2	1.5
承重外墙尽端至门窗洞边的最小距离	1.0	1.0	1.2	1.5
非承重外墙尽端至门窗洞边的最小距离	1.0	1.0	1.0	1.0
内墙阳角至门窗洞边的最小距离	1.0	1.0	1.5	2.0
无锚固女儿墙（非出入口处）的最大高度	0.5	0.5	0.5	0.0

注：1 局部尺寸不足时应采取局部加强措施弥补，且最小宽度不宜小于1/4层高和表列数据的80%；
　　2 出入口处的女儿墙应有锚固。

6. 多层砌体房屋材料性能指标

根据《建筑与市政工程抗震通用规范》GB 55002—2021和《砌规》规定，结构材料性能指标应符合下列规定：

（1）砌体材料应符合下列规定：

1）普通砖和多孔砖的强度等级不应低于MU10，其砌筑砂浆强度等级不应低于M5；蒸压灰砂普通砖、蒸压粉煤灰普通砖及混凝土砖的强度等级不应低于MU15，其砌筑砂浆强度等级不应低于Ms5（Mb5）；

2）混凝土砌块的强度等级不应低于MU7.5，其砌筑砂浆强度等级不应低于Mb7.5；

3）约束砖砌体墙，其砌筑砂浆强度等级不应低于M10或Mb10；

4）配筋砌块砌体抗震墙，其混凝土空心砌块的强度等级不应低于MU10，其砌筑砂浆强度等级不应低于Mb10。

（2）混凝土材料应符合下列规定：

1）托梁，底部框架-抗震墙砌体房屋中的框架梁、框架柱、节点核心区、混凝土墙和过渡层底板，部分框支配筋砌块砌体抗震墙结构中的框支梁和框支柱等转换构件、节点核心区、落地混凝土墙和转换层楼板，其混凝土的强度等级不应低于C30；

2）构造柱、圈梁、水平现浇钢筋混凝土带及其他各类构件不应低于C25，砌块砌体芯柱和配筋砌块砌体抗震墙的灌孔混凝土强度等级不应低于Cb25。

7. 钢筋混凝土构造柱

构造柱和圈梁（房屋中通常应设置）对墙体有较大的约束，增大了墙体的弹塑性变形能力（即延性），并提高了墙体的抗剪能力。因此，合理设置的构造柱提高了砌体结构抗震能力和抗倒塌能力。此外，设置构造柱的墙体也增大了墙体允许高厚比值$[\beta]$，有利于墙体的稳定性。

《砌规》规定：

10.2.4 各类砖砌体房屋的现浇钢筋混凝土构造柱（以下简称构造柱），其设置应符合现行国家标准《建筑抗震设计规范》GB 50011的有关规定，并应符合下列规定：

1 构造柱设置部位应符合表 10.2.4 的规定；

2 外廊式和单面走廊式的房屋，应根据房屋增加一层的层数，按表 10.2.4 的要求设置构造柱，且单面走廊两侧的纵墙均应按外墙处理；

3 横墙较少的房屋，应根据房屋增加一层的层数，按表 10.2.4 的要求设置构造柱。当横墙较少的房屋为外廊式或单面走廊式时，应按本条 2 款要求设置构造柱；但 6 度不超过四层、7 度不超过三层和 8 度不超过二层时应按增加二层的层数对待；

4 各层横墙很少的房屋，应按增加二层的层数设置构造柱；

5 采用蒸压灰砂普通砖和蒸压粉煤灰普通砖的砌体房屋，当砌体的抗剪强度仅达到普通黏土砖砌体的 70% 时（普通砂浆砌筑），应根据增加一层的层数按本条 1～4 款要求设置构造柱；但 6 度不超过四层、7 度不超过三层和 8 度不超过二层时应按增加二层的层数对待；

6 有错层的多层房屋，在错层部位应设置墙，其与其他墙交接处应设置构造柱；在错层部位的错层楼板位置应设置现浇钢筋混凝土圈梁；当房屋层数不低于四层时，底部 1/4 楼层处错层部位墙中部的构造柱间距不宜大于 2m。

砖砌体房屋构造柱设置要求　　　　　　　　　　表 10.2.4

房屋层数				设置部位	
6度	7度	8度	9度		
≤五	≤四	≤三		楼、电梯间四角，楼梯斜梯段上下端对应的墙体处； 外墙四角和对应转角； 错层部位横墙与外纵墙交接处； 大房间内外墙交接处； 较大洞口两侧	隔 12m 或单元横墙与外纵墙交接处； 楼梯间对应的另一侧内横墙与外纵墙交接处
六	五	四	二		隔开间横墙（轴线）与外墙交接处； 山墙与内纵墙交接处
七	六、七	五、六	三、四		内墙（轴线）与外墙交接处； 内墙的局部较小墙垛处； 内纵墙与横墙（轴线）交接处

注：1 较大洞口，内墙指不小于 2.1m 的洞口；外墙在内外墙交接处已设置构造柱时允许适当放宽，但洞侧墙体应加强。

2 当按本条第 2～5 款规定确定的层数超出表 10.2.4 范围，构造柱设置要求不应低于表中相应烈度的最高要求且宜适当提高。

10.2.5 多层砖砌体房屋的构造柱应符合下列构造规定：

1 <mark>构造柱的最小截面可为 180mm×240mm（墙厚 190mm 时为 180mm×190mm）</mark>；构造柱纵向钢筋宜采用 4φ12，箍筋直径可采用 6mm，间距不宜大于 250mm，且在柱上、下端适当加密；当 6、7 度超过六层、8 度超过五层和 9 度时，构造柱纵向钢筋宜采用 4φ14，箍筋间距不应大于 200mm；房屋四角的构造柱应适当加大截面及配筋。

2 <mark>构造柱与墙连接处应砌成马牙槎</mark>，沿墙高每隔 500mm 设 2φ6 水平钢筋和 φ4 分布短筋平面内点焊组成的拉结网片或 φ4 点焊钢筋网片，每边伸入墙内不宜小于 1m。

6、7度时，底部1/3楼层，8度时底部1/2楼层，9度时全部楼层，上述拉结钢筋网片应沿墙体水平通长设置。

3 构造柱与圈梁连接处，构造柱的纵筋应在圈梁纵筋内侧穿过，保证构造柱纵筋上下贯通。

4 构造柱可不单独设置基础，但应伸入室外地面下500mm，或与埋深小于500mm的基础圈梁相连。

5 房屋高度和层数接近本规范表10.1.2的限值时，纵、横墙内构造柱间距尚应符合下列规定：

　　1）横墙内的构造柱间距不宜大于层高的二倍；下部1/3楼层的构造柱间距适当减小；

　　2）当外纵墙开间大于3.9m时，应另设加强措施。内纵墙的构造柱间距不宜大于4.2m。

【例16-15-4】（历年真题）砌体结构中构造柱的作用是：
① 提高砖砌体房屋的抗剪能力；
② 构造柱对砌体起了约束作用，使砌体变形能力增强；
③ 提高承载力、减小墙的截面尺寸；
④ 提高墙、柱高厚比的限值。

A. ①②　　　　B. ①③④　　　　C. ①②④　　　　D. ③④

【解答】砌体结构中构造柱的作用是：①②④，应选C项。

8. 现浇钢筋混凝土圈梁

圈梁不仅能和构造柱（或芯柱）对墙体及房屋产生约束作用，它还可以加强纵横墙的连接，增强房屋的整体性和整体刚度，同时，增强墙体的稳定性。为此《抗规》规定：

7.3.3 多层砖砌体房屋的现浇钢筋混凝土圈梁设置应符合下列要求：

　　1 装配式钢筋混凝土楼、屋盖或木屋盖的砖房，应按表7.3.3的要求设置圈梁；纵墙承重时，抗震横墙上的圈梁间距应比表内要求适当加密。

　　2 现浇或装配整体式钢筋混凝土楼、屋盖与墙体有可靠连接的房屋，应允许不另设圈梁，但楼板沿抗震墙体周边均应加强配筋并应与相应的构造柱钢筋可靠连接。

多层砖砌体房屋现浇钢筋混凝土圈梁设置要求　　表7.3.3

墙类	烈度		
	6、7	8	9
外墙和内纵墙	屋盖处及每层楼盖处	屋盖处及每层楼盖处	屋盖处及每层楼盖处
内横墙	同上；屋盖处间距不应大于4.5m；楼盖处间距不应大于7.2m；构造柱对应部位	同上；各层所有横墙，且间距不应大于4.5m；构造柱对应部位	同上；各层所有横墙

7.3.4 多层砖砌体房屋现浇混凝土圈梁的构造应符合下列要求：

1 圈梁应闭合，遇有洞口圈梁应上下搭接。圈梁宜与预制板设在同一标高处或紧靠板底；

2 圈梁在本规范第7.3.3条要求的间距内无横墙时，应利用梁或板缝中配筋替代圈梁；

3 圈梁的截面高度不应小于120mm，配筋应符合表7.3.4（此处略）的要求；按本规范第3.3.4条3款要求增设的基础圈梁，截面高度不应小于180mm，配筋不应少于4ϕ12。

9. 多层砌体房屋的楼（屋）盖的抗震构造

《砌规》规定：

10.2.7 房屋的楼、屋盖与承重墙构件的连接，应符合下列规定：

1 钢筋混凝土预制楼板在梁、承重墙上必须具有足够的搁置长度。当圈梁未设在板的同一标高时，板端的搁置长度，在外墙上不应小于120mm，在内墙上，不应小于100mm，在梁上不应小于80mm，当采用硬架支模连接时，搁置长度允许不满足上述要求。

2 当圈梁设在板的同一标高时，钢筋混凝土预制楼板端头应伸出钢筋，与墙体的圈梁相连接。当圈梁设在板底时，房屋端部大房间的楼盖，6度时房屋的屋盖和7~9度时房屋的楼、屋盖，钢筋混凝土预制板应相互拉结，并应与梁、墙或圈梁拉结。

3 当板的跨度大于4.8m并与外墙平行时，靠外墙的预制板侧边应与墙或圈梁拉结。

4 钢筋混凝土预制楼板侧边之间应留有不小于20mm的空隙，相邻跨预制楼板板缝宜贯通，当板缝宽度不小于50mm时应配置板缝钢筋。

5 装配整体式钢筋混凝土楼、屋盖，应在预制板叠合层上双向配置通长的水平钢筋，预制板应与后浇的叠合层有可靠的连接。现浇板和现浇叠合层应跨越承重内墙或梁，伸入外墙内长度应不小于120mm和1/2墙厚。

6 现浇或装配整体式钢筋混凝土楼、屋盖与墙体有可靠连接的房屋，应允许不另设圈梁，但楼板沿抗震墙体周边均应加强配筋并应与相应的构造柱钢筋可靠连接。

10. 其他构件的抗震构造

《抗规》规定：

7.3.6 楼、屋盖的钢筋混凝土梁或屋架应与墙、柱（包括构造柱）或圈梁可靠连接；不得采用独立砖柱。跨度不小于6m大梁的支承构件应采用组合砌体等加强措施，并满足承载力要求。

7.3.8 楼梯间尚应符合下列要求：

1 顶层楼梯间墙体应沿墙高每隔500mm设2ϕ6通长钢筋和ϕ4分布短钢筋平面内点焊组成的拉结网片或ϕ4点焊网片；7~9度时其他各层楼梯间墙体应在休息平台或楼层半高处设置60mm厚、纵向钢筋不应少于2ϕ10的钢筋混凝土带或配筋砖带，配筋砖带不少于3皮，每皮的配筋不少于2φ6，砂浆强度等级不应低于M7.5且不低于同层墙体的砂浆强度等级。

2 楼梯间及门厅内墙阳角处的大梁支承长度不应小于500mm，并应与圈梁连接。

3 装配式楼梯段应与平台板的梁可靠连接，8、9度时不应采用装配式楼梯段；不应采用墙中悬挑式踏步或踏步竖肋插入墙体的楼梯，不应采用无筋砖砌栏板。

4 突出屋顶的楼、电梯间，构造柱应伸到顶部，并与顶部圈梁连接，所有墙体应沿墙高每隔500mm设2φ6通长钢筋和φ4分布短筋平面内点焊组成的拉结网片或φ4点焊网片。

11. 底部框架-抗震墙砌体房屋的抗震构造

《砌规》规定：

10.4.6 底部框架-抗震墙砌体房屋中底部抗震墙的厚度和数量，应由房屋的竖向刚度分布来确定。当采用约束普通砖墙时其厚度不得小于240mm；配筋砌块砌体抗震墙厚度，不应小于190mm；钢筋混凝土抗震墙厚度，不宜小于160mm；且均不宜小于层高或无支长度的1/20。

10.4.12 底部框架-抗震墙砌体房屋的楼盖应符合下列规定：

1 过渡层的底板应采用现浇钢筋混凝土楼板，且板厚不应小于120mm，并应采用双排双向配筋，配筋率分别不应小于0.25%；应少开洞、开小洞，当洞口尺寸大于800mm时，洞口周边应设置边梁；

2 其他楼层，采用装配式钢筋混凝土楼板时均应设现浇圈梁，采用现浇钢筋混凝土楼板时应允许不另设圈梁，但楼板沿抗震墙体周边均应加强配筋并应与相应的构造柱、芯柱可靠连接。

12. 地基和基础设计的抗震要求

《抗规》3.3.4条、7.3.13条规定如下：

（1）同一结构单元的基础不宜设置在性质截然不同的地基上。

（2）同一结构单元的基础，宜采用同一类型的基础，底面宜埋置在同一标高上，否则应增设基础圈梁并应按1:2的台阶逐步放坡。

（3）在软弱地基上的房屋，应在外墙及所有承重墙下增设基础圈梁。

习 题

16-15-1 （历年真题）对多层砌体房屋总高度与总宽度的比值要加以限制，主要是为了考虑：

A. 避免房屋两个主轴方向尺寸差异大、刚度悬殊，产生过大的不均匀沉降

B. 避免房屋纵横两个方向温度应力不均匀，导致墙体产生裂缝

C. 保证房屋不致因整体弯曲而破坏

D. 防止房屋因抗剪不足而破坏

16-15-2 （历年真题）下列关于构造柱的说法，不正确的是：

A. 构造柱必须先砌墙后浇柱

B. 构造柱应设置在震害较重、连接构造较薄弱和易于应力集中的部位
C. 构造柱必须单独设基础
D. 构造柱最小截面尺寸为 240mm×180mm

16-15-3 （历年真题）考虑抗震设防时，多层砌体房屋在墙体中设置圈梁的目的是：
A. 提高墙体的抗剪承载能力　　　　B. 增加房屋楼（屋）盖的水平刚度
C. 减小墙体的允许高厚比　　　　　D. 提供砌体的抗压强度

16-15-4 （历年真题）下列砌体结构抗震设计的概念，正确的是：
A. 6 度设防，多层砌体结构既不需做承载力抗震验算，也不需考虑抗震构造措施
B. 6 度设防，多层砌体结构不需做承载力抗震验算，但要满足抗震构造措施
C. 8 度设防，多层砌体结构需进行薄弱处抗震弹性变形验算
D. 8 度设防，多层砌体结构需进行薄弱处抗震弹塑性变形验算

16-15-5 （历年真题）多层砌砖体房屋钢筋混凝土构造柱的说法，正确的是：
A. 设置构造柱是为了加强砌体构件抵抗地震作用时的承载力
B. 设置构造柱是为了提高墙体的延性，加强房屋的抗震能力
C. 构造柱必须在房屋每个开间的四个转角处设置
D. 设置构造柱后砌体墙体的抗侧刚度有很大的提高

习题解答与参考答案

第一节

16-1-1 **解答**：具有明显流幅的钢筋，其强度一般取下屈服点。
答案：C

16-1-2 **解答**：正常使用极限状态下，按标准组合、准永久组合和频遇组合。
答案：A

第二节

16-2-1 **解答**：双筋时，当 x 小于受压钢筋保护层厚度时，仅受压钢筋未达到屈服。
答案：B

16-2-2 **解答**：此时 $N=N_b=3000\text{kN}$，$M=M_b=350\text{kN}\cdot\text{m}$，即为界限值，由 $M_u\text{-}N_u$ 相关曲线，$N=3000\text{kN}$，$M=300\text{kN}\cdot\text{m}$ 位于 $M_u\text{-}N_u$ 相关曲线以内，故处于安全。
答案：D

16-2-3 **解答**：由 β_l 可知，混凝土局部受压强度不小于非局部受压时的强度。
答案：A

16-2-4 **解答**：根据斜压破坏机理，提高配箍率不正确。
答案：D

16-2-5 **解答**：当 $x<h'_f$ 时，$M_u=M_u^T$。
答案：A

16-2-6 **解答**：小偏压时，远离压力 N 一侧的纵筋可能未能达到屈服强度，故宜采用高强度等级的混凝土。
答案：A

16-2-7 **解答**：A、B、D 项均正确。塑形调幅法的连续梁的承载力与弹性设计的连续梁的承载力相等，但梁跨中配筋增多，故裂缝宽度较小。
答案：C

第三节

16-3-1 **解答**：提高受弯构件抗弯刚度最有效的措施是加大截面的有效高度。
答案：D

16-3-2 **解答**：此时，应采用较细的带肋钢筋。

答案：C

16-3-3　**解答**：钢筋混凝土等截面受弯构件，在荷载长期作用下，其截面刚度变化。
　　　　答案：D

第四节

16-4-1　**解答**：预应力混凝土受弯构件的正截面极限承载力不提高，但开裂荷载提高、构件挠度减小、使用阶段刚度提高。
　　　　答案：C

16-4-2　**解答**：轴拉构件的消压状态是指预应力筋位置处的混凝土应力为零的状态。
　　　　答案：A

第五节

16-5-1　**解答**：沉降缝必须从基础底至屋顶将结构分成两部分，其缝宽按抗震缝要求设置。
　　　　答案：D

16-5-2　**解答**：$l_2/l_1=4/1=4$，按单向板计算，取 1m 宽：
$$M=\frac{1}{8}ql^2=\frac{1}{8}\times(8\times1)\times1^2=1\text{kN}\cdot\text{m/m}$$
　　　　答案：A

16-5-3　**解答**：抗风柱与圈梁采用铰接，故不形成框架。
　　　　答案：C

16-5-4　**解答**：根据活荷载最不利的布置原则，活荷载应在第 1、3 和 5 跨布置。
　　　　答案：D

第六节

16-6-1　**解答**：加强层的作用是减小结构侧向位移、减小内筒弯矩。
　　　　答案：A

16-6-2　**解答**：D 值法，当柱的线刚度不变时，随框架梁线刚度的增加而增加。
　　　　答案：C

16-6-3　**解答**：此时，是为了减小温度、收缩应力的影响。
　　　　答案：B

第七节

16-7-1　**解答**：允许在框架梁端处形成塑性铰。
　　　　答案：A

16-7-2 **解答**：所有剪力墙都需要设置边缘构件。
答案：C

16-7-3 **解答**：基本烈度在设计基准期内的超越概率是10%。
答案：A

16-7-4 **解答**：梁柱节点区混凝土强度等级应该不低于柱的混凝土强度等级。
答案：D

第八节

16-8-1 **解答**：钢板厚度增加，钢材的强度设计值下降。
答案：A

16-8-2 **解答**：通过单向拉伸试验可检测钢材的伸长率。
答案：D

16-8-3 **解答**：钢材的碳当量指标反映了钢材的可焊性优劣。
答案：D

16-8-4 **解答**：影响焊接钢构件疲劳强度的主要因素是应力幅。
答案：B

16-8-5 **解答**：Q355中355表示屈服强度。
答案：C

16-8-6 **解答**：Q355C和Q355D的主要区别在于冲击韧性不同。
答案：B

16-8-7 **解答**：钢材通过热处理可提高强度。
答案：C

16-8-8 **解答**：Q235C属于碳素结构钢。
答案：C

16-8-9 **解答**：L160×10表示热轧等边角钢，即肢长为160mm，肢厚为10mm。
答案：C

第九节

16-9-1 **解答**：等效弯矩系数β_{mx}是考虑了构件弯矩分布的影响。
答案：C

16-9-2 **解答**：设计支撑压杆时，需要计算其长细比。
答案：C

16-9-3 **解答**：悬臂梁根部弯矩使梁上部受拉，下部受压，故工字形最合理。
答案：B

16-9-4 **解答**：轴心受拉构件的刚度设计指标是构件的长细比。
答案：C

16-9-5 **解答**：腹板与翼缘相交处的纵向焊接残余应力为拉应力。

答案：B

16-9-6　**解答**：普通螺栓连接的轴心受拉构件进行强度计算，需考虑螺栓孔对截面的削弱。
　　　　答案：B

16-9-7　**解答**：根据《钢标》附录表 C.0.1：

$$\beta_b = 1.75 - 1.05\frac{M_2}{M_1} + 0.3\left(\frac{M_2}{M_1}\right)^2$$

同向曲率，M_1 和 M_2 同号；反向曲率，M_1 和 M_2 异号；$|M_1| \geqslant |M_2|$。
可知：B、D 项同向曲率，故排除；A 项 β_b 值大于 D 项 β_b 值；φ_b 与 β_b 成正比，故 A 项 φ_b 值最大。
　　　　答案：A

第十节

16-10-1　**解答**：此时，高强度螺栓的中心距 $\geqslant 3d_0$。
　　　　答案：B

16-10-2　**解答**：非搭接侧面角焊缝的计算长度大于 $60h_f$ 时，在抗剪计算时，其超过部分不予考虑。
　　　　答案：B

16-10-3　**解答**：钢桁架屋盖必须布置横向支撑和垂直支撑。
　　　　答案：C

16-10-4　**解答**：三级焊缝只需进行外观检测。
　　　　答案：B

16-10-5　**解答**：与普通螺栓连接抗剪承载力无关的是连接板件间的摩擦系数。
　　　　答案：C

16-10-6　**解答**：钢框架柱拼接常用 A、B、C 项，通常不采用翼缘用高强度螺栓而腹板用焊缝。
　　　　答案：D

第十一节

16-11-1　**解答**：砌体的轴心抗拉强度、弯曲抗拉强度、抗剪强度主要取决于砂浆的强度，即砂浆的抗压强度。
　　　　答案：A

16-11-2　**解答**：B、C、D 项均错误，故 A 项正确。
　　　　答案：A

16-11-3　**解答**：M0 是指施工阶段尚未凝结的砂浆，或抗压强度为零的砂浆。
　　　　答案：B

16-11-4　**解答**：②错误，如 M0 砂浆小于砖砌体的抗压强度；①③④正确。

16-11-5　**解答**：按砂浆强度为零计算砌体的抗压强度。

　　　　　答案：A

第十二节

16-12-1　**解答**：砌体结构为刚性方案、刚弹性方案或弹性方案的判别因素是楼（屋）盖的类别、横墙的刚度及间距。

　　　　　答案：C

16-12-2　**解答**：B项错误，在高度相差较大或荷载差异较大处应设沉降缝。

　　　　　答案：B

16-12-3　**解答**：此时，特别重视两种材料具有不同的膨胀系数。

　　　　　答案：D

16-12-4　**解答**：A、C、D项均错误；B项，根据《砌规》4.2.1条，正确。

　　　　　答案：B

第十三节

16-13-1　**解答**：根据《砌规》8.1.1条，A项错误；根据网状配筋砖砌体的工作原理，B、D项错误。

　　　　　答案：C

16-13-2　**解答**：墙体承载力随高厚比增加而减小。

　　　　　答案：B

16-13-3　**解答**：局部抗压强度提高系数受到限制的原因是：防止砌体发生劈裂破坏（它属于脆性破坏）。

　　　　　答案：B

16-13-4　**解答**：当偏心距超过规范规定时，不采用网状配筋砌体，A项错误；当偏心距大于规范规定时（$e>0.6y$），才采用组合砌体，B项错误；根据网状配筋砌体的构造，C项错误。

　　　　　答案：D

第十四节

16-14-1　**解答**：根据《砌规》7.2.2条，$500mm<\frac{1800}{3}=600mm$，取墙体荷载为 $0.5\times 5=2.5kN/m$；$500mm<1800mm$，取板传来荷载为 $15kN/m$；合计为 $2.5+15=17.5kN/m$。

　　　　　答案：C

16-14-2　**解答**：搭接长度不小于1m，且不小于其中到中的垂直间距的2倍。

16-14-3 **解答**：不设临时支撑时，每天砌筑高度不应超过 1.5m。
答案：B

16-14-4 **解答**：挑梁抗倾覆力矩计算时，荷载取本层砌体与楼面恒荷载标准值之和。
答案：A

第十五节

16-15-1 **解答**：高宽比的限制主要是为了保证房屋不致因整体弯曲而破坏。
答案：C

16-15-2 **解答**：构造柱可以不单独设基础。
答案：C

16-15-3 **解答**：抗震设计时，墙体中设置圈梁可增加房屋楼（层）盖的水平刚度。
答案：B

16-15-4 **解答**：根据《抗规》规定，6度设防，多层砌体结构可不做承载力抗震验算，但要满足抗震构造措施。
答案：B

16-15-5 **解答**：抗震设计，设置构造柱是为了提高墙体的延性，加强房屋的抗震能力。
答案：B

第十七章 结 构 试 验

第一节 结 构 试 验 设 计

一、结构试验概述

结构试验是指在土木工程结构物或试验试件上，使用仪器设备为工具，利用试验技术为手段，在直接作用（亦称荷载，如重力荷载、风荷载）或间接作用（如温度、变形、地震作用）的作用下，通过量测与结构工作性能有关的各种参数，如挠度、变形、应变、频率、振幅等，从承载能力（强度、稳定）、刚度、抗裂性，以及结构实际破坏形态来判别土木工程结构的实际工作性能，估计结构的承载能力，确定结构满足使用要求的程度，并用以检验和发展结构的计算理论。

在实际工作中，根据不同的试验目的，结构试验可归纳为两大类：研究性试验（也称为探索性试验）；生产性试验（也称为验证性试验）。

研究性试验的目的是验证结构设计计算的各种假定；通过制订各种设计规范，发展新的设计理论，改进设计计算方法；开发新技术（材料、工艺、结构形式）而进行的系统性试验研究。

生产性试验以直接服务于生产为目的，以真实结构为对象，通过试验检测是否符合规范或设计要求，并作出正确的技术结论。该类试验通常用来解决的问题是：①结构的设计和施工通过试验进行鉴定；②工程改建或加固，通过试验判断具体结构的实际承载能力；③处理工程事故，通过试验鉴定提供技术根据；④已建结构的可靠性检验，通过试验推断和估计结构的剩余寿命；⑤鉴定预制构件产品的质量等。

结构试验一般包括：试验规划设计；试验技术准备；试验实施过程；试验数据分析总结。

【例 17-1-1】（历年真题）结构试验分为生产性试验和研究性试验两类，下列哪项不属于研究性试验解决的问题？

  A. 综合鉴定建筑的设计和施工质量　　B. 为发展和推广新结构提供实践经验
  C. 为制定设计规范提供依据　　D. 验证结构计算理论的假定

【解答】 A 项不属于研究性试验，故选 A 项。

二、结构试验的试件设计

在进行结构试验时，作为结构试验的试件可以取为实际结构的整体或者它的一部分，当不能采用原型结构进行试验时，也可用模型结构（足尺模型或缩尺模型）。其中，足尺模型是指尺寸、材料、受力特性与原型结构相同的模型；缩尺模型是指在几何尺寸上将原型结构按相似关系缩小制作的模型。

试件设计应包括试件形状的选择、试件尺寸与数量的确定，以及构造措施的考虑，同时，必须满足结构与受力的边界条件、试件的破坏特征、试件加载条件的要求等。

1. 试件形状

在试件设计中设计试件形状时，最重要的是要造成与设计目的相一致的应力状态。从整体结构中取出部分构件单独进行试验时，特别是在比较复杂的超静定体系中必须要注意其边界条件的模拟，使其能如实反映该部分结构构件的实际工作。

如作图17-1-1（a）所示受水平荷载（或水平地震作用）作用的框架应力分析，其试件形状设计为：柱身 A-A、B-B 部位见图17-1-1（b）、（c），梁端 C-C、梁中 D-D 部位见图17-1-1（d）、（e），梁柱节点见图17-1-1（f）。此外，柱挠曲变形见图17-1-1（g）、柱剪切变形见图17-1-1（h）。

试件的设计，其边界条件的实现还与试件安装、加载装置与约束条件等有密切关系。

图17-1-1 框架中梁柱和节点试验

2. 试件尺寸

结构试验所用试件的尺寸和大小，从总体上分为原型和模型两个大类。试件尺寸的选取主要考虑试验成本、试验设备能力、试件尺寸对试件性能的影响等因素。

以研究构件或截面力学性能为主要目的时，混凝土结构试件的尺寸由材料特性所要求的最小尺寸控制。如果采用与实际结构相同的材料，试件尺寸应满足粗骨料最大粒径、钢筋直径、预应力孔道直径等因素所要求的最小尺寸。

钢结构节点的构造和连接有其自身的特点，通常尽可能选用与实际结构相同或相近的尺寸。

砌体结构的块体和灰缝的尺寸都是相对固定不变的，砌体结构试件的尺寸必须满足块体和灰缝尺寸的基本要求。

对于整体结构试验，受各方面条件的限制，往往只能采用缩尺比例较大的模型试件。

总之，对于静载试验，一般取较大的尺寸。对于动载试验，由于受加载设备能力的限制，通常取较小的比例尺。对于抗震试验，其要求是：①砌体试件缩尺比例不宜小于1/4；②钢筋混凝土试件拟静力、拟动力试验的缩尺比例不宜小于1/10，节点的缩尺比例不宜小于1/5；振动台试验弹塑性模型的缩尺比例不宜小于1/50；③钢结构拟静力、拟动力试验模型的缩尺比例不宜小于1/5，振动台试验弹塑性模型的缩尺比例不宜小于1/25；④振动台弹性模型试验的缩尺比例不宜小于1/100。

3. 试验数量

结构试验的目的以及试验参数的选取决定了试件的数量。在生产性试验中，试验目的是检验试验对象的力学性能是否满足规范要求和设计要求，试件的数量可以按照相关规范的规定选取。如《混凝土结构工程施工质量验收规范》GB 50204—2015 对预制构件的检验数量的规定：①专业企业生产的预制构件进场时，预制构件结构性能检验，同一类型预制构件不超过 1000 个为一批，每批随机抽取 1 个构件进行结构性能检验；②预制构件尺寸偏差检验，同一类型预制构件，不超过 100 个为一批，每批应抽查构件数量的 5%，且不应少于 3 个。

在研究性试验中，试件的数量由试验目的所规定的试验参数决定。如钢筋混凝土梁的抗剪性能试验，当梁的截面尺寸、跨度已经确定后，其主要影响参数是剪跨比、配箍率、混凝土强度等级、纵筋配筋率，每一个参数又要考虑不同的取值，将试验参数的数目称为影响因子数，每个因子可能取值的数目称为水平数，见表 17-1-1，梁抗剪性能影响因子数为 4，水平数为 3，按全组合方法，即每个因子的每个水平都进行组合，共需要 $3^4=81$ 个试件。当可以对影响因子作出相互独立的假定时，可采用正交试验法进行结构试验，即采用正交表设计试件数量，见表 17-1-2，L9（3^4）表示：考虑 4 个影响因子数，每个影响因子取 3 个水平数，正交表为 9 行，试件数目为 9 个。

梁抗剪性能影响因子与水平数及取值　　　　　　　　　　表 17-1-1

影响因子		水平 1	水平 2	水平 3
A	剪跨比 λ	1.5	2.2	3.0
B	配箍率 ρ_v（%）	0.10	0.25	0.40
C	混凝土强度等级	C30	C35	C40
D	纵筋配筋率 ρ（%）	1.4	1.8	2.2

正交表 L9（3^4）试件因子组合　　　　　　　　　　表 17-1-2

试件编号	A 剪跨比	B 配箍率 ρ_v（%）	C 混凝土强度等级	D 纵筋配筋率 ρ（%）
1	A_1：1.5	B_1：0.10	C_1：C30	D_1：1.4
2	A_1：1.5	B_2：0.25	C_2：C35	D_2：1.8
3	A_1：1.5	B_3：0.40	C_3：C40	D_3：2.2
4	A_2：2.2	B_1：0.10	C_2：C45	D_3：2.2
5	A_2：2.2	B_2：0.25	C_3：C40	D_1：1.4
6	A_2：2.2	B_3：0.40	C_1：C30	D_2：1.8
7	A_3：3.0	B_1：0.10	C_3：C40	D_2：1.8
8	A_3：3.0	B_2：0.25	C_1：C30	D_3：2.2
9	A_3：3.0	B_3：0.40	C_2：C35	D_1：1.4

可见，正交试验设计可以只需要少量的试件就可得到主要的信息，对研究问题作出综合评价。其不足之处是不能提供其一因子的单值变化与试验目标之间的函数关系。

4. 试件构造设计

对于每一个具体试件的设计和制作过程中还必须考虑试件安装、加荷、量测的需要，在试件上作出必要的构造措施。

图 17-1-2 (a)、(b) 所示在支座处和集中荷载作用处预埋钢垫板，防止试件局部受压破坏，或保证加载设备稳定；图 17-1-2 (c) 所示混凝土垫块使砌体试件均匀受压；图 17-1-2 (d) 所示偏心受压柱设置牛腿、分布筋以增大端部承压面，便于施加偏心荷载。图 17-1-2 (e) 所示钢筋混凝土框架作反复荷载试验，增大基础梁的截面，框架梁侧设预埋件便于加载。

图 17-1-2　试件设计的构造措施

在试验中为了保证结构或构件在预定的部位破坏，以期得到必要的测试数据，就需要对结构或构件的其他部件事先进行局部加固。

为了保证试验量测的可靠性和仪表安装的方便，在试件内必须预设埋件或预留孔洞。如钢筋混凝土试件用电阻应变计量测钢筋应变时，在浇筑混凝土前应先在钢筋上贴好应变计，做好防潮及防止机械损伤的处理。对于为测定混凝土内部应力的预埋元件或专门的混凝土应变计、钢筋应变计等，应在浇筑混凝土前，按相应的技术要求用专门的方法就位固定安装埋设在混凝土内部。

三、结构试验的荷载设计

1. 试验加载荷载图式的选择与设计

荷载图式是指试验荷载在试件上布置的形式，即荷载类型、作用位置，其要根据试验目的来决定。试验时的荷载应该使结构处于某一种实际可能的最不利的工作情况。

试验时荷载图式要与结构设计计算的荷载图式一样。这时，结构的工作与其实际情况最为接近。例如，吊车梁应按其受弯或受剪最不利时的实际轮压位置布置相应的集中荷载。但是，在试验时也常采用不同于设计计算所规定的荷载图式，其原因是：①对设计计算时采用的荷载图式的合理性有所怀疑，因而在试验时采用某种更接近于结构实际受力情况的荷载布置方式；②在不影响结构的工作和试验成果分析的前提下，由于受试验条件的限制和为了加载的方便，改变加载的图式，采用等效加载的形式。

等效加载是指模拟结构或构件的实际受力状态，使结构或试件控制截面上主要内力相等或相近的加载方式。满足等效加载的要求是：①控制截面或部位上主要内力的数值相等；②其余截面或部位上主要内力和非主要内力的数值相近、内力图形相似；③内力等效对试验结果的影响可明确计算。如图 17-1-3 (a) 所示，在均布荷载 q 作用下的简支梁，采用集中荷载进行等效加载，其等效荷载及内力图，见图 17-1-3 (b)、(c) 和 (d)。

采用等效荷载时，必须对某些参数进行修正。例如，当构件满足内力等效时，整体变形（如挠度）一般不等效，需对所测变形进行修正，参见表 17-1-3。

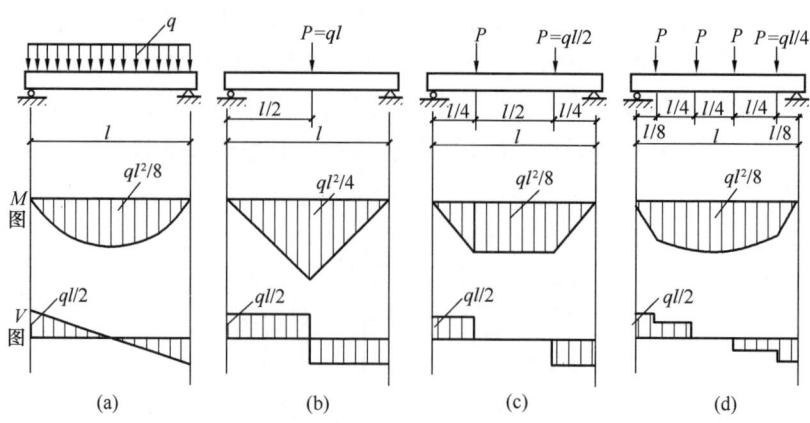

图 17-1-3 等效荷载及内力图

简支受弯试件等效加载模式及等效
集中荷载 P 和挠度修正系数 ψ 表 17-1-3

名称	等效加载模式及加载值 P	挠度修正系数 ψ
均布荷载		1.00
四分点集中力加载		0.91
三分点集中力加载		0.98
八分点集中力加载		0.97
十六分点集中力加载		1.00

2. 试验加载装置的设计

为了保证试验工作的正常进行，对于试验加载用的设备装置也必须进行专门的设计。在使用实验室内现有的设备装置时，也可按每项试验的要求对装置的承载力、刚度进行复核计算。

对于加载装置的承载力，首先要满足试验最大荷载量的要求，保证有足够的安全储备，同时，要考虑到结构受载后有可能使局部构件的承载力有所提高。因此，在作试验设计时，加载装置的承载能力至少提高 25%。

加载装置除满足上述承载力要求外，还必须考虑刚度要求。如混凝土应力-应变曲线下降段测试，在结构试验时如果加载装置刚度不足时，将难以获得试件极限荷载后的性能。

加载装置设计应使它能符合结构构件的受力条件，能模拟结构构件的边界条件和变形条件。在加载装置中还必须注意试件的支承方式。此外，试验加载装置应尽可能构造简单，组装时间较少。

3. 结构试验的加载程序

结构试验的加载程序（或称加载制度）是指结构试验进行期间控制荷载与加载时间的关系。它包括加载速度的快慢、加载时间间歇的长短、分级荷载的大小和加载卸载循环的次数等。结构构件的承载能力和变形性质与其所受荷载作用的时间特征有关。不同性质的试验必须根据试验的要求制定不同的加载制度。一般混凝土结构静载试验的加载程序可按《混凝土结构试验方法标准》GB/T 50152—2012 的规定；对于结构抗震试验可按《建筑抗震试验规程》JGJ/T 101—2015 的规定；对于预制混凝土构件进行质量检验评定可按《混凝土结构工程施工质量验收规范》附录 B 的规定。

【例 17-1-2】（历年真题）下述哪项不属于结构试验的加载制度所包含的内容？

A. 加载速度的快慢　　　　　　　B. 分级荷载的大小
C. 加卸载循环次数　　　　　　　D. 加载的方式

【解答】加载制度不包括加载的方式，应选 D 项。

四、结构试验的观测设计

观测设计（也称为量测方案）的主要内容包括：①确定观测项目；②选择测量范围，布置测点位置；③选择量测仪器。

1. 确定观测项目

结构在荷载作用下的各种变形可以分成两类：一类是整体变形，其反映结构的整体工作状况，如梁的挠度、转角、支座偏移等；另一类是局部变形，其反映结构的局部工作状况，如应变、裂缝、钢筋滑移等。

在确定试验的观测项目时，首先应该考虑整体变形，因为整体变形能够概括结构工作的全貌，可以基本上反映出结构的工作状况。对梁来说，首先就是挠度，通过挠度的测定，不仅能知道结构的刚度，而且可以知道结构的弹性和非弹性工作性质，挠度的不正常发展还能反映出结构中某些特殊的局部现象。转角的测定往往用来分析超静定连续结构。

对于某些构件，局部变形也是很重要的。例如：钢筋混凝土结构的裂缝出现，能直接说明其抗裂性能；在作非破坏性试验进行应力分析时，控制截面上的最大应变往往是推断结构极限强度的最重要的指标。

2. 测点的选择与布置

一般而言，在满足试验目的的前提下，测点宜少不宜多，以便突出测试重点。任何一个测点的布置都应该具有目的，服从结构分析的需要。

测点的位置必须要有代表性，结构或构件的最大挠度和最大应力的部位上必须布置测点。在所选测点得到的数据能够说明结构的受力性能。如果试验目的不是为了说明局部缺陷的影响，就不应该在有显著缺陷的截面上布置测点。

为了保证测量数据的可靠性还应该布置一定数量的校核性测点。由于在试验量测过程

1267

中部分测量仪器会有工作不正常、发生故障，以及偶然因素影响量测数据的可靠性，因此，不仅在需要知道应力和变形的位置上布置测点，也要求在已知应力和变形的位置上布点。这样就可以获得两组测量数据，前者称为测量数据，后者称为校核数据。

校核测点可以布置在结构物的边缘凸角上，它没有受外力作用，其应变为零；当没有凸角可找时，校核测点可以放在理论计算比较有把握的区域上。此外，还经常利用结构本身和荷载作用的对称性，在控制测点相对称的位置上布置一定数量的校核测点。

测点的布置应有利于试验时操作和测读，为了测读方便，减少观测人员，测点的布置宜适当集中。

【例17-1-3】（历年真题）用仪器对结构或构件进行内力和变形等各种参数的量测时，下列关于测点选择与布置的原则，不全面的是：

A. 测点宜少不宜多

B. 测点的位置必须具有代表性

C. 应布置校核性测点

D. 对试验工作的开展应该是方便的、安全的

【解答】在满足试验目的的前提下，测点宜少不宜多，故A项不全面，应选A项。

3. 量测仪器的选择

具体内容见本章第二节。

五、材料的力学性能与试验的关系

1. 概述

一个结构或构件的受力和变形特点，不仅受荷载等外界因素影响，还取决于组成这个结构或构件的材料内部抵抗外力的性能。

由于结构试验研究的是结构或构件的实际性能，故应采用材料的实际性能参数进行计算和分析。材料的实际性能参数应通过材料试样的试验量测确定，并以此作为试验分析的依据。因此，《混凝土结构试验方法标准》GB/T 50152—2012规定：混凝土结构试验中用于计算和分析的有关材料性能的参数应通过实测确定。可知，结构材料性能的检验与测定是结构试验中的一个重要组成部分，对于在结构试验前或试验过程中正确估计结构的承载能力和实际工作状况，以及在试验后整理试验数据、处理试验结果等都具有非常重要的意义。

在结构试验中按照结构或构件材料性质的不同，必须测定相应的一些最基本的数据，如混凝土的抗压强度、钢材的屈服强度和抗拉极限强度、砌体的抗压强度等。在研究性试验中为了了解材料的荷载-变形、应力-应变关系，材料的弹性模量通常也属于最基本的数据之一而必须加以测定。有时根据试验研究的要求，还须测定混凝土的抗拉强度，以及各种材料的应力-应变曲线等有关数据。

在结构抗震试验中，在周期性反复荷载作用下，结构会进入非线性阶段工作。因此，相应的材料试验必须是在周期性反复荷载下进行，这时钢材将会出现包辛格效应，对于混凝土材料就需要进行应力-应变曲线全过程的测定，特别要测定曲线的下降段部分。

在结构试验中，确定材料力学性能的方法有直接试验法与间接试验法两种：①直接试验法是把材料按规定做成标准试件，然后在试验机上用规定的标准试验方法加荷试验进行测定；②间接试验法也称为非破损试验法或半破损试验法，具体内容见本章第七节。

2. 试验方法对材料强度指标的影响

通过生产实践和研究试验，发现试验方法对材料强度指标有着一定的影响，特别是试件的形状、尺寸和试验加荷速度（应变速率）对试验结果的影响尤为显著。对于同一种材料，仅仅由于试验方法与试验条件的不同，就会得出不同的强度指标。

(1) 试件尺寸与形状的影响

混凝土的抗压强度存在尺寸效应，随着材料试件尺寸的缩小，在试验中出现了混凝土强度有系统地稍有提高的现象。一般情况下，截面较小而高度较低的试件得出的抗压强度偏高，这可以归结为试验方法和材料自身的原因等因素，试验方法的因素可解释为试验机压板对试件承压面的摩擦力所起的箍紧作用，对小试件的作用比对大试件要大。材料自身的原因是由于内部存在缺陷（如裂缝）的分布，表面和内部硬化程度的差异在不同大小的试件中起不同影响，随试件尺寸的增大而增加。因此，我国标准规定，测定混凝土立方体抗压强度（f_{cu}）试验的标准试件是边长为 150mm×150mm×150mm 的立方体试件。当采用非标准试件时，应将试验结果乘以表 17-1-4 中的尺寸换算系数。

混凝土轴心抗压强度（f_c）比较接近实际构件中混凝土的受压情况，我国标准规定，其应采用棱柱体试件测定，其标准试件是边长为 150mm×150mm×300mm 的棱柱体试件。当采用非标准试件时，应将试验结果乘以表 17-1-5 中的尺寸换算系数。

当混凝土强度等级在 C50～C80 范围时，$f_c = (0.76 \sim 0.82) f_{cu}$；C50 及以下时，$f_c = 0.76 f_{cu}$。

此外，美国、加拿大、日本采用圆柱体标准试件（直径 150mm、高 300mm）。

混凝土立方体抗压强度　　表 17-1-4

试件尺寸（mm）	尺寸换算系数
100×100×100	0.95
150×150×150	1.00
200×200×200	1.05

混凝土棱柱体抗压强度　　表 17-1-5

试件尺寸（mm）	尺寸换算系数
100×100×300	0.95
150×150×300	1.00
200×200×400	1.05

(2) 试验加载速度的影响

在测定材料力学性能试验时，加荷速度越快，即引起材料的应变速率越高，试件的强度和弹性模量也会相应提高。

3. 材料试验结果对结构试验的影响

材料的力学性能指标是由钢材、钢筋和混凝土等各种材料分别制成试样或试块进行试验结果的平均值。但由于混凝土强度的不均匀性等原因，使该平均值产生波动。因此，用有波动的材性试验测定的平均值作结构试验的数据处理或理论计算时，其结果也会产生误差。

【例 17-1-4】（历年真题）下列关于加速度对试件材料性能影响的叙述正确的是：

A. 钢筋的强度随加载速度的提高而提高

B. 混凝土的强度随加载速度的提高而降低

C. 加载速度对钢筋强度和弹性模量没有影响

D. 混凝土的弹性模量随加载速度的提高而降低

【解答】 钢筋的强度随加载速度的提高而提高，应选 A 项。

【例17-1-5】（历年真题）通过测量混凝土棱柱体试件的应力-应变曲线计算所用试件的刚度，已知棱柱体试件的尺寸为10mm×100mm×300mm，浇筑试件完毕并养护，且实测同批次立方体（150mm×150mm×150mm）强度为300kN，则使用下列哪种试验机完成上述试件的加载试验最合适？

A. 使用最大加载能力为300kN的抗拉压试验机进行加载

B. 使用最大加载能力为500kN的抗压试验机进行加载

C. 使用最大加载能力为1000kN的抗压试验机进行加载

D. 使用最大加载能力为2000kN的抗压试验机进行加载

【解答】棱柱体强度 $f_c=（0.76\sim0.82）\times300=228\sim246$kN，考虑尺寸效应0.95，$f_c=240\sim259$kN。加载装置的承载力至少提高25%，即：（240~259）×1.25=300~324kN，故选B项。

习 题

17-1-1 （历年真题）下列关于校核性测点的布置不正确的是：

A. 布置在零应力位置

B. 布置在应力较大的位置

C. 布置在理论计算有把握的位置

D. 若为对称结构，一边布置测点，则另一边布置一些校核性测点

17-1-2 （历年真题）为测定结构材料的实际物理力学性能指标，应包括以下何项内容：

A. 强度、变形、轴向应力-应变曲线　　B. 弹性模量、泊松比

C. 强度、泊松比、轴向应力-应变曲线　　D. 强度、变形、弹性模量

17-1-3 （历年真题）对于试件的最大承载能力和相应变形计算，应按下列哪一项进行？

A. 材料的设计值　　B. 材料的标准值

C. 实际材料性能指标　　D. 材料设计值修正后的取值

第二节 结构试验的加载设备和量测仪器

一、结构试验的加载设备

1. 概述

试验用的荷载形式、大小、加载方式等都是根据试验的目的要求，以如何能更好地模拟原有荷载等因素来选择。在决定试验荷载时，还取决于实验室的设备和现场所具备的条件。正确的荷载设计和选择适合于试验目的需要的加载设备是保证整个工作顺利进行的关键之一。为此，在选择试验荷载和加载方法时，应满足下列要求：

（1）选用的试验荷载图式应与结构设计计算的荷载图式所产生的内力值相一致或极为接近。

（2）荷载传力方式和作用点明确，产生的荷载数值要稳定，特别是静力荷载要不随加载时间、外界环境和结构的变形而变化。

(3) 荷载分级的分度值要满足试验量测的精度要求,加载设备要有足够的强度储备。

(4) 加载装置本身要安全可靠,不仅要满足强度要求,还应按变形条件来控制加载装置的设计(即还要满足刚度要求)。

(5) 加载设备要操作方便,便于加载和卸载,并能控制加载速度,又能适应同步加载或先后加载的不同要求。

(6) 试验加载方法要力求采用现代先进技术,减轻体力劳动,提高试验质量。

结构试验可分为静载试验和动载试验,相应地试验加载设备也可分为静载加载设备和动载加载设备。

2. 静载加载设备

(1) 重物加载法

在实验室内可以利用的重物有专门浇铸的标准铸铁砝码、混凝土立方试块、水箱等;在现场可就地取材,经常是采用普通的砂、石、砖等建筑材料,或是钢锭、铸铁、废构件等。重物可以直接加于试验结构或构件上,或者通过杠杆间接加在构件上。重物加载法的优点是:荷载值稳定,不会因结构的变形而减小,而且不影响结构的自由变形,特别适用于长期荷载和均布荷载试验。

重物荷载可直接堆放于结构表面(如板的试验)作为均布荷载(图17-2-1),或置于荷载盘上通过吊杆挂在结构(如屋架的试验)上形成集中荷载(图17-2-2),此时吊杆与荷载盘的自重应计入第一级荷载。

图17-2-1 重物堆放作均布荷载试验
1—重物;2—试验板;3—支座;4—支墩

图17-2-2 重物堆放作集中荷载试验
1—试件;2—重物;3—支座;4—支墩;
5—吊篮;6—滑轮

重物加载时,当采用铸铁砝码、砖等作均布荷载时应注意重物尺寸(沿跨度方向的堆积长度宜为1m)和堆放距离;当采用砂、石等松散颗粒材料作均布荷载时,切勿连续松散堆放,宜采用袋装堆放,以防止砂石材料摩擦角引起拱作用而产生卸载影响。

利用水作均布荷载试验(图17-2-3)是一种简易方便而且又十分经济的加载方法,特别适用于网架结构和平板结构加载试验,其缺点是全部承载面被水掩盖,不利于布置仪表和观测。

重物作集中荷载常采用杠杆原理将荷载值放大,杠杆应保证有足够的刚度,杠杆比一般不宜大于5,三个作用点应在同一直线上,其

图17-2-3 水压均布加载
1—水;2—试件;3—围堰;4—水囊或防水膜

适用长期荷载试验。现场试验，杠杆反力支点可用重物、桩基础、墙洞或反弯梁等支承（图17-2-4）。

(2) 气压加载法

气压加载分为正压加载和负压加载两种。其中，正压加载是利用压缩空气的压力对结构施加荷载，特别是对加均布荷载有利，直接通过压力表就可反映加载值，加卸载方便，并可产生较大的荷载（图17-2-5）。负压加载一般很少采用。气压计的精度不低于1.0级。

图17-2-4 现场试验杠杆加载的支承方法
(a) 墙洞支承；(b) 重物支承；(c) 反弯梁支承；
(d) 桩支承

图17-2-5 气压均布加载
(a) 密封容器内压加载；(b) 利用气囊进行加载
1—密封容器；2—试件；3—压缩空气；
4—气压计；5—气囊

(3) 液压加载法

液压加载是目前最常用的试验加载方法，其最大优点是利用油压使液压千斤顶产生较大的荷载，试验操作安全方便。

1) 液压加载系统

液压加载器（也称千斤顶）是液压加载设备中的一个主要部件，其主要工作原理是用高压油泵将具有一定压力的液压油压入液压加载器的工作油缸，使之推动活塞，对结构施加荷载。荷载值由油压表示值和加载器活塞受压底面积求得，也可由液压加载器与荷载承力架之间所置的测力计直接测读；或用传感器将信号输给电子秤显示或由记录器直接记录。

液压加载系统主要是由储油箱、高压油泵、液压加载器、测力装置和各类阀门组成的操纵台通过高压油管连接组成。

利用液压加载试验系统可以作屋架、梁、柱、板、墙板等静荷试验，尤其对大吨位、大挠度、大跨度的结构更为适用，其不受加荷点数的多少、加荷点的距离和高度的限制，并且能适应均布和非均布、对称和非对称加荷的需要。

2) 大型液压加载试验机

大型结构实验机本身就是一种比较完善的液压加载系统，它是结构实验室内进行大型结构试验的一种专门设备，比较典型的是结构长柱试验机，用以进行柱、墙板、砌体、节点与梁的受压与受弯试验。这种设备由液压操纵台、大吨位的液压加载器和试验机架三部分组成。由于进行大型构件试验的需要，故它的液压加载器的吨位大，国内的试验机的加载值可达10000kN以上，机架高度可达10m以上。

3) 电液伺服液压系统

电液伺服加载设备是目前最先进的加载设备。由于电液伺服技术可以较为精确地控制试件变形和作用外力，广泛地应用在结构试验加载系统及模拟地震振动台上，用以模拟各种试验荷载，特别是地震、海浪等，特别适用于结构抗震研究的伪静力试验、拟动力试验及模拟地震振动台试验。

电液伺服加载系统主要采用了电液伺服阀对油路进行闭环控制，因而可获得高精度的加载和位移控制，其主要组成是电液伺服加载器（也称伺服千斤顶）、控制系统和液压源三大部分（图17-2-6），其可以将荷载、位移等直接作为控制参数，实行自动控制，并在试验过程中进行控制参量的转换。电液伺服液压系统的关键元件是电液伺服阀，它是由电信号指令到液压油运作的转换控制元件。一方面，电液伺服闭环控制是在试验时以电参量（通常是指控制器发出的电压信号，其由要求的荷载值和位移量来确定）通过伺服阀去控制高压油的流量，推动液压作动器执行元件（千斤顶的活塞）对试件施加荷载。另一方面，传感器检测出的加载试件的某一力学参量（位移、荷载、应变）经传感器转换后以电参量的方式作为反馈信号在比较器中随时与设定的控制电参量进行比较，得出的差值信号经调整放大后控制电液伺服阀再推动液压作动器执行元件，使其向消除差值的方向动作，从而使执行元件的动作与预先设定值保持一致。

图17-2-6 电液伺服液压系统工作原理
1—冷却器；2—电动机；3—高压油泵；4—电液伺服阀；5—液压加载器；6—试验结构；7—荷载传感器；8—位移传感器；9—应变传感器；10—荷载调节器；11—位移调节器；12—应变调节器；13—记录及显示装置；14—指令发生器；15—伺服控制器

（4）机械机具加载法

常用的机械式加载机具有绞车、卷扬机、倒链葫芦、螺旋千斤顶和弹簧等（图17-2-7）。绞车、卷扬机、倒链葫芦等主要用于远距离或高耸结构物施加拉力；弹簧和螺旋千斤顶均适用于长期荷载试验。弹簧加载时，当结构产生变形会自动卸载时，应及时拧紧螺帽调整压力，保持荷载不变。

3. 动载加载设备

（1）惯性力加载法

在结构动载试验中，惯性力加载是利用物体质量在运动时产生的惯性力对结构施加动荷载。按产生惯性力的方法通常分为冲击力、离心力两类。

1）冲击力加载：冲击力加载的特点是荷载作用时间极短，在它的作用下使被加载结构产生自由振动，适用于进行结构动力特性的试验。冲击力加载方法有初位移法和初速度

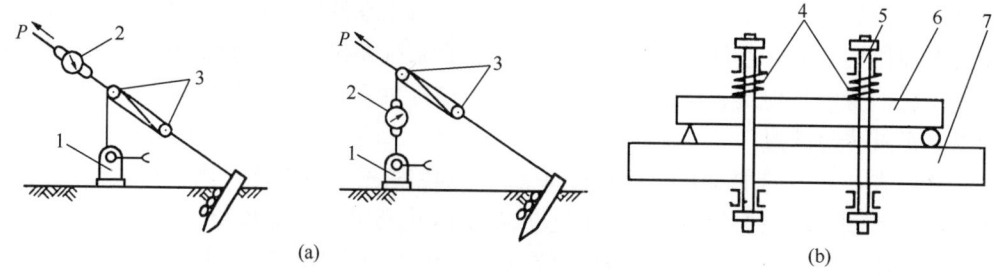

图 17-2-7 机械机具加载
(a) 绞车或卷扬机加载；(b) 弹簧加载
1—绞车或卷扬机；2—测力计；3—滑轮；4—弹簧；5—螺杆；6—试件；7—台座或反弯梁

法两种。其中，初位移法（也称为张拉突卸法）是对结构施加初速度使之振动而测定其动力性能的方法，见图 17-2-8；初速度法（也称为突加荷载法）是对结构施加初位移然后突然释放使之振动而测定其动力性能的方法，见图 17-2-9。

图 17-2-8 用张拉突卸法施加冲击力荷载
(a) 斜向施加；(b) 水平施加
1—结构物；2—钢丝绳；3—绞车；4—钢拉杆；
5—保护索；6—模型；7—钢丝；8—滑轮；
9—支架；10—重物；11—减振垫层

图 17-2-9 用摆锤施加冲击力荷载
1—摆锤；2—结构

在现场结构动力试验中，还研制了一种反冲激振器（也称小火箭激振），利用小火箭发射时的反冲力对建筑物实施激振，也属于初速度法。对于高层建筑物，可将多个小火箭沿结构不同高度布置，以进行高阶振型的测定。

2）离心力加载：离心力加载是根据旋转质量产生的离心力对结构施加简谐振动荷载。其特点是运动具有周期性，作用力的大小和频率按一定规律变化，使结构产生强迫振动。利用离心力加载的机械式激振器的原理如图 17-2-10 所示，一对偏心质量，使它们按相反方向运转，通过离心力产生一定方向的激振力。由偏心质量产生的离心力 $P=m\omega^2 r$，式中，m 为偏心块质量，ω 为偏心块旋转角速度，r 为偏心块旋转半径。

激振器产生的激振力等于各旋转质量离心力的合力。改变质量或调整带动偏心质量运转电机的转速，即改变角速度 ω，可调整激振力的大小。通过改变偏心块旋转半径 r 也可以改变离心力大小。

使用时将偏心激振器底座固定在被测结构物上，由底座把激振力传递给结构，致使结

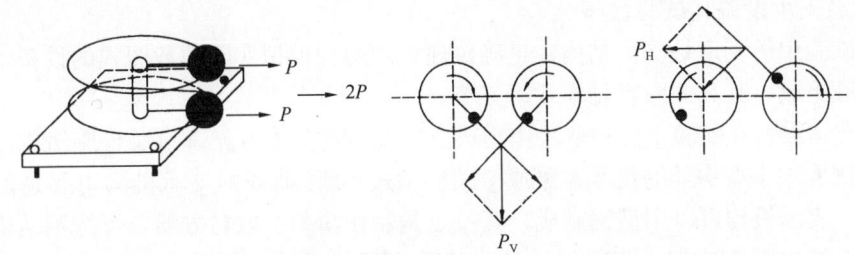

图 17-2-10　机械式偏心激振器的原理图

构受到简谐变化激振力的作用。调整激振器的转速或质量或旋转半径 r，可使激振力与被试结构产生共振，从而得到结构各阶的自振频率。

最早期的机械式水平振动台就将激振器水平激振要求与刚性平台连接。

（2）电磁加载法

在磁场中通电的导体将受到与磁场方向相垂直的作用力，电磁加载就是根据这个原理工作的，在磁场（永久磁铁或励磁线圈）中放入动圈（工作线圈），通入交变电流即可产生交变激振力，促使台面（振动台）或使固定于动圈上的顶杆（激振器）作往复运动，推动试件作强迫振动。

（3）人激振动加载法

利用人自身在结构物上的有规律的活动，如：使人的身体作与结构自振周期同步的前后运动，产生足够大的惯性力，就有可能形成适合作共振试验的振幅。利用该方法曾在一座 15 层钢筋混凝土建筑上取得了振动记录。开始几周运动就达到最大值，这时操作人员停止运动，让结构作有阻尼自由振动，从而获得了结构的自振周期和阻尼系数。该方法常用于结构或构件的舒适度试验。

（4）人工爆炸激振法

在试验结构附近场地采用炸药进行人工爆炸，利用爆炸产生的冲击波对结构进行瞬时激振，使结构产生强迫振动。

（5）环境随机振动激振法

环境随机振动激振法也称为脉动法。在许多试验观测中，人们发现建筑物或桥梁结构经常处于微小而不规则的振动之中。这种微小而不规则的振动来源于微小的地震活动、其他机器运作、车辆行驶等人为扰动的原因，使地面存在着连续不断的运动，其运动的幅值极为微小，但它所包含的频谱是相当丰富的，故称为地面脉动。由于地面脉动激起建筑物或桥梁结构经常处于微小而不规则的脉动中，通常称为建筑物或桥梁结构脉动。可以利用这种脉动现象来分析测定结构的动力特性，它不需要任何激振设备，又不受结构形式和大小的限制，该方法需要相关的频谱分析仪等。

（6）模拟地震振动台

模拟地震振动台是一种再现各种加速度的地震波直接输入振动台对结构进行动力加载试验的一种先进的抗震试验设备，其特点是具有自动加载控制和数据采集及数据处理功能，采用了计算机闭环伺服液压控制技术，并配合先进的振动测量仪器。模拟地震振动台主要由振动台台体结构、液压驱动和动力系统、控制系统、测试和分析系统等组成。

4. 荷载支承设备和试验台座

结构试验中的支座是支承结构、正确传递作用力和模拟实际荷载图式的设备，通常由支座和支墩组成，其具体内容见本章第三节。

荷载支承设备在实验室内一般是由横梁立柱组成的反力刚架和试验台座组成，也可利用适宜于试验中小型构件的抗弯大梁或空间桁架式台座。荷载的支承机构主要是由立柱和横梁组成。支承机构可以用型钢制成，其特点是制作简单、取材方便，可按钢结构的柱与横梁设计，组成Ⅱ型支架。横梁与柱的连接采用螺栓或销。这类支承机构的强度、刚度都较大，能满足大型结构构件试验的要求，支架的高度和承载能力可按试验需要设计，成为实验室内固定在大型试验台座上的荷载支承设备。

在现场试验则通过反力支架用平衡重，锚固桩头或专门为试验浇筑的钢筋混凝土地梁来平衡对试件所加的荷载，也可用拉杆或箍架将成对构件作卧位（图17-2-11）或正反位加荷试验。

在结构实验室内结构试验台座是永久性的固定设备，用以平衡施加在试验结构物上的荷载所产生的反力。结构实验室常采用地槽式反力台座（也称为板式台座）、螺孔式反力台座（也称为箱式台座）。其中，箱式台座本身形成实验室的地下室，可用来放置油泵、管线或专用的仪器设备，钢筋混凝土结构的长期荷载试验也可在地下室进行。为了便于对结构施加较大的水平荷载，实验室还应建造水平反力台座，一般称为反力墙。反力墙通常设置在板式台座或箱式台座的端部，并与台座连成整体，如图17-2-12所示。试验台座、反力刚架和反力墙的设计不但要满足承载力要求，还应满足刚度要求，以及承受反复荷载时的疲劳强度要求。

图17-2-11 试件互为支座的对顶加载
1—试件；2—支座钢板；3—刀口支座；4—拉杆；
5—滚动铰支座；6—千斤顶

图17-2-12 抗侧力试验台座
1—反力墙；2—箱形台座；3—通道；4—锚孔

二、结构试验的量测仪器仪表

1. 概述

在结构试验中，试件作为一个系统，所受到的荷载或作用（如力、位移、温度等）是系统的输入数据，试件的反应（如位移、速度、加速度、应力、应变、裂缝等）是系统的输出数据，通过对这些数据的量测、记录和处理分析，可以得到试件系统的特性。

用于数据采集的仪器设备种类繁多，按它们的功能和使用情况可以分为：传感器、放大器、显示器、记录器、分析仪器、数据采集仪，或一个完整的数据采集系统等。其中，传感器的功能主要是感受各种物理量（力、位移、应变等），并把它们转换成电量（电信号）或其他容易处理的信号。结构试验中使用的传感器有机械式传感器、电测传感器、红外线传感器、激光传感器、光纤维传感器和超声波传感器等，还有的是利用两种或两种以上原理组合工作的复合式传感器，以及能进行信号处理和判断的智能传感器。

结构试验所用量测仪表一般采用偏位测定法（亦称直读法）显示定量数据。偏位测定法根据量测仪表发生的偏转或位移定出被测值，如百分表、双杠杆应变仪等。

零位测定法（亦称零位读数法）用已知的标准量去抵消未知物理量引起的偏转，使被测量和标准量对仪器指示装置的效应经常保持相等，指示装置指零时的标准量即为被测物理量，如称重天平等。一般地，零位测定法比偏位测定法更精确，尤其是采用电子量测仪表将被测值和标准值的差值经放大数千倍后，可达到很高的精度。

(1) 量测仪器仪表的主要性能指标

1) 量程：仪器能测量的最大输入量与最小输入量之间的范围。

2) 刻度值：仪器指示装置的最小刻度所指示的测量数值。

3) 精确度（精度或准确度）：仪器指示值与被测值的符合程度。目前国内外还没有统一表示的仪表精度的方法，常以最大量程时的相对误差来表示精度，并以此来确定仪表的精度等级。例如一台精度为 1.0 级的仪表，表示其测定值的误差不超过满量程的±1.0%。

4) 灵敏度：仪器的灵敏度是指单位输入量所引起的仪表示值的变化。对于不同用途的仪表，灵敏度的单位也各不相同。

5) 分辨率：使仪器输出量产生能观察出变化的最小被测量。

6) 滞后：仪表的输入量从起始值增至最大值的测量过程称为正行程，输入量由最大值减至起始值的测量过程称为反行程。同一输入量正反两个行程输出值间的偏差称为滞后。常以满量程中的最大滞后值与满量程输出值之比表示。

7) 零位温漂和满量程热漂移：零位温漂是指当仪表的工作环境温度不为 20℃时零位输出随温度的变化率。满量程热漂移是指当仪表的工作环境温度不为 20℃时满量程输出随温度的变化率。

8) 线性范围：它指保持仪器的输入量和输出信号为线性关系时，输入量的允许变化范围。在动态量测中，对仪表的线性度应严格要求，否则量测结果将会产生较大的误差。

9) 频响特性：它指仪器在不同频率下灵敏度的变化特性。常以频响曲线（一般以对数频率值为横坐标，以相对灵敏度为纵坐标）表示。

10) 相移特性（也称相位特性）：振动参量经传感器转换成电信号或经放大、记录后在时间上产生的延迟叫相移。相移特性常以仪器的相频特性曲线来表示。在使用频率范围内，输出信号相对于信号的相位差应不随频率改变而变化，否则造成相位失真。

此外，由传感器、放大器、记录器组成的整套量测系统，还需注意仪器相互之间的阻抗匹配及频率范围的配合等问题。

(2) 量测仪器仪表的选用原则

1) 符合量测所需的量程及精度要求。在选用仪表前，应先对被测值进行估算，仪表的预估试验量程宜控制在量测仪表满量程的 30%～80%范围之内，以防仪表超量程而损坏。同时，为保证量测精度，应使仪表的最小刻度值不大于最大被测值的 5%。此外，应从试验实际需要出发选择仪器仪表的精度，一般来说，测定结果的最大相对误差不大于5%即

1277

满足要求。

2）动态试验量测仪表，其线性范围、频响特性以及相移特性等都应满足试验要求。

3）对于安装在结构上的仪表或传感器，要求自重轻、体积小，不影响结构的工作。

4）同一试验中选用的仪器仪表种类应尽可能少，以便统一数据的精度，简化量测数据的整理工作，避免差错。

5）选用仪表时应考虑试验的环境条件，例如在野外试验时仪表常受到风吹日晒，周围的温、湿度变化较大，宜选用机械式仪表。

6）选用量测应变仪表时，还应考虑被测对象所使用的材料来确定标距的大小。标距直接影响应变量测数据的可靠性和精确度。

7）选用仪表时尽可能选用数字化仪表。

【例17-2-1】（历年真题）结构静载试验对量测仪器精度要求为下列哪一项？

A. 测量最大误差不超过5‰　　　　B. 测量最大误差不超过2‰
C. 测量误差不超过5‰　　　　　　D. 测量误差不超过2‰

【解答】要求测量最大误差不超过5‰，应选A项。

（3）量测仪器仪表的率定

量测仪器的率定（也称为标定）是指为了确定仪器的精确度或换算系数，判定其误差，需将仪器示值和标准量进行比较的工作。率定后的仪器按国家规定的精确度划分等级。率定设备的精度等级应比被率定的仪器高。所有新生产或出厂的仪器都要经过率定。正常使用的仪器必须定期进行率定；在重要试验开始前，也应进行率定。

2. 应变量测仪器

应变测试方法分为机测和电测。其中，电测最常用的是电阻应变片（计）。

（1）电阻应变片（计）

当电阻丝受到拉伸或压缩后，其长度、截面面积和电阻率都随之发生变化，其电阻变化规律为：

$$\frac{dR}{R} = K_0 \varepsilon \tag{17-2-1}$$

式中，K_0为电阻丝的灵敏系数；ε为电阻丝的应变。

当电阻丝用胶贴在试件上与试件共同变形时，ε即代表试件的应变。

电阻应变片（计）（图17-2-13）主要性能指标如下：

图17-2-13　电阻应变片（计）构造示意

1）标距l：电阻丝栅在纵轴方向的有效长度。

2）使用面积：以标距$l \times$丝栅宽度a表示。

3）电阻值R：一般均按120Ω设计。

4）灵敏系数K：电阻应变片的灵敏系数，K值一般比单根电阻丝的灵敏系数K_0小，这是由于应变片的丝栅形状对灵敏度的影响，通常$K=2.0$左右。

5）应变极限：应变计保持线性输出时所能量测的最大应变值。主要取决于金属电阻丝的材料性质，还与制作及粘贴用胶有关。一般情况下为1%～3%。

电阻应变片的性能指标分为A、B、C、D等级，A级为最高等级。

在结构试验中,由于测试的试件的应变很小,相应的电阻变化也很小,因此,通过惠斯通电桥(图 17-2-14),将微小电阻变化转换为电压或电流的变化,再经放大器、检波器,在仪表指示盘上显示应变值,即电阻应变仪的工作原理。当接入电桥的四个应变计规格相同时,即 $R_1=R_2=R_3=R_4$, $K_1=K_2=K_3=K_4=K$,则:

$$U_{BD} = \frac{U}{4}K(\varepsilon_1 - \varepsilon_2 + \varepsilon_3 - \varepsilon_4) \qquad (17\text{-}2\text{-}2)$$

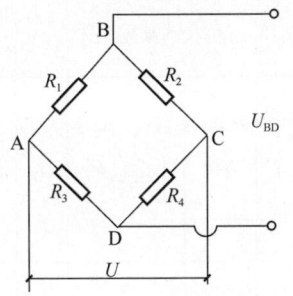

图 17-2-14 惠斯通电桥

用静态电阻应变仪测量应变时,其电阻和电阻应变计共同组成惠斯通电桥。当应变计发生应变,其电阻值发生变化,使电桥失去平衡;如果在电桥中接入一可变电阻,调节可变电阻,使电桥恢复平衡,这个可变电阻调节值与应变计的电阻变化有对应关系,通过测量这个可变电阻调节值来测量应变的方法称为"零位读数法"。目前,常用的静态电阻应变仪已不再采用"零位读数法",而是直接放大测量电桥失去平衡后的输出电压,再换算成应变值或数字量,这种方法称为直读法(也称为偏位法)。

此外,动态电阻应变仪采用直读法,数据采集仪中应变测量常采用直读法。常用的电桥形式和应变计布置,见表 17-2-1。

常用的电桥形式和应变计布置　　　　　　表 17-2-1

序号	受力状态及其简图	工作片数	电桥形式	电桥线路	温度补偿	测量电桥输出	测量项目及应变值	特点
1	轴向拉(压)	1	半桥		另设补偿片	$U_{BD} = \frac{1}{4}UK\varepsilon$	抗(压)应变 $\varepsilon_r = \varepsilon$	不易清除偏心作用引起的弯曲影响
2	轴向拉(压)	2	全桥		另设补偿片	$U_{BD} = \frac{1}{2}UK\varepsilon$	拉(压)应变 $\varepsilon_r = 2\varepsilon$	输出电压提高1倍,可消除弯曲影响
3	轴向拉(压)	2	半桥		互为补偿	$U_{BD} = \frac{1}{4}UK\varepsilon(1+\nu)$	拉(压)应变 $\varepsilon_r = (1+\nu)\varepsilon$	输出电压提高到 $(1+\nu)$ 倍,不能消除弯曲影响
4	轴向拉(压)	4	全桥		互为补偿	$U_{BD} = \frac{1}{2}UK\varepsilon(1+\nu)$	拉(压)应变 $\varepsilon_r = 2(1+\nu)\varepsilon$	输出电压提高到 $2(1+\nu)$ 倍且能消除弯曲影响

续表

序号	受力状态及其简图	工作片数	电桥形式	电桥线路	温度补偿	测量电桥输出	测量项目及应变值	特点
5	弯曲	2	半桥		互为补偿	$U_{BD}=\dfrac{1}{2}UK\varepsilon$	弯曲应变 $\varepsilon_r=2\varepsilon$	输出电压提高1倍且能消除轴向抗（压）影响
6	弯曲	4	全桥		互为补偿	$U_{BD}=UK\varepsilon$	弯曲应变 $\varepsilon_r=4\varepsilon$	输出电压提高4倍且能消除轴向拉（压）影响
7	弯曲	2	半桥		互为补偿	$U_{BD}=\dfrac{1}{4}UK(\varepsilon_1-\varepsilon_2)$	两处弯曲应变之差 $\varepsilon_1=\varepsilon_1-\varepsilon_2$	可测出横向剪力 V 值 $V=\dfrac{EW}{\alpha_1-\alpha_2}\varepsilon_r$
8	扭转	1	半桥		另设补偿片	$U_{BD}=\dfrac{1}{4}UK\varepsilon$	扭转应变 $\varepsilon_r=\varepsilon$	可测出扭矩 M_t 值 $M_t=M_t\dfrac{E}{1+\nu}\varepsilon_r$
9	扭转	2	半桥		互为补偿	$U_{BD}=\dfrac{1}{2}UK\varepsilon$	扭转应变 $\varepsilon_r=2\varepsilon$	输出电压提高1倍可测剪应变 $\gamma=\varepsilon$

【例17-2-2】（历年真题）应变片灵敏系数指下列哪一项？

A. 在单向应力作用下，应变片电阻的相对变化与沿其轴向的应变之比值

B. 在 X、Y 双向应力作用下，X 方向应变片电阻的相对变化与 Y 方向应变片电阻的相对变化之比值

C. 在 X、Y 双向应力作用下，X 方向应变值与 Y 方向应变值之比值

D. 对于同一单向应变值，应变片在此应变方向垂直安装时的指示应变与沿此应变方向安装时指示应变的比值（以百分数表示）

【解答】在单向应力作用下，应变片电阻的相对变化与沿其轴向的应变之比值称为应变片灵敏系数，应选 A 项。

【例17-2-3】（历年真题）一电阻应变片（$R=120\Omega$，$K=2.0$），粘贴于混凝土轴心受拉构件平行于轴线方向，试件材料的弹性模量为 $E=2\times10^5$MPa，若加载至应力 $\sigma=400$MPa时，应变片的阻值变化 dR 为：

A. 0.24Ω　　　　B. 0.48Ω　　　　C. 0.42Ω　　　　D. 0.96Ω

【解答】 $\dfrac{\mathrm{d}R}{R}=K\varepsilon$，则：

$$\mathrm{d}R = RK\varepsilon = 120 \times 2 \times \dfrac{400}{2 \times 10^5} = 0.48\Omega$$

应选 B 项。

【例 17-2-4】（历年真题）下列哪一种量测仪表属于零位测定法？
A. 百分表应变量测装置（量测标距 250mm）
B. 长标距电阻应变计
C. 机械式杠杆应变仪
D. 电阻应变式位移计（量测标距 250mm）

【解答】长标距电阻应变计属于零位测定法。

电阻应变计的粘贴，其要求是：①测点基底平整、清洁、干燥；②粘结剂的电绝缘性、化学稳定性和工艺性能良好，以及蠕变小、粘贴强度高、温湿度影响小；③同一组应变计规格型号应相同；④粘贴牢固，方位准确，不含气泡。常用的粘结剂有氰基丙烯酸乙酯类（即 502 粘结剂）、环氧类等。此外，在应变计粘贴完成后，有时还需要对应变计作防潮绝缘处理，常用的防潮材料有石蜡、环氧树脂等。

采用电阻应变计进行实际试验时，还应考虑温度的影响，消除温度影响的方法（或称温度补偿方法）有：①桥路补偿法（亦称补偿方法），见表 17-2-1；②应变片自补偿法。

（2）振弦式应变计与光纤光栅应变计

利用弦的张力与其振动频率的关系，由弦的振动频率变化来反映应变变化的振弦式应变传感器。利用光纤中光波波长变化与应变变化的关系，调制光信号的光纤光栅应变传感器，可安装在结构表面或埋置在混凝土内测量应变。它们均为电测法。

（3）机测法

机测法的原理是利用机械式仪表（如手持式应变仪、千分表或百分表应变装置等）测量试件上两点之间的相对线位移（Δl），即仪器前后两次读数差，然后再转换为应变值（$\varepsilon = \Delta l/l$）。

（4）应变量测仪表的精度及其他性能要求

1）金属粘贴式电阻应变计或电阻片的技术等级不应低于 C 级，其应变计电阻、灵敏系数和蠕变等工作特性应符合相应等级的要求；量测混凝土应变的应变计或电阻片的长度不应小于 50mm 和 4 倍粗骨料粒径。

2）电阻应变仪的准确度不应低于 1.0 级，其示值误差、稳定度等技术指标应符合该级别的相应要求。

3）振弦式应变计的允许误差为量程的 $\pm 1.5\%$；光纤光栅应变计的允许误差为量程的 $\pm 1.0\%$。

4）手持式应变仪的准确度不应低于 1 级，分辨率不宜大于标距的 0.5%，示值允许误差为量程的 1.0%。

5）当采用千分表或位移传感器等位移计构成的装置测量应变时，其标距允许误差为 $\pm 1.0\%$，最小分度值不宜大于被测总应变的 1.0%。

【例 17-2-5】（历年真题）通过测量混凝土棱柱体试件的应力-应变曲线计算混凝土试

件的弹性模量，棱柱体试件的尺寸为100mm×100mm×300mm，浇筑试件所用骨料的最大粒径为20mm，最适合完成该试件应变测量的应变片为：

A. 标距为20mm的电阻应变片　　　　B. 标距为50mm的电阻应变片

C. 标距为80mm的电阻应变片　　　　D. 标距为100mm的电阻应变片

【解答】应变片的标距≥max（50，4d）=max（50，4×20）=80mm，应选C项。

3. 位移量测仪器

在结构试验中，位移包括线位移、角位移、裂缝张开的相对位移和变形引起的相对位移等。

（1）线位移量测仪器

常用的线位移量测仪器有机械式百分表或千分表、电子百分表（也称电阻应变式位移传感器）、滑阻式传感器和差动电感式传感器（简称LVDT）。它们的工作原理是用一可滑动的测杆去感受线位移，然后把这个位移量用各种方法转换成表盘读数或各种电量。其中，电子百分表和LVDT不但可用于量测静态位移，也可用于量测动态位移。此外，还有利用光纤技术制成的光纤位移传感器，利用电容效应的容差式位移传感器，利用材料压电效应或压阻效应的位移传感器，以及激光测距仪、全站仪等。

当位移值较大、测量要求不高时，可用水准仪、经纬仪及直尺等进行测量。

（2）角位移量测仪器

机械式仪表有水准管式倾角测量仪，电测仪表有电阻应变式倾角传感器。此外，可利用机械装置测量线位移，再将其转换为角位移（图17-2-15）。

（3）裂缝量测仪器

试件裂缝宽度可选用刻度放大镜、电子裂缝观测仪、裂缝宽度检验卡等进行量测，其性能要求是：刻度放大镜、裂缝宽度检验卡的最小分度值不应大于0.05mm；电子裂缝观测仪的测量精度不应低于0.02mm。

图17-2-15　用千分表测截面倾角

（4）位移量测仪器的精度与误差

1）机械式百分表的分度值为0.01mm，最大型号的量程为100mm。机械式千分表分为两种：分度值为0.001mm，最大型号的量程为5mm；分度值为0.002mm，最大型号的量程为10mm。

2）位移传感器的准确度不应低于1.0级；位移传感器的指示仪表的最小分度值不宜大于所测总位移的1.0%，示值允许误差为量程的1.0%。

3）水准仪和经纬仪的精度分别不应低于DS_3和DJ_2。

4）倾角仪的最小分度值不宜大于5″，电子倾角计的示值允许误差为量程的1.0%。

4. 力值量测仪器

力值的传感器可分为机械式、电阻应变式、振动弦式等。其中，机械式力传感器的种类很多，如图17-2-16所示。

电阻应变式力传感器是利用安装在传感器上的电阻应变片测量传感器弹性变形体的应变，再将弹性体的应变值转换为弹性体所受的力，它需要与电阻应变计配套使用，如图17-2-17所示。

图 17-2-16　三种机械式力传感器　　　　图 17-2-17　电阻应变式力传感器
(a) 钢环式；(b) 钢环-杠杆式；(c) 三点变形式

弹簧式测力仪的最小分度值不应大于仪表量程的 2.0%，示值允许误差为量程的 1.5%。

荷载传感器的精度不应低于 C 级；对于长期试验，精度不应低于 B 级；荷载传感器仪表的最小分度值不宜大于被测力值总量的 1.0%，示值允许误差为量程的 1.0%。

5. 振动参数量测仪器

测振传感器的基本原理是：由惯性质量、阻尼和弹簧组成一个动力系统，这个动力系统固定在振动体上（即传感器的外壳固定在振动体上），与振动体一起振动；通过测量惯性质量相对于传感器外壳的运动，就可以得到振动体的振动。它是一种间接测量方法。测振传感器所测的振动参数通常是位移、速度和加速度等，按振动信号的转换方式和所测振动量，其可以分成很多种类，如磁电式速度传感器、压电式加速度传感器和电容式加速度传感器等。

习　题

17-2-1　（历年真题）结构试验中，用下列哪项装置可以施加均布荷载？
A. 反力架　　　　　B. 卧梁　　　　　C. 分配梁　　　　　D. 试验台

17-2-2　（历年真题）选择量测仪器时，仪器最大量程不低于最大被测值的：
A. 1.25 倍　　　　　B. 2.0 倍　　　　　C. 1.5 倍　　　　　D. 1.4 倍

17-2-3　（历年真题）试验装置设计和配置应满足一定的要求，下列哪项要求是不对的？

A. 采用先进技术，满足自动化的要求，减轻劳动强度，方便加载，提高试验效率和质量
B. 应使试件的跨度、支承方式、支撑等条件和受力状态满足设计计算简图，并在整个试验过程中保持不变
C. 试验装置不应分担试件应承受的试验荷载，也不应阻碍试件变形的自由发展
D. 试件装置应有足够的强度和刚度，并有足够的储备，在最大试验荷载作用下，保证加载设备参与结构试件工作

17-2-4　（历年真题）我国应变片名义阻值一般取：
A. 240Ω　　　　　B. 120Ω　　　　　C. 100Ω　　　　　D. 80Ω

17-2-5　（历年真题）利用电阻应变原理实测钢梁受到弯曲荷载作用下的弯曲应变，

1283

采用如图所示的测点布置和桥臂连接方式,则电桥的测试值是实际值的多少倍(ν是被测构件材料的泊松比)?

题 17-2-5 图

A. 2(1+ν)　　　B. 1　　　C. 2　　　D. 1+ν

第三节　结构静力（单调）加载试验

一、概述

结构静力（单调）加载试验是指在短时期内对试验对象进行平稳地一次连续施加荷载,荷载从"零"开始一直加到结构构件破坏或预定的状态目标。它主要用于模拟结构承受静荷载作用下观测和研究结构构件的强度、刚度、抗裂性等基本性能和破坏机制。通过结构静力（单调）加载试验,研究在各种力的作用下结构构件的荷载和变形的关系。对于混凝土结构构件还有荷载与开裂的相关关系和反映构件变形与时间关系的徐变问题。对于钢结构构件则有局部或整体失稳问题。

结构静力（单调）加载试验的缺点是：不能反映荷载作用下的应变速率对结构产生的影响,特别是结构在非线性阶段的试验控制,它无法完成。

二、试验加载

1. 支承装置（支座设计）

结构试验试件的支承装置应保证试验试件的边界约束条件和受力状态符合试验方案的计算简图,应有足够的承载力、刚度和稳定性,不应产生影响试件正常受力和测试精度的变形。为保证支承面紧密接触,支承装置上下钢垫板宜预埋在试件或支墩内;也可采用砂浆或干砂将钢垫板与试件、支墩垫平。当试件承受较大支座反力时,应进行局部承压验算。

(1) 受弯试件的支座设计

简支受弯试件的支座应仅提供垂直于跨度方向的竖向反力。单跨试件和多跨连续试件的支座,除一端应为固定铰支座外,其他应为滚动铰支座（图 17-3-1）。固定铰支座应限制试件在跨度方向的位移,但不应限制试件在支座处的转动;滚动铰支座不应影响试件在跨度方向的变形和位移,以及在支座处的转动（图 17-3-2）。铰支座的长度不宜小于试件在支承处的宽度。各支座轴线间的距离应等于试件的试验跨度。

悬臂试件的支座应具有足够的承载力和刚度,并应满足对试件端部嵌固的要求。

图 17-3-1　简支受弯试件的支承方式
1—试件；2—固定铰支座；3—滚动铰支座

图 17-3-2 铰支座的形式
(a) 固定铰支座；(b) 滚动铰支座
1—上垫板；2—带刀口的下垫板；3—钢滚轴；4—限位钢筋；5—下垫板

悬臂支座可采用图 17-3-3 所示的形式，c 为设计嵌固长度。四角简支及四边简支双向板试件的支座宜采用图 17-3-4 所示的形式。

图 17-3-3 悬臂试件嵌固端支座设置
1—悬臂试件；2—上支座；3—下支座

图 17-3-4 简支双向板的支承方式
(a) 四角简支；(b) 四边简支
1—钢球；2—半圆钢球；3—滚轴；4—角钢

(2) 受压试件的支座设计

支座对受压试件只提供沿试件轴向的反力，无水平反力，也不应发生水平位移；试件端部能够自由转动，无约束弯矩。受压试件支座可采用图 17-3-5 和图 17-3-6 所示的形式，轴心受压和双向偏心受压试件两端宜设置球形支座，单向偏心受压试件两端宜设置沿偏压方向的刀口支座，也可采用球形支座，刀口支座和球形支座中心应与加载点重合。对于刀口支座，刀口的长度不应小于试件截面的宽度。安装时，上下刀口应在同一平面内，刀口的中心线应垂直于试件发生

图 17-3-5 受压构件的支座布置
(a) 轴心受压；(b) 偏心受压
1—门架；2—千斤顶；3—球形支座；4—柱头钢套；5—试件；6—试件几何轴线；7—底座；8—刀口支座

图 17-3-6 受压构件的支座
(a) 球形支座；(b) 刀口支座
1—上半球；2—下半球；3—刀口；4—刀口支座

纵向弯曲的平面，并应与试验机或荷载架的中心线重合。刀口中心线与试件截面形心间的距离应取为加载设定的偏心距。

【例 17-3-1】（历年真题）柱子试验中铰支座是一个重要的试验设备，比较可靠灵活的铰支座是：

A. 圆球形铰支座　　　　　　　　B. 半球形铰支座
C. 可动铰支座　　　　　　　　　D. 刀口铰支座

【解答】 柱子试验中，刀口铰支座比较可靠灵活，应选 D 项。

2. 加载方式

对需在多处加载的试验，可采用分配梁系统进行多点加载。采用分配梁进行试验加载时，分配比例不宜大于 4∶1；分配级数不应大于 3 级；加载点不应多于 8 点。分配梁的刚度应满足试验要求，其支座应采用单跨简支支座。其他要求见本章第二节。

3. 加载程序

(1) 构件承载力破坏标志

生产性试验过程中出现表 17-3-1 所列的标志之一，应判别该试验构件已达到承载力极限状态，即发生承载力破坏。

承载力标志及加载系数 $\gamma_{u,i}$　　　　表 17-3-1

受力类型	标志类型 (i)	承载力标志	加载系数 $\gamma_{u,i}$
受拉、受压、受弯	1	弯曲挠度达到跨度的 1/50 或悬臂长度的 1/25	1.20 (1.35)
	2	受拉主筋处裂缝宽度达到 1.50mm 或钢筋应变达到 0.01	1.20 (1.35)
	3	构件的受拉主筋断裂	1.60
	4	弯曲受压区混凝土受压开裂、破碎	1.30 (1.50)
	5	受压构件的混凝土受压破碎、压溃	1.60
受剪	6	构件腹部斜裂缝宽度达到 1.50mm	1.40
	7	斜裂缝端部出现混凝土剪压破坏	1.40
	8	沿构件斜截面斜拉裂缝，混凝土撕裂	1.45
	9	沿构件斜截面斜压裂缝，混凝土破碎	1.45
	10	沿构件叠合面、接槎面出现剪切裂缝	1.45
受扭	11	构件腹部斜裂缝宽度达到 1.50mm	1.25

注：当混凝土强度等级不低于 C60 时，或采用无明显屈服钢筋为受力主筋时，取用括号中的数值。

(2) 临界试验荷载值的确定

混凝土结构设计是按不同极限状态下的荷载组合的内力值来计算其构件的承载力、挠度、抗裂性及裂缝宽度等。因此，进行混凝土结构试验必须按试验的性质和要求分别确定相应于各个受力阶段的临界试验荷载值。

1) 使用状态试验荷载值 F_s：试验时对应于结构正常使用极限状态的荷载值，根据构件设计控制截面的内力计算值与试验加载图式经换算确定。试件的挠度、裂缝宽度试验应确定使用状态试验荷载值 F_s。

2) 开裂荷载计算值 F_{cr}^c：试验时对应于结构正常使用极限状态的荷载值，根据构件设计控制截面的开裂内力计算值与试验加载图式经换算确定。试件的抗裂试验应确定开裂荷载计算值 F_{cr}^c。

3）承载力试验荷载值：是指试验时对应于构件承载能力极限状态的荷载值。对于生产性试验，其临界承载力试验荷载值为承载力状态荷载设计值 F_d 与加载系数 $\gamma_{u,i}$（见表17-3-1）、结构重要性系数的乘积。其中，承载力状态荷载设计值 F_d 是在承载能力极限状态下，根据构件设计控制截面上的内力设计值与试验加载图式经换算确定的荷载值。

试件的承载力试验应预估承载力试验荷载值，对生产性试验还应确定承载力状态荷载设计值 F_d。

注意，试验加载值是指试验时扣除试件自重及加载设备重量后实际对试件施加的荷载值。其中，试件自重及加载设备重量不宜大于使用状态试验荷载值 F_s 的20%。

（3）加载程序

一般地，结构静载试验的加载程序是：预加载→标准荷载→破坏荷载，如图17-3-7所示。

1）预加载

结构试验开始前应进行预加载，检验支座是否平稳，仪表及加载设备是否正常，并对仪表设备进行调零。预加载应控制试件在弹性范围内受力，不应产生裂缝及其他形式的加载残余值。由于混凝土结构构件抗裂试验的结果离散性较大，因此，预加载应严格控制不使结构开裂，预载时的加载值不宜超过该试件开裂试验荷载计算值的70%。

图17-3-7 静载（单调）加载试验的加载程序

2）试验荷载的加载与卸载

研究性试验的加载程序应根据试验目的及受力特点确定。生产性试验宜分级进行加载，荷载分级应包括各级临界试验荷载值。以下主要介绍生产性试验的加载与卸载。

生产性试验的分级加载原则如下：

1）在达到使用状态试验荷载值 F_s 以前，每级加载值不宜大于 $0.20F_s$；超过 F_s 以后，每级加载值不宜大于 $0.10F_s$。

2）接近开裂荷载计算值 F_{cr}^c 时，每级加载值不宜大于 $0.05F_s$；试件开裂后每级加载值可取 $0.10F_s$。

3）加载到承载能力极限状态的试验阶段时，每级加载值不应大于承载力状态荷载设计值 F_d 的0.05倍。

生产性试验每级加载的持荷时间为：①每级荷载加载完成后的持荷时间不应少于5～10min，且每级加载时间宜相等；②在使用状态试验荷载值 F_s 作用下，持荷时间不应小于15min；在开裂荷载计算值 F_{cr}^c 作用下，持荷时间不宜少于15min；如荷载达到开裂荷载计算值前已经出现裂缝，则在开裂荷载计算值下的持荷时间不应少于5～10min；③跨度较大的屋架、桁架及薄腹梁等试件，当不再进行承载力试验时，使用状态试验荷载值 F_s 作用下的持荷时间不宜少于12h。

分级加载试验时，试验荷载的实测值应按下列原则确定：

1）在持荷时间完成后出现试验标志时，取该级荷载值作为试验荷载实测值。

2) 在加载过程中出现试验标志时，取前一级荷载值作为试验荷载实测值。

3) 在持荷过程中出现试验标志时，取该级荷载和前一级荷载的平均值作为试验荷载实测值。

对于需要做试件恢复性能的试验，加载完成以后应按阶段分级卸载。每级卸载值可取为承载力试验荷载值的 20%，也可按各级临界试验荷载逐级卸载。卸载时，宜在各级临界试验荷载下持荷并量测各试验参数的残余值，直至卸载完毕。

全部卸载完成以后，宜经过一定的时间后重新量测残余变形等，以检验试件的恢复性能。恢复性能的量测时间，对于一般结构构件取为1h，对新型结构和跨度较大的试件取为 12h。

【例 17-3-2】（历年真题）结构试验前，应进行预载，以下结论哪一条不当？

A．混凝土结构预载值不可以超过开裂荷载

B．预应力混凝土结构预载值可以超过开裂荷载

C．钢结构的预载值可以加到使用荷载值

D．预应力混凝土结构预载值可以加至使用荷载值

【解答】预应力混凝土结构预载值不能超过开裂荷载，B 项错误，应选 B 项。

三、应变和变形的量测的基本原则

1. 应变的量测

受弯构件应在弯矩最大的截面上沿截面高度布置测点，每个截面不宜少于 2 个 [图 17-3-8(a)]；当需要量测沿截面高度的应变分布规律时，布置测点数不宜少于 5 个 [图 17-3-8(b)]。双向受弯构件在构件截面边缘布置的测点不应少于 4 个 [图 17-3-8(c)]。

轴心受力构件应在构件量测截面两侧或四侧沿轴线方向相对布置测点，每个截面不应少于 2 个 [图 17-3-8(d)]。

偏心受力构件，其量测截面上测点不应少于 2 个 [图 17-3-8（d）]；如需量测截面应变分布规律时，测点布置应与受弯构件相同 [图 17-3-8(b)]。

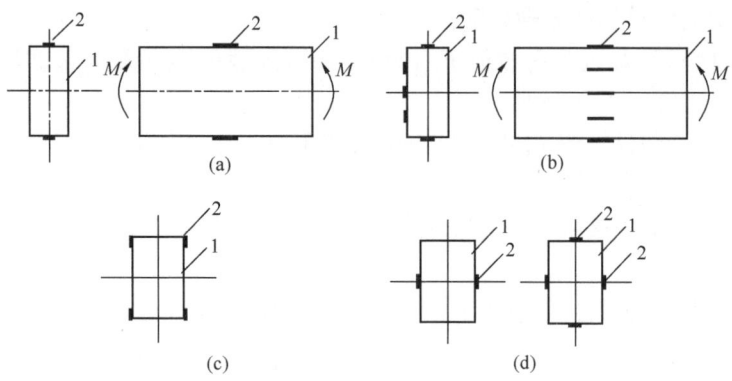

图 17-3-8　构件应变测点位置

(a) 受弯构件应变测点布置；(b) 量测应变沿截面高度分布时受弯构件应变测点布置；
(c) 双向受弯构件应变测点布置；(d) 轴心受力构件应变测点布置
1—试件；2—应变计

同时承受剪力和弯矩作用的构件，当需要量测主应力大小和方向及剪应力时，应布置 45°或 60°的平面三向应变测点 [图 17-3-9（a）]。

受扭构件应在构件量测截面的两长边方向的侧面对应部位上布置与扭转轴线成45°方向的测点[图17-3-9（b）]。

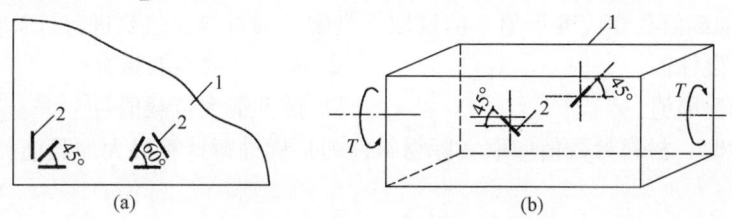

图17-3-9 构件应变测点布置
(a) 三向应变测点布置；(b) 受纯扭构件应变测点布置
1—试件；2—应变计

2. 位移的量测

在试件最大位移处及支座处布置测点；对宽度较大的试件，还应在试件的两侧布置测点，并取量测结果的平均值作为该处的实测值。

对具有边肋的单向板，除应量测边肋挠度外，还宜量测板宽中央的最大挠度。

对屋架、桁架挠度测点应布置在下弦杆跨中或最大挠度的节点位置上，需要时也可在上弦杆节点处布置测点；还应在跨度方向的支座两端布置水平测点，量测结构在荷载作用下沿跨度方向的水平位移。

3. 挠度的量测

受弯和偏心受压构件量测挠度曲线的测点应沿构件跨度方向布置，包括量测支座沉降和变形的测点在内，测点不应少于5点；对于跨度大于6m的构件，测点数量还宜适当增多。

双向板、空间薄壳结构量测挠度曲线的测点应沿两个跨度或主曲率方向布置，且任一方向的测点数包括量测支座沉降和变形的测点在内不应少于5点。

屋架、桁架量测挠度曲线的测点应沿跨度方向各下弦节点处布置。

4. 裂缝宽度的量测

梁、柱、墙等构件的受弯裂缝应在构件侧面受拉主筋处量测最大裂缝宽度，对其受剪裂缝应在构件侧面斜裂缝最宽处量测最大裂缝宽度。板类构件可在板面或板底量测最大裂缝宽度。

【例17-3-3】（历年真题）对于正截面出现裂缝的试验结构构件，不要采用下列哪项确定开裂荷载实测值？

A. 荷载-挠度曲线判断法。测定试验结构的最大挠度，取其荷载-挠度曲线上斜率首次发生突变时的荷载值作为开裂荷载测值

B. 连续布置应变计法。在截面受拉区最外层表面，沿受力主筋在拉应力最大区段的全长范围内连续搭接布置应变计监测应变值的发展，取应变计的应变增量有突变时的荷载值作为开裂荷载实测值

C. 放大镜观察法。当加载过程中第一次出现裂缝时，应取前一级荷载值作为开裂荷载实测值

D. 放大镜观察法。当在规定的荷载持续时间即将结束前第一次出现裂缝时，应取本级荷载值作为开裂荷载实测值

【解答】在持荷过程中出现第一次裂缝，应取该级荷载和前一级荷载的平均值作为荷

载实测值,D 项错误,应选 D 项。

【例 17-3-4】(历年真题)在结构实验室进行混凝土构件的最大承载能力试验,需在试验前计算最大加载值和相应变形值,应选取下列哪一项材料参数值进行计算:

A. 材料的设计值　　　　　　　　B. 实际材料性能指标
C. 材料的标准值　　　　　　　　D. 试件最大荷载值

【解答】 此时,材料参数值应取实际材料性能指标进行计算最大加载值和相应变形值,选 B 项。

四、构件试验

1. 受弯构件试验

混凝土受弯构件如板、梁等,试验安装一般都采用正位试验。简支梁的挠度测量(图 17-3-10),其真实的跨中点处的最大挠度值 $f_{max} = f_3 - (f_1 + f_5)/2$。梁的应变测点布置见前述。梁的开裂一般是截面弯矩最大的受拉区、剪力较大且靠近支座部位的斜截面处。梁的开裂的判断方法有:

(1) 直接观察法:在试件表面刷白,用放大镜或电子裂缝观测仪观察第一次出现的裂缝。

(2) 仪表动态判定法:当以千斤顶加载时,在某变形下位移不变而荷载读数持续减小,则表明试件已经开裂。

图 17-3-10　梁的挠度测点布置

(3) 挠度转折法:对大跨度试件,根据加载过程中试件的荷载-变形关系曲线转折判断开裂并确定开裂荷载。

(4) 应变量测判断法:在试件的最大主拉应力区,沿主拉应力方向连续布置应变计监测应变值的发展(图 17-3-11)。当某应变计的应变增量有突变时,应取当时的荷载值作为开裂荷载实测值,且判断裂缝就出现在该应变计所跨的范围内。

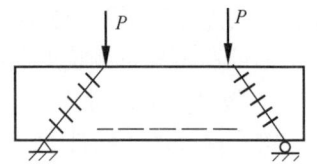

图 17-3-11　梁的开裂测点布置

2. 柱与压杆试验

混凝土柱与压杆试验可采用正位或卧位试验,一般观测各级荷载下的侧向位移值与变形曲线,控制截面或区域的应力变化规律,以及裂缝开展情况。高大的偏心受压杆可采用卧位试验,此时要考虑结构自重的影响(图 17-3-12)。偏心受压短柱试验如图 17-3-13 所示。

图 17-3-12　偏心受压柱的卧位试验
1—试件;2—铰支座;3—加载器;4—荷载传感器;5—荷载支承架;
6—电阻应变计;7—挠度计

3. 屋架试验

屋架试验一般均采用正位试验，由于屋架的平面外刚度较弱，安装时必须设置侧向支撑，以保证屋架上弦受压时的侧向稳定［图 17-3-14（a）］。在施工现场进行屋架试验时，还可以采用两榀屋架对顶的卧位试验。

屋架的挠度和节点位移，其测点布置见图 17-3-14（b）所示。预应力混凝土屋架还需要测量因下弦施加预应力而使屋架产生的反拱值。

图 17-3-13　偏压短柱试验测点布置

1—试件；2—铰支座；3—应变计；4—应变仪测点；5—挠度仪

1—试件；2—荷载支承架；3—拉杆式支撑的立柱

○—测量屋架上、下弦节点挠度及端节点水平位移的百分表或挠度计；⊙—测量屋架上、下弦杆平面外水平位移的百分表或挠度计

图 17-3-14　屋架试验测点布置

(a) 屋架侧向支撑形式；(b) 屋架的挠度测点布置

屋架杆件的内力测量，其测点布置见图 17-3-15 所示，不能将测点布置在节点上。由上弦杆中间 1-1 观测可得到杆件的轴力，靠近节点的 2-2 测点可得到节点次应力。由端节点的测点可得到节点上的剪应力、主应力及其分布规律。在上、下弦杆交接的豁口处，可沿豁口周边布置单向应变测点，可得到其豁口应力。

图 17-3-15　预应力混凝土屋架试验测量杆件内力测点布置

4. 薄壳结构试验

薄壳结构是空间受力体系，在一定的曲面形式下，壳体弯矩很小，荷载主要靠轴向力来承受。壳体结构由于具有较大的平面尺寸，故单位面积上荷载量不会太大，一般情况下可以用重力直接加载，也可以通过壳面预留的洞孔直接悬吊荷载（图17-3-16），或在壳体下面用分配梁通过杠杆施加集中荷载。当需要较大的试验荷载或要求进行破坏试验时，可采用同步液压加载器和荷载支承装置施加荷载（图17-3-17）。

图 17-3-16 通过壳面预留洞孔施加悬吊荷载
1—试件；2—荷重吊杆；3—荷重；4—壳面预留洞孔

图 17-3-17 用液压加载器进行壳体结构加载试验
1—试件；2—荷载支承架立柱；3—横梁；4—分配梁系统；5—液压加载器；6—支座；7—试验台座

薄壳结构要量测的内容是位移和应力，为减小测点数量，又不影响对其受力和变形的实际情况，可利用其结构对称和荷载对称的特点，在结构的1/2、1/4或1/8的区域内布置主要测点作为分析结构受力特点的依据，而在其他对称的区域内布置适量的测点进行校核。如双曲扁壳的测点布置如图17-3-18所示。

5. 钢筋混凝土平面楼盖试验

钢筋混凝土平面楼盖试验时，活荷载的布置和测量必须考虑楼盖结构的连续性与整体性的特点。

当楼板是简支的单向受弯板时，对于横向没有联系的装配式板，应同时在被试验板的两侧相邻板上施加荷载，即取并排的三块板作为受载面积；对于横向连成整体的板，则至少取 $3l$（l 为单向板的跨度）的宽度进行加载。

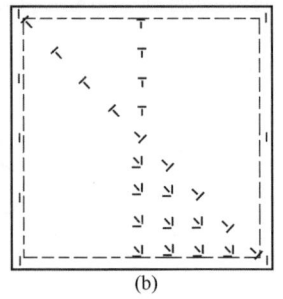

图 17-3-18 双曲扁壳的测点布置
(a) 位移；(b) 应变

当平面楼盖是多跨连续结构时，一般只需考虑五跨，按活荷载最不利布置原则，如图 17-3-19 所示，当欲求某跨的最大正弯矩时，该跨应满布活荷载，其余每隔一跨满布活荷载；当欲求某支座的最大负弯矩时，该支座相邻两跨应满布活荷载，其余每隔一跨满布活荷载。

为了减少活荷载数量和加载工作量，可采用等效荷载的方法，可仅加载于所试验的跨间，其他跨间均不加载。求某一跨间的最大正弯矩，此时该跨间活荷载加载值为等效荷载 p_{eq}。例如：求图 17-3-19 中 1、2 跨间的最大正弯矩，仅对 1、2 跨间加载 $p_{eq1}=1.175p$ [图 17-3-19（f）]；同理，求 2、3 跨间的最大正弯矩，仅 2、3 跨间加载 $p_{eq2}=1.08p$；求 3、4 跨间的最大正弯矩，仅 3、4 跨间加载 $p_{eq3}=1.19p$。

图 17-3-19　求最大弯矩所用的连续梁式结构加载图
g—恒荷载；p—活荷载；p_{eq1}—等效活荷载

习　题

17-3-1　（历年真题）某钢筋混凝土预制板，计算跨度 $L_0=3.3\text{m}$，板宽 $b=0.6\text{m}$，永久荷载标准值 $g_k=5.0\text{kN/m}^2$，可变荷载标准值 $q_k=2.0\text{kN/m}^2$，板自重 $g=2.0\text{kN/m}^2$，预制板检验时用二集中力四分点加载，则承载力检验荷载设计值为（其中，$\gamma_G=1.3$，$\gamma_Q=1.5$）：

A. 7.425kN　　　　B. 6.831kN　　　　C. 5.142kN　　　　D. 4.836kN

17-3-2　下列钢筋混凝土构件的各测量参数中，不适宜用位移计测量的是：

A. 简支梁的转角　　　　　　　　　B. 截面曲率

C. 支座的沉降　　　　　　　　　D. 受扭构件应变

17-3-3 （历年真题）标距 $L=200\text{mm}$ 的手持应变仪，用千分表进行量测读数，读数为 3 小格，测得的应变值的（$\mu\varepsilon$ 表示微应变）：

A. $1.5\mu\varepsilon$　　　　B. $15\mu\varepsilon$　　　　C. $6\mu\varepsilon$　　　　D. $12\mu\varepsilon$

第四节　结构低周反复加载试验

一、概述

结构低周反复加载试验一般以试件（指试验构件、模型结构或原型结构的总称）的荷载值或位移值（变形值）作为控制量，在正、反两个方向对试件进行反复加载和卸载，使试件从弹性阶段到塑性阶段直至破坏的一种全过程试验。加载过程的周期远大于结构的基本周期。因此，它实质是用静力加载方法来近似模拟地震作用，并由其评价结构的抗震性能和抗震能力，故称其为拟静力试验（或伪静力试验）。

结构低周反复加载试验的目的是：(1) 研究结构（或构件）在地震作用下的恢复力特性，确定结构（或构件）恢复力的计算模型。通过试验所得的滞回曲线和曲线所包的面积求得结构的等效阻尼比，衡量结构的耗能能力。从恢复力特性曲线还可得到和一次加载相接近的骨架曲线，结构的初始刚度和刚度退化等重要参数。(2) 通过试验可以从强度、变形和能量三个方面判别和鉴定结构的抗震性能。(3) 通过试验研究结构（或构件）的破坏机理，为制定和修改抗震设计规范提供依据。

结构低周反复加载试验的优点是：加载历程可人为控制，并可按需要随时加以修正；改变加载历程随时可以暂停试验，以观察结构的开裂情况和变形过程及破坏形态；便于检验校核试验数据和仪器的工作情况。其缺点是：试验的加载历程是事先由研究者主观确定的，与地震记录不发生关系，由于加载是按荷载或位移对称反复施加。因此，与任一次确定性的非线性地震反应相差很远，不能反映出应变速率对结构的影响。

【例 17-4-1】（历年真题）下列哪一点不是低周反复加载试验的优点？

A. 在试验过程中可以随时停下来观察结构的开裂和破坏状态

B. 便于检验数据和仪器的工作情况

C. 可按试验需要修正和改变加载历程

D. 试验的加载历程由研究者按力或位移对称反复施加

【解答】上述 A、B、C 项属于低周反复加载试验的优点，而 D 项属于其缺点，故选 D 项。

【例 17-4-2】（历年真题）下列不是低周反复加载试验目的的是：

A. 研究结构动力特性　　　　　　B. 研究结构在地震作用下的恢复力特性

C. 判断或鉴定结构的抗震性能　　D. 研究结构的破坏机理

【解答】研究结构动力特性不是低周反复加载试验的目的，应选 A 项。

二、加载方法

1. 单向反复加载方法

单向反复加载方法有：荷载控制、位移控制（即变形控制）、荷载和位移混合控制三种。

(1) 荷载控制的加载方法

荷载控制加载方法是通过施加于试件的作用力数值的变化控制低周反复加载的要求,但必须事先对试验试件的承载力进行估算,根据估算的承载力分级控制加载,如图17-4-1所示,若估算的承载力过高,在加载过程中容易发生失控,所以一般很少采用。

图 17-4-1 荷载控制加载

(2) 位移控制(即变形控制)的加载方法

位移控制加载方法是结构抗震试验中最普遍的加载方法,这种方法以位移为控制值,或以结构的屈服位移为标准值,以标准位移值的倍数作为加载控制值。这里所指的位移概念是广义的,可以是线位移,也可以是转角位移、曲率或应变等。位移控制加载又分为:变幅加载、等幅加载、变幅和等幅混合加载三种。

1) 变幅位移控制加载(图17-4-2):一般以图中纵坐标为延性系数 μ 或位移值,横坐标为反复加载循环次数。每一周次后增加位移的幅值。通过试验所得滞回曲线可以建立试件的恢复力模型。通过反复加载循环次数的多少研究得出结构的恢复力特性。

2) 等幅位移控制加载(图17-4-3):在整个试验过程中始终按等幅位移施加水平荷载。该加载方法主要用于研究结构的耗能性能、强度退化和刚度退化率。

图 17-4-2 位移控制的变幅加载

图 17-4-3 位移控制的等幅加载

图 17-4-4 位移控制的变幅和等幅混合加载

3) 变幅和等幅混合位移控制加载(图17-4-4):它是把等幅位移和变幅位移两种加载方法混合起来控制加载,其主要用于综合研究结构的抗震性能和不同加载位移控制幅值对试件受力的影响。

(3) 荷载控制和位移控制的混合加载方法

混合加载是先荷载控制、后位移控制的加载方法(图17-4-5),先控制荷载加载时不管实际位移是多少。结构低周反复加载试验宜采用该方法,并且满足下列要求:

1) 对无屈服点试件(如砌体结构试件),试件开裂前应采用荷载控制并分级加载,接近开裂荷载前宜减小级差进行加载;试件开裂后应采用变形控制,变形值宜取开裂时试件的最大位移值,并应以该位移值的倍数为级差进行控制加载。

2) 对有屈服点试件(如钢筋混凝土结构、钢结构试件),试件开裂前宜采用荷载控制并分级加载,接近屈服荷载前宜减小级差进行加载;试件屈服后应采用变形控制,变形

图 17-4-5 荷载和位移控制混合加载制度

值宜取屈服时试件的最大位移值,并应以该位移值的倍数为级差进行控制加载。

3) 施加反复荷载的次数应根据试验目的确定,屈服前每级荷载可反复一次,屈服以后宜反复三次。

2. 双向反复加载方法

为了研究地震对结构构件的组合效应,克服在采用结构单方向(平面内)加载时不考虑另一方向(平面外)地震作用对结构影响的局限性,可在 x、y 两个主轴方向同时施加低周反复荷载。针对不同结构形式,如框架柱或压杆的空间受力、框架梁柱节点在两个主轴方向所在平面内的受力等,可分别选用双向同步或异步的加载方法。

3. 基本要求

试验前,应先进行预加荷载试验,混凝土结构试件的预加载值不宜大于开裂荷载计算值的 30%;砌体结构试件的预加载值不宜大于开裂荷载计算值的 20%。

对于试件的设计恒荷载值,宜先施加满载的 40%~60%,再逐步加至 100%,试验过程中应保持恒荷载的稳定。

试验过程中,应保持反复加载的连续性和均匀性,加载或卸载的速度宜一致。

承载能力极限状态下的破坏特征试验宜加载至试验曲线的下降段,下降值宜控制到极限荷载的 85%。

【例 17-4-3】(历年真题)在检验构件承载能力的低周反复加载试验中,下列不属于加载制度的是:

A. 试验始终控制位移加载 B. 控制加速度加载
C. 先控制作用力加载再转换位移控制加载 D. 控制作用力和位移的混合加载

【解答】对于低周反复加载试验,控制加速度加载不属于其加载制度,应选 B 项。

【例 17-4-4】(历年真题)对砌体结构墙体进行低周反复加载试验时,下列哪一项做法是不正确的:

A. 水平反复荷载在墙体开裂前采用荷载控制
B. 按位移控制加载时,应使骨架曲线出现下降段,下降到极限荷载的 90%,试验结束
C. 通常以开裂位移为控制参数,按开裂位移的倍数逐级加载
D. 墙体开裂后按位移进行控制

【解答】骨架曲线出现下降段,下降到极限荷载的 85%,试验结束,故 B 项错误,应选 B 项。

三、拟静力试验测试项目

1. 砌体结构墙体试验

在砌体结构墙体抗震性能试验中,观测项目一般有:裂缝;开裂荷载;破坏荷载;墙

体位移；应变及荷载-位移曲线等，其试验装置及墙体侧向位移的测点布置分别如图17-4-6、图17-4-7所示。

图17-4-6 墙片试验装置示意

1—横梁；2—反力架；3—千斤顶；4—滚动导轨或平面导轨；5—反力墙；6—往复作动器；7—静力台座

图17-4-7 墙体侧向位移量测的测点布置

1—试件；2—位移计；3—安装于试验台上的仪表架；4—试验台座

2. 钢筋混凝土框架梁柱节点组合体试验

钢筋混凝土框架梁柱节点的试件可取框架在侧向荷载（或水平地震作用）作用下节点相邻梁柱反弯点之间的组合体，经常采用十字形试件。在实际框架结构中，当水平荷载作用时，节点上柱反弯点有水平位移，用能水平移动的铰模拟，节点下柱反弯点可视为固定铰，如图17-4-8（a）所示，其应采用柱端试验装置（图17-4-9）。该柱端试验装置适用于以柱端塑性铰区或柱连接处为主要试验研究对象的情况，并且应计入 $P\text{-}\Delta$ 效应。

当不考虑节点上柱反弯点的水平移动时，可采用图17-4-8（b）所示的边界模拟，不考虑 $P\text{-}\Delta$ 效应。为方便加载，常采用梁端施加反对称荷载，采用梁-柱试验装置（图17-4-10），其适用于以梁端塑性铰区或节点核心区为主要试验研究对象。

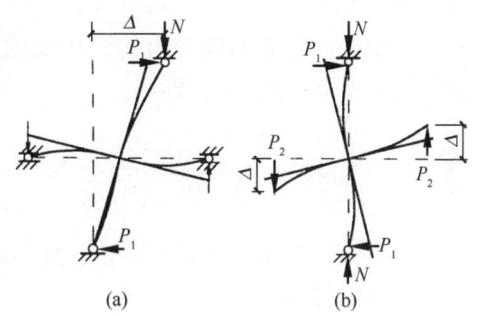

图17-4-8 梁柱组合节点组合体试件的边界模拟

试验观测内容可根据试验目的而确定。一般量测项目有：荷载数值及支座反力；荷载-变形曲线；变形（包括梁端或柱端位移，梁或柱塑性铰区曲率或截面转角，节点核心区剪切角）；钢筋应力（包括梁柱交界处梁柱纵筋应力，梁柱塑性铰区或核心区箍筋应力）；钢筋的滑移（包括梁或柱纵向钢筋通过核心区段的锚固滑移）；裂缝观测。

四、试验数据处理

1. 试件的荷载及变形试验数据处理

（1）开裂荷载及变形应取试件受拉区出现第一条裂缝时相应的荷载和相应变形。

（2）对钢筋屈服的试件，屈服荷载 F_y 及变形应取受拉区纵向受力钢筋达到屈服应变时相应的荷载和相应变形。

(3) 试件承受的极限荷载 F_{max} 应取试件承受荷载最大时相应的荷载。

图 17-4-9 柱端试验装置示意
1—千斤顶；2—试件；3—试件架；4—往复作动器；
5—反力墙；6—静力台座

图 17-4-10 梁-柱试验装置示意
1—门架；2—往复作动器；3—铰；4—固定连接件；
5—试件；6—千斤顶；7—反力墙；8—静力台座

(4) 破坏荷载及极限变形应取试件在荷载下降至最大荷载的 85% 时的荷载和相应变形。

试件的骨架曲线应取荷载-变形曲线的各级加载第一次循环的峰值点所连成的包络线（图 17-4-11）。

2. 刚度、延性系数、强度退化系数和能量耗散能力

(1) 刚度：它是结构变形能力的反映，可采用割线刚度 K_i 来表示，即：

$$K_i = \frac{|+F_i|+|-F_i|}{|+X_i|+|-X_i|} \quad (17\text{-}4\text{-}1)$$

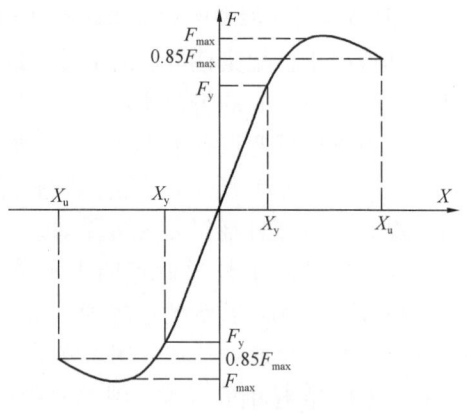

图 17-4-11 试件骨架曲线

式中，$+F_i$、$-F_i$ 分别为第 i 次正、反向峰值点的荷载值；$+X_i$、$-X_i$ 分别为第 i 次正、反向峰值点的位移值。

(2) 延线系数 μ：它是试件的极限变形 Δ_u 与屈服变形 Δ_y 之比，即 $\mu=\Delta_u/\Delta_y$。

(3) 强度退化系数 λ：它反映结构强度随反复荷载次数增加而降低的特性，其计算为：

$$\lambda_i = \frac{F_j^i}{F_j^{i-1}} \quad (17\text{-}4\text{-}2)$$

式中，F_j^i 为第 j 级加载时，第 i 次循环峰值点的荷载值；F_j^{i-1} 为第 j 级加载时，第 $i-1$ 次循环峰值点的荷载值。

(4) 试件的能量耗散能力：它是以荷载-变形滞回曲线所包围的面积来衡量，通常用能量耗散系数 E 或等效黏滞阻尼系数 ξ_{eq} 来评价（图 17-4-12），用 $S_{阴影}$ 表示滞回曲线阴影面积，S_{OBE} 表示三角形 OBE 面积，S_{ODF} 表示三角形 ODF 面积，则：

$$E = \frac{S_{阴影}}{S_{OBE} + S_{ODF}} \quad (17\text{-}4\text{-}3)$$

$$\xi_{eq} = \frac{1}{2\pi} \cdot \frac{S_{阴影}}{S_{OBE} + S_{ODF}} \quad (17\text{-}4\text{-}4)$$

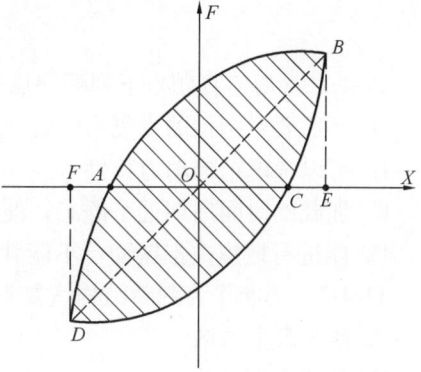

图 17-4-12 等效黏滞阻尼系数计算

五、结构拟动力试验和模拟地震振动台试验

结构拟动力试验和模拟地震振动台试验均属于抗震试验，在历年真题中涉及其相关基础知识，下面作简要介绍。

1. 结构拟动力试验

结构拟动力试验是由给定地震加速度记录通过计算机进行非线性动力分析，将得到的位移反应作为输入数据，控制加载器对试件进行的试验。它采用计算机和试验机联机进行结构试验，以较低的加载速率使结构经历地震作用，将结构在地震中受到的惯性力通过计算转换为静力作用施加到结构上，模拟结构的实际地震反应。结构拟动力试验的优点如下：

（1）它在整个数值分析过程中不需要对结构的恢复力特性作任何假设，这特别有利于分析非线性的系统性能。

（2）它加载的时间周期近乎静态，因此，有条件给试验者有足够的时间来观测结构性能变化和受损破坏的过程，从而获得比较详细的数据资料。

（3）对于一些足尺或大比例尺模型，在模拟地震振动台上进行试验由于受设备技术条件限制而无法实施，可以采用结构拟动力试验。

2. 模拟地震振动台试验

模拟地震振动台试验是通过振动台台面对试件输入地面运动，模拟地震对试件作用的抗震试验。它的特点是：可以再现各种形式的地震波形，可以在实验室条件下直接观测和了解原型结构或模型结构的震害情况和破坏现象。

通过模拟地震振动台试验，验证为非线性地震反应分析所建立的适当的简化模型；采用线性或非线性系统识别方法，分析处理试验数据，识别结构的恢复力模型和整体力学模型；观测和分析试验原型结构或模型结构的破坏机理和震害原因；由试验结果综合评价试验的原型结构或模型结构的抗震能力。

模拟地震振动台模型结构的试验，加载前应采用白噪声激振法测定试件的动力特性。

模拟地震振动台试验，宜采用多次分级加载方法，加载步骤如下：

（1）应按试件模型理论计算的弹性和非弹性地震反应，逐次递增输入台面加速度幅值，加速度分级宜覆盖多遇地震、设防烈度地震和罕遇地震对应的加速度值。

（2）弹性阶段试验，应根据试验加载工况，每次输入某一幅值的地震地面运动加速度时程曲线，测量试件的动力反应、加速度放大系数和弹性性能。

（3）非弹性阶段试验，逐级加大台面输入加速度幅值，使试件由轻微损坏逐步发展到中等程度的破坏，除应采集测试的数据外，还应观察试件各部位的开裂和破坏情况。

（4）破坏阶段试验，继续加大台面输入加速度幅值，或在某一最大的峰值下反复输入，直到试件发生整体破坏，检验结构的极限抗震能力。

习 题

17-4-1 （历年真题）下列哪一点不是拟静力试验的优点？
A. 不需要对结构的恢复力特性作任何假设
B. 可以考虑结构动力特性
C. 加载的时间周期近乎静态，便于观察和研究
D. 能进行地震模拟振动台不能胜任的足尺或大比例尺模型的试验

17-4-2 不能作为判断结构恢复力特性的参数是：
A. 能量耗散系数　　　　　　　　B. 刚度退化系数
C. 裂缝宽度　　　　　　　　　　D. 延性系数

17-4-3 下列低周反复加载试验中的混合加载法的说法中，正确的是：
A. 先控制作用力到开裂荷载，随后用位移控制
B. 先控制作用力到屈服荷载，随后用位移控制
C. 先控制作用力到极限荷载，再用位移控制
D. 先控制作用力到破坏荷载，再用位移控制

17-4-4 钢筋混凝土框架梁柱节点的抗震性能试验，为了反映钢筋混凝土的材料特性，试件尺寸比例一般不小于实际构件的：
A. $\dfrac{1}{2}$　　　　B. $\dfrac{1}{3}$　　　　C. $\dfrac{1}{4}$　　　　D. $\dfrac{1}{5}$

17-4-5 在低周反复加载试验所得到的数据中，极限变形是指：
A. 屈服荷载时对应的变形值　　　B. 开裂荷载时对应的变形值
C. 破坏荷载时对应的变形值　　　D. 极限荷载时对应的变形值

第五节　结构动力特性及响应试验

一、结构动力特性量测方法

工程结构的动力特性（又称结构的自振特性）是反映结构本身所固有的动态参数（亦称动力特性参数或振动模态参数），主要包括结构的自振频率、阻尼系数和振型等。这些特性是由结构的组成形式、质量分布、结构刚度、材料性质、构造连接等因素决定的，而与外荷载无关。工程结构的动力特性可按结构动力学的理论进行计算，但由于实际结构的组成、材料和连接等因素，经简化计算得出的理论数据往往会有一定误差，对于结构阻尼系数一般只能通过试验来加以确定。因此，结构动力特性试验就成为动力试验中的一个极为重要的组成部分。

工程结构动力特性量测的目的是：①掌握结构的动力特性，为结构动力分析和结构动力设计提供试验依据；②掌握作用在结构上的动荷载特性；③可以为检测、诊断结构的损伤积累提供可靠的资料和数据。

结构动力特性试验是以研究结构自振特性为主，由于它可以在小振幅试验下求得，不会使结构出现过大的振动和损坏，因此，经常可以在现场进行结构的实物试验。结构动力特性试验的方法主要有：人工激振法；环境随机振动法。其中，人工激振法又可分为自由

振动法和强迫振动法。

此外，研究地震、风振的结构动力试验也可以通过抗震实验室、风洞实验室的模型试验来测量结构的动力特性。

1. 人工激振法测定结构动力特性

（1）自由振动法

在试验中采用初位移或初速度的突卸或突加荷载的方法，使结构受一冲击荷载作用而产生有阻尼的自由振动。在现场试验中，可用反冲激振器（亦称小火箭法）对结构产生冲击荷载；在工业厂房中可以通过锻锤、冲床、吊车刹车等使厂房产生自由振动；在桥梁上则可用载重汽车越过障碍物或紧急刹车产生冲击荷载；在实验室内进行模型试验时，可用锤击法使模型产生自由振动。

有阻尼自由振动的振动波形图如图 17-5-1 所示，从实测得到的波形图上，直接测量振动波形的周期；为了提高精确度，可取若干个波的总时间除以波的数量得到平均数作为基本周期 T，其倒数就是基本频率 $f = \dfrac{1}{T}$。

图 17-5-1 有阻尼自由振动波形图

对数衰减率 $\qquad\qquad \lambda = \ln \dfrac{x_n}{x_{n+1}} \qquad\qquad$ （17-5-1）

阻尼比 $\qquad\qquad\qquad\qquad \xi = \dfrac{\lambda}{2\pi} \qquad\qquad\qquad$ （17-5-2）

式中，λ 可取平均对数衰减率 $\lambda_{\text{平}} = \dfrac{1}{k}\ln \dfrac{x_n}{x_{n+k}}$，$k$ 为波的个数。

自由振动法一般只能测得结构的基本频率，不能测得高阶频率。有阻尼自由振动根据振动波形图确定结构的阻尼的方法称为时域法。

（2）强迫振动法

一般采用惯性式机械离心激振器对结构施加周期性的简谐振动，使结构产生简谐强迫振动。当干扰力的频率与结构本身自振频率相等时，结构就出现共振。利用共振现象测定结构的自振特性。利用激励器可以连续改变激振频率的特点，使结构发生第一次共振、第二次共振、……，至结构产生共振时振幅出现最大值，这时候记录下振动波形图，在图上可以找到最大振幅对应的频率就是结构的第一自振频率（即基本频率），如图 17-5-2（a）所示。根据记录波形图可以作出频率-振幅关系曲线（亦称共振曲线），如图 17-5-2（b）所示。

根据共振曲线，按照结构动力学原理，采用半功率点法 $\left(\dfrac{y_{\max}}{\sqrt{2}} = 0.707 y_{\max}\right)$，可求得（图 17-5-3）：

阻尼比 $\qquad\qquad\qquad \xi = \dfrac{\omega_b - \omega_a}{2\omega_0} \qquad\qquad$ （17-5-3）

阻尼系数 $\qquad\qquad\qquad c = \dfrac{\omega_b - \omega_a}{2} \qquad\qquad$ （17-5-4）

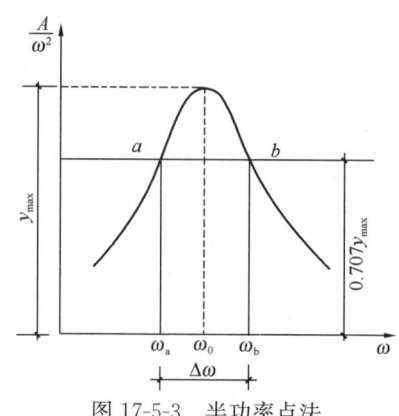

图 17-5-2 共振时的振动图形和共振曲线
(a) 共振时振动图形；(b) 共振曲线

图 17-5-3 半功率点法

此外，当测得结构发生共振时的动力系数 μ，则阻尼比为：$\xi = \dfrac{1}{2\mu}$。强迫振动法不仅可测得结构的基本频率，也可测得其高阶频率。按半功率法确定结构的阻尼的方法称为频域法。

结构振动时，结构上各点的位移、速度和加速度都是时间和空间的函数。根据结构动力学可知，当结构按某一固有频率振动时各点的位移之间呈现一定的比例关系。如果这时沿结构各点将其位移连接起来，形成一定形式的曲线，则称为结构按此频率振动的振动形式，也称对应该频率时的结构振型。对应于基本频率、第二频率、第三频率分别有基本振型（第一振型）、第二振型、第三振型。采用共振法测量结构振型是最常用的基本试验方法。注意，绘制振型曲线时，要根据相位规定位移的正负值。

(3) 谐量分析法

结构动力试验时，有时记录的是复杂的周期振动的合成波，为了掌握它们包含的频率成分，往往要对其合成波形进行谐量分析。谐量分析法是指将两个或两个以上的合成波形分解成单一波形的分析方法，即：分解成知其幅值、频率大小的单一波形。

谐量分析法的基础是傅里叶级数原理。通过谐量分析法不仅可测得结构的基本频率，也可测得高阶频率。

【例 17-5-1】（历年真题）结构动力试验方法中，下列不能用于测得高阶频率的方法是：

A. 自由振动法　　B. 强迫振动　　C. 主谐量法　　D. 谐量分析法

【解答】自由振动法不能用于测得高阶频率，应选 A 项。

2. 环境随机振动法测量结构动特性

在试验观测中，人们发现建筑物或桥梁结构由于受外界环境的干扰而经常处于微小而不规则的振动之中，其振幅一般在 0.01mm 以下，这种环境随机振动称为脉动。环境随机振动法又称为脉动法，即利用脉动来测量和分析结构动力特性的方法。

建筑物或桥梁结构的脉动源不论是风还是地面脉动，它们都是不规则的，可以是各种不同值的变量，在随机理论中称这种变量为随机过程，它无法用一确定的时间函数描述，由于脉动源是一个随机过程，则建筑物或桥梁结构的脉动也必定是一个随机过程。重要的是，建筑物或桥梁结构的脉动明显地反映出建筑物或桥梁结构的固有频率和其他自振特性。

随机振动过程是一个复杂的过程，每重复一次所取得的每一个样本都是不同的，因此，一般随机振动特性应从全部事件的统计特性的研究中得出，并且必须认为这种随机过程是各态历经的平稳过程。如果单个样本在全部时间上所求得的统计特性与在同一时刻对振动历程的全体所求得的统计特性相等，则称这种随机过程为各态历经的。当采集的信号有足够长的采样时间，并且每次采集的信号时的环境条件基本相同时，建筑物或桥梁的脉动则为一种各态历经的平稳随机过程。

脉动法的最大优点是测量结构动力特性不需要人工激振，特别适用于测量整体结构的动力特性。

由于脉动法测得的振动为随机振动，为一种非确定性振动，无法用确定的函数来描述，因此，对其测得的振动波形图的分析一般采用频谱分析法、主谐量法等。

(1) 频谱分析法及功率谱法

频谱分析法是将时域信号变换为频域，研究振动的某个物理量（如幅值）与频率之间的关系。频谱分析的目的是把复杂的时间历程波形，经过傅里叶变换分解为若干单一的谐波分量来研究，以获得信号的频率结构以及各谐波和相位信息。例如，从图 17-5-4（a）中很难辨别出桥墩的固有频率（或自振频率），而从图 17-5-4（b）中可看出三个主要高峰频率值，再结合其他振动实测资料即可综合分析确定出桥墩的固有频率。频谱分析法是直接对随机信号作傅里叶积分变换。

图 17-5-4 列车单机通过桥墩位移波形
(a) 桥墩时域振动图；(b) 桥墩频域振动图

在频谱分析法中常采用功率谱法（或称功率谱分析法），功率谱法是指纵坐标的物理量（如幅值）的均方值与频率之间的关系图谱。功率谱可理解为强调各频率成分对结构物影响的程度，它反映振动能量在各频率成分上的分布情况。用功率谱图的各峰值处的半功率点法确定结构的阻尼比。此外，功率谱是随机振动最好的频域描述，它是对相关函数作傅里叶积分变换得到的。

(2) 主谐量法

从结构脉动反应的时程记录波形图上，发现连续多次出现"拍"现象，因此，根据这一现象可以按照"拍"的特征直接读取频率量值。主谐量法的基本原理是根据结构的固有频率的谐量是脉动信号中最主要的成分，在实测脉动波形记录上可直接反映出来。如果建筑物各部位在同一频率处的相位和振幅符合振型规律，则就可以确定该频率就是建筑物的固有频率。如图 17-5-5 所示，5 个波形的时间为 0.535s，故基本周期 $T=0.535/5$

图 17-5-5 用主谐量法分析脉动记录曲线的结果

$=0.107$s，基本频率 $f=1/T=9.346$Hz。

主谐量法确定结构的基频与主振型比较方便，有时还能测出第二频率及相应振型，高阶振动的脉动信号在记录曲线中出现的机会很少，振幅也小，这样测得的结构动力特性误差较大。主谐量法无法确定结构的阻尼特性。

【例 17-5-2】（历年真题）为获得建筑结构的动力特性，常采用脉动法量测和分析，下列对该方法的描述中不正确的是：
  A. 结构受到的脉动激励来自大地环境的扰动，包括地基的微振、周围车辆的运动
  B. 还包括人员的运动和周围环境风的扰动
  C. 上述扰动对结构的激励可以看作有限带宽的白噪声激励
  D. 脉动实测时采集到的信号可认为是非各态历经的平稳随机过程
【解答】脉动实测时采集到的信号可认为是各态历经的平稳随机过程，应选 D 项。

【例 17-5-3】（历年真题）为获得建筑物的动力特性，下列激励方法错误的是：
  A. 采用脉动法量测和分析结构的动力特性
  B. 采用锤击激励的方法分析结构的动力特性
  C. 对结构施加拟动力荷载分析结构的动力特性
  D. 采用自由振动法分析结构的动力特性
【解答】对结构施加拟动力荷载分析结构的动力特性是错误的，应选 C 项。

二、结构动力响应量测方法

工程结构一般在动荷载持续作用下会产生强迫振动。强迫振动引起结构动力反应，即动位移、动应变、振幅、频率和加速度等动参数。

1. 结构动参数的量测

对结构动参数的量测就是在现场实测结构的动力反应。一般根据在动荷载作用时结构产生振动的影响范围，选择振动影响最大的特定部位布置测点，记录下实测振动波形，分析其振动产生的影响是否有害。为了校核结构在动荷载作用下的强度应将测点布置在最危险的部位。

2. 结构振动形态的量测

为了解结构在动荷载作用下的结构振动形态，需要测定结构的振动形态图，即结构的变形曲线，如图 17-5-6 所示。

3. 结构动力系数的量测

移动荷载作用于结构上所产生的动挠度，往往比静荷载时产生的挠度大。动挠度和静挠度的比值称为动力系数 μ。结构动力系数一般用试验方法实测确定。为了求得动力系数，先使移动荷载以最慢的速度驶过结构，测得挠度 [图 17-5-7 (a)]，然后使移动荷载以不同的速度驶过，得到结构产生的最大挠度 [图 17-5-7 (b)]，从图上量得最大静挠度 y_j 和最大动挠度 y_d，可求得动力系数 $\mu=y_d/y_j$，该方法只适用于一些有轨的动荷载。对于无轨的动荷载（如汽车），这时可以采取只试验一次用高速通过，记录图形如图 17-5-7 (c) 所示，取曲线最大值为 y_d，同时在曲线上绘出中线，相应于 y_d 处中线的纵坐标即 y_j，再计算动力系数。

4. 动应变的量测

动应变的量测采用动态电阻应变仪，动应变是随时间而变化的、动态的，由记录仪

以动态曲线来显示，如图 17-5-8 所示的应变时程记录波形图。

图 17-5-6 双悬臂梁的振动弹性曲线图

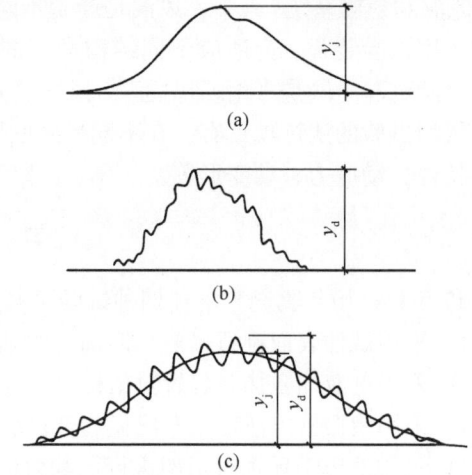

图 17-5-7 动力系数测定
(a) 有轨最慢速度移动荷载的变形记录图；(b) 有轨不同速度
移动荷载的变形记录图；(c) 无轨移动荷载的变形记录图

图 17-5-8 动态应变仪实测记录波形

三、疲劳试验和风洞试验

疲劳试验和风洞试验均属于结构动力试验，在历年真题中涉及相关内容，现简单介绍其最基本的内容。

1. 疲劳试验

工程结构中存在着许多疲劳现象，如工业厂房结构的吊车梁，直接承受悬挂吊车作用的屋架，桥梁结构等，其特点都是受重复荷载作用。这些结构或构件在重复荷载作用下达到破坏时的强度比其静荷载强度要低得多，这种现象称为疲劳。钢筋混凝土结构中有钢筋的疲劳、混凝土的疲劳和组成构件的疲劳，钢结构中构件的疲劳，组合结构中组合梁的疲劳等。结构疲劳试验的目的就是要了解在重复荷载作用下结构的性能及其变化规律。

疲劳试验一般均在专门的结构疲劳试验机上进行，并通过脉冲千斤顶对结构构件施加重复荷载，也有采用偏心轮式激振设备。目前，国内的疲劳试验常采用等幅疲劳试验方法（即施加等幅匀速脉动荷载），少量的采用变幅疲劳试验方法。

2. 风洞试验

风是由强大的热气流形成的空气动力现象，其特性主要表现在风速和风向。而风速和风向随时都在变化，风速有平均风速和瞬时风速之分，风向多数是水平向的，但极不规则。

高层建筑和桥梁结构在风作用下的受力和振动情况非常复杂，要了解作用在工程结构上的风荷载特性，多数需要通过实测试验或风洞试验才能得到。实测试验就是建筑物在自

1305

然风作用下的状态，包括位移、风压分布和建筑物的振动参数的测定。风洞试验，其装置包括风洞和量测系统，其中，风洞是产生不同速度和不同方向（单向、斜向、乱方向）气流的专用试验装置。为适应不同结构类型的风洞试验，风洞的构造形式和尺寸也各不相同。风洞试验一般是采用缩尺模型。风洞试验的测试项目根据研究对象的目的而定，一般地，风洞试验的测试项目有：在不同形式的风和不同风速作用下，结构的风压分布、振动动力特性、动应力、动变形等。

习　题

17-5-1　（历年真题）下述四种试验所选用的设备哪一种最不当？

A. 采用试件表面刷石蜡后，四周封闭抽真空产生负压方法做薄壳试验

B. 采用电液伺服加载装置对梁柱节点构件进行模拟地震反应试验

C. 采用激振器方法对吊车梁做疲劳试验

D. 采用液压千斤顶对桁架进行承载力试验

17-5-2　（历年真题）结构动力试验研究的计算分析中，下列哪一项参数不能由计算所得？

A. 结构的阻尼比　　　　　　　　B. 结构的固有振型

C. 结构的固有频率　　　　　　　D. 结构的质量

第六节　模型试验

模型试验的理论基础是相似理论（又称相似原理）。仿照原型结构，按相似理论的基本原则制成的结构模型，它具有原型结构的全部或部分特征。通过试验，得到与模型的力学性能相关的测试数据，根据相似理论，可由模型试验结果推断原型结构的性能。

一、模型试验的相似原理

1. 模型的相似要求和相似常数

结构模型试验中的"相似"是指原型结构与模型结构的主要物理量相同或成比例。在相似系统中，各相同物理量之比称为相似常数。

（1）几何相似

"几何相似"要求模型与原型对应的尺寸成比例，该比例即为几何相似常数。以矩形截面简支梁为例，原型结构的截面尺寸为 $b_p \times h_p$，跨度为 L_p，模型结构截面尺寸分别为 b_m、h_m、L_m。几何相似可以表达为：

$$\frac{h_m}{h_p} = \frac{b_m}{b_p} = \frac{L_m}{L_p} = S_l$$

式中，S_l 为几何相似常数。下标 m 取自英文 model 的第一个字母，表示模型；下标 p 取自英文 prototype 的第一个字母，表示原型。由此，可得到其面积比、截面模量以及惯性矩比分别为：$S_A = S_l^2$、$S_W = S_l^3$ 和 $S_I = S_l^4$。

（2）质量相似

对于结构动力问题，要求模型的质量分布（包括集中质量）与原型的质量分布相似，即模型与原型对应部位的质量成比例：

$$S_{\mathrm{m}} = \frac{m_{\mathrm{m}}}{m_{\mathrm{p}}}, \text{或用质量密度表示 } S_{\rho} = \frac{\rho_{\mathrm{m}}}{\rho_{\mathrm{p}}}$$

由于质量等于密度与体积的乘积，$S_{\rho} = (\rho_{\mathrm{m}} V_{\mathrm{m}} V_{\mathrm{p}})/(\rho_{\mathrm{p}} V_{\mathrm{p}} V_{\mathrm{m}}) = S_{\mathrm{m}}/S_{l}^{3}$。

（3）荷载相似

荷载（或力）相似要求模型与原型在对应部位所受的荷载大小成比例，方向相同。集中荷载与力的量纲相同，而力又可用应力与面积的乘积表示，因此，集中荷载相似常数可以表示为：

$$S_{\mathrm{p}} = \frac{P_{\mathrm{m}}}{P_{\mathrm{p}}} = \frac{\sigma_{\mathrm{m}} A_{\mathrm{m}}}{\sigma_{\mathrm{p}} A_{\mathrm{p}}} = S_{\sigma} S_{l}^{2}$$

式中，S_{σ} 为应力相似常数。由此，可得：

线荷载相似常数：$S_{\mathrm{W}} = S_{\sigma} S_{l}$

面荷载相似常数：$S_{\mathrm{q}} = S_{\sigma}$

集中力矩相似常数：$S_{\mathrm{M}} = S_{\sigma} S_{l}^{3}$

（4）刚度相似

结构变形会用到刚度，材料刚度用弹性模量 E 和剪切模量 G 表示，其相应的相似常数为：

$$S_{\mathrm{E}} = \frac{E_{\mathrm{m}}}{E_{\mathrm{p}}}, \quad S_{\mathrm{G}} = \frac{G_{\mathrm{m}}}{G_{\mathrm{p}}}$$

（5）时间相似

对于结构动力问题，在随时间变化的过程中，要求模型与原型在对应的时刻进行比较，要求相对应的时间成比例，时间相似常数为 S_{t}：

$$S_{\mathrm{t}} = \frac{t_{\mathrm{m}}}{t_{\mathrm{p}}}$$

（6）边界条件相似

要求模型与原型在与外界接触的区域内的各种条件保持相似，也即要求支承条件相似、约束情况相似以及边界上受力情况的相似。模型的支承和约束条件可以由与原型结构构造相同的条件来满足与保证。

（7）初始条件相似

对于结构动力问题，为了保证模型与原型的动力反应相似，还要求初始时刻运动的参数相似。运动的初始条件包括初始状态下的初始几何位置、质点的位移、速度和加速度。

【例 17-6-1】（历年真题）下列哪项不是试验模型和原型结构边界条件相似的要求？

A. 初始条件相似　　　　　　　　B. 约束情况相似
C. 支承条件相似　　　　　　　　D. 受力情况相似

【解答】初始条件相似不是试验模型和原型结构边界条件相似的要求，应选 A 项。

2. 相似原理（也称相似定理）

（1）相似原理的几个基本概念

1）相似指标：两个系统中的相似常数之间的关系式称为相似指标。若两系统相似，则相似指标为 1。下面以牛顿第二定律为例加以说明，a 为加速度，F 为惯性力：

原型　　　　　　　　　　　　$F_{\mathrm{p}} = m_{\mathrm{p}} a_{\mathrm{p}}$　　　　　　　　　　　（17-6-1）

模型　　　　　　　　　　　　$F_{\mathrm{m}} = m_{\mathrm{m}} a_{\mathrm{m}}$　　　　　　　　　　（17-6-2）

引入相似常数后，可得：$F_{\mathrm{m}} = S_{\mathrm{F}} F_{\mathrm{p}}$，$m_{\mathrm{m}} = S_{\mathrm{m}} m_{\mathrm{p}}$，$a_{\mathrm{m}} = S_{a} a_{\mathrm{p}}$，代入式（17-6-2）：

$$F_p = \frac{S_m S_a}{S_F} m_p a_p \qquad (17\text{-}6\text{-}3)$$

要求模型与原型相似，比较式（17-6-1）、式（17-6-3），则必须满足下式：

$$\frac{S_m S_a}{S_F} = 1 \qquad (17\text{-}6\text{-}4)$$

式（17-6-4）左边的关系式称为相似指标。

2) 相似判据（亦称相似准则或相似准则数）：它是由物理量组成的无量纲量。例如，将各相似常数代表的物理量之比代入式（17-6-4），可得：

$$\frac{m_p a_p}{F_p} = \frac{m_m a_m}{F_m} \qquad (17\text{-}6\text{-}5)$$

上式就表达了一个相似判据。习惯用 π 表示相似判据，上式写成一般形式：

$$\pi = \frac{ma}{F}$$

也可写成：
$$\pi_p = \pi_m$$

3) 单值条件：单值条件是指决定一个物理现象基本特性的条件。单值条件使该物理现象从其他众多物理现象中区分出来。属于单值条件的因素有：系统的几何特性、材料特性、对系统性能有重大影响的物理参数、系统的初始状态、边界条件等。

(2) 相似第一定理

相似第一定理的表述为：彼此相似的现象，单值条件相同，相似判据的数值相同。该定理提示了相似现象的本质，说明两个相似现象在数量上和空间中的相互关系。它最早是由牛顿发现的。

(3) 相似第二定理（也称为 π 定理）

相似第二定理表达为：当一物理现象由 n 个物理量之间的函数关系来表示，且这些物理量中包含 m 种基本量纲时，可以得到 $(n-m)$ 个相似判据。

描述物理现象的函数关系式的一般方程可写成：

$$f(x_1, x_2, \cdots, x_n) = 0 \qquad (17\text{-}6\text{-}6)$$

按照相似第二定理，上式可改写为：

$$\varphi(\pi_1, \pi_2, \cdots, \pi_{n-m}) = 0 \qquad (17\text{-}6\text{-}7)$$

这样利用相似第二定理，将物理方程转换为相似判据方程。同时，因为现象相似，模型与原型的相似判据都保持相同的 π 值，π 值满足的关系式也应相同。

确定相似判据的方法有方程式分析法和量纲分析法两种。

1) 方程式分析法

如图 17-6-1 所示，设计一个梁的模型。

在集中荷载 F 作用下梁的弯矩、F 点截面处的应力为：

原型：
$$M_p = \frac{F_p a_p b_p}{l_p},\ \sigma_p = \frac{F_p a_p b_p}{W_p l_p} \qquad (17\text{-}6\text{-}8)$$

模型：
$$M_m = \frac{F_m a_m b_m}{l_m},\ \sigma_m = \frac{F_m a_m b_m}{W_m l_m} \qquad (17\text{-}6\text{-}9)$$

首先满足几何相似，$\frac{l_m}{l_p} = \frac{a_m}{a_p} = \frac{b_m}{b_p} = S_l$，$\frac{W_m}{W_p} = S_l^3$；荷载相似，$\frac{F_m}{F_p} = S_F$。当要求模型

图 17-6-1
(a) 原型；(b) 模型

梁上集中荷载作用点的弯矩、应力与原型梁相似时，其相应的相似常数为：$S_M = \dfrac{M_m}{M_p}$，$S_\sigma = \dfrac{\sigma_m}{\sigma_p}$。

将上述各物理量的相似常数代入式（17-6-8），可得：

$$M_m = \frac{S_M}{S_l S_F} \cdot \frac{F_m a_m b_m}{l_m}, \quad \sigma_m = \frac{S_\sigma S_l^2}{S_F} \cdot \frac{F_m a_m b_m}{W_m l_m} \qquad (17\text{-}6\text{-}10)$$

要求模型与原型相似，其相似指标应为 1，即：

$$\frac{S_M}{S_l S_F} = 1, \quad \frac{S_\sigma S_l^2}{S_F} = 1 \qquad (17\text{-}6\text{-}11)$$

相似判据为：

$$\pi_1 = \frac{M}{lF}, \quad \pi_2 = \frac{\sigma l^2}{F} \qquad (17\text{-}6\text{-}12)$$

2) 量纲分析法

量纲也称因次，它说明测量物理量时所采用的单位的性质。每一种物理量都对应一种量纲。有些相对物理量是无量纲的，用 [1] 表示。选择一组彼此独立的量纲为基本量纲，其他物理量的量纲可由基本量纲导出，称为导出量纲。在结构试验中，取长度、力、时间为基本量纲，组成力量系统或绝对系统；如果取长度、质量、时间为基本量纲，则组成质量系统。常用物理量的量纲见表 17-6-1。

在描述物理现象的基本方程中，各项的量纲应相等，同名物理量应采用同一种单位，这就是物理方程的量纲均衡性。

常用物理量及物理常数的量纲　　　　　表 17-6-1

物理量	质量系统	绝对系统	物理量	质量系统	绝对系统
长度	[L]	[L]	冲量	$[MLT^{-1}]$	[FT]
时间	[T]	[T]	功率	$[ML^2T^{-3}]$	$[FLT^{-1}]$
质量	[M]	$[FL^{-1}T^2]$	面积二次矩	$[L^4]$	$[L^4]$
力	$[MLT^{-2}]$	[F]	质量惯性矩	$[ML^2]$	$[FLT^2]$
温度	$[\theta]$	$[\theta]$	表面张力	$[MT^{-2}]$	$[FL^{-1}]$
速度	$[LT^{-1}]$	$[LT^{-1}]$	应变	[1]	[1]
加速度	$[LT^{-2}]$	$[LT^{-2}]$	相对密度	$[ML^{-2}T^{-2}]$	$[FL^{-3}]$
频率	$[T^{-1}]$	$[T^{-1}]$	密度	$[ML^{-3}]$	$[FL^{-4}T^2]$
角度	[1]	[1]	弹性模量	$[ML^{-1}T^{-2}]$	$[FL^{-2}]$

续表

物理量	质量系统	绝对系统	物理量	质量系统	绝对系统
角速度	$[T^{-1}]$	$[T^{-1}]$	泊松比	$[1]$	$[1]$
角加速度	$[T^{-2}]$	$[T^{-2}]$	线膨胀系数	$[\theta^{-1}]$	$[\theta^{-1}]$
应力或压强	$[ML^{-1}T^{-2}]$	$[FL^{-2}]$	比热	$[L^2T^{-2}\theta^{-1}]$	$[L^2T^{-2}\theta^{-1}]$
力矩	$[ML^2T^{-2}]$	$[FL]$	导热率	$[MLT^{-3}\theta^{-1}]$	$[FT^{-1}\theta^{-1}]$
热或能量	$[ML^2T^{-2}]$	$[FL]$	热容量	$[ML^{-1}T^{-2}\theta^{-1}]$	$[FL^{-1}T^{-1}\theta^{-1}]$

现采用量纲分析法确定图 17-6-1 的相似判据：

一般方程：
$$f(M, \sigma, l, F) = 0 \tag{17-6-13}$$

$n=4, m=2$，故其 φ 函数为：$\varphi(\pi_1, \pi_2) = 0$ (17-6-14)

$$\pi = M^{a_1} \sigma^{a_2} l^{a_3} F^{a_4} \tag{17-6-15}$$

式中，a_1、a_2、a_3、a_4 为待求的指数，上式用量纲式表示为：

$$[1] = [F]^{a_1}[L]^{a_1}[F]^{a_2}[L]^{-2a_2}[L]^{a_3}[F]^{a_4} \tag{17-6-16}$$

由量纲均衡性，可得：

$$a_1 + a_2 + a_4 = 0, \ a_1 - 2a_2 + a_3 = 0 \tag{17-6-17}$$

可知，$a_4 = -a_1 - a_2$，$a_3 = 2a_2 - a_1$，代入式（17-6-15），则：

$$\pi = M^{a_1} \sigma^{a_2} l^{2a_2-a_1} F^{-a_1-a_2} = \left(\frac{M}{lF}\right)^{a_1} \left(\frac{\sigma l^2}{F}\right)^{a_2} \tag{17-6-18}$$

分别取 $a_1=1$，$a_2=0$；$a_1=0$，$a_2=1$，可得两个独立的相似判据：

$$\pi_1 = \frac{M}{lF}, \ \pi_2 = \frac{\sigma l^2}{F} \tag{17-6-19}$$

式（17-6-19）与前面按方程分析法得到的式（17-6-12）完全相同。
将相似常数代入式（17-6-19），可得相似指标为：

$$\frac{S_M}{S_l S_F} = 1, \ \frac{S_\sigma S_l^2}{S_F} = 1 \tag{17-6-20}$$

式（17-6-20）与前面按方程分析法得到的式（17-6-11）完全相同。

【例 17-6-2】（历年真题）结构模型试验使用量纲分析法进行模型设计，下列哪一组是正确的基本量纲？

A. 长度 $[L]$、应变 $[\varepsilon]$、时间 $[T]$

B. 长度 $[L]$、时间 $[T]$、应变 $[\sigma]$

C. 长度 $[L]$、时间 $[T]$、质量 $[M]$

D. 时间 $[T]$、弹性模量 $[E]$、质量 $[M]$

【解答】基本量纲为：长度、时间、质量，应选 C 项。

(4) 相似第三定理

相似第三定理表述为：具有同一特性的物理现象，当单值条件彼此相似，且由单值条件的物理量所组成的相似判据在数值上相等，则这些现象彼此相似。按照相似第三定理，两个系统相似的充分必要条件是决定系统物理现象的单值条件相似。

相似第一定理和相似第二定理是判别相似现象的重要法则，这两个定理确定了相似现象的基本性质，但它们是在假定现象相似的基础上导出的，未给出相似现象的充分条件。而相似第三定理则确定了物理现象相似的必要和充分条件。

二、模型设计与模型材料

1. 模型设计

(1) 结构模型设计的分类

1) 弹性模型：弹性模型是为研究在荷载作用下原型结构弹性阶段的工作性能，与原型的几形形状相似，但模型材料不一定要和原型材料相似，可以用均匀的弹性材料（如有机玻璃）制作。弹性模型不能预测混凝土结构和砌体结构开裂后的性能，也不能预测钢结构屈服后的性能，同样，也不能预测实际结构所发生的许多其他的非弹性性能以及结构的破坏状态。

2) 强度模型：强度模型是为了研究在荷载作用下原型结构各个阶段工作性能，包括直到破坏的全过程反应，用原材料或相似材料制作。

(2) 模型设计

模型设计一般按下列程序进行：

1) 按试验目的选择模型类型；

2) 按相似原理用方程式分析法或量纲分析法确定相似判据；

3) 确定模型的几何比例，即确定出长度相似常数 S_l；

4) 根据相似判据确定其他各物理量的相似常数；

5) 绘制模型的施工图。

结构模型几何尺寸的变动范围很大，需要综合考虑各种因素，如模型类型、模型材料、模型制作条件以及试验条件等。小模型所需荷载小，但制作困难，加工精度要求高，对量测仪器要求也更高；大模型所需荷载大，但制作方便，对量测仪器无特殊要求。

前述模型设计所得各物理量之间的相似关系均是在假定采用理想弹性材料的情况下推导求得的，在强度模型中研究非线性性能时，对模型材料的相似要求更严格，即应按实际情况建立相似关系。例如，在静力结构模型设计中，模型材料应满足 $S_\rho = S_\sigma/S_l$，当 $S_\sigma = S_E = 1$ 时，要求 $S_\rho = 1/S_l$，即要求模型材料密度为原型材料的 S_l 倍，对于一般材料难以满足，可以通过在模型试件上增加均匀分布的配重或者施加集中力，即采用附加质量的方法。

在动力结构模型设计中，模型材料应满足 $S_E/(S_a S_\rho) = S_l$，当模型采用原型结构相同的材料 $S_E = S_\rho = 1$，这时要求加速度相似常数 $S_a = 1/S_l > 1$，即 $a_m > g$，要求对模型施加非常大的加速度，可采用一种离心机的大型试验设备。当满足 $S_a = 1$ 时，这时要求 $S_E/S_\rho = S_l$，与静力结构模型设计一样，应在模型上附加适当的分布质量，并且这些附加的质量不能改变结构的强度和刚度的特性。

2. 模型材料

对模型材料的要求是：保证相似要求；保证量测要求；材料性能稳定，即不受温度、湿度的影响；材料徐变小；加工制作方便。

(1) 金属：常用金属材料有钢铁、铝、铜等。这些金属材料的力学特性符合弹性理论的基本假定。钢结构，其模型试验多采用钢材或铝合金制作相似模型。钢结构模型加工困难，特别是构件的连接部位不易满足相似要求。铝合金的加工性能略优于钢材。

(2) 无机高分子材料（又称塑料）：它包括有机玻璃、环氧树脂、聚酯树脂、聚氯乙烯等。这类高分子材料的主要优点是在一定应力范围内具有良好的线弹性性能，弹性模量低，容易加工，其缺点是导热性能差，持续应力作用下的徐变较大，弹性模量随温度变化。它常用于制作板、壳体、框架以及其他复杂形状的结构模型。

(3) 石膏：石膏性能稳定、成型方便、易于加工，适合于制作弹性模型。此外，通过配筋石膏制作模型，模拟钢筋混凝土板、壳结构的破坏图形。

(4) 水泥砂浆：水泥砂浆与混凝土的性能比较接近，常用来制作钢筋混凝土板、薄壳等结构模型。

(5) 微粒混凝土：微粒混凝土是用粒径为 2.5～5.0mm 的粗砂代替普通混凝土中的粗骨料，用 0.15～2.5mm 的细砂代替混凝土中的细骨料，并以一定的水灰比及配合比组成的新型模型材料。在结构抗震动力试验中，微粒混凝土是被用作模拟钢筋混凝土的理想材料。

高层建筑的振动台试验模型一般为小比例缩尺模型，原型结构中的钢筋一般采用镀锌铁丝代替，原型结构中的钢材可采用钢材或紫铜模拟。

习 题

17-6-1 在静力模型试验中，若长度相似常数 $S_l = [L_m] / [L_p] = 1/4$，线荷载相似常数 $S_q = [q_m] / [q_p] = 1/8$，则原型结构和模型结构材料弹性模量相似常数 S_E 为：

A. 1/2   B. 1/2.5   C. 2   D. 2.5

17-6-2 在结构动力模型试验中，解决重力失真的方法是：

A. 增大重力加速度   B. 增大模型材料的体积
C. 增大模型材料的密度   D. 增大模型材料的弹性模量

17-6-3 结构模型设计中，所表示的各物理量之间的关系式均是无量纲，它们均是在假定采用理想的下列哪一项的情况下推导求得的？

A. 脆性材料   B. 弹性材料   C. 塑性材料   D. 弹塑性材料

17-6-4 模型设计中，按试验目的不同可分为弹性模型和强度模型，下列说法不正确的是：

A. 弹性模型要求模型材料为匀质、各向同性的弹性材料
B. 弹性模型要求用原材料或极为相似材料制作结构模型
C. 强度模型试验的成功与否在很大程度上取决于模型材料和原结构材料材性性质
D. 强度模型试验要求模型和原结构直接相似

第七节 结构试验的非破损检测技术

非破损检测技术是在不破坏和不损坏整体结构或构件的使用性能的情况下，检测结构或构件的材料力学性能、缺陷损伤和耐久性等参数，以对结构或构件的性能和质量状况作出定性和定量评定。对于混凝土结构，非破损检测包括混凝土强度与内部缺陷的检测、钢筋直径和混凝土保护层厚度检测、钢筋锈蚀检测等。对于砌体结构，主要是砌体抗压强度检测等。对于钢结构，主要是焊缝缺陷检测等。

非破损检测的目的是：评定工程施工质量；处理施工质量争议；处理质量事故；对既

有建筑的评定或鉴定（如可靠性评定、抗震鉴定、剩余使用年限的评定等）。

一、混凝土结构非破损检测技术

1. 混凝土强度的检测

根据《混凝土结构现场检测技术标准》GB/T 50784—2013，混凝土抗压强度可采用回弹法、超声-回弹法综合法、后装拔出法、后锚固法等间接法进行检测。当具备钻芯法检测条件时，宜采用钻芯法对间接法检测结果进行修正或验证。

（1）回弹法

回弹法的基本原理是使用回弹仪的弹击拉簧驱动仪器内的弹击重锤，通过中心导杆，弹击混凝土的表面，并测得重锤反弹的距离，以反弹距离与弹簧初始长度之比为回弹值R，由它与混凝土强度的相关关系来推定混凝土强度。

1）回弹法适用对象

《回弹法检测混凝土抗压强度技术规程》JGJ/T 23—2011 规定，普通混凝土（非泵送或泵送）应满足：①混凝土采用的水泥、砂石、外加剂、掺合料、拌合用水符合国家现行标准；②采用普通成型工艺；③采用符合国家标准规定的模板；④蒸汽养护出池经自然养护 7d 以上，且混凝土表层为干燥状态；⑤自然养护且龄期为14～1000d；⑥抗压强度为 10.0～60.0MPa。

当混凝土抗压强度大于60MPa时，应采用高强回弹仪检测，按《高强混凝土强度检测技术规程》JGJ/T 294—2013 的规定。回弹法不适用于表层与内部质量有明显差异或内部存在缺陷的混凝土强度检测。

2）检测技术和回弹值及碳化深度值计算

单个构件的检测要求是：①对于一般构件，测区数不宜少于 10 个。当受检构件数量大于 30 个且不需提供单个构件推定强度或受检构件某一方向尺寸不大于 4.5m 且另一方向尺寸不大于 0.3m 时，每个构件的测区数量可适当减少，但不应少于 5 个。②相邻两测区的间距不应大于 2m，测区离构件端部或施工缝边缘的距离不宜大于 0.5m，且不宜小于 0.2m。③测区的面积不宜大于 0.04m²。④测区宜选在能使回弹仪处于水平方向的混凝土浇筑侧面。

批量的检测要求是：应随机抽取构件，抽检数量不宜少于同批构件总数的 30%且不宜少于 10 件。当检验批受检构件数量大于 30 个时，抽样构件数量可适当调整，并不得少于国家现行标准规定的最少抽样数量。

每一测区应读取 16 个回弹值，每一测点的回弹值读数应精确至 1。测点宜在测区范围内均匀分布，相邻两测点的净距离不宜小于 20mm；测点距外露钢筋、预埋件的距离不宜小于 30mm；测点不应在气孔或外露石子上，同一测点应只弹击一次。计算测区平均回弹值时，应从该测区的 16 个回弹值中剔除 3 个最大值和 3 个最小值，其余的 10 个回弹值按下式计算：

$$R_m = \frac{\sum_{i=1}^{10} R_i}{10} \tag{17-7-1}$$

式中，R_m 为测区平均回弹值，精确至 0.1；R_i 为第 i 个测点的回弹值。

①非水平方向检测混凝土浇筑侧面时，应对回弹值进行角度修正。

② 水平方向检测混凝土浇筑表面或浇筑底面时，应对回弹值进行浇筑面修正。

③ 当回弹仪为非水平方向且测试面为混凝土的非浇筑侧面时，应先对回弹值进行角度修正，并应对修正后的回弹值进行浇筑面修正。

回弹值测量完毕后，应在有代表性的测区上测量碳化深度值，测点数不应少于构件测区数的30%，应取其平均值（d_m）作为该构件每个测区的碳化深度值。当碳化深度值极差大于2.0mm时，应在每一测区分别测量碳化深度值。碳化深度值的测量采用浓度为1%～2%的酚酞酒精溶液，每个点测三次，取三次测量的平均值作为检测结果，并应精确到0.5mm。

3）混凝土强度的换算值和推定值

构件第 i 个测区混凝土强度换算值 $f_{cu,i}^c$ 可按 R_m、d_m 查 JGJ/T 23 附录 A 或附录 B 得到。附表 A 的部分示例见表 17-7-1。

测区混凝土强度换算表（部分）　　　　表 17-7-1

平均回弹值 R_m	测区混凝土强度换算值 $f_{cu,i}^c$（MPa）											
	平均碳化深度值 d_m（mm）											
	0.0	0.5	1.0	1.5	2.0	2.5	3.0	3.5	4.0	4.5	5.0	5.5	≥6
20.0	10.3	10.1	—	—	—	—	—	—	—	—	—	—	—
20.2	10.5	10.3	10.0	—	—	—	—	—	—	—	—	—	—

由构件的测区混凝土强度换算值 $f_{cu,i}^c$ 可计算得到构件的测区混凝土强度平均值 $m_{f_{cu}^c}$，以及强度标准值差 $S_{f_{cu}^c}$。然后，根据 $m_{f_{cu}^c}$、$S_{f_{cu}^c}$ 可得到构件的现龄期混凝土强度推定值。

（2）超声法（超声脉冲法）

超声波实质上是混凝土超声波检测仪的高频电振荡激励仪器换能器中的压电晶体，由压电效应产生的机械振动发出的声波在介质中的传播。它是一种机械波。超声波在混凝土中的传播参数（声速、衰减等）与混凝土抗压强度之间的相关关系是超声脉冲检测混凝土强度方法的基础。混凝土强度越高，相应的超声波声速也越大。经试验归纳，这种相关性可以用反映统计相关规律的非线性的数学模型来拟合，即通过试验建立混凝土强度与声速的关系曲线（f-v 曲线）或经验公式。在普通混凝土强度检测中，通常采用 10～250kHz 的超声频率。混凝土是各向异性的多相复合材料，同时，其内部存在着广泛分布的砂浆与骨料的界面，各种缺陷（微裂、蜂窝、孔洞等）形成的界面，以及含水量，使超声波在混凝土中的传播要比在均匀介质中复杂得多，使声波产生反射、折射和散射现象，并出现较大的衰减。因此，我国相关技术标准规定，超声法一般不单独用于混凝土抗压强度的检测。

（3）超声回弹综合法

超声回弹综合法是指采用混凝土超声波检测仪和回弹仪，在结构或构件混凝土的同一测区分别测量及计算回弹值和声速，利用已建立的测强公式，推定该测区的混凝土抗压强度的方法。与单一的回弹法或超声法相比，超声回弹综合法的优点如下：

1）回弹法通过混凝土表层的弹性和硬质反映混凝土的强度，超声波通过整个截面的弹性特性反映混凝土的强度。回弹法测试低强度混凝土时，由于弹击可能产生较大的塑性变形，影响测试精度，而超声波的声速随混凝土强度增长到一定程度后，增长速度下降，即对较高强度的混凝土不敏感。采用超声回弹综合法,既能反映混凝土的弹性和塑性,也能反映其表层状态和内部构造。

2) 在回弹法中,对回弹值影响最为显著的是碳化深度,在超声回弹综合法中不考虑碳化因素的影响,这是因为碳化深度较大的混凝土,由于它的龄期较长而其含水量相应降低,以致声速稍有下降,因此,在超声回弹综合法中可以抵消回弹值上升所造成的影响。

采用超声回弹综合法检测混凝土抗压强度时,应严格按《超声回弹综合法检测混凝土抗压强度技术规程》T/CECS 02—2020 的要求进行。该规程适用于普通混凝土,其抗压强度为 10~70MPa,测点布置如图 17-7-1 所示,结构或构件的每一测区(宜为200mm×200mm)内应先进行回弹测试,后进行超声测试。测区回弹代表值应从测区的 10 个回弹值中剔除 1 个最大值和 1 个最小值,应用剩余 8 个有效回弹值计算测区回弹代表值。回弹值的修正要求同回弹法的规定。

超声测点的每一测区应布置3个测点,宜采用对测。当采用角测、平测时,其声速计算按规程规定,并考虑声速修正系数。当测点在混凝土浇筑表面或底面时,声速值应考虑声速修正系数。

根据测试及计算得到的测区回弹代表值 R_{ai} 和声速代表值 v_{ai},通过测强公式或测强曲线,可得测区混凝土抗压强度换算值 $f^c_{cu,i}$。然后,按规程规定的评定规则得到构件的混凝土抗压强度推定值。

(4) 钻芯法

钻芯法是指从结构或构件中钻取圆柱状试件得到检测龄期混凝土强度的方法。它被认为是一种较为直观可靠的检测混凝土强度的方法。由于需要从结构或构件上取样,对原结构有局部损伤,所以是一种能反映被试结构或构件混凝土实际状态的现场检测的半破损试验方法。

图 17-7-1 超声回弹综合法
测点布置图
1—浇筑表面;2—回弹测点;
3—超声测点

钻取芯样应在结构或构件受力较小的部位,混凝土强度质量具有代表性的部位,应避开主筋、预埋件和管线的位置。抗压芯样试件宜使用直径为 100mm 的芯样,且其直径不宜小于骨料最大粒径的 3 倍;也可采用小直径芯样(直径 70~75mm),但其直径不应小于 70mm 且不得小于骨料最大粒径的 2 倍。芯样试件应在自然干燥状态下进行抗压试验。当结构工作条件比较潮湿,需要确定潮湿状态下混凝土的抗压强度时,芯样试件宜在 20±5℃ 的清水中浸泡 40~48h,从水中取出去除表面水渍,并立即进行试验。

芯样试件抗压强度值 $f_{cu,cor}=\beta_c F_c/A_c$,其中,$F_c$ 为试验的破坏荷载 (N),A_c 为试件截面面积 (mm^2),β_c 为强度换算系数 (取 $\beta_c=1.0$)。由芯样试件得到相当于边长为 150mm 的立方体试件的混凝土抗压强度。

钻芯法确定单个构件混凝土抗压强度推定值时,芯样试件的数量不应少于 3 个;钻芯对构件工作性能影响较大的小尺寸构件,芯样试件的数量不得少于 2 个。单个构件的混凝土抗压强度推定值不再进行数据的舍弃,而应按芯样试件混凝土抗压强度值中的最小值确定。此外,检测批的混凝土抗压强度推定值,应按《钻芯法检测混凝土强度技术规程》

JGJ/T 384—2016 的规定。

【例 17-7-1】（历年真题）目前在结构的现场检测中较多采用非破损和半破损试验，下列属于半破损检测方法的是：

A. 回弹法　　　　　　　　　　B. 表面硬度法
C. 钻芯法　　　　　　　　　　D. 超声法

【解答】钻芯法属于半破损检测方法，应选 C 项。

【例 17-7-2】（历年真题）在评定混凝土强度时，下列哪一种方法较为理想？

A. 回弹法　　　　　　　　　　B. 超声波法
C. 钻孔后装法　　　　　　　　D. 钻芯法

【解答】钻芯法在评定混凝土强度时，较为理想，应选 D 项。

(5) 拔出法

拔出法是通过拉拔安装在混凝土中的锚固件，测定极限拔出力，根据预先建立的拔出力与混凝土抗压强度之间的相关关系推定混凝土抗压强度的方法。这是一种局部微破损检测方法。

拔出法分为两类，一类是预埋拔出法，即在混凝土结构或构件的施工过程中预先安装锚固件，待混凝土硬化后再将锚固件拔出，检验新浇混凝土的抗压强度。另一类是后装拔出法，在已硬化的混凝土构件表面钻孔，安装一特制的膨胀螺栓，然后将膨胀螺栓拔出，测定混凝土的抗压强度。实际工程中，后装拔出法应用较多，主要用于既有建筑混凝土抗压强度的检测。拔出法的优点是准确程度较高，可用于高强混凝土检测。

2. 混凝土内部缺陷

当混凝土内部存在缺陷或损伤时，在超声波传播路径上的混凝土内部缺陷将使超声波折射、反射和绕射，接收探头收到的信号出现声时延长，首波信号畸变，甚至首波信号难以辨认。采用同条件下的混凝土超声测试结果对比的方法，通过声时、首波等信息，可以判定在发射探头和接收探头之间的路径上是否存在缺陷或损伤。因此，超声法是目前应用最为广泛的混凝土内部缺陷的检测方法。此外，当混凝土结构仅有一个可测面时，可采用冲击回波法和电磁波反射法（即雷达法）进行检测。对于判别困难的区域应进行钻芯验证或剔凿验证。

(1) 超声法检测混凝土结构或构件裂缝

当混凝土结构的裂缝部位只有一个可测面，裂缝的估计深度不大于 500mm 且比被测构件厚度至少小 100mm 以上时，可采用单面平测法检测混凝土裂缝深度（图 17-7-2）；当其裂缝部位有两个相互平行的测试表面时，可采用斜测法检测(图 17-7-3)；当单面平测法不能有效地检测深裂缝（如大体积混凝土、地下基础混凝土），可在裂缝两侧钻孔，采用钻孔法检测（图 17-7-4）。

图 17-7-2 平测法

(2) 超声波检测混凝土结构或构件内部不密实区

观测法，其适用于当构件具有两对相互平行的测试面；对测和斜测相结合法，其适用于具有一对相互平行的测试面（图 17-7-5）；钻孔和表面测试相结合法，其适用于只有一个测试面（图 17-7-6）。

当测距较大时，可采用钻孔或预埋声测管法，采用双孔平测、双孔斜测、双孔交叉斜测、双孔扇形扫描测（图17-7-7）；也可采用钻孔与构件表面对测相结合法（图17-7-8）。

图 17-7-3　斜测法

此外，超声法还可用于混凝土结合面质量的检测，混凝土表面损伤层厚度的检测等。

图 17-7-4　钻孔法　　　　　图 17-7-5　对测和斜测相结合法

图 17-7-6　钻孔与表面测试相结合法

图 17-7-7　扇形扫描测　　　图 17-7-8　钻孔与表面对测相结合法
（a）平面图；（b）立面图

【例17-7-3】（历年真题）下列哪项不能用超声法进行检测？
A. 混凝土的裂缝　　　　　　　B. 混凝土的强度
C. 钢筋的位置　　　　　　　　D. 混凝土的内部缺陷
【解答】超声波不能进行钢筋的位置检测，应选C项。

3. 混凝土结构内部钢筋检测
（1）钢筋间距和混凝土保护层厚度的检测
利用电磁感应原理，电磁感应法钢筋探测仪可用于检测混凝土结构中钢筋的间距、混凝土保护层厚度。
雷达法是通过发射和接收到的毫微秒级电磁波来检测混凝土结构中钢筋间距、混凝土保护层厚度的方法。它适用于结构中钢筋间距和位置的大面积扫描检测，以及多层钢筋的扫描检测。该方法的仪器是雷达仪。
（2）钢筋直径的检测
根据《混凝土中钢筋检测技术标准》JGJ/T 152—2019的规定，混凝土结构中钢筋直径（公称直径）的检测应采用取样称量法，即将混凝土剔凿后，截取部分钢筋，通过称量钢筋重量，得出钢筋直径的方法。
（3）钢筋锈蚀状况
混凝土中钢筋锈蚀状况采用半电池电位法，即通过检测钢筋表面上某一点的电位，并与铜-硫酸铜参考电极的电位作比较，以此来确定钢筋锈蚀性状的方法。该方法不适用于带涂层的钢筋，以及混凝土已饱水和接近饱水的结构构件中钢筋检测。该方法的仪器是半电池电位法钢筋锈蚀检测仪。
此外，当需要对混凝土中钢筋进行是否容易锈蚀（即耐久性）评估时，应用混凝土电阻率测试仪检测混凝土的电阻率。

【例17-7-4】（历年真题）锈筋锈蚀的检测可采用下列哪一种方法？
A. 电位差法　　　　　　　　　B. 电磁感应法
C. 声音发射法　　　　　　　　D. 射线法
【解答】钢筋锈蚀的检测可采用电位差法，应选A项。

二、砌体结构和钢结构非破损检测技术
1. 砌体结构
砌体结构工程的现场检测方法，可按测试内容分为下列几类：
（1）检测砌体抗压强度可采用原位轴压法、扁顶法、切制抗压试件法。其中，原位轴压法和扁顶法属于原位检测（表17-7-2），切制抗压试件法属于取样检测。

砌体抗压强度检测　　　　　　　表17-7-2

序号	检测方法	特　点	用　途	限制条件
1	原位轴压法	1. 直观性、可比性较强； 2. 设备较重； 3. 检测部位有较大局部破损	1. 检测普通砖和多孔砖砌体的抗压强度； 2. 火灾、环境侵蚀后的砌体剩余抗压强度	1. 槽间砌体每侧的墙体宽度不应小于1.5m；测点宜选在墙体长度方向的中部； 2. 限用于240mm厚砖墙

序号	检测方法	特　　点	用　　途	限制条件
2	扁顶法	1. 直观性、可比性较强； 2. 扁顶重复使用率较低； 3. 砌体强度较高或轴向变形较大时，难以测出抗压强度； 4. 设备较轻； 5. 检测部位有较大局部破损	1. 检测普通砖和多孔砖砌体的抗压强度； 2. 检测古建筑和重要建筑的受压工作应力； 3. 检测砌体弹性模量； 4. 火灾、环境侵蚀后的砌体剩余抗压强度	1. 槽部砌体每侧的墙体宽度不应小于1.5m；测点宜选在墙体长度方向的中部； 2. 不适用于测试墙体破坏荷载大于400kN的墙体

（2）检测砌体工作应力、弹性模量可采用扁顶法。

（3）检测砌体抗剪强度可采用原位单剪法、原位双剪法。

（4）检测砌筑砂浆强度可采用推出法、筒压法、砂浆片剪切法、砂浆回弹法、点荷法、砂浆片局压法。

（5）检测砌筑块体抗压强度可采用烧结砖回弹法、取样法。

2. 钢结构

钢材强度可采用表面硬度法。对于既有钢结构，表面硬度法主要采用里氏硬度检测方法。

钢材和焊缝的表面质量的检测可采用磁粉检测、渗透检测。

钢材和焊缝的内部缺陷的检测可采用超声波检测；当不能采用超声波检测或对超声波检测结果有疑义时，可采用射线检测验证。

习　题

17-7-1（历年真题）采用超声波检测混凝土内部的缺陷，下面哪一项不适宜使用该方法检测？

A. 检测混凝土内部空洞和缺陷的范围　　B. 检测混凝土表面损伤厚度

C. 检测混凝土内部钢筋直径和位置　　　D. 检测混凝土裂缝深度

17-7-2 用钻芯法检测混凝土强度，抗压芯样试件的高度与直径之比宜为：

A. 1　　　　　　　　　　　　　　　　B. 2

C. 2.5　　　　　　　　　　　　　　　 D. 3.5

17-7-3 用电磁感应法钢筋探测仪检测混凝土结构中的钢筋位置时，不能取得满意结果的情况是：

A. 配筋稀疏，且保护层较小　　　　　B. 钢筋布置在同一平面内，且间距较大

C. 钢筋直径较大　　　　　　　　　　D. 钢筋布置在不同平面内，且间距较小

17-7-4 砌体工程现场检测时，可直接检测砌体的抗压强度的检测方法是：

A. 扁顶法　　　　　　　　　　　　　B. 回弹法

C. 推出法　　　　　　　　　　　　　D. 筒压法

17-7-5 用超声波法对钢结构进行检测时，主要用于：

A. 钢材强度检测　　　　　　　　　　B. 匀质性检测

C. 钢材锈蚀检测　　　　　　　　　　D. 内部缺陷检测

习题解答与参考答案

第一节

17-1-1 **解答**：校核点布置在应力较大的位置不正确。
答案：B

17-1-2 **解答**：为了测定结构材料的实际物理力学性能指标应包括：强度、变形、弹性模量。
答案：D

17-1-3 **解答**：试件的最大承载力和相应的变形计算应按实际材料性能指标。
答案：C

第二节

17-2-1 **解答**：卧梁可以施加均布荷载。
答案：B

17-2-2 **解答**：仪表的预估试验量程宜控制在量测仪表满量程的 30%～80% 范围之内，故仪器最大量不低于最大被测值的 1/0.8＝1.25 倍。
答案：A

17-2-3 **解答**：保证加载设备参与结构试件工作，不正确。
答案：D

17-2-4 **解答**：我国应变片名义阻值一般取 120Ω。
答案：B

17-2-5 **解答**：图示为半桥，$\varepsilon_2 = -\varepsilon_1$，$U_{RD}/U = \frac{1}{4}K(\varepsilon_1 - \varepsilon_2) = \frac{2}{4}K\varepsilon$

即电桥的测试值是实际值的 2 倍。
答案：C

第三节

17-3-1 **解答**：承载力检验荷载设计值为 F_d，二集中力四分点加载，则：

$$F_d = \frac{1}{2}ql_0 = \frac{1}{2} \times (1.3 \times 5 - 1.3 \times 2 + 1.5 \times 2) \times 0.6 \times 3.3$$
$$= 6.831 \text{kN}$$

答案：B

17-3-2 **解答**：受扭构件应变不宜采用位移计测量而采用应变计测量。
答案：D

17-3-3 **解答**：$\varepsilon = \dfrac{\Delta L}{L} = \dfrac{3 \times 10^{-3}}{200} = 15 \times 10^{-6} = 15\mu\varepsilon$
答案：B

第四节

17-4-1 **解答**：可以考虑结构动力特性不是拟静力试验的优点。
答案：B

17-4-2 **解答**：裂缝宽度不能作为判别结构恢复力特性的参数。
答案：C

17-4-3 **解答**：混合加载法是指先控制作用力到屈服荷载，随后用位移控制。
答案：B

17-4-4 **解答**：根据《建筑抗震试验规程》JGJ/T 101—2015 第 3.1.3 条，节点的缩尺比例不宜小于 1/5。
答案：D

17-4-5 **解答**：极限变形是指破坏荷载时对应的变形值。
答案：C

第五节

17-5-1 **解答**：对吊车梁做疲劳试验采用专门的疲劳试验机。
答案：C

17-5-2 **解答**：结构的阻尼比不能由计算得到。此外，结构的质量在试验时就确定了。
答案：A

第六节

17-6-1 **解答**：$S_E = S_q / S_l = \dfrac{1/8}{1/4} = 1/2$
答案：A

17-6-2 **解答**：增大模型材料的密度可解决重力失真。
答案：C

17-6-3 **解答**：结构模型设计中，在假定采用理想的弹性材料下推导各物理量之间的关系式。
答案：B

17-6-4 **解答**：弹性模型要求用原材料或极为相似材料制作结构模型，不正确。

答案：B

第七节

17-7-1 **解答**：超声波法不适宜检测混凝土内部钢筋直径和位置。
答案：C

17-7-2 **解答**：抗压芯样试件的高度与直径之比宜为 1。
答案：A

17-7-3 **解答**：用电磁感应法钢筋探测仪进行钢筋检测，当钢筋布置在不同平面内，且间距较小时，结果不够理想。
答案：D

17-7-4 **解答**：直接检测砌体工程的砌体抗压强度采用扁顶法。
答案：A

17-7-5 **解答**：超声波法对钢结构进行内部缺陷检测。
答案：D

第十八章 土力学与地基基础

第一节 土的物理性质和工程分类

一、土的生成和组成

1. 土的生成

土是原岩受到风化作用，经剥蚀、搬运、沉积而未固结成岩的松散沉积物。土按其成因类型分为：残积土、坡积土、洪积土、冲积土、湖积土、沼泽土、风积土、冰积土、海积土，以及人工填土等。土具有三个重要特点：多相性、散体性和自然变异性。

2. 土的组成

土的组成包括构成骨架的固体颗粒、水和气体，通常称之为土的三相组成。

(1) 土的固体颗粒

土的性质的影响因素主要取决于粒度成分和矿物成分。

1) 粒度成分

在自然界中存在的土，都是由大小不同的土粒组成。土粒的粒径由粗到细逐渐变化时，土的性质相应地发生变化。土粒的大小称为粒度，通常以粒径表示。介于一定粒度范围内的土粒，称为粒组。各个粒组随着分界尺寸的不同而呈现出一定质的变化。划分粒组的分界尺寸称为界限粒径。根据《土的工程分类标准》GB/T 50145—2007 的规定，按界限粒径 200mm、60mm、2mm、0.075mm 和 0.005mm 把土粒分为六大粒组：漂石或块石颗粒、卵石或碎石颗粒、圆砾或角砾颗粒、砂粒、粉粒和黏粒。

土粒的大小及其组成情况，通常以土中各个粒组的相对含量（是指土样各粒组的质量占土粒总质量的百分数）来表示，称为土的粒度成分或颗粒级配。测定和定量描述土的颗粒组成情况可采用土的颗粒分析试验。颗分试验方法有筛分法和沉降分析法两种。对于粒径大于 0.075mm 的粗颗粒采用筛分法；对小于 0.075mm 的土粒采用沉降法。筛分法是用一套不同孔径的标准筛把各种粒组分离出来。沉降法的试验原理是依据土粒在静水中匀速下沉速度与粒径的理论关系，沉降法包括比重计法和移液管法两种。

根据颗粒分析结果，可在对数坐标纸上绘制如图 18-1-1 所示粒径级配累计曲线，纵坐标为小于某粒径土的百分含量，横坐标为土粒粒径。从累计级配曲线可以得到各粒组的相对含量；级配曲线的坡度可以判断土样中所含颗粒大小的均匀程度。如曲线较陡，表示颗粒粒径大小相差不多，即粒度较均匀，从级配意义上讲为级配不良；曲线平缓则表示土样中大小颗粒都有，粒度不均匀，级配良好。但若曲线中出现平坡段，表示可能缺失中间粒径，属不连续级配。由粒径累计曲线可得到如下两个描述土粒级配的定量指标：

不均匀系数 $$C_u = \frac{d_{60}}{d_{10}}$$ (18-1-1)

曲率系数 $$C_s = \frac{d_{30}^2}{d_{60} d_{10}}$$ (18-1-2)

图 18-1-1　粒径累计曲线

式中，d_{10}、d_{30}、d_{60} 分别相当于累计百分含量为 10％、30％和 60％的粒径，d_{10} 称为有效粒径；d_{60} 称为限制粒径。

不均匀系数 C_u 反映的是不同粒组的分布情况；曲率系数 C_s 是描述累计曲线整体形状的指标。$C_u<5$ 的土称为匀粒土，级配不良；C_u 越大，曲线越平缓，土粒越不均匀，粒组分布范围比较广；但 C_u 过大，可能缺失中间粒径，属不连续级配，故需同时用曲率系数 C_s 来评价土的级配。工程实践中，当同时满足 $C_u \geqslant 5$ 和 $C_s = 1 \sim 3$ 时，土的级配良好。作为填方土粒，级配良好的不均匀土比较容易压实。

2）矿物成分

土中固体颗粒的矿物成分绝大部分是矿物质，同时，或多或少含有一些有机质，如图 18-1-2 所示。

图 18-1-2　固体颗粒的成分

（2）土中水

土中水可分为结合水和自由水两大类。

受土颗粒电场引力作用的水称为结合水。结合水分为：

1）**强结合水（也称吸着水）**：它没有溶解能力，不能传递静水压力，其冰点低于 0℃，密度要比自由水大，具有蠕变性。当温度高于 100℃时，它才会蒸发。

2) 弱结合水（也称薄膜水）：它也不能传递静水压力，但较厚的结合水能向邻近较薄的水膜缓慢转移。当土中含有较多的弱结合水时，土则具有一定的可塑性。

不受土颗粒电场引力作用的水称为自由水。自由水能传递静水压力，冰点为0℃，有溶解能力，它可以分为：

1) 重力水：重力水是存在于地下水位以下的透水土层中的地下水，它是在重力或水头压力作用下自由运动，对土粒有浮力作用。重力水对土中的应力状态有很重要的影响。

2) 毛细水：毛细水是受到水与空气交界面上表面张力作用的自由水。它存在于潜水位以上的透水土层中。毛细弯液面张力的反作用力称为毛细压力，它能使土粒之间的有效应力增加。毛细水上升的高度和速度对建筑物底层防潮、路基的冻胀等具有重要影响。

（3）土中气

土中的气体存在于土孔隙中未被水所占据的部位。粗粒土中，土中气与大气相通，它对土的力学性质影响不大；细粒土中，常存在与大气隔绝的封闭气泡，使土在外力作用下的弹性变形增加、透水性减小；淤泥、泥炭等有机土中，常积聚一定数量的沼气，使土层在自重下长期得不到压密，而形成高压缩性土层。此外，土孔隙中充满水而不含气体的土称为饱和土，而含气体的土称为非饱和土。

3. 土的结构和构造

土的组成成分不是决定土性质的全部因素，土的结构和构造对土的性质也有很大影响。

土的结构是指土粒的原位集合体特征，是由土粒单元的大小、矿物成分、形状、相互排列及其联结关系，土中水性质及孔隙特征等因素形成的综合特征。它可分为：①单粒结构，如砂土、碎石土；②蜂窝结构，如粉粒；③絮状结构，如细小的黏粒、胶粒。

土的构造是指同一土层中的物质成分和颗粒大小等都相近的各部分之间的相互关系的特征，表征了土层的层理、裂隙及大孔隙等宏观特征。它的特征可分为：①层理构造（水平层理、交错层理），也是最主要特征；②裂隙性，如黄土、膨胀土；③孔洞。土的构造特征造成土的不均匀性。

二、土的物理性质

1. 土的三相比例指标

表示土的三相比例关系的指标称为土的三相比例指标，包括土粒相对密度、土的含水率、密度、孔隙比、孔隙率和饱和度等。如图18-1-3所示，为土的三相比例关系图。

三个基本的三相比例指标是指土粒相对密度 d_s、土的含水率 w 和密度 ρ，一般由实验室直接测定其数值。

（1）土粒相对密度 d_s

土粒质量与同体积的4℃时纯水的质量之比称为土粒相对密度 d_s，无量纲，即：

$$d_s = \frac{m_s}{V_s \rho_{w1}} = \frac{\rho_s}{\rho_{w1}} \quad (18\text{-}1\text{-}3)$$

图 18-1-3 土的三相比例关系图

式中，m_s 为土粒质量（g）；V_s 为土粒体积（cm³）；ρ_s 为土粒密度（g/cm³），即土粒单位体积的质量；ρ_{w1} 为纯水在4℃时的密度，等于1g/cm³。

一般情况下，土粒相对密度在数值上就等于土粒密度，但两者的含义不同，前者是两种物质的质量密度之比，无量纲；而后者是土粒的质量密度，有单位。土粒相对密度决定于土的矿物成分，一般无机矿物颗粒的相对密度为 2.6~2.8；有机质为 2.4~2.5；泥炭为 1.5~1.8。土粒相对密度可在实验室内用比重瓶法测定。

(2) 土的含水率 w

土中水的质量（m_w）与土粒质量之比称为土的含水率 w，以百分数计，即：

$$w = \frac{m_w}{m_s} \times 100\% \tag{18-1-4}$$

坚硬黏性土的含水率可小于 30%，饱和砂土的含水率可达 40%，饱和软黏土（如淤泥）可达 60%或更大。一般地，同一类土（尤其是细粒土），当其含水率增大时，其强度就降低。土的含水率一般用烘干法测定。

(3) 土的（湿）密度 ρ

土单位体积的质量称为土的（湿）密度 ρ，单位为 g/cm³，即：

$$\rho = \frac{m}{V} \tag{18-1-5}$$

天然状态下土的密度变化范围较大，黏性土 $\rho=1.8\sim2.0$g/cm³；砂土 $\rho=1.6\sim2.0$g/cm³。土的密度一般用环刀法测定。

(4) 土的干密度 ρ_d

土单位体积中固体颗粒部分的质量称为土的干密度 ρ_d，单位为 g/cm³，即：

$$\rho_d = \frac{m_s}{V} \tag{18-1-6}$$

(5) 饱和密度 ρ_{sat}

土孔隙中充满水时的单位体积质量称为土的饱和密度 ρ_{sat}，单位为 g/cm³，即：

$$\rho_{sat} = \frac{m_s + V_s \rho_w}{V} \tag{18-1-7}$$

式中，ρ_w 为水的密度，近似取为 1g/cm³。

(6) 土的浮密度 ρ'

在地下水位以下，土单位体积中土粒的质量与同体积水的质量之差称为土的浮密度 ρ'，单位为 g/cm³，即：

$$\rho' = \frac{m_s - V_s \rho_w}{V} \tag{18-1-8}$$

在土的三相比例指标中，土的质量密度指标有：土的（湿）密度 ρ、干密度 ρ_d、饱和密度 ρ_{sat} 和浮密度 ρ'。与之对应，土单位体积的重力（即土的密度与重力加速度的乘积）称为土的重力密度，简称重度 γ，单位为 kN/m³。有关重度的指标有：土的（湿）重度 γ、干重度 γ_d、饱和重度 γ_{sat} 和浮重度（亦称有效重度）γ'，可分别按下列对应公式计算：$\gamma = \rho g$，$\gamma_d = \rho_d g$，$\gamma_{sat} = \rho_{sat} g$，$\gamma' = \rho' g$，式中 $g = 9.81$m/s² 为重力加速度，可近似取 10.0m/s²。在国际单位体系中，质量密度的单位是 kg/m³，重度的单位是 N/m³，但在我国工程实践中，两者分别取 g/cm³ 或 kN/m³。

(7) 土的孔隙比 e

土的孔隙比是土中孔隙体积与土粒体积之比，用小数表示，即：

$$e = \frac{V_v}{V_s} \qquad (18\text{-}1\text{-}9)$$

孔隙比是一个重要的物理性指标，可以用来评价天然土层的密实程度。一般 $e<0.6$ 的土是密实的低压缩性土，$e>1.0$ 的土是疏松的高压缩性土。

(8) 土的孔隙率 n

土的孔隙率是土中孔隙所占体积与土总体积之比，以百分数计，即：

$$h = \frac{V_v}{V} \times 100\% \qquad (18\text{-}1\text{-}10)$$

(9) 土的饱和度 S_r

土中水体积与土中孔隙体积之比称为土的饱和度，以百分数计，即：

$$S_r = \frac{V_w}{V_v} \times 100\% \qquad (18\text{-}1\text{-}11)$$

图 18-1-4　土的三相比例指标换算图

砂土的湿度通常根据饱和度 S_r 可分为三种状态：稍湿 $S_r \leqslant 50\%$；很湿 $50\% < S_r \leqslant 80\%$；饱和 $S_r > 80\%$。

通过土工试验直接测定土粒相对密度 d_s、含水率 w 和密度 ρ 这三个基本指标后，可计算出其余三相比例指标，又称三相比例换算指标。土的三相比例指标换算图，如图 18-1-4 所示，进行各指标间相互关系的推导。常见的土的三相比例指标换算公式见表 18-1-1。取水的重度 $\gamma_w = 10 \text{kN/m}^3$。

土的三相比例指标换算公式　　　　表 18-1-1

名称	符号	三相比例表达式	常用换算公式	常见的数值范围
土粒相对密度	d_s	$d_s = \dfrac{m_s}{V_s \rho_{w1}}$	$d_s = \dfrac{S_r e}{w}$	黏性土：2.72~2.75 粉土：2.70~2.71 砂土：2.65~2.69
含水率	w	$w = \dfrac{m_w}{m_s} \times 100\%$	$w = \dfrac{S_r e}{d_s}$ $w = \dfrac{\rho}{\rho_d} - 1$	20%~60%
密度	ρ	$\rho = \dfrac{m}{V}$	$\rho = \rho_d(1+w)$ $\rho = \dfrac{d_s(1+w)}{1+e}\rho_w$	1.6~2.0g/cm³
干密度	ρ_d	$\rho_d = \dfrac{m_s}{V}$	$\rho_d = \dfrac{\rho}{1+w}$ $\rho_d = \dfrac{d_s}{1+e}\rho_w$	1.3~1.8g/cm³
饱和密度	ρ_{sat}	$\rho_{sat} = \dfrac{m_s + V_v \rho_w}{V}$	$\rho_{sat} = \dfrac{d_s + e}{1+e}\rho_w$	1.8~2.3g/cm³

续表

名称	符号	三相比例表达式	常用换算公式	常见的数值范围
浮密度	ρ'	$\rho' = \dfrac{m_s - V_s\rho_w}{V}$	$\rho' = \rho_{sat} - \rho_w$ $\rho' = \dfrac{d_s - 1}{1+e}\rho_w$	$0.8 \sim 1.3 \text{g/cm}^3$
重度	γ	$\gamma = \rho g$	$\gamma = \gamma_d(1+w)$ $\gamma = \dfrac{d_s(1+w)}{1+e}\gamma_w$	$16 \sim 20 \text{kN/m}^3$
干重度	γ_d	$\gamma_d = \rho_d g$	$\gamma_d = \dfrac{\gamma}{1+w}$ $\gamma_d = \dfrac{d_s}{1+e}\gamma_w$	$13 \sim 18 \text{kN/m}^3$
饱和重度	γ_{sat}	$\gamma_{sat} = \dfrac{m_s + V_v\rho_w}{V}g$	$\gamma_{sat} = \dfrac{d_s + e}{1+e}\gamma_w$	$18 \sim 23 \text{kN/m}^3$
浮重度 (有效重度)	γ'	$\gamma' = \rho' g$	$\gamma' = \gamma_{sat} - \gamma_w$ $\gamma' = \dfrac{d_s - 1}{1+e}\gamma_w$	$8 \sim 13 \text{kN/m}^3$
孔隙比	e	$e = \dfrac{V_v}{V_s}$	$e = \dfrac{wd_s}{S_r}$ $e = \dfrac{d_s(1+w)\rho_w}{\rho} - 1$	黏性土和粉土：0.40~1.20 砂土：0.30~0.90
孔隙率	n	$n = \dfrac{V_v}{V} \times 100\%$	$n = \dfrac{e}{1+e}$ $n = 1 - \dfrac{\rho_d}{d_s\rho_w}$	黏性土和粉土：30%~60% 砂土：25%~45%
饱和度	S_r	$S_r = \dfrac{V_w}{V_v} \times 100\%$	$S_r = \dfrac{wd_s}{e}$ $S_r = \dfrac{w\rho_d}{n\rho_w}$	$0 \leqslant S_r \leqslant 50\%$ 稍湿 $50\% < S_r \leqslant 80\%$ 很湿 $80\% < S_r \leqslant 100\%$ 饱和

【例 18-1-1】（历年真题）土的孔隙比为 47.71%，则用百分比表示的该土体的孔隙率为：

A. 109.60% B. 91.24% C. 67.70% D. 32.30%

【解答】 $n = \dfrac{e}{1+e} = \dfrac{47.71\%}{1+47.71\%} = 32.3\%$

应选 D 项。

【例 18-1-2】（历年真题）某饱和土体，土粒相对密度 $d_s = 2.70$，含水率 $w = 30\%$，则其干密度为：

A. 1.49g/cm^3 B. 1.94g/cm^3 C. 1.81g/cm^3 D. 0.81g/cm^3

【解答】 $e = \dfrac{wd_s}{S_r} = \dfrac{30\% \times 2.70}{1} = 0.81$

$\rho_d = \dfrac{d_s}{1+e}\rho_w = \dfrac{2.70}{1+0.81} \times 1 = 1.49 \text{g/cm}^3$

应选 A 项。

【例 18-1-3】（历年真题）下列表示土的饱和度的表述中，哪项是正确的？
A. 土中水的质量与土粒质量之比
B. 土中水的质量与土的质量之比
C. 土中水的体积与孔隙体积之比
D. 土中水的质量与土粒质量加水的质量的和之比

【解答】土的饱和度是指土中水的体积与孔隙体积之比，应选 C 项。

2. 黏性土的物理状态指标

（1）界限含水率

界限含水率是指黏性土从一种状态转入另一种状态的分界含水率。黏性土由一种状态转到另一种状态的界限含水率，总称为阿太堡界限。

如图 18-1-5 所示，黏性土物理状态土由可塑状态转到流动状态的界限含水率，称为液限，用符号 w_L 表示；土由可塑状态转为半固态的界限含水率，称为塑限，用符号 w_p 表示；土由半固态不断蒸发水分，则体积继续逐渐缩小，直到体积不再收缩时，对应土的界限含水率叫缩限，用符号 w_s 表示。

液限 w_L 采用锥式液限仪测定，当重 76g 平衡锥（锥角 30°）自由沉入土膏 10mm 时的含水率称为液限。塑限采用搓条法测定，当土条搓至 3mm 时刚好断裂成若干段，这时的含水率称为塑限。

图 18-1-5 黏性土的状态与界限含水率

当黏性土土粒之间只有强结合水时，土表现为固态或半固态，当土粒之间有强结合水、弱结合水时，土表现为可塑状态；当土粒之间有结合水和自由水时，土表现为流动状态。

（2）塑性指数

土的塑性指数是指液限和塑限的差值（省去%符号），即土处在可塑状态的含水率变化范围，用符号 I_p 表示，即：

$$I_p = w_L - w_p \tag{18-1-12}$$

塑性指数的大小综合反映了黏粒含量及其矿物成分与水相互作用的能力。因此，工程上按塑性指数对黏性土进行分类，见本节后面内容。

（3）液性指数

土的液性指数是指黏性土的天然含水率和塑限的差值与塑性指数之比，用符号 I_L 表示，即：

$$I_L = \frac{w - w_p}{w_L - w_p} = \frac{w - w_p}{I_p} \tag{18-1-13}$$

液性指数 I_L 主要用于表征天然沉积黏性土的物理状态。按液性指数 I_L 划分黏性土的状态，见表 18-1-2。

按液性指数划分黏性土的状态　　表 18-1-2

状态	坚硬	硬塑	可塑	软塑	流塑
液性指数	$I_L \leqslant 0$	$0 < I_L \leqslant 0.25$	$0.25 < I_L \leqslant 0.75$	$0.75 < I_L \leqslant 1.0$	$I_L > 1.0$

【例 18-1-4】（历年真题）黏性土处于什么状态时，含水率减小，土体积不再发生变化？

A. 固体　　　　　B. 可塑　　　　　C. 流动　　　　　D. 半固体

【解答】黏性土处于固体时，含水率减小，土体积不再发生变化，应选 A 项。

【例 18-1-5】（历年真题）某土样液限 $w_L=24.3\%$，塑限 $w_p=15.4\%$，含水率 $w=20.7\%$，可以得到其塑性指数 I_p 为：

A. $I_p=0.089$　　B. $I_p=8.9$　　C. $I_p=0.053$　　D. $I_p=5.3$

【解答】 $I_p=w_L-w_p=24.3-15.4=8.9$

应选 B 项。

【例 18-1-6】（历年真题）某土样液限 $w_L=25.8\%$，塑性 $w_p=16.1\%$，含水率（含水量）$w=13.9\%$，可以得到其液性指数 I_L 为：

A. $I_L=0.097$　　B. $I_L=1.23$　　C. $I_L=0.23$　　D. $I_L=-0.23$

【解答】 $$I_L=\frac{w-w_p}{w_L-w_p}=\frac{13.9\%-16.1\%}{25.8\%-16.1\%}=-0.23$$

应选 D 项。

(4) 黏性土的灵敏度和触变性

1) 灵敏度

天然状态下的黏性土通常都具有一定的结构性，当受到外来因素的扰动时，土的强度降低和压缩性增大。土的结构性对强度的这种影响，一般用灵敏度 S_t 来衡量。土的灵敏度是以原状土的强度与该土经过重塑（土的结构性彻底破坏）后的强度之比来表示。对于饱和黏性土的灵敏度 S_t 可按下式计算：

$$S_t=\frac{q_u}{q_u'} \quad (18\text{-}1\text{-}14)$$

式中，q_u 为原状试样的无侧限抗压强度（kPa）；q_u' 为重塑试样的无侧限抗压强度（kPa）。

黏性土的结构性分类见表 18-1-3。

黏性土的结构性分类　　　　表 18-1-3

结构性分类	低灵敏	中灵敏	高灵敏	极高灵敏	流性
S_t	$1<S_t\leqslant 2$	$2<S_t\leqslant 4$	$4<S_t\leqslant 8$	$8<S_t\leqslant 16$	$S_t>16$

土的灵敏度越高，其结构性越强，受扰动后土的强度降低就越多。因此，在基础施工中应注意保护基坑或基槽，尽量减少对坑（槽）底土的结构扰动。

2) 触变性

黏性土的结构受到扰动，导致土的强度降低，但当扰动停止后，土的强度又随时间而逐渐部分恢复。这种强度随时间部分恢复的胶体化学性质称为土的触变性。例如：在黏性土中打桩时，当基桩施工完成后经过适当休止期，才能进行单桩承载力检测，就是考虑了土的强度可随时间部分恢复，基桩承载力逐渐提高，即利用了土的触变性机理。

【例 18-1-7】（历年真题）关于土的灵敏度，下面说法正确的是：

A. 灵敏度越大,表明土的结构性越强   B. 灵敏度越小,表明土的结构性越强
C. 灵敏度越大,表明土的强度越高   D. 灵敏度越小,表明土的强度越高

【解答】土的灵敏度越大,则结构性越强、受扰动后的土强度降低越多,应选 A 项。

3. 无黏性土的物理状态指标

无黏性土一般是指碎石(类)土和砂(类)土。无黏性土的物理性质主要决定于土的密实度状态,土的湿度状态仅对细砂、粉砂有影响。无黏性土呈密实状态时,强度较大,是良好的天然地基;呈稍密、松散状态时则是一种软弱地基,尤其是饱和的粉砂、细砂在振动荷载作用下易发生液化失稳现象。

(1) 砂土

砂土的相对密实度 D_r 为:

$$D_r = \frac{e_{\max} - e}{e_{\max} - e_{\min}} \tag{18-1-15}$$

式中,$e_{\max}$ 为砂土在最松散状态时的孔隙比,即最大孔隙比;$e_{\min}$ 为砂土在最密实状态时的孔隙比,即最小孔隙比;e 为砂土在天然状态时的孔隙比。

当 $D_r = 0$ 时,表示砂土处于最松散状态;当 $D_r = 1$ 时,表示砂土处于最密实状态。

在工程实践中,采用标准贯入锤击数 N 来划分密实度(表 18-1-4)。标准贯入试验是用锤重 63.5kg 和落距 76cm 把标准贯入器打入土中,记录每贯入 30cm 所需的锤击数 N 的一种原位测试方法。可见,锤击数 N 越大,土越密实。

按标准贯入击数 N 划分砂土密实度　　表 18-1-4

密实度	密实	中密	稍密	松散
标贯击数 N	$N > 30$	$30 \geqslant N > 15$	$15 \geqslant N > 10$	$N \leqslant 10$

(2) 碎石土

碎石土的密实度可按重型圆锥动力触探试验的锤击数 $N_{63.5}$ 划分,见表 18-1-5。

按重型圆锥动力触探锤击数 $N_{63.5}$ 划分碎石土密实度　　表 18-1-5

密度度	密实	中密	稍密	松散
$N_{63.5}$	$N_{63.5} > 20$	$20 \geqslant N_{63.5} > 10$	$10 \geqslant N_{63.5} > 5$	$N_{63.5} \leqslant 5$

注:本表适用于平均粒径小于等于 50mm 且最大粒径不超过 100mm 的卵石、碎石、圆砾、角砾。

4. 土的压实性

在压实功作用下,土颗粒重新排列,粗颗粒之间的孔隙可以被细颗粒充填,从而可以达到较高的密实度和强度。当压实功一定时,土的压实效果主要取决于颗粒级配和含水量。级配好的土,容易被压实;含水率对压实的影响表现在土中未出现自由水之前,含水率增加产生润滑作用促使颗粒移动,当孔隙中出现自由水时又会阻止土的压实。

土的压实性可以通过室内击实试验得到。在击实试验条件下,不同含水率的土样得到不同的压实效果。多次试验结果绘制成 $\rho_d\text{-}w$ 压实曲线如

图 18-1-6　击实曲线

图 18-1-6 所示，峰值所对应的称为最大干密度 ρ_{dmax} 和最佳（最优）含水率 w_{op}。最佳含水率 w_{op} 表示在这一含水率下，以这种压实方法（即相同压实功），能够得到最大干密度 ρ_{dmax}。

在工程实践中，常用最佳含水率来控制填土的施工；采用压实系数 λ_c 控制施工质量。填土的实际（现场）控制干密度 ρ_d 与室内试验最大干密度 ρ_{dmax} 之比，称为压实系数 λ_c（$\lambda_c = \rho_d/\rho_{dmax}$）。显然，$\lambda_c$ 越接近1，填土施工的质量越好。

【例 18-1-8】（历年真题）对细颗粒土，要求在最优含水率时压实，主要考虑的是：
A. 在最优含水率时压实，能够压实得更均匀
B. 在最优含水率时压实，在相同压实功下，能够得到最大的饱和度
C. 在最优含水率时压实，在相同压实功下，能够得到最大的干密度
D. 偏离最优含水率，容易破坏土的结构

【解答】在最优含水率时压实，在相同压实功下，能够得到最大的干密度，应选 C 项。

5. 土的渗透性

土体孔隙中自由水在水力梯度作用下产生的流动称为渗流。水在土中渗流的规律常可用达西定律来描述，如图 18-1-7 所示，水从 a 点向 b 点流动，单位时间内流过与水流方向垂直的截面面积 A 的流量 Q 及流速 v 分别可表示为：

$$Q = kAi \quad (18\text{-}1\text{-}16)$$
$$v = ki \quad (18\text{-}1\text{-}17)$$

图 18-1-7 水在土中渗流

式中，Q 为流量（cm^3/s 或 m^3/d）；v 为流速（cm/s 或 m/d）；i 为水力梯度，即 a、b 两点间水头差与流径长度 l 之比，$i = \dfrac{H_1 - H_2}{l}$；k 为渗透系数（cm/s 或 m/d）；A 为通过的面积（cm^2 或 m^2）。

影响土的渗透性的因素很多，主要有土的粒度成分和矿物成分、土的结构构造和土中气体等，它们集中反映在土的渗透系数数值大小上。

水在土中渗流时会受到土颗粒的阻力，水流也必然有一个相等的反作用力作用在土颗粒上，这就是所谓渗流力（习惯称为动水压力）。渗流力是体积力，方向与水流方向一致，其数值与水力梯度成正比，它作用在土的颗粒上。渗流力 J 按下式计算：

$$J = \gamma_w i \quad (18\text{-}1\text{-}18)$$

水自下向上渗流时，当渗流力等于上覆土的有效重度 γ' 时，土将变成流动的状况，土颗粒随着水流移动而失去稳定，称为流砂（或称为流土）。这时候的水力梯度定义为临界梯度 i_{cr}，即：

$$\gamma_w i_{cr} = \gamma', \ i_{cr} = \dfrac{\gamma'}{\gamma_w} \quad (18\text{-}1\text{-}19)$$

【例 18-1-9】（历年真题）与地基的临界水力梯度有关的因素为：
A. 有效重度　　B. 抗剪强度　　C. 渗透系数　　D. 剪切刚度

【解答】与地基的临界水力梯度有关的是有效重度 γ'，应选 A 项。

三、土的工程分类

1. 建筑地基土的分类

《建筑地基基础设计规范》GB 50007—2011（以下简称《建筑地基规范》）规定：

4.1.1 作为建筑地基的岩土，可分为岩石、碎石土、砂土、粉土、黏性土和人工填土。

4.1.2 作为建筑地基的岩石，除应确定岩石的地质名称外，尚应按本规范第4.1.3条划分岩石的坚硬程度，按本规范第4.1.4条划分岩体的完整程度。岩石的风化程度可分为未风化、微风化、中等风化、强风化和全风化。

4.1.3 岩石的坚硬程度应根据岩块的饱和单轴抗压强度 f_{rk} 按表4.1.3分为坚硬岩、较硬岩、较软岩、软岩和极软岩。

岩石坚硬程度的划分　　　　　　　　　　表4.1.3

坚硬程度类别	坚硬岩	较硬岩	较软岩	软岩	极软岩
饱和单轴抗压强度标准值 f_{rk}(MPa)	$f_{rk}>60$	$60 \geqslant f_{rk}>30$	$30 \geqslant f_{rk}>15$	$15 \geqslant f_{rk}>5$	$f_{rk} \leqslant 5$

4.1.4 岩体完整程度应按表4.1.4划分为完整、较完整、较破碎、破碎和极破碎。

岩体完整程度划分　　　　　　　　　　表4.1.4

完整程度等级	完整	较完整	较破碎	破碎	极破碎
完整性指数	>0.75	0.75~0.55	0.55~0.35	0.35~0.15	<0.15

注：完整性指数为岩体纵波波速与岩块纵波波速之比的平方。选定岩体、岩块测定波速时应有代表性。

4.1.5 碎石土为粒径大于2mm的颗粒含量超过全重50%的土。碎石土可按表4.1.5分为漂石、块石、卵石、碎石、圆砾和角砾。

碎石土的分类　　　　　　　　　　表4.1.5

土的名称	颗粒形状	粒组含量
漂石块石	圆形及亚圆形为主棱角形为主	粒径大于200mm的颗粒含量超过全重50%
卵石碎石	圆形及亚圆形为主棱角形为主	粒径大于20mm的颗粒含量超过全重50%
圆砾角砾	圆形及亚圆形为主棱角形为主	粒径大于2mm的颗粒含量超过全重50%

注：分类时应根据粒组含量栏从上到下以最先符合者确定。

4.1.7 砂土为粒径大于2mm的颗粒含量不超过全重50%、粒径大于0.075mm的颗粒超过全重50%的土。砂土可按表4.1.7分为砾砂、粗砂、中砂、细砂和粉砂。

砂土的分类　　　　　　　　　　表4.1.7

土的名称	粒组含量
砾砂	粒径大于2mm的颗粒含量占全重25%~50%
粗砂	粒径大于0.5mm的颗粒含量超过全重50%
中砂	粒径大于0.25mm的颗粒含量超过全重50%
细砂	粒径大于0.075mm的颗粒含量超过全重85%
粉砂	粒径大于0.075mm的颗粒含量超过全重50%

注：分类时应根据粒组含量栏从上到下以最先符合者确定。

4.1.9 黏性土为塑性指数 I_p 大于 10 的土，可按表 4.1.9 分为黏土、粉质黏土。

黏性土的分类　　　　　　表 4.1.9

塑性指数 I_p	土的名称
$I_p>17$	黏土
$10<I_p\leqslant 17$	粉质黏土

注：塑性指数由相应于 76g 圆锥体沉入土样中深度为 10mm 时测定的液限计算而得。

4.1.11 粉土为介于砂土与黏性土之间，塑性指数 I_p 小于或等于 10 且粒径大于 0.075mm 的颗粒含量不超过全重 50％的土。

4.1.14 人工填土根据其组成和成因，可分为素填土、压实填土、杂填土、冲填土。素填土为由碎石土、砂土、粉土、黏性土等组成的填土。经过压实或夯实的素填土为压实填土。杂填土为含有建筑垃圾、工业废料、生活垃圾等杂物的填土。冲填土为由水力冲填泥砂形成的填土。

【例 18-1-10】（历年真题）关于土的塑性指数，下面说法正确的是：
A. 可以作为黏性土工程分类的依据之一
B. 可以作为砂土工程分类的依据之一
C. 可以反映黏性土的软硬情况
D. 可以反映砂土的软硬情况

【解答】土的塑性指数 I_p 可以作为黏性土工程分类的依据之一，应选 A 项。

2. 特殊土性土的分类

《建筑地基规范》规定：

4.1.12 淤泥为在静水或缓慢的流水环境中沉积，并经生物化学作用形成，其天然含水量大于液限、天然孔隙比大于或等于 1.5 的黏性土。当天然含水量大于液限而天然孔隙比小于 1.5 但大于或等于 1.0 的黏性土或粉土为淤泥质土。含有大量未分解的腐殖质，有机质含量大于 60％的土为泥炭，有机质含量大于或等于 10％且小于或等于 60％的土为泥炭质土。

4.1.13 红黏土为碳酸盐系的岩石经红土化作用形成的高塑性黏土。其液限一般大于 50％。红黏土经再搬运后仍保留其基本特征，其液限大于 45％的土为次生红黏土。

4.1.15 膨胀土为土中黏粒成分主要由亲水性矿物组成，同时具有显著的吸水膨胀和失水收缩特性，其自由膨胀率大于或等于 40％的黏性土。

4.1.16 湿陷性土为在一定压力下浸水后产生附加沉降，其湿陷系数大于或等于 0.015 的土。

习　题

18-1-1 （历年真题）土体的孔隙率为 47.71％，用百分比表示的该土体的孔隙比为：
A. 91.24　　　　B. 109.60　　　　C. 47.71　　　　D. 52.29

18-1-2 （历年真题）某饱和土样的天然含水率 $w=20\%$，土粒相对密度 $d_s=2.75$，该土样的孔隙比为：

A. 0.44　　　　B. 0.55　　　　C. 0.62　　　　D. 0.71

18-1-3　（历年真题）某饱和土体，土粒相对密度 $d_s=2.70$，含水率（含水量）$w=30\%$，取水的重度 $\gamma_w=10kN/^3$，则该土的饱和重度为：

A. 19.4kN/m³　　B. 20.2kN/m³　　C. 28.8kN/m³　　D. 21.2kN/m³

18-1-4　（历年真题）计算砂土相对密度 D_r 的公式是：

A. $D_r=\dfrac{e_{max}-e}{e_{max}-e_{min}}$　B. $D_r=\dfrac{e-e_{min}}{e_{max}-e_{min}}$　C. $D_r=\dfrac{\rho_{dmax}}{\rho_d}$　D. $D_r=\dfrac{\rho_d}{\rho_{dmax}}$

18-1-5　（历年真题）土的三相物理性质指标中可以借助三个基本量测指标导出的指标是：

A. 含水率　　　B. 土粒相对密度　　C. 重度　　　D. 孔隙比

第二节　土　中　应　力

对建筑地基进行承载力、变形和稳定性计算，均会用到土（地基土）的应力大小和分布。

一、土中自重应力

假设天然地面是半空间（半无限体）表面的一个无限大的水平面，因而在任意竖直面和水平面上均无剪应力存在。如图 18-2-1 所示，如果天然地面下土质均匀，土的天然重度为 $\gamma(kN/m^3)$，在天然地面下任意深度 $z(m)$ 处 a-a 水平面上任意点的竖向自重应力 σ_{cz}（kPa），可取作用于该水平面任一单位面积上的土柱体自重 $\gamma z \times 1$，计算如下：

$$\sigma_{cz}=\gamma z \qquad (18-2-1)$$

地基土中除有作用水平面的竖向自重应力 σ_{cz} 外，还有作用于竖直面的侧向（水平向）自重应力 σ_{cx} 和 σ_{cy}。土中任意点的侧向自重应力与竖向自重应力成正比关系，而剪应力 τ 均为零，即：

$$\sigma_{cx}=\sigma_{cy}=K_0\sigma_{cz} \qquad (18-2-2)$$

图 18-2-1　均质土中竖向自重应力
(a) 沿深度的分布；(b) 任意水平面上的分布

式中，K_0 称为土的侧压力系数。

只有通过土粒接触点传递的粒间应力才能使土粒彼此挤紧，产生土体的体积变形，而且粒间应力又是影响土体强度的一个重要因素，故粒间应力又称为有效应力。因此，当计算点在地下水位以下时，由于水对土体有浮力作用，水下部分土柱体自重必须扣去浮力，应采用土的浮重度 γ' 替代（湿）重度 γ 计算。

如图 18-2-2 所示，成层土中自重应力如下：

$$\sigma_{cz}=\sum_{i=1}^{n}\gamma_i h_i \qquad (18-2-3)$$

式中，σ_{cz} 为天然地面下任意深度 z 处的竖向有效自重应力（kPa）；n 为深度 z 范围内的土层总数；h_i 为第 i 层土的厚度（m）；γ_i 为第 i 层土的天然重度（kN/m³），对地下水位以

下的土层取浮重度 γ'_i。

在地下水位以下，当埋藏有不透水层（例如只含结合水的坚硬黏土层），由于不透水层中不存在水的浮力，所以不透水层顶面的自重应力值及屋面以下的自重应力应按上覆土层的水土总重计算。

地下水位升降，使地基土中自重应力也相应发生变化。图 18-2-3（a）为地下水位下降的情况，如软土地区抽取大量地下水，使地基中有效自重应力增加，从而导致地面大面积沉降。图 18-2-3（b）为地下水位长期上升的情况，水位上升会引起地基承载力减小、湿陷性土的塌陷现象。

图 18-2-2　成层土中竖向自重应力分布

图 18-2-3　地下水位升降对土中自重应力的影响
（a）地下水位下降情况；（b）地下水位上升情况
0-1-2 线为原来自重应力的分布；
0-1'-2'线为地下水位变动后自重应力的分布

【例 18-2-1】（历年真题）下列说法中错误的是：

A. 地下水位的升降对土中自重应力有影响

B. 地下水位的下降会使土中自重应力增大

C. 当地层中有不透水层存在时，不透水层中的静水压力为零

D. 当地层中存在有承压水层时，该层的自重应力计算方法与潜水层相同，即该层土的重度取有效重度来计算

【解答】上述选项 A、B、C 项均正确。地层中存在有承压水质时，该层的自重应力计算方法与潜水层不相同，潜水层土的自重应力取土的有效重度计算，承压水层土的自重应力取土的有效重度与渗流力之和计算，D 项错误，应选 D 项。

【例 18-2-2】（历年真题）一个地基包含 1.50m 厚的上层干土层和下卧饱和土层，干土层重度 15.6kN/m³，而饱和土层重度为 19.8kN/m³。则埋深 3.50m 处的总竖向自重应力为：

A. 63kPa　　　　B. 23.4kPa　　　　C. 43kPa　　　　D. 54.6kPa

【解答】　$\sigma_{cz}=15.6×1.5+(19.8-10)×(3.5-1.5)=43$kPa

应选 C 项。

【例 18-2-3】（历年真题）均匀地基中，地下水位埋深为 1.80m，毛细水向上渗流 0.60m。如果土的干重度为 15.9kN/m³，土的饱和重度为 17kN/m³，地表超载为

$25.60kN/m^2$，那么地基埋深 3.50m 处的垂直有效应力为：

A. 66.78kPa　　　　B. 72.99kPa　　　　C. 70.71kPa　　　　D. 41.39kPa

【解答】$\sigma_{cz}=25.60+1.2\times15.9+0.6\times17+(17-10)\times(3.5-1.8)=66.78$kPa

应选 A 项。

二、基底附加应力

1. 基底压力

(1) 中心荷载作用下，基底压力 p 为均匀分布 [图 18-2-4 (a)]：

$$p=\frac{F+G}{A} \tag{18-2-4}$$

式中，F 为上部结构传至基础顶面的竖向力值（kN）；A 为基底面积（m^2）；G 为基础自重和基础上的土重，$G=\gamma_G A d$，其中 d 为基础埋深（从设计地面或室内、外的平均设计地面算起），γ_G 为基础及其上回填土的加权平均重度，一般取 $20kN/m^3$。

对于条形基础，沿长度方向取一单位长度的截条进行基底压力 p 的计算，此时 A 改为 b（m），F、G 取相应的值（kN/m）。

图 18-2-4　基底压力分布的简化计算
(a) 中心荷载；(b) 偏心荷载 $e<l/6$；(c) 偏心荷载 $e>l/6$

(2) 偏心荷载作用下

如图 18-2-4 (b) 所示，当 $e=\dfrac{M}{F+G}<\dfrac{l}{6}$ 时，基底压力呈梯形分布，其值为：

$$p_{\min}^{\max}=\frac{F+G}{bl}\pm\frac{M}{W}=\frac{F+G}{bl}\left(1\pm\frac{6e}{l}\right) \tag{18-2-5}$$

式中，M 为作用于矩形基础底面的力矩（kN·m）；W 为矩形基础底面的抵抗矩（m^3），$W=\dfrac{bl^2}{6}$。

当 $e=\dfrac{l}{6}$ 时，基底压力呈三角形分布。

当 $e > \dfrac{l}{6}$ 时，如图 18-2-4（c）所示，基底最大压力为：

$$p_{\max} = \dfrac{2(F+G)}{3ba} \qquad (18\text{-}2\text{-}6)$$

式中，a 为合力作用点至基底最大压力边缘的距离（m），$a = \dfrac{l}{2} - e$。

注意：① 地基承载力计算所用的基底压力，F、G 应采用荷载的标准组合。
② 地基变形（即沉降）计算所用的基底压力，F、G 应采用荷载的准永久组合。

2. 基底附加应力

建筑物建造前，土中早已存在自重应力，基底附加压力 p_0 是基底压力与基底处建造前土中自重应力之差，是引起地基附加应力和变形的主要原因，如图 18-2-5 所示，即：

$$p_0 = p - \sigma_{cz} = p - \gamma_m d \qquad (18\text{-}2\text{-}7)$$

式中，p 为基底平均压力（kPa）；σ_{cz} 为基底处土的自重应力（kPa）；γ_m 为基底标高以上天然土层的加权平均重度（kN/m³），$\gamma_m = \sum \gamma_i h_i / d$；$d$ 为基础埋置深度（m）。

图 18-2-5 基底附加压力的计算

三、地基土中附加应力

计算地基土中附加应力时，假定地基土是均匀的、各向同性的半无限弹性体，利用弹性理论中布辛尼斯克（Boussinesq, 1885）解进行计算。

1. 竖向集中力 P 作用下的附加应力

它属于空间问题，如图 18-2-6 所示，土中任意点 M 的附加应力：

$$\sigma_z = \dfrac{3P}{2\pi} \cdot \dfrac{z^3}{R^5} = \alpha \dfrac{P}{z^2} \qquad (18\text{-}2\text{-}8)$$

式中，z 为点 M 与集中力 P 的竖向距离；R 为点 M 与坐标原点 O 的与离；α 为竖向附加应力系数，为 r/z 的函数，r 为点 M 与集中力 P 的水平距离，可查表确定 α。

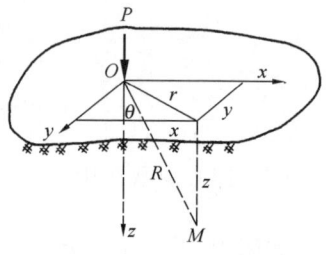

图 18-2-6 集中力作用下的任意点的附加应力 σ_z

2. 均布矩形荷载 p_0 作用下的附加应力

它属于空间问题，如图 18-2-7 所示，用积分法求得矩形荷载面角点下任意深度 z 处点 M 的附加应力：

$$\sigma_z = \alpha_c p_0 \qquad (18\text{-}2\text{-}9)$$

式中，α_c 为均布矩形荷载角点下的竖向附加应力系数，按 $\dfrac{l}{b}$、$\dfrac{z}{b}$，查表 18-2-1 确定。

图 18-2-7 均布矩形荷载面角点下的附加应力 σ_z

均布矩形荷载角点下的竖向附加应力系数 α_c（部分）　　表 18-2-1

z/b	l/b											条形
	1.0	1.2	1.4	1.6	1.8	2.0	3.0	4.0	5.0	6.0	10.0	
0.0	0.250	0.250	0.250	0.250	0.250	0.250	0.250	0.250	0.250	0.250	0.250	0.250
0.2	0.249	0.249	0.249	0.249	0.249	0.249	0.249	0.249	0.249	0.249	0.249	0.249
0.4	0.240	0.242	0.243	0.243	0.244	0.244	0.244	0.244	0.244	0.244	0.244	0.244
0.6	0.223	0.228	0.230	0.232	0.232	0.233	0.234	0.234	0.234	0.234	0.234	0.234

应用角点法可以计算荷载面积内或荷载面积外地基中任意一点的附加应力。如图 18-2-8 所示，求 O 点的附加应力如下：

(a)　　　　　(b)　　　　　(c)　　　　　(d)

图 18-2-8 角点法计算矩形均布荷载下地基附加应力
(a) 荷载面边缘；(b) 荷载面内；(c) 荷载面外侧；(d) 荷载面外

(1) O 点在荷载面边缘

$$\sigma_z = (\alpha_{cI} + \alpha_{cII})p_0$$

(2) O 点在荷载面内

$$\sigma_z = (\alpha_{cI} + \alpha_{cII} + \alpha_{cIII} + \alpha_{cIV})p_0$$

(3) O 点在荷载面外侧，这时荷载 $abcd$ 对 O 点的影响可看作由 I ($Ofbg$) 与 II ($Ofah$) 之差和 III ($Ogce$) 与 IV ($Ohde$) 之差合成的，则

$$\sigma_z = (\alpha_{cI} - \alpha_{cII} + \alpha_{cIII} - \alpha_{cIV})p_0$$

(4) O 点在角点外侧，同理，是由 I ($Ohce$)、II ($Ohbf$)、III ($Ogde$) 和 IV ($Ogaf$) 四块应力面积叠加而成，则

$$\sigma_z = (\alpha_{cI} - \alpha_{cII} - \alpha_{cIII} + \alpha_{cIV})p_0$$

应用角点法进行叠加计算时,用以计算的每个矩形都要有一个角点是计算点;所有用以计算的矩形面积之代数和应等于原有受荷面积;每个矩形确定应力系数 α_c 时,都是取短边为 b、长边为 l。

3. 其他荷载作用下的附加应力

空间问题:矩形、三角形、圆形均布荷载作用下的附加应力,均可采用积分法求解;便于手算,可用应力系数查表求解。

平面问题:线荷载作用下的附加应力,可采用积分法求解。条形均布荷载作用下的附加应力,可采用积分法求解;便于手算,可用应力系数查表求解。

4. 地基土附加应力 σ_z 的分布规律

(1) σ_z 不仅发生在荷载面积之下,而且分布在荷载面积以外相当大的范围之下,这就是地基附加应力的扩散分布;

(2) 在距离基础底面不同深度 z 处的各个水平面上,以基底中心点下轴线处 σ_z 为最大,随着距离中轴线越远 σ_z 越小;

(3) 在荷载分布范围内任意点沿垂线的 σ_z 值,随深度越向下越小,在荷载边缘以外任意点沿垂线的 σ_z 值,随深度从零开始向下先增大后减少。

由图 18-2-9 (a)、(b) 可见,方形荷载所引起的 σ_z,其影响深度要比条形荷载小得多,例如方形荷载中心下 $z=2b$ 处 $\sigma_z \approx 0.1p$,而在条形荷载下 $\sigma_z = 0.1p$ 等值线则在中心下 $z \approx 6b$ 处通过。由图 18-2-9 (c)、(d) 条形荷载下的 σ_x 和 τ_{xz} 的等值线图可见,σ_x 的影响范围较浅,故基础下地基土的侧向变形主要发生于浅层;而 τ_{xz} 的最大值出现于荷载边缘,故位于基础边缘下的土体容易发生剪切滑动而首先出现塑性变形区。

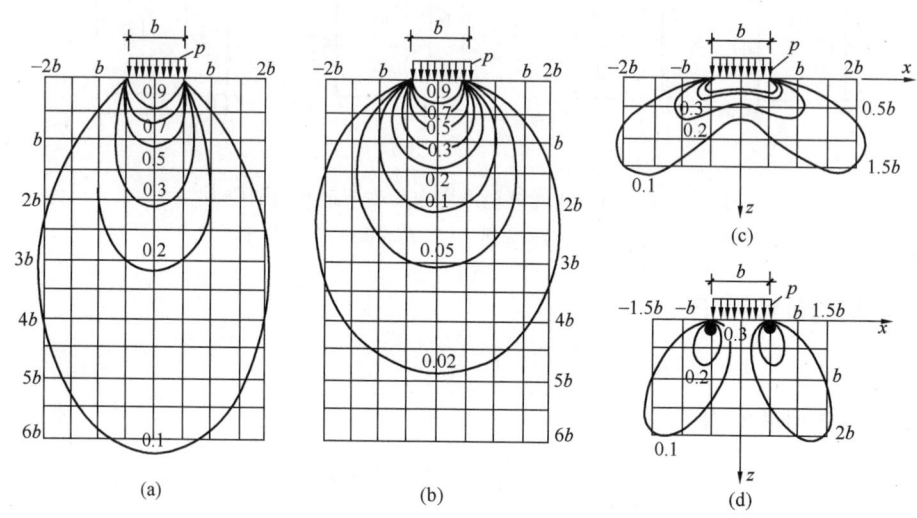

图 18-2-9 地基土附加应力等值线
(a) 等 σ_z 线(条形荷载);(b) 等 σ_z 线(方形荷载);(c) 等 σ_x 线(条形荷载);(d) 等 τ_{xz} 线(条形荷载)

【例 18-2-4】(历年真题)关于附加应力,下面说法正确的是:
A. 土中的附加应力会引起地基的压缩,但不会引起地基的失稳

B. 土中的附加应力除了与基础底面压力有关外，还与基础埋深等有关

C. 土中的附加应力主要发生在竖直方向，水平方向上则没有附加应力

D. 土中的附加应力一般小于土的自重应力

【解答】土中的附加应力与基础底面压力、基础埋深等有关，应选 B 项。

【例 18-2-5】（历年真题）在相同的地基上，甲、乙两条形基础的埋深相等，基底附加压力相等，基础甲的宽度为基础乙的 2 倍。在基础中心以下相同深度 $z(z>0)$ 处基础甲的附加应力 σ_A 与基础乙的附加应力 σ_B 相比：

A. $\sigma_A>\sigma_B$，且 $\sigma_A>2\sigma_B$

B. $\sigma_A>\sigma_B$，且 $\sigma_A<2\sigma_B$

C. $\sigma_A>\sigma_B$，且 $\sigma_A=2\sigma_B$

D. $\sigma_A>\sigma_B$，但 σ_A 与 $2\sigma_B$ 的关系尚要根据深度 Z 与基础宽度的比值确定

【解答】令甲基础宽度为 $2b$，乙基础宽度为 b，各自划分为 4 个小矩形：

甲基础：$\dfrac{z}{b}$，令 $z/b=0.2$，查表 18-2-1，$\alpha_c=0.249$

乙基础：$\dfrac{z}{b/2}$，即 $\dfrac{z}{b/2}=2\times0.2=0.4$，查表 18-2-1，$\alpha_c=0.244$

$$\sigma_A=4p_0\times0.249，\sigma_B=4p_0\times0.244$$

可知，$\sigma_A>\sigma_B$，且 $\sigma_A<2\sigma_B$，应选 B 项。

习 题

18-2-1 （历年真题）均匀地基中地下水位埋深为 1.40m，不考虑地基中的毛细效应，地基土重度为 15.8kN/m^3，地下水位以下土体的饱和重度为 19.8kN/m^3。则距地面 3.60m 处的竖向有效应力为：

A. 64.45kPa B. 34.68kPa C. 43.68kPa D. 71.28kPa

18-2-2 （历年真题）关于土的自重应力，下列说法正确的是：

A. 土的自重应力只发生在竖直方向上，在水平方向上没有自重应力

B. 均质饱和地基的自重应力为 $\gamma_{sat}h$，其中 γ_{sat} 为饱和重度，h 为计算位置到地表的距离

C. 表面水平的半无限空间弹性地基，土的自重应力计算与土的模量没有关系

D. 表面水平的半无限空间弹性地基，自重应力过大也会导致地基土的破坏

第三节 地 基 变 形

一、土的压缩性

1. 土的压缩试验与压缩指标

(1) 固结试验和压缩曲线

压缩曲线是室内土的固结试验的直接成果，它是土的孔隙比与所受压力的关系曲线，由它可得到土的压缩性指标。固结试验所用的固结仪由固结容器、加压设备和量测设备组成（图 18-3-1）。

设土样的初始高度为 H_0，受压后土样高度为 H_i，则 $H_i = H_0 - \Delta H_i$，ΔH_i 为压力 p_i 作用下土样的稳定压缩量，如图 18-3-2 所示。根据土的孔隙比的定义以及土粒体积 V_s 不会变化，则：

$$\frac{H_0}{1+e_0} = \frac{H_i}{1+e_i} = \frac{H_0 - \Delta H_i}{1+e_i} \tag{18-3-1}$$

可得：

$$e_i = e_0 - \frac{\Delta H_i}{H_0}(1+e_0) \tag{18-3-2}$$

图 18-3-1 固结仪的固结容器简图

图 18-3-2 侧限条件下土样孔隙比的变化

式中，$e_0 = d_s(1+w_0)\rho_w/\rho_0 - 1$，其中 d_s、w_0、ρ_0、ρ_w 分别为土粒相对密度、土样初始含水率、土样初始密度和水的密度。因此，只要测定土样在各级压力 p_i 作用下的稳定压缩量 ΔH_i 后，就可按式（18-3-2）计算出相应的孔隙比 e_i，从而绘制土的压缩曲线（图 18-3-3 和图 18-3-4，p 为有效应力）。

图 18-3-3 e-p 曲线及压缩系数 a

图 18-3-4 e-$\lg p$ 曲线及压缩指数 C_c

(2) 压缩系数、压缩模量和体积压缩系数

土的压缩系数 a 的定义是土体在侧限条件下孔隙比减小量与有效压应力增量的比值（MPa^{-1}），即 e-p 曲线中某一压力段的割线斜率（图 18-3-3）：

$$a = \frac{\Delta e}{\Delta p} = \frac{e_1 - e_2}{p_2 - p_1} \tag{18-3-3}$$

为了便于比较，通常采用压力段由 $p_1=0.1\mathrm{MPa}$（100kPa）增加到 $p_2=0.2\mathrm{MPa}$（200kPa）时的压缩系数 a_{1-2} 来评定土的压缩性如下：

当 $a_{1-2} < 0.1\mathrm{MPa}^{-1}$ 时，为低压缩性土；

当 $0.1 \leqslant a_{1-2} < 0.5\mathrm{MPa}^{-1}$ 时，为中压缩性土；

当 $a_{1-2} \geqslant 0.5\mathrm{MPa}^{-1}$ 时，为高压缩性土。

土的压缩模量 E_s 是指土体在侧限条件下的应力应变模量，其中应变 $\varepsilon_i = \Delta H_i / H_0$，即：

$$E_s = \frac{p_2 - p_1}{\varepsilon_i} = \frac{p_2 - p_1}{\Delta H_i / H_0} = \frac{p_2 - p_1}{\frac{e_1 - e_2}{1 + e_1}} = \frac{1 + e_1}{a} \tag{18-3-4}$$

为了便于比较，参照低压缩性土 $a_{1-2} < 0.1\mathrm{MPa}^{-1}$ 时，近似取 $e_1 = 0.6$，则 $E_{s,1-2} \geqslant 16\mathrm{MPa}$；高压缩性土 $a_{1-2} \geqslant 0.5\mathrm{MPa}^{-1}$ 时，近似取 $e_1 = 1.0$，则 $E_{s,1-2} \leqslant 4\mathrm{MPa}$。土的压缩模量 E_s 值越小，土的压缩性越高。

土的体积压缩系数 m_v 是按 e-p 曲线求得的第三个压缩性指标，它的定义是土体在侧限条件下的竖向（体积）应变与竖向附加压应力之比（MPa^{-1}），亦称单向体积压缩系数，即土的压缩模量的倒数：

$$m_v = 1/E_s = a/(1 + e_1) \tag{18-3-5}$$

与压缩系数 a 一样，体积压缩系数 m_v 值越大，土的压缩性越高。

（3）压缩指数

我国工程界将土的压缩指数 C_c 的定义为土体在侧限条件下孔隙比减小量与有效压应力常用对数值增量的比值，即 e-$\lg p$ 曲线中某一压力段的直线斜率（图18-3-4）：

$$C_c = \frac{e_1 - e_2}{\lg p_2 - \lg p_1} = \frac{e_1 - e_2}{\lg \frac{p_2}{p_1}} \tag{18-3-6}$$

国外工程界将 C_c 表达为：

$$C_c = \frac{e_1 - e_2}{\ln p_2 - \ln p_1} = \frac{e_1 - e_2}{\ln \frac{p_2}{p_1}}$$

【例18-3-1】（历年真题）厚度为21.7mm的干砂试样在固结仪中进行压缩试验，当垂直应力由初始的10.0kPa增加到40.0kPa后，试样厚度减小了0.043mm，则该试样的体积压缩系数 m_v（MPa^{-1}）为：

A. 8.40×10^{-2}　　B. 6.60×10^{-2}　　C. 3.29×10^{-2}　　D. 3.40×10^{-2}

【解答】
$$m_v = \frac{1}{E_s} = \frac{1}{\Delta p / \varepsilon_i} = \frac{\varepsilon_i}{\Delta p} = \frac{\Delta H / H}{\Delta p}$$
$$= \frac{0.043/21.7}{(40-10) \times 10^{-3}} = 6.60 \times 10^{-2} \mathrm{MPa}^{-1}$$

应选B项。

【例18-3-2】（历年真题）某国家用固结仪试验结果计算土样的压缩指数（常数）时，不是用常用对数，而是用自然对数对应取值的。如果根据我国标准（常用对数），一个土样的压缩指数（常数）为0.00485，有一个土样竖向应力增大为初始状态的100倍，则土样孔隙比将：

A. 增大 0.0112　　B. 减小 0.0112　　C. 增大 0.0224　　D. 减小 0.0224

【解答】 $C_c = \dfrac{e_1 - e_2}{\ln p_2 - \ln p_1} = \dfrac{\Delta e}{\ln p_2 / p_1}$，即：

$$\Delta e = C_c \ln \dfrac{p_2}{p_1} = 0.00485 \ln 100 = 0.02234$$

应选 D 项。

【例 18-3-3】（历年真题）某国家，用固结仪试验结果计算土样的压缩指数（常数）时，不是用常用对数，而是用自然对数对应取值的。如果根据我国标准（常用对数），一个土样的压缩指数（常数）为 0.0012，则根据该国标准，该土样的压缩指数为：

A. 4.86×10^{-3}　　B. 5.0×10^{-4}　　C. 2.34×10^{-3}　　D. 6.43×10^{-3}

【解答】 $C_c = 0.0112 = \dfrac{e_1 - e_2}{\lg p_2 - \lg p_1} = \dfrac{\Delta e}{\lg p_2 / p_1}$

$$C'_c = \dfrac{e_1 - e_2}{\ln p_2 - p_1} = \dfrac{\Delta e}{\ln p_2 / p_1}$$

则： $\dfrac{C'_c}{C_c} = \dfrac{\lg p_2 / p_1}{\ln p_2 / p_1} = \dfrac{\ln p_2 / p_1 / \ln 10}{\ln p_2 / p_1} = \dfrac{1}{\ln 10}$

$C'_c = 0.0112 \times \dfrac{1}{\ln 10} = 4.86 \times 10^{-3}$，应选 A 项。

2. 土的回弹曲线和再压缩曲线及土应力历史

（1）土的回弹曲线和再压缩曲线

在室内固结试验过程中，如加压到某值 p_i 后不再加压，而是进行逐级退压到零，可观察到土样的回弹，测定各级压力作用下土样回弹稳定后的孔隙比，绘制相应的孔隙比与压力的关系曲线，图 18-3-5（a）中的 bc 段曲线，称为回弹曲线。由于土样已在压力 p_i 作用下压缩变形，卸压完毕后，土样并不能完全恢复到初始孔隙比 e_0 的 a 点处，这就显示出土的压缩变形是由弹性变形和残余变形两部分组成的，而且以后者为主。如重新逐级加压，可测得土样在各级压力下再压缩稳定后的孔隙比，从而绘制再压缩曲线，如图中 cdf 所示。其中 df 段像是 ab 段的延续，犹如其间没有经过卸压和再加压过程一样。在半对数曲线上，如图 18-3-5（b）所示 e-$\lg p$ 曲线，也同样可以看到这种现象。

在图 18-3-5（b）的回弹曲线上可求出回弹指数 C_s：

图 18-3-5　土的回弹曲线和再压缩曲线
(a) e-p 曲线；(b) e-$\lg p$ 曲线

$$C_s = \frac{e_i - e_{i+1}}{\lg p_{i+1} - \lg p_i} \tag{18-3-7}$$

深基坑地基土的开挖、回填，就应考虑土的回弹曲线和再压缩曲线，确定地基土的回弹模量 E_c 及回弹变形量。

利用压缩、回弹、再压缩的 e-$\lg p$ 曲线，可以分析应力历史对土的压缩性的影响。

(2) 土的应力历史

天然土层在历史上受过最大固结压力（指土体在固结过程中所受的最大竖向有效应力），称为先期固结压力。根据应力历史可将土（层）分为正常固结土（层）、超固结土（层）和欠固结土（层）三类，如图 18-3-6 所示。正常固结土在历史上所经受的先期固结压力等于现有覆盖土重；超固结土历史上曾经受过大于现有覆盖土重的先期固结压力；欠固结土的先期固结压力则小于现有覆盖土重。在研究沉积土层的应力历史时，通常将先期固结压力与现有覆盖土重应力之比值定义为超固结比 OCR，即：

$$OCR = \frac{p_c}{p_1} \tag{18-3-8}$$

式中，p_c 为先期固结压力（kPa）；p_1 为现有覆盖自重应力（kPa）。

正常固结土（层）、超固结土（层）和欠固结土（层）的超固结比分别为 $OCR=1$，$OCR>1$ 和 $OCR<1$。

根据《土工试验方法标准》GB/T 50123—2019 的规定，原状土的 p_c 值在 e-$\lg p$ 曲线上按卡萨格兰特图解法确定。

图 18-3-6 沉积土层按先期固结压力 p_c 分类

(a) 正常固结土；(b) 超固结土；(c) 欠固结土

3. 变形模量 E_0

变形模量 E_0 是由现场载荷试验并经计算得到的，它是土体在无侧限条件下的应力与应变的比值。变形模量 E_0 与压缩模量 E_s 的关系为：

$$E_0 = \left(1 - \frac{2\mu^2}{1-\mu}\right) E_s \tag{18-3-9}$$

式中，μ 为土的泊松比，碎石土的 $\mu=0.15\sim0.25$；砂土的 $\mu=0.25\sim0.30$；黏土的 $\mu=0.25\sim0.42$。

二、地基沉降

1. 分层总和法计算地基最终沉降

分层总和法单向压缩基本公式假定地基土压缩时不考虑侧向变形，其具体步骤如下：

(1) 地基土分层。把基底以下地基土分为 n 个分层；每一分层的厚度 h_i，可考虑为基础宽度的 0.4 左右，同时，应考虑到不同土层的界面和地下水位面。

(2) 计算各分层界面处土的自重应力 σ_c 及基础中点下的附加应力 σ_z，并作出 σ_c 和 σ_z 的分布曲线（图 18-3-7）。注意，计算附加应力时从基础底面算起；计算自重应力时应从天然地面算起。

图 18-3-7 分层总和法计算沉降

(3) 确定基础底面下压缩层的厚度。压缩层厚度就是地基沉降计算深度，指从基底到压缩层下限的深度，以 z_n 表示。压缩层下限深度的确定，一般可取附加应力 $\sigma_z=0.2\sigma_c$ 的标高作为压缩层下限；对高压缩性土取 $\sigma_z=0.1\sigma_c$ 的标高为压缩层下限。

(4) 计算各分层土的压缩量 Δs_i。根据各分层土的厚度 h_i，各分层的自重应力及附加应力的平均值，结合该分层土样压缩试验得到的 e-p 曲线，计算各分层土的压缩量 Δs_i：

$$\Delta s_i = \varepsilon_i H_i = \frac{\Delta p_i}{Es_i} H_i = \frac{e_{1i} - e_{2i}}{1 + e_{1i}} H_i \tag{18-3-10}$$

地基的最终沉降量 s：

$$s = \sum_{i=1}^n \Delta s_i = \sum_{i=1}^n \frac{\Delta p_i}{Es_i} H_i = \sum_{i=1}^n \frac{e_{1i} - e_{2i}}{1 + e_{1i}} H_i \tag{18-3-11}$$

或

$$s = \sum_{i=1}^n \frac{a_i \Delta p_i}{1 + e_{1i}} H_i = \sum_{i=1}^n m_{vi} \Delta p_i H_i \tag{18-3-12}$$

【例 18-3-4】（历年真题）关于分层总和法计算沉降的基本假定，下列说法正确的是：
A. 假定土层只发生侧向变形，没有竖向变形
B. 假定土层只发生竖向变形，没有侧向变形
C. 假定土层只存在竖向附加应力，不存在水平附加应力
D. 假定土层只存在水平附加应力，不存在竖向附加应力

【解答】分层总和法计算的基本假定包括：土层只发生竖向变形，没有侧向变形，应选 B 项。

【例 18-3-5】（历年真题）某土层压缩系数为 0.50MPa^{-1}，天然孔隙比为 0.8，土层厚 1m，已知该土层受到的平均附加应力 $\overline{\sigma_z}=60\text{kPa}$，则该土层的沉降量为：

A. 16.3mm B. 16.7mm C. 30mm D. 33.6mm

【解答】 $s=\dfrac{\overline{\sigma_z}}{E_{si}}H_i=\dfrac{a\overline{\sigma_z}}{1+e}H_i=\dfrac{0.50\times 60\times 10^{-3}}{1+0.8}\times 1000=16.7\text{mm}$

应选 B 项。

2.《建筑地基规范》计算地基最终沉降量

《建筑地基规范》规定：

5.3.5 计算地基变形时，地基内的应力分布，可采用各向同性均质线性变形体理论。其最终变形量可按下式进行计算：

$$s=\psi_s s'=\psi_s\sum_{i=1}^{n}\dfrac{p_0}{E_{si}}(z_i\overline{\alpha}_i-z_{i-1}\overline{\alpha}_{i-1}) \qquad (5.3.5)$$

式中：s——地基最终变形量（mm）；

s'——按分层总和法计算出的地基变形量（mm）；

ψ_s——沉降计算经验系数；

n——地基变形计算深度范围内所划分的土层数（图 5.3.5）；

p_0——相应于作用的准永久组合时基础底面处的附加压力（kPa）；

E_{si}——基础底面下第 i 层土的压缩模量（MPa），应取土的自重压力至土的自重压力与附加压力之和的压力段计算；

z_i、z_{i-1}——基础底面至第 i 层土、第 $i-1$ 层土底面的距离（m）；

$\overline{\alpha}_i$、$\overline{\alpha}_{i-1}$——基础底面计算点至第 i 层土、第 $i-1$ 层土底面范围内平均附加应力系数，可按本规范附录 K 采用。

图 5.3.5 基础沉降计算的分层示意

1—天然地面标高；2—基底标高；3—平均附加应力系数 $\overline{\alpha}$ 曲线；4—$i-1$ 层；5—i 层

5.3.7 地基变形计算深度 z_n（图 5.3.5），应符合式（5.3.7）的规定。当计算深度下部仍有较软土层时，应继续计算。

$$\Delta s'_n\leqslant 0.025\sum_{i=1}^{n}\Delta s'_i \qquad (5.3.7)$$

式中：$\Delta s'_i$——在计算深度范围内，第 i 层土的计算变形值（mm）；

$\Delta s'_n$——在由计算深度向上取厚度为 Δz 的土层计算变形值（mm）。

5.3.8 当无相邻荷载影响，基础宽度在 1m～30m 范围内时，基础中点的地基变形计算深度也可按简化公式（5.3.8）进行计算。

$$z_n = b(2.5 - 0.4\ln b) \quad (5.3.8)$$

式中：b——基础宽度（m）。

3. 弹性理论方法计算地基最终沉降量

$$s = pb\omega \frac{1-\mu^2}{E_0} \quad (18\text{-}3\text{-}13)$$

式中，s 为地基表面各种计算点的沉降量（mm）；b 为矩形荷载的宽度或圆形荷载的直径（m）；p 为地基表面均布荷载（kPa）；E_0 为地基土的变形模量（MPa），替换不常用的弹性模量 E；ω 为各种沉降影响系数，按基础的刚度、基底形状及计算点位置而定，可查相应表得到。

三、地基变形与时间关系

1. 地基最终沉降量的组成

地基土在荷载作用下会发生沉降，根据变形的发展过程，地基最终总沉降量 s 通常由三个部分组成（图 18-3-8），即：

$$s = s_d + s_c + s_s \quad (18\text{-}3\text{-}14)$$

图 18-3-8 地基表面某点总沉降量的三个分量示意图

式中，s_d 称为瞬时沉降；s_c 为固结沉降（也称为主固结沉降）；s_s 为次固结沉降。

瞬时沉降是加荷后即时发生的沉降，这类沉降与时间无关，具有弹性性质；固结沉降是由于荷载作用下孔隙水逐渐挤出，孔隙体积相应减小而发生的；次固结沉降是由于土骨架的蠕动变形所引起的。这三部分沉降的相对大小和历时过程是随土的类型而异的。例如，砂土的沉降几乎在加荷后即时发生，而黏性土的沉降过程可延续很长时间。在饱和软黏土地基上，固结沉降和次固结沉降所占比例很大。一般地，次固结沉降与固结沉降相比是不重要的，但对于很软的土，次固结沉降较大，应引起重视。

2. 有效应力原理

在土体中，通过土粒接触点传递的粒间应力称为土中有效应力 σ'，它是控制土的体积变形和强度变化的土中应力。通过土中孔隙传递的应力称为孔隙应力（习惯称孔隙压力），包括孔隙水压力和孔隙气压力。土中某点的有效应力与孔隙压力之和称为总应力 σ。

饱和土中没有孔隙气压力，仅有孔隙水压力 u，可分两种情况：①当无外荷载作用时（或总应力为土自重应力时），孔隙水压力为静孔隙水压力（或称静水压力）；②当有外荷载作用时（或总应力为附加应力时），孔隙水压力为超静孔隙水压力（也称超孔隙水压力）。因此，有效应力原理可表达为：

$$\sigma = \sigma' + u \quad (18\text{-}3\text{-}15)$$

饱和土的有效应力原理包含两个基本要点：①土的有效应力 σ' 等于总应力 σ 减去孔隙水压力 u；②土的有效应力控制了土的变形及强度性能。

【例 18-3-6】（历年真题）饱和土中总应力为 200kPa，孔隙水压力为 50kPa，孔隙率 0.5，那么土中的有效应力为

A. 100kPa　　　　B. 25kPa　　　　C. 150kPa　　　　D. 175kPa

【解答】 $\sigma'=200-80=150$ kPa，应选 C 项。

3. 饱和土的渗流固结模型

饱和土的渗流固结，可借助弹簧活塞模型来说明。如图 18-3-9 所示，在一个盛满水的圆筒中装着一个带有弹簧的活塞，弹簧上下端连接活塞和筒底，活塞上有许多透水的小孔。当在活塞上施加外压力 p 的一瞬间，弹簧没有受压而全部压力由圆筒内的水所承担。水受到超孔隙水压力后开始经活塞小孔逐渐排出，受压活塞随之下降，才使得弹簧受压而且逐渐增加，直到外压力全部由弹簧承担时为止。设想以弹簧来模拟土骨架，圆筒内的水就相当于土孔隙中的水，则此模拟可以用来说明饱

图 18-3-9　土骨架与土中水分担应力变化的简单模型

和土在渗流固结中，土骨架和孔隙水对压力的分担作用，即施加在饱和土上的外压力开始时全部由土中水承担，随着土孔隙中一些自由水被挤出，外压力逐渐转嫁给土骨架，直到全部由土骨架承担为止。用数学方法表示为：

当 $t=0$ 时：有效应力 $\sigma'=0$，孔隙水应力 $u=p$

当 $0<t<\infty$ 时：$p=\sigma'+u$，$\sigma'>0$，$u>0$

当 $t=\infty$ 时：　　$p=\sigma'+u$，$\sigma'=p$，$u=0$

从饱和土力学模型分析，外荷载首先是通过超孔隙水压力逐渐转移到骨架上成为有效应力。在整个应力传递过程中，静水压力始终不变，所以，在固结分析中只考虑超孔隙水压力消散的问题。饱和土的渗流固结就是超孔隙水压力的消散和有效应力相应增长的过程。衡量土层固结的程度称为平均固结度 U，通常以百分数表示。根据这一概念可用下述公式表示：

$$U=\frac{某时刻有效应力面积}{最终时有效应力面积}=1-\frac{某时刻孔隙水压力面积}{最终时有效应力面积} \tag{18-3-16}$$

4. 一维固结理论及其解

一维固结理论的基本假设如下：

(1) 土层是均质、各向同性和完全饱和的；

(2) 土粒和孔隙水都是不可压缩的；

(3) 土中附加应力沿水平面是无限均匀分布的，因此，土层的固结和土中水的渗流都是竖向的；

(4) 土中水的渗流服从达西定律；

(5) 在渗透固结中，土的渗透系数 k 和压缩系数 a 都是不变的常数；

(6) 外荷载是一次骤然施加的，在固结过程中保持不变；

(7) 土体变形完全是由土层中超孔隙水压力消散引起的。

饱和土的一维固结微分方程为：

$$C_v = \frac{\partial^2 u}{\partial z^2} = \frac{\partial u}{\partial t} \qquad (18\text{-}3\text{-}17)$$

荷载一次瞬时施加时，地基土的固结度为：

(1) 土层为单面排水时［超孔隙水分布图为矩形，见图 18-3-10（a）］：

$$U_z = 1 - \frac{8}{\pi^2} e^{-\frac{\pi^2}{4}T_v} \qquad (18\text{-}3\text{-}18)$$

(2) 土层为单面排水时［超孔隙水分布图为三角形，见图 18-3-10（b）］：

$$U_z = 1 - \frac{32}{\pi^3} e^{-\frac{\pi^2}{4}T_v} \qquad (18\text{-}3\text{-}19)$$

(3) 土层为双面排水时［超孔隙水分布可为矩形或三角形或梯形，见图 18-3-10（c）］：

$$U_z = 1 - \frac{8}{\pi^2} e^{-\frac{\pi^2}{4}T_v} \qquad (18\text{-}3\text{-}20)$$

式中，T_v 为时间因数（无量纲），$T_v = \dfrac{C_v t}{H^2}$；C_v 为固结系数（cm²/s），$C_v = \dfrac{k(1+e)}{a\gamma_w} = \dfrac{kE_s}{\gamma_w}$；$k$ 为土的渗透系数（cm/s）；a 为压缩系数（MPa^{-1}）；e 为孔隙比；γ_w 为水的重度（kN/m³）；E_s 为压缩模量（MPa）；t 为时间（s）；H 为最大排水路径（cm），单面排水，取整个土层厚度；双面排水，取整个土层厚度的一半。

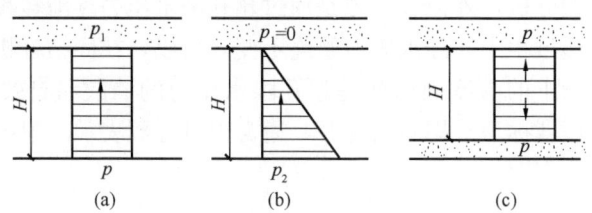

图 18-3-10 几种不同的起始超孔隙水压力分布图

在地基固结过程中，任意时刻的变形量的计算为：

$$s_{ct} = U_z s_c \qquad (18\text{-}3\text{-}21)$$

式中，s_c 为地基最终固结变形量，对于正常固结土，它可取地基最终沉降量（见前面分层总和法计算）。

【例 18-3-7】（历年真题）下面可以作为时间因数单位的是：
A. 无量纲　　　　　　　　　　B. m²/年
C. 年　　　　　　　　　　　　D. m/年

【解答】时间因数 T_v 的单位是无量纲，应选 A 项。

【例 18-3-8】（历年真题）一层 5.1m 厚的黏土层受到 30.0kPa 的地表超载，其渗透系数为 0.0004m/d。根据以往经验该层黏土会被压缩 0.040m。如果仅上表面或下表面发生渗透，则计算的主固结完成的时间约为：

A. 240d B. 170d C. 50d D. 340d

【解答】 $s = \frac{a}{1+e}\Delta pH$，则：$\frac{a}{1+e} = \frac{s}{\Delta pH} = \frac{0.040}{30 \times 5.1} = 0.261 \times 10^{-3} \text{kPa}^{-1}$

$$C_v = \frac{k(1+e)}{a\gamma_w} = \frac{0.4 \times 10^{-3}}{0.261 \times 10^{-3} \times 10} = 0.153 \text{m}^2/\text{d}$$

主固结完成：$U_t = 1$，$T_v = 1$，$T_v = \frac{C_v t}{H^2}$，则：

$$t = \frac{T_v H^2}{C_v} = \frac{1 \times 5.1^2}{0.153} = 170\text{d}，应选 B 项。$$

【例 18-3-9】（历年真题）一个厚度为 25mm 的黏土试样固结试验结果表明，孔隙水压力从初始值到消减为零，用时 2 分 45 秒。如果地基中有一厚度为 4.6m 的相同黏土层，且该黏土层和试验样品的上下表面均可排水，则该黏土层的固结时间为：

A. 258.5d B. 120d
C. 64.7d D. 15.5d

【解答】 $T_v = \frac{C_v t^2}{H^2}$，双面排水，$t_2 = 165\text{s}$，则：

$$\frac{t_1}{t_2} = \left(\frac{H_1}{H_2}\right)^2 = \left(\frac{4600/2}{25/2}\right)^2，t_1 = 5586240\text{s} = 64.7\text{d}$$

应选 C 项。

习　题

18-3-1 （历年真题）关于有效应力原理，下列说法正确的是：
A. 土中的自重应力属于有效应力
B. 土中的自重应力属于总应力
C. 地基土层中水位上升不会引起有效应力的变化
D. 地基土层中水位下降不会引起有效应力的变化

18-3-2 （历年真题）饱和砂土在振动下液化，主要原因是：
A. 振动中细颗粒流失
B. 振动中孔压升高，导致土的强度丧失
C. 振动中总应力大大增加，超过了土的抗剪强度
D. 在振动中孔隙水流动加剧，引起管涌破坏

18-3-3 （历年真题）已知甲土的压缩模量为 5MPa，乙土的压缩模量为 10MPa，关于两种土的压缩性的比较，下面说法正确的是：
A. 甲土比乙土的压缩性大
B. 甲土比乙土的压缩性小
C. 不能判断，需要补充两种土的泊松比
D. 不能判断，需要补充两种土所受的上部荷载

18-3-4 （历年真题）已知甲土的压缩系数为 0.1MPa^{-1}，乙土的压缩系数为

$0.6 \mathrm{MPa}^{-1}$，关于两种土的压缩性的比较，下面说法正确的是：

A. 甲土比乙土的压缩性大

B. 甲土比乙土的压缩性小

C. 不能判断，需要补充两种土的泊松比

D. 不能判断，需要补充两种土的强度指标

18-3-5 （历年真题）下面哪一个可以作为固结系数的单位？

A. 年/m　　　　　B. m^2/年　　　　　C. 年　　　　　D. m/年

18-3-6 （历年真题）一个厚度为 25mm 的黏土试样固结试验结果表明，孔隙水压力消散为 0，需要 11min，该试验仅在样品的上表面排水。如果地基中有一层 4.6m 厚的相同黏土层，上下两个面都可以排水，则该层黏土固结时间为：

A. 258.6d　　　　　　　　　　　　B. 64.7d

C. 15.5d　　　　　　　　　　　　D. 120d

第四节　土的抗剪强度和土压力

一、抗剪强度的基本概念

土的抗剪强度 τ_f 是指土体对于外荷载所产生的剪应力的极限抵抗能力。土的强度是指土的抗剪强度。土的抗剪强度理论运用于土压力计算、挡土墙设计、地基承载力计算、地基稳定性验算，以及土坡稳定验算等。

C·A·库仑（Coulomb，1773）根据砂土和黏性土的试验，将土的抗剪强度 τ_f 表达为剪切破坏面上法向总应力 σ 的函数，即：

砂土　　　　　　　　　　　$\tau_\mathrm{f} = \sigma \tan\varphi$　　　　　　　　　　　(18-4-1)

黏性土　　　　　　　　　　$\tau_\mathrm{f} = c + \sigma \tan\varphi$　　　　　　　　　(18-4-2)

式中，τ_f 为土的抗剪强度（kPa）；σ 为总应力（kPa）；c 为土的黏聚力，或称内聚力（kPa）；φ 为土的内摩擦角（°）。

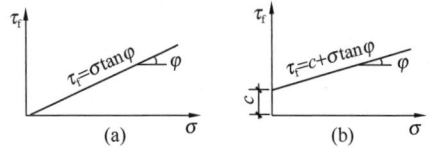

图 18-4-1　抗剪强度与法向压应力之间的关系
(a) 无黏性土；(b) 黏性土

式（18-4-1）和式（18-4-2）统称为库仑公式或库仑定律，式中 c、φ 称为抗剪强度指标（参数）。σ-τ_f 坐标中库仑公式表示为两条直线，如图 18-4-1 所示，可称为库仑强度线。由库仑公式可见，无黏性土的抗剪强度与剪切面上的法向应力成正比，还与内摩擦角有关，它的抗剪强度主要取决于土粒表面的粗糙度、土的密实度以及颗粒级配等因素。黏性土的抗剪强度由两部分组成，一部分是摩阻力（与法向应力成正比）；另一部分是与法向应力无关的、抵抗土体颗粒间相互滑动的黏聚力。

土的抗剪强度不仅与土的性质有关，还与试验时的排水条件、剪切速率、应力状态和应力历史等许多因素有关，其中最重要的是试验时的排水条件。根据 K·太沙基（Terzaghi）的有效应力原理，库仑公式应表达为：

砂土 $$\tau_f = \sigma' \tan\varphi' \tag{18-4-3}$$

黏性土 $$\tau_f = c' + \sigma' \tan\varphi' \tag{18-4-4}$$

式中，σ' 为有效应力（kPa）；c' 为有效黏聚力（kPa）；φ' 为有效内摩擦角（°）。

因此，土的抗剪强度有两种表达方法，一种是以总应力 σ 表示剪切破坏面上的法向应力，称为抗剪强度总应力法，相应的 c、φ 称为总应力强度指标（参数）；另一种则以有效应力 σ' 表示剪切破坏面上的法向应力，称为抗剪强度有效应力法，c' 和 φ' 称为有效应力强度指标（参数）。注意，土的抗剪强度指标、指标的试验测定方法要与具体的计算分析方法相匹配。

二、抗剪强度的测定方法

土的抗剪强度测定方法有多种，在实验室内常用的有直接剪切试验、三轴压缩试验和无侧限抗压强度试验，现场原位测试有十字板剪切试验等。

1. 直接剪切试验

直接剪切试验（简称直剪试验）采用直接剪切仪（简称直剪仪）。为了近似模拟土体在现场受剪的排水条件，直剪试验可分为快剪、固结快剪和慢剪三种方法：①快剪试验是在试样施加竖向压力 σ 后，立即快速（0.8mm/min）施加水平剪应力使试样剪切；②固结快剪试验是允许试样在竖向压力下排水，待固结稳定后，再快速（0.8mm/min）施加水平剪应力使试样剪切破坏；③慢剪试验也是允许试样在竖向压力下排水，待固结稳定后，则以缓慢的速率（小于 0.02mm/min）施加水平剪应力使试样剪切。

直剪试验可得到土的应力-应变曲线（τ-δ 曲线）、抗剪强度曲线（τ-σ 曲线）。

直剪仪具有构造简单、操作方便等优点，其存在的缺点是：①剪切面限定在上下盒之间的平面，而不是沿土样最薄弱面剪切破坏；②剪切面上剪应力分布不均匀，土样剪切破坏时先从边缘开始，在边缘发生应力集中现象；③在剪切过程中，土样剪切面逐渐缩小，而在计算抗剪强度时却是按土样的原截面面积计算的；④试验时不能严格控制排水条件，不能量测孔隙水压力。

直剪试验的三种试验，可以得到三组不同的强度指标，实际应用时应根据工程和土层的具体情况选用试验方法及其强度指标。例如，在深厚的高塑性黏土地基上，建筑物施工速度很快，预计黏土层在施工期排水固结程度很小，应采用快剪指标来分析地基的稳定性；若施工期很长，预计土层能够充分排水固结，但竣工后可能有瞬时加载，在这种情况下可以采用固结快剪指标；又若施工期很长，预计土层能够排水固结，地基荷载增长速度较慢，可以采用慢剪指标。

【例 18-4-1】（历年真题）直剪试验中快剪的试验结果最适用于下列哪种地基？
A. 快速加荷排水条件良好的地基　　B. 快速加荷排水条件不良的地基
C. 慢速加荷排水条件良好的地基　　D. 慢速加荷排水条件不良的地基

【解答】快剪适用于快速加荷排水条件不良的地基，应选 B 项。

2. 三轴压缩试验

三轴压缩试验采用三轴压缩仪。三轴压缩仪由压力室、轴向加荷系统、施加周围压力系统、孔隙水压力量测系统等组成。如图 18-4-2 所示，从材料力学应力分析可知，在 σ_1 和 σ_3 主应力作用下，任意方向平面上的正应力和剪应力可以用应力圆来表示。当应力圆的位置正好与抗剪强度线相切时，即切点对应平面上的剪应力 τ 达到了土的强度 τ_f，土样就被剪坏了。根据这一关系，取 3~4 个土样，在不同的 σ_3 作用下增加 $\Delta\sigma_1$ 直至 σ_1 使其破坏，分别将破坏时的应力圆画出来，作这些圆的公切线，即为土的抗剪强度线，其截距和倾角即为抗剪强度指标 c 和 φ。

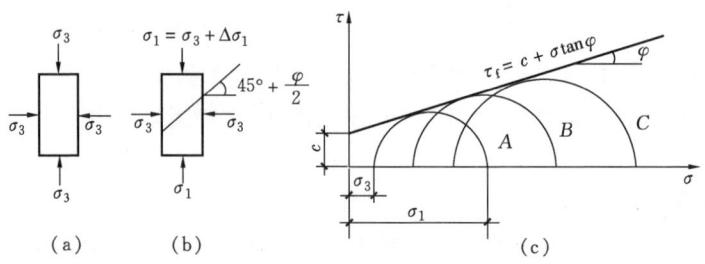

图 18-4-2 三轴压缩试验原理
(a) 试样受周围压力；(b) 破坏时试件上的主应力；(c) 莫尔破坏包线

三轴压缩试验按剪切前受到周围压力 σ_3 的固结状态和剪切时的排水条件，分为如下三种方法：

（1）不固结不排水三轴试验（UU-test，unconsolidation undrained test）：简称不排水试验，试样在施加围压和随后施加竖向压力直至剪切破坏的整个过程中都不允许排水，试验自始至终关闭排水阀门，其强度指标符号为 c_u、φ_u。

（2）固结不排水三轴试验（CU-test，consolidation undrained test）：简称固结不排水试验，试样在施加围压 σ_3 时打开排水阀门，允许排水固结，待固结稳定后关闭排水阀门，再施加竖向压力，使试样在不排水的条件下剪切破坏，其强度指标符号为 c_{cu}、φ_{cu}。

（3）固结排水三轴试验（CD-test，consolidation drained test）：简称排水试验，试样在施加围压 σ_3 时允许排水固结，待固结稳定后，再在排水条件下施加竖向压力至试样剪切破坏，其强度指标符号为 c_d、φ_d。

三轴压缩仪的突出优点是能较为严格地控制排水条件以及可以量测试样中孔隙水压力的变化。试样中的应力状态也比较明确，破裂面是在最弱处。三轴压缩试验的缺点是试样中的主应力 $\sigma_2=\sigma_3$，而实际上土体的受力状态未必都属于这类轴对称情况。为此，应采用真三轴压缩仪、空心圆柱扭剪仪对试样在不同的三个主应力（$\sigma_1\neq\sigma_2\neq\sigma_3$）作用下进行试验。

饱和黏性土的三种试验（UU 试验、CU 试验和 CD 试验），其试验过程中控制排水条件也就是控制有效应力。

对于 UU 试验来说（图 18-4-3），整个试验过程中土样的体积不变，有效应力不随外应力而变化，所以三个总应力圆直径不变，有效应力圆只有一个。因此，只能得到土的总应力强度指标，即：

$$\varphi_u = 0 \tag{18-4-5}$$

$$\tau_f = c_u = \frac{\sigma_1-\sigma_3}{2} = \frac{\sigma_1'-\sigma_3'}{2} \tag{18-4-6}$$

由于一组试样试验的结果，有效应力圆是同一个，因而无法得到有效应力破坏包线和

c'、φ'值，因此，这种试验一般只用于测定饱和黏性土的不排水强度。如果饱和黏性土从未固结过，如泥浆状土，抗剪强度也必然等于零。一般从天然土层中取出的试样，相当于在某一压力下已经固结，总具有一定的天然程度。天然土层的先期固结压力 σ_p 是随深度变化的，所以不排水抗剪强度 c_u 也随深度变化。

图 18-4-3　饱和黏性土不排水试验结果

对于 CU 试验（图 18-4-4），第一阶段施加 σ_3 时土样充分排水，体积压缩，外应力 σ_3 转化为骨架上的有效应力，土的强度随固结应力 σ_3 的增大而增大。因为剪切时不允许排水，破坏时仍有一部分孔隙水压力存在，总应力圆与有效应力圆直径大小相同，两者之间位置差即孔隙水压力 u_f。此时可分别得到一组总应力圆和强度包线（实线表示）及有效应力圆和强度包线（虚线表示），相应地能分别得到土的总应力强度指标 c_{cu}、φ_{cu} 及有效应力强度指标 c'、φ'。

对于 CD 试验（图 18-4-5），整个试验过程中充分排水，故总应力圆就是有效应力圆，只能得到一条强度包线及其指标，即：$c'=c_d$，$\varphi'=\varphi_d$。

图 18-4-4　饱和黏性土固结
不排水试验结果

图 18-4-5　饱和黏性土固结
排水试验结果

对于 CU 试验、CD 试验，正常固结的饱和黏性土，因为在固结压力为零时为泥浆状，不会具有抗剪强度，所以理论上有：$c_{cu}=0$；$c_d=0$。但从天然土层中取出的试样总具有一定的先期固结压力 σ_p，若此压力大于三轴试验围压时，土样呈超固结状态，因此，通常 c_{cu} 及 c_d 不等于零。

同一种黏性土分别在三种不同排水条件下的试验结果，在 τ-σ 图上，如果以总应力表示，将得出完全不同的试验结果，而以有效应力表示，则不论采用哪种试验方法，都得到近乎同一条有效应力破坏包线。由此可见，土的抗剪强度与有效应力有唯一的对应关系。

一般地，由三轴固结不排水试验确定的有效应力强度指标 c' 和 φ' 宜用于分析地基的长期稳定性（例如土坡的长期稳定性分析，估计挡土结构物的长期土压力，位于软土地基上结构物的长期稳定分析等）；而对于饱和软黏土的短期稳定性问题，则宜采用不固结不排水试验的强度指标 c_u，即 $\varphi_u=0$，以总应力法进行分析。

若建筑物施工速度较快，而地基土的透水性和排水条件不良时，可采用三轴不固结不排水试验结果；如果地基荷载增长速率较慢，地基土的透水性较好（如低塑性黏土）以及排水条件较佳时（如黏土层中夹砂层），则可以采用三轴固结排水试验结果；如果介于以上两种情况之间，可采用三轴固结不排水试验结果。由于实际加荷情况和土的性质非常复杂，在确定强度指标时还应结合工程经验。

【例 18-4-2】（历年真题）下面哪一种试验方法不能用于测试土的不排水强度指标？

A. 快剪试验 B. 不固结不排水试验
C. 十字板剪切试验 D. 固结不排水试验

【解答】固结不排水试验时，首先进行排水固结，故不能用于测试土的不排水强度指标，应选 D 项。

3. 无侧限抗压强度试验

无侧限抗压强度试验采用无侧限抗压试验仪，它是在不加任何侧向压力的情况下施加垂直压力，直到使试样剪切破坏为止。

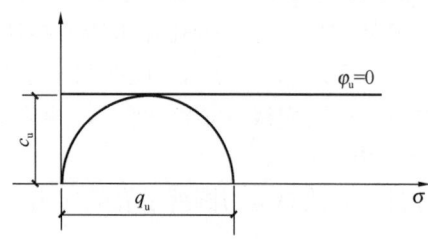

图 18-4-6 无侧限抗压强度试验结果

无侧限抗压强度试验又称单轴压缩试验，相当于三轴试验中 $\sigma_3 = 0$ 的条件。试验结果只能得到一个应力圆（图 18-4-6），若抗压强度为 q_u，则不排水抗剪强度 τ_f：

$$\tau_f = c_u = \frac{1}{2} q_u \quad (18\text{-}4\text{-}7)$$

无侧限抗压试验仪还可以用来测定土的灵敏度 S_t。

4. 十字板剪切试验

十字板剪切试验常采用十字板剪切仪，它属于原位测试方法，其现场测定的土的抗剪强度 τ_f 按下式计算：

$$\tau_f = \frac{2M}{\pi D^2 \left(H + \dfrac{D}{3} \right)} \quad (18\text{-}4\text{-}8)$$

式中，M 为剪切破坏时的扭力矩（kN·m）；H、D 分别为十字板的高度（m）和直径（m）。

十字板剪切试验在现场测定的土的抗剪强度，属于不排水剪切的试验条件，因此，其结果一般与无侧限抗压强度试验结果接近，即 $\tau_f \approx q_u/2$。十字板剪切试验适用于饱和软黏土（$\varphi = 0$）。

【例 18-4-3】（历年真题）针对一项地基基础工程，到底是进行排水还是不排水固结，与下列哪项因素基本无关？

A. 地基渗透性 B. 施工速率
C. 加载或者卸载 D. 都无关

【解答】针对一项地基基础工程，到底是进行排水还是不排水固结，与地基渗透性、施工速率等有关，与加载或卸载无关，应选 C 项。

三、土的抗剪强度理论

土中任意一点的应力状态用摩尔应力圆表示，图 18-4-7 表示该点摩尔应力圆与土的抗剪强度包线之间的关系。圆Ⅰ位于强度包线下方，说明该点在任何平面上的剪应力都小于土的抗剪强度；圆Ⅱ正好与强度包线相切，则切点 A 所代表的平面上的剪应力正好等于土的抗剪强度，该面即为破裂面，该面上的应力条件为极限平衡状态，圆Ⅱ也称为极限摩尔应力圆；圆Ⅲ与强度线相割，表示该点多个方向平面上剪应力超过了土的抗剪强度，实际上这种应力条件是不可能存在的。

根据极限摩尔应力圆与库仑强度线相切的几何关系，可建立下面的极限平衡条件，该条件称为莫尔-库仑强度理论。

图 18-4-7　摩尔应力圆与抗剪
强度包线的关系

图 18-4-8　土体中一点达极限平衡状态时的莫尔圆
(a) 单元微体；(b) 极限平衡状态时的莫尔圆

如图 18-4-8 所示，根据几何关系，可得：

$$\sin\varphi = \frac{\overline{AD}}{\overline{RD}} = \frac{\frac{1}{2}(\sigma_1 - \sigma_3)}{c\cot\varphi + \frac{1}{2}(\sigma_1 + \sigma_3)} \tag{18-4-9}$$

由三角函数关系可得黏性土的极限平衡条件为：

$$\sigma_1 = \sigma_3 \tan^2\left(45° + \frac{\varphi}{2}\right) + 2c\tan\left(45° + \frac{\varphi}{2}\right) \tag{18-4-10}$$

或

$$\sigma_3 = \sigma_1 \tan^2\left(45° - \frac{\varphi}{2}\right) - 2c\tan\left(45° - \frac{\varphi}{2}\right) \tag{18-4-11}$$

对于砂土等无黏性土，由于 $c=0$，其极限平衡条件为：

$$\sigma_1 = \sigma_3 \tan^2\left(45° + \frac{\varphi}{2}\right) \tag{18-4-12}$$

或

$$\sigma_3 = \sigma_1 \tan^2\left(45° - \frac{\varphi}{2}\right) \tag{18-4-13}$$

其破裂面与大主应力 σ_1 作用面的夹角 α_f 为：

$$\alpha_f = 45° + \frac{\varphi}{2} \tag{18-4-14}$$

【例 18-4-4】（历年真题）直径为 38mm 的干砂样品，进行常规三轴试验，围压恒定为

24.3kPa，竖向加载杆的轴向力为 45.3N，则该样品的内摩擦角为：

　A. 20.8°　　　　B. 22.3°　　　　C. 24.2°　　　　D. 26.8°

【解答】干砂 $c=0$，竖向应力增量 $\Delta\sigma_1=\dfrac{F}{A}=\dfrac{45.3\times10^{-3}}{\dfrac{\pi}{4}\times0.038^2}=39.96\text{kPa}$

已知围压 $\sigma_3=24.33\text{kP}$，故 $\sigma_1=\Delta\sigma_1+\sigma_3=64.29\text{kPa}$

由极限平衡条件　$\sigma_3=\sigma_1\tan^2\left(45°-\dfrac{\varphi}{2}\right)$，则：

$24.33=64.29\tan^2\left(45°-\dfrac{\varphi}{2}\right)$，$\varphi=26.8°$

应选 D 项。

【例 18-4-5】（历年真题）某饱和砂土（$c'=0$）试样进行 CU 试验，已知：围压 $\sigma_3=200\text{kPa}$，土样破坏时的轴向应力 $\sigma_{1f}=400\text{kPa}$，孔隙水压力 $u_f=100\text{kPa}$，则该土样的有效内摩擦角 φ' 为：

　A. 20°　　　　B. 25°　　　　C. 30°　　　　D. 35°

【解答】砂土 $c'=0$，$\sigma_3'=\sigma_3-u_f=200-100=100\text{kPa}$

$\sigma_1'=\sigma_{1f}-u_f=400-100=300\text{kPa}$

极限平衡条件：$\sigma_3'=\sigma_1'\tan^2\left(45°-\dfrac{\varphi'}{2}\right)$，则：

$100=300\tan^2\left(45°-\dfrac{\varphi'}{2}\right)$，$\varphi'=30°$

应选 C 项。

四、土压力计算

1. 概述

土压力通常是指土因自重对挡土结构物产生的侧向压力，是作用于挡土结构物上的主要荷载。挡土墙侧的土压力可分为如下三种：

（1）**主动土压力**：当挡土墙向离开土体方向偏移至土体达到极限平衡状态时，作用在墙上的土压力称为主动土压力，用 E_a 表示，如图 18-4-9（a）所示。

（2）**被动土压力**：当挡土墙向土体方向偏移至土体达到极限平衡状态时，作用在挡土墙上的土压力称为被动土压力，用 E_p 表示，如图 18-4-9（b）所示。

（3）**静止土压力**：当挡土墙静止不动，土体处于弹性平衡状态时，土对墙的压力称为静止土压力，用 E_0 表示，如图 18-4-9（c）所示。

在相同条件下，主动土压力小于静止土压力，而静止土压力又小于被动土压力，即：$E_a<E_0<E_p$，而且产生被动土压力所需的微小位移 Δ_p 大大超过产生主动土压力所需的微小位移 Δ_a（图 18-4-10）。

2. 静止土压力

在墙背填土表面下任意深度 z 处取一单元体（图 18-4-11），其上作用着竖向的土自重应力 γz，则该点的静止土压力强度可按下式计算：

图 18-4-9　挡土墙侧的三种土压力
(a) 主动土压力；(b) 被动土压力；(c) 静止土压力

$$\sigma_0 = K_0 \gamma z \qquad (18\text{-}4\text{-}15)$$

式中，σ_0 为静止土压力强度（kPa）；K_0 为静止土压力系数，对于正常固结土按经验公式 $K_0 = 1 - \sin\varphi'$（φ' 为土的有效内摩擦角）计算；γ 为墙背填土的重度（kN/m³）。

图 18-4-10 墙身位移和土压力的关系

图 18-4-11 静止土压力的分布

静止土压力强度 σ_0 沿墙高为三角形分布。

取单位墙长，作用在墙上的静止土压力为：

$$E_0 = \frac{1}{2}\gamma H^2 K_0 \qquad (18\text{-}4\text{-}16)$$

式中，E_0 为静止土压力（kN/m），E_0 的作用点在距墙底 $H/3$ 处；H 为挡土墙高度（m）。

【例 18-4-6】（历年真题）正常固结砂土地基土的内摩擦角为 30°，则其静止土压力系数为：

A. 0.50　　　　　B. 1.0　　　　　C. 0.68　　　　　D. 0.25

【解答】$K_0 = 1 - \sin 30° = 0.50$

应选 A 项。

3. 朗肯土压力理论

朗肯土压力理论是根据半空间的应力状态和土单元体（土中一点）的极限平衡条件而得出的土压力古典理论之一，其基本假定是：墙背竖直且光滑无摩擦，墙后填土面水平。

（1）朗肯主动土压力

把挡土墙视作一半的土体，墙背可看作为小主应力平面；水平面为大主应力平面。达到主动破坏时，作用在墙背上的土压力为小主应力即 $\sigma_a = \sigma_3$。

墙背上任意深度 z 处的土压力强度值为（图 18-4-12）：

无黏性土 　　　　　$\sigma_a = \gamma z K_a$ 　　　　　(18-4-17)

黏性土 　　　　　$\sigma_a = \gamma z K_a - 2c\sqrt{K_a}$ 　　　(18-4-18)

式中，c 为填土的黏聚力；K_a 为主动土压力系数，它与填土的内摩擦角 φ 的关系是：

$$K_a = \tan^2\left(45° - \frac{\varphi}{2}\right) \qquad (18\text{-}4\text{-}19)$$

朗肯主动土压力强度沿墙高呈线性分布，因此，对无黏性土作用在高度为 H 的墙背上的主动土压力 E_a 作用在离墙底 $H/3$ 处，其值为：

图 18-4-12 主动土压力强度分布图
(a) 主动土压力的作用；(b) 无黏性土；(c) 黏性土

$$E_a = \frac{1}{2}\gamma H^2 K_a \tag{18-4-20}$$

黏性土由于黏聚力 c 引起负侧压力 $2c\sqrt{K_a}$，对墙背是拉力，墙与土在很小的拉力作用下会分离，故不考虑该部分即临界深度 z_0 范围内的拉力。在 z_0 深度范围内可以竖直开挖，即使没有支挡也不易失稳。令式（18-4-18）为零，可求出 z_0 值：

$$z_0 = \frac{zc}{\gamma\sqrt{K_a}} \tag{18-4-21}$$

黏性土的主动土压力 E_a 为：

$$E_a = \frac{1}{2}(H-z_0)(\gamma H K_a - 2c\sqrt{K_a}) \tag{18-4-22}$$

E_a 作用在离墙底 $(H-z_0)/3$ 处。

【例 18-4-7】（历年真题）黏聚力为 10kPa，内摩擦角为 10°，重度为 18kN/m³ 的黏土中进行垂直开挖，侧壁保持不滑动的最大高度为：

A. 1.3m　　　　B. 0m　　　　C. 5.2m　　　　D. 10m

【解答】$H_{max} = z_0 = \dfrac{2c}{\gamma\sqrt{K_a}}$，又 $K_a = \tan^2\left(45° - \dfrac{10°}{2}\right) = 0.704$，则：

$$H_{max} = \frac{2\times 10}{18\times\sqrt{0.704}} = 1.32\text{m，应选 A 项。}$$

图 18-4-13 被动土压力强度分布图
(a) 被动土压力的作用；(b) 无黏性土；(c) 黏性土

(2) 朗肯被动土压力

朗肯被动土压力是由于墙推土引起的土压力，因此，墙面变成为大主应力作用平面，与其垂直的水平面为小主应力作用平面。作用在墙背上的土压力为大主应力即 $\sigma_p = \sigma_1$。图 18-4-13 表示墙背被动土压力的分布情况，墙背被动土压力分布强度 σ_p 和被动土压力 E_p 为：

无黏性土 $\sigma_p = \gamma z K_p$ (18-4-23)

黏性土 $\sigma_p = \gamma z K_p + 2c\sqrt{K_p}$ (18-4-24)

无黏性土 $E_p = \frac{1}{2}\gamma H^2 K_p$ (18-4-25)

黏性土 $E_p = \frac{1}{2}\gamma H^2 K_p + 2cH\sqrt{H_p}$ (18-4-26)

式中，K_p 为被动土压力系数，即：

$$K_p = \tan^2\left(45° + \frac{\varphi}{2}\right)$$ (18-4-27)

E_p 作用在三角形（无黏性土）或梯形（黏性土）的形心处。

(3) 几何特殊情况下的朗肯土压力计算

1) 墙后填土表面有超载时，土压力计算总的原则是将超载看作增加了滑动体的重量来考虑，即将超载视为当量土层。

2) 墙后填土成层的情况。例如墙后填土由两层不同种类的水平土层组成时，第一层仍按均质计算；计算第二层土压力时，可将第一层土重量 $\gamma_1 H_1$ 作为超载作用在第二层顶面，并按第二层土指标计算土压力。因此，

图 18-4-14 成层土的土压力计算

在土层分界面上会出现两个土压力强度数值：其中一个是第一土层底面的土压力强度；另一个是第二土层顶面的土压力强度，如图 18-4-14 所示，双层砂土填土，$\varphi_1 < \varphi_2$，$\gamma_1 = \gamma_2$。

3) 墙后填土中有地下水存在时，墙背上除受到土压力作用外，还受到水压力作用。地下水位以上部分的土压力计算同前，对地下水位以下部分的水、土压力，一般采用"水土分算"和"水土合算"两种方法。对于砂性和粉土，可按水土分算原则进行，即分别计算土压力和水压力，然后两者叠加，对于黏性土可根据现场情况和工程经验，按水土分算或水土合算进行。水土分算法是采用土的有效重度 γ' 及有效应力强度指标 c' 和 φ' 来计算土压力，按静压力计算水压力，然后两者叠加为总的侧压力；而水土合算可用土的饱和重度 γ_{sat} 计算总的水土压力。

(4) 其他注意事项

朗肯土压力理论忽略了墙背与填土之间的摩擦影响，因此，使朗肯主动土压力计算值比理论值（即极限平衡理论解）大，朗肯被动土压力计算值比理论值小。

【例 18-4-8】（历年真题）朗肯土压力理论没有考虑墙背与土体之间的摩擦作用，这会导致使用朗肯土压力理论计算的主动土压力与实际相比：

A. 偏小

B. 偏大

C. 在墙背与填土间的摩擦角较小时偏大，较大时偏小

D. 在墙背与填土间的摩擦角较小时偏大，较大时偏大

【解答】朗肯主动土压力计算值比实际值偏大，应选 B 项。

4. 库仑土压力理论

库仑土压力理论是根据墙后土体处于极限平衡状态并形成一滑动楔体时，从楔体的静力平衡条件得出的土压力计算理论，其基本假定是：①墙后的填土是想想的散粒体（黏聚力 $c=0$）；②滑动破坏面为一平面；③滑动土楔体视为刚体。

（1）库仑主动土压力

如图 18-4-15（a）所示，当墙向前移动或转动而使墙后土体沿某一破坏面 $\overline{BC}$ 破坏时，土楔 ABC 向下滑动而处于主动极限平衡状态。此时，作用于土楔 ABC 上的力有：

1）土楔体的自重 $G=\triangle ABC \cdot \gamma$，$\gamma$ 为填土的重度，只要破坏面 $\overline{BC}$ 的位置确定，G 的大小就是已知值，其方向向下；

2）破坏面 $\overline{BC}$ 上的反力 R，其大小是未知的，R 与破坏面 $\overline{BC}$ 的法线 N_1 之间的夹角等于土的内摩擦角 φ，并位于 N_1 的下侧；

3）墙背对土楔体的反力 E，与它大小相等、方向相反的作用力就是墙背上的土压力。

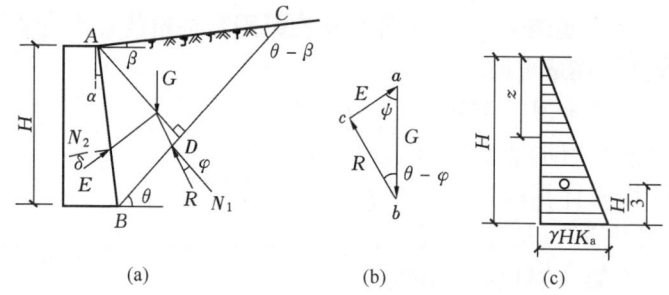

图 18-4-15　按库仑理论求主动土压力
(a) 土楔上的作用力；(b) 力矢三角形；(c) 主动土压力强度分布

土楔体在以上三力作用下处于静力平衡状态，其构成一闭合的力矢三角形。根据三角函数关系以及土楔体自重 G，可推导出库仑主动土压力 E_a 的计算公式，即：

$$E_a = \frac{1}{2}\gamma H^2 K_a \tag{18-4-28}$$

$$K_a = \frac{\cos^2(\varphi-\alpha)}{\cos^2\alpha\cos(\alpha+\delta)\left[1+\sqrt{\dfrac{\sin(\varphi+\delta)\sin(\varphi-\beta)}{\cos(\alpha+\delta)\cos(\beta-\alpha)}}\right]^2} \tag{18-4-29}$$

式中，K_a 为库仑主动土压力系数；α 为墙背的倾斜角，俯斜时取正号，仰斜时取负号；φ 为填土的内摩擦角；δ 为土对挡土墙墙背的摩擦角；β 为墙后填土面的倾角。

库仑主动土压力强度可按下式计算：

$$\sigma_a = \frac{dE_a}{dz} = \frac{d}{dz}\left(\frac{1}{2}\gamma z^2 K_a\right) = \gamma z K_a \tag{18-4-30}$$

由上式可见，库仑主动土压力强度沿墙高呈三角形分布，主动土压力的作用点在离墙底 $H/3$ 处，方向与墙背法线的夹角为 δ。注意，图 18-4-15（c）所示的主动土压力强度分布图只表示其大小，而不代表其作用方向。

（2）库仑被动土压力

当墙受外力作用推向填土，直至土体沿某一破坏面 $\overline{BC}$ 破坏时，土楔 ABC 向上滑动，并处于被动极限平衡状态（图 18-4-16）。按上述求库仑主动土压力同样的原理可求得库仑被动土压力 E_p 的计算公式为：

$$E_p = \frac{1}{2}\gamma H^2 K_p \tag{18-4-31}$$

$$K_p = \frac{\cos^2(\varphi+\alpha)}{\cos^2\alpha\cos(\alpha-\delta)\left[1-\sqrt{\dfrac{\sin(\varphi+\delta)\sin(\varphi+\beta)}{\cos(\alpha-\delta)\cos(\alpha-\beta)}}\right]^2} \tag{18-4-32}$$

式中，K_p 为库仑被动土压力系数。

库仑被动土压力强度可按下式计算：

$$\sigma_p = \frac{dE_p}{dz} = \frac{d}{dz}\left(\frac{1}{2}\gamma z^2 K_p\right) = \gamma z K_p \tag{18-4-33}$$

库仑被动土压力强度沿墙高也呈三角形分布，被动土压力的作用点在距离墙底 $H/3$ 处，方向与墙背法线的夹角为 δ。注意，图 18-4-16（c）所示的被动土压力强度分布图只表示其大小，而不代表其作用方向。

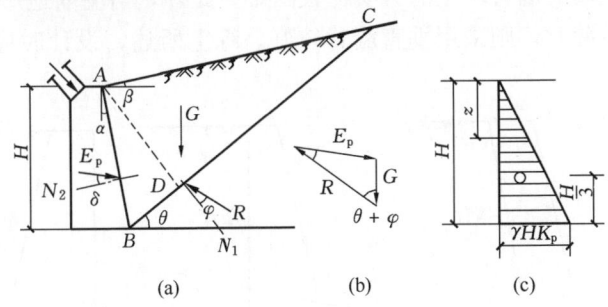

图 18-4-16　按库仑理论求被动土压力
(a) 土楔上的作用力；(b) 力矢三角形；(c) 被动土压力强度分布

（3）注意事项

1) 当墙背竖直且光滑，填土表面为水平（$\alpha=0$，$\delta=0$，$\beta=0$）时，用库仑和朗肯这两种理论计算的结果相同。

2) 从库仑主动土压力计算公式可知，主动土压力系数 K_a 与 φ、α、β、δ 等因素有关，即：

① φ 越大，K_A 越小。故要重视墙后填土的质量，夯填密实，可减小主动土压力。

② 填土与墙背的摩擦角 δ 与墙背粗糙度、填料性质、排水条件等因素有关。当墙背平滑或排水不良时，可取 $\delta = 0 \sim \dfrac{1}{3}\varphi$；当墙背粗糙和排水良好时，可取 $\delta = \left(\dfrac{1}{3} \sim \dfrac{1}{2}\right)\varphi$。当 δ 越大，K_a 越小。

3) 库仑主动土压力计算值比理论值（极限平衡理论解）小，其偏小不多；库仑被动土压力计算值比理论值大，其偏大较多。

五、挡土墙设计

1. 概述

挡土墙按所用材料分类可分为：毛石、砖、混凝土和钢筋混凝土等；按结构类型可分为：重力式、悬臂式、扶壁式、板桩式等（图 18-4-17）。

图 18-4-17 挡土墙类型
(a) 重力式；(b) 悬臂式；(c) 扶壁式；(d) 板桩式

重力式挡土墙按墙背的倾斜情况分为仰斜、垂直和俯斜三种（图 18-4-18）。墙基的前缘称为墙址，后缘称为墙踵。从受力情况分析，仰斜式的主动土压力最小，俯斜式的主动土压力最大。从挖、填方施工角度来看，如果边坡为挖方，采用仰斜式较合理，因为仰斜式的墙背可以和开挖的临时边坡紧密贴合；如果边坡为填方，则采用俯斜式或垂直式较合理，因为仰斜式挡土墙的墙背填土的夯实比较困难。此外，当墙前地形平坦时，采用仰斜式较好，而当地形较陡时，则采用垂直墙背较好。综上所述，设计时应优先采用仰斜式，其次是垂直式。

图 18-4-18 重力式挡土墙墙背倾斜形式
(a) 仰斜墙；(b) 垂直墙；(c) 俯斜墙

为了减小主动土压力，还可采用衡重式、带减压平台的挡土墙，如图 18-4-19 所示。为了满足挡土墙的抗滑稳定性要求，可将挡土墙基底做成逆坡；为了减小基底压力，可以加墙趾台阶，这有利于墙的抗滑移和抗倾覆稳定，如图 18-4-19 所示。

图 18-4-19 几种特殊的重力式挡土墙
(a) 衡重式；(b) 带减压平台的；(c) 逆坡式和墙趾台阶

【例 18-4-9】（历年真题）如果其他条件保持不变，墙后填土的下列哪项指标的变化，会引起挡土墙的主动土压力增大？

A. 填土的内摩擦角 φ 减小　　　　B. 填土的重度 γ 减小

C. 填土的压缩模量 E 增大　　　　D. 填土的黏聚力 c 增大

【解答】 根据挡土墙主动土压力系数，可知，当填土的内摩擦角 φ 减小，主动土压力系数增大，即主动土压力增大，应选 A 项。

2. 重力式挡土墙设计

重力式挡土墙设计内容包括：①稳定性验算，即抗倾覆和抗滑移稳定性验算；②地基承载力验算；③地基整体稳定性验算；④墙身强度计算；⑤构造等。《建筑地基规范》规定：

6.7.5 挡土墙的稳定性验算应符合下列规定：

1 抗滑移稳定性应按下列公式进行验算（图 6.7.5-1）：

$$\frac{(G_n + E_{an})\mu}{E_{at} - G_t} \geqslant 1.3 \quad (6.7.5\text{-}1)$$

$$G_n = G\cos\alpha_0 \quad (6.7.5\text{-}2)$$

$$G_t = G\sin\alpha_0 \quad (6.7.5\text{-}3)$$

$$E_{at} = E_a\sin(\alpha - \alpha_0 - \delta) \quad (6.7.5\text{-}4)$$

$$E_{an} = E_a\cos(\alpha - \alpha_0 - \delta) \quad (6.7.5\text{-}5)$$

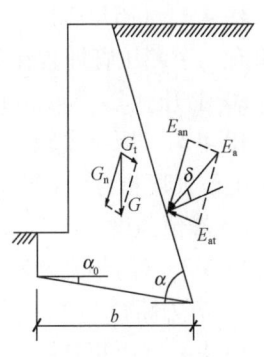

图 6.7.5-1 挡土墙抗滑稳定验算示意

式中：G——挡土墙每延米自重（kN）；

α_0——挡土墙基底的倾角（°）；

α——挡土墙墙背的倾角（°）；

δ——土对挡土墙墙背的摩擦角（°）；

μ——土对挡土墙基底的摩擦系数。

2 抗倾覆稳定性应按下列公式进行验算（图 6.7.5-2）：

$$\frac{Gx_0 + E_{az}x_f}{E_{ax}z_f} \geqslant 1.6 \quad (6.7.5\text{-}6)$$

$$E_{ax} = E_a\sin(\alpha - \delta) \quad (6.7.5\text{-}7)$$

$$E_{az} = E_a\cos(\alpha - \delta) \quad (6.7.5\text{-}8)$$

$$x_f = b - z\cot\alpha \quad (6.7.5\text{-}9)$$

$$z_f = z - b\tan\alpha_0 \quad (6.7.5\text{-}10)$$

图 6.7.5-2 挡土墙抗倾覆稳定验算示意

式中：z——土压力作用点至墙踵的高度（m）；

x_0——挡土墙重心至墙趾的水平距离（m）；

b——基底的水平投影宽度（m）。

6.7.4 重力式挡土墙的构造应符合下列规定：

1 重力式挡土墙适用于高度小于 8m、地层稳定、开挖土石方时不会危及相邻建筑物的地段。

2 重力式挡土墙可在基底设置逆坡。对于土质地基，基底逆坡坡度不宜大于1∶10；对于岩石地基，基底逆坡坡度不宜大于1∶5。

3 毛石挡土墙的墙顶宽度不宜小于400mm；混凝土挡土墙的墙顶宽度不宜小于200mm。

4 重力式挡墙的基础埋置深度，应根据地基承载力、水流冲刷、岩石裂隙发育及风化程度等因素进行确定。在特强冻涨、强冻涨地区应考虑冻涨的影响。在土质地基中，基础埋置深度不宜小于0.5m；在软质岩地基中，基础埋置深度不宜小于0.3m。

5 重力式挡土墙应每间隔10m～20m设置一道伸缩缝。当地基有变化时宜加设沉降缝。在挡土结构的拐角处，应采取加强的构造措施。

习　题

18-4-1　（历年真题）在饱和软黏土地基上进行快速临时基坑开挖，不考虑坑内降水。如果有一个测压管埋置在基坑边坡位置内，开挖结束时的测压管水头比初始状态会：

A. 上升　　　　　B. 不变　　　　　C. 下降　　　　　D. 不确定

18-4-2　（历年真题）要估计一个过去曾经滑动过的古老边坡的稳定性，宜采用下述哪个土体强度指标？

A. 峰值强度　　　B. 临界强度　　　C. 残余强度　　　D. 特征应力强度

18-4-3　（历年真题）影响岩土的抗剪强度的因素有：

A. 应力路径　　　B. 剪胀性　　　　C. 加载速度　　　D. 以上都是

18-4-4　（历年真题）利用土的侧限压缩试验不能得到的指标是：

A. 压缩系数　　　B. 侧限变形模量　C. 体积压缩系数　D. 泊松比

18-4-5　（历年真题）土的强度指标 c、φ 涉及下面的哪一种情况？

A. 一维固结　　　　　　　　　　　B. 地基土的渗流

C. 地基承载力　　　　　　　　　　D. 黏性土的压密

18-4-6　（历年真题）下面哪一种试验不能测试土的强度指标？

A. 三轴试验　　　　　　　　　　　B. 直剪试验

C. 十字板剪切试验　　　　　　　　D. 载荷试验

第五节　地基承载力理论和边坡稳定

一、地基承载力理论

1. 地基破坏模式

在竖向荷载作用下，浅基础的地基破坏模式有三种：整体剪切破坏、局部剪切破坏和冲切剪切破坏，如图18-5-1所示。

（1）整体剪切破坏：如图18-5-1（a）所示，当荷载达到一定数值时，在基础的边缘点下土体首先发生剪切破坏，随着荷载增加，剪切破坏区也逐渐扩大，其 p-s 曲线由线性开始弯曲。当剪切破坏区在地基中形成一片，成为连续的滑动面时，基础就会急剧下沉并向一侧倾斜及倾倒，基础两侧的地面向上隆起，地基发生整体剪切破坏，地基基础失去了继续承载能力。其 p-s 曲线具有明显的转折点，破坏前建筑物一般不会发生过大的沉降，它是一种典型的土体抗剪强度破坏，破坏有一定的突然性。整体剪切破坏一般在密砂和坚硬的黏土中最有可能发生。

（2）局部剪切破坏：如图 18-5-1(b)所示，在荷载作用下，地基在基础边缘以下开始发生剪切破坏，随着荷载增加，地基变形增大，破坏区域继续扩大，基础两侧土体有部分隆起，但破坏只集中在某一个区域，没有形成连续的滑动面延伸至地面，基础没有明显的倾斜和倒塌。基础由于产生过大的沉降而丧失继续承载能力。其 p-s 曲线一般没有明显的转折点，其直线段范围较小，是一种以变形较快发展为主要特征的破坏模式。

（3）冲切剪切破坏：如图 18-5-1（c）所

图 18-5-1　地基破坏模式
（a）整体剪切破坏；（b）局部剪切破坏；
（c）冲切剪切破坏

示，在荷载作用下，基础产生较大沉降，基础周围的部分土体也产生下陷，破坏时基础好像"刺入"地基土层中，不出现明显的破坏区和滑动面，基础没有明显的倾斜，其 p-s 曲线没有转折点，是一种典型的以变形为特征的破坏模式。冲切剪切破坏在压缩性较大的松砂、软土地基中或基础埋深较大情况下较容易发生。

图 18-5-2　地基土中应力状态的三个阶段
（a）压缩阶段；（b）剪切阶段；（c）隆起阶段

2. 地基临塑荷载、临界荷载和极限荷载

根据载荷试验，地基土中应力状态分为三个阶段：压缩阶段、剪切阶段和隆起阶段，如图 18-5-2 所示。

压缩阶段：对应于 p-s 曲线的 Oa 段，这个阶段的外加荷载较小，地基土以压缩变形为主，压力与变形之间基本呈线性关系，此时地基中的应力处于弹性平衡状态。

剪切阶段（又称塑性变形阶段）：对应于 p-s 曲线的 ab 段，从基础两侧底边缘开始，局部区域土中剪应力等于该处土的抗剪强度，土体发生塑性变形，宏观上 p-s 曲线呈现非线性变化。随着荷载的增大，基础下土的塑性变形区扩大，p-s 曲线的斜率增大。在这一阶段，虽然地基土的部分区域发生了塑性变形，但塑性变形区并未在地基中连成一片，地基仍有一定的稳定性。

隆起阶段：对应 p-s 曲线的 bc 段，该阶段基础以下两侧的地基塑性变形区贯通并连成一片，基础两侧土体隆起，滑动边界范围内的全部土体都处于塑性破坏状态，地基丧失稳定。

（1）临塑荷载（亦称比例界限荷载）

临塑荷载 p_{cr} 是指基础边缘地基中刚要出现塑性变形区时基底单位面积上所承担的荷载，即从压缩阶段过渡到剪切阶段的界限荷载，是 p-s 曲线上 a 点所对应的荷载。根据塑性变形区边界方程，可推导出地基临塑荷载 p_{cr}，即：

$$p_{cr} = cN_c + qN_q \quad (18\text{-}5\text{-}1)$$

式中，N_c、N_q 为承载力系数，均为土的内摩擦角 φ 的函数；q 为基础两侧超载；c 为土的黏聚力。

（2）临界荷载

临界荷载是指允许地基土产生一定范围塑性变形区所对应的荷载。在中心荷载作用下，控制塑性区最大开展深度 $z_{max}=b/4$（b 为基础宽度），在偏心荷载下控制 $z_{max}=b/3$，对一般建筑物是允许的。$p_{1/4}$、$p_{1/3}$ 分别是允许地基产生 $z_{max}=b/4$ 和 $b/3$ 范围塑性区所对应的两个临界荷载。推导可得到 $p_{1/4}$、$p_{1/3}$ 的计算公式如下：

$$p_{1/4} = cN_c + qN_q + \gamma b N_{1/4} \quad (18\text{-}5\text{-}2)$$

$$p_{1/3} = cN_c + qN_q + \gamma b N_{1/3} \quad (18\text{-}5\text{-}3)$$

式中，$N_{1/4}$、$N_{1/3}$ 均为承载力系数，均为 φ 的函数，其他同前。

由上可知，临界荷载 $p_{1/4}$、$p_{1/3}$ 均由三项组成，第一项、第二项分别反映了地基土黏聚力和基础埋深对承载力的影响，这两项组成了临塑荷载；第三项表现为基础宽度和地基土重度的影响，实际上受塑性区开展深度的影响。这三项都随内摩擦角 φ 的增大而增大。临界荷载随 c、φ、q、γ、b 的增大而增大。

（3）极限荷载（亦称极限承载力）

极限荷载 p_u 是指从剪切阶段过渡到隆起阶段的界限荷载，是 p-s 曲线上 b 点所对应的荷载，即地基失稳时所能承受的极限荷载，故也称地基极限承载力。

【例 18-5-1】（历年真题）某地基土的临塑荷载 p_{cr}，临界荷载 $p_{1/4}$、$p_{1/3}$ 及极限荷载 p_u 间的数值大小关系为：

A. $p_{cr} < p_{1/4} < p_{1/3} < p_u$ B. $p_{cr} < p_u < p_{1/3} < p_{1/4}$

C. $p_{1/3} < p_{1/4} < p_{cr} < p_u$ D. $p_{1/4} < p_{1/3} < p_{cr} < p_u$

【解答】$p_{cr} < p_{1/4} < p_{1/3} < p_u$，应选 A 项。

3. 地基极限承载力理论计算

（1）普朗特和瑞斯纳极限承载力

普朗特（Prandtl）假定条形基础具有足够大的刚度，且底面光滑，地基土具有刚塑性性质，地基土重度为零，基础置于地基表面。当作用在基础上的荷载足够大时，基础陷入地基中，产生如图 18-5-3 所示的整体剪切破坏。如图 18-5-3 所示，塑性极限平衡区分为三个区域：Ⅰ区为朗肯主动区，即中心楔体；与之相邻的Ⅱ区为普朗特区（也称过渡区）；与过渡区相邻的Ⅲ区为朗肯被动区。由此推导出地基极限承载力为：

$$p_u = cN_c \quad (18\text{-}5\text{-}4)$$

式中，N_c 为承载力系数，与地基土的内摩擦角 φ 值有关；c 为土的黏聚力。

图 18-5-3 普朗特地基整体剪切破坏模式

瑞斯纳（Ressiner）考虑了基础埋深的影响，对普朗特公式进行了修正，其地基极限承载力为：

$$p_u = cN_c + qN_q \tag{18-5-5}$$

式中，N_q 为承载力系数，与地基土的 φ 值有关。

（2）太沙基极限承载力

K·太沙基（Terzaghi）对普朗特理论进行了修正，考虑了：①地基土有重量，即 $\gamma \neq 0$；②基底粗糙；③不考虑基底以上填土的抗剪强度，把它仅看成作用在基底水平面上的超载；④假定地基中滑动面的形状如图 18-5-4 所示。基底以下的 I 区就像刚性核（也称弹性核）一样随着基础一起向下移动，为弹性区。除弹性核外，滑动区域范围 II、III 区内的所有土体均处于塑性变形状态，取弹性核为脱离体，可推导出地基极限承载力为：

$$p_u = cN_c + qN_q + \frac{1}{2}\gamma b N_r \tag{18-5-6}$$

式中，N_c、N_q、N_r 为不完全粗糙基底的承载力系数，是 φ、ψ（弹性楔体与水平面的夹角）的函数。

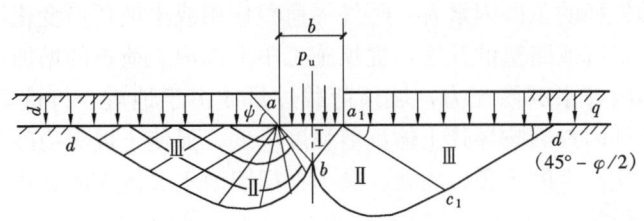

图 18-5-4　太沙基地基剪切破坏模式

太沙基给出了基底完全粗糙情况的解答，此时，$\psi = \varphi$，给出了相应的 N_c、N_q、N_r 的计算公式，并给出了承载力系数曲线图（图 18-5-5）。由内摩擦角 φ 直接从图中可查得 N_c、N_q、N_r 值。此外，地基局部剪切破坏时，由 φ 从图中可查得 N_c'、N_q'、N_r' 值。

$$N_c = (N_q - 1)\cot\varphi$$

$$N_q = \frac{e^{(\frac{3\pi}{2} - \varphi)\tan\varphi}}{2\cos^2\left(45° + \frac{\varphi}{2}\right)}$$

$$N_r = \frac{\tan\varphi}{2}\left(\frac{K_{p_1}}{\cos^2\varphi} - 1\right)$$

图 18-5-5　太沙基地基承载力系数
（基底完全粗糙）

式中，K_{P_1} 为由于滑动土体重量所产生的被动主压力系数。

根据太沙基理论求得的是地基极限承载力，一般取它的 1/3～1/2 作为地基承载力特征值（见本章浅基础一节），它的取值大小与结构类型、建筑物重要性、荷载的性质等有关，即对太沙基理论的安全系数一般取 $K=2\sim3$。

【例 18-5-2】（历年真题）地基极限承载力计算公式 $p_m=\frac{1}{2}\gamma BN_r+qN_q+cN_c$，系数 N_c 主要取决于：

A. 土的黏聚力 c 　　　　　　　　B. 土的内摩擦角 φ

C. 基础两侧载荷 q 　　　　　　　D. 基底以下土的重度 γ

【解答】 N_c 取决于土的内摩擦角 φ，应选 B 项。

二、边坡稳定

1. 概述

土坡是指具有倾斜坡面的土体，一般可分为天然土坡和人工土坡。当土坡的顶面和底面都是水平的，并延伸至无穷远，且由均质土组成时，则称为简单土坡。

影响土坡滑动失稳的主要因素有：①外界荷载作用或土坡环境变化等导致土体内部剪应力加大，例如，基坑或路堑的开挖，堤坝施工中上部填土荷重的增加，降雨导致土体饱和增加重度，土体内部水的渗流力，坡顶荷载过量或由于地震、打桩等引起的动力荷载等；②由于外界各种因素影响导致土体抗剪强度降低，促使土坡失稳破坏，例如孔隙水压力的升高，气候变化产生的干裂、冻融，黏土夹层因雨水等侵入而软化，以及黏性土蠕变导致的土体强度降低等。

2. 无黏性土土坡稳定性

图 18-5-6 表示一坡度为 β 的无黏性土土坡。假设土坡及其地基都是同一种土，且不考虑渗流的影响。

设坡面上颗粒 M，重量为 W，砂土内摩擦角为 φ，则重量 W 的颗粒在垂直和平行于坡面方向的分力分别

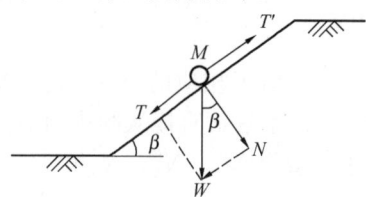

图 18-5-6　无黏性土边坡稳定分析

为：$N=W\cos\beta$，$T=W\sin\beta$。分力 T 使颗粒 M 向下滑动，是滑动力；而垂直分量 N 引起的摩擦力 $T'=N\tan\varphi=W\cos\beta\tan\varphi$，为抗滑力，则抗滑力和滑动力之比称为稳定安全系数，用 K 表示，即：

$$K=\frac{T'}{T}=\frac{W\cos\beta\tan\varphi}{W\sin\beta}=\frac{\tan\varphi}{\tan\beta} \tag{18-5-7}$$

由上式可知，当 $\beta=\varphi$ 时，$K=1$，土坡处于极限平衡状态。所以砂土的内摩擦角 φ 也就是土坡的极限坡角，称为自然休止角。只要坡角 $\beta<\varphi$，土坡就是稳定的。为了保证土坡有足够的安全度，通常要求 $K=1.1\sim1.5$。

3. 黏性土土坡稳定性

(1) 整体圆弧滑动法

对于均质黏性土坡，由于剪切而破坏的滑动面大多为一曲面。破坏前，一般在坡顶首先出现张力裂缝，然后沿某一曲面产生整体滑动。此外，滑动体沿纵向也有一定范围，并且也是曲面。为了简化，进行稳定性分析时往往假设滑动面为圆筒面。

黏性土土坡如图 18-5-7 所示，AC 为假定的滑动面，圆心为 O，半径为 R。当土体

ABC 保持稳定时必需满足力矩平衡条件（滑弧上的法向反力 N' 通过圆心），则稳定安全系数为：

$$K = \frac{抗滑力矩}{滑动力矩} = \frac{\tau_f \widehat{AC} R}{Wa} \tag{18-5-8}$$

式中，$\widehat{AC}$ 为滑弧弧长；a 为土体重心离滑弧圆心的水平距离。

饱和黏土，在不排水剪条件下，$\varphi_u = 0$，故 $\tau_f = c_u$，则：

$$K = \frac{c_u \widehat{AC} R}{Wa} \tag{18-5-9}$$

由于计算上述稳定安全系数时，滑动面为任意假定，并不是最危险滑动面，因此，所求结果并非最小安全系数。通常在计算时需假定一系列的滑动面，进行多次试算，计算工作量颇大。为此，瑞典工程师 W·费伦纽斯（Fellenius，1927）通过大量计算分析，提出了确定最危险滑动面圆心的经验方法。此外，目前软件已能处理寻找最小稳定安全系数问题。

（2）瑞典条分法（也称简单条分法）

瑞典条分法首先由 W·费伦纽斯提出，该方法可以分析均质简单土坡，还可分析比较复杂的土坡。任意选一圆心 O，半径为 R 的滑动圆弧 AC，如图 18-5-8(a) 所示，将滑动面以上的土体分成 n 个土条。取其中第 i 条作为隔离体进行分析，见图 18-5-8(b)，作用在土条上的力有：土条自重 W_i（包括作用在土条上的荷载），作用在滑动面 ab（简化为直线段）上的法向反力 N'_i 和剪切力 T_i，以及作用在土条侧面 ac 和 bd 上的法向力 E_i、E_{i+1} 和剪力 X_i、X_{i+1}。在近似计算中不考虑侧面的法向力 E 和剪力 X，仅考虑 W_i、N'_i 和 T_i。

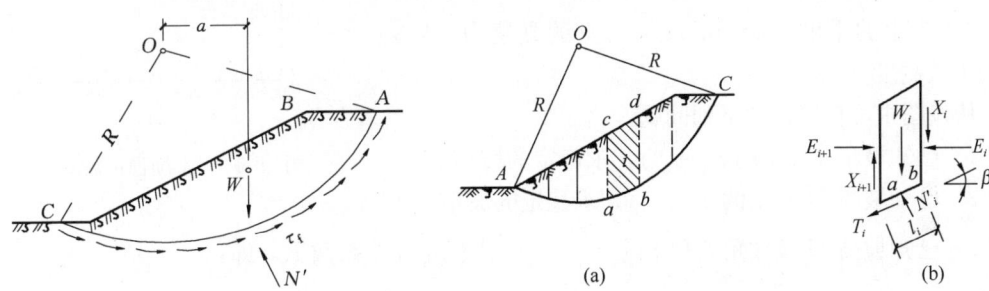

图 18-5-7 均质土土坡的整体圆弧滑动　　图 18-5-8 瑞典条分法计算图式

根据隔离体平衡条件：$N'_i = W_i \cos\beta_i$，$T_i = W_i \cos\beta_i$；作用在滑动面 AC 上的总剪切力为：$T = \sum T_i = \sum W_i \sin\beta_i$。

土条 ab 上的抵抗剪切的抗剪力为：

$$T_{fi} = (c_i + \sigma_i \tan\varphi_i) l_i = c_i l_i + N'_i \tan\varphi_i = c_i l_i + W_i \cos\beta_i \tan\varphi_i$$

则 AC 面上总的抗剪力为：

$$T_f = \sum T_{fi} = \sum (c_i l_i + W_i \cos\beta_i \tan\varphi_i)$$

抗滑力矩与滑动力矩之比为稳定安全系数 K，即：

$$K = \frac{T_f R}{TR} = \frac{\sum (c_i l_i + W_i \cos\beta_i \tan\varphi_i)}{\sum W_i \sin\beta_i} \tag{18-5-10}$$

计算时需注意土条的位置,如图18-5-8(a)所示,当土条底面中心在滑弧圆心O的垂线右侧时,剪切力T_i方向与滑动方向相同,起剪切作用,取正号;而当土条底面中心在圆心的垂线左侧时,T_i方向与滑动方向相反,起抗剪作用,取负号。抗剪力T_{fi}则无论何处其方向均与滑动方向相反。假定不同的滑弧,则可求出不同的K值,其中最小的K值即为土坡的稳定安全系数。

瑞典条分法因忽略了土条两侧作用力,不能满足所有的平衡条件,故其计算的稳定安全系数偏小。

(3) 毕肖普条分法和杨布条分法（也称简布条分法）

毕肖普条分法考虑了土条两侧的作用力,计算结果比较合理。但该方法同样不能满足所有的平衡条件,故不是一个严格的方法。

杨布条分法对某一个土条分别取竖直方向力的平衡、水平方向力的平衡和对土条中点取力矩平衡,最后推导出土坡稳定安全系数K的计算公式。实际计算需采用迭代法。杨布条分法特别适用于不均匀土体的情况。

(4) 图解法

泰勒（1937年）对于均质简单土坡根据理论计算的结果绘制成如图18-5-9等所示的图表,应用这些图表就可以很简便地分析均质简单土坡的稳定性。图中横坐标为土坡的坡角β,纵坐标N_s称为稳定因数,由下式确定：

$$N_s = \frac{\gamma H}{c} \quad (18\text{-}5\text{-}11)$$

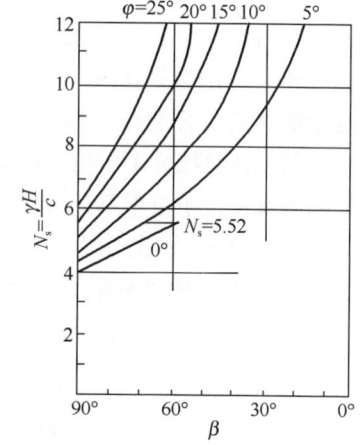

图18-5-9 泰勒稳定数图表

式中,γ为土的重度（kN/m^3）；c为土的黏聚力（kPa）；H为土坡高度（m）。

从该图中可直接处理下列问题：

1) 已知坡角β及土的c、φ、γ,求稳定的坡高H；
2) 已知坡高H及土的c、φ、γ,求稳定的坡角β；
3) 已知坡高H及坡角β和土的c、φ、γ,求稳定安全系数K,即：

$$H_c = N_s c/\gamma$$

$$K = \frac{H_c}{H} \quad (18\text{-}5\text{-}12)$$

对于饱和软黏土,当土层很厚,即坡脚下土层厚度大于3倍土坡高度时,可取$N_s = 5.52$,并与坡角β无关,边坡的临界高度H_c为：

$$H_c = \frac{5.52 c_u}{\gamma} \quad (18\text{-}5\text{-}13)$$

式中,c_u为饱和软黏土的不排水抗剪强度（kPa）；γ为饱和软黏土的重度（kN/m^3）。

此外,苏联学者洛巴索夫也提出了计算简单土坡稳定用图表,与泰勒稳定因数图表的内涵一致。

【例 18-5-3】（历年真题）土坡高度为 8m，土的内摩擦角 $\varphi=10°$（$N_s=9.2$），$c=25$kPa，$\gamma=18$kN/m³ 的土坡，其稳定安全系数为：

A. 1.6　　　　　B. 1.0　　　　　C. 2.0　　　　　D. 0.5

【解答】 $H_c = \dfrac{N_s c}{\gamma} = \dfrac{9.2 \times 25}{18} = 12.78$m

$K = \dfrac{H_c}{H} = \dfrac{12.78}{8} = 1.6$，应选 A 项。

习　题

18-5-1 下面哪一项关于地基承载力的计算中假定基底存在弹性核？
A. 临塑荷载的计算
B. 临界荷载的计算
C. 太沙基关于极限承载力的计算
D. 普朗特-瑞斯纳关于极限承载力的计算

18-5-2 某条形基础宽10m，埋深 2m，埋深范围内土的重度 $\gamma_0 = 18$kN/m³，$\varphi=22°$，$c=10$kPa。地下水位于基底，地基持力层土的饱和重度 $\gamma_{sat}=20$kN/m³，$\varphi=20°$，$c=12$kPa。按太沙基理论求得地基发生整体剪切破坏时的地基极限承载力为：

（$\varphi=20°$时，承载力系数：$N_r=5.0$，$N_q=7.42$，$N_c=17.6$；$\varphi=22°$时，承载力系数 $N_r=6.5$，$N_q=9.17$，$N_c=20.2$）

A. 728.32kPa　　　　　　　B. 897.52kPa
C. 928.32kPa　　　　　　　D. 1147.52kPa

第六节　地　基　勘　察

一、岩土工程勘察分级

根据工程重要性等级、场地复杂程度等级和地基复杂程度等级，划分岩土工程勘察等级如下：

甲级：在工程重要性、场地和地基复杂等级中，有一项或多项为一级。
乙级：除勘察等级为甲级和丙级以外的勘察项目。
丙级：工程重要性、场地复杂程度和地基复杂程度等级均为三级。

如果建筑为在岩质地基上的一级工程，但场地和地基复杂等级均为三级时，岩土工程勘察可定为乙级。

二、岩土工程勘察阶段

岩土工程勘察阶段的划分是与设计阶段的划分相一致的。一定的设计阶段需要相应的岩土工程勘察工作。勘察阶段可分为可行性研究勘察、初步勘察和详细勘察三个阶段。可行性研究勘察应符合选择场址方案的要求；初步勘察应符合初步设计的要求；详细勘察应符合施工图设计的要求。对场地条件复杂或有特殊要求的工程，宜进行施工勘察。对场地较小且无特殊要求的工程，可合并勘察阶段。当建筑物平面布置已经确定，且场地或其附近已有工程地质相关资料时，可根据实际情况，直接进行详细勘察。

三、岩土工程勘察方法

岩土工程勘察的基本方法有：工程地质测绘和调查、勘探与取样、岩土工程现场测试与长期观测等。

1. 工程地质测绘和调整

岩石出露或地貌、地质条件较复杂的场地，应进行工程地质测绘。对地质条件简单的场地，可用调查代替工程地质测绘。工程地质测绘和调查宜在可行性研究或初步勘察阶段进行，在详细勘察阶段可对某些专门地质问题作补充调查。

工程地质测绘和调查方法主要有像片成图法和实地测绘调查法。其中，实地测绘调查法主要有：路线法、布点法和追索法。

2. 勘探与取样

勘探是在工程地质测绘和调查的基础上，为了进一步查明地表以下工程地质问题，取得深部工程地质资料而进行的。勘探的方法主要有井探、槽探、洞探、钻探和地球物理勘探等方法。

(1) 井探、槽探和洞探

井探、槽探是用人工或机械方式挖掘井、槽，以便直接观察岩土层的天然状态以及各地层之间接触关系等地质结构，并能取出接近实际的原状结构土（岩）样。探井、探槽的深度不宜超过地下水位。在地下工程、大型边坡等勘察中，当需要详细查明深部岩层性质、构造特征时，可采用竖井或平洞进行勘探。在井探、槽探和洞探中采用的井、槽、洞的类型见表 18-6-1。

井、槽、洞的类型　　　　表 18-6-1

类型	特点	用途
试坑	深数十厘米的小坑，形状不定	局部剥除地表覆土，揭露基岩
浅井	从地表向下垂直，断面呈圆形或方形，深 5～15m	确定覆盖层及风化层的岩性及厚度，取原状样，载荷试验，渗水试验
探槽	在地表垂直岩层或构造线挖掘成深度不大的（小于 3～5m）长条形槽子	追索构造线、断层，探查残积层、坡积层、风化岩石的厚度和岩性
竖井	形状与浅井同，但深度可超过 20m，一般在平缓山坡、漫滩、阶地等岩层较平缓的地方，有时需支护	了解覆盖层厚度及性质，构造线、岩石破碎情况、岩溶、滑坡等，岩层倾角较缓时效果较好
平洞	在地面有出口的水平坑道，深度较大，适用于较陡的基岩岩坡	调查斜坡地质构造，对查明地层岩性、软弱夹层、破碎带、风化岩层时效果较好，还可取样或做原位试验

(2) 钻探

钻探是指在地表下用钻头钻进地层的勘探方法。在地层内钻成直径较小并具有相当深度的圆筒形孔眼的孔称为钻孔。通常将直径达 500mm 以上的钻孔称为钻井。钻孔的直径、深度、方向取决于钻孔用途和钻探地点的地质条件。钻孔的直径一般为 75～150mm，但在一些大型建（构）筑物的工程地质钻探时，孔径往往大于 150mm，有时可达到 500mm。钻孔的深度由数米至上百米。钻孔的方向一般为垂直，也有打成倾斜的钻孔，这种孔称为斜孔。

在地下工程中有打成水平甚至直立向上的钻孔。钻探方法有回转钻进、冲击钻进、振动钻进、冲洗钻进等，其适用范围见表18-6-2。

各钻探方法的适用范围　　　　　　　　　　　　　　　　　　　表18-6-2

钻探方法		钻进地层					勘察要求	
		黏性土	粉土	砂土	碎石土	岩石	直观鉴别、采取不扰动试样	直观鉴别、采取扰动试样
回转	螺旋钻进	++	+	+	－	－	++	++
	无岩芯钻进	++	++	++	+	++	－	－
	岩芯钻进	++	++	++	+	++	++	++
冲击	冲击钻进	－	+	++	++	－	－	－
	锤击钻进	++	++	++	+	－	++	++
振动钻进		++	++	++	+	－	+	++
冲洗钻进		+	++	++	－	－	－	－

注：++：适用；+：部分适用；－：不适用。

土试样质量等级见表18-6-3。

土试样质量等级　　　　　　　　　　　　　　　　　　　　　表18-6-3

级别	扰动程度	试验内容
Ⅰ	不扰动	土类定名、含水量、密度、强度试验、固结试验
Ⅱ	轻微扰动	土类定名、含水量、密度
Ⅲ	显著扰动	土类定名、含水量
Ⅳ	完全扰动	土类定名

注：1. 不扰动是指原位应力状态虽已改变，但土的结构、密度和含水量变化很小，能满足室内试验各项要求；
　　2. 除地基基础设计等级为甲级的工程外，在工程技术要求允许的情况下可用Ⅱ级土试样进行强度和固结试验，但宜先对土试样受扰动程度作抽样鉴定，判定用于试验的适宜性，并结合地区经验使用试验成果。

在钻孔取样时，采用薄壁取土器所采得的土试样定为Ⅰ级或Ⅱ级；对于采用中厚壁或厚壁取土器所采得的土试样定为Ⅱ级或Ⅲ级；对于采用标准贯入器、螺旋钻头或岩芯钻头所采得的黏性土、粉土、砂土和软岩的试样均定为Ⅲ级或Ⅳ级。

在钻孔中采取Ⅰ、Ⅱ级土试样时，应满足下列要求：

1）在软土、砂土中宜采用泥浆护壁；如使用套管，应保持管内水位等于或稍高于地下水位，取样位置应低于套管底3倍孔径的距离。

2）采用冲洗、冲击、振动等方式钻进时，应在预计取样位置1m以上改用回转钻进。

3）下放取土器前应仔细清孔，清除扰动土，孔底残留浮土厚度不应大于取土器废土段长度（活塞取土器除外）。

4）采取土试样宜用快速静力连续压入法。

Ⅰ、Ⅱ、Ⅲ级土试样应妥善密封，防止湿度变化，严防曝晒或冰冻。在运输中应避免振动，保存时间不宜超过三周。对易于振动液化和水分离析的土试样宜就近进行试验。

（3）地球物理勘探

地球物理勘探（简称物探）是通过研究和观测各种地球物理场的变化来探测地层岩性、地质构造等地质条件。该方法兼有勘探与试验两种功能。与钻探相比，具有设备轻便、成本低、效率高、工作空间广等优点，但物探不能取样，不能直接观察，故多与钻探配合使用。物探作为原位测试手段，测定岩土体的波速、动弹性模量、动剪切模量、卓越周期、电阻率、放射性辐射参数、土对金属的腐蚀性等参数。

四、原位测试

原位测试是指在岩土体所处的位置，基本保持岩土原来的结构、温度和应力状态，对岩土体进行的测试。原位测试的主要方法有：载荷试验、触探试验、剪切试验、地基土动力特性试验，以及现场渗透试验等。

1. 载荷试验

载荷试验是在拟建建筑场地上，在挖至设计的基础埋置深度的平整坑底放置一定规格的方形或圆形承压板，在其上逐级施加荷载，测定相应荷载作用下地基土的稳定沉降量，分析研究地基土的强度与变形特性，求得地基土承载力与变形模量等。可见，载荷试验实际上是一种与建筑物基础工作条件相似，直接对天然埋藏条件下的土体进行的现场模拟试验。所以，对于建筑物地基承载力的确定，载荷试验比其他测试方法更接近实际；当试验影响深度范围内土质均匀时，用此法确定该深度范围内土的变形模量也比较可靠。

(1) 适用对象

浅层平板载荷试验适用于浅层地基土；深层平板载荷试验适用于深层地基土和大直径桩的桩端土；螺旋板载荷试验适用于深层地基土或地下水位以下的地基土。其中，深层平板载荷试验的试验深度不应小于5m。

(2) 技术要点

载荷试验应布置在有代表性的地点，每个场地不宜少于3个，当场地内岩土体不均时，应适当增加。浅层平板载荷试验应布置在基础底面标高处。浅层平板载荷试验的试坑宽度或直径不应小于承压板宽度或直径的3倍；深层平板载荷试验的试井直径应等于承压板直径；当试井直径大于承压板直径时，紧靠承压板周围土的高度不应小于承压板直径。

载荷试验宜采用圆形刚性承压板，根据土的软硬或岩体裂隙密度选用合适的尺寸；土的浅层平板载荷试验承压板面积不应小于 $0.25m^2$，对软土和粒径较大的填土不应小于 $0.5m^2$；土的深层平板载荷试验承压板面积宜选用 $0.5m^2$；岩石载荷试验承压板的面积不宜小于 $0.07m^2$。

加荷方式应采用常规慢速法（即分级维持荷载沉降相对稳定法），加荷载宜取10～12级，并且不应少于8级。当出现下列情况之一时，可终止试验：

1) 承压板周边的土出现明显侧向挤出，周边岩土出现明显隆起或径向裂缝持续发展。
2) 本级荷载的沉降量大于前级荷载沉降量的5倍，荷载与沉降曲线出现明显陡降。
3) 在某级荷载下24h沉降速率不能达到相对稳定标准。总沉降量与承压板直径（或宽度）之比超过0.06。

(3) 应用

根据载荷试验成果分析要求，绘制荷载（p）与沉降（s）曲线，必要时绘制各级荷载下沉降（s）与时间（t）或时间对数（$\lg t$）曲线。应根据 p-s 曲线拐点，必要时结合 s-$\lg t$ 曲线特征，确定比例界限压力和极限压力。当 p-s 呈缓变曲线时，可取对应于某一相对沉降值（即 s/d，d 为承压板直径）的压力评定地基土承载力。

浅层平板载荷试验的变形模量 E_0（MPa）可按下式计算：

$$E_0 = I_0(1-\mu^2)\frac{pd}{s} \tag{18-6-1}$$

深层平板载荷试验和螺旋板载荷试验的变形模量 E_0（MPa）可按下式计算：

$$E_0 = \omega\frac{pd}{s} \tag{18-6-2}$$

式中，I_0 为刚性承压板的形状系数，圆形承压板取 0.758；方形承压板取 0.886；μ 为土的泊松比（碎石土取 0.27，砂土取 0.30，粉土取 0.35，粉质黏土取 0.38，黏土取 0.42）；d 为承压板直径或边长（m）；p 为 p-s 曲线线性段的压力（kPa）；s 为与 p 对应的沉降（mm）；ω 为与试验深度和土类有关的系数。

基准基床系数 K_v 可根据承压板边长为 30cm 的平板载荷试验，按下式计算：

$$K_v = \frac{p}{s} \tag{18-6-3}$$

【例 18-6-1】（历年真题）在现场载荷试验中，加荷分级应满足的条件是：
A. 不少于 5 级　　　　　　　　B. 不少于 8 级
C. 不少于 15 级　　　　　　　 D. 每级不小于 100kPa

【解答】现场载荷试验中，加荷分级不少于 8 级，应选 B 项。

2. 静力触探试验

静力触探的贯入机理是个很复杂的问题，因此，目前还不能完善综合地从理论上解释圆锥探头与周围土体间的接触应力分布及相应的土体变形问题。静力触探可根据工程需要采用单桥探头、双桥探头或带孔隙水压力量测的单、双桥探头，可测定比贯入阻力（p_s）、锥尖阻力（q_c）、侧壁摩阻力（f_s）和贯入时的孔隙水压力（u）。

(1) 适用对象

静力触探试验适用于软土、一般黏性土、粉土、砂土和含少量碎石的土。

(2) 技术要点

当贯入深度超过 30m，或穿过厚层软土后再贯入硬土层时，应采取措施防止孔斜或断杆，也可配置测斜探头，量测触探孔的偏斜角，校正土层界线的深度。

(3) 应用

绘制各种贯入曲线：单桥和双桥探头应绘制 p_s-z 曲线、q_c-z 曲线、f_s-z 曲线、R_f-z 曲线；孔压探头尚应绘制 u_i-z 曲线、q_t-z 曲线、f_t-z 曲线等。其中，R_f 为摩阻比；u_i 为孔压探头贯入土中量测的孔隙水压力（即初始孔压）；q_t 为真锥头阻力（经孔压修正）；f_t 为真侧壁摩阻力（经孔压修正）。

根据贯入曲线的线型特征，结合相邻钻孔资料和地区经验，划分土层和判定土类。

根据静力触探资料，利用地区经验，可进行力学分层，估算土的塑性状态或密实度、强度、压缩性、地基承载力、单桩承载力、沉桩阻力，进行液化判别等。根据孔压消散曲线可估算土的固结系数和渗透系数。

3. 圆锥动力触探试验

圆锥动力触探试验是利用一定的锤击动能，将一定规格的圆锥探头打入土中，根据打入土中的阻力大小判别土层的变化,对土层进行力学分层,并确定土层的物理力学性质,对地基土作出工程地质评价。通常以打入土中一定距离所需的锤击数来表示土的阻力。

(1) 适用对象

圆锥动力触探试验的类型可分为轻型、重型和超重型三种,其规格和适用土类应符合表 18-6-4 的规定。

圆锥动力触探类型   表 18-6-4

类型	轻型	重型	超重型
落锤的质量(kg)	10	63.5	120
指标	贯入 30cm 的读数 N_{10}	贯入 10cm 的读数 $N_{63.5}$	贯入 10cm 的读数 N_{120}
主要适用岩土	浅部的填土、砂土、粉土、黏性土	砂土、中密以下的碎石土、极软岩	密实和很密的碎石土、软岩、极软岩

(2) 技术要点

对轻型动力触探,当 $N_{10}>100$ 或贯入 15cm 锤击数超过 50 时,可停止试验;对重型动力触探,当连续三次 $N_{63.5}>50$ 时,可停止试验或改用超重型动力触探。

(3) 应用

根据圆锥动力触探试验指标和地区经验,可进行力学分层,评定土的均匀性和物理性质(状态、密实度)、土的强度、变形参数、地基承载力、单桩承载力,查明土洞、滑动面、软硬土层界面,检测地基处理效果等。

【例 18-6-2】(历年真题)桩基岩土工程勘察中对碎石土宜采用的原位测试手段为:

A. 静力触探　　　　　　　　　　B. 标准贯入试验
C. 重型或超重型圆锥动力触探　　D. 十字板剪切试验

【解答】对碎石土宜采用重型或超重型圆锥动力触探,应选 C 项。

4. 标准贯入试验

标准贯入试验是利用一定的锤击动能,将一定规格的对开管式贯入器打入钻孔孔底的土层中,根据打入土层中的贯入阻力,评定土层的变化和土的物理力学性质。

(1) 适用对象

标准贯入试验适用于砂土、粉土和一般黏性土。

(2) 技术要点

贯入器打入土中 15cm 后,开始记录每打入 10cm 的锤击数,累计打入 30cm 的锤击数为标准贯入试验锤击数 N(也称标贯击数)。当锤击数已达 50 击,而贯入深度未达 30cm 时,可记录 50 击的实际贯入深度,按下式换算成相当于 30cm 的标准贯入试验锤击数 N,并终止试验:

$$N = 30 \times \frac{50}{\Delta S} \tag{18-6-4}$$

式中,ΔS 为 50 击时的贯入度(cm)。

(3) 应用

标准贯入试验锤击数 N 值,可对砂土、粉土、黏性土的物理状态、土的强度、变形参数、地基承载力、单桩承载力，砂土和粉土的液化，成桩的可能性等作出评价。应用 N 值时是否修正和如何修正，应根据建立统计关系时的具体情况确定。

【例 18-6-3】（历年真题）在标准贯入试验中，当锤击数已达 50 击，而实际贯入深度为 25cm 时，则相当于 30cm 的标准贯入试验锤击数 N 为：

A. 60 B. 40 C. 50 D. 80

【解答】 $N=30\times\dfrac{50}{25}=60$ 击，应选 A 项。

5. 十字板剪切试验

十字板剪切试验包括钻孔十字板剪切试验和贯入电测十字板剪切试验，其基本原理都是：施加一定的扭转力矩，将土体剪坏，测定土体对抵抗扭剪的最大力矩，通过换算得到土体抗剪强度值（假定 $\varphi\approx 0$）。

（1）适用对象

十字板剪切试验可用于测定饱和软黏性土（$\varphi\approx 0$）的不排水抗剪强度和灵敏度。

（2）技术要点

十字板剪切试验点的布置，对均质土竖向间距可为 1m，对非均质或夹薄层粉细砂的软黏性土，宜先作静力触探，结合土层变化，选择软黏土进行试验。

十字板板头形状宜为矩形，径高比 1∶2，板厚宜为 2～3mm；十字板头插入钻孔底的深度不应小于钻孔或套管直径的 3～5 倍；十字板插入至试验深度后，至少应静止 2～5min，方可开始试验。

（3）应用

计算各试验点土的不排水抗剪峰值强度、残余强度、重塑土强度和灵敏度；绘制单孔十字板剪切试验土的不排水抗剪峰值强度、残余强度、重塑土强度和灵敏度随深度的变化曲线。

十字板剪切试验成果可按地区经验，确定地基承载力、单桩承载力，计算边坡稳定，判定软黏性土的固结历史。

【例 18-6-4】（历年真题）十字板剪切试验最适用的土层是：

A. 硬黏土 B. 软黏土 C. 砂砾石 D. 风化破碎岩石

【解答】 十字板剪切试验最适用于软黏土，应选 B 项。

6. 旁压试验

旁压试验是将圆柱形旁压仪竖直地放入土中，通过旁压仪在竖直的孔内加压，使旁压膜膨胀，并由旁压膜（或护套）将压力传给周围土体（或岩层），使土体（或岩层）产生变形直至破坏，通过量测施加的压力和土变形之间的关系，即可得到地基土在水平方向上的应力-应变关系。旁压仪包括预钻式、自钻式和压入式三种。国内目前以预钻式为主。旁压试验适用于黏性土、粉土、砂土、碎石土、残积土、极软岩和软岩等。

根据压力与体积曲线，结合蠕变曲线确定初始压力、临塑压力和极限压力。

根据压力与体积曲线的直线段斜率，可计算旁压模量 E_m。

根据初始压力、临塑压力、极限压力和旁压模量，结合地区经验可评定地基承载力和变形参数。根据自钻式旁压试验的旁压曲线，还可测求土的原位水平应力、静止侧压力系数、不排水抗剪强度等。

7. 扁铲侧胀试验（亦称扁板侧胀试验）

扁铲侧胀试验是用静力（有时也用锤击动力）把一扁铲形探头贯入土中，达试验深度后，利用气压使扁铲侧面的圆形钢膜向外扩张进行试验，它可作为一种特殊的旁压试验。它的优点在于简单、快速、重复性好和便宜。扁铲侧胀试验适用于软土、一般黏性土、粉土、黄土和松散—中密的砂土。

根据扁铲侧胀试验指标和地区经验，可判别土类，确定黏性土的状态、静止侧压力系数、水平基床系数等。

五、岩土工程勘察报告

1. 勘察报告内容

岩土工程勘察报告应根据任务要求、勘察阶段、工程特点和地质条件等具体情况编写，并应包括下列内容：

（1）勘察目的、任务要求和依据的技术标准；
（2）拟建工程概况；
（3）勘察方法和勘察工作布置；
（4）场地地形、地貌、地层、地质构造、岩土性质及其均匀性；
（5）各项岩土性质指标、岩土的强度参数、变形参数、地基承载力的建议值；
（6）地下水埋藏情况、类型、水位及其变化；
（7）土和水对建筑材料的腐蚀性；
（8）可能影响工程稳定的不良地质作用的描述和对工程危害程度的评价；
（9）场地稳定性和适宜性的评价。

岩土工程勘察报告应对岩土利用、整治和改造的方案进行分析论证、提出建议；对工程施工和使用期间可能发生的岩土工程问题进行预测，提出监控和预防措施的建议。

2. 工程地质图及其他附件

岩土工程勘察成果报告应附下列图件：

（1）勘探点平面布置图；
（2）工程地质柱状图；
（3）工程地质剖面图；
（4）原位测试成果图表；
（5）室内试验成果图表。

习 题

18-6-1 （历年真题）在黏性土地基上进行浅层平板载荷试验，采用 0.5m×0.5m 荷载板，得到结果为：压力与沉降曲线（p-s 曲线）初始段为线性，其板底压力与沉降的比值为 25kPa/mm，方形承载板形状系数取 0.886，黏性土的泊松比取 0.4，则地基土的变形模量为 $\left[E_0 = \omega\,(1-\mu^2)\,\dfrac{P}{s}b\right]$：

A. 9303kPa   B. 9653kPa   C. 9121kPa   D. 8243kPa

18-6-2 （历年真题）在工程地质勘察中，能够直观地观测地层的结构和变形是：

A. 坑探   B. 钻探   C. 触探   D. 地球物理勘探

18-6-3 （历年真题）确定地基土的承载力的方法中，下列哪个原位测试方法的结果最可靠？

    A. 载荷试验   B. 标准贯入试验

    C. 轻型动力触探试验   D. 旁压试验

18-6-4　标准贯入试验适用的地层是：

    A. 弱风化至强风化岩石   B. 砂土、粉土和一般黏性土

    C. 卵砾石和碎石类   D. 软土和淤泥

第七节　浅　基　础

    基础有浅基础和深基础两大类型。浅基础和深基础并没有一个明确的深度界限，主要是从施工角度来考虑的。通常将只需经过挖坑、排水、浇筑基础等简单施工工序就可以建造的基础统称为浅基础。浅基础的埋置深度一般小于5m，或虽超过5m但小于基础宽度，如筏板基础等。若浅层土质不良，需将基础置于深部好的地层时，就要借助于特殊的施工方法来建造深基础了，如桩基础、沉井基础、地下连续墙基础等。通常浅基础的设计计算不考虑基础侧壁摩阻力的影响，而深基础的设计计算应考虑基础侧壁摩阻力的作用。

一、浅基础类型

    浅基础根据结构形式可分为扩展基础、柱下条形基础、柱下交叉条形基础、筏形基础、箱形基础和壳体基础等。根据基础所用材料的性能可分为无筋基础（刚性基础）和钢筋混凝土基础。根据基础整体受力的特点可分为连续基础（也称整体式基础）（如柱下条形基础、柱下交叉条形基础、筏形基础和箱形基础）、非整体式基础（如柱下独立基础）。

    1. 扩展基础

    墙下条形基础和柱下独立基础统称为扩展基础。扩展基础的作用是把墙或柱的荷载侧向扩展到土中，使之满足地基承载力和变形的要求。扩展基础包括无筋扩展基础和钢筋混凝土扩展基础。

    （1）无筋扩展基础（刚性基础）

    无筋扩展基础系指由砖、毛石、混凝土或毛石混凝土、灰土和三合土等材料组成的无须配置钢筋的墙下条形基础或柱下独立基础（图18-7-1）。无筋基础的材料都具有较好的抗压性能，但抗拉、抗剪强度都不高，为了使基础内产生的拉应力和剪应力不超过相应的材料强度设计值，设计时需要加大基础的高度。因此，这种基础几乎不发生挠曲

图 18-7-1　刚性基础
(a) 砖基础；(b) 混凝土基础

变形，故习惯上把无筋基础称为刚性基础。无筋扩展基础适用于单层、多层民用建筑和轻型厂房。

    （2）钢筋混凝土扩展基础

    钢筋混凝土扩展基础通常简称为扩展基础，系指墙下钢筋混凝土条形基础和柱下钢筋混凝土独立基础。这类基础的抗弯和抗剪性能良好，可在竖向荷载较大、地基承载力不高以及承受水平力和力矩等情况下使用。与无筋基础相比，其基础高度较小，因此，更适宜在基础埋置深度较小时使用。

    墙下钢筋混凝土条形基础的构造如图18-7-2所示。一般情况下可采用无肋的墙基础，

如地基不均匀,为了增强基础的整体性和抗弯能力,可以采用有肋的墙基础,肋部配置足够的纵向钢筋和箍筋,以承受由不均匀沉降引起的弯曲应力。

柱下钢筋混凝土独立基础的构造如图18-7-3所示。现浇柱的独立基础可做成锥形或阶梯形;预制柱则采用杯口基础。杯口基础常用于装配式单层工业厂房。

图18-7-2 墙下钢筋混凝土条形基础
(a)无肋的;(b)有肋的

图18-7-3 柱下钢筋混凝土独立基础
(a)阶梯形基础;(b)锥形基础;(c)杯口基础

图18-7-4 柱下条形基础

2. 柱下条形基础

柱下条形基础,如图18-7-4所示,其抗弯刚度较大,因而具有调整不均匀沉降的能力,并能将所承受的集中柱荷载较均匀地分布到整个基底面积上。柱下条形基础是常用于软弱地基上框架结构或排架结构的一种基础形式。

3. 柱下交叉条形基础

如果地基软弱且在两个方向分布不均,需要基础在两方向都具有一定的刚度来调整不均匀沉降,则可在柱网下沿纵横两方向分别设置钢筋混凝土条形基础,从而形成柱下交叉条形基础(图18-7-5)。

4. 筏形基础

筏形基础分为平板式和梁板式筏形基础(图18-7-6),筏形基础由于其底面积大,故可减小基底压力,同时也可提高地基土的承载力,并能更有效地增强基础的整体性,调整不均匀沉降。此外,它能提供宽敞的地下空间,如地下停车场等。筏形基础可用于多层砌体结构的基础和多高层钢筋混凝土框架结构、剪力墙结构、框架-剪力墙结构、框架-核心筒结构等的基础。

图18-7-5 柱下交叉条形基础

图18-7-6 柱下筏形基础
(a)平板式;(b)梁板式

5. 箱形基础

箱形基础是由钢筋混凝土的底板、顶板、外墙和内隔墙组成的有一定高度的整体空间结构（图 18-7-7），适用于软弱地基上的高层、重型或对不均匀沉降有严格要求的建筑物。与筏形基础相比，箱形基础具有更大的抗弯刚度，只能产生大致均匀的沉降。箱形基础埋深较大，基础中空，从而使开挖卸去的土重部分抵偿了上部结构传来的荷载，形成补偿式基础，因而能显著减小基底压力、降低基础沉降量，且抗震性能好，但地下空间受墙的制约，故不能作停车场。

图 18-7-7　箱形基础

6. 其他特殊基础

双柱联合基础（图 18-7-8）是指同列相邻两柱公共的钢筋混凝土基础。在为相邻两柱分别设置独立基础时，常因其中一柱靠近建筑界线，或因两柱间距较小，而出现基底面积不足或荷载偏心过大等情况，此时可考虑采用双柱联合基础。

图 18-7-8　双柱联合基础
(a) 矩形联合基础；(b) 梯形联合基础

图 18-7-9　壳体基础

为了发挥混凝土抗压性能好的特性，可以将基础的形式做成壳体（图 18-7-9）。壳体基础可用作柱基础和筒形构筑物（如烟囱、水塔、料仓、中小型高炉等）的基础。

二、地基基础设计的基本规定

《建筑地基规范》规定：

3.0.1　地基基础设计应根据地基复杂程度、建筑物规模和功能特征以及由于地基问题可能造成建筑物破坏或影响正常使用的程度分为三个设计等级，设计时应根据具体情况，按表 3.0.1 选用。

地基基础设计等级（部分）　　　　　　表 3.0.1

设计等级	建筑和地基类型
甲级	重要的工业与民用建筑物 30 层以上的高层建筑 体型复杂，层数相差超过 10 层的高低层连成一体建筑物 大面积的多层地下建筑物（如地下车库、商场、运动场等） 开挖深度大于 15m 的基坑工程 周边环境条件复杂、环境保护要求高的基坑工程
乙级	除甲级、丙级以外的工业与民用建筑物 除甲级、丙级以外的基坑工程
丙级	场地和地基条件简单、荷载分布均匀的七层及七层以下民用建筑及一般工业建筑；次要的轻型建筑物 ·非软土地区且场地地质条件简单、基坑周边环境条件简单、环境保护要求不高且开挖深度小于 5.0m 的基坑工程

3.0.2 根据建筑物地基基础设计等级及长期荷载作用下地基变形对上部结构的影响程度，地基基础设计应符合下列规定：

1 所有建筑物的地基计算均应满足承载力计算的有关规定；
2 设计等级为甲级、乙级的建筑物，均应按地基变形设计；
3 设计等级为丙级的建筑物有下列情况之一时应作变形验算：
　　1) 地基承载力特征值小于130kPa，且体型复杂的建筑；
　　2) 在基础上及其附近有地面堆载或相邻基础荷载差异较大，可能引起地基产生过大的不均匀沉降时；
　　3) 软弱地基上的建筑物存在偏心荷载时；
　　4) 相邻建筑距离近，可能发生倾斜时；
　　5) 地基内有厚度较大或厚薄不均的填土，其自重固结未完成时。
4 对经常受水平荷载作用的高层建筑、高耸结构和挡土墙等，以及建造在斜坡上或边坡附近的建筑物和构筑物，尚应验算其稳定性；
5 基坑工程应进行稳定性验算；
6 建筑地下室或地下构筑物存在上浮问题时，尚应进行抗浮验算。

3.0.3 表3.0.3所列范围内设计等级为丙级的建筑物可不作变形验算。

可不作地基变形验算的设计等级为丙级的建筑物范围（部分）　　表3.0.3

地基主要受力层情况	地基承载力特征值 f_{ak} (kPa)	$80 \leqslant f_{ak}$ <100	$100 \leqslant f_{ak}$ <130	$130 \leqslant f_{ak}$ <160	$160 \leqslant f_{ak}$ <200	$200 \leqslant f_{ak}$ <300
	各土层坡度(%)	≤5	≤10	≤10	≤10	≤10
建筑类型	砌体承重结构、框架结构(层数)	≤5	≤5	≤6	≤6	≤7

注：1 地基主要受力层系指条形基础底面下深度为3b（b为基础底面宽度），独立基础下为1.5b，且厚度均不小于5m的范围（二层以下一般的民用建筑除外）。
　　2 其他见规范。

3.0.5 地基基础设计时，所采用的作用效应与相应的抗力限值应符合下列规定：

1 按地基承载力确定基础底面积及埋深或按单桩承载力确定桩数时，传至基础或承台底面上的作用效应应按正常使用极限状态下作用的标准组合；相应的抗力应采用地基承载力特征值或单桩承载力特征值；

2 计算地基变形时，传至基础底面上的作用效应应按正常使用极限状态下作用的准永久组合，不应计入风荷载和地震作用；相应的限值应为地基变形允许值；

3 计算挡土墙、地基或滑坡稳定以及基础抗浮稳定时，作用效应应按承载能力极限状态下作用的基本组合，但其分项系数均为1.0；

4 在确定基础或桩基承台高度、支挡结构截面、计算基础或支挡结构内力、确定配筋和验算材料强度时，上部结构传来的作用效应和相应的基底反力、挡土墙土压力以及滑坡推力，应按承载能力极限状态下作用的基本组合，采用相应的分项系数；当需要验算基础裂缝宽度时，应按正常使用极限状态下作用的标准组合；

5 基础设计安全等级、结构设计使用年限、结构重要性系数应按有关规范的规定采用，但结构重要性系数 γ_0 不应小于1.0。

三、基础埋置深度

《建筑地基规范》规定：

> **5.1.1** 基础的埋置深度，应按下列条件确定：
> 1 建筑物的用途，有无地下室、设备基础和地下设施，基础的形式和构造；
> 2 作用在地基上的荷载大小和性质；
> 3 工程地质和水文地质条件；
> 4 相邻建筑物的基础埋深；
> 5 地基土冻胀和融陷的影响。
>
> **5.1.2** 在满足地基稳定和变形要求的前提下，当上层地基的承载力大于下层土时，宜利用上层土作持力层。除岩石地基外，基础埋深不宜小于 0.5m。
>
> **5.1.3** 高层建筑基础的埋置深度应满足地基承载力、变形和稳定性要求。位于岩石地基上的高层建筑，其基础埋深应满足抗滑稳定性要求。
>
> **5.1.4** 在抗震设防区，除岩石地基外，天然地基上的箱形和筏形基础其埋置深度不宜小于建筑物高度的1/15；桩箱或桩筏基础的埋置深度（不计桩长）不宜小于建筑物高度的1/18。
>
> **5.1.5** 基础宜埋置在地下水位以上，当必须埋在地下水位以下时，应采取地基土在施工时不受扰动的措施。当基础埋置在易风化的岩层上，施工时应在基坑开挖后立即铺筑垫层。
>
> **5.1.6** 当存在相邻建筑物时，新建建筑物的基础埋深不宜大于原有建筑基础。当埋深大于原有建筑基础时，两基础间应保持一定净距，其数值应根据建筑荷载大小、基础形式和土质情况确定。
>
> **5.1.8** 季节性冻土地区基础埋置深度宜大于场地冻结深度 z_d。对于深厚季节冻土地区，当建筑基础底面土层为不冻胀、弱冻胀、冻胀土时，基础埋置深度可以小于场地冻结深度，基础底面下允许冻土层最大厚度应根据当地经验确定。此时，基础最小埋置深度 d_{min} 可按下式计算：
>
> $$d_{min} = z_d - h_{max} \tag{5.1.8}$$
>
> 式中：h_{max}——基础底面下允许冻土层最大厚度（m）。

【例18-7-1】（历年真题）在保证安全可靠的前提下，浅基础埋深设计时应考虑：
A. 尽量浅埋   B. 尽量埋在地下水位以下
C. 尽量埋在冻结深度以上   D. 尽量采用人工地基

【解答】 在保证安全可靠的前提下，浅基础埋深设计应尽量浅埋，应选 A 项。

四、地基承载力设计

1. 地基承载力特征值

地基承载力特征值是指由载荷试验测定的地基土压力变形曲线线性变形段内规定的变形所对应的压力值，其最大值为比例界限值。

《建筑地基规范》规定：

5.2.3 地基承载力特征值可由载荷试验或其他原位测试、公式计算，并结合工程实践经验等方法综合确定。

5.2.4 当基础宽度大于3m或埋置深度大于0.5m时，从载荷试验或其他原位测试、经验值等方法确定的地基承载力特征值，尚应按下式修正：

$$f_a = f_{ak} + \eta_b \gamma(b-3) + \eta_d \gamma_m(d-0.5) \tag{5.2.4}$$

式中：f_a——修正后的地基承载力特征值（kPa）；

f_{ak}——地基承载力特征值（kPa），按本规范第5.2.3条的原则确定；

η_b、η_d——基础宽度和埋置深度的地基承载力修正系数，按基底下土的类别查表5.2.4取值；

γ——基础底面以下土的重度（kN/m³），地下水位以下取浮重度；

b——基础底面宽度（m），当基础底面宽度小于3m时按3m取值，大于6m时按6m取值；

γ_m——基础底面以上土的加权平均重度（kN/m³），位于地下水位以下的土层取有效重度；

d——基础埋置深度（m），宜自室外地面标高算起。在填方整平地区，可自填土地面标高算起，但填土在上部结构施工后完成时，应从天然地面标高算起。对于地下室，当采用箱形基础或筏基时，基础埋置深度自室外地面标高算起；当采用独立基础或条形基础时，应从室内地面标高算起。

承载力修正系数　　　　　　　表 5.2.4

土 的 类 别		η_b	η_d
淤泥和淤泥质土		0	1.0
人工填土 e 或 I_L 大于等于 0.85 的黏性土		0	1.0
红 黏 土	含水比 a_w > 0.8	0	1.2
	含水比 a_w ≤ 0.8	0.15	1.4
大面积 压实填土	压实系数大于 0.95、黏粒含量 ρ_c ≥ 10% 的粉土	0	1.5
	最大干密度大于 2100kg/m³ 的级配砂石	0	2.0
粉 土	黏粒含量 ρ_c ≥ 10% 的粉土	0.3	1.5
	黏粒含量 ρ_c < 10% 的粉土	0.5	2.0
e 及 I_L 均小于 0.85 的黏性土		0.3	1.6
粉砂、细砂(不包括很湿与饱和时的稍密状态)		2.0	3.0
中砂、粗砂、砾砂和碎石土		3.0	4.4

注：1　强风化和全风化的岩石，可参照所风化成的相应土类取值，其他状态下的岩石不修正；
　　2　地基承载力特征值按本规范附录D深层平板载荷试验确定时 η_d 取0；
　　3　含水比是指土的天然含水量与液限的比值；
　　4　大面积压实填土是指填土范围大于两倍基础宽度的填土。

5.2.5 当偏心距 e 小于或等于 0.033 倍基础底面宽度时，根据土的抗剪强度指标确定地基承载力特征值可按下式计算，并应满足变形要求：

$$f_a = M_b \gamma b + M_d \gamma_m d + M_c c_k \tag{5.2.5}$$

式中：f_a——由土的抗剪强度指标确定的地基承载力特征值（kPa）；

M_b、M_d、M_c——承载力系数，按表 5.2.5 确定；

b——基础底面宽度（m），大于 6m 时按 6m 取值，对于砂土小于 3m 时按 3m 取值；

c_k——基底下一倍短边宽度的深度范围内土的黏聚力标准值（kPa）。

承载力系数 M_b、M_d、M_c（部分） 表 5.2.5

土的内摩擦角标准值 φ_k（°）	M_b	M_d	M_c
0	0	1.00	3.14
2	0.03	1.12	3.32
4	0.06	1.25	3.51
6	0.10	1.39	3.71

注：φ_k——基底下一倍短边宽度的深度范围内土的内摩擦角标准值（°）。

【例 18-7-2】（历年真题）关于地基承载力特征值的深度修正式 $\eta_d \gamma_m (d-0.5)$，下面说法不正确的是：

A. $\eta_d \gamma_m (d-0.5)$ 的最大值为 $5.5\eta_d \gamma_m$

B. $\eta_d \gamma_m (d-0.5)$ 总是大于或等于 0，不能为负值

C. η_d 总是大于或等于 1

D. γ_m 取基底以上土的重度，地下水以下取浮重度

【解答】根据《建筑地基规范》5.2.4 条对 f_a 的修正规定，B、C、D 项均正确，A 项错误，应选 A 项。

【例 18-7-3】（历年真题）在相同的砂土地基上，甲、乙两基础的底面均为正方形，且埋深相同。基础甲的面积为基础乙的 2 倍。根据载荷试验得到的承载力进行深度和宽度修正后，有：

A. 基础甲的承载力大于基础乙

B. 基础乙的承载力大于基础甲

C. 两个基础的承载力相等

D. 根据基础宽度不同，基础甲的承载力可能大于或等于基础乙的承载力，但不会小于基础乙的承载力

【解答】甲、乙基础的宽度值未提供，当甲基础宽度 $b>3m$ 时，甲基础承载力大于乙基础；当甲基础宽度 $b \leq 3m$ 时，两基础承载力相等，故选 D 项。

【例 18-7-4】（历年真题）某均质地基承载力特征值为 100kPa，基础深度的地基承载力修正系数为 1.45，地下水位深 2m，水位以上天然重度为 16kN/m³，水位以下饱和重度为 20kN/m³，条形基础宽 3m，则基础埋深为 3m 时，按深宽修正后的地基承载力为：

A. 151kPa　　　B. 165kPa　　　C. 171kPa　　　D. 181kPa

【解答】$\gamma_m = \dfrac{16 \times 2 + (20-10) \times 1}{3} = 14 kN/m^3$

$$f_a = f_{ak} + \eta_b \gamma (b-3) + \eta_d \gamma_m (c-0.5)$$
$$= 100 + 0 + 1.45 \times 14 \times (3-0.5) = 151 \text{kPa}$$

应选 A 项。

【例 18-7-5】（历年真题）某均质地基承载力特征值为 100kPa，地下水位于地面以下 2m 处，基础深度的地基承载力修正系数为 1.5，水位上土层重度为 16kN/m³，水位下土的饱和重度为 20kN/m³，基础宽度为 3m，则地基承载力须达到 166kPa 时基础最小埋深为：

A. 3m B. 3.9m C. 4.5m D. 5m

【解答】设最小埋深为 d，则：$\gamma_m = \dfrac{16 \times 2 + (d-2) \times (20-10)}{d}$

$$f_a = 100 + 0 + 1.5 \times \dfrac{32 + (d-2) \times 10}{d} \times (d-0.5)$$

A 项：$f_a = 100 + 1.5 \times \dfrac{32 + 1 \times 10}{3} \times 2.5 = 152.5 \text{kPa}$，不满足

B 项：$f_a = 100 + 1.5 \times \dfrac{32 + 1.9 \times 10}{3.9} \times 3.4 = 166.7 \text{kPa}$，满足

应选 B 项。

2. 地基承载力计算

《建筑地基规范》规定：

> 5.2.1 基础底面的压力，应符合下列规定：
> 1 当轴心荷载作用时
> $$p_k \leqslant f_a \quad (5.2.1\text{-}1)$$
> 式中：p_k——相应于作用的标准组合时，基础底面处的平均压力值（kPa）；
> f_a——修正后的地基承载力特征值（kPa）。
> 2 当偏心荷载作用时，除符合式（5.2.1-1）要求外，尚应符合下式规定：
> $$p_{kmax} \leqslant 1.2 f_a \quad (5.2.1\text{-}2)$$
> 式中：p_{kmax}——相应于作用的标准组合时，基础底面边缘的最大压力值（kPa）。
>
> 5.2.2 基础底面的压力，可按下列公式确定：
> 1 当轴心荷载作用时
> $$p_k = \dfrac{F_k + G_k}{A} \quad (5.2.2\text{-}1)$$
> 式中：F_k——相应于作用的标准组合时，上部结构传至基础顶面的竖向力值（kN）；
> G_k——基础自重和基础上的土重（kN）；
> A——基础底面面积（m²）。
> 2 当偏心荷载作用时
> $$p_{kmax} = \dfrac{F_k + G_k}{A} + \dfrac{M_k}{W} \quad (5.2.2\text{-}2)$$
> $$p_{kmin} = \dfrac{F_k + G_k}{A} - \dfrac{M_k}{W} \quad (5.2.2\text{-}3)$$

式中：M_k——相应于作用的标准组合时，作用于基础底面的力矩值（kN·m）；
W——基础底面的抵抗矩（m³）；
p_{kmin}——相应于作用的标准组合时，基础底面边缘的最小压力值（kPa）。

3 当基础底面形状为矩形且偏心距 $e > b/6$ 时（图 5.2.2），p_{kmax} 应按下式计算：

$$p_{kmax} = \frac{2(F_k + G_k)}{3la} \quad (5.2.2-4)$$

图 5.2.2 偏心荷载（$e > b/6$）下基底压力计算示意
b—力矩作用方向基础底面边长

式中 l——垂直于力矩作用方向的基础底面边长（m）；
a——合力作用点至基础底面最大压力边缘的距离（m）。

当地基受力层范围内有软弱下卧层时，如图 18-7-10 所示，其验算为：

$$p_z + p_{cz} \leqslant f_{az} \quad (18\text{-}7\text{-}1)$$

式中，p_z 为相应于作用的标准组合时，软弱下卧层顶面处的附加压力值（kPa）；p_{cz} 为软弱下卧层顶面处土的自重压力值（kPa），从地面（边柱、边墙按室外地面）起算至软弱软下卧层顶面处的自重压力；f_{az} 为软弱下卧层顶面处经深度修正后的地基承载力特征值（kPa）。

图 18-7-10 软弱下卧层验算简图

对条形基础和矩形基础，式（18-7-1）中的 p_z 值可按下列公式简化计算：

条形基础

$$p_z = \frac{b(p_k - p_c)}{b + 2z\tan\theta} \quad (18\text{-}7\text{-}2)$$

矩形基础

$$p_z = \frac{lb(p_k - p_c)}{(b + 2z\tan\theta)(l + 2z\tan\theta)} \quad (18\text{-}7\text{-}3)$$

式中，b 为矩形基础或条形基础底边的宽度（m）；l 为矩形基础底边的长度（m）；p_c 为基础底面处土的自重压力值（kPa），从地面（边柱、边墙按室外地面）起算至基础底面处的自重压力；z 为基础底面至软弱下卧层顶面的距离（m）；θ 为地基压力扩散线与垂直线的夹角（°），可按表 18-7-1 采用。

地基压力扩散角 θ 表 18-7-1

E_{s1}/E_{s2}	\multicolumn{2}{c}{z/b}
	0.25	0.50
3	6°	23°
5	10°	25°
10	20°	30°

注：1. E_{s1} 为上层土压缩模量；E_{s2} 为下层土压缩模量；
2. $z/b<0.25$ 时取 $\theta=0°$，必要时，宜由试验确定；$z/b>0.50$ 时 θ 值不变；
3. z/b 在 0.25 与 0.50 之间可插值使用。

【例 18-7-6】（历年真题）条形基础埋深 3m，宽 3.5m，上部结构传至基础顶面的竖向力为 200kN/m，偏心弯矩为 50kN·m/m，基础自重和基础上的土重可按综合重度 20kN/m³ 考虑，则该基础底面边缘的最大压力值为：

A. 141.6kPa B. 212.1kPa
C. 340.3kPa D. 180.5kPa

【解答】$e = \dfrac{M}{F+G} = \dfrac{50}{200+3.5\times 3\times 1\times 20} = 0.12\mathrm{m} < \dfrac{b}{6} = \dfrac{3.5}{6} = 0.58\mathrm{m}$

故基底压力为梯形分布，则：

$$p_{\max} = \frac{F+G}{A} + \frac{M}{W} = \frac{200+3.5\times 1\times 3\times 20}{3.5\times 1} + \frac{50}{\frac{1}{6}\times 1\times 3.5^2} = 141.6\mathrm{kPa}$$

应选 A 项。

【例 18-7-7】（历年真题）软弱下卧层验算公式 $p_z + p_{cz} \leqslant f_{az}$，其中 p_{cz} 为软弱下卧层顶面处土的自重应力值，下面说法正确的是：

A. p_{cz} 的计算应当从基础底面算起 B. p_{cz} 的计算应当从地下水位算起
C. p_{cz} 的计算应当从基础顶面算起 D. p_{cz} 的计算应当从地表算起

【解答】p_{cz} 的计算应当从地表算起，应选 D 项。

3. 基础平面尺寸的确定

确定矩形基础的底面尺寸（长×宽=$l\times b$），一般可按下列步骤：

(1) 对承载力特征值 f_{ak} 进行埋置深度 d 修正，暂不考虑宽度修正，初步确定修正后的 f_a。

(2) 根据荷载作用计算基底面积 A：

轴心荷载：$p_k = \dfrac{F_k+G_k}{A} \leqslant f_a$，即：$\dfrac{F_k+\gamma_G dA}{A} \leqslant f_a$，则：

$$A \geqslant \frac{F_k}{f_a - \gamma_G d} \tag{18-7-4}$$

偏心荷载

$$A \geqslant \frac{(1.1\sim 1.4)F_k}{f_a - \gamma_G d} \tag{18-7-5}$$

(3) 根据 A，确定出 l、b 值，一般取 $l/b \leqslant 2$。

(4) 考虑是否应对地基承载力进行宽度修正。如需要，在承载力修正后，重复上述

(2)、(3) 两个步骤,使所取宽度前后一致。

(5) 计算偏心距 e 和基底最大压力 p_{kmax},并验算是否满足 $p_{kmax} \leq 1.2 f_a$ 和 $e \leq \dfrac{l}{6}$ 的要求。

(6) 若 b、l 取值不适当(太大或太小),可调整尺寸再行验算,如此反复一两次,便可定出合适的尺寸。

【例 18-7-8】(历年真题)某条形基础上部中心荷载为 300kN/m,埋深 1.5m,基底以上土的重度为 20kN/m,深度修正后的承载力特征值为 180kPa,既满足承载力要求又合理的基础底宽为:

A. 2.0m B. 2.3m C. 2.5m D. 3.0m

【解答】根据 A、B、C、D 项的宽度值,不考虑宽度修正,则:

$$p_k = \dfrac{F_k + G_k}{A} \leq f_a,\ 则:b \geq \dfrac{F_k}{f_a - \gamma_G d} = \dfrac{300}{180 - 20 \times 1.5} = 2\text{m}$$

应选 A 项。

五、地基沉降验算和稳定性验算

1. 地基沉降验算

建筑物的地基变形计算值不应大于地基变形允许值。地基变形特征可分为沉降量、沉降差、倾斜、局部倾斜(图 18-7-11)。

图 18-7-11 地基变形特征示意图

(a) 沉降量 s_1;(b) 沉降差 $\Delta s = s_1 - s_2$;(c) 倾斜 $\dfrac{s_1 - s_2}{b}$;(d) 局部倾斜 $\dfrac{s_1 - s_2}{l}$

由于建筑地基不均匀、荷载差异很大、体型复杂等因素引起的地基变形,对于砌体承重结构应由局部倾斜值控制;对于框架结构和单层排架结构应由相邻柱基的沉降差控制;对于多层或高层建筑和高耸结构应由倾斜值控制;必要时尚应控制平均沉降量。

《建筑地基规范》规定:

5.3.4 建筑物的地基变形允许值应按表 5.3.4 规定采用。对表中未包括的建筑物,其地基变形允许值应根据上部结构对地基变形的适应能力和使用上的要求确定。

建筑物的地基变形允许值（部分）		表 5.3.4	
变形特征		地基土类别	
		中、低压缩性土	高压缩性土
砌体承重结构基础的局部倾斜		0.002	0.003
工业与民用建筑相邻柱基的沉降差	框架结构	$0.002l$	$0.003l$
	砌体墙填充的边排柱	$0.0007l$	$0.001l$
	当基础不均匀沉降时不产生附加应力的结构	$0.005l$	$0.005l$
单层排架结构（柱距为 6m）柱基的沉降量(mm)		(120)	200
桥式吊车轨面的倾斜（按不调整轨道考虑）	纵向	0.004	
	横向	0.003	
多层和高层建筑的整体倾斜	$H_g \leqslant 24$	0.004	
	$24 < H_g \leqslant 60$	0.003	
	$60 < H_g \leqslant 100$	0.0025	
	$H_g > 100$	0.002	
体型简单的高层建筑基础的平均沉降量(mm)		200	

注：1 本表数值为建筑物地基实际最终变形允许值；
    2 有括号者仅适用于中压缩性土；
    3 l 为相邻柱基的中心距离(mm)；H_g 为自室外地面起算的建筑物高度(m)；
    4 倾斜指基础倾斜方向两端点的沉降差与其距离的比值；
    5 局部倾斜指砌体承重结构沿纵向 6m～10m 内基础两点的沉降差与其距离的比值。

地基最终沉降量的计算，见本章第三节地基变形。

【例 18-7-9】（历年真题）对于相同的场地，下面哪种情况可以提高地基承载力并减少沉降？

A. 加大基础埋深，并加做一层地下室
B. 基底压力 p（kPa）不变，加大基础宽度
C. 建筑物建成后抽取地下水
D. 建筑物建成后，填高室外地坪

【解答】只有 A 项满足提高地基承载力且减少沉降，应选 A 项。

2. 地基稳定性验算

《建筑地基规范》规定：

5.4.1 地基稳定性可采用圆弧滑动面法进行验算。最危险的滑动面上诸力对滑动中心所产生的抗滑力矩与滑动力矩应符合下式要求：

$$M_R/M_S \geqslant 1.2 \tag{5.4.1}$$

式中：M_S——滑动力矩（kN·m）；
      M_R——抗滑力矩（kN·m）。

5.4.3 建筑物基础存在浮力作用时应进行抗浮稳定性验算，并应符合下列规定：

1 对于简单的浮力作用情况，基础抗浮稳定性应符合下式要求：

$$\frac{G_k}{N_{w,k}} \geqslant K_w \tag{5.4.3}$$

式中：G_k——建筑物自重及压重之和（kN）；
$N_{w,k}$——浮力作用值（kN）；
K_w——抗浮稳定安全系数，一般情况下可取 1.05。

2 抗浮稳定性不满足设计要求时，可采用增加压重或设置抗浮构件等措施。在整体满足抗浮稳定性要求而局部不满足时，也可采用增加结构刚度的措施。

六、减少不均匀沉降损害的措施

1. 建筑措施

（1）在满足使用和其他要求的前提下，建筑体型应力求简单。

（2）当建筑体型比较复杂时，宜根据其平面形状和高度差异情况，在适当部位用沉降缝将其划分成若干个刚度较好的单元。建筑物的下列部位，宜设置沉降缝：①建筑平面的转折部位；②高度差异或荷载差异处；③长高比过大的砌体承重结构或钢筋混凝土框架结构的适当部位；④地基土的压缩性有显著差异处；⑤建筑结构或基础类型不同处；⑥分期建造房屋的交界处。沉降缝宽度 δ 要求：2～3 层，δ 为 50～80mm；4～5 层，δ 为 80～120mm；5 层以上，$\delta \geqslant 120$mm。

（3）相邻建筑物基础间的净距应满足规范要求。

（4）建筑物各组成部分的标高，应根据可能产生的不均匀沉降采取相应措施：①室内地坪和地下设施的标高，应根据预估沉降量予以提高。建筑物各部分（或设备之间）有联系时，可将沉降较大者标高提高；②建筑物与设备之间，应留有净空。

2. 结构措施

（1）为减少建筑物沉降和不均匀沉降，可采用下列措施：
1) 选用轻型结构，减轻墙体自重，采用架空地板代替室内填土；
2) 设置地下室或半地下室，采用覆土少、自重轻的基础形式；
3) 调整各部分的荷载分布、基础宽度或埋置深度；
4) 对不均匀沉降要求严格的建筑物，可选用较小的基底压力。

（2）对于建筑体型复杂、荷载差异较大的框架结构，可采用箱基、桩基、筏基等加强基础整体刚度，减少不均匀沉降。

（3）对于砌体承重结构的房屋，宜采用下列措施增强整体刚度和承载力：
1) 对于三层和三层以上的房屋，其长高比 L/H_f 宜小于或等于 2.5；当房屋的长高比为 $2.5<L/H_f\leqslant 3.0$ 时，宜做到纵墙不转折或少转折，并应控制其内横墙间距或增强基础刚度和承载力。
2) 墙体内宜设置钢筋混凝土圈梁或钢筋砖圈梁。
3) 在墙体上开洞时，宜在开洞部位配筋或采用构造柱及圈梁加固。

（4）圈梁应按下列要求设置：
1) 在多层房屋的基础和顶层处应各设置一道，其他各层可隔层设置，必要时也可逐层设置。单层工业厂房、仓库，可结合基础梁、连系梁、过梁等酌情设置。

2) 圈梁应设置在外墙、内纵墙和主要内横墙上，并宜在平面内连成封闭系统。

3. 施工措施

(1) 合理组织施工程序：应先建高、重部分，后建低、轻部分，先主体后附属建筑。

(2) 活荷载较大的建筑物，有条件时可先堆载预压；在初期堆载应控制加载速率和加载范围，避免大量迅速、集中堆载。

(3) 要注意打桩、井点降水、基坑开挖对邻近建筑物的影响。

(4) 基坑开挖时，应注意对淤泥及淤泥质软弱土的保护，减少扰动。

【例 18-7-10】（历年真题）减小地基不均匀沉降的措施不包括：

A. 增加建筑物的刚度和整体性
B. 同一建筑物尽量采用同一类型的基础并埋置于同一土层中
C. 采用钢筋混凝土十字交叉条形基础或筏形基础、箱形基础等整体性好的基础形式
D. 上部采用静定结构

【解答】上部采用静定结构不能减小地基不均匀沉降，应选 D 项。

【例 18-7-11】（历年真题）软土上的建筑物为减小地基的变形和不均匀沉降，无效的措施是：

A. 减小基底附加应力　　　　　　B. 增大基础宽度和埋深
C. 增大基础的强度　　　　　　　D. 增大上部结构的刚度

【解答】基础的强度与刚度是不同的概念，增大基础的强度是无效的，应选 C 项。

【例 18-7-12】（历年真题）下面哪种措施有利于减轻不均匀沉降的危害？

A. 建筑物采用较大的长高比　　　B. 复杂的建筑物平面形状设计
C. 增强上部结构的整体刚度　　　D. 增大相邻建筑物的高差

【解答】增强上部结构的整体刚度有利于减轻不均匀沉降，应选 C 项。

【例 18-7-13】（历年真题）先修高的、重的建筑物，后修矮的、轻的建筑物能够达到下面哪一种效果？

A. 减小建筑物的沉降量　　　　　B. 减小建筑物的沉降差
C. 改善建筑物的抗震性能　　　　D. 减小建筑物以下土层的附加应力分布

【解答】先修高、重的建筑物，后修矮、轻的建筑物，可减小建筑物的沉降差，应选 B 项。

七、浅基础结构设计

1. 无筋扩展基础（刚性基础）设计

无筋扩展基础的抗拉强度和抗剪强度较低，因此，必须控制基础内的拉应力和剪应力。设计时可以通过控制材料强度等级和台阶宽高比（台阶的宽度与其高度之比）来确定基础的截面尺寸，而无需进行内力分析和截面强度计算。图 18-7-12 所示为无筋扩展基础构造示意图，要求基础每个台阶的宽高比（$b_2:h$）都不得超过表 18-7-2 所列的台阶宽高比的允许值（可用图中基础的**刚性角 α** 的正切 $\tan\alpha$ 表示）。设计时一般先选择适当的基础埋深和基础底面尺寸，设基底宽度为 b，则按上述要求，基础高度 H_0 应满足下列条件：

$$H_0 \geqslant \frac{b-h_0}{2\tan\alpha} \tag{18-7-6}$$

式中，b_0 为基础顶面处的墙体宽度或柱脚宽度。

由于台阶宽高比的限制，无筋扩展基础的高度一般都较大，但不应大于基础埋深，否则，应加大基础埋深或选择刚性角较大的基础类型（如混凝土基础），如仍不满足，可采用钢筋混凝土基础。

图 18-7-12 无筋扩展基础构造示意

d—柱中纵向钢筋直径；

1—承重墙；2—钢筋混凝土柱

无筋扩展基础台阶宽高比的允许值 表 18-7-2

基础材料	质量要求	台阶宽高比的允许值		
		$p_k \leqslant 100\text{kPa}$	$100\text{kPa} < p_k \leqslant 200\text{kPa}$	$200\text{kPa} < p_k \leqslant 300\text{kPa}$
混凝土基础	C20 混凝土	1∶1.00	1∶1.00	1∶1.25
毛石混凝土基础	C20 混凝土	1∶1.00	1∶1.25	1∶1.50
砖基础	砖不低于 MU10、砂浆不低于 M5	1∶1.50	1∶1.50	1∶1.50
毛石基础	砂浆不低于 M5	1∶1.25	1∶1.50	—

注：1. p_k 为作用的标准组合时基础底面处的平均压力值(kPa)；

2. 阶梯形毛石基础的每阶伸出宽度，不宜大于 200mm；

3. 当基础由不同材料叠合组成时，应对接触部分作抗压验算；

4. 混凝土基础单侧扩展范围内基础底面处的平均压力值超过 300kPa 时，尚应进行抗剪验算；对基底反力集中于立柱附近的岩石地基，应进行局部受压承载力验算。

【例 18-7-14】（历年真题）如果无筋扩展基础不能满足刚性角的要求，可以采取以下哪种措施？

A. 增大基础高度　　　　　　B. 减小基础高度

C. 减小基础宽度　　　　　　D. 减小基础埋深

【解答】增大基础高度 H_0，$\tan\alpha = \dfrac{b-b_0}{H_0}$ 变小，α 减小且满足刚性角，应选 A 项。

【例 18-7-15】（历年真题）无筋扩展基础需要验算下面哪一项？

A. 冲切验算　　　　　　　　B. 抗弯验算

C. 斜截面抗剪验算　　　　　D. 刚性角

【解答】无筋扩展基础需要验算刚性角，应选 D 项。

2. 钢筋混凝土扩展基础

《建筑与市政地基基础通用规范》GB 55003—2021 规定：扩展基础的混凝土强度等级

1395

不应低于C25。

(1) 扩展基础的计算规定

扩展基础的计算应符合下列规定：

1) 对柱下独立基础，当冲切破坏锥体落在基础底面以内时，应验算柱与基础交接处以及基础变阶处的受冲切承载力；

2) 对基础底面短边尺寸小于或等于柱宽加两倍基础有效高度的柱下独立基础，以及墙下条形基础，应验算柱（墙）与基础交接处的基础受剪切承载力；

3) 基础底板的配筋，应按抗弯计算确定；

4) 当基础的混凝土强度等级小于柱的混凝土强度等级时，尚应验算柱下基础顶面的局部受压承载力。

(2) 柱下钢筋混凝土独立基础

柱下独立基础的受冲切承载力应按下列公式验算（图18-7-13）：

$$F_l \leqslant 0.7\beta_{hp} f_t a_m h_0 \tag{18-7-7}$$

$$a_m = (a_t + a_b)/2 \tag{18-7-8}$$

$$F_l = p_j A_l \tag{18-7-9}$$

式中，β_{hp}为受冲切承载力截面高度影响系数；f_t为混凝土轴心抗拉强度设计值（kPa）；h_0为基础冲切破坏锥体的有效高度（m）；a_m为冲切破坏锥体最不利一侧计算长度（m）；a_t为冲切破坏锥体最不利一侧斜截面的上边长（m），当计算柱与基础交接处的受冲切承载力时，取柱宽；当计算基础变阶处的受冲切承载力时，取上阶宽；a_b为冲切破坏锥体最不利一侧斜截面在基础底面积范围内的下边长（m），$a_b = a_t + 2h_0$；p_j为扣除基础自重及其上土重后相应于作用的基本组合时的地基土单位面积净反力（kPa）；A_l为冲切验算时取用的部分基底面积（m²）（图中的阴影面积ABCDEF）；F_l为相应于作用的基本组合时作用在A_l上的地基土净反力设计值（kPa）。

图18-7-13 计算阶形基础的受冲切承载力截面位置

(a) 柱与基础交接处；(b) 基础变阶处

1—冲切破坏锥体最不利一侧的斜截面；2—冲切破坏锥体的底面线

柱下独立基础的底板弯矩 M 按规范规定进行计算，基础底板钢筋面积可按下式计算，且配筋率 $[\rho=A_s/(bh)]$ 应满足规范最小配筋率（$\rho_{min}=0.15\%$）要求：

$$A_s = \frac{M}{0.9 f_y h_0} \tag{18-7-10}$$

（3）墙下钢筋混凝土条形基础

墙下钢筋混凝土条形基础的内力计算一般取单位长度计算，设计内容主要包括基础的高度及基础底板配筋等。基础高度由受剪承载力确定，基础底板的横向受力钢筋则由基础验算截面的弯矩确定。

（4）柱下条形基础

柱下条形基础在其纵、横两个方向均产生弯曲变形，故在这两个方向的截面内均存在剪力和弯矩。柱下条形基础的横向剪力与弯矩通常由翼板的抗剪、抗弯能力承担，其内力计算与墙下钢筋混凝土条形基础相同。柱下条形基础纵向的剪力与弯矩由基础梁承担，基础梁的纵向内力通常可采用基底反力直线分布的连续梁计算，否则按弹性地基梁法计算。按连续梁计算时，边跨跨中弯矩及第一内支座弯矩宜乘以1.2。此外，还应验算柱边缘处基础梁的受剪承载力；当存在扭矩时，还应作抗扭计算。

【例 18-7-16】（历年真题）如果扩展基础的冲切验算不能满足要求，可以采取以下哪种措施？

A. 降低混凝土强度等级　　　　B. 加大基础底板的配筋

C. 增大基础的高度　　　　　　D. 减小基础宽度

【解答】可采取提高混凝土强度等级、增大基础的高度、增大基础宽度，应选 C 项。

【例 18-7-17】（历年真题）在设计柱下条形基础的基础梁最小宽度时，下列哪项为正确的？

A. 梁宽应大于柱截面的相应尺寸

B. 梁宽应等于柱截面的相应尺寸

C. 梁宽应大于柱截面宽高尺寸中的最小值

D. 由基础梁截面强度计算确定

【解答】基础梁最小宽度由基础梁截面强度计算确定，应选 D 项。

【例 18-7-18】（历年真题）扩展基础的抗弯验算主要用于哪一项设计内容？

A. 控制基础高度　　　　　　　B. 控制基础宽度

C. 控制基础长度　　　　　　　D. 控制基础配筋

【解答】扩展基础的抗弯验算主要用于控制基础配筋，应选 D 项。

（5）筏形基础

筏形基础的平面尺寸应根据工程地质条件、上部结构的布置、地下结构底层平面以及荷载分布等因素按规范有关规定确定。对单幢建筑物，在地基土比较均匀的条件下，基底平面形心宜与结构竖向永久荷载重心重合。当不能重合时，在荷载的准永久组合下，偏心距 e 宜符合下式规定：

$$e \leqslant 0.1 W/A \tag{18-7-11}$$

式中，W 为与偏心距方向一致的基础底面边缘抵抗矩（m^3）；A 为基础底面积（m^2）。

筏形基础的混凝土强度等级不应低于C30，当有地下室时应采用防水混凝土。防水混凝土的抗渗等级与筏基埋置深度d（m）有关。当$d<10m$时，抗渗等级为P6；当$10m \leqslant d<20m$时，抗渗等级为P8。采用筏形基础的地下室，钢筋混凝土外墙厚度不应小于250mm，内墙厚度不宜小于200mm。

1）平板式筏基

平板式筏基的板厚应满足受冲切承载力的要求。平板式筏基柱下板厚的抗冲切验算应满足规范要求；当柱荷载较大，等厚度筏板的受冲切承载力不能满足要求时，可在筏板上面增设柱墩或在筏板下局部增加板厚或采用抗冲切钢筋等措施满足受冲切承载能力要求。平板式筏基内筒（即框架-核心筒结构的内筒）下的板厚应满足受冲切承载力要求。

平板式筏基应验算距内筒和柱边缘h_0处截面的受剪承载力。当筏板变厚度时，尚应验算变厚度处筏板的受剪承载力。

当筏板的厚度大于2000mm时，宜在板厚中间部位设置直径不小于12mm、间距不大于300mm的双向钢筋网。

2）梁板式筏基

梁板式筏基底板应计算正截面受弯承载力，其厚度尚应满足受冲切承载力、受剪切承载力的要求。

当底板区格为矩形双向板时，底板受冲切所需的厚度h_0应按规范公式进行计算，其底板厚度与最大双向板格的短边净跨之比不应小于1/14，且板厚不应小于400mm。当底板板格为单向板时，其底板厚度不应小于400mm。

梁板式筏基基础梁和平板式筏基的顶面应满足底层柱下局部受压承载力的要求。对抗震设防烈度为9度的高层建筑，验算柱下基础梁、筏板局部受压承载力时，应计入竖向地震作用对柱轴力的影响。

筏基（平板式和梁板式）的内力通常采用弹性地基梁板法；当满足规范条件时可采用仅考虑局部弯曲作用的简化方法，即基底反力按直线分布进行计算，与前述柱下条形基础按连续梁计算相同。

筏形基础地下室施工完毕后，应及时进行基坑回填工作。填土应按设计要求选料，回填时应先清除基坑中的杂物，在相对的两侧或四周同时回填并分层夯实，回填土的压实系数不应小于0.94。

八、地基、基础与上部结构共同作用概念

通常设计是将上部结构、基础与地基三者分离出来作为独立的结构体系进行力学分析。分析上部结构时用固定支座来代替基础，并假定支座没有任何变形，以求得结构的内力和变形以及支座反力；然后将支座反力作用于基础上，用力学的方法求得地基反力，进而求得基础的内力和变形；再把地基反力作用于地基，验算其承载力和沉降。这种计算方法虽然满足静力平衡条件，但却完全忽略了三者之间受荷前后的变形连续性，其后果是导致底层和边跨梁柱的实际内力大于计算值，而基础的实际内力则比计算值小很多。

实际上，上部结构通过墙、柱等竖向构件与基础相连接，基础底面直接与地基接触，三者是相互联系成整体来承担荷载而共同发生变形的。三者在接触处既传递荷载，又相互约束和相互作用。三部分将按各自的刚度对变形产生相互制约的作用，从而使整个体系的内力（包括上部结构、基础和基底反力）和变形发生变化。可见，三者是共同工作的，因

此，合理的设计方法应将三者作为一个整体，考虑接触部位的变形协调来计算其内力和变形。

习 题

18-7-1 （历年真题）下列哪种情况不能提高地基承载力？
A. 加大基础宽度　　　　　　　　B. 增加基础深度
C. 降低地下水　　　　　　　　　D. 增加基础材料的强度

18-7-2 （历年真题）对于建筑体型及荷载复杂的结构，减小基础底面的沉降的措施不包括：
A. 采用箱基　　　　　　　　　　B. 柱下条形基础
C. 采用筏基　　　　　　　　　　D. 单独基础

18-7-3 （历年真题）确定常规浅基础埋置深度时，一般可不考虑的因素为：
A. 土的类别与土层分布　　　　　B. 基础类型
C. 地下水位　　　　　　　　　　D. 基础平面尺寸及形状

18-7-4 （历年真题）关于地基承载力特征值的宽度修正公式 $\eta_b \gamma (b-3)$，下列说法不正确的是：
A. $\eta_b \gamma (b-3)$ 的最大值为 $3\eta_b \gamma$
B. $\eta_b \gamma (b-3)$ 总是大于或等于 0，不能为负数
C. η_b 可能等于 0
D. γ 取基底以上土的重度，地下水以下取浮重度

18-7-5 （历年真题）软弱下卧层验算公式为 $p_z + p_{cz} \leqslant f_{cz}$，其中 p_{cz} 为软弱下卧层顶面处土的自重压力值。关于 p_z，下列说法正确的是：
A. p_z 是基础底面压力
B. p_z 是基底附加应力
C. p_z 是软弱下卧层顶面处的附加应力，由基底附加压力按一定的扩散角计算得到
D. p_z 是软弱下卧层顶面处的附加应力，由基底压力按一定的扩散角计算得到

18-7-6 （历年真题）当地基沉降验算不能满足要求时，采取下面哪种措施对减小地基沉降比较有利？
A. 加大基础埋深　　　　　　　　B. 降低地下水位
C. 减小基础深度　　　　　　　　D. 将无筋扩展基础改为扩展基础

第八节 深 基 础

一、深基础类型

深基础类型主要有桩基础、沉井基础、地下连续墙、墩基础，以及桩筏基础、桩箱基础等。

1. 桩基础

桩基础是指通过承台把若干根桩的顶部联结成整体，共同承受竖向荷载、水平荷载的一种深基础。对大直径灌注桩，当为一柱一桩时，可不设承台直接将桩与柱连接。

2. 沉井基础

沉井基础是一个用混凝土或钢筋混凝土等制成的井筒形结构物，它可以仅作为建筑物基础使用，也可以同时作为地下结构物使用。沉井基础施工的施工方法是先就地制作第一节井筒，然后在井筒内挖土，使沉井在自重作用下克服土的阻力而下沉。随着沉井的下沉，逐步加高井筒，沉到设计标高后，在其下端浇筑混凝土封底。沉井只作为建筑物基础使用时，常用低强度混凝土或砂石填充井筒，若沉井作为地下结构物使用，则不进行填充而在其上端接筑上部结构。

3. 地下连续墙

地下连续墙是利用专门的成槽机械在地下成槽，在槽中安放钢筋笼（网）后以导管法浇灌水下混凝土，形成一个单元墙段，再将顺序完成的墙段以特定的方式连接组成的一道完整的现浇地下连续墙体。地下连续墙具有挡土、防渗，以及作主体承重结构等多种功能。

4. 墩基础

与桩基础相比，墩基础的墩直径大，墩身长度为 6～20m，长径比不大于 30，即短而粗，常常单独承担荷载，比单桩承载力高，且不能采用打入和压入地基的方法进行施工。

二、桩与桩基础的类型及选型

1. 桩与桩基础的类型

桩按受力特点可分为：承担竖向压力的抗压桩，承担水平力的水平受荷桩，承担竖向上拔力的抗拔桩，承担竖向力与水平力的复合受荷桩等。

桩按桩身材料可分为：混凝土桩，钢筋混凝土桩，钢管混凝土桩和钢桩等。

（1）按承载性状分类

1）摩擦型桩，可细分为：

① 摩擦桩：在承载能力极限状态下，桩顶竖向荷载由桩侧阻力承受，桩端阻力小到可忽略不计。

② 端承摩擦桩：在承载能力极限状态下，桩顶竖向荷载主要由桩侧阻力承受。

2）端承型桩，可细分为：

① 端承桩：在承载能力极限状态下，桩顶竖向荷载由桩端阻力承受，桩侧阻力小到可忽略不计。

② 摩擦端承桩：在承载能力极限状态下，桩顶竖向荷载主要由桩端阻力承受。

（2）按成桩方法分类

1）非挤土桩：干作业法钻（挖）孔灌注桩、泥浆护壁法钻（挖）孔灌注桩、套管护壁法钻（挖）孔灌注桩。

2）部分挤土桩：冲孔灌注桩、钻孔挤扩灌注桩、搅拌劲芯桩、预钻孔打入（静压）预制桩、打入（静压）式敞口钢管桩、敞口预应力混凝土空心桩和 H 型钢桩。

3）挤土桩：沉管灌注桩、沉管夯（挤）扩灌注桩、打入（静压）预制桩、闭口预应力混凝土空心桩和闭口钢管桩。

（3）桩径（设计直径 d）大小分类

小直径桩：$d \leqslant 250\text{mm}$；中等直径桩：$250\text{mm} < d < 800\text{mm}$；大直径桩：$d \geqslant 800\text{mm}$。

(4) 按施工工艺分类

桩按施工工艺可分为预制桩和灌注桩两大类。

(5) 按承台的位置分类

1) 高桩承台基础：承台底面高于地面（或冲刷线）。

2) 低桩承台基础：承台底面低于地面（或冲刷线）。

【例 18-8-1】（历年真题）打入式敞口钢管桩属于：

A. 非挤土桩　　　　　　　　B. 部分挤土桩

C. 挤土桩　　　　　　　　　D. 端承桩

【解答】打入式敞口钢管桩属于部分挤土桩，应选 B 项。

2. 桩型的选择

桩型与成桩工艺应根据建筑结构类型、荷载性质、桩的使用功能、穿越土层、桩端持力层、地下水位、施工设备、施工环境、施工经验、制桩材料供应条件等，按安全适用、经济合理的原则选择，并且符合下列要求：

(1) 对于框架-核心筒等荷载分布很不均匀的桩筏基础宜选择基桩尺寸和承载力可调性较大的桩型和工艺。

(2) 挤土沉管灌注桩用于淤泥和淤泥质土层时应局限于多层住宅桩基。

(3) 抗震设防烈度为8度及以上地区不宜采用预应力混凝土管桩（PC）和预应力混凝土空心方桩（PS）。

【例 18-8-2】（历年真题）地震 8 度以上的区域不能用下列哪种类型的桩：

A. 钻孔灌注桩　　　　　　　B. 泥浆护壁钻孔灌注桩

C. 预应力混凝土管桩　　　　D. H 型钢桩

【解答】地震烈度 8 度以上的区域不能用预应力混凝土管桩，应选 C 项。

三、桩和桩基的构造

《建筑地基规范》规定：

8.5.3 桩和桩基的构造，应符合下列规定：

1 摩擦型桩的中心距不宜小于桩身直径的 3 倍；扩底灌注桩的中心距不宜小于扩底直径的 1.5 倍，当扩底直径大于 2m 时，桩端净距不宜小于 1m。在确定桩距时尚应考虑施工工艺中挤土等效应对邻近桩的影响。

2 扩底灌注桩的扩底直径，不应大于桩身直径的 3 倍。

3 桩底进入持力层的深度，宜为桩身直径的 1 倍～3 倍。在确定桩底进入持力层深度时，尚应考虑特殊土、岩溶以及震陷液化等影响。嵌岩灌注桩周边嵌入完整和较完整的未风化、微风化、中风化硬质岩体的最小深度，不宜小于 0.5m。

4 布置桩位时宜使桩基承载力合力点与竖向永久荷载合力作用点重合。

5 设计使用年限不少于 50 年时，非腐蚀环境中预制桩的混凝土强度等级不应低于 C30，预应力桩不应低于 C40，灌注桩的混凝土强度等级不应低于 C25；二 b 类环境及三类及四类、五类微腐蚀环境中不应低于 C30；水下灌注混凝土的桩身混凝土强度等级不宜高于 C40。

8 桩身纵向钢筋配筋长度应符合下列规定：

1）受水平荷载和弯矩较大的桩，配筋长度应通过计算确定；

2）桩基承台下存在淤泥、淤泥质土或液化土层时，配筋长度应穿过淤泥、淤泥质土层或液化土层；

3）坡地岸边的桩、8度及8度以上地震区的桩、抗拔桩、嵌岩端承桩应通长配筋。

4）钻孔灌注桩构造钢筋的长度不宜小于桩长的2/3；桩施工在基坑开挖前完成时，其钢筋长度不宜小于基坑深度的1.5倍。

9 桩身配筋可根据计算结果及施工工艺要求，可沿桩身纵向不均匀配筋。

10 桩顶嵌入承台内的长度不应小于50mm。主筋伸入承台内的锚固长度不应小于钢筋直径（HPB300）的30倍和钢筋直径（HRB400）的35倍。

11 灌注桩主筋混凝土保护层厚度不应小于50mm；预制桩不应小于45mm，预应力管桩不应小于35mm；腐蚀环境中的灌注桩不应小于55mm。

四、单桩的荷载传递

单桩轴向受压时，其轴向荷载的传递过程如图18-8-1所示。由桩身轴力分布曲线可知，桩身轴力 N_z 随深度 z 增加而减小，桩顶处最大，桩底处 N_l 最小且 $N_l = Q_p$（Q_p 为桩端阻力）。

由桩侧摩阻力分布曲线可知，桩侧摩阻力 $q_s(z)$ 为曲线，开始 $q_s(z)$ 由小变大，达到最大后，由大变小。

综上可知，单桩轴向受压荷载的传递过程就是总桩侧阻力 Q_s、桩端阻力 Q_p 的发挥过程，在桩底处，有：$Q = Q_s + Q_p$。

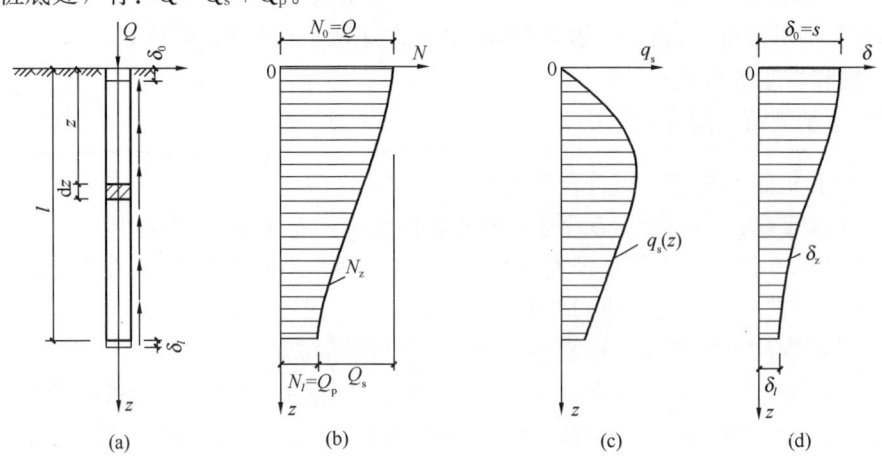

图18-8-1 单桩轴向受压荷载传递
(a) 轴向受压的单桩；(b) 桩身轴力分布曲线；
(c) 桩侧摩阻力分布曲线；(d) 桩截面位移曲线

【例18-8-3】（历年真题）均质土中等截面抗压桩的桩身轴力分布规律是：
A. 从桩顶到桩端逐渐减小　　　　B. 从桩顶到桩端逐渐增大
C. 从桩顶到桩端均匀分布　　　　D. 桩身中部最大，桩顶与桩端处变小

【解答】从桩顶到桩端，桩身轴力逐渐减小，应选A项。

五、单桩竖向承载力的确定

1. 单桩竖向静载荷试验

单桩竖向承载力特征值应通过单桩竖向静载荷试验确定。在同一条件下的试桩数量，不宜少于总桩数的1%且不应少于3根。《建筑地基规范》规定：

Q.0.1 单桩竖向静载荷试验的加载方式，应按慢速维持荷载法。

Q.0.4 开始试验的时间：预制桩在砂土中入土7d后；黏性土不得少于15d；对于饱和软黏土不得少于25d。灌注桩应在桩身混凝土达到设计强度后，才能进行。

Q.0.5 加荷分级不应小于8级，每级加载量宜为预估极限荷载的1/8~1/10。

Q.0.7 在每级荷载作用下，桩的沉降量连续两次在每小时内小于0.1mm时可视为稳定。

Q.0.8 符合下列条件之一时可终止加载：

1 当荷载-沉降（Q-s）曲线上有可判定极限承载力的陡降段，且桩顶总沉降量超过40mm；

2 $\dfrac{\Delta s_{n+1}}{\Delta s_n} \geqslant 2$，且经24h尚未达到稳定；

3 25m以上的非嵌岩桩，Q-s 曲线呈缓变型时，桩顶总沉降量大于60mm~80mm；

4 在特殊条件下，可根据具体要求加载至桩顶总沉降量大于100mm。

注：1 Δs_n——第 n 级荷载的沉降增量；Δs_{n+1}——第 $n+1$ 级荷载的沉降增量；

2 桩底支承在坚硬岩（土）层上，桩的沉降量很小时，最大加载量不应小于设计荷载的两倍。

Q.0.10 单桩竖向极限承载力应按下列方法确定：

1 作荷载-沉降（Q-s）曲线和其他辅助分析所需的曲线。

2 当陡降段明显时，取相应于陡降段起点的荷载值。

3 当出现本附录Q.0.8第2款的情况，取前一级荷载值。

4 Q-s 曲线呈缓变型时，取桩顶总沉降量 $s=40$mm 所对应的荷载值，当桩长大于40m时，宜考虑桩身的弹性压缩。

5 按上述方法判断有困难时，可结合其他辅助分析方法综合判定。对桩基沉降有特殊要求者，应根据具体情况选取。

6 参加统计的试桩，当满足其极差不超过平均值的30%时，可取其平均值为单桩竖向极限承载力。极差超过平均值的30%时，宜增加试桩数量并分析极差过大的原因，结合工程具体情况确定极限承载力。对桩数为3根及3根以下的柱下桩台，取最小值。

Q.0.11 将单桩竖向极限承载力除以安全系数2，为单桩竖向承载力特征值（R_a）。

2. 其他原位测试方法

当桩端持力层为密实砂卵石或其他承载力类似的土层时，对单桩竖向承载力很高的大直径端承型桩，可采用深层平板载荷试验确定桩端土的承载力特征值。地基基础设计等级为丙级的建筑物，可采用静力触探及标贯试验参数结合工程经验确定单桩竖向承载力特征值。

3. 经验参数法

《建筑地基规范》规定：

> **4** 初步设计时单桩竖向承载力特征值可按下式进行估算：
> $$R_a = q_{pa}A_p + u_p\Sigma q_{sia}l_i \qquad (8.5.6\text{-}1)$$
> 式中：A_p——桩底端横截面面积（m²）；
> $\quad q_{pa}, q_{sia}$——桩端阻力特征值、桩侧阻力特征值（kPa），由当地静载荷试验结果统计分析算得；
> $\quad u_p$——桩身周边长度（m）；
> $\quad l_i$——第 i 层岩土的厚度（m）。
>
> **5** 桩端嵌入完整及较完整的硬质岩中，当桩长较短且入岩较浅时，可按下式估算单桩竖向承载力特征值：
> $$R_a = q_{pa}A_p \qquad (8.5.6\text{-}2)$$
> 式中：q_{pa}——桩端岩石承载力特征值（kN）。
>
> **6** 嵌岩灌注桩桩端以下 3 倍桩径且不小于 5m 范围内应无软弱夹层、断裂破碎带和洞穴分布，且在桩底应力扩散范围内应无岩体临空面。

对于灌注桩，为了提高单桩竖向承载力特征值，当桩长、桩径不变时，可采用后注浆工艺，可分为单一桩端后注浆、复式注浆（即桩端与桩侧均注浆）。后注浆可增大桩端阻力、桩侧阻力。此外，后注浆还有利于减小桩基沉降量。

【例 18-8-4】（历年真题）对混凝土灌注桩进行载荷试验，从成桩到开始试验的间歇时间为：

A. 7d B. 15d
C. 25d D. 桩身混凝土达设计强度

【解答】 混凝土灌注桩载荷试验，其间歇时间为达到桩身混凝土设计强度，应选 D 项。

【例 18-8-5】（历年真题）下面哪种情况对桩的竖向承载力有利？

A. 建筑物建成后在桩基附近堆土 B. 桩基周围的饱和土层发生固结沉降
C. 桥梁桩基周围发生淤积 D. 桩基施工完成后在桩周注浆

【解答】 桩基施工完成后在桩周注浆可提高桩竖向承载力，应选 D 项。

【例 18-8-6】（历年真题）某桩基础的桩的截面为 400mm×400mm，建筑地基土层由上而下依次为粉质黏土（3m 厚）、中密粗砂（4m 厚）、微风化软质岩（5m 厚）。对应的桩周土摩擦力特征值分别为 20kPa、40kPa、65kPa，桩长为 9m，桩端岩土承载力特征值为 6000kPa，则单桩竖向承载力特征值为：

A. 1120kN B. 1420kN C. 1520kN D. 1680kN

【解答】 $R_a = 0.4 \times 4 \times (20 \times 3 + 40 \times 4 + 65 \times 2) + 0.4 \times 0.4 \times 6000 = 1520$kN
应选 C 项。

六、群桩效应与复合基桩

1. 群桩效应

群桩基础通常是指由 2 根以上桩组成的桩基础。在竖向荷载作用下，由于承台、桩、土相互作用，群桩基础中的一根桩单独受荷时的承载力和沉降性状，往往与相同地质条件和同样设置方法的独立单桩有显著差别，这种现象称为群桩效应。因此，群桩基础的竖向抗压承载力（Q_g）常不等于其中各根单桩的竖向抗压承载力之和（$\sum Q_i$）。通常用群桩效应系数 η（$\eta=Q_g/\sum Q_i$）来衡量群桩基础中各根单桩的平均承载力比独立单桩降低（$\eta<1$）或提高（$\eta>1$）的幅度。

由摩擦型桩组成的低承台群桩基础，在其建成后，承台底面与地基土可能脱开，例如车辆频繁行驶振动。在通常情况下，承台底面与地基土是接触的、不脱开。

承台底面脱开地面的摩擦型群桩基础，其各桩均匀受荷，如同独立单桩［图18-8-2（a）］，群桩基础的各桩顶荷载主要通过桩侧阻力扩散产生桩端平面的附加应力。当桩距 $s<D$ 时，群桩桩端平面的附加应力因各邻桩桩周扩散产生的附加应力的相互重叠而增大，如图18-8-2（b）中虚线。因此，摩擦型群桩的沉降大于独立单桩的沉降。

在竖向荷载作用下的刚性承台协作各桩同步均匀沉降，同时，它促使各桩的桩顶荷载发生由承台中部向外围转移。因此，角桩受力最大，中心桩最小，边桩居中，并且桩数越多，角桩与中心桩受力差异越大，如图18-8-3所示，桩反力呈马鞍形分布。同时，各桩沉降出现内大外小的碟形分布，见图中虚线。

对于承台不脱开地面的摩擦型群桩基础，上述群桩效应同样存在，变化规律也相同，如图18-8-3所示。

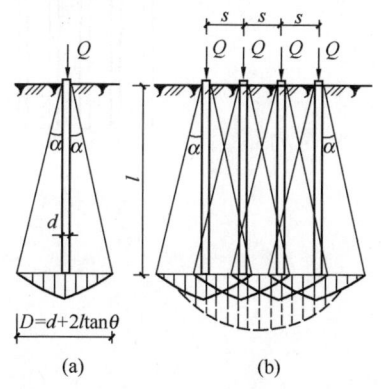

图18-8-2 摩擦型桩的桩顶荷载通过
侧阻扩散形成的桩端平面附加应力分布
(a) 单桩；(b) 群桩

图18-8-3 摩擦型群桩基础的桩反力

2. 复合基桩承载力特征值

承台不脱开地面的摩擦型群桩基础在竖向荷载作用下，承台底面地基土反力分担了部分竖向荷载，此时，单桩的承载力含有承台底面地基土分担的竖向荷载的贡献，故称为复合基桩。为了考虑承台的贡献，引入承台效应系数 η_c。

对于端承型桩基、桩数少于4根的摩擦型柱下独立桩基，或由于地层土性、使用条件等因素不宜考虑承台效应时，基桩竖向承载力特征值应取单桩竖向承载力特征值。

对于符合下列条件之一的摩擦型桩基，宜考虑承台效应确定其复合基桩的竖向承载力特征值：

（1）上部结构整体刚度较好、体型简单的建（构）筑物。

(2) 对差异沉降适应性较强的排架结构和柔性构筑物。

(3) 按变刚度调平原则设计的桩基刚度相对弱化区。

(4) 软土地基的减沉复合疏桩基础。

【例 18-8-7】（历年真题）对于摩擦型群桩基础，确定其复合基桩的竖向承载力特征值时，下列哪种情况可以不考虑承台效应？

A. 桩数少于 4 根

B. 上部结构整体刚度较好

C. 对差异沉降适应性较强的排架结构和柔性构筑物

D. 桩基沉降较大，土与承台紧密接触且结构能正常使用

【解答】 摩擦型群桩基础，当桩数少于 4 根，不考虑承台效应，应选 A 项。

【例 18-8-8】（历年真题）对桩周土层、桩尺寸和桩顶竖向荷载都一样的摩擦桩，桩距为桩径 3 倍的群桩的沉降量比单桩的沉降量：

A. 大   B. 小

C. 大或小均有可能   D. 一样大

【解答】 摩擦型群桩基础，当桩距为 3 倍桩径时，考虑群桩效应，群桩的地基土附加应力更大，故沉降量比单桩的沉降量大，应选 A 项。

【例 18-8-9】（历年真题）均质地基，承台上承受均布荷载，如图所示，正常工作状态下下面哪根桩的受力最大？

A. 桩 A   B. 桩 B

C. 桩 C   D. 桩 D

例 18-8-9 图

【解答】 正常工作状态下，由于群桩效应，桩 A 受力最大，应选 A 项。

七、群桩中单桩承载力计算

1. 群桩中单桩桩顶作用力

(1) 轴心竖向力作用下

$$N_k = \frac{F_k + G_k}{n} \tag{18-8-1}$$

式中，F_k 为相应于荷载的标准组合时，作用于桩基承台顶面的竖向力（kN）；G_k 为桩基承台自重及承台上土自重标准值（kN）；N_k 为相应于荷载的标准组合时，轴心竖向力作用下基桩或复合基桩的平均竖向力（kN）；n 为桩基中的桩数。

(2) 偏心竖向力作用下

$$N_{ik} = \frac{F_k + G_k}{n} \pm \frac{M_{xk} y_i}{\sum y_i^2} \pm \frac{M_{yk} x_i}{\sum x_i^2} \tag{18-8-2}$$

式中，N_{ik} 为相应于荷载的标准组合时，偏心竖向力作用下第 i 根基桩或复合基桩的竖向力（kN）；M_{xk}、M_{yk} 为相应于荷载的标准组合时，作用于承台底面通过桩群形心的 x、y 轴的力矩（kN·m）；x_i、y_i 为第 i 根桩至桩群形心的 y、x 轴线的距离（m）。

(3) 水平力作用下

$$H_{ik} = \frac{H_k}{n} \qquad (18\text{-}8\text{-}3)$$

式中，H_k 为相应于荷载的标准组合时，作用于承台底面的水平力（kN）；H_{ik} 为相应于荷载的标准组合时，作用于第 i 根基桩或复合基桩的水平力（kN）。

2. 轴心竖向力作用下，桩基竖向承载力计算

（1）荷载的标准组合：

$$N_k \leqslant R \qquad (18\text{-}8\text{-}4)$$

（2）地震作用和荷载的标准组合：

$$N_{Ek} \leqslant 1.25R \qquad (18\text{-}8\text{-}5)$$

式中，N_k 为相应于荷载的标准组合轴心竖向力作用下，基桩或复合基桩的平均竖向力（kN）；N_{Ek} 为相应于地震作用和荷载的标准组合下，基桩或复合基桩的平均竖向力（kN）；R 为基桩或复合基桩竖向承载力特征值（kN）。

3. 偏心竖向力作用下，桩基竖向承载力计算

（1）荷载的标准组合下，除应符合式（18-8-4）的要求外，尚应符合下式规定：

$$N_{kmax} \leqslant 1.2R \qquad (18\text{-}8\text{-}6)$$

（2）地震作用和荷载的标准组合下，除应符合式（18-8-5）的要求外，尚应符合下式规定：

$$N_{Nkmax} \leqslant 1.5R \qquad (18\text{-}8\text{-}7)$$

式中，N_{kmax} 为相应于荷载的标准组合偏心竖向力作用下，基桩或复合基桩的最大竖向力（kN）；N_{Ekmax} 为相应于地震作用和荷载的标准组合下，基桩或复合基桩的最大竖向力（kN）。

4. 受水平荷载作用下，桩基水平承载力计算

$$H_{ik} \leqslant R_h \qquad (18\text{-}8\text{-}8)$$

式中，R_h 为单桩基础或群桩中基桩的水平承载力特征值（kN）。

八、桩基础沉降计算

下列建筑桩基应进行沉降计算：

（1）设计等级为甲级的非嵌岩桩和非深厚坚硬持力层的建筑桩基；

（2）设计等级为乙级的体型复杂、荷载分布显著不均匀或桩端平面以下存在软弱土层的建筑桩基；

（3）软土地基多层建筑减沉复合疏桩基础。

嵌岩桩、设计等级为丙级的建筑物桩基、对沉降无特殊要求的条形基础下不超过两排桩的桩基、吊车工作级别 A5 及 A5 以下的单层工业厂房桩基（桩端下为密实土层），可不进行沉降验算。当有可靠地区经验时，对地质条件不复杂、荷载均匀、对沉降无特殊要求的端承型桩基也可不进行沉降验算。

桩基础的沉降不得超过建筑物的沉降允许值，并应符合相关规范的规定。

九、桩基桩身结构和承台结构设计

1. 桩身结构设计

钢筋混凝土轴心受压桩正截面受压承载力计算如下：

（1）当桩顶以下 $5d$ 范围的桩身螺旋式箍筋间距不大于 100mm，且符合规范规定时：

$$N \leqslant \psi_c f_c A_{ps} + 0.9 f'_y A'_s \tag{18-8-9}$$

（2）当桩身配筋不符合上述（1）规定时：

$$N \leqslant \psi_c f_c A_{ps} \tag{18-8-10}$$

式中，N 为荷载的基本组合下的桩顶轴向压力设计值（N）；ψ_c 为基桩成桩工艺系数；f_c 为混凝土轴心抗压强度设计值（N/mm²）；f'_y 为纵向主筋抗压强度设计值（N/mm²）；A'_s 为纵向主筋截面面积（mm²）。

2. 桩基承台结构设计

柱下桩基独立承台结构设计内容包括：①承台计算截面的弯矩及配筋；②柱对承台的冲切计算；③角桩对承台的冲切计算；④承台斜截面受剪计算；⑤当承台的混凝土强度等级低于柱或桩的混凝土强度等级时，尚应验算柱下或桩上承台的局部受压承载力；⑥承台构造要求等。

承台构造要求，《建筑地基规范》规定：

> **8.5.17** 桩基承台的构造，除满足受冲切、受剪切、受弯承载力和上部结构的要求外，尚应符合下列要求：
> **1** 承台的宽度不应小于500mm。边桩中心至承台边缘的距离不宜小于桩的直径或边长，且桩的外边缘至承台边缘的距离不小于150mm。对于条形承台梁，桩的外边缘至承台梁边缘的距离不小于75mm。
> **2** 承台的最小厚度不应小于300mm。
> **3** 承台的配筋，对于矩形承台，其钢筋应按双向均匀通长布置，钢筋直径不宜小于10mm，间距不宜大于200mm；对于三桩承台，钢筋应按三向板带均匀布置，且最里面的三根钢筋围成的三角形应在柱截面范围内。
> **4** 纵向钢筋的混凝土保护层厚度不应小于70mm，当有混凝土垫层时，不应小于50mm；且不应小于桩头嵌入承台内的长度。

【例18-8-10】（历年真题）承台设计无须验算下列哪一项？
A. 柱对承台的冲切　　　　　B. 角桩对承台的冲切
C. 斜截面抗剪　　　　　　　D. 刚性角

【解答】承台设计无须验算刚性角，应选 D 项。

十、桩侧负摩阻力和抗拔桩

1. 桩侧负摩阻力

如图 18-8-4 所示，地面大面积堆载使桩侧土层压缩，并且在桩长中上部范围桩侧土层变形量大于相应深度处桩的下沉量，即桩侧土相对于桩产生向下的位移，桩侧土对桩产生向下的摩阻力，即桩侧负摩阻力 q_{si}^n。

图 18-8-4 产生负摩阻力的原因

符合下列条件之一的桩基，当桩周土层产生的沉降超过单桩的沉降时，在计算基桩承载力时应计入桩侧负摩阻力：

（1）桩穿越较厚松散填土、自重湿陷性黄土、欠固结土、液化土层进入相对较硬土层时；

（2）桩周存在软弱土层，邻近桩侧地面承受局部较大的长期荷载，或地面大面积堆载（包括填土）时；

（3）由于降低地下水位，使桩周土有效应力增大，并产生显著压缩沉降时。

如图 18-8-5 所示，O_1 点为中性点，单桩的负摩阻力产生的总下拉荷载 Q_g^n 在中性点最大，故桩身轴压力在 O_1 点最大；随着深度 z 增加，正摩阻力 q_{si} 的出现和不断增加，桩身轴压力自 O_1 点向下逐渐减小。

图 18-8-5 单桩在产生负摩阻力时的荷载传递
(a) 单桩；(b) 位移曲线；(c) 桩侧摩阻力分布曲线；(d) 桩身轴力分布曲线
1—土层竖向位移曲线；2—桩的截面位移曲线

2. 抗拔桩

如图 18-8-6 所示抗拔桩，在上拔力 N 作用下，桩侧土产生的侧阻力向下，桩身轴拉力随深度 z 增加而递减。

【例 18-8-11】（历年真题）关于抗浮桩，下列说法正确的是：
A. 抗浮桩设计时侧阻力的方向向上
B. 抗浮桩设计时侧阻力的方向向下
C. 抗浮桩的荷载主要由端阻力承担
D. 抗浮桩的荷载主要由水的浮力承担

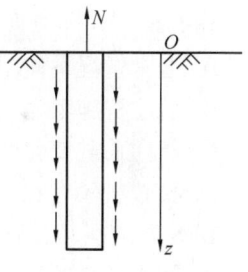

图 18-8-6 抗拔桩

【解答】抗浮桩设计时侧阻力的方向向下，应选 B 项。

十一、桩基础设计

1. 桩基设计等级

桩基设计等级分为甲级、乙级和丙级三个等级。

2. 桩基设计的基本要求

桩基设计的基本要求如下：

（1）所有桩基均应进行承载力和桩身强度计算。对预制桩，尚应进行运输、吊装和锤击等过程中的强度和抗裂验算。

（2）桩基础沉降验算应符合规范的规定。

（3）桩基础的抗震承载力验算应符合《建筑抗震设计规范》的有关规定。

（4）桩基宜选用中、低压缩性土层作桩端持力层。

（5）同一结构单元内的桩基不宜选用压缩性差异较大的土层作桩端持力层，不宜采用部分摩擦桩和部分端承桩。

（6）对位于坡地、岸边的桩基应进行桩基的整体稳定验算。

（7）对于抗浮、抗拔桩基应进行单桩和群桩的抗拔承载力计算。

（8）应考虑桩基施工中挤土效应对桩基及周边环境的影响，在深厚饱和软土中不宜采用大片密集有挤土效应的桩基。

习　题

18-8-1　（历年真题）泥浆护壁法钻孔灌注混凝土桩属于：
A. 非挤土桩　　　B. 部分挤土桩　　　C. 挤土桩　　　D. 预制桩

18-8-2　（历年真题）群桩的竖向承载力不能按各单桩承载力之和进行计算的是：
A. 桩数少于3的端承桩　　　　　　B. 桩数少于3的非端承桩
C. 桩数大于3的端承桩　　　　　　D. 桩数大于3的摩擦桩

18-8-3　（历年真题）下面哪种方法不能用于测试单桩竖向承载力？
A. 载荷试验　　　　　　　　　　　B. 静力触探
C. 标准贯入试验　　　　　　　　　D. 十字板剪切试验

18-8-4　（历年真题）断桩现象最容易发生在下面哪种桩？
A. 预制桩　　　B. 灌注桩　　　C. 旋喷桩　　　D. 水泥土桩

18-8-5　（历年真题）用混凝土土桩进行地基处理后的筏形基础属于：
A. 浅基础　　　B. 桩基础　　　C. 深基础　　　D. 扩展基础

18-8-6　（历年真题）关于桩的侧阻力，下列说法正确的是：
A. 通常情况下侧阻力的方向向下
B. 灌注桩施工完毕后采用后压浆技术可以提高桩的侧阻力
C. 竖向荷载变化时侧阻力和端阻力的分担比例不变
D. 抗拔桩不存在侧阻力

18-8-7　（历年真题）下面哪种情况下的群桩效应比较突出？
A. 间距较小的端承桩　　　　　　　B. 间距较大的端承桩
C. 间距较小的摩擦桩　　　　　　　D. 间距较大的摩擦桩

18-8-8　（历年真题）某4×4等间距排列的端承桩，桩径1m，桩距5m，单桩承载力2000kN，则此群桩承载力为：
A. 32000kN　　　B. 16000kN　　　C. 12000kN　　　D. 8000kN

第九节　地　基　处　理

一、地基处理的目的与处理方法分类

1. 地基处理的目的

地基处理的对象是软弱土地基和特殊土地基。软弱土地基是指主要由软土、冲填土、杂填土、松散土（松散粉细砂及粉土）等土层构成的地基。特殊土地基大部分带有地区性特点，主要包括湿陷性黄土、膨胀土、盐渍土、红黏土和冻土等。

地基处理的目的如下：

(1) 提高土的抗剪强度，以提高地基承载力、增加地基的稳定性。

(2) 降低土的压缩性，以减小地基的沉降和不均匀沉降。

(3) 改善土的渗透性，以防止地基的渗流破坏。

(4) 改善土的动力特性，以防止地基土的振动液化和震陷。

(5) 消除特殊性土的湿陷性、胀缩性或冻胀性等不良特殊性质。

2. 地基处理方法的分类

按地基处理的功效可分为土质改良、土的置换和土的补强（也称增强）三类：(1) 土质改良是指用机械（力学）、化学、电、热等手段增加地基土的密度，或使地基土固结，这一方法是尽可能地利用原有地基；(2) 土的置换是将部分或全部软土换填为良质土（如砂土等）；(3) 土的补强是采用在土中放入抗拉强度高的补强材料（如土工织物、土钉等）以加强和改善地基土的剪切特性。

按地基处理原理进行分类，常见的地基处理方法见表 18-9-1。此外，目前还常用水泥粉煤灰碎石桩（简称 CFG 桩）复合地基，其特点是：承载力提高幅度大、地基变形小、适用范围较大，其适用于处理黏性土、粉土、砂土和自重固结已完成的素填土。

软弱土地基处理方法分类表　　　　　　　　　　　表 18-9-1

编号	分类	处理方法	原理及作用	适用范围
1	压实法	机械碾压、振动压实	利用压实原理，通过机械碾压夯击，把表层地基土压实	大面积填土地基
2	夯实法	强夯法、强夯置换法	利用强大的夯击能，在地基中产生强烈的冲击波和动应力，迫使土固结密实，提高地基承载力，减小沉降	处理碎石土、砂土、粉土、低饱和度的黏性土、杂填土、湿陷性黄土等地基，对饱和黏性土地基应慎重采用
3	换填垫层法	砂石垫层、素土垫层、灰土垫层、矿渣垫层、加筋土垫层	以砂石、素土、灰土和矿渣等强度较高的材料置换地基表层软弱土，提高持力层的承载力，扩散应力，减小沉降	处理地基浅层软弱土、局部不均匀土层及暗沟、暗塘等
4	预压法	堆载预压、真空预压、真空和堆载联合预压等	在地基中增设竖向排水体，加速地基的固结和强度增长，提高地基的稳定性；加速沉降发展，使地基沉降提前完成	处理淤泥质土、淤泥、冲填土等饱和黏性土地基
5	挤密法	灰土、土挤密桩法	利用横向挤压成孔设备成孔，使桩间土得以挤密。用灰土或素土填入桩孔内分层夯实形成桩体，并与桩间土组成复合地基，从而提高地基承载力，减小沉降	处理地下水位以上的粉土、黏性土、湿陷性黄土、素填土和杂填土等地基
6	振密法	振冲碎石桩、沉管砂石桩	通过振动沉管等在地基中成孔并设置碎石桩、砂石桩，在成孔中对土体产生振密挤密，桩体与桩间土组成复合地基	挤密处理松散砂土、粉土、粉质黏土、素填土、杂填土等及可液化地基

续表

编号	分类	处理方法	原理及作用	适用范围
7	深层搅拌法与旋喷法	水泥土搅拌桩、旋喷桩	在软弱地基中掺入水泥或喷入水泥浆作为固化剂,使土粒胶结,形成增强体,并与桩间土形成复合地基,提高地基承载力,减小沉降,防止渗漏	处理淤泥、淤泥质土、黏性土、粉土、砂土、黄土、素填土、碎石土等地基
8	加筋	土工合成材料加筋、锚固、树根桩、加筋土	在地基土中埋设强度较大的土工合成材料等加筋材料,使地基土体能承受拉力,防止断裂,保持整体性,提高刚度,改变土体的应力场和应变场,从而提高地基承载力,改善变形特性	软弱土地基、人工填土的路堤、挡土墙结构及土坡加固稳定
9	其他	灌浆、冻结、托换技术、纠倾技术	通过特种技术措施处理软弱土地基	根据实际情况确定

二、地基处理方法

1. 压实法

压实法是利用平碾、振动碾、冲击碾或其他碾压设备将地基土分层压密实,其处理后的人工地基称为压实地基。压实法的处理原理(或作用机理)、适用范围见表 18-9-1。地下水位以上填土,可采用碾压法和振动压实法;非黏性土或黏粒含量少、透水性较好的松散填土地基宜采用振动压实法。

压实填土的填料可选用粉质黏土、灰土、粉煤灰、级配良好的砂土或碎石土,以及质地坚硬、性能稳定、无腐蚀性和无放射性危害的工业废料等,并应满足下列要求:

(1) 以碎石土作填料时,其最大粒径不宜大于 100mm;

(2) 以粉质黏土、粉土作填料时,其含水量宜为最优含水量,可采用击实试验确定;

(3) 不得使用淤泥、耕土、冻土、膨胀土以及有机质含量大于 5% 的土料;

(4) 采用振动压实法时,宜降低地下水位到振实面下 600mm。

碾压法和振动压实法施工时,应根据压实机械的压实性能、地基土性质、密实度、压实系数和施工含水量等,并结合现场试验确定碾压分层厚度、碾压遍数、碾压范围和有效加固深度等施工参数。每层铺填厚度 h(mm),平碾:h 为 200~300mm;羊足碾:h 为 200~350mm;振动碾:h 为 500~1200mm。压实填土的质量以压实系数 λ_c 控制。

填料前,应清除填土层底面以下的耕土、植被或软弱土层等。基槽内压实时,应先压实基槽两边,再压实中间。性质不同的填料,应采取水平分层、分段填筑,并分层压实;同一水平层,应采用同一填料,不得混合填筑;填方分段施工时,接头部位如不能交替填筑,应按 1∶1 坡度分层留台阶;如能交替填筑,则应分层相互交替搭接,搭接长度不小于 2m;压实填土的施工缝,各层应错开搭接,在施工缝的搭接处,应适当增加压实遍数;边角及转弯区域应采取其他措施压实,以达到设计标准。

在施工过程中,应分层取样检验土的干密度和含水量;每 50~100m² 面积内应设不少于 1 个检测点,每一个独立基础下,检测点不少于 1 个,条形基础每 20 延米设检测点不少于1个。

压实地基的施工质量检验应分层进行。每完成一道工序，应按设计要求进行验收，未经验收或验收不合格时，不得进行下一道工序施工。

2. 夯实法

夯实法是指将夯锤反复提到高处使其自由落下，给予地基土冲击和振动能量，将土压密实，经夯实处理后的人工地基称为夯实地基。夯实法分为强夯法、强夯置换法，其相应的人工地基称为强夯地基、强夯置换地基，其适用范围见表18-9-1。

强夯法的有效加固深度应根据现场试验或当地的经验确定。当缺乏试验资料和经验时，也可按下式估算：

$$H = k\sqrt{\frac{Mh}{10}} \tag{18-9-1}$$

式中，H 为有效加固深度（m）；M 为锤重（kN）；h 为落距（m）；k 为与土的性质和夯击方法有关的系数。

强夯处理后的地基承载力检验，应在施工结束后间隔一定时间进行，对于碎石土和砂土地基，间隔时间宜为7～14d；粉土和黏性土地基，间隔时间宜为14～28d。强夯置换地基，间隔时间宜为28d。

强夯地基均匀性检验，可采用动力触探试验或标准贯入试验、静力触探试验等原位测试，以及室内土工试验。

强夯置换墩的深度应由土质条件决定。除厚层饱和粉土外，应穿透软土层，到达较硬土层上，深度不宜超过10m。墩体材料可采用级配良好的块石、碎石、矿渣、工业废渣、建筑垃圾等坚硬粗颗粒材料，且粒径大于300mm的颗粒含量不宜超过30%。

强夯置换地基单墩载荷试验数量不应少于墩点数的1%，且不少于3点；对饱和粉土地基，当处理后墩间土能形成2.0m以上厚度的硬层时，其地基承载力可通过现场单墩复合地基静载荷试验确定。

【例18-9-1】（历年真题）按地基处理作用机理，强夯法属于：
A. 土质改良　　B. 土的置换　　C. 土的补强　　D. 土的化学加固

【解答】强夯法属于土质改良，应选A项。

3. 换填垫层法

换填垫层法就是将浅基础底面以下不太深的一定范围内软弱土层（土层厚度0.5～3.0m）挖去，然后用强度高、压缩性能好的岩土材料，如砂、碎石、矿渣、灰土、土工合成材料等，分层填筑，采用碾压、振密等方法使垫层密实。通过垫层将上部荷载扩散传到垫层下卧层地基中，以满足提高地基承载力和减小沉降的要求。它的适用范围见表18-9-1。

（1）设计与施工

垫层厚度确定：用一定厚度的垫层置换软弱土层后，上部荷载通过垫层按一定扩散角传递至下卧土层顶面上的全部压力（包括自重压力和附加压力）不应超过下卧土层的地基承载力。垫层的厚度一般不宜大于3m。垫层的宽度，一方面要满足应力扩散的要求；另一方面应防止侧面土的挤出。

垫层的施工方法、分层铺填厚度、每层压实遍数宜通过现场试验确定。除接触下卧软土层的垫层底部应根据施工机械设备及下卧层土质条件确定厚度外,其他垫层的分层铺填厚度宜为 200～300mm。垫层上下两层的缝距不得小于 500mm,且接缝应夯压密实。换填垫层的施工质量检验应分层进行,并应在每层的压实系数符合设计要求后铺填上层。

【例 18-9-2】(历年真题) 在进行地基处理时,淤泥和淤泥质土的浅层处理宜采用下面哪种方法?

A. 换土垫层法 B. 砂石桩挤密法
C. 强夯法 D. 振冲挤密法

【解答】浅层处理采用换土垫层法,应选 A 项。

(2) 土工合成材料

土工合成材料是指工程建设中应用的与土、岩石或其他材料接触的聚合物材料(含天然的)的总称。

用作加筋材的土工合成材料有:土工织物(其具有透水性,细分为:有纺土工织物和无纺土工织物)、土工格栅、土工带和土工格室等。

用于防渗工程的土工合成材料有:土工膜、复合土工膜、加筋复合土工膜,土工合成材料膨润土防渗垫(GCL)等。

用于需要反滤功能的土工合成材料有:无纺土工织物,或兼顾其他需要采用有纺土工织物。

用于需要排水功能的土工合成材料有:无纺土工织物等。

【例 18-9-3】(历年真题) 按地基处理作用机理,加筋法属于:

A. 土质改良 B. 土的置换
C. 土的补强 D. 土的化学加固

【解答】加筋法属于土的补强,应选 C 项。

【例 18-9-4】(历年真题) 土工聚合物在地基处理中的作用不包括:

A. 排水作用 B. 加筋
C. 挤密 D. 反滤

【解答】土工聚合物在地基处理中的作用是:排水、加筋、反滤,不包括挤密,故选 C 项。

4. 预压法

预压法(也称为排水固结法)是运用排水固结原理进行地基处理的方法,其基本原理是:饱和软黏土地基在上部堆载或真空负压的荷载作用下,土孔隙中的水被慢慢排出,孔隙体积逐渐减小,地基发生固结变形,压缩性减小,同时,随着超静孔隙水压力逐渐消散,有效应力逐渐提高,地基土的强度逐渐增长。预压法主要解决:一是沉降问题,使地基的沉降在加载预压期间大部分或基本完成,以便建筑物在使用期间不致产生不利的沉降和沉降差;二是稳定问题,促使地基土的抗剪强度增长,从而提高地基的承载力和稳定性;三是地基土的排水问题。预压法的适用范围见表 18-9-1。预压法按处理工艺可分为堆载预压、真空预压、真空和堆载联合预压。

为改善厚层软黏性土的排水条件,在土层中按一定间距设置井孔,并灌入透水性良好的砂作为排水孔,即形成所谓砂井,然后进行堆载预压,排水固结效果尤为显著。排水还可采用塑料排水带。砂井顶面应设置一定厚度的砂垫层,以使土中水能通过砂井和砂垫层排出。

根据固结理论，竖井（砂井）的直径越大，竖井间距越小，达到某一固结度所需的时间越短，或在某一时间内达到的固结度越大。因此，竖井的有效排水直径 d_e、竖井直径 d_w 对地基土的固结影响很大，通常用井径比 n（$n=d_e/d_w$）来表征其影响，其中，d_e 与竖井的间距 s 的关系为：竖井为等边三角形排列，$d_e=1.05s$；竖井为正方形排列，$d_e=1.13s$。当井径比 n 越小时，达到某一固结度所需的时间越短。

在相同井径比 n 的条件下，缩短竖井的间距比增大井径对加速软土固结的效果更好，因此，采用"细而密"的原则选择竖井的直径和间距比较合理。但必须考虑施工的具体条件，如直径太细不易保证灌砂的密实和连续；间距太小，则在沉管施工时可能使竖井周围土的结构被挤压而破坏。一般普通砂井直径为 300~500mm，袋装砂井直径为 70~120mm；竖井的间距按一定的井径比 $n=6~8$ 确定。

竖井的长度，系根据软土层的厚度来考虑。如果土层较厚，从地基稳定方面考虑，竖井的长度应穿越地基的可能滑动面 2m；从沉降方面考虑，竖井的长度应穿过地基的主要受力层。竖井顶部设置的排水砂垫层厚度不小于 500mm。

预压荷载大小应根据设计要求确定。对于沉降有严格限制的建筑，可采用超载预压法处理，超载量大小应根据预压时间内要求完成的变形量通过计算确定，并宜使预压荷载下受压土层各点的有效竖向应力大于建筑物荷载引起的相应点的附加应力。

预压荷载顶面的范围应不小于建筑物基础外缘的范围。

加载速率应根据地基土的强度确定。当天然地基土的强度满足预压荷载下地基的稳定性要求时，可一次性加载；如不满足，应分级逐渐加载，待前期预压荷载下地基土的强度增长满足下一级荷载下地基的稳定性要求时，方可加载。

应对预压的地基土进行原位试验和室内土工试验。原位试验可采用十字板剪切试验或静力触探，检验深度不应小于设计处理深度。原位试验和室内土工试验，应在卸载 3~5d 后进行。

【例 18-9-5】（历年真题）关于堆载预压法加固地基，下面说法正确的是：

A. 砂井除了起加速固结的作用外，还作为复合地基提高地基的承载力
B. 在砂井长度相等的情况下，较大的砂井直径和较小的砂井间距都能够加速地基的固结
C. 堆载预压时控制堆载速度的目的是为了让地基发生充分的蠕变变形
D. 为了防止预压时地基失稳，堆载预压通常要求预压荷载小于基础底面的设计压力

【解答】堆载预压法加固地基不属于复合地基，故 A 项错误；其次，C、D 项均错误。应选 B 项。

【例 18-9-6】（历年真题）对软土地基采用真空预压法进行加固后，下面土的哪一项指标会增大？

A. 压缩系数　　B. 抗剪强度　　C. 渗透系数　　D. 孔隙比

【解答】软土地基用真空预压法加固后，土的抗剪强度会增大，应选 B 项。

【例 18-9-7】（历年真题）采用真空预压法加固地基，计算表明在规定时间内达不到要求的固结度，加快固结进程时，下面哪种措施是正确的？

A. 增加预压荷载　　　　　　　　B. 减小预压荷载

C. 减小井径比　　　　　　　　　B. 将真空预压法改为堆载预压

【解答】根据预压法固结理论，减小井径比可加快固结过程，应选 C 项。

5. 挤密法（灰土挤密桩和土挤密桩复合地基）

挤密法的处理原理、适用范围见表 18-9-1。当以消除地基土的湿陷性为主要目的时，可选用土挤密桩；当以提高地基土的承载力或增强其水稳性为主要目的时，宜选用灰土挤密桩。

桩孔直径宜为 300~600mm。桩孔宜按等边三角形布置，桩孔之间的中心距离，可为桩孔直径的 2~3 倍。

桩孔内的灰土填料，消石灰与土的体积配合比宜为 2∶8 或 3∶7。土料宜选用粉质黏土，土料中的有机质含量不应超过 5%，且不得含有冻土和膨胀土，渣土垃圾粒径不应超过 15mm。石灰可选用新鲜的消石灰或生石灰粉，粒径不应大于 5mm。消石灰的质量应合格，有效 CaO+MgO 含量不得低于 60%。

孔内填料应分层回填夯实，填料的平均压实系数 $\bar{\lambda}_c$ 不应低于 0.97，其中压实系数最小值不应低于 0.93。

桩顶标高以上应设置 300~600mm 厚的褥垫层。垫层材料可根据工程要求采用 2∶8 或 3∶7 灰土、水泥土等，其压实系数均不应低于 0.95。

基础垫层施工前，应按设计要求将桩顶设计标高以上的预留土层（沉管成孔预留土层不宜小于 0.5m，冲击、钻孔夯扩法成孔预留土层不宜小于 1.2m）挖除或夯（压）密实。

【例 18-9-8】（历年真题）挤密桩的桩孔中，下面哪一种材料不能作为填料？
A. 黄土　　　B. 膨胀土　　　C. 水泥土　　　D. 碎石

【解答】膨胀土不能作为挤密桩的填料，应选 B 项。

6. 振密法（振冲碎石桩和沉管砂石桩复合地基）

振密法的处理原理、适用范围见表 18-9-1。

桩径可根据地基土质情况、成桩方式和成桩设备等因素确定，桩的平均直径可按每根桩所用填料量计算。振冲碎石桩桩径宜为 800~1200mm；沉管砂石桩桩径宜为 300~800mm。桩长可根据工程要求和工程地质条件通过计算确定，并且桩长不宜小于 4m。

振冲桩桩体材料可采用含泥量不大于 5% 的碎石、卵石、矿渣或其他性能稳定的硬质材料，不宜使用风化易碎的石料。

沉管桩桩体材料可采用含泥量不大于 5% 的碎石、卵石、角砾、圆砾、砾砂、粗砂、中砂或石屑等硬质材料，最大粒径不宜大于 50mm。

桩顶和基础之间宜铺设厚度为 300~500mm 的褥垫层，垫层材料宜采用中砂、粗砂、级配砂石和碎石等，最大粒径不宜大于 30mm，其夯填度（夯实后的厚度与虚铺厚度的比值）不应大于 0.9。

振冲碎石桩振密孔施工顺序：宜沿直线逐点逐行进行。

沉管砂石桩的施工顺序：对砂土地基宜从外围或两侧向中间进行。

【例 18-9-9】（历年真题）下列地基中，最适于使用振冲法处理的是：
A. 饱和黏性土　　B. 松散的砂土　　C. 中密的砂土　　D. 密实砂土

【解答】松散的砂土最适于使用振冲法处理，应选 B 项。

7. 深层搅拌法与旋喷法（水泥土搅拌桩和旋喷桩复合地基）

由于深层搅拌法与旋喷法将固化剂（即水泥）与原地基黏性土混合，因而减小了水对周围地基的影响，也不使地基侧向挤出，故对已有建筑物影响较小；与堆载预压法相比，它在短时期内即可获得很高的地基承载力；与换填垫层法相比，减少大量土方工程量；土体处理后重度基本不变，不会使软弱下卧层产生附加沉降；因无振动、无噪声施工，因而在城市软弱地基加固、基坑围护工程中普遍采用。

（1）水泥土搅拌桩

水泥土搅拌桩的长度应根据上部结构对地基承载力和变形的要求确定。干法的加固深度不宜大于 15m，湿法的加固深度不宜大于 20m。

桩长超过 10m 时，可采用固化剂变掺量设计。在全长桩身水泥总掺量不变的前提下，桩身上部 1/3 桩长范围内，可适当增加水泥掺量及搅拌次数。

水泥土搅拌桩复合地基宜在基础和桩之间设置褥垫层，厚度可取 200～300mm。褥垫层材料可选用中砂、粗砂、级配砂石等，最大粒径不宜大于 20mm。褥垫层的夯填度不应大于 0.9。

成桩 3d 内，采用轻型动力触探（N_{10}）检查上部桩身的均匀性，检验数量为施工总桩数的 1%，且不少于 3 根。成桩 7d 后，采用浅部开挖桩头进行检查，开挖深度宜超过停浆（灰）面下 0.5m，检查搅拌的均匀性，量测成桩直径，检查数量不少于总桩数的 5%。

（2）旋喷桩

旋喷桩施工应根据工程需要和土质条件选用单管法、双管法和三管法。旋喷桩加固体形状可分为柱状、壁状、条状或块状。

旋喷桩复合地基宜在基础和桩顶之间设置褥垫层。褥垫层厚度宜为 150～300mm，褥垫层材料可选用中砂、粗砂和级配砂石等，褥垫层最大粒径不宜大于 20mm。褥垫层的夯填度不应大于 0.9。

旋喷桩可根据工程要求和当地经验采用开挖检查、钻孔取芯、标准贯入试验、动力触探和静载荷试验等方法进行检验。成桩质量检验点的数量不少于施工孔数的 2%，并不应少于 6 点；旋喷桩承载力检验宜在成桩 28d 后进行。

【例 18-9-10】（历年真题）位于城市中心区的饱和软黏土地基需要进行地基处理，比较适合的方法为：

A. 深层搅拌法　　　　　　　　B. 强夯法
C. 灰土挤密法　　　　　　　　D. 振冲法

【解答】城市中心区的饱和软黏土地基的地基处理宜采用深层搅拌法，应选 A 项。

8. 复合地基的计算

复合地基可分为两大类：①散体材料增强体复合地基，如灰土挤密桩和土挤密桩复合地基、振冲碎石桩和沉管砂石桩复合地基、石灰桩复合地复；②有粘结强度增强体复合地基，如水泥土搅拌桩复合地基、旋喷桩复合地基、水泥粉煤灰碎石桩（简称 CFG 桩）复合地基等。

初步设计时，对散体材料增强体复合地基应按下式估算：

$$f_{spk} = [1 + m(n-1)] f_{sk} \tag{18-9-2}$$

式中，f_{spk} 为复合地基承载力特征值（kPa）；f_{sk} 为处理后桩间土承载力特征值（kPa），可按地区经验确定；n 为复合地基桩土应力比，可按地区经验确定；m 为面积置换率，$m = d^2/d_e^2$；d 为桩身平均直径（m），d_e 为一根桩分担的地基处理面积的等效圆直径(m)：等边三角形布桩 $d_e=1.05s$，正方形布桩 $d_e=1.13s$，矩形布桩 $d_e=1.13\sqrt{s_1 s_2}$，s、s_1、s_2 分别为桩间距、纵向桩间距和横向桩间距（图 18-9-1）。

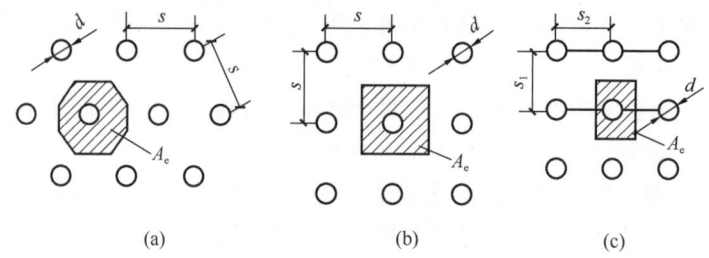

图 18-9-1 桩体平面布置形式

(a) 等边三角形布置；(b) 正方形布置；(c) 矩形布置

注：图中阴影面积为一根桩分担的地基处理的面积 $A_e=\pi d_e^2/4$

初步设计时，对有粘结强度增强体复合地基应按下式计算：

$$f_{spk} = \lambda m \frac{R_a}{A_p} + \beta(1-m) f_{sk} \tag{18-9-3}$$

式中，λ 为单桩承载力发挥系数，可按地区经验取值；R_a 为单桩竖向承载力特征值（kN）；A_p 为桩的截面面积（m²）；β 为桩间土承载力发挥系数，可按地区经验取值。

增强体单桩竖向承载力特征值 R_a 的计算，见规范规定。

【例 18-9-11】（历年真题）复合地基中桩的直径为 0.36m，桩的间距（中心距）为 1.2m，当桩按正方形布置时，面积置换率为：

A. 0.142　　　B. 0.035　　　C. 0.265　　　D. 0.070

【解答】正方形布桩，$d_e=1.13s=1.13\times 1.2$

$$m = \frac{A_p}{A_e} = \frac{d^2}{d_e^2} = \frac{0.36^2}{(1.13\times 1.2)^2} = 0.070$$

应选 D 项。

【例 18-9-12】（历年真题）已知某一复合地基中桩的面积置换率为 0.16，桩土应力比为 7，基础底面压力为 p（kPa），则桩间土的应力为：

A. 3.17p　　　B. 0.65p　　　C. 0.51p　　　D. 0.76p

【解答】设基础底面积为 A，桩间土的应力为 p_s，则：

$0.16A \cdot 7p_s + (1-0.16) A \cdot p_s = Ap$，可得：$p_s = 0.51p$

应选 C 项。

三、地基处理原则和处理方法的选择

1. 地基处理原则

地基处理设计和施工的总原则是，做到安全适用、技术先进、经济合理、确保质量、保护环境。地基处理除应满足工程设计要求外，尚应做到因地制宜、就地取材、保护环境和节约资源等。进行地基处理时，一般应注重以下几点：

(1) 处理后的地基应满足建筑物地基承载力、变形和稳定性要求。

(2) 经处理后的地基，当在受力层范围内仍存在软弱下卧层时，应进行软弱下卧层地基承载力验算。

(3) 按地基变形设计或应作变形验算且需进行地基处理的建筑物或构筑物，应对处理后的地基进行变形验算。

(4) 对建造在处理后的地基上受较大水平荷载或位于斜坡上的建筑物及构筑物，应进行地基稳定性验算。

(5) 处理后地基的承载力验算，应同时满足轴心荷载作用和偏心荷载作用的要求。

(6) 处理后地基的整体稳定分析可采用圆弧滑动法，其稳定安全系数不应小于1.30。散体加固材料的抗剪强度指标，可按加固体材料的密实度通过试验确定；胶结材料的抗剪强度指标，可按桩体断裂后滑动面材料的摩擦性能确定。

2. 地基处理方法的选择

在选择地基处理方案前，应搜集详细的岩土工程勘察资料、上部结构及基础设计资料；根据工程的要求和采用天然地基存在的主要问题，确定地基处理的目的、处理范围和处理后要求达到的各项技术经济指标；结合工程情况，了解当地地基处理经验和施工条件，对于有特殊要求的工程，尚应了解其他地区相似场地上同类工程的地基处理经验和使用情况等；调查邻近建筑、地下工程和有关管线等情况；了解建筑场地的环境情况。

在选择地基处理方案时，应考虑上部结构、基础和地基的共同作用，并经过技术经济比较，选用地基处理方案或加强上部结构和处理地基相结合的方案。

地基处理方法的选择宜按下列步骤：

(1) 根据结构类型、荷载大小及使用要求，结合地形地貌、地层结构、土质条件、地下水特征、环境情况和对邻近建筑的影响等因素进行综合分析，特别应考虑上部结构、基础和地基的协同作用，并经过技术经济分析比较，选用处理地基或加强上部结构和处理地基相结合的方案。初步选出两种或多种地基处理方案。

(2) 对初步选出的各种地基处理方案，分别从加固原理、适用范围、预期处理效果、耗用材料、施工机械、工期要求和对环境的影响等方面进行技术经济分析和对比，选择最佳的地基处理方法。

(3) 对已选定的地基处理方法，宜按地基基础设计等级和场地复杂程度，在有代表性的场地进行相应的现场试验或试验性施工，并进行必要的测试，以检验设计参数和处理效果。如达不到设计要求，应查明原因，修改设计参数或调整地基处理方法。

经地基处理的建筑，应在施工期间进行沉降观测，对重要的或对沉降有严格限制的建筑物，尚应在使用期间继续进行沉降观测。

习　题

18-9-1 （历年真题）砂桩复合地基提高天然地基承载力的机理是：
A. 置换作用与排水作用　　　B. 挤密作用与排水作用
C. 预压作用与挤密作用　　　D. 置换作用与挤密作用

18-9-2 （历年真题）经过深层搅拌法处理后的地基属于：
A. 天然地基　　　　　　　　B. 人工地基
C. 桩基础　　　　　　　　　D. 其他深基础

18-9-3 （历年真题）挤密桩的桩孔中，下面哪一种可以作为填料？

A. 黄土   B. 膨胀土

C. 含有有机质的黏性土   D. 含有冰屑的黏性土

18-9-4 （历年真题）对软土地基采用真空预压法进行加固后，下面哪一项指标会减小？

A. 压缩系数   B. 抗剪强度

C. 饱和度   D. 土的重度

18-9-5 （历年真题）采用堆载预压法加固地基时，如果计算表明在规定时间内达不到要求的固结度，加快固结进程时，不宜采取下面哪种措施？

A. 加快堆载速率   B. 加大砂井直径

C. 减小砂井间距   D. 减小井径比

18-9-6 （历年真题）下面哪一种土工合成材料不能作为加筋材料？

A. 土工格栅   B. 有纺布   C. 无纺布   D. 土工膜

18-9-7 （历年真题）强夯法处理黏性土地基后，地基土层的下列哪一性质发生了变化？

A. 颗粒级配   B. 相对密度

C. 矿物成分   D. 孔隙比

习题解答与参考答案

第一节

18-1-1 **解答：** $e = \dfrac{n}{1-n} = \dfrac{47.71\%}{1-47.71\%} = 91.24\%$

答案： A

18-1-2 **解答：** $e = \dfrac{wd_s}{S_r} = \dfrac{20\% \times 2.75}{1} = 0.55$

答案： B

18-1-3 **解答：** $e = \dfrac{wd_s}{S_r} = \dfrac{30\% \times 2.70}{1} = 0.81$

$\gamma_{sat} = \dfrac{d_s + e}{1+e}\gamma_w = \dfrac{2.7+0.81}{1+0.81} \times 10 = 19.4 \text{kN/m}^3$

答案： A

18-1-4 **解答：** $D_r = \dfrac{e_{max} - e}{e_{max} - e_{min}}$

答案： A

18-1-5 **解答：** 由三个基本量测指标可导出孔隙比。

答案： D

第二节

18-2-1 **解答：** $\sigma_{cz} = 1.40 \times 15.8 + (3.60 - 1.40) \times 9.8 = 43.68 \text{kPa}$

答案： C

18-2-2 **解答：** 土的自重应力计算与土的模量没有关系。

答案： C

第三节

18-3-1 **解答：** 土中的自重应力属于有效应力。

答案： A

18-3-2 **解答：** 振动下，孔隙水压力上升，土的有效应力减小，当有效应力为零时，导致土的强度丧失。

答案： B

18-3-3 **解答：** 压缩模量越小，土的压缩性越高，甲土比乙土的压缩性大。
答案： A

18-3-4 **解答：** 压缩系数越大，土的压缩性越高，甲土比乙土的压缩性小。
答案： B

18-3-5 **解答：** 固结系数的单位可用 m^2/s，或 $m^2/$年。
答案： B

18-3-6 **解答：** $T_v = \dfrac{C_v t}{H^2}$，则：$\dfrac{t_1}{t_2} = \left(\dfrac{H_1}{H_2}\right)^2$

$t_1 = \left(\dfrac{4600/2}{25}\right)^2 \times 11 = 93104 s = 64.66 d$

答案： B

第四节

18-4-1 **解答：** 软黏土基坑快速施工，水未排出，故测压管水头保持不变。
答案： B

18-4-2 **解答：** 此时，宜采用土的残余强度。
答案： C

18-4-3 **解答：** 影响岩土的抗剪强度的因素有：应力路径、加载速度、剪胀性等。
答案： D

18-4-4 **解答：** 土的侧限压缩试验不能得到泊松比。
答案： D

18-4-5 **解答：** 土的强度指标 c、φ 涉及地基承载力。
答案： C

18-4-6 **解答：** A、B、C 项均可测试土的强度指标。
答案： D

第五节

18-5-1 **解答：** 太沙基关于地基极限承载力计算中假定基底存在弹性核。
答案： C

18-5-2 **解答：** 取地基持力层土参数计算，则：

$p_u = \dfrac{1}{2}\gamma b N_r + q N_q + c N_c$

$= \dfrac{1}{2} \times (20-10) \times 10 \times 5 + 2 \times 18 \times 7.42 + 12 \times 17.6 = 728.32 kPa$

答案： A

第六节

18-6-1 **解答：** $E_0 = 0.886 \times (1-0.4^2) \times 25 \times 500 = 9303 kPa$

答案：A
18-6-2 解答：坑探能够直观地观测地层的结构和变化。
答案：A
18-6-3 解答：载荷试验的结果确定地基土承载力最可靠。
答案：A
18-6-4 解答：标准贯入试验适用于砂土、粉土和一般黏性土。
答案：B

第七节

18-7-1 解答：增加基础材料的强度不能提高基础刚度，故不能提高地基承载力。
答案：D
18-7-2 解答：此时，应采用整体式基础，不采用单独基础。
答案：D
18-7-3 解答：常规浅基础埋置深度应考虑 A、B、C 项。
答案：D
18-7-4 解答：γ 取基底以下土的重度，地下水以下取浮重度。
答案：D
18-7-5 解答：p_z 是软弱下卧层顶面处的附加应力，由基底附加压力按一定的扩散角计算得到。
答案：C
18-7-6 解答：加大基础埋深，基底的附加应力减小，对减小地基沉降有利。
答案：A

第八节

18-8-1 解答：泥浆护壁钻孔灌注桩属于非挤土桩。
答案：A
18-8-2 解答：桩数大于 3 的摩擦桩，应考虑群桩效应。
答案：D
18-8-3 解答：十字板剪切试验不能用于测试单桩竖向承载力。
答案：D
18-8-4 解答：断桩最容易发生在灌注桩。
答案：B
18-8-5 解答：用混凝土桩进行地基处理后的筏形基础属于浅基础，地基属于复合地基。
答案：A
18-8-6 解答：在灌注桩施工后，采用后压浆技术可以提高桩的侧阻力。
答案：B
18-8-7 解答：间距较小的摩擦桩的群桩效应比较突出。

1423

	答案：C	
18-8-8	解答：端承桩不考虑群桩效应，$R=4\times4\times2000=32000kN$	
	答案：A	

第九节

18-9-1　**解答**：砂桩复合地基的工作机理是置换作用、挤密作用。
　　　　答案：D

18-9-2　**解答**：经过深层搅拌法处理后的地基属于人工地基，也属于复合地基。
　　　　答案：B

18-9-3　**解答**：挤密桩的填料不能采用B、C、D项。
　　　　答案：A

18-9-4　**解答**：压缩系数将减小，地基变形减小。
　　　　答案：A

18-9-5　**解答**：加快堆载速率可能导致地基失稳，不宜采用。
　　　　答案：A

18-9-6　**解答**：土工膜用于防渗工程。
　　　　答案：D

18-9-7　**解答**：强夯法处理地基后，土层的孔隙比发生了变化。
　　　　答案：D

附录三

一级注册结构工程师执业资格考试基础考试大纲（下午段）

十、土木工程材料

10.1 材料科学与物质结构基础知识

材料的组成：化学组成　矿物组成及其对材料性质的影响

材料的微观结构及其对材料性质的影响：原子结构　离子键金属键　共价键和范德华力　晶体与无定形体（玻璃体）

材料的宏观结构及其对材料性质的影响

建筑材料的基本性质：密度　表观密度与堆积密度　孔隙与孔隙率　特征：亲水性与憎水性　吸水性与吸湿性　耐水性　抗渗性　抗冻性　导热性　强度与变形性能　脆性与韧性

10.2 材料的性能和应用

无机胶凝材料：气硬性胶凝材料　石膏和石灰技术性质与应用

水硬性胶凝材料：水泥的组成　水化与凝结硬化机理　性能与应用

混凝土：原材料技术要求　拌合物的和易性及影响因素　强度性能与变形性能　耐久性、抗渗性、抗冻性、碱-骨料反应　混凝土外加剂与配合比设计

沥青及改性沥青：组成、性质和应用

建筑钢材：组成、组织与性能的关系　加工处理及其对钢材性能的影响　建筑钢材的种类与选用

木材：组成、性能与应用

石材和黏土：组成、性能与应用

十一、工程测量

11.1 测量基本概念

地球的形状和大小　地面点位的确定　测量工作基本概念

11.2 水准测量

水准测量原理　水准仪的构造、使用和检验校正　水准测量方法及成果整理

11.3 角度测量

经纬仪的构造、使用和检验校正　水平角观测　垂直角观测

11.4 距离测量

卷尺量距　视距测量　光电测距

11.5 测量误差基本知识

测量误差分类与特性　评定精度的标准　观测值的精度评定　误差传播定律

11.6 控制测量

平面控制网的定位与定向　导线测量　交会定点　高程控制测量

11.7 地形图测绘

地形图基本知识　地物平面图测绘　等高线地形图测绘

11.8 地形图应用

地形图应用的基本知识　建筑设计中的地形图应用　城市规划中的地形图应用

11.9 建筑工程测量

建筑工程控制测量　施工放样测量　建筑安装测量　建筑工程变形观测

十二、职业法规

12.1 我国有关基本建设、建筑、房地产、城市规划、环保等方面的法律法规

12.2 工程设计人员的职业道德与行为准则

十三、土木工程施工与管理

13.1 土石方工程　桩基础工程

土方工程的准备与辅助工作　机械化施工　爆破工程　预制桩、灌注桩施工　地基加固处理技术

13.2 钢筋混凝土工程与预应力混凝土工程

钢筋工程　模板工程　混凝土工程　钢筋混凝土预制构件制作　混凝土冬、雨期施工　预应力混凝土施工

13.3 结构吊装工程与砌体工程

起重安装机械与液压提升工艺　单层与多层房屋结构吊装　砌体工程与砌块墙的施工

13.4 施工组织设计

施工组织设计分类　施工方案　进度计划　平面图　措施

13.5 流水施工原则

节奏专业流水　非节奏专业流水　一般的搭接施工

13.6 网络计划技术

双代号网络图　单代号网络图　网络计划优化

13.7 施工管理

现场施工管理的内容及组织形式　进度、技术、全面质量管理　竣工验收

十四、结构设计

14.1 钢筋混凝土结构

材料性能：钢筋　混凝土　粘结

基本设计原则：结构功能　极限状态及其设计表达式　可靠度

承载能力极限状态计算：受弯构件　受扭构件　受压构件　受拉构件　冲切　局压　疲劳

正常使用极限状态验算：抗裂　裂缝　挠度

预应力混凝土：轴拉构件　受弯构件

构造要求

梁板结构：塑性内力重分布　单向板肋梁楼盖　双向板肋梁楼盖　无梁楼盖

单层厂房：组成与布置　排架计算　柱　牛腿　吊车梁　屋架　基础

多层及高层房屋：结构体系及布置　框架近似计算　叠合梁剪力墙结构　框-剪结构　框-剪结构设计要点　基础

抗震设计要点：一般规定　构造要求

14.2 钢结构

钢材性能：基本性能　影响钢材性能的因素　结构钢种类　钢材的选用
构件：轴心受力构件　受弯构件（梁）　拉弯和压弯构件的计算和构造
连接：焊缝连接　普通螺栓和高强度螺栓连接　构件间的连接
钢屋盖：组成　布置　钢屋架设计

14.3　砌体结构

材料性能：块材　砂浆　砌体
基本设计原则：设计表达式
承载力：受压　局压
混合结构房屋设计：结构布置　静力计算　构造
房屋部件：圈梁　过梁　墙梁　挑梁
抗震设计要求：一般规定　构造要求

十五、结构力学

15.1　平面体系的几何组成

名词定义　几何不变体系的组成规律及其应用

15.2　静定结构受力分析及特性

静定结构受力分析方法　反力、内力的计算与内力图的绘制
静定结构特性及其应用

15.3　静定结构的位移

广义力与广义位移　虚功原理　单位荷载法　荷载下静定结构的位移计算　图乘法　支座位移和温度变化引起的位移　互等定理及其应用

15.4　超静定结构受力分析及特性

超静定次数　力法基本体系　力法方程及其意义　等截面直杆刚度方程　位移法基本未知量　基本体系　基本方程及其意义　等截面直杆的转动刚度　力矩分配系数与传递系数　单结点的力矩分配　对称性利用　半结构法　超静定结构位移　超静定结构特性

15.5　影响线及应用

影响线概念　简支梁、静定多跨梁、静定桁架反力及内力影响线　连续梁影响线形状　影响线应用　最不利荷载位置　内力包络图概念

15.6　结构动力特性与动力反应

单自由度体系周期、频率、简谐荷载与突加荷载作用下简单结构的动力系数、振幅与最大动内力　阻尼对振动的影响　多自由度体系自振频率与主振型　主振型正交性

十六、结构试验

16.1　结构试验的试件设计、荷载设计、观测设计、材料的力学性能与试验的关系

16.2　结构试验的加载设备和量测仪器

16.3　结构静力（单调）加载试验

16.4　结构低周反复加载试验（伪静力试验）

16.5　结构动力试验

结构动力特性量测方法、结构动力响应量测方法

16.6　模型试验

模型试验的相似原理　模型设计与模型材料

16.7 结构试验的非破损检测技术

十七、土力学与地基基础

17.1 土的物理特性及工程分类

土的生成和组成　土的物理性质　土的工程分类

17.2 土中应力

自重应力　附加应力

17.3 地基变形

土的压缩性　基础沉降　地基变形与时间关系

17.4 土的抗剪强度

抗剪强度的测定方法　土的抗剪强度理论

17.5 土压力、地基承载力和边坡稳定

土压力计算　挡土墙设计、地基承载力理论　边坡稳定

17.6 地基勘察

工程地质勘察方法　勘察报告分析与应用

17.7 浅基础

浅基础类型　地基承载力设计值　浅基础设计　减少不均匀沉降损害的措施　地基、基础与上部结构共同工作概念

17.8 深基础

深基础类型　桩与桩基础的分类　单桩承载力　群桩承载力　桩基础设计

17.9 地基处理

地基处理方法　地基处理原则　地基处理方法选择

附录四

一级注册结构工程师执业资格考试基础试题配置说明（下午段）

土木工程材料	7题
工程测量	5题
职业法规	4题
土木工程施工与管理	5题
结构设计	12题
结构力学	15题
结构试验	5题
土力学与地基基础	7题

注：试卷题目数量合计60题，每题2分，满分为120分。考试时间为4小时。

参 考 文 献

1. 同济大学. 高等数学（上、下册）[M]. 7版. 北京：高等教育出版社，2014.
2. 同济大学. 高等数学附册——学习辅导与习题选解[M]. 7版. 北京：高等教育出版社，2014.
3. 同济大学. 线性代数[M]. 上海：同济大学出版社，2014.
4. 褚宝增，等. 线性代数[M]. 北京：北京大学出版社，2009.
5. 盛骤，等. 概率论与数理统计[M]. 4版. 北京：高等教育出版社，2008.
6. 同济大学. 概率统计复习与习题全解[M]. 3版. 上海：同济大学出版社，2005.
7. 程守洙，等. 普通物理学[M]. 7版. 北京：高等教育出版社，2016.
8. 唐南，等. 大学物理学[M]. 3版. 北京：高等教育出版社，2018.
9. 浙江大学. 普通化学[M]. 5版. 北京：高等教育出版社，2004.
10. 甘孟瑜，等. 大学化学[M]. 北京：高等教育出版社，2017.
11. 姚素梅. 基础化学[M]. 北京：海洋出版社，2009.
12. 董宪武，等. 有机化学[M]. 3版. 北京：化学工业出版社，2021.
13. 哈尔滨工业大学. 理论力学[M]. 北京：高等教育出版社，2016.
14. 同济大学. 理论力学[M]. 上海：同济大学出版社，2018.
15. 刘鸿文. 材料力学[M]. 北京：高等教育出版社，2004.
16. 孙训方，等. 材料力学[M]. 北京：高等教育出版社，2019.
17. 同济大学. 材料力学[M]. 上海：同济大学出版社，2011.
18. 刘鹤年，等. 流体力学[M]. 3版. 北京：中国建筑工业出版社，2016.
19. 伍悦滨. 工程流体力学[M]. 北京：中国建筑工业出版社，2006.
20. 高学平. 水力学[M]. 北京：中国建筑工业出版社，2018.
21. 龚沛曾，等. 大学计算机[M]. 北京：高等教育出版社，2017.
22. 站德臣，等. 大学计算机基础[M]. 北京：电子工业出版社，2006.
23. 秦曾煌. 电工学[M]. 北京：高等教育出版社，2009.
24. 林孔元. 模拟电子技术[M]. 哈尔滨：哈尔滨工业大学出版社，2009.
25. 侯世英，周静. 电工学Ⅰ：电路与电子技术[M]. 2版. 北京：高等教育出版社，2017.
26. 侯世英，孙韬. 电工学Ⅱ：电机与电气控制[M]. 2版. 北京：高等教育出版社，2019.
27. 阎石. 数字电子技术基础[M]. 北京：高等教育出版社，2016.
28. 朱承高，等. 数字电子技术[M]. 哈尔滨：哈尔滨工业大学出版社，2009.
29. 国家发改委，建设部. 建设项目经济评价方法与参数[M]. 3版. 北京：中国计划出版社，2006.
30. 刘晓君. 工程经济学[M]. 北京：中国建筑工业出版社，2015.
31. 邵颖红，等. 工程经济学[M]. 上海：同济大学出版社，2015.
32. 付家骥，等. 工业技术经济学[M]. 北京：清华大学出版社，2001.
33. 刘星，等. 工程测量学[M]. 重庆：重庆大学出版社，2015.
34. 王晓光，等. 测量学[M]. 北京：北京理工大学出版社，2018.
35. 重庆大学，等. 土木工程施工[M]. 北京：中国建筑工业出版社，2016.
36. 中国建设监理协会. 建设工程进度控制[M]. 北京：中国建筑工业出版社，2020.

37. 东南大学，等. 混凝土结构［M］. 北京：中国建筑工业出版社，2020.
38. 陈绍蕃，等. 钢结构［M］. 北京：中国建筑工业出版社，2014.
39. 东南大学，等. 砌体结构［M］. 北京：中国建筑工业出版社，2018.
40. 施楚贤. 砌体结构［M］. 北京：中国建筑工业出版社，2012.
41. 龙驭球，等. 结构力学［M］. 北京：高等教育出版社，2012.
42. 朱慈勉，等. 结构力学［M］. 北京：高等教育出版社，2016.
43. 肖允微，等. 结构力学［M］. 北京：机械工业出版社，2007.
44. 符芳，等. 建筑材料［M］. 南京：东南大学出版社，2002.
45. 钱晓倩，等. 建筑材料［M］. 北京：中国建筑工业出版社，2019.
46. 白宪臣. 土木工程材料［M］. 北京：中国建筑工业出版社，2019.
47. 彭小芹，等. 土木工程材料［M］. 重庆：重庆大学出版社，2002.
48. 华南理工大学，等. 基础工程［M］. 北京：中国建筑工业出版社，2019.
49. 周景星，等. 基础工程［M］. 北京：清华大学出版社，2007.
50. 李广信，等. 土力学［M］. 北京：清华大学出版社，2013.
51. 东南大学，等. 土力学［M］. 北京：中国建筑工业出版社，2020.
52. 姚振纲，等. 建筑结构试验［M］. 上海：同济大学出版社，1996.
53. 易伟建，等. 建筑结构试验［M］. 北京：中国建筑工业出版社，2020.
54. 熊仲明，等. 土木工程结构试验［M］. 北京：中国建筑工业出版社，2006.
55. 同济大学. 一级注册结构工程师基础考试复习教程［M］. 北京：中国建筑工业出版社，2016.
56. 中华国人民共和国住房和城乡建设部. 钢结构设计标准：GB 50017—2017［S］. 北京：中国建筑工业出版社，2017.
57. 中华人民共和国住房和城乡建设部. 建筑结构可靠性设计统一标准：GB 50068—2018［S］. 北京：中国建筑工业出版社，2018.
58. 中华人民共和国住房和城乡建设部. 工程结构通用规范：GB 55001—2021［S］. 北京：中国建筑工业出版社，2021.
59. 中华人民共和国住房和城乡建设部. 建筑与市政工程抗震通用规范：GB 55002—2021［S］. 北京：中国建筑工业出版社，2021.

增 值 服 务

兰老师及其团队开通知识星球服务,提供包括知识点答疑、备考经验、现场应试能力、历年真题及解答等服务,联系方式:微信小程序搜索"知识星球",再搜索"兰老师结构基础"进入。微博:搜索"兰定筠"进入。

本书学习理解过程中遇到的问题,请发邮箱:Landj2020@163.com,我们会及时回复。

本书的勘误见:兰博士专业咨询网。